AF470370

DICTIONNAIRE

PITTORESQUE

D'HISTOIRE NATURELLE

ET

DES PHÉNOMÈNES DE LA NATURE.

TOME CINQUIÈME.

PARIS. — IMPRIMERIE DE COSSON,
Rue Saint-Germain-des-Prés, n° 9.

DICTIONNAIRE
PITTORESQUE
D'HISTOIRE NATURELLE
ET
DES PHÉNOMÈNES DE LA NATURE,

CONTENANT

L'HISTOIRE DES ANIMAUX, DES VÉGÉTAUX, DES MINÉRAUX, DES MÉTÉORES, DES PRINCIPAUX PHÉNOMÈNES PHYSIQUES ET DES CURIOSITÉS NATURELLES, AVEC DES DÉTAILS SUR L'EMPLOI DES PRODUCTIONS DES TROIS RÈGNES DANS LES USAGES DE LA VIE, LES ARTS ET MÉTIERS ET LES MANUFACTURES.

RÉDIGÉ PAR UNE SOCIÉTÉ DE NATURALISTES,

SOUS LA DIRECTION DE M. F.-E. GUÉRIN,

MEMBRE DE LA SOCIÉTÉ D'HISTOIRE NATURELLE DE PARIS ET DE DIVERSES AUTRES SOCIÉTÉS SAVANTES NATIONALES ET ÉTRANGÈRES, AUTEUR DE L'ICONOGRAPHIE DU RÈGNE ANIMAL DE CUVIER ET DU MAGASIN DE ZOOLOGIE, L'UN DES AUTEURS DU DICTIONNAIRE CLASSIQUE D'HISTOIRE NATURELLE, DE L'ENCYCLOPÉDIE MÉTHODIQUE, DU VOYAGE AUTOUR DU MONDE PAR LE CAPITAINE DUPERREY, DE L'EXPÉDITION SCIENTIFIQUE DE MORÉE, DU VOYAGE AUX INDES ORIENTALES PAR M. BÉLANGER, ETC., ETC.

AVEC PLANCHES GRAVÉES SUR ACIER D'APRÈS LES DESSINS DE MM. DE SAINSON ET FRIES.

TOME CINQUIÈME

PARIS,
AU BUREAU DE SOUSCRIPTION,
Rue Saint-Germain-des-Prés, n° 4.

1837.

DICTIONNAIRE

PITTORESQUE

D'HISTOIRE NATURELLE

ET

DES PHÉNOMÈNES DE LA NATURE.

M.

MAMMIFÈRES FOSSILES. (ZOOL. GÉOL.) Les débris d'animaux et de végétaux que l'on trouve dans les couches diverses qui composent la surface du sol, ont été observés de tous temps, et les anciens auteurs en font déjà mention; mais on ne les a pas toujours recueillis avec autant de zèle qu'aujourd'hui; il faut d'ailleurs, pour se les procurer, un concours de circonstances bien difficiles à rencontrer : à toutes les époques on n'a pas eu sur leur nature la même opinion; ainsi, pour nous en tenir aux ossemens des Mammifères qui doivent nous occuper en ce moment, ou mieux à ceux des Quadrupèdes en général, nous rappellerons qu'on a successivement admis qu'ils provenaient d'animaux encore aujourd'hui vivans à la surface du globe, comme des Eléphans, des Rhinocéros, etc., qui auraient autrefois vécu dans nos contrées et les auraient abandonnées à cause des changemens de température, pour se retirer sous les tropiques; ou bien encore que les débris de ces animaux intertropicaux avaient été portés vers le nord par des inondations. Sloane, Messer-Schmidt, Daubenton et Pallas surtout ont été de cet avis; d'autres ont pensé, mais cette opinion a eu moins de partisans, que ces productions étaient de simples pierres osseuses ayant la forme de diverses parties du squelette, mais produites seulement par le hasard. On a également supposé que les os fossiles, dont un grand nombre ont des dimensions considérables, appartenaient à des hommes géans, et les débris de la grande Salamandre d'OEningen ont été décrits par Scheuchzer, sous le nom d'*Homo diluvii testis* (Homme témoin du déluge) et sous celui de θεοσκοπος, ou Contemplateur de Dieu. Cette grossière erreur a été relevée par G. Cuvier. Dans ces derniers temps, M. de Blainville a publié de curieux détails sur les prétendus ossemens de Teutobochus, roi des Cimbres, qui firent grand bruit au quinzième siècle : quelques médecins de l'époque, et plus tard G. Cuvier, les avaient déjà rapportés à l'Eléphant, malgré les assertions de Mazuyier, d'Habicot, etc., qui affirmaient qu'ils étaient d'un homme de grande taille, de Teutobochus lui-même; c'étaient en réalité, ainsi que l'a montré M. de Blainville, les restes d'un MASTODONTE (*voy.* ce mot).

Camper, Blumenbach, Hunter, Rosenmuller, Faujas, G. Cuvier, dont les travaux ont fait faire à l'histoire des Mammifères fossiles tant de progrès, et tous ceux qui les ont étudiés depuis, ne permettent plus de telles suppositions.

Ces diverses manières de voir furent remplacées vers la fin du dernier siècle, en Allemagne et en France, par une autre plus rationnelle et qui réunit présentement la généralité des suffrages, à savoir que, s'il y a parmi les fossiles des ossemens (ceux des couches les plus récentes) qui appartiennent à des espèces encore aujourd'hui vivantes, il y en a aussi qui constituent des espèces et même des genres tout-à-fait différens de ceux dont la terre est habitée de nos jours.

Examinons d'abord les espèces fossiles qui ne peuvent rentrer, à cause de la singularité de leur caractère, dans les genres aujourd'hui admis, et doivent par conséquent servir à en former de nouveaux; mais tout d'abord se présente une nouvelle difficulté résultant de ce que malheureusement les zoologistes n'accordent pas tous au mot genre la même valeur : quelques uns peuvent en effet considérer comme simplement spécifiques des caractères que d'autres seraient portés à considérer comme génériques, et par suite réduire au rôle d'espèces perdues appartenant à des genres présentement vivans, des animaux qui, pour d'autres, constitueraient un genre fossile et sans analogue parmi les espèces actuelles. Tel est le cas du *Trogontherium*, qui est une espèce de Castor pour Cuvier, et un genre à part pour M. Fischer. Nous pourrions augmenter le nombre de ces exemples; mais il vaut mieux citer les animaux que l'on s'accorde généralement à rapporter à des genres perdus. Tous appartiennent aux premiers étages des terrains tertiaires, et, suivant quelques personnes, il en est qui se rapportent aux dernières couches de ceux du second ordre. On ne remarque point parmi les Mammifères fossiles, même parmi ceux dont les genres n'ont plus aujourd'hui de représentans, ces formes si bizarres et en apparence si extravagantes que nous montrent les Ichthyosaures, les Plésiosaures, les Ptérodactyles, etc., que l'on rapproche de la classe des Reptiles. Les Megatherium, Megalonyx, Mastodonte, Anthracotherium, Anoplotherium, Elasmotherium, Palæotherium, Lophiodon, et surtout les Dinotherium, sont les plus intéressans. La plupart appartiennent aux Pachydermes, et semblent avoir vécu dans des lieux marécageux. Les Dinotherium, qu'on rapportait d'abord aux Tapirs, semblent être, ainsi que le font remarquer MM. Kaup et de Blainville, des Gravigrades aquatiques, établissant un nouveau lien entre les Eléphans et les Lamantins.

Les espèces perdues qui font partie de genres encore existans, sont beaucoup plus nombreuses; il s'en trouve de tous les ordres, si ce n'est de ceux des Bimanes et des Quadrumanes. On cite parmi elles des Ours, des Chiens, des Tatous, des Eléphans, des Cerfs, des Antilopes, des Rhinocéros, des Tapirs et des Didelphes; enfin, on vient tout récemment de constater l'existence des Chameaux à l'état fossile. Pour quelques Mammifères fossiles la distribution géographique est la même que présentement; mais pour beaucoup d'autres elle est complétement différente. La plupart (Eléphans, Rhinocéros, Tapirs, Lamantins, etc.) n'ont plus de représentans que dans les contrées les plus chaudes du globe, tandis que leurs débris sont en prodigieuse quantité vers le nord; enfin il en est qui sont d'Europe et n'ont plus de congénères qu'en Amérique ou même à la Nouvelle-Hollande, comme on le voit pour les Didelphes.

Les os fossiles qui se rapportent à des Mammifères actuellement vivans, ou du moins qui ne paraissent pas en différer spécifiquement, sont plus nombreux encore. Beaucoup d'entre eux se retrouvent dans les mêmes contrées : c'est surtout au groupe des Rongeurs qu'ils appartiennent.

Les recherches d'ostéologie paléontologique font connaître les nombreuses espèces qui ont laissé tous ces ossemens, et de plus elles fournissent, pour la détermination des terrains, d'importans renseignemens que MM. G. Cuvier et A. Brongniart ont surtout employés. Sans les fossiles, dit le premier de ces naturalistes, on n'aurait peut-être jamais songé qu'il y ait eu dans la formation du globe des époques successives et une série d'opérations différentes. Eux seuls, en effet, donnent la certitude que le globe n'a pas toujours eu la même enveloppe, par la certitude où l'on est qu'ils ont dû vivre à la surface avant d'être ainsi ensevelis dans la profondeur. Néanmoins la valeur géologiquement caractéristique des ossemens fossiles n'est pas, dans tous les cas, la même, puisque l'on trouve quelquefois des animaux analogues dans des couches assez différentes, ainsi que le prouve la tête de Lophiodon observée dans le calcaire grossier par M. E. Robert, et que de plus il peut arriver que dans une même localité on trouve des animaux d'époques différentes, comme cela se voit dans les brèches à ossemens. La détermination et le groupement des terrains diffèrent peu d'ailleurs depuis l'application de la paléontologie ostéologique à la géologie, et la subdivision à laquelle Werner était arrivé, en distinguant les alluvions anciennes des alluvions modernes, ou la période jovienne et la période saturnienne, est encore généralement admise; mais la zoologie fossile nous a fourni, par l'étude des débris de toutes les classes, une foule de renseignemens curieux sur l'état des contrées et sur leurs habitans, et par suite a confirmé ou infirmé les déterminations qu'on en avait faites.

Les animaux n'ont point été, à toutes les époques de la formation du globe terrestre, aussi compliqués qu'ils le sont présentement, et les premiers habitans de notre planète se rapportent à divers groupes assez inférieurs. Cependant cette assertion ne doit pas être prise dans sa plus grande généralisation; car si dans les plus anciennes couches fossilifères on ne retrouve pas de quadrupèdes mammifères, il existe des poissons et même, d'après quelques auteurs, des os de reptiles dans quelques uns. Quant à l'époque de l'apparition des Mammifères, elle a été déterminée différemment par les auteurs. Cuvier pense que ces animaux n'ont commencé qu'après la formation de l'argile plastique pendant la période tertiaire. « Ce n'est même que dans le calcaire grossier qui repose sur les argiles que j'ai commencé, dit-il, à trouver des os de Mammifères : encore appartiennent-ils tous à des Mammifères marins, à des Dauphins inconnus, à des Lamantins et à des Morses.

» Ce n'est que dans les couches qui ont succédé au tertiaire grossier ou tout au plus dans celles qui auraient pu se former en même temps que lui, mais dans les lacs d'eau douce, que la classe des Mammifères commence à se montrer dans une certaine abondance.

» Je regarde comme ayant appartenu au même âge et comme ayant vécu ensemble, mais peut-être sur des points différens, les animaux dont les ossemens sont ensevelis dans des molasses et des couches anciennes de gravier du midi de la France; dans des gypses mêlés de calcaire, tels que ceux des environs de Paris et d'Aix, et dans les bancs marneux d'eau douce, recouverts de bancs marins de l'Alsace, de l'Orléanais et du Berry.

» Cette population animale porte un caractère très-remarquable dans l'abondance et la variété de certains genres de Pachydermes, qui manquent entièrement parmi les quadrupèdes de nos jours et dont les caractères se rapprochent plus ou moins des Tapirs, des Rhinocéros et des Chameaux.

» Ces genres, dont la découverte m'est entièrement due, sont les *Palæotherium*, les *Lophiodon*, les *Anoplotherium*, les *Anthracotherium*, les *Chæropotames* et les *Adapis*. » Oss. foss., t. 1.

On trouve aussi des animaux entièrement terrestres qui ont vécu à la même époque, et les plâtres de Montmartre ont fourni des os de Renards différens de celui d'Europe et dont plusieurs se rapprochent de ceux d'Amérique; des débris d'insectivores, de Coatis, de Ratons, de Genettes, ainsi que de Chauve-souris; de plus, il y a encore dans les mêmes terrains des restes de Didelphes qui sont du Nouveau-Monde, et d'un Mammifère voisin des Thylacynes qu'on ne trouve maintenant qu'à la Nouvelle-Hollande. On y a recueilli également les squelettes de deux petits Rongeurs du genre des Loirs, et une tête du genre des Ecureuils, dont Cuvier a donné la description.

Le petit nombre de points sur lesquels on a étudié avec soin les fossiles, ne permet pas d'arriver à des données générales bien positives; mais on a sur les modifications éprouvées par plusieurs localités remarquables, d'importans renseignemens. Aux environs de Paris les Mammifères n'ont apparu, d'après les recherches de Cuvier, qu'après la formation de l'argile plastique; les premiers qui se présentent sont dans le calcaire grossier; ils se rapportent à des genres aquatiques (1). Après eux se montrent tous ceux que nous venons de citer et qui sont terrestres, semi-aquatiques, ou d'eau douce seulement.

On ne peut douter que cette population, que l'on pourrait appeler, comme le dit Cuvier, « une population de moyen âge, une première grande production de Mammifères, n'ait été entièrement détruite; et, en effet, partout où l'on en découvre les débris, il y a au dessus de grands dépôts de formation marine; en sorte que la mer a envahi les pays que ces races habitaient et s'est reposée sur eux pendant un temps assez long.

» Mais la mer, qui avait recouvert ces terrains (2) et détruit leurs animaux, laissa de grands dépôts qui forment encore aujourd'hui à peu de profondeur la base de nos grandes plaines; ensuite elle se retira de nouveau et livra d'immenses surfaces à une population nouvelle, à celle dont les débris remplissent les couches sablonneuses et limoneuses de tous les pays connus.

» C'est à ce dépôt paisible que je crois devoir rapporter quelques Cétacés fort semblables à ceux de nos jours : un Dauphin voisin de notre Epaulard et une Baleine très-semblable à nos Rorquals, déterrés l'un et l'autre en Lombardie, par M. Cortesi ; une grande tête de Baleine trouvée dans l'enceinte même de Paris et décrite par Lamanon et par Daubenton, et un genre entièrement nouveau que j'ai decouvert et nommé *Xiphius*, et qui se compose déjà de trois espèces. Il se rapproche des Cachalots et des Hyperoodons. »

D'autres Mammifères, dont les débris appartiennent à nos couches meubles et superficielles, et qui se rapportent aussi à des espèces et même à des genres perdus, ont vécu sur les terrains dont nous venons de parler; on ne trouve plus parmi eux les Anoplothérium, les Lophiodon et tant d'autres qui sont caractéristiques de la période à laquelle les Palæotherium ont donné leur nom (période Palæothérienne); ce sont des Mastodontes, animaux dont le genre a été détruit, des Eléphans congénères de ceux qui vivent aujourd'hui en Afrique et en Asie, mais spécifiquement différens. Des Rhinocéros, se rapportant à plusieurs espèces; des Hippopotames, des Cerfs et des Carnassiers, dont la taille surpassait certainement celle des plus grands Lions, vivaient aussi avec eux, ainsi que les Dinotherium, ou bêtes terribles, dont on vient de découvrir à Epseilhem, auprès de Darmstadt, une tête qui a près de deux mètres de longueur; tous ces animaux sont des terrains superficiels de l'Europe, et ont en partie été connus avant les autres fossiles.

Dans différentes localités, se rencontrent souvent, mêlés à ceux des animaux de cette époque, des os de Mammifères qui ne paraissent pas différer de ceux que l'on connaît aujourd'hui; ceux-ci ont été déposés plus récemment et se trouvent dans des cavernes où ils se sont sans doute réfugiés, et où ils seront morts au milieu des os de quadrupèdes perdus; ou bien ils sont enfouis dans des terrains de formation récente et qui appartiennent à la période actuelle. C'est à l'époque de la fossilisation de ces derniers animaux que beaucoup de géologues rapportent de prétendus Anthropolithes ou hommes fossiles, que l'on rencontre parfois dans diverses parties de l'Europe, et dont un bel exemplaire a aussi été observé à la Guadeloupe. Sœmmering et G. Cuvier ont surtout soutenu la thèse, qualifiée parfois de géologie biblique, que l'homme (auquel il faut joindre les Singes) n'a pas apparu en même temps que cette foule nombreuse de Mammifères. M. Marcel de Serres, M. Schmerling, Boué et plusieurs autres, défendent l'opinion opposée. « D'abord, dit M. Boué (Guide du géologue voyageur, t. II, p. 241), qui a résumé la question avec impartialité et savoir, l'association de l'homme aux Singes est malheureuse, en ce qu'on n'a pas encore cité d'ossemens de ces derniers, même dans les alluvions récentes de la zone équatoriale, tandis qu'on en a retiré des squelettes humains : mais, en accordant même ce point, je m'appuierai toujours sur les os et les crânes trouvés en Saxe, dans le pays de Bade et en Autriche, dans le *lehm*, dépôt argileux déposé lors de l'époque alluviale ancienne. En effet, la forme de ces têtes paraît étrangère à celle des crânes des races blanches pour se rapprocher des formes de certains crânes des races du sud de l'Amérique.

» Ensuite j'ajoute foi, sauf restriction, au mélange de ces restes humains, au milieu d'ossemens d'animaux éteints, soit dans ces cavités, soit

(1) Notre collaborateur M. Charles d'Orbigny, a fait connaître à l'Académie des Sciences (Comptes rendus, 1836, semestre deuxième, p. 226) le fait curieux d'ossemens fossiles de Mammifères (Loutres, Anthracotherium et Lophiodon), découverts à Meudon près Paris, au dessous de l'argile elle-même. Ce fait, celui de M. Robert, et l'observation du *Didelphis Bucklandii*, signalé par M. Broderip dans le calcaire oolithique de Stonesfield, sont autant d'argumens que les géologues opposent à cette manière de voir. Un autre non moins important a rapport aux os de Pachydermes que M. Hugi a trouvés depuis peu dans le calcaire porphyroïdien, à Soleure en Suisse. Il y avait donc des Mammifères avant cette époque, et ceux-ci, de même que d'autres qui leur sont contemporains, étaient terrestres.

(2) Dont l'étendue n'a pas encore été bien appreciée, et dont les environs de Paris, étudiés par MM. G. Cuvier et A. Brongniart, peuvent être considérés comme le prototype.

dans des cavernes. J'ai déjà reconnu qu'il peut y avoir eu çà et là des remaniemens de ces dépôts, de manière que des ossemens de différentes races humaines, comme des os d'animaux vivans encore, auront pu se mêler avec les couches supérieures des dépôts ossifiés anciens; des cavernes ont pu être habitées à plusieurs reprises, elles ont pu servir de sépulture; mais quand je vois en Belgique M. Schmerling mettre le plus grand soin dans l'examen des cavernes, et trouver non seulement des têtes rappelant les formes africaines, mais même des poteries grossières, je me sens involontairement poussé à me demander s'il n'est pas dans la nature des choses que les hommes aient commencé par des espèces analogues aux nègres et aux hommes habitant entre les tropiques.

»Enfin si je trouve une grande probabilité à l'existence de l'homme lors de l'époque alluviale ancienne, je n'en veux pas pourtant décider la question, et surtout je me garderai de rejeter les diverses explications ingénieuses ou archéologiques par lesquelles on a rendu compte des détails palæontologiques des cavernes de la France méridionale. Des figurines et des monnaies romaines, des poteries celtiques, etc., tout cela ne peut se trouver dans nos alluvions anciennes. »

Nous citerons (mais sans vouloir, comme on le pense bien, appuyer l'opinion des savans qui font remonter l'apparition des Mammifères à une époque ancienne, mais seulement pour permettre d'apprécier l'autorité des témoignages de ce genre), l'empreinte de pieds humains trouvée en Amérique dans un calcaire secondaire de la vallée du Mississipi, et dont un croquis a été publié dans le tome 95 du Journal de Physique, rédigé par M. de Blainville. D'autres empreintes de pieds d'animaux ont été décrites depuis, et plusieurs se rapportent, d'après les déterminations de MM. Sickler, de Humboldt, etc., à des animaux quadrupèdes, mais sur le genre desquels on varie, puisque les uns en font des Salamandres, d'autres des Lézards, bien que les empreintes soient loin de ressembler à celles des pieds de ces animaux, et que plusieurs les rapportent à des Mammifères, soit phalangers, soit plantigrades, soit même quadrumanes. Ces empreintes existent à la surface inférieure de plaques de grès, et sont fréquentes dans les carrières d'Hilburghausen, en Saxe. On admet qu'elles sont dues à des animaux qui, ayant marché à la surface de l'argile qui est inférieure au grès, y auraient laissé leurs empreintes avant la formation de celui-ci, lequel, venant à s'écouler, aura rempli et représenté en relief les moules creux laissés par les pas des Mammifères. Ces pas, ou ce qu'on nomme ainsi, sont disposés par séries, et la dimension de chacun d'eux varie selon les séries; ils présentent trois ou même quatre et cinq parties ou doigts dont l'externe est éloigné des autres et paraîtrait représenter le pouce. Ce pouce, placé en dehors, est une première objection à la détermination de ces empreintes qui ne sont certainement pas de quadrumanes, et qui se rapportent moins encore à des pas de Phalangers, puisque, chez ces animaux, le pouce est en dedans comme chez tous les autres, et non en dehors, et que d'ailleurs, les doigts médius et indicateur des pieds postérieurs sont plus petits que leurs voisins et réunis par une véritable syndactylie (*voy.* l'art. DIDELPHES); or c'est précisément l'inverse quant aux dimensions, pour les impressions du grès bigarré. Les nombreux argumens qui empêchent de reconnaître ces empreintes comme formées par des pieds d'animaux ont été exposés par M. de Blainville devant l'Académie des sciences (Comptes rendus, pour l'année 1836); et l'examen des empreintes en elles-mêmes (on possède au Musée de Paris deux dalles qui en présentent de plusieurs sortes), sera le sujet d'un Mémoire que ce savant se propose de publier. M. Kaup a nommé Chirotherium les animaux qui ont, suivant lui, laissé ces traces singulières; et bien qu'on ne possède aucun débris, il a *caractérisé* et nommé plusieurs espèces de ces Chirotherium. On doit citer comme ayant vécu à une époque fort reculée, et très-probablement antérieure à celle qu'a fixée Cuvier pour sa première apparition des Mammifères, des animaux didelphes dont plusieurs débris ont été signalés par MM. C. Prevost et Broderip (*Didelphis Prevostii* et *Bucklandii*).

Nous terminerons cet article en indiquant les noms des principaux auteurs qui ont étudié les Mammifères fossiles; et, sans remonter jusqu'aux pères de la science, nous dirons d'abord que le dix-septième siècle a produit sur ces représentans de l'ancienne population de nos contrées, plusieurs ouvrages et divers mémoires, parmi lesquels il en est un de Réaumur qui traite des débris que Cuvier a depuis nommés Mastodontes. Le dix-huitième siècle nous offre les travaux de Pallas dont plusieurs Mémoires (*De ossibus Siberiæ fossilibus*, et *De reliquis animalium exoticorum per Asiam borealem repertis : Novi comm. Petrop.*, t. XIII-XVII) sont surtout appréciés; ceux de Lamanon, de Daubenton, etc., sont aussi recommandables; mais une plus grande portée scientifique caractérise ceux de Camper père et fils, de Rosenmuller, de Blumenbach, qui ont, les premiers, déterminé que certains débris fossiles différaient spécifiquement des animaux de nos jours. Blumenbach a nommé l'*Ursus spelæus* et *arctoïdeus* et l'*Elephas primogenius*; Sœmmering, Faujas-St-Fond, Blainville, Goldfuss, G. Fischer, Mayer, Desmarest, Bojanus, Marcel de Serres, E. Geoffroy, et plus récemment Kaup, Sieger, Christol, Bravart, Croizet et Jaubert, Clift, etc., ont aussi puissamment contribué aux progrès de la palæontologie mammalogique; mais les travaux les plus importans sur cette branche de nos connaissances sont certainement ceux de G. Cuvier, qui a fait connaître dans une suite nombreuse de Mémoires publiés dans les Annales du Muséum de Paris, et rassemblés après en un corps d'ouvrage, sous le titre de Recherches sur les ossemens fossiles (dont la quatrième édition, beaucoup plus commode avec le texte in-8°, s'imprime en ce moment par les soins de MM. Fr. Cuvier et Laurillard. Paris 1834 à 1836, chez Ed. d'Ocagne), les superbes fossiles que lui ont surtout procurés les riches carrières des environs de Paris. Cuvier a étudié les fossiles mammifères avec plus de suite que ceux des autres animaux vertébrés. Il les a savamment comparés aux ossemens des espèces qui vivent aujourd'hui, et il a publié sur l'ostéologie de la plupart de ces dernières des renseignemens bien importans. Les données géologiques auxquelles lui et son savant collaborateur M. Alex. Brongniart furent conduits, ont été exposées en partie dans cette note, et elles le seront avec plus d'extension dans divers autres articles de ce Dictionnaire, auquels le lecteur est prié de recourir. Elles sont résumées avec tout le talent du savant palæontologiste français, dans le discours préliminaire de son ouvrage; cet excellent abrégé est aussi imprimé séparément sous le titre de Discours sur les révolutions du globe. (Gerv.)

MAMMILLAIRE, *Mammillaria*. (bot. phan.) Comme à l'article Cactées il a été omis diverses observations importantes; comme depuis 1816 la botanique et l'horticulture en particulier se sont enrichies, surtout dans ces dernières années, de la découverte et de la possession d'un grand nombre d'espèces de Cactées nouvelles et intéressantes, qui nous forcent de changer totalement la face du travail fait avant nous, nous croyons, dans l'intérêt de nos lecteurs, devoir leur donner ici un aperçu succinct de l'état actuel de la science, au sujet de cette étonnante et admirable famille, dont tous les individus attirent l'attention par l'étrangeté de leurs formes si bizarres, la beauté et l'éclat de la plupart de leurs fleurs.

Heureux d'avoir contribué par nos efforts constans à répandre le goût de cette charmante famille parmi les amateurs et les savans qui s'en occupent maintenant à l'envi, nous soumettons avec confiance ce premier travail à l'examen de ceux-ci, en appelant leur indulgence sur cet essai préparatoire; car ils savent que, malgré les travaux récens de quelques illustres botanistes, qui ont jeté de vives clartés sur les plantes de cette famille, on est loin encore d'avoir débrouillé le chaos des espèces et des genres; fait qui dépend non seulement du défaut d'observations soutenues sur le petit nombre d'espèces végétant plus ou moins mal dans nos serres, parce qu'elles ont manqué jusqu'ici (1) de soins éclairés, mais encore du défaut d'indications certaines sur leur habitat, leur végétation, leur floraison, leur fructification, etc., prises sur les lieux où elles croissent. Nous ajouterons qu'aucun horticulteur ou amateur, jusqu'aujourd'hui, n'a jugé ces plantes dignes d'une culture spéciale, et a reculé devant les dépenses minimes qu'elle entraînerait. En effet, tel cultive un genre et en néglige un autre; et tous reculent devant la culture des espèces qui s'élèvent un peu haut, et qui cependant alors les dédommageraient amplement par l'abondance de leurs fleurs et de leurs fruits, restés jusqu'ici pour la plupart inconnus. Qu'il nous soit permis, en terminant cette digression nécessaire, avant d'entrer en matière, de nous citer nous-même et de dire que, voué uniquement à la culture de ces belles plantes que nous cherchons à élever et à rendre dignes de la science, nous espérons les faire parvenir aux dimensions auxquelles elles atteignent dans leur patrie, pour pouvoir les décrire convenablement. Nous ajouterons que le petit travail que nous présentons au lecteur est le produit d'observations sévères, répétées depuis dix ans, d'après lesquelles nous avons été assez heureux pour relever quelques erreurs graves, et le mettre en état, nous osons l'espérer, de paraître sous les yeux de nos maîtres dans la science, qui y verront le résultat de leurs propres pensées, détournées par des travaux sans doute plus importans, et jugeront avec indulgence ce premier essai tenté uniquement pour mériter leurs suffrages. Nous les préviendrons en même temps que les limites de ce Dictionnaire restreignent singulièrement notre tâche, et qu'il nous a été impossible de décrire les espèces, et d'entrer dans tous les développemens que cette matière comprendrait et qui formeraient au moins un volume. Aussi, comme nous l'avons dit, n'est-ce qu'un aperçu succinct sur la famille des Cactées; nous les prions donc de suppléer en imagination à nos lacunes forcées: *Ament meminisse periti.*

On connaît aujourd'hui près de trois cent cinquante espèces de Cactées, et les botanistes ont dû modifier le genre *Cactus* de Linné, plus que décuplé maintenant, en y introduisant des divisions fondées sur des caractères distinctifs, pour se reconnaître et se guider dans le labyrinthe des espèces. Bientôt le genre lui-même a été élevé au rang de famille, et les divisions au rang de genres. Miller, Haworth et tout récemment M. De Candolle père, sont les auteurs de ces changemens, habilement motivés sur les caractères divers qui les constituent.

Ainsi, la famille des Cactées (*Cacteæ*, D. C., *Nopalæ*, *Opuntiaceæ*, *Cactoideæ*, *Cacti*, etc., et *alii*) a été partagée en deux tribus ou sous-familles, les Opuntiacées et les Rhipsalidées; la première contient toutes les Cactées à péricarpe (fruit ou baie) uniloculaire, et la seconde le seul genre Rhipsalis, à péricarpe triloculaire, selon quelques auteurs. Mais il y a là une erreur grave et que nous devons nous empresser de signaler; c'est que la présence de trois cloisons dans les *Rhipsalis* n'existe pas. Nous nous en sommes assuré en faisant la section des fruits de tout âge, à différens degrés de maturité, de bon nombre d'espèces de *Rhipsalis* (*Rhipsalis gran-*

(1) Je dis jusqu'ici, parce qu'il se présente quelques honorables exceptions, nous citerons entre autres M. Neumann, chef des serres du Muséum, qui s'occupe de la culture de cette famille avec un zèle et un talent dignes d'éloges; nous lui adjoindrons M. de Monville, qui, tout récemment, a fait venir à grands frais de belles et rares espèces, à la culture desquelles il se livre avec un goût éclairé. On ne saurait trop donner de publicité à de pareils faits, si honorables pour les individus qui, tout en satisfaisant leur goût, contribuent à l'avancement de la science.

diflorus, *cassytha*, *mesembrianthemoïdes*, *salicornioïdes*, etc.). Nous les avons toujours trouvés à une seule loge, et les graines nidulantes au centre de la pulpe. Gaertner, Hooker, Haworth déjà n'avaient attribué qu'une loge aux baies des deux Rhipsalis qu'ils connaissaient, et les auteurs subséquens, se fiant à des dessins probablement inexacts, qui représentaient ces baies triloculaires, ont cru devoir adopter cette division, fort naturelle, si leur conjecture se fût vérifiée. Or, nous osons affirmer ici le contraire, qui résulte d'observations faites sur le vivant. Ainsi donc, en supposant nos expériences exactes (et nous appelons avec confiance sur ce sujet les investigations des savans), la famille des Cactées serait une, et se composerait des dix genres suivans, que nous essaierons de décrire provisoirement, nous réservant, dans un travail plus étendu que nous méditons, de les caractériser suffisamment pour engager les botanistes à les adopter, ou au moins à les regarder comme des tribus distinctes de la famille (1). Ce sont par ordre de succession naturelle :

1° *Mammillaria*; 2° *Melocactus*; 3° *Echinocactus*; 4° *Cereus*; 5° *Epiphyllum*; 6° *Lepismium*; 7° *Cactus*; 8° *Opuntia*; 9° *Perescia*; 10° *Hariota*.

On voit par cet exposé que nous adoptons le genre *Epiphyllum*, proposé par Haworth, le *Lepismium* par Pfeiffer, dont nous avons le regret de ne pas connaître l'œuvre; enfin le genre *Cactus* que nous proposons, et dont nous citerons, aussi bien que possible, maintenant, les caractères à son ordre, en attendant que nous puissions nous étendre sur cette discussion importante dans des travaux spéciaux, où nous donnerons aussi les caractères généraux de la famille, que l'étendue de ce Dictionnaire ne nous permet pas d'établir d'une manière détaillée. Nous rétablissons aussi, comme étant plus ancien, le genre *Hariota* d'Adanson, en supprimant le *Rhipsalis* de Gaertner : c'est à la fois un devoir pour nous et c'est un hommage rendu à la mémoire du premier de ces auteurs.

1° Mammillaire, *Mammillaria*, Mill., plantes basses, à tiges sphéroïdes ou allongées en colonne, hérissées en tous sens de tubercules horizontaux, en forme de mamelons (de là leur nom de Mammillaires), disposés (2) en spirales multiples, et terminés par un faisceau d'épines rayonnantes assez courtes, dont une ou plusieurs au centre sont plus fortes et plus longues, souvent dressées vers le ciel et quelquefois (l'une d'elles du moins) terminées en hameçon; jaunes ou fauves ordinairement, et souvent d'un rose ou d'un pourpre vif dans la jeunesse. Ce faisceau est entouré d'un duvet cotonneux plus ou moins abondant, long dans la jeunesse, et qui disparait avec l'âge avancé des mamelons; souvent l'intervalle creux des mamelons est orné aussi d'une touffe de ce duvet qui persiste plus long-temps. Les fleurs sont petites, tubuleuses, à pétales peu nombreux (de 8 à 20), rouges, jaunâtres ou d'un blanc sale, et sortant en assez grand nombre vers le sommet, qu'elles ceignent comme d'une couronne. Il leur succède une baie (ovaire développé) entièrement lisse, allongée, rouge, portant au sommet les vestiges desséchés du périanthe, bonne à manger, et contenant un grand nombre de graines fort petites, chagrinées, globuleuses à l'extrémité opposée au hile, réniformes, noires ou brunâtres, à hile orbiculaire, creux, situé un peu en retour sur le côté intérieur du *rein*, etc. Les Mammillaires sont des plantes ordinairement basses, vivaces et se réunissant en groupe nombreux. Quelques unes sécrètent une liqueur épaisse, visqueuse, blanche, dont la composition chimique mériterait d'être analysée. Une d'elles fait exception par la hauteur à laquelle elle parvient (5 pieds), c'est le *Mammillaria coronaria*, Willd. On a dit à tort que ce genre manquait de cotylédons, ils sont fort peu reconnaissables à la vue simple, mais cependant distincts à l'aide d'une lentille à foyer moyen. On en connait au moins soixante espèces.

2° Melocacte, *Melocactus*, D. C., vulgairement Bonnet à l'anglais, etc.; plantes basses, à tiges plus ou moins sphéroïdes ou coniques, à côtes nombreuses (de 16 à 50!), épaisses, verticales ou légèrement spirales, hérissées de faisceaux de fortes et longues épines, divariquées, les médianes et les inférieures plus longues et plus fortes; munies dans la jeunesse d'un peu de duvet qui enveloppe les jeunes épines et disparaît plus tard; l'âge adulte de ce genre se reconnaît lorsqu'au sommet croît une touffe sphéroïde ou conique (*cephalium*), cotonneuse, entremêlée de nombreuses épines longues et fines d'un rouge fauve, à laquelle quelques auteurs ont donné à tort, selon nous, le nom de spadice. De ce céphalium (mot que nous adoptons d'après les Allemands, et faute d'un plus convenable), formé de mamelons très-serrés qui lui donnent l'aspect d'une Mammillaire implantée au sommet d'un Mélocacte (D. C.), sortent de nombreuses et jolies petites fleurs roses à pétales assez nombreux, plus grandes que celles des Mammillaires, tubuleuses comme elles, et suivies d'une baie plus grosse aussi, lisse, rouge, renflée vers le sommet, et s'échappant du cephalium, au moment de la maturité, par une espèce de mouvement propre, comme nous l'avons vérifié bien des fois sur plusieurs espèces. Graines noires, chagrinées, nombreuses, nageant dans une pulpe humide et acidulée, ayant la forme d'un dé à coudre étranglé et oblique à sa base. On connait une vingtaine de *Melocactus*, dont nous saisirons l'occasion de faire connaître ici une magnifique espèce, introduite par M. de Monville, et que malheureusement

(1) Et, en effet, la multiplicité des espèces nouvelles, comblant chaque jour les lacunes qui existent entre ces genres, forcera peut-être de revenir purement et simplement au genre *Cactus* de Linné; nos genres alors ne seraient effectivement que des sections, basées principalement sur les formes extérieures.

(2) Cette disposition en spirale de tous les organes, tels que aréoles, tubercules, feuilles, pétales, etc., est commune à toutes les Cactées. Nous n'y reviendrons pas.

il vient de perdre à notre grand regret (1). On peut voir son cadavre à la galerie de botanique du Muséum, où on l'a improprement nommée *Melocactus polyacanthus*, quoiqu'il ait moins d'épines que ses congénères.

MÉLOCACTE A ÉPINES ANGULEUSES, *Melocactus goniodacanthus*, Nob.

Tige conique ou pyramidale, de 20 centimètres environ de hauteur; seize à vingt côtes aiguës, vertes, très-saillantes, sinus aigu, profond; faisceaux d'épines assez distans; duvet peu apparent; six épines en rayons, quatre latérales, une supérieure courte, accompagnée souvent des rudimens de deux autres plus ou moins avortées; l'inférieure, plus longue, toujours unique; toutes sont trigones ou subtétragones et un peu canaliculées, blanches, et devenant roses quand elles sont mouillées; céphalium court, conique, à duvet touffu et blanc, épines d'un beau rose, longues, souples, peu nombreuses.

Nous n'avons pas vu les fleurs de cette espèce, très caractérisée par ses épines anguleuses qui la distinguent suffisamment des autres.

5° ECHINOCACTE, *Echinocactus* (Otto.). Ce genre, à peine distinct du précédent par la forme qui est la même, en diffère essentiellement en ce que le sommet des plantes qui le composent n'est jamais terminé par un céphalium, et en ce que ses fleurs, beaucoup plus grandes, fort belles, rouges ou roses (*Echinocactus centeterius*, *oxygonus*), blanches (*Ech. sulcatus*, *Eyriesii*, *Schellasii*, *tubiflorus !! Non cerei*). Jaunes (*Ech. Ottonis*, *erinaceus*, Nob.; *tetracanthus*, Nob.; *corynodes*, etc.), sortent latéralement des faisceaux d'épines et souvent vers le sommet, qui est plus ou moins déprimé. Elles sont toujours enveloppées d'un duvet long, blanchâtre ou brun, tellement abondant au sommet, que dans quelques espèces l'on dirait un céphalium naissant (*Ech. tetracanthus*, *corynodes*, *erinaceus*, etc.). Ces fleurs atteignent, dans les espèces que nous avons citées en premier (*Ech. sulcatus*, *Eyriesii*, etc.), une longueur de 7 à 9 pouces sur deux et demi de diamètre; elles répandent une odeur douce, semblable à celle du Datura, mais qu'il serait dangereux de respirer long-temps, à cause de leurs propriétés stupéfiantes, qui, si ces plantes étaient réunies en certain nombre dans un appartement, détermineraient certainement l'asphyxie. Dans les fleurs jaunes des *Echinocactus Ottonis*, *corynodes*, nous avons le premier remarqué un phénomène tout-à-fait analogue à celui qu'on voit dans les *Opuntia* à articles plans; nous voulons dire ce mouvement d'irritabilité si singulier des étamines. Comme dans les fleurs de ce genre, si on souffle légèrement sur les étamines de ces Echinocactes, ou si on les irrite avec une pointe, on les voit opérer un mouvement de torsion sur elles-mêmes, se replier en hâte sur le pistil; le mouvement se communique de proche en proche et est opéré par celles même qui n'ont pas été touchées. Phénomène bien digne de l'attention des physiologistes, analogue à celui des Mimoses, et resté encore inexplicable.

Les fleurs jaunes de ces espèces présentent en outre un second phénomène; elles sont essentiellement météoriques, s'ouvrant quand le soleil est à leur horizon, se refermant quand il en disparaît, et sensibles même à un nuage qui le leur cache momentanément; car on les voit alors replier le limbe de leurs nombreux pétales vers le centre, et elles les refermeraient tout-à-fait si les nuages se condensaient. C'est ce que nous avons expérimenté maintes fois.

On connaît plus de trente espèces de ce magnifique genre, le plus beau sans contredit de la famille, et dont le seul tort est de produire, comme chez les autres genres, des fleurs d'une durée éphémère (à peine 12 heures), quoique les espèces à fleurs jaunes gardent les leurs plus long-temps (5 à 6 jours), probablement à cause de leur météorité. Ces dernières s'ouvrent le matin de 9 à 10 heures, tandis que les autres s'ouvrent une seule fois à 7 ou 9 heures du soir pour se refermer à jamais le lendemain matin, à pareille heure; mais leurs fleurs sont si belles et si nombreuses ! disons encore qu'il y en a presque toute l'année.

Il succède à ces fleurs une baie verdâtre ou rougeâtre, globuleuse ou un peu allongée, de la grosseur d'une prune, recouverte d'écailles ou pétales avortés, subsistant par leurs débris, et contenant une pulpe assez ferme, au centre de laquelle rayonnent, convergeant en différens sens, pliés et repliés sur eux-mêmes, de véritables funicules pulpeux, portant chacun une graine petite, noire, chagrinée, en forme de dé à coudre, assez semblable à celles des Mélocactes.

C'est ici le lieu de placer une discussion nécessaire sur un point essentiel, débattu vivement depuis quelque temps, et que nous espérons voir terminer par ce que nous allons tâcher d'exposer du mieux qu'il nous sera possible. Quelques auteurs allemands, et le prince de Salm-Dick à leur tête, placent dans le genre qui va suivre (Cierges, *Cerei*), les *Echinocactus sulcatus*, *Eyriesii*, *Schelhasii*, *tubiflorus*, *denudatus*, etc., sous la dénomination de Cierges globuleux (*Cerei globosi.*), sous le prétexte que ces derniers ont la fleur tubuleuse; d'autres, mais heureusement ce ne sont point des botanistes, en font autant, en disant que ces espèces s'allongent en cierge. Nous allons essayer de combattre les premiers, en leur opposant des faits caractéristiques tirés de la science; les autres, en leur en citant d'autres purement physiques, nous voulons dire simples et naturels.

Et d'abord nous représenterons aux botanistes qu'un genre doit être fondé sur des caractères tirés, soit des organes génitaux, soit des organes séminaux; que l'on ne peut adopter pour sa distinction le plus ou moins de brièveté du tube de la fleur, organe transitif et inconstant; que d'ailleurs les genres Mammillaire, Mélocacte, Echinocacte, Epiphylle, ont tous leurs fleurs en tubes

(1) On en a semé au Muséum quelques graines qui ont levé et que l'on espère conserver.

plus ou moins longs il est vrai; or, si ces botanistes eussent pensé à examiner les graines de ces Echinocactes *dissidens*, ils eussent remarqué leur différence avec celle des vrais Cierges; différence assez tranchée, indépendamment de celle des formes extérieures de ces plantes, pour ne pas permettre de les confondre. Or, nous l'avons dit, dans les Echinocactes, la graine a la forme d'un dé à coudre étranglé à sa base, et dans les Cierges elle est réniforme ou plutôt elle a celle d'une petite fève sans étranglement, comme dans la précédente. La nature même de la baie, dans les deux genres, les sépare encore parfaitement : dans les Echinocactes elle est verdâtre ou rougeâtre, très-écailleuse, ridée, pleine d'une pulpe ou plutôt de funicules pulpeux disposés en boyaux, qui se dessèchent en mûrissant; dans les Cierges, au contraire, cette baie est au moins de la grosseur d'un œuf de poule (dans le pays natal) remplie d'une pulpe abondante, humide, acidulée, où les graines nagent librement, qui ne se dessèche point à la maturité et est bonne à manger. Nous pourrions multiplier les différences, nous supposons que celles que nous venons de citer suffiront aux botanistes pour opérer une rectification nécessaire, et conforme à la nature. Une dernière et *irréfutable* objection c'est que ce genre est dépourvu d'axe ligneux, particulier aux Cierges et aux genres qui suivent.

Nous répondrons maintenant aux seconds, qui veulent créer des Cierges avec des plantes formées en boule, qu'on nous pardonne ce langage, qu'ils n'ont pas réfléchi, quant à la disposition céréiforme de quelques Echinocactes ou Mélocactes, que dans nos serres, l'inclinaison forcée de nos vitres, et surtout l'obliquité de notre soleil septentrional, tendaient sans cesse à attirer le sommet de ces plantes de son côté, et à les faire dévier de la verticale, qu'elles tiennent constamment sous l'équateur, où les rayons solaires dardent à plomb sur leur tête. Nous sommes fâchés d'avoir à rappeler ici cette vérité banale, qui fera sourire beaucoup de nos lecteurs, parmi eux surtout les horticulteurs un peu éclairés, qui savent à satiété que, s'ils oublient de retourner la veille un végétal exposé du côté du soleil, le lendemain le sommet sera dirigé, penché de ce même côté. Aussi sont-ils obligés, pour ne pas avoir de plantes déformées, de les retourner souvent du côté opposé à la lumière.

Il résulte donc tout simplement de ceci que des Echinocactes et même des Mélocactes, qui, dans leur patrie, resteront déprimés, sous une forme conique ou sphéroïde, s'allongeront chez nous *céréiformément*, attirés qu'ils sont par la lumière, et retournés sans cesse par le cultivateur qui, jaloux de n'avoir pas de végétaux contrefaits, veut éviter la déviation de la verticale. En effet, leur accroissement se faisant du centre à la circonférence et attirés forcément vers l'horizon par le sommet au centre duquel est la force végétative, elles montent nécessairement pour se maintenir en équilibre; cela est conforme à la saine physique.

Le plus sensible à cette déviation horizontale, et celui qui s'allonge le plus volontiers par cette raison, à cause sans doute de sa prompte et constante végétation, est l'*Echinocactus sulcatus*; on voit dans la riche collection de M. de Monville, un magnifique individu de cette monstruosité qui a près de 40 centimètres de hauteur. Nous citerons pour terminer cette discussion un exemple qui sera, nous le croyons du moins, une réponse péremptoire : Il existe dans la belle collection de Cactus du Muséum un *Echinocactus Eyriesii* qui, restant toujours dans une serre, s'est allongé tout-à-fait en Cierge; depuis que l'habile cultivateur à qui les serres sont confiées le sort tout l'été, et l'expose à l'influence directe de l'air et de la lumière, ce prétendu Cierge s'est couronné d'une fort belle boule d'Echinocactus, je veux dire qu'il est revenu nécessairement à son type normal. En le voyant, on peut s'imaginer que l'horticulteur s'est amusé à greffer cet Echinocacte au sommet d'un cierge. Ajoutons encore que fort peu d'Echinocactes et de Mélocactes subissent cette déviation hétérogène, pour peu qu'on veuille y faire attention.

Que le lecteur éclairé nous pardonne cette longue digression, nous avons cru nécessaire de la porter à sa connaissance pour qu'il prononce avec certitude de cause (1). Nous passons outre.

4° Cierge, *Cereus* (anciens auteurs). Ce genre est le plus nombreux de la famille; les caractères de ses fleurs le rapprochent du précédent, dont il s'écarte d'ailleurs par son axe ligneux (fibreux dans les trois premiers); son fruit, ses graines et sa forme allongée et ramifiée, sont tout autres que dans les genres précédens, comme nous croyons l'avoir prouvé.

Les Cierges sont ainsi nommés à cause de leur forme allongée et verticale. Ce sont des arbrisseaux ou des arbustes à tiges dressées ou rampantes, très-ramifiées, ou même des arbres qui atteignent jusqu'à 40, 60 pieds et au-delà de hauteur. Tous sont plus ou moins cylindriques, avec des côtes plus ou moins nombreuses, plus ou moins saillantes, hérissées de faisceaux d'épines, tantôt fort courtes, tantôt fort longues, chargés quelquefois de flocons de laine brune ou blanchâtre, courte ou pendante, toujours entourés d'un duvet plus ou moins abondant dans la jeunesse, et se ramifiant, soit dès la base, soit seulement vers le sommet. On en cite un, par exemple, qui atteint plus de quarante pieds de hauteur sans se ramifier une seule fois (*Cereus polylophus*, D. C.; *Coulter ex litt.*)

M. De Candolle et d'autres auteurs avaient avancé que les Cierges étaient absolument dépourvus de feuilles; nous citerons cependant les Cierges triangulaires et d'autres Cierges rampans, comme les *Cereus grandiflorus, spinulosus*, etc., où des petites feuilles recouvrent distinctement les faisceaux,

(1) Nous nous proposons de décrire et de figurer incessamment quelques Echinocactes nouveaux, que nous avons nommés et qui se trouvent dans la collection de M. de Monville, ce sont les *Ech. Monvillii* (le plus beau du genre), *tetracanthus*, *erinaceus*, *pusillus*. Nous indiquerons ici que ce genre peut être divisé commodément en deux ou trois sections naturelles; ainsi par exemple, 1° les Echinocactes à long tube floral; 2° ceux à faux céphalium; 3° ceux à inflorescence éparse. *Videbimus.*

faisceaux naissans d'épines dans les jeunes pousses. Qu'on appelle ces feuilles des écailles, si l'on veut, il n'en est pas moins vrai que l'analogie nous dit que ce sont là de véritables feuilles; nous avons fait la même remarque sur les jeunes tiges des Rhipsalis et de quelques Epiphylles, que les mêmes auteurs disent aussi en être dépourvues.

On connaît plus de cent trente espèces de Cierges, presque toutes remarquables par la grandeur, la beauté et l'éclat de leurs fleurs; parmi elles nous citerons seulement les *Cereus glandiflorus* et *speciosissimus*, les deux plus brillantes du genre.

Cereus grandiflorus. Cierge à grandes fleurs, espèce rampante, dont les rameaux atteignent de quinze à vingt pieds de longueur, sur sept à douze lignes de diamètre; côtes obtuses, d'un vert blanchâtre, ou rougeâtre dans la vieillesse; faisceaux d'épines courtes, acérées, mêlées d'un peu de laine. Cette magnifique espèce donne ses belles fleurs éparses sur les tiges vers le mois de juin; elles atteignent huit à dix pouces de long, sur six pouces et plus de diamètre; les pétales extérieurs sont d'une belle couleur orangé vif, les intérieurs d'un blanc de lait pur; un rang d'étamines (comme dans les autres espèces d'Echinocactes et de Cierges) comme soudées les unes aux autres, entoure les pétales inférieurs, et vers l'ouverture du limbe elles sont groupées en grand nombre; du milieu s'élève un style à stigmate multilobé, à lobes linéaires et rayonnans; l'odeur de ces fleurs est admirable et ressemble beaucoup à celle de la vanille; une seule suffirait pour embaumer le plus grand appartement. Quel dommage qu'elle ne dure que quelques heures! Ouverte à neuf heures du soir, avant cette heure révolue au matin, elle est flétrie pour jamais! Nous n'en connaissons pas encore le fruit, que d'anciens auteurs disent être jaune et de la grosseur d'un œuf de poule.

Cereus speciosissimus, Desf. Cierge très-beau; tiges à quatre ou cinq angles, de trois à quatre pieds de haut, à rameaux divariqués, d'un vert gai, pourpré dans les jeunes pousses; hérissées de faisceaux cotonneux, d'où sortent des épines nombreuses et d'un roux jaunâtre, de quatre à huit lignes de long. Les fleurs naissent vers le sommet des tiges anciennes ou poussées l'an précédent; elles sont longues de cinq à six pouces, sur quatre à cinq d'ouverture; leurs pétales, nombreux et rapprochés, sont d'un pourpre nuancé à l'intérieur d'azur; leur effet de couleurs est admirable; on peut dire, sans hyperbole, qu'elles sont les plus brillantes, sinon les plus belles fleurs du règne végétal; les étamines et le pistil sont disposés comme dans l'autre espèce. Le fruit est une baie vert-pourpré, recouverte de faisceaux d'épines, presque semblables à ceux des tiges, et contenant une pulpe épaisse, visqueuse, où nagent les graines en grand nombre.

Avant de passer au genre suivant, nous dirons un mot du *Cereus monstrosus*, que M. De Candolle pense être une variété du *Cereus peruvianus*; nous croyons pouvoir affirmer le contraire par les raisons que voici, dont une est sans réplique. Sur des centaines d'individus, dont quelques uns avaient près de six pieds de haut (il a dit par erreur que cette espèce atteignait à peine un pied), nous n'en avons jamais vu un seul reprendre sa forme normale; bien plus, cette espèce a fleuri et fructifié chez un amateur qui en a semé les graines, lesquelles ont reproduit le même *Cereus monstrosus*.

5° *Epiphyllum*. Ce genre, fort peu distinct des Cierges, avec lesquels bon nombre d'auteurs le confondent, sous la dénomination de Cierges ailés (*Cerei alati*), n'en diffère réellement que par ses tiges aplaties en lames, et peut-être par ses baies un peu écailleuses et non épineuses comme celles des Cierges; mais il offre en outre des anomalies remarquables dans les fleurs des espèces qui le composent; anomalies qui confondent le botaniste observateur et le jettent dans la perplexité. A quelle espèce de Cactées comparer, par exemple, la charmante fleur de l'*Epiphyllum truncatum*, dont les riches pétales pourprés se déroulent en double ou triple spirale allongée? Aucune, que je sache, ne lui ressemble; à côté de celle-ci, l'*Epiphyllum phyllanthoides* offre sa belle et régulière fleur rose, à tube court, semblable à celle des Cierges; cette autre, l'*Epiphyllum phyllanthon*, s'allonge en un long tube d'un pied de long sur quelques lignes à peine de diamètre, et se termine par une petite fleur blanche, odorante pendant la nuit; puis enfin d'autres, *Epiphyllum crenulatum*, *ramulosum*, *alatum*, etc., nous présentent de fort petites fleurs, d'un blanc jaunâtre, sans la moindre différence avec celles des *Rhipsalis*, placés encore assez loin d'eux. Le genre *Epiphyllum* serait un dédale si l'on n'avait l'analogie qui discute et explique. Tous croissent, soit au pied, soit sur le tronc des arbres. On en connaît une douzaine d'espèces, parmi lesquelles nous ne mentionnons pas les espèces hybrides, issues de l'*Epiphyllum phyllanthoides* et du *Cereus speciosissimus*, qui se sont extraordinairement multipliées dans ces derniers temps, et que l'on commence à mépriser, après les avoir recherchées, bien à tort selon nous; car elles étaient loin d'égaler leurs parens en beauté.

6° *Lepismium*. Ici se place naturellement ce nouveau genre de Pfeiffer, qui comprend les Cierges écailleux (*Cerei squamati, alii*); il renferme jusqu'ici trois ou quatre espèces, dont une nouvelle, fort singulière, a été nommée par nous *Lepismium alternatum*; elle pousse quelquefois des tiges cannelées, continues, ou interrompues avec alternance, à cinq ou six côtes aiguës, avec faisceaux de poils soyeux assez rapprochés, recouverts d'une petite feuille caduque (écaille); mais presque toujours ses tiges offrent une continuité d'articles à trois angles, alternant sans cesse, de manière à ce que, de distance en distance, chaque angle soit remplacé à l'opposite par un plan; chaque angle est ordinairement placé un peu plus bas que ses deux voisins. La forme de cette plante anomale est absolument celle imprimée par un pincement des doigts de distance en distance à un papier roulé. Nous avons dit que la tige offrait une continuité d'articles, car au premier coup d'œil on dirait des articles triangulaires, courts et implantés les uns sur les autres, quoique la tige soit continue ou longuement articulée, à rameaux un peu verticillés. Aussitôt que nous aurons vu la fleur de cet étonnant végétal, nous nous empresserons de le publier. Ajoutons que les fleurs des autres espèces sont à peu près semblables à celles des *Rhipsalis*, fort petites et de couleur rose.

7° et 8° *Cactus* et *Opuntia*. Dans ce dernier genre, fort nombreux en espèces (on en connaît plus de cent), se présente d'abord une division fort naturelle, celle des Opuntias plans et des Opuntias cylindriques ou subcylindriques, à épines en fourreaux, se dénudant naturellement. Nous proposons dès à présent de séparer ceux-ci nettement des Opuntias à articles plans pour en faire un genre auquel nous imposerons le nom de *Cactus*, pour ne pas en forger un nouveau; nous justifierons plus tard des causes qui nous portent à opérer cette séparation devenue maintenant nécessaire. En effet, la fleur et le fruit maintenant connus du *Cactus cylindricus*, Nob. (*Opuntia cylindrica*), diffèrent de ceux des Opuntias plans, et l'analogie nous enseigne que la floraison et la fructification des autres espèces cylindriques doivent être identiques. (Le caractère principal du nouveau genre sera d'avoir les ovules réellement nidulans au centre d'une pulpe ferme, tandis que dans tous les autres ils sont disséminés sans ordre dans une pulpe humide.) Ces raisons, indépendamment des formes extérieures si différentes dans ces deux genres, peuvent suffire pour motiver cette séparation qui nous paraît fort naturelle, si nos prévisions se justifient. Comme nous l'avons dit, le caractère qui sépare les *Opuntia* des *Cereus*, est d'avoir des feuilles très-distinctes, plus ou moins petites, cylindriques, vertes, tubulées, et la corolle en roue. Les pétales de cette corolle sont aussi moins nombreux que ceux de la corolle des Cierges. (On voit que par ces mots de corolle et de pétales nous voulons éviter de parler de sépales et de calices; or, nous sommes obligés de nier que, dans les Cactées, il y ait un calice ou périanthe double.) En effet, implantés d'abord sur l'ovaire des Cierges ou des Opuntias, les pétales alors à l'état rudimentaire sont déjà colorés; ils grandissent et s'allongent avec le tube, s'élargissent avec lui et se colorent davantage, jusqu'au moment où ils se réunissent en développant leur limbe pour former la corolle; où donc alors est le calice? dans l'acception de ce mot, s'il n'y a point de calice, il n'y a point de sépales. (Nous reviendrons sur ce sujet important dans le travail que nous méditons.) Tous les Opuntias à articles plans sont des sous-arbrisseaux, dont les rameaux, armés, dans la plupart des espèces, d'épines fortes et acérées, longues quelquefois de trois pouces et plus, penchent vers le sol, ou se dressent un peu, en s'enchevêtrant naturellement. On en forme des haies impénétrables. Quelques espèces inermes sont cultivées pour élever la Cochenille, ce précieux insecte dont la dépouille nous donne la pourpre. Beaucoup d'espèces sont remarquables par la grandeur, l'éclat et la transparence de leurs fleurs jaunes, et sont cultivées dans nos jardins. Une d'entre elles (*Opuntia microdasys*, Lehm., *pulvinata*, D. C.) se distingue des autres par sa beauté. Ses tiges, d'un beau vert, se composent d'assez grands articles obovales, implantés les uns sur les autres; toute la surface est couverte d'une foule de petits coussinets, composés d'un très-grand nombre de fort petits aiguillons d'un beau jaune, dont la réunion fait un effet charmant. On ne connaît pas encore sa fleur. Les Opuntias cylindriques sont en général plus recherchés des amateurs; quelques espèces sont très-belles, entre autres l'*Opuntia eburnea* (*Cactus eburneus*, Nob.), remarquable par ses articles presque ovoïdes et ses grands et nombreux aiguillons d'un blanc d'argent. Enfin, parmi les espèces nouvelles que nous avons nommées et que nous nous proposons de décrire plus tard, *Cactus ovoides*, *platyacanthus*, *viridis*, *auracanthus*, etc., nous citerons encore le *Cactus floribundus*, Nob., jolie espèce composée de petits articles cylindriques, armés d'aiguillons assez raides, nombreux, rouges dans leur plus grande longueur et blancs ou jaunes à leur extrémité. C'est un petit arbrisseau de deux à trois pieds de haut, se couvrant de fleurs et de fruits, dont l'effet est charmant par l'heureux contraste qu'ils présentent; en effet, les fleurs sont d'un jaune peu décidé, lavé à l'extérieur de rose, et les fruits nombreux qui subsistent et s'opposent aux nouvelles fleurs, sont du rose le plus vif. Point de doute que ce joli végétal ne se répande dans le commerce; nous ne connaissons pas sa patrie. Tout le monde connaît le Nopal figue d'Inde, vulgairement la Semelle du pape (*Opuntia ficus indica*), espèce commune chez tous les herboristes et les pharmaciens. Nous ne décrirons point d'autres espèces, faute d'espace.

9° *Perescia* (et non *Pereskia*, puisque l'homme à qui ce genre a été dédié s'appelait Peresc).

Ce genre, institué par Plumier, a été adopté avec raison par tous les botanistes. Séparé des autres Cactées et en particulier de l'Opuntia, par ses tiges cylindriques dès la naissance, par ses grandes et véritables feuilles et ses stigmates fasciculés, il s'en rapproche par l'organisation de ses fleurs et de son fruit (baie). Ce genre, si l'on s'en rapporte aux dessins de la Flore du Mexique (dessins assez inexacts d'ailleurs), renferme des espèces à très-belles fleurs; mais comme nous n'en possédons que 4 ou 5 encore peu connues assez insignifiantes, nous les passerons sous silence, à l'exception peut-être du *Perescia bleo*, dont les fleurs roses, en panicule terminale, font un assez joli effet.

10° *Hariota*, Adanson; *Rhipsalis*, Gaert. Nous sommes enfin arrivés au genre qui clot cette belle et singulière famille, comme l'ouvre le *Mammillaria*; nous en avons déjà parlé dans cet article, au sujet de la grande subdivision des Cactées en deux tribus. (*V.* plus haut MAMMILLARIA et CEREUS.) Nous ajouterons que les Hariota sont de fort petits arbrisseaux vrais ou faux parasites, c'est-à-dire croissant sur le tronc des arbres, composés d'articles plus ou moins grêles, filiformes, verticillés, munis de feuilles presque microscopiques à l'extrémité des jeunes pousses, et produisant de fort petites fleurs verdâtres ou jaunâtres auxquelles succède une petite baie *uniloculaire*, d'un blanc rosé, contenant au centre, et nageant dans la pulpe, des graines noires plus petites que dans leurs congénères, très-faiblement chagrinées et assez semblables à celles des Cierges. Une espèce se compose d'une suite d'articles courts, fasciculés, globuleux vers le sommet (*Hariota salicornioides*, Haw.), et donne, ainsi qu'une autre (*Rhipsalis grandiflorus*, Haw.; *funalis*, Salm.), d'assez jolies fleurs étalées, d'un jaune paille. M. De Candolle a cru devoir faire un nouveau genre du *Rhipsalis salicornioides*, auquel il imposait avec raison le nom d'Hariota; mais comme les caractères qu'il lui attribue sont communs aux autres Rhipsalis, surtout pour l'ovaire uniloculaire, comme je l'ai dit en commençant cet article, ce genre ne peut être adopté; car il ne différerait réellement des autres Rhipsalis qu'en ce que les pétales de sa fleur sont plus nombreux. Par les raisons que nous avons exposées plus haut, nous supprimons ce nouveau genre en imposant au genre entier le nom d'Hariota. Avant de terminer cet article, où nous aurions voulu pouvoir discuter tous les points en litige, et nous étendre convenablement sur les caractères des genres et de la famille, nous croyons devoir dire quelques mots sur la culture, la patrie et les propriétés des Cactées.

Toutes les Cactées sont particulières au continent méridional américain (1), c'est-à dire qu'elles s'étendent depuis environ le 30e degré de latitude boréale jusqu'au 40e de latitude australe; dans cet immense espace, et surtout dans la région intertropicale, ces Cactées peuplent en grande quantité les lieux élevés, arides, les rochers, les coteaux pelés exposés à un soleil dévorant, et descendent peu dans les plaines. Dans ces solitudes, où elles croissent seules, on peut, sans exagération, doubler ou même tripler en imagination le nombre de celles que nous connaissons. Le lecteur sait déjà l'aspect, l'*habitus* de la famille, nous ne l'entretiendrons donc plus de leurs formes étranges, de leurs épines menaçantes, de leurs belles fleurs; mais en disant que le tissu cellulaire de ces plantes est des plus abondans, mucilagineux, un peu sucré, nous regretterons avec lui que la chimie n'ait point porté là le flambeau de ses investigations; point de doute qu'elle n'y trouve des propriétés utiles à l'humanité, soit comme médicament ou même comme nourriture. Les arts trouveraient une belle couleur dans les baies du Nopal figue d'Inde, de plusieurs autres espèces, dans la liqueur que la plupart des Cactées distillent à la partie supérieure des jeunes faisceaux d'épines, et qui sort en gouttelettes très-transparentes, visqueuses et sucrées. Dans quelques unes (*Echinocactus cornigerus, agglomeratus*), nous avons remarqué un véritable appareil glandulaire situé au-dessus des faisceaux d'épines. Cet appareil se montre aussi entre les mamelons du *Mammillaria Lehmanni*: tous trois (et probablement plusieurs autres non encore signalés) sécrètent assez abondamment ce liquide. Enfin quelques Opuntias donnent par un simple attouchement une odeur forte, *sui generis*, qui indique, certes, des propriétés chimiques dignes d'être analysées; nous citerons entre autres les *Cactus* (*Opuntia*) *decipiens*, *Kleiniæ*, *Stapeliæ*, etc. Les *Cactus*, en un mot, méritent, tant par leur singularité et leur beauté que par les excellentes propriétés qu'ils recèlent probablement, l'attention des savans et de tous les hommes éclairés. Comme ces plantes commencent à être fort recherchées des amateurs, nous dirons que, pour les conserver et les élever dans nos climats, il faut avoir une serre bien éclairée, bien sèche, et tenue l'hiver de 8 à 12 ou 15 degrés du thermomètre de Réaumur; tenir ces plantes dans une bonne terre, composée de deux tiers de terreau de bruyère et d'un tiers de terre franche bien mélangée, changer cette terre factice au moins tous les deux ans, mouiller fréquemment l'été et fort peu l'hiver. Pour les Mélocactes, Echinocactes, Mammillaires, qui sont plus délicats que les autres, les tenir chaudement et très-près du verre; la lumière la plus vive étant pour ces plantes une condition de leur existence. L'usage et l'expérience indiqueront à l'amateur éclairé les modifications qu'il faut apporter à cette culture; ce n'est pas ici le lieu de la discuter plus longuement.

(C. Lemaire.)

(1) Rien n'est moins prouvé que l'existence de deux espèces indigènes, l'une à l'île Bourbon et l'autre dans l'Arabie.

MAMMILLAIRE. (anat.) Nom donné à certaines éminences qui se présentent sous la forme d'un mamelon; c'est ainsi qu'on désigne les saillies plus ou moins prononcées qu'on remarque à la face interne des os du crâne, et qui correspondent aux anfractuosités du cerveau. C'est aussi le nom qu'on donne à deux tubercules blancs, arrondis, médullaires, de la grosseur d'un pois, qui sont placés à la base du cerveau, derrière la substance grise d'où naît la tige pituitaire. Les tubercules mammillaires, que Chaussier appelle pisiformes, sont joints l'un à l'autre par un petit ruban grisâtre qui correspond au troisième ventricule; ils reçoivent les prolongemens antérieurs de la voûte à trois piliers. On a aussi nommé pores mammillaires les nerfs olfactifs.

(P. G.)

MAMMOUTH ou **MAMMONTH.** (mam.) Les observations de Camper ont fait connaître que les Eléphans aujourd'hui vivans appartenaient à deux espèces, l'une propre à l'Afrique, nommée par Blumenbach *Elephas africanus*; et l'autre à l'Asie, *Elephas asiaticus*, Blumenb. La distinction spécifique du Mammouth, ou troisième espèce d'Eléphant, est due aussi à Camper et à Blumenbach. Cette espèce, qu'on ne trouve qu'à l'état fossile, a reçu du second de ces naturalistes le nom d'*Elephas primigenius*, ou primordial. Ses molaires sont marquées de nombreux sillons, ordinairement très-serrés, et moins festonnés que dans aucun autre; sa tête est plus allongée, son front est excavé et ses dents incisives, qui sont fort longues, sortent d'alvéoles prolongés en une espèce de tube.

On a encore distingué, parmi les Mammouths ou vrais Eléphans fossiles, l'*Elephas priscus*, Goldf., dont les molaires sont très-semblables à celles de l'Eléphant d'Afrique, et l'*Elephas meridionalis*, qui se rapproche davantage du *primigenius*. Ces deux espèces sont moins authentiques que la première.

Des restes de l'*Elephas primigenius* ont été trouvés dans diverses parties de l'Europe et de la Sibérie, dans les terrains supérieurs.

On a aussi appelé Mammouth, le Mastodonte de l'Ohio, *Mammuth ohioticum*, Blumenbach, *Mastodon giganteum*, Cuv. (Gerv.)

Les plus anciens auteurs qui ont parlé de cet Eléphant fossile, l'ont appelé *Mammonth*, ainsi qu'on peut le voir dans Ludolf, qui le nomme *Mammontheus*. C'est à une faute d'orthographe que le nom de *Mammouth* est dû; mais il ne doit pas rester dans le langage scientifique. Les auteurs russes ont rétabli le premier : M. G. Fischer de Waldheim, directeur de l'Académie impériale des naturalistes de Moscou, l'a, depuis plusieurs années, adopté dans ses écrits. Ce nom de Mammonth paraît dériver du mot tatare *Mamma*, qui signifie terre : et en effet, les Tatares, et même les Chinois, prétendent que le Mammonth vit dans l'intérieur de la terre, et que c'est pour cela que ses dépouilles fossiles sont si nombreuses; car, pour le dire en passant, dès la plus haute antiquité, l'ivoire fossile a été un objet de commerce très-recherché que l'on tirait de l'Asie septentrionale; et aujourd'hui encore les Sibériens vendent une énorme quantité de cet ivoire qui est aussi beau que l'ivoire des éléphans vivans, mais qui seulement est plus dur. Il y a sur les côtes de la Sibérie des îles entièrement composées de sable pétri, ou pour ainsi dire lardé d'une immense quantité de défenses et d'ossemens de Mammouths ainsi que de cornes de bœufs. (J. H.)

MANAKIN, *Pipra*, Lin. (ois.) Ce genre de Passereaux, que Cuvier a placé dans la grande famille des Dentirostres, après les Becs-fins, et qu'il a subdivisé en trois sous-genres : Coq-de-Roche, Calyptomènes et vrais Manakins, nous paraît devoir occuper la place que lui assigne M. Isidore Geoffroy. En adoptant le genre *Pipra* de Linné, dont il fait sa famille des Pipridés, ce naturaliste a été conduit à diviser cette famille en deux genres : celui de Manakin, et celui de Rupicole ou Coq-de-roche : nous avons déjà parlé de ces derniers, ainsi que des Calyptomènes (*voy.* ces mots); il ne nous reste donc plus à nous occuper ici que des vrais Manakins. Ce qui caractérise ces oiseaux, c'est un bec court, assez profondément ouvert, comprimé de bas en haut, trigone à sa base, qui est un peu élargie, à mandibule supérieure moins rentrée que dans les Rupicoles, et échancrée vers sa pointe; des narines latérales et basales, recouvertes en partie par une membrane garnie de petites plumes; des ailes et une queue courtes, les troisième et quatrième rémiges les plus longues. Ces caractères, presque en tous points identiques à ceux des Pardalotes, *Pardalotus*, Vieill., avaient porté M. Lesson, dans son Manuel d'ornithologie, à considérer ces derniers et les Manakins comme deux genres appartenant à une même famille, celle des Pipradés (Man. I, p. 261); mais, dans un ouvrage publié plus récemment, sous le titre de Traité d'ornithologie, il a abandonné cette manière de voir, et a placé les Pardalotes parmi les Mésanges, en laissant les Manakins dans la famille des Pipradés, à laquelle ils servent de type.

Les habitudes naturelles communes à tous ces oiseaux, ordinairement parés de couleurs pures et éclatantes, sont trop peu connues, pour qu'on puisse en déduire quelque chose de général. Tout ce qu'on sait des espèces les plus connues, c'est que, dans l'Amérique méridionale, leur patrie, elles habitent les grands bois, d'où elles ne sortent jamais pour aller dans des lieux découverts, ou pour s'approcher des campagnes voisines des habitations. Le matin elles se réunissent par petites troupes de huit à dix, pour se confondre souvent avec d'autres petites troupes d'espèces différentes, cherchent ensemble leur nouriture qui consiste en petits fruits sauvages et en insectes, demeurent unies jusque vers les neuf ou dix heures, après quoi elles se séparent pour vivre isolées dans les endroits les plus ombragés des forêts, tout le restant de la journée. Les lieux que les Manakins préfèrent sont ceux qui leur offrent de la fraîcheur et de l'humidité. Leur vol est bas, rapide, mais peu soutenu. Ils établissent leur nid dans les broussailles, et leur ponte est de cinq à six œufs. Quelque soin que l'on donne aux jeunes pris au nid, ils ne peuvent supporter la captivité, et meurent bientôt. Ce genre est fort nombreux en espèces :

Manakin a deux brins, *P. militaris*, Shaw; brun en dessus, blanc grisâtre en dessous, avec le front rouge, la tête d'un brun ardoisé, et le bec et les pieds bruns, les deux pennes moyennes de la queue dépassant de beaucoup les autres. Il a trois pouces et demi de long. Quelques naturalistes le regardent comme une variété du Manakin à front rouge; Cuvier en fait une espèce distincte.

Manakin a longue queue, *P. caudata*, Lath., bleu supérieurement; sommet de la tête rouge; rémiges noires; rectrices de même couleur; les deux intermédiaires plus longues que les autres. Cette espèce habite l'Amérique méridionale.

Manakin Tijé ou Grand Manakin, Buff., représenté dans notre Atlas, pl. 321, fig. 2, *P. parcola*, Lath. Cet oiseau est, avec le précédent, l'un des plus grands de ceux qui composent ce genre. Sa longueur est de quatre pouces et demi. Il a le dessus de la tête couvert d'une sorte de huppe colorée d'un beau rouge; le dos et les petites tectrices alaires, d'un beau bleu; tout le reste du plumage est noir velouté; le bec noir, les pieds rouges. Cette espèce offre des variétés qui ne se distinguent les unes des autres que par la couleur orangée ou verte de leur huppe. Les femelles et les jeunes sont dépourvus de cet ornement; leur teinte est partout d'un cendré olivâtre. On le trouve aux Antilles et au continent de l'Amérique méridionale.

Une espèce dont la patrie est inconnue est le MANAKIN SUPERBE, *P. superba*, Pall., Lath.; tout noir en dessus, avec une huppe d'un rouge de feu sur la tête et une tache bleue en croissant sur le dos.

Buffon pense que le MANAKIN A TÊTE D'OR, *P. auricapilla*, le MANAKIN A TÊTE ROUGE, *P. erytrocephala*, Var., Lath., *P. rubrocapilla*, Briss., Temm., et le MANAKIN A TÊTE BLANCHE, *P. leucocilla*, Lath.; *P. leucocephala*, Desm., Buff., enl., 687, ne sont que trois variétés d'une même espèce. Ils ont tous les trois la même longueur et la même forme de corps; la seule différence qui existe entre eux est dans la teinte de leurs pieds et de leur bec, et dans la couleur des plumes de leur tête; chez le premier, cette dernière partie est d'un beau jaune; chez le second, d'un rouge vif, et blanche dans le troisième; le reste du plumage, dans tous, est d'un beau noir luisant. Ces Manakins ont la même patrie et les mêmes habitudes. On les trouve à la Guiane et dans plusieurs autres climats chauds, comme au Brésil et au Mexique. Cuvier et plusieurs autres ornithologistes paraissent en faire trois espèces distinctes.

MANAKIN ROUGE, *P. aureola*, Lath.; Buff., enl. 34. Il est d'un beau rouge vif sur la tête, le cou, le dos et la poitrine; orangé sur le front, les côtés de la tête et la gorge; noir sur toutes les autres parties de son corps: les pennes alaires, excepté la première, ont vers le milieu de leur longueur une tache blanche, ce qui forme une sorte de bande, lorsque l'aile est déployée; les tectrices sont jaunâtres; le bec et les pieds noirs. La femelle a le sommet de la tête entouré seulement d'un cercle rouge; elle est olivâtre en dessus et d'un vert jaunâtre en dessous: les pennes sont à peu près de cette couleur.

Cette espèce est à la Guiane la plus commune de toutes celles des Manakins.

MANAKIN GOÎTREUX, *P. gutturosa*, Desm., représenté dans notre Atlas, pl. 321, fig. 1; tirant son nom d'une touffe de plumes longues, effilées, qu'il a au devant de la gorge; Buffon l'a nommé Casse-noisette, parce que son cri représente exactement le bruit du petit outil avec lequel on casse les noisettes. Il est noir en dessus, blanc en dessous; ses pieds sont jaunes et son bec noir: la femelle est généralement rousse. De Cayenne.

Une espèce de Cayenne aussi est le MANAKIN A GORGE BLANCHE, *P. gutturalis*, Lath.; Buff., enl., 324; d'un noir luisant, avec la poitrine, une partie des rémiges et les mandibules inférieures blanches; la supérieure noire et les pieds rouges.

Nous empruntons la description d'une nouvelle espèce à la partie zoologique du Voyage de *la Favorite*, publiée par MM. F. Eydoux et P. Gervais. Le nom spécifique qui lui a été donné est celui du commandant de la frégate, à qui elle est dédiée: C'est le MANAKIN LAPLACE, *P. Laplacei*, Gervais et Eydoux. Il offre quelques points de ressemblance avec le PARDALOTE MANAKIN, *Pardalotus pipra*, décrit par M. Lesson (Centurie zoologique, p. 81); mais il en diffère évidemment. Le Manakin Laplace est d'un brun foncé, très-légèrement nuancé de roux sur toutes les parties supérieures, à l'exception du croupion, qui est blanc. Les ailes et la queue sont d'un brun noir, et le dessus de son corps est aussi en grande partie brun, mais plus clair et mélangé de blanc sur le milieu du ventre; les couvertures inférieures de la queue sont blanchâtres, salies de roux, et on distingue de chaque côté des flancs, à peu près dans le milieu de l'aile, une petite touffe de plumes violettes, caractéristiques, et qui produisent un effet assez agréable. Le bec et les pieds sont noirâtres, et la longueur totale est de quatre pouces deux lignes; les ailes atteignent jusqu'à l'extrémité de la queue, qui est carrée. Ce joli oiseau provient de la Guiane.

MANAKIN CHAPERONNÉ, *P. pileata*, P. Max.; Temm., pl. 172, fig. 1; d'un châtain vif supérieurement; sommet de la tête, occiput, nuque et rémiges noirs, ces dernières bordées de verdâtre; joues et sourcils roux; queue faiblement étagée; les six rectrices intermédiaires noires, terminées de brun; les latérales brunes, jaunâtres à leur base. Cette espèce se rencontre au Brésil.

On trouve également dans les mêmes contrées le MANAKIN VERDIN, *P. chloris*, Natter, Temm., pl. color. 172, fig. 2, chez lequel le vert est la couleur dominante.

Enfin, le genre Manakin renferme encore un grand nombre d'espèces dont la plupart ne sont pas bien déterminées; nous nous bornerons à les indiquer.

MANAKIN A FRONT ROUGE, *P. rubrifrons*, Vieill.; MANAKIN PLOMBÉ, *P. plumbea*, Vieill.; MANAKIN A GORGE ROUGE, *P. nigricollis*, Lath., espèce douteuse; MANAKIN BLEU, *P. cærulea*, Lath., qui pourrait bien n'être que le jeune âge de l'une des espèces que nous venons de décrire; MANAKIN CENDRÉ, *P. cinerea*, Lath., douteux aussi; MANAKIN DESMAREST, *P. Desmarestii*, Leach, espèce qui paraît appartenir à un autre genre; MANAKIN A POITRINE DORÉE, *P. pectoralis*, Lath.; MANAKIN A QUEUE EN PELLE, *P. longicauda*, Vieill.; MANAKIN RUBIS, *P. strigillata*, P. Max., Temm., pl. col. 54; MANAKIN A TÊTE BLEUE, *P. cyanocephala*, Vieill.; MANAKIN VARIÉ, *P. serena*, Lath.; MANAKIN A VENTRE ORANGÉ, *P. capensis*, Lath.; MANAKIN A VENTRE ROUGE, *P. hæmorrhoa*, Lath.

On a également donné le nom de Manakin à quelques espèces de Fourmiliers, et surtout de Pardalotes. Le Cotinga cordon bleu a aussi reçu la dénomination de Manakin bleu à poitrine rouge.

(Z. G.)

MANATE, MANATI ou MANATIM. (MAM.) C'est le nom de pays du Lamantin, d'où l'on a fait son nom latin de *Manatus*. (GUÉR.)

MANCENILLIER, *Hippomane*. (BOT. PHAN.)

Une influence funeste attribuée à ce genre de la famille des Euphorbiacées et de la Monoécie monadelphie, a rendu son nom redoutable; elle lui a acquis une triste popularité, et l'a fait détruire en grande partie aux Antilles, sa patrie. On accuse le Mancenillier, non seulement de contenir un suc laiteux très blanc, très-abondant et très-vénéneux, concret, répandant une odeur peu pénétrante, analogue à celle des feuilles de l'Absinthe et de la Tanaisie broyées ensemble, qui cause au nez, aux lèvres, aux yeux, de vifs picotemens qui durent plusieurs heures. Si l'on goûte par imprudence à sa pomme aux formes gracieuses, aux belles couleurs, la saveur, d'abord fade, devient âcre, puis elle imprime une chaleur brûlante sur la langue, au palais, à l'œsophage; elle gagne bientôt l'estomac, l'irrite, le contracte avec violence et amène la mort. Si l'on se repose à l'ombre de l'arbre, les émanations de sa séve caustique produisent des exanthèmes sur toutes les parties du corps; c'est bien pire encore si l'eau de pluie, qui déchire le tissu des feuilles, détermine une distillation plus grande de cette séve, l'individu endormi ou simplement arrêté sous l'arbre boit le poison par tous les pores, et meurt au milieu des plus horribles convulsions. Tels étaient les faits articulés par les voyageurs, quand le célèbre botaniste Jacquin est allé faire l'expérience sur lui-même, et a déclaré n'avoir éprouvé aucun accident, quoiqu'il se fût soumis aux diverses circonstances reconnues les plus funestes, durant plusieurs heures de suite. Depuis, un autre botaniste, de Tussac, a dû avoir personnellement ressenti toute l'action irritante de ce végétal pendant des chaleurs excessives, temps auquel il transpire davantage. Des expériences nouvelles seraient donc nécessaires pour bien connaître la puissance de ce suc sur l'économie animale.

Le Mancenillier, *H. mancinella*, L., est un arbre de troisième grandeur, ayant le port, le feuillage et l'aspect de notre Pommier. Il a l'écorce grisâtre, le bois dur et d'un très-beau grain; la tige est branchue et rameuse, les feuilles éparses, pétiolées, nombreuses, ovales-pointues, légèrement dentées, fermes et luisantes. Sur des épis droits et terminaux sont placées ses fleurs, petites, d'un pourpre foncé et unisexuelles. Les fleurs mâles et les femelles vivent séparément sur le même pied. Le fruit qui leur succède est charnu, laiteux, pyriforme, contenant une grosse noix ligneuse, à superficie inégale et sinuée, souvent à sept loges monospermes, ne s'ouvrant qu'à peine. On en trouvera le portrait dans notre Atlas, pl. 521, fig. 3, avec les détails suivans: *a* fleur stérile; *b* fleur fertile; *c* fruit entier; *d* le même coupé horizontalement.

(T. D. B.)

MANCHE. (GÉOGR. PHYS.) On nomme ainsi un bras de l'Atlantique qui s'étend au nord de la France et baigne les côtes sud et sud-est de l'Angleterre. Il est compris entre le premier et le huitième degré de longitude occidentale, et entre le quarante-neuvième et le cinquante-et-unième degré de latitude boréale; il se dirige de l'est à l'ouest, en déviant un peu vers le nord; sa longueur est de deux cent vingt lieues, et sa largeur varie depuis la rade de Cancale, où elle est de cinquante-cinq lieues, jusqu'à Calais, où elle n'est que de huit.

Les rivières qui se jettent dans la Manche sont: en Angleterre, celles d'Arundel, d'Anton, de Test, d'Avon, de Stour, d'Ex et de Tamar; en France, celles de la Liane, de la Canche, de l'Authie, de la Somme, de Bresle, d'Arques, de la Rille, de Touques, de Dives, de l'Orne, de la Drôme, de la Vire, de la Douve, de Couesnon, de Trieux, de Guer.

La Manche forme, en Angleterre, six échancrures ou baies: la première, en venant de l'est à l'ouest, est celle que déterminent les caps Dungenes et Beachi; la seconde se trouve entre les caps Beachi et Salscabil; la troisième entre ce dernier et le cap Saint-Albans; la quatrième entre Saint-Albans et le cap Portland; la cinquième entre le cap Portland et le port Kingsbridge, et la sixième est comprise entre ce cap et Deadman. En France, elle forme dans les terres quatre enfoncemens plus considérables que ceux que nous venons de mentionner: le premier est entre le cap de Gris-Nez et celui d'Antifer; le second est formé par le cap d'Antifer et la pointe de Harfleur; le troisième est compris entre le cap de la Hogue et la pointe du Sillon, et le quatrième se trouve au nord-est du département du Finistère.

La profondeur variable du canal est digne d'attention: sur la côte d'Angleterre, la partie qui est à l'orient de Kingsbridge n'a que dix brasses (50 pieds) de profondeur, et celle qui est à l'occident n'en a que huit (40 pieds).

Sur les côtes de la France, de Dieppe à Cherbourg, on a constaté vingt brasses (100 pieds), et sur la côte qui est à l'occident de Dieppe jusqu'à Calais, on en a trouvé trente-deux (160 pieds).

Le canal est plus profond vers le milieu, et cette profondeur diminue à mesure qu'on avance de l'ouest à l'est; la diminution est très-sensible: sous le huitième degré de longitude occidentale, l'eau s'élève à soixante-dix brasses (350 pieds), et sous le deuxième degré, elle ne va qu'à trente-deux brasses (160 pieds); c'est dans la partie la plus étroite que l'on remarque la moindre profondeur.

Il résulte de ces faits que, si les eaux de la Manche baissaient seulement de vingt-cinq brasses (125 pieds), l'Angleterre serait une presqu'île jointe à la France par une crête de collines de Calais à Douvres, et si elles baissaient de soixante brasses (300), la France et l'Angleterre seraient unies par une vallée dont le plan serait légèrement incliné sur l'horizon, en allant de l'ouest à l'est, et le rivage de la mer se trouverait être la ligne qui joint les Sorlingues à l'île d'Ouessant.

Les îles que l'on voit dans la Manche sont les Sorlingues, ou îles Scilly, l'île de Wight, près de l'Angleterre, et Aurigny, Guernesey, Jersey, l'île de Bas et d'Ouessant, sur les côtes de la France.

Les marées ne parviennent pas à la même hauteur sur tous les points de la Manche; les plus élevées sont dans la baie de Cancale. Les observations journalières se joignent à la théorie pour attester ce fait. En considérant la forme et la direction du détroit, on remarque que les eaux venant de l'Océan avec impétuosité doivent se presser dans le détroit et gagner en hauteur ce qu'elles perdent en largeur. Ce mouvement les porte, en ligne directe, contre la côte de Cornouailles qui les refoule vers la ville de Saint-Malo, située au sommet de l'angle qui forme la baie. (J. H.)

MANCHE DE COUTEAU. (MOLL.) Nom vulgaire du Solen de nos côtes. (*Voy.* SOLEN.) (GUÉR.)

MANCHOT, *Aptenodytes*, Forst., *Spheniscus*, Briss. (OIS.) Le plus extraordinaire des genres d'oiseaux de l'ordre des Palmipèdes, celui qui semble tenir le milieu entre les poissons et les oiseaux, le genre des Manchots, habite les mers du Sud. Il est encore moins oiseau que le genre des Pingouins, qui est son congénère des mers du Nord. Ces espèces ne viennent à terre qu'à l'époque de la ponte.

Les caractères généraux des Manchots sont d'avoir un bec fort, plus long que la tête, comprimé sur les côtés; la mandibule supérieure convexe, sillonnée dans sa longueur, et la mandibule inférieure renflée à la base; les ailes impropres au vol, très-petites, garnies de vestiges de plumes, ressemblant à des nageoires de poisson; les pieds portés très en arrière, très-courts, très-gros; les trois doigts antérieurs unis par une membrane, le postérieur, ou pouce, petit et collé à la partie interne du tarse.

On divise les Manchots en trois sous-genres : 1° les Manchots proprement dits ; 2° les Gorfous ; 3° les Sphénisques.

1° Les MANCHOTS PROPREMENT DITS (*Aptenodytes*, Cuv., Forst., Linn.) ont le bec très-long, grêle, pointu; la mandibule supérieure un peu arquée vers le bout, étroite, couverte de plumes jusqu'au tiers de sa longueur, où est sa narine, et d'où part un sillon qui s'étend jusqu'au bout.

Ce sous-genre ne comprend qu'une seule espèce, le GRAND-MANCHOT, le Manchot des îles Malouines, de la Nouvelle-Guinée, le Manchot magellanique, le Pingouin-roi des marins anglais, *Aptenodytes patagonica*, Gm., représenté dans notre Atlas, pl. 322, fig. 1. Il a généralement le volume d'une Oie; il atteint quelquefois jusqu'à quatre pieds de hauteur. Le dos est de couleur bleu-ardoisé; le ventre blanc satiné; le dessous du cou est entouré d'une cravate jaune-dorée; la mandibule supérieure jaunâtre a la pointe ; l'inférieure d'un jaune orangé, à extrémité noire; l'iris d'un brun foncé; les pieds noirs. Le plumage de la femelle est moins brillant que celui du mâle. Il habite le détroit de Magellan, la Terre-de-Feu, les îles Malouines et la Nouvelle-Guinée.

2° Les GORFOUS, *Catarrhactes*, Briss., ont le bec fort, droit, comprimé sur les côtés; la mandibule supérieure convexe, un peu crochue à sa pointe, le sillon qui part de la narine s'arrêtant au tiers du bec; mandibule inférieure plus courte, à extrémité pointue. On ne reconnaît également qu'une seule espèce de Gorfou.

Le GORFOU SAUTEUR, Manchot sauteur, improprement appelé aussi Manchot huppé de Sibérie, *Aptenodytes chrysocoma*, Gm., *Catarrhactes chrysocoma*, Vieill., est de la grosseur d'un gros Canard noir, brun en dessus, blanc-neigeux en dessous; une huppe jaune-dorée de chaque côté de la tête; l'iris rouge-brun ou brique-clair; le bec de même couleur; leur queue, qui se compose de quatorze pennes grêles, à peine couvertes de barbes, leur sert de gouvernail, ce qui s'explique par la disposition qu'affectent les plumes, qui vont en augmentant de longueur de chaque côté de la plus extérieure jusqu'à la septième, qui est la plus longue : ces deux dernières s'appliquent l'une contre l'autre. On le trouve à la Nouvelle-Hollande, au cap de Bonne-Espérance, aux Malouines, etc., etc., et il s'éloigne à de grandes distances en mer; nous en avons rencontré par 43° latitude-sud, et 56° longitude-ouest. Il voyage ordinairement de compagnie, sans doute mâle et femelle. Nous en blessâmes un que nous ne pûmes saisir; son compagnon ne l'abandonna pas dans son malheur. Il s'élance hors de l'eau et plonge fréquemment en faisant plusieurs bonds ou sauts, décrivant un arc de cercle, comme celui que font les Bonites.

3° Les SPHÉNISQUES. *Spheniscus*, Briss., ont le bec médiocre, comprimé, droit, sillonné à sa base; la mandibule supérieure convexe, crochue; l'inférieure droite, tronquée; les narines au milieu. Ce genre contient deux espèces.

La première, le SPHÉNISQUE DU CAP, L., MANCHOT A LUNETTES, *Aptenodytes demersa*, Gm., est noir-brun en dessus, blanc satiné en dessous; le bec noir, avec une bande blanche au milieu : le mâle a de plus un sourcil blanc, la gorge noire, et une ligne noire dessinée sur la poitrine et se continuant le long de chaque flanc.

Dans le jeune âge, la tête et le cou sont bruns; il a un collier blanchâtre; le ventre blanc, revêtu d'un léger duvet. On le trouve aux environs du Cap, à l'extrémité australe de l'Amérique, aux îles Malouines; nous l'avons même rencontré dans la rade de Callao, par 12° sud.

La deuxième espèce, le PETIT MANCHOT, *Aptenodytes minor*, Lath., a la tête, le cou et le dos brun-ardoisé; les ailes brunes, bordées de blanc; le dessous du corps d'un beau blanc lustré. Il habite la Terre-de-Diemen et la Nouvelle-Zélande.

Pour compléter l'histoire des Manchots, nous retracerons ici les mœurs du singulier oiseau qui forme le troisième sous-genre (*Aptenodytes demersa*), que nous avons observé pendant notre séjour aux îles Malouines. C'est vraiment un plaisir, lorsqu'on débarque sur ces îles, de voir les groupes de Manchots, marchant droit, la tête élevée, et à la file les uns des autres. Dom Pernetty les compare à une troupe d'enfans de chœur en camail. Aussitôt qu'ils s'aperçoivent qu'on cherche à les approcher, l'un d'eux donne le signal de la fuite; ils se traînent sur le ventre pour éviter plus promptement les atteintes de l'ennemi; ils gagnent la mer, et plongent à l'instant; ils ne reviennent à la surface que lorsqu'ils se croient à l'abri de toute poursuite; si l'on parvient à leur couper la retraite, on les saisit facilement.

Les Manchots creusent la terre pour déposer leurs œufs et les faire éclore : ce sont plutôt de véritables terriers que des nids; ces trous sont très-profonds, et assez vastes pour loger à l'aise la famille, qui se compose du père, de la mère et de deux petits. Si nous avions le malheur d'enfoncer une de nos jambes dans leur retraite, aussitôt nous nous sentions pincés vivement.

Ces oiseaux font, à ce qu'il paraît, leur ponte vers la fin d'octobre ou le commencement de novembre. Nous nous sommes souvent amusés à prendre de jeunes Manchots et à les introduire dans un trou voisin. Considérés comme des intrus, ils étaient aussitôt assaillis à coups de bec par les possesseurs du terrier, qui, ne pouvant parvenir à les chasser, finissaient bientôt après par les laisser en paix. Lorsque nous nous arrêtions pour les examiner dans leurs trous, le mâle ou la femelle avançait alors la tête à l'entrée, et nous regardait en la tournant alternativement à gauche et à droite. Lorsque les Manchots crient, on croit entendre un âne braire. Les navigateurs qui nous ont précédés ont fait la même remarque. Dans les soirées de calme, nous avons souvent entendu un bruit analogue à celui de la populace un jour de fête, produit par la bruyante voix de ces oiseaux. Cette illusion était telle, qu'on aurait pu croire que les îles qui leur servent de demeure étaient habitées. Malgré la couche épaisse de graisse dont est entouré le corps des Manchots, et la couleur noire de leur chair, les matelots ne les dédaignaient pas.

Nous terminerons ce que nous avons à dire des Manchots par un exposé succinct des parties anatomiques d'un *Aptenodytes demersa* mâle et d'un Gorfou que nous avons disséqués.

L'organisation intérieure nous a présenté les faits suivans : le *cœur* est allongé, conique, et assez volumineux. La *langue* et le voile du palais sont recouverts de papilles allongées, mucronées. L'*œsophage* est dilatable, tapissé à l'intérieur d'une muqueuse formant des plis longitudinaux qui se perdent dans ceux que présente l'*estomac*; cet organe, dans son état de vacuité, avait quatre pouces de longueur; il est allongé, et forme un coude à la naissance du tube intestinal; sa surface intérieure est tapissée d'une foule de cryptes muqueuses qui présentent une ouverture béante : ces corps sont principalement situés vers la terminaison de l'œsophage. Les intestins forment plusieurs circonvolutions. Détachés du mésentère, ils avaient six mètres vingt centimètres; la longueur de l'intestin du Gorfou était de huit mètres. Le cœcum est unique : avec un peu de soin, on s'aperçoit que l'extrémité libre est divisée en deux tubercules; ce qui tendrait à prouver que les deux cœcums sont unis, dans cette espèce d'oiseau, par un tissu cellulaire très-serré. Cet intestin s'insère à deux pouces du cloaque.

Les *pancréas*, au nombre de deux, sont allongés; les *reins* sont trilobés; le lobe antérieur, qui est le plus volumineux, est ovale; la *rate* est petite, de couleur lie de vin; les *testicules* sont petits, ovales, placés au devant des reins sur le milieu du rachis; le *foie* est bilobé, volumineux; il occupe toute la région épigastrique; la *vésicule biliaire*, qui était pleine, avait trois pouces et demi de long. Les matières fécales de ces oiseaux étaient vertes. Peut-on penser que la bile leur donne cette couleur? (P. GARNOT.)

MANDELSTEIN. (MIN. et GÉOL.) Nom allemand qui signifie *Pierre d'amandes*, et qui, bien qu'employé par quelques auteurs français, a pour synonyme dans notre langue le mot *Amygdaloïde*. Toute roche formée d'une masse principale, compacte, empâtant, non des cristaux comme les porphyres, mais des noyaux ou amandes de diverses substances, ou présentant des cavités arrondies qui en offrent les traces, sont des *Mandelsteins* ou des *Amygdaloïdes*. La plupart de ces roches appartiennent à celle que l'on nomme *Trapps*.

L'école de Werner, qui commence à devenir vieille, même en Allemagne, a admis des *Mandelsteins* de diverses époques : le *Mandelstein primitif*, plus connu en France sous le nom de *Variolithe*; le *Mandelstein de transition*, qui est un trapp amygdaloïde, et le *Mandelstein secondaire*, qui est un trapp en décomposition. (J. H.)

MANDIBULES, *Mandibulæ*. (INS.) Une des pièces de l'organisation buccale des insectes, confondue pendant long-temps avec les mâchoires sous le nom de *Maxillæ*. Les Mandibules sont la première paire de pièces qui, au dessous de la lèvre supérieure ou *labre*, se meuvent latéralement vis-à-vis l'une de l'autre; elles affectent toutes sortes de formes, mais le plus habituellement elles se courbent plus ou moins en arc; elles sont de substance cornée, unies ou dentelées, longues ou courtes, selon les genres et les espèces; leur plus grand développement se remarque chez quelques *Lucanes* et quelques *Priones*, tandis qu'elles sont presque rudimentaires dans les *Cétoines*; elles ne portent jamais de palpes; mais j'ai fait connaître qu'elles sont munies quelquefois de pièces mobiles, jusqu'à présent à la partie interne; la fonction la plus habituelle de cet organe est de broyer les substances solides dont l'insecte se nourrit; dans certains cas, cependant, elles ne sont pour l'animal qu'un instrument momentané propre à le faire sortir de la prison où il a subi sa dernière métamorphose; dans d'autres ce n'est plus qu'un organe propre aux mâles, et destiné à les aider à saisir la femelle pendant l'accouplement. *Voyez* INSECTE et BOUCHE. (A. P.)

MANDRAGORE, *Mandragora*. (BOT. PHAN.)

Nom

Nom célèbre dans les fastes du charlatanisme ancien et moderne. Il appartient à une plante de la famille des Solanées, voisine ou même congénère de la Belladone. Les lieux ombragés, le bord des eaux, l'offrent sur les pas des botanistes dans tout le midi de l'Europe. C'est une herbe sans tige, qui pousse du collet de sa racine de grandes et larges feuilles, à limbe ovale, rugueux, ondulé; leur couleur vert-brunâtre et leur odeur désagréable, rappellent la Pomme-épineuse et les autres solanées de la même classe. Entre les feuilles, au sommet de petites hampes, naissent des fleurs d'un blanc purpurin, nombreuses, grandes; les parties du calice et de la corolle sont au nombre de cinq, ainsi que les étamines; l'ovaire est accompagné de deux glandes; il donne naissance à une baie globuleuse, molle, un peu plus grosse qu'une cerise, d'abord verte, puis jaunâtre. L'odeur infecte de ce fruit et sa couleur ne causeront jamais les méprises si dangereuses des baies de la Belladone. Ajoutons, comme caractère, que les graines, blanches et réniformes, ont leur embryon roulé en spirale dans le périsperme. (La Mandragore est représentée dans la planche 47, fig. 4-5-6, et pl. 323, fig. 4.)

Nous n'avons pas encore parlé de la racine. Elle est fibreuse, fort épaisse, quelquefois simple, plus souvent divisée en deux, trois ou quatre branches; elle est entourée de fibres déliées et menues comme des pilosités. Cette racine, ainsi que toutes les parties de la Mandragore, exhalent une odeur forte, repoussante; elles possèdent à un haut degré des propriétés narcotiques et purgatives; la médecine ne s'en sert qu'avec la plus grande circonspection; à une haute dose, elles déterminent un véritable empoisonnement.

Une variété de la Mandragore, et que l'on trouve dans les mêmes localités, se distingue par des feuilles plus étroites et plus ondulées, par des fleurs bleues, des fruits plus petits et en forme de poire.

Parlerons-nous maintenant des absurdes fables inspirées par la forme de la racine de Mandragore, qui, souvent fourchue et garnie de villosités, offre une ressemblance grossière avec la partie inférieure du corps humain? Oserons-nous dire qu'à l'aide d'un couteau ou de tout autre moyen facile, on lui simulait un sexe, et qu'alors, mettant à profit son nom sonore, son aspect devenu plus que singulier, et ses propriétés virulentes, on lui attribuait les effets les plus merveilleux! Jamais, grâce à la *Mandragore mâle*, la couronne de France n'eût risqué de tomber en quenouille; jamais, grâce à la *Mandragore femelle*, les filles d'Eve n'eussent éprouvé les effets de la malédiction céleste qui les a condamnées à enfanter dans la douleur. Il n'appartient qu'à l'histoire des sottises humaines d'enregistrer les vertus de la Mandragore; Machiavel a daigné intituler de son nom une des productions de son immortelle plume; c'est un honneur qu'elle ne méritait pas. (L.)

MANDRILL. (MAM.) Espèce de Singe du genre Cynocéphale, formant la deuxième section de ce genre. *V.* CYNOCÉPHALE. Nous avons représenté cette espèce dans notre Atlas, pl. 322, fig. 2. (Z. G.)

MANGABEY. (MAM.) On donne ce nom à une espèce du genre GUENON. *V.* ce mot. (GUÉR.)

MANGAIKÉ. (OIS.) Nom que les naturels de la Nouvelle-Guinée donnent à l'Autour longicaude, *Falco longicauda*, Garn., décrit dans la Zoologie de *la Coquille*. M. Lesson en a fait un Dædalion. (P. GARNOT.)

MANGANÈSE. (MIN.) Ce métal, très-répandu dans la nature, présente à l'état de pureté, dans lequel on l'obtient par les procédés chimiques, les caractères suivans. Sa couleur est le blanc métallique tirant sur le gris; son oxide colore en violet le verre de borax; enfin il est très-cassant.

La facilité avec laquelle ce métal se combine avec l'oxygène, explique comment il forme 11 espèces différentes. Nous allons les passer toutes en revue.

L'oxide de Manganèse combiné avec la silice constitue les trois espèces suivantes :

Rhodonite. C'est sous ce nom que M. Beudant désigne le *Manganèse rose*, reconnaissable, en effet, à sa couleur d'un rose violâtre; rayant le verre; ne donnant pas d'eau par la calcination, et fusible en émail rose au feu de réduction, et en globule noir métalloïde au feu d'oxidation. Cette espèce se compose de 48 parties de silice, de 49 de protoxide de Manganèse, de 3 de chaux et d'une très-petite quantité de magnésie et d'oxide de fer. Elle ne présente que des indices de cristallisation; sa texture est tantôt lamellaire, tantôt granuleuse et compacte.

On range provisoirement à la suite de cette espèce, le *Manganèse rose de Kapnik*, en Hongrie, la *Photisite*, l'*Allagite* et le *Manganèse de Pesillo*: ce sont aussi des silicates de Manganèse, mais dans des proportions qui obligent de les distinguer du Rhodonite.

Opsimose. Cette autre combinaison de la silice avec le Manganèse diffère de la précédente en ce que c'est un hydro-silicate. Sa couleur est noire; son éclat est métalloïde; elle est attaquable par les acides. Elle se compose de 25 parties de silice, de 60 de protoxide de Manganèse et de 13 d'eau.

Marceline. Saint-Marcel en Piémont, où l'on trouve cette espèce, est l'origine du nom qu'elle porte. C'est une substance d'un noir grisâtre, et d'un éclat légèrement métalloïde ou vitreux. Elle cristallise en octaèdre à base carrée. Elle raie difficilement le verre, et ne donne pas d'eau par la calcination. Les diverses analyses de cette substance présentent des différences assez notables, qui varient entre 15 et 26 parties de silice, 67 et 76 d'oxide de Manganèse, 1 et 4 d'oxide de fer, auxquelles se joignent de la chaux, de l'alumine et même de la magnésie, mais en petites quantités.

D'autres espèces présentent le Manganèse combiné avec le soufre, l'acide phosphorique et l'acide carbonique.

Alabandine. C'est ainsi que M. Beudant désigne le sulfure de Manganèse. C'est une substance métalloïde, noire ou d'un gris d'acier foncé, qui se compose de 54 parties de soufre et de 66 de Manganèse.

Les espèces suivantes prouvent que le Manganèse se combine dans la nature avec l'acide phosphorique, l'acide carbonique, l'oxygène, etc.

Triplite. Ce phosphate de Manganèse est d'une couleur brune ou noirâtre. Il raie la fluorine et est rayé par les feldspaths. Il se compose de 32 à 33 parties d'acide phosphorique, de 32 à 33 de protoxide de Manganèse, de 32 de protoxide de fer et de 3 de phosphate de chaux.

Hureaulithe. Cet autre phosphate diffère du précédent par sa couleur d'un jaune rougeâtre et sa cassure vitreuse. Il cristallise en prismes obliques rhomboïdaux; il raie le calcaire et est rayé par la fluorine. Il est formé de 38 parties d'acide phosphorique, de 33 de protoxide de Manganèse, de 11 de protoxide de fer et de 18 d'eau.

Hétérosite. C'est encore un phosphate, mais différent du précédent. Sa couleur est le gris bleuâtre, devenant d'un beau violet dans ses parties qui commencent à se décomposer. Il raie le verre lorsqu'il n'est pas altéré, et est rayé par une pointe d'acier. Sa composition présente 41 à 42 pour cent d'acide phosphorique, 17 à 18 de protoxide de Manganèse, 35 de protoxide de fer, 4 à 5 d'eau et un peu de silice.

Diallogite. Ce nom a été donné au carbonate de Manganèse, substance blanche, jaunâtre, rose ou brune, qui cristallise dans le système rhomboédrique, et qui se compose de 33 à 39 parties d'acide carbonique, de 50 à 56 de protoxide de Manganèse, de 2 à 5 de chaux, de 1 à 8 de protoxide de fer et quelquefois d'un peu de magnésie.

Les autres espèces sont des combinaisons de Manganèse et d'oxygène.

Pyrolusite. Substance d'un éclat métalloïde ayant le gris d'acier ou le gris de fer, et donnant une poussière noire. Elle cristallise en prisme rhomboïdal oblique, et raie le calcaire. Elle se compose de 73 à 98 parties de protoxide de Manganèse et d'un peu d'eau, de baryte et de silice.

Braunite. Cet oxide de Manganèse est d'un noir brun foncé, d'un éclat vitro-métallique, cristallisant en octaèdre à base carrée; rayant les feldspaths et rayé par le quartz. Il se compose de 96 à 97 parties de deutoxide de Manganèse, de 2 de baryte, et d'un peu d'eau et de silice.

Acerdèse. On donne ce nom à un hydroxide de Manganèse, formé d'environ 90 parties de deutoxide de ce métal et de 10 d'eau. C'est une substance d'un noir brunâtre à poussière brune; d'un éclat plus ou moins métalloïde, qui cristallise en prisme droit rhomboïdal, et qui raie la fluorine.

Hausmanite. Substance d'un noir brunâtre à poussière d'un rouge brun; cristallisant en octaèdre à base carrée, rayant la fluorine et presque le verre; infusible au chalumeau. Elle se compose de 98 parties d'oxide rouge de Manganèse, et de quelques fractions d'oxygène, de baryte, d'eau et de silice.

Psilomélane. Minéral d'un noir bleuâtre, passant au gris d'acier plus ou moins métalloïde; à poussière noire et ne cristallisant point. Il raie la fluorine et est rayé par l'apatite. Il fournit à l'analyse 25 à 26 parties de deutoxide de Manganèse, 50 de peroxide du même métal, 16 de baryte, 6 d'eau et un peu de silice.

Le peroxide et l'hydroxide de Manganèse se présentent dans la nature en grandes masses qui forment des couches ou des amas puissans. Ils se trouvent fréquemment dans les terrains dits *primitifs*; dans les grès rouges du terrain houiller, dans les porphyres qui en dépendent et dans les calcaires du terrain jurassique.

La braunite n'est pas très-répandue dans la nature; comme elle ne donne que 3 pour 100 d'oxygène, elle n'est pas d'un emploi fort utile pour les laboratoires; mais elle pourait l'être pour la préparation du chlore et de l'eau de javelle. L'acerdèse, qui est très-commune, est l'espèce la moins utile par suite de la quantité d'eau qu'elle contient.

Le Manganèse pur s'obtient de ces différens oxides en les chauffant à la forge après les avoir imprégnés d'huile, et après les avoir placés dans un creuset brasqué, c'est-à-dire rempli d'un mélange de charbon pulvérisé mêlé à une petite quantité d'argile, au milieu duquel on pratique une cavité destinée à recevoir le minerai. On l'obtient aussi en faisant avec un de ces oxides une pâte que l'on prépare avec de l'eau, et que l'on met dans un creuset également brasqué : on renverse un second creuset rempli de charbon que l'on superpose au premier, et on les soumet à une température de 160 degrés du pyromètre de Wedgewood, pendant deux heures. On trouve ensuite le métal en globules parmi les scories, ou au fond du creuset.

Dans les laboratoires, le peroxide de Manganèse sert à préparer l'oxygène par sa calcination, et à dégager le chlore de l'acide chlorhydrique. Il est employé dans les verreries sous le nom de *Savon des verriers*, parce qu'à une certaine dose, il décolore le verre et lui donne une grande limpidité. En forte dose, au contraire, il lui donne une couleur violette. (J. H.)

MANGE-BOUILLON ou SOUFFRETEUSE. (INS.) Goëdart et quelques naturalistes anciens ont donné ce nom à diverses Chenilles qui se nourrissent des feuilles du Bouillon blanc, *Verbascum thapsus*, L. D'après la nourriture que prennent certains animaux, on leur a donné des noms vulgaires, dont voici les principaux :

MANGE FOURMI. (MAM.) Le Tamanoir.

MANGE-FROMENT. (INS.) La larve de la Coccinelle à sept points.

MANGE-SERPENT. (OIS.) Les Pélicans et le Secrétaire.

MANGE-ABEILLES ou MANGEUR D'ABEILLES. (OIS.) Les Mérops ou Guépiers.

MANGEUR D'APPAT. (POISS.) Diverses Balistes.

MANGEUR DE CHÈVRES ou de CHIENS, ou de RATS. (REPT.) La plupart des Boas.

MANGEUR DE CERISES. (OIS.) Le Loriot commun.

MANGEUR DE CRAPAUDS. (OIS.) Une Buse à Cayenne.

MANGEUR D'HUITRES. (OIS.) L'Huîtrier.

MANGEUR DE NOYAUX. (OIS.) Le Gros-bec.

Mangeur de plomb. (ois.) Les Plongeons.

Mangeur de poivre. (ois.) Une espèce de Toucan nommée Koulik, etc., etc. (Guér.)

MANGIER. (bot. phan.) *V.* Manguier.

MANGIFERA. (bot. phan.) Nom latin du Manguier.

MANGLE. (bot. phan.) Fruit du Manglier ou Palétuvier, et quelquefois l'arbre lui-même. (L.)

MANGLIER ou MANGLE. (bot. phan.) Nom collectif de divers genres d'arbres qui, à la Guiane et dans plusieurs autres colonies, croissent sur les rivages de la mer. Leurs rameaux pendans s'enfoncent dans la terre, y jettent des racines, et, multipliés, entrelacés à l'infini, forment un sol factice et des barrières impénétrables aux vaisseaux. Les poissons y trouvent une retraite contre la poursuite de l'homme; les huîtres s'y attachent et y vivent; aussi la pêche de ces coquilles consiste-t-elle à les *cueillir*. Le nom de Manglier est plus particulièrement appliqué au *Palétuvier*.

Le Manglier blanc est le *Bombax ceiba*;

Le Manglier gris, l'*Avicennia tomentosa* et le *Conocarpus erectus*;

Le Manglier rouge, le *Coccoloba vinifera*;

Le Manglier venimeux, le *Cerbera manghas*;

Etc., etc. (L.)

MANGOSTANA. (bot. phan.) Nom sous lequel Garcin et Rumph ont décrit l'arbre qui fait l'objet de l'article suivant.

MANGOUSTAN, *Garcinia*. (bot. phan.) Le genre *Garcinia* de Linné a subi à différentes reprises des modifications plus ou moins graves; on en a séparé des espèces; d'autres y ont été ajoutées. M. A. Richard le compose aujourd'hui du genre de Linné joint au *Cambogia* du même auteur; il forme avec le *Mammea* et le *Rhœdia*, L., la première section de la famille des Guttifères. Après cet acquit de conscience envers la nomenclature, parlons du véritable *Mangoustan*, ce roi des fruits s'il faut en croire les voyageurs gourmets.

Le *Garcinia mangostana*, L. (sous cette désignation se trouvent réunis le nom de la plante et celui du voyageur qui l'a fait connaître un des premiers), croît dans les îles de l'archipel Indien et sur les côtes du continent. C'est un arbre de médiocre hauteur, dont la forme rappelle celle du Citronnier, ou, si l'on veut plus de vérité avec moins d'élégance, celle de nos Pommiers. Il s'élève à 18 ou 20 pieds, sur un tronc droit, à écorce grisâtre et crevassée, dont les branches, opposées et obliques l'une à l'autre, forment à son sommet une cime assez régulière. Ses feuilles sont opposées, portées sur des pétioles renflés, entières, fermes et assez épaisses, lisses, ovales, pointues, longues de six à huit pouces sur trois ou quatre de large; leur limbe, vert luisant en dessus, olivâtre en dessous, est marqué, comme on le voit dans toutes les Guttifères, de nervures latérales et parallèles. Les fleurs naissent dans les aisselles des feuilles ou au sommet des rameaux, sur des pédoncules courts; elles sont solitaires, de médiocre grandeur, rouge-aurore; elles se composent d'un calice à quatre divisions, alternes avec les pétales, qui sont arrondis et concaves; de seize étamines (le genre appartient à la Dodécandrie monogynie) à anthères arrondies; d'un stigmate sessile, formé de cinq à huit lobes aplatis et disposés en étoile. A ces fleurs succède une baie sphérique de la grosseur d'une moyenne orange, revêtue d'une enveloppe ou coque épaisse de plusieurs lignes, vert-jaunâtre en dehors, rouge en dedans, n'adhérant point au fruit. L'intérieur de celui-ci est divisé en autant de segmens et de loges que le stigmate compte de rayons; chacune contient une graine de la forme et de la grosseur d'une amande. En général, la structure du fruit approche beaucoup de celle de l'Orange; sa pulpe est blanche et succulente.

Nous n'osons entreprendre l'éloge des fruits du Mangoustan; ils sont réputés les plus exquis, les plus savoureux de toute l'Asie; on y reconnaît à la fois le raisin, la fraise, la cerise, l'orange, etc.; on ne peut s'en rassasier, d'autant plus qu'ils n'incommodent jamais, et si leur pulpe est rafraîchissante, laxative même, l'écorce est astringente et styptique.

Le Mangoustan est précieux dans le climat de l'Inde pour l'ombre épaisse qu'il donne; aussi le cultive-t-on en avenues. Son bois ne peut servir qu'à brûler. Son écorce est employée par les Chinois dans les teintures en noir.

Le Camboge a gomme gutte, *Garcinia camboja* De Cand., *Cambogia gutta* de Linné, donne une cime étalée et touffue. Il a été décrit à l'article Guttier, *voy.* ce mot.

C'est un des arbres qui donnent par incision la *gomme gutte* du commerce; mais on s'est trompé autrefois en lui en attribuant l'exclusive production. (*Voy.* les mots Gomme gutte et Stalagmitis.)

Le Mangoustan des Célèbes, *Garcinia celebica* de Linné, a été décrit dans ce Dictionnaire sous le nom de Brindonia; M. Combessèdes le réunit au genre *Stalagmitis*.

Le Mangoustan a bois de corne, *Garcinia cornea*, L., qui croît naturellement dans les montagnes d'Amboine, est remarquable par la consistance presque cornée de son bois; jeune, on l'emploie à la charpente; on ne pourrait l'utiliser s'il avait atteint son entier développement. (L.)

MANGOUSTE, *Herpestes*. (mam.) Ce genre, très-voisin des Civettes, appartient à la famille des Carnassiers digitigrades, et a pour caractères: six incisives à chaque mâchoire; la seconde de chaque côté en bas est plus petite et rentrée; canines fortes, coniques et courtes; molaires au nombre de cinq de chaque côté à chaque mâchoire, précédées chez les jeunes individus d'une sixième très-petite. Le corps est allongé et les pattes courtes, terminées par cinq doigts à demi palmés, armés d'ongles aigus demi-rétractiles; la langue est recouverte de papilles longues, cornées et très-acérées; les yeux sont recouverts par une membrane nictitante entière, une poche volumineuse, simple et dans la profondeur de laquelle est percé l'anus, se trouve à la partie inférieure du ventre. Le poil est, dans toutes les espèces, court sur la tête et les pattes, long sur toutes les autres parties du corps.

Les Mangoustes, par la forme allongée de leur corps, leur démarche incertaine et surtout leur genre de vie, se rapprochent beaucoup des Martes; les contrées chaudes de l'ancien continent en renferment une grande quantité; elles habitent ordinairement au bord des eaux, où elles trouvent une proie plus abondante; car leur nourriture ordinaire se compose de rats et de serpens; quelquefois aussi elles se jettent dans les habitations, où elles font les mêmes ravages que les Putois et les Fouines dans nos basses-cours; elles égorgent les volailles et mangent les œufs. Toutes les espèces de Mangoustes forment un genre très-naturel, leur port est le même, le pelage est aussi particulier à ce genre; en effet, leurs poils sont annelés de brun sur des fonds plus clairs, et leurs robes n'offrent jamais de taches ou de bandes tigrées, particularité qu'on remarque chez les Civettes et les Genettes. On en compte plusieurs espèces.

Mangouste a bandes, *Viverra mungo* (Linné), Mangouste de l'Inde (Buffon), *Ichneumon mungo* (Geoffroy Saint-Hilaire). Sa taille est de neuf à dix pouces, sa tête porte à peu près trois pouces de longueur et sa queue en a sept. La couleur générale de son pelage est le brun; des poils longs, blanchâtres, terminés de roux et marqués dans leur milieu d'un large anneau bien tranché, recouvrent le dos et les flancs; ces poils sont disposés de manière à ce que les anneaux bruns d'un certain nombre arrivant à la même hauteur forment, depuis les épaules jusqu'à l'origine de la queue, douze à treize bandes transversales d'un brun foncé, séparées l'une de l'autre par une teinte rousse, que produit l'extrémité des poils; les bandes des lombes surtout sont distinctes, mais séparées par une teinte d'un gris piqueté de brun provenant également de la pointe des poils de cette partie; la tête et les épaules sont d'un gris brun, la mâchoire inférieure et les lèvres roussâtres, les pattes et la queue brunes. Cette espèce est particulière à l'Inde; elle se nourrit, d'après Kœmpfer et le père Marie, de rats, et surtout de serpens; ce dernier dit que l'antipathie que cet animal a pour les serpens est extraordinaire et qu'il semble ne vivre que pour leur tendre des embûches et les détruire; les chasseurs ont observé qu'il va déterrer les racines d'une certaine plante *Ophiorhiza-mungos*, soit pour se guérir, soit pour se préserver de l'effet du venin.

Mangouste nems; Nems, Buffon; *Viverra cafra*, Gmelin; *Ichneumon griseus*, Geoffroy Saint-Hilaire; représentée dans notre Atlas, pl. 323, fig. 1. Plus grande d'un cinquième que la Mangouste à bandes, pelage plus clair, d'une couleur uniforme jaune paille, mais que de petits traits d'un brun roussâtre disséminés également font paraître d'un gris roux.

Mangouste vansire, *Mustela galera*, Linné; *Vansira*, Buffon; *Ichneumon galera*, Geoffroy Saint-Hilaire. Plus petite que la Mangouste à bandes, pelage gris-brun pointillé de jaunâtre et pattes brunes, oreilles grandes et brunes, queue de moyenne épaisseur, couverte d'assez longs poils bruns, annelés comme ceux du corps de blanc-jaunâtre, en différant cependant par la largeur des anneaux de cette couleur. Cet animal a été peu observé, ses mœurs sont peu connues; on sait seulement qu'il aime beaucoup à se baigner s'il trouve de l'eau à sa portée; originaire de Madagascar, il a été acclimaté à l'île de France; il porte dans son pays natal le nom de Vohang shira, d'où Buffon a fait le nom de Vansire.

Mangouste de Java, *Herpestes javanicus*. M. Leschenault de Latour a rapporté cette nouvelle espèce qui, semblable en tout à l'espèce précédente, en diffère seulement en ce qu'elle a en marron ce qui est en brun dans l'autre.

La Mangouste rouge, *Ichneumon ruber*, Geoffroy Saint-Hilaire, a près de quinze pouces de longueur et sa queue onze; la teinte générale de son pelage est un roux ferrugineux très-éclatant, surtout à la tête et sur la face interne des quatre membres; les poils du dos sont marqués d'anneaux alternativement roux foncé et roux fauve, qui font paraître cette partie comme piquetée de cette dernière couleur; le dessus de la tête est d'un roux très-vif, et tous les poils y sont d'une teinte uniforme; le menton, le cou en dessous et la poitrine sont d'un jaune roux égal, prenant une teinte plus foncée sous le ventre. Geoffroy Saint-Hilaire prétend que sa queue est plus longue et plus épaisse que celle de la Mangouste à bandes.

La grande Mangouste, Buffon, *Ichneumon major*, Geoffroy Saint-Hilaire, est du double plus longue que la Mangouste à bandes; mais les anneaux fauves sont si étroits, que l'autre couleur domine partout; sa queue, terminée en pointe, prend à l'extrémité une couleur plus foncée; ses doigts sont couverts de poils ras et serrés qui sembleraient indiquer, d'après Geoffroy Saint-Hilaire, qu'elle se livre à la pêche.

Mangouste d'Edwards, *Ichneumon Edwardsii*, Geoffroy Saint-Hilaire, forme, d'après ce dernier, une espèce distincte dont les caracteres sont : un museau brun-rougeâtre, le dos et la queue annelés de brun sur un fond olivâtre; c'est la seule Mangouste qui ait les ongles noirs.

Mangouste d'Egypte, *Ichneumon Pharaonis*, Geoffroy Saint-Hilaire. Nous avons décrit cette espèce avec quelque détail au mot Ichneumon de ce Dictionnaire. (J. L.)

MANGUE, *Crossarchus*. (mam.) Ce genre, établi par M. F. Cuvier, se rapproche beaucoup des Mangoustes; cependant, quoique la physionomie générale soit d'une ressemblance assez grande, les Mangues ont des formes plus ramassées, la tête plus arrondie et le prolongement du museau plus grand. Ils participent pour leurs caractères génériques des Mangoustes et des Suricates; des derniers ils ont la marche plantigrade, la poche anale et le même nombre de dents; des premiers les doigts, les ongles, les organes génitaux et la forme des dents. Une couleur brune et uniforme règne sur tout le corps; cependant la tête est d'une teinte moins foncée et les parties les plus rapprochées du cou offrent une nuance plus jaune que les membres postérieurs. Leur longueur, du museau à la naissance de la queue, est de onze à douze pouces; leur hauteur moyenne, de cinq; et la queue est longue de sept pouces; on n'en connaît encore qu'une espèce.

La Mangue obscure, *Crossarchus obscurus*, F. Cuvier. Cet animal, le seul qui ait été observé, a été apporté des côtes occidentales de l'Afrique et donné à M. Cuvier, qui, le premier, l'a décrit; nous empruntons à ses descriptions et à celles de M. Isidore Geoffroy Saint-Hilaire, les détails que nous donnons sur cette espèce. « Il était doux et aussi apprivoisé qu'un Chien; quand on s'approchait de sa cage, il venait présenter sa gorge ou son cou pour qu'on le caressât, et lorsqu'on le faisait il restait immobile, ouvrant et fermant continuellement la bouche; tout annonçait chez lui une intelligence dont il doit tirer de nombreuses ressources pour suppléer à la force qui lui manque et pourvoir à ses besoins; quand on s'éloignait de lui, il faisait entendre de petits cris aigus; il était d'une propreté remarquable, peignait et lustrait son pelage, il avait dans la cage pour se coucher une place choisie qui était toujours de la plus grande netteté, un autre coin lui servait à déposer ses excrémens, d'où l'on peut conclure qu'en liberté il se choisit un gîte particulier qu'il adopte exclusivement et auquel il revient lorsque ses besoins sont satisfaits. Sa nourriture se composait de viande; il est probable, vu l'analogie qu'il a avec les Mangoustes, qu'à l'état sauvage elle consiste en petits animaux; cependant il mangeait volontiers des fruits secs, des carottes et même du pain lorsqu'on lui en présentait. Il buvait en lapant comme le Chien.

(J. L.)

MANGUE ou MANGA. (bot. phan.) Ce mot, qu'on écrit aussi *Mango*, est le nom donné par les Malais au fruit de l'arbre décrit dans l'article suivant. (L.)

MANGUIER, *Mangifera*. (bot. phan.) Genre de la famille des Térébinthacées, et de la Pentandrie monogynie, établi par Linné, et composé de plusieurs espèces d'arbres à fruits comestibles, indigènes des Indes orientales; leurs feuilles n'ont point de stipules; elles sont alternes, simples, entières, de consistance coriace; leurs fleurs, petites, pédicellées, blanches ou rougeâtres, naissent en grappes ramassées en panicules terminales; elles deviennent souvent polygames par avortement (et c'est ce qu'on voit dans l'espèce cultivée au Jardin des Plantes de Paris). Elles ont pour caractères communs, d'après Kunth : un calice divisé profondément en cinq parties régulières et caduques; une corolle de cinq pétales oblongs, sessiles, étalés, insérés à la base du calice et alternant avec ses divisions; cinq étamines pareillement insérées, dont une ou deux seulement portent des anthères; les autres se soudent parfois entre elles; un ovaire libre, soutenu sur un disque glanduleux (Richard), portant un style latéral terminé par un stigmate obtus; un drupe monosperme; graine allongée, sans périsperme, ayant une enveloppe simple et mince, des cotylédons charnus, convexes en dehors, et une radicule infère.

L'espèce la plus commune est le Manguier domestique, *Mangifera indica*, L., représenté dans notre Atlas, pl. 323, fig. 2 (2 un rameau fleuri; 2 *a* et *b* fleurs grossies; 2 *c* fruit; 2 *d* le même coupé en travers). Arbre de trente à quarante pieds, dont le tronc est recouvert d'une écorce épaisse, raboteuse et noirâtre; sa cime est ample, étalée; son bois cassant; ses feuilles sont éparses au sommet des rameaux, oblongues, pointues. Son fruit est la *Mangue*, analogue au Mangoustan pour le nom et pour les qualités comestibles; il en existe un grand nombre de variétés, comme de tous les fruits que l'homme a cultivés pour satisfaire sa gourmandise ou ses besoins. En général, les Mangues sont de forme oblongue, comprimées sur les côtés, un peu renflées vers l'insertion du pédoncule; un sillon léger règne sur leur longueur; leur volume varie de celui d'un Abricot à celui des plus grosses Poires, et leur poids de quelques onces à près de deux livres; leur peau est mince, très-glabre, laissant échapper des gouttes résineuses au travers des moindres piqûres; elle est ordinairement verte, avec des parties rouges ou jaunes. La chair a la couleur jaune-orangée de la carotte; le noyau qu'elle contient est revêtu d'une enveloppe fibreuse désagréable au gourmet; aussi estime-t-on les variétés d'après la petitesse du noyau et la moins grande quantité des filamens qui l'entourent. La Mangue ainsi que les feuilles et les diverses parties de l'arbre qui la produit ont une légère saveur de térébenthine à laquelle il faut s'accoutumer; c'est d'ailleurs, au jugement des Indiens et des créoles, un fruit exquis et bienfaisant. On la cultive aux Antilles, à Cayenne, et à l'île de France.

On connaît plusieurs espèces de Manguiers, entre autres le *Mangifera laxiflora*, et le *M. fœtida*. Quant aux *M. pinnata* et *axillaris* de Lamarck, on en a fait les genres *Sorindeia* et *Combessedea*.

(L.)

MANICOU. (mam.) Le Sarigue à oreilles bicolores, *Didelphis virginiana*, Linn., Cuv., Temm.; le Sarigue des Illinois, et le Sarigue à longs poils de Buffon; *Virginian Opossum* de Shaw. Cette espèce, que nous avons représentée dans notre Atlas, pl. 324, fig. 1, a été confondue pendant longtemps avec le Sarigue gamba et le Crabier, et distinguée récemment comme espèce par Cuvier. Cet animal a été décrit à l'article Didelphe; nous dirons seulement ici que les jeunes ne diffèrent guère des adultes que par une teinte généralement plus blanche, et, comme cela se rencontre ordinairement chez les jeunes de toutes les espèces, par une plus grande abondance de poils laineux. Leurs mœurs intéressantes ont été étudiées et sont maintenant bien connues; tout ce que l'on raconte des faits les plus curieux des Sarigues doit leur être rapporté, car c'est chez eux surtout qu'elles ont été observées. Le Manicou habite au milieu des bois; la durée de la gestation intérieure de la femelle est de vingt-six jours seulement; mais les petits qu'elle met au monde au bout de ce temps, et dont le nombre s'élève quelquefois à seize, séjournent ensuite pendant cinquante jours dans la poche dont elle est munie, comme tous les Didelphes femelles; ces petits sont très-faibles, et pendant long-temps après leur naissance ils sont tout-à-fait aveugles; quand ils sont détachés de la mère, ils ne s'éloignent jamais d'elle à une grande distance; au moindre bruit ils rentrent dans la poche; et celle-ci sait les mettre promptement en sûreté, soit par la fuite, soit par une ascension rapide au sommet des arbres. Pour pourvoir à leur nourriture, ou même, quand ils n'ont plus besoin de ses soins, pour pourvoir à la sienne propre, le Manicou femelle, ainsi que le mâle, fait une guerre assidue aux oiseaux de basse-cour; souvent ces animaux s'introduisent dans les poulaillers et détruisent une grande partie des volailles qui s'y trouvent; aussi les habitans des pays où ils se trouvent leur font-ils une guerre continuelle, et les chassent-ils comme chez nous les Martes, les Fouines et les Putois. C'est dans l'Amérique septentrionale, depuis le pays des Illinois, dont on lui a donné le nom, jusque dans le Mexique, que se rencontre cette espèce.

(V. M.)

MANILLE. (GÉOGR. PHYS.) *Voy.* PHILIPPINES.

MANIOC, *Jatropha manihot.* (BOT. PHAN. et AGR.) Espèce du genre MÉDICINIER (*voy.* ce mot), qui réclame un article séparé; ses propriétés sont peu connues et les procédés auxquels la soumet l'humaine industrie pour la dépouiller de ce qu'elle a de vénéneux, et la convertir en substance alimentaire, demandent à être appréciés. J'ai recueilli des données à cet égard de plusieurs grands propriétaires de l'Amérique du sud; elles doivent nécessairement trouver place ici.

Le Manioc ou Manihot, représenté dans notre Atlas, pl. 324, fig. 2 (les fig. 2 *a* et 2 *b* offrent des fleurs ouvertes), est un arbuste des tropiques qu'il ne dépasse point, et que l'on cultive en Afrique et dans l'Amérique. Il élève ordinairement de deux à trois mètres au plus sa tige tortue, noueuse, tendre, cassante, chargée de rameaux, revêtue d'une écorce lisse tantôt verdâtre, tantôt rougeâtre, et remplie de moelle. Les feuilles, profondément palmées, à trois et sept lobes pointus et très-entiers, glabres, un peu fermes, d'un vert clair en dessus, sont éparses sur la tige, ramassées vers le sommet des rameaux, et portées sur de très-longs pétioles. Aux fleurs rougeâtres, épanouies en bouquets aux mois de juillet et d'août, succède un fruit capsulaire à trois coques monospermes, dont les graines luisantes, et d'un gris blanchâtre entremêlé de petites taches un peu foncées, rappellent, pour la forme, celles du Ricin, *Ricinus communis.*

Il y a plusieurs variétés de Manioc; les unes se plaisent sur les terres légères et sablonneuses, les autres dans les terres fortes; quelques unes préfèrent les montagnes et les lieux élevés, quelques autres aiment mieux les lieux plats, un peu humides; mais toutes réussissent merveilleusement bien dans les sols meubles, où leurs racines tubéreuses parviennent à une grosseur plus ou moins considérable. Le Manioc se multiplie de boutures; on creuse légèrement la terre avec une houe et on couche dans les cavités deux petites boutures de dix centimètres de long; si la saison est sèche, on plante plus profondément: c'est aux premiers jours de novembre que l'on s'occupe de cette opération, la saison des pluies qui va commencer favorise le développement des germes. Au fur et à mesure que le Manioc grandit, on le sarcle, on le chausse, et au bout de douze à quinze mois il est bon à être arraché. La variété la plus précoce, le *Couri-faim*, parcourt ses périodes végétatives en six et huit mois.

Aux Antilles, dans la Guiane, et surtout au Brésil, on donne une grande attention à la culture du Manioc, au perfectionnement de ses tubercules et à leur préparation: cette plante, qui renferme tout à la fois les principes de la vie et de la mort, y fait la base de la nourriture de toutes les classes. Mais, avant de l'examiner sous ce rapport, disons un mot des dégâts que lui causent les Fourmis rouges, appelées dans le pays *Fourmis du Manioc.* Aussitôt la nuit close, leurs nombreux bataillons se mettent en marche pour aller fourrager les feuilles sur pied, et lorsqu'ils ont fait leur provision, il est curieux de les suivre jusqu'à leur habitation. Ils marchent en lignes serrées, et chaque individu porte verticalement entre les pinces des fragmens de feuilles trois et quatre fois plus grands que lui, ce qui les fait ressembler à autant de petits bateaux à la voile. Il arrive souvent que dans une seule nuit, un champ de Manioc est entièrement dévasté.

L'eau de Manioc est un poison mortel au moment où l'on vient de l'exprimer; son odeur est extrêmement vireuse, et elle tourne promptement à l'alcalescence; ce qu'il y a de remarquable, c'est qu'après la séparation de la fécule amylacée qui se dépose au fond du vase par le repos, l'eau claire qui surnage cesse d'empoisonner. On assure même que la graine du Manioc enveloppée de sa pellicule et mangée crue n'est nullement dangereuse; on cite pour preuve les tubercules qui, dans les plantations, sont quelquefois dévorées par les Cerfs, les Agoutis, les Cochons-marrons, sans qu'aucun en éprouve le plus léger dérangement. Les substances qui neutralisent le poison du jus de Manioc les plus usitées sont le suc exprimé de la Pitte géante, *Agave americana*, l'eau dans laquelle ont bouilli les graines du Rocou teignant, *Bixa orellana.* Qui croirait pourtant que cette eau de Manioc si vénéneuse devient, après une certaine préparation, l'assaisonnement favori des indigènes, des nègres et même des créoles? On écrase du piment dans cette eau; on la fait rapprocher au feu jusqu'à consistance d'extrait; c'est alors que le Couabiou, comme on l'appelle, se sert avec la viande et le poisson en guise de moutarde et d'achars.

On fait de la Cassave et du Couac, que les créoles des Antilles nomment également farine de Manioc, avec les racines tuberculeuses. A cet effet, on les épluche, on les lave, on les râpe, on presse le produit dans un tissu (tressé avec l'espèce de roseau dite Arouma) où il est converti en une sorte de farine. Veut-on avoir du Couac? on prend cette farine que l'on étend sur des plaques de fer rondes pour la soumettre à l'action du feu tout en la remuant en divers sens. Il se forme des grumeaux qui se conservent durant plusieurs années sans s'altérer, et que l'on transporte au loin. Veut-on de la Cassave? Après avoir dépouillé la farine de toute l'humidité qu'elle conserve encore au sortir de la presse, on la passe à travers un tamis d'Arouma, nommé Manaret, et on l'étend sur une plaque chaude sans la remuer aucunement, puis on la retourne; lorsqu'elle est cuite, elle forme une galette de trente-deux à soixante centimètres de diamètre sur une épaisseur de douze à quinze millimètres. Elle doit peser un kilogramme et demi pour être reçue aux marchés à Cayenne; ce poids est du double au Brésil. Sous l'une et l'autre forme, le Manioc est la base de la nourriture du pauvre et même du riche. Le Couac est à la Cassave ce que le biscuit est au pain. La Cassave moisie et qui éprouve un premier degré de fermentation sert aux naturels à préparer le fameux Cachiri, boisson qu'ils aiment avec passion et qui fait leurs délices. Le Cipipa ou fécule amylacée du Manioc sert pour les fritures et à la confection du Tapioca, que l'on consomme aujourd'hui jusqu'en Europe, quand le commerce ne lui substitue pas une sophistication faite à l'aide de la fécule de pomme de terre. Le véritable Tapioca se combine volontiers avec tous les mets inventés pour satisfaire l'appétit et la sensualité; l'on en fait d'excellens potages, il remplace avantageusement le salep et le sagou dans toutes les circonstances où le praticien éclairé en recommande l'usage.

On me cite deux variétés de Manioc dont le suc n'empoisonne pas; elles se trouvent à la Guiane; l'une, dite *Cramagure*, est facile à reconnaître dans les plantations par sa tige extrêmement tortueuse; l'autre est le *Bois congo*. Leurs racines se mangent tout simplement bouillies ou cuites sous la cendre; elles ont un goût assez agréable et qui approche un peu de celui que l'on trouve au fruit du Jacquier, *Artocarpus jaca*.

Raynal avait cru le Manioc originaire de l'Afrique, et dit que ce furent les nègres qui portèrent cet arbuste sur le continent américain. L'auteur de l'Histoire philosophique des deux Indes oubliait les témoignages de Colomb, de Dracke, de Newport, qui l'ont trouvé, dès les quinzième et seizième siècles, spontané aux diverses Antilles et employé par les indigènes sous les noms de *Iuva* donné à la plante, et *Cassabi* donné à la fécule. Vespucci déclare, à son tour, l'avoir vu servir à la nourriture des habitans de la Guiane; Bartidas, chez ceux de Sainte-Marthe, côte de Terre ferme; Cabral et Pigafetta, chez les Brésiliens. A cette époque le Manioc était inconnu des Américains du nord, même dans la Floride, et lorsqu'on a publié le contraire, c'est que l'on ignorait que le nom de *Iuca* y était donné à l'espèce de Gouet appelée par les botanistes *Arum virginicum*.

(T. D. B.)

MANNE. (BOT. PHAN. et AGR.) Matière concrète et sucrée que fournissent plusieurs végétaux naturellement ou par suite d'incisions pratiquées artificiellement. Le Miellat est une véritable Manne. Cette liqueur abonde surtout en Italie, principalement dans la Calabre et en Sicile, sur deux espèces de Frênes, le Frêne à fleurs, *Fraxinus ornus*, et le Frêne à feuilles rondes, *F. rotundifolia*, ainsi que je l'ai déjà dit plus haut, tom. III de ce Dictionnaire, pag. 278. La Manne que l'on obtient du Mélèze, *Larix europæa*, possède les mêmes propriétés purgatives; on la recueille aux environs de Briançon, département des Hautes-Alpes. Cette substance se trouve encore dans les feuilles et les tiges du Céleri, *Apium graveolens*, sur quelques Rosages, *Rhododendrum*, le Sainfoin de Syrie, *Hedysarum alhagi*, etc.

C'est principalement durant les années de chaleurs excessives, et chez les plantes qui croissent sur de mauvais terrains, que la Manne s'extravase avec plus d'abondance. Mais une erreur imposée aux naturalistes par Olivier, a fait dire et écrire, d'après lui, que la Manne en larmes des Frênes était due à la présence de la Cigale, *Cicada orni*. Depuis, on a publié que celle qui transsude de l'Alhagi et de plusieurs autres végétaux des pays chauds, résultait du travail d'une espèce de Cochenille appelée le *Coccus mannifer*. Les Psylles, les Kermès, les Pucerons sont également accusés de déterminer l'extravasation des liqueurs sucrées qui se concrètent par l'action de l'air sur le Tamarix du mont Sinaï, l'Asclépiade géante de la Perse, sur une belle espèce de Jasmin des environs de Bombay et de Surate, etc. Toutes ces assertions sont inexactes et le résultat d'observations faites très-légèrement. L'exsudation de la Manne dans toutes les parties du globe n'a lieu que par suite d'incisions pratiquées par la main de l'homme.

Quelque nombreuses que soient les piqûres des Psylles, des Cochenilles et autres insectes sur les feuilles, quelque profondes que soient les déchirures faites par la femelle du Cigalon sur le tronc et les branches des plantes qui donnent de la Manne, jamais elles ne produiront ces masses spontanées en larmes que l'on trouve à leur pied et dont le commerce s'empare. C'est parce que j'ai vu faire la récolte de la Manne dans l'une et l'autre Calabre, sur le mont Gargano si riche en superbes tiges de Frênes, et aux environs de Rome; c'est après avoir suivi, deux années de suite, les procédés mis en usage de temps immémorial pour cette récolte, que j'affirme toutes assertions contraires positivement fausses. Les incisions se font sur les arbres parvenus à l'âge adulte, c'est-à-dire à leur dixième année. C'est d'ordinaire vers le milieu de juillet et en août, par un ciel serein, et à l'approche de la nuit, que l'on entaille les Frênes, à l'aide d'une espèce de tranchet. On commence par la partie du tronc exposée au soleil levant; l'autre partie est réservée pour l'année suivante. La Manne coule en liqueur épaisse et blanche durant toute la nuit, et le matin jusqu'au moment où les rayons solaires ont pris de la force, sur de grandes feuilles de Figuier qui, en se séchant, prennent la forme d'une auge. Pour empêcher que la Manne ne se perde en coulant le long du tronc, on ouvre au dessous de la grande incision une autre plus petite dans laquelle on fixe une feuille qui reçoit la liqueur encore fluide, et la fait tomber dans le bassin placé au pied de l'arbre. Le produit d'une seule nuit est parfois tellement abondant, qu'il surpasse les espérances du cultivateur, et met en défaut ses précautions.

Une température moyenne et la pluie nuisent à la récolte de la Manne; l'absence d'une forte chaleur diminue sa quantité, et l'eau du ciel en la dissolvant et en l'entraînant à mesure de l'extravasation en fait perdre la majeure partie.

Le commerce distingue plusieurs sortes de Manne; il n'y en a réellement que deux aux yeux du cultivateur et du naturaliste, la *Manne en larmes*, qui est très-blanche, d'une grande pureté et provient des Frênes cultivés, et la *Manne en sorte* que l'on obtient des Frênes venus spontanément sur les montagnes. La première est toujours moins abondante que la seconde. Quant à la distinction de *Manne grasse* et de *Manne sèche* établie par quelques auteurs écrivant sans avoir vu par eux-mêmes, elle n'est que spécieuse, surtout quand ils donnent ces deux espèces pour venir d'un même arbre, à des époques différentes. Leur Manne sèche est la Manne en larmes que l'on demande aux plaines de la Calabre, et plus particulièrement à la Sicile; leur Manne grasse est la Manne en sorte ou des montagnes; elle se conserve beaucoup moins long-temps que la première.

(T. D. B.)

MANNE. (CHIM. PHARM.) En histoire naturelle pharmaceutique, et dans le commerce de la droguerie, on connaît trois espèces principales de Mannes, la *Manne en larmes*, la *Manne en sorte* et la *Manne grasse*, toutes espèces ne différant l'une de l'autre, chimiquement parlant, que par une pureté plus ou moins prononcée, et aussi par l'époque de l'année où on les obtient. Ajoutons encore que la dernière, la Manne grasse, devient de plus en plus rare.

Caractères physiques. 1° MANNE EN LARMES. Fragmens stalactiformes, longs de quatre à cinq pouces, inégaux, rugueux, fragiles, poreux; d'un blanc mat à l'état frais, jaunissant un peu à la longue; présentant sur un de leurs côtés, celui par lequel ils adhéraient à l'arbre, un sillon dont le fond est légèrement sali par des impuretés ou des débris de l'écorce; d'une odeur nauséeuse assez prononcée, et d'une saveur douce et sucrée.

2° MANNE EN SORTE. Morceaux d'un blanc plus ou moins jaunâtre, assez petits et friables; ou bien : masses informes, plus ou moins volumineuses, formées d'autres masses moins considérables appelées *Marrons*, agglomérées les unes aux autres, jaunâtres à l'extérieur, blanchâtres à l'intérieur, présentant quelques impuretés, quelques débris de végétaux; d'une odeur moins prononcée que dans la précédente; d'une saveur analogue, mais un peu moins sucrée.

3° MANNE GRASSE. Masses molles, gluantes, souillées par des impuretés de toute espèce, d'un aspect jaunâtre, quelquefois brunâtre; d'une odeur très-nauséeuse; d'une saveur visqueuse, désagréable.

Caractères chimiques. Les Mannes, excepté la dernière, sont solubles en totalité dans trois parties d'eau froide, et dans leur poids égal d'eau bouillante, dont elles se précipitent par le refroidissement en masses informes, souvent cristallines à l'intérieur; elles sont également solubles dans l'alcool, et susceptibles de fermenter; elles répandent une odeur de caramel quand on les brûle, etc.

Soumises à l'analyse, d'abord par Fourcroy et Vauquelin, puis par Thénard, les Mannes ont été trouvées composées de sucre, d'un principe doux et cristallisable (*Mannite*, Thénard), d'une matière nauséeuse, incristallisable, jaunâtre, et de mucilage.

Récolte. La Manne en larmes, la plus pure de toutes, ainsi nommée parce que la plus grande quantité tombe goutte par goutte, découle naturellement ou par des incisions faites sur les arbres dans les mois de juillet et août. Cette Manne est émolliente et purgative; on la donne dans les rhumes, les catarrhes, etc. On la conseille aussi comme purgative, chez les femmes et les enfans. L'écoulement du suc s'arrêtant, on fait de nouvelles incisions : le liquide obtenu par ce moyen, pendant les mois de septembre et octobre, séché et séparé des fragmens les plus blancs, qui sont mêlés à la Manne en larmes, constitue la *Manne en sorte*, la plus purgative, ou plutôt que l'on emploie le plus journellement. L'humidité de la saison empêchant le suc de se sécher complétement sur l'arbre, il arrive que ce suc tombe, qu'il se salit : de là la quantité assez grande d'impuretés qui se trouvent dans cette Manne. Enfin la troisième découle pendant les mois de novembre et décembre, saison encore plus humide, du moins ordinairement, ce qui explique très-bien les impuretés et la viscosité de la *Manne grasse*.

La Manne que l'on trouve sur les feuilles des *Fraxinus*, assez analogue à des grains de Millet ou de Froment, qui est parfaitement blanche, etc., est extrêmement rare aujourd'hui, même en Italie. Il en est de même des trois autres sortes de Mannes, que quelques naturalistes seulement avaient dans leurs cabinets comme objets de curiosité; nous voulons parler des Mannes dites de Briançon, d'*Alhagi* et *Téréniabin*. La Manne de Briançon découlait spontanément, dans les environs de cette ville, des feuilles du Mélèze, *Abies larix*,

larix. Elle était en petits grains arrondis et jaunâtres, et jouissait d'une propriété purgative très-faible. La Manne d'Alhagi, assez semblable à la précédente, était fournie par l'*Hedysarum alhagi*, espèce de Sainfoin de la Perse et de l'Asie mineure; enfin le *Téréniabin* ou *Trungibin*, ou *Manne liquide*, provenant d'arbres ou d'arbrisseaux peu connus, ressemblait assez bien à du miel blanc.

Sophistication. Les Mannes ne peuvent guère être sophistiquées sans être promptement et facilement reconnues. La Manne en larmes factice que l'on a trouvée dans le commerce, qui était préparée en filtrant, évaporant et faisant cristalliser un soluté aqueux de sucre et de vieille Manne en larmes ou de Manne en sorte, était plutôt un produit de purification qu'un produit d'altération. Un pharmacien de Paris, M. Dausse, a présenté à l'Académie de médecine, dans l'une des séances du mois de mai 1836, des morceaux de Manne en larmes artificielle, de la plus grande beauté, et jouissant de propriétés laxatives très-prononcées.

Historique. Le mot hébreu *Manne* n'a, selon Geoffroy, aucun rapport nominal avec le suc épais et mielleux que les Chaldéens et les Arabes croyaient tomber du ciel sur les feuilles de certains arbres, et dont les Hébreux se nourrirent dans le désert. Il est probable aussi que ce que les anciens appelaient *Manne*, n'est autre chose que les divers sucs résineux que Théophraste appelait *miel*, Galien *miel céleste*, *miel de rosée*, et qui couvrent quelquefois, comme une sorte de vernis, les feuilles du Tilleul et celles de plusieurs Érables.

Ce que nous avons dit de la récolte des différentes Mannes ne sera peut-être pas généralement admis comme vrai par les naturalistes; cependant nous sommes d'accord avec le plus grand nombre des pharmacologistes, et c'est comme pharmacologiste que nous avons ajouté quelque chose à l'article précédent de notre Dictionnaire. Nous ajouterons encore, malgré l'assertion contraire de l'auteur de l'article botanique *Manne*, que de la piqûre d'un insecte nommé *Cicada orni*, découle un suc concret que ce même insecte suce avec avidité, et qui est bien de la véritable Manne. Nous appuierons ce fait sur des auteurs qui sont compétens en pareille matière. M. Fée, dans son *Cours pharmaceutique*, tome II, page 365, dit dans un renvoi : « Il paraît que quelques insectes, et notamment le *Cicada orni*, attaquent l'écorce des Frênes et déterminent l'écoulement de la Manne, qu'ils sucent ensuite avec avidité. » On lit encore dans le même renvoi : « Le docteur Hardwigh a vu à Bombay, et ensuite à Calcutta, une nouvelle espèce de Psylle qu'il a nommée *Mannifère*, et qui fait exsuder la Manne. » M. Guibourt, dans son histoire abrégée des *Drogues simples*, tom. II, page 408, ligne 6, dit : « Le Frêne à fleur, ou l'Ornier, quand il est cultivé, contient une si grande quantité de suc sucré que celui-ci en exsude souvent spontanément, ou par la piqûre d'une Cigale nommée *Cicada orni*, etc. » Enfin M. Ehrenberg a décrit, dans son *Symbolæ physicæ*, etc., cahier n° 1 (*Insecta*), 1829, et donné à la planche 10 la figure de l'insecte *Coccus manniparus*, qui vit sur le *Tamarix mannifera*.

Nous allons donner en entier le passage de M. Ehrenberg, après avoir fait une courte description de l'insecte. Le *Coccus manniparus* est long d'une ligne environ, de forme ovalaire, d'un jaune couleur de cire; la femelle vierge est plus allongée, molle, velue et tachetée, composée de dix anneaux distincts. Les antennes sont composées de neuf articles. Les pieds ont quatre articles, dont le dernier est terminé par un ongle. Les yeux sont petits; le rostre court, obtus. Le mâle est inconnu.

Voici maintenant comment s'exprime M. Ehrenberg au sujet de la Manne en général, et de ce curieux insecte en particulier :

« Forskahl (Descript. anim., XXIII) rapporte avoir vu sur le mont Sinaï quelques Cigales donnant une Manne semblable à celle que fournissent les Frênes.

» Le doux suc de la Manne de notre époque, suc que l'on trouve sur la terre, et qui tombe, non du ciel, mais bien du sommet des tiges d'un arbrisseau, se rencontre fréquemment sur les montagnes de Sinaï; il est appelé *Man* par les Arabes. Ce suc est récolté par les indigènes et les rois grecs, et mangé sur le pain en guise de miel.

» J'ai vu moi-même (c'est Forskahl qui parle) cette Manne tomber; je l'ai ramassée, décrite et emportée avec la plante et les débris de l'insecte.

» Les extrémités des jeunes rameaux de cet arbrisseau sont quelquefois tellement chargées d'une grande quantité d'insectes, qu'elles semblent être raboteuses. Ces mêmes rameaux sont piqués en mille endroits par l'insecte, et des petites blessures, non visibles à l'œil nu, découle, surtout après les pluies, un suc très-limpide, syrupeux, rougeâtre, et très-abondant, qui se concrète peu à peu et ne tarde pas à tomber.

» Ainsi la Cigale donne la Manne du Frêne de la même manière que la célèbre Manne du mont Sinaï est fournie par la petite graine du *Tamarix*.

» J'ai fait moi-même la description de la forme et des caractères de cet insecte sur le mont Sinaï, description que j'ai aussitôt enrichie de figures. »

Ces figures sont reproduites dans notre Atlas, pl. 325, fig. 1. Cette première figure offre un rameau de Tamarix mannifère couvert de *Coccus* et ayant une larme de Manne pendante.

1 *a*. Vésicules de cire renfermant la femelle et grossie 3 fois.

1 *b* et 1 *c*. Manne tombée et ayant englobé des corps étrangers.

1 *d*. Jeune individu très-fortement grossi.

1 *e* et 1 *f*. *Coccus manniparus* adulte, grossi 30 fois, et vu en dessus et en dessous.

Telles sont les autorités que nous avons cru devoir citer pour appuyer notre dire, que la Manne est quelquefois le résultat de la piqûre d'insectes. Il est vrai que ces autorités ne disent pas qu'elles ont vu (une exceptée, M Ehrenberg), mais il ne suffit pas toujours de dire qu'on a vu pour convaincre tout le monde.

Nota. Dans une des dernières séances de l'Académie des sciences (24 octobre 1836), M. Mirbel a présenté un échantillon du suc de l'*Hedisarum alhagi.* Cette sorte de Manne est très-impure, très colorée, en masse glutineuse, inodore, contenant beaucoup de corps étrangers, de débris de végétaux; d'une saveur douce, sucrée; moins nauséabonde, plus aromatique que la Manne commune. Pendant long-temps on a cru que cette Manne tombait du ciel, et cela, probablement, parce qu'on la trouve çà et là sur le sol, mais non loin cependant des végétaux desquels elle exsude. (F. F.)

MANNET, *Lagotis.* (MAM.) Ann. du Muséum, t. 19, et *Helamys cafer*, Fr. Cuv.; *Mus cafer;* Pall.; *Dipus cafer*, Gm., Buffon, Supp., v. 6. Espèce de rongeur vulgairement connue sous le nom de Lièvre sauteur du Cap, et dont M. Fréd. Cuvier, qui lui a donné la dénomination française de Mannet, a cru devoir faire le type d'un genre, d'abord sous le nom de LAGOTIS (*voy.* ce mot.), et plus tard sous celui d'Hélamys. C'est aussi d'après cette espèce qu'Illiger a établi son genre *Pedetes.*

Le Mannet, représenté dans notre Atlas, pl. 325, fig. 2, est de la taille du Lièvre; comme lui il porte deux sortes de poils, les uns duveteux et courts, les autres plus longs et soyeux. Son pelage est généralement d'un fauve clair; ses oreilles sont rousses à la racine et noires à la pointe; la queue, presque aussi longue que le corps, est touffue, et terminée par une tache noire.

D'après les rapports de Delalande et Sparmann, cet animal vit dans des terriers très-profonds d'où il s'éloigne peu et où il rentre précipitamment et comme s'il y plongeait, dès qu'il entend le moindre bruit. Il passe une partie du jour à dormir, et ne pourvoit à sa nourriture que pendant la nuit ou durant le crépuscule; il vit d'herbes et de graines. Allamand, qui a vu cet animal vivant, en Hollande, dit que dans son sommeil il ramène sa tête entre ses jambes de derrière qui sont étendues, et qu'avec celles de devant il rabat ses oreilles sur ses yeux, et les y tient comme pour les préserver de toute atteinte extérieure. Sa voix ne consiste qu'en un grognement sourd. Sa chair est assez bonne. Il habite les montagnes qui environnent le Cap. (Z. G.)

MANNITE. (CHIM.) Substance qui jouit des propriétés laxatives des mannes en général, qui existe dans la racine et dans les feuilles du Céleri ordinaire, du Céleri rave, et probablement dans beaucoup d'autres végétaux, et que l'on obtient de la manière suivante : On triture à chaud, dans de l'alcool rectifié, une quantité donnée de manne en larmes; on filtre la liqueur bouillante, on laisse refroidir et on obtient des cristaux de Mannite qu'il suffit, pour les avoir purs, d'exprimer fortement, de dissoudre de nouveau dans de l'alcool chaud, de filtrer, d'évaporer, faire cristalliser et sécher à l'étuve. Si la chose est nécessaire, on a recours à un peu de charbon animal pour décolorer les liqueurs.

La Mannite est blanche, sans action sur les plans de polarisation (Biot); ses cristaux sont aiguillés, légers, soyeux, un peu analogues à ceux de l'acide benzoïque; sa saveur est sucrée, agréable; son odeur est nulle, etc. MM. Boutron-Charlard et Guillemette ont cru trouver de l'identité entre cette substance et la grenadine (matière retirée de la racine du Grenadier, *Punica granatum*); le docteur Pallas pense également qu'on peut la comparer au principe cristallin de l'Olivier. Le docteur Martin Solon a par devers lui des faits thérapeutiques qui prouvent l'efficacité de la Mannite dans les embarras gastriques, la péritonite, etc. (F. F.)

MANOBI et MANDOVI. (BOT. PHAN.) Quelques auteurs, d'après Ulloa, placent mal à propos ce mot dans la synonymie de l'ARACHIDE (*voy.* ce mot); il appartient uniquement à la Glycine souterraine, *Glycine subterranea.* Les noms brésiliens de l'Arachide sont *Mandubi* et *Manti*; celui de la Glycine sur les côtes d'Afrique, *Manduri.* (T. D. B.)

MANORINE, *Manorina.* (OIS.) Petit genre créé par Vieillot pour une seule espèce trouvée à la Nouvelle-Hollande, et placé par cet ornithologiste dans l'ordre des Sylvains, et dans la famille des Chanteurs; il le caractérise de la manière suivante : bec court, un peu grêle, à base garnie sur les côtés de petites plumes dirigées en avant, et couvrant l'origine des narines, anguleux en dessous, très-comprimé latéralement, entier, pointu; mandibule supérieure un peu arquée du milieu à la pointe, et couvrant les bords de l'inférieure, celle-ci un peu plus courte et droite; narines amples, occupant la moitié en longueur de la mandibule supérieure, s'étendant de l'arête jusqu'aux bords du bec, élargies à la base, et finissant un peu en pointe, couvertes d'une membrane à ouverture linéaire et située en dessous; tour de l'œil nu; première rémige plus courte que la sixième, les deuxième et quatrième égales, la troisième la plus longue de toutes; quatre doigts, trois devant, un derrière, les antérieurs grêles; le médian soudé avec l'extérieur à la base, et totalement séparé de l'interne; le pouce très-épais et plus long que les doigts latéraux; ongles crochus, étroits et aigus, le postérieur le plus fort et le plus long de tous.

MANORINE VERTE, *Manorina viridis*, Vieillot. Le plumage est généralement d'un vert olive, légèrement lavé de jaune en dessous; le front est d'un beau noir velouté; les moustaches, qui s'étendent depuis la mandibule inférieure jusque sur les côtés de la gorge, sont également noires; les joues jaunes, ainsi que le bec et les pieds. La femelle a des couleurs généralement moins vives; ses joues ne sont point jaunes, et elle n'a point les moustaches du mâle. Cette espèce, qui est de la Nouvelle-Hollande, a cinq à six pouces de long. (V. M.)

MANS. (INS.) L'un des noms vulgaires de la larve des Hannetons.

MANSIENNE. (BOT. PHAN.) Nom vulgaire de la Viorne, *Viburnum lantana*, L. (L.)

MANTE, *Mantis.* (INS.) Genre d'Orthoptères de la famille des Coureurs, tribu des Mantides, n'offrant pas d'autres caractères que ceux de la tribu; ce genre a été pourtant subdivisé par plusieurs auteurs. Illiger créa le genre *Empuse*. M. Serville subdivisa ces deux genres et en forma onze; M. Lefebvre en a ajouté deux autres; vient ensuite M. Brulé qui n'a conservé que les deux genres de M. Lefebvre, et le genre Mante de Linné en détruisant même le genre Empuse, l'un des plus tranchés qui aient été établis dans cet ordre. Que peut-on conclure de tout cela? Qu'il n'existe pas encore de base certaine pour l'établissement des coupes à faire dans cette tribu: nous nous en tiendrons alors à celles adoptées par Latreille, qui sont les Mantes et les Empuses. Les Mantes sont des insectes méridionaux; les premières que l'on trouve dans notre pays, se rencontrent sur le littoral de la Méditerranée, dans la ci-devant Provence et le Languedoc; elles se tiennent principalement au soleil, où elles saisissent avec vivacité les insectes dont elles font leur nourriture; elles sont très-voraces, et l'on a vu les petits, sortant à peine de l'œuf, lever déjà leurs pattes antérieures, et s'attaquer avec acharnement; les deux sexes ne s'épargnent pas quand ils se rencontrent, mais les femelles, plus robustes que les mâles, triomphent presque toujours. Poiret, qui a observé ces insectes en captivité, cite de leur voracité un exemple surprenant: il avait mis dans un vase un mâle et une femelle pour examiner leur accouplement; les avances du mâle lui furent funestes; la femelle lui saisit la tête de ses pattes redoutables et la lui coupa; cet accident chez tout autre animal aurait dû, pour le moins, ralentir son ardeur; ici il n'en fut rien; le mâle n'en fut pas moins empressé, la femelle mieux disposée reçut ses caresses et ensuite le dévora, mais le but de la nature était accompli.

Nous diviserons les Mantes en deux genres:

1. Tête conique, terminée par des feuillets ensiformes; face fortement relevée en carène; antennes bipectinées dans les mâles, des dilatations membraneuses aux fémurs; le genre Empuse d'Illiger.

Empuse appauvrie, *E. pauperata*, Illiger. Longue de deux pouces; représentée dans notre Atlas, pl. 526, fig. 3. Elle est d'un brun pâle avec trois bandes plus foncées en travers des fémurs et des tibias antérieurs; les ailes sont vertes avec les nervures longitudinales brunes à l'extrémité des ailes, surtout des inférieures; le prothorax est très-allongé, un peu dilaté seulement à l'insertion des hanches antérieures. Moins communes que les Mantes proprement dites dans le midi de la France.

Les Empuses ont les formes plus grêles en général que les Mantes; les fémurs antérieurs sont aussi dans des proportions bien plus allongées.

2. Tête carrée en dessus, face méplate; antennes sétacées dans les deux sexes; le genre Mante. Ce genre présente des insectes de formes si disparates que, quel que soit le nom que l'on donne aux coupes à y faire, il sera toujours nécessaire d'en admettre plusieurs.

Mante religieuse, *M. religiosa*, représentée dans notre Atlas, pl. 526, fig. 1. Longue de deux pouces, vert glabre; hanches marquées à la base d'une grande tache noire ocellée de blanc (fig. 1 *a*); les ailes inférieures sont diaphanes et n'ont que le bord antérieur et l'extrémité blancs; le prothorax est assez gros et robuste, finement dentelé sur les côtés; les épines internes des fémurs sont noires. Cette espèce est la plus commune dans notre pays.

Mante vitrée, *M. hyalina*, A. P. Longue de vingt lignes; prothorax allongé, dilaté seulement auprès de la tête; entièrement verdâtre; les ailes sont très-brillantes, totalement diaphanes avec les nervures blanc-verdâtre; les épines du fémur sont noires ainsi que l'extrémité de chaque article des tarses. Du Brésil.

Mante feuille sèche, *M. siccifolia*, A. P. Longue de vingt lignes; corselet allongé; yeux épineux à leur sommet; élytres très-ondulées à leur bord interne; abdomen en losange dans les femelles; entièrement d'un brun de feuilles sèches; l'abdomen est annelé de brun et de noir.

Mante scrofuleuse, *M. strumaria*, Linn., représentée dans notre Atlas, pl. 526, fig. 2. Longue de deux pouces six lignes; corselet en forme de bouclier en losange, aussi large que long; entièrement verte; abdomen bordé de brun sur les côtes. De l'Amérique méridonale. (A. P.)

MANTEAU. (zool.) On donne ce nom à une peau plus ou moins mince qui revêt l'intérieur des coquilles bivalves et se partage en deux lobes égaux ou inégaux, selon que la coquille est elle-même équivalve ou inéquivalve. Cette partie charnue, dit M. Deshayes, semble revêtir l'animal à peu près de la même manière que les manteaux dont nous nous couvrons, d'où lui est venu le nom qu'elle porte. Depuis, on a également nommé Manteau l'enveloppe cutanée des autres mollusques, quoiqu'elle ait des formes bien différentes. (*Voy.* Mollusques.)

Le nom de Manteau est devenu spécifique et forme la base de plusieurs noms vulgaires en histoire naturelle: ainsi l'on a appelé:

Manteau-bleu ou Bleu-manteau (ois.), une espèce de Mouette;

Manteau ducal (moll.), une espèce du genre Peigne;

Manteau ou trompette du christ (bot.), le *Datura fastuosa*, L.;

Manteau-gris ou Gris-manteau (ois.), la Corneille mantelée;

Manteau de gueux (bot.), la Pulmonaire dont la feuille est tachée, ou de grands *Rumex* aquatiques dont les feuilles se trouent et se déchirent assez naturellement;

Manteau-noir ou Noir-manteau (ois.), une espèce de Goëland;

Manteau pourpre (moll.), une grande espèce de Peigne.

MANTELÉE. (ois.) Nom d'une espèce du genre Corbeau, d'une Buse du Brésil et d'une Colombe des Indes. (Guér.)

MANTICORE, *Manticora*. (ins.) Genre de Coléoptères, de la section des Pentamères, famille des Carnassiers, division des Carnassiers terrestres, tribu des Cicindélètes, ayant pour caractères : mandibules longues et dentées ; six palpes, l'avant dernier article des maxillaires extérieurs étant beaucoup plus grand que le précédent; abdomen cordiforme; pas d'ailes sous les élytres. Ces insectes sont les géans de la tribu des Cicindélètes : leur tête est très-grosse et large, armée de mandibules plus longues qu'elle, et offrant à l'intérieur plusieurs dentelures; le corselet est cordiforme, un peu plus large que long, l'écusson est arondi ; il existe à la base des élytres une dépression ; celles-ci sont plus larges que le corselet, dentelées sur la crête de leurs côtés; ces insectes sont carnassiers, vivent dans la partie la plus méridionale de l'Afrique ou les environs du Cap, courent avec rapidité et se cachent sous les pierres ; quoiqu'ils soient aptères, leurs élytres ne sont pas soudées ensemble; leurs larves sont inconnues; on en mentionne deux ou trois espèces, dont une seule est bien connue.

M. Maxillaire, *M. maxillosa*, figurée dans notre Atlas, pl. 526, fig. 4. Longue de 18 lignes, noire, avec les antennes roussâtres. Des environs du cap de Bonne-Espérance. (A. P.)

MANTIDES, *Mantides*. (ins.) Tribu de l'ordre des Orthoptères, famille des Coureurs, ayant pour caractères : tête triangulaire et verticale ; trois ocelles; antennes sétacées, composées d'un grand nombre d'articles; labre entier; mandibules incisives; palpes filiformes; languette quadrifide, ayant presque tous ses articles égaux ; pattes antérieures ravisseuses. Les Mantides ont le corps allongé, la tête verticale, les yeux très-saillans; le prothorax est très-long, ordinairement un peu dilaté sur les côtés; les deux autres segmens sont très-courts; l'abdomen est assez long, dilaté aussi sur les côtés; à son extrémité sont des appendices sétacés articulés; les ailes sont couchées horizontalement sur le corps dans le repos; les quatre pattes postérieures sont grêles, munies de tarses allongés; la paire antérieure a ses hanches détachées du corps, presque aussi longues que les fémurs; le fémur est un peu plus long que la hanche et s'articule, non avec elle, mais avec un grand trochanter intermédiaire entre eux; en dessous il forme une gouttière terminée et bordée par des épines robustes ; le tibia est moitié moins long que le fémur, terminé par une épine robuste, armé en dessous de deux rangs d'épines, et s'emboîtant dans le repos dans la rainure des fémurs; le tarse est de la longueur du tibia; le premier article est aussi long que les quatre suivans pris ensemble. Ces insectes sont carnassiers sous tous les états; ils saisissent leur proie au moyen de leurs pattes antérieures et la portent à leur bouche pour la dévorer; ils ne se ménagent point entre eux; les femelles pondent un nombre d'œufs assez limité; ces œufs sont enfermés dans une capsule de matière gommeuse où chaque œuf se trouve dans une loge particulière; on distingue à l'extérieur par des stries la place que chaque œuf occupe dans la capsule; ces œufs sont attachés aux tiges des plantes. Le nom de Mante vient du mot latin *mantis*, qui signifie devin; la position de ces insectes qui, appuyés sur leurs pattes postérieures, agitent continuellement les antérieures et paraissent indiquer le chemin aux passans, leur a mérité ce nom ; on les a aussi comparés à une personne agenouillée et qui, croisant les bras, serait en prière ; de là le nom de *Prégadiou* que lui donnent les Provençaux, et sans doute aussi les noms qui ont été imposés à diverses espèces, comme *Oratoria, Religiosa*; enfin on les a comparés quelquefois à des mendians demandant l'aumône, et nous avons eu des *Mendica*, des *Pauperata*, etc. Ces insectes sont propres aux parties chaudes de tous les continens. (A. P.)

MANTISPE, *Mantispa*. (ins.) Genre de Névroptères de la famille des Planipennes, tribu des Raphidines, offrant pour caractères : antennes courtes, grenues; prothorax très-allongé; abdomen ovoïde; pattes antérieures ravisseuses; ailes en toit dans le repos; cinq articles à tous les tarses. Linné et les auteurs anciens confondaient ces insectes avec les Raphidies; Olivier, Fabricius et d'autres les avaient joints aux Mantes, avec lesquelles effectivement ils ont de la ressemblance à la première vue, par la longueur de leur cou et leurs pattes antérieures ravisseuses; mais leurs ailes les en éloignent suffisamment; aussi Illiger, examinant ces insectes avec plus d'attention, en fit-il, avec raison, un genre à part sous le nom adopté aujourd'hui. Les Mantispes ont la tête verticale, triangulaire, les antennes insérées au milieu de la face, les yeux globuleux, les ocelles très petits; le prothorax est très-allongé, cylindrique, un peu plus large du côté de la tête, les deux autres segmens sont courts; l'abdomen est ovoïde, comprimé sur les côtés; les pattes antérieures ont les hanches détachées du corps, aussi longues au moins que les fémurs; ceux-ci s'articulent avec les hanches par l'intermédiaire du trochanter, ils sont droits en dessus et courbés en dessous, épais, robustes, munis en dessous de deux rangs d'épines sur les deux tiers de leur longueur; dans l'intervalle de ces épines vient se loger le tibia, qui est grêle, court, terminé en pointe, sans épines; le premier article des tarses est beaucoup plus long que les suivans. Les quatre ailes sont semblables, ayant toutes une forte nervure près de la côte et un stigmate.

Ces insectes sont carnassiers, et plus particulièrement propres aux pays chauds; on en connaît cinq à six espèces dont une seule est propre à notre pays; elle n'est pas commune, et ses métamorphoses sont encore inconnues.

M. villageoise, *M. pagana*, Fab., représentée dans notre Atlas, pl. 326, fig. 5, 5 *a*. Elle est longue de 8 à 10 millimètres, d'une couleur ferrugineuse, avec les yeux noirs et un stigmate jaunâtre à la côte des quatre ailes; on ne commence à la trouver que vers le centre de la France. (A. P.)

J'ai fait connaître, dans le Voyage autour du monde du capitaine Duperrey, deux espèces de ce genre : la première, qui est très-grande relativement aux autres, a reçu de moi le nom de MANTISPE GRANDE, *M. grandis*; elle est représentée dans l'Atlas zoologique de ce Voyage, pl. 10, fig. 4. Elle est longue de 20 millimètres et son envergure est de 49 millimètres ; son corps est noir terne ; ses antennes, ses jambes et ses tarses sont d'un brun roussâtre. Les ailes sont transparentes, d'un jaune fauve à la côte, avec le bout enfumé. Elle a été trouvée à Amboine. L'autre, que j'ai nommée M. RAYÉE, *M. vittata*, est longue de 10 millimètres ; sa tête est fauve, avec les yeux verdâtres ; les antennes sont fauves, avec l'extrémité brune. Le prothorax est jaune ; les côtés, ainsi que le thorax, sont fauves. L'abdomen est jaune, avec une ligne dorsale étroite et deux lignes latérales plus larges, fauves. Les cuisses des pattes antérieures ont une grande tache au côté interne ; les pattes sont jaunes et les ailes transparentes. Enfin, j'ai inséré dans le Magasin de Zoologie, pour 1837, deux autres espèces. L'une, que je nomme MANTISPE A VENTRE DORÉ, *M. auriventris*, est longue de 18 millimètres, fauve ; le front et le bord des yeux sont jaunes. L'abdomen est doré, avec une grande tache brune près de la base, et une autre vers l'extrémité. Les ailes sont transparentes, d'un jaune pâle devenant plus intense vers la côte. Cette belle espèce vient d'Egypte. L'autre vient du Caucase, c'est ma *M. victor*. (GUÉR.)

MANUCODE. (OIS.) Nom d'une espèce de Paradisier que nous représentons dans notre Atlas, pl. 529, fig. 1, et dont Vieillot a fait le type de son genre *Cicinnurus*. Quelques auteurs, en adoptant ce genre, ont remplacé le nom que Vieillot lui avait donné par celui que porte l'espèce. (*V.* PARADISIER.) (Z. G.)

MANULÉE, *Manulea*. (BOT. PHAN.) Genre de la famille des Scrophulariées, Didynamie angiospermie, L., composé de plantes herbacées ou frutescentes, à feuilles opposées ou alternes, ayant leurs fleurs en grappes et munies de bractées. Elles se caractérisent ainsi : calice à cinq divisions profondes ; corolle tubuleuse, dont le limbe est découpé en cinq segmens subulés, l'inférieur se trouvant écarté des autres ; quatre étamines didynames, à anthères inégales ; un style ; une capsule ovoïde, à deux loges polyspermes.

Toutes les Manulées, au nombre d'une trentaine d'espèces plus ou moins bien déterminées, sont indigènes du cap de Bonne-Espérance, à l'exception d'une seule, qui croît à la Nouvelle-Hollande. Quelques unes sont cultivées soit dans les jardins de botanique, soit dans ceux d'agrément. Parmi les dernières, nous citerons :

La MANULÉE A FEUILLES OPPOSÉES, *Manulea oppositifolia*, Ventenat, arbrisseau de deux à quatre pieds, à rameaux grêles et nombreux, portant des feuilles ovales-renversées, dentées au sommet et pubescentes. Ses fleurs, solitaires sur des pédoncules de la longueur des feuilles, sont rose-lilas ou blanches, et s'épanouissent tout l'été. Cette plante ainsi que ses congénères demandent la culture d'orangerie et la terre de bruyère ; on les multiplie de graines ou de boutures. (L.)

MAPPEMONDE. (GÉOGR.) On nomme ainsi la représentation des deux hémisphères sur une surface plane. Plus ou moins parfaite selon le mode de projection employé, la Mappemonde offre toujours l'inconvénient de séparer des parties adjacentes du globe ; en outre elle ne représente pas exactement la situation respective et la figure de toutes les diverses régions ; la *projection stéréographique*, par exemple, donne trop de développement à celles qui avoisinent les bords des hémisphères, tandis que la *projection orthographique* diminue les figures du centre à la circonférence ; de sorte que sur une Mappemonde on ne doit pas mesurer les distances avec une échelle rectiligne et unique.

On évite ces défauts, en faisant des *projections polaires* et des *projections horizontales*; les premières représentent les hémisphères séparés par l'équateur, et donnent avec assez d'exactitude l'ensemble des régions circumpolaires ; les secondes représentent les hémisphères placés au dessus et au dessous d'un lieu choisi, et sont les plus propres à faire connaître les régions qui entourent ce lieu ou son antipode.

Dans les Mappemondes construites selon la projection imaginée par Mercator, les méridiens sont des lignes droites parallèles, équidistantes, coupées à angle droit par les parallèles à l'équateur ; les intervalles qui séparent ceux-ci croissent à mesure qu'on s'avance vers les pôles, dans un rapport précisément inverse de celui que suit sur un globe la diminution des degrés de longitude. D'après ce système, les distances en longitude mesurées sur chaque parallèle ont, relativement aux distances en latitude correspondantes, le même rapport que sur le globe. Ce genre de cartes, qu'on appelle *cartes réduites*, sont usitées dans la marine ; on doit, moins encore que sur les autres, ne pas y chercher les rapports d'étendue des pays ni l'exactitude de leur configuration ; il suffit pour s'en convaincre de jeter un coup d'œil sur une Mappemonde d'après la projection de Mercator ; on y verra que chaque partie de la Nouvelle-Zemble, par exemple, est beaucoup plus grande que l'île entière de Bornéo. (L.)

MAQUEREAU. (POISS.) Sous ce nom on désigne l'une des plus grandes espèces du genre SCOMBRE (*voyez* ce mot), la plus répandue et la plus abondante dans les marchés de Paris. (ALPH. G.)

MARA, *Mara*. (MAM.) On appelle ainsi, dans plusieurs parties de l'Amérique australe, et principalement en Patagonie, une espèce de Rongeur de la famille des Caviens (genre *Cavia* de Linné), que Pennant a fait connaître sous le nom de *Cavia patagonica*. Le même animal est le *Lièvre pampa* de D'Azara, M. Desmarest en a fait une espèce du genre *Dasyprocta* ou *Chloromys*, F. C., *Das. patagonia*, et M. Lesson le type d'un genre particulier qu'il appelle *Mara*. M. Lesson a cru devoir changer aussi le nom spécifique et le remplacer par celui de magellanique (*Mara magellanica*,

Less. Cent. Zool., p. 113, pl. 42). Le Mara est un peu plus grand que l'Agouti ordinaire; il se distingue des Cabiais par la forme de sa tête, la longueur de ses oreilles, et par ses jambes grêles et assez élevées, ce qui le fait également différer un peu des *Kerodons* ou *Moco*, dont il a néanmoins le système de dentition, ainsi que nous nous en sommes assuré en comparant les molaires de l'un et de l'autre; ses molaires sont, en effet, au nombre de huit à chaque mâchoire (form. dent: $\frac{1}{1}$ inc., $\frac{0}{0}$ can., $\frac{4}{4}$ mol. de chaque côté), représentant chacune un double cœur lamelleux, ce qui éloigne beaucoup les Maras des *Chloromys*, dont la dentition est celle des Porc-épics quant à la forme des molaires.

Le pelage du *Cavia magellanica* est doux, soyeux, très-fourni, de couleur brune sur le dos et à la région externe des membres, tandis que les poils sont annelés de blanc et de roux clair sur les flancs, le cou, les fesses et derrière les extrémités, ce qui leur donne une teinte jaune cannelle ou fauve. Les poils du dessous du corps et du dedans des membres sont blancs; une tache d'un noir violâtre occupe la région des lombes, et en arrière la région sacrée est d'un blanc pur. Les poils de ces parties sont plus longs que les autres; un vestige de queue nue et rudimentaire occupe l'extrémité du corps; la tête a des moustaches noires et luisantes, et les oreilles élargies et pointues portent un léger pinceau à leur sommet.

Les Maras vivent par paires; le mâle et la femelle vont de concert et courent avec beaucoup de rapidité; mais ils se fatiguent bientôt, et un chasseur à cheval peut alors les prendre avec le laço ou avec les boules. Ces mammifères ont la voix élevée, très-aiguë et incommode; leur cri, qu'ils font surtout entendre pendant la nuit, peut se rendre par les syllabes *o, o, o, y*; lorsqu'on les prend vivans, ils le poussent avec plus de force encore. Les Indiens mangent la chair des Maras, mais ils lui préfèrent celle des Tatous.

Pris jeunes ces animaux s'apprivoisent aisément, se laissent toucher avec la main, et peuvent même errer en liberté dans la maison ou aux alentours sans qu'on puisse craindre qu'ils ne s'échappent. Leur longueur totale, à l'âge adulte, est de deux pieds six pouces, et leur hauteur de seize pouces au train de devant et de dix-neuf ou vingt à celui de derrière. Leur queue n'a qu'un pouce et demi. Nous avons représenté le Mara dans notre Atlas, pl. 329, fig. 2. (Gerv.)

MARABOU. (ois.) On distingue au Sénégal et dans l'Inde, sous cette dénomination, un oiseau du genre Cigogne que nous connaissons sous le nom d'*Argala*. Le mâle porte une fraise composée de plumes assez longues pour s'étendre au dessus de la tête en forme de capuchon, lorsqu'étant en repos son cou est reployé sur sa poitrine; en outre, les plumes des côtés du croupion sont plus ou moins longues, soyeuses, d'un blanc de neige, à barbes découpées et frisées. Chandernagor et Calcutta nourrissent un grand nombre de ces animaux qui y sont très-utiles, en dévorant toutes les immondices qui se trouvent dans les rues; aussi le gouvernement les a-t-il pris sous sa protection, car une amende de dix guinées est infligée à celui qui tue un Argala. Ces oiseaux sont tellement apprivoisés dans ces pays, qu'ils ne manquent pas de se rendre tous les jours à l'heure du dîner devant les casernes, où ils se tiennent alignés avec autant de régularité qu'une compagnie de soldats, en attendant la fin du repas pour dévorer les restes qu'on leur jette, et surtout les os dont ils sont friands, qu'ils avalent entiers après se les être quelquefois disputés avec le plus grand acharnement.

On trouve l'Argala dans l'Afrique et dans l'Inde, où on le réduit en domesticité afin de lui ôter, à mesure qu'elles poussent, ses plumes si précieuses pour le commerce.

Cet oiseau, que les naturalistes ont nommé Cigogne a sacs, *Ciconia argala*, a été aussi nommé *Ardea dubia* par Gmelin; il forme le type d'une division du genre Cigogne, composée d'espèces à cou nu, dont le bec est plus gros que chez les autres espèces et de substance légère. Ses parties supérieures sont cendrées; les plumes qui les garnissent sont raides et dures; les parties inférieures sont blanches, à plumes longues: la tête et le cou sont parsemés de poils sur une peau rouge et calleuse; une longue membrane conique, couverte d'un léger duvet, pend au milieu du cou; il y a douze rectrices d'une couleur brune, ainsi que les rémiges. Les tectrices caudales inférieures sont duveteuses et constituent les panaches légers nommés Marabous. Cet oiseau est représenté dans notre Atlas, pl. 330, fig. 1. La fig. 1 *a* offre une des plumes du dessous de sa queue.

De tout temps et chez tous les peuples, même les plus sauvages, les plumes de différens oiseaux ont été un grand objet de luxe, et souvent même un signe d'honneur ou d'autorité; mais, comme pour les pierres précieuses et pour les parfums, le prix des plumes et l'estime qu'on en fait tiennent davantage à la difficulté de se les procurer qu'à leur beauté même; nous devons avouer toutefois que la plume Marabou est souple, légère, ondoyante, et qu'elle se prête merveilleusement aux gracieuses combinaisons de la mode; et pourtant ses plus grandes qualités aux yeux des dames sont, nous n'en doutons pas, son origine indienne et sa rareté. Il est vraiment effrayant de penser combien l'Inde et l'Asie, avec leurs pierreries, leurs riches tissus de laine, leurs parfums et tous les objets d'un grand luxe que les progrès de notre civilisation ont rendus des objets d'une consommation nécessaire, tire à la vieille Europe la plus claire partie de son numéraire; aussi conçoit-on, avec quelque réflexion, les descriptions des richesses immenses enfermées dans les palais des maîtres de ce pays, tandis que sans examen on devrait rejeter comme très-exagérées, pour ne pas dire fabuleuses, les relations cependant très-dignes de foi que plusieurs voyageurs ont données. Heureusement que l'Asie par la Russie, l'Inde par l'Angleterre font rentrer en Europe une partie de ce qu'elles nous ont tiré; sans cela il ne serait peut-être pas puéril de dire que les plumes, les cachemires, les parfums, les pierreries seraient devenus une contagion contre laquelle l'Europe aurait eu à se prémunir aussi bien que contre le choléra qui nous est venu de ces pays; c'est, du reste, une question d'économie politique qui mériterait d'être approfondie et qui se rattache à des questions morales, mais que nous nous abstenons d'aborder comme hors de propos dans cet ouvrage. (J. L.)

MARAICHER. (AGR.) Cette expression a deux valeurs : l'une, comme substantif, désigne celui qui se livre à la culture des jardins ou terrains consacrés à la production des plantes légumières pour la consommation des habitans de Paris; l'autre, comme adjectif, sert à caractériser tout ce qui a rapport à cette culture. Le nom vient de ce que les premiers terrains sur lesquels cette industrie s'exerça étaient originairement des marécages. Depuis elle s'est étendue sur les sols sablonneux les plus pauvres en terre végétale, tout en conservant le nom de culture maraichère.

Dès la pointe du jour le Maraicher commence son travail; courbé tout le jour au milieu de ses semis variés, combinés avec les besoins de chaque saison et dirigés avec autant d'ordre que de propreté, la nuit close peut seule suspendre les fatigues qui doivent renaître avec le lendemain; car sur le coin de terre qu'il exploite les produits se succèdent sans interruption, sans se nuire et se protégeant mutuellement.

Ses cultures peuvent servir de modèle: entre ses mains le sol ne s'épuise pas, jamais il n'a besoin de repos; il rapporte constamment parce que sans cesse il répare ses pertes, et que le propriétaire, excité par son propre intérêt, le perfectionne sans relâche par des façons, des fumiers, des assolemens toujours différens.

L'année maraichère est divisée en trois saisons. *Première saison :* du 9 au 15 octobre, sur un sol bien terreauté, l'on sème la Romaine, pour la repiquer un mois après, et en janvier la planter définitivement au midi, près d'un mur ou d'un brise-vent. On sème le même jour les Radis, les Poireaux. Le premier mai on peut livrer la Romaine, le 20 les Radis sont bons à arracher, et en juin c'est le tour du Poireau. — *Deuxième saison :* au lieu de fumer avec le terreau consommé, la paille, les débris de vieilles couches sont employés après un bon labour, puis on plante alternativement une rangée de Laitue-escarole et une de Cornichons. La première se récolte en juillet, les secondes en août et septembre. — *Troisième saison :* labour et terreautage, semis de Radis et de Mâches; plantation de Chicorées. Vingt jours après les Radis sont bons à vendre; vingt autres jours ensuite, on cueille les Mâches; en automne et tout l'hiver on a de la Chicorée.

On conserve les porte-graines que l'on tient éloignés les uns des autres, et l'on varie les cultures mixtes à l'infini, pourvu que les plantes soient toutes annuelles; ainsi l'on sème ensemble des Radis, du Cerfeuil, des Choux, des Carottes, etc.; on plante un carré de Cardons et à leurs pieds on a des Navets, des Épinards, de la Laitue, etc. L'oseille est la seule plante vivace que l'on trouve dans un jardin Maraicher. Rarement on y rencontre des Asperges, des Artichauts. Plus rarement encore on y voit des carrés entiers de Pois, de Haricots, de Fèves; il n'en est pas de même des Melons et des Champignons; chaque Maraicher consacre un coin pour y dresser des couches.

Je dirai plus loin, au mot OASIS, les diverses localités nationales où l'industrie maraichère a réellement produit des miracles. (T. D. B.)

MARAIS. (GÉOGR. PHYS.) On a donné ce nom à un grand espace de terrain bas, occupé par des eaux croupissantes et des amas de vase, ordinairement noirâtre et poreuse; leur végétation, d'un aspect toujours frais et riant, consiste principalement en Scirpes, Roseaux, Ményantes, Nénuphars, Ombellifères, Lisimaques, Salicaires et autres plantes aquatiques. Leurs racines s'entrelacent, le détritus de celles qui pourrissent forme un terreau que viennent occuper d'autres plantes et qui s'élève graduellement. Bientôt les nouvelles plantes trouvent l'aliment qui leur est nécessaire, sans atteindre la profondeur des premières, et celles-ci venant à disparaître, ce terrain se détache par l'action des vents ou des eaux, et forme ces îles flottantes que l'on remarque dans la plupart des Marais. Le plus souvent ces plantes mortes portent le terrain au niveau des eaux, et alors des arbustes élégans, tels que les Lédum, les Kalmies, les Andromèdes, les Mirica et les Airelles finissent de le consolider par leurs racines.

Les animaux qui vivent dans les Marais diffèrent avec la latitude; dans les pays septentrionaux, on y remarque beaucoup d'oiseaux à long bec qui plongent même leur tête dans la vase afin d'y trouver les vers qui leur servent de nourriture; dans les régions méridionales les Marais sont peuplés de sangliers, de buffles et de cerfs; dans les uns et les autres on trouve un nombre prodigieux de grenouilles.

Les pays septentrionaux présentent au voyageur plus de Marais que les autres contrées, parce que les eaux peu échauffées par les rayons solaires se vaporisent lentement, de sorte que les pluies et les torrens viennent les alimenter avant qu'ils soient mis à sec. La Hollande et le Danemark, les côtes de la mer Baltique et l'intérieur de la Russie, ne sont en plusieurs endroits qu'un assemblage de Marais séparés les uns des autres par les chaînes de montagnes; la route de Moscou à Saint-Pétersbourg est en grande partie élevée au dessus d'un terrain toujours humide et fangeux.

Les Marais les plus remarquables sont : en Amérique, ceux de l'embouchure du Missisipi, de l'Orénoque et du fleuve des Amazones; en Asie, ceux de l'Euphrate et le Palus-Meotide; en Europe ceux de Moscovie, à la source du Don, de Finlande entre la mer Baltique et la mer Blanche, ceux de Hollande et de Vestphalie; en France, ceux de la côte occidentale, dans les départemens des Landes et de la Gironde. Celui qui se trouvait en Auvergne, sur les bords de la Limagne, un peu au dessous de Clermont, n'a été desséché qu'en creusant une profonde décharge entre le dépôt terreux que les torrens y avaient formé.

Les Marais desséchés forment un terreau extrêmement fertile, et qui se couvre pendant très longtemps des plus riantes moissons, sans qu'on ait besoin d'y porter les engrais que demandent les terres naturellement labourables; pour les réduire à cet état il faut faire de très-grands travaux; les ouvriers y perdent souvent la santé par les exhalaisons qu'ils sont obligés de supporter. On en voit cependant qui résistent et même qui se portent presque aussi bien que dans des lieux salubres, cela paraît tenir à l'habitude; ainsi, à Java, les indigènes ne sont point incommodés par les miasmes de leurs Marais, tandis que les Européens sont réduits le plus souvent à abandonner leurs habitations pour vivre à de grandes distances.

Les fameux Marais de l'Italie, les Marais Pontins (*Pomptina palus*) doivent être mentionnés; leurs tristes influences appauvrissent et dépeuplent une grande partie des états du Pape; ils occupent une superficie de 16 lieues carrées : au midi ils sont terminés par la mer ou par des lacs d'eau salée qui communiquent à la mer; au nord par les collines de Velletri; à l'est par la montagne San-Felice et le rivage de Terracine, et à l'ouest par la campagne de Cisterna. Ces eaux stagnantes proviennent des torrens qui descendent des montagnes, ou des rivières appelées Amaseno, Cavatella, Aquapezza et des débordemens du fleuve Ninfa. Ces amas d'eaux stagnantes produisent en été des exhalaisons si infectes, qu'on les regarde comme la cause du mauvais air qu'on respire à Rome, quoiqu'ils en soient éloignés de 15 lieues. C'est aux environs de ces Marais que l'on voit, dans un paysage riant et fertile, les ruines de vingt-trois villes et les restes des *villas* des Romains; on n'y trouve que quelques hommes qui portent sur leur visage les marques indubitables de leur séjour dans ces lieux.

Environ 310 ans avant l'ère vulgaire Appius Claudius entreprit de les dessécher pour y faire passer la route qui porte son nom : on voit encore aujourd'hui des parties considérables des canaux, des chaussées et des ponts qu'il y fit construire; plus tard Auguste y fit creuser un immense canal sur lequel on naviguait; mais tous ces travaux ne détruisirent pas le mauvais effet de ces eaux pestilentielles. En 1294 Boniface VIII recommença cet ouvrage si long-temps négligé; mais la mort l'empêcha de terminer ses projets. Depuis, plusieurs papes y ont travaillé avec succès; sous l'administration française on y dépensa des sommes considérables; mais l'ouvrage est loin d'être terminé. On porte à 70,000 toises cubes le terrain qu'il faudrait transporter pour obtenir un succès complet, et à un million de francs les dépenses que nécessiteraient ces utiles travaux. (J. H.)

MARAIS SALANS. (GÉOL. et PHYS. APPLIQ.) On appelle ainsi des étendues de terrains que viennent inonder les flots de la mer et que l'on a disposés de manière à pouvoir y retenir les eaux et en recueillir par évaporation le sel marin qu'elles contiennent, et qui constitue la trentième ou la quarantième partie de son poids. L'importance de l'exploitation du sel sur quelques unes de nos côtes, où elle occupe souvent un sixième et même un cinquième des populations voisines, jette de l'intérêt sur tout ce qui s'y rattache, et notre commerce maritime et intérieur, l'agriculture, l'élève des chevaux, le trésor public et une classe tout entière de négocians et de propriétaires peuvent être plus ou moins affectés des vicissitudes que cette exploitation peut éprouver. En effet, une notable portion des marins bretons, par exemple, si recherchés pour les expéditions au pôle-nord, est occupée à transporter le produit des salines de l'Ouest jusqu'aux côtes les plus éloignées, et de nombreux sauniers, que recommande une probité héréditaire, font à dos de bêtes de somme le même commerce à l'intérieur. Des commissionnaires au Croisic, au Poulinguen, reçoivent de divers pays les demandes de cette denrée et préparent les expéditions lointaines. Depuis Philippe-le-Long, qui, vers 1316, mit le premier un impôt sur le sel, le fisc en retire un profit considérable, dont le cardinal de Richelieu comparait, dans son testament politique, le produit à ce que les Indes rapportaient au roi d'Espagne.

Pour former un Marais salant, il faut choisir une plage aussi unie que possible, connaître les hauteurs des plus grandes marées afin d'empêcher le flot de passer au dessus des digues que l'on est obligé de construire, et celle des moins élevées pour que le Marais ne puisse jamais manquer d'eau; il doit être exposé aux vents du nord et de l'est qui, étant les plus vifs et les plus secs, sont préférables parce que l'évaporation se fait alors plus rapidement dans un temps donné.

On établit un premier réservoir nommé *jas* qui n'est séparé de la mer que par une digue en terre, soutenue par des pierres sèches. On y laisse entrer l'eau par une espèce d'écluse ou *vareigne*, qui ressemble à la bonde d'un étang, et qu'on ouvre à la haute mer pour laisser pénétrer l'eau dans le jas : il est bon de n'y faire pénétrer que deux pieds d'eau, quoiqu'on en puisse prendre facilement 5 ou 6 dans les fortes *malines*, c'est ainsi qu'on nomme sur les côtes les grandes marées d'équinoxe. Le jas ou réservoir principal, nommé aussi *vaset*, est destiné à alimenter d'eau le reste du Marais; elle y dépose d'abord la terre et la vase qu'elle tient en suspension, ainsi que les débris organiques qui y flottent entraînés par le mouvement, et s'y concentre par une première évaporation. De là on le fait écouler dans d'autres réservoirs nommés *aires*, séparés les uns des autres par de petits murs en terre qu'on appelle *velles*. Le fond de ces aires est en argile pour retenir les eaux, et elles ont environ 18 à 20 pieds de largeur.

On appelle *maures* de petits canaux d'un pied de largeur qui font le tour du Marais, et par lesquels l'eau arrive dans ce qu'on appelle la *table*, en passant par une espèce de pertuis ou planche percée

percée de trous qu'on débouche à volonté : ces canaux ont quelquefois 4,000 mètres de développement, l'eau en y circulant se concentre de plus en plus ; elle ne doit pas s'élever à plus de deux pouces à deux pouces et demi au dessus de la table, d'où elle se rend au *muant* qui est au milieu du Marais et y conserve la même hauteur. Le muant alimente à son tour les *brassours* ou petits canaux de six pouces de largeur. On ménage à l'extrémité de chaque brassour de petits trous par où l'on fait entrer l'eau dans les aires qui sont à deux pouces plus bas. On n'en laisse arriver qu'environ trois quarts de pouce de hauteur, après quoi on bouche l'ouverture avec de la terre pour qu'elle ne puisse plus y arriver.

A mesure que l'évaporation concentre l'eau, on la voit rougir (*voy.* la fin de cet article), et il se forme une espèce de crème ou pellicule à sa surface ; on la casse pour la faire tomber au fond et permettre à une nouvelle croûte de se former ; c'est ce que l'on appelle *braser*. La récolte ne dure guère sur nos côtes que quatre à cinq mois ; elle commence ordinairement vers le mois de juin et dure jusqu'à la fin de septembre. Le sel ne se retire d'abord que tous les huit jours; mais lorsque l'eau s'échauffe, on le retire jusqu'à trois fois par semaine ; on se sert d'un râble pour enlever le sel des aires et l'amonceler sur la *vie* ou voie, chemin de 4 à 5 pieds de largeur, ménagé entre les aires et élevé de 5 à 6 pouces seulement au dessus de leur niveau. Le sel blanc s'obtient directement en levant la pellicule de sel qui se forme continuellement au dessus des aires.

On a soin de faire successivement arriver l'eau dans les aires avant qu'elles soient entièrement à sec ; mais après plusieurs extractions on est obligé de rejeter les eaux qui restent et qu'on appelle *eaux vières*. On n'a pu jusqu'ici tirer aucun parti de ces eaux. Il est bon d'avoir un réservoir où l'on puisse pendant les temps pluvieux retirer les eaux du Marais, parce que ces eaux, appauvries par le mélange des eaux du ciel, demanderaient trop de temps pour cristalliser. Lorsque l'atmosphère redevient chaude et sereine, on ramène alors l'eau dans les aires à l'aide de pompes.

Tout le sel retiré sur la vie est disposé, pour le faire égoutter, en meules, qu'on recouvre de chaume ou de fagots. Quelquefois on met le feu à ces fagots, afin que la surface en fondant forme une croûte qui résiste mieux, par sa dureté, à l'action des eaux pluviales. J'ai eu occasion de voir, dans les Marais salans qui existent dans le golfe de Smyrne, de ces meules de sel qui ressemblaient de loin à de petites montagnes coniques, tant on y accumule de sel durant les huit ou dix mois pendant lesquels il arrive souvent qu'il ne tombe pas une seule goutte de pluie dans cette contrée.

En France, les principaux Marais salans sont, dans le midi, à Pécais, département de l'Hérault; dans l'ouest, à Peyrat, à Marenne, au Croisic. Voici quelques détails relatifs à l'exploitation du sel dans l'arrondissement de Savenay. Ce qu'on y appelle un *œillet* de Marais est un rectangle entouré de talus peu élevés, et dont le fond est bien uni, sauf sur les deux côtés, où se trouvent de petites éminences à pente adoucie, de forme ronde, et plates à leur sommet. Ces éminences se nomment *ladures*.

C'est dans cet espace creux, dont la longueur est d'environ dix mètres, sur une largeur de sept mètres, qu'on introduit, après de longs circuits dans de petits canaux qui environnent l'œillet, la quantité d'eau de mer, qu'ensuite de la circonvolution indiquée, peut vaporiser l'action combinée du vent et de la chaleur d'un coucher du soleil à l'autre.

L'œillet n'existe donc pas seul; il est entouré d'avant-pièces qu'on appelle *appartenances*, représentant huit fois à peu près sa superficie. La principale s'appelle la *rasière :* c'est un réservoir où l'eau de la mer, dont on fait provision, arrive par des canaux ou étiers, au moment des grandes marées, à l'époque des pleines et des nouvelles lunes.

De la rasière on introduit l'eau par une écluse dans un second réservoir, proportionnellement moins grand, que l'on nomme *cobier*. Du cobier on la fait passer dans les *phares* ou parallélogrammes oblongs, inégaux, mais fort aplanis, entourant l'œillet dans tous les sens, et dans lesquels l'eau est maintenue quelque temps. L'eau y circule par d'étroites ouvertures placées en forme de labyrinthe, et y reçoit un plus haut degré de saturation.

C'est tous les soirs dans quelques localités, et tous les deux jours en quelques autres, que le *paludier* (de *palus*), à la main légère, placé sur les étroites parois de la saline, vient, à l'aide d'un râble, enlever avec dextérité le sel cristallisé au fond de l'œillet et le placer sur la ladure. Tandis que ce sel, gris en raison de la petite quantité de vase dont il est mélangé et dont il conserve la couleur, égoutte et sèche, le paludier introduit dans l'œillet l'eau dont la température présumée du lendemain doit favoriser l'évaporation.

Des femmes, durant la nuit, recueillent le sel égoutté et le portent sur leur tête et dans des jattes de bois, au *tremet*, plate-forme préalablement disposée sur un endroit large du talus de la saline. Là, il est entassé en *mulons*, auxquels on donne une forme conique. Battu et recouvert ensuite avec de la vase des salines, le mulon est à l'abri des eaux pluviales.

Le sel ainsi amoncelé éprouve un déchet qu'on peut évaluer à un cinquième la première année, à un quart au bout de deux ans : au-delà de ce temps, le sel diminue encore, mais dans une progression bien moins sensible. De là, le prix différent du vieux sel et du nouveau.

1611 propriétaires et 3003 ouvriers ou 4,614 individus se livrent, dans l'arrondissement de Savenay, à l'exploitation du sel, ce qui fait environ le cinquième de la population. Cependant ce chiffre ne comprend pas les négocians et les sauniers qui se livrent au commerce du sel. Le département du Morbihan compte à lui seul, dans sa circonscription, 42 Marais salans.

Le climat pluvieux de la Normandie ne se prêtant pas aussi bien à ce genre de fabrication, on se contente de faire arriver l'eau de mer sur de vastes terrains glaisés, qu'on a recouverts d'une couche de sable fin. L'évaporation, activée par cette pratique, donne un mélange de sel et de sable; ce mélange, ramassé en tas et desséché à l'air, étant ensuite lavé avec de l'eau de mer, donne une liqueur saline très-concentrée, qu'on évapore ensuite à l'aide du feu dans des chaudières de plomb. Le sel obtenu est blanc et pur. Cette méthode d'exploitation du muriate de soude est appelée *par bouillon*.

Dans les contrées septentrionales, c'est au contraire par la gelée qu'on exploite les eaux de la mer pour en extraire le sel, les glaçons ne se formant qu'aux dépens de l'eau à peu près pure; on les enlève à mesure qu'ils se produisent dans les Marais, de manière que l'eau qui reste se trouve de plus en plus salée; on poursuit l'opération jusqu'à ce que l'eau soit suffisamment saturée pour être ensuite vaporisée par l'ébullition, à peu de frais. On sait que plusieurs navigateurs ont imaginé d'extraire de l'eau douce de l'eau de mer pour l'opération inverse, c'est-à-dire en recueillant les glaçons pour les faire fondre ensuite et en obtenir de l'eau douce.

Voyez pour ce qui concerne le gisement du sel gemme au mot TERRAIN SALIFÈRE, et pour son extraction au mot SALINES. (TH. V.)

M. Payen vient de découvrir la raison de la coloration en rouge de l'eau que l'évaporation a concentrée. Cette découverte est trop intéressante pour que nous ne nous empressions pas de la faire connaître à nos lecteurs; nous allons donc reproduire un extrait de la note que ce savant a lue à l'Académie des Sciences dans sa séance du 7 novembre 1836, lequel extrait est inséré dans le n° 183 du Journal l'*Institut*.

«Les observations des voyageurs et des habitans de nos contrées méridionales ont appris depuis long-temps que les eaux de la mer, spontanément rapprochées sous l'influence de l'air et de la température, arrivent à un terme où bientôt toute évaporation ultérieure éliminera de la solution une quantité équivalente de chlorure de sodium : le sel ne se montre pas encore à l'état solide; mais un phénomène précurseur donne la certitude qu'il ne tardera pas à paraître : on aperçoit sur toute la superficie du lac artificiel peu profond appelé table, une légère écume rouge; à son aspect, les ouvriers disent : la table va sauner, et dans un temps ordinairement très-court, qui dépend de l'état de l'atmosphère, la précipitation du sel commence en effet. La même substance rouge se remarque sur les tas de sel; elle répand une odeur aromatique fort analogue à celle qu'exhalent les violettes, agréable surtout lorsque la masse d'air ambiant est assez grande pour atténuer l'odeur putride qui l'accompagne.

»La coloration rouge et l'odeur en question étaient-elles dues à une matière organique ou organisée, à des êtres végétaux ou animaux, à leurs débris ou encore à des substances minérales? L'observation seule pouvait donner une solution à ces questions. C'est dans ce but que M. Payen s'est rendu à la saline de Marignane, et cette note a pour objet de faire connaître les résultats de ses recherches.

»Dans un des bassins de cette saline dans lequel l'eau de la mer, épurée par son passage et son séjour dans plusieurs autres bassins, marquait 14° à l'aréomètre de Beaumé, il vit de distance en distance, entre deux eaux, des parties nuageuses, grisâtres ou d'un gris verdâtre, qui, examinées de près, n'étaient autre chose qu'une immense quantité de petits animaux nageant en troupes ou divisés. Quelques uns d'entre eux, observés au microscope sur le Marais même, paraissaient diaphanes et presque incolores, excepté aux points noirs fixes et écartés où sont leurs yeux sur le devant de la tête, et dans l'étendue du canal digestif, qui était grisâtre, complétement rempli et opaque. Dans les bassins suivans, où l'eau avait une densité plus forte et peu éloignée du terme de 25°, tous ces petits animaux, devenus rougeâtres, étaient à la superficie de la solution et y formaient une écume rouge dans laquelle se confondaient leurs parties désagrégées qui répandaient aux alentours l'odeur dont nous avons parlé. Aucune autre substance n'a paru à M. Payen concourir à la production de ce double phénomène.

»Les plus petits de ces animaux avaient de 3 à 5 millimètres de longueur, le plus grand nombre de 8 à 10; les plus gros atteignaient jusqu'à 16 millimètres. Quelques uns de ces derniers portaient vers l'extrémité de leur corps, à la naissance de la queue, un paquet arrondi contenant des œufs visibles à l'œil nu.

»M. Payen, ayant pris une centaine de ces petits animaux et les ayant distribués dans quatre solutions de sel marin brut, faites à l'eau de rivière et marquant 16° centigrades pour la température, et 10°, 15° et 23° à l'aréomètre de Beaumé, observa qu'ils étaient plus actifs et vivaient plus long-temps dans la solution à 15°; dans la solution de 25°, leurs efforts étaient pénibles, et tous les individus gagnaient le fond, où ils ne tardaient pas à périr. Ce fait explique comment, avant le terme de l'évaporation où le sel se précipite dans les bassins, c'est-à-dire de 23° à 25°, la surface de l'eau se recouvre de l'écume rouge que l'on y observe.» A la suite de cette note, on trouve l'extrait d'une lettre adressée à l'Académie par le savant professeur d'entomologie (animaux sans vertèbres, articulés) au Jardin du Roi; il a reconnu que les animaux observés par M. Payen appartiennent à la classe des Crustacés, ordre des Branchiopodes, et qu'ils sont très-voisins des Branchipes de nos petites mares d'eau douce. Quant à la détermination spécifique, elle lui a paru tout aussi difficile que celle du genre, et il croit que c'est le *Cancer salinus* de Linné ou une autre espèce. Nous pensons que cette détermination ne peut dispenser les entomologistes d'examiner de nouveau ce crustacé, et nous croyons qu'il sera facile de savoir au juste à quel genre et à quelle espèce il appartient, puisqu'il est d'une taille assez grande (16 millimètres) pour être très-facilement étudié, même sans le secours du microscope. (Guér.)

MARANTA. (bot. phan.) Le genre institué sous ce nom par Linné, Monandrie monogynie, a subi de nombreuses modifications, et si l'on admet les retranchemens proposés par Roscoë et Meyer, il se trouve privé de ses espèces les plus considérables. Nous indiquerons seulement celles qui sont cultivées dans les jardins.

Le Maranta zébré, *M. zebrena*, Sm., originaire du Brésil, est remarquable par ses longues feuilles rayées de brun velouté et de jaune en dessus, et d'un beau violet en dessous. Ses fleurs naissent disposées en un épi ovale, dense, imbriqué d'écailles violâtres, et porté au sommet d'une hampe de 8 à 12 pouces; elles sont d'un blanc violacé lavé et rayé de bleu. Elles ont pour caractères communs avec les autres espèces : un calice extérieur à trois folioles lancéolées; un calice intérieur ou corolle tubuleuse, oblique, à limbe double (trois divisions extérieures et deux intérieures, outre le labelle); une seule anthère, adnée à un filet pétaloïde, bipartite, enveloppant le style; celui-ci attaché au sommet de la corolle et terminé par un stigmate trigone et convexe; un fruit capsulaire, triloculaire, contenant une seule semence fertile.

Le Maranta a feuilles de balisier, *M. arundinacea*, Willd. et Roscoë, a sa tige haute de deux pieds, ses feuilles oblongues, ses fleurs blanches et peu nombreuses. Ses racines produisent de gros tubercules, dont la substance amylacée est comestible. Il croît à Surinam et aux Antilles.

Le Maranta bicolore, *M. bicolor*, ne mérite guère d'être cité; c'est une herbe sans tige; du sein de quelques feuilles couchées sur le sol naît un épi de fleurs blanches, dont la durée est le principal mérite. Le milieu des feuilles est d'un vert moins foncé que le reste de leur limbe, d'où l'épithète spécifique de *bicolore*.

Ces trois espèces de Maranta se cultivent en serre chaude et avec les précautions employées pour les plantes qui, comme elles, appartiennent à la famille des Amomées. (L.)

MARATHRUM. (bot. phan.) C'est le nom assigné par MM. de Humboldt et Bonpland à une plante qui croit à la Nouvelle-Grenade sur les rochers. Le système sexuel la classe dans la Pentandrie digynie; sa place est moins facile à trouver dans la méthode naturelle. Le *Marathrum* (nom grec et latin qui a désigné le Fenouil chez les anciens) a une souche tubéreuse qui émet de nombreuses racines; ses feuilles, très-découpées, à pinnules dichotomes, multifides, linéaires, rappellent celles du Fenouil. Ses fleurs naissent solitaires sur des pédoncules radicaux, enveloppés d'une gaîne à leur base; elles se composent d'un calice à cinq ou huit folioles squamiformes, d'autant d'étamines à anthères linéaires et sagittées à leur base; d'un ovaire elliptique, portant deux stigmates sessiles; la capsule qui en résulte est striée, biloculaire et polysperme.

D'après ces caractères, qu'on a appelés irréguliers, parce qu'ils s'éloignent de ceux qui s'observent chaque jour, MM. de Humboldt et Bonpland avaient placé leur *Marathrum fœniculaceum* parmi les Naïades, famille fort peu homogène, et qui, pendant quelque temps, a servi de refuge aux végétaux qu'on aurait honte de rejeter parmi les *incertæ sedis*. M. Kunth a cru devoir l'ajouter à la nouvelle famille des Podostémées de Richard, avec l'unique genre qui en fait le type. Enfin aujourd'hui, A. Richard réunit ces deux genres à ses *Alismacées*. (L.)

MARBRES. (géol.) On donne ordinairement le nom de *Marbre*, *marmor*, aux calcaires ou carbonates de chaux assez durs et assez compactes pour soutenir le poli et être employés dans les arts. Toute espèce de pierre calcaire qui se trouve en grande masse, c'est-à-dire en couches plus ou moins épaisses, ayant une texture homogène, compacte ou cristalline, quels que soient d'ailleurs son mode de formation et le terrain auquel elle appartient, peut donc prendre le nom de Marbre. Il y a des calcaires tertiaires et secondaires qui sont susceptibles d'être exploités comme Marbres tout aussi bien que les calcaires des terrains plus anciens; mais, pour pouvoir être employés avec succès comme objets de décoration et de luxe, il ne suffit pas que ces calcaires soient durs et prennent un beau poli, il faut encore qu'ils soient de couleurs vives, uniformes, ou bien qu'ils présentent des couleurs nuancées de diverses teintes ou un mélange agréable de couleurs variées; qualités qu'on rencontre rarement dans les calcaires les plus modernes, mais qui sont assez fréquentes dans les calcaires des terrains secondaires, qui fournissent déjà une assez grande variété de Marbres des plus agréables, et qui deviennent enfin presque générales dans les calcaires des terrains primordiaux, où se trouvent la plus grande partie des Marbres les plus précieux et les plus recherchés.

Le poids des Marbres, ou leur pesanteur spécifique, varie suivant leur différente structure, depuis 2480 jusqu'à 2700 kilogrammes par mètre cube, ou environ 85 à 95 kilogrammes par pied; celui de Paros va même au-delà de 2800 kilogrammes. L'administration des douanes pour la perception des droits à l'entrée en France des Marbres étrangers, a adopté 2700 kilogrammes pour le poids d'un mètre cube. A l'exception de l'albâtre, qui jouit des mêmes propriétés que le calcaire, et qui n'est véritablement lui-même qu'un Marbre concrétionné, il est toujours facile de reconnaître les véritables Marbres; car ils ont tous pour caractères distinctifs de se réduire en chaux vive par la calcination, de se laisser rayer par une pointe de fer et de se dissoudre en faisant une vive effervescence dans les acides nitrique, muriatique et sulfurique étendus d'eau; ainsi en mettant, par exemple, une petite goutte d'eau forte sur du Marbre, on aperçoit de suite un bouillonnement très-vif qui dure quelques instans; ce qui n'a pas lieu avec les autres substances pierreuses auxquelles on a donné ou l'on donne encore quelquefois très-improprement le nom de Marbre, telles que des *granites*, des *porphyres* et d'autres substances dures également employées dans les arts, ce qui a sans doute donné lieu à l'adage bien connu : *dur comme du Marbre*; expression tout-à-fait vicieuse, puisque minéralogiquement parlant les Marbres sont des matières très-tendres.

Les anciens, qui connaissaient peu la composition des substances minérales, ont donné aussi le nom générique de Marbre à beaucoup de substances qui, par leur nature, auraient dû en être séparées; c'est ainsi que M. Boblaye a démontré que le *Marmor lacedæmonicum* ou *Amyclæi*, dont nous avons retrouvé les carrières en Laconie, n'était pas autre chose que du Prasophyre (*voy.* ce mot).

Les Marbres polis lorsqu'on les touche font éprouver une impression de froid bien sensible; le Marbre, cependant, n'est pas plus froid que les autres corps environnans; cet effet particulier n'est donc qu'une illusion qui tient à ce que quand nous posons la main sur une surface de Marbre poli, elle se trouve tout à coup en contact avec un grand nombre de points, tandis qu'avec d'autres corps ou du Marbre non poli le même effet n'a pas lieu.

Les Marbres sont sujets à plusieurs accidens auxquels les ouvriers ont donné différens noms; ils appellent *fils* de petites fissures qui forment une solution de continuité dans la matière, en sorte qu'elle se sépare facilement en deux par le travail lorsque ces fils ont une certaine étendue; les *clous* sont dus à des noyaux informes de matières étrangères, comme des silex, etc., qui, se trouvant parfois au milieu des Marbres, nuisent au travail du poli, en raison de leur plus grande dureté; les *terrasses*, au contraire, sont des noyaux de matières sans consistance, terreuses et friables, qui remplissent des cavités plus ou moins étendues. Tous les Marbres sont sujets aux terrasses; mais les Marbres cristallins et saccharoïdes bien moins que ceux qui sont le résultat direct d'agrégations mécaniques, comme les brèches et les poudingues. Pour ce qui concerne l'exploitation des Marbres, *voy.* au mot Mines, Exploitation des mines.

Aucune substance dans la nature ne se présente sous autant d'aspects différens que les calcaires; ce qui tient aux circonstances particulières dans lesquelles ils se sont déposés, ou qui les ont ensuite modifiés, et à leur extrême abondance à la surface du globe, où on les voit toujours augmenter en proportion par rapport aux autres roches, depuis les terrains les plus anciens, où ils sont très-peu développés, jusqu'aux terrains les plus modernes, où ils deviennent la roche dominante. C'est un des phénomènes les plus curieux de la géologie que l'existence de la grande masse de calcaires qui entre dans la composition de la croûte du globe, surtout dans les terrains secondaires et tertiaires. Tous étant dus à des dépôts de sédiment, l'on est naturellement amené à se demander d'où ont pu provenir les élémens de cette roche si abondante, puisque les terrains pyrogènes n'en contiennent pas, et que les terrains primordiaux n'en renferment dans les étages les plus inférieurs que fort peu; ce qui ne permet pas de supposer qu'elles calcaires sont, comme les grès, les argiles, les poudingues ou les brèches, le résultat de la décomposition ou de la désagrégation de roches plus anciennes, puisque nous voyons que primitivement les calcaires n'existaient pas. Et d'où proviennent-ils donc? La nature aurait-elle des moyens de transformer les élémens, ou ce que nous appelons aujourd'hui élémens parce que nous n'avons encore pu parvenir à les décomposer, en d'autres élémens? C'est là une de ces questions graves qui confondent l'imagination de l'homme, et que la chimie parviendra peut-être à résoudre un jour, mais que l'état de nos connaissances ne nous permet pas d'expliquer encore d'une manière bien satisfaisante. Nous devons donc nous borner ici à accepter le fait sans nous inquiéter d'en rechercher la cause.

Le nombre des Marbres est immense; chaque pays, chaque carrière même en fournit souvent une infinité de variétés qui résultent les unes des différentes nuances de couleurs, de leurs dispositions relatives et de leur mélange, aussi bien que du mélange de matières étrangères; les autres des différens accidens que la roche a subis, ou de la présence des débris organiques qu'elle peut contenir en plus ou moins grande abondance, et qui donnent souvent lieu aux plus belles variétés de Marbres. Presque tous nos départemens en possèdent, et chaque jour on y en découvre de nouveaux.

Partout où il existe des Marbres, on les exploite pour les besoins des localités, et souvent leur bas prix permet de les assimiler aux pierres à bâtir ordinaires et de s'en servir comme moellons ou comme pierre de taille; et il y a beaucoup de contrées même où ce sont les matériaux les moins chers, et où, par conséquent, ils sont employés de préférence pour les constructions; c'est ainsi qu'une partie de nos routes à la *Mac-Adam* sont ferrées avec du Marbre, et que des villes et des villages entiers en sont construits; ce dont souvent, à la vérité, les habitans ne se doutent guère : par exemple, tous les murs des villes et villages de l'arrondissement d'Avesne, quand ils ne sont pas construits en briques, le sont avec les mêmes Marbres que l'on y exploite sur plusieurs points comme objet de luxe. Pour que des Marbres puissent donner lieu à un commerce important, il faut ou que les carrières soient situées dans des positions avantageuses, et telles que le transport au loin soit rendu facile et peu coûteux, comme les rivages de la mer ou le voisinage d'une rivière navigable, ou que leurs qualités et leurs nuances les fassent rechercher dans les arts, et permettent de trouver dans leur prix élevé la compensation des frais d'extraction ou de transport qu'ils nécessitent.

La Grèce, l'Italie, la France, l'Espagne, la

Belgique, etc., sont des pays riches en Marbres; on connaît la célébrité de ceux des deux premières contrées, surtout pour les Marbres statuaires; la France, sous le rapport du nombre, n'a rien à leur envier; car elle en possède beaucoup qui peuvent rivaliser pour l'éclat et la beauté avec tous ceux des autres localités de l'Europe, de l'Italie même, sur lesquelles elle l'emporte certainement par le grand nombre de variétés.

Les Egyptiens, qui avaient chez eux de si belles matières de construction, et les Grecs, qui habitaient le pays des Marbres par excellence, ont rarement été chercher des Marbres au loin; tandis que les Romains, celui de tous les peuples de l'antiquité, qui a mis le plus de luxe dans la construction des monumens, en ont été chercher dans presque tous les pays du monde. Partout où ils ont pénétré, ils ont eu le talent d'y découvrir de fort beaux Marbres; et il est certain que la France surtout leur en a fourni un très-grand nombre, qu'ils ont transportés jusqu'à Rome. On les ramène aujourd'hui à grands frais, sous le nom de Marbres antiques, dans les lieux d'où probablement ils ont été tirés; il ne faudrait donc que se donner la peine de chercher, pour retrouver sur notre sol la plupart des Marbres qu'ils ont employés à la décoration de leurs monumens.

Il est assez difficile d'établir une bonne classification des Marbres; leurs nuances, leurs qualités varient tellement d'un pays à l'autre, et quelquefois dans un même gisement, qu'il faudrait les diviser et les subdiviser à l'infini. M. Beudant les range en quatre grandes classes, savoir : les *Marbres simples*, unicolores et veinés; les *Marbres brèches*; les *Marbres composés* et les *Marbres lumachelles*; mais il serait parfois bien difficile de placer telle ou telle variété dans telle ou telle de ces quatre classes, tant elles passent souvent par des nuances insensibles de l'une à l'autre. Dans les arts on les divise ordinairement en *Marbres antiques* et en *Marbres modernes*. Les premiers sont ceux dont les carrières sont perdues ou abandonnées, et qu'on ne trouve plus que dans les anciens monumens; les seconds sont ceux que l'on exploite en différens lieux; mais il arrive souvent que dans le commerce on donne le nom de Marbres antiques, pour leur donner plus de valeur, à ceux que l'on extrait des carrières actuelles, et l'on peut dire en général qu'on y nomme antiques tous les Marbres qui, par leur beauté, peuvent rivaliser avec ce que les anciens ont employé de plus beau dans chaque espèce. Je me bornerai, moi, à établir deux grands groupes qui comprendront, le premier tous les *Marbres simples*, et le second les *Marbres composés*, les *lumachelles*, les *calcaires brechoïdes*, les *brèches* et les *poudingues*.

1° Marbres simples. Les Marbres blancs à structure cristalline, qu'on désigne sous le nom de *calcaires blancs saccharoïdes*, à cause de leur ressemblance avec le sucre, et auxquels on donne les noms de *Marbres salins*, *Marbres statuaires*, viennent naturellement se ranger en première ligne dans cette classe; ce sont ceux qui servent ordinairement aux travaux de la sculpture. Le Marbre *rouge antique* et le Marbre noir de *Lucullus* ont quelquefois aussi été employés dans la sculpture; mais le Marbre blanc pur est bien plus convenable, et son emploi a généralement prévalu, quoiqu'il arrive souvent que les bas-reliefs soient exécutés en calcaire compacte; par exemple, les bas-reliefs de l'arc de triomphe de l'Etoile sont en calcaire gris compacte de Cherans, et le fronton de la Madeleine en calcaire de *Sutry*, appelé *Roche* par les marbriers.

L'état cristallin des Marbres statuaires tient très-probablement aux modifications qu'ils ont dû éprouver par suite de la haute température à laquelle ils ont été amenés postérieurement à leur dépôt, et plus particulièrement ceux des époques anciennes qui y ont été soumis plus long-temps, et qui, ayant été recouverts par une plus grande épaisseur de terrains, ont nécessairement acquis une température proportionnelle à cette épaisseur et à la température moyenne de l'époque, qui était aussi bien plus élevée que celle d'aujourd'hui. Des expériences curieuses de sir James Hall ont démontré comment les calcaires ont pu être soumis à une très-haute température et passer à l'état cristallin, sans être décomposés; il a prouvé, par un grand nombre d'essais, que la pression modifie essentiellement les effets de la chaleur, et que les pierres calcaires et même les coquilles fossiles, qui se convertissent, à feu ouvert, en chaux, conservent au contraire leur acide carbonique lorsqu'elles sont comprimées, et qu'elles deviennent fusibles et cristallisables sous cette double action; et, en effet, il est parvenu à produire du calcaire cristallin avec de la craie blanche terreuse, qu'il a soumise à une haute température dans un tube de fer hermétiquement fermé. Il paraît d'ailleurs, d'après d'autres expériences toutes récentes de M. Faraday, que la pression n'est même pas nécessaire; car il a reconnu que le carbonate de chaux, lorsqu'il s'échauffe sans la présence d'aucune autre matière gazeuse, et sous la pression ordinaire, ne se décompose pas, c'est-à-dire que l'acide carbonique ne se sépare pas de la chaux, quelle que soit l'élévation de la température à laquelle le calcaire puisse être soumis. Pour que cette propriété du carbonate de chaux soit constante, il est nécessaire d'éviter la présence de tout autre gaz que l'acide carbonique; or, c'est précisément le cas où se sont trouvées les couches de calcaire modifié, qui d'ailleurs ont été soumises à une pression d'autant plus considérable que le nombre de celles qui les recouvraient était plus grand.

Partant de ces principes, on voit que les calcaires grenus ou saccharoïdes peuvent tout aussi bien résulter de la modification de calcaires récens que des calcaires anciens, lorsqu'ils se sont trouvés dans les conditions convenables; ce que l'observation est venue constater en démontrant, par exemple, que les beaux Marbres saccharoïdes de Carrare, sont des calcaires modifiés de la formation jurassique, et qu'une partie de ceux des

Pyrénées ne sont que de la craie également modifiée. Nous avons encore signalé en Morée, M. Boblaye et moi, des calcaires blancs cristallisés qui doivent être rapportés à la formation crayeuse de cette contrée. C'est la présence et l'abondance des plus beaux marbres du monde qui ont suscité en Grèce le génie des Phidias et de tant de sculpteurs célèbres qui ont porté l'art de la statuaire chez les anciens au plus haut point de perfection. Ce pays était donc naturellement placé pour devenir la patrie des beaux-arts. Aussi, en parcourant cette belle contrée, où tout semble destiné à inspirer le génie, j'ai naturellement porté toute mon attention sur les Marbres, et j'ai été assez heureux pour retrouver la plupart des carrières exploitées par les anciens. Le plus célèbre des Marbres de l'antiquité s'extrayait de l'île de Paros, d'où il tirait son nom. La plus grande partie de l'île est en marbre; mais les variétés qui sont devenues si célèbres par leur emploi dans la sculpture, se réduisaient à quelques bancs qui étaient exploités par galerie, et à ce sujet Barthélemy s'exprime ainsi dans son Voyage du jeune Anacharsis en Grèce : «Dans ces souterrains, éclairés de faibles lumières, »un peuple d'esclaves arrache avec douleur ces »blocs énormes qui brillent dans les plus superbes »édifices de la Grèce, et jusque sur la façade du »labyrinthe d'Égypte. Plusieurs temples sont re»vêtus de ce Marbre, parce que sa couleur, dit»on, est agréable aux immortels.

»Il fut un temps où les sculpteurs n'en em»ployaient pas d'autre : aujourd'hui même ils le »recherchent avec soin, quoiqu'il ne réponde pas »toujours à leurs espérances; car les grosses par»ties cristallisées dont est formé son tissu, égarent »l'œil par des reflets trompeurs, et volent en éclat »sous le ciseau. Mais ce défaut est racheté par des »qualités excellentes, et surtout par une blan»cheur extrême, à laquelle les prêtres ont souvent »fait allusion.» Les carrières étaient situées sur le mont Marpesse, où elles existent encore et servent aujourd'hui de lieu de retraite pour les troupeaux; elles s'annoncent par des monceaux considérables de déblais, provenant, soit de l'intérieur des carrières, soit du dégrossissage des blocs que les statuaires travaillaient souvent sur place.

On vient de voir que le Marbre de Paros était devenu si fameux dans l'antiquité, que les sculpteurs les plus habiles n'en employèrent bientôt plus d'autres; il est cependant d'un grain assez gros, mais souvent d'un blanc éclatant et d'une grande pureté, un peu translucide et à reflet nacré; quelquefois il a une teinte tirant sur le jaunâtre qui le rapproche un peu du ton des chairs; c'était surtout en raison de ces belles teintes et du poli parfait dont il était susceptible qu'il était recherché, quoiqu'il dût s'égrener facilement. Cependant l'un des grands inconvéniens de ce Marbre provenait des nombreuses fissures que présentaient les couches, et qui ne permettaient pas d'en obtenir des blocs de plus de cinq pieds de longueur, en sorte qu'il ne pouvait être employé qu'à des statues tout au plus de grandeur naturelle; elles prenaient le nom de *Paria*, pour les distinguer de celles qui étaient appelées *Porina*, parce qu'elles étaient faites avec un certain Marbre nommé *porus* ou *marbre porien*, également très-estimé dans l'antiquité, et que l'on tirait, à ce qu'il paraît, des environs de Thèbes, mais qui nous est aujourd'hui tout-à-fait inconnu.

Les Marbres de Luria et de Carrare sont en général plus blancs que ceux de Paros, et ont sur eux l'avantage de présenter un grain plus fin, d'obéir mieux au ciseau, et de fournir de très-gros blocs, qui permettent d'en faire des statues de toutes dimensions; ils appartenaient, comme je l'ai dit, au terrain jurassique, tandis que ceux de Paros font partie des terrains les plus anciens de la Grèce, et se lient avec les gneiss et les schistes micacés. L'île de Naxos fournissait également de très-beaux Marbres qui appartiennent aux mêmes terrains.

Les Marbres les plus célèbres après le Paros, étaient à peu près dans l'ordre suivant : le *Pentélique*, qui s'extrayait aux environs d'Athènes, sur les monts Pentélique et Hymette. C'est un Marbre d'un très-beau grain, d'une éclatante blancheur, à reflets noirs et mélangé d'un peu de talc argental ou verdâtre; il passe au cipolin; le *marbre thasien*, dont j'ai aussi retrouvé les carrières dans l'île de Thasso, l'ancienne *Thasos*, l'une des îles de la Thrace, rivalisait dans l'antiquité avec celui de Paros et avait sur celui-ci l'avantage de fournir de très-gros blocs. Le *marbre de Chio* se tirait du mont Pelleno dans l'île du même nom; le *marbre cipolin*, qui est un marbre mélangé de talc ou de mica, s'exploitait dans plusieurs cantons de la Grèce et même en Egypte; il présente des bandes ondulées blanches et vertes. Enfin j'ai retrouvé dans l'île de Skyros, l'une des Sporades septentrionales, des Marbres blancs également exploités par les anciens et remarquables par la finesse de leur grain, leur blancheur de lait et leur dureté.

La Morée et beaucoup des îles de l'Archipel présentent aussi abondamment des calcaires blancs saccharoïdes, qui ont été anciennement exploités; mais il ont généralement des teintes plus grises, quoiqu'ils soient tous plus ou moins remarquables par leur haut degré de cristallinité. Les îles de Tynos, de Paros, Antiparos et Naxos, possèdent encore plusieurs exploitations importantes de Marbres blancs, blanc zoné et bleu turquin, employés seulement pour les décorations; ils s'exportent dans toute la Grèce et même jusqu'à Smyrne et Constantinople, pour les tombeaux des Turcs. L'île de Marmara, dans la mer de ce nom, fournit également une grande partie des Marbres employés à Constantinople. Ces marbres y sont blancs grisâtres, tirant sur le bleu turquin. Enfin l'occupation de la régence d'Alger y a fait retrouver les carrières d'Hipporegius, que les Romains exploitèrent. Elles sont situées sur la colline voisine des ruines. Le marbre y est blanc, un peu veiné de gris pâle et à grains assez gros.

Parmi les plus beaux chefs-d'œuvre de sculpture

qui nous ont été laissés par les anciens, la Vénus de Médicis et la Vénus du Capitole sont en marbre de Paros; la tête d'Alexandre, le torse de Bacchus indien, la tête d'Hippocrate et la statue d'Esculape sont en Marbre Pentélique, et l'Antinoüs du Capitole et l'Apollon du Belvédère en Marbre de Luni, probablement parce qu'avec le Paros il n'aurait pas été possible de le faire d'une seule pièce.

Nos sculpteurs ne font guère usage aujourd'hui que des Marbres de Carrare, dont les belles veines s'épuisent, en sorte qu'il devient chaque jour plus difficile de s'en procurer de bien pur et sans défauts; il est d'ailleurs fort cher et ne se paie guère moins de 50 à 100 francs le pied cube, suivant la dimension des blocs, c'est-à-dire que plus le bloc est volumineux, plus le prix du pied cube augmente de valeur; ainsi, pour une statue ou un groupe qui n'aurait que six pieds de hauteur, il faut compter sur 5 ou 6000 francs pour l'achat du marbre: pour un buste de dimension ordinaire le marbre revient de 250 à 500 francs. Ces circonstances ont déterminé la reprise des carrières autrefois explorées par Michel-Ange aux environs de Florence, et elles fournissent aujourd'hui de forts beaux marbres. Depuis quelques années, on a cherché aussi à encourager l'emploi des Marbres blancs de Saint-Béat dans les Pyrénées, mais sans beaucoup de succès; ils sont trop tendres et se noircissent très-vite quand ils sont exposés aux actions météoriques de notre climat pluvieux et humide; ils ont une teinte sombre, et leurs lamelles cristallines donnent lieu à de certains reflets qui leur donnent un aspect désagréable; ils deviennent d'ailleurs, en raison des difficultés du transport, presque aussi chers que ceux d'Italie. Enfin j'ai signalé il y a quelque temps, à l'Académie des siences, des Marbres blancs saccharoïdes, propres à la sculpture, découverts récemment dans les Alpes du Dauphiné, et pour l'exploitation desquels, sur le rapport qui en a été fait, le département de l'Isère a voté une première somme de 15,000 francs; ils sont beaucoup plus blancs, et à grains plus fins que ceux des Pyrénées, et de Sappey jeune, sculpteur à Grenoble, qui les a essayés pour des bustes, les a trouvés de bonne qualité et d'un travail assez facile. Si les travaux de recherches entrepris à ce sujet réussissent, ces Marbres pourront revenir, rendus à Paris, à meilleur marché que ceux des Pyrénées.

La disette toujours de plus en plus sentie de beaux marbres dans nos ateliers, leur prix très-élevé, et le désir qui m'avait été manifesté par un grand nombre d'artistes, m'avaient engagé à faire dans le temps des propositions au gouvernement, pour aller explorer les marbres de la Grèce, que je me serais engagé volontiers à rendre à Paris à des prix bien inférieurs à ceux des Marbres d'Italie et même à ceux de France. Mais ce projet, qui aurait cependant pu rendre de grands services aux arts et à la sculpture, n'a pas eu de suite; il pourra peut-être se reprendre plus tard.

Comme on le pense bien, je ne puis donner ici une monographie complète de tous les Marbres connus et exploités pour les décorations; leur nombre est immense, je me contenterai de signaler seulement les plus connus et les plus recherchés dans le commerce. A la suite des Marbres statuaires viennent les Marbres *blancs veinés* qui n'en sont que des variétés; on les rencontre généralement dans les mêmes carrières. Le fameux escalier de marbre du château de Versailles a été construit avec du *blanc veiné* de Carrare; c'est encore le même Marbre qui sert le plus souvent pour les revêtemens des soubassemens et piédestaux de nos monumens. La Grèce en présente un grand nombre de variétés à teintes rouges, verdâtres ou bleu turquin, qui produiraient le meilleur effet dans les décorations.

Le *bleu turquin*, ou *Bardigle*, n'est aussi le plus souvent qu'une variété des précédens avec lesquels il se lie; sa teinte est le gris ardoisé. Le véritable bleu turquin venait, dit-on, de la Mauritanie; la possession de la régence d'Alger nous donne donc l'espoir de l'y retrouver. Les carrières de Carrare et de France en fournissent, et la Grèce en présente abondamment. La valeur à Paris du bleu turquin ainsi que du blanc veiné est de 30 à 36 francs le pied cube. A l'avenir, quand j'indiquerai la valeur d'un Marbre, ce sera toujours de la valeur du pied cube à Paris qu'il sera question.

Les nuances de blanc veiné et de bardigle, et en général des marbres zonés, ne se présentant que parallèlement au plan des couches, ils doivent être sciés sur la *contre-passe*, ou perpendiculairement à ce plan; car dans le sens de la *passe* ou du plan, ils n'offrent que des nuances uniformes ou légèrement nuageuses.

Le *rouge antique*. On distingue sous ce nom plusieurs variétés de Marbres exploités par les anciens; la variété rouge foncé, sablé de petits points noirs et de très-petites veines, provenait de l'Egypte et s'extrayait dans les montagnes situées entre le Nil et la mer Rouge. La Grèce en fournissait aussi plusieurs espèces qui ont été employées à la décoration de ses monumens anciens, dont j'ai reconnu les gisemens dans la chaîne du Taygète en Laconie; les uns sont à teinte fleur de pêcher, et d'autres à teinte rouge brun, quelquefois parsemé de points blancs.

Le *languedoc* ou *incarnat* est un Marbre rouge de feu, mêlé de blanc et de gris, en zones contournées, qui produit beaucoup d'effet; aussi a-t-il été employé pour la décoration d'un grand nombre de nos plus belles églises. On l'extrait aux environs de Narbonne, et il se vend de 25 à 30 francs.

Le *royal* ou *rouge de Franchimont* près Philippeville et le *Malplaquet* sont des Marbres de Belgique, à fond rouge clair, mêlé de teintes blanches, grises ou bleuâtres, dont les prix varient de 25 à 30 francs. Le Marbre connu dans le commerce sous le nom de *Pierre d'Arsnes* est communément employé à Paris, et y a à peu près la même valeur que les précédens; c'est un Marbre blanc, mêlé de rouge-brun, avec des veines blanches, cendrées et bleues ; on l'extrait de Liessies et de Rancé.

On connaît encore un grand nombre de Marbres rouges ou à teintes rouges, parmi lesquels on peut citer en Italie le *rouge de Vérone*, employé par les Romains; en Espagne les Marbres rouges de *Séville*, de *Molina*, etc,; en Ecosse le *rouge et blanc de Boyn*, et en Allemagne le *rouge de Ratisbonne*.

Le *jaune de Sienne* est un des plus beaux Marbres d'Italie ; il est d'un jaune vif, veiné de pourpre et de rouge violacé ; quelquefois on le désigne sous le nom de *brocatelle de Sienne*; il coûte 60 à 70, et même jusqu'à 80 francs.

Le *jaune de Vérone* n'est pas aussi recherché et vaut toujours 10 francs de moins que le précédent; il est d'un jaune pur.

Le *nankin* de Valmiger (Aude) est un Marbre d'un jaune terne varié par des coquillages; il vaut 40 à 50 francs.

Le *jaune antique*, avec lequel les colonnes de l'intérieur du Panthéon de Rome, qui sont d'une seule pièce, ont été faites, ne se trouve guère que dans les mosaïques, et son prix est très-élevé dans le commerce, où on ne peut pas toujours s'en procurer.

Il existe plusieurs variétés de Marbres verts simples, et j'en ai reconnu de fort beaux, mélangés de zones blan-crouge, associés aux Marbres fleur de pêcher de la Morée.

Le *noir antique* ou *Marbre de Lucullus* est remarquable par l'intensité de sa couleur noire ; je n'ai pas eu occasion de retrouver en Grèce les carrières de ce beau Marbre, qui passait pour en provenir; mais j'y ai, en revanche, reconnu plusieurs variétés de calcaires noirs et à fond noir qui produiraient le plus bel effet si elles étaient exploitées comme marbres. Faujas a retrouvé d'anciennes carrières de très-beaux Marbres noirs aux environs de Spa, qui pourraient bien avoir été exploitées par les anciens. Comme je l'ai dit, le Marbre noir antique a quelquefois été employé à la sculpture, et il en existe à la Villa-Albani quelques bustes, ainsi que plusieurs piédestaux. Les Grecs l'ont aussi employé dans leurs monumens, et particulièrement dans les tombeaux, comme à Délos, etc. *Marcus Scaurus* en avait fait exécuter des colonnes d'une seule pièce et de trente-huit pieds de hauteur pour orner son palais. Ce Marbre est aujourd'hui fort rare dans le commerce.

Les Marbres noirs de *Flandre*, de *Namur* et de *Dinant* sont d'un assez beau noir, mais ne soutiennent cependant pas la comparaison avec le noir antique; celui de Dinant est le plus pur; celui de Namur est un peu plus gris, et il est traversé par des veines grisâtres assez nombreuses ; il en est de même de celui qui s'exploite aux environs d'Avesnes; ils ne sont ordinairement employés que pour les monumens funéraires et les inscriptions, ou le carrelage des églises et des maisons ; on en fait aussi quelquefois des dessus de meubles et des chambranles. Ces divers Marbres se vendent environ 50 francs. J'ai encore reconnu dans l'arrondissement d'Avesnes, du côté de Beaumont, et à Beaumont même, d'autres calcaires d'un noir très-vif, qui, s'ils étaient exploités, pourraient peut-être, rivaliser de beauté avec le *Lucullus* des anciens. Les départemens des Hautes-Alpes et de l'Ariége possèdent aussi d'assez beaux Marbres noirs.

Le *Sainte-Anne* est un Marbre gris assez foncé, présentant quelques veines et taches blanches; celles-ci sont généralement produites par des madrépores dont l'effet est des plus agréables; on l'exploite particulièrement en Belgique et dans l'arrondissement d'Avesnes; il est assez recherché à Paris, surtout la variété dite *glageon fleuri*, pour les chambranles, les dessus de meubles et les tables de café. Enfin, on doit placer à la suite de cette variété le Marbre qu'on exploite aux environs de Boulogne, et avec lequel on a construit, près de cette ville, la colonne de la grande armée.

2° Marbres composés. Ce groupe renferme la plupart des Marbres de décoration. Minéralogiquement tous les *Marbres composés* appartiennent au genre *Ophicalce* de M. Brongniart; ce sont, pour la plupart, des calcaires amygdalins, mélangés de schiste argileux et de talc.

Le *campan*, dans les Pyrénées, est l'un des plus beaux Marbres d'ornement que nous ayons en France; il est formé de la réunion d'un nombre prodigieux de noyaux ovoïdes de calcaire blanc compacte, réunis par un réseau de schiste argileux et talqueux. Une circonstance bien remarquable de ce Marbre, qu'on a long-temps regardé comme primitif, c'est que les nombreux noyaux calcaires qui le composent ne sont, ainsi que l'a fort bien démontré M. Dufrénoy, autre chose que les moules d'autant de Nautiles qui ont servi de centre de cristallisation à la chaux carbonatée; mais les modifications qui l'ont rendu cristallin ont fait disparaître en grande partie les traces de ces innombrables fossiles, qui, le plus souvent ne sont plus représentés que par de simples taches, mais qu'avec un peu d'attention on peut quelquefois reconnaître par les traces encore existantes des spires et des cloisons qui se dessinent sur les surfaces polies ou altérées par les agens atmosphériques. On distingue trois variétés principales de Marbre campan : l'*isabelle* est d'un rose tendre entremêlé de veines ondoyantes de talc verdâtre; le *campan vert* a une pâte d'un vert d'eau pâle, à réseau vert plus foncé; il est souvent mélangé d'Isabelle; le *campan rouge* est d'un rouge sombre, veiné de rouge-brun plus foncé; se rapproche beaucoup du *griotte*. On a trouvé le Marbre campan employé dans les constructions antiques du midi de la France. Exposé à l'air, il s'y altère facilement, à cause de l'action qu'exercent les agens atmosphériques sur les parties argileuses et schisteuses. Il se vend de 40 à 50 francs.

Le *griotte* est un Marbre qui par sa composition est analogue à celui de Campan; il est composé comme lui de la réunion de myriades de Nautiles dont on reconnaît encore les spires. Sa couleur dominante est le rouge brun, analogue à celui

celui de la variété de cerise dite *griotte*, ce qui lui a valu le nom qu'il porte. Les noyaux ont une teinte plus claire et présentent des cercles ou lignes noires dues à la présence des coquilles dont il se trouve en quelque sorte pétri ; les marbriers en distinguent deux variétés, l'une dite d'*Italie*, et l'autre de *France*, qui ne diffèrent que parce que la dernière est sujette seule, suivant eux, à présenter des veines blanches. Ce marbre s'extrait dans le département de l'Hérault, aux environs de Narbonne, et se vend de 40 à 50 francs.

Quelques uns des Marbres désignés comme brèches ne sont que des Marbres composés, à structure entrelacée comme les précédens ; tel est par exemple le Marbre dit *brèche violette antique*, employé dans les monumens de la Grèce, dont j'ai retrouvé les carrières dans l'île de Skyros ; c'est un Marbre amygdalin, à noyaux plus ou moins gros de calcaire blanc, réunis par un réseau ou pâte argileuse violette qu'il ne faut pas confondre avec la véritable *brèche violette antique*.

Le *vert antique* est un Marbre de la plus grande beauté, composé de rognons anguleux de serpentine et de calcaire saccharoïde, dont j'ai retrouvé beaucoup de débris dans les mines de Thessalonique en Macédoine, et à la Cavale dans la Thrace, ce qui semblerait indiquer que les carrières, comme on l'a supposé, existaient vers ces contrées de la Grèce.

Le *vert d'Egypte*, le *vert de mer*, le *vert poireau*, le *vert de Suze* et le *vert de Florence*, sont également des Marbres composés d'un mélange de serpentine ou de talc avec du calcaire, dont l'emploi produit le meilleur effet.

Marbres lumachelles. Ces Marbres sont des calcaires coquilliers, ainsi désignés du mot italien *lumaca*, limaçon, parce qu'ils sont pétris de coquilles dans lesquelles on en a reconnu d'analogues à celles désignées vulgairement par ce nom. Ces Marbres sont parfois presque entièrement composés de débris de coquilles ou de madrépores tantôt entassés confusément, tantôt disséminés dans une pâte plus ou moins homogène ; et comme ces coquilles ont presque toujours une teinte ou une couleur différente de la pâte, il en résulte que, se dessinant dans la masse sous une multitude de formes, elles offrent à la vue les effets les plus agréables.

La *lumachelle de Castracani* ou d'*Astracan*, est un marbre antique qui paraîtrait venir de l'Inde, mais dont on ne connaît pas bien au juste le véritable gisement. Les coquilles nombreuses, d'un jaune orangé vif, qui le composent, y sont réunies par un ciment brun peu abondant. On ne le trouve qu'en petites plaques dans le commerce.

La *brocatelle d'Espagne* est un marbre lumachelle à pâte jaune renfermant une grande quantité de fragmens de coquilles, qu'on extrait aux environs de Tortose en Catalogne ; il est fort rare dans le commerce et s'y vend de 70 à 80 francs.

La *lumachelle d'Italie* est d'un jaune très-pâle, et les coquilles y ont été converties en spath calcaire blanc et transparent.

Le *drap mortuaire* est une lumachelle noire antique, avec grandes coquilles coniques, spirées et blanches, éparses au milieu de la pâte, et qui tranchent d'une manière vive avec le noir foncé de celle-ci. Le *Marbre noir de Seille*, près Namur, est une espèce de lumachelle tout-à-fait analogue au drap mortuaire que j'ai quelquefois vu employé à Paris ; il renferme, disséminées dans la pâte, des coquilles spirées, d'un blanc éclatant, qui tranchent agréablement avec le fond qui est d'un noir vif ; elles y produisent un très-bel effet.

Le *petit granite*, ou *granitelle*, est encore une variété de lumachelle noire, pétrie de fragmens d'entraques (Encrines) qui y forment autant de petites taches grises. Il s'exploite principalement à Ligny et aux Ecausines près Mons ; on en importe de très-grandes quantités en France, où il vaut environ 20 francs. Les départemens des Ardennes et du Nord en possèdent qui lui ressemble, et qui serait susceptible de remplacer celui de Belgique.

Les *lumachelles de Lusy-le-Bois* en Bourgogne, et de *Narbonne*, sont également à fond noir ; la première pétrie de coquilles bivalves, et la seconde ne renfermant guère que des Bélemnites.

La *lumachelle de Carinthie*, *lumachelle opaline* ou *chatoyante*, est presque mise au rang des pierres précieuses, surtout depuis que le gisement en paraît épuisé ; elle se trouvait dans les mines de plomb de Bleiberg. Le fond est d'un gris sombre, et les coquilles d'un blanc grisâtre, présentant des reflets rouge de feu, verts ou orangés, de la plus grande beauté. Ce Marbre, unique en son genre, est excessivement rare, et n'existe que chez les bijoutiers, où l'on n'en trouve que de très-petites plaques.

Marbres bréchoïdes. Ces Marbres, très-nombreux dans la nature, sont sillonnés par une multitude de petits filons de couleur différente de celle de la masse, ce qui leur donne souvent une apparence de brèche, d'où a été formée l'épithète de bréchoïde qu'on leur donne en minéralogie.

Le *portor* est un de ces Marbres à structure bréchoïde, l'un des plus riches et des plus estimés parmi les Marbres de décors ; il est d'un noir intense, sillonné de nombreuses veines d'un jaune vif ou rougeâtre. Le plus recherché provient du cap Porto-Venere et des îles de Palmeria, Tino et Tinetto aux environs de Gênes ; il coûte de 60 à 65 francs ; celui de Saint-Maximin, département du Var, présente des veines plus ternes, en sorte qu'il a un peu moins d'éclat que celui d'Italie ; cependant c'est de Saint-Maximin que Louis XIV a fait extraire tout le portor qui a servi à la décoration des châteux de Marly et de Versailles : il ne se vend que 40 à 50 francs. Le portor se trouve aussi en Espagne ; les veines y sont moins pures et plus rougeâtres et le fond est d'un noir grisâtre.

Marbres brèches. Ces Marbres sont formés de la réunion de fragmens anguleux, de grosseur variable, de calcaires, souvent variés de couleurs, agglutinés ou réunis par un ciment calcaire plus ou moins abondant et d'une teinte toujours différente de celle des fragmens; ces Marbres ne sont donc que la conséquence nécessaire de la préexistence des calcaires des débris desquels ils se trouvent formés; aussi ils peuvent avoir une origine bien plus moderne que ces calcaires.

La *brèche violette antique*, dont on voit deux superbes tables et différentes colonnes au Musée du Louvre, est un Marbre des plus riches, formé de la réunion de fragmens anguleux de calcaire blanc laiteux et lilas, réunis par un ciment violet. Comme il est aussi connu sous le nom de *brèche d'Alep*, on a présumé que les carrières pouvaient être situées en Syrie, ce qui ne me paraît nullement probable.

La *brèche africaine* est composée de fragmens gris, rouges et violets, réunis dans un fond noir. On peut en voir une colonne au Musée.

Les anciens ont encore employé une grande quantité de brèches diverses, telles que la *brèche rose*, la *brèche jaune* qu'on a trouvée dans les monumens de la Grèce; le *Marbre fleur de pêcher*, qui figure parmi les plus belles brèches antiques, etc., etc.

Parmi les brèches modernes, la *brèche tarentaise*, qu'on tire de Villette près Moutiers, est l'une des plus estimées; sa pâte est d'un brun chocolat, réunissant de petits fragmens anguleux jaunes ou blancs. Comme elle est fort dure, on s'en sert, en guise de porphyre, pour faire des tables à broyer les couleurs.

La *brèche d'Italie* fournit un fort beau Marbre assez estimé, à fond brun et taches blanches, mais qui demande beaucoup de soins, car les corps gras le tachent très-facilement.

Il y a dans les Hautes-Pyrénées plusieurs variétés de très-belles brèches, et entre autres celle dite *brèche des Pyrénées* à pâte rouge-brun et fragmens noirs, gris ou rouges, et celle à pâte d'un jaune d'orange.

Les Marbres dits *grand deuil* et *petit deuil* sont des brèches qui offrent des éclats blancs sur un fond noir, et que l'on trouve dans plusieurs localités de l'Ariége, de l'Aude et des Basses-Pyrénées.

J'ai trouvé en Grèce une très-belle brèche à fragmens de calcaires noirs, réunis par un ciment calcaire d'un rouge lie-de-vin clair, à laquelle j'ai donné le nom de *brèche-portor*, à cause de la ressemblance qu'elle a, lorsqu'elle est polie, avec le Marbre portor. Cette brèche appartient à la formation crayeuse et existe dans plusieurs localités où elle pourra un jour donner lieu à des exploitations importantes. On pourrait également donner le nom de *brèche portor* à la *brèche de Seissin* (Isère), qui est composée de fragmens de calcaire noir à zones parallèles moins foncées, réunis par une pâte d'un jaune vif; elle renferme aussi, quoique rarement, des fragmens de calcaire blanc nuancés de rose ou de violet. Ce Marbre, qui est plus éclatant que le portor, avec lequel il serait facile de le confondre, n'a été employé jusqu'ici que dans les villes voisines du lieu où on l'extrait. Les Hautes-Pyrénées présentent une brèche noire analogue; enfin celle de *Biela*, en Aragon, est encore une très-belle variété de *brèche-portor*.

La *brèche d'Alet* et de *Tolonet*, près d'Aix en Provence, qu'on a quelquefois confondue mal à propos avec la *brèche violette antique* ou d'*Alep*, dont il a été question plus haut, se compose d'un fond jaunâtre avec fragmens gris, bruns, rouges et jaunes, qui se marient assez agréablement; son prix est de 25 à 30 francs.

La *brèche de Marseille*, connue dans le commerce, on ne sait trop pourquoi, sous le nom de *brèche de Memphis*, est très-recherchée à Paris, où elle se vend de 45 à 48 francs; elle se compose de fragmens blancs, gris et bruns, réunis par une pâte rougeâtre.

Les *brèches de Dourlers* et d'*Etrœungt*, aux environs d'Avesnes, sont composées, la première de fragmens de calcaires cendrés, blancs et rougeâtres, et la seconde de fragmens gris et verdâtres.

On peut encore citer parmi les nombreuses brèches qui existent, comme les plus connues et les plus employées, celles de *Saint-Roman* (Côte-d'Or), la *brèche violette* de la vallée de Salat (Ariége), et la *brèche de Castille-Vieille*, très-recherchée à Paris.

Marbres poudingues. On appelle poudingues, en minéralogie, la réunion de fragmens arrondis et roulés (*galets*), cimentés par une pâte de calcaire concrétionné; les poudingues, dont il existe un grand nombre qui n'appartiennent pas aux calcaires, sont peu employés comme Marbres, quoiqu'ils présentent des mélanges agréables de noyaux de différentes couleurs; mais, outre que leur ciment est bien rarement assez homogène pour supporter un beau poli, ils renferment souvent des galets de substances dures qui les empêcheraient de se polir convenablement; cependant il existe plusieurs poudingues calcaires qui sont exploités comme Marbres, et celui connu en Espagne sous le nom de *Piedra almandrada de las canteras*, est un Marbre très-riche en couleurs; il est formé de petits galets rouges, jaunes et noirs, réunis par un ciment d'un rouge foncé. J'ai reconnu à la base orientale de la chaîne du Taygète, en Morée, des poudingues calcaires à pâte jaune nankin et à très-gros galets blancs, gris, jaunâtres et bleu turquoise, qui, employés en grand, produiraient un très-bel effet. On a souvent donné aux poudingues le nom de *brèches*; il est facile cependant, d'après les définitions de ces roches, de les distinguer; les poudingues sont formés de fragmens arrondis et usés par le frottement, tandis que les brèches sont toujours à fragmens anguleux. D'ailleurs les circonstances dans lesquelles ces roches se sont déposées sont tout-à-fait différentes; la plupart des brèches se sont formées au pied des escarpemens ou à la base des montagnes, tandis que les poudingues sont le résultat du transport violent des eaux qui ont déposé les galets qui, par leur agrégation, ont ensuite donné lieu à la formation de la roche qui les constitue. C'est donc à tort qu'on appelle *brèche universelle* le poudingue à ciment feldspathique verdâtre, et à cailloux arrondis de syénites variées, de porphyre, de feldspath compacte, etc., qui provient de la vallée de Qosseyr, en Egypte. Ce poudingue, par sa composition, doit également être séparé des Marbres, tous essentiellement composés, comme je l'ai dit en commençant, d'élémens calcaires.

On pourra consulter, pour plus de détails sur les nombreuses variétés de Marbres français et étrangers, la *Minéralogie appliquée aux arts*, de M. Brard, et les différens rapports faits à la Société d'encouragement par M. Héricart-de-Thury, et insérés dans ses Bulletins.

Les progrès toujours croissans de l'industrie marbrière, dont l'importance peut être en quelque sorte considérée comme l'expression du degré d'aisance et de civilisation d'un peuple, me fera sans doute pardonner d'être entré ici dans d'aussi longs détails sur un sujet qui acquiert au reste chaque jour plus d'intérêt en France, où l'exploitation des Marbres occupe un grand nombre de bras et donne lieu à une foule d'industries qui sont encore loin cependant d'y avoir pris tout le développement qu'elles sont susceptibles d'acquérir, et dont on pourra se faire une idée quand on saura, par exemple, que l'on importe annuellement en France de 70 à 80,000 pieds cubes de Marbres étrangers, dont la valeur moyenne, évaluée de 5 à 10 francs dans les carrières, est quintuplée par le transport et les droits d'entrée, et plus que décuplée quand ils sont arrivés aux formes variées et élégantes que l'industrie de l'homme est parvenue à leur faire subir. La sculpture seule emploie chaque année pour 3 ou 400,000 francs de Marbres bruts qui acquièrent une bien plus grande valeur encore lorsqu'ils ont passé par les mains de nos artistes les plus célèbres. (Th. V.)

MARBRÉ, *Polychrus*. (REPT.) Genre de Reptiles sauriens, établi par Cuvier aux dépens des Agames de Daudin. L'espèce type du genre, et la seule qui soit connue, l'Iguane Marbré (*Lacerta marmorata*, Linné, Encyclopédie, Reptiles, pl. 9, *Agama marmorata*, Daudin), faisait partie, dans la méthode de Cuvier, de la famille des Iguaniens. Le Marbré n'a pas de crête dorsale; ses doigts ne sont point dilatés, sa gorge est extensible, et il a la faculté de changer de couleur à son gré comme le Caméléon. C'est un joli animal dont les teintes brunâtres cendrées sont tellement variées, qu'on les a comparées aux nuances que présente le Marbre. La queue est deux ou trois fois longue comme le corps. On avait cru qu'il appartenait à l'ancien continent jusqu'en Espagne; mais il paraît qu'il est propre à l'Amérique méridionale. Il est très-commun à Surinam. La seule bonne figure qu'on en connaisse jusqu'à présent se trouve dans l'Iconographie du Règne animal, Reptiles, pl. 11, fig. 3. Nous l'avons reproduite dans notre Atlas, planche 530, fig. 2. (Z. G.)

MARCASSIN. (MAM.) On donne ce nom au jeune du Sanglier. (Guér.)

MARCASSITE. (MIN.) On désignait autrefois sous ce nom la *pyrite* ou le *sulfure de fer*; M. D'Omalius d'Halloy, dans un traité récent de minéralogie, intitulé *Introduction à la géologie*, a même employé cette dénomination pour désigner la substance qui figure sous le nom de Pyrite dans la nomenclature de M. Beudant.

Ce sulfure était employé autrefois en bijouterie: on lui donnait un beau poli ou on le taillait à facettes. Dans les tombeaux des anciens Incas au Pérou, on en a trouvé des plaques polies qui avaient servi de miroirs.

On donnait aussi autrefois le nom de Marcassite à la *pyrite blanche arsenicale* ou au *mispikel*, et on la vendait sous la dénomination singulière de *Pierre de santé*, parce qu'on s'imaginait qu'étant portée en bague, elle indiquait par son éclat plus ou moins vif l'état de la santé de celui qui l'avait au doigt. (J. H.)

MARCELINE. (MIN.) Nom que l'on a donné à un silicate de manganèse qui a été trouvé aux environs de Saint-Marcel, en Piémont. (*Voyez* Manganèse.) (J. H.)

MARCGRAVIACÉES, *Marcgraviaceæ*. (BOT. PHAN.) Famille plus que douteuse établie avec le genre *Marcgravia* par des botanistes qui n'ont vu les plantes qui doivent la constituer que dans des herbiers. Elle est tellement contestable qu'aucun d'eux n'est d'accord sur les caractères à lui assigner. (T. d. B.)

Tout en respectant l'opinion de l'auteur de l'article qui précède, nous pensons qu'il est utile de présenter à nos lecteurs celle des savans qui ont créé ou adopté la famille des Marcgraviacées, et qui sont MM. De Candolle, Jussieu, Richard, etc.

Marcgraviacées, *Marcgraviaceæ*, Juss. Classe des Dicotylédonées polypétales à étamines hypogynes; périanthe double; l'extérieur de deux à sept divisions profondes, ovales, imbriquées et souvent coriaces (une ou deux extérieures sont peut-être des bractées); l'intérieur, tantôt monopétale, entier, recouvrant les organes sexuels comme d'une sorte de coiffe (*Calyptræformis*), ou divisé au sommet, tantôt à cinq pétales distincts à la base et caducs après l'inflorescence; étamines nombreuses, quelquefois en nombre défini, insérées soit sur le réceptacle, soit sur la membrane hypogyne, à filamens courts, dilatés à leur base, à anthères allongées et droites, fixées par leur base, déhiscentes intérieurement; style simple ou nul; stigmate simple ou quelquefois lobé; ovaire unique, libre, souvent sillonné; fruit (capsule) ordinairement globuleux, coriace ou charnu, multivalve, à peine déhiscent, quelquefois uniloculaire par le retrait des cloisons lors de la maturité; graines fort petites, très nombreuses, attachées au bord des cloisons, à l'angle interne des loges (Jussieu), ou nageant dans la pulpe (D. C.); embryon inconnu.

Les Marcgraviacées sont des arbrisseaux quelquefois grimpans, à feuilles alternes, à fleurs en ombelle ou en épi. Leur place dans la méthode naturelle est encore assez incertaine; leurs caractères les rapprochent à la fois des Ebénacées, des Ericées, des Hypéricinées et des Guttifères. Quoi qu'il en soit, cette famille renferme aujourd'hui, d'après M. De Candolle, les genres suivans :

Première tribu : MARCGRAVIACÉES.

Corolle en coiffe; étamines insérées sur un réceptacle.

1° *Antholoma*, Labill., Nouvelle-Hollande.
2° *Marcgravia*, Plum., Amérique.

Deuxième tribu : NORANTHÉES.

Corolle de cinq pétales; étamines appuyées et comme insérées sur elle.

3° *Noranthea*, Aublet, Guiane.
4° *Ruyschia*, Jacq., Amérique.

Cette famille sera probablement augmentée par les auteurs qui s'occuperont de l'étudier.

(C. LEM.)

MARCGRAVIE, *Marcgravia*. (BOT. PHAN.) Genre très-singulier de la Polyandrie monogynie, remarquable surtout par la structure de sa corolle, consistant en un seul pétale conformé en cône ou en coiffe semblable à celle des Mousses, qui se détache par sa base dans tout son contour, et laisse apercevoir, en se separant, un ovaire simple et sessile entouré de beaucoup d'étamines insérées sur son réceptacle. Un calice à six divisions, dont deux extérieures plus petites, placées autour de cette corolle, subsiste après elle à la base de l'ovaire, qui se change en capsule sphérique, coriace, à plusieurs loges remplies de semences menues. La Marcgravie se trouve avoir de la sorte quelques rapports avec le *Calyptranthes* et l'*Eucalyptus*, qui ont la même enveloppe; mais la situation du fruit et l'attache des parties ne sont pas les mêmes. De là, Linné, Bernard de Jussieu, Adanson, Laurent de Jussieu, le placèrent à la suite des Capparidées, quoiqu'ils reconnussent néanmoins que ce genre n'appartenait pas entièrement à cette famille, et qu'il avait seulement avec elle un certain degré d'affinité. C. Richard, ayant étudié quelques Marcgravies sur la nature vivante, durant son séjour aux Antilles, et les ayant comparées avec le genre *Clusia*, qui est spontané dans ces îles, les classe dans la famille des Guttifères et en forme une section distincte. L'auteur du *Genera plantarum*, publié pour servir de base à la méthode dite naturelle, a repris le genre *Marcgravia* pour en faire le type d'une petite famille nouvelle, d'après les travaux de Choisy, de De Candolle et de Kunth, qui ont travaillé sur des échantillons d'herbier. Les espèces ont ensuite éprouvé à leur tour des critiques différentes; les unes ont été confondues sous un nom qui ne leur convient nullement; les autres, se trouvant mal décrites, ont été rejetées à la fin du genre comme simples appendices. Tantôt on n'en reconnaît que quatre espèces, tantôt cinq et même plus. Toutes ces incertitudes prouvent que le genre a besoin d'être étudié de nouveau sur les lieux mêmes où ilcroît spontanément.

La MARCGRAVIE A OMBELLES, *M. umbellata*, est ainsi nommée par Linné, d'après Plumier, parce que les pédoncules qui supportent chaque fleur sont disposés en ombelle à l'extrémité des rameaux ses fleurs sont situées obliquement sur le sommet coudé du pédoncule. La MARCGRAVIE DE WAHL, *M. coriacea*, originaire de Cayenne, est ornée de feuilles elliptiques et de fleurs verticillées, dont les pédoncules sont chargés de petits tubercules. La MARCGRAVIE DE JUSSIEU, *M. spiciflora*, offre une tige non grimpante, des feuilles ovales, entières, luisantes, sans nervures, des fleurs en épi lâche et terminal, portées chacune sur un pédoncule allongé, garni d'une écaille vers son milieu et ayant un stigmate à quatre lobes. A ces trois espèces positives, on joint la *M. picta* de Wildenow et la *M. dubia* de Kunth.

(T. D. B.)

MARCHAIS. (POISS.) On a remplacé par ce mot le nom du Maquereau, pour désigner une variété de cette espèce qui manque de taches. On appelle aussi du nom de Marchais les Harengs qui n'ont plus de laite ni d'œufs. (ALPH. G.)

MARCHANTE ou MARCHANTIE. (BOT. CRYPT.) *Hépatiques*. Un des genres les plus curieux de la famille des Hépatiques, dédié à Marchant par son fils, qui le décrivit le premier.

Les Marchantes ont pour caractères généraux : une fronde membraneuse, verte, plus ou moins réticulée, étalée en rosette sur la terre, divisée en lobes dichotomes, donnant naissance, de sa face inférieure, à une infinité de fibrilles qui la fixent au sol; de sa face supérieure, à deux sortes d'organes qui sont réunis tantôt sur le même individu, tantôt sur des individus différens. Quant aux caractères principaux, nous les trouverons dans la *Marchantia polymorpha* de Linné, Marchante étoilée, qui fait le type de ce genre.

Dans cette espèce, quelques uns des deux sortes d'organes dont nous avons parlé tout à l'heure sont portés sur des individus différens. Les uns, portés sur un pédicelle qui sort de la fronde, ont la forme d'une ombrelle; ce réceptacle, en forme d'ombrelle, est divisé en lobes, dont le nombre et la profondeur varient suivant les espèces; à la partie inférieure de chaque lobe est un involucre membraneux, divisé en deux valves, et renfermant depuis une jusqu'à six capsules. Chaque capsule a son enveloppe propre; cette enveloppe, analogue à ce qu'on a nommé calice dans les Jungermanes, est membraneuse, plus ou moins grande, percée à son sommet, et forme une saillie plus ou moins marquée hors de l'involucre commun. Chacune de ces capsules en renferme une autre qui se prolonge à la manière de la *coiffe* des Mousses, et qui contient les séminules. Cellesci sont logées dans quatre ou huit valves, et mêlées à des *élaters*, ou fils en double spirale élastiques.

Les autres organes ont également la forme d'une ombrelle; mais leur contour n'est que légèrement sinueux, leur surface supérieure est un peu concave. Dans leur intérieur, disposé en loges ou cloisons, se trouvent de petits corps ovales fixés par une de leurs extrémités, et un peu analogues à ce qu'on a nommé organes mâles des Mousses.

Outre ces deux sortes d'organes, que l'on doit considérer, les premiers comme les organes femelles, les seconds comme les organes mâles, on trouve encore sur la fronde des Marchantes des sortes de cupules sessiles renfermant plusieurs corps lenticulaires, qui sont susceptibles de se développer et de produire une nouvelle plante.

La *Marchantia polymorpha*, que nous venons de décrire (nous négligeons toutes les autres espèces comme ayant encore été mal observées), se trouve sur presque tous les points du globe. Quant aux espèces exotiques, encore très-peu connues, il paraît qu'on les rencontre aux Antilles, au Brésil, au cap de Bonne-Espérance, etc. (F. F.)

MARCHE. (PHYSIOL.) Mouvement sur un sol fixe, dans lequel le centre de gravité est mû alternativement par une partie des organes locomoteurs et soutenu par les autres, sans que le corps cesse un instant de reposer sur le sol. L'action de marcher ne s'exécute pas toujours de la même manière. On marche en avant, en arrière, sur les côtés et dans des directions intermédiaires à celles-là; on marche sur un plan ascendant ou descendant; sur un sol solide ou mobile; la Marche diffère aussi par l'étendue du pas, sa vitesse, etc. Quel que soit le mode de la Marche, elle se compose nécessairement de la succession des pas. Dans la Marche sur deux pieds, chez l'homme et les animaux qui partagent ce mode de locomotion, l'un des pieds est porté en avant, tandis que l'autre s'étend sur la jambe; et comme ce dernier membre appuie sur un sol plus ou moins résistant, son allongement déplace le bassin et projette en avant tout le corps; le bassin tourne en même temps sur le fémur du côté opposé qui le soutient, et la jambe qui était d'abord restée en arrière, se fléchit, se porte en avant de l'autre, puis se redresse et sert à son tour à soutenir le corps, pendant que l'autre membre en s'étendant donne une nouvelle impulsion au centre de gravité. Par suite de ces mouvemens alternatifs d'extension et de flexion, on voit que chaque jambe porte à son tour le poids du corps comme elle le ferait dans la station sur un seul pied; qu'à chaque pas le centre de gravité est poussé en avant, et qu'ainsi il doit se porter successivement à droite et à gauche pour se trouver exactement en dessus de chacune de ses bases de suspension. Pour que la Marche se fasse en ligne droite, il faut que les arcs de cercle décrits par le bassin, et l'extension des membres, lorsqu'ils sont portés en avant, soient égaux; sans quoi on se déviera de la ligne droite, et le corps sera dirigé du côté opposé du membre dont les mouvemens sont plus étendus; et comme il est difficile de faire exécuter aux deux membres exactement la même étendue de mouvement, on tend toujours à se dévier, et l'on se dévierait réellement, si la vue ne nous avertissait de la nécessité de corriger cette déviation. Aussi cela ne manque-t-il pas d'arriver lorsqu'on marche quelque temps les yeux fermés. Afin d'exécuter le pas qu'on fait pour reculer, dans la Marche en arrière, l'une des cuisses se fléchit sur le bassin, en même temps que la jambe se fléchit sur la cuisse; l'extension de la cuisse sur le bassin succède, et la totalité du membre est portée en arrière; ensuite la jambe s'étend sur la cuisse, la pointe du pied touche le sol, et bientôt toute sa surface inférieure. Au moment où le pied dirigé en arrière s'applique sur le sol, celui qui est demeuré en avant s'élève sur la pointe, le membre correspondant se trouve allongé; le bassin poussé en arrière fait une rotation sur le fémur du membre dirigé en arrière; le membre qui est en avant quitte entièrement le sol, et se porte lui-même en arrière afin de fournir un point fixe à une nouvelle rotation du bassin qui sera produite par le membre opposé. Pour le pas latéral, l'une des cuisses fléchit légèrement sur le bassin, afin de détacher le pied du sol; tout le membre se porte ensuite dans l'abduction, pour s'appuyer sur le sol; l'autre membre se rapproche immédiatement de celui qui a d'abord été déplacé, et ainsi de suite. Dans ce cas, il ne peut y avoir de rotation du bassin sur les fémurs. La Marche sur un plan ascendant fait, on le sait, éprouver beaucoup de fatigue, parce que la flexion du membre porté en avant doit être plus considérable, et que le membre resté en arrière doit, non seulement faire exécuter au bassin le mouvement de rotation dont nous avons parlé, mais il faut encore qu'il soulève le poids total du corps, afin de le transporter sur le membre en avant. La contraction des muscles antérieurs de la cuisse portée en avant, est la cause principale de ce transport du poids du corps; aussi ces muscles se fatiguent-ils beaucoup dans l'action de monter un escalier ou tout autre plan ascendant. La Marche sur un plan descendant est également pénible, et ici ce sont les muscles postérieurs du tronc qui doivent se contracter avec force pour empêcher la chute du corps en avant. Pour que tous ces modes de progression s'exécutent, il faut que les mouvemens des membres inférieurs soient faciles, et que l'action de chacun d'eux soit égale; la moindre différence dans la longueur de ces membres, dans la force de contraction des muscles, etc., peut rendre la progression plus ou moins difficile.

La plupart des quadrupèdes, lorsqu'ils marchent, se servent principalement des pattes de derrière pour pousser leur corps en avant, et des pattes antérieures pour se soutenir dans la nouvelle position qu'ils prennent à chaque pas. Quand ces mouvemens se font à la fois par les deux pieds de chaque paire, l'animal se trouve, pendant un instant, suspendu en entier au dessus du sol; c'est ce mode de locomotion qu'on appelle galop. Dans la Marche, deux pieds seulement contribuent à la formation de chaque pas, un de devant et un de derrière; en général, ce sont ceux des deux côtés opposés qui se lèvent simultanément, d'autres fois ceux du même côté; cette dernière allure est connue sous le nom d'amble. (P. G.)

MARCKEA, *Marckea*. (BOT. PHAN.) Genre dédié à l'illustre Lamarck par le professeur Richard, qui l'a établi sur une petite plante indigène des forêts de la Guiane; elle appartient à la famille des Solanées, Pentandrie monogynie, L. C'est, dit M. Richard (Actes de la soc. d'Hist. nat. de Paris, p. 107), une Liane grimpante et volubile, ayant ses rameaux souvent pendans en forme de festons; ses feuilles sont alternes, pétiolées, elliptiques, acuminées, très-entières, glabres, luisantes, presque sans nervures. Les fleurs, assez grandes et rouge-écarlate, forment une grappe pendante au sommet d'un pédoncule axillaire plus long que les feuilles. Elles présentent pour caractères principaux : un calice tubuleux, à cinq lanières peu profondes, étroites, aiguës et dressées; une corolle infundibuliforme, à tube allongé, à limbe étalé, à cinq divisions obtuses; cinq étamines incluses, à anthères biloculaires; un ovaire conoïde allongé, portant un style filiforme et un stigmate glanduleux; une capsule cylindrique oblongue, à deux loges polyspermes.

La *Marckea coccinea*, Rich., est la seule espèce du genre. Elle a été représentée dans notre Atlas, sous le nom de Lamarkie, pl. 287, f. 5 et 5 *a*. (L.)

MARCOTTE. (AGR.) Branche d'un arbre ou d'une plante sous-ligneuse et vivace que l'on incline doucement pour l'amener vers le sol, l'y coucher afin qu'elle y prenne racine. On s'assure, à cet effet, que la partie enterrée soit munie d'un nœud ou bouton, on l'incise en outre dans sa longueur pour faciliter la division des fibres; la Marcotte se garnit bientôt de racines et montre un rudiment de tige. Quand elle a acquis suffisamment de force et qu'elle peut se nourrir elle-même, on sépare la Marcotte de la branche ou de la tige, et l'on a une plante nouvelle que l'on peut transporter où l'on veut.

Marcotter, c'est se livrer à une opération très-avantageuse dans le but de multiplier des végétaux qui ne fructifient pas dans le pays, ou qui ne propagent point leurs qualités utiles ou agréables par la voie des semis, ou bien qui sont trop long-temps à faire attendre les jouissances qu'on leur demande. *Marcottage* est le nom collectif de l'opération, comme le mot *Marcotte* en indique le résultat.

Cette voie de multiplication, indépendamment des propriétés qui lui sont communes avec les BOUTURES et les GEMMES (*v.* ces mots), a l'avantage d'être plus rapide que la greffe et de craindre beaucoup moins les maladresses du jardinier inexpérimenté. (T. D. B.)

MARE. (GÉOL.) On donne ce nom a des bassins peu profonds et de peu d'étendue qui se trouvent à la surface du sol et qui reçoivent les eaux que l'atmosphère répand sur les terres voisines. On en trouve dans les endroits secs et élevés comme dans ceux qui sont bas et humides. Le pays Chartrain nous en fournit de nombreux exemples. Au milieu de ses plaines on rencontre çà et là des Mares séparées entièrement les unes des autres, mais qui paraissent avoir été réunies dans les temps où la culture n'avait point modifié le terrain qui les sépare. On trouve dans ces petites nappes d'eau des Mollusques lacustres, tels que des Planorbes et des Lymnées. Chaque année les cultivateurs en dessèchent quelques unes afin d'engraisser les terres avec la vase qu'ils en retirent, et de rendre à l'agriculture la place qu'elle occupait. Dans ces fouilles on remarque des couches de marne très-fine à plusieurs pieds de profondeur; on y observe aussi des lits de matière charbonnée qui paraît provenir de la décomposition des végétaux, des feuilles et des arbres; on y trouve même des troncs de Châtaigniers ou de Chênes qui ont pris une grande dureté et une couleur noirâtre, et des branches d'arbres qui se sont couvertes et en partie converties en phosphate de fer terreux d'une belle couleur bleue. On remarque dans ces dépôts des fruits sauvages, tels que ceux du Noisetier et des tests de coquilles. Ces dépôts, qui se forment tous les jours dans les Mares et en général dans toutes les eaux stagnantes, ne semblent-ils pas indiquer que c'est dans des amas d'eau semblables que se formèrent pendant les dernières époques géologiques ces marnes-lacustres et ces meulières que l'on trouve encore remplies de débris organiques qui rappellent parfaitement ceux qui se déposent aujourd'hui au fond des Mares et des étangs? (J. H.)

MARÉCHAL. (INS.) L'un des noms vulgaires des TAUPINS. (*voy.* ce mot.) (GUÉR.)

MARÉES. *V.* MER.

MARÉKANITE. (MIN.) On désigne sous ce nom une substance vitreuse d'origine volcanique, une véritable obsidienne, tantôt transparente et tantôt translucide ou même opaque, d'un vert plus ou moins intense, que l'on trouve au Kamtchatka et à l'île Marekan ou Simotifir, l'une des Kouriles. Elle est en petits morceaux ovoïdes, mais qui ne paraissent point avoir été roulés, car ils ont un beau poli. (J. H.)

MARGADON. (MOLL.) Nom vulgaire de la Seiche commune sur quelques unes des côtes de la France septentrionale. (GUÉR.)

MARGAL et MARGAN. (BOT. PHAN.) On donne ce nom à l'Ivraie dans quelques localités de la France méridionale. (GUÉR.)

MARGARATES. (CHIM.) Sels qui résultent de la combinaison d'une base avec l'acide margarique, et qui sont de véritables savons. Ces composés n'existant pas dans la nature, nous nous en tiendrons à leur simple définition. (F. F.)

MARGARITACÉS, *Margaritacea*. (MOLL.) Famille proposée par M. de Blainville pour remplacer celle des Malléacées de Lamarck, et que l'auteur du Manuel de malacologie et de conchyliologie caractérise ainsi qu'il suit : manteau ouvert dans toute la circonférence, non adhérent, mince sur ses bords et se prolongeant en lobes assez irréguliers surtout en arrière; le corps comprimé, un pied canaliculé et souvent un byssus peu développé; un seul muscle abducteur sub-central, outre les muscles rétracteurs des pieds; coquille irrégulière, inéquivalve, inéquilatérale, noire; charnière orale presque nulle ou sans dents, le ligament variable; une grande impression musculaire sub-centrale.

Un heureux rapprochement que l'on doit aussi à M. de Blainville est celui d'avoir mis les Vulselles à côté des Marteaux, dont elles sont fort voisines, bien plus que des Huîtres, où Lamarck les avait laissées. Cette famille se compose des genres Vulselle, Marteau, Perne, Crénatule, Iocérame, Catille, Pulvinite, Gervillie et Avicule. (Z. G.)

MARGARITE. (MIN.) Silicate d'alumine d'un brillant nacré, rougeâtre ou d'un gris de perle, qui se présente en petits prismes à 8 pans. Cette substance se compose de 37 parties de silice, de 40 à 41 d'alumine, de 9 de chaux, de 4 à 5 d'oxide de fer et d'un peu de soude et d'eau. (J. H.)

MARGARIQUE. (CHIM.) *Acide*. L'acide Margarique, découvert par Chevreul dans les corps gras, est toujours un produit de l'art. Ce corps a la plus grande analogie avec les acides oléique et stéarique, mais surtout avec ce dernier; il en diffère cependant par une fusibilité plus grande, et une proportion d'oxygène plus considérable. Il est solide, d'un blanc nacré ou perlé (de là son nom, *Margarita*, perle), insipide, d'une odeur légère de cire blanche, plus léger que l'eau, sans action, à froid, sur le tournesol qu'il rougit quand on chauffe, etc. (F. F.)

MARGE, *Margo*. (BOT. CRYPT.) *Lichens*. Nom donné à la bordure qui entoure le disque des Lichens. La Marge, quelquefois concolore, c'est-à-dire de la même couleur que l'apothécion, est *vraie* ou *fausse*. Elle est vraie quand elle fait partie de l'apothécion, fausse quand elle est représentée par le bourrelet formé par le thallus qui ceint quelquefois très-étroitement l'apothécion, mais qui ne fait pas corps avec lui. La Marge a souvent fourni aux botanistes d'excellens caractères spécifiques. (F. F.)

MARGINELLE, *Marginella*. (MOLL.) Genre de la famille des Columellaires de Lamarck, créé par ce naturaliste pour des espèces placées par Adanson (Voyage au Sénégal) dans son genre Porcelaine, et dont les caractères sont les suivans: coquille polie, ovale-oblongue, à sommet un peu conique, à spire courte, dont l'ouverture, occupant presque toute la longueur de la coquille, n'a qu'une légère échancrure à sa base, son bord droit garni d'un bourrelet en dehors, sa columelle traversée obliquement par quatre plis bien distincts presque égaux.

On voit donc que c'est avec raison que Lamarck et, avec lui, Cuvier ont rapproché des Volutes le genre qui nous occupe, puisqu'il ne s'en éloigne guère que par la forme de sa columelle; de même, il paraît faire un passage aux Cyprées, dont il ne diffère guère, en effet, que par un siphon respiratoire beaucoup plus allongé, et par les lobes latéraux de son manteau qui sont moins étendus. L'animal des Marginelles est pourvu de deux tentacules courts et élargis à leur base; le tube de la respiration, qui est assez étendu et formé par un repli du manteau, s'élève dans une direction oblique au dessus de la tête; enfin il n'y a pas d'opercule. C'est là à peu près tout ce qu'on sait touchant ces animaux, dont les espèces cependant sont assez nombreuses; c'est dans les pays chauds, sur les rochers qui bordent la mer, qu'ils se trouvent en plus grande quantité. M. de Lamarck, considérant la forme de l'ouverture, divise leurs coquilles en deux sections; dans la première, il place celles dont l'ouverture est moins longue que la coquille, et dont par suite la spire est apparente; dans la seconde, qui semble faire un passage naturel à la famille des Enroulés, il place celles dont l'ouverture de la coquille est aussi longue que celle-ci, et par suite la spire nulle et dans certains cas imbriquée; dans l'impossibilité de décrire toutes les espèces de ce genre, nous citerons seulement les suivantes qui sont les plus répandues ou les plus intéressantes. Dans la première section figure d'abord:

La MARGINELLE NEIGEUSE, *Marginella glabella*, *Voluta glabella*, Linn. Gmel., la *Porcelaine*, Adans., représentée dans notre Atlas, pl. 330, fig. 4. C'est une belle espèce des mers du Sénégal et des Antilles, dont la couleur est d'un fauve tirant sur le grisâtre, et traversée par des bandes roussâtres semées de petites taches blanches ovales, à spire courte comme toutes les espèces de la section dont elle fait partie; celle-ci a quatre plis à sa columelle, plusieurs dents à la partie antérieure de l'autre bord.

La MARGINELLE BLEUATRE, *Marginella cærulescens*, *Voluta prunum*, Gmel., l'*Egouen*, Adans., doit également trouver place ici; sa couleur, généralement d'un blanc bleuâtre, est quelquefois un peu zonée; elle n'a point les taches que nous avons signalées chez la précédente; ayant la même forme que celle-ci et une columelle tout-à-fait semblable, elle s'en distingue par un bord droit tout-à-fait lisse. On la trouve en abondance dans l'océan Atlantique, sur la côte ouest d'Afrique.

La MARGINELLE DE CLÉRY, *M. Cleryi*, S. Petit, Magasin de Zoologie, cl. v, pl. 75, reproduite dans notre Atlas, pl. 330, fig. 3, d'une longueur de vingt millimètres, est remarquable par l'élégance de sa forme et la beauté de ses couleurs; sa spire est allongée, sa lèvre garnie de dents peu prononcées, son bord droit épaissi par un bourrelet qui est extérieur, la columelle marquée des quatre plis que l'on distingue également chez les autres; sa couleur est généralement grise parcourue de petites veinules noires, interrompues sur le dernier tour sur lequel se fondent des bandes transversales d'un gris fauve; la lèvre est blanche. Cette espèce nouvelle se trouve sur les côtes du Sénégal.

Nous citerons dans la seconde section les espèces suivantes:

La MARGINELLE BULLÉE, *Marginella bullata*, *Voluta bullata*, Linn., Gmel.; blanche avec des zones étroites et rapprochées, d'un rouge livide; de forme ovale-oblongue, présentant les caractères de cette section, à sommet obtus, à bord droit lisse; le bord columellaire conserve toujours les quatre plis qui appartiennent aux caractères génériques. On la trouve dans l'océan Indien.

La MARGINELLE ROSE, *Marginella rosea*, jolie petite espèce de moins d'un pouce de longueur, dont la forme est ovale comme celle de la précédente, la spire obtuse, le bord droit lisse, la columelle marquée de quatre plis, mais qui s'en distingue par les petits filets rouges qui parcourent sa lèvre droite, et par les taches roses et blanches qui colorent sa columelle. On ignore la patrie de cette espèce. (V. M.)

MARGINULINE. *Marginulina.* (MOLL.) Genre de la famille des Stichostègues, et de l'ordre des Foraminifères, créé par M. d'Orbigny en grande partie aux dépens des *Nodosaires* et des *Orthocères* de Lamarck. (Z. G.)

MARGUERITE. (BOT. PHAN.) Nom vulgaire appliqué à divers genres et espèces de Composées. Ainsi l'on appelle :

MARGUERITE (PETITE), le *Bellis perennis*, L.

MARGUERITE (REINE), l'*Aster sinensis*, L.

MARGUERITE DES BLÉS, le *Chrysanthemum segetum*, L.

MARGUERITE DES PRÉS OU GRANDE MARGUERITE, le *Chrysanthemum leucanthemum*, L.

MARGUERITE JAUNE, le *Chrysanthemum coronarium*, L.

MARGUERITE DE LA SAINT-MICHEL, l'Astère annuelle, etc. (L.)

MARGUERITELLE. (BOT. PHAN.) Synonyme de petite Marguerite, *Bellis perennis*, L. (L.)

MARIAGE DES PLANTES, *Nuptiæ plantarum.* (BOT. et PHYS. VÉGÉT.) L'hyménée chez les plantes s'annonce par toutes les pompes d'une végétation brillante; il se célèbre publiquement ou clandestinement. Il est public, quand les fleurs sont visibles et que l'étamine, après s'être amoureusement dressée, incline son extrémité supérieure sur le pistil, rompt le sachet dans lequel est renfermé le pollen, inonde le stigmate de cette poussière fine ordinairement jaune, quelquefois blanche, rouge, bleue, violette, verdâtre, etc., qui transmet la vie aux graines naissantes enfermées dans la cavité de l'ovaire, où elles doivent se développer, prendre leur caractère propre, et y demeurer abritées jusqu'à l'époque de la parfaite maturité. L'hyménée est clandestin, ou si l'on aime mieux employer l'expression poétique d'Euripide, il est enveloppé d'une lumière de la nature des ténèbres (σκοτεινὸν φάος, Herc. fur., vers 642), quand les appareils de la reproduction sont peu apparens, confus, tout-à-fait cachés ou du moins non encore perçus par nos yeux et les verres qui, depuis le commencement du quinzième siècle, leur servent d'auxiliaires.

C'est en étudiant le phénomène du Mariage des plantes, c'est en en rapprochant les signes extérieurs avec les résultats, en assimilant le mode d'action qui en fait l'essence au phénomène de la génération chez l'homme et les animaux, que Linné, toujours attentif à saisir les harmonies de la nature, divisa les plantes en deux grandes classes, les *Phanérogames*, dont l'hyménée se célèbre à ciel ouvert, et les *Cryptogames*, chez qui il est couvert d'une obscurité profonde. Il en a fait la base de l'ingénieux système sexuel, le seul vraiment convenable pour la botanique élémentaire, le seul qui puisse, par sa simplicité, attirer, fixer l'attention de l'élève, le seul à employer pour une flore locale quand on ne veut point voir la chaîne de filiation se rompre à chaque instant et dérouter les plus habiles.

Rien de plus séduisant, en effet, que de suivre, avec le législateur de la botanique moderne, le jeu des organes durant cette scène remarquable et la plus importante de la vie végétale. Tantôt l'union a lieu dans une seule et même cellule; tantôt les époux, vivant solitaires sur la même plante que leurs épouses, descendent vers elles en flocons légers pour leur parler d'amour; ou bien quand la fleur femelle habite loin de son bien-aimé, parée de ses plus vives couleurs, exhalant ses plus doux parfums, elle l'appelle de tous ses vœux, et sans cesse interrogeant tout ce qui l'environne, elle aspire avec passion le plus léger souffle du zéphyr qui lui promet la prochaine arrivée de celui qu'elle désire ardemment; enfin le nuage d'or paraît, il l'enveloppe et l'étreint étroitement, elle palpite, elle est heureuse, et le mystère est consommé. Veut-on, au contraire, pénétrer parmi les végétaux acotylédonés? le fil d'Ariadne se rompt, nous sommes, malgré les investigations des verres grossissans, réduits à des conjectures que le temps et une connaissance mieux approfondie de toute cette grande classe végétale, confirmeront ou mettront au néant.

Les Phanérogames seuls vont donc nous occuper dans l'examen de la série graduée de leurs noces. Chez eux, en général, le Mariage n'est point soumis aux lois adoptées dans les sociétés humaines (*v.* la planche 331); pour un très-petit nombre l'union a lieu entre deux organes d'un sexe différent, le lit nuptial MONANDRE ne contient alors qu'une étamine et un pistil, comme dans la Prêle des étangs, *Hippuris vulgaris* (fig. 1), l'Arbre à pain, *Artocarpus incisa*, la Valériane des parterres, *Valeriana rubra*, l'Osier rouge des vignes, *Salix monandra*, etc.

On compte beaucoup plus de fleurs DIANDRES que de fleurs monandres. Ici deux étamines servent à l'envi un seul pistil, témoin, parmi les Jasminées, notre Olivier, *Olea europæa* (fig. 2), et dans quelques autres familles, la Véronique originaire de la Sibérie, *Veronica spuria*, l'Utriculaire des eaux vaseuses, *Utricularia minor*, etc.

Trois étamines vivent autour du pistil (fleurs TRIANDRES) dans les Graminées, dans beaucoup de Cypéracées, d'Iridées, etc. Exemples : le Maïz, *Zea mahis* (fig. 3), le Souchet brun, *Cyperus fuscus*, l'Albuca du Cap, *Albuca alba*, etc.

En général, les Labiées, les Plantaginées, beaucoup de Rubiacées, et autres familles, offrent quatre étamines pour un pistil, c'est-à-dire des fleurs TÉTRANDRES : l'Ixore écarlate, *Ixora coccinea*

(fig. 4),

(fig. 4), le Plantain à gaînes découvert par Broussonnet dans la Mauritanie, *Plantago vaginata*, le Caille-lait de nos dunes, *Galium verum*, etc.

Un très-grand nombre de plantes ont leurs fleurs PENTANDRES, c'est-à-dire présentant cinq étamines rangées autour du pistil. Les Apocynées, les Borraginées, les Convolvulacées, les Ombellifères, les Polémoniacées, les Solanées, etc., portent des fleurs pentandres. Le Cestreau des montagnes du Chili, *Cestrum parqui* (fig. 5), l'Azalée éclatante de Bartram, *Azalea flammea*, le Liseron des champs, *Convolvulus arvensis*, etc.

Parmi les Asparaginées, les Crucifères, les Liliacées, les Cammelinées, etc., on trouve les fleurs HEXANDRES ou à six étamines : l'Anthropode vrillé de la Nouvelle-Zélande que nous cultivons depuis dix ans, *Anthropodium cirrhatum* (fig. 6), le Narcisse des bois, *Narcissus pseudo-narcissus*, la Perce-neige printanière de nos prés humides, *Leucoium vernum*, etc.

Il y a très-peu de fleurs à sept étamines ou HEPTANDRES. Nous ne connaissons que les genres *Æsculus*, *Calla*, *Disandra*, *Dracontium*, *Petiveria* et *Pisonia*, *Limeum*, *Astrantia*, *Saururus* et *Trientalis*, qui en offrent de semblables. Nous représentons fig. 7 pour exemple la fleur du Marronier rubicond, qui a donné des fleurs pour la première fois à Paris, en 1821, *Æsculus rubicunda*.

Les fleurs à huit étamines ou OCTANDRES sont assez nombreuses. Les Bruyères, les Renouées, les Erables, les Epilobes, les Fuchsies ont constamment les fleurs octandres. La fig. 8 est celle de l'élégante fleur écarlate à laquelle Plumier a imposé le nom d'un célèbre botaniste allemand du seizième siècle, *Fuchsia coccinea*.

Celles à neuf étamines ou ENNÉANDRES sont rares. Le Jonc fleuri, *Butomus umbellatus* (fig. 9), les genres *Rheum*, *Laurus*, *Anacardium*, *Cassyta*, etc., en fournissent aussi des exemples.

Dix étamines, formant la cour d'un seul pistil, se remarquent chez un très-grand nombre de Caryophyllées, de Légumineuses, de Saxifragées, de Malpighiacées, dans quelques Pyrolées, Hespéridées, etc. Le Saule baguenaudier, *Salix colutoïdes*; le Rosage élevé, *Rhododendron maximum* (fig. 10), l'Andromède arborescent de la Géorgie, *Andromeda arborea*, la Rue des jardins, *Ruta graveolens*, etc., ont leurs fleurs DÉCANDRES.

Il n'y a point de fleurs à onze étamines, du moins les conquêtes phytographiques faites jusqu'ici ne nous en ont encore procuré aucune.

Passé dix, le nombre des étamines n'a plus rien de fixe. Les fleurs positivement DODÉCANDRES sont rares; le Mélier de la Jamaïque, *Blakea trinervia*, a toujours douze étamines lorsque sa corolle d'une belle couleur rose est composée de six pétales. Il en est de même de la Salicaire à épis, *Lythrum salicaria*, de l'Halésie à quatre ailes, *Halesia tetraptera*, du Cabaret européen, *Asarum europæum*, etc.

Toutes les plantes ICOSANDRES et POLYANDRES ayant vingt étamines et plus, Linné veut que, pour être vraiment icosandres, vingt étamines soient attachées sur la paroi du calice, tandis que celles qui constamment dépassent ce chiffre sont polyandres et ont les étamines fixées sous l'ovaire au fond du calice. Les fleurs GYNANDRES sont celles dont les étamines se montrent insérées sur le pistil.

Quand les plantes phanérogames sont unisexuées, c'est-à-dire que les organes de l'un ou de l'autre sexe, les étamines ou bien les pistils, sont placés dans des fleurs différentes, et quelquefois sur des individus absolument isolés, l'acte matrimonial paraît devoir être plus difficile et moins sûr; mais la nature y a pourvu, d'abord par la plus grande élasticité des anthères, puis par la position avantageuse des fleurs mâles au dessus des fleurs femelles dans les espèces où elles se trouvent réunies sur le même individu, enfin par l'extrême abondance en même temps que la légèreté et la volatilité du pollen. Le caractère diclinique de ces deux positions des organes sexuels est exprimé par deux mots dans le langage linnéen, MONOÉCIE pour les fleurs mâles et les fleurs femelles vivant sur une même tige, telles sont la plupart des plantes aquatiques, le Volant d'eau, *Myriophyllum spicatum*, l'Algue marine, *Zostera marina*, la Vallisnérie chantée avec tant de grâce par Castel en son poème des plantes, *Vallisneria spiralis*, et parmi les autres genres l'Elatéric du Brésil, *Elaterium carthaginense*, l'Olyra des Antilles, *Olyra latifolia*, l'Ortie brûlante, *Urtica urens*, etc.

Linné se sert du mot DIOÉCIE pour désigner les végétaux dont les fleurs mâles sont sur un individu et les fleurs femelles sur un autre : tels sont les Palmiers, les Pins, la majeure partie des Saules, etc. La poussière fécondante, lancée à la fois par des milliers de fleurs, forme dans l'atmosphère un nuage transparent d'or ou de pourpre que l'air, agent puissant de toutes les opérations de la nature, est chargé de porter aux fleurs femelles.

Quelquefois le pollen d'une plante est porté sur le pistil d'une autre; il en résulte un hybride quand il y a congénéité. J'ai traité plus haut des diverses nuances d'hybridisme (tom. IV, pag. 47 et 48). On me permettra de renvoyer aussi pour le complément de cet article aux mots FÉCONDATION et GÉNÉRATION, tom. III, pag. 177 et 368.

Nous donnons au centre de notre pl. 331 diverses formes des organes sexuels des plantes; l'étamine ou organe mâle avec son anthère, dans laquelle est renfermée la poussière fécondante; le pistil ou organe femelle, avec le style, le stigmate et l'ovaire, où sont cachés les embryons des semences à venir. C'est un moyen de compléter ce qui a été dit de chacun de ces organes en particulier, et d'arriver à leur entière connaissance.

Fig. *a*. Pistil du Concombre à fleurs blanches, *Cucumis leucantha*, présentant dans sa partie inférieure 1° le calice persistant, avec trois étamines avortées et le style cylindrique, 2° et au dessous l'ovaire auquel ces diverses parties demeurent adhérentes.

b. Une étamine de la même plante, offrant trois

filets distincts à sa base, soudés ensemble en leur partie supérieure qui est terminée par une anthère sinueuse, linéaire.

c. Pistil de la Violette hérissée des environs de Rouen, *Viola hispida*; il est entouré de cinq étamines réunies par des cils; deux de ces étamines sont pourvues chacune d'un appendice basilaire; le style est turbiné et couronné par un stigmate globuleux, perforé, et muni d'un opercule.

d. Etamine de l'Ephémère de Virginie, *Tradescantia virginica*; elle est garnie à sa base de filets barbus, et à sa partie supérieure d'une anthère à deux lobes réniformes, adnés, c'est-à-dire étroitement attachés latéralement.

e. Style cylindrique du Nombril de Vénus, *Cynoglossum linifolium*, avec son stigmate comprimé; au bas on voit quatre ovaires portés sur un pédoncule élargi en plateau en son sommet.

f. Pistil à trois stigmates plumeux de la Patience épineuse de l'île de Candie, *Rumex spinosus*.

g. Pistil de la *Tournefortia mutabilis*, avec son stigmate hémisphérique, sub-sessile, entouré d'un bourrelet glanduleux.

h. Etamine de la Comméline tubéreuse du Mexique, *Commelina tuberosa*, avec son anthère difforme et stérile.

i. Etamine de l'*Hermannia denudata*, du cap de Bonne-Espérance, avec son anthère sagittée; l'étamine est portée sur un filet plane, élargi.

j. Etamine de la Mahernie aux fleurs rouges et ouvertes en cloche, *Mahernia pinnata*; elle est représentée de profil pour laisser voir son anthère sagittée, son filet coudé et glanduleux à son milieu.

(T. D. B.)

MARIANNES (Iles). (GÉOGR. PHYS.) Archipel de la Polynésie, découvert en 1521 par Magellan; il est situé au nord des Carolines, au sud du Japon, et appartient aux Espagnols.

Ces îles paraissaient très-peuplées; au rapport de Pigafetta, les naturels étaient grands, bien faits, d'un teint olive. Leurs mœurs, leurs usages, leur mode de gouvernement, rappelaient les insulaires des Philippines. Jusqu'à l'arrivée des Européens, ils s'étaient regardés comme les seuls habitans de la terre, et racontaient avec candeur que le premier homme avait été formé d'un bloc de rocher tiré de l'île de Funa.

Les Mariannes n'offrent rien de remarquable; leur histoire naturelle est celle des autres archipels de la Polynésie; le bétail qui s'y trouve y a été apporté. Les oranges, les limons, les cocotiers, les arbres à pain y croissent comme dans les archipels voisins. Le sol est assez fertile, quoique peu arrosé.

Le groupe qui s'étend du nord au sud, compte douze à quinze îles; cinq seulement, les plus méridionales, sont habitées; parmi les autres, plusieurs sont volcaniques, telles que Agrigan, Pagan et l'Assomption. D'après des relations récentes, le volcan de cette dernière n'est pas en activité et ne fume même plus, comme Lapeyrouse l'avait observé; il est au contraire couvert de végétation jusqu'à peu de distance du sommet, lequel ne s'élève pas à 2000 pieds.

Guam, la plus grande des Mariannes, a près de quarante lieues de tour; la race primitive de ses habitans est presque anéantie; les colons espagnols s'élèvent à deux ou trois mille.

Tinian, où l'on trouve quelques monumens indigènes, a été décrite par Anson sous l'aspect le plus romanesque. « Il est peu étonnant, dit à ce sujet Pinkerton, que des navigateurs qui ont longtemps erré sur les mers, qui n'ont eu que le triste spectacle des eaux et des tempêtes, qui ont souffert des privations et des maladies, voient avec enchantement une terre revêtue d'un peu de gazon, et qu'ils trouvent des beautés supérieures là même où il n'en existe réellement point. »

Rotta et Saypan sont, après Guam, les plus grandes et les plus fertiles des Mariannes.

Dans ces parages se trouvent les îles d'Or et d'Argent, noms dus aux fables racontées sur le Japon d'après les premiers voyageurs; elles ne méritent aucune attention.

Nous citerons plutôt l'énorme rocher connu dans ces mers sous le nom de la Femme de Loth; on le place sous les 29° 50′ de latitude nord et 140° 5′ de longitude orientale. « Cette masse, dit M. Meares, s'élève presque perpendiculairement à la hauteur de 350 pieds; les vagues viennent s'y briser avec fureur. A quarante ou cinquante verges de son angle occidental, on distingue un petit rocher à fleur d'eau; les ondes se précipitent avec un bruit épouvantable dans une caverne creusée dans la côte qui regarde le sud-est. En considérant ce roc dont l'aspect inspire un sentiment de terreur, et qui seul reste immobile au milieu d'un océan tourmenté par les tempêtes, on croit voir un monument qui a résisté aux convulsions de la nature. » (L.)

MARIE-GALANDE. (GÉOGR. PHYS.). *Voy.* ANTILLES.

MARIKINA. (MAM.) Buffon donne ce nom à une jolie petite espèce de Ouistitis, connue vulgairement sous le nom de Singe-Lion. Nous l'avons représentée dans notre Atlas, pl. 332, fig. 1. (*Voy.* OUISTITI.) (V. M.)

MARIMONDA. (MAM.). C'est, suivant M. de Humboldt, le nom que les Indiens de l'Orénoque donnent à l'Atèle Belzébuth. (*Voy.* ATÈLE.)

(V. M.)

MARINGOUINS. (INS.) Nom local donné, dans les îles de l'Amérique, à de petits Diptères, soit du genre Empis, soit du genre Culex, mais qui en ont toutes les habitudes; ces insectes se tiennent dans les endroits frais, ou paraissent avant le lever et après le coucher du soleil; ils attaquent les hommes et les bestiaux en si grand nombre que leurs piqûres deviennent un vrai supplice; on ne peut s'en garantir que par des frictions grasses, la fumée, ou en s'enveloppant entièrement d'étoffes épaisses; on prétend qu'ils s'élèvent peu, et qu'en attachant son hamac à une certaine hauteur, on se trouve à l'abri de leurs morsures; mais si leur analogie avec nos Cousins est vraie, je crois ce moyen peu efficace. (A. P.)

MARION et CROZET. (GÉOGR. PHYS.) Petites îles de l'Océan austral, ainsi nommées des navigateurs qui les ont visitées. Les géographes les rapportent à l'Afrique. Climat désolé, ni végétation, ni habitans, voilà en trois mots leur description. On les a découvertes en cherchant le fameux continent austral, et l'on fréquente encore leurs parages, parce qu'ils abondent en Phoques. (L.)

MARJOLAINE, *Majorana*. (BOT. PHAN.) Espèce du genre Origan; Tournefort en avait fait un genre distinctif, que Linné n'a pas admis. (L.)

MARLITE. (MIN.) Nom que le célèbre chimiste anglais Kirwan a proposé de donner à des roches composées de calcaires, d'argiles et de sables, telles que les Macignos. Ce nom n'a point été admis dans les nomenclatures : elles sont déjà trop surchargées de dénominations différentes et de synonymes. (J. H.)

MARMATITE. (MIN.) M. Boussingault a proposé ce nom pour désigner une substance composée de 77 parties de sulfure de zinc et de 23 de proto-sulfure de fer. On la trouve près de Marmato dans la Colombie. (J. H.)

MARMARA (MER). *Voy.* MER.

MARMITE DE SINGE. (BOT. PHAN.) Nom donné par les nègres des colonies aux fruits de quelques espèces de Lécythidées, dont la forme et la dimension justifient assez l'emploi qu'ils en font aux usages de la cuisine. (L.)

MARMOLITHE. (MIN.) On comprend sous ce nom une variété de serpentine ou de talc qui a été élevée au rang d'espèce minérale. Sa couleur est le grisâtre ou le verdâtre; sa texture est foliée; ses lames sont parallèles aux pans d'un prisme quadrilatère; son éclat est nacré ou métalloïde. Elle est cassante, se laisse rayer par une pointe d'acier, et sa poussière est douce et onctueuse. Elle est formée de 32 à 36 parties de silice, de 37 à 46 de magnésie, de 2 à 11 de chaux, de 14 à 15 d'eau, et d'un peu d'alumine, d'oxide de fer et de chrôme. (J. H.)

MARMOSE. (MAM.) Espèce de quadrupède appartenant à l'ordre des Marsupiaux et au genre des DIDELPHES (*voy.* ce mot). (Z. G.)

MARMOTTE, *Arctomys*. (MAM.) Les Marmottes, que Linné confondait avec les Rats, à cause de quelques rapports d'analogie qui existent entre eux, ont, dans le nombre de leurs mâchelières, un caractère qui les rapproche beaucoup plus encore des Ecureuils. Elles s'éloignent pourtant des uns et des autres par quelques caractères assez sensibles pour que Gmelin le premier ait essayé de les séparer des espèces parmi lesquelles Linné les avait confondues, pour en former un genre à part qui a été depuis adopté par tous les mammalogistes. On le caractérise ainsi qu'il suit : dents incisives $\frac{2}{0}$; molaires $\frac{10}{8}$; canines $\frac{2}{2}$. Les incisives sont très-fortes, très-longues, et taillées en biseau à leur face interne. Des molaires supérieures, la première, beaucoup plus petite que les autres, ne présente qu'un seul tubercule et n'a qu'une seule racine; les quatre dernières, au contraire, toutes égales pour la forme, ou à peu près, ont aussi un nombre égal de racines; les quatre molaires inférieures, semblables entre elles, n'offrent rien de particulier qu'une échancrure sur leur côté interne, et en dedans de cette échancrure un enfoncement presque aussi large que la dent. Si l'on ne consultait que ces seuls caractères, on serait porté à placer les Marmottes et les Ecureuils dans la même famille et peut-être aussi dans le même genre; mais ce qui différencie les Mammifères dont nous nous occupons, non seulement des Ecureuils, mais de tous les autres Rongeurs, ce sont des membres excessivement courts, surtout les postérieurs, les antérieurs affectant une direction en dedans qui se trouve en harmonie avec leurs habitudes de fouiller la terre. Leurs ongles sont forts, tranchans; leurs doigts, au nombre de quatre aux pieds antérieurs, et de cinq aux postérieurs, sont réunis par une membrane jusqu'à la seconde phalange. Dans les formes lourdes des Marmottes, dans leur queue médiocre et peu remarquable, dans la petitesse et la forme de leurs oreilles, il y a tout autant de caractères propres à les faire grouper génériquement; par leurs yeux latéraux, leur mufle peu étendu et compris entre les deux narines, et leur lèvre supérieure fendue, elles se distinguent peu des autres Rongeurs. Leurs mamelles sont au nombre de cinq, trois ventrales et deux pectorales.

On a peut-être trop exagéré lorsqu'on a dit que les Marmottes étaient omnivores. Toutes les fois que l'on voudra juger des mœurs ou des habitudes naturelles d'un animal d'après des individus réduits en domesticité, il est certain qu'on se trompera assez souvent. C'est pourtant ainsi qu'on a fait à leur égard : on a dit qu'elles mangent de tout, parce qu'on en a vu quelques unes apprivoisées se nourrir également de chair, de fruits, etc. Les Marmottes, dans l'état de nature, ont un régime purement végétal. On sait que pendant l'hiver elles tombent en léthargie : à cet effet, elles se creusent de profondes et spacieuses retraites, et, lorsque les froids arrivent, elles s'y renferment. Très-grasses alors, elles sont au contraire excessivement maigres à leur réveil, et leur poids en est aussi sensiblement diminué. Mangeli, qui a fait des observations sur presque tous les animaux sujets à cette léthargie hibernale, dit (Ann. du Mus., tom. IX) « que cette différence de poids prouve évidemment que la graisse dont elles sont pourvues leur est infiniment utile; non seulement il s'en consomme une partie pendant le sommeil léthargique, mais elles en sont encore nourries pendant les intervalles de veille auxquels elles peuvent être exposées par l'élévation ou l'abaissement de la température ». Celle qui nous intéresse le plus, comme espèce type et comme espèce indigène, est :

La MARMOTTE DES ALPES, *A. marmotta*, Gmel., *Mus arctomys*, Pall., représentée dans notre Atlas, pl. 332, fig. 2. Tout le monde connaît cet animal, qui, sous une apparence stupide, a fait plus d'une fois admirer sa sagacité. Personne n'ignore en effet que la Marmotte est ce petit quadrupède, généralement d'un brun roux, plus ou moins foncé sur le dos, avec le bout de la queue noir, les pieds et le bout du museau blanchâtres, qui, durant l'hiver, dans nos villes, sert de gagne-pain aux petits Savoyards. On s'est de tout temps beaucoup occupé de la Marmotte. Matthiole, Gesner, Aldrovande, Jonston, etc., ont donné depuis des siècles des descriptions et des détails sur les mœurs de cet animal; il s'en faut pourtant que tout ce qu'on en a dit soit juste. Jusqu'après Buffon même, l'histoire de la Marmotte a été obscure sur certains points, et si aujourd'hui elle offre moins d'erreurs à corriger, on le doit en partie aux observations de Mouton-Fontenille.

C'est dans le courant de septembre que les Marmottes s'occupent de la confection du terrier dans lequel elles doivent passer l'hiver, et recueillent le foin qui doit servir à former le *bauge* de la famille. Ce terrier est un boyau beaucoup moins large que long, droit ou tortueux, composé de deux branches disposées en forme d'Y, et terminé par un cul de sac de forme ovale allongée. Voyez notre Atlas, pl. 332, fig. 2 *a* (A l'entrée du terrier; A B galerie d'entrée; B entrée de la chambre d'hiver, appelée bauge; C bauge; D galerie latérale dans laquelle les Marmottes prennent la terre pour fermer l'entrée). C'est là qu'à la fin de septembre, et plus souvent dans le courant d'octobre, selon que la belle saison se prolonge plus ou moins, elles se retirent; et c'est là aussi que les montagnards qui ont guetté leur travail vont les surprendre lorsqu'ils les supposent engourdies. Les Marmottes n'entassent dans leur bauge ni racines ni fruits comme font les Loirs; ils ne le garnissent que de foin. Lorsqu'on les découvre engourdies, on les voit les unes sur les autres, la tête ordinairement placée entre les pattes de derrière, et entre chacune d'elles est interposée une légère couche de foin.

Il paraît que les habitans des pays où elles se trouvent, les chassent principalement à cause de leur chair et de leur fourrure. Ils fondent, pour leurs usages domestiques, et pour l'employer comme remède, la graisse qui est blanche, assez solide, et a beaucoup de rapports avec celle du porc frais, et salent la viande qu'ils mangent et apprêtent comme celle du cochon. Son goût, quoiqu'un peu sauvage, n'a rien de désagréable, surtout pour le palais des montagnards. La fourrure des Marmottes est employée communément pour les bonnets des chasseurs aux chamois, et pour faire des colliers à sonnettes aux chevaux de poste.

Les Marmottes mettent bas ordinairement trois ou quatre petits; on en a cependant trouvé jusqu'à six. Les jeunes s'éloignent peu du terrier avant le mois de juillet; mais elles acquièrent promptement des forces, et suivent leurs père et mère dans les moraines voisines du terrier. Lorsqu'elles paissent, une d'elles, à ce qu'on dit, reste toujours en sentinelle sur quelque pointe élevée, d'où elle peut faire entendre le cri d'alarme. Ce cri est un sifflement plus ou moins aigu, suivant que le danger est plus ou moins imminent. La vue d'un aigle, d'un chien, d'un homme, et en général de tous les animaux carnivores, détermine leur fuite. Leurs ennemis sont les oiseaux de proie, les loups, les renards, etc. Souvent elles paissent à peu de distance des Chèvres, et avec les Chamois et les Isards qui habitent la même région. Quelques auteurs ont avancé que les Marmottes grimpent sur les arbres : si on prend en considération la lourdeur de leur corps et surtout si l'on remarque qu'elles vivent dans une région bien supérieure à celles des forêts de sapins, on concevra facilement qu'on leur a attribué une faculté que la nature ne leur a point accordée. Il faut aussi ranger parmi les fables débitées sur leur compte leur appétit pour les œufs des oiseaux. Ce qu'il y a de vrai, c'est que si la Marmotte ne peut grimper sur les arbres, elle monte au contraire avec la plus grande facilité entre deux parois de roches, et partout où elle a le dos appuyé, et c'est d'elle, dit-on, que les Savoyards ont appris à monter dans les cheminées. C'est à l'habitude que les Marmottes ont de grimper en s'appuyant, et aux frottemens souvent réitérés qu'éprouvent les poils du dos, qu'il faut attribuer leur raccourcissement sur cette partie, et non au conte ridicule qu'on a fait sur la manière dont ces animaux se traînent sur le dos, en se tirant par la queue, pour voiturer le foin de leur bauge.

La Marmotte, prise jeune, s'apprivoise plus qu'aucun animal sauvage; elle apprend aisément à saisir un bâton, à gesticuler, à danser, à obéir en tout à la voix de son maître. Quelques auteurs prétendent que, dans l'état de domesticité, elle ne s'engourdit pas; d'autres avancent le contraire; ce qu'il y a de certain c'est que sa nature en est un peu modifiée. Elle mange alors de tout ce qu'on lui présente, et se montre surtout très-avide de lait et de beurre (1). On a remarqué qu'elle aime beaucoup la propreté, et que, pour faire ses excrémens, elle se retire toujours dans un coin. Malheureusement les dégâts qu'elle occasione font oublier les agrémens qu'elle pourrait procurer : elle ronge tout, tapisseries, boiseries, souliers, bottes, etc.; elle creuse même dans les murailles et arrache les carreaux. Son urine, et l'odeur qu'elle exhale, infectent aussi l'appartement où elle se trouve. Les observations sur les Marmottes ne sont pas encore entièrement complètes. Les naturalistes ne nous ont transmis aucun détail sur leur accouplement, sur l'allaitement des petits, etc., objets qui sont une partie essentielle de l'histoire d'un animal.

«La Marmotte, dit Mouton-Fontenille, qui tient de l'Ours pour la forme du corps (se tenant sou-

(1) Quelques naturalistes ont avancé que la Marmotte, en buvant, levait la tête à chaque gorgée, à peu près comme le font les poules. D'autres ont ajouté qu'elle ne buvait que très-rarement, et que c'était une des causes qui la faisaient tant engraisser. Mouton-Fontenille a constaté qu'au contraire elle boit beaucoup, et le fait en lapant comme les chiens.

vent assise, et marchant comme lui aisément sur ses pieds de derrière), du Lièvre pour le nez, les lèvres et la forme de la tête, du Blaireau pour les ongles, de l'Ecureuil par sa manière de manger debout et de porter à sa gueule ce qu'elle saisit avec ses pieds de devant, est confinée sur le sommet des plus hautes montagnes, dans la région des neiges et des glaces. En général elle paraît attachée à la chaine des Alpes, ce qui lui a fait donner par quelques naturalistes le nom de *Mus alpinus.* » D'après les pères de l'hospice du Mont-Cenis, il existerait dans leur montagne des Marmottes blanches; ce fait n'a encore été vérifié par aucun naturaliste; nous ne le donnons donc que comme douteux; d'autant plus qu'il serait fort possible qu'on eût pris pour des Marmottes quelques Lièvres variables qui sont très-abondans sur les hautes Alpes.

Une autre espèce que l'on trouve aussi en Europe, est la MARMOTTE BOBAC, Buff., t. 13, pl. 18, *Arctomys bobac*, Gm., appelée aussi Marmotte de Pologne. Elle est généralement d'un gris jaunâtre mêlé de brun noirâtre, avec les parties inférieures du corps d'un fauve roussâtre clair; la queue et la gorge sont de cette couleur, le tour des yeux est brun et le bout du museau gris argenté. Elle habite des contrées plus froides que la précédente, au nord de l'Asie, par exemple, ou dans la partie la plus septentrionale de l'Europe; mais elle se tient sur des collines peu élevées et dont l'exposition est au midi.

Les espèces étrangères sont assez nombreuses et appartiennent toutes à l'Amérique. La seule que Buffon ait décrite (Supp., v. 3), est le MONAX, *Arctomys monax*, Gm., également connu sous le nom de Marmotte d'Amérique; d'un brun ferrugineux, plus foncé sur le dos que sur les flancs et les parties inférieures du corps, avec le museau gris bleuâtre et la queue noirâtre. L'auteur de la Faune américaine, Richard Harlan, en a décrit onze, toutes appartenant au nouveau continent. La plus remarquable est :

La MARMOTTE DU MISSOURI, *Arctomys missouriensis*, Warden; *A. Hudoviciani*, Ord. G. de Guthrie; Harl., esp. 3, p. 160. Elle est généralement d'un rouge brun; a la tête large et déprimée en dessus; les yeux grands; l'iris brun obscur; les oreilles courtes; les moustaches moyennes et noires; tous les pieds pentadactyles, armés d'ongles noirs assez longs, et la queue courte avec une bande brune à son extrémité. Cette espèce, très-abondante dans la province du Missouri, y a reçu le nom de Chien de prairie à cause d'une ressemblance qu'on a cru trouver entre son cri et l'aboiement du Chien. On imite assez bien ce cri, dit Harlan, par la syllabe *tchch*, lorsqu'on la prononce avec une sorte de sifflement. Les lieux où se trouvent réunis en grande quantité les terriers de ces animaux, portent le nom de villages des Chiens de prairie.

La MARMOTTE DE QUEBEC, *Arctomys emperla*, Gmel.; Schreb., cx; *Marmotta quebekana*, Penn., Syn., p. 270, compte parmi les espèces d'Amérique. Elle est moindre que la précédente. Sa longueur totale n'est que d'un pied deux pouces. Tout le dessus de son corps est gris et le dessous roux. On en voit une bonne figure dans l'Iconographie du Règne animal, Mam., pl. 24, fig. 1.

M. Frédéric Cuvier a distingué, sous le nom de SPERMOPHILES, les Marmottes qui ont des abajoues. Leurs formes plus légères les ont fait appeler Ecureuils de terre. Le type de ce sous-genre, espèce que l'on trouve dans l'Europe orientale, est :

Le SOUSLIK ou ZIZEL, Buff., Supp., t. 3, *Arctomis citellus*, Gmel. Joli petit animal d'un brun clair tirant sur le fauve, parsemé de nombreuses petites taches blanches, arrondies sur le dos et les flancs, rapprochées les unes des autres, et disposées avec beaucoup d'uniformité, et d'un gris fauve uni sous le ventre. Pourtant, ces couleurs sont sujettes à des variations; quelquefois elles sont plus ou moins foncées. C'est à ces variations qu'il faut attribuer la distinction que Buffon a faite du Zizel, du *Jevraschka*, ou Marmotte de Sibérie, et du Souslik, comme trois espèces différentes : Pallas assure que ces trois animaux n'en forment qu'un.

Le Souslik se trouve en Russie et aussi en Autriche et en Bohême. On prétend qu'il a un goût particulier pour la chair, mais tellement prononcé, qu'il n'épargne même pas les individus de son espèce. Il paraît aussi qu'il est très-friand de sel, et c'est cette friandise qui lui a valu le nom de Souslik qu'il porte en Russie.

Ces petits animaux se creusent des terriers dans lesquels ils rassemblent différentes provisions, comme des épis de froment, des graines de lin, des pois, du chenevis, etc.; ils vivent isolés les uns des autres dans ces terriers, et ne se rapprochent jamais hors le temps des amours. Les mâles se battent entre eux. La chair des Sousliks passe pour être un bon mets parmi les peuples de la Sibérie, et pour un remède efficace contre la pousse des chevaux. Sa peau fournit une assez jolie fourrure.

Le plus grand nombre des espèces américaines données par Harlan comme approchant du genre Marmotte, doivent être rapportées à cette division, ainsi :

Le SOUSLIK A TREIZE RAIES, *Arctomys tredecimlineatus*, Harl., décrit par Milchill, sous le nom de *Sciurus tredecimlineatus*, et placé par conséquent parmi les Ecureuils, mais ramené par Harlan dans le genre Marmotte duquel il se rapproche par la forme générale du corps et par les mœurs : il se creuse, en effet, des terriers et ne monte pas volontiers sur les arbres. Il est remarquable par les treize raies fauves qui règnent sur le fond noirâtre de son dos. Du nord de l'Amérique.

La MARMOTTE DE PARRY, *Arctomys Parrii*, Richards., App. du Voy. de Parry. D'un noir varié de blanc en dessus et d'un roux ferrugineux en dessous. Elle habite les mêmes contrées que l'espèce précédente.

La MARMOTTE DE FRANKLIN, *Arctomys Franklinii*, Sabine, Trans. Lin., t. 13; Harl., Esp. 5, p. 167, connue aussi sous le nom de Marmotte grise d'Amérique. Son pelage est d'un gris jaunâtre, varié en dessus et grisâtre en dessous.

La Marmotte de Richardson, *Arctomys Richardsonii*, Sabine, loc. cit,; Harl., Esp., 6, p. 168, ou Marmotte d'Amérique couleur de tan (*Tawny american Marmot*). Elle a généralement tout le dessus du corps brunâtre, la gorge d'un blanc pâle, les flancs grisâtres et les parties inférieures d'un roux brun. Sa patrie, ainsi que celle de l'espèce précédente, et leurs mœurs, ne sont pas indiquées par Harlan.

Nous signalerons encore la Marmotte poudrée, *Arctomys pruinosa*, Gm.,; Harl., Esp. 7, d'un gris blanchâtre. La Marmotte brachyure, *Arctomys brachyura*, Harl., Esp. 1, *Burrowing squirel* (Écureuil fouisseur), Lewis et Clarke, Exp. miss., qui avait servi de type à l'établissement du genre *Anisonyx* de Rafinesque, et dont la couleur est généralement d'un brun tirant sur le gris roussâtre, avec le dessous du corps rougeâtre. Des plaines de la Colombie. La Marmotte rousse, *Arctomys rufa*, Harl., Esp. 3; *Anysonyx rufa*, Rafin., d'un brun rougeâtre et des mêmes contrées. Et enfin la dernière espèce admise par Harlan est celle qu'il nomme *Arctomys latrans*, Esp., 2; c'est le *Barring squirel* (Ecureuil aboyant) de Lewis et de Clarke (loc. cit.) Elle est d'un roux de brique uniforme, moins foncé en dessous. On la trouve dans les plaines du Missouri.

Il y a, à l'égard de quelques autres espèces rapportées aux Marmottes, encore beaucoup de doutes. Les descriptions fort incomplètes qu'on en a données ne permettent pas de décider si réellement elles doivent rester dans le genre *Arctomys*, ou être réparties dans d'autres genres. Ce sont : le Maulin, *Mus maulinus*, Molina, *Arctomys maulina*, Sh., qui a tous les pieds pentadactyles, et les dents, pour la disposition et pour le nombre, semblables à celles des Souris ; la Marmotte de Circassie de Pennant, *Mus tscherkessicus*, Erxl., et le Gundi de l'Atlas, *Mus gundi*, Rothmann, *Arctomys gundi*, Gmel. Le Hamster a également reçu le nom de Marmotte de Strasbourg et d'Allemagne, et le Daman celui de Marmotte bâtarde d'Afrique, et de Marmotte du Cap. (*Z. G.*)

MARNE. (géol.) Un mélange de calcaire, d'argile et quelquefois de sable, dans des proportions qu'il est impossible de déterminer, constitue une roche que l'on appelle *Marne*. Lorsque le calcaire y domine, on lui donne le nom de *Marne calcaire*, et lorsque c'est l'argile, celui de *Marne argileuse*. Mais, quel que soit le mélange, la Marne fait toujours effervescence dans les acides : en cela elle est facile à distinguer de l'argile.

Cette roche est extrêmement commune dans la nature ; elle se trouve dans les différens étages des couches qui constituent l'écorce terrestre. Partout elle forme des lits ou des bancs plus ou moins épais qui alternent fréquemment avec des calcaires et des argiles.

Les diverses variétés de Marnes se distinguent par leur couleur, leur texture et les substances minérales qu'elles renferment. Leurs couleurs, assez variées, telles que le jaune, le vert, le brun, le rouge, le gris, sont dues aux oxides de fer et de manganèse ; mais il y en a qui sont tout-à-fait blanches. Leur texture est quelquefois compacte, et quelquefois feuilletée et terreuse. Parmi les substances minérales qu'elles renferment, nous citerons seulement le mica, comme dans les Marnes des terrains supercrétacés supérieurs de la France méridionale, des collines sub-apennines et des environs de Vienne, en Autriche ; l'oxide de manganèse en dendrites ou en grandes taches noires, comme dans les Marnes gypseuses de Montmartre ; le quartz ou silex appelé *ménilite*, comme dans les Marnes inférieures au gypse de Ménil-montant, d'Argenteuil et de la plaine de Monceaux ; enfin la magnésite, comme dans les Marnes inférieures au gypse à Coulommiers, à Saint-Ouen et dans la plaine de Monceaux.

Les Marnes sont quelquefois riches en débris organiques fossiles : ainsi les Marnes calcaires d'Œningen, près du lac de Constance, et celles du Monte-Bolca, près de Vérone, sont célèbres pour leur richesse en poissons fossiles ; celles des environs d'Aix, en Provence, contiennent, outre des poissons, une grande quantité d'insectes ; celles des environs de Paris renferment, soit qu'elles appartiennent à une formation marine ou à une formation lacustre, des coquilles de mer et d'étangs ainsi que des empreintes de végétaux.

La plupart des Marnes éprouvent en se desséchant un retrait qui affecte des formes plus ou moins régulières : ce sont ordinairement le parallélipipède et le prisme à 5 ou 6 pans. Une autre disposition que présente ce retrait mérite d'être décrite. Dans les Marnes supérieures et inférieures au gypse on trouve souvent, en frappant un morceau de Marne, que son intérieur se compose de la réunion de six pyramides à quatre faces, striées profondément et régulièrement, parallèlement à la base, et dont le sommet est tronqué. Ces pyramides réunies vers leur sommet présentent une sorte de cube, dont chaque face est la base même de la pyramide. Nous avons trouvé de ces pyramides qui ont plus d'un pouce de base et de hauteur. Mais ordinairement elles sont beaucoup plus petites. On a fait beaucoup de suppositions pour expliquer ce singulier effet de retrait dans les Marnes ; mais, selon nous, aucune théorie satisfaisante n'a été proposée à ce sujet.

Terminons par quelques mots sur l'utilité de certaines Marnes.

La Marne argileuse, se délayant dans l'eau et faisant pâte avec celle-ci, est employée aux mêmes usages que l'argile plastique : ainsi elle entre dans la fabrication des poteries. La Marne verte, qui recouvre les gypses des environs de Paris, et qui souvent représente à elle seule la formation gypseuse, sert à fabriquer des tuiles, des briques et des carreaux destinés à couvrir les planchers. La Marne verdâtre, d'un gris marbré, que l'on trouve entre les couches de la seconde masse de gypse à Montmartre, se vend à Paris comme pierre à détacher. Mais l'un des usages les plus importans de la Marne est de pouvoir être mêlée à la terre pour l'amender. Dans les environs de Paris, c'est surtout la Marne calcaire friable, que l'on exploite au moyen de puits dans toute l'étendue du plateau de Trappes, qui est la plus recherchée par les agriculteurs, parce qu'elle offre l'avantage de se déliter facilement et de se réduire en poudre peu de temps après son exposition à l'air. (J. H.)

MAROC. (GÉOGR.) L'empire mahométan de ce nom occupe la partie occidentale de la Barbarie; ses côtes s'étendent partie sur la Méditerranée, partie sur l'Atlantique. Il se compose des royaumes de Maroc, de Fez, de Sous, de Tafilet et du pays de Darah. La superficie de ces états réunis peut égaler à peu près 150,000 milles carrés, et leur population 6,000,000 d'âmes.

La chaîne du grand Atlas parcourt cet empire du sud-ouest au nord-est, et y déploie ses plus majestueux sommets; le plus élevé de ceux qui ont été mesurés est le *Miltsin*, au sud-est de Maroc; il atteint près de 1800 toises. Du versant septentrional coulent vers l'Océan le Tensift ou *Ouad maraksch*, l'*Ommo-Rebya* ou *Morbeya*, le *Sebou*, le *Louccos*, etc.; la position des montagnes qui leur donnent naissance restreint leur cours à une longueur de 40 à 80 lieues. La Méditerranée reçoit la *Molouya*, dont le cours a près de 100 lieues; ce fleuve sépare l'empire de Maroc de notre colonie d'Alger. Le versant méridional envoie vers le grand désert quelques rivières qui se perdent dans les sables.

On a vu à l'article ATLAS que les contrées au nord de cette chaîne lui doivent un climat salubre, défendu des vents du Sahara, et rafraîchi par les brises de mer. Nous y renvoyons également pour les détails géologiques.

Le sol des plaines est léger, semé de roches; le sable couvre de vastes étendues de terrain, et s'amoncelle sur les côtes; les vallées sont fertiles et bien arrosées.

Les forêts qui couvrent les flancs des montagnes peu élevées se composent en général des *Quercus ilex*, *ballota* et *coccifera*, du *Juniperus phœnicea*, des *Pistachia lentiscus* et *atlantica*, du *Thuya articulata*, du *Rhus pentaphyllum*, du Cyprès, de l'Olivier sauvage, de l'*Arbustus unedo*, de l'*Erica arborea*, du *Cistus ladaniferus*, etc. Plus haut les graminées précèdent les neiges. Dans les vallées croissent tous les végétaux d'Afrique, et ceux même de l'Europe avec des formes plus vigoureuses; les Orangers, les Amandiers, les Grenadiers, les Pêchers y produisent d'admirables fruits; partout on voit le Laurier-rose, les Jasmins et les Myrtes, les Agaves et les Cactus, végétaux naturalisés et qu'aujourd'hui on croirait indigènes de ces contrées. Les plantes cultivées sont le Blé dur, l'Orge, l'Avoine, le Maïs, les *Holcus sorghum* et *saccharatum*, le Riz, etc.; l'*Hibiscus esculentus*, les fruits et presque tous les légumes d'Europe.

Le bétail est en général petit et maigre; on élève les Chèvres et les Brebis en grande quantité, toutes les volailles d'Europe s'y trouvent. Des Chevaux de belles races, les Mulets, les Anes, les Chameaux, enfin l'Autruche servent de bêtes de somme. Les grands mammifères ont pour représentans le Lion, l'Eléphant, le Sanglier, la Hyène, etc. Quelques espèces de Gazelles ou Antilopes, le Furet, plusieurs Singes, entre autres le Moine et le Magot, le Gundi (*Mus gundi*), etc., sont les autres animaux observés dans cette partie de l'Afrique.

Nous n'avons point à parler de la minéralogie, déjà traitée à l'article ATLAS.

Maroc, ville de soixante-dix à quatre-vingt mille âmes, donne son nom à l'empire. Le prince régnant réside à Méquinez. Fez, moins grande et moins peuplée, a le plus d'importance par son industrie. Les principaux ports sont Tétuan, sur la Méditerranée; Tanger, sur le détroit de Gibraltar; Salé, Rabath, Mogador, Agadir ou Santa-Cruz, etc., sur l'Atlantique. (L.)

MAROUETTE. (OIS.) Nom vulgaire d'une espèce de Râle d'eau, *Rallus porzana*, Linn. (V. M.)

MARQUISES (ILES). (GÉOGR. PHYS.) Archipel de la Polynésie, découvert par Mendana. Il est situé un peu au dessous de l'équateur, au nord des îles de la Société. Les insulaires des Marquises ont été représentés comme une des plus belles races de l'Océanie; leur teint, leurs formes firent l'admiration des premiers voyageurs, dont le témoignage a depuis été vérifié plusieurs fois. Ils sont, au contraire de la plupart des Polynésiens, mauvais navigateurs, et selon quelques récits, anthropophages. Leurs mœurs, leur religion rappellent Otahiti.

On n'y voit parmi les quadrupèdes que des Chiens, des Rats et une espèce de Cochon, qui peut-être y a été apportée ainsi que les volailles. Les bois renferment plusieurs belles espèces d'oiseaux. La végétation est mixte, sans physionomie particulière; la description plus détaillée que nous donnerons d'Otahiti la fera connaître. Le *Blanc-manger*, dont parle Mendana dans sa relation, est l'Arbre à pain (*Artocarpus incisa*).

Les principales des îles Marquises sont : *Tatouiva*, la plus méridionale du groupe; *Ocrahoa*, la plus grande, et remarquable par des montagnes assez élevées; *Tahouata*, la plus fréquentée des navigateurs.

Un groupe d'îles voisin, découvert par le capitaine américain Ingraham, a reçu le nom de *Washington*. *Noukahiva* est la plus grande et la plus peuplée; elle renferme de hautes montagnes; on y voit, dit-on, une cascade qui tombe de la hauteur de 2000 pieds. (L.)

MARRON ou CIMARRON. (ZOOL. BOT.) Dans les colonies on donne indistinctement ce nom aux animaux domestiques qui s'échappent des habitations, et on l'applique surtout aux nègres qui se sont enfuis de chez leurs maîtres. Nous allons citer à ce sujet l'article que M. Bory de Saint-Vincent a écrit dans le Dictionnaire classique, et dans lequel se trouve la citation de celui de M. Virey, publié dans le nouveau Dictionnaire d'Histoire naturelle. Nous saisissons l'occasion que nous fournit ce mot, qui se rattache si douloureusement au genre humain, dit M. Bory, pour citer un passage de Virey, aussi bien écrit que pensé. Ce mot s'applique pareillement, dit-il, à tous les animaux échappés au joug de l'homme. Le Marron est surtout le nègre qui s'est enfui de l'habitation de son maître, et qui se cache dans les bois, les cavernes, les montagnes, pour échapper aux châtimens rigoureux dont on l'accable. Le misérable végète tristement dans les lieux déserts, cherchant quelques racines agrestes, quelques mauvais fruits, rebut des animaux, pour soutenir sa vie; loin de son pays, de sa famille, de ses amis, il demeure toujours en crainte d'être découvert et tué par les blancs.

Dans les colonies, les blancs vont en effet à la chasse des nègres Marrons ou fuyards, et les tuent à coups de fusil comme des bêtes. Si de tels malheureux accablés de misère reviennent demander leur grâce, on les punit cruellement, on les attache à une grande chaîne pour les empêcher de fuir désormais; ils y sont pour le reste de leurs jours à la merci d'un homme qui, ayant tout pouvoir sur eux, est intéressé à multiplier leurs travaux, sans qu'il leur en revienne le moindre profit : ils se trouvent encore bien heureux lorsqu'on ne les accable pas de coups.

Nous avons connu personnellement des créoles et des blancs qui n'avaient d'autre état que celui de chasseurs d'hommes. Ils battaient les bois et les montagnes, chargés de cordes pour attacher les malheureux qu'ils venaient à surprendre; et lorsqu'ils ne pouvaient les saisir pour les revendre, ils les tiraient comme on tire le gibier; leur habitude était de couper la main du mort afin de la porter au gouverneur qui payait une prime pour ces sortes d'offrandes. Dès que de tels chasseurs savent qu'il s'est échappé un esclave de quelque habitation, ils vont chez le propriétaire et s'arrangent avec lui à bas prix pour la propriété du fuyard. Nous avons encore vu un de ces Marrons reconduit chez son maître, auquel celui-ci fit couper la jambe droite pour le mettre dans l'impossibilité de retourner au bois; ainsi mutilé, le malheureux était employé à épouvanter par des cris les oiseaux et les singes, le long des champs de maïz ou de riz. De tels exemples sont fort rares à Mascareigne, plus fréquens à l'île de France, assez communs à la Guiane, très-nombreux à la Martinique, et furent si multipliés à Saint-Domingue, que les plaintes des victimes parvinrent enfin jusqu'au Dieu vengeur.

On a encore étendu le nom de Marron à d'autres créatures qui vivent dans les bois, l'on a appelé Marron une espèce de poisson du genre Spare.

Marron épineux. (moll.) Un Conchifère du genre Came.

Marron rôti. (moll.) Le *Murex ricinus.*

Marron de cochons. (bot. phan.) Les racines du Cyclame commun.

Marron d'eau. (bot. phan.) Les fruits de la Mâcre, etc., etc. (Guér.)

MARRON. (bot. phan. et écon. rur.) Fruit du Marronier, dont nous allons parler tout à l'heure. Son amertume avait fait penser qu'il pourrait remplacer le quinquina que le commerce va demander au sol de l'Amérique du Sud : on l'a tenté, mais Zulatti nous a prouvé que son usage a presque fait autant de mal que de bien. On l'avait vanté pour la préparation des bougies ; et du moment que l'on eut reconnu que la substance amère du Marron ne servait réellement qu'à rendre plus solide le suif dépuré, le mérite de l'invention s'est évanoui, comme il arrive à toutes les impostures industrielles, littéraires et scientifiques soumises au grand jour d'une saine critique. Une propriété vraiment incontestable est celle de fournir des cendres alcalines excellentes pour le blanchissage du linge.

Comme on s'était aperçu que beaucoup de bêtes fauves mangent le Marron avec une sorte d'avidité, et que plusieurs animaux domestiques ne le rejettent pas entièrement, on a tenté, à diverses reprises, de le leur rendre agréable et même de le forcer à être utile à l'homme. D'abord, on a cherché par une culture particulière, et en soumettant le Marronier à la greffe jusqu'à trois fois sur lui-même, à avoir des fruits alimentaires : on n'a nullement réussi. L'on a opéré ensuite directement sur le Marron.

En 1720 Bon de Montpellier, en 1772 Parmentier, en 1787 le chimiste Baumé, en 1823 Canzoneri de Palerme ont fait, à ce sujet, des expériences nombreuses; ils ont obtenu quelques résultats propres à corroborer l'espoir de faire entrer le Marron dans le domaine réel de l'industrie; mais les grands frais exigés pour l'exécution de leurs procédés, autant que le mélange des substances qu'ils indiquaient pour une réussite, ont forcé à les laisser de côté. L'on avait, bien avant ces savans, et depuis eux, cherché d'autres voies plus économiques; le succès avait toujours été trop chèrement obtenu pour pouvoir espérer de voir les moyens indiqués adoptés avec empressement et plaisir. Vergnaud Romagnési, d'Orléans, les a repris tous en sous-œuvre, les a soumis à un examen sévère et à des essais comparatifs; il a fait de nouvelles expériences et déclaré ses mécomptes et ses résultats positifs. Voici le résumé de ce qu'il m'apprit dans le temps, et qu'il a consigné depuis dans un mémoire publié en 1825, lequel est devenu fort rare, ayant été tiré à petit nombre. De semblables notions sont importantes pour opérer convenablement.

On extrait du Marron une quantité de fécule remarquable, sans goût amer ou désagréable, par des procédés analogues à ceux employés pour la Solanée parmentière (*voy.* ce mot). Mais le liquide, pour enlever à la pulpe et à l'amidon la saveur âcre, amère et astrictive qui leur est propre, étant différent et constituant une méthode nouvelle, il importe de la décrire pour guider celui qui veut pratiquer ou simplement répéter les faits avancés. On prend des Marrons pilés ou bien râpés à l'aide d'un instrument semblable à celui qui sert à réduire la pomme de terre en pâte,

seulement

seulement il est armé d'aspérités plus aiguës et plus fortes. Le marc, très-jaune, est tellement onctueux qu'en le pétrissant il forme une masse, se laisse tomber dans un tamis de soie un peu clair et placé sur un baquet rempli d'eau que l'on a eu le soin d'aiguiser avec de l'acide sulfurique. On agite en tous sens et on divise le plus possible la pulpe du Marron dans le tamis, afin que la fécule se précipite promptement. Le tamis est enlevé au bout d'un quart d'heure, et suspendu sur un second baquet plein d'eau que l'on acidule dans la même proportion; l'on agite de nouveau le marc, il se précipite encore un peu de fécule, on retire le tamis, et l'on exprime du marc le plus d'eau possible. Si l'on a bien opéré, ce marc ne doit avoir aucun goût repoussant ou seulement désagréable. S'il en conservait cependant, et qu'on voulût l'administrer aux animaux pour nourriture, il faudrait le laver deux ou trois fois de plus dans l'eau pure: cela suffit d'ordinaire pour lui enlever tout ce qu'il peut conserver d'acidité. L'on met ensuite à égoutter, et quand on est certain qu'il ne contient plus d'eau, on l'étend dans un lieu aéré pour le faire sécher. En cet état il se garde aisément d'une année à l'autre.

Quant à l'amidon qui est précipité au fond du premier baquet, on décante au bout d'une heure de repos et avec précaution l'eau qui le recouvre; sa masse est assez solide. L'on agite fortement l'eau du second baquet pour y tenir en suspension ce qu'elle contient de fécule et on la jette vivement dans le premier baquet. Ce double produit est mêlé, battu de manière à ce que la fécule soit toute en suspension dans l'eau. Deux heures de repos étant écoulées, le liquide se décante avec grand soin pour servir de première eau acidulée à une autre opération que l'on fera dans les trois jours, car au bout du cinquième elle a perdu toute propriété. Sur la fécule mise à nu au fond du vase, on verse de l'eau pure en égale quantité que celle employée dans le premier lavage; l'on brasse de nouveau la fécule et l'eau, et l'on décante de même au bout de deux heures. On verse pour la seconde fois de l'eau pure sur la fécule, on la brasse et on la décante encore. Assez ordinairement ces deux lavages suffisent pour avoir une fécule bien blanche et sans saveur. S'il en était autrement, il conviendrait de laver une troisième fois et de le faire avec la même attention que pour les deux précédentes.

De l'amidon obtenu de la sorte on enlève la couche la plus superficielle, celle qui est presque toujours grisâtre, et on la met de côté pour servir à divers usages que nous indiquerons tout à l'heure. La couche qui suit est très-blanche, elle est ainsi jusqu'au fond; on l'étend sur des claies couvertes de papier ou de linge pour y sécher; une fois qu'elle est complétement privée de toute humidité, on la passe au tamis de soie. Elle convient alors comme aliment; on en fait aussi de l'empois, on en retire un excellent alcool, ou bien on la réduit en sirop. Pour ces deux dernières destinations, il est inutile de séparer la couche grise et même de la mettre à sécher.

On ne peut préciser la quantité d'eau nécessaire pour les lavages, comme il est impossible d'indiquer juste le degré d'acidité à donner à l'eau des deux premiers; ces quantités dépendent du terrain qui a nourri les Marrons, de la grosseur qu'ils ont acquise, du plus ou moins d'abondance de fécule qu'ils contiennent. Une règle générale c'est, 1° que l'eau du premier lavage soit surtout suffisante pour qu'elle ne devienne pas onctueuse au toucher, ce qui rendrait difficile, et même impossible la parfaite précipitation de la fécule; 2° que l'acidité de l'eau soit sensible au palais en la dégustant; on peut la porter à une partie d'acide sulfurique pour deux ou pour trois cents parties d'eau; 3° que si la potasse caustique est susceptible de remplacer l'acide sulfurique, si la fécule en est plus blanche, plus légère, elle est aussi infiniment moins abondante; 4° que l'ammoniaque donne les mêmes résultats, et aussi peu de produit.

Les Marrons les plus avantageux rapportent, terme moyen, trente pour cent de leur poids brut en belle fécule. On peut obtenir cet avantage en tout temps; le Marron est aussi facile à travailler sec que récent; il suffit de l'étendre dans un grenier et de le remuer de temps à autre; dès qu'il est desséché, on le garde deux et trois ans sans aucune crainte d'altération quelconque. Le procédé change alors. J'ai vu employer deux moyens. Dans le premier, on concasse en un mortier le Marron sec, on le vanne ensuite pour le dépouiller de sa double écorce, et on le met à macérer dans l'eau durant quarante-huit heures; on râpe et l'on opère comme avec les Marrons récens. Le second moyen est plus prompt. On concasse, on vanne, puis on broie sous la meule d'un moulin à blé dont la noix est en fer. La farine obtenue se traite comme la pâte récente. La seule différence dans le produit, c'est que la fécule est un peu moins blanche et un peu moins abondante.

Le fécule obtenue par les deux procédés, de Marrons frais ou secs, est excellente en potage, en gâteaux et autres usages de l'art culinaire. L'eau des divers lavages donne, en l'évaporant, un extrait abondant, d'une saveur alcaline, et brûlant assez facilement, en jetant une flamme semblable à celle que l'on obtient des résines. On emploie au parement des tissus ou encolage du papier autographe et de celui à décalquer la quatrième eau, qui n'a pas conservé de saveur acide; à cet effet, on l'additionne d'un mélange composé de vingt-cinq décagrammes farine de Marron, de soixante grammes farine de froment, et moitié de cette dernière quantité de gomme du Sénégal; on délaie le tout et l'on met à cuire avec le soin nécessaire. Ce parement est onctueux, il s'étend facilement sur les tissus et n'y laisse en séchant aucune aspérité; pendant long-temps il conserve une souplesse convenable, lors même qu'il serait tenu en un lieu aéré. L'amidon grisâtre se réserve pour les blanchisseuses de linge fin. (T. d. B.)

MARRON DE LYON. (bot. et agr.) On donne ce nom au fruit du Châtaignier le plus petit du genre, que l'on cultive particulièrement aux envi-

rons de Lyon et dans nos départemens de la Haute-Vienne et de la Creuse. Cette Châtaigne est presque ronde, recouverte d'une pellicule extérieure d'un roux brun et rude au toucher : la pellicule intérieure adhère fortement à la chair et ne s'en détache que par la cuisson. La chair est délicate, légère, roussâtre, sans division. C'est de toutes les Châtaignes la plus tardive et celle qui produit le moins. (T. D. B.)

MARRONIER, *Æsculus*, L. (BOT. PHAN. et AGR.) Les végétaux ligneux que nous nommons vulgairement Marroniers ont été séparés en deux genres distincts : le Marronier proprement dit, auquel cet article est consacré, et le Pavia, créé par Boerhaave, qui renferme des espèces fructifiant rarement dans nos climats et n'offrant réellement que des arbustes dont les fleurs viennent décorer nos jardins (*v.* au mot PAVIE). L'un et l'autre appartiennent à l'Heptandrie monogynie; on en a fait une famille particulière sous le nom de Hippocastanées, leur situation parmi les Acérinées ayant paru fausse; des caractères très-tranchés les séparent en effet.

Le genre *Æsculus* renferme quatre espèces, 1° le MARRONIER DE L'OHIO, *Æ. ohiensis*, provenant de l'Amérique du nord, où il donne des tiges de cinq et quinze mètres de haut, dont le bois blanc et tendre n'offre aucun degré d'utilité; on ne le recherche que pour ses grappes de fleurs blanches nombreuses; 2° le MARRONIER RUBICOND, *Æ. rubicunda*; sa patrie est inconnue; le commerce l'a rapporté de l'Allemagne en 1818, sans désignation de lieu; il pousse avec vigueur et se multiplie par la voie des greffes; les folioles de ses feuilles sont nues à leur base; ses pétales d'un rouge clair parsemé de petits points plus foncés, les deux supérieurs portant en outre une tache d'un jaune orangé; les fleurs s'épanouissent du 5 au 10 mai; 3° le MARRONIER A GROS PANACHES DE FLEURS, *Æ. macrostachya*, charmant arbuste étalant ses branches et ses longues grappes fleuries à un mètre au dessus du sol; 4° enfin le MARRONIER COMMUN, *Æ. hippocastanum*, superbe espèce originaire de l'Asie septentrionale, introduite en Europe à la fin du seizième siècle.

C'est un arbre de deuxième grandeur, portant sur un tronc droit une large tête pyramidale, garnie d'un très-beau feuillage à cinq et sept folioles ovales oblongues, de grandeur inégale et partant, comme les rayons d'un parasol, du sommet d'un long pétiole. Sur ce feuillage, d'un vert foncé, se détachent agréablement, dès le mois de mai, de grands bouquets de fleurs blanches panachées de rouge, placés au bout du rameau qui les porte. A cet élégant appareil succèdent des fruits gros, sphériques, contenant dans chaque loge une et quelquefois deux graines de la grosseur et de la figure d'une belle chataigne, auxquelles on donne le nom de MARRON (*voy.* ce mot). On le multiplie aisément; il ne demande d'autres soins que d'être débarrassé, dans les premières années, des herbes qui l'entourent; elles ne l'empêchent plus de croître, lorsqu'il a atteint trois mètres de haut. Alors son écorce est unie; mais aussitôt que l'arbre vieillit, elle se crevasse et sert de retraite à une foule d'insectes. Les bourgeons sont d'un brun jaunâtre, très-gros et enduits d'un suc éminemment visqueux. On leur demande une résine que l'on met à dissoudre dans l'alcool chaud pour la faire servir à la composition d'un vernis qui ne se fendille pas, et est même peu susceptible de simples gerçures. Cette sorte de résine est d'une couleur jaune-verdâtre, elle se comporte comme la gomme laque.

Le Marronier, malgré sa beauté, malgré le relief qu'il donne aux habitations qu'il entoure, est resté près de quatre-vingts ans confiné dans quelques grands jardins; il ne se répandit réellement qu'en 1656, pour former de longues avenues, pour border les routes, pour décorer les cours et cacher quelques bâtisses utiles dans les jardins paysagers. Cependant tout à coup il tomba dans le discrédit; on l'abattit dans de nombreuses localités sous prétexte qu'il nuisait aux autres végétaux croissant dans son voisinage; l'enthousiasme avait présidé à son adoption, le fanatisme le détruisit avec une sorte de fureur. Ses larges feuilles salissaient les cultures, ses fleurs passaient vite, la chute de ses fruits était dangereuse : ces reproches ridicules couraient de bouche en bouche, et la hache faisait prompte justice; si l'homme impartial, si le cultivateur soigneux réclamaient contre un semblable vandalisme, vite on leur disait que, son fruit étant inutile et son bois impropre au chauffage, il devait faire place à d'autres végétaux d'un rapport connu.

Mais, quand on considère ce bel arbre sous le véritable point de vue, on est surpris de ne point encore le voir prendre rang parmi les végétaux ligneux utiles et agréables. Il perd, il est vrai, ses feuilles aux premières approches de l'automne; mais son bois peut servir positivement aux mêmes usages que le Tilleul, le Platane, le Sapin, le Peuplier et la plupart des bois blancs. Pour sa légèreté on le recherche pour établir des jougs d'attelage, et les sabots que l'on en fabrique aux environs d'Orléans sont préférables à ceux taillés dans le Saule et le Bouleau. Ces chaussures rustiques durent autant que celles faites avec le Frêne et l'Aune, un peu moins que celles de Noyer. Débité en bardeau, le bois du Marronier est moins bon que celui de Châtaignier, mais superieur au bois de Chêne. Son tronc prospère dans tous les terrains, sur les plus stériles comme au bord des eaux; il y brave les froids les plus rigoureux. Ses feuilles, employées pour litière des étables, fournissent un bon engrais et doublent la puissance des fumiers; sèches et brûlées, elles donnent par la lixiviation de leurs cendres beaucoup plus d'alcali que les autres feuilles. A Lyon on vante ces feuilles pour l'apprêt des chapeaux, mais cet encollage n'est ni meilleur ni plus économique que celui en usage partout ailleurs.

Sujet à se couvrir de loupes plus ou moins volumineuses, dans cette sorte d'exostose il présente à l'industrie un bois propre à faire de jolis ouvrages, prenant très-bien toute espèce de couleurs et de vernis.

Je ne parle point des propriétés fébrifuges accordées à l'écorce et à l'enveloppe épineuse du fruit; on peu hardimentlles contester. L'esculine, découverte en 1823 par Canzoneri de Palerme dans le Marron, ne paraît même pas avoir, du moins en France, la vertu médicinale qu'elle a, nous assure-t-on, en Sicile. (T. D. B.)

MARRUBE, *Marrubium*. (BOT. PHAN.) Une vingtaine d'espèces de plantes labiées, reconnaissables en général à leur odeur musquée, plutôt forte qu'agréable, ayant d'ailleurs le port et les caractères de cette famille et de la Didynamie gymnospermie, composent ce genre, établi par Tournefort et rectifié par Linné. Son nom est celui d'une herbe qui, dans Pline, est indiquée comme spécifique contre la morsure des vipères. La plupart des Marrubes croissent en Europe; très-peu remarquables comme plantes d'agrément, elles appartiennent plutôt à la botanique médicale.

Le MARRUBE BLANC, *Marrubium vulgare*, L., se trouve dans toutes les contrées tempérées de l'Europe, sur les chemins, aux alentours des lieux habités. Ses tiges, carrées, épaisses, rameuses, velues, blanchâtres, s'élèvent d'un à deux pieds. Ses feuilles sont opposées, pétiolées, ovales, arrondies, crépues et crenelées, cotonneuses et d'un vert cendré. Les fleurs sont blanchâtres, ramassées en verticilles serrés, qu'accompagnent des bractées subulées et courtes : leur calice est tubuleux, cylindrique, à dix stries, avec un nombre égal de dents épineuses, déliées, recourbées en crochets; la corolle, à tube légèrement arqué, a sa lèvre supérieure dressée, étroite et bifide, l'inférieure partagée en trois lobes inégaux, les deux latéraux petits, ovales-obtus, le moyen plus grand et échancré. Les étamines restent incluses dans l'intérieur de la corolle. Le style, très-court, se termine par un stigmate à deux lobes inégaux.

Cette plante est un stimulant très-actif; son odeur forte et musquée, sa saveur amère l'ont de tout temps indiquée à l'empirisme, qui l'a employée avecsuccès dans certains cas de la médecine.

Le MARRUBE FAUX DICTAMNE, *M. pseudodictamnus*, L., a dû ce nom spécifique à sa patrie, l'île de Crète, où croissait le fameux *Dictamne* qui, si les récits des poètes peuvent fonder une description technique, doit être rapporté à une espèce d'Origan. Son pseudonyme, dont les propriétés ne sont guère moins actives, a une tige ligneuse, montant à deux ou trois pieds, couverte, ainsi que toutes les parties de la plante, d'un duvet épais et cotonneux. Ses feuilles sont cordiformes arrondies, crénelées, très-ridées. Les fleurs sont nombreuses, de couleur rosée; leurs verticilles, très-rapprochés, ont des bractées spatulées et velues. La lèvre supérieure de la corolle est voûtée, non dressée comme dans l'espèce précédente. Tournefort avait fait de cette différence un caractère générique que Linné n'a pas admis.

On voit le faux Dictamne dans les jardins de botanique, où de nos jours la curiosité le recherche plus souvent que la médecine. (L.)

MARS. (INS.) Geoffroy a donné ce nom au *Nymphalis ilia* de Fabricius. Il sert encore à désigner une petite famille de ce genre Nymphale. (GUÉR.)

MARS. (MIN.) Les alchimistes avaient dédié les principaux métaux aux différentes planètes : ils consacrèrent le fer à Mars en faisant allusion au dieu de la guerre, que l'on peut aussi regarder comme le dieu du fer; et Mars fut le nom par lequel ils désignaient ce métal. Mais cette dénomination, qui passa des alchimistes aux chimistes, n'est plus en usage aujourd'hui. (J. H.)

MARSILÉACÉES. (BOT. CRYPT.) Petite famille appelée d'abord *Rhizospermes*, puis *Salviniées*, et divisée en deux sections, les *Marsiléacées* proprement dites, et les *Salviniées*. Dans les genres *Marsilea* et *Pilularia*, qui composent la première division, on observe des involucres coriaces, épais, indéhiscens ou s'ouvrant en plusieurs valves, offrant dans leur intérieur plusieurs loges fermées par des cloisons membraneuses. Chaque loge contient deux sortes d'organes : les uns comparables à des ovaires, qui se gonflent à l'humidité, se transforment en une sorte de matière gélatineuse, etc.; les autres plus nombreux, qui simulent assez bien des sacs membraneux, se gonflent également à l'humidité, et renferment, au milieu d'un mucus gélatineux, des globules sphériques plus petits que les graines. Les feuilles du *Marsilea* sont roulées en crosse avant leur développement; les folioles ont une structure analogue à celle des pinnules de certaines Fougères. Dans le *Pilularia*, au contraire, les feuilles doivent être considérées comme des pétioles dont les folioles sont avortées.

Les Marsiléacées rampent au fond des eaux stagnantes et peu profondes.

Dans la seconde section, les SALVINIÉES, où se trouvent les genres *Salvinia* et *Azolla*, on trouve également les involucres à la base des feuilles; mais ces involucres sont membraneux, de deux sortes, et ils renferment des organes différens. Les uns, les organes femelles, contiennent une grappe de graines ovoïdes, qui ne renferment qu'un seul embryon, comme dans le *Salvinia*, et dont le tégument, mince, réticulé, brunâtre, ne se gonfle pas dans l'eau comme dans les vraies Marsiléacés, ou bien qui sont sphériques et contiennent six à neuf embryons, comme dans l'*Azolla*. Les autres involucres (organes mâles), ont une structure beaucoup plus compliquée.

Toutes les espèces des genres *Salvinia* et *Azolla* flottent sur l'eau; leurs feuilles, opposées dans le *Salvinia*, alternes dans l'*Azolla*, ne sont pas roulées en forme de crosse dans leur jeunesse, et n'ont pas du tout la structure de celles des Fougères.

Tels sont les principaux caractères des genres qui composent la famille des Marsiléacées; quant au mode de reproduction de ces végétaux, nous attendrons encore pour le donner, malgré les expériences qui ont éclairé quelques points obscurs, que la science soit plus riche de faits certains et incontestables. (F. F.)

MARSILÉE, *Marsilea*. (BOT. CRYPT.) Les caractères du genre Marsilée, type des Marsiléacées, décrit par Jussieu sous le nom de LEMMA, sont les suivans : plantes aquatiques dont la tige rampe dans les eaux peu profondes. Les feuilles sont caulinaires, longuement pétiolées et composées de quatre folioles cunéiformes opposées en croix. A la base des feuilles ou sur leurs pétioles mêmes, sont insérés un, deux ou trois involucres coriaces, indéhiscens, ovoïdes, aplatis, et divisés par des cloisons verticales, membraneuses, en deux ou quatre grandes loges subdivisées elles-mêmes par d'autres cloisons horizontales en loges linéaires transversales. Chaque loge renferme des organes de deux sortes, insérés aux membranes qui forment les cloisons ; les uns sont des vésicules membraneuses, se gonflant légèrement par l'immersion dans l'eau, ovoïdes, transparentes, et renfermant dans leur intérieur une graine elliptique, lisse, d'un jaune pâle, paraissant tronquée ou perforée en la base.

Les autres organes, insérés vers le milieu des cloisons (les premiers sont placés plus près de la circonférence ou de l'involucre), consistent également en vésicules membraneuses, mais plus petites que les précédentes, moins régulières, ovales ou oblongues, parfaitement transparentes et renfermant un assez grand nombre de grains sphériques libres, très-serrés, d'un jaune clair, dont la surface paraît chagrinée ou granuleuse.

On connaît huit espèces du genre Marsilée. L'une, le *Marsilea quadrifolia*, existe à peu près sur tous les points les plus éloignés du globe; aussi on la trouve abondamment dans l'Europe tempérée et méridionale, dans l'Amérique méridionale, le Népaul, à la Nouvelle-Hollande et à l'île Maurice. Les autres espèces croissent dans l'Inde, au cap de Bonne-Espérance, en Egypte, etc.

Le *Marsilea ægyptiaca*, une des plus petites espèces, a des pétioles longs de quatre à cinq centimètres; quatre folioles étroites, cunéiformes, irrégulièrement lobées à leur extrémité; des involucres solitaires, pédonculés, velus, presque quadrilatères, divisés en quatre loges par des cloisons verticales, et renfermant un assez grand nombre de graines et d'anthères entremêlées.

Le *Marsilea pygmea*, découvert au Sénégal par Le Prieur, a une taille encore plus petite que la précédente; ses involucres, également solitaires, partent de la tige même, et non des pétioles des feuilles. Ces involucres sont comprimés, presque triangulaires, insérés latéralement au sommet des pédoncules ; leur surface externe est lisse et brillante, d'un brun rouge; leur intérieur est uniloculaire ; les graines sont elliptiques et entremêlées d'anthères ; les feuilles sont longuement pétiolées; les folioles sont cunéiformes, arrondies au sommet et très-entières; le tissu des feuilles est épais et coriace. (F. F.)

MARSOUIN. Nom d'une espèce de Mammifère cétacé, décrite à l'article DAUPHIN. (Z. G.)

MARSUPIAUX. (MAM.) Nous avons parlé de ces animaux au mot DIDELPHES, qui leur convient mieux, et nous les avons considérés, d'après M. de Blainville, comme formant une deuxième sous-classe parmi les Mammifères. La première est celle des Monodelphes, ou Mammifères ordinaires; la deuxième celle des Didelphes ou Marsupiaux, et la troisième celle des Ornithodelphes ou Monotrêmes. Les Didelphes sont surtout caractérisés : 1° par leur mode et leurs organes de génération : les mâles ayant le pénis dirigé en arrière et les testicules pendans à l'extérieur dans un scrotum qui leur est antérieur; et les femelles, dont le vagin présente un dédoublement remarquable, et qui n'ont pas les cornes de l'utérus réunies en matrice, mettant au jour leurs petits lorsqu'ils sont à peine ébauchés, et les conservant plus ou moins long-temps attachés à leurs mamelles au moyen de la bouche de manière à remplir l'office d'une seconde gestation. Les mamelles sont abdominales et protégées ou non par un repli de la peau nommé bourse. Les mâles n'ont pas de bourse, si ce n'est dans le très-jeune âge, où M. Laurent en a remarqué les traces chez quelques uns.

2° Par diverses particularités de leur squelette, communes aux deux sexes, le bassin présente en avant un os particulier (os marsupial) qui est double, implanté sur le bord antérieur du pubis, et l'articulation cruro-fémorale offre une indication du caractère propre aux Ovipares, c'est-à-dire l'articulation de la tête du fémur avec le tibia et aussi le péroné. Ces deux particularités sont communes aux Didelphes et aux Ornithodelphes; mais chez les premiers la ceinture osseuse antérieure ou l'épaule est analogue à celle des Monodelphes, et chez les seconds elle offre la même disposition que chez les reptiles et les oiseaux.

On trouve chez les Didelphes des animaux qui ont des rapports par leurs dents avec les Carnivores, avec les Insectivores et avec les Rongeurs; mais tous, ce qui n'arrive pas chez ceux-ci, ont l'articulation de la mâchoire inférieure disposée de même. Les Didelphes ne vivent que dans la Polynésie, à la Nouvelle-Hollande et dans l'Amérique. *Voy.* DIDELPHES. (GERV.)

MARSUPITE. (ZOOPH. ÉCHIN.) Nom donné par Miller et Mantell à des fossiles que Parkinson a appelés *Tortoise*, *Encrinite*, et qui se trouvent dans différentes localités de l'Angleterre (Warminster, Hurstpoint, Lewes et Brigthon). Ces corps paraissent appartenir à la famille des Echinides, mais ils ne sont encore connus que par des pièces trop imparfaites pour qu'on puisse rien préjuger sûrement de ce qu'ils étaient à l'état vivant. Suivant Miller (A natural history of the *Crinoidea*) ce sont des corps libres presque globuleux, creux, ayant contenu dans leur intérieur des viscères que protégeaient des pièces calcaires; on y remarquerait aussi des épaules ou les points d'insertion de bras analogues sans doute à ceux des Ophiures ; d'après la figure qu'il en donne (p. 124), il y aurait auprès de cette épaule un espace recouvert par des tégumens, et protégé par un grand nombre de pièces solides. M. Defrance, qui a eu en sa possession quelques fragmens de ce fossile, dit que sa grosseur est environ celle d'un œuf; qu'une de ses extrémités est arrondie, et l'autre tronquée; suivant lui, le nombre des pièces composantes serait de douze, dont cinq vers l'extrémité arrondie, pentagones et couvertes d'une infinité de très-petites stries; les autres hexagones, et du centre desquelles partent comme des cordons autant de rayons qui se rendent à chacune de ses faces. (V. M.)

MARSYPOCARPUS. (BOT. PHAN.) Necker donne ce nom à la Bourse à berger, *Thlaspi bursa pastoris*, dont long-temps avant, Césalpin avait fait un genre sous le nom de *Capsella*, adopté récemment par Medicus et Mœnch, et caractérisé par la silicule triangulaire. (GUÉR.)

MARTAGON. (BOT. PHAN.) Nom spécifique d'une espèce de Lis, *Lilium Martagon*, L. Le Martagon du Canada est le *Lilium superbum*, L. (L.)

MARTE ou MARTRE, *Mustela*. (MAM.) Genre de Carnassiers digitigrades. Linné groupait sous le nom générique de *Mustela*, un grand nombre de Mammifères carnassiers qui ont six incisives en haut et en bas, celles de la mâchoire inférieure comme entassées et irrégulièrement rangées. Les auteurs modernes ont cru devoir établir plusieurs autres petits genres aux dépens de celui de Linné; ainsi les Mouffètes et les Loutres en ont été distraites, et forment actuellement, dans la famille des Mustéliens, des genres qui, dans quelques méthodes, sont même assez éloignés les uns des autres. Cuvier, dans son Règne animal, paraît avoir adopté la manière de voir de Linné; seulement il a subdivisé les Martes en quatre sections : les Putois, les Martes proprement dites, les Mouffètes et les Loutres. MM. Geoffroy Saint-Hilaire, Desmarest, F. Cuvier, Ranzani et quelques autres mammalogistes, n'ont laissé dans le genre Marte que les espèces auxquelles ce nom est donné en propre; les Putois, les Belettes et le Zorille, que M. Desmarest a subdivisés en Martes proprement dites, en Putois et en Zorilles, correspondent, les premiers, au genre MARTE, *Mustela* de G. Cuvier, et les deux autres à son genre PUTOIS, *Putorius*.

Les caractères généraux du grand genre des Martes sont : six incisives à chaque mâchoire; à l'inférieure, la seconde dent de chaque côté rentrant en dedans de la bouche; deux canines; des molaires tranchantes; les antérieures ou fausses molaires coniques, comprimées, tantôt au nombre de deux en haut et trois en bas, tantôt au nombre de trois en haut et quatre en bas; les carnassières trilobées, avec un petit tubercule à l'intérieur, seulement dans quelques espèces; et une seule dent tuberculeuse ou dernière molaire, à couronne mousse; celle de la mâchoire supérieure plus grande est divisée par un sillon. Les Martes ont le corps allongé, *vermiforme*; les pieds courts, terminés par cinq doigts, armés d'ongles crochus et acérés, et réunis par une membrane dans une grande partie de leur longueur; la queue, médiocrement longue, est garnie de poils longs et soyeux. Leur pelage est en général fort doux au toucher, et se compose de deux sortes de poils, les uns duveteux, courts, et les autres plus longs, raides, soyeux, et très-minces à leur point d'attache à la peau, ce qui leur permet de se diriger dans divers sens. Ces animaux répandent une odeur infecte, qui provient d'une matière particulière sécrétée par de petites glandes situées au pourtour de l'anus.

Si le degré de carnivorité, pour ainsi dire, établi non plus sur des caractères tirés des dents, mais d'après les habitudes naturelles qui portent un animal à se nourrir de proie vivante plutôt que de proie morte, pouvait être pris en considération dans un ouvrage méthodique, il serait certes convenable de placer les Martes à la tête des Carnassiers; car, de tous les animaux de cet ordre, ce sont ceux chez lesquels ce naturel est le plus développé. Ils sont dans la classe des Mammifères ce que les Faucons sont dans la classe des oiseaux. L'on peut dire même qu'ils exagèrent encore les caractères de ces derniers. L'instinct de la destruction est si grand dans ces animaux, ils sont tellement sanguinaires, qu'ils ne se contentent souvent pas d'une seule proie, quoiqu'elle pût suffire à leur appétit; mais ils font autant de victimes qu'il est en leur pouvoir d'en faire. Le parallèle entre les Faucons et les Martes est d'autant plus naturel, que les uns et les autres, quoiqu'en général d'une petite taille, ont un courage et une hardiesse qui fort heureusement ne sont pas en harmonie avec leur force. Les Martes attaquent quelquefois des animaux sept à huit fois plus grands qu'elles : l'on a vu, et nous avons vu nous-mêmes, des Furets s'acharner contre des Renards au point de les forcer à prendre la fuite. Personne n'ignore aussi que la Belette, quoique petite, dompte et finit par égorger nos Lapins domestiques et nos Dindons. Quoique leur naturel soit essentiellement carnassier, les Martes sont cependant susceptibles d'être apprivoisées. Lorsqu'on les prend jeunes, on peut adoucir leur caractère, mais jamais au point de faire que la soif du sang ne s'éveille en elles lorsqu'on leur présente une proie vivante. Leur vivacité est très-grande : elles courent, sautent, furètent partout, s'introduisent dans les plus petits trous. Leur marche est silencieuse, et leur position ordinaire consiste à relever leur dos en arc. Comme beaucoup d'autres Carnassiers, elles n'attendent pas leur proie, mais au contraire elles mettent la plus grande activité à la chercher; la destruction qu'elles font des œufs et des petits oiseaux est très-grande.

Les fourrures des espèces de ce genre composent la base du commerce de pelleteries, et quelques unes produisent des revenus très-considérables à plusieurs contrées du Nord, et notamment à la Russie. On trouve des Martes dans tous les pays froids ou tempérés de l'Europe, de l'Afrique, de l'Amérique et de l'Asie : la Nouvelle-Hollande est la seule contrée qui n'en ait point encore fourni.

Première division : les Putois.

Ils ont quatre fausses molaires à la mâchoire supérieure, et six à l'inférieure ; point de tubercule intérieur à la carnassière d'en bas, et la tête un peu moins allongée que celle des Martes proprement dites, auxquelles ils ressemblent par tous leurs autres caractères. L'espèce type est :

Le Putois, *Mustela putorius*, Linn., représenté dans notre Atlas, pl. 332, fig. 3, l'un des plus terribles et des plus redoutables fléaux de l'économie champêtre. Comme la Fouine, dont il a les mœurs et les habitudes, il s'approche des habitations, se glisse dans les poulaillers, monte aux volières, aux colombiers, coupe ou écrase la tête aux volailles et les emporte une à une pour en faire un magasin. Si, comme il arrive souvent, il ne peut les emporter entières, parce que le trou par où il est entré se trouve trop étroit, il leur mange la cervelle et emporte les têtes. Les Lapins deviennent également sa proie. Il détruit pendant l'hiver un grand nombre de ruches, dont il dévore le miel. Si d'un côté il nuit beaucoup aux propriétaires, de l'autre il rend quelques services à l'agriculture (jamais assez grands, il est vrai, pour compenser le mal qu'il fait), en déclarant la guerre aux Rats, aux Taupes et aux Mulots. Il fait aussi une chasse constante aux Perdrix, aux Cailles, aux Alouettes, etc., et mange leurs œufs et leurs petits. Sa demeure d'été est dans le creux des arbres, sous des tas de pierres, dans les terriers des Lapins ; l'hiver, il se réfugie au milieu des habitations champêtres, dans les décombres, dans les greniers, dans les caves et les galetas. Il entre en amour au printemps ; les mâles se battent pour la possession des femelles ; dès qu'elles sont pleines, ils l'abandonnent. La femelle met bas cinq à six petits qu'elle n'allaite pas long-temps, et qu'elle accoutume de bonne heure, à ce qu'on dit, à sucer le sang et les œufs.

Le Putois répand une odeur fétide qui lui a valu la dénomination latine de *Putorius*, dérivé de *Putor* (puanteur), d'où l'on a fait *Putois*. C'est surtout lorsqu'il est irrité, échauffé, qu'il exhale au loin cette odeur insupportable. Dans quelques localités les gens de la campagne lui donnent le nom de *Puant* ou de *Punaisot*. Plus petit que la Fouine, le Putois s'en distingue aussi par ses couleurs et par sa voix qui est plus grave. Il est généralement d'un brun noirâtre plus clair, et prenant même une teinte fauve sur les flancs, avec le museau, la pointe des oreilles et une partie du front blancs. La fourrure de cette espèce, quoique assez bonne, se vend pourtant à vil prix à cause de la mauvaise odeur qu'elle conserve toujours. On la trouve dans les climats tempérés de l'Europe. Elle paraît éviter également les pays trop froids et ceux qui sont trop chauds.

La Marte de Sibérie, *Mustela siberica*, Pall., Spic. Zool., 14, ou le Chorok, Sonnini, éd. de Buff., t. 35, p. 19, d'un fauve clair uniforme, le nez et le tour des yeux bruns, le bout du museau et le dessous de la mâchoire inférieure blancs. Cette espèce vit dans les forêts les plus épaisses des montagnes de la Sibérie ; elle se nourrit indifféremment de chair et de végétaux. Pendant l'hiver, elle se rapproche assez souvent des habitations, et y commet également des dégâts.

Le Furet (*voy.* ce mot).

Le Putois de Pologne ou Marte pérouasca, *Mustela sarmatica*, Pall., Spic. Zool., 14, pl. 4. La vraie prononciation du nom russe de cet animal est *peregouziana*. Il approche beaucoup du Putois : mais il en diffère néanmoins par la tête plus étroite, le corps plus alongé, la queue plus longue, et le poil plus court ; il est aussi moins gros que lui. Les membres, le dessous du corps et le bout de la queue sont d'un brun foncé ; la tête est brune, avec une ligne blanche qui se rend d'une oreille à l'autre en passant sur le front ; le bout du museau et le dessous de la mâchoire inférieure sont blancs, et le dessus du corps est d'un beau fauve clair, parsemé d'un très-grand nombre de taches brunes.

On trouve le Pérouasca en Pologne, surtout en Volhynie et dans les déserts situés entre le Volga et le Tanaïs. Il est très-vorace, et il fait une guerre continuelle aux Rats, aux Loirs et aux oiseaux. On ne peut parvenir à l'apprivoiser ; son caractère farouche ne l'abandonne jamais. L'odeur qu'il exhale, quoique moins forte que celle du Putois, est pourtant très-désagréable, ce qui n'empêche pas qu'on ne le chasse, à cause de sa peau, qui fournit une assez jolie fourrure.

La Belette (*voy.* ce mot).

L'Hermine ou le Roselet (*voy.* Hermine).

La Belette d'Afrique, *M. africana*, Desm., dont le pelage est généralement d'un brun roussâtre en dessus, et d'un blanc jaunâtre en dessous, avec une ligne brune longitudinale sur le milieu du ventre. Ses habitudes ne sont point connues.

La Marte rayée, *M. striata*, Geoff. St Hilaire. Elle est de la taille de la Belette d'Europe ; tout le dessus de son corps est d'un brun foncé avec cinq lignes longitudinales blanchâtres : le dessous et presque toute la queue sont de la couleur des bandes. On le trouve à Madagascar.

Le Nudipède ou Furet de Java, *M. nudipes*, Fréd. Cuv. ; à pelage d'un beau roux doré, très-brillant, avec la tête et l'extrémité de la queue blanches. Elle a été découverte à Java par Diard et Duvaucel.

La Marte mink, *M. lutreola*, Pall., Spic. Zool. Cette espèce, dont le nom latin de *Lutreola* qui lui a été donné rappelle assez bien les habitudes, est d'un brun marron presque noir, avec le bout de la queue tout-à-fait noir, et la pointe de la mâchoire inférieure blanche. Elle se trouve principalement en Finlande ; mais on la rencontre aussi dans tout le nord et l'orient de l'Europe, depuis la mer Glaciale jusqu'à la mer Noire. Cet animal se plaît auprès des rivières et des torrens, et vit de poissons, de grenouilles et de crustacés.

MM. G. Cuvier et Is. Geoffroy ont placé dans

cette division le Visou, *M. visou*, Linn., Buff., t. 13, que Desmarest met dans la section des Martes proprement dites. Cette espèce, à laquelle on a également transporté le nom de *Mink*, parce qu'elle a les mêmes habitudes que la précédente, en diffère assez selon Cuvier pour être considérée comme espèce distincte. Elle n'a, avec un pelage généralement d'un brun marron, qu'une tache blanche à la pointe du menton, et quelquefois une ligne étroite sous la gorge. On assigne pour patrie à ce Putois le Canada et les Etats-Unis. Sa fourrure est assez estimée.

A ce sous-genre appartiennent encore la Belette de Java, Geoff. St-Hilaire; *M. javanica*, Séba, et la Marte marron, *M. rufa* de Geoffroy, espèces douteuses et qui pourraient bien être rapportées, la première à l'Hermine, et la seconde au Mink ou au Visou.

Deuxième division : Les Zorilles.

Il ont, avec le système dentaire du Putois, des ongles longs, robustes et propres à fouiller la terre; le museau court et la molaire tuberculeuse d'en haut assez large. On ne connaît encore dans cette division qu'une seule espèce.

Le Zorille ou Putois du cap, Buff., t. 13, *Viverra zorilla*, Gmel., Schreb., représenté dans notre Atlas, pl. 353, fig. 1. Cette espèce est également connue sous le nom de Blaireau puant; elle a pourtant moins d'analogie avec cet animal, qu'elle n'en a avec le Putois, soit par ses formes, soit par ses habitudes naturelles. Le Zorille exhale d'ailleurs, comme l'un et l'autre, une odeur fort désagréable, qui s'accroît encore par la chaleur du climat qu'il habite. Des bandes courtes, d'un blanc jaunâtre, s'étendent longitudinalement sur le fond rembruni de son pelage; ses cuisses et son ventre sont noirs, sans taches ni raies, et sa queue est garnie de longs poils variés de noir et de blanc. Cette espèce, qui habite les environs du cap de Bonne-Espérance, se retrouve aussi au Sénégal et sur les bords de la Gambie, mais avec quelques différences dans la disposition et dans le fond des couleurs. Ces différences sont trop peu notables pour en faire des espèces distinctes.

La disposition et l'étendue de leurs ongles portent à croire que ces animaux ont un genre de vie souterrain.

Troisième division : Les Martes proprement dites.

Elles ont pour caractères une fausse molaire de plus en haut et en bas que chez les Putois; un petit tubercule à la carnassière d'en bas, un museau un peu allongé et des ongles acérés.

La Marte commune, *M. martes*, Linn., Buff.; représenté dans notre Atlas, pl. 353, fig. 2, connue aussi sous le nom de Marte sauvage et Marte des Sapins, *Martes abietum*, pour la distinguer de la Fouine, laquelle avait également reçu les noms de Marte domestique et de Marte des hêtres, *Martes fagorum*. Elle a un peu plus d'un pied et demi de long; tout son pelage est d'un brun luisant avec une tache jaune sous la gorge; ce qui la distingue de la Fouine, chez laquelle cette partie est blanche. Elle en diffère aussi par les habitudes. « La Marte, dit Buffon, fuit également les pays habités et les lieux découverts; elle demeure au fond des forêts, ne se cache point dans les rochers, mais court les bois et grimpe sur les arbres; elle vit de chasse et détruit une prodigieuse quantité d'oiseaux, d'écureuils, de mulots, de lézards, etc. » Comme le Putois, elle est très-friande de miel. La femelle porte deux ou trois petits qu'elle met bas dans le trou d'un vieil arbre, ou même dans le nid d'un Ecureuil qu'elle chasse ou dont elle fait sa proie. Les petits naissent les yeux fermés.

Lorsque la Marte est poursuivie par les chiens, au lieu de gagner son gîte, elle se fait suivre dans le bois assez long-temps, puis grimpe sur un arbre, et de là regarde passer ses ennemis. On en trouve communément dans le nord de l'Europe; mais très-rarement en France; elle paraît également exister dans le nord de l'Amérique. Sa fourrure est très-estimée.

La Fouine (*voy.* ce mot).

La Zibelline ou Zibeline, Buff., t. 13, *M. zibellina*, Lin., Pall., Spic. Zool. 14, représentée dans notre Atlas, p. 353, fig. 3. Elle diffère très-peu du Putois pour la taille, et de la Marte commune pour les couleurs. Son pelage est généralement d'un brun marron plus ou moins foncé et plus ou moins brillant, suivant les saisons; elle a les parties inférieures du cou et de la gorge grisâtres; mais ce qui la caractérise le plus comme espèce, c'est que le dessous de ses pieds est entièrement garni de poils.

Tout le monde connaît le rôle que la Zibeline joue dans la pelleterie, à cause des fourrures précieuses que fournit sa peau. Le luxe s'en est emparé pour en faire un de ses riches appareils, et ce n'est pas seulement en Europe que ces fourrures sont recherchées, mais elles le sont aussi en Chine et dans tout l'Orient. En Turquie les pelisses de Zibeline ou de *semour*, comme les Turcs les appellent, indiquent le plus haut degré de la magnificence; elles tiennent lieu de galons et de riches broderies, et elles sont l'enseigne du pouvoir et de l'opulence. En Europe elles sont aussi la parure du plus riche. L'industrie commerciale s'est exercée et s'exerce encore à faire que des peaux de Zibelines médiocrement belles acquièrent ce joli noir qui les fait rechercher. La teinture joue un grand rôle dans ces sortes de falsifications. Les belles fourrures sont celles qui sont profondément brunes, mais qui le sont sans artifice, ce qu'il est malheureusement quelquefois difficile de reconnaître, surtout lorsque la fraude a été commise depuis peu de temps : la souplesse des poils et la propriété qu'ils ont d'obéir également en quelque sens qu'on les pousse, sont aussi des indices de beauté et de bonté. « Les Zibelines de la Sibérie, dit Sonnini, passent pour les plus précieuses; on estime surtout celles des environs de Vitiuski et de Nershinsk. Les bords de la Witima (rivière qui sort d'un lac situé à l'est du Baïkal et va se jeter dans le Léna) sont fameux par les Zibelines que l'on y chasse. Ces Martes abondent dans la partie des monts Altaï que le froid rend inhabitable, ainsi que dans les montagnes de Saïau, au-delà du Jénisseï, et surtout aux environs de l'Oby et des ruisseaux qui tombent dans le Tonba.» La chasse de ces animaux au milieu des solitudes glacées de la Sibérie et du Kamtchatka est peut-être la plus pénible et la plus périlleuse où l'appât du gain ait jamais poussé l'homme. C'est ordinairement à la fin du mois d'août qu'elle a lieu. Les moyens qu'on emploie pour les prendre sont de plusieurs sortes; le plus commun consiste à dresser au milieu de la neige des piéges faits en forme de traquenards, et amorcés avec de la viande ou du poisson; la Zibeline, attirée par cet appât, s'avance pour le dévorer; elle n'y a pas plus tôt touché qu'une poutre suspendue tombe sur elle. On les prend encore avec une sorte de panneau que l'on place à l'entrée du terrier où elles se retirent, et d'où on les force à sortir en les enfumant. Cette chasse est faite par des compagnies de trente à quarante chasseurs, ayant un chef qui les guide dans leurs manœuvres et dans leurs excursions.

Les Zibelines habitent les bords des fleuves, les lieux ombragés et les bois les plus épais; elles fuient la lumière le plus qu'elles le peuvent et vivent dans des trous en terre, ou dans le creux des arbres et des rochers. Quand il tombe de la pluie ou de la neige, elles passent quelquefois trois semaines sans sortir de leur gîte. L'hiver elles se nourrissent d'Écureuils, de Martes, d'Hermines, et surtout de Lièvres; elles attaquent aussi les oiseaux et même les poissons; mais dans la belle saison, elles préfèrent les fruits à la chair. C'est en janvier que ces animaux entrent en chaleur; les mâles sont très-ardens et se battent entre eux avec fureur pour la possession d'une femelle. Celle-ci met bas de trois à cinq petits qu'elle allaite pendant cinq ou six semaines. Les Zibelines sont très-agiles, courent avec vitesse et sautent lestement d'arbre en arbre. Lorsqu'elles sont poursuivies, elles fuient long-temps en faisant mille détours avant de gagner un lieu sûr.

On trouve parmi les Zibelines quelques variétés de couleur : les unes sont grises; quelques autres, plus rares, sont toutes blanches; il en est enfin qui ont sous le cou une tache blanche ou jaune.

Cuvier place avec les Martes une espèce de l'Amérique septentrionale, qui est le Visou blanc des fourreurs, *M. lutreocephala*, Harlan. Ses pieds sont aussi velus et son poil presque aussi doux que celui de la Zibeline; mais sa teinte est d'un fauve clair presque blanchâtre à la tête.

Le Pékan, Buff., t. 13, *M. canadensis*, Linn., Guérin, Iconogr. du Règne animal, pl. 15. Il a la tête, le cou, les épaules et le dessus du dos mêlés de gris et de brun; le nez, la croupe, la queue et les membres noirâtres; quelquefois la gorge présente une tache blanche; les doigts sont garnis de poils. Du Canada et des États-Unis.

On a encore rapporté au genre Marte une foule d'autres espèces dont la plupart, trop imparfaitement connues, ne doivent pas nous occuper : nous nous bornerons à les indiquer. Parmi elles, il en est deux que Desmarest paraît ne pas regarder comme douteuses; c'est la Marte marron, *M. rufa*, Geoff., et la Marte zorra, *M. sinensis*, Humboldt (Voyage dans l'Amérique méridionale). Enfin les auteurs citent encore le Cuja, *M. cuja*, et le Quiqui, *M. quiqui*, Molina; la Marte pêcheuse, *M. Pennantii*, Erxl.; la Marte a tête grise, *Viverra poliocephala*, Traill., et le Putois des Alpes, *M. alpina*, Gebler, Soc.imp. nat. de Moscou.

Quant aux animaux que Buffon a nommés Putois de l'Inde, Fouine de Madagascar, petite Fouine de la Guiane, Grande Marte de la Guiane, etc., il n'en est pas qui se rapportent aux Martes, tous appartiennent à des genres différens. (Z. G.)

MARTEAU, *Malleus*. (anat.) On appelle ainsi le plus long et le plus externe des quatre osselets de l'oreille. *Voy.* Oreille. (M. S. A.)

MARTEAU, *Zygæna*. (poiss.) Les poissons du genre Marteau ont beaucoup de rapports avec les Requins par leurs mœurs et par toute leur conformation intérieure et extérieure, et ils sont fort remarquables par la forme de leur tête. Cette conformation curieuse consiste principalement dans la très-grande largeur de la tête qui s'étend de chaque côté, de manière à représenter un Marteau, dont le corps serait le manche ; cette figure, considérée dans un autre sens, et vue dans les momens où le squale a la tête en bas et l'extrémité de la queue en haut, ressemble aussi à celle d'une balance ou à celle d'un niveau, et voilà pourquoi les noms de Balance et de Niveau ont été donnés au genre que nous décrivons.

Deux ou trois espèces composent ce genre; l'une d'elles, la plus commune, est le Marteau commun, vulgairement appelé Maillet *Zygæna malleus*, Cuv., représenté dans l'Iconogr. du Règne animal, pl. 68, fig. 3, et reproduit dans notre Atlas, pl. 334, fig. 1. Ce poisson a le corps grisâtre, la tête très-large et très-étendue sur les côtés, noirâtre et légèrement festonnée, les yeux sont placés à chacune de ses extrémités; ils sont gros, saillans; la bouche est demi-circulaire, garnie de trois rangées de dents larges, aiguës et courbées. Le corps est un peu étroit, ce qui rend la largeur de la tête plus sensible; les nageoires sont grises, et un peu en croissant dans leur bord postérieur. La première dorsale est très-grande et très-près de la tête ; les ventrales petites et séparées l'une de l'autre. La nageoire de la queue est longue, divisée en deux lobes dont le supérieur est quatre fois plus long que l'inférieur. Le poids de ce poisson s'élève jusqu'à trente-quatre myriagrammes. On le prend ordinairement en juillet, août et septembre ; sa chair est peu estimée.

Le Pantouflier, *squalus tiburo*. Ce cartilagineux a de si grands rapports avec le Marteau, qu'on les a très-souvent confondus ensemble; son corps est d'un gris clair par dessus, blanchâtre en dessous. Le trait principal qui empêche de regarder le Pantouflier comme un Marteau ordinaire, est la forme de sa tête, qui est plus large à proportion

portion que longue. Au lieu de présenter une sorte de traverse très-allongée au bout du tronc de l'animal, on peut comparer sa figure à celle d'un segment de cercle dont la corde serait le derrière de la tête, et dont l'arc serait découpé en six festons. Elle est échancrée au milieu, accompagnée de trois festons, et lorsque cette circonférence est bien développée, et que l'échancrure est un peu profonde, l'ensemble de la tête, considérée surtout avec le devant du tronc, a dans sa forme quelque ressemblance avec un cœur, ainsi que l'ont écrit plusieurs naturalistes. Le dessus et le dessous du museau sont percés d'une quantité innombrable de pores que leur petitesse empêche de distinguer, mais qui, lorsqu'on les comprime, laissent échapper une humeur gélatineuse et glaireuse. La forme et la position des nageoires, qui sont liserées de noir, diffèrent très-peu de celles du Marteau. Sa peau est garnie de tubercules très-petits, et qui sont placés de manière qu'on n'en sent bien la rudesse que lorsque la main qui les touche va de la queue vers la tête.

Les habitudes du Pantouflier ressemblent beaucoup à celles du Marteau; il parvient à une grandeur moins considérable; sa chair est moins désagréable au goût que celle de l'espèce précédente, elle a même quelquefois une saveur qui ne déplaît pas, et les nègres en mangent sans peine. On le rencontre très-rarement auprès des côtes de la Méditerranée. (Alph. G.)

MARTEAU, *Malleus*. (moll.) Genre établi par M. de Lamarck pour un certain nombre d'espèces confondues par Linnæus parmi les huîtres, placées par Bruguières parmi les Avicules, par M. de Lamarck dans la famille des Malléacés, et par M. de Blainville dans celle des Submytilacés. La coquille est irrégulière, à valves inégales, ayant plus ou moins, par suite de l'expansion latérale de ses oreilles et du prolongement de son corps, l'apparence d'un Marteau, ce qui lui a valu le nom qu'elle porte; la charnière, tout-à-fait linéaire et d'une grande étendue, n'a pas de dents; entre le sommet et l'auricule inférieur est une échancrure placée obliquement et donnant passage au byssus; le ligament, qui est triangulaire et simple, s'insère dans une petite fossette conique dont la direction est oblique et la position presque tout-à-fait extérieure.

Quant à l'animal, dont l'anatomie n'a point encore été faite, tout ce qu'on sait sur son compte se rapporte à la forme de son manteau, qui est prolongé en arrière par des lobes assez écartés et d'un volume relatif assez considérable.

Ce genre, qui se rencontre dans les mers de l'Australasie et de l'Inde, est encore peu nombreux en espèces; M. de Lamarck n'en distingue que six espèces parmi lesquelles nous citerons les suivantes :

Le Marteau vulgaire, *Malleus vulgaris*, *Ostrea Malleus*, Lin., Gmel., représenté dans notre Atlas, pl. 334, fig. 2. Cette espèce, la plus grande et la mieux connue du genre, et qui se rencontre dans l'Océan indien, est ordinairement noire, à prolongemens auriculaires très-étroits, longs et à peu près égaux; dans cette espèce, l'échancrure par laquelle passe le byssus et celle du ligament sont bien distinctes l'une de l'autre.

Le Marteau nonnal, *Malleus nonnalis*, Lamarck, ordinairement noir comme le précédent, s'en distingue bien cependant en ce qu'il n'existe qu'un seul des deux lobes de la tête. Des mêmes mers que le précédent.

Peut-être pourrait-on former dans ce genre, d'après M. de Blainville, deux sections, dont l'une comprendrait les espèces dont les oreilles sont bien développées et qui pour cela ont l'apparence de marteau, et celles qui, comme la seconde, offrent cette forme à un bien moindre degré. (V. M.)

MARTEAU ou NIVEAU D'EAU. (ins.) Quelques auteurs anciens ont donné ce nom aux larves des Agrions, qui offrent une sorte de ressemblance avec un T. (Guér.)

MARTIN, *Gracula*. (ois.) Genre de passereaux de la famille des Dentirostres, auquel quelques auteurs, et Temminck le premier, ont donné le nom générique de *Pastor*, et que Vieillot nommait *Acrydothères* pour les distinguer des Mainates, qui ont reçu comme les Martins la dénomination latine de *Gracula*. Cuvier a créé pour les premiers le nom d'*Eulabes*, et a conservé aux Martins seulement celui de *Gracula*. Ces oiseaux, très voisins des Merles par quelques attributs, s'en distinguent pourtant par un bec plus comprimé, allongé, très-peu arqué, à mandibule supérieure légèrement échancrée à sa pointe, et presque toujours par un espace nu autour de l'œil. En outre, leurs narines sont basales, ovoïdes, en partie recouvertes par une membrane emplumée; le doigt externe soudé à celui du milieu dans une petite étendue de sa longueur, et les deuxième et troisième rémiges les plus longues.

Les Martins, si voisins des Merles par leurs caractères, le sont encore plus des Etourneaux par leurs mœurs. Ils ont, en effet, les habitudes de ces derniers, leur manière de vivre, de se rassembler et de voler en grandes troupes; on peut suivre même l'analogie jusque dans le mode d'être qu'ont ces oiseaux réduits à la captivité. Dociles et familiers ils amusent par leurs gentillesses, retiennent facilement ce qu'on veut leur apprendre, et apprennent même sans qu'on leur fasse la leçon; car bien souvent ils imitent le chant ou les cris des animaux qui restent quelque temps leurs voisins. Dans quelques contrées civilisées de l'Inde on se plaît à les élever à cause de cela. L'homme n'est pas pour eux un ennemi; aussi, dans l'état de liberté, ils fuient peu sa présence. Souvent on les voit se mêler parmi les troupeaux auxquels ils rendent évidemment des services, en dévorant les insectes qui les importunent. C'est sans doute cette habitude qui leur a valu le nom de *Pastor* que Temminck leur a donné. Les habitudes naturelles du plus grand nombre de ces oiseaux ne sont point encore entièrement connues : on n'a aucuns détails bien précis sur leur nidification sur leur incubation ; pourtant on pense qu'ils nichent dans des trous creusés en terre ; du moins est-ce l'opinion de Levaillant, qui a étudié avec soin les espèces d'Afrique. Quant à leur genre de vie, il est depuis long-temps connu. Les Martins sont grands destructeurs de toutes sortes d'insectes, et par là ils rendent un grand service à l'agriculture. Ce régime n'est pourtant pas exclusif; dans le besoin, ils attaquent les petits quadrupèdes, tels que les Mulots, les Souris, etc., et se rejettent même sur les fruits et les jeunes pousses. Ce sont tous des oiseaux d'Afrique et des grandes Indes.

Les espèces dont est composé ce genre ont été confondues par Linnæus, Gmelin et Latham, dans les genres *Gracula*, *Sturnus*, *Turdus*, etc.; elles ont dû en être retirées par les ornithologistes modernes, qui les ont rapportées, d'après leurs affinités les plus naturelles, au groupe qu'elles concourent à former.

Martin proprement dit, *Gracula tristis*, Lath. et Shaw; *Paradisæa tristis*, Gmel., Enl. 219. Il a neuf pouces six lignes de longueur, le bec et les pieds jaunes, le haut de la tête couvert de plumes noires longues et étroites; tout son plumage est d'un brun marron supérieurement, grisâtre à la poitrine et à la gorge, et blanc sous le ventre; le bout des pennes latérales de la queue est de cette couleur. La femelle ne diffère pas du mâle. Cette espèce est nombreuse dans l'Inde et fait plusieurs pontes dans l'année. Elle donne à son nid une construction grossière, et l'attache dans les aisselles des feuilles du Palmier latanier ou sur d'autres arbres; quelquefois même elle le fait dans les greniers lorsqu'elle peut s'y introduire. La couvée est ordinairement de quatre œufs.

Les Sauterelles, dit Buffon, sont une des proies favorites du Martin ; il en détruit beaucoup, et par là il est devenu un oiseau précieux pour les pays affligés de ce fléau. C'est son appétit pour ces insectes qui l'a fait désirer à l'île Bourbon, dans un temps où cette île était, pour ainsi dire, dévorée par les Sauterelles. On fit venir des Indes quelques paires de Martins, dans l'intention de les multiplier et de les opposer comme auxiliaires à leurs redoutables ennemis. Cette mesure eut d'abord un commencement de succès ; mais lorsqu'on s'en promettait les plus grands avantages, ils furent proscrits, parce que les colons, les ayant vus fouiller dans les terres nouvellement ensemencées, s'imaginèrent qu'ils en voulaient aux grains. L'espèce entière fut donc détruite, et avec elle la seule digue qu'on pouvait opposer aux Sauterelles; car celles-ci, ne trouvant plus d'ennemis acharnés à les dévorer, multiplièrent au point que les habitans de l'île eurent bientôt à se repentir de leur arrêt de proscription, et se virent forcés de rappeler les Martins à leur secours. Deux autres couples furent donc rapportés et mis cette fois sous la protection des lois. Les médecins, de leur côté, leur donnèrent une sauvegarde encore plus sacrée, en décidant que leur chair était une nourriture mal saine. Depuis leur réapparition, ces oiseaux ont beaucoup multiplié dans l'île, et ont entièrement détruit les Sauterelles. Mais il en est résulté, selon Montbeillard, un nouvel inconvénient : car ce fonds de subsistance leur ayant manqué, et leur nombre augmentant toujours, ils ont été contraints de se jeter sur les fruits; ils en sont venus même à déplanter les blés, les maïz, les fèves, et à pénétrer jusque dans les colombiers pour y tuer les jeunes pigeons et en faire leur proie, de sorte qu'après avoir délivré ces colonies des ravages des Sauterelles, ils sont devenus eux-mêmes un fléau plus redoutable.

Les Martins, dispersés pendant la journée par petites bandes, se rassemblent le soir en si grand nombre, que l'arbre qu'ils choisissent pour y passer la nuit en paraît tout couvert. Lorsqu'ils sont ainsi réunis, ils commencent par babiller tous à la fois d'une manière fort incommode : ils ont cependant un ramage naturel qui n'est pas sans agrément.

Une espèce de ce genre qui se montre quelquefois passagèrement en Europe, est celle que Buffon a fait connaître sous le nom de Merle couleur de rose ; Temminck et quelques autres ornithologistes l'ont portée parmi les Martins; elle est donc actuellement le Martin roselin (*Pastor roseus*, Meyer, Tem.) des auteurs. Linné l'avait placée dans les Merles. Le plumage du mâle est distingué : il a la tête, le cou, les pennes des ailes et de la queue noirs à reflets verts et pourpres ; la poitrine, le ventre, le dos, le croupion et les petites tectrices alaires, de couleur rose ; les plumes de la tête, étroites et allongées, formant une huppe. Son bec est noirâtre et ses tarses jaunâtres. Les couleurs de la femelle sont bien moins vives. Nous avons représenté le mâle dans notre Atlas, pl. 334, fig. 4.

On n'a rien de bien certain sur ses mœurs; on ignore même sa véritable patrie. D'après Linné, il habite la Laponie et la Suisse; mais il est probable qu'il est seulement de passage dans ces contrées. On l'a rencontré plusieurs fois en Bourgogne. Comme le précédent, il rend de grands services aux pays chauds, en détruisant les Sauterelles. Cette espèce, à ce qu'on dit, nicherait dans des crevasses et des troncs d'arbres.

Martin brame, *Turdus pagodarum*, Vaill., Ois. d'Afr., 95 ; *Pastor pagodarum*, Tem. Il a tout le dessus du corps gris et toutes les parties inférieures d'un jaune roussâtre, avec un trait blanc sur chaque plume. Les plumes qui forment la huppe sont noires à reflets violets; les rémiges et le bec sont noirs; les pieds jaunes. Sa taille est celle de l'Etourneau. Cette espèce offre de nombreuses variétés.

On la trouve au Malabar et au Coromandel, où, selon Latham, elle porte le nom de *Povie* ou *Powe*. Les Européens lui ont donné celui de *Brame* parce qu'on le voit toujours sur les tours des pagodes. On l'élève à cause de son chant. Nous la représentons dans notre Atlas, pl. 334, fig. 3.

Martin goulin, *Gracula calva*, Lath., pl. col. de Buffon, n° 200; *Goulin* ou *Gulin* est le nom que porte cet oiseau aux Philippines. Son plumage et sa taille sont sujets à varier, au point qu'on trouve rarement deux individus qui se ressemblent parfaitement, néanmoins la couleur grise est celle qui domine toujours. Il est très-familier et fait sa principale nourriture des fruits du Cotonnier.

Martin vieillard, *Turdus malabaricus*, Lath.; *Acridotheres malabaricus*, Vieill. Les plumes de la tête et du cou, longues, déliées, d'un gris cendré, et marquées dans leur milieu d'une ligne blanche, représentant assez bien la chevelure de l'homme au vieil âge, ont fait donner à cet oiseau le nom de *Vieillard*. Son plumage en dessus est généralement gris, et brun-roux en dessous. A la côte de Malabar, où il se trouve, on l'appelle *Porie*, comme le Martin brame.

Vieillot, n'ayant égard qu'aux caroncules que l'on remarque sur l'espèce connue sous le nom de Porte-lambeaux (*Gracula caranculata*, Gmel.), avait fait de ce Martin le type d'un genre sous la dénomination de *Dilophe*. Plus tard, il a rapporté lui-même cette espèce aux Martins, comme l'avait fait Cuvier.

Martin a longue queue, *Cossyphus caudatus*, Dum. Brun varié de roussâtre en dessus; grisâtre en dessous et marqué de quelques stries plus claires; la gorge est blanche, le bec et les pieds jaunes. Il habite l'Inde.

Parmi les espèces qui vivent encore dans l'Inde nous citerons les suivantes :

Martin de Gingi, *Turdus ginginianus*, Lath., généralement gris avec les ailes variées de vert, de roux et de noir. Martin gris-de-fer, *Gracula grisea*, Daud.; *Cossyphus griseus*, Dum.; Levail., de l'Afrique, pl. 95, gris supérieurement; tête garnie de plumes noires et effilées; poitrine coupée d'une bande fauve, et parties inférieures d'un brun ferrugineux. Martin huppé de la Chine, *Gracula cristatella*, Lath., Buff., Enl. 507, à plumage généralement d'un noir bleuâtre sombre, à l'exception des rémiges et des tectrices qui sont blanches, les premières à leur origine, les autres à l'extrémité. Martin aux oreilles blanches, *Pastor auricularis*, Drap., caractérisé par une plaque de petites plumes soyeuses blanches, qui lui couvre l'oreille. Cette espèce se trouve aussi à Java. Martin pygmée, *Cossyphus minutus*, Dum.? et enfin Martin a queue striée, *Cossyphus striatus*, Dum., espèce également douteuse.

Martin tirouch, *Upupa capensis*, *Coracia cristata*, Vieill., d'un gris foncé supérieurement, blanc inférieurement; rémiges noirâtres avec une tache blanche vers le milieu, tête garnie d'une huppe de même couleur. On le trouve au cap de Bonne-Espérance. (Z. G.)

MARTIN-CHASSEUR. (ois.) LeVaillant a donné ce nom à des oiseaux de la famille des Alcédidés (*Alcedo*, Lin.) vivant dans les bois et se distinguant par conséquent déjà des Martins-pêcheurs avec lesquels ils sont placés, par leurs habitudes. Le savant naturaliste que nous venons de citer les avait signalés comme en différant aussi par des caractères assez sensibles pour être groupés génériquement. Leach est le premier qui ait réalisé l'opinion de Le Vaillant; il en a formé un genre à part sous le nom de *Dacelo*. Ce genre a été approuvé par presque tous les ornithologistes modernes; mais, ainsi que Vieillot et Cuvier, nous ne l'adopterons que comme division du genre Martin-pêcheur (*voy.* ce mot). (Z. G.)

MARTIN-PÊCHEUR ou ALCYON, *Alcedo*, Lin. (ois.) Genre appartenant à la division des Passereaux syndactyles, caractérisé comme il suit: bec long, gros, droit, plus ou moins comprimé, très-rarement échancré et incliné vers le bout; narines basales, étroites; tarses courts, placés un peu à l'arrière du corps; quatre doigts ou trois, l'externe presque aussi long que celui du milieu auquel il est uni dans une grande partie de sa largeur; queue généralement courte; ailes de médiocre longueur, obtuses ou sub-obtuses.

La distribution géographique du genre Martin-pêcheur est immense : ces oiseaux sont répandus sur tout le globe et en nombre considérable. l'Europe et l'Amérique n'en possèdent qu'une seule espèce; mais ils se trouvent profusément répartis dans les contrées chaudes de l'Afrique et de l'Asie. Presque tous vivent sur les bords des fleuves, des rivières ou des étangs; nous verrons pourtant les Martins-chasseurs s'en éloigner, pour habiter les les bois et les forêts. Ils sont solitaires, ne s'attroupent jamais et se fuient mutuellement. Rarement on en rencontre trois ensemble. Leur nourriture consiste en petits poissons, en insectes aquatiques et terrestres.

On a fait pour les Alcyons presque autant de coupes génériques qu'il y a d'espèces, et cela d'après des caractères qui sont à peine suffisans pour distinguer telle espèce de telle autre espèce. Les méthodistes modernes rendent vraiment l'étude de l'ornithologie de plus en plus difficile, par la multiplicité des genres qu'ils établissent. Pour nous, nous croyons devoir ranger tous les Alcédidés sous la dénomination générique d'*Alcedo*, en les divisant en ceux qui vivent sur le bord des eaux, et en ceux qui s'en éloignent. Les caractères tirés des mœurs ne nous paraissent pas assez solides pour grouper les Martins-chasseurs, comme on l'a fait, dans un genre à part. En adoptant ces caractères, on devrait par la même raison, ce nous semble, distingner génériquement le Râle de Genêts, par exemple (vulgairement Roi des Cailles, *Rallus crex*), par cela seul qu'il habite les champs lorsque ses congénères vivent sur le bord des rivières: pourtant on ne l'a pas fait. Les Martins-chasseurs sont dans le même cas ou à peu près, et mériteraient tout au plus de former un sous-genre. D'ailleurs, en comprenant tous les Alcédidés sous le nom d'*Alcedo*, nous ne donnons que la manière de voir de Vieillot, et en partie celle de Cuvier, puisque ce dernier n'a distrait des Martins-pêcheurs que les espèces que comprend le genre *Ceyx*, genre formé par Lacépède aux dépens des Alcyons, sur la seule apparence de trois doigts aux pieds. Mais, ce caractère ne pouvant être pris en considération, parce qu'au dire de plusieurs ornithologistes, le quatrième doigt existe, dans plusieurs espèces, à l'état rudimentaire, les Ceyx rentrent naturellement dans le genre Martin-pêcheur, où ils forment un groupe.

Première division. Les Alcédidés aquatiques qui composent cette division ont tous des mœurs solitaires; ils vivent éloignés non seulement des individus de leurs espèces, mais encore des autres oiseaux. Ils ont un vol rapide et bas; se nourrissent généralement de petits poissons et de larves ou d'insectes aquatiques, et nichent dans les crevasses qui existent le long du rivage ou dans les trous pratiqués par les Rats d'eau. Leur ponte est de quatre à huit œufs, ordinairement blancs. Ils ont communément des couleurs belles et variées. Pour faciliter la distribution des espèces entre elles, on peut les grouper d'après leurs affinités naturelles.

1° Espèces qui ont le bec simplement droit, pointu et quadrangulaire.

Le Martin-pêcheur d'Europe, *Alcedo ispissa*, Linn.; Buff., pl. enl., 77, representé dans notre Atlas, pl. 335, fig. 1. Cet oiseau, auquel les souvenirs de l'antiquité se rattachent, est sans contredit un des plus beaux de nos climats; il ne s'en trouve que peu ou point en France qui puissent lui être comparés, sinon pour l'élégance des formes, du moins pour la richesse, la netteté des couleurs. « Elles ont, dit Buffon, les nuances de l'arc-en-ciel, le brillant de l'émail et le lustre de la soie : tout le milieu de son dos, ainsi que le dessus de sa queue, est d'un bleu clair brillant, qui, aux rayons du soleil, a le jeu du saphir et l'œil de la turquoise : le vert se mêle sur ses ailes au bleu, et la plupart des plumes y sont terminées et ponctuées par une teinte d'aigue-marine : la tête et le dessus du cou sont pointillés de mêmes taches plus claires sur un fond d'azur.» La gorge est d'un blanc mêlé d'une légère teinte de roux, le devant du cou et le dessus du corps sont d'un marron pourpré, plus clair et même blanchâtre sur le milieu du ventre. Il y a de chaque côté de la tête, entre l'œil et le bec, une tache rousse, et derrière l'œil deux bandes longitudinales, l'une rousse et l'autre d'un roux blanchâtre. L'iris est noir, le bec brunâtre, les pieds sont rouges et les ongles noirs. La femelle, ainsi que les jeunes, sont parés de couleurs plus ternes. Sonnini, dans son édition de Buffon, parle d'une variété assez remarquable : elle est d'un noir profond à reflets verts dorés.

Les mœurs de notre Martin-pêcheur sont intéressantes à étudier. En volant, il fait entendre un cri perçant qu'expriment assez bien les syllabes *ki ki kivi ki*; c'est même de ce cri que lui vient, selon Gesner, le nom latin d'*Ispissa*. Cet oiseau triste vit toujours solitaire, si ce n'est dans le temps des amours. Son caractère sauvage et méfiant lui fait fuir la présence de l'homme. Lorsqu'on l'approche, il part d'un vol rapide, file en rasant la surface de l'eau ou du sol, et en suivant ordinairement tous les contours des rivières. Il est peu d'oiseaux de sa taille dont les mouvemens d'ailes soient aussi prompts. Au moment où il vole avec le plus de vélocité, il s'arrête tout d'un coup, et se soutient en l'air pendant plusieurs secondes. Ses battemens d'ailes, réitérés et pressés, ne peuvent être comparés qu'à ceux du Faucon lorsqu'il plane, ou encore mieux à ceux des Colibris quand ils cherchent leur nourriture dans le calice des fleurs. Le Martin-pêcheur ne saute ni ne marche, lors même qu'il se pose à terre : cela tient sans doute à quelque particularité de son organisation, dont on n'a point encore cherché à se rendre compte. Comme cet oiseau ne peut saisir sa proie qu'au passage, et comme il est forcé de l'attendre s'il veut l'apercevoir, la nature l'a doué d'une patience admirable. On le voit des heures entières rester immobile, perché sur une branche, sur une pierre qui s'élève dans l'eau, ou même sur la rive d'un fleuve, à épier les poissons. Aussisôt qu'il en aperçoit un, il fond dessus avec la rapidité de l'éclair, en tombant d'aplomb, la tête en bas et en plongeant dans l'eau. Le plus ordinairement il fait cette chasse aux petits poissons; mais, à défaut, ils se jettent sur ceux d'une taille plus forte; et alors si sa capture est d'une grosseur qui ne lui permette pas de l'avaler, il la porte à terre et là il la dépèce tout à l'aise. De l'habitude qu'il a de toujours se poser sur les branches mortes est venu ce conte, né en Allemagne, et accrédité chez nous, du moins dans la classe ignorante, que le Martin-pêcheur fait sécher le bois sur lequel il s'arrête. On sait depuis long-temps que cet oiseau, par instinct, se pose de préférence sur les branches sèches ou dépouillées de feuilles qui s'avancent dans l'eau; de là il est mieux à portée de guetter et d'apercevoir sa proie, puisqu'il est isolé de tout ce qui pourrait borner sa vue, et de là aussi il tombe dans l'eau sans que rien ne l'arrête. En hiver, lorsqu'il est forcé par la glace et les eaux troubles de quitter les rivières, on le voit sur les bords des ruisseaux d'eau vive, exercer son industrie, aux dépens alors plutôt des insectes aquatiques que des poissons. Mais comme souvent il ne trouve pas d'arbres où pouvoir s'arrêter, il chasse en voltigeant continuellement. Il s'élève, plane, puis plonge si une proie se présente. Lorsqu'il veut changer de place, il se rabaisse, continue à voler, s'arrête de nouveau, se relève et s'abaisse encore; il parcourt de cette manière des demi-lieues de chemin.

Tous nos Martins-pêcheurs ne nous quittent pas pendant l'hiver. Dès le mois de mars, les mâles cherchent les femelles, et c'est alors que ces oiseaux commencent à fréquenter les trous dans lesquels ils nichent. Il paraît qu'ils ne font point de nids; car on ne trouve le plus souvent au dessous des petits que de la poussière, des écailles et des arêtes de poissons. La ponte est de six à neuf œufs, d'un blanc pur luisant. Il est très-difficile d'élever les jeunes Martin-pêcheurs, ils meurent toujours au bout de quelques mois. Lors même qu'on parvient à les conserver plus long-temps, en les entourant de tous les soins possibles, en les laissant dans une vaste chambre au milieu de laquelle est un bassin renfermant du poisson; ils ne peuvent jamais devenir familiers; leur caractère farouche ne les abandonne pas. Leur chair est d'un goût désagréable et entraîne avec elle une odeur de faux musc; leur graisse est rougeâtre. La durée de leur vie est de quatre à cinq ans.

Notre Alcyon est répandu en Europe; mais il est rare dans les parties boréales; il habite aussi l'Afrique et l'Asie; car on le trouve en Egypte, au cap de Bonne-Espérance et à la Chine, où il porte le nom de *Tye-tzoy*. Anciennement, en France, il était connu sous celui de Martinet-pêcheur et aujourd'hui encore on lui donne diverses dénominations. Les Italiens l'appellent *Piombino* (petit plomb) de son habitude de tomber d'aplomb dans l'eau. On lui fait la chasse de diverses manières; selon Olina, on le prend à la pointe du jour ou à la nuit tombante, avec un trébuchet tendu au bord de l'eau; on l'attrape aussi à la glu, aux raquettes, etc. On donne à cet oiseau desséché la propriété de conserver les draps et autres étoffes de laine, d'éloigner les teignes, en le suspendant à cet effet dans les magasins; aussi l'a-t-on appelé pour cela Oiseau-teigne, Drapier, Gardeboutique: on a dit également que sa chair n'était pas susceptible de se corrompre. Ce sont tout autant de fables imaginaires et absurdes qui tombent devant les faits. Les plumes du Martin-pêcheur deviennent, comme celles des autres oiseaux, la pâture des Teignes, et sa chair est la proie des Anthrènes et des Dermestes. Il y a peu de nations qui n'aient attribué à son cadavre des propriétés merveilleuses; les anciens croyaient qu'il repoussait la foudre; que, porté avec soi, il communiquait les grâces et la beauté; qu'il donnait la paix à la maison, le calme à la mer, rendait la pêche abondante sur toutes les eaux. Ce qu'il y a de singulier, c'est que des idées à peu près pareilles se trouvent chez les Tartares et les Asiatiques.

Parmi les espèces étrangères, nous citerons le MARTIN-PÊCHEUR HUPPÉ, *Alcedo maxima*, Lath., var.; Buff., pl. enl. 679; d'un gris noirâtre varié de lignes blanches en dessus; sommet de la tête d'un gris de même couleur tacheté d'un gris ardoisé; sourcils blancs; rémiges et tectrices noirâtres, régulièrement tachetées et terminées de blanc; gorge blanche striée de noirâtre et de roussâtre; poitrine mêlée de ces deux couleurs; le reste des parties inférieures blanc avec les flancs d'un rouge orangé; bec et pieds noirs. La femelle a la gorge et le devant du cou d'un brun ferrugineux pâle; des lignes étroites et noirâtres sur les parties inférieures. Cette espèce, qui a seize pouces, est une des plus grandes du genre. Elle habite l'Afrique.

Le MARTIN-PÊCHEUR A COLLIER, *Alcedo torquata*, Lath., ainsi appelé à cause du blanc de la gorge, qui, en s'étendant sur les côtés de son cou, en fait tout le tour. Le fond de son plumage est supérieurement d'un gris bleuâtre, et le dessous d'un roux marron. Cette espèce, que l'on trouve aux Antilles et à la Louisiane, est celle que Buffon a appelée MARTIN-PÊCHEUR ATATLI, par contraction du mot *Achalalactli* ou *Micalalactli*, qui, suivant Fernandez, est le nom que lui donnent les habitans du pays qu'elle habite.

Le MARTIN-PÊCHEUR DU BENGALE, *Alcedo bengalensis*, Lath., var. Buffon a réuni sous cette dénomination deux petits Martins pêcheurs, décrits et figurés par Edwards (pl. 1). Brisson en a fait deux espèces; d'autres ornithologistes ont regardé la plus petite comme une variété de l'autre. Quoi qu'il en soit, la plus grande a quatre pouces et demi de longueur; le dessus du corps, d'un bleu d'aigue-marine; le dessous, roux; la tête, rayée transversalement d'un bleu plus foncé; une strie rousse à travers les yeux, et se terminant sur le cou; la gorge blanche; les tectrices terminées par du bleu brillant; les rémiges et les rectrices brunes et bordées d'aigue-marine. Ses pieds sont rouges.

La seconde n'en diffère que par une taille moindre, par sa tête et sa queue entièrement brunes et par sa tache sourcilière divisée en deux. Linné les regardait comme des variétés de notre Martin-pêcheur; Vieillot pense, au contraire, qu'elles constituent une espèce différente, dont l'une serait le mâle et l'autre la femelle. Toutes les deux ont pour patrie le Bengale.

Le MARTIN-PÊCHEUR A FRONT GRIS, *Alcedo cineri-frons*, Vieill., long de neuf pouces et demi, d'un bleu d'aigue-marine à la tête, au cou, au dos, au croupion, à la poitrine et à la queue; le bord extérieur des pennes alaires a aussi cette couleur. Il a le front gris, le ventre et la gorge blanchâtres, et un trait noir sur la joue.

La femelle diffère du mâle en ce que le fond de son plumage est d'un gris bleuâtre. On le trouve à Malimbe, où il fréquente les bords de la mer.

Le MARTIN-PÊCHEUR ALCYON, *Alcedo Alcyon*, Lath., pl. enl. de Buff., 715, sous le nom de Martin-pêcheur de la Louisiane. D'un gris ardoisé en dessus, varié de nuances plus claires; la tête d'un bleu d'ardoise munie de plumes assez longues et effilées, susceptibles de se relever en huppe; la gorge, le ventre et les tectrices caudales inférieures blanches; les tectrices alaires tachetées de blanc; les rémiges bordées de cette couleur; les flancs et le bas de la poitrine, roux. La femelle manque de cette teinte.

Cette espèce est répandue dans l'Amérique septentrionale, depuis Saint-Domingue jusqu'à la baie d'Hudson, et sur les côtes occidentales; mais elle n'habite le nord que pendant l'été, et s'y nourrit de poissons et de petits lézards. Les naturels de la baie la nomment *Kiskeman* ou *Kiskemanane*.

Le MARTIN-PÊCHEUR DES MERS DU SUD, *Alcedo sacra*, Lath., *Halcyon sanctus*? Vigors et Horsf. (Trans. soc. Lin. Lond., tom. XV, pag. 206). D'un vert pâle en dessus, plus foncé sur les oreilles; un trait ferrugineux part des narines, passe au dessus des yeux, et se termine sur l'occiput; au dessous de l'œil est une petite strie orangée, bordée d'une bande bleue dans sa partie inférieure; les ailes et la queue sont noirâtres et bordées de bleu à l'extérieur; les pieds sont noirs; le cou est en dessous d'une couleur blanche avec un collier fauve. Cette espèce offre de nombreuses variétés, toutes répandues dans les îles de la mer du Sud. A Otaïti et aux îles des Amis, on donne aux Martins-pêcheurs qui s'y trouvent le nom de *Koato-o-oo*. Tous sont regardés par les insulaires comme des oiseaux sacrés qu'il n'est pas permis de tuer.

Il y a encore une foule d'espèces, soit bien déterminées, soit douteuses, se rapportant à celles que nous venons de décrire, qu'il serait trop long de mentionner : toutes, d'ailleurs, analogues par leurs formes, ne se distinguent les unes des autres que par de légères différences dans la coloration.

2° Espèces qui ont le bec droit, trigone, avec la mandibule inférieure renflée.

Cette section renferme presque autant d'espèces que la précédente; nous nous bornerons à citer les plus remarquables.

Le Martin-pêcheur a tête noire, *Alcedo atricapilla*, Lath.; enl. de Buff., 673. Remarquable par sa beauté. Une coiffe noire enveloppe la tête, le cou, et un bleu violet, moelleux et satiné, domine sur le dos, la queue et la moitié des ailes; un plastron blanc couvre la gorge, la poitrine, et fait le tour du corps près du dos; le ventre est d'une couleur rousse claire; le bec et les pieds sont rouges. Sa longueur est de dix pouces. On le trouve à la Chine.

D'après quelques ornithologistes, le grand Martin-pêcheur de l'île de Luçon, apporté par Sonnerat, ne serait qu'une variété de celui que nous venons de décrire. On lui en rapporte encore deux autres, une dont on ne connaît pas le pays, et l'autre venant des îles de la mer du Sud.

Le Martin-pêcheur crabier, *Alcedo cancrophaga*, Lath.; enl. de Buff., 334. Il a un pied de longueur, le dessus du corps et la queue d'un bleu d'aigue-marine, ainsi que les bords extérieurs des pennes des ailes, qui sont terminés de noir; tout le dessous du corps est d'un fauve clair; le bec et les pieds d'une couleur de rouille foncée.

Si ce Martin-pêcheur est le même que celui dont parle Forster dans son second voyage du capitaine Cook, il se trouve non seulement au Sénégal, mais encore au cap Vert, où il se nourrit de gros crabes de terre, ce qui lui a valu le nom qu'il porte.

Le Martin-pêcheur a longs brins, *Alcedo dea*, Lath. Cette espèce, dont M. Vigors a fait son genre *Tanysiptera*, se distingue de toutes les autres par l'exagération de ses deux rectrices intermédiaires : elles dépassent de beaucoup les autres, et sont dénuées de barbules dans la moitié de leur longueur; leur couleur est, de même que dans toutes les autres, d'un rouge de rose à l'extérieur, et brune à l'intérieur; la tige est bleue; elle a tout le dessus du corps noirâtre, bordé de bleu foncé; cette dernière teinte se remarque également sur la tete, le cou et les tectrices alaires; les rémiges sont bleues, bordées de noir; la poitrine, le ventre et le croupion sont d'un blanc rosé; le bec et les pieds, rougeâtres. La femelle, selon Séba, ne diffère qu'en ce que les deux filets sont d'un tiers moins longs.

Cette espèce, décrite par Valentyn (p. 301, t. 3 de son ouvrage sur Amboine) sous le nom de Martin-pêcheur à longs brins, fut découverte dans l'île de Ternate. D'après Lesson, on la trouve également à la Nouvelle-Guinée, où elle est très-commune. Les Papous la nomment *Manesoukour*.

Des espèces décrites par Temminck, nous citerons le Martin-pêcheur double oeil, *Alcedo diops*, Temm., Ois. color., pl. 272, d'un bleu nuancé de vert d'aigue-marine sur les parties supérieures; d'un bleu vif au sommet de la tête, au cou, sur la poitrine, les cuisses, les rémiges et les tectrices; une grande tache blanche de chaque côté du front; trait oculaire varié de noirâtre; menton, gorge et abdomen blancs; bec et pieds noirs. Il vient des Moluques et des Célèbes.

Le Martin-pêcheur omnicolore, *Alcedo omnicolor*, Reinw.; Temm., Ois. color., pl. 135. Cette espèce, dont le nom seul est une description, est, en effet, parée de nombreuses couleurs; mais comme dans presque toutes celles que nous avons vues, le bleu, sous diverses nuances, est la teinte dominante. Elle a en outre la tête noire, une large moustache brune et un collier d'un brun marron. Elle habite Java.

3° Espèces qui n'ont que trois doigts apparens, l'interne étant réduit à être presque nul.

Ce groupe qui correspond au genre Ceyx, établi par Lacépède, et adopté par presque tous les ornithologistes modernes, pourrait au besoin former une section distincte de celle où nous le plaçons. Mais, outre que cette division porterait sur des caractères réellement très-peu génériques, puisque le doigt interne existe, comme nous l'avons dit, mais seulement à l'état rudimentaire, on ne saurait aussi séparer ces Martins-pêcheurs trydactyles des autres, parce qu'ils n'en diffèrent en rien, soit par leur bec, leur port général, leur système de coloration, soit par leurs mœurs. Nous persistons donc à ne les considérer que comme formant un groupe dans le genre Martin-pêcheur. On ne connaît encore que trois ou quatre espèces qui présentent cette particularité.

Le Martin-pêcheur a dos bleu, *Alcedo tribrachys*, Shaw; *Ceyx tribrachys*, Guér., Icon. du Règn. an., pl. 28, fig. 2. Il est d'un bleu foncé en dessus et sur les joues; une bande de cette couleur descend sur les côtés de la gorge, du cou et de la poitrine; le milieu de ces diverses parties, les côtés de l'occiput et le dessous du corps sont ferrugineux; le bec est noir et les tarses orangés. On le trouve à Timor.

Le Martin-pêcheur de l'île de Luçon, *Alcedo tridactyla*, Pall. et Gm.; Sonnerat (Voyage à la Nouv.-Guinée., pl. 32.) Tout le dessus du corps et la tête sont d'une teinte lilas foncé; les ailes d'un bleu d'indigo sombre, entouré sur chaque plume par un bleu vif et éclatant; tout le dessous du corps est blanc; le bec et les pieds rougeâtres.

On donne à cette espèce deux variétés, dont l'une est figurée dans le *Spicilegia* de Pallas, pl. 2, fig. 1.

Le Ceyx meninting, *Alcedo meninting*, Horsf., Temm., pl. col., 239; *Alc. bengalensis*, Edw.; *Ceyx meninting*, Less. Ce Martin-pêcheur, long de quatre pouces trois lignes, a la tête d'un bleu noir intense, ponctué de bleu clair brillant; les ailes brunes également garnies sur leurs petites tectrices de points azurés; le dos bleu foncé, taché de bleu clair passant au bleu d'aigue-marine; les plumes du front, d'un noir de velours; deux taches jaunâtre clair occupent les côtés du front au devant des yeux; la gorge blanche; la poitrine et le ventre, d'un jaune roux; le bec noir, les tarses jaunes et le bec blanc.

Cette espèce a été décrite par MM. Horsfield et Temminck. Elle habite le bord des petits ruisseaux, sur le pourtour du havre de Doréry, à la Nouvelle-Guinée.

Une autre espèce que l'on trouve dans les mêmes contrées et sur les mêmes lieux, et que pourtant Lewin indique aussi au Port-Jackson, et Latham à l'île de Norfolk, est le Martin-pêcheur bleu, *Alcedo azurea*, Lath., Suppl., t. 10, p. 372; *Ceyx azurea*, Horsf. Il ne diffère du précédent que par l'absence de taches plus foncées ou plus claires sur le fond de son plumage; ses autres couleurs, à peu près les mêmes, sont aussi dans les mêmes dispositions.

Deuxième division. Elle comprend les Alcédidés terrestres, c'est-à-dire ceux qui, contrairement aux autres, ne se trouvent qu'accidentellement sur le bord des rivières; ce sont les Martins-chasseurs. Ceux-ci, que Leach a le premier séparés des Martins-pêcheurs en les groupant sous le nom générique de *Dacelo*, vivent dans les forêts touffues et humides. Sauvages comme les précédens, ils n'évitent cependant pas, ainsi que l'a avancé Sonnerat, la société des autres oiseaux; car plusieurs observateurs les ont vus disputer aux Merles et aux Moucherolles les insectes dont ils font presque leur unique nourriture: ils vivent aussi de lombrics et de larves. Ils nichent dans des troncs d'arbres morts; leur ponte consiste en quatre ou cinq œufs d'un blanc bleuâtre tiqueté de brun. On n'a encore trouvé aucune espèce de cette seconde division dans le Nouveau-Monde; toutes appartiennent exclusivement aux pays chauds.

Ce genre *Dacelo* des auteurs, que nous n'adoptons que comme division du genre *Alcedo*, est si peu naturel par lui-même, que les caractères d'après lesquels Leach l'a établi sont loin d'être les mêmes que ceux que lui donnent les ornithologistes modernes qui l'adoptent. Leach, prenant pour type l'*Alcedo fusca* de Gmelin, n'a tiré ses caractères que du bec; mais ces caractères génériques, comme le fait remarquer M. Lafresnaye (Mag. de Zool. de Guérin, 1833), surtout celui de l'échancrure de la mandibule supérieure, qui conviennent aux Martins-chasseurs géant et de Gaudichaud, s'affaiblissent insensiblement et ne sont plus propres à être appliqués aux dernières espèces. Temminck, trouvant que la forme du bec est trop variable pour être admise comme caractère générique, base la distinction du genre sur le plumage, en général mollet et non lustré, et sur la forme allongée de la queue. Lesson, dans son Traité, caractérisant au contraire les *Dacelo* d'après le bec, exagère ce qu'avait fait Leach, qui était parti du même point, et introduit dans ce genre, d'après la caractéristique qu'il emploie, toutes les espèces dont Vieillot, Cuvier et Temminck ne font qu'une subdivision des vrais Martins-pêcheurs, c'est-à-dire ceux qui ont le bec renflé en dessous. De plus, il fait de l'espèce qui avait servi de type à Leach et du *Dacelo Gaudichaudii* un sous-genre sous le nom de *Choucalcyon*. Cuvier, dans son Règne animal, loin de créer un genre pour ces espèces, les regarde au contraire comme de vrais Martins-pêcheurs, ne différant des autres que par leur patrie, leurs couleurs et leur mandibule supérieure crochue, caractères qu'il considère tout au plus comme pouvant servir à les faire grouper. Pour Vieillot, ils formaient une subdivision de son genre Alcyon. C'est à l'opinion de ces deux derniers naturalistes que nous nous en tenons. D'ailleurs, ainsi que nous l'avons dit au commencement de cet article, le genre *Dacelo* des auteurs, caractérisé d'après les mœurs et le plumage, ne nous paraît pas assez rigoureusement établi; les caractères pris dans le bec sont également trop peu constans et conduiraient à établir encore beaucoup trop d'autres genres ou sous-genres, ce qui nuit aux progrès de l'étude.

Si nous introduisons dans cette division les *Todiramphes* de M. Lesson, qui nous paraissent être de vrais Martins-chasseurs par leurs habitudes de vivre loin de l'eau, et par leur conformation générale, nous aurons, ainsi que nous l'avons fait pour les Martins-pêcheurs, à distinguer:

1° Des espèces à bec trigone et à mandibule supérieure échancrée et inclinée vers le bout.

Le Martin-chasseur géant, *Alcedo gigantea*, Lath.; *Alcedo fusca*, Lin.; Buff., Enl., 663, représenté dans notre Atlas, pl. 333, fig. 2. Il est grand comme le Choucas, et a seize pouces de longueur. Les plumes du sommet de la tête, longues et étroites, forment une espèce de huppe brune et rayée d'une teinte plus claire. Les parties supérieures de son corps sont d'un brun olivâtre; l'occiput et les côtés de la tête variés de noirâtre et de blanchâtre; côtés du cou d'un brun foncé; couvertures des ailes et croupion d'un vert-bleu clair; les rémiges, blanches à leur base, sont noires à l'extrémité et ont leurs bords verts; les rectrices sont d'un fauve roux, ondées de noir et de blanc à leur extrémité; les parties inférieures, d'un fauve brunâtre, sont, ainsi que le collier blanc qui entoure le cou, légèrement traversées de petits filets noirâtres. Les pieds sont gris et les ongles noirs; quelques individus ont un peu de blanc sur le milieu de l'aile. La femelle a les plumes de la tête courtes, le dessous du corps blanc, et les pieds bruns.

Ce Martin-chasseur a été découvert par Sonnerat à la Nouvelle-Guinée; on le trouve aussi à la Nouvelle-Hollande, où il porte le nom de *Googo-*

ne-gang. Il n'est pas nombreux et vit toujours isolé de ses semblables; il se nourrit d'insectes et quelquefois de graines. Son cri ressemble à un éclat de rire; son vol est vif, mais court; son plumage nullement lustré.

Le MARTIN-CHASSEUR A TÊTE GRISE, *Alcedo senegalensis*, Lath.; Buff., pl. enl. 594. Il a huit pouces et demi; la tête et le cou gris-brun; une tache noire entre le bec et l'œil; la gorge d'une teinte plus claire que la tête; le dessus du corps d'un bleu d'aigue-marine, et le dessous blanc; la mandibule supérieure, rouge; l'inférieure et les pieds, noirs.

On le trouve au Sénégal, dans l'Arabie et dans d'autres parties de l'Afrique. C'est cette espèce à laquelle Levaillant avait donné le nom de Martin-chasseur, parce qu'il avait observé qu'elle se tenait constamment dans les bois, où elle se nourrissait d'insectes.

Le MARTIN-CHASSEUR A COIFFE BRUNE, *Dacelo fuscicapilla*, Lafresnaye, Mag. de Zool. Comme les précédentes, cette espèce, que l'on trouve au Cap, vit toujours dans les forêts loin des eaux. Tout le dessus de sa tête, les couvertures des ailes, les scapulaires, sont d'un brun enfumé, strié de mèches longitudinales plus foncées, mais peu sensibles sur la tête, et bordées d'une teinte roussâtre sur les tectrices; le croupion et le dos, d'un bleu fort brillant; la nuque entourée d'un demi-collier d'un gris roussâtre enfumé, finement strié de mèches noirâtres; tout le dessous du corps est blanc et chaque plume a sur les bords de sa tige une fine strie noirâtre. Le bec est rouge depuis la base jusqu'aux deux tiers, l'arête supérieure et le tiers restant sont d'un noir brun. Les pieds paraissent d'une teinte livide.

M. Lesson, dans son Traité, p. 246, cite cet oiseau comme étant la femelle du Martin-pêcheur à coiffe noire; M. Lafresnaye croit au contraire que c'est une espèce bien distincte, autant par sa taille que par ses couleurs. Le Martin-pêcheur à tête noire est beaucoup plus grand.

On doit encore rapprocher des espèces déjà décrites, le MARTIN-CHASSEUR TRAPU, *Dacelo concreta*, Temm., Ois. col., p. 346; le MARTIN-CHASSEUR OREILLON BLEU, *Dacelo cyanotis*, Temm., 262; le MARTIN-CHASSEUR MIGNON, *Dacelo pulchella*, Temm., 277; le MARTIN-CHASSEUR DE GAUDICHAUD, *Dacelo Gaudichaudii*, Gaim., Voyage de Freyc., p. 25, etc.

2° Espèces à bec droit, non crochu, déprimé, à mandibule inférieure très-légèrement renflée.

Ce groupe correspond au genre TODIRAMPHE de M. Lesson. Il ne renferme que deux espèces.

Le MARTIN-PÊCHEUR GHOTARÉ, *Alcedo sacra*, Lath., Var.; *Todiramphus sacer*, Lesson; blanc en dessus, nuque noire, collier blanc, sourcils jaunâtres, ainsi que les parties inférieures, à l'exception de la gorge, qui est blanche; bec et pieds bruns.

Cet oiseau est très-commun dans les îles d'Otahiti et de Borabora. Il se tient sur les cocotiers. Les naturels le nomment *Olataré*; son vol est peu étendu, et ses habitudes ne sont point craintives. Il vit des insectes que l'exsudation miellée des spathes des fleurs de cocos attire. D'après Latham, il porte à la baie de Dusky le nom de *Ghotaré*.

Le TODIRAMPHE DIEU, *Todiramphus divinus* de M. Lesson (Mém. Soc. d'hist. nat., Paris, t. 3, p. 419), dont le bec est un peu plus déprimé, paraît n'être que le jeune âge ou la femelle du précédent. Cette espèce nous semble trop douteuse pour que nous en donnions une description, nous dirons seulement que cet oiseau, qui habite comme l'autre dans l'île de Borabora, joue un grand rôle dans l'ancienne théogonie des habitans de l'Archipel de la Société. C'était un des oiseaux favoris du grand dieu *Oro*. (Z. G.)

MARTINET, *Cypselus*. (OIS.) Genre de la famille des Fissirostres et de l'ordre des Passereaux. Caractères : bec très-petit, très-fendu, triangulaire, aplati horizontalement, à pointe manifeste et infléchie en bas; narines basales, percées dans de petites fossettes, et couvertes en arrière par une membrane revêtue par les plumes du capistrum; pieds courts, ayant ce caractère particulier que le pouce est dirigé en avant presque comme les autres doigts, et que les doigts externe et médian n'ont que trois phalanges comme l'interne; ongles courts, très-arqués, acuminés, rétractiles; ailes longues, sur-aiguës; queue fortement bifurquée.

Les Martinets offrent, sous le rapport de leur ostéologie, des particularités très-remarquables. Leur squelette a subi des modifications qui sont en harmonie parfaite avec leurs mœurs. Comme leur vie est presque tout aérienne, comme le vol est leur seul et unique mode de locomotion, il est facile à concevoir, même *à priori*, que ces modifications se sont opérées en faveur de leur système alaire. Leur sternum, allongé, beaucoup plus large en arrière qu'en avant et sans échancrure vers son bord postérieur, fournit des points d'insertion grands et solides aux muscles destinés à faire mouvoir l'aile. Dans toute la série, on ne trouve d'appareil sternal aussi complet que chez les Colibris. C'est cette analogie entre des oiseaux si éloignés en apparence les uns des autres, lorsqu'on n'a égard qu'aux caractères tirés du bec, qui a porté M. de Blainville à rapprocher les Martinets des Colibris, et ce rapprochement, auquel il a été conduit par l'étude de l'organisation interne, est d'autant plus heureux que, sauf le bec et les couleurs, tout ce qui caractérise les uns se retrouve chez les autres. Leurs pieds sont courts, et leurs ailes excessivement longues et étroites à cause du décroissement rapide de leurs pennes. Mais le point qui établit entre eux la plus grande analogie, consiste dans le raccourcissement de l'humérus, qui, réduit à n'être plus qu'un large noyau osseux, présente cependant de fortes crêtes d'insertion. L'avant-bras lui-même est très-court, et les os de la main, sur lesquels s'implantent les pennes les plus essentielles pour le vol, ont acquis, au contraire, le summum de longueur. Ces caractères, qui ne devaient

être

être qu'indiqués ici, trouveront plus de développement à l'article Vol (v. ce mot). D'une aile aussi avantageusement constituée (avec des leviers aussi courts et des puissances pour les mouvoir assez grandes) devait nécessairement résulter cette impétuosité, si l'on peut s'exprimer ainsi, et en même temps cette souplesse de mouvement qu'offrent les Martinets lorsqu'ils volent. On peut dire qu'ils sont dans la série des oiseaux ce que les Taupes sont dans la série des mammifères; les uns et les autres sont destinés, par leur organisation modifiée dans le même sens, à agir vivement chacun dans leur élément. Les Martinets, avons-nous dit, sont de vrais oiseaux aériens; jamais, en effet, ils ne se posent à terre. Si un accident les y jette, ils ne peuvent plus s'élever, ou s'ils parviennent à prendre leur essor, ce n'est qu'après avoir gagné une légère éminence, une pierre par exemple, qui leur permette de mettre en jeu leurs longues ailes. De sorte, dit Buffon, que si tout le terrain était uni et sans aucune inégalité, les plus légers des oiseaux deviendraient les plus pesans des reptiles, et que, s'ils se trouvaient sur une surface dure et polie, ils seraient privés de tout mouvement progressif, tout changement de place leur serait interdit. Spallanzani, à qui l'on doit un grand nombre d'observations sur les Martinets, assure pourtant qu'ils parviennent à se détacher et à s'élever de terre, en réagissant sur le sol avec leurs pieds, et en étendant leurs ailes qu'ils battent l'une contre l'autre. Déjà, dit-il, ils peuvent décrire un demi-cercle bas et peu étendu, puis un second plus grand et plus élevé, puis enfin un troisième, et leur essor est pris. Mais, ajoute cet observateur, s'ils s'abattent dans un lieu fourré, couvert de buissons ou de hautes herbes, ce sont pour eux des écueils insurmontables, par l'impossibilité où ils se trouvent de faire agir leurs ailes.

Les Martinets paraissent fuir également le froid et la trop grande chaleur. Chez nous même pendant la journée, à l'heure où la température est le plus élevée, ils demeurent blottis dans leur trou, et ils n'en sortent que le soir et le matin pour pourvoir à leur nourriture. Dans les villes, ils habitent les points les plus culminans, les tours, les clochers, les monumens élevés; dans les campagnes, ils fréquentent ordinairement les grands rochers ou les vieux châteaux en ruines. Le lieu qui leur sert de repaire est aussi le lieu de leur reproduction; c'est là, en effet, qu'ils construisent leur nid. Les Martinets émigrent ou plutôt sont erratiques; car il paraît que, continuellement à la recherche des climats tempérés, ils passent successivement d'un pays déjà trop froid ou trop chaud, dans celui qui leur offre des conditions intermédiaires. Ils sont éminemment insectivores.

L'Europe en possède deux espèces, qui comptent parmi les plus grandes du genre :

Le Grand Martinet a ventre blanc, *Cypselus melba*, Vieill.; *Cyps. alpinus*, Linn.; *Hirundo melba*, Lath. Son plumage lui a fait donner en Savoie le nom de Jacobin. Sa tête, son cou et tout son corps en dessus, sont d'un gris brun, plus foncé sur les ailes, sur le dos et sur le croupion, où ce gris offre des reflets rougeâtres et verdâtres. Sa gorge et le devant de son cou, sa poitrine, ainsi que la partie antérieure de son ventre, sont blancs; il a sur le cou un collier gris-brun varié de noirâtre; les côtés de son corps sont variés de cette même couleur, amalgamée avec du blanc. Le bas de son ventre, ses jambes, ainsi que les couvertures du dessous de la queue, sont d'un blanc sale, teinté de brunâtre; son bec et ses ongles sont noirs, et les pieds couleur de chair.

Cette espèce arrive en Savoie vers le commencement d'avril; et à cette époque, elle se tient sur les étangs, autour desquels elle ne cesse de voler dès la pointe du jour; elle ne gagne les hautes montagnes, son domicile habituel, qu'à la fin de ce mois. On la rencontre aussi dans les montagnes de la Suisse, du Tyrol et du Bussel; on la voit à Constantinople, dans les îles de Panaria, d'Ischia, de Lipari, de Malte, etc. Rarement on trouve un individu seul; ils volent, au contraire, par troupes plus ou moins nombreuses, et circulent sans cesse, en poussant des cris retentissans, autour des pointes des rochers qui s'élèvent au dessus des précipices où ils ont placé leurs nids. Quand ils se retirent dans leur gîte, ils le font d'emblée comme les Chauve-souris, et lorsqu'il fait entièrement nuit. Une de leurs singulières habitudes est aussi celle qu'ils ont de se suspendre les uns aux autres, et de former ainsi une sorte de chaîne oscillante et animée. Un premier, à l'aide de ses ongles, s'accroche à un bloc de pierre; un second vient après, qui se cramponne à lui, et ainsi de suite jusqu'à ce que celui qui sert de tête à la chaîne cédant sous le poids, la force à se rompre, en se détachant du rocher. Ces Martinets font deux pontes par an; la première est de trois à quatre œufs blancs et allongés; la seconde n'est, pour l'ordinaire, que de deux; l'incubation dure trois semaines. Les jeunes, pris quelques jours avant leur sortie du nid, ou à leur sortie, sont excellens à manger; les vieux, au contraire, et même les adultes, ne sont rien moins qu'un bon morceau. Il paraîtrait que ces oiseaux ont deux manières de construire leur nid. D'après quelques observateurs, ils le feraient avec des fétus de paille, des brins de bois entrelacés en cercles concentriques étroitement liés entre eux, et fortifiés par une multitude de feuilles d'arbres qui en occuperaient tous les vides. Selon quelques autres, il serait composé de paille et de mousse liées ensemble avec une matière gluante qui, en séchant, donnerait à ce nid la forme et la consistance de celui de l'hirondelle salangane.

On a remarqué que ces oiseaux, qui d'ordinaire se tiennent toujours très-haut dans les airs, s'abaissent sur les torrens dans les mauvais temps; et on a également constaté, dans certaines parties du midi de la France, non loin, par exemple, de nos côtes méridionales, que leur apparition en nombre plus considérable qu'à l'ordinaire (ils sont annuellement très-rares) coïncidait toujours avec des froids précoces et annonçait un hiver rigoureux.

Le Martinet noir, *Cypselus apus*, Vieill., *Hirundo apus*, Lin.; Buff., enl. 542; figuré dans notre Atlas, pl. 336, fig. 1, a la gorge d'un blanc cendré; le reste du plumage noirâtre avec des reflets verts; la teinte du dos et des couvertures inférieures de la queue plus foncée. Ses yeux sont enfoncés; l'iris, de même que le bec, est noir; les pieds et les ongles sont noirâtres. La plaque blanche de la gorge a moins d'étendue dans la femelle, et la côte des plumes dans cette partie n'est pas noire comme chez le mâle.

Les jeunes n'acquièrent que plus tard les couleurs de l'adulte. Chez eux la plaque de la gorge est plutôt noirâtre que d'un blanc cendré. On a remarqué qu'ils pesaient beaucoup plus que les vieux. Cette observation, qui avait déjà été faite pour l'Hirondelle de fenêtre et de rivage, trouve son explication dans le jeune âge même du Martinet : nous ajouterons à ce sujet que presque tous les jeunes oiseaux insectivores sont dans ce cas; c'est dû à la graisse qui couvre leur corps.

Le Martinet noir est connu de tout le monde; mais il ne porte pas partout le même nom : une remarque à faire, c'est que ceux qui lui ont été donnés s'attachent presque tous à la forme que présente cet oiseau lorsqu'il vole, et fort peu à ses habitudes; suivant les départemens qu'il habite, on l'appelle Martelet, Alérion, Arbatelier, Faucillette, Griffon, Juif-errant, etc. Le préjugé populaire a inspiré contre lui une espèce d'horreur. Tandis que dans quelques contrées on regarde le choix que l'Hirondelle de cheminée ou de fenêtre fait d'une maison pour y établir son nid, comme le présage d'un bonheur prochain; sa présence dans un lieu est toujours, au contraire, l'avant-coureur de quelque désastre. Une horreur aussi mal fondée ne tient sans doute qu'à la couleur noire de son plumage, dans laquelle le vulgaire, croit voir un présage de deuil, ou aux cris aigus et si désagréables qu'il fait entendre. Quelques personnes ont auguré de ces cris la pluie ou le beau temps; quoiqu'une pareille idée soit encore entachée de prévention, pourtant elle appartient bien plus à l'observation directe. Le Martinet, étant un oiseau qui cherche sa nourriture dans les hautes régions de l'air, doit nécessairement, lorsqu'un changement survenu dans l'atmosphère, un temps pluvieux par exemple, aura fait abaisser les insectes dont il se nourrit, se rabaisser lui-même, et alors les cris qu'il pousse, plus distincts par cela même qu'il est plus bas, coïncidant avec un ciel nuageux, auront été pour ces personnes l'indice d'une pluie imminente. Ce qu'il y a de certain, c'est que quand le temps est couvert on les entend plus souvent, il est vrai (ce qui s'explique par la raison que nous venons de donner), mais il ne pleut pas toujours. D'ailleurs, de pareilles erreurs ne peuvent avoir pris naissance que loin des lieux habités par les Martinets; car pour ceux qui sont à portée du clocher ou de la tour que ces oiseaux fréquentent, les cris qu'ils font entendre presque à toutes les heures de la journée, deviennent non plus la source de préjugés, mais la source d'un ennui journalier, tant ils sont aigus et durs à entendre.

Le Martinet est la dernière des Hirondelles qui nous arrive, et la première qui nous quitte. Il apparaît ordinairement dans nos climats à la fin d'avril ou au commencement de mai. Pourtant, dans quelques localités, en Lombardie par exemple, on en voit quelques uns vers les premiers jours d'avril; mais ils n'y sont alors que de passage : ceux qui y restent, ne s'y trouvent réunis, comme partout ailleurs, qu'aux premiers jours de mai. Il paraît certain, d'après des observations faites par des hommes dignes de foi, qu'à l'exemple des Hirondelles, les Martinets reviennent annuellement au même gîte, et il semble que les père et mère les transmettent à leurs enfans. S'ils les trouvent occupés par les Moineaux, ils harcellent tant les occupans, qu'ils finissent toujours par les avoir; ils s'emparent même, pour leur propre usage, des nids des autres oiseaux; seulement ils donnent à ce nid, dont ils ont fait leur propriété, une nouvelle façon. On dit de ceux-ci, comme des précédens, qu'ils réunissent entre elles les diverses matières qui le composent au moyen de l'humeur visqueuse qui enduit constamment leur gorge. Cette humeur, pénétrant le nid de toutes parts, lui donnerait de la consistance et même de l'élasticité, au point de se laisser comprimer sans se rompre.

Quoi qu'il en soit, lorsque les Martinets ont fait ou ont pris possession d'un nid, on entend, pendant plusieurs jours, et quelquefois la nuit, des cris plaintifs, et il paraît certain qu'on peut distinguer deux voix : on soupçonne que l'une est un chant d'amour, puisque Spallanzani, qui a vu le mâle couvrir la femelle, dit que dans ces doux momens ils jettent de petits cris, dont l'expression est toute différente de celle des cris plus allongés, plus forts, qu'ils poussent quelquefois dans le nid, et qui s'entendent au loin pendant le silence de la nuit. Ces oiseaux, pendant leur séjour chez nous, ne font qu'une ponte; elle est de deux à quatre œufs blancs, pointus, de forme très-allongée, et dont la coque est extrêmement fragile. On assure que la femelle a seule le soin de l'incubation; le mâle pourvoit à sa nourriture durant ce temps-là. Les petits, selon Buffon, sont presque muets, et ne demandent rien; mais Spallanzani assure que ces petits, qui naissent nus, ouvrent le bec pour recevoir leur nourriture, chaque fois que le père ou la mère se présentent, et qu'ils ont un cri très-faible à la vérité, mais sensible et soutenu pendant quelques instans : ils le font même entendre lorsqu'on touche du doigt leur bec. Pendant tout le temps qu'ils restent dans le nid, ils sont nourris avec des insectes ailés; ils le quittent au bout d'un mois pour ne plus y retourner. A cette époque, leur graisse les fait rechercher dans certains pays, comme en Italie, pour être servis sur les meilleures tables.

Comme les Martinets à ventre blanc, ceux-ci circulent sans relâche tout près de leurs nids, et avec une vitesse extraordinaire. D'après une expérience de Spallanzani, il est démontré que, malgré la rapidité de leur vol, ils aperçoivent distinctement un objet de cinq lignes de diamètre à la distance de trois cent quatre pieds. Vers la fin de juillet, on aperçoit parmi eux un mouvement qui annonce le prochain départ, lequel en effet s'effectue en août. On a fait bien des contes sur la manière dont ils nous quittent; on a prétendu qu'ils tenaient avant des assemblées; que des pelotons se formaient, qui, sortant de la ville, se dirigeaient du côté des bois où ils passaient la nuit, et où ils attendaient d'autres pelotons pour voyager tous en même temps, etc. Quelques naturalistes du Nord ont même dit qu'ils n'émigraient pas, mais qu'ils s'engourdissaient dans leur trou pendant l'hiver.

Le Martinet noir est non seulement répandu dans presque toute l'Europe, mais on le trouve aussi en Asie et en Afrique.

Quoique cet oiseau ne soit plus bon à manger lorsqu'il est adulte, pourtant dans quelques pays on le chasse au fusil, soit pour s'en nourrir, soit par agrément; mais comme la rapidité et surtout l'élévation de son vol ne rendent pas toujours cette chasse facile, on a imaginé plusieurs moyens pour les attirer à une portée convenable. Le seul que nous indiquerons est celui que Spallanzani a rapporté, et qui consiste simplement à agiter un mouchoir fixé au bout d'une perche, dans le lieu où volent les Martinets. Attirés par ce fantôme, ils s'élancent vers lui en l'effleurant de leurs ailes; ce qui permet de les tirer de plus près. Un artifice qui réussit également bien, et que les chasseurs mettent en usage, consiste à jeter à plusieurs reprises un chapeau en l'air. Dans l'île de Zanthe, les enfans s'amusent à les pêcher à la ligne : une plume sert d'amorce comme dans la pêche aux Hirondelles.

Les espèces étrangères sont peu nombreuses; nous décrirons comme les plus remarquables : Le Martinet coiffé, *Cypselus comatus*, Temm., Ois. col., pl. 268. Il a les parties supérieures du corps, le cou, la poitrine et le ventre, d'un vert cuivré et bronzé; les côtés de la tête garnis de plumes longues, étroites et blanches, formant une bande qui, de la base du bec, passe au dessus des yeux et se rabat en huppe sur la nuque : une autre bande semblable prend naissance du menton, se dirige au dessous des yeux, et va se terminer sur la nuque; les autres plumes de la tête, également longues et effilées, sont d'un vert bronzé; une tache d'un brun marron couvre l'orifice des oreilles. L'extrémité des tectrices alaires, l'abdomen et le croupion sont blancs; le bec et les pieds noirâtres. Il a de longueur cinq pouces huit lignes. On le trouve à Sumatra.

Le Grand Martinet de la Chine, *Hirundo sinensis*, Lath. C'est la plus grande espèce du genre, sa taille est de onze pouces six lignes; elle a les parties supérieures brunes, une bande oculaire de même couleur; le sommet de la tête d'un roux clair; les petites plumes qui entourent les yeux et la gorge, blanches; les parties inférieures roussâtres; le bec et les pieds gris bleuâtres.

On en connaît encore quatre espèces, qui sont : le Martinet a cou blanc, *C. collaris*, prince Maxim., Guér., Icon. du Règne animal, pl. 78, fig. 1; le Martinet géant, *C. giganteus*, Van Hasselt, Temm., Ois. col., 364; le Martinet longipenne, *C. longipennis*, Temm., *id.* 83; et le Martinet a moustaches, Garnot et Less., Voyage de *la Coquille*. Le Martinet a gorge blanche d'Afrique, Levaillant, Ois. d'Afr., pl. 243, est considéré par quelques ornithologistes comme une variété du Martinet à ventre blanc.

On a également donné le nom de Martinet à un grand nombre d'espèces d'Hirondelles; ainsi l'Hirondelle noire d'Afrique a été appelée Martinet à croupion blanc; l'Hirondelle de fenêtre, Petit Martinet, etc. (Z. G.)

MARTINIQUE (La). (Géogr. phys.) Une des Petites Antilles, et la principale colonie des Français dans les Indes occidentales, depuis la perte de Saint-Domingue. Le sol offre de grandes portions unies, fertilisées par de nombreuses rivières; la terre y est souvent rouge et forte. Les montagnes de l'intérieur ne dépassent pas six à sept cents toises.

Les productions de la Martinique sont celles des autres Antilles; on y voit de ces colosses végétaux qui ne naissent que sous le climat des tropiques; des Fougères arborescentes auxquelles un été perpétuel permet de vivre au-delà du terme accordé aux nôtres, et d'acquérir un développement qui donne à certaines d'entre elles l'aspect du palmier; des lianes de toutes les familles (*Convolvulus*, *Dolychos*, *Bignonia*, *Grenadilla*, etc.), qui s'entrelacent autour des Figuiers, des Cycas, des Zamias, etc. Sur le penchant des mornes croissent les Cactus, les Aloès, de nombreuses espèces d'Euphorbes et d'Apocyns; autour des habitations, le *Volkameria aculeatus*, le *Melia azedarach*, les Orangers, les Citronniers, les fruits d'Europe; parmi les fruits indigènes, la Pomme de pin, la Poire avocate, la Noix de Cachou, le Goyavier, la Pomme à flan, le Papayer, etc.

Quant aux productions commerciales de la Martinique, elles ont été naturalisées sur son sol, qui leur a prêté sa fécondité inépuisable. Le sucre, le café, le cacao, le tabac, le coton, en sont les articles principaux.

La zoologie indigène ne présente point de mammifères remarquables; les oiseaux, les poissons, les mollusques, les insectes sont variés et nombreux.

Saint-Pierre, chef lieu de l'île, est une ville peuplée et commerciale. Nous citerons ensuite le Fort-Royal, la Trinité, les anses d'Arlet, dont le café est renommé, et le Lamantin. (L.)

MARTINOLLE. (Rept.) C'est l'un des noms vulgaires de la Rainette verte.

MARTRE. (Ins.) Nom de la Chenille ou *Bombyx caja*, nommé vulgairement Ecaille Martre. (Guér.)

MARTYNIE, *Martynia*. (Bot. phan.) Ce joli genre de plantes toutes exotiques, toutes de serre chaude, a été décrit plus haut, tom. II, p. 318, sous le nom de Cornaret qu'il porte en France et aux Antilles. (T. d. B.)

MASARIDES, *Masarides.* (ins.) Tribu d'Hyménoptères de la famille des Diploptères, ayant pour caractères : antennes de huit à dix articles dont les derniers peu distincts forment une massue globuleuse; quatre palpes très-courts, languette formée de deux filets ; abdomen méplat en dessous, convexe en dessus; cette disposition de l'abdomen, qui permet à ces insectes de se mettre en boule, fait croire qu'ils doivent dans leur premier état vivre en parasites. On rapporte à cette tribu les genres *Masaris* et *Célonites*, qui diffèrent peu l'un de l'autre. (A. P.)

MASARIS, *Masaris.* (ins.) Genre d'Hyménoptères de la famille des Diploptères, tribu des Masarides, établi par Fabricius et offrant les caractères suivans : palpes maxillaires de quatre articles, antennes aussi longues que la tête et le corselet, de huit articles dont le dernier formant une massue allongée, le premier et le troisième plus longs que le second et les suivans ; cellule radiale des ailes allongée et appendicée; abdomen allongé.

M. en forme de guêpe, *M. vespiformis*, Fab., représentée dans notre Atlas, pl. 336, fig. 2. Longue de 8 lignes, noire; antennes avec une bande jaune en dessus; tête avec quelques petites taches; prothorax, pattes et une large bande sur chaque segment abdominal, jaunes; on remarque aussi quelques petites lignes et points sur la partie postérieure du thorax. De Barbarie. Cet insecte est très-rare et n'a pas encore été retrouvé depuis le voyage de Desfontaines. (A. P.)

MASCAREIGNE ou BOURBON. (géogr. phys.) Ile de l'océan Indien, à l'est de Madagascar. Elle présente l'aspect d'un cône tronqué, dont la base, à peu près circulaire, a cinquante lieues de circonférence; la partie supérieure s'élève à 1950 toises au dessus de la mer; ses déclivités sont sillonnées de rivières et de ravins, formant autant de rameaux de montagnes hautes de quatre à cinq cents toises. Dans la partie méridionale de l'île, sur une espèce de plateau isolé, à une lieue de la mer, est un volcan célèbre par ses longues et fréquentes éruptions, qui brûlent et désolent les alentours ; sa hauteur est de 1400 toises.

La végétation de Mascareigne participe de celle de l'Afrique et de l'archipel Indien; un certain nombre de plantes lui sont particulières ; la famille des Orchidées et celle des Fougères y sont surtout extrêmement variées. La minéralogie est toute en produits volcaniques. La zoologie est à peu près celle de Madagascar. On y voyait encore dans la première année de la colonisation, c'est-à-dire dans la seconde moitié du dix-septième siècle, un genre d'oiseau devenu célèbre parce que son existence est anéantie; nous voulons parler du Dronte, *Didus ineptus.* Le bétail est fort abondant.

L'île de Mascareigne appartient à la France; elle fournit à son commerce le sucre, le café, la muscade, la cannelle et le girofle; aucune de ces productions n'en est indigène; mais elles y réussissent parfaitement.

La population de cette île s'élève à plus de 65,000 âmes. Saint-Denis en est la capitale. (L.)

MASCARET. (géogr. phys.) C'est le nom que l'on donne, dans le golfe de Gascogne, à la marée qui s'avance avec bruit et rapidité dans le lit de la Gironde jusqu'à la ville de Bordeaux. Une ou plusieurs vagues qui se succèdent, remontent le fleuve et s'opposent pour quelques instans à son cours ; le choc de ces eaux qui ont des mouvemens opposés, produit un bruit effrayant qui est entendu de plusieurs lieues. Cette lame fracasserait les bateaux si l'on n'avait soin de lui opposer des pointes de terre qui la détournent, ou bien si on ne se tenait dans un endroit où l'eau est profonde et la marche peu rapide. Le nom de Mascaret est propre à la Dordogne; ce phénomène est connu sous le nom de *Bore* à l'embouchure du Gange, et sous celui de *Barre* aux embouchures du Sénégal, de la Seine et de l'Orne ; enfin sous celui de *Pororoca* sur les rives du fleuve des Amazones.

On voit que la profondeur des rivières doit être augmentée par l'action de ce phénomène, jusqu'à une distance plus ou moins grande de leur embouchure; distance qui dépend du plus ou du moins de violence qui pousse les eaux de la mer, du mouvement de celles de la rivière, et de la solidité du terrain qui en forme le fond. Les débris que les eaux entraînent de la mer ou du lit de la rivière étant spécifiquement plus pesans que l'eau, doivent rester au point où les deux courans se font équilibre ; il s'y forme des bancs de sable, qui, tôt ou tard, finissent par empêcher l'entrée des bâtimens.

On fait en divers endroits des travaux considérables afin de détruire les barres et de faciliter la navigation ; pour cela on resserre par des digues le lit de la rivière et on provoque ainsi l'érosion du fond; mais par ce moyen on transporte la barre plus loin sans la détruire ; bien plus, on lui donne de nouveaux accroissemens, puisque le lit doit s'abaisser et toutes les parties se réunir au point où les deux courans se font équilibre.

Nous reviendrons sur ce phénomène à l'article Mer. (J. H.)

MASCAGUINE. (min.) On a donné ce nom à l'ammoniaque sulfatée hydratée, substance blanche, soluble, amère, très-piquante, cristallisant en prismes rhomboïdaux. Elle se compose de 53 parties d'acide sulfurique, 22 à 23 d'ammoniaque et 24 d'eau. Elle se trouve en efflorescence sur les laves récentes du Vésuve et de l'Etna, sur les laves décomposées, comme à Pouzzole, dans les houillères, comme aux environs d'Aubin dans le département de l'Aveyron, et en solution dans les Lagoni de la Toscane. (J. H.)

MASCARILLE. (bot. crypt.) Nom vulgaire donné aux Champignons de couche. (F. F.)

MASQUE. (ins.) Nom donné par Réaumur et quelques auteurs anciens au développement extraordinaire de la lèvre inférieure des larves des Libellulines, et qui dans le repos vient recouvrir et cacher tout le dessous de la tête; au mot Libellulines nous avons expliqué l'organisation et les fonctions de cette partie. (A. P.)

MASQUE (fleurs en). (bot. phan.) Synonyme de Personées. *Voy.* ce mot.

MASSE D'EAU. (bot. phan.) Nom vulgaire des diverses espèces de Massette ou Typha. (L.)

MASSETTE, *Typha*. (bot. phan.) Tout le monde, même le Parisien dont les voyages se bornent au parc de Saint-Cloud, a vu au bord des étangs et des rivières des *roseaux* à hautes tiges, environnées inférieurement de feuilles larges et rubanées, et terminées par une sorte de *masse* cylindrique et noire, dont le duvet s'échappe quelquefois léger et soyeux. Ces roseaux, comme on dit vulgairement, sont les types du genre *Massette* ou *Typha*, lequel est de la classe des végétaux monocotylédonés, et de la Monoécie polyandrie, L. Ces cylindres ou chatons sont leurs fleurs, assemblées autour d'un axe commun, les mâles occupant le sommet de la tige, les femelles placées au dessous, immédiatement ou à quelque intervalle. Le chaton mâle se compose d'étamines agglomérées, dont les filets, munis à leur base de quelques poils (calice triphylle des auteurs), se terminent par une ou plusieurs anthères allongées et à deux loges. Les fleurs femelles, également serrées les unes contre les autres, et portées sur un pédoncule garni de soies nombreuses, se composent d'un ovaire fusiforme, marqué d'un sillon longitudinal, et aminci à ses deux extrémités, dont l'une porte un stigmate concave et à bord inégal. La graine qu'il produit renferme un périsperme farineux au centre duquel est l'embryon. La partie mâle du chaton tombe et disparaît après la fécondation.

La Massette a larges feuilles, *Typha latifolia*, L., représentée dans notre Atlas, pl. 136, fig. 5, type du genre et de la famille des Typhacées, a une tige simple, droite, nue, haute de cinq à six pieds; sa base est entourée de feuilles larges, à peine fendues, presque aussi longues que la tige, striées, lisses sur les bords. Le chaton femelle est d'un roux foncé, plus long que le mâle. Celui-ci, immédiatement au dessus, se compose d'une multitude d'étamines qui, à l'époque de la fécondation, se *détortillent* et répandent une grande quantité de poussière pollénique. Les graines sont petites et noires.

Cette espèce est très-commune en France. On l'utilise dans les pays marécageux et pauvres. Ses feuilles, que le bétail ne mange pas, servent à faire des nattes, à garnir des chaises, même à couvrir les toits, et, au pis-aller, à augmenter la litière et le fumier; le duvet qui entoure les graines, blanc, doux et soyeux, sert à ouater, à rembourrer les selles, les coussins, etc.

Le *Typha angustifolia*, L., diffère de l'espèce précédente en ce que ses feuilles sont plus étroites et dépassent la tige. Le chaton femelle est distant de près d'un pouce du chaton mâle. Cette Massette, très-commune chez nous, était identiquement la même à l'île Bourbon, où M. Bory de Saint-Vincent l'a retrouvée. (L.)

MASSETTES. (bot. phan.) Synonyme de Typhacées. *Voy.* ce mot. (L.)

MASSETER. (anat.) Muscle nommé par Chaussier Zygomato-maxillaire, situé à la partie postérieure de la joue et couché sur la branche de l'os maxillaire inférieur. Allongé, quadrilatère, il est fixé en haut au bord inférieur et à la face interne de l'arcade zygomatique; en bas, il se termine à l'angle de la mâchoire, à la face externe et au bord inférieur de la branche de cet os. Il est composé de faisceaux de fibres charnues et aponévrotiques entremêlés. Son action est puissante dans la mastication; il sert à élever la mâchoire inférieure. (P. G.)

MASSICOT. (min.) Sous ce nom l'on désigne en minéralogie une substance qui a beaucoup d'analogie avec le composé que les anciens chimistes appelaient aussi Massicot. C'est un oxide de plomb composé de 93 parties de ce métal et de 7 d'oxygène. Ce minéral est jaune, et d'une texture terreuse et lamellaire. (J. H.)

MASSONIE, *Massonia*. (bot. phan.) Genre de la famille des Liliacées, Hexandrie monogynie, L., établi par Thunberg dans sa Flore du Cap pour quelques plantes remarquables par la singularité de leur port. En effet, elles n'ont point de tige; leurs feuilles sortent des bulbes de la racine, et leurs fleurs naissent agglomérées sur une hampe à peine distincte. Ces fleurs présentent un périanthe tubuleux à la base, à limbe divisé en six segmens, six étamines à filets subulés et anthères ovales, insérées sur autant d'appendices nectarifères placés à l'entrée du tube calicinal; un ovaire libre, trigone, surmonté d'un style filiforme et d'un stigmate simple; une capsule à trois angles saillans, triloculaire et polysperme.

On voit dans nos serres chaudes plusieurs espèces de Massonie; leur culture est assez difficile, parce que leurs graines ne mûrissent pas chez nous, et qu'on obtient rarement des caïeux. Les plus remarquables sont:

La *Massonia latifolia*, L. fils, dont les bulbes produisent deux feuilles larges, ovales, arrondies, tachetées de rouge en dessus et d'un vert pâle en dessous; les fleurs sont blanches et disposées en une sorte d'ombelle serrée;

La *Massonia pustulosa*, Jacquin (*Hortus Schœnb.*, t. 454); ses bulbes bruns et de la grosseur d'une noix donnent naissance à deux feuilles opposées, ovales, d'un vert foncé, et recouvertes à leur surface inférieure de pustules nombreuses. Les fleurs, réunies en tête, sont entremêlées de bractées lancéolées.

La *Massonia cordata*, Jacq., *ibid.*, t. 449. Les feuilles sont échancrées en cœur à leur base, aiguës, et luisantes sur leurs deux faces. Leurs fleurs ont leur limbe blanc, l'orifice du tube teint de rouge, ainsi que la base des filets staminaux.

La *Massonia violacea* d'Andrews, distraite par cet auteur du *Mauhlia* de Thunberg ou *Agapanthus* de Lhéritier, doit lui être restituée. (L.)

MASSUE d'HERCULE (PETITE). (MOLL.) Nom marchand du *Murex brandaris*, L. On donne aussi le nom de MASSUE ÉPINEUSE ou GRANDE MASSUE, au *Murex cornutus*. *Voyez* ROCHER. (GUÉR.)

MASTACEMBLE, *Mastacemblus*. (POISS.) Les espèces dont nous allons traiter dans cet article forment un genre dans la famille des Scombéroïdes, à museau charnu et de longueur médiocre, en forme de cône, non concave ni strié en dessous; leurs dents sont beaucoup plus marquées que celles que nous avons observées chez les Macrognathes; il y a trois ou quatre épines à leur préopercule. Ces espèces se caractérisent ensuite par une seconde dorsale rayonnée aussi bien que l'anale, et toutes les deux s'unissant presque à la caudale pour former une pointe comme dans l'Anguille. C'est là plus de caractères qu'il n'en faut pour établir un genre, et ce genre même a été long-temps placé parmi les Macrognathes.

Les Mastacembles vivent dans les eaux douces de l'Asie, et s'y nourrissent de vers qu'ils cherchent dans le sable; leur chair est estimée. On rapporte à ce genre, comme espèces principales, le MASTACEMBLE UNICOLORE, tout entier d'un brun roussâtre uniforme, d'où lui vient le nom qu'il porte; l'individu est long de cinq ou six pouces. Le MASTACEMBLE ARMÉ, *Mastacemblus armatus*, à museau charnu, conique, fort pointu, garni de deux très-petits tentacules tout près de son extrémité; caractérisé en outre par une dorsale épineuse très-longue, composée de trente-sept épines, dont les dernières sont un peu plus fortes que les autres; sa caudale est arrondie, et tellement unie avec la dorsale et l'anale, que c'est à peine si leur distinction se marque. Ce poisson est gris, légèrement verdâtre, plus pâle en dessous; dix paires de taches rondes, entourées d'un cercle un peu plus pâle que le fond, occupent la longueur de son dos des deux côtés de la rangée d'épines; il y en a encore quatre ou cinq paires aux côtés de la dorsale molle, mais elles finissent par y devenir moins distinctes; d'autres taches, moins marquées, se montrent sur les côtés du dos, et sont réunies par une ligne noirâtre qui forme, le long du flanc, une espèce de zig-zag et devient irrégulière vers la queue. Cet individu est long de six pouces; on estime fort sa chair. Une troisième espèce, que nous appellerons le MASTACEMBLE MARBRÉ, a les taches du dos à peine marquées, tandis que les lignes, les losanges et les autres marbrures des côtés, le sont beaucoup, surtout aux côtés de la tête, où ce sont comme des gouttes éparses ou interrompues. (ALPH. G.)

MASTIC. (BOT. CHIM.) Résine obtenue au mois d'août, à l'aide d'incisions faites sur l'écorce du *Pistacia lentiscus*, arbre de la famille des Térébinthacées, qui croît en Portugal, en Espagne, en Provence, en Italie, mais surtout à l'île de Chio, où on le cultive avec soin.

On trouve dans le commerce deux sortes de Mastic, l'une dite en *larmes*, l'autre dite *commune*. La première, qui se concrète en partie sur l'arbre, est en fragmens plus ou moins forts, tantôt aplatis et irréguliers, tantôt sphériques; sa couleur est jaune pâle; sa surface est souvent pulvérulente, sa cassure est vitreuse, sa transparence opaline, surtout au centre, son odeur douce et agréable, sa saveur aromatique. Comme la plupart des résines, le Mastic se ramollit sous la dent, y devient ductile, se dissout dans l'éther, dans l'essence de térébenthine chaude, dans l'alcool, mais pas entièrement, etc.

Le *Mastic commun*, qui tombe et qu'on ramasse à terre, diffère surtout du précédent par sa couleur plus foncée, et les impuretés plus ou moins considérables qu'il contient.

Les propriétés du Mastic sont celles des toniques et des astringens. On l'employait autrefois comme masticatoire (de là son nom), pour parfumer l'haleine et fortifier les gencives. Cet usage est encore très-répandu en Orient. (F. F.)

MASTIGE, *Mastigus*. (INS.) Genre de Coléoptères, de la section des Pentamères, famille des Clavicornes, tribu des Palpeurs, établi par Latreille et offrant pour caractères : antennes filiformes, coudées, ayant leur premier article presque aussi long que les autres pris ensemble, le dernier ovalaire; palpes maxillaires terminés par une massue ovalaire formée des deux derniers articles; palpes labiaux ayant le second article le plus grand, et le dernier très-petit, conique, en forme d'alêne; élytres soudées. Ces petits insectes ont la tête dégagée du corselet par une espèce de col, leurs antennes sont plus longues que la tête et le corselet; les mandibules sont terminées en pointe avec quelques autres dentelures internes; les mâchoires sont bilobées à l'extrémité, avec le lobe externe coriace et le lobe interne membraneux; le menton est coriace, la languette membraneuse, plus large antérieurement, prolongée en dent à ses angles; le corselet est cordiforme, aussi large que long, l'abdomen est ovoïde; les pattes sont allongées, les tarses cylindriques, terminés par deux petits crochets. On ne connait que deux espèces dans ce genre; celle qui lui sert de type est le M. PALPEUR, *M. palpalis*, Lat., long de deux lignes et demie, noir et un peu soyeux, avec une impression transverse entre les yeux et les élytres finement pointillées. Cet insecte, représenté dans notre Atlas, pl. 536, fig. 4, se trouve en Espagne et en Portugal; il est rare. (A. P.)

MASTODONTE, *Mastodon*. (MAM.) On a indiqué depuis assez long-temps dans les terrains d'alluvion, soit en Europe, soit en Amérique, des restes fossiles d'animaux que les naturalistes appellent aujourd'hui Mastodontes, du nom que leur a donné Cuvier. Ces débris, qui consistent principalement en dents molaires, ont aussi été retrouvés dans quelques points de l'Asie. On les a souvent pris, à des époques où l'anatomie comparée était pour ainsi dire inconnue, pour des restes de squelettes humains que leur taille a fait supposer provenir de géans. Quelques auteurs plus raisonnables ont également pensé qu'ils avaient appartenu à des animaux marins; mais on ne saurait aujourd'hui douter que les Mastodontes ne soient de la famille des Eléphans; car on possède tous les os de leur charpente, et dans certaines parties de l'Amérique on les trouve si bien conservés, qu'on est parvenu à en dresser des squelettes à peu près complets. Une des premières descriptions que l'on ait des dents des Mastodontes, est celle que Grew publia en 1681 (*Mus. soc. reg.*, pl. 19, fig. 1) sous le titre de *dent pétrifiée d'un animal de mer*. Cette dent paraît appartenir à la même espèce que celle que Réaumur représenta plus tard dans les Mémoires de l'Académie des sciences (1715), en faisant connaître que les turquoises qu'on tirait des carrières de Simorre, dans la France méridionale, n'étaient que des dents et des os pétrifiés (provenant de Mastodontes), et imprégnées de quelque substance de nature métallique. Réaumur fut aussi d'avis que ces ossemens étaient d'un animal marin; l'espèce dont il fit mention s'appelle aujourd'hui *Mastodon angustidens*. Plusieurs autres fragmens d'animaux du même genre vinrent ensuite en la possession de divers naturalistes, qui en instruisirent le monde savant en consignant leurs observations dans divers recueils, et Daubenton reconnut que ces prétendus monstres marins devaient être voisins des Hippopotames; il fit, en effet, connaître plusieurs de leurs dents (*Mus. Hist. nat.*, XII) sous le nom de *dents pétrifiées ayant du rapport avec celles de l'hippopotame*. Un Mastodonte autre que l'*Angustidens* était également connu à la même époque, et Guettard avait fait l'histoire d'une dent provenant de l'Ohio, et dont l'analogue fut ensuite rapportée par Daubenton à l'Hippopotame lui-même. Mais Camper et, d'après lui, Blumenbach admirent que l'espèce de l'Ohio était voisine des Éléphans, et le second en fit le *Mamuth ohioticum*. La justesse de ce rapprochement mérite d'être signalée; mais on doit faire la remarque qu'il n'était pas entièrement neuf; car, ce que le célèbre Camper ignorait certainement, Riolan, qui au commencement du dix-septième siècle avait eu avec Habicot et plusieurs autres une discussion un peu longue et fort envenimée sur les prétendus géans, et sur la gigantologie, leur avait positivement fait remarquer que ces prétendus os de géans n'étaient que ceux d'une espèce d'Eléphant; or les os dont parlait Habicot étaient précisément ceux d'un Mastodonte.

Cuvier réunit d'abord, comme l'avait fait Camper, le Mastodonte aux Eléphans; mais bientôt après il l'en sépara et lui imposa le nom générique qu'il porte présentement, et sous lequel nous en parlons ici. Ses recherches le conduisirent à distinguer définitivement l'espèce de Réaumur et celle de Guettard, et il leur en adjoignit plusieurs autres dont nous ferons mention, et que lui avaient procurées les recherches de différens voyageurs.

Le groupe des Mastodontes se distinguait surtout par ses dents molaires tuberculeuses, et dont l'usure affectait, suivant les espèces et probablement aussi les âges, des formes différentes. Ils n'avaient point de canines, et leurs incisives supérieures étaient dirigées en bas, sortaient de la bouche et constituaient de véritables défenses. Quelques espèces avaient aussi des incisives inférieures, également au nombre de deux, mais qui étaient moins développées et qui étaient peut-être caduques. On a dernièrement donné à ces espèces le nom de *Tetracaulodon*. Les Mastodontes avaient probablement une trompe, et leurs mœurs s'éloignaient peu de celles des Eléphans et des Hippopotames, dont ils avaient sans doute le régime. La forme tuberculeuse de leurs dents, et principalement de celles de l'Ohio et de Simorre, localité encore aujourd'hui célèbre par les beaux échantillons qu'elle renferme, donnant à ces parties quelque analogie avec les dents de l'homme, qui sont aussi tuberculeuses, et qui comme elles sont aussi pourvues de racines, on conçoit jusqu'à un certain point qu'on ait pu supposer ou faire croire qu'elles provenaient de géans.

Les espèces que l'on admet dans ce genre sont les suivantes :

Mastodonte de l'Ohio, *M. giganteum*, Cuv., ou le *Mamuth ohioticum* de Blumenbach, et l'*Eléphant américain* de Shaw, dont il est parlé dans les œuvres de P. Camper, t. 2, p. 87. Il se distingue surtout par la forme de ses molaires, dont la couronne est à peu près rectangulaire, si ce n'est aux dents postérieures, qui ont moins de largeur en arrière qu'en avant; ses molaires ont leurs tubercules en forme de pyramides quadrangulaires, au nombre de six, huit ou dix, et disposées par paires. Ces dents, qui ont quelquefois un poids de dix livres, présentent par l'usure autant de paires de figures d'émail en losange qu'il y avait de pointes tuberculeuses; elles se remplacent comme celles des Eléphans, et varient de même en nombre. Quand on les voit entières, il n'y en a que deux de chaque côté des mâchoires; mais lorsque l'antérieure est à moitié usée, la seconde est entière, et le commencement d'une troisième apparaît en arrière du bord maxillaire.

La hauteur du grand Mastodonte était de neuf pieds environ. La structure de ses molaires semble indiquer qu'il se nourrissait à la manière des Hippopotames et des Sangliers, en cherchant de préférence des racines et d'autres parties charnues de végétaux; et on doit supposer qu'il fréquentait les endroits marécageux, mais sans être tout-à-fait aquatique comme les Hippopotames, dont il n'avait pas la lourdeur. Quelques faits semblent indiquer que sa destruction est assez récente; ainsi l'on rapporte, à l'appui de cette opinion, la découverte faite en Virginie près de Williamsbourg, de débris de Mastodontes, au milieu desquels était une masse à demi broyée de feuilles, de gramen, etc., enveloppée dans une sorte de sac que l'on regarde comme l'estomac de l'animal lui-même, renfermant encore les matières que celui-ci avait mangées. Barton rapporte que les sauvages découvrirent, en 1762, une tête de la même espèce qui conservait encore une partie du nez, lequel était fort long; et Kalm, en parlant d'un squelette déterré dans le pays des Illinois, assure que la bouche y était en partie conservée, quoi que sa forme fût altérée. Les Indiens de plusieurs tribus de l'Amérique du nord croient encore à l'existence de ces animaux, dont ils rencontrent souvent les ossemens dans le sein de la terre; mais d'autres reconnaissent que leur espèce a été détruite. Jefferson rapporte que, d'après les naturels de Virginie, une troupe de ces terribles quadrupèdes, détruisant les Daims, les Buffles et les autres animaux créés pour l'usage des Indiens, le grand homme d'en haut avait pris son tonnerre, et les avait tous foudroyés, excepté un seul, le plus gros mâle, qui s'était enfui vers les grands lacs où il se tient encore aujourd'hui. Barton ajoute que les Shavanois croient à l'existence d'hommes proportionnés à la taille des Mastodontes, et que le grand Être a exterminés en même temps qu'eux.

On n'a réellement trouvé jusqu'ici d'une manière positive les débris du Mastodonte gigantesque que dans l'Amérique du nord; ceux que l'on a indiqués en Europe comme étant de la même espèce, ont bien avec ceux-ci plusieurs rapports; mais leur identité n'a pas été définitivement constatée.

Mastodonte a dents étroites, *M. angustidens*, Cuv.; *l'animal de Simorre*, de Réaumur; représenté dans notre Atlas, pl. 337, fig. 1. Il se trouve en France et dans diverses autres parties de l'Europe, ainsi qu'en Amérique, et aussi en Asie. C'est sans doute à ce Mastodonte qu'appartenaient les ossemens fossiles dont il a été question d'une manière si étrange sous le règne de Louis XIII, et qui furent attribués à un géant, à Teutobochus roi des Cimbres et des Ambraciens, défait par Marius, 150 ans avant J.-C.

Le vendredi 11 janvier 1613, les ouvriers, en extrayant du sable de la sablonnière située auprès d'une masure du château de Chaumont, à quatre lieues de Romans, entre les petites villes de Montricourt, Serres et Saint-Antoine du Dauphiné, découvrirent, à dix-sept ou dix-huit pieds de profondeur, un certain nombre d'ossemens d'une grande dimension, et qui furent en partie brisés soit par les ouvriers, soit par l'exposition à l'air. Voilà, dit M. de Blainville, auquel nous empruntons ces détails, ce qui paraît certain; mais il n'en est pas de même du tombeau dans lequel ces ossemens furent, assure-t-on, trouvés avec des médailles d'argent et une inscription portant, gravés sur une pierre dure, les mots *Teutobochus rex*.

Le fait en lui-même aurait sans doute passé inaperçu, si un nommé Mazuyier, chirurgien de Beaurepaire, et un notaire de la même ville, n'eussent conçu l'idée de tirer parti de cette découverte; aussi sont-ils fortement soupçonnés d'avoir forgé ou fait forger les détails rapportés dans la première brochure qui ait été publiée à ce sujet, et que l'on attribue à un jésuite de Tournon. Quoi qu'il en soit, la curiosité publique fut vivement excitée, et six mois après, la cour donnait des ordres pour le transport de ces ossemens dans la capitale. Ainsi qu'on le voit par le récépissé donné le 20 juillet de la même année par l'intendant des médailles et antiques du roi, Antoine Rascotes de Bagaris, comme ayant reçu de P. Mazuyier, chirurgien, et du notaire David Bertrand ou Chenevier, les os demandés, lesquels Mazuyier et Bertrand s'étaient engagés de rendre dix-huit mois après à M. de Langon, à moins que le roi n'en ordonnât autrement.

Les pièces remises étaient inscrites ainsi qu'il suit, au récépissé :

1° Deux pièces de mandibules, sur une desquelles il y a une seule dent, et dans l'autre il y a une dent entière avec les racines de deux autres de devant, et les fragmens de deux dents rompues;

2° Plus deux vertèbres;

3° Le col de l'omoplate;

4° La tête de l'humérus;

5° Une particule d'une côte qui est allant à l'os qui est en plusieurs pièces (sans doute le sternum);

6° Un gros tibia;

8° Le calcanéum.

Mais les médailles et l'inscription ne furent point envoyées, quoiqu'on les eût promises, ce qui donna des doutes sur leur existence; la question fut dès lors discutée avec chaleur, on peut même dire avec amertume; car elle devint pour le corps des médecins et pour celui des chirurgiens un moyen de s'attaquer mutuellement, en prolongeant leurs anciennes inimitiés.

Habicot, célèbre chirurgien de l'université de Paris, dans le but sans doute de soutenir son confrère Mazuyier, commença la lutte par sa Gigantostéologie, ou Discours sur la possibilité des géans, dédié à Louis XIII; à quoi Riolan, sous le voile de l'anonyme, répondait, en 1613, par une brochure intitulée Gigantomachie, et en 1614 par son importante découverte d'os humains supposés d'un géant.

Un partisan d'Habicot, ou Habicot lui-même, répondit à ce qu'il nommait les calomnieuses inventions de la Gigantomachie, dans un écrit qu'il intitule Monomachie, mais en conservant l'anonyme.

Guillemeau défendit aussi la même cause; mais en 1618, Riolan répondit d'une manière beaucoup plus habile et plus forte, dans sa Gigantologie ou discours sur les géans. C'est, en effet, dans cet ouvrage, qu'après avoir établi qu'il n'a jamais existé de géans de plus de 9 à 10 pieds, il montre que les os trouvés à Chaumont ne peuvent avoir appartenu qu'à une Baleine ou à un Eléphant, ou bien que ce sont des fossiles, et par là il entendait, ce qui est loin d'être à la hauteur de sa précédente détermination, qu'ils s'étaient formés spontanément dans la terre.

Habicot ne se tint point pour battu, et dans sa réponse sous le nom d'Antigigantologie, il se tire d'embarras à l'aide d'une véritable pétition de principes. En effet, pour démontrer que ce n'était pas un géant de trente pieds de haut, comme le voulait son adversaire, Riolan avait établi, d'après la longueur des os qu'il avait examinés, et entre autres celle du fémur, ce qui était un mode de procéder fort rationnel, que l'animal ne pouvait avoir plus de douze pieds de long; et il en concluait

cluait que, comme il n'était pas besoin d'un tombeau de 30 pieds pour placer un corps qui n'en avait que 12 ou 13, le prétendu tombeau était de l'invention de Mazuyier. Mais Habicot admettait ce fait comme positif, et comme le contenu devait être proportionné au contenant, il en concluait que, le tombeau ayant 30 pieds, les ossemens qu'il contenait devaient avoir appartenu à un individu de cette taille.

Mazuyier quitta Paris, et à l'époque convenue il remit à M. Langon les ossemens qui venaient d'occasioner de si vives discussions; en effet, une lettre de l'abbé Desfontaines (1744) nous apprend qu'à cette époque les os de Teutobochus se trouvaient à Grenoble. Leur histoire fut ensuite interrompue jusque dans ces derniers temps. Cuvier en parla en traitant des Éléphans fossiles, et il crut reconnaître, dans des récits moins complets que ceux qui précèdent, qu'il s'agissait d'un véritable Eléphant fossile. M. de Blainville, ayant pu revoir ces ossemens, qui furent retrouvés à Bordeaux sans savoir comment ils y avaient été transportés, a fait dans ces derniers temps un résumé de toute la discussion, et il a publié dans les Nouvelles Ann. du Muséum, t. IV, un Mémoire accompagné de la figure des parties osseuses qui lui ont été remises, et qui se trouvent aujourd'hui dans la riche collection du Muséum, confiée à ses soins.

Les objets envoyés en 1835 de Bordeaux au Muséum de Paris, ont été présentés dans la dernière séance de mars à l'Académie des sciences. M. de Blainville en donne le catalogue suivant :

1° Deux mâchoires offrant la place de deux dents, l'une entièrement enlevée, l'autre dont les racines sont restées en place;

2° Des dents au nombre de deux, l'une fortement usée, l'autre à peine sortie de l'alvéole;

3° La partie supérieure des deux humérus, l'un droit et l'autre gauche;

4° l'extrémité articulaire et une grande partie du corps de l'omoplate;

5° L'extrémité articulaire supérieure et inférieure avec quelques fragmens d'un tibia;

6° Des morceaux de vertèbres, toutes deux costifères et lombaires;

7° Deux morceaux du bassin, et entre autres de l'épine antérieure et supérieure de l'os des îles et la branche pubienne de l'ischion avec les parties d'un fémur.

D'où l'on voit, continue M. de Blainville, que, quoique dans cet ensemble il y ait quelques pièces de moins que dans le récépissé, entre autres le calcanéum, l'astragale et une vertèbre, et au contraire quelques morceaux de plus, ce qui peut tenir à ce que les pièces ont été mal dénommées, il est cependant à peu près hors de doute que ce sont bien ceux qui ont été attribués au roi Teutobochus; car il serait bien difficile de croire qu'un second hasard aurait porté à la lumière six ou sept pièces capitales exactement les mêmes que dans le premier.

Les os décrites par Habicot, et celles qu'on a retrouvées à Bordeaux, sont tout-à-fait d'un Mastodonte et non d'un Eléphant. Nous en avons donné la figure dans la planche 337 de ce Dictionnaire, ainsi que celle des autres ossemens du prétendu roi des Cimbres. Ainsi la fig. 1 *a*, *b*, représente la moitié d'une mâchoire inférieure avec une dent en *b*. — 1 *c*, une dent usée, de la largeur du pied d'un jeune Taureau. — 1 *d*, extrémité supérieure de l'humérus, de la grosseur d'une tête d'homme. — 1 *e*, extrémité de l'omoplate. — 1 *f*, *g*, extrémité articulaire supérieure et inférieure du tibia.

Cuvier a décrit quatre autres espèces de Mastodontes, plus ou moins bien caractérisées; ce sont les *M. tapiroides*, *minos*, *Humboldtii* et *Cordillerarum*. Les Tétracaulodons récemment indiqués sont les *mastodontoides* établis par M. Godmann, et *longirostris* indiqué par M. Kaup. Ces animaux, de même que les précédens, ont disparu de la surface du globe, et ne se retrouvent plus qu'à l'état fossile.

(GERV.)

MASTOIDE. (ANAT.) *Voyez* SQUELETTE.

MATAMATA, *Matamata*. (REPT.) Les méthodistes modernes ont formé de l'espèce de Tortue décrite sous ce nom par Bruguière, un petit sous-genre caractérisé par un nez prolongé en trompe, des pieds courts, des doigts à peine séparés et armés d'ongles forts, une carapace étroite et ne pouvant recevoir la tête et les pieds, et surtout par une gueule fendue en travers, non armée d'un bec de corne, ressemblant à celle de certains Batraciens, et nommément du Pipa. Cuvier a préféré au nom de *Matamata*, que Merrem donne à ce sous-genre, celui de Chélidés (Chelys, Dumér.) ou Tortues à gueule.

La MATAMATA, *Matamata*, Brug., *Testudo fimbria*, Gm., représentée dans notre Atlas, pl. 337, fig. 2, dont la longueur totale est de deux pieds trois pouces et quelques lignes, a la tête grande, aplatie, arrondie en avant, terminée sur les côtés par deux ailerons membraneux horizontaux, ridée à sa superficie et verruqueuse; les yeux ronds situés à la base de la trompe; le cou garni de chaque côté de six appendices membraneux, frangés, dont trois alternativement plus grands, et trois plus petits; la carapace hérissée d'éminences pyramidales, et le corps bordé tout autour d'une frange déchiquetée. La couleur de l'animal est brune et uniforme; celle de la partie supérieure du test est d'un brun noirâtre et celle du plastron un peu moins foncée.

La Tortue matamata était commune autrefois dans les rivières qui entourent l'île de Cayenne; mais les poursuites obstinées des chasseurs, à qui elle fournit un aliment sain et délicat, l'en ont peu à peu éloignée; on ne la trouve plus maintenant avec quelque abondance que dans les lacs de Magacaré, dans la crique de Routomina, et dans le fond de la rivière d'Honassa, à environ vingt-cinq lieues au sud de Cayenne. Elle y pâture pendant la nuit, s'éloigne peu des rivières, et se nourrit des herbes qui croissent sur leurs bords. On a conservé quelquefois en France des Matamatas vivantes; mais on n'a pu les y conserver long-temps.

Bruguière parle même d'un individu femelle qui pondit cinq œufs, dont un parvint à éclore dans le tiroir où il avait été enfermé.

Le nom qu'elle porte lui est donné par les naturels du pays. Sa forme générale pourrait faire penser que c'est la même que celle que Linné a désignée sous le nom de *Testudo scorpioides*, si elle ne s'en distinguait par son museau prolongé. (Z. G.)

MATÉ. (BOT. PHAN.) Sous ce nom l'on désigne dans le langage vulgaire, au Brésil et dans d'autres contrées de l'Amérique du sud, l'*Abrus precatorius*, que l'on y a porté de l'Inde; mais plus particulièrement une infusion théiforme en usage dans l'état de Buénos-Ayres, le Paraguay, etc., où elle fait les délices, où elle est un objet de première nécessité pour toutes les classes et dans toutes les circonstances de la vie. Sans le Maté, il n'est point de félicité réelle sur terre, à entendre ceux qui s'abreuvent à longs traits de cette boisson chaude que l'on édulcore avec du sucre de canne. Le vase dans lequel on la prépare porte aussi le nom de Maté : c'est le meuble que l'on tient le plus à posséder dans son ménage; il est d'ordinaire en argent.

On sait que le Maté provient de la feuille grillée légèrement, puis concassée, de la fameuse Herbe du Paraguay, *Yerva del Paraguay*, sur laquelle on n'est point d'accord. Quelques auteurs la disent être la même plante que la Coca des Péruviens, *Erithroxylum peruvianum*, dont nous avons parlé plus haut, tom. II, pag. 257 et 258; d'autres assurent, au contraire, qu'on doit la rapporter au genre *Ilex*, et plus spécialement à l'*Ilex mate* d'Auguste Saint-Hilaire, et que l'on connaît sous le nom vulgaire de Thé de Congouba.

Les troisièmes, s'appuyant sur l'autorité d'un naturaliste arrivé récemment de ces contrées, affirment que le véritable Maté est produit par un Psoralier, le *Psoralea glandulosa*, dont les feuilles, à trois folioles lancéolées aiguës et d'un beau vert, sont portées sur une tige de mince dimension; dont les fleurs, d'un bleu très-agréablement mêlé de blanc, disposées en épis sur des pétioles rudes, fournissent une gousse comprimée et monosperme; caractères qui ne ressemblent nullement au texte qu'ils citent à l'appui de leur assertion. Je le copie ici pour servir de terme de comparaison. « C'est un buisson touffu avec un tronc » de la grosseur de la cuisse, dont l'écorce est lisse » et blanchâtre; à fleurs polypétales, disposées en » grappes de trente à quarante chacune; à graines » très-lisses, d'un rouge violet, et ressemblant à des » graines de poivre. Parvenue à tout son développement, sa feuille, qui ne tombe jamais en hiver, » est semblable à celle de l'Oranger; elle est elliptique, de dix à treize centimètres de long sur la » moitié de large, épaisse, d'un vert plus foncé en » dessus qu'en dessous, et attachée par un pétiole » court et rougeâtre. »

Cette description s'éloigne beaucoup de la plante indiquée par Auguste Saint-Hilaire (Plantes remarquables du Brésil, Introd., p. 41); elle se rapproche davantage du Symploque des plaines élevées des Cordilières, *Symplocos altsonia* de L'Héritier, sur lequel j'ai obtenu des renseignemens aussi exacts que curieux de Palacio-Faxar, botaniste du pays et voyageur fort instruit. J'en parlerai plus au long au mot SYMPLOQUE. (T. D. B.)

MATÉRIAUX DES VÉGÉTAUX. (BOT.) Ce mot a été créé par Fourcroy pour désigner les combinaisons très-multipliées des matières indécomposables que la végétation fait naître et entretient dans les végétaux, de celles que la chimie peut séparer. Depuis l'habile chimiste, on a changé le mot et adopté une expression plus convenable. Au mot PRINCIPES DES VÉGÉTAUX, nous traiterons physiologiquement et de leurs principes élémentaires et de leurs principes immédiats. (T. D. B.)

MATTHIOLIE, *Matthiola*. (BOT. PHAN.) Le médecin-botaniste siennois, Pierre-André Matthioli, qui s'est rendu si célèbre par ses commentaires sur Dioscoride, fut un savant aussi peu sociable que tolérant; il ne craignit point d'adopter une foule de fables indignes d'un homme éclairé, et de publier avec un bon nombre de figures exactes des figures imaginaires de plantes et d'animaux afin de grossir son volume et se jouer de la bonne foi; on a voulu lui dédier plusieurs plantes, mais, par une combinaison fort singulière, aucune n'a pu encore fournir un genre solide. Celui que Plumier avait créé sous son nom dans la famille des Rubiacées avec un arbuste des Antilles et de l'Amérique du sud constitue aujourd'hui le genre *Guettarda*, dont les fleurs répandent autour d'elles une odeur agréable. Depuis, Robert Brown a démembré un genre très-naturel et très-nombreux de la famille des Crucifères, le *Cheiranthus*, pour faire le genre *Matthiola*; mais il faut le dire, sa réforme n'est point heureuse; et quand une main habile viendra purger le temple de la botanique de toutes les inventions ridicules, légères ou forcées des novateurs, notre Giroflée des jardins, *Ch. incanus*, celle nommée Quarantaine, *Ch. annuus*, la Giroflée chiffonnée, *Ch. fenestralis*, et les autres espèces, reprendront gaîment leur place auprès des sœurs qui les réclament et dont elles ne veulent point se séparer.

Comme on le voit, le genre *Matthiola* est encore à créer. Espérons que les voyageurs botanistes fourniront bientôt les moyens de payer le juste tribut aux travaux d'un botaniste infatigable qui, malgré ses fautes, a mis sur la voie pour retrouver quelques plantes indiquées par le médecin d'Anazarbe. (T. D. B.)

MATIÈRE. Devant traiter ici le mot *Matière* en naturaliste, et non en métaphysicien, voici l'ordre que nous suivrons dans la composition de cet article : *Définition et propriétés* de la Matière; ses *modifications* ou *états primitifs*; *réunion de ces divers états* ou *organisation*; *création*; *conclusion*; et *faits généraux*.

A. *Définition de la Matière*. Pour les naturalistes anciens et modernes, la Matière est la base, le principe, l'élément moléculaire de toute chose, et cette *base*, ce *principe* ou *élément*, est capable de nombreuses modifications quant à la forme.

B. *Propriétés*. La Matière est-elle inerte? est-elle périssable?

La Matière n'est point complétement inerte, du moins dans quelques unes de ses modifications; elle n'est pas non plus complétement périssable. Une foule d'observations, la succession indéfinie des êtres organisés et inorganisés au milieu desquels nous vivons, rendent incontestables ces deux grandes vérités. Maintenant, si la Matière n'est point inerte, quelle puissance la rend agissante? C'est ce qu'il ne nous est pas donné d'examiner ici, et ce qui d'ailleurs nous restera probablement long-temps encore inconnu. Croyons donc, et humilions-nous!

C. Les *modifications* ou divers *états primitifs* de la Matière, examinée à l'aide d'instrumens d'optique dont le grossissement ne va pas au-delà de mille fois (les examens microscopiques qui dépassent ce point exposent à de graves erreurs), sont au nombre de six. Ces états distincts, admis pour la première fois par Leuwenhoeck, puis par M. Bory de Saint-Vincent, et au dessus desquels, bien certainement, il en existe une foule d'autres qu'il ne nous est pas permis de connaître, sont :

1° L'*état muqueux*, état dans lequel il n'existe aucune molécule apparente, qui est étendu, continu, légèrement jaunâtre, imparfaitement liquide, qui enduit et enveloppe les parties avec lesquelles il est en contact; qui est plus ou moins épaissi, transparent, et dans lequel enfin on voit, après qu'il a été desséché, une confusion de molécules amorphes;

2° L'*état vésiculaire*, composé de globules hyalins, légers, ascendans, extensibles ou contractiles, selon qu'ils sont sous l'influence de la dilatation ou de la raréfaction, et qui, après la dessiccation, ne laissent aucune trace de leur existence sur le porte-objet du microscope;

3° L'*état agissant*, composé de molécules sphériques, contractiles, extensibles, mais jusqu'à un certain degré seulement; diaphanes, peut-être bleuâtres, nageant et s'agitant individuellement avec une grande vivacité; se déformant par la dessiccation, et présentant alors le même aspect que l'état muqueux.

4° L'*état végétatif*, composé de molécules à peine visibles, confuses et comme diffluentes; pénétrantes, translucides; d'une couleur verte plus ou moins intense qu'elles gardent après la dessiccation; perdant leur forme après le dessèchement;

5° L'*état cristallin*, état dur, excitant, pesant, translucide, laminaire, anguleux; qui, par la dessiccation, prend une multitude de formes déterminables, mais jamais nées de globuleux;

6° L'*état terreux*, état brut, inerte, dur, lourd, opaque, amorphe, ne changeant ni de forme ni de couleur, soit qu'il soit tenu en suspension dans l'eau, soit qu'il ait été soumis à la dessiccation.

Tels sont les six états *microscopiques* (nous nous servons ici de ce mot, afin de faire voir que le mot *primitif*, employé ci-dessus, ne doit pas être pris dans un sens absolu) sous lesquels se présente la Matière aux yeux de l'observateur armés d'un microscope, et après qu'on en a opéré la destruction par des moyens artificiels. Celui de nos lecteurs qui désirera voir par lui-même ces curieux phénomènes de la nature, y arrivera facilement, en faisant infuser des substances animales ou végétales dans de l'eau, et plaçant tous les jours ces divers liquides sur le porte-objet d'un microscope. Les mêmes faits s'observeront également dans de l'eau ordinaire, contenue dans le premier vase venu, et exposée à l'action de la lumière et de l'air atmosphérique. Enfin tous ces différens états se rencontrent dans les fluides émanés des corps vivans.

EXAMEN PARTICULIER DES SIX MODIFICATIONS DE LA MATIÈRE (1).

Matière muqueuse. Partout où séjourne de l'eau exposée au contact de l'air, et de la lumière, sa limpidité ne tarde pas à s'altérer, et, si l'on y fait suffisamment attention, on voit les parois du vase qui la contient, ou les corps plongés dans cette eau, quand on fait l'observation dans un étang ou dans un marais, se revêtir bientôt d'un enduit muqueux; cet enduit devient tellement sensible sur les pierres polies des torrens et des fontaines, qu'il les rend très-glissantes, et souvent dangereuses à parcourir : il se présente fréquemment à la surface des rochers humides, le long des sources et des infiltrations. On peut, dans nos villes, le discerner au tact contre les dalles sur lesquelles coule l'eau des fontaines publiques, ou qui contiennent cette eau. C'est là notre matière muqueuse, sans couleur d'abord apparente, sans consistance, tant qu'elle ne se modifie point par l'admission de quelque autre principe; elle ne se distingue guère que comme le ferait un enduit d'albumine ou de gomme délayée, étendu sur les corps qui en sont recouverts; mais elle est sensiblement onctueuse au toucher, et s'épaissit dans certaines circonstances favorables à son développement, et surtout par la chaleur, au point de devenir visible à l'œil comme une véritable gelée. C'est principalement à la surface de certains animaux ou végétaux aquatiques qu'elle semble se complaire. L'enduit muqueux des Oscillaires, des Batrachospermes, d'une quantité d'animaux marins, et de beaucoup de poissons même, n'est que notre Matière muqueuse, qui se trouve dans les eaux salées comme dans les eaux douces, et qui donne à celles de la mer cette qualité presque gluante dont l'existence n'échappe pas même aux personnes les moins attentives. Nous avons examiné soigneusement cette Matière muqueuse, recueillie sur des Marsouins, sur des Eponges et sur des Carpes; le microscope nous la présente toujours identique, souvent pénétrée de molécules appartenant aux cinq autres états, mais par elle-même un peu jaunâtre ou in-

(1) Les nombreuses expériences que nous avons déjà faites sur les différens liquides des animaux, et de l'homme en particulier, dans l'état de santé et dans l'état de maladie, ayant encore besoin d'être répétées, nous n'ajouterons rien au beau travail dont M. Bory de Saint-Vincent a enrichi le *Dictionnaire classique d'histoire naturelle*, travail dans lequel il fait l'examen des six états primitifs de la *matière*, et que, dans l'intérêt de nos lecteurs, nous emprunterons presque en entier.

colore, insipide, et même inodore, lorsque, par des lavages réitérés, nous l'avions rendue à sa condition naturelle. La gelée, souvent fétide, dont se couvrent dans nos mares les Ephydaties, et dans la mer les Spongiaires et les Gorgoniées, seule composition animale que l'on puisse reconnaître dans ces êtres psychodiaires, n'est encore que de la Matière muqueuse, pénétrée de notre troisième modification qui vient y déterminer la vie. Soit qu'elle transsude excrétoirement des êtres qui en sont enduits, soit qu'elle ne fasse que s'accumuler à leur surface, on peut considérer la Matière muqueuse comme un milieu des plus simples, offert par l'un des effets d'enchaînement si fréquens dans la nature aux cinq autres modifications primitives de la Matière, afin que celle-ci puisse s'organiser en s'y agglomérant; et si l'on considère qu'elle peut naître et résister dans l'eau graduellement chauffée, ou sur les corps immergés dans les sources thermales, on est tenté de la regarder comme une gélatine élémentaire et comme la base de la mucosité des membranes animales, ou de plusieurs des sécrétions de notre propre corps.

On sent bien que, par ce qui vient d'être dit, nous ne prétendons point donner le mucus animal comme identique avec notre Matière muqueuse; mais celle-ci, modifiée par le mécanisme de l'animalité, et l'addition de principes échappant à nos sens, n'en pourrait-elle pas être la base comme elle l'est à l'animalité même? et le mucus ne serait-il pas l'état muqueux retournant, par l'effet des sécrétions, vers son état primitif? Selon l'analyse de Fourcroy et de Vauquelin, c'est une humeur qui ressemble à une dissolution chargée de gomme, qui s'épaissit à l'air, et s'y dessèche en lames ou filets transparens, sans élasticité; Berzélius y reconnaît, avec une très-petite quantité d'autres principes qui sont les causes évidentes de son altération, 53 de Matière muqueuse sur 933 d'eau. Ainsi, l'un des chimistes les plus instruits de notre époque retrouve la modification matérielle qui nous occupe à l'état de pureté dans l'une de ses principales transformations; son existence n'est-elle pas constatée par un si puissant témoignage?

Mais un témoignage non moins respectable vient donner à nos idées sur la Matière muqueuse toute l'importance de la certitude la mieux établie; c'est ce que le savant Geoffroy Saint-Hilaire en dit dans son Traité des monstruosités humaines. Après avoir retrouvé le mucus abondamment distribué dans le tube intestinal, non seulement de l'ébauche normale, mais encore dans celui de petits individus bizarrement développés, sans bouche; après avoir examiné quel rôle ce mucus y doit remplir, ce grand naturaliste ajoute: « Le mucus est un des principes immédiats des êtres organisés. Son principal caractère est d'être le premier degré des corps organiques. Les végétaux le donnent de même que les animaux, après une première révolution des fluides circulatoires. Il est plus abondant chez les plus jeunes, et par conséquent chez le fœtus; et ce sera tout aussi bien en physiologie qu'en chimie qu'on ne tardera pas à le considérer comme le fonds commun où puisent les membranes et généralement tous les tissus employés comme contenans. Il est dans le cas de toutes les matières premières dont on forme nos étoffes. Les alimens deviennent lui, et lui les organes solides; il est l'objet final de la digestion, la substance animalisable par excellence. On dit en physiologie que le fœtus, étant beaucoup trop faible pour assimiler à sa propre substance des substances étrangères, reçoit de sa mère ses alimens tout préparés: c'est voir de trop loin les choses, et s'exposer à les voir confusément; c'est d'ailleurs généraliser un fait qu'une seule espèce, qu'une seule considération aurait donné. Pour peu qu'on ait observé les animaux dans les premiers momens de leur existence, on sait qu'il n'est point d'êtres, si frêles qu'on les suppose, qui ne produisent du mucus, ou plutôt l'abondance de ce produit augmente en raison directe de leur plus grande débilité; et il n'est point d'êtres non plus qui n'absorbent du mucus, qui ne s'en nourrissent, et qui ne jouissent par conséquent des facultés assimilatrices. Voyez le frai des Batraciens; c'est par la production du mucus que s'annonce en lui le mouvement vital, et le mucus formé devient aussitôt la source où le nouvel être va puiser sa nourriture. » Ce passage précieux ne nous était pas connu, lorsqu'à peu près vers l'époque où nous publiâmes (le lecteur ne doit pas perdre de vue que c'est M. Bory de Saint-Vincent qui parle) nos premières idées sur la Matière, l'illustre professeur dont nous venons d'emprunter les paroles, livrait ces mêmes paroles à l'impression; nous n'eussions pas manqué de nous appuyer de l'autorité d'un savant dont nous sommes tout enorgueillis d'avoir partagé simultanément les idées.

Non seulement le fœtus vit dans la Matière muqueuse et de la Matière muqueuse; mais n'en fut-il pas lui-même un simple composé aux premiers instans de la conception qui détermina son développement? Qu'était-il, au moment où deux sexes s'unirent pour en mélanger leurs rudimens, en imprimant à ceux-ci l'action nécessaire pour se constituer et croître? Le fluide répandu dans cette circonstance par le mâle est-il autre chose que de la Matière muqueuse pénétrée de gaz, de Matière agissante et de Matière cristallisable?

Les zoospermes (animalcules spermatiques), qu'on a supposés remplir un rôle d'intromission nerveuse dans la génération, n'y font peut-être, par la multiplicité de leurs mouvemens agiles, que mêler deux ou trois de nos modifications primitives de la Matière, afin de développer, au moyen de leurs combinaisons, la propriété fécondante.

Vaucher, savant et excellent observateur genévois, très-habitué à se servir du microscope, célèbre par un fort bon ouvrage sur les Conferves d'eau douce; Vaucher, considérant la Matière muqueuse dans ses rapports avec l'organisation végétale, trouve, dans les observations qu'il nous a adressées à ce sujet, que nous l'avions fort bien caractérisée, et parfaitement reconnue. Son témoignage est encore d'un grand poids : il a remarqué, ajoute-t-il, que la Matière muqueuse ne se développait cependant pas dans les eaux du lac de Genève, sur les pierres qui ne sont point ocreuses ; ce qui tient sans doute à quelque cause locale qui mérite d'être étudiée.

Il pense aussi qu'elle serait plus commune dans les marais, parce qu'elle y proviendrait de la décomposition des animalcules. Nul doute que la décomposition des animalcules ne rende beaucoup de Matière muqueuse dans son état naturel à la masse de l'eau marécageuse ; mais elle ne l'y crée pas davantage que du précipité rouge ne crée du mercure dans un canon de fusil quand on fait rougir ce canon après l'avoir rempli de précipité.

C'est précisément cette Matière muqueuse, considérée comme corps développé dans les eaux de nos fontaines et sources, ou bien épaissi à la surface des rochers humides, dont nous avons formé le genre Chaos, genre qui n'appartient proprement ni à la plante ni à l'animal, mais qui est un intermédiaire, une sorte de gangue propre à protéger le développement des autres combinaisons matérielles appelées à s'introduire dans son épaisseur et à l'augmenter. Aussi verrons-nous cette matière primordiale, notre Chaos, devenir le *byssus* ou *lepra botryoïdes* des botanistes, lorsque, pénétré par les globules verts de la matière végétative, il passe à l'état de plante, si l'on peut qualifier du nom de plante les derniers êtres dont se composait la cryptogamie de Linné. Le Chaos est encore le milieu dans lequel sont réunis les corpuscules épars par lesquels se caractérisent les Palmelles et les Tremelles, ou les globules qui, se juxtaposant en figures de chapelets, forment les Nostocs, les Téléphores, les Collémas, les Batrachospermes, etc., etc.

Il arrive d'autres fois que ce sont des Navicules, des Bacillaires qui pénètrent le Chaos. Celui-ci prend alors une teinte ocracée ou verdâtre, avec une consistance qui l'a fait regarder par Lyngby, très-savant algologue, comme un végétal voisin des Nostocs. Dans cet état, les êtres vivans qui s'y sont agglomérés en masse ont perdu leur mouvement individuel, et forment, par leur confusion pressée, une sorte d'animal commun qui offre déjà la trace d'une organisation analogue à celle des Polypiers pulpeux, que Lamarck appelle Empâtés.

Si l'on considère qu'outre les êtres appelés Infusoires par les naturalistes (nos Microscopiques), ceux qui n'ont ni cirrhes, ni queue, ni organe rotatoire, en un mot qui, étant les plus simples, ressemblent à des amas de globules (nos Gymnodés), n'ont souvent aucune forme déterminée, on serait tenté de supposer que de tels animaux ne sont que des gouttes de Matière muqueuse pénétrées par des globules de la seconde et de la troisième modification de la Matière, lesquels essaieraient dans l'épaisseur de ces gouttes l'exercice d'une vie commune, qui, plus développée par l'addition de quelques organes rudimentaires, offrirait une grande analogie avec celle des Médusaires et de plusieurs sortes de Polypiers mollasses. Ainsi, les Microscopiques, depuis leur état de plus grande simplicité jusqu'à ceux où des complications se sont opérées, de même que plusieurs animaux plus avancés, tels particulièrement que les Biphores (Salpa), pourraient être considérés comme autant d'espèces de fœtus où les combinaisons organiques sont devenues propres à se reproduire, sans être parvenues néanmoins au point où toutes les conséquences de l'organisation rudimentaire se pouvaient étendre si le moindre principe d'un organe de plus s'y fût trouvé contenu. Cette dernière vue, présentée par un grand naturaliste de nos jours, mérite surtout qu'on s'y arrête ; elle conduira l'observateur qui voudra se donner la peine d'étudier de bonne foi la marche de l'organisation dans ses essais mêmes, au lieu d'en rechercher les lois fondamentales dans les êtres compliqués où la nature n'a plus rien à ajouter, vers la féconde idée de l'unité d'organisation ; vérité comme instinctive, entrevue dès l'antiquité, mais mal démêlée par des philosophes ingénieux du dernier siècle, qui en discouraient par supposition, au lieu d'en chercher les preuves dans la nature même ; vérité que plusieurs s'obstinent à méconnaître aujourd'hui, et qu'ils attaquent, en lui prêtant un ridicule énoncé qu'on ne trouverait nulle part dans les écrits de ceux qui en établissent la démonstration par l'exposé de faits irrécusables.

Lorsque, pour mettre d'accord la marche naturelle de la création et des croyances qu'il n'était permis d'examiner qu'avec une circonspection superstitieuse, des écrivains plus théologiens descendaient de la *puissance créatrice* à ce qu'ils qualifiaient d'êtres méprisables, et qu'ils prétendaient établir une chaîne non interrompue d'existences décroissantes sans cascade ni lacune, un esprit judicieux pouvait combattre les suppositions gratuites par lesquelles on étayait de telles spéculations ; et, lorsqu'un certain Robinet, pénétré de conviction, le présentait dans toute sa crédulité, en donnant pour titre à son ouvrage : *Essai de la nature qui apprend à faire l'homme*, il eût été permis de s'égayer sur la théorie de Robinet ou des autres défenseurs de la *chaîne des êtres*. Ce qui était bon alors, ce qui pouvait l'être encore il y a vingt-cinq ans dans l'examen de telles questions, ne l'est plus maintenant ; la plaisanterie sur de telles choses prouverait que l'écrivain tenté de l'employer aurait fait halte dans la science ; mais lequel des observateurs scrupuleux qui proclament aujourd'hui l'unité de composition dans l'organisation animale et même végétale, a jamais soutenu l'existence d'un enchaînement matériel qu'eût établi la puissance par excellence pour se rattacher aux dernières individualités de sa création ? Est-il deux idées plus disparates que celles de la merveilleuse harmonie de cette création résultante de lois tracées par la justice suprême, et des anneaux de fer assemblés par un vulgaire forgeron ? Les naturalistes profondément investigateurs, qui à l'unité d'organisation, n'ont point donné un *nou-*

vel habit aux idées de quelques rêveurs pour en déguiser les *formes grossières*; consacrant la totalité de leur existence à la recherche de la vérité, ils ne se sont pas forgé de système sur des choses qu'ils n'avaient pas vues, et n'ont pas imaginé des chimères pour les combattre; l'autorité ne les a point emprisonnés dans des vues étroites; ils ne se sont point arrêtés à des différences partielles entre les êtres; mais ils ont tenu compte de tous les caractères de ceux-ci, et s'ils n'ont pas trouvé que les classes naquissent les unes des autres, parce qu'il n'existe point, à proprement parler, de classes, ils ont positivement constaté qu'en prenant les êtres les plus compliqués à l'état d'embryon, on y pouvait retrouver les parties des êtres inférieurs parce que la composition devait se montrer de même chez tous, sauf plus ou moins de développement dans certaines parties. Reconnaissant néanmoins des *hiatus* entre les divisions systématiques introduites par l'homme, ils n'ont pas renoncé à chercher les points de rapprochement qui pouvaient combler les lacunes ou du moins en diminuer l'espace, et ils ont souvent trouvé ces rapprochemens dans certaines de ces métamorphoses organiques, si fréquentes dans la nature, laquelle semble préférer ce mode de procéder à tout autre; métamorphoses commandées par des lois sans cesse les mêmes, auxquelles obéit le développement de tout ce qui existe, comme y obéissent toutes les destructions. Ces lois immuables dont les effets ne se compliquent que graduellement, peuvent arrêter leur action après le développement de tel ou tel organe, dans telle ou telle des productions qu'elles déterminent, tandis qu'elles peuvent commander un plus grand nombre d'organes dans telle ou telle autre. Cette manière de voir est confirmée par l'assentiment de l'illustre Cuvier, qui, voulant nous initier au jeu des organes, d'où résulte, selon lui, la vie, nous dit, dans son excellente Histoire du Règne animal: « Le procédé le plus fécond pour obtenir la connaissance des lois qui résultent de l'observation, consiste à comparer successivement les mêmes corps dans les différentes positions où la nature les place, ou à comparer entre eux les différens corps, jusqu'à ce que l'on ait reconnu des rapports constans entre leur structure et les phénomènes qu'ils manifestent. Ces corps divers sont des espèces d'expériences toutes préparées par la nature, qui ajoute ou retranche à chacun d'eux différentes parties, *comme nous pourrions désirer le faire dans nos laboratoires*, *et nous montre elle-même les résultats de ces additions ou de ces retranchemens*. Or la nature qui ajoute ou qui retranche dans les divers êtres, comme pour nous initier à sa manière de procéder, astreinte conséquemment à l'unité de composition, n'élève-t-elle pas par des additions d'organes et de modifications, un fœtus, de la condition d'animalcule microscopique à la dignité humaine? Sans la nécessité d'aucune soustraction fort importante, cette même nature ramène notre orgueilleuse espèce à la Chauve-souris ou vers le dernier des Singes, et le tout dans le même plan, selon la marche progressive ou descendante que lui imposent les lois par lesquelles le créateur la rendit féconde.

Matière vésiculaire. A peu près vers le temps où la Matière muqueuse se manifeste dans l'eau exposée à la lumière, ainsi qu'au contact de l'air, et plus la température est élevée ou le soleil brillant, on voit se former graduellement au fond et sur les parois des vases dans lesquels cette eau se trouve contenue, des globules, d'abord presque imperceptibles, mais qui, ne tardant pas à grossir, se détachent pour s'élever avec rapidité à la surface du liquide, où plusieurs persistent durant quelques instans, mais où beaucoup d'autres, grossissant davantage sans obstacle, se rompent et disparaissent. Ces globules sont occasionés par un commencement de dilatation propre à des molécules gazeuses qui, loin d'être soumises à la cohésion, sont, au contraire, comme chacun sait, douées d'une force répulsive qui tend à les écarter les unes des autres, tant qu'une compression suffisante ne les rapproche point pour nous les rendre perceptibles sous la forme liquide. C'est ordinairement de l'air atmosphérique ou l'un des gaz qui entrent dans sa composition, et tenu en solution dans l'eau, qui, se dégageant de celle-ci, remplit les globules dont il est question, lesquels sont limités par une légère couche de Matière muqueuse dont la résistance modère la dilatation intérieure, surtout tant que la pression du fluide environnant seconde cette résistance, et qu'une trop grande augmentation de l'agent vaporisateur n'en rend pas l'effort irrésistible. Dans cet état de choses, la molécule gazeuse, captive dans le mucus, ne peut détacher de la masse de celui-ci la couche qui la tient renfermée, que la dilatation graduellement augmentée n'ait donné au globule dont elle est la première cause, assez de légèreté pour que la force d'ascension qui en résulte l'emporte dans la partie supérieure du liquide, toujours captive dans la Matière muqueuse.

La paroi de sa petite prison se brise quand la dilatation, continuant plus librement à la surface de l'eau, n'est plus suffisamment maîtrisée par la pression du milieu dans lequel on la vit commencer. Mais si la couche de matière muqueuse s'est épaissie, si elle domine au dessus des vases, si les parois de ceux-ci s'en sont abondamment garnies, les globules gazeux y demeurent enchâssés, et n'y peuvent plus augmenter, la résistance du mucus étant trop forte; celui-ci devient alors une pellicule bulleuse où de véritables vésicules persistent, encore que la plupart demeurent à peine visibles. C'est par un tel mécanisme que se forment ces masses ou couches glaireuses au tact et comme criblées de bulles d'air qu'on voit surnager dans les marécages, en tapisser la vase et les bords, ou se mêler aux plantes aquatiques flottantes; et dans l'ébullition, qu'on peut considérer comme un moyen des plus actifs de dilatation dans les liquides où sont dissous des gaz, c'est encore la Matière muqueuse qui, tendant à se durcir par l'effet de la chaleur, résiste d'abord à l'effort expansif des molécules vaporisées, et produit, comme en luttant avec elles, ces milliers de bulles qui viennent, en crevant à la surface, rendre les particules gazeuses à la liberté!

Cependant les particules gazeuses, dilatées par l'effort d'un agent quelconque, environnées de la Matière muqueuse qui les renferme de manière à ce qu'elles ne puissent plus s'en dégager, doivent, selon l'augmentation ou l'amoindrissement de la cause expansive, croître ou diminuer de volume et conséquemment agir au milieu de la Matière muqueuse en lui imprimant un mouvement interne. L'effet de ce mouvement ne serait-il pas cet *orgasme* que le profond Lamarck regarde comme une des premières causes de l'organisation animale, quand il dit : « Un orgasme vital est essentiel à tout être vivant; il fait partie de l'état des choses que j'ai dit devoir exister dans un corps, pour qu'il puisse posséder la vie, et pour que ses mouvemens vitaux se puissent exécuter...... » L'orgasme dont il s'agit n'est dans les végétaux qu'à son plus grand degré de simplicité; il y est effectivement si faible, qu'un coup de vent, un air très-sec, un certain brouillard, ou une gelée, suffisent souvent pour le détruire. En effet, les divers météores, causant l'augmentation ou la diminution trop considérable des vésicules gazeuzes qui déterminent l'orgasme, peuvent les faire crever ou disparaître, et de ces deux effets, résultant de trop de dilatation ou de raréfaction, provient un état de mort. Aussi les fluides élastiques, que l'on peut concevoir formés de particules tour à tour dilatables et coërcibles, méritent une sérieuse attention; car ce sont eux qui produisent le phénomène le plus étonnant, celui de communiquer à la Matière muqueuse cette élasticité qui lui devient nécessaire, pour que les principes moléculaires de toute organisation qui s'y viennent surajouter, puissent y agir les uns sur les autres, en raison de la souplesse que lui donnent les globules élastiques dont elle se trouve pénétrée.

Tant que la matière muqueuse, d'où résultent, au moyen de la dilatation d'un gaz, les corpuscules que nous appelons *Matière vésiculaire*, est assez peu épaissie pour n'être pas fortement résistante, l'existence de cette Matière vésiculaire demeure précaire; ses corpuscules sont trop exposés aux petites explosions qui détruisent l'harmonie nécessaire dans une existence commune; il faut que le milieu qui les limite acquière une certaine solidité pour qu'ils y persistent; mais dès qu'ils sont définitivement constitués, ils concourent puissamment au développement des corps dont leur présence prépare le complément. Ces corpuscules, développés et suffisamment retenus dans la masse muqueuse dont se composent la plupart des Microscopiques, par exemple, y demeurent très-visibles par leur transparence souvent parfaite; devenus parties nécessaires de ces petits animaux et ne pouvant plus s'en échapper, ils ne s'y opposent à nul mouvement de contraction ou d'extension, puisqu'ils demeurent par leur nature même susceptibles d'augmentation, de diminution et même de changement de forme en agissant les uns sur les autres. Selon qu'ils se dilatent, ils rendent l'animal plus léger. On dirait, chez certains Microscopiques, où l'on en distingue souvent de fort considérables, le modèle de la vessie natatoire des poissons. Et quelle que soit leur quantité dans le petit corps de la plupart de ces animalcules, ils ne s'y opposeront point à l'introduction d'organes compliqués qui, les trouvant compressibles, peuvent, au contraire, occuper une place aux dépens de leur volume réduit. Ces corpuscules, que nous avons appelés *hyalins*, n'en demeurent pas moins comme indépendans de l'être dans la composition duquel le verre grossissant nous les montre; aussi les voit-on, par exemple, se mouvoir à l'intérieur d'un Volvoce, dans un sens différent de celui où s'agite la masse du petit animal, et comme sans la participation de sa volonté. Les élémens primitifs de la vie ne sont donc pas encore dans le Volvoce complétement équilibrés? C'est ce que Müller a fort bien remarqué et qu'il note soigneusement en décrivant plusieurs de ces animalcules, tels que l'*Enchelis nebulosa*, l'*Enchelis similis* et le *Leucophra conflictor*, qu'il caractérise par ces mots : *interaneis mobilibus*.

Tant que les animaux peu compliqués demeurent transparens, ces corps hyalins y sont manifestement visibles. On les distingue dans nos Stomoblépharés, où des cirrhes garnissent déjà un rudiment d'ouverture buccale; ils se trouvent toujours dans les Rotifères, persistent dans les Crustodés déjà munis de test, et nous les avons reconnus jusque dans les Polypes, et même chez des Radiaires bien plus avancés dans l'échelle animale, tels que les Béroés et les Méduses mêmes. Si les naturalistes qui se sont tant occupés de ces Méduses, et qui en ont donné des Monographies où la multitude de noms génériques inutiles rebute la meilleure mémoire, eussent descendu dans l'organisation intime de ces animaux, aidés du microscope, ils eussent reconnu tout comme nous l'existence des corpuscules hyalins : ils eussent admiré comment, dans les mouvemens de flexion, de contraction ou d'allongement chez ces merveilleuses créatures, les globules constituant notre Matière vésiculaire se déplacent en glissant les uns sur les autres, s'aplatissent en se comprimant pour céder à l'effort qui les presse, et reprennent ensuite, comme par une sorte de réaction, leur forme première, afin de contribuer, soit qu'ils cèdent, soit qu'ils réagissent, au mouvement général. Ces corpuscules sont peut-être les moteurs de tout mouvement avant qu'on puisse distinguer ou même concevoir l'introduction d'une fibre quelconque, d'un système nerveux, ou d'un appareil locomotif, dans la frêle machine. On retrouvera certainement un élément si essentiel d'action dans le reste des animaux, en remontant des plus simples aux compliqués, et sa présence expliquera à quoi tient la souplesse sans laquelle nulle créature ne pourrait agir.

Les corpuscules hyalins, considérés comme les individualités de la Matière vésiculaire, ne sont pas seulement propres aux véritables animaux ; nos Psychodiaires, êtres qui lient les animaux aux plantes, et dont tour à tour ils possèdent les deux natures, en sont encore remplis. Ce sont eux qui se montrent dans nos Vorticellaires, dans nos Bacillariées et dans nos Arthrodiées en si grande quantité ; chez ces dernières, ils remplissent les tubes filamenteux de l'état végétant concurremment avec la Matière verte qui les colore. Ils y sont parfois dispersés sans ordre ; mais en d'autres circonstances, ils s'y disposent sous des formes élégantes. Dans les Salmacis, par exemple, ils constituent des séries qui se contournent en spirales, et l'on dirait le laiton dont se compose l'élastique d'une bretelle. Ces spirales, d'abord si comprimées qu'on n'en reconnaît pas la figure, se détendent à mesure que le filament s'allonge, ce qui vient peut-être de ce que les corpuscules hyalins grossissent à mesure que la Salmacis avance vers le terme de son existence, par la dilatation du gaz dont elle est remplie ; par ce mécanisme, les diaphragmes, traversés par les séries contournées de corpuscules hyalins, et qui forment dans l'intérieur des tubes comme de petites cloisons déterminant ce que les botanistes ont appelé articles, s'éloignent de plus en plus des autres. Il est évident, par le simple exposé de ce fait, combien mal à propos on donna pour caractères d'espèces l'étendue des articles ; étendue nécessairement subordonnée à la distension des corpuscules hyalins, résultat de l'âge. C'est encore plus mal à propos qu'en voyant les séries constituées par les corps hyalins se développer, ces corps grossir ou diminuer en vertu des changemens de température qui doivent agir jusque dans l'intérieur des tubes d'Arthrodiées, et s'échapper enfin désunis des tubes rompus pour se disperser sur le champ du microscope en y obéissant aux courans ; c'est plus mal à propos, disons-nous, qu'on les a dits doués de vie. En poussant plus avant l'observation, on eût vu ces globules s'évanouir dès que les gaz dont ils étaient remplis n'étaient plus suffisamment contenus, et comme les bulles qui, se formant dans tout liquide où se dissout du gaz acide carbonique, font mousser ce liquide. Dans cette faculté de mousser, qui rend certains vins si célèbres, la Matière muqueuse doit nécessairement jouer encore un rôle, quoiqu'elle y ait été méconnue jusqu'à ce jour ; aussi de tels vins deviennent-ils gluans à la longue, et des élémens d'organisation s'y trouvant contenus, les algologues y ont découvert des plantes qui certainement n'y ont point été semées.

C'est par son évanescence que nous verrons surtout combien la Matière vésiculaire, toujours disposée à rompre ses parois, diffère des deux modifications suivantes, dont l'une se dessèche confusément sur place en y laissant une impression perceptible par des ébauches de contours, et dont l'autre laisse toujours après elle une teinte verte fort sensible.

Les tubes de ces Conferves, qu'il ne faut pas confondre avec les Arthrodiées, sont également remplis de corpuscules hyalins ; on les voit persévérer dans les Ectospermes, qui se lient, selon nous, aux Characées. Les Céramiaires en présentent encore de pareils à ceux dont il vient d'être question ; mais, soit que les tissus se raidissant dans les Fucacées et les Ulvacées, les corpuscules hyalins se trouvent contraints à subir, dans l'épaisseur de telles Hydrophytes, une autre forme ; soit qu'ils y obéissent à d'autres lois ; ils s'y dénaturent, quand le végétal qui s'en était pénétré dans sa jeunesse, où il était presque totalement muqueux, acquiert plus de consistance, et que, diverses pressions s'exerçant en tous sens sur les globules, leur impriment les figures sous lesquelles nous les voyons persévérer à mesure que leurs parois ont acquis une solidité constitutrice pour se perpétuer dans le reste de cette végétation fixée, laquelle rend à l'atmosphère les torrens de gaz qu'avait absorbés la Matière vésiculaire en se formant originairement par le concours de la Matière muqueuse.

Matière agissante. Quelque substance animale que l'on mette en infusion dans l'eau pure, on ne tarde pas à voir se former à la surface de cette eau une pellicule presque impalpable, qui, ne présentant d'abord aucune organisation, est encore de la Matière muqueuse ; en même temps le fluide deviendra légèrement trouble, surtout en dessus, et cette altération de teinte est due à la présence de notre troisième forme matérielle. Celle-ci est composée de globules d'une petitesse telle, que leur volume n'équivaut pas, après un grossissement de mille fois, à celui du trou que l'on ferait dans une feuille de papier avec l'aiguille la plus déliée. Chaque globule, parfaitement rond, s'agite, monte, descend, nage en tous sens et comme par un mouvement de bouillonnement. Ces globules, si petits que Müller, en figurant les Infusoires à l'aide des plus fortes lentilles, les a représentés par un simple pointillé, sont le *Monas termo* de ce grand naturaliste.

Entre le *Monas termo* et les créatures que le savant danois avait classées dans le même genre, il existe une distance incalculable, soit pour les dimensions, soit dans le développement des facultés vitales. Il est difficile de concevoir que chacun de ces petits corps dont on ne peut mieux comparer les mouvemens qu'à celui des bulles d'air qui se heurtent à la surface de l'eau fortement poussée au degré d'ébullition ; il est difficile de concevoir, disons-nous, que chacun de ces petits corps soit un être doué de volonté, et conséquemment d'une vie complète ; il lui manque sans doute des organes capables de régulariser le genre de perceptions dont il pourrait être susceptible. De là cette agitation que rien de rationnel ne paraît déterminer, qui semble commune à la masse des globules roulant irrégulièrement en tous sens sur eux-mêmes, souvent avec une vélocité qui fatigue l'œil, mais cependant en manifestant des indices frappans d'animalité.

La quantité des globules agités devient d'autant plus considérable, que ces globules se dévelop-

pent

pent sur les bords du vase, ou plutôt vers les limites de l'eau qui les tient en suspension. Soit que l'évaporation, soit qu'une attraction particulière à chaque petite sphère, et proportionnée à sa masse, porte ses globules actifs vers un lieu plutôt que vers un autre, on dirait qu'un instinct irrésistible les conduit. Ainsi, dans une goutte d'eau remplie de notre Matière agissante, mise sur un porte-objet, on voit chacune des individualités de cette Matière fuir le centre et nager avec un empressement extraordinaire vers les bords d'un petit océan dont le dessèchement doit déterminer la cessation de toute vie; on dirait qu'elles disputent à qui mourra le plus tôt. Cet instinct ou cette force est probablement ce qui occasione l'affluence des globules de Matière agissante vers les pellicules ou vers les glomérules de Matière muqueuse déjà développée; c'est autour de cette Matière muqueuse qu'on les voit surtout se heurter, se pousser, combattre, en quelque sorte, empressés pour y pénétrer. Bientôt, par la pression continuelle que leur agitation produit les uns sur les autres, ces globules animés s'incorporent à la Matière muqueuse et lui donnent une certaine consistance en perdant dans son épaisseur le mouvement individuel. Alors des pellicules, d'abord presque imperceptibles, deviennent sensiblement jaunâtres, épaisses au point d'offrir une certaine résistance, et, dans cet état, soumises au Microscope, tout globule agissant semble y avoir disparu; mais la confusion de ces globules ainsi confondus altérant la simplicité de l'état muqueux, on découvre comme une membrane à laquelle il ne paraît manquer, pour constituer un corps organisé complet, qu'un réseau nerveux dont la faiblesse humaine ne saisira jamais probablement l'introduction rudimentaire, encore qu'on le puisse concevoir en supposant l'opération qu'on a sous les yeux déterminée dans les corps vivans par des circonstances qu'il ne nous est pas encore donné de provoquer.

Ce n'est qu'après avoir donné durant un temps quelconque, et probablement subordonné aux principes qu'elle renferme, de la Matière muqueuse et de la Matière agissante, et lorsque la Matière vésiculaire, étant produite par le concours des gaz, vient ajouter l'élasticité à la formation des membranes rudimentaires, qu'une infusion produit de véritables animaux microscopiques. Jamais aucun être organisé ne précède ces trois existences primitives. On peut s'en convaincre surtout en examinant l'eau contenue dans les huîtres. Si l'on remplit un verre avec cette eau, elle deviendra trouble, d'autant plus promptement que l'atmosphère sera plus chaude. Avant même que cette eau ait acquis l'odeur insupportable qui dénote la putréfaction, on verra la surface du vase couverte par la pellicule muqueuse, et le *Monas termo* ou Matière agissante s'y agiter en si énorme quantité, que son mouvement serait capable de fatiguer, à travers le microscope, l'œil qui l'examinerait trop long-temps. A ces globules simples et agissans succéderont bientôt, avec l'odeur de pourriture qui s'exhale de l'eau mise en expérience, et qui provient du dégagement des gaz, dont quelques uns ne demeurent pas emprisonnés dans la modification vésiculaire; à ces globules, disons-nous, succéderont des animaux divers et compliqués déjà par trois termes multiplicateurs. En même temps que la Matière agissante globuleuse semble comme s'effacer en s'identifiant avec la muqueuse, elle en devient la molécule motrice; car elle y exerce son action sur les globules compressibles de Matière vésiculaire, d'où résulte la souplesse de la muqueuse; celle-ci ne tarde pas à s'oblitérer; c'est alors qu'elle se remplit de corpuscules appartenant à notre quatrième modification avec des globules opaques de Matière terreuse; et lorsque l'évaporation produit le dessèchement de la croûte qui résulte du mélange successif de toutes ces choses, cette croûte, devenue friable, offre l'aspect et tous les caractères des substances minérales; mais ni les principes des Matières ainsi concrétées, ni la faculté de repasser par les mêmes phases ne sont perdus. Qu'on verse de l'eau sur le magma ou terre saline résultant de l'eau d'huître desséchée mise en expérience, les mêmes phénomènes y auront successivement lieu de nouveau: la même pellicule muqueuse, les mêmes globules de Matière vésiculaire et de Matière agissante, les mêmes espèces d'animaux, les mêmes sels et la même terre, y paraîtront tour à tour autant de fois qu'on réitérera l'expérience, sans rien ajouter au liquide d'où puisse résulter de perturbation, c'est-à-dire tant qu'on organisera et qu'on désorganisera par la voie humide.

Non seulement la Matière agissante se développe promptement dans l'eau d'huître et dans celle où l'on met infuser des substances animales, mais plusieurs infusions végétales l'offrent en grande quantité avec les mêmes phénomènes, et ce fait explique aisément, par l'analogie chimique, les rapports qu'on a découverts entre certaines plantes et les animaux; mais si la Matière animale entre dans l'ensemble de plusieurs végétaux comme élément constitutif, on sent qu'elle y devient un motif de plus pour proscrire l'établissement absolu des limites qu'on suppose exister entre les deux anciens règnes organiques.

Il arriverait donc que cette Matière agissante, dont les particules individualisées jouissent d'une sorte de vie propre, perd cette vie de détail pour contribuer à une vie commune, lorsque ces mêmes particules se coordonnent de telle ou telle façon avec la Matière vésiculaire; l'une et l'autre peuvent être contraintes à une existence purement végétative, encore que l'une des deux, essentiellement mobile dans l'état d'individualisation, semble cependant être appelée par sa nature même à ne produire que des êtres doués de volonté et de mouvement spontané.

On sent que ce ne sont ni les substances animales ni les substances végétales mises en expérience qui produisent les trois modifications de la Matière dont il vient d'être question; ces substances, au contraire, sont formées de ces modifications mêmes, qui s'y trouvent prédisposées comme les bases de l'organisation, avec d'autres principes qui, régissant sur celle-ci et la fixant, demeurent néanmoins inappréciables pour nos sens. Réunis dans un tout destiné à exercer une vie plus ou moins développée, chaque molécule agissante perd son degré de vie individuelle, qui tourne au profit de la vie collective. L'opération qu'on fait subir au corps organisé dont on veut observer les bases, ne fait conséquemment que rompre les liens qui unissent ceux des élémens qui tenaient les molécules de Matière vésiculaire ou de Matière agissante subordonnées les unes aux autres dans la Matière muqueuse, et les rend à leur liberté originelle. Ce n'est donc point dans la putréfaction que s'engendre la vie et que s'opèrent des générations spontanées, comme l'avaient pensé les anciens, ou des philosophes qui, n'ayant jamais observé la nature, en raisonnaient sur des apparences trompeuses; cette putréfaction concourt seulement, dans les expériences, à relâcher les nœuds secrets qui tiennent assemblées les parties constitutives des corps; elle se borne à détruire les forces qui subordonnaient de premières modifications de la Matière; elle individualise enfin les molécules, base de toute existence, et de là ce passage alternatif de la molécule agissante à l'état de torpeur où nous la trouvons dans la Matière muqueuse qu'elle a pénétrée, ou à l'état d'agilité qu'elle reprend par disjonction, selon qu'on renouvelle ou qu'on fait disparaître l'humidité autour des substances mises en expérience qui la contenaient asservie.

Comme des gaz tels que l'hydrogène et l'oxigène nous paraissent être les corps dont les particules, emprisonnées par une pellicule de matière muqueuse, contribuent avec celle-ci à former notre second état primitif, il se pourrait que ce fût l'azote qui jouât dans le troisième état un rôle analogue. En admettant cette hypothèse, on se rendrait compte de la cause qui fait de l'azote comme le principe dominant dans les substances animales. Outre les corpuscules hyalins, individus de la matière vésiculaire, les Microscopiques, où nous commençons à distinguer des molécules constitutives empâtées dans la Matière muqueuse, renferment d'autres corpuscules beaucoup plus petits, bien plus nombreux et déjà moins transparens, qui ne sont que des globules de Matière agissante agglomérés, ayant perdu leur vie individuelle par leur introduction dans la muqueuse qui les rassemble. Ces monades enfermées y ajoutent probablement la faculté de percevoir par le tact, tandis que la Matière vésiculaire donne à la masse devenue ternaire les élémens de flexibilité nécessaires pour l'exercice des mouvemens compliqués auxquels se devra déterminer l'animal quand il aura touché et senti.

Matière végétative ou verte. La Matière végétative ou verte succède et s'ajoute à la matière muqueuse; elle se développe dans de l'eau distillée exposée à l'air et à la lumière, ainsi que dans l'eau des puits, des fontaines, des rivières ou de pluie, et jusque dans l'eau salée de la mer. Elle se forme sur les parois des vases, dans la masse du liquide mis en expérience, sur les pierres et autres corps inondés, en y produisant une teinte agréable à l'œil; teinte que Priestley remarqua le premier et qu'il appela *Matière verte.* Cette Matière, si facile à confondre avec une multitude de corpuscules microscopiques également colorés en vert, donna lieu à une foule de controverses en physique, et fut bien peu connue par beaucoup d'observateurs.

La Matière verte ou végétative se développe dans la nature entière; partout où la lumière agit on la trouve, on la rencontre. Elle se dépose au fond de tous les marais, pénètre les bassins où l'on fait parquer les huîtres, tapisse les fossés des grandes routes et des fortifications, en imprimant sa couleur aux pierres et aux murs humides.

Nous venons de dire que partout où pénétrait la lumière, on rencontrait la Matière verte; mais son développement est encore subordonné à la présence de l'hydrogène et de l'azote. On a vu, en effet, la coloration verte se manifester sur des végétaux vivant dans la profondeur des mines et autour desquels venait circuler un air chargé des deux corps gazeux que nous venons de nommer. On a également retiré des plus grandes profondeurs de la mer, des végétaux de la plus belle couleur verte. Serait-ce que des rayons verts eussent pénétré jusque dans les abîmes, ou que ce ne fût pas nécessairement par l'influence de ces rayons que du carbone et de l'hydrogène se pussent combiner pour décorer ainsi la végétation marine? Quoi qu'il en soit, partout où existe la Matière verte, elle a paru d'abord comme une simple teinte, où le plus fort grossissement (d'un quart de ligne) ne permet de distinguer qu'un pointillé dont la figure du *Monas termo* de Müller donnerait encore une idée exacte, si la planche eût été tirée en vert tendre. Mais les molécules qui composaient ce pointillé, loin d'être obovalaires comme elles le paraissaient, étaient inertes; tout corps voisin qui s'y trouvait plongé ne tardait pas à s'en pénétrer au point d'en prendre la teinte.

La Matière verte, une fois développée, ne tarde point à être suivie par la quatrième modification dont elle se sature pour former l'un des plus simples végétaux, celui qui se trouve à la tête du catalogue des plantes appelé *Chaos primordial*, et que l'on a pris a tort pour des sédimens d'Ulvacées dissoutes, quand on sait que les Ulvacées ne peuvent exister avant que la Matière vésiculaire se soit introduite dans la réunion de la muqueuse et de la végétative pour en former des mailles.

Du mélange des quatre modifications primitives que nous venons de faire connaître, naissent bientôt des corpuscules reconnaissables au grossissement d'une demi-ligne de foyer, dont la forme et la nuance sont très-variables, et qui fournissent les caractères des cinq ou six espèces qui constituent le genre Chaos.

Les Microscopiques, avons-nous dit, absorbent la matière végétative; nous aurions pu ajouter, ils s'en nourrissent peut-être; et alors nous n'aurions point fait une hypothèse; les Microscopiques pourraient être considérés comme le premier degré de l'échelle des êtres organisés, les Herbivores comme le second, et les Carnivores comme le troisième. Alors aussi les merveilles de la nature microscopique seraient, en toutes choses, les essais de ce qui frappe les regards dans l'ensemble admirable des merveilles les plus grandes.

Les êtres microscopiques ne sont pas les seuls animaux qui se pénètrent de Matière végétative; de plus compliqués s'en teignent aussi, soit qu'ils l'absorbent, soit qu'elle se forme encore dans leur masse. C'est ainsi que M. Bory Saint-Vincent a produit sur les Polypes d'eau douce ce qui arrive tous les jours sur les Huîtres que l'on parque.

La *viridité* des Huîtres n'a d'autre cause que l'absorption de la Matière verte. L'époque où cette coloration se développe est celle où l'eau, introduite dans les bassins, se trouve dans les conditions nécessaires pour que la Matière verte s'y développe en suffisante quantité; nous avons dit plus haut quelles étaient ces conditions. Tout ce qui existe alors dans les mêmes lieux et sous les mêmes conditions, se pénètre de cette Matière; la vase, les plantes, les Entomostracés et autres animalcules, les coquilles sont colorés en vert. On a cru que ce phénomène était dû à la décomposition des Ulves ou autres Hydrophytes, tandis que c'est précisément le contraire qui a lieu; c'est au développement du principe primitif de ces mêmes Ulves qu'est dû ce que l'on croyait un effet de leur dépérissement et de leur dissolution.

Gaillon, qui le premier eut des idées justes sur cet important phénomène, commit cependant une erreur en ne s'apercevant pas que l'animal qu'il a décrit dans le tome 7, page 93, des Annales générales des sciences physiques, sous le nom de *Vibrio ostrearius*, et qu'il compara au *Vibrio tripunctatus* de Müller, n'était qu'un être coloré accidentellement comme l'Huître. Ce *Vibrio*, d'une nature transparente, absorbe ou sert au développement des corpuscules de Matière végétative; et dans cet état, pénétrant dans la Matière muqueuse des parties de l'Huître où sa forme aiguë et naviculaire lui donne la faculté de s'introduire, il ne colore que parce que lui-même fut coloré précédemment, et il est fort commun de trouver des Huîtres colorées sans la participation de ces navicules.

Priestley, qui le premier découvrit la Matière verte, ne la confondit pas avec la Matière muqueuse : en effet, cette Matière *sui generis* en est indépendante et distincte, seulement elle la pénètre communément. Senebier la compara à un végétal aquatique du genre des Conferves gélatineuses; Senebier se trompa complétement. Baker la considéra comme un être vivant, sans lui assigner de caractère ni de genre. De Candolle partagea les mêmes erreurs en créant son *Vaucheria infusiorum*, plante qui n'est autre chose que l'*Oscillaria Adansonii*. Enfin Ingen-housz assura que cette Matière était composée de petits animaux qu'il appelait improprement insectes. Il est évident que ce dernier physicien, tout en reconnaissant parfaitement la Matière végétative de M. Bory Saint-Vincent, qui est bien la Matière verte de Priestley, a pris, comme les savans dont il avait essayé de réfuter les erreurs, des organisations toutes différentes et des êtres d'une autre nature, pour les conséquences de sa Matière verte.

Les idées d'Ingen-housz ont été reproduites sous d'autres formes par Agardh, et l'on peut reconnaître en partie les bases du Mémoire qu'a publié le professeur suédois, sous le titre de *Métamorphoses des Algues*, dans le Mémoire beaucoup meilleur d'Ingen-housz. Plusieurs idées de Girod-Chantrans ont aussi de l'analogie avec les métamorphoses prétendues d'Agardh; mais Girod-Chantrans n'a pas puisé à la même source, car il ne connaissait pas ou plutôt il semble ignorer que Ingen-housz et Müller aient existé.

Ainsi que Priestley et M. Bory Saint-Vincent, Ingen-housz a vu que la Matière végétative pénétrait la Matière muqueuse, et des Oscillaires n'ayant pas tardé à se développer dans les mêmes vases, et autour des amas de Matière muqueuse pénétrée de Matière verte, il a soupçonné que ces substances s'étaient organisées en végétaux; enfin sont venus les Microcospiques plus compliqués, ayant absorbé de la Matière verte, et il a cru que la Matière verte s'était métamorphosée en animaux. Déjà la cause de ces erreurs a été signalée et nous n'y reviendrons plus.

Quant aux animalcules verts qui se développent dans les infusions remplies de Matière animale ou végétale, ou bien à ceux qui servent de tubes à des Conferves ou de prétendues Conferves, ni les uns ni les autres ne sont de la Matière verte. La coloration de ces animalcules et de ces tubes paraît d'abord due à des glomérules dont la couleur est verte, et dont la nature probable est la Matière verte; mais il ne faut pas confondre cette dernière avec des corpuscules parfaitement globuleux, un peu plus gros que ces glomérules ovoïdes, et que M. Bory de Saint-Vincent a appelés *corpuscules hyalins*, pour indiquer leur parfaite translucidité. Ces corpuscules hyalins, que l'on rencontre sous la forme spéciale dans les Salmacis de la tribu des Conjuguées, ne sont que les globules de gaz constituant la modification vésiculaire, globules pareils à ceux qui montent à la surface des eaux où l'on tient des Conferves ou des Arthrodiées en expérience, et que les physiciens du dernier siècle regardaient comme formés ou remplis d'un air qu'ils appelaient vital. Suivant ces derniers encore, l'air des corpuscules était fourni par la Matière verte : cette opinion n'a point été partagée par les naturalistes; beaucoup de savans pensent au contraire que la Matière verte est l'effet de la présence de cet air et non la cause.

Comment se fait-il que les Zoocarpes que l'on rencontre dans les artrites des Arthrodiées, qui sont formés de Matière verte et de corpuscules hyalins, et probablement aussi de Matière agissante, ne peuvent se mouvoir et manifester une vie complète? c'est ce que la science n'est pas encore appelée à résoudre. Toutefois, si les corpuscules hyalins sont dus à la modification vésiculaire de l'état gazeux, on se rendra compte de l'introduction des gaz sous forme globuleuse dans les corps organisés vivans. On attribuera à leur présence, à leur forme globuleuse, l'élasticité du tissu, et on comparera leur usage dans l'organisation à celui que rempliraient de petites vessies compressibles, placées dans la réunion des Matières agissante, végétative et muqueuse.

Ceux qui voudront étudier la Matière verte de Priestley la trouveront contre les vitres humides des serres chaudes : celles du Jardin des Plantes en sont souvent colorées vers l'automne, surtout aux lieux où ces vitres passent l'une sur l'autre par leurs bords. On trouvera encore cette Matière dans l'eau de certains fossés du pourtour d'une ferme, dans plusieurs ornières des boues d'un faubourg, dans des coins de fosses à fumier, enfin dans l'eau stagnante et superficielle des lieux voisins des habitations malpropres du campagnard. Tous ces différens liquides contenant de la Matière verte, sont d'un vert plus ou moins foncé, s'épaississent quelquefois au point de devenir consistans, de colorer les doigts, le papier, le linge qui les touchent, comme le ferait un soluté de vert de vessie. Dans cet état, ces mêmes liquides répandent une légère odeur de poisson qui rappelle celle des parcs aux huîtres. Mais il faut le dire, dans ces circonstances n'existe pas la Matière verte primitive et naturelle. L'eau qui la tient en solution ou en suspension, soumise au microscope, offre à l'œil des animalcules que M. Bory Saint-Vincent appelle *Raphanella urbica*, qui nagent avec rapidité, dont la figure, très-variable, est, dans l'état normal, celle d'une poire allongée, et la taille plusieurs milliers de fois plus considérable que celle des molécules de toutes les modifications primitives de la Matière verte. Ce sont ces animalcules que l'on trouve dans les infusions artificielles, et qui, développés dans les liquides expérimentés par Ingen-housz, avaient porté ce physicien à regarder comme des insectes vivans la Matière verte qu'il cherchait à étudier.

Les animalcules verts sont d'un ordre plus avancé que les animalcules incolores et translucides. Ces derniers ne reçoivent dans leur composition que de la Matière muqueuse, pénétrée de Matière agissante et de corpuscules hyalins ou gazeux, appartenant à la Matière vésiculaire : la Matière végétative, soit qu'elle se développe ensuite intérieurement en vertu du mécanisme de la décomposition de l'eau par la lumière, soit qu'elle ait été absorbée pour la substantation de l'animal, apportant une molécule élémentaire de plus dans l'organisation de celui-ci, doit augmenter les combinaisons instinctives qui en peuvent être les conséquences. L'influence de l'introduction de la Matière végétative est telle dans certains Microscopiques, qu'elle suffit pour changer leur condition en embarrassant les ressorts d'où résultait leur vie animale rudimentaire, au point de la réduire à l'état purement végétatif. C'est ce qu'aperçut fort bien Goeze, et qu'annota Müller en décrivant le *Monas pulvisculus*, animal infiniment petit, hyalin, sphérique et verdâtre par les bords, qui se développe avec la Matière végétative dont il s'imprègne dans les vases où celle-ci se développe en abondance, qui nage d'abord avec rapidité en se donnant un mouvement d'oscillation et tant qu'il n'est pas saturé de vert, etc. Dès que la couleur verte domine dans le *Monas pulvisculus*, ses allures deviennent plus lentes, il se juxtapose en se déformant à d'autres individus de son espèce, comme lui devenus verts, et qu'il finit par s'unir intimement pour former sur les corps inondés ou sur les parois du verre, des plaques qui, venant à se détacher, flottent enfin à la surface du liquide en pellicules inertes. Ces pellicules, soumises au microscope, ne présentent plus que l'aspect d'une petite Ulvacée, où tout mouvement a cessé, et qui peut se préparer sur le papier d'où elle ne saurait plus se décoller.

Il y a de fortes raisons pour croire, dit M. Bory de Saint-Vincent, que tout animalcule qui se colore en vert a des rapports plus ou moins directs avec quelque état végétatif, et doit devenir confervoïde, ulvoïde ou tremelliforme; mais dès que le Microscopique se colore en jaunâtre, son état animalisé est définitivement arrêté; un tel être n'aura désormais plus rien de commun avec la plante, et bientôt la teinte ferrugineuse devenant plus foncée, l'organisation se développera davantage; pour peu que cette teinte passe au rougeâtre par quelque cause qui nous demeure inconnue, le sang ou du moins un fluide analogue y apparaît avec ses globules. Ici cesse donc l'état rudimentaire; ici, commence l'animalité, la vie, l'espèce, etc.

Matière cristallisable. Il ne sera point ici question des cristaux dans le sens qu'on attache communément à ce mot, ni des lois en vertu desquelles les molécules de ces cristaux se disposent pour devenir visibles sous des formes déterminées; nous n'examinerons pas si, pour concevoir le mode d'existence qui résulte de certaines dispositions moléculaires, il ne faudrait pas d'abord remonter au système des atomes, corps insécables et tout semblables, dans leur petitesse infinie, aux figures imposées à chaque espèce de cristallisation. Ce n'est pas, avons-nous dit, la nature de la Matière que nous avons promis d'examiner, mais seulement les dispositions primitives qu'elle affecte dès que certaines circonstances viennent déterminer l'organisation en vertu des règles invariables auxquelles toute organisation doit obéir.

En continuant, sur des infusions quelconques, les expériences qui nous ont donné successivement la Matière muqueuse, la Matière vésiculaire, la Matière agissante et la Matière végétative, on ne tardera pas à remarquer, vers l'époque où l'évaporation rapproche les substances tenues en suspension dans l'eau, des particules éminemment translucides, consistantes, immobiles, et aplaties en lames que terminent au pourtour divers angles;

dès que la forme de ces particules devient perceptible, elles prennent une apparence laminaire et se recherchent, non par un mouvement d'ascension comme dans la Matière vésiculaire, non par un mouvement volontaire comme dans la Matière agissante, mais par une sorte d'attraction qu'on peut comparer à ce que nous voyons s'opérer entre ces gouttes contiguës de certains fluides qui semblent se jeter l'une sur l'autre pour n'en former plus qu'une. A mesure que les infusions ont vieilli, les particules qui nous occupent deviennent plus nombreuses, et lorsqu'on abandonne enfin ces infusions au repos, elles s'y juxtaposent selon des élections particulières, pour former une multitude de petits cristaux de plus en plus distincts, lesquels, pour échapper à la vue, n'en ont pas moins des formes constantes, et que divers observateurs se sont appliqués à faire connaître par de bonnes figures. Baker et Gleichen surtout ont fait graver une multitude de ces corps trouvés dans toutes sortes d'infusions, et nous n'exagérons point en assurant qu'il nous est passé sous les yeux des centaines de formes analogues qui échappèrent à ces auteurs, ou qu'ils n'ont pas jugé être assez saillantes pour mériter les honneurs de la publication.

Dans ces formes si variées, il en est sans doute de primitives, et qui sont spécifiquement propres à certains modes de cristallisation; c'est encore probablement du mélange de celles-ci, dans diverses proportions, que résulte la multitude de ces autres figures presque innombrables, dont une histoire complète pourrait fournir le fonds d'un ouvrage très-curieux.

Nous n'avons pas saisi la combinaison directe de la Matière cristallisable avec la Matière agissante ou avec la végétative; mais cette Matière cristallisable s'étant développée, non seulement dans toutes les infusions animales ou végétales, mais encore dans l'eau pure, mise par nous en expérience pour en obtenir de la Matière végétative ou de la Matière agissante, nous avons dû conclure que les élémens en étaient partout aussi bien que ceux des précédentes modifications primitives. Cependant la combinaison de la Matière muqueuse et de la Matière cristallisable est fréquente, et se manifeste à chaque instant; elle devient intime, et de ce mélange résulte une multitude de formes solides, d'autant plus compliquées qu'un nombre plus considérable de molécules cristallisables s'est confondu dans l'épaisseur de la Matière muqueuse. Ce fait est rendu très-sensible par le dessèchement. La Matière muqueuse paraissant douée de la propriété d'étendre l'autre, d'en défigurer les molécules et de les combiner même au point de paraître en arrondir les angles, il en résulte cette multitude d'arborisations, de dispositions extraordinaires et de figures dendritiques qui se dessinent sur le porte-objet du microscope, où on laisse se dessécher de la Matière muqueuse pénétrée par la Matière cristallisable. Nous avons vu que la Matière agissante et la Matière végétative pénétrant les premières avec la vésiculaire dans la Matière muqueuse, l'épaississent en la colorant, et lui impriment déjà des rudimens d'organisation et de souplesse; quand la Matière cristallisable s'y mêle ensuite, l'organisation se complique encore; on peut en juger par les figures qu'a données Gleichen de divers spermes desséchés. Dans le sperme où la Matière muqueuse est remplie d'animalcules encore très-simples, et dans lequel se manifeste aussi beaucoup de Matière agissante, dès le premier degré de décomposition, de l'urée, des phosphates, ou d'autres substances cristallisables, se groupent fréquemment sous les figures les plus bizarres; et comme tout corps muqueux, compliqué d'autres substances élémentaires, produit de semblables figures et des arrangemens de parcelles qui rappellent souvent la disposition des flocons arborisés que l'on voit en hiver contre les vitres, on serait tenté de croire que la Matière muqueuse, si évidemment tenue en suspension dans l'eau, contribue aux dispositions élégamment variées qu'affectent les congélations sur des surfaces planes ou dans la formation de la neige; et enfin, de l'influence de cette Matière muqueuse sur la cristallisation de l'eau, résulte peut-être, dans presque toutes les circonstances, l'irrégularité de celle-ci, dont on n'a pas encore déterminé les formes d'une manière parfaitement satisfaisante.

Nous recommandons aux minéralogistes et aux chimistes l'examen microscopique des formes de la Matière cristallisable, et des singulières figures qui résultent du mélange de cette Matière avec la muqueuse animalisée par l'introduction de la Matière agissante, végétalisée par la présence de la Matière verte, et devenant enfin si compliquée lorsque les quatre états vésiculaire, agissant, végétatif et cristallisable, s'y trouvent réunis; ce dernier y entre peut-être alors comme excitant, c'est-à-dire qu'à l'aide de petites aspérités occasionées par les angles pointus de ses molécules, il causerait incessamment une irritation dans les agglomérations de Matière muqueuse, vésiculaire et agissante, pour provoquer les efforts de cette dernière sur les deux autres, afin de déterminer des mouvemens collectifs dans toute masse tendant à l'organisation animale.

Matière terreuse. Ce nom pourra paraître impropre, et rappeler celui de l'un des quatre prétendus élémens qu'adopta l'ancienne philosophie; mais nous n'en pouvons guère employer d'autre pour désigner des corpuscules inertes, opaques, sans organisation apparente, et qui, dans les observations microscopiques, finissent par remplir toutes les substances mises en infusion, pour peu que les expériences se prolongent.

Dans ces molécules irrégulières se cachent sans doute beaucoup de principes élémentaires; mais l'opacité ne permet pas de les y distinguer : on dirait une impalpable poussière s'introduisant dans tous les interstices laissés par les formes précédentes; et c'est peut-être elle qui, réduite au dernier état de ténuité qu'il nous soit permis d'apprécier, donne à la Matière muqueuse, encore pure en apparence, la teinte ferrugineuse qui s'y développe sensiblement par la dessiccation. Cette teinte ferrugineuse, résultant des corpuscules opaques les plus petits qu'on puisse concevoir, s'observe particulièrement sur un grand nombre d'animalcules, et entre autres chez nos Bacillariées, dont la substance et la couleur ont tant d'analogie avec certaines parties des Polypiers flexibles, qu'on serait tenté de les croire l'état rudimentaire de ces Psychodiaires. Ces corpuscules sont-ils absorbés par l'animalcule microscopique, ou se développent-ils en lui? Nous sommes à cet égard dans la même ignorance que sur la cause de l'introduction de la Matière végétative dans les animalcules colorés en vert. Cependant on pourrait supposer qu'ils sont l'état rudimentaire de toute partie solide dans les animaux, et qu'ils furent employés par la puissance organisatrice comme une sorte d'essai de l'organisation en grand de la Matière terreuse dans les hautes créations dont cette Matière forme la charpente solide. La Matière vésiculaire, en s'introduisant dans la muqueuse, lui donna donc des moyens de souplesse; la Matière agissante, la capacité nécessaire pour devenir sensible; la végétative, une couleur; la cristallisable, des stimulans; la Matière terreuse, déterminant enfin la consistance, y devint propre à fournir les matériaux du test des Crustacés ou du squelette des autres animaux; et, selon l'expression même des livres sacrés : « Dieu vit que cela était bon, et il fut ainsi. »

La forme de Matière qui nous occupe, opaque, et peut-être essentiellement calcaire, se développant dans toutes les infusions, c'est elle qui finit par donner une consistance véritablement terreuse, dans l'acception vulgaire du mot, aux couches qui se forment au fond des vases où, pendant très-long-temps, on a tenu des liquides en expérience. Quand les modifications précédentes de la Matière se sont successivement développées dans ces liquides, la terreuse constitue, par la confusion de ses molécules, un magma onctueux, noirâtre ou grisâtre, pénétré de bulles d'air appartenant à la forme vésiculaire, véritable limon dont nous concevons difficilement l'étonnant volume, quoique sa formation eût lieu mille fois sous nos yeux dans des vases disposés de façon à ce que l'air et la lumière seuls y pénétrassent, sans que la poussière atmosphérique s'y pût introduire. Ce limon devient un sol sur lequel ne tardent pas à croître des végétaux aquatiques, et sa présence se manifeste abondamment au fond des mares et des eaux stagnantes; les bulles gazeuses qui s'y développent, en y demeurant incorporées, rendent quelquefois ses masses si légères, que celles ci viennent flotter à la surface des eaux; les Oscillaires alors s'y fixent en rayonnant tout autour, et de là vient qu'au centre des rosettes nageantes, composées par ces Arthrodiées, est un noyau limoneux et gras au toucher, amas de Matière terreuse confondue avec les modifications précédentes dans la Matière muqueuse primordiale.

En se desséchant, le limon onctueux devient friable et brunâtre; des glomérules opaques, amorphes, en composent la masse légère; cette masse n'est déjà plus la Matière terreuse telle que le microscope nous l'offrait sans mélange dans l'état d'individualité de ses molécules, c'est-à-dire pénétrant, en molécules colorantes infiniment petites, dans le résultat des infusions, où ces molécules semblent ne se développer qu'après les autres, comme pour les teindre et les durcir. Telle est cependant la ténuité du résultat terreux et privé de toute humidité, qu'on obtient des infusions où les six modifications primitives de la Matière se sont successivement développées et confondues, que le moindre souffle en peut dissiper les parcelles dans les airs, où celles-ci ne semblent pas même avoir le poids de la poussière qu'on voit tourbillonner dans les appartemens obscurs quand l'introduction de quelque rayon lumineux y rend visible ce qu'on nomme communément *Poussière volante* ou *atmosphérique*.

Cette Matière terreuse, dont on conçoit le plus difficilement l'apparition dans l'eau exposée à la lumière ainsi qu'au contact de l'air, s'y trouve cependant suspendue à l'état de molécules si ténues que ces molécules peuvent même n'en pas troubler la transparence, et qu'elles n'ont point encore le degré de pesanteur nécessaire pour tomber en sédiment. Il faut, pour que le dépôt en puisse avoir lieu, que la Matière muqueuse se soit d'abord dégagée du liquide pour former les enduits glaireux destinés à servir de milieu à toute organisation subséquente. Cet élément, dont la substance s'est agglomérée en vertu des affinités qui appellent les unes vers les autres toutes particules homogènes, ayant été distrait; les gaz s'étant échappés sous la forme vésiculaire; la Matière agissante cessant d'être enchaînée et ayant pris son volontaire essor, la Matière cristallisable et les molécules de la Matière terreuse, qui ne sont plus contraintes à flotter dans l'état de suspension où les tenait l'épaisseur du mélange, doivent nécessairement tomber en vertu de leur pesanteur. Le liquide rendu à son plus grand état de simplicité par la soustraction des principes qui s'y trouvaient confondus, ne saurait plus tenir aucune molécule à l'état flottant, et des effets d'attraction, que rien ne saurait désormais entraver, agissent alors directement sur les parties inertes en leur imposant la nécessité de s'agglomérer selon les affinités respectives de leurs particules élémentaires, pour se précipiter en vertu de leur pesanteur devenue suffisante.

Parmi les observations qui nous ont été faites sur la manière dont nous avions essayé précédemment de classer les modifications primitives de la Matière tendant vers l'organisation, il en est une surtout qui nécessite qu'on entre ici en explication. Il existe, nous a-t-on objecté, une Matière qui semble être partout où l'air peut avoir accès. Le trou d'une serrure, les fentes d'une porte suffisent pour son introduction dans les appartemens qu'on suppose être les plus hermétiquement fermés. Comment n'aurait-elle pas pénétré dans les vases où vous mettiez de l'eau en expérience? Son analyse a donné des produits animaux, de la silice, de la chaux, etc.; cette Matière volait dans l'espace et y était tenue suspensivement en particules tellement ténues, qu'échappant à nos regards, on peut supposer qu'en s'introduisant dans vos infusions et dans l'eau soumise à vos recherches, elle y déposa les germes de tout ce que votre microscope vous rendit perceptible. Mais ceci n'est point en contradiction avec le résultat de nos expériences. La poussière atmosphérique n'est-elle pas ce même limon, à l'état de siccité, formé comme un dépôt au fond de nos vases, et composé de glomérules où tous les élémens de nos six modifications demeurent concrétés; limon que nous avons volatilisé nous-même dans les airs. Par un enchaînement d'où résulte l'harmonie perpétuelle des créations, ce résidu de nos expériences, ramené dans les eaux superficielles par les pluies ou par toute autre cause, y aura recommencé le cercle de ses reproductions. Ainsi cette poussière qu'on nous oppose, parce qu'un journal d'Edimbourg rapporte qu'on en avait, après plus d'un siècle de repos, trouvé quelques lignes d'épaisseur sur les archives poudreuses de l'Ecosse, est au contraire une preuve en faveur de tout ce qui vient d'être établi. Pour nous en mieux convaincre, nous avons mis infuser dans de l'eau soigneusement distillée, et que nous avions fait bouillir avant de l'employer, un peu de cette poussière atmosphérique, et après l'y avoir dissoute par des secousses violentes, au point que la quantité mêlée ne troublait même pas la transparence du liquide, tous les phénomènes décrits ci-dessus se sont manifestés dans notre infusion, et ils l'ont fait avec beaucoup plus de rapidité que dans les vases où nous n'avions pas emprunté le secours de la poussière atmosphérique. En voyant combien cette poudre était féconde, confondu en admiration, nous avons reconnu par quelle science profonde de la nature l'auteur de la Genèse était arrivé à nous représenter Dieu créateur tirant l'homme de la poudre même de la terre, ainsi qu'il est écrit au septième verset du deuxième chapitre de ce livre, où les plus incrédules ne sauraient disconvenir que tout ce qui tient à la création est rapporté avec la plus minutieuse exactitude et conformément à ce que nous enseigne l'étude bien entendue de l'Histoire naturelle.

Réunion des divers états de la Matière; organisation ou création.

Ne voulant pas, comme nous l'avons déjà dit, faire ici de la métaphysique, du spiritualisme ou du dualisme, nous n'examinerons pas ces grandes questions: « L'univers tout entier a-t-il été tiré du néant? ce qui a servi à la Matière existait-il auparavant? etc. ». Nous admettrons seulement comme vrai, comme digne de toutes les croyances religieuses, et comme digne aussi de l'intelligence supérieure qui préside à tous les phénomènes majestueux et imposans de ce monde, que, de la réunion de la Matière, modifiable en toutes les espèces que nous venons de faire connaître, résulte la créature, effet de la création.

Ne voulant pas suivre non plus pas à pas l'histoire assez connue de la création, telle qu'elle est rapportée dans la Genèse, et au sens de laquelle l'Histoire naturelle prête tout l'appui de ses vérités, nous n'exposerons ici que la simple indication de quelques faits irrécusables, et c'est encore à M. Bory de Saint-Vincent que nous emprunterons tout ce que nous allons dire sur le plus grand des mystères de la nature.

Sept espaces de temps, appelés arbitrairement journées, suffisent, dans l'Histoire sacrée, pour l'exécution du plan magnifique dont le genre humain complète l'ensemble. La voix du Créateur retentit dans les ténèbres qui couvrent la face de l'abîme, la lumière brille, la Matière est émue, le mouvement commence, et le premier jour a lui. Alors le temps est marqué par la révolution des corps célestes lancés dans les vastes orbites qui sont tracées. Les mers sont contenues dans des bassins circonscrits par la terre; les plantes ornent et embellissent cette dernière, les poissons sillonnent les eaux, les oiseaux font entendre leurs chants amoureux, les bêtes mugissent dans les forêts, et l'homme, qui doit tout maîtriser, paraît le dernier. Tel a dû être le résultat du réveil de Dieu, si l'on peut parler ainsi; telle a été la création.

On ne peut plus douter de cette grande vérité: la terre fut un certain temps ensevelie sous les eaux. Des restes d'animaux marins, premiers témoins de l'antique présence de la mer sur tous les points de notre planète, et auxquels ne font que succéder d'autres fossiles, sont en même temps la preuve irrécusable que l'océan, vieux père du monde, comme l'appelaient les anciens, fut aussi le berceau de la vie. Lorsqu'aucun des êtres qui respirent dans l'atmosphère n'y trouvait de patrie, les crustacés, les mollusques et les poissons préparaient lentement leurs demeures; et comme si la création de tout ce qui embellit l'univers eût été le résultat des conceptions d'une puissance infinie à laquelle cependant ses propres œuvres donnaient chaque fois une expérience nouvelle, la plupart des plus simples créatures de la mer, pénétrables par la lumière, à peine organisées, fragiles et tout au plus susceptibles de percevoir, ne semblent être que des ébauches. Elles ne sauraient encore jouir de ces facultés résultant de plus de complication, et qui font de la vie un don si précieux pour les créatures plus parfaites qui les suivirent. Où étaient alors ces végétaux qui ombragent nos campagnes, les oiseaux qui s'y abattent en chantant, les reptiles qui rampent à leur tronc, les animaux qui rasent l'herbe des champs, l'homme qui doit s'aider, se vêtir, se nourrir de ce qui l'entoure? où était enfin tout ce qui respire sur la terre?

Hélas! l'esprit de l'homme est étroit et borné
Comme le globe obscur sur lequel il est né:

. . . .
. . . .
Ce globe où nous vivons, quel instant l'a vu naître?
Exista-t-il toujours? . . . .
Eternel ou créé, ce monde est un mystère;
Jamais tu (l'homme) ne saurais entrevoir seulement
Ni son éternité, ni son commencement.

DARU, *Astronomie*, chant Ier.

De toutes les créatures terrestres, l'homme est la plus moderne; et tandis que partout on rencontre les traces ineffaçables d'une feuille, d'un insecte, nulle part on ne rencontre les indices de ses débris. Son orgueil peut bien, il est vrai, souffrir de ne pouvoir présenter de pareilles preuves d'antique existence; mais il peut, en revanche, témoigner de la vie de ses pères par les monumens gigantesques élevés par leurs mains. Les Pyramides sont, sans aucun doute, l'œuvre d'un peuple possédant déjà des notions assez étendues en Histoire naturelle.

L'homme une fois créé, la nature créatrice s'est-elle reposée tout à coup? en d'autres termes, rien n'a-t-il été produit après l'homme? Telle est la question à laquelle s'est arrêté sérieusement M. Bory de Saint-Vincent, et que nous allons examiner avec lui.

Outre que le développement de chaque être éprouve des modifications individuelles qui rendent souvent le même être une créature presque différente du type spécifique, en fait une sorte de création actuelle, et que les variétés ou hybrides qui se perpétuent sont encore des créations de tous les jours, des créations plus décidées et complètes d'espèces, de genres et de familles entières de plantes ou d'animaux, ne peuvent-elles pas avoir lieu continuellement, et n'est-ce pas restreindre injurieusement la puissance créatrice que de soutenir qu'ayant en quelque sorte brisé ses moules, et fatiguée de produire, il ne lui serait plus donné de modifier et d'augmenter son ouvrage? Il est bien certain, par exemple, que les vers intestinaux de l'homme ne purent précéder celui-ci dans l'ordre de la création, et que ces animaux n'ont pu faire partie de lui-même qu'après s'y etre developpés. Comment s'est peuplée l'île de Mascareigne, située à cent cinquante lieues du point le plus voisin de Madagascar, d'où l'on pouvait d'abord supposer que lui vinrent des grains et des animaux? Les vents, les courans, les oiseaux et les hommes ont suffi peut-être.

1° Les vents emportent effectivement avec eux, et même fort loin, les semences légères d'un certain nombre de végétaux; mais il est douteux qu'ils les promènent si loin pour les déposer précisément sur un point presque imperceptible, en comparaison de l'immense étendue des mers environnantes. Les végétaux à semences aigrettées et ailées, susceptibles de voyager par les airs, ne sont d'ailleurs pas en grand nombre, surtout dans l'île de Mascareigne, dans laquelle, conséquemment, les vents n'ont pu porter que fort peu d'espèces de plantes, s'ils en ont porté.

2° Les courans de la mer entraînent également, parmi les débris qui leur proviennent du rivage, quelques fruits capables de surnager; mais les fruits et les grains qui ont ainsi vogué peuvent-ils encore germer? L'eau salée ne frappe-t-elle pas de mort tous les germes des végétaux, ou du moins le plus grand nombre? Tous les botanistes qui, dans les voyages de long cours, ont fait quelques collections, connaissent parfaitement cela, et il en est peu qui n'aient pas éprouvé de bien vifs regrets sous ce rapport.

3° Les oiseaux. Certes on ne peut disconvenir que certains oiseaux frugivores sèment à la surface des continens qu'ils habitent, et sur l'écorce des arbres où ils se reposent, les grains de certains végétaux dont les fruits les nourrissent habituellement : le Gui en est la preuve sur nos Pommiers. Mais ces oiseaux sont généralement sédentaires; ils ne se déplacent qu'autant qu'ils y sont forcés par la rigueur des saisons, et ceux qui sont forcés aux émigrations, qui se réfugient sur les rochers maritimes, ne se nourrissent que de poissons et de vers marins.

4° Enfin les hommes ont pu et peuvent encore contribuer, par leurs voyages, à la population de l'île de Mascareigne. Mais si les hommes ont défriché, ensemencé le sol de cette île, s'ils y ont conduit des animaux domestiques ou sauvages, ils n'y ont certainement pas planté les Mousses, les Lichens, les Conferves et tant d'autres végétaux qu'on ne cultive nulle part et dont on ne retire pas la moindre utilité. Telles sont les objections faites par M. Bory de Saint-Vincent à toutes les causes sur lesquelles on s'est appuyé pour expliquer l'organisation, la vie que l'on trouve dans l'île de Mascareigne. A toutes ces objections, ajoutons encore, pour les corroborer, que tous les êtres que l'on trouve à Mascareigne ou ailleurs, ne pourraient y être venus d'autre lieu, quand on parviendrait à démontrer la possibilité du voyage, puisque, outre un certain nombre d'espèces qu'on rencontre dans les climats analogues, chaque archipel présente quelques espèces, quelques genres même qui sont exclusivement propres au pays, qu'on ne revoit nulle part, et qui, par conséquent, n'ont dû être créés que sur les lieux mêmes. Il faut donc, dans la nécessité où l'on est de croire que beaucoup de ces îles sont plus nouvelles que les continens, que tout ce qu'on y voit est plus récent, il faut donc, disons-nous, admettre des *créations modernes*, des *créations actuelles* ou *permanentes* et des *créations futures*. Toutefois, ces créations ne s'effectuent qu'en suivant un seul et même plan. Il peut bien y avoir quelques aberrations individuelles, aberrations qui constituent les espèces diverses; mais toutes ces espèces rentrent nécessairement dans un ordre déjà établi. De là l'établissement d'une ou plusieurs séries d'êtres, de là une création toujours sage, toujours prévoyante. C'est ainsi que le lichen et la mousse apparaissent sur le sol avant l'arbre dont ils doivent garantir les racines, que l'oiseau naît après le végétal qui doit le nourrir, que l'animal sanguinaire sera plus rusé, plus fort, plus adroit que celui qui doit être sa proie.

Les

Les naturalistes qui s'occupent philosophiquement de la science auront remarqué combien, dans les îles isolées et dans la plupart des archipels, sont nombreux les végétaux *polymorphes*, c'est-à-dire ceux dont les parties varient non seulement dans les mêmes espèces, mais encore dans les mêmes individus. Un botaniste prudent ne peut trop craindre de faire jusqu'à trois ou quatre espèces des plantes qui lui viennent desséchées de tels pays; on dirait que la nature, en se hâtant d'abord de constituer des types par le perfectionnement des organes les plus importans à l'accomplissement de ses vues propagatrices, semble négliger la forme d'organes accessoires, qu'elle abandonne à l'avenir le soin de régulariser. Au contraire, dans les vieilles parties des vieilles terres, dans les lieux où la végétation doit être extrêmement ancienne, les plantes, forcées de croître d'une manière uniforme, n'offrent que rarement de ces écarts si fréquens dans les pays nouveaux. C'est ainsi qu'à Mascareigne, par exemple, on trouve dans les cinquante et quelques lieues de circonférence de cette île, plus d'espèces polymorphes que sur toute la terre ferme de l'ancien monde.

Les plantes qui offrent le plus grand nombre d'exemples de cette végétation d'essai, de ces formes bizarres, de ces métamorphoses singulières, se rencontrent principalement parmi les cryptogames et surtout les aquatiques; et, chose singulière, l'identité des végétaux aquatiques existe dans les lieux les plus opposés, les plus distans du globe. Des Algues, des Varecs, des Conferves de nos contrées se retrouvent jusqu' aux antipodes. Des Mousses et des Lichens sont les mêmes partout; l'Adianthe capillaire existe sur tous les points tempérés de l'ancien continent et de ses archipels, etc. Ce que nous venons de dire des végétaux peut être dit également des animaux. De tous ces faits on doit conclure que partout la vie se manifeste et s'entretient de la même manière; que les modifications dans la forme, dans l'organisation, tiennent aux lieux, aux besoins, à la durée de l'existence. Mais par quelles nuances successives passent les végétaux et les animaux pour arriver aux différentes formes qui leur sont propres; c'est ce que la science des hommes ne sait pas encore, et ne saura probablement jamais.

Certains esprits routiniers, ignorans et ennemis de tout agrandissement dans le cercle des connaissances humaines pourront peut-être se révolter de l'idée de ces créations continuelles qui se reproduisent par la génération; mais comme on ne peut se refuser de croire à l'évidence, comme tous les physiologistes, les physiciens et les chimistes expérimentateurs trouvent tous les jours dans les liquides qu'ils soumettent à l'examen microscopique, des corps plus ou moins bien organisés, plus ou moins doués de mouvement et de vie, qu'ils n'y avaient pas vus la veille, il faut en conclure que la nature n'est jamais en repos, qu'elle détruit et crée sans cesse, pour détruire et créer de nouveau. Partager avec les savans une pareille conviction, c'est rendre au puissant et souverain législateur du monde tout le respect et toute l'admiration que lui doit sa plus humble créature, l'homme, témoin journalier des phénomènes réguliers et sublimes dont le commencement est inconnu et la fin un problème au dessus de notre intelligence. Nous ne pouvons résister au désir de citer, pour terminer cette partie de notre article, quelques uns des beaux vers de Daru, dans son *Poème sur l'Astronomie*, chant Ier, qui ont certainement rapport aux créations successives dont nous avons parlé.

Quoi! l'ouvrage de Dieu, dit l'esprit étonné,
A de tels changemens serait-il destiné?
Si la glace et le feu, se disputant l'empire,
Combattaient pour créer et créaient pour détruire,
Le désordre serait la loi de l'univers!
Que devient la sagesse éternelle et profonde
Qui pour le conserver a fait naître le monde?
Mais vous, êtres bornés, ouvrage de ses mains,
Quel droit vous fut donné de juger ses desseins,
Et d'appeler désordre une règle constante
Qui soumet à la mort la nature vivante?
. . . .
. . . .
Chaque être, chaque monde est borné dans son cours;
Il faudrait s'étonner si tout durait toujours;
Si dans l'espace étroit d'où bientôt tout s'écoule,
Les générations s'accumulaient en foule;
Si rien n'était changeant dans le monde animé,
Et si, tout consumant, rien n'était consumé.
. . . .
. . . .
. . . .
Rien ne reste en repos: la matière agitée
Se dissipe et revient, dans l'espace emportée,
Eternel aliment d'un foyer éternel;
Et le Dieu destructeur, parricide immortel,
Saturne (le temps), dont la faim n'est jamais assouvie,
Engloutit les enfans qui lui durent la vie.
La fable en est instruite: la sage antiquité
D'un voile transparent couvre la vérité.
Gardons-nous d'interdire à l'être inaltérable
Le droit de faire un monde autant que lui durable.
Il peut tout ce qu'il veut; et notre vanité
Assigne une limite à l'être illimité!
Tous les corps à nos yeux se transforment sans cesse;
J'y vois la loi suprême, et j'en crois sa sagesse.
L'homme interroge en vain et la terre et le ciel,
La nature, le temps; Dieu seul est éternel:
Tout naît, tout vit par lui; sa parole est féconde,
La nature est la loi qu'il a donnée au monde, etc.

Conclusion et faits généraux.

Dans tout ce qui précède, et qui doit être rapporté à M. Bory de Saint-Vincent, nous n'avons eu pour but que d'indiquer les dispositions de formes les plus simples que peut affecter la Matière en voie d'organisation.

Outre les six formes de la Matière que nous avons reconnues comme primitives, on pourrait certainement en admettre d'autres comme intermédiaires; mais nous devons nous tenir en garde contre le désir de multiplier les espèces, et nous devons aussi ne pas prendre pour formes primitives des combinaisons plus ou moins complexes de ces mêmes formes primitives. C'est ainsi qu'à côté de la Matière muqueuse pourrait être placée une Matière dite gélatineuse, Matière résultant de l'union de la Matière agissante à la Matière muqueuse. On pourrait également admettre une Matière fibrillaire (fibrine), formée par la Matière agissante et végétative; mais nous avons senti, dit M. Bory de

Saint-Vincent, que de telles dispositions ne pouvaient être le résultat d'une organisation déjà très-compliquée, organisation dont l'admirable effet passe les limites de ce qu'il est permis de connaître, en vertu de laquelle la vie se régularise, soit qu'elle se développe avec toute son énergie dans les animaux à mesure que les organes de ceux-ci se multiplient, soit qu'elle se borne dans les végétaux aux effets résultant de plus simples modifications. En effet, les globules de la Matière agissante et les corpuscules de la végétative ont une singulière tendance à la cohésion moniliforme, quand ils approchent du dessèchement dans leur état de liberté ou d'individualité parfaite, c'est-à-dire lorsque nulle Matière muqueuse ne les englobe, ou que la cristallisable ne les agite pas. Cette tendance à se réunir en séries, imitant des colliers de perles, se retrouve dans toute disposition globuleuse, et semble s'accroître à mesure que les globules s'élèvent dans l'échelle de l'organisation. Müller l'avait fort bien reconnue dans la figure qu'il donne de son *Monas lens*. Gleichen l'avait observée dans l'animalcule qu'il appelle *Jeu de la nature*. M. Bory de Saint-Vincent l'a remarquée chez tous les animalcules ronds, qu'on voit souvent dans les observations microscopiques se disposer, avant de mourir par évaporation, les uns à la suite des autres. Les globules dont se composent les Pectoralins, placés à tort par Müller dans son genre *Gonium*, affectent souvent la même disposition avant de former l'étrange figure laminaire sous laquelle ils exercent une vie commune. On dirait, en voyant de pareils animaux dans leur disposition moniliforme, les filamens en chapelet dont les Nostocs sont remplis, et dont se forment les Anabaines. La ressemblance est telle que, dans les infusions des Nostocs où ces filamens se détruisent en partie ou se disjoignent, en même temps que le *Monas lens* s'y développe, il serait assez difficile de distinguer les débris des Nostocs, des *Monas*, si ces derniers, venant de temps en temps à se séparer en s'agitant, ne recouvraient pas ces mouvemens volontaires qui sont les preuves de leur animalité. De pareils faits, mal observés, ont, d'une part, fait croire à quelques naturalistes à la vitalité animale des Nostocs et même des Tremelles, et de l'autre, à la propriété de certains animalcules devenus plantes, de redevenir animalcules libres, *et vice versâ*. Sans oser assigner de bornes à la puissance créatrice, il est difficile, sinon impossible, de croire absolument à de telles possibilités, à de telles métamorphoses.

Dans les cas où l'on n'admettrait pas que la vie doive résulter de la complication, les unes par les autres, des formes primitives de la Matière, telles que nous (M. Bory de Saint-Vincent) les concevons, nous nous bornerons à donner, d'après le savant Cuvier, la définition de ce qu'est la vie. « Si pour nous faire une juste idée de son essence, nous dit ce naturaliste philosophe, nous la considérons dans les êtres où les effets sont les plus simples, nous nous apercevrons promptement qu'elle consiste dans la faculté qu'ont certaines combinaisons corporelles de durer pendant un temps et sous une forme déterminée, en attirant sans cesse dans leur composition une partie des substances environnantes, et en rendant aux élémens des portions de leur substance. La vie est donc un tourbillon plus ou moins rapide, plus ou moins compliqué, dont la direction est croissante, et qui entraîne toujours les molécules de mêmes sortes, mais où les molécules individuelles entrent et d'où elles sortent continuellement, de manière que la *forme* des corps vivans lui est plus essentielle que sa *Matière*. Tant que le mouvement subsiste, le corps où il s'exerce est *vivant*; il *vit*. Lorsque le mouvement s'arrête sans retour, le corps *meurt*. Après la mort, les élémens qui le composent, livrés aux affinités chimiques, ne tardent point à se séparer, d'où résulte plus ou moins promptement la dissolution du corps qui a été vivant, et nous ajoutons, *une foule d'autres êtres également organisés, également vivans*. C'était donc par le mouvement vital que la dissolution était arrêtée et que les élémens du corps étaient momentanément réunis. Tous les corps vivans meurent après un temps dont la limite extrême se trouve déterminée par des conditions spécifiques, et la mort paraît être un effet nécessaire de la vie qui, par son action même, altère insensiblement la structure du corps où elle s'exerce, de manière à y rendre sa continuation impossible. »

On voit que Cuvier ne place pas le principe qu'il a si bien défini hors de la nature. Ce profond physiologiste le trouve dans la nature même des combinaisons corporelles qui attirent sans cesse une partie des substances environnantes, c'est-à-dire les diverses espèces de Matières qui, lorsque le corps meurt, retournent à leur état primitif élémentaire, en se séparant pour se réunir de nouveau en d'autres combinaisons, selon qu'elles sont livrées aux affinités chimiques ou à des causes organisatrices.

Mais ici, il faut reconnaître que les principes matériels n'augmentent ni ne diminuent. Une molécule de Matière de plus, ou une de moins, ne peut se concevoir sans prévoir de suite la perturbation de l'ordre général. Il faut encore admettre comme vrai que, dès le commencement, la quantité de Matière qui servit de base à la création était la même qu'aujourd'hui; les molécules de chacune des espèces de Matière élémentaire, mises en mouvement selon les lois qui les régissent, purent, en se mêlant les unes aux autres, selon leurs affinités spécifiques, prendre diverses apparences, et s'unir sous une multitude de formes qui déguisaient quelques unes de leurs propriétés; mais elles n'en demeurent pas moins *sui generis*, et peuvent encore maintenant, selon qu'elles s'agglomèrent dans les corps ou s'en délivrent, contribuer à une multitude d'existences diverses, à travers lesquelles ces molécules demeurent inaltérables quant à la nature et à la quantité. Cette nouvelle considération de la Matière cessant d'être du domaine de l'histoire naturelle, nous nous arrêtons. (F. F.)

MATIÈRE BILIAIRE. (CHIM.) Cette Matière,

étudiée d'abord par Berzélius, a ordinairement une couleur jaune-brun verdâtre, mais qui ne paraît pas lui être propre, car on peut l'avoir incolore. Complétement desséchée, elle est dure et cassante, facile à pulvériser; son soluté aqueux, chaud et concentré, répand une odeur de bile fraîche; soumise à l'action de la chaleur, elle se fond, se boursoufle, se charbonne, fume, s'enflamme, brûle avec une flamme brillante et fuligineuse, et laisse pour résidu un charbon poreux, difficile à brûler.

La Matière biliaire a encore pour caractères d'être déliquescente, soluble dans l'eau, l'alcool et les alcalis, insoluble dans l'éther. Elle forme avec les acides, les acétique et phosphorique exceptés, des combinaisons qui sont peu solubles dans l'eau acide, qui se précipitent sous la forme de corps mous fort analogues à des résines d'un vert foncé (la combinaison avec l'acide nitrique est d'un jaune brun), et qui se dissolvent dans l'eau bouillante.

Les acides composés de Matière biliaire mélangés avec de l'eau pure, s'y gonflent un peu, prennent un aspect satiné et une couleur vert pâle presque blanche, et se résolvent peu à peu, après avoir perdu la plus grande partie de leur acidité par le lavage, en un liquide verdâtre, amer et peu acide, qui se trouble de nouveau quand on y verse de l'acide libre. Traités par un soluté d'acétate de potasse, ces corps résiniformes se dissolvent et se décomposent : leurs acides se combinent avec la potasse, et l'acide acétique avec la Matière biliaire, d'où il résulte par conséquent deux composés nouveaux, composés qui sont solubles dans l'eau et dans l'alcool, et qui sont en partie précipités de ce dernier véhicule quand on vient à y verser de l'eau.

Les oxides de fer et d'étain détruisent la couleur verte de la Matière biliaire; les solutés aqueux de cette substance sont précipités par les sels métalliques, et notamment par ceux de plomb, d'étain et de cuivre, surtout si on ajoute quelques gouttes d'alcool; l'infusé de noix de galle n'y forme aucun précipité, etc.

Suivant Lychnell, on obtient la Matière biliaire exempte de base étrangère de la manière suivante : on mêle le soluté alcoolo-acide de la bile (bile traitée par l'acide sulfurique et l'alcool) avec une quantité de soluté aqueux de carbonate de potasse suffisante pour saturer l'acide; on filtre, on sépare le sulfate de potasse précipité, et on évapore jusqu'à siccité. (F. F.)

MATIÈRE BUTYREUSE. *Voy.* BEURRE.

MATIÈRE CASÉEUSE. (ÉCON. RUR.) On donne ce nom à la partie du lait qui sert à fournir le beurre et est plus spécialement employée à la fabrication des diverses sortes de fromages. La Matière caséeuse passe promptement à une espèce de fermentation intérieure; aussi s'en sert-on pour avoir un excellent vinaigre. *Voy.* ce que l'on en a dit plus haut aux mots CASEUM et LAIT. (T. D. B.)

MATIÈRE DE LA CHALEUR. *Voyez* CALORIQUE.

MATIÈRE COLORANTE. (ZOOL., BOT. MIN.) Toutes les parties constituantes des animaux, des végétaux et des minéraux qui jouissent de la propriété de teindre celles qui les contiennent, ou bien avec lesquelles elles sont mises en contact par suite de l'action de la nature ou du travail de l'art, forment ce qu'on appelle la Matière colorante. Le sang a une Matière colorante particulière; l'écorce, le bois, les racines, les feuilles, les fleurs, les fruits d'un grand nombre de plantes fournissent abondamment des principes colorans par la simple pression, par la dissolution à l'eau froide, chaude ou bouillante, et par l'application des dissolvans ou réactifs acides ou alcalins. On peut réduire les Matières colorantes végétales à quatre sortes : la bleue, la rouge, la jaune et la fauve ou brune. La Matière colorante du vin est contenue dans la pellicule du raisin; c'est une sorte de gomme résine qui se dissout lentement par l'effet de la fermentation. (T. D. B.)

MATIÈRE EXTRACTIVE. *Voy.* EXTRACTIF.

MATIÈRE FÉCALE. *Voy.* EXCRÉMENS, DÉJECTIONS.

MATIÈRE DE LA LUMIÈRE. *Voy.* LUMIÈRE.

MATIÈRE NUTRITIVE. (BOT. et AGR.) Mucilage plus ou moins parfait que l'eau dissout et qui constitue dans les alimens un corps homogène susceptible de nourrir. Il n'a ni saveur, ni couleur, ni odeur; il est transparent et limpide, se combine avec l'eau, et passe aisément à la fermentation : en cet état, il perd une partie de sa propriété alimentaire; il est collant et visqueux au toucher, il se charge volontiers de l'humidité, se boursoufle au feu et y exhale une odeur de caramel.

Toutes les fois que la matière nutritive présente d'autres propriétés, elle les doit aux corps étrangers avec lesquels elle se trouve en combinaison. Ainsi, la substance muqueuse extractive séparée par le moyen de l'eau des feuilles et des racines toujours humides; les gommes qui découlent, spontanément ou par incision, du tronc et des branches de certains arbres; la matière sirupeuse que l'on obtient des fruits ou de quelques tiges herbacées et semi-ligneuses; l'amidon que l'on extrait des semences farineuses en les soumettant à une première fermentation, ne sont absolument que ce mucilage plus ou moins abondant, plus ou moins pur, plus ou moins parfait, et que l'on retrouve encore, avec quelques modifications, dans les animaux qui s'en nourrissent.

La Matière nutritive, se trouvant placée au milieu d'une infinité de substances dont les propriétés sont opposées et répandues dans les diverses parties de la fructification, se divise nécessairement en corps muqueux sapide et en corps muqueux insipide. Le corps muqueux sapide doit son état à la présence d'un sel combiné, qui peut, en certaines circonstances, être presque insensible à nos sens. Les racines sucrées du Navet, *Brassica napus*, de la Réglisse, *Glycyrrhiza glabra*, etc., le sont infiniment plus dans l'état frais que lorsqu'elles sont desséchées; les chaumes des graminées dans leur verdeur, les semences farineuses en lait sont plus savoureux qu'après leur parfaite maturité; ils le deviennent encore moins à mesure qu'ils s'éloignent de cette époque.

Indépendamment de la propriété alimentaire que possède le muqueux sapide, il a exclusivement encore celle de passer à la fermentation spiritueuse, et de produire, par la distillation, toutes les liqueurs fortes que nous possédons.

De son côté, le corps muqueux insipide semble avoir été destiné plus spécialement à la nourriture de l'homme, et la nature, en lui refusant la propriété de se dissoudre à l'air, et de prendre le mouvement de la fermentation spiritueuse, comme le muqueux sapide, lui a accordé, en revanche, la faculté de se conserver plus long-temps sans altération. On sait, en effet, que les mucilages de l'espèce des gommes et de l'amidon, sont, pour ainsi dire, inaltérables dans leur état de pureté et de siccité, et que, dissous dans l'eau, ils passent à l'acide sans donner aucun signe d'alcoolescence.

La sapidité du corps muqueux de la première classe est toujours acide, acerbe ou sucrée; il est rare qu'elle réside dans la partie des végétaux qui renferme les principes de leur odeur forte et de leur saveur piquante. Le corps muqueux insipide en est le correctif dès qu'on les combine ensemble. C'est ainsi que les fécules de la Bryone, couleuvrée, *Bryonia alba*; du Colchique, *Colchicum autumnale*; du Manioc, *Iatropha manihot*, du Gouet commun, *Arum maculatum*, etc., dont les racines purgent violemment quand elles sont prises en substance, une fois soumises au lavage, n'ont plus que la propriété nutritive.

En général, pour que la Matière nutritive fixe le goût et satisfasse l'estomac, il est nécessaire de l'associer à une substance propre à la relever, c'est-à-dire qu'il convient de l'assaisonner. *Voyez* au mot Légume. (T. d. B.)

MATIÈRE SUCRÉE. (bot.) Celui des principes immédiats des végétaux qui se présente en plus ou moins grande quantité, selon l'organisation de la plante, les circonstances dans lesquelles elle se développe, la nature du sol et du climat qui la nourrissent, c'est la Matière sucrée. Elle est d'une saveur douce, agréable, soluble dans l'eau, susceptible de cristalliser quand elle est très-abondante et nullement embarrassée de corps étrangers; par la fermentation, elle produit de l'alcool et du gaz acide carbonique; au feu, elle se boursoufle. Sa quantité diminue dès que la lumière et le calorique réunis ne sont pas en proportion suffisante pour déterminer la confection et le développement de la Matière sucrée, c'est ce qui détermine la différence essentielle des Raisins, des Figues, des Dates, des Tomates, des Oranges, etc., etc., nés sous le ciel du midi, et ceux venus dans les régions du nord. La Canne à sucre, si riche sous la zone torride, diminue de produits à mesure qu'on l'éloigne de l'équateur; elle ne contient presque plus de matière sucrée au-delà du quarantième degré de latitude. Il en est de même chez nous relativement à la qualité des terres. La Matière sucrée abonde dans les plantes venues sur des terres sèches, tandis qu'elle est nulle, ou presque nulle, en celles des terres humides. Lorsque la séve des racines a une grande supériorité sur celle des feuilles, la plante offre peu de matière sucrée. Les arbres venus sur des terrains humides et forts, qui laissent aux racines toute la séve qu'elles sont susceptibles d'attirer, ne donnent jamais des fruits aussi sucrés que les arbres plantés sur des terres plus sèches, quand même l'exposition et la température seraient absolument égales. La raison de cette différence est que chez les premiers les vaisseaux sont constamment remplis de la séve des racines, et que leurs feuilles n'ont plus la puissance de pomper la quantité convenable de calorique nécessaire pour soutenir la vigueur végétante, et déterminer l'espèce de cuisson propre au développement de la Matière sucrée. Les Carottes, les Panais, les Navets, les Betteraves et autres racines alimentaires, de même que les tubercules du Topinambour, de la Pomme de terre, etc., sont moins sucrés dans les terres argileuses, qui conservent l'humidité, que dans les terrains sablonneux, où l'eau pénètre avec facilité. (T. d. B.)

MATIÈRE VÉGÉTO-ANIMALE. (bot.) Ce nom est donné par quelques physiologistes au gluten ou partie constituante du Froment. La Matière végéto-animale particulière que l'on trouve dans la Pomme de terre se putréfie très-rapidement, en exhalant une odeur infecte; elle est susceptible de produire, chez l'homme et les animaux, tous les accidens de l'empoisonnement : heureusement qu'elle existe en très-petite quantité, puisque sur 244 parties de fécule et 189 de parenchyme, on ne trouve que cinq parties de cette matière. (T. d. B.)

MATIÈRE VERTE (des feuilles), CHLOROPHYLLE. (chim.) Cette substance, improprement appelée autrefois *Fécule*, *Résine verte*, est un mélange, comme l'a prouvé Berzélius, de cire, d'huile, etc. On l'obtient en traitant le marc lavé et exprimé de plusieurs plantes par de l'alcool rectifié, filtrant, évaporant, et faisant sécher.

La Matière verte est soluble dans l'éther, les huiles, l'alcool, l'acide sulfurique et les alcalis; elle est décolorée par le chlore ou l'iode; elle ne donne pas d'ammoniaque par la distillation, et elle brûle à la manière des résines; elle se dissout dans l'acide sulfurique et les alcalis sans éprouver d'altération; l'acide hydrochlorique la jaunit; l'acide nitrique lui communique une couleur grisâtre qui passe bientôt au blanc sale; enfin les solutés alcalins de la chlorophylle peuvent être précipités par l'alun et donner ainsi de belles laques vertes. (F. F.)

MATIN. (mam.) Espèce du genre Chien. Cet animal a été décrit avec détails, tom. II, pag. 142 de notre Dictionnaire. (J. L.)

MATISIE, *Matisia*. (bot. phan.) Genre de Malvacée établi par MM. Humbolt et Bonpland pour un arbre de l'Amérique équinoxiale, et placé par Kunth dans sa famille des Bombacées; il a pour caractères principaux : un calice urcéolé et campanulé, dont le limbe persistant offre de deux à cinq découpures; une corolle de cinq pétales inégaux; un grand nombre d'étamines dont les filets sont réunis en un tube partagé supérieurement en cinq faisceaux; chacun de ces faisceaux contient environ douze anthères sessiles, uniloculaires; un ovaire supère, à cinq loges contenant chacune deux ovules; un style portant un stigmate marqué de cinq sillons; un drupe ovoïde à cinq loges monospermes; graines convexes d'un côté, anguleuses de l'autre, ayant leurs cotylédons chiffonnés.

Le *Matisia cordata*, Humb. et Bonp. (Plantes équinox., vol. 1, pag. 10, tab. 2 et 3), est un arbre de quinze à dix-huit pieds de hauteur, dont le tronc se divise à son sommet en nombreux rameaux étalés horizontalement. Ses feuilles sont alternes, pétiolées, entières, cordiformes, marquées de sept nervures saillantes. Les fleurs, réunies sur les branches en trois ou six faisceaux, sont pédonculées, soyeuses extérieurement, et de couleur blanche rosée; elles produisent des fruits dont la saveur est analogue à celle de l'Abricot. (L.)

MATOURÉE ou MATOURI, *Maturea*. (BOT. PHAN.) Tel est le nom donné par Aublet à une herbe des environs de Cayenne, connue dans le pays sous le nom de *Basilic sauvage*. Elle appartient à la famille des Scrophulariées, Didynamie angiospermie, L. Ses tiges, tétragones, rameuses, pubescentes, s'élèvent à deux pieds environ; ses feuilles sont petites, ovales-aiguës, dentées vers leur sommet, rétrécies à leur base en un court pétiole; les fleurs, axillaires et presque sessiles, présentent un calice à quatre divisions profondes, inégales et persistantes; une corolle tubuleuse, bilabiée, à tube long et arqué, à lèvre supérieure bifide, l'inférieure à trois lobes inégaux; un style terminé par un stigmate bilamellé; le fruit est une capsule presque conique, à deux loges polyspermes.

On ne connaît qu'une espèce de ce genre. Vahl la réunit au genre *Vandellia*. (L.)

MATRICAIRE, *Matricaria*. (BOT. PHAN.) Ce nom désignait chez les premiers écrivains botanistes plusieurs espèces de Composées ou Synanthérées, à fleurs radiées, qu'associaient leurs propriétés médicales et leurs caractères extérieurs. Tournefort et Linné en ont fait un genre assez voisin des Anthémides et des Chrysanthèmes pour que, depuis eux, certaines espèces des trois genres aient passé souvent de l'un à l'autre. Lamarck réunit les Matricaires aux Chrysanthèmes; Jussieu et les modernes ont continué à les distinguer; Gaertner a même érigé, aux dépens du *Matricaria* de Linné, le nouveau genre *Pyrethrum*, qui a été adopté seulement pour faciliter l'étude.

Le genre Matricaire est donc limité aujourd'hui à un petit nombre de Corymbifères, qui croissent toutes en Europe; elles ont pour caractères communs : un involucre hémisphérique, composé d'écailles imbriquées; un réceptacle conique ponctué et sans paillettes; des fleurs marginales femelles et en languette, celles du centre hermaphrodites et régulières; des graines oblongues, sans aigrette, sans rebord membraneux.

Un réceptacle plane et des écailles scarieuses distinguent le Chrysanthème; le réceptacle est muni de paillettes dans les Anthémides; enfin le *Pyrethrum* a des graines membraneuses sur les bords. Telles sont les différences de ces trois genres avec celui qui fait l'objet de cet article.

La MATRICAIRE CAMOMILLE, *Matricaria chamomilla*, L., est une plante commune dans les champs et les moissons. Elle a une odeur forte, rappelant celle des Fourmis. Ses tiges sont dressées, glabres, diffuses, hautes de douze à dix-huit pouces; ses feuilles sont sessiles, épaisses, découpées en segmens linéaires. Les rameaux uniflores se réunissent en un corymbe irrégulier; les fleurons du centre sont jaunes; les demi-fleurons blancs et réfléchis.

Cette Matricaire possède les vertus antispasmodiques et fébrifuges de la Camomille romaine, mais à un moindre degré. Les fleurs donnent par la distillation une huile essentielle de couleur bleue.

La *Matricaria parthenium* est le type du genre PYRETHRUM. *Voy.* ce mot. (L.)

MATRICE. (ANAT.) On donne ce nom et celui d'Utérus à un organe musculaire, creux, spécial à la femme, et destiné à loger le fœtus depuis le moment de la conception jusqu'à celui de la naissance. *Voy.* UTÉRUS. (M. S. A.)

MATUTE, *Matuta*. (CRUST.) Genre de Crustacés, de l'ordre des Décapodes, famille des Brachyures, appartenant à la section des Homochèles, *Homocheles*, et à la troisième tribu des Nageurs, *Pinnitarsi* (Cours d'entomol. de Latr., première ann.). C'est à Fabricius qu'est dû l'établissement de ce genre, auquel il assigne pour caractères : troisième article des pieds-mâchoires extérieurs en forme de triangle long, étroit et souvent pointu; tous les pieds aplatis en nageoire, excepté les serres. Ce genre a beaucoup d'analogie avec celui d'Orithye; cependant il en diffère par les pieds, dont la dernière paire seulement est en nageoire chez celui-ci; il se distingue aussi des Corystes, des Leucosies, des Hépates et des Mursies, en ce que ceux-ci n'ont aucun de leurs pieds terminés en nageoires; le test chez ces crustacés est généralement déprimé, presque en forme de cœur, tronqué en avant, avec les côtés arrondis antérieurement, dilatés en forme d'épine forte, saillans vers leur milieu, resserrés et convergens ensuite vers leur extrémité postérieure; les yeux sont portés sur des pédicules assez longs, et logés dans des fossettes transverses; les antennes extérieures ou latérales sont beaucoup plus petites que les intermédiaires, et insérées près de leur base extérieure; le second article des pieds-mâchoires extérieurs est triangulaire, allongé, pointu, prolongé jusqu'aux antennes ou jusque sur le chaperon; les derniers articles des mêmes pieds-mâchoires sont entièrement cachés par les articles précédens; la cavité buccale est terminée en pointe; les pinces des serres sont épaisses, tuberculées, dentelées et presque en crête; l'espace pectoral compris entre les pattes est ovale; la queue des mâles est composée de cinq tablettes, dont celle du milieu plus longue; celle de la femelle en a sept. Ce genre se compose d'espèces toutes propres aux mers d'Amérique, des Indes orientales et de la Nouvelle-Hollande. Parmi les plus remarquables nous citerons :

Le MATUTE VAINQUEUR, *M. victor*, Fabr., Bosc, Herbst, représenté dans notre Atlas, pl. 338, fig. 1. Cette espèce est longue d'un pouce et demi; le milieu de son chaperon est bidenté; le corps est blanchâtre, parsemé çà et là d'un très-grand nombre de points rouges; les pinces des serres présentent une épine très-forte sur le côté extérieur et près de la base; le second segment de la queue est terminé par un bord aigu et très-dentelé. Cette jolie espèce se trouve dans la mer Rouge et aux Indes orientales.

Le MATUTE FRONT ENTIER, *M. integrifrons*, Latr.; *Cancer latipes*, Degéer, Insect., tom. 7, pag. 425, fig. 4, 5; Browne, Jam., 422, 6, 7. Il est long d'un pouce et demi environ; le front est formé par une ligne droite sans échancrures ou dents; sa couleur est blanchâtre avec quelques raies d'un jaune pâle. Des mers d'Amérique.

Le MATUTE PLANIPÈDE, *M. planipes*, Fabr.; Herbst, Canc., tab. 48, fig. 6. Par ses couleurs, cette espèce a beaucoup d'analogie avec la première, mais elle en diffère par ses points, qui sont rouges et qui sont disposés en une multitude de petites lignes ondulées. Se trouve sur les côtes de l'île de France.

M. Guérin, dans son Iconograph. du Règ. anim. de Cuvier, Crust., pl. 1, fig. 1, a figuré une espèce de Matute qui est désignée sous le nom de *Matuta Peronii*, Leach. (H. L.)

MATURATION et MATURITÉ. (BOT. et AGR.) Ces deux mots ne sont nullement synonymes, quoiqu'ils dérivent l'un et l'autre du verbe latin *maturare*, mûrir. La MATURATION, *Maturatio*, constitue la deuxième époque dans l'existence du FRUIT (*voy.* ce mot); les phénomènes qu'elle présente sont complétement indépendans de la végétation, et dus à la seule sécrétion des principes élémentaires du fruit. Cette action purement chimique est rendue plus puissante par la chaleur et par le moyen de l'air ambiant; elle développe, aux dépens du fruit, une grande quantité d'acide carbonique et d'autres acides, qui réagissent à leur tour sur la gélatine et finissent par la transformer en matière sucrée.

Quant à la MATURITÉ, *Maturitas*, c'est la situation du fruit approchant du terme de sa perfection. Il y a deux sortes de Maturité, l'une de végétation, l'autre secondaire ou du temps. Lorsque la végétation a parcouru toutes ses phases, si l'on ne cueille point le fruit, il tombe de l'arbre, pourrit sur la terre; la graine ou brise la capsule qui la contient, pour se répandre à des distances plus ou moins éloignées; ou bien, gisant sur le sol qui l'a vue naître, elle périt; ou, favorisée par des circonstances particulières, elle germe et produit un nouvel individu. Cette première sorte de Maturité n'est encore qu'imparfaite; elle demande la seconde sorte, qui doit perfectionner le fruit et compléter l'œuvre de sa destination. Si l'on faisait usage des semences arrivées à la première Maturité, les récoltes à venir ne pourraient être de bonne qualité; il est même douteux que les germes parcourent tout le cercle de la vie végétale; frappée de rachitisme dès le berceau, la plante qu'ils fournissent est sans force et sans valeur. D'un autre côté, le fruit qui n'a point été parachevé par la Maturité secondaire, employé dans l'économie rurale et domestique, cause des dérangemens notables aux organes de la digestion et même de la déglutition. La graine, au contraire, qui a subi ce perfectionnement, gagne en poids et surtout en qualité; la graine des céréales n'engrappe point les meules et ne graisse point les bluteaux; le son s'en détache mieux; elle rend plus de pain, parce que, au pétrissage, la farine absorbe plus d'eau.

On est parvenu à accélérer la Maturité des fruits, tantôt en tordant le pédoncule du Raisin, comme cela se pratique dans le riche vignoble de Frontignan, tantôt en pratiquant, à l'instar des jardiniers de primeurs, des ligatures, au moyen du fil de fer, sur des arbres fruitiers en fleurs, ou bien en recourant à l'incision annulaire. (*Voy.* aux mots FRUIT, INCISION ANNULAIRE et VIGNE).

Les phénomènes de la Maturité ne s'accomplissent pas de même dans tous les fruits, principalement dans ceux que la main de l'homme cultive loin de leur patrie; il en est, comme le Coing, par exemple, chez qui l'intensité de la couleur, l'activité du parfum, et même le volume, signes ordinaires de la Maturité des fruits charnus, ne suffisent pas pour le manger avec plaisir; il faut encore que la coction vienne édulcorer son parenchyme et y développer la matière sucrée.

Toutes les semences qui tombent d'elles-mêmes sont mûres. Il y a des fruits charnus, tels que les Cerises, les Nèfles, et autres, qui se dessèchent ou pourrissent sans se détacher de l'arbre, quoique leurs semences aient atteint leur parfaite Maturité; d'autres, comme les Noix, les Marrons, les Châtaignes, les Glands, les Noisettes, la Faîne, etc., tombent des rameaux avec tout leur brou, mais on n'est certain de leur Maturité que lorsque la graine se sépare d'elle-même de cette enveloppe.

Chez les fruits à capsule, tels que ceux du Fusain, *Evonymus europæus*, du grand Muflier, *Antirrhinum majus*, de la Bruyère commune, *Erica vulgaris*, des Bignoniacées, des Rhodoracées, des Caryophyllées, etc., les uns s'ouvrent et laissent tomber leurs semences qui sont parfaitement mûres; les autres se dessèchent et conservent leurs semences dans leur intérieur : quand, en les ouvrant, on trouve la pulpe sèche, et que les semences n'y sont pas adhérentes, on est certain de leur Maturité.

Il en est de même des fruits siliqueux, dont les uns, comme la Giroflée, *Cheiranthus cheri*, la Moutarde, *Sinapis nigra*, le Raifort cultivé, *Raphanus sativus*, etc., s'ouvrent et répandent leurs semences autour d'eux; pendant que d'autres, comme le Gainier, *Cercis siliquastrum*, les Banhiniers et autres, non seulement conservent leurs gousses attachées aux arbres, mais encore leurs panneaux restent fermés. On ne peut alors juger de la Maturité de ces semences que par la bonne conformation des siliques ou des gousses et des semences elles-mêmes.

Les Conifères ont leurs fruits mûrs quand les écailles qui les composent commencent à s'ouvrir; l'action de la chaleur sollicite et détermine ce mouvement, à la suite duquel les semences s'échappent et se répandent au loin; l'humidité fait bientôt après refermer les écailles, mais alors les cônes ne contiennent plus de semences.

S'agit-il du bois? sa Maturité naturelle est le terme pour y mettre la cognée; mais pour saisir ce moment, il convient de s'assurer si la Maturité est due à des causes inhérentes à la constitution physique de l'arbre, ou bien si elle est le résultat d'un accident. On acquiert cette certitude en abaissant les principaux brins des cépées dans plusieurs endroits, et en examinant la pousse terminale des branches. Si cette pousse, qui se distingue toujours par une verdure plus tendre, une fois arrivée à une certaine longueur, n'allonge plus les rameaux que de la hauteur des bourgeons, il n'y a plus ou presque plus d'accroissement sur aucun sens; le bois est parvenu à sa Maturité. Cette remarque importante, justifiée par de nombreuses observations, appartient à Duhamel du Monceau. Elle lui a été empruntée par beaucoup de forestiers nationaux et étrangers sans lui en rendre le plus léger hommage; je la rappelle pour que l'honneur n'en soit point fait à de simples copistes.

L'époque de la Maturité de l'arbre une fois venue, les couches concentriques peuvent à peine se compter, tant elles ont peu d'épaisseur; l'aubier cesse de se convertir en bois dur; le tronc se charge de mousses, de lichens, d'agarics; l'écorce se sépare du bois; elle est marquée de taches noires ou rousses, elle se couvre de gerçures qui laissent couler la séve; les branches les plus droites de la cime se dessèchent, tandis que les latérales s'inclinent vers l'horizon; les feuilles tombent avant leur époque accoutumée; tout, en un mot, annonce un prochain dépérissement. Retarder alors la coupe, serait perdre une valeur réelle. *Voy.* aux mots Arbre et Bois. (T. d. B.)

MAUBÈCHE. (ois.) *Tringa*, Lin.; *Sand-piper* et *Canut* des Anglais; *Tringa grisea*, *cinerea*, et *canatus*, Gmel. Espèce d'Echassiers de la famille des Scoloparidés, compris dans quelques méthodes parmi le genre Bécasseau, et pris au contraire par d'autres méthodistes pour type d'un genre à part. On a fait de cette Maubèche, comme aussi de presque toutes ses congénères, trois espèces distinctes en la décrivant sous les divers états qu'offre annuellement son plumage. En hiver elle a tout le dessus du corps cendré, et le dessous blanc; son cou et sa poitrine sont tachetés de noirâtre. En été, lorsqu'elle a revêtu sa robe d'amour, elle est, depuis le sommet de la tête jusqu'au bas du dos, d'un brun noirâtre bordé de brun-marron clair; les plumes qui revêtent le bas du dos et le croupion sont d'un gris-brun entouré d'un gris de souris, et marquées à leur extrémité d'une petite bande transversale d'un brun noirâtre; tout le devant et le dessous du corps à partir du front, les joues comprises, sont d'un fort beau marron clair; les quatre pennes des ailes les plus voisines du corps sont brunes, les suivantes, ainsi que celles de la queue, d'un gris brun. Le bec et les pieds sont noirâtres. Dans cet état, elle a reçu le nom de *Tringa islandica*, Gmel., ou *Tringa rufa*, Wils. Celui de *Tringa nævia*, qui lui a été aussi donné, indique l'état intermédiaire; sa couleur brune cendrée est alors, en effet, variée par d'assez grandes taches dont les unes sont rousses et les autres d'un noir violet. Sa taille est à peu près celle de la Bécassine.

Ce n'est guère que sur les bords de la mer que l'on rencontre ces oiseaux. Jamais ils ne paraissent sur le bord des eaux de l'intérieur de la France, à moins que quelque ouragan ne les ait forcés à s'y égarer instantanément. Chez nous, ils sont de passage périodique, chaque année, au printemps et en automne: vers ces époques on en voit quelquefois sur les marchés de Paris. Ils se nourrissent d'insectes et de larves aquatiques. Leurs mœurs ne sont pas entièrement connues; on ne sait pas précisément où ils nichent; on suppose pourtant que c'est tout-à-fait dans le Nord. (Z. G.)

MAUDICHTY. (bot. phan.) Espèce du genre Garance. *Voy.* ce mot et surtout celui Oldenlandie. (T. d. B.)

MAURES ou MORES. (mam.) Peuples qui habitent le nord de l'Afrique jusqu'aux fleuves du Sénégal et du Niger. Ils proviennent, dit-on, du mélange des Berbères et des Arabes, ou de leurs descendans, avec la race caucasique ou nègre.

Les Maures ont le teint brun foncé, de beaux yeux, de belles dents. Leur constitution varie suivant qu'ils sont nomades ou stables. Beaucoup de Maures sont établis dans les villes des royaumes de Maroc, de Fez; dans les régences de Tunis, d'Alger, de Tripoli, etc.

Ils professent la religion de Mahomet, non sans un reste de fétichisme.

Ils sont industrieux, généralement adonnés à la vie pastorale, exerçant en même temps le brigandage.

Les Maures qui habitent les régences d'Alger, de Tunis et de Tripoli, vivent dans un état voisin de l'esclavage. Ces peuples, jadis belliqueux, ont été autrefois les maîtres de l'Espagne, d'où ils furent chassés peu à peu. C'est sous les règnes de Ferdinand et d'Isabelle que l'Espagne fut délivrée de leur joug.

On trouve encore des Maures en Asie. Ils y exercent le commerce. Leurs mœurs sont généralement plus douces dans cette partie du monde. (*Voy.* l'article Homme.) (P. Garn.)

MAURICE. (géogr. phys.) Ile de la mer des Indes, à l'est de Madagascar, un peu au dessous du 20e parallèle. Elle a une circonférence d'environ 35 milles. D'origine volcanique, comme toutes les îles de cet archipel, elle n'est guère moins montagneuse que Mascareigne. Une chaîne, dont les sommets s'élèvent perpendiculairement à près de quatre cents toises, environne son port, et se découpe en une sorte de patte d'oie, dont les embranchemens forment autant de vallées arrosées par des cours d'eau très-rapides.

Le plus haut point de cette chaîne est le *Piter-Boot*, cône informe, tronqué à une élévation de 2460 pieds environ, et terminé par une masse ovoïde de trente pieds, dont les rebords font saillie, et semblent défier l'intrépidité humaine de songer à les dépasser. Cependant le sommet du Piter-Boot a reçu en 1832 le drapeau des maîtres de l'île, les Anglais.

Les productions naturelles de Maurice sont un échantillon de celles de Madagascar, et préparent à celles des parages indiens. Tous les fruits du globe s'y cultivent. Mais son importance commerciale est due aux produits coloniaux, trop connus pour que nous les énumérions ici. Port-Louis est la résidence du gouverneur anglais. On y compte près de vingt mille habitans. (L.)

On a établi à Maurice une société d'Histoire naturelle qui compte des savans très-distingués et rend de grands services à la science, en étudiant sur place des objets qu'on ne voit en Europe que plus ou moins défigurés par les moyens employés pour leur conservation. Cette société a été fondée par M. Julien Desjardins, actuellement son secrétaire (1836), savant plein de zèle, qui a déjà publié des travaux importans sur la zoologie de cette île. (Guér.)

MAURITIE, *Mauritia*. (bot. phan.) Ce nom désigne un Palmier de la Guiane, éloquemment décrit par M. de Humboldt dans ses Tableaux de la nature. Cet arbre croît en groupes, et élève à vingt ou vingt-cinq pieds ses frondes disposées en éventail. Ses fleurs naissent en régime rameux couvert d'écailles; elles sont dioïques; les mâles, pourvues d'un double calice, l'extérieur à trois dents, l'intérieur à trois divisions profondes, renferment six étamines; les fleurs femelles produisent un drupe monosperme, couvert d'écailles imbriquées comme les cônes de Pin.

Le *Mauritia flexuosa*, vulgairement *Palmier bache*, est un des bienfaits de la Providence dans ces climats chauds et humides; aux temps d'inondation, les Indiens suspendent leurs habitations d'un tronc à l'autre, sur des nattes tissues des fibres de ses feuilles; une espèce de sagou se forme dans la moelle de l'individu mâle; sa séve fournit une liqueur spiritueuse; enfin ses fruits se mangent, soit encore jeunes, soit après l'entier développement de leur principe sucré.

Humboldt a observé, dans les mêmes contrées, une seconde espèce de Mauritie, qu'il surnomme *aculeata*, à cause des épines qui garnissent son stipe. (L.)

MAUVE. (ois.) Nom vulgaire de plusieurs espèces du genre Mouette ou Larus.

MAUVE, *Malva*. (bot. phan.) Genre nombreux de la Monadelphie polyandrie, qui sert de type à la famille des Malvacées. On lui compte près d'une centaine d'espèces, dont la plus grande partie est exotique; son nom, autrefois adopté par les Grecs, vient de la propriété adoucissante des feuilles et des fleurs qui décorent ses tiges herbacées, quelquefois frutescentes : μαλάσσω, amollir, et μαλαχή, plante émolliente.

Chez les Mauves les feuilles sont alternes, accompagnées de stipules; les fleurs, disposées au sommet des tiges et des rameaux, le plus souvent aux aisselles des feuilles, offrent les caractères suivans : calice double, persistant; l'extérieur plus court, à trois folioles distinctes, rarement une, deux et quatre; l'intérieur monophylle, semi-quinquéfide; corolle composée de cinq pétales en cœur, planes, ouverts, réunis à leur base, et attachés inférieurement au tube formé par les filamens des étamines; ces organes mâles sont nombreux, libres, distincts, inégaux dans leur partie supérieure, réunis, comme je viens de le dire, dans le bas pour former une espèce de colonne, et portent des anthères réniformes ou arrondies; ovaire supère, surmonté d'un style cylindrique, court, partagé en huit stigmates, souvent plus, sétacés, de la longueur du style. Le fruit est formé de huit capsules disposées en rond, s'ouvrant chacune en deux valves par son côté intérieur, et contenant une, quelquefois deux, et rarement trois graines réniformes.

Ainsi que nous l'avons vu, les Mauves sont herbacées ou annuelles, suffrutescentes ou vivaces. Elles font l'ornement de nos jardins. Deux espèces, quoique fort communes dans les bois, ont mérité depuis long-temps cette distinction. L'une, la Mauve sauvage ou Grande Mauve, *M. sylvestris*, forme un large buisson aux tiges nombreuses, droites, velues, un peu hispides, hautes d'un mètre et parfois plus, dont les feuilles découpées en cinq et sept lobes peu profonds, très-obtus et crénelés, se couvrent, depuis le mois de mai jusqu'en octobre, de grandes fleurs purpurines, réunies trois à six ensemble sur des pédoncules courts et axillaires. L'autre, la Mauve musquée, *M. moschata*, que l'on rencontre abondamment au bois de Montmorency, où elle forme aussi des buissons, moins touffus mais plus pittoresques, et d'autant plus agréables qu'ils répandent autour d'eux une odeur musquée qui attire vers eux. Ses feuilles sont légèrement lobées et ses fleurs du plus joli rose. On lui donne assez généralement dans les climats chauds les noms de Alcée et de Rose trémière; c'est une faute d'autant plus grave que ces deux noms appartiennent à une espèce du genre Guimauve.

Nous avons vu s'acclimater en France la Mauve de Mauritanie, *M. mauritiana*, si remarquable par son port élégant, ses larges corolles purpuracées qui durent fort long-temps; nous avons vu quitter le bord des routes et des champs pour entourer nos habitations champêtres, par la Mauve aux feuilles rondes, *M. rotundifolia*, qui se décore pendant presque tout l'été de petites fleurs blanches ou purpurines sortant de l'aisselle des feuilles; ses tiges flexibles sont toujours couchées. On recher-

che

che également la Mauve frisée, *M. crispa*, qui s'accommode très-bien de notre climat, quoique originaire de la Syrie; cette espèce, d'un superbe port, dont la tige, grosse et très-droite, s'élève à trois mètres, a les feuilles également ondulées et d'un beau vert, les fleurs petites, blanches et disposées en grappes axillaires. Les jolies fleurs rouges de la petite Mauve écarlate, *M. miniata*, en font une brillante et durable décoration pour les parterres; ses tiges et ses feuilles cotonneuses, un peu blanchâtres, donnent plus d'éclat à ses épis, quand, en juin, juillet et août, ils sont entièrement épanouis.

Parmi les autres espèces qui réclament une mention toute particulière, je nommerai les suivantes : La Mauve effilée, *M. virgata*, charmant sous-arbrisseau de deux mètres de haut, provenant du cap de Bonne-Espérance, acclimaté dès 1780 en France, où il fleurit depuis juin jusqu'en septembre; il a les fleurs purpurines, solitaires ou géminées dans les aisselles des feuilles qui sont petites, les unes solitaires, les autres profondément trilobées et d'un vert gai. (*Voy.* la pl. 338, fig. 2. En *a* l'on voit le faisceau des étamines avec un pétale, et en *b* l'ovaire surmonté du style.) La Mauve ombellée, *M. umbellata*, est également ligneuse; mais elle monte beaucoup plus haut; elle atteint à trois mètres; ses tiges, ses rameaux, ses feuilles, ses calices et leurs pédoncules, sont plus ou moins couverts d'un duvet court, serré, formé par des poils nombreux et rayonnans. Les feuilles qui la décorent sont cordiformes, à peu près aussi longues que larges, et d'un beau vert luisant; les fleurs, rassemblées deux, trois et rarement plus de cinq ensemble sur le même pédoncule et presque en ombelle, se succèdent depuis le mois de septembre jusqu'à la fin de novembre, et sont d'une belle couleur purpurine. Cette belle espèce nous est venue du Mexique. (*Voy.* la pl. 338, fig. 3. En *a* est le calice, en *b* l'ovaire, les styles et les stigmates.)

On fait usage des Mauves dans la médecine. On a long-temps mangé leurs jeunes pousses et même leurs feuilles; je ne connais que les Chinois qui aient conservé cet usage de nos jours. J'ai vu de fort bonne filasse obtenue de la Mauve sauvage et de celle à feuilles rondes; elle n'est point propre à faire de belles toiles, mais les cordes ont de la durée. Sous ce dernier rapport, Cavanilles recommande surtout, d'après ses propres expériences, la Mauve frisée; il assure même qu'on peut employer sa filasse à des ouvrages plus délicats.

Beaucoup de personnes confondent ensemble la Guimauve, *Althæa*, la Lavatère, *Lavatera*, et la Mauve; ce sont trois genres voisins, mais très-distincts l'un de l'autre. Avec un peu d'attention il est facile de ne point commettre cette erreur. (T. d. B.)

MAUVIETTE. (ois.) On donne vulgairement ce nom aux Alouettes.

MAUVIS. (ois.) Espèce du genre Merle. (Guér.)

MAUVISQUE, *Malvaviscus*. (bot. phan.) Genre de la famille des Malvacées, Monadelphie polyandrie, établi par Dillen, et adopté par les botanistes modernes, sur une très-belle plante cultivée depuis long-temps dans nos jardins; peu distincte des *Hibiscus* par ses caractères extérieurs, elle avait été confondue avec ce genre par Linné, qui n'a point connu les autres espèces. Le genre *Malvaviscus* est aujourd'hui très-distinct; il se caractérise par un calice quinquéfide accompagné d'un involucre polyphylle; cinq pétales dressés, égaux entre eux et enroulés; des étamines nombreuses, réunies en un tube adné aux onglets des pétales, ayant leurs anthères réniformes et uniloculaires; ovaire à cinq loges monospermes, portant un style à dix divisions terminées par des stigmates capités; cinq carpelles, tantôt distinctes, tantôt réunies en une baie globuleuse, à cinq loges monospermes.

On connaît quinze espèces de *Malvaviscus*, toutes indigènes du Mexique, des Antilles, de la Colombie et du Brésil; et, à l'exception de celle qui fait le type du genre, elles ont été décrites par MM. Kunth et De Candolle. Ce dernier les a réparties en deux sections, caractérisées par des pétales avec ou sans auricules.

A la première section, désignée sous le nom d'*Achania*, appartient le Mauvisque arborescent, *Malvaviscus arboreus*, Cavanilles; *Hibiscus malvaviscus*, L.; *Achania malvaviscus*, Swartz; arbuste de huit à dix pieds, à rameaux pubescens, portant des feuilles persistantes, cordiformes, à trois ou cinq lobes. Ses fleurs sont solitaires, d'un rouge écarlate très-vif; leurs pétales sont auriculés d'un côté, longs et enroulés; les involucres se composent de huit à onze folioles courtes.

Le Mauvisque fleurit pendant toute l'année; il est d'une culture assez facile, et se multiplie de graines ou de boutures.

M. De Candolle donne à la seconde section du genre le nom d'*Anotea*, pour désigner que ses pétales ne sont point auriculés; elle contient seulement quatre espèces. (L.)

MAVACURÉ. (bot. phan.) Nom indigène de la plante dont les Indiens de l'Orénoque tirent le célèbre poison de Curaré. *V.* ce mot, où les caractères présumés de cette liane ont été indiqués. (L.)

MAXILLAIRE. (anat.) Qui a rapport aux mâchoires.

Os maxillaires. On désigne ainsi les deux os qui forment la mâchoire supérieure, et l'os unique qui forme la mâchoire inférieure. (*Voy.* pour plus de détails le mot Squelette.)

Artères maxillaires. L'une de ces artères est externe, elle naît de la carotide et se répand dans la face.

L'autre, *Maxillaire interne*, est une des branches qui terminent la carotide externe; elle est assez volumineuse et fournit des rameaux à l'oreille, à la dure-mère, à la région temporale, aux os maxillaires et aux dents des deux mâchoires.

Veines maxillaires. Elles suivent le même trajet et présentent les mêmes divisions que les artères.

Nerfs maxillaires. Ils sont au nombre de deux, l'un supérieur, l'autre inférieur, et naissent tous deux du nerf trifacial. (A. D.)

MÉANDRINE, *Meandrina.* (POLYP.) Ce genre, que la plupart des zoologues modernes ont adopté, a été établi par Lamouroux dans la division des Polypiers entièrement pierreux, et a été formé aux dépens des Madrépores de Lamarck. Les Méandrines se distinguent de tous les autres Polypiers lamellifères par la présence de sillons allongés, sinueux ou presque droits, plus ou moins creux et irréguliers, séparés par des crêtes collinaires plus ou moins saillantes, qui se remarquent à leur surface supérieure; les sillons ou vallons présentent dans leur centre une sorte de lame très-poreuse ou plutôt caverneuse, qui s'enfonce dans l'épaisseur du Polypier : il part des deux côtés de cette lame une infinité de lamelles qui viennent se rendre perpendiculairement sur la crête ou lame collinaire toujours saillante, non poreuse comme celle du centre du vallon, et s'enfonçant comme elle dans l'épaisseur de la substance du Polypier. Les lamelles, souvent inégales, ont leur base oblique tantôt entière et tantôt denticulée: il résulte de cette disposition que les vallons des Méandrines présentent des formes stellaires. Ces Polypiers se présentent en masses presque toujours simples, convexes, hémisphériques, ou en boule; quelques uns acquièrent de fort grandes dimensions. Dans leur jeune âge, ils ressemblent à un corps turbiné, caliciforme, fixé par un pédicule central très-court; leur surface supérieure est seule alors couverte de sillons lamellifères, l'inférieure est lisse ou simplement striée.

Lesueur, dans un Mémoire sur les Polypiers lamellifères, inséré dans le tom. III des Mémoires du Muséum, p. 171, a fait connaître les animaux de plusieurs espèces de Méandrines. Ils sont situés dans les vallons, rarement isolés, presque toujours réunis latéralement et en nombre d'autant plus grand, que les vallons sont plus étendus en longueur; ils sont mous, gélatineux, subactiniformes. Les couleurs qui parent les différentes parties de ces animaux sont variées et nuancées d'une manière fort élégante : elles varient suivant les espèces et quelquefois sur le même individu. Les Méandrines se trouvent abondamment dans les mers intertropicales. Celles que l'on connaît sont les *Meandrina labyrinthica*, *cerebriformis*, *dædalea*, *pectinata*, *areolata*, *crispa*, *gyrosa*, *phrygia* et *filigrana*. (Z. G.)

MÉAT. (ANAT.), de *meare*, couler. En anatomie on donne ce nom à certains conduits, à des ouvertures qui donnent passage à des liquides. Il y a trois espèces principales de Méats, 1° les *Méats des fosses nasales*, distingués en supérieur, moyen et inférieur. Ces trois Méats sont tapissés par la membrane muqueuse dite pituitaire, qui sécrète le mucus nasal par toute sa surface. L'utilité de ce mucus est surtout relative à l'olfaction. L'air qui traverse les Méats dans le phénomène de la respiration entraîne avec lui les particules odorantes, et c'est à l'aide du mucus que ces particules sont retenues et mises en contact avec les papilles nerveuses dont la membrane est parsemée. Lorsque cette membrane est irritée par le froid ou par toute autre cause, elle se gonfle, rétrécit les Méats et rend la respiration par le nez difficile et souvent impossible. Dans l'irritation commençante il y a suspension de la sécrétion du mucus, le nez est sec; dans le second degré, la sécrétion devient plus abondante qu'à l'ordinaire, le mucus est tout-à-fait liquide, le nez coule, et il y a coryza, vulgairement *rhume de cerveau*. Dans les deux cas la fonction de l'odorat est détruite et ne se rétablit complétement que quand l'irritation a cessé. C'est sur la membrane pituitaire qui tapisse les Méats des fosses nasales que vient se déposer la poudre de tabac, et la sensation artificielle qu'il produit est de celles dont on peut le plus difficilement suspendre l'exercice quand une fois on en a contracté l'habitude.

2° Le *Méat auditif*. C'est le trou auditif externe qui commence au centre du pavillon de l'oreille et finit à la membrane du tympan. Celui-là ne donne passage à rien, si ce n'est au son. Chez l'homme adulte sa longueur est de dix à douze lignes, et dans cette longueur il est formé d'une portion osseuse, d'une portion fibro-cartilagineuse et d'une portion fibreuse. Il est revêtu d'une membrane de nature dermoïde, à la surface de laquelle se répand une humeur jaune qui a reçu le nom de *cérumen* et dont l'épaississement détermine quelquefois la dureté de l'oreille. C'est cette surdité peu fâcheuse qu'on fait disparaître aisément avec des injections d'eau de savon.

3° Le *Méat urinaire*. On désigne ainsi l'ouverture antérieure de l'urètre chez la femme.

On donne aussi le nom de *Méat cystique* au canal qui porte la bile de la vésicule du fiel dans le canal cholédoque. (*Voy.* FOIE.) (G. G. DE C.)

MÉCONIQUE. (CHIM.) Acide. *Voyez* ACIDES en général.

MÉCONIUM. (PHYSIOL.) C'est une substance noirâtre renfermée dans le tube digestif du fœtus, qui s'évacue immédiatement après la naissance sous l'influence purgative ou délayante du *colostrum*. Le mot Méconium dérive du grec μῆκον, qui signifie pavot. La couleur et la consistance du Méconium sont analogues, en effet, à celles du suc de pavot non épaissi.

Les physiologistes ne sont pas d'accord sur la formation et les usages du Méconium. Les uns pensent que c'est une sécrétion de la membrane muqueuse intestinale qui se fait pendant tout le cours de la vie fœtale : ce mucus serait destiné par la nature à tenir le tube intestinal dans un état de lubréfaction convenable, et à empêcher l'oblitération de ses parois qu'un contact permanent amenerait infailliblement à s'unir, en conséquence de cette loi de l'organisation qui veut que les surfaces contiguës finissent par adhérer et par devenir continues. D'autres sont d'avis, avec M. Geoffroy Saint-Hilaire, que cette matière visqueuse, poisseuse, qui arrive graduellement à remplir le petit et le gros intestin, est une véritable substance nutritive préparée pour le fœtus. S'il en était ainsi, ce ne pourrait être que dans l'origine, car à la fin de la vie fœtale, il n'est plus permis de douter de la nature excrémentitielle du Méconium.

Au reste le Méconium se montre de très-bonne heure dans l'intestin du fœtus, mais il change de nature et d'aspect aux diverses époques de la vie fœtale. Ce liquide est d'abord blanchâtre et muqueux, et il reste tel pendant la première moitié de la grossesse. Ensuite il s'épaissit graduellement, devient poisseux, se colore en jaune-vert et prend alors le nom de Méconium. On en trouve dans l'estomac dès le troisième mois de la vie utérine; à quatre mois, il s'est amassé jusque dans le duodénum, à sept il remplit l'intestin grêle, puis le gros intestin et le rectum.

Pour ce qui est de l'origine de cette matière excrémentitielle, je dirai que je crois qu'on est allé chercher fort loin une explication que les lois connues de l'organisation donnent facilement. Le Méconium n'est pas autre chose qu'un produit de la fonction des nutritions, un résultat de la décomposition nutritive. Il y a deux actions principales dans toute nutrition, l'action de composition par laquelle chaque partie s'assimile les élémens nutritifs qui lui sont apportés, et l'action de décomposition par laquelle ces mêmes parties abandonnent les matériaux nutritifs usés. Il est bien évident que, depuis le commencement de la vie fœtale jusqu'à la fin de l'accroissement extra-utérin, c'est-à-dire jusqu'à l'âge adulte, l'action de composition est plus puissante que l'action de décomposition; mais tout prouve aussi que cette dernière ne s'en exerce pas moins; or le Méconium est le résultat de la décomposition qui s'opère pendant le courant de la vie fœtale.

M. Geoffroy Saint-Hilaire a évidemment tourné dans un cercle vicieux lorsqu'il a prétendu que cette excrétion servait à alimenter le fœtus; il résulterait de là que le fœtus se fabriquerait à lui-même sa propre nourriture.

Quoi qu'il en soit, le Méconium s'évacue immédiatement après la naissance, et aussitôt que la respiration est parfaitement établie. Il est probable que l'irritation exercée sur l'organe cutané de l'enfant par le nouveau milieu dans lequel il se trouve, détermine dans les intestins un mouvement intérieur qui expulse cette matière. L'impression vive qu'éprouve la peau lors de l'action de l'air sur elle, se transmet sympathiquement au canal intestinal et en augmente la contractilité. Cette excitation se communique aux muscles involontaires compris dans son épaisseur, et leur réaction le débarrasse d'une matière excrémentitielle dont le séjour plus long deviendrait nuisible.

Il importe que le Méconium soit rendu dans les vingt-quatre heures qui suivent la naissance; sa rétention plus long-temps continuée donne lieu à des accidens divers, tels que de l'agitation, de l'insomnie, de l'assoupissement, des coliques, des spasmes, des vomissemens. Quand l'usage du premier lait ou *colostrum* ne suffit pas pour provoquer l'expulsion de la matière qui donne lieu à tous ces désordres, il faut avoir recours aux sirops purgatifs, aux lavemens et même aux bains tièdes. Si l'enfant a le ventre tendu et est tourmenté de coliques, les purgatifs les plus usités dans ce cas sont le sirop de fleurs de pêcher et le sirop de chicorée composé que l'on délaie à la dose d'une demi-once ou d'une once dans quelques onces d'eau sucrée. On fait prendre ce mélange à l'enfant par cuillerées à café jusqu'à ce que le Méconium soit entièrement évacué.

Il n'est pas besoin de dire que la nécessité d'un semblable purgatif est encore plus manifeste pour l'enfant auquel on donne une nourrice qui aurait un lait vieux, dont les propriétés par conséquent ne seraient point laxatives.

L'état de chrysalide, chez les insectes, est l'analogue du fœtus; il se forme aussi chez elles du Méconium. C'est ce Méconium que l'insecte parfait évacue sous la forme d'une gouttelette rougeâtre immédiatement après sa transformation. Dans les grandes chaleurs, dans les saisons favorables, lorsqu'aucune circonstance particulière n'est venue s'opposer au développement des Papillons, on voit apparaître tout à coup une quantité plus ou moins grande de ces taches rougeâtres qui tapissent les arbres, les plantes, les cailloux; on dirait une rosée ou une pluie. Les habitans de la campagne appellent même cela une pluie de sang. C'est le Méconium des Papillons. (G. G. de C.)

MÉCONOPSIDE, *Meconopsis*. (BOT. PHAN.) Genre nouveau créé par M. Viguier, auteur d'une dissertation sur les Papavéracées; il se compose de quelques plantes de cette famille, et forme le passage des Pavots aux Argémones. De Candolle, qui l'a adopté dans sa Flore française et dans son *Systema veget.*, lui assigne pour caractères distinctifs: un ovaire ovoïde, surmonté d'un style court, persistant, se tordant après l'anthère; quatre à six stigmates, disposés en rayons, persistans, convexes, libres, jamais sessiles; une capsule uniloculaire, à quatre ou six valves, déhiscente par le sommet.

Le *Papaver cambricum* de Linné est le type du genre de M. Viguier, *Meconopsis cambrica*. Cette plante, que l'on trouve dans les lieux ombragés et humides de l'Amérique méridionale ainsi qu'en Sibérie, se reconnaît à ses fleurs d'un jaune soufre très-fugace; elles sont au nombre de deux ou trois seulement, et portées sur de longs pédoncules. La tige dépasse à peine dix à douze pouces; ses feuilles sont lobées, dentées, incisées, et glauques en dessous.

Deux Papavéracées de l'Amérique septentrionale, dont l'une est le *Chelidonium diphyllum* de Michaux, considérées par Nuttall comme un genre distinct qu'il nommait *Stylophorum*, ont été réunies par M. De Candolle au *Meconopsis*; elles y forment une seconde section caractérisée par ses capsules à valves couvertes de pointes; la première a ses valves lisses. (L.)

MÉDECINE HUMAINE. (PHYSIOL.) Cet article est le complément nécessaire de ce que nous avons dit aux mots HYGIÈNE et MALADIE. C'est une lacune qui est restée dans tous les autres Dictionnaires d'Histoire naturelle, mais que, plus que tout autre ouvrage, le Dictionnaire pittoresque devait éviter. L'objet principal de ses fondateurs ayant été de vulgariser les connaissances les plus agréables et en même temps les plus utiles et les plus fécondes, c'aurait été manquer à une semblable mission que de passer complétement sous silence ce qui regarde la Médecine humaine. Nos réflexions d'ailleurs auront plus d'un genre d'utilité. Ainsi il n'est pas impossible que, dans plus d'un château, dans plus d'une campagne où l'on a lu les précédens articles pour l'instruction et l'amusement de l'esprit, on consulte quelquefois celui-ci pour son utilité. Nous voulons, en effet, qu'on entende par *Médecine humaine* l'art de traiter les maladies dont l'homme est atteint. Cet art est le propre des médecins. Mais quel est le malade qui appelle de prime abord le médecin? N'arrive-t-il pas trop souvent qu'on veut attendre que le mal disparaisse de lui-même? et dans les campagnes n'est-il pas trop fréquent de voir passer un temps même assez long entre l'invasion de la maladie et l'arrivée du médecin? Enfin n'est-il pas vrai que, le médecin donnant son conseil à la hâte, le soin de traiter le malade est véritablement réservé à ceux qui restent auprès de lui? Par tous ces motifs il est patent qu'un article de Médecine humaine présentant un résumé des notions destinées à régler ce qui doit être fait dans les circonstances que nous venons d'énumérer, doit trouver sa place dans un recueil ayant pour objet l'étude de tous les êtres, et par conséquent l'homme, le premier des êtres de la création.

Considérations générales. Il y a une maxime d'Hippocrate qui dit que tous les hommes devraient apprendre la Médecine. *Omnes homines artem medicam nôsse oportet.* Hippocrate voulait dire par là qu'il y a dans la Médecine des choses que nul homme ne devrait ignorer. Si on pouvait dire cela du temps d'Hippocrate, à plus forte raison peut-on l'affirmer aujourd'hui.

La Médecine, en effet, ne consiste plus dans des recueils de formules ou des secrets de guérison; le nombre des gens instruits est infiniment supérieur à celui qui pouvait se rencontrer du temps d'Hippocrate; par conséquent les notions scientifiques peuvent être plus facilement comprises et propagées. Partant, il est facile de donner à tout homme de bon sens, et qui possède quelque instruction, une connaissance assez précise des principes généraux de la Médecine, pour qu'il puisse garantir ses proches et lui-même des effets de l'ignorance, et donner, dans certains cas, aux malheureux de bons conseils et d'utiles secours.

Aucune étude n'est plus libérale que la Médecine; il n'y a pas de science qui ouvre un champ plus vaste aux connaissances utiles, et qui offre une matière plus ample à l'esprit avide de savoir. Autrefois la Médecine faisait partie de la philosophie. *Primòque medendi scientia*, dit Celse, *sapientiæ pars habebatur, ut et morborum curatio et rerum naturæ contemplatio sub iisdem auctoribus nata sit.* Les recherches des premiers philosophes, en effet, se dirigèrent d'abord sur l'origine du monde, sur la grandeur et le mouvement des corps célestes, sur la nature de Dieu et de l'âme, sur la composition physique du corps auquel elle est intimement unie, et enfin sur l'étude des maladies qui ne sont que des modifications particulières du corps. Les premiers philosophes furent aussi les premiers médecins; et quand, de nos jours, les encyclopédistes ont voulu classer toutes les connaissances humaines, ils ont rangé la Médecine dans le domaine de la philosophie. Aujourd'hui, comme toujours, l'on fait étudier la philosophie aux jeunes gens, et l'on insiste principalement sur la logique et la métaphysique, c'est-à-dire sur la science de l'âme; mais ôtez à la métaphysique le secours de la révélation, et vous verrez s'il restera autre chose que de la scholastique, c'est-à-dire une science d'arguties et de mots, la plupart vides de sens; car les travaux de nos philosophes contemporains, de M. Royer-Collard et de ses disciples, n'ont rien changé à cette nature des choses. Il faudrait faire un peu moins de scholastique, et appliquer davantage l'esprit de la jeunesse à l'observation : là seulement est le progrès, là se trouve la vraie utilité.

C'est pour donner à l'observation toute l'importance qu'elle doit avoir, qu'Hippocrate fit tous ses efforts pour séparer la Médecine de la philosophie; il avait reconnu de bonne heure la supériorité des études pratiques sur les recherches de pure spéculation, et c'est l'oubli de ce principe qui fit qu'à la renaissance tant d'efforts intellectuels furent inutilement consommés au profit de la scholastique. Les nôtres aujourd'hui doivent tendre à redonner une nouvelle vie au principe d'Hippocrate : on sait les heureux résultats qu'il a produits toutes les fois que le génie l'a pris pour son point de départ. Le chancelier Bacon lui doit sa gloire, et les sciences physiques tous leurs progrès.

L'ignorance complète où l'on est de la physiologie est un très-grand mal pour la société; les jeunes gens les plus instruits sont ainsi privés toute leur vie de la connaissance de l'homme physique, connaissance qu'il leur importe le plus d'acquérir pour leur utilité propre et pour celle de leurs semblables. Que d'erreurs fatales à la santé seraient évitées si, par exemple, les principes de l'hygiène alimentaire et ceux de la physiologie de l'estomac étaient plus répandus, la même substance alimentaire pouvant être, selon les circonstances, une bonne nourriture, un remède et un poison (1)!

(1) L'idée dominante de ce paragraphe est positivement celle qui a présidé jusqu'à ce jour à la composition générale du *Dictionnaire pittoresque d'Histoire naturelle*, et, nous pouvons le dire maintenant, c'est aux efforts que nous avons faits avec nos collaborateurs pour nous renfermer dans le cercle qu'elle nous traçait, que notre œuvre a mérité un véritable succès. La physiologie, qui est la science de l'organisation de l'homme, ne peut être bien connue qu'avec le secours de l'étude des autres êtres de la création; en exposant, comme nous l'avons fait et comme nous continuerons de le faire, l'histoire naturelle toujours en vue de l'homme, nous aurons donc atteint notre véritable but, qui a toujours été, non de faire un livre de découvertes, mais de présenter la science au point où elle est arrivée aujourd'hui, et de faire ainsi un ouvrage neuf par la forme autant que par le fond, qui manquait véritablement à la génération actuelle, et qui, mis entre les mains des jeunes gens à leur sortie des colléges, leur fournira toujours, quelle que soit leur destination dans le monde, un véritable complément d'instruction. (*Note du Directeur.*)

Pour ce qui est de la Médecine proprement dite ou du traitement des maladies, il y a des connaissances qui devraient être enseignées à tout le monde : nous voulons parler des principes sur lesquels doit reposer le régime des malades, ce qu'en médecine on appelle la *diététique*; et certes rien n'est plus à la portée de toutes les intelligences que la connaissance de ces principes. Il n'est personne qui se refuse à reconnaître, par exemple, qu'un individu qui a la fièvre et qui a perdu l'appétit ne doit pas manger; or tous les principes du régime sont aussi simples que celui-là, et c'est faute de les connaître et de les savoir mettre en pratique qu'il y a tant de maladies aiguës suivies de si peu de guérisons.

Beaucoup de préceptes chirurgicaux ne sont eux-mêmes que de la diététique. La persistance des maux de jambes provient de la situation de cette partie relativement au reste du corps, et de l'opiniâtreté avec laquelle ceux qui en sont atteints s'obstinent à vouloir agir comme si leur membre n'était pas affecté. Le traitement principal, celui sans lequel tous les autres seraient illusoires, consiste à garder un repos absolu et à mettre le membre dans une position horizontale, afin que les liquides, embarrassés dans leur marche à travers les tissus du membre malade, aient plus de facilité à reprendre leur cours ordinaire et à rentrer dans la circulation générale. Le conseil du chirurgien, dans ce cas-là, n'est-il pas purement du régime, et tout le monde n'est-il pas dans le cas de le comprendre et de le donner avec discernement?

Qu'une blessure soit faite au bras ou à l'avant-bras, que le sang coule en abondance et par jets, celui qui connaîtra les principes de la circulation saura qu'en exerçant une compression au dessus de la plaie du côté du cœur, le fluide vital devra s'arrêter subitement, et, par cette simple pratique, il calmera l'effroi du blessé et des assistans, et retiendra, jusqu'à l'arrivée du médecin, une vie d'homme qui s'écoulait avec le sang. Tout cela, comme on le voit, peut être aussi facilement enseigné que mis en pratique.

Enfin, qu'une erreur fatale ou le crime aient compromis des jours précieux, qu'un poison ait été dissous dans un breuvage ou mêlé à des alimens, celui qui connaîtra le mode d'action des substances délétères pourra seul administrer à temps d'utiles secours : or cette connaissance encore est aussi facile à acquérir que celle de la diète dont nous parlions tout à l'heure.

Les considérations que nous venons d'émettre déterminent les limites dans lesquelles nous devons nous renfermer. Ces limites, d'ailleurs, ne sauraient nous empêcher de faire ressortir une observation qui a déjà été faite plus d'une fois. Lorsqu'on traite d'une plante quelconque, on n'oublie jamais de mentionner ses propriétés médicinales, quand elle en a ; où serait l'utilité de cette mention, si l'on ne trouvait nulle part dans le Dictionnaire pittoresque les indications nécessaires à une application régulière? La place de ces indications est évidemment dans cet article.

Il y a plusieurs manières de mettre à profit les vertus des plantes. La plus simple est celle qui consiste à leur faire céder ces vertus à l'eau et de faire par conséquent des boissons médicinales ; mais, avant d'exposer les principes qui doivent servir de base à la préparation de ces boissons, il est indispensable de dire un mot des systèmes en médecine ; ce préliminaire établi, nous renfermerons dans un tableau étroitement circonscrit toutes les substances qu'il nous semble utile d'avoir sous la main, à la campagne surtout, où, par les raisons que nous avons dites en commençant, on peut avoir l'occasion plus ou moins fréquente d'en faire usage.

Systèmes. Les progrès que l'art de guérir a faits dans ces derniers temps sont presque tous relatifs à l'anatomie et aux parties de la Médecine qui en dépendent.

La connaissance des causes intimes des maladies est restée dans le domaine des systèmes, c'est-à-dire qu'on n'a pas encore pu former de cette connaissance un corps de doctrines positives reposant sur des vérités incontestables, manifestes, reconnues de tous les praticiens.

Aujourd'hui nous avons au moins quatre systèmes, en sorte que tous les médecins qui obéissent à une conviction quelconque, peuvent être divisés en quatre classes bien distinctes, savoir : les *hippocratistes*, les *physiologistes*, les *contro-stimulistes* et les *homœopathes*.

Les *hippocratistes* forment la majorité ; ils ont pour principe d'observer la maladie, afin de bien apprécier les efforts que la nature tente pour amener la guérison ; ils n'en jugent jamais d'après des idées préconçues ; ils combattent directement la cause du mal quand elle est évidente, cherchant à la découvrir quand elle se cache ; si elle reste inconnue, ils se bornent à faire la Médecine du symptôme, qui, dans ce cas, est la seule possible. Enfin, quand la médication du symptôme lui-même présente de l'incertitude, ils restent dans une sage inaction, attendant avec prudence que la nature indique par quelque crise la voie par laquelle il est possible d'arriver à l'élimination de la cause morbifique.

Les *physiologistes* ont des prétentions à une plus grande simplicité. Dans leur système, presque toutes les maladies sont le résultat d'une irritation qui, le plus ordinairement, a son siége dans l'estomac, dans les intestins grêles ou dans le colon. La conséquence évidente d'une semblable manière de voir, c'est que le traitement, dans la plupart des cas, doit consister seulement dans l'emploi d'une classe de médicamens qu'on désigne sous le nom d'antiphlogistiques ou anti-inflammatoires. Délayer le sang ou bien en diminuer l'ardeur et la masse d'une manière générale ou locale, tel est, en effet, le principe de traitement le plus fréquemment appliqué par les médecins physiologistes.

Les *contro-stimulistes* reconnaissent aussi que l'irritation est la cause de toutes les maladies ; mais ils diffèrent des physiologistes en ce qu'ils rangent dans la classe des antiphlogistiques des substances médicamenteuses qui sont irritantes au plus haut degré, et qui, par conséquent, sembleraient devoir aggraver directement la maladie au lieu de la faire disparaître. Les médicamens de cette classe sont appelés contro-stimulans, parce que, disent les contro-stimulistes, ils sont contraires à l'irritation, ils ne guérissent pas en affaiblissant la cause du mal; ils neutralisent cette cause, et la font disparaître ou l'empêchent d'agir, à peu près, sans doute, comme le sucre anéantit l'amertume des liquides dans lesquels on le met en dissolution. C'est en vue d'obtenir une contre-stimulation énergique qu'ils administrent quelquefois à des doses considérables les médicamens les plus énergiques, lesquels, dans l'état de santé, agiraient sur l'individu comme de vrais poisons.

Les *homœopathes* partent d'un principe différent pour donner dans un excès directement contraire. Ils font peu d'attention à l'origine et aux causes efficientes de la maladie; ils étudient uniquement avec le plus grand soin le symptôme capital, caractéristique, et quand ils croient l'avoir bien reconnu, ils vont choisir dans leur arsenal pharmaceutique la substance qui, administrée dans l'état de santé, produirait les mêmes effets que la cause morbifique elle-même. Ils en donnent au malade la moindre quantité possible, des fractions de grain infiniment petites, des millionièmes de grain, par exemple; car leur opinion est que plus un médicament est divisé, plus son action est puissante et assurée. Ils s'imaginent et ils prétendent qu'à l'aide de ce moyen le malade est soumis à une maladie artificielle semblable, quant aux symptômes, à la maladie primitive, et ayant toujours pour effet de s'y substituer. Aussitôt que cette substitution a eu lieu, il suffit, pour amener une guérison complète, de faire disparaître la cause, c'est-à-dire de ne plus donner de médicament. On voit que le système des homœopathes est des plus innocens, et qu'il doit rarement présenter du danger dans la pratique.

Au reste, chaque système a son bon côté qu'il faut savoir distinguer pour ne pas en faire une application funeste; il y a de la vérité dans tous, plus ou moins; mais il n'en est aucun dans lequel il y ait toute la vérité, dans lequel il n'y ait rien que la vérité; c'est ce qui fait que l'éclectisme, véritable absurdité en philosophie, présente en Médecine des avantages incontestables, et que, jusqu'à la découverte d'une théorie qui soit la représentation exacte de la nature, il sera la règle de conduite la plus rationnelle des praticiens jaloux de se tenir au niveau des progrès de leur art.

Application. Ces considérations n'ont pas pour objet de faire ressortir les contradictions qui se rencontrent dans les théories médicales; nous devons en tirer une conclusion bien plus précieuse et bien autrement pratique. C'est que, s'il est vrai qu'on parvienne à guérir les mêmes maladies par des médications aussi complétement opposées, et quelquefois même par l'absence de toute médication, comme cela a lieu dans le système des homœopathes, il faut bien qu'il y ait dans chaque système des conditions de guérison communes à tous. Pour les maladies aiguës, ces conditions, signalées depuis long-temps, sont: 1° la force médicatrice de la nature, ce qu'Hippocrate appelait ἐνόρμων; 2° la diète. Tous les médecins, quel que soit le système qu'ils aient embrassé, connaissent l'importance de ces conditions et en savent faire une application judicieuse, et c'est là, de l'aveu de tout le monde, le fondement des plus nombreux succès.

Voici, relativement à la diète, ce qu'a écrit un des médecins de nos jours, qui fait autorité dans la science des médicamens.

« Combien de fois, dit M. Barbier d'Amiens, n'a-t-on pas dû à cette médecine négative (la diététique) des succès que l'on a attribués à d'autres causes? Un individu suit un régime excitant; il prend des mets épicés; il boit du vin, du café, des liqueurs alcooliques, etc.; on lui conseille des jus d'herbes, des eaux minérales, etc.; mais on établit, comme première condition, que le malade renoncera à ses habitudes, qu'il adoptera un régime doux, une nourriture sans âcreté : bientôt on obtient de l'amélioration dans les accidens morbifiques; on en rend grâces au médicament que l'on a prescrit, et on oublie ce que peut dans ce cas l'absence des causes nuisibles auxquelles on a soustrait le corps malade. Cependant tous les jours les alimens qu'il recevait remplissaient la masse sanguine de molécules stimulantes; leur impression sur les tissus vivans entretenait une irritabilité excessive et une sorte d'état fébrile habituel. Peut-on calculer le bien qui doit suivre l'anéantissement de cette seule cause? » (Dictionnaire des Sciences médicales, article *Diététique.*)

Il nous serait facile de trouver dans les écrits des médecins les plus renommés des passages encore plus explicites tendant à accorder à la diète la part la plus importante dans la guérison des maladies. Nous citerons ce mot d'un praticien illustre de l'école de Montpellier : arrivé à la fin de sa longue carrière après avoir exercé la médecine avec un grand succès, il fit approcher de son lit celui de ses confrères auquel il avait donné sa confiance dans sa dernière maladie, et lui dit avec un sentiment de conviction profonde : Je laisse après moi deux grands médecins : *la diète et l'eau.* Nous citerons aussi ces deux vers de l'école de Salerne :

Si tibi deficiant medici, medici tibi fiant
Hæc tria : mens hilaris, requies moderata, diæta.

Ce qui veut dire qu'avec le contentement d'esprit, un repos modéré et la diète, on peut se passer de médecin.

Médicamens nécessaires. Malgré une grande diversité d'opinions touchant les vertus spéciales des médicamens, les maîtres de l'art n'accordent qu'à un très-petit nombre une action immédiate sur nos organes. M. Mérat a très-bien résumé cette unanimité d'opinions, quand il a dit, en parlant de la Médecine des pauvres : « Je pense qu'avec de l'eau miellée, de l'oxycrat, de l'émétique, des têtes de pavot, quelques amers indigènes, quelques purgatifs également indigènes, et le quinquina, on peut faire toute la médecine des pauvres. On ferait également celle des riches; mais quel médecin aurait le courage de se hasarder à cette indigence médicamenteuse, ou quelle foi robuste ne supposerait-elle pas dans le malade qui s'y soumettrait? »

L'énumération que fait M. Mérat est incomplète, à la vérité; mais à l'exception des moyens externes, qui ont pour objet les révulsions et les évacuations sanguines, nous ne voyons pas ce qu'on pourrait y ajouter en fait de médicamens d'une nécessité indispensable.

Mais, dit-on peut-être, s'il en est ainsi, où donc est l'utilité de ces officines si riches en préparations médicamenteuses, de ces pharmacies où se pressent, dans un ordre scientifique si admirable, d'innombrables bocaux pleins de substances diverses, venues de tous les pays du monde, cueillies avec le plus grand soin, et préparées avec tant d'art et de véritable talent? A quoi bon, ditesvous?.... Notre réponse est dans les paroles de M. Mérat que nous venons de citer. Les princes ne sont-ils pas dans l'usage de se revêtir d'or et de soie, tandis que les paysans couvrent leurs épaules de bure? Mais s'il s'agit de garantir le corps de l'inclémence du ciel, les vêtemens précieux des premiers sont-ils plus puissans que les habits grossiers du second?

Les découvertes de la chimie ont élevé le pharmacien de nos jours au rang des savans les plus utiles à la société. Aujourd'hui, rien ne justifierait à leur égard les plaisanteries de Molière, ni les sarcasmes de Guy-Patin, qui, comme on sait, définissait l'apothicaire, *animal fourbissimum, faciens benè partes et lucrans mirabiliter.* Bien loin d'enfler leurs mémoires et de gagner gros, les pharmaciens de notre époque délivrent tous les jours, sur nos ordonnances, aux malheureux qui leur sont adressés, les médicamens les plus coûteux, comme les drogues les plus simples, sans autre profit que la satisfaction qu'ils éprouvent de coopérer à une bonne action.

Les pharmacies sont pour le médecin comme un arsenal où se trouvent à sa disposition, toujours fraîchement aiguisées, des armes de toute espèce pour combattre toute sorte de maladies, sous quelque forme qu'elles puissent se présenter. Mais ces armes sont à l'usage du médecin seulement, et le premier venu ne saurait les manier sans témérité.

Pharmacie domestique. Cela posé, essayons maintenant de déterminer quelles substances médicamenteuses peuvent devenir utiles à tout le monde en l'absence des secours d'un homme de l'art, et indiquons-en l'emploi le plus simple et le plus efficace.

Nous diviserons cette petite pharmacie en deux parties. Dans la première, nous mettrons les médicamens qui s'emploient seulement à l'extérieur; la seconde comprendra les médicamens internes.

MÉDICATIONS EXTERNES.

DÉNOMINATION DU MÉDICAMENT.	PRINCIPAUX USAGES.
Farine de moutarde.	A la dose de quatre onces dans un bain de pieds. En cataplasmes, auxquels on a donné le nom de sinapismes.
Sparadrap agglutinatif.	On le coupe en bandelettes, et l'on s'en sert pour maintenir en contact les bords des coupures et de toutes les plaies dans lesquelles il n'y a pas eu trop grande perte de substance. Il est encore en usage pour accélérer la guérison des ulcères.
Farine de lin.	S'emploie en cataplasmes toutes les fois que dans quelque endroit du corps il se développe à la fois *chaleur, rougeur, tumeur et douleur*, c'est-à-dire de l'inflammation. Ces cataplasmes s'appliquent aussi sur la poitrine, dans les rhumes; sur le ventre, dans les coliques, etc. Leurs usages sont infinis.
Cérat.	Sert pour le pansement de toutes les plaies, brûlures, etc.
Sangsues.	Les grises sont préférables à toutes les autres; il ne faut pas se servir des noires. On estime en général que trente sangsues moyennes tirent une livre de sang. Les applications de sangsues conviennent dans tous les cas où il devient nécessaire de faire une saignée locale.
Têtes de pavots, morelle.	La décoction d'une ou deux têtes de pavots, ainsi que celle de feuilles de morelle, convient pour la préparation des cataplasmes de farine de lin, lorsqu'ils doivent servir à calmer une douleur très-violente. La tête de pavot et la feuille de morelle sont de puissans calmans.
Extrait de saturne et eau-de-vie camphrée.	Résolutifs; une cuillerée de chaque dans un verre d'eau forme l'*eau blanche;* l'extrait de saturne mêlé au cérat forme le cérat de saturne; ces deux préparations s'emploient avec avantage dans le traitement des brûlures. L'eau blanche consolide la guérison des entorses, et dissipe tous les gonflemens qui sont la suite des inflammations des parties externes du corps.
Ammoniaque liquide (alcali volatil).	On le fait respirer doucement aux personnes évanouies. Il sert aussi à produire sur la peau une vive rubéfaction, et on l'emploie pour neutraliser les effets des piqûres des insectes venimeux.
Ether sulfurique.	On le fait respirer aux personnes évanouies, ou on en frotte les tempes et le front dans certains maux de tête.
Onguent citrin.	Il sert à combattre la gale. On s'en frotte les parties qui sont le siége du mal.
Poudre de cévadille, de staphysaigre.	On en saupoudre légèrement la tête pour faire mourir les insectes parasites.
Charbon animal, chlorure de chaux sec ou liquide.	Pour faire disparaître les mauvaises odeurs et les symptômes de putridité.

MÉDICATIONS INTERNES.

DÉNOMINATION.	DOSES.	MODE DE PRÉPARATION ET PRINCIPAUX USAGES.
		ÉVACUANS VOMITIFS.
Émétique.	De 1 à 2 grains.	Deux grains pour un adulte, dissous dans trois verrées d'eau, font vomir. Un grain dans une pinte d'eau, en lavage, purge.
Ipécacuanha.	De 15 à 24 grains. . . .	Se donne en poudre délayée dans quelques cuillerées d'eau.
		ÉVACUANS PURGATIFS.
Huile de ricin	De 1 à 1 once 1/2. . . .	Dans une tasse de bouillon aux herbes chaud.
Sel d'epsom	De 1 à 1 once 1/2. . . .	Dissous dans un verre d'eau bouillante.
Jalap.	1/2 à 1 gros.	En poudre délayée dans un verre d'eau (à prendre en une fois).
		VERMIFUGES.
Sommités d'absinthe.	1/2 à 1 once.	En infusion dans quatre onces d'eau bouillante.
— de tanaisie.	*Id.*	Se prépare de même, mais se donne plus particulièrement en lavement.
Racine de fougère.	1 à 2 onces.	En décoction dans une pinte d'eau.
Écorce de racine de grenadier.	*Id.*	Se prépare de même et se prend par verrée, de demi-heure en demi-heure, pour combattre le ver solitaire.
		DIURÉTIQUES. (Ces médicamens s'emploient pour favoriser la sécrétion des urines.)
Sel de nitre	15 à 18 grains.	Dans une pinte d'eau ou de tisane faite avec les racines diurétiques.
Racines de chiendent	1/2 once.	En décoction dans une pinte d'eau.
5 racines: d'asperge.	*Id.*	*Id.*
de persil.		
de fenouil.		
de petit houx.		
d'ache.		
Racines de fraisier.	*Id.*	*Id.*
Feuilles de pariétaire.	. . . .	En infusion prolongée ou une légère décoction dans une pinte d'eau, pour tisane, dont on prend quatre ou cinq verrées dans une journée.
— de bourrache.	. . . .	
— d'arbousier.	. . . .	
		PECTORAUX OU BÉCHIQUES.
Fleurs de violette	1 à 2 gros.	En infusion dans une pinte d'eau.
4 fleurs: de mauve.	*Id.*	
de bouillon blanc. . . .		
de tussilage.		
de coquelicot.		
Feuilles de lierre terrestre. . .	*Id.*	
Racine de guimauve.	4 gros.	
— de réglisse.	*Id.*	
Gruau d'avoine.	1 once	Décoction dans une pinte d'eau.
Gomme arabique.	*Id.*	Solution dans une pinte d'eau.

On sucre ces boissons et on prend par petites tasses dans toutes les affections de poitrine.

DÉNOMINATION.	DOSES.	MODE DE PRÉPARATION ET PRINCIPAUX USAGES.
		ANTISPASMODIQUES. — NARCOTIQUES.
Laudanum liquide de Sydenham (vin d'opium composé).	6 à 8 gouttes.	Dans quatre onces d'eau sucrée, à prendre par cuillerée, d'heure en heure. Appelle le sommeil.
Têtes de pavots	1 de moyenne grosseur.	En décoction dans un verre d'eau. Se donne en lavement dans les coliques et dans les diarrhées.
Laitue.	Une.	En décoction dans une pinte d'eau.
Thridace (extrait de laitue). .	De 2 à 6 grains.	En pillules. Excellent calmant quand il réussit, ne présente aucun des inconvéniens des préparations d'opium.
		ANTISPASMODIQUES. — STIMULANS.
Éther sulfurique.	12 à 24 gouttes.	Dans quatre onces d'eau sucrée, à prendre par cuillerée, d'heure en heure, pour calmer l'agitation des nerfs, les spasmes, les convulsions.
Racine de valériane	1 à 2 gros.	En infusion dans une pinte d'eau, dans certaines maladies nerveuses particulières aux personnes du sexe, et dans l'épilepsie.
Assa fœtida.	24 grains.	En pilules, à prendre en douze heures.
Fleurs de tilleul et feuilles d'oranger.	1 à 2 gros.	En infusion dans une pinte d'eau, calment les irritations nerveuses.
Eau de fleurs d'oranger. . . .	De 1 à 4 gros.	Dans un verre d'eau sucrée. Même cas.

MEDICATIONS INTERNES.

DÉNOMINATION.	DOSES.	MODE DE PRÉPARATION ET PRINCIPAUX USAGES.
	FÉBRIFUGES. (Ne doivent être mis en usage que dans les fièvres réglées qui laissent des intervalles de santé apparente.)	
Sulfate de quinine.	9 à 12 grains.	A prendre dans une cuillerée d'eau ou en pilules dans les fièvres intermittentes, immédiatement après l'accès.
Quinquina.	3 à 4 gros.	En poudre délayée dans un demi-verre d'eau, ou, seulement concassé, en décoction dans une pinte d'eau, s'administre dans les mêmes cas que le sulfate de quinine.
Écorce de saule blanc.	4 gros à 1 once.	En décoction dans une livre d'eau, se donne par verrée, d'heure en heure.
Sommités de petite centaurée.	4 gros.	En infusion dans une pinte d'eau. Se prend par petites tasses, d'heure en heure.
—— de germandrée.	*Id.*	
Feuilles de houx.	*Id.*	Comme l'écorce de saule.
	TONIQUES ET STOMACHIQUES.	
Eaux ferrugineuses de Vichy, de Spa, de Bourbon-l'Archambault.	3 ou 4 verrées.	Pures ou coupées avec du vin ou d'autres liquides toniques, très-avantageuses dans les digestions pénibles, les affections vermineuses, quelques hydropisies, dans la jaunisse.
Boules de Nancy.	1 de 1/2 once.	En dissolution dans une pinte d'eau.
Sommités de petite sauge.	1 à 2 gros.	En infusion dans une pinte d'eau. On sucre légèrement et l'on prend par petites tasses dans les défaillances, et ce qu'on appelle vulgairement des faiblesses d'estomac.
—— de menthe.	*Id.*	
—— de mélisse.	*Id.*	
Fleurs de camomille.	*Id.*	
Rhubarbe.	*Id.*	Infusée dans une livre d'eau, une tasse d'heure en heure, légèrement laxative.
Gentiane.	*Id.*	Se prépare et se prend de même.
	ANTISCORBUTIQUES ET DÉPURATIFS.	
Feuilles fraîches de cochléaria.	1 once.	En macération pendant huit jours dans une pinte de vin blanc, forment le vin antiscorbutique, qui s'administre à la dose d'un petit verre chaque matin dans le scorbut, les écrouelles, les dartres et toutes les maladies de la peau.
— de cresson de fontaine.	*Id.*	
— de trèfle d'eau.	*Id.*	
Racine de raifort sauvage.	*Id.*	
Graine de moutarde noire.	*Id.*	
Sommités de houblon.	1/2 once.	En infusion prolongée ou légère décoction dans une pinte d'eau; s'administre dans les cas énoncés ci-dessus, à la dose de cinq à six tasses par jour.
Feuilles de scabieuse des bois.	*Id.*	
— de fumeterre.	*Id.*	
— de pensée sauvage.	*Id.*	
Racine de bardane.	*Id.*	En décoction dans une pinte d'eau; même usage que ci-dessus.
— de patience.	*Id.*	
Tige de douce-amère.	*Id.*	
	ANTIPHLOGISTIQUES, RAFRAICHISSANS, DÉLAYANS.	
Orge mondé.	1 once	En décoction dans une pinte d'eau.
Graine de lin.	2 gros.	En infusion dans une pinte d'eau.
Racine de guimauve.	1/2 once.	*Id.*
Fleurs de mauve.	2 gros.	*Id.*
Miel blanc.	2 onces.	En solution dans une pinte d'eau bouillante. (Ces préparations doivent former la boisson exclusive des personnes atteintes d'une maladie inflammatoire quelle qu'elle soit.
Suc de citron.	En limonade.	.... Rafraîchissans très-utiles dans toutes les maladies où la chaleur de la peau et la violence du pouls prédominent. Calment les vomissemens nerveux.
— d'orange.	En orangeade.	
Vinaigre.	Mêlé à l'eau.	Forme l'oxycrat.
	— avec du miel.	Forme l'oxymel.

Nous avons à dessein négligé dans cette nomenclature quelques classes de médicamens qui ne peuvent être mis en usage que sur l'avis d'un médecin : tels sont principalement les spécifiques. A l'aide des substances que nous avons indiquées on peut dans tous les cas, et pour quelque maladie que ce soit, donner des secours utiles en attendant l'arrivée du médecin et même pendant son absence prolongée.

Boissons médicinales. Principes qui doivent présider à leur préparation. Beaucoup de maladies cèdent à l'emploi convenablement dirigé des boissons médicinales, aidées seulement du régime. Il importe donc au plus haut degré de savoir bien préparer ces dernières, et c'est un point qu'on obtiendra facilement pour peu qu'on se pénètre des principes que nous allons exposer. Nous ne parlerons que des tisanes.

La tisane est un médicament liquide dont l'eau est le véhicule, et qui sert de boisson habituelle au malade.

Elle est ordinairement le résultat de l'infusion,

de la décoction ou de la macération d'une ou de plusieurs plantes. En général, on doit la préparer avec un petit nombre de substances prises en petite quantité; plus une tisane est simple, plus l'effet qu'on attend de la substance qui entre dans sa préparation est certain.

Les fleurs, les feuilles, les tiges, les semences, les écorces, les racines, en un mot toutes les parties des plantes peuvent être employées en tisane. Les sucs de citrons, d'oranges, de groseilles, de cerises, d'épine-vinette, le vinaigre, etc., convenablement étendus d'eau, forment des boissons plus ou moins rafraîchissantes mises au rang des tisanes, mais que l'on désigne le plus souvent sous le nom de limonade, orangeade, eau de groseilles, de cerises, etc. Enfin la chair de quelques animaux, comme le veau, le poulet, les grenouilles, les colimaçons, etc., bouillie dans une grande quantité d'eau, donne aussi une tisane qui joint aux propriétés médicamenteuses des propriétés nourrissantes; mais c'est sous le nom de bouillons que l'on connaît généralement ces dernières. Les simples solutions de gomme arabique et de sucre, et le petit-lait, doivent encore être ajoutées à cette nomenclature comme servant de boisson médicamenteuse d'un usage très-fréquent et très-salutaire,

Les médecins divisent les tisanes, d'après leurs propriétés, en cinq séries : la première et la plus nombreuse comprend les boissons *délayantes* ou *rafraîchissantes*, ainsi nommées parce qu'en augmentant la partie aqueuse du sang, elles le délaient et calment son ardeur. Elles constituent quelquefois à elles seules la médication antiphlogistique ou anti-inflammatoire. Les boissons délayantes s'emploient communément, et toujours sans danger, pour calmer les premiers symptômes d'un dérangement de santé qui se manifeste par la soif, par une chaleur intérieure, par le dégoût et la fièvre, ainsi que pour seconder le traitement des inflammations de la poitrine, de l'estomac, des intestins, etc.

Cette série se compose des infusions de fleurs de violette, de mauve, de guimauve, de tussilage, de coquelicot, tantôt séparées, tantôt réunies sous le nom de *fleurs béchiques* ou *quatre-fleurs*, des feuilles douées d'une légère amertume, comme la chicorée, le pissenlit, des racines de guimauve, de réglisse, de graine de lin, des décoctions d'orge, de chiendent, des solutions de gomme, d'amidon, enfin du petit-lait et des bouillons de veau, de poulet et de colimaçons.

La seconde série comprend les boissons dites *acidules* et *astringentes*. Ce sont les décoctions de bistorte, de tormentille; les solutions de cachou, de gomme kino; les sucs acides des végétaux, tels que citrons, oranges, groseilles, épine-vinette, oseille, etc.; le vin, le vinaigre, et même quelques acides minéraux, comme les acides sulfurique, muriatique, etc., étendus d'une quantité suffisante d'eau. Elles servent à combattre les fièvres bilieuses, les hémorrhagies, les écoulemens muqueux; à modérer les sueurs trop abondantes; à arrêter la diarrhée, la dysenterie, etc. Il faut éviter de les donner lorsqu'il existe quelque irritation de la gorge ou des voies aériennes, parce que, chez quelques personnes, elles déterminent la toux et peuvent ainsi augmenter l'inflammation mécaniquement.

Dans une troisième série, on trouve les tisanes *sudorifiques*, qui sont les infusions de fleurs de sureau, de feuilles et fleurs de bourrache, les feuilles de sauge, les semences d'anis, de fenouil, de carotte, etc.; les décoctions de racine de bardane, de patience, de tige de douce-amère, et des bois et racines exotiques, tels que le gaïac, la squine, la salsepareille, le sassafras, dont la réunion forme ce qu'on appelle *bois sudorifiques*. Elles conviennent dans tous les cas où il faut exciter la chaleur de la peau et y amener la transpiration ou *diaphorèse* (d'où vient le nom de diaphorétiques, qu'on applique à toutes les tisanes qui font transpirer).

Les tisanes *antispasmodiques*, ou contre les excitations nerveuses, forment une quatrième série qui comprend les infusions de fleurs de tilleul, de fleurs et feuilles d'oranger, de feuilles de mélisse et de menthe, de racines de valériane et de toutes les plantes aromatiques pourvues de principes huileux actifs. Cependant il faut observer que ces boissons ne conviennent point dans les maladies nerveuses qui seraient compliquées de symptômes inflammatoires; dans ce cas, les tisanes de la première série sont les seules à administrer.

La cinquième série se compose des boissons *toniques* et excitantes, que les médecins recommandent dans les relâchemens des tissus, les pâles couleurs, les hydropisies, les paralysies, et dans toutes les maladies de la vieillesse. Les infusions de camomille, de petite centaurée, d'armoise, de rhue; les décoctions de quinquina, de racine de gentiane; le vin mêlé à quelques aromates, font partie de cette catégorie.

A ces séries il convient d'en ajouter deux autres : les diurétiques, qui facilitent ou augmentent la sécrétion des urines, et qui se composent des décoctions de racines de fraisier, d'ache, d'asperge, de petit houx, de fenouil, de persil; des infusions de feuilles de pariétaire, etc.; enfin les *vermifuges*, qui comprennent les infusions de tanaisie, d'absinthe, de mousse de mer, des fleurs non développées de l'absinthe de Judée, dites *semen contrà*, *barbotine* ou *sementine*; les décoctions de racine de fougère et d'écorce de racine de grenadier.

On voit que ces divisions sont nombreuses; on pourrait encore allonger la classification en tenant compte des variétés que la nature a mises dans les propriétés particulières des plantes que nous avons fait entrer dans ce cadre. Les anciens n'avaient qu'une tisane qu'ils appliquaient à toutes les maladies indistinctement; c'était une décoction d'orge germé, à laquelle ils ajoutaient du vinaigre, de l'huile, du sel, du poivre, du miel et divers aromates. Un semblable mélange réunissait les propriétés les plus contradictoires. Nous nous ferions difficilement aujourd'hui à l'idée d'une tisane composée de tous ces ingrédiens; mais les médecins modernes, tombant peut-être dans un excès contraire, pensent atteindre le même but en administrant la tisane d'orge, de chiendent et de réglisse, qui est la boisson commune dans les hôpitaux. Cette dernière a du moins sur l'autre l'avantage de l'innocuité lorsqu'elle a été bien préparée.

La tisane formant la boisson ordinaire d'un malade, il importe qu'elle ne soit pas trop désagréable au goût.

Il y a trois manières d'extraire d'une substance médicamenteuse son principe actif pour l'administrer en boisson : l'*infusion*, la *macération* et la *décoction*.

L'*infusion* se pratique en versant de l'eau bouillante sur le médicament. Elle est complète quand la température du liquide est descendue jusqu'à celle de l'air ambiant. Les fleurs, les feuilles et les sommités de toutes les plantes aromatiques doivent être administrées en infusion. Les racines de guimauve, de consoude, d'aunée, de valériane, les bois de réglisse, de sassafras, qu'on est dans l'habitude de faire bouillir, doivent être traités de la même manière. L'ébullition prolongée de ces substances dissout une matière grasse et un principe âcre qui rendent la boisson qui en résulte plus nuisible qu'efficace, et en outre elle fait évaporer le principe aromatique, qui le plus souvent doit être conservé.

La *macération* n'est qu'une infusion à froid; mais il faut que le contact du liquide avec la substance en macération soit prolongé pour que l'extraction des principes actifs puisse avoir lieu; douze heures suffisent ordinairement pour cela, et afin de la rendre plus facile, on divise le médicament le plus possible. Lorsqu'on veut extraire d'une substance son principe mucilagineux seulement, on la soumet à la macération; mais il ne faut pas, comme on le pense bien, être pressé par le temps.

La décoction consiste à faire bouillir pendant un certain temps les substances que l'on veut employer. La durée de l'ébullition est relative à leur plus ou moins de ténacité. Elle doit s'opérer dans des vases clos et à un feu modéré. Tous les médicamens ligneux, beaucoup de racines, les tiges, les écorces, les feuilles coriaces et la chair des animaux se traitent par la décoction.

Lorsqu'on se propose de préparer une tisane par l'un ou l'autre de ces procédés, on s'assure que les substances à employer sont bien saines et privées de corps étrangers; on les divise; on les lave quelquefois à l'eau bouillante, comme l'orge, le riz, le chiendent, le lichen d'Islande, et on opère. Avant d'administrer la boisson au malade, on la passe à travers un linge serré ou une étoffe de laine, et on la sucre légèrement, soit avec du sucre, soit avec un sirop approprié.

Pour rendre ces préceptes plus sensibles, nous allons décrire la préparation de quelques tisanes par les divers procédés que nous venons de faire connaître.

Macération. Prenez graine de lin deux gros, ou plein une cuiller à bouche; lavez dans un peu d'eau; égouttez, puis laissez macérer pendant douze heures dans un litre d'eau, en remuant de temps en temps; passez à travers un linge, et sucrez avec sirop d'orgeat deux onces. Cette boisson s'emploie avec beaucoup de succès dans les irritations des voies urinaires et dans toute espèce de mal de reins.

Infusion. Prenez feuilles de mélisse une pincée, ou fleurs de tilleul deux pincées; placez dans un vase de faïence ou de porcelaine; versez sur ces substances une livre d'eau bouillante; laissez refroidir; passez à travers un linge et sucrez avec quantité suffisante de sirop de capillaire. Cette infusion est conseillée dans tous les légers dérangemens de santé qui sont la suite d'émotions trop vives.

Décoction. Prenez quinquina jaune cassé très menu, une once; faites bouillir dans un litre d'eau pendant un quart d'heure; passez à travers une étoffe de laine; sucrez avec sirop d'écorce d'orange, deux onces. Tisane excellente pour couper les fièvres intermittentes simples.

Décoction et infusion réunies. Prenez racines d'asperge et de petit houx bien nettoyées et coupées menu, de chaque demi-once; faites bouillir dans un litre d'eau pendant un quart d'heure; ajoutez racines d'ache et de fenouil également bien divisées, de chaque demi-once; retirez du feu, laissez refroidir; passez, et ajoutez : sirop simple ou sucre, deux onces; sel de nitre, dix grains. Cette tisane augmente la sécrétion des urines et convient dans toutes les hydropisies.

Tisane préparée avec un suc de fruit. Prenez le suc d'un citron passé à travers un linge pour en séparer les pepins; mettez-le dans un litre d'eau légèrement sucrée; ajoutez quelques fragmens de zeste du citron pour aromatiser; mais gardez-vous de jeter de l'eau bouillante sur des tranches de citron, comme on fait ordinairement sous prétexte de faire une limonade cuite; contentez-vous de faire tiédir l'eau, si le malade ne doit pas boire froid. L'eau bouillante donnerait une infusion dans laquelle se trouveraient les principes amers et âcres qui sont contenus dans l'écorce et dans la partie blanche du citron, et ne favoriserait en rien l'extraction du suc acide qui est recherché dans cette préparation.

Solution de gomme. Prenez gomme arabique en poudre une once; mettez dans un bol, et délayez avec une cuiller en ajoutant peu à peu un verre environ d'eau froide; ajoutez cette solution à un litre d'eau sucrée et légèrement aromatisée, ou à une infusion quelconque déjà préparée.

La solution d'amidon se traite de même, mais on emploie de l'eau bouillante au lieu d'eau froide. Cette solution peut suppléer, au besoin, à la solution de gomme, aux tisanes d'orge, de riz, de guimauve, etc.

Les tisanes, ainsi préparées, ne répugnent point aux malades, et le médecin peut toujours compter sur leur effet.

A quelle température les tisanes doivent-elles

être administrées, et quelle est la quantité qu'un malade peut en prendre?

Les tisanes acidules, astringentes, les toniques excitantes et quelques unes des autres séries que nous avons mentionnées, doivent être prises à la température ordinaire, celle de la chambre du malade, quand le médecin n'en ordonne pas autrement; car il y a des cas où elles doivent être glacées. Les tisanes adoucissantes, humectantes, produisent mieux leur effet lorsque la température en est élevée de 20 à 25 degrés, et qu'elle se trouve ainsi au niveau de la chaleur du malade.

Enfin les tisanes sudorifiques, dont les propriétés dépendent en partie de la température à laquelle elles sont administrées, doivent être prises aussi chaudes que le malade peut les supporter.

La quantité de tisane qu'un malade doit prendre est subordonnée à son état; en général, il n'y a aucun inconvénient à le laisser boire selon sa soif; mais on doit tenir à ce qu'il en prenne au moins un litre dans les vingt-quatre heures.

Conclusion. Nous terminerons cet article par une considération pratique assez générale pour trouver son application dans le plus grand nombre des cas. La plupart des maladies de l'enfance, de la jeunesse et de l'âge mûr, étant des maladies inflammatoires, c'est à la classe des antiphlogistiques, délayans ou rafraichissans, qu'il faut recourir à la plus légère indisposition d'un enfant, d'un adolescent ou d'un homme fait, et l'on doit choisir la substance qui flattera le plus le goût du malade; car on doit, autant que possible, éviter d'exciter sa répugnance et d'ajouter aux douleurs qu'il éprouve le dégoût des moyens qu'on veut employer pour le soulager. A la tisane il faut toujours joindre pendant plusieurs jours une plus ou moins grande privation d'alimens. *Voyez*, pour le complément de cet article, les mots PATHOLOGIE, PURGATIFS, RAFRAICHISSANS, STIMULANS, NARCOTIQUES, RÉVULSIFS, SANG, etc. (G. GRIMAUD de Caux.)

MÉDIASTIN. (ANAT.) On désigne sous ce nom en anatomie une cloison membraneuse résultant de l'adossement des deux plèvres qui, dans l'homme, s'étend de la face postérieure du sternum à la partie antérieure de la colonne vertébrale, et qui divise la poitrine en deux parties latérales, l'une droite, l'autre gauche (*voy.* au mot MEMBRANES, le paragraphe PLÈVRE). En botanique on donne aussi le nom de Médiastin à une cloison transversale fort mince qui, dans les Crucifères, sépare la silique ou la silicule en deux parties, et sur les deux faces de laquelle demeurent alternativement attachées les semences, quand les deux valves ont été séparées l'une de l'autre. (A. D.)

MÉDICINIER, *Jatropha.* (BOT. PHAN.) Toutes les espèces de ce genre de la Monoécie monadelphie et de la famille des Euphorbiacées, sont exotiques à l'Europe; elles croissent pour la plupart dans l'Inde et dans les climats chauds de l'hémisphère américain; on en compte à peu près vingt-cinq, au nombre desquelles est le Manioc, dont nous avons parlé plus haut, pag. 22 et 23. Ces plantes contiennent un suc propre, très-caustique et vénéneux, plus ou moins développé dans leurs racines tubéreuses, surtout dans celles de l'espèce dite MÉDICINIER BRULANT, *J. urens.* Ce suc se volatilise, quand on le soumet à l'action du feu; la cuisson en détruit tellement le principe, que la racine perd jusqu'à son âcreté et devient la base d'un aliment agréable, savoureux, très-sain et fort nourrissant.

Les Médiciniers ont reçu le nom qu'ils portent des propriétés plus que purgatives de leurs graines; on ne doit en faire usage que sous la garantie d'un praticien éclairé; car elles sont éminemment dangereuses, et la plus légère erreur peut coûter la vie. Les arbres, arbrisseaux, et plus rarement les plantes herbacées qui constituent ce genre sont tous remplis d'un suc lactescent; les feuilles des premiers, toutes les parties des dernières sont hérissées de poils raides qui causent une démangeaison brûlante dont la longue persistance est fatigante. Leurs fleurs, disposées en cime au sommet d'un long pédoncule opposé aux feuilles, flattent l'œil par des couleurs vives et un très-bel ensemble; elles sont de deux sortes, les unes mâles et les autres femelles. Dans les fleurs mâles le calice monophylle est à cinq divisions pétaloïdes, entouré d'un calicule quinquéfide; on compte dix étamines monadelphes, dont cinq extérieures sont plus courtes ou distinctes, ou bien entourées de cinq glandes arrondies. Les fleurs femelles, mêlées en petit nombre parmi les mâles et placées dans les bifurcations de la cime, ont le calice partagé jusqu'à la base en cinq folioles lancéolées; l'ovaire est supère, ovale-arrondi, à trois sillons, surmonté de trois styles dont les six stigmates sont simples. Le fruit est une capsule arrondie, à trois coques, terminée par les styles persistans et contenant trois semences, une dans chaque coque, dont on retire une huile bonne à brûler.

Une des plus belles espèces, le MÉDICINIER ACUMINÉ, appelé par Andrew, qui l'a nommé le premier, *J. panduræfolia*, est originaire des îles de Cuba et de Haïti; ses fleurs, d'un rouge écarlate brillant, paraissent encore plus belles par le vert foncé des feuilles sur lesquelles elles se détachent avec beaucoup d'élégance. Aux Antilles, on désigne sous le nom vulgaire de Noisettes purgatives les fruits du PETIT MÉDICINIER, *J. multifida*, arbuste très-pittoresque, toujours vert: sa tige, grise et droite, devient bleue sous les jeunes pousses; ses feuilles, à neuf lobes pinnatifides d'un vert foncé, sont opposées à des petites cimes ombelliformes, d'un superbe écarlate, dont les fleurs s'épanouissent depuis le solstice d'été jusqu'à l'équinoxe d'automne. Le MÉDICINIER CATHARTIQUE, *J. curcas*, a le bois cassant et moelleux, les feuilles imitant celles du Cotonier, et ses bouquets de petites fleurs sont assez jolis. Ses graines portent vulgairement les noms impropres de Pignons d'Inde et de Noix des Barbades. Ses racines teignent en violet, et l'on fait avec ses tiges buissonneuses des palissades dans l'Inde, des haies aux Antilles.

(T. D. B.)

MEDITERRANÉE. (GÉOGR. PHYS.) Nom général des mers intérieures formées par l'Océan et communiquant avec lui; il s'applique spécialement à celle qui s'étend entre l'Europe, l'Asie et l'Afrique, et dont les rivages ont été le berceau et le foyer de la civilisation moderne.

La Méditerrannée est comprise à peu près entre les trentième et quarante-cinquième degrés de latitude septentrionale; sa longueur, de l'ouest à l'est, c'est-à-dire du détroit de Gibraltar aux côtes de la Syrie, est de plus de 900 lieues. Si nous la suivons depuis son point de jonction avec l'Atlantique (colonnes d'Hercule), nous avons à droite les côtes de l'empire de Maroc; à gauche, celles de l'Espagne; d'abord resserrée, elle s'ouvre ensuite vers le nord, et va baigner les côtes de France et celles d'Italie; puis, passant entre les pointes de Sicile et de Barbarie, elle s'étend au nord et au sud, forme d'un côté la mer Adriatique, de l'autre le golfe des Syrtes sur la rive africaine, trouve pour barrières l'Egypte et la Syrie, côtoie l'Anatolie, prend le nom d'Archipel entre cette province et la péninsule Hellénique, sépare l'Europe de l'Asie par un canal de largeur variable dit mer de Marmara; de là dessine une vaste enceinte sous le nom de mer Noire, et se termine enfin par un golfe marécageux appelé mer d'Azof.

Le bassin de la Méditerranée est donc contenu entre l'Atlas, les Pyrénées, et les chaînes qui, des Alpes, se dirigent vers les Turquies européenne et asiatique. Ces énormes barrières ont été ses limites primitives, lorsque ses eaux n'avaient pas encore éprouvé la diminution qu'atteste l'inspection des rives actuelles. En effet, celles-ci, souvent coupées à pic, souvent marquées d'excavations profondes, attestent en mille lieux que les vagues les ont battues à plus de deux cents pieds au dessus du niveau actuel; alors le détroit de Gibraltar n'existait pas, et les parties basses de l'Europe orientale laissaient probablement arriver les eaux de la Méditerranée jusqu'aux pentes qui précipitent le Volga dans la mer Caspienne.

Les principaux fleuves qui se rendent à la Méditerranée sont : l'Ebre en Espagne; le Rhône en France; le Tibre, le Pô, l'Adige, en Italie; la Maritza et le Vardar, en Romélie; le Danube, le Dniester et le Dniéper dans les provinces russes, avec le Don, qui tombe dans la mer d'Azof; enfin le Nil d'Egypte. Ses îles sont les Baléares, la Corse, la Sardaigne, la Sicile, Malte, Candie, Chypre, Rhodes, et les innombrables rochers de l'Archipel.

Un même aspect, une même nature caractérisent les côtes de la Méditerranée, en quelque point qu'on les observe; une même température y règne; sous son influence, des espèces semblables de plantes et d'animaux trouvent leur patrie sur les plages de la Provence ou de la Syrie, de la Sicile ou de l'Afrique. Ses eaux, très-abondantes en poissons, fournissent surtout le Thon, le Spadon, le Marsouin, des espèces très-variées de Labres, les Anchois; la Murène paraît leur être particulière. On n'y voit guère les grandes espèces de cetacés, ni même le Requin. Parmi les hydrophytes, ceux qui produisent le corail doivent être surtout cités, avec les Spongiaires, les Polypiers flexibles, les Acétabulaires, et ajoutons qu'excepté dans les détroits, on n'observe point dans la Méditerranée l'effet des marées; divers courans agissent en sens contraire, et entretiennent l'équilibre des eaux. *Voy.* l'article Mer. (L.)

MÉDIUS. (ANAT.) *Voy.* MAIN.

MÉDULLAIRE, *Medullaris.* (ANAT.) De *medulla*, moelle; qui a rapport à la Moelle.

Tissu Médullaire, synonyme de moelle.

Membrane Médullaire. Membrane qui enveloppe la moelle et qui revêt la cavité des os.

C'est à l'histoire des os que se rapporte l'histoire de la moelle et de la membrane Médullaire qui en revêt l'intérieur, comme le périoste en revêt la surface externe. *Voyez* l'article Os pour les détails. (A. D.)

MÉDUSAIRES. (ZOOPH. ACAL.) Ce nom a été employé par Lamarck pour désigner une famille d'animaux invertébrés, de la classe des Radiaires. Tous les Médusaires vivent dans la mer; ils sont transparens et n'ont pas plus de consistance que la gelée; leur formes sont élégantes et très-régulières, et leurs couleurs sont à la fois tendres, variées et brillantes. Ils ont un corps, ou ombrelle (car c'est ainsi qu'on le nomme), circulaire, plus ou moins convexe en dessus, plat ou concave en dessous; la bouche, toujours placée à la surface inférieure, est simple ou multiple, quelquefois sessile ou portée sur un pédoncule central, lequel est variable pour la longueur et le volume; de ce pédoncule se détachent des appendices qui ont reçu le nom de bras; enfin la circonférence de l'ombrelle est tantôt entière, tantôt divisée en filets plus ou moins longs qui ont reçu le nom de tentacules. Dans toutes les mers et sous toutes les latitudes on trouve des Médusaires, et, quoiqu'ils se tiennent ordinairement au large, il n'est pourtant pas rare d'en rencontrer sur les côtes. Très-variées et très-nombreuses, les espèces de cette famille, dans les parages où elles paraissent être confinées, ne se montrent pourtant pas en toute saison selon les climats; dans les pays chauds on en rencontre en tout temps; mais dans ceux qui sont froids et tempérés, elles ne paraissent que vers la fin du printemps et pendant l'été. Bien que quelques Médusaires atteignent une grandeur de quelques pieds, bien que dans quelques uns on ait distingué un ou plusieurs estomacs, des vaisseaux ramifiés, des cavités contenant de l'air et des ovaires, on peut cependant dire que leur anatomie reste encore à faire : on n'a guère de notions exactes que sur leurs formes extérieures. Cette ignorance de leur organisation est due à leur état gélatineux. A peine retirés de l'eau, ils se changent en un liquide transparent analogue à celui dans le milieu duquel ils vivent. Si l'on cherche alors à les analyser, on voit qu'ils sont constitués par une enveloppe membraneuse et un tissu celluleux rempli d'eau. D'après les observations microscopiques de Bory de Saint-Vincent, on constate aussi la présence de corpuscules hyalins : voici comment il s'exprime à ce sujet (Dict. class. d'Hist. nat., art. MATIÈRE) : « Si les naturalistes qui se sont tant occupés des Méduses, eussent descendu dans l'organisation intime de ces animaux, aidés du microscope, ils y eussent reconnu tout comme nous l'existence de corpuscules hyalins.»

Les Médusaires exécutent des mouvemens assez rapides et long-temps soutenus; ils nagent avec grâce en contractant et dilatant alternativement leur ombrelle. La plupart répandent une lueur phosphorescente dans l'obscurité; plusieurs produisent sur la main qui les touche une douleur brûlante et pongitive occasionée sans doute par une sécrétion particulière; aussi avaient-ils reçu des anciens le nom vulgaire d'Ortie de mer; on ignore leur mode de respiration et de génération. Ils se nourrissent de toutes sortes d'animaux marins; et ils se servent de leurs bras (du moins ceux qui en ont), pour saisir et retenir leur proie; leur digestion est très-rapide, et leur reproduction prodigieuse. Les variétés de formes des Médusaires, le grand nombre d'espèces qu'ils comportent, ont nécessité dans cette famille plusieurs divisions et l'établissement de plusieurs genres. Péron et Lesueur, dans leur travail sur les Méduses (Ann. du Mus. d'Hist. nat., t. 14), ont établi deux grandes divisions basées sur l'absence ou la présence de l'estomac: l'une comprend les Méduses agastriques, et l'autre les Méduses gastriques, subdivisées elles-mêmes, la première d'après l'absence ou la présence d'un pédoncule, l'absence ou la présence de tentacules; la seconde d'après la présence d'une ou de plusieurs bouches, l'absence ou la présence d'un pédoncule, de bras, etc. Lamarck, à l'imitation de Péron et Lesueur, a aussi divisé les Médusaires en deux groupes; d'un côté, il a mis les espèces à bouche unique, et de l'autre celles qui en présentent plusieurs; mais il a beaucoup réduit le nombre de genres formés par les deux naturalistes dont nous venons de parler, quoique ses subdvisions soient fondées à peu près sur les mêmes caractères, c'est-à-dire d'après l'absence ou la présence du pédoncule ou bien des tentacules. Dans la première division il établit les genres Eudore, Phorcynide, Carybdée, Equorée, Callirhoé, Orythie, Dianée; et dans la seconde les Ephyre, Obélie, Cassiopée, Aurellie, et Céphée. Cuvier, en rapportant la famille des Médusaires à ses Acalèphes libres, la divise en trois genres: celui des Méduses propres, distingué par une vraie bouche sous le milieu de la surface inférieure, soit simplement ouverte, soit prolongée en pédicule; celui des Cyanées, ou espèces à bouche centrale et à quatre cavités latérales; et enfin celui des Rhizostomes, comprenant les Médusaires qui ont quatre ovaires dans des cavités ouvertes comme les Cyanées et au milieu un pédicule plus ou moins ramifié suivant les espèces. Il admet en outre comme sous-genres une partie des genres de Péron, soit avec les caractères indiqués par Péron lui-même, soit avec les modifications admises par Lamarck, soit enfin en les considérant sous une autre acception. (Z. G.)

MÉDUSE, *Medusa*. (zooph. acal.) Cette dénomination, employée par Linné pour désigner un genre dans lequel il réunissait les animaux rayonnés à corps libre et gélatineux, a été adoptée, mais comme nom de famille, par quelques auteurs, et entre autres par Péron qui comprend sous ce nom, non seulement les Méduses dont il fait un grand nombre de genres, mais encore les Beroés, les Porssites et les Physalies. Cuvier l'emploie également comme nom de famille ou de section, et il y rattache de plus les Beroés, les Cestes et les Diphies. Lamarck, en groupant ensemble tous les animaux qui pouvaient se rapporter au genre Méduse de Linné, et qu'il nomme Radiaires mollasses, a été conduit à diviser ces Radiaires en deux sections: les Anomales et les Médusaires. C'est cette dernière qui comprend les Méduses proprement dites, c'est-à-dire les animaux réguliers, orbiculaires, gélatineux, transparens, lisses, plus ou moins convexes en dessus, aplatis ou concaves en dessous, avec ou sans appendice en saillie, munis d'une bouche inférieure simple ou multiple. (*Voy.* Médusaires.) (Z. G.)

MÉGACÉPHALE, *Megacephala*. (ins.) Genre de Coléoptères de la section des Pentamères, famille des Carnassiers, tribu des Carabiques. Ce genre, formé par Latreille de quelques espèces confondues auparavant parmi les Cicindèles, n'en diffère, comme caractères rigoureux, que par ses palpes labiaux aussi longs que les maxillaires; mais la forme générale du corps de ces insectes permet de les en distinguer assez facilement: ils ont la tête plus forte et plus ronde; les yeux moins saillans; le corselet plus large antérieurement, cordiforme; le corps très-bombé; leurs pattes sont moins allongées que celles des Cicindèles, mais les trois premiers articles des tarses antérieurs sont dilatés dans les mâles; on présume que leurs mœurs et leurs métamorphoses sont celles des Cicindèles, mais on n'a rien de certain à ce sujet, attendu que toutes les espèces de ce genre sont exotiques.

M. a quatre taches, *M. quadrisignata*, Dej., figurée dans notre Atlas, pl. 338, fig. 4. Longue de neuf lignes, d'un vert doré; antennes, labre, mandibules, palpes, pattes, anus et quatre taches sur les élytres, dont deux terminales, fauves; l'extrémité des mandibules est noire. De l'intérieur du Sénégal. (A. P.)

On connaît actuellement plus de vingt-cinq espèces de Mégacéphales. Le plus grand nombre est propre au nouveau continent, et trois seulement appartiennent à l'Afrique et à l'Asie; l'une de ces espèces, la *Megacephala senegalensis*, Latr., ou *Cicindela megacephala* de Fabricius, est aptère, et forme, pour MM. Lepelletier de Saint-Fargeau et Serville, un sous-genre qu'ils ont appelé *Aptema* (Encycl., Ins., tom. x, pag. 618). Ils rangeaient même dans cette division la *M. euphratica* d'Olivier, ce que ne fait pas M. De Laporte (Obs. sur les Cicindèles, Revue entom. de Silbermann, tome 2, 7e livrais. pag. 27), qui la place dans la division des Ailées. Les observations de M. Ménétriés viennent du reste confirmer ce rapprochement, car il nous apprend positivement qu'elle a des ailes.

Les observations de M. Ménétriés sur la *M. euphratica*, et de MM. d'Orbigny et Sallé sur les espèces d'Amérique, nous apprennent que toutes les Mégacéphales n'ont pas les mêmes habitudes, mais qu'au lieu d'être comme les Cicindèles des insectes agiles, volant et courant au soleil en plein jour, les Mégacéphales sont pour la plupart nocturnes, ou au moins crépusculaires, plusieurs de leurs espèces ne se trouvant que dans le sable, tapies dans des trous. La plupart de celles qui ont été prises en Amérique sont dans ce cas, et M. d'Orbigny ne les a vues marcher sur le sable que le soir fort tard. Voici ce que dit M. Ménétriés (Cat. des obj. de zool. recueill. au Caucase, etc.), sur l'habitation de la *M. euphratica*. « Cette espèce se rapporte à la description qu'en donne le comte Dejean dans son *Species*, si ce n'est cependant qu'il la donne pour aptère, tandis que tous mes individus sont ailés : la figure de l'Iconographie (de Dejean) ne m'a pas paru très-exacte ; tout l'insecte est d'un beau vert métallique, plus brillant vers la partie axillaire ; souvent les taches jaunes des élytres deviennent brunâtres après la mort. Je trouvai le premier individu sous une pierre, près des sources thermales sulfureuses, non loin de Saliane, et depuis j'en ai pris un bon nombre d'exemplaires dans la ville même, à plusieurs pieds de profondeur en terre, dans un trou que l'on avait creusé pour tirer de l'argile propre à faire des briques ; chaque insecte se trouvait séparément dans un conduit qui communiquait avec la surface ; il est très-vorace, et paraît surtout se nourrir de vers de terre et de chenilles ; le soir il sort de son réduit, sans cependant s'en écarter beaucoup. »

Les Mégacéphales sont des insectes en général très-brillans et ornés de couleurs métalliques. M. d'Orbigny a rapporté de l'intérieur de l'Amérique plusieurs espèces nouvelles; elles seront décrites dans la partie zoologique de la relation de son voyage. (Guér.)

MÉGACHILE, *Megachile*. (ins.) Genre d'Hyménoptères de la section des Porte-aiguillons, famille des Mellifères, tribu des Apiaires ; ce genre doit son établissement à Latreille, qui lui assigne pour caractère rigoureux d'avoir le labre en carré long, appuyé sur les organes buccaux ; des mandibules fortes ; des palpes dissemblables ; les maxillaires très-petits, de deux articles ; les labiaux formés de soies écailleuses, allongées, comprimées, dont les deux premiers articles presque égaux ; les pattes peu propres à récolter le pollen des fleurs ; les ailes munies d'une cellule radiale ; deux cubitales presque égales, dont la seconde recevant près de son extrémité deux nervures récurrentes ; l'abdomen muni de brosses en dessous dans les femelles.

Les Mégachiles ont la tête forte, épaisse ; les yeux ovalaires ; les mandibules triangulaires, finement dentelées intérieurement ; leurs antennes sont insérées au milieu de la face, courtes ; le corselet est arrondi et bombé, tronqué postérieurement ; l'abdomen est un peu triangulaire, bombé en dessus, plat en dessous, et entièrement garni de brosses raides, propres à récolter le pollen des fleurs ; elles peuvent le relever avec facilité, ce qui leur donne le moyen de piquer quand on les saisit par le dos. Dans les mâles, l'abdomen est recourbé en dessous, plus long et souvent armé de dentelures à son extrémité ; en dessous sont les organes sexuels dont les parties accessoires ou les pinces sont toujours très-développées ; les tarses antérieurs des mâles sont déprimés, larges, et en outre fortement frangés inférieurement pour leur aider à retenir la femelle dans l'accouplement ; le corps de ces insectes est généralement velu, mais rarement complétement ; il offre, au contraire, presque toujours des espaces glabres.

Ce genre a été établi par Latreille, qui a tiré les espèces dont il se compose des genres Antophore, Xylocope et autres, où elles avaient été dispersées ; leur nom vient de deux mots grecs qui signifient grande lèvre ; or cette lèvre remarquable leur sert à garantir les organes de la manducation dans les différentes opérations que ces insectes exécutent pour construire le nid de leur postérité ; on les divise en deux coupes assez distinctes, les Mégachiles maçonnes, et les Mégachiles coupeuses de feuilles. Les premières sont toujours plus velues et ont un peu de l'apparence des Bourdons ; leurs antennes sont aussi un peu plus longues ; peut-être ces deux divisions devraient-elles former des genres différens ; toutes les espèces de Mégachiles sont solitaires ; les mâles diffèrent beaucoup des femelles, et ont donné lieu à l'établissement de beaucoup d'espèces qui ne sont pas réelles.

§ Ier. *Mégachiles maçonnes.*

M. maçonne, *M. muraria*, Réaumur. Longue de huit lignes ; noire et duvet noir ; tarses et une partie du duvet du dessous de l'abdomen brun doré ; les ailes sont d'un noir bleuâtre. Le mâle diffère beaucoup de la femelle ; le duvet qui le couvre est roussâtre, tandis que celui de la tête et des pattes antérieures est gris ; l'anus est noir, et les tarses sont roux. Cette espèce est commune aux environs de Paris. La femelle, pour construire son nid, choisit au soleil un angle de bâtiment ou l'abri qu'offrent les moulures d'une corniche ; elle y forme un tas de terre détrempée dans lequel elle construit une cellule bien lisse qu'elle remplit d'une espèce de pâtée, et où elle dépose un œuf ; une nouvelle cellule s'établit à côté de la première, et ainsi de suite jusqu'au nombre d'une quinzaine ; le nid terminé ressemble assez à une poignée de mortier de terre assez épais que l'on aurait jeté à la muraille et qui y serait demeuré attaché ; les soins que cette femelle prend de sa postérité ne suffisent pas toujours pour la garantir ; car souvent elle périt par les œufs que les Clairons et les Leucopsis y ont introduits avant que la cellule soit entièrement close. L'insecte, quand sa dernière métamorphose est accomplie, perce avec ses mâchoires les murs de sa cellule pour pouvoir en sortir.

§ II. *Mégachiles coupeuses de feuilles.*

M. CENTUNCULAIRE, *M. centuncularis*, Linn., représentée dans notre Atlas, pl. 339, fig. 1. Longue de six lignes, noire, glabre en dessus, avec un duvet grisâtre sur les flancs; le même duvet forme une petite bande au côté interne de chaque œil, une sur le prothorax et une sur l'avant-dernier segment abdominal; tout le dessous de l'abdomen est couvert d'un duvet roux très-épais. Cette espèce est commune aux environs de Paris; mais le mâle n'en est pourtant pas bien connu. Elle fait son nid en terre; à cet effet, elle creuse dans les endroits un peu compactes et à l'abri de l'humidité un petit conduit cylindrique; mais comme la surface raboteuse de la terre pourrait blesser la larve, et que la porosité du terrain pourrait absorber l'humidité de la pâtée qui doit y être déposée, et par suite la durcir au point de la rendre impropre à la nourriture de la larve, elle songe à garnir la cellule qu'elle a creusée de quelques objets qui lui donnent les qualités qui lui manquent encore, et pour cela elle choisit des feuilles; suivez-la des yeux, vous allez la voir se poser sur un rosier ou sur une ronce; elle se place au dessous de la feuille, attaque le bord avec ses dents, en gagnant la nervure centrale, de là revient au bord en coupant toujours entre ses pattes, et revient presque au point d'où elle est partie; elle a donc enlevé une pièce ronde que vous croiriez avoir été coupée à l'emporte-pièce, et aussi lestement qu'on pourrait le faire avec les meilleurs ciseaux; toutes les pièces n'ont pas la même forme; selon qu'il est nécessaire, l'insecte sait varier ses coupes, ne prend à propos qu'un demi-cercle ou un croissant; quand son nid est terminé (fig. 1 *a*), elle le remplit de pâtée, dépose son œuf et rebouche le trou, abandonnant le reste aux soins de la nature. (A. P.)

MÉGADERME, *Megaderma.* (MAM.) Ce nom a été appliqué par M. Geoffroy à un genre de la famille des Vespertilionides, très-remarquable en ce que les espèces qui le composent ont au dessus des narines un singulier développement de la peau. Linné confondait la seule espèce connue de son temps dans son grand genre *Vespertilio.*

Les Mégadermes présentent les caractères suivans : point d'incisives supérieures; les inférieures, d'après M. Geoffroy, se trouvent uniformément placées à côté l'une de l'autre sur la même ligne et dentelées à leur tranchant; les canines, semblables à celles de tous les Chéiroptères, sont fortes et crochues; leurs fausses molaires sont au nombre de six, deux normales à la mâchoire supérieure, et à la mâchoire inférieure deux normales et deux anomales; et leurs vraies molaires sont au nombre de six à l'une et à l'autre mâchoire. Leurs oreilles sont très-grandes et réunies sur le devant de la tête; l'oreillon intérieur très-développé. Ils ont trois crêtes nasales, une verticale, une horizontale ou folliculée, et la troisième en fer de cheval; point de queue, et la membrane inter-fémorale coupée carrément. Enfin le troisième doigt de l'aile est sans phalange onguéale.

Les Mégadermes font le passage des Phyllostomes aux Rhinolophes sous le rapport du développement des membranes nasales; mais ils ne sauraient être confondus avec eux; car, s'ils se rapprochent beaucoup des premiers par la présence d'oreillons et l'absence de queue, ils s'éloignent également des uns et des autres par leurs lèvres velues et sans tubercules, et par leur langue courte, lisse, sans verrue ni papilles. Les os intermaxillaires n'existent point ou sont rudimentaires, ainsi que dans les Rhinolophes.

Les organes membraneux disposés en pavillons sur le nez de ces mammifères ne sont point encore connus quant à leur utilité pour l'animal, à l'usage qu'il en fait, et à leurs rapports avec les autres parties de l'organisation. Les espèces décrites jusqu'à ce jour ne se trouvent qu'en Afrique et aux Indes. Ce sont en général d'assez gros Chéiroptères, dont les mœurs et les habitudes sont tout-à-fait inconnues.

MÉGADERME LYRE, *Megaderma lyra*, Geoff., Ann. du Mus., t. 15, repr. dans notre Atlas, pl. 339, fig. 2, se distinguant particulièrement par sa feuille rectangulaire, avec une follicule concentrique de moitié plus petite, conformation qui donne à la crête nasale entière, en quelque sorte, la forme d'une lyre. Ses oreilles sont très-amples, et la partie de leurs bords réunis égale en longueur la portion libre qui en excède au-delà. L'oreillon est formé de deux lobes en demi-cœur quant à leur configuration. La membrane inter-fémorale, privée d'une part d'une queue et n'ayant de l'autre pour tout soutien que deux osselets du tarse, retrouve dans un mécanisme curieux l'équivalent de ce qui lui manque par ces privations : elle est ramenée et plissée dans le besoin par trois tendons qui naissent du coccyx et qui se rendent en ligne droite, savoir, les latéraux aux tarses, et l'intermédiaire au bord extérieur de la membrane en suivant la ligne moyenne.

Le pelage du Mégaderme lyre est roux en dessus et fauve en dessous. Son corps a trois pouces de longueur, chacune de ses ailes, huit pouces, etc. On ne sait quel pays il habite. M. Goeffroy pense que l'individu de cette espèce qui lui avait été envoyé de Hollande, venait des Indes orientales.

MÉGADERME FEUILLE, *Megaderma frons*, Daub., Acad. des sciences, 1759. Cette espèce, si remarquable par la grandeur de sa membrane nasale, a été publiée par Daubenton, une première fois dans son travail sur les Chauve-souris (Mém. de l'Académie des sciences, 1759), et, en second lieu, dans l'Histoire naturelle de Buffon, t. 13. «Elle a, dit ce savant naturaliste, sur le bout du museau une membrane ovale posée verticalement, qui ressemble à une feuille : cette membrane a huit lignes de longueur sur six de largeur : elle est très-grande à proportion de l'animal, qui n'a que deux pouces un quart de longueur depuis le bout du museau jusqu'à l'anus. Les oreilles sont près de deux fois aussi grandes que la membrane : aussi se touchent-elles l'une l'autre depuis leur origine par la moitié de la longueur de leur bord interne;

elles

elles ont un oreillon qui a la moitié de leur longueur, et qui est fort étroit et pointu par le bout. Le poil est d'une belle couleur cendrée, avec quelque teinte de jaunâtre peu apparent. » Le Mégaderme feuille se trouve au Sénégal, d'où il avait été rapporté par Adanson.

Mégaderme trèfle, *Megaderma trifolium*, Geoff., Guér., Icon. du Règ. an., Mam., pl. 8, fig. 4, 5. Cette espèce, très-voisine du Mégaderme lyre, en diffère pourtant par des caractères spéciaux, surtout par celui d'où elle tire son nom : son oreillon est formé de trois branches, celle du centre étant la plus longue. M. Leschenault de Latour, qui l'a rapportée de Java, s'exprime à son sujet dans les termes suivans : « Son nez est accompagné d'un follicule fort grand : ses oreilles sont grandes aussi, jointes ensemble par la base et pourvues d'un appendice intérieur. Le poil de cet animal est très-doux, très-long et de couleur gris de souris. La membrane des ailes est très-mince et diaphane. » A Java, il porte le nom de *Lovo*.

Mégaderme spasme, *Megaderma spasma*, Geoff., loc. cit.; *Glis volans, ternatanus*, Séba; *Vespertilio spasma*, Lin. Le Spasme, ainsi nommé par Cuvier (Tabl. élém. de l'Hist. des anim., p. 106), est une espèce qui n'est connue que par la description et la figure que Séba en a données. Elle paraît être un peu plus grande que la précédente. Sa feuille est médiocre, en cœur, avec le follicule assez grand et de même forme; l'oreillon a deux lobes, l'externe très-long et aigu, l'interne ovale. Ses oreilles sont plus profondément fendues que celles du Mégaderme lyre, et libres dans les deux tiers de leur longueur; l'oreillon est proportionnellement plus long. Le Spasme a le front d'un roux clair, et le reste de son pelage tirant sur le roussâtre. Séba l'avait reçu de l'île de Ternate. (Z. G.)

MÉGALONYX. (mam.) Dans un mémoire lu à la Société philosophique de Philadelphie, le 10 mai 1797, le respectable Jefferson, président des Etats-Unis, fit connaître quelques débris fossiles d'un animal mammifère de grande taille, découverts l'année précédente à la profondeur de deux ou trois pieds, dans une caverne du comté de Green-Briar, dans l'ouest de la Virginie. Le travail de Jefferson, qui fut publié dans le t. IV des Transactions de la même société, fait connaître que les ossemens remis à ce protecteur éclairé des sciences consistaient en un petit fragment de fémur ou d'humérus, un radius complet, un cubitus également complet, mais brisé, trois ongles et une demi-douzaine d'autres os du pied ou de la main. Guidé par les observations et quelques renseignemens peu exacts, notre auteur fut conduit à rapprocher l'espèce à laquelle ces ossemens appartenaient, des Carnassiers du genre Chat, et particulièrement du Lion, et il reconnut que l'animal qu'il nomma Mégalonyx, à cause de ses grands ongles, devait avoir cinq pieds et quelque chose de hauteur, et peser 895 livres; il en conclut que c'était le plus grand des onguiculés, et pensa que peut-être cette espèce, dont la race a été éteinte, était l'ennemi du Mamouth de l'Ohio (le grand Mastodonte), de même que le Lion est celui de l'Eléphant.

Jefferson ajoute que les premiers historiens des colonies anglo-américaines font, en effet, mention d'un animal semblable au Lion, et qui ne serait cependant pas le Puma ou *Felis concolor*, puisque celui-ci n'a pas de crinière, et que des figures, évidemment tracées de la main des sauvages, tant elles sont grossières, en donnent une à l'animal en question, et qu'enfin des voyageurs prétendent avoir entendu, pendant la nuit, des rugissemens terribles qui effrayaient les chiens et les chevaux, et qui doivent sans doute être attribués au Mégalonyx.

Faujas de Saint-Fond (Essai de géologie, I, p. 109) a adopté la manière de voir de Jefferson, et combattu celle émise par G. Cuvier quelque temps après la publication du Mémoire du naturaliste américain, laquelle tendait à rapprocher le Mégalonyx des Edentés et particulièrement des Paresseux, ainsi que l'avait fait aussi de son côté Wistarr dans un Mémoire consigné dans le même volume que celui de Jefferson, mais au LXXVI cahier. De nouveaux renseignemens achevèrent de mettre cette opinion hors de doute; quelques dents rapportées par Palisot de Beauvois, et la comparaison des premières pièces, démontrèrent, en effet, que le Mégalonyx était très-voisin du Mégathérium et devait probablement être considéré comme une espèce du même genre. Cette indication de Cuvier fut suivie par M. Desmarest, qui, dans sa Mammalogie, nomma le Mégalonyx *Megatherium Jeffersonii*. (Gerv.)

MÉGALONYX, *Megalonyx*. (ois.) Nom d'un genre nouveau établi par M. Lesson dans la famille des Mégapodes, d'après une espèce qui, à sa queue et à sa taille près, rappelle, par la forme de son bec, celle de ses oreilles, ses tarses et la couleur de son plumage, le beau Ménure qui vit relégué dans la zone tempérée australe de la Nouvelle-Hollande. Ce genre (si toutefois les caractères de l'espèce sur laquelle il est établi l'autorisent) doit être retiré de l'ordre des Gallinacés, auquel M. Lesson l'a rapporté, pour prendre place dans celui des Passereaux, à côté du genre Rhinomie de M. Isidore Geoffroy, dont il paraît différer fort peu. Les caractères qu'il lui assigne sont : bec plus court que la tête, droit, conique, robuste; mandibule supérieure légèrement plus longue que l'inférieure, terminée en pointe obtuse, et munie d'une dent sur le côté; arête entourant les plumes du front; narines amples, creusées sur les côtés du bec, dont elles occupent la moitié supérieure; plumes du front avançant sur leur portion basale; ailes très-courtes, obtuses; queue imparfaite, pointue, successivement élargie; tarses puissans, très-gros proportionnellement à la taille de l'oiseau; doigts presque égaux, robustes, et l'externe fortement soudé au médian à la base; pouce également très-robuste; ongles, surtout celui de ce dernier, très-grands, très-peu recourbés, très-forts, comprimés sur les côtés et à pointe mousse. C'est de cette longueur inusitée des ongles que s'est servi M. Lesson pour en faire le principal caractère du genre Mégalonyx. La seule espèce connue de lui, et par conséquent celle qui a servi de type au genre, est :

Le Mégalonyx roux, *Megalonyx rufus*, Less. Centurie Zool., p. 200, pl. 66. Il a près de neuf pouces de longueur totale ; le dessus de la tête et du cou, le manteau, les ailes et les rectrices sont brun roux uniforme, passant au roux ferrugineux sur le croupion et les couvertures supérieures de la queue. De nombreuses raies blanchâtres traversent le croupion, et sont dues à ce que les plumes abondantes de cette partie sont frangées de blanc à leur sommet. Un sourcil blanc surmonte l'œil; le milieu de la joue est brunâtre; le menton est blanc, et cette couleur s'étend sur les côtés du cou en formant deux épaisses moustaches; le reste du cou, en devant comme sur les côtés, et le haut de la poitrine, sont roux ferrugineux. Le ventre, les flancs et les couvertures inférieures de la queue sont rayées de brunâtre et de blanchâtre par zones égales et souvent en chevron. Le Mégalonyx roux habite l'extrémité méridionale de l'Amérique, au Chili, dans les pays des Araucans et des Puelches. On ignore complétement quelles sont ses mœurs et son genre de vie; il est à supposer pourtant, d'après la conformation de ses ailes et de ses pieds, que ses habitudes sont plutôt terrestres qu'aériennes. La marche doit être rapide, et il doit gratter dans le sol pour y chercher sa nourriture.

On connaît encore quelques espèces de Mégalonyx ; l'une d'elles a déjà été publiée par Kittlitz sous le nom de *Megalonyx albicollis*; elle est figurée dans le Voyage de M. d'Orbigny avec deux autres espèces, dont il vient de publier des descriptions sommaires dans le Magasin de Zoologie, 1837, cl. 11, pl. 77 à 79, pag. 15. Nous avons même reproduit la figure de l'une de ces espèces, son *M. rufogularis* (Voyage; oiseaux, pl. 7, fig. 3), dans notre Atlas, pl. 339, fig. 3 ; elle est presque de la grosseur d'un merle, brun-verdâtre un peu roux, avec la gorge et la poitrine rouge, ce qui lui donne beaucoup de ressemblance avec notre Rouge gorge d'Europe. (Z. G.)

MÉGALOPE, *Megalopa*. (crust.) Genre de l'ordre des Décapodes, famille des Macroures, tribu des Galathines, établi par Latreille, Fam. nat. du Règ. anim. de Cuv. Les caractères distinctifs de ce nouveau genre sont : antennes extérieures sétacées, n'ayant pas le quart de la longueur de la carapace, formées d'articles allongés; les intermédiaires terminées par deux soies, dont la supérieure est la plus longue; pieds-mâchoires extérieurs ayant les deux premiers articles comprimés, le second étant le plus court, et échancré au bout pour l'insertion des autres; les pieds antérieurs sont égaux, en forme de serres didactyles, assez courts et gros, ceux des quatre dernières paires un peu plus longs, moins épais, et terminés par un ongle simple et un peu courbé; carapace large, courte et un peu déprimée, terminée en avant par un rostre pointu, large à sa base, quelquefois infléchi; yeux très-gros, portés sur un pédoncule très-court; abdomen étroit, étendu, linéaire, composé de sept articles, dont les cinq intermédiaires sont pourvus d'appendices, savoir : les quatre premiers de fausses pattes, ayant leur division externe très-grande et ciliée, et le cinquième de chaque côté, d'une lame horizontale, ovale et ciliée, composant, avec le dernier article de la queue, qui est arrondi, une sorte de nageoire un peu différente de celle des autres Macroures. Ce genre se compose de peu d'espèces, toutes généralement de petite taille. Parmi les plus remarquables nous citerons :

La Mégalope de Montagu, *M. Montagui*, Leach, Malac. Brit., tab. 16, fig. 1, 6; *Cancer rhomboidalis*, Montagu, *Megalopa rhomboidalis*, Leach, représentée dans notre Atlas, pl. 340, fig. 1 (1 *a* l'animal grossi, *b c* pinces, *d* patte, *e* antenne). Le rostre est entier, terminé par une seule épine dirigée en avant ; la carapace est inerme postérieurement ; les hanches des huit premières pattes sont pourvues en dessous d'une petite épine recourbée. Cette espèce, qui a trois lignes de longueur, a été trouvée sur la côte du Devonshire, au milieu des Corallines et sur le dos d'un Maia squinado.

La Mégalope armée, *M. armata*, Leach, Malac. Brit., tab. 16, fig. 7, 9 ; rostre entier, terminé par une seule pointe en avant ; carapace pourvue postérieurement dans son milieu d'une carène qui se prolonge en une pointe droite et aiguë, s'étendant jusqu'au commencement du quatrième article de l'abdomen; hanches des quatre premiers pieds seulement pourvues en dessous d'une petite épine recourbée. Cette espèce est de la grandeur de la précédente, et a été trouvée sur la même côte.

La Mégalope mutique, *M. mutica*, Desm. Cette espèce est longue de cinq à six lignes, et diffère des deux espèces précédentes par son rostre, qui, au lieu de former une pointe droite et horizontale, se replie perpendiculairement sur l'extrémité de la carapace, et a son milieu canaliculé par les hanches de toutes ses pattes, qui n'ont pas d'épine recourbée ; en arrière, le test est tronqué comme celui de la Mégalope armée; le dessus de la carapace est uni ; les quatre paires de fausses pattes proprement dites, très-longues, très-aplaties, diffèrent par ces caractères des deux espèces figurées par Leach. Les deux derniers appendices, qui sont de vraies nageoires, sont extrêmement transparens et entourés de très-longs cils; dans le repos ils sont entièrement cachés par le dernier article de la queue, qui est arrondi à son bout, et qui a la forme d'un bouclier ; l'avant-dernier article et le premier sont les plus étroits de tous ; les ongles sont épineux en dessous. La couleur de cette espèce est brunâtre. Elle a été trouvée sur la côte de l'Océan près de l'embouchure de la Loire. M. Guérin, dans son Iconographie du Règ. anim. de Cuvier, Crust., pl. 18, fig. 3, en a donné une bonne figure. (H. L.)

MÉGALOPE, *Megalopus*. (ins.) Genre de Coléoptères de la section des Tétramères, famille des Eupodes, tribu des Sagrides. Ce genre, dont l'établissement est dû à Fabricius, offre pour caractères : bouche avancée, mandibules pointues, mâchoires bilobées, palpes filiformes, terminés par un article très-pointu, languette échancrée, antennes courtes, en scie, terminées en massue. Ces insectes ont le corps court, épais, la tête plus large que le corselet, les yeux saillans, les antennes insérées contre les yeux; ceux-ci sont fortement échancrés par un avancement conique de la tête; le corselet est trapezoïdal, plus large dans la partie postérieure; les fémurs postérieurs sont renflés et les tibias arqués; ces insectes sont propres à l'Amérique méridionale, leurs mœurs sont tout-à-fait inconnues. On en a décrit un assez grand nombre d'espèces, et M. Klug en a publié une bonne Monographie.

M. A CORNES NOIRES, *M. nigricornis*, Fab. Jaunâtre avec les antennes, une partie de la tête, une tache sur le corselet, la base des fémurs postérieurs, les tibias et les tarses noirs. De l'île de la Trinité. (A. P.)

MÉGALOSAURE, *Megalosaurus.* (REPT. FOSS.) Grande espèce de reptile fossile, intermédiaire par ses caractères aux Lacertins et aux Crocodiles, et très-voisine du genre *Geosaurus.* Le professeur Buckland, à qui est due la découverte des débris de ce reptile, l'a fait connaître, il y a long-temps déjà, dans les Transactions de la Société géologique de Londres (t. 1, part. 2, pour 1824.)

« Si l'on pouvait donner le nom de *Lacerta gigantea*, dit Cuvier (Oss. foss., t. 5, 2e part., p. 343), à un autre animal qu'à celui de Maëstricht, c'est l'espèce actuelle qui le mériterait; son fémur, long de trente-deux pouces anglais, annoncerait, en lui supposant les proportions d'un Monitor, une longueur totale de plus de quarante-cinq pieds de roi, et même, s'il y a de ces fémurs de quatre pieds et plus, comme on l'a dit, sa longueur serait encore plus étonnante; mais il est probable que la queue n'est pas si longue à proportion : en le comparant seulement au Crocodile, on lui donnerait toujours plus de trente pieds. »

La découverte des os de ce Saurien a été faite à Stonesfield, lieu de l'Oxfordshire, situé près de Woodstok, à douze mille d'Oxford, dans un banc de schiste calcaire qui devient sablonneux en quelques endroits, et que M. Buckland, dans son Tableau géologique des couches de l'Angleterre, nomme *schiste de Stonesfield.* Cette pierre est placée un peu au dessous de la région moyenne des couches oolithiques et au dessus du lias qui contient les *Ichthyosaurus.* Cuvier pense, d'après la position, la régularité et l'étendue qu'offre ce banc de schiste, que les os fossiles qu'elle contient y ont pénétré par quelque fente ou quelque autre ouverture accidentelle. Ils s'y trouvent mêlés avec un grand nombre d'autres débris fossiles qu'on a reconnus devoir appartenir à des oiseaux échassiers, et, selon Buckland, à des Didelphes. Il est fort douteux que tous les os ou fragmens d'os de Mégalosaure que l'on a découverts appartiennent au même individu; quoi qu'il en soit, on possède un fémur, des débris de mâchoire, une suite de cinq vertèbres, un os plat et plusieurs autres moins déterminables. Le plus remarquable de ces os est celui que Cuvier (*loc. cit.*) figure pl. 22, 17, et qu'il suppose être un os coracoïdien. Le célèbre professeur pense aussi que le reptile disparu devait être un animal marin, grand comme une petite baleine et très-vorace. (Z. G.)

MÉGALOTIS, *Megalotis.* (MAM.) Ce nom a été donné à un Mammifère que les auteurs placent dans le genre Chien. Buffon le nomme ANONYME, et Bruce FENNEC, (*voy.* ces mots). Nous le représentons pl. 340, fig. 2. (Z. G.)

MÉGAPODE, *Megapodius.* (OIS.) Genre nouvellement découvert auquel les naturalistes assignent diverses places dans leur classification; Cuvier le range parmi les Echassiers; M. Drapiez, dans les Gallinacés; M. Lesson, dans les Passereaux.

Le Mégapode a les formes et le port des Gallinacés, et il est haut sur jambes comme les Echassiers. Il serait parfaitement désigné sous le nom de *Gallino-échassier.* Cet oiseau présente les caractères suivans : le bec grêle, faible, droit, un peu comprimé; la mandibule supérieure plus longue que l'inférieure, légèrement voûtée à sa pointe; la mandibule inférieure droite, sur le même niveau que la supérieure; les narines plus rapprochées de la pointe que de la base du bec, disposées en rainure et recouvertes d'une membrane; le tour de l'œil nu; les jambes écussonnées, fortes, assez élevées, placées à la partie postérieure du corps; quatre doigts très-allongés, trois en devant presque égaux, réunis à leur base par une petite membrane plus apparente entre le doigt interne et celui du milieu qu'entre ce dernier et l'externe; le quatrième ou le postérieur, horizontal, posant à terre dans toute sa longueur; les ongles très-longs, très-forts, plats en dessus, faiblement recourbés, triangulaires; les ailes médiocres, concaves, arrondies; les troisième et quatrième rémiges les plus longues de toutes; la queue petite, cunéiforme, dépassant à peine les ailes et formée de douze pennes. Ces oiseaux pondent des œufs très-gros. Ils habitent la mer du Sud.

On connaît cinq espèces de Mégapodes, y compris une espèce qui a servi à faire le sous-genre Alecthelie de M. Lesson.

1° LE MÉGAPODE FREYCINET, *Megapodius Freycinetii*, Quoy et Gaim., figuré dans la Zoologie de *l'Uranie*, a le plumage noir mat; point de huppe. Il habite les îles de Guebé, de Waigiou. Les naturels de ces îles le nomment *Mankirio* ou *Manesaqué.*

2° LE MÉGAPODE LAPEROUSE, *Megapodius Laperousii*, Quoy et Gaim, figuré dans l'Atlas de *l'Uranie*, a le plumage roussâtre, le bec noir, le cou dépourvu de plumes, point de huppe, les tarses jaunes. Il habite les îles Mariannes et les Philippines, où il porte le nom de *Tavon*;

3° MÉGAPODE DUPERREY, *Megapodius Duperreyi*, Garnot et Less., figuré dans l'Atlas de *la Coquille* et reproduit dans notre Atlas, pl. 340, fig. 3. Il a une huppe, comme le Chavaria, de couleur brun-fauve; le cou, la gorge, le ventre et les parties latérales gris ardoisé; le tour des yeux nu, l'iris rougeâtre. Il habite les forêts de la Nouvelle-Guinée. Il court très-vite dans les broussailles à la manière des Perdrix dans les blés, et fait entendre un petit gloussement. Le Mégapode Duperrey se trouve aussi à Manille. Il pond un œuf gros comme celui d'une Oie.

4° Mégapode aux pieds rouges, *Megapodius rubripes*, Temm. Cette espèce a beaucoup de rapport avec notre Mégapode Duperrey relativement à la couleur du plumage et de la huppe; il n'en diffère que par le rouge vif des tarses. Il habite Amboine et les Célèbes, où on le nomme *Malec*. MM. Quoy et Gaimard ont publié des observations sur cet oiseau, dans le Voyage de *l'Astrolabe*.

5° Mégapode ou Alecthélie d'Urville, *Alecthelia Urvillii*, Garnot et Less. Cet oiseau, de la grosseur d'une Caille, a le plumage de couleur brune plus foncée en dessus; ailes brunes rayées de lignes fauves; ne paraît point avoir de queue; bec et pieds gris blanchâtre. Il habite les Moluques. (P. Garnot.)

MÉGATHÈRE, *Megatherium*. (mam.) Le Mégathérium est un animal mammifère de très grande taille, dont on trouve les restes à l'état fossile dans les couches superficielles du terrain alluvionnaire de l'Amérique du Sud. Cet animal, dont on a recueilli au Paraguay des débris assez nombreux pour composer quatre squelettes plus ou moins complets, avait la taille des Eléphans aujourd'hui vivans. C'est un animal de l'ordre des Edentés, et qui paraît intermédiaire aux Tatous et aux Fourmiliers tamanoirs, en même temps qu'il a quelques traits, dans sa tête surtout, qui rappellent l'organisation des Paresseux.

La première notion qu'on ait eue du Mégathérium résulta de la découverte faite en 1789, dans le lit de la rivière de Luyan ou Luzan (qui se jette dans le Rio-Parana, affluent de la Plata, dans la province de Buenos-Ayres), d'ossemens nombreux et bien conservés qui furent recueillis par le marquis de Loretto, vice-roi de Buenos-Ayres, et envoyés à Madrid. Le terrain dans lequel ils furent trouvés n'était élevé que de dix mètres au dessus du niveau de l'eau. Ce squelette, que l'on voit encore à Madrid, fut monté par Jean-Baptiste Bru, professeur au cabinet de Madrid, qui en publia, avec don Joseph Garriga, une description accompagnée de planches (*Description del Esqueleto de un quadrupedo my corpulento y raro*, Madrid, 1796). C'est d'après les renseignemens fournis par ce Mémoire, que Cuvier publia, dans le Magasin encyclopédique, la description du même animal, qu'il nomma *Megatherium*. MM. Pander et d'Alton revirent plus tard le squelette de Madrid, et ils en firent, en 1821, le sujet d'une nouvelle Notice (*das Reisen-faulthier, Bradypus giganteus*, Bonn); mais ces naturalistes ne purent retrouver, pendant leur voyage dans la Péninsule, les restes d'un second squelette envoyé de Lima, non plus que de celui qu'avait possédé le P. Scio, et dont il est fait mention dans le travail de Garriga. Quelques autres personnes, et particulièrement G. Cuvier, dans ses Recherches sur les ossemens fossiles, se sont encore occupées du Mégathérium, et tout récemment M. Clift vient de publier dans les *Geologic transactions*, 2e série, t. 2, un Mémoire fort intéressant sur le même animal, et qui a pour objet la description de nombreux débris rapportés de la province de Buenos-Ayres, par M. W. Parish, et qui ont été trouvés à Rencou de Sosa et auprès de l'Averias et de Villanueva. Les ossemens d'un de ces animaux sont au collége des chirurgiens de Londres, et les moules en ont été déposés au Muséum de Paris et montés en 1836. Cuvier et la plupart des auteurs ont été conduits à regarder le Mégathérium comme un animal voisin des Bradypes; M. de Blainville pense au contraire qu'il se rapproche davantage des Tatous, de l'Oryctérope et des Tamandua. Les doigts et leurs ongles, les os des membres et les vertèbres dorsales lombaires et même caudales (celles-ci ont des os en V), sont plutôt de l'Oryctérope et du Tamandua que d'aucun autre; mais les dents, qui ont quelque chose de celles des Tatous, rapprochent aussi le Mégathérium des Bradypes, dont il a d'ailleurs les molaires si remarquables.

Pour Damasio de Larranaga, curé de Montevideo, le Mégathérium est un Tatou, non seulement par ses dents, etc., mais aussi par une véritable carapace dont son corps est protégé. On a trouvé, en effet, dans les mêmes terrains que le Mégathérium, des débris plus ou moins considérables de carapaces de Tatous. Mais ces boucliers appartiennent-ils réellement au Mégathérium? D. Damasio n'en doute nullement, mais M. Geoffroy pense que ce sont ceux d'un grand reptile de l'ordre des Crocodiles, et qu'il appelle *Lepitherium*. Toutefois il est une opinion plus probable encore que celle-ci: ces carapaces, en effet, ne seraient-elles point celles d'un véritable Tatou de la taille du Mégathérium ou à peu près, et dont les ossemens n'auraient point encore été décrits? C'est ce que l'on est porté à penser si l'on remarque, avec M. Laurillard, que l'on a trouvé mêlés à ceux du Mégathérium de M. Parish des ossemens en assez mauvais état, mais dont un tarse, envoyé en moule au Musée de Paris, reproduit parfaitement, ainsi que nous nous en sommes également assuré, les formes de celui du Tatou géant, mais lui est plus de quatre fois supérieur en volume.

Ainsi les carapaces seraient celles d'un Tatou, le Mégathérium et le Mégalonyx seraient des espèces de l'ordre des Edentés, intermédiaires aux Oryctéropes et aux Fourmiliers, et le Mégathérium ordinaire, *Meg. Cuvieri* aurait été, comme le *M. Jeffersonii* ou le Mégalonyx (*voy.* p. 221), un animal fouisseur, au régime herbivore, mais non grimpeur et marcheur; et sa race, de même que celle du Tatou précité, serait et est évidemment anéantie. On trouve des restes de *Megatherium Cuvieri* dans presque toute l'Amérique du Sud, au Pérou, au Chili, au Paraguay, dans la province de Buenos-Ayres et en Patagonie. Nous reproduisons ici, pl. 341, fig. 1, la figure des Transactions géologiques, comme la plus récente. (Gerv.)

MÉGATOME, *Megatoma*. (ins.) Genre de Coléoptères, de la section des Pentamères, famille des Clavicornes, tribu des Dermestins. Ce genre a été établi par Herbst, aux dépens du genre Dermeste de Linné, dont il ne diffère que par les antennes plus allongées, dont le dernier article est très-long, conique dans les mâles.

M. DES PELLETERIES, *M. pellio*, Linn. Long de 2 lignes et demie, noir, soyeux, avec trois points blancs sur la ligne postérieure du corselet et un point pareil vers le milieu des élytres contre la suture; la larve de cette espèce est très-allongée et munie d'un long pinceau de poils à l'extrémité de son abdomen; elle cause beaucoup de dégâts quand on ne surveille pas sa trop grande multiplication. (A. P.)

MÉGÈRE. (INS.) Nom vulgaire d'un papillon du genre Satyre. (GUÉR.)

MÉGOPHRYS. (REPT.) Genre nouvellement établi parmi les Batraciens, par Kuhl, naturaliste hollandais. Ce genre, qui ne renferme qu'une espèce décrite par lui sous le nom de *Megophrys montana*, est caractérisé par une tête anguleuse avec un prolongement de peau en forme de cône qui surmonte les paupières supérieures. Le *M. montana* est très-voisin du *Bufo cornutus* de Linné. (Z. G.)

MÉIONITE. (MIN.) Substance blanche rayant le verre, cristallisant en prisme droit à base carrée, ne donnant pas d'eau par calcination, fusible au chalumeau avec bouillonnement, soluble en gelée dans les acides; solution précipitant abondamment par l'oxalate d'ammoniaque. Ce dernier caractère indique la présence de la chaux: aussi la Méionite en contient-elle environ 24 pour 100. Les autres matières qui entrent dans sa composition sont la silice, dans la proportion de 40 à 41, l'alumine dans celle de 32 à 33, avec un peu de potasse et de soude, d'oxide de fer et de manganèse.

La Méionite se présente soit cristallisée, soit compacte, soit bacillaire. Elle se trouve principalement dans cette partie du Vésuve que l'on nomme la Somma, d'où lui est venu le nom de *Hyacinthe blanche de la Somma*. On la trouve aussi dans les dépôts volcaniques des environs d'Andernach, et à Sterzing en Tyrol, dans une roche de dolomie.

On donne le nom de *Méionite d'Arfredson* à un silicate alumineux composé de 58 à 59 parties de silice, de 20 d'alumine et de 21 de potasse, avec un peu de chaux et d'oxide de fer. On la trouve aussi au Vésuve, où elle se confond par la forme avec la véritable Méionite. (J. H.)

MÉLACONISE. (MIN.) Ce nom, qui signifie *poussière noire*, a été donné par M. Beudant à un oxide noir de cuivre, qui se compose d'environ 20 parties d'oxygène et 80 de métal. Cette substance paraît être le résultat de la décomposition des sulfures et des carbonates de cuivre. (J. H.)

MÉLALEUQUE, *Melaleuca*. (BOT. PHAN.) En 1767, Linné constitua ce genre sur la seule espèce alors connue, le MÉLALEUQUE A BOIS BLANC, *M. leucadendra*, venu de la Nouvelle-Hollande et qu'il avait reçu par l'entremise de son ami Smith, de Londres. Comme le tronc de cet arbre très-élevé est noirâtre, comme brûlé, et que l'écorce de ses branches et de ses rameaux est blanche, le législateur de la botanique lui imposa un nom rappelant cette singularité, pris dans la langue des vieux Grecs, μέλας, noir, et λευκός, blanc. Quoique parmi le grand nombre d'espèces dont ce beau genre est composé, aucune autre ne présente le même phénomène, et qu'au lieu de la couleur blanche, ce soit le rose ou le rougeâtre qui domine, le nom est resté. Le genre fait partie de la Polyadelphie polyandrie, et se trouve dans la famille des Myrtacées, voisin du genre *Metrosideros*, dont il a le même aspect, et chez qui les fleurs ont des rapports intimes pour la forme, la couleur et la singulière disposition: ils ne se distinguent véritablement l'un de l'autre que par les étamines, qui forment dans les Mélaleuques plusieurs faisceaux par la réunion de cinq à sept de leurs filamens à la base, tandis qu'elles sont absolument libres dans les Métrosidéros.

Les Mélaleuques appartiennent essentiellement à l'Australie; on en trouve aussi dans l'Inde; ce sont parfois de très-grands arbres, mais le plus habituellement des arbrisseaux très-fournis de rameaux et de feuilles. Celles-ci sont persistantes, opposées ou verticillées, rarement alternes, d'un joli vert, quelquefois d'un vert foncé, souvent velues, rudes au toucher, et de consistance ferme.

Nous possédons en France, depuis 1792, et nous cultivons en pleine terre pour la rentrer en orangerie durant l'hiver, une des plus belles espèces de ce genre, le MÉLALEUQUE A FEUILLES DE MILLEPERTUIS, *M. hypericifolia*. Cet élégant arbrisseau, dont la tige droite, très-rameuse et cendrée, monte au plus à deux mètres de haut, a les rameaux rougeâtres, plians, couverts d'un joli feuillage opposé en croix, d'un vert foncé, et répandant une odeur agréable quand on le froisse entre les doigts. Un épi touffu de fleurs d'un rouge vif, couronné par une houppe dorée six fois plus élevée que les pétales qui l'insèrent, se développe vers l'extrémité des jeunes rameaux au commencement de l'été, et dure jusqu'au milieu d'octobre. Tout l'éclat de cette masse de fleurs est moins l'effet des pétales, qui sont très courts, que celui des étamines, dont les filamens d'un rouge écarlate sont très-nombreux, très-rapprochés les uns des autres, et partent, rassemblés cinq et sept ensemble, en cinq faisceaux de la grosseur du pistil, des bords du calice en face de chacune de ses découpures ovales, vertes en dehors, blanches en dedans. Cette espèce est originaire de la Nouvelle-Hollande, nommée et décrite par Smith, dans le t. III des Actes de la Société linnéenne de Londres.

Une autre espèce, qui contraste d'une manière fort remarquable avec la précédente, c'est le MÉLALEUQUE A FEUILLES DE BRUYÈRE, *M. ericæfolia*, provenant du même pays, et se traitant de même pour sa culture dans notre climat. Ses tiges, hautes également de deux mètres, sont garnies de rameaux alternes, effilés, d'un brun cendré, et de feuilles éparses, linéaires, très-aiguës, d'un vert très-gai, d'une odeur et d'une saveur aromatiques.

Les fleurs, rougeâtres avant leur entier épanouissement en juillet, deviennent blanches pendant la fleuraison, répandent une odeur de miel fort agréable, et se réunissent sur le vieux bois en épis solitaires, très-allongés, entourés de bractées membraneuses, rougeâtres et pubescentes.

On cultive aussi comme plantes d'ornement plusieurs autres espèces, telles que le *M. diosmæfolia*, le *M. coronata*, le *M. myrtifolia*, le *M. nodosa*, et plus particulièrement le MÉLALEUQUE ARMILLAIRE, *M. armillaris*, ainsi nommé de l'emploi que l'on fait de ses capsules membraneuses, de la grosseur d'un grain de poivre, pour bracelets, colliers, etc. Nous l'avons représenté dans notre Atlas, pl. 341, fig. 2. En *a* nous donnons une fleur grossie à la loupe. Ses tiges et ses rameaux roussâtres portent des fleurs violacées, des feuilles vertes, avec de gros points transparens disposés sur deux lignes. Ces diverses espèces, qu'elles proviennent de boutures ou de semis, ont dans leur jeune âge des feuilles beaucoup plus grandes que celles qu'elles adoptent du moment que leurs tiges ont pris un demi-mètre environ de hauteur.

En 1803, on a rapporté de la côte sud de la Nouvelle-Hollande, le MÉLALEUQUE JOLI, *M. pulchella*, petit arbuste haut d'un mètre, dont toutes les parties ont une légère odeur aromatique. Sa tige, divisée en plusieurs rameaux grêles, porte de très-petites feuilles, rapprochées les unes des autres, nombreuses et persistantes, d'un vert glauque, et parsemées de petits points glanduleux transparens. Les fleurs, de couleur lilas, sont de moyenne grandeur, solitaires dans les aisselles des feuilles, et souvent rapprochées deux, quatre, cinq et six ensemble vers la partie moyenne des rameaux. On a voulu changer le nom que Aiton lui avait imposé, en celui de *M. densa*; ce changement n'a point été adopté.

Dans nos départemens du midi, tous les Mélaleuques vivent constamment en pleine terre. Ils s'acclimateront facilement au centre de la France, et de là leur conquête complète sera bientôt générale. On retire de l'espèce particulière à l'Inde, le Mélaleuque à bois blanc, déjà nommé, le Cajeput, huile très-fluide, d'une grande transparence, d'une belle couleur verte foncée; cette huile est plus légère que l'eau et répand une odeur aromatique très-prononcée. (T. D. B.)

MÉLAMBO ou MALAMBO. (BOT. PHAN.) Écorce résineuse et fort rare dans le commerce, dont l'origine n'est pas certaine, qui a été apportée en 1806 de Santa-Fé de Bogota, par Henri Umagna, et qui paraît fournie par un arbre du Pérou, appelé, selon de Humboldt, *Palo de Malambo*.

Le Malambo a une épaisseur de trois à quatre lignes; il est cassant, couleur de bois, recouvert d'un épiderme blanc, et tuberculeux; son odeur est assez forte, surtout à l'état frais; sa saveur est amère et poivrée.

Soumise à l'analyse par Cadet et Vauquelin, l'écorce de Malambo a fourni de la résine, une huile volatile, un extrait très-soluble dans l'eau, quelques traces d'acide gallique, etc.

Le Malambo jouit de propriétés toniques, fébrifuges et excitantes. On l'a donné avec succès dans la fièvre jaune, la dysenterie, les affections vermineuses, asthéniques, etc. (F. F.)

MÉLAMPODE, *Melampodium*. (BOT. PHAN.) Genre de la tribu des Corymbifères, Syngénésie nécessaire, établi et réformé par MM. Brown et Kunth avec les caractères suivans : involucre à cinq folioles égales; réceptacle convexe, conique, garni de paillettes; fleurs du disque tubuleuses, mâles; celles de la circonférence en languette et femelles; akènes sans aigrette, striés, enveloppés d'une foliole capsulaire.

Ainsi constitué, le Mélampode comprend le *Melampodium americanum* de Linné, avec le *Dysodium* de Richard père et l'*Alcina* de Cavanilles. Le *Melampodium australe* forme le *Centrospermum* de Kunth.

On ne connaît qu'un petit nombre d'espèces de *Melampodium*, indigènes de l'Amérique équinoxiale; ce sont des herbes ou arbustes à feuilles opposées et entières, à fleurs axillaires, terminales, solitaires, et de couleur jaune. Elles offrent peu d'intérêt, et ne se cultivent guère que dans les jardins de botanique. (L.)

MÉLAMPYRE, *Melampyrum*, L. (BOT. PHAN.) Des herbes à feuilles simples, opposées, à fleurs partant des aisselles de celles qui sont placées supérieurement ou disposées en épis terminaux et accompagnées de bractées, constituent ce genre de la famille des Rhynanthacées et de la Didynamie angiospermie. Elles sont au nombre de dix à douze, presque toutes indigènes des lieux élevés et couverts de l'Europe. On les reconnaît à leur calice tubuleux ayant quatre divisions peu profondes; la corolle monopétale, à tube oblong et limbe comprimé, présentant deux lèvres, dont celle du haut est en forme de casque, repliée sur ses bords, tandis que l'inférieure est trifide et en gouttière; quatre étamines didynames; ovaire supère, ovale, surmonté d'un style filiforme et d'un stigmate obtus; capsule oblongue, acuminée obliquement, bivalve, et à deux loges séparées par une cloison opposée aux valves et contenant chacune deux graines gibbeuses.

Plus qu'aucune autre plante de la même famille, les Mélampyres noircissent à la dessiccation. Ils désolent également et nos vignobles et nos champs cultivés en céréales. Leur graine perd sa propriété végétative au bout d'un an ou quatorze mois. Quand elle se trouve mêlée au froment et au seigle, elle imprime au pain, par suite de la fermentation et de la cuisson, une couleur violet-noir; cette union ne nuit pas aussi essentiellement à la santé que la présence de l'Ivraie, *Lolium temulentum*; mais elle contribue à rendre le pain plus pesant sur l'estomac, à lui donner une odeur piquante, une saveur désagréable, susceptible de causer une sorte de dégoût, de fadeur et d'inappétence. Le moyen d'empêcher de semblables effets est de n'envoyer au moulin que du vieux blé, et pour en débarrasser nos moissons, il convient seulement de n'employer pour semence que du blé d'un an, de le semer bien net, de soigner les engrais, d'arracher exactement tous les pieds de Mélampyres, en juin, lorsqu'ils sont en fleurs, et surtout de faire succéder au froment ou autre céréale, du trèfle, du sarrasin, ou mieux encore des plantes à sarcler.

Si la graine du Mélampyre des champs, *M. arvense*, L., est nuisible à l'homme tant qu'elle n'a pas perdu son eau de végétation, il est peu de plantes aussi recherchées par les vaches, d'où lui est venu le nom de *Blé de vache* qu'elle porte le plus vulgairement. Le lait et le beurre de l'animal qui a mangé de cette plante sont d'une excellente qualité. L'on avait proposé de la semer seule, afin d'offrir un fourrage de plus aux vaches laitières; mais l'expérience a prouvé qu'elle venait mal, et qu'il vaut mieux recourir au Moha, ou tout autre plante, que d'exposer la santé de l'homme. Les pieds de Mélampyres, arrachés à l'époque de leur floraison, peuvent se donner aux bestiaux. On appelle cette espèce *Rougeole*, à cause des bractées rouges qui accompagnent ses corolles également rouges, mais nuancées de jaune.

Les fleurs du Mélampyre a crêtes, *M. cristatum*, L., sont moins rouges, mêlées de blanc ou de jaunâtre, quelquefois entièrement blanches, disposées, comme les précédentes, en épis terminaux, et imbriquées de bractées d'un vert pâle. Cette espèce n'est point rare dans nos bois, et se rencontre souvent dans nos pâturages.

Celle que l'on nomme Mélampyre des bois, *M. nemorosum*, L., beaucoup plus haute et plus rameuse, a les feuilles très-entières; ses fleurs sont jaunes, quelquefois blanches, pour la plupart tournées du même côté, et solitaires dans les aisselles des feuilles. Elle abonde dans les bois, surtout dans ceux de nos régions méridionales. C'est là qu'il faut l'aller chercher pour en régaler les vaches: elle offre, sous ce rapport, les mêmes avantages que le Mélampyre des moissons. Elle est dans sa plus grande vigueur aux temps des chaleurs, alors que les vaches dans nos vignobles souffrent le plus de privations; c'est le moment où la bonne ménagère doit se la procurer. (T. d. B.)

MÉLANCHRYSE, *Melanchrysum*. (bot. phan.) Genre établi par Cassini dans la famille des Synanthérées, tribu des Arctotidées, pour une plante du cap de Bonne-Espérance, qu'il regarde comme le véritable *Gorteria rigens* de Linné; M. Cassini y ajoute une autre espèce ou variété, *Melanchrysum spinulosum*, et les caractérise ainsi: involucre cylindracé, composé de folioles un peu inégales, imbriquées sur deux ou trois rangs, soudées entre elles par la base, et surmontées d'un appendice étalé, linéaire et foliacé; réceptacle épais, charnu, conique, alvéolé, creusé intérieurement d'une cavité où s'insère le pédoncule; fleurs centrales nombreuses, régulières et hermaphrodites; celles de la circonférence neutres, à corolle tubuleuse, et languette dentée au sommet; ovaires couverts de longs poils capillaires, dressés, plus longs que l'aigrette, laquelle est composée de paillettes nombreuses, inégales, subulées, finement denticulées en scie sur les bords.

M. Richard regarde ce genre comme à peu près identique avec le Gazania ou Messinia (*voyez* ces mots). Les deux plantes qui le composent sont fort belles, et cultivées dans les jardins d'amateurs; elles demandent une exposition très-chaude, de fréquens arrosemens l'été, et la serre d'orangerie pendant l'hiver. On les multiplie de marcottes. (L.)

MÉLANDRYE, *Melandrya*. (ins.) Genre de Coléoptères de la section des Hétéromères, famille des Sténélytres, tribu des Serropalpides, offrant pour caractères: palpes maxillaires dentés en scie; angles internes des second et troisième articles dentés en pointe; corselet trapézoïdal; écusson de grandeur moyenne. Les Mélandryes ont été séparées génériquement par Fabricius; elles ont le corps allongé, un peu dilaté vers l'extrémité des élytres; la tête globuleuse, enfoncée dans le corselet jusqu'aux yeux; ceux-ci sont globuleux; les palpes maxillaires sont très-saillans, leur troisième article est beaucoup plus court que le second et le quatrième; le corselet est plus large à sa partie postérieure, sinué. Ces insectes se trouvent sur le bois et souvent sous les écorces; mais leurs métamorphoses et leurs larves sont également inconnues.

M. caraboïde, *M. caraboides*, Ol. Longue de six lignes, noire avec les élytres bleuâtres, finement pointillées avec des côtes élevées; palpes, extrémité des antennes et tarses roussâtres. Rare aux environs de Paris. (A. P.)

MÉLANIE, *Melania*. (moll.) Lamarck a classé ce genre dans sa famille des Mélaniens: Cuvier et Blainville, dans celle des Conchylies. On ne connaît qu'imparfaitement l'anatomie de ces animaux, voici les caractères que leur assigne Bruguière: animal trachélipode, dioïque, ayant le pied frangé dans sa circonférence; deux tentacules filiformes, les yeux à leur base externe; un mufle proboscidiforme; coquille turriculée, à ouverture entière, ovale ou oblongue, évasée à sa base; columelle lisse, arquée en dedans, un opercule corné. Les Mélanies sont toutes des coquilles d'eau douce des pays chauds; elles étaient autrefois très-communes en France, et cependant on n'en trouve plus maintenant de vivantes, mais seulement à l'état fossile et quelquefois mêlées avec un grand nombre de genres essentiellement marins. M. Deshayes, dans son ouvrage sur les fossiles des environs de Paris, a divisé les Mélanies en quatre sections, dont voici les types:

1° Mélanie tiare, *Melania amarula*, Lam. Cette espèce est noire, courte et ovale, une rampe couronnée d'épines assez longues borde ses tours. On la trouve en abondance à l'île de France, à Madagascar et dans l'Inde.

2° Mélanie tronquée, *Melania truncata*, Lam. Cette espèce est une des plus belles du genre, quoiqu'assez commune; elle est toute noire, fortement striée en travers; ces stries sont coupées perpendiculairement par des côtes longitudinales qui ne descendent que vers le milieu des tours. On la trouve à la Guiane.

3° Mélanie souillée, *Melania inquinata*, Def.

Vivante, cette coquille est très-abondante à Java; fossile, les environs d'Epernon et du Soissonnais en fournissent une grande quantité.

4° Mélanie a petites côtes, *Melania costellata*, Lam. Elle n'est connue qu'à l'état fossile, surtout aux environs de Paris.

5° Mélanie bordée, *Melania marginata*, Lam., *Bulimus turricula*, Bruguière. Cette coquille est fort abondante aux environs de Paris, à l'état fossile; le Piémont en offre aussi une grande quantité.

6° Mélanie aiguë, *Melania acuta*, Freminville. Cette sixième section contient d'autres coquilles vivantes et fossiles. (J. L.)

On a publié récemment quelques belles espèces de ce genre dans le Magasin de Zoologie. M. Rang en a fait connaître deux avec leurs animaux. La première, M. muriquée, *M. aurita*, Mull. (class. v, pl. 12, 1832), est longue de près de deux pouces, d'un roux verdâtre, avec l'animal orangé marbré de brun, et les franges du manteau d'un jaune pâle. M. Rang l'a trouvée dans les fleuves de la côte de Malaguette. L'autre, M. tuberculeuse, *M. tuberculosa*, Rang, *id.* pl. 13, est de même taille, d'un brun plus ou moins verdâtre, à bouche blanchâtre. Son animal est d'un noir verdâtre, avec le mufle saillant échancré. Il a été trouvé avec le précédent. Nous reproduisons les figures de ces deux espèces dans notre Atlas, pl. 342, fig. 1 et 2.

Jusqu'ici on n'avait pas trouvé de Mélanies vivantes en Europe; aussi la découverte faite par M. Lasserre d'une petite espèce de ce genre dans le lac de Genève, est-elle un fait de géographie zoologique très-intéressant. Cette espèce, que M. Michelin a fait connaître dans le Magasin de zoologie, 1831, cl. V, pl. 37, est nommée par lui M. helvétique, *M. helvetica*; elle est longue de trois millimètres, blanchâtre, à tours anguleux, le milieu des supérieurs est garni d'un bourrelet formant carène, le dernier tour en porte deux. (Guér.)

MÉLANIENNE. (zool.) Mot consacré par M. Bory Saint-Vincent pour désigner une des variétés de l'espèce humaine, qui habite la terre de Diémen, quelques points des îles Philippines, des Moluques, de la Nouvelle-Guinée, etc., etc. Nous avons rangé l'espèce Mélanienne dans la troisième race ou l'Éthiopienne, rameau papou. (*Voyez* Homme.) (P. Garnot.)

MÉLANISME. (zool.) L'opposé d'Albinisme (*voyez* ce mot). C'est une expression sans valeur et sans utilité, par laquelle certains auteurs ont voulu désigner l'état noir de la peau. Tant qu'on a cru que l'albinisme pouvait être le caractère d'une race particulière, on a pu appeler *Mélanisme* le caractère correspondant de la race opposée. Aujourd'hui qu'il est bien constaté que l'albinisme est une maladie de la peau, il serait peu rationnel de conserver dans la langue de l'Histoire naturelle une expression indiquant une corrélation qui n'existe pas. (G. G. de C.)

MÉLANITE. (min.) Sous ce nom, qui comprend les substances que l'on a appelées *Allochroïte*, *Pyrénéite* et *Rothoffite*, on désigna d'abord un minéral noir, que l'on rangeait avec raison parmi les grenats. Dans la classification chimique de M. Beudant, le grenat formant un sous-genre, la Mélanite en constitue une espèce; mais, au lieu d'être restreinte au grenat noir, elle comprend encore des grenats jaunâtres ou bruns, qui présentent à l'analyse 35 à 40 parties de silice, 20 à 30 de peroxide de fer, 26 à 30 de chaux, 1 à 4 de protoxide de manganèse, et quelquefois de l'alumine et de la potasse. (J. H.)

MÉLANOPHORE, *Melanophora*. (ins.) Genre de Diptères de la famille des Athéricères, tribu des Muscides, qui se distingue des autres genres de la même tribu par ses antennes se joignant presque à leur base, terminées par une palette lenticulaire; les ailes écartées, et les cuillerons couvrant presque entièrement les balanciers. Ces insectes sont de petite taille, ordinairement noirs, avec les ailes également noires; on suppose qu'ils vivent en parasites à la manière des Tachines dont ils sont voisins.

M. arrosée, *M. roralis*, Fab. Longue de deux lignes, entièrement d'un noir brillant avec un grand nombre de soies épineuses sur la tête et le corps; les yeux sont rouges et les ailes enfumées. On croit que cette espèce, qui se trouve assez communément dans les maisons, vit en parasite aux dépens de la Mouche domestique. (A. P.)

MÉLANOPSIDE, *Melanopsis*. (moll.) Ce genre a été établi par M. de Férussac en 1807; Cuvier ne l'a pas adopté et n'en fait pas mention dans son Règne animal. Il est un des plus curieux à étudier parmi les coquilles fluviatiles, d'abord par les caractères qui distinguent son animal, puis par la troncature de la columelle de la coquille; fait unique dans les coquilles fluviatiles. Les caractères qui le distinguent sont : animal dioïque, spiral, trachélipode; le pied court, arrondi, pourvu d'un opercule corné; la tête munie de deux gros tentacules coniques, assez peu allongés, incomplétement contractiles, portant les yeux sur un renflement assez saillant situé à leur base externe; la bouche à l'extrémité d'une sorte de mufle proboscidiforme; la cavité respiratrice aquatique contenant deux peignes branchiaux inégaux, et se prolongeant en un tube incomplet à son angle antérieur et externe; coquille allongée, fusiforme ou conico-cylindrique à sommet aigu; tours de spire plus ou moins nombreux, le dernier ayant souvent les deux tiers de la longueur totale; ouverture ovale-oblongue; columelle calleuse, supérieurement tronquée, séparée de la lèvre droite à la base par un sinus peu profond, une callosité plus ou moins considérable ou un sinus à la réunion de la lèvre droite sur l'avant-dernier tour. La France et l'Angleterre contiennent à l'état fossile une assez grande quantité de ces coquilles; mais elles ne vivent aujourd'hui qu'en Europe, en Asie, en Grèce, en Afrique et dans l'Inde, quoique C. Prévost en ait recueilli une espèce dans certaines eaux thermales des environs de Vienne, en Allemagne. On connaît plusieurs espèces de ce genre; les unes forment le sous-genre des *Pyrènes*, qui a pour type :

La

La **Mélanopside térébrale**, *Melanopsis atra*, Fér.; *Pyrena terebralis*, Lam. Cette espèce est noire, lisse; l'ouverture est d'un blanc roussâtre en dedans. Cette belle coquille, grande et turriculée, manque dans beaucoup de collections. Les Moluques, les Grandes Indes la fournissent vivante.

La **Mélanopside épineuse**, *Melanopsis spinosa*, Férussac; *Pyrena spinosa*, Lam. Aussi grande que la précédente, cette espèce est armée de tubercules épineux. On ne l'a encore trouvée qu'à Madagascar.

Dans la seconde division nous citerons :

La **Mélanopside buccinoïde**, *Melanopsis buccinoidea*, Fér.; *Bulimus prærosus*, Brug. et Lam. Cette espèce est très-commune en Espagne, en Grèce et en Perse, fossile en France et en Angleterre. Nous l'avons représentée dans notre Atlas, pl. 342, fig. 3.

La **Mélanopside ancillaroïde**, *Melanopsis ancillaroides*, Desh., de même grandeur que la précédente, s'en distingue seulement par la manière dont les sutures sont couvertes par un dépôt calcaire poli, semblable à celui des Ancillaires. On la trouve en France à l'état fossile.

La **Mélanopside de Clément**, *Melanopsis clementina*, Michelin, Mag. de Zool., cl. v, pl. 29 (1833). Elle est longue de plus de deux pouces et demi, avec les tours de spire garnis de côtes. Cette espèce est fossile, et a été trouvée dans des argiles dépendantes du grès vert. Des environs de Troyes. (J. L.)

MÉLANOSE. (anat.) On désigne ainsi une production accidentelle et morbide qui, pour caractères distinctifs, a une couleur noire plus ou moins foncée.

La Mélanose peut se manifester sous quatre formes différentes. Elle peut constituer des masses enkystées; la matière qui la compose peut se trouver à l'état d'infiltration dans différens tissus; elle peut se répandre par couches plus ou moins épaisses à la surface libre des membranes; enfin elle peut se montrer à l'état liquide mou, isolée ou mêlée à d'autres liquides de l'économie. C'est Laennec qui a le premier fixé l'attention des anatomistes sur cette production morbide. (G. G. de C.)

MÉLANTÉRIE. (min.) Substance minérale verdâtre, soluble et ayant le goût de l'encre, cristallisant en prismes obliques rhomboïdaux. Elle provient de la décomposition du sulfure de fer : de là les noms de *Fer sulfaté*, de *Vitriol martial* et de *Couperose verte*, qu'on lui donnait autrefois. (J. H.)

MÉLANTHE, *Melanthium*. (bot. phan.) Une quinzaine d'espèces de plantes liliacées, croissant les unes dans l'Amérique septentrionale, les autres au cap de Bonne-Espérance, une en Sibérie, composent ce genre, établi par Linné et placé dans son Hexandrie trigynie. Il appartient à la famille des Colchiques ou *Mélanthacées* de R. Brown, et se caractérise ainsi : calice coloré, à six divisions profondes, étalées, rétrécies à leur base, où se trouvent fréquemment deux petites glandes; six étamines; trois ovaires soudés latéralement, portant chacun un style et un stigmate; fruit composé de trois capsules uniloculaires, soudées latéralement, distinctes par le sommet; graines unies et membraneuses.

Le **Mélanthe a épi**, *Melanthium spicatum*, est une plante gracieuse, à tige menue, à feuilles engaînantes, longues et étroites. Elle donne en mai un épi de fleurs pourpres, dont les lobes s'ouvrent en étoile.

Le **Mélanthe a feuilles de jonc**, *M. junceum*, Jacquin, a sa tige garnie de deux feuilles longues et étroites. Ses fleurs naissent en grappe, au nombre de cinq ou six; leurs divisions sont blanches, et marquées à la base d'une tache pourpre.

Ces deux espèces naissent de bulbes fort petits; leur culture est celle des *Ixias*. (L.)

MÉLANTHÉRITE. (min.) Nom donné par de Lamétherie au schiste noir, connu généralement sous le nom d'Ampélite. (J. H.)

MÉLAPHYRE. (min. et géol.) M. Al. Brongniart a proposé de donner ce nom à un porphyre noir que le minéralogiste allemand Werner a appelé *Trapporphyr*. Cette roche est composée d'une pâte d'amphibole noir, enveloppant des cristaux de feldspath. Elle se distingue en trois variétés de couleur qui sont produites par les nuances des feldspaths : ainsi le *Mélaphyre demi-deuil* présente des cristaux de feldspath blanc sur un fond noir; le *Mélaphyre sanguin*, des cristaux de feldspath rougeâtre et des grains de quartz sur un fond noirâtre; enfin le *Mélaphyre tache verte*, des cristaux verdâtres sur un fond d'un brun rougeâtre.

La première de ces variétés se retrouve dans quelques porphyres antiques; on la connaît dans plusieurs localités de la Suède, de la Norwége, de la Hongrie; la France en possède dans les Vosges. La seconde existe en Norwége, au mont Sinaï et en Corse. La troisième n'est connue que par quelques monumens des anciens. (J. H.)

MÉLASIS, *Melasis*. (ins.) Genre de Coléoptères, section des Pentamères, famille des Serricornes, tribu des Buprestides, établi par Olivier, et offrant pour caractères : mandibules pointues; quatre palpes courts, terminés par un article obtus; antennes courtes ayant leurs articles, à partir du quatrième, flabellés au côté interne, mais les dilatations les plus longues se trouvant au milieu et diminuant ensuite jusqu'aux deux extrémités; corps allongé, cylindrique; tarses sétacés, très-minces à l'extrémité. Ces insectes vivent à l'état de larve dans l'intérieur du bois, qu'ils percent à la manière de certaines Vrillettes; on les trouve sur le tronc des vieux arbres, où l'on prétend que s'opère l'accouplement, un des sexes se tenant dans son trou, et l'autre restant dehors. Cette remarque, si elle est juste, les rapprocherait des Cébrions, chez qui cette fonction s'opère de même.

Mélasis flabellicorne, *M. flabellicornis*, Fab. : long de 3 à 4 lignes, noir-brun, un peu duveteux, finement ponctué de stries profondes sur les élytres qui se terminent en pointe; les palpes et le cinquième article des tarses sont fauves. Assez rare aux environs de Paris. (A. P.)

Ce genre a été adopté par tous les entomologistes, et Latreille l'a bien isolé des genres qui l'avoisinent, dans le dernier mémoire qu'il a composé, et qu'on a inséré, après sa mort, dans les Annales de la société entomologique de France. Voilà comment il s'exprime au sujet de cet insecte : « Olivier avait rapporté comme synonyme de l'espèce servant de type générique, l'*Elater buprestoides* de Linné. Divers naturalistes étrangers, considérant cette dernière comme différente, ont substitué au nom de *Buprestoides* donné à la première, celui d'*Elateroides*. Mais d'après les dernières observations de M. Gyllenhal (Faun. suec., t. 4. Append., p. 566), je soupçonne qu'on a été induit en erreur par des différences sexuelles et quelques autres peu importantes, et ne constituant que de simples variétés. Il sera facile de résoudre cette difficulté en se procurant le *Melasis elateroides* du Nord et en le comparant avec le *Buprestoides* d'Olivier et le *Flabellicornis* de Fabricius. » J'ai donné, dans mon Iconographie du Règne animal, pl. II, fig. 7, une nouvelle figure du *Melasis buprestoides* d'Olivier. Elle est reproduite dans notre Atlas, pl. 342, fig. 4, et 4 *a* son antenne. (Guér.)

MÉLASOMES, *Melasoma*. (ins.) Famille de Coléoptères, de la section des Hétéromères. Cette famille offre pour caractères : tête enfoncée jusqu'aux yeux dans le corselet; yeux à peine saillans, ovales; antennes grenues, ayant le troisième article le plus long de tous; un crochet aigu à la partie interne des mâchoires; tous les crochets des tarses entiers; les ailes manquent très-souvent, et les élytres sont alors rondes et embrassent sur les côtés une partie de l'abdomen. Les travaux de MM. Léon Dufour et Marcel de Serres ont jeté un grand jour sur l'anatomie interne de ces insectes; leur canal digestif est allongé; l'œsophage s'ouvre dans un jabot glabre, qui à l'extérieur forme une poche ovoïde, garnie à l'intérieur de plissures charnues longitudinales, aboutissant à une valvule formée de quatre pièces cornées. C'est à cette place que viennent s'insérer les vaisseaux chilifiques; le ventricule chilifique lui-même est allongé, flexueux et hérissé de papilles; il se termine à un bourrelet où est la première insertion des vaisseaux biliaires; ceux-ci ont leur seconde insertion à la face inférieure du cœcum par un seul tronc tubuleux qui n'est que la réunion de plusieurs autres; la bile est jaune, mais quelquefois d'autre couleur, comme brune ou violette; en arrière de la bouche on trouve, dans certains individus, un appareil salivaire; chez ces animaux, la partie adipeuse des intestins, habituellement nommée corps graisseux, est très-abondante, ce qui explique la facilité avec laquelle ces insectes peuvent vivre un espace de temps assez long sans prendre aucune nourriture, étant même piqués avec une épingle.

Latreille a divisé cette famille en trois tribus, les Piméliaires, les Blapsides et les Ténébrionites; les personnes qui veulent étudier cette famille en détail, pourront consulter les travaux que M. Solier a insérés dans les Annales de la société entomologique de France, et ceux que M. Guérin a donnés dans son Magasin de zoologie. (A. P.)

MÉLASTOMACÉES, ou MÉLASTOMÉES, *Melastomaceæ*. (bot. phan.) Famille de plantes dicotylédonées polypétales, remarquables par plusieurs caractères qui en font une des plus naturelles du règne végétal. C'est d'abord l'aspect des feuilles, chargées de nervures longitudinales et transversales, puis, dans la fleur, la structure membraneuse des étamines, qui font reconnaître aussitôt un arbre, un arbuste, une herbe appartenant à cette famille, et les distinguent des Myrtacées et des Salicariées, entre lesquelles les Mélastomées se placent dans la nomenclature.

Les Mélastomées sont en très-grand nombre, et appartiennent toutes aux régions les plus chaudes du globe, particulièrement à l'Amérique méridionale et aux Antilles; elles affectent tous les états de grandeur. Leur feuilles sont opposées, simples, marquées de trois à dix ou onze nervures longitudinales, d'où partent un grand nombre d'autres nervures transversales et très-rapprochées. Leurs fleurs présentent à peu près tous les modes d'inflorescence; elles sont souvent grandes, tantôt nues, tantôt accompagnées de bractées. Voici, de la manière la plus succincte, l'analyse de leur structure.

Calice monosépale, persistant, ovoïde ou tubuleux, libre ou adhérent, ayant son limbe plus ou moins évasé, tantôt presque entier, tantôt à quatre, cinq ou six dents ou divisions; rarement formant une sorte de coiffe ou opercule. Corolle de quatre, cinq ou six pétales alternes avec les divisions du calice, en général égaux et réguliers, imbriqués latéralement et tordus en spirale pendant l'estivation, insérés à la partie supérieure du tube calicinal, sur un bourrelet ou disque qui en tapisse la paroi interne. Etamines en nombre double des pétales, et insérées sur le même disque; elles se composent de deux loges membraneuses, réunies par un connectif qui, formant une saillie longitudinale, se prolonge d'une manière plus ou moins sensible, et se termine quelquefois par deux tubercules ou appendices. Elles sont tantôt déclinées et unilatérales, tantôt dressées, et ayant leurs anthères rapprochées en cône; la déhiscence a lieu ordinairement par un pore terminal commun aux deux loges, rarement par un sillon longitudinal. Ovaire tantôt libre, tantôt infère ou semi-infère, présentant trois à huit loges, le plus souvent quatre ou cinq; son sommet est terminé par un rebord formé par le disque ci-dessus indiqué. Style simple, en général un peu courbé; stigmate simple, un peu concave et obtus. Fruit tantôt capsulaire, sec ou déhiscent, tantôt charnu et indéhiscent, couronné et seulement environné par le calice selon le plus ou moins d'adhérence de celui-ci; graines ordinairement réniformes, contenant un embryon sans endosperme.

La distinction des genres de cette famille a exercé la sagacité et la science d'investigation de plusieurs botanistes qui, à défaut de caractères de quelque importance, en ont cherché d'artificiels, et, ce qui est plus malheureux, résultant parfois d'observations inexactes ou incomplètes. Nous n'entrerons point dans le détail de cette discussion, dont voici les résultats. La liberté ou l'adhérence de l'ovaire ne peut servir à établir des tribus dans la famille des Mélastomées, ni même à caractériser des genres, puisque des espèces manifestement voisines présentent ces diverses modifications. Il a fallu chercher d'autres signes de distinction. Ceux qu'a établis assez récemment un savant écossais, David Don, basés sur la forme du calice et des anthères, et sur l'inégalité plus ou moins grande des cotylédons, paraissent artificiels et peu constans, n'aidant même que peu à reconnaître avec certitude les nouveaux genres que l'auteur a créés. Cependant M. de Candolle, dans le troisième volume de son *Prodroma*, a basé une nouvelle classification sur le travail sans doute fort remarquable de David Don; et, enchérissant encore sur le botaniste écossais, il a multiplié les coupes et les genres d'une manière qu'on peut appeler prodigue. Mais qui oserait juger les maîtres de la science?

M. Richard pensait, en 1826, que la famille des Mélastomées se compose seulement de deux grands genres, l'un le *Melastoma*, caractérisé par un fruit charnu; l'autre, le *Rhexia*, par un fruit sec et indéhiscent; les autres genres établis par Aublet, Jussieu, Swartz, etc., y rentreraient comme sections. Nous nous en tenons à cette opinion d'un de nos meilleurs analystes en botanique. (L.)

MÉLASTOME, *Melastoma*. (BOT. PHAN.) Ce genre, type de la famille précédemment décrite, et appartenant à la Décandrie monogynie, se compose d'un assez grand nombre d'arbres, arbustes ou herbes d'aspect élégant, à feuilles opposées, marquées de nervures longitudinales et transversales; leurs fleurs varient de disposition, et naissent tantôt nues, tantôt accompagnées de bractées. Nous ne répéterons pas leurs caractères génériques, qui sont ceux de la famille; le fruit charnu et indéhiscent distingue le *Melastoma* du *Rhexia*.

MM. Don et De Candolle ont créé un grand nombre de genres avec le seul Mélastome; leurs caractères sont tirés soit des différentes modifications que présente l'anthère, soit du nombre et de la disposition des bractées qui souvent accompagnent les fleurs. Le Mélastome désignerait seulement les espèces ayant un calice à cinq ou six divisions caduques, cinq ou six pétales, dix ou douze étamines, à anthères munies à leur base d'un appendice bicorne; un ovaire adhérent, renfermé dans le tube du calice, une capsule bacciforme à cinq ou six loges.

Si l'on forme le Mélastome de toutes les espèces de Mélastomées à fruit charnu et indéhiscent, il comprendra le *Tristemma* de Jussieu, le *Valdesia* de Ruiz et Pavon, les *Topobœa*, *Maieta* et *Tococa* d'Aublet.

Citons quelques espèces cultivées dans les jardins d'agrément:

Le *Melastoma malabathrica*, L., originaire de Ceylan, est un arbuste élégant, à rameaux cruciés, hérissés de poils raides et distans; il n'atteint que deux pieds dans nos serres; ses feuilles sont ovales-oblongues, rudes des deux côtés, marquées de cinq à sept nervures. Ses fleurs, disposées en panicule lâche, feuillée, terminales et d'un beau rose, ont un calice et une corolle à six parties, et douze étamines; l'ovaire est environné de soies. Cette espèce, la plus élégante de celles que renferment nos jardins, demande, ainsi que ses congénères, une culture très-soignée. On la tient en serre chaude et dans la terre de bruyère. Elle se multiplie de rejetons, et fleurit en hiver.

Le *Melastoma cymosa*, arbrisseau de l'Amérique équinoxiale, à tige rougeâtre, s'élève à deux ou trois pieds; ses fleurs sont cordiformes aiguës, un peu velues. Les fleurs, disposées quinze à trente en cime, sont pourpre clair; elles ont cinq divisions au calice et à la corolle, et s'épanouissent en juin et juillet.

Nous en donnons le portrait dans notre Atlas, pl. 342, fig. 5. En *a* l'on voit la fleur entière; en *b*, le calice avec un seul pétale, deux étamines et le pistil. (L.)

On se rappelle que Burmann, en créant le genre Mélastome, tira son nom de la couleur noire laissée par la pulpe agréable du fruit sur les lèvres et dans la bouche de ceux qui s'en nourrissent, et que l'horticulture s'empressa de rechercher les très-belles plantes qui le composent. Ces végétaux, remarquables par l'éléganc de leur feuillage, par l'extrême variété de leur inflorescence, par leurs fleurs pittoresquement groupées et par la bonté de leurs fruits, commencent à s'acclimater en France. Ils ont l'inconvénient de voir leurs tiges périr presque jusqu'à la base après avoir fleuri; mais bientôt après la racine en produit de nouvelles. Pour les multiplier, il convient de saisir l'instant même où la tige se dessèche pour diviser les racines en plusieurs éclats munis d'un œil, et de les mettre en terre.

Bonpland, dans sa belle monographie des Mélastomes, en décrit plusieurs espèces très-curieuses qu'il serait intéressant d'introduire dans nos cultures. Le MÉLASTOME-THÉ, *Melastoma theezans*, qui sert aux habitans de Popayan aux mêmes usages que le thé chez les Chinois, réussirait parfaitement dans nos départemens riverains de la Méditerranée, et viendrait décharger notre commerce de l'or qu'il fournit à l'étranger pour avoir la feuille du thé. Bonpland assure que l'infusion obtenue des feuilles de cette espèce de Mélastome réunit tout l'agrément que l'on trouve à la feuille de la Chine; elle est moins astringente, plus aromatique, et, dit-il, plus utile dans beaucoup de cas. La découverte et l'emploi de la plante du Pérou ne date que de l'année 1812.

Le botaniste français parle aussi de deux espèces fort élégantes, le MÉLASTOME A ÉPI SIMPLE, *M. aplostachia*, qui se plaît sur le bord des eaux courantes, et le MÉLASTOME A QUEUE, *M. caudata*, distingué de ses congénères par le prolongement de ses feuilles en une longue queue. Il estime qu'il serait également facile de les voir prospérer dans nos contrées du midi. Ces deux espèces ont de jolies fleurs; elles sont blanches sur le premier, roses sur le second, et la baie succulente qui leur succède est couronnée par les dents du calice. Nous recommandons ces trois espèces aux amateurs : c'est une conquête à faire. (T. D. B.)

MÉLECTE, *Melecta.* (INS.) Genre d'Hyménoptères de la section des Porte-aiguillons, famille des Mellifères, tribu des Apiaires. Ce genre a été établi par Latreille qui le distingue de ceux de la même tribu par les caractères suivans: labre semi-ovalaire; mandibules pointues, unidentées au côté interne; palpes maxillaires de cinq articles distincts; paraglosses aussi longs que les palpes labiaux. On distingue facilement les Mélectes à un caractère secondaire très remarquable, c'est d'être entièrement noires et d'avoir des points blancs disposés sur les deux côtés de l'abdomen; les *Crocises* offrent la même apparence, mais sont bien moins velues, et ont le métathorax prolongé en pointe; quant aux *Epéoles* et aux *Nomades*, autres genres qui en sont voisins, leur couleur et leur forme habituelle les en écartent à la première vue. Les Mélectes ont la tête un peu plus basse que le corselet; leurs antennes sont à peine coudées, filiformes, avec le troisième article beaucoup plus grand que les suivans; les ocelles sont placés sur une ligne presque droite; le thorax est arrondi, bombé; les ailes offrent une cellule radiale et trois cellules cubitales, dont l'intermédiaire, plus petite que les autres, reçoit la première nervure récurrente, et la troisième reçoit la seconde; l'abdomen est court, conique; les pattes postérieures sont impropres à recevoir le pollen des fleurs. Cette organisation dénote au premier coup d'œil que ces insectes doivent vivre en parasites, et déposer leurs œufs dans le nid d'autres Apiaires qui ont cru approvisionner leurs petits, et se sont épuisés pour nourrir ces insectes. On voit continuellement les Mélectes voler le long des murs, des terrains coupés à pic ou des vieux bois, partout enfin où elles espèrent trouver des nids en train d'être approvisionnés et où elles puissent opérer leur ponte.

M. PONCTUÉE, *M. punctata*, Fab., figurée dans notre Atlas, pl. 343, fig. 1. Longue de six lignes; noire, avec la tête et le corselet couverts d'un long duvet gris-roussâtre; l'abdomen a son premier segment couvert d'un pareil duvet; le second segment a simplement un bouquet de chaque côté; les segmens suivans, excepté le dernier, sont aussi marqués d'un point blanc de chaque côté, mais moins sur les flancs que ceux du second segment; les tibias sont marqués d'un large anneau de duvet blanc. Cette espèce est commune aux environs de Paris. (A. P.)

MÉLÈZE, *Larix.* (BOT. PHAN. et ÉCON. RUR.) Habitant des montagnes élevées, sur lesquelles il a jusqu'à trente et trente-cinq mètres de haut sur un et demi de diamètre à sa base, le Mélèze est âpre et rustique comme les terrains pierreux, comme les rochers à travers lesquels il se glisse et végète avec force. On l'a vu successivement incorporé tantôt parmi les Pins, *Pinus*, dont il diffère par ses feuilles fasciculées qui naissent de bourgeons particuliers et sortent d'un même point d'insertion, ainsi que par ses strobiles épars le long des branches; tantôt parmi les Sapins, *Abies*, dont il se rapproche par l'organisation de ses fleurs femelles, de ses fruits et de ses graines; mais il s'en éloigne par la disposition de ses cônes et par la chute de ses feuilles, qui sont annuelles; tantôt parmi les Cèdres, *Cedrus*, avec lesquels il a des rapports plus intimes, mais aussi des différences très-remarquables. Il forme un genre à part dans la famille des Conifères et on lui connaît trois espèces distinctes: l'une est d'Europe, où elle se trouve depuis le 43ᵉ degré de latitude nord jusqu'au 68ᵉ, qu'elle donne encore de beaux bois de construction, tandis que le Sapin à feuilles d'If, *Abies taxifolia*, cesse d'y croître; les deux autres appartiennent au nord de l'Amérique, où on les rencontre depuis les Alléghanys de la Caroline par 34 degrés de latitude nord jusqu'aux bords du lac Pointe par le 65ᵉ degré. Arrivé à ce point, le Mélèze perd sa tige superbe; il n'est plus qu'un timide sous-arbrisseau dont les branches s'étalent sur le sol. Il redoute les pays chauds, et, quoique placé à l'ombre, il ne tarde pas à y périr. Aucune de ces trois espèces ne descend naturellement dans les plaines; mais si on les y plante, elles s'y élèvent au moins à la hauteur de nos Chênes. Ces espèces se reconnaissent aux caractères suivans :

Monoécie polyandrie; chatons mâles ovoïdes ou globuleux, simples; chaque fleur s'y montre composée de deux anthères sessiles, uniloculaires, intimement soudées par leur côté interne et surmontées d'une petite écaille. Les chatons femelles sont formés d'écailles imbriquées terminées par une longue pointe qui tombe tôt ou tard. Strobiles axillaires, épars sans ordre le long des branches. Feuilles étroites, éparses sur les jeunes rameaux, et disposées sur ceux d'un à deux ans en rosettes d'un vert gai, au milieu desquelles naissent, en avril, mai ou juin, des fleurs roussâtres. (*Voy.* la pl. 343, fig. 2, où nous donnons l'arbre vu dans son entier; *a* un rameau, pour montrer l'attache des rosettes et des strobiles; *b* un strobile demi-grandeur naturelle; *c* une écaille grandeur naturelle.)

De tous les arbres conifères, le MÉLÈZE COMMUN, *L. europæa*, est celui dont la croissance est la plus rapide; il végète avec force jusqu'à l'âge de soixante-dix et quatre-vingts ans. Son élévation la plus basse est de trente à quarante mètres; sa tige très-droite forme une pyramide régulière, recouverte d'une écorce lisse, aux branches et rameaux très-nombreux, portant écorce écailleuse, horizontaux dans la jeunesse de l'arbre, un peu inclinés vers le bas et même pendans lorsque l'arbre acquiert de la taille, relevés dans le haut, et terminés par une flèche élancée. Les feuilles poussent au printemps; elles sont linéaires, courtes, divergentes, molles, un peu obtuses, glabres, d'un vert tendre, et tombent dans le courant de l'automne. Leurs rosettes, produites et développées dans la première année, donnent ordinairement la seconde année, ou au plus tard la troisième, naissance aux fleurs. Les cônes, petits et d'une grosseur moyenne, redressés et couronnés par un petit toupet de feuilles, dont les bractées sont saillantes, se montrent violacées durant la fleuraison et prennent une teinte grise à leur maturité; leurs écailles assez lâches portent à leur base interne deux semences jaunes, ovales, aplaties, surmontées chacune d'une aile membraneuse.

Cet arbre ne paraît pas avoir été connu des Grecs, du moins Théophraste est tellement obscur dans un certain passage de son Histoire des Plantes (I. 15), qu'il est impossible d'affirmer si le Mélèze est compris parmi les espèces qu'il désigne sous les noms de ἀειφύλλα, πεύκης τι γένος, ou de πεύκη ἡμέρα. D'un autre côté, la description de Pline (XVI, 25) est trop peu complète, pour oser réellement affirmer que le Larix des Romains soit notre Mélèze, quoique les propriétés qu'il lui attribue lui conviennent absolument. Ses tiges étaient bien plus nombreuses autrefois sur nos montagnes, qu'elles ne le sont aujourd'hui; j'en ai acquis une preuve certaine sur l'immense étendue de terres qui, depuis le col de l'Argentière jusqu'au vallon de Fours, domine la partie gauche de la vallée de Barcelonette, département des Hautes-Alpes. Elle fut jadis couverte par une grande forêt de Mélèzes; mais depuis deux siècles environ elle est remplacée par des pelouses verdoyantes sur lesquelles j'ai trouvé les immenses troupeaux transhumans de la Crau (*voy* ce mot). Presque toutes les habitations de cette vallée sont construites avec des pièces de Mélèze et couvertes de belles planches fournies par cet arbre.

Un moment on a dû aller mendier le Mélèze aux forêts du Danemarck, de la Norwége et de Memel, par suite des destructions faites durant les dernières années du dix-septième et du dix-huitième siècle; heureusement, depuis l'aurore du siècle actuel, les plantations se multiplient, et le nouveau mode de culture adopté nous fait espérer que la France reverra ses ressources, sous ce point de l'économie forestière, grandir et suffire au-delà de ses besoins. Les abattis ont été moins considérables, moins désastreux aux Pyrénées, parce que les peuplades de ces montagnes regardent le Mélèze comme l'appui du pays, comme le symbole de la constance en amitié.

Il se reproduit naturellement à l'aide des graines qui tombent sur le sol environnant; mais, pour être certains d'une réussite complète, les forestiers attentifs les sèment dès le mois de mars (le mieux est d'attendre le mois d'avril), et choisissent de préférence la graine provenant de Briançon; c'est, en effet, la meilleure; elle n'a pas l'inconvénient d'être brûlée comme il arrive presque partout où l'on soumet les strobiles à l'action d'un four chaud, afin de l'obtenir plus aisément. La graine lève au bout d'un mois quand on la met dans une terre légère; on l'abrite contre la sécheresse de l'été, le hâle et l'ardeur du soleil; on sarcle et on arrose au besoin, et lorsque, au printemps suivant, la séve commence ses évolutions, on repique si le plant est trop épais. On peut transplanter des sujets de six et huit mètres de haut, sans crainte de les voir périr, pourvu cependant que l'opération se fasse avec toute l'attention convenable. On ne doit couper aucune branche vivante au Mélèze; les étages inférieurs se dessèchent successivement, il faut les abattre raz du tronc; car, dans l'augmentation de la circonférence, chaque année, une portion de la branche morte est enveloppée, et il en résulte dans le bois ces nœuds morts ou secs qui nuisent essentiellement à la solidité comme au travail.

Selon l'expression de Malesherbes, qui a le plus en France contribué au rétablissement des forêts de Mélèzes, cet arbre est intolérant, il ne laisse croître à ses pieds ni herbes ni broussailles; jeune, le voisinage des autres arbres et même des grandes plantes, lui est nuisible; cependant, la culture est parvenue à le faire entrer avantageusement dans la composition des jardins paysagers, où il produit de brillans effets, soit qu'il se trouve isolé au milieu des gazons, soit qu'on le place sur le bord ou même au milieu des massifs. Mais c'est moins comme arbre d'agrément que comme arbre d'une haute utilité que l'agriculture considère le Mélèze; aussi allons-nous examiner attentivement les divers avantages qu'il procure.

Et d'abord, vers la fin de mai, et durant les mois de juin et de juillet, dans le temps de sa plus forte végétation, cet arbre se couvre, pendant la nuit, de petits grains blancs et gluans que le soleil ne tarde pas à dissiper lorsqu'on n'apporte pas le plus grand soin à les récolter. Ces grains ont une saveur douce, sucrée, légèrement astringente, et donnent ce qu'on appelle la *Manne de Briançon*, à laquelle on trouve, surtout en Italie, les mêmes propriétés purgatives qu'à la Manne fournie par les Frênes (*voy.* au mot Manne). Les jeunes Mélèzes sont quelquefois tout couverts de ces grains; les vents froids s'opposent d'ordinaire à leur formation. Quelques auteurs disent qu'ils transsudent des bourgeons et des feuilles, mais ils proviennent de l'écorce des branches. Dernièrement, Vallot, médecin de Dijon, nous a gravement annoncé qu'ils étaient dus à un petit insecte qui se retire à la base des bourgeons ou dans les gerçures des feuilles, et dont il fait un genre nouveau sous le nom de Adelge du mélèze, *Adelges laricis*. Cette observation demande à être confirmée. Son auteur est connu comme aimant à multiplier les genres et à faire parler de lui.

On retire en outre du Mélèze de la gomme et une résine. La gomme se trouve au centre des troncs, autour de la moelle; on ne peut l'obtenir qu'en fendant l'arbre. Elle se dissout dans l'eau, est analogue à la gomme arabique, se mange, et sert comme elle dans les arts. Pallas paraît être le premier botaniste qui en ait parlé. Depuis quelques années on la connaît dans le commerce du Nord sous le nom de *gomme d'Orenbourg*.

La résine, dite *Térébenthine de Venise*, est le plus important de ces produits. Un pied peut en donner quatre et même cinq kilogrammes par année. Elle suinte naturellement à travers les fentes de l'écorce; mais on en retire une plus grande quantité par des procédés particuliers, surtout en Suisse au pays de Vaud et dans la vallée de Chamouni. Ces procédés consistent à pratiquer des entailles sur le tronc de l'arbre ou bien à y faire des trous plus ou moins profonds. Comme ces procédés intéressent ceux qui se livrent en grand à la culture du Mélèze, je vais les rapporter tels que me les a communiqués un praticien éclairé.

Armé d'une tarière ayant jusqu'à vingt-sept millimètres de diamètre, on perce en divers endroits sur les troncs les plus vigoureux des trous en pente, particulièrement à l'exposition du midi, et aux places d'anciennes branches rompues; on commence à un mètre du sol et l'on remonte jusqu'à quatre mètres. Les habitans du val de Chamouni ouvrent leurs trous jusqu'au centre de l'arbre; ils estiment que la liqueur en a de plus hautes qualités. A l'orifice de ces trous, on place des gouttières en bois de Mélèze destinées à porter la térébenthine qui coule dans des auges disposées à cet effet au pied des arbres. Une fois par jour, ou au plus tard tous les deux ou trois jours, on change les baquets et l'on transporte à la maison la liqueur obtenue pour la passer à travers un tamis de crin et la débarrasser de tout corps étranger. Les trous qui donnent peu ou qui cessent de donner sont fermés durant une quinzaine de jours; quand on les ouvre de nouveau, la récolte est très-abondante. Plus la chaleur du jour est forte, plus on a de térébenthine. Un arbre peut, dit-on, durant quarante et même cinquante ans, en fournir régulièrement chaque année quatre kilogrammes. Il y a là de l'exagération; l'arbre doit s'énerver plus tôt et ne donner qu'un mauvais bois, bon tout au plus à brûler.

Toujours liquide et de la consistance d'un sirop épais, la résine du Mélèze est claire, transparente, de couleur jaunâtre, d'un goût un peu amer, d'une saveur aromatique assez agréable. On en recommande l'usage médical dans les maladies des reins et de la vessie; on s'en sert aussi pour les vernis. En la distillant avec de l'eau, on en obtient une huile essentielle, moins estimée que celle des Sapins que le commerce appelle *Térébenthine de Strasbourg*, dont nous parlerons au mot SAPIN.

Sur le tronc des vieux Mélèzes, ou plutôt sur ceux que l'on a coupés à une certaine hauteur, on recueille une espèce d'Agaric blanc, le *Boletus laricis* des mycologues, qui a joui autrefois d'une bonne réputation comme purgatif; il a beaucoup perdu depuis quelques années; il n'est plus employé comme émétique que chez les Sibériens. Dans diverses contrées, on le vante encore contre les humeurs de la tête. Dans d'autres, on s'en sert pour arrêter les sueurs continuelles des phthisiques.

Revenons sur les propriétés économiques du bois de Mélèze. L'écorce qui le recouvre est astringente et recherchée pour le tannage des cuirs, auxquels son principe tannin donne toutes les qualités qu'ils ont quand ils sont préparés avec l'écorce du Chêne : c'est une ressource importante que l'industrie ne doit pas négliger. Le liber est très-doux et rempli de suc; Gmelin nous apprend que les chasseurs de Martes-zibelines en Sibérie s'en servent pour le mêler avec de la farine de seigle et en faire du pain : ils l'enlèvent, le mettent à digérer sur le feu pendant une heure; ils l'unissent alors avec la farine de seigle, enterrent le tout sous la neige durant une douzaine d'heures, et quand alors la fermentation commence à s'établir, ils en font des gâteaux qu'ils cuisent et mangent avec délices.

Quant au bois, il est rougeâtre, d'une grande dureté, d'un grain très-fin, coloré de veines foncées; on compte aisément ses couches concentriques, et l'on voit bien qu'il est exempt de se tourmenter et de se fendre. Vitruve et Pline le disent indestructible; quand il est demeuré quelque temps sous l'eau, aucun instrument tranchant ne peut l'entamer. C'est le Mélèze qui fournit les premiers pilotis pour la fondation de Venise; ils sont encore parfaitement intacts; c'est lui qui servit aux constructions funéraires de ces immenses *tumuli* celtes que l'on trouve dans presque toutes les régions du Nord; aussi est-ce d'après ces faits, justifiés par l'expérience de tous les temps, que les anciens peintres, comme nous l'apprend le naturaliste de Vérone, et même ceux du moyen-âge, l'employèrent de préférence à tout autre pour leurs tableaux. Ce bois est très-propre aux constructions civiles et navales. Dans la Carniole, en Suisse, en Savoie, dans plusieurs de nos départemens du sud-est, dans celui de l'Isère en particulier, il n'est point rare de trouver des maisons entièrement bâties avec le Mélèze; les maisons sont blanches quand elles sont nouvelles, mais au bout de deux ou trois ans elles acquièrent une teinte brune très-agréable. Imperméables aux vents et à la pluie à cause de l'espèce de vernis qui suinte des pores et les recouvre entièrement, elles sont en outre à l'abri du feu. On se rappelle le mot de Jules César, *lignum igni impenetrabile*. Mis au feu, le bois de Mélèze brûle bien, il donne plus de chaleur que les autres arbres résineux, et une braise excellente qu'on recherche dans les forges pour la fonte du fer. Le fil de ce bois, étant droit, est très-bon pour la menuiserie; on l'adopte pour la tonnellerie de préférence au Châtaignier des Cévennes et même au Chêne rouvre. Les premiers tonneaux connus par les Romains, et qu'ils trouvèrent chez les habitans des Alpes, étaient en Mélèze, comme le sont encore ceux fabriqués depuis Sisteron jusqu'à Briançon.

A Espinasse, département des Hautes-Alpes, et dans la forêt de Baye, on a coupé des Mélèzes de vingt-cinq mètres de haut sur trois et demi de diamètre. Le plus célèbre sous ce double rapport est celui de la montagne de Endzon, dans les Alpes du Valais; sa taille gigantesque domine tous les plus grands végétaux; en 1830, il avait par le bas dix mètres de diamètre, et ce n'était qu'à la hauteur de dix-sept mètres qu'il donnait ses premières branches; de là à l'extrémité de sa flèche on comptait treize mètres et demi.

De tous les Pins et Sapins auprès desquels le Mélèze se place naturellement, il est le seul qui perde chaque année ses feuilles aux approches de l'hiver. Aux pays où il abonde, dans les Alpes et les Vosges, le temps a consacré l'ancienne tradition que, lorsqu'il commence à tomber de la neige, en automne, cette neige ne tardera pas à fondre si le Mélèze ne s'est pas encore séparé de ses feuilles; mais elle sera de longue durée si elle tombe le Mélèze étant dépouillé de sa parure printanière.

Je ne doute nullement que les nombreuses qualités de notre Mélèze commun ne se retrouvent dans les deux espèces du nord de l'Amérique; on n'a cependant rien de positif à cet égard. L'une de ces espèces, le Mélèze a rameaux pendans, *L. pendula*, au rapport de Lambert, qui l'a fait connaître le premier, forme le point intermédiaire entre notre Mélèze et le Mélèze a petits fruits, *L. microcarpa*. Toutes deux ont les feuilles plus courtes, plus menues, et les strobiles fort petits; elles sont rares en France, quoiqu'on puisse les multiplier de graines. La voie des marcottes et même de la greffe sur l'espèce indigène sont des amusemens bons pour les amateurs seulement.

(T. d. B.)

MÉLIA AZÉDARAK, *Melia azedarach*. (bot. phan. et agr.) Quand on lit certains ouvrages qui vous annoncent d'un ton doctoral que le brou pulpeux du Mélia azédarak est un poison pour l'homme et pour les animaux domestiques; que lorsqu'il tombe en abondance, même dans une eau courante, l'eau en acquiert des qualités malsaines dont les effets se manifestent bientôt dans les voies digestives; on est en droit de se demander si la présence de cet arbrisseau dans nos jardins n'est pas un délit, ou du moins une grave imprudence. De l'examen attentif des propriétés du Mélia azédarak, nous déduirons des faits tellement positifs, qu'ils rassureront les âmes les plus timorées, et dissiperont l'erreur accréditée.

Sous le rapport de l'agrément, cette plante des régions intertropicales est du petit nombre de nos arbustes qui séduisent par l'élégance du feuillage; sa taille va jusqu'à six et neuf mètres; elle se distingue par la beauté, la durée, l'heureuse disposition et le parfum suave de ses bouquets, auxquels succèdent des baies rondes, charnues, jaunes, qui subsistent sur les rameaux jusqu'au printemps suivant.

Sous le rapport de l'économie, le Mélia azédarak végète rapidement; il est parfois sujet à se rompre sous l'action violente des tempêtes ou des ouragans, et il donne un bois compacte propre à divers usages, surtout à la menuiserie; il se fend fort aisément; c'est pour cela qu'il ne faut pas monter sur ses branches sans user de beaucoup de précautions. On en obtient, ainsi que des racines, une jolie couleur rosée, solide, un peu glacée de nankin, et l'on retire des amandes une huile concrète avec laquelle les Japonais s'éclairent.

Sous le rapport de la culture, le Mélia azédarak ou bipinné n'exige pas un très-bon terrain, et ne demande presque aucun soin.

Les oiseaux ne sont nullement friands des fruits de l'Azédarak, si l'on en excepte cependant la Grive émigrante des Etats-Unis, qui vit pendant deux mois presque exclusivement de ces baies sans en être incommodée. Les Pourceaux les recherchent avec plaisir. Prises à doses peu fortes, elles purgent les Chiens et ne produisent aucun effet sur le Cheval ni sur le Mouton. Les enfans des contrées méridionales du Nouveau-Monde en mangent sans éprouver le moindre accident; moi-même j'en ai mangé durant mon long séjour en Italie et dans la Grande-Grèce, quoique prévenu contre l'Azedarak, sans en éprouver le plus léger trouble dans mes facultés digestives. En Perse, les médecins en emploient la pulpe, mêlée avec de la graisse, pour guérir la gale et la teigne. Dans l'Amérique du Nord, elle est regardée comme un excellent vermifuge; les feuilles et les racines sont estimées un très-bon purgatif, et l'on recommande contre les obstructions la décoction de la fleur.

On ne peut ni ne doit assimiler l'Azédarak à la dangereuse famille des Champignons, comme le font quelques médecins. L'excès seul du fruit de ce bel arbrisseau est nuisible; ce fruit n'est mortel que par suite d'une violente indigestion. Au moyen d'un léger vomitif, on décharge l'estomac du poids qui en absorbe toutes les fonctions.

Les noyaux de l'Azédarak servent à faire des chapelets. Ces noyaux sont arrondis, presque ovales, creusés extérieurement de cinq sillons, et partagés à l'intérieur en cinq loges. Ils sont d'une couleur grise.

Arbre dans l'Inde, la Perse et la Syrie, dont il est originaire, l'Azédarak bipinné, ou, comme on l'appelle vulgairement, Faux-Sycomore ou Arbre-Saint, est réduit dans nos jardins et dans tout le nord de la France à l'état d'arbuste, s'élevant au plus à trois mètres et demi, c'est-à-dire au cinquième de la taille qu'il a dans sa patrie, et même dans nos départemens du midi, dans l'Italie, l'Espagne, le Portugal, et dans les parties méridionales des États-Unis de l'Amérique, où il s'est parfaitement naturalisé. Son tronc est droit, cylindrique, divisé dans le haut en branches irrégulières qui, dès le printemps, se garnissent, vers leur sommet, de feuilles alternes, deux fois ailées, et dont les folioles, ordinairement au nombre de cinq, sont ovales-oblongues, dentées, aiguës, très-glabres en dessus et en dessous, un peu luisantes et d'un très-beau vert. En juin et juillet paraissent les fleurs; elles sont disposées en grappes droites qui naissent dans les aisselles des feuilles et sont plus courtes qu'elles, ou sont éparses sur la partie inférieure des jeunes pousses de l'année. Ces fleurs, portées sur un calice très-petit, monophylle, profondément partagé en cinq découpures, répandent un doux parfum ami de l'odorat; elles sont fort jolies, composées de cinq pétales oblongs d'un rouge clair ou rose, de dix étamines ayant leurs filamens soudés en un tube cylindrique à dix dents, de la longueur environ des pétales, d'un violet foncé et même noirâtre, que surmontent agréablement des anthères dorées, oblongues et droites. Les fruits qui succèdent à ces fleurs élégantes sont de petits drupes jaunâtres de la grosseur d'un grain de raisin ordinaire; leur pulpe, peu abondante, se mange, quoiqu'elle laisse après elle un peu d'amertume dans la bouche. (Nous avons donné une figure du Mélia azédarak dans notre Atlas, pl. 36, fig. 2.)

Les habitans de la Caroline aiment cette plante et prennent plaisir à la voir décorer leurs habitations; ils la cultivent à la ville et autour de leurs manoirs à la campagne. Ils l'ont surnommée l'orgueil de l'Inde et de la Caroline.

L'Azédarak est le type d'un genre de la Décandrie monogynie et du groupe des Méliacées (*voy.* ce mot). Son nom botanique est celui que les Grecs donnaient au Frêne, avec lequel il n'a réellement aucun rapport, pas même celui des feuilles, quoique l'on ait dit le contraire. Ce genre ne compte encore jusqu'à ce jour que quatre espèces, toutes originaires de l'Asie méridionale. Des trois autres, une seule se trouve dans nos jardins, c'est le Mélia toujours vert, *M. sempervirens*, dit Margousier et Lilas, petit arbrisseau originaire de l'Inde, qui fleurit la seconde année du semis, et qui, aux Antilles, acquiert jusqu'à dix mètres d'élévation; en France il demeure habituellement bas. Il a souvent plusieurs tiges, simples, garnies de feuilles ailées, persistantes, à sept folioles, d'ordinaire d'un vert jaunâtre. Ses fleurs, disposées aussi en grappes, sont nombreuses, grandes, plus colorées, plus odorantes que celles du Mélia azédarak; elles durent six mois. On multiplie cette espèce délicate par l'éclat de ses racines.

(T. d. B.)

MÉLIACÉES, *Meliaceæ*. (bot. phan.) Famille de végétaux dicotylédonés, à corolles polypétales, à étamines hypogynes; elle est voisine des Sapindacées et des Ampélidées, et a pour types l'Azédarak ou *Melia*, avec le *Swietenia* et le *Trichilia* de Linné. Les caractères communs de ces genres sont d'avoir des feuilles alternes, non ponctuées, sans stipules, et des fleurs à étamines monadelphes réunies en un tube anthérifère. Leur calice est monosépale, à quatre ou cinq divisions; les pétales, en même nombre, sont presque toujours connivens à leur base; les étamines, en nombre égal ou double (quelquefois triple ou quadruple), forment un tube qui porte les anthères, tantôt sur son bord supérieur, tantôt à sa face interne. Celles-ci sont biloculaires. L'ovaire est libre, à quatre ou cinq loges renfermant ordinairement chacune deux ovules; il s'appuie sur un disque annulaire, au dessous duquel sont insérées les étamines et les pétales. Le style, simple, se termine par un stigmate à quatre ou cinq lobes. Le fruit est tantôt sec et capsulaire, s'ouvrant en quatre ou cinq valves septifères sur le milieu de leur face interne; tantôt charnu ou drupacé; dans ce cas il devient parfois uniloculaire. Les graines se composent d'un tégument propre, et d'un embryon avec ou sans endosperme.

M. De Candolle, dans le premier volume de son Prodrome, place la famille des Méliacées entre les Sapindacées et les Ampélidées; il la compose des trois tribus suivantes :

Ire. Méliacées. Une ou deux graines, sans ailes et sans endosperme; embryon renversé; cotylédons planes et foliacés. Genres : *Melia*, L.; *Turræa*, L.; *Strigilia* et *Sandoricum*, Cavan.; *Quivisia*, Juss.; *Geruma*, Forsk.; *Humiria*, Aubl.

IIe. Trichiliées. Une ou deux graines sans ailes et sans endosperme; embryon renversé, à cotylédons très-épais. — Genres : *Trichilia*, L.; *Guarea*, L.; *Heynea*, Roxburgh.

IIIe. Cédrélées. Loges du fruit polyspermes; graines ordinairement ailées et pourvues d'un endosperme charnu et peu épais; embryon dressé, cotylédons foliacés. — Genres : *Cedrela*, L.; *Swietenia*, L.; *Chloroxylon*, D. C.; *Flindersia*, Brown; *Carapa*, Aublet.

(L.)

MÉLIANTHE, *Melianthus*. (bot. phan.) Genre de la Tétrandrie monogynie, L., fort difficile jusqu'ici à classer parmi les familles naturelles; on le trouve dans les nomenclatures à la suite des Rutacées. Les trois espèces connues croissent au cap de Bonne-Espérance; deux sont surtout cultivées dans nos serres d'orangerie. Nous les décrirons succinctement.

Le Mélianthe pyramidal, *Melianthus major*, L., vulgairement Pimprenelle d'Afrique, est un arbrisseau de six à huit pieds, à tige ronde, d'un pouce et demi de diamètre; ses feuilles sont ailées, avec impaire, alternes, grandes, rapprochées à l'extrémité des rameaux, composées de cinq ou sept folioles opposées, sessiles, glauques, oblongues, dentées et décurrentes; à la base interne du pétiole commun sont deux stipules réunies en une seule, ovale, allongée, membraneuse, de la longueur et de la couleur des feuilles.

Les fleurs, que nous devons décrire avec détail, naissent en grappes pyramidales, sur des pédoncules munis chacun d'une bractée; elles sont d'un rouge foncé, petites, irrégulières. Leur calice se divise profondément en cinq parties inégales, colorées; l'inférieure, écartée des autres et de l'axe de la fleur, se prolonge à la base en une sorte de bosse ou sac dont la cavité renferme une glande mellifère. Quatre languettes ou pétales, à bords velus, soudés par leur milieu, tandis que leurs extrémités restent libres, forment une corolle insérée entre les divisions inférieures du calice, au dessus de la glande nectarifère; un cinquième filet ou pétale existe souvent entre les sépales supérieurs. Les quatre étamines entourent l'ovaire et s'insèrent au dessous; les deux supérieures sont libres; les deux autres, entre l'ovaire et la glande, ont leurs filets élargis à la base et soudés. L'ovaire, à quatre angles et autant de loges, porte un style également quadrangulaire; le stigmate est aigu et quadridenté. Le fruit, entouré à sa base par les restes flétris de la fleur, est une capsule à quatre ailes distinctes au sommet, s'ouvrant par leur

leur angle interne, et répondant à autant de loges monospermes. Les graines sont globuleuses, luisantes, composées d'un périsperme épais et cartilagineux, et d'un embryon dressé, à cotylédons minces et ovales.

Le Mélianthe (en grec *fleur miellée*) doit ce nom à la glande du calice, qui sécrète une liqueur mielleuse fort abondante et de couleur noirâtre; les Hottentots et même les colons du Cap la vantent comme très-agréable, nourrissante et cordiale. Les feuilles de la plante exhalent sous le froissement une odeur fétide, analogue à celle de la Pomme épineuse ou de l'*Iris fœtida*.

L'autre espèce de Mélianthe cultivée est le *Melianthus minor*, L., arbrisseau de quatre ou cinq pieds, à folioles allongées, blanchâtres et velues en dessous; ses fleurs sont d'un jaune rougeâtre et naissent en épis.

Ces deux arbrisseaux se multiplient de rejetons et de boutures; il leur faut la serre d'orangerie, ou au moins une excellente exposition. La seconde espèce est moins délicate que l'autre.

(L.)

MÉLIER, *Blakea*. (BOT. PHAN.) Genre de la famille des Mélastomées, Dodécandrie monogynie, L., caractérisé par un calice presque entier, à six angles, muni à sa base de six écailles; une corolle de six pétales égaux; douze étamines; une capsule à six loges polyspermes; la graine a son embryon droit, et les cotylédons sont presque égaux.

Ce genre, qui a subi divers remaniemens depuis que Linné l'a établi, est connu dans nos jardins par une espèce fort élégante, le *Blakea trinervia*, arbrisseau de douze à quinze pieds, à rameaux étalés, à feuilles grandes et ovales. Ses fleurs sont de couleur rose et naissent solitaires. C'est une plante de serre chaude. (L.)

MÉLILOT, *Melilotus*. (BOT. PHAN. et AGR.) Traité avec indifférence par certains auteurs, déclaré par d'autres comme préférable aux Trèfles, à la Luzerne et au Sainfoin, ce genre de la Diadelphie décandrie et de la grande famille des Légumineuses, ne mérite ni le mépris des uns ni l'exagération des seconds. Nous allons l'examiner attentivement sous le double rapport de la science botanique et de l'agriculture.

Sa place naturelle est entre les Trèfles, dont il a tous les caractères, hors la gousse qui est plus longue et point couverte par le calice, et entre les Luzernes, dont il diffère par son calice tubuleux, par sa carène qui est petite, simple, rapprochée de l'étendard, et par sa gousse à peine déhiscente et généralement monosperme. Il renferme environ trente espèces de plantes herbacées, spontanées dans toute l'Europe tempérée et méridionale. L'odeur qu'elles exhalent est très-forte dans les pays chauds, beaucoup moins jusqu'au 48e degré de latitude nord; elle cesse d'être sensible au-delà de ce point. Quand les plantes de ce genre proviennent des régions septentrionales, elles acquièrent de l'odeur à mesure qu'elles se rapprochent du 40e degré de latitude. Partout elles viennent sans culture, dans les blés, les avoines, etc., et comme notre MÉLILOT COMMUN, *M. officinalis*, elles aiment de préférence les terres sèches et pierreuses. Elles sont appétées par tous les bestiaux, mangées en pâture ou servies comme fourrage frais, avant la chute des feuilles; quand les tiges rameuses, longues d'un mètre environ, au lieu de s'élever droites ou obliques, rampent sur le sol, elles se salissent, l'humidité leur imprime un goût de rance, leurs feuilles tombent; de la sorte, ayant perdu leur bonne odeur et leur élasticité, elles cessent de plaire; les animaux n'y touchent que lorsqu'ils sont pressés par la faim.

Les fleurs d'or de l'espèce commune, qui sont fort petites, disposées en grappes unilatérales, très-nombreuses et pendantes à l'extrémité des ramifications de la tige, demeurent épanouies presque tout l'été; elles embaument le foin dans lequel elles abondent. Les Abeilles butinent sans cesse dessus, et c'est rendre service à ces industrieux insectes que d'en semer autour des ruchers. On enferme de ces fleurs dans des sachets pour parfumer les armoires; on en retire une eau distillée fort agréable; la teinture se sert de leur principe colorant; la médecine a voulu faire usage des fleurs ainsi que des feuilles, mais elle les a abandonnées.

Quelques botanistes regardent comme une simple variété du Mélilot commun le MÉLILOT BLANC DE SIBÉRIE, *M. albus*; quand on a cultivé cette plante, comme je l'ai fait, on ne peut partager cette opinion. Le Mélilot de Sibérie est ordinairement bisannuel; il fournit des touffes bien garnies de feuilles ovales et de fortes et grandes tiges qui tallent beaucoup et se tiennent droites; elles montent jusqu'à deux mètres et plus de haut; ses fleurs sont constamment blanches; le fourrage qu'il fournit est recherché par les bestiaux, soit en vert, soit en sec: il exhale une odeur de miel très-prononcée. Un terrain meuble et humide lui convient mieux que tout autre. Il faut vingt-cinq kilogrammes de graines pour ensemencer un hectare. C'est André Thoüin qui le premier introduisit cette excellente espèce dans nos cultures; elle y date de 1788, mais ce n'est réellement que depuis une vingtaine d'années qu'elle a pris place parmi les ressources de la ferme. Il ne faut pas attendre qu'elle ait fructifié pour la donner aux bestiaux; ses qualités sont moindres après; mangée en vert, elle n'a pas l'inconvénient de causer la tympanite comme il arrive avec le Trèfle; ce n'est que sous ce point de vue qu'elle lui est préférable. Veut-on en obtenir un produit très-considérable? on sème ensemble le Mélilot blanc et la Vesce bisannuelle, *Vicia biennis*, L. Ces deux plantes ne se nuisent point; leur durée est la même; elles poussent et fleurissent en même temps; les racines de la première sont pivotantes, tandis que celles de la seconde sont traçantes, et le fourrage qu'elles donnent est d'une haute qualité.

Une troisième espèce digne de fixer l'attention, c'est le MÉLILOT BLEU, *M. cæruleus*, improprement appelé Baume du Pérou dans les nomenclatures vulgaires. Cette jolie plante est cultivée dans les jardins où elle a été apportée, selon les uns, des plaines de la Bohême, selon les autres, des champs de la Libye. De sa racine pivotante s'élance une tige herbacée, droite, haute de quarante à quatre-vingt dix centimètres, rameuse, garnie de feuilles à trois folioles, un peu velues, et de fleurs d'un bleu pâle, disposées en grappes resserrées en épis ovales, portés sur de longs pédoncules axillaires. Toute la plante exhale une odeur balsamique qui se développe davantage et devient même très-intense par la dessiccation. Aux lieux où on la cultive, cette odeur est plus pénétrante quand le temps est à la pluie ou qu'il nous menace d'orage.

Réduit en poudre fine, le Mélilot bleu entre dans la confection des fromages aux herbes ou fromages verts que l'on prépare dans le canton de Glaris en Suisse, et dans quelques parties du Jura. Cette poudre contribue à donner au fromage une saveur et une odeur plus appétissantes. Dans certaines localités de l'Allemagne, où cette espèce abonde, on recueille les fleurs et les feuilles pour les faire sécher et les prendre ensuite en infusion théiforme. Ailleurs, j'ai vu recommander les sachets remplis de ces fleurs et feuilles comme éloignant les insectes des armoires, où ils font de grands ravages. Parmi les autres espèces, on doit encore distinguer le Mélilot houblonet, *M. agrarius*, qui croît abondamment dans les champs sablonneux et sur les jachères; les chevaux le mangent avec passion : c'est sans doute lui qu'Homère a en vue quand il parle du soin qu'Achille mettait à le faire ramasser pour que ses chevaux s'en régalassent partout. Les Anglais l'appellent *Timothy*; dans beaucoup de pays, on le nomme *Petit Trèfle jaune*, à cause de ses fleurs qui sont d'un très-beau jaune. Le nom de Houblonet lui vient des têtes ovales que forment ses fleurs une fois épanouies et de leur ressemblance avec les chatons du Houblon. (T. d. B.)

MÉLINE. (min.) Les anciens appelaient ainsi, ou plutôt *Melinum*, une argile blanchâtre que, suivant Pline, on recueillait dans l'île de *Melos*, et qui servait à la peinture. On désignait aussi sous le même nom une cire jaune. (J. H.)

MÉLINOSE. (min.) Ce nom, qui vient d'un mot grec qui signifie *jaune-pâle*, a été donné par M. Beudant à un molybdate de plomb composé de 34 parties d'acide molybdique et de 64 à 65 d'oxide de plomb. Cette substance est d'un beau jaune; ses cristaux dérivent d'un prisme à base carrée. Elle se présente aussi en lames cristallines. On la trouve dans plusieurs des localités où l'on exploite le plomb. (J. H.)

MÉLIPONE, *Melipona.* (ins.) Genre d'Hyménoptères de la section des Porte-aiguillons, famille des Mellifères, tribu des Apiaires; ce genre, établi par Illiger, avait déjà été indiqué par Latreille. Les caractères rigoureux qui peuvent le distinguer des Abeilles sont peu nombreux; ils se bornent principalement à n'avoir pas les mandibules dentelées, et à n'avoir que deux cellules cubitales, dont la seconde reçoit une nervure récurrente. Ces insectes ressemblent aux Abeilles au premier coup d'œil; la bouche et les antennes n'offrent pas de grandes différences, mais d'autres caractères se font remarquer en y regardant avec un peu plus d'attention; les ocelles sont placés sur une même ligne; la première cellule cubitale est carrée et séparée de la seconde par une faible nervure, et ne reçoit aucune nervure récurrente, la seconde cellule atteint l'extrémité de l'aile; les pattes sont larges; le premier article des tarses postérieurs est en triangle renversé, un des angles étant attaché au tibia; cet article n'offre point de stries transverses; les crochets des tarses sont refendus en deux; enfin leur abdomen est plus court que celui des Abeilles, et tout au plus de la longueur du corselet. Tous ces insectes étant exotiques, et les auteurs qui ont parlé des Abeilles étrangères n'ayant pas décrit les espèces auxquelles pouvaient se rapporter leurs observations, tout ce qu'on pourrait savoir sur ces insectes est douteux, et l'on ne connaît certainement que la figure de quelques uns de leurs nids.

M. ruchaire, *M. favosa*, Fab., Coquebert, Illustr. icon., pl. 22, fig. 3; figure reproduite dans notre Atlas, pl. 343, fig. 3. Longue de quatre à cinq lignes, noire, avec la tête, le thorax et le bord des segmens abdominaux couverts de poils roussâtres; le chaperon est roux avec deux taches noires; les antennes sont noires à la base et rousses à l'extrémité; toutes les nervures des ailes sont fauves. Cette espèce est indiquée comme venant de Cayenne; mais elle se trouve aussi dans plusieurs autres parties de l'Amérique intertropicale. (A. P.)

MÉLIQUE, *Melica.* (bot. phan.) Genre de Graminées de la Triandrie digynie, L., tribu des Festucacées de Kunth, remarquable par ses panicules élégantes plutôt que par son utilité. Il présente pour caractères principaux : un épillet ordinairement de deux fleurs hermaphrodites, avec les rudimens d'une ou de deux autres; les valves de la lépicène et de la glume sont un peu inégales, et sans arête; la glumelle consiste en une seule paléole obtuse et unilatérale. Les Méliques sont fort voisines des Festuques et des *Poa*, et leurs espèces ont été quelquefois transportées dans l'un ou l'autre de ces genres.

La Mélique uniflore, *Melica uniflora*, L., se reconnaît à ses fleurs courtes et ventrues, pendantes, peu nombreuses, uniques dans l'épillet (la seconde avorte et se voit sous la forme d'un rudiment pédicellé). Les deux ou trois tiges que pousse sa racine n'ont que peu de feuilles. Aussi la Mélique est-elle un fourrage fort maigre, dont l'avantage est de croître dans les lieux ombragés où les autres graminées ne subsistent pas. On trouve cette espèce dans les bois des environs de Paris et de presque toute l'Europe.

La Mélique ciliée, *Melica ciliata*, L., particulière aux collines pierreuses, forme une panicule spiciforme, qui, après la floraison, étale les longs poils soyeux de ses balles. C'est un fourrage recherché des bestiaux; mais on ne peut en faire des prairies ni des gazons, parce qu'elle ne croît que par touffes.

La Mélique de Sibérie, *M. altissima*, est citée comme un fourrage précoce et propre à tous les terrains. Sa panicule est rapprochée, unilatérale; les balles n'ont point de soies.

La Mélique bleue, *Melica cœrulea*, L., type du genre *Molinia* de Mœnch, a, en effet, un port différent de ses congénères. Sa tige, haute de 4 à 6 pieds, offre un seul nœud ou deux nœuds très-rapprochés, d'où naissent des feuilles longues et étroites, presque radicales. Sa panicule est droite, ramifiée; les épillets sont d'un violet noirâtre, et renferment deux ou trois fleurs. Cette espèce croît en touffes dans les bois et les prairies humides. On la trouve à Bondy. (L.)

MÉLISSE, *Melissa*, Lin. (bot. phan.) Plante de la famille aromatique des Labiées, dans laquelle elle forme un genre remarquable par l'élégance, le parfum et l'utilité des espèces qui le composent. On en compte au moins quinze, soit en Europe, soit en Amérique. Toutes ces plantes sont odorantes, à feuilles simples, opposées; à fleurs axillaires, portées sur des pédoncules rameux, et disposées en grappes au sommet de la tige.

Le genre des Mélisses est caractérisé ainsi qu'il suit : calice campanulé, comprimé en dessus, à deux lèvres, la supérieure plane et à trois dents, l'inférieure à deux; une corolle à tube cylindrique évasé au sommet et partagé en deux lèvres; la lèvre supérieure un peu en voûte et échancrée, la lèvre inférieure à trois divisions inégales, celle du milieu plus grande et échancrée en forme de cœur; quatre étamines didynames, à anthères oblongues; ovaire à quatre lobes, du milieu desquels s'élève un style de la longueur des étamines, terminé par un stigmate bifide.

Le genre Mélisse est très-voisin du genre des Thyms; il n'en diffère essentiellement que par son calice nu à l'intérieur. Il n'y a même que le port qui distingue assez bien les deux genres; car, dans la section des *Mélisses calament*, le calice a son entrée velue après la floraison.

Le genre Mélisse se distingue des Origans en ce que ses fleurs ne sont ni réunies en tête ni accompagnées de bractées.

Mélisse officinale, *Melissa officinalis*, L., tige droite, rameuse, haute de cinq à six pieds, velue en haut; feuilles ovales, cordiformes, dentées, pubescentes; fleurs blanches, verticillées, tournées du même côté, et placées dans les aisselles supérieures des feuilles sur des pédoncules rameux.

Les Latins appelaient la Mélisse *Citrago*; nous la nommons aussi Herbe au citron, Citronelle, Citronade, parce que toutes les parties de cette plante répandent une odeur suave analogue à celle du Citron; cette odeur disparaît au reste, en grande partie, par la dessiccation.

La Mélisse croît spontanément dans les lieux incultes des contrées méridionales de l'Europe. On la trouve cependant aux environs de Paris. Les Abeilles en recherchent le parfum, et le fait est que ses fleurs sont de celles qui donnent à leur miel les meilleures qualités. C'est même à cause de cette préférence, dont elle est honorée par les Abeilles, que lui vient son nom de Mélisse (Μέλισσα, en grec, Abeille). Dioscoride l'appelle Μελισσοφύλλον et Pline *Apiastrum*; et Virgile l'indique comme un moyen de rappeler ces insectes quand ils abandonnent leur demeure.

La Mélisse a une saveur âcre et amère; elle fournit à la distillation beaucoup d'huile essentielle comme toutes les Labiées, mais plus après la floraison qu'à toute autre époque de sa croissance.

Quoiqu'on ait beaucoup exagéré ses vertus médicales, il ne faut pas croire qu'une plante semblable soit dépourvue d'énergie. Il y a des auteurs fort recommandables, tels que Rondelet, Gratarolus et Fernel, qui lui ont attribué toutes les propriétés du Népenthes d'Homère, comme de chasser les idées sombres et fâcheuses, d'égayer l'imagination, de rendre à l'âme une douce tranquillité. Ce sont ces propriétés qu'y cherchait le poète Cowley, quand il s'écriait dans des vers latins assez bien inspirés : *Loin d'ici, soucis importans qui me tenez trop souvent compagnie; voici la Mélisse à la joyeuse et bénigne influence; elle vient réjouir mon esprit et me parfumer de ses bouquets odorans.*

Ce qu'il y a de certain dans tout cela, c'est que l'infusion de Mélisse détermine une impression fortifiante sur le système nerveux, et contribue quelquefois à ranimer ainsi l'esprit en même temps que le corps. Elle stimule aussi l'estomac, et son emploi peut être fort utile dans tous les cas où cet organe et les nerfs sont atteints de débilité et de langueur.

C'est, du reste, à cette propriété, trop vantée sans doute, de la Mélisse, que l'*eau des Carmes* doit tout son crédit; mais l'eau des Carmes n'est pas composée que de Mélisse, comme on peut le voir dans la recette suivante que nos lecteurs ne seront peut-être pas fâchés de retrouver ici :

Eau de Mélisse des Carmes.

♃ Alcool de Mélisse		8 parties.
de romarin	ãã	1 partie.
de thym		
de cannelle		
de muscades		2 parties.
d'anis vert		1 partie.
d'écorces de citron		4 parties.
de marjolaine	ãã	1 partie.
d'hysope		
de sauge		
d'angélique		
de coriandre		2 parties.
de girofles		1 partie.

Mêlez et distillez le tout.

Il faut que chacun de ces ingrédiens soit distillé à part, dans les proportions indiquées sur le tableau précédent. Ensuite le mélange s'en fait dans un grand matras, non pas à parties égales, mais relativement à des proportions dont le collége de pharmacie de Paris s'est réservé le secret en propriété, comme le faisaient les Carmes déchaux. Toutefois nous avons donné quelque approximation pour parvenir à atteindre le vrai point de perfection de cette eau, dont l'usage est si général, et dont les vertus sont si vantées. Son odeur est extrêmement suave. Les Carmes la préparaient fort bien, comme le collége de pharmacie le fait aujourd'hui, ce qui consiste, outre les justes proportions des alcools, 1° dans le mode de leur distillation au bain-marie et à un feu doux; 2° dans la vétusté de ces alcools odorans; 3° dans l'art de les priver de toute odeur de feu, au moyen du froid, en les plongeant dans la glace pilée avec du muriate de soude, pendant six à huit jours. (Virey.)

Mélisse calament, *Calamintha*, L., Calament de montagne. Cette espèce, désignée aussi sous le nom de *Thymus calamintha*, Lamk. et D. C., est pubescente, à feuilles ovales, cordiformes à la base, bordées de dents obtuses : ses fleurs sont purpurines ou blanchâtres, tachetées de violet, disposées en grappes paniculées. Elle croît dans les lieux secs et montueux, en France et dans toute l'Europe méridionale. Son odeur a de l'analogie avec l'odeur des Menthes, surtout quand on la froisse. Elle rappelle l'odeur du Camphre, qui se rencontre du reste dans presque toutes les Labiées. Les herboristes confondent fréquemment les Calamens avec le *Clinopodium vulgare*, qui est une labiée aussi, mais qui n'est presque point aromatique et est tout-à-fait inerte.

Mélisse a grandes fleurs, *Melissa grandiflora*, L.; *Thymus grandiflorus*, Lamk. et D. C. Tiges pubescentes, feuilles ovales aiguës, dentées en scie; fleurs grandes, purpurines, disposées en grappe terminale, au nombre de trois ou quatre sur des pédoncules assez longs. C'est une jolie plante qui croît naturellement dans les contrées montueuses et sèches de l'Europe méridionale. Ses propriétés sont très-analogues à celles de la Mélisse officinale.

La Mélisse batarde ou Mélisse des bois, *Melittis melissophyllum*, est une belle plante à grandes fleurs blanches tachetées de pourpre, ayant un calice plus large que le tube de sa corolle; la lèvre supérieure de celle-ci droite et entière, l'inférieure composée de trois lobes inégaux. Son odeur est moins agréable que celle des véritables Mélisses.

Mélisse de Moldavie, Mélisse turque ou de Constantinople, c'est le *Dracocephalum moldavica*. Son odeur rappelle tout-à-fait celle de la Mélisse officinale, et Hoffmann lui concède les mêmes propriétés.

Mélisse sauvage. C'est l'Agripaume, *Leonurus cardiaca*, couleur livide, odeur fétide, amertume prononcée; j'ignore à quel titre on a décoré cette plante du nom de Mélisse. Les propriétés qu'on lui attribue ne sont pas mieux justifiées. (G. G. de C.)

MÉLILITHE. (min.) Substance d'un jaune pâle ou d'un jaune orangé, qui cristallise en petits parallélipipèdes rectangles ou en octaèdres rectangulaires; mais ordinairement elle est recouverte d'un enduit rouge brunâtre. Elle est assez dure pour étinceler par le choc du briquet. Au chalumeau elle est fusible en un verre verdâtre; dans les acides elle est soluble en gelée. Elle se compose de 38 parties de silice, de 20 de chaux, d'à peu près autant de magnésie, de 12 d'oxide de fer et de quelques parties d'oxide de manganèse, d'alumine et de titane.

Cette substance doit son nom à sa couleur de miel; elle a été découverte par M. Fleuriau de Bellevue dans les roches volcaniques de Capo di Bove, près de Rome.

Les anciens minéralogistes ont donné le nom de *Mélilithe* à une terre argileuse, d'un jaune de miel, qu'on employait en médecine comme soporifique. (J. H.)

MÉLITÉE. (zooph. acal. et polyp.) Parmi les Acalèphes, on a donné le nom de Mélitée à un genre voisin des Méduses, que Cuvier a réuni à ses Orythies.

Dans les Polypiers ce nom sert à désigner un genre de l'ordre des Isidées, de la division des Corticifères, que M. Eudes Deslonchamps caractérise ainsi : Polypier lisse, dendroïde, noueux, à rameaux souvent anastomosés; articulations pierreuses, striées, à entre-nœuds spongieux et renflés; écorce crétacée, très-mince, friable dans l'état de dessiccation, et couverte de cellules polypifères, éparses, quelquefois saillantes. Quoique formées, comme les Isis, de cylindres ou articulations calcaires, joints par une substance de structure différente, les Mélitées se distinguent facilement des Isis par leur port, l'aspect, la couleur et le tissu de leurs cylindres calcaires, la structure et la forme du moyen d'union de leurs articulations, la persistance et le peu d'épaisseur de l'écorce sur le Polypier dans l'état de dessiccation.

Les Mélitées sont des Polypiers fort élégans, et dont le port rappelle certaines Gorgones. Quelques espèces parviennent à plusieurs pieds de hauteur; leurs rameaux sont très-nombreux, plus ou moins sinueux, presque tous établis sur le même plan et souvent anastomosés entre eux; les entre-nœuds ou moyens d'union des pièces calcaires, sont renflés, saillans, d'un tissu spongieux et assez mous pour être coupés facilement; les articulations calcaires sont fermes, solides, cassantes, souvent striées à l'extérieur; on voit même sur les jeunes rameaux des enfoncemens qui correspondent aux cellules de l'écorce; intérieurement elles sont parcourues, suivant leur longueur, par quelques canaux capillaires remplis d'une matière semblable à celle des entre-nœuds ; leur couleur varie du blanc rosé au rouge de corail le plus vif.

L'écorce des Mélitées est très-mince, et quoique friable, elle persiste constamment sur les Polypiers desséchés; celle des Isis, au contraire, est fort épaisse et tellement friable, que les échantillons que l'on voit dans les collections ne l'offrent presque jamais ; la couleur de l'écorce des Mélitées varie suivant les individus; elle passe du blanc jaunâtre au rouge ponceau; les cellules polypifères sont petites, nombreuses, éparses, quelquefois saillantes, entourées d'un cercle rouge quand l'écorce est jaune, et d'un cercle jaune quand celle-ci est rouge. Les Mélitées habitent les mers de l'Inde et de l'Australasie.

Ce genre renferme les *Melitea ochracea*, *Rissoi*, *retifera* et *textiformis*. (Guér.)

MELITOPHILES, *Melitophilæ*. (ins.) Division établie par Latreille dans la tribu des Scarabéides, de la famille des Lamellicornes, contenant les espèces qui, à l'état parfait, se nourrissent plus habituellement du suc des fleurs; cette division comprend les *Cétoines* proprement dites, les *Trichies*, les *Incas*, les *Goliaths*, les *Gymnetis* et quelques autres genres qu'un travail spécial sur cette division a forcé d'établir. (A. P.)

MELLATES. (chim.) Les *Mellates* ou *Mellites* sont des sels jaunâtres ou rougeâtres, résinoïdes, cristallisant en octaèdres à base carrée, très-fragiles, faciles à rayer par l'acier, donnant de l'eau par la calcination, se réduisant en charbon quand on les soumet à l'action du chalumeau, etc.

Les Mellates appartiennent, comme le succin, aux dépôts de lignites. On ne les a trouvés jusqu'à présent qu'à Artern en Thuringe, et en Suisse. Ils sont composés d'eau, d'alumine et d'acide mellitique. (F. F.)

MELLIFÈRES, *Antophila*. (ins.) Famille d'Hyménoptères, de la section des Porte-aiguillons, établie par Latreille, qui lui assigne les caractères suivans : premier article des tarses postérieurs, dans les neutres et les femelles, très-grand, comprimé en palette, le plus souvent hérissé de poils pour recueillir le pollen des plantes; mâchoires et lèvre allongées formant une trompe propre à puiser la liqueur sucrée qui existe dans le nectaire des fleurs; les larves et les insectes parfaits vivent de cette liqueur; quoique la plupart des mères récoltent celle qui doit nourrir leur postérité, quelques individus cependant sont parasites et déposent leurs œufs dans le nid des autres espèces, où elles trouvent des approvisionnemens tout faits. Ces espèces n'ont pas aux pattes postérieures les brosses qui se remarquent dans les autres. Cette famille se divise en deux tribus, les *Andrénètes* et les *Apiaires*. (A. P.)

MELLINE, *Mellinus*. (ins.) Genre d'Hyménoptères de la section des Porte-aiguillons, famille des Fouisseurs, tribu des Crabronites, ayant pour caractères rigoureux : tête large, antennes filiformes insérées près de la bouche, mandibules tridentées dans les femelles, bidentées dans les mâles; palpes maxillaires plus longs que les labiaux; languette trifide; ailes ayant une cellule radiale, trois cubitales et quelquefois le commencement d'une quatrième; la première et la troisième reçoivent chacune une nervure recurrente; ces insectes ont la tête large et épaisse, mais dépourvue de cet éclat argentin qui distingue les Crabrons; leur thorax est comme noduleux, et en arrière de l'écusson est une dépression entourée d'un bourrelet qui peut les faire reconnaître; l'abdomen est lisse, le premier segment est très-allongé et toujours un peu en forme de cloche, le reste de l'abdomen est ovoïde. On ne sait rien de particulier sur leurs mœurs.

M. des champs, *M. arvensis*, Linn. Long de quatre lignes, d'un noir brillant; tronc finement pointillé; bord de la bouche, côté interne des yeux, premier article des antennes, prothorax, écusson, paraptères et un point sous l'origine des ailes, jaunes; le second et le troisième anneau de l'abdomen ont une large bande de cette couleur; le troisième a seulement un point de chaque côté, et le quatrième a une bande; les pattes sont rousses avec la base des fémurs noire. (A. P.)

MELLITE. (min.) M. Beudant a donné le nom de *Mellite* à un mellate d'alumine qui paraît être le *Succin*, c'est-à-dire l'*Ambre* cristallisé. C'est une substance résinoïde, jaunâtre ou rougeâtre, qui cristallise en octaèdre à base carrée. Elle est tendre et fragile. L'analyse y a signalé 41 à 46 parties d'acide mellitique, 15 à 16 d'alumine, 38 à 44 d'eau. On la trouve comme le succin dans les dépôts d'argile à lignites. (J. H.)

MELLITIQUE (acide). (chim. et min.) Acide formé de 4 atomes de carbonne et 3 atomes d'oxygène, et découvert par Klaproth dans la pierre de miel (mellite, honigtein), où il est combiné avec l'alumine.

Caractères. Petits cristaux prismatiques, durs et isolés; ou bien cristaux aiguillés, fins et réunis en globules rayonnés; saveur douce, acide et amère; décomposables à la chaleur, peu solubles dans l'eau, etc.

Préparation. On obtient l'acide Mellitique en traitant par l'alcool les solutés aqueux et concentrés de mellite, filtrant, évaporant jusqu'à siccité, reprenant de nouveau par l'eau, concentrant et faisant cristalliser. Cet acide est sans usage. (F. F.)

MÉLOCACTE, *Melocactus*. (bot. phan.) Nom spécifique d'un Cactus remarquable par sa forme globuleuse et les côtes dont sa surface est relevée. (L.)

MÉLOCHITE. (min.) Nom par lequel les anciens paraissent avoir désigné une variété terreuse d'azurite ou de carbonate bleu de cuivre. (J. H.)

MÉLOÉ, *Meloe*. (ins.) Genre de Coléoptères de la section des Hétéromères, famille des Trachélides, tribu des Cantharides; ce genre, le plus tranché peut-être de toute la nombreuse section des Hétéromères, a été institué par Linné qui, réunissant sous ce même nom plusieurs autres insectes, mais les partageant en aptères et ailés, admettait la division que l'on a établie depuis. Ce genre, tel qu'il est limité maintenant, se reconnaît aux caractères suivans : palpes maxillaires beaucoup plus longs que les labiaux; les uns et les autres terminés par un article plus gros que les précédens; antennes de onze articles grenus, souvent dilatées vers le milieu dans les mâles; élytres courtes ne se joignant que pendant une partie de leur longueur, écartées à leur extrémité et ne recouvrant que partiellement l'abdomen; les ailes manquent toujours. Ces insectes ont la tête méplate triangulaire, verticale; les yeux sont situés près des angles de la bouche. Les antennes sont insérées entre les yeux; elles sont plus longues que la tête et le corselet, composées dans certains mâles d'articles très-irréguliers, dilatés dans le milieu de l'antenne; dans certaines espèces quelques articles au milieu de l'antenne se détournent de la ligne droite pour former un demi-cercle. Le labre est découvert, échancré; les mandibules sont dentelées, les mâchoires bifides, la languette épaisse; le dernier article des palpes maxillaires est ovoïde, et celui des labiaux en cône renversé. Le corselet est plus étroit que la tête, carré; l'écusson n'est point apparent; l'abdomen est presque toujours très-développé, surtout dans les femelles avant la ponte; les pattes ont leur épine terminale foliacée en forme de cuiller; les articles des tarses sont tous entiers et leurs crochets bifides; tous ces caractères rendent ces insectes faciles à reconnaître.

Le peu de vivacité de mouvemens dont jouissent ces insectes, leur démarche lente, soit à terre, soit sur les végétaux où ils grimpent, a toujours permis de les remarquer facilement. Aussi de tout temps en a-t-il été question; il est impossible que les anciens ne les aient pas connus, et Latreille présume avec raison que ce sont eux que Pline a désignés sous le nom de Buprestes, et qui faisaient périr les bœufs quand ils en mangeaient en paissant l'herbe des prairies; en effet, la propriété vésicante dont jouissent ces insectes peut occasioner de grands accidens et même amener la mort quand ils sont introduits en certaine quantité dans les voies digestives. Les auteurs plus modernes, comme Mouffet, et jusqu'à Geoffroy, les ont désignés sous le nom de *Proscarabées*. Les Allemands les appellent *Maiwurms* ou *Vers de mai*, à cause d'une espèce qui paraît à cette époque; d'autres auteurs les ont appelés Scarabées onctueux, parce qu'ils laissent suinter par des pores des articulations des genoux une liqueur gluante plus ou moins odorante, lorsqu'on les saisit. Ces animaux se trouvent au soleil, soit à terre dans les endroits arides, ou montés sur les plantes basses dont ils font leur nourriture; l'accouplement est le même que celui de tous les insectes; mais un auteur a remarqué que le mâle dans ce moment se sert du crochet que forment les anneaux intermédiaires de ses antennes pour saisir celles de la femelle, qui alors se trouvent dirigées en arrière; les femelles ont l'abdomen excessivement développé, aussi pondent-elles une quantité énorme d'œufs, puisque Goedart a compté qu'une femelle qu'il élevait en avait pondu en deux fois près de six mille; à cet effet, elles creusent un trou dans la terre, y introduisent ensuite l'extrémité de leur abdomen, et abandonnent les œufs en paquet; ces œufs sont jaunes, très-petits et agglomérés; j'ai été à même de vérifier cette partie de la ponte, et l'observation de Goedart est très-exacte; selon lui, les larves qui sont sorties de ces œufs et qu'il a, mais en vain, essayé d'élever, étaient jaunâtres, munies de six pattes et deux antennes et de deux soies à l'extrémité du corps, quelques petits duvets étaient épars sur les segmens abdominaux; Frisch a aussi connu la larve de ces insectes; mais la figure qu'il en donne n'indique pas de filets à l'extrémité de l'abdomen, quoique le texte en parle; la disposition des antennes de l'insecte qu'il a figuré paraît indiquer l'espèce nommée *Gallica*; Degéer avait aussi observé la ponte, les œufs et les larves des Meloés; il avait indiqué à la bouche deux mandibules en forme de crochets, analogues à celles des larves de Dytisques, les crochets des tarses très-longs ayant entre eux un appendice en forme de fer de lance, enfin une couleur générale ochracée. Tel était l'état des connaissances sur les métamorphoses de ces insectes, et l'analogie portait à croire que, comme les larves des Cantharides, elles vivaient jusqu'à leur entière métamorphose aux dépens des racines des plantes; mais voici que Degéer lui-même, Réaumur, MM. Kirby, Walckenaer et Léon Dufour découvrent sur des Diptères, soit du genre *Syrphe*, soit du genre *Eristale* et autres, soit sur différens Apiaires, de petits insectes que l'on considère comme un nouvel animal qui doit former un genre de parasites. M. Léon Dufour lui donne même le nom de Trioungulin; cependant quelques auteurs, comparant les nouvelles figures et descriptions aux anciennes, trouvant une analogie frappante avec les larves décrites et figurées de Méloés, proclament que le nouvel insecte n'est qu'une seule et même chose avec celui décrit par Goedart et Frisch, et qu'alors le Méloé vit en parasite à l'état de larve, soit sur des Diptères, soit sur des Hyménoptères; mais bientôt s'élevèrent les objections : jamais on n'avait trouvé cet insecte que petit; Degéer, qui leur avait fourni pendant long-temps des mouches, les avait bien vus s'attacher après, mais ne les avait jamais vus grossir; c'étaient des objections sérieuses, et bien que l'on sût que les *Zonites* et les *Rhipiphores* vivaient à l'état de parasites dans les nids d'abeilles, la masse du corps des Méloés ne pouvait laisser admettre qu'ils pussent vivre sur des insectes cinq ou six fois plus petits qu'eux; on en revint donc à l'opinion que ces insectes devaient être des Aptères parasites, et que les premiers auteurs avaient dû se tromper et prendre des parasites échappés du corps de la femelle des Proscarabées pour des larves écloses de ses œufs; on n'était cependant pas encore au bout des changemens d'idées. MM. Lepelletier et Serville, observateurs judicieux et sur la parole desquels on pouvait compter, ayant obtenu des femelles de Meloé des larves absolument pareilles à celles décrites par les anciens auteurs et également pareilles à celles que MM. Kirby, Walckenaër et Léon Dufour avaient obtenues, force fut bien d'en revenir à l'idée de faire vivre le Meloé en parasite sous son premier état. Reste à expliquer comment cela peut se faire; car ceci est encore dans les conjectures. Latreille a peut-être trouvé la véritable, c'est du moins la seule plausible jusqu'à présent; c'est d'admettre que ces larves ne s'attachent aux insectes sur lesquels on les a reconnus, que pour être portées par eux dans les nids où ils approvisionnent leurs petits, et là subir toutes leurs métamorphoses. Est-ce là la vraie solution du problème? C'est ce que le temps pourra éclaircir.

Le nombre des Meloés est assez considérable, et leur détermination difficile; mais, outre les travaux généraux sur les Coléoptères, les monographies de Meyer, Leach et d'Erichson ont singulièrement facilité leur étude. Nous allons décrire quelques unes des principales espèces de ce genre.

M. PROSCARABÉE, *M. proscarabeus*, Fab., figuré dans notre Atlas, pl. 544, fig. 1. Long de 8 à 9 lignes; tête très-large postérieurement, corselet étroit en devant, un peu dilaté dans son milieu, se rétrécissant ensuite, relevé, échancré à son bord postérieur, élytres chagrinées, chaque impression allant en zig-zag, avec des intervalles aigus, les antennes fort dilatées, un peu contournées dans le milieu. D'un beau bleu violeté.

M. D'OLIVIER, *M. Olivieri*, Chevrolat, Mag. zool., cl. IX, pl. 57 (1833), reproduit dans notre Atlas, pl. 544, fig. 2. Long de 8 lignes, corps noir, tête blanche ponctuée de noir, corselet noir, élytres jaunes marbrées de noir, abdomen noir marbré de jaune en dessus. Probablement de la Perse.

M. DE SAULCY, *M. Saulcyi*, Guér., *loc. cit.*, pl. 100 (1833). C'est la plus petite espèce connue; car elle a à peine trois lignes de long. Elle est noire bleuâtre, avec le corselet rouge. Elle a été prise dans l'île de San-Lorenzo, au Pérou, par M. de Saulcy, officier de marine, et quelques années après par M. d'Orbigny. (A. P.)

MELOLONTE. (INS.) Ce nom a d'abord été employé par Geoffroy pour désigner le genre *Clytra*. Fabricius s'en est servi ensuite pour le genre Hanneton auquel il est resté comme nom scientifique. (GUÉR.)

MELON, *Melo*. (BOT. PHAN. et AGR.) L'une des plantes les plus intéressantes de nos jardins, le Melon est une Cucurbitacée, appartenant au genre Concombre, dont le fruit excellent fait les délices de nos tables durant la saison des chaleurs, et dont la culture cause souvent le désespoir d'un grand nombre d'horticulteurs. Il a été l'objet d'une foule de mémoires et d'instructions plus ou moins étendus, auxquels on peut, sans injustice, reprocher leur maigreur; en effet, il ne suffit pas de répéter ce que tout le monde sait, ce qui se trouve dans le Dictionnaire d'agriculture le moins complet; il faut encore étudier les méthodes de culture en usage, les comparer entre elles, pour instruire réellement les autres, pour diriger leur pratique et les amener à des procédés plus sûrs et plus profitables.

Plante annuelle, le Melon a la racine branchue et fibreuse, la tige longue, rampante, sarmenteuse, dure au toucher; sa feuille, alterne, anguleuse, arrondie, est plus petite que celle des Concombres et des Courges; ses fleurs jaunes, en forme de cloche évasée, découpée en cinq parties terminées en pointe, prennent naissance, réunies en petit nombre, aux aisselles des feuilles; le même pied porte les fleurs mâles et les fleurs femelles, mais elles sont séparées chacune sur une véritable corolle, comme le disent Tournefort et Linné, supère, resserrée sur l'ovaire; il est aisé de les distinguer au premier coup d'œil : les fleurs mâles sont plus en entonnoir, leurs divisions extérieures se montrent subulées, les étamines couvrent un disque central, trigone et tronqué; tandis que les fleurs femelles, plus évasées, contiennent trois filamens stériles ou nectaires, un style très-court, avec trois stigmates épais et bifides.

Son pays natal n'est point connu, les uns le font venir de l'Asie, les autres le disent originaire de l'Afrique; ce qu'il y a de certain, c'est qu'il appartient aux pays chauds de l'ancien hémisphère, qu'il gèle très-aisément, et que pour atteindre à sa parfaite maturité, il demande en nos climats une grande chaleur.

Le type du Melon cultivé ne nous est point connu. Ses variétés, qui sont fort nombreuses, sont dues au mélange des poussières fécondantes; elles sont franches, ces variétés, quand elles conservent toute leur pureté; les plus mauvais Hybrides sont ceux nés dans le voisinage des Concombres et de la Courge. Le Melon cultivé varie dans sa forme, sa grosseur, sa couleur et la broderie de ses côtes plus ou moins saillantes, aussi bien que dans la saveur et l'excellence de sa chair. Il est ordinairement ovoïde ou presque rond, à surface unie ou raboteuse, ou à côtes de couleur cendrée, blanche, jaune ou verte. Son écorce, dure, épaisse, recouvre une pulpe blanche, verdâtre, jaune ou rougeâtre, selon les variétés; elle est aqueuse, mucilagineuse, d'une saveur attrayante, sucrée, quelquefois musquée; dans les pays chauds elle acquiert des qualités supérieures; elle n'incommode jamais; aussi peut-on se livrer sans inconvéniens au plaisir que l'on trouve à savourer ce fruit délicieux.

En ces pays on donne fort peu de soins à sa culture; la sécheresse, les chaleurs, un sol substantiel lui permettent d'y prendre tous ses développemens, d'obéir à sa destinée et de remplir gaîment toutes les phases de sa vie; il n'en est pas ainsi dans les climats tempérés et froids : ici, l'art doit pourvoir à tout; il faut le tenir sur couches, sous cloches, entouré de paillassons, dans une exposition méridienne, en un coin particulier, où l'on entasse les fumiers que l'on renouvelle sans cesse pour entretenir et augmenter la chaleur que la fermentation produit, mais dont l'engrais, sans cesse lavé et délayé par les eaux du ciel et celles que répand l'arrosoir, est dispersé par les météores et perdu sans profit sur le sol environnant. Là, les Courtillières pullulent d'une manière vraiment effrayante pour les autres productions du jardin.

Le Melon s'y reproduit de boutures et de graines. On peut aussi le multiplier de marcottes en profitant de la propriété qu'ont d'ordinaire les branches de prendre aisément racine; les points d'où sortent les vrilles peuvent servir d'indice pour la partie qu'il faut enterrer. La graine la meilleure est pleine, provient des fruits les plus mûrs venus au grand air, et choisie sur les tranches supérieures; quoique vieille, elle lève très-bien; celle âgée de cinq et même de six ans est très-estimée par certains maraîchers comme donnant les plus beaux Melons. Cependant, il faut le dire, les graines nouvelles ont une végétation plus prompte, plus vigoureuse; elles fournissent des tiges fortes et longues; toutes leurs parties prennent un développement plus brillant. Quant aux boutures, elles se font au commencement de mai et même plus tard, suivant que la séve se développe plus ou moins vite dans les plantes, jamais quand la végétation est en pleine séve; car les boutures très-vigoureuses reprennent toujours moins facilement que les faibles. Il faut aussi que la couche sur laquelle on les place ait jeté son feu et qu'elle soit couverte au moins de trente-deux centimètres de bonne terre bien meuble. Le terreau d'ancienne couche, mêlé à cette terre, produit de superbes résultats. Une fois plantées, les boutures ne doivent prendre d'air qu'au bout de quelques jours; c'est alors qu'on arrose celles dont le pied paraît sec. Lorsque les jeunes pousses se développent, on arrose plus souvent, et lorsqu'elles ont de bonnes racines, on les lève séparément et on les met en place. Les arrosemens réitérés qui affadissent partout les Melons brodés, sucrins et généralement tous ceux de première qualité, sont nécessaires dans quelques localités, à Pézénas, Bédarieux, etc., département de l'Hérault, pour pousser les Cantaloups. La culture la mieux entendue est aux environs de Metz, département de la Moselle, de Vic, département de la Meurthe, de Honfleur et de Lisieux, département du Calvados; elle s'y fait en pleins champs sur des buttes ou sur un terrain incliné, dans la direction du levant ou du midi. Le Melon y donne des bénéfices considérables. On a calculé que trois pieds de cette plante y rapportent régulièrement douze et quinze francs dans les bonnes années.

J'ai vu retirer des avantages marqués en rendant, contre l'usage, ses melonnières mobiles, ou si l'on aime mieux, en les parquant comme le berger en agit à l'égard de ses troupeaux. On les porte successivement sur tous les carrés du potager, avec la simple précaution d'entourer ces carrés d'abris ou brise-vents, au moins sur les côtés exposés aux mauvaises influences. Ces abris peuvent se faire, suivant les localités, avec la paille du seigle ou du riz, avec la canne du Maïz, de la Houque ou du Roseau commun, avec les élagures du Saule ou des autres bois flexibles, et l'on peut même cultiver à leurs pieds quelques plantes grimpantes, comme les Haricots, les Dolics, le Chèvrefeuille ou la Vigne vierge. Quand on change la melonnière de place, on donne au carré un simple labour; il suffit pour lui faire rapporter de superbes légumes, conserver long temps une fertilité remarquable, et pour, chose de la plus grande importance, éloigner la désastreuse Courtillière. L'établissement, l'entretien et le renouvellement des brise-vents nécessaires sont loin d'approcher les frais ordinairement exigés pour les melonnières fixes, et encore qu'ils les égaleraient, les avantages que la mobilité du nouveau système procure n'ont rien qu'on puisse leur comparer.

Dans les contrées qui avoisinent ou dépassent plus ou moins le 48e degré de latitude nord, la voie des marcottes priverait d'une récolte; celle des boutures y est préférable, d'autant plus qu'elles s'étendent peu, se mettent promptement à fleurs, et leurs fruits parviennent à maturité à une époque très-peu différente de celle qui leur est propre dans le Midi. La taille est aussi nécessaire pour fixer les productions du fruit, comme pour avancer le temps de la jouissance. Cette opération se fait dans trois instans différens; on ne peut en fixer positivement l'époque, la pratique seule est susceptible de l'apercevoir et de la saisir à propos. La première doit avoir lieu quand le plant a poussé cinq ou six feuilles; on coupe le montant du jet-milieu qui, d'ordinaire, se voit au dessus des trois premières feuilles, afin qu'il naisse sur les côtés des bras que l'on réduit, par la suite, à deux yeux pour les forcer à fructifier. La seconde taille, beaucoup plus forte, consiste à retrancher le bout de la branche sur laquelle le fruit a noué. Le même pied peut très-bien amener à point les trois ou quatre Melons conservés; mais il faut supprimer tout ce qui est au-delà de ce nombre, à moins que les premiers n'aient fondu. Du moment que les fruits ont acquis les trois quarts de leur grosseur, on opère la troisième taille. On ne retranche plus rien, mais on supprime les fruits superflus, mal tournés ou susceptibles de nuire aux autres, ainsi que les feuilles jaunissantes. Ces trois tailles demandent à être faites nettement, au moyen d'une serpette bien affilée; tout est perdu si l'on déchire ou si l'on pince la branche.

On compte plus de soixante variétés du Melon; en les classant d'après leur analogie on a cinq divisions, savoir: les MELONS PROPREMENT DITS, appelés en France *Poupons* jusqu'au milieu du seizième siècle; les MELONS CANTALOUPS, dont le nom vient de Cantalupo, village aux environs de Rome, où ils furent d'abord et uniquement cultivés; les MELONS A CHAIR VERTE qui sont très-hâtifs; les MELONS A CHAIR BLANCHE, également précoces et que l'on peut conserver, durant l'hiver, en un lieu sec, à l'abri des gelées; enfin les MELONS D'EAU qui nous viennent du continent américain et dont nous parlerons plus particulièrement sous le nom de PASTÈQUES (*voy.* ce mot), qu'ils portent plus généralement.

I. Parmi les Melons proprement dits, on cite le *Melon maraîcher* le plus commun de tous et le moins bon aux environs de Paris, parce qu'il n'est pas cultivé soigneusement; on l'y plante trop dru, on ne le nourrit que de terreau et d'eau; cependant j'en ai mangé d'excellens chez divers jardiniers qui savent le conduire d'une manière convenable, sur des melonnières mobiles; le *Sucrin de Tours*, aux côtes ordinairement peu profondes, d'une saveur agréable et mûr à la fin de juin, lui est préférable, qu'il soit réduit à la grosseur d'une orange, comme le *petit Sucrin*, ou qu'il atteigne les

les dimensions du *Melon de Langeais*. Mais aucun n'égale en bonté, en beauté le *Melon de Honfleur*, qui est très-gros, allongé, bien brodé, dont la chair très-belle et succulente mûrit en juillet, et dure jusqu'en octobre; sa saveur est vineuse et sucrée (*v*. pl. 344, fig. 3). Après lui viennent le *Melon monstrueux de Portugal*, rond, gros, très-bon, et le *Melon de Minorque* de grosseur moyenne, à broderie très-fine et à chair délicate.

II. La race des Cantaloups se distingue par ses côtes très-marquées, par sa chair délicate, exquise, très-vineuse, sucrée et d'un parfum agréable. Elle fournit un grand nombre de sous-variétés, des fruits de toutes les grosseurs, de toutes les formes, ayant l'écorce brune, noirâtre, d'un vert foncé, dorée, argentée, pourvue ou dépourvue de protubérances, dont les côtes sont plus ou moins larges, plus ou moins saillantes; que ces diverses sous-variétés soient hâtives ou tardives, il est rare qu'on ne trouve pas plaisir à les voir, à savourer leur chair fine et fondante. Le seul reproche qu'on puisse leur faire, c'est d'avoir l'écorce beaucoup trop épaisse. Une d'entre elles, sortie des jardins de Trianon et qui commence à se répandre chez nos horticoles, m'a paru jusqu'ici aussi belle, aussi pure, aussi parfaite que les Melons que j'ai eu tant de volupté à manger à Cantalupo.

III. Dans les Melons de la troisième classe, une seule variété réussit dans quelques uns de nos départemens méridionaux; son écorce est lisse, sans côtes, légèrement brodée; sa grosseur moyenne; sa forme ronde, quelquefois allongée, ovoïde; sa chair verdâtre, fondante, parfumée, sucrée: c'est le *Melon vert de Malte*, où il est parfait. On le cultive par curiosité chez plusieurs grands propriétaires de nos départemens de l'ouest; il y est moins bon que dans le département de l'Hérault, auprès de Béziers, où cependant il est loin d'acquérir les hautes qualités que je lui ai trouvées dans sa patrie.

IV. Les Melons à chair blanche sont généralement hâtifs dans le midi de la France; ils y atteignent une grosseur moyenne; leur forme est allongée par les deux bouts; leur chair fondante, sucrée et délicate. L'écorce est souvent lisse, quelquefois à broderie fine et même parsemée de nombreuses aspérités.

Veut-on choisir un Melon? il faut en général que le pédoncule soit court et gros, qu'il soit pesant, qu'il exhale un peu d'odeur, qu'il soit ferme sous le doigt; mais, comme le goût n'a pas de règles, chacun l'interroge et l'écoute à sa manière; celui-ci lui demande une odeur de musc, celui-là une odeur de goudron; seulement il est essentiel, dans les pays situés au dessus du 45e degré de latitude septentrionale, de le manger bien mûr; pour combattre et même détruire avec certitude ce que sa froideur naturelle a de vicieux sur les estomacs délicats, pour prévenir les fièvres, coliques et dysenteries qu'elle détermine souvent, il convient de boire un vin généreux, sans le mouiller aucunement. (T. d. B.)

MÉLONGÈNE ou MÉRANGÈNE. (BOT. PHAN.) Nom d'une espèce du genre MORELLE (*voyez* ce mot).

Solanum melongena, Linn., vulgairement nommée Aubergine, Poule pondeuse; sa tige herbacée, mais ferme, s'élève d'un à deux pieds; ses rameaux sont couverts de poils un peu rudes ou cotonneux; ses feuilles sont grandes, ovales, portées par de longs pétioles, à bords assez profondément lobés, garnis dessous et dessus de quelques rares et courts piquans; les fleurs sont grandes, latérales ou en tête, blanches, bleues ou purpurines, soit seules, soit deux ou trois sur un pédoncule commun; le calice s'allonge inférieurement à mesure que le fruit grossit. Celui-ci est une énorme baie pendante, ovoïde, allongée, lisse, luisante, ordinairement violette (Aubergine ordinaire), quelquefois, mais rarement blanche (Aubergine aux œufs, la pondeuse), contenant une chair blanche pulpeuse, que l'on mange préparée de diverses façons. En Amérique, son pays natal, dans le midi de la France, à Paris même, son goût est très-répandu. Comme elle est annuelle, on sème ses graines sur couche et même sous châssis ou cloches au printemps; puis, quand le beau temps est arrivé, on repique en place dans un bon terreau substantiel, on multiplie les arrosemens, et on obtient ses fruits en août ou septembre.

Il ne faut pas confondre cette Mélongène avec la Plante aux œufs, *Solanum oviferum*. (C. L.)

MÉLONIE, *Melonia*. (MOLL.) Ce genre a été établi par Lamarck et adopté par Cuvier dans son Règne animal. Les Mélonies sont de petits corps subsphériques, quelquefois allongés et un peu pointus à leur extrémité; ils sont formés de loges nombreuses qui s'enroulent sur un axe droit et perpendiculaire; le dernier tour enveloppe tous les autres; les cloisons sont imperforées, mais l'intervalle qui les sépare est occupé par un ou plusieurs rangs de tubes extrêmement fins, accolés par leurs parois, qui s'ouvrent quelquefois à l'extérieur dans la dernière loge, et qui, d'autres fois, sont constamment cachées. D'après ce caractère, on a divisé ce genre en deux sections.

Première section. Mélonies ayant les pores des cellules visibles en dehors.

MÉLONIE SPHÉRIQUE, *Melonia sphærica*, Lam. *Clausulus indicator*, Montfort. Ce dernier prétend que cette espèce se trouve fossile en Hongrie, en Transylvanie, et à Duina sur les bords de l'Adriatique.

MÉLONIE DE FORTIS, *Melonia Fortisi*, Desh. Son allongement et sa forme ovale rendent cette coquille remarquable, car, quoique plus grande qu'aucune de ce genre, ses caractères tranchés lui assignent la place qu'on lui a donnée. L'ancien Roussillon, le Soissonnais et les environs de Laon en renferment une assez grande quantité dans les sables.

Deuxième section. Mélonies dont les pores des cellules ne sont pas visibles.

MÉLONIE SPHÉROÏDE, *Melonia sphæroidea*, Lam. *Borelis melonoides*, Montfort. Cette espèce est sphérique, peu sensiblement marquée par les cloisons à l'intérieur.

MÉLONIE DE BOSC, *Melonia Boscii*, Desh. Cette

coquille est fort commune aux environs de Paris. (J. L.)

MELONIE, *Melonis.* (MOLL.) Ce nom a été donné par Montfort à une coquille microscopique qu'il considère comme très-voisine des Nautiles, et qui a en effet pour type le *Nautilus pompiloïdes* de Fichtel et Moll, mais qui paraît avoir beaucoup plus de rapport avec les véritables Nummulites, d'après la caractéristique donnée par Montfort lui-même, et qui est la suivante : coquille libre, univalve, cloisonnée, discoïde, contournée en spirale aplatie, ayant un ombilic; le dernier tour de spire renfermant tous les autres; bouche arrondie, recevant dans son milieu le retour de la spire, scellée et couverte par un diaphragme sans siphon, mais laissant une ouverture semi-lunaire contre le retour de la spire; cloisons unies. Cette coquille, qui se trouve fossile à la Coroncine (Toscane), et qui vit au milieu des Polypes à polypiers de la Nouvelle-Hollande, ne doit pas être confondue avec celle à laquelle Lamarck a donné le même nom; car, comme les caractères de celles-ci le montrent suffisamment, elles sont très-différentes l'une de l'autre. (V. M.)

MÉLONITE, MÉLOPONITE ou MELONS FOSSILES. (GÉOL.) Noms donnés par les anciens naturalistes à des nodules de silex ou à des géodes de calcédoine présentant une forme arrondie comme celle d'un Melon; on les a désignées aussi sous le nom de *Méloponites*, et plus communément sous celui de *Melons du mont Carmel*, lorsqu'ils venaient de cette localité, ou simplement *Melons fossiles*. Ces noms inexacts sous tous les rapports ne sont plus en usage. (J. H.)

MÉLOPHAGE, *Melophagus.* (INS.) Genre de Diptères de la famille des Pupipares, tribu des Coriaces, ayant les caractères suivans : tête séparée du corselet par une suture apparente; suçoir renfermé entre deux valves coriaces; pas d'ailes. En établissant ce genre, Latreille le sépare de suite d'une manière tranchée des autres genres de la même tribu; par son absence d'ailes, il se distingue de suite des Hypobosques, et par sa tête dégagée du corselet, il est impossible de le confondre avec les Nyctéribies qui de même manquent d'ailes. La tête est ovalaire, transverse, enfoncée dans le corselet, mais bien distincte; les valvules du suçoir sont très-allongées; les antennes sont logées dans deux fossettes dépendantes de la partie supérieure du rostre; on ne découvre point d'ocelles; le corselet est presque carré; on y distingue au dessus du second stigmate un petit appendice qui doit être le vestige soit des ailes, soit des cuillerons ou balanciers propres aux autres genres; les pattes sont robustes, les crochets longs, recourbés le long du tarse et armés d'une forte dent en dessous.

M. DES MOUTONS, *M. ovis*, représenté dans notre Atlas, pl. 344, fig. 4. Lat. Long de deux lignes et demi; tête, tronc et pattes fauves; abdomen noirâtre; cette espèce s'attache aux Moutons et vit dans leur toison. L'espèce qui vit sur les Chevreuils forme un genre distinct. (A. P.)

MÉLYRE, *Melyris.* (INS.) Genre de Coléoptères de la section des Pentamères, famille des Serricornes, tribu des Mélyrides. Les insectes de ce genre ont pour caractères : tête allongée très-inclinée, corselet trapézoïdal, élytres fermes, crochets des tarses dentelés en dessous. Les Mélyres ont la tête très-prolongée, presque cachée sous le corcelet; les antennes sont filiformes, composées d'articles en forme de cône renversé; le corselet est presque plat, aussi long que large; les élytres sont très-longues, ovalaires. Ces insectes, tous propres à l'ancien continent, se trouvent sur les fleurs à l'état parfait; leurs métamorphoses sont inconnues. Ce genre se compose de six ou sept espèces de petite taille, dont quelques unes sont ornées de couleurs assez vives.

M. VERT, *M. viridis*, Fabr. Long de cinq lignes, vert foncé brillant; corps très-fortement ponctué; élytres relevées tout autour et à la suture, et portant en outre trois carènes longitudinales. Du cap de Bonne-Espérance. (A. P.)

MÉLYRIDES, *Melyrides.* (INS.) Tribu de Coléoptères, de la famille des Serricornes, ayant pour caractères : tête inclinée, mandibules bifides à la pointe, palpes filiformes, antennes plus ou moins en scie, articles des tarses entiers, corps plus ou moins cylindrique, élytres molles. Ces insectes, à l'état parfait, se trouvent sur les fleurs; cette tribu comprend les genres *Mélyre*, *Dasytes* et *Malabie.* (A. P.)

MEMBRACE, *Membracis.* (INS.) Genre d'Hémiptères de la section des Homoptères, famille des Cicadaires, tribu des Membracides, distingué des genres de la même tribu par les caractères suivans : antennes insérées sous un rebord du front, ayant leurs deux premiers articles courts, égaux entre eux, le troisième assez long en soie conique; ocelles rejetés tout-à-fait sur le sommet de la tête; prothorax foliacé, très-élevé, comprimé, s'étendant presque jusqu'à l'extrémité du corps; pattes foliacées, les postérieures dentelées sur les arêtes; le front des Membraces est allongé, arrondi au bout, détaché de la tête et s'avance au dessus de l'épistome comme un chapeau; le corselet est foliacé, beaucoup plus élevé que le corps, et offre des formes très-variées. Ces insectes, de même que tous les autres Membracides, sautent très-facilement; les espèces sont exotiques, mais il est à présumer que leurs mœurs, comme celles de tous les insectes plantisuges à demi-métamorphoses, n'offrent rien de bien particulier.

M. LUNULÉE, *M. lunulata*, Fab., figurée dans notre Atlas, pl. 345, fig. 1. Longue de quatre lignes, noire; dilatation du corselet presque demi-circulaire, s'avançant au dessus de la tête et n'atteignant pas l'extrémité des élytres; une bande blanchâtre demi-diaphane s'élève de la tête sans joindre le bord antérieur de la dilatation, jusqu'à son point le plus élevé; le reste est occupé par une large lunule de même couleur, dont les cornes sont tournées en haut; on trouve quelquefois une variété où les branches de la lunule ne se rejoignent pas en bas. De Cayenne.

M. LANCÉOLÉE, *M. lanceolata*, Fab. représentée dans notre Atlas, pl. 545, fig. 2. Longue de deux lignes et demie; la dilatation thoracique s'avance à son point culminant en forme d'une corne un peu recourbée en bas; le long de sa partie postérieure sont deux taches blanches joignant la carène, l'extrémité est noire. D'Amérique.

Outre les insectes que nous venons de citer, qui sont de véritables *Membraces*, il existe plusieurs autres genres établis par les auteurs et indiqués à la tribu des Membracides; les *Centrotes* et les *Lèdres* ont été décrits à leur ordre alphabétique; mais nous allons réunir ici les autres pour renfermer dans un même cadre ces insectes extraordinaires.

Viennent d'abord les TRAGOPES de Latreille, où le prothorax n'offre plus de saillie perpendiculaire en forme de corne, mais est dilaté de chaque côté en forme de saillie pointue, et se prolonge ensuite en pointe jusqu'à l'extrémité de l'abdomen, et cache entièrement l'écusson; leurs pattes sont encore foliacées comme dans les vraies Membraces.

T. PONCTUÉ, *T. punctata*, Fab. Long de neuf lignes; les deux cornes du prothorax sont écartées et relevées en haut comme celles d'un bœuf; elles sont tranchantes et recourbées en arrière à leur extrémité; le prolongement abdominal est fortement caréné; l'insecte est de couleur châtain clair et entièrement couvert de points très-serrés jaunâtres; toutes les carènes sont brunes. Du Brésil.

T. BORDÉ, *T. marginata*, Fab., figuré dans notre Atlas, pl. 545, fig. 3. Long de 9 lignes; il a la forme du précédent, mais les cornes sont moins écartées à leur base et plus droites; l'insecte est de même brun avec des points jaunes moins serrés que dans le précédent; mais ce qui le distingue, c'est que l'extrémité des cornes est jaune, et que sur le côté postérieur des cornes il descend une bande jaune qui va se perdre en arrière de l'attache des ailes; l'extrémité du prolongement thoracique est de la même couleur. Cette espèce est de l'Amérique méridionale.

Dans les DARNIS de Fabricius le prothorax n'offre aucune dilatation, mais il est arrondi et se prolonge jusqu'à l'extrémité de l'abdomen en l'emboîtant de tous les côtés; les pattes ne sont pas foliacées.

D. BORDÉ, *D. lateralis*, Fab., figuré dans notre Atlas, pl. 545, fig. 4. Long de trois lignes, brun noirâtre, avec un point sur le milieu du front, et une large bande jaunâtre prenant avant les yeux et s'étendant jusqu'à l'extrémité du prolongement thoracique; les tibias et les tarses sont de la même couleur. Cette espèce est de Cayenne.

Dans le genre BOCYDIUM de Latreille le prolongement thoracique ne forme plus qu'une épine étroite qui laisse toutes les élytres visibles; les pattes ne sont pas foliacées. Ce genre comprend les espèces où la dilatation thoracique affecte les formes les plus singulières.

B. HORRIBLE, *B. horridum*, Fab., représenté dans notre Atlas, pl. 545, fig. 5. Long de six lignes, dessous du corps et tête jaunâtre, avec deux bandes noires au milieu; le prothorax recouvre d'abord tout le corselet sous la forme d'une voûte arrondie; sur cette partie s'élèvent deux épines longues, assez écartées, un peu dirigées en arrière; il se prolonge ensuite en se relevant au dessus de l'abdomen, sous la forme de deux boules placées immédiatement au bout l'une de l'autre, et séparées par un profond étranglement; la dernière porte trois épines, deux se dirigeant horizontalement, et la troisième se dirigeant vers le bas; ce prothorax est brun dans la première partie avec un chevron jaune partant du vertex, il a en outre deux bandes jaunes qui le bordent de chaque côté, et s'étendent jusque vers le milieu de son premier nœud; le reste est brun noirâtre avec les épines jaunes, excepté à leur base; ailes diaphanes, jaunâtres. Cette espèce est de Cayenne. M. Laporte a formé avec des espèces de formes analogues le genre *Heteronotus*, mais il n'a pas cité celle de Fabricius.

B. TRIFIDE, *B. trifidum*, Fab. Long de trois lignes; prothorax globuleux dans la première partie, et portant d'abord deux épines écartées, un peu dirigées en arrière, et se courbant brusquement extérieurement vers le milieu de sa longueur, et un peu plus en arrière, deux autres épines plus petites, rapprochées à leur base, s'élevant perpendiculairement et se rapprochant un peu à leur extrémité; ensuite le prothorax s'élève et se forme en globe, duquel partent trois longues épines formant la fourche, sinueuses et se dirigeant toutes en bas; la tête et le thorax sont noirs, avec les pattes jaunes et deux taches de même couleur de chaque côté du prothorax; l'abdomen est fauve avec l'extrémité noire; les ailes sont diaphanes avec une petite bande transverse noire dans le milieu. Du Brésil.

B. CLAVIGER, *B. claviger*, Fab., figuré dans notre Atlas, pl. 545, fig. 6. Long de deux lignes et demie, noir; abdomen et pattes fauves, avec les tibias postérieurs noirs; le prothorax est d'abord arrondi, il se rétrécit ensuite, et sur le rétrécissement s'élèvent quatre épines, dont les deux premières, les plus longues, un peu dirigées en avant, divergentes, les secondes placées presque immédiatement derrière elles, plus rapprochées, beaucoup plus courtes, verticales et se rapprochant un peu à leur extrémité; il forme ensuite un globe duquel s'échappent en divergeant trois longues épines dirigées en bas, sinuées, et dont les deux latérales offrent, vers le milieu de leur longueur, une dilatation considérable en forme de boule. Cette espèce est de Cayenne.

Parmi les espèces que l'on rapporte à ce genre, nous en citerons encore une, mais qui plus régulièrement doit se rapporter au genre *Centrotus*.

C. GLOBULAIRE, *C. globularis*, Fab., figuré dans notre Atlas, pl. 545, fig. 7. Long de 3 lignes, noir; abdomen et pattes fauves; principales nervures des ailes souvent enfumées; le prothorax s'élève d'abord verticalement au dessus du dos en forme d'un petit pilier; arrivé là il forme un globe duquel s'échappent trois branches principales disposées horizontalement ; une d'elles, qui se dirige en arrière, est simple et s'incline un peu en bas ; les deux antérieures se bifurquent près de leur naissance, et forment alors quatre branches, dont les deux plus antérieures sont terminées par des boules, et les postérieures ont des boules pareilles vers le milieu de leur longueur ; toute cette partie est assez velue. Cette espèce se trouve au Brésil.

On peut encore joindre à cette tribu les *Œtaliones* de Latreille, où la tête, vue en dessous, ne présente qu'une bande transverse, et qui ont des yeux lisses, situés entre les yeux ordinaires ; leur prothorax n'offre aucune dilatation remarquable ; les élytres sont toujours découvertes, et les pattes postérieures épineuses.

E. RÉTICULÉ, *Œ. reticulatum*, Lat. Long de 4 lignes, entièrement fauve, une raie noire en travers du front, et trois bandes de même couleur en travers des tibias postérieurs ; sur le corselet trois bandes, deux latérales, une centrale jaunâtre ; toutes les nervures des ailes sont aussi de cette couleur. Du Brésil. (A. P.)

MEMBRACIDES, *Membracides*. (INS.) Tribu d'Hémiptères de la section des Homoptères, famille des Cicadaires, ayant pour caractères : deux ocelles ; antennes de trois articles, insérées entre les yeux ; corselet dilaté dans divers sens, selon les genres et les espèces. Cette tribu renferme les genres *Darnis*, *Membrace*, *Bocydium*, *Tragope*, *Centrote*, *Lèdre*, et d'autres sans compter les coupes qu'elle nécessite encore. (A. P.)

MEMBRANE. (ANAT.) On donne le nom de Membrane à des organes aplatis, minces, tantôt disposés en long canaux, tantôt étendus largement sur les viscères et placés non seulement à l'intérieur du corps, mais même à l'extérieur.

Long-temps les anatomistes avaient été privés d'idées exactes sur les Membranes ; ils ne les regardaient pas comme formant un système par leur ensemble ; ils ne distinguaient pas leurs variétés ; ils les confondaient avec d'autres tissus. Bichat est le premier qui ait étudié d'une manière toute spéciale l'organisation des Membranes, et qui en ait donné une histoire complète. Il a distingué les Membranes en simples, qui sont les Membranes *séreuses*, les *muqueuses* et les *fibreuses* ; et en composées, dans l'organisation desquelles entrent deux des élémens des deux espèces précédentes ; telles sont les Membranes *séro-fibreuses*, *séro-muqueuses*, *mucoso-fibreuses*, etc. Nous allons décrire successivement chacune des trois espèces de Membranes simples.

1° *Membranes séreuses*. Les Membranes séreuses, nommées aussi villeuses simples, succingentes, se rencontrent entre tous les organes qui doivent exécuter des mouvemens les uns sur les autres. Appelées séreuses parce qu'elles fournissent par exhalation un liquide limpide qui lubrifie leur surface interne, et que l'on a comparé au sérum du sang, ces Membranes forment chacune un sac sans ouverture, et adhérent par leur face externe avec les organes qu'elles revêtent, tandis que par leur face interne elles sont libres et contigues à elles-mêmes.

Les plèvres, le péritoine, etc., sont des Membranes séreuses destinées principalement à faciliter les mouvemens des organes les uns sur les autres. Les membranes qui ont le plus d'analogie avec ces dernières se rencontrent sur les articulations mobiles du corps, et prennent alors le nom de *Membranes synoviales*. Elles tapissent aussi les grandes cavités du corps, et se replient sur les organes contenus dans ces cavités, leur formant une enveloppe plus ou moins complète. Elles servent ainsi à fixer les organes et à faciliter leurs mouvemens. Ces Membranes offrent, en outre, très-souvent des duplicatures plus ou moins étendues, entre les lames desquelles existent des vaisseaux, du tissu cellulaire ; tels sont, pour le *péritoine*, ou Membrane qui revêt la cavité abdominale, le mésentère, l'épiploon, les ligamens larges de l'utérus, les méso-colons, les ligamens du foie. La surface extérieure des Membranes séreuses adhère aux organes qu'elles recouvrent, mais à un degré variable ; elle est comme floconneuse. La surface interne, examinée à l'œil nu, paraît tout-à-fait lisse ; mais si on l'étudie à l'aide du microscope, elle paraît toute couverte de villosités très-fines, qui semblent être les extrémités des vaisseaux exhalans qui versent à leur surface le liquide qui doit les lubrifier sans cesse. Elles sont formées de filamens très-ténus, entrecroisés en tous sens, quoique cependant au premier abord, et examinées superficiellement, elles paraissent entièrement homogènes. Elles sont formées par un tissu cellulaire très-fortement condensé, et surtout par un nombre prodigieux de vaisseaux exhalans et absorbans. Les vaisseaux sanguins y sont en si petit nombre, qu'ils ne peuvent y être découverts dans l'état sain ; ce n'est que par suite de l'inflammation de ces Membranes que les vaisseaux sanguins apparaissent à leur surface ; c'est qu'alors la matière colorante du sang pénètre dans les vaisseaux qui ne charriaient avant que des liquides incolores.

Le liquide qui est exhalé à la face interne des Membranes séreuses est incolore ; il ressemble à de l'eau très-ténue dans les cavités splanchniques ; mais aux articulations, dans les Membranes synoviales qui les revêtent, ce liquide est onctueux, beaucoup plus épais et semblable à du blanc d'œuf. Ce liquide contient de l'eau, de l'albumine, une matière incoagulable et gélatiniforme, de la fibrine et différens sels à base de soude. Dans l'état de maladie la quantité du liquide varie considérablement ; son accumulation dans la cavité sans ouvertures, représentée par les Membranes séreuses, constitue les diverses hydropisies.

2° *Membranes muqueuses*. Le nom de ces Membranes a été aussi tiré du fluide particulier qu'elles sécrètent. Ce liquide n'est plus comme pour les Membranes séreuses une simple exhalation, c'est une véritable sécrétion confiée à des glandes et à des follicules muqueux. Toutes les cavités intérieures qui communiquent avec l'extérieur par une ouverture, sont recouvertes d'une Membrane muqueuse qui se perd insensiblement avec la peau dans le point où ces deux parties se rencontrent. Les Membranes muqueuses, quoique doublant un grand nombre d'organes intérieurs, et formant ainsi autant de petites surfaces muqueuses séparées, peuvent être réduites à deux surfaces principales qui sont : la *grande Membrane muqueuse gastro-intestinale* et la *grande muqueuse génito-urinaire*. La surface gastro intestinale, ou naso-intestinale, appelée aussi gastro-pulmonaire, commence à l'ouverture des fosses nasales de la bouche et de l'œil, tapisse les fosses nasales, les sinus frontaux, la bouche, le pharynx, le globe de l'œil, les paupières, les points lacrymaux, le sac lacrymal et le canal nasal, et enfin arrivée au pharynx, gagne d'un côté le larynx, la trachée-artère et les bronches dans toutes leurs ramifications, et de l'autre l'œsophage et tout le reste du canal intestinal jusqu'à l'anus, où elle se confond avec la peau. La surface génito-urinaire commence dans l'homme à l'orifice du canal de l'urètre, chez la femme à l'orifice de ce même canal et des parties externes de la génération, et va se terminer d'un côté à l'orifice externe des trompes utérines, où elle se continue avec le péritoine, de l'autre, chez la femme et chez l'homme, dans le bassinet et les calices. Enfin, si l'on généralise encore davantage, et si l'on considère que ces deux Membranes communiquent entre elles par l'intermédiaire de la peau, on verra qu'elles forment avec elle une Membrane générale partout continue, qui non seulement enveloppe toutes les parties extérieures de l'animal, mais encore tous les organes intérieurs en pénétrant dans leurs diverses cavités. Les Membranes muqueuses présentent deux surfaces, l'une libre et humectée de mucosités, l'autre adhérente aux parties sous-jacentes. Cette partie adhérente est partout appliquée sur des muscles auxquels l'unit intimement un tissu cellulaire dense et serré, sur la nature duquel les anciens anatomistes n'avaient que des connaissances inexactes, et qu'ils appelaient tunique nerveuse. La surface libre des Membranes muqueuses présente constamment deux espèces de plis ou de rides. Les unes sont permanentes, et formées à la fois par la couche fibreuse et la couche muqueuse, comme le pylore, les valvules conniventes de l'intestin grêle, la valvule de Bauhin. Les autres, au contraire, n'ont rien de constant, et ne sont qu'accidentelles, et produites seulement par la contraction de la partie musculeuse de l'organe.

L'organisation des Membranes muqueuses diffère essentiellement de celle des Membranes séreuses. Ces dernières ne sont jamais formées que d'une seule couche. Les Membranes muqueuses, au contraire, qui ont la plus grande analogie de structure avec la peau, présentent comme elle trois feuillets, l'épiderme, le corps papillaire et le chorion. L'épiderme des muqueuses semble être la continuation de celui de la peau, ce que l'on peut observer facilement aux orifices des cavités intérieures, sur les lèvres par exemple, soit par la simple vue, soit par des préparations anatomiques, telles que l'ébullition ou la macération qui détachent facilement cette couche. Mais à mesure que l'on examine cette couche dans la profondeur des cavités, elle s'amincit de plus en plus, à tel point que dans certaines parties elle échappe complétement à nos sens, à moins que quelque maladie ne vienne à la rendre plus apparente. Au dessous de l'épiderme existe le corps papillaire, où semble résider la sensibilité de la Membrane. Enfin l'on trouve au dessous le chorion, dont l'épaisseur varie suivant les parties. Ainsi il est épais au palais, aux gencives, plus mince à l'estomac et aux intestins. Il est formé d'un tissu cellulaire très-condensé. Outre ces trois couches superposées, les Membranes muqueuses renferment encore une foule innombrable de glandes très-petites, placées soit au dessous, soit dans l'épaisseur même de leur chorion, et qui sécrètent le fluide muqueux dont leur surface libre est sans cesse humectée. Outre toutes ces parties constituantes des muqueuses, il existe encore dans leur épaisseur un grand nombre de vaisseaux sanguins et lymphatiques, et une grande quantité de filets nerveux; aussi ces Membranes jouissent-elles d'une sensibilité très-grande.

3° *Membranes fibreuses.* Les Membranes fibreuses, formées d'un tissu très-dense, très-serré, à fibres nacrées et resplendissantes, comprennent les aponévroses, le périoste, le périchondre (*tissu membraneux qui enveloppe les cartilages*), les capsules articulaires, la sclérotique, la Membrane fibreuse des corps caverneux, des reins, de la rate, du foie. Toutes ces Membranes, qui au premier abord semblent être isolées, se continuent cependant entre elles au moyen du périoste, auquel elles viennent toutes aboutir. Les Membranes fibreuses adhèrent par leurs deux faces aux parties qui les environnent, différant sous ce rapport des muqueuses et des séreuses, qui ont toutes une surface libre. Elles représentent des espèces de sacs qui recouvrent différens organes, et se moulent sur leurs formes diverses. Çà et là on les voit percées de trous qui donnent passage aux différens vaisseaux qui les traversent. Ces Membranes, formées d'une seule couche comme les Membranes séreuses, sont constituées par des fibres résistantes, solides, comme nacrées, souvent parallèles, mais quelquefois aussi entrecroisées dans des sens différens. Ces Membranes reçoivent une très-grande quantité de vaisseaux sanguins qui se ramifient quelquefois à l'infini dans leur épaisseur, avant de se distribuer à l'organe auquel elles forment une enveloppe. Quant aux nerfs qui se distribuent aux Membranes fibreuses, ils ont encore complétement échappé aux recherches des anatomistes; aussi la sensibilité de ces Membranes est-elle niée par certains physiologistes. Mais cette sensibilité, si elle est nulle dans l'état sain, se révèle dans certains cas de maladie.

4° *Membranes composées.* On désigne ainsi celles qui résultent de la superposition, de l'union intime de deux Membranes de nature différente. Ainsi les Membranes fibreuses et les Membranes séreuses, partout où elles sont en contact, se confondent entre elles. Ainsi la face interne de la dure-mère, ou Membrane fibreuse qui enveloppe le cerveau et la moelle, adhère intimement à la portion d'arachnoïde qui la recouvre; ainsi la face interne du péricarde ou enveloppe fibreuse du cœur, adhère à la Membrane séreuse qui, de la surface du cœur, se porte à la face interne du péricarde. Cette union donne lieu à deux Membranes séro-fibreuses.

Quelquefois on voit aussi une connexion analogue entre les Membranes muqueuses et les Membranes fibreuses, tels sont les uretères, et alors ces Membranes sont dites fibro-muqueuses, Membranes du cerveau, dure-mère, arachnoïde, piemère. (*Voyez* Méninges.) (A. D.)

MEMBRANE VÉGÉTALE. (bot.) On nomme ainsi l'espèce de tunique coriace, ou cette lame mince, remarquable par la continuité, la souplesse et l'élasticité de son tissu, qui recouvre toutes les parties de la plante, qui s'étend sans se rompre, se prête à l'accroissement en longueur et en grosseur de ces mêmes parties. C'est l'épiderme qui abrite la couche herbacée et que Aubert Du Petit-Thouars appelait *Epiphlose*; c'est l'écorce mince et souple qui enserre la pulpe vineuse de la Pêche; c'est l'enveloppe interne qui revêt immédiatement l'embryon dans certaines semences; c'est la tunique propre des Amandes, des Haricots, des Noix fraîches, etc.

Tout corps qui approche ou bien dont la nature tient de la membrane est désigné par les adjectifs Membrané ou Membraneux. Ainsi, les tiges de quelques espèces de Cactiers, aplaties et amincies à la manière des feuilles, sont dites membranées; les pétioles des Peupliers, du Pois maritime, etc., sont également membranés; les feuilles des Graminées, du Houx commun, etc., sont membraneuses, parce qu'elles paraissent ne point avoir de pulpe entre leurs deux pages; les pédicelles de quelques stipes, le calice des Poiriers, le péricarpe des Staphylées, etc., sont membraneux. Dans les végétaux acotylédonés on trouve beaucoup d'exemples de corps membraneux, surtout parmi les Champignons, les Lichens.

Necker se sert du mot Membranule pour désigner la petite membrane qui, dans la feuille des Mousses, porte les cils du péristome. (T. d. B.)

MEMBRANEUSES, *Membranaceæ*. (ins.). Tribu d'Hémiptères de la section des Hétéroptères, famille des Longilabres; les Membraneuses doivent leur nom à toute l'habitude de leur corps entièrement déprimé, et qui semble ne plus offrir qu'une membrane; la gaîne de leur suçoir n'offre que deux ou trois articles, le labre est court, toutes les pattes sont attachées sur la ligne médiane du corps, les crochets des tarses au nombre de deux sont insérés au milieu du dernier article. Cette division renferme une partie des Punaises les plus nuisibles et les plus incommodes, puisqu'elle contient les Tingis, qui attaquent nos arbres fruitiers, et les Punaises des lits. (A. P.)

MEMBRES. (anat.) Les Membres sont des appendices plus ou moins grands, toujours mobiles, situés et attachés sur les parties latérales du tronc, et généralement destinés à la station, à la progression des animaux et à l'accomplissement de la plupart des grands mouvemens qu'ils doivent exécuter. Le nombre et la forme de ces parties varient suivant ces êtres. Dans quelques uns, comme les Vers, les Serpens, ces nombres n'existent pas, c'est sur le tronc lui-même que l'animal repose et c'est par les mouvemens mêmes de ce tronc que l'animal peut se mouvoir. Dans quelques animaux, certains insectes par exemple, les membres existent en très-grand nombre, disposés par paire de chaque côté du tronc. Dans les animaux vertébrés il n'existe jamais plus de quatre membres, deux placés à la partie supérieure ou antérieure du tronç et désignés pour cela sous le nom de Membres *supérieurs* ou *antérieurs*, et deux placés à la partie postérieure ou inférieure du tronc, et nommés membres *postérieurs* ou *inférieurs*. Mais parmi les vertébrés quelquefois il en existe moins. Les *Serpens* par exemple n'en présentent pas du tout, et les *Cétacés* n'en ont que deux, les antérieurs.

Les membres diffèrent essentiellement entre eux sous le rapport de leur forme. Chez les insectes, par exemple, ils sont de diverses espèces; les uns sont des organes de préhension, les autres des armes ou des instrumens pour les besoins de l'animal, d'autres servent à la station et à la progression; l'on conçoit dès lors que leur forme et leur structure doivent varier pour s'accommoder à l'accomplissement de ces diverses fonctions. De même chez les animaux vertébrés, selon que ces divers animaux habitent l'air, la terre ou les eaux, leurs Membres sont figurés en ailes, ou en nageoires, ou en pieds et en mains.

Chez l'homme, les Membres sont au nombre de quatre, deux *supérieurs* et deux *inférieurs*; ils sont encore nommés, les premiers *thoraciques*, et les seconds *abdominaux*, parce que les articulations supérieures de ceux-ci concourent à former le bassin qui est une dépendance de la grande cavité de l'abdomen. Les uns et les autres ont une destination distincte et exclusive, les premiers servant à la préhension, et les seconds à la station et à la progression. Cependant il y a une grande analogie entre leur structure, et les seules différences qui existent sont celles qui sont commandées par la différence de leurs fonctions.

Ainsi chacun des Membres est formé de quatre articulations qui sont pour les Membres supérieurs l'*épaule*, le *bras*, l'*avant-bras*, et la *main*; et pour les Membres inférieurs, la *hanche*, la *cuisse*, la *jambe* et le *pied*. Dans les articulations supérieures des Membres, les os sont en petit nombre, mais grands, tandis que dans les articulations inférieures ils sont accumulés en grand nombre, mais petits. Ainsi, en comparant sous ce rapport la main et le pied avec le bras et l'avant-bras, la cuisse et la jambe, l'on peut voir que ces derniers ne sont formés que par un ou deux os excessivement longs, tandis que la main en contient vingt-sept et le pied vingt-six. Les articulations supérieures sont, en outre, celles qui permettent le plus grand nombre de mouvemens et les mouvemens les plus étendus, tandis que les articulations inférieures n'exécutent plus qu'un petit nombre de mouvemens et des mouvemens bornés. La cuisse et le bras, par exemple, se meuvent dans tous les sens sur la hanche et sur l'épaule; ils se portent en avant en arrière, en dedans, en dehors, et peuvent même exécuter un mouvement de circumduction; les phalanges des doigts et des pieds au contraire n'exécutent plus que des mouvemens de flexion et d'extension.

Si le plus léger coup d'œil suffit pour faire saisir une grande analogie entre les Membres supérieurs et les Membres inférieurs, l'attention la plus superficielle suffira aussi pour faire saisir entre eux des différences qui dépendent de la différence de leurs fonctions. Ainsi les Membres inférieurs étant destinés à soutenir le tronc, sont plus gros que les supérieurs. Leur attache est plus rapprochée de la ligne médiane du corps; ils sont peu écartés l'un de l'autre, et ils se rapprochent de plus en plus par en bas; on voit que la nature a eu pour but de rassembler ainsi toutes les conditions d'une plus grande solidité. Les Membres supérieurs au contraire, qui sont destinés à saisir les corps extérieurs, sont plus grêles; leur attache au tronc est plus sur le côté, par conséquent ils se trouvent plus écartés entre eux. Les deux ne se rapprochent pas en bas, d'où il résulte une facilité beaucoup plus grande à envelopper les corps extérieurs. Enfin tout, dans ces Membres, décèle une mobilité beaucoup plus grande. Ces premières différences entre les Membres supérieurs et les inférieurs sont tellement bien commandées par la diversité de leurs fonctions, qu'elles disparaissent chez les animaux dont les quatre Membres ont le même service. Ainsi chez les quadrupèdes, dont les Membres antérieurs ne sont plus un organe de préhension, mais bien des organes de sustentation et de progression, ces Membres sont aussi volumineux que les postérieurs; ils s'attachent au tronc aussi près de la ligne médi ne, et en bas ils se rapprochent tout autant.

Les Membres, examinés dans le fœtus humain, commencent à apparaître vers la fin du premier mois ou vers la cinquième semaine de la vie intra-utérine. Alors ils se montrent sous la forme de tubercules arrondis, en haut et en bas des parties latérales de l'embryon. A six semaines les tubercules se prononcent davantage. A deux mois on commence à démêler les rudimens du bras, de l'avant-bras, des jambes, des cuisses, l'ébauche des orteils et des doigts. Enfin les diverses parties se dessinent plus complètement dans le courant des mois suivans; et à l'époque de la naissance il existe une prédominance bien marquée des Membres supérieurs sur les inférieurs, ce qui se conçoit facilement, puisque ces derniers servant à la station, ne doivent être mis en usage que long-temps après la naissance. (A. D.)

MÉMOIRE. (PHYSIOL.) Les mots idée, jugement, imagination, intelligence, ont été renvoyés à celui-ci, ou ont avec lui des relations plus ou moins intimes. Nous devons insister d'autant plus sur les considérations physiologiques et psychologiques auxquelles ce mot peut donner lieu, qu'il a été trop long-temps d'usage parmi une certaine classe de naturalistes de nier ou d'étouffer de toutes les manières certaines hautes vérités dont le phénomène de la Mémoire est la confirmation la plus éclatante.

La Mémoire est cette faculté que nous possédons de nous représenter les objets absens comme s'ils étaient présens, et de faire revivre dans notre imagination les faits accomplis depuis long-temps avec tous leurs détails et toutes leurs circonstances. J'explique plutôt que je ne définis une chose que tout le monde comprend très-bien; mais je veux faire entendre surtout que la Mémoire reproduit avec une égale facilité et la configuration matérielle des objets qui ne sont point sous les yeux, mais qui ont été vus précédemment, et les réflexions, les résultats les plus abstraits du travail intellectuel le plus élevé, le plus subtil, quoique ce travail ait été accompli dans des temps relativement fort éloignés. Il y a des exemples très-curieux de la puissance de la Mémoire. Cuvier possédait cette faculté à un degré des plus éminens. Il n'oubliait jamais rien de ce qu'il lisait, et il ne se rappelait pas seulement le texte même des passages qu'il voulait citer, il voyait le livre, le côté de la page, le recto ou le verso, et si c'était au commencement, au milieu ou à la fin. Nous ne citerons pas tous les faits analogues qui sont consignés dans les auteurs; nous nous bornerons aux suivans :

Métrodore le philosophe, contemporain de Diogène le cynique, acquit une Mémoire artificielle si étendue, qu'il pouvait retenir tous les discours et toutes les conversations qu'il entendait.

Thémistocle, qui demandait plutôt l'art d'oublier que celui de se souvenir, connaissait tous les noms des habitans d'Athènes; au milieu de ses immenses occupations civiles et militaires, dit Plutarque, il apprit en peu de temps la langue des Perses, dans son exil.

Cyrus, roi de Perse, savait jusqu'aux noms de ses trente mille soldats, et le grand roi de Pont et de Bithynie, Mithridate, qui commandait à vingt-deux nations différentes, parlait à chacune d'elles en sa langue, sans interprète.

Charmidas retenait par cœur les volumes entiers de tous les livres qu'il lisait dans les bibliothèques, et il pouvait les réciter de mémoire.

Jules César pouvait dicter à la fois jusqu'à dix lettres à ses secrétaires.

Sénèque retenait jusqu'à deux mille mots de suite, les récitait dans l'ordre où il les avait entendus, et même il pouvait répéter à rebours plus de deux cents vers qu'on venait de lire.

Pierre de Ravenne récitait de mémoire plusieurs milliers de termes sur-le-champ.

Simplicius, un des amis de saint Augustin,

avait une mémoire si extraordinaire qu'il pouvait réciter toute l'Enéide à rebours; il savait également par cœur toutes les œuvres de Cicéron.

Saint Antoine, ermite en Egypte, ne savait pas lire; cependant il apprit par cœur toute la Bible en l'entendant lire.

Un Néopotien, neveu de la sœur de l'évêque Héliodore, soldat sans lettres, voulut se faire moine; il avait une telle Mémoire, que bientôt il sut par cœur toutes les œuvres des pères de l'église, au point que, dans les dissertations, il reconnaissait sur-le-champ qu'une citation était ou de Tertullien, ou de Lactance, ou de saint Cyprien, etc.

Saint Antoine, archevêque de Florence, dès l'âge de seize ans, avait appris en quelques mois un énorme in-folio de décrets de conciles et de canons, au point qu'il indiquait le lieu et la page où telle phrase se trouvait.

Le fameux Jean-Pic de la Mirandole, ce prodige de l'Italie, apprit, dès son bas âge, universellement toutes choses, au point de soutenir une thèse *de omni re scibili*. Il suffisait de lire devant lui des vers une seule fois; il les retenait si parfaitement qu'il pouvait les réciter, soit dans leur ordre, soit à rebours.

Un jeune Corse, étudiant en droit, logeait à Paris près de Marc-Antoine Muret. Celui-ci, voulant avoir un échantillon de sa grande Mémoire dont tout le monde parlait, lui dicta des noms latins, grecs, barbares, insignifians ou significatifs, en si grand nombre, si variés, si décousus, que celui qui les écrivait et tous les assistans en étaient fatigués, le Corse seul en demandait encore davantage. On croyait impossible qu'il en répétât seulement la moitié; cependant ayant fixé ses yeux à terre en se recueillant un instant, il se mit à les réciter sans hésiter, tous exactement, non seulement du premier au dernier, mais du dernier au premier, en quelque ordre qu'on voulût, et sans la moindre erreur, au point qu'on aurait cru qu'il avait le diable au corps. Il avoua lui-même qu'il pouvait répéter jusqu'à trente-six mille mots, et qu'il se ressouvenait sans peine, au bout d'un an, de ce qu'il avait appris.

Joseph Scaliger apprit tout Homère par cœur en vingt-et-un jours, et les autres poètes grecs en quatre mois.

Tous ces faits tendent à démontrer la puissance et le développement que la Mémoire peut acquérir selon les individus. Les suivans, non moins curieux, sont relatifs à des modifications, à des anomalies de cette faculté; ce sont de véritables maladies de la Mémoire.

Manget, dans ses cours de botanique, tenant sous ses yeux la Pimprenelle, ne pouvait qu'avec une peine infinie en trouver le nom, quoiqu'il se ressouvînt facilement de celui de beaucoup d'autres plantes d'un usage moins journalier; le même embarras se représentait à lui à chaque printemps.

Un homme n'avait à son commandement que la première syllabe des mots, c'est-à-dire qu'il ne pouvait achever la prononciation d'un mot, bien qu'il en pût dire la première syllabe.

Un vieillard avait oublié le nom des individus et les faits que des habitudes locales ou journalières ne lui retraçaient pas; mais il se rappelait très-exactement chaque époque remarquable de sa vie, quoique déjà ancienne. Etant avec sa femme, il se figurait être chez une dame à laquelle il consacrait alors toutes ses soirées, et il répétait continuellement à la première qu'il méconnaissait: « Madame, je ne puis rester plus long-temps avec vous; quand on a une femme et des enfans, on leur doit le bon exemple : il faut que je retourne chez moi. » Après ce compliment, il se mettait en devoir de partir.

Un homme, à la suite d'une chute, perd la Mémoire de tous ses parens, *propinquorum*. Un autre, dont la Mémoire était en général très-bonne, ne pouvait cependant se rappeler les noms propres sans le secours de ses amis. Dietrich a conservé aussi l'histoire d'un individu qui avait oublié les mots; il se rappelait les faits, mais il manquait d'expressions pour les retracer et pour rendre ses idées.

On trouve dans les Ephémérides des curieux de la nature, qu'un malade avait désappris à lire, mais qu'il pouvait encore écrire.

M. Louyer-Villermay a connu un sexagénaire qui avait oublié la valeur des substantifs, de sorte qu'il prononçait *soulier* ou *armoire* quand il voulait demander sa canne ou sa montre, et *maison*, etc., lorsqu'il disait sa *tabatière*, etc.

On trouve dans l'Histoire de l'Académie des Sciences (ann. 1705) l'exemple d'un jeune homme de dix-huit ans, doué d'un esprit très-précoce, et qui perdait entièrement la Mémoire durant les chaleurs de la canicule : il la recouvrait aussitôt que l'air devenait frais. Delahire rapporte aussi avoir connu un enfant dont la Mémoire s'anéantissait l'été pour reparaître en automne.

La femme d'un brasseur, âgée de quarante ans, qui avait joui jusqu'alors d'une bonne santé, éprouve une suppression de règles; bientôt sa tête s'appesantit, ses sens s'affaiblissent; elle avait tout oublié, même son *Pater*. On établit un cautère à l'occiput, et la Mémoire revint peu à peu.

Un homme âgé de soixante ans, et bien portant, laisse se fermer un ulcère qu'il avait depuis bien long-temps à la jambe. Bientôt il ressentit une attaque d'apoplexie légère, suivie de la perte de la Mémoire des mots, puis de la langue française. Ce qu'il y avait d'étonnant, c'est qu'il se rappelait très-bien la langue piémontaise.

Après la peste d'Athènes, un grand nombre de ceux qui survécurent avaient oublié l'usage des lettres, des mots, ainsi que le nom de leurs parens, et même leur propre nom. Ces phénomènes sont fréquens dans toutes les grandes épidémies de peste et de typhus : on les a surtout remarqués dans les maladies qui ont fait périr un si grand nombre de Français à Wilna, après le désastre de Moscou : chez la plupart des soldats qui échappèrent,

pèrent, la Mémoire était presque entièrement perdue.

Un sexagénaire, à la suite d'une apoplexie grave et compliquée, ne pouvait ni distinguer ni assembler les lettres. Toutefois, il écrivait très-bien et fort exactement, et dans plusieurs langues qui lui étaient familières, ce qu'il voulait ou ce qu'on lui dictait, mais il ne pouvait ensuite lire ce qu'il avait écrit, ni même en distinguer les lettres. On ne put parvenir à lui apprendre son *a*, *b*, *c*.

Une fille d'une intelligence bornée, sujette aux maux de tête, et habituellement mal réglée, éprouve, à l'âge de vingt-cinq ans, une sorte d'apoplexie. Dans la convalescence, on remarqua qu'elle avait perdu tout souvenir du passé; tout était nouveau pour elle, excepté sa mère qu'elle reconnut bientôt, sans pouvoir dire son nom. Elle bégayait sans rien articuler, et faisait des signes pour indiquer ce dont elle avait besoin. Au bout d'un mois elle prononça quelques mots, mais très-imparfaitement. Quand elle voulait indiquer un nom, elle se perdait en périphrases presque inintelligibles: si on lui proférait le mot, elle ne pouvait le répéter. Sa mère réussit cependant, avec des peines infinies, à lui apprendre ses prières et même à lire. Après ce temps, pour prononcer un mot, elle le cherchait dans un livre. Elle fut quatre mois sans pouvoir articuler son nom ou celui de sa famille; et parfois elle les oubliait au bout de quelque temps. Elle finit enfin par prononcer tous les mots et sans bégaiement.

Après deux attaques d'apoplexie, un homme avait oublié son propre nom, celui de sa femme, de ses enfans et de tous ses amis; il devint inquiet, soupçonneux et irritable. Dans la suite, sa Mémoire se rétablit sous certains rapports, mais demeura insuffisante pour le souvenir des mots et de leur liaison avec les idées. Tout ce qui restait à ce malade de son langage naturel ou de sa langue maternelle se réduisait aux expressions suivantes: *Oui*, *non*, *beaucoup*, *très-bien*, *au charme*, *point du tout*, *c'est vrai*, *c'est juste*, *à merveille*. Ces mots, qu'il plaçait ordinairement assez bien, étaient à peu près les seuls dont il sût se servir.

Une dame, hémiplégique depuis deux ans, voyait et jugeait très-bien ce qui se passait autour d'elle; mais elle avait perdu la faculté de lire, celle de compter et de parler le français comme on le fait généralement: ce n'était point embarras de la langue, mais la suite d'un trouble partiel de la Mémoire. Elle n'employait que l'infinitif des verbes, et ne faisait usage d'aucun pronom; elle disait très-bien: « Souhaiter bonjour; rester, mari venir », au lieu de: « Je vous souhaite le bonjour; restez, mon mari va venir. » Quant à la faculté de compter, elle ne pouvait dépasser le nombre de trois; cependant, à force de soins, elle parvint à compter jusqu'à quarante, et finit par concevoir l'usage des pronoms sans en faire une juste application.

Un jeune homme reçut, en tombant de cheval, une forte contusion à la tête. Peu après, on s'aperçut qu'il avait perdu presque entièrement la Mémoire, puisqu'il répétait cent fois la même question après qu'on y avait répondu. Il ne se souvenait plus de son accident, et cependant il reconnaissait les personnes qui étaient présentes.

Un autre individu, à la suite d'un coup d'épée dans l'œil, ayant oublié le grec et le latin, fut obligé de les apprendre de nouveau dès les premiers élémens.

Une jeune dame fort spirituelle et fort respectable, après de longues traverses et des contrariétés de la part de sa famille, épousa un homme qu'elle aimait passionnément. Lors de sa première couche, il survint un accident, accompagné d'une longue faiblesse, au sortir de laquelle elle avait tout-à-fait perdu la Mémoire du temps qui s'était écoulé depuis son mariage inclusivement; elle se rappelait fort exactement tout le reste de sa vie jusque-là; mais depuis cet instant tout lui était parfaitement inconnu. Elle repoussa même avec effroi, dans les premiers momens, son mari, et son enfant qu'il lui présentait. Depuis, elle n'a jamais pu recouvrer la Mémoire de cette période de sa vie, ni des événemens qui l'ont accompagnée. Ses parens et ses amis sont parvenus, par la raison et par l'autorité de leurs témoignages, à lui persuader qu'elle est mariée et qu'elle a donné le jour à un fils; elle leur ajoute foi, mais sa propre conviction, sa conscience intime n'y est pour rien, elle voit là son époux et son enfant sans pouvoir s'imaginer par quelle magie elle a acquis l'un et donné le jour à l'autre.

Madame Fl., âgée de vingt ans, éprouva, à l'issue d'une première couche très-douloureuse, une vive affection morale qui entraîna une syncope fort prolongée. Revenue à elle au bout de trois jours, cette dame ne se rappelait aucunement être récemment accouchée.

Une femme se faisant saigner, sans un besoin évident, éprouve une altération singulière dans la tête, et perd la Mémoire au même instant, disant un nom pour un autre. Elle parlait avec un tel désordre qu'on ne pouvait la comprendre, ce qui excitait vivement sa colère.

Un ouvrier boit un philtre que lui donne une jeune fille, et tombe par terre; ses membres se raidissent, et dès ce moment il perd la Mémoire; il ne se rappelait pas même son nom.

Le docteur Broussonnet ayant été frappé d'une apoplexie légère, recouvra bientôt ses mouvemens, l'usage de ses sens, les facultés de son esprit, et même cette Mémoire qu'il avait eue autrefois si prodigieuse; un seul point ne lui fut pas rendu; il ne put jamais prononcer ni écrire correctement les noms substantifs et les noms propres, soit en français, soit en latin, quoique tout le reste de ces deux langues fût demeuré à son commandement; les épithètes, les adjectifs se présentaient en foule, et il savait les accumuler dans ses discours d'une manière assez frappante pour se faire comprendre. Voulait-il désigner un homme, il rappelait sa figure, ses qualités, ses occupations; parlait-il d'une plante, il peignait ses formes, sa couleur; il en reconnaissait le nom quand on le lui montrait du doigt dans un livre; mais ce nom fatal ne se présentait jamais spontanément à son souvenir.

Une jeune femme, âgée de vingt-quatre ans, était mariée depuis un an, et touchait au terme de sa grossesse. A la suite d'une altercation très-vive, elle accoucha le deuxième jour d'un enfant mort-né. Aux convulsions succédèrent une agitation et un délire continus; lorsque la malade fut rétablie, la raison parut reprendre son empire, mais le souvenir de tout événement antérieur à son accident s'était évanoui.

Un négociant, citoyen rempli d'honneur, est entraîné dans une faillite, et fait perdre deux cent mille francs à ses créanciers. Altéré par ce déplorable événement, il parcourt, dans l'espoir de se libérer, la plus grande partie de l'Europe, et réussit merveilleusement. Le chagrin de son désastre l'avait rendu morose, mais en sacrifiant tout à l'honneur, en payant complétement ses dettes, il en ressentit une satisfaction si grande, que ses facultés physiques et morales en furent affaiblies; sa Mémoire spécialement fut affectée d'une manière notable; il faisait à chaque instant des anachronismes, des contresens et des méprises de noms et de lieux, mettant Louis XIV aux prises avec Alexandre, et soutenant que Charles XII avait porté ses armes triomphantes jusque sur le mont Valérien. Enfin, sortant de voir Talma dans Manlius ou Oreste, il vantait le talent de Lekain, croyant avoir vu ce dernier.

Un homme de quarante-sept ans fut si effrayé d'une chute que fit le plus jeune de ses enfans, qu'il en perdit partiellement la Mémoire; il tenait des discours décousus; mais sur tout le reste il avait conservé sa raison.

Un autre individu, âgé d'environ soixante ans, très-mélancolique, voulant au printemps passer à cheval une rivière, s'y laissa tomber. La peur et le froid qu'il ressentit lui occasionèrent une fièvre très-grave. Par la suite il oublia le nom de sa femme et de ses enfans, et n'appliqua plus jamais aux objets les noms qui leur convenaient.

Un malade, convalescent d'une affection grave, ayant perdu la Mémoire des faits récens, se rappelait des événemens très-anciens, ceux même qu'il avait jadis oubliés. A mesure que sa santé se raffermit, il perdit ses vieux souvenirs et conserva ceux d'une date plus fraîche.

Un jeune homme, âgé de vingt deux ans, eut l'artère temporale ouverte en faisant une chute; il survint à l'instant même une hémorrhagie qui fut arrêtée par la compression. Une seconde se déclara dans la nuit, on y remédia de la même manière; mais le blessé fut affaibli et perdit dès lors la Mémoire des noms : quand il voulait en dire un, il en prononçait un autre; mais, reconnaissant son erreur, il la rectifiait, si on lui indiquait le nom qu'il cherchait en vain.

Un notaire de cinquante-quatre ans éprouva une attaque d'apoplexie : de larges saignées pratiquées sur-le-champ, et quelques autres remèdes lui rendirent en deux jours le libre exercice de toutes ses fonctions organiques; enfin, à un peu de faiblesse près, il parut entièrement rétabli; cependant il ne répondait encore que par signes aux questions qu'on lui adressait et qu'il paraissait comprendre; on lui proposa d'écrire, il prit la plume et la rendit sans pouvoir s'en servir. Il articula quelques mots, mais sans appliquer le véritable nom à la chose qu'il voulait désigner, de sorte qu'il donnait indifféremment le nom de rose à sa tabatière et à son chien. Les monosyllables *mon*, *je*, *ça*, *le*, *non*, lui étaient familiers, et il s'en servait pour unique réponse.

Un jour, un ecclésiastique cherchant, peu d'instans avant de monter en chaire, à se rappeler le sujet et les divisions principales de son sermon, fut désespéré de l'infidélité de sa Mémoire. Forcé de tenter un moyen hasardeux, il prend coup sur coup cinq ou six tasses de café pur : de suite, il éprouve une sorte de transport et d'exaltation dans ses souvenirs, se rend à l'église, et prêche avec une facilité, une précision et une éloquence dont il fut presque aussi étonné que son auditoire.

Un homme partant pour la Grèce fut renversé de sa voiture par une violente secousse; une boîte, peu lourde cependant, lui tomba sur la tête : il ne s'ensuivit ni douleur ni plaie des tégumens; mais le malade oublia totalement le pays d'où il était sorti, le but de son voyage, le jour de la semaine qu'il était parti, le repas qu'il venait de faire, toute l'instruction qu'il avait acquise; enfin, il avait oublié le nom de ses parens, de ses amis, il ne se rappelait que le sien et celui de ses enfans, et le symbole de la Trinité. Il remonte en voiture pour aller se faire saigner, et, au bout d'une demi-heure de cahots par un chemin très-pierreux, il guérit tout à coup.

Un vieillard pléthorique, ami de la table, n'accusait aucune douleur, lorsque tout à coup on remarqua qu'il tenait des propos désordonnés. Après avoir commencé une phrase, il s'arrêtait, comme s'il eût pensé à autre chose, et ne la finissait jamais; il se plaignait aussi de ne pas savoir ce qu'il devait répondre. On eut recours aux moyens qui sont propres à fortifier la Mémoire, et quinze jours s'étaient à peine écoulés qu'il avait recouvré cette faculté. Il causait sensément et facilement, et il ne lui restait de son affection qu'un oubli général des lettres de l'alphabet. En regardant dans un livre, il ne pouvait ni les distinguer ni les assembler. (*Voyez* Dictionn. des Sc. méd.)

Il y a des auteurs qui, frappés d'admiration à la vue des qualités instinctives et des actes remémoratifs que développent certaines classes d'animaux, ont été portés à leur attribuer une véritable intelligence qui ne connaîtrait à son point d'arrêt d'autre cause que l'absence d'instrumens pour la développer. Ainsi l'intelligence de l'homme serait supérieure à celle des animaux, seulement parce que l'homme a des sens plus parfaits et une main plus industrieuse. C'est estimer beaucoup trop les animaux et infiniment trop peu celui qui marche à leur tête et qui les a soumis à sa volonté. Cardan, médecin et grand partisan de l'astrologie judiciaire, était aussi en admiration devant le phénomène de la Mémoire, il ne la trouvait pas seulement dans les animaux, il la reconnaissait dans les doigts du musicien qui touche le clavier de l'orgue ou du clavecin, et qui se remuent, disait-il, au souvenir des airs qu'ils ont déjà joués; il poursuivait les traces de cette faculté jusque dans les plantes qui n'oublient jamais de pousser et de fleurir dans un temps opportun.

Selon les anciens, la Mémoire a son siége à l'occiput, les Arabes le prouvaient même en disant que nous nous grattons le derrière de la tête quand nous voulons en faire sortir les circonstances d'une chose qui ne se représente à notre esprit que d'une manière vague. D'autres ont ajouté que les oiseaux qui ont le plus de Mémoire, tels que les Pies et les Perroquets, ont la partie postérieure de la tête, celle qui loge le cervelet, relativement plus considérable que les autres animaux.

Gall, qui a localisé toutes les facultés de l'entendement, et qui a assigné à chacune sa place dans l'encéphale, a eu, touchant la Mémoire, plusieurs opinions. Il a dit d'abord que la Mémoire avait son siége au dessus de l'orbite et même derrière l'œil; car il ajoutait que les personnes qui brillaient par une grande Mémoire avaient ordinairement les yeux à fleur de tête, ce qui n'est pas assez vrai pour l'établir comme un fait général. Plus tard, quand il eut creusé plus avant dans son système, qu'il se fut créé une nouvelle métaphysique, qu'il eut distingué trente et quelques facultés dans l'entendement, au lieu de quatre ou cinq qu'en avaient admis les anciens philosophes jusqu'à Descartes, Leibnitz et Kant, il ne trouva plus dans le cerveau de place à part pour la Mémoire; il en fit alors une faculté générale qu'il attribua selon divers degrés à chaque organe cérébral; et Spurzheim a suivi cette dernière opinion de son maître. Nous croyons de pareilles recherches sans objet, et nous prouverons bientôt que, relativement à la Mémoire ainsi qu'à toutes les autres facultés intellectuelles, elles seront toujours sans résultat.

Il est évident que c'est à la Mémoire qu'il faut rapporter tous les phénomènes que la domesticité détermine chez les animaux; c'est parce qu'ils conservent le souvenir d'un châtiment infligé dans tel ou tel cas, qu'ils s'abstiennent de faire ce qui le leur a mérité. Ainsi, un Chien de chasse court au gibier avec ardeur; mais s'il n'a pas été dressé à le rapporter, il le mange. Il faut le faire chasser souvent et lui fournir l'occasion d'être puni pour ce fait, pendant un certain nombre de fois, avant d'obtenir qu'il rapporte. Eh bien! le fait de rapporter, qui dans le principe résulte de la Mémoire du châtiment, devient pour le Chien de chasse une qualité d'habitude, une propriété de race qui se transmet par la génération, comme M. Dureau de la Malle en a fourni la preuve.

« J'ai avancé, dit cet honorable académicien, que les qualités intellectuelles acquises par les animaux domestiques étaient transmissibles par la génération; mais comme on doit toujours se défier d'une sorte de prévention en faveur de ses idées, dans l'étude de cette psychologie animale, si variée dans ses nuances, si fugitive dans ses impressions, si difficile enfin à saisir et à soumettre à l'exactitude de la méthode des autres sciences naturelles, je citerai un fait constaté par un observateur très-exact, notre confrère, M. Magendie. Il prouve indubitablement que, chez le Braque, la faculté d'arrêter et de rapporter le gibier, contraire à ses passions instinctives, et imposée d'abord à l'animal par la contrainte et les châtimens, se transmet sans altération des pères à leurs enfans. M. Magendie apprit qu'en Angleterre on possédait une race de Chiens qui arrêtait et rapportait naturellement. Il s'est procuré de ces Braques adultes; une Chienne en est provenue, qui, étant restée constamment sous ses yeux, et n'ayant reçu aucune instruction, a arrêté et rapporté le gibier dès le premier jour qu'on l'a menée à la chasse, avec autant de fermeté et d'assurance que les Chiens auxquels on avait appris cette manœuvre à l'aide du fouet et du collier de force. » (*De l'influence de la domesticité sur les animaux depuis le commencement des temps historiques jusqu'à nos jours*; par M. Dureau de la Malle.)

Voilà donc, je le répète, un fait de Mémoire devenu presque un trait de race. Je demande maintenant s'il s'est jamais passé quelque chose de semblable chez l'homme, et si depuis Tubalcaïn, qui fut, dit-on, le premier forgeron, il se trouva jamais un homme qui chauffât le fer et le battît sans l'avoir appris d'un maître. C'est encore là une raison de conclure que l'assimilation incessante qu'on fait en histoire naturelle entre les animaux et l'homme, ne repose que sur des apparences monstrueuses, sous quelque rapport qu'on les considère.

Mais il est un autre point sur lequel nous devons insister d'autant plus dans cet article, qu'il n'a pas encore été entamé dans les mots précédens du Dictionnaire. Nous avons parlé du siége qu'on attribuait à la Mémoire dans le cerveau, et nous avons vu que les auteurs n'étaient pas d'accord sur ce sujet. Admettons que le cerveau tout entier soit affecté à la faculté de la Mémoire. Je dis que, quelque infinie qu'on suppose la division qu'on pourra faire de cet organe, si on affecte une molécule, et c'est bien le moins, à chaque idée qu'il devra conserver dans une vie même courte, cette division n'y suffira pas. La langue française comprend environ quarante mille mots qui sont la représentation d'autant d'idées. Or la combinaison indéfinie de ces mots entre eux donne une multiplication impossible à déterminer. Oserez-vous affecter une particule du cerveau à chacune de ces nouvelles idées. Si vous dites que la matière est divisible à l'infini, et que chaque idée nouvelle engendre une nouvelle division de la molécule cérébrale, je vous répondrai qu'il n'en faudra pas moins mettre un terme à votre division pour arriver à une molécule privilégiée qui ait la conscience générale de toutes vos idées ; car il est bien certain que quand vous pensez, quel que soit l'objet actuel de l'application de votre esprit, c'est bien le même esprit qui pense en vous ; et si cet esprit est une molécule du cerveau, il faudra que cette molécule ait assez de capacité pour réunir l'essence de toutes les autres : la difficulté n'est donc que reculée. En restant dans la matière, vous aurez beau vous creuser la tête, diviser votre cerveau en autant de molécules que vous recueillerez d'idées, il faudra, je le répète, arriver à une molécule qui réunisse toutes les autres, qui en soit le véritable résumé. Eh bien, je dis que, si vous vous en tenez à une pareille explication, vous restez dans l'absurde. Essayons, en effet, de déterminer ce qui doit se passer dans cette molécule qui contient l'essence de toutes les autres, et pour cela prenons le cas d'un jugement.

Vous avez deux idées que vous comparez entre elles, vous niez ou vous affirmez quelque chose touchant ces deux idées, en un mot, vous émettez un jugement. Pour mieux me faire comprendre, je prends un exemple. On me présente une tasse de café. J'ai déjà l'idée du café, c'est-à-dire qu'il y a dans mon cerveau une molécule qui est affectée à l'idée du café, laquelle molécule, en raison de la Mémoire dont je suis doué, me représentera toujours l'idée du café. Je déguste ce bienfaisant et spirituel breuvage ; son arôme absorbe toutes mes sensations. Voilà une nouvelle molécule de mon cerveau qui est réveillée et qui fait jaillir l'idée d'un *arôme* auquel je suis sensible. Les deux molécules, représentant l'une le *café*, l'autre l'*arôme*, sont en présence. Il importe de noter que ce sont deux molécules parfaitement distinctes. L'idée de café, en effet, peut s'appliquer à toute autre substance analogue à celle que j'ai sous les yeux, mais qui ne sera pas la même. L'idée d'arôme aussi emporte avec elle tout autre arôme différent de celui par lequel je suis maintenant impressionné. Réunissons ces deux idées, affirmons que l'une est l'autre, en un mot portons le jugement suivant : *Ce café est aromatique*. Evidemment par cette réunion nous produirons une nouvelle idée ; maintenant dites moi si nous faisons aussi par cette opération une molécule nouvelle, ou bien si nous confondons les deux molécules qui se sont ainsi, par le fait de la Mémoire, mises l'une en présence de l'autre.

Si vous dites que les deux molécules se confondent, comme cette confusion revient à tout moment dans le cerveau de l'homme de cabinet qui n'est pas un seul instant de sa vie sans porter des jugemens, sans réunir des idées, sans confondre des molécules, il faudra conclure de là que la pauvre cervelle d'un homme d'esprit est continuellement bouleversée, car les molécules idées y sont dans une perpétuelle agitation, occupées à s'associer à la fois et à se disjoindre. Je dis à s'associer à la fois et à se disjoindre : en effet, après le café c'est une rose dont le parfum vient réjouir votre odorat et vous faire dire aussi que la rose est aromatique, et voilà la molécule *arôme* qui abandonne sans doute la molécule *café* pour venir s'appliquer à la molécule *rose*, de sorte que vous aviez tout à l'heure une association, vous avez maintenant une séparation qui précède une association nouvelle. Comprenez-vous rien à tout cela, et pouvez-vous vous figurer le *tohu bohu* que devaient faire les molécules cérébrales dans le crâne de Cuvier? Auriez-vous pensé aussi que ces disjonctions et ces mélanges incessans pourraient jamais produire une intelligence aussi lucide que la sienne? Vous ne le pensez pas, et vous n'y comprenez rien ; ni moi non plus.

Si vous dites qu'il se forme une molécule nouvelle qui résulte du contact des deux autres, qui est engendrée par elles, je vous répondrai d'abord que je ne perds rien de ces deux autres, que chacune d'elles me reste bien entière, et que cela est au moins extraordinaire. J'ajouterai en outre que quand j'acquiers des idées nouvelles, ce à quoi je m'applique autant qu'il est en mon pouvoir, je ne vois pas pour cela mon cerveau prendre plus de volume. Enfin je reste toujours autorisé à dire de cette molécule nouvelle, de cette molécule composée, qu'elle n'explique pas la difficulté, j'accorderai seulement qu'elle la recule.

Mais je vais plus loin, et je prétends que jamais idée ne fut représentée par une molécule, et que jamais jugement ne résulta de l'association de deux molécules comme il résulte de l'association de deux idées. Permettez-moi seulement de reprendre les choses d'un peu plus haut, je ne déplacerai pas la question pour cela.

Je déclare que j'admets pour le moment, comme constamment vraie, la fameuse proposition d'Aristote : NIHIL EST IN INTELLECTU QUOD NON PRIUS FUERIT IN SENSU, *il n'y a rien dans l'entendement qui n'ait d'abord été dans les sens*. Je concède que toutes nos idées nous viennent des sens, que par conséquent, elles ont toutes été d'abord des sensations. Cela n'est pas toujours, car enfin il y a des idées abstraites qui sont l'effet de la réflexion, et qui ne sauraient avoir aucune analogie avec les images des objets extérieurs qui nous viennent par les sens. Mais je veux bien admettre la proposition d'Aristote comme une vérité absolue, comme un axiome, parce qu'en partant de ce point nous nous entendrons mieux, surtout si nous prenons un exemple :

Je prends mon café trop chaud et je me brûle : je dis *ce café est brûlant*. J'émets là un jugement qui résulte de la comparaison de deux sensations transformées en idées. Je demande maintenant où s'est faite cette comparaison, en quel endroit de mon individu se sont réunies les deux idées qui ont donné lieu au jugement que j'ai émis. Evidemment ce point de réunion n'est pas le cerveau ni aucune de ses parties, et la raison c'est qu'il y a une impossibilité radicale à ce que cela soit ainsi. Voyez, en effet, ce qui devrait se passer. Si le cerveau ou une molécule quelconque de cet organe était ce point de réunion que nous cherchons, évidemment ce point serait *étendu* et *divisible* ; car le cerveau et les molécules du cerveau, qui sont de la matière, participent de toute nécessité aux conditions essentielles de la matière, qui sont l'*étendue* et la *divisibilité*. Mais notre point central doit recevoir et concentrer les idées, les comparer et les juger; or ce sont là justement des actions incompatibles avec les propriétés de la matière. L'idée du *café* arrive dans ce point central, elle y est reçue, elle s'y case, c'est-à-dire qu'elle vient s'appliquer, se superposer à un endroit quelconque de ce point central. L'idée de chaleur *brûlante* vient à son tour dans ce même point central, elle y est reçue aussi, et elle s'y case de même. Maintenant de deux choses l'une, ou bien ces deux endroits du point central, auquel se sont appliquées les idées du *café* et de la chaleur *brûlante*, sont distincts, une idée est ici, l'autre là, et dans ce cas il ne peut pas y avoir comparaison; ou bien ces deux endroits ne sont pas distincts, il n'y a pas deux endroits, il n'y en a qu'un, et alors l'une des deux idées effacera l'autre en la recouvrant, si la première ne fait pas place à la seconde; et forcément, dans les deux cas, ne pouvant pas réunir deux idées en un même lieu, vous ne pouvez pas les comparer ni par suite produire un jugement (1).

Concluons que « le cerveau est bien l'*organe* » *matériel* affecté à la production des actes intel- » lectuels et moraux, mais l'*organe matériel seule-* » *ment*, et pas autre chose, c'est-à-dire qu'il n'est » pas, qu'il ne peut pas être l'agent producteur » des idées, leur point central et efficient, le » créateur de l'intelligence. La formation des idées » ne s'explique pas en effet comme la sécrétion de » la bile; Cabanis a pu écrire cette absurdité, et » quelques esprits peu réfléchis ont pu la répéter » sans examen, mais ce n'en est pas moins une » absurdité. Il y a entre la manifestation extérieure » d'une idée et sa formation, un *hiatus* immense » que rien dans les actes ordinaires de la nature » physique ne peut fournir les moyens de combler. » Cet *hiatus* résulte de l'absence de toute analogie » d'origine et d'effets entre les propriétés de la » matière et celles de l'esprit; deux principes qui » semblent s'exclure réciproquement et qui pour- » tant se trouvent réunis dans l'homme. »

Doit-on regarder le cerveau comme un organe unique affecté à la manifestation des actes divers de l'intelligence? ou bien faut-il croire que c'est un composé de plusieurs organes ayant leur Mémoire propre et remplissant chacun une fonction particulière analogue aux caractères spéciaux que peuvent revêtir les intelligences diverses? En d'autres termes, peut-on dire qu'il y a dans le cerveau une partie affectée aux mathématiques, une autre à la musique, une troisième à la peinture, etc. Tel est, en effet, le problème que s'est posé l'anatomiste allemand. Voici la réponse que je trouve : Le cerveau est un composé de deux substances homogènes, une substance grise et une substance blanche. Or, en raisonnant d'après les analogies et en considérant que la substance du foie, organe sécréteur de la bile, est tout-à-fait différente de la substance du rein, organe sécréteur de l'urine, cette homogénéité de la substance cérébrale est incompréhensible. Pourquoi voudrait-on que la substance de l'organe chargé de combiner des chiffres fût la même que la substance de l'organe chargé de combiner des sons? Il n'y a pas plus de différence entre l'urine et la bile, qu'entre une gamme et un nombre.

Il faut chercher ailleurs que dans le cerveau la raison de la diversité des facultés intellectuelles et morales. Il faut la chercher où l'ont mise les hommes sages de tous les temps, où notre orgueil lui-même nous invite à la mettre, dans le *dualisme* des anciens philosophes, dans cette double nature que le Créateur a attribuée à l'homme, en un mot, dans l'union de l'âme avec le corps; et il faut se résoudre par conséquent à admettre deux sciences de l'homme, la métaphysique et la physiologie. Je sais bien que la métaphysique n'explique pas tout; mais la physiologie, qu'explique-t-elle davantage dans l'entendement? quels résultats a-t-elle obtenus jusqu'ici de ses trois plus grands moyens d'étude, l'anatomie, les lésions morbides et les vivisections? Aucun, qu'un esprit tant soit peu sévère puisse prendre pour base de ses déductions.

Je me félicite d'avoir eu à reproduire ici de semblables idées (1). L'histoire naturelle ne peut que gagner à ce triage essentiel, à ce départ de certaines vérités ou méconnues ou oubliées. Il ne faut pas avoir sans cesse le scalpel à la main, ou la loupe, ou le microscope; il faut au contraire se replier souvent en soi même et chercher avec les yeux de l'intelligence plutôt qu'avec ceux du corps, la raison de certains phénomènes. Il faut, selon le beau langage de M. Geoffroy Saint-Hilaire, savoir s'élever au dessus de cette fourmilière d'hommes qui s'individualisent et s'absorbent dans les sens de la vie matérielle, penser à comprendre les rapports des choses, *rerum cognoscere causas*, et ENTRER AINSI DANS LE SEIN DE DIEU.

Je reviens à la Mémoire. C'est à coup sûr l'une des plus précieuses de nos facultés, mais ce n'est pas la plus importante. Lorsqu'on l'exerce avec

(1) Le terrain sur lequel nous avons porté la discussion qui précède n'est pas de ceux sur lesquels les naturalistes aiment à se placer. En général, ils n'admettent pas les raisonnemens métaphysiques, ils les regardent comme moins probans que des faits. Ils ne remarquent pas assez qu'un fait n'a de valeur que par son interprétation, et que celle-ci varie en raison de la façon de voir de chacun, tandis qu'un raisonnement logique ne peut jamais avoir des conséquences contradictoires.

(1) Les idées que notre savant et spirituel collaborateur vient d'émettre sur l'intelligence et la Mémoire, dans cet article écrit avec tant de clarté, quoiqu'ayant trait aux phénomènes les plus élevés, les plus compliqués, et par conséquent les plus obscurs de l'organisation humaine, ont déjà été consignées par M. Grimaud de Caux dans son *Dictionnaire de la Santé et des Maladies*, ou *Médecine domestique par alphabet*. C'est un volume qu'un critique comparait dernièrement aux meilleures parties du Dictionnaire philosophique de Voltaire. Nous sommes heureux de pouvoir dire ici que si l'on juge d'un livre par l'utilité et l'agrément qu'on trouve à le lire, par l'esprit et la clarté qui y règnent d'un bout à l'autre, et par la conscience avec laquelle il est composé, jamais livre ne mérita mieux tous les éloges. (*Note du Directeur.*)

trop d'activité, l'énergie qu'elle acquiert a toujours lieu aux dépens des autres facultés. Il est rare qu'un individu chargé de Mémoire ne soit pas léger d'imagination ou de jugement. C'est là une vérité si bien sentie qu'on prendrait presque pour une injure un éloge trop exclusif touchant la Mémoire. Il n'y a pas de plus pitoyables raisonneurs que les faiseurs de nomenclatures, que les traducteurs de toutes les langues, que les commentateurs et que ces grands érudits dont la tête tout occupée des pensées d'autrui semble n'avoir jamais eu ni lieu, ni place, ni temps pour réfléchir sur les siennes propres.

Sous ce rapport, les concours que l'on a fondés autour de la plupart des établissemens publics et surtout pour les chaires d'enseignement, en excitant à une culture exagérée de la Mémoire, ont eu le résultat le plus funeste; mais c'est principalement à la faculté de médecine que le mal est devenu saillant et grave. Là, en effet, pour concourir il faut de la Mémoire, et une Mémoire locale, la pire de toutes, car c'est celle qui s'attache à la forme matérielle des objets; il faut aussi la Mémoire des noms, la Mémoire des systèmes, la Mémoire des textes, etc. En exerçant ces quatre ou cinq sortes de Mémoires, on est bien sûr de devenir agrégé; mais il y aurait de la cruauté à exiger qu'un agrégé de cette façon fût un homme de sens et de jugement; ce sera tout au plus un nomenclateur, un commentateur, un divagateur, un collecteur de textes, un assembleur de synonymies; un de ces savans qui rappellent inévitablement la définition de l'âne par Galien. L'âne, a dit en effet quelque part ce grand médecin, est celui de tous les animaux qui a la Mémoire la plus fidèle et la plus durable; et c'est peut-être pour cela aussi qu'il est le plus sot.

Il faut exciter l'enfant à cultiver sa Mémoire, il faut lui faire une provision raisonnable de science, et mettre à sa disposition la somme entière des vérités que l'intelligence humaine a conquises. Mais les opinions, mais les systèmes, mais les hypothèses, mais les descriptions minutieuses de ces objets matériels que deux observateurs différens ne sont jamais parvenus à voir de la même manière, dans les mêmes circonstances et sous les mêmes formes, il lui faut laisser tout cela pour cultiver son jugement, pour exercer son intelligence propre, pour digérer à part soi et sans distraction maladroite cette première nourriture de l'esprit qu'une éducation discrète et prévoyante doit lui fournir.

Les gens obligés de parler en public et d'y tenir des discours sont très-curieux des moyens qui peuvent favoriser la Mémoire. Tels sont les prédicateurs, les orateurs dans les assemblées publiques, les comédiens et les avocats. C'est pour eux qu'on a inventé des pratiques mnémoniques; mais je m'étonne si ces pratiques sont toujours suivies de succès. Je sais seulement que le général Foy et le général Lamarque, deux beaux parleurs de la chambre des députés, qui écrivaient et polissaient d'avance leurs discours, et néanmoins, voulant avoir l'air d'improviser, les apprenaient par cœur, n'arrivaient jamais sans hésitation à la fin de leur tâche. Aussi a-t-il toujours été plus agréable de les lire que de les écouter. Au reste, les professeurs de mnémotechnique ne sont pas plus habiles que les orateurs que je viens de citer. Je me rappelle avoir assisté à l'ouverture d'un cours sur cette science : le professeur, qui a bien quelque illustration dans son genre, voulut prononcer un discours sur l'excellence de sa méthode; il l'avait évidemment appris par cœur, mais la manière dont il le récita, avec des hésitations continuelles, contredisait à chaque instant ses assertions.

On sait que la plupart de ces pratiques de mnémonique consistent dans l'affectation que l'on fait à tels ou tels objets matériels, des connaissances dont on veut garder le souvenir. Cicéron nous apprend, dans son traité de l'Orateur, que ce fut le poète Simonide qui en eut la première idée. Le poète grec soupait en nombreuse compagnie chez Scopas, Thessalien noble et fort riche; deux jeunes gens viennent le demander, et Simonide sort pour aller au devant d'eux et causer hors de la salle du festin. A peine ce poète avait-il dépassé le seuil que le plafond de la salle s'écroule et écrase tous les convives. Quand les parens de ces malheureux voulurent les inhumer, ils ne purent les reconnaître, tant les ruines et les décombres les avaient défigurés. Mais Simonide, se rappelant la façon dont chacun s'était trouvé placé à table et le voisinage qu'il avait eu, put donner à chaque cadavre son vrai nom. Ainsi fut découvert, dit-on, le moyen de se rappeler les choses par les localités, c'est-à-dire l'un des moyens les plus usités de la *mnémotechnie*. (G. G. de C.)

MENDOLE, *Mæna*. (poiss.) Mêlées jusqu'ici parmi les Spares dont on doit la distinction à Cuvier, les Mendoles se distinguent de tous les vrais Spares, parce qu'elles ont les dents en velours ras, sur une bande étroite et longitudinale du vomer, parce qu'elles ont des mâchoires extensibles en une sorte de tube, à cause des longs pédicules de leurs inter-maxillaires et du mouvement de bascule que leur font faire les maxillaires. Ces mâchoires sont garnies chacune d'une rangée de fines dents. La forme de leur corps est comprimée, oblongue, un peu semblable à celle d'un Hareng; elles ont une écaille allongée au dessous de chacune de leurs ventrales et une entre elles; pour le reste, ce sont des poissons de taille médiocre, dont la chair, sans être recherchée ni délicate, est cependant bonne à manger.

A ce genre se rapportent quatre espèces, dont la plus remarquable est la Mendole commune, *M. vulgaris*, figurée dans notre Atlas, pl. 346, fig. 1. C'est un assez joli poisson qu'on prend en grand nombre dans la mer Adriatique et dans la Méditerranée, et qui n'a pas tout-à-fait un pied de long. Ses mâchoires sont garnies d'un grand nombre de petites dents, pointues et placées derrière celles dont nous avons parlé dans le tableau générique; la mâchoire supérieure est aussi avancée que l'inférieure; la couleur générale de ce poisson est blanchâtre, avec des raies longitudinales très-nombreuses, étroites et bleues, et une grande tache noire de chaque côté des flancs. Mais la Mendole offre des changemens de couleur auxquels plusieurs poissons sont sujets. Les nuances que nous venons d'observer ne sont communément vives et très-distinctes que dans les parties de la Méditerranée les plus rapprochées de la côte d'Afrique; et vers le milieu de l'été, elles se ternissent lorsque l'animal fait quelque séjour vers les plages moins méridionales; elles s'effacent entièrement et se changent en une teinte blanchâtre, lorsque l'hiver vient; les couleurs de la Mendole sont d'autant plus variées, qu'une saison moins froide et une habitation moins septentrionale les soumettent à l'influence d'une chaleur plus intense, d'une lumière plus abondante, et d'un plus long séjour du soleil sur l'horizon. Les Mendoles sont très-fécondes. On les voit se rassembler en foule près des rivages sablonneux ou pierreux. Comme ces Osseux aiment à se nourrir de petits poissons, ils nuisent beaucoup au succès des pêches; leur chair est souvent coriace et insipide. Cependant lorsque les Mendoles se sont engraissées, leur goût n'est pas désagréable; les femelles remplies d'œufs sont, dans certaines circonstances, assez bonnes à manger. Il est des endroits où l'on en prend en si grande quantité, qu'on les vend par monceaux, et qu'on en fait saler un très-grand nombre. Les Grecs modernes prétendent que la sauce et la saumure des Mendoles prises intérieurement, ou seulement appliquées sur le ventre, avaient une vertu purgative, et de cette assertion viennent quelques dénominations bizarres, employées pour désigner les Mendoles: par les Allemands, par exemple, *Laxir-fisch*, *Zee-schyter* par les Hollandais, et *Cackerel* par les Anglais. Nous trouvons dans ce genre, entre autres espèces, la Mendole juscle, *M. jusculum*, qui ne diffère de la vulgaire que par un corps plus étroit, un museau plus court et une dorsale plus haute. Outre cette espèce, nous citerons encore la Mendole d'Osbeck, d'un beau bleu d'acier foncé, avec des raies bleues obliques sur la joue et des taches également bleues sur les ventrales, une dorsale encore plus haute que dans les espèces précédentes; le Spare Osbeck a été nommé ainsi par Lacépède pour en témoigner sa reconnaissance au savant Osbeck qui l'a fait connaître. Il vit dans la Méditerranée, comme la Juscle, et présente de chaque côté une tache noire située au dessus de la ligne latérale. C'est au mois de juin que le mâle s'approche du rivage, pour exprimer sa laite et féconder les œufs.

Nous citerons encore ici une autre espèce, la Mendole vomérienne de Cuvier, qui se trouve à Malte et en Amérique; elle est jaunâtre en dessus, avec le ventre argenté. Nous en donnons une figure dans notre Atlas, pl. 346, fig. 2.

(Alph. G.)

MÉNÉLAS. (ins.) Linné a donné ce nom spécifique à une très-belle espèce du genre Papillon proprement dit. (Guér.)

MÉNÈS, *Mene*. (poiss.) Les Ménès, en latin *Mene*, sont, par rapport aux *Equula*, ce que les Moles, vulgairement Poissons lunes, sont par rapport aux Diodons et aux Tétraodons; ils ont comme les Moles le corps très-comprimé; mais leur stucture intérieure les rapproche tellement des *Equula*, qu'il n'est aucun naturaliste qui n'ait réuni ces deux genres dans la même famille; il est cependant facile de distinguer les Ménès des Poulains ou *Equula*, à leur corps plus comprimé encore que ces derniers, et surtout au développement de leur épaule et de leur bassin, qui donnent beaucoup de saillie à la partie inférieure et antérieure de leur tronc.

Les Ménès tirent leur nom du mot grec μήνη, qui signifie lune, à cause de leur forme en disque et de leur couleur argentée.

Ce genre n'a qu'une seule espèce, connue sous le nom de Ménè Anne-Caroline ou *Maculata*, rapportée de Pondichéry par Sonnerat. Ce poisson n'est pas moins remarquable par sa configuration que par les tégumens de sa peau. Son corps, très-aplati sur les côtés, est verticalement presque circulaire, en sorte que c'est à la saillie de son ventre que tient sa grande hauteur verticale. Cette courbe est en même temps très-tranchante, et elle est soutenue dans sa partie antérieure par les os de l'épaule, et par ceux du bassin, et dans la postérieure par les inter-épineux inférieurs de la queue; son museau, dans l'état de repos, est très-court et comme tronqué par une ligne verticale; tout l'appareil maxillaire est protractile; dans sa plus grande extension, il augmente du double en dimension longitudinale; tout le corps de ce poisson est couvert d'une peau lisse et satinée; le dos paraît de couleur plombée, qui change insensiblement en argenté; les côtés de sa tête, les flancs et le ventre sont d'une belle couleur d'argent; sur le dos et un peu au dessous de la ligne latérale, sont semées des taches rondes, nuageuses, noirâtres, assez serrées. Les nageoires paraissent d'un gris jaunâtre; le long rayon des ventrales est en partie argenté, en partie noirâtre. Le plus grand individu que nous connaissions est long de six pouces et demi sur quatre pouces de haut; il paraît s'être nourri de petits poissons, car on a trouvé dans son estomac des écailles minces, argentées et brillantes comme celles des Harengs.

(Alph. G.)

MÉNIDES. (poiss.) Cuvier a observé, parmi plusieurs genres de la famille des Sparoïdes, des habitudes, des formes et un régime qui, sans être absolument les mêmes, n'étaient cependant pas ceux des véritables Spares; ce qui a donné lieu à la formation d'une nouvelle famille. Cette famille n'a plus les mâchoires fixes comme la précédente, mais protractiles et rétractiles, à cause de la longueur des pédicules des intermaxillaires qui se retirent entre les orbites. Les animaux de cette famille emploient cet artifice pour saisir au passage les petits poissons qui nagent autour d'eux, et desquels ils veulent faire leur nourriture. Tout leur corps est recouvert d'écailles comme celui des Sparoïdes.

On a cru devoir distinguer quatre genres de ces singuliers poissons; ce sont les Mendoles, les Picarels, les Cœsio, et les Gerres.

(Alph. G.)

MÉNILITHE. (min.) Variété de quartz connue sous le nom de Quartz résinite parce qu'il a l'aspect de la résine, et que les minéralogistes rangent avec l'opale commune. Découverte d'abord à Ménilmontant près Paris, c'est à cette localité qu'elle a dû le nom de Ménilithe. Mais dans le bassin de Paris on trouve ce quartz au milieu des marnes gypseuses de plusieurs autres localités. (J. H.)

MÉNINGES. (anat.) Les anatomistes donnent ce nom aux membranes qui enveloppent le cerveau et qui sont la *dure-mère*, l'*arachnoïde* et la *pie-mère*. *Voy.* Encéphale.

Jadis, les médecins arabes avaient imaginé que les enveloppes du cerveau accompagnaient les nerfs dans toute leur distribution, et que, parvenues à leurs dernières ramifications, elles formaient, en s'épanouissant, les diverses membranes du corps; ainsi, d'après cette idée tout-à-fait hypothétique, ils regardèrent les enveloppes du cerveau comme les membranes mères ou productrices de toutes les autres, et les distinguèrent sous les noms de *Dure-mère* et de *Pie-mère*, dénominations que la routine a conservées. Il est à remarquer que les anciens ne connaissaient pas l'arachnoïde, dont la découverte appartient aux modernes.

(A. D.)

MÉNISPERME, *Menispermum*. (bot. phan.) Des arbrisseaux grimpans, sarmenteux, croissant en Afrique, dans les régions méridionales de l'Asie et en diverses régions du continent américain, constituent le genre *Menispermum*, lequel sert de type à la famille dont nous allons parler et appartient à la Dioécie dodécandrie. Il a été singulièrement circonscrit depuis peu, puisque, autrefois riche d'un très-grand nombre d'espèces, il est réduit aujourd'hui à six au plus. Ces espèces sont munies de feuilles simples, alternes, pétiolées, souvent peltées ou cordiformes et anguleuses, ayant leurs nervures divergentes à partir du sommet du pétiole. Leurs fleurs petites sont axillaires ou naissent en dehors de l'aisselle des feuilles; elles offrent les caractères suivans : quand elles sont dioïques, le calice a de six à douze sépales disposés sur plusieurs rangs avec une corolle de six à huit pétales placés sur deux rangs; quand elles sont mâles, il y a douze à vingt-quatre étamines, portées sur des filets allongés surmontés d'anthères à quatre lobes, et distribuées sur deux, trois et même quatre lignes; quand elles sont femelles, on y trouve de deux à quatre ovaires médiocrement pédicellés, munis chacun d'un style légèrement bifide au sommet. Les fruits qu'elles donnent sont des drupes arrondis, réniformes, monospermes.

Une seule espèce, le Ménisperme comestible, *M. edule* de Vahl, originaire de l'Egypte, permet l'usage de ses fruits; on les mange en Egypte, et par la fermentation on en obtient une liqueur enivrante. Chez toutes les autres, le fruit est plus ou moins vénéneux; la médecine s'en est emparée comme remède héroïque. Le Ménisperme coque-cule, *M. cocculus*, L., plus connu dans le commerce et la pharmaceutique sous les noms divers de Coques du Levant, Graines orientales, et Bois à enivrer, est employé dans l'Inde, surtout sa racine, comme excellent tonique; ses fruits, principalement leur amande, contiennent un principe très-dangereux que La Billardière dit être celui déposé dans le miel qui fut si fatal aux soldats de Xénophon, opinion que je ne puis partager, les abeilles ne s'arrêtant jamais sur les Ménispermes, mais bien sur les fleurs doublement agréables du Rosage, ainsi que je le démontrerai en traitant de ce bel arbrisseau. Ce qu'il y a de plus positif pour l'espèce qui nous occupe, c'est que ses rameaux fournissent une bonne teinture jaune.

Les habitans des Moluques estiment le bois du Ménisperme percé, *M. fenestratum*, de Gaertner, comme un amer très-salutaire; ils en font un usage fréquent. Le carpologiste que je viens de citer a étudié le fruit réniforme de cette espèce; il nous apprend que les lobes de l'embryon sont criblés de trous par suite de la pression que le réceptacle trop raboteux leur fait éprouvrr.

Mais l'espèce qui doit plus particulièrement nous intéresser, c'est le Ménisperme du Canada, *M. canadense*. Je l'ai cultivé avec succès; il se plaît également au milieu de nos buissons; au pied de nos grands arbres, et sur le bord des eaux courantes, où il brave la rigueur de nos hivers. On le multiplie par la voie des semis aussi bien que par celle des marcottes et des boutures. Il forme de très-beaux rideaux propres à cacher la triste nudité des murs, il couvre en peu de temps les tonnelles et produit un très-bon effet autour des tombeaux. Son beau feuillage d'un vert foncé, ses fleurs herbacées, ses petits drupes noirs y répondent convenablement aux sentimens et au silence religieux qu'inspirent à l'âme sensible les lieux où repose l'objet de son amour et de ses regrets.

(T. d. B.)

MÉNISPERMÉES, *Menispermeæ*. (bot. phan.) Famille très naturelle composée de genres qui ne peuvent être séparés, mais dont les caractères, diversement établis par plusieurs botanistes, ont été plus ou moins régulièrement décrits. La petitesse des organes de cette famille, nécessitant l'emploi de la loupe, a nécessairement entraîné à des erreurs, et a décidé à multiplier par trop les genres et surtout les espèces.

Les Ménispermées offrent des arbrisseaux volubiles, presque toujours sarmenteux, à feuilles alternes, simples ou composées et sans stipules, portant des fleurs très-petites, axillaires ou terminales, la plupart réunies en épis fasciculés ou en grappes, dont les faisceaux ont une bractée; ces fleurs sont de peu d'apparence, unisexuées par avortement et souvent dioïques. Voici leurs caractères : calice polyphylle, dont les sépales, en nombre variable, sont disposés sur deux ou trois rangs. Pétales opposés au calice, manquant quelquefois ou représentés par de petites écailles. Etamines monadelphes, et plus rarement libres,

tantôt

tantôt en nombre égal aux pétales, tantôt en nombre triple, quadruple et alors placées sur plusieurs rangs. Anthères extrorses et à deux loges. Ovaires multiples avec autant de styles que de stigmates. Il leur succède des espèces de drupes comprimés, indéhiscens, monospermes, dont la semence est réniforme, avec embryon allongé, roulé autour d'un réceptacle fongueux produit par la capsule; la radicule et les lobes sont dirigés vers l'ombilic de la graine.

De Candolle divise les genres de la famille en Ménispermées vraies, et en Ménispermées fausses. Dans les premières, il place d'abord les genres suivans chez qui les feuilles sont composées : le *Lardizabala* de Ruiz et Pavon, le *Burasaia* de Du Petit-Thouars, et le *Stauntonia*, originaire de la Chine; puis les genres à feuilles simples : l'*Agdestis*, genre nouveau du Mexique, l'*Abuta* d'Aublet, le *Cissampelos* de Linné, le *Spirospermum* de Du Petit-Thouars, le *Pselium* de Loureiro, le *Cocculus* et le *Menispermum*. Dans les secondes, il cite seulement le *Schizandra* de Michaux, qui se rapproche du Menispermum ; mais il faut y joindre aussi le *Batschia* de Thunberg, dont les caractères l'appellent auprès de l'Abuta.

Sans doute il était nécessaire de réviser la famille des Ménispermées, et la Monographie du célèbre professeur de Genève est un travail à conserver. Cependant, en réformant le genre *Menispermum*, auquel il ne laisse que cinq ou six espèces, et en fondant le genre *Cocculus*, qui en contient plus de quarante, on voit avec peine qu'il confonde comme congénères de ce dernier le *Chondodendrum* de Ruiz et Pavon, le *Cebutha* et le *Leæba* de Forskael, le *Braunea* et le *Wendlandia* de Willdenow, l'*Androphylax* de Wendland, le *Fibra aurea*, le *Limacia* et le *Nephroia* de Loureiro, l'*Epibaterium* de Forster, le *Bagalatta* de Roxburgh, et le *Baumgartia* de Moench. Une réunion aussi nombreuse surprend, fait naître des doutes sur son exactitude, et réclame un nouvel examen de tous ces genres. Mais pour que le travail satisfasse aux exigences de la science, il faut que les observations soient faites sur les plantes vivantes, non pas dans une prison vitrée, mais sous le ciel qui leur est propre. Toutes les familles, tous les genres, toutes les espèces fondées d'après des échantillons d'herbier sont plus que contestables; les caractères essentiels se trouvent faussés, et l'on ne peut induire aucun fait vrai sur un fruit que l'on n'a pas étudié avant et après sa maturité parfaite. A cette dernière époque il est habituellement tronqué par des avortemens nécessaires. (T. D. B.)

MÉNOBRANCHES, *Menobranchus*. (REPT.) Nom d'un genre établi par Harlan, et dont le type est le *Triton lateralis* de Say. (*V.* TRITON.) (Z. G.)

MÉNONVILLÉE, *Menonvillæa*. (BOT. PHAN.) Genre de la famille des Crucifères, créé par M. De Candolle, et ainsi nommé en l'honneur d'un savant français à qui l'on doit l'introduction de la Cochenille aux Antilles. La plante qui en est le type, *Menonvillæa linearis*, De Cand. et Delessert, Icon. select. 2, t. 56, est indigène du Pérou et du Chili; elle a des tiges herbacées, hautes de dix à douze pouces, garnies à leur partie inférieure de nombreuses feuilles linéaires, du reste presque nues, se terminant par des grappes de fleurs de couleur sombre, portées sur de courts pédicelles. Ces fleurs ont un calice de quatre sépales dressés, deux desquels sont un peu bossus à leur base; une corolle de quatre pétales linéaires entiers; six étamines presque égales entre elles, ayant leurs filets sans dentelures; un style sillonné portant un stigmate en tête et échancré. Le fruit est une silicule à deux loges convexes sur le dos et munies chacune, sur les bords, d'une aile qui lui donne l'aspect de deux disques appliqués. Cette expansion singulière distingue le *Menonvillæa* des Biscutelles. (L.)

MÉNOPOME, *Menopoma*. (REPT.) Nom d'un genre établi par Harlan dans la famille des Batraciens, auquel on donne pour caractères : un corps de forme analogue à celui des Salamandres, des yeux apparens, des pieds bien développés et un orifice de chaque côté du cou. Outre la rangée de fortes dents autour des mâchoires, ils en ont une rangée parallèle sur le devant du palais. L'espèce d'après laquelle a été établi ce genre est celle qui a été long-temps connue sous le nom de GRANDE SALAMANDRE DE L'AMÉRIQUE SEPTENTRIONALE, *Salamandra gigantea*, Barton; *Hellbender des Etats-Unis*, Ann. du Lyc. de New-York, t. I, pl. 17. Sa longueur est de quinze à dix-huit pouces, et sa couleur est d'un bleu noirâtre. On le trouve dans les rivières de l'intérieur et dans les grands lacs de l'Amérique. (Z. G.)

MENS. (INS.) On donne vulgairement ce nom à la larve du Hanneton. (GUÉR.)

MENSTRUATION. (PHYSIOL.) Excrétion sanguine qui se fait, tous les mois, par les organes génitaux de la femme, et qui dure depuis l'âge de puberté jusqu'à l'âge critique. Cette hémorrhagie est le signe le moins équivoque de la puberté chez les jeunes filles. Elle commence dans nos climats tempérés vers l'âge de treize à quinze ans. Dans les contrées les plus chaudes de l'Asie les filles sont nubiles à huit ou neuf ans. Dans les pays froids, auprès du pôle et dans les montagnes, la Menstruation ne s'établit souvent qu'à vingt-quatre ans. Toutes les femmes sans exception, à quelque race d'hommes qu'elles appartiennent, sont soumises à l'excrétion menstruelle.

Il y a des naturalistes qui ont prétendu que certains quadrupèdes, la Baleine, des oiseaux, des poissons même, avaient un écoulement régulier de sang par leurs organes génitaux. C'est une erreur : il est vrai que chez quelques animaux il y a un écoulement de mucosité sanguinolente; mais cette excrétion se manifeste dans le temps des amours seulement. On affirme cependant que, chez les Orangs-Outangs, les Singes et les Chauve-souris il y a une véritable excrétion menstruelle.

Le sang menstruel est fourni par exhalation ; il s'écoule des orifices exhalans qui s'ouvrent de toutes parts à la surface de la membrane muqueuse qui tapisse la cavité de la matrice et de son col. C'est une hémorrhagie artérielle, à laquelle on doit faire attention de ne point apporter de trouble. Et je m'étonne pourquoi une prudence mal entendue empêche les mères d'instruire à temps leurs filles des changemens qui doivent s'opérer en elles et de l'hémorrhagie périodique à laquelle elles seront assujetties pendant la plus belle partie de leur vie. Elles éviteraient les dangers d'une fausse honte qui porte toujours les jeunes filles à dissimuler leur état quand ce phénomène se manifeste chez elles pour la première fois, et elles conjureraient beaucoup de maux en les instruisant dès-lors de tous les dangers auxquels une femme peut être exposée par le dérangement ou la suppression brusque de l'évacuation. Une frayeur subite, un froid saisissant et imprévu, un courant d'air, une glace, des boissons froides, sont autant de causes momentanées de la suppression des menstrues. Si la jeune fille ignore que son état est commun à toutes les personnes de son sexe, une pudeur mal entendue l'empêchera de se plaindre de la disparition du phénomène avant que le mal qui résulte inévitablement de son silence ait fait des progrès.

Quoi qu'il en soit, ce changement important dans l'habitude physique de la femme s'annonce par des douleurs dans les lombes, de la lassitude dans les jambes, des coliques fréquentes et un gonflement du bas-ventre. Le sommeil se trouble, la tête devient lourde, le pouls accéléré; bientôt suinte goutte à goutte un sang tantôt pur et vermeil, tantôt séreux, quelquefois épais. Sa quantité totale égale à peu près une livre. Quatre jours environ sont le terme moyen de la durée de cet écoulement qui laisse la femme dans un état d'affaiblissement et de langueur.

Plusieurs opinions ont été émises sur les sources de ce flux, qui a pris le nom de règles, parce que dans l'état de santé, il a lieu à des époques à peu près fixes, et dont le retour est périodique. La couleur vermeille du sang évacué donne lieu de croire qu'il est fourni par des artères et non par des veines. Quant à la cause première de l'évacuation, il est très-difficile de la comprendre. Une première explication s'offre à l'esprit, lorsqu'on réfléchit sur un pareil sujet. La femme est soumise à l'évacuation menstruelle seulement pendant tout le temps qu'elle est apte à la reproduction; et, aussitôt que sa fécondation a eu lieu, ce flux disparaît pour ne revenir que six semaines après l'expulsion du fœtus, chez les femmes qui n'allaitent pas, et beaucoup plus tard, chez celles qui ne craignent pas de remplir entièrement le devoir de mères. Ne semble-t-il pas dès-lors que le produit de cette sécrétion nouvelle, qui dure seulement pendant tout le temps que la femme est dans le cas d'être fécondée, se trouve destiné d'avance à la nourriture de l'enfant qu'elle doit porter, et n'est-il pas plus raisonnable de voir dans ce fait une prévoyance de la nature qu'une conséquence d'un état maladif primitif, qui serait devenu pour la femme une espèce de loi?

La seule raison qu'on puisse opposer à une pareille théorie de la Menstruation, c'est qu'elle n'a pas lieu chez les autres Mammifères, dont les fonctions ont beaucoup d'analogie avec celles de l'homme. Il est vrai que le fait de quelques femelles de Singes, chez lesquelles on a remarqué cet écoulement, ne peut être considéré que comme une exception; mais aussi pourquoi ne pas admettre la Menstruation au nombre des circonstances qui concourent à établir la différence entre les animaux et l'homme? Il n'est certes pas absurde de croire que, depuis l'âge de la puberté jusqu'à l'époque de la cessation des règles, la nature a accordé à la femme le pouvoir de fabriquer une quantité surabondante de sang artériel, dont la destination est de fournir au fœtus les matériaux de son accroissement dans le sein de la mère, et que, ce surcroît de sang étant inutile à la femme hors les temps de la *gestation* et de l'*allaitement*, il a fallu qu'il fût expulsé à des époques déterminées par sa plus ou moins grande facilité à s'amasser. Ainsi s'explique également pourquoi cet écoulement a lieu par les parties génitales plutôt que par d'autres couloirs. Envoyés dans la matrice, pour y être employés, et ne recevant point leur destination, ces matériaux de prévision ont dû être expulsés par la voie la plus simple et la plus courte. Cette opinion est, d'ailleurs, assez conforme à l'observation. Il est rare de voir les fonctions digestives augmenter d'activité chez les femmes enceintes, au lieu que, chez les femelles des animaux, elles acquièrent, pendant tout le temps de leur portée, une énergie remarquable.

L'évacuation menstruelle est moins grande chez les femmes de la campagne que chez celles qui habitent les villes, et parmi ces dernières, celles dont la vie est désordonnée, dissolue, sont les plus abondamment réglées. C'est chez elles une véritable hémorrhagie. Du reste, il est impossible d'évaluer au juste la quantité de sang qu'une femme perd communément tous les mois. La durée de l'évacuation est communément, dit-on, de trois à quatre jours, mais ceci n'a rien que de très-variable; car il y a des femmes dont les règles ne coulent que deux jours, tandis que chez d'autres elles durent six, huit et même dix jours.

Les menstrues ont une périodicité d'un mois; elles arrivent pourtant tous les quinze jours chez certaines femmes, toutes les six semaines, tous les trois mois seulement chez d'autres. Dans la Laponie elles n'ont lieu que deux ou trois fois par an.

Le sang menstruel est absolument le même que celui qu'on tirerait de toute autre partie du corps, et il n'a pas les qualités malfaisantes que lui attribuaient les anciens; encore moins a-t-il les propriétés médicinales dont Aristote et Pline ont voulu le doter. On a dit que les émanations d'une femme qui est dans *ses mois* suffisent pour faire tourner le lait, et rendre acides certaines liqueurs douces, gâter les confitures, etc. Je crois que les exemples de ce genre sont extrêmement rares, et, malgré l'assertion de certaines personnes, les doutes que j'ai élevés sur leur authenticité n'ont jamais pu être dissipés. C'est en raison de cette idée d'impureté et de *malfaisance* que, dans plusieurs contrées de l'Afrique, on séquestre les personnes du sexe, on les oblige à s'abstenir de toute fonction domestique, et on leur fait même porter un signe qui avertisse de les éviter. On connaît la pratique des juifs à cet égard et les ordonnances de Moïse. Il est de fait que quelques femmes exhalent pendant la durée de leurs règles une odeur forte qui fatigue et repousse par sa fadeur; mais cela ne s'observe que chez celles qui négligent les soins de propreté indispensables en pareille occurrence.

Plusieurs raisons établissent la nécessité d'interdire le commerce entre les époux pendant la durée de l'écoulement périodique. La susceptibilité de la femme est prodigieusement augmentée pendant tout ce temps, et toute secousse nerveuse peut avoir pour elle plusieurs dangers, parmi lesquels il faut compter celui des hémorrhagies graves.

Le flux menstruel est quelquefois sujet à des aberrations fort singulières. Haller a mentionné dans sa Physiologie une foule de ces écarts de la nature. Les yeux, les oreilles, les narines, les gencives, les poumons, l'estomac, les vaisseaux hémorrhoïdaux, l'ombilic, la vessie, les mamelles deviennent le siége de cette déviation. On a vu des femmes chez lesquelles, au lieu des menstrues, il s'est manifesté une sorte d'exsudation sanguine par les pores de la peau, soit de toute la surface du corps, soit seulement des doigts et des mains. Pendant la jeunesse, ces déviations ont lieu plus particulièrement vers les parties supérieures, telles que les narines et la poitrine, de là vient la fréquence des épistaxis et des hémoptysies chez les jeunes filles. Quand la puberté est confirmée et s'est établie depuis quelque temps, c'est encore vers la poitrine que le sang se dirige principalement : de là les hémoptysies qui sont encore assez fréquentes, les attaques d'asthme et les toux sèches. Vers le déclin et quand approche l'âge critique, les mouvemens de la nature se concentrent vers l'abdomen, et l'on voit survenir alors des spasmes, l'hématémèse ou hémorrhagie de l'estomac et les hémorrhoïdes.

Quoique l'âge où le flux périodique se manifeste pour la première fois soit le signal de la nubilité pour les jeunes filles, on aurait tort de croire qu'elles peuvent être mariées sans inconvénient dès les premiers momens. Il faut attendre que cette fonction soit bien établie, que les changemens qu'elle amène dans le tempérament aient eu le temps de se bien confirmer, et que le tempérament ait acquis lui-même assez de développement pour qu'elles puissent remplir dans toute leur étendue les pénibles devoirs de la maternité. Les médecins ne donnent peut-être pas assez d'importance à ce point d'hygiène. C'est là le véritable nœud de la perpétuité des races; dans tous les êtres de la nature, la dégénérescence des espèces commence toujours par les femelles. Hoffmann a établi là-dessus des règles excellentes dans sa dissertation *de ætate conjugio opportunâ*. L'âge de dix-huit ans pour les filles, celui de vingt à vingt-cinq pour les garçons, dont le développement est généralement plus long, est l'âge qui, dans nos climats, permet plus volontiers le mariage; les deux extrêmes de la vie ne sont guère propres à l'hymen.

Il est pourtant des cas où le mariage peut être conseillé à une jeune personne avant que la Menstruation soit établie; c'est lorsqu'étant bien portante et son tempérament étant bien formé, on peut supposer que la cause de ce retard dépend d'une faiblesse et d'un manque d'excitation locale.

La Menstruation une fois établie, elle dure ainsi en se reproduisant périodiquement jusqu'à l'âge de quarante-cinq à cinquante ans; elle n'est interrompue dans l'état normal que pendant la grossesse et l'allaitement. Les exceptions à cette règle sont nombreuses et diverses; mais ce ne sont que des exceptions. La cessation des menstrues s'annonce ordinairement plusieurs années à l'avance par des dérangemens de diverse nature. Communément le sang évacué diminue de quantité et ne coule pas aussi long-temps; d'autres fois, au contraire, l'écoulement est plus abondant, c'est une véritable hémorrhagie qui s'établit et qui dure plus ou moins long-temps. Rarement cette fonction cesse tout à coup pour ne plus reparaître. Presque toujours alors les femmes éprouvent un malaise général, des engourdissemens dans les membres inférieurs, des douleurs de reins, des chaleurs au visage. Alors, quand des maladies sont restées latentes ou stationnaires, on voit tout à coup survenir des symptômes graves, ces maladies prennent une marche rapide, et c'est le danger qui résulte de leur terminaison qui a fait donner à cette époque le nom effrayant de *temps critique*. Mais il faut dire aussi que les craintes que cette époque inspire sont extraordinairement exagérées, et que les femmes qui ont mené une vie régulière et conforme aux lois de l'hygiène, qui sont dans ce cas celles d'une morale éclairée, n'ont pas grand'chose à en craindre. Quant aux avantages qui résultent pour la santé ultérieure des femmes de la cessation du flux menstruel, ils sont fort remarquables. Voici comment un auteur a décrit les changemens qui surviennent alors dans leur état physiologique : « La masse des forces des autres organes, dit-il, s'accroît aux dépens de celles de l'utérus, qui n'a plus de vie particulière, et qui restera désormais sans influence. Les femmes acquièrent un fonds de vie inépuisable. Le temps des périls est passé pour elles; elles ne sont plus sujettes aux maux particuliers à leur sexe; elles acquièrent la constitution de l'homme au moment où celui-ci commence à la perdre. » Il résulte de là que pour beaucoup de femmes le *temps critique* est le commencement d'une meilleure santé, et le fait est que les tables de mortalité n'ont jamais fourni de conclusion en rapport avec l'opinion qui voulait que ce temps critique fût marqué par de nombreux ravages. « Des observations nombreuses, dit Muret, m'ont appris que l'âge de quarante à cinquante ans n'est pas plus critique pour les femmes que celui de dix à vingt. » M. Benoiston de Châteauneuf, dans son Mémoire sur la mortalité des femmes de l'âge de 40 à 50 ans, lu à l'Académie des sciences en 1808, s'exprime ainsi :

« Du quarante-troisième degré de latitude au soixantième, c'est-à-dire sur une ligne qui s'étend de Marseille à Pétersbourg, en passant par Vevay, Paris, Berlin et Stockholm, à aucune époque de la vie des femmes, depuis trente ans jusqu'à soixante-dix, on n'aperçoit d'autre accroissement dans leur mortalité que celui nécessairement voulu par les progrès de l'âge. A toutes les époques de la vie des hommes, depuis trente jusqu'à soixante-dix, on trouve une mortalité plus grande que chez les femmes, mais surtout de quarante à cinquante ans. Il résulte de ces nouvelles observations que l'âge de quarante à cinquante ans est véritablement plus critique pour les hommes que pour les femmes, et cela quel que soit le genre de vie qu'ils embrassent, qu'ils vivent dans la société ou dans la retraite, dans les camps ou dans les cloîtres. Cependant, comme on ne peut disconvenir qu'une certaine quantité de femmes ne meure, entre quarante et cinquante ans, des suites de la révolution qui s'opère en elles à cette époque, et que, malgré cette cause de mortalité, qui n'existe point dans l'autre sexe, son décroissement, loin d'être alors sensiblement augmenté, demeure toujours au dessous de celui des hommes, quelles seraient donc pour elles la force et la durée de la vie, si la nature n'y avait attaché cette condition ? M. Lachaise donne des résultats semblables dans sa Topographie médicale de Paris. M. Finlaison, archiviste du bureau de la dette publique en Angleterre, a trouvé aussi qu'après l'enfance, la vie des femmes est plus longue que celle des hommes, et cela dans une proportion qui paraît incroyable. Ne doit-on pas, après cela, ajoute M. Désormeaux, être étonné quand on voit des médecins entasser dans l'énumération des maladies qui dépendent de la cessation des règles presque toutes celles qui entrent dans les cadres nosographiques? J'aurais désiré, dit l'un de ces auteurs, pouvoir former une masse d'observations suffisante pour en déduire toutes les maladies de l'âge critique; mais le grand nombre des auteurs que j'ai consultés ne m'a présenté que des faits dont la dépendance avec la cessation des règles n'était pas établie. Cette remarque aurait dû lui prouver que ces maladies ne sont pas fort nombreuses. Il en est cependant quelques unes qui, sans être particulières à cette époque, sont alors plus fréquentes et paraissent bien certainement dépendre du changement qui s'opère dans l'économie de la femme.

Parmi les moyens que les auteurs conseillent pour favoriser l'établissement de la Menstruation, l'observation scrupuleuse des lois de l'hygiène occupe, sans contredit, le premier rang ; et parmi ces lois, celles qui se rapportent à ce que les auteurs appellent *gesta et vestita*, aux exercices, au repos, à la veille, au sommeil et aux vêtemens, doivent être mises au premier rang. La nature pousse tellement les jeunes filles à l'exercice, qu'on n'en voit aucune qui ne soit disposée à danser aussitôt que les jambes le lui permettent. Ce mouvement du corps dans le sens vertical, et la secousse qui en résulte pour les organes du bas-ventre, sont très-avantageux à la santé de la jeune pubère. A Sparte, où la gymnastique fut en si grand honneur parce qu'elle donne de la force à la constitution, les jeunes gens s'exerçaient à la danse dès l'âge de sept ans; mais, quoi qu'en ait dit Plutarque, je ne crois pas que dans ces danses publiques les jeunes filles n'eussent d'autre voile que leur vertu et la vertu de leurs danseurs. Ce voile pouvait être suffisant à sept ans; mais à quinze, les passions de l'adolescence devaient le déchirer fréquemment. « Il n'y avoit pour cela villanie aucune, dit Amyot, » ains estoit l'esbatement accompagné de toute » honnesteté, et plutost au contraire portoit avec » soy une accoutumance à la simplicité et une envy » entr'elles à qui auroit le corps le plus robuste et » le mieux dispos. » Le bon Amyot est un peu crédule; c'est ici le cas de dire avec le poëte : *Naturam expellas furcâ, tamen usque recurret.* Il faut conseiller la danse, mais non pas celle de Sparte, ni aucune de celles qui peuvent y ressembler; la danse en plein air, quand le soleil est prêt à quitter l'horizon, et non pas la danse des salons, où la poussière, la chaleur et l'air vicié par les émanations animales et la vapeur des flambeaux, sont des causes de maladie et non des moyens de santé.

Les vêtemens de la jeune fille doivent être aussi l'objet d'une attention toute particulière, et ici je veux bien négliger de parler des inconvéniens des manches courtes et des robes décolletées, qui, avec la température variable du climat où nous vivons, déterminent fréquemment des phthisies et les autres maladies du poumon.

Mais je ne saurais passer sous silence l'inconvénient d'un autre vêtement contre lequel criait Térence, au temps des Romains, et qui a provoqué aussi la colère philosophique de J.-J. Rousseau ; je veux parler du corset. Ce que j'ai à en dire, d'ailleurs, a des rapports trop intimes avec l'objet de cet article pour que le lecteur ne me pardonne point cette digression.

Il faut être médecin et habiter une grande ville pour comprendre à combien de maux irréparables la recherche d'une beauté factice a donné lieu. Un sein comprimé, des flancs étranglés renferment toujours des enfans rabougris : en amincissant la taille, vous resserrez la poitrine et vous gênez les poumons ; la respiration est imparfaite, le sang n'est plus convenablement oxygéné, et les phthisies organiques, les déformations osseuses, les anévrysmes, les congestions générales et locales, les hydropisies, les Menstruations dérangées, sont le résultat imminent d'une pratique irréfléchie et dépourvue de tout objet louable dans son application. La chose serait vraiment trop triste à détailler; mais si nous osions distraire ici des tableaux de mortalité des hôpitaux le nombre des jeunes filles qui succombent tous les ans à la suite de maladies produites par l'abus des corsets, notre thèse n'aurait pas besoin d'autre preuve ; et tenez pour certain que la proportion est la même dans les classes aisées; car il n'y a pas de différence entre la pratique civile et la pratique des hôpitaux, si ce n'est que le relevé des causes de mort est plus difficile à constater dans un cas que dans l'autre.

Voilà en quatre mots ce que le corset a de pernicieux.

Mais pour mieux comprendre son action, il est nécessaire que nous exposions sa théorie d'une manière plus complète. Si nous voulons apprécier les influences diverses qu'exercent sur la constitution humaine les agens que nos besoins ou nos passions mettent en jeu, il faut bien que nous nous appliquions à l'étude des circonstances sous l'empire desquelles ces influences se produisent, et dans le cas présent, par exemple, que nous recherchions quels sont les organes et les fonctions sur lesquels agissent les buscs et les lacets.

Quelle que soit la richesse de la matière et des ornemens, le fini du travail et la perfection du mécanisme, tout corset se réduit en dernière analyse à une combinaison de lacets et de lames de baleine ou d'acier plus ou moins flexibles, et le résultat de son application est toujours une compression plus ou moins exacte, plus ou moins profonde des parties avec lesquelles il est mis en contact.

Toute compression nécessite un point d'appui solide. Dans le torse humain, les parties solides sont, à la partie antérieure, le sternum, et à la partie postérieure la colonne épinière. C'est sur ces deux lignes parallèles en apparence que vient se fixer la charpente du corset. Ainsi, au devant, une lame d'acier suit le sternum, depuis les deux tiers inférieurs de la poitrine jusqu'à son extrémité, et vient, en passant sur le creux de l'estomac ou l'épigastre, se terminer au niveau des deux tiers supérieurs du bas-ventre (1). En arrière, deux autres lames marchant parallèlement sur les côtés de la colonne épinière, en suivent les sinuosités du niveau des omoplates au sacrum. Un tissu quelconque, presque toujours, mais à tort, ferme, solide, résistant et non élastique, unit dans toute sa longueur chaque côté de la lame de devant à la lame de derrière qui lui correspond, de telle sorte que, pour compléter l'embrassement du torse, il ne reste plus qu'à faire courir en zig-zag sur l'une et l'autre lame de derrière un lacet qui les rapproche plus ou moins, qui les affronte même selon le degré de constriction que l'on veut obtenir.

La perfection d'un corset consiste dans l'exactitude avec laquelle il s'applique au torse, ce qui ne dépend aucunement de sa charpente, mais de la façon donnée aux tissus qui en réunissent les diverses pièces. Pour la charpente, elle est toujours la même, une pièce unique sur le sternum, une pièce double le long de l'épine.

Si l'on a suivi avec quelque attention les détails dans lesquels nous venons d'entrer, on doit voir que le point d'appui qui supporte l'effort de traction du lacet, se trouve selon la longueur du busc antérieur, et comprime par conséquent d'une manière directe le sternum d'abord, la portion de l'épigastre où cette pièce osseuse fait défaut, et enfin la partie supérieure du bas-ventre sur laquelle la lame d'acier ou de baleine se prolonge. Or sous le sternum se trouvent le cœur et ses enveloppes entourées des deux poumons; sous l'épigastre, l'estomac et le foie, et au bas-ventre les circonvolutions intestinales: de façon que si la pression est active et profonde, la gêne du cœur peut déterminer des défaillances ou lipothymies, la gêne de l'estomac et du foie, des indigestions et des embarras dans la circulation abdominale, et tout le nombreux cortége des maladies gastriques; quant à la compression du paquet intestinal, ses effets tout mécaniques se bornent au refoulement des organes qui leur sont contigus, tels que les reins, l'utérus, la vessie, etc.: et parmi les effets de ce refoulement, il faut bien compter sans doute ces irritations utérines qui, chez la plupart des femmes des grandes villes, se manifestent par des pertes blanches plus ou moins abondantes, prélude ordinaire du catarrhe utérin chronique et souvent aussi du cancer.

Après ces premiers effets, que nous pouvons appeler directs, il en est d'autres qui ne sont pas moins redoutables et sur lesquels nous ne ferons que passer. Ainsi, en suivant le trajet des tissus qui unissent le busc antérieur aux deux buscs du dos, nous voyons que ces tissus s'appliquent à la partie supérieure le long des parois latérales de la poitrine, en contournant les côtes, qu'ils embrassent étroitement, et en bas sur les flancs, en passant sur le contour des hanches, d'où il suit que la compression en haut s'exerce encore sur des points solides fournis par les côtes, tandis qu'en bas elle n'a plus pour appui qu'une surface élastique, flexible, exclusivement formée de parties molles, savoir, la peau et les muscles sous-jacens qui forment les parois latérales du bas-ventre.

Si le lacet est fortement serré, comme c'est l'ordinaire, les côtes sont empêchées dans les mouvemens particuliers que le jeu de la respiration nécessite, et il n'existe plus pour l'accomplissement de cette importante fonction qu'un mouvement d'ensemble de toute la cavité pectorale, mouvement d'élévation et d'abaissement, qui quelquefois même est totalement empêché, au point que la respiration se faisant seulement par le diaphragme devient ce qu'on appelle une respiration abdominale. Cette absence de dilatation de la poitrine par le mouvement des côtes est la circonstance la plus fatale qui puisse se rencontrer pour une jeune fille, et la gêne habituelle qui en résulte pour les poumons est la cause la plus ordinaire de ces maladies de poitrine qui produisent

(1) *Bas-ventre.* Les anciens appelaient *ventre* les trois grandes cavités du corps. La cavité cérébrale était le *ventre supérieur;* la cavité de la poitrine, le *ventre moyen*, et la cavité abdominale le *bas-ventre*. Cette dernière expression est restée seule en usage

une si effrayante mortalité parmi elles dans la période de dix-huit à vingt-cinq ans.

Quant à la pression des flancs, elle ne fait qu'accroître le tassement des organes contenus dans le bas-ventre, dans le grand et le petit bassin, et augmente les dangers du refoulement dont nous avons déjà parlé.

Nous ne disons rien de l'entraînement des omoplates en arrière, de la gêne des mouvemens des bras, qui en est la conséquence, ni du refoulement des masses musculaires dans le dos, et des déviations osseuses qu'il amène à sa suite; toutes ces choses ont bien leurs inconvéniens, mais le détail en serait trop long, et nous devons nous borner.

Pourtant il est encore un point sur lequel nous fixerons l'attention. Nous avons dit plus haut que les deux lignes osseuses formées par le sternum et la colonne épinière n'étaient parallèles qu'en apparence. En effet le sternum descend obliquement de haut en bas et de dedans en dehors, de manière à donner à la poitrine une forme conique dont le sommet se continue avec le cou, sa base s'élargissant pour former la partie supérieure de l'abdomen. Or voyez maintenant ce qui arrive quand pour se faire une taille amincie la jeune fille exerce sur son torse une constriction permanente; elle ne tend à rien moins qu'à rapprocher de la colonne vertébrale l'extrémité inférieure du sternum, c'est-à-dire à diminuer le diamètre de la base du cône pectoral, et par conséquent à accroître au plus haut degré la gêne des organes respiratoires, à les atrophier, ou du moins à provoquer leur irritation et leur usure anticipée.

Au reste, le point le plus menacé par le corset n'est protégé que par des parties molles qui cèdent facilement à la dépression et laissent atteindre les organes qu'elles couvrent, de sorte que ceux-ci sont obligés de fuir la constriction, les uns par en haut, les autres par en bas, et quand tout déplacement leur est impossible, comme au foie, qui est retenu à son poste par plusieurs ligamens, de souffrir une oppression qui détermine sur son tissu éminemment délicat les plus fâcheuses maculatures.

C'en est assez, je pense, pour faire toucher du doigt le sujet que nous voulions signaler; les raisons que nous avons données sont des faits anatomiques, des faits incontestés et dont le témoignage est par conséquent irrécusable. N'en pas reconnaître la puissance, ne s'y soumettre pas, en invoquant l'exemple de tant de femmes dont on admire la taille mince et dégagée, et compter qu'on est soi-même doué d'une de ces organisations exceptionnelles chez lesquelles le tempérament reste bon quand même, c'est faire le plus faux de tous les calculs, c'est se jeter de gaîté de cœur dans le gouffre toujours béant où sont entassées les causes de nos maladies, pour se livrer pieds et poings liés à la plus impitoyable de toutes.

Cette digression est déjà bien longue, et pourtant il me semble que je n'ai pas fini; le corset est l'objet de l'attention de toutes les femmes, mais c'est, comme dit Fénélon, pour satisfaire au violent désir de plaire qui les préoccupe; elles étudient tous les moyens d'y parvenir, et elles s'imaginent qu'une taille élancée leur méritera tous les suffrages. Je voudrais leur dire que cette finesse exagérée de la taille qu'elles poursuivent à travers tant de dangers n'ajoute point d'éclat à leurs perfections, et que la véritable beauté n'est point où elles la mettent.

Disons d'abord que c'est une grande maladresse que cette recherche d'une qualité physique à laquelle on est sûr d'être obligé de renoncer d'une manière accidentelle et forcée dans plusieurs circonstances de la vie, et par des causes qu'on ne saurait éviter, qualité, en dernière analyse, vous abandonne complétement après les premières années de la jeunesse. Que devient en effet cette finesse de la taille pendant la gestation? Que devient-elle aussi quand les temps d'aptitude à la gestation sont accomplis? Une conformation aussi sujette à disparaître tout-à-fait dans la plupart des cas, et qui doit être du moins si fréquemment interrompue, mérite-t-elle qu'on s'expose pour l'obtenir à tant de dangers, à tant de douleurs? En vérité, si l'on compare ce qui se fait en ce point à ce qu'exigent les lois de la nature et les vrais intérêts de la beauté, il y a là une contradiction inouïe qui ne peut s'expliquer que par les bizarreries de la mode et les aberrations du sens commun.

Evidemment la beauté est intéressée à se donner le plus de conditions possibles de stabilité et de permanence, et parmi les traits qui la caractérisent, ceux-là doivent être les plus précieux qui sont moins accessibles aux ravages du temps. Une peau douce, fraîche, colorée, telle que la donne une santé parfaite; un maintien modeste et digne, une démarche élégante et sûre, comme il sied à une âme élevée et à une conscience pure, signes certains du contentement de l'esprit et de l'habitude des passions douces; la finesse du sourire, la suavité du regard, la sérénité de l'expression, voilà, certes, des qualités physiques qui attirent toujours des hommages spontanés et qui doivent avoir un prix bien supérieur à toutes les autres, puisque, si la nature vous les refuse, un sens droit et une bonne éducation physique et morale peuvent vous les donner, et les progrès de l'âge ou les autres circonstances de la vie que nous avons mentionnées ne sauraient vous les ravir. Quant à l'heureuse disposition des traits, à la pureté des lignes, à la délicatesse des contours et aux autres conditions du torse, plus ou moins rapprochées des conditions de la beauté idéale, il faut bien en prendre votre parti, dans tous les cas, puisqu'il est bien reconnu que la finesse de la taille ne saurait vous tenir lieu de celles qui peuvent vous manquer. Et soyez bien certaines, jeunes filles, que vous manquerez toujours ou de l'une ou de l'autre. Demandez aux peintres et aux statuaires si la beauté idéale se trouva jamais dans la nature, et rappelez-vous cette Vénus d'Apelles ou de Zeuxis pour la réalisation de laquelle il fallut rassembler toutes les belles femmes d'un pays où la perfection des formes fut de tout temps proverbiale.

Toutefois, et c'est ici le point où je veux en venir, il est dans la nature une forme générale qui est le fondement le plus réel de la beauté de la femme, et cette forme, il n'est point de femme, *exceptis excipiendis*, qui n'en porte sur elle le type fondamental, puisque c'est la forme essentielle qui fait la femme ce qu'elle est, ce qu'elle doit être, c'est-à-dire le sanctuaire de l'espèce humaine, la condition vivante de sa conservation et de sa durée.

C'est cette condition de maternité future qui commande la conformation générale de la femme, c'est à l'accomplissement de cette fonction la plus élevée de l'organisme que tout est subordonné chez elle, et tout caractère de beauté qui ne se trouve point en concordance avec les nécessités de cette fonction est un caractère contestable et mal déterminé. Il y a plus, la beauté de la femme n'obtient de triomphe et de gloire que pendant la durée de l'aptitude à cette fonction. Au reste, c'est une loi générale dans l'univers : la fleur brille de son plus vif éclat lorsqu'elle est prête à être fécondée; cet acte une fois rempli, elle se fane et s'effeuille. Telle est la femme, la plus belle fleur de la création, fleur chérie de la Providence, dont l'haleine est un parfum, la voix une consolation et un charme, le regard un rayon de bonheur.

Si on enferme dans un même ovale le torse de deux individus d'un sexe différent, la poitrine de l'homme débordera, tandis que chez la femme ce sera le bassin. Les raisons d'organisation qui donnent à l'homme une conformation de cette sorte n'ont aucun rapport avec notre objet, et nous les négligeons. Pourquoi en est-il ainsi chez la femme? uniquement par la raison que nous avons indiquée, pour l'accomplissement de son rôle dans l'univers, pour la conservation de l'espèce humaine. Il lui faut un bassin large, arrondi, évasé, dont les bords soient adoucis et contournés, propre à servir en un mot de réceptacle au développement du produit de la conception. Or cet évasement du bassin entraîne la largeur des hanches et une amplitude proportionnelle des parois de l'abdomen. Quant à la cavité pectorale, elle n'est point comparativement plus rétrécie chez la femme que chez l'homme, c'est-à-dire que chez la femme, comme chez l'homme, la poitrine est ce qu'elle doit être, seulement elle paraît rétrécie parce que le bassin est plus grand. Il suit de là que les lignes latérales, les lignes des flancs qui unissent une cavité osseuse à l'autre, la poitrine au bassin, au lieu de monter parallèlement à la rencontre des côtes, ont une marche convergente et finiraient par se rencontrer au-delà de la tête si on les prolongeait dans la direction qui leur est imprimée par leurs points de terminaison. Mais la ligne droite n'est pas de l'essence du règne organique; aussi les parois molles et élastiques de l'abdomen, qui forment ces lignes, sont-elles disposées selon diverses courbes dont les combinaisons admirables font le désespoir des peintres et des sculpteurs qui passent leur vie à les étudier. Ces courbes ressortent sur la partie antérieure, elles sont rentrantes au contraire en arrière et sur les côtés, comme si par cette disposition la nature avait voulu prévenir jusqu'à un certain point l'effet de l'extension passagère à laquelle l'abdomen peut être ultérieurement soumis. Mais il y a loin de ces courbes si gracieuses, de ces chutes de reins si bien adoucies, de ces ondulations de formes si heureusement accidentées, aux tailles étranglées et cassées des déesses de nos salons.

Cependant la largeur de la poitrine et la conformation régulière sont aussi des caractères essentiels de la beauté physique. Un thorax ample dénote une respiration puissante, fondement solide de l'énergie vitale, sans laquelle il n'est point de véritable beauté. Cette amplitude est d'ailleurs commandée par la nécessité de fournir une base suffisante aux organes de la lactation, à ces hémisphères glanduleux qui, par leur forme élégante et une heureuse disposition, deviennent le centre de la décoration de la partie supérieure du torse féminin.

Autour d'eux s'arrange en effet, de la manière la plus agréable, une masse de substance compressible et lanugineuse, de cette substance qui, sous le nom de tissu cellulaire, remplit les intervalles de tous nos organes, et y fait les fonctions d'un coussin. Le tissu cellulaire est là plus élastique et plus abondant que partout ailleurs, il fournit au développement des vaisseaux lactés, il les fomente, il les accompagne, il les protége, il les enlace, il glisse, il circule autour d'eux, il s'insinue dans leurs intervalles, il les pelotone enfin, et il les sépare en deux demi-globes bien unis et bien résistans, puis il s'en va arrondir le cou, lier les traits du visage, et se perdre finalement dans les épaules, en se prolongeant vers les bras auxquels il donne ces contours fins, déliés, moelleux, qui se continuent jusqu'aux extrémités des mains. Ainsi le créateur, en façonnant la côte enlevée au premier homme, et en inventant pour elle de nouvelles formes, la dota de charmes nouveaux, faisant toujours, comme dans ses autres ouvrages, sortir un plus grand agrément d'une plus grande utilité.

Tels sont les traits fondamentaux de la beauté physique qu'il importe à toute femme de respecter et d'entretenir dans leur pureté originelle, en éloignant d'elle tout ce qui pourrait les effacer, les dénaturer ou en pervertir l'action. Tout se tient dans la constitution humaine; quand une partie est en souffrance, toutes les autres pâtissent à leur tour, et la santé générale est intéressée; vous ne pouvez donc gêner l'action d'aucun organe sans empêcher plus ou moins les fonctions des autres. Maintenant serrez votre taille, comprimez votre cœur et vos poumons, refoulez l'estomac et le foie, et étonnez-vous après cela que, pour vous, comme pour bien des personnes de nos grandes villes, l'âge de vingt-cinq ans ne soit déjà plus l'âge de la santé et de la fraîcheur, de la beauté et des grâces, et par conséquent celui du triomphe et des amours. (G. G. DE CAUX.)

MENTHE, *Mentha.* (BOT. PHAN.) Genre de la famille des Labiées, Didynamie gymnospermie, ayant pour caractères essentiels : corolle plus longue que le calice, à quatre lobes presque égaux, le lobe du milieu plus large, et souvent échancré ; étamines écartées les unes des autres. Ce sont en général des herbes à fleurs blanches et purpurines, qui se plaisent dans l'humidité.

Le genre Menthe comprend un grand nombre d'espèces; nous parlerons seulement des suivantes :

MENTHE POIVRÉE, *M. piperita*, L. Elle s'élève à la hauteur d'un pied et demi ; sa tige est droite, rameuse, garnie de feuilles pétiolées, ovales, pointues, dentées, d'un vert foncé en dessus, plus pâles et pubescentes en dessous. Les fleurs sont petites, rougeâtres, disposées en épis courts à l'extrémité de la tige et des rameaux. Elle est originaire de l'Angleterre, où elle croît dans les lieux aquatiques. On la cultive dans les jardins pour les usages économiques et médicinaux. Elle a une odeur aromatique très-volatile; en froissant ses feuilles, on croirait respirer du camphre. La saveur de ces mêmes feuilles est chaude, piquante et camphrée aussi, et laisse à la langue et au palais une chaleur vive, bientôt suivie d'une impression assez semblable à ce qui se passe à la peau quand on y laisse tomber une goutte d'éther, qui s'évapore instantanément et rafraîchit le lieu qu'elle a touché. La saveur de la Menthe rafraîchit ainsi toute la bouche. Nous représentons cette espèce dans notre Atlas, pl. 346, fig. 3. — 3 *a* offre une fleur de grandeur naturelle, *b* les étamines et les divisions de la corolle, *c* l'ovaire et son style.

MENTHE A FEUILLES RONDES, *M. rotundifolia*, L. C'est le Baume sauvage. Tige droite, velue, garnie de feuilles blanchâtres, sessiles, arrondies, velues, rugueuses, dentées ou crénelées.

MENTHE CRÉPUE, *M. crispa.* C'est une des variétés de la précédente. Elle se fait remarquer par ses étamines renfermées dans la corolle, par ses feuilles en cœur, ses dents en scie et crépues.

La MENTHE SAUVAGE, *M. sylvestris*, n'est aussi qu'une variété de la Menthe à feuilles rondes, ses épis sont plus continus, ses feuilles plus allongées et plus tomenteuses.

La MENTHE VERTE, *M. viridis*, connue sous le nom de Baume vert : feuilles glabres, lancéolées, et fleurs rougeâtres réunies en épis grêles et pointus.

MENTHE A ODEUR DE CITRON, *M. citrata.* Elle est caractérisée par une odeur vive de citron; on la rencontre en juin et juillet au bord des rivières. Tige droite, carrée, rameuse, glabre, d'un pied de hauteur, à feuilles ovales, aiguës, cordiformes à la base, en scie et d'un vert luisant. Fleurs pourpres foncées, étamines non saillantes.

Dans les MENTHES HÉRISSÉE et AQUATIQUE, *M. hirsuta* et *aquatica*, Linn., la tige est un peu velue et les fleurs sont d'une teinte rosée; celles-ci viennent aux bords des ruisseaux et des fossés marécageux.

La MENTHE DES CHAMPS, *M. arvensis*, est velue entièrement; tige rameuse couchée à la base, feuilles comme les précédentes, mais d'un vert blanchâtre; fleurs rougeâtres ou violettes, disposées en verticilles globuleux. Celle-ci fleurit en juin autour des bois, et dans les champs humides. c'est la *Mentha procumbens* de Thuil.

MENTHE POULIOT, *M. pulegium*, Linn. Tige rameuse, rougeâtre, velue, couchée à la base. Feuilles ovales, dentées, glabres, soutenues par un court pétiole. Fleurs pourpres à verticilles nombreux, arrondis, diminuant de grosseur vers le sommet de la tige et des rameaux. Cette belle espèce abonde dans le midi de la France et parfume les bords des champs aux environs de Montpellier.

La MENTHE DES JARDINS, cultivée sous le nom de Baume des jardins, ne diffère que très-peu de la précédente.

En général toutes les Menthes ont la même physionomie ; mais leur caractère principal et qui fait tout leur prix, c'est le parfum qu'elles exhalent. Comment se fait-il, s'écrie le docteur Roques, qu'on néglige des plantes si bienfaisantes, lorsqu'on prend un soin infini de plusieurs poisons et d'une foule de végétaux inutiles, sans odeur et sans grâces? Mais on ne les a pas transportés à grands frais de quelque pays lointain; elles ne viennent ni du Japon ni du Bengale; elles parent seulement les bords de nos ruisseaux, de nos étangs; on les foule aux pieds dans nos vallées; enfin elles sont vulgaires, elles sont utiles, voilà pourquoi on les dédaigne.

La Menthe est un médicament excitant très-puissant; on l'emploie à l'état sec, en infusion théiforme le plus ordinairement. Son huile volatile est d'une énergie extraordinaire; administrée à des doses trop fortes (plus de trois ou quatre gouttes), elle a quelquefois agi comme un poison. C'est avec cette huile et du sucre qu'on prépare les pastilles de Menthe si agréables aux personnes qui ont l'estomac paresseux.

Comme plusieurs autres plantes, la Menthe a eu son histoire dans la mythologie païenne. *Minthos* ou *Minthe* était la fille du Cocyte, et, quoique née dans les enfers, elle n'en excita pas moins par sa beauté la recherche du roi du ténébreux empire. Pluton lui rendit des hommages assidus, mais funestes, car Proserpine les ayant surpris tous les deux en *criminal conversation*, comme on dirait en Angleterre, l'infortunée Menthe fut enlevée et changée en la plante qui porte aujourd'hui son nom. Pluton dès ce moment fut appelé *Amenthes* (privé de Menthe).

Cette fable n'a pas été chantée par Ovide qui n'y a fait qu'une simple allusion au livre X de ses Métamorphoses; mais un autre poète du temps de Caracalla, un poète grec, trop peu connu, Oppien, l'a racontée tout au long dans ses Halieutiques,

ques, ouvrage traduit dernièrement par M. Limes (un vol. in-8°, Paris, 1817).

Je prie le lecteur de me pardonner cette digression; toutefois je ne puis m'empêcher de dire que les botanistes sont généralement trop avares de ces sortes de recherches qui font intervenir l'imagination dans le domaine d'une science qui, par leurs classifications compassées et leurs arides nomenclatures, est devenue d'une sécheresse et d'une stérilité rebutantes. Ce travers scientifique est même aujourd'hui porté à un tel point, que certains savans ont la naïveté d'avouer, se font même gloire de reconnaître que cette science de noms et de classes est vraiment toute leur science; cœurs secs et froids, âmes éteintes, qui, à la vue du plus bel arbre et de la plus jolie fleur, s'inquiéteront du nom et de la phrase caractéristique, et non de la grandeur, de la grâce, de la majesté, du port, ni du charme éclatant des couleurs! la nature n'a point de poésie pour de semblables imaginations.

Les anciens faisaient un fréquent usage de la Menthe; ils l'employaient de toutes les façons, comme remède et comme condiment; ils s'en couronnaient à table dans les repas champêtres, et ils en parfumaient la salle du festin.

(G. G. d. C.)

MENTON. (anat.) On désigne ainsi la partie inférieure et moyenne de la face située au dessous de la lèvre inférieure. La conformation du Menton dépend de la forme de l'os maxillaire inférieur, et varie suivant l'état de maigreur ou d'embonpoint. Le Menton peut être arrondi, carré et plus ou moins saillant. L'adhérence assez prononcée de la peau à la base de l'os maxillaire inférieur forme au dessous du menton un sillon très-marqué chez les personnes qui ont de l'embonpoint. On observe aussi à la partie moyenne une petite fossette, qui varie en profondeur suivant les divers sujets, et qui, en général, est plus prononcée chez la femme que chez l'homme. L'épaisseur et la forme du Menton apportent de grandes différences dans le caractère de la physionomie; sa saillie plus ou moins prononcée fait varier l'angle facial; elle peut résulter des progrès de l'âge ou bien d'une disposition des dents incisives de la mâchoire inférieure, qui alors dépassent les incisives d'en haut. Chez quelques individus, cette saillie n'est presque pas marquée; enfin chez d'autres elle est nulle, ce qui peut dépendre dans quelques cas rares, qui ont été notés par Schubarth, Walter, Haller, d'une absence complète de l'os maxillaire inférieur.

(A. D.)

MENUISIÈRES. (ins.) Nom trivial servant à désigner quelques Hyménoptères, de la section des Porte aiguillons, famille des Apiaires, tribu des Andrénètes, et qui établissent le nid de leur postérité dans les vieux bois qu'ils creusent à cet effet; cette dénomination s'applique particulièrement au genre Xylocope. *Voy.* ce mot.

(A. P.)

MÉNURE, *Menura.* (ois.) Le genre Ménure est encore une de ces preuves si fréquentes en ornithologie, qui décèlent l'embarras où sont quelquefois les méthodistes lorsqu'il s'agit d'assigner à un oiseau sa vraie place. Celle du Ménure, oiseau depuis long-temps connu, et beaucoup étudié par par différens auteurs, est loin d'être irrévocablement fixée. Ballotté d'ordre en ordre, de famille en famille; placé d'abord parmi les Gallinacés sous le nom de Faisan Lyre, ou sous ceux de Faisan des montagnes, Faisan des bois; reporté ensuite parmi les Passereaux par tous les auteurs systématiques, il a repris, de nos jours, sa place, pour quelques naturalistes, parmi les Gallinacés. Vieillot l'avait rangé entre les Calaos et les Hoazins ou Sasas. Cuvier et Temminck, d'après la remarque faite par eux de l'existence d'une dent à la mandibule supérieure, ont été conduits à le rapporter à la famille des Passereaux dentirostres, et à le rapprocher des Merles. M. Isid. Geoffroy, sans lui assigner précisément, dans la série, le rang que lui avait marqué Vieillot, le rapproche beaucoup des Hoazins, et le place dans son sous-ordre des Gallinacés passéripèdes, entre les Mégapodes et les Tinamous. Quelle que soit l'opinion qui prévale, il résultera toujours de l'analyse faite des caractères extérieurs que l'oiseau Lyre, par son bec et peut-être par ses pieds, se rapproche autant des Merles et s'éloigne autant des Mégapodes, qu'il est, par les formes générales du corps, voisin des derniers et éloigné des premiers. L'étude des mœurs du Ménure pourra peut-être déterminer définitivement sa place; mais on est loin encore de les connaître. Quoi qu'il en soit, les caractères qu'on donne au genre sont: bec à sa base plus large que haut, droit, incliné à sa pointe qui est échancrée; arête distincte; fosse nasale prolongée et grande; narines médianes, ovales, grandes, couvertes d'une membrane; pieds grêles; tarse du double plus long que le doigt intermédiaire; celui-ci et les latéraux à peu près égaux, l'externe uni jusqu'à la première articulation, l'interne divisé; ailes courtes, concaves, surobtuses. Queue à pennes très-longues, de diverses formes, et au nombre de seize.

Ce genre ne renferme encore qu'une seule espèce, qui est:

La Lyre, *M. Novæ-Hollandiæ*, Lath., désignée aussi par les divers noms de Ménure porte-lyre, de Ménure Parkinson, de *Menura magnifica, Menura lyrata.* Ce bel oiseau, figuré dans l'Iconographie du Règn. anim., ois., pl. 13, fig. 2, et reproduit dans notre Atlas, pl. 347, fig. 1, est de la taille d'un Faisan, et son plumage est généralement d'un brun grisâtre, avec la gorge, les couvertures supérieures et les pennes des ailes, d'un brun roux. Paré de couleurs aussi tristes, cet oiseau est encore un des plus beaux de la Nouvelle-Hollande, par la nature et la disposition des plumes de la queue dans le mâle. Ces plumes sont de trois sortes: les douze ordinaires, très-longues, à tige mince, à barbes effilées et très-écartées; deux médianes, garnies d'un côté seulement de barbes serrées; et deux externes, courbées en S, ou comme les branches d'une lyre, dont les barbes internes, grandes et serrées, représentent un large ruban, et les externes, très-courtes, ne s'élargissent que vers le bout. La femelle, d'après M. Isid. Geoffroy, n'a pas douze pennes comme on l'a toujours dit, mais seize comme chez le mâle.

« C'est, dit M. Lesson (Ann. des Sciences nat., et Man. d'Ornith., pag. 259), dans les forêts d'*Eucalyptus* et de *Casuarina* qui couvrent la surface entière des montagnes Bleues à la Nouvelle-Hollande, et les ravins qui les divisent, qu'habite principalement le Ménure, dont la queue est l'image fidèle, sous les solitudes australes, de la lyre harmonieuse des Grecs. Cet oiseau, nommé Faisan des bois par les Anglais du Port-Jackson, aime les cantons rocailleux et retirés. Il sort le soir et le matin, et reste tranquille pendant le jour sur les arbres où il est perché. Il devient de plus en plus rare, et nous n'en avons vu que deux peaux pendant toute la durée de notre séjour à la Nouvelle-Galles du Sud. (Z. G.)

MÉNYANTHE, *Menyanthes*. (BOT. PHAN.) Genre de plantes dicotylédonées de la famille des Lysimachies de Jussieu, et de la Pentandrie monogynie de Linné, offrant pour caractères constitutifs : un calice d'une seule pièce, à cinq divisions profondes; une corolle monopétale, infundibuliforme (en cloche), quinquélobée, ciliée; cinq étamines alternant avec les lobes de la corolle; ovaire supère; stigmate bifide; une capsule globuleuse, à une loge et à deux valves; graines nombreuses, attachées à deux réceptacles parallèlement aux valves.

Le genre Ményanthe, établi par Linné et démembré par plusieurs auteurs modernes, ne contient plus aujourd'hui qu'une seule espèce, que nous allons décrire.

Le Ményanthe a trois feuilles, vulgairement Trèfle d'eau, Trèfle des marais, *Menyanthes trifoliata*, Linn., est une plante à racine vivace, horizontale, de la grosseur du petit doigt; elle produit une touffe de feuilles radicales, à longs pédoncules, composées de trois folioles oblongues, d'un vert foncé, glabres; du milieu s'élèvent une ou plusieurs tiges, de 15 à 18 pouces de hauteur et plus, portant chacune vingt à trente fleurs blanches, agréablement nuancées de pourpre, disposées en grappe et munies d'une bractée à la base de chaque fleur. Cette belle plante habite les marais, le bord des étangs, des rivières, en France, en Europe, dans l'Amérique septentrionale. Elle mériterait d'être introduite dans nos jardins.

Les racines et les feuilles de cette plante, d'une saveur amère, sont toniques, fébrifuges; on les emploie avec succès contre les vers, les scrofules, l'hydropisie, la goutte, les rhumatismes chroniques, les dartres, etc. La dose est de deux gros à une once, qu'on fait bouillir dans une pinte d'eau. Sèche et pulvérisée, on donne cette plante depuis 24 grains jusqu'à 2 gros.

Dans les pays du Nord, les pauvres nécessiteux mangent la racine du Ményanthe, qui contient un peu de fécule; on la mêle, réduite en poudre, à la farine de sarrasin pour en faire un mauvais pain; quand le fourrage manque, elle sert aussi à la nourriture des bestiaux. (C. L.)

MENZIÉZIE, *Menziezia*. (BOT. PHAN.) Petit genre de la famille des Rhodoracées que l'on a longtemps compris au nombre des Ericinées, genre *Andromeda*. Smith et de Jussieu, considérant les bords de ses capsules qui rentrent en dedans, l'ont appelé, en le constituant genre, dans la famille à laquelle il appartient essentiellement. Il comprend des plantes herbacées, à feuilles alternes; ses fleurs en grappes offrent les caractères suivans : calice monophylle; corolle monopétalée ovale; dix étamines insérées au réceptacle; ovaire supère avec style simple, et stigmate en tête; capsule à quatre loges, contenant un grand nombre de semences attachées aux replis du bord des valves. Les Menziézies font partie de la Décandrie monogynie.

Une jolie espèce que l'on trouve également dans le midi de la France et en Islande, où elle est nommée Daboëce, et qui dans l'une et l'autre contrée se montre toute fleurie en été et durant l'automne, la Menziézie a feuilles de germandrée, *M. polifolia*, Juss., représentée dans notre Atlas, pl. 347, fig. 2, forme de larges buissons qui tapissent la terre; ses tiges rampantes, fortement rameuses, se garnissent, dès le premier printemps, de petites feuilles ovales lancéolées, très-entières et persistantes, vertes en dessus, blanches en dessous, aux bords roulés, et dont la disposition rappelle celle des Bruyères, *Erica*. Les fleurs dont elles se chargent en juin sont d'un joli pourpre, forment des grelots assez gros, ovales, cylindriques, rapprochés en grappes terminales, mais écartés les uns des autres et accompagnés d'une stipule lancéolée. L'Amérique septentrionale en possède une autre espèce que la forme globuleuse de ses fleurs a fait nommer *Menziezia globularis*.

Ces deux espèces sont très-rustiques, ornent les jardins où on les tient parmi les Bruyères, les Azalées et les Kalmies. Elles produisent un bon effet et se multiplient aisément en couchant leurs branches qui s'enracinent dans l'année. (T. D. B.)

MER. (GÉOGR. PHYS.) On entend par ce mot l'universalité des eaux amères et salées qui occupent la plus grande partie de la surface du globe terrestre, et que, sous le point de vue géographique, on subdivise en océans, en Mers proprement dites et en golfes.

Dans notre ouvrage intitulé : Cours élémentaire de Géologie, nous avons divisé toutes les eaux marines en cinq océans et en quarante-huit mers, de la manière suivante :

Océan glacial arctique, comprenant la mer Blanche, celle de Kara, celle de Kalgouet, celle de Liakhot, celle de Baffin, celle d'Hudson, la mer Christiane et la mer Polaire.

Océan Atlantique, que nous divisons en *Boréal*, *Equinoxial et Austral*. Les mers qui en dépendent sont : la mer du Nord, la Baltique, la mer d'Irlande, la Méditerranée, la Méditerranée colombienne, la mer des Esquimaux et celle du Groënland.

Dans la Méditerranée, on distingue la mer Tyrrhénienne, la mer Ionienne, la mer Adriatique, la mer de Candie, l'Archipel, la mer de Marmara, la mer Noire. La Méditerranée colombienne se divise en mer des Antilles et mer ou golfe du Mexique.

Océan Indien, comprenant la mer d'Oman et celle du Bengale. Dans la première se trouvent la mer Rouge et la mer Persique, et dans la seconde la mer de Nicobar.

Océan Pacifique, partagé aussi en *Boréal*, *Equinoxial* et *Austral*, comprenant la mer de Béring, celle d'Okhotsk, celle du Japon, la mer Bleue, celles de la Chine, de Mindoro, de Célèbes, de Java, de la Sonde, des Moluques, de Carpentarie, du Corail, la mer Australienne et celle de Californie. Les autres mers sont, dans celle d'Okhotsk, la mer de Penjina et celle d'Yeso; dans la mer Bleue, la mer Jaune; et dans celle de la Chine, la mer de Siam.

Océal Glacial, ne comprenant aucune subdivision.

Une seule mer tout-à-fait isolée, tout-à-fait intérieure, est la mer Caspienne.

Rapport des terres et des Mers. La surface totale du globe étant évaluée à 5,100,000 myriamètres carrés, on a calculé qu'il y en a 3,700,000 qui sont recouverts par les Mers, d'où il résulte que celles-ci occupent un peu moins des trois quarts de la surface du globe; mais elles sont réparties d'une manière fort inégale. L'hémisphère austral en contient plus que le boréal, dans la proportion de 8 à 5; et le rapport des terres et des Mers, dans chaque zone, change complétement. Voici ce rapport :

Sur 1,000 mètres carrés, on compte :

	En terre.	En mer.
Dans la zone glaciale du nord.	400m. c.	600m. c.
Dans la zone tempérée. . . .	559	441
Dans la zone torride	197	803
Dans la zone torride sud. . .	312	688
Dans la zone tempér. australe.	75	925
Dans la zone glaciale sud. . .	15	985

Couleur de la Mer. La couleur de la Mer paraît varier beaucoup; cependant elle est en général d'un bleu verdâtre foncé qui devient plus clair à mesure qu'on approche des côtes. Cette couleur provient sans doute des mêmes causes qui font paraître bleues les montagnes vues dans le lointain et qui donnent à l'atmosphère sa couleur azurée. Les rayons bleus, étant très-réfrangibles, sont conséquemment envoyés en plus grande quantité par l'eau qui leur fait subir une déviation en raison directe de sa densité et de sa profondeur. Les autres nuances de couleur que l'on remarque dépendent de causes locales, quelquefois même d'illusions d'optique. On prétend que la partie supérieure de la Méditerranée a quelquefois une couleur pourprée. Autour des îles Maldives, la Mer est noire, et elle est blanche dans le golfe de Guinée. Entre la Chine et le Japon, elle est jaunâtre, rouge près de la Californie, à l'embouchure de la rivière de la Plata et en plusieurs autres endroits, verdâtre à l'ouest des Canaries et des Açores. Il n'est pas impossible que les teintes rouges, blanches, etc., ne puissent venir d'une grande quantité d'animalcules, d'un mélange de certaines substances terreuses ou minérales, de la nature du sol et de plusieurs autres causes. Dans son voyage de 1825, M. Ehrenberg s'assura que la couleur de la mer Rouge provenait d'une espèce d'*Oscillaria*, être microscopique, intermédiaire entre le végétal et l'animal, et qui dépend d'une famille appartenant à l'ordre des Arthrodiées de M. Bory de Saint-Vincent. M. De Candolle a aussi reconnu que la couleur de sang que prirent les eaux du lac de Morat en 1825, provenait d'une espèce d'*Oscillaria* qu'il appela *rubescens*. Les teintes jaunes ou verdâtres proviennent des végétaux marins qui s'élèvent dans certains endroits jusqu'à la surface.

Lumière dans les profondeurs de la Mer. On a prétendu que la lumière du soleil ne pénétrait dans la Mer qu'à une profondeur de 300 mètres : faut-il en conclure que les rayons lumineux ne parviennent point à de plus grandes profondeurs? Les lois qui semblent diriger le fluide lumineux s'opposent directement à cette conclusion. Les plantes marines de plus de 3,000 pieds de longueur, le corail que l'on pêche à une profondeur de plus de 1000 pieds, les rochers madréporiques qui s'élèvent verticalement du fond de la Mer dans les endroits où la sonde reste flottante, les débris d'êtres inconnus que de grandes catastrophes arrachent du fond de la Mer pour les jeter sur le rivage, prouvent que les eaux sont habitées jusque dans leurs plus grandes profondeurs, et comme la lumière est nécessaire aux êtres organiques, on peut dire qu'elle pénètre jusqu'au fond de la Mer.

Densité. La densité moyenne des eaux de l'Océan, d'après les expériences de MM. Gay-Lussac et Despretz, est de 1,0272.

Profondeur. Ce n'est que par des calculs approximatifs que l'on est parvenu à évaluer, terme moyen, la profondeur des Mers à 4,000 ou 5,000 mètres. En soumettant au calcul l'attraction que le soleil et la lune exercent sur la terre, et les divers effets de la force centrifuge qui provient du mouvement de rotation du globe, Laplace a démontré que cette profondeur ne peut dépasser 8,000 mètres, de sorte qu'elle pourrait être égale à l'élévation des plus hautes montagnes au dessus du niveau des Mers. Dans un grand nombre de lieux où l'on a jeté la sonde, le fond a été trouvé à une profondeur de 600 ou 800 mètres. La sonde ne produit pas toujours des données exactes, surtout dans les grandes profondeurs, parce qu'elle peut être entraînée dans une direction oblique par des courans sous-marins, ou parce que la corde qui la retient peut avoir déplacé une quantité d'eau égale à son poids et flotter comme le ferait une éprouvette, sans aller jusqu'au fond.

Salure de la Mer. Les eaux de la Mer ont une odeur nauséabonde, une saveur amère et salée. C'est aux sels à base de magnésie qu'on attribue généralement leur amertume. Leur salure provient du chlorure de sodium. Celles de la surface sont très-amères et nauséabondes; mais ces propriétés diminuent à raison de la profondeur, de sorte qu'à 500 pieds l'eau est simplement salée.

Bouillon-La-Grange et Vogel, qui ont analysé les eaux de l'océan Atlantique et de la Méditerranée, ont obtenu, sur 1,000 grammes d'eau, les substances suivantes :

	Océan Atlant.	Méditerran.
Acide carbonique.	0,23	0,11
Chlorure de sodium. . . .	25,10	25,10
— de magnésium. .	3,50	5,25
Sulfate de magnésie. . . .	5,78	6,25
Carbonate de { chaux. . . / magnésie. . }	0,20	0,15
Sulfate de chaux	0,15	0,15
Résidu fixe. . . .	34,73	36,90

Outre ces substances, on y découvre quelques traces d'oxide de fer, et une petite quantité de potasse qui paraît provenir de la décomposition des végétaux entraînés par les fleuves.

On a observé que les eaux de l'Océan sont plus salées au large que sur les côtes, dans l'hémisphère boréal que dans l'hémisphère austral, vers l'équateur que vers les pôles; cependant il y a des exceptions pour certains parages, et généralement pour tous ceux qui reçoivent beaucoup de rivières.

L'analyse chimique découvre assez facilement la nature des eaux de la Mer; mais on n'a que des hypothèses vagues sur l'origine de leur salure. Quelques géologues l'ont attribuée à des bancs inépuisables de sel qui se trouvent, disent ils, au fond de l'océan, ou à des amas immenses répandus sur la terre et que les eaux dissolvent en se rendant à la Mer. Ce qu'il y a de certain, c'est que les eaux des fleuves en contiennent à peine quelques atomes, que toutes les masses connues de sel ne pourraient suffire à cette salure. D'autres disent que, peut-être, les eaux se sont imprégnées de sel à l'époque de leur retraite dans le bassin, ou que la salure est le produit d'un fluide primitif aussi ancien que la création.

Température. La température des Mers varie sensiblement par le voisinage des terres, et selon les courans, les saisons, les heures, la profondeur et la latitude. Nous devons surtout signaler deux variations dont l'une dépend de l'heure de l'observation et l'autre de la latitude et de la profondeur des eaux. La température horaire peut être considérée uniquement par rapport à l'air qui est en contact avec la Mer, ou relativement même à la surface des eaux comparée avec l'air.

Quoique la différence horaire de la température soit moins forte sur Mer que sur terre, elle a cependant un *minimum* qui a lieu au lever du soleil et un *maximum* qui se trouve vers midi. La différence entre le *minimum* et le *maximum* est d'environ deux à trois degrés sous la zone tempérée, et de un à deux sous les mers équatoriales, tandis que, pour les continens, elle est de douze à quinze degrés sous la zone tempérée et de cinq à six sous la zone torride.

La différence dépendante de la latitude est telle, qu'entre les tropiques, lorsqu'on prend l'eau et l'air à leur plus haute température, on découvre que l'air est plus chaud que la surface de l'eau, et dans les régions polaires il est toujours plus froid. Il n'est pas difficile de comprendre pourquoi la différence entre les températures extrêmes des eaux est moindre qu'entre celles de la terre; car les molécules liquides, en raison des courans qui les agitent et de leur grande mobilité, se mêlent continuellement, et le calorique se met en équilibre. De plus, l'eau s'échauffe moins pendant le jour, parce que les rayons calorifiques tombent sur un corps mauvais conducteur, et la densité qu'elle acquiert pendant la nuit empêche le refroidissement. L'air au contraire, par son pouvoir émissif, se refroidit avec la plus grande facilité.

Le *maximum* de chaleur est encore plus grand pour l'air que pour l'eau, parce que la réflexion du calorique qui tombe sur la surface des eaux échauffe rapidement l'air, tandis que l'eau, frappée par le calorique à sa partie supérieure, s'échauffe avec beaucoup plus de lenteur. La température de l'air éprouve sur Mer des variations moindres que sur terre; ce qui provient évidemment de la température presque toujours égale des eaux, qui lui communiquent par leur contact leur uniformité.

On a remarqué qu'entre les tropiques la température diminue avec la profondeur. A mille brasses, l'eau se trouvant à la surface à 28°,33, M. Sabine a trouvé une température de 7°,5. Dans les Mers tempérées la température décroît aussi; mais l'abaissement est en raison inverse de la latitude; au 70° parallèle elle commence à devenir croissante avec la profondeur. A la latitude de 80°, Scoresby a trouvé à une profondeur de 120 brasses que la température était de 2°,4, et celle de la surface de 1°,3. Au 79° degré de latitude et à une profondeur de 3,650 pieds, elle était de 2°,9 et à la surface de 1°,7. M. Dumont-Durville a trouvé dans son voyage autour du Monde, à 2,600 pieds de profondeur, près du 37° de latitude sud, 5°,4, la température de la surface étant à 12°. L'eau, puisée à cette profondeur, petille comme du vin mousseux.

Pour expliquer ces différences, on avait supposé que les eaux de la Mer ainsi que les eaux douces acquéraient à 4° un *maximum* de densité, mais les expériences de M. Erman fils ont constaté que les eaux de la Mer n'ont pas de *maximum* de densité avant le point de congélation. Si ce *maximum* existait, comme, à profondeur égale, l'eau des pôles exercerait une pression plus grande que les couches qui se trouvent sous l'équateur, elles viendraient les remplacer et formeraient un courant inférieur; dès lors, les eaux de l'équateur seraient refoulées vers les pôles et détermineraient un courant supérieur.

Niveau des Mers. En vertu de la propriété que possèdent les liquides de se mettre toujours au même niveau, la Mer devrait présenter une surface sphérique faiblement aplatie vers les pôles; mais des observations souvent réitérées démon trent une différence de hauteur dans certains parages. La mer Rouge est élevée de 8 mètres 12 centimètres au dessus de la Méditerranée qui paraît être au même niveau que l'océan Atlantique. Suivant M. Humboldt, l'océan Pacifique est à 7 mètres au dessus de l'Atlantique, et le golfe du Mexique est à 20 pieds plus haut que l'océan Pacifique. Le niveau de la mer Noire surpasse celui de la mer Caspienne de 100 mètres; au détroit de Gilbraltar, la Méditerranée et l'Océan ont à peu près le même niveau, et dans la mer Baltique et la mer Noire on remarque que les eaux s'enflent au printemps par la quantité d'eau que les grands fleuves y apportent. Pour rendre compte de cette différence de niveau, on observe que presque toutes les Mers communiquent par des détroits ou des conduits. On a trouvé dans la mer Persique des feuilles de Saules qui paraissent n'avoir pu être amenées que par les eaux de la mer Caspienne, ce qui a fait croire qu'elle communique à l'Océan par des conduits souterrains. Ainsi, comme la densité des eaux peut être augmentée par un abaissement de température, par une plus grande quantité de sels, on peut expliquer le phénomène par la théorie des vases communiquans. Supposons, en effet, que la densité des eaux de deux Mers qui communiquent soit différente, la pesanteur différera dans les mêmes proportions, et le niveau de celle qui contiendra les plus légères s'élevera d'une quantité égale à l'excès de pesanteur des eaux qui se trouvent dans l'autre bassin. On peut faire cette expérience dans un tube recourbé, dont une branche sera remplie d'eau et l'autre d'huile. Une plus forte attraction produite par une plus grande densité dans quelques couches terrestres pourrait encore favoriser l'élévation des Mers à certain point. La cause de cette élévation s'explique facilement pour quelques Mers. La mer Rouge est plus haute que la Méditerranée, parce que certains vents y portent les eaux de l'océan Indien, de même que les vents alisés, chassant devant eux les eaux de l'océan Atlantique dans le golfe du Mexique, élèvent son niveau au dessus de celui de l'océan Pacifique.

On a soutenu pendant long-temps que le niveau des Mers éprouvait un abaissement; mais des observations exactes faites à peu près dans tous les ports, ont constaté que le niveau moyen peut être considéré comme invariable; que du moins l'abaissement n'est pas général et s'explique assez facilement par des causes locales, telles que le défrichement des terres, l'engorgement ou le déblaiement des rivières, la destruction des forêts, etc.

Plusieurs physiciens ont pensé que la Mer tendait à diminuer sa masse en élevant son niveau. En tenant compte de toutes les causes qui peuvent contribuer à cet effet, ces changemens doivent être insensibles, ainsi que l'a prouvé M. Hoff par un calcul très-simple. Il suppose que la superficie des Mers est égale aux deux tiers de la surface totale du globe. Dans cette hypothèse, pour élever le niveau de la Mer d'un pouce, il faudrait qu'il y tombât une masse égale à 22 milles cubiques allemands, ou aussi grande que tout le Delta du Nil et haute de 5,000 pieds.

C'est à partir du niveau des Mers que l'on mesure la hauteur du sol et l'élévation des montagnes : par un temps calme et une température moyenne, le baromètre marque 28 pouces. La colonne éprouve une dépression à mesure qu'on s'élève au dessus de leur surface. (*Voyez* NIVELLEMENT BAROMÉTRIQUE.)

Marées. Les Mers subissent des oscillations régulières et périodiques par l'attraction des corps célestes, principalement par celle du soleil et de la lune. Dans presque toutes les parties des continens et des îles baignées par l'Océan, on voit les eaux s'élever pendant l'espace de six heures environ pour redescendre dans le même espace de temps au point d'où elles étaient parties. Si l'on observe avec attention ce mouvement, on ne tarde pas à s'apercevoir que la durée de chaque oscillation est de plus de 12 heures. Supposons que la pleine Mer ait lieu aujourd'hui à midi, demain elle n'arrivera qu'à midi cinquante minutes, après demain à une heure quarante minutes, et ainsi de suite, en retardant chaque jour d'un égal espace de temps. Si l'on fait des observations pendant un mois lunaire en tenant compte de la hauteur à laquelle parviennent les eaux de la Mer, on remarque que cette hauteur est à son *maximum* pendant la nouvelle et la pleine lune, et à son *minimum* pendant le premier et le dernier quartier. On observe encore que les marées les plus fortes arrivent pendant les syzygies de l'équinoxe, qu'elles n'ont pas la même élévation pour tous les lieux, qu'elles n'arrivent pas partout au même instant, pas même dans les lieux séparés par une distance peu considérable. Lorsque la Mer est haute à 6 heures à Amsterdam, elle l'est à 9,45 minutes à Anvers, à 2,45 à Calais, etc.

Les anciens firent peu d'attention à ce phénomène tant qu'ils ne quittèrent point les bords de la Méditerranée; mais quand ils eurent occasion de l'observer sur les bords de l'Océan ou dans l'océan Indien, ils se montrèrent curieux d'en connaître la cause. Pline l'attribua à l'influence simultanée du soleil et de la lune; ainsi la base de son système fut la même que celle du système de Newton; mais il ne donna que des aperçus vagues et très-peu satisfaisans. Les systèmes qu'on a proposés à ce sujet, soit avant, soit après Pline, sont si insuffisans qu'il est inutile de les exposer. Newton est le premier qui ait découvert ce secret de la nature.

Considérons d'abord l'attraction lunaire sur la Mer, en supposant la lune dans le plan de l'équateur. Si elle exerçait sur tous les points de la surface des eaux une action égale et de plus parallèle à la gravitation, aucune molécule liquide ne serait changée de place; mais les choses ne se passent pas ainsi : quelques parties sont attirées en sens contraire à la pesanteur, d'autres dans la direction de la pesanteur, d'autres enfin obliquement; et dans ce dernier cas, les lois de la mécanique veulent que le mobile parcoure dans le sens de la diagonale une distance marquée par elle, en supposant que l'espace que chacune des forces ferait parcourir est un côté du parallélogramme construit sous l'angle de direction de ces mêmes forces. Or, comme la diagonale est moins grande que la somme de deux côtés adjacens, et plus grande que leur différence, les molécules sont attirées inégalement; celles qui sont directement attirées perdent de leur pesanteur, puisqu'alors elles ne sont sollicitées que par l'excès d'attraction terrestre sur l'attraction lunaire; la pesanteur diminuant, les eaux doivent s'élever par la loi de l'équilibre; elles doivent aussi s'élever au point opposé, parce que, la lune, agissant en raison inverse du carré des distances, attire plus le centre de la terre qu'il n'attire les eaux inférieures; donc ces eaux doivent se porter moins vers l'astre et rester en arrière du centre autant que les eaux supérieures vont en avant du côté de la lune. La force qui diminue leur poids, étant dans les deux cas égale, ne saurait avoir des résultats différens.

Par son mouvement de rotation la terre présente successivement à la lune tous les points qui se trouvent de 6 en 6 heures éloignés ou approchés de cet astre de 90°, c'est-à-dire que, dans l'espace qui s'écoule depuis que la lune quitte un méridien terrestre jusqu'à ce qu'elle y soit revenue, il y aura deux abaissemens et deux élévations pour tous les lieux; et comme cette révolution surpasse le jour solaire d'environ 50′ 30″, le moment des marées n'arrivera à la même heure qu'après que cet excès répété aura formé un jour.

Le soleil contribue aussi beaucoup à l'élévation des marées; supposons-le dans le plan de l'équateur et examinons les effets de son attraction. Il est évident qu'ils sont les mêmes que ceux de la lune; que les eaux s'élèveront deux fois et s'abaisseront aussi deux fois pendant un jour solaire; mais parce que le soleil est à une distance immense de la terre, quoique plus gros que la lune, ses effets seront moindres, les corps ne s'attirant qu'en raison directe des masses et en raison inverse du carré des distances. Lalande a calculé que la force de la lune est à celle du soleil comme 2,7 est à 1 : Laplace trouve qu'elle est dans le rapport de 3 à 1.

A cause des positions différentes que le soleil et la lune conservent respectivement, et de la différence de durée de leurs révolutions, le système devient plus compliqué. Quelquefois les deux causes sont opposées et quelquefois aussi elles tendent au même effet. Dans les syzygies, ces deux forces concourent pour élever les eaux, tandis que dans les quadratures ces eaux sont abaissées par la lune là où le soleil tend à les élever, et réciproquement. C'est pour cela que les plus grandes marées arrivent aux pleines et nouvelles lunes, et les moins sensibles pendant les quadratures.

Les différences dans la profondeur des eaux, la position des côtes, leur pente douce ou rapide, les détroits, les vents, les courans et mille autres causes accidentelles et dépendant entièrement de la position des lieux, font varier la marche des marées. Dans les îles de la mer du Sud, elles sont régulières et d'un ou deux pieds d'élévation; en Europe et sur les côtes orientales de l'Asie, elles sont extrêmement fortes. A Saint-Malo, la marée s'élève à 50 pieds; à Chepstow, dans le comté de Monmouth, en Angleterre, elle a 66 pieds; à l'embouchure de l'Indus elle atteint 30 pieds. Chabert assure que, dans la baie Française, en Amérique, elle s'élève quelquefois jusqu'à 70 pieds. Dans la zone torride, les marées se propagent d'orient en occident; dans la zone tempérée septentrionale, elles arrivent du sud. La zone glaciale du nord éprouve peu de variations; nous ne connaissons pas celle du sud, mais l'analogie nous porte à croire que les marées y sont peu remarquables.

Les eaux contenues dans des bassins peu étendus ne peuvent éprouver que de petits mouvemens; ainsi, dans les mers intérieures, l'eau monte à peine de quelques pieds. On a long-temps douté de l'existence des marées dans la Méditerranée; mais il est certain qu'elles se font sentir dans le golfe de Venise et dans le port de Marseille, à la vérité d'une manière fort irrégulière. On ne connaît point non plus de marées régulières dans la mer Baltique. Cependant les Mers intérieures dont l'ouverture est tournée vers l'orient sont soumises à des marées très-fortes : telles sont la mer de Baffin, la mer Persique et la mer Rouge, ouvertes à toutes les agitations de vastes océans. Quant à la mer Caspienne, qui n'est qu'un grand lac, et à la mer Noire, qui est presque isolée au milieu des terres, elles n'éprouvent point de marées.

Du mouvement des flots. Il n'est pas hors de propos de donner ici quelques observations sur les grands mouvemens des flots. Selon M. le colonel Émy, ces mouvemens, qui atteignent leur *maximum* de force pendant les tempêtes, sont dus aux *flots de fond*. Les véritables *flots de fond* sont produits par un de ces ressauts du fond de la Mer, que les marins nomment accores. Un banc de sable en pente douce, quelque élévation qu'on lui suppose, ne formera pas de *flot de fond*; mais s'il présente dans le sens du mouvement des ondes un escarpement vertical, il produit un *flot de fond*; et celui-ci acquerra d'autant plus de force que l'accore sera plus élevée ou qu'elle sera suivie d'autres accores qui s'élèvent successivement les unes au dessus des autres. « Lorsqu'à la suite d'un ou de plusieurs ressauts, dit-il, les flots de fond ne rencontrent qu'une plage unie, mais en pente, l'inclinaison retarde leur mouvement de translation, pendant que l'ondulation supérieure continue à les presser avec la même vigueur; ils sont alors contraints à prendre une forme plus relevée. Une plage n'est à l'égard des flots de fond qu'une suite de très-petits ressauts; ainsi ils s'avancent vers le rivage, se soulèvent et se gonflent de plus en plus, tandis que l'épaisseur du fluide diminue par l'effet de la pente du fond. » Ce sont ces flots qui forment les barres d'eau, appelées *mascaret*, *bore* ou *pororoca*. Lorsque *les flots de fond* vont frapper contre des côtes escarpées, ils montent rapidement et s'élancent en gerbes immenses à une grande hauteur.

Le rocher de la *Femme de Lot*, dans l'Archipel des îles Mariannes, s'élève perpendiculairement à 350 pieds, et cependant les vagues viennent se briser contre son sommet. Sur la côte de Cornouailles le phénomène du *Soufflet du diable* est dû à un effet semblable produit par les flots de fond : une longue crevasse qui coupe un des rochers des grottes de *Kynaun*, donne passage à une colonne d'eau qui s'élève comme une trombe à une grande hauteur en faisant entendre un bruit semblable à celui de la foudre.

Pour donner une idée de la violence du choc et de la pression qu'éprouvent les flots de fond, ainsi que de leur volume, il suffit de dire que M. Emy cite des exemples qui prouvent qu'ils agissent par une profondeur de 130 mètres, qu'ils se soulèvent de plus de 50 mètres au dessus du niveau de la Mer, et qu'ils forment des colonnes d'eau de 2 à 3,000 mètres cubes et du poids de deux à trois millions de kilogrammes. Ces flots par un temps calme peuvent entraîner des blocs de pierre de 1,200 livres. D'énormes flots de fond remontèrent la baie de Saint-Jean-de-Luz, du 30 novembre au 5 décembre 1822, vinrent heurter les enrochemens construits entre la plage et la ville, et arrachor les blocs, bien que le volume de chacun fût de 1 mètre à 1 mètre et demi et leur poids d'environ 4,000 kilogrammes ; la plupart même furent jetés à 6 mètres au moins de hauteur. Les flots de fond renversèrent aussi la jetée du Becquet à Cherbourg, qui était défendue par des blocs de granite pesant 2 à 3 milliers.

Tout ce que nous venons de dire prouve quelle est l'influence de la Mer sur la forme des côtes. Les flots de fond ne sont pas les seuls que l'on doive considérer. Les mouvemens de l'air produisent aussi de grandes perturbations sur la surface des ondes qui s'élèvent en montagnes écumantes, roulent et se brisent l'une contre l'autre avec fracas. « La vitesse de leur propagation, dit Lagrange, » sera la même que celle qu'un corps grave acquer» rait en descendant d'une hauteur égale à la » moitié de la profondeur de l'eau dans le canal. » Par conséquent, si cette profondeur est d'un » pied, la vitesse des ondes sera de 5,051 par se» conde, et si la profondeur de l'eau est plus ou » moins grande, la vitesse des ondes variera en » raison sous-doublée des profondeurs, pourvu » qu'elles ne soient pas trop considérables. »

(J. H.)

Phosphorescence de la Mer. Il n'est personne qui ne connaisse, et les navigateurs surtout ont souvent contemplé avec autant d'admiration que de surprise, le phénomène si remarquable de la phosphorescence de la Mer; souvent, par une nuit sombre, lorsque l'air est sec et la mer agitée, une vive lumière se dégage à sa surface; tantôt ce sont seulement des étincelles qui brillent çà et là à la manière des étoiles, mais dont l'existence est de courte durée; tantôt c'est une nappe immense de feu qui s'étend à sa surface en une zone lumineuse, en une écharpe dont toutes les ondulations suivent les mouvemens continuels des vagues, ou bien des flammes d'une lumière fugitive et blanchâtre qui semblent partir du sein des eaux et s'élèvent à des hauteurs plus ou moins considérables. C'est surtout entre les tropiques qu'a lieu cet étonnant et magnifique spectacle, quoiqu'il paraisse se reproduire aussi dans tout l'Océan ; mais dans les régions les plus chaudes du globe, il est et plus intense et plus fréquent. Un mouvement, même assez léger, suffit le plus souvent pour y donner lieu; fréquemment, les personnes qui se promènent sur la plage humide des mers déterminent, par le seul frottement du pied, des multitudes d'étincelles qui disparaissent presque en même temps qu'elles brillent; une pierre jetée au milieu des eaux produit parfois des jets lumineux qui s'élancent dans l'air, et les vaisseaux voguant à la surface de la Mer paraissent comme embrasés, enveloppés de toutes parts de flammes qui brillent avec éclat.

Ce phénomène était trop fréquent pour passer inaperçu ; il était trop remarquable pour qu'on ne cherchât pas à l'expliquer; et, depuis les anciens, qui l'attribuèrent à Castor et Pollux, jusqu'aux modernes, qui ne sont point encore certains des causes qui le déterminent, de nombreuses opinions à son sujet se sont succédé dans la science.

Bayle, qui, parmi les modernes, paraît être le premier qui ait cherché à en donner une interprétation, prétendit qu'il devait être attribué au dégagement de calorique que cause le frottement que la rotation du globe détermine à la surface des eaux. A cette hypothèse, qui ne mérite point d'être réfutée, succéda entre autres celle de l'abbé Nollet. Suivant ce physicien, l'électricité était la cause du phénomène qui nous occupe. Leroy, de Montpellier, tout en admettant que ce pouvait bien être là l'une des causes, y joignait encore l'influence qu'il suppose exercée par la présence du sel marin ; des expériences directes l'avaient conduit à cette opinion, qui était un acheminement de plus vers la vérité, puisqu'il est bien certain, maintenant que ce phénomène a donné lieu à de nombreuses observations sur différens points de la surface du globe, que ce n'est pas seulement à l'une des causes auxquelles on l'a attribué qu'il faut le rapporter, mais que chacune de ces causes agissant séparément dans certaines circonstances, le plus souvent se combinent, et agissent en même temps pour produire un même résultat, ce phénomène si curieux de la phosphorescence de la Mer. Du temps de Leroy, de Montpellier, certaines personnes l'avaient attribué à la présence d'animalcules phosphoriques; cet observateur remarqua que si l'on conserve dans un vase clos de l'eau de Mer lumineuse, elle conserve cette propriété plus long-temps que dans un vase ouvert, et il concluait de là la non-influence de la présence de ces animalcules, puisque dans le premier cas il leur était impossible de vivre; depuis, il a été répondu victorieusement à cette opinion, puisque ce n'est pas seulement aux animalcules vivans, mais le plus souvent à la putréfaction de leurs dépouilles, accélérée encore par la présence du sel marin, comme l'ont prouvé les expériences de J. Canton, John Pringle, Vanhelmont, que doit être attribuée la phosphorescence. Leroy avait remarqué aussi que le dégagement de lumière n'était pas le même selon les corps que l'on employait pour mettre l'eau en mouvement; il avait vu que le fer surtout en causait de plus intenses que toutes autres substances, ce qui l'avait porté à conserver une certaine influence, dans la production du phénomène, à la cause admise comme unique par l'abbé Nollet, à l'électricité. A cette époque, l'opinion qui regarde comme plus influente que toute autre cause, la putréfaction des animaux, acquit de la valeur et un assez bon nombre de partisans; elle était renforcée par les observations que dans son voyage aux Indes, avait faites, en 1704, Bourzet, et surtout par les expériences directes faites par J. Canton, et publiées par lui en 1769 dans les Transactions philosophiques. Ce savant, ayant mis dans de l'eau de Mer des poissons morts, et leur ayant imprimé un mouvement fréquent, vit qu'à la température de 54 à 60° Fahrenheit, cette eau devenait lumineuse; il constata aussi que non seulement l'effet était plus intense lorsque l'on employait des poissons marins que ceux qui vivent habituellement dans les eaux douces; mais que la présence de ce sel déterminait la production plus abondante de cette matière lumineuse qui couvre souvent la surface de la Mer, matière connue par les pêcheurs sous le nom de *graissin*, et que laissent souvent après eux les bancs nombreux de harengs qui paraissent avoir le corps enduit de cette humeur. Vanhelmont remarqua, en outre, que la présence du sel marin était indispensable, et que dans son absence le phénomène n'avait pas lieu; depuis, on a déterminé que la quantité nécessaire de ce sel était d'une demi-livre par chaque pinte d'eau; dès-lors on n'hésita pas à trouver dans le graissin la cause de la phosphorescence; opinion qui se trouvait renforcée de cette expérience que tout le monde peut répéter, qui consiste en ceci: si dans de l'eau de mer non lumineuse on place pendant un jour ou deux des poissons marins, cette eau se couvre d'une pellicule de cette matière grasse, de ce *graissin* des pêcheurs, et elle ne tarde pas à devenir lumineuse. Evidemment c'était bien là une des causes du phénomène, et le tort fut de l'adopter à l'exclusion des autres, et non point conjointement avec celles-ci; dès qu'il fut constaté que les poissons étaient phosphoriques, l'esprit étant tourné de ce côté, on ne tarda pas à voir qu'il en était de même de beaucoup de mollusques, de polypiers et d'animaux microscopiques; les propriétés phosphoriques des Méduses, des Pyrosomes, des Biphons, de la Pennatule, dont, suivant Shaw et Spallanzani, la lumière est si intense, qu'elle permet de reconnaître les poissons qui ont été pris dans le même filet qu'eux, furent regardés comme autant de causes agissantes.

Ces propriétés d'ailleurs n'étaient point inconnues aux anciens, et nous voyons dans leurs écrits combien leur avait paru remarquable la lumière que répandent certaines espèces de Pholades, *Pholas dactylus*, L. Dès-lors on cessa de considérer comme important l'effet de la putréfaction, et la découverte que firent, vers la moitié du siècle dernier, François Grisellini et Joseph Vianelli, contribua à imprimer cette nouvelle direction aux esprits; ils avaient observé un petit animal vivant, doué incontestablement de propriétés phosphoriques, et cet animal étant très-nombreux, une large part devait nécessairement lui être attribuée dans la production du phénomène. Linné rangea cet animal parmi les Néréides, sous le nom de *Noctiluca marina*. Fernstrœns, dans son Voyage en Chine, Forster, dans celui qu'il fit autour du monde avec Cook, attribuent également la phosphorescence de la Mer à d'innombrables animalcules qui couvrent sa surface et qu'ils pensaient être des Méduses.

Aujourd'hui, on ne saurait refuser une certaine influence à chacune des causes qui se sont tour à tour partagé l'opinion des savans; l'influence de l'électricité, cet agent si général de la nature, ne peut être véritablement niée; celle du sel marin, des dépouilles putréfiées des animaux, est prouvée par des expériences directes. Il en est de même d'un grand nombre d'animaux vivans, et surtout de certains animalcules dont le nombre est tel, que parfois, et pendant plusieurs nuits consécutives, toute la surface de la mer est changée en une plaine de feu; outre les bancs de harengs qui prennent quelque part à ce phénomène, on sait que d'autres poissons sont aussi lumineux; telle est la Dorade, *Coryphæna hippurus*, L., observée dans ses migrations par Bazois et Lœfling; telles sont les Bonites, *Scomber pelamys*, L., et beaucoup d'autres poissons qu'il serait fastidieux de nommer. La quantité des mollusques et des zoophytes jouissant de cette propriété est, comme on le sait, bien plus considérable encore; parmi eux nous citerons surtout la Pennatule, le Pyrosome, et certains Beroës; et quant à celle des animalcules microscopiques, elle est innombrable, et leur inflence ainsi que celle des zoophytes dans le phénomène qui nous occupe est constatée, de la manière la plus évidente, par bon nombre d'observations parmi lesquelles nous citerons celles que, pendant l'expédition de découvertes commandée par le capitaine Freycinet, firent MM. Quoy et Gaimard; voici dans quels termes ils les communiquèrent à l'Académie des sciences le 18 octobre 1824: «Nous reconnûmes qu'elles (les zônes blanchâtres qui entouraient le vaisseau) étaient produites par des zoophites d'une petitesse extrême, et qui avaient en eux un principe phosphorescent si subtil et tellement susceptible d'expansion, qu'en nageant avec vitesse et en zigzag, ils laissaient sur la Mer des traînées éblouissantes, d'abord larges d'un pouce, et qui allaient à deux ou trois par le mouvement des

ondes

ondes. Leur longueur était quelquefois de plusieurs brasses. Générateurs de ce fluide, ces animaux l'émettaient à volonté; on voyait tout à coup un point lumineux jaillir à leur surface et se développer avec une prodigieuse rapidité. Un bocal que nous mîmes à la surface de la Mer reçut deux de ces animalcules qui rendirent immédiatement l'eau toute lumineuse. Peu à peu cette lueur diminua et finit par disparaître. Ce fut en vain qu'à la loupe et à la lumière (moyen facile de distinguer dans l'eau les mollusques transparens) nous fîmes des efforts pour apercevoir quelque chose; tout avait disparu. Seulement, nous pouvons assurer qu'à l'aide de la lueur que répandaient ces animaux nous discernâmes qu'ils étaient excessivement petits. »

Que penser alors des opinions de M. Bory St-Vincent, qui s'exprime dans les termes suivans sur le phénomène qui nous occupe : « J'ai démontré depuis plus de trente ans, par des expériences positives, que nul animalcule n'entre pour quoi que ce soit dans la phosphorescence, et qu'une mucosité où le phosphore entre pour la plus grande part, et l'électricité, sont les causes de ces feux tranquilles dont à la vérité plusieurs animaux sont tout pénétrés, mais qu'ils n'engendrent certainement pas. »

Maintenant il reste à déterminer quelles sont les différentes espèces d'animalcules phosphoriques qui peuplent l'Océan, et des travaux faits dans le but d'éclairer cette question intéressante doivent être regardés comme véritablement utiles et doués d'un intérêt réel. Aussi nous estimons-nous heureux de citer l'observation suivante, que M. le docteur Surriray a publiée dans le Magasin de Zoologie, 1836, classe x, pl. 1 et 2.

« Convaincu, dit-il, qu'elle (la phosphorescence) ne provenait que d'une multitude considérable d'animalcules s'agitant diversement, et confondus, il s'agissait de déterminer par une espèce d'analyse de cette masse animée, ceux à qui l'on devait attribuer la principale cause de la scintillation. Après avoir filtré la plus grande partie d'une eau très-lumineuse, je n'ai pu y reconnaître avec une forte lentille, que des Monades et autres très-petits infusoires qui avaient traversé le papier. Malgré la plus grande agitation, cette eau est toujours restée obscure. Il n'en est pas de même de celle qui restait sur le filtre; je la versai dans un verre à vin, et, après une demi-heure de repos, le plus léger souffle me fit apercevoir seulement sur la surface des points scintillans : je reconnus, à la faveur d'une loupe et d'une forte lumière dirigée de bas en haut, des globules aussi diaphanes que le plus beau cristal, paraissant immobiles, et plus entassés vers les parois que dans le milieu du vase; dans le reste du fluide, je découvris facilement des Monocles, des Brachions, des Vorticelles et autres infusoires qui me paraissent inconnus; j'en pris quelques uns avec un tube capillaire et les mis dans une eau marine parfaitement filtrée. Malgré l'irritation du vinaigre ou d'un stylet, aucun ne me parut phosphorescent, tandis que réitérant les mêmes essais sur nos globules, j'obtins autant d'étincelles qu'il y avait d'individus; je m'empressai d'en soumettre quelques uns aux numéros 3, 2, 1 de mon microscope Delbarre; je vis des sphères animées, hyalines et pourvues d'un seul tentacule. » Ensuite M. Surriray, après avoir cité d'autres expériences, donne la description du Noctiluque marin qu'il a eu occasion d'observer. Enfin, nous citerons en terminant l'extrait suivant d'une lettre écrite à M. Biot du fort royal de la Martinique par M. Rivière fils, dont l'observation qui en fait le sujet paraît se soustraire aux explications que l'on semble devoir naturellement admettre pour les cas précédens.

« Dès les nuits des 10, 11 et 14 juillet 1820, dit-il, toute la mer a paru lumineuse. A l'est, se trouve une chaîne de récifs, située à 4 ou 500 mètres de l'île. C'est là, surtout, que se firent remarquer des flammes. Les 10 et 11, elles étaient élevées, et jetaient une lumière assez vive, mais comme la couleur en était livide et blanchâtre, je l'attribuai à des dégagemens phosphoriques produits par le choc des vagues sur les récifs; mais la Mer était peu agitée comme à l'ordinaire; et quand je sus que les plus anciens habitans n'avaient jamais vu un tel spectacle, que la Mer avait aussi paru lumineuse de l'autre côté de l'île, à l'ouest où elle est toujours calme, et où il n'y a ni brisans ni courans, je doutai que l'explication ci dessus fût bonne, et le phénomène de la nuit du 14 prouva qu'elle ne l'était pas.

» Cette fois la Mer, même au-delà des brisans, parut beaucoup plus lumineuse. Les flammes qui sortaient des récifs ressemblaient à de grandes gerbes de feu d'artifice, elles répandaient tant de clarté, surtout après que la lune fut sous l'horizon, qu'on pouvait lire à un demi-mille du rivage. Ce spectacle nouveau et inouï dura presque toute la nuit, mais avec une intensité qui diminuait insensiblement, et occasiona une espèce d'effroi, surtout parmi les esclaves.

» Ce qui prouve que ce n'étaient pas les récifs qui rendaient la Mer lumineuse, c'est qu'elle était telle de l'autre côté de l'île où il n'y a pas de récifs; en outre, en s'avançant dans la mer, sur les petites pointes, on la voyait lumineuse dans les petites anses, entre la terre et soi; là toute réflexion de lumière était impossible; l'eau remuée avec une pagaie devenait plus lumineuse.

» Brisson et Valmont de Bomare disent bien que la Mer jette quelquefois une certaine clarté qu'ils attribuent à des animalcules, à des Polypes, au frai. Mais ici, avec la plus grande attention on n'a pu distinguer aucun point de clarté isolé, comme en font voir les corps phosphoriques. Le 14, la clarté de la Mer était continue : c'était comme une vapeur enflammée semblable au phosphore qui brûle.

» Je ne sais si l'électricité ne serait pas la cause du phénomène que nous avons vu; la décharge électrique, en déterminant la combinaison des corps facilement combustibles avec l'oxygène de l'air, les enflamme; rien n'a annoncé des décharges capables d'enflammer les corps phosphoriques qui pouvaient être dans la Mer. Mais un tel effet ne peut-il pas avoir lieu insensiblement et d'une manière continue? La température depuis quelque temps est très-élevée, et, quoique nous soyons dans la saison des pluies, ce quartier de l'île éprouve une sécheresse extrême. Il y a apparence que le 14 l'atmosphère contenait beaucoup plus d'électricité qu'elle n'en a d'ordinaire dans des climats humides et brûlans. Pendant le phénomène, l'air était chargé de nuages noirs et épais. » (V. M.)

MERCURE. (MIN.) Ce métal est connu depuis la plus haute antiquité; les anciens le comparaient à de l'argent liquide, de là les noms d'*hydrargyrum*, dérivé du grec, ὑδράργυρος (eau-argent), *argentum vivum* (vif-argent), qu'ils lui donnèrent. Ce dernier nom est même encore généralement en usage aujourd'hui dans le langage vulgaire. La science a consacré celui qui lui fut donné par les alchimistes qui le regardaient aussi comme de l'argent liquide qui ne demandait qu'à être chauffé long-temps, disaient-ils, pour s'épaissir et former de l'argent pur. Dans leur prétendue science occulte ils le représentaient sous le signe de la planète de Mercure.

Dans la nature, le Mercure se présente sous trois états différens, c'est-à-dire soit pur, soit uni à d'autres corps.

Le *Mercure natif* est une substance liquide d'un blanc d'argent, facilement reconnaissable à ces simples caractères.

L'*amalgame* ou le *Mercure argental* est un alliage naturel de Mercure et d'argent, qui a le brillant de ce métal et presque autant de solidité. Cette substance cristallise en octaèdres et en dodécaèdres; plus souvent elle est amorphe; mais elle se présente toujours en petite quantité dans la nature. Elle se compose de 64 parties de Mercure et de 36 d'argent.

Iodure de Mercure. M. del Rio a signalé dans les mines du Mexique l'existence d'une substance de couleur rouge, composée d'iode et de Mercure, et qui paraît se rapporter au périodure de Mercure qu'on obtient dans les laboratoires.

Cinabre. On a donné ce nom à un composé de soufre et de Mercure dans les proportions suivantes : soufre, 14 à 15 parties; Mercure, 84 à 85. (*Voyez* CINABRE.)

Enfin, le Mercure, combiné naturellement avec le chlore, forme l'espèce que l'on appelle *calomel*. C'est une substance qui cristallise dans le système prismatique à base carrée; qui est plus souvent mamelonnée ou fibreuse, ou même sous forme d'enduits légers, à la surface des roches qui lui servent de gangue, et qui est reconnaissable à sa couleur blanche non métalloïde. Elle se compose d'environ 15 parties de chlore et de 85 de Mercure. (*Voyez* CALOMEL.)

Nous rappellerons en peu de mots l'utilité du Mercure : on sait qu'il est journellement employé dans les expériences de physique, dans les laboratoires de chimie, dans les opérations métallurgiques relatives à l'extraction des métaux précieux, et dans le traitement d'un grand nombre de maladies. Les cuves remplies de Mercure dont se servent les chimistes servent à recueillir les gaz solubles dans l'eau, et qui, pour cette raison, ne pourraient être recueillis dans les cuves ordinaires; c'est à sa tendance à s'unir à l'or et à l'argent, que le Mercure doit son utilité dans la métallurgie, parce qu'il est toujours facile, par l'action de la chaleur, de le séparer de métaux auxquels il s'est uni. Avec le zinc, il forme un amalgame qu'on applique aux cylindres des machines électriques, pour en adoucir le frottement. Enfin, tout le monde sait qu'il sert dans l'étamage des glaces, en s'unissant aux feuilles d'étain qu'il fixe sur leur surface.

Ce métal est assez rare dans la nature et toujours d'un prix élevé. Les plus considérables gisemens sont, en Europe, ceux des environs de Deux-Ponts, ceux d'Idria en Carniole et ceux d'Almaden en Espagne. On l'exploite aussi au Mexique, au Pérou et au Brésil. Il se trouve en petite quantité dans les terrains dits primitifs; ses plus riches gisemens sont dans les terrains secondaires; mais, d'après des observations récentes faites à Montpellier, son existence est constatée dans les terrains supercrétacés. (J. H.)

MERCURIALE. (BOT. PHAN.) Genre de plantes dicotylédonées de la famille des Euphorbiacées de Jussieu, tribu des Tricoques et de l'Ennéandrie di-trigynie de Linné, offrant pour caractères des fleurs dioïques, quelquefois monoïques. Fleurs mâles : en longues grappes; périanthe (calice) triparti; neuf à quinze étamines à filets libres, saillans; à anthères biloculaires. Fleurs femelles : deux à cinq, axillaires; périanthe triparti; ovaire à deux ou trois loges, surmonté de deux ou trois styles, ou plutôt stigmates courts, élargis ou dentés en crête; deux filets stériles, courts, appliqués dans un sillon creusé de chaque côté de l'ovaire, qui devient une capsule bi ou tricoque, uniovulée. Sur une dizaine d'espèces connues de ce genre, huit sont indigènes et deux croissent l'une au Sénégal et l'autre dans l'Inde. Nous ne mentionnerons que les deux plus connues.

MERCURIALE VIVACE, *Mercurialis perennis*, Linn. Plante commune dans les bois ombragés, à racine traçante, produisant des tiges droites, peu rameuses, munies de quelques poils, hautes de 10 à 18 pouces; feuilles ovales-lancéolées, dentées, d'un vert sombre; fleurs dioïques. La Mercuriale vivace ne jouit pas d'une bonne réputation. On ne doit l'employer qu'avec la plus grande circonspection; on croit qu'elle cause de longs assoupissemens, une diarrhée opiniâtre, des convulsions, des vomissemens. On a même un exemple de mort après l'emploi de ce végétal. On dit que les chèvres la mangent impunément et que les moutons la refusent. On en a extrait un suc qui teignait en bleu; mais on n'a pu encore le fixer.

MERCURIALE ANNUELLE, *Mercurialis annua*, Linn. Cette espèce croît en immense quantité, et spontanément, dans nos jardins et dans tous les endroits cultivés, qu'elle infeste. Elle est tellement commune que nous ne prendrons pas la peine de la décrire. (Voyez plus haut les caractères du genre, et la M. VIVACE à laquelle elle ressemble.) M. Mérat prétend avoir vu dans des jardins des individus mâles de cette espèce atteindre six pieds de hauteur; ordinairement elle a de 12 à 18 pouces de haut. La Mercuriale annuelle est réputée émolliente et laxative; dans quelques cantons de l'Allemagne on la mange en guise d'épinards, quoique cependant les bestiaux la dédaignent, probablement à cause de son odeur suspecte; les anciens croyaient que la Mercuriale mangée par une femme lui faisait produire, le mâle, des garçons, et la femelle, des filles. (C. LEM.)

MÈRE DES CAILLES. (OIS.) Nom vulgaire du RALE des genêts. *Voy.* RALE. (GUÉR.)

MÉRENDÈRE, *Merendera.* (BOT. PHAN.) Genre de plantes monocotylédonées de la famille des Colchicacées de D. C. et de l'Hexandrie trigynie du Système sexuel, établi par Ramond sur une espèce trouvée pendant son voyage dans les Pyrénées. Ce genre, peu distinct des Colchiques, n'a pas été adopté par tous les botanistes; Sprengel entre autres le laisse dans le genre Colchicum. On en connaît trois espèces, dont une croît en France dans les Pyrénées et en Barbarie, les deux autres en Portugal et au mont Caucase. Ses caractères sont: corolle divisée jusqu'à la base en six divisions oblongues, rétrécies inférieurement en onglets formant un tube allongé; six étamines à filets insérés aux sommets des onglets; trois pistils allongés à stigmate simple, une capsule à trois valves, contenant de nombreuses graines, attachées sur deux rangs, au bord intérieur de chaque valve. Nous décrirons l'espèce indigène.

MÉRENDÈRE A BULBE EN TOISON, *Merendera bulbocodium*, Ram. Bulbe florifère de la grosseur d'une noisette, adhérent à un second plus gros, stérile, produisant en août une seule fleur pourprée, très-grande, comparativement à la ténuité de la plante, et qui semble sortir de terre. Quand cette fleur commence à faner, s'élèvent trois ou quatre feuilles linéaires, canaliculées, de 6 à 8 pouces de long et s'étalant sur terre; la hampe qui portait la fleur s'élève ensuite hors du sol, et le fruit mûrit en mai ou juin. Comme nous l'avons dit, elle croît dans les prés et sur les coteaux verts des Pyrénées.

Ramond, créateur de ce genre, a donné sur cette espèce des détails assez curieux relativement à l'organisation de son bulbe. Celui-ci, comme nous l'avons décrit plus haut, est double: l'un gros, stérile, nourri par de nombreuses radicelles, l'autre beaucoup plus petit et qui naît latéralement de sa base, en déchirant les premières tuniques, et en se glissant dans un sillon pratiqué longitudinalement le long du premier. C'est du petit bulbe, comme on sait, que naissent les fleurs et les feuilles, tandis qu'au contraire l'ovaire et le style naissent d'un corps particulier enfermé dans le bulbe, et que Ramond appelle noyau parenchymateux. (Ce fait singulier et vaguement indiqué demanderait de nouvelles recherches.) Ce bulbe prend bientôt tout son accroissement au moyen de racines propres qu'il émet et qui le rendent indépendant du premier, qui alors se dessèche et meurt. Telle est, au reste, à peu près l'organisation *végétante* de tous les bulbes, dans les végétaux qui en sont pourvus (Tulipes, Hyacinthes, Narcisses, etc.) Ajoutons, en terminant cet article, que la science ne possède pas encore une connaissance exacte et suffisante des corps radicaux désignés sous le nom de Bulbes. Nous faisons des vœux pour voir nos savans physiologistes s'occuper bientôt sérieusement de cette intéressante étude. (C. LEM.)

MÉRICOTHÈRE, *Mericotherium.* (MAM.) Genre de l'ordre des Ruminans sans cornes, formé par M. Bojanus, d'après des dents molaires qu'il a cru devoir appartenir à un animal voisin des Chameaux, et avoir quelques uns des caractères des Moutons et des Chèvres. Ces dents, comparées à celles des ruminans connus, ne sont rapportées assez particulièrement qu'aux dents des animaux des familles que M. Bojanus a nommées *Camélines* et *Ovines* (Actes de l'Acad. cæs. leop. car. des Curieux de la nature, t. XII, pl. 1). Leur principal caractère est d'avoir des arêtes entre les colonnes. D'après M. Cuvier, ces dents appartiendraient au genre Chameau, et les différences qu'elles présentent avec celles de l'espèce vivante ne seraient dues qu'à l'âge.

Quoi qu'il en soit, d'après Bojanus, l'animal anté-diluvien auquel il donne le nom de MÉRICOTHÈRE DE SIBÉRIE (*Mericotherium sibericum*, Boj.) devait être au moins aussi grand que la Girafe, et ressemblant à l'*Argali*; il devait avoir au moins neuf pieds de hauteur, ou six pieds, s'il se rapprochait du Mouton; car on n'a pu supputer ses dimensions qu'en calculant celle des dents fossiles avec les mêmes organes chez les animaux vivans avec lesquels le Méricothère paraît avoir des rapports. Trois molaires seulement ont été trouvées avec des débris de *Mamouths.* Il est probable que cette découverte a été faite au pied des monts Altaïs en Sibérie. (Z. G.)

MÉRINGIE. (BOT. PHAN.) *Mœhringia*, Linn. Genre de plantes dicotylédonées de la famille des Caryophyllées de Jussieu et de l'Octandrie digynie de Linné, présentant pour caractères distinctifs: un calice monosépale à quatre divisions lancéolées, une corolle de quatre pétales ovales-lancéolés, entiers, dépassant le calice; huit étamines; un ovaire supère, sphérique; deux styles; une capsule obovale, à quatre valves, à une seule loge; des graines portées sur un placenta commun. On n'en compte guère que trois ou quatre espèces, dont la plus commune est:

La MÉRINGIE MOUSSEUSE, *Mœhringia muscosa*, Linn. Tiges de 3 à 6 pouces de hauteur, divisée dès la base en rameaux grêles, nombreux, filiformes, distans, garnis de feuilles linéaires, longues d'un pouce, connées (réunies à la base en godet); fleurs petites, blanches, portées par des pédicelles axillaires ou terminaux. Elle est vivace et croît sur les lisières des bois humides d'Europe, et même dans les endroits boisés et frais des montagnes. (C. LEM.)

MÉRINOS. (AGR.) Race de bêtes à laine toute particulière, acclimatée sous le ciel de l'Espagne depuis plus de deux mille ans. Les uns la font originaire de l'Atlas et du pays des Guanches; les autres, au contraire, l'estiment provenir de l'union des belles races de Milet, de Calabre, d'Apulie et surtout de Tarente que les vieux Grecs de ces nobles contrées couvraient de robes de peaux. Une troisième opinion tend à faire croire que le Mérinos est le résultat des améliorations auxquelles les cultivateurs espagnols se sont livrés, comme Columella nous l'apprend (*De re rustica*, VII, 2), sur les laines grossières des races sauvages de leurs montagnes au moyen des bêtes à laine tirées des Gaules, surtout des troupeaux transhumans des Alpes, ou bien encore de beliers tirés des champs maigres de Parme et de Modène en Italie. Ce dernier sentiment me paraît un peu forcé; j'aime mieux, également appuyé sur le texte de Columella (même passage), croire que le Mérinos apporté des parties septentrionales de l'Afrique à Cadix faisait partie de ces beliers sauvages et farouches, de couleurs rares et inconnues, *coloris silvestres ac feri arietes*, que Marcus Columella, son oncle, agronome illustre et d'un esprit profond, transporta sur ses domaines, qu'il apprivoisa, auxquels il fit saillir ses brebis couvertes de peaux. Elles produisirent, ajoute-t-il, des agneaux à laine grossière de la couleur de celle des mâles. Ces agneaux, accouplés avec des brebis de Tarente, en donnèrent d'autres dont la toison fut plus fine. Tous les produits des accouplemens suivans atteignirent à la finesse des toisons des mères en conservant les couleurs de celles des pères et des aïeux : *Quidquid conceptum est, maternam mollitiem, paternum et avitum retulit colorem.* J'ai pensé qu'il était convenable de rapporter ici ce fait, qui résout la question élevée sur l'origine du Mérinos, parce qu'il a été négligé par tous ceux qui ont traité de ce sujet, et parce qu'il démontre l'absurdité de l'assertion avancée en 1822, par l'Espagnol Francesco Hernanz de Vargas, de l'origine anglaise du Mérinos, de son importation en Castille à la fin du quatorzième siècle, et de l'étymologie de son nom qu'il veut être *Marino*, parce que l'animal y était venu par la voie de mer.

Quoique existante dans la péninsule ibérique depuis plusieurs siècles, la race des Mérinos y dut subir des changemens notables et même s'abâtardir à la suite des grands événemens politiques qui renversèrent le monstrueux édifice de la monarchie universelle des Romains. Ce ne fut que treize siècles après, que le paisible cultivateur revint à cette race. En 1370, la Mesta fut fondée : c'est une corporation de bergers composée de grands seigneurs et de moines opulens qui, dans l'origine, fit beaucoup de bien pour le rétablissement du Mérinos; mais, comme toutes les corporations privilégiées, elle devint puissante, une espèce d'état dans l'état, et pour jouir entièrement des droits qu'on lui avait successivement accordés, elle fut bientôt tyrannique, priva le petit cultivateur de ses propriétés, de ses pâturages, de sa liberté, et depuis 1499, elle est regardée justement comme le fléau de l'agriculture, et comme la cause principale de sa ruine. C'est ainsi que la soif de l'or rend insatiable, c'est ainsi que l'oubli des lois dénature les plus belles institutions, et que l'habitude du privilége étouffe toutes les voix du sentiment, de l'honneur, du patriotisme et de l'humanité.

Le Mérinos est bien fait et d'une taille petite. De l'extrémité d'un des pieds de devant au garot, il a de cinquante-cinq à soixante-dix centimètres; du sommet de la tête à la naissance de la queue ordinairement un mètre; de sorte qu'il a à peu près une grosseur égale à sa longueur. Comme dans les autres races, le belier est plus gros que la brebis; son poids varie de vingt-cinq à quarante kilogrammes. La face est large, non busquée, le dos nullement cambré; le corps a de l'amplitude, les jambes sont courtes; le front et la ganache fort souvent tout-à-fait couverts de poils qui descendent sur les yeux. Les cornes sont épaisses, larges, contournées en spirale et d'une grande étendue : ce sont elles que les anciens avaient adoptées comme symbole de la puissance suprême. Le mâle a les testicules gros, pendans, séparés par un sillon longitudinal très-prononcé. La femelle conserve pendant quinze ans sa fécondité; chaque année elle met bas un agneau, rarement deux, jamais plus. La durée de leur existence arrive jusqu'à la vingtième année. La laine est très-fine, abondante, douce au toucher, pleine de suint, tassée, un peu frisée, très-élastique, d'un blanc sale et même rembruni, contenant quelques uns de ces poils brillans, gris-perlé, que l'on nomme *jarre*. La moyenne du poids de la toison est entre deux et trois kilogrammes.

Transporté en France, le Mérinos croît dans ses dimensions naturelles. Son introduction a été tentée à diverses reprises. Une des plus anciennes époques est déterminée par l'existence du belier Mérinos dans les troupeaux de l'ancien Roussillon. L'époque moderne la plus reculée remonte aux premières années du dix-huitième siècle, selon Chomel (Dict. écon., t. 1, p. 133). De Perce en réclame pour lui l'honneur, et date de 1752; douze ans plus tard, c'est Antoine Megret, d'Etigny, propriétaire à Passy près d'Auch, département du Gers. Ce qu'il y a de certain, c'est que ces premiers essais ne profitèrent qu'à leurs auteurs. Il n'en fut pas ainsi de celui tenté dans l'année 1766, à Montbar, département de la Côte-d'Or, par Daubenton, dont le nom est si cher aux sciences naturelles et à l'économie rurale. Il disséminait chaque année le produit de sa bergerie dans toutes les contrées de la France, et distribuait ses beliers à tous les propriétaires de troupeaux qui voulaient réellement adopter et suivre la pratique de sa méthode. Ses succès ont été surpassés depuis; en 1786, le gouvernement fit venir d'Espagne un troupeau de quatre cents têtes qui furent placées dans le parc de Rambouillet; quelques années plus tard on en envoya chercher un second pour l'établissement de Pompadour, département de la Corrèze. Ces deux troupeaux ont péri faute de soins ou dégénéré parce qu'ils étaient sous la garde d'individus plus occupés de leur fortune que du dépôt remis entre leurs mains. En 1799, Gilbert, avec lequel je fus lié d'amitié, se transporta en Espagne pour y acheter de nouvelles colonies qu'il fit successivement passer à Perpignan, à Aix sur le Rhône et autres lieux du midi. C'est à ces troupeaux que nous devons l'admission définitive du Mérinos en France; mais le philanthrope qui se dévoua pour la patrie, abandonné par ceux-là mêmes qui l'avaient encouragé de la voix et de la main, périt misérablement sans pouvoir rentrer dans son pays.

On s'attacha d'abord à une beauté arbitraire de formes et de taille; on s'éloignait ainsi des véritables principes de l'acclimatation et de l'amélioration. Gilbert, Ch. Pictet, De Barbançois eurent beau s'épuiser en sages instructions; il fallait payer le tribut à l'engouement, il fallait suivre les bannières de l'erreur pour reconnaître les fautes qu'elle fait commettre, les pertes qu'elle détermine, afin d'entrer franchement dans la route de la conquête. L'établissement du troupeau de Naz, département de l'Ain, éleva la voix, et prouva qu'un petit belier à toison superfine et tassée est de beaucoup préférable aux beliers haut montés de Rambouillet, que l'on a tant vantés, et qui n'ont de fait produit que des résultats fort mesquins.

Les propriétaires du troupeau de Naz, fondé en 1808, ont suivi une marche absolument contraire à celle adoptée par les directeurs des établissemens si chèrement payés par l'état; ils ont prouvé, contrairement aux agens du pouvoir, que la beauté de la laine ne se trouve jamais sur un animal dont un excès de nourriture a forcé la taille, et que le régime qui fait sortir le Mérinos des dimensions de sa race grossit sa laine dans la même proportion. C'est à la fatale direction imprimée à l'éducation du précieux animal, c'est aux troupeaux sortis des bergeries privilégiées, que l'on doit la grande quantité de laines de deuxième et troisième qualités qui a fait baisser le prix des hautes laines de quarante pour cent, infecté nos manufactures et avili nos draps superfins autrefois si recherchés dans toute l'Europe. Il en est résulté un inconvénient plus grave encore, c'est qu'on a forcé l'Allemagne, la Hongrie, et même la Pologne, quoique si cruellement et depuis si long-temps maltraitée, ainsi que la Russie, cette pépinière d'esclaves et de barbares, à embrasser le système d'éducation de Naz, et par suite à porter un coup terrible à notre commerce.

Ainsi que l'écrivait le savant Zapata de Madrid, en 1825, l'Espagne a perdu l'exploitation des laines fines par le despotisme de la Mesta, et par l'exportation, trop facilement accordée, de plus de trois millions de Mérinos, depuis 1775 jusqu'en 1790, et d'à peu près autant depuis cette dernière époque jusqu'en 1824. Sans la fondation du troupeau de Naz, il en arrivait tout autant à la France; grâces à cette noble association, nos laines reprennent leur supériorité; mais il y a encore bien des résistances à vaincre, des mauvaises habitudes à changer, des froissemens d'amour-propre et d'intérêts à essuyer, pour que l'industrie des Mérinos atteigne enfin sur tous les points de notre sol, chez le grand comme chez le petit propriétaire, son but exclusif, la finesse, l'éclat et la force de nos laines.

Des pâturages rares et courts conviennent aux Mérinos; plus forts et plus abondans, cette race perd de ses qualités. Elle n'est point difficile à l'étable; en voici une preuve irrécusable. Un lot de brebis portières tenu en expérience pendant trois hivers de suite, où il vivait de foin sec à la crèche, est sorti chaque année, après une saison de 180 jours de froid en moyenne, en très-bon état; chaque brebis avait son agneau né dans le courant d'octobre. Durant la froide saison, il a été consommé cent soixante-neuf kilogrammes de foin sec, en réduisant en foin la petite provende d'avoine salée fournie à chaque animal. Comparons cette consommation avec celle que font les grandes bêtes de Rambouillet, et nous trouverons, en convertissant de même en foin sec les provendes d'avoine ou de son, que l'on peut nourrir au moins deux petites portières de Naz pour une grosse de Rambouillet, qui est bien éloignée de donner en chair, et encore moins en laine, une quantité double. Voulez-vous donc élever des Mérinos et en obtenir tous les avantages qu'ils promettent? imitez l'exemple de l'association de Naz, allez lui demander et brebis et beliers, adoptez entièrement son système d'éducation, et méfiez-vous des leçons onéreuses des grands établissemens salariés.

Finissons par un mot sur la classification de la laine provenant du Mérinos. On appelle *laine superfine* ou de haute finesse, celle dont la mèche présente vingt-huit ondulations ou plus par chaque vingt-sept millimètres de longueur; la *laine fine* ou de belle finesse, celle qui en présente vingt-quatre à vingt-sept, et *laine ordinaire*, celle qui demeure au dessous de ce nombre.

Le poids moyen de la toison d'un belier superfin est de 3 kilogrammes; d'un belier fin, de 3 kilogrammes et 916 grammes; d'un belier ordinaire, de 4 kilogrammes 406 grammes. Comme on le voit, la quantité de laine diminue à mesure qu'elle augmente en finesse, et par conséquent en valeur commerciale. (T. D. B.)

MÉRION, *Malurus.* (OIS.) Nom d'un genre créé par Vieillot pour des oiseaux de la famille des Sylvidés et dont les caractères sont les suivans : bec plus haut que large, comprimé dans toute sa longueur, fléchi, légèrement courbé et échancré vers sa pointe; arête distincte, qui se prolonge même jusqu'entre les plumes du front; narines basales, latérales et à moitié recouvertes par une membrane; pieds longs et grêles; doigt extérieur uni à celui du milieu jusqu'à la première articulation, l'interne libre; ailes courtes, arrondies, sub-aiguës; queue très-longue, conique, rectrices étroites et souvent à barbules rares et décomposées.

Ce genre n'a pas été adopté par tous les méthodistes. Ainsi que M. Lesson (Manuel d'ornit.), nous pensons que les Mérions, loin d'être confondus avec les Traquets, doivent au contraire former un groupe à part, dont le principal caractère peut être pris dans la longueur de la queue. Ce caractère, il est vrai, est un peu vague et détermine le genre beaucoup trop incomplétement; mais, associé à ceux tirés de la forme du bec, etc., il caractérise les Mérions d'une manière assez générique. A l'exception de quelques espèces anciennement connues, et qu'on avait réparties dans les genres Merle et Sylvie, d'où elles ont dû être retirées, celles qui composent ce genre sont nouvelles: elles ont été trouvées dans l'archipel des Indes et dans l'Océanie. Les mœurs de ces oiseaux sont en général ignorées; leurs habitudes naturelles ou ont échappé aux observateurs, ou n'ont pu être entièrement approfondies.

Mérion binnon, *Muscicapa maluchura*, Lath.; *Malurus palustris*, Vieill.; Levaill., Ois. d'Afr., pl. 199. Il a les parties supérieures du corps d'un brun ferrugineux, avec la tige des plumes noirâtre; les rectrices alaires et les rémiges noirâtres, bordées de brun roussâtre; les sourcils, la gorge et le devant du cou bleus; le milieu du ventre blanc et le reste des parties inférieures roussâtre. Le bec et les pieds sont de la couleur du dos. Cette espèce, sur laquelle on a eu quelques renseignemens relatifs à ses mœurs, habite les parties marécageuses de la Nouvelle-Hollande. Elle fait sa nourriture d'insectes et de larves aquatiques.

Mérion fluteur, *Turdus tibicen*, Vieill.; Levaill., Ois. d'Afrique, pl. 112. Cuvier le place bien loin du genre Mérion, dans celui des Synallaxes; avant lui on en avait fait un Merle. Sa taille, comme celle du précédent, est de sept pouces. Au Cap, où il vit, on l'entend très-souvent égayer l'ennui des plaines marécageuses et inhabitées par un chant tour à tour grave et doux; c'est ce qui lui a fait donner le nom qu'il porte. Il est d'un brun roussâtre en dessus, tacheté de noirâtre; la gorge est blanche, tachée de noir, le devant du cou et la poitrine blanchâtres; tout le reste d'un fauve clair. Ses rectrices sont étagées, à barbules rares et distantes les unes des autres.

Mérion natté, *Malurus textilis*, Quoy et Gaimard, Voyage autour du monde, pl. 23, fig. 1, reproduit dans notre Atlas, pl. 348, fig. 1. Brun roussâtre en dessus, tacheté de brun plus clair; rémiges et rectrices roussâtres; sommet de la tête, gorge, devant du cou et poitrine variés de roux et de blanchâtre. Elle est moindre d'un pouce que les précédentes. Elle se tient presque constamment sous les buissons, et court très-vite lorsqu'on la trouble. Elle habite la Nouvelle-Hollande.

Une autre espèce, de la Nouvelle-Hollande également, et rapportée par les mêmes naturalistes, est le Mérion leucoptère, *Malurus leucopterus*, Quoy et Gaim., loc. cit., pl. 23, d'un bleu noirâtre en dessus, avec les premières rémiges d'un blanc jaunâtre et les petites rectrices blanches. Elle a trois pouces quatre lignes. Cuvier pense que ces deux espèces doivent être rapprochées des Colious.

Mérion capocier, *Sylvia macroura*, Lath.; Buff., Enl., 752; Levaill., Ois. d'Afr., 129 et 130. Cette espèce est la seule sur laquelle on ait des détails un peu satisfaisans, et on les doit presque tous à Levaillant, qui a eu occasion d'observer cet oiseau en Afrique, où on le trouve en nombre assez considérable, surtout dans les contrées les plus méridionales. Il paraît qu'il est assez familier pour s'approcher avec confiance des habitations des colons. Il construit son nid avec le duvet qui entoure la graine d'une espèce d'Asclépiade, nommée par les habitans des colonies *Capoc*. Ce nid, assez volumineux, laisse une entrée à la partie supérieure, et souvent est établi dans les bifurcations de l'arbrisseau même. La ponte est de sept œufs verdâtres, tachetés de roussâtre, et l'incubation dure quinze jours. Il se nourrit d'insectes.

Son plumage est d'un jaune brun en dessus, bordé de roussâtre; en dessous il est d'un blanc jaunâtre. Le bec est brun et les pieds roux. Il a cinq pouces six lignes.

On décrit encore un assez grand nombre d'espèces, parmi lesquelles nous citerons le Mérion brachyptère, *Turdus brachypterus*, Lath.; le Mérion galactote, *Malurus galactotis*, Temm., Ois. color., pl. 65; le Mérion a longue queue de la Chine, *Sylvia longicauda*, Lath., *Motacilla longicauda*, Gmel.; le Mérion a tête bleue, *Muscicapa cœruleocapilla*, Vieill., etc. (Z. G.)

MERISIER, *Prunus avium*. (bot. phan et agr.) Linné, Duhamel du Monceau, Rozier et Leberriays ont divisé le genre Cerisier en deux espèces distinctes, dont l'une a pris le nom de Merisier et donné naissance à plusieurs variétés créées par la culture; De Candolle a eu le tort d'élever ces espèces jardinières au rang de genre. En effet, les Guigniers, Bigarreautiers et Heaumiers, désignés par le législateur des botanistes sous les noms de *Prunus juliana*, *bigarella* et *duracina*, sont de simples variétés issues du Merisier. Comme leur type, elles ont le tronc droit, les branches étendues sans confusion, les feuilles un peu pendantes et portées sur des pétioles longs et faibles; les pétales peu ouverts, ovales, échancrés en cœur; les fruits plus longs que larges, un peu déprimés, ovoïdes, ou pour mieux dire dont la forme approche beaucoup de celle d'un cœur. Elles lui ressemblent encore par la chair de ces mêmes fruits, laquelle est fade, douce ou sucrée, jamais acide, adhérente à la peau, et ayant une couleur légèrement violacée, quelquefois d'un blanc jaunâtre, le plus souvent d'un rouge noirâtre, faisant tache. Ainsi qu'on le voit, aucune différence notable ne sépare ces trois variétés, l'époque de leur floraison est la même, et les nombreuses sous-variétés que leur mélange a pu produire servent encore à les rapprocher les unes des autres.

Le Merisier est spontané dans nos bois montagneux; on le retrouve aussi dans ceux de l'Afrique, où, selon toute apparence, les Celtes l'ont introduit à des époques fort reculées; il y acquiert de la grosseur et une taille élevée; il n'est point rare d'y voir sa tige pyramidale dépasser treize et quatorze mètres de haut. Ses branches sont peu étalées, fort peu touffues et ne se bifurquent presque pas. Sous une écorce gris-cendrée, avec un reflet rougeâtre, on trouve un bois solide, prenant aisément le poli, dont la couleur varie du jaune d'abricot très-clair au beau rouge que l'air et la lumière rembrunissent : on en fait de beaux meubles et d'excellentes solives. Le feuillage qui garnit cet arbre de troisième grandeur est d'un vert luisant en dessus, pubescent et d'un vert blanchâtre en dessous; chaque feuille se montre munie à la base de deux glandes rougeâtres, et pendante au bout d'un long pétiole légèrement velu. Aux fleurs blanches, peu ouvertes, épanouies en avril, et portées de même sur de longs pédoncules, qui sont quelquefois solitaires, le plus souvent rassemblées deux et quatre ensemble, rarement plus, en ombelle sessile, succèdent des fruits petits, d'un rouge foncé et même noir, dont la chair, de même couleur, est peu abondante, d'une saveur âcre et amère avant la maturité, fade lorsque, en juin, la Merise est parfaitement mûre; en revanche, le noyau est très-gros pour le volume du fruit.

On mange les Merises fraîches et sèches; on en fait des compotes, des ratafiats, un vin fort agréable, et surtout une liqueur très-réputée sous le nom de *Kirschen-wasser*. Avec ce fruit séché au soleil et son pédoncule, on prépare une tisane très-efficace contre le rhume. Avec le jus on prépare, sans addition de sucre, une gelée excellente, se conservant pendant deux et trois années sans s'altérer aucunement. Dans les environs de Fougères, département d'Ille-et-Vilaine, les cultivateurs emploient la Merise à faire un raisiné, qu'ils appellent *Cerisé*, et qu'ils mangent durant l'hiver.

Nulle part le Merisier n'est plus abondant qu'au pied des Vosges; il y constitue la richesse de plusieurs cantons, ainsi que dans le département du Haut-Rhin; je dois ici nommer ceux si justement renommés de Fougerolles et de Luxeuil, département de la Haute-Saône, d'où, chaque année, il se fait des envois considérables de kirschen-wasser sur tous les points de la France. La Forêt-Noire, le Suntgaw, la Suisse lui sont également redevables d'une grande prospérité. J'ai suivi avec le plus vif intérêt la culture du Merisier et l'emploi de ses fruits à Fougerolles; là, année commune, il rapporte plus de quatre cent mille francs; il rend gaie et industrieuse une population qui fut long-temps pauvre, il rend riche et fertile une contrée sablonneuse que l'on a vue, durant plusieurs siècles, offrir le triste spectacle de la plus profonde stérilité.

Le Merisier se multiplie de semences et des rejets poussant de ses racines. Ce dernier moyen, recommandé par ceux qui veulent jouir de suite et ne s'occupent nullement de leurs enfans, est réprouvé par les bons cultivateurs. Ils savent que l'on épuise ainsi promptement les souches-mères et que les individus venus de la sorte ne tardent pas à se charger de gomme; ils savent encore qu'après cinq ou six ans de produit, ils ne donnent plus rien. Le Merisier greffé s'éloigne bientôt du type; il fournit des fruits excellens à manger quand ils sont mûrs et ajoute de nouvelles sous-variétés à celles déjà connues.

Merisier a grappes, *Prunus padus*. (bot.) Grand arbuste, très-abondant sur les Vosges, où il porte le nom vulgaire de Putiet et de faux Bois de Sainte-Lucie. Il s'élève à trois, quatre et plus rarement à cinq mètres; ses feuilles sont plus courtes et beaucoup moins longuement pétiolées que dans l'espèce précédente; ses fleurs forment de jolies grappes blanches, que remplacent en juin, c'est-à-dire un mois après, des fruits arrondis, de la grosseur d'un Pois chiche, noirs lors de leur parfaite maturité dans le type sauvage, rouges quand l'arbuste est cultivé dans les jardins. Il croît spontanément dans les bois de l'Europe; on l'a introduit dans les bosquets, où il produit un très-bel effet quand il est en fleurs. Les oiseaux sont très-avides de ses fruits, quoique Haller dise le contraire. L'homme les mange aussi, mais nulle part avec autant de plaisir qu'en Suède et surtout au Kamtchatka.

Le Merisier à grappes est parfois entièrement dépouillé de ses feuilles par des myriades de très-petites chenilles qui enveloppent de soies fortes et brillantes le tronc, les branches et jusqu'aux plus petits rameaux. Quand le Putiet est débarrassé à temps de ces soies, il ne tarde pas à se couvrir de nouvelles feuilles, et si la saison est propice, il donne encore des fleurs et des fruits.

En 1817, un médecin de Berlin annonça comme nouvelle la découverte de l'emploi médical de l'écorce du Merisier à grappes, contre les fièvres, les maladies arthritiques et les rhumatismes. Je répondis alors par la voie de ma Bibliothèque physico-économique (tom. II, p. 118 et suiv.) qu'il y avait erreur dans cette assertion, puisque une pareille propriété est reconnue depuis longues années dans toute la chaîne des Vosges, et particulièrement dans les riantes vallées de la Moselle et de la Meurthe, où le Putiet est fort répandu. La découverte remonte à l'année 1768 et appartient au docteur Gérard, de Rambervillers. Je suis obligé de revendiquer cette propriété à mon pays, puisque des médecins français viennent tout récemment de l'attribuer au médecin prussien. J'ajouterai que Bagar, de Nancy, a constaté la découverte de Gérard en 1770; que huit ans après Coste et Willemet ont indiqué l'écorce du Merisier à grappes comme une précieuse succédanée du quinquina. Dans les Vosges j'ai vu souvent guérir les fièvres intermittentes au moyen d'une décoction de l'écorce du Putiet. En 1813, Louis Valentin s'en est servi avec succès dans des rhumatismes goutteux aigus et contre une fièvre intense. Il est plus facile de copier que de faire des recherches; on se fait ainsi l'écho de l'imposture, et pour quelques centimes que vous jette un éditeur maladroit, ignorant, l'on trahit de gaîté de cœur la gloire et les intérêts de la patrie!

Merisier du Canada. (bot.) Nom vulgaire d'une espèce de Bouleau, le *Betula lenta*, dont les feuilles ont quelques rapports avec celles du Merisier.

Merisier doré. (bot.) Autre nom improprement donné à un Malpighier, le *Malpighia spicata*, dont les fleurs et le fruit simulent ceux du Merisier à grappes. (T. d. B.)

MERLAN, *Gadus.* (poiss.) Quoiqu'il y ait des différences extérieures assez tranchées entre les Morues et les Merlans, l'organisation de ces deux genres présente de nombreux rapports ; toutes les parties essentielles sont les mêmes, excepté cependant que la mâchoire inférieure des Morues porte un barbillon, tandis que celle des Merlans n'offre pas cette disposition remarquable. Leur corps est médiocrement allongé, peu comprimé, couvert d'écailles molles, peu volumineuses. Le genre Merlan est moins nombreux que celui dont nous venons de parler; il ne comprend que peu d'espèces, parmi lesquelles les plus communes sont : le *Merlan ordinaire*, connu de tout le monde par son abondance et la légèreté de sa chair; le *Charbonnier* et le *Lieu* ou *Merlan jaune.* Passons maintenant aux différences qui distinguent les espèces les unes des autres, soit que nous considérions les formes ou que nous examinions les couleurs, ou que nous observions les habitudes de ces poissons.

De toutes les espèces de Gades, le Merlan est celle dont le nom et la forme extérieure sont le mieux connus dans l'Océan. Ce poisson est figuré dans Bloch, tom. 1, planche 65. Tout le monde sait que le corps du Merlan est allongé et revêtu d'écailles petites, minces et arrondies; qu'il n'a pas de barbillons; que sa mâchoire supérieure est plus avancée que l'inférieure; que cette même mâchoire d'en haut est armée de plusieurs rangs de dents, dont les antérieures sont plus longues; qu'on n'en voit qu'une rangée en bas. Si nous jetons maintenant un coup d'œil sur la coloration du Merlan, nous verrons que ce poisson est argenté, et qu'il se nuance sur le dos en vert noirâtre; que ses nageoires sont grisâtres, ainsi que celle de la queue, avec une tache noire que l'on voit quelquefois à l'origine des pectorales.

Le Merlan se nourrit de vers, de mollusques, de crabes et de jeunes poissons. Il s'approche constamment des rivages; voilà pourquoi on le prend presque toute l'année; il abonde particulièrement en haute mer, non seulement lorsqu'il va pour se débarrasser de ses œufs ou les féconder, mais encore lorsqu'il est attiré vers la terre par une nourriture plus abondante et plus délicate, et lorsqu'il y cherche un asile contre les animaux marins qui en font leur proie; et comme ces diverses circonstances dépendent des saisons, il n'est pas surprenant que, suivant les pays, le temps de le pêcher avec succès soit plus ou moins avancé; dans le temps où il fraie, sa chair est agréable au goût; et comme elle est molle, tendre et légère, on la digère avec facilité; dans quelques endroits de l'Angleterre et des environs, on a fait sécher et saler des Merlans après les avoir vidés, et on les a rendus par cette préparation un mets très-délicat.

Plusieurs observateurs pensent qu'il y a des Merlans hermaphrodites; on en a vu, suivant le témoignage de plusieurs auteurs, dont l'intérieur présentait en même temps un ovaire rempli d'œufs, et un corps assez semblable à la laite des poissons mâles. Mais cette opinion n'est point adoptée. On prend quelquefois des Merlans avec des filets, et plus particulièrement avec celui que l'on a nommé drège; le plus souvent on pêche l'espèce dont nous parlons avec des lignes, dont chacune garnie deux cents hameçons, que l'on laisse au fond de l'eau environ pendant trois heures. Sa longueur est de trois décimètres; sa largeur de soixante millimètres. Au reste, non seulement la qualité de la chair du Merlan varie suivant les saisons et les parages qu'il fréquente, mais encore ses caractères sont assez différens selon les eaux qu'il habite, pour que quelques auteurs aient compté dans cette espèce plusieurs variétés. On rapporte une observation qu'un naturaliste habile a eu occasion de citer. Ce naturaliste dit qu'on aperçoit une assez grande différence entre les Merlans que l'on prend sur les fonds voisins d'Yport et des Dalles, et ceux que l'on pêche depuis la pointe de l'Ailly jusqu'au Tréport et au-delà. Les Merlans d'Yport et des Dalles sont plus courts, leur ventre est plus large, leur tête plus grosse, leur museau moins aigu, la chair plus ferme, plus agréable et plus recherchée. Le même naturaliste pense qu'on doit attribuer cette diversité dans les qualités de la chair, ainsi que dans les nuances, à la nature des lieux que les Merlans habitent, et par conséquent à celle des alimens qu'ils trouvent à leur portée; en général, dit le même observateur, les Merlans sont plus petits et plus délicats sur les bas-fonds très-voisins des rivages, que sur les bancs que l'on trouve à de grandes distances des côtes.

Linné a décrit, sous le nom de *Merlan noir*, un espèce que Bloch a représentée à la planche 66 de son Histotre des poissons et que l'on nomme Colin sur les côtes. Elle est bien caractérisée par sa couleur olivâtre dans sa jeunesse, laquelle se change en noir lorsque le poisson est adulte. Ses nageoires sont entièrement noires, excepté celle de la queue, qui n'est que brune, et les deux premières dorsales, ainsi que les pectorales, dont la base est un peu olivâtre. Le Colin atteint ordinairement près d'un mètre de longueur, sa tête est étroite, l'ouverture de sa bouche est petite, son museau pointu, ses écailles ovales, et ses nageoires jugulaires très-peu étendues.

On trouve le Colin dans l'Océan, dans la mer Pacifique; dès les mois de janvier et de mars il s'approche des côtes pour y déposer ou féconder ses œufs, qui ont la couleur et la petitesse des graines de millet, et desquels sortent, au bout de quelque mois, de petits poissons que l'on dit assez bons dans leur jeunesse. On le pêche non-seulement avec des heims, mais encore avec différentes sortes de filets, tels que des verveaux, des guideaux, des demi-folles.

Lorsque la Morue est abondante près des côtes du Nord, on y recherche très-peu les Colins; mais lorsqu'on lorsqu'on y pêche un petit nombre de Morues, on y sale les Colins, qu'il est difficile de distinguer de ces dernières après cette préparation.

Au reste, complétons ce que nous avons à faire connaître relativement aux trois Merlans nommés dans cet article, en disant que le *Lieu*, ou Merlan jaune, *Gadus pollachius*, tire son nom d'un jaune ordinairement foncé qui règne sur toute la partie supérieure, et dont on voit des taches sur ses flancs. Son ventre est argenté. Le Lieu a les mâchoires et presque la taille du précédent, il vaut mieux que lui, et ne le cède qu'au Merlan. Ce poisson vit en grandes troupes dans l'océan Atlantique.

(Alph. G.)

MERLE, *Turdus.* (ois.) Genre de Passereaux de la famille des Dentirostres, comprenant, pour Linné et pour tous les ornithologistes après lui, non seulement les Merles proprement dits, mais aussi les Grives et les Moqueurs, soit en raison du rapport de leurs habitudes, soit parce que la conformation du bec et des pieds des uns et des autres ne permet guère de les séparer.

Une vérité proclamée depuis long-temps en ornithologie, et confirmée par l'expérience, c'est que, souvent, il est bien difficile d'assigner à un genre des limites qui le caractérisent d'une manière assez nette pour le faire reconnaître au premier aperçu; celui des Merles en est une preuve. Trop vaste pour pouvoir être rigoureusement restreint, et trop voisin par ses caractères d'autres genres dans lesquels il se fond, il est devenu de tout temps l'écueil des méthodistes. Les auteurs n'ont pas toujours été d'accord sur le nombre et la vraie détermination des espèces qu'il renferme. Ainsi, par exemple, sous le nom de *Turdus coronatus*, Latham y avait introduit une espèce qui est dans Gmelin un *Motacilla*, tandis que le *Turdus trichos* de ce dernier est un Sylvain pour Latham. On pourrait encore citer une foule de Merles qui ont été rapportés par divers naturalites soit aux Drongos, soit aux Fourmiliers, soit aux Echenilleurs, etc., et réciproquement; enfin il en est d'autres qui ont été pris pour type de quelques nouvelles divisions génériques. Quelle que soit la difficulté de trouver au genre *Turdus* des caractères qui lui soient propres, on a pourtant essayé de le faire; ceux qu'on lui donne sont : un bec aussi large que haut à sa base, comprimé latéralement, surtout à sa pointe, qui est recourbée et échancrée; des narines basales, latérales, ovoïdes et fermées à moitié par une membrane nue; les pieds un peu grêles; quatre doigts, trois en avant, l'externe uni à celui du milieu dans une petite étendue de sa longueur; aile généralement subobtuse, c'est-à-dire les troisième et quatrième rémiges étant les plus longues.

Malgré les nombreuses espèces dont on a débarrassé ce genre, il en renferme cependant encore assez pour qu'on ait cru devoir le diviser en sections afin d'en faciliter l'intelligence. Vieillot en a établi trois, une pour les Grives, l'autre pour les Merles proprement dits, et la troisième pour les Moqueurs. M. Temminck, d'après des différences dans les habitudes, avait aussi, dans la première édition de son Manuel d'Ornithologie, introduit dans ce genre trois sections : celle des Sylvains, ou Merles vivant toujours au fond des bois; celle des Saxicoles ou espèces fréquentant les lieux rocailleux et montueux, les masures, etc.; et celle des Riverains, dont le type était la Rousserolle, vulgairement connue sous le nom de Rossignol de rivière; mais dans la seconde édition de son Manuel il a retranché cette troisième section, et rapporté, comme l'avaient déjà fait Meyer et Cuvier, la Rousserolle parmi les nombreuses espèces du genre *Sylvia* avec lesquelles elle a plus d'analogie. D'une masse d'oiseaux aussi considérable que celle dont est formé le genre Merle, puisqu'on en compte de cent quarante à cent soixante, il est impossible de déduire de grandes généralités sur les mœurs : on peut seulement dire que ce sont des oiseaux voyageurs, formant habituellement lorsqu'ils émigrent des réunions plus ou moins nombreuses; qu'ils se nourrissent généralement de baies et d'insectes, et qu'ils ont un chant assez agréable. Nous nous réservons d'ailleurs, en faisant la description des individus qui nous intéressent le plus comme espèces de France ou d'Europe, de donner quelques détails relatifs à leurs habitudes naturelles.

Le genre Merle est un de ceux que l'on peut appeler cosmopolites, en raison de sa vaste distribution géographique. Il n'est presque aucune partie du monde qu'il n'habite, et les espèces sont partout tellement nombreuses qu'on pourrait, comme on l'a déjà fait, essayer de les grouper d'après le pays dont elles sont originaires; mais ce moyen porte à trop multiplier les groupes et à placer quelquefois l'un à côté de l'autre des oiseaux de couleur disparate. Nous pensons qu'il est plus naturel de les distribuer comme l'a fait Cuvier :

1° *En espèces dont le plumage est coloré par de grandes masses* : ce sont les Merles proprement dits, à la tête desquels se place :

Le Merle noir ou Merle commun, *T. merula*, Lin. (*voy.* notre Atlas, pl. 348, fig. 2) que les Anglais nomment l'Oiseau noir par excellence, à cause de cette belle couleur qui le pare. Son bec et l'aréole de ses yeux sont jaunes; sa longueur depuis l'extrémité du bec jusqu'à celle de la queue est de dix pouces et quelques lignes. La femelle diffère du mâle en ce que son plumage est brunâtre varié de roussâtre à la gorge, et en ce que son bec n'est jamais entièrement jaune. Les jeunes conservent un plumage à peu près analogue à celui de la femelle jusqu'à la mue. Ce n'est bien qu'après cette époque que la distinction des sexes par les couleurs peut être solidement établie, les mâles, comme nous l'avons dit, se parant d'un beau noir, et les femelles restant uniformément brunes.

Il y a peu de bosquets d'une certaine étendue ou d'endroits ombragés dans lesquels le Merle ne puisse se rencontrer, soit dans une saison, soit dans une autre; mais les terrains gras et entourés de haies, de charmilles ou de broussailles, les lieux humides, à portée des ruisseaux, des sources chaudes, sont les lieux qu'il aime plus particulièrement : c'est même au bord des eaux qu'il cherche sa nourriture, pendant l'hiver, au temps des fortes gelées et lorsque la terre couverte de neige lui refuse tout moyen de subsistance. En général, les mœurs du Merle ont été mal dessinées : cela vient de ce que souvent on s'est borné à étudier cet oiseau dans nos jardins, soit publics, soit particuliers, ou dans les bois des environs de Paris presque aussi fréquentés que nos jardins, et où, par conséquent, il subit, si l'on peut dire, une sorte de domesticité qui modifie son naturel. Lorsqu'on l'observe à l'état tout-à-fait sauvage, on voit qu'il est bien plus farouche que la Grive; avec laquelle on a voulu le comparer pour les mœurs. Il est vrai qu'on l'habitue plus facilement qu'elle à vivre en captivité; qu'il s'approche et se tient plus souvent près des lieux habités par l'homme; qu'il y niche; mais il n'en est pas moins farouche, et au milieu de nos jardins, qui font sa sécurité puisqu'on ne peut et qu'on ne cherche pas à lui nuire, il conserve non seulement ce caractère, mais encore celui de la défiance et de la ruse. Soit qu'il marche, soit qu'il vole, il cherche toujours à se cacher : son vol rapide et bas se fait même à travers les arbres, de sorte qu'il est très-difficile de le voir, et par conséquent de le tuer; lorsqu'il part il fait presque toujours entendre plusieurs petits cris rauques accompagnés quelquefois d'autres cris plus aigus. Il recherche les endroits les plus touffus d'un bois, ceux qui lui offrent le plus de verdure. Rarement on en rencontre plusieurs ensemble. Ce n'est guère bien qu'après les pontes et lors des passages qu'on en voit de petites troupes de quatre à cinq, et encore ne sont-ce que des jeunes. Dans tout autre temps ils ne vont que par couple, ou même seuls. A un caractère peureux et sauvage le Merle joint une défiance extrême. Quel que soit l'objet qui l'attire, il est circonspect avant tout. Il s'avance, s'arrête, regarde, puis s'avance encore, et hoche la queue à tous les points d'arrêt. Cette circonspection se décèle dans tous ses actes, mais plus particulièrement lorsqu'il porte la becquée à ses petits. Buffon paraît avoir mis en doute sa défiance, parce qu'ordinairement un oiseau défiant est difficile à attraper; mais la faim, et aussi la gourmandise (très-grande chez le Merle), mettent bien souvent en défaut la défiance des animaux les plus rusés. D'ailleurs il suffirait de citer ici cette phrase du naturaliste français : « Ils se laissent prendre aux gluaux, aux lacets, et à toutes sortes de piéges, pourvu que la main qui les a tendus se rende invisible », pour montrer que Buffon lui-même, tout en doutant du caractère soupçonneux et défiant du Merle, semble pourtant le reconnaître, puisqu'il pose pour première condition qu'il faut, si l'on veut le prendre, que les piéges qu'on lui tend soient soigneusement dissimulés. Cet oiseau fait sa nourriture de fruits et d'insectes. On le voit courir de buisson en buisson, de touffe en touffe, gratter la terre avec ses pieds, écarter avec son bec les feuilles dont est jonché le sol, et avaler gloutonnement les larves, les vers de terre et les petits insectes qu'il a mis à découvert. Il est aussi très-friand de baies de genièvre, de cerises, de mûres et de figues. Sa gourmandise pour ces fruits est cause de la chasse qu'on lui fait, lors de leur maturité. On peut voir à l'article LORIOT quels sont les moyens qu'on emploie; car ils ne diffèrent pas pour l'un et pour l'autre de ces oiseaux. En Corse, par exemple, la chasse aux Merles devient une industrie; elle ne s'y fait plus avec le fusil, mais avec des lacets et autres petits piéges que l'on place sur les genièvres, les oliviers, les figuiers, etc. Ces oiseaux s'y laissent prendre en si grande quantité, que nous avons vu très souvent des bateaux à voile arriver de la Corse à Toulon et à Marseille, avec une cargaison d'oiseaux, dont la moitié au moins était constituée par l'espèce qui nous occupe. Les piéges pour le prendre ont été multipliés en raison de la bonté de sa chair : il n'en est pas qu'on ne lui dresse. La *pipée*, le *rafle*, l'*araignée*, la *faussette*, etc., sont tout autant de moyens employés pour le détruire.

Quoique le Merle paraisse sédentaire, puisqu'on en trouve chez nous en tout temps, il est pourtant constaté qu'il voyage. Le départ a ordinairement lieu vers la fin de la mue. M. Lottinger a fait sur ses migrations des observations qui ne sont malheureusement pas toujours vraies. Lorsqu'il dit que les femelles seules changent de climat, nous pensons qu'il est dans l'erreur, quoique son opinion puisse être appuyée par le récit de quelques voyageurs qui ont assuré avoir vu arriver sur les côtes d'Egypte une grande quantité de Merles tous femelles. Ce qui, sans doute, aura donné lieu à cette méprise de sexe, c'est que les jeunes de l'année forment la masse des émigrans, et comme chez eux les couleurs ne sont pas encore parfaitement tranchées, que le bec des mâles n'est jamais bien jaune qu'au bout de deux ans, on aura sans doute pris les jeunes pour des femelles. Quant à nous, nous avons fait la chasse aux Merles assez souvent, et précisément à l'époque qu'indiquent ces observateurs, pour pouvoir assurer que le nombre des mâles voyageurs est au moins égal à celui des femelles.

Le Merle fait ses pontes d'avril en août : leur nombre n'est le plus souvent que de deux, quelquefois de trois. La femelle seule travaille à la construction du nid. Le mâle, qui l'accompagne, préside à cette construction et ne cesse de siffler durant des heures entières. Il est curieux de suivre la femelle, dont le caractère ne se dément dans aucun de ses actes. On la voit, lorsque les bûchettes qu'elle emploie sont petites, ne pas se contenter d'une seule, mais en remplir son bec; et ici elle met la même vivacité, la même allure que lorsqu'elle cherche sa nourriture. Elle saisit un brin de mousse ou d'herbe sèche, s'arrête, regarde et court en saisir un autre, etc., jusqu'à ce que son bec ne puisse plus rien pincer. Le nid (pl. 548, fig. 2 *a*), placé toujours à une hauteur qui varie de quatre à dix pieds dans un buisson ou sur un arbre, à l'endroit surtout où des vieux troncs sont étêtés, est composé de mousse, de petites racines, liées ensemble avec de l'argile, et matelassé à l'intérieur de matière plus mollette. Les œufs (pl. 348 fig. 2 *b*), dont le nombre est ordinairement de cinq, sont d'un vert bleuâtre, tachés et brouillés confusément d'une couleur de rouille; on assure qu'il suffit d'y toucher pour que la femelle les abandonne. L'incubation dure vingt jours : pendant tout ce temps, le mâle, à qui quelquefois ce service est confié, chante perché non loin du nid. Son chant ou plutôt sa manière de siffler, que tout le monde connaît, peut être modifiée dans l'état de domesticité. Un jeune, pris au nid, est susceptible d'apprendre tous les airs qu'il entend. L'hiver, cet oiseau est muet; il ne commence à se faire entendre qu'à la fin de mars, et quelquefois à la fin de juillet il ne chante déjà plus. La femelle n'a qu'un cri rauque.

Il faut traiter de fable la propriété qu'on a attribuée à sa chair, de guérir certaines maladies, par exemple la goutte; elle excite légèrement, comme toute viande noire, mais là se bornent ses propriétés. En automne elle est recherchée des gourmets à cause de sa saveur.

Le Merle offre des variétés albines assez fréquentes. Les galeries du Muséum d'Histoire naturelle de Paris en possèdent deux, une incomplète présentant de larges taches noires et blanches, et l'autre toute blanche. Aldrovande en cite une également de même nature.

M. Roux fait mention, dans son Ornithologie provençale (pl. 170), d'une variété qui paraît constante. Dans le jeune âge, les pennes de la queue sont traversées par une large bande blanche. Elle vit dans les montagnes auprès de Nice, où les gens de la campagne la désignent sous le nom de Moineau solitaire à la queue blanche. Dès la première mue, les plumes de la queue sont remplacées par d'autres totalement noires, et l'oiseau rentre alors dans les conditions ordinaires.

Le Merle se trouve non seulement en Europe, mais aussi en Asie.

Le Merle a plastron blanc, *T. torquatus*, L., Buff., pl. enl. 516. Tout son plumage est noirâtre, avec du gris sur le bord de chaque plume. Entre la gorge et la poitrine du mâle seulement, on voit une large plaque blanche disposée en demi-cercle; dans la femelle, cette plaque est d'un blanc terne mêlé de roux; dans les deux sexes le bec et les pieds sont noirâtres. Cette espèce est un peu plus grande que la précédente; elle a dix pouces six lignes de longueur : comme elle d'ailleurs, elle habite les contrées boisées de l'Europe; mais on a remarqué qu'elle se complaît sur les plus hautes montagnes. M. Boïé l'a vue en Norwége fréquenter les rochers arides des bords de la mer, et il dit ne l'avoir jamais trouvée dans les forêts. Le Merle à plastron voyage par petites bandes. Il est de passage en automne dans plusieurs départemens de la France. Il niche particulièrement en Allemagne et en Suisse, et place son nid très-près de terre dans un buisson ou entre les rochers.

Le Merle de roche, *T. saxatilis*, Lin., Lath.; *Lanirus infaustus minimus*, Gmel., Buff., représenté dans notre Atlas, pl. 349, fig. 1. Il est moins gros que le Merle ordinaire, et n'a que sept pouces neuf lignes de longueur. La couleur de son plumage, sur le cou et la gorge, est d'un gris d'ardoise, varié de petites taches roussâtres; celle du dessus et du dessous du corps est orangée : chacune des plumes de ces deux parties est mouchetée de brun et de blanc, et terminée de roussâtre; les rectrices latérales et les tectrices anales supérieures et inférieures sont rousses, terminées de blanc; le bec et les pieds noirs. La femelle a les parties supérieures d'un brun terne avec quelques taches blanchâtres, la gorge et les côtés du cou blancs, les parties inférieures d'un blanc roussâtre rayé de brun.

Ce Merle, ordinairement assez rare en France, se rencontre néanmoins quelquefois sur les montagnes les plus hautes des Vosges, sur celles du Bugey (département de l'Ain), de même que sur celles des Alpes et des Pyrénées; il se tient ordinairement sur les quartiers de rochers les plus élevés qui sont à découvert, et ne fréquente jamais les forêts; M. Temminck le place, ainsi que le suivant, dans la section des Saxicoles. Il est extrêmement défiant; aussi est-il presque impossible de l'approcher à la portée du fusil; il faut pour cela user de ruse et de beaucoup de précaution. C'est un des agréables musiciens des contrées agrestes qu'il fréquente; dès le jour naissant, il fait entendre un sifflement mélodieux qu'il interrompt pendant les fortes chaleurs de la journée, pour le reprendre lorsque le soleil quitte notre horizon.

La femelle cache avec beaucoup de soin son nid. C'est toujours dans les fissures des rochers escarpés, dans les vieilles ruines qu'elle le pose. Ce nid (pl. 349, fig. 1 *a*), composé de graminées, de crins, etc., renferme ordinairement quatre œufs (fig. 1 *b*) d'un bleu verdâtre. Vers la fin de l'été, ces oiseaux sont très gras, et leur chair, qui s'éloigne de celle des Merles quant à la couleur, la saveur et la finesse, pour se rapprocher par ses qualités de celle des Traquets, est très-estimée; malheureusement pour les amateurs, cet oiseau n'est pas commun.

Linné, qui l'avait confondu avec le Geai de Sibérie, lui a attribué des habitudes de Harpie; il est, au contraire, fort doux, vit isolé, et ne voyage jamais par bande; mais toujours seul ou tout au plus par couple. Il est assez répandu en Allemagne. Le Rocar, *Turdus rupestris*, Vieill., Levaill., Ois. d'Afr., pl. 101, et l'Espionneur, *Turd. explorator*, Vieill., Levaill., loc. cit., pl. 103, paraissent n'être qu'une variété du Merle de roche.

Le Merle bleu ou Merle solitaire, *Turdus solitarius*, Lin.; *Turd. cyaneus*, Gmel.; *Turd. manillensis*, Lath., Buff., pl. enl. 564. Il est assez généralement d'un bleu plus ou moins foncé, avec les rectrices et les rémiges d'un noir profond; des cercles noirâtres et blanchâtres se dessinent sur les plumes du ventre; le bec et les pieds sont noirs. Sa longueur est de huit pouces. La femelle est brune cendrée; les jeunes sont parsemés de petites taches blanchâtres, et les vieux mâles au printemps sont d'un bleu pur.

Le Merle solitaire, ainsi que son nom l'indique, vit toujours seul et isolé, comme le précédent, sur les plus hautes montagnes, sur les vieilles tours, etc. Dans le midi de la France, où, sans être fort nombreux, il est pourtant assez commun, on le voit arriver chaque année au printemps pour repartir en automne (1). C'est peut-être une des espèces du genre dont le chant soit le plus harmonieux. Pendant la saison des amours, et surtout tout le temps que dure l'incubation, le mâle siffle des airs, sans suite il est vrai, mais qui plaisent par cela même qu'ils sont discordans. C'est surtout le soir au coucher du soleil qu'il égaie sa solitude. On le voit alors s'élever en battant des ailes, en piaffant, selon l'heureuse expression de Buffon, parcourir ainsi, et toujours en chantant, des distances quelquefois considérables; puis, ployant tout d'un coup ses ailes, se laisser tomber obliquement avec une rapidité extrême, soit sur le rocher qu'il vient de quitter, soit sur une autre éminence voisine de sa chute. Souvent, lorsqu'en face et assez loin même de l'habitation qu'il s'est choisie, existe une masure, un coteau ou tout autre point culminant, il s'élance, dirige son vol vers ce point, mais toujours en s'élevant et en sifflant, et lorsqu'il est arrivé à une distance très-grande du lieu d'où il est parti, on le voit fondre rapidement et arriver sur l'endroit le plus apparent de l'édifice ou du rocher qui lui servait pour ainsi dire de but. On sait que François Ier prenait un singulier plaisir à entendre le ramage du Merle solitaire. A Genève, à Milan, à Smyrne et à Constantinople cet oiseau était, et est peut-être encore, recherché à cause de la douceur et de l'harmonie de son chant : un mâle apprivoisé y était très-cher.

« Les habitudes singulières de cet oiseau, et la beauté de sa voix, dit Buffon, ont inspiré au peuple une sorte de vénération pour lui. Je connais des pays où il passe pour un oiseau de bon augure, où l'on souffrirait impatiemment qu'il fût troublé dans sa ponte, et où sa mort serait presque regardée comme un malheur public. »

On le dit aussi commun en Morée et dans le Levant que dans tout le Midi de l'Europe. Il niche dans les anfractuosités des rochers, dans les trous des murailles, et pond de quatre à cinq œufs d'un blanc verdâtre. Les jeunes sont susceptibles d'éducation.

Les Merles solitaires de Manille et des Philippines décrits par Buffon, celui que Sonnerat a fait connaître sous le nom de *Turdus violaceus*, (Deuxième Voyage, pl. 58), et le *Turdus varius* de Horsfield, ne diffèrent pas du Merle bleu. Si l'on observe entre eux de légères variétés de couleur, c'est qu'elles sont sans doute dues à des influences de climat.

(1) Dans quelques localités, en Provence, par exemple, il vit sédentaire.

M. Temminck a décrit dans son Manuel d'Ornithologie quelques autres espèces européennes, qui ne nichent pas en France comme celles dont nous venons de faire l'histoire, mais qui s'y montrent quelquefois; ce sont :

Le Merle a gorge noire, *Turd. atrogularis*, Temm.; *Turd. dubius*, Bechst (jeune âge); habitant le nord de l'Europe et ne s'avançant pas, à ce qu'il paraît, au-delà des frontières boréales de l'Allemagne : pourtant M. Risso l'indique à Nice. Ses habitudes ne sont point connues.

Le Merle de Nauman, *Turd. Naumanii*, Temm., *Turd. dubius*, Bechst. Il a le sommet de la tête et le méat auditif d'un brun foncé; les couvertures inférieures de la queue rousses. L'adulte diffère très-peu des jeunes; la femelle a des teintes plus pâles que le mâle. M. Risso le dit aussi de passage à Nice; mais les pays où il vit sont la Silésie, l'Autriche, la Hongrie, la Dalmatie et le midi de l'Italie.

Le Merle a sourcils blancs, *Turd. sibiricus*, Pall., que l'on trouve sur les montagnes boisées de la Sibérie. Le Merle blafard, *Turd. pallidus*, Pall., dont un individu a été capturé en septembre 1823, en Saxe près de Hertzberg.

Des espèces étrangères à l'Europe qui ne s'y montrent jamais, et qui se rapportent aux Merles proprement dits, nous citerons le Merle tricolore a longue queue, *Turd. tricolor*, Lath., Levaill., Ois. d'Afrique, pl. 114, qui a toutes les parties supérieures du corps d'un noir bleuâtre; le croupion et l'extrémité des tectrices latérales d'un blanc pur; la gorge, le cou et la poitrine, noirs; le reste des parties inférieures roux; la queue très-élargie, le bec brun et les pieds roux. Il a de douze à treize pouces de longueur totale.

Le Merle vert de l'Ile de-France, *Turd. mauritianus*, Gmel., que Vieillot et Temminck ont placé dans un genre à part, l'un sous le nom générique de *Stourne*, et l'autre sous celui de *Lamprotonis*, sur cette seule différence que son plumage est brillant, et que les plumes de l'occiput sont pointues comme chez l'Etourneau. Quelques autres Merles sont dans le même cas, par exemple le Merle de paradis, *Paradiseus niger*, qui, ainsi que son nom l'indique, avait été placé dans les Paradisiers à cause de ses belles couleurs; le Merle d'Angola, *Turd. nitens*, Lath., etc.

Une espèce du Cap, qui mérite d'être signalée parce qu'elle a servi à établir un petit genre, est le Merle a crinière, *Criniger barbatus*, Temm., pl. col. 88, chez lequel les poils du bec sont très-forts, et les plumes de la nuque terminées en soie.

Le Merle azurin, *Turd. azureus*, Temm., pl. 274, généralement bleu varié de brunâtre. La femelle a les couleurs moins vives, et tout le dessous du corps d'un noir bleuâtre. On le trouve aux Moluques. Quelques auteurs ont voulu le porter parmi les Drongos, et quelques autres dans une section ou sous-genre établi sous le nom de *Turdoïdes* ou *Ixos*, pour des espèces à bec grêle et plus court que la tête.

Le Merle de Mascaraigne, *Turd. borbonicus*, Lath., d'un cendré olivâtre en dessus, avec le sommet de la tête noir; la poitrine d'un cendré verdâtre, et le reste des parties inférieures jaunâtre avec le milieu du ventre blanc. Bec et pieds jaunes.

Cet oiseau vit dans les bois de l'île de Mascareigne, d'où il sort rarement pour s'approcher des habitations. Bory-Saint-Vincent, dans la Relation du Voyage en quatre îles des mers d'Afrique, t. 1, p. 308, donne sur lui les détails suivans. « Nous avions, dit il, fait halte aux Trois-Jours, dans les hautes forêts, vers six cents toises d'élévation, pour dîner avec des Merles que nous avions tués en route. Ces Merles ne sont pas les mêmes que ceux d'Europe (*Turdus borbonicus*, Gmel.); leur plumage tire sur l'ardoise et le bistre; ils font entendre une espèce de grincement chevrotant et aigu, qui m'a paru être leur seul ramage; ils sont d'un très-bon goût et d'une stupidité incroyable; en certains endroits peu fréquentés, on peut en tuer avec des gaules; à peine partent-ils au coup de fusil. »

2° *Espèces à plumage grivelé*, c'est-à-dire *marqué de petites taches noires ou brunes, principalement sur le devant et le dessous du corps.* L'Europe en possède quatre :

La Draine ou Drenne, *Turd. viscivorus*, Linn., Buff., pl. enl., 489, connue aussi sous le nom de *grosse Grive*, *Grive siffleuse*, *Creer*, etc. Nous avons déjà donné à l'article Grive la description spécifique de cet oiseau; nous nous bornerons ici à compléter ce qui a été dit sur ses mœurs et nous ajouterons également quelques mots pour d'autres espèces qui ont été décrites avec elle. Ces Grives méritent d'autant plus notre attention, qu'elles nous intéressent sous tous les rapports. On les rencontre annuellement chez nous; deux d'entre elles y nichent, et quelques unes ont dans le monde gourmand la réputation d'être un mets excellent. Nous nous attacherons plus spécialement à faire l'histoire des mœurs de la Draine, vu que cette espèce peut être considérée comme le type de la section, et aussi parce qu'elle est la plus commune dans nos pays.

« J'ai remarqué, dit Vieillot, que parmi les Draines, les unes, et c'est le plus grand nombre, s'éloignent de nos contrées septentrionales aux approches de l'hiver, tandis que d'autres y restent toute l'année; que celles-ci ne vivent point en grande société, mais en famille; qu'elles s'apparient dans le mois de janvier, et qu'une fois accouplées, chaque paire vit isolément. C'est un de nos premiers oiseaux sédentaires qui annoncent l'approche du printemps; car dès les premiers beaux jours de février, le mâle, perché à la cime d'un arbre, fait entendre un ramage dont il sait varier les sons, et qui, quoique fort, n'est pas sans agrément. La femelle fait son nid dès avant le printemps et le place sur les grands arbres, mais le plus souvent sur ceux de moyenne hauteur; elle le construit dans la bifurcation des maîtresses branches, emploie au dehors de la mousse, des feuilles et des herbes grossières qu'elle lie ensemble, et matelasse le dedans avec des herbes fines, du crin et de la laine. Sa ponte est de quatre œufs, rarement plus, d'un blanc sombre, tacheté de brun. » Elle en fait ordinairement deux par an et quelquefois trois lorsque la première a manqué.

Non seulement par sa taille (elle est de onze pouces), mais encore par son courage et par sa force, la Draine mérite le premier rang parmi les Grives. Naturellement farouche et méfiante, quelquefois même timide, elle devient hardie, intrépide et ne connait point de dangers quand il s'agit de défendre sa couvée. Elle ne craint pas d'attaquer le Geai, le Corbeau, le Hobereau, la Crécerelle et les autres petits oiseaux de proie : s'il arrive qu'ils s'approchent de ses petits, elle se précipite sur eux avec fureur en poussant des cris perçans, les poursuit avec autant d'ardeur que d'acharnement et les force à prendre la fuite. D'ailleurs ce caractère, qui mériterait à peine d'être remarqué si elle ne le manifestait que lorsque ses petits sont menacés, se décèle même lorsqu'elle est en dehors des soins de sa progéniture. Elle est naturellement très-hargneuse, très-querelleuse, attaque les petits oiseaux qui sont à sa portée, et se bat même avec ses semblables.

Quoique vagabonde par instinct, la Draine est la seule de toutes les Grives d'Europe qui ne voyage pas fort au loin, et qui n'abandonne pas le pays où elle est née. Après avoir erré en famille dans les bois, sur les bords des vallons et dans les plaines pendant tout l'hiver, elle se disperse au commencement de mars pour entrer en amour. L'épithète de *Viscivore*, ou Mangeur de gui, que Linné lui a donnée, désigne assez son genre favori de nourriture; cependant ce n'est pas là le seul aliment auquel elle se borne; elle mange également des insectes, des baies de genièvre, de houx, de lierre; elle se jette volontiers en automne dans les vignes, et y fait quelquefois beaucoup de dégâts. Quoique pendant cette saison elle engraisse, sa chair n'en acquiert pas un meilleur goût; elle reste constamment coriace et peu succulente : c'est la moins bonne de toutes les Grives et celle qui est en hiver la plus répandue sur les marchés de Paris. Les jeunes de l'année sont pourtant encore passables; on les reconnaît assez difficilement, mais cependant ils ont le dessus de la tête moins cendré et par conséquent plus brun que les vieux.

Elle niche également dans toute l'Allemagne. Ses variétés sont très-fréquentes.

La Litorne, *Turdus pilaris*, Lin., figurée dans notre Atlas, pl. 350, fig. 1. (*V.* Grive.)

La Grive ordinaire, *Turdus musicus*, Lin., est cette espèce si recherchée des gourmets et à laquelle le fumet et la délicatesse de sa chair ont de tout temps valu une si fatale réputation. Nous l'avons représentée dans notre Atlas, pl. 349, fig. 2; 2 *a*, son nid; 2 *b*, son œuf. Les Romains, plus gourmands sans doute que nous, l'engraissaient dans des cages étroites, tout comme nous engraissons nos Chapons et nos Ortolans. En France, à Paris surtout, les anciens Romains ont trouvé quelques imitateurs dans le monde industriel. Chez nous, en effet, ce ne sont pas les familles aisées qui s'amusent à préparer à leur sensualité ce qu'on appelle *un bon morceau;* mais ce soin appartient à quelques spéculateurs. Lorsque l'hiver est très-rigoureux dans le nord de la France, lorsque les neiges couvrent les terres pendant plusieurs jours, les Grives cantonnées, transies de froid, mourant de faim, n'ayant plus la force de voler, se laissent prendre après une courte poursuite, et ce sont elles qui, mises à l'abri du froid et au milieu d'une nourriture abondante, arrivent à Paris sous le nom de Mauvis. Les Grives prises aux pipeaux lors de leur passage reçoivent les mêmes soins et ont la même destination. Elles engraissent rapidement pour devenir la proie du riche : le peuple ne les connaît pas. Dans le midi de la France, le soin de les rendre grasses n'est dévolu à personne; elles y trouvent une nourriture trop abondante et trop selon leur goût pour qu'il soit inutile de les nourrir en cage. Peu de jours après leur arrivée elles ont acquis tellement d'embonpoint en se gorgeant, pour ainsi dire, de figues, d'olives et de raisins, qu'elles ont par là donné lieu à une erreur : on a dit, et on le trouve écrit partout, qu'elles s'enivraient en mangeant des raisins. L'erreur vient sans doute de ce que cet oiseau, d'ordinaire si défiant et si farouche, se laisse approcher lorsqu'il est dans les vignes. Si les observateurs qui ont avancé ce conte, accrédité depuis long-temps, avaient calculé toutes les circonstances, ils n'auraient certainement pas attribué aux raisins l'état pour ainsi dire d'inertie dans lequel se montre la Grive. Pour nous cet état doit être rapporté à deux causes : à l'embonpoint de l'oiseau et aux fortes chaleurs de la journée; deux causes qui la rendent non seulement paresseuse, mais encore quelquefois incapable de voler. Il faut avoir fait ce qu'on appelle la *chasse aux vignes* pour être persuadé de ce que nous avançons : toutes les Grives que l'on tue, et que l'on croit être ivres (opinion qui est tout-à-fait contraire à la raison), sont, vulgairement parlant, grasses à fendre, et la chasse est d'autant plus fructueuse que la chaleur est plus forte; d'ailleurs on trouve d'autres oiseaux, principalement parmi les Becs-fins (les Rossignols, les Bec-figues, etc.), qui sont tout-à-fait dans le même cas, quoique pourtant ils ne se nourrissent que d'insectes ou de fruits qui ne fournissent pas une liqueur spiritueuse. Ce seul exemple aurait dû suffire pour prouver que les Grives ne s'enivrent pas.

Les gastronomes du Midi savent imprimer à la chair de la Grive un parfum qui est bien agréable lorsqu'il est naturel; ils introduisent dans la bouche et dans l'anus de l'oiseau mort une certaine quantité de baies de genièvre : leur macération pendant un jour ou deux laisse échapper un suc dont s'imprègnent toutes les parties environnantes. La même opération se pratique pour toutes les autres Grives. Pendant l'été, elles ne sont pas aussi bonnes ni aussi grasses qu'au commencement de l'automne. Elles voyagent en famille ou par couple, et non pas solitairement comme l'a avancé M. Temminck.

Le Mauvis, *Turdus iliacus*, Lin. (*voy.* l'article Grive), plus estimé que l'espèce précédente, parce que sa chair est plus fine. Il rend des services très-importans à la culture en détruisant une quantité considérable d'insectes et de chenilles, surtout à son passage au printemps. C'est à ce genre de nourriture qu'est due la préférence qu'on lui accorde sur toutes les autres : en général, plus un oiseau est insectivore, moins sa chair est coriace.

De ces quatre espèces d'Europe, la Draine est la seule qui se tienne constamment au climat où elle est née. Elle émigre pourtant tous les ans en automne, mais incomplétement, car dans ses excursions elle va rarement au-delà de nos côtes méditerranéennes. Les trois autres abandonnent successivement le nord aux approches de la mauvaise saison. La Grive de vigne est la première à en sortir; le Mauvis la suit de très-près et souvent l'accompagne, et la Litorne, moins sensible au froid, ne commence à paraître dans nos prairies humides et marécageuses, qu'après les premières gelées; elle y passe assez constamment l'hiver; mais elle n'y fait jamais ses pontes, non plus que le Mauvis : ces deux espèces se retirent, à cet effet, dans les contrées du nord. A leur passage dans nos départemens méridionaux on les chasse avec fureur, l'on peut dire, soit à la pipée, soit aux appeaux avec le fusil. On leur dresse aussi les mêmes piéges qu'aux Merles, et elles y donnent facilement, malgré leur défiance et leur ruse.

En espèces étrangères nous citerons encore, outre celles que nous avons déjà signalées au mot Grive : la petite Grive ou Grive solitaire, Grive tannée, *Turdus minor*, Gmel., *T. mustelinus*, Wils., dont le système de coloration est le même que celui de la Grive commune, dont elle diffère par sa taille, qui est moindre. De l'Amérique septentrionale.

Le Moqueur (*voy* ce mot).

La Grive écaillée, *Turd. squamosus*, Temm., qui ne diffère de la Draine que par son plumage plus fortement grivelé. Elle est de la Nouvelle-Hollande.

Enfin il y a encore une foule d'autres espèces qui ont été départies dans les sous-genres Grallines, Turdoïdes, Stournes, des divers auteurs. (*Voy.* ces mots.) (Z. Gerbe.)

MERLE et MERLOT. (poiss.) Noms vulgaires du *Labrus turdus*.

MERLESSE et MERLETTE. (ois.) Vieux noms de la femelle du Merle noir. (Guér.)

MERLUS, *Merluccius*. (poiss.) Genre de la famille des Gadoïdes, établi par Cuvier aux dépens des Gades de Linné. Tel qu'il est maintenant adopté, ce genre offre les caractères rigoureux suivans : animaux à corps allongé, épais, revêtu de petites écailles, à deux nageoires dorsales, une seule anale, et manquant de barbillons comme on l'observe chez les Merlans. A ce genre se rapporte le Merlus ordinaire, vulgairement nommé par les Provençaux Merlans. Ce poisson vit dans l'Océan aussi bien que dans la Méditerranée, il parvient jusqu'à la longueur de deux pieds et quelquefois beaucoup plus. Il est très-vorace; il poursuit, par exemple, avec acharnement les Scombres et les Harengs; cependant, comme il trouve assez de quoi se nourrir, il n'est pas toujours obligé de se jeter sur des animaux de sa famille. Il ne redoute pas l'approche de son semblable; il va par troupes très-nombreuses et par conséquent devient l'objet d'une pêche très-abondante; sa chair est blanche et lamelleuse, et, dans les endroits où l'on prend une grande quantité d'individus de cette espèce, on les sale et on les sèche, comme on le fait des Morues. Ce poisson est également recherché dans un grand nombre de parages; son foie est presque toujours un morceau très-délicat.

Ce poisson est allongé, d'un gris blanchâtre sur le dos, d'un blanc argenté sous le ventre, sa tête est déprimée, l'ouverture de sa bouche grande; des dents grêles, inégales et crochues garnissent ses mâchoires. La mâchoire inférieure est plus avancée que la supérieure, sa première nageoire dorsale est pointue.

Le Merlus est si abondant dans la baie de Galloway, sur la côte occidentale de l'Irlande, que cette baie est nommée, dans plusieurs cartes anciennes, la baie des Kales, nom donné par les Anglais aux Merlus. (Alph. G.)

MÉRODON, *Merodon*. (ins.) Genre de Diptères, de la famille des Athéricères, tribu des Syrphies. Ce genre, établi par Fabricius, a été adopté par tous les entomologistes; on le reconnaît aux caractères suivans: tête inclinée un peu prolongée du côté de la bouche, mais sans élévation au dessus; trompe courte; antennes de trois articles méplats, dont les deux premiers égaux, aussi longs que larges, en triangles renversés, le troisième aussi long que les deux précédens, ovoïde à la base; de la partie supérieure s'élève un style de trois articles, dont les deux premiers très-courts; ailes couchées sur le corps dans le repos, fémurs postérieurs en massue. Ces insectes font entendre en volant un bourdonnement très-fort. On les trouve habituellement sur les fleurs.

M. clavipède, *M. clavipes*, Fab., représenté dans notre Atlas, pl. 330, fig. 2. Long de 7 à 8 lignes, noir, mais recouvert d'un long duvet jaunâtre qui laisse paraître une large bande transverse noire sur le corselet; dans la femelle, l'abdomen est noir et est seulement marqué d'une petite bande de duvet à l'extrémité de chaque anneau et d'une moins intense vers le milieu de la longueur de chacun de ces anneaux; les fémurs sont très-gros, surtout dans les mâles. La larve de cette espèce vit dans les ognons de Narcisse. Cet insecte est commun aux environs de Paris, mais les femelles sont moins nombreuses. (A. P.)

MÉROPS. (ois.) Nom latin donné par Linné aux Guêpiers et à quelques autres oiseaux voisins, tels que le Fournier, *Merops rufus*, Lin., qui appartient au genre Sucrier dans la méthode de Cuvier, et qui forme avec quelques autres oiseaux analogues un genre propre que Vieillot a nommé Fournier (*voy.* ce mot), de l'espèce principale qui en est le type. Nous donnerons une figure de cet oiseau à l'article Sucrier. (*Voy.* ce mot.) (Guér.)

MÉROU. (poiss.) On désigne sous ce nom plusieurs espèces de Serrans qui aujourd'hui ont été étudiées séparément et dont nous donnerons la description à l'article Serran. (*Voy.* se mot.) (Alph. G.)

MÉRULAXE, *Merulaxis*. (ois.) Dans sa Centurie zoologique, M. Lesson a décrit et figuré sous ce nom (pag. 83, pl. 30), un oiseau qui pour lui est le type d'un genre nouveau intermédiaire au Fourmiliers et aux Martins, et dont voici les principaux caractères: bec médiocre, à mandibule supérieure convexe, presque droite, à arête très-marquée entre les narines, et à pointe recourbée et notablement dentée; narines en partie recouvertes en avant par une écaille bombée au dessous de laquelle elles sont percées, et cachées en arrière sous des plumes rigides, étroites, dressées et dirigées en avant; ailes obtuses, très-courtes, très-concaves et arrondies; queue longue, étagée, à rectrices peu fournies, acuminées et molles; tarses forts, assez robustes; quatre doigts armés d'ongles minces, comprimés et peu vigoureux.

L'espèce qui a fourni ces caractères, et qui, à cause de sa couleur presque généralement noire, a reçu le nom de Mérulaxe noir, nous paraît devoir entrer dans la famille des Myothères ou Myothérinés, nouvellement établie par M. Ménétrier (*voy.* l'article Myothères de notre Dictionnaire), pour prendre place à côté du *Malachorhyncus cristatellus*, dont il paraît différer fort peu. Si en faisant du Mérulaxe un Fourmilier, nous nous trompons, chose qui peut nous être commune avec bien d'autres, d'autant plus que nous n'avons eu pour étudier le genre en question qu'une figure, nous serons encore heureux de pouvoir citer comme ayant partagé la même erreur le premier ornithologiste de notre époque, M. de La Frenaye, et M. d'Orbigny. Ces deux naturalistes, en effet, ont groupé les Mérulaxes, que M. Lesson classe dans un genre à part, entre les Fourmiliers et les Martins, dans la famille des *Myothera*.

Le Mérulaxe noir est donc pour nous le *Malachorhyncus merulaxis* ou *Malac. niger*, et la deuxième espèce que l'auteur de la Centurie n'a fait que signaler et dont il n'a donné aucune figure sera, si elle n'est pas la femelle ou le jeune âge du Mérulaxe noir, le *Malac. rufus*, distingué par sa couleur d'un roux vif. La connaissance des mœurs et des habitudes de ces deux oiseaux permettrait peut-être d'assigner plus positivement la place qu'ils doivent occuper, mais jusqu'aujourd'hui elle est ignorée: on sait seulement qu'ils vivent à Mexico. (Z. G.)

MÉRULE, *Merulius*. (bot. crypt.) *Champignons*. Les caractères du genre *Mérule*, tel qu'il a été circonscrit par Nées d'Esembeck et Fries, sont les suivans: chapeau irrégulier, étendu, sessile; membrane fructifère, occupant sa surface inférieure, garnie de plis ou de veines sinueuses, anastomosées, flexueuses, formant des cellules irrégulières, et portant des thèques épaisses.

Toutes les Mérules croissent sur les bois pourris, et particulièrement sur les solives des plafonds des appartemens bas et humides. Elles sont disposées en larges plaques charnues ou cotonneuses, marquées de veines épaisses, dont la couleur plus foncée tranche avec le fond; les espèces principales sont connues sous les noms de *Merulius serpens*, *M. tremellosus*, *M. vastator*, *M. lacrymans*. (F. F.)

MERVEILLE. (BOT. PHAN.) Nom vulgaire donné à des végétaux de divers genres. On nomme MERVEILLE A FLEURS JAUNES, l'*Impatiens noli tangere*, L.; MERVEILLE D'HIVER, une variété de Poire; MERVEILLE DU PÉROU, la Belle-de-nuit (*voy.* NYCTAGE). (GUÉR.)

MÉSANGE, *Parus*. (OIS.) Nous voici avec un de ces groupes intéressans qui se détachent d'une manière bien tranchée de tous les autres groupes, non pas tant par leurs caractères extérieurs que par leurs habitudes naturelles. Les Mésanges, en effet, sont de petits oiseaux qu'on pourrait caractériser d'après leur seule manière de vivre, tant elle s'éloigne de celle de tous les autres. On trouve bien dans la série ornithologique quelques espèces, les Colious, par exemple, et surtout les Roitelets, dont les mœurs ont quelques traits d'analogie avec les leurs; mais quelques traits isolés ne sauraient constituer en entier le naturel d'un oiseau, et celui des Mésanges leur est tellement propre, qu'il suffirait, dirons-nous encore, pour caractère du genre qu'elles forment : c'est au point même qu'en faisant l'histoire d'une seule espèce, on la fait de toutes, à quelques particularités près. Une de ces exceptions aussi, que l'on est rarement habitué à rencontrer, c'est que les Mésanges forment un genre qui est en grande partie européen; c'est celui de tous qui a le plus d'espèces dans notre pays; elles constituent à elles seules la moitié du genre; l'autre moitié appartiendrait à l'Afrique et à l'Asie; l'Amérique n'en a point encore fourni. Ces petits oiseaux, en raison de leur nombre et de leur considérable reproduction, seraient abondamment multipliés dans nos climats s'ils savaient veiller à leur conservation comme ils savent pourvoir à leur subsistance; mais en général, peu méfians, curieux, hardis et sans défense, ils deviennent facilement la proie de l'oiseleur et celle des animaux qui cherchent à les surprendre. Le Hobereau, l'Émérillon, en général tous les petits oiseaux de proie, tant diurnes que nocturnes, et même les Pies-grièches, leur font la guerre; et d'un autre côté, le Lérot, le Loir et les Souris détruisent souvent leurs pontes ou leurs nichées, en pénétrant dans les retraites où la plupart d'entre elles font habituellement leur nid.

Toutes les Mésanges sont en général vives, agissantes et courageuses; on les trouve sans cesse en mouvement; constamment elles voltigent d'arbre en arbre, sautent de branche en branche, et s'y trouvent dans toutes les attitudes : tantôt elles s'accrochent à l'écorce pour prendre un insecte ou les œufs qu'il y a déposés, le frappent de leur bec pour en faire sortir ceux qui pourraient s'y être cachés; tantôt elles se suspendent à l'extrémité du rameau le plus faible pour chercher dans le bourgeon, ou sur la tige qui le termine, les petites mouches qui s'y reposent. Après qu'elles ont ainsi exploré un arbre depuis le bas jusqu'à la cime, elles se jettent sur le plus voisin, recommencent leur chasse, et ainsi successivement elles visitent quelquefois toute la lisière d'un bois; elles ne s'enfoncent jamais bien avant dans les forêts. La plupart d'entre elles étant en quelque sorte omnivores, la nature leur offre presque partout de nombreux moyens d'existence; aussi avançons-nous, sans crainte d'être contredit, que c'est à cette facilité qu'elles ont de se procurer une nourriture quelconque, qu'il faut attribuer leur courte pérégrination. L'été elles mangent des abeilles, des guêpes, des punaises de bois, des chenilles et un grand nombre d'autres insectes soit à l'état parfait, soit à l'état de larve; l'hiver elles se nourrissent de fruits à noyau, de graines sèches; elles recherchent avec avidité celles du tilleul, du sycomore, de l'érable, du hêtre, et du charme; elles aiment aussi les noisettes, les glands, les châtaignes et surtout les olives. On est tout surpris lorsqu'on voit d'aussi petits oiseaux, avec des moyens peu puissans en apparence, s'attaquer à des fruits pour la plupart à enveloppe excessivement dure; mais on est plus surpris encore lorsqu'on est témoin des moyens qu'elles emploient pour briser cette enveloppe ligneuse (de la noisette par exemple), et de la facilité avec laquelle elles le font : elles frappent dessus à coups redoublés jusqu'à ce qu'elles soient parvenues à découvrir l'amende. C'est de cette manière qu'elles mangent toutes les graines; car, quoiqu'elles aient un bec assez ferme et solide, elles ne les écrasent pas comme certains oiseaux conirostres, mais elles les dépècent en les assujettissant sur les branches avec leurs petites serres. Quoique leur régime puisse leur permettre de vivre partout, on ne les rencontre pourtant jamais toutes dans la même contrée. Il y en a quelques unes, telles que la Mésange huppée, la petite Charbonnière, le Rémiz et autres, qui semblent avoir adopté des climats particuliers, en dehors desquels on ne les rencontre presque pas. Malgré la nourriture qu'elles prennent, et qu'elles savent si bien varier, elles ne sont jamais bien grasses ni de bon goût : leur chair est noirâtre, grossière, sèche et amère. Toutes les Mésanges sont gourmandes et voraces, quelques unes même sont au besoin carnivores. Le père Manesse, qui nous paraît avoir parfaitement étudié les mœurs de ces oiseaux, dit que la Charbonnière et la Nonnette ont un appétit excessivement prononcé pour le suif et la graisse rance, et à ce goût il attribue l'habitude qu'elles ont d'ouvrir le crâne à d'autres petits oiseaux morts, languissans ou pris à des piéges, même à ceux de leur espèce, pour en manger les cervelles. En cage on les nourrit avec du chenevis, de la faîne et plusieurs autres graines; elles mangent aussi de la mie de pain; mais on a remarqué que, sans rien perdre de leurs habitudes et de leur activité

tivité naturelles, elles ne soutiennent pas longtemps la captivité.

On voit quelquefois un couple de Mésanges, dont les couvées ont manqué, ne point se désunir, même pendant l'hiver. Rarement on en rencontre une seule; en général, elles aiment la société de leurs semblables. Elles vont par troupes ou plutôt par familles, et se rappellent constamment dès qu'elles se perdent de vue; mais on prétend qu'il règne moins d'attachement entre elles que de méfiance, et qu'elles se craignent mutuellement. Quelques naturalistes, qui sans doute avaient observé les Mésanges de leur cabinet, ont même avancé que cette méfiance et cette crainte mutuelle étaient cause que ces oiseaux se tenaient toujours à quelque distance les uns des autres. Si le fait était vrai, on ne saurait trop comment expliquer leur instinct de sociabilité; mais nous pouvons assurer que, dans cette circonstance comme dans beaucoup d'autres, on s'est trompé. Il nous est arrivé plusieurs fois d'abattre d'un seul coup de fusil deux Mésanges et quelquefois trois, tant elles étaient rapprochées. Si, bien souvent, elles sont éparpillées çà et là sur le même arbre, c'est que les insectes qu'elles y cherchent n'y sont pas non plus ramassés sur un seul point, et instinctivement alors elles se dispersent sur toutes les branches; mais lorsque deux de ces oiseaux suivent la même direction, on les voit arriver jusqu'au bout de la tige qu'ils parcourent, exerçant tranquillement leur industrie l'un près de l'autre. Si quelquefois il y a querelle entre elles, c'est toujours lorsque l'une est sur le point d'enlever sa proie à l'autre. Ce qu'il y a de certain, c'est qu'elles se montrent jalouses à l'égard des autres oiseaux, et qu'elles ont pour quelques uns d'entre eux une antipathie bien marquée. La Chouette surtout est leur *bête d'aversion*; elles se lancent dessus avec opiniâtreté, avec hardiesse, en hérissant leurs plumes, et en poussant des cris perçans et redoublés.

Quoique les Mésanges soient répandues dans toute l'Europe, elles paraissent pourtant appartenir plus particulièrement au Nord. Leur corps est abondamment pourvu de plumes molles et soyeuses qui les garantissent du froid. Toutes ne mettent pas à faire leur nid le même soin ni la même adresse; les unes le construisent dans des trous d'arbre, de muraille, etc., les autres le suspendent aux branches et lui donnent une forme toute particulière; mais presque toutes pondent des œufs de la même couleur, c'est-à-dire d'un fond blanc marqué de taches rouges et violettes; on trouve quelquefois si peu de différence entre ceux des diverses espèces, qu'il est très-difficile de ne pas les confondre : le nombre de ces œufs varie de six à dix-huit.

Le genre des Mésanges a été confondu par quelques naturalistes avec celui des Pics, Buffon paraît même les avoir regardés comme étant très-voisins l'un de l'autre; cependant, si l'on excepte une seule espèce (la Mésange des marais), qui, à ce qu'on dit, creuse elle-même des arbres pour y placer son nid, et c'est le seul attribut commun qu'elle ait avec les Pics, ces deux genres d'oiseaux sont aussi éloignés entre eux par leurs habitudes qu'ils le sont par leurs caractères. Les Mésanges sont en général parées d'agréables couleurs; leur bec est petit, court, droit, conique, comprimé, non échancré, et garni de poils à la base; la mandibule supérieure est quelquefois un peu recourbée vers la pointe; les narines sont basales, arrondies et presque entièrement cachées par de petites plumes dirigées en avant; leurs pieds sont médiocrement forts, et leurs doigts, au nombre de quatre, sont armés d'ongles assez puissans, surtout celui du pouce; l'aile est obtuse.

Le genre Mésange, tel qu'il a été établi par Linné, a été divisé par Cuvier en Mésanges proprement dites, en Moustaches et en Rémiz; cette division est fondée sur une légère différence dans la conformation du bec. M. Temminck a aussi établi trois sections dans le genre *Parus*, les *Sylvains*, les *Riverains* et les *Pendulines*. Ces trois sections, qui ont pour motif les oppositions d'habitudes, sont aussi distinctes entre elles par de légers caractères tirés des pennes alaires et du bec : les Sylvains ont la première rémige de moyenne longueur; chez les Riverains, elle est nulle ou presque nulle, et les Pendulines ont le bec droit, effilé et aigu. M. Isidore Geoffroy (Cours d'Ornithologie), dans le genre *Parus* dont il fait la famille des Paridés, établit deux divisions, les Moustaches et les Mésanges. Les premières ont la mandibule supérieure recourbée vers le bout; il y rapporte :

La Mésange moustache, *Par. biarmicus*, Lin.; *Par. russicus*, Gmel., représentée dans notre Atlas, pl. 350, fig. 3. Le caractère le plus tranché de cet oiseau, celui qui lui a fait donner le nom qu'il porte, consiste dans deux bandes d'un noir de velours situées de chaque côté et le long de la partie inférieure de son bec. Tout le dessus de son corps est roux; la tête et l'occiput, d'un gris bleuâtre; la gorge et le devant du cou, d'un blanc qui prend une teinte rosée sur la poitrine; les parties inférieures roussâtres, et les flancs roux; le bec est jaune et les pieds noirâtres; sa taille est de six pouces trois lignes. La femelle n'a pas de moustaches. Toutes les parties supérieures, la tête comprise, sont rousses, tachetées de noir sur le dos. Cette espèce habite le nord de l'Europe; elle est très-abondante dans les vastes marécages de la Hollande; on la trouve aussi communément en Italie dans les marais d'Ostia. Elle établit son nid au milieu des joncs et des roseaux.

C'est dans cette section qu'il faudrait aussi, d'après M. Isidore Geoffroy, placer la Mésange de Nankin, *Par. indicus*, Linn., dont les parties supérieures sont cendrées, avec le sommet de la tête d'un jaune verdâtre, les rémiges et les rectrices noirâtres; elle a en outre les sourcils blancs, la gorge et le devant du cou jaunes; le reste des parties inférieures jaunâtre, avec les flancs gris; le bec en partie jaune, puis brun; les pieds noirâtres. Sa taille est de cinq pouces.

La Mésange noire du Cap, *Par. niger*, Vieill.,

Levaill., Ois. d'Afrique, pl. 197, à plumage généralement noir, avec un peu de blanc sur les rectrices alaires, qui sont en partie bordées de cette nuance, de même que les rémiges et l'extrémité des rectrices latérales; bec noir; pieds plombés; taille, cinq pouces huit lignes. La femelle est d'un noir moins pur.

La division des Mésanges proprement dites est caractérisée par un bec tout-à-fait droit. Elle compte :

La Mésange charbonnière, *Par. major*, Linn., Buff., représentée dans notre Atlas, pl. 352, fig. 1; 1 *a*, son œuf. L'une des plus communes en France et qui tire son nom, dit-on, de l'habitude qu'elle a de faire très-souvent son nid dans les trous que présentent les huttes des charbonniers; elle a la tête d'un noir profond; les joues blanches; une bande longitudinale noire sur la poitrine; le manteau et le haut du corps olive verdâtre; les rectrices et les rémiges brunes, celles-ci bordées de blanc; le dessous du corps jaune; le bec et les pieds noirâtres. Elle est longue de cinq pouces huit lignes.

On la connaît en France sous des noms différens; ici elle porte ceux de Serrurier, de Borgne, de Crêve-châssis, etc.; là ceux de Cendrille, Croque-Abeilles, Grosse Mésange, etc. Elle niche dans les trous des arbres et des murailles; sa ponte est de huit à quinze œufs. Son chant pendant l'été est assez doux; l'hiver, il consiste en une espèce de râlement qui ressemble assez au grincement que produit une lime sur une barre de fer.

La petite charbonnière, *Par. ater*, Linn. Elle ne diffère de la précédente que parce qu'elle a du gris sur le manteau et que le dessous du corps est blanc; sa taille est aussi plus petite. Elle habite de préférence les grands bois de sapins, dans les trous desquels elle établit son nid. Les bandes nombreuses de cette Mésange s'associent ordinairement à celles des Roitelets; elle a un cri d'appel à peu près semblable au leur. On la trouve aussi au Japon.

La Mésange bleue, *Par. cæruleus*, Linn., Buff., représentée dans notre Atlas, pl. 351, fig. 2; 2 *a*, son œuf. Cette jolie petite espèce, très-commune en France, a une calotte azurée, bordée de blanc sur l'occiput; le reste de la tête noir et blanc, c'est-à-dire que les joues, qui sont blanches, sont bordées de noir profond ou de bleu; le dessus du corps est cendré olivâtre, le dessous est jaune citron; les rémiges et les rectrices sont brunes, les premières traversées d'une raie blanche. Sa longueur est de quatre pouces six lignes.

Cette espèce, de toutes la plus nombreuse, la plus querelleuse et la plus méchante, est aussi, à ce qu'on dit, la plus prévoyante; car elle amasse dans les trous d'arbres qu'elle a adoptés des graines de toutes sortes. C'est dans ces trous qu'elle se blottit pendant les plus grands froids; c'est là aussi qu'elle établit son nid, où l'on compte quelquefois jusqu'à vingt œufs. Son étourderie, sa vivacité ou sa curiosité sont cause qu'elle donne dans tous les piéges, même les plus grossiers; elle s'avance et se laisse prendre jusque sur les toits des maisons. Les deux espèces précédentes sont également très-faciles à attraper. Il suffit qu'un objet les attire, la Chouette par exemple, ou une de leurs semblables, pour les voir arriver dans le piége qu'on leur a tendu.

La Mésange nonnette, *Par. palustris*, Linn.; *Par. atricapillus*, Gmel. Elle a le sommet de la tête noir; le dessus du corps et des ailes brun, le dessous blanc. Même taille que la précédente. Cette espèce se trouve dans l'Amérique septentrionale aussi bien qu'en France. Elle habite les petits bois voisins des marais.

La Mésange huppée, *Par. cristatus*, Lin.; Buff., enl. 502, tirant son nom de la huppe élégante variée de blanc et de noir dont sa tête est surmontée. Elle a les joues, le front et le dessous du corps blancs; la gorge et le tour de la joue noirs; le dos olivâtre, les pennes et les rectrices d'un roux brun. Ses pieds sont bleus.

Cette espèce, qui habite dans le Nord les grandes forêts où abondent les genévriers, est très-rare dans le midi de l'Europe. Elle n'est nulle part en grand nombre, et ne se montre le plus souvent, comme le Jaseur et quelques autres oiseaux, que durant les hivers très-rigoureux. Elle visite alors les forêts de pins et de sapins.

La Mésange a longue queue, *Par. caudatus*, Linn., Buff., représentée dans notre Atlas, pl. 351, fig. 1. Parties supérieures cendrées; milieu du dos, rémiges, croupion et rectrices intermédiaires noirs; tête, cou, gorge et poitrine blancs; scapulaires rougeâtres; grandes tectrices alaires bordées de blanc, de même que les rectrices latérales; queue très-longue, cunéiforme; bec et pieds noirâtres. Taille, cinq pouces huit lignes. La femelle a un large sourcil noir qui se prolonge sur la nuque et va se réunir au trait du milieu du dos.

Ce petit oiseau, qui s'éloigne un peu de ses congénères par la nature de ses plumes, dont les barbules sont en quelque sorte décomposées, en diffère également par la manière dont il construit son nid. Il choisit à cet effet un buisson bien touffu et peu élevé, et c'est sur l'enfourchure des branches, à trois ou quatre pieds au dessus de la terre, qu'elle le pose. Ce nid (fig. 1 *a*) présente dans sa forme celle d'un œuf placé verticalement, et sur les côtés une et quelquefois deux petites ouvertures correspondantes, de manière que la Mésange peut entrer dans le nid et en sortir sans se retourner. Cette double ouverture est une prévoyance inspirée à cet oiseau par la nature, afin que sa longue queue, qui au moindre choc se détache, fût à son aise durant l'incubation, et qu'elle ne fût pas exposée à la froisser, ce qui arriverait nécessairement si l'oiseau était obligé de se retourner dans son nid pour en sortir par la seule ouverture qui lui aurait servi d'entrée. Des lichens, de la mousse et de la laine, entrelacés avec un art admirable, composent ce nid, qui est garni à l'intérieur de plumes et de duvet. La ponte est de quinze à vingt œufs, blanchâtres, pointillés de rouge vers le gros bout (fig. 1 *b*).

Le plumage de la Mésange à longue queue est sujet à des variétés accidentelles. On en rencontre quelquefois de toutes blanches et d'autres fois on en voit dont la teinte foncée les rend d'un aspect comme noir.

On trouve encore en Europe, mais tout-à-fait dans le nord, et ne venant jamais chez nous, la Mésange lugubre, *Par. lugubris*, Natt, Temm., qui a de grands rapports avec la Mésange nonnette. Elle habite la Dalmatie et la Hongrie. La Mésange a ceinture blanche, *Par. sibiricus*, Lath. La Mésange azurée, *Par. cyanus*, Pall. (Act. Pétersbourg, t. 23), *Par. sœbiensis*, Sparen., d'un bleu d'azur varié de bleu foncé et de blanc.

Parmi les espèces étrangères qui ont rapport aux Mésanges proprement dites, il en est une de l'Amérique boréale, du Groënland et de quelques autres parties du cercle arctique, qui arrive accidentellement, quoique assez souvent, dans le nord de l'Europe, en Suède et en Danemarck; c'est la Mésange bicolore, *Par. bicolor*, Lin., d'un gris bleuâtre en dessus et d'un blanc roussâtre en dessous. Nous citerons encore en espèces étrangères la Mésange a queue fourchue, *Par. furcatus*, Temm., Ois. color., pl. 287, etc.

Parmi les Mésanges, il en est quelques unes qui ont le bec un peu plus fort et plus aigu; les auteurs en ont fait une section, les uns sous le nom de Rémiz, les autres sous celui de Pendulines; le type de cette section est la Mésange rémiz, *Par. pendulinus*. Linn. (*voy.* Rémiz). (Z. G.)

MESEMBRIANTHEMUM. (bot. phan.) Nom latin du genre Ficoïde. (*Voyez* ce mot). (Guér.)

MÉSENTÈRE. (anat.) Vaste repli du péritoine qui, fixé par son extrémité postérieure à la colonne vertébrale, est libre et flottant par son bord inférieur qui donne attache à tout l'intestin grêle.

Comme la description de ce repli appartient essentiellement à celle du Péritoine, nous y renvoyons pour éviter des répétitions inutiles. (A. D.)

MÉSOCOLON. (anat.) On donne ce nom à des replis du péritoine qui fixent les diverses parties de cette portion du gros intestin appelée *Colon*. (*Voy.* Péritoine.) (A. D.)

MÉSOLE. (min.) Substance fibreuse, blanche, qui paraît être voisine de la Mésotype et qui se compose d'environ 43 parties de silice, de 38 d'alumine, de 11 de chaux, de 6 de soude et de 13 d'eau. Bien que ce soit un silicate alumineux, elle n'a point encore de place déterminée dans la nomenclature. (J. H.)

MÉSOLINE. (min.) Nom qui a été donné à la Chabasie. (J. H.)

MÉSOPRION, *Mesoprion*. (poiss.) Ce nom, de μέσος, milieu, et de πρίων, scie, sert à désigner un genre de poissons qui ne diffère de celui des Diacopes que par un caractère fort léger, savoir, qu'ils ont une dentelure sur le milieu de chaque côté de la tête; les Mésoprions se distinguent également par un léger renflement à l'interopercule, et plus souvent encore au préopercule, par une sinuosité ou petit arc rentrant qui est une sorte de vestige ou d'indice caractéristique: ils ressemblent aux Dentés par l'ensemble de leur forme et surtout par leur tête et leur museau un peu allongé; mais on les en distingue aisément par les dents du vomer et des palatins, qui manquent aux Dentés, aussi bien que la dentelure du préopercule. Les Mésoprions ont en général les pectorales longues et pointues des Spares.

Les zoologistes ne sont pas d'accord sur la place que les Mésoprions doivent occuper dans la série ichthyologique; les uns en forment des Spares, d'autres en font des Sciènes, d'autres des Lutjans; quelques uns, et plus particulièrement Cuvier, les rapportent au groupe des Serrans, ou, en d'autres termes, à la famille des Percoïdes, dans laquelle les Mésoprions semblent, en effet, être placés.

Tous ces poissons viennent des mers des pays chauds; mais il y en a, et en assez grand nombre, dans les deux océans; on les connaît dans nos colonies françaises des Indes orientales, sous le nom générique de Vivaneau ou Vivanet et sous celui de Sarde; leurs mœurs ne nous sont pas connues. Maintenant que nous avons donné les caractères zoologiques du genre Mésoprion, voyons les moyens à l'aide desquels nous pouvons distinguer les espèces les unes des autres.

Le Mésoprion dondiava, *Mesoprion unimaculatus*. Cette espèce se reconnaît au bord montant du préopercule, qui a une fine dentelure jusqu'à son angle, lequel en a une plus forte et est arrondi; au dessus de lui est une légère sinuosité rentrante; l'opercule se termine en deux pointes arrondies et plates; l'os scapulaire est dentelé, mais non celui de l'épaule. Le museau, les sous-orbitaires et les os des mâchoirss manquent d'écailles; les canines supérieures du devant et les latérales d'en bas sont fortes et pointues. La couleur de ces poissons est jaune, changeant en argenté vers le ventre; il y a une tache noire sur la ligne latérale, et vis-à-vis le milieu de la partie molle de la dorsale, des lignes obscures règnent le long de chaque rang d'écailles. Comme ce poisson sert de type pour un grand nombre d'espèces, il était nécessaire que nous en décrivions les formes en détail.

Parlons maintenant de l'espèce représentée dans l'Atlas de ce Dictionnaire, à la pl. 332, fig. 2, le Mésoprion de John, *M. Johnii*, Bloch. Il ressemble beaucoup au précédent; les seules différences consistent en ce que dans l'individu dont nous venons de parler on voit, sur un fond jaunâtre, autant de séries de petites taches grises ou noirâtres qu'il y a de séries d'écailles; tandis qu'au contraire dans le John on remarque du côté du dos quelques bandes verticales noirâtres et lavées, trois, quatre et quelquefois cinq, selon les individus, dont une seule, celle qui est au dessous des dernières épines dorsales et des premiers rayons mous, se change en une tache noire bien prononcée. Bloch dit que sa chair égale celle de la Perche; un autre observateur ajoute qu'il atteint une très-grande taille, trois ou quatre pieds et plus.

Le Mésoprion a cinq lignes, représenté par Russel sous le nom de Mungi-Mapundie, est une autre espèce à tache latérale, qui a la partie épineuse et la partie molle de la dorsale separées par un enfoncement plus marqué que chez le précédent; il est gris clair, à front rougeâtre, à ventre d'un blanc jaunâtre, à nageoires jaune-pâle bordées d'argenté, à cinq lignes longitudinales étroites et bleues et à tache latérale de la même couleur. L'individu est long de dix pouces. Nous donnons ici seulement le nom de plusieurs autres Mésoprions qui n'ont rien de remarquable. Le Mésoprion à stigmate; le Mésoprion acajou; le Mésoprion Richard; le Mésoprion doré, etc. (Alph. G.)

MÉSOTYPE. (min.) On a long-temps compris sous ce nom une substance que plusieurs auteurs ont appelée *Mésolithe* et que nous décrirons plus tard sous le nom de *Scolézite* qui lui a été donné par M. Beudant, et une autre substance très-voisine, mais qui n'offre ni la même composition chimique ni la même cristallisation, et qui est connue aussi sous le nom de *Natrolithe* lorsqu'elle est en fibres radiées jaunâtres.

On peut dire que la Mésotype est une substance ordinairement blanche et quelquefois jaune, qui cristallise en prismes rhomboïdaux terminés par une pyramide. Elle ne raie pas le verre; elle donne de l'eau par la calcination, et est soluble en gelée dans les acides.

Sa composition chimique est 47 à 49 pour cent de silice, 24 à 27 d'alumine, 15 à 17 de soude, 8 à 10 d'eau, avec une petite quantité d'oxide de fer.

La Mésotype mamelonnée est spécialement celle que l'on a appelée *Natrolithe* lorsqu'elle est jaune. C'est la même variété que l'on nomme Mésotype ou Natrolithe fibreuse lorsque l'intérieur des mamelons présente des fibres qui divergent d'un ou de plusieurs points du centre.

La Mésotype est une substance appartenant aux dépôts d'origine ignée: on la trouve dans le Basalte comme en Irlande et dans le Vivarais; ou dans des Pipérines, comme dans le département du Puy-de-Dôme. (J. H.)

MESSAGER. (ois.) On a aussi donné ce nom au Secrétaire (*voy.* ce mot). On appelle encore Messager une des nombreuses espèces du genre des Pigeons. (Guér.)

MÉTACARPE. (anat.) Le Métacarpe est cette partie de la charpente osseuse de la main qui est située entre le carpe et les phalanges des doigts; c'est elle qui constitue la plus grande partie du dos et la paume de la main.

Pour éviter les répétitions, nous renvoyons au mot Squelette la description de cette partie. (A. D.)

MÉTAIRIE. (agr.) Le mot latin *medietas* a servi d'origine à celui destiné à exprimer une ferme de moyenne culture; les Romains laissaient à bail ces portions de terre à moitié profit; d'où les fermiers furent appelés *medietarii*, dont nous avons fait *métayers* et *Métairie*. Ce dernier mot s'applique, suivant les localités, aux fermes de vingt à quarante hectares, qui sont exploitées avec des bœufs et de une à sept charrues.

La métairie est un assemblage de logemens propres à mettre à couvert les hommes, les animaux et les divers objets destinés à leur nourriture, les instrumens nécessaires à l'exploitation, les semences et les autres produits des récoltes. Elle comprend aussi l'ensemble des terres, le jardin potager et fruitier, les constructions nécessaires pour la cuisson du pain, pour la fabrication du vin ou du cidre, pour la préparation des engrais; en un mot, tout ce qui convient pour constituer une manufacture agricole. Tout y doit tendre plus à l'utile qu'à l'agréable, quoique ce dernier bien entendu veut être inséparable du premier; tout y doit avoir en vue le produit le plus parfait possible, la facilité du service, l'ordre et la propreté, la solidité des bâtisses, le bon emploi du temps, la prospérité des bestiaux, le parfait entretien du sol, le bien-être, la santé et la gaîté des maîtres et des valets.

Dans le choix d'une Métairie, il ne faut jamais oublier l'étude du fonds, les relations avec les voisins, la facilité de l'exploitation, les moyens de débouchés, la nature et le mouvement des eaux, la qualité des bâtimens, le nombre des ustensiles qui y sont attenans, le caractère du propriétaire et les influences de l'air. On risque toujours son honneur et sa fortune avec un propriétaire de mauvaise foi, tracassier, adonné à l'usure; on joue sa vie, sa tranquillité, le sort de sa famille, si l'on néglige les autres circonstances indiquées. L'acquisition ou la prise à bail d'une Métairie n'est donc point une opération qu'il faut faire à la hâte, d'un coup de tête. Si l'affaire est bonne, et qu'on en ait acquis la certitude par une enquête soigneuse, c'est un trésor que l'intelligence et une conduite régulière mettent en nos mains; si elle est médiocre, la Métairie ressemble à un arbre planté sur un sol de pauvre qualité; il se tourmente, végète mal, à moins qu'on ne lui prodigue les plus grandes attentions, à moins aussi que la main du cultivateur ne lui dispense sans cesse de bons labours, des engrais convenables; c'est une vie de sacrifices qui finira par vaincre la nature, mais que de peines et que de temps! Si l'affaire est mauvaise, une ruine complète est inévitable. Réfléchissez donc avant d'agir, et quand une fois votre choix est fait, marchez dans la voie du progrès, n'écoutez point les séductions perfides du luxe. Le travail est la richesse de la Métairie. (*Voyez* au mot Ferme.) (T. d. B.)

MÉTALLISATION. (min. et géol. anc.) Opération par laquelle on prétendait jadis que les substances contenues dans le sein de la terre étaient transformées en métaux. Cette opinion erronée, qui avait été mise en avant par les alchimistes, disparut avec eux. Long-temps on a cru aussi que les métaux croissaient dans le sein de la terre, comme les plantes et les animaux à sa surface, en sorte qu'il devrait y avoir une Métallisation comme il existe une végétation, une animalisation. (*Voyez* au mot Minéralisation.) (Th. V.)

MÉTALLURGIE. (Applic. a la géol. et a la min.) Peu de métaux se trouvent à l'état métallique dans la nature; le plus ordinairement, ils sont combinés ou mélangés avec une foule de substances étrangères dont il est indispensable de les séparer pour pouvoir s'en servir dans les usages habituels de la vie. L'art de les purifier ou de les extraire de leurs minerais, est ce qu'on appelle la *Métallurgie*. C'est une science d'application qui a une étendue immense et qui participe de toutes les connaissances économiques et industrielles; car elle embrasse depuis l'art de préparer des sables grossiers jusqu'à celui de l'essayeur des monnaies, c'est-à-dire de constater dans des masses d'or et d'argent les plus faibles proportions d'alliage. Elle résume en elle une foule d'autres sciences; c'est ainsi qu'elle exige des connaissances étendues en mécanique, à cause du grand nombre et de la variété des machines qu'elle emploie; en physique et en chimie, afin de pouvoir se rendre compte de ce qui se passe dans les différentes opérations qu'elle embrasse; en minéralogie et en géologie, par la connaissance qu'elle exige des substances minérales et de leur manière d'être dans le sein de la terre; et enfin dans l'art de les exploiter. Elle exige, en outre, des connaissances administratives et économiques assez étendues; car il ne suffit pas que l'homme qui se livre à la Métallurgie possède l'art de l'ingénieur, il faut aussi qu'il soit administrateur et négociant, conditions sans lesquelles il courrait souvent risque de se ruiner.

Sans doute une telle réunion de connaissances est rare parmi les industriels et exploitans, quoiqu'il soit vrai de dire que maintenant on rencontre dans les affaires beaucoup plus d'hommes instruits et doués de hautes capacités que jadis; cependant le peu de progrès que font les arts métallurgiques en France tient certainement en grande partie au manque presque complet de connaissances théoriques chez la plupart de ceux qui se livrent aux diverses branches d'industrie qu'ils embrassent, et il n'est malheureusement pas rare de voir chez nous les usines livrées à la pratique routinière de quelques ouvriers dont les habitudes et les préjugés deviennent souvent le véritable obstacle à la propagation des procédés économiques; j'ai peut-être été plus que personne à même de pouvoir apprécier les inconvéniens du manque presque général des hommes de sciences pour diriger les établissemens industriels; c'est un mal qui tient aux faux calculs ou plutôt au manque de calculs de la part des propriétaires; car les hommes instruits ne manquent pas, et il sort chaque année de nos écoles des mines un certain nombre de jeunes gens instruits auxquels il ne faudrait qu'un peu de pratique pour devenir des hommes précieux pour l'industrie, et qui souvent néanmoins restent sans emploi.

La puissance des machines et leur perfection ont assuré depuis long-temps à l'Angleterre une supériorité bien marquée dans l'art d'extraire et de préparer les métaux; chez nous, au contraire, et cela tient surtout à la cause que je viens de signaler, cette partie si essentielle de l'art des forges est tout-à-fait négligée; l'absence presque générale des machines à vapeur, la faiblesse de la plupart des cours d'eau, moteurs ordinaires, jointes à l'imperfection des machines hydrauliques, dont la construction se trouve la plupart du temps confiée à de simples ouvriers, font que très-souvent les usines n'ont que des moteurs beaucoup trop faibles; de là leur peu de production et les longs chômages auxquels elles sont parfois soumises; causes qui augmentent beaucoup les frais généraux de fabrication; il résulte enfin de là que l'établissement d'une usine exige en France deux conditions principales, savoir : le cours d'eau, et sa position par rapport aux matières premières, comme les combustibles et les minerais, et il arrive souvent que l'une nuit aux avantages de l'autre.

L'emploi des machines à vapeur permettant de placer l'établissement partout, au milieu des minerais comme au milieu des combustibles, fait éviter, avec toutes les chances de chômage, de nombreux frais de transport. En Angleterre, presque toutes les usines sont placées immédiatement au dessus de la mine et du combustible, réunis en très-grande abondance; joignez à ces avantages ceux d'être toujours placées dans le voisinage des côtes, des canaux ou des chemins de fer, d'avoir toujours des machines puissantes, et vous aurez une partie des causes qui permettent à nos voisins d'outre mer de fabriquer beaucoup, et à des prix extrêmement modiques, auxquels nos usines en France ne peuvent jamais espérer d'arriver.

D'un autre côté, l'esprit d'association, qui fait la force de l'industrie et lui fournit ses grands moyens de développement, manque généralement en France, où la non-réussite de la plupart des grandes entreprises faites dans ces derniers temps par diverses sociétés n'a pas peu contribué à en ralentir le développement.

Les conditions pour l'établissement des exploitations industrielles varient pour les divers pays, qui ont leurs exigences de position dont il faut savoir tenir compte; et vouloir, par exemple, imiter servilement en France tout ce qui se fait en Angleterre, c'est s'exposer à bien des mécomptes; aussi l'engouement qui a régné pendant quelque temps chez nous pour tout ce qui était anglais, et l'ignorance de la plupart des hommes venus d'Angleterre, imbus des préjugés et des routines de leur pays, auxquels la direction des nouveaux établissemens avait d'abord été confiée, ont fait faire bien des fautes, et ont été beaucoup plus nuisibles aux progrès de l'industrie qu'ils n'ont servi à en développer l'essor.

On ne peut cependant disconvenir que l'état de paix dont nous jouissons, depuis une vingtaine d'années, n'ait fait prendre à l'industrie un développement considérable qui a augmenté l'aisance générale; et malgré les entraves qui lui sont opposées par suite d'un esprit étroit et rétréci, elle est partout en progrès, et elle marche rapidement, comme l'esprit humain, vers son affranchissement complet. Les arts métallurgiques ont suivi plus lentement peut-être ce mouvement général de progrès que le gouvernement ne saurait trop s'efforcer de seconder, non par des lois restrictives qui tuent bien plus souvent les industries particulières qu'elles ne les protégent, mais par des encouragemens bien entendus; il y est d'autant plus intéressé que le développement du travail, en améliorant l'état moral des masses et le bien-être général, devient la sauvegarde de toute société.

L'importance de la Métallurgie est immense; c'est en quelque sorte sur elle que repose la richesse des états, car elle fournit non seulement les matières premières les plus indispensables à toutes les industries, dont les progrès sont ainsi liés aux siens, mais encore elle devient leur principale source de revenus. C'est surtout au perfectionnement des machines et des appareils pour l'épuisement des eaux et l'extraction des matières, et à l'emploi plus généralement répandu des machines à vapeur qui les mettent en mouvement et en augmentent considérablement l'effet utile, que sont dues les améliorations qu'a éprouvées dans ces derniers temps la Métallurgie.

L'Angleterre occupe le premier rang parmi les nations les plus industrielles, par l'importance de ses exploitations minérales; elle se distingue surtout par la perfection des machines et les procédés technologiques. L'esprit entreprenant des Anglais et leurs habitudes commerciales les ont portés à s'occuper avec autant d'activité de l'exploitation des mines et de la préparation des métaux que de tous les autres genres d'industrie qui sont pour ainsi dire la conséquence de celles-ci. La sidérurgie surtout y est dans l'état le plus prospère, et elle fournit aujourd'hui plus de fer à elle seule que tous les autres états de l'Europe réunis. Cette contrée semble, en effet, avoir été favorisée par toutes les circonstances pour devenir la terre classique de cette industrie, dont les progrès toujours croissans ont élevé si haut sa prospérité.

Après l'Angleterre viennent dans un ordre relatif les différentes contrées de l'Allemagne, où l'art d'exploiter les mines est porté au plus haut degré de perfection. L'Autriche surtout, qui est le gouvernement de l'Europe qui fait exploiter le plus de mines pour son propre compte, se trouve intéressée à en faire ouvrir de nouvelles, à exploiter mieux les anciennes et à former de bons mineurs et de bons métallurgistes; aussi les arts métallurgiques y sont très-perfectionnés : c'est le seul pays de l'Europe où l'exploitation de l'or ait de l'importance; il en fournit annuellement plus de 4.500 marcs; c'est aussi celui qui donne le plus d'argent, et depuis 1815, la production du fer y a été beaucoup augmentée, ainsi qu'en Prusse, où les arts métallurgiques ne prennent pas moins de développement. En effet, la Silésie, qui, en 1780, importait encore des fers de la Suède, présente aujourd'hui une exportation annuelle de plus de 100,000 quintaux de fer.

La France, favorisée par des avantages naturels et de position, n'occupe guère que le troisième rang parmi les puissances productrices. Les mines et la Métallurgie y ont long-temps été négligées, et ce n'est que depuis le commencement de ce siècle, et même depuis une vingtaine d'années, que le gouvernement a commencé à porter un peu d'attention vers cette partie cependant si intéressante de notre richesse territoriale; aussi n'est-ce que depuis cette époque qu'on a vu les exploitations y acquérir une véritable importance.

Le développement extraordinaire que l'industrie en général, et particulièrement celle des fers, a pris depuis quelques années en Belgique, mérite, surtout dans une revue générale comme celle-ci, de fixer l'attention : ce grand mouvement industriel est principalement dû aux encouragemens et à la protection éclairée du roi Guillaume, qui était, on peut le dire avec justice, le premier négociant de son royaume, et qui est encore parmi tous les souverains celui qui entend le mieux le commerce dans ses applications les plus étendues, et qui sait le mieux apprécier toute la force que peuvent donner à un peuple les intérêts matériels satisfaits. Il ne se contentait pas seulement d'encourager toutes les entreprises utiles par des priviléges plus ou moins étendus, mais il se plaçait encore lui-même à leur tête en qualité d'associé commanditaire, et les aidait ainsi de ses propres deniers. Ce fut lui qui créa, en 1822, cette vaste société de banque, connue sous le nom de *Société générale pour favoriser l'industrie nationale*, et qui avait, comme il la concevait, un caractère de libéralité, de grandeur et d'élévation tel, qu'elle devait nécessairement excercer un ascendant extraordinaire sur le développement de l'industrie; mais la révolution belge, en enlevant à cette association son fondateur et protecteur naturel, lui a aussi enlevé son caractère primitif et a changé son véritable but. Cette association colossale, que les journaux se sont plu à tant exalter récemment, est devenue, entre les mains de spéculateurs ordinaires, un véritable monopole qui, loin de favoriser le développement de l'industrie, tend continuellement, au contraire, à écraser toutes les entreprises particulières, dont elle s'empare ensuite pour les exploiter à son seul profit; et, en détruisant toute concurrence, toujours si profitable aux masses, elle fait la loi aux consommateurs, en sorte qu'on pourrait bien aujourd'hui changer son nom en celui de *Société générale pour ruiner l'industrie nationale.*

Cependant le roi Léopold, formé à l'école anglaise, ne s'attache pas moins que son prédécesseur Guillaume à favoriser le développement de l'industrie de la nation qu'il a été appelé à gouverner, et s'efforce de réparer ainsi autant qu'il est en lui le tort que sa séparation de la Hollande a porté à ses relations commerciales maritimes et étrangères. Aussi la production du fer a plus que doublé en Belgique, et n'a cessé d'aller toujours croissant depuis 1830. A cette époque elle ne possédait que cinq hauts-fourneaux marchant au coke, et elle en a aujourd'hui trente-cinq, dont le produit annuel, favorisé comme en Angleterre par l'abondance du combustible fossile, par la position et la facilité des transports, autant que par le grand nombre et la puissance des machines à vapeurs, doit s'élever au moins à 700,000 quintaux métriques, auxquels il faut joindre la production du fer au charbon de bois qui ne laisse pas que d'avoir quelque importance. M. Leplay, qui vient de faire un travail très-intéressant sur l'industrie du fer en Belgique, y donnera, ce qui n'a pas encore été fait jusqu'ici, le chiffre exact de la production de ce métal.

La Suède trouve dans l'exploitation de ses mines, qui produisent annuellement pour plus de 20,000,000 de francs, des ressources qui la dédommagent du peu de fertilité de son sol; les qualités supérieures des fers suédois les font rechercher depuis long-temps sur tous les marchés de l'Europe, et ont acquis à cette contrée une supériorité bien marquée dans cette branche de la Métallurgie; elle fournit des quantités très-notables d'étain, de zinc, d'argent, et surtout de cuivre; malheureusement les fameuses mines de Falun, qui lui fournissaient la plus grande partie de ce dernier métal, paraissent presque épuisées; ainsi leur produit annuel, qui était d'environ 2,732,000 kilogrammes sous le règne de Gustave-Adolphe, n'est plus aujourd'hui que d'un cinquième de cette quantité.

On ne peut pas encore dire aujourd'hui à quelle puissance la Russie s'élevera un jour sous le rapport métallurgique; mais ce qu'il y a de certain, c'est que son gouvernement a fait depuis une cinquantaine d'années les plus grands efforts pour y augmenter le développement de la Métallurgie et de l'exploitation des mines, et que l'on est frappé du mouvement général de perfectionnement et de progrès imprimé à ce vaste empire, autant sous le rapport de l'industrie minérale que sous le point de vue agricole et commercial. Il offre, en effet, aujourd'hui, des établissemens qui peuvent rivaliser avec tous ceux de l'Europe méridionale. La Russie, que nous traitons parfois, trop légèrement sans doute, de puissance barbare, parce que ses mœurs et ses habitudes sociales et politiques diffèrent essentiellement des nôtres, me paraît destinée, au contraire, à jouer un jour, et ce jour n'est peut-être pas très-éloigné, un grand rôle parmi les nations civilisées. Ce qui manque aujourd'hui à cette puissance, c'est l'argent: elle l'a bien senti; aussi a-t-elle porté toute son attention vers l'exploitation des mines qui doivent lui fournir ce mobile de la puissance réelle des peuples; et à ce sujet on peut dire que les réglemens libéraux qu'elle a établis touchant l'exploitation des mines par les particuliers, ne contribueront pas peu à développer de ce côté ses ressources industrielles. Déjà ses mines fournissent autant d'or que celles du Brésil, pays du monde qui en fournit le plus; elle est devenue l'égale de l'Autriche pour la production de l'argent et du cuivre, et après l'Angleterre et la France, c'est le pays qui produit le plus de fer. On peut donc prévoir que la Russie, avec cette politique persévérante et toute de prudence qui la caractérise comme état et qui lui a souvent servi à remplacer la forme matérielle qui lui manquait, politique qu'on pourrait peut-être regarder comme l'expression d'un véritable patriotisme national, on peut prévoir, dis-je, qu'appuyée comme elle l'est sur le levier formidable que lui présentent pour l'avenir ses mines de l'Altaï, du Caucase et de l'Oural, elle acquerra nécessairement bientôt une grande prépondérance dans les destinées politiques du monde.

L'Espagne est peut-être de tout l'ancien continent le pays le plus riche en mines précieuses, et il est à peu près certain qu'il l'emporterait bientôt en importance sur l'Angleterre même, si elle savait tirer parti des richesses souterraines dont la nature l'a dotée avec tant de profusion; elle a d'ailleurs été dans l'antiquité, pour les Phéniciens et ensuite pour les Carthaginois, ce que dans les temps modernes le Pérou était devenu pour elle-même. Tous les auteurs anciens nous ont laissé à ce sujet des notions précieuses sur ses immenses richesses minérales, et nous montrent que jadis la péninsule ibérienne, obligée depuis d'aller chercher ses trésors dans le Nouveau-Monde, avait été le pays le plus riche de la terre en argent et autres métaux précieux. Aristote prétend, par exemple, que quand les Phéniciens, ces intrépides et hardis navigateurs, qui reculèrent si loin les limites du monde connu, débarquèrent pour la première fois en Espagne, ils y trouvèrent une telle quantité d'argent qu'ils en emportèrent une cargaison et qu'ils fabriquèrent tous leurs ustensiles avec ce métal. Ce fut de l'Espagne qu'ils tirèrent les immenses richesses qui servirent à décorer le fameux temple de Salomon, et les trésors avec lesquels Didon s'enfuit de Tyr pour aller fonder Carthage provenaient du même pays. Strabon, en parlant des mines d'argent de cette contrée, ajoute qu'il y avait aussi beaucoup d'or, de plomb, de fer, et surtout de l'étain dont les mines se trouvaient sur la côte septentrionale voisine de la Lusitanie. « L'Ibérie fit le commerce avec toi (Tyr), à cause de tes grandes richesses; elle paya tes denrées avec de l'argent, du fer, de l'étain, du plomb », s'écrie le prophète Ezéchiel. Enfin, sous la domination des Carthaginois, successeurs des Phéniciens dans le commerce du monde, l'argent fut si abondant en Espagne, qu'on en fabriquait encore toutes sortes d'ustensiles. Après eux, les Romains continuèrent l'exploitation des mines de l'Espagne et en retirèrent d'immenses quantités de métaux avec lesquels ils payèrent leurs armées et soutinrent leur puissance. Il est donc certain que le sol de l'Espagne recèle dans son sein des richesses considérables, dont il ne lui faudra que savoir tirer parti pour permettre au peuple énergique qui l'habite de reprendre sa prépondérance en Europe. Outre les mines dont il vient d'être question, l'Espagne possède encore des mines de cuivre très-abondantes et aussi anciennement exploitées; ses célèbres mines de mercure d'Almaden sont les plus riches qui existent; malheureusement elles viennent, par suite d'un acte de vandalisme et de barbarie inqualifiable, d'être noyées par Gomez. Enfin, les mines de fer de l'Espagne, dont les produits jouirent d'une grande célébrité dans l'antiquité et même encore jusque vers le dixième siècle, sont pour ainsi dire inépuisables; mais depuis lors son administration intérieure, jointe à ses relations avec l'Amérique, ont complètement paralysé dans ce beau pays tous les efforts de l'industrie, et il ne lui reste plus aujourd'hui, de son vaste commerce de fer, que la réputation de ses produits sous le rapport de la qualité. Cependant, depuis quelques années, cette puissance, qui ne retirait plus de ses mines de plomb que de très-faibles produits, évalués à seulement 12,000 quintaux par M. le comte de Laborde, s'est replacée en tête de toutes les nations productrices de ce métal; et ses produits, transportés sur tous les marchés de l'Europe, y ont fait considérablement baisser le prix du plomb; elle doit cet heureux changement à l'abolition des lois restrictives qui en gênaient l'exploitation.

Ne me proposant de faire connaître ici que les métaux dont les usages sont les plus nombreux et les plus répandus, je n'ai pas cru devoir adopter, pour en parler, d'autre ordre de classification que celui de leur importance relative dans les arts et l'industrie. En traitant de chaque métal, je rappellerai d'abord ses caractères et ses propriétés physiques; puis je détaillerai son emploi dans les arts, afin d'en faire ressortir l'importance; ensuite je rappellerai la manière d'être dans la nature des différens minerais qui le fournissent; j'exposerai après les principaux procédés en usage pour leur extraction, et je terminerai par un tableau statistique de leurs produits dans chaque pays. Sans doute bien des données à ce sujet sont fort anciennes et auraient besoin d'être rectifiées; mais il n'est pas facile de se procurer des renseignemens exacts sur l'exploitation des pays étrangers; aussi ai-je eu soin d'indiquer la date du renseignement le plus récent que j'ai eu à ma disposition, afin que si les produits d'un pays avaient éprouvé depuis lors des modifications importantes[1], on ne puisse pas considérer ceux qui sont consignés ici comme erronés, mais comme l'expression de ce qui existait à l'époque la plus récemment connue; j'ai enfin aussi eu le soin d'indiquer le prix moyen des métaux d'après leur cours actuel en France qui a servi de base à mes calculs; en sorte que si les conditions venaient à varier, il n'y aurait qu'à changer un chiffre pour connaître la valeur réelle pour un poids déterminé du métal.

Après avoir exposé aussi succinctement que possible l'importance relative des diverses nations de l'Europe sous le rapport métallurgique, je dois, avant de traiter des métaux en particulier, donner quelques idées générales sur les principaux appareils employés à leur préparation, afin de mettre le lecteur à même de comprendre les différentes opérations auxquelles chacun d'eux est soumis.

Les procédés que le métallurgiste emploie pour arriver au but qu'il se propose, la séparation et la purification des métaux, sont très-multipliés; obligé d'opérer en grand et par les moyens les plus économiques, il néglige, comme trop dispendieux, les procédés nombreux que fournit la chimie, pour ne faire usage que de deux agens principaux, les combustibles et l'air. Le premier sert à liquéfier ou à vaporiser certaines substances pour les séparer les unes des autres, et ces opérations prennent les noms de *liquation* et de *vaporisation*, et le second à oxider certains métaux, profitant de leur grande affinité pour l'oxigène pour les séparer d'avec ceux qui n'en ont pas : c'est ainsi que le plomb peut se séparer du cuivre par la liquation, à cause de sa plus grande facilité à entrer en fusion; le mercure de l'or et de l'argent par la grande facilité avec laquelle il se volatilise, et le plomb de ces mêmes métaux par suite de la facilité avec laquelle ce dernier métal se combine avec l'oxigène, tandis que l'or et l'argent n'ont aucune affinité pour lui. Souvent les combustibles ont seulement pour but de fondre les matières, ou bien, en se combinant avec l'oxigène de l'air, de former l'oxide de carbone qui agit alors comme agent réducteur des métaux, ainsi que l'a fort bien démontré récemment M. Leplay.

Suivant les opérations à faire ou les circonstances locales, on emploie pour combustible, tantôt le bois ou le charbon de bois, tantôt la houille en nature ou carbonisée, c'est-à-dire convertie en coke, état où elle est débarrassée des matières bitumineuses qu'elle renferme et qui la rendent souvent collante; tantôt enfin on se sert de lignites ou de tourbe. Selon les circonstances aussi, on traite les minerais métalliques préparés (lavés, boccardés et grillés) séparément ou bien mélangés avec le combustible, en y ajoutant, s'il est nécessaire, des *fondans*, matières destinées à faciliter la fusion des minerais et des substances étrangères.

Les appareils dont on se sert pour les différentes opérations métallurgiques sont de deux sortes : les fourneaux à courant d'air forcé et les fourneaux à courant d'air naturel; leurs formes et leur hauteur varient beaucoup selon les opérations auxquelles ils doivent servir.

Les fourneaux à courant d'air forcé sont ceux où à l'aide de machines soufflantes on introduit une certaine quantité de vent. Ces machines ont donc pour but de porter l'air au milieu du mélange de combustible et de minerai contenu dans les fourneaux, soit simplement pour activer la combustion, soit dans le but de faciliter la réduction ou l'oxidation des métaux. Elles consistent en de très-grands soufflets ordinaires en bois, ou en des pompes soufflantes ou *soufflets à piston*, machines d'invention toute moderne, et qui remplacent très-avantageusement aujourd'hui les anciens soufflets. Ce sont des caisses ou cylindres en bois ou en fonte, carrés ou cylindriques, dans lesquels

un

un piston, à l'aide d'un mouvement de va-et-vient qui lui est communiqué par un moteur quelconque, aspire d'abord l'air, et l'expire ou le chasse ensuite à l'aide de conduits convenablement ménagés, au milieu des fourneaux qu'on veut alimenter. On se sert enfin dans les pays de montagnes, pour fournir le vent aux forges, de *trompes* qui se composent de tuyaux de bois ou de fonte auxquels on donne le plus de hauteur possible, et le long desquels on ménage de petites ouvertures pour y laisser pénétrer l'air; l'eau arrivant par la partie supérieure de ces tuyaux, s'y précipite, entraîne l'air et le chasse avec force dans d'autres tuyaux qui le portent au fourneau.

Comme il sera question de chaque fourneau en décrivant les différentes opérations métallurgiques relatives à chaque métal, je me bornerai à parler ici de quelques uns d'eux. Parmi les fourneaux à courant d'air naturel, les *fourneaux à réverbère* sont ceux où les minerais ne sont soumis qu'à l'action de la flamme, de la fumée et du courant d'air, sans être en contact avec le combustible.

Les *fourneaux à manche* sont au contraire de petits fourneaux à courant d'air forcé, dont la cuve ou capacité intérieure est carrée ou cylindrique; ils varient beaucoup de hauteur et de dimensions, selon les usages auxquels ils sont destinés, et ont depuis quatre jusqu'à dix et même vingt pieds de hauteur; ce sont alors, comme on les appelle, des demi-hauts-fourneaux.

Quant à ce qui regarde la préparation mécanique des minerais métalliques, j'en ai parlé aux mots Boccart et Lavage, auxquels on peut se reporter. Parmi les préparations chimiques, le *grillage* est une espèce de torréfaction qu'on fait parfois préalablement subir aux minerais, et qui a pour but de chasser certaines substances volatiles, comme le soufre, l'arsenic, etc., ou bien de changer la nature chimique des matières et de les préparer aux opérations qu'elles ont à subir, ou enfin de désagréger les différentes parties des minerais pour rendre plus facile la séparation des matières étrangères. On trouvera, sur tous ces objets, des détails plus étendus et plus circonstanciés, dans les *Principes généraux de Métallurgie* de M. Guéniveau, et dans les différens ouvrages qui traitent de la Métallurgie, soit dans Hassenfratz, soit dans Héron-de-Villefosse, soit dans Karstein, etc.

Fer. Si le fer, qui a été long-temps connu sous le nom de *Métal de Mars*, n'est pas le plus précieux des métaux, on peut dire qu'il est le plus important et le plus nécessaire de tous. Que seraient en effet, sans le fer, les arts et l'industrie? aussi la nature toujours féconde, comme si elle avait voulu distribuer les substances minérales d'après leur utilité relative pour nos besoins, semble avoir formé à dessein ce métal à profusion, car les minerais de fer sont les matières les plus abondantes du règne inorganique; ils constituent avec les combustibles fossiles la véritable richesse minérale, et les valeurs des produits de ces deux espèces de matières, en particulier l'emportent de beaucoup sur celles de l'or et de l'argent réunis, dont on s'exagère généralement l'importance; et quoique la valeur du produit général de ces deux métaux soit évaluée annuellement à plus de 300,000,000 de francs, celle du fer s'élève, pour l'Europe seulement, à environ 775,000,000, en sorte qu'on peut raisonnablement supposer que le produit général du fer s'élève à une valeur au moins quadruple de celui de l'or et de l'argent, et à plus de la moitié de la valeur totale du produit de tous les autres métaux réunis.

L'importance du fer pour tous les usages habituels de la vie l'a fait rechercher de tout temps, et l'époque de sa découverte se perd dans l'antiquité la plus reculée; tous les peuples un peu industrieux en ont connu l'usage, et l'on peut dire même que la consommation de ce métal est d'autant plus grande dans un pays, que la civilisation y est plus avancée. Comparé aux autres métaux, le fer est dur; c'est le plus tenace d'entre eux, et un fil de fer de seulement deux millimètres de diamètre peut supporter un poids de 240 kilogrammes sans se rompre; il est très-ductile, mais se file beaucoup mieux qu'il ne s'étend en lames. En barres, sa pesanteur spécifique est de 7,78, c'est-à-dire qu'il pèse près de huit fois autant que son volume d'eau à la température de 18° centigrades. Il n'entre en fusion qu'à une température extrêmement élevée, entre 15 et 1600° centigrades, suivant M. Pouillet : il brûle alors avec la plus grande facilité. Il n'est personne qui n'ait été témoin dans une forge de l'éclat brillant des étincelles qu'il projette en se brûlant, lorsqu'il est chauffé au blanc soudant; exposé à l'air humide, il s'oxide facilement, et la rouille qui se forme à sa surface n'est que le résultat de sa combustion lente. Je ne rappellerai pas ici les usages nombreux auxquels le fer métallique est employé, tout le monde les connaît; je signalerai seulement son emploi en médecine, où de nombreuses préparations ferrugineuses sont administrées comme toniques, astringentes et apéritives.

On peut dire que le fer métallique n'existe réellement pas dans la nature, où ses composés sont cependant extrêmement nombreux; mais, parmi la grande variété des minerais de fer, on n'emploie pour la préparation de ce métal qu'un très-petit nombre d'espèces : ce sont le peroxide ou oxide rouge, le fer oligiste, le deutoxide ou oxide magnétique, l'hydroxide et les carbonates. Les premiers sont pour ainsi dire les seuls employés en Suède et en Italie; et les derniers, à quelques exceptions près, les seuls employés dans les usines de France. Celles d'Angleterre n'emploient que le fer carbonaté lithoïde ou terreux et compacte des houillères. La différence des minerais, soit sous le rapport de la richesse, soit sous le rapport de la composition et du mélange des matières étrangères, fait nécessairement varier beaucoup, sinon les procédés, du moins les formes des fourneaux employés à leur réduction.

Nous ignorons quels étaient les procédés de fabrication des anciens; il paraîtrait cependant que les Grecs chargeaient les minerais dans des fourneaux avec les charbons et par couches alternatives, et qu'ils liquéfiaient le fer une ou plusieurs fois pour améliorer sa qualité. En parcourant la Grèce, j'ai retrouvé en effet, sur plusieurs points de cette contrée, et notamment dans les ruines de Sparte, dont les fers jouissaient d'une grande réputation, outre des scories vitreuses comme celles de nos hauts-fourneaux, des scories qui ne paraissaient différer en rien de nos scories d'affinage.

S'il faut en croire quelques passages de Pline, les Romains se servirent d'abord de fourneaux activés tantôt par un simple tirage, tantôt par des soufflets; et l'invention de la méthode dite *catalane*, encore pratiquée sur quelques points de l'Europe, paraît remonter jusqu'à eux. Les anciens n'ont pas connu l'usage de la fonte qui est une découverte du moyen-âge; mais on ne sait pas où et à quelle époque au juste cette découverte importante a été faite pour la première fois; elle remonte jusqu'au douzième siècle, et doit, selon toute probabilité, être attribuée aux Pays-Bas où alors, la fabrication du fer ayant fait quelques progrès, on employa la fonte à la confection de divers objets; en 1347 on fabriqua en Angleterre beaucoup de bouches à feu en fonte, et on a des preuves qu'en 1400 les usines de l'Alsace produisaient des poêles en fonte. L'emploi du coke ou de la houille carbonisée ne remonte qu'à l'année 1720, époque où on en fit usage pour la première fois en Angleterre. Ce ne fut qu'en 1784 que les premiers essais d'affinage de la fonte à la houille dans des fours à réverbère furent faits dans ce pays.

Depuis cette époque, la fabrication du fer a fait beaucoup de progrès en Europe; cependant elle est encore loin d'être arrivée partout à ce point de perfection où l'importance de ce métal et ses besoins toujours croissans sembleraient devoir l'amener promptement. La découverte de l'emploi de la houille pour le traitement de ce métal est devenue du plus haut intérêt, à cause de la dépopulation successive des forêts et de l'augmentation progressive du prix des bois; c'est surtout l'Angleterre, pays le plus riche du globe en mines de charbon de terre, qui en retire les plus grands avantages, et on peut dire que c'est l'une des principales causes de sa puissance, celle qui l'a rendue la nation la plus industrielle du monde. Les progrès de l'exploitation du fer depuis cette époque y ont été vraiment étonnans; par exemple, en 1796, le Royaume-Uni ne retirait de toutes ses mines que 125,000 tonnes de fer; en 1806, leur produit s'est élevé à 250,000, en 1820 à 400,000, en 1825 à 580,000, et en 1827 à la quantité énorme de 700,000 tonnes; depuis, la production du fer y a encore beaucoup augmenté. Ces faits positifs démontrent que ce royaume produit aujourd'hui plus de fer que toute l'Europe; cependant la France, la Russie, l'Autriche, la Suède et la Prusse sont réputées comme les pays qui en fournissent le plus.

Après l'Angleterre, on peut placer dans un rapport relatif la Belgique, qui se trouve dans des conditions à peu près analogues; en France, au contraire, pays qui vient après l'Angleterre pour la quantité de ses produits en fer, l'éloignement ordinaire des matières premières, la difficulté des communications, du transport, et la rareté de la houille, ne permettront jamais à cette industrie d'acquérir un développement comparable.

La substitution de l'air échauffé à une haute température, qui va quelquefois à 3 ou 400 degrés centigrades, à l'air froid qu'on lançait auparavant dans les fourneaux, imaginée en 1828 par un Anglais, M. Nielson, est une des découvertes les plus importantes qui aient été faites depuis longtemps en Métallurgie; elle a changé en partie les conditions de la production du fer, surtout pour celui fabriqué à la houille. Depuis lors, plusieurs améliorations et modifications remarquables, en tête desquelles il faut placer le procédé ingénieux dit des *gaz réducteurs* de M. Cabrol, dont l'application vient d'être faite avec succès dans les forges de l'Aveyron, ont été tentées dans l'emploi de ce système. D'autres perfectionnemens ont encore eu lieu, et celui de l'emploi du chlore dans l'affinage de la fonte, imaginé il y a peu de temps en Allemagne, par MM. Schafhaental et Théobald Bœhm, peut avoir la plus heureuse influence sur la qualité des produits. En France, où la plus grande partie du fer se fabrique avec le charbon de bois, la question des fers se rattache naturellement à celle des bois, et ceux-ci devenant de plus en plus rares et de plus en plus chers, ne permettent pas d'y fabriquer les fers aux mêmes prix qu'en Angleterre et en Belgique, où la mine et le combustible sont à si bas prix et en si grande abondance réunis dans le même gisement. Il y a plus, c'est que si rien ne venait changer les conditions de la fabrication du fer en France, on pourrait y prévoir la ruine prochaine d'un grand nombre d'usines; car aux prix auxquels les bois se sont vendus cette année dans plusieurs de nos cantons de forges, il n'est presque plus possible d'y fabriquer le fer sans perdre. Ainsi, aux désavantages considérables que nous avons déjà sur la Belgique et l'Angleterre, désavantages qui tiennent au manque de combustible fossile, à l'éloignement des matières premières, à leur prix élevé tout autant qu'aux difficultés de leur transport, vient encore s'ajouter celui de la rareté des bois et de la dépopulation graduelle des forêts qui, dans beaucoup de localités, ne fournissent qu'à peine les trois quarts des approvisionnemens que réclament aujourd'hui les usines, dont les besoins, au contraire, vont toujours croissant.

Je pense que les droits élevés imposés à l'entrée des fers étrangers, loin de favoriser, comme beaucoup de personnes le croient, l'industrie des fers en France, ne profitent qu'aux propriétaires de bois qui augmentent toujours ceux-ci en raison de la concurrence et du haut prix des produits; tandis que si ces droits venaient à diminuer, il s'établirait une concurrence beaucoup plus favorable que nuisible à la prospérité de nos usines qui se verraient enfin dans la nécessité d'améliorer et de perfectionner leurs procédés de fabrication; et à ce sujet j'ai été à même d'apprécier l'effet salutaire que l'ordonnance de M. Duchâtel, sur la réduction des droits de douane, avait produit, mais que les votes intéressés de la chambre de 1836 sont bientôt venus paralyser; car elle avait fait entrevoir que le monopole onéreux qui pèse sur les provinces qui en sont le plus immédiatement frappées aurait un terme, et qu'il fallait bien finir par arriver aux améliorations commandées par les progrès des autres branches d'industrie, afin de se préparer à soutenir la lutte avec l'étranger. Dans cet état de choses, si le gouvernement ne s'empressait pas de prendre les mesures efficaces que réclament les circonstances, et surtout s'il ne songeait pas sérieusement et très-promptement à favoriser des plantations de bois qui puissent rassurer sur l'avenir d'une industrie qui crée chaque année à elle seule une valeur de plus de 110,000,000 de francs, et sur les progrès et le développement de laquelle reposent en quelque sorte ceux de la plupart des autres industries, auxquelles elle fournit les matières premières indispensables, on n'entreverrait plus pour elle qu'un avenir qui irait toujours empirant. Tout procédé qui tendra à diminuer la consommation du bois dans les usines à fer, aura donc une grande importance en France; aussi on y a tenté bien des fois de substituer le bois en nature au charbon de bois pour le traitement des minerais, mais toujours sans beaucoup de succès ni d'avantages réels, et encore ne l'employait-on qu'en petite proportion, mélangé avec le charbon. Un nouveau procédé de carbonisation à l'usine, et à l'aide de la flamme perdue des foyers de forge, dont je m'occupe depuis plus de deux ans, de concert avec ses auteurs, MM. Houzeau-Muiron et Fauveau-Déliars, et qui diminue de moitié la consommation du bois, est venu changer un peu les craintes de l'avenir en un espoir fondé de pouvoir, à l'aide de ce procédé, soutenir la lutte qui tôt ou tard devra s'élever avec l'étranger, et résoudre le problème qu'on se propose depuis long-temps dans les forges, celui de pouvoir utiliser la grande quantité de combustible qui se trouve consommée en pure perte par les moyens ordinaires de carbonisation des forêts, où le bois ne rend moyennement que 16 à 17 pour o/o de carbone, tandis qu'il en contient de 36 à 40. On comprendra facilement dès-lors toute l'importance de ce procédé, surtout quand on saura que la consommation du bois en France, pour le traitement des minerais de fer, s'élève annuellement à plus de 33,000,000 de francs; et combien de capitaux ont été engloutis en pure perte par les anciens procédés de carbonisation des forêts, si l'on se reporte à une époque encore peu éloignée où la consommation du bois, pour obtenir une quantité donnée de fonte ou de fer, était double et triple de celle qui est nécessaire aujourd'hui. Quoi qu'il en soit, la propagation de ce procédé (1), dont le succès, en raison du nombre des applications qui en ont déjà été faites, n'est plus douteux, amenera nécessairement d'importans changemens dans les conditions de la fabrication du fer en France, et devra la mettre à même de soutenir, sous le rapport du prix de revient, la concurrence des fers étrangers.

L'un des résultats de l'adoption immédiate partout du nouveau procédé, serait de réduire de moitié la dépense annuelle du bois employé au traitement des minerais de fer; d'en laisser une partie disponible, et par conséquent de rendre les approvisionnemens plus faciles; cependant il est plus probable que les choses ne se passeront pas tout-à-fait ainsi, et que le nombre des usines augmentera graduellement ainsi que la fabrication, en sorte que l'industrie des forges pourra être mise à même de livrer au commerce une quantité de fer double de celle produite aujourd'hui, et à des prix inférieurs. Ainsi la propagation du procédé ne réagira pas seulement sur les forges, mais elle aura encore une influence plus ou moins directe sur toutes les autres branches d'industrie, et contribuera à nous assurer les moyens d'arriver plus tôt à des voies moins dispendieuses et plus rapides de communication et de transport; autre source de progrès industriels, agricoles et de civilisation, dont on ne peut guère maintenant mesurer toutes les conséquences à venir.

La plupart des améliorations que je viens de signaler sont dues aux applications à la Métallurgie, des découvertes de la chimie et de la physique, sciences auxquelles les arts industriels doivent la plupart de leurs perfectionnemens. C'est ainsi que l'un de nos premiers physiciens, M. Pouillet, qui s'est livré depuis long-temps à des *recherches sur les hautes températures, et sur les phénomènes qui en dépendent*, vient de soumettre à l'Académie des sciences le résultat d'intéressans travaux qui me paraissent destinés à faire faire un nouveau pas à la Métallurgie. En effet, l'ingénieux *pyromètre à air* qu'il a imaginé pour mesurer les températures élevées, permettra, je n'en doute pas, de pouvoir se rendre un jour compte de bien des phénomènes jusqu'ici encore inexpliqués de la marche souvent si irrégulière des hauts-fourneaux.

A l'aide de son appareil, M. Pouillet a pu facilement déterminer exactement le degré correspondant au point de fusion des métaux, et aux différentes nuances de couleur qu'ils acquièrent à mesure qu'ils s'échauffent. Ces résultats curieux, intéressent trop les métallurgistes pour ne pas trouver place dans cet article; les voici :

525° cent. correspondent	au rouge naissant.
700.	au rouge sombre.
800.	au cerise naissant.
900.	au cerise.
1000.	au cerise clair.
1100.	à l'orange foncé.
1200	à l'orange clair.
1300	au blanc.
1400	au blanc éclatant.
15 à 1600.	au blanc éblouissant.

(1) On trouvera tous les détails désirables sur ce sujet intéressant, dans une brochure qui vient de paraître chez Carilian-Gœury, et intitulée : *Mémoire sur un nouveau procédé de carbonisation dans les Usines*, etc., in-8°.

Les différens degrés correspondans aux points de fusion de la fonte, du fer et de l'acier sont les suivans :

Les fontes blanches très-fusibles entrent en fusion à. . . . . 1050°
Les fontes blanches peu fusibles à. 1100
Les fontes grises peu fusibles à. . . 1200
Les aciers les plus fusibles à. . . . 1300
Les aciers les moins fusibles à. . . 1400
Enfin les fers à. . . . . 15 ou 1600

La fabrication du fer, quand on ne l'obtient pas directement, comme par la méthode catalane, se divise en deux grandes opérations principales : la première consiste à réduire et à fondre les minerais dans de très-grands fourneaux, pour en obtenir de la fonte, qui est une combinaison de fer avec un peu de carbone et des métaux terreux ; et la seconde à affiner par différens procédés cette fonte, pour en obtenir un fer malléable et dégagé des matières étrangères qui le rendaient dur et cassant.

Méthode catalane. Par cette méthode simple, prompte, et très-économique sous le rapport de l'établissement, encore en usage en Espagne, dans les Pyrénées et quelques autres points de la France, en Corse et en Italie, le minerai est directement converti en fer malléable et en acier dans des bas-fourneaux, c'est-à-dire sans qu'il soit nécessaire de fabriquer de la fonte, produit intermédiaire qui résulte, dans les autres usines, de l'emploi exclusif des hauts-fourneaux. Le foyer catalan est absolument semblable au fourneau d'affinage de la fonte : on y place le minerai, on le couvre et on l'entoure de charbon de bois ; on élève la température au moyen de soufflets dont le vent est ordinairement fourni par des trompes, et lorsque la matière a été suffisamment échauffée, que le minerai est réduit, l'ouvrier en forme une loupe que l'on forge immédiatement. Cette méthode ne convient qu'avec des minerais très-riches, comme les fers spathique, oligiste et hématite, dont une grande partie passe dans les laitiers ; en sorte qu'on éprouve des pertes assez considérables dans l'emploi des minerais.

La méthode généralement suivie maintenant dans tous les pays consiste à charger les minerais convenablement préparés avec le combustible et souvent de la *castine* (on appelle ainsi le fondant nécessaire pour faciliter la vitrification des matières étrangères mélangées avec les minerais), dans des *hauts-fourneaux*, ainsi appelés à cause de leur grande hauteur comparée à leur largeur ; ils ont depuis quatorze jusqu'à trente-cinq pieds de hauteur quand on emploie le charbon de bois, et de quarante à cinquante et même quelquefois jusqu'à soixante pieds quand on emploie le charbon de terre. L'intérieur d'un haut-fourneau est composé d'un *creuset*, espace formé d'un carré long, placé à la partie inférieure ; il est destiné à recevoir la fonte à mesure qu'elle se produit dans l'intérieur. Ce creuset communique ordinairement avec la partie supérieure appelée *cuve* par une partie carrée droite ou un peu évasée par le haut, qui prend avec le creuset le nom d'*ouvrage* ; on y pratique au dessus du creuset une ou plusieurs ouvertures appelées *tuyères*, par où le vent est lancé à l'aide de *buses* dans le fourneau. La cuve est composée de deux parties coniques réunies base à base, et dont l'inférieure, beaucoup plus surbaissée que l'autre, prend le nom d'*étalages*. Le fourneau est terminé à la partie supérieure par une ouverture plus ou moins large appelée *gueulard* ; c'est par là que se charge le mélange de minerai et de combustible à mesure que celui qui est dans le fourneau descend. Lorsque le creuset est plein de fonte, on la coule dans des rigoles ménagées dans le sable ou dans des moules en fonte pour en faire de grandes barres ou des plaques qu'on appelle *gueuses* ; ou bien on la puise dans le creuset même, pour en faire des objets de moulerie, tels que des poêles, des marmites, etc., etc. A mesure que le minerai se réduit et se convertit en fonte, les matières étrangères se vitrifient et forment ce qu'on appelle les *laitiers* ; comme ils sont plus légers que le métal, ils s'en séparent naturellement et s'écoulent sous forme de verre par la partie antérieure du creuset appelée *dame*, où l'ouvrier a soin de toujours ménager une ouverture pour faciliter leur sortie continuelle.

L'opération de la fonte des minerais dans les hauts-fourneaux n'est jamais interrompue que pour réparations ou par suite d'accidens ; sa durée est ce que l'on appelle un *fondage*. Les fondages durent donc plus ou moins long-temps, selon la résistance des matériaux employés à la construction des fourneaux. En France, la durée moyenne n'est guère que de huit ou neuf mois ; elle est souvent moindre, mais aussi il arrive que des fondages durent quinze ou dix-huit mois et plus. En Angleterre, il y en a qui durent plusieurs années, et on a cité plusieurs fourneaux qui ont marché pendant dix ou douze, et même pendant vingt ans sans arrêter. On coule ordinairement la gueuse toutes les douze heures, quelquefois seulement toutes les vingt-quatre heures ; mais dans les fourneaux qui produisent de très-grandes quantités de fonte, on est obligé de couler de six en six ou de sept en sept heures, ou bien après un nombre déterminé de *charges* (on appelle ainsi la quantité de mine et de combustible qu'on jette à la fois dans le fourneau : cette quantité varie dans chaque pays, et souvent dans chaque usine). Les dimensions du fourneau et la nature du combustible qu'on emploie, déterminent la quantité de vent qu'il faut lancer ; avec le coke ou le charbon de terre, il faut une grande quantité de vent ; celle-ci dépasse quelquefois trois mille pieds cubes par minute ; aussi les personnes qui visitent pour la première fois une de ces usines gigantesques, ne peuvent voir sans un étonnement mêlé de crainte les machines puissantes qui lancent par de petites ouvertures, et toujours avec un sifflement considérable, une si grande quantité d'air dans le fourneau. Avec le charbon de bois, la proportion de vent à donner au fourneau est bien moindre ; elle ne dépasse guère quinze cents pieds cubes ; mais dans beaucoup de nos usines, où les moteurs sont trop faibles, il arrive souvent que la quantité de vent injectée dans le fourneau ne s'élève pas à cinq cents pieds cubes par minute. La fonte ainsi obtenue n'est ni malléable ni ductile, et ne peut servir qu'à fabriquer économiquement par le moulage, soit direct, comme il vient d'être dit, soit après une seconde fusion qu'on lui fait subir, des objets pour lesquels ces propriétés ne sont d'aucune utilité. Pour obtenir du *fer doux*, c'est-à-dire ductile, malléable et susceptible d'être soudé et de recevoir enfin toutes les formes qu'on désire, il faut affiner la fonte, séparer par conséquent le carbone et les matières étrangères qu'elle contient encore. Les méthodes d'affinage sont nombreuses et varient selon les pays et la nature des combustibles qu'on emploie.

La méthode d'affinage le plus anciennement pratiquée, consiste dans l'emploi de petits fourneaux appelés *feux* ou *foyers d'affinerie*, *renardières*, etc., formés d'une cavité carrée longue d'environ deux pieds, avec une profondeur un peu moindre, pratiquée dans un massif de maçonnerie, et adossée d'un côté à un mur supportant une large cheminée, en sorte que le tout ressemble, aux proportions près, à une forge de serrurier ou de maréchal. Le foyer est revêtu intérieurement de plaques en fonte très-épaisses, dont l'une, celle qui est placée à la partie antérieure, est percée pour laisser passage, au besoin, aux laitiers qui se forment pendant l'opération.

Lorsqu'on commence l'affinage, on remplit la cavité de poussière de charbon, appelée *brasque légère*; on la bat bien et on ménage au milieu une cavité hémisphérique que l'on appelle *creuzet*. On y place les morceaux de fonte à affiner, ou bien l'extrémité d'une gueuse que l'on y fait avancer à mesure qu'elle se fond; puis on recouvre le tout de charbon de bois. De forts soufflets servent à élever convenablement la température en activant la combustion, et portent en même temps le vent à travers le charbon sur la fonte. Lorsque celle-ci entre en fusion, il se forme des scories à la surface du bain. Pour faciliter l'accès de l'air, brûler le carbone de la fonte et mettre le fer en liberté, l'ouvrier écarte ces scories et remue sans cesse la fonte avec un ringard. A mesure que cet effet se produit, le fer devient pâteux et se sépare sous forme de grumeaux; alors l'ouvrier les rassemble en une seule masse que l'on appelle *loupe* ou *renard*. Lorsque cette masse est assez volumineuse, il la saisit avec des pinces et la sort du foyer; son aide l'arrondit à coups de masse pour réunir toutes les parties détachées; puis ils la portent au *martinet*, qui est un très-gros marteau en fonte ordinairement mis en mouvement par une roue hydraulique; ce marteau, en comprimant fortement la masse, en fait sortir le laitier, soude et réunit toutes les parties du métal; c'est ce qu'on appelle *cingler la loupe*. Celle-ci ne prend pas au premier cinglage la forme sous laquelle le fer est ordinairement livré au commerce; le cingleur lui donne d'abord une forme de carré long, appelé *massiau*, qu'il reporte au feu pour le réchauffer; au second cinglage, elle est ordinairement divisée en deux pour former deux barres, et ce n'est qu'à la troisième ou quatrième chaude que la loupe se trouve entièrement forgée.

Depuis 1784 que des essais d'affinage de la fonte à la houille ont été faits en Angleterre, la méthode d'affinage du fer y a tout-à-fait changé; c'est dans des fours à réverbère, appelés *fours à puddler*, que la fonte s'affine, et souvent après qu'elle a été convertie en *fine-métal*, c'est-à-dire après avoir été amenée à l'état de fonte blanche par une seconde fusion dans des foyers appelés *fineries* ou *mazeries*, où elle est exposée à un vent très-fort. On fait ordinairement plusieurs loupes avec une charge dans les fours à réverbère, et dès qu'elles sont formées, elles sont portées au marteau cingleur, puis passées plusieurs fois entre de gros cylindres cannelés en fonte dure, qui les étirent et séparent encore une partie du laitier qui a échappé à l'action du marteau; elles prennent par ce premier corroyage la forme de barres; mais ce n'est encore qu'un fer assez grossier. Ces barres sont découpées ensuite par morceaux à l'aide de grosses cisailles en fer, puis réchauffées par paquets de trois ou quatre morceaux, dans d'autres fours à réverbère appelés *fours de chaufferie*; quand ils sont arrivés au blanc soudant ou suant, on les étire de nouveau dans d'autres laminoirs à cannelures plus petites et graduées, de manière à donner aux barres les dimensions convenables. Ce procédé d'affinage, dit *méthode à l'angalise*, a été introduit en France depuis une quinzaine d'années, mais il n'y est pratiqué que sur les points où il est facile de se procurer de la houille à un prix modéré; depuis lors on a imaginé un procédé mixte appelé *méthode champenoise*, qui consiste à puddler ou affiner à la houille la fonte obtenue au charbon de bois, et à étirer les massiaux au marteau, en les réchauffant avec de la houille ou du charbon de bois dans des bas-foyers.

On voit dans le dernier compte rendu des travaux des ingénieurs des mines, qu'en France, où l'industrie du fer est encore loin d'avoir acquis toute l'extension dont elle est susceptible, on comptait 502 hauts-fourneaux, dont 409 seulement ont été mis en activité en 1834; sur ce nombre, 29 marchent seuls à la houille ou au coke, et 8 à l'aide du charbon de bois et de la houille réunis; tout le reste marche avec du charbon de bois; il existait aussi 109 forges à la catalane; 1,570 feux d'affinerie, dont 1,260 en activité; 975 feux de chaufferie; 292 feux pour le travail de l'acier; ce qui porte le nombre total des fourneaux et feux qui existaient en France à 3,448, dont 2,944 seulement ont été en activité en 1834. Le nombre des mines était de 5,035, dont 4,042 ont été en activité; elles ont employé, conjointement avec les forges, 38,801 ouvriers, auxquels il faut joindre un nombre peut-être plus considérable d'hommes employés indirectement aux travaux des forges, soit pour le transport des matières premières, soit pour la carbonisation et l'abattage des bois, etc. La valeur créée par cette industrie s'est élevée à la somme de 107,415,756 francs. Le nombre et l'importance des usines et la quantité des produits n'ont pas cessé d'augmenter en France depuis 1834; et le seul département de la Haute-Marne a vu s'élever vingt-deux nouveaux hauts-fourneaux en 1835 et 1836.

M. Héron de Villefosse, dans sa Richesse minérale, évaluait en 1808 la production du fer en Europe à 585,100,000 quintaux métriques, ce qui était beaucoup trop élevé pour cette époque. M. Beudant l'a évaluée en 1830 à 15,524,000; mais dans son tableau, la production de la France, de la Russie, de la Suède et de l'Autriche est beaucoup trop exagérée, tandis que celle de l'Angleterre est bien au dessous de la réalité, ce qui compense au reste la différence et laisse le chiffre général, à peu de chose près, le même, en ajoutant toutefois le Danemarck et la Suisse, qui doivent aussi occuper leur place dans la liste des nations qui produisent du fer; ainsi que la Pologne, qui, suivant des renseignemens qui m'ont été fournis par M. Adam Luzczewski, produit actuellement 150,000 quintaux avoir du poids de fer; 100,000 sont produits par les forges du gouvernement, et 50,000 par celles des particuliers; mais la banque de Pologne ayant affermé les forges de l'état, elle les met sur un grand pied, et elle espère en retirer dans quelque temps 200,000 quintaux métriques.

Tableau de la production du fer en Europe.

	Quintaux métriques.
Angleterre (1827)	7,098,000
France (1834)	2,200,000
Russie (1834)	1,150,000
Autriche (1829)	850,000
Suède (1825)	850,000
Prusse	800,000
Hartz, Hesse et rive droite du Rhin	600,000
Pays-Bas	600,000
Ile d'Elbe, Toscane et côtes d'Italie	280,000
Piémont	200,000
Espagne	180,000
Norwége	150,000
Danemarck	155,000
Bavière	150,000
Saxe	80,000
Pologne	75,000
Suisse	50,000
Savoie	25,000
Total	15,455,000

Si l'on suppose maintenant à cette quantité de fer une valeur moyenne de 50 francs par quintal, on voit que l'Europe en fournit maintenant par année pour la valeur énorme de 775,025,000 fr., qui représente au moins trois fois celle du produit de tous les autres métaux réunis.

Parmi les données du tableau ci-dessus, plusieurs de celles qui n'ont pas de date ne sont peut-être plus aujourd'hui très-exactes; mais, faute de renseignemens précis plus récens, j'ai dû les conserver : d'ailleurs, l'industrie des forges ayant généralement pris de l'accroissement depuis une vingtaine d'années dans la plupart des provinces de l'Europe, on peut raisonnablement supposer que plusieurs des chiffres sont plutôt beaucoup au dessous qu'au dessus de la réalité; par exemple, il paraît bien certain, d'après les données recueillies récemment par M. Leplay, en Angleterre, que le chiffre de ce pays se trouve exagéré jusqu'en 1830, mais que depuis lors, il est certainement inférieur au produit annuel.

Avant la découverte de l'Amérique par les Européens, en 1494, ses habitans ne connaissaient pas le fer; le cuivre y était employé pour les instrumens et les armes; aussi les peuples de cette contrée occupaient-ils un des derniers rangs dans l'échelle de la civilisation des peuples. Ce fut seulement en 1730 que les premières usines des Etats-Unis furent construites; et depuis, malgré les entraves que les Anglais, jaloux de la prospérité de cette colonie, apportèrent au développement de cette industrie, l'exploitation du fer y a pris une grande extension, et, suivant les renseignemens que m'a fournis M. Michel Chevalier, on peut en évaluer aujourd'hui la production annuelle à 8 ou 900,000 quintaux; elle augmente continuellement, «et le temps n'est pas éloigné, dit Karstein, où l'on verra les fers de l'Amérique débarqués et vendus dans les ports du continent européen».

Argent. La découverte de ce métal remonte, comme celle du fer, aux temps les plus reculés; les contrées où il a été le plus anciennement exploité sont les environs du Pont-Euxin, la Grèce, la Macédoine, les bords du Rhin et l'Espagne, où il était surtout tellement abondant, que du temps des Phéniciens et des Carthaginois, on s'en servait pour fabriquer les objets destinés aux usages domestiques. Les fameuses mines du Laurium, en Attique, fournissaient une grande quantité d'argent, qui servit long-temps à soutenir la puissance des Athéniens. L'île de Siphnos possédait aussi des mines d'or et d'argent abondantes, dont le dixième, offert par les habitans à Apollon, formait un des plus riches trésors du temple de Delphes; mais elles furent submergées par les eaux de la mer, dans l'antiquité même. Les Lydiens, qui faisaient un commerce considérable d'or et d'argent, passent, d'après le témoignage d'Hérodote, pour les premiers peuples qui aient monnayé l'argent.

Ce métal est désigné, dans tous les anciens traités de chimie, sous le nom de *Métal de Diane* ou de *Lune*, et les alchimistes qui croyaient à la possibilité de la transmutation des métaux, en ont fait l'un des principaux buts de leur grand œuvre. L'argent ne présente pas une grande dureté; il est blanc, très-brillant, très-malléable et très-ductile; il est susceptible dêtre réduit, comme l'or, par le battage en feuilles si minces, que le moindre souffle suffit pour les enlever, et l'on peut en faire des fils extrêmement déliés; sa ténacité est très-grande et sa pesanteur spécifique n'est que de 10,47, un peu plus de la moitié de celle de l'or; suivant M. Pouillet, il entre en fusion à 1000 degrés centigrades, d'où il suit qu'on peut le fondre facilement dans un petit fourneau à réverbère. Il est un peu volatil, surtout s'il est exposé à un courant d'air actif; il le devient davantage s'il se trouve allié à l'antimoine, au zinc, au plomb, à l'arsenic.

Les usages de l'argent sont nombreux; il jouit depuis long-temps du privilége d'être l'un des signes représentatifs de la richesse sociale et de la valeur de tous les produits industriels. La monnaie d'argent de France est composée d'un alliage de cuivre au titre de 900/1000 d'argent, c'est-à-dire qu'elle renferme neuf parties d'argent contre une de cuivre; l'argent employé dans l'orfévrerie et la bijouterie est également mélangé de cuivre à deux titres différens, et suivant des proportions déterminées par la loi : le premier à 950/1000 et le second à 800/1000. L'argent pur serait beaucoup trop mou. Ce que l'on appelle *vermeil*, en orfévrerie, n'est autre chose que de l'argent doré avec de l'amalgame d'or; le fil d'or n'est également que de l'argent doré; l'or serait trop mou pour être filé en fils très-fins seul. L'argent est encore employé en chimie et en pharmacie, pour la préparation du nitrate d'argent ou *pierre infernale*, de l'ammoniure d'argent et du chlorate d'argent et de soufre, employés comme *poudres fulminantes*.

L'argent existe dans la nature à l'état natif ou de métal, mais il contient toujours alors un peu de fer, de cuivre, d'or, d'arsenic, et ne se trouve jamais qu'avec les autres minerais, comme le sulfure, où il est ordinairement disséminé en petits filets; cependant on a rencontré quelquefois des masses de 20 à 60 et même 100 kilogrammes d'argent natif. C'est du sulfure d'argent dont on retire la plus grande partie de l'argent qui entre dans le commerce, si l'on en excepte cependant celui qui provient des minerais de fer hydraté remplis de filets d'argent natif et de chlorure d'argent, qu'on nomme *Pacos* au Pérou. L'argent se retire aussi de plusieurs autres espèces de minerais, appelés pour cette raison argentifères, et où il se trouve accidentellement à l'état métallique ou de sulfure; tels sont certains minerais de plomb, quelques minerais de cuivre, de mercure, etc. Dans les uns, le but principal de l'exploitation est l'argent lui-même, et dans les autres il n'est qu'accessoire et n'en est retiré qu'autant qu'il peut couvrir les frais d'extraction.

L'un des procédés les plus anciens pour retirer l'argent de ses minerais est fondé sur la propriété dont jouit le mercure de dissoudre ce métal; ce procédé, qu'on a appelé *par amalgamation*, est pratiqué, suivant M. Boussingault, dans la Colombie, avec toute l'habileté que l'expérience peut faire acquérir.

A Konsberg, en Norwége, où existe la mine la plus riche de l'Europe en argent natif, on se sert de deux procédés pour extraire l'argent du minerai, l'amalgamation et l'*imbibition*, qui est fondée sur la propriété qu'ont le plomb et l'argent de se combiner ensemble. On fait fondre l'argent dégagé de sa gangue avec partie à peu près égale de plomb; il en résulte un alliage contenant de 30 à 35 pour cent, qu'on soumet ensuite à la *coupellation* pour séparer le plomb. Je dirai, en parlant du plomb, en quoi consiste cette dernière opération.

A Freyberg, les minerais argentifères sont des sulfures mélangés de pyrites de fer et de cuivre, et ne contenant que deux à trois millièmes d'argent. On les grille d'abord dans des fours à réverbère, avec du sel marin, puis on les réduit en poudre très-fine, qu'on introduit dans des tonneaux traversés par un axe horizontal, avec 30 pour cent d'eau et 6 pour cent de petits disques en fer; on fait tourner le tout, au moyen d'une roue hydraulique, pendant environ une heure, pour imbiber le minerai et dissoudre tous les sels solubles qui se sont formés pendant l'opération du grillage; puis on ajoute 50 pour cent de mercure, ordinairement 500 livres, et l'on continue à remuer le mélange durant seize ou dix-huit heures, pendant lesquelles l'amalgamation se fait, c'est-à-dire que l'argent métallique très-divisé qui résulte de la réaction du fer sur le chlorure s'unit au mercure. L'amalgame est retiré des tonneaux, lavé et placé dans des sacs de coutil, où on lui fait éprouver une forte pression, pour en séparer l'excès de mercure qui passe à travers les mailles, ne retenant qu'une très-petite quantité d'argent, tandis que l'amalgame solide reste dans les sacs. Pour séparer ensuite l'argent, on fait subir au mélange une espèce de distillation; le mercure se volatilise et va se sublimer dans des appareils disposés pour le recevoir, tandis que l'argent reste.

Au Mexique et au Pérou, les minerais sont souvent mélangés d'argent natif, de sulfure et de chlorure d'argent, d'argent rouge et d'argent antimonial, de sulfure de fer et de cuivre, d'oxide de fer, de silex et de spath calcaire; c'est aussi par l'amalgamation, mais pratiquée différemment, que se traitent ces minerais d'argent. On les place, réduits en poudre, dans une cour bien dallée; là, on les mêle avec deux et demi pour cent de sel marin, on abandonne le mélange pendant quelques jours, puis on y ajoute de la chaux éteinte, s'il s'échauffe trop, ou des pyrites de fer et de cuivre grillées, s'il reste froid. Quelques jours après ce nouveau mélange, on commence à incorporer le mercure en le répandant uniformément sur la masse, qui a une consistance de boue. On la fait fouler, soit par des hommes qui marchent dedans nus pieds, soit par des chevaux ou des mulets qu'on y fait courir en tournant plusieurs heures de suite, en ayant soin d'y ajouter, selon les circonstances, de la chaux, des pyrites ou du mercure. Quand tout l'argent est uni au mercure, ce qui n'a quelquefois lieu qu'après plusieurs mois, on lave le tout à grandes eaux; les matières salines et terreuses sont entraînées; l'amalgame seul reste au fond des vases. On en retire ensuite l'argent par la distillation, comme à Freyberg.

Il existe encore plusieurs procédés, basés sur les mêmes principes, pour extraire l'argent des minerais argentifères qui sont souvent encore moins riches que ceux de Freyberg; ils varient suivant la nature de ces minerais et des métaux dont ils dépendent, et comme l'extraction de l'argent se rattache plus particulièrement à l'extraction de ceux-ci, nous n'en parlerons pas ici; j'ajouterai seulement qu'on commence dans quelques exploitations à préférer l'emploi du plomb à celui du mercure. Les minerais sulfureux sont grillés en tas ou dans un fourneau à réverbère; ensuite on les mêle avec du sous-carbonate de soude, de la litharge et du plomb métallique. On fond le mélange, après l'avoir humecté, dans un fourneau à manche, et l'on obtient une *matte* de plomb très-riche en argent et débarrassée de la plupart des métaux et matières étrangères qui passent dans les scories. Ce plomb argentifère est ensuite soumis à la coupellation dont il sera question au paragraphe suivant.

Héron de Villefosse avait calculé à 3,784,029 marcs la production totale de l'argent, que M. Beudant ne porte, pour 1830, qu'à 3,561,582 marcs, dont la valeur absolue serait de 190,801,635 fr.; mais ces évaluations sont bien au dessous de la réalité, car l'exploitation de l'argent, comme celle des autres métaux, a toujours été croissant depuis un certain nombre d'années, et la Russie, qui comptait à peine, il y a quinze ans, parmi les pays qui fournissent de l'argent, en produit aujourd'hui presque autant que l'Autriche, le pays qui en fournit le plus en Europe; les mines de la Russie sont toutes situées en Asie. Pendant les dernières révolutions qui ont enlevé à l'Espagne la plupart de ses colonies, la production de l'argent avait beaucoup diminué en Amérique, mais depuis, les exploitations y ont repris plus d'activité que jamais.

Tableau de la production générale des mines d'argent.

AMÉRIQUE.	Mexique	2,196,126	3,629,230
	Pérou	573,984	
	Buenos-Ayres	542,578	
	Chili (1833)	184,364	
	États-Unis	130,928	
	Colombie	1,250	
EUROPE.	Autriche (1829)	85,189	257,145
	Saxe (1832)	65,885	
	Hartz	36,000	
	Prusse (1826)	20,171	
	Norwége	14,729	
	Angleterre	12,000	
	France	6,627	
	Suède	6,044	
	Nassau	3,500	
	Savoie	2,500	
	Anhalt-Bernbourg, Saxe-Cobourg	2,000	
	Souabe	1,600	
	Pays-Bas (Vedrin)	700	
	Baden	200	
ASIE.	Russie (moyenne de 1827 à 1835 inclus)		77,252
	Thibet (quantité inconnue)		
	Total en marcs		3,963,627
	Total en kilogrammes		970,105

On voit par le tableau ci-dessus que les États-Unis, qui jusqu'ici n'avaient pas été compris parmi les pays producteurs d'argent, en fournissent au contraire annuellement pour une valeur d'environ 5,700,000 francs. En effet, il a été frappé, dans l'espace de quarante et un ans, de 1795 à 1836, dans les états de l'Union, pour 43,133,662 dollars en argent, auxquels j'ai ajouté un quart pour la quantité de métal employé dans les arts ou qui s'exporte en lingots, et j'en ai déduit la production moyenne annuelle. Les États-Unis font faire en ce moment de nombreuses recherches géologiques et minéralogiques qui auront nécessairement de l'influence sur la prospérité future de l'industrie minérale du pays; et chose digne de remarque, c'est que le seul état de New-York a accordé à ce sujet un demi-million pour l'exécution de la topographie géologique de son territoire.

Suivant M. de Rivero, les mines du Pérou n'auraient fourni en 1820 que 455,000 marcs d'argent. D'après des renseignemens que m'a fournis M. Boussingault, la Colombie doit être portée pour ses mines de Santa-Anna, qui fournissent annuellement 15,000 onces d'argent à 0,75 environ de fin, pour 1,250 marcs, quantité correspondante convertie au 1000/1000[e] de fin. Si l'on suppose maintenant au kilogramme d'argent une valeur de 218 fr. 88 c., cours des changes, la production connue de l'argent s'élevera à la somme de 212,539,458 fr., dans laquelle la production de l'Europe ne figure que pour 13,775,650, représentant la valeur de 62,937 kilogrammes d'argent, un peu plus de la onzième partie de la production totale; tandis que dans cette quantité considérable d'argent fournie chaque année au commerce, on voit que l'Amérique, au contraire, en produit dix fois autant que l'Europe et l'Asie. Les mines d'argent de Kongsberg en Norwége sont devenues plus productives depuis quelques années; elles ont produit depuis 1830 pour une valeur de 700,000 spécies papier, ou une moyenne annuelle de 791,000 francs. La Saxe seule, qui donne depuis long-temps plus du quart de tout l'argent qui se retire des mines d'Europe, en a fourni au commerce, depuis l'année 1700 jusqu'en 1832, 5,323,667 marcs, c'est-à-dire pour une valeur de 647,703,434 francs; cependant, qu'est-ce que la production de la Saxe auprès de celle du Mexique, par exemple, dont les mines d'or et d'argent réunies produisent actuellement pour 27 millions de dollars (146 millions de francs), ce qui indique une augmentation de produit de 12 à 14,000,000 sur ceux portés aux tableaux? On se demande, après de tels aperçus, où peut passer la masse énorme d'argent annuellement lancée dans le commerce? La plus grande partie est employée par les orfèvres, le reste est monnayé. Certaines industries en consomment des quantités considérables; et la seule ville de Birmingham, par exemple, en emploie chaque année, dans ses fabriques de plaqué, pour une valeur de 2,226,660 francs.

Or. La découverte de l'or, comme celle des précédens métaux, remonte à la plus haute antiquité. La plupart des auteurs anciens nous ont laissé des documens précieux sur le commerce et l'exploitation des mines chez les peuples de l'antiquité, et nous apprennent que les contrées qui fournissaient le plus d'or furent quelques provinces

de l'Inde

de l'Inde et d'autres contrées situées dans la partie méridionale de l'Asie, où les Phéniciens envoyaient leurs caravanes l'échanger contre leurs produits manufacturés, et il paraît bien certain aussi que ce peuple de navigateurs étendit ses relations jusqu'à l'île de Ceylan, où il fit le commerce des pierres précieuses et échangea également ses produits contre l'or des peuples sauvages des côtes méridionales de l'Afrique. En Lydie, le mont Tmolus et le Pactole, fleuve célébré par tous les poètes, en fournissaient beaucoup, principalement à la Grèce où il servait pour les statues des dieux et l'ornement des temples; et comme très-probablement, ainsi que l'a déjà supposé M. Aug. Perdonnet dans un article très-intéressant sur l'*histoire et la statistique de l'industrie minérale*, considérée sous le rapport de son influence sur la prospérité des états (*Journal du capitaliste*), on employa dans les temps les plus reculés, comme on le fait encore de nos jours, des toisons placées en travers du lit des fleuves pour recueillir les paillettes d'or qu'ils charriaient, c'est à cette circonstance qu'est due la fable de la toison d'or qui n'est qu'une ingénieuse allégorie destinée à rappeler la manière dont se recueillait l'or dans la Colchide, et qui donna lieu à la fameuse expédition des Argonautes dans cette contrée du Pont. L'Egypte fournit aussi de grandes quantités d'or, et les Egyptiens, dit Hérodote, renversèrent des montagnes entières pour rechercher ce métal. Les mines célèbres des monts Pengées, qui séparaient la Thrace de la Macédoine, abandonnées depuis long-temps, ayant été reprises par Philippe roi de Macédoine, il en retira un revenu annuel de plus de mille talens d'or (plus de 5,400,000 francs), à l'aide duquel il put réduire successivement tous les peuples de la Grèce sous son obéissance, et préparer ainsi les conquêtes d'Alexandre le Grand son fils. Vers cette époque les Phocéens s'étant emparés dans le temple de Delphes des offrandes en or que les rois de Lydie y envoyaient depuis long-temps à Apollon, la masse de ce métal s'accrut tellement dans le commerce, que son rapport avec l'argent ne fut plus pendant quelque temps que de 1 à 10, au lieu de 1 à 13, rapport antérieur. Enfin en Europe, l'Espagne et la Transylvanie, produisirent aussi de l'or dès la plus haute antiquité.

La valeur de ce métal, sa beauté et son inaltérabilité l'ont naturellement fait rechercher de tous les peuples; aussi les alchimistes l'ont-ils regardé comme la pierre philosophale de leurs pratiques mystiques pour obtenir la conversion des métaux en or et en argent. Ce métal a beaucoup d'éclat; il est d'un jaune d'or plus ou moins pur; quelquefois il est blanc-jaunâtre, verdâtre ou rougeâtre, selon les métaux avec lesquels il se trouve allié. C'est le plus ductile et le plus malléable de tous; on en fait des fils très-fins et on le réduit comme l'argent par le battage en feuilles tellement minces, qu'elles transmettent à travers leurs pores une clarté bleu-verdâtre. Quatre cents pouces carrés d'or ainsi préparé sous la forme d'un livret contenant vingt-cinq feuilles, ne se vend que 1 franc 50 centimes, et ne contient qu'un grain et demi à deux grains d'or brut. Sa ténacité est très-grande, quoiqu'il ne soit pas beaucoup plus dur que le plomb. L'or est, après le platine, le plus lourd des métaux; sa pesanteur spécifique, à l'état de pureté, est de 19,257, tandis qu'à l'état naturel, elle est bien plus faible et varie beaucoup. Il est moins fusible que l'argent, et ne fond, suivant M. Pouillet, qu'à 1,200 degrés centigrades; il n'est point volatil.

Dans les premiers âges du monde, avant la découverte des métaux, ou de leur emploi dans les arts, les échanges s'opéraient en nature; mais à mesure que la civilisation augmenta, et qu'avec elle les besoins de l'homme devinrent plus étendus et plus variés, il fallut faire choix des matières les plus précieuses susceptibles de se diviser et de mesurer la valeur de tous les articles qu'on ne pouvait se procurer par l'échange d'autres objets. De ces besoins toujours croissans est venu l'usage des monnaies qui n'ont qu'une valeur purement conventionnelle, usage qui s'est successivement introduit chez toutes les nations civilisées. La rareté de l'or, sa ductilité, sa malléabilité et la facilité avec laquelle on le travaille, l'ont fait presque exclusivement choisir avec l'argent et le cuivre comme signe représentatif de la richesse des nations. Les anciens ont bien aussi employé dans le même but quelques autres substances, telles que le fer; mais, outre que ce métal avait peu de valeur, le volume qu'on était obligé de donner aux pièces les rendait très-incommodes et ne pouvait convenir qu'à des époques où les relations de peuple à peuple étaient de peu d'importance. Depuis quelques années, le gouvernement russe a introduit chez lui l'usage de la monnaie de platine, mais il est assez douteux qu'il se propage de sitôt chez les nations voisines; du reste, la pesanteur de ce métal sera un obstacle à la falsification de ces monnaies. L'or employé pour la monnaie française n'est pas pur; il serait trop mou pour conserver long-temps les formes qu'on lui impose; il est, comme l'argent, allié au cuivre, dans la proportion de 900 parties d'or sur 1000. Les autres alliages d'or et de cuivre pour la bijouterie et l'orfèvrerie sont fixés par la loi à trois seulement, qui se composent, l'un de 80 parties de cuivre et 920 d'or, un autre de 160 de cuivre et 840 d'or, et enfin le troisième de 250 de cuivre et 750 d'or. Les différentes proportions dans lesquelles l'or est allié au cuivre sont ce qu'on appelle son *titre* ou sa valeur intrinsèque; on dit de là que l'or est au titre de neuf cent millièmes, qu'on écrit 900/1000mes, pour exprimer l'alliage qui sert à la confection des monnaies, ou bien aux titres de 920/1000mes, 840/1000mes et 750/1000mes, pour exprimer les différens alliages usités dans les arts. L'alliage de l'or et de l'argent est rarement employé, parce qu'une petite quantité d'argent affaiblit de suite la couleur de l'or, tandis que le cuivre rehausse l'éclat de ce métal, le rend plus dur, sans diminuer beaucoup sa malléabilité; cependant l'*or vert*, dont on fait quelquefois usage en bijouterie, est un alliage de 708 parties d'or pur avec 292 parties d'argent. L'or sert encore pour la dorure sur bois, métaux, porcelaines, etc.; le *pourpre de Cassius*, l'une des plus belles couleurs employées dans la fabrication des porcelaines, est un mélange en proportions variables d'or et d'étain traités par les acides. Enfin, l'oxide et l'hydrochlorate d'or sont quelquefois administrés en médecine contre les maladies syphilitiques.

L'or ne se présente jamais dans la nature qu'à l'état natif; mais il paraît qu'il n'y existe pas absolument pur; il est toujours allié avec de l'argent dans des proportions qui varient beaucoup. On peut ranger parmi les minerais d'or la plupart des tellures qui, sous les noms de *tellure natif auro-plombifère*, *or gris jaunâtre*, *tellure auro-argentifère, or graphique, or blanc dendritique*, etc., contiennent depuis 7 jusqu'à 30 pour cent d'or, et sont exploités comme mine d'or; et enfin toutes les matières aurifères, telles que certains sulfures d'arsenic, de zinc, de fer, de cuivre, de plomb, d'argent, etc., qui sont quelquefois exploitées pour en extraire ce métal précieux, lorsque la quantité qu'elles en renferment peut compenser les frais de l'opération. L'extraction de l'or, dans ces derniers cas, n'est souvent qu'une annexe aux opérations métallurgiques qu'on exécute pour l'extraction des matières principales qui constituent ces gîtes de minerais aurifères; c'est ainsi qu'on retire huit à dix marcs d'or seulement sur 200,000 quintaux, des minerais d'argent, plomb, cuivre, du Ramelsberg, qui ne contiennent que 1/29000000me d'or; les pyrites arsénicales du Tyrol n'en contiennent que 1/100000me.

L'exploitation des sulfures aurifères s'exécute de deux manières, ou par fusion, ou par amalgamation. Dans le premier cas, on commence par griller les minerais pour en séparer le soufre, l'arsenic, et brûler une partie des métaux oxidables; on fond ensuite pour rassembler l'or dans une masse métallique moins considérable; on grille les mattes qui en proviennent et on les refond avec une suffisante quantité de plomb, afin d'en obtenir un *plomb d'œuvre aurifère* que l'on soumet à la coupellation. Les minerais très-riches sont fondus sans être grillés avec du plomb, puis également soumis à la coupellation.

Le procédé d'amalgamation est plus économique et donne de meilleurs résultats. Quand le minerai est pauvre, on lui fait subir un grillage préalable; lorsqu'il est riche, au contraire, que l'or natif y est disséminé en morceaux visibles dans une gangue quartzeuse, on le broie directement avec le mercure, comme pour l'amalgamation de certains minerais d'argent; seulement on n'ajoute ni sel marin, ni chaux, ni pyrites. On peut encore se servir des tonneaux tournans; on y place 100 parties de mine aurifère réduite en poudre, 50 parties de mercure, 30 d'eau et 6 de petites plaques de fer. Les sulfures se divisent dans l'eau pendant l'opération qui dure seize à dix-huit heures, y demeurent suspendus, tandis que l'or se précipite en poudre très-fine et s'unit au mercure. On lave ensuite l'amalgame, puis on le soumet à la distillation.

Affinage. L'or provenant du traitement par le plomb contient presque toujours de l'argent, du cuivre, du fer, de l'étain. Pour séparer les trois derniers métaux, on est obligé de le soumettre à une opération que l'on appelle *poussée*, laquelle consiste à le fondre avec du nitre pour oxider ces métaux. L'or obtenu par amalgamation ne contient que de l'argent; pour séparer celui-ci, on a recours à une autre opération qu'on appelle *départ*, laquelle consiste à traiter par l'acide nitrique, ou mieux l'acide sulfurique, qui dissout l'argent et laisse l'or à nu au fond des vases qu'on emploie pour cette opération. On le réunit dans un creuset et on le fait fondre en y ajoutant un peu de nitre. Le résultat est ce que l'on appelle l'*or de départ* qui est très-pur.

La quantité d'or qu'on obtient par ces différens moyens est peu considérable; la plus grande partie de celui qui est livré annuellement au commerce provient du lavage des sables aurifères. Il n'y a simplement alors qu'à fondre le métal pour le mettre en lingots et le livrer au commerce.

Voici, d'après le docteur Campbell, le procédé employé dans l'Inde pour affiner l'or impur qui provient des sables aurifères : on fond le métal en lames très-minces, de l'épaisseur et de la forme d'une carte à jouer; puis on le cimente de la manière suivante : l'affineur se procure de vieilles briques, les plus vieilles possibles : il les pile en poudre fine. Cette poudre est mêlée avec du sel et du borax, dans les proportions suivantes: brique pilée 2 parties, sel marin 1, borax 1/10me. On enduit les lames d'or d'huile de moutarde, et on les empile au nombre de 80 et plus, en plaçant sur chacune d'elles une couche du ciment ci-dessus. On les recouvre de fumier de vache sec, qu'on allume et laisse brûler lentement, après quoi l'or est examiné à la pierre de touche. L'opération, qui dure vingt minutes, se répète un grand nombre de fois si l'or est très-impur; mais trois ou quatre opérations suffisent en général. L'or est, après cela, fondu et mis en lingot.

La théorie de ce procédé, qui est pratiqué dans toute l'Inde et avec quelques différences en Amérique, est facile à comprendre depuis les recherches de M. Boussingault. Elle se fonde sur l'action du chlore dégagé du sel marin par les influences réunies de la silice et de l'alumine, de la brique pilée et des vapeurs d'eau que doit contenir le combustible, sur les métaux alliés à l'or, l'argent et le cuivre. La propriété des chlorures formés d'êtres volatils par l'action de la chaleur, permet à la surface de l'or de rester pure et de nouveau attaquable par le chlore qui continue à se reproduire. Aussi, en traitant par le mercure le ciment qui reste après l'affinage, on en retire une certaine portion d'argent. Il ne serait pas impossible que le sel ammoniac, qui doit se produire en abondance dans la combustion du fumier de vache, ne fût pour quelque chose dans la réussite du procédé, en formant des chlorures doubles plus volatils, et cela expliquerait le singulier choix du combustible qui paraît être toujours le même dans tout pays.

Les sables aurifères couvrent au Brésil un espace immense, et l'or s'y trouve en abondance avec le platine, le diamant, etc.; on retrouve également ces sables avec des circonstances géologiques parfaitement analogues, au Chili, dans la Colombie, dans la Nouvelle-Grenade, au Mexique, au Pérou, aux Etats-Unis, etc., et ils paraissent y appartenir, comme ceux de l'Oural et de la Sibérie, de la Hongrie, de la Transylvanie, etc., à une époque géologique très-moderne. Il est donc probable que c'est dans des sables analogues que s'exploite l'or dans la partie méridionale de l'Asie, dans l'archipel Indien et en Afrique, principalement dans le Kordofan, entre le Darfour et l'Abyssinie, dans les environs de Bambouck et au pied des montagnes qui donnent naissance au Niger, au Sénégal et à la Gambie. L'or se trouve dans ces sables en petites lames sur diverses gangues, en paillettes isolées ou en grains, dont les plus gros portent le nom de *pépites*. Quelques unes de ces pépites, trouvées dans les sables aurifères de l'Oural, pèsent de deux à trois puds, et on a même annoncé qu'on en avait rencontré qui ne pesaient pas moins de 18 à 20 puds. Le pud égalant 16,3592 kilogrammes, il en résulterait que ces pépites contenaient pour plus d'un million d'or, ce qui est fort douteux. Il est donc probable qu'il y a eu erreur dans l'évaluation, car la plus grosse pépite d'or naturel que possède le Muséum royal de Madrid, et qui provient des mines d'Amérique, ne pèse que quatre livres.

M. Beudant porte la quantité d'or extraite chaque année dans l'ancien et le nouveau monde à 88,100 marcs, qui représenteraient une valeur d'à peine 40,000,000 de francs; mais cette évaluation, comme on le verra par le tableau ci-après, est beaucoup trop faible.

Tableau du produit général des mines d'or.

		Marcs.	
AMÉRIQUE.	Brésil (moyenne de 311 ann.)	20,257	85,554
	Mexique (1834)	18,594	
	Colombie (1825)	18,388	
	Chili	11,468	
	États-Unis (1834)	11,154	
	Pérou (moyenne de 311 ann.)	3,625	
	Buénos-Ayres	2,067	
ASIE.	Russie (moyenne de 1830 à 1835 inclus)	24,441	44,409
	Thibet	12,490	
	Archipel Indien	5,478	
	Asie méridionale	2,000	
AFRIQUE.	Côtes méridionales de l'Afrique		16,400
EUROPE.	Autriche (1829)	4,584	4,736
	Grand-duché de Bade (1829)	110	
	Piémont	25	
	Hartz	10	
	Suède (1825)	7	
	Total en marcs		151,098
	Total en kilogrammes		36,982

qui à 3434 fr. 44 c., cours de l'or aux changes des monnaies, donnent une valeur absolue de 127,013,377 francs, dans laquelle la production de l'Europe ne figure que pour la somme de 3,986,423 francs, ou environ la vingt-neuvième ou trentième partie de la production totale. Les seules mines de quelque importance sont celles de la Hongrie et de la Transylvanie; car celles de Russie, qui ont produit 49,093 kilogrammes d'or de 1827 à 1835, et dont la production moyenne annuelle est, à partir de 1830, époque où elles ont commencé à prendre le plus de développement, de 6,031 kilogrammes d'or, sont toutes situées en Asie, dans les chaînes du Caucase, de l'Altaï, et principalement dans celle de l'Oural, qui en fournit la plus grande partie.

Le Thibet, qui paraît avoir produit de l'or dès la plus haute antiquité, puisque, d'après le savant M. Heeren, les Phéniciens allaient déjà l'y chercher, ainsi que dans le Cobi et plusieurs autres contrées de l'Inde, en fournit peut-être aujourd'hui autant que la Russie, car il s'en exporte en Chine et au Bengale d'assez grandes quantités, ainsi que des diamans, des perles, du cuivre, du cinabre, du plomb, du fer, du blanc de céruse, etc., et il reçoit de ces états, en échange, du mercure, des porcelaines, des étoffes brochées d'or et d'argent, des monnaies d'argent, etc. Le Népaul seul reçoit annuellement du Thibet pour plus de 5 millions d'or; ce métal y est surtout employé pour ornemens. Les femmes portent des lingots d'or en losanges suspendus à leur cou par un ruban, ou un anneau d'or massif placé à la partie supérieure de l'oreille. Les officiers garnissent aussi leurs armes et leurs uniformes de ce précieux métal, et en font de pesantes chaînes qui contribuent beaucoup à leur brillante apparence. On voit par là que je suis certainement resté beaucoup au dessous de la réalité, en ne portant la production de l'or au Thibet qu'à environ la moitié de celle de la Russie, c'est-à-dire à un peu plus de 3,000 kilogrammes.

J'ajouterai encore que, sur un grand nombre de points de la vaste péninsule occupée par les Anglais en Asie, des paillettes d'or se sont présentées, soit dans le lit des rivières, soit dans le sol lui-même, en assez grande abondance pour être exploitées par les habitans; et récemment le gouverneur de Madras a envoyé des inspecteurs et ordonné l'enregistrement de tout l'or que produiraient les mines de Calicut, déjà connues depuis long-temps. Des recherches récentes ont fait voir que le sol aurifère ne donne qu'un grain d'or pour 66 livres, ce qui est bien peu comparé aux sables d'Afrique, qui en donnent souvent 36 grains pour la même quantité. Aussi, les mines de Calicut ne paraissent pas fournir plus de 750 onces, c'est-à-dire pour une valeur d'environ 100,000 francs par année; mais l'exploitation en devient plus active et pourra augmenter beaucoup.

Les mines d'or de l'Espagne jouissaient dans l'antiquité d'une assez grande célébrité à cause de leur abondance. Il n'en est pas plus question aujourd'hui que de quelques mines qui existent également en France, mais qui ne sont pas assez riches pour donner lieu à une exploitation profitable. Beaucoup de rivières de l'Europe, comme le Pactole des anciens, roulent avec leurs sables des paillettes d'or qui donnent quelquefois lieu à une exploitation plus ou moins lucrative; des hommes appelés *orpailleurs* ou *pailloteurs* sont exclusivement occupés de ce genre de travail, auquel ils gagnent depuis 2 fr. 50 jusqu'à 5 et 6 francs par jour, selon le plus ou moins d'abondance du métal. Parmi les rivières qui charrient de l'or, en France, on compte le Rhin, dont les sables contiennent aussi une petite quantité de platine, le Rhône, l'Ariége, la Cèze, l'Hérault, la Garonne, le Salat, etc., etc. Quelques parties de l'Allemagne, l'Espagne, la Grèce continentale, la Macédoine et la Thrace ont également des rivières qui charrient des paillettes d'or.

Depuis plusieurs années, l'exploitation de l'or a pris une grande extension aux États-Unis d'Amérique. En 1824, il n'en fut envoyé à la monnaie fédérale que pour 5,000 dollars; mais successivement cette quantité s'est augmentée, et en 1833 elle était déjà de 868,000 dollars. Aujourd'hui elle dépasse 900,000, c'est-à-dire plus de 4,700,000 fr. La Caroline du sud en fournit au moins la moitié à elle seule. Les autres états ayant des mines d'or sont la Virginie, la Géorgie, le Tennessée et l'Alabama, dont les territoires se touchent et forment la partie sud-ouest de l'Union américaine. On suppose que la production est généralement double de la quantité versée à la monnaie.

D'après M. Eschwége, l'extraction de l'or au Chili avait presque doublé de 1752 à 1761; elle était montée à 48,000 marcs par an, mais ce taux ne s'est pas maintenu.

Il s'est formé depuis plusieurs années en Angleterre des associations pour l'exploitation des mines du Nouveau Monde, dont les capitaux réunis s'élèvent à la somme énorme de 12,060,000 livres sterling, 301,500,000 francs. Ces entreprises, si elles réussissent, exerceront nécessairement une influence particulière sur l'Angleterre, en lui procurant des bénéfices considérables, et sur les différens états de l'Amérique, en leur assurant tous les avantages qui résultent de la circulation d'une grande masse de capitaux.

M. Crawfurd assure que l'archipel Indien produit au moins le tiers de l'or fourni par les côtes d'Afrique, qui en produiraient une quantité double de celle donnée par les mines de l'Autriche et de la Russie, bien entendu avant que l'on connaisse les véritables produits de ce dernier état, c'est-à-dire environ 16 ou 17,000 marcs. Sans une parfaite connaissance des quantités d'or et d'argent recueillies depuis la découverte du Nouveau-Monde, il serait difficile de se faire une idée exacte de la quantité de numéraire mis en circulation; le Mexique seul en a monnayé, année commune, depuis 1733 jusqu'en 1828, pour une valeur de 800,429,333 francs. Les Etats-Unis ont frappé, de 1793 à 1836, pour 21,000,000 de dollars en or, 113,820,000 francs. L'année dernière, M. Faraday a déclaré, dans son cours sur les métaux, que la quantité d'or qui avait été monnayée en Angleterre depuis 1558, époque de l'avénement au trône d'Elisabeth, jusqu'en 1835, s'élevait à 3,330,568 livres troy, ou en valeur de France à 3,530,843,777 fr. La quantité d'or importée en Angleterre, dans les dernières années, peut s'élever à 14,000,000 de fr. par an. La plus grande partie de ce métal sert aux objets manufacturés, aux articles de joaillerie, et est réduit en feuilles extrêmement minces pour la dorure.

On pourra se faire une idée des quantités d'or et d'argent employées dans l'orfévrerie, lorsqu'on saura, par exemple, qu'en 1794, à l'époque de la guerre d'Espagne contre la France, le conseil d'état, présidé par Charles IV, constata que les églises de la péninsule et des îles voisines possédaient en ostensoires, calices, vases sacrés en or, en argent ou en vermeil pour une valeur qui fut portée à 1,104,000,000 de réaux de veillon (287,000,000 de francs), dont le poids était de 43,000 arobes, environ 510,000 kilogrammes. Les besoins de la guerre d'alors, celle de 1808 et les réactions de 1815 et 1823, ont notablement diminué la richesse des églises d'Espagne et du clergé, qui a toujours été considéré comme le plus richement doté de l'Europe; et, en effet, en 1804 son revenu annuel en biens-fonds était évalué à 98,000,000 de francs, et le casuel au double de cette somme. L'archevêque de Tolède avait 2,750,000 francs de revenu annuel, celui de Séville 1,000,000, et tous les autres archevêques et évêques n'avaient pas moins de 150,000 francs.

Depuis la découverte de l'Amérique, dont les mines fournissent chaque année des quantités considérables d'or et d'argent, ces métaux ont bien perdu de leur valeur; car les masses mises chaque année en circulation accroissent continuellement celle qui existe déjà dans le commerce, parce que les mines en fournissent beaucoup plus qu'il ne s'en détruit par l'usage; aussi le prix fictif des marchandises s'est beaucoup élevé et s'éléverait encore si, au lieu d'être employé en grande partie pour la fabrication des objets de luxe, presque tout l'or et l'argent étaient convertis comme autrefois en monnaie. En effet, la production moyenne de l'Amérique en or et en argent étant estimée à 212,500,000 francs, il en résulterait que, depuis l'époque de la découverte du Nouveau-Monde, la masse totale de ces métaux fournie par elle s'éleverait à la somme effrayante de 73,737,500,000 fr.

De la production et de la consommation des métaux précieux.

Depuis la découverte de l'Amérique, la plus grande partie de nos approvisionnemens d'or et d'argent nous est venue de cet hémisphère. A partir de l'époque où les mines américaines ont été exploitées, les rois d'Espagne et de Portugal en soumirent les produits à une taxe. On pourrait croire d'après cela que la perception de cette taxe aurait servi de moyen pour en connaître la quantité à différentes époques. Mais les états de recette furent soigneusement cachés aux yeux du public;

et d'ailleurs il est incontestable que des quantités considérables d'or et d'argent allaient au marché en échappant à la taxe.

Antérieurement à la publication de l'*Essai politique sur la Nouvelle-Espagne*, on avait déjà essayé à plusieurs reprises de faire des évaluations des quantités d'or et d'argent fournies par le Nouveau-Monde. Quelques unes de ces évaluations avaient même été tentées par des hommes supérieurs ; mais elles différaient tellement les unes des autres, que ces différences indiquaient assez que ces calculs ne reposaient sur aucune base solide, et qu'ils étaient entièrement hypothétiques. Ils sont tous, au surplus, tombés dans l'oubli depuis les recherches bien autrement laborieuses de M. de Humboldt. Outre qu'il avait lu tout ce qui avait été écrit à cet égard, et qu'il avait eu accès à des sources difficiles d'information fermées à tous les auteurs des recherches précédentes, M. de Humboldt connaissait parfaitement la théorie et la pratique de l'exploitation des mines, et il avait exploré lui-même plusieurs de celles du Nouveau-Monde. « Les faits et les calculs de M. de Humboldt, dit M. Jacob, sont établis avec tant de discernement et d'impartialité, qu'on peut leur accorder une confiance presque illimitée. » Suivant lui, l'approvisionnement des métaux précieux fournis par l'Amérique a été à peu près comme il suit :

	Moyenne par année évaluée en francs.
De 1492 à 1500.	1,350,000
1500 — 1545.	16,200,000
1545 — 1600.	59,400,000
1600 — 1700.	81,000,000
1700 — 1750.	121,600,000
1750 — 1803.	189,000,000

Cet accroissement extraordinaire de 1750 à 1803 eut lieu surtout au Mexique. Ce fut le résultat d'un grand nombre de causes diverses, parmi lesquelles il faut compter les progrès de la population dans tout le pays ; ceux des lumières et de l'industrie ; la liberté de commerce accordée à l'Amérique en 1811 ; les facilités nouvelles avec lesquelles on se procurait le fer et l'acier nécessaires pour exploiter les mines ; l'abaissement du prix du mercure ; la découverte des riches mines de Catara et de Valenciana, et enfin l'établissement du tribunal des mines. Voici l'estimation du produit annuel des mines au commencement de ce siècle.

Produits annuels des mines du Nouveau-Monde au commencement du dix-neuvième siècle.

DIVISION POLITIQUE.	OR. Kil.	ARGENT. Kil.	VALEUR DE L'OR ET DE L'ARGENT.
Vice-royauté de la N.-Espagne.	1,609	537,512	124,200,000
Vice-royauté du Pérou.	782	140,478	133,696,000
Capitainerie générale du Chili.	2,807	6,827	11,124,000
Vice-royauté de Buénos-Ayres.	506	110,764	26,190,000
Vice-royauté de la N.-Grenade.	4,714	»	16,146,000
Brésil.	6,873	»	23,544,000
Totaux.	17,291	795,581	234,900,000

Il résulte de ce tableau qu'au commencement du dix-neuvième siècle, le produit annuel des mines d'Amérique était de 234,900,000 fr., et à la même époque le produit annuel des mines de l'Europe réuni à celui des mines du nord de l'Asie n'était que d'environ 25,000,000 de francs.

La proportion de l'or à l'argent dans l'antiquité paraît avoir été dans le rapport de 12 ou 12 1/2 à 1. Cette proportion diminua dans le moyen-âge. Car au quatorzième siècle elle était comme 10 ou 10 3/4 à 1. Mais depuis la découverte des mines du Nouveau-Monde, la valeur de l'or s'est graduellement relevée, et elle est aujourd'hui, comparée à l'argent, dans le rapport de 15 1/2 à 1. Toutefois il ne faut pas supposer que ces fluctuations dans la valeur relative des métaux précieux soient précisément l'expression des quantités que l'on en apporte au marché, car elles résultent surtout des changemens qui s'opèrent dans le cours de leur production. Il y a des raisons de croire que la quantité d'or extraite des mines, ou obtenue par les lavages, ne s'est jamais élevée à la quinzième ou à la vingtième partie de la quantité d'argent extraite au commencement de ce siècle. La quantité de l'or produit était, en Amérique, comme 1 à 46, et en Europe comme 1 à 40. De 1800 à 1810, le produit des mines américaines continua à s'accroître ; mais ce fut dans la dernière de ces années que commencèrent les troubles qui ont amené l'indépendance des Amériques espagnoles, et produit une révolution extraordinaire dans l'approvisionnement de l'or et de l'argent. Cette lutte fut surtout fatale à tous les grands établissemens, et spécialement aux mines. Elles appartenaient principalement aux vieux Espagnols que poursuivait partout la vengeance populaire, et qui émigrèrent pour la plupart en emportant avec eux tout ce qu'ils purent rassembler de leurs capitaux. Indépendamment du préjudice fait aux mines par le retrait de ces capitaux, plusieurs d'entre elles souffrirent encore un plus grand dommage ; car les ouvrages de Guanaxuato, Valenciana, etc., furent détruits, et plusieurs mines, qui avaient échappé à ces injures directes, ayant été abandonnées par leurs ouvriers, furent inondées et cessèrent d'être exploitées. Il n'existe pas de moyen de faire une appréciation exacte du déclin du produit des mines depuis 1810. Mais M. Jacob, qui a réuni et comparé tous les documens qui existent à cet égard, estime le produit total des mines américaines, celles du Brésil comprises, à 2,018,419,200 francs., ou à une moyenne de 100,920,950 fr. par année, c'est-à-dire beaucoup moins que la moitié du produit au commencement et pendant les dix premières années du siècle.

Le produit des mines d'Europe a aussi diminué dans les vingt dernières années, mais il y a eu un accroissement notable dans le produit de celles qui appartiennent, en Asie, à la Russie. Somme totale, la moyenne du produit des mines, tant en Europe qu'en Amérique, pendant cet interrègne minéral, s'il est permis de s'exprimer ainsi, peut être évaluée de 112,500,000 à 150,000,000 de francs, ce qui fait 100,000,000 de francs de moins qu'au commencement du siècle. Plusieurs écrivains ont supposé que cette baisse extraordinaire dans la production des métaux précieux avait été la cause principale de la baisse des prix qui avait eu lieu depuis la paix.

De deux choses l'une, ou l'or et l'argent sont employés à la fabrication de la monnaie, ou ils le sont dans les arts. Malheureusement il n'existe aucun moyen de découvrir la proportion dans laquelle ils sont appliqués à ces deux usages, et cette proportion varie sans cesse avec les diverses circonstances de chaque pays, par exemple avec le plus ou moins d'abondance du papier-monnaie et le degré suivant lequel la monnaie est épargnée par l'emploi des procédés de banque, le plus ou moins de richesse des habitans, la mode relativement à la vaisselle, le sentiment de la sécurité, et une multitude d'autres circonstances toutes plus ou moins soumises à de grands et quelquefois subits changemens. Les prodigieuses différences qui existent dans les évaluations qu'ont faites les statisticiens les plus habiles de la quantité d'or et d'argent monnayés existante en Europe, font voir que cette évaluation est fort difficile. En effet :

En 1809 M. Jacob l'évaluait à	9,500,000,000 fr.
En 1812 M. de Humboldt à	9,039,800,000 fr.
En 1812 M. Storch à	6,775,000,000 fr.

Cependant, si nous étions obligés de choisir entre ces évaluations si discordantes, nous donnerions volontiers la préférence à celle de M. Storch. Il l'a établie en comparant les chiffres fournis par les meilleurs statisticiens sur la quantité de monnaie qui se trouve dans les divers pays, etc.; et c'était le seul moyen de parvenir avec quelques chances de succès à la connaissance du montant total. M. de Humboldt est arrivé à ses conclusions en déterminant la proportion qui existe entre les valeurs métalliques et la population de la France, supposant qu'ailleurs une proportion semblable devait exister. De son côté, M. Jacob commence par estimer les valeurs de ce genre qui devaient se trouver en Europe en 1606; puis, en établissant une balance entre les additions qui ont dû être faites à ces quantités, et la diminution résultant de tous les genres de destruction qui ont eu lieu, il établit son chiffre. Il est facile de voir qu'il est impossible d'obtenir un résultat digne de quelque confiance par des recherches de cette nature. Elles sont si hypothétiques et si hasardées, que, s'il leur arrive quelquefois d'être exactes, ce ne peut être que fortuitement.

M. Jacob est entré dans des détails fort curieux sur la destruction des métaux précieux. Cette destruction doit nécessairement varier beaucoup aux différentes époques, selon la bonté de la fabrication des monnaies, la rapidité de leur circulation, l'habitude ou l'inhabitude de thésauriser, etc. M. Jacob estime que la perte annuelle des monnaies d'or anglaises par l'usure peut être évaluée à une partie sur 950, et celle de l'argent à une partie sur 200. Il observe cependant que pour les hommes pratiques la perte par l'usure des métaux précieux a été un objet d'observation, à cause de son importance dans les diverses fabrications d'or et d'argent. Evaluant la perte de l'argent à une quantité plus considérable que celle qui vient d'être indiquée, un fabricant de beaucoup d'exactitude et de sagacité, et qui avait pu observer ce phénomène dans ses propres ateliers, l'explique à cet égard comme il suit : « La perte sur la monnaie d'argent est un pour cent par an; si cent pièces de 1815 ou 1816 ou d'autres dates étaient examinées, on se convaincrait de l'exactitude de ce résultat. Cette perte est beaucoup plus grande que sur l'or, et il est facile de s'expliquer pourquoi : d'abord le même degré de friction doit produire une plus grande diminution de poids; en second lieu, la circulation continuelle des pièces d'argent excède de beaucoup celle de l'or; car l'argent est bien rarement thésaurisé et presque jamais il ne reste inactif. Dans cette contrée ce n'est pas une mesure de valeur, mais un gage ou signe représentatif de valeur. »

M. Jacob observe, il est vrai, qu'il s'en faut bien que la perte des valeurs monétaires par l'usure représente tous les genres de destruction. Pour apprécier toute l'étendue de la perte il faut faire entrer en ligne de compte les quantités détruites par le feu, les naufrages et beaucoup d'autres accidens. Malheureusement on ne peut faire que des conjectures sur l'étendue des pertes déterminées par ces dernières causes; mais, en les réunissant à celle qui résulte de l'usure, on peut, sans exagération, évaluer à 3/4 pour o/o la perte moyenne qui a lieu par année sur le montant total des monnaies d'or et d'argent existant en Europe. Ainsi donc, en évaluant à 7,000,000,000 de francs ces valeurs monétaires, il faudrait 52,500,000 fr. pour les maintenir à leur niveau actuel. Mais, quelque difficile qu'il soit d'apprécier la consommation annuelle de l'or et de l'argent convertis en monnaie, il l'est encore davantage de connaître celle qui a lieu dans les arts. Toutefois M. Jacob a tenté cette appréciation; selon lui, la valeur des métaux précieux employés dans toute l'Europe en décors et ornemens serait à peu près comme il suit :

Grande-Bretagne.	60,930,525 francs.
France.	30,000,000
Suisse	8,750,000
Reste de l'Europe	40,137,250
Total. . . .	139,817,775

En ajoutant à ces sommes celles qui reçoivent la même application en Amérique, le tout monterait à peu près à 150,000,000 de francs.

Ce n'est pas sans peine que M. Jacob a pu réunir les matériaux nécessaires pour faire son estimation. Mais nous croyons que, malgré tous ses efforts, il est resté assez loin du but. Ceux qui s'occupent des soins pratiques d'un genre d'opération commerciale sont communément disposés à en exagérer la valeur et l'importance, de manière que les renseignemens qui arrivent par ces sources, toutes sûres qu'elles paraissent, doivent être accueillis avec précaution. Nous ne pouvons nous empêcher de croire que M. Jacob ne s'est pas mis suffisamment en garde contre cette tendance à l'exagération, et que son estimation de la consommation d'or et d'argent est décidément beaucoup trop haute. M. de Chabrol, dont les recherches sont beaucoup plus dignes de confiance que celles de Chaptal, qui servent de base à M. Jacob, évalue la consommation de l'or et de l'argent dans les arts, à Paris, à 14,500,000 francs, et cette évaluation est conforme à celle qu'a faite M. de Châteauneuf dans ses curieuses recherches sur les consommations de Paris.

Aux documens qui précèdent et qui sont insérés dans la *Revue Britannique*, je joindrai encore les suivans.

Le capital monétaire des principaux pays de l'Europe était naguère estimé, par beaucoup d'hommes de finances, à seulement un peu plus de cinq milliards de francs, répartis de la manière suivante :

France.	2,200,000,000 fr.
Grande-Bretagne.	1,100,000,000
Espagne	450,000,000
Hollande et Belgique. . . .	300,000,000
Autriche.	275,000,000
Italie.	250,000,000
Prusse	220,000,000
Allemagne et Suisse.	210,000,000
Portugal	150,000,000
Total. . . .	5,155,000,000

Cependant une disette de numéraire se fait vivement sentir depuis quelque temps sur toutes les places de l'Europe, et fait craindre une crise financière, dont les résultats pourraient devenir bien désastreux pour tous les crédits publics. Aussi l'agitation qui se manifeste à ce sujet dans le monde financier a fait rechercher d'où pouvaient provenir les causes de ces craintes, et M. Frédéric Fayot, dans un travail important sur les finances, les a signalées en partie; mais leur origine me paraît remonter beaucoup plus haut qu'il ne le pense, et devoir être rapportée à la guerre de l'indépendance de l'Amérique. Cette question est trop palpitante d'intérêt, et se rattache trop directement à celle de la production de l'or et de l'argent, dont je viens de parler, pour qu'on ne me pardonne pas d'entrer ici dans quelques détails sur une matière d'une aussi haute importance.

De même que la découverte de l'Amérique a exercé une très-grande influence sur le numéraire et la richesse sociale de l'Europe, où une grande partie des métaux précieux qui s'extrayaient sur le nouveau continent était amenée, l'affranchissement de l'Amérique et les révolutions qui en ont été la suite devaient, en changeant toutes les relations anciennement établies, nécessairement produire des résultats inverses, et occasioner dans les capitaux des variations et de grands déplacemens, auxquels on doit principalement attribuer la disette actuelle de numéraire.

Par suite des guerres de l'Amérique avec les différens états de l'ancien monde, les relations commerciales se sont trouvées changées ou anéanties; et l'exploitation des mines, qui avait atteint dans les colonies espagnoles son maximum d'activité dans le dix-huitième siècle, et dont les produits annuels montaient à plus de 200,000,000 de francs, s'est trouvée, pendant la révolution qui a amené leur affranchissement, réduite à ce point que, ne pouvant plus fournir l'argent nécessaire pour soutenir la guerre, les Amériques sont venues l'emprunter à l'Europe. On concevra dès lors que des rapports inverses de ceux qui existaient auparavant, n'ont pu avoir lieu sans causer une certaine perturbation dans les affaires; aussi est-ce à cette circonstance qu'il faut, selon moi, attribuer la cause qui a déterminé la crise financière de 1825, qui s'est si long-temps fait sentir, et qui est encore aujourd'hui présente à tous les esprits, quoiqu'elle n'ait cependant été provoquée que par les pertes résultant de la dépréciation du milliard nominal d'emprunts faits en Angleterre, de 1816 à 1825, par les Amériques espagnoles.

Maintenant si des cinq milliards de numéraire on déduit les 5 à 600 millions en argent exportés de l'Angleterre en Amérique durant cet intervalle de temps, et les 4 à 500 millions exportés pendant les dernières années pour la Russie, l'Espagne et les Etats-Unis d'Amérique, on voit que le numéraire de l'Europe se réduit aujourd'hui à tout au plus quatre milliards.

Les 150,000,000 de francs en argent monnayé, envoyés de France et d'Angleterre en Espagne depuis les événemens politiques qui y sont survenus depuis deux ans, n'ont que très-peu ou point de chances de retour; ce déplacement est encore une conséquence de l'affranchissement de ses colonies; car cette puissance, qui auparavant était très-riche en numéraire, est aujourd'hui forcée d'avoir recours aux emprunts étrangers. Quant aux 207,000,000 de francs en numéraire également partis de l'Europe depuis un ou deux ans pour l'Amérique, comme la plus grande partie de cette somme avait pour but principal l'exploitation des mines et d'autres entreprises industrielles, elle ne rentrera que partiellement et à des époques plus ou moins éloignées. C'est à toutes ces causes réunies et préparées depuis long-temps par les événemens politiques qui ont changé la face de l'Amérique, qu'il faut attribuer la disette qui se fait sentir aujourd'hui dans le numéraire.

La masse des dettes émises et inscrites dans les grands états de l'Europe s'élève à la somme effrayante de 57,250,000,000 de francs, auxquels il faut ajouter au moins 20 milliards d'actions et de billets de banque, d'actions de canaux, chemins de fer, etc., et tout le papier de commerce en circulation; en sorte que 57 milliards de valeurs en papiers se trouvent en présence de seulement 4 milliards en numéraire. Maintenant, qu'un événement politique vienne déterminer une crise, que l'Espagne et le Portugal, par exemple, dont les révolutions paralysent déjà et pourraient détruire quatre milliards et demi de ces valeurs écrites et courantes, viennent à manquer, et aussitôt la moitié au moins du numéraire se retirera de la circulation, et la perturbation qu'un tel événement occasionerait se faisant aussitôt ressentir sur tous les principaux marchés de l'Europe, 12 ou 15 milliards au moins de la dette flottante se trouveraient anéantis, et alors se réaliserait cette *conflagration des crédits publics* prédite par Napoléon à Sainte-Hélène.

Devant de tels faits, quel est le gouvernement, quel est l'homme qui ne désirent et ne soient vivement intéressés au maintien de l'ordre des choses et à la conservation de la tranquillité générale des peuples, puisqu'une guerre, un bouleversement quelconque qui surviendrait en Europe peut menacer le crédit public d'une ruine complète, dont les conséquences seraient plus redoutables que la guerre elle-même? On peut juger aussi, par tous ces faits, de l'influence qu'exerce sur la politique générale des peuples l'exploitation des mines, par suite de la plus ou moins grande masse de capitaux que ses produits peuvent jeter dans la circulation.

Cuivre. Ce métal, que les anciens chimistes désignaient sous le nom de *Métal de Vénus*, est connu depuis les temps les plus anciens; son nom grec κύπρου lui venait de l'île de Chypre, où il était exploité et où il a probablement été découvert pour la première fois. Il fut aussi exploité en Espagne, en Italie, en Grèce et dans les petites îles des Princes, situées aux environs de Constantinople, et il y était encore exploité à l'époque de l'invasion des Turcs; depuis, les exploitations y ont été abandonnées; mais je me suis assuré qu'on pourrait facilement les reprendre.

Le cuivre est d'une belle couleur rouge et prend un poli très-brillant; sa ténacité, quoique moindre que celle du fer, est plus grande que celle de l'or et de l'argent; c'est le plus sonore des métaux, on ne connaît pas encore bien son degré de fusibilité. Mais M. Pouillet m'a dit qu'il pensait que son point de fusion pouvait correspondre à environ 850° centigrades. Ce métal n'est pas du tout volatil; exposé à l'air, sa surface se recouvre à la longue d'une légère couche de carbonate vert, qui forme ce que les archéologues appellent la *patine*, qui donne tant de prix, à leurs yeux, aux statues et autres objets antiques. La pesanteur spécifique du cuivre est, à l'état de fil, de 8,878; sa grande ductilité, et la facilité avec laquelle il s'allie à la plupart des métaux, le rendent propre à un très-grand nombre d'usages. Aussi est-il, après le fer, le métal dont l'emploi est le plus multiplié. Pur, il constitue une grande partie de la monnaie dite de *billon*, sert au doublage des vaisseaux et à la fabrication de tuyaux, de bassines, et d'un grand nombre d'ustensiles employés dans les arts et les usages habituels de la vie. Combiné avec l'étain, il forme le *tam-tam*, l'*airain* ou *bronze*, le *métal des cloches*, des *canons*, etc.; avec le zinc il constitue le *laiton* ou *cuivre jaune*, quelquefois appelé *similor*, *or de Manheim*, *alliage du Prince-Régent*, etc.; l'on a vu qu'il entrait pour un dixième dans la composition de nos monnaies d'or et d'argent, auxquelles il communique assez de dureté pour qu'elles puissent conserver long-temps les formes qui leur sont données. Combiné avec l'acide acétique, le cuivre constitue encore le *vert de gris* ou *verdet*, et avec le soufre le *sulfate de cuivre* ou le *vitriol bleu* du commerce.

Le cuivre existe dans la nature sous un grand nombre de combinaisons qu'on peut diviser en trois classes. La première classe de minéraux comprend le cuivre natif et l'oxide rouge ou oxidule, généralement assez rares; la *mine bleue* et la *mine verte* ou malachite, qui sont les carbonates bleus et verts, assez abondans dans certains gisemens, et la *mine noire*, composée d'un mélange de sulfure et d'oxide noir de cuivre. La deuxième classe comprend le cuivre sulfuré gris et cassant, rarement abondant dans les mines, et le cuivre pyriteux, ou double sulfure de fer et de cuivre; c'est le minerai le plus habituel et le plus abondant dans la nature. La troisième classe comprend les minerais combinés avec le soufre et un grand nombre de métaux, tels que l'arsenic, l'antimoine, l'étain, le plomb, l'argent, etc.; ils prennent souvent dans le dernier cas le nom d'*argent gris*. C'est particulièrement du cuivre natif, de l'oxide, des pyrites et des carbonates, que l'on extrait tout le cuivre versé dans le commerce; mais les deux dernières espèces sont réellement les seules importantes sous le rapport géologique et métallurgique, parce qu'elles constituent les gîtes les plus importans. Cependant en 1820 on a trouvé au Brésil une masse de cuivre natif pesant 2,666 livres; elle a été envoyée au Musée de Lisbonne. Toutes les autres variétés de minerais, qui ne sont pour la plupart que des transformations de ces espèces principales, par suite des réactions chimiques et électro-chimiques, ont en général peu d'importance, à cause de leur peu d'abondance ordinaire.

Traitement métallurgique. On conçoit que les méthodes d'extraction du cuivre doivent varier avec les différentes manières d'être des minerais cuivreux et leur différence de nature. Ceux de la première classe, qu'il est en général difficile de bocarder et de laver, parce qu'ils sont très-légers, sont au contraire très-faciles à traiter; ils donnent ordinairement du cuivre à la première fonte, ou tout au moins ce que l'on appelle du *cuivre noir*, cuivre encore impur qu'il n'y a plus qu'à affiner. Il suffit de les placer avec du charbon de bois ou du coke dans un fourneau à manche, ou, s'ils sont suffisamment purs, dans un fourneau à réverbère, pour avoir le cuivre à la première fusion.

Le traitement des minerais sulfureux est loin d'être aussi facile que celui des minerais de la première classe; ils peuvent être lavés et bocardés avec avantage; lorsqu'ils sont mélangés de plomb, on les lave aussi bien que possible, afin d'obtenir deux espèces de schlicks, l'une qui contienne presque tout le cuivre, et l'autre presque tout le plomb. Ces minerais ne donnent presque jamais de cuivre à la première fonte, mais une matte plus ou moins riche en cuivre; on les grille d'abord

bord par différens procédés ; le plus habituel consiste à former avec le minerai, sur un lit de bois, une espèce de pyramide tronquée, comme pour la carbonisation du bois dans les forêts ; on ménage au centre un canal vertical par lequel, avec des tisons embrasés, on met le feu qui se communique au sulfure, qui, une fois échauffé, continue à brûler et à se griller par lui-même. On a soin de placer tous les gros morceaux au centre et les menus à la surface ; on mêle même quelquefois ceux-ci de terre, que l'on bat pour empêcher la combustion d'aller trop vite, et forcer les vapeurs sulfureuses à se diriger par le haut. Pendant ce grillage, qui dure parfois plus d'un an, il se forme des oxides et des sulfates de cuivre et de fer, et il se dégage du gaz acide sulfureux et du souffre, dont on recueille une certaine quantité qui se condense dans des cavités pratiquées à cet effet vers la partie supérieure de la pyramide. On traite les produits du grillage au fourneau à manche, et l'on ajoute du quartz quand ils ne sont pas assez siliceux. Il sert à aider la vitrification des matières pierreuses mélangées avec le minerai, donne aux matières oxidables le temps de s'oxider en ralentissant convenablement la combustion, et enfin se combine avec le fer, qui passe alors plus facilement dans les scories. Lorsque la température est assez élevée, les oxides en contact avec le charbon se réduisent, et on obtient un produit qu'on appelle *matte*.

La matte ainsi obtenue est une substance brune, cassante, contenant beaucoup de cuivre et beaucoup moins de matières étrangères, lesquelles sont en grande partie passées dans les scories ; on la concasse et on la soumet à un certain nombre de grillages successifs, qui vont quelquefois jusqu'à douze, dans le but de chasser de plus en plus le soufre qui se trouve encore combiné avec la masse; puis on refond de nouveau la matière au fourneau à manche, en ajoutant encore du quartz pour empêcher la réduction de l'oxide de fer et en faciliter la fusion. On obtient par cette opération longue et pénible du cuivre noir, une nouvelle matte et des scories que l'on rejette, et on grille de nouveau la matte ainsi que le cuivre noir qui contient encore jusqu'à 10 pour cent de soufre, de fer, et quelquefois de zinc; puis on le soumet à l'affinage.

Cette opération s'exécute dans une espèce de four à réverbère, dont la sole est concave et recouverte par une brasque de charbon et d'argile battue. On charge le cuivre noir sur cette sole et on allume le feu. Le cuivre fond, et il se forme à la surface des scories qu'on enlève avec une espèce de râble; puis on dirige le vent des soufflets sur le bain ; la matière roule alors sur elle-même et présente successivement toutes ses parties au contact de l'air. Le fer, le soufre et le zinc, lorsqu'il y en a, se brûlent, et le cuivre s'affine. Quand cette opération, qui dure environ deux heures, est terminée, et que le métal est convenablement affiné, ce que l'on reconnaît à sa couleur et à l'absence de scories, on le fait couler dans des bassins de réception en forme de cônes renversés, placés sur le côté opposé au vent et que l'on a tenus chauds; il s'y refroidit à la surface, et, pour hâter son refroidissement, on y projette de l'eau, et avec des crochets on enlève la croûte solide à mesure qu'il s'en forme une, et successivement jusqu'à ce que le métal soit épuisé. Le cuivre ainsi obtenu forme des plaques rondes, couvertes d'aspérités ; c'est ce qu'on appelle dans le commerce le *cuivre rosette*.

Il existe encore plusieurs méthodes pour traiter les différens minerais de cuivre, et d'autres procédés d'affinage pour le séparer des métaux avec lesquels il est souvent mélangé; mais ce n'est pas ici le lieu d'entrer dans des détails circonstanciés à ce sujet; il suffit qu'on ait une idée des différentes opérations que ce métal exige avant d'arriver à l'état de pureté.

M. Héron de Villefosse a évalué la production du cuivre en Europe à 382,186 quintaux, qui représenteraient une valeur de 95,500,000 francs; depuis, on ne l'a portée qu'à 70,000,000 de francs; mais cette évaluation est encore trop forte, et, quoique la production de la Grande-Bretagne ait toujours été en croissant depuis la fin du siècle dernier, elle n'a été cependant en 1828 que de 122,572 quintaux, au lieu de 200,000, taux auquel elle avait toujours été portée; celle de la Suède, au contraire, diminue successivement; car, au lieu de 22,000 quintaux, elle n'a plus été en 1825 que de 6,755.

Tableau de la production des mines de cuivre en Europe.

Angleterre et Irlande (1828)	122,572 q. m.
Autriche (1829)	42,189
Russie (1833)	33,872
Saxe	12,600
Allemagne occidentale	10,600
Danemarck	8,500
Norwége.	8,000
Suède (1825)	6,735
Prusse	6,400
France (1834)	1,034
Espagne	300
Quintaux métriques	252,802

qui, à 250 francs le quintal, représentent une valeur de 63,200,500 francs.

Il y a quelques années que la France produisait annuellement 2,500 quintaux de cuivre ; mais aujourd'hui la plupart de ses mines sont abandonnées, ou sont à peu près épuisées. Les tableaux suivans indiqueront au contraire les progrès toujours croissans de l'exploitation du cuivre en Angleterre, et dans les mines du Cornouailles en particulier, qui fournissent à elles seules les quatre cinquièmes du produit de l'Angleterre et de l'Irlande. Ces mines ont donné

En 1771	33,959 q. m.
1780	34,983
1800	52,596
1810	57,605
1820	74,671

En 1822 . . . . 94,616 q. m.
1828 100,599

Et la production de toutes les mines d'Angleterre et de l'Irlande a été

En 1818 de 83,097 q. m.
1820 — 89,435
1822 — 115,295
1828 — 122,572

qui représentent une valeur de 30,645,000 de francs. M. John Taylor, dans son ouvrage sur les mines, en comparant les productions avec les importations et les exportations, fait voir que l'Angleterre consomme environ 4,415,000 kilogrammes de cuivre par année; à ce sujet, M. Leplay a fait voir également que, la production du cuivre en France étant à peu près égale à la quantité exportée, la moyenne des importations peut être prise pour celle de la consommation; or cette moyenne, pendant les cinq années de 1826 à 1830, s'élève à environ 4,620,000 kilogrammes. Il résulte de ces deux données que la consommation totale des deux royaumes est encore inférieure à la production des seules mines du Cornouailles.

L'Amérique, jusqu'ici, a fourni peu de cuivre; les États-Unis en fournissent un peu, et le Mexique seul en produit 4,000 quintaux; cependant il paraît que le cuivre abonde dans quelques unes des autres provinces du Nouveau-Monde. La Perse, le Japon, la Chine surtout, l'Arabie, la Tartarie, la Natolie, quelques îles de la mer des Indes, l'Abyssinie, le Maroc, le Congo, etc., renferment aussi des mines de cuivre dont les produits nous sont inconnus. L'Espagne, comme il a déjà été dit, possède des mines riches de cuivre aujourd'hui pour ainsi dire inexploitées. Dernièrement un journal de Madrid faisait le calcul du nombre de cloches existantes en Espagne, et l'évaluait à 84,000, dont le poids total ne peut s'élever à moins de 3,660,000 arrobes, ou 43,929,000 kilogrammes environ, dont la valeur peut être portée à 256,000,000 de réaux (66,560,000 fr.), et ajoutait que, le tiers de ces cloches suffisant pour le service des églises, le gouvernement pourrait, en vendant le surplus, se créer ainsi une ressource de 40,000,000 de francs.

Plomb. L'un des métaux les plus anciennement connus, le plomb s'exploitait en Attique, en Angleterre, et dans le pays des Cantabres (Espagne); il était autrefois désigné sous le nom de *Métal de Saturne*. Il est d'un blanc bleuâtre, très-brillant lorsqu'il est bruni, mais se ternissant promptement à l'air; sa ténacité est très-faible, trente fois moindre que celle du fer. Il est si mou, qu'il se laisse rayer par presque tous les corps, même par l'ongle, et que l'on peut s'en servir pour écrire sur le papier. Le plomb est peu ductile; cependant on peut en faire des tuyaux sans soudures; sa malléabilité, au contraire, est très-grande, et il peut facilement s'étendre en lames minces; il fond à 320 degrés centigrades, bien avant la chaleur rouge, c'est donc l'un des métaux les plus fusibles; sa densité est de 11,352. Hors du contact de l'air, il peut éprouver une température assez élevée sans se volatiliser; mais en contact avec lui, il s'exhale en fumées épaisses, et si le courant d'air était très-fort, on pourrait en perdre par cette cause, dans les opérations métallurgiques, des quantités assez notables. Fondu, le plomb s'oxide facilement; mais si le courant d'air n'est pas fort, la couche de protoxide qui se forme à la surface empêche l'oxidation de se continuer. Dans les opérations métallurgiques, pour éviter les pertes qui résulteraient de l'évaporation, on recouvre le bain de scories; le plomb volatilisé va se condenser dans les parties supérieures du fourneau, sous forme de poussière jaune ou rouge.

Les alchimistes, dans l'espérance de transformer le plomb en argent, l'ont soumis à une foule d'épreuves qui ont tout au moins eu pour résultat de nous faire assez bien connaître les propriétés de ce métal, dont les fabricans et les artistes ont toujours cherché à profiter, à cause de la grande facilité avec laquelle il se travaille : aussi est-ce l'un des métaux les plus employés et que sa grande abondance dans la nature permet heureusement de se procurer à très-bon marché. Le plomb laminé sert pour couvrir les édifices, faire des bassins, des conduits, des gouttières, des chaudières, les chambres dans lesquelles se fabrique l'acide sulfurique, etc.; c'est avec le plomb que les balles et le plomb de chasse se font : allié à la moitié de son poids d'étain, il forme la soudure des plombiers et des ferblantiers, et combiné avec environ le quart de son poids d'antimoine, il constitue l'alliage qui sert à faire les caractères d'imprimerie. Le blanc de plomb, ou céruse, n'est que du carbonate de plomb, et la litharge et le minium en sont les oxides. A l'état d'oxide rouge ou de minium, il entre pour plus de moitié dans la composition du verre de cristal ou *flint-glass*; enfin le sulfure de plomb naturel, réduit en poudre, s'emploie, sous le nom d'*alquifoux*, pour former la couverture des poteries grossières. Seul, il produit les vernis jaunes; mais mêlé avec du cuivre, du manganèse, etc., il donne des vernis verts, bruns, etc.

Le plomb ne se trouve pas à l'état métallique, mais bien à l'état de sulfure ou de galène, état sous lequel il se rencontre le plus habituellement; ses autres combinaisons, telles que le carbonate, le sulfate, le phosphate, le chromate, l'arséniate, etc., n'étant que le résultat des décompositions et réactions électro-chimiques qui ont eu lieu dans les filons, sont rarement abondantes. La galène est un minéral à éclat métalloïde, gris de plomb, se présentant presque toujours cristallisée et à formes cubiques; elle est fréquemment mêlée dans les filons avec de la blende ou sulfure de zinc, des pyrites de fer, du sulfate de baryte, de la chaux fluatée, etc., dont on la sépare facilement et souvent assez complétement par le lavage. La galène contient presque toujours une petite quantité d'argent; le bas prix du plomb en France, et le peu d'abondance des mines font qu'ordinairement on n'y exploite pas les minerais qui ne contiennent pas assez d'argent pour payer une partie des frais d'exploitation et de traitement métallurgique.

Le plomb se trouve souvent combiné ou disséminé dans certains minerais de fer, en proportion à la vérité inappréciable, et qui a échappé, comme le zinc qui s'y trouve également, à l'analyse chimique; ainsi il arrive quelquefois qu'on trouve à la fin d'un fondage des quantités assez notables de plomb métallique dans les crevasses et le fond du creuset des hauts-fourneaux à fer, et quelquefois même, après chaque coulée, il en sort de petites quantités : cependant la haute température qui règne constamment dans les hauts-fourneaux et le courant d'air rapide qui les traverse ont dû en faire volatiliser la plus grande partie.

Plusieurs méthodes sont mises en usage dans les différentes localités pour réduire les minerais de plomb; elles dépendent de leur plus ou moins de pureté. Souvent on leur fait subir un grillage préalable qui a pour but d'oxider le plomb. Lorsqu'on les traite au fourneau à manche, on fait le grillage entre des murs à l'air libre; il est très-simple pour les minerais en gros morceaux, et plus compliqué pour les schlicks ou minerais fins. On fait un mélange à parties égales en volume de schlick et de poussière de charbon; on l'humecte avec un lait de chaux, et on l'étend sur un bûcher par couches de trois centimètres, alternant avec des couches de menu charbon, en ayant soin de ménager dans les lits de minerais des trous que l'on remplit de charbon pour que le feu puisse pénétrer à travers. L'opération du grillage dure de trente à trente-six jours pour 10,000 kilogrammes de schlick. En Angleterre, en France, à Poullaouen et à Villefort, le grillage se fait dans des fours à réverbère; ce procédé est plus dispendieux, mais l'opération est beaucoup plus complète.

En Savoie, à Pesey, on s'est d'abord servi d'espèces de demi-hauts-fourneaux de sept à huit pieds de hauteur, fermés par devant et se chargeant par derrière, pour réduire les minerais grillés; puis on a remplacé ceux-ci par des fourneaux à manche de quatre pieds et quelques pouces de hauteur. Les charges s'y composent de charbon et de minerai grillé, mélangé de près de deux fois son poids de scories ou de mattes.

Lorsque les minerais sont riches, on emploie avec avantage les fourneaux dits *écossais*, qui se construisent à peu de frais et n'exigent pas un grand emplacement; ce sont des espèces de fourneaux à manche, construits avec des plaques en fonte et présentant la forme d'un prisme rectangulaire de $0^m,5$ de longueur, sur 0,4 de large, et 0,7 de haut. La tuyère se place vers le tiers de la hauteur; le plomb s'échappe par un des angles et coule dans une espèce de chaudière en fonte, sous laquelle on fait constamment du feu, pour maintenir le plomb fondu.

Au Hartz, où les schlicks contiennent beaucoup de matières terreuses, on a trouvé beaucoup plus avantageux d'employer des demi-hauts-fourneaux de douze à dix-huit pieds, à deux tuyères, quelquefois trois, placées du même côté, opposé à celui de la coulée.

Quelquefois quand le schlick cru est suffisamment pur, on le traite dans des fours à réverbère chauffés au bois ou à la houille; dans ce cas, le grillage s'y opère d'abord, puis après la fonte. On commence, pour griller, par chauffer modérément et sans remuer; puis on augmente peu à peu la chaleur, en ayant soin de mélanger les couches supérieures qui sont passées à l'état de sulfate avec les inférieures qui sont restées à l'état de sulfure; celui-ci réagit sur le sulfate, son soufre enlève tout l'oxygène de l'oxide, une partie de celui de l'acide du sulfate; et il en résulte du plomb métallique provenant du sulfate et du sulfure, et du gaz acide sulfureux qui se dégage en très-grande abondance.

Un autre procédé souvent employé pour obtenir le plomb, consiste à employer le fer pour désulfurer la galène. Cette opération se fait dans des fours à réverbère ou des fourneaux à manche. Dans le premier cas, quand le minerai est fondu, on ajoute successivement un quart de son poids de vieille ferraille ou de fonte granulée, puis on brasse bien toute la masse. Le soufre est alors absorbé par le fer, et le plomb se réduit promptement et se rassemble dans le fond du fourneau, d'où il s'écoule dans un bassin destiné à le recevoir d'abord. On décante ensuite le plomb métallique dans un second bassin pour le séparer du sulfure de fer qui coule avec lui dans le premier bassin. Quand l'opération du grillage se fait en même temps, on n'ajoute le fer que sur la fin de l'opération, pour décomposer le sulfure et le sulfate qui restent encore sur la sole du fourneau, ce qui diminue beaucoup la consommation du fer et par suite les frais de fabrication. A Poullaouen, où l'on se sert d'un fourneau à manche de quatre pieds et demi d'élévation, on mêle le schlick avec 14 pour 100 de fonte, 12 de scories d'affinage de fer et 36 de scories de plomb. On peut employer aussi la chaux pour désulfurer la galène; mais elle n'est pas commode, parce qu'elle forme avec le soufre une combinaison infusible, tandis que le fer, à l'avantage de désulfurer complétement, joint celui de donner lieu à une combinaison fusible; seulement il est beaucoup plus cher que la chaux.

Lorsque les minerais ne sont pas argentifères, le plomb obtenu par ces divers procédés est coulé dans de petites lingotières, pour être livré au commerce sous forme de saumons; mais s'il contient suffisamment d'argent pour couvrir les dépenses que sa séparation exige, c'est-à-dire de la coupellation et de la revivification des litharges, on en extrait ordinairement ce métal précieux, et le plomb prend alors le nom de *plomb d'œuvre*.

On estime qu'en France il faut que le plomb d'œuvre contienne trois millièmes d'argent pour pouvoir être coupellé avec avantage. La coupellation est fondée sur la propriété qu'a le plomb de s'oxider très-facilement au contact de l'air lorsqu'il est fondu, pendant que l'argent n'est pas du tout oxidable. L'opération se fait dans un four à réverbère rond ou elliptique, tantôt à voûte, tantôt à dessus mobile, dans lequel on construit un très-grand creuset ou coupelle avec des os calcinés ou des cendres de bois lessivées, surtout celles du hêtre ou de la vigne. La condition essentielle d'un bon fond de coupelle, qui doit être refaite à chaque opération, est de ne pas se fondre en se combinant avec l'oxide de plomb; les matières qui viennent d'être désignées sont excellentes; on mélange deux parties d'argile sur sept de cendres ou d'os bien calcinés; on humecte avec de l'eau et on en forme la coupelle qui a ordinairement de huit à dix pieds de diamètre, en battant bien et mettant plusieurs couches successives; ainsi disposées, elles peuvent servir à affiner 180 à 200 quintaux de plomb d'œuvre.

Les barres de plomb étant placées dans le creuset qu'on a eu soin de protéger par une couche de paille, on abaisse le chapeau, on le lute bien avec de l'argile, ainsi que toutes les ouvertures, et on chauffe ensuite graduellement pour laisser sécher la coupelle; ce n'est qu'au bout de douze ou dix-huit heures que tout est fondu. On enlève alors les *abstricks*, qui sont les premières litharges qui se forment; elles contiennent souvent, outre une certaine quantité de fer ou de cuivre, du zinc, de l'antimoine, de l'arsenic, etc., qui accompagnent fréquemment les galènes dans les mines et qui rendent le plomb d'œuvre cassant. Ces métaux étrangers ont tant d'affinité pour l'oxygène, qu'ils font partie des premières couches d'oxide ou de litharge qu'on obtient. Ce n'est encore que six heures après l'extraction des abstricks que l'on donne le vent; alors la litharge, se formant en abondance, est enlevée à mesure qu'elle se produit, pour permettre à d'autre de se former. Vers la fin de l'opération, on aperçoit sur le bain une vive lumière, comme des éclairs, puis il devient terne, c'est une preuve qu'elle est terminée; on laisse alors consolider l'argent qui forme une espèce de pain, puis on le sort pour être affiné.

Pour revivifier ensuite les litharges, c'est-à-dire les convertir en plomb métallique, on les passe ordinairement au fourneau écossais, tandis que les crasses, les abstricks et les fonds de coupelle, qui proviennent de cette opération, sont refondus au fourneau à manche.

L'Espagne, qui jusqu'en ces derniers temps ne retirait de ses mines qu'une médiocre quantité de plomb, que M. le comte de Laborde estimait à 12,000 quintaux, et que M. de Villefosse portait à 32,000, l'emporte aujourd'hui par l'importance de sa production, et se place, après l'Angleterre, en tête de toutes les nations de l'Europe. Elle doit cet heureux changement à l'abolition des lois restrictives qui en gênaient l'exploitation. Les mines d'Angleterre, qui ne produisaient que 25,000 quintaux, en ont produit en 1828 461,500; mais le bon marché du plomb d'Espagne, qui l'emporte sur tous les marchés de l'Europe, devra faire progressivement diminuer la production de ce métal dans les autres contrées

S'il faut en croire les indications nombreuses que l'on trouve dans le Voyage dans l'intérieur de l'Afrique d'Haggy-Ehn-eddyn-el-Eghonathy, ce continent ne serait pas non plus dépourvu de plomb; et il signale une mine qui parait très-abondante près de Padrama, ainsi que son nom de Gebel-el-Rassâss, qui signifie montagne de plomb, semble l'indiquer. En Amérique il existe sur plusieurs points, mais il y a été peu exploité jusqu'ici; cependant, suivant une note qui m'a été remise par M. Michel Chevalier, il en est amené annuellement à New-York, du Mississipi supérieur, 70,000 quintaux métriques, et l'ouverture de nouvelles exploitations sur le territoire de Wisconsin fait espérer que cette année (1836) ce produit s'élèvera à 100,000 quintaux métriques.

M. de Villefosse a porté à 480,972 quintaux métriques la production annuelle du plomb en Europe, que M. Beudant a évaluée en 1830 à 22,000,000 de francs; mais cette évaluation est bien au dessous de la production réelle, ainsi que le fera voir le tableau qui suit, surtout si l'on veut comprendre dans la production du plomb les oxides de plomb et ses autres composés employés dans les arts.

Tableau de la production du plomb en Europe.

Angleterre (1827)	476,580 q. m.
Espagne	350,000
Prusse	71,000
Hartz	60,000
Autriche (1829)	54,042
Nassau, Usingen	12,000
Saxe	10,000
Russie (1833)	7,165
France (1834)	4,785
Savoie	4,000
Pays-Bas	4,000
Anhalt-Bernbourg	3,000
Pays de Bade	800
Suède (1825)	516
Quintaux métriques	957,888

qui représentent, au prix moyen actuel de 62 fr., une valeur de 59,389,056 francs, et si l'on ajoute la valeur du plomb consommé en litharge, minium, alquifoux, on voit que ce métal augmente chaque année la richesse sociale en Europe de 63 à 64,000,000 de francs. Suivant M. John Taylor, il a été importé en Angleterre 30,420 quintaux de plomb; il en a été exporté 187,590; d'où il résulte que la consommation intérieure a été de 319,410 quintaux métriques; mais pour qu'une telle donnée fût bien exacte, il faudrait prendre la moyenne sur un certain nombre d'années; car rien n'indique qu'une partie du plomb resté en Angleterre ait été mise totalement en œuvre.

Mercure. Comme pour les précédens métaux, la découverte du mercure se perd dans la nuit des temps. Il fut d'abord découvert aux environs d'Ephèse, et s'exploitait aussi dans la Bétique (Espagne); on le rencontrait également associé avec le minerai d'argent dans les mines de Laurium en

Attique. La couleur de ce métal est le blanc bleuâtre, comparable par son éclat à l'argent bruni; son état habituel de fluidité le distingue de la plupart des autres métaux, et son extrême mobilité lui a fait donner le nom de *Vif-argent*, sous lequel il est vulgairement connu. Ce n'est qu'à 40 degrés centigrades au dessous de zéro ou du point de congélation qu'il commence à devenir solide; c'est ainsi qu'en Sibérie, où la température descend fréquemment à plus de 40° au dessous de zéro, il n'est pas rare de l'y voir se solidifier naturellement, et l'hiver dernier (1836), le thermomètre étant descendu à Moscou à 43° et 3/4, on a pu, à l'aide d'une balle de mercure gelé, tirée avec un fusil, percer une planche d'un pouce d'épaisseur. On peut donc présumer d'après cela que, dans les régions polaires les plus froides, le mercure reste constamment à l'état solide, comme le sont à notre latitude les métaux les plus fusibles, tels que l'étain, le plomb, le bismuth, le zinc, etc. Le mercure n'étant volatil qu'à 360°, il en résulte qu'il reste liquide dans un espace de 400°, après quoi il se solidifie ou se gazéifie. Sa pesanteur spécifique est de 13,568. C'est l'un des métaux sur lesquels les alchimistes se sont le plus exercés pour arriver à leur *grand œuvre*: car ils pensaient que c'était de l'argent liquide et qu'il suffisait de le chauffer long-temps seul ou avec certains corps pour l'épaissir, le fixer et en opérer la transmutation. Si leurs nombreuses tentatives à ce sujet n'ont eu aucun succès, elles ont tout au moins amené quelques découvertes importantes, parmi lesquelles on peut citer en première ligne le sublimé corrosif, que le célèbre Paracelse a employé le premier avec tant de succès contre les maladies syphilitiques, regardées jusqu'alors comme tout-à-fait incurables.

La liquidité du mercure, sa pesanteur, son éclat vif et argentin, la pureté et l'homogénéité qu'on lui fait facilement acquérir, et la tendance qu'il a à s'unir à quelques métaux pour former ce qu'on appelle des amalgames, sont autant de qualités précieuses qui en rendent les usages aussi importans que variés. C'est ainsi qu'on a su profiter de la facilité avec laquelle il se combine avec l'or et l'argent, pour le faire servir à l'extraction de ces métaux. A l'état d'amalgame d'or et d'argent, il est employé avec avantage pour dorer ou argenter les métaux. L'amalgame d'étain, dans lequel on faisait entrer autrefois du bismuth, sert à l'étamage des glaces, c'est-à-dire à leur donner la propriété de réfléchir les objets; l'opération qui en résulte s'appelle mettre les glaces *au tain*. La physique doit quelques uns de ses instrumens les plus précieux au mercure; elle a su profiter de la propriété qu'il a de se dilater uniformément et d'être très-sensible aux impressions de la chaleur et du froid, pour l'employer avec avantage à la construction des thermomètres et des baromètres qui nous indiquent les variations atmosphériques. Combiné avec le soufre, il constitue le *cinabre* ou *vermillon* employé en peinture et en pharmacie. Cette substance a été connue des anciens et portait chez les Romains le nom de *Minium*, que porte aujourd'hui l'oxide rouge de plomb; il servait principalement à frotter le corps des triomphateurs; il se trouvait en Espagne et dans les mines d'argent de Laurium. Le mercure à différens états de combinaison est fréquemment employé en médecine : tels sont le proto-chlorure de mercure ou *sublimé doux*, le deuto-chlorure ou *sublimé corrosif*, le sous-deuto-sulfate ou *turbith minéral*, le deutoxide ou *précipité rouge*; il entre dans la composition de l'onguent citrin et de quelques autres médicamens, ainsi que dans l'onguent gris et l'onguent napolitain, qui tous deux ne sont autre chose que ce métal très-divisé dans la graisse; il sert encore dans les laboratoires de chimie et de physique pour recueillir les gaz solubles dans l'eau. Ce métal jouit de propriétés assez singulières; par exemple, chauffé avec de l'eau, il fait acquérir à celle-ci des vertus vermifuges très-prononcées, quoiqu'aucun réactif ne puisse y indiquer sa présence; enfin une autre de ses propriétés, c'est qu'il arrête la végétation, en sorte que la plus petite parcelle quelconque de l'un de ses oxides suffit pour empêcher l'encre de se couvrir de moisissure, qui n'est, comme on le sait, qu'une végétation parasite.

En raison de la propriété que possède le mercure de dissoudre un grand nombre de métaux, il est très-souvent falsifié avec du plomb, du bismuth ou de l'étain; mais il est facile de reconnaître quand il est ainsi sophistiqué; car il a alors une couleur terne, et il perd de sa mobilité; les globules s'aplatissent, et ils font ce que l'on appelle la *queue*, c'est-à-dire qu'ils présentent de petits filets ou traînées.

Le mercure est un métal assez rare dans la nature, où il se rencontre à l'état natif, combiné avec le soufre, quelquefois avec l'argent, ou à l'état de chlorure. Le *mercure vierge* ou natif ne constitue pas de mine et se trouve rarement en grande quantité; il accompagne presque toujours les autres minerais et se présente sous forme de gouttelettes ou de petits globules disséminés dans la roche qui sert de gangue, d'où ils se détachent par suite des secousses du terrain ou de leur pesanteur et se rassemblent en quantités plus ou moins considérables dans les cavités, où on a le soin de le recueillir de temps à autre. On a signalé plusieurs fois en France de prétendus gisemens de mercure, parce qu'en creusant le sol, on y a rencontré à de certaines profondeurs des quantités de mercure assez notables; mais il a toujours été reconnu que c'était dans des lieux anciennement habités, et que le mercure trouvé provenait d'anciennes ruines. Il est facile de concevoir en effet que ce métal liquide épanché à la surface du sol puisse pénétrer quelquefois dans les fissures d'un terrain vierge, à d'assez grandes profondeurs, et induire ensuite en erreur des observateurs peu attentifs; les terrains à mercure sont assez généralement bien caractérisés pour ne pas se tromper à cet égard. Le cinabre ou mercure sulfuré est le minerai véritablement important, celui qui constitue les mines les plus riches; car le mercure argental et le chlorure de mercure sont, comme le mercure natif, assez rares et toujours accidentels ; le sulfure est rouge ou brun, quelquefois bituminifère ou ferrifère.

Les différens procédés métallurgiques employés pour extraire le mercure de ces minerais ou le purifier, sont fondés sur la propriété qu'a ce métal de se volatiliser ; dans ces opérations on fait subir aux minerais une espèce de grillage dans lequel le sulfure est décomposé par l'oxygène ; et comme l'oxide est à son tour facilement décomposé par la chaleur, il en résulte que c'est le métal, et non l'oxide qu'on obtient.

La méthode dite *per descensum*, généralement employée autrefois, s'opérait au moyen de deux pots de terre ajustés l'un sur l'autre. Le pot supérieur, rempli de minerai mélangé de chaux, fermé par dessus et recouvert de combustible enflammé, laissait échapper, par de petits trous pratiqués à son fond, les vapeurs mercurielles qui venaient se condenser dans l'eau que contenait le pot inférieur. Vers le commencement du dix-septième siècle, quelques usines du Palatinat avaient substitué à ce procédé les *fourneaux à galère*, adoptés en 1635 à Idria, où on substitua en 1750 les *fourneaux à aludels* déjà employés aux fameuses mines d'Almaden en Espagne, et qu'on y a encore supprimés en 1794 pour les remplacer par des appareils distillatoires, remarquables par leur perfection et leurs dimensions tellement considérables, qu'il n'y a nulle part, en Métallurgie, d'appareils qui leur soient comparables.

Les fourneaux à galère sont disposés de manière à recevoir quatre rangées de cornues ou *cucurbites* en tôle ou en fonte, au nombre de trente-deux et dans quelques usines de cinquante-deux. On introduit dans chacune d'elles 70 livres de minerai mélangé avec 15 ou 18 pour cent de chaux, et de manière à ne remplir que les deux tiers de la capacité des cucurbites; à chacun de leurs cols sont adaptés des récipiens de terre cuite, remplis seulement jusqu'à moitié d'eau. Le feu, d'abord modéré, est poussé ensuite jusqu'à faire rougir les cucurbites. L'opération dure environ dix heures; lorsqu'elle est terminée, on verse ce que les récipiens contiennent dans une espèce de jatte en bois ou en terre, placée au dessus d'une cuve; le mercure se réunit dans le fond de la jatte, tandis que l'eau entraîne dans la cuve une matière noirâtre appelée *noir mercuriel*, qui se forme dans le récipient, et que l'on distille de nouveau.

Le fourneau avec aludels est carré, et sa sole, toute en briques, est criblée de trous pour livrer passage à la flamme du foyer placé au dessous. A la partie supérieure du fourneau, des ouvertures sont pratiquées; à chacune d'elles sont adaptés des conduits en terre appelés *aludels*, placés sur une terrasse et de manière à communiquer avec une grande chambre qui sert à la fois de condenseur et de récipient. La terrasse est disposée en forme de rigole pour recueillir et verser dans la chambre le mercure que les jointures des aludels, simplement lutés avec de la terre, laissent parfois échapper. Le schlick, pétri avec de l'argile, est disposé en petites masses sur la sole du fourneau; puis on élève la température. Le courant d'air établi par le feu dans tout l'intérieur, brûle le soufre qui se dégage à l'état d'acide sulfureux, tandis que le mercure se volatilise et se rend, par les aludels, où il se condense en partie, dans la chambre qui sert de récipient. On l'en retire pour le placer dans de grandes bouteilles en fer, fermées à écrou.

Dans le grand appareil d'Idria, établi sur les mêmes principes, on a modifié le procédé, afin de pouvoir tirer parti du menu minerai, et comme on n'ajoute pas de chaux, la réduction du sulfure a lieu par le grillage. Les procédés suivis au Japon et en Chine pour l'extraction du mercure paraissent avoir beaucoup de rapports avec ceux en usage en Europe, et l'on s'y sert de peaux pour purifier le mercure natif.

La préparation du cinabre artificiel, le seul dont on se sert dans le commerce, se fait en grand en Hollande et à Idria. On y fait fondre du soufre dans une chaudière en fonte; puis on passe au dessus dans une peau de chamois une quantité de mercure égale à quatre fois le poids du soufre mis en fusion. Le métal tombe en pluie fine au milieu du soufre qu'on agite avec soin, et par ce moyen s'y mêle plus intimement; on évite que le mélange s'enflamme, et l'on recouvre la chaudière d'un chapiteau destiné à recevoir la combinaison, que l'on chauffe pour le sublimer.

L'extraction de l'or et de l'argent emploient une si grande quantité de mercure, que la plus grande partie de celui qui est exploité en Europe passe en Amérique, qui en fournit cependant d'assez grandes quantités, et l'on y a été obligé même en 1792 d'avoir recours à celui qui s'exploite en Chine; aussi l'Espagne, par suite d'une politique mesquine, voulant tenir ses colonies d'Amérique dans une dépendance absolue, avait défendu l'exploitation des mines de mercure dans cette partie du Nouveau-Monde, et elle y expédiait d'Europe tout celui qui était nécessaire à l'exploitation de ses mines d'or et d'argent; mais les révolutions politiques sont venues annuler ces mesures d'une politique aussi étroite qu'imprévoyante, et l'Amérique peut aujourd'hui en toute liberté faire valoir les richesses dont la nature s'est montrée si prodigue envers elle; tandis que l'Espagne doit se trouver heureuse de pouvoir lui emprunter maintenant quelques unes de ses richesses naturelles.

M. Héron de Villefosse, dans sa *Richesse minérale*, estimait en 1809 à 39,660 quintaux métriques la quantité de mercure préparée annuellement pour les besoins du commerce, et en grande partie fournie par l'Espagne et l'Autriche seules. La première de ces puissances figurait dans ce nombre pour 25,000 quintaux, et la seconde pour 10,760; aujourd'hui la production du mercure a diminué en Espagne, et très-probablement en raison de l'extension qu'ont prise les mines d'Amérique; l'Autriche fournit aussi bien moins de mercure qu'elle n'en fournissait il y a vingt ou vingt-cinq ans; mais, d'un autre côté, on sait que le Japon et la Chine produisent d'assez grandes quantités de mercure qu'on peut estimer, sans exagération, à 6 ou 7,000 quintaux, et l'on peut croire même qu'elles en fournissent au moins autant que l'Espagne; en sorte qu'on peut évaluer la quantité de mercure produite annuellement par les mines connues, à plus de 40,000 quintaux métriques, répartis de la manière suivante :

Espagne	20,000
Bavière.	7,000
Autriche (1829)	2,815
Duché des Deux-Ponts .	600
Chine et Japon	7,000
Pérou et Amérique . . .	6,500
Quintaux métriques	43,915

qui représentent, au prix moyen de 1,000 francs le quintal, une valeur de 43,915,000 francs, dans laquelle l'Europe seule entre pour 30,415,000 francs.

Il paraît qu'on a découvert dans ces derniers temps, dans la Daourie, des mines de mercure; mais nous ignorons si elles ont donné de bons résultats. Les mines de Santa-Barbara, au Pérou, ont fourni de 4 à 6,000, et même jusqu'à 10,000 quintaux par an; mais un intendant des travaux ayant imprudemment enlevé pour se les approprier les étais qui soutenaient le toit de la mine, il s'est écroulé, et depuis lors l'exploitation est devenue impossible; cependant une compagnie dite des mines du Pérou, ayant un capital de 1,000,000 de livres sterling, s'est formée en 1825 en Angleterre, pour la reprise de ces mines, et il est probable qu'elles ont été depuis remises en activité.

Étain. L'époque de la découverte de l'étain n'est pas plus connue que celle des métaux précédens. Son nom grec, κασσίτερος, lui venait de celui d'une ville du nord de l'Espagne, où il était exploité; on le tirait aussi de l'Angleterre et de Thulé, qu'on pense être l'Irlande, et des îles Kassitérides, qu'on regarde comme étant les îles Sorlingues, et dont le nom provenait du métal qu'on y extrayait. Les anciens chimistes désignaient l'étain sous le nom de *Métal de Jupiter*; il est presque aussi blanc que l'argent quand il est pur; mais une petite quantité de plomb, de cuivre ou de fer, lui donne une teinte grise; lorsque la proportion est plus grande, il perd tout son éclat, et on pourrait le confondre avec le plomb et le zinc. Il est, après le plomb, le plus mou des métaux; lorsqu'on le plie, il fait entendre un petit bruit tout particulier qu'on appelle le *cri de l'étain*, et qui peut servir jusqu'à un certain point à faire reconnaître son degré de pureté. C'est l'un des métaux les plus fusibles; car il fond à 210° centigrades, beaucoup au dessous du rouge naissant; il n'est point volatil, mais s'oxide facilement au contact de l'air quand il est fondu; sa pesanteur spécifique est de 7,29, presque la même que celle du fer. Il est à peu près certain que c'est dans les îles Britanniques que les Phéniciens et les Carthaginois, ces peuples industrieux et si intrépides marins, allèrent chercher une grande partie de l'étain employé dans l'antiquité, et la préparation de ce métal fut la propriété exclusive de l'Angleterre jusqu'en 1241; mais à cette époque un ouvrier du comté de Cornouailles, forcé de fuir la Grande-Bretagne pour un crime qu'il avait commis, se réfugia en Allemagne et y découvrit les mines d'étain de la Bohême, dont l'exploitation devint bientôt si avantageuse, que l'étain allemand ou de Bohême concourut dès-lors par toute l'Europe avec l'étain anglais.

On distingue plusieurs espèces d'étain dans le commerce : l'étain de *Malaca*, de *Banca* ou des *Indes*; c'est le plus pur, il est sous forme de pyramides quadrangulaires tronquées, dont la base aplatie donne au lingot la forme d'un chapeau; l'*étain d'Angleterre* et l'*étain d'Allemagne* sont coulés en saumons plus ou moins considérables. Le premier renferme toujours un peu de cuivre et d'arsenic, le dernier est encore plus impur.

Les usages de l'étain sont très-nombreux; on l'emploie à la fabrication de divers vases et instrumens; pour faire le fer-blanc, qui n'est que de la tôle mince recouverte d'une légère couche d'étain par un procédé particulier, de même que l'étamage ordinaire consiste en une couche très-mince de ce métal appliquée sur le cuivre; combiné avec ce dernier métal dans diverses proportions, il constitue l'alliage des canons et des cloches; allié avec deux fois son poids de plomb, il forme la soudure des plombiers; enfin, allié au mercure, l'étain sert à mettre les glaces au tain. L'hydrochlorate d'étain, qu'on obtient en traitant le métal par un mélange des acides hydrochlorique et nitrique, est employé dans la teinture, particulièrement pour obtenir la couleur écarlate. L'*or mussif*, appelé aussi *or mosaïque* ou *de Judée*, qui sert à bronzer le bois et pour les machines électriques, n'est qu'un persulfure d'étain. La *potée d'étain* servait enfin autrefois pour donner le poli aux glaces; c'était une combinaison des oxides d'étain et de plomb.

L'étain n'existe pas à l'état natif dans la nature, mais seulement à l'état d'oxide ou de sulfure; celui-ci est une rareté minéralogique, en sorte que c'est de l'oxide seul que s'extrait tout l'étain du commerce.

Le traitement des minerais d'étain se borne à une simple fonte de réduction; il faut que la température soit assez élevée, parce que la réduction de l'oxide exige une haute température. En Allemagne on emploie pour cette opération deux espèces de fourneaux prismatiques à courant d'air forcé; les uns de 8 pieds de hauteur, et les autres, plus généralement en usage aujourd'hui, de 18 pieds, et on s'y sert de charbon de bois. En Bohême et en Saxe, les minerais contenant des pyrites de fer, de cuivre et d'arsenic, sont d'abord grillés dans un four à réverbère, à une température un peu au dessus du rouge brun, de manière à chasser l'arsenic et une grande partie du soufre, puis on les bocarde et on les lave ensuite sur des tables; les oxides de fer et de cuivre, plus légers que l'oxide d'étain, se séparent facilement, et celui-ci reste presque pur. Cependant il arrive quelquefois qu'on est obligé d'enlever avec un fort barreau aimanté tout l'oxidule de fer qui peut être resté mêlé. Si les minerais contiennent de l'arsenic, on fait subir un second grillage. Le schlick étain est ensuite traité au fourneau à manche, et chargé avec du charbon mouillé pour que le vent des soufflets emporte moins de mine. L'oxide commence bientôt à se réduire, et le métal s'écoule d'abord dans un bassin de réception et de là dans un autre dit *bassin de percée*; les laitiers restent dans le premier bassin.

En Angleterre on traite les minerais à la houille dans des fours à réverbère; ils sont mêlés avec 10 ou 12 pour 100 de poussière de houille sèche; on mouille le mélange pour éviter une déperdition, on l'étend sur la sole et on ferme hermétiquement toutes les ouvertures, puis on échauffe graduellement et de manière à faciliter la réduction de l'oxide d'étain sans opérer la fusion de la gangue, sans quoi on s'exposerait à perdre une grande portion d'oxide qui se dissoudrait dans les scories, pour lesquelles il a une très-grande affinité. Cette première opération dure 6 à 7 heures; on brasse alors la matière pour faciliter la séparation de l'étain métallique d'avec les scories, puis on le fait couler dans un bassin de réception, où il se dépouille des scories qu'il a pu entraîner avec lui; il est ensuite coulé en lingots.

Raffinage. L'étain ainsi obtenu est loin d'être assez pur pour être livré au commerce; il faut le raffiner. L'opération du raffinage est en grande partie fondée sur la plus grande fusibilité de l'étain comparée à celle des métaux alliés avec lui; elle se divise en deux opérations successives, la *liquation* et le raffinage proprement dit. On place l'étain en saumons sur la sole d'un four à réverbère, analogue à ceux qui servent pour l'affinage de la fonte; puis on chauffe légèrement, l'étain se fond le premier et se rend dans une chaudière de réception en fonte dite d'affinage, disposée au dessus d'un petit foyer pour le maintenir en fusion. Il reste sur la sole un alliage composé d'étain, d'arsenic, de beaucoup de fer, de cuivre, de tungstène, etc. Lorsque la chaudière d'affinage est remplie, on plonge dans le bain métallique des bûches de bois vert, qui, dégageant une grande quantité de gaz, y produisent une violente agitation qui détermine la séparation des métaux les plus pesans qui y ont encore été entraînés; ils se précipitent au fond, tandis que les scories et l'oxide d'étain forment à la surface une espèce d'écume. Après trois heures de cette ébullition artificielle, on laisse reposer le bain pendant deux heures. L'étain se sépare en couches de pureté différente; le plus pur occupe la partie supérieure et le moins pur se dépose vers le fond de la chaudière; on coule en lingots environ les deux tiers de la masse reconnue assez pure pour être livrée au commerce sous le nom d'*étain raffiné*. Le reste est soumis à un second raffinage, ainsi que ce qui est resté sur la sole du fourneau. On sépare bien ainsi le fer, le cuivre et les autres métaux; mais, quelque précaution que l'on prenne, il est presque impossible de dépouiller complétement l'étain de l'arsenic, dont l'étain du commerce contient toujours une certaine quantité quand il provient du traitement d'un minerai arsénical; tandis que celui qui provient des minerais d'alluvion ou des Indes n'en contient pas du tout.

On manque de données suffisantes pour évaluer exactement la quantité d'étain qui s'extrait annuellement sur toute la terre; on sait seulement que l'Amérique en possède des mines riches, surtout le Brésil et le Mexique, que l'Asie en possède également beaucoup, en Chine, au Pégu, dans la presqu'île de Malaca, dans les îles de la Sonde, à Sumatra, à Banca, etc.; cette dernière île, dont l'étain est surtout renommé dans le commerce, en fournit, dit-on, à elle seule plus de 70,000 quintaux. La France possède bien quelques mines sur lesquelles on a fait à différentes reprises des tentatives d'exploitation; mais il paraît qu'elles ne sont pas assez riches en métal pour pouvoir être exploitées avec avantage. L'Angleterre, ou plutôt le comté de Cornouailles, seul point où s'exploite l'étain, a, au contraire, depuis le temps des Phéniciens et des Carthaginois, le privilége de fournir la plus grande partie de celui qui est mis en œuvre en Europe. L'exploitation de l'étain, comme celle de tous les autres métaux, y a fait des progrès depuis quelques années, ainsi qu'on pourra le voir par le tableau suivant des extractions de onze années consécutives.

1817.	41,821 q. m.
1818.	38,018
1819.	31,113
1820. . , ...	28,152
1821.	31,760
1822.	31,809
1823.	40,874
1824.	48,865
1825.	42,284
1826.	44,577
1827.	53,904

Suivant M. John Taylor, la consommation de l'étain a été en 1827, en Angleterre, de 28,453 quintaux métriques, l'importation de 1,115 quintaux, et par conséquent l'exportation a été de 26,567 quintaux. L'Espagne possède aussi des mines d'étain exploitées avec avantage par les anciens; il est très-probable qu'il suffirait de les reprendre aujourd'hui pour leur faire donner de bons produits. M. Manès porte à 2,041 quintaux d'étain métallique la production de 1823 des mines d'Altenberg, en Saxe. Il a été découvert, il y a quelques années, des mines d'étain dans la province de la Daourie, dans la Russie asiatique; mais nous ignorons encore si elles ont été mises en exploitation et si elles ont donné des résultats. La Suède possède enfin des mines d'étain en exploitation, et qui doivent la faire figurer parmi les puissances productrices de l'Europe.

M. Héron de Villefosse portait la production des

différentes

différentes mines d'étain de l'Europe à 64,500 quintaux, qui représenteraient une valeur de 16,500,000 francs, ce qui était beaucoup trop élevé. M. Beudant évalue cette production à 13,000,000 de francs, et se trouve par conséquent peu au dessus de la vérité; mais il répartit en outre les produits différemment que je ne le fais ici.

Tableau de la production des mines d'étain en Europe.

Angleterre (moyenne de 1822 à 1828)	43,719
Saxe	3,500
Suède (1825)	750
Autriche (1829)	382
Quintaux métriques	48,351

qui, à raison de 250 francs le quintal, représentent une valeur annuelle de 12,587,750 francs. On peut très-bien supposer que l'Inde et l'Asie, qui fournissent beaucoup d'étain à l'Europe et à l'Amérique, en produisent ensemble pour une valeur au moins double, ce qui éleverait à 35 ou 40,000,000 de francs la valeur de tout l'étain livré annuellement à la consommation.

Zinc. Ce métal, découvert seulement dans le 16e siècle, est lamelleux, d'un blanc bleuâtre, ayant beaucoup d'éclat, mais se ternissant promptement à l'air; le plomb lui donne une teinte plus bleue et lui fait perdre de sa dureté, tandis que le fer le rend dur et aigre; il est très-ductile, quoiqu'il ne se file pas facilement; il est plus dur que l'étain et il résiste mieux au pliage que le plomb. Le zinc est très-fusible et fond au dessous de la chaleur rouge, à 360° centigrades; il est très-volatil et se sublime à l'état d'oxide blanc floconneux, formant une fumée blanche et épaisse. Laminé, sa pesanteur spécifique est de 7,1.

Il y a une quinzaine d'années, le zinc n'était guère employé que pour la fabrication du laiton, aussi l'on n'exploitait directement aucune mine de ce métal, et tout le zinc du commerce s'extrayait en traitant les minerais de cuivre et de plomb qui étaient mélangés de zinc sulfuré; il n'en est plus de même aujourd'hui, et il est devenu l'objet de plusieurs exploitations particulières assez importantes. Le zinc métallique s'emploie maintenant à un assez grand nombre d'usages, depuis surtout qu'on est parvenu à le laminer et qu'on a trouvé le moyen de le travailler; on a reconnu qu'il fallait le faire à la température de 100° centigrades, qu'alors il devient ductile et passe facilement au laminoir; mais il ne faut pas dépasser cette température, car il deviendrait fragile et cassant. Laminé, il est employé à faire des couvertures, des bassins, des conduits, des baignoires, des gouttières, etc. L'on a voulu aussi en faire des ustensiles de cuisine; mais la facilité avec laquelle le zinc est attaqué par les acides les plus faibles, et la vertu émétique que possèdent les sels de ce métal, doivent le faire rejeter pour la fabrication de tous les vases destinés à la préparation des alimens; les avantages des toitures en zinc sont même très-douteux en Angleterre sous le rapport de la durée; car il paraît que l'atmosphère de Londres, en particulier, contient une si grande quantité d'acide sulfureux que, d'après des observations constatées, le papier de tournesol y rougit fortement, et en quelques instans lorsque le brouillard est un peu épais; et on a observé que les marbres exposés aux pluies et aux brouillards sont promptement dépolis, et que les monumens publics y sont noirs du côté opposé à celui qui noircit le plus vite à Paris. En effet, les édifices qui sont en pierre calcaire de Portland paraissent de loin comme s'ils étaient couverts de neige, ce qui tient à ce que toutes les parties verticales de ces édifices sont noircies à l'unisson du monument, tandis que les pluies, lavant et décapant constamment les parties horizontales ou légèrement inclinées, les font paraître avec leur blancheur naturelle. On conçoit dès-lors que les pluies et les brouillards acides dissolvent sans cesse l'oxide de zinc qui se forme à la surface des feuilles, attaquent le métal même et rongent les gerçures dans lesquelles l'eau peut s'infiltrer; cause qui devra nécessairement restreindre en Angleterre l'usage du zinc pour les couvertures. Les propriétés électriques de ce métal le rendent précieux en physique et en chimie; car, mis en contact avec un autre métal, et particulièrement le cuivre, il constitue l'un des élémens de la pile de Volta, dont il est presque toujours le côté positif. Combiné avec l'étain et le mercure, il forme un amalgame dont on se sert quelquefois pour frotter les coussins des machines électriques; avec le cuivre il constitue le *laiton* ou *cuivre jaune*, dont la préparation en consomme des quantités très-considérables. A l'état d'oxide, il est employé en pharmacie et dans les arts sous le nom de *fleurs de zinc*, à l'état de sulfate sous celui de *vitriol blanc*. Enfin, mis en contact avec de l'acide sulfurique et de l'eau, le zinc sert encore à la préparation de l'hydrogène.

Ce métal ne se trouve pas dans la nature à l'état natif, mais seulement à celui d'oxide et de sulfure. Les autres combinaisons du zinc ne sont qu'accidentelles, et ont peu d'importance en Métallurgie. L'oxide, qu'on nomme *calamine*, est presque toujours mélangé de carbonate, de matières terreuses et autres substances métalliques, ou de silice qui lui fait quelquefois donner en minéralogie le nom de *zinc silicaté*. Le sulfure, appelé *blende*, est beaucoup plus commun; il accompagne souvent dans les filons les minerais de cuivre et surtout ceux de plomb; la blende est quelquefois argentifère. Beaucoup de minerais de fer d'alluvion contiennent du zinc, mais en proportions si petites qu'il a échappé jusqu'ici à l'analyse chimique; cependant il se dégage des hauts-fourneaux et se volatilise à la partie supérieure, et les boucherait même quelquefois si on n'avait soin de le détacher; il y forme un cercle solide appelé *kiess* ou *cadmie*, qui est formé d'oxide de zinc presque pur. Les minerais de zinc sont employés à deux usages, ou pour obtenir le zinc métallique, ou pour fabriquer le cuivre jaune; ils doivent être bocardés, triés et lavés; ensuite on les grille pour chasser l'eau et l'acide carbonique de la calamine, ou le soufre de la blende. Le grillage de la calamine peut se faire dans des fourneaux à manche; mais celui de la blende doit se faire dans des fours à réverbère, parce qu'il faut constamment renouveler les surfaces pour pouvoir expulser tout le soufre. Après le grillage on passe les minerais sous des meules pour les réduire en poussière très-fine, et rendre ainsi la réduction plus facile.

Pour traiter ces minerais grillés, on emploie des fourneaux particuliers qui permettent de recueillir le zinc qui se volatilise pendant l'opération. A Liége on les mêle avec de la houille, puis on introduit le mélange dans des tuyaux de terre qui traversent le fourneau, où ils sont un peu inclinés et mis en communication par la partie supérieure avec d'autres tuyaux en fonte, placés extérieurement et inclinés en sens contraire. On place quelquefois l'un au bout de l'autre deux de ces tuyaux qui ont une forme conique. Lorsque la température est assez élevée, le minerai se réduit, et le zinc qui en provient se sublime et va se condenser dans les tuyaux extérieurs que l'on rafraîchit en les mouillant. On recueille le métal dans des bassines en fer, et on le coule en petites plaques de cinq ou six kilogrammes pour le livrer au commerce.

Dans la Carniole et en Carinthie, on emploie des tuyaux en terre fermés par le haut et ouverts à leur partie inférieure; ils sont placés verticalement dans les fours, et lorsque les vapeurs de zinc se forment, elles descendent à travers les minerais et viennent se condenser sur des plaques en fonte, ou au dessous de la voûte qui porte les tuyaux.

En Angleterre, les fours de réduction sont rectangulaires ou ronds, leur aire est percée de trous, au dessus desquels on place des pots ou creusets d'argile également percés à leur partie inférieure d'un trou par lequel le zinc réduit coule dans le condenseur, formé d'un tuyau un peu conique en tôle, qui s'applique au creuset. Chaque four contient six ou huit pots : on les emplit de minerai mélangé avec partie égale en volume de houille menue, en ayant soin de boucher le trou du fond avec un morceau de bois dont le charbon retient le mélange. On laisse le trou du couvercle du creuset débouché jusqu'à ce que la flamme bleue indique un commencement de réduction; alors on le bouche avec de l'argile réfractaire, et on place des tuyaux de tôle à la suite du condenseur, pour diriger le métal dans des vases destinés à le recevoir. Le zinc, recueilli ainsi sous forme de gouttes et de poudre très-fine, est mélangé d'oxide; on le fond dans une chaudière de fer, l'oxide se réunit à la surface, sans former d'écume; il est recueilli pour être remis dans les pots, et le métal est coulé dans des lingotières.

Le *laiton*, *similor*, *métal de Manheim*, ou *du Prince-Régent*, se prépare généralement de la manière suivante : on mêle cinquante parties de minerai grillé et réduit en poudre, avec vingt parties de charbon pulvérisé; on dispose ce mélange par couches alternatives avec trente parties de grenaille de cuivre dans des pots ou creusets d'argile réfractaire, qu'on soumet à une forte chaleur, dans des fours analogues à ceux des boulangers et qui contiennent huit pots. Quand le laiton est fondu et bien formé, on le coule, soit en plaques, soit en bandes, entre deux plaques de granite mobiles l'une sur l'autre.

La préparation du laiton se fait quelquefois comme à Jemmapes, en deux opérations successives tout-à-fait analogues à celle ci-dessus; dans la première on obtient un alliage qui ne renferme que 20 pour 100 de zinc et qu'on nomme *arcot*; dans la seconde, on combine l'arcot avec une nouvelle portion de zinc pour obtenir le laiton. La composition du mélange, pour obtenir celui-ci, varie selon qu'on veut un alliage sec, propre à être tourné et ayant la propriété de se laisser scier et perforer sans se déchirer, ou selon qu'on le veut ductile et gras, c'est-à-dire qu'il se déchire et empâte l'outil lorsqu'on veut le couper, tel enfin qu'il convient de l'avoir pour la fabrication des fils de laiton et des épingles. Le laiton se prépare encore quelquefois en combinant directement le cuivre avec le zinc métallique.

La Pologne est le pays qui produit le plus de zinc, et les mines seules du comte Arthur Potocki, à Cracovie, fournissent, suivant M. Luszczewski, environ le quart de la production totale.

M. de Villefosse portait en 1809 l'extraction des minerais de zinc pour la fabrication du laiton à 77,531 quintaux, et M. Beudant estime la valeur du zinc métallique et des minerais employés à la fabrication du laiton en Europe, à 1,600,000 fr., quoiqu'il soit assez difficile de déterminer exactement aujourd'hui la quantité de zinc fournie annuellement au commerce, vu qu'elle augmente chaque année; cependant on peut dire que la valeur de la quantité de zinc métallique produite s'élève seule presque au double de cette évaluation. Elle se répartit de la manière suivante :

Pologne.	50,000 q. m.
Angleterre (1833) . . .	25,000
Belgique et Prusse . . .	20,000
Prusse (Silésie).	6,000
Suède (1825)	3,583
Espagne	1,000
Autriche (1829)	930
Suisse	16
Quintaux métriques	106,529

qui, à 50 francs, prix actuel du zinc, représentent une valeur de 5,326,450 francs.

La quantité de minerais de zinc extraits et préparés pour la fabrication du laiton se répartit ainsi :

Angleterre	50,000
Prusse	50,000
Pays-Bas	20,000
Hartz.	12,000
Autriche (1829)	7,606
Total.	139,606

dont la valeur, portée à 10 francs le quintal métrique, représente 1,396,060 francs, d'où il suit que la production totale du zinc s'élève pour le moins à

Zinc métallique . . .	5,326,450
Minerai	1,396,060
Francs	6,722,510

On voit que la France n'entre pour rien dans cette production ; cependant elle possède plusieurs mines de zinc, et beaucoup de filons métalliques qui s'y exploitent en contiennent des quantités qu'on pourrait extraire avec avantage.

Platine. Ce métal, découvert seulement depuis 1735, par don Antonio de Ulloa, géomètre espagnol, qui accompagna les astronomes français au Pérou, a long-temps été connu sous le nom d'*or blanc* et rejeté jusqu'à ce que les Espagnols en ayant fabriqué quelques objets d'ornement et de curiosité, il reçut alors le nom qu'il porte aujourd'hui, lequel est formé par diminutif de *plata*, argent. Depuis cette époque, il a été reconnu dans la plupart des dépôts aurifères de l'Amérique, particulièrement de l'Amérique septentrionale, où il se trouve en très-petits grains ; et quoiqu'on en ait rencontré quelques pépites qui pesaient plusieurs onces, il présente rarement des grains de la grosseur d'un pois ; cependant le cabinet de Madrid en possède une, découverte en 1814, près de la mine d'or de Condotto, qui pèse une livre neuf onces. En 1809, il en a été découvert à Haïti, d'où elle a été rapportée, une très-grosse pépite. Ce métal a été reconnu dans les mines d'argent de Guadalcanal en Espagne, et dernièrement on a signalé sa présence en petites proportions dans les sables aurifères du Rhin.

Le platine est d'un gris d'acier qui tient le milieu entre le blanc de plomb et le blanc d'argent; il est tendre, très-malléable et flexible. C'est le plus pesant des métaux connus, et lorsqu'il est forgé, sa pesanteur spécifique est de 20,33; elle est de 22,06 lorsqu'il est laminé. Il a pour propriétés de résister au feu le plus violent sans se fondre, et d'être inattaquable par les acides, circonstances qui en rendent l'usage précieux dans les arts, où l'on s'en sert, malgré son prix élevé, pour faire des bassines évaporatoires, des alambics pour les fabriques d'acide sulfurique ; on en fait aussi des cornues, des creusets, des capsules, des tubes et autres objets qui servent dans les laboratoires de chimie ; cependant ce n'est que depuis 1822, époque de sa découverte dans l'Oural, que son exploitation a présenté quelque importance ; car auparavant on l'avait souvent rejeté pour éviter les fraudes que l'on aurait pu faire en le mêlant ou l'alliant à l'or ; mais la Russie vient de l'adopter pour l'un des signes représentatifs de sa richesse sociale, en en faisant battre de la monnaie. On a essayé de l'employer en bijouterie; on en a fait des chaînes, mais son peu d'éclat et sa grande pesanteur empêcheront probablement de s'en servir beaucoup pour cet objet. A l'état d'oxide, on l'applique sur la porcelaine, soit pour ornemens, soit comme vernis total, et il lui donne un brillant métallique inaltérable qui a tout-à-fait l'apparence de l'argent ; on l'emploie avec avantage en physique pour la construction des miroirs des télescopes à réflexion, à cause de l'inaltérabilité du métal, dont le poli résiste très-bien aux influences météorologiques. On a essayé aussi avec succès de le substituer à l'étain pour l'étamage du cuivre, et il fournit un très-bon plaqué; il convient enfin pour la fabrication des instrumens de précision, et on s'en est servi pour faire des règles à étalons parce qu'il est très-peu dilatable.

Ce métal serait très-précieux dans un grand nombre de cas, si on pouvait se le procurer à bon marché. Cependant, quoiqu'il ne soit pas très-rare dans la nature, il s'est long-temps maintenu dans le commerce à un prix très-élevé, aussi élevé et même plus élevé que celui de l'or, ce qui tenait principalement à la grande difficulté de le purifier, car il n'existe pas à l'état de pureté. Aujourd'hui qu'on a trouvé le moyen de le traiter économiquement par la voie humide, il a beaucoup diminué, et le platine de Russie a baissé de 30 à 15 ou 16 francs l'once; celui d'Amérique, qui est plus pur et plus recherché, se vend toujours un peu plus cher; il était le seul qui fût employé dans les arts avant la découverte de ce métal dans l'Oural.

Les sables qui recèlent le platine sont remarquables par leur composition ; on y trouve, outre le platine, de l'or, de l'argent, du mercure métallique, des oxides de fer, de cuivre, de chrôme, du plomb sulfuré, du titane, de l'iridium, de l'osmium, du rhodium et du palladium ; ces derniers métaux sont presque toujours combinés avec le platine, et les autres souvent mélangés ou combinés avec lui, et c'est ce qui rendait sa purification si difficile autrefois.

L'extraction du platine prend en Russie une assez grande importance, et d'après le tableau publié par l'administration des mines en Russie, les mines en ont produit, de 1827 à 1836, dans l'espace de neuf années, 14,116 kilogrammes, dont la moyenne annuelle, à partir de 1828 seulement, est de 1,712 kilogrammes, ce qui semble être au dessous de la réalité, du moins si l'on doit croire ce que M. Sobolewsky a fait connaître, savoir, que du cinquième au sixième mois, de 1833 jusqu'en 1834, on a extrait 271 quintaux (anciens) de minerai qui ont fourni 190 quintaux de platine pur ; 160 quintaux ont été employés à faire de la monnaie, dont il a déjà été frappé pour une valeur de 8,186,620 roubles (34,110,916 fr.). On peut donc, sans exagérer, porter à environ 2,000,000 de francs le produit annuel du platine en Russie, la valeur de ce métal y étant supposée être de 1,000 francs le kilogramme. Le commerce du platine étant libre en Amérique, on n'a aucun document administratif qui puisse indiquer la quantité de ce métal extraite des lavages aurifères et platinifères. L'or du Choco, d'après des renseignemens que m'a fournis à ce sujet M. Boussingault, en renferme en moyenne 5 pour 100, et comme l'or monnayé à Popayan provient des lavages du Choco, il en résulte qu'en ajoutant à la quantité qui y est fournie chaque année, un cinquième pour la valeur de celui qui est exporté par contrebande, on aura, en en prenant les 5 pour 100, très-approximativement la quantité de platine fournie par les minerais platinifères du Choco, laquelle peut être évaluée à 10 ou 12 quintaux. Quoi qu'il en soit, on peut porter au moins au double du platine fourni par la Russie, la quantité produite par les différentes contrées de l'Amérique, quantité qui augmentera avec l'emploi plus général de ce métal, qui le fera rechercher avec plus de soin des exploitans.

Antimoine. L'époque de la découverte de ce métal n'est pas bien connue; Basile Valentin a décrit le premier, dans son ouvrage intitulé : *Currus triomphalis antimonii*, publié à la fin du quinzième siècle, la manière de l'obtenir; c'est l'un des métaux sur lesquels les alchimistes ont le plus exercé leur savoir occulte : l'espèce de cristallisation en forme d'étoile ou de feuilles de fougères, que la surface de ce métal offre constamment, était pour eux un si grand présage de succès, qu'ils le soumirent à toutes les épreuves et qu'ils prétendirent même en avoir obtenu la *prima materia* pour l'accomplissement de leur grand œuvre.

L'antimoine métallique, qu'on appelle *régule d'antimoine* dans le commerce, est d'un blanc bleuâtre très-brillant, très-lamelleux, et si cassant qu'il est facile de le réduire en poudre. Frotté entre les doigts, il leur communique une odeur et une saveur métallique très-sensible. Sa pesanteur spécifique n'est que de 6,70; il fond à 430° centigrades, près de la chaleur rouge sombre, et n'est point volatil sans le contact de l'air; mais au rouge clair, et avec le contact de l'air, il se volatilise et s'enflamme même, en répandant des vapeurs blanches qui se condensent, par le refroidissement, en flocons qui portent le nom de *fleurs argentines d'antimoine.*

Les pricipaux usages de ce métal dans les arts sont fondés sur la propriété qu'il a de durcir les métaux mous avec lesquels il est allié, comme le plomb, l'étain, le cuivre, etc. Ainsi il entre dans la composition de plusieurs alliages qui servent à la fabrication des cuillers et fourchettes, il entre pour un cinquième ou un quart dans la composition des caractères d'imprimerie, selon qu'ils ont besoin d'être plus ou moins durs; ils sont composés de 75 de plomb et 25 d'antimoine pour les plus petits caractères; de 80 de plomb sur 20 d'antimoine pour les caractères moyens; et pour les grosses lettres, les espaces, les quadrats, etc., on ne met même que 15 parties d'antimoine dans l'alliage. Quelques fondeurs ajoutent quelquefois un peu d'antimoine au métal des cloches; il entre avec le zinc dans la composition des feux de Bengale dont on admire toujours la lumière blanche dans les feux d'artifice. L'antimoine sert aussi à la fabrication des miroirs métalliques; son oxide jaune sert dans la peinture sur faïence, sur porcelaine et sur émail; il sert en pharmacie à préparer le beurre ou chlorure d'antimoine, l'antimoine antimonial ou fleurs d'antimoine, l'antimoine diaphorétique ou l'antimonite de potasse : il entre dans la composition de l'émétique, du kermès minéral, et dans une foule de préparations médicales dont on ne fait plus guère usage aujourd'hui; enfin les pilules perpétuelles, dont on faisait aussi usage comme purgatif et même comme vomitif, n'étaient que des petites balles d'antimoine qu'on rendait telles qu'on les avait prises.

L'antimoine existe sous trois états dans la nature, à l'état natif, d'oxide et de sulfure; mais c'est seulement du sulfure qu'on extrait tout l'antimoine du commerce, où il est versé sous forme de pains. Le traitement métallurgique se divise en deux opérations principales; on commence par fondre le minerai tel qu'il sort de la mine pour le dégager de sa gangue, soit dans des vases percés pour laisser échapper la substance métallique, soit dans un four à réverbère à sole inclinée qui remplit beaucoup plus vite et plus économiquement le même but. Le sulfure, ainsi débarrassé de sa gangue, est composé de petites aiguilles et porte le nom d'*antimoine cru*; on le grille dans un four à réverbère pour en chasser le soufre et le réduire à l'état d'oxide; l'opération dure quinze à seize heures, et il faut remuer constamment avec un râble de fer.

A Alais, on mêle l'oxide ainsi grillé avec moitié de son poids de tartre et on le place dans des creusets que l'on expose à la chaleur d'un fourneau de fusion. En Auvergne on mêle l'oxide pulvérisé avec un dixième de charbon de bois en poudre, et on mouille le mélange avec une dissolution alcaline faite avec de la potasse du commerce ou avec du carbonate de soude; on place le mélange dans des creusets que l'on chauffe pendant une heure et demie à deux heures dans un four à réverbère, puis on coulé la matière dans des moules sphériques.

On ne connaît pas exactement la quantité d'antimoine qui s'extrait en Europe annuellement, mais on peut l'évaluer approximativement à 7 ou 8,000 quintaux, qui représentent une valeur de 15 à 1,700,000 francs. La France en a produit en 1834, tant en régule et sulfure qu'en crocus, verre d'antimoine et kermès, pour une valeur de 240,290 francs. L'Autriche, en 1829, a produit 1,755 quintaux métriques, qui, à 235 francs, représentent une valeur de 412,425 francs.

Cobalt. Ce métal n'existe pas à l'état natif, mais bien d'oxide, de sulfate et d'arséniate, combiné avec plusieurs corps combustibles, et particulièrement avec l'arsenic et le soufre. Il n'est jamais employé à l'état métallique, et ce n'est que dans les laboratoires qu'on l'obtient à cet état; on se sert beaucoup, au contraire, dans les arts, de l'oxide de cobalt, soit pour colorer la porcelaine, soit pour préparer le verre bleu, connu sous les noms de *smalt*, d'*azur* ou de *bleu d'émail*, et le *safre*, état sous lequel il est généralement livré au commerce. Le safre est de l'oxide gris résultant du grillage des minerais, mélangé avec deux parties de sable quartzeux broyé entre deux meules, et humecté ensuite pour le former en masse. Pour convertir le safre en smalt ou azur, on y ajoute deux parties de potasse, puis on fait fondre le mélange dans des creusets; on enlève le verre à mesure qu'il se forme et on le jette dans l'eau froide qui le divise en une espèce de gravier anguleux que l'on fait passer sous des meules de moulin pour le réduire en poudre impalpable, dont on obtient par le lavage différentes qualités sous le rapport de la finesse. Le smalt ou l'azur le plus fin est employé sous le nom de *bleu royal* à l'apprêt des toiles et dans la fabrication du papier, et sert à rehausser leur blancheur. Le smalt de seconde qualité sert dans le blanchîment du linge pour lui donner une teinte plus agréable. Tous les verres bleus sont colorés avec du cobalt, ainsi que les porcelaines à fond bleu céleste. Il sert à la préparation du phosphate double de cobalt et d'alumine, ou *bleu de Thénard*, employé en peinture, et qui égale en beauté le bleu d'outre-mer. Le cobalt peut encore servir à préparer une jolie encre sympathique : pour cela on dissout un peu de safre (oxide de cobalt) dans de l'eau régale, ou acide nitro-muriatique; en séchant, les caractères tracés sur le papier avec cette dissolution disparaissent tout-à-fait, et ils reparaissent colorés en vert tendre, quand on chauffe légèrement le papier.

Il paraît que les anciens ont connu l'usage du cobalt et l'ont employé en peinture; on en trouve des traces sur les anciennes momies d'Egypte; l'usage s'en était tout-à-fait perdu; car ce n'est qu'au seizième siècle qu'un verrier nommé Schnerer eut l'idée de colorer le verre avec du cobalt. Le *lcao* dont les Chinois se servent pour colorer leurs porcelaines en bleu, paraît être aussi une préparation de cobalt.

Les différens usages du cobalt en ont rendu l'exploitation assez importante; elle se répartit à peu près ainsi qu'il suit en Europe :

Saxe	4,100 q. m.
Bohême	2,000
Norwége	1,300
Hesse	1,000
Souabe	600
Suède (1825)	428
Pays de Siégen	400
Prusse	300
Saxe-Cobourg	300
Autriche (1829)	31
Quintaux métriques	10,559

qui représentent une valeur de 1,055,900, en portant la valeur du minerai à 100 francs le quintal. La quantité de smalt fabriqué avec ces minerais s'élève presque au double, c'est-à-dire à environ 20,000 quintaux, dont le prix moyen peut être porté à 140 francs, ce qui représente alors une valeur d'environ 2,800,000 francs. Le cobalt existe en France sur plusieurs points, dans les Vosges et dans les Pyrénées espagnoles et françaises, où il a même été exploité pendant plusieurs années, et il s'était établi à ce sujet une fabrique d'azur à Bagnères-de-Luchon; mais les exploitations et la fabrique ont été abandonnées, en sorte que la France est aujourd'hui tout-à-fait tributaire de l'étranger pour cette espèce de produit dont elle consomme annuellement 5 ou 6,000 quintaux, c'est-à-dire pour 300 à 340,000 francs.

Plusieurs autres métaux, comme le manganèse, l'arsenic, le chrôme, etc., ont encore une certaine importance dans les arts; mais leur emploi est beaucoup trop restreint pour mériter une place bien étendue dans un article comme celui-ci; nous n'en dirons que quelques mots.

Manganèse. Ce métal ne s'emploie pas dans les arts, et n'existe à l'état métallique que dans les laboratoires. A l'état d'oxide, il sert à colorer le verre en violet, et à la préparation du chlore. Cette dernière propriété, si les essais faits récemment en Allemagne pour l'emploi du chlore dans l'affinage de la fonte se propagent, devra faire acquérir plus d'importance à ce métal, et en augmenter beaucoup l'extraction, qui a été en France, en 1834, de 8,489 quintaux métriques, représentant une valeur de 79,699 francs. L'Autriche en a extrait, en 1829, 772 quintaux. Nous n'avons pas d'autres renseignemens sur l'exploitation du manganèse dans les autres pays.

Arsenic. Les usages de l'arsenic sont aussi très-bornés. Uni au platine, à l'étain et au cuivre, il forme des alliages propres à faire des miroirs de télescope; à l'état d'oxide et en poudre, il est vulgairement connu sous le nom de *mort aux rats*. Cet oxide sert, en agriculture, pour laver les blés avant de faire les semis, et empêcher par là les vers de détruire les grains. On s'en sert également sous forme de pommade dite arsenicale, pour conserver les objets d'histoire naturelle, et empêcher les mites de s'y mettre. On s'était servi jusqu'en ces derniers temps, pour fondre le platine et le mettre en lingots, de l'arsenic; mais l'intervention de ce métal n'est plus nécessaire aujourd'hui pour cet objet. L'oxide blanc du commerce s'obtient en grillant les mines de cobalt arsenical; l'arsenic qu'elles contiennent se trouve alors en partie brûlé; et c'est en traitant ces mêmes mines par l'acide nitrique que l'on peut se procurer l'arséniate de cobalt, qui est quelquefois employé dans les fabriques de porcelaine, pour faire le beau bleu d'azur. Le métal est gris d'acier, très-cassant, brillant dans la cassure récente, et terne lorsqu'elle est ancienne. C'est un poison très-violent, contre lequel on ne saurait trop prendre de précautions. A 180° centigrades, l'arsenic se sublime lentement sans se fondre, et se cristallise en tétraèdres; et si l'on projette de l'arsenic en poudre sur des charbons ou sur un corps incandescent, il se dissipe promptement à l'état d'oxide et sous forme de vapeurs blanches très-épaisses, dangereuses à respirer, et qui répandent une très-forte odeur d'ail ou de phosphore; c'est même un des caractères qui permettent de reconnaître facilement la plus petite portion d'arsenic contenue dans un minerai, lorsqu'on grille celui-ci.

Chrôme. Le chrôme métallique n'a aucun usage dans les arts; il ne se trouve qu'à l'état de chromate ou d'oxide dans la nature, tantôt pur, tantôt combiné avec l'oxide de fer; il ne sert que pour la peinture sur porcelaine, à laquelle il fournit une belle couleur verte qui résiste bien au feu; on s'en sert également pour la peinture à l'huile. Le chromate de plomb sert encore en teinture, et donne une très-belle couleur jaune orange.

On peut évaluer à environ un million le produit des divers métaux peu usités dont il vient d'être parlé.

Après avoir parlé de chaque métal en particulier, il ne sera pas dénué d'intérêt de grouper ensemble les valeurs de leurs produits en Europe, de manière à faire voir d'un seul coup d'œil leur importance relative.

Tableau général de la valeur du produit des métaux en Europe.

Fer	775,400,000
Cuivre	63,200,500
Plomb	59,389,056
Mercure	30,415,000
Argent	13,775,650
Étain	12,587,750
Zinc	6,722,510
Or	3,986,425
Antimoine	1,600,000
Cobalt	1,055,900
Oxide de manganèse, Arsenic, Chrôme	1,000,000
Total	969,132,789

On voit par ce tableau que la production totale des mines métalliques en Europe, si on y comprend quelques omissions et lacunes qui peuvent exister dans les tableaux précédens, ne s'élève pas à moins d'un milliard; on voit aussi que l'or et l'argent n'y occupent pas le même rang que précédemment; ce qui tient à ce que le produit de ces métaux précieux en Europe, pays riche en autres métaux, est comparativement très-faible, puisqu'il ne s'élève qu'à 17,762,075, c'est-à-dire à environ 1/19me de la production totale, si on n'y comprend pas, comme on le fait ordinairement, le produit des mines de la Russie, qui forme à lui seul près de 1/12me de cette production; car, étant toutes situées en Asie, elles doivent figurer avec celles de cette partie de l'ancien monde. Leur revenu annuel moyen s'élève depuis 1830 à 24,851,471 francs; l'or entre dans cette somme pour 20,713,107 francs, et l'argent pour seulement 4,138,364.

La valeur de la production connue de l'or et de l'argent s'élève annuellement à la somme de 339,330,833 francs, dans laquelle l'Amérique figure pour la somme considérable de 266,326,963 francs, c'est-à-dire pour les 11/14mes de la totalité; tandis qu'elle n'a produit jusqu'ici que très-peu des autres métaux, qu'elle est obligée de tirer de l'Europe en échange de son or et de son argent.

Une chose digne de remarque et qui frappera surtout dans le tableau ci-dessus, c'est que la production du fer, qui n'a cependant qu'une valeur intrinsèque très-faible, égale pour l'Europe trois fois et demie la valeur totale du produit de tous les autres métaux réunis, et une fois et demie seulement celle de ces mêmes métaux, si on y ajoute le produit des mines d'or et d'argent sur tout le globe; aussi la quantité de fer qui se fabrique annuellement en Europe, comparée en poids à celle de tous les autres métaux également réunis, est comme 446 à 1. Dans cette quantité énorme de fer produite annuellement, la fabrication de l'Angleterre entre pour à peu près moitié, celle de la France pour 1/7me, celle de la Russie pour 1/13me; celle de l'Autriche, de la Suède et de la Prusse pour chacune environ 1/18me; celle de la Belgique pour 1/26me; celle de la Toscane pour 1/55me; celle du Piémont pour 1/77me; celle d'Espagne pour 1/86me; celle de la Norwége pour 1/105me, etc., etc.

On peut conclure du tableau ci-dessus que, si nous connaissions exactement la production du fer, du cuivre, de l'étain, du mercure, du plomb, etc., en Asie, en Afrique et en Amérique, comme nous connaissons celle de l'or et de l'argent du Nouveau-Monde, elle ne s'éleverait pas avec ces métaux réunis à une valeur moindre que pour l'Europe, c'est-à-dire aussi à un milliard; en sorte que l'on peut bien supposer que la production minérale métallique de tout le globe s'élève à au moins deux milliards.

On pourra aussi, après de tels aperçus, facilement se faire une idée de toute l'influence que doit exercer sur la politique et la richesse des nations une telle masse de valeurs mises annuellement en circulation, si l'on se représente l'énorme quantité de travail et de transactions commerciales auxquelles ces produits donnent lieu, et au rôle plus ou moins important que chacun d'eux occupe dans l'industrie; car le travail nécessaire pour les amener à avoir les diverses formes sous lesquelles ils sont employés dans les arts et les usages journaliers, dépasse de beaucoup la valeur de la matière première; et pour faire voir ici, par exemple, l'augmentation de valeur que le travail peut quelquefois y apporter, je citerai, d'après M. Charles Babbage, l'un des plus savans économistes de l'Angleterre, les petites spirales de montre, pièces qui servent à diriger les vibrations du balancier, lesquelles ne coûtent que 10 centimes au détail, et ne pèsent que quinze centièmes de grain; en sorte qu'une livre de fer dont on peut tirer cinquante mille de ces spirales n'a qu'une valeur comparative de 1 à 20,000; c'est-à-dire que la livre de fer brut coûte 25 centimes, et celle de spirales de montre 5,000 francs. Suivant M. Héron de Villefosse, un kilogramme de fer de 50 centimes, pour être converti en lames de canif, exige soixante-quatorze journées d'ouvrier à 5 francs, ou 370 francs de main-d'œuvre, et pour l'être en poignées d'épée aciérées, cent neuf journées, ou 545 francs; or, il résulte de là que la valeur du kilogramme de fer brut est dans le rapport de 1 à 740 et à 1090 avec ces objets manufacturés.

Ces divers exemples, bien qu'exceptionnels, mais qu'on pourrait cependant beaucoup multiplier, suffisent pour donner une idée de la valeur énorme qu'acquiert un produit métallique annuel d'un milliard, et quelle influence il doit exercer sur la société en général; car si l'on suppose qu'il est moyennement quintuplé par le seul fait du travail, il représentera de suite une valeur à peu près égale pour l'Europe à son capital en numéraire.

Il est aussi curieux de voir, par les divers tableaux qui précèdent, que les métaux précieux sont loin de jouer le rôle le plus important dans la richesse sociale, et que c'est, au contraire, les matières qui ont le moins de valeur intrinsèque, mais qui sont les plus abondantes, qui l'emportent de beaucoup en importance; telle est la houille, par exemple, dont il s'extrait des quantités énormes qui servent en grande partie à mettre les métaux en œuvre; tel est encore le fer qui domine tous les autres produits. Que l'on suppose un instant ce métal supprimé du commerce et de toutes ses applications; que deviendrait alors l'agriculture, qui fournit la vie animale à l'homme? Que deviendrait cette nouvelle application qui en a été si heureusement faite dans ces derniers temps aux voies de communication, application qui est destinée à opérer non seulement une grande révolution dans l'industrie et les richesses territoriales, mais encore sur la civilisation et les mœurs des nations? Que deviendraient les arts industriels qui lui empruntent la plupart de leurs moyens d'application et ses moteurs les plus puissans, les machines à vapeur, dont l'invention atteste la toute-puissance de l'homme et le génie des temps modernes? Que deviendrait enfin la civilisation dont le degré se trouve en quelque sorte indiqué par la consommation de ce métal lui-même, si vulgaire en apparence, mais en réalité si précieux? On pourrait à la rigueur se passer de l'or, de l'argent et de la plupart des autres métaux, mais, à moins de retomber à l'état de barbarie des premiers âges du monde, du fer, jamais!...

Je terminerai cet article, dont le haut intérêt et la nouveauté feront pardonner la longueur, par le tableau de la valeur du produit général des mines métallifères des principales nations de l'Europe, classées d'après leur importance relative. La seconde colonne du tableau est destinée à indiquer par une fraction le rapport métallique de chacune de ces puissances à l'égard de l'Angleterre, dont le produit a été considéré comme l'unité.

Tableau comparatif du produit général des mines, dans les principales contrées de l'Europe.

	Francs.		Unité.
Angleterre	439,733,000	soit	1
Russie et Pologne	118,525,000	environ	2,7
France	112,287,000	—	1/4
Autriche	67,138,000	—	2/13
Espagne	54,341,000	—	1/8
Prusse	49,271,000	environ	1/9
Suède	46,290,000	—	2/19
Hartz	36,250,000	—	1/12
Toscane	14,000,000	—	1/31
Bavière	13,500,000	—	1/33
Saxe	12,876,000	—	1/34
Piémont et Savoie	11,693,000	—	1/38
Danemarck	9,045,000	—	1/49
Norwége	8,449,000	—	1/55

L'Angleterre, que l'on a vue précédemment produire autant de fer à elle seule que le reste de l'Europe, conserve à peu près le même rapport relativement aux autres métaux; car elle représente à elle seule les 4/9mes de leur produit total; tandis que la Russie et la France n'en produisent chacune que pour environ 1/9me; l'Autriche, 1/14me; l'Espagne, 1/18me; la Prusse, 1/20me; la Suède, 1/21me; etc. Si, à ce tableau, on avait joint le produit des mines non métalliques, les rapports se trouveraient un peu changés, et celui de l'Angleterre serait encore augmenté comparativement, puisque cette contrée retire annuellement de ses mines de houille, par exemple, une quantité de charbon de terre égale à six fois celle extraite des mines de la Belgique, et à quatorze fois celle que la France retire de toutes ses exploitations houillères. (Th. Virlet.)

MÉTAMORPHOSE, du grec μετὰ, au-delà, après, et μορφὴ, configuration. Ce mot, longtemps appliqué aux insectes seulement, exprime l'ensemble des changemens de forme qui surviennent pendant la vie de certains êtres, depuis le moment où ils éclosent jusqu'à celui où ils sont aptes à la reproduction.

On a agité inutilement la question de savoir si les anciens avaient observé le phénomène des Métamorphoses; ceux qui ont contesté ne connaissaient point les passages suivans d'Ovide ou n'entendaient pas leur signification :

> Quæque solent canis frondes intexere filis
> Agrestes tineæ (res observata colonis)
> Ferali mutant cum papilione figuram (1).
> *Met.* xx.

Voilà qui s'applique aux insectes; le suivant est pour les Batraciens :

> Semina limus habet virides generantia ranas,
> Et generat truncas pedibus, mox apta natando
> Crura dat, utque eadem sint longis saltibus apta,
> Posterior superat partes mensura priores (2).
> *Met.* xv.

Cependant il est vrai de dire que les naturalistes anciens n'ont connu les transformations que d'une manière vague, et c'est dans ces derniers temps seulement qu'on a bien étudié la plupart de leurs phénomènes.

Il y a plusieurs manières de comprendre un ar-

(1) Et ces chenilles des champs qui ont coutume de tisser les feuilles des arbres avec leurs fils blancs (chose qui n'a pas échappé à l'observation du laboureur), changent ensuite leur forme primitive contre celle du papillon, emblème de la mort.

(2) Il se trouve dans le limon une semence qui produit des grenouilles vertes; à leur naissance ces grenouilles n'ont pas de jambes; bientôt après il leur en pousse qui les rendent propres à nager; et, pour qu'elles puissent avec ces mêmes jambes faire de grands sauts, la nature leur a fait celles de derrière beaucoup plus longues que celles de devant.

ticle de Dictionnaire touchant une grande question comme celle-ci, et ce qui le prouve, c'est que dans tous les Dictionnaires qui ont précédé le Dictionnaire pittoresque, les élémens de cette question elle-même ont été différemment déterminés et exposés.

Dans le Dictionnaire des sciences naturelles, M. Duméril se borne à des considérations générales sur les divers états par lesquels l'insecte passe avant d'arriver à sa perfection ou à son extrême degré d'accroissement, et il renvoie à d'autres mots (Œufs, Larves, Insectes), les détails particuliers qui sont relatifs à ces diverses formes du même animal.

Il rappelle que la larve provient ordinairement d'un œuf, mais que cet œuf éclot tantôt au dehors de l'insecte, c'est-à-dire après avoir été pondu, et tantôt au contraire il subit ses premiers changemens dans le corps de la mère. La Mouche de la viande est dans ce dernier cas, elle pond des larves et non des œufs.

Les larves changent de peau à mesure qu'elles grossissent. Ce changement de peau s'appelle *mue*, ce n'est point une Métamorphose, quoique l'insecte paraisse quelquefois avec une couleur différente ou dépouillé de quelques uns de ses caractères. Ainsi la chenille du Ver à soie est velue en sortant de l'œuf, tandis qu'après sa dernière mue sa peau est rase et tout-à-fait nue. M. Duméril se borne à cette unique observation sur la mue des larves.

Les nymphes ne prennent point d'accroissement; quelques unes cependant prennent encore de la nourriture. Elles présentent l'ébauche de toutes les parties de l'insecte parfait, elles sont resserrées sur elles-mêmes et comme emmaillotées. Celles qui prennent de la nourriture sont plus ou moins agiles et ressemblent pour la plupart aux larves, avec cette différence qu'elles portent le plus souvent des rudimens d'ailes.

Les modifications éprouvées par l'insecte dans ce passage de l'état de larve à l'état de nymphe, ont déterminé les diverses espèces de Métamorphoses et leurs différentes dénominations. M. Duméril ne trouve pas toutes ces dénominations également heureuses; mais il ne propose pas de leur en substituer d'autres afin de ne pas donner lieu à des confusions; on doit approuver cette réserve, qui n'est guère à l'usage de beaucoup de naturalistes.

Puis, adoptant la classification de Fabricius, il décrit brièvement ce que cet auteur appelle Métamorphose *complète*, dénomination excessivement vicieuse puisqu'elle caractérise le cas de ces insectes qui ne subissent pas réellement le moindre changement de formes, excepté dans le nombre des pattes et dans le développement des organes sexuels; tels sont les Araignées, les Faucheurs, les Scolopendres, les Ricins, les Forbicines, etc.

La Métamorphose *demi-complète* de Fabricius est celle qu'éprouvent les insectes dont les formes restent à peu près les mêmes, c'est-à-dire dont les larves ne diffèrent des nymphes que par la taille et les dimensions des pattes ou par l'absence, le rudiment ou le développement complet des ailes, en conservant dans tous leurs états leurs mœurs et le même genre de nourriture; tels sont les Hémiptères, les Orthoptères et quelques Névroptères.

Dans la Métamorphose *incomplète*, les insectes parfaits proviennent de larves plus ou moins mobiles suivant qu'elles sont appelées à se nourrir par elles-mêmes, ou qu'elles sont alimentées d'avance ou journellement par leurs parens jusqu'à l'époque où, après avoir subi diverses mues exigées par l'accroissement complet de leur corps, elles éprouvent un dernier changement, une dernière mue qui les transforme et laisse voir l'insecte parfait. Tel est le cas des Coléoptères et des Hyménoptères, de l'Abeille par exemple. Immédiatement après cette dernière mue, l'insecte apparaît dans un état de mollesse extrême, il se solidifie peu à peu; l'animal a tous ses membres, ses six pattes, ses ailes; mais tous ces organes sont fléchis, repliés sur eux-mêmes et dans un état presque absolu de paralysie dont il sort en quittant la surpeau qui tenait toutes ses parties dans une immobilité forcée.

Les Papillons et les autres Lépidoptères offrent le type de la Métamorphose *obtectée*. L'insecte éprouve sous la forme de chenille sa dernière mue, il paraît sous une autre forme que celle qu'il avait et qui est différente aussi de celle qu'il aura par la suite. C'est un corps presque sans division, ordinairement unique et présentant sur l'une de ses faces des traits saillans qui dessinent quelques parties de l'insecte parfait; en particulier les antennes, les ailes et les pattes, mais dans un état de rapprochement et de contraction extrême. Ce changement se fait, pour certaines espèces, à l'air libre et à nu; pour d'autres, dans un cocon de soie que l'insecte s'est filé autour du corps, pour se mettre à l'abri d'atteintes extérieures.

Enfin, un cinquième et dernier mode de Métamorphose est celui que Fabricius appelle *coarctée*. Les larves des insectes sont privées de pattes: elles se développent dans des lieux et des matières humides; elles changent de peau plusieurs fois; mais à leur dernière mue elles perdent tout-à-fait leurs formes primitives. Leur corps se raccourcit, se contracte de manière à présenter une sorte de coque d'œuf ou de boule allongée, dont l'enveloppe, d'abord rousse et blanchâtre, se durcit et brunit ensuite. Lorsqu'il a pris assez de consistance, l'animal fait des efforts sur les parois de sa prison, qui se déchire de manière à laisser éclore le corps de l'insecte tout humide, avec les ailes peu développées, mais qui ne tardent pas à s'étendre convenablement, pour servir au nouveau mode de progression auquel la nature l'a appelé. Ce genre de transformation est particulier aux Mouches.

Tel est le résumé de l'article de M. Duméril, qui, tout en faisant profession de réserve à l'égard des nouvelles dénominations, propose néanmoins les

les suivantes pour caractériser les cinq sortes de Métamorphoses que nous venons de décrire.

Ainsi, il voudrait appeler *Amorphose* (sans formation), la Métamorphose *complète* de Fabricius;

Emmorphose (tenant de la formation), la Métamorphose *demi-complète*;

Atectomorphose (formation immobile), la Métamorphose *incomplète*;

Périmorphose (circonformation), la Métamorphose *obtectée*;

Enfin, *atypomorphose* (formation sans modèle), la Métamorphose *coarctée*.

L'article de M. Virey, dans le Dictionnaire d'histoire naturelle de Déterville, est beaucoup plus étendu. On jugera s'il est plus complet.

Cet auteur parle d'abord de Jupiter transformé en taureau, du zéphyr et du sein des roses, puis d'Ovide, puis des mascarades et du domino, des princes qui viennent se mêler à la foule obscure pour jouir des libertés de la vie privée, de Tartufe, des hommes qui s'avilissent en se travestissant, opposés aux insectes qui s'embellissent et s'élèvent au contraire en se métamorphosant, comparaison qui peut bien être réputée éminemment philosophique, mais qui ne conclura jamais rien pour la science.

M. Virey se demande ensuite quelles ont pu être les vues de la nature en attribuant des formes si diverses au même être dans les diverses phases de son existence, et il se répond à lui-même que c'était afin de l'approprier à l'état des autres créatures par une merveilleuse harmonie et une correspondance nécessaire. Il paraît que Cuvier n'a pas été complétement de cet avis, car il a dit plus tard, dans un article sur la nature : « Chaque être » est fait pour soi, a en soi tout ce qui le complète; » aucun ne peut être composé en vue de l'autre. » Cette manière de philosopher sur la nature est tout-à-fait passée de mode, parce qu'elle est évidemment illusoire. Il faut étudier l'univers pour y découvrir comment s'exécutent tant de merveilles qui se passent sous nos yeux, pour en surprendre le secret; mais ne parlons jamais de pénétrer les intentions du grand artisan, autant vaudrait rouvrir le champ des causes finales.

M. Virey consacre un paragraphe à ce qu'il appelle *Métamorphoses par métastase*. Sa théorie est assez curieuse. Un genre de Métamorphose est particulier, dit-il, aux seuls animaux qui sortent de l'œuf ou de « l'utérus, sous la forme qu'ils con» servent toute leur vie »; d'où il faudrait conclure qu'il y a des Métamorphoses dans lesquelles la forme ne serait point changée : une pareille contradiction dans les termes ne proviendrait-elle pas d'une certaine confusion dans les idées? Voyez, en effet, où M. Virey s'est trouvé conduit par un semblable point de départ. L'animal sortant de l'œuf ou de l'utérus est encore sans dents, et ses viscères ne peuvent digérer d'autre nourriture que le lait maternel; on peut donc le considérer comme à l'état de larve. L'époque de la dentition est le passage intermédiaire de l'état de *larve* à celui que l'on nomme *nymphe* parmi les insectes. La puberté c'est l'*état parfait*, l'*image*.

On pourrait demander à M. Virey comment il a pu se fourvoyer dans de pareilles assimilations. Des aperçus aussi vagues, aussi illusoires, peuvent-ils conduire à aucun résultat certain? Est-ce donc de la sorte qu'il faut entendre cette étude philosophique des êtres qui consiste à rechercher les ressemblances pour mieux faire ressortir les spécialités. L'enfant naît et s'accroît avec tous ses organes; il n'en acquiert pas de nouveaux; il naît tel qu'il sera toute sa vie, et il n'y aura entre son état adulte et son état d'enfance d'autre différence que l'augmentation du volume et des facultés ou des forces que cet accroissement entraîne de toute nécessité, et vous comparez ses diverses phases aux trois conditions par lesquelles doit passer un papillon avant d'arriver à l'état parfait!

Par suite de cette fausse manière d'envisager les phénomènes que produisent les Métamorphoses, M. Virey, dans un troisième paragraphe, compare le développement des plantes aux transformations de certains insectes. « Qui voudrait, dit-il, se borner, au printemps, à l'examen des premières pousses des plantes, à leurs cotylédons, à leurs feuilles radicales et caulinaires, sans attendre la floraison, ne verrait que des végétaux larvés et déguisés. »

Notre auteur est plus heureux lorsqu'il s'attache à démontrer que les transformations des insectes ne sont qu'une naissance à plusieurs temps, plus ou moins éloignés, mais suivant le même ordre ou la même analogie que ce qui s'opère en une seule fois chez les êtres vivans des diverses classes, depuis l'homme jusqu'à la plante. Nous dirons en effet plus loin comment Swammerdamm est parvenu à démontrer que la Métamorphose des Lépidoptères n'était qu'une évolution.

Mais M. Virey s'arrête à peine sur cette considération lumineuse, et, bien loin d'en mesurer toute la portée, d'en faire sortir tout ce qu'elle contient, il aime mieux poursuivre sa malheureuse assimilation de la plante à l'insecte; ses idées là-dessus sont trop singulières pour que nous puissions nous dispenser de le citer textuellement; sans cela, on pourrait croire que nous y mettons de l'hyperbole. Le titre de ce paragraphe porte : Comment s'opèrent les vraies Métamorphoses ou décortications successives externes et internes. « Examinons, dit-il, maintenant le mode de ces transformations. Le germe de l'animal ou de la plante, dans l'œuf et la graine, préexiste endormi et resserré sous un espace étroit d'abord et presque imperceptible. A mesure qu'il se réveille après la fécondation, qu'il exerce de plus en plus ses fonctions, qu'il se développe enfin, il attire à lui sa nourriture; donc, les tégumens, les langes qui l'emmaillottent, perdant successivement leur activité, se fanent, s'ouvrent, se détachent à proportion que les forces de la vie agissent plus complétement dans l'être intérieur.

» A cet égard, l'insecte ne diffère presque pas de

la plante. Prenez un bulbe, un ognon d'Hyacinthe, par exemple : ses tuniques extérieures pousseront d'abord des feuilles engaînantes, puis, des tuniques plus intérieures, il naîtra une tige ; de celle-ci sortiront des fleurs ou calices colorés, au milieu desquels se développeront des étamines; enfin, au centre, un ovaire surmonté du pistil. Or, si les premières tuniques du bulbe fournissent les feuilles, les secondes tuniques composeront la tige; les troisièmes plus intérieures donneront la corolle; les quatrièmes, les étamines; et le milieu fournira la partie médullaire qui se développe en graines ou œufs. C'est, pour ainsi parler, comme si on retirait successivement les tubes d'une lunette d'approche, les uns des autres. De même les premières feuilles, tégumens extérieurs, sont le chorion de l'œuf; les secondes tuniques, composant la tige, représentent la larve ou chenille, encore sans sexe visible, et le têtard ou la Grenouille dans son amnios; ensuite le calice coloré, ou la troisième tunique interne, est la nymphe ou chrysalide; enfin les étamines, les ovaires ou pistils, sortis du centre végétal, représentent l'insecte parfait dépouillé à nu, et développant alors seulement ses organes sexuels. Nous avons montré, d'ailleurs, que la larve naissait pendant la feuillaison, et l'insecte parfait à l'époque de la floraison, ou que leurs époques se correspondaient pour l'ordinaire chez les Phytophages.

» Et de plus, si nous plaçons ici l'œuf, là sa chenille, plus loin la chrysalide, ensuite le papillon, qu'est-ce autre chose sinon une tige animale, une prolongation tout-à-fait semblable à celle de la plante sortant de la graine pour atteindre sa floraison et sa propagation? Dans l'insecte, comme dans le végétal, les parties superficielles sont les premières rejetées, le chorion de l'œuf et ses autres tuniques, comme les feuilles séminales, les radicales, les caulinaires qui se fanent et se dépouillent d'abord; puis paraissent les brillans pétales comme se développent les ailes éclatantes du papillon, et enfin les organes sexuels de l'insecte comme ceux de la plante pour se propager et mourir aux dernières époques. Ainsi, tous les êtres grandissent par cette évolution successive, ou se déploient par couches jusqu'à la plus intérieure qui sert à la propagation, terme de toute créature animée. L'insecte parfait ne s'accroît plus, comme la plante en fleur ne grandit plus, et comme l'homme adulte a pris toute sa stature, le surcroît de la nutrition se détournant alors vers les organes générateurs pour former d'autres êtres. »

Evidemment c'est par trop élargir sans nécessité le champ de la comparaison; encore une fois ce n'est pas dans une semblable direction qu'il faut pousser l'histoire naturelle, et si M. Virey a suivi le mouvement, il a dû voir que M. Geoffroy Saint-Hilaire n'a pas entendu de la sorte la ressemblance philosophique des êtres.

Les considérations dans lesquelles entre ensuite M. Virey appartiennent à la science, et sont relatives aux transformations organiques. Il dit comment la larve est molle, vorace et stérile; il répète l'assertion de Lyonnet touchant les milliers de muscles que cet observateur prétend avoir comptés sur les chenilles. Il compare le système nerveux des insectes à l'orgue portatif qui joue des airs différens, selon qu'on avance ou qu'on recule le cylindre où sont les dents qui meuvent les touches. Il parle longuement des appareils nutritif, respiratoire et sexuel, etc., etc.

Enfin, dans un cinquième paragraphe, notre auteur donne la division des différentes sortes de Métamorphoses des insectes, d'après Swammerdam, Réaumur et Fabricius. On a vu que M. Duméril a restreint son travail à ce seul point, en l'étendant plus que ne l'avait fait M. Virey.

L'article de ce dernier se termine par des considérations sur la mue chez les animaux et les végétaux.

C'est M. Bory-Saint-Vincent qui s'est chargé des Métamorphoses dans le Dictionnaire classique d'histoire naturelle. Son travail, peu susceptible d'analyse à cause du point de vue qu'a choisi l'auteur, se termine par les considérations suivantes que nous livrons dans toute leur nudité aux réflexions de nos lecteurs.

« Tous les animaux dont la complication organique nécessite, pour qu'ils puissent se perpétuer, un autre mode de reproduction que le mode *tomipare*, sortent ou d'un propagule ou d'un œuf dans lequel durent exister rudimentairement les moindres parties constitutives de l'être. Cependant le propagule ni l'œuf ne peuvent être considérés, chez ces animaux, comme vivans, dans le sens qu'on attache à ce mot, encore que l'un et l'autre renferment les principes des sensations ou du mouvement; car ni le mouvement ni les sensations n'y existent. La créature qui s'y prépare à sa vie réelle, n'en sortira qu'en vertu d'une suite d'efforts opérés intérieurement par l'action organisatrice toute-puissante, mais réduite au rôle d'agent secondaire dès après la naissance, où l'instinct, ce premier intellect rudimentaire interne, commandé par l'organisation même, suffit pour déterminer la créature qui a vu le jour, à rechercher d'elle-même ce qui lui est bon en évitant ce qui lui serait dommageable. L'animal est alors émancipé, et la prépondérance ou la subordination des parties constitutives, les unes par rapport aux autres, avec le jeu de toutes, modifieront sa vie selon les besoins de chaque âge. L'amour sera le but de ce merveilleux mécanisme, de nouveaux œufs en seront le résultat; le trépas en sera le terme. Deux états de repos, l'un temporaire et plein d'avenir, l'autre éternel et sans espérances, marquent les deux extrémités de la carrière animale. Cependant une exception semble avoir lieu dans les insectes à Métamorphose complète, notamment chez les Lépidoptères, où la chenille consommatrice est si différente du papillon producteur, que la démonstration journalière de sa transformation est nécessaire pour constater l'identité; ici néanmoins l'exception confirme la règle. Au sortir de l'œuf, la chenille est devenue tout ce qu'elle pouvait être, il ne lui manque rien d'un animal parfaitement complet ; mais le développement des diverses parties qui la composent s'est opéré selon un tel équilibre, que celles de ces parties qui eussent dû se trouver, par leur prépondérance, aptes à la reproduction, sont demeurées confondues parallèlement avec les autres sans atteindre à leur but culminant. La nature cependant ne condamnera point la chenille à laisser une place vacante dans son sein maternel ; mais telle est l'inflexibilité des lois qui la rendent féconde, qu'on ne la verra pas non plus, au moyen d'une sorte de *miracle* ou de *transsubstantiation* brusque, porter dans la chenille l'organe générateur, qui s'y trouvait demeuré impuissant, vers le degré de prépondérance qu'il est de sa nature d'atteindre. Elle ne procède point comme ces magiciens qui changeaient des baguettes en serpens, et qui faisaient des grenouilles sans têtards préalables ; mais, sagement circonspecte, elle rentre dans sa marche habituelle par un retour sur elle-même, et la chrysalide, équivalente au tombeau, par rapport à la chenille dont elle termine l'existence marquée, devient comme un nouvel œuf par rapport à l'insecte parfait, qui s'y revêt de cette brillante parure nuptiale avec laquelle on le voit apparaître au jour de la résurrection. Et cette chrysalide, en son sépulcre intermédiaire, qui n'est point la vie, mais qui n'est point la mort, peut être indifféremment considérée comme un trait d'union, ou comme un temps d'arrêt entre deux modes très-distincts d'existence chez un même animal. »

Nous avons dû faire connaître tout ce que les auteurs des dictionnaires qui ont précédé le nôtre avaient écrit touchant la grande question des Métamorphoses, avant d'exposer ce que nous avons à dire. Evidemment aucun d'eux n'a traité la question à fond ; et cependant cette question est peut-être la plus belle de toutes. En approfondissant ses diverses circonstances, on assiste, en effet, en quelque sorte à un véritable travail de création.

La Métamorphose et la mue sont deux choses parfaitement distinctes. La mue ne change pas la forme de l'individu qui l'éprouve. La Métamorphose lui fait subir, au contraire, un changement fondamental. De plus, les Métamorphoses véritables ne se passent pas seulement chez les insectes, elles ont lieu aussi complétement dans toute une classe d'animaux vertébrés, chez les Batraciens, par exemple, où le têtard devient Grenouille. Dans aucun des articles que nous avons analysés, il n'est question de cette dernière espèce de Métamorphose. Un pareil oubli rend ces articles totalement incomplets. Nous avons dû éviter une semblable lacune, et nous avons été d'autant plus autorisés à la remplir, que l'un de nous (Martin Saint-Ange) a présenté à l'Académie des sciences un travail particulier sur la Métamorphose des Batraciens, travail qui a été remarqué et a valu à l'auteur une distinction flatteuse et honorable. Notre article aura donc, dans cette partie du moins, tout le mérite de l'originalité.

Pour ce qui est des Métamorphoses des insectes, aux travaux fort remarquables de M. Lacordaire et de M. Léon Dufour, nous avons réuni ceux qui ont été exécutés en Angleterre, et les Transactions philosophiques de la société royale de Londres nous ont fourni des renseignemens précieux et jusqu'à ce jour inconnus en France ; inconnus, car ils sont inédits, ou du moins n'avons-nous rien trouvé qui pût nous prouver qu'ils avaient été remarqués.

Les figures que nous avons données sur les insectes sont presque toutes relatives au système nerveux; elles ont été empruntées en grande partie au Mémoire du savant Anglais M. Georges Newport; il n'y a que les trois dernières que nous avons prises dans l'ouvrage de M. Léon Dufour sur les Hémyptères. Les figures relatives aux Batraciens ont été dessinées sur des pièces anatomiques préparées par l'un de nous (Martin Saint-Ange).

Métamorphoses des insectes. Les entomologistes comprennent toutes les espèces de Métamorphoses dans les deux classes suivantes :

I. *Métamorphoses incomplètes.* Les insectes n'éprouvent que des mutations partielles ; ils conservent toute leur vie les mêmes organes digestifs, et par conséquent ils ne changent point d'aliment. Il y a deux ordres d'insectes sujets à cette sorte de Métamorphose.

On range dans le premier les insectes qui ne prennent jamais d'ailes, tels sont les Cloportes, les Armadilles, les Branchiopodes, etc., qui dans leurs transformations acquièrent seulement de nouvelles pattes.

Dans le second ordre se trouvent les insectes qui prennent des ailes à une certaine époque de leur vie, principalement à l'époque où ils deviennent aptes à la reproduction ; tels sont : les Forficules, les Blattes, les Sauterelles, les Gryllons, etc. Leurs organes intestinaux n'éprouvent point de changemens ; l'insecte naît tel qu'il doit rester toute sa vie, seulement on voit croître peu à peu chez lui et sur son dos des ailes avec leurs étuis (celles qui doivent avoir des étuis) ; de plus, il prend plus de corps quand il est sur le point de manifester sa capacité à produire et à engendrer.

II. *Insectes à Métamorphoses complètes.* Ceux-ci naissent d'un œuf, et revêtent d'abord une apparence vermiforme, avec une peau mollasse, quelquefois écailleuse, mais seulement à la tête chez quelques espèces. En cet état, les insectes mangent avec voracité et s'accroissent beaucoup ; mais ils n'éprouvent de changement que dans la grandeur de leur taille. Quand l'accroissement est accompli, cette forme de ver s'efface, l'animal se dépouille de son épiderme comme d'un masque et il paraît transfiguré.

Ce passage de l'état de ver, ou de chenille, ou de larve, à l'état parfait, s'opère de trois façons différentes.

Dans les Lépidoptères (papillons), la chenille devient ovale ou oblongue, et d'un aspect doré ; de là les noms de *chrysalide* ou *aurélie*. On l'appelle aussi momie, *pupa*, parce que l'insecte parfait s'y trouve renfermé avec ses ailes et ses pattes comme dans un maillot, comme une momie dans ses langes. L'épiderme extérieur qui lui sert d'enveloppe se moule si bien sur la nymphe, qu'on peut suivre au travers les contours et les reliefs de l'insecte parfait; c'est ce qu'on voit très-bien chez tous les Papillons diurnes et chez les Bombyx, les Phalènes et les Sphynx.

Chez d'autres espèces la chrysalide est resserrée dans la peau de la larve, qui se dessèche, se durcit et se fend pour donner passage à l'insecte transformé; tels sont les Mouches, les OEstres, les Hippobosques, etc.

Les Coléoptères, tels que les Scarabées, les Hannetons, et les Hyménoptères, comme l'Abeille et la Fourmi, présentent un autre mode de transformation. En passant de l'état de ver à celui de nymphe, ils offrent déjà les germes et les apparences des parties qui doivent compléter leur organisation. On voit leurs pattes et leurs antennes couchées le long de l'abdomen; les ailes apparaissent aussi repliées et fléchies; et, quoique immobiles à la place qu'elles ont choisie pour ce dernier acte de leur Métamorphose, si on les touche, on les sent remuer. Ces sortes de nymphes, au reste, sont ordinairement cachées dans des mottes de terre roulées en boules, comme la nymphe du Bousier; dans des cocons de matière gommeuse percés à jour, comme les nymphes des Tenthrèdes; ou bien elles sont distribuées par cases ou dans des appartemens comme les nymphes des Abeilles et des Fourmis.

Mais il ne faut pas attacher à la distribution que nous venons d'indiquer plus d'importance qu'elle ne mérite. Il n'y a pas de division bien tranchée qui puisse motiver une classification régulière et parfaite des Métamorphoses; avec ces divisions et ces subdivisions, on finit par confondre les choses les plus dissemblables : ainsi certains auteurs n'ont pas fait difficulté de ranger la mue de certains animaux parmi les Métamorphoses. Quand le Serpent fait peau nouvelle, est-il pour cela métamorphosé? non certes, il quitte en une fois ce que des animaux plus parfaits perdent partiellement chaque jour.

On ne devrait à la rigueur donner le nom de Métamorphose qu'à la transformation du papillon qui naît sous la forme d'un œuf, rampe pendant quelque temps sous celle d'un ver et est larve, puis s'enferme dans une coque où, privé d'air et de nourriture, il se fabrique à lui-même des organes nouveaux qui lui donnent le complément de la vie à laquelle il est appelé par son rang dans la création.

« La Métamorphose, dit avec raison M. Lacordaire (1), est un des phénomènes les plus admirables et les plus compliqués que nous présente la nature. Quoiqu'elle ait perdu cet excès de merveilleux qui fournissait aux alchimistes du moyen-âge des argumens en faveur de la transmutation des métaux, il lui en reste assez pour exciter notre surprise et notre admiration. L'usage a consacré ce nom de Métamorphose, qui exprime d'une manière énergique ces changemens presque soudains qu'éprouvent les insectes : mais, en réalité, on ne devrait les nommer qu'une suite de développemens. Une chenille, en effet, n'est pas un animal simple, mais composé, contenant en elle le germe du papillon futur, renfermé dans ce qui un jour sera le fourreau de la nymphe, fourreau qui lui-même est contenu dans plusieurs peaux placées les unes sur les autres : à mesure qu'elle grossit, ces peaux se dilatent, apparaissent au dehors, et sont tour à tour rejetées, jusqu'à ce que l'insecte parfait, qui était caché sous cette suite d'enveloppes ou de masques, se montre sous la forme qu'il ne quittera plus désormais. Swammerdam, Malpighi, et d'autres anatomistes, ont prouvé que telle était l'explication véritable du phénomène qui nous occupe. Le premier découvrit, par des dissections d'une délicatesse extrême, non seulement que l'enveloppe de la nymphe était renfermée dans la peau de la larve, mais que la première contenait le papillon lui-même avec tous ses organes, quoique dans un état presque fluide. En faisant bouillir dans l'eau pendant quelques minutes une chenille prête à passer à l'état de nymphe, ou en la plongeant dans l'alcool et l'y laissant quelques jours jusqu'à ce que ses pattes eussent pris de la consistance, il vint à bout de mettre à découvert le futur papillon; il vit que les ailes, roulées sur elles-mêmes comme une espèce de corde, sont logées alors entre le premier et le second segment de la chenille; que les antennes et la trompe sont appliquées sur le devant de la tête, et que les pattes, quoique bien différentes de celles de la chenille, sont néanmoins contenues dans ces dernières. Malpighi et Réaumur allèrent encore plus loin; le premier découvrit les œufs du Ver à soie dans la chrysalide transformée seulement depuis quelques jours, et le second ceux d'une autre espèce de Lépidoptère (*Liparis dispar*) dans la chenille elle-même, et cela sept à huit jours avant qu'elle ne se transformât en chrysalide.

« Une chenille peut donc être regardée comme un œuf doué de la faculté locomotrice, renfermant à l'état d'embryon le papillon qui, après une certaine époque, s'assimile les substances animales dont il est entouré, développe insensiblement les organes et brise enfin l'enveloppe dans laquelle il était contenu. Cette explication dépouille le phénomène de la Métamorphose de tout ce qu'il pouvait avoir de miraculeux, mais ne le laisse pas moins une opération très-compliquée et difficile à comprendre. Il y a de quoi confondre notre raison dans cette pensée qu'une chenille, d'abord à peine de la grosseur d'un fil, renferme ses proprest égumens en nombre triple et même octuple, de plus le fourreau d'une chrysalide et un papillon complet, le tout replié l'un dans l'autre; avec un appareil de vaisseaux pour respirer et digérer, des

(1) *Voyez* son Introduction à l'Entomologie, ouvrage remarquable par l'esprit philosophique qui y règne autant que par la clarté et la netteté de l'expression, qualités assez rares dans toute espèce de littérature, mais qu'on regrette surtout de ne pas rencontrer plus souvent dans les œuvres de nos jeunes savans.

nerfs pour la sensation, des muscles pour se mouvoir, et que ces divers organes exécuteront leurs évolutions successives au moyen de quelques feuilles introduites dans son estomac : encore moins pouvons-nous comprendre comment ce dernier organe peut digérer à une certaine époque des feuilles, et à une autre seulement du miel; comment le fluide soyeux sécrété par la chenille disparaît dans le papillon; en un mot, comment des organes essentiels à une certaine période de l'existence d'un insecte, sont rejetés à une autre et avec eux tout le système auquel ils appartenaient.

» Les causes de la Métamorphose nous sont encore inconnues, et la meilleure explication qu'on en ait donnée, celle de Lamarck, nous paraît plus ingénieuse que solide : on conçoit très-bien avec lui que l'insecte, dans son état parfait, ayant des tégumens cornés qui jouent le rôle d'un squelette intérieur, en servant de support aux organes qu'ils renferment, n'aurait pu croître si, dès sa naissance, ces tégumens eussent offert cette solidité, et qu'il a dû lui être assigné une certaine période pendant laquelle, son corps étant mou tant à l'extérieur qu'à l'intérieur, il opérerait son développement; mais cela n'explique que la nécessité de la mue qui, en effet, est commune à tous les articulés. Les changemens qui s'opèrent dans tous les animaux à l'époque où ils deviennent aptes à la génération, et que Lamarck met en avant comme une seconde cause aussi puissante que celle qui précède, ne rendent pas davantage compte de la Métamorphose, c'est-à-dire de cet enroulement d'un animal dans plusieurs enveloppes de formes différentes. Un Crabe parvient à son état adulte en subissant de simples mues, tout aussi bien qu'un Coléoptère qui éprouve une transformation complète; et parmi les insectes eux-mêmes une Punaise est dans le même cas. Il y a donc à ces changemens merveilleux une cause plus profonde que les conditions d'existence ordinaires, et sur laquelle notre ignorance est complète. »

A cette citation nous joindrons la suivante qui résume très-clairement tout ce que l'on sait touchant le phénomène de la mue qui se remarque chez les insectes. « Il y a, en effet, une époque de la vie où l'insecte mue, mais sans se transformer; toutes les larves sont sujettes à la mue; lorsque cette crise est près de se manifester, un ou deux jours avant qu'elle commence, la larve cesse entièrement de prendre de la nourriture; elle devient faible et languissante, ses couleurs se flétrissent, et elle cherche une retraite où elle puisse subir en sûreté cette crise pénible et quelquefois fatale pour elle. Après s'être fixée dans le lieu qu'elle a choisi, sur un corps quelconque, au moyen de ses pattes écailleuses, ou, comme cela a lieu souvent, par ses fausses pattes à une toile lâche qu'elle a filée à dessein, elle tourne et retourne son corps dans tous les sens, gonfle et contracte alternativement ses anneaux. Le but de ces mouvemens est de séparer l'ancienne peau, qui est devenue rigide et sèche, de la nouvelle qui est au dessous. Après quelques heures de ce travail, pendant lesquelles elle se repose de temps en temps, comme si elle était épuisée de fatigue, le moment critique arrive. La peau se fend sur le dos à la suite d'un gonflement plus considérable du second et du troisième anneau; bientôt l'ouverture s'agrandit à mesure que les autres anneaux font de nouveaux efforts; la tête elle-même se partage souvent en trois pièces triangulaires, et la larve se dégage peu à peu de sa prison. Toutes cependant n'emploient pas le procédé que nous venons de décrire. Suivant Bonnet, la chenille de la *Pieris cratægi* s'ouvre un passage en faisant éclater la partie écailleuse de la tête, et sort de la peau, qui demeure entière, comme d'un fourreau; chez d'autres, l'ouverture se fait sur les côtés ou sous le ventre. Réaumur a vu celle de la *Zygène de la filipendule*, avant sa dernière mue, détacher avec les mandibules des fragmens de son ancienne peau, d'où sortaient, au moment de cette opération, des gouttes d'un fluide semblable à de l'eau, et destiné sans doute à la ramollir.

» La peau ainsi rejetée est souvent si entière, qu'elle pourrait être prise pour la larve elle-même; on y retrouve non seulement l'enveloppe du tronc et de l'abdomen avec les poils dont ils étaient garnis, mais encore le crâne, les yeux, les antennes, les palpes, les mâchoires, qui, si on les examine intérieurement, paraissent creux comme autant d'étuis qui renfermaient les parties analogues de la nouvelle peau. On peut facilement prouver, par les pieds, que ceux de la larve ainsi rajeunie étaient renfermés dans les anciens, comme les doigts de la main dans un gant. Si l'on en coupe un avant la mue, le même manquera après que celle-ci aura eu lieu. Les cornes anales des chenilles de Sphynx et les autres analogues sont également contenues les unes dans les autres; quant aux poils, nous avons dit plus haut la manière particulière dont ils sont disposés.

» Ce dépouillement, déjà si merveilleux, n'est pas le seul qu'éprouvent les larves; leurs organes intérieurs en ont à subir un pareil bien autrement surprenant, et que Swammerdam a fait connaître dans son Anatomie de la larve de l'*Oryctes nasicornis*, un des plus gros Coléoptères de nos pays. « Ce » n'est pas, dit-il, la peau extérieure seule que ces » vers rejettent comme des Serpens; mais l'œso- » phage, une partie de l'estomac et du gros intes- » tin, se dépouillent de la leur en même temps, et » ce n'est pas encore à cela que se bornent ces mer- » veilles; car des centaines de tubes pulmonaires » contenus dans l'intérieur du ver changent la » peau tendre et délicate qui les tapisse. Ces peaux » nombreuses se réunissent ensuite et en forment » dix-huit plus considérables, composées de plu- » sieurs fils comme des cordages, qui, après que » la peau extérieure est enlevée, sortent doucement » et peu à peu de l'intérieur du corps par les dix- » huit orifices pulmonaires que j'ai décrits (les stig- » mates). Si l'on divise avec une aiguille très-fine » les petites cordes dont je viens de parler, on verra » distinctement les branches et les ramifications des » divers tubes, ainsi que leur composition annu-

» laire (1). » Bonnet rapporte une observation semblable sur les chenilles; car il dit qu'avant de passer à l'état de nymphe, elles rejettent avec leurs excrémens la peau intérieure de l'estomac et des autres viscères. Cependant il faut ajouter que M. Hérold nie en partie les faits ci-dessus; selon lui, la peau du canal intestinal n'est jamais rejetée, et cet organe se conserve toujours aussi bien que la peau extérieure qui entre dans sa composition; il affirme, en outre, que ce sont seulement les principaux troncs des trachées qui se dépouillent de leurs peaux, et que les ramifications plus petites gardent la leur. Des différences aussi grandes entre les opinions d'observateurs de ce mérite, laissent la question indécise jusqu'à ce que de nouvelles observations viennent faire pencher la balance d'un côté ou de l'autre.

» La larve qui vient d'éprouver la pénible crise que nous avons décrite, est dans les premiers momens excessivement faible. Toutes ses parties sont comme ramollies et très-impressionnables; celles même de nature cornée, telles que les parties écailleuses de la tête, ne sont alors que membraneuses, et toutes sont baignées par un fluide qui, avant la mue, s'est interposé entre les deux peaux et a facilité leur séparation. Ce n'est qu'après quelques heures, et même dans certains cas après quelques jours, pendant lesquels la larve est restée sans mouvement, que sa peau humide se sèche, que ses membres se consolident, et qu'elle a recouvré des forces suffisantes pour recommencer à manger. Ses couleurs, qui étaient jusque-là beaucoup plus pâles que de coutume, et mal arrêtées, se vivifient par l'action de l'air, et deviennent plus brillantes que jamais. Enfin, quand quelques repas lui ont tout-à-fait rendu sa vigueur première, l'animal se dédommage de sa longue abstinence par un redoublement de voracité.

» Nous avons dit plus haut que toutes les larves étaient sujettes à la mue, sauf quelques exceptions: ces exceptions se rencontrent principalement dans l'ordre des Diptères, chez qui les larves des genres *Musca œstrus* de Linné, et probablement toutes celles qui ont une tête de forme variable, ne changent jamais de peau, même au moment de passer à l'état de nymphe. La peau de cette dernière, bien que souvent très-différente de celle de la larve, est la même que celle dont cette dernière était revêtue depuis sa naissance, mais modifiée, quant à sa forme, par les changemens qui se sont passés à l'intérieur de l'animal, et auxquels s'est prêtée sans peine sa nature membraneuse. Les larves des Diptères des genres *Tipula* et *Culex*, qui ont des têtes de consistance solide, changent plusieurs fois de peau comme les autres larves, avant de passer à l'état de nymphes. Celles des *Abeilles*, des *Guêpes*, des *Fourmis*, et probablement de beaucoup d'autres Hyménoptères, ne sont pas sujettes à la mue, ainsi que nous l'avons dit: il en est de même, parmi les Hémiptères, de celles des *Cochenilles* femelles. »

(1) *Biblia naturæ*, t. 1, p. 173.

L'anatomie des insectes présente encore, malgré tous les travaux dont elle a été l'objet, un grand nombre de problèmes, parmi lesquels le plus intéressant à résoudre sans doute sera celui qui a pour objet les fonctions du corps graisseux. Parmi les figures empruntées à M. Newport, on voit trois coupes du Sphinx dans ses trois états (*voyez* planche 354, fig. 7, 8, 9) de larve, de nymphe et de papillon ou insecte parfait. Sans se lancer trop avant dans le vague des hypothèses, on pourrait, jusqu'à un certain point, supposer que ce corps graisseux, beaucoup plus abondant dans la larve que dans l'insecte parfait, est évidemment destiné à fournir aux besoins de la transformation pendant le sommeil de la nymphe, et que ce qui était graisse avant est devenu après ailes, antennes, trompe, etc., absolument comme dans le corps humain, pendant la maladie et la privation de nourriture, ce qui faisait l'embonpoint et était graisse pure disparaît pour se changer en molécules organiques particulières selon les besoins de la nutrition. Les mêmes figures font bien voir la disposition des organes principaux intérieurs et leur raccourcissement graduel à mesure que l'insecte se modifie. Ainsi le long et large œsophage de la chenille, déjà bien rétréci dans la chrysalide, n'est plus qu'un petit tube membraneux chez le papillon: les canaux biliaires eux-mêmes, si nombreux et si longs dans le premier état, sont presque rudimentaires dans l'état parfait. C'est entre le quatrième et le cinquième segment de la chenille que se fait la séparation du thorax et de l'abdomen. Ces deux segmens se rapprochent, se confondent presque, chez le papillon, et l'on voit à leur place un étranglement profond.

Notre objet n'est point d'entrer dans le détail des changemens qui surviennent dans tous les systèmes organiques des insectes; nous nous bornerons à ce qui est relatif au système nerveux.

Le système nerveux de l'insecte à l'état de larve se compose de deux ganglions cérébraux situés au dessus de l'œsophage et du vaisseau dorsal, et de onze ganglions liés entre eux par des conduits et disposés sur la ligne médiane du corps en dessous de l'œsophage et du canal alimentaire. Ces ganglions et ces cordons subissent les uns et les autres des changemens multipliés dans leur nombre, leur situation et leur forme, quand l'insecte passe de l'état de chenille ou de larve à l'état de chrysalide ou pupa. Lorsque ces changemens ont pris un certain développement, il semble que le travail de la Métamorphose soit suspendu pendant un certain temps, durant lequel l'insecte est dans un véritable état d'hibernation. Au bout de cette période, la Métamorphose recommence et continue sans interruption jusqu'à ce que l'insecte soit arrivé à l'état parfait.

Au mois de mars, quand la chrysalide commence à sortir de son engourdissement, on distingue très-bien tous les ganglions du corps, ainsi que les nerfs optiques qui naissent du ganglion sus-œsophagien. Si on examine le système nerveux de très-près à cette époque, on y voit bien d'autres changemens. Les nerfs qui sont à la place des ailes, et qui étaient jusqu'alors formés de deux racines dont l'une venait du cordon nerveux et l'autre du ganglion qui le suit, prennent maintenant un accroissement plus considérable à leur base.

Les changemens sont bien plus prononcés dans toutes les parties du pupa, vers le milieu d'avril. D'abord les trachées qui se distribuent au thorax ont pris plus de volume, tandis que les spirales qui rampent le long de l'abdomen sont devenues de véritables sacs pulmonaires. Ces derniers sont au nombre de quatre sur chaque côté du corps. Le vaisseau dorsal (pl. 554, fig. 7, 8, 9 a, a, a) a pris plus de force et de consistance dans ses parois. Ses valvules (b), les muscles qui s'y attachent, et les vaisseaux qui s'anastomosent avec lui sur les côtés et qui charrient le fluide circulatoire, sont plus apparens; et sa division en plusieurs troncs artériels à sa terminaison vers le ganglion cérébral, peut être suivie plus aisément. Les muscles du thorax sont aussi plus développés, et certaines tubérosités qui étaient auparavant molles et délicates et qui se sont formées pendant les mois précédens, sont devenues dures et noirâtres, comme l'extérieur du cocon. On voit quatre de ces tubérosités le long de la surface inférieure du thorax (pl. 554, fig. 8, n°s 1, 2, 3, 4). La première de ces tubérosités marque la séparation de la tête et du cou; la seconde se trouve entre le cou et la poitrine, et est postérieure à la première paire de pattes; la troisième est sur le thorax, et sert d'attache à quelques uns des principaux muscles. La quatrième et dernière est celle qui marque la division entre le thorax et l'abdomen.

Vers la seconde semaine de mai, l'insecte parfait commence à apparaître sous sa forme propre dans le cocon; et chaque segment de l'abdomen, le long de la face supérieure et des deux côtés du vaisseau dorsal, contient un dépôt de matière colorante gélatineuse, précisément à la place des bandes rouges qui entourent le corps de l'insecte parfait; mais on ne distingue aucune trace d'écaille, et les bandes noires ne sont pas encore formées. Le système nerveux arrive alors à son plus grand développement.

Dans la première semaine de juin, les tubérosités qui séparent le thorax de l'abdomen, et qui fournissent les attaches aux grands muscles du corps, sont complétées; les muscles eux-mêmes ont acquis une force et une consistance qu'ils n'avaient point auparavant. La forme extérieure de l'insecte parfait est presque entièrement déterminée dans le cocon. La matière colorante gélatineuse s'étale sous forme de petites écailles sur toute la surface supérieure des segmens abdominaux. Les antennes, les pattes et les ailes, pliées dans leurs enveloppes au dessous du thorax et des premiers segmens de l'abdomen, sont encore très-délicats, vasculaires et couvers d'écailles.

Le temps que le *Sphinx ligustri* reste à l'état de chrysalide est de quarante-deux à quarante-trois semaines; car sa Métamorphose n'est complète que vers le milieu ou la fin du mois de juin.

Quelques jours avant que l'insecte parfait ne rompe son enveloppe, il devient excessivement inquiet, il s'agite dans le cocon. Maintenant il est vigoureux, sa peau cuirassée est pour lui un organe véritablement protecteur. Il fait des efforts multipliés pour briser les murs de sa prison. Il trace son chemin sous terre en rampant à l'aide de ses segmens abdominaux, aidé dans ce manége par l'allongement aigu du douzième segment du cocon, qui lui sert de levier à l'aide duquel il met toutes ses forces en jeu. La profondeur à laquelle se trouve situé le cocon est de six à huit pouces, rarement plus bas, de sorte que l'insecte n'a qu'un très-court chemin à faire pour arriver à l'air libre; mais ses progrès sont lents et graduels, et il ne sort de terre qu'au commencement de juin.

Durant les trois jours qui précèdent sa Métamorphose actuelle, les enveloppes des yeux, des antennes, des ailes, proéminent davantage, surtout celles des ailes qui s'étendent sur chaque côté du thorax. Quelques heures avant la sortie de l'insecte, les enveloppes des ailes perdent leur solidité, se déchirent et cèdent à une légère pression, comme une membrane sèche. Il en est de même de toutes les autres parties du corps, mais à un bien moindre degré. Après cela, l'insecte se rapetisse en se plissant en long et en travers; il se présente à l'ouverture du cocon en retirant graduellement et avec précaution ses membres de leur enveloppe respective; il sort avec des ailes chiffonnées et comme atrophiées, et couvertes d'écailles, comme tout le reste du corps. Il se met immédiatement à l'ombre; il se suspend perpendiculairement et se tient en repos en s'appliquant le long d'un mur ou d'un arbre, et reste là jusqu'à ce que ses ailes se soient complétement développées, ce qui a lieu en fort peu de temps. Cinq ou six minutes suffisent pour cela aux papillons ordinaires; il faut trois heures au Sphinx pour que ses ailes, qui sont plus larges et plus fortes, soient propres au vol.

Deux heures après que l'insecte s'est suspendu pour opérer sa transformation, un changement important a lieu dans la disposition du système nerveux. Les ganglions cérébraux sont distincts, mais peu volumineux. Vus verticalement, ils offrent chacun la forme d'une poire, la partie antérieure étant allongée en avant et donnant naissance aux antennes et aux nerfs optiques. A cette période l'on aperçoit à la base des nerfs optiques le même dépôt noirâtre que dans le *Sphinx ligustri*; il faut conclure de là que ce dépôt se forme dans la première période de la Métamorphose, dans le papillon comme dans la larve. Le ganglion sous-œsophagien a deux fois son volume primitif, et ses pédoncules qui l'unissent aux ganglions cérébraux sont considérablement plus courts, de même que les filets qui unissent les second, troisième, quatrième et cinquième ganglions. Ces deux derniers ne sont séparés que par un court espace et sont un peu élargis. Les cinquième, sixième et septième ganglions sont très-rapprochés; les filets qui les réunissent sont disposés irrégulièrement, et leur position longitudinale altérée. Les ganglions, depuis le septième jusqu'au onzième, conservent la même position que dans la larve.

Peu de temps avant que l'insecte se dépouille de sa vieille enveloppe, il est très-actif, et si on le dissèque une demi-heure avant, on voit que les arcs des ailes futures ainsi que ses ganglions cérébraux et les second, troisième, quatrième et cinquième ganglions, sont un peu élargis, et que le premier l'est considérablement (pl. 356, fig. 17). Les filets qui les unissent divergent entre eux, tandis qu'au contraire, ceux des cinquième, sixième, septième ganglions se trouvent plissés.

Immédiatement après que l'insecte est devenu *pupa* (pl. 356, fig. 18), tous les ganglions sont rapprochés et leurs filets sont encore bien plus disposés irrégulièrement qu'à aucune autre époque, ce qui est dû au raccourcissement qu'ont éprouvé tous les segmens du corps. Ces filets qui joignent les cinq premiers ganglions ont acquis un volume plus considérable. C'est à cette période que l'on remarque la plus grande activité et aussi la plus grande irrégularité dans les progrès de la Métamorphose (pl. 356, fig. 19). Une heure après la transformation, les ganglions cérébraux sont plus particulièrement rapprochés, les nerfs des antennes plus distincts et les rudimens des nerfs optiques plus développés à leur base.

Le quatrième et le cinquième ganglion se rapprochent encore, et les filets sont d'un plus grand diamètre vers leur point d'union avec le cinquième, dont la partie antérieure devient moins distincte et paraît être sur le point de se confondre avec eux. La distance qui sépare les autres ganglions décroît peu à peu, et la surface de leurs filets est ridée ou plissée et raccourcie.

Dans le *Sphinx ligustri*, outre les cordons et les ganglions longitudinaux et les nerfs qui en naissent directement, nous en avons vu d'autres qui étaient couchés sur eux : les nerfs transverses et sur-ajoutés. Il en existe d'autres dans le *Papilio urticæ*, et leur distribution est à peu près la même.

La première série commence immédiatement au-delà du premier ganglion sous-œsophagien (b), où les nerfs se dirigent en dehors, le long des trachées qui se distribuent sur le premier ganglion et viennent directement de sa spirale.

Quelques unes des branches s'anastomosent avec les nerfs du second ganglion (d), tandis que la branche principale de ce segment se dirige dans le sens des muscles sur la partie postérieure de la tête. Au-delà du second ganglion, quelques branches s'unissent au nerf volumineux qui naît du cordon entre les second et troisième ganglions, pour fournir la première paire d'ailes (f), et qui est apparemment simple et qui ne naît pas, comme dans le Sphinx, en partie du cordon et en partie du ganglion. Derrière le troisième ganglion, le nerf du cordon qui se dirige vers la seconde paire d'ailes (i) reçoit une branche de la troisième série, tandis que la plus grande partie des nerfs se dirige vers les muscles.

Une série de ces nerfs transverses existe, comme dans le Sphinx, à la partie antérieure de chacun des autres ganglions (o,o,o), aux nerfs desquels elle envoie des filamens, tandis que leurs principaux rameaux se distribuent séparément aux trachées, aux muscles, à l'exception de ceux des quatrième, cinquième et sixième séries, qui se rapprochent des nerfs du ganglion correspondant et qui montrent, à cette période de Métamorphose du papillon, un exemple d'un fait intéressant dont nous avons déjà parlé relativement à la formation des troncs nerveux par l'union des fibres.

(Pl. 355, fig. 20.) Après la septième heure, il y a encore une augmentation de volume dans les ganglions cérébraux, les nerfs optiques, les cinq premiers ganglions et les filets qui les unissent. Le quatrième et le cinquième ganglion se sont rapprochés, et les cordons nerveux qui les unissent sont devenus d'un diamètre tellement considérable, qu'ils semblent former un ganglion distinct (x). La distance du cinquième au sixième est aussi plus courte, et tous les autres ganglions ont acquis un volume un peu plus considérable. Il en est de même de leurs cordons, qui sont disposés d'une manière moins irrégulière que dans les périodes précédentes. Les nerfs transverses commencent alors à prendre leur aspect gangliforme temporaire, et les nerfs terminaux (o,o,o) du dernier ganglion se développent pour se distribuer aux organes de la génération.

(Pl. 356, fig. 21.) A la douzième heure, le cinquième ganglion, par sa réunion avec les filets qui l'unissent au quatrième, a pris une forme triangulaire, la portion la plus large se trouvant à la partie postérieure.

La série transverse antérieure au cinquième ganglion, qui vers la septième heure commençait à s'anastomoser avec les nerfs de ce ganglion, s'y est maintenant complétement réunie, de sorte qu'il n'existe, pour indiquer sa situation primitive, qu'une élévation triangulaire sur la partie antérieure de ce ganglion (5, o), offrant par là une preuve certaine de la manière dont se forment les troncs nerveux.

(Pl. 356, fig. 22.) A la dix-huitième heure, toutes les parties se sont encore rapprochées ; les ganglions, les filets, les nerfs, particulièrement ceux des ailes, ont pris un nouvel accroissement ; et quoique les nerfs transverses soient encore toujours distincts, cependant ils envoient des filamens aux nerfs qui proviennent des ganglions et commencent déjà à revêtir l'apparence de ganglions. Le cinquième et le quatrième ganglion, ainsi que leurs filets, se sont tellement rapprochés, qu'ils ne forment plus qu'une seule masse irrégulière et allongée. Les filets de l'abdomen sont maintenant dans une direction droite.

(Pl. 356, fig. 23.) A la vingt-quatrième heure, le quatrième et le cinquième ganglion se sont encore rapprochés; le quatrième est un peu moins volumineux que le cinquième. Les filets à la suite du sixième ganglion sont dilatés, ainsi que les nerfs transverses du thorax qui accompagnent ou plutôt

précèdent

précèdent le développement des organes respiratoires.

(Pl. 356, fig. 24.) A la trente-sixième heure, les nerfs optiques ont acquis un volume aussi considérable que les ganglions cérébraux, et ils s'accroissent peu au-delà de cette période. Le premier ganglion sous-œsophagien s'est réuni aux ganglions cérébraux, et ils forment ensemble une bande circulaire autour de l'œsophage ; le cinquième ganglion a diminué de volume et est plus petit que le quatrième ; le sixième ganglion, qui à la vingt-quatrième heure avait diminué de volume, a totalement disparu, et les nerfs qui en naissaient viennent maintenant des environs de ceux du cinquième ganglion, et montrent ainsi que la substance du ganglion a été repoussée en avant. Le septième ganglion est plus petit.

(Pl. 355, fig. 25.) A la quarante-huitième heure, tous les filets ont pris leur direction longitudinale, de sorte qu'il doit y avoir ou une absorption ou un allongement de la substance nerveuse pour aider au développement. Le septième ganglion a disparu.

(Pl. 355, fig. 26.) A la cinquante-huitième heure, un nouveau changement s'est effectué ; le deuxième et le troisième ganglion se réunissent, et le double ganglion qui en résulte n'est séparé que par des filets larges et courts de toute la masse thoracique formée par le quatrième, le cinquième et une partie du sixième ganglion. Le plexus transverse est uni au nerf des ailes, et toute la masse des ganglions et des nerfs s'est portée en avant et se trouve maintenant au milieu du thorax. Les nerfs optiques et ceux des antennes sont à peu près à leur dernière période de développement, et les plexus des nerfs et ganglions du thorax, qui, dans la larve, sont disposés d'une manière compliquée, sont maintenant confondus et forment seulement quelques gros troncs. La disposition du système nerveux est alors à peu près la même que dans l'insecte parfait. Il est intéressant de remarquer que, tandis que le système nerveux se développe avec rapidité, le canal alimentaire, les organes de la génération et les autres organes sont encore loin d'être parfaits et n'ont fait que peu de progrès, comparativement au système nerveux. Il semble, d'après cela, qu'il est nécessaire que le système nerveux se développe d'abord.

Les observations qui précèdent ont été faites sur le Papillon de l'ortie, au mois de juin de 1832, à une époque où l'insecte passe ordinairement treize jours et quelques heures à l'état de pupa. Elles ont été répétées avec soin au mois d'août suivant par une température beaucoup plus élevée. L'insecte ne restait alors que neuf jours à opérer sa Métamorphose ; ce qui prouve combien la température exerce d'influence sur la durée des périodes.

Le *Sphinx ligustri* met un temps beaucoup plus long à se transformer, et par conséquent les changemens qui s'opèrent dans son système nerveux, quoique tout-à-fait semblables à ceux que nous venons de voir se manifester chez le *Papilio urticæ*, mettent un plus long intervalle dans leurs périodes, dans la proportion de neuf mois à quatorze jours. Toutefois ces changemens sont bien plus sensibles au commencement qu'à la fin.

Lorsque ces changemens doivent s'effectuer dans le Sphinx, la larve cesse de manger ; elle devient agitée et active, et, après s'être formé une cellule sous terre, elle y demeure en repos ; le corps se raccourcit et perd bientôt tout pouvoir de locomotion. Pendant ce temps, il s'opère une contraction des muscles longitudinaux et diagonaux du corps, particulièrement de ceux des quatrième, cinquième et sixième segmens.

Les petits vaisseaux qui unissent la vieille à la nouvelle peau se déchirent, et il s'en échappe un liquide qui aide beaucoup à la séparation des deux enveloppes. Les dimensions du corps de l'insecte ont considérablement diminué. Cette contraction occasione un raccourcissement continuel des muscles longitudinaux, qui prennent de nouvelles attaches, par lesquelles des portions de chaque segment du corps, qui sont molles et délicates, s'attirent et forment de larges plis par le moyen des tégumens externes.

Ces contractions et ces allongemens sont portés à un tel degré dans les quatrième, cinquième et sixième segmens, qu'ils forment un large rétrécissement autour du corps, rétrécissement qui doit former la séparation future du thorax et de l'abdomen. Le cinquième segment est presque perdu dans le quatrième et le sixième ; le premier segment de l'abdomen a beaucoup diminué ; le troisième segment n'a nullement diminué sur la face dorsale. Il constitue la plus grande partie du thorax.

Par ces changemens dans la structure musculaire et tégumentaire du corps, les ganglions et les cordons se trouvent rapprochés et placés dans leurs positions respectives dans les segmens, par les nerfs qui les croisent. Les cordons, étant trop longs pour demeurer en ligne directe, sont ramassés irrégulièrement entre les ganglions. Cela se remarque surtout pour les cordons situés entre les quatrième, cinquième et sixième ganglions ; ce qui est dû à l'oblitération presque entière des deux segmens. Les cinq premiers ganglions tendent à se réunir par le rapprochement des segmens pour former le thorax, qui commence à prendre une position fixe et à devenir le centre du développement. C'est de cette manière que le système nerveux paraît allongé en avant pour le développement des parties secondaires. Dans l'abdomen, les cordons reprennent leur direction primitive ; mais ils ont acquis un développement considérable ; le sixième et le septième ganglion ont entièrement disparu, tandis que les ganglions et nerfs du thorax se sont élargis et réunis en deux masses ; les pédoncules des ganglions cérébraux sont plus courts, tandis que les nerfs optiques se sont développés proportionnellement. De ces faits nous tirons la conclusion suivante : que c'est par un allongement en avant et en dehors dans toutes les directions, par le rapprochement des troncs nerveux déjà formés, et par la transformation des filamens en nouveaux troncs, que le développement du système nerveux s'effectue dans les insectes.

Si nous entrions dans le détail des transformations de chaque organe en particulier, nous trouverions bien des circonstances dignes d'attention; nous devons nous borner à faire connaître seulement ce qui regarde les organes de la *manducation*, qui consistent en des mâchoires chez la larve ou chenille, et en une trompe chez le papillon. Voici ce que contient à ce sujet le Mémoire de M. Newport.

La bouche dans la larve est située au dessous de fortes mandibules qui, dans l'état parfait, sont presque nulles, et qui existent seulement à l'état rudimentaire de chaque côté de la tête. Cette trompe est un organe allongé, flexible, composé de deux moitiés symétriques, réunies par leurs bords, convexes sur leur surface externe, concaves sur l'interne, et qui, par leur réunion, forment un tube ayant à peu près les mêmes dimensions dans toute son étendue, excepté cependant à son extrémité, qui est un peu plus petite. Chaque moitié est légèrement ciliée à l'extérieur, garnie d'une rangée de petits crochets le long du bord antérieur de sa surface concave, et vers sa pointe le long de la surface extérieure et externe d'un grand nombre de petites papilles allongées qui sont probablement les organes du goût.

Dans l'état de repos la trompe est roulée en spirale entre les palpes des lèvres, et même dans quelques Lépidoptères il y a de petits palpes maxillaires. Elle est liée au dessus avec l'arc triangulaire du palais, l'épipharynx, qui forme la voûte de la bouche, et au dessous avec l'hypopharynx ou l'analogue de la langue, qui forme le plancher de la bouche et conduit à l'œsophage. La bouche n'est qu'une cavité dilatée et placée entre la trompe et le commencement de l'œsophage. Chaque moitié de la trompe possède deux sortes de muscles longitudinaux et transverses, faisant office de fléchisseurs et d'extenseurs. Les muscles transverses sont formés d'un grand nombre de fibres courtes et semi-circulaires qui entourent l'extérieur de la trompe et qui sont attachées le long du bord de la surface intérieure et concave de cet organe, qu'ils tendent à allonger par leur contraction. Ces muscles sont excessivement petits et nombreux, il y en a au moins un mille pour chaque moitié. (*Voyez* pl. 355, fig. 11 et 12.)

Ils sont assistés dans leur action comme extenseurs par un des muscles longitudinaux qui naît en dedans de la partie antérieure du crâne, et qui est attaché par une multitude de fibres le long du bord antérieur de la concavité. Ce muscle, réuni aux muscles circulaires, agit comme un puissant extenseur (*elongator*) de la trompe au moment où l'insecte saisit sa nourriture. Les deux autres muscles longitudinaux sont des fléchisseurs. Un de ceux-ci, l'antagoniste direct du premier, naît de la surface inférieure de la tête, est inséré le long du bord inférieur de la concavité, et aide à rouler la trompe. L'autre, le fléchisseur, plus puissant que le dernier, est le plus volumineux des trois muscles longitudinaux. Il naît de la surface latérale et inférieure de la tête, et est attaché à la surface la plus intérieure de la partie extérieure la plus convexe de cet organe, par un grand nombre de longues fibres insérées aux angles les plus aigus, dans un léger sillon tendineux, de manière à former un large muscle ayant la forme d'une plume. Chaque moitié de la trompe est aussi creusée d'une large et d'une petite trachée provenant de celles de la tête. Celles-ci s'étendent d'une extrémité de l'organe à l'autre, fournissant de nombreux prolongemens, et elles diminuent progressivement de volume tout en distribuant de plus longs et de plus nombreux prolongemens, à mesure qu'elles approchent de l'extrémité de l'organe; de sorte que, comme dans toutes les autres parties du corps, les trachées se perdent dans les tissus environnans. Les nerfs de la trompe suivent le cours des trachées. (*Voy.* pl. 355, fig. 6 et 15.)

Nous avons vu que dans la larve les nerfs des mandibules partent de l'intérieur des ganglions œsophagiens; il en est de même des nerfs de la trompe dans l'insecte parfait; les nerfs de cet organe, dans la larve, sont d'un petit volume; ceux de l'insecte parfait sont très-développés. Il naissent comme de simples troncs, de chaque côté du ganglion sous-œsophagien, un pour chaque moitié de l'organe. Immédiatement après que le nerf a passé l'orifice antérieur de la bouche, il se divise en quatre branches. Une de celles-ci passe en arrière, apparemment vers le palpe, et les autres en avant vers l'organe. La branche la plus intérieure est petite et ne donne naissance qu'à des filamens très-déliés. Elle passe en ligne directe immédiatement au dessous de la surface concave ou muqueuse, entre elle et la large trachée, et ne paraît pas fournir des filamens aux muscles, tandis que la branche principale du nerf, à l'extérieur des trachées, semble appartenir uniquement aux muscles fléchisseurs qui se trouvent le long de la partie extérieure de l'organe. Je n'ai pu suivre parfaitement le cours du quatrième nerf; il paraît longer le plus petit muscle fléchisseur. Maintenant il y a deux paires de nerfs qui existent dans la larve, ils viennent de la cuisse près de la base du ganglion cérébral, un peu au dessous de l'origine du pneumo-gastrique, je n'ai pu les apercevoir dans l'insecte parfait.

Je suppose donc que ce nerf, pendant le développement de l'insecte, s'est uni au maxillaire pour former le large tronc de la trompe. Cela est probable; comme je montrerai présentement que l'union des nerfs a lieu, et que les nerfs appartenant au ganglion sous-œsophagien sont poussés en haut dans leur développement, de manière à sembler naître de la partie inférieure de la cuisse (pl. 335, fig. 5) de chaque côté du pharynx. Si ceci est exact, une question se présente. Quelle est leur fonction?

La branche volumineuse qui s'attache aux muscles, particulièrement aux fléchisseurs, est indubitablement l'analogue du grand nerf maxillaire des vertébrés; et il n'est pas inexact de supposer que la petite branche qui passe le long de la rainure, où une exquise sensibilité de goût est nécessaire, ne soit l'analogue du nerf du goût, et ne soit dans la larve l'un de ces nerfs qui se distribuent à l'entour de la bouche et du palais. De plus, cette opinion s'accorde avec celle que ces nerfs, dans la larve, naissent au dessous du ganglion pneumogastrique et au dessus du sous-œsophagien, lequel ganglion donne naissance, dans l'insecte parfait, au nerf de la trompe.

Maintenant ceci s'accorde parfaitement et se trouve admirablement expliqué par les vues philosophiques de sir Charles Bell, qui a démontré que chaque partie d'un être organisé possède un surcroît de nerfs pour chacune de ses fonctions. Dans la larve, les mandibules sont dures et puissantes et nécessitent probablement plus qu'une simple sensation ou un simple mouvement. Mais, dans l'insecte parfait, la trompe est délicate, flexible, et est, autant que nous pouvons en juger, excessivement susceptible d'impressions, parmi lesquelles on doit sans doute compter le goût.

Nous devons rapprocher de cette dernière description le passage suivant de M. Lacordaire : «Toutes les parties de la bouche, à l'exception des mâchoires et des palpes labiaux, sont réduites à des dimensions excessivement petites, et ces dernières pièces elles-mêmes ont pris une forme insolite. Tout le monde connaît le corps long et délié, en forme de trompe, au moyen duquel ces insectes pompent leur nourriture au sein des fleurs. Immédiatement au dessus de la base de cet organe, la tête est légèrement proéminente et arrondie ; au dessous de la partie moyenne de cette proéminence se trouve une très-petite pièce membraneuse, triangulaire ou demi-circulaire, qui recouvre la base de la trompe, et qui, d'après sa situation, représente nécessairement le labre. De chaque côté de la base on voit ensuite une autre petite pièce fixe ressemblant à un tubercule aplati, et dont l'extrémité est velue ou écailleuse. Ces deux pièces sont, selon M. Savigny, les analogues des mandibules. Près de l'origine de chacun des filets de la trompe, au dessous d'un léger enfoncement, on distingue ensuite un petit rudiment bi-articulé de palpes maxillaires, ce qui montre que la trompe, ou du moins ses filets latéraux, sont formés par les mâchoires elles-mêmes. La lèvre se retrousse également dans une petite pièce triangulaire presque carrée, unie par une membrane à la tige dite trompe, et supportant à sa base deux palpes labiaux très-grands, recourbés, presque toujours comprimés, connivens et garnis de poils ou d'écailles. Ils se composent de trois articles, dont le premier est toujours très-peu distinct, le second très-grand, et le dernier de forme variable; celui-ci est tantôt velu ou écailleux comme les autres, tantôt glabre, quelquefois très-délié et très-long, ainsi que cela se voit dans quelques Lépidoptères nocturnes exotiques du genre *Erebus*.

» La trompe est de consistance plus ou moins cornée, plus longue que le corps dans quelques espèces (*Sphinx convolvuli*, etc.), très-courte, ou même nulle dans quelques autres (*Hepialus*), et toujours roulée au repos sur elle-même et cachée entre les palpes labiaux. Elle se compose de deux filets inarticulés s'amincissant de la base au sommet, où ils finissent en pointe, creusés en gouttière à leur partie interne, convexes extérieurement, et s'engrenant l'un dans l'autre par les dentelures de leurs bords. Lorsqu'on la coupe transversalement, on voit qu'elle présente, dans son intérieur, trois canaux, dont celui du milieu est circulaire, et les deux latéraux semi-lunaires. Le premier seul sert de conduit, suivant Latreille, aux sucs nutritifs. Les latéraux lui ont paru, dans le *Sphinx atropos*, divisés en deux par une cloison membraneuse, et contenir dans leur tige supérieure un petit tube cylindrique qu'il suppose être une trachée.»

On voit, par les détails dans lesquels nous sommes entrés touchant le système nerveux des insectes, combien ce système diffère de celui des animaux supérieurs, et pourtant les insectes développent quelquefois un instinct bien plus parfait que l'instinct des autres animaux. Evidemment en présence de ces faits il semblerait qu'on dût conclure que, dans la série animale, le système nerveux n'est pas une condition absolue de la perfection de l'instinct. Ne pourrait-on pas demander aussi en passant aux disciples de Gall, aux phrénologistes, qui cherchent, comme on sait, leurs plus puissans argumens dans l'anatomie comparée, qu'ils localisent, s'il leur est possible, des facultés aussi surprenantes que celles des Abeilles, des Fourmis et de la plupart des insectes, et qu'ils assignent le siége de ces facultés dans le système nerveux de chaque espèce, comme ils ont cru le faire pour le Loup et pour le Lapin? Oh! non. Si jamais les mystères de l'esprit humain nous sont dévoilés, ce n'est point aux travaux des phrénologistes modernes que nous devrons ce bienfait.

Mais il y a un autre aperçu touchant l'histoire des insectes, que nous voulons surtout indiquer. Nous avons dit ailleurs (Voy. les Fragmens sur la vie et les ouvrages de Georges Cuvier) (1) que les naturalistes faisaient de grands efforts pour découvrir tous les anneaux de la chaîne animale. Ils ont éprouvé de nombreuses difficultés, et chaque jour il s'en présente de nouvelles dans l'exécution de ce beau projet; mais, quels que soient leurs succès d'ailleurs, l'organisation des insectes sera toujours l'obstacle le plus insurmontable, parce que ces petits êtres sont évidemment formés sur un plan tout-à-fait différent. La vie et tous ses merveilleux effets s'y produisent

(1) Ces fragmens se trouvent dans la première série de la *Gazette de santé à l'usage des gens du monde*, série maintenant terminée, se composant de six beaux volumes in-8°, ornés de 34 planches coloriées. Cette collection, exécutée avec l'esprit d'ensemble et d'unité qui présida à sa création, forme un ouvrage complet avant son commencement et sa fin, dans lequel les auteurs, s'attachant surtout à la clarté et à l'élégance du style, ont renfermé tout ce qu'il est utile aux gens du monde de connaître touchant l'entretien et le rétablissement de la santé.

avec de nouveaux organes et de nouveaux moyens; comment donc les rattacher à un type uniforme? En partant du polype, il est vrai, et prenant pour base un canal alimentaire, vous arrivez à l'homme par des perfectionnemens successifs; mais évidemment, dans cette ligne, vous ne rencontrez jamais l'insecte, sans changer le point de départ; et si vous changez le point de départ, que devient alors la série unique? Je sais bien, et je l'ai dit ailleurs, que, pour ne point doubler la série, on y substitue des embranchemens; mais, dans ce cas, la difficulté n'est que reculée.

Cette organisation spéciale de la plus nombreuse classe des êtres de la création formait bien certainement le plus puissant motif pour Cuvier de rejeter la théorie d'une série animale unique. Quoi qu'il en soit, les recherches anatomiques sur le système nerveux des insectes n'ont point encore démontré jusqu'à quel point ce système est en rapport avec les actes merveilleux que leur instinct produit (1).

Métamorphose des crustacés. Les recherches de M. Rathké sur le développement de l'Aselle d'eau douce (*Oniscus aquaticus*, Lin.), donnent une idée parfaite des changemens qui s'opèrent dans les animaux articulés. L'Aselle d'eau douce met au jour des œufs, et se trouve au nombre des crustacés dont la formation ne commence qu'en dehors du ventre de la mère. Les œufs sont complétement sphériques, un peu plus petits que des grains de pavot. Chacun se compose de deux enveloppes et d'autant de fluides. A leur sortie des oviductes, ils sont cachés sur-le-champ par huit écailles, larges, minces et demi-transparentes, qui sont attachées deux à deux à la surface inférieure des quatre anneaux du corps de la mère, et qui peuvent être éloignées et rapprochées par des muscles particuliers. C'est là que les embryons se développent jusqu'à ce que leur forme soit devenue semblable à celle de leurs parens.

Lorsque les membranes de l'œuf sont déchirées, l'embryon en sort lentement et s'en dépouille tout-à-fait, dans le courant de quelques heures ou même d'un à deux jours; les deux moitiés du sac s'écartent ensuite, de manière qu'alors celui-ci ressemble complétement à une cornue. Les premiers indices des antennes, ceux des mâchoires et les lames placées près de la petite courbure de l'embryon, qui maintenant se redressent en arrière comme de petites ailes, sont encore les seuls organes que l'on distingue; on ne voit même pas de traces de la bouche et de l'anus. L'embryon ne donne pas le moindre indice de mouvemens volontaires. Par conséquent, on peut lui accorder dans cet état une vie organique, mais non pas une vie animale. L'Aselle d'eau douce est donc de tous les animaux vertébrés et articulés, dont nous connaissons le développement, celui qui sort de l'œuf dans l'état le plus imparfait.

Lorsque l'embryon s'est dépouillé de ses enveloppes, il reste encore quelque temps dans la cavité incubatoire; dans cette cavité, et sans se trouver en rapport immédiat avec la mère, il se développe jusqu'à ce que la masse dépasse de huit fois au moins celle de l'œuf qui lui donne naissance, et il devient à peu près semblable à ses parens.

Dès que l'embryon est débarrassé de ses enveloppes, les antennes et les mâchoires deviennent des organes déterminés, et en même temps a lieu la formation des pattes et des branchies. Quant aux antennes, on voit d'abord que les bandes qui les indiquaient grossissent et s'élèvent notablement au dessus de la surface du corps. Ensuite chacune de ces bandes s'en sépare de plus en plus, de sorte qu'à la fin elles n'y sont plus attachées que par leur extrémité antérieure. Lorsque la séparation a eu lieu, chaque antenne apparaît comme un cylindre de grosseur uniforme et un peu aplati : il est fortement appliqué contre la paroi du corps, et quand on place l'embryon de manière que son petit arc soit dirigé en haut, et son extrémité céphalique vers l'observateur, ce cylindre se trouve un peu courbé de haut en bas et d'avant en arrière (pl. 357, fig. 6, 8 et 9, *a* et *b*).

Il paraît que la formation ultérieure des mandibules et des mâchoires a lieu d'une manière semblable, seulement avec cette différence essentielle que les plaques qui les représentent sont moins grosses, et que leur séparation spontanée et partielle de la paroi du corps n'a pas lieu du dehors au dedans, comme pour les antennes, mais, au contraire, des bords épais et intérieurs de ses organes vers l'extérieur. La séparation des mâchoires et des mandibules se fait aussi sur une longueur beaucoup plus petite que celle des antennes, qu'on la considère d'une manière relative ou absolue. Du reste, ces mâchoires, comme les antennes, restent encore appliquées contre la paroi du corps longtemps après que leur séparation partielle est terminée (fig. 6, 8 et 9, *d*, *e*, *f*, *g*).

La lèvre augmente un peu en hauteur vers la même époque, et se change en un disque assez épais qui est un peu élargi vers son bord inférieur (fig. 8 *c*).

Les pattes, les branchies et les deux appendices fourchus qui se trouvent à l'extrémité de la queue chez les Aselles adultes, naissent de la même manière que les mâchoires et les mandibules, soit quant à leur forme, soit quant à leur position réciproque. Tous ces organes ont dans l'origine beaucoup de ressemblance entre eux et avec ceux déjà décrits. Ils ne se distinguent guère les uns des autres que par leur grosseur, qui est d'autant moins considérable que chaque paire des membres en question est plus éloignée de la tête, ou en d'autres termes, qu'elle est plus proche de l'extrémité amincie de l'embryon, qui conserve toujours la forme d'une cornue (fig. 6, 8, 9, 10). Quels que soient les doutes que l'on ait conservés sur l'intime rapport qui existe entre les mâchoires et les pattes

(1) Nous avons chargé de figures les planches relatives à cet article; c'était un moyen de raccourcir le texte et de le rendre plus clair; il faut donc consulter ces planches avec quelque attention si l'on veut bien suivre les résultats observés par les naturalistes dont nous rapportons les travaux. Nous n'avons pas fait l'histoire de chaque figure, mais nous avons mis le plus grand soin à en détailler toutes les parties dans l'explication. *Voyez* à la fin.

des animaux articulés, après les recherches de Savigny sur ce sujet et celles de M. Rathké sur des Écrevisses naissantes, ils devraient tomber tous, si l'on examine avec soin le développement de l'Aselle d'eau douce.

Poursuivons l'étude de tous les organes dont nous venons de parler.

Lorsque leur formation commence, le corps de l'embryon se contracte un peu dans toute sa longueur sur la limite où l'anneau primitif se confond de chaque côté avec le reste de la paroi du corps; il devient par conséquent de plus en plus étroit à sa surface inférieure, et à mesure que ce changement s'opère, les arcs formés par les différentes paires de mâchoires, de pattes et de branchies qui se touchent, représentent des segmens de cercles de plus en plus petits, tandis que les segmens du corps de l'embryon paraissent gagner en hauteur d'une manière relative et absolue (comparez fig. 7 et 10). Bientôt les mandibules et les mâchoires, plus tard les pattes, et enfin les appendices de la queue, se séparent un peu de la paroi inférieure du corps, prennent une position oblique de dehors en dedans et de haut en bas, et laissent entre eux sur l'axe du corps un intervalle toujours croissant.

Après que le changement dans la position des membres s'est opéré, le corps croît sensiblement plus en largeur qu'en hauteur, de sorte qu'à mesure que l'embryon vieillit, il paraît moins courbe sur ses faces abdominale et dorsale, et s'aplatit de plus en plus. Le côté du ventre s'étend surtout beaucoup en largeur, finit par devenir presque plat, et effectue par cette croissance prépondérante l'espace de plus en plus considérable compris entre les deux séries de membres.

Les organes extérieurs prennent maintenant un développement différent, et par conséquent perdent à mesure qu'ils se forment la ressemblance qui existait d'abord entre tous.

Les mandibules et les mâchoires grossissent, et forment peu à peu de petites proéminences coniques, obtuses, et restent encore semblables pendant un assez long espace de temps. Mais ensuite les mandibules augmentent en grosseur beaucoup plus que les mâchoires (fig. 13), et vers le milieu de la vie embryonnaire, chacune d'elles produit à son extrémité une espèce d'appendice qui prend une forme cylindrique, se divise à la fin de la vie du fœtus en trois articles, et devient le palpe de la mandibule.

Ce n'est que long-temps après la formation de ce palpe, que se montre l'apophyse dentiforme et recourbée vers le dedans, située sur chaque mandibule. L'extrémité de la mandibule garnie de soies et courbée ne se forme aussi que plus tard. Lorsque les deux mandibules s'écartent, le bord inférieur de la lèvre s'éloigne de la paroi du corps, s'avance plus au dehors, et cet organe prend une position telle qu'il forme un angle presque droit avec la paroi du corps, avec laquelle son bord supérieur forme une articulation mobile (fig. 13 et 14). A l'endroit de la paroi du corps qui est mise à nu par le changement de place de la lèvre, et peut-être un peu au dessous, il se forme une petite ouverture qui indique la bouche. Bientôt après, s'élèvent à côté de l'ouverture buccale deux petites bandes épaisses par devant, minces vers le derrière et courbées en croissant, qui bordent cette ouverture et se touchent à la partie postérieure, tandis qu'elles s'écartent en avant (fig. 13). Leur croissance est beaucoup plus lente que celle des autres parties du même genre, et comme elles restent molles et charnues pendant toute la vie de l'animal, on ne peut vraiment pas les considérer comme des mâchoires. Il serait plus juste de les regarder comme analogues à ce que Savigny appelle la languette fendue ou double de plusieurs insectes et de l'Écrevisse de rivière.

Les mâchoires augmentent surtout en hauteur, moins en largeur, et pendant un certain temps pas du tout en épaisseur. Bientôt elles se présentent comme six plaques de grandeur presque égale, minces et arrondies à leurs angles; d'abord elles naissent presque à angle droit avec la paroi du corps; mais plus tard elles se tournent un peu vers la lèvre et prennent une position oblique. Vers le milieu de la vie embryonnaire, elles croissent en grosseur avec d'autant plus de rapidité qu'elles sont plus éloignées de la lèvre (fig. 11, 12, 13, 15 et 17, *e*, *f*, *g*). En même temps il se forme aux mâchoires postérieures un palpe qui ressemble d'abord à un cylindre (fig. 17 *g*), mais se transforme vers la fin de la vie du fœtus en une feuille presque triangulaire.

Les pattes, dont l'embryon ne possède que six paires, croissent en général beaucoup plus rapidement que les mâchoires; comparées entre elles (du moins jusqu'à la fin de la vie embryonnaire), on remarque une diminution dans leur masse à mesure qu'elles sont placées plus en arrière. Quant à leur forme, aucune paire ne se distingue de l'autre, et toutes sont constituées d'après le même type. Peu après leur séparation de la paroi du corps, elles apparaissent comme de petits appendices coniques et obtus à leur extrémité libre. Ensuite elles augmentent, surtout en longueur, et, ce qui est remarquable, elles se recourbent en sens contraire des mâchoires, c'est-à-dire vers l'extrémité de la queue; après quelque temps, il se forme vers le milieu de chaque patte une articulation qui la partage en deux moitiés réunies sous un angle obtus (fig. 13 et 15, *h*, *o*). Du reste, même lorsque cette articulation est produite, et quelque temps après, toutes les pattes sont encore courbées en dedans, de manière à ce que les extrémités de chaque paire soient beaucoup plus rapprochées que les bases. Mais vers la fin de la vie embryonnaire, cette position raide et régulière des jambes se perd. Cela arrive lorsque celles-ci sont déjà très-allongées et partagées en autant d'articles qu'on en aperçoit à l'Aselle, et lorsque l'embryon commence à exécuter des mouvemens volontaires.

Nous venons de voir que les six organes qui formeront les pattes se changent peu à peu en autant de cônes obtus; les six autres appendices, qui sont situés immédiatement derrière les membres, et qui sont les vestiges des branchies, ne suivent pas cette marche ; ils se transforment, par un accroissement continu, en autant de lames minces et inclinées, qui sont d'abord dirigées d'avant en arrière et se couvrent comme des tuiles (fig. 12 et 13, *p*, *q*, *r*), mais qui, en grandissant, perdent de leur obliquité, et pendent librement de la surface abdominale (fig. 17). Chacune de ces lames a l'une de ses surfaces tournée vers la tête, l'autre vers la queue, et se présente d'abord sous la forme d'un simple triangle irrégulier qui est attaché par un de ses angles à la paroi du corps. Plus tard, pendant que cet appendice continue à grandir, il s'y produit une incision qui le partage dans toute sa hauteur en deux moitiés, l'une intérieure, plus petite que l'autre qui est au dehors (fig. 17). Bientôt ces deux moitiés s'agrandissent et se développent, surtout en largeur, et leur position réciproque change; elles finissent par se recouvrir tellement que la petite moitié, ou la branchie proprement dite, est placée tout-à-fait derrière l'autre. La paire d'appendices la plus petite et la plus reculée vers la queue se développe d'une manière semblable. Chacun d'eux se transforme d'abord en une lame étroite et assez épaisse qui est fortement dirigée en arrière (fig. 12, *s*), puis se sépare dans le sens de la longueur en deux moitiés égales; mais la séparation n'a pas lieu jusqu'à la base, de manière que le membre apparaît comme une fourche courte et épaisse, dont les extrémités dépassent un peu le tronçon embryonnaire (fig. 13, 14, 15), les deux branches de la fourche sont presque aussi grosses que la tige, et ce n'est que vers la fin de la vie du fœtus qu'elles deviennent proportionnellement plus minces. Cependant ces appendices de la queue, qui chez les Aselles adultes ont une grosseur assez considérable, sont encore très-petits relativement au reste du corps (fig. 16, 17, 18).

Outre les organes que nous avons indiqués jusqu'à présent, il se forme, pendant la seconde moitié de l'état embryonnaire de l'Aselle, deux plaques placées à la paroi inférieure du corps, qui n'augmentent que très-peu de grosseur, comparativement aux autres parties, et qui par conséquent sont à peine visibles. Ces plaques, disposées entre la dernière paire de jambes et la première paire de branchies, apparaissent comme deux petites excroissances, et appartiennent aux membres génitaux extérieurs.

Pendant cette période, ce sont les antennes inférieures qui augmentent surtout en longueur; mais pendant long-temps encore, elles se montreront, sous la forme de fils presque uniformément gros (fig. 10, 15). Après le milieu de la vie embryonnaire seulement, elles grossissent visiblement dans leur moitié antérieure (celle fixée à la tête) beaucoup plus que dans la moitié postérieure; elles s'y aplatissent un peu, et chacune se divise enfin en cinq articles distincts, dont le plus long et le plus mince est placé à la moitié extérieure (fig. 16, 17, 18). Enfin, après la naissance, ou très-peu de temps avant, cette moitié extérieure et mince se partage en une foule d'articles particuliers. Quant à la direction des antennes, elle reste presque constamment la même, mais leur position se change peu à peu, de sorte que les grandes antennes reculent de la tête vers la queue; vers cette époque, elles commencent aussi à s'appliquer contre les côtés extérieurs des mâchoires (fig. 13 et 14), et plus tard elles s'abaissent encore beaucoup plus (fig. 17). Les petites antennes sont, dans la seconde moitié de la vie du fœtus, rabattues sous la tête, et se trouvent ou placées entre les mâchoires et les mandibules, ou bien elles sont étendues en avant.

Les deux organes en forme de feuilles qui se trouvent au dos de l'embryon lorsqu'il sort des enveloppes de l'œuf, augmentent encore sensiblement de grosseur, sans changer de structure ni de nature. Ils changent seulement un peu de direction, et leurs extrémités libres s'éloignent l'une de l'autre. Quelque temps après la vie embryonnaire, les deux feuilles latérales de chacun de ces organes disparaissent, et le tout prend la forme d'une massue (fig. 16 et 17). Enfin cette espèce de moignon disparaît à son tour, de manière que long-temps avant la naissance de la jeune Aselle, il n'en reste plus aucune trace (fig. 18). Nous avons déjà dit que l'embryon, en quittant les enveloppes de l'œuf, a le dos fortement courbé. Peu à peu, mais très-lentement, il s'étend dès ce moment en croissant, et long-temps avant de quitter la cavité incubatoire, on le trouve placé en ligne droite. Pendant que ce mouvement s'opère, les parois du corps augmentent en épaisseur, perdent en transparence et acquièrent une couleur tout-à-fait blanche. Ce changement se manifeste surtout à la paroi inférieure qui, dès l'origine, est plus épaisse, et qui se distingue par son opacité et sa blancheur vers la fin de la vie du fœtus; car, à cette époque, la paroi supérieure voûtée laisse voir encore les parties intérieures de l'embryon, quoique d'une manière moins distincte.

Pendant leur accroissement en grosseur, et vers le milieu de la vie embryonnaire, les parois du corps se séparent peu à peu en huit articles de forme et de grandeur très-différentes, qui sont placés les uns derrière les autres. Les deux articles extrêmes sont les plus grands, et parmi ces deux, le segment antérieur ou céphalique est plus grand que le segment postérieur ou caudal, différence qui est d'autant plus sensible que l'embryon est plus jeune. Cette proportion de ces deux segmens entre eux, comme avec ceux qui occupent une place intermédiaire, est extrêmement remarquable, parce que chez les Aselles d'eau douce adultes le segment antérieur est le plus petit de tous. Les dix segmens intermédiaires diffèrent peu en grosseur, mais cependant sont d'autant plus petits qu'ils se trouvent plus en arrière.

Quant à la forme de ses différens segmens, celui de devant, lorsqu'il est visible, est à peu près aussi long que haut et arrondi en avant; il est plutôt plat que rond au côté inférieur qui porte les mâchoires, fortement voûté à la partie supérieure et un peu contracté en haut et latéralement à la partie qui se réunit au second segment. Plus tard la forte courbure supérieure de la tête se perd peu à peu : en même temps elle s'amincit par devant, mais elle reste toujours arrondie à l'endroit qui porte les antennes. Les six segmens suivans représentent autant d'anneaux minces composés chacun de deux moitiés intimement soudées, et celle d'en bas, qui porte une paire de pattes, forme un segment de cercle plus petit que le supérieur. Cette moitié est presque plate ; l'autre, au contraire, est fortement voûtée. Cependant, avec la croissance de l'embryon la courbure de cette dernière diminue un peu, et en quittant la cavité incubatoire, l'animal paraît beaucoup plus plat que précédemment. Vers la fin de la vie embryonnaire, il se forme à droite et à gauche, et précisément à l'endroit où les moitiés supérieure et inférieure de chaque anneau se joignent, une petite excroissance qui grossit rapidement et prend la forme d'une petite plaque quadrangulaire assez épaisse, dont une surface est tournée vers le bas, l'autre vers le haut : la direction de cette écaille est un peu oblique de dedans en dehors et de haut en bas, et c'est à l'anneau de tête qu'il apparaît en dernier lieu.

Le segment postérieur, assez long par rapport à sa largeur, et chargé de porter les branchies, est d'abord très-large à sa partie antérieure, et s'amincit graduellement jusqu'à son extrémité. Cette partie est aussi la plus haute, et elle prend plus tard une forme conique vers son extrémité postérieure, à une certaine distance de son point d'attache même, ce qui la fait paraître à cet endroit un peu resserré latéralement. Ce rapport de dimension subsiste jusqu'à la naissance et ne se change que long-temps après. Du reste, à mesure que l'embryon se développe, la partie supérieure du segment postérieur perd de sa courbure proportionnellement à sa largeur et à sa longueur, et la queue devient beaucoup plus plate qu'elle ne l'était auparavant.

Les yeux apparaissent aussi avant le milieu de cette période, et, dès qu'ils deviennent visibles, ils présentent deux petits points noirs. Comme l'embryon est tout-à-fait blanc jusqu'à sa sortie du corps maternel, et qu'on n'aperçoit nulle part à sa surface un dépôt de pigment, excepté dans les yeux, ces organes frappent plus chez les embryons que chez les Aselles parfaits.

Vers la fin de cette époque se forme aussi la couche cornée des membres tégumentaires.

Dans cette période, le jaune est absorbé peu à peu ; mais jusqu'à la naissance, il reste visible à travers la paroi supérieure du corps, sans cependant laisser apercevoir complétement la consistance grenue, et il ne disparaît tout-à-fait qu'à la fin de cette époque.

Le canal intestinal, dit Rathké, n'est pas facile à voir, probablement parce qu'il est trop transparent chez les embryons frais, et que ses parois deviennent trop opaques. Quand on laisse un certain temps ces parties dans l'esprit-de-vin, l'embryon sort des enveloppes de l'œuf, privé de tout mouvement ; il reste quelque temps en cet état ; mais lorsqu'il s'est étendu en ligne droite, et que ses pattes et ses antennes se sont considérablement grossies, il peut se mouvoir dans l'eau quand on l'éloigne de la mère et qu'on l'abandonne à ce liquide.

L'Aselle d'eau douce femelle fait plusieurs pontes par an, et depuis le milieu du printemps jusque dans l'automne, on en trouve toujours dont la cavité incubatoire contient des œufs ou des embryons.

La durée de chaque portée paraît être de plusieurs semaines (six à huit).

Ce qui est extrêmement remarquable, c'est que les embryons, en quittant la cavité incubatoire, sont beaucoup plus gros que les œufs.

Les Aselles d'eau douce à l'état parfait possèdent, comme on sait, sept anneaux thoraciques et autant de paires de pattes. Le dernier de ces anneaux et la paire de pattes ne se forment qu'un peu de temps après la sortie du petit de la poche incubatoire, ce qui a lieu aussi chez l'*Oniscus asellus*. L'anneau lui-même est produit par la division en deux parties de l'anneau postérieur avant la première mue de l'animal ; la partie antérieure prend en peu de temps un fort accroissement, et a bientôt la forme des autres anneaux du corps. La formation de la dernière paire de pattes est restée indéterminée.

Enfin la formation et le développement de l'Aselle d'eau douce fournissent une preuve de plus en faveur de l'assertion de Rathké, qui a établi que les animaux articulés diffèrent beaucoup plus entre eux dans leur formation et leur développement que les animaux vertébrés.

Les recherches que nous venons de faire connaître sont très-curieuses, et nos lecteurs nous sauront gré d'avoir exposé avec quelque étendue ce fruit des travaux d'un savant étranger.

Métamorphose des Batraciens. Ce que nous avons à dire touchant la Métamorphose des Batraciens fait partie d'un grand travail fait par l'un de nous (Martin Saint-Ange), et couronné par l'Institut.

Il n'est pas hors de propos de rappeler ici les circonstances de la génération des Grenouilles. Voici comment s'exprime à ce sujet M. de Lacépède : « C'est surtout au retour des chaleurs que les Grenouilles communes, ainsi que tous les quadrupèdes ovipares, cherchent à s'unir avec leurs femelles ; il croît alors aux pouces des pieds de devant de la Grenouille mâle, une espèce de verrue plus ou moins noire et garnie de papilles. Le mâle s'en sert pour retenir plus facilement la femelle ; il monte sur son dos, et l'embrasse d'une manière si étroite avec ses deux pattes de devant, dont les doigts s'entrelacent les uns dans les autres, qu'il faut employer un peu de force pour les séparer, et qu'on n'y parvient pas en arrachant les pieds de derrière du mâle. L'abbé Spallanzani a même écrit qu'ayant coupé la tête à un mâle qui était accouplé, cet animal ne cessa pas de féconder pendant quelque temps les œufs de sa femelle, et ne mourut qu'au bout de quatre heures. Quelque mouvement que fasse la femelle, le mâle la retient avec ses pattes, et ne la laisse pas s'échapper, même quand elle sort de l'eau : ils nagent ainsi accouplés pendant un nombre de jours d'autant plus grand que la chaleur de l'atmosphère est moindre, et ils ne se quittent point avant que la femelle ait pondu ses œufs. C'est ainsi que nous avons vu les Tortues de mer demeurer pendant long-temps intimement unies, et voguer sur la surface des ondes sans pouvoir être séparées l'une de l'autre.

» Au bout de quelques jours, la femelle pond ses œufs, en faisant entendre quelquefois un croassement un peu sourd ; ces œufs forment une espèce de cordon, étant collés ensemble par une matière glaireuse dont ils sont enduits ; le mâle saisit le moment où ils sortent de l'anus de la femelle pour les arroser de sa liqueur séminale, en répétant plusieurs fois un cri particulier, et il peut les féconder d'autant plus aisément, que son corps dépasse communément par le bas celui de sa compagne : il se sépare ensuite d'elle, et recommence à nager ainsi qu'à remuer ses pattes avec agilité, quoiqu'il ait passé la plus grande partie du temps de son union avec la femelle dans une grande immobilité, et dans cette espèce de contraction qui accompagne quelquefois les sensations trop vives.»

Dans les différentes observations que nous avons faites sur les œufs des Grenouilles et sur les changemens qu'elles subissent avant de devenir adultes, nous avons vu dans les œufs nouvellement pondus, un petit globule noir d'un côté et blanchâtre de l'autre, placé au centre d'un autre globule, dont la substance glutineuse et transparente doit servir de nourriture à l'embryon, et est contenue dans deux enveloppes membraneuses et concentriques : ce sont ces membranes qui représentent la coque de l'œuf.

Après un temps plus ou moins long, suivant la température, le globule noir d'un côté et blanchâtre de l'autre se développe et prend le nom de têtard; cet embryon déchire alors les enveloppes dans lesquelles il était renfermé, et nage dans la liqueur glaireuse qui l'environne, et qui s'étend et se délaie dans l'eau, où elle flotte sous l'apparence d'une matière muqueuse; il conserve pendant quelque temps son cordon ombilical, qui est attaché à la tête, au lieu de l'être au ventre, ainsi que dans la plupart des autres animaux; il sort de temps en temps de la matière gluante, comme pour essayer ses forces; mais il rentre souvent dans cette petite masse flottante qui peut le soutenir; il y revient non seulement pour se reposer, mais encore pour prendre de la nourriture. Cependant il grossit toujours; on distingue bientôt sa tête, sa poitrine, son ventre, et sa queue dont il se sert pour se mouvoir.

Développement de l'œuf de la Salamandre et de son têtard.

L'œuf de la Salamandre, lorsqu'il est sur le point de passer dans l'oviducte, est d'une forme arrondie, de la grosseur d'une tête d'épingle ordinaire, d'un jaune foncé, d'une consistance médiocre. Aussitôt que l'œuf ainsi développé passe dans l'oviducte, il s'entoure d'une substance blanchâtre, visqueuse et en apparence, analogue au blanc de l'œuf. Cette substance albumineuse est en plus ou moins grande quantité, suivant qu'il y a plus ou moins de temps que l'ovule est entré dans le conduit par où il doit être expulsé. Chez ces animaux, l'oviducte est un tube replié un grand nombre de fois sur lui-même, et dont la longueur est au moins triple de celle de tout l'individu.

On trouve quelquefois quinze ou vingt ovules, souvent un plus grand nombre, et toujours on peut s'assurer que ceux qui sont le plus près de sortir et qui ont déjà parcouru un plus grand trajet, sont les plus volumineux. L'œuf a pris de l'accroissement et se trouve avoir une forme ovale plus ou moins allongée (pl. 359, fig. 1, a) aussitôt qu'il est sorti de l'oviducte, et se précipite au fond de l'eau, si l'on empêche la Salamandre de le déposer sur les feuilles de la Persicaire, plante qui se trouve abondamment dans les eaux stagnantes et où le reptile se tient de préférence.

M. Rusconi dit qu'ils déposent leurs œufs l'un après l'autre sur une feuille qu'ils savent plier en deux avec leurs pattes de derrière. Le blanc gluant qui enveloppe l'ovule maintient rapprochés les bouts de la feuille sur laquelle la Salamandre les a ainsi déposés. M. Rusconi a joint à son mémoire une planche qui représente ce reptile au moment de la ponte. L'auteur entre ensuite dans de curieux détails sur la manière dont la Salamandre arrange les feuilles qui ont reçu son précieux dépôt; nous les reproduirons au mot SALAMANDRE.

Actuellement l'œuf, ainsi abandonné à lui-même, croît, s'il est dans l'eau, par le seul fait de l'imbibition à travers son enveloppe, et augmente de volume; mais s'il n'a pas été fécondé, il s'arrête bientôt dans son développement. Dans ce cas tout l'œuf devient noirâtre : le jaune pourrit, et au bout de quelques jours la putréfaction a tout détruit. Cela n'a pas lieu lorsque l'œuf a été fécondé; alors il s'accroît rapidement, devient bientôt légèrement jaunâtre et perd cette nuance un peu plus tard. Alors aussi il est transparent et laisse voir, à travers l'enveloppe blanche, le jaune ou l'ovule qui commence à devenir de plus en plus opaque, blanc et d'une forme déjà différente, qui change encore, s'allonge, offre des renflemens et ébauche pour ainsi dire l'animalcule (fig. 1, a, b, c, d) ; tous les jours on aperçoit que les formes qu'il prend se rapprochent de celles qui doivent constituer le têtard. On voit d'abord le rudiment des branchies (fig. 2), ensuite les pattes de devant se dessinent, et bientôt après on aperçoit le petit être exécuter des mouvemens. Il semble alors gêné dans son enveloppe : il est dans une position arquée, ne pouvant s'étendre faute d'espace. De jour en jour il se meut successivement un plus grand nombre de fois, toujours avec plus de vitesse, et on peut le déterminer à changer de position en touchant légèrement son enveloppe.

Enfin

Enfin, après un temps plus ou moins long (10 à 13 jours), le têtard rompt son enveloppe, qui, étant devenue excessivement mince, cède enfin à ses efforts continuels. En sortant de son enveloppe, il va gagner le fond de l'eau, reste là comme mort, et après quelques instans il commence à se mouvoir brusquement. Il se rapproche de tous les corps, heurte même contre eux, comme s'il ne les voyait pas, et, malgré tous ses mouvemens désordonnés, finit par s'accrocher, au moyen d'un petit crochet membraneux, à une feuille ou ailleurs; il y reste suspendu quelques jours, et après s'être ainsi reposé, il commence à nager. Ses mouvemens sont alors mieux exécutés, ses formes mieux dessinées; déjà on voit à l'œil nu les petites pattes de devant, celles de derrière ne tardent pas à se montrer. Les branchies sont bien apparentes, et c'est à partir de ce moment que nous avons bien pu observer la circulation; jusque-là tout s'est passé sous un voile pour ainsi dire. L'animal se forme et se développe sans qu'il soit possible de savoir lequel des organes a été le premier formé, et, à plus forte raison, sans qu'on ait pu distinguer le vaisseau sanguin qui a pu être produit le premier.

Le têtard, une fois bien développé, vient quelquefois à la surface de l'eau échanger l'air qu'il a fait pénétrer dans ses petits poumons. Il est constamment occupé à nager et à chercher sa nourriture. De temps en temps on le voit ouvrir la bouche, et simuler des mouvemens de déglutition; l'eau pénètre alors dans la bouche et sort par les ouvertures branchiales, et lorsque l'animal reste sans faire des mouvemens de déglutition, le même phénomène se reproduit, mais l'eau passe alors par les narines et sort par les ouvertures branchiales. Cette entrée et cette sortie du liquide à travers la gueule de l'animal déterminent autour de lui un courant qui est très-prononcé.

Actuellement ce qu'il y a de plus curieux chez le têtard, c'est l'appareil branchial: tous les changemens qu'il va éprouver serviront à produire un être différent, quant au mode d'organisation de l'appareil respiratoire. Nous verrons, en effet, que sous ce dernier rapport le têtard de la Salamandre est dans l'origine tout-à-fait poisson; c'est-à-dire que, comme ce dernier, il a une respiration branchiale qui fait que tout le sang veineux passe nécessairement par cet organe respiratoire, pour se porter de là dans tout le corps avec la propriété du sang artériel. Ce fait a été contesté par l'habile anatomiste M. Rusconi, qui pense que la circulation du têtard est différente de celle des poissons, et cela parce qu'une grande partie du sang veineux passe dans le sang artériel sans avoir été d'abord élaboré par les branchies. Son opinion vient sans doute de ce que l'on a observé le têtard à une époque où il a déjà subi un changement dans la circulation. Nous allons maintenant essayer de prouver anatomiquement ce fait.

Pour faciliter la description et pour bien montrer à quelle époque la circulation du têtard ressemble en grande partie à celle des poissons, nous diviserons en trois périodes la vie de ce reptile avant sa Métamorphose, et nous nous aiderons aussi du dessin pour nous faire mieux comprendre. Les changemens qui surviennent dans les trois périodes que nous admettons, peuvent être facilement appréciés à l'extérieur.

Première période.

Le têtard, en sortant de l'œuf, a ses trois branchies bien formées. On aperçoit déjà que des trois la plus longue est celle qui est située au niveau du crâne. Celle-ci est placée au dessus de la seconde, moins étendue en longueur; vient enfin la troisième située au dessous des précédentes, et qui de toutes est la plus courte (*v.* pl. 359, fig. 2'). Pendant cette première période il ne se passe rien d'extraordinaire, tout reste dans le même état où le têtard se trouvait après sa formation achevée.

Deuxième période.

La deuxième période commence dès que le plus léger changement s'opère dans les rapports de longueur des branchies. On voit que petit à petit les organes diminuent; jusque-là ils avaient toujours pris de l'accroissement. La diminution s'opère surtout sur la première et la dernière tige branchiale; la moyenne perd sensiblement moins que les précédentes, et finit par devenir la plus longue. A cette période aussi l'animal vient plus souvent à la surface de l'eau pour y respirer. C'est donc d'après la disproportion en longueur survenue aux branchies, que l'on juge qu'un changement quelconque a dû s'opérer. C'est précisément ce changement qui caractérise la deuxième période.

Troisième période.

La troisième période enfin commence lorsque la troisième branchie est presque entièrement détruite. La première branchie perd alors ses filamens branchiaux, et ne laisse plus apercevoir que la tige qui soulevait les filets composans, ce que l'on nomme *peigne branchial*. Cette troisième période finit lorsque la branchie moyenne, restée seule garnie de quelques filets, se dépouille entièrement, de manière à laisser un simple tronçon. A la fin de cette dernière période, les ouvertures branchiales s'oblitèrent, et l'animal a souvent les narines hors de l'eau; aussi cette dernière phase de la vie du têtard commence au moment où la troisième branchie se détruit, et finit avec la disparition complète de ces organes respiratoires; disparition qui coïncide avec l'occlusion des fentes branchiales.

Telle est la véritable marche de la nature, et tels sont les changemens qu'elle fait éprouver au têtard des Salamandres. Nous croyons devoir faire observer qu'il faut élever séparément les têtards qui sortent de leurs œufs: sans cette précaution on verrait très-souvent les branchies ne plus être en rapport avec les degrés de formation que nous avons indiqués. Voici ce qui pourrait induire en erreur, si on se servait de têtards pris au hasard: c'est que dans les lieux où ils se trouvent, ils se livrent des combats très-fréquens. Celui qui est le plus petit et le plus faible, sert souvent de nourriture à celui qui est plus grand et plus robuste. En effet, et surtout dans les premiers temps, ces animaux ne se nourrissent que de proie vivante, et c'est leur propre espèce qu'ils attaquent de préférence. De plus, comme ils ont pour habitude de saisir leur victime par devant, c'est toujours la tête et ses dépendances qui entrent d'abord dans la gueule de l'agresseur, qui souvent est forcé de lâcher prise. On conçoit alors que la lutte a fait perdre au plus faible tout ou partie de ses branchies : dans le premier cas, l'animal périt; dans le deuxième il peut continuer à vivre ; si les branchies qui ont été mutilées ou détruites complétement se reproduisent, cette reproduction étant toujours incomplète, il en résulte nécessairement une disproportion dans la longueur des tiges branchiales. De là l'impossibilité de retrouver les périodes que nous avons indiquées, et qui reposent précisément sur la longueur respective de chaque tige branchiale.

Jusqu'ici nous n'avons apprécié que les changemens qui s'opèrent à l'extérieur et sous nos yeux; actuellement nous allons indiquer les causes de ces changemens, en faisant connaître tout ce qui se passe du côté de la circulation : cela nous montrera clairement le rapport qu'il y a entre les phénomènes observés relativement aux branchies.

Circulation branchiale du têtard de la Salamandre et modification de ses vaisseaux.

Première période (v. pl. 359, fig. 3). Du cœur partent huit troncs (nos 1, 2, 3, 4), situés quatre de chaque côté de la ligne médiane. Ces huit troncs produisent, par leur réunion en un seul point, un renflement supporté par un canal plus étroit, qui se courbe deux fois avant de joindre le ventricule. Les deux premières branches (n° 1) s'éloignent de leur point de contact, en décrivant une courbe à convexité en haut, avant d'arriver à la branchie : chacune de ces veines donne un petit filet extrêmement ténu (n° 5) qui se subdivise quelquefois. Après avoir fourni ce petit filet (n° 5), chaque veine n° 1 se continue un peu sans donner aucune branche. Ensuite, arrivée à l'extrémité de la tête, elle donne une multitude de petits vaisseaux que nous avons figurés confondus et relevés du même côté (fig. 3, n° 6). On les y voit aussi isolés et sous toutes les formes. Ces trois petites branches se subdivisent en un grand nombre de ramuscules qu'on ne peut bien voir qu'avec un grossissement très-fort (n° 7). Tous les petits vaisseaux, provenant d'une même tige vasculaire (n° 6), se continuent par arcades avec d'autres vaisseaux du même calibre, qui à leur tour vont constituer une autre tige vasculaire (n° 8), destinée à ramener le sang dans la circulation générale.

Il y a autant de branches artérielles que de branches veineuses dans chaque branchie; un filet branchial est composé d'une veinule et d'une artériole ; toutes les veinules viennent d'un tronc commun (la veine n° 1); toutes les artérioles, après s'être réunies en plus ou moins grand nombre, vont former le tronc artériel (n° 9).

Ainsi le sang veineux du cœur, poussé dans la veine n° 1, passe dans un grand nombre de branches que nous nommons filets branchiaux (n° 6). Chaque filet se subdivise en un grand nombre de ramuscules (n° 7) qui se continuent avec d'autres ramuscules, et forment un filet branchial artériel (n° 8) ; plusieurs de ces derniers réunis deux, trois ou quatre ensemble, vont constituer le gros tronc artériel (n° 9) qui porte le sang dans toutes les parties du corps.

Tel est le cercle que parcourt le sang en passant par les branchies, organes destinés à transmettre au sang veineux l'oxygène que contient l'eau, afin de le transformer en sang artériel. Les changemens qui surviennent ainsi dans la nature et la composition du sang ne s'effectuent qu'au moment où ce fluide passe par le tissu vasculaire (n° 7), tissu qui n'a pour but que de multiplier les points de contact entre le grand nombre de vaisseaux capillaires et l'eau qui les arrose.

Actuellement que nous avons établi le mode de circulation branchiale, nous devons continuer la description de chaque artère provenant des filets branchiaux. La première suit parallèlement la veine n° 1, et, arrivée près du tronc, elle reçoit un petit filet anastomotique (n° 5), dont il a déjà été question. Ensuite elle se bifurque en deux branches, dont l'une (n° 11) va se perdre dans les muscules de l'appareil hyoïdien et dans la langue ; l'autre (n° 12) va au cerveau après avoir fourni un rameau assez fort (n° 13).

La deuxième veine (n° 2) donne aussi un petit rameau (n° 14) avant de se distribuer en un grand nombre de filets branchiaux qui se comportent comme nous l'avons déjà dit : le tronc artériel (9), qui résulte de ces filets, arrivé dans la tête, reçoit la branche (n° 14) excessivement ténue, que lui envoie la veine (n° 2), et immédiatement après va déboucher dans la crosse de l'aorte, au point où les deux branches artérielles (nos 13 et 15) viennent aussi aboutir. Cette dernière branche (n° 15) va à l'angle de la mâchoire se perdre dans les muscles de cette région.

La troisième veine (n° 3) se comporte comme les deux précédentes; l'artère qui en résulte va aussi déboucher dans l'aorte au même point (n° 16). Du confluent de ces deux artères naît l'aorte descendante qui donne 1° une branche assez forte (n° 21) allant au poumon; 2° un tronc fournissant la vertébrale et l'orbitaire (18); après avoir fourni ces branches, les deux artères se rapprochent de la ligne médiane et finissent bientôt par se réunir. De leur jonction, et du tronc qui en résulte, partent successivement les branches (n° 20) et toutes les autres artères du corps.

La quatrième veine (n° 4) est la plus petite de toutes; elle va au poumon, mais avant d'y arriver elle se confond avec la branche n° 19.

C'est ici que se termine le curieux appareil de la circulation du têtard à son premier degré de formation. Cet appareil nous le donne tel qu'il est avant d'avoir subi aucun changement, et c'est dans ce premier état que nous le trouvons se rapprocher singulièrement des poissons sous le rapport de la circulation branchiale. En effet, comme dans ceux-ci, tout le sang veineux passe par les branchies, quoique cependant les ramuscules (n° 5 et 14) aillent d'une artère à une veine. Mais ces vaisseaux de communication sont si petits, qu'ils ne doivent pas entrer en ligne de compte. Ces derniers sont ébauchés pour ainsi dire, et attendent un développement qui plus tard seulement deviendra nécessaire. Nous avons pu nous convaincre tout récemment encore, et à l'aide d'un magnifique microscope que M. Bowerbank de Londres nous a montré, que certains vaisseaux de la queue du têtard des Salamandres sont si fins que les globules du sang s'y arrêtent pendant quelque temps; il en est de même de ces anastomoses si petites et de la branche n° 4, où le sang ne saurait circuler librement. Si tel avait été le but de la nature, ces branches si ténues eussent présenté un plus grand volume. Il est donc bien évident que ces petites voies de communication sont placées là pour que plus tard seulement elles puissent servir. Sans elles la circulation ne saurait changer, et devenir ce que nous la verrons être chez l'adulte. Tels sont les principaux phénomènes qu'on observe pendant la première période.

La seconde période est celle qui offre le plus de changemens. C'est probablement à partir de cette époque que Rusconi a étudié la circulation; aussi est-il d'une rigoureuse exactitude dans tout ce qu'il a dit. Voici comment il s'exprime à la page première de son Mémoire, sur la description anatomique des organes de la circulation du têtard des Salamandres aquatiques: « On a dit que chez » les têtards des Grenouilles et des Salamandres » aquatiques, qui, comme on sait, ont des branchies et respirent comme les poissons, il n'y a » pas une goutte de sang qui, partant du cœur, ne » passe par les branchies avant de se distribuer » dans toutes les parties du corps. Cela a été dit par » un auteur, répété par plusieurs, et quelques uns » même ont assuré l'avoir vu: mais le fait est que » non seulement une goutte, mais bien un torrent » de sang s'échappe chez ces animaux de la voie » qui conduit aux branchies. »

De ce passage il résulte que ceux qui avaient dit avant Rusconi que la circulation du têtard de la Salamandre était la même que celle des poissons, avaient bien dit dans un sens, et que Rusconi a aussi très-bien dit dans un autre. Cependant il y a désaccord entre ces deux opinions, et tout cela vient de ce que les uns ont vu et décrit la première période de formation, tandis que les autres, et particulièrement Rusconi, n'ont observé que la dernière. C'est ce que nous allons essayer de démontrer.

Comme nous l'avons déjà dit, la seconde phase ou période arrive lorsque les branchies commencent à se raccourcir. Voici alors ce qui se passe du côté de la circulation branchiale (*v.* fig. 3', pl. 359), l'anastomose n° 5 qui était si petite est devenue très-volumineuse, et semble actuellement être la continuation du tronc veineux n° 1; la branche n° 11 est devenue plus forte, celle du n° 12 l'est devenue encore plus; au contraire, la branche n° 1 a sensiblement diminué à partir du point où elle commence à donner les filets branchiaux; la branche anastomotique n° 14 est actuellement énorme et présente déjà le calibre de la crosse de l'aorte, de manière que le sang est singulièrement détourné de la branche n° 2: aussi a-t-elle diminué de presque moitié. La branche n° 3 est celle qui a le plus perdu de son calibre, tandis que celle du n° 14, qui était la plus grêle, est actuellement la plus volumineuse. Il y a entre ces deux branches un échange véritable dans le calibre. La branche n° 21 s'est raccourcie de moitié, elle a aussi perdu sensiblement de sa grosseur; la branche n° 13 est plus petite qu'elle ne l'était; sa voisine n° 15 est plus forte qu'avant, l'une a cédé à l'autre. Ce sont là tous les changemens qui arrivent dans cette deuxième période; ils paraissent de peu d'importance, mais ils sont réellement d'un grand intérêt. En effet, par le petit changement survenu dans le volume des branches anastomotiques n°s 5 et 14, nous voyons tout changer, la circulation veineuse est confondue avec l'artérielle; les voies de communication sont larges, et c'est ici que s'applique le mot *torrent*, employé par Rusconi pour indiquer qu'une grande partie du sang veineux passe dans le sang artériel. Aussi, d'accord avec lui, nous regardons ce mode de circulation comme loin d'être le même que celui des poissons. Voilà donc un premier fait démontré, c'est que, dans le premier âge, et surtout dans les premiers jours, la circulation branchiale se fait comme chez les poissons; tandis que dans la deuxième période elle se fait tout différemment.

Actuellement nous prenons la série des changemens qui doivent s'opérer à cause du mélange de sang. Nous voyons d'abord que ce fluide est détourné de la première branchie; ensuite que celui qui remplissait la deuxième l'est davantage; et enfin que la troisième branche n° 3 a cédé pour ainsi dire tout son calibre à sa voisine qui est celle du n° 4, autrefois si petite. C'est surtout ce dernier changement qui est d'un grand intérêt; car nous avons vu que pendant la première période la troisième branche était la plus grosse des quatre, et qu'elle était destinée seulement à sa branchie correspondante pour former du sang artériel. Nous avons vu aussi qu'à cette même période, le poumon n'est pas encore assez développé, et qu'il ne reçoit qu'une très-petite veine (n° 4); s'il en eût reçu une plus forte, le sang l'aurait traversée, ce qui eût engorgé les poumons, incapables de fournir tout l'oxygène nécessaire. Nous voyons ensuite cet ordre de choses changer successivement; la branche qui allait à la troisième branchie devient plus petite; celle qui se portait au poumon grossit en même temps qu'il se développe. De cette manière il y a compensation dans la quantité d'oxygène perdue, car la branchie, en s'atrophiant, en donne moins que de coutume, tandis que le poumon, en se développant, en fournit davantage. Nous avons dit aussi que dans les deux premières périodes le poumon reçoit une branche (n° 21) qui lui apporte du sang artériel.

Dans la seconde période nous savons qu'il y a mélange de sang, puisque les anastomoses (14 et 5) sont devenues très-fortes; mais dans ce cas il arrive aussi que la grosse branche (n° 4) détourne une grande quantité de sang, qui, au lieu de passer par les branchies, va au poumon déjà bien développé. Dès que le sang n'afflue plus autant dans les branchies, celles-ci commencent à s'atrophier; cependant elles agissent encore, et nous voyons que les poumons et les branchies donnent du sang oxygéné; et cela devenait nécessaire à cause du mélange du sang par le moyen des anastomoses. On dirait que tout concourt dans ce moment à faire vivre le petit reptile, car s'il y a mélange de sang en même temps qu'il y a manque d'oxygène par suite du commencement d'oblitération des branchies, le poumon doit donner l'excédant de ce gaz, et alors la quantité nécessaire en est retrouvée. Nous pensons donc qu'à cette seconde période surtout les branchies et les poumons agissent en même temps et sont également nécessaires.

La troisième période arrive assez rapidement (fig. 3"). En effet, la troisième branchie se détruit; le vaisseau (n° 3) s'oblitère, la branchie (n° 4) prend le volume qu'elle doit conserver; la branche anastomotique (n° 21) se raccourcit encore et devient plus volumineuse; la branche anastomotique (n° 13) n'existe plus; le vaisseau (n° 15) a détourné le sang qui le parcourait; la branche (n° 1) se renfle au point (n° 5); elle se contourne en décrivant une courbe de devant en arrière, et donne la linguale et la cérébrale; la branche (n° 2) se raccourcit en décrivant deux courbes, donne par sa convexité la branche sous-maxillaire (n° 15), puis se contourne et reçoit l'anastomose que lui envoie la veine pulmonaire (n° 4); après cela chaque crosse décrit une courbe à concavité en dedans, d'où part un tronc commun à la vertébrale et à l'orbitaire. Les changemens que nous venons de décrire sont les derniers qui s'opèrent chez le têtard sous le rapport de la circulation. Nous avons à examiner actuellement les changemens qui s'opèrent dans le système osseux, afin de bien connaître la Métamorphose curieuse que subissent les reptiles batraciens dits *anoures* (privés de queue).

Modifications que présentent les os et les muscles des Salamandres en passant de l'état de larve à celui d'animal parfait.

Les modifications que présente le squelette de la Salamandre en passant de l'état de larve à celui d'animal parfait, peuvent être envisagées sous deux points de vue. On peut étudier les os du squelette dans tous les âges, et décrire leur forme, leurs usages et leurs connexions. On peut aussi, et ce second ordre de considération est non moins important, les examiner par groupe et les comparer ainsi dans leur ensemble chez l'adulte et le têtard. Or, sous ces deux rapports, de très-remarquables différences se présentent d'un âge à l'autre, et l'on n'est pas moins frappé des graves dispositions qu'ils éprouvent par les phénomènes de la Métamorphose, soit que l'on fixe son attention sur chacun d'eux en particulier, soit qu'on examine chaque région dans son ensemble. Ainsi, pour le crâne, nous verrons que chaque os, chez la Salamandre, peut différer de son analogue chez le têtard, et qu'ensuite les connexions de ces mêmes os, chez la Salamandre, sont en grande partie autres que chez le têtard. Toutefois le nombre et l'importance des variations de la tête n'approchent point du nombre et de l'importance de celles de l'appareil hyoïdien. Nous verrons que ce dernier, par une série de changemens les plus remarquables, passe peu à peu d'une configuration très-compliquée à une forme et une disposition très-simples; sa transformation entraînera d'ailleurs, dans le nombre des muscles qui le font agir, des changemens correspondans et non moins dignes d'intérêt. L'utilité de l'hyoïde ne sera pas la même avant et après la Métamorphose; il remplira chez le têtard une fonction toute différente de celle qui lui est ordinaire. C'est donc cet appareil hyoïdien qui établit, comme nous le verrons, la principale différence entre le têtard et l'animal parfait.

Description des os aux différentes époques de la vie.

Les os de la Salamandre crêtée sont en nombre très-différent, suivant que l'on compte ceux que l'on peut isoler chez la Salamandre adulte, ou bien ceux que l'on peut facilement désunir chez le têtard.

Pour plus de facilité, nous commencerons par déterminer et décrire les os de la tête.

Frontaux. A la partie antérieure et supérieure du crâne se trouvent deux os plats d'une forme irrégulière (pl. 359, C), ce sont les deux frontaux; ils s'ossifient de très-bonne heure, et leur forme est presque la même à toutes les époques de la vie. Ces os ne se soudent jamais entre eux.

Pariétaux. En arrière des frontaux se trouvent les pariétaux (C'); ces os peuvent aussi se séparer l'un de l'autre à toutes les époques de la vie. Il s'ossifient en même temps que les précédens.

Nasaux. Ces os (G) occupent la partie supérieure du pourtour des narines antérieures; ils peuvent, ainsi que les précédens, se désarticuler facilement, même chez les Salamandres très-âgées.

Frontaux antérieurs. Ce sont deux petits osselets triangulaires (H), dont chacun s'articule avec les frontaux, le nasal et le maxillaire inférieur de son côté.

Maxillaires supérieurs. Ces os (K) sont fort curieux à examiner aux différentes époques de la vie du têtard. Avant la naissance de ce reptile, chaque maxillaire se présente sous la forme d'un os carré surmonté d'une multitude de petites dents excessivement ténues (k). En arrière de cette petite pièce, on voit une lame cartilagineuse extrêmement mince qui semble se joindre avec la précédente; mais le moindre effort suffit pour l'en séparer nettement. Si l'on examine les maxillaires chez un têtard de sept à dix jours et même plus, on trouve la plaque cartilagineuse très-mince dont nous avons parlé, réunie à la petite pièce surmontée de dents. Cet os si singulier constitue le maxillaire supérieur.

Intermaxillaire. Cet os (F) est formé de deux pièces bien distinctes et symétriques ; mais il faut examiner le têtard avant la sortie de l'œuf, ou peu de jours après la naissance, pour trouver les deux intermaxillaires non encore soudés (f). Les branches ascendantes de chacun d'eux divergent dans le principe ; les deux portions dentaires se réunissent, et bientôt les branches elles-mêmes se soudent ensemble.

Les occipitaux latéraux. L'occipital supérieur et les rochers ne constituent qu'une seule pièce (B) chez la Salamandre; mais chez le très-jeune têtard de deux à six jours, il y a évidemment trois pièces bien distinctes (b, b', b'') qui peuvent correspondre aux os que M. Geoffroy Saint-Hilaire nomme les *temporaux pleuroccipitaux* et *plévraux*. Il y a, en outre de ces pièces osseuses, une plaque cartilagineuse destinée à boucher la fenêtre ovale. Ce cartilage paraît être l'analogue du lenticulaire.

Du ptérygoïdien. Cet os (M) est encore un de ceux qui offrent le plus de variété, si on l'étudie chez les têtards de différens âges. Avant la naissance, on ne voit qu'une plaque presque triangulaire; vers le cinquième ou le septième jour, après la sortie de l'œuf, il s'élève une petite pointe osseuse (m).

Du jugal. G. Cuvier regarde comme bien difficile la détermination de cet os (o) et semble lui donner à regret le nom de *jugal*. M. Geoffroy Saint-Hilaire nomme jugaux les os frontaux postérieurs de Cuvier.

Du tympanique. Cet os (N) semble se rapetisser à mesure que le têtard avance en âge. Il s'ossifie du reste assez promptement comme tous les os du crâne.

Du sphénoïde. Le sphénoïde (D) est formé de deux pièces bien distinctes (d) dans le principe de sa formation, mais il faut l'examiner avant la naissance du têtard pour qu'il soit facile de le décrire. L'ossification commence de très-bonne heure pour cet os, qui est le premier formé de tous. On remarque sur la ligne médiane du sphénoïde, et surtout vers son bord antérieur, un écartement peu considérable à la vérité, mais qui est l'indice de la réunion des deux pièces qui entrent dans sa composition, et représente le sphénoïde avant la naissance.

Des vomers. Ces os (L), doubles comme les précédens, et que plusieurs anatomistes regardent comme les analogues des palatins, sont formés chacun de deux pièces chez le têtard de 5 à 10 jours et plus. L'illustre auteur du Règne animal avait pensé que cet os pourrait être formé de deux pièces distinctes chez le très-jeune têtard, et que, dans ce cas seulement, il y aurait un palatin de chaque côté. Cette division de l'os existe en effet primitivement; mais cela cesse bientôt d'avoir lieu. La plaque (l) qui touche l'inter-maxillaire est garnie d'un grand nombre de petites dents placées sur plusieurs rangées peu distinctes à l'œil nu. La seconde pièce du vomer est une simple tige longitudinale (l') garnie aussi de très-petites dents; cette seconde portion s'ossifie un peu plus promptement que la précédente; elle forme la tige dentaire qui se prolonge en arrière de la plaque vomérale et longe le sphénoïde.

Il reste encore un os à indiquer, celui qui est situé de chaque côté du sphénoïde à la partie interne de l'orbite. Cuvier nomme cet os (G) *aile orbitaire du sphénoïde*.

De la mâchoire inférieure. Chaque moitié de la mâchoire inférieure est formée de quatre pièces bien distinctes chez les têtards de la Salamandre qui n'ont point passé le vingtième jour. Il y a trois pièces osseuses et une cartilagineuse (*voy.* pl. 359), des trois pièces osseuses deux portent de petites dents (p et p'); cette dernière (p') finit par se souder à la branche dentaire (P), et les dents se continuent ainsi plus loin que dans le principe. Toutefois cette seconde pièce (p') a perdu un certain nombre de ses dentelures, et il ne lui en reste plus qu'une rangée pour faire suite à celle de la principale pièce maxillaire (P); la troisième pièce (p'') n'est qu'une partie du maxillaire devant constituer la partie moyenne ou le corps de cet os; cette pièce est sillonnée dans presque toute sa longueur. Le cartilage (p''') est logé dans la rainure de la troisième pièce. Ces quatre os peuvent être les analogues des os nommés par M. Geoffroy, *submalléal*, *submental*, *subhérisséal*, *subinséal* et *subdental*. Tels sont les os qui entrent dans la composition de la tête. Comme on le voit, ils varient en nombre, puisque nous avons 26 os chez la Salamandre, tandis qu'il y en a 40 chez le têtard. Ils diffèrent aussi par leurs connexions, si on les étudie comparativement chez le têtard et chez la Salamandre; c'est ce que nous allons essayer de démontrer.

Rapports des os de la tête du têtard entre eux. Tous les os du crâne proprement dit conservent les mêmes rapports qu'ils ont en se développant. Les masses temporales ont aussi les mêmes formes, quoiqu'elles soient composées de trois pièces chez le têtard. Le sphénoïde et le jugal changent très-peu de forme et de connexions; mais ceux qui présentent le plus de variété dans la configuration et les rapports sont surtout les os palatins, que G. Cuvier nomme vomers, et les maxillaires supérieurs; ces quatre os qui, comme nous l'avons vu, doublent leur nombre chez le très-jeune têtard, et qui entrent dans la composition de la face, donnent à la partie antérieure de la tête une configuration toute particulière. Le maxillaire supérieur, chez le jeune têtard, ne circonscrit point l'orbite en dehors; il est très-rapproché de la ligne médiane et se continue avec la plaque vomérale, qui est aussi garnie de dents. Cette plaque du vomer n'est point encore unie à la tige dentaire qui longe le sphénoïde; de cette disposition résulte le rétrécissement considérable de la voûte palatine. Les os qui la composent n'ont pas les rapports qu'ils auront plus tard. L'inter-maxillaire déborde les os maxillaires, au lieu d'être interposé entre les deux extrémités antérieures de ces os; de telle sorte que les maxillaires ainsi que les vomers sont refoulés en dedans vers la ligne médiane. Plus tard, ces os se développent davantage et se portent du centre à la circonférence. Ce mouvement centrifuge est déterminé par l'élargissement de la plaque vomérale, et alors l'arcade dentaire supérieure se porte de dedans en dehors et va rejoindre le bord dentaire de l'inter-maxillaire. Ce mouvement étant effectué, l'arcade dentaire supérieure se trouve sur la même ligne circulaire, et n'est plus brisée comme par le passé; la plaque vomérale garnie de dents se réunit à la branche qui longe le sphénoïde, et que l'on peut nommer par cela même *branche sphénoïdale du vomer ou du palatin*.

Tous ces changemens ont lieu du cinquième au treizième jour; passé cette époque, on ne trouve plus de dents sur la plaque vomérale; mais il s'en développe sur la tige sphénoïdale, et ces dernières resteront pendant toute la vie du reptile. Ce sont là tous les changemens les plus importans qui s'opèrent pendant que la Salamandre est à l'état de larve.

Modifications dans le nombre et la forme des os du tronc et des membres inférieurs. Il y a peu de changemens dans la configuration et les rapports des os du squelette. Nous avons trouvé constamment 35 vertèbres caudales chez la Salamandre crêtée. G. Cuvier n'en compte que 33, différence peu importante. Il y a 18 vertèbres en comptant depuis l'atlas inclusivement jusqu'à la première caudale exclusivement, ce qui fait en tout 53 vertèbres. Les os barais sont ordinairement suspendus à la 18ᵉ vertèbre chez la Salamandre crêtée; ce point est variable pour chaque autre espèce, et surtout pour la Salamandre terrestre, qui a un moins grand nombre de vertèbres.

L'épaule des Salamandres aquatiques est composée de trois os, l'omoplate, la clavicule et le coracoïdien. Ces trois os se soudent ensemble de très-bonne heure.

Quant aux os du carpe et du tarse, Meckel en a bien indiqué le nombre, et G. Cuvier a dit dans son Règne animal qu'il y a huit os pour le carpe; il a dit plus tard qu'ils sont réellement au nombre de sept, dont cinq seulement osseux et les deux autres cartilagineux. Il dit aussi que les quatre os de la région antérieure s'articulent avec les quatre métacarpiens; mais cela est dit d'une manière générale, et ne s'applique peut-être pas à la Salamandre crêtée. Meckel laisse aussi cette question dans le vague. Voici ce que nous avons observé dans la Salamandre crêtée. Il y a constamment sept os carpiens tous également ossifiés; deux de ces os sont en rapport avec les os de l'avant-bras; l'un plus petit tient au radius d'une part; l'autre, plus volumineux, tient au cubitus et un peu au radius. Ces deux os carpiens se touchent entre eux par une très-petite surface articulaire. En avant de ceux-ci se trouve un os arrondi, présentant six facettes articulaires peu prononcées; ce métacarpien est placé au centre des autres pièces, qui toutes le touchent par une facette correspondante à celle qu'il présente. Il résulte de cette disposition que non seulement il est difficile d'admettre plusieurs rangées, mais qu'il est aussi impossible que les quatre métacarpiens puissent s'articuler avec quatre os du carpe. Trois os seulement soutiennent le carpe; le premier en procédant du bord radial vers le cubital s'articule avec les deux premiers métacarpiens; les deux autres soutiennent, l'un le troisième et l'autre le quatrième métacarpien.

Les os du tarse offrent aussi chez la Salamandre crêtée des différences de nombre et de rapports si l'on a égard à ce qui en a été dit par Cuvier, pag. 414, t. V, douzième partie des ossemens fossiles. Il est dit que neuf os entrent dans la composition du tarse; cependant la figure qui en a été donnée n'indique que huit osselets, ce qui ferait croire à une faute d'impression.

Les huit os qui composent le tarse sont très-distincts et bien ossifiés. Leur disposition est analogue à celle du carpe, c'est-à-dire qu'il y a une pièce centrale et sept autres autour d'elle. Il y a sept facettes articulaires pour la pièce centrale, au lieu de six que présentait l'os carpien. Cela tient à la présence d'un os de plus existant pour le tarse. Il y a trois os pour la première rangée : deux correspondent, l'un au tibia, l'autre au péroné; le troisième, interposé entre les deux précédens, touche également les deux os de la jambe.

Trois os seulement soutiennent le métatarse; celui du milieu supporte l'os métatarsien moyen, chacun des deux autres supporte deux os du métatarse. Chez les très-jeunes têtards seulement les quatre os du métacarpe sont supportés par autant d'os carpiens; mais jamais les annexes métatarsiennes ne sont en contact avec les cinq os du tarse, elles le sont tout au plus avec quatre, et encore cela n'a lieu que dans les premiers temps de l'existence du têtard, lorsque surtout l'ossification n'est point encore achevée. Comme on le voit, nous avons passé très-rapidement sur la description de plusieurs os; nous croyons cependant ne pas avoir négligé d'indiquer ceux du squelette qui offrent des variétés, soit sous le rapport de leur figure, soit sous le rapport de leurs connexions. Nous arrivons maintenant à la description de l'appareil hyoïdien, qui de tous est le plus important à étudier.

Les variétés de forme, de structure, et le mécanisme plusieurs fois modifié par la présence de certains muscles qui ne sont que transitoires, constituent presque tous les changemens que le têtard doit subir pour passer de l'état de larve à celui d'animal parfait. Pour faciliter la description de ce curieux appareil, nous commencerons par examiner les parties cartilagineuses qui le composent; nous indiquerons ensuite les muscles qui doivent le faire mouvoir avant et après sa transformation, l'ordre dans lequel les muscles s'atrophient, et la marche que suit la nature pour se débarrasser d'un appareil qui devient inutile lorsque le têtard passe à l'état d'animal parfait.

Formation de l'os hyoïde chez le têtard de la Salamandre crêtée.

L'appareil hyoïdien est ébauché presque en même temps que celui de la circulation; on dirait que l'un ne peut aller sans l'autre, et des fonctions en apparence si disparates se prêtent dans le principe un mutuel appui. Aussitôt que le cœur est formé, huit branches s'écartent du tronc principal qui surmonte le ventricule; de ces huit rameaux vasculaires, six sont, comme nous l'avons déjà vu, destinés à porter le sang dans les branchies et deux dans les poumons. Chacun de ces vaisseaux, presque aussitôt après sa formation, est soutenu par un cartilage (pl. 359, fig. 4, n°s 1, 2, 3 et 4). Au dessous du cœur se développent trois points cartilagineux placés sur sa ligne médiane (n°s 5, 6 et 7), et huit autres sur les côtés (n°s 8, 9, 10 et 11). Ces divers points sont dans le principe assez écartés les uns des autres; mais bientôt ils se rapprochent de la ligne médiane. Les points cartilagineux n°s 8 et 9 se réunissent, ainsi que les pièces n°s 1 et 10, 2 et 11. En même temps les arceaux cartilagineux n°s 2, 3 et 4 se rapprochent par leurs extrémités supérieures. Un peu plus tard, les pièces médianes n°s 5, 6 et 7 se joignent. La pièce supérieure semble formée de deux plaques superposées. Cinq à six jours avant la naissance, toutes les pièces, au nombre de 19 (*voyez* figure 5'), sont en contact et dans l'ordre suivant. Les trois pièces médianes sont réunies et n'en forment plus qu'une; les deux branches 8 et 9 sont aussi confondues; les pièces n°s 1 et 10 sont réunies, ainsi que les pièces n°s 11 et 2; les autres arceaux cartilagineux 3 et 4 se touchent par leurs extrémités et avec la pièce n° 2. De cette manière, toutes les parties cartilagineuses, d'abord écartées, se sont placées les unes à côté des autres, et dessinent nettement la forme que doit prendre l'hyoïde du têtard. Nous devons faire remarquer que l'arceau cartilagineux n° 1 ne se joint aux autres, n°s 2, 3 et 4, que peu de temps avant la naissance. Il en est de même de la réunion de cette première pièce n° 1 avec celle n° 11. Cette disposition est importante à connaître; elle nous explique comment le muscle qui va se perdre dans le rudiment de la langue, passe à travers l'œillet (6, fig. 8') ou cercle que présente l'hyoïde de la Salamandre. Trois à quatre jours avant la naissance, les quatre arceaux cartilagineux se touchent entre eux par leurs quatre extrémités respectives, ainsi que les deux pièces n°s 10 et 11. A cette époque, l'hyoïde est entièrement formé, et cet arrangement doit persister pendant tout le temps que le reptile restera à l'état de larve.

Les arceaux branchiaux portent de petites dents cartilagineuses, et si nous avons négligé de dessiner ces petits prolongemens (fig. 4), c'est que, dans le premier degré de formation, elles ne sont point apparentes; mais elles existent cependant avant la naissance. Nous avons dessiné avec soin la forme, les rapports et le nombre des petites pointes cartilagineuses, afin de bien en déterminer les usages.

Fonctions de l'hyoïde chez le têtard. Il est incontestable que cet appareil si compliqué est destiné en grande partie à soutenir les vaisseaux branchiaux; mais il nous paraît aussi certain que ce n'est point là sa fonction exclusive, et que le jeu de cet appareil a aussi pour but de faciliter l'entrée et la sortie de l'eau à travers les branchies. Il entrait donc dans les attributions de l'hyoïde de fermer et d'ouvrir à volonté la communication qui existe entre l'intérieur de la bouche et le dehors. L'utilité d'une telle fonction se déduit facilement, et devant ces faits tombe nécessairement l'assertion du célèbre Rusconi, qui croit que les têtards ne peuvent pas introduire de l'air dans leurs poumons à cause des fentes branchiales qui le laissent échapper lorsque l'animal veut le faire entrer dans ses poumons. Il est évident que si les fentes branchiales peuvent être parfaitement fermées, l'air ne s'échappera pas, et l'animal pourra respirer à son aise, si d'ailleurs rien ne s'y oppose.

Les quatre arceaux cartilagineux sont situés en échelons dans l'ordre respectif de leur longueur. Le premier arceau, le plus long, tient aux muscles et à la muqueuse buccale; le quatrième arceau, le plus petit de tous, est intimement lié aux parties molles du côté correspondant aux muscles abdominaux et pharyngiens; de cette manière, l'arceau supérieur, ainsi que l'inférieur, n'ont chacun qu'un bord libre qui se trouve en regard avec les deux arceaux médians. D'où il résulte que les trois fentes branchiales sont limitées en haut et en bas par l'adhérence des arceaux n°s 1 et 4.

Les cartilages branchiaux n°s 2 et 3 sont garnis de chaque côté de pointes cartilagineuses, tandis que les autres arceaux n°s 1 et 4 ne présentent ces petites éminences que d'un seul côté. Lorsque l'on rapproche les quatre cartilages dentaires, l'on voit qu'ils se joignent les uns aux autres d'une manière parfaite. On peut alors apprécier l'utilité des pointes cartilagineuses; leur disposition alterne n'est point du tout due au hasard; elle est au contraire bien calculée et d'une utilité réelle. L'engrenage qui résulte du rapprochement des arceaux empêche tout mouvement de glissement qui pourrait s'opposer à l'occlusion parfaite des fentes branchiales. On peut comparer cette espèce d'engrenage des pointes cartilagineuses entre elles aux saillies et aux sillons de chaque branche d'une pince à disséquer, qui, étant rapprochés, forment un tout bien compacte. Cet admirable mécanisme de l'hyoïde avait besoin, pour être mis en action, de fortes puissances musculaires. Aussi des muscles particuliers très-variés ont-ils été destinés à le mouvoir. Nous allons les indiquer successivement en désignant pour chacun sa fonction spéciale.

Neuf muscles servent à mouvoir les arceaux

cartilagineux (*voy.* fig. 8); six sont dilatateurs des fentes branchiales, et trois constricteurs; le muscle (d) est le principal moteur et le plus puissant des muscles dilatateurs; il s'insère, d'une part, sur l'extrémité inférieure du premier arceau cartilagineux, et de l'autre à la branche semi-cartilagineuse qui de l'angle de la mâchoire va au sommet de l'hyoïde. Ce muscle, en se contractant, porte en haut le premier cartilage, et comme celui-ci tient aux autres, il les entraîne tous de bas en haut, à l'exception du quatrième, qui est fixé. Un autre muscle bien moins puissant (d') s'insère sur les mêmes pièces cartilagineuses que le précédent, mais un peu plus en dedans que lui : il a le même usage à un degré bien moindre. Enfin un troisième muscle, le plus petit de tous (d''), s'implante, d'une part, sur l'extrémité interne et supérieure du deuxième arceau cartilagineux, et de l'autre sur le corps de l'hyoïde. Ce muscle doit avoir peu d'action; mais il concourt néanmoins au même but, celui d'écarter les branches cartilagineuses.

Les muscles constricteurs des fentes branchiales sont assez forts et doivent agir puissamment si l'on considère leurs points d'insertion. Le muscle (c) s'attache, d'une part, à l'extrémité supérieure et interne du premier arceau, et de l'autre au tiers interne du bord supérieur du quatrième cartilage branchial. Ce muscle, en se contractant, doit nécessairement rapprocher les arceaux cartilagineux les uns des autres. Enfin le dernier muscle (c'), qui n'est point isolé, s'attache, d'une part, à tout le bord du quatrième arceau, et se perd de l'autre dans les fibres des muscles constricteurs du pharynx et les fibres des muscles dilatateurs du larynx. Ce muscle tend à rapprocher de la ligne médiane tous les cartilages branchiaux, et agit par conséquent dans le sens inverse du plus puissant muscle dilatateur (d) son antagoniste. Nous avons figuré ce même appareil musculaire du côté qui correspond dans la bouche de l'animal (fig. 9), où l'on voit aussi le petit muscle sphincter (c'), la glotte et les fibres qui constituent les muscles dilatateurs.

Il nous reste à indiquer une plaque cartilagineuse excessivement mince qui s'attache aux quatre arceaux branchiaux; la fig. 10 fait voir leur disposition respective; la fig. 11 montre de quelle manière ces lames s'insèrent sur les cartilages branchiaux, et la figure 12 donne l'étendue d'une seule lame. Tous les prolongemens ont un bord libre qui peut s'appliquer sur la lamelle sous-jacente, de manière à compléter pour ainsi dire l'occlusion des fentes branchiales, si toutefois cela est nécessaire.

De ce qui précède on peut conclure que les arceaux branchiaux ont une double fonction, celle de soutenir les vaisseaux des branchies ou de leur servir de supports, et celle d'ouvrir et de fermer les fentes branchiales. Tout ce que nous venons de dire de l'appareil hyoïdien et des muscles qui font agir les cartilages branchiaux s'applique au têtard qui n'a pas encore subi de changement; mais aussitôt que la Métamorphose commence à s'effectuer, l'appareil hyoïdien perd de son volume, et à compter de ce moment il éprouve des changemens notables et très-curieux à observer. Les muscles dilatateurs (d', fig. 8 et 9) s'atrophient en très-peu de temps. Le muscle (d) a pris seul de l'accroissement, parce qu'il doit servir plus tard. Les muscles d'' et c, c' disparaissent en très-peu de temps. Les cartilages ne sont plus en action, et soit que l'immobilité détermine leur atrophie, ou, ce qui est plus probable, que l'atrophie de ces derniers nécessite celle des muscles, il arrive qu'il y a coïncidence entre la disposition des uns et celle des autres. Voyons de quelle manière s'effectue la disparition des cartilages branchiaux.

Les principaux changemens qu'offre l'hyoïde sont représentés à la planche 559; la figure 4, comme nous l'avons déjà dit, indique les pièces qui doivent former l'hyoïde; la figure 5 représente la forme la plus complexe de l'appareil hyoïdien entier, celle qui doit exister pendant tout le temps que le reptile reste à l'état de larve; la figure 5' représente l'hyoïde sur le point de se métamorphoser. Les branches 8 et 9 ne sont plus toutes deux cartilagineuses; la dernière s'est ossifiée entièrement, l'autre est restée cartilagineuse. L'arceau branchial n° 1 a déjà une consistance presque osseuse; son extrémité supérieure s'est élargie et supporte actuellement les deux pièces n° 10 et 11. Les trois pièces cartilagineuses médianes n°s 5, 6 et 7 n'en forment plus qu'une. Les cartilages branchiaux 2, 3 et 4 sont ceux qui ont subi les changemens les plus marqués. Leur volume a beaucoup diminué, et leur densité est presque nulle. Les branches se sont rapprochées l'une de l'autre, et tendent à se confondre, tout en se détruisant de plus en plus. Les pointes cartilagineuses dont elles sont pourvues adhèrent les unes aux autres, et c'est dans cet état de choses que d'heure en heure, pour ainsi dire, toute cette masse composée de la presque-fusion des trois derniers arceaux branchiaux se détruit insensiblement : en très-peu de jours, tout est résorbé, de même que l'est la queue des Grenouilles à l'état de larves. Pendant que cette résorption a lieu, le premier arceau cartilagineux prend de plus en plus de la consistance; son extrémité inférieure se dirige de dedans en dehors et perd aussi les petites dents cartilagineuses qu'il avait. Ce partage que semble faire la nature entre les organes qui doivent rester et ceux qui doivent disparaître est bien curieux à étudier. Les cartilages branchiaux n°s 2, 3, et 4 se détruisent à mesure que la circulation se modifie; de cette coïncidence remarquable on pourrait peut-être déduire que les modifications survenues du côté de la circulation sont le résultat de l'atrophie des cartilages branchiaux, cela pourrait se présumer si l'on ne connaissait pas les causes des modifications qui doivent faire changer le mode de circulation.

En effet, on ne peut attribuer l'atrophie des vaisseaux branchiaux à la disparition des cartilages; car

car nous savons que cette atrophie tient aux changemens survenus dans les vaisseaux anastomotiques des branchies, et surtout au volume disproportionné qu'a pris chaque artère pulmonaire. C'est donc une espèce de révulsion opérée par l'afflux du sang vers l'organe pulmonaire qui détermine l'atrophie des capillaires branchiaux et par suite celle des vaisseaux principaux eux-mêmes.

Après la disparition des trois arceaux nos 2, 3 et 4, l'appareil hyoïdien se trouve simplifié de beaucoup (voyez fig. 6). Nous voyons qu'à cette époque la tête ou l'extrémité supérieure du premier cartilage no 1, s'est aplatie et élargie en même temps que le cartilage no 10 s'est ossifié. Celui du no 11 est un peu plus consistant et entièrement uni avec le no 1, à l'extrémité duquel se trouve encore un résidu de cartilage que l'ossification semble avoir épargné. Cette portion cartilagineuse reste fort long-temps à s'ossifier, et même ne l'est jamais complètement. Enfin le cartilage no 6 est celui qui disparaît en dernier; il sert dans le principe à soutenir les muscles sterno-maxillaires. La figure 7 représente l'hyoïde après son entière Métamorphose; il est tel qu'on le voit chez la Salamandre, c'est-à-dire dans les conditions qu'il doit avoir, et qui persistent pendant toute la vie du reptile.

Examinant les muscles qui sont restés adhérens à l'hyoïde, nous voyons (fig. 8') que deux seulement de ceux qui servaient à dilater les fentes branchiales sont restés : ce sont les muscles (d, d); les sept autres destinés à mouvoir les arceaux branchiaux n'existent plus et n'étaient que transitoires.

Il y a aussi d'autres muscles qui s'insèrent sur l'hyoïde et que nous n'avons point indiqués chez le têtard, afin d'éviter une confusion; ils s'attachent du reste, à très-peu de chose près, sur les mêmes points que sur l'hyoïde de la Salamandre. Ainsi le premier de ces muscles, en procédant de dedans en dehors, est l'omoplat-hyoïdien (fig. 8'); il va de l'hyoïde à l'épaule. En dedans de ce muscle s'en trouve un autre plus volumineux et très-remarquable sous plusieurs rapports; il semble provenir des fibres du petit oblique abdominal. Ces fibres réunies en faisceaux s'engagent dans l'espèce d'anneau que présente l'hyoïde (*voy.* fig. 8'); quelques unes de ces fibres vont s'implanter sur le sommet de l'hyoïde, et les autres, après s'être entrecroisées en grande partie avec celles du muscle opposé, vont s'insérer sur le maxillaire inférieur. Ce faisceau musculaire semble destiné à remplacer les génioglosses et les hyoglosses; il sert à maintenir l'hyoïde rapproché du corps. Sans ce muscle qui passe au travers de cet os, celui-ci serait déplacé continuellement à chaque mouvement de déglutition.

Les rapports qui existent entre l'anneau hyoïdien et le muscle qui nous occupe deviendraient difficiles à expliquer, si l'on ne connaissait pas le mode de formation et de développement de l'hyoïde. Nous avons vu (fig. 4) que les cartilages nos 10 et 11 sont écartés l'un de l'autre, et qu'ils sont les derniers à se réunir avec les autres cartilages; à cette époque donc il n'y a point d'anneau hyoïdien, et c'est alors que le muscle dont il s'agit se porte librement vers le sommet de l'hyoïde sans être obligé de traverser un cercle. Ce n'est donc que postérieurement à la formation des muscles que les branches cartilagineuses se réunissent pour former cette espèce de lunette que nous nommerons anneau hyoïdien, et qui sert à incarcérer, pour ainsi dire, le muscle dont il s'agit. Un autre muscle (d) s'étend de la grande corne ou de la branche (no 1) à la tige semi-cartilagineuse, qui de l'angle de la mâchoire inférieure va au sommet de l'hyoïde. Ce muscle est le même que nous avons vu (fig. 8, d); son utilité semble être actuellement de porter de haut en bas la pointe cartilagineuse où il s'insère supérieurement. Cette extrémité cartilagineuse, qui dans le principe servait à soutenir l'hyoïde, n'est plus actuellement fixée au sommet de cet os, mais elle fait saillie de chaque côté de la langue, ce qui augmente le volume de cet organe rudimentaire, et le rend peut-être utile à boucher les narines internes. Ainsi, comme on le voit, tous les muscles que nous venons de décrire chez la Salamandre, existent aussi chez le têtard, et ont les mêmes points d'insertion. Cependant il lui manque tous les muscles qui font mouvoir les cartilages branchiaux, à l'exception de deux ; ce qui fait en tout sept muscles de moins que chez la Salamandre. Donc tous les changemens qu'éprouvent le squelette et les muscles de ce reptile, en passant de l'état de larve à celui d'animal parfait, s'opèrent principalement dans les os qui entrent dans la composition de la tête ; dans la Métamorphose remarquable que subit l'appareil hyoïdien; et surtout dans l'admirable révolution qu'éprouve le système circulatoire.

Nous ne saurions terminer les détails curieux qui se rattachent à la Métamorphose des Batraciens sans exposer brièvement les principaux changemens qui s'opèrent chez le têtard de la grenouille, changemens qui consistent surtout dans la disparition de la queue, dans le mode de développement des pattes et de leur addition et, pour ainsi dire, de leur adjonction aux autres parties du corps, ainsi que dans la présence d'un bec cartilagineux analogue à celui des poissons.

Il semblerait que le têtard de la Grenouille, qui doit devenir un animal plus parfait que la Salamandre, sort de l'œuf trop prématurément ; on dirait, en effet, que son organisation est bien plus incomplète que celle du têtard de la Salamandre lors de la sortie de l'œuf. Ce dernier a tous les organes qu'il doit avoir, et il n'est pas jusqu'à la forme générale et définitive du corps qu'il ne possède déjà. Il ne lui reste à subir, pour passer à l'état d'animal parfait, que de légères modifications, encore faut-il remarquer que ces modifications consistent, non dans l'addition ou le développement, mais bien dans l'atrophie et la diminution de quelques organes.

Au contraire, le têtard de la Grenouille se présente sous une forme tout autre que celle qu'il doit avoir plus tard. Ses membres pelviens et thoraciques ne sont qu'ébauchés et non apparens à l'extérieur; le train de derrière s'applique pour ainsi dire après coup au reste de l'animal; le bassin se forme en avant des muscles qui meuvent une longue échine; un bec cartilagineux se trouve en avant de la mâchoire inférieure incomplétement développée, et remplacée par une bouche en quelque sorte transitoire. Tout ce changement, qui s'opère chez le têtard de la Salamandre avant la naissance, s'effectue chez le têtard de la Grenouille lorsque celui-ci est sorti de l'œuf, ce qui ferait croire au premier abord que le têtard de la Grenouille subit des changemens plus nombreux, et que sa composition organique est plus élevée. Du reste ce n'est point lorsqu'il se forme et se développe que le têtard de la Grenouille offre le plus d'intérêt, c'est surtout dans la période où il perd ses organes. Ainsi, lorsque le têtard a pris tout l'accroissement possible, il arrive un moment où tout demeure stationnaire; mais bientôt le jeune reptile perd la membrane vasculaire qui entoure la partie charnue de la queue, et c'est alors qu'il commence à décroître.

Dès que la queue commence à perdre de sa longueur, elle semble déjà plus ronde, ce qui est un effet naturel de la disparition de la membrane vasculaire. Tous les jours la queue perd une ligne environ de sa longueur, et en même temps on voit que les pattes de devant exécutent des mouvemens et distendent fortement la membrane qui les enveloppe. On aperçoit aussi que la bouche du petit têtard se fend davantage. C'est au moment où tous ces changemens s'opèrent, que le petit reptile semble prévoir qu'il est destiné à vivre au moyen d'une organisation plus élevée et tout autre que la sienne. Il est dans une agitation continuelle, il va au fond de l'eau avec rapidité, revient à la surface du liquide avec une vitesse égale; tous ses mouvemens paraissent désordonnés et l'on dirait qu'ils sont déterminés par un mouvement de joie. Tel n'est pas cependant le véritable motif de son agitation; toutes ces allées et venues, tous ces mouvemens violens ont pour but de déchirer l'enveloppe des pattes de devant: aussi voyons-nous le têtard rester fort tranquille aussitôt qu'il est parvenu à déchirer le sac branchial. Il arrive très-souvent qu'une des pattes sort la première, tandis que l'autre reste quelquefois deux ou trois jours avant de se débarrasser de son enveloppe.

Lorsque le têtard a ainsi délivré ses pattes, il va à la surface du liquide, se place sur le flanc ou sur le dos et reste là comme mort. Le têtard alors n'est point immobile par le seul effet de la fatigue, il l'est surtout par les grands changemens qui s'opèrent du côté de la circulation branchiale et de la respiration pulmonaire, changemens qui ont de l'analogie avec ceux que nous avons observés chez les têtards des Salamandres.

Aussitôt que les pattes de devant sont sorties, le petit reptile cherche les lieux obscurs; on dirait que la lumière l'incommode; ainsi soustrait aux regards de l'observateur, il se place au bord de l'eau de manière à ce que sa tête soit entièrement hors du liquide et sur l'herbe. Il reste ainsi sans bouger jusqu'à ce que la queue soit réduite à une longueur de deux à trois lignes. C'est donc en respirant hors de l'eau que le têtard achève sa Métamorphose. Il résulte de là que les branchies ne sont plus arrosées; que les parois des sacs branchiaux se collent contre le corps de l'animal, et que les poumons fonctionnent seuls. Mais si, au lieu de laisser le têtard libre de faire ce qui lui convient, on le force à demeurer dans l'eau après que les pattes sont sorties, on voit qu'il s'efforce de rester sur l'eau, ses narines toujours hors du liquide, il s'élance même comme pour sortir de l'élément qui ne lui est plus nécessaire. Chaque fois qu'il prend une gorgée d'eau, le sac branchial se gonfle; et au bout de quelque temps, il laisse échapper une bulle d'air par l'ouverture qui a déterminé la sortie de la patte: on conçoit facilement que, de cette manière, la persistance des ouvertures accidentelles facilite la sortie de l'eau qui pénètre dans la bouche, ce qui devrait continuer à faire vivre le petit têtard; mais comme le sang est alors détourné des branchies, il en résulte que la respiration branchiale est tout-à-fait incomplète et insuffisante. Il faut par conséquent que le poumon vienne concourir à l'oxygénation du sang; pour cela il est indispensable que le petit être soit hors de l'eau; autrement il meurt au bout de deux jours environ: si on l'examine alors, on le trouve gonflé d'eau, et il paraît avoir succombé à l'asphyxie.

Ce fait nous conduisit à penser que l'eau devait être avalée par le têtard malgré l'existence des fentes branchiales internes, et c'est en examinant l'intérieur de la bouche que nous avons vu la communication avec l'extérieur ne plus exister que très-incomplétement à cette époque (pl. 360, fig. 1). La muqueuse buccale, qui offrait deux grandes ouvertures en se rapprochant de la ligne médiane, les a obstruées, de telle sorte que l'eau ne peut plus sortir par le trou branchial, ni même par les déchirures qu'ont produites les pattes en sortant de leurs enveloppes. Il y a évidemment coïncidence entre tous les moyens pris par la nature pour faire changer la condition organique du petit être; car, en même temps que la queue est obligée de disparaître, nous voyons que les pattes de devant sortent, que la muqueuse buccale ferme les voies de communication, et que toute la circulation branchiale change. Nous allons indiquer de quelle manière la queue disparaît complétement.

De jour en jour la queue se raccourcit; elle perd dans l'espace de vingt-quatre heures une ligne environ de sa longueur. Cette diminution ne laisse voir aucune trace apparente de la chute d'une partie équivalente de la queue. L'extrémité caudale est arrondie et lisse. Elle est aussi d'un noir plus ou moins foncé. Cette partie qui est frappée de mort se raccourcit et se contourne sur elle-même (*voy.* pl. 360, fig. 1), ou bien, sans se contourner, reste lisse et arrondie à l'extrémité. Dans tous les cas rien ne se détache du corps; la partie qui est ainsi comme sphacélée est entièrement résorbée, et au bout de quelques jours (cinq à six), il ne reste plus qu'un petit tubercule noirâtre, situé sur l'anus, au bas de la colonne vertébrale. Ce petit tubercule disparaît aussi en peu de temps, et la peau se continue en ce point sans cicatrice, comme s'il n'y avait jamais eu de prolongement.

Nous avons voulu savoir si l'on pourrait reconnaître les parties constituant la queue, lorsqu'elle est frappée de mortification, et pour cela nous en avons fendu un grand nombre qui avaient une longueur très-différente, et nous avons constamment reconnu que le petit canal caudal s'était réduit à une substance molle, mais toujours blanche; que la pousse noire qui entoure le canal est le résidu des muscles de la queue; qu'il n'y a point de vaisseaux, encore moins de filets nerveux; enfin que toute la partie privée de vie ne donne aucune odeur, et qu'elle est entièrement résorbée.

Voici le résultat de nos recherches, relativement à la Métamorphose de l'hyoïde, dont notre planche renferme les détails.

Cuvier a senti toute l'importance que mérite la connaissance exacte de la composition et de la Métamorphose de l'appareil hyoïdien. Il a étudié avec soin tout ce que l'on voit de cet appareil chez le têtard; mais il avoue, et semble ainsi encourager les anatomistes, qu'à cause de ses nombreuses occupations, il n'a pas été à même de porter plus loin l'étude anatomique et physiologique de ce curieux appareil.

Si l'on examine attentivament la région du cou, chez le têtard de la Grenouille avant sa naissance, on peut apprécier quelles sont les pièces qui doivent entrer dans la composition de l'appareil hyoïdien. Toutefois ce n'est qu'après avoir acquis une connaissance exacte de l'hyoïde du têtard plus développé qu'on peut parvenir à distinguer les pièces qui doivent le constituer; c'est donc en passant du connu à l'inconnu que l'on s'habitue à voir ce qu'il serait impossible d'apprécier du premier abord. Il est bien plus difficile d'étudier l'appareil hyoïdien chez le têtard de la Grenouille que chez le têtard de la Salamandre; cette difficulté tient surtout à la présence d'une membrane noire, sorte de duvet qui enveloppe tous les organes des petites Grenouilles. Nous avons représenté (pl. 360, fig. 2) les pièces cartilagineuses de l'hyoïde, telles qu'on les voit au microscope quelques jours avant la naissance; leur disposition est aussi à peu près celle que l'on y remarque. On y voit sur chaque plaque une multitude de petits pores.

Il y a dans le principe une pièce médiane bien distincte (n° 1); deux plus grandes pièces (n° 2); encore deux plus grandes plaques (n° 3), et enfin quatre pièces allongées (n°s 4, 5, 6 et 7). Ce qui fait en tout treize pièces primitives, au lieu de dix-neuf qui existent chez le têtard de la Salamandre.

Un peu avant la naissance, toutes ces pièces se touchent entre elles et dessinent déjà parfaitement l'appareil hyoïdien. Si nous examinons actuellement l'hyoïde après la naissance, nous le voyons s'étendre considérablement en largeur, surtout ses cartilages n°s 4, 5, 6 et 7, sur lesquels se trouvent les vaisseaux branchiaux. Il arrive très-fréquemment de voir le cartilage n° 4 envoyer un prolongement de même nature, qui va joindre l'arceau cartilagineux n° 5, et ce dernier envoyer à son tour un autre prolongement qui va se confondre avec le cartilage n° 6. Nous avons indiqué ces espèces d'anastomose cartilagineuse, d'abord parce qu'on les trouve le plus souvent, et qu'ensuite il pourrait bien se faire que, si on ne les trouve pas toujours, c'est parce qu'on est exposé à les détruire en faisant la préparation de l'hyoïde. La figure 3 montre la forme exacte de l'hyoïde vu par sa face antérieure ou extérieure, si l'on considère l'animal couché sur le dos.

En examinant le même hyoïde par la face opposée, on voit quelque chose de plus que dans la figure précédente. Chaque arceau (n°s 4, 5, 6 et 7) se recourbe, pour ainsi dire, en s'adossant à la plaque n° 3 (*voy.* fig. 4), et envoie un prolongement (p). De ces quatre prolongemens cartilagineux, un seul de chaque côté (p') est destiné à rester. Les autres doivent disparaître, comme nous le verrons plus tard. Les arceaux cartilagineux 4 et 7 semblent s'identifier avec les masses n° 3, qui présentent un volume considérable. On voit (fig. 4, n° 2) les deux facettes qui appuient sur l'angle de la mâchoire du petit têtard. Le corps central n° 1 semble superposé aux deux plaques cartilagineuses (n° 3, fig. 3); mais il ne tarde pas à se confondre entièrement avec les parties sous-jacentes, de manière à former plus tard un tout homogène. Lorsque les branchies sont en pleine activité, on remarque sur les bords internes des quatrième et septième arceaux, et sur les deux bords des n°s 5 et 6, de petites inégalités qui simulent les pointes cartilagineuses existantes sur les arceaux correspondans chez le têtard de la Salamandre. Dans cet état de choses, l'appareil hyoïdien est dans son *maximum* de composition, et il doit rester tel jusqu'au moment de la Métamorphose du têtard. Cependant il subit de légères modifications qui consistent surtout dans la disparition des sutures.

Avant d'indiquer le mode de transformation de l'hyoïde, nous allons faire connaître son mécanisme et ses usages chez le têtard avant la Métamorphose. En parlant des fonctions de l'appareil hyoïdien du têtard de la Salamandre, nous avons dit que les arceaux cartilagineux servent surtout à ouvrir et à fermer à volonté les fentes branchiales, et que des muscles transitoires existent pour exécuter cette fonction. Nous avons dit aussi que la présence et la disposition alterne des petites dents cartilagineuses implantées sur les arceaux branchiaux étaient une condition nécessaire à l'occlusion parfaite des fentes branchiales, et qu'en outre chaque cartilage branchial soutient une plaque membraneuse qui peut concourir au même but. Tout cela n'existe pas dans l'appareil hyoïdien du têtard de la Grenouille. Il n'y a aucun muscle transitoire propre à mouvoir les arceaux cartilagineux. Il y a cependant deux muscles qui semblent destinés à rapprocher ces cartilages et à tendre ainsi à fermer les fentes branchiales : ces muscles seront indiqués plus tard. Quant aux pointes cartilagineuses, elles ne sont, pour ainsi dire, qu'ébauchées chez le têtard de la Grenouille. Il n'y a point du tout de lamelles insérées sur les cartilages branchiaux. Cette différence de structure entre les deux appareils hyoïdiens du têtard de la Salamandre et celui de la Grenouille pourrait faire croire, au premier abord, que leur fonction n'est point la même, puisque les arceaux cartilagineux du têtard de la Grenouille n'ont pas tout ce qu'il faut pour qu'en se rapprochant ils puissent oblitérer complétement les fentes branchiales. Cette différence, quoique réelle, n'infirme point du tout l'opinion que nous avons émise sur l'utilité des cartilages branchiaux; car, s'il est vrai que la disposition des arceaux cartilagineux ne suffit point pour fermer parfaitement les fentes branchiales chez le têtard de la Grenouille, il y a aussi, comme on le sait, d'autres organes qui peuvent concourir à les oblitérer complétement. Ainsi, par exemple, les houppes branchiales qui sont fixées sur les cartilages, en s'appliquant sur les fentes, peuvent les boucher en grande partie; mais c'est surtout l'enveloppe cutanée recouvrant tout l'appareil branchial qui concourt puissamment à l'occlusion des fentes branchiales. On sait qu'il y a chez ces reptiles une grande différence, sous le rapport des ouvertures extérieures ou branchiales des uns et celles des autres. Ces ouvertures sont considérables, si on compare celles du têtard de la Salamandre avec celles du têtard de la Grenouille. Chez le premier, ce sont deux larges fentes situées sur chaque côté de la tête et en avant du cou; chez le second, au contraire, il n'y a plus qu'un petit trou situé tantôt sur le côté gauche de l'animal (fig. 11, o), tantôt sur la ligne médiane en avant du sternum, selon les espèces. Cette grande différence devait entraîner des modifications sous le rapport des muscles, puisque, dans un cas, il y a peu à faire pour empêcher toute communication de l'intérieur de la bouche avec les fentes branchiales, tandis que dans l'autre cette communication est bien plus étendue. Les cartilages branchiaux sont d'une structure plus complète chez le têtard de la Salamandre que chez le têtard de la Grenouille. Il est vrai que les arceaux cartilagineux, chez le têtard de la Grenouille, ont, entre autres attributions, celle de soutenir les houppes branchiales qui lui sont immédiatement appliquées; tandis que, chez le têtard de la Salamandre, les arceaux cartilagineux ne soutiennent que les vaisseaux branchiaux, et non les filets constituant les analogues des houppes branchiales, qui sont placées en dehors et sur le côté de la tête. Cette singulière différence sert à prouver que le véritable usage des arceaux cartilagineux n'est point de soutenir les houppes branchiales. En procédant ainsi par voie d'exclusion, nous sommes naturellement conduits à admettre que, dans tous les cas, les arceaux branchiaux sont destinés surtout à établir une communication libre, propre à faciliter l'entrée et la sortie de l'eau à travers les fentes branchiales, fentes qu'un mécanisme plus ou moins compliqué peut modifier en resserrant ou en écartant les arceaux branchiaux. C'est ainsi que la nature aurait reproduit chez les reptiles dont nous nous occupons un appareil analogue à celui des poissons, surtout sous le rapport de la fonction. Ce rapprochement devient encore plus évident si l'on compare, comme l'a fait le célèbre Cuvier, les pièces qui entrent dans la composition de l'hyoïde du têtard, et si l'on a égard au mode de distribution des vaisseaux branchiaux, qui, chez les très-jeunes têtards, répètent parfaitement la circulation branchiale des poissons. Tout ce que nous venons de dire s'applique à la disposition et aux fonctions d'une partie de l'hyoïde, à celle qui n'est que transitoire. Nous allons actuellement parler des autres pièces cartilagineuses qui, quoique destinées à être modifiées, serviront à former l'hyoïde de la Grenouille. Nous avons vu qu'en outre des arceaux cartilagineux, il y a deux larges plaques (n° 3) qui servent à les soutenir; ces dernières pièces cartilagineuses tendent à se confondre de plus en plus avec le cartilage central (n° 1); les pièces cartilagineuses (n° 2) sont assez importantes à considérer; leur volume est tellement remarquable, si on le compare à celui qu'ils auront chez la Grenouille, qu'il est impossible de ne pas admettre une différence de fonction dans les deux cas. Chez le têtard, la forme de ces pièces est difficile à déterminer; leurs extrémités internes, celles qui touchent à la pièce médiane, sont en forme de croissant, supportées par un rétrécissement ou col que détermine surtout une saillie cartilagineuse du bord supérieur. L'extrémité externe de chacune de ces pièces se termine par un bord arrondi, assez large et présentant une facette articulaire (fig. 4) qui indique le point sur lequel le cartilage de la mâchoire inférieure s'appuie. Sur la face antérieure de ce cartilage, et tout-à-fait sur le bord externe, s'implante un petit muscle très-fort (T, fig. 6), qui de son autre extrémité va s'implanter sur le pourtour inférieur de l'orbite. Si l'on examine d'une part la direction, le point d'attache et le volume de ce muscle, et de l'autre la disposition et le rapport de chaque pièce cartilagineuse, on se rendra facilement compte de son utilité. En effet, le cartilage (n° 2) prend son point d'appui sur la première pièce de la mâchoire inférieure. Ce point est un peu dépassé par la tige cartilagineuse elle-même, et c'est sur l'extrémité de cette tige que s'implante le muscle qui va s'insérer au bord inférieur de l'orbite, et qui doit la mouvoir comme un levier du premier genre.

La conséquence est le soulèvement antérieur de la pièce cartilagineuse (n° 1), et par cela même le soulèvement antérieur de tout l'hyoïde. Ce mouvement doit nécessairement écarter les arceaux cartilagineux et agrandir les fentes branchiales. Un autre muscle très-prononcé chez le têtard s'insère aussi sur la même extrémité de chaque cartilage n° 2 (*voy.* fig. 6, t), ce qui fait qu'il est placé transversalement en avant du corps de l'hyoïde et au dessus du cœur. Celui-ci semble l'antagoniste des deux muscles que nous avons décrits ci-dessus; il rapproche les deux extrémités des pièces (n° 1), ce qui ramène tout le corps de l'hyoïde dans la cavité buccale et rapproche les arceaux cartilagineux l'un de l'autre, en leur faisant décrire une courbe plus grande. De ces trois muscles que nous venons de décrire, les deux premiers sont transitoires, le troisième ne l'est pas tout-à-fait. De très-volumineux qu'il était dans le principe, il devient de plus en plus petit, s'élargit et se continue plus tard avec les fibres du muscle mylo-hyoïdien.

Beaucoup d'autres muscles s'insèrent sur l'hyoïde; mais comme les insertions ont lieu sur des pièces qui ne font que varier et qui doivent persister, il n'en sera pas question ici.

Métamorphose de l'hyoïde.

A une époque où les changemens survenus dans la circulation du têtard sont tels que la plus grande quantité du sang n'est pas dirigée du côté des vaisseaux branchiaux, par suite des changemens remarquables survenus dans le calibre des autres branches vasculaires, il arrive que les houppes branchiales s'atrophient; que les vaisseaux principaux eux-mêmes situés sur chaque arceau cartilagineux s'oblitèrent, et que d'autres organes prennent plus de volume. Cette époque de la vie du reptile est très-remarquable et très-variable, puisqu'elle est soumise aux conditions physiologiques de la circulation; conditions qui peuvent être modifiées par plusieurs causes non encore bien appréciées. Tout le monde sait que les têtards de Grenouilles mettent un temps bien plus considérable à leur transformation lorsqu'on les tient captifs. Nous avons vu de ces têtards passer un hiver entier presque sans avoir subi de changement. On aurait dit que la saison était passée pour eux. Nous avons aussi gardé plusieurs têtards de Salamandres qui venaient de sortir de leurs œufs; au bout de quatre mois ils n'avaient pas le volume de ceux de quinze jours, et ce retard tient au défaut de nourriture; mais il y a aussi d'autres causes qui agissent sur leur développement plus ou moins rapide; nous serions portés à croire que la température surtout influe puissamment sur le passage rapide de l'état de larve à celui d'animal parfait. Nous ne pensons pas que la lumière ait la moindre influence sur les têtards, comme on l'a avancé depuis quelque temps. Ainsi, à part les causes déterminant les changemens de calibre des vaisseaux, il nous paraît bien certain que la Métamorphose du têtard commence lorsque la circulation s'est modifiée, aussi voyons-nous cette époque se passer avec une grande rapidité, et coïncider surtout avec l'atrophie de l'hyoïde. On dirait que, n'ayant plus besoin du secours des branchies pour vivre, le têtard ne doit pas non plus avoir besoin d'un appareil hyoïdien semblable à celui des poissons; la fonction disparaît avec l'appareil locomoteur, au moment où le reptile est appelé à une organisation plus élevée. En examinant donc l'appareil hyoïdien au moment de la Métamorphose de la circulation, nous voyons d'abord les arceaux cartilagineux diminuer, surtout en longueur, ensuite les masses latérales (n° 2); les prolongemens cartilagineux (p, p, p,) disparaissent les premiers, excepté les deux (p', p'.) A cette époque tout l'hyoïde semble affaissé et moins soutenu; cela dépend de la disparition des cartilages (p, p, p) qui servaient comme d'arcs-boutans aux arceaux branchiaux.

Les deux cartilages n° 2 s'amincissent tellement qu'ils semblent ne plus exister. Les trois pièces propres à former l'hyoïde se sont complétement réunies. Les prolongemens (p', p') sont rougeâtres et déjà plus durs que les autres pièces hyoïdiennes. C'est sur eux que s'insèrent les muscles dilatateurs et constricteurs de la glotte.

Un dernier changement s'opère dans l'appareil hyoïdien lorsque les arceaux branchiaux sont entièrement résorbés (fig. 5). Il ne reste alors que deux prolongemens (n° 4) qui ne sont autre chose que le restant des arceaux branchiaux. Ces espèces d'appendices restent très-long-temps à l'état cartilagineux. Enfin les deux pièces supérieures (n° 2) ont diminué en largeur. Après ces changemens opérés, il y a beaucoup de différence entre l'hyoïde du têtard et celui de la Grenouille, surtout pour ce qui regarde le cartilage (n° 2). Celui-ci s'amincit de plus en plus, se détache d'une partie du croissant, laisse ainsi l'échancrure inférieure et la pointe supérieure de ce même croissant s'isoler davantage. De ces changemens résulte la forme définitive que prend l'hyoïde chez les Grenouilles (*voy.* pl. 360, fig. 5). Les deux extrémités (p', p') sont ossifiées et ont pris une autre forme.

Métamorphose des œufs des poissons avant la formation de l'embryon.

Pour compléter l'histoire des *Métamorphoses*, il ne nous reste plus qu'à faire connaître les observations de M. Rusconi, en faisant remarquer toutefois que le mot Métamorphose, appliqué aux évolutions de l'œuf, n'est peut-être pas bien exact; mais le travail du naturaliste italien étant plein de détails curieux, nous n'avons pas cru devoir résister au plaisir de le traduire et d'en enrichir le Dictionnaire. Outre ses rapports avec l'objet de cet article, il aura d'ailleurs le mérite de servir d'utile renseignement pour le mot Œuf.

Nous conservons au reste au Mémoire de M. Rusconi sa forme épistolaire, afin de faire profiter nos lecteurs de tout ce que cette forme a d'original et de saisissant dans les écrits des savans, quand elle est bien appliquée, comme dans la circonstance présente. Le correspondant de M. Rusconi est le professeur E. H. Weber (de Halle).

« Dans ma dernière lettre, dit le savant italien, où je parlais de l'histoire du développement du *Perca fluviatilis*, j'ai dit que je n'avais pas pu découvrir dans les œufs de ce poisson les Métamorphoses qu'on observe toujours dans les œufs des Grenouilles avant la formation de l'embryon. Cependant je ne suis pas sûr que mes observations aient été faites avec toute la précision nécessaire; j'avais surtout négligé les moyens chimiques d'investigation. Il est vrai que M. Baër, dans son Histoire du développement des poissons, qui vient de paraître, ne parle pas non plus des Métamorphoses des œufs de ces animaux. Néanmoins je restais dans le doute, et je me proposai de répéter mes expériences, en les faisant autant que possible sur des fécondations artificielles. Dans ce but, j'ai loué, au commencement de juillet, un appartement sur les bords du lac Comer; c'est, d'après les pêcheurs, l'époque à laquelle le *Cyprinus tinca* et le *Cyprinus albinus* pondent leurs œufs. Le 10, placé sur une petite barque, j'opérai la fécondation artificielle de la manière suivante. Je pris un vase en faïence dont le vernis intérieur était d'un brun foncé, et je le remplis d'eau de mer; j'y plaçai une certaine quantité d'œufs qu'un pêcheur avait retirés par compression de l'ovaire d'un poisson femelle, tandis qu'un autre pêcheur versait sur ces œufs deux ou trois gouttes de la semence du mâle. Les œufs tombèrent de suite au fond du vase; ils étaient fort transparens et d'une couleur jaune-verdâtre comme l'huile d'olive. La semence, couleur de lait, était épaisse; elle forma dans l'eau comme un nuage, et finit par se déposer au fond. De retour chez moi, j'examinai ces œufs avec une grande attention. Ils étaient parfaitement ronds, et se collaient au fond du vase; leur enveloppe était très-distincte, et une petite quantité d'eau s'était déjà introduite entre elle et l'œuf. Je remarquai avec intérêt que ces œufs diffèrent essentiellement de ceux de la Perche; en effet, on n'y trouve pas au milieu la vésicule ombilicale qui existe chez ce dernier poisson, comme je l'ai dit précédemment, et qui diminue à mesure que croît l'embryon, jusqu'à ce qu'il rentre enfin dans le canal intestinal. Quatre heures après la fécondation, je vis quelques œufs qui avaient perdu leur transparence et pris une couleur pâle; le nombre en augmentait peu à peu, et au bout de vingt-quatre heures tous étaient devenus opaques, de manière que je les regardai comme ne pouvant plus me servir pour mon expérience. J'opérai donc une nouvelle fécondation artificielle, attribuant le peu de succès de la première à cette circonstance que les œufs avaient été trop serrés dans le vase. Je mis mes œufs sur une assiette plate recouverte d'un papier bleu. Cinq heures après la fécondation, je trouvai des œufs devenus opaques d'un côté; peu à peu ils le devenaient tous, et je commençais à désespérer du succès de mon expérience.

» Le lendemain, c'est-à-dire vingt-quatre heures après la fécondation, je trouvai que presque tous les œufs étaient d'un blanc mat sur un côté, et sur ceux qui étaient restés transparens je remarquai une chose nouvelle pour moi. Je transportai ces derniers, au nombre de huit à dix, dans des verres de montre. Au bout de six ou sept heures, je vis, à l'aide du microscope, le petit embryon, qui déjà exécutait plusieurs mouvemens; et vingt-quatre heures plus tard, c'est-à-dire cinquante heures après la fécondation, je vis, à ma grande joie, les petits poissons éclore et sortir de leurs enveloppes. Je répétai encore la fécondation artificielle, seulement pour m'assurer si les œufs des poissons subissent les mêmes Métamorphoses que j'avais observées chez les Batraciens à queue et sans queue. Pour cela, une demi-heure après la fécondation artificielle des œufs, je détachai de l'assiette un morceau de papier sur lequel se trouvaient huit à dix œufs parfaitement transparens, je plaçai ces œufs dans un verre de montre rempli d'eau; et, sans détacher les œufs du papier, je versai dans ce verre quatre à cinq gouttes d'un mélange composé d'une partie d'acide nitrique et de huit parties d'eau. Cette petite quantité d'acide était suffisante pour arrêter le développement qui avait commencé dans les œufs; de manière qu'au bout de quelques minutes ils avaient tous perdu leur transparence, non pas sur toute leur surface, mais seulement sur la partie qui correspond à l'hémisphère brun de l'œuf de la Grenouille. Je répétai cette observation de quart d'heure en quart d'heure pendant dix heures consécutives, en ayant bien soin de n'exposer à l'action de l'acide que les œufs parfaitement transparens: c'est à l'aide de ce procédé chimique que j'ai pu apprécier les Métamorphoses qui s'opèrent dans les œufs avant la naissance de l'embryon, et j'ai réussi à les suivre depuis la fécondation jusqu'à l'entier développement. Je vais vous les détailler.

» L'œuf du Tinca forme un globule parfaitement rond. Il est presque aussi transparent que le cristal; la membrane vitelline est assez solide, et le liquide qu'elle contient est très-fluide. L'œuf, ou le vitellus, ou le germe (car ces trois mots sont synonymes pour l'œuf des Batraciens), est enveloppé d'une membrane particulière, très-mince et transparente, qui est parfaitement adhérente à la membrane vitelline tant que l'œuf reste dans l'ovaire, mais qui s'en détache peu à peu au moment où l'œuf a été pondu, et à mesure que l'eau pénètre à travers les enveloppes de ce dernier. La membrane vitelline est recouverte d'une matière glutineuse qui est peu apparente dans l'œuf du Tinca, et qui sert à fixer les œufs sur l'endroit où ils ont été pondus; mais plus tard cette matière se dissout dans l'eau, et les œufs deviennent libres. A l'aide du microscope, on remarque dans le vitellus une grande quantité de corpuscules de différentes grandeurs, entremêlés de vésicules qui ressemblent à de petites gouttes d'huile. C'est à ces vésicules que le vitellus doit sa couleur jaune-verdâtre.

» Peu de temps après la fécondation, l'œuf perd sa forme sphérique et prend celle d'une poire. Il se forme une espèce de gonflement sur une partie de la surface, et les corpuscules vitellins, d'abord disséminés dans l'œuf, viennent se réunir à la base de ce gonflement. Une demi-heure après cette première modification, apparaissent deux sillons sur le point renflé du vitellus, qui se rencontrent à angle droit. Un quart d'heure plus tard il s'en présente deux autres à côté des premiers; de sorte que la partie avancée du vitellus, composée d'abord de quatre lobules, en présente maintenant huit. Au bout d'un nouveau quart d'heure, chacun de ces huit lobules se trouve partagé en quatre par six nouveaux sillons, qui se croisent également à angle droit. Une demi-heure après, il se forme encore d'autres sillons qui se croisent avec les précédens, ce qui fait que les lobules deviennent encore plus petits et plus nombreux, au point qu'il est difficile de les compter. De nouveaux sillons se forment encore; les globules deviennent de plus en plus petits, et finissent par disparaître; de sorte que la partie avancée du vitellus devient aussi unie que dans l'origine.

» C'est à cette époque que le vitellus commence à se transformer en embryon. La portion de la membrane vitelline qui recouvrait le point avancé constitue la queue du poisson. La transformation s'étend peu à peu à toute la surface du vitellus, à l'exception d'une petite fente à peine visible, qui forme l'anus comme chez les Grenouilles et les Salamandres. Mais avant que la peau se soit entièrement organisée, c'est-à-dire avant que la transformation ait gagné les trois quarts du vitellus, il se présente sur la membrane une tache légère, de forme triangulaire, blanchâtre, transparente, dont l'étendue n'est pas bien déterminée; cette tache s'avance vers la pointe du vitellus, où elle se perd. C'est le premier rudiment de la colonne vertébrale.

» L'organisation de la membrane fait de plus en plus des progrès; la tache se rétrécit et s'allonge, les contours en deviennent plus tranchés, et quand toute la membrane vitelline s'est transformée en peau, que l'anus est formé, cette tache commence à faire relief sur le reste de la surface du vitellus. L'embryon prend des limites plus nettes, s'allonge peu à peu, s'élargit à une de ses extrémités, ce qui indique une des premières traces de la tête.

» J'ajouterai seulement que quarante heures après la fécondation les petits embryons du Tinca présentent les premiers mouvemens vitaux, qui sont très-faibles, et ils quittent leur enveloppe fœtale douze heures plus tard. Le sang a déjà sa couleur naturelle. Au moment où ils quittent leur enveloppe, ces petits poissons paraissent tout abasourdis : ils restent des heures à la même place. Quand on les touche, ils se mettent aussitôt à nager, mais seulement pendant quelque temps. Leur manière de nager est tout-à-fait celle du têtard lorsqu'il a quitté l'œuf. Ce n'est qu'après que les premières traces de la vésicule natatoire et des nageoires pectorales sont formées, que les jeunes Tincas se placent sur le ventre, et ils ne nagent parfaitement que lorsque les nageoires pectorales, qui naissent les premières, sont suffisamment développées, et que la vésicule natatoire, qu'on remarque distinctement à travers la colonne vertébrale et les muscles dorsaux, forme un sac ovale. Vers le septième jour, il s'échappe de l'anus une matière grise floconneuse; c'est alors que tous les intestins du bas-ventre sont assez développés pour fonctionner; et en effet, le huitième jour l'animal commence à chercher sa nourriture. Il est très-vorace, et ne veut que de la matière animale. Le *Cypr. alburnus*, L., et les Ablettes (Gardons), au contraire, se nourrissent, au moins pendant leur jeunesse, de substances végétales. J'ai nourri des petits du *Cypr. Tinca* avec des punaises aquatiques; ils les attrapaient avec peine, et les avalaient. Quant aux Ablettes, je les ai nourries de belle matière végétale verte, que l'eau de la mer, retirée aux heures les plus chaudes, déposait pendant la nuit. Je ne dois pas oublier de vous faire remarquer que, pendant l'opération, la température de ma chambre était de 18 à 20 degrés R. Les Ablettes, quoique plus petites que les Tincas (puisque les plus longues n'ont pas plus de six pouces), pondent cependant des œufs plus gros, qui par conséquent sont préférables pour l'étude du développement des Cyprins; on peut d'ailleurs s'en procurer facilement, ce poisson étant très-commun.

» Après la disparition de tous les sillons, lorsque l'œuf fut parvenu à un degré de développement suffisant, je cessai d'employer l'acide nitrique; je posai les œufs que je voulais observer dans un verre de montre, sur un drap noir ou sur une petite plaque d'argent bien polie, et je les examinai avec une loupe simple de 14 millimètres de foyer. Je n'ai pas pu employer un grossissement plus fort, parce que j'étais obligé de faire mes observations dans l'eau.

» C'est ainsi que j'ai réussi à observer la formation de la colonne vertébrale. Je me suis convaincu que chez les poissons, au moins chez les Cyprins, elle n'est pas divisée au commencement en deux parties écartées, comme cela existe chez les Batraciens à queue et sans queue et chez beaucoup d'autres animaux; elle se forme au contraire d'une seule pièce. Cette observation est, comme vous voyez, défavorable aux lois établies par M. Serres, et démontre que souvent nous nous hâtons trop de généraliser. Revenons à notre sujet. Ce que je viens de vous dire, monsieur, vous aura, je l'espère, parfaitement convaincu de la nécessité d'employer la fécondation artificielle et d'élever pendant quelque temps les poissons chez soi, si l'on veut bien étudier leur développement. M. de Baer dit qu'il n'a réussi que très-rarement à faire développer des œufs nouvellement fécondés apportés dans sa chambre, malgré la peine qu'il s'est constamment donnée de les tenir dans l'eau fraîche. Je crois que ce renouvellement d'eau est précisément la cause de son peu de réussite, et je m'appuie sur les observations suivantes que le hasard m'a fait faire.

» Pendant mon séjour à Desio, je fus me promener par une belle matinée de juillet sur les bords du lac de Villa-Traversi. J'entendis tout à coup un bruit qui m'attira. Je crus d'abord que c'était quelqu'un qui frappait l'eau avec la paume de la main ou avec des rames; mais je me trompais; c'étaient des poissons qui pondaient. Je m'approchai doucement sans en être aperçu; et caché par des broussailles, je pus observer tout à mon aise. Les poissons se trouvaient à l'embouchure d'une petite rivière dont l'eau était fraîche et limpide, et assez basse pour que l'on vît distinctement les cailloux qui étaient au fond. Vous savez que beaucoup de poissons ont l'habitude de déposer leur frai à l'embouchure des fleuves, comme par exemple les Saumons; mais les poissons que j'examinais n'appartiennent pas à cette famille : c'étaient des *Cyprinus gobio.* Ils déposèrent leur frai de la manière suivante : ils s'approchèrent de l'embouchure de la rivière; puis, en se donnant une impulsion rapide, ils y parcoururent un espace de deux pieds et demi en glissant avec le ventre sur les cailloux. Ensuite ils s'arrêtèrent, balancèrent leurs queues à droite et à gauche, et se frottèrent le ventre contre les cailloux. A l'exception du ventre et du dessous de la tête, tout le reste du corps était hors de l'eau. Ils restèrent dans cette position 7 à 8 secondes; puis ils frappèrent vivement le sol de leurs queues, ce qui fit jaillir l'eau tout autour d'eux. Le but de ce mouvement était de se retourner et de regagner le lac, pour recommencer peu de temps après. On sait qu'un naturaliste a prétendu que les poissons, lorsqu'ils fraient, se couchent sur le côté, de manière à ce que l'abdomen du mâle soit près de celui de la femelle. Je ne discuterai pas ce fait; mais je puis assurer que les poissons dont je parle ne faisaient pas ainsi : les mâles et les femelles montaient la rivière, les premiers pour y lancer leur semence, les autres pour y déposer leurs œufs. Ce qui me frappa, c'est que parmi ces poissons, dont les plus grands n'avaient pas plus d'un pied, il s'en trouvait de tout petits; j'ignore si ces derniers pondaient aussi des œufs, mais ils s'élançaient dans la rivière comme les autres. Je jouissais de ce spectacle depuis un quart d'heure, lorsque je vis arriver un canard musqué qui attrapa un des petits au moment où celui-ci voulait retourner dans le lac, ce qui fit fuir toute la troupe. J'examinai alors les œufs qui venaient d'être pondus : ils n'étaient ni entassés, comme ceux de la Grenouille, ni placés en file comme ceux du Crapaud, ni en bandes comme ceux de la Perche fluviatile; ils étaient disséminés çà et là, et tout le fond de la rivière en était couvert.

» Je remplis un vase d'eau du lac, et j'y posai trois ou quatre pierres sur lesquelles étaient attachées quelques douzaines d'œufs. Je plaçai ce vase dans un coin de ma chambre, et je n'y fis plus attention. Huit à dix jours après, j'y découvris quatre petits poissons bien développés qui nageaient avec vivacité : ils étaient très-petits, et se distinguaient surtout par leurs yeux qui formaient deux points noirs assez larges. Tout le reste du corps était si transparent, qu'on n'aurait pu l'apercevoir si l'intérieur du vase n'eût pas été brun. Vous voyez, monsieur, qu'à cet égard j'ai été plus heureux que M. de Baër; car non seulement j'ai observé la Métamorphose de l'œuf avant la naissance de l'embryon, mais j'ai aussi pu sans difficulté faire développer des œufs recueillis immédiatement après la fécondation. M. de Baër dit, par exemple, qu'il fut obligé de continuer ses opérations à l'endroit même où les poissons avaient déposé leurs œufs; il espérait par là donner un bon conseil aux observateurs qui voudraient s'occuper de cet objet. Mais je crois qu'ils s'en occuperont avec plus de succès en se servant de la fécondation artificielle, qui leur donne en même temps la facilité d'observer les premières Métamorphoses de l'œuf après l'influence de la semence, et de constater un fait que j'ai déjà exposé plusieurs fois, mais que je veux rappeler ici : c'est que le mode de développement des Grenouilles et des Poissons diffère de celui des Oiseaux. Je sais que beaucoup de savans regardent le vitellus de l'œuf des Oiseaux, des Poissons et des Amphibies, comme analogue à la vésicule ombilicale des Mammifères; je veux bien admettre cette analogie pour les œufs des Oiseaux, des Serpens, des Lézards et des Sauriens, mais je ne puis l'admettre pour ceux des Batraciens et des Poissons, puisque mes observations me démontrent le contraire. Chez les Oiseaux, par exemple, la membrane blastodermique qui enveloppe le vitellus est un appendice du canal intestinal, un évasement de cet intestin, qui se retire dans la cavité du bas-ventre, comme cela a été bien vu par M. Dutrochet et autres; au contraire, chez les Batraciens et les Poissons, du moins chez ceux dont j'ai pu suivre le développement, la membrane sphérique qui renferme le vitellus ne forme pas un appendice de l'intestin, mais bien la peau de l'animal qui se forme. C'est elle qui s'organise la première; et lorsqu'elle s'est transformée en véritable membrane, l'œuf s'allonge dans une direction, s'aplatit et se raccourcit dans une autre, et devient embryon. Ce fait est évident. Cette différence en entraîne d'autres qui sont toutes plus ou moins intéressantes.

» Il est certain que ces principes généraux sont d'une grande simplicité; mais il est certain aussi que la nature réfute souvent les lois artificielles que nous lui imposons. Par exemple, si vous examinez l'œuf de la Perche fluviatile, vous y trouverez une vésicule ombilicale renfermée déjà dans la membrane sphérique du vitellus, laquelle membrane forme la peau externe de l'animal qui se développe. J'appelle cette vésicule, qu'on trouve immédiatement au dessous de la membrane vitelline, vésicule ombilicale, sans toutefois prétendre que cette dénomination soit juste. Je ferai remarquer cependant que le liquide huileux qu'elle renferme passe successivement dans l'intestin, et qu'à peu près 12 jours après on peut extraire ce liquide par compression du ventre de la petite Perche. On le reconnaît facilement, parce qu'il est spécifiquement plus léger que l'eau, et qu'il ne s'y dissout pas. Cette vésicule devient de plus en plus petite, et forme enfin un appendice de l'intestin vingt-neuf jours après la fécondation, et quelquefois plus tôt. C'est un fait qui rattache jusqu'à un certain point le mode

mode de développement de la Perche à celui des oiseaux et des Batraciens.

»En revenant sur l'histoire du développement de la Perche, j'ai trouvé que les œufs de ce poisson subissent à peu près la même Métamorphose que ceux des Batraciens. La partie de l'œuf sur laquelle se forment les sillons devient peu à peu d'un blanc pâle, tandis que dans l'œuf des Cyprins cette même partie, qui correspond à l'hémisphère brun de l'œuf de la Grenouille, est toujours très-transparente pendant la Métamorphose. On peut donc examiner la formation des sillons dans l'œuf de la Perche sans employer d'acide. Ces sillons se présentent toujours de profil, à cause de la vésicule ombilicale; leur formation se succède très-rapidement, c'est pourquoi je ne les avais pas vus la première fois que je me suis occupé de cet objet.

»Vous me demanderez peut-être si j'ai trouvé de la différence pour la vésicule de Purkinje (1) entre l'œuf des Batraciens et celui des Poissons; je répondrai que je n'ai jamais eu occasion d'examiner cette vésicule dans l'œuf des Poissons; je crois pourtant qu'elle y existe aussi bien que dans l'œuf des Oiseaux et des Amphibies. Dans ceux des Grenouilles elle est placée immédiatement au dessous de la membrane sphérique qui forme la peau de l'animal. Sa forme ressemble à celle d'une lentille très-convexe, elle augmente en grandeur à mesure que l'œuf s'avance dans l'oviducte, et elle disparaît après que ce passage a eu lieu. Il paraît que M. Baer admet que cette vésicule existe encore quelque temps après que l'œuf a été pondu, car il dit qu'une partie du liquide contenu entre l'œuf et son enveloppe provient de la vésicule de Purkinje; mais, je le répète, c'est une erreur, car la vésicule de Purkinje n'existe plus au moment de la ponte.»

Ici se termine la tâche que nous nous étions imposée. Nous avions d'abord le projet de nous borner à constater clairement l'état de la science touchant la grande question des Métamorphoses. Grâce à des travaux antérieurs couronnés par la première compagnie savante du monde, nous avons pu faire quelques pas en avant; sommes-nous parvenus par cela même à donner à notre article le cachet de l'originalité? C'est un doute que notre modestie ne saurait éclaircir. Quoi qu'il en soit, tout ce que nous avons exposé, soit de nous, soit des autres, est maintenant chose acquise à la science; l'avenir seul pourra faire le partage de ce qui n'y est que connu, fait ou renseignement, d'avec ce qui constitue un résultat véritablement progressif.

Explication des planches.

Pl. 353, fig. 1. Système nerveux du sphinx du troëne, *Sphinx ligustri*, à l'état de pupa au mois d'avril. On voit dans cette figure la situation respective des ganglions et des nerfs et la manière dont ils sont distribués aux muscles.

A, portion de la surface dorsale interne vue avec un grossissement de deux diamètres et demi pour montrer les muscles et les nerfs.

d, nerfs de la première paire de pattes.

e, deuxième paire de nerfs respiratoires.

f, double racine des nerfs de la première paire d'ailes.

g, nerfs de la seconde paire de pattes.

h, troisième paire de nerfs respiratoires.

i, nerfs de la seconde paire d'ailes.

k, nerfs de la troisième paire de pattes.

l, nerfs du cinquième ganglion fournissant des branches aux muscles dorsaux et au huitième segment.

m, nerfs du sixième ganglion.

n, *n*, *n*, *n*, etc., nerfs symétriques, lesquels, après avoir traversé les muscles longitudinaux de l'abdomen, viennent se distribuer aux muscles dorsaux.

o, *o*, *o*, *o*, *o*, nerfs respiratoires de l'abdomen.

p, *p*, *p*, *p*, *p*, extrémités des nerfs respiratoires, qui, après avoir traversé les muscles longitudinaux de l'abdomen, se divisent et passent sur chaque côté des trachées.

q, muscles longitudinaux du dos.

r, muscles longitudinaux de l'abdomen.

s, duplicatures des segmens.

t, séparation du thorax et de l'abdomen.

u, espace compris entre le troisième et le quatrième segment.

v, espace compris entre le premier et le second segment.

w, trachées antérieures.

Fig. 2. Système nerveux du Sphinx du troëne, *Sphinx ligustri*, à l'état parfait.

A, ganglions cérébraux.

B, nerfs optiques. Les chiffres se rapportent à l'ordre des ganglions.

o, *o*, *o*, nerfs respiratoires.

p, *p*, *p*, leur distribution aux trachées.

Fig. 3. Vue de profil du ganglion cérébral et de la portion thoracique du système nerveux du Sphinx à l'état parfait, avec un grossissement de deux diamètres et demi. Les chiffres indiquent les ganglions.

Pl. 354, fig. 4. Ganglion thoracique et nerfs qui en dépendent chez le Sphinx à l'état parfait.

a, nerfs de la première paire d'ailes.

b, *b*, doubles racines de ces nerfs.

c, plexus ou ganglion formé à la rencontre de ces deux racines.

d, nerfs de la seconde paire d'ailes.

e, quelques filets qui se distribuent aux muscles.

f, nerfs de la seconde paire de pattes.

g, *h*, trachées.

Les chiffres indiquent les ganglions. Cette figure est vue avec un grossissement de douze diamètres.

Fig. 5. Portion antérieure des nerfs de l'abdomen dans leur enveloppe propre.

a, cette enveloppe.

b, nerfs respiratoires.

c, nerfs symétriques ou moteurs sensitifs.

7 et 8, ganglions. L'insecte sur lequel a été fait le dessin était à l'état parfait.

Pl. 355, fig. 6. Ganglion cérébral et nerfs de la trompe grossis de quinze diamètres. Les lettres indiquent les mêmes objets que dans la figure 15.

B, nerf optique.

D, nerf des antennes.

Pl. 354, fig. 7, 8, 9. Ces figures représentent des coupes verticales de la larve, du pupa et de l'insecte parfait du *Sphinx ligustri*. On y voit la situation respective des systèmes circulatoire, alimentaire et nerveux dans les trois états de larve, de nymphe et de papillon; les duplicatures du tégument extérieur se prononcent de plus en plus par les contractions des muscles à leurs attaches à mesure que l'organisation de l'insecte s'achemine vers l'état parfait. Les vaisseaux de la soie et une partie des organes de la génération ont été supprimés. Les chiffres indiquent l'ordre et le nombre des segmens. Le grossissement est de deux diamètres et demi.

a, *b*, le vaisseau dorsal et ses dépendances.

C, canal alimentaire.

c, œsophage.

d, estomac.

e, gros intestins.

f, vaisseaux biliaires.

g, cœcum.

h, colon et rectum.

i, testicule.

Pl. 353, fig. 10. Portion œsophagienne du canal alimentaire de la larve du Sphinx.

(1) C'est une vésicule qui se trouve dans l'œuf, et dont la nature et les fonctions sont encore l'objet des recherches et des discussions des physiologistes. Il en sera fait l'histoire à l'article Œuf.

b, muscles constricteurs du pharynx.
d, portion supérieure du vaisseau dorsal.
a, *b*, ganglions cérébraux et nerfs optiques développés à leurs dépens.
c, *c*, ganglion latéral antérieur.
e, *f*, ganglion et tronc du nerf vague vu en dessus et en situation.
Pl. 355, fig. 11. Vue interne d'une portion de la trompe de l'insecte parfait.
a, muscles transverses.
b, cavité de la trompe.
c, *d*, l'œsophage.
Fig. 12. Muscles longitudinaux et transverses de la trompe du Sphinx.
a, *a*, fléchisseurs.
b, extenseurs longitudinaux.
c, extenseurs transverses.
Fig. 13. Vue de côté de quatre articulations des antennes du Sphinx de la vigne, *Sphinx elpenor*.
Fig. 14. Vue de la surface articulaire des antennes
Fig. 15. Trachées de la trompe vues dans leurs rapports avec les nerfs du même organe.
a, grand nerf de la trompe.
b, son entrée dans l'organe.
c, sa branche externe.
d, sa branche principale allant dans les muscles de l'organe.
e, sa branche interne qui rampe le long de la surface interne de l'organe.
f, *h*, les trachées.
g, leur tronc commun.
Pl. 355 et 356, fig. 16 à 26. Changemens graduels et développement du système nerveux du Papillon de l'ortie vu avec un grossissement de douze diamètres. Les lettres et les chiffres indiquent les mêmes objets que dans la figure représentant le système nerveux du Sphinx du troëne, *Sphinx ligustri*, pl. 353, fig. 1.
Pl. 354, fig. 27. Vue postérieure du ganglion cérébral et œsophagien du Papillon de l'ortie, *Papilio urticæ*, grossi de douze diamètres tel qu'il apparaît quarante-huit heures après avoir passé à l'état de pupa.
A, ganglion cérébral.
B, nerfs optiques se développant et montrant leurs paquets fibreux.
C, développement de la membrane choroïde.
Fig. 28. Un ganglion abdominal du Papillon de l'ortie, vu par dessous, trente-six heures après le passage à l'état de pupa, grossissement de 30 diamètres.
e, nerfs transverses.
f, cordons spinaux.
g, petits nerfs qui marchent en diagonale.
h, nerfs symétriques.
Fig. 29. Ganglion abdominal après 48 heures de transformation, vu par dessous. Les lettres indiquent les mêmes objets qu'à la figure précédente.
Pl. 353, fig. 30. Vue de profil du ganglion cérébral, des nerfs qui en sortent et des premier et second ganglions sous-œsophagiens de la larve du *Sphinx ligustri*.
A, ganglion cérébral.
B, nerfs optiques développés.
C, nerfs qui s'anastomosent avec les ganglions latéraux antérieurs et avec les nerfs des antennes.
D, nerfs des antennes.
E, ganglion et nerf vague ou pneumogastrique.
F, racine double des nerfs de la première paire d'ailes.
G, cordons latéraux qui unissent le ganglion cérébral au ganglion sous-œsophagien et qui rampent le long de chaque côté de l'œsophage.
h, nerfs qui se distribuent sur les côtés de la mâchoire et qui sont sans doute les nerfs du goût.
d, nerfs de la première paire de pattes.
e, quelques filets des nerfs transverses qui passent autour de chaque côté de la portion cardiaque de l'estomac.
Fig. 31. Ganglion terminal de la larve du Sphinx.
e, nerfs transverses.
h, *h*, divisions et terminaison de la colonne des nerfs moteurs.
Fig. 32. Système nerveux de la grande Scolopendre, *Scolopendra morsitans*, Lin, dans sa situation naturelle. Les ganglions répondent aux paires de pattes.
Fig. 33. Surface d'un ganglion moteur *b*.
a, moteurs.
c, filets des nerfs involontaires.
Fig. 34. Ganglion cérébral et premier ganglion sous-œsophagien de la Scolopendre.
A, ganglions cérébraux.
B, nerfs optiques.
D, nerfs des antennes avec les larges ganglions qui sont à leur base.
E, ganglion sous-œsophagien donnant naissance aux grands nerfs des mâchoires et montrant leur double origine.
Pl. 357, fig. 35. Appareil nerveux considérablement grossi de la Nèpe cendrée, *Nepa cinerea*.
a, ganglion céphalique.
b, *b*, rétines et nerfs optiques.
c, œsophage qui s'engage dans le collier du prolongement rachidien.
d, *d*, paires de nerfs qui naissent du ganglion perthoracique.
e, *e*, paires de nerfs qui naissent du ganglion métathoracique.
f, *f*, paires de nerfs naissant du prolongement rachidien.
g, *g*, paires de nerfs qui terminent le prolongement rachidien.
Fig. 36. Appareil nerveux de la Pentatome grise, *Pentatoma grisea*, considérablement grossi.
a, ganglion céphalique.
b, *b*, bulbes des nerfs optiques principaux.
c, *c*, rétines et nerfs optiques doubles des yeux à réseaux.
d, *d*, rétines et nerfs optiques des ocelles.
e, *e*, trois paires de nerfs naissant du ganglion céphalique et destinés aux diverses parties du bec.
f, *f*, une paire de nerfs naissant de l'origine du prolongement rachidien.
g, *g*; *h*, *h*, nombreuses paires de nerfs naissant des ganglions thoraciques.
i, *i*, quatre paires de nerfs récurrens naissant du prolongement rachidien abdominal.
j, *j*, continuation de ce dernier.
k, *k*, quatre paires de nerfs terminant le prolongement rachidien.
Fig. 37. Appareil nerveux de la Cigale de l'orme, *Cicada orni*, considérablement grossi.
a, ganglion céphalique.
b, *b*, rétines et nerfs optiques des grands yeux.
c, rétines et nerfs optiques des ocelles.
d, *d*, paires de nerfs naissant des ganglions thoraciques.
e, *e*, paires de nerfs naissant du prolongement rachidien abdominal.
f, *f*, paires de nerfs qui terminent le prolongement rachidien et qui se distribuent principalement aux organes de la génération.
Fig. 6. Embryon de l'Aselle d'eau douce grossi et vu latéralement; *a*, *b*, antennes; *c-f*, mandibules et mâchoires; *g-m*, pattes; *o*, appendice latéral.
Fig. 7. Le même dans sa position naturelle et vu par dessus.
Fig. 8. Le même vu par devant; *c*, labre et mandibules; *t*, appendice latéral.
Fig. 9. Embryon plus avancé vu de côté; *a*, *b*, antennes; *d-f*, mandibules; *h-n*, pattes; *p-s*, membres abdominaux.
Fig. 10. Le même vu en dessus.
Fig. 11. Le même vu en dessous.
Fig. 12. Un embryon plus avancé; les mêmes lettres indiquent les mêmes parties.
Fig. 13, 14 et 15. Un embryon plus avancé vu sous différentes faces.
Fig. 16 et 17. Un embryon presqu'à terme.
Fig. 18. Embryon parfait.
Fig. 19-22. Appendice latéral.
Pl. 358, fig. 1. Zoë géant de Westwood, de grandeur naturelle.
Fig. 2. Le même, grossi.
Fig. 3. Antenne externe.
Fig. 4. Antenne interne.
Fig. 5. Le labre.
Fig. 6. Une mandibule représentant un palpe.
Fig. 7. Maxillaire inférieur.
Fig. 8. Maxillaire de la seconde paire.
Fig. 9. Pied-mâchoire de la première paire développé sur un organe natatoire.
Fig. 10. Pied-mâchoire de la seconde paire développé de même.
Fig. 11. Pied-mâchoire de la troisième paire à l'état rudimentaire.
Fig. 13. Vue de la face inférieure du corps dépouillé de son bouclier céphalothoracique.
Fig. 13. Un appendice subabdominal.
Fig. 14. Queue grossie.
A. Jeunes Crabes de terre qui ne subissent point de métamorphose; œufs dont ils tirent leur origine.

Fig. 1. Un œuf de grandeur naturelle.
Fig. 2. Le même grossi, vu en dessus.
Fig. 3. Le même, vu en dessus, l'enveloppe externe étant déchirée; les jambes, d'un côté, sont étendues; sur le côté opposé on voit les branchies.
Fig. 4. Le même, vu en dessus et de côté.
Fig. 5. Le même, vu en dessus et de côté, les membres et la queue étendus.
Fig. 6. La queue.
Fig. 7. Les membres; les branchies qui sont à leur base ne sont point encore organisées.
B. Jeunes Crabes dans un âge plus avancé.
Fig. 8 Grandeur naturelle.
Fig. 9. Le même, grossi.
Fig. 10. Le même, vu en dessous.
Fig. 11. Partie antérieure du corps vu en dessous, pour montrer les pieds-mâchoires extérieurs, deux paires d'antennes et les yeux à l'extrémité des pédoncules qui les supportent.
Fig. 12 et 13. Une des antennes rudimentaires internes attachées à un tubercule charnu.
Fig. 14. Une antenne rudimentaire externe.
Fig. 15. Pied-mâchoire externe.
Fig. 16. Pied-mâchoire intermédiaire.
Fig. 17. Abdomen dépouillé de ses appendices.
Fig. 18. Partie inférieure de l'abdomen.
C. Age encore plus avancé.
Fig. 19. Grandeur naturelle.
Fig. 20. Le même, grossi.
Fig. 21. Partie antérieure du corps vue en dessous.
Fig. 22. Antenne interne séparée de sa large base.
Fig. 23. Antenne externe.
Fig. 24. Abdomen.

Pl. 359, fig. 1. *a*, l'œuf de la Salamandre à queue plate de grandeur naturelle, et grossi à côté. *b*, cette figure présente les changemens qu'a subis le globule pendant le court espace de trois jours. En l'examinant à la loupe on soupçonne déjà quelles sont les parties de l'embryon qui deviendront par la suite l'abdomen, la tête et la queue. Le globule, dès qu'il a été pondu, commence par grossir, ensuite il s'allonge, et la surface qui était lisse présente des petites éminences. *c*, représente l'embryon qui s'est déjà allongé, de telle sorte que son enveloppe étant courte, il est obligé de se courber. En l'examinant de près, on reconnaît facilement les parties qui par la suite prendront la forme de l'abdomen, de la tête et de la queue. Près de la grosse extrémité qui est la tête, on remarque des petites éminences, que l'on reconnaît pour les premiers rudimens de ses branchies et de ses pattes de devant. Enfin *d* représente le même têtard plus développé. Son abdomen ainsi que sa tête, sa queue et les rudimens des branchies sont devenus plus apparens. Dans la partie concave de l'embryon et vers sa grosse extrémité, on observe un petit sillon qui sépare sa tête d'avec l'abdomen; on voit distinctement le long de son bord convexe les rudimens de l'épine.

Fig. 2. Le têtard à son douzième jour. On commence à voir quelque trace obscure de ses yeux. Sur les deux branchies, qui sont plus longues que les autres, on aperçoit déjà les rudimens de deux feuillets. L'embryon change très-souvent de position avec une rapidité surprenante. Il paraît très-gêné dans cette petite cellule; il voudrait s'étendre en ligne droite et par conséquent il exerce continuellement une forte pression contre les parois internes de son enveloppe. La membrane qui forme le bord supérieur de sa queue s'étend en diminuant jusqu'aux épaules.

La figure 2′ est le même têtard, qui étant parvenu à sa maturité est sur le point de prendre la vraie forme de Salamandre; on l'a représenté dans le moment qu'il guette de très-près un petit limaçon pour s'assurer s'il est vivant, car les Salamandres ainsi que les Grenouilles ne fondent jamais sur leur proie qu'après l'avoir vue remuer et donner des signes de vie. Les branchies *b* sont sur le point de cesser leurs fonctions.

Fig. 3. La circulation branchiale du têtard de la Salamandre à son premier degré.

Fig. 3′. La même circulation modifiée en grande partie par la disposition des vaisseaux et sur le point de se métamorphoser.

Fig. 3″. La circulation de la Salamandre telle qu'elle restera toujours.

Fig. 3ᵃ. Vaisseaux branchiaux grossis; nº 3, la veine branchiale; nº 9, l'artère de même nom. Les anastomoses de ces deux vaisseaux se font par arcades nº 6 et 8, et il est curieux de voir circuler les globules du sang dans ces vaisseaux lorsqu'on assujettit l'animal vivant dans un petit vase d'eau et qu'on le soumet à un fort grossissement du microscope.

Fig. 4. Pièces cartilagineuses devant constituer l'hyoïde.
Fig. 5. L'hyoïde du têtard.
Fig. 5′. Le même os sur le point de se métamorphoser.
Fig. 6. L'hyoïde presque entièrement métamorphosé.
Fig. 7. L'hyoïde de la Salamandre crêtée.
Fig. 8′. Appareil hyoïdien de la Salamandre et ses muscles.
Fig. 8 et 9. Appareils hyoïdiens avec leurs muscles transitoires; *d*, *d*, *d*, muscles dilatateurs des branchies; *c* et *c*′, muscles constricteurs des branchies.
Fig. 10, 11 et 12. Disposition des cartilages qui recouvrent les fentes branchiales.

Sur la même planche 359 sont représentés les os du crâne de la Salamandre crêtée. Les lettres majuscules indiquent les os après la métamorphose; les petites lettres les différentes pièces qui composent ces os chez le têtard.

C, le frontal.
c, le pariétal.
G, le nasal.
H, le frontal antérieur.
K, le maxillaire supérieur.
k, même os chez le têtard.
F, l'intermaxillaire.
f, le même os divisé sur la ligne médiane chez le têtard.
B, os composé de trois pièces · l'occipital latéral, l'occipital supérieur, et le rocher.
b, *b*′, *b*″, les mêmes pièces séparées chez le têtard.
M, le ptérygoïdien.
m, le même os chez le têtard.
o, le jugal.
N, le tympanique.
D, le sphénoïde.
d, le même os divisé chez le très-jeune têtard.
L, le vomer.
l, *l*, le même os divisé chez le têtard.
U, aile orbitaire du sphénoïde.
P, maxillaire inférieur.
p, *p*′, les pièces composant chez le têtard le maxillaire inférieur.

Pl. 360, fig. 1. Têtard de la Grenouille verte sur le point de se métamorphoser. La bouche est fortement ouverte pour montrer les ouvertures branchiales internes qui sont presque complétement oblitérées.

Fig. 2. Les pièces qui composent l'hyoïde avant la naissance du têtard.
Fig. 3. L'hyoïde du têtard de la Grenouille verte vu par sa face antérieure, grossi.
Fig. 4. Le même hyoïde vu par sa face postérieure.
Fig. 5. L'hyoïde de la Grenouille verte.
Fig. 6. Disposition des organes d'un jeune têtard.
Fig. 6′. Têtard qui est sur le point de sortir de l'œuf.
T et *t*, muscles qui font agir l'hyoïde.
Fig. 6ᵃ, 6ᵇ, 6c, 6ᵈ. Les divers degrés de développement du tube intestinal chez le têtard de la Ggrenouille.
Fig. 7. Têtard de la Grenouille au cinquième jour (fortement grossi).
Fig. 8. Têtard de la Grenouille vu de côté pour montrer la disposition des vaisseaux de la queue et la membrane caudale qui est dans son maximum de développement. Les pattes antérieures sont encore cachées dans le sac branchial et forment une saillie au dessous de l'œil.
Fig. 8′. Muscles transitoires du bec du têtard.
Fig. 8″ et 8‴. Structure du bec du têtard.
Fig. 9. Disposition des viscères et des vaisseaux artériels et veineux chez un têtard bien développé.
Fig. 10. Rapports des viscères chez un têtard qui est sur le point de devenir Grenouille.
Fig. 11. Têtard de la Grenouille verte; *o*, l'ouverture latérale du sac branchial qui communique avec la bouche.

Les figures 12 à 26 montrent la structure des os de la Grenouille verte.

Fig. 12. Le tibia et le péroné soudés ensemble.
Fig. 13. L'humérus.
Fig. 14. Deux os du tarse réunis.
Fig. 15. Le fémur.
Fig. 16. L'os du bassin.
Fig. 17. Le radius et le cubitus soudés.
Fig. 18, 20, 22, 24 et 26. Phalanges.
Fig. 19. L'omoplate.
Fig. 21. Le coracoïdien.
Fig. 23. Le sacrum.
Fig. 25. La clavicule.

(G. G. de C. et M.-S.-A.)

MÉTAMORPHOSES. (BOT.) La loi de la Métamorphose des plantes ne nous est pas entièrement connue, malgré les recherches de Joachim Jungius, malgré la théorie de l'anticipation, *Prolepsis plantarum*, discutée par Linné (dans deux dissertations remarquables, insérées en ses *Amœnitates academicæ*, tom. VI, n°s 118 et 120), et malgré les réflexions de Wolf, le célèbre disciple de Leibnitz. C'est cependant cette loi qui perpétue les formes primitives qu'on observe, non seulement dans la série de mues que subit l'enveloppe extérieure, mais encore dans le changement complet des systèmes nutritif et digestif, ainsi que dans l'acquisition de divers organes nouveaux chez les insectes, chez les êtres que nous voyons aux portes de la vie, et qui, par une suite de changemens et d'acquisitions successives, rapprochent les siècles perdus des siècles dans lesquels nous vivons. Pouvons-nous espérer de saisir toutes les chances, tous les caprices, qu'on me passe le mot, d'un phénomène d'une si haute portée? Je ne le pense pas; jusqu'ici la science s'est perdue en des théories plus ou moins brillantes; elle a, suivant le temps, sacrifié à l'erreur, à l'enthousiasme, au despotisme de l'école, à la prépondérance d'un homme de talent ou de génie, au lieu d'enregistrer les faits, de les suivre dans leurs modes d'action les uns sur les autres, dans les conséquences qu'ils déterminent: on veut tout expliquer avant de bien connaître; une opinion devient règle; et, au lieu d'avancer dans l'étude des choses, on dispute sur les mots, on se divise en coteries, on laisse se perdre une foule de faits ou de circonstances fortuites qui auraient pu par leur réunion, par leur examen comparatif, fournir un rayon lumineux et amener à quelques résultats imprévus. La nature ne mesure pas le temps, elle marche plus ou moins lentement, plus ou moins directement à son but; les êtres qu'elle crée tournent dans un cercle immense avant d'atteindre le terme des combinaisons qui les ont fait naître. Comment espérer la suivre si les traditions ne sont que des jeux d'esprit, que des riens empruntés aux indications microscopiques?...

C'est au changement de milieux qu'il faut attribuer en grande partie les Métamorphoses que subissent nombre de plantes, et non pas toujours aux mêmes causes qui déterminent, dans le règne animal, celles du Protée, de la Vorticelle rotifère, du Tardigrade ou Paresseux, etc. En effet, la situation actuelle de la plante, l'humidité ou l'aridité du sol qui la porte, les variations subites de l'atmosphère, l'intensité du froid ou de la chaleur, l'âge de l'individu, le voisinage de corps absorbans, exercent une influence dont il est souvent impossible de se rendre compte. Je prendrai d'abord pour exemple parmi les Acotylédonées le Nostoc, *Nostoc commune* de Vaucher.

Sa substance est toujours la même, et, malgré le jeu bizarre auquel la nature le soumet, ses propriétés ne changent jamais. Frais, pulpeux et fortement coloré en vert, le Nostoc que nous avons vu, en été, par la pluie, se présenter à nous sous la forme d'une plaque plus ou moins grande, verdâtre et membraneuse, remplie d'une espèce de gelée dans laquelle on distingue une multitude de filamens allongés, menus, articulés, dont les figures passent de la ligne droite à la spirale, disparaît aussitôt que la pluie cesse. Tantôt il n'offre plus qu'une petite membrane sèche, en apparence inorganique, à laquelle on fait reprendre sa première forme en l'immergeant; tantôt il se change en Tremelle aquatique, *Tremella verrucosa*, ou bien en Lichen des rochers, *Lichen rupestris.* Vieux, débile, décoloré, il devient Lichen fasciculé, *Lichen fascicularis*, et une fois cette Métamorphose opérée, il lui est impossible de revenir à son état primitif: il a perdu son élasticité, il touche au déclin de sa vie. Dans un lieu bas et dont la surface est couverte de pierres, le Nostoc affecte l'aspect de la Tremelle en forme de Lichen, *Tremella lichenoides*; sur un sol moins humide et sur la terre nue, il représente ce qu'on appelle une variété du *Lichen tremelloides*, dont les extensions foliacées sont plus grandes et beaucoup moins charnues que celles de l'espèce à laquelle on rapporte cette variété. Dans les endroits inclinés et couverts de mousses, le Nostoc donne en quelques mois le Lichen gélatineux, *Collema gelatinosa*; placé sur le sable pur ou sur des débris de pierres, il offre un Lichen frisé, *Lichen crispus*, surtout après une pluie fine, tombée sans jets ni secousses; tandis que sur les rochers voisins de la mer il simule une plante assez voisine du *Lichen rupestris*, mais dont elle diffère par sa fugacité et sa couleur tirant un peu sur le rouge.

Toutes ces Métamorphoses, qu'on peut appeler primitives, sont suivies à leur tour d'autres transformations secondaires non moins nombreuses, non moins extraordinaires. Par exemple, si l'on applique contre une muraille le Nostoc changé en *Tremella verrucosa*, vous le voyez presque aussitôt s'amollir et produire le *Lichen rupestris.* Lorsqu'il est devenu *Lichen crispus*, voulez-vous le voir changer aussitôt d'aspect et offrir un Lichen dont la fructification consiste en petits corpuscules granuleux, *Lichen granulatus*, détachez ses expansions foliacées fixées aux arbres et transportez-les sur des sables humides. Ces divers changemens doivent, selon ce que je crois avoir bien remarqué, être l'effet du dégagement successif de l'oxygène transformé en gaz par une opération inverse à la respiration animale, que les vaisseaux du Nostoc exposé à la lumière poussent hors de leur sein. En se débarrassant du gaz superflu, chaque filet du Nostoc éprouve nécessairement des mouvemens de dilatation et de contraction plus ou moins lents ou rapides, d'une durée et d'une régularité plus ou moins grandes. Ce sont ces mouvemens qui portèrent Girod de Chantrans, Vaucher de Genève, Bivona de Palerme, et ceux qui les ont copiés, à classer le Nostoc dans la famille des Polypiers et à le déclarer une agglomération d'animalcules globuleux, très-agiles et absolument semblables à ceux des Infusoires. Malheureusement pour ces auteurs, l'analyse chimique a, sous les investigations de Braconnot, reporté le

Nostoc sur le terrain des végétaux, et donné de la consistance à l'opinion que j'ai publiée en 1821 ; je soutiens encore cette opinion aujourd'hui, que je suis appuyé sur de plus longues observations, sur des faits recueillis avec la plus scrupuleuse attention.

Passons maintenant à une classe de végétaux plus élevée. Chez les Monocotylédonées, la Fléchière, *Sagittaria sagittæfolia*, nous offre aussi des Métamorphoses fort remarquables. Quand la plante reste tout-à-fait plongée dans l'eau, son élément naturel, ou qu'elle est incessamment agitée par des courans rapides, elle est dépourvue de feuilles ; les pétioles sont sans lames, très-longs, dilatés en forme de rubans très-étroits, chez qui le limbe manque en entier ; ils ressemblent tellement aux feuilles de la Vallisnérie, *Vallisneria spiralis*, qu'il est très-difficile, surtout lorsqu'ils sont isolés, de les en distinguer. Linné, qui n'avait pu en observer le développement, les cite, dans sa *Flora lapponica*, pour les feuilles de cette Vallisnérie. Gunner commet la même faute dans la *Flora norwegica*. Bien avant eux, Gaspard Bauhin avait pris ces mêmes feuilles comme appartenant à une graminée. Sur le cristal tranquille des étangs, sur les eaux dormantes, la tige de la Fléchière s'élève au dessus de la surface de huit centimètres, avec ses feuilles pétiolées, presque cylindriques, nerveuses, en fer de lance, et avec ses fleurs blanches verticillées trois par trois. En l'une et l'autre circonstance, les fleurs et les feuilles exécutent nécessairement des fonctions toutes différentes.

Dans une classe plus élevée encore, les Dicotylédonées nous fournissent plusieurs exemples de semblables Métamorphoses. Je choisis de préférence la Renoncule des eaux, *Ranunculus aquatilis*, comme j'ai cité la Fléchière, parce qu'un botaniste de l'école moderne s'est attribué, bien gratuitement, en 1824, l'honneur de l'observation publiée (ce qu'il est bon de noter) dix et trente ans auparavant par Poiret et de Lamarck. Lorsque cette espèce de Renoncule est flottante au milieu des eaux, ses tiges lisses sont allongées ; ses feuilles divisées en filamens linéaires, fourchus, aux découpures parallèles, n'offrent plus que des faisceaux de fibres : De Candolle en fait son *Ranunculus fluitans*. Se trouve-t-elle dans un marais desséché? ses tiges sont rampantes, garnies de feuilles abondantes, arrondies, lobées, dont le limbe est plane, bien développé, sur lesquelles, depuis avril jusqu'en août, se balancent des fleurs blanches, portées sur de longs pédoncules : c'est alors le *Ranunculus aquatilis* de Linné. Se trouve-t-elle submergée et forcée de demeurer au fond des eaux? nouvelle Métamorphose ; les feuilles deviennent capillaires, divergentes, c'est le *Ranunculus capillaris* de quelques botanistes. La première et la troisième circonstance cessant, vous revoyez la Renoncule aquatique. Que de prétendues espèces disparaîtront de nos catalogues quand on aura suivi les plantes à toutes les époques de leur végétation, et dans les divers milieux qu'elles habitent en ce moment !

Il est positif que les phases d'une Métamorphose sont très-limitées, et que la plante tend incessamment à revenir à sa loi primitive ou bien à l'organe duquel elle s'est éloignée. La culture fait naître, à la place des épines dont la nature l'avait armé, des branches en tout semblables à celles qui sont habituelles à l'arbre. Le délire de l'horticulteur change les étamines en pétales, les folioles du calice en feuilles, les pétioles en lames foliacées, les bractées en houppes élégantes. Rendez le Genêt et l'Oranger au sol maigre où ils vivent à l'état sauvage, leurs épines protectrices renaîtront; abandonnez la Rose à cent feuilles, si elle ne périt pas, elle rentrera dans son type ; les organes sexuels cesseront d'être malades, et vous reverrez la *Rosa canina* dans sa simple élégance. Les fleurs supérieures de l'Ormin, *Salvia horminum*, ne seront plus stériles, et les bractées grandes et colorées qui les accompagnent seront simples, etc. Il en est de même des stipules de certaines Acacies, qui se convertissent en épines ; des grappes de la Vigne qui se métamorphosent en vrilles ; des divisions du calice des Clématites, des Aconits, des Ellébores, qui acquièrent la nature des pétales et en remplissent les fonctions, etc. Tant que dure l'accident, cause essentielle de ces changemens, tant qu'il exerce son influence, l'organe victime demeure privé de ses droits ; mais il les reconquiert l'année suivante pour en jouir pleinement, et tromper le botaniste inattentif.

Ainsi qu'on le voit, le phénomène des Métamorphoses n'est point limité aux plantes que l'on nomme improprement amphibies ; en étudiant la nature avec soin on le découvre dans les végétaux herbacés et dans ceux qui sont ligneux. Il est rare sur l'organe femelle, et je ne connaissais en 1818 qu'un seul fait qui nous le montrât sur les enveloppes de l'embryon, quand, dans l'automne de 1836, le péricarpe et le tégument propre de Gaertner se sont, sous mes yeux, changés en feuilles dans une Capucine, *Tropæolum majus*. Les Métamorphoses causées par la culture sont souvent prises pour des monstruosités : nous en ferons voir la différence plus bas (*voy.* au mot MONSTRUOSITÉ).

On confond souvent ensemble les mots Métamorphose et Dégénérescence : c'est une erreur, c'est une faute grave ; disons plus, c'est méconnaître la valeur des mots, c'est ignorer les lois de la nature, ainsi que je l'ai démontré plus haut, tom. II, pag. 492 et 493. La dégénérescence est un état permanent de maladie, un signe de déclin, comme l'hybridisme est un écart dans la fécondation. La Métamorphose ne fait point sortir une plante de sa famille, de son genre naturel : c'est donc un préjugé que de croire, avec certains paysans de nos contrées, le Froment susceptible de devenir Seigle, l'Orge de se changer en Avoine, ou bien, avec les peuples du Brésil, que les récoltes de plantes semées se convertissent tout à coup, dans certaines années, sous l'influence de telle température, en une graminée visqueuse, grisâtre, fétide, qu'ils nomment *Capim gordura* (herbe à la graisse), parce qu'elle repousse très-vite à la graisse les bestiaux qui s'en nourrissent, en même temps qu'elle épuise sensiblement leurs forces. J'ai précédemment expliqué la prétendue Métamorphose du Froment en Seigle (*voy.* au mot Froment); celle de l'Orge en Avoine vient de ce que, dans les années pluvieuses et sur les terrains maigres surtout, l'Orge de semence étant mêlée de grains d'Avoine, ceux-ci, se trouvant dans une circonstance éminemment favorable, tallent avec surabondance et étouffent les pousses de l'Orge.

Quant à la plante du Brésil, son apparition, à des époques plus ou moins rapprochées, sur des terres dont on change l'assolement, se rapporte au phénomène examiné sous le nom d'Apparitions spontanées de végétaux, tom. I, pag. 239 à 241.

(T. d. B.)

MÉTATARSE. (anat.). C'est cette portion du pied comprise entre le tarse et les orteils. Les os qui le forment constituent une partie du dos et de la plante du pied. Pour plus de détails, *voy.* Squelette.

(A. D.)

MÉTAUX. (min.) Autrefois les chimistes et les minéralogistes ne comprenaient sous ce nom que les corps indécomposables, qui étaient doués d'un éclat particulier ou métallique; mais aujourd'hui cette dénomination embrasse toutes les substances métalliques qui s'offrent sous leur véritable aspect ou qui s'y laissent facilement ramener au moyen du charbon. Elles sont au nombre de vingt-huit. Nous ne nous proposons point de faire connaître leurs propriétés particulières, leur nature et l'histoire de chacune en particulier; nous devons nous borner aux propriétés générales qui sont la *ductilité*, la *malléabilité*, la *ténacité* et la *densité*. Nous allons dire un mot de ces propriétés; mais avant tout nous donnerons le tableau des métaux d'après leur ordre de fusibilité :

Fusibles au dessous de la chaleur rouge.

Mercure à	39° au dessous de zéro du thermomètre centigrade.
Étain. . .	210
Bismuth. .	236
Plomb. . .	260
Tellure. . .	un peu moins fusible que le plomb.
Arsenic. .	indéterminé.
Zinc. . . .	370
Antimoine.	432

Infusibles au dessous de la chaleur rouge.

Argent. . . . . . à	20° du pyromètre de Wedgewood.
Cuivre.	27
Or.	32
Cobalt.	130
Fer.	130 et 158
Manganèse.	160
Nickel.	160
Palladium.	fusible au chalumeau à gaz oxygène.

Presque infusibles et ne pouvant point être obtenus en boutons au feu de forge.

Molybdène.	Schéelin ou tungstène.
Urane.	Chrôme.

Infusibles au feu de forge.

Titane.	Rhodium.
Cerium.	Platine.
Osmium.	Colombium ou cantale.
Iridium.	

La ductilité est la propriété de se réduire en un fil plus ou moins long par le moyen de la filière, et la malléabilité, celle qui permet à un corps de s'étendre en lame très-mince par le moyen du marteau ou du laminoir. Voici les métaux les plus usités dans les arts, suivant leur plus haut degré de ductilité et de malléabilité.

Ductilité.	*Malléabilité.*
Or.	Or.
Argent.	Argent.
Platine.	Cuivre.
Fer.	Étain.
Cuivre.	Platine.
Zinc.	Plomb.
Étain.	Zinc.
Plomb.	Fer.
Nickel.	Nickel.
Palladium.	Palladium.

Comme on voit, l'or est le plus ductile et le plus malléable des métaux. Une once d'or passée à la filière peut donner un fil de 73 lieues de longueur; la même quantité de ce métal, employée pour couvrir un cylindre d'argent, passée également à la filière, donnera un fil doré long de 97 lieues de 2000 toises. Ce fil, soumis à la pression du laminoir, pourra être réduit en une lame d'un huitième de ligne de largeur, longue de 111 lieues; et si l'on considère les deux côtés de la lame réunis, une once d'or couvrira une surface d'un quart de ligne de large sur une longueur de 111 lieues, ou en autres termes une superficie de 2400 pieds carrés.

La ténacité est la propriété qu'ont les corps de supporter avant de se rompre un poids plus ou moins considérable, et la densité c'est le nombre plus ou moins grand de molécules qui entrent dans la composition d'un corps; on l'appelle aussi pesanteur spécifique. Nous allons donner deux tableaux présentant, pour les métaux les plus en usage, l'un le poids que supporterait un fil de 2 millimètres de diamètre; et l'autre la pesanteur spécifique à la température de 0°, en prenant pour unité la densité de l'eau.

Ténacité.		*Densité.*	
Le fer.	149	Le platine.	20,8870
Le cuivre. . .	137	L'or . . .	19,3099
Le platine. . .	124	Le plomb.	11,3523
L'argent. . . .	85	L'argent .	10,4743
L'or.	68	Le cuivre.	8,7880
L'étain	24	L'étain. .	7,2914
Le zinc	12	Le fer. . .	7,2070
Le plomb. . .	10	Le zinc. .	6,8610

(J. H.)

MÉTEIL. (agr. et écon. dom.) Mélange de Seigle et de Froment fait dans des proportions arbitraires, et que l'on a le tort de semer, cultiver et récolter ensemble. Il n'est point aisé, comme l'observe Rozier, de se rendre compte du motif qui a pu décider à cette union, puisque rien ne la justifie, ni la nature du sol, que chacune des deux espèces de graminées veut de qualité différente, ni l'époque du semis, ni celle de la maturité. Dira-t-on que la valeur vénale de ce mélange est plus forte que celle du Seigle vendu séparément? Cette raison ne prouve pas la nécessité de les semer ensemble; le mélange se ferait beaucoup mieux après la récolte, quand les deux grains, bien et dûment nettoyés, seraient réduits en farine; on préviendrait de la sorte les maladies graves que le Seigle impur détermine toujours; on aurait un pain savoureux et long-temps frais. Dans la pratique ordinaire, la récolte du Méteil se fait toujours aux dépens de l'un des deux grains; en attendant trop, le Seigle s'égrène très-aisément, jonche le sol ou se perd durant le transport à la ferme; en moissonnant trop tôt, le Blé n'a pas encore atteint son premier degré de maturité, et par conséquent les qualités nutritives qui lui sont propres. La mouture du Méteil réussit également fort mal et n'est nullement économique. Il serait donc utile d'abandonner totalement une culture semblable; mais comme il est certain que le mélange des deux farines est lié à la conservation de la santé, l'on fera bien de l'opérer dans les ménages. Partout où l'on mange, en effet, du pain fabriqué avec les deux farines unies dans des proportions égales, les habitans se portent bien, ils ont le teint fleuri, et ne sont point sujets, comme on l'est si fréquemment aujourd'hui dans les villes, à ces accidens toujours pénibles pour les familles, toujours déchirans pour la véritable amitié, que l'on désigne sous les noms de mort subite, coup de sang, apoplexie, paralysie, etc. (T. D. B.)

MÉTÉORES. *Voy.* MÉTÉOROLOGIE.

MÉTÉORINE, *Meteorina*, H. Cass.; *Calendula*, Lin. (BOT. PHAN.) Plus ordinairement Souci. Genre de plantes dicotylédonées, à fleurs composées, de la famille des Radiées (Synanthérées), et de la Syngénésie polygamie nécessaire de Linné. Ses caractères essentiels sont d'avoir un calice à folioles égales, lancéolées, à un ou deux rangs; pétales nombreux, radiés; fleurons du centre mâles, ceux du disque hermaphrodites; les demi-fleurons femelles et fertiles; réceptacle nu; graines membraneuses, arquées, sans aigrettes.

Le nom de *Calendula* tire, dit-on, son étymologie de *Calendæ*, mot qui, chez les Latins, désignait le premier jour de chaque mois; de là ce nom de *Calendula* appliqué à ce genre, parce que ses fleurs se renouvellent tous les mois. Nous aimerions autant faire dériver *Calendula* de *calens*, vif, brûlant, ardent, mot qui exprime parfaitement le rouge vif de feu de la plupart des fleurs de ce genre. Le nom de *Météorine*, créé par Cassini, dérive de *météore*, et exprime le phénomène qu'offrent ses fleurs, dont les calathides s'ouvrent ou se ferment selon l'état de l'atmosphère (*Calendula pluvialis*).

Ce genre comprend des herbes dont une partie est indigène et l'autre du cap de Bonne-Espérance. Comme ces dernières présentent quelques différences spécifiques, il serait peut-être à propos d'en former un nouveau genre. Ce travail a été fait en partie par Cassini (Dict. des Sciences naturelles, art. *Meteorina*). Nous décrirons les deux espèces les plus connues, ou les plus utiles; et au mot SOUCI nous donnerons l'extrait de son travail, qui mettra le lecteur au courant de la science.

MÉTÉORINE ou SOUCI DES CHAMPS, *C. arvensis*, Linn. Cette plante, extrêmement commune dans tous les lieux cultivés, jardins, champs, vignes, etc., pousse des tiges longues depuis 3 ou 4 pouces jusqu'à 15 pouces et plus, produisant un grand nombre de rameaux, qui se couvrent de fleurs pendant toute la belle saison et même pendant l'hiver. Ces rameaux sont faibles, sub-cylindriques, un peu hispides et visqueux; les feuilles sessiles, entières, lancéolées, quelquefois garnies de sinus ou dents rares, presque glabres. Fleurs jaunes, assez grandes, terminales. (Caractères; *voyez* ci-dessus.)

Cette plante s'employait autrefois comme dépurative, anti-scorbutique; elle a une légère odeur de bitume, et paraît narcotique; elle est peu en usage de nos jours. On pile ses fleurs pour teindre le beurre dans quelques cantons; on joint ses feuilles à celles des salades pour leur donner du ton. Les bestiaux la recherchent, et l'on dit qu'elle fait fournir un excellent lait aux vaches. Quoi qu'il en soit, c'est une véritable peste pour les cultivateurs, par sa grande fréquence, et par la difficulté de jamais l'extirper, parce que ses graines, même enfouies pendant plusieurs années, gardent leur faculté germinative.

MÉTÉORINE VRAIE, Souci des pluies, *Calendula pluvialis*, Linn.; *Meteorina gracilipes*, H. Cassini. Nous devons dire quelques mots de cette plante intéressante, à l'article MÉTÉORIQUES (fleurs); ici nous en donnerons la description.

Tiges annuelles, d'un pied de haut environ, couchées à leur naissance et se redressant presque aussitôt; rameaux allongés, épars, diffus; feuilles sessiles, lancéolées, étroites, épaisses, un peu dentées, fleurs grandes, nombreuses, portées sur de longs pédoncules garnis de feuilles, d'un blanc pur en dessus, d'un violet foncé en dessous; divisions du calice lancéolées, tomenteuses, comme membraneuses à leur bord; disque brun foncé; demi-fleurons linéaires, obtus; après la fécondation le pédoncule s'incline vers la terre pour opérer la maturation des fruits, et se redresse ensuite. Graines ovales, planes un peu en cœur, munies de d'un bourrelet épais. Elle est indigène au cap de Bonne-Espérance, et cultivée dans nos jardins pour ses belles fleurs; *voyez* au mot MÉTÉORIQUES (fleurs) pour le phénomène qu'elles présentent. On sème ses graines en mars, soit sur couche ou en place, et elle donne alors ses fleurs depuis la fin de mai jusqu'en octobre. Elle se plaît dans une bonne terre, bien exposée au soleil, et aime les arrosemens.

Nous ne dirons rien du Souci des jardins, *Calendula officinalis*, Linn., que chacun connaît, et qui a fourni de si belles variétés à nos horticulteurs. (G. LEM.)

MÉTÉORIQUES (Fleurs). (BOT. PHAN.) C'est-à-dire fleurs sensibles aux phénomènes divers de l'atmosphère. Nous donnerons quelques exemples. Le Laiteron de Sibérie, *Sonchus sibiricus*, ferme ses nombreux pétales la nuit qui précède un beau jour, et les ouvre s'il doit être pluvieux.

Le Souci des pluies, *Calendula pluvialis*, Linn., *Meteorina gracilipes*, H. Cass., ouvre ses belles calathides dès sept heures du matin, pour les refermer avant quatre heures du soir, si le temps est serein; mais s'il annonce de la pluie dans la journée, elles ne s'ouvrent point; on a remarqué cependant que les pluies d'orage faisaient exception à cette règle. D'autres fleurs, quelques Mésembrianthèmes, le *Gorteria rigens*, etc., ne s'ouvrent qu'à une grande intensité de la lumière solaire. Quelques unes attendent le coucher du soleil pour ouvrir leur corolle et répandre les trésors de leurs suaves odeurs : *Cercus grandiflorus*; *Echinocactus sulcatus Eyriesii*, etc.; quand le matin le ciel reste couvert, le Liseron des haies, contre son ordinaire, ne ferme pas sa corolle en cloche après 10 heures. Le *Geranium triste* devance alors son heure ordinaire pour répandre son doux parfum. On pourrait citer beaucoup d'autres exemples; il suffira de ceux qui précèdent pour donner une juste notion de ce qu'on appelle Fleurs Météoriques.

(C. Lem.)

MÉTÉORITES. (phys.) Même chose qu'Aérolithes (*voyez* ce mot).

MÉTÉOROLOGIE, MÉTÉORES. Par le secours de divers instrumens, tels que le thermomètre, le baromètre, l'udomètre et l'hygromètre, elle détermine la température de l'air, sa pesanteur, la quantité d'eau qui tombe et les divers degrés de sécheresse ou d'humidité de l'atmosphère. Elle s'occupe encore des vents pour en déterminer la direction et la rapidité. D'une foule d'observations faites pendant le même jour, on calcule la moyenne du jour, et plusieurs de ces moyennes réunies donnent les moyennes du mois, de l'année, et enfin les règles générales qui régissent le fluide qui environne le globe; mais il ne faut pas oublier que, pour conduire à ce dernier résultat, les observations doivent être multipliées et faites pendant plusieurs années. Pour expliquer la définition de la Météorologie, nous allons dire ce que l'on entend par *Météores*. Ce mot était employé dans la langue grecque pour exprimer tout ce qui se passe au dessus de nos têtes; mais il a été restreint aux phénomènes qui proviennent de l'atmosphère terrestre, et qui n'en sont ou du moins ne paraissent en être que des modifications. Ces phénomènes ont été rangés en trois classes, qui sont celle des météores aqueux, celle des météores ignés ou aériens, et celle des météores lumineux. La première comprend les brouillards ou brume, les nuages, les pluies, la neige, la rosée, le givre, la grêle, le grésil, les tempêtes, les ouragans et les trombes. La seconde embrasse la foudre, les feux Saint-Elme, les globes de feu, l'aurore boréale et les étoiles tombantes; enfin la troisième traite de la réfraction, de l'arc-en-ciel, des parhélies et des parasélènes. Disons un mot de chacun de ces météores.

En passant de l'état liquide à l'état aériforme, l'eau acquiert une densité moindre que celle de l'air atmosphérique, et s'élève alors en vertu de sa plus grande légèreté. Semblables à la vapeur visible que forme l'haleine des animaux pendant un temps froid, les brouillards s'étendent sur la surface de la terre, déposent sur les corps qu'ils touchent une humidité très-sensible, et affectent quelquefois le sens de l'odorat d'une manière très-désagréable. Cette dernière circonstance n'a point d'explication dans l'état actuel de la science. On a reconnu que les brouillards sont plus fréquens pendant l'automne que pendant l'été, près des pôles que sous la zone torride. Pour expliquer cette différence, on dit que, la densité de l'atmosphère étant plus grande vers les pôles que vers l'équateur, pendant l'automne que pendant l'été, dans les vallées que sur les hauteurs, les vapeurs éprouvent plus d'obstacles pour s'élever dans les hautes régions de l'atmosphère; qu'alors elles séjournent plus long-temps à peu de distance de la terre et y restent accumulées. Les brouillards ont une connexion certaine avec les variations de l'atmosphère; aussi dans plusieurs endroits, à l'aspect d'un brouillard qui couvre la vallée ou s'élève sur les hauteurs, les habitans annoncent-ils les changemens de temps qui doivent arriver dans l'intervalle de 24 heures, plus ou moins, et rarement leur prédiction manque d'accomplissement. Les brouillards prennent sur mer le nom de *brume*.

Par opposition avec les précédens, quelques physiciens ont appelé *brouillards secs* une réunion considérable de molécules terrestres de la plus grande ténuité qui se montrent dans l'atmosphère à une grande hauteur, où elles occupent un espace immense pendant certains tremblemens de terre importans. Ils semblent avoir une sorte de liaison avec les secousses produites par les feux souterrains, et peut-être même ne sont-ils que des nuées de cendres volcaniques impalpables, qui s'élèvent de certains cratères pendant ces secousses violentes. Tel était le vaste brouillard poudreux que décrivit Beroldingen, et qui fut aperçu de toute l'Europe lorsqu'en 1783 l'Islande fut ébranlée par les feux souterrains; tel fut encore, en 1755, celui qui s'éleva dans les airs avant le tremblement de Lisbonne, et qui, suivant Lambert, fut aperçu dans la Suisse et dans le Tyrol.

Lorsque les vapeurs sont entraînées à une grande élévation dans l'atmosphère et qu'elles planent ensuite dans les régions de l'air à des hauteurs plus ou moins grandes, elles prennent le nom de *nuages*. Les nuages peuvent se former encore dans les airs à la rencontre de deux vents humides inégalement chauds; alors, à raison de l'équilibre de température le plus chaud se refroidit et la vapeur se condense : le même effet a lieu lorsque les vapeurs invisibles s'élèvent dans des régions trop froides pour les maintenir à l'état élastique. Sur les montagnes bien moins élevées que la région des neiges, on se trouve souvent au dessus des nuages; mais sur des pics de 2,000 à 3,000 toises on voit à une hauteur immense, que l'on a évaluée à environ cent lieues, des nuages blanchâtres qui semblent ne se maintenir à cette élévation que parce qu'ils sont doués de l'électricité de même nature que celle dont l'atmosphère

est

est chargée. Deluc attribue à cette cause le phénomène dont il fut témoin. Il vit un nuage fort élevé descendre rapidement sur la terre, y produire une forte pluie, et remonter vers la région d'où il était descendu. L'explication de ces faits n'est point difficile à donner. Supposons que ce nuage soit repoussé par l'électricité développée dans une partie du globe; si un nuage inférieur, un courant d'air, une explosion électrique ou mille autres causes que nous ne pouvons point apprécier, mettent cette électricité dans un état latent, comme cela arrive dans l'électrophore, le nuage n'est plus repoussé par le fluide; il doit alors descendre en vertu de la gravitation et s'élever de nouveau si le fluide reprend son état libre par la cessation de la cause qui le tenait en équilibre. Ce phénomène se reproduit souvent au dessus des hautes chaînes de montagnes telles que celles de la côte de Guinée et la montagne de la Table au cap de Bonne-Espérance.

La vapeur dont les nuages se composent peut changer d'état de deux manières : ou bien en absorbant les rayons calorifiques du soleil, et alors elle devient invisible; ou bien en perdant une partie du calorique qui écartait ses molécules, et alors elle se résout en *pluie*. Les nuages étant chargés d'électricité, on conçoit aisément que les montagnes élevées, surtout les pics qui s'élancent dans les airs, doivent, comme les pointes des paratonnerres, posséder la faculté de les attirer, de les dissoudre et de les convertir en eau. Aussi les pluies sont-elles plus fréquentes dans les pays montagneux que dans les pays plats; aussi dans les contrées tropicales et sous la zone torride, contrée où l'air est le plus chargé d'électricité, la pluie tombe-t-elle en plus grande abondance que dans les régions tempérées; aussi dans les pays où l'on ne connaît point le tonnerre, ne connaît-on pas non plus la pluie : les côtes du Pérou confirment cette assertion.

On détermine la quantité d'eau qui tombe annuellement sur un même point de la terre, au moyen d'un instrument nommé udiomètre ou hydromètre. Un instrument de ce genre est exposé dans la cour de l'Observatoire à Paris; un autre appareil semblable est placé au dessus de la terrasse, à 28 mètres plus haut que le premier, et il résulte d'un grand nombre d'observations ce fait remarquable, que la quantité d'eau qui tombe à 28 mètres de hauteur n'est que les 8/9 de celle qui tombe sur le sol. Ce phénomène dépend vraisemblablement de la condensation que la vapeur de l'air éprouve lorsqu'elle est traversée par des gouttes d'eau froide et des brouillards qui, étant toujours plus denses à la surface du sol, abandonnent une partie de leur eau.

Tous les ans il ne tombe pas au même lieu une égale quantité de pluie. A Paris il en tomba, en 1817, 56 centimètres; en 1820, 53; en 1821, 66; en 1829, 59. A Bombay il en tomba dans la journée du 24 juillet 1819, 16 centimètres; à Cayenne, le 14 février, en dix heures, il en tomba 28 centimètres; à Gênes, le 25 octobre 1822, 82 centimètres. La quantité de pluie varie selon les saisons et les latitudes. Il pleut plus en été qu'en hiver, et plus dans le Midi que dans le Nord.

Plusieurs physiciens ont pensé que les pluies augmentent sur la terre au lieu de diminuer; quelques remarques faites depuis un siècle sembleraient le prouver; cependant d'autres physiciens sont d'une opinion diamétralement opposée. Les observations ne sont point encore assez nombreuses pour décider cette question; la quantité de pluie doit être en raison directe de l'évaporation, ainsi l'on peut admettre que les pluies ont diminué si l'on admet que notre planète s'est successivement refroidie.

Les vapeurs qui produisent la pluie se congèlent pendant l'hiver dans l'atmosphère, et produisent la *neige*, qui tombe, par un temps calme, sous la forme d'étoiles à six rayons. Passagère sur la plus grande partie du globe, elle couvre de ses flocons éternels le sommet des hautes montagnes. Les neiges perpétuelles ont deux limites de station, l'une supérieure et l'autre inférieure. Il n'est pas facile de déterminer ces deux lignes, parce que leur trace dépend de plusieurs causes, telles que la chaleur annuelle, la température de l'été, les vents, les latitudes, et quelquefois même la forme des montagnes, etc. Saussure a observé que sur les groupes de 15 à 16 cents toises d'élévation les neiges commencent à 1,300 toises, et que sur celles qui sont isolées elles commencent à 1,400.

Quant à la hauteur à laquelle se présentent les neiges perpétuelles, nous citerons plusieurs exemples qui prouvent qu'elle diffère non seulement selon les latitudes, mais encore selon les parties du monde.

	Lat.	Mètres.
Europe.		
Nouvelle-Zemble (Novaïa Zemlia)	72	732
Norwége	67	1200
Monts Karpathes	49	2660
Alpes	46	2740
Pyrénées	43	2800
Sierra Nevada (Espagne)	37	3560
Asie.		
Caucase	43	3000
Himalaya (pente septentrionale)	31	5210
Idem (pente méridionale)	31	3900
Amérique.		
Pic de Tolima	4 1/2	4760
Puracé	2	4840
Andes de Quito	1	2920

La neige tombe plus souvent la nuit que le jour; elle est plus fréquente dans les pays septentrionaux que sous la zone tempérée. Quelquefois elle prend une teinte rouge. Plusieurs naturalistes qui ont recherché la cause de ce singulier phénomène l'ont trouvée dans le *pollen* de quelques arbres résineux. Saussure l'attribue à des poussières végétales, et M. Wollaston, qui a analysé la matière colorante, a reconnu qu'elle est composée de globules dont le diamètre varie entre 1 et 2 centièmes de millimètre; que ces globules ont une enveloppe transparente, et que leur intérieur est divisé en sept ou huit cellules remplies d'une espèce d'huile rouge insoluble dans l'eau. M. Bauer a constaté que ces globules de matière colorante sont de petits cryptogames du genre *Uredo* dont la neige est le sol naturel, et que pour cette cause on appelle *Uredo nivalis*. Ayant exposé à l'air de la neige colorée, il vit les globules se multiplier, de sorte qu'en peu de temps il y en eut un nombre à peu près double. D'après cette expérience, cette dernière explication sur la matière colorante de la neige paraît décisive.

Les vapeurs qui se sont élevées pendant les chaleurs de la journée retombent souvent au moment de la diminution de température, lorsque le soleil se trouve sous l'horizon; c'est ce qui produit le phénomène de la *rosée*. Il peut encore provenir de la transpiration des plantes; mais cette dernière cause est beaucoup moins féconde que la première. L'électricité paraît aussi y entrer pour beaucoup, et l'on a observé que ce météore aqueux n'est jamais plus abondant qu'après une journée dans laquelle l'atmosphère s'est montrée chargée de fluide électrique. La rosée gelée à la surface de la terre prend le nom de *gelée blanche*. Il ne faut pas la confondre avec le *givre*, qui n'est autre chose qu'un brouillard gelé sur les corps où il est déposé.

De tous les Météores aqueux, la *grêle* est le plus terrible et le moins connu. Elle se présente toujours en morceaux de glace semblables à des pierres arrondies par le frottement. Ces grêlons sont composés de couches concentriques, et quelquefois de cristaux dont les angles ont été émoussés. Les expériences du célèbre Volta démontrent que l'électricité forme les grêlons qui sont attirés et repoussés par plusieurs nuages, comme des morceaux de moelle de sureau le sont par un corps électrisé. Alors ils augmentent de volume jusqu'à ce que leur poids les entraîne vers la terre. La grosseur des grêlons varie depuis une demi-ligne jusqu'à deux pouces de diamètre. Les nuages qui portent la grêle se distinguent facilement des autres nuages : leur couleur est ordinairement grisâtre, mélangée de rouge ou de fauve. Ce qu'il y a de remarquable, c'est que les éruptions volcaniques sont quelquefois accompagnées de la chute d'énormes grêlons. Ce météore est plus fréquent pendant l'été ou l'automne que pendant l'hiver ou le printemps; il se manifeste plus souvent dans les zones tempérées que sous le pôle et l'équateur. On distingue facilement la grêle du *grésil* en ce que les grains de ce dernier sont plus petits, et tombent fréquemment pendant l'hiver, au commencement du printemps ou à la fin de l'automne.

Les mouvemens de certaines parties de l'atmosphère sont ce que nous appelons *vent*. Lorsque ce mouvement est d'une vitesse de plus de 5 pieds par seconde, il prend le nom de *zéphyr*; quand sa vitesse est de 35 à 60 pieds, il prend celui de *tempête*; et lorsqu'il est plus rapide, on l'appelle *ouragan*. Il y a des vents qui parcourent jusqu'à 300 pieds par seconde. Les plus furieux ouragans se font sentir dans les Antilles; ils sont presque toujours accompagnés de pluies, d'éclairs et de tonnerres. Lorsqu'ils sont suivis de tremblemens de terre, ils semblent être dus à la même cause qui détermine ceux-ci. L'obscurité qui les précède et qui les accompagne à l'heure même où le soleil éclaire la contrée où ils se font sentir, leur donne sous la zone torride un aspect épouvantable que justifient les affreux ravages qu'ils causent. Le vent qui règne pendant cette effrayante convulsion de la nature souffle constamment du nord-ouest. Les *orages*, qui ne sont que de très-petits ouragans, ne peuvent nous donner qu'une bien faible idée de ce fléau dévastateur. (*Voyez* VENTS.)

Les *trombes*, ou *siphons*, quoique moins étendues, ne sont pas moins terribles. Elles sont beaucoup plus fréquentes sur mer que sur terre. Ce phénomène est encore incomplétement expliqué; tout ce qu'on sait, c'est qu'il est dû à une colonne d'air qui tourbillonne sur elle-même avec une grande rapidité. Il se présente sur mer sous la forme d'un nuage qui affecte celle d'un cône dont la base est attachée à d'autres nuages; jusqu'au sommet de ce cône renversé s'élève une colonne d'eau qui retombe quelquefois en assez grande abondance pour submerger un navire. Au moment où la colonne d'air s'agite pour former la trombe, si un navire se trouve au milieu du courant qu'elle produit, elle le fait pirouetter sur lui-même en tortillant ses voiles et quelquefois en brisant ses mâts. L'électricité paraît jouer un rôle important dans le développement de ce phénomène; on y observe quelquefois les sillons de la foudre, et au moment où la trombe se rompt, elle produit une grêle abondante. Enfin ses effets sont si violens, que les marins lorsqu'ils la voient se former font tous leurs efforts pour l'éviter ou pour la rompre à coups de canon.

Sur terre les trombes n'enlèvent point d'eau, mais une grande quantité de poussière et quelquefois des corps assez pesans. J'en ai observé une qui, au milieu d'une plaine, s'est élevée à 30 ou 40 pieds perpendiculairement, en formant une colonne qui a été visible pendant plusieurs secondes et qu'un courant contraire dissipa ensuite. Mais il arrive quelquefois qu'elle se développe avec tant de violence qu'elle déracine de gros arbres, les enlève et les rejette au loin. Si l'une de ces trombes passe au dessus d'une ville elle enlève les toitures des maisons, force ou arrache les barres de fer qui portent des girouettes, renverse les cheminées et quelquefois les murs. Aussi ce phénomène est-il également redouté sur terre et sur mer.

Le premier des Météores ignés qui se présente à notre esprit est le *tonnerre*. Nous devons y distinguer deux choses, le bruit et la foudre. Ce terrible Météore, long-temps inexplicable, ne présente plus de mystère. Quoique nous ne puissions déterminer de quelle manière l'électricité se développe dans les nuages, nous savons que c'est au fluide électrique qu'il faut attribuer le phénomène, et notre certitude à cet égard est telle, que nous pouvons à notre gré produire à la fois l'éclair, la foudre et le bruit. Nos moyens ne peuvent point donner des effets aussi complets que ceux de la nature, mais ils suffisent à la science.

Supposons qu'un nuage soit chargé de l'électricité positive ou négative, alors il décompose à distance le fluide naturel de la partie de la terre qui est la plus proche, attire à la surface le fluide de nature contraire et repousse celui de même nature. Lorsque le nuage s'est approché de la terre au point que l'attraction des deux fluides soit capable de vaincre la résistance de l'air qui les sépare, l'explosion a lieu et l'étincelle part en décrivant des zig-zags. La lumière qu'elle répand constitue l'éclair, et le bruit qu'elle fait, modifié de plusieurs manières, produit cet épouvantable fracas que nous entendons. Mais le fluide électrique ne suit pas toujours la même marche : pendant qu'il est attiré à la surface du globe, si le nuage se trouve déchargé d'un autre côté, le fluide qui avait été refoulé dans la terre par l'action répulsive de celui qui se trouvait dans le nuage, remonte avec tant de violence qu'il ôte la vie aux animaux sans leur faire aucune blessure. Ce phénomène a reçu le nom de *foudre ascendante*. L'électricité paraît affecter certaines parties du globe. Vers les pôles, où le gaz hydrogène est peu abondant, elle a peu d'intensité; aussi la foudre, qui y est fort rare, y est-elle presque sans force. A mesure qu'on s'approche des régions équatoriales, elle se manifeste plus fréquemment; un grand nombre de contrées font exception à cette règle sous l'équateur, et sans doute que si, dans ces contrées, le gaz hydrogène toujours abondant ne produit point le développement de l'électricité, c'est par quelques causes locales qui nous sont inconnues.

Les *feux Saint-Elme*, que les anciens appelaient *feux d'Hélène* ou *feux de Castor et de Pollux*, sont aussi dus au fluide électrique. Ils se manifestent sur mer pendant les tempêtes et parcourent en voltigeant les différentes pointes des mâts ; car on assure que les pointes les attirent et qu'ils font entendre la décrépitation de l'étincelle électrique. Leur flamme est d'une belle couleur violette. Il y en a qui prétendent que les matières résineuses dont les agrès des navires sont enduits déterminent ces Météores à se développer. Il paraît cependant qu'ils peuvent se manifester sans le secours de ces substances électrophores.

Les *météorolithes* ou *globes de feu*, appelés aussi *bolides*, sont bien plus terribles que les feux précédens. On en voit d'une grandeur prodigieuse et dont la lumière est aussi éclatante que celle du soleil; quelquefois elle est rougeâtre, et ses nuances peuvent, comme son intensité, varier d'une manière indéfinie. Tantôt dirigés des divers points du ciel vers la terre, traçant tantôt des lignes horizontales, verticales, ou courbées de diverses manières, ils se meuvent avec la rapidité de l'éclair. Leur marche est quelquefois de six lieues par seconde. L'espace qu'ils traversent paraît embrasé, et dès qu'ils sont arrivés au bout de la distance qu'ils devaient parcourir, ils éclatent avec un fracas épouvantable et dont on ne saurait se faire une idée ; ils lancent des torrens de flammes et ébranlent les monumens même les plus solides. Quelquefois ils se précipitent comme la foudre sur les arbres, les montagnes ou les maisons, et leurs effets sont bien plus terribles. Quelques instans après qu'ils ont disparu, un sifflement rapide se fait entendre dans les airs, et une grêle de pierres achève de porter la désolation sur les lieux qui ont reçu dans sa chute le globe désastreux (*Voyez* AÉROLYTHES.)

Les *étoiles tombantes* sont de petits globes lumineux qui parcourent l'espace dans toutes les directions. Souvent elles disparaissent en répandant un éclat assez vif et en laissant une grande traînée de lumière. On les voit quelquefois sur les grands arbres, parcourir les feuilles et passer au milieu d'elles, comme pour se jouer. Ce phénomène est très-commun dans les pays chauds et presque inconnu dans les régions polaires. Il est surtout fréquent au printemps et en automne, lorsque le ciel est serein. Plusieurs savans l'attribuent au gaz hydrogène enflammé par une étincelle électrique; d'autres prétendent que c'est l'étincelle elle-même.

Les *feux follets*, ces flammes légères et mobiles que l'on voit voltiger dans les campagnes, dans les cimetières, les lieux marécageux et sur les champs de bataille, offrent beaucoup de ressemblance avec le Météore que nous venons de décrire. Le gaz hydrogène perphosphoré qui se développe souvent par la putréfaction des matières animales, s'enflammant au moment de son contact avec l'air atmosphérique, paraît être la cause de ce phénomène.

L'*aurore boréale* est un phénomène plus varié dans ses formes que ceux qui précèdent ; il consiste ordinairement en une grande lumière rougeâtre qui s'élève à environ 20 degrés au dessus de l'horizon et s'étend sur toutes les parties du ciel jusqu'au zénith de l'observateur. Ce phénomène, inconnu dans les régions équinoxiales, très-rare dans les tempérées, est très-fréquent dans les régions polaires. Les aurores boréales sont d'autant plus vives que l'on est plus près du pôle; elles sont d'autant plus magnifiques, que la température est plus froide. Tantôt elles répandent une lueur semblable à celle d'un vaste incendie ; tantôt elles s'élancent dans les airs en gerbes immenses dont nos brillans feux d'artifice peuvent à peine donner une idée ; d'autres fois elles offrent le singulier assemblage de plusieurs arcs lumineux qui forment au zénith une couronne enflammée. Ce phénomène ne se fait voir que le soir, quelques heures après le coucher du soleil; l'époque où il est le plus fréquent est l'intervalle entre la fin de septembre et la fin de juin. Les deux pôles ne jouissent pas également de la beauté de ce spectacle ; les aurores australes, c'est-à-dire celles qui se déploient sous le pôle antarctique, n'ont jamais le même éclat ni la même grandeur. Pour expliquer ce Météore, les physiciens s'égarent dans un labyrinthe d'hypothèses. Les uns l'attribuent aux exhalaisons de la terre, d'autres à la lumière réfléchie par les glaces polaires vers les couches supérieures de l'atmosphère, d'autres prétendent que c'est le soleil qui chasse des particules d'air vers les pôles et les rend lumineuses. Quelques uns veulent que ce soit un fluide particulier provenant des parties volcanisées du globe terrestre, et les autres enfin suivent l'opinion de Franklin, qui prétend que le fluide magnétique, qui ne diffère en rien de l'électricité, est la cause de ce phénomène.

La *lumière zodiacale* diffère de l'aurore boréale en ce qu'elle ne se fait jamais voir dans les régions équatoriales. Mairan lui assigne cependant la même origine. Laplace, au contraire, prétend qu'elle ne peut dépendre de notre atmosphère puisqu'elle s'étend au-delà de l'orbite du globe terrestre. On n'est donc pas plus d'accord sur la cause de ce phénomène que sur celle de l'aurore boréale. Quoi qu'il en soit, elle consiste en une lumière blanchâtre assez faible, qui ressemble à quelques égards à celle de la voie lactée. Sa grandeur est très-variable, et comme elle se manifeste ordinairement au printemps, après le coucher du soleil, le crépuscule la rend souvent invisible. Cassini, qui la décrivit le premier, le 18 mai 1683, calcula qu'elle pouvait avoir 50 à 60 degrés de longueur sur 8 à 9 de largeur dans sa partie la plus rapprochée de l'horizon.

Ce qui semblerait lui assigner une origine différente de celle de l'aurore boréale, c'est que pendant l'automne on la voit avant le lever du soleil.

Nous allons maintenant examiner quelques uns des Météores qu'on appelle lumineux : ainsi il nous importe de commencer par celui de la *réfraction*, d'où résultent presque tous les autres de la même classe. En passant d'un milieu moins dense dans un milieu plus dense, les rayons lumineux s'approchent de la ligne perpendiculaire au point d'incidence, et ils s'en écartent si le milieu d'où ils sortent est plus dense que celui où ils se plongent. Ainsi les rayons lumineux, en passant de l'air dans l'eau, ou de l'eau dans l'air, par exemple, décrivent une ligne brisée, et l'on voit qu'ils s'écartent plus ou moins de leur direction rectiligne. Cette déviation est ce qu'on nomme réfraction. C'est par elle que nous voyons le soleil, la lune et les étoiles, lors même qu'ils sont sous l'horizon ; c'est aussi par elle que le ciel nous paraît de couleur azurée. Si la densité des couches atmosphériques était partout égale, nous ne connaîtrions point une foule de ces phénomènes.

C'est de cette grande loi que dépendent encore les nuances variées que nous considérons dans l'*arc-en-ciel*. Les rayons blancs n'étant que des composés des sept couleurs primitives, et ces couleurs ayant une réfrangibilité différente, il résulte que, toutes les fois que ces rayons traversent des milieux différens, ils sont décomposés. Ainsi, lorsque la pluie tombe sur la terre et qu'en même temps le soleil luit, il est certain que ses rayons sont décomposés ; mais ils ne sont visibles que lorsqu'après leur décomposition ils sont réfléchis vers l'observateur, ce qui arrive toutes les fois qu'il se trouve un nuage où ils puissent se dessiner. L'ordre des couleurs de l'arc-en-ciel est le même que celui des parties d'un rayon décomposé par une lentille dans la chambre obscure. On remarque successivement le violet, l'indigo, le bleu, le vert, le jaune, l'orangé et le rouge, et ces couleurs sont d'autant plus vives que le nuage présente une teinte plus sombre. Quand on regarde une cascade, on voit un grand nombre d'arcs-en-ciel qui se coupent dans tous les sens et présentent les plus belles couleurs ; la lune, en réfléchissant sur la terre les rayons du soleil, produit aussi le même phénomène, mais avec moins d'éclat ; ces arcs-en-ciel sont appelés *arcs-en-ciel lunaires*. On voit que, pour apercevoir l'arc-en-ciel, il faut que le soleil brille, qu'il tombe de la pluie, que le spectateur se trouve entre la pluie et le soleil, et enfin qu'un nuage se trouve vis-à-vis.

Quelquefois l'on observe une ou plusieurs images du soleil accompagnées de couronnes lumineuses ou d'appendices en forme de queue. C'est ce phénomène qu'on a désigné sous le nom de *parhélie*. Voici la description qu'en a donnée Cassini dans les Mémoires de l'Académie des sciences (tom. X, pag. 234). « Le ciel était alors couvert de nuages vers l'orient, à la réserve de l'endroit où le soleil devait se lever, qui était découvert jusqu'à la hauteur d'un degré, un peu moins (c'est-à-dire environ deux fois le diamètre du soleil). L'on aperçut d'abord en cet endroit une lumière éclatante qui était de la largeur du diamètre du soleil et qui s'élevait perpendiculairement jusqu'aux nuages. Ensuite on vit paraître dans cette lumière, entre des brouillards éclairés, l'image du disque entier du soleil, d'où s'élevaient des rayons perpendiculaires à l'horizon qui allaient finir en pointe à la hauteur de dix degrés (vingt fois environ le diamètre du soleil). » Le bord supérieur seul se montrait alors au bord de l'horizon avec son éclat ordinaire, et après qu'il se fut caché dans les nuages, il parut au dessous, suivant une ligne verticale, une seconde image semblable à la première, à laquelle tenait pareillement une traînée de lumière, mais à sa partie inférieure. Les parhélies diffèrent, et par la distance des images au soleil, et par le nombre de ces images. Celui qui fut observé à Dantzig le 20 février 1661, était tel qu'il paraissait que sept soleils étaient à la fois sur l'horizon.

Le même phénomène porte le nom de *parasélène* quand il se rapporte à la lune. Celui qui eut lieu en 1735 fut remarquable par la belle couronne dont la lune était entourée, et par quatre appendices terminés en pointe qui en formaient une croix lumineuse. Placée sur la circonférence de cette couronne, l'image avait aussi un appendice qui partait du bord le plus éloigné de la lune. Un arc de lumière pâle se montrait à la partie supérieure de cette couronne, et le tout était environné de cercles concentriques dont la lumière et l'éclat étaient en raison inverse de leur distance à la lune. On explique ce Météore par la polarisation de la lumière et par d'autres hypothèses qu'il serait inutile d'exposer, parce qu'elles ne sauraient conduire à une explication satisfaisante.

Nous terminerons par quelques mots sur un phénomène analogue au précédent, et qui est dû aussi à la réfraction. Lorsque des vapeurs légères sont répandues dans l'atmosphère, le soleil, la lune et les étoiles paraissent entourés d'un ou de plusieurs cercles lumineux et concentriques. Quelquefois ces anneaux ou couronnes sont d'une couleur blanche; d'autres fois ils offrent les nuances de l'arc-en-ciel. Au surplus leur diamètre et leur couleur sont très-variables. On désigne ce phénomène sous le nom de *Halos* ou *Halot*. Les gens de la campagne l'observent avec d'autant plus d'attention qu'ils le regardent comme un indice de pluie. (J. H.)

MÉTÉOROLOGIE RURALE. (AGR.) Sans aucun doute la Météorologie, considérée dans ses rapports avec l'agriculture', est susceptible d'amener à des résultats du plus haut intérêt, puisque son but est de connaître la source et les effets des variations de tout genre qui se succèdent dans notre atmosphère, et qu'en observant les mouvemens, la température, l'humidité surabondante, la sécheresse excessive, la pesanteur de l'air; en remontant aux causes des vents, des pluies et des orages, elle peut nous fournir les moyens de calculer à l'avance et avec une certaine exactitude le retour des saisons, l'époque plus ou moins prochaine, l'intensité, la durée des froids et des chaleurs, ainsi que les divers accidens dont l'air est l'agent et le théâtre. Par une suite nécessaire, elle peut nous apprendre le véritable moment de faire telle opération rurale, celui où nous pouvons sans crainte confier telles semences à la terre, faire telle récolte, et nous garantir de tel fléau. Certes un guide semblable comblerait les vœux du cultivateur, qui voit si souvent son travail déçu, sa fortune sans cesse exposée, et sa vie, toute de fatigues, le jouet d'un météore. Ce guide, nous le demandons à la science, nous l'attendons d'elle.

La Météorologie proprement dite est d'une date trop récente pour espérer d'elle de sitôt un pareil résultat; elle marche encore dans une route mal tracée, à une lueur incertaine. La tradition est plus puissante que la science, puisque, sans instrumens, sans études préliminaires, comme sans prétention, elle a l'art de prévoir les principales variations de l'atmosphère, et qu'elle est arrivée au point de dicter, en style d'adages très-simples, des espèces de prédictions, des pronostics presque toujours appuyés par l'événement. Habitués à passer en plein air les deux tiers au moins du jour, à veiller durant la nuit sur les montagnes, au milieu des champs, des troupeaux confiés à leur garde, le laboureur et le berger ont acquis un tact qui les trompe rarement par l'inspection du ciel, la marche des nuages et des vents, par le cri de quelques animaux, par l'état des plantes, par le tableau que déroule à l'œil le soleil au moment de plonger sous l'horizon. Il est vrai qu'une pareille connaissance est aussi empirique que celle qui dirige les Cosaques dans leurs voyages au milieu des steppes inhabitées de l'Asie, et les Bédouins du désert durant leurs courses au milieu de l'océan de sables de l'Afrique centrale. Quoi qu'il en soit, la tradition rurale nous a transmis une foule de données qu'il est bon d'enregistrer en attendant que la physique sorte de l'état de stagnation dans lequel elle est plongée depuis la découverte due au génie de Franklin.

§ I. *Pronostics ruraux.*

A. PRONOSTICS TIRÉS DE L'ATMOSPHÈRE.

1° *Température de l'année.* Les années de chaleur moyenne sont toujours remarquables par l'abondance des céréales, des fruits et surtout des graines oléagineuses; une trop grande chaleur est plus nuisible aux fruits qu'une humidité soutenue; les années très-sèches ne donnent pas toujours des vins très-spiritueux, tandis qu'un été humide dote cette liqueur d'une pauvre qualité. Quand la température de l'atmosphère n'est pas en rapport avec les saisons, il y a dérangement dans les météores; l'influence de ce dérangement s'exerce sur tous les êtres organisés, animaux et végétaux; parmi ces derniers elle est funeste aux plantes qui ne sont pas encore parfaitement acclimatées et qui ne se propagent que par les soins de l'horticulteur. Printemps froid, récoltes tardives; printemps pluvieux, beaucoup de foin, peu de blé. Printemps sec, été humide. Printemps chaud, fruits verreux. Eté humide, automne serein. Eté très-sec annonce un hiver rigoureux. Automne brillant et hiver sec, printemps humide. Un hiver doux en son commencement se termine toujours par des froids d'autant plus nuisibles qu'ils viennent hors de saison; ils font grand tort aux végétaux, et arrêtent la germination des grains de mars.

2° *Soleil.* Cet astre influe beaucoup sur les changemens de temps, en dissolvant les vapeurs ou bien en les accumulant; son aspect, au travers de ces mêmes vapeurs, fournit des pronostics assez certains. Ainsi, quand à son lever le soleil jette une lumière pâle, qu'on le voit accompagné de taches qui le suivent, ou qu'il est presque caché par des nuages épais, qu'il est rouge et qu'il teint de la même couleur les nuages et l'espèce de brouillard qui l'environnent : signes de pluie. S'il est pâle à son midi et en se couchant : vent pour le lendemain. Lorsqu'il est brillant à son lever, et qu'il chasse devant lui, par une brise fraîche, les couches vaporeuses qui paraissent à son aurore; s'il se montre à son coucher d'une couleur d'or et légèrement rougeâtre sur un ciel pur, exempt de vapeurs intermédiaires : c'est l'annonce d'un temps constamment beau. Signe d'orage, de tempête et d'ouragan, quand un cercle blanchâtre se dessine autour de son disque, sur un ciel brumeux; si ce cercle est bleu ou noirâtre au moment du coucher, tempête; si le soleil se baigne, c'est-à-dire si ses rayons, perçant les nuées, forment de longs faisceaux qui se croisent inégalement, pluie abondante; de même si, à son lever, ces mêmes rayons se montrent à l'horizon avant son globe, ou si les nuages sont disposés en couronnes et teints des couleurs de l'arc-en-ciel.

3° *Lune.* L'influence des points lunaires sur les variations de l'atmosphère est de croyance antique ; quoiqu'il ne soit point douteux que l'astrologie mensongère n'ait beaucoup contribué à créer et à perpétuer une foule de préjugés qui portent toujours son empreinte, on est surpris que, depuis les travaux de Toaldo et de De Lamarck, les observations soient encore aussi peu régulières ; on en est à peu près au même point que celui atteint par la simple remarque de l'homme des champs. Tous les pronostics établis sur les apparences de la lune sont presque entièrement renfermés dans ce vieux vers latin :

Pallida luna pluit, rubicunda flat, alba serenat.

(Pâleur de la lune, signe de pluie ; sa rougeur annonce du vent ; sa clarté brillante présage un temps serein.) Quand cet astre secondaire paraît plus grand que de coutume, qu'il est ovale, couvert d'un voile sombre et entouré d'une auréole blanchâtre, ou qu'il est nuageux au lever de son premier quartier, pronostics certains de pluie. Si dans les troisième, quatrième et cinquième jours après la nouvelle et la pleine lune, le vent souffle à l'est et que le temps soit serein, le beau temps sera de durée. Quand la lune se refait dans l'eau, c'est-à-dire pendant la pluie, trois jours après le ciel est pur; si, au contraire, elle se refait par un beau temps, la pluie ne tardera pas à tomber.

4° *Étoiles.* Lorsque la lumière des étoiles est vive, et que ces astres innombrables scintillent uniformément et paraissent très-nombreux, signe d'un temps serein ou de froid ; mais quand vous les voyez plus grands qu'à l'ordinaire ou plus rapprochés les uns des autres, le temps ne tardera pas à changer ; sont-ils immergés au milieu d'une vapeur blanche, pluie très-prochaine ; c'est un signe d'orage quand ils perdent de leur clarté sans que le ciel paraisse nuageux.

5° *Nuages.* Ceux que l'on dit moutonnés, ou ressemblant à des flocons neigeux, annoncent du vent pendant l'été, de la neige durant l'hiver. Les nuages qui, après la pluie, descendent près de terre et semblent rouler dans les champs, sont un signe de beau temps, de même que lorsqu'on ne voit point de nuages à l'horizon et que le vent souffle du nord. Les petits nuages blancs passant devant le soleil lorsqu'il va disparaître à nos yeux, et se colorant en rouge, en jaune, en vert, etc., présagent la pluie. Il n'en est pas ainsi lorsqu'ils sont légers, qu'ils voilent à peine l'azur céleste, qu'ils suivent la direction des montagnes, qu'ils flottent en sens contraire après un vent du sud, ou que, partis de l'orient, ils vont se perdre à l'occident au moment de l'approche du soleil ; ce sont autant d'avant-coureurs du beau temps. Des nuages grands, noirs, gris, formant nappes ou bien amoncelés en montagnes, signes d'orage. En hiver, ils sont ordinairement étendus comme dans les nuits d'été ; dans le jour ils sont groupés.

6° *Vent.* Les vents qui commencent à souffler pendant le jour sont beaucoup plus forts et durent plus long-temps que ceux levés la nuit. Les grands vents sont plus généraux que les vents faibles, mais ils durent moins. Changement fréquent des vents, signe de bourrasque. Vents opposés au cours du soleil présagent le mauvais temps. Vent qui s'élève de l'horizon couvert de nuages disposés en zones parallèles est toujours très-fort. La plupart des vents baissent et s'apaisent totalement vers le milieu du jour. Les vents de l'équinoxe sont impétueux et bouleversent l'atmosphère ; ceux du printemps exercent d'ordinaire leur influence pendant six mois. Les vents du nord durent trois, six et neuf jours ; s'ils ne cessent pas après ce terme, ils recommencent avec plus de force et sont remplacés par un vent contraire d'une durée à peu près égale. Le vent du sud, quand il tombe, est remplacé par la pluie. Le vent d'ouest apporte beaucoup d'humidité. Les vents d'est sont froids, et quand les gelées commencent sous leur influence, elles durent long-temps. Comme ils viennent, ainsi que les précédens, des plaines glacées du pôle ou des hautes montagnes, les vents du nord rendent les hivers rigoureux.

7° *Froid.* Le froid est plus vif au lever du soleil qu'à toute autre heure du jour. Quand la cognée crie en fendant le bois, signe d'un froid intense très-prochain.

8° *Gelée.* Les gelées sur la neige et pendant un temps sec ne nuisent pas; elles causent, au contraire, de grands préjudices quand elles arrivent par un temps humide. Les gelées ameublissent la terre, la rendent plus douce et plus maniable. Quand après plusieurs jours de gelée le froid devient extrême, c'est l'annonce d'un prompt dégel, qui commence d'ordinaire par un brouillard.

9° *Neige.* En hiver, ses flocons sont petits, serrés, durs et régulièrement cristallisés ; au printemps, ils sont légers, comme laineux, souvent accompagnés de pluie et fondent promptement. Un ciel couvert de nuages gris et uniformes, un vent du nord et en même temps un froid pénétrant, signes de neige. Il n'y a pas de froid extrême sans neige. La neige s'amasse en plus grande quantité sur les terrains exposés au nord et s'y maintient plus long-temps. La neige abonde durant les hivers à temps variable. Neige fine et sèche, continuation du froid ; est-elle floconneuse, légère, à cristaux irrégulièrement groupés : présage certain d'un froid cessant.

10° *Dégel.* Les vrais dégels sont accompagnés de pluie ou de grand vent. Ils sont parfois annoncés par le redoublement du froid, par la netteté, le scintillement des étoiles, par un givre abondant, par les vapeurs rouges dont le ciel est couvert au sud. Les dégels nuisent aux plantes quand ils sont trop prompts, et deviennent un signe non équivoque d'une recrudescence prochaine du froid. Les bons dégels arrivent toujours lentement.

11° *Inondations.* Avec les dernières gelées les inondations ont lieu. L'accroissement des eaux est plus considérable le jour que la nuit : plus il est prompt, moins il est durable. On compte à peine une forte inondation sur vingt.

12° *Brouillards.* Les brouillards fertilisent la terre; c'est du moins le moment le plus favorable pour les labours et les semailles. Les brouillards du printemps causent la rouille des céréales. Ceux d'été, quand ils paraissent le matin, promettent une belle journée; lorsqu'ils s'élèvent peu à peu sur les collines, c'est un signe de pluie. Les brouillards d'automne précèdent les premières gelées, ils hâtent quelquefois la maturité du raisin, mais ils le font pourrir s'ils sont de trop longue durée. Le brouillard d'hiver se change en brume, et comme cette espèce de gelée blanche s'attache sur les végétaux, elle leur est fort nuisible. La durée des brouillards amène un grand refroidissement, qui prolonge les gelées jusqu'en mars et avril, si les vents du midi et l'élévation du soleil ne parviennent pas à en diminuer l'intensité. Les brouillards nés sous l'action du vent d'est ne sont jamais suivis de pluie. Le brouillard qui précède le lever du soleil, dans le temps de la pleine lune, qui reste sur la terre et tombe, qui couvre les lieux bas et se dissipe promptement, ou qui s'élève en masses isolées, blanches, arrondies, séparées par de grands espaces que remplissent les rayons du soleil: signes de beau temps. Il y aura de la pluie si le brouillard monte et s'agglomère en masses épaisses, s'il est poussé par des vents contraires, ou s'il accompagne ou suit une gelée blanche. Quand il survient un brouillard pendant le mauvais temps, il y a certitude que celui-ci ne tardera pas à cesser; mais si le brouillard survient durant le beau temps, et qu'il s'élève en laissant derrière lui des nuages, le mauvais temps est immanquable.

13° *Pluie.* Pluie soudaine n'est pas de durée. La pluie est plus abondante en été qu'en hiver, bien qu'il y ait dans la première saison beaucoup moins de jours pluvieux. L'automne est le vrai temps des pluies, elles participent un peu de celles de l'été, et elles portent encore avec elles des principes de fécondité; mais du moment qu'il y a abaissement dans la température, elles deviennent épaisses, nébuleuses, fréquentes, prolongées et alors elles annoncent une année fâcheuse. Pluie perpendiculaire et par un temps calme, présage de mauvais temps. Les pluies qui viennent de l'est ne sont point fortes, mais elles sont de durée, de même que celle qui fait bouillonner l'eau des rivières, des lacs et des marais. Pluie commençant à tomber sous l'action du vent, et continuant après que ce vent est tombé, durera plusieurs heures. Comptez sur une pluie averse quand l'air est chaud le soir et qu'en même temps des nuages s'accumulent en masses grises ou noirâtres; elle tombera longuement si ces petits nuages se séparent en deux et s'étendent sur la terre. Quand une pluie fine succède à une grosse pluie, le mauvais temps subsistera long-temps. Les pluies de nuit ne durent pas; il leur succède d'ordinaire plusieurs jours sereins; il n'en est pas de même des pluies de jour. Lorsqu'après la pluie vous voyez un brouillard, le beau temps va succéder. Quand il pleut en août, il pleut miel et bon moût.

14° *Rosée.* Rosée abondante, grande fertilité. Les nuits chaudes et sans rosée sont suivies d'orages, d'averses et de pluies longues. Rosée forte qui se dissipe au lever du soleil: signe de pluie. Il n'y a pas de rosée quand un vent chaud succède à la fin du jour à un vent froid, ou quand la température de la terre est plus basse que celle de l'air. Les vents qui s'élèvent pendant la formation des globules de la rosée, en arrêtent ou en retardent les progrès. La congélation de la rosée en automne et au printemps produit le givre ou gelée blanche.

15° *Orages.* Les orages sont plus fréquens le jour que la nuit, plus le soir que le matin. Toute pluie d'orage augmente prodigieusement la végétation. Les orages accompagnés de vent sont moins dangereux que ceux qui éclatent durant un temps calme. Les éclairs qui règnent sur toute la circonférence de l'horizon, ou qui viennent du nord, annoncent le vent et la pluie; ceux qui partent du sud-est préludent au vent, à la foudre, à une pluie abondante. Tonnerre et éclairs en hiver, signe de neige; en mars, on doit s'attendre au retour des gelées. Eclairs à l'horizon sans nuage, beau temps. Tonnerre continuel avec roulemens sourds et prolongés, violente bourrasque.

B. Pronostics tirés des êtres organisés.

1° *Plantes.* Signes de pluie si le Souci d'Afrique n'épanouit point son disque doré, et si le Laiteron de Sibérie tient le sien ouvert durant la nuit; si la tête du Chardon à foulon rapproche ses écailles nombreuses et les tient serrées les unes contre les autres; si les fleurs exhalent leur odeur avec plus d'intensité; si les bois poreux se renflent; si la fleur de la Pimprenelle est fermée depuis un jour; si les tiges des Trèfles se redressent; si les feuilles de la plupart de nos végétaux indigènes et cultivés sont pendantes et comme flétries. Il y a, au contraire, certitude de sécheresse si la Rose de Jéricho, *Anastatica hierochuntina*, contracte ses rameaux et les pelotonne d'une manière très-remarquable.

2° *Animaux.* Indice de pluie quand les Lombrics sortent en abondance de terre et couvrent sa surface de petites mottes. Les Abeilles qui s'écartent peu de leurs ruches, qui reviennent en foule la nuit et sans être entièrement chargées, annoncent la pluie. Quand les Mouches piquent et deviennent plus importunes qu'à l'ordinaire, preuve d'un orage prochain. Lorsque les Tipules ou Moucherons se rassemblent avant le coucher du soleil et qu'ils forment des nuages tourbillonnans, c'est l'annonce du beau temps. Les Araignées filant tranquillement et étendant beaucoup leurs rets, fournissent aussi l'indication du beau temps; mais si elles travaillent peu, que leurs fils soient courts et qu'elles aiment à se tenir dans leurs coins, il y a indice de pluie. Le temps sera superbe le lendemain du soir où vous verrez le Stercoraire voler et folâtrer dans l'air. Soyez certain d'une pluie très-prochaine lorsque la Loche des étangs trouble l'eau. L'hiver sera rigoureux quand sur les rives du Rhin de nombreuses troupes de Corbeaux viendront s'abattre en juillet, août et septembre dans les vignes qui font la richesse des coteaux situés près de ce fleuve. L'arrivée des Cygnes est l'indice d'un froid vif et prolongé, comme on aura à supporter long-temps des vents impétueux si les oiseaux de mer et de marais se portent en masse sur les rivages et s'y jouent principalement le matin, si les Oies sauvages volent par bandes, très-haut et dans la direction opposée; alors aussi le vol des Freux est très-rapide, les Huppes et les Poules d'eau crient beaucoup; le Martin-pêcheur fuit vers la terre.

Quand le temps doit passer à la pluie, les oiseaux de basse-cour, les Perdrix, les Moineaux s'épluchent, fardent leurs plumes, s'ébattent dans la poussière; le Coq chante immédiatement après le coucher du soleil; les Canards plongent, les Pluviers sont inquiets, crient beaucoup; les Chouettes se font entendre le matin et vers le milieu du jour. Le temps revient au beau et pour quelques jours, du moment que les Hirondelles et le Rouge-gorge montent dans les airs, que les Martinets se poursuivent le soir avec bruit et vivacité; que la Tourterelle roucoule lentement; que le Roitelet chante de neuf à dix heures du matin et de quatre à cinq heures du soir.

Si les bestiaux, surtout les Brebis, sont plus tenaces à la pâture qu'à l'ordinaire, signe de pluie très-prochaine. Quand les Chauve-souris se montrent en plus grand nombre que de coutume ou volent plus long-temps, le lendemain sera chaud et serein; ce sera tout le contraire si elles sont rares, qu'elles entrent dans les maisons et qu'elles jettent leurs cris aigus. Il y a certitude d'eau quand les Bœufs se rassemblent; que les Vaches hument l'air vers midi; que les Moutons et les Chèvres se querellent, sautent beaucoup; que les Pourceaux éparpillent leur manger; que les Chats se brossent la tête, se lèchent les pattes; que les Chiens sont inquiets, grattent la terre, mangent l'herbe et grognent en aboyant. Le mauvais temps durera si la Taupe fouille plus que de coutume, si les Grenouilles et les Crapauds coassent avec force, etc.

On sent bien que je suis loin d'avoir épuisé la série des observations de ce genre faites depuis les temps les plus reculés; j'ai dû ne citer que les plus universellement adoptées. Voyons maintenant celles que la science peut nous offrir.

§ II. *Des observations météorologiques.*

Quand les physiciens de toute l'Europe répétèrent les expériences de l'attraction et de la répulsion des corps légers, par l'action de l'ambre jaune, du soufre et du verre, après plusieurs essais l'on entendit un bruit à peine sensible, puis l'on aperçut une faible étincelle. Une de ces expériences modifiée fit découvrir l'effet surprenant de la bouteille de Leyde, et de suite l'on fut jusque dans les nues y chercher la foudre, pour l'enchaîner et la conduire sans le moindre danger. Le fléau redoutable qui engendre la grêle et les noires tempêtes, une fois maîtrisé, l'on pouvait espérer que la Météorologie marcherait à grands pas dans la voie des conquêtes : il en fut tout autrement.

Plus tard on crut pouvoir tirer quelques profits des tables météorologiques que l'émulation fit dresser dans plusieurs observatoires et chez divers particuliers; quoique faites avec des instrumens perfectionnés, elles ne fournissent réellement aucun résultat précis; on ne voit entre elles aucune liaison, aucun terme comparatif; un très-petit nombre embrassent les vues larges conçues et exécutées par Duhamel du Monceau, depuis 1740 jusqu'en juillet 1782, époque de sa mort, et lors même qu'il surgirait en ce moment un homme de génie, dévoué aux progrès des connaissances humaines, et assez courageux pour entreprendre un travail consciencieux sur tous les matériaux de ce genre amassés sur tous les points de notre France seulement, je lui porte le défi d'établir avec eux un système vrai de Météorologie, profitable aux sciences physiques et aux pratiques agricoles. Le cadre des tableaux est trop étroit, mal conçu, rempli trop légèrement, puisque, sous ce dernier rapport, un météorologue de Toulouse, Marqué Victor, a le premier reconnu que dans les fortes chaleurs, la partie supérieure du mercure dans le baromètre se volatilise, et qu'alors le mercure, repoussé dans le tube, n'a plus la hauteur qui convient au ressort de l'air. L'observation est inexacte, si l'on n'a pas le soin d'incliner le baromètre jusqu'à ce que le mercure remplisse entièrement le tube. D'un autre côté, quelle confiance peut-on accorder à des observations faites par une seule personne? de quelque autorité que son nom et ses travaux antécédens soient environnés, n'est-il pas possible qu'un moment d'affaires ou d'oubli, une indisposition ou bien une visite inattendue vienne la déranger dans le cours de ses études? Comment retrouver alors le maximum ou le minimum atteints par la marche des instrumens, puisque ces points varient d'une manière plus ou moins sensible dans les différentes saisons, selon la puissance des rayons solaires, les perturbations des couches aériennes, l'état actuel des surfaces. En troisième lieu, pour la régularité de ces mêmes tableaux, ne conviendrait-il pas qu'ils fussent remplis contradictoirement en chaque lieu par trois personnes salariées, lesquelles devraient enregistrer toutes les diverses particularités de l'atmosphère, sa température diurne avec le thermomètre à mercure, et celle de la nuit, avec le thermomètre à esprit-de-vin que l'on appelle *Minima*; son ressort ou sa pression avec le baromètre de Gay-Lussac, perfectionné par Francœur; son humidité avec l'hygromètre à cheveux; la force et la direction du vent avec l'anémomètre perfectionné de Régnier; les variations diurnes de l'électricité avec l'électromètre; celle de l'état magnétique avec la boussole; la quantité d'eau tombée avec l'hyétomètre. Il faudrait joindre à ces résultats des remarques sur la forme, sur la position des nuages, et sur l'état du ciel; les époques de la feuillaison, de la floraison et de la fructification des

plantes

plantes indigènes et acclimatées, l'apparition, disparition, nichée, passage ou chant des oiseaux, l'apparition et disparition des insectes; les tremblemens de terre, inondations, épidémies et maladies régnantes, etc.

Qu'ont produit les fatigues de Toaldo, de Cotte et de leurs disciples? deux faits très-contestables, 1° que tous les dix-neuf ans on éprouve une température à peu près semblable, parce que la lune se trouve tous les dix-neuf ans dans la même position à l'égard de la terre; 2° que l'on peut connaître à l'avance la température du mois d'octobre, le plus important de tous pour le cultivateur, puisque c'est le mois des semailles, en comptant le nombre des jours pluvieux observés en mars, avril, juin, juillet et septembre.

On a également voulu, d'après des observations exactement enregistrées pendant trente années, préciser le moment des phénomènes végétaux, de l'apparition des oiseaux voyageurs ou des insectes. On avait trouvé, terme moyen, que la maturité du Froment sous le climat de Paris a lieu du 15 juillet au 20 août, c'est-à-dire à plus d'un mois de différence; le Seigle, du 1er juillet au 6 août; l'Avoine, du 20 juillet au 18 août; le Raisin, du 18 septembre au 19 octobre; que les Hirondelles paraissent et le Corbeau fait son nid du 24 mars au 26 avril; le Coucou chante du 10 avril au 17 mai; les Hannetons volent et s'accouplent du 13 avril au 12 mai, etc.; mais il est évident que ces époques éloignées du même phénomène ne sont elles-mêmes qu'un phénomène rare, une exception qui ne peut servir de règle.

Il y a plus de probabilités en faveur de cette triple conclusion, tirée par feu mon ami Juge de Saint-Martin, le bienfaiteur de l'agriculture du département de la Haute-Vienne : 1° rarement il y a de suite cinq bonnes années; 2° dans le cours de dix ans, il y en a plusieurs dont les produits suffisent à peine à la consommation, et même qui lui sont inférieurs; 3° les températures actuelles les plus favorables à la fertilité sont : un automne doux et humide, qui permet au Blé de s'enraciner; un hiver plus froid que doux, avec beaucoup de neige; un printemps un peu humide et tempéré; un été sec et chaud. Encore, il faut le dire, cette triple conclusion n'est point mathématique; elle est même très-contestable à mes yeux, quand surtout je veux tirer quelques inductions positives des Résumés météorologiques que j'ai publiés pendant dix années de suite, entre deux époques fameuses dans les annales de l'agriculture nationale, les années 1820 et 1830. Dumont de Courset a éprouvé le même échec quand il a voulu opérer sur ses curieuses observations de 1788 à 1797, également faites entre deux hivers mémorables, ceux de 1789 et de 1796.

Il ne faut point se décourager, mais se résigner à faire des observations qui, pour le moment, ne conduisent à aucune conséquence saillante. Les termes de comparaison que nous rassemblons serviront plus tard; c'est un devoir à remplir envers la science; en apportant chacun une pierre, le temple s'achèvera, et nous aurons rendu à nos successeurs le plus grand des services, celui d'allier le règne de la vérité à celui d'une noble liberté.

§ III. *Moyens faciles de régulariser les observations.*

Le véritable moyen de régulariser les observations à faire, c'est, après avoir ouvert des registres contenant autant de colonnes que j'ai indiqué de circonstances plus haut, d'employer les mêmes instrumens, et que tous réunissent à l'exactitude mathématique la simplicité et la solidité. Entrons dans quelques détails sur l'usage régulier de chacun d'eux. L'habitude une fois acquise, leur emploi ne sera plus qu'un jeu.

Du Baromètre. — Il faut user de très-grandes précautions en maniant cet instrument, non seulement pour ne point le casser, mais encore pour ne point en troubler les fonctions, ce qui ne manquerait point d'arriver si l'air venait à s'introduire dans le tube. Afin d'éviter cet inconvénient, il faut, quand on change son baromètre de place pour le porter d'un lieu dans un autre (bien entendu lorsque la distance est grande), le pencher très-lentement jusqu'à ce que le mercure soit arrivé au sommet du tube; on achève alors la révolution sans trop de précipitation, de manière à le tenir renversé, et on le transporte à la main sans aucun danger; on met les mêmes soins quand il s'agit de le remettre en place.

Veut-on s'en servir? il faut avoir la plus grande attention que l'instrument soit placé perpendiculairement; cette précaution est nécessaire pour l'exactitude des observations. On doit aussi le tenir dans un lieu très-éclairé, pour en suivre distinctement toutes les perturbations. S'agit-il de prendre note des observations? faites monter ou descendre le mercure qui occupe le réservoir au bas de l'instrument jusqu'au niveau de la pinule à jour, de manière à ce qu'il soit parfaitement à fleur des deux lignes parallèles de cette pinule. Cette opération se fait en tournant la vis de rappel placée au bas du baromètre. Lorsque le mercure est arrivé à ce niveau, ce qui a lieu aussitôt que la lumière cesse d'être aperçue par un rayon visuel horizontal, on fait monter ou descendre l'anneau indicateur, placé au haut de l'instrument, jusqu'au niveau du mercure. Cela fait avec la plus scrupuleuse régularité, prenez note du degré d'élévation du mercure, en observant sur la plaque d'indication la quantité de centimètres, de millimètres et de décimillimètres. (Ces derniers sont indiqués par le nonius qui tient à l'anneau index.) Quant aux observations comparatives de pesanteur de l'air, lorsque l'on veut leur donner toute la précision désirable, il faut que le baromètre soit toujours placé à une même hauteur dans l'atmosphère; autrement, il y aurait des variations plus ou moins sensibles selon que les localités différentes seraient plus ou moins élevées les unes que les autres.

N. B. Il est très-important de déterminer à quelle hauteur du sol les observations auront été faites. Cette indication est généralement négligée.

Du Thermomètre. — Le thermomètre doit être exposé à l'air libre et au nord, appuyé contre un arbre ou un poteau, afin que l'air puisse circuler librement autour. Si vous le placez contre un mur, laissez entre lui et l'instrument un courant de quinze millimètres environ.

J'ai parlé plus haut du thermomètre Minima à l'esprit-de-vin; celui-ci se tient horizontalement sur sa table, et est destiné à connaître le maximum du froid, pendant la nuit; il est, à cet effet, armé d'un petit index ou alidade qui reste fixe au point le plus froid. Après l'observation, l'on penche l'instrument, afin de ramener l'index à fleur de la liqueur.

De l'Hygromètre. — Cet instrument est portatif; son auteur est De Saussure. Il faut avoir soin, dès l'instant qu'on le déplace ou qu'on ne s'en sert plus, de fixer l'aiguille à son point de repos, ce qui se fait en en dirigeant la pointe vers le nombre 10, et en baissant le bouton d'arrêt. Cette précaution est d'autant plus nécessaire, qu'il importe d'éviter le mouvement d'oscillation qui serait imprimé à cette aiguille par le transport : le mouvement fatigue les cheveux et dérange nécessairement l'hygromètre. Ne rendez sa mobilité à l'aiguille que lorsque l'instrument est à la place qu'il doit occuper. L'hygromètre est d'une telle susceptibilité, qu'il lui faut à peine trois ou quatre minutes pour que l'aiguille marche d'un point quelconque à l'humidité ou à la sécheresse. En plein air, douze à quinze minutes suffisent pour qu'elle arrive au terme où elle doit se fixer. Il est une circonstance où sa marche se manifeste plus lentement, c'est quand l'air et le cheveu, étant déjà très-secs, se dessèchent encore davantage.

Afin que l'observation donne avec exactitude et précision l'état actuel de l'atmosphère, tenez l'instrument en plein air, à l'exposition du nord, et surtout garantissez-le des rayons directs ou même réfléchis du soleil; de plus, ayez soin de le placer au premier étage d'une maison, ou au moins à un certain degré de hauteur, trois mètres au moins, par exemple, au dessus du sol, pour éviter l'influence des vapeurs humides qui s'élèvent parfois de la terre. Comme les observations hygrométriques sont assez promptement faites, il est inutile de laisser sans cesse son instrument au dehors; il deviendrait même fâcheux de l'y laisser exposé, les pluies et les insectes pouvant le gâter et par conséquent le rendre inutile.

De l'Anémomètre. — Composé en 1785 par Edme Régnier, sous la direction de Buffon, cet instrument, ainsi que son nom l'annonce, ἀνέμος, vent, μετρέω, je mesure, sert à connaître la direction des vents et à juger le maximum de leur force. On le place sur la plate-forme d'une tour, ou sur le sommet d'un édifice ou d'une maison, ou même sur un piédestal au milieu d'un jardin, d'un champ assez élevé pour recevoir l'impulsion de tous les vents. On leste la boîte avec du sable pour lui donner une assise solide, et on dirige la rosette des vents dans l'alignement du sud au nord; lorsque cette disposition est faite, on n'a plus, à chaque observation, qu'à pousser le petit index de cuivre contre la plaque mobile, et à ramener les deux aiguilles de la rosette des vents contre la cheville de la girouette. Bientôt elles sont séparées par le mouvement de la girouette : le point intermédiaire entre les deux aiguilles indique le terme le plus constant. La plaque opposée au courant d'air repousse aussi l'index à un degré quelconque, et ce degré fait connaître le maximum de la force du vent. Il est inutile de dire que, à chaque nouvelle observation, il faut repousser l'index contre la plaque qui le fait agir; autrement on ne pourrait pas juger quel peut être le point où elle est parvenue; mais ce qu'il est bon de savoir, c'est que chaque degré équivaut à un hectogramme.

De l'Hyétomètre. — Destiné à faire connaître la quantité d'eau de pluie tombée, l'hyétomètre se place en un lieu semblable à celui fixé pour l'anémomètre. On le visite aussitôt qu'il a plu, surtout en été, à cause de la prompte évaporation, ce qui causerait une erreur plus ou moins grave dans l'observation, principalement quand elle est faite comparativement. On a la quantité par le niveau de l'eau à la plaque graduée en centimètres et millimètres.

De l'Electromètre. — Comme les observations avec cet instrument en demandent deux et même trois pour fournir des indications de quelque utilité, l'on peut différer d'en faire usage jusqu'à ce qu'il ait été perfectionné. Il en est de même pour le thermomètre de Jurgensen, de Copenhague, propre à faire connaître avec précision la température moyenne d'un jour, d'un mois ou d'une année; et pour l'æthrioscope de Leslie, de Londres, qui, exposé en plein air, indique à chaque instant de la nuit et du jour, malgré leurs inconstans effets, les impressions variables et les ondulations de fraîcheur ou de froid envoyées dans tous les temps des régions supérieures de l'atmosphère vers la surface du globe. Il faut avoir acquis une certaine expérience avant d'en inscrire les résultats.

De la Boussole. — A l'endroit destiné pour le placement de la boussole, il faut prendre son point de l'étoile polaire, tracer une ligne méridienne bien juste et indiquer le nord et le sud suivant la direction de cette ligne, afin de juger de la déclinaison de l'aiguille. Le premier géomètre venu, employé au cadastre, étant familiarisé avec ces sortes d'opérations, peut tracer cette ligne chez celui qui craindrait de se tromper. Une fois ce point exactement donné, et établi dans un endroit très-éclairé ou proche des fenêtres, on aura soin que le pivot de l'instrument soit bien perpendiculaire, c'est-à-dire que sa boîte soit placée horizontalement et qu'il n'y ait aucun ferrement, ni même des clous à une distance au moins de trois à quatre mètres en tous sens.

Tous ces divers instrumens, confectionnés avec soin, se trouvent, à des prix très-modérés, chez Chamblant, ingénieur-opticien, rue Mazarine, 48, avec des états-modèles qui donneront de l'ensemble aux observations météorologiques. En les adoptant, l'on connaîtra mieux les phénomènes; de la masse des faits recueillis jailliront nécessairement des principes pratiques, puis une théorie qui les liera les uns aux autres, et fera de la Météorologie une science d'utilité générale.

§ IV. *Indications obtenues jusqu'ici par l'emploi des instrumens.*

Le baromètre paraît avoir des rapports assez constans avec le temps futur. La hauteur du mercure en France est de soixante-treize centimètres, et ses variations ne s'étendent guère au-delà de huit centimètres; en sorte que le plus grand abaissement du mercure est pour nous de soixante-huit centimètres, et sa plus grande élévation quatre-vingts centimètres. Tout ce qui peut augmenter ou diminuer la pesanteur de l'atmosphère détermine nécessairement l'élévation ou l'abaissement du mercure dans cet instrument. Ainsi les vents, les vapeurs, les exhalaisons, la chaleur, le froid, les nuages, les brouillards, les corps en putréfaction sont autant de causes du mouvement du mercure dans le tube. C'est surtout au temps des équinoxes que cette combinaison de causes diverses est beaucoup plus sensible et laisse quelque incertitude sur les signes de pluie et de beau temps que donne le baromètre. Pour rendre ces signes moins équivoques, il faut suivre en même temps la marche de l'hygromètre et du thermomètre. Les données les plus certaines sont les suivantes :

L'inconstance dans le niveau du mercure dénote les mêmes circonstances dans le temps. Il baisse moins sous l'influence des vents du nord, du nord-est et de l'est que pendant la durée des autres vents. Si le sommet de la colonne est convexe, espoir de beau temps; s'il est, au contraire, concave, signe de mauvais temps. Plus le mercure monte, plus le temps sera superbe; plus il descend, plus on doit s'attendre à la pluie, à la neige, aux grands vents, à la tempête. Lorsqu'il y a deux vents en même temps, l'un près de la terre, l'autre dans la région supérieure, si le vent le plus haut est nord et celui du bas sud, on a quelquefois de la pluie, quoique le baromètre soit alors fort haut; tandis que si c'est le vent du sud qui est le plus élevé et le vent du nord le plus bas, il ne pleuvra point, quoique le baromètre soit très-bas. Pour peu que le mercure monte et continue à s'élever après ou pendant une pluie longue, abondante, il y aura du beau temps. Le mercure s'élève de six heures du soir à minuit; il baisse jusqu'à six heures du matin, monte ensuite jusqu'à midi, et baisse de nouveau jusqu'à six heures du soir : ces variations ont lieu dans tous les temps, lors même que la température est le plus invariable. Plus les mouvemens du mercure dans le baromètre sont étendus, plus les pronostics sont certains; plus ils s'exécutent avec lenteur, plus les changemens qu'ils annoncent deviennent constans et ont de durée. Dans un temps calme et disposé à la pluie, le baromètre est bas; c'est le contraire pour les jours superbes, calmes et secs. En hiver, son élévation indique vents et gelées; s'il descend alors de quelques millimètres, il y aura dégel; s'il remonte, signe de neige. Dans un temps chaud, l'abaissement du mercure annonce le tonnerre; s'il descend beaucoup et avec rapidité, menace d'une tempête ou de tremblement de terre; après il monte fort vite, le beau temps est alors certain. En général, toute variation brusque, rapide, considérable, indique un changement de courte durée. Quand le mercure monte la nuit, et non le soir, signe certain d'un temps beau et de durée. S'il reste stationnaire pendant vingt-quatre ou trente-six heures, quoique fort élevé et le temps serein, vous êtes sûr d'un changement très-prochain. Il n'y a que les orages subits, durant les grandes chaleurs, qui dérangent cette marche assez uniforme du baromètre.

Si vous voyez le thermomètre fixe, tandis que le baromètre baisse, signe incontestable de pluie; mais quand ces deux instrumens baissent tous deux sensiblement, grande pluie et pluie de durée; si, au contraire, tous deux s'élèvent, ils annoncent un temps sec et long-temps serein. Le thermomètre prend moins d'ascension le soir que le matin. Il baisse pendant un instant aux premiers rayons du soleil : c'est l'effet de l'évaporation de la rosée qui couvre sa boule, et par suite de la soustraction du calorique. Il baisse aussi d'une manière sensible entre midi et trois heures : c'est aussi le temps de la plus grande dépression du baromètre.

L'hygromètre s'avance constamment vers le sec de huit heures du matin à trois heures du soir, et retourne vers l'humidité depuis le soir jusqu'au matin. La sécheresse augmente en s'éloignant de la terre, les vapeurs et la température diminuant. Comme cet instrument n'indique que les variations de l'air contigu et des vents inférieurs, il arrive assez souvent que les vents supérieurs amènent de la pluie sans que l'hygromètre l'annonce. L'approche des orages le pousse vers le plus grand degré d'humidité. La plus grande sécheresse de l'atmosphère a lieu en avril et au temps de la maturité des fruits, c'est-à-dire du 15 août au 15 septembre. Le moment le plus sec de la journée, en été, c'est vers quatre heures de l'après-midi; en hiver, à trois heures.

De tout ce qui précède, concluons que lorsque nous connaîtrons parfaitement toutes les variations de la température, il nous sera permis seulement d'en déduire des règles certaines de culture pour les trois sortes de degrés d'acclimatation; jusque-là il convient de marcher en tâtonnant et de s'en rapporter aux divers pronostics que le temps et l'observation nous fournissent. (T. D. B.)

MÉTHODE. (ZOOL.) Ce mot, pris dans son acception la plus générale, sert à désigner l'ordre que l'on adopte pour étudier ou pour exposer l'ensemble des vérités acquises à un art ou à une science; la Méthode en histoire naturelle n'est quelquefois qu'une classification ou même une nomenclature; c'est dans ce sens qu'en botanique, par exemple, on dit la Méthode de Linné, la Méthode de Jussieu. Le mot *Méthode* est véritablement alors synonyme de classification.

Avant d'entrer dans le détail de ce qu'il convient relativement aux *Méthodes* ainsi comprises, c'est-à-dire aux classifications, et de discuter leurs avantages et leurs inconvéniens, il ne sera point hors de propos de dire un mot de la *Méthode* prise dans le sens de l'ordre qu'il convient d'adopter pour l'étude. Ceci est important, et ce que nous avons à dire pourra aussi trouver son application à des objets autres que l'histoire naturelle. Cuvier apportait à cette espèce de Méthode le soin le plus assidu, et certes son expérience est bien le meilleur argument en faveur de sa thèse. « Cette habitude que » l'on prend, disait-il, nécessairement, en étudiant » l'histoire naturelle, de classer dans son esprit un » très-grand nombre d'idées, est l'un des avantages » de cette science dont on a le moins parlé, et qui » deviendra peut-être le principal, lorsqu'elle aura » été généralement introduite dans l'éducation com» mune; on s'exerce par là dans cette partie de la » logique que l'on nomme la *Méthode.* Cet art de » la Méthode, une fois qu'on le possède bien, s'ap» plique avec un avantage infini aux études les plus » étrangères à l'histoire naturelle. Toute discussion » qui suppose un classement de faits, toute recher» che qui exige une distribution de matières, se » fait d'après les mêmes lois, et le jeune homme » qui n'avait cru faire de cette science qu'un objet » d'amusement, est surpris lui-même, à l'essai, de » la facilité qu'elle lui a procurée pour débrouiller » toutes sortes d'affaires. »

Par la Méthode, Cuvier avait rendu son esprit tellement apte à toutes sortes d'affaires, aux affaires de la nature la plus disparate, qu'au conseil d'état on citait comme une merveille la facilité avec laquelle il dépouillait les dossiers les plus embrouillés, et la netteté qu'il mettait dans l'exposition du vrai point des questions les plus étrangères à ses études habituelles. L'auteur de cet article l'a entendu, un jour, à la chambre des pairs, soutenir sur la théorie des lettres de change une discussion lumineuse qui frappa d'étonnement les jurisconsultes les plus érudits.

La Méthode d'apprendre est donc une chose de la plus grande importance, en histoire naturelle surtout, où la diversité des objets est innombrable et l'aspect qu'il en faut étudier plein de détails. On la néglige cependant pour s'attacher exclusivement à des nomenclatures qui sont aujourd'hui toute la science du botaniste ; si l'on n'y tient la main, vous verrez que la même erreur de direction se glissera insensiblement dans les autres branches de l'histoire naturelle : ne l'a-t-on pas déjà aperçue dans la chimie? Ce serait bien le signal du déclin de cette science; et vraiment quelle calamité que la chimie, qui est montée presque au rang des sciences exactes par les découvertes faites depuis quarante ans seulement, fût ainsi livrée aux outrages, aux lacérations, aux déchiquetages des nomenclateurs.

La *Méthode* la plus célèbre est celle de Descartes. Quand ce philosophe la publia, elle frappa l'esprit d'étonnement, tant elle parut simple et d'une facile application, et chacun s'étonna de ne l'avoir pas découverte. Au fond, cette Méthode n'était point à découvrir, elle est dans l'esprit de tous ceux qui étudient avec un bon esprit; c'est la seule dont on puisse faire usage, et il n'y en a pas d'autre lorsqu'on veut s'occuper de vérités et non de suppositions, lorsqu'on veut se rendre à soi-même un compte exact de ce que l'on sait avec certitude, et de ce que l'on ne voit qu'à travers le voile obscur et incertain du doute et du pressentiment. Descartes ne fit donc que traduire la pensée de tous les bons esprits ; il est vrai que c'est ainsi que procède toujours l'homme de génie; il n'y a point d'obscurité dans les résultats qu'il livre à l'humanité. On ne résiste point à leur évidence, on pense tout de suite comme il a pensé, et avec tant de conviction, avec tant d'entraînement, qu'il semble qu'on n'a jamais pensé d'autre manière.

Il est curieux toutefois de connaître comment Descartes en vint où nous le trouvons. Il venait de repasser dans son esprit toutes les études auxquelles on livrait les jeunes gens dans les écoles de son temps. Après avoir exprimé leur suc et déterminé la véritable utilité de la connaissance des langues, de l'histoire, des fables et des voyages. « J'estimais fort l'éloquence, ajoute-t-il, et j'étais amoureux de la poésie; mais je pensais que l'une et l'autre étaient des dons de l'esprit plutôt que des faits de l'étude. Ceux qui ont le raisonnement le plus fort et qui digèrent le mieux leurs pensées, afin de les rendre claires et intelligibles, peuvent toujours le mieux persuader ce qu'ils proposent, encore qu'ils ne parlassent que bas breton et qu'ils n'eussent jamais appris de rhétorique; et ceux qui ont les inventions les plus agréables, et qui les savent exprimer avec le plus d'ornement et de douceur, ne laisseraient pas d'être les meilleurs poètes, encore que l'art poétique leur fût inconnu. »

Descartes ramène ainsi son esprit et fait impitoyablement main basse sur tout ce qui est l'objet de l'investigation de l'esprit humain, et il acquiert la certitude que certaines choses, comme l'éloquence et la poésie, ne sont que la mise en exercice de facultés innées, que d'autres n'ont qu'une utilité et une importance très-restreintes, et que d'autres enfin ne sont positivement que des futilités; et voyez jusqu'où va sa sévérité, il rangerait les mathématiques parmi les choses futiles si on voulait l'en croire. O botanistes merveilleux! O grands faiseurs de dissertations sur les épis mâles et les épis femelles, sur les feuilles sessiles et les bords ciliés, *descripteurs* émérites de radicules et de filamens, avez-vous jamais réfléchi sur le sentiment qu'éprouva Descartes quand il se fit à lui-même le relevé de ce qu'il devait aux mathématiques? « Je me plaisais surtout aux mathématiques, dit-il, à cause de la certitude et de l'évidence de leurs raisons; mais je ne *remarquais point encore leur vrai usage*, et, pensant qu'elles ne servaient qu'aux arts mécaniques, je m'étonnais de ce que, leurs fondemens étant si fermes et si solides, on n'avait rien bâti dessus de plus relevé. »

Plus tard le créateur de l'histoire naturelle en France, le naturaliste de Montbar, n'a pas fait un meilleur parti aux mathématiques, et nous citerons d'autant plus volontiers son sentiment qu'il l'expose d'abord à propos des Méthodes, et que de plus il renferme des vérités trop méconnues par les mathématiciens de nos jours qui s'imaginent que la science qu'ils cultivent est d'un degré infiniment supérieur à toutes les autres, et qui élèvent leurs prétentions d'hommes positifs au niveau de cette opinion fermement arrêtée.

« Il y a plusieurs espèces de vérités, disait Buffon, et on a coutume de mettre dans le premier ordre les vérités mathématiques, ce ne sont cependant que des vérités de définition ; ces définitions portent sur des suppositions simples, mais abstraites, et toutes les vérités en ce genre ne sont que des conséquences composées, mais toujours abstraites, de ces définitions. Nous avons fait les suppositions, nous les avons combinées de toutes les façons ; ce corps de combinaisons est la science mathématique ; il n'y a donc rien dans cette science que ce que nous y avons mis, et les vérités qu'on en tire ne peuvent être que des expressions différentes sous lesquelles se présentent les suppositions que nous avons employées ; ainsi les vérités mathématiques ne sont que les répétitions exactes des définitions ou suppositions. La dernière conséquence n'est vraie que parce qu'elle est identique avec celle qui la précède, et que celle-ci l'est avec la précédente, et ainsi de suite en remontant jusqu'à la première supposition ; et comme les définitions sont les seuls principes sur lesquels tout est établi, et qu'elles sont arbitraires et relatives, toutes les conséquences qu'on en peut tirer sont également arbitraires et relatives. Ce qu'on appelle vérités mathématiques se réduit donc à des identités d'idées et n'a aucune réalité ; nous supposons, nous raisonnons sur nos suppositions, nous en tirons des conséquences, nous concluons ; la conclusion ou dernière conséquence est une proposition vraie relativement à notre supposition ; mais cette vérité n'est pas plus réelle que la supposition elle-même. Ce n'est point ici le lieu de nous étendre sur les usages des sciences mathématiques, non plus que sur l'abus qu'on en peut faire, il nous suffit d'avoir prouvé que les vérités mathématiques ne sont que des vérités de définition, ou, si l'on veut, des expressions différentes de la même chose, et qu'elles ne sont vérités que relativement à ces mêmes définitions que nous avons faites ; c'est par cette raison qu'elles ont l'avantage d'être toujours exactes et démonstratives, mais abstraites, intellectuelles et arbitraires.

» Les vérités physiques, au contraire, ne sont nullement arbitraires et ne dépendent point de nous ; au lieu d'être fondées sur des suppositions que nous avons faites, elles ne sont appuyées que sur des faits ; une suite de faits semblables, ou, si l'on veut, une répétion fréquente et une succession non interrompue des mêmes événemens fait l'essence de la vérité physique. »

Je laisse à penser ce que pouvait être l'opinion de Descartes touchant la philosophie et les autres sciences qui en découlent ; car de son temps encore la physique, prise dans son sens le plus général, l'étude de la nature, ne formait qu'une partie de la philosophie. « Pour les autres sciences, dit-il, d'autant qu'elles empruntent leurs principes de la philosophie, je jugeais qu'on ne pouvait avoir rien bâti qui fût solide sur des fondemens si peu fermes.... Je pensais déjà connaître assez ce qu'elles valaient pour n'être plus sujet à être trompé, ni par les promesses d'un alchimiste, ni par les prédictions d'un astrologue, ni par les impostures d'un magicien, ni par les artifices ou la vanterie d'*aucun de ceux qui font profession de savoir plus qu'ils ne savent.* »

Descartes faisait donc ainsi le dénombrement de ses richesses intellectuelles, tout en s'acheminant vers l'Allemagne, où l'occasion des guerres l'avait appelé ; et comme il retournait du couronnement de l'empereur vers l'armée, le commencement de l'hiver l'arrêta en un quartier où, ne trouvant aucune conversation qui le divertît, et n'ayant d'ailleurs par bonheur aucuns soins ni passions qui le troublassent, il demeurait tout le jour enfermé seul dans *un poêle* où il avait tout loisir de s'entretenir de ses pensées.

Voilà donc notre philosophe enfermé dans son poêle, et embarrassé de tant de doutes et d'erreurs qu'il lui semblait n'avoir fait autre profit en tâchant de s'instruire, sinon qu'il avait découvert de plus en plus son ignorance. Dans cette situation perplexe, il considéra que, pour construire une belle maison sur un plan uniforme et digne, il fallait abattre les masures qui en occupaient la place. Il se mit dans la situation d'un homme qui ne sait rien et qui veut apprendre ; il fit table rase, il tâcha d'oublier ce qu'il savait, et ce fut là son premier principe. « Je me persuadai, dit-il, que, pour toutes les opinions que j'avais jusqu'alors reçues en ma créance, je ne pouvais mieux faire que d'entreprendre une bonne fois de les en ôter, afin d'y en remettre par après, ou d'autres meilleures, ou bien les mêmes, lorsque je les aurais ajustées au niveau de la raison (1). »

Ce premier pas fait, il divisa chacune des difficultés qu'il voulait examiner en autant de par-

(1) Buffon avait évidemment en vue cette première règle de la Méthode de Descartes lorsqu'il s'exprime ainsi dans son discours sur la manière de traiter l'histoire naturelle : « Imaginons un homme qui a en effet tout oublié ou qui s'éveille tout neuf pour les objets qui l'environnent ; plaçons cet homme dans une campagne où les animaux, les oiseaux, les poissons, les plantes, les pierres se présentent successivement à ses yeux. Dans les premiers instans cet homme ne distinguera rien, et confondra tout ; mais laissons ses idées s'affermir peu à peu par des sensations réitérées des mêmes objets, bientôt il se formera une idée générale de la matière inanimée, et peu de temps après il distinguera très-bien la matière animée de la matière végétative, et naturellement il arrivera à cette première grande division, animal, végétal et minéral.....! Cet ordre, le plus naturel de tous, est celui que nous avons cru devoir suivre. Notre Méthode de distribution n'est pas plus mystérieuse que ce qu'on vient de voir, etc. »

On verra dans le cours de l'article que cette sorte de Méthode établie par Buffon, excellente pour apprendre en commencant, n'a plus la même valeur quand il s'agit d'embrasser l'ensemble des objets qui constituent l'histoire naturelle.

celles qu'il se pouvait, et qu'il était requis pour mieux les résoudre.

Ensuite il conduisit par ordre ses investigations, en commençant par les objets les plus simples et les plus aisés à connaître, pour monter peu à peu, comme par degrés, jusqu'à la connaissance des plus composés.

Enfin il fit en tout des dénombremens si entiers et des revues si générales, qu'il s'assura de ne rien omettre.

Descartes n'avait alors que vingt-trois ans, et l'on doit admirer comment à cet âge, où la jeunesse est si glorieuse et si infatuée de ce qu'on lui a enseigné, il sut trouver en lui-même une volonté assez énergique, une abnégation assez absolue de son amour-propre et de son orgueil juvénile, pour consentir à mettre au néant en quelque façon tout son savoir.

Quoi qu'il en soit, c'est par cette manière de procéder qu'il fit de si grands progrès dans la connaissance de la vérité qui est bien la véritable philosophie. C'est ainsi encore qu'il fit ses plus précieuses découvertes, qu'il créa presque une science nouvelle, l'application de l'algèbre à la géométrie, etc..., qu'il exerça enfin la plus vaste et la plus utile influence sur l'esprit humain (Droz).

Telle est cette célèbre Méthode qu'on a aussi appelée du nom de *doute philosophique*. Supposez maintenant qu'il se trouve un naturaliste assez indépendant pour en faire l'application à l'histoire naturelle ou à quelqu'une de ses parties, à la botanique, par exemple. Je demande s'il resterait de cette science autre chose qu'un amas puéril de mots, auxquels on ne pourrait adresser de plus faible reproche que celui de leur complète *insignifiance*. Il vaudrait pourtant la peine que quelqu'un entreprît cette tâche, et voici le plan que je crois qu'il faudrait suivre dans ce cas.

Il faudrait se poser devant la nature telle qu'elle apparaît aux yeux de tous, avec ses arbres majestueux et ses humbles petites plantes, les uns chargés de fruits et de feuillage, les autres parées des plus vives couleurs. Là il faudrait oublier tout ce qu'ont dit les savans et les nomenclateurs, faire table rase, et se demander alors dans quel but il s'agit d'étudier cette page si pleine du grand livre de la création.

J'imagine qu'en prenant une plante, après avoir bien considéré tout ce qui a rapport à sa conformation et à son aspect dans les diverses phases de son existence, il faudrait s'enquérir de sa valeur propre et actuelle, je veux dire de son application aux usages de l'homme ; distinguer parmi ces derniers ceux qui sont relatifs à l'homme lui-même ou aux arts qui sont le fruit de son imagination, parcourir ainsi la nature entière depuis le Lichen jusqu'aux Cèdres, et finir sa revue par un dénombrement et une classification. Je dis que la tâche étant ainsi remplie, il en résultera un grand bien pour l'humanité. Et notez bien qu'elle est excessivement facile, que tous les matériaux de l'œuvre existent et ne sont point à créer, que des livres spéciaux les contiennent et qu'il ne faut que savoir les y chercher, les en extraire et les rassembler selon le plan que je viens d'indiquer. Mais quand même tout serait à faire, je dis qu'il n'y a rien là qui ne soit à la portée de tout homme qui a des yeux pour observer et une intelligence pour combiner les idées qui résultent de l'observation de la nature.

Cuvier ne suivit pas d'autre marche quand, sur les côtes de la Normandie, il rassembla pour la première fois des coquilles et fit la chasse aux insectes. Il n'avait aucun livre qui le guidât dans ses recherches, qui lui servît de base à ses travaux ; et pourtant ces travaux furent comme le premier fondement de son Règne animal et de son Anatomie comparée, et il se trouva qu'il avait découvert en quelque sorte, puisqu'il put en distinguer et en décrire tous les individus, une classe entière d'animaux, les mollusques.

J.-J. Rousseau s'est occupé, comme chacun sait, de botanique, et les idées qu'il a émises dans le peu de lettres qui nous restent de lui sur cette science, ne sont guère éloignées de celles que nous voudrions faire prévaloir dans cet article. Personne n'appréciait mieux que lui la valeur des nomenclatures, et il en a fait l'histoire critique avec tout le talent que l'on pouvait attendre de lui. (Voyez l'introduction qu'il a mise en tête des fragmens d'un dictionnaire de botanique qu'il a laissés.) C'est là qu'après avoir discuté la valeur de tout ce qui avait été fait en ce genre jusqu'au moment où il écrit, il ajoute ces paroles trop peu remarquées : « Rien n'était plus maussade et plus ridicule lorsqu'une femme, ou quelqu'un de ces *hommes qui leur ressemblent*, vous demandaient le nom d'une herbe ou d'une fleur dans un jardin, que la nécessité de cracher en réponse une longue enfilade de mots latins qui ressemblaient à des évocations magiques ; inconvénient suffisant pour rebuter ces personnes frivoles d'une étude charmante offerte avec un appareil aussi pédantesque... »

Mais gardez-vous de croire qu'il borne à cela seul la science de la botanique. « Ne connaître les plantes que de vue, dit-il dans sa première lettre, et ne savoir que leurs noms, ne saurait être qu'une étude insipide.... La nomenclature n'est qu'un savoir d'herboriste. J'ai toujours cru qu'on pouvait être un très-grand botaniste sans connaître une seule plante par son nom... » Et ailleurs, IIIe lettre : « Mais je vous préviens que, si vous voulez prendre des livres et suivre la nomenclature ordinaire, avec beaucoup de noms vous aurez peu d'idées, celles que vous aurez se brouilleront et vous ne suivrez bien ni ma marche ni celle des autres; et n'aurez tout au plus qu'une connaissance de mots... » Et ailleurs encore, lettre V : « On prétend que la botanique n'est qu'une science de mots qui n'exerce que la mémoire et n'apprend qu'à nommer des plantes. Pour moi, je ne connais point d'étude raisonnable qui ne soit qu'une science de mots; et auquel des deux, je vous prie, accorderai-je le nom de botaniste, de celui qui sait cracher un nom ou une phrase à l'aspect d'une plante, sans rien connaître à sa structure; ou de celui qui, connaissant très-bien cette structure, ignore néanmoins le nom très-arbitraire qu'on donne à cette plante en tel ou en tel pays? Si nous ne donnons à vos enfans qu'une occupation amusante, nous manquons la meilleure moitié de notre but, qui est, en les amusant, d'exercer leur intelligence et de les accoutumer à l'attention. Avant de leur apprendre à nommer ce qu'ils voient, commençons par leur apprendre à le voir. Cette science, oubliée dans toutes les éducations, doit faire la plus importante partie de la leur. Je ne le redirai jamais assez; apprenez-leur à ne jamais se payer de mots, et à croire ne rien savoir de ce qui n'est entré que dans leur mémoire. » (J.-J. Rousseau, *Lettres sur la Botanique.*)

Terminons ces citations du philosophe de Genève par le passage suivant que les gens du monde trouveront de leur goût bien plus que les botanistes. « Les plantes semblent avoir été semées avec profusion sur la terre comme les étoiles dans le ciel, pour inviter l'homme, par l'attrait du plaisir et de la curiosité, à l'étude de la nature....; elles naissent sous nos pieds et dans nos mains, pour ainsi dire. La botanique est l'étude d'un oisif et paresseux solitaire : une pointe et une loupe sont tout l'appareil dont il a besoin pour les observer. Il se promène, il erre librement d'un objet à un autre, il fait la revue de chaque fleur avec intérêt et curiosité; et sitôt qu'il commence à saisir les lois de leur structure, il goûte à les observer un plaisir sans peine, aussi vif que s'il lui en coûtait beaucoup. Il y a dans cette oiseuse occupation un charme qu'on ne sent que dans le plein calme des passions, mais qui suffit seul alors pour rendre la vie heureuse et douce. Mais sitôt qu'on y mêle un motif d'intérêt ou de vanité, soit *pour remplir des places* ou *pour faire des livres*, sitôt qu'on ne veut apprendre que pour instruire, qu'on n'herborise que pour *devenir auteur* ou professeur, tout ce doux charme s'évanouit : on ne voit plus dans les plantes que des instrumens de nos passions; on ne trouve plus aucun vrai plaisir dans leur étude; on ne veut plus savoir, mais montrer qu'on sait, et dans les bois on n'est que sur le théâtre du monde, occupé du soin de s'y faire admirer; ou bien, se bornant à la botanique de cabinet ou de jardin tout au plus, au lieu d'observer les végétaux dans la nature, on ne s'occupe que de *systèmes et de Méthodes*; matière éternelle de dispute qui ne fait pas connaître une plante de plus, et ne jette aucune véritable lumière sur l'histoire naturelle et le règne végétal. De là les haines, les jalousies que la concurrence de célébrité excite chez les botanistes auteurs, autant et plus que chez les autres savans. En dénaturant cette aimable étude, ils la transplantent au milieu des villes et des académies, où elle ne dégénère pas moins que les plantes exotiques dans les jardins des curieux.»

Toutes ces considérations sont relatives à la Méthode envisagée sous le rapport de l'enseignement ou de l'étude, c'est-à-dire comme moyen de mettre en œuvre, pour se les approprier ou pour les rendre propres aux autres, les matériaux constitutifs de tel art ou de telle science. Dans les sciences naturelles, la Méthode a par le fait une plus grande extension; il est même telle division des sciences naturelles, la zoologie par exemple, où la Méthode emporte tout le reste de telle façon, que, en s'attachant à perfectionner la Méthode, on approche plus sûrement du but que par toute autre spéculation. Ceci paraîtra obscur ou du moins singulier aux personnes qui ont peu réfléchi sur les moyens de l'histoire naturelle. Et, en effet, on peut s'étonner au premier abord qu'une science puisse consister dans l'ordonnance des matériaux qui la composent beaucoup plus que dans les matériaux eux-mêmes. Peu de mots suffiront pour éclaircir tout cela.

Le but de l'histoire naturelle est bien certainement de connaître et de distinguer tous les êtres de la création. Pour arriver à ce but, il faut de toute nécessité étudier non pas tant l'influence de ces êtres les uns sur les autres, et les mœurs ou habitudes qu'ils manifestent, que l'organisation intime de chacun d'eux, organisation qui, en donnant la mesure de leur capacité, de leurs facultés, fait connaître par une conséquence nécessaire toutes leurs mœurs et leurs habitudes possibles. Or, la Méthode adoptée, celle que l'on poursuit avec une ardeur scientifique parfaitement rationnelle, est aussi fondée sur les caractères de l'organisation, d'où il suit évidemment que, quand la Méthode aura été appliquée à tous les êtres, ils seront tous parfaitement connus dans leur intimité aussi bien que dans leurs relations. Et c'est ainsi que la Méthode est toute l'histoire naturelle.

Cela posé, venons-en aux détails. Si on prend l'expression *histoire naturelle* dans sa plus large acception, on peut la considérer sous deux rapports d'une manière abstraite ou générale, et d'une manière particulière. Dans le premier cas, ce sera la physique générale, en donnant au mot *physique* le sens de son étymologie (φύσις, nature); dans le second cas, c'est la physique particulière ou l'histoire naturelle proprement dite.

Dans la physique générale, on étudiera d'une manière abstraite chacune des propriétés des corps, et l'étude de quelques unes de ces propriétés suffira même quelquefois pour constituer une science. Si l'on considère les corps en masse, et qu'on cherche à en fixer mathématiquement les propriétés, on aura la *physique* proprement dite. Si on recherche les lois selon lesquelles les molécules des corps agissent les unes sur les autres, les combinaisons ou les séparations qui en résultent, on aura la *chimie*, dans laquelle entrera plus ou moins la théorie de l'électricité et de la chaleur, selon le côté par lequel on envisagera ces deux agens.

Dans la physique générale, telle que nous venons de la détailler, la Méthode consiste à isoler les corps, à les simplifier en les réduisant à leur plus simple expression, à reconnaître ou à calculer les effets de leurs propriétés, à généraliser enfin les lois de ces propriétés, à les lier ensemble pour en former des corps de doctrine, pour les rapporter quand il se pourra, si jamais il se peut, à une loi unique qui serait l'expression de toutes les autres (Cuvier).

La physique particulière ou l'histoire naturelle prend chaque être en particulier, et y applique pour l'étude chacune des lois reconnues par les diverses branches de la physique générale. Il n'y a aucun corps, aucun être qui se trouve ainsi en dehors de son véritable domaine, et les astres eux-mêmes devraient en faire partie; mais l'astronomie, suffisamment éclairée par les lumières d'une seule branche de la physique générale, la mécanique, ne saurait admettre en outre les Méthodes d'investigation que permet l'histoire naturelle, et ne peut, par conséquent, être cultivée par les mêmes esprits. Il reste donc, pour l'histoire naturelle proprement dite, l'étude des corps bruts appelés minéraux, et les corps vivans qui sont tous plus ou moins soumis aux lois de la physique générale.

Pour ce qui concerne les minéraux, on peut, à la rigueur employer à leur étude la Méthode indiquée pour la physique générale; mais quand on arrive aux corps vivans, cette Méthode devient impossible, et en voici la raison : la vie, qui forme le principal attribut de ces corps, est aussi la raison indispensable de la manifestation de leurs propriétés; or, si on voulait supprimer quelques unes des parties d'un être vivant pour arriver à l'isolement d'une propriété quelconque à étudier, on supprimerait inévitablement la vie, et partant on ne verrait plus se manifester aucune propriété. Il faut donc étudier les corps vivans dans leur ensemble, les prendre chacun dans leur entier, comme la nature les donne, et saisir par l'*observation* et non plus par l'expérience ce que la nature voudra livrer de ses secrets.

A vrai dire, l'observation est le seul moyen de l'histoire naturelle. Elle use pourtant d'un autre élément d'étude que la nature a fourni elle-même, et qui résulte de la gradation qui se remarque dans la conformation variée des corps vivans. Cette gradation des corps vivans constitue véritablement, comme le dit Cuvier, une série d'expériences toutes préparées par la nature qui ajoute ou retranche à chacun d'eux différentes parties, comme nous pourrions désirer de le faire dans nos laboratoires, et nous montre elle-même les résultats de ces additions ou de ces retranchemens. En étudiant les corps vivans sous ce point de vue, on parvient à saisir des rapports constans entre l'organisation de ces corps et les phénomènes qu'ils manifestent; et, par une suite nécessaire, on arrive à établir les lois générales qui règlent ces rapports.

Un autre moyen d'arriver à la découverte de ces lois générales, c'est l'étude des *conditions d'existence*, ce que l'on appelait autrefois les *causes finales*, le *à quoi bon* de toute chose. Aucun être ne peut exister sans réunir toutes les conditions qui rendent son existence possible, sans que les différentes parties qui le composent soient arrangées entre elles, de manière à rendre possible l'être dans son entier, non seulement pour ce qui le concerne, mais encore pour les rapports qu'il doit entretenir avec les autres êtres au milieu desquels il est destiné à vivre.

Mais pour arriver à étudier chaque être sous le rapport de ses *conditions d'existence*, pour les étudier ensuite tous dans leur ensemble, afin d'obtenir la connaissance intime de leurs facultés par la comparaison de leur organisation variée, il faut de toute nécessité avoir tous les êtres sous la main, arrangés selon l'ordre que la nature est censée avoir mis et a mis réellement dans leur création, les plus simples au commencement de la série, les plus parfaits à la fin.

Tel est l'objet de la Méthode. Ainsi donc tout dans cette étude concorde et se trouve lié d'une manière intime en quelque sorte; de façon que l'on ne peut étudier les conditions d'existence d'un animal sans étudier son organisation; que l'on ne peut bien connaître son organisation particulière sans se rendre compte des rapports qui le lient à ses supérieurs et à ses inférieurs; que l'on ne peut enfin le bien classer, le mettre avec tel ou tel autre avant celui-ci et après celui-là, sans savoir ce que le premier a de moins et ce que le second a de plus. Encore une fois, voilà comment la Méthode est toute l'histoire naturelle.

Mais il s'en faut que les naturalistes en soient venus de prime abord à comprendre que la véritable Méthode, la seule qui pût engager l'histoire naturelle dans la voie du progrès, devait être fondée sur l'étude de l'organisation. L'ordre adopté dans la description des animaux a été extrêmement varié. Il en est même qui, désespérant de trouver une Méthode parfaitement rationnelle, ont adopté tout simplement l'ordre alphabétique : tel fut par exemple Conrad Gessner, dont nous aurons à parler plus loin.

Les auteurs anciens qui se sont occupés, soit spécialement, soit d'une manière accidentelle, de l'étude des animaux, sont Hérodote, Démocrite, Empédocle, Columelle, Varron, Sénèque, Athénée, Oppien, Aristote, Pline, Elien, etc.; toutefois nous ne saurions nous arrêter à étudier la Méthode que chacun d'eux a suivie. Les travaux d'Aristote sont les seuls qu'il nous soit important de connaître. On sait quels grands moyens le philosophe de Stagyre eut à sa disposition, et combien son génie sut les mettre à profit pour l'avancement de la science. Alexandre son élève lui avait accordé l'énorme somme de huit cents talens, ce qui fait environ trois millions de notre monnaie, pour rassembler les matériaux de son Histoire des animaux. Plusieurs milliers d'hommes furent chargés de rechercher pour lui, et de lui apporter tout ce qu'ils purent découvrir dans la Grèce et en Asie, en fait de quadrupèdes, de poissons et d'oiseaux. C'est avec de pareils élémens qu'Aristote, aidé d'ailleurs des lumières qu'il avait puisées dans les travaux de Démocrite et d'Empédocle, que nous ne connaissons du reste que par lui, parvint à jeter les fondemens de l'histoire naturelle de la manière la plus complète, la plus philosophique et certainement la plus solide.

« L'Histoire des animaux d'Aristote, a dit Buffon,

fon, qui est une autorité irrécusable en ce point, est peut-être encore aujourd'hui ce que nous avons de mieux fait en ce genre... Il les connaissait peut-être mieux, et sous des vues plus générales qu'on ne les connaît aujourd'hui. »

En lisant un pareil jugement, et surtout en méditant l'analyse que Buffon a faite des travaux d'Aristote, on ne peut s'empêcher d'être surpris qu'au lieu d'étudier aussi exclusivement qu'il l'a fait les mœurs des animaux, Buffon n'ait pas pris un plus grand soin de leur organisation qui est la cause première de ces mœurs. Les travaux de notre grand écrivain, devenus plus sévères, auraient sans doute privé la langue d'un de ses chefs-d'œuvre les plus séduisans; mais ils auraient, en revanche, reculé beaucoup plus qu'ils ne l'ont fait les limites de la science à laquelle ils furent consacrés.

Aristote décrit d'abord l'homme, parce que c'est l'animal le plus parfait. Il le décrit en entier par toutes ses parties, tant internes qu'externes, et cette description lui sert de base pour celle des animaux qui lui passeront ensuite sous les yeux. Quand il en vient à ces derniers, au lieu de les décrire chacun en particulier, il les fait connaître tous par les rapports que les diverses parties de leur organisation peuvent avoir avec celles qu'il a reconnues dans l'homme. Ainsi, par exemple, après avoir décrit le poumon de l'homme, il fait l'historique de tout ce qu'on sait des poumons des animaux, et il parle aussi de ceux qui en manquent. A l'occasion du sang, il fait l'histoire des animaux qui en sont privés; il suit ainsi ce plan de comparaison dans lequel l'homme sert toujours de modèle; il ne donne que les différences qu'il y a des animaux à l'homme, et de chaque partie des animaux à chaque partie de l'homme, retranchant à dessein toute description particulière, évitant par là toute répétition, accumulant les faits et n'écrivant pas un mot qui soit inutile.

C'est en considérant ainsi le règne animal dans son ensemble qu'il s'est élevé aux plus hautes conceptions philosophiques, qu'il a tracé des divisions si justes et si bien tranchées que les naturalistes de nos jours n'en ont pas trouvé de meilleures, et qu'après les avoir oubliées pendant un temps assez long, il a fallu y revenir avec la conviction, bien établie cette fois, que celles qu'on avait voulu leur substituer n'exprimaient pas avec autant de précision le véritable plan de la nature.

De la sorte aussi il s'est élevé le premier jusqu'à cette grande idée de la perfection graduelle des êtres, de leur ressemblance philosophique, de leur unité de composition.

De la sorte enfin il a jeté dès le principe les fondemens de l'anatomie comparée, qui est aujourd'hui comme alors l'un des plus puissans moyens de la Méthode, et en dernière analyse le véritable fondement de la zoologie.

Pline est venu quatre cents ans plus tard, et bien loin que l'histoire naturelle semble avoir fait des progrès dans ce long intervalle de quatre siècles, les ouvrages du naturaliste romain démontrent qu'on n'avait pas même compris les travaux du précepteur d'Alexandre. La Méthode de Pline est tout-à-fait empirique, au moins en ce qui touche à la zoologie. Ainsi il traite d'abord des animaux qui vivent sur la terre dans un premier livre (le huitième de son Histoire naturelle); dans un second il parle des animaux qui vivent dans l'eau ou qui nagent. Il consacre un troisième livre aux oiseaux et enfin un quatrième et dernier aux insectes, *lesquels*, dit-il, *selon plusieurs*, *sont destitués de souffle et de sang* (Traduction de Du Pinet). C'est à la fin de ce quatrième livre que notre auteur a consigné tout ce qu'il savait de l'organisation des animaux. Là, comme dans tout le reste, quelques vérités utiles, mais trop clair-semées, se trouvent toujours mêlées aux erreurs les plus nombreuses et les plus inconcevables, car elles démontrent dans cet homme de travail et d'étude, la plus niaise crédulité.

Pline est d'autant plus remarquable dans ses erreurs sur ce point qu'il nous semble que les sacrifices et les ouvertures fréquentes que les augures faisaient des corps de certains animaux, et les signes prophétiques qu'on avait l'habitude de chercher dans leur conformation auraient dû le conduire à des notions plus précises et d'une plus grande valeur.

Pour arriver à un ouvrage rationnel sur l'histoire naturelle, il faut traverser seize siècles, de l'an 79 à l'an 1516, qui est l'époque de la naissance de Conrad Gessner. Le naturaliste suisse, qui reçut le surnom de *Pline de l'Allemagne*, classe les animaux de la manière suivante. Dans un premier livre, il traite des Quadrupèdes vivipares, un second comprend les Quadrupèdes ovipares, un troisième les Oiseaux, un quatrième les Poissons et les autres animaux aquatiques; un cinquième, publié après sa mort, comprend les Serpens. Cette première division étant établie, Gessner s'inquiète peu des coupes inférieures, et il range les animaux de chaque livre d'après l'ordre alphabétique de leurs noms latins. Il passe successivement en revue les noms que chaque animal porte dans les différentes langues anciennes et modernes, sa description, ses variétés ou espèces, sa patrie, ses mœurs, ses habitudes, les maladies auxquelles il est sujet, son utilité dans l'économie domestique, la médecine, les arts, enfin les images qu'il a fournies à la poésie, à l'éloquence, au blason, etc... Il fallait pour un si grand travail une érudition immense. Gessner sut y joindre beaucoup de goût dans le choix de ses matériaux. Ce naturaliste, au reste, est le premier qui ait illustré ses ouvrages de planches dessinées d'après nature; car, quoique pauvre, il entretint pour cela constamment un peintre et un graveur.

L'*Historia animalium* de Gessner servit de base à tous les auteurs qui vinrent après lui, et notamment à ceux de Jonston et d'Aldrovandi, qui l'a copié presque littéralement; et de nos jours plus d'un écrivain célèbre lui a dû une facile érudition.

C'est seulement après Gessner qu'on s'occupa de diviser plus profondément et de travailler avec quelque soin l'ensemble de la zoologie. En 1693, Jean Ray, l'un des naturalistes les plus féconds et les plus savans du dix-septième siècle, publia son *Synopsis methodi anim. quadrupedum et serpentini generis*. Pour épargner de trop longs détails, nous nous bornerons à faire connaître seulement la manière dont il a distribué la première classe, celle des Mammifères. La première coupe forme d'abord deux divisions qui comprennent les animaux qui ont des *sabots* et ceux qui ont des *ongles*.

Les animaux qui ont des *sabots* comprennent trois sections qui sont : 1° les Solipèdes, tels que les Chevaux; 2° les espèces qui ont le pied divisé en plus de deux parties, tels sont les Éléphans; 3° celles qui ont le pied fourchu, parmi lesquelles il faut distinguer les animaux qui ruminent, comme les Bœufs, les Moutons, etc., et ceux qui ne ruminent pas, comme les Cochons.

Les animaux qui ont des *ongles*. Ces ongles sont ou bien larges et plats, comme chez les Singes, ou bien étroits et pointus. Ce dernier ordre comprend plusieurs genres. Les uns ont le pied fourchu, comme les Chameaux; les autres sont *Fissipèdes*.

Les *Fissipèdes* étant très-nombreux, Ray, pour les distinguer, abandonne les caractères tirés du pied qui ne peuvent plus rien, et se jette sur le système dentaire. Sous ce rapport, il les partage en *analogues* et en *anomaux*. Parmi ces derniers, les uns sont privés de dents, comme les Fourmiliers et les Pangolins; les autres ont des dents différentes par leur nombre, leur forme ou leur position. Ceux qui ont plus de deux incisives sont les *Carnassiers*; ceux qui en ont deux seulement sont les *Rongeurs*.

Ces détails suffisent pour démontrer que l'époque où parut le livre de Ray doit être remarquable dans les fastes de l'histoire naturelle. Après lui vint Linné, puis Cuvier (car les travaux de Buffon sont nuls quant à la Méthode), qui commença, comme on sait, ses travaux sur la Méthode en communauté avec M. Geoffroy Saint-Hilaire, circonstance dont il me semble qu'on n'a pas tenu assez de compte pour la gloire de ce dernier savant. Après Cuvier, Duméril, qui a tenté d'introduire dans l'histoire naturelle la Méthode dichotomique appliquée à la botanique par Lamarck; enfin, après Duméril, et presque en même temps, M. de Blainville. Ces dernières Méthodes ont acquis plus ou moins de crédit dans la science; on les discute encore, pour ainsi dire, et nous ne saurions par conséquent les passer sous silence ni en abréger l'exposition comme nous venons de le faire pour les anciens auteurs jusqu'à Ray. Nous les exposerons donc dans tous leurs détails à l'article ZOOLOGIE. Toutefois, pour ne pas laisser cet article tout-à-fait incomplet, nous ferons connaître les caractères des quatre grandes coupes établies par Cuvier, renvoyant au mot susdit les détails relatifs aux ordres et aux espèces. A l'article ANIMAUX, il a déjà été dit un mot de leur classification; mais les caractères des divisions générales n'ont pas été présentés sous le point de vue que nous voulons mettre en évidence dans cet article. Une lecture superficielle pourrait seule y faire trouver un double emploi.

Cuvier ne reconnaît, dans le Règne animal, que quatre formes principales, quatre plans généraux sur lesquels la nature a formé tous les êtres.

La première forme, qui comprend l'homme et les animaux supérieurs, est caractérisée par le cerveau et la moelle épinière, renfermés dans une enveloppe osseuse qui se compose du crâne et des vertèbres. Aux côtés de cette colonne, qui est mitoyenne, s'attachent les côtes et les os des membres qui forment la charpente du corps; les muscles recouvrent les os et les font mouvoir, et les organes principaux, les viscères, sont renfermés dans la tête et dans le tronc. Le sang est rouge, le cœur est musculeux; la bouche est armée de deux mâchoires placées l'une au dessus ou au devant de l'autre; la vue, l'ouïe, l'odorat et le goût ont des organes distincts placés dans les cavités de la face; les membres sont au nombre de quatre, jamais plus; les sexes sont séparés; les masses médullaires et les principaux troncs nerveux sont distribués d'une manière semblable. Telle est l'organisation générale d'une grande série d'animaux conformés semblablement, à quelques différences près, provenant surtout de la dégradation, série qui commence à l'homme et qui finit au poisson.

Cette première forme de la série animale a reçu le nom de classe des *Animaux vertébrés*.

Dans le deuxième plan suivi par la nature, il n'y a point de squelette; les muscles s'attachent à la peau qui forme une enveloppe molle et contractile en divers sens. Dans quelques espèces, cette peau produit à sa surface des plaques pierreuses appelées coquilles. Le système nerveux se compose de plusieurs masses éparses, réunies par des filets nerveux; il n'y a point de cerveau; mais on donne ce nom à une masse principale qui est placée sur l'œsophage. Il n'y a de sens que ceux du goût et de la vue; encore ce dernier manque-t-il souvent. Il n'y a qu'une famille dans laquelle se montrent les organes de l'ouïe. Du reste, la circulation y forme un système complet; la respiration s'y fait par des organes particuliers et à part, et la digestion ainsi que plusieurs sécrétions s'y montrent aussi compliquées que dans la première classe.

Tels sont les caractères attribués par Cuvier à la seconde classe, aux animaux formés sur le second plan, qu'il a désignés sous le nom de classe des *Animaux mollusques*. Cette classe commence à la Seiche, et finit au Gland de mer qui constitue le passage à la forme suivante.

La troisième forme est celle qu'on observe dans les insectes, les vers, etc. Deux longs cordons, régnant le long du ventre et renflés d'espace en espace, constituent leur système nerveux. Leur tronc est recouvert de tégumens tantôt durs, tantôt mous à l'intérieur, auxquels les muscles s'attachent toujours : et il est plissé transversalement selon toute sa longueur. Ordinairement il est garni sur ses côtés de membres articulés, mais souvent aussi il est dépourvu de tout appendice. Dans cette classe d'animaux, la circulation commence à se dégrader; elle ne se fait plus dans des vaisseaux formés, mais les fluides nutritifs pénètrent dans toutes les parties par une sorte d'imbibition, du moins en apparence, si ce n'est en réalité. La respiration aussi n'a pas lieu dans des organes déterminés; elle se fait par des ouvertures qui portent le nom de trachées et qui sont répandues par toute la surface du corps; enfin, leurs mâchoires, quand ils en ont, sont toujours latérales.

Cuvier a nommé cette classe: *Animaux articulés*; elle commence aux Annélides ou Vers à sang rouge, et finit aux Insectes à six pieds.

Chez les animaux du quatrième et dernier plan adopté par la nature, les organes du mouvement et des sens sont disposés symétriquement autour d'un axe, comme des rayons autour d'un centre. Ils sont homogènes comme les plantes; on ne distingue en eux ni système nerveux ni organes des sens; ils respirent par toute la surface du corps, et le plus grand nombre n'a pour tout organe nutritif qu'un sac sans issue. Cette classe porte le nom d'*Animaux rayonnés* ou *Radiaires*, et, antérieurement à Cuvier, celui de *Zoophytes*.

Telle est la distribution générale du règne animal. Nous n'entrerons point dans le détail de ces quatre grandes coupes, mais nous nous arrêterons un moment sur l'être qui a été placé à la tête de la première classe, sur l'homme, enfin, qui est l'être le plus riche en fait d'organisation, puisqu'il réunit à lui seul les caractères particuliers à tous les autres, et nous chercherons la Méthode la plus utile pour arriver à une connaissance aussi complète que possible de son individualité et de ses rapports. En un mot, nous déterminerons autant qu'il est en nous la meilleure Méthode applicable à l'étude de l'anatomie et de la physiologie humaine.

On a fait de l'anatomie et de la physiologie deux sciences séparées; mais dans le fait, ces deux sciences n'en forment qu'une seule. La physiologie ne peut pas exister sans l'anatomie, et d'un autre côté, l'anatomie réduite à l'étude des formes organiques, sans qu'il fût question des fonctions des organes, serait une absurdité, et pour parler plus justement, une impossibilité. Quand on a découvert un muscle, la première question que celui qui étudie se fait irrésistiblement, après en avoir reconnu les attaches et la direction, c'est de se demander à quel mouvement ce muscle concourt. Il suit de là que si, dans les livres de physiologie, pour avoir une marche plus dégagée, moins embarrassée et moins traînante, on élague les détails de formes, et si dans les livres d'anatomie on passe rapidement sur les fonctions, dans les uns comme dans les autres on met toujours assez d'anatomie ou de physiologie pour qu'il soit bien patent que ces deux sciences n'en font qu'une; et dans le fait, toute bonne Méthode doit les comprendre à la fois.

L'organisation humaine se compose d'os, de muscles, de viscères, de vaisseaux, de nerfs, etc. L'on étudie d'abord l'*ostéologie*, puis la myologie, la splanchnologie, l'angiologie, la névrologie, etc. Je ne connais pas de façon d'étude plus matérielle et par conséquent plus abrutissante; c'est pourtant celle qui a cours encore dans la très-illustre quoique très-anatomique faculté de Paris, qui se pose comme la première faculté du monde. Il est vrai qu'elle a eu Bichat au nombre de ses élèves; mais il est vrai aussi que Bichat n'a jamais été médecin, du moins il n'en pas a eu le diplôme, pas plus que le vénérable professeur Dubois, dont Dieu veuille nous conserver long-temps la science et la caustique familiarité.

Bichat prétendait que pour connaître l'homme il fallait étudier tout autrement l'anatomie. Il s'inquiétait d'abord peu des os, des muscles et des nerfs, etc.; mais il s'inquiétait beaucoup des fonctions. Ainsi, il disait: L'homme est pourvu d'organes qui sont destinés à fonctionner pour le conserver comme individu pendant une durée déterminée (la durée de la vie humaine) et à le faire durer éternellement, ou plutôt jusqu'à la fin des siècles comme espèce. De là deux classes d'organes et de fonctions.

Première classe, organes et fonctions relatifs à la conservation de l'individu.

Deuxième classe, organes et fonctions relatifs à la conservation de l'espèce.

Les organes de la première classe doivent avoir deux objets: le premier c'est de conserver l'homme en le nourrissant, c'est-à-dire en lui permettant d'assimiler des substances étrangères à sa propre substance et de réparer ainsi les pertes que l'usage de la vie occasione; le second objet c'est de le préserver des êtres qui pourraient lui être nuisibles, et de le mettre en rapport convenable avec ceux qui sont nécessaires à ses besoins.

De là donc deux ordres de fonctions, savoir:

Premier ordre, les *fonctions nutritives*.

Deuxième ordre, les *fonctions relatives*.

Les fonctions nutritives sont au nombre de six, savoir:

1° La *digestion*, qui fait subir aux alimens une élaboration préliminaire;

2° L'*absorption*, qui fabrique le chyle avec les alimens ainsi élaborés, et les transporte dans le torrent de la circulation;

3° La *respiration*, qui accomplit la fabrication du sang en combinant le chyle et les autres humeurs avec l'oxygène, l'un des élémens constituans de l'air atmosphérique;

4° La *circulation*, qui conduit le sang dans la profondeur de toutes les parties;

5° La *nutrition* proprement dite, qui incorpore le sang aux organes dont il opère l'accroissement ou répare les pertes;

6° Enfin les *sécrétions*, qui fabriquent avec le sang des humeurs nouvelles servant à divers usages dans l'économie, et rejetant au dehors, par différentes voies, les débris de la nutrition.

Les fonctions relatives, ou du *deuxième ordre*, sont moins nombreuses; on n'en compte que trois, savoir:

1° Les *sensations*, qui avertissent l'homme de la présence des êtres environnans;

2° La *locomotion*, ou les mouvemens qui l'en approchent ou l'en éloignent, selon qu'il lui convient;

3° Enfin *la voix et la parole*, qui le font communiquer avec ses semblables sans qu'il y ait lieu pour lui à déplacement.

La deuxième classe comprend aussi deux ordres de fonctions exclusivement relatives à perpétuer l'espèce; ce sont :

Premier ordre, composé d'une seule fonction, la *génération*, qui exige le concours des deux sexes.

Deuxième ordre (celui-ci se compose de trois fonctions exclusivement dévolues au sexe féminin); ce sont :

1° La *gestation*, fonction dont l'exercice est relatif au développement dans le sein de la femme de l'individu conçu dans la fonction précédente;

2° L'*accouchement*, fonction par laquelle l'individu, développé dans la gestation, est produit à la vie extérieure et destiné à s'accroître isolément;

3° La *lactation*, fonction relative à l'accroissement isolé de l'individu né et dont les organes nutritifs ne sont pourtant pas assez développés pour lui suffire à une nutrition absolument indépendante.

Tel est, à quelques différences près, l'ordre indiqué par Bichat et la Méthode que l'on doit conseiller pour l'étude anatomique et physiologique de l'homme. Il ne restera pour la compléter que l'étude de ce que Bichat a appelé l'*anatomie générale*, science qu'il a créée et qui consiste dans l'examen de chaque tissu en particulier, abstraction faite des organes qu'il sert à former, science qui est ici l'analogue de la physique générale comparée à la physique particulière dont nous avons parlé plus haut.

D'après cette Méthode, on voit qu'il n'est plus question d'ostéologie ni de myologie, etc., proprement dites, mais bien de fonctions et d'organes qui les exécutent. Et, nous le demandons avec confiance, s'il est vrai que l'étude de l'anatomie, comme on l'a faite, soit repoussante encore plus par sa direction que par ses *matériaux*, n'est-il pas vrai qu'en la pratiquant ainsi que l'avait indiqué Bichat, elle aurait au moins l'attrait d'un but déterminé, celui de poursuivre dans les débris de la mort les façons d'agir de la nature pour entretenir et perpétuer la vie.

Mais l'homme ne se compose pas seulement de chair et d'os; il ne se nourrit pas seulement de pain : *Non in solo pane vivit homo.* Il vit dans l'avenir et dans le passé autant que dans le présent; il se nourrit de souvenirs autant que d'espérance, et cela en lui-même individuellement, sans rapports avec aucun être extérieur à lui qui lui soit nécessaire pour entretenir cette vie intérieure, cette vie d'intelligence et de volonté. Il resterait donc à étudier cette seconde sorte de vie de l'être le plus parfait de la création; mais les fonctions par lesquelles elle se manifeste, quoique dévolues à des organes matériels, ne sont pas accessibles aux moyens d'investigation familiers au naturaliste; il faut en venir à un autre ordre de recherches. C'est un sujet que nous aborderons sans doute aux mots PHRÉNOLOGIE et PSYCHOLOGIE (G. G. DE CAUX.)

MÉTHODES BOTANIQUES. Il existe en nous un sentiment profond d'ordre et d'harmonie toujours prêt à guider nos jugemens, quand nous ne le laissons pas étouffer par paresse, par orgueil, par système, ou égarer par les étincelles de l'esprit, lesquelles, trop souvent semblables au gaz qui s'évapore, ne laissent au fond du vase qu'un dépôt inerte. L'ordre nous fournit, dans les choses morales, la règle du bien, et dans les choses intellectuelles, il nous dicte les Méthodes propres à nous faire pénétrer plus avant dans la connaissance intime des corps; il nous pousse, presque à notre insu, à découvrir les anneaux qui lient entre eux tous les êtres, malgré la variété des formes, l'espace apparent, les divers degrés de l'organisation, et complètent la chaîne immense rêvée par la poétique antiquité. Les Méthodes sont donc la véritable clef des progrès; ce sont elles qui nous ouvrent les portes du temple de la science.

Le mot Méthode a deux acceptions dans la langue botanique. Il signifie tantôt la collection des principes sur lesquels s'appuie le botaniste pour la régulière distribution de ses récoltes en TRIBUS, CLASSES et ORDRES, en FAMILLES, GENRES, ESPÈCES et VARIÉTÉS (*voy.* chacun de ces mots); tantôt il désigne simplement l'arrangement fait, en d'autres termes le catalogue raisonné de tous les végétaux connus. Les bases de cette distribution varient suivant les vues ou les richesses des méthodistes; elles sont empiriques ou rationnelles.

Les Méthodes *empiriques* sont généralement abandonnées, parce qu'elles n'ont aucun rapport dans leurs diverses parties et qu'elles isolent les unes des autres les plantes que tout appelle à former des masses. Telles sont les Méthodes par ordre alphabétique de Fuchs, de Belleval, de Pluknet, de Commelyn, etc.; d'après les lieux par Cornuti; d'après les similitudes par Porta; d'après les grandeurs et qualités par Lobel, Rheed, Rumph; d'après les propriétés, par Dioscoride; ou bien d'après le port ou l'époque de la floraison, etc., etc.

Depuis le milieu du seizième siècle, on adopte de préférence les Méthodes rationnelles, que des fanatiques divisent, sans autre motif que celui de coterie, en *artificielles* et en *naturelles*, comme si les unes et les autres n'étaient pas d'invention humaine, un simple mécanisme au moyen duquel nous explorons le vaste domaine de la nature. Les méthodes rationnelles sont de deux sortes; les premières reposent sur la considération d'un petit nombre de points de vue, comme le fruit, par Boerhaave, Gaertner, etc.; la quantité des pétales, par Haller, Ludwig, etc.; la figure de la corolle, par Magnol, Pontedera, Durande, etc.; les étamines, par Gmelin, Villars, etc.; les anthères, par Brotero; le pistil, par Rafinesque; la situation de l'ovaire relativement au périanthe, par Marquis; d'après le mode de reproduction, par Peyre; d'après les différences d'organisation et de fonctions, par Caffin, etc.; la structure des racines, la nature, la forme et la disposition des feuilles, par Sauvage, Duhamel, etc. Les secondes envisagent l'ensemble des caractères que la nature offre à nos sens et à notre jugement; elles en calculent les valeurs, les rapports réciproques et les classent d'après leur importance. « Ceux qui proscrivent » l'usage des Méthodes qu'ils appellent dédaigneusement artificielles, n'en ont point saisi le véritable esprit, dit fort sagement Mirbel; de même » ceux qui ne s'attachent qu'à ces classifications » arbitraires et qui négligent l'étude des rapports » naturels, ignorent la beauté et la dignité de la » science. »

Que demande-t-on à une Méthode? d'être simple, facile à saisir, de conduire promptement au nom générique, puis au nom spécifique si l'objet examiné est déjà connu; ou s'il ne l'est pas, d'offrir les moyens d'arriver, par une analyse régulière des points de ressemblance ou de différence, à déterminer avec certitude le groupe dans lequel ses corrélations l'appellent. Je sais bien que les caractères adoptés ne sont pas toujours assez rigoureux, et ne se présentent pas toujours sous un aspect tellement semblable que certaines nuances plus ou moins sensibles, que de nombreuses difficultés, ne surgissent souvent pour jeter dans l'embarras. L'arbitraire s'insinue alors dans l'esprit de l'observateur, et vient souvent ébranler l'édifice philosophique; mais il faut se tenir en garde contre les spéculations, elles entravent la marche, elles détournent l'attention du terme, par des rapports individuels, par des circonstances minutieuses, par des détails fugaces, incertains, tout-à-fait inutiles. Le but est d'inventorier les productions extrêmement variées de la nature, afin de les examiner ensuite séparément et de les classer, pour l'avantage de l'étude, dans l'ordre le plus convenable. Mais espérer, croire et assurer que nos distributions méthodiques sont fixées d'une manière positive, irrévocable, absolument naturelle, c'est le comble de l'orgueil, c'est le délire de l'erreur. L'homme ne saurait apercevoir que des points épars, et le plus habile, fût-ce Aristote ou Linné, ne peut que dire avec notre maître à tous : *Aliquot vestigia per creata rerum vidi, et obstupui..... Initiatos nos credimus, in vestibulis hæremus.*

En effet, comparons l'une par l'autre toutes les Méthodes connues, comparons-les rigoureusement toutes ensemble ou chacune à part : qu'apprenons-nous de plus certain? C'est qu'elles sont des assemblages d'idées générales plus ou moins profondes, plus ou moins développées, qui nous ont mis en main une clef pour arriver plus promptement à la connaissance des choses, pour les appliquer à nos besoins, pour en retirer des avantages que les bons esprits prévoient, mais qu'ils ne peuvent encore expliquer ni même désigner. Tout ce qu'il faut repousser, ce sont les innovations ambitieuses, les doctrines hasardées, la prétention de devenir chef d'école, parce qu'en résultat ces caprices de gloire amènent la confusion, je dirai même la barbarie dans la botanique; qu'ils font rétrograder la science acquise, et qu'ils éloignent d'elle les esprits justes qui désirent conserver de la simplicité, de la clarté dans ses élémens, et obtenir de ses opérations plus ou moins étendues des moyens nouveaux pour agrandir le domaine de l'économie rurale et domestique et celui de l'industrie.

L'étude des plantes, qui suppose et fait naître des goûts, la sérénité de l'âme, et ce calme dans les passions qu'on ne voit jamais s'allier avec des inclinations perverses, ne veut pas être renfermée dans le cercle étroit que parcourt un ignorant herboriste, ni écrasée sous l'appareil dispendieux de ces botanistes transcendans, uniquement occupés de spéculations oisives; elle demande, outre le plaisir qui résulte de la vue des fleurs et des fruits, de l'examen de leurs formes élégantes et variées, à pénétrer dans le jeu de leurs diverses parties et à se rendre compte des phénomènes qui en sont le produit. Elle demande que cette variété prodigieuse qui règne dans l'organisation végétale ne laisse aucune confusion dans l'intelligence, et qu'on la préserve de toute hypothèse pour en suivre les nombreux détails, pour lui découvrir enfin le temple de la vraie science, de la science qui profite à l'humanité.

Jusqu'à Césalpin la botanique a flotté dans le vague d'une distribution systématique à une autre; comme ces distributions ne parlaient aucunement à l'esprit, la science ne profitait point, elle ne sortait point du cercle vicieux où l'avait jetée l'empirisme de l'école trop vantée d'Alexandrie. En posant les fondemens de la première Méthode rationnelle, le célèbre professeur d'Arezzo a ramené la botanique sur la voie d'une exploration utile et a comblé la lacune immense laissée dans le champ de l'observation depuis les immortels écrits de Théophraste. Il a classé les végétaux d'après l'organisation du fruit, d'après le nombre et la position des semences. Les affinités et les rapprochemens naturels que Césalpin a obtenus dans cette voie toute nouvelle lui ont fait entrevoir la valeur accordée depuis à la présence des cotylédons, et l'avantage des familles adoptées par la science moderne, ainsi que l'idée des caractères essentiels nécessaires à l'établissement d'une classification vraie, d'une nomenclature sage, mère d'une investigation toujours progressive. Il divisa les plantes connues de son temps d'après cinq sortes de considérations : 1° la durée vitale; 2° la situation de la radicule; 3° le nombre des graines existant dans le fruit, soit isolément, soit renfermées dans des loges, une ou plusieurs à la fois; 4° la forme et la nature des racines, 5° et l'absence des fleurs. Ces cinq classes, développées en quarante-sept sections et neuf cent quarante chapitres dans son traité *de Plantis* (Florence, 1583, in-4°), présentent des groupes si bien établis qu'ils sont adoptés aujourd'hui sans restriction. C'est là que Tournefort nous dit avoir puisé les élémens du genre dont on lui doit la création; c'est là que l'écossais Robert Morissou, et que l'anglais John

Rai sont allés prendre le germe des modifications qu'ils ont proposées pour fonder le rapport naturel des espèces. C'est encore de ce livre, si plein de véritables richesses, si négligé par les botanistes de l'époque, parce qu'il contrariait leurs habitudes ; c'est de ce livre cité fort rarement, mais où l'on puise à discrétion, que sortit le système carpologique que Gaertner, Corra de Serra, Claude Richard et Mirbel ont poussé si loin.

En 1690, Rivin, de Leipsig, publia une nouvelle Méthode. Il rejeta l'antique et vicieuse distinction des végétaux fondée sur leur nature herbacée ou ligneuse, et proposa dix-huit classes pour les ranger d'après la régularité et le nombre des pétales. Ruppius modifia cette Méthode, et après lui Knauth, sans pouvoir mettre un frein à l'anarchie qui régnait despotiquement.

Une année auparavant, dans son ouvrage intitulé : *Prodromus historiæ generalis plantarum* (Montpellier, 1689, in-8°), Magnol avait tenté de rapprocher les végétaux, au moyen des affinités les plus naturelles, et de les ranger par groupes auxquels il donna le nom de familles. « J'ai cru, dit-il, qu'on » pouvait établir parmi les plantes des familles » comme il en existe chez les animaux : les carac» tères de mes familles, je ne les tire pas seule» ment des organes de la fructification, mais aussi » de toutes les autres parties du corps végétal. Sans » doute ceux que l'on emprunte à la fleur et à la » graine sont très-importans, mais ce n'est point » un motif pour négliger les autres organes qui, » dans plusieurs circonstances, m'ont été d'un » grand secours pour fixer les limites de certaines » familles, pour rapprocher celles que l'organisa» tion unit et pour éloigner celles qui diffèrent es» sentiellement les unes des autres. Je me suis sou» vent aidé, dans les cas incertains, des feuilles » séminales et de leur mode de germination. » D'après ces idées générales, Magnol établit soixante-seize familles naturelles sous la forme de tableaux, où, par une contradiction inexplicable, il ne leur donne point leurs caractères, et où il ne rapporte que les genres principaux. Son œuvre, si bien conçue, est donc de sa faute, demeurée imparfaite.

Tournefort négligea cette coupe brillante qu'un autre Français devait plus tard féconder et, aidé des progrès de la science, développer plus heureusement. Quoiqu'il adoptât avec répugnance l'ancienne nomenclature de Gaspard Bauhin, le botaniste d'Aix commença dans la science, en 1694, une révolution importante par la création du genre et par la publication d'une Méthode qui fut adoptée aussitôt. Il classe tous les végétaux d'après la considération de la plus brillante de leurs parties, de celle surtout dont les formes sont les plus variées et les plus faciles à observer. La corolle, ce rideau du lit nuptial, cette enveloppe d'une texture délicate, ordinairement colorée, souvent odorante, lui fournit, par ses caractères simples ou composés, par ses proportions, son isolement ou sa réunion avec d'autres, par son insertion, et son absence même, des divisions faciles, tranchées et rarement trompeuses. En admirant les couleurs brillantes, en aspirant les parfums qui s'exhalent, en comparant entre elles les formes élégantes et harmonieuses de cet organe essentiel, on sent qu'il est autre chose qu'une parure, que peut-être il sert à fixer, à élaborer la lumière, le calorique, les gaz, toutes ces autres substances incoërcibles pour l'art humain, et l'on rit de pitié quand on entend un botaniste de nos jours avancer que « les corolles ne sont que des » feuilles rudimentaires, susceptibles de se co» lorer par épuisement et de se développer avec » faste ».

Pour bien saisir l'aspect et l'ensemble de la Méthode de Tournefort, il convient d'en mettre ici sous les yeux le tableau analytique, résumé dans le plus court espace et avec le moins de mots possible.

MÉTHODE DE TOURNEFORT.

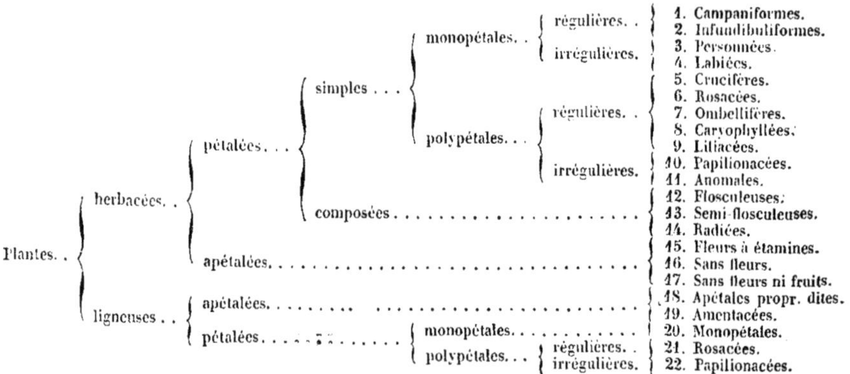

Le plus grand défaut de cette Méthode est la division des végétaux en herbacés, compris dans dix-sept classes, et à corps ligneux, qui ne comptent que cinq classes. La distinction des figures de la corolle en cloche, en entonnoir, en rosette, tend à établir des séparations et des réunions contraires à la nature. Si les classes des Liliacées et des Caryophyllées sont caractérisées trop vaguement, rien n'est mieux entendu que les Labiées, les Ombellifères et surtout les Composées. Ludwig a voulu compléter la Méthode de Rivin par celles de Tournefort et de Linné en fondant ses subdivisions sur le nombre des anthères et des styles; il trouva quelques adeptes, mais il fut bientôt abandonné. Il en fut de même de Pontedera quand il se proposa de concilier la Méthode de Tournefort avec celle de Rivin.

Quarante-trois ans Tournefort fut suivi religieusement par tous les cultivateurs de l'aimable science; il était encore proclamé comme le restaurateur de la botanique, quand la juste appréciation du mystère des amours et de la fécondation des plantes, découvert par Théophraste, fit reconnaître qu'il existait dans la fleur des organes plus essentiels que la corolle. Linné mit dans tout son jour ce phénomène si curieux, si piquant de la vie végétale, et il devint entre ses mains la base de la plus ingénieuse classification. Il choisit les étamines ou organes mâles, qu'il considère d'abord comme apparentes ou cachées, comme formant ménage avec le pistil ou vivant séparées de cet organe femelle; puis il se sert de leur nombre, de leur proportion, de la réunion de leurs parties, de leur insertion sur le pistil, et lorsque le nombre est variable dans les genres pour lesquels il détermine la classe, le botaniste-législateur pose en principe que le nombre naturel des parties de la fleur doit être pris sur la corolle placée au sommet de l'inflorescence. De ce premier jet sortent vingt classes où les deux sexes se trouvent réunis ensemble. La séparation des deux organes générateurs dans des fleurs distinctes portées sur le même pied ou sur des pieds différens, ainsi que le mélange de ces fleurs avec d'autres qui sont monoclines, lui fournissent trois nouvelles classes. Il réunit dans une vingt-quatrième et dernière toutes les plantes dont la fructification est cachée ou point encore connue.

MÉTHODE DE LINNÉ.

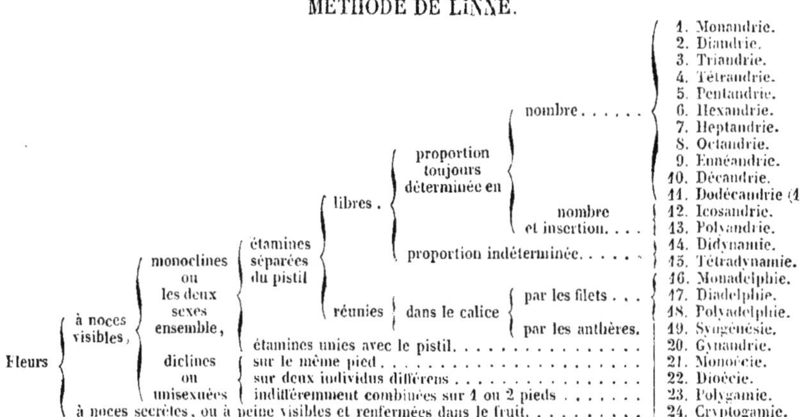

Cette méthode a reçu de son immortel auteur le nom de Système sexuel; elle a été l'objet de critiques et de louanges exagérées. Il est impossible de nier qu'elle offre de grands défauts; mais elle a l'avantage d'être fondée sur une seule partie, de parler aux yeux et à la pensée, de rendre l'étude des plantes simple, expéditive, agréable, séduisante; d'obliger tous les végétaux connus et ceux à découvrir par la suite à y prendre leur place sans contrainte comme sans difficulté, et d'imposer à ses classes des caractères précis, sur lesquels il est impossible de se tromper, puisqu'avec eux on retrouve une plante quelconque, on la nomme à la première vue. Les sections formées dans chacune des classes sont tirées ordinairement du nombre des parties du pistil; mais, ce qu'il y a de mieux, le phénomène des noces chez les plantes ne sert pas seulement à Linné pour fonder sa Méthode, il l'appuie de nombreux ouvrages où l'art d'observer est mis à la portée de tous, même de ceux qui n'ont qu'une légère idée de l'Histoire naturelle, où tout intéresse, par un style riche d'une poésie sans enflure, et d'une métaphysique sans subtilité, où tout enchaîne l'attention par la bonhomie du plus heureux caractère et par l'autorité d'une science très-étendue.

Le reproche le plus vrai que l'on puisse faire au système sexuel, c'est de sacrifier souvent à son ordre rigoureux les analogies naturelles, c'est de décomposer des genres, des groupes entiers (les Graminées entre autres) et de disperser leurs fractions dans diverses classes. Quant au reproche de rencontrer dans la Méthode linnéenne des divisions fondées sur des considérations trop recherchées, on l'a dit, ces raffinemens mêmes, offrant toujours d'aimables analogies avec les amours des êtres animés et sentans, n'ont peut-être pas peu contribué à l'incroyable fortune de ce système; fortune dont les annales des sciences ne présentent point d'autre exemple, fortune que Cuvier eut le tort d'appeler despotique et, par un plus grand blasphème, d'accuser d'avoir pour but de nous écarter à jamais de la distribution naturelle des êtres et de la connaissance des rapports réels qui les lient entre eux.

Plusieurs tentatives ont été faites pour débarrasser la Méthode du grand Linné de ce qu'on appelle ses imperfections. Thunberg, son élève, son ami et son successeur, supprima la Gynandrie et les trois classes suivantes fondées sur la présence des deux sexes dans des circonstances différentes. Brotero compta uniquement le nombre des étamines sans donner aucune attention à leur adhérence. Frédéric Gmelin alla plus loin, il n'admit que dix-huit classes, en supprimant l'Icosandrie qu'il réunit à la Polyandrie. Claude Richard introduisit de nouvelles modifications qui parurent heureuses de prime abord; mais elles sont loin de ce qu'on pouvait attendre de lui. Les dix premières classes linnénnes, il les adopte sans réserve. Avec lui, la onzième classe appelée *Polyandrie* comprend toutes les plantes qui présentent plus de dix étamines insérées sur le pistil. La douzième, la *Calycandrie*, plus de dix étamines insérées au calice; la treizième, l'*Hystérandrie*, plus de dix étamines insérées sur l'ovaire; la Didynamie est conservée, mais le nom de ses ordres est changé en *Tomogynie*, quand l'ovaire est fendu et partagé; et en *Atomogynie*, lorsque l'ovaire est indivis. Les quinzième, seizième, dix-septième et dix-huitième sont les mêmes. La dix-neuvième prend le nom de *Synanthérie*, c'est-à-dire anthères rassemblées en forme de tube et ovaire monosperme : elle est divisée en trois ordres, 1° les Carduacées, 2° les Corymbifères, 3° et les Chicoracées. La vingtième classe, dite *Symphysandrie*, a les fleurs simples, les ovaires pluriloculaires et les étamines soudées par les anthères; elle répond à la Syngénésie monogamie. Les classes vingt-une, vingt-deux et vingt-trois sont conservées. La vingt-quatrième, l'*Anomaloécie*, a les fleurs unisexuées sur le même individu ou sur des individus différens : c'est la Polygamie de Linné. La vingt-cinquième et dernière classe renferme la Cryptogamie.

D'un autre côté, Lefébure imagina, en 1812, d'allier ensemble les deux Méthodes de Tournefort et de Linné, et d'en tirer ce qu'il appela son Système floral. Après avoir reconnu que les séries du second appartiennent aux groupes du premier par des lois constantes, il a obtenu de leur combinaison quatre grandes coupes distinctes : les Composées, les Polypétales, les Monopétales et les Pérygones. L'examen des étamines lui fournit vingt tribus; celles-ci, combinées par les formes de la corolle, lui donnent six familles, qui, à leur tour, soumises à onze formes de fruits, constituent les genres. Ceux-ci, distribués d'après six formes de feuilles, lui servent à distinguer toutes les espèces. Mais l'auteur de cette association des deux Méthodes les plus célèbres n'a pas su lui donner la vitalité nécessaire; elle a avorté entre ses mains plus courageuses que véritablement habiles.

Linné lui-même, qui avait mis tant de soins et de génie à créer son système sexuel, quoique tout fier des applaudissemens qu'il recueillait dans le monde savant, Linné ne se dissimulait point qu'on pouvait faire mieux encore, et il méditait les moyens d'y arriver par une Méthode fondée sur l'ensemble des analogies, dont il trouvait les premiers rudimens dans les *Adversaria* publiés en 1570, par Matthias Lobel, de Lille, et que Magnol, qui l'annonça plus positivement en 1686, ne réussit point à exécuter. Cette Méthode, nommée par le législateur de la botanique moderne Méthode naturelle, était à ses yeux le véritable but où devait tendre la science, *ultimus finis botanices*; il l'appelait le premier comme le dernier terme des travaux du botaniste : *primum et ultimum in botanicis desideratum*. L'essai qu'il en a donné, en 1738, sous le titre modeste de Fragmens, *Fragmenta methodi naturalis*, est le premier travail important sur cette manière nouvelle de considérer le règne végétal; il n'a pas été inutile (ainsi que je l'ai dit plus haut, tome III, pag. 161 et 162) aux auteurs qui postérieurement ont fait de la Méthode naturelle un corps de doctrine; il annonçait en même temps que les nouveaux genres à découvrir rempliraient les lacunes que présentait l'état actuel de la douce science. Depuis lors et jusque dans les dernières années de sa vie, Linné se plut à faire, sur ce sujet, des leçons particulières à ses élèves les plus chers et les plus intimes, et à diriger leurs investigations vers ce point prééminent. Un pareil fait répond victorieusement à l'assertion plus que mensongère, qui cherche à montrer celui qu'aucun botaniste, qu'aucun naturaliste n'effacera, « plus soigneux de faire paraître la » science aisée que de la rendre solide et pro» fonde ».

Heister, en 1748, Bernard de Jussieu, en 1759, travaillèrent successivement au perfectionnement des familles, dont l'heureuse idée appartient tout entière à Magnol. Quatre ans après, Adanson en développa toute l'importance et en suivit très-loin l'application; la hardiesse de sa marche, la précision de ses résultats furent telles qu'on le crut un instant le digne rival de Tournefort et de Linné; et peut-être n'a-t-il, en effet, comme l'a dit son biographe, manqué à sa réputation pour approcher de la leur, qu'un aussi heureux emploi des moyens accessoires dont ils surent si bien se servir. Le point de vue d'où Adanson envisagea cette matière, bien neuve encore, touchait à la nature, aux fonctions, à l'influence de chaque organe; il embrassait tous les rapports, toutes les propriétés, et descendait jusque dans l'intimité de chaque caractère; mais les connaissances acquises en 1763 étaient trop limitées encore pour pénétrer dans l'inextricable labyrinthe des formes de la vie; mais Adanson, sauvage comme le désert qu'il avait exploré, inaccessible dans son cabinet, fut contraint, malgré la beauté, la solidité de son plan, de recourir à un moyen tout d'expériences pour établir sa Méthode universelle. Cette Méthode donne bien « une estimation précise du degré d'affinité » des êtres, indépendante de la connaissance ra» tionnelle et physiologique de l'influence de leurs » organes; mais elle a le défaut de supposer une » autre connaissance qui, pour être simplement » historique, n'en est pas moins étendue, ni moins » difficile à acquérir : celle de toutes les espèces et » de tous les organes de chacune ».

Enfin

Enfin parut le savant ouvrage d'Antoine Laurent de Jussieu, le *Genera plantarum secundum ordines naturales disposita* (Paris, 1789, in-8°), et la Méthode des ensembles reçut, avec des lois, le plus grand développement de leur application. En voici le résumé : l'auteur y met à profit les caractères qu'il puise, 1° dans la structure de l'embryon; 2° dans l'insertion des étamines; 3° dans l'absence, la présence et la forme de la corolle; 4° dans l'union et la séparation des sexes; 5° enfin dans l'union et la séparation des anthères. Selon que l'embryon présente un ou deux corps cotylédonaires ou qu'il en est totalement privé, il divise les plantes en trois grandes tribus, les Acotylédonées, les Monocotylédonées et les Dicotylédonées. Quand il y a absence de corolle parmi les végétaux de la troisième tribu, ou que cet organe existe simple ou multiple, les plantes sont apétales, mono ou polypétales. Dans l'origine, l'auteur de la Méthode nouvelle avait adopté pour troisième coupe les mots *Epigynie*, *Hypogynie* et *Périgynie* pour désigner les étamines insérées dessus ou dessous le pistil, sur la paroi du calice ou du périanthe simple; il a depuis modifié plus heureusement ces diverses considérations (*voyez*, au mot Familles naturelles, les changemens que j'ai proposés d'y faire pour les rendre plus saisissables), ainsi qu'on le voit dans le tableau suivant :

Plantes	acotylédonées		Acotylédonie	1.
	monocotylédonées		Monohypogynie	2.
			Monopérigynie	3.
			Monoépigynie	4.
	dicotylédonées	apétales	Epistaminie	5.
			Péristaminie	6.
			Hypostaminie	7.
		monopétales	Hypocorollie	8.
			Péricorollie	9.
			Epicorollie. Synanthérie	10.
			Epicorollie. Corysanthérie	11.
		polypétales	Epipétalie	12.
			Hypopétalie	13.
			Péripétalie	14.
		diclines irrégulières	Diclinie	15.
Végétaux dont la place est indéterminée				16.

Cette Méthode, en considérant ainsi les végétaux dans l'ensemble de leur organisation, semblait destinée à perfectionner la science, malgré les vices inhérens à la Diclinie et surtout à cette fâcheuse catégorie de plantes *incertæ sedis*, jetée en dehors de la Méthode. Par l'abus que d'indiscrets disciples, que des novateurs fanatiques en ont fait, elle n'a guère apporté d'autres fruits que trouble, que confusion, qu'élémens de discorde. Elle ne devait avoir pour objet, d'après son propre fondateur, que d'assigner à des genres connus leur véritable place dans l'ordre naturel, et on a voulu l'employer comme un moyen de déterminer les genres. Elle devait être le but, la fin d'une science en partie acquise, et on l'a transformée en Méthode élémentaire, elle qui est beaucoup trop abstraite, elle qu'il est impossible d'appliquer à la totalité des plantes connues; elle qui est pour les botanistes les plus exercés le sujet de discussions compliquées, difficiles, très-embarrassantes, on prétend la donner comme le seul guide à suivre aux élèves inexpérimentés! Le dirai-je, enfin, on a voulu en faire une botanique française, une Méthode nationale, quand, pour l'arrangement des familles, notre sol et même nos serres dispendieuses ne nous offrent point les individus nécessaires pour les représenter, pour obéir à cette loi de continuité que Leibnitz appliquait aux mathématiques et à la métaphysique, qui lie toutes les productions de la nature par des nuances presque imperceptibles; et comme si les sciences étaient dans le domaine de la ténébreuse diplomatie, dans le ressort des douanes, on prétend qu'il est de l'honneur national de rejeter également les produits de l'industrie et ceux de l'intelligence étrangère. Depuis que l'anarchie règne ainsi dans l'empire de Flore, il n'est pas un botaniste, professeur ou néophyte, qui ne se croie en droit de transposer l'ordre des familles, d'en créer de nouvelles, de changer la place de quelque genre, de fonder une ou plusieurs coupes sur des affinités souvent fugaces, microscopiques, ridicules, et ce qu'il y a de plus odieux encore, c'est cet échafaudage de termes plus ou moins barbares, formés de la réunion fort peu harmonieuse de deux ou trois mots grecs, que chacun apporte pour détruire la langue botanique et nous dégoûter entièrement.

Un reproche grave fait à la Méthode de Jussieu par un de ses soutiens les plus honorables, est de tirer les caractères de ses classes de l'insertion relative des étamines ou de la corolle, ce qui rend la vérification très-difficile dans la pratique et offre une foule d'exceptions peu convenables. Ce reproche a donné naissance à cinq ou six systèmes qu'il est utile de noter ici.

En 1804, Marquis a proposé de n'admettre pour diviser les trois grandes tribus inventées par Van-Royen et Bernard de Jussieu, que les enveloppes protectrices de la fleur proprement dite. Ce caractère est le périanthe. Est-il double? les plantes des deux premières tribus prennent le nom de *Dipérianthées*. Est-il simple? on les appelle *Monopérianthées*. Les organes sexuels ne sont-ils accompagnés que d'une seule écaille ou de plusieurs? les fleurs sont *Squamiflores*. La situation supérieure ou inférieure de l'ovaire, relativement au périanthe, lui fournit des coupes nettes et beaucoup moins ambiguës que celles empruntées aux insertions. Quant aux Acotylédonées, Marquis les partage en deux classes, selon qu'il y a présence ou absence des feuilles sur les végétaux de cette tribu, la dernière de sa Méthode. *Voyez* son Esquisse du Règne végétal, page 33 et suivantes.

En 1810, Claude Richard est venu contester la valeur des cotylédons, et mettre à leur place la radicule, comme procurant, par sa présence ou son absence totale, des caractères plus constans. Les végétaux sont alors partagés en quatre grandes tribus : les *Arhizes* ou végétaux dépourvus d'embryon, et par conséquent de radicule; les *Endorhizes* munis d'une radicule intérieure; les *Exorhizes* chez qui la radicule est nue et extérieure; et les *Synorhizes* dont la radicule est soudée par son extrémité à l'enveloppe ou périsperme.

En 1815, Guyart a modifié la Méthode de Tournefort et s'en est servi comme de base de sa Méthode naturelle. Il adopte les tribus fondées sur les cotylédons, et établit ses subdivisions d'après la présence ou l'absence de la corolle. Il renferme tout le règne végétal en seize classes; les Dicotylédonées, par lesquelles commence sa série, en ont treize; la quatorzième et la quinzième appartiennent aux Monocotylédonées, qu'il appelle Glumacées et Pérygonées; la seizième est réservée aux plantes anomales qui forment deux sections, les anomales monocotylédonées, telles que les Aroïdées, les Naïades, les Equisétacées, les Fougères; et les anomales acotylédonées ou véritables Cryptogames. Pour céder à la mode, Guyart a formé quelques familles nouvelles; on aurait tort, à mon sens, de rejeter celles qu'il fonde légitimement, et de ce nombre j'en distingue deux utiles à conserver. On avait fait une seule famille des Véroniques et des Polygales; il les scinde et rapproche les dernières des Papilionacées, à cause de la forme de leur corolle et de leurs étamines diadelphes. Il a de même démembré avec raison les Fumariées, qui se trouvent assez improprement réunies aux Papavéracées.

Sous le titre de *Nexus plantarum*, affinités des plantes, l'anglais John Lindley, l'ennemi le plus acharné de Linné, prétend faire cesser les vices du système sexuel et de la classification de Jussieu, et faire rentrer dans une Méthode nouvelle, plus parfaite, tous les genres créés par les botanistes. Selon lui, les caractères fondés sur des considérations physiologiques, tels que la présence ou l'absence des sexes, le mode de germination ou de développement, la structure anatomique de l'intérieur des tiges, sont sans aucun doute d'un ordre supérieur; tous les autres, c'est-à-dire ceux que l'on déduit de la structure de la fleur, du fruit, de la semence ou de toute autre partie, sont tantôt d'une très-grande importance, tantôt d'une moindre, quand on veut classer les différentes tribus du règne végétal, par des causes entièrement inconnues jusqu'ici. Puis, adoptant les principes de l'école allemande, il assure, avec le mycologue Fries, que les affinités doivent être exprimées, non pas en plaçant celles-ci en ligne directe et verticale, mais sur une circonférence plus ou moins étendue : ce qui paraît plutôt indiquer un jeu qu'une marche philosophique. Quoi qu'il en soit, voici les grandes divisions que Lindley propose pour remplacer toutes les Méthodes présentées jusqu'ici, et pour remédier à leur imperfection.

Plantes	sexuelles	vasculaires	I. Exogènes angiospermes.
			II. —— gymnospermes.
			III. Endogènes.
		évasculaires	IV. Rhizanthées.
	privées de sexes		V. Esexuelles.

Dans sa Théorie élémentaire de la Botanique, Pyrame De Candolle divise le règne végétal en quatre classes ou embranchemens; il regarde sa Méthode comme essentiellement naturelle, parce que, dit-il, on peut arriver à une véritable classification, soit par le système reproducteur, soit par le système nutritif. Avec le premier on a deux grandes séries, 1° les Phanérogames, qui se partagent en deux classes, les *Dicotylédonées* et les *Monocotylédonées*; 2° les Cryptogames formant deux classes distinctes, les *Æthéogames* ayant des organes sexuels visibles sous le microscope et conformés sur un plan totalement différent des phanérogames, et les *Amphigames* n'offrant aucun indice d'organes sexuels, mais se propageant par leurs spores.

Avec le second système, celui de la nutrition, les végétaux se séparent en deux séries, les Vasculaires, qui ont des vaisseaux et des stomates sensibles pendant la durée entière de leur vie, et les Celluleux, qui n'ont, ou pendant toute leur vie, ou au moins dans leurs premiers organes foliacés, que des cellules. Les Vasculaires se sous-divisent en *Exogènes*, dont le corps ligneux croît par l'addition de nouvelles couches situées en dehors du cône des anciennes, et en *Endogènes* dont le tronc croît par l'addition de nouvelles fibres situées au centre du cylindre déjà formé. Les Celluleux se sous-divisent de même en deux sections, les *semi-vasculaires*, comprenant les feuilles qui naissent avec des cotylédons foliacés, mais composés de tissu cellulaire seul et dépourvu de stomates, et prenant par la suite des organes dans lesquels on trouve des vaisseaux ou des stomates, et en *Cellulaires*, privés entièrement de vaisseaux et de stomates, et ne présentant qu'une masse homogène où la distinction des tiges, des feuilles et des racines ne s'établit guère que sur des analogies. Pour rendre cette Méthode plus saisissable à la pensée, réduisons-la sous forme de tableau synoptique :

D'après les organes de la fructification.

Plantes sexuées.	I. Dicotylédonées.
	II. Monocotylédonées.
	III. Æthéogames.
Privées de sexe.	IV. Amphigames.

D'après les organes de la nutrition.

Munies de vaisseaux ou stomates.	Exogènes.
	Endogènes.
	Semi-vasculaires.
Sans vaisseaux	Cellulaires.

Je ne vois pas bien quel merveilleux profit la science peut faire de ces Méthodes si changeantes; ce que j'y trouve de plus certain, c'est que, loin d'éclairer la route, on l'embarrasse de toutes les manières. N'est-ce pas le cas d'appliquer ici au désordre établi le mot de Montaigne : « La vieillesse attache plus de rides à l'esprit qu'au visage ? »

Au surplus, je ne parlerai pas davantage des autres améliorations proposées, des autres classifications combattues ou préconisées ; leurs auteurs me paraissent égarés par une théorie spécieuse, et en le leur démontrant, je blesserais des amours-propres d'autant plus irritables qu'ils sont plus voisins de l'erreur, plus dominés par le besoin de tout régler, de tout brouiller, et d'imposer le joug pesant d'une aveugle soumission. Toute vanité à part, amis sincères des plantes, botanistes nationaux ou étrangers, célèbres ou aspirant à l'être, travaillons de bonne foi à perfectionner la Méthode naturelle; elle a fait faire à la botanique des progrès réels, elle lui en prépare de nouveaux. Rendons à l'enseignement les Méthodes que l'on appelle artificielles; il faut ouvrir devant l'élève des routes droites, faciles à parcourir; quand il saura lire dans le livre de la nature, qu'il possédera l'art de voir, qu'il aura acquis l'habitude des expériences, il apportera sur l'autel de la science le tribut de ses investigations, il marchera d'un pas ferme vers le but désiré, *primum et ultimum in botanicis desideratum*. (T. D. B.)

MÉTHODES DE CULTURE. (ÉCON. RUR.) Ce n'est point de l'invention d'une charrue ou d'un semoir, mais bien du perfectionnement des outils en usage et d'un système de culture convenablement appliqué à la constitution géologique du sol, que dépendent les améliorations désirées dans la manufacture rurale, et que découlent ses progrès successifs. Les avantages procurés par un instrument nouveau, solennellement proclamé, regardé durant quelques mois comme un service important rendu au premier des arts, sont d'ordinaire limités à un petit nombre d'établissemens ruraux et souvent aussitôt oubliés pour restituer à l'habitude ou, si l'on aime mieux, à la routine, une place usurpée; tandis que les bénéfices assurés par des engrais adaptés à la nature du sol, par des assolemens bien entendus, par des travaux entrepris en temps opportun, amènent des changemens réels, durables, et donnent une face nouvelle à toute une contrée en y doublant la valeur des propriétés, en y faisant surgir chaque jour des ressources auxquelles on était loin de songer jamais.

On ne peut douter de l'immense révolution que produisit dans notre agriculture la suppression du système d'exploitation triennale; en nous montrant que les jachères ne sont autre chose qu'un assolement de blé et d'herbes adventices, elle nous a enseigné l'art de substituer à la maigre pâture offerte par une erreur traditionnelle, des végétaux utiles, capables d'entretenir la fécondité du sol en même temps qu'ils assurent des ressources de tout genre à la maison rurale. Ce changement, dû aux longues veilles, au généreux dévouement d'une secte trop injustement décriée, les économistes, a développé dans les propriétaires de toutes les classes un zèle actif et éclairé ; il a ennobli aux yeux du citadin insouciant et du paysan inondé de sueurs les travaux de l'agriculture, la première, la plus sacrée de toutes les industries humaines. Et dans quel temps cette mémorable révolution a-t-elle eu lieu? au sein des troubles politiques, au milieu des sacrifices les plus inouïs ; et avec quelle admirable constance elle s'est soutenue malgré les désordres de l'administration, malgré les longues douleurs d'une guerre qui a moissonné l'élite de la population, malgré la trahison la plus coupable qui deux fois a décimé nos héros les plus illustres et deux fois a conduit l'ennemi dans nos foyers ! Jamais nos enfans n'apprécieront à sa juste valeur l'abnégation de nos plus chers intérêts ni toute la puissance de cette noble impulsion; elle a pénétré, cette impulsion, sur tous les points de la patrie, elle a lutté contre les efforts de la routine et de l'ignorance; elle a triomphé de tous les obstacles; encore quelques jours, et la France entière consolidera sur son sol, éminemment productif, le plus heureusement situé pour toutes les expériences agricoles, la véritable richesse, celle qui dépouille l'homme de la turbulente ambition, lui donne les vertus civiques et lui assure un bonheur sans tache, un bonheur réel et de durée. Revenons un moment sur nos pas, et disons le mal qu'il nous a fallu détruire.

SYSTÈME TRIENNAL.—L'origine des jachères remonte en France à la conquête des Romains. Tremellius Scrofa, qui jouissait, au dire de Varron, d'une haute réputation en agriculture pratique, parvint à persuader à tous les propriétaires ruraux que, pour rajeunir la terre et retarder la stérilité vers laquelle elle tend en vieillissant, il fallait, outre le secours des engrais et du labourage, adopter les jachères, c'est-à-dire donner tous les trois ans une année de repos absolu au terrain que l'on cultivait. Virgile fait aussi de cette maxime destructive un précepte important. Columelle eut beau les combattre et par son exemple et par ses conseils écrits, sa voix fut étouffée, et l'on conserva la doctrine romaine dans le second but, non moins essentiel que le premier, disait-on, d'affecter un pacage aux bêtes à laine.

En envahissant l'antique patrie des Gaulois, les Francs, sortis des forêts de la Germanie, fondèrent au profit des vainqueurs l'hérédité des terres saliques, comme nous l'apprennent Lindemborg et Marculphe ; ils adoptèrent le malheureux assolement romain et remirent à ce qu'ils appelaient les Lètes (*læti*), réunis en colonies agricoles, l'administration des terres qui leur étaient assignées, et qu'ils faisaient exploiter par les prolétaires. Après eux, la féodalité, l'institution de la chevalerie et la multiplicité des cloîtres, élargirent la plaie; en même temps qu'ils conservaient les vieilles méthodes, ils les rendirent plus despotiques en restreignant la culture dans d'étroites enceintes, en diminuant la durée des baux et en augmentant celle des jachères ; en enveloppant de landes, en condamnant à une stérilité séculaire le flanc des montagnes, de vastes espaces couverts de mesquines bruyères qui devaient rendre plus difficiles les communications et abriter de toute invasion les lieux où ils se tenaient ensevelis. A ces époques reculées, le territoire appelé à fournir aux besoins des populations misérables fut soumis à l'assolement triennal, c'est-à-dire à trois soles, dont la première destinée aux blés d'automne, la seconde aux avoines ou aux grains de mars, et la troisième au repos ou jachère morte.

Système quadriennal. — Ce système désastreux fut religieusement respecté jusqu'au moment où le vénitien Camille Tarello fit, dès 1567, sentir la nécessité d'alterner les cultures au moyen d'un système quadriennal. Ses idées frappèrent quelques esprits justes et décidèrent du premier effort que l'on fit pour la destruction lente, mais certaine, des jachères. Plusieurs grands établissemens religieux comprirent la haute portée de l'innovation proposée, que certains enthousiastes et le troupeau toujours nombreux des compilateurs s'entêtent à attribuer aux Anglais, alors entièrement dévoués au système des jachères. Les environs de Citeaux, département de la Côte-d'Or, de Clairvaux, département du Jura, de la Trappe, département de l'Orne, de Solême, département de la Sarthe, etc.; les environs de certaines grandes villes, tels que ceux de Lille, département du Nord, la plaine fertile des Vertus, près de Paris, etc., donnèrent l'exemple. Mais tandis que la nouvelle méthode portait le prodige de la fécondité jusque dans les déserts, elle ne put cependant entraîner le routinier opiniâtre; l'exemple, le plus sûr de tous les argumens, ne persuada personne, on demeura dans le sillon ouvert depuis plusieurs siècles. En vain les lumineux écrits d'Olivier de Serres, de Bernard Palissy, de Rozier, parurent après; il fallut qu'un événement politique des plus extraordinaires vînt, à la fin du dix-huitième siècle, ouvrir les yeux et justifier les vivifiantes améliorations qu'ils sollicitaient d'une manière si généreuse et si puissante.

Trois conditions sont nécessaires pour changer l'ordre des cultures établies, et c'est faute de ne pas s'y être arrêté que l'on a laissé trop d'empire à la routine. Ces conditions peuvent se réduire : 1° à voir comment il faut s'y prendre; 2° trouver en soi la possibilité de changer; 3° et acquérir la certitude que le changement est profitable. Dans le premier cas, il importe de posséder l'art d'expérimenter, c'est-à-dire de juger les plantes propres à s'associer ensemble, à se succéder sans se nuire, et de raisonner les avantages éloignés ou prochains que promettent le travail et des avances d'ordinaire assez fortes. Les innovations ne persuadent pas de prime abord, ainsi que nous venons de le voir; ce n'est pas d'ailleurs avec l'agriculture, avec les intérêts sagement dirigés de la maison rurale, que l'enthousiasme est permis; il faut de longs tâtonnemens; ce qui convient dans les parties septentrionales de la France est peut-être nuisible, dangereux au centre; car le sol, si favorisé qu'il soit, n'est pas dans toute son étendue doué d'une égale fertilité, et puis n'arrive-t-il pas souvent, comme on l'éprouve dans nos départemens du midi, que le beau ciel dont on jouit en cette partie de l'état est lui-même un puissant obstacle à la marche progressive de l'art agricole? Les changemens les plus sûrs se font lentement; un premier en amène un second, un troisième; c'est leur coordination régulière qui fournit plus tard un système parfait. Tout dépend de la volonté pour entreprendre, mais, dès l'instant que l'on a calculé les diverses chances et qu'on a fait un premier pas pour s'élever au dessus de l'atmosphère lourde et délétère de la routine et des préjugés, il faut agir franchement, suivre son plan avec persévérance, et ne pas se décourager par une ou plusieurs difficultés imprévues, ni pour quelques pertes qui ne sont réellement que momentanées. Souvenons-nous qu'une faute nous donne autant de forces et peut-être nous procure un plus grand foyer de lumière que le plus brillant succès; celui-ci éblouit, nous entraîne au-delà du but, tandis que l'autre oblige à réfléchir, à peser toutes les circonstances, à scruter les causes qui l'ont amené, et à chercher les moyens d'éviter d'autres fautes à l'avenir.

La deuxième condition est liée, ainsi que je l'ai dit au mot Métairie (*voy.* plus haut, pag. 196), aux capitaux qui l'alimentent, aux localités et aux besoins actuels, aux charges de la propriété, et aux débouchés ouverts à ses produits. Quant à la troisième condition, elle rentre nécessairement dans les deux premières et se rattache aux chances de succès obtenus.

Assolement transitoire. — D'après ces considérations, dans la vue d'aider chacun à constater de plus près les avantages promis par une agriculture perfectionnée, et à l'amener à jouir plus vite de quelques uns, voici un mode transitoire de la rotation triennale à un assolement bien plus régulier qui m'a fourni et que j'ai vu chez les autres donner les meilleurs résultats. Le cultivateur y sème une moindre étendue en céréales, et cependant il a toujours une récolte abondante et de bonne qualité; les portions qu'il laisse en jachère se fument pour servir, après une récolte de céréales, à des cultures sarclées, lesquelles, comme on sait, comprennent les Navets, les Pommes de terre, la Betterave, les Pois, le Maïz, etc., etc.

TABLEAU FIGURATIF.

20 hectares. *Jachère.*		20 hectares. *Froment.*		20 hectares. *Avoine.*	
15. *Froment.*	5. *Vesces.*	10. *Trèfle.*	10. *Avoine.*	5. *Vesces.*	15. *Jachère.*
Trèfle.	Cultures sarclées.	*Avoine.*	*Jachère.*	Cultures sarclées.	*Froment.*
Avoine.		*Jachère.*	*Froment.*		*Trèfle.*

De la sorte *on a*, selon l'expression proverbiale, *du pain et du fourrage*; la terre paie amplement de ses avances et de ses sueurs celui qui la cultive. (Il est inutile de dire ici qu'en nommant simplement le Trèfle, on doit y comprendre aussi la Luzerne et le Sainfoin.) Les récoltes sont d'autant plus belles et fructueuses que les végétaux à racines pivotantes, profondes ou tuberculeuses succèdent à des plantes dont les racines sont superficielles, traçantes et fibreuses. On a définitivement vaincu l'exclusif et intolérant assolement triennal; on entre dans la voie des améliorations.

Assolement a long terme. — En effet, une fois ce pas fait, on arrive sans s'en douter à l'assolement à long terme, et par ce mot on entend tout assolement dans lequel une plante revient rarement, soit que le champ se trouve converti en une Prairie artificielle (*voy.* ce mot) de plusieurs années, soit que la culture, convenablement calculée, varie à l'infini ses productions et ne permette aux végétaux déjà employés de reparaître qu'après un laps de temps plus ou moins long. Cette sorte d'assolement est la plus profitable à la terre et procure au cultivateur une prospérité de longue durée; elle lui permet de nourrir beaucoup de bestiaux, de répondre à tous les besoins de sa famille, d'assurer le bonheur de ceux qui vivent avec lui, et d'alimenter les foires et marchés ouverts dans son voisinage.

Citons quelques exemples de cet assolement. I. *Première année* : Betterave, Pommes de terre ou Carottes; *deuxième* : Blé; *troisième* : Lin ou Chanvre fumé; *quatrième* : Seigle; *cinquième* : Avoine et Trèfle; *sixième* : Trèfle, Luzerne et Sainfoin; *septième* : Colza. — II. *Première année* : Avoine; *deuxième* : Lin ou Navette; *troisième* : Froment; *quatrième* : mélange de Vesces et de Seigle pour fourrage vert, ou Moha et Seigle; *cinquième* : Carotte; *sixième* : Fèves; *septième* : Sarrazin; *huitième* : Seigle et Navets; *neuvième* : Colza; *dixième* : Froment; *onzième* : Prairie artificielle dont la durée varie, et à laquelle, après le défrichement, on fait succéder de l'Avoine.

Indiquons maintenant d'autres sortes d'assolemens à rotations plus ou moins rapprochées. *De deux ans* : 1° Fèves fumées et sarclées deux fois. Le fumage est calculé d'après la nature du sol et les ressources positives de la ferme; il se fait tous les deux ans ou tous les quatre ans, mais toujours après les fèves; 2° Blé. Cet alternat peut se conserver plusieurs années de suite, et même tant que les récoltes sont abondantes et la terre bien nette. — *De trois ans* : 1° Fèves fumées ou sarclées, ou Colza fumé et livré à la pâture, ou bien encore Choux ou Pommes de terre fumés et sarclés; 2° Blé ou Avoine; 3° Trèfle ou Vesces pour fourrage, ou seulement Trèfle rompu à la bêche. — *De quatre ans* : 1° Pommes de terre sur un labour à la bêche et fumées, Fèves fumées et sarclées, ou Colza fumé et pâturé; 2° Blé; 3° Trèfle, ou plutôt Légumineuses renversées à l'époque de la floraison; 4° Blé. — *De cinq ans* : 1° Pommes de terre à la bêche et fumées, Fèves fumées, ou Colza fumé et pâturé; 2° Choux également fumés, ou Avoine; 3° Trèfle; 4° Blé; 5° Légumineuses pour être renversées, ou Vesces pour fourrage. — *De six ans* : 1° Pommes de terre à la bêche, Choux ou Fèves fumées; 2° Blé ou Avoine; 3° Légumineuses pour être données en fourrage, puis à la seconde floraison être renversées; 4° Avoine ou Blé; 5° Trèfle, Pommes de terre ou Fèves fumées; 6° Blé ou Avoine, etc., etc.

On sent bien que la première condition indispensable pour l'adoption entière de l'assolement à long terme, c'est d'augmenter la durée des baux. La loi ne leur donne guère chez nous une existence au-delà de la neuvième année, et cependant cette limite est trop rapprochée pour l'accomplissement d'une semblable entreprise. Des baux de dix-huit à vingt-cinq ans seraient préférables, ils assureraient des succès brillans; les risques s'y trouveraient compensés par des chances plus nombreuses, et le fermier, entraîné à des défrichemens dispendieux, excité à mettre en valeur des terrains incultes, à bonifier des sols long-temps épuisés, y verrait un avenir heureux, un avenir positif, que sa bonne conduite compléterait en en reversant les avantages et l'exemple sur ses enfans. Je n'ignore pas que les baux de cette sorte ne sont point dans nos habitudes; mais pourquoi ne pas les y faire entrer? L'intérêt nous y convie; les transactions à cet égard doivent être libres, il est vrai, mais il est de notre devoir d'éclairer pour le mieux-être individuel et pour la plus grande prospérité de la patrie.

Un autre moyen non moins puissant, c'est de réduire les immenses domaines, où l'œil du maître ne peut tout embrasser, en petites et en moyennes cultures. Plus la population agricole est nombreuse, plus il y a d'aisance dans le pays, mieux les terres sont cultivées, et plus les produits sont en état de combler tous les besoins et de grandir les ressources de l'industrie. La cumulation indéfinie des propriétés territoriales dans une même main est l'acheminement à l'esclavage le plus abject; elle est nuisible aux progrès de l'agriculture. Sans doute leur morcellement poussé à l'extrême a de graves inconvéniens; mais ils sont moindres que dans le premier cas. Le pire de tous, ce sont les propriétés indivises ou possédées par alternat. Dans ces espèces de propriétés, tantôt la récolte alterne entre deux propriétaires ou plusieurs, tantôt une portion de récolte ou la première est à l'un et la seconde à l'autre. Ici, comme le principe est destructeur de tout bon système de culture, il est indispensable de forcer les propriétaires à faire cesser l'indivision et l'alternat, par des partages entre eux : quand chacun voit et connaît réellement sa propriété, il redouble de zèle, d'activité, de soins, pour l'améliorer. Le Code civil, art. 664, règle le mode de posséder ainsi une maison; il ne peut en être de même pour les champs mis en culture. Il nous suffit d'avoir indiqué les écueils pour espérer que chacun reconnaîtra la nécessité de les éviter pour se préserver d'un naufrage imminent, à moins que, cédant à la manie des novateurs, de contredire les faits les plus avérés, on ne veuille se laisser entraîner dans le précipice qu'ils ouvrent incessamment sous les pas de l'homme trop confiant. (T. d. B.)

MÉTHODES MINÉRALOGIQUES. Les minéraux sont si peu susceptibles d'être classés suivant ce qu'on appelle la Méthode naturelle, que, jusqu'à présent, on n'est point encore parvenu à des résultats satisfaisans sur ce point. La principale difficulté vient de ce que les minéralogistes n'ont pu tomber d'accord sur ce qu'on doit entendre par *espèce minérale*. Les uns, s'appuyant sur la composition chimique, ont pris pour base de leurs Méthodes les *acides* ou le principe électro-négatif: ainsi l'on a dit, avec M. Berzélius, un *carbonate*, un *sulfate de chaux*, etc.; les autres, comme Haüy, ont établi leurs Méthodes sur les *bases* ou sur le principe électro-positif : il en est résulté que l'on a dû dire *chaux carbonatée*, *chaux sulfatée*, etc. D'autres, comme Werner et ceux qui ont suivi ses traces, se sont basés sur les caractères extérieurs des minéraux. D'autres encore, en tête desquels il faut mettre le minéralogiste allemand M. Mohs, ont voulu prendre pour modèles les Méthodes de botanique ou de zoologie, c'est-à-dire qu'ils n'ont admis comme guides que les caractères cristallographiques et les autres caractères physiques et extérieurs.

A ces noms bien connus se joignent ceux de MM. Brongniart et Beudant, dont les Méthodes diffèrent sensiblement.

Pour donner une idée des différentes Méthodes employées par les minéralogistes célèbres que nous venons de nommer, nous nous bornerons ici à présenter les principaux groupes qu'elles admettent, nous réservant d'en donner un aperçu plus complet dans des *tableaux* qui se trouveront à la suite de notre article Minéralogie, dans lequel nous traiterons spécialement de l'histoire de la science.

Dans la Méthode de Werner, les minéraux simples forment quatre classes :

La première comprend les pierres et les terres.

La deuxième, les matières salines (sapides et solubles).

La troisième, les matières combustibles.

La quatrième, les métaux.

En outre, il partage la première classe en huit genres, dont le premier ne comprend qu'une seule espèce, le diamant, parce que, fidèle à ses idées sur l'importance des caractères extérieurs, il lui semblait que sa dureté devait le placer en tête des substances pierreuses.

Les sept autres genres sont ce que l'on appelait alors les terres simples, c'est-à-dire : la zircome, la silice, l'argile, la magnésie, la chaux, la baryte et la strontiane.

Les autres classes se composent d'autant de genres qu'il y a de sortes de sels, de combustibles et de métaux.

Chacun des genres contient un certain nombre d'espèces, suivant le principe admis par cet illustre savant dont la Saxe s'honore à juste titre, que les minéraux qui diffèrent essentiellement des autres par leur composition chimique, doivent former des espèces différentes.

En France, Daubenton, peu satisfait des résultats de l'analyse chimique, divisa toutes les substances minérales en quatre ordres.

Le premier, comprenant les sables, les pierres et les terres, et en appendice les agrégats.

Le deuxième, les sels solubles dans l'eau.

Le troisième, les corps inflammables.

Le quatrième, les métaux, suivis des produits volcaniques en appendice.

Ces ordres, dans la nomenclature, se subdivisent en genres, sortes et variétés, parce qu'il n'admettait point d'espèces.

La Méthode d'Haüy, rectifiée dans la dernière édition de son Traité de minéralogie, comprend quatre classes.

La première renferme les acides libres, divisés en deux espèces.

La deuxième, les métaux privés de l'éclat métallique, qu'il appelle hétéropsides et qu'il divise en huit genres, savoir : la chaux, la baryte, la strontiane, la magnésie, l'alumine, la potasse, la soude et l'ammoniaque.

Cette classe est suivie d'un appendice comprenant la silice comme ordre unique subdivisé en un grand nombre d'espèces, selon ses combinaisons avec diverses substances.

La troisième classe, formée des métaux jouissant de l'éclat métallique, et qu'il appelle autopsides, comprend trois ordres.

Le premier, qui comprend les métaux non oxidables immédiatement, si ce n'est à un feu très-violent, et réductibles immédiatement, se compose de quatre genres : le platine, l'iridium, l'or et l'argent.

Le second ordre, celui des métaux oxidables et réductibles immédiatement, est formé d'un seul genre : le mercure.

Le troisième ordre, celui des métaux oxidables, mais non réductibles immédiatement, est formé de dix-huit genres : le plomb, le nickel, le cuivre, le fer, l'étain, le zinc, le bismuth, le cobalt, l'arsenic, le manganèse, l'antimoine, l'urane, le molybdène, le titane, le schéelin, le tellure, le tantale et le cerium.

La quatrième classe, composée des substances combinées non métalliques, comprend quatre espèces : le soufre, le diamant, l'anthracite et le mellite.

Un appendice à cette classe renferme les substances phytogènes, comprenant également quatre espèces : le bitume, la houille, le jayet et le succin.

Un appendice général aux quatre classes comprend les substances dont la nature n'était pas assez connue pour qu'Haüy ait pu leur assigner une place précise dans sa Méthode.

Enfin, son traité comprend aussi un tableau minéralogique des roches, divisé en classes, en ordres et en genres.

Dans la Méthode de M. A. Brongniart, les minéraux sont partagés en cinq classes :

1° Celle des oxygénés non métalliques ;

2° Celle des sels non métalliques ;

3° Celle des pierres ;

4° Celle des combustibles ;

5° Celle des métaux.

Chacune de ces classes se divise en ordres.

La première classe en comprend deux : l'ordre des oxygénés non acides, et l'ordre des oxygénés acides.

La deuxième section comprend l'ordre des sels alcalins et l'ordre des sels terreux.

Dans la troisième classe se trouvent trois ordres :

1° L'ordre des pierres dures ;

2° L'ordre des pierres onctueuses ;

3° L'ordre des pierres argiloïdes.

La quatrième classe se divise en deux ordres :

1° L'ordre des combustibles composés ;

2° L'ordre des combustibles simples.

Enfin la cinquième classe se compose aussi de deux ordres :

1° L'ordre des métaux fragiles ;

2° L'ordre des métaux ductiles.

Depuis la publication de cette Méthode, M. Brongniart y a fait plusieurs changemens notables. Ainsi, dans le tableau qu'il a publié en 1827, les substances minérales forment deux grandes divisions.

La première division renferme trois classes :

1° Les métalloïdes ;

2° Les métaux autopsides ;

3° Les métaux hétéropsides.

La seconde division comprend les sels, les bitumes et les charbons.

Il a publié également, à la même époque, une classification des roches, qu'il comprend dans deux grandes classes :

La première se compose des roches homogènes ou simples, divisées en deux ordres : les phanérogènes et les adélogènes.

La seconde comprend les roches hétérogènes ou composées, divisées aussi en deux ordres : les roches de cristallisation et les roches d'agrégation.

Dans la Méthode de M. Beudant tous les minéraux se groupent en trois classes.

La première, celle des Gazolytes, comprend les substances renfermant comme principe électro-négatif des corps gazeux, liquides ou solides, susceptibles de former des combinaisons gazeuses permanentes, avec l'oxygène, avec l'hydrogène ou avec le phthore (l'acide fluorique).

La seconde, celle des Leucolytes, se compose des substances renfermant comme principe électro-négatif des corps solides qui ne donnent généralement que des solutions blanches avec les acides, et ne sont point susceptibles de former des gaz permanens.

La troisième classe, celle des Chroïcolytes, est formée de substances renfermant comme principe électro-négatif des corps solides susceptibles de former des sels ou des solutions colorées, et ne se réduisant jamais en gaz permanent.

Chacune de ces classes se divise en familles, et celles-ci en genres et en espèces.

Nous n'énumérerons ici que les familles.

La première classe en comprend treize, savoir :

Famille des Silicides,	Famille des Bromides,
— des Borides,	— des Phthorides,
— des Carbonides,	— des Sélénides,
— des Hydrogénides,	— des Tellurides,
— des Sulfurides,	— des Phosphorides,
— des Chlorides,	— des Arsenides.
— des Iodides,	

La seconde classe comprend huit familles, savoir :

Famille des Antimonides,	Famille des Argyrides,
— des Stannides,	— des Plumbides,
— des Bismuthides,	— des Aluminides,
— des Hydrargyrides.	— des Magnésides.

La troisième classe se compose de quatorze familles, savoir :

Famille des Titanides,	Famille des Sidérides,
— des Tantalides,	— des Cobaltides,
— des Tungstides,	— des Cuprides,
— des Molybdides,	— des Orides,
— des Chromides,	— des Platinides,
— des Uranides,	— des Palladides,
— des Manganides,	— des Osmides.

Tout récemment M. L. A. Necker, dans un ouvrage intitulé : *Le Règne minéral ramené aux Méthodes de l'Histoire naturelle*, a essayé de résoudre un problème que plusieurs de ses devanciers s'étaient déjà proposé. Pour lui l'*individu* inorganique est le *cristal* ; dans le minéral, les propriétés physiques et chimiques remplacent comme caractères les organes des animaux et des végétaux. Il divise les individus minéraux en quatre classes :

1° Les cristaux *métallophanes*, qui ont l'aspect et l'éclat métalliques ;

2° Les cristaux *lithophanes*, qui n'ont jamais l'aspect ni l'éclat métalliques ;

3° Les cristaux *amphiphanes*, dans lesquels le même individu présente à la fois l'éclat et l'aspect métalliques, joints à l'aspect terreux ou à une translucidité plus ou moins parfaite ;

4° Enfin les cristaux *inflammables*, comprenant seulement deux genres qui possèdent l'aspect lithoïde, la transparence et la propriété de brûler, sans laisser, s'ils sont purs, aucun résidu.

Chacune de ces classes est formée de groupes chimiques, et se divise en ordres, familles, etc.

(J. H.)

MÉTHONIQUE, *Methonica.* (BOT. PHAN.) D'anciens voyageurs ont décrit sous ce nom, avec les plus magnifiques épithètes, une Liliacée du Malabar, et Linné, partageant leur enthousiasme, crut devoir déroger pour elle aux règles mêmes de sa philosophie botanique ; il voulut qu'elle eût pour nom la *Glorieuse.* Cette plante est restée belle, la plus belle des Liliacées par sa taille et par son éclat ; mais depuis Linné, l'admiration a été tant partagée, et l'esprit de découvertes a été récompensé par tant de succès, que la *Glorieuse* a perdu son titre, Jussieu lui a rendu sans opposition le nom latinisé de *Methonica*, d'après un nom indigène.

La MÉTHONIQUE SUPERBE, *M. superba*, Desf., Red., Liliac., pl. 26, reproduite dans notre Atlas, pl. 361, fig. 1, et nommée vulgairement la *Superbe du Malabar*, croît sur la côte de ce nom, où sa magnificence a inspiré aux habitans un respect superstitieux. Sa tige est cylindrique, lisse, faible, comme sarmenteuse, et presque grimpante; elle atteint cinq à six pieds de hauteur sur un diamètre de quelques lignes. Vers sa partie moyenne naissent deux ou trois rameaux opposés et pendans. Ses feuilles, alternes ou éparses, sont étalées, sessiles, fort longues, lancéolées, lisses et très-entières, rétrécies à leur base, terminées en une vrille roulée et accrochante; leur surface est marquée de nervures fines, longitudinales et parallèles. Les fleurs naissent sur les pédoncules situés à l'aisselle des feuilles supérieures.

Ces fleurs présentent un périanthe à six divisions profondes, lancéolées-aiguës, canaliculées, rejetées en arrière, crépues et ondulées sur les bords; elles sont d'abord jaunes de leur base jusqu'au milieu, et d'un rouge aurore dans le reste de leur limbe; puis après l'épanouissement, la couleur jaune disparaît, et toute la fleur offre la vive teinte qui d'abord n'affectait que ses extrémités.

Les étamines, au nombre de six, un peu moins longues que le périanthe, portent des anthères linéaires, adnées par leur milieu. Le style, de même longueur, est d'abord horizontal, puis, se relevant un peu, forme un angle aigu avec l'ovaire; son sommet se divise en trois stigmates. L'ovaire est libre, vert et lisse, ovale-obtus, marqué de trois angles arrondis et de six sillons; il devient une capsule à trois loges, renfermant chacune deux rangées de graines rouges et rondes, avec une petite éminence près de l'ombilic.

La Méthonique du Malabar fut long-temps la seule espèce du genre; une seconde a été rapportée du Sénégal en 1828; elle diffère de son aînée par une tige moins élevée, moins grimpante; des feuilles plus larges; les fleurs sont d'un rouge vif; leurs divisions plus larges, et non ondulées sur les bords.

Ces deux belles plantes ne subsistent chez nous qu'en serre chaude, et même celle du Malabar fleurit assez rarement; l'autre réussit avec moins de peine. On les multiplie de caïeux. (L.)

MÉTHOQUE. (INS.) Latreille avait fondé sous ce nom un genre d'Hyménoptères avec deux petites espèces aptères, voisines des Mutiles, et qu'on a reconnu n'être que des femelles d'un autre genre, les Tengyres, dont on n'avait encore observé que des individus mâles. Le genre Méthoque doit être supprimé. Il sera question de ces insectes à l'art. TENGYRE (*voy.* ce mot). (GUÉR.)

MÉTRIQUES (CAILLOUX.) (GÉOL.) Cette dénomination a été employée par M. Al. Brongniart pour désigner la dimension de certains fragmens arrondis de roches dont se composent les poudingues: ainsi l'on comprend qu'il est ici question de ceux qui ont environ un mètre de diamètre. Mais ce savant ne s'en est pas tenu à cette dénomination, qui eût été tout-à-fait inutile, s'il n'eût pas donné un nom à chacun des fragmens qui, suivant leur grosseur, forment des poudingues distincts. Voici donc les différens noms qu'il a proposés:

Cailloux *miliaires*, de la grosseur d'un grain de millet ou de chenevis.
— *pisaires*, de la grosseur d'un pois.
— *avellanaires*, de la grosseur d'une noisette.
— *colombaires*, de la grosseur d'un œuf de pigeon.
— *ovulaires*, de la grosseur d'un œuf de poule.
— *pugillaires*, de la grosseur du poing.
— *céphalaires*, de la grosseur de la tête.
— *péponaires*, de la grosseur d'un potiron.
— *métriques*, du diamètre d'environ un mètre.
— *bimétriques*, du diamètre d'environ deux mètres.
— *gigantesques*, du diamètre de plus de deux mètres.

Ces dénominations, comme on doit bien le penser, ne s'appliquent pas seulement aux fragmens de roches qui composent les poudingues, elles servent aussi à désigner la grosseur des grains de gravier, des cailloux roulés et des blocs erratiques qui constituent les différentes parties des dépôts de transport. (J. H.)

MÉTROSIDÉROS, *Metrosideros.* (BOT. PHAN.) Genre de plantes dicotylédonées de la famille des Myrtées de Jussieu, et de l'Icosandrie monogynie de Linné, établi par Gaertner, qui lui attribue les caractères suivans: un calice faisant corps avec l'ovaire, quinquéfide; 5 pétales; étamines nombreuses, remarquables par la longueur de leurs filamens, libres et souvent colorés; ovaire inférieur; un style; capsule polysperme à 4 ou 5 loges.

Les Métrosidéros sont de charmans arbrisseaux particuliers à la Nouvelle-Hollande, et la plupart cultivés aujourd'hui dans nos serres tempérées, qu'ils ornent de leur gracieux feuillage et de leurs belles et élégantes fleurs, souvent dès les premiers jours du printemps. La forme de ces fleurs, bien différente de celle des autres plantes, quoique complètes et régulières, plaît singulièrement à la vue, par les vives couleurs, soit d'un jaune d'or, d'un blanc mat, soit du pourpre le plus éclatant. Le calice et la corolle, fort courts, celle-ci vivement colorée, sont surmontés d'une foule d'étamines, disposées en panache; ces fleurs, réunies et serrées souvent en un long épi, joint à un feuillage argenté et soyeux, sont d'un effet charmant. On connaît une trentaine de Métrosidéros, dont nous décrirons seulement deux ou trois principaux.

1° MÉTROSIDÉROS A PANACHES, *Metrosideros lophanta*, Vent., représenté dans notre Atlas, pl. 108, supportant les fig. 2 et 4. Arbre dans son pays natal, il devient dans nos serres un arbrisseau de 2 à 3 mètres seulement de hauteur. C'est un des plus beaux du genre par l'élégance de son feuillage et l'éclat de ses fleurs coccinées, en longs

panaches,

panaches, couronnées d'une touffe de feuilles. Rameaux gris, épars, feuilles étalées, presque sessiles, raides, lancéolées, ponctuées, d'un vert gai, entières, molles et soyeuses ou même argentées dans les jeunes pousses; froissées entre les doigts, elles répandent une odeur agréable. Fleurs très-nombreuses, serrées en un épi touffu, calice pubescent, ponctué, pourpré au limbe; pétales courts, ovales, concaves, tomenteux en dehors, d'un vert pâle lavé de rouge, filamens des étamines six fois plus longs que la corolle, et d'un pourpre vif; anthères linéaires, rouges; style purpurin; capsules rondes; graines nombreuses, brunes, ovales-allongées, d'une grande ténuité. De la Nouvelle-Hollande.

2° Métrosidéros a fleurs lancéolées, *Metrosideros lanceolata*, Smith; *citrina*, Curt. Cette élégante espèce pourrait bien n'être qu'une variété de la précédente. Tiges dressées, hautes de 4 à 6 pieds; rameaux souples, effilés, un peu pendans, garnis de feuilles alternes, presque sessiles, lancéolées, mucronées, glabres, entières. Fleurs latérales, serrées, tomenteuses; filamens des étamines très-longs, d'un pourpre clair. Les feuilles, froissées entre les doigts, répandent une odeur de citron. Nouvelle-Hollande.

Métrosidéros a feuilles de saule, *Metrosideros saligna*, Vent. Cette plante ressemble assez par son port au Métrosidéros lophanta; mais l'on reconnait bien vite qu'elle en diffère par ses fleurs jaunes et plus petites. Ses rameaux sont grêles, velus, légèrement anguleux au sommet, garnis de feuilles à courts pétioles, glabres, lancéolées, ponctuées, aromatiques; calice glabre, ponctué, rougeâtre à son limbe; pétales courts, ovales; étamines jaune clair, quatre fois environ plus longues que le calice; anthères à quatre sillons. Nouvelle-Hollande. (C. Lem.)

MEULIÈRE. (min. géol. technol.) Considérée sous le point de vue minéralogique, la pierre Meulière ou le silex molaire présente en général une texture essentiellement cellulaire; sa cassure est droite, c'est-à-dire à surface plane; ses cellules sont bulleuses ou irrégulières, quelquefois polyédriques, et formées par des lames minces de silex. Cette substance est faiblement translucide, quelquefois même presque opaque. Ses couleurs sont: le blanchâtre, le grisâtre ou le gris tirant sur le bleuâtre, enfin le jaunâtre et le rougeâtre.

Les silex molaires forment plutôt des bancs interrompus et disloqués que continus. Ces bancs sont placés ordinairement au milieu de sables et plus fréquemment au milieu d'argiles qui pénètrent entre les bancs dans leurs fissures et dans les cavités mêmes dont ils sont criblés.

Ce que nous venons de dire des Meulières sous le point de vue minéralogique, s'applique à ce silex en général; mais lorsqu'on les considère sous le point de vue géologique, on doit distinguer deux sortes de Meulières fort différentes par leur gisement: les unes placées au dessus des sables et grès de Fontainebleau, et les autres au dessous de ces sables et de ces mêmes grès. Toutes celles des collines qui dominent le bassin de Paris, telles que Montmorency, Meudon, la forêt de Marly, les Alluets, et les plateaux qui s'étendent au sud de Versailles sur lesquels se trouvent les exploitations du village des Mollières, appartiennent aux Meulières supérieures. Long-temps on a cru que les célèbres exploitations de La Ferté-sous-Jouarre appartenaient à ces mêmes Meulières, lorsque M. Dufrénoy, ingénieur en chef des mines, reconnut, il y a quelques années, que les Meulières de cette dernière localité étaient inférieures aux grès de Fontainebleau, et conséquemment plus anciennes que celles des localités que nous venons de citer dans les environs de Paris.

L'observation de M. Dufrénoy était importante en géologie; elle donnait un moyen facile de reconnaître l'âge des Meulières exploitées dans un rayon de plus de vingt lieues autour de Paris. On pouvait croire que ce n'était qu'en s'éloignant de cette capitale que l'on pouvait trouver des Meulières anciennes, et qu'il n'en existait point dans un rayon de quelques lieues. Cependant, éclairé par l'observation de ce savant géologiste, nous reconnûmes bientôt que des Meulières semblables à celles de La Ferté-sous-Jouarre, par leur position géologique, existaient à peu de distance de la capitale: nous en reconnûmes un gisement considérable dans les environs d'Arpajon, et nous signalâmes à M. Dufrénoy lui-même la Cour-de-France, près l'embouchure de l'Orge, sur la route de Fontainebleau, comme présentant les deux gisemens de Meulières réunis les uns au dessus des grès et les autres au dessous. M. Dufrénoy s'est même empressé de publier, dans un mémoire qui fait partie du recueil destiné à servir à une description géologique de la France, la coupe que nous avions faite de la Cour-de-France. Il est donc bien reconnu que, dans un grand nombre de localités, il existe deux gisemens de Meulières, souvent même réunis; mais il est à remarquer qu'à l'aide d'un coup d'œil un peu exercé, on peut reconnaître sur des échantillons bien choisis auquel des deux gisemens appartient une Meulière; en effet, c'est principalement dans les Meulières anciennes que l'on remarque ces cellules polyédriques, quelquefois si régulières, que plusieurs personnes les ont prises pour des morilles pétrifiées ou pour des polypiers siliceux; mais il est à remarquer que les Meulières caverneuses ne renferment jamais de corps organisés. C'est à une sorte de retrait régulier éprouvé par l'argile au milieu de laquelle ces Meulières se sont formées, et dont les cavités ont été remplies par la matière siliceuse, que paraissent être dues les cavités régulières que présentent ces Meulières.

Les Meulières supérieures aux grès de Fontainebleau ont pendant long-temps fourni de très-bonnes meules de moulin: on sait qu'on en exploitait jadis sur le plateau des Alluets; mais ce n'est plus qu'au village des Mollières, dans le département de Seine-et-Oise, que cette industrie s'est conservée, parce que, dans cette localité, on trouve encore des morceaux assez épais pour être employés en meules; mais, généralement, la Meulière supérieure des environs de Paris est réservée pour la bâtisse.

La Ferté-sous-Jouarre, Montmirail, et quelques autres localités de l'ancienne province de Brie, étant encore en possession presque exclusive de ce genre d'industrie, nous allons examiner le gisement, le mode d'exploitation et la fabrication des meules de La Ferté-sous-Jouarre. Nous réunirons dans un exposé rapide les différens faits que nous avons recueillis sur les lieux mêmes.

C'est sur la côte de Tarterel, qui domine La Ferté, sur la rive gauche de la Marne, que l'on peut prendre une idée de l'importance des travaux qu'exige l'exploitation des Meulières. Leur gisement n'est pas partout uniforme : tantôt elles paraissent être recouvertes d'un sable rougeâtre que l'on doit rapporter à celui de Fontainebleau, tantôt, et même le plus souvent, elles sont disséminées au milieu d'argiles ocreuses où elles paraissent former un ou plusieurs bancs, selon la localité. Dans plusieurs carrières, les blocs de Meulières, ainsi que l'a dit avec raison M. Dufrénoy, n'ont pas plus de deux épaisseurs de meules, c'est-à-dire 28 à 30 pouces. Cependant quelques unes de celles de Tarterel montrent jusqu'à cinq bancs séparés par des lits d'argile, et leur ensemble fournit quelquefois quinze meules d'épaisseur. Toutefois, l'expérience a prouvé qu'on ne doit compter en général que sur une épaisseur de quatre meules, et que même, dans beaucoup de cas, la Meulière est disséminée en fragmens qui ne sont pas susceptibles d'exploitation.

Les sables, ou plus souvent les argiles sableuses qui recouvrent les Meulières sur une épaisseur de 10, 12 et 18 mètres, exigent qu'avant d'entreprendre l'ouverture d'une nouvelle carrière, on s'assure des chances de succès en sondant le terrain. Ce sondage se fait au moyen d'une grande tige de fer de 50 à 60 pieds de long qu'on enfonce dans le sable et l'argile, soit en la faisant tourner, soit en l'enfonçant à coups de maillet, opération que l'on rend plus facile en faisant couler une petite quantité d'eau le long de la barre, pour empêcher le sable de s'y attacher. Afin que ce sondage offre un résultat plus positif, on se sert de trois ou quatre sondes; car une seule pourrait rencontrer de prime-abord un bloc de Meulière, tandis qu'avec plusieurs sondes on parvient à pénétrer dans les interstices qui séparent les Meulières, et l'on arrive ainsi à la plus grande profondeur où l'on ait en général rencontré le banc de Meulière. Cette opération n'exige ordinairement qu'une demi-journée de trois ou quatre ouvriers.

Après s'être assuré de la présence des Meulières et de leur abondance, on les découvre en enlevant les sables pour en opérer l'exploitation à ciel ouvert. Lorsque la carrière est d'une étendue assez considérable, on dispose l'exploitation par gradins, et comme les eaux pluviales qui s'infiltrent à la surface du sol s'accumulent au milieu des argiles qui renferment les Meulières, il est essentiel d'enlever cette eau qui gênerait considérablement l'exploitation. Le moyen le plus en usage consiste à établir, de gradin en gradin, une bascule formée d'une perche à laquelle on attache un seau, de telle sorte que depuis le fond de la carrière jusque sur le faîte du plateau, on déverse ainsi les eaux en emplissant successivement le petit bassin supérieur avec les eaux de celui qui est placé plus bas. Ce moyen de se débarrasser des eaux exige cependant encore assez de dépenses et de temps; aussi avons-nous été à même d'apprécier un moyen beaucoup plus efficace, quoiqu'un peu coûteux, de se débarrasser de toutes les eaux d'une carrière. Ce moyen a été employé pour la première fois par M. Gilquin, propriétaire de carrières et fabricant de meules. La parfaite connaissance qu'il possède de la nature géologique des couches de la côte de Tarterel lui suggéra l'idée de creuser au fond de la carrière un puits de 8 à 10 pieds de diamètre, et qui descend jusqu'aux premières marnes qui succèdent aux argiles à Meulières, c'est-à-dire à environ 15 à 20 mètres au dessous du fond de la carrière : il en résulte que toutes les eaux de celle-ci, dirigées vers ce puits, vont se perdre dans des couches appartenant à une autre formation que la Meulière, et qui s'infiltrent ainsi, soit dans les couches gypseuses, soit dans les couches calcaires, marneuses et sableuses qui leur succèdent et qui forment en partie la base de la montagne. Ces puits peuvent coûter environ 1,000 francs; mais dans une exploitation un peu importante et de longue durée comme le sont certaines carrières, cette dépense est peut-être une économie, si on la compare aux frais des bascules et des ouvriers chargés d'extraire les eaux.

Lorsque l'ouvrier est parvenu à une masse de pierre assez considérable pour y tailler des pièces rondes, il tâte avec son marteau les parties saines, et y trace un cercle de 4, 5, 6 ou 7 pieds de diamètre; aussitôt le tracé fait, on l'entaille avec le marteau jusqu'à la profondeur de 4 à 5 pouces; quand cette rainure est terminée, on place de distance en distance deux coins en bois de chêne qui s'appuient l'un sur l'autre; on introduit ensuite un troisième coin, ordinairement en fer; dans quelques localités même, les trois coins sont en fer. Tous les coins étant disposés convenablement, l'ouvrier frappe dessus en évitant de les enfoncer d'une manière brusque et inégale; car un coup mal donné peut faire éclater la meule en plusieurs morceaux. Lorsque l'entaille est assez profonde, le moindre effort suffit pour terminer l'opération : la pierre crie, et la meule se détache pour ainsi dire d'elle-même. Il ne s'agit plus que de la sortir de la carrière, ce qui se fait au moyen de treuils et de câbles ou de plans inclinés sur lesquels on remonte la meule en la plaçant sur des rouleaux.

Ces meules, dites *à la française*, ne sont qu'ébauchées au sortir de la carrière; mais ce ne sont pas les mêmes ouvriers qui sont chargés de les terminer. Au surplus, nous devons faire observer que ces grandes meules d'un seul morceau sont devenues fort rares, parce que les grandes masses de Meulières ne se trouvent plus aussi fréquemment qu'autrefois, et que, pour que ces meules soient d'un bon usage, il faut qu'elles soient très-saines, ce qui est une difficulté de plus. Mais la rareté des grandes masses a peu d'inconvéniens depuis qu'on est parvenu à faire en plusieurs morceaux des meules plus solides même et d'un meilleur usage que celles d'un seul bloc. Ces morceaux sont de différentes formes, tantôt des demi-lunes, tantôt des carrés parfaits autour desquels on assemble des parties arrondies; d'autres fois, des carrés longs, arrondis aux deux bouts; enfin des morceaux de différentes formes que l'on réunit au moyen d'un ciment, le plus souvent même avec du plâtre, et des cercles de fer qui donnent à ces meules toute la solidité désirable. Nous n'avons pas besoin de faire observer que, quel que soit le nombre des morceaux d'une meule, ils doivent toujours se grouper autour du morceau central que traverse l'*œillard*, pièce où l'on pratique de part en part le trou qui donne accès au blé, et dans lequel est placé l'axe de la meule. Ainsi l'on emploie aujourd'hui à la fabrication de meules d'un prix élevé des fragmens que l'on mettait autrefois au rebut ou qui n'étaient employés que pour la bâtisse.

L'avantage qu'offre ce mode de fabrication sur celui qui consiste à faire des meules d'un seul morceau, c'est qu'il est très-difficile que ces morceaux soient sans défaut, tandis qu'avec le mode dont nous parlons on enlève d'une meule la partie défectueuse que l'on remplace par un morceau ajusté avec soin; il est même certain que, pour l'usage, on préfère les meules composées de plusieurs morceaux, par la raison qu'on assortit parfaitement ces morceaux, tant pour la qualité que pour le grain de la pierre, et que lorsqu'elles sont terminées et bien cerclées, on peut les dire exemptes de défauts.

Nous avons parlé des meules françaises, nous devons dire que celles dont on fabrique le plus sont désignées sous le nom de meules anglaises; elles ont 4 à 5 pieds de diamètre, sont composées, comme on doit le penser, de plusieurs morceaux, et exigent une préparation assez longue, une sorte de taille qui consiste à tracer sur l'un des côtés de la meule quatre grandes rainures qui partent de l'*œillard*, qui traversent la meule et se terminent à son bord extérieur, et desquelles partent des diagonales parallèles assez semblables aux nervures d'une feuille, avec cette différence que chaque grande rainure n'en offre que d'un côté. Ces rainures ont environ un demi-pouce de profondeur; les ouvriers qui les tracent se servent pour cela d'un marteau d'acier. Pendant long-temps, ces ouvriers étaient obligés de renoncer à leur métier au bout de quatre ou cinq ans; mais depuis que M. Gilquin eut l'idée de leur donner des lunettes en verres plats, leurs yeux, à l'abri des petits éclats de pierre, ne se fatiguent plus.

Toutes les pierres que l'on travaille à La Ferté-sous-Jouarre, et dans les différentes localités rivales, ne sont pas employées à être montées en meules; on en façonne des morceaux de 14 à 15 pouces de longueur, sur 7 à 8 de largeur et 5 à 6 d'épaisseur; ces morceaux, appelés *carreaux* ou *moulages*, forment une branche d'exportation très-importante; on les expédie pour Rouen et le Havre, d'où on les dirige sur l'Angleterre et l'Amérique, où ils sont employés à faire des meules, car ils sont tout préparés pour cet usage.

Les carriers et les fabricans de meules de La Ferté distinguent, parmi les silex qu'ils exploitent et qu'ils travaillent, plusieurs variétés dont nous citerons les plus importantes.

Les silex *bleus* doivent ce nom à la teinte qui y domine; leur texture est en partie calcédonieuse; ils sont employés à faire des meules d'une grande dureté, qui sont d'autant plus estimées qu'elles peuvent durer environ quarante ans sans avoir besoin d'être repiquées, dans un moulin qui marche quinze heures par jour, à raison de quarante à cinquante tours par minute.

Les *silex grains-de-sel* sont d'une teinte d'un gris sale.

Les silex *roussette*, qui doivent ce nom aux parties ocreuses qu'ils renferment, sont généralement très-poreux et moins durs que les précédens; aussi les meules faites avec ce silex ont-elles besoin d'être repiquées plus souvent.

Les silex *blancs* sont regardés comme inférieurs aux autres; ce qui tient à ce qu'il renferme souvent du calcaire siliceux.

Nous terminerons cet aperçu rapide par quelques données que nous emprunterons au travail que M. Dufrénoy a publié sur les Meulières de La Ferté.

On paie aux ouvriers 150 francs pour une meule ébauchée de 6 pieds de diamètre sur 14 pouces d'épaisseur. Les différens frais qu'exige cette meule pour être entièrement terminée, s'élèvent à 70 fr., ce qui porte le prix total à 220 fr.

Pour une meule de la même dimension, mais formée de plusieurs morceaux, les déboursés s'élèvent à 258 fr.

Les meules de 5 pieds de diamètre reviennent à peu de chose près au même prix que celles d'un diamètre de 6 pieds.

Celles de 4 pieds reviennent à environ 150 ou 160 fr.

Ces prix sont relatifs aux meules d'un seul morceau; car plus le nombre de ceux-ci est considérable et plus la meule est chère, ainsi qu'on peut le voir par les prix suivans :

Pour une meule de deux morceaux, 250 fr.

Pour une meule de trois à cinq morceaux, 260 fr.

Pour un plus grand nombre de morceaux, 280 fr.

Ces prix sont toujours ceux de fabrication.

Le moulage se paie aux ouvriers 100 à 200 fr., suivant la qualité de la pierre.

Nous avons vainement cherché à connaître, à La Ferté, non seulement le prix des différentes meules dans le commerce, mais encore la quantité qu'on en exporte, soit à l'intérieur, soit à l'étranger. D'après les informations que nous avons prises, les documens qui ont été recueillis par M. Dufrénoy sont loin d'être parfaitement exacts; mais il serait difficile d'en obtenir de plus satisfaisans, grâces aux soins que les fabricans prennent de ne point initier les étrangers dans l'évaluation de leurs bénéfices.

Voici les plus importantes de ces données approximatives :

A La Ferté, une meule de six pieds de diamètre, en pierre bleue de Tarterel, première qualité, premier choix, se vend 1,200 fr.; mais, ainsi que nous l'avons dit, ces meules sont extrêmement rares, aussi le commerce de La Ferté n'en livre-t-il pas plus de cinq à six par an.

Les mêmes meules, de première qualité, mais moins parfaites, se vendent 700 à 800 fr.

Celles de deuxième qualité, 600 fr.

Enfin celles de la dernière qualité, 300 fr.

Les morceaux connus sous le nom de *moulages* coûtent, le cent, 300 à 400 fr.

Les meules anglaises de 4 pieds de diamètre se vendent environ 200 fr.

Il serait intéressant de connaître, ainsi que nous venons de le dire, la quantité de meules qui sort chaque année des exploitations de La Ferté-sous-Jouarre.

M. Dufrénoy estime à 900 le nombre de meules vendues pour l'intérieur ou exportées pour la Belgique.

Le nombre de meules dites anglaises, de 4 pieds de diamètre, est d'environ 300.

La quantité de carreaux exportés est d'environ 200,000, et comme il en faut 36 à 40 pour une meule, on peut évaluer la quantité de meules exportées en cet état à environ 5000.

Si nous résumons les exportations annuelles, nous aurons les détails ci-après :

6 meules à 1,200 fr. .	7,200 fr.
300 id. à 800 . . .	240,000
300 id. à 600 . . .	180,000
300 id. à 300 . . .	90,000
300 meules anglaises de la moyenne de 350 . . .	105,000
190,000 moulages à 350 f. le cent	665,000
Total	1,287,200

Ainsi que le fait observer M. Dufrénoy, cette somme est en grande partie produite par le sol même de La Ferté, puisqu'à l'exception des fers et aciers employés, et dont la valeur peut être estimée à 82,500 francs, elle représente le prix de la main d'œuvre et le bénéfice des négocians.

(J. H.)

MEUNIER. (ois.) Nom d'une espèce de Perroquet, connue encore sous ceux de Crick poudré et de Corbeau mantelé. (V. M.)

On donne encore ce nom au Chabot commun, espèce de poisson du genre *Cottus*. Au mâle du Hanneton foulon, et au Ténébrion obscur, parce que sa larve se nourrit de farine. (Guér.)

MEUSE. (géogr. phys.) C'est le plus méridional des fleuves de la Hollande; César lui donne le nom de *Mosa*, et les Hollandais celui de *Maas*. La Meuse prend naissance sur le territoire français, dans le département de la Haute-Marne, à une lieue au sud de Montigni; les deux ruisseaux qui la forment arrosent, l'un la vallée d'Avrecourt, et l'autre celle de Recourt; leur jonction a lieu à Fort-Filières; mais le cours d'eau ne prend le nom de Meuse qu'après avoir baigné le village de ce nom. Ce fleuve parcourt la partie nord-est du département des Vosges, où, près de Bazoles, il disparaît pour ne se montrer qu'à 11 lieues et demie plus loin, près de Neufchâteau. Il arrose dans toute sa longueur le département de la Meuse, la partie orientale de celui des Ardennes, après quoi il entre dans le royaume de Belgique, un peu au dessous de Givet; il parcourt ce royaume dans sa partie méridionale, dans sa partie orientale et sa partie centrale. Il fertilise les plaines de Namur, les provinces de Liége et de Limbourg, et sépare la Gueldre et la Hollande du Brabant septentrional; il se divise ensuite en deux branches; la plus méridionale, qui se forme un peu au dessous de Gorcum, précipite par des courans nombreux ses eaux argentines dans le Bies-Bosch, d'où il sort sous le nom de Hollands-diep qu'il porte en séparant la Hollande du Brabant. Vers Wilemstadt il se divise en deux branches qui se dirigent, l'une entre l'île d'Overflakkée et le Beyerland, en portant successivement les noms de *Haringvliet* et de *Flakkée*, après quoi elle se jette dans la mer par une très-large embouchure, entre l'extrémité occidentale de l'île de Voorne et la côte septentrionale de celle de Gœrée; l'autre branche coule entre la Zélande et la Hollande, en portant les noms de *Volke-Rak*, *Krammer* et *Grevelingen*, en donnant un canal naturel à l'Escaut oriental, après quoi elle se jette dans la mer entre la pointe occidentale de Gœrée et la côte nord-ouest de Schouwen.

Quant à la branche septentrionale qui est entièrement comprise dans la Hollande, elle prend d'abord le nom de *Merwede*, et se divise en deux branches appelées, l'une *Meuse* et l'autre *Vieille Meuse*. Ces deux branches se réunissent vers la pointe orientale de l'île de Rozenburg, et se jettent dans la mer à l'endroit qu'on nomme proprement embouchure de la Meuse.

Ce fleuve a donc près de 200 lieues de cours; 92 en France, et 108 dans les lieux dont nous venons d'indiquer les noms et la position; il ne commence à être navigable qu'à Verdun; ses principaux affluens sont, en France : le *Mouson*, le *Vair*, le *Chiers*, le *Semoy* et le *Bar* : dans les Pays-Bas, la *Lesse*, l'*Ourthe*, la *Roer*, le *Niers*, la *Linge*, le *Whaal*, le *Leck*, l'*Yssel*, la *Sambre*, la *Mehaigne*, la *Dommel* et le *Merk*. Le bassin de la Meuse est très-resserré; sa plus grande largeur n'est que de 40 lieues. Elle arrose de vastes plaines, des vallées parsemées de beaux villages et tapissées de charmantes prairies.

La disposition des vallées qui sont sur la rive droite de la Meuse présente deux modifications distinctes. Les unes sont droites, larges, peu profondes, irrégulières, dirigées en tous sens, et servant d'écoulement aux rivières, disposition qui est due à la constitution géognostique du pays. Les autres vallées n'ont aucun rapport avec la nature du sol, du moins lorsque celui-ci est formé de roches dures; car ces vallées sont arrêtées par des dépôts arénacés. C'est au milieu des roches schisteuses de la Meuse qu'on exploite les pierres à rasoir que l'on expédie dans tous les lieux de l'Europe. (J. H.)

MEXIQUE. (GÉOGR. PHYS.) Vaste contrée de l'Amérique septentrionale, baignée par les deux Océans, et s'étendant du 16ᵉ au 42ᵉ degré de latitude boréale, entre les États-Unis et la république de Guatimala; sa superficie dépasse 1,200,000 milles carrés (c'est-à-dire près de la moitié de l'Europe).

La partie la plus peuplée du Mexique, celle qui formait principalement l'empire de Montézuma, consiste en plateaux et en vallées d'une grande élévation, placés en quelque sorte sur le dos d'une chaîne de montagnes, ou prolongation des Andes, qui, partant de l'isthme de Panama, va rejoindre au nord-ouest les montagnes rocheuses. A droite et à gauche, c'est-à-dire vers l'un ou l'autre Océan, coulent de ses déclivités un grand nombre de fleuves d'un cours très-sinueux, mais peu étendu. Le plus considérable est le *Rio-Grande* ou *Tololotlan*, ou encore *San-Yago*, qui naît aux environs de Mexico, traverse la province de ce nom, celle de Méchoacan et de Guanaxuato, et enfin celle de Xalisco, où il se jette dans l'Océan. Ce fleuve forme plusieurs cataractes, entre autres celle de *Guanacualtan*, où ses eaux se précipitent d'une hauteur de quatre-vingts pieds.

Le *Nouveau-Mexique*, non moins étendu que le Mexique proprement dit, est sillonné par les ramifications de la Sierra-Madre, qui envoient d'un côté le Mississipi, le Rio-Norte, etc., de l'autre la Columbia, le Colorado, etc., fleuve d'une longueur immense, parcourant des contrées encore presque inconnues à la géographie.

C'est dans la Cordillère de Mexico que se trouvent les volcans de *Popocatepetl* ou *Puebla*, et d'*Orizaba*; la hauteur du premier est de 2,771 toises; celle du second de 2,717.

Le climat d'une contrée aussi étendue et aussi variée ne peut être uniforme; indiquons-en quelques traits généraux. Une extrême chaleur, souvent humide et malsaine, règne sur les côtes; elle est à peu près la même sur le littoral occidental et sur le littoral oriental. La température moyenne de l'année y est de 26° centigrades. Entre autres végétaux propres à cette région, dont l'élévation varie du niveau de la mer à cinq ou six cents mètres, nous citerons les Palmiers *Corypha*, *Oreodoxa*; les *Cordia gerascanthus*, *Tournefortia velutina*, dans les Borraginées; le *Bauhinia*, l'*Hæmatoxylon*, l'*Hymenæa*, dans les Légumineuses; des Sauges, des Rubiacées, des Solanées, etc.

Le plateau du Mexique ou d'*Anahuac*, élevé de 600 à 2000 mètres au dessus de la mer, jouit d'une température presque printanière. Là croissent les *Dahlia*, les *Cobæa* si vulgaires maintenant dans nos jardins, le *Salvia fulgens*, le *Sisyrtachium striatum*, l'*Helianthus annuus*, la *Mentzelia*, etc.; parmi les arbres et arbrisseaux, les *Quercus xalappensis*, *obtusata*, *glaucescens*, *laurina*; le *Taxus montana*, l'*Orythroxylum mexicanum*, les *Piper auritum*, *terminale*, etc. Le *Cactus* de la Cochenille a été la richesse d'une partie de la contrée; citons encore les *Agave*, que les premiers voyageurs nommaient la vigne du Mexique; et pour ses autres productions végétales, renvoyons à l'article AMÉRIQUE.

Les autres lieux du Mexique, dont l'élévation dépasse 2,200 mètres, tel que Toluca, forment une région où le maximum des chaleurs n'atteint pas 17° centigrades. Là, sur les limites des neiges perpétuelles, croissent diverses Rhodoracées et Caryophyllées, représentant celles des mêmes familles qu'on observe dans nos Alpes; un peu au dessous, des *Galium*, des *Pinguicula*, des Valérianes, des Violettes, des Sauges, etc.

Quant aux vastes solitudes du Nouveau-Mexique, toutes les alternatives de climat s'y trouvent. Leur flore doit être très-variée.

La zoologie du Mexique participe de celle des deux Amériques, entre lesquelles son climat et ses productions sont intermédiaires. On peut regarder comme lui étant particuliers : le Coendou, le *Cervus apaxa*, le *Viverra conepatl*, les *Sciurus mexicanus* et *variegatus*, le *Canis mexicanus*, vulgairement *Loup du Mexique*; le *Didelphis caïopollin*, etc. L'ornithologie ne pourrait être détaillée en un volume; certains genres y sont répandus avec une profusion extraordinaire. Les insectes et les mollusques ne sont ni aussi abondans ni aussi variés qu'au Brésil et à la Guiane.

Quant aux mines, elles n'encouragèrent que trop l'avidité des conquérans; l'or avait paru plus abondant au Pérou; mais au Mexique se trouvèrent les mines d'argent les plus riches du monde entier; les trésors qu'en retira l'Espagne sont presque incalculables. Guanaxuato', San-Luis de Potosi et Zacatecas sont les principaux lieux d'exploitation.

Guanaxuato est situé dans un emplacement sinueux, inégal, peu favorable au développement d'une ville; cependant on y a compté jusqu'à 80,000 habitans; c'est que cet endroit est le point de réunion d'un grand nombre de gangues argentifères, exploitées depuis le seizième siècle. En 1803, le filon de la *Valenciana* a fourni 360,000 marcs de métal pur; près de cinq mille ouvriers y étaient employés, et les frais seuls montaient à cinq millions de francs. A la même époque, les mines de Zacatecas ont donné de 350 à 400,000 marcs. Le produit de celles de Potosi est moins important, et surtout ne rivalise en aucune manière avec le *Potosi* du Pérou. En somme, les mines d'argent du Mexique peuvent rapporter cinq ou six fois autant que toutes celles de l'Europe réunies; mais leur exploitation a été très-négligée pendant les guerres de l'indépendance, et il faut, pour la reprendre, des travaux considérables que la nouvelle république ne peut payer. On annonçait récemment qu'une compagnie anglaise obtenait quelques produits de la *Valenciana*.

L'or s'exploite dans la province de *Sonora-et-Cinaloa*, où les ravins et même des plaines contiennent de l'or de lavage disséminé dans des terrains d'alluvion.

Tant de trésors ont causé la ruine de l'empire de Montézuma, et l'anéantissement presque total de la race indigène, massacrée par le fer ou ensevelie dans les mines; puis, après les ravages de l'avarice et de la cruauté, un ignare fanatisme livra aux flammes les monumens de l'intelligence de ce peuple, non moins civilisé peut-être que plusieurs nations de l'Europe au XVIe siècle. Mais ici nous devons renvoyer aux ouvrages de MM. Humboldt et Beulloch, qui ont décrit et fait connaître les précieux et rares débris que présente encore le sol mexicain; bornons-nous à quelques mots sur les races qui l'habitaient.

C'était d'abord la race *Aztèque*, qui, descendue du nord, s'établit sur le plateau d'Anahuac, jusqu'aux abords du lac de Nicaragua. « La division de l'année plus exacte que celle des Grecs et des Romains; une écriture idéographique, le papier de pita, la manière de travailler des blocs immenses de pierre; les cartes géographiques de leur pays et de ceux que leurs ancêtres avaient parcourus; leurs villes, leurs chemins, leurs digues, leurs canaux; leurs immenses pyramides, très-exactement orientées; leurs institutions civiles, militaires et religieuses, tout donne aux peuples de la famille mexicaine ou aztèque le droit d'être considérés comme les peuples les plus policés que les Européens aient trouvés dans le Nouveau-Monde. »

Les *Toltèques*, qu'on regarde comme la souche des Mexicains, ont depuis long-temps disparu; les *Meces*, qui errent dans les immenses solitudes de l'état de Durango, ont la même origine.

Le royaume de Méchoacan était habité par les *Tarasques*, nation encore assez nombreuse, et remarquable par la douceur de ses mœurs et par son industrie dans les arts mécaniques. Dans les vallées de la Sierra-Madre, vivent les *Tarahumara*, entre le vingt-quatrième et le trentième parallèle. Les autres peuplades indiennes de la confédération Mexicaine sont les *Othoms*, les *Yaquis*, les *Moquis*, les *Apachés*, etc.

On sait qu'après avoir formé pendant trois siècles une vice-royauté espagnole, le Mexique suivit l'impulsion générale des colonies américaines, et se proclama indépendant en 1810. La lutte avec la mère-patrie fut longue et sanglante; elle se termina par l'expulsion totale des soldats européens. Alors un général plus téméraire qu'habile, Iturbide, crut pouvoir prendre le titre d'empereur du nouvel état; sa domination ne put subsister. Exilé honorablement, mais sous peine de mort s'il remettait le pied sur le sol mexicain, il osa courir les chances de cette loi, et les subit. Après sa mort, le Mexique s'est définitivement constitué en république fédérative (1824); son organisation est fondée sur celle de l'Union anglo-américaine; on compte dix-neuf états, plus le district fédéral, où siége le Congrès, et en outre quatre territoires soumis à un régime exceptionnel, nécessité par leur vaste étendue ou leur peu de population. Mexico, capitale de la république, et siége du Congrès fédéral, est la seconde ville de l'Amérique; on y compte 180,000 âmes. Les autres villes principales sont Puebla, Queretaro, Guanaxuato, Valladolid, Guadalaxara, Chihuahua, Durango, Vera-Cruz, etc. (L.)

MÉZÉRÉON. (BOT. PHAN.) Nom d'une espèce de Daphné, vulgairement *Bois-gentil*. (L.)

MIASMES. (PHYSIOL.) Quelques médecins emploient ce mot pour désigner seulement les exhalaisons qui s'élèvent du corps de l'homme malade; mais plus généralement on l'applique aussi aux émanations qui s'élèvent des matières animales ou végétales en décomposition, et qui exercent une influence morbifique sur les personnes exposées à leur action. L'action délétère des Miasmes diffère soit en raison de leur source, soit en raison de leur concentration, soit en raison des diverses circonstances dans lesquelles se trouvent ceux qui y sont soumis; et dans ces circonstances il faut surtout placer le froid et la sécheresse qui ralentissent leur propagation, et la chaleur et l'humidité qui favorisent leurs funestes effets. Les Miasmes ne sont point des gaz proprement dits; ces émanations sont insaisissables et échappent à nos moyens d'analyse; aussi ne sont-ils guère appréciables que par les sens, et surtout par l'odorat. La dissolubilité des Miasmes dans l'eau leur permet d'adhérer aux surfaces avec lesquelles ils sont en contact; c'est ainsi qu'ils se déposent sur les meubles, les vêtemens, les tissus. Mis en contact avec les diverses surfaces des corps vivans, surtout les membranes muqueuses, les Miasmes y sont absorbés, et, par leur présence comme corps étrangers et délétères, ils troublent l'ordre établi, corrompent les fluides auxquels ils se mêlent et les tissus qu'ils pénètrent. Dans un lieu infecté de Miasmes, l'air, s'il est remplacé rapidement par un air plus pur, ne conserve bientôt plus de trace de son imprégnation; mais il n'en est pas de même des vêtemens, des meubles, des boiseries, des tentures d'un appartement; il faut toujours un temps assez considérable pour leur enlever leur qualité malfaisante lorsqu'ils ont été soumis à des effluves pernicieux. De violens courans d'air peuvent transporter très-vite et au loin des colonnes chargées de Miasmes; mais le plus ordinairement le foyer de l'infection se concentre dans un espace assez restreint. « On conjure, dit M. Raspail, les effets des Miasmes en les neutralisant par les produits acides des fumigations, par l'évaporation de l'acide acétique, enfin par le chlore qui se dégage du chlorure d'oxide de sodium ou de calcium.

» La nature de ces désinfections semble nous indiquer par opposition celle des substances infectantes. En effet, quel peut être le rôle des acides, si ce n'est de neutraliser des bases ou de décomposer un sel nuisible en s'emparant de sa base? Or l'abondance que nous avons remarquée des produits ammoniacaux dans la décomposition des tissus ne nous permet-elle pas de soupçonner que cette base, c'est de l'ammoniaque? En conséquence, les Miasmes ne seraient que des sels nuisibles à base d'ammoniaque, mais peu fixes, et dont certains acides sépareraient facilement les élémens. Le chlore formerait un chlorate ou un hydrochlorate d'ammoniaque, et l'acide recouvrerait son innocuité en s'isolant et en se reportant d'une manière plus fixe sur la base du chlorure ou sur une tout autre base existant dans la nature.

» L'ancienne théorie de la propriété désinfectante du chlore me paraît inadmissible. Le chlore, disait-on, détruit les Miasmes en désorganisant les maladies organiques répandues dans l'atmosphère. Par molécules organiques on ne pouvait entendre que des débris de tissus qui, par eux-mêmes, ne sont aucunement délétères; car les tissus n'ont aucune affinité pour d'autres tissus, et l'action désorganisatrice délétère des poisons gît tout entière dans une affinité chimique. Il faut donc admettre que les Miasmes et tous les poisons ne sont que des sels. Ajoutez à cette réflexion que l'acide acétique, qui pourtant désinfecte, est incapable de désorganiser des tissus. » Les substances aromatiques qu'on brûle dans les appartemens chargés de Miasmes ne peuvent donc que masquer pour un instant l'odeur désagréable que ceux-ci répandent; mais elles n'ont aucune action sur eux et ne les décomposent point. Les grands feux qu'on allume aux foyers d'infection n'agissent qu'en imprimant à l'air des oscillations assez fortes pour changer ainsi ses combinaisons. (P. G.)

MIAULARD, MIAULE et MIAULEUR. (OIS.) Noms vulgaires des Mouettes et des Goëlands sur nos côtes. (GUÉR.)

MICA. (MIN.) Substance brillante, foliacée, divisible presque à l'infini en feuillets minces et flexibles. Cette définition convient en général à tous les Micas; mais cependant ils présentent des caractères physiques qui prouvent que lorsque ces silicates alumineux fluorifères seront mieux connus, ils pourront être divisés en variétés très-distinctes, et peut-être même en espèces.

Les caractères dont nous voulons parler sont tirés des propriétés optiques des Micas, propriétés qui indiquent au moins des systèmes de cristallisation différens.

Micas à un axe de double réfraction. Lorsqu'on place certains Micas entre deux lames de tourmaline croisées, leurs feuillets laissent voir une croix noire entourée de lignes circulaires colorées; indications qui conduisent à reconnaître dans leur cristallisation le système rhomboédrique.

Ces Micas sont en général composés de 40 à 43 parties de silice, de 11 à 16 d'alumine, de 5 à 22 de peroxide de fer, de 9 à 25 de magnésie, de 6 à 20 de potasse, et de 1 à 2 d'acide fluorique.

Micas à deux axes de double réfraction. En plaçant encore certains Micas entre deux lames de tourmaline croisées, leurs feuillets laissent voir les indices de deux systèmes d'anneaux colorés elliptiques, et offrant, dit M. Beudant, une ou plusieurs lignes noires qui traversent les anneaux; indications cristallines qui conduisent au prisme rhomboïdal, droit ou oblique.

Ces Micas présentent dans leurs composés des proportions très-différentes des précédens : ainsi ils se composent de 45 à 54 parties de silice, de 18 à 33 d'alumine, de 5 à 20 de peroxide de fer, de 6 à 15 de potasse, et quelquefois d'un peu d'oxide de manganèse, d'acide fluorique et d'eau.

En général, les différentes analyses de Micas que nous venons de prendre pour bases des moyennes que nous avons données ci-dessus, offrent de telles différences que l'on doit croire qu'elles ne méritent pas toutes la même confiance; aussi M. Berzélius a-t-il fait sur les Micas un travail par suite duquel on les divise en trois groupes : ceux à base de magnésie, qui sont les Micas à un axe; ceux à base de potasse et ceux à base de lithine, qui sont les Micas à deux axes.

Du reste, les Micas cristallisent en prismes rhomboïdaux droits ou obliques, passant quelquefois au prisme hexagone. Ils se présentent aussi en grandes lames ou en petites paillettes, et souvent en lamelles et en écailles, qui quelquefois se groupent de manière à présenter l'apparence de palmes.

Les couleurs des Micas sont assez variées : ce sont principalement le noir, le brun, le vert foncé, le vert clair, le rouge, le violet, le jaune, le grisâtre et le blanchâtre.

Les Micas sont très-répandus dans la nature : on en trouve dans tous les terrains, depuis les plus anciens jusqu'aux plus modernes.

L'industrie a su les utiliser : les Micas en grandes feuilles sont employés par les Russes pour vitrer les vaisseaux de guerre, parce qu'ils ont l'avantage de ne pas se briser par les explosions de l'artillerie; ils s'en servent aussi pour garnir les lanternes; en Sibérie, où on l'exploite, il est employé en place de verre pour garnir les croisées des maisons. Les sables micacés sont employés pour mettre sur l'écriture et la sécher; enfin les Micas sont utilisés aussi dans la confection de certains instrumens de physique appelés *colorigrades*. (J. H.)

MICASCHISTE. (MIN. et GÉOL.) Roche composée de mica et de quartz, mais dans laquelle le mica domine. Sa texture est feuilletée et sa structure fissile, c'est-à-dire qu'elle se divise en grandes plaques à la manière des schistes. Elle renferme un grand nombre de minéraux qui, lorsqu'ils sont dominans, déterminent plusieurs variétés : ainsi l'on a le *Micaschiste quartzeux*, le *Micaschiste feldspathique*, le *Micaschiste grenatique* et le *Micaschiste talqueux*, suivant que la roche renferme d'une manière visible du quartz, du feldspath, du grenat et du talc. La manière dont le feldspath y est disséminé produit une autre espèce, le *Micaschiste porphyroïde*, dans lequel le feldspath en petits cristaux est répandu assez également dans la roche.

Le Micaschiste est une roche très-abondante dans la nature et qui appartient principalement au terrain inférieur, auquel M. Sedgwick en Angleterre a donné récemment le nom de Système cambrien. Cette roche forme des couches puissantes souvent très-contournées. (J. H.)

MICHAUXIE. *Michauxia*. (BOT. PHAN.) Ce nom, qui rappelle celui d'un savant et estimable voyageur, a été donné par L'Héritier à une très-belle plante indigène des vallées du Liban, et appelée *Mindium* par Jussieu et ceux qui l'ont précédé. Elle appartient à la famille des Campanules, Octandrie monogynie, L.; toutes ses parties sont hérissées de poils raides et courts. Sa tige, herbacée et haute de trois à quatre pieds, porte des feuilles alternes, de diverses formes; les radicales longuement pétiolées, entières, et seulement lobées; les caulinaires découpées profondément, et les supérieures presque entières et un peu embrassantes. De grandes et nombreuses fleurs blanches ou rosées naissent çà et là sur les ramifications de la tige; réfléchies, presque sessiles, elles ont un calice et une corolle à huit divisions, autant d'étamines et de stigmates, et produisent une capsule à huit loges polyspermes, que couronnent les débris du calice. On voit que le nombre seul des parties florales distingue la Michauxie des Campanules.

Cette espèce a reçu l'épithète *campanuloïdes*, Ventenat, ou *strigosa*, Persoon. On la voit fréquemment dans les jardins, où sa culture ne demande qu'une bonne exposition, et l'orangerie pendant l'hiver si l'on veut obtenir des graines.

La MICHAUXIE LISSE, *M. lævigata*, Ventenat, se distingue de la précédente par l'absence presque complète de poils, ses tiges un peu plus hautes, ses feuilles dentées et ciliées, ses fleurs moins brillantes, éparses et pédonculées. Elle croît en Perse, sur le mont Elbours.

Un autre genre, fondé sur le *Leysera paleacea* de Gaertner, avait été créé par Necker en l'honneur de Michaux; mais il ne peut être adopté. (L.)

MICHÉLIE, *Michelia*. (BOT. PHAN.) Genre de la famille des Magnoliacées et de la Polyandrie polygynie, établi par Linné pour plusieurs arbres des Indes orientales, remarquables par leur port élégant et l'odeur suave de leurs fleurs; les voyageurs en parlent sous le nom de *Champac* ou *Champaca*. M. de Candolle, qui en a décrit plusieurs espèces nouvelles, lui assigne pour caractères : calice de trois sépales pétaloïdes, caducs, ceints d'une bractée ou spathe ouverte sur le côté; six à quinze pétales, disposés sur plusieurs rangs, les extérieurs plus grands; étamines nombreuses, à anthères linéaires; ovaires nombreux, disposés en épi ou grappe autour d'un axe central; capsules bacciformes, distantes entre elles et non imbriquées, s'ouvrant par le sommet en deux valves, et contenant six à huit graines.

Rheede et Rumph ont figuré deux espèces de Michélie. Les *Icones selectæ* de M. Delessert contiennent le *M. parviflora*.

Blume, dans ses Mémoires sur la Flore de l'Inde hollandaise, établit un genre *Manglietia* qui ne diffère des Michélies que par ses capsules rapprochées et imbriquées (L.)

MICIPPE, *Micippa*. (CRUST.) C'est un genre de l'ordre des Décapodes, de la famille des Brachyures et de la tribu des Triangulaires, établi par Leach aux dépens des Maïas, et adopté par Latreille qui le range dans la tribu ci-dessus indiquée (Cours d'entomologie, première année), et dans la deuxième section les Hétérochèles. Les caractères qui distinguent ce genre sont d'avoir la portion post-frontale de la carapace presque quadrilatère, légèrement bombée et à peine rétrécie antérieurement; son bord fronto-orbitaire est droit et très-large, et ses bords latéraux sont armés d'épines. Le rostre est lamelleux et dirigé verticalement de manière à former un angle droit avec l'axe du corps et avec l'épistome. Les orbites sont placées au dessus et sur les côtés du rostre, et on remarque à leur bord supérieur une fente profonde; les pédoncules oculaires sont rétractiles, allongés, rétrécis au milieu et se prolongeant jusqu'à l'extrémité de la cornée. La tige des antennes internes, en se repliant, reste verticale au lieu de devenir longitudinale comme chez presque tous les autres crustacés brachyures. L'article basilaire des antennes externes est très-grand et plus large en avant qu'en arrière; le second article de ces appendices s'insère contre le bord du rostre à une assez grande distance de l'orbite; le troisième article des pieds-mâchoires externes est extrêmement dilaté du côté externe, et très-profondément échancré dans le point où il s'articule avec la pièce suivante. Le plastron sternal est à peu près circulaire; les pattes sont cylindriques et de longueur médiocre; celles de la première paire ne sont guère plus grosses que les suivantes, même chez le mâle, et les pinces sont effilées vers le bout, tranchantes, et peu sensiblement creusées sur leur face préhensile; les pattes de la seconde paire ont à peu près une fois et demie la longueur de la portion post-frontale de la carapace, et les tarses ne sont pas dentelés en dessous. L'abdomen, dans les deux sexes, est composé de sept articles bien distincts. Tels sont les caractères de ce genre qui a beaucoup d'analogie avec le genre Maïa, mais qui s'en distingue par la position des antennes hors des orbites, et par le peu de développement des serres. Les espèces qui composent ce genre appartiennent à l'Océan indien.

La MICIPPE A CRÊTE, *M. cristata*, Leach, Zool. misc., tom. III, pl. 128; Desm., p. 149. *Cancer spinosus*, Rumph, pl. 8, fig. 1. *Cancer cristatus*, Linn. Mus. Lud. Ulr., p. 443. *Cancer bilobus*, Herbst, pl. 18, fig. 98; *Maia cristata*, Latr., Encyclop. pl. 28, fig. 1. La carapace chez cette espèce est hérissée en dessus d'un grand nombre d'épines longues et aiguës, dont deux sont placées sur le front et deux autres occupent le milieu du bord postérieur; les bords latéraux du rostre sont armés de quatre ou cinq dents; l'angle antérieur du bord orbitaire supérieur est armé d'une forte épine; les bords supérieurs de l'orbite et les bords latéraux de la carapace sont garnis de longues épines très-aiguës. L'article basilaire des antennes

externes

externes est beaucoup plus long que large; les pattes sont recouvertes de petites granulations. La couleur est blanchâtre. Se trouve sur les côtes de Java.

La MICIPPE PHYLIRE, *M. phylira*, Leach, *Cancer phylira*, Herbst, tom. III, pl. 58, fig. 4. La carapace est couverte de tubercules granuleux, mais non épineuse en dessus. Le rostre est terminé par quatre dents dont les deux externes crochues et dirigées en dehors; l'angle antérieur du bord orbitaire supérieur est arrondi, non spiniforme, les bords latéraux de la carapace sont armés de quelques épines courtes et peu acérées. L'article basilaire des antennes externes est beaucoup plus large. Les pattes sont peu ou point graveleuses; la couleur est jaunâtre. Cette espèce habite l'Océan indien et les côtes de l'Inde. M. Guérin, dans son Iconographie du règn. anim. de Cuvier, Crust., pl. 8 bis, fig. 1, en a donné une très-bonne figure que nous reproduisons dans notre Atlas, pl. 361, fig. 2. (H. L.)

MICOCOULIER, *Celtis*. (BOT. PHAN.) Genre de plantes dicotylédonées de la famille des Amentacées de Jussieu et de la Pentandrie digynie de Linné, offrant pour caractères essentiels des fleurs hermaphrodites et des fleurs mâles, sur le même individu, tantôt séparées, tantôt réunies sur les mêmes branches. Les fleurs hermaphrodites ont un calice d'une seule pièce, à cinq divisions, cinq étamines à filets courts, anthères tétragones, à quatre sillons; ovaire supère, globuleux; deux styles subulés, tomenteux, à stigmates indivisés; le fruit est un drupe ovoïde, à une seule loge, renfermant un noyau monosperme; les fleurs mâles ressemblent à celles-ci, si ce n'est qu'elles sont dépourvues de pistil et que leur calice offre quelquefois six divisions et six étamines.

Les Micocouliers sont tous exotiques, à l'exception d'un seul, qui croît dans le midi de la France. Ce sont de grands et beaux arbres à feuilles simples, alternes, munies dans la jeunesse de stipules caduques; à fleurs petites, axillaires, portées sur des pédoncules simples ou peu rameux. On en distingue une trentaine d'espèces; nous décrirons celle qui orne nos pays méridionaux, et qui est d'ailleurs très-recherchée pour son utilité dans les arts.

MICOCOULIER AUSTRAL, vulgairement Bois de Perpignan. Fabrecaulier, Fabreguier, *C. australis*, Linn. Arbre de 40 à 50 pieds et plus de hauteur, formant une cime très-touffue. Feuilles ovales, lancéolées, obliques à la base, dentées en scie, d'un vert foncé; une stipule linéaire, caduque, à la base d'un pétiole assez long. Fleurs très-petites, verdâtres, éparses sur des pédoncules souvent simples; les mâles à la base des rameaux; les hermaphrodites au dessus, dans les aisselles des feuilles. Le fruit est un drupe monosperme, charnu, noirâtre, ayant la forme d'une petite cerise.

Cet arbre a le bois dur, serré, pesant, noirâtre et sans aubier. Il prend aisément un beau poli et imite le bois satiné, quand il est coupé obliquement à ses fibres. A cause de sa grande souplesse et de sa ténacité, les charrons le recherchent et en font des brancards. Après le buis, l'ébène, le gaïac, c'est un des bois les plus durs et les plus incorruptibles. Les luthiers l'emploient encore pour faire des instrumens à vent, on s'en sert aussi avec succès pour la menuiserie et la marqueterie; avec les jeunes pousses, on fait des fouets, des fourches, etc.

Les oiseaux sont friands de ses fruits, qui sont sucrés et agréables au goût, et on a retiré une huile de ses amandes. C'est de plus un arbre précieux par son bel ombrage, non sujet à changer, ni à être dévoré par les insectes, et qui subsiste encore un des derniers dans la mauvaise saison. On en voit un fameux à Aix, en Provence, sous lequel, dit-on, le bon roi René rendait ses arrêts; on lui donne plus de cinq cents ans. (C. LEM.)

MICROCOLEUS. (BOT. CRYPT.) C'est-à-dire *petit fourreau*. Nom proposé par M. Desmazières pour un genre de la famille des Oscillariées, établi par M. Bory-St-Vincent sous le nom identique de *Vaginaria*. Ce dernier savant l'adopte, et le caractérise ainsi : filamens simples, semblables à ceux des Oscillaires, non libres ou bien empâtés dans une masse muqueuse, mais se dégageant, par une sorte de reptation, de gaînes communes à plusieurs, dans lesquelles ils sont comme fasciculés. On en distingue deux espèces.

La première, *Microcoleus terrestris*, Desm., (2e fascicule des Cryptogames du nord de la France, n° 55), *Oscillatoria vaginata* de Vaucher, est commune aux environs des lieux habités, sur la terre humide, dans les pots de fleur, etc.; ses faisceaux sont comme de petites lignes noires, de la grosseur d'un crin, se surmontant les unes les autres, et formant enfin un tissu luisant et onctueux au toucher.

L'autre, *Microcoleus maritimus*, Bory, diffère du précédent par ses filamens moins visiblement articulés; ils sont souvent tortueux, comme cordés en spirale dans l'intérieur des gaînes, et ne deviennent droits qu'aux orifices par lesquels ils rayonnent. Cette espèce croît dans les sables du bord de la mer. Lyngby l'a décrite avec la précédente, sous le nom d'*Oscillatoria chthonoplastes*. (L.)

MICROGASTRE, *Microgaster*. (INS.) Genre d'Hyménoptères de la section des Térébrans, famille des Pupivores, tribu des Ichneumonides; ce genre est assez voisin des Bracons, dont il se distingue cependant par quelques caractères; ces caractères sont : bouche sans saillie, languette peu ou point échancrée, seconde cellule cubitale très-petite; la tarière est très-courte; l'abdomen est court, déprimé. Les insectes qui composent ce genre sont en général très-petits; leurs mœurs sont celles de la tribu; ils ont été peu étudiés, et sont d'une détermination difficile.

M. DÉPRIMÉ, *M. depressus*, Fab. Il est noir avec les pieds fauves. C'est l'espèce la plus commune aux environs de Paris. (A. P.)

MICROMMATE, *Micrommata*. (ARACHN.) C'est un genre de l'ordre des Pulmonaires, de la famille des Aranéides, de la section des Dipneumones et de la tribu des Latérigrades, établi par Latreille, et auquel M. Walckenaër a donné le nom de Sparasse, *Sparassus*, en se servant du mot de Micrommate pour en faire dans ce genre sa première famille. Les caractères distinctifs de ce genre sont : yeux disposés quatre par quatre sur deux lignes transverses, dont la postérieure plus longue; mâchoires droites et parallèles. Les Micrommates ont le corps plus ou moins garni de duvet; leur céphalothorax est en forme de cœur, tronqué en devant et peu élevé; les mâchoires sont longitudinales, parallèles, très-écartées l'une de l'autre, et arrondies à leur extrémité; la lèvre est courte et presque semi-circulaire; les pattes sont longues, leurs tarses sont terminés par un article offrant en dessous un duvet plus ou moins serré, formant une sorte de brosse divisée en deux parties égales par un sillon longitudinal qui s'étend jusque sous les crochets de l'extrémité; la seconde paire est la plus longue, la première ensuite, et la quatrième après; l'abdomen est ovalaire, souvent mou. Ce genre diffère de celui de Sélénope par la disposition des yeux, qui sont placés six en avant et de front, et deux en arrière. Les Thomises s'en distinguent par leurs mâchoires qui sont inclinées sur la lèvre. Les espèces de ce genre, que quelques auteurs ont désignées sous le nom d'Araignées crabes, sont peu nombreuses, et leurs mœurs ne sont pas encore bien connues. Les seules qu'on ait observées jusqu'à présent sous ce rapport sont les Micrommates argélasiennes et émeraude; cette dernière espèce, qui se trouve assez communément au printemps sur les plantes, les charmilles et les arbres, dont elle gagne même le sommet, saute avec promptitude, elle est très-agile à la course. Un individu femelle que Clerck élevait lui a fait voir la manière dont ces Araignées opèrent leur manducation; aussitôt qu'elle avait saisi une mouche, elle la perçait avec les crochets de ses mandibules, la comprimait ensuite, et la mâchait avec ses mâchoires : elle semblait faire mouvoir les cils dont leur côté interne est muni, puis la tournait et la retournait avec ses palpes, et retirait une de ses griffes pour l'enfoncer ailleurs. L'on voyait dans l'entre-deux de ces mâchoires une matière écumeuse qui absorbait les sucs nutritifs du cadavre, et qui rentrait ensuite dans cet enfoncement. On distinguait plus facilement l'action des diverses parties de la bouche lorsque le corps de la mouche était réduit d'un tiers; toutes les substances molles et liquides étant épuisées, l'animal en rejetait les restes. Elle nettoyait ensuite les extrémités de ses palpes en se servant des griffes de ses mandibules, de ses mâchoires, et à l'aide surtout d'une matière liquide qu'elle faisait sortir de l'œsophage. La femelle rapproche et lie, avec un grand nombre de fils, trois à quatre feuilles, dont elle fait un paquet qui a comme une forme triangulaire; son intérieur est tapissé d'une soie épaisse, et au milieu de ce nid est placé le cocon qui est composé de la même matière, mais plus renforcée; il est rond, blanc, formé d'une seule couche, et la ténuité de ses parois permet très-bien d'y distinguer les œufs. Clerck en a compté environ cent cinquante; c'est en juin ou en juillet que la femelle les pond; ils sont de la grosseur d'une graine de rave, sphériques, d'un vert clair, luisans, avec des cercles blancs sur un des côtés; ils ne sont pas agglutinés dans le cocon, et, comme ils sont lisses, ils coulent comme des gouttes de mercure quand ils sont placés sur une surface plane. La femelle s'établit dans le milieu du paquet de feuilles pour y veiller à la conservation de sa postérité; les petits qui naissent vers la fin de juillet ont des couleurs plus pâles que les adultes. Latreille divise le genre Micrommate en deux sections, ainsi qu'il suit :

† Corps, l'abdomen surtout, garni d'un duvet serré qui le colore; yeux intermédiaires postérieurs plus petits que les intermédiaires antérieurs; ceux-ci, ainsi que les latéraux de la même ligne, beaucoup plus gros. Cette section, qui est la même que celle des OPTICIENNES, *Optices*, de M. Walckenaër, comprend l'espèce suivante :

La MICROMMATE ARGÉLASIENNE, *M. argelasia*, Latr.; *Sparassus argelasius*, Walck., Hist. des Aranéid., tab. 2. Elle est longue d'environ dix-huit millimètres; le tronc et les palpes sont d'un fauve pâle, garnis d'un duvet clair-semé grisâtre; les mandibules sont assez fortes et noirâtres; les yeux sont d'un rougeâtre brillant; le bord antérieur du tronc est garni d'un duvet jaunâtre foncé, formant une ligne transverse et courte; l'abdomen est ovalaire, couvert d'un duvet très-serré, d'un gris cendré; le milieu du dos présente à sa base une petite bande grise circonscrite par deux petites lignes noires; les côtés du dos sont tiquetés de noir; le milieu du ventre est occupé par une grande tache très-noire, échancrée antérieurement; les pattes sont garnies de piquans noirs, avec des anneaux noirs aux jambes. Le mâle est plus petit, son céphalothorax est d'un vert jaunâtre en dessus et en dessous; les mandibules sont jaunâtres à leur partie supérieure, noires à leur extrémité; l'abdomen est un ovale allongé, pointu vers son extrémité; le fond est couvert de poils fauves. Il y a sur la partie antérieure du dos deux courbes opposées noires, qui se terminent en angle à la partie anale; le ventre est d'une couleur fauve uniforme, excepté les opercules et les stigmates, qui sont plus pâles; les pattes sont d'un vert jaunâtre, avec des piquans noirs : elles sont inégales entre elles; la seconde paire, sensiblement plus longue que la première, surpasse un peu la quatrième; la troisième est la plus courte. Les palpes sont courts, verdâtres, excepté le dernier article, qui est en ovale allongé, très-gros et tout noir. Cette espèce, qui se trouve aux environs de Paris, a été rencontrée par M. Léon Dufour dans le royaume de Valence, et c'est à ce savant naturaliste que nous sommes redevables des détails qui vont suivre sur ses mœurs. Elle court avec vélocité, les pattes étendues latéralement; la conformation de ses pelotes onguiculaires lui donne la faculté de s'accroche sur les surfaces les plus lisses, les plus verticales, et d'y circuler dans toutes les directions. Elle établit à la face inférieure de fragmens de rochers une coque qui a beaucoup d'analogie par sa texture avec celle du Clotho de Durand; elle s'y loge pour se mettre à l'abri des rigueurs de la saison et de ses ennemis, ou pour y pondre et couver ses œufs. Cette coque est une tente ovale de près de deux pouces de diamètre, appliquée contre la pierre, à peu près comme certaines coquilles appelées Patelles; son contour n'offre point les échancrures de celle du Clotho de Durand. Elle se compsose 1° d'une enveloppe extérieure, d'un taffetas jaunâtre, fin comme la pelure d'ognon, mais résistant; 2° d'un fourreau intérieur, plus souple, plus moelleux, ouvert aux deux bouts. C'est par ces ouvertures, munies de soupapes, que cette Aranéide sort de son appartement pour faire des excursions. Ce cocon renferme environ une soixantaine d'œufs; à la fin d'août, M. Dufour les a vus en état de nymphe, éclos, mais encore emmaillottés et immobiles. Il a toujours rencontré cette espèce dans les montagnes les plus arides du royaume de Valence, notamment dans celles de Sagonte et de Moxente. C'est dans les interstices des rochers, ou sous les grandes pierres détachées, qu'elle fait sa demeure.

† † Corps à duvet clair-semé, et laissant paraître la couleur naturelle de la peau; les yeux intermédiaires antérieurs notablement plus petits que les autres; les latéraux et antérieurs plus gros. Cette seconde section renferme les Micrommates, *Micrommata*, proprement dites de M. Walckenaër.

L'espèce type de cette deuxième section est la Micrommate émeraude, *M. smaragdula*, Latr.; *Sparassus smaragdulus*, Walck.; *Aranea smaragdula*, Fab.; *Aranea viridissima*, Degéer, Clerck, Aran., pl. 6, représentée dans notre Atlas, pl. 562, fig. 1. Les yeux sont entièrement noirs; le céphalothorax est cordiforme, bombé, arrondi à sa partie postérieure; il présente un sillon longitudinal auquel se joignent deux sillons latéraux moins creusés, formant un V, et marquant la tête; il est vert, nu, avec quelques poils grisâtres très-rares. La plaque sternale est arrondie, verte; les mandibules sont vertes, à reflet rougeâtre, avec quelques poils noirs, mais courts et rares; la lèvre et les mâchoires sont vertes; les palpes sont de même couleur avec leur extrémité tachetée de brun. L'abdomen est ovale-allongé, arrondi à sa partie antérieure, plus large dans son milieu, se terminant en pointe vers la partie anale, d'un vert jaunâtre avec une ligne longitudinale plus verte sur le milieu du dos, qui, ayant une tache élargie à son commencement, près du céphalothorax, diminue insensiblement, et se termine en pointe en s'approchant de la partie postérieure; en dessous, il est plus pâle, excepté la plaque abdominale qui reçoit l'attache du céphalothorax, laquelle est aussi plus verte que le reste du ventre. Les pattes sont grandes, fortes, propres à la course, vertes avec des poils fins aux pieds, ayant seulement deux onglets qui sont rougeâtres, cachés dans les poils qui terminent les pattes, et non pectinés, mais avec trois dents à la base. Se trouve aux environs de Paris. Le cocon de cette espèce est de la grosseur d'une noisette, formé d'une toile fine et transparente; les œufs sont non agglutinés entre eux, d'une belle couleur verte; les petits en sortant de l'œuf sont d'un vert pâle et jaunâtre; les palpes et les pattes sont blancs, mais au bout de quelques heures ils prennent une couleur bleuâtre obscure. Cette espèce court et même saute avec agilité dans l'herbe pour attraper sa proie.

Les espèces décrites dans la Faune française sous les noms de *Sparassus roseus*, Walck., *Sparassus ornatus*, Walck., font partie de cette section. (H. L.)

MICROPHYLLE, *Microphyllus*. (bot.) On se sert de ce mot pour désigner les plantes qui sont munies de petites feuilles; c'est un bon caractère pour distinguer une espèce d'une autre. Ainsi nous citerons une Astragale, l'*Astragalus microphyllus*, qui se fait remarquer parmi ses congénères par ses petites feuilles portées sur des pédoncules fort longs; une Pariétaire, la *Parietaria microphylla*, ayant des feuilles moyennes entremêlées d'autres plus petites; une Fabagelle fort jolie, le *Zygophyllum microphyllum*, chez qui les feuilles conjuguées sont les plus petites de tout le genre, et recherchée pour ce fait par les amateurs, quoiqu'elle attire les limaces qui la dévorent promptement, etc. Il est inutile de dire ici que l'adjectif microphylle est formé de deux mots grecs, μικρὸς, petit et φύλλον, feuille, et qu'il est l'opposition du mot Macrophylle (*voy.* ce mot). (T. d. B.)

MICROPTÈRE, *Micropterus*. (poiss.) Les Microptères ont la gueule fendue et les dents en velours des Sciènes; mais la petitesse très-remarquable de leur seconde dorsale les en sépare, et c'est cette petitesse que désigne le nom générique que Lacépède leur a donné.

La collection du Muséum d'Histoire naturelle renferme un bel individu de ce genre. Cette espèce, qui est encore la seule inscrite parmi les Microptères, est le Microptère Dolomieu, dont le nom indique l'auteur qui l'a fait connaître. Il a les deux mâchoires garnies d'un très-grand nombre de rangées de petites dents crochues, serrées, et la mâchoire inférieure plus avancée que celle d'en haut; les nageoires pectorales et celles de l'anus sont très-arrondies; la première du dos ne commence qu'à une assez grande distance de la queue; elle cesse d'être attachée au dos de l'animal, vis-à-vis de l'anale; mais elle se prolonge en bande pointue et flottante jusqu'au dessus de la seconde nageoire dorsale, qui est très-basse et très-petite, ainsi que nous venons de le dire plus haut, et que l'on croirait au premier coup d'œil entièrement adipeuse; la nuance générale du poisson est grisâtre; il ne paraît pas passer dix à douze pouces en longueur. (Alph. G.)

MICROSCOPIQUES. (ZOOL. BOT. MIN.) On appelle Microscopiques tous les corps vivans ou inertes que leur petitesse force d'étudier avec des instrumens grossissans. Le mot Microscopique est un adjectif fréquemment employé en histoire naturelle ; c'est à tort qu'on s'en sert quelquefois substantivement pour indiquer les Infusoires ou Microzoaires, parce qu'ils sont la plupart Microscopiques. Il existe, en effet, même parmi les animaux, d'autres espèces Microscopiques ; beaucoup de plantes, et même des productions minérales, sont aussi Microscopiques, et pourraient dès-lors également recevoir ce nom. Les animaux Microscopiques ne forment pas d'ailleurs un groupe naturel qui puisse être admis dans la classification ; les espèces qu'on distingue parmi eux trouvent parfaitement leur place dans diverses classes d'Invertébrés. (GERV.)

MICTYRE, *Mictyris*. (CRUST.) C'est un genre de l'ordre des Décapodes, de la famille des Brachyures, et de la tribu des Quadrilatères, établi par Latreille, qui le range (Cours d'Entomologie, première année) dans une sous-section des Homochèles, *Homocheles*, et dans la tribu déjà cidessus énoncée. Les caractères distinctifs de ce singulier genre sont : antennes intermédiaires très-petites, à peine bifides en haut ; leur premier article plutôt longitudinal que transversal ; carapace bombée, plus étroite en avant qu'en arrière ; yeux peu écartés, placés en avant, portés sur un court pédoncule et non logés dans des fossettes. Latreille avait d'abord placé ce genre, d'après la forme du corps, dans la section des Orbiculaires, à côté des Atélécycles, des Thies, des Pinnothères, des Corystes, des Leucosies et des Ixas, genres qui appartiennent à d'autres tribus ; maintenant il le range entre les Gélasimes et les Macrophthalmes ; il diffère de ce dernier genre par des caractères tirés des antennes intermédiaires et par la position des yeux ; des Ocypodes et des Gélasimes, par la forme du test et les proportions des articles des pieds-mâchoires ; les articles inférieurs de leurs pieds-mâchoires extérieurs sont fort larges, foliacés et très-velus ; les pieds sont longs, diminuant progressivement de grandeur, à partir de la seconde paire, et ont leur dernier article pointu, comprimé et sillonné ; les serres sont grandes, avancées, et forment près de leur milieu, en se dirigeant brusquement en bas, un coude très-prononcé ; leur carpe est très-allongé ; la carapace est presque ovoïde, molle, un peu plus large et tronquée postérieurement ; elle est renflée, avec les séparations des régions bien marquées par des lignes profondément enfoncées ; l'abdomen des femelles est formé de sept pièces ; le front est rabattu comme celui des Gécarcins et des Ocypodes. On ne connaît jusqu'à présent qu'une seule espèce de ce genre ; c'est le MICTYRE LONGICARPE, *M. longicarpus*, Latr., Guér., Icon. du Règn. anim. de Cuv., Crust., pl. 4, fig. 1. Cette espèce, dont nous reproduisons la figure dans notre Atlas, pl. 362, fig. 2, est de petite taille et entièrement d'un jaune grisâtre ; toutes les parties saillantes de la carapace, comme les régions branchiales, cordiales, etc., sont granuleuses ; les serres sont de même couleur, sillonnées longitudinalement, avec le doigt mobile élargi à sa naissance et légèrement granulé à sa tranche supérieure ; ce doigt présente sur sa partie supérieure une dent assez allongée, mais qui est mousse ; les pattes sont assez allongées, comprimées et légèrement granuleuses. Cette espèce se trouve dans l'océan Australasien. M. Savigny, dans son grand ouvrage sur l'Egypte, a représenté une seule espèce de ce genre, à laquelle il a donné le nom de *Mictyris sulcatus*. (H. L.)

MIEL, *Mel*. (INS.) C'est la substance que les insectes de l'ordre des Hyménoptères, et principalement de la famille des Apiaires, extraient des fleurs, et qui, après une élaboration dans leur estomac, est employée, soit pure, soit mélangée, à la nourriture de leur postérité ; chez les Apiaires sociales, le Miel est déposé dans des cellules de cire où il sert en outre à la nourriture des habitans de la société pendant l'hiver ; dans celles qui vivent solitaires, le Miel, mêlé au pollen, forme une pâtée sur laquelle les femelles déposent leurs œufs, et qui sert à la nourriture de la larve quand elle vient à éclore. Il sera question du miel et de sa récolte, sous le point de vue agricole, au mot RUCHES. (A. P.)

MIELLAT, MIELLURE. (BOT. et INS.) On donne ce nom à une matière visqueuse et sucrée, plus ou moins liquide, et qui se trouve soit en gouttes, soit en petits placards plus ou moins secs, sur toutes les parties des végétaux, mais principalement sur la surface des feuilles. Les opinions sur la cause de cette singulière production sont fort différentes, et la question est encore pendante. Quelques auteurs l'attribuent à une maladie ou à la piqûre des pucerons ; mais nous nous sommes assurés que des arbres (Chênes) dont les feuilles étaient pour la plupart couvertes de cette substance, n'avaient jamais été envahis par ces insectes. Nous l'avons trouvée de même sur une quantité d'arbres fruitiers, en plein vent ou en espaliers, principalement sur les Pêchers et les Abricotiers, où jamais les pucerons n'avaient paru. Si nous osions formuler ici notre opinion, nous dirions que l'on pourrait attribuer le Miellat à une sécrétion particulière des pores de la feuille, et due peut-être au cambium ; car c'est principalement vers la fin du printemps qu'on le rencontre. Nous désirons vivement que ce sujet soit enfin étudié de manière à fixer les doutes. (C. LEM.)

MIÉMITE. (MIN.) nom qui a été donné par Karsten à une variété de DOLOMIE (*voy.* ce mot), qui se trouve près de Miemo en Toscane. On rapporte aussi à la même variété ces sortes de concrétions de Szakowacz en Styrie, qui sont formées d'un assemblage de corps polyédriques d'une couleur verdâtre. (J. H.)

MIGNARDISE. (BOT. PHAN.) Nom vulgaire d'une espèce d'Œillet employée en bordures dans les jardins ; c'est le *Dianthus plumosus*, L. On en connaît plusieurs variétés. (L.)

MIGNONNETTE. (BOT. PHAN.) On donne souvent ce nom à la Saxifrage ombreuse, *Saxifraga umbrosa*, L., ainsi qu'à l'*Holosteum umbellatum*, au *Draba verna*, au *Medicago lupulina*, etc. (L.)

MIGRATIONS. (ZOOL.) « Les animaux, dit M. Isidore Geoffroy (Diction. class. d'Hist. nat.), peuvent, eu égard à leur mode d'habitation, se diviser en deux classes; les uns restent pendant toute la durée de leur vie dans les régions où ils ont pris naissance, ou du moins nè s'en éloignent que fort peu; d'autres, au contraire, entreprennent, soit périodiquement dans certaines saisons de l'année, soit non périodiquement, des voyages de long cours et se rendent à des distances quelquefois très-considérables, le plus ordinairement pour y passer un certain laps de temps, d'autres fois même pour s'y établir tout-à-fait. Ce sont ces voyages ou excursions périodiques ou irrégulières, temporaires ou durables, qu'on a coutume de désigner sous le nom de Migrations ou Emigrations.»

On peut, lorsque l'on considère la manière dont ces Migrations ont lieu, lorsqu'on a égard aux causes qui provoquent le déplacement des animaux, on peut, disons-nous, les distinguer en Migrations accidentelles et en Migrations naturelles. Aux premières devraient se rattacher non seulement celles qui sont la suite d'une perturbation atmosphérique (l'on sait que bien souvent un ouragan, une tempête, etc., provoquent le changement de lieu de certains animaux qui s'y trouvent soumis), mais encore celles qui n'ayant rien de réglé, rien de périodiquement annuel, si l'on peut dire, ne sont entreprises que dans des momens d'extrême nécessité. Il est inutile de dire que les Migrations naturelles sont celles auxquelles sont constamment soumis, dans un temps et dans des circonstances données, un grand nombre d'animaux de la classe des non-sédentaires. Ici encore, si l'on prenait en considération les limites dans lesquelles ces dernières se font, on pourrait les distinguer en complètes et en incomplètes. Elles seraient complètes toutes les fois que, le point de départ étant, par exemple, l'Europe, celui de l'arrivée serait ou l'Afrique ou l'Asie, et réciproquement, ou toutes les fois que le trajet d'un lieu à un autre se ferait directement; elles seraient au contraire incomplètes, lorsqu'un animal ne sortirait pas, n'irait pas au-delà du continent qui l'a vu naître, quoiqu'il pût en parcourir, mais successivement, les diverses contrées. Ces distinctions, que nous nous hasardons de donner, sont puisées dans la nature même des faits, et elles sont fournies par l'examen des diverses manières dont s'exécutent les Migrations.

Quoiqu'on ne puisse faire un principe rigoureux des moyens mis en usage (locomotion ou progression) par les divers êtres dans leurs excursions périodiques ou non périodiques, on peut cependant dire, d'une manière générale, que là où les mouvemens progressifs seront lents et paisibles, les Migrations seront rares, et de courte durée lorsqu'elles auront lieu; et qu'au contraire plus ils seront aisés et rapides, soit en raison de la force d'action, soit en raison du milieu dans lequel ils s'exécutent, plus les voyages seront fréquens et complets. On peut voir dès-lors que de toutes les classes d'animaux, celles des oiseaux et des poissons doivent fournir le plus d'exemples de Migrations et les plus remarquables par leur étendue et leur régularité.

Les Mammifères, sauf quelques espèces de Rongeurs et de Carnassiers, sont généralement sédentaires. Quelques auteurs ont fait de l'homme un être émigrant : l'homme, il est vrai, si l'on remonte de l'entière dispersion du peuple juif jusqu'à la Genèse, a fourni de temps à autre plusieurs exemples de Migrations. De nos jours, on pourrait bien aussi appeler de ce nom les caravanes de trafiquans qui, partant à certaines époques de l'année, vont dans des pays lointains chercher fortune ou bien-être; mais, en dehors de cela, l'homme n'émigre pas, à proprement parler; il se transporte d'un lieu à un autre, isolément ou en compagnie, pour ses plaisirs, pour ses intérêts, et quelquefois sans but déterminé; l'homme donc ne peut plus, selon nous, être compté parmi les individus qui émigrent réellement; et si nous voulons des exemples dans les Mammifères, nous devons les chercher, comme nous l'avons dit, chez les Carnassiers et chez les Rongeurs. Toutefois dans ces derniers les exemples sont presque tous plutôt des faits individuels que des faits spécifiques, en ce sens que ce sont, à l'égard de la plupart des espèces chez lesquelles ils ont été observés, des faits exceptionnels et contraires à leurs habitudes générales; leurs Migrations, par conséquent, ne peuvent être qu'accidentelles, et les Lemmings en sont la preuve; leurs voyages très-remarquables ont été mentionnés à l'article qui les concerne (*voy.* LEMMING). Des Migrations plus périodiques, plus régulières, mais incomplètes, sont, au dire des observateurs, entreprises par l'Isatis (*Canis lagopus*). Déterminées par le besoin, elles auraient pourtant lieu à des époques à peu près fixes.

Les Oiseaux vont nous fournir tous les degrés d'Emigrations possibles. Ils peuvent, en raison de la puissance de leur appareil locomoteur, se transporter à des distances sans limites pour ainsi dire. Les uns partent isolément, les autres par troupes; mais, quelle que soit la manière dont se fait le voyage, tous choisissent et adoptent un climat favorable. Etres vagabonds, n'ayant pour vraie patrie que le lieu où ils sont nés et qu'ils abandonnent bientôt pour un autre, les Oiseaux établissent une sorte de communication entre toutes les contrées, forment une sorte d'équilibre de vie; les pays chauds envoient l'été leurs Oiseaux dans les pays froids, et réciproquement. On les voit traverser l'atmosphère à des époques régulières, exécutant des évolutions aériennes souvent remarquables. Ils savent connaître les temps qui leur conviennent et les vents qui leur seront favorables. Sans boussole, ils ne s'égarent jamais dans leur route, et naturellement ils semblent deviner les lieux où ils doivent s'arrêter. Tout le monde connaît le départ des Hirondelles, de ces aimables hôtes de nos villes qui ont inspiré à Racine fils des vers plus poétiques que vrais. Leur Migration n'est plus un mystère, et depuis qu'elles ne s'engourdissent plus sous l'eau, conte que l'on sait avoir été très en vigueur jadis, on les voit, par un des premiers beaux jours d'automne, se ramasser en troupes et s'élever en saluant de leurs petits cris, mille fois répétés, les lieux où elles sont nées; elles partent, et vont par-delà les mers errer sous un ciel qui leur convienne. Les voyages des Grues, des Cicognes, des Hérons, des Oies, etc., ne sont pas moins connus. On sait que, chez plusieurs de ces espèces, les individus qui doivent faire partie de la même bande se rendent, comme les Hirondelles, sur le même point, à la même époque, et qu'ils partent tous ensemble de ce lieu de rendez-vous, rangés dans un ordre régulier, et disposés de la manière la plus propre à leur permettre de vaincre, avec le moins d'effort possible, la résistance de l'air. « Ce vol, dit Buffon, en parlant des Migrations de l'Oie sauvage, se fait dans un ordre qui suppose des combinaisons et une espèce d'intelligence supérieure à celle des autres oiseaux.... Celui qu'observent les Oies semble leur avoir été tracé par un instinct géométrique : c'est à la fois l'arrangement le plus commode pour que chacun suive et garde son rang, en jouissant en même temps d'un vol libre et ouvert devant soi, et la disposition la plus favorable pour fendre l'air avec plus d'avantage et moins de fatigue pour la troupe entière; car elles se rangent sur deux lignes obliques formant un angle à peu près comme un V, ou, si la bande est petite, elles ne forment qu'une seule ligne; mais ordinairement chaque troupe est de quarante ou cinquante. Chacun y garde sa place avec une justesse admirable. Le chef, qui est à la pointe de l'angle et fend l'air le premier, va se reposer au dernier rang lorsqu'il est fatigué, et tour à tour les autres prennent la première place.» On peut en dire autant des Grues qui observent le même ordre. Les Migrations de ces oiseaux, complètes selon nous, ont lieu deux fois l'an, en automne et au printemps; pour la plupart des espèces, elles se font d'occident en orient, et pour d'autres d'orient en occident.

D'autres familles d'Oiseaux, sans entreprendre de voyages de long cours, partent aussi à des époques fixes, et s'avancent de proche en proche, du nord, dans les contrées méridionales, à mesure que le froid les poursuit. Ces espèces, que l'on a appelées erratiques, telles que les Pinsons, les Alouettes, les Proyers, les Ortolans, les Draines et beaucoup d'autres Oiseaux frugivores, habitent ordinairement pendant quelque temps une contrée avant de passer dans une autre. Quelques uns, tels que les Becs-fins en général, voyagent isolément, se portent vers les contrées les plus méridionalss, et bien souvent font des courses extra-méditerranéennes; M. Temminck, qui a fait sur les Migrations des Oiseaux des observations très-intéressantes (Man. d'Ornith., t. 1, p. 584), dit que les jeunes, chez le plus grand nombre, ne voyagent point avec les vieux, ou que, partant en famille, ils se séparent pour se réunir en troupes composées d'individus de même âge; les jeunes reviennent rarement dans les mêmes lieux qui les ont vus naître. Un exemple de Migrations, plus curieux peut-être que tous ceux que nous avons vus jusqu'à présent, est celui qui est fourni par les Manchots. Au dire de MM. Quoy et Gaimard (Voyage autour du monde, p. 164), il paraîtrait que, lorsque les jeunes ont acquis un accroissement convenable, un beau jour, à une heure fixe peut-être, la troupe entière abandonne l'île et gagne la haute mer. On ne sait où ils vont, mais le capitaine Orne, qui habite souvent les parages où ces oiseaux se trouvent, pense qu'ils passent l'hiver à la mer.

Outre ces Migrations plus ou moins lointaines et naturelles, il en est d'autres qui se font quelquefois comme par hasard et par grandes troupes, dans certains pays. Les Bec-croisés, les Casse-noix, les Jaseurs, sont sujets à ces excursions irrégulières qui n'arrivent qu'une fois en dix ou vingt ans. Enfin, quelquefois l'on a trouvé sur nos côtes ou dans l'intérieur de l'Europe des Oiseaux étrangers qui, apportés là par une cause accidentelle quelconque, ont été considérés comme Oiseaux émigrans.

Une opinion fort répandue parmi le peuple des campagnes, et qui a même été adoptée par plusieurs naturalistes, est celle qui voit des indices certains des variations futures de la température dans les époques de Migration des Oiseaux. On cite un assez grand nombre de faits à l'appui de cette opinion. Mais quelques observations lui sont aussi contraires; par exemple, celle du docteur Gaspard sur le Coucou et les Hirondelles (Mém. sur le Coucou, Journ. de physiol. expérimentale, juillet, 1824).

Les Reptiles n'offrent rien de bien intéressant sous le rapport des Migrations; aussi les passerons-nous sous silence. Quant aux Poissons, il sera fait mention de leurs voyages périodiques aux mots spéciaux Sardine, Morue, et à l'article général Poisson (*voy.* ces mots).

Parmi les Invertébrés il est un petit nombre d'espèces qui émigrent. On pourrait tout au plus mentionner quelques Crustacés, tel que le Crabe de terre, et quelques Insectes, parmi lesquels on doit surtout remarquer ces Sauterelles qui, s'avançant en nombre infini, ont souvent porté la désolation dans plusieurs contrées, et exercé des ravages tellement grands que l'Ecriture sainte fait mention de ces Sauterelles comme d'un fléau.

Pour celui qui veut s'élever à la connaissance des causes, celle des Migrations est certainement belle à chercher; mais elle a déjà été peut-être trop agitée pour qu'on puisse espérer de la résoudre d'une manière satisfaisante; il en est résulté trop de faits opposés les uns aux autres, et tout ce que l'on peut dire, c'est qu'ici, comme en beaucoup d'autres choses, les causes générales nous échappent, et de ce phénomène long-temps étudié, l'esprit humain n'a pu que formuler des hypothèses. Pourtant il paraît probable que les Lemmings dont nous avons parlé et les Sauterelles n'entreprennent leurs excursions que dans le but de trouver une nourriture qui puisse suffire à leur nombre. D'après les ichthyologistes, le besoin qu'éprouvent les Poissons, pendant la saison des amours, de rechercher des lieux favorables pour déposer leur frai, serait aussi la cause des voyages qu'ils font; mais pour les Migrations des Oiseaux, on en est encore aux suppositions.

Nous ne dirons rien de l'opinion des naturalistes du dix-huitième siècle, qui avançaient que le désir qu'avaient les Oiseaux de visiter les pays qu'ils découvraient en s'élevant dans les airs, était ce qui les déterminait à faire les voyages qu'ils entreprenaient; nous ne parlerons que des hypothèses qui, sans être plus récentes, ont beaucoup plus l'apparence de la vérité. La première est que les Oiseaux perçoivent le temps qui doit avoir lieu, ce qui les détermine à partir; mais certains Bec-fins, les Martinets même, quittent nos pays dans les premiers jours de juillet; ils ne peuvent par conséquent deviner le beau ou le mauvais temps. La deuxième hypothèse est fondée sur ce que les vieux, à qui est dévolu le soin de l'éducation des jeunes, sont forcés d'entreprendre avec eux des voyages, afin de leur faire connaître du pays. Cette raison, qui a en elle quelque chose d'exagéré, tomberait d'elle-même si les observations de M. Temminck n'en faisaient justice. « On peut poser en fait, dit ce savant naturaliste, que les jeunes et les vieux voyagent toujours séparément, le plus souvent par des routes différentes. » Une troisième hypothèse est celle qui a pour objet la question de nourriture, c'est-à-dire ce besoin qu'éprouvent les animaux de trouver en tout temps les moyens de contenter leur appétit selon leur goût. C'est ainsi que l'on pourrait expliquer les Migrations de la plupart des Oiseaux insectivores de notre pays; ce ne serait par conséquent pas les circonstances de froid et de chaud qui les forceraient à nous quitter, mais le besoin, et les Palmipèdes pourraient encore en fournir la preuve; car les Canards, qui arrivent chez nous l'hiver, cherchent moins la température qu'ils ne cherchent les étangs, les rivières et les lacs non gelés. Cette hypothèse, que l'on pourrait presque étendre à toutes les espèces voyageuses, quoique la plus probable, n'est pas pour cela entièrement satisfaisante; il est des expériences faites avec soin qui prouveraient que ces Oiseaux partent indépendamment de tout soin et de toute nourriture. Un oiseau de passage que l'on tient dans une température constante et au milieu, pour ainsi dire, d'une nourriture abondante et convenable, n'en éprouve pas moins, comme dans l'état de nature, le besoin d'émigrer lorsque l'époque du départ est venue. C'est ce qui explique jusqu'à un certain point pourquoi la plupart des Oiseaux qui nichent dans nos climats, mais dont le départ a lieu presque immédiatement après les pontes, ou sitôt l'éducation des jeunes finie, ne peuvent être élevés en cage qu'avec la plus grande difficulté, et meurent ordinairement à l'époque des Migrations. Nous reviendrons sur cette question fort intéressante à l'article général OISEAU. Disons pourtant ici que les Cailles, par exemple, annoncent leurs désirs par des battemens d'ailes, par de l'agitation, par des clameurs; elles dépérissent même quelquefois et meurent sans que, par l'examen de leurs organes, on puisse se rendre compte de cette mort. Les mêmes expériences ont été faites pour le Coucou par le docteur Gaspard; les effets obtenus sont si constans, que ce physiologiste a cru pouvoir conclure que « dans nos climats, on ne peut point élever de Coucous, quelques soins qu'on leur donne ». Instinct et besoin, telles sont sans doute les causes des Migrations. Les expériences et les observations sur ce sujet doivent être faites encore long-temps avec beaucoup de soin, si l'on veut arriver à quelques résultats positifs. (Z. G.)

MIKANIER, *Mikania*. (BOT. PHAN.) Sous le ciel embrasé de l'Amérique centrale, particulièrement au Mexique, dans la Colombie, près des bords escarpés de la Madalena, dans quelques unes des Antilles, dans celles de Cuba surtout, on désigne, sous le nom de Liane Guaco, plusieurs plantes appartenant à la Syngénésie égale et à la famille des Corymbifères, très-voisines du genre *Eupatorium*, avec lequel De Lamarck les avait confondues, mais dont elles diffèrent essentiellement par le petit nombre de folioles de leur involucre et de leurs fleurons, ainsi que par leurs anthères saillantes. Linné fils et Mutis les avaient placées dans le genre *Cacalia*; mais Persoon, et non pas Willdenow, comme quelques uns le disent, les a érigées en genre sous le nom de *Mikania*, maintenant adopté, dont voici les caractères : involucre à folioles presque égales, peu nombreuses; réceptacle nu; fleurons tubuleux et monoclines; anthères saillantes; stigmate très-proéminent, à deux branches divariquées; graine à cinq angles, surmontée d'une aigrette plumeuse.

On porte à vingt le nombre des espèces du genre Mikanier. Toutes sont généralement frutescentes (deux ou quatre seulement restent herbacées, le *M. herbacea*, le *M. tomentosa*, le *M. auriculata* et le *M. micrantha*), volubiles, à feuilles opposées et aux fleurs blanches, violettes ou purpurines, ramassées en épis ou en corymbes. Les principales sont le MIKANIER A FEUILLES DE MORELLE, *M. scandens*, qui se rencontre depuis la ligne équatoriale jusqu'en Virginie, sous le 35ᵉ degré de latitude nord; ses tiges grimpantes atteignent rarement au-delà de deux à trois mètres; elles sont ornées de feuilles très-vertes, cordiformes, molles, et portent des petites fleurs purpurines, disposées en panicules. Le MIKANIER DE HOUSTON, *M. Houstonii*, est volubile, a des feuilles ovales très-entières et les fleurs blanches en épis. Le MIKANIER DE L'ORÉNOQUE, *M. Orenocensis*, recherche les lieux humides et abonde dans l'île de Paruruma. Le MIKANIER DU BRÉSIL, *M. stipulacea*, dont les feuilles, en fer de pique, sont velues et munies à leur partie inférieure de deux lobes et de deux stipules cunéiformes, se fait remarquer par l'aigrette purpurine qui couronne ses semences.

Le MIKANIER GUACO, *M. guaco*, est l'espèce la plus intéressante, non seulement pour ses propriétés contre la morsure des reptiles venimeux, justifiées en 1798 par les nombreuses expériences de Mutis, mais encore par les succès que l'on a obtenus depuis 1830 de l'emploi de son extrait dans les rhumatismes aigus, les fièvres intermittentes, et surtout contre les ravages de la fièvre jaune et du choléra-morbus. Cette plante a la tige cylindrique dans le bas, angulaire dans le haut, et très-rameuse; elle s'attache aux arbres et monte jusqu'à dix et quinze mètres; ses rameaux sont cannelés et velus; feuilles ovales, pétiolées, légèrement ondulées en leurs bords, d'un vert blanchâtre; fleurs en corymbes axillaires, opposés, feuillés, dont le calice contient quatre fleurons de couleur blanche, répandant une odeur forte, aromatique, désagréable, et manifestant au goût une amertume très-prononcée. Il circule parmi le peuple une fable sur cette fleur, dans laquelle on raconte qu'un oiseau, nommé Guaco, a fait connaître sa puissance pour dompter les serpens et se guérir de leurs blessures. Si le conte est ridicule, les propriétés de la plante sont positives: c'est là l'essentiel. (T. d. B.)

MIKIRI. (mam.) C'est une espèce du genre Atèle de M. Geoffroy, décrite par le prince Maximilien sous le nom d'*Ateles hypoxanthus*, et figurée par Spix sous celui de *Brachyteles macrotarsus*. Ainsi que chez le *Chamek* (*Ateles pentadactylus*, Geoff.), le pouce du membre antérieur est un peu saillant, quoique très-court, et c'est à cause de cette particularité que Spix avait réuni ces deux espèces dans un même genre Brachytèles, qui, comme on le voit, serait intermédiaire entre les Atèles proprement dits, qui manquent tout-à-fait de pouce apparent, et les Lagothrix. L'espèce qui nous occupe est en outre remarquable en ce que ce pouce rudimentaire porte un ongle dans certains cas. Quant à son pelage, il est généralement jaunâtre; mais vers l'extrémité postérieure, il prend une teinte ferrugineuse; on trouve une bonne figure de cet animal dans l'Iconographie du Règne animal de Cuvier, Mamm., pl. 4, fig. 1. Nous la reproduisons dans notre Atlas, pl. 362, fig. 3. (V. M.)

MIL. Nom vulgairement donné au Panis, *Panicum*, et non Panic, comme on l'écrit souvent par erreur. (T. d. B.)

MILAN, *Milvus*. (ois.) Genre de l'ordre des oiseaux de proie, dans la famille des Falconides; cet oiseau, qui, comme l'indique la place qu'il occupe, a beaucoup de rapport avec les Faucons, est loin encore, quoique ses armes soient beaucoup plus parfaites que celles des Faucons, d'offrir le degré de force qui caractérise ceux qui forment le véritable type de la famille à laquelle il appartient; ainsi son bec est long et grêle; ses doigts et ses ongles sont faibles; mais ses ailes offrent un développement très-remarquable, comme l'indique sa vie tout aérienne; quoi qu'il en soit, voici quels sont les caractères principaux qu'on peut assigner à ce genre: bec long, crochu, comprimé; narines elliptiques, obliques; tarses courts, plus ou moins forts, réticulés chez les uns, écussonnés chez les autres; doigts au nombre de quatre, dont trois antérieurs, un, le pouce, dirigé en arrière, tous faibles, terminés par des ongles grêles et pointus; ailes d'une dimension considérable, atteignant quelquefois jusqu'à l'extrémité de la queue, qui est échancrée ou étagée.

« Les Milans et les Buses, dit le plus éloquent interprète de la nature, oiseaux ignobles, immondes et lâches, doivent suivre les Vautours, auxquels ils ressemblent par le naturel et les mœurs: ceux-ci, malgré leur peu de générosité, tiennent, par leur grandeur et leur force, l'un des premiers rangs parmi les oiseaux. Les Milans et les Buses, qui n'ont pas ce même avantage et qui leur sont inférieurs en grandeur, y suppléent et les surpassent par le nombre; partout ils sont beaucoup plus communs, plus incommodes que les Vautours; ils fréquentent plus souvent et de plus près les lieux habités; ils font leur nid dans des endroits plus accessibles; ils restent rarement dans les déserts; ils préfèrent les plaines et les collines fertiles aux montagnes stériles; comme toute proie leur est bonne, que toute nourriture leur convient, et que plus la terre produit de végétaux, plus elle est en même temps peuplée d'insectes, de reptiles, d'oiseaux et de petits animaux, ils établissent ordinairement leur domicile au pied des montagnes, dans les terres les plus vivantes, les plus abondantes en gibier, en volaille, en poisson; sans être courageux, ils ne sont pas timides; ils ont une sorte de stupidité féroce qui leur donne l'air de l'audace tranquille, et semble leur ôter la connaissance du danger; on les approche, on les tue bien plus aisément que les Aigles ou les Vautours; détenus en captivité, ils sont encore moins susceptibles d'éducation; de tout temps on les a proscrits, rayés de la liste des oiseaux nobles et rejetés de l'école de la fauconnerie; de tout temps on a comparé l'homme grossièrement impudent au Milan, et la femme tristement bête à la Buse. » Mais plus loin, parlant de l'énorme développement des ailes du Milan: « Il semble, dit-il, que le vol soit son état naturel, sa situation favorite; l'on ne peut s'empêcher d'admirer la manière dont il l'exécute; ses ailes longues et étroites paraissent immobiles; c'est la queue qui semble diriger toutes ses évolutions, et elle agit sans cesse; il s'élève sans effort; il s'abaisse comme s'il glissait sur un plan incliné; il semble plutôt nager que voler; il précipite sa course, il la ralentit, s'arrête et reste comme suspendu ou fixé à la même place pendant des heures entières, sans qu'on puisse s'apercevoir d'aucun mouvement dans ses ailes.

Le Milan royal, *Falco milvus*, L., représenté dans notre Atlas, pl. 363, fig. 1. Cette espèce est généralement fauve, sauf les pennes des ailes qui sont noires et la queue rousse. Malgré l'épithète de royal qui lui a été donnée, ou plutôt à cause de cette épithète, car elle consacre sa lâcheté, puisqu'elle lui vient du plaisir que les princes prenaient à le voir chasser par l'épervier dont la taille est cependant de beaucoup inférieure à la sienne, le Milan royal est de tous peut-être le plus poltron; de petits mammifères, incapables de se défendre, des reptiles au dessus desquels il l'emporte au centuple par sa force et ses moyens d'attaque, composent ordinairement sa nourriture; mais bien qu'il soit très-friand de petits Poulets, et qu'en domesticité il se jette sur eux avec avidité, avalant tout à la fois les plumes et les os, il n'ose point les attaquer lorsque leur mère fait mine de les défendre; les battemens d'ailes de celle-ci, ses cris suffisent pour l'intimider; des Corbeaux l'insultent impunément, lui arrachent sa proie sans qu'il pense à la défendre; aussi sa lâcheté le force-t-elle souvent à se rejeter sur les chairs corrompues, sur des viandes en putréfaction. Cette espèce se trouve en France et dans différentes autres parties de l'Europe.

Il est encore d'autres espèces; mais leurs mœurs sont en tout semblables à celles de la précédente, et il en est aussi qui sont encore mal déterminées. (V. M.)

MILANDRE, *Galeus*. (POISS.) Les Milandres sont séparés des Requins par plusieurs caractères, et particulièrement par la présence d'évens; ils ont cependant beaucoup de rapports avec ces derniers, et ce sont ces ressemblances que leur nom générique indique.

Le *Squalus galeus*, le seul jusqu'à présent connu, est représenté dans notre Atlas, pl. 364, fig. 2. Il est remarquable par ses dents dentelées à leur côté extérieur, mais dont les dentelures sont à peine visibles dans les jeunes; son museau est aplati, allongé et couvert de petits tubercules; la bouche ample; la langue arrondie et assez large; les narines placées près de la bouche, et en partie fermées par un lobule court; les évens très-petits et d'une forme allongée; les nageoires pectorales longues et légèrement échancrées à leur extrémité, et la peau chagrinée ou revêtue de petits tubercules.

Sa nourriture ordinaire se compose de jeunes poissons; il est gris cendré en dessus, blanchâtre en dessous; sa chair est dure et répand une odeur désagréable; on la fait cependant quelquefois sécher; mais l'abondance et le bon marché de cet aliment peuvent seuls déterminer les pêcheurs à s'en nourrir. Sa longueur est d'un mètre et demi environ. La femelle parvient à deux mètres de longueur, et met bas trente-six à quarante petits à la fois. On en prend toute l'année dans nos mers, surtout en octobre.

Le Milandre exerce son pouvoir secondaire et néanmoins très-dangereux, non seulement dans la Méditerranée, mais encore dans plusieurs autres mers.

Pline a écrit que le Milandre devait être moins fréquemment et moins vivement recherché que plusieurs autres Squales, parce qu'on ne peut le pêcher qu'avec beaucoup de précautions. Il est, en effet, dit ce même écrivain, très-fort et très-grand, et n'étant pas très-éloigné du Requin par sa taille, il est comme lui très-féroce, très-sanguinaire et très-hardi; sa voracité, son audace lui font quelquefois oublier le soin de sa sûreté, au point de s'élancer jusque sur la côte et de se jeter sur les hommes qui n'ont pas encore quitté le rivage. Il attaque et immole les plongeurs qu'il surprend occupés à la recherche du corail, des éponges et d'autres productions marines. C'est un combat terrible, selon Pline, que celui qu'il livre au plongeur dont il veut faire sa proie. Il se jette particulièrement sur les parties du corps qui frappent ses yeux par leur blancheur; le seul moyen de sauver sa vie est d'aller au devant de lui, de lui présenter un fer aigu et de chercher à lui rendre la terreur qu'il inspire. L'avantage peut être égal de part et d'autre, tant qu'on se bat dans le fond des mers; mais à mesure que le plongeur gagne la surface de l'eau, son danger augmente; les efforts qu'il fait pour s'élever s'opposent à ceux qu'il devrait faire pour s'avancer contre le Squale, et son espoir ne peut plus être que dans ses compagnons, qui s'empressent de tirer à eux la corde qui le tient attaché; sa main gauche ne cesse de secouer cette corde de détresse, et sa droite, armée du fer, ne cesse de combattre; il arrive enfin auprès de la barque, son unique asile; et si cependant il n'est remonté de suite dans cette barque, et s'il n'aide lui-même ce mouvement rapide, il est englouti par le Milandre, qui l'arrache des mains mêmes de ses compagnons; en vain ont-ils assailli le Squale à coups redoublés de trident; le redoutable Milandre sait échapper à leurs attaques en plaçant son corps sous le bâtiment et en avançant sa gueule pour dévorer l'infortuné plongeur.

(ALPH. G.)

MILÉSIE, *Milesia*. (INS.) Genre de Diptères de la famille des Athéricères, tribu des Syrphes, ayant pour caractères : tête déprimée; antennes insérées sur une proéminence, ayant le troisième article orbiculaire; jambes postérieures un peu arquées et carénées; première cellule postérieure des ailes à base oblique. Les Milésies, que Latreille a séparées le premier des Syrphes, ont le corps allongé, méplat; la tête peu épaisse; les antennes séparées à leur insertion; la cavité buccale échancrée en dessus; les ailes longues, un peu écartées dans le repos. Tout ce que l'on connaît de leurs mœurs se borne à savoir que quelques unes de leurs larves vivent dans le détritus du bois; les espèces qui composent ce genre sont assez grandes et ornées de couleurs qui les font ressembler à des Guêpes.

M. CRABRONIFORME, *M. crabroniformis*, Lat. Longue de neuf à dix lignes, jaunâtre, avec les yeux bruns; une bande longitudinale et quatre taches noires sur le corselet; les segmens abdominaux ont leur partie postérieure largement lavée de brun, avec une ligne longitudinale jaune sur la partie qui reste; les flancs sont bruns, mélangés de noir et de jaune; les fémurs sont bruns; les postérieurs, dans les mâles, ont une petite épine à leur jonction avec le tibia; les ailes sont légèrement lavées de jaune. Du midi de la France.

M. DIOPHTHALME, *M. diophthalma*, Lat. Longue de cinq à six lignes, noire; face jaune, avec une raie longitudinale noire; thorax, hanches, trochanters noirs; deux points jaunes de chaque côté du prothorax, trois sur chaque flanc; deux lignes jaunes sur le mésothorax, une à l'extrémité de l'écusson, et une autre courbée en sens contraire au dessus; abdomen jaune, avec deux bandes noires transverses sur chaque segment, une à sa base et l'autre au milieu; ces deux bandes sont jointes par une petite ligne longitudinale; les pattes sont jaunes, avec l'extrémité des tibias et les quatre premiers segmens des tarses antérieurs noirs. Cette espèce se trouve dans toute l'Europe, mais y est rare.

M. BELLE, *M. speciosa*, Lat., représentée dans notre Atlas, pl. 363, fig. 1. Longue de sept lignes, vert bronzé, avec deux points jaunes aux angles antérieurs du prothorax; flancs noirs; abdomen ayant l'extrémité de chaque segment couvert d'un duvet jaunâtre; la moitié des fémurs est noire, avec tout le reste de la patte fauve; les ailes sont jaunâtres et enfumées à l'extrémité. Du midi, où elle est rare. (A. P.)

MILIOLE, *Miliola*. (MOLL.) Ce genre appartient au groupe des prétendus Céphalopodes microscopiques ou Foraminifères, dont nous avons parlé dans ce Dictionnaire. Les espèces qu'il comprend sont, de même que la plupart des autres Foraminifères, d'une très-petite taille. Le nom qu'elles portent aujourd'hui leur a été donné par Lamarck; mais depuis long-temps Soldani les avait réunies sous celui de *Frumentaria*, qui en vaut bien un autre. MM. Defrance et d'Orbigny ont établi, aux dépens du genre Miliole, ou bien pour des espèces inconnues avant eux, plusieurs coupes génériques que M. de Blainville (Faune française) conserve comme de simples subdivisions. La coquille de ces animaux est ordinairement opaque, libre, ovoïde, souvent polygonale, composée d'un très-petit nombre de loges, se pelotonnant transversalement de manière à se cacher successivement; l'orifice percé à l'extrémité de la dernière loge est proportionnellement assez grand et pourvu d'une languette à sa base.

On n'a pendant long-temps connu de Milioles qu'à l'état fossile; cependant on en trouve de vivantes sur nos côtes de la Manche, de l'Océan et de la Méditerranée. M. de Blainville a le premier observé leur animal, et les renseignemens qu'il a fait connaître sur sa forme sont les premiers qu'on ait donnés avec quelque exactitude sur les Multiloculés ou Foraminifères en général.

Le corps des Milioles est, d'après ce savant naturaliste, allongé, subcylindrique, atténué en arrière, élargi et aplati en avant, tout-à-fait mou, sans indice d'articulation ni d'aucune espèce d'appendices; on y distingue une sorte de petit renflement céphalique bordé de lèvres.

Cette observation permit à M. de Blainville de reconnaître que c'est à tort qu'on avait rapproché les Foraminifères des Mollusques céphalopodes. Voici comment il s'exprime à ce sujet. « Ayant eu l'occasion d'étudier deux ou trois fois l'animal de la Miliole, qui se trouve communément sur les coquilles et sur différens autres produits de la Manche, j'ai pu m'assurer que très-certainement il n'offre aucune trace de ressemblance avec les Cryptodibranches (Poulpes, Calmars, etc.), ni même avec le Nautile et la Spirule de l'ordre des Polythalames, quoique nous ne les connaissions encore que fort incomplétement; si j'avais même un rapprochement à faire des Milioles, ce serait auprès des Malacozoaires acères, ou mieux peut-être auprès des Planaires que je les placerais; mais c'est un point sur lequel je ne suis point encore bien déterminé. Quoi qu'il en soit, il se pourrait que l'animal de la plupart des genres que nous avons réunis dans cet ordre des Multiloculés, ressemblât beaucoup à celui des Milioles, dont le corps n'est cependant pas contenu dans une seule et dernière loge, mais se prolonge au moins dans les deux précédentes. La coquille ne serait donc jamais intérieure (1), et l'animal occuperait au moins la première loge, par l'ouverture de laquelle il sortirait en partie. » Faune française, Malacozoaires, p. 43.

Depuis la publication de cette note, qui remonte à plusieurs années, M. Dujardin, qui a eu l'occasion de revoir les Milioles et quelques autres Foraminifères vivans, a fait sur ces animaux d'intéressantes observations dont nous avons rendu compte à l'article FORAMINIFÈRES; nous voulons parler de la découverte du prolongement tentaculiforme que ces animaux font sortir de l'ouverture de leur tête, et au moyen duquel ils progressent (Bulletin zoologique, 1835, et Ann. sc. nat., 2e série, t. IV, p. 225). M. Dujardin pense que ces animaux doivent être rapprochés des Protées, et non des Planaires, ainsi que le veut M. de Blainville; nous ferons seulement remarquer que M. de Blainville considère les Protées comme de jeunes Planaires; qu'on admette ou non cette manière de voir, on n'en restera pas moins d'accord sur les nombreuses ressemblances qui lient les Protées aux Planaires, et par suite sur celles que présentent les Milioles avec les uns et les autres.

La fig. 2, pl. 363, représente une Miliole vivante de nos côtes, montrant ses prolongemens tentaculiformes étendus; cette figure très-grossie est empruntée au travail de M. Dujardin. (GERV.)

MILIUM. (BOT. PHAN.) Nous conservons ce mot latin dans la nomenclature française, afin de ne pas confondre avec ses espèces les graminées connues sous le nom de Mil ou Millet; aucune d'elles n'entre dans le genre *Milium*, tel que Linné l'a institué.

Ce genre a pour caractères principaux: une lépicène (glume) uniflore, à deux valves ventrues; glume incluse dans la lépicène, ayant deux valves entières, à peu près égales, l'extérieure fréquemment surmontée d'une arête presque terminale; trois étamines; deux styles velus, avec deux stigmates en pinceau; une caryopse arrondie, enveloppée dans la glume.

On connaît une vingtaine d'espèces de *Milium*;

(1) Comme chez les Spirules.

toutes ont leurs fleurs diposées en panicule, et appartiennent à la tribu des Panicées de Kunth.

Le type du genre est le *Milium effusum*, graminée commune en Europe dans les lieux ombragés; on la distingue à ses feuilles glabres et divariquées, à sa panicule étalée, peu fournie, à ses fleurs pendantes, sans arête. Son fourrage est odorant et fort recherché des bestiaux.

Le *Milium paradoxum*, L., type du genre *Piptatherum* de Palisot, a ses fleurs aristées, grosses, assez semblables à celles des Avoines. Elle croît communément dans le midi de l'Europe, et se rencontre parfois aux environs de Paris.

Le *Milium lendigerum*, L., forma le *Gastridium* de Palisot, et a été réuni aux *Agrostis* par De Candolle. Ses fleurs sont globuleuses à la base, aiguës au sommet. Il croît dans les champs. (L.)

MILLEFEUILLE, *Achillæa*. (BOT. PHAN.) Genre nombreux et très-naturel de la famille des Synanthérées, tribu des Corymbifères, et de la Syngénésie superflue de Linné; il doit son nom aux mille et mille découpures des feuilles de plusieurs de ses espèces, et présente pour caractères : un involucre cylindracé, composé d'écailles imbriquées et menues; un réceptacle plus ou moins saillant garni d'écailles paléacées; une calathide radiée; demi-fleurons de la circonférence peu nombreux (5-12), femelles, ayant le limbe de la corolle ligulé, court, large et trilobé; fleurons du centre tubuleux et à cinq lobes, hermaphrodites; un style terminé par deux stigmates recourbés et élargis vers leur extrémité; graines prismatiques, anguleuses, sans aigrettes.

Ce genre, tel que Linné l'a établi et tel qu'il est adopté par les modernes, se divise en deux groupes : l'un caractérisé par des feuilles découpées en segmens nombreux et menus, c'est le *Millefolium* de Tournefort; l'autre, *Ptarmica* du même auteur, par ses feuilles simples et lancéolées. Du reste, leurs caractères essentiels ne diffèrent point. La plupart sont des herbes vivaces, croissant dans les diverses régions de l'Europe, et surtout dans les montagnes. Leurs fleurs sont blanches ou jaunes, quelquefois rougeâtres ou violacées. Citons d'abord les deux types du genre.

La MILLEFEUILLE COMMUNE, *A. millefolium*, L., représentée dans notre Atlas, pl. 363, fig. 3, et 3 *a*, *b*, *c*, pour les détails de sa fleur, se trouve dans toute l'Europe, au bord des chemins, dans les champs et dans les bois; Achille, qui, dit-on, s'en servit pour guérir la blessure de Télèphe, n'eut pas besoin pour la chercher du secours d'une déesse. Tout le monde connaît ses tiges assez simples, légèrement pubescentes, hautes d'un pied et demi, tenaces et résistantes dans la main qui les arrache; son feuillage multifide, délié, menu; ses fleurs d'un blanc sale, parfois rosé, disposées en corymbes serrés. Les rayons de la circonférence sont généralement au nombre de cinq. La Millefeuille a joui d'une très-grande réputation depuis les Grecs et les Romains jusqu'à nos jours, comme topique, baume ou dictame merveilleux pour cicatriser les blessures; de là le nom poétique d'Achillée, et ceux plus rustiques d'Herbe au charpentier ou à la coupure; la médecine moderne, qui a proscrit la plupart des simples, accorde à celui-ci quelques propriétés balsamiques astringentes, et en emploie soit les feuilles, soit la racine.

La MILLEFEUILLE PTARMIQUE, *A. ptarmica*, L., est plus active; sa saveur est âcre, brûlante comme celle de l'Estragon; sa racine excite dans la bouche une salivation abondante, et, réduite en poudre, ainsi que les feuilles, provoque l'éternument. Elle se distingue sur-le-champ de l'espèce précédente, à ses feuilles simples, alternes, lancéolées-aiguës, dentées en scie; ses fleurs sont blanches, ont dix à douze rayons à la circonférence. On la trouve dans les prés humides et sur le bord des eaux.

Les Achillées des montagnes possèdent à un degré assez éminent des propriétés balsamiques; telles sont les *Achillæa nana*, *atrata*, *moschata*, etc., connues dans les Alpes sous le nom collectif de Genipi; elles entrent dans la composition des vulnéraires de Suisse.

Parmi les espèces cultivées comme plantes d'ornement, nous citerons :

La MILLEFEUILLE DORÉE, *A. aurea*, Lamk., originaire du Levant; tiges de 18 à 20 pouces, portant des feuilles découpées et cotonneuses; fleurs assez grandes et d'un jaune doré.

La MILLEFEUILLE D'ÉGYPTE, *A. ægyptiaca*, L., espèce délicate, à fleurs jaunes, en corymbe aplati et serré.

La MILLEFEUILLE VISQUEUSE, *A. ageratum*, L., vulgairement Eupatoire de Mésué, espèce indigène à odeur forte, à feuilles lancéolées, visqueuses. Cette Millefeuille a eu quelque réputation dans l'ancienne médecine.

La MILLEFEUILLE ÉLÉGANTE, *A. elegans*, à feuilles amplexicaules; fleurs blanches à la circonférence, jaunes sur le disque.

La MILLEFEUILLE A FEUILLES DE FILIPENDULE, *A. filipendulina*, L., dont les tiges, hautes de cinq à six pieds, portent des fleurs jaunes et très-nombreuses.

Enfin l'*Achillæa compacta*, Lamk., du midi de l'Europe, qui se distingue par ses feuilles grandes, ailées, blanchâtres, et par les corymbes serrés de ses fleurs.

Plusieurs plantes à feuilles découpées portent vulgairement le nom de Millefeuille; ainsi l'on appelle :

MILLEFEUILLE AQUATIQUE, l'*Hottonia palustris*;

MILLEFEUILLE CORNUE, les Cératophylles;

MILLEFEUILLE D'EAU, la Renoncule d'eau, le *Myriophyllum*, etc.

MILLEFEUILLE DE MARAIS, l'Utriculaire;

MILLEFEUILLE MARINE, certains *Fucus*, etc.

(L.)

MILLEPERTUIS, *Hypericum*, Linn. (BOT. PHAN). Genre de plantes dicotylédonées de la famille des Hypéricées de Jussieu et de la Polyadelphie polyandrie de Linné, dont les caractères constitutifs sont : un calice monosépale, à cinq divisions ovales, profondes; une corolle à cinq pétales ovales, allongés, fléchis en dehors, dépassant le calice; un grand nombre d'étamines à filets capillaires, en groupes de trois à cinq ensemble, ovaire supère, globuleux; trois à cinq styles, à stigmates simples; une capsule sphérique s'ouvrant par trois ou cinq valves; trois à cinq loges polyspermes. Graines fines et nombreuses.

Les Millepertuis sont des herbes ou des arbrisseaux à feuilles opposées, souvent entières, à fleurs jaunes, formant le plus souvent des corymbes terminaux. Tous sécrètent un suc propre, gommo-résineux, jaunâtre ou rougeâtre; les feuilles et les calices de leurs fleurs sont parsemés de points transparens ou obscurs (d'où leur nom français qui signifie mille trous), qui sont des glandes, remplies d'une huile essentielle: ces plantes sont assez recherchées des amateurs à cause du joli vert de leur feuillage, de la grâce de leur port et de la grandeur de leurs fleurs originales. On en connaît plus de cent vingt espèces, dont la plupart sont exotiques, et groupées par sections, basées sur le nombre de styles. Nous en décrirons les plus connues ou les plus recherchées.

§ I. 5 styles.

Millepertuis a grand calice, *H. calycinum*, Linn. Tiges nombreuses, suffrutescentes, simples, un peu tétragones, en touffes, de douze à quinze pouces de haut; feuilles ovales, lancéolées, à peu près sessiles, parsemées de points transparens; chaque tige terminée par une ou deux fleurs de trois pouces de diamètre, d'un jaune brillant, et où les longues et nombreuses étamines jaunes font un fort bel effet. Le calice croît à mesure que les fruits grossissent; de là son nom. Pleine terre, mais avec couverture de litière dans les grands froids. Indigène en Orient.

§ II. 3 styles.

Millepertuis élégant, *H. pulchrum*, Lam. Tiges dressées, cylindriques, rameuses, de 12 à 18 pouces de haut; feuilles cordiformes, embrassantes; fleurs nombreuses, naissant dans l'aisselle des feuilles supérieures, et formant par leur réunion de belles grappes terminales. Cette plante croît naturellement en France et en Europe.

Millepertuis perforé, *H. perforatum*, Linn., ou Millepertuis ordinaire, représenté dans notre Atlas, pl. 363, fig. 4, et 4 *a* et *b*; tiges dressées, un peu biangaleuses, d'un à deux pieds de haut: feuilles ovales, oblongues, obtuses, parsemées de glandes transparentes; fleurs en corymbe un peu lâche; sépales du calice lancéolés; bords des pétales ponctués. Commune en France dans tous les bois montueux. Ce Millepertuis était autrefois fort usité en médecine; il passait pour astringent, emménagogue, vermifuge, etc., et surtout pour vulnéraire. Il a joui d'une grande réputation pour son application immédiate sur les blessures et les ulcères. On en préparait encore une huile célèbre pour cet usage. Maintenant cette plante est à peu près sans usage. (G. Lem.)

MILLEPIEDS. (ins.) Nom vulgaire des Scolopendres et même de tous les Myriapodes. *Voy.* ce mot. (Guér.)

MILLE-POINTS. (moll.) Nom marchand du *Conus litteratus*, L. (Guér.)

MILLÉPORE, *Millepora*. (zooph. échin.) C'est Linné qui, le premier, donna ce nom à des productions confondues jusqu'alors, sous le nom de Madrépores, avec tous les Polypiers pierreux; depuis, comme tous les autres genres linnéens, le genre Millépore est devenu le type d'une famille à laquelle Lamarck a donné le nom de Polypiers foraminés, et le nom de Millépore a été restreint à un genre de cette nouvelle famille; plus tard, M. de Lamarck divisa de nouveau ce genre en deux sections: l'une est celle des Millépores proprement dits, l'autre celle des Nullipores; mais dans la dernière édition des Animaux sans vertèbres, il ne tient plus compte de cette subdivision, et donne comme il suit les caractères du genre Millépore.

Polypier pierreux, solide intérieurement, polymorphe, rameux ou frutescent, muni de pores simples non lamelleux. Pores cylindriques, en général très-petits, quelquefois non apparens, perpendiculaires à l'axe ou aux expansions du polypier.

Comme sur le plus grand nombre des Polypes à polypiers, on n'a sur la nature des animaux des Millépores que peu de renseignemens; le peu que l'on en sait est dû principalement à Cavolini, et aussi à Donati; des recherches de ces deux observateurs, il résulte que ces animaux, dont la forme est ovoïde, ont antérieurement une trompe que termine une bouche contractile, placée au milieu d'une espèce d'entonnoir formé par de nombreux tentacules.

Lamarck, avons-nous dit, avait distingué en deux sous-genres ce qu'il appelait les Millépores proprement dits et les Nullipores; en abandonnant cette division, il n'en a pas moins continué, avec beaucoup de raison, à distinguer les espèces dont les pores polypifères sont toujours apparens, de celles où ils sont peu ou point apparens. Parmi les espèces de ces deux sections que l'on trouvera décrites avec soin dans l'ouvrage de Lamarck, nous citerons seulement les suivantes:

Dans la première section, nous choisirons pour exemple Le Millépore corne d'élan, *M. alcicornis*, Linn., Pall., représenté dans notre Atlas, pl. 365, fig. 1. Polypier très-élégant dont la surface est garnie de pores tellement fins, qu'elle paraît presque entièrement lisse, formant des touffes lâches, à foliations palmées, multifides, écartées, quelquefois divergentes, un peu piquantes aux deux extrémités. On le trouve dans l'Océan des Antilles.

Dans la seconde section nous citerons le Millépore grappe, *M. racemus*, Lamk., à polypier très-touffu, très-serré, qui forme, comme l'indique son nom, une grappe composée et dont les rameaux sont terminés par des tubercules globuleux. Cette espèce se trouve dans les mers de la Guiane. (V. M.)

MILLÉRIE, *Milleria*. (bot. phan.) Trois ou

quatre espèces de Corymbifères, indigènes du Mexique et de l'Amérique méridionale, constituent le genre établi sous ce nom par Linné, et placé dans sa Syngénésie nécessaire. Jussieu et Kunth l'ont adopté avec les rectifications suivantes : involucre de trois folioles inégales, l'extérieure plus grande; réceptacle nu; deux à cinq fleurons, dont un seul au bord, ligulé et femelle; les autres sur le disque, tubuleux et mâles; une seule graine, sans aigrette.

Les Milléries n'offrent guère d'intérêt. Cavanilles, dans ses *Icones*, en a figuré plusieurs, entre autres la *Milleria contrayerva*, à laquelle on attribue des propriétés vermifuges. Cette plante a été distinguée par Jussieu en un genre particulier sous le nom de *Flaveria*, et par Ruiz et Pavon sous celui de *Vermifuga*. (L.)

MILLET, *Milium.* (BOT. PHAN. et AGR.) Ce genre de Graminées, confondu par presque tous les botanistes avec le genre *Panicum*, en est positivement distinct. En effet, sa balle a deux valves ventrues, presque égales; son calice, plus petit que la balle, est également à deux valves; chez lui, les stigmates sont en forme de pinceau; tandis que dans les Panis, la balle est à trois valves, dont une est extrêmement plus petite et dorsale; le calice est bien à deux valves, mais il est cartilagineux et persistant. Dans le Millet, les graines sont généralement globuleuses ou ovoïdes, et portées sur une panicule lâche et un chaume ferme; dans les Panis, au contraire, on les voit oblongues, d'ordinaire finement striées, disposées sur des épis plus ou moins cylindriques.

Nous connaissons quatre espèces de Millet dont on mange les graines réduites en farine, et dont on fait d'excellentes bouillies. Elles servent aussi à la nourriture des volailles. Comme fourrage, elles fournissent une bonne nourriture à tous les bestiaux. La meilleure de toutes, celle qui commence à se propager chez les propriétaires ruraux, et à remplir une lacune immense, c'est le MILLET-FOURRAGE, *M. moha*, que nous décrirons au mot MOHA (*voy.* ce mot). Le MILLET PANICÉ, *M. lendigerum*, de nos départemens du nord, dont la tige est haute de seize à trente-deux centimètres; le MILLET ÉPARS, *M. diffusum*, aux petites fleurs, répandant une odeur agréable quand elles sont épanouies en juillet, et qui fournissent des graines rondes, jaunes et luisantes; et le MILLET A FRUITS NOIRS, *M. paradoxum*, qui élève ses tiges à un mètre et dont les graines sont d'un noir très-brillant.

Auprès de Nérac, département de Lot-et-Garonne, les terres portent à la fois et continuellement du Seigle et du Millet, semés à des époques et à des années alternatives. Ce sont des femmes qu'on emploie à la récolte du Millet; elles en coupent les épis tout près du dernier nœud; elles chargent à mesure leur tablier, pour les verser ensuite dans des paniers ou dans des sacs qu'on porte sur une voiture pour les déposer au grenier, et de là les répandre sur l'aire. Cette récolte terminée, on sème du Seigle aux endroits où étaient les pieds de Millet. Duhamel du Monceau, en en rendant compte, applaudit à ce système, qui suggéra depuis l'idée de partager la récolte des blés en deux manœuvres successives, de couper les épis d'abord, et de faucher la paille ensuite.

On abuse très-souvent du mot Millet pour le donner à diverses plantes qui sont étrangères au genre, surtout à des Panis, et plus particulièrement au *Panicum italicum* que l'on appelle MILLET DES PETITS OISEAUX et PETIT MILLET.

MILLET A BALAIS. Un des noms vulgaires de la Houque sorgho, *Holcus sorghum.*

MILLET-CHANDELLE. Sous cette expression bizarre on désigne la Houque à épi, *Holcus spicatus*, de l'Inde, et le Dro ou Agou des Africains, qui n'est qu'une variété de la Houque à grappes, *Holcus racemosus.*

MILLET D'AMOUR et MILLET DU SOLEIL. La même plante que le Grémil ou Herbe aux perles, *Lithospermum officinale.*

MILLET DE CHÈVRES. Nom donné à la Balsamine de nos bois, *Impatiens noli me tangere*; j'ignore pourquoi, car elle n'est point recherchée par les chèvres.

MILLET D'INDE ou gros Millet; nom improprement appliqué au Maïz, et qui a entraîné aux nombreuses erreurs que j'ai combattues en traitant de cette belle et intéressante graminée.

MILLET D'YORK. Variété fourragère du genre Panis, *Panicum miliaceum.*

MILLET NOIR. Cest la variété brune du Sorgho, *Holcus sorghum.*

MILLET SAUVAGE. Tantôt c'est le Mélampyre des champs, tantôt celui des bois. *Voy.* ce que j'ai dit plus haut de cette plante. (T. D. B.)

MILOUIN, *Fulicula*, Leach. (OIS.) Le Milouin commun, considéré d'abord comme une espèce de Canard, entre dans un groupe érigé par Cuvier au rang de sous-genre et se distinguant par un bec large, plat et uni; il contient plusieurs espèces, dont certaines appartiennent à notre pays, et qui toutes sont remarquables par un renflement qui termine la trachée et qui forme à gauche une sorte de capsule que soutiennent des prolongemens osseux.

MILOUIN COMMUN, *Anas ferina*, L., *A. rufa*, Gm., représenté dans notre Atlas, pl. 365, fig. 2. Cette espèce, qui fait son nid sur les joncs des étangs, a les parties supérieures, les flancs et l'abdomen cendrés avec de petites stries irrégulières noirâtres; sa tête et son cou sont roux; son ventre blanchâtre, finement strié de noirâtre; la poitrine, le croupion et le haut du dos sont de cette dernière couleur ainsi que le bec. Les pennes alaires sont grises et les membres inférieurs bleuâtres. Sa longueur totale est d'environ 17 pouces. Habite le nord de l'Europe.

Le MORILLON, *A. fulicula*, L., *A. glaucion minus*, Briss., Buff. Il est d'un brun noirâtre variant selon les différentes inflexions de la lumière, et pointillé de cendré. Le cou et la tête d'un noir irisé, ainsi qu'une huppe qui décore celle-ci; miroir blanc ainsi que les parties inférieures ; poitrine et abdomen noirs. Bec bleuâtre, pieds cendrés, tandis que la palmation est noire. Sa longueur est d'environ 16 pouces. Il habite le nord des deux continens.

Le MILLOUINAN, *A. marina*. L., Buffon. Parties supérieures d'un blanc finement strié de noir ; tête et cou noir passant au vert sous l'inflexion de la lumière ; poitrine, croupion et queue noirs; ventre et flancs blancs ; couvertures des ailes variées de noir et de blanc. Bec bleuâtre, iris jaune. Longueur, 18 pouces. Même patrie que le précédent.

Il y a encore d'autres espèces, mais toutes dénuées d'intérêt. (V. M.)

MILNEA. (BOT. PHAN.) Genre de la famille des Méliacées, Pentandrie monogynie, L., établi par Roxburg dans la *Flora indica*, pour un arbre de l'Inde qu'il a décrit le premier. Cet arbre est de haute taille, et porte des feuilles ailées avec impaire, sans stipules, composées de trois à six paires de folioles pétiolées, lancéolées, entières, un peu aiguës, de trois à six pouces de long sur un à deux de large. Ses fleurs, très-nombreuses, petites et caduques, accompagnées de bractées, forment une panicule axillaire et rameuse. Elles présentent pour caractères génériques : un calice à cinq divisions profondes; cinq pétales; cinq anthères sagittées, attachées autour du bord supérieur du tube des filets staminaux; un ovaire demi-infère, à trois loges; un style court, à stigmate turbiné, tronqué, marqué de six lobes peu profonds, un fruit à trois loges monospermes ; chaque graine est ovoïde, et attachée sur une sorte d'arille épais et transparent, que l'on mange dans le pays ; d'où l'épithète spécifique d'*edulis* imposée par Roxburg à son *Milnea*.

Ce genre est dédié à Colin Milne, auteur estimé de plusieurs ouvrages de botanique. (L.)

MILTITES. (MIN.) Nom qui, dérivé du grec (μίλτος) en français *sanguine*, a été employé par Pline, d'après Sotacus, pour designer une espèce d'*Hæmatites* lorsque celle-ci était calcinée. Avant d'avoir subi cette opération on l'appelait *Elatites*. Ainsi tout porte à croire que le *Miltites* des anciens était un fer oxidé qui devenait rouge par la calcination. (J. H.)

MIMÉTÈSE. (MIN.) Nom dérivé d'un mot grec qui signifie *imitateur*, et qui a été donné par M. Beudant à un oxide de plomb combiné avec l'acide arséuique. Ce qui a porté ce minéralogiste à proposer le nom de Mimétèse, c'est la ressemblance qu'il présente avec le Pyromorphite ou phosphate de plomb.

Le Mimétèse cristallise en prismes à base d'hexagone; il est fragile et raie le calcaire. On le trouve aussi à l'état fibreux ou à l'état mamelonné.

Sa composition chimique est 21 d'acide arsénique, 1 à 2 d'acide phosphorique, 68 d'oxide de plomb, et 10 de chlorure du même métal. (J. H.)

MIMEUSE, *Mimosa*. (BOT. PHAN.) On donne dans quelques jardins ce nom francisé du latin *Mimus*, comédien, mime, au genre *Mimosa*, et particulièrement à la Sensitive commune, *Mimosa pudica*, Linn., en raison des divers mouvemens qu'opèrent quelques plantes de ce genre ; mouvemens causés soit par le contact immédiat d'un objet extérieur, soit par l'influence atmosphérique. Ces phénomènes d'irritabilité végétale confondent tellement l'imagination, que la physiologie, impuissante encore à les expliquer rationnellement, est réduite à leur accorder, du moins jusqu'ici, un sentiment d'animalité.

Ce genre, institué par Linné, renferme des plantes dicotylédonées, de la famille des Mimosées (Rob. Brown) dont il est le type, et de l'Octandrie monogynie de Linné, dont les caractères sont : fleurs polygames ; corolle subinfundibuliforme, à quatre ou cinq divisions; étamines inférovariées en nombre égal, double ou triple aux pétales; légume comprimé, uni ou multi-articulé ; articles monospermes à côtes suturales persistantes ; fleurs roses ou blanches, en capitule; feuilles souvent sensibles. Il est propre à la zone torride, dans l'Amérique méridionale, et comprend des herbes ou des arbrisseaux qui font l'ornement des forêts, non seulement par leur léger feuillage et leurs jolies fleurs en houppe ou en panache, mais encore par les mouvemens singuliers qu'ils opèrent et dont nous allons parler. On peut dire que tous les Mimosas ont deux mouvemens, l'un météorique et l'autre spontané. Le mouvement météorique est déterminé par l'action solaire ou atmosphérique. Au déclin du jour, les folioles plus ou moins nombreuses qui composent les feuilles, se tordent sur le pétiole, se dressent, se rapprochent, se serrent les unes après les autres, en s'appliquant par leur face supérieure; le pétiole alors fléchit et s'incline vers la terre. Tout reste en cet état jusqu'à ce que le soleil revienne le lendemain leur redonner leur position normale. C'est ce phénomène que Linné avait nommé si justement Sommeil des plantes.

Mais outre ce phénomène commun à tous les Mimosas, à d'autres genres de cette famille, ainsi qu'à quelques autres légumineuses (Acacia), il en est un qui leur est propre, qui fait l'admiration de chacun, et que jusqu'ici on n'a pu encore, nous l'avons dit, expliquer par les lois de la physique. Les espèces dites *Mimosa pudica*, la Mimeuse pudique; *Mimosa sensitiva*, la Sensitive ; *Mimosa viva*, la Mimeuse animée; *Mimosa pudibunda*, la Mimeuse honteuse, etc., etc., que nous allons décrire, offrent ce curieux phénomène à un degré éminent. Laissons ici parler M. de Mirbel, car nous ne pouvons mieux faire que de citer ce savant botaniste : « La Sensitive, dit-il, a été l'objet de beaucoup d'expériences; une secousse, » une égratignure, la chaleur, le froid, les liqueurs volatiles, les agens chimiques, ont une » action évidente sur elle. Lorsque l'irritabilité est » portée à son comble, toutes les folioles s'appliquent les unes sur les autres par leur face supérieure, et le pétiole commun s'abaisse sur la » tige; mais souvent l'irritabilité ne se manifeste » que dans quelques parties de la feuille. Si l'on » touche légèrement une des folioles, cette foliole » seule s'ébranle et tourne sur son pétiole particu-

» lier ; si l'attouchement a été un peu plus fort, » l'irritation se communique à la foliole opposée, » et les deux folioles se joignent sans que les autres éprouvent aucun changement dans leur situation. Si l'on gratte avec la pointe d'une aiguille » une tache blanchâtre qu'on observe à la base des » folioles, celles-ci s'ébranlent tout à coup et bien » plus vivement que si la pointe de l'aiguille eût » été portée dans tout autre endroit. Quoique fanées, les feuilles ont encore des mouvemens » très-marqués, parce que les articulations ne » s'altèrent pas aussi promptement que le reste du » tissu, et qu'elles sont évidemment le siége de » l'irritabilité. Le temps nécessaire à une feuille » pour se rétablir, varie suivant la vigueur de la » plante, l'heure du jour, la saison et les circonstances atmosphériques. L'ordre dans lequel les » différentes parties se rétablissent, varie pareillement. Si l'on coupe avec des ciseaux, même sans » occasioner de secousses, la moitié d'une foliole » de la dernière ou de l'avant-dernière paire, » presque aussitôt la feuille mutilée et celle qui lui » est opposée se rapprochent ; l'instant d'après, le » mouvement a lieu dans les folioles voisines et » continue de se communiquer, paire par paire, » jusqu'à ce que toute la feuille soit repliée. Souvent » encore, après douze ou quinze secondes, le pétiole commun s'abaisse, et les folioles se rapprochent ; mais alors l'irritabilité, au lieu de se » communiquer du sommet de la feuille à sa base, » se communique de la base au sommet. L'acide » nitrique, la vapeur du soufre enflammé, l'ammoniaque, le feu appliqué par le moyen d'une » lentille de verre, l'étincelle électrique, produisent des effets analogues. Une chaleur trop forte, » la privation de l'air, la submersion dans l'eau, » ralentissent ces mouvemens en altérant la vigueur » de la plante. Le balancement d'une voiture, » observa feu Desfontaines, fait d'abord fermer les » feuilles ; mais quand elles sont pour ainsi dire » accoutumées à ce mouvement, elles se rouvrent » et ne se ferment plus. »

Tels sont les phénomènes que présentent les Mimosas, et en particulier le *Mimosa pudica*, dont il est temps de donner la description, ainsi que de ceux que nous avons mentionnés plus haut.

1° Mimeuse pudique, vulgairement la Sensitive, *Mimosa pudica*, Linn., représentée dans notre Atlas, pl. 365, fig. 3; en *a* les étamines, en *b* les mêmes grossies, en *c* une gousse. Tige herbacée, annuelle, à rameaux étalés d'environ deux pieds de haut, hérissée d'aiguillons jusque sur les pédoncules et les pétioles ; feuilles subdigitées, quadripennées ; pennules multifoliolées ; folioles linéaires, un peu obliques, tomenteuses, glanduleuses à la base, pétales et étamines nombreux ; fleurs d'un violet clair ; pour fruit un légume comprimé, hispide sur les bords. Commune dans les savanes du Brésil et cultivée chez nous en serre chaude.

2° Mimeuse sensible, *Mimosa sensitiva*, Linn. Tiges et pétioles garnis de petits aiguillons crochus ; les tiges ligneuses, longues et grêles dans la jeunesse ; feuilles biconjuguées-pennées ; pennules à deux paires de folioles ovales-aiguës, un peu obliques, inégales, glabres en dessus, garnies de poils couchés en dessous ; pétales et étamines égaux en nombre ; légume en chapelet. Du Brésil, et cultivée en serre chaude.

3° Mimeuse animée, *Mimosa viva*, Linn. Tige herbacée, inerme ; feuilles quadrijuguées-pennées ; folioles ovales-arrondies, égales ; fleurs à quatre étamines ; légumes à une seule articulation. Croît dans les savanes de la Jamaïque.

4° Mimeuse honteuse, *Mimosa pudibunda*, Willd. Tige ligneuse, armée d'aiguillons souvent géminés ; feuilles subdigitées, quadripennées, multijuguées ; pennules multifoliolées ; folioles linéaires, velues ; stipules frangées ; capitules elliptiques, géminés. Au Brésil, province de Bahia. (C. Lem.)

MIMOPHYRE. (min. et géol.) Sous ce nom M. A. Brongniart désigne une roche composée d'un ciment argiloïde, réunissant des grains très-distincts de feld-spath. Il la divise en trois espèces qu'il nomme *Mimophyre quartzeux*, lorsque les grains de quartz y sont nombreux ; *Mimophyre pétrosiliceux*, lorsque la pâte est compacte et présente quelques uns des caractères du pétrosilex ; enfin *Mimophyre argileux*, lorsque sa pâte est tendre et friable. (J. H.)

MIMOSÉES, *Mimoseæ*, R. B. (bot. phan.) Cette famille de plantes dicotylédonées, à fleurs polypétales, hermaphrodites ou polygames, établie par Robert Brown, était réunie aux Légumineuses par M. de Jussieu, et classée par M. De Candolle père, dans son Prodrôme, comme une tribu de cette famille.

Cette famille ou tribu est, à quelques exceptions près, particulière à la zone torride et à la Nouvelle-Hollande, dont elle caractérise la flore d'une manière presque absolue. Elle intéresse à la fois le botaniste et le philanthrope par les singuliers phénomènes d'irritabilité offerts par plusieurs espèces (les Sensitives), par les gommes et les résines que d'autres fournissent tant au commerce qu'à l'art de guérir ; par la qualité incorruptible des bois qu'elles produisent pour la plupart. En Afrique, l'horreur des déserts les plus arides, les plus brûlans, disparaît, pour ainsi dire, sous le feuillage léger, plumeux, sous les magnifiques fleurs en toques, en panaches, des Sensitives et surtout des Acacias. Les gousses d'un genre de cette belle famille (Inga) fournissent un aliment doux, aromatique et sucré aux nombreux habitans des deux Indes. Enfin, elle orne nos serres chaudes et tempérées par le port gracieux de son feuillage et de ses élégantes fleurs qu'elle donne en abondance. On connaît plus de sept cents espèces de Mimosées, divisées en plusieurs genres, dont nous ferons connaître les caractères à leur ordre. *Voyez* Mimeuse, Parkia, Prosopis, où nous passerons en revue les genres qui n'ont pas été mentionnés à l'ordre alphabétique, ainsi que les caractères qui constituent la famille. (C. Lem.)

MIMULE, *Mimulus*. (bot. phan.) Genre de plantes de la famille des Scrophulariées, Didynamie angiospermie, L., originaires pour la plupart des deux Amériques; les uns ont une tige herbacée, soit dressée, soit étalée; les autres sont des arbustes; leurs feuilles sont opposées; leurs fleurs axillaires et solitaires, ou bien disposées en épis, parfois en corymbes; le calice est tubuleux, à cinq angles et cinq dents; la corolle irrégulière et personnée, ouverte, ayant la lèvre supérieure bilobée et réfléchie sur ses côtés; l'inférieure à trois lobes inégaux; les anthères ont leurs loges divariquées à la base; un disque hypogyne, annulaire et oblique, environne l'ovaire; le stigmate se compose de deux lamelles glanduleuses sur leur face interne : si l'on touche l'une d'elles avec la pointe d'un instrument quelconque, aussitôt toutes deux se rapprochent par un mouvement dû à l'*irritabilité* de l'organe. Le fruit est une capsule recouverte par le calice, à deux loges polyspermes, s'ouvrant en deux valves septifères.

Les Mimules, sans être très-brillans, ont obtenu droit de naturalisation dans nos jardins. Ils demandent une terre légère et humide, et l'orangerie pendant l'hiver. On en compte environ douze espèces.

La plus commune est le Mimule ponctué, *Mimulus guttatus*, De Cand., originaire du Pérou. Ses tiges, radicantes à la base, s'élèvent à un pied; ses feuilles sont ovales et dentées, portées sur des pétioles velus et auriculés; ses fleurs sont axillaires, assez grandes, d'un jaune vif tacheté de rouge.

Le *Mimulus luteus* de Linné est assez voisin de cette espèce; il en diffère par sa tige et ses pétioles glabres, ses feuilles inférieures sessiles, ses fleurs grandes et portées sur de longs pédoncules.

Le Mimule orangé ou glutineux, *Mimulus glutinosus*, Willd., *M. aurantiacus*, Curt., est un arbuste du Pérou, haut de trois à quatre pieds, glutineux et pubescent dans toutes ses parties; ses feuilles sont sessiles et semi-embrassantes, elliptiques-allongées ou aiguës, dentées; ses fleurs, de couleur jaune-orangé, sont axillaires, solitaires, et portées sur des pédoncules assez courts.

Le Mimule de Virginie, *Mimulus rigens*, L., est une espèce plus rustique que les précédentes. Un peu de soleil suffit à ses fleurs d'un bleu pâle, isolées sur de longs pédoncules; ses tiges, carrées et cannelées, s'élèvent d'un à trois pieds.

Ce genre est appelé *Monaria* dans Adanson, et *Cynorhinchium* par Mitchell. Le nom de *Mimulus*, emprunté à Pline, désignait une Scrophulariée des prés, probablement le Rhinanthe crête-de-coq. (L.)

MIMUSOPE, *Mimusops.* (bot. phan.) De grands et beaux arbres de l'Inde et de la Nouvelle-Hollande composent le genre institué sous ce nom par Linné; il appartient à l'Octandrie monogynie et à la famille des Sapotacées, et se caractérise ainsi : calice monosépale, à six ou huit divisions disposées sur deux rangs; corolle monopétale, à lobes également disposés sur deux rangs, l'un intérieur de six à huit segmens, l'autre extérieur de six à seize lobes divisés en lanières étroites; six ou huit étamines fertiles, avec un nombre égal de filets stériles (ou appendices squamiformes); ovaire de six à huit loges, qui avortent presque toutes; fruit drupacé, souvent uniloculaire, contenant une graine osseuse, munie d'endosperme.

Nous avons dit à l'article *Imbricaria* que ce genre ne différait du Mimusope que par ses lanières trifides et sur trois rangs, et par la crête saillante des graines. Le *Binectaria* de Forskahl paraît également être très-voisin du Mimusope; R. Brown l'y réunit.

Le Mimusope elengi, *Mimusops elengi*, L., Lamk., Illustr., t. 300, se voit, comme chez nous le Tilleul, autour des habitations indiennes; c'est un hommage rendu à son port élégant, à son épais feuillage, si précieux dans ces climats, enfin au parfum qu'exhalent ses fleurs. Il s'élève très-haut; son tronc, simple et droit, revêtu d'une écorce crevassée, donne naissance à des rameaux d'abord grisâtres et cylindriques. Ses feuilles sont alternes, pétiolées, coriaces, glabres et luisantes, de forme elliptique allongée, à bords entiers, traversées d'une nervure longitudinale saillante, d'où partent d'autres nervures très-fines et presque transversales. Les fleurs sont axillaires, tantôt isolées, tantôt réunies par groupes de deux à six. Ces fleurs, par les divisions nombreuses et étagées de leur corolle, ressemblent à notre petite Marguerite, et, lorsque chaque matin on en trouve la terre jonchée, on croit voir autant de petites couronnes. Les femmes en font des guirlandes et des colliers, qu'à leur couleur jaune d'or on prendrait pour des parures du plus riche métal. Fanées, on les conserve encore pour parfumer les meubles et les vêtemens. Ajoutons que l'arbre fleurit deux fois par an, et vit près d'un siècle.

Les fruits du Mimusope sont ovoïdes, charnus, semblables à l'Olive, mais rouges à leur maturité. Leur chair est comestible, d'une saveur douce, légèrement astringente. Les Indiens préparent avec l'eau distillée des fleurs une espèce de thé que recommandent son odeur agréable et ses qualités fébrifuges. Quant au bois de l'arbre, il est blanc, dur, et se conserve long-temps dans l'eau. (L.)

MINARET. (moll.) Denis de Montfort a séparé sous ce nom quelques espèces de Mitres à spire plus turriculée; mais ce genre n'a pas été adopté. *V.* Mitre. (Guér.)

MINE. (géol. et min. appl.) On donne vulgairement le nom de Mine à toutes les substances minérales telles qu'elles se rencontrent dans la nature; ainsi l'on dit de la Mine d'argent, d'or, de cuivre, de platine, de mercure, de cobalt, de nickel, de charbon, d'alun, de soufre, etc., pour désigner les matières d'où l'on retire ces différentes substances, tandis que le nom générique de *Mines* s'applique plus particulièrement, comme nous le dirons plus loin, aux différentes excavations pratiquées pour extraire les minerais métalliques du sein de la terre.

On donne encore le nom de Mine en particulier à diverses substances auxquelles on a soin d'ajouter une épithète ou le nom du métal qu'on veut désigner; ainsi :

La

La *Mine d'acier* désigne ordinairement les minerais de fer spathique cristallisés qui, dans le traitement par les foyers catalans, donnent directement de l'acier malléable.

La *Mine douce*, au contraire, est ce même minerai devenu brun par suite de décomposition par les agens atmosphériques, et parce qu'il a moins de tendance à se convertir en acier et qu'il donne plus ordinairement du fer doux malléable.

La *Mine de fer des marais* est le fer hydraté limoneux que l'on voit encore quelquefois se former.

Mine de fer en grains. Plusieurs variétés de fer et d'origines bien différentes portent ce nom. Certains minerais de fer en grain du Berri ou de la Franche-Comté sont des oxides hydratés granuleux du terrain d'alluvion, tandis que d'autres, provenant du terrain jurassique, constituent ce que l'on appelle l'oolithe ferrugineuse. Ce sont de petits grains d'hydroxide plus ou moins abondans engagés dans une gangue calcaire, et formant des couches régulières.

Mine grasse. Expression dont se servent les mineurs dans quelques localités pour désigner le minerai pur et dégagé de sa gangue; les schlicks riches constituent la Mine grasse.

Mine noire. On appelle ainsi une espèce particulière de minerai de cuivre d'un aspect assez singulier, compacte, à cassure droite et de couleur gris très-foncé, qui se rencontre dans les Mines de Servoz en Savoie. C'est une espèce de cuivre gris. On donne aussi souvent dans les forges le nom de Mine noire à certains minerais de fer oxidé brun, pour les distinguer d'autres minerais oxidés rouges ou jaunes, et qui par la même raison prennent le nom de *Mine jaune* ou *rouge*, tandis qu'il y en a qui sont quelquefois désignés sous le nom de *Mine grise*, de *Mine fine*, etc., épithètes qui varient selon les localités et les variétés qu'on emploie simultanément.

Mine de plomb. Il y en a de deux sortes : la Mine de plomb noire, qui est le graphite ou percarbure de fer, avec lequel se fabriquent les crayons à écrire; et la Mine de plomb rouge, ou Minium, qui est le peroxide de plomb; mais lorsqu'on dit Mine de plomb simplement, c'est toujours le carbure de fer ou plombagine qu'on veut désigner. *V.* le mot GRAPHITE. (TH. V.)

MINERAIS. (GÉOL. et MIN. APPL.) Nom générique que l'on donne en métallurgie à toutes les substances minérales telles qu'on les extrait du sein de la terre, et qui sont susceptibles d'être exploitées et d'être traitées avec bénéfice. Comme les métaux se trouvent rarement à l'état métallique dans la nature, il en résulte que les Minerais sont presque toujours des combinaisons de ces métaux avec le soufre, l'oxygène, etc., ou bien avec d'autres métaux ; le Minerai prend alors le nom du métal pour lequel il est extrait; ainsi l'on dit des Minerais de plomb argentifères pour désigner les sulfures de plomb qui contiennent une petite proportion d'argent, suffisante cependant pour être extraite du plomb avec avantage; on désigne de même sous le nom de Minerais aurifères certains pyrites de cuivre ou de fer contenant de petites quantités d'or, etc.; les Minerais de fer arsenical ou manganésifères sont ceux qui contiennent des proportions assez notables de manganèse ou d'arsenic.

Les Minerais ne se trouvent pas seulement combinés avec d'autres métaux ou matières minérales, mais encore la plupart du temps ils sont mélangés avec des substances étrangères, soit dans les couches des terrains, soit dans les filons qui les traversent; ces matières, qui prennent le nom de *gangue*, varient selon les circonstances, et souvent on est obligé, pour s'en débarrasser, d'employer différens moyens mécaniques, tels que le grillage, le bocardage, le lavage, etc. On donne ordinairement dans les ateliers métallurgiques le nom de *schlick* aux Minerais préparés par des moyens mécaniques et prêts à être passés au fourneau. On dit encore qu'un Minerai est riche quand il n'est mélangé d'aucune matière étrangère et qu'il est par conséquent plus ou moins pur; on dit qu'il est pauvre, au contraire, quand il ne contient qu'une très-faible proportion du métal pour lequel il est exploité. *Voy.* aux mots MINES, MÉTALLURGIE, LAVAGE, BOCARDAGE, etc. (TH. V.)

MINÉRALISATION. (GÉOL. et MIN.) On a vu au mot MÉTALLISATION qu'on avait tout-à-fait abandonné l'ancienne hypothèse qui supposait que les métaux croissaient dans l'intérieur de la terre, ou que, comme le pensaient les alchimistes, certaines substances minérales pouvaient se transformer à la longue en d'autres substances et particulièrement passer aux métaux. Il ne faut pas attacher au mot Minéralisation tout-à-fait la même signification, c'est-à-dire l'idée de la transmutation des bases entre elles, ce qui serait contraire et en opposition avec les principes de la chimie et les idées reçues maintenant; mais il nous a paru nécessaire de conserver ce mot ou plutôt de le créer pour exprimer les modifications qui sont survenues ou qui surviennent encore tous les jours à certaines substances minérales dans le sein de la terre, surtout depuis que l'on a reconnu que l'électricité avait joué un grand rôle dans l'acte de leur formation.

On sait maintenant que la présence de trois élémens suffit pour déterminer des actions électriques, et que ces actions déterminent à leur tour des réactions chimiques. Les métaux surtout ont une grande tendance à développer ces actions *électro-chimiques*, que dans beaucoup de cas une très-haute température a encore servi à augmenter ou même à déterminer; on sait aussi que les filons métalliques sont des fentes, des fractures et crevasses du sol, où sont venues se réunir, soit par sublimation de l'intérieur, soit par infiltration de la surface, soit par ces deux causes réunies ou ayant agi simultanément et successivement, une foule de substances, dont les réactions, facilitées par l'humidité ou la présence d'un liquide quelconque, ont produit les divers minéraux qu'on y rencontre et qui y sont ordinairement très-variés. C'est de cette manière que des carbonates ont pu être transformés en sulfates ou sulfures; que ceux-ci ont été convertis en sulfates, en oxides et même quelquefois en carbonates ou en d'autres combinaisons, selon les causes modificatrices aux influences desquelles les matières primitivement déposées à un certain état ont été postérieurement soumises : ainsi s'expliquent très-bien la présence et la formation de certains chlorures, phosphates, fluates, sulfates, sulfures, oxides, carbonates, etc., etc., que l'on rencontre fréquemment au milieu des dépôts métalliques, associés au minéral qui est la base du filon; ainsi peut s'expliquer aussi le mélange et même la combinaison des différentes substances métalliques entre elles, et dont la séparation constitue l'art du métallurgiste. Le mot Minéralisation peut donc très-bien servir pour exprimer les modifications et les changemens survenus dans les substances minérales après leur dépôt, soit dans les filons, soit même dans les différentes couches des terrains qui composent l'écorce du globe. On verra, quand nous traiterons des modifications en général (*voy.* MODIFICATIONS DES ROCHES), l'une des questions les plus intéressantes et les plus neuves de la géologie et qui nous occupe spécialement beaucoup, les modifications et transmutations que les roches les plus anciennes (celles qui étaient connues sous le nom de primitives et celles dites de transition et même secondaires) ont subies depuis leur formation, par suite de la haute température à laquelle elles ont nécessairement été soumises pendant un très long laps de temps, et qui a déterminé la plupart des cristallisations qu'on y remarque et qui les constituent aujourd'hui. (TH. V.)

MINÉRALOGIE. Le premier qui sut distinguer l'or du cuivre, et le plomb de l'argent, fut minéralogiste. Les plus anciens écrits, tels que les livres de Moïse et les antiques monumens égyptiens, nous prouvent à quelle date reculée il faudrait remonter pour trouver l'origine de cette science, dont l'histoire primitive se perd dans la nuit des temps.

Aristote, qui vivait trois cents ans avant notre ère, paraît être le premier qui ait introduit quelque méthode dans l'étude de la Minéralogie. Il établit d'abord deux grandes classes : les minéraux divisibles sous le marteau, et les minéraux malléables. Il appela les premiers fossiles et les seconds métalliques. Son disciple Théophraste s'écarta de cette division pour classer les minéraux en fossiles, qu'il subdivisa en pierres et en terres, et en métaux, qu'il classa suivant leur valeur et leur utilité. Dioscoride, soixante-quinze ans avant notre ère, adoptant une classification moins exacte que celle de Théophraste, partagea les substances minérales en minéraux marins et en minéraux terrestres. Pline, qui, malgré les erreurs populaires qu'il nous transmit sans examen, s'est assis au premier rang parmi les naturalistes des temps anciens, adopta le système de Théophraste. A ce génie supérieur qui, sur les flancs du Vésuve, tenta de ravir à la nature ses impénétrables secrets, on vit succéder le Grec Zozime, et plus tard l'Arabe Geber, qui ne virent dans l'étude des minéraux que l'art mensonger par lequel les métaux les plus ordinaires pouvaient prendre les caractères et les propriétés de l'or.

Ces recherches infructueuses n'avaient été d'aucune utilité à la science, lorsque, vers le commencement du onzième siècle, Avicenne parut. Il essaya de répandre un peu de clarté dans l'étude de la Minéralogie; il ajouta aux pierres et aux métaux les sels et les substances sulfureuses, et rangea les minéraux en quatre classes : les pierres, les métaux, le soufre, et les sels. Il démontra le premier l'utilité de l'analyse pour distinguer ces différens corps, et sa nomenclature eut la gloire de rester en usage dans certaines écoles jusqu'au siècle dernier.

Albert-le-Grand vint deux siècles plus tard : la seule modification qu'il apporta dans le système d'Avicenne, fut de comprendre sous la dénomination de *Mineralia media* les sels et les substances combustibles. Valentin, vers la même époque, faisait connaître l'*antimoine*, et l'alchimiste Isaac introduisait des procédés métalliques dans l'analyse des métaux.

Dans l'histoire de la Minéralogie, les travaux des alchimistes n'ont pas été sans influence sur cette science. Ce n'est pas ici le lieu de retracer en détail leurs recherches infructueuses pour le but qu'ils se proposaient; mais il ne sera peut-être pas inutile de rappeler que la science qui s'occupe avec tant de succès de la composition des corps était ébauchée et tenue cachée par les alchimistes; on sait, ainsi que l'a dit un chimiste célèbre, qu'ils s'imaginaient qu'il existait des métaux parfaits, tels que l'or et l'argent, et des métaux imparfaits, tels que le mercure et le plomb, et qu'on pouvait, par des moyens occultes, transformer ces derniers en argent ou en or : but qu'ils regardaient comme le plus noble, et qu'ils nommaient le grand œuvre, la pierre philosophale.

Comme les principaux métaux sont au nombre de sept, les alchimistes imaginèrent de les consacrer aux sept planètes connues de leur temps.

Ainsi, dans leur langue scientifique, l'or était le Soleil, l'argent la Lune, le fer Mars, le cuivre Vénus, le mercure Mercure, le plomb Saturne, et l'étain Jupiter.

La science, restée pendant plusieurs siècles dans un état stationnaire, ne fit quelques pas vers la perfection que par l'impulsion que lui donna George Agricola, vers l'an 1546. Il s'empara des idées de Théophraste, et bientôt une nouvelle ère commença pour la Minéralogie. Ce fut lui qui découvrit le *bismuth* et qui inventa, pour l'exploitation des mines et le traitement des minerais, de nouvelles méthodes qui subirent même peu de changemens jusqu'au dix-huitième siècle. Contemporain d'Agricola, Paracelse, livré tout entier aux travaux hermétiques, fut conduit à la connaissance du *zinc*, tandis que Bernard de Palissy donnait, par ses recherches, un nouvel intérêt à la science minéralogique.

Enfin, le goût des collections naquit; on étudia le gisement des minéraux; on sentit le besoin d'une classification fondée sur des principes établis, et les ouvrages se multiplièrent. Bécher, en 1664, fit revivre la méthode de Théophraste et d'Avicenne, et se livra à des recherches relatives aux effets que produit le feu sur les minéraux. En Angleterre, le physicien Boyle observait, en 1673, la propriété électrique de quelques uns de ceux-ci. Brandt, en 1733, découvrit l'*arsenic* et le *cobalt*; vers la même époque, Bromel proposait un système de classification. Wood faisait la découverte du *platine* en 1741; Cramer, Henckel et Woltersdorff tentaient chacun leur méthode : l'un se montrait partisan d'une nomenclature fondée sur l'analyse chimique; celui-ci ne voulait classer ses minéraux que d'après les caractères extérieurs; celui-là proposait d'adopter une méthode mixte. Tel fut le dernier parti que prit le Suédois Vallerius, en 1747. L'analyse chimique lui servit à tracer de grandes divisions qui se subdivisèrent d'après les caractères extérieurs. Sa nomenclature est plus régulière que celle d'aucun de ses devanciers; la description des espèces et des variétés y est plus exacte qu'on ne l'avait faite jusqu'alors.

Cronstedt, son compatriote et son contemporain, contribua aux progrès de la science, en publiant, en 1758, une classification dans laquelle les classes, les ordres, les genres et les espèces sont établis d'après des considérations chimiques, quoiqu'il n'exclue point les caractères extérieurs et les propriétés faciles à reconnaître par des expériences fort simples. C'est à ce minéralogiste que l'on dut, en 1751, la découverte du *nickel* et l'utile emploi du chalumeau. A la même époque, Gellert et Cartheuser essayaient aussi de classer les minéraux; Lehmann enrichissait la science d'observations nouvelles; tandis que l'étude de la chimie, reconnaissait l'existence de trois terres simples : la *chaux* la *silice* et l'*alumine*.

L'impulsion était donnée; la science ne pouvait plus ralentir sa marche : en 1774 Gahn et Schéele firent connaître le *manganèse*; en 1781 Delhuyard venait de découvrir le *tungstène*, qui a été dédié à Schéele sous le nom de *Schéelin*; Grégor le *titane*, Muller le *tellure*, et Heilm le *molybdène*. En 1789, Klaproth enrichit la minéralogie d'un nouveau métal, l'*urane*; et huit ans plus tard, en 1797, Vauquelin fit connaître le *chrôme*.

Depuis le commencement du dix-neuvième siècle, les découvertes dues à la chimie ont encore été plus nombreuses que dans les siècles précédens. Nous allons les passer rapidement en revue. En 1802, Hatchett découvrit le *colombium* ou *tantale*; en 1803, on dut à Wollaston la découverte du *palladium* et du *rhodium*; aux chimistes Vauquelin, Fourcroy, Tennant et Descotils, celle de l'*iridium* et de l'*osmium*; à Berzelius et Hisinger en 1804 celle du *cérium*; à Davy, en 1807, celle de six métaux dont on ne connaissait sous le nom de terres que les oxides; savoir : le *potassium*, le *sodium*, le *barium*, le *strontium*, le *calcium* et le *magnésium*. En 1810, Berzélius découvrit le *silicium* et le *zirconium*; en 1818, Hermann ou Stromayer fit connaître le *cadmium*, et Arfwedson le métal appelé *lithium*. De 1818 à 1823, on dut à Wœhler la découverte de l'*aluminium*, du *glucium* et de l'*yttrium*. Enfin, en 1828, Berzélius découvrit le *thorium*, et Sefstroem le *vanadium*; ce qui porte à quarante-un le nombre total des métaux.

Après cet aperçu historique relatif à la marche de la Minéralogie, passons à d'autres considérations relatives aux principes sur lesquels s'appuie cette science.

Les *corps inorganisés* appartiennent à trois divisions principales : 1° celle des *corps qui ne peuvent être formés qu'à l'aide des fonctions vitales*, tels que les *sucres*, les *gommes*, les *résines*, etc., qui doivent leur origine aux végétaux, et les sécrétions *calcifères* qui se forment dans les animaux; 2° celle des *corps formés à l'aide des matières organiques enfouies dans les diverses couches du globe*, tels que certaines *résines*, certains *bitumes* qui proviennent de la décomposition des matières végétales et minérales, des végétaux charbonnés, des sels divers, etc.; 3° celle des corps d'origine purement minérale que l'on tire du sein de la terre ou que l'on peut obtenir artificiellement, tels que les métaux, les carbonates, les sulfates, les chlorhydrates, les silicates, etc.

Ces deux dernières divisions, qui comprennent les *minéraux* proprement dits, sont spécialement du ressort de la *Minéralogie*; mais comme cette science doit s'occuper de tous les corps qui n'ont point été formés à l'aide des fonctions vitales, elle s'occupe aussi de l'étude des liquides et des fluides aériformes qui se trouvent naturellement à la surface ou dans l'intérieur de la terre. L'objet de la *Minéralogie* est d'étudier ces corps, de découvrir leurs propriétés, de connaître leur degré d'utilité, de distinguer leurs caractères, de les classer méthodiquement et d'indiquer leur manière d'être dans les couches qui forment l'écorce du globe.

Sous ce dernier rapport, les recherches du minéralogiste se confondent avec quelques unes de celles du géologiste, mais avec cette différence que le minéralogiste n'a besoin que d'effleurer les connaissances qui sont exclusivement du domaine de la géologie, tandis que le géologiste ne peut parvenir au but complet de ses recherches sans l'étude préliminaire de la Minéralogie.

Nous exposerons à l'article Minéraux les principaux caractères extérieurs qui servent à les faire reconnaître : ils sont de la plus grande importance : aussi doit-on citer, pour prouver tout le parti que l'on peut tirer de l'emploi de ces caractères, plusieurs minéralogistes, en tête desquels il faut placer le célèbre Werner, qui a fondé l'école allemande de Freyberg; puis notre savant Haüy, qui, à l'aide de la forme cristalline, a inventé une classification qui, malgré les progrès de la chimie, peut encore servir aux besoins essentiels de la science; puis enfin M. Mohs, en Prusse, qui, après ces deux illustres savans, fonde sur une foule de caractères physiques une classification qui mériterait d'être plus connue dans la France savante; sans compter l'école d'Edimbourg, où l'on classe les minéraux en substances *solides*, *friables* et *fluides*, et où l'on obtient d'utiles résultats des caractères extérieurs chimiques et physiques, sans oublier ceux que l'on peut tirer du *son*, qui diffère, en effet, selon la nature des minéraux.

Les mémorables travaux de M. Ampère, de Berzélius et de Davy, qui, par une marche opposée, ont offert à M. Becquerel une carrière toute nouvelle, ont dû, en ouvrant un champ plus vaste à la chimie, avoir une influence marquée sur l'étude de la Minéralogie.

En étudiant les minéraux sous le point de vue *chimique*, on est porté à les partager, ainsi qu'on l'a dit, en deux grands ordres qui représentent en quelque sorte les sexes dans le règne organique. « Dans chacun de ces ordres, dit M. Beudant, les » corps ont en général peu d'action les uns sur les » autres, et il n'y a de combinaison qu'entre des » corps qui appartiennent à des séries différentes.» C'est ce que les anciens minéralogistes avaient entrevu en reconnaissant des *principes minéralisans* et des *corps minéralisés*. Mais dans l'état actuel de la science on a dû être conduit à des expressions qui rappellent un phénomène fondamental.

Si l'on soumet un corps à l'action de la pile voltaïque, il arrive généralement que ce corps se décompose; l'un des composans se porte au pôle positif, et l'autre au pôle négatif. Si c'est un oxide, c'est l'oxygène qui se porte au pôle positif; s'il est composé d'un acide et d'un oxide, c'est l'acide qui se porte au pôle positif. Ainsi, que l'on mette une solution de *nitrate de potasse* dans un tube et de l'eau pure dans un autre; que l'on établisse une communication entre ces deux tubes par une mèche d'amianthe imbibée d'eau; que l'on fasse plonger le fil positif d'une pile en activité dans le premier tube et le fil négatif dans le second: on reconnaît au bout de peu de temps que celui qui renfermait le sel ne présente plus qu'une liqueur acide, et que celui qui renfermait l'eau pure offre une liqueur alcaline: c'est-à-dire que l'un contient l'acide nitrique et l'autre la potasse.

De cette expérience et de plusieurs autres semblables on a été conduit à reconnaître que le composant qui se porte au pôle *positif* est par lui-même *électro-négatif*, et que celui qui se porte au pôle *négatif* est par lui-même *électro-positif*. D'où il résulte que l'on admet dans tous les composés un corps *électro-négatif* et un corps *électro-positif*. C'est ce qui explique pourquoi tous les corps ne se combinent pas indifféremment entre eux, comment il y a des combinaisons plus faibles les unes que les autres, etc.

« D'après cela, dit M. Beudant, on voit que la division des minéraux en *acides* et en *bases*, qu'on a établie depuis long-temps dans les corps oxygénés, correspond à la division en *électro-négatifs* qui sont tous les acides, et en *électro-positifs* qui sont les bases; mais cette dernière division s'étend à tous les corps, et de plus, elle fait sentir plus facilement qu'un même corps peut agir tantôt d'une manière et tantôt d'une autre, suivant l'état électrique relatif du corps en présence duquel il se trouve. »

C'est donc d'après cette grande division que M. Beudant fonde sa classification, qui repose uniquement sur l'élément *acide* ou *électro-négatif*, comme ayant une action directe sur la forme extérieure des minéraux et même sur leur cristallisation. Il divise les substances minérales en *classes*, *familles*, *genres*, *espèces* et *variétés*.

Ses classes, au nombre de trois, portent les dénominations proposées par M. Ampère. Ce sont:

1° Les *gazolithes*;

2° Les *leucolithes*;

3° Les *chroïcolithes*.

Les *familles* sont établies sur un principe chimique commun, soit *électro-positif*, soit *électro-négatif*: ainsi le *soufre*, les *sulfures* et les *sulfates* forment la famille des *sulfurides*.

Les *genres* sont fondés sur le principe électro-négatif: tels sont les genres *silicates*, *carbonates*, *sulfates*, etc.

Les *espèces* comprennent chacune tous les minéraux qui ont entre eux le plus d'analogie: c'est-à-dire les corps simples ou composés formés des mêmes principes et dans les mêmes proportions.

Nous terminerons, ainsi que nous l'avons promis dans notre article MÉTHODES MINÉRALOGIQUES, en donnant ici les tableaux des quatre principales classifications que l'on connaît en Minéralogie: c'est-à-dire de celles de M. Berzélius, d'Haüy, de M. Al. Brongniart et de M. Beudant.

Tableau de la classification minéralogique purement chimique du professeur J.-J. Berzélius.

PREMIÈRE CLASSE.

Corps formés suivant le principe qui préside à la formation de la nature inorganique, et dans la composition desquels il entre seulement deux élémens.

A. OXYGÈNE (principe acidifiant).

B. CORPS COMBUSTIBLES.

Premier ordre. MÉTALLOÏDES.

Première famille. SOUFRE. Soufre natif ou volcanique, acide sulfureux, acide sulfurique.

Deuxième famille. RADICAL MURIATIQUE. Acide muriatique.

Troisième famille. RADICAL NITRIQUE. Gaz nitreux.

Quatrième famille. BORE. Acide borique.

Cinquième famille. CARBONE. Diamant, anthracite, acide carbonique.

Sixième famille. HYDROGÈNE. Hydrogène sulfuré, hydrogène carboné, eau météorique.

Deuxième ordre. MÉTAUX ÉLECTRO-NÉGATIFS. Comprenant les métaux dont les oxides, dans leur association avec d'autres corps oxidés, ont une plus grande tendance à jouer le rôle d'acides que celui de bases.

Première famille. ARSENIC. Arsenic natif, réalgar et orpiment, fleurs d'arsenic.

Deuxième famille. CHRÔME. Chrôme oxidé.

Troisième famille. MOLYBDÈNE. Molybdène sulfuré, molybdène oxidé.

Quatrième famille. ANTIMOINE. Antimoine natif, Antimoine gris et antimoine rouge, antimoine oxidé feuilleté, antimoine oxidé rayonné, antimoine terreux.

Cinquième famille. TITANE. Anathase et rutile.

Sixième famille. SILICIUM. Cristal de roche, quartz, calcédoine, etc.; cornaline, agate, jaspe, caillou ferrugineux, etc.

Troisième ordre. MÉTAUX ÉLECTRO-POSITIFS, dont les oxides ont une plus grande tendance à jouer le rôle de bases que celui d'acides.

Première sous-division. Métaux dont les oxides, soumis à l'action d'une haute température, se réduisent, soit d'eux-mêmes, soit par l'addition du charbon en poudre, et qui sont les radicaux des anciens oxides métalliques proprement dits.

Première famille. IRIDIUM. Iridium natif.

Deuxième famille. PLATINE. Sable de platine et platine noir.

Troisième famille. OR. Or natif, or graphique et mine jaune.

Quatrième famille. MERCURE. Mercure natif, cinabre, mine brune et mine hépatique, mine de mercure cornée.

Cinquième famille. PALLADIUM. Palladium.

Sixième famille. ARGENT. Argent natif, argent vitreux, argent rouge, argent antimonial, électrum et argent aurifère, amalgame compacte et coulant, argent corné, argent gris.

Septième famille. BISMUTH. Bismuth natif, bismuth sulfuré, bismuth sous-sulfuré et nadelerz, bismuth oxidé.

Huitième famille. ETAIN. Mine d'étain et étain de bois.

Neuvième famille. PLOMB. Plomb natif, galène argentifère, cobaltifère, etc.; bournonite, tellure feuilleté, plomb oxidé jaune et minium natif, vitriol de plomb, plomb corné, plomb vert, plomb phosphaté, arsénifère, conchoïde et fibreux, plomb blanc spathique et plomb noir, plomb rouge et mine verte scoriacée qui l'accompagne, plomb spathique jaune.

Dixième famille. CUIVRE. Cuivre natif, cuivre vitreux, pyrite cuivreuse, mine de cuivre grise, mine de cuivre noire, pyrite d'etain, mine de bismuth cuivreuse, cuivre oxidé rouge et cuivre oxidé noir, vitriol de cuivre et mine verte scoriacée provenant de la mine de cuivre grise, cuivre muriaté arénacé, cuivre phosphaté, malachite, mine de cuivre azurée, malachite siliceuse, arséniates de cuivre de Bournon, espèces 2, 3 et 5, dioptose et cuivre siliceux.

Onzième famille. NICKEL. Pimélithe.

Douzième famille. COBALT. Pyrite de cobalt, cobalt éclatant, cobalt gris et cobalt blanc, mine de cobalt noire, vitriol de cobalt, fleurs de cobalt et cobalt terreux.

Treizième famille. URANE. Urane piciforme, urane micacé et oxide d'urane.

Quatorzième famille. ZINC. Blende, zinc oxidé, vitriol de zinc, calamine spathique et fleurs de zinc, zinc vitreux, galnite (automalithe).

Quinzième famille. FER. Fer natif, fossile et météorique, pyrite magnétique et pyrite commun, graphite, mispickel (fer arsenical), tellure natif, mine de fer rouge, fer magnétique et fer oligiste, vitriol vert et vitriol rouge, pierre atramentaire, fer terreux bleu, fer spathique, mine cubique, fer chromé, ménakanite, nigrine et fer magnétique compacte, fer limoneux des lacs.

Seizième famille. MANGANÈSE. Manganèse vitreux, manganèse gris, manganèse noir, manganèse argentin, manganèse phosphaté, ferrifère, manganèse rouge compacte de Kapnick, wolfram, tantalite (wolframifère, stannifère), manganèse siliceux noir, manganèse siliceux rouge et pyromalithe.

Dix-septième famille. CÉRIUM. Cérite (cérium oxidé).

Deuxième sous-division. Métaux qui ne sont pas réductibles à l'aide de la poussière de charbon, et dont les oxides forment les *terres* et les *alcalis*.

Première famille. ZIRCONIUM. Zircon ou hyacinthe.

Deuxième famille. ALUMINIUM. Argile native de Halle et de Newhawen, pycnite et topaze, saphir, rubis, corindon, émeri, collyrite, néphéline, disthène, pechstein fusible, steinhilite, hisingrite, pinite, staurotide, almandin, diaspore, turquoise orientale et wavellite terreuse. Espèces argileuses ou mélangées d'un silicate argileux, avec des bases pulvérulentes étrangères: kaolin lithomarge, savon de montagne, bol, terre de Lemnos, terre à foulons, cimolithe, argile, argile bleue, schiste argileux, schiste inflammable.

Troisième famille. YTTRIUM. Yttro-tantalite, gadolimite.

Quatrième famille. GLUCINIUM. Emeraude (chromifère, tantalifère, stannifère) et euclase.

Cinquième famille. MAGNESIUM. Sel d'Epsom, magnésite et pikrolithe, boracite, stéatite, écume de mer, serpentine noble, chlorite, pierre savoneuse, néphrite, fahlunite dure d'un jaune brunâtre, hypersthène, bronzite, olivine, pargasite, lazulite de Werner, spinelle et pléonaste.

Sixième famille. CALCIUM. Gypse ordinaire et chaux anhydrosulfatée, apatite, spath fluor, spath calcaire et ses divers mélanges, spath amer, arragonite, datholithe et botryolithe, pharmacolithe, tungstène, sphène, trippelsilicikat (d'Ædelfors) tofelspath, laumonite, zéolithe farineuse, stilbite; scapolithe bacillaire, zéolithe de Borkhult, zéolithe de Cronstedt, prehnithe feuilletée, prehnithe rayonnée, koupholithe, chrysobéril, malacolithe, grammolithe, asbeste rayonnante, coccolithe, byssolithe, ilvaïte (yénite), mélanite, aplome, grossularia, loboïte, colophonite, pyrope, allochroïte, kannelstein, idocrase, axinite, tourmaline du Brésil, épidote, skorza, zoïsite, autophyllite, smaragdite, angite, schillerstein, hornblende (amphibole), cerin ou allanite.

Septième famille. STRONTIANIUM. Schuzzite ou cœlestine, strontianite.

Huitième famille. BARYTIUM. Spath pesant, hépatite, withérithe, harmotome.

Neuvième famille. SODIUM (*Natrium*). Sel de Glauber et glaubérithe, sel gemme, etc.; trinkal, soda. lithe, lazulithe, mésotype ou natrolithe, schorl électrique, kubizite (analcime). sarcolithe, wernérithe, ekebergite, natrolithe de Hesselkulla, scapolithe, rubellithe, saussurite, pierre de Labrador, basalte, klingstein (phonolithe).

Dixième famille. POTASSIUM (*Kalium*). Alun, nitre ou salpêtre, feldspath, leucithe; élacolithe, lépidolithe, spodumène, andalousite, tourmaline, ichthyophthalme, chabasie, mica, talc, agalmatholithe, terre verte, pierre-ponce, jaspe-porcelaine, obsidienne.

SECONDE CLASSE.

Corps formés suivant le principe qui préside à la formation de la nature organique et dans la composition desquels il entre plus de deux élémens.

Premier ordre. SUBSTANCES PROVENANT DE CORPS ORGANISÉS. Humus, tourbe, lignite.

Deuxième ordre. ESPÈCES RÉSINOÏDES. Succin, rétinasphalte, bitume élastique.

Troisième ordre. ESPÈCES LIQUIDES. Naphthe, pétrole.

Quatrième ordre. ESPÈCES AYANT L'ASPECT DE LA POIX. Malthe, asphalte.

Cinquième ordre. ESPÈCES CHARBONNEUSES. Houille et ses diverses variétés.

Sixième ordre. SUBSTANCES SALINES. Ammoniaque sulfatée, ammoniaque muriatée, argile mellatée ou honingstein.

Tableau méthodique de la classification minéralogique d'Haüy.

PREMIÈRE CLASSE.

ACIDES LIBRES.

2 *espèces.* Acide sulfurique, — boracique.

SECONDE CLASSE.

SUBSTANCES MÉTALLIQUES HÉTÉROPSIDES.

Premier genre. — CHAUX.

9 *espèces.* Chaux carbonatée, — arragonite, — phosphatée, — fluatée, — sulfatée, — anhydro-sulfatée, — nitratée, — arséniatée, — boratée siliceuse.

Deuxième genre. — BARYTE.

2 *espèces.* Baryte sulfatée, — carbonatée.

Troisième genre. — STRONTIANE.

2 *espèces.* Strontiane sulfatée, — carbonatée.

Quatrième genre. — MAGNÉSIE.

4 *espèces.* Magnésie sulfatée, — boratée, — carbonatée, — hydratée.

Cinquième genre. — ALUMINE.

9 *espèces.* Corindon. — Alumine sulfatée, — sous-sulfatée, — sous-sulfatée alkaline, — fluatée siliceuse, — fluatée alkaline, — hydro-phosphatée, — hydratée, — magnésie.

Sixième genre. — POTASSE.

2 *espèces* Potasse nitratée, — sulfatée.

Septième genre. — SOUDE.

5 *espèces.* Soude sulfatée, — muriatée, — boratée, — carbonatée, — nitratée.

Appendice au septième genre.

1 *espèce.* Glaubérite.

Huitième genre. — AMMONIAQUE.

2 *espèces.* Ammoniaque sulfatée, — muriatée.

APPENDICE A LA SECONDE CLASSE.

Ordre unique. — SILICE.

* *Libre.*

QUARTZ.

Quartz hyalin, — agathe, — résinite, — jaspe.

** *En combinaison.*

A. BINAIRE.

SILICE COMBINÉE AVEC LA ZIRCONE.

Zircon.

SILICE COMBINÉE AVEC L'ALUMINE.

9 *espèces.* Cymophane. — Grenat. — Helvin. — Haüyne. — Staurotide. — Néphéline. — Pinite. — Disthène. — Macle.

SILICE COMBINÉE AVEC LA CHAUX.

3 *espèces.* AMPHIBOLE. — Pyroxene. — Wollastonite.

SILICE COMBINÉE AVEC L'YTTRIA.

Espèce unique. Gadolinite.

SILICE COMBINÉE AVEC LA MAGNÉSIE.

6 *espèces.* Hypersthène. — Diallage. — Péridot. — Condrodite. — Asbeste. — Talc.

B. TERNAIRE.

SILICE COMBINÉE AVEC L'ALUMINE ET LA GLUCINE.

espèces. Emeraude. — Euclase.

SILICE COMBINÉE AVEC L'ALUMINE ET LA CHAUX.

11 *espèces.* Aplome. — Essonite. — Idocrase. — Gehlénite. — Axinite. — Epidote. — Wernérite. — Paranthine. — Dipyre. — Anthophyllite. — Prehnite.

SILICE COMBINÉE AVEC L'ALUMINE ET LA MAGNÉSIE.

Espèce unique. Cordiérite.

SILICE COMBINÉE AVEC L'ALUMINE ET LA SOUDE.

3 *espèces.* Tourmaline. — Lazulite. — Sodalite.

SILICE COMBINÉE AVEC L'ALUMINE ET LA POTASSE.

4 *espèces.* Amphigène. — Meïonite. — Feldspath. — Mica.

SILICE COMBINÉE AVEC L'ALUMINE ET LE LITHION.

2 *espèces.* Triphane. — Pétalite.

SILICE COMBINÉE AVEC L'ALUMINE ET L'EAU.

Espèce unique. Triclasite.

C. QUATERNAIRE.

SILICE COMBINÉE AVEC L'ALUMINE, LA BARYTE ET L'EAU.

Espèce unique. Harmotome.

SILICE COMBINÉE AVEC L'ALUMINE, LA CHAUX ET L'EAU.

3 *espèces.* Laumonite. — Stilbite. — Chabasie.

SILICE COMBINÉE AVEC L'ALUMINE, LA SOUDE ET L'EAU.

2 *espèces.* Analcime. — Mésotype.

SILICE COMBINÉE AVEC LA CHAUX, LA POTASSE ET L'EAU.

Espèce unique. Apophyllite.

TROISIÈME CLASSE.

SUBSTANCES MÉTALLIQUES AUTOPSIDES.

Premier ordre.

Non oxidables immédiatement, si ce n'est à un feu très-violent, et réductibles immédiatement.

Premier genre. — PLATINE.

Espèce unique. Platine natif ferrifère.

Deuxième genre. — IRIDIUM.

Espèce unique. Iridium osmié.

Troisième genre. — OR.

Espèce unique. Or natif.

Quatrième genre. — ARGENT

6 *espèces.* Argent natif, — antimonial, — sulfuré, — antimonié sulfuré, — carbonaté, — muriaté.

Second ordre.

Oxidables et réductibles immédiatement.

Genre unique. — MERCURE.

4 *espèces.* Mercure natif, — argental, — sulfuré, — muriaté.

Troisième ordre.

Oxidables, mais non réductibles immédiatement, sensiblement réductibles.

Premier genre. — PLOMB.

11 *espèces.* Plomb natif, — volcanique, — sulfuré, — oxidé rouge, — arséniaté, — chromaté, — chromé, — carbonaté, — phosphaté, — molybdaté, — sulfaté, hydro-alumineux.

Deuxième genre. — NICKEL.

3 *espèces.* Nickel natif, — arsenical, — arséniaté.

Troisième genre. — CUIVRE.

14 *espèces.* Cuivre natif, — pyriteux, — gris, — sulfuré, — oxidulé, — sélénié, — sélénié argental, — hydrosiliceux, — dioptase, — muriaté, — carbonaté, — arséniaté, — phosphaté, — sulfaté.

Quatrième genre. — FER.

17 *espèces.* Fer natif, — oxidulé, — oligiste, — arsenical, — sulfuré, — sulfuré magnétique, — sulfuré blanc, carburé ou graphite, — calcareo-siliceux, — oxidulé titané, — oxidé (hydraté), — phosphaté, — chromaté, — arséniaté, — muriaté, — oxalaté, — sulfaté.

Cinquième genre. — ÉTAIN.

2 *espèces.* Étain oxidé, — sulfuré.

Sixième genre. — ZINC.

4 *espèces.* Zinc oxidé silicifère, — carbonaté, — sulfuré, — sulfaté.

Non ductiles.

Septième genre. — BISMUTH.

3 *espèces.* Bismuth natif, — sulfuré, — oxidé.

Huitième genre. — COBALT.

3 *espèces.* Cobalt gris, — oxidé noir, — arséniaté.

Neuvième genre. — ARSENIC.

3 *espèces.* Arsenic natif, — oxidé, — sulfuré.

Dixième genre. — MANGANÈSE.

5 *espèces*. Manganèse oxidé, — oxidé hydraté, — sulfuré, — carbonaté, — phosphaté.

Onzième genre. — ANTIMOINE.

4 *espèces*. Antimoine natif, — sulfuré, — oxidé, — oxidé-sulfuré.

Douzième genre. — URANE.

3 *espèces*. Urane oxidulé, — oxidé, — sulfaté.

Treizième genre. — MOLYBDÈNE.

Espèce unique. Molybdène sulfuré.

Quatorzième genre. — TITANE.

3 *espèces*. Titane oxidé, — anathase, — calcaréo-siliceux.

Quinzième genre. — SCHÉELIN.

2 *espèces*. Schéelin ferruginé, — calcaire.

Seizième genre. — TELLURE.

2 *espèces*. Tellure natif, — sélénié bismuthifère.

Dix-septième genre. — TANTALE.

Espèce unique. Tantale oxidé.

2 *sous-espèces*. Tantale oxidé ferro-manganésifère. — Tantale oxidé yttrifère.

Dix-huitième genre. — CERIUM.

1re *espèce*. Cérium oxidé siliceux.

2 *sous-espèces*. Cérium oxidé siliceux rouge. — Cérium oxidé siliceux noir.

2e *espèce*. Cérium fluaté.

QUATRIÈME CLASSE.

SUBSTANCES COMBUSTIBLES NON MÉTALLIQUES.

4 *espèces*. Soufre. — Diamant. — Anthracite. — Mellite.

Appendice à la classe des substances combustibles.

SUBSTANCES PHYTOGÈNES.

4 *espèces*. Bitume. — Houille. — Jayet. — Succin.

Appendice aux quatre classes.

Substances dont la nature n'est pas encore assez connue pour permettre de leur assigner des places dans la méthode.

Albite. — Allochroïte. — Allophane. — Amianthoïde. — Bergmannite. — Breislackite. — Eudialyte. — Feldspath apyre (andalousite). — Feldspath bleu. — Fibrolite. — Gabronite. — Hedenbergite. — Jade. — Karpholite. — Killénite. — Lazulite de Werner. — Melilite. — Pierre grasse. — Spinellane. — Spinthère. — Talc granulaire et talc graphique? — Turquoise.

Tableau méthodique de la dernière classification minéralogique de M. Al. Brongniart.

PREMIÈRE CLASSE.

Les MÉTALLOÏDES.

Premier ordre. — MÉTAUX GAZEUX.

Genre CHLORE. Acide hydrochlorique.

HYDROGÈNE. Eau, hydrogène oxidé, hydrogène sulfuré.

Deuxième ordre. — MÉTAUX SOLIDES, FUSIBLES, VOLATILS.

Genre SOUFRE. Soufre natif, acide sulfureux, acide sulfurique.

Genre SELENIUM. Ekbaïrite.

Genre ARSENIC. Arsenic natif, réalgar, orpiment blanc.

Genre TELLURE. Tellure natif, graphique, feuilleté.

Troisième ordre. — MÉTAUX SOLIDES, INFUSIBLES, FIXES.

Genre CARBONE. Diamant, acide carbonique.

Genre BORE. Acide borique.

Genre SILICIUM. Quartz (les anhydres), hyalins, grès, agate, silex, jaspe (les aquifères), hyalite, girasol, opale, résinite, ménilite.

DEUXIÈME CLASSE.

LES MÉTAUX HÉTEROPSIDES.

Premier ordre. — OXIDES INSOLUBLES.

Genre ZIRCONIUM. Zircon, jargon, hyacinthe.

Genre ALUMINIUM. Corindon, télésie, adamantine, émeri, diaspore, webstérite, wavellite, calaïte, topaze, pinite, disthène, néphéline, triclasite, staurotide, grenat, almandine, pyrope, grossulaire, galitzinite, tourmaline, schorl, brésilienne, rubellite, collyrite.

Genre YTTRIUM. Gadolinite.

Genre GLUCIUM. Béryl, aigue-marine, émeraude, euclase.

Deuxième ordre. — OXIDES UN PEU PLUS SOLUBLES.

Genre MAGNESIUM. Epsomite, brucite, boracite, giobertite, magnésite, condrodite, talc laminaire, stéatite, serpentine, chlorite, péridot, chrysolithe, olivine, diallage, hypersthène, cordiérite, spinelle, rubis, pléonaste.

Genre CALCIUM. Karstenite, gypse; phosphorite, apatite, chrysolite, terreux; fluore; calcaire, rhomboïdal, spathique, saccaroïde, concrétionné, compacte, craie, grossier, brunissant, etc., etc.; aragonite, dolomie, datholite, pharmacolite, schéelite, sphène, wollastonite, anorthite; grammatite vitreuse, actinote, asbeste; amphibole, pargasite schorlique; pyroxène, diopside, sahlite, fassaïte, coccolite; augite; épidote, thallite, zoysite; wernérite, paranthine, prehnite, chabasie, stilbite, laumonite, cymophane, idocrase, essonite, axinite, anthophyllite, gehlenite.

Genre STRONTIUM. Strontiane, célestine, strontianite.

Genre BARIUM. Baritite, withérite, harmotome.

Troisième ordre. — OXIDES TRÈS-SOLUBLES.

Genre LITHIUM. Triphane, pétalite.

Genre SODIUM. Reussin, glaubérite, sel marin, natron, borax, cryolithe, sodalite, lazulite, mésotype, analcime, albite, labrador; jade, néphrite, saussurite; rétinite.

Genre POTASSIUM. Nitre, alun, alunite, amphygène, meïonite, haüyne, feldspath, éléolithe, apophyllite; mica alumineux, magnésien; lépidolithe.

TROISIÈME CLASSE.

LES MÉTAUX AUTOPSIDES.

Premier ordre. — ELECTRO-POSITIFS.

Genre CÉRIUM. Cérite, allanite, orthite.

Genre MANGANÈSE. Manganèse sulfuré, métalloïde, terne, lithoïde, phosphaté.

Genre FER. Fer natif, mispickel; pyrite cubique, prismatique; pyrite magnétique, graphite; oxidulé; oligiste, compacte, spéculaire, hématite, sanguine, hydroxidé; fibreux, compacte, granuleux, limoneux; carbonaté, spathique, compacte; azuré, couperose, résinite, chrome; hédenbergite, liévrite, skorodite, humboldtine.

Genre COBALT. Cobalt arsenical, gris, terreux, violet, sulfaté.

Genre NICKEL. Nickel sulfuré, arsenical, arséniaté.

Genre CUIVRE. Cuivre natif, sulfuré, pyriteux, gris, rouge, noir, azuré, malachite, dioptase, résinite, sulfaté, phosphaté, atacamite, arséniaté.

Genre URANE. Urane noir, phosphaté, jaunâtre, verdâtre.

Genre ZINC. Blende, zinc silicaté, rouge, calamine; calamine hydratée, gahnite.

Genre ÉTAIN. Étain pyriteux, oxidé.

Genre BISMUTH. Bismuth natif, sulfuré, oxidé.

Genre PLOMB. Galène, minium, massicot; plomb gomme, blanc, vitreux, phosphaté, arséniaté, rouge, jaune.

Genre ARGENT. Argent natif, antimonial, sulfuré, rouge, muriaté.

Genre MERCURE. Mercure natif, argental, cinabre, muriaté.

Deuxième ordre. — MÉTAUX ÉLECTRO-NÉGATIFS.

Genre PALLADIUM. Palladium natif.

Genre OR. Or natif, électrum.

Genre PLATINE. Platine natif.

Genre TITANE. Rutile, anathase.

Genre TANTALE. Tantalite.

Genre ANTIMOINE. Antimoine natif, sulfuré, bournonite, blanc, mordoré.

Genre SCHÉELIN. Wolfram.

Genre MOLYBDÈNE. Molybdène sulfuré, oxidé.

Genre CHROME. Chrôme oxidé.

DEUXIÈME DIVISION.

Minéraux dont les molécules de premier ordre sont composées de plus de deux élémens à la manière des corps organiques, et qui paraissent tirer leur origine de ces corps.

LES SELS.

Genre AMMONIAQUE. Ammoniaque muriatée, sulfatée.

Genre ALUMINE. Mellite.

LES BITUMES.

Succin, rétinasphalte, bitume, houille.

LES CHARBONS.

Anthracite, lignite.

APPENDICE.

Minéraux non classés, c'est-à-dire dont la composition ou la forme ne sont pas encore assez exactement connues pour être employées comme caractères spécifiques, tels sont :

Jamesonite. Andalousite et macle.

Tels sont encore les minéraux nommés :

Abrazite et gismondin, amblygonite, breislakite, bacholzite, childrenite, cronstedtite, ekebergite, eudyalite, erlan, euchroïte, fibrolite, gabbronite, gieseckite, indianite, killinite, omphalite, otrelite, picolite, sommervillite, sordawalite, wagnérite, etc.

TROISIÈME DIVISION.

ROCHES D'APPARENCE HOMOGÈNE, ou minéraux en masses qui ne peuvent se rapporter exactement à aucune espèce minérale.

Premier ordre. ROCHES TENDRES.

Kaolin, argile, cimolithe plastique smectique, lithomarge schisteuse, marne, ocre, schiste, ampélite, wake, cornéenne, argilolite.

Deuxième ordre. ROCHES DURES, rayant le verre.

Trapp, basalte, phonolite, pétrosilex, obsidienne, ponce, thermantide, tripoli.

DEUXIÈME SÉRIE.

ROCHES HÉTÉROGÈNES. Mélanges naturels, fréquens, constans et en masses étendues, d'espèces minérales de la première série; considérés minéralogiquement, c'est-à-dire indépendamment de leur situation géologique; tels que : granite, gneiss, porphyre, phyllade, Psammite.

Tableau de la classification minéralogique de M. Beudant.

PREMIÈRE CLASSE. GAZOLITES.

FAMILLE DES SILICIDES.

Genre SILICE. — Quartz, *opale.*

Genre SILICATE. — A. *Silicates alumineux.* — Staurotide, disthène, *pinite de Saxe*, sillimanite, *kaolin bucholzite*, *fibrolite*, euclase. collyrite, *lenzinite opaline*, pholérite, triklasite, *terre du Hampshire*, *bol de Sinopis*, *severite*, *cymolite*, *terre de Riegate*, allophane, *allophane de Firme*, halloysite, *lithomarge de Roschlitz*, *lenzinite argileuse*, *savon de montagne*, *argiles diverses*, émeraude, gehlenite, andalousite.

Sous-genre *Grenat.* — Grossulaire, almandine, mélanite, spessartine. — *Nacrite glaukolite*, *isopyre.* — Scolexérose, scolezite, *mésolite de Pargas*, *mésolite de Hauenstein*, *mésole*, mésotype, prehnite, cérine, *atlanite*, *orthite*, *pyrorthite*, *serpentine d'Aker*, idocrase, *chlorite schisteuse*, *chlorite écailleuse*, *chlorite*, *terre verte de Glaris*, *fossile terreux d'Andreasberg*, *smaragdite.*

Sous-genre *Épidote.* — Zoisite, thallite. — Meïonite, *thulite*, *daryne*, *gieseckite*, *couzeranite*, wernérite, néphéline, *ittnerite*, *ekebergite*, cordiérite, *péliom*, thomsonite, carpholite, latrobite, *édingtonite*, anorthite, *pierre de savon*, *pimélite*, *hisingérite*, *sidéroschisolite*, *terre verte de Timor*, *terre verte du calcaire grossier*, *terre verte de la craie pombite*, weissite, pinite, triphane, *spodumène*, chabasie, *zéolite d'Ædelfors*, *mésoline*, *leryne*, *labradorite*, *gabronite*, amphigène, *meïonite d'Arfredson*, analcime, laumonite, hydrolite, harmotome, *gismondine*, *digyre*, *killinite*, *anthophyllite*, *néphrite*, *terre verte du Lossosna.*

Sous-genre *Feldspath.* — Orthose, albite. *Feldspath du Carnate*, *petrosilex*, *lave vitreuse du Cantal*, *obsidienne*, *marécanite*, *rétinite*, *perlite*, *sphérolite*, *ponce.* — Pétalite, stilbite, épistilbite, sphérostilbite, heulandite, *zéolite de Fahlun*, brewstérite, *substance rose de Confolens*, *murkisonite*, *minéral de Finlande*, adinole, chamoisite, berthiérine, cymophane, saphirine, *zéolite de Borkult*, *pagodite*, *margarite.*

Silicates fluorifères. — Micas à un axe répulsif magnésiens, micas à deux axes. — *a.* Potassiques. — *b.* Potassiques et lithiques.

Silicates chlorifères. — *Sodalite.*

Silicates borifères. — *Tourmaline*, lithique, sodique, potassique, *axinite.*

Silicates phosphorifères. — Sordawalite.

Silicates sulfurifères. — *Outremer*, *haüyne*, *spinellane*, *helvine.*

B. *Silicates non alumineux.* — Zircon, eudyalite, thorite, gadolinite, cérérite.

a. *Silicates ferrugineux.* — Ilvaïte, *terre verte de l'île d'Elbe*, *knébélite*, *cronstedtlite*, *chlorophale*, *terre verte de Paris*, *terre de Chypre*, nontronite, achmite, thraulite.

b. *Silicates manganésiens.* — Rhodonite, *rhodonite hydraté*, *manganèse rose de Kapnik kieselmangan*, *photizite*, *allagite*, *manganèse de Pésillo*, opsimose, marceline.

Autres Silicates. — Willelmine, calamine, chrysocolle, *dioptase*, silicate cuivreux de Dillenburg.

c. *Silicates magnésiens.* — Péridot, marmolite, *pierre ollaire de Chiavenna*, serpentine, pikrolite, diallage de la Spezia, *diallage de Baste*, *diallage métalloïde*, *anthophyllite (bronzite)*, *bronzite de Styrie*, *asbeste cristallisée de Pitkaranda*, talc, *pyrallolite*, stéatite, *stéatite cristallisée*, *picrosmine*, magnésite, *quincyte*, *klebschiefer.*

Autres Silicates. — Edelforse, wollastonite.

Sous-genre *Pyroxène.* — Diopside, *baïkalite de Lowitz*, hédenbergite, pyrodmalite, *bustamite.*

Autre Silicate. — Hypersthène.

Sous-genre *Amphybole.* — Trémolite, actinote, *humboldtilite.*

Autres Silicates ferrugineux. — *Pectolite*, apophyllite, oxavérite.

FAMILLE DES BORIDES.

Genre BOROXIDE. — *Espèce unique.* Sassoline.

Genre BORATE. — Borax, boracite, *borate de chaux*, *borate de fer.*

Genre BOROSILICATE. — Datholite, botryolite, *humboldtite.*

FAMILLE DES CARBONIDES.

Genre CARBONE. — *Espèce unique.* Diamant. — *Graphite*, *anthracite*, *houille*, *stipites*, *lignite*, *bois altérés*, *terre de Cologne*, *tourbe*, *terreau.*

Genre CARBURE. — Grizou, naphthe, *scheirerite*, *hatchetine*, *élatérite*, *dusodyle*, *malthe*, *asphalte*, *rétinasphalte*, *résine Highgate*, *succin.*

Genre MELLATE. — Mellate, mellite.

Genre URATE. — *Espèce unique.* Guano.

Genre CARBONITE. — *Espèce unique.* Humboldtite.

Genre CARBONOXIDE. — *Espèce unique.* Acide carbonique.

Genre CARBONATE. — Natron, Urao, gaylussite, calcaire, arragonite, dolomie, giobertite, *némalite*, sidérose, diallogite, carbocérine, smithsonite, zinconise, withérite, barytocalcite, strontianite, *stromnite*, céruse, leadhillite, lanarkite, calédonite, mysorine, malachite, azurite. — Carbonate d'argent, de bismuth.

FAMILLE

FAMILLE DES HYDROGÉNIDES.

Genre Hydrogène. — *Espèce unique.* Hydrogène.
Genre Eau. — *Espèce unique.* Eau.

Hydrates divers.

FAMILLE DES NITRIDES.

Genre Azote. — *Espèce unique.* Azote.
Azote oxigénifère (air atmosphérique).
Genre Nitrate. — Salpêtre, sodique, calcique, magnésique.

FAMILLE DES SULFURIDES.

Genre Soufre. — *Espèce unique.* Soufre.
Genre Sulfure. — Hydrogénique, argyrose, galène, blende, *marmatite*, cinabre, alabandine, harkise.
Sulfures ferrugineux. — Pyrite, sperkise, leberkise.
Sulfure de Molybdène. — Molybdénite.
Sulfures cuivreux. — Chalkosine, covelline, stromeyérine, philliptite, chalkopyrite.
Sulfures d'Étain et de Cobalt. — Stannine. — Koboldine.
Sulfures de Bismuth. — Bismuth sulfuré plombo-argentifère, bismuth sulfuré cuprifère, bismuth sulfuré plombo-cuprifère.
Sulfures antimonieux. — Stibine, *bleischimmer*, zinkénite, *federerz de Wolfsberg*, jamesonite, weissgultigerz, haïdingérite, miargyrite, argyrythrose, psaturose, bournonite de Pfaffenberg, *spiesglanzbleierz*, *plomb sulfuré antimonifère d'Alsace*, *bournonite de Neudorf*, *bournonite de Nanslo*, *bleisahlerz du Harz*, polybasite, panabose.
Sulfures arsénieux. — Réalgar, orpiment, proustite.
Sulfo-antimoniure. — Antimonickel.
Sulfo-arséniure. — Disomose, cobaltine, mispikel, tennantite, *cuivre gris*, *arsénifère*, *argent arsénié*. — Sulfure sélénique.
Genre Sulfoxide. — Acide sulfureux, acide sulfurique.
Genre Sulfate. — Anglésite, *anglésite de plomb cuivreux*, barytine, célestine, *célestine de Norton*, célestine de Mœn, karsténite, gypse, glaubérite, *polyhalite de Vic*, thenardite, exanthalose, blœdite, aphthalose, mascagine, epsomite, gallizinite, rhodalose, mélanterie, néoplase, pittizite, cyanose, brochantite, *kœnigite*, uraneux, urano-cuprique, alunogène, *alun de plume d'Hurlet*, *alun de plume de beurre de montagne*, webstérite, *substance de Bernon*, alunite, alun, ammonalun, alun à base de soude.

FAMILLE DES CHLORIDES.

Genre Chlorure. — Chlorure hydrique ou acide chlorhydrique, calomel, kérargyre, kérasine, atakamite, salmare, sylvine, sylvine de calcium, de magnésium, salmiac.

FAMILLE DES IODIDES.

Iodure de sodium, de magnésium, de zinc, de mercure, d'argent.

FAMILLE DES BROMIDES.

Bromure de sodium, de magnésium, de zinc.

FAMILLE DES PHTORIDES.

Genre Phtorure. — Fluorine, flucérine, basicérine, *basicérine de Bastnaes*, yttrocérite, cryolite.
Genre Phtoro-silicate. — Topaze, picnite, condrodite.

FAMILLE DES SÉLÉNIDES.

Genre unique. Séléniure. — Clausthalie, séléniure de plomb et cobalt, de plomb et mercure, de plomb et cuivre; berzéline, euchaïrite, séléniure d'argent, de zinc.

FAMILLE DES TELLURIDES.

Genre Tellure. — *Espèce unique.* Tellure.
Genre Tellurure. — Bornine, élasmose, mullérine, sylvane, *sylvane de Sawodinski.*

FAMILLE DES PHOSPHORIDES.

Genre unique. Phosphate. — Apatite, pyramorphite, wagnérite, xénotime, triplite, hureaulite, hétérosite.
Phosphate de fer. — *Phosphate d'Hulleutrup, Desodenauis, d'Anglar, d'Alleyras et New Jersey, de Sayn, d'Eckartsberg, de Cornwall.*
Phosphate de cuivre. — Aphérèse, ypoléime, phosphate d'urane. — Uranite, chalkolite, phosphate alumineux. — Wawellite, klaprothine, *turquoise*, *kakoxène*, *childrénite*, *childrénite de Bourbon*, ambligonite.

FAMILLE DES ARSÉNIDES.

Genre Arsenic. — *Espèce unique.* Arsenic.
Genre Arséniure. — Arséniure d'argent, d'antimoine, de cuivre, de bismuth, smaltine, nickéline.
Genre Arsénoxide. — *Espèce unique.* Acide arsénieux.
Genre Arséniate. — Pharmacolite, *roselite*, haïdingérite, arsénicite, mi[illegible]se, *bleinière*, érythrine, nickelocre, érinite, euchroïte, [illegible]conite, olivénite, *wood copper* aphanèse, *wood copper* hydraté, scorodite, pharmacosidérite, néoctèse, *sidérétine*.
Genre Arsénite. — Rhodoïse, néoplase, condurite.

DEUXIÈME CLASSE. LEUCOLYTES.

FAMILLE DES ANTIMONIDES.

Genre Antimoine. — *Espèce unique.* Antimoine.
Genre Antimoniure. — Discrase.
Genre Antimonoxide. — Exitèle, stibiconise.
Genre Hypantimonite. — *Espèce unique.* Kermès.

FAMILLE DES STANNIDES.

Genre Cassitérite. — *Espèce unique.* Cassitérite.

FAMILLE DES BISMUTHIDES.

1er genre. Bismuth. — *Espèce unique.* Bismuth.
2e genre. *Espèce unique.* Oxide de bismuth.

FAMILLE DES HYDRARGYRIDES.

1er genre. Mercure. — *Espèce unique.* Mercure.
2e genre. Hydrargure. — *Espèce unique.* Amalgame.

FAMILLE DES ARGYRIDES.

Genre unique. Argent. — *Espèce unique.* Argent.

FAMILLE DES PLUMBIDES.

Plomb, massicot, minium.

FAMILLE DES ALUMINIDES.

Genre Alumine. — Corindon, gibsite, diaspore.
Genre Aluminate. — Spinelle, gahnite, pléonaste, plombgomme.

FAMILLE DES MAGNÉSIDES.

Espèce unique. Brucite.

TROISIÈME CLASSE. CHROICOLYTES.

FAMILLE DES TITANIDES.

Genre Titanoxide. — Rutile, brookite, anastase, nigrine, chrichtonite.
Genre Titanate. — Nigrine, chrichtonite, polymignite, æchynite, ilménite, pyrochlore.
Genre Silicio-titanate. — Sphène.

FAMILLE DES TANTALIDES.

Genre Tantalate. — Tantalate columbite, baïérine, yttrotantale.
Genre Tantalite. — Tantalite brun cannelle.

FAMILLE DES TUNGSTIDES.

Ier genre. Acide tungstique.
Genre Tungstate. — Wolfram, scheelite, scheelitine.

FAMILLE DES MOLYBDIDES.

Acide molybdique.
Genre Molybdate. — Mélinose, mélinose de Pamplona.

FAMILLE DES CHROMIDES.

Oxide chromique.
1er genre. Eisenchrome.
2e genre. Chromite.
3e genre. Chromate. — Crocoïse, vauquelinite.

FAMILLE DES URANIDES.

Péchurane, uraconise.

FAMILLE DES MANGANIDES.

Genre Manganoxide. — Pyrolusite, braunite, acerdèse.
Genre Manganite. — Hausmanite, psilomélane, oxide rouge, zinc.

FAMILLE DES SIDÉRIDES.

Espèce unique. Fer.
1er genre. Pierres météoriques.
Genre Sidéroxide. — Oligiste, limonite, gœthite.
Genre Ferrate. — Aimant, franklinite, *beudantine.*

FAMILLE DES COBALTIDES.

Péroxide de cobalt, oxide de cobalt manganésifère.

FAMILLE DES CUPRIDES.

Cuivre, ziguéline, mélaconise.

FAMILLE DES ORIDES.

Or, orure.

FAMILLE DES PLATINIDES.

Espèce unique. Platine.

FAMILLE DES PALLADIIDES.

Espèce unique. Palladium.

FAMILLE DES OSMIIDES.

Espèce unique. Iridosmine.

(J. H.)

MINÉRAUX. (MIN.) Les dénominations de *Minéraux* et de *substances minérales* étaient autrefois réservées aux seules matières *salines*, *sulfureuses* et *métalliques* ; on les applique aujourd'hui à toutes les matières qui se trouvent, soit à la surface, soit dans les diverses couches de l'écorce du globe, même lorsqu'on peut faire abstraction de l'origine animale ou végétale de quelques unes de ces substances. C'est ainsi que les bois silicifères, c'est-à-dire changés en *silex* ou en *agate*, ou les coquilles qui ont subi la même métamorphose, sont rangés par les minéralogistes dans le genre *Silice*; que les végétaux carbonisés, tels que les *lignites*, les *bois bitumineux*, la *houille* et même la *tourbe* et le *terreau*, sont groupés dans le genre *Carbone*; que le *succin* ou l'*ambre*, qui n'est qu'une résine végétale fossile, est placé dans le genre *Carbure*; que les moules de coquilles, si communs dans certaines roches calcaires, sont rangés avec les *carbonates de chaux*; que le *guano*, enfin, qui ne paraît être que le résultat de l'accumulation des excrémens d'une multitude d'oiseaux, est rangé dans le genre *Urate*.

L'étude des Minéraux constitue la science que l'on appelle MINÉRALOGIE (*voy.* ce mot). En traitant de la minéralogie, nous n'avons dû nous occuper que de l'histoire de cette science et des nomenclatures adoptées pour la rendre plus facile à étudier; mais en jetant un coup d'œil général sur les Minéraux, nous nous proposons d'exposer en peu de mots les caractères qui servent à les reconnaître.

On peut diviser en deux classes les caractères à étudier dans les Minéraux : 1° les *caractères physiques*; 2° les *caractères chimiques*.

CARACTÈRES PHYSIQUES. Les principales propriétés physiques des minéraux sont au nombre de douze, savoir :

1° La forme;

2° La structure;

3° Les propriétés optiques, telles que la *réfraction*, la *couleur propre* ou *accidentelle*, la *transparence*, la *demi-transparence*, la *translucidité*, l'*éclat métallique*, *nacré*, *vitreux*, *résineux* et *gras*;

4° La phosphorescence;

5° La *pesanteur spécifique*;

6° L'élasticité;

7° Les propriétés *électriques* et magnétiques;

8° Les différentes sortes de résistances qui constituent la *dureté*, la *ténacité*, la *fragilité*, la *flexibilité*, la *malléabilité*, la *ductilité*;

9° L'action sur le toucher, qui comprend la douceur, la rudesse, la faculté de conduire la chaleur;

10° L'odeur;

11° La saveur;

12° Enfin la faculté hygrométrique, qui produit le happement à la langue, la déliquescence et l'efflorescence.

La *forme* est un des caractères les plus essentiels à observer dans les Minéraux. Elle est de deux natures différentes : 1° la *forme régulière*, qui résulte de l'agrégation libre des molécules minérales, suivant les lois symétriques auxquelles elles sont soumises, et d'où résultent les cristaux (*voy.* CRISTALLISATION); 2° la *forme irrégulière* ou *accidentelle*, qui est produite par une foule de groupemens irréguliers; par certains mouvemens imprimés aux liquides dans lesquels la matière minérale a été tenue en suspension ou en dissolution; par incrustation sur des corps étrangers; par moulage des matières dans des cavités préexistantes; par des décompositions chimiques en vertu desquelles une matière se substitue à une autre, et qui produit les PSEUDOMORPHOSES (*voy.* ce mot) ou les *formes empruntées*; enfin par retrait de la substance minérale.

La *structure* est aussi de deux sortes : la *structure propre* et la *structure accidentelle*.

La *structure propre* se distingue aussi en structure propre *régulière* et en structure propre *indéterminée*. Ce n'est que dans les minéraux cristallisés régulièrement à l'intérieur, qu'on observe, dit M. Beudant, une structure propre. Elle se manifeste par la manière dont les corps se brisent lorsqu'on les soumet à l'action d'une force quelconque, en un mot lorsqu'on les soumet au CLIVAGE (*voy.* ce mot). La structure propre *indéterminée* est celle qui ne permet point à un minéral de céder à l'action du clivage : c'est ce qu'on observe, par exemple, dans le quartz ou le cristal de roche.

La *structure accidentelle* est due à des circonstances que l'on peut appeler aussi accidentelles. Tantôt elle résulte d'une agrégation irrégulière de cristaux ou de particules matérielles quelconques; d'autres fois elle provient du retrait qui s'opère dans les substances minérales, etc. Les structures par voie d'agrégation *lamellaire*, *granulaire*, *compacte*, *fibreuse*, etc., appartiennent à la structure accidentelle.

C'est par la *cassure* que l'on connaît la structure d'un minéral : il en résulte un *sous-caractère* assez important à consulter; ainsi l'on distingue les cassures *raboteuse*, *esquilleuse*, *terreuse*, *nitreuse*, etc.

Les *propriétés optiques* n'étant pas les mêmes dans tous les minéraux, il en résulte nécessairement des caractères qui peuvent servir à reconnaître ceux-ci.

La *réfraction* est un phénomène qui se montre en rapport avec la forme régulière qu'affectent les Minéraux : ainsi elle est *simple* dans tous les cristaux qui se rapportent au système calorique; elle est double dans tous les cristaux qui se rapportent aux autres systèmes. (*Voy.* RÉFRACTION.)

La couleur *propre* peut être d'une grande utilité pour la distinction des différentes matières minérales : elle est très-importante surtout dans les *sulfures*, les *oxides métalliques* et les *métaux*. Ceux-ci offrent, quant à la couleur, les exemples les plus tranchés. Voici, sous ce rapport, dans quel ordre on les classe :

Blanc éclatant : argent.

Blanc tirant sur celui de l'argent : étain, platine, palladium, nickel, mercure, iridium, tellure.

Blanc argentin tirant sur le bleuâtre : antimoine.
Blanc grisâtre : manganèse, arsenic, cérium.
Blanc tirant sur le bleu : plomb, zinc.
Blanc jaunâtre : bismuth.
Gris-blanc d'étain : cobalt.
Gris avec une nuance de bleu : fer.
Gris foncé : molybdène, urane.
Jaune pur : or.
Jaune rougeâtre : cuivre.
Rouge : titane.
Noir ou *bleuâtre :* poudre d'osmium.

Les couleurs que présentent les minéraux sont constantes dans le même corps, pourvu qu'il soit pur; mais si elles se présentent avec la même intensité dans tous les corps réduits à l'état pulvérulent, il n'en est pas de même lorsque les Minéraux sont cristallisés : il arrive alors fréquemment que l'intensité de la couleur, venant à varier, rend plus difficile la détermination de l'espèce minérale : c'est pour éviter toute erreur que l'on pulvérise le minéral pour en examiner la couleur plutôt que de s'en tenir à l'examen de la masse.

La couleur *accidentelle* est due, soit à des mélanges mécaniques avec certaines substances comme l'argile ferrugineuse *jaune*, *rouge* ou *noirâtre*, qui transmet ces couleurs à l'aragonite, au quartz et au sel gemme; soit à des combinaisons chimiques qui font, par exemple, que l'émeraude, ordinairement *verte*, est souvent d'un *vert bleuâtre*, *jaune* ou *blanche*; que l'on connaît des diamans de toutes les couleurs et des topazes *jaunes*, *bleues* et *blanches*.

Les couleurs *irisées* sont aussi des couleurs accidentelles : elles sont produites soit par des fissures qui attaquent le minéral comme dans le quartz irisé, soit par une sorte de décomposition qui s'opère à sa surface. D'autres fois l'*irisation* est produite par un arrangement particulier des molécules minérales, comme dans l'*opale*. D'autres fois aussi la transparence d'une substance est altérée par l'interposition d'une matière étrangère, ce qui produit l'effet nommé *chatoiement*; dans quelques cas même il paraîtrait, dit M. Beudant, que les jeux de lumière sont l'effet d'un tissu fibreux de la pierre, qui occasione aussi des vides où la lumière peut se décomposer de différentes manières.

Tout le monde sait ce que c'est que la *transparence :* un minéral est *transparent* lorsque les rayons de lumière qui le pénètrent sont assez abondans pour qu'on puisse distinguer nettement un objet à travers son épaisseur.

La *demi-transparence* se définit facilement. Un minéral est *demi-transparent* lorsqu'il ne laisse voir les objets que d'une manière confuse.

La *translucidité* est le degré le plus inférieur de la transparence. Un minéral est *translucide* lorsqu'il se laisse traverser faiblement par la lumière sans qu'il soit possible de distinguer, même confusément, aucun objet à travers.

L'*opacité* est le contraire de la *transparence*.

Diverses sortes d'éclat. « On distingue dans les Minéraux, dit M. Beudant, plusieurs sortes d'éclat : l'*éclat métallique*, l'*éclat vitreux*, l'*éclat résineux* ou d'empois desséché; l'*éclat gras* huileux ou céroïde; l'*éclat nacré*, l'*éclat soyeux*. Il y a des substances qui n'ont point d'éclat : on dit alors qu'elles sont *mates* ou *ternes*; quelquefois on a dit dans ce cas *éclat terreux*. On indique de diverses manières le plus ou moins de vivacité de l'éclat : c'est ainsi que l'on dit *éclat métallique* ou *demi-métallique*, *vitreux* ou *semi-vitreux*, etc. ; on dit aussi *éclat métalloïde*, pour désigner l'apparence métallique que présentent diverses substances pierreuses. La plupart de ces expressions n'ont besoin d'aucune définition. »

La *phosphorescence* est cette propriété que possèdent un grand nombre de Minéraux de devenir *lumineux* par eux-mêmes, et par conséquent de pouvoir luire dans les ténèbres, lorsqu'on les place dans certaines circonstances favorables. On développe cette faculté dans les Minéraux de quatre manières différentes : en les chauffant; en les exposant quelque temps à la lumière du soleil; en leur faisant subir l'action du frottement; enfin en les soumettant à l'action de l'étincelle électrique. Plusieurs substances exigent, pour acquérir la phosphorescence, une température très-élevée, qu'on ne peut obtenir qu'en les chauffant dans des creusets : telle est la *barytine;* d'autres ne demandent qu'une chaleur qui les porte au rouge sombre, comme la *fluorine*.

La *pesanteur spécifique* est un caractère d'autant plus essentiel qu'il suffit pour faire reconnaître, seulement en les soulevant, certaines substances : ainsi la *barytine* ou le sulfure de baryte, dont quelques variétés pourraient se confondre avec plusieurs autres Minéraux, tels que la fluorine et le carbonate de chaux, s'en distinguent facilement rien que par son propre poids. On peut distinguer de la même manière le *platine* de l'*argent*, le *plomb* de l'*étain*, et même le *rubis* ou le *saphir*, d'un cristal de roche qui aurait la même couleur.

Les différences que l'on remarque dans la *pesanteur spécifique* des substances minérales, suivant leur disposition moléculaire, offrent également un sujet d'étude intéressant. M. Beudant a remarqué, par exemple, 1° que plus la cristallisation de la substance s'approche de la régularité, plus sa pesanteur spécifique est grande; 2° que dans toutes les substances ce sont toujours les petits cristaux qui présentent la plus grande pesanteur spécifique : ce qui tient à ce que ce sont eux qui offrent dans leur masse plus d'homogénéité, et que ce sont eux aussi dont les formes sont les plus nettes; qu'il semble en résulter que les gros cristaux ont des vides dans leur intérieur, et que par conséquent les groupemens de petits cristaux par le moyen desquels se forment généralement ceux d'un gros volume n'ont pas la régularité qu'on leur a supposée, et qu'il doit exister entre eux des espaces plus ou moins considérables, même lorsque la masse paraît avoir le plus d'homogénéité; 3° que les variétés à structure lamellaire, fibreuse, etc., sont généralement celles qui offrent la plus petite pesanteur spécifique, et que l'effet que l'on remarque dans les petits cristaux, comparés aux gros, se fait observer dans les lamelles et les fibres, puisque plus celles-ci sont petites, plus les variétés qu'elles constituent sont pesantes; 4° qu'enfin ces différences de pesanteur observées dans les cristallisations régulières et confuses, disparaissent totalement lorsque les diverses variétés sont réduites en poudre.

Cependant il faut le dire ici en passant, bien qu'il soit à désirer que l'on fasse un travail général, complet et comparatif de la pesanteur spécifique de toutes les substances minérales, la propriété de cette pesanteur ne peut être considérée que comme un caractère accessoire, puisque plusieurs substances d'une nature tout-à-fait distincte, telles que le diamant et la topaze blanche, diffèrent très-peu par leur pesanteur spécifique. Il faut donc, dans l'examen que l'on fait des pierres fines, examen fort important eu égard à leur valeur commerciale, appeler à son aide, outre ce caractère, ceux que l'on tire de l'éclat, de la dureté et des propriétés électriques.

L'*élasticité* est un des caractères les moins importans pour la distinction des espèces minérales: toutefois elle peut servir à en faire reconnaître plusieurs. C'est ainsi, par exemple, qu'on peut toujours distinguer les matières qu'on a réunies sous le nom de *mica* de celles qui constituent l'espèce *talc* : parce que le mica est doué d'une élasticité très-prononcée, tandis que le *talc* en est complétement dépourvu.

L'*électricité* est susceptible de se développer dans toutes les substances minérales, soit par le frottement, soit par la pression, soit par le contact, soit par la chaleur; mais elles diffèrent entre elles par les moyens à employer pour y développer la vertu électrique, par la tendance qu'elles ont à la conserver ou à la transmettre, et par la nature du fluide électrique qu'elles retiennent de préférence entre leurs pores.

Sous le rapport de la faculté conservatrice de l'électricité, on distingue les Minéraux en deux classes: les Minéraux *isolans* qui retiennent le fluide électrique, sans lui permettre de se répandre sur les corps environnans, et les Minéraux *conducteurs*, c'est-à-dire qui le transmettent plus ou moins facilement. Les uns retiennent l'électricité *vitrée*, et d'autres l'électricité *résineuse*.

Parmi les Minéraux isolans, nous citerons la *chaux carbonatée* qui s'électrise par la pression, et les métaux à l'état métallique qui s'électrisent par communication. Par le frottement la plupart des pierres acquièrent l'électricité *vitrée*, tandis que le *soufre*, le *succin* acquièrent l'électricité *résineuse*. Enfin par la chaleur la *mésotype*, la *topaze*, et surtout la *tourmaline*, acquièrent l'électricité vitrée d'un côté et l'électricité résineuse de l'autre.

La plupart des Minéraux sont conducteurs de l'électricité: c'est-à-dire qu'à l'aide du frottement ils la communiquent à la cire d'Espagne; mais les uns, comme le *molybdène sulfuré*, ne transmettent que l'électricité *vitrée*, tandis que le plus grand nombre communiquent l'électricité *résineuse*.

L'action *magnétique* est extrêmement restreinte dans les Minéraux, puisque, bien que plusieurs substances soient magnétiques, il n'y a que le *fer* qui se présente à des états où il puisse agir sur l'aiguille aimantée.

On distingue deux sortes d'actions magnétiques: celle qu'on appelle *simple*, et qui consiste dans l'attraction des Minéraux sur l'un et l'autre pôle de l'aiguille aimantée, comme on le remarque dans la roche nommée *cornéenne* et dans les laves compactes; et l'action *polaire*, propriété dont jouissent les corps qui étant présentés successivement, par le même point, aux deux pôles, agissent constamment sur l'un par attraction et sur l'autre par répulsion: ce que l'on remarque dans presque tous les cristaux de fer.

Les propriétés dépendantes de la *cohésion* donnent lieu aux distinctions suivantes: la *dureté*, la *ténacité* et la *fragilité*; l'*élasticité*, la *malléabilité* et la *ductilité*.

Les trois premières de ces propriétés sont quelquefois confondues dans le langage vulgaire sous le nom de *dureté*.

Comme la dureté relative est un caractère fort utile pour faire reconnaître les substances minérales, et surtout pour faire distinguer les pierres fines des pierres fausses, nous allons présenter un certain nombre de minéraux dans l'ordre qu'ils occupent, en commençant par les plus durs.

Rayant le verre.

Diamant, Saphir, Cimophane, Rubis, Topaze, Emeraude, Zircon, Essonite, Grenat, Cordiérite, Euclase, Agate, Jaspe, Quartz, Idocrase, Péridot, Tourmaline, Epidote, Disthène, Préhnite, Feldspath, Eléolithe, Hyperstène, Lapis.

Rayés par une pointe d'acier.

Fer, Platine, Cuivre, Argent, Or, Etain, Plomb.

Rayés par le verre.

Fluorine, Célestine (stront. sulf.), Aragonite, Calcaire spathique.

Rayés par l'ongle.

Gypse, Talc laminaire.

Les différens degrés de *dureté*, l'arrangement moléculaire qui en modifie les effets, ont besoin d'être encore étudiés et fourniraient un sujet intéressant d'observations. Ainsi il peut paraître singulier que le *quartz* hyalin soit moins dur que l'*agate* et le *jaspe*, tandis que, sous le rapport de la composition chimique, ces trois substances ne diffèrent nullement; ainsi l'*aragonite* est plus dure que le *carbonate de chaux* rhomboédrique, quoique par leur nature ces deux substances soient identiques.

La *ténacité* et la *fragilité* sont deux propriétés opposées dont jouissent les Minéraux à des degrés très-différens, et qui sont tout-à-fait indépendantes de la dureté; car les Minéraux tenaces ne sont pas durs, et des substances fort dures sont très-fragiles. La *ténacité* n'est pas d'une grande utilité en minéralogie, par la raison, surtout, qu'il est difficile d'évaluer la force du choc que l'on emploie. Elle consiste dans la résistance qu'une substance oppose au choc qui tend à la briser. La *fragilité*, au contraire, consiste dans la facilité avec laquelle un minéral cède à la percussion.

La *flexibilité* est la faculté que possèdent certaines espèces minérales de pouvoir être courbées plus ou moins facilement sans se briser, tels sont le *talc laminaire*, le *mica*, l'*asbeste*, le *grès flexible* du Brésil, et le *bitume élastique*, si l'on veut réunir dans une seule expression la *flexibilité* et l'*élasticité*.

La *malléabilité* et la *ductilité* étant des propriétés qui n'appartiennent qu'à certains métaux, nous renvoyons pour leur définition et les exemples nécessaires à l'article Métaux.

L'action du *toucher* offre, relativement à certaines substances, un caractère très-sûr : c'est par son *onctuosité*, sa *douceur*, que l'on distingue le *talc* du *mica*; par son *âpreté*, *sa rudesse*, que l'on distingue aussi la roche appelée *trachyte* de celle que l'on nomme *porphyre*; enfin, l'*impression du froid* est encore un caractère très-sensible chez quelques individus : c'est ainsi que l'on peut ranger sous ce rapport dans une échelle descendante la *topaze*, le *quartz*, le *calcaire cristallisé*, le *verre*, la *houille* et plusieurs autres substances.

L'*odeur* propre à certains minéraux mériterait un travail qui est encore à faire. Ce caractère suffit pour faire reconnaître le *bitume*, le *succin*, le *soufre*; par la percussion, le *quartz* et d'autres minéraux exhalent une odeur toute particulière. Tout le monde connaît l'odeur du fer, du cuivre et de l'étain, ainsi que celle que par la combustion répandent la *houille*, le *fer sulfuré*, et surtout l'odeur de l'arsenic, que l'on a comparée à celle de l'ail.

La *saveur* est aussi un caractère fort utile : la saveur du sel marin ou sel gemme, le distingue de la *saveur piquante* du sel ammoniac, de la *saveur styptique* de l'alun, de la *saveur amère* des sulfates de magnésie et de soude, de la *saveur âcre* du nitrate et du chlorhydrate de chaux, de la *saveur caustique* du carbonate de soude, de la *saveur fraîche* du nitrate de potasse, de la *saveur douce* du borate de soude et du sulfate d'alumine, enfin de la *saveur astringente* du *sulfate de fer* et du *sulfate de cuivre*.

La faculté hygrométrique produit plusieurs caractères qui ne sont pas sans importance. Ainsi le *happement à la langue* suffit pour distinguer l'*opale hydrophane* des quartz qui lui ressemblent le plus.

La *déliquescence* est le phénomène par lequel certaines substances minérales, telles que le *sel marin*, les *nitrates* et les *chlorhydrates* de *chaux* et de *magnésie*, absorbent l'humidité de l'air et se dissolvent en se réduisant à l'état liquide.

L'*efflorescence* est un phénomène tout différent du précédent. Ainsi certains Minéraux exposés à l'air perdent facilement l'eau de combinaison qu'ils renferment et finissent par tomber en poussière. Le *carbonate*, le *sulfate* et le *phosphate de soude* sont des Minéraux efflorescens.

Cependant le *laumonite*, et quelquefois même l'*aragonite*, qui se désagrègent sans perdre leur eau de cristallisation, sont des exemples qui prouvent que le phénomène de l'efflorescence est dû à des causes différentes, dont plusieurs ne sont pas encore suffisamment connues.

Nous venons de passer en revue les caractères physiques que présentent les minéraux, terminons par l'exposé de leurs principaux caractères chimiques.

Caractères chimiques. La chimie a fait connaître successivement 54 corps indécomposables et qu'en conséquence on considère comme des *corps simples*, comme les *élémens* du règne inorganique.

On les désigne sous les noms suivans :

Aluminium.	Glucinium ou berillium.	Potassium.
Antimoine.	Hydrogène.	Rhodium.
Argent.	Iode.	Sélénium.
Arsenic.	Iridium.	Silicium.
Azote ou nitricum.	Lithium.	Sodium.
Barium.	Magnésium.	Soufre.
Bismuth.	Manganèse.	Strontium.
Bore.	Mercure.	Tantalium.
Brôme.	Molybdène.	Tellure.
Cadmium.	Nickel.	Thorium.
Calcium.	Or.	Titane
Carbone.	Osmium.	Tungstène ou wolframium.
Cérium.	Oxygène.	Urane.
Chlore.	Palladium.	Vanadium.
Chrôme.	Phosphore.	Yttrium.
Cobalt.	Phthore ou fluor.	Zinc.
Cuivre.	Platine.	Zirconium.
Etain.	Plomb.	
Fer.		

Parmi ces corps, un grand nombre de métaux ne se trouvent en combinaison dans les minéraux qu'à l'état d'oxide; ce sont les suivans :

Le *zirconium*, qui produit le zircon, c'est-à-dire la pierre précieuse appelée hyacinthe;

L'*aluminium*, qui comprend le corindon, la topaze, le grenat, la tourmaline, etc. ;

L'*yttrium*, qui se trouve dans la substance appelée *gadolinite* (*voyez* ce mot);

Le *glucium* ou *glucinium*, qui se trouve dans l'émeraude;

Le *magnésium*, qui produit la magnésie, le péridot, le rubis, etc. ;

Le *calcium*, qui se trouve dans toutes les substances calcarifères, dans le gypse, l'idocrase, etc. ;

Le *strontium*, dont l'oxide est la substance;

Le *barium*, dont l'oxide produit la baryte;

Le *lithium*, qui se trouve dans le triphane;

Le *sodium*, qui produit toutes les soudes;

Le *potassium*, qui produit l'alun, la potasse, etc. ;

Le *silicium*, qui joue le rôle d'acide dans une foule de substances, et qui est seul dans le quartz ou le cristal de roche.

Bien que le *cadmium*, le *thorium* et le *vanadium* ne se trouvent pas isolés dans la nature, on les obtient par les moyens chimiques à l'état métallique, et on les trouve dans différens minerais.

Les corps qui se trouvent à l'état libre dans la nature sont les suivans :

L'antimoine.	Le cuivre.	Le platine.
L'argent.	Le fer.	Le soufre.
L'arsenic.	Le mercure.	Le tellure.
Le bismuth.	L'or.	
Le carbone.	Le palladium.	

Toutes les autres substances minérales sont des composés formés, comme l'a dit M. Beudant, par la combinaison des corps élémentaires, *deux à deux*, *trois à trois*, etc., ce qui constitue les composés que l'on nomme *binaires*, *ternaires*, *quaternaires*, etc. Il semblerait au premier aperçu que seulement 52 de ces corps simples dont la liste précède devraient produire 1.526 composés binaires, 22,100 composés ternaires, 270,725 composés quaternaires, etc. Mais la nature a posé des bornes qui limitent considérablement ces nombres, et même elle ne paraît pas avoir réalisé toutes les combinaisons dont elle laisse entrevoir l'existence, et que l'on effectue dans les laboratoires, puisque le nombre des minéraux connus, et qui s'augmente à la vérité tous les jours, n'est encore que de 500 à 600 espèces.

Dans les composés *binaires* naturels, il est bon de faire observer que l'un des élémens est toujours un des *douze* corps suivans :

Oxygène.	Carbone.	Tellure.
Soufre.	Phthore.	Mercure.
Arsenic.	Antimoine.	Or.
Chlore.	Sélénium.	Osmium.

Dans les composés *ternaires* que nous connaissons, en y comprenant même, dit M. Beudant, ceux dont on ne fait que soupçonner l'existence, l'un des élémens binaires est toujours un des corps oxygènes suivans :

Acide:

Antimonique.	Chlorique.	Phosphorique.
Antimonieux.	Perchlorique.	Phosphoreux.
Arsenique.	Chromique.	Sélénique.
Arsenieux.	Iodique.	Sulfurique.
Borique.	Molybdique.	Sulfureux.
Bromique.	Nitrique ou azotiq.	Tantalique.
Carbonique.	Nitreux ou azoteux.	Tungstique.

Oxide.

Aluminique.	Hydrogénique (eau).	Stannique.
Chromique.	Manganique.	Titanique.
Ferrique.	Silicique.	

Les combinaisons ternaires avec l'un des corps oxygènes ci-dessus, tirent leurs noms de ces mêmes corps : ce sont les plus nombreuses.

En général on peut dire que les substances minérales se rapportent toutes, soit à quelques corps simples, soit à un petit nombre de composés qui appartiennent toujours à l'un ou à l'autre des genres suivans.

Antimoniures.	Chlorate.	Molybdate.
Arseniures.	Perchlorate.	Nitrate.
Aurures.	Chromate.	Nitrite.
Carbures.	Chromite.	Phosphate.
Chlorures.	Ferrate.	Phosphite.
Hydrargures.	Hydrate.	Séléniate.
Aluminate.	Iodate.	Silicate.
Antimoniate.	Osmiures.	Stannate.
Antimonite.	Oxides.	Sulfate.
Arseniate.	Phthorures.	Tantalate.
Arsenite.	Séléniures.	Titanate.
Borate.	Sulfures.	Tungstate.
Bromate.	Tellurures.	
Carbonate.	Manganate.	

Maintenant que nous avons donné une idée de la composition des substances minérales, il est facile de comprendre que lorsque le minéralogiste cherche à reconnaître à quelle espèce appartient une substance, il n'a besoin pour y parvenir que d'en faire l'essai chimique, sur une parcelle très-petite, dans le seul but de chercher à distinguer les élémens qui la composent, sans aucun égard à leur quantité relative, en les isolant les uns des autres et en les forçant à manifester successivement leurs caractères.

Il y a deux manières de faire l'essai chimique d'une substance; savoir : par la *voie sèche*, c'est-à-dire à l'aide du feu, au moyen du chalumeau (*voy.* INSTRUMENS), ou à l'aide des réactifs solides; et par la *voie humide*, c'est-à-dire à l'aide des *réactifs liquides.*

On nomme *réactif* toute substance qui sert à découvrir la présence d'une autre substance que l'on cherche à reconnaître.

Par la voie sèche, les différens réactifs ont pour but soit de deutoxider en tout ou en partie le corps soumis à leur épreuve, et de le ramener ainsi à un état qui puisse fournir des caractères décisifs; soit de dégager un principe en s'emparant de celui avec lequel il était combiné; soit de décomposer des sels insolubles en forçant leur acide à se combiner avec une base alcaline; soit de former des verres qui, se trouvant alors transparens ou opaques, limpides ou colorés de diverses manières, fournissent autant de moyens de reconnaître la nature de la substance soumise à l'essai; soit enfin de former par la fusion de nouveaux composés qui puissent être attaqués par les acides.

« Pour opérer par la voie humide, il faut, dit M. Beudant, que les substances minérales soient préalablement mises en solution; il en est un petit nombre qui se dissolvent dans l'eau, d'autres qui sont attaquables par les acides, d'autres qu'il est nécessaire de fondre d'abord avec le carbonate de soude, qui forme d'une part un sel alcalin qui se dissout dans l'eau, et de l'autre un carbonate des bases qui se dissout par les acides. Il est enfin des substances qui ont besoin d'être préalablement fondues avec la soude, pour pouvoir être attaquées par l'eau, ou mieux par les acides. »

Il n'est peut-être pas inutile de donner ici quelques exemples des caractères que présentent certains Minéraux soumis aux essais par la voie sèche et par la voie humide.

Essai par la voie sèche. — Soumis au feu du chalumeau, plusieurs Minéraux sont fusibles sans addition de borax, tels que le *grenat* et le *feldspath.*

Avec addition de borax d'autres sont fusibles, comme la *topaze*, le *zircon*, l'*amphigène*, le *titane-anatase*, etc.

Les résultats de la fusion diffèrent dans beaucoup de substances : ainsi la *tourmaline* et l'*analcime* se changent en verre; le *feldspath* et le *mica* en émail, la *mésotype* en une masse spongieuse.

Jetées sur des charbons ardens, certaines substances minérales éprouvent différens effets : ainsi le *salmine* ou l'*ammoniaque muriatée* et le *cinabre* ou le *mercure sulfuré* se volatilisent. A l'aide d'un corps combustible, le *salpêtre* ou la *potasse nitratée* détone, le *salmare* ou la *soude muriatée*, le *diaspore* et l'*exitèle* ou l'*antimoine oxidé* décrépitent; l'*alunogène* ou l'*alumine sulfatée*, le *borax* ou la *soude boratée*, et l'*epsomite* ou la *magnésie sulfatée*, bouillonnent.

Essai par la voie humide. — Soumis à l'action des acides et particulièrement de l'*acide nitrique* ou *azotique*, comme on l'appelle aujourd'hui, le *calcaire* ou la *chaux carbonatée* et la *stannine* ou l'*étain sulfuré* se dissolvent avec effervescence ; tandis que l'*opalite* ou la *chaux phosphatée* et la *triplite* ou le *manganèse phosphaté* se dissolvent sans effervescence, et que la *mésotype* et la *calamine* se réduisent en gelée.

Enfin par l'ammoniaque les diverses solutions de cuivre prennent une belle couleur bleue.

Nous terminerons par la liste des divers réactifs que l'on emploie pour reconnaître les Minéraux.

Réactifs secs.

Borax.
Nitrate de baryte.
— de potasse.
Phosphate double de soude et d'ammoniaque.
Sous-carbonate de soude.
Limaille de cuivre.
Lame de cuivre.
— de fer.
— d'étain.
— de zinc.
Etain en feuille très-mince.
Proto-chlorure d'étain.
Proto-sulfate de fer.

Réactifs liquides.

Acide hydrochlorique.
— hydrosulfurique.
— nitrique.
— sulfurique.
Alcool.
Ammoniaque.
Eau de chaux.
— distillée.
Hydrochlorate d'ammoniaque.
— de platine.
Hydrocyanate ferruginé de potasse.
Hydrosulfate d'ammoniaque.
— de potasse.
Infusion de noix de galle.
Nitrate d'argent.
— de baryte.
— de cobalt.
— de plomb.
Potasse caustique.
Oxalate d'ammoniaque.
Soude caustique.
— carbonate d'ammoniaque.
Sulfate de soude.

N. B. Dans notre article MÉTAUX, que nous n'avons pu corriger, il s'est glissé plusieurs fautes : ainsi l'on a mis *cantale* pour *tantale*, etc., et l'on a oublié d'indiquer que les degrés de fusion de l'*étain*, du *bismuth*, etc., sont au dessus du zéro du thermomètre centigrade. Nous espérons que le lecteur aura lui-même reconnu les erreurs typographiques que nous remarquons dans cet article.

(J. H.)

MINES. (MIN.) Ce mot a plusieurs acceptions : on l'emploie souvent comme synonyme de minerai, c'est-à-dire comme indiquant une substance minérale qui renferme un métal; l'autre acception, que l'on peut considérer comme plus exacte, est celle qui est relative aux excavations faites dans le sein de la terre pour l'exploitation d'une substance minérale. C'est sous ces deux rapports que nous considérons le mot Mines : nous allons d'abord examiner les exploitations qui portent ce nom ; puis nous dirons un mot du traitement que doivent subir les diverses espèces de minerai pour en tirer le parti le plus convenable.

On distingue plusieurs sortes de Mines : celles en filons, celles en couches et celles en amas. Les travaux qu'elles nécessitent sont aussi de plusieurs sortes : ainsi ce sont les *travaux de recherches*, les travaux *préparatoires*, les travaux de *reconnaissance* et les travaux d'*exploitation* proprement dite. Ces derniers sont aussi de plusieurs natures, ainsi que nous le ferons voir plus bas.

Travaux de recherches. On nomme ainsi ceux qui sont destinés à constater l'existence d'un gisement de minerai, sa position au milieu des roches qui le recèlent, et sa richesse probable. Ces recherches se font soit par tranchées, soit au moyen de la sonde, soit par puits, soit par galeries.

Une *tranchée* est un fossé plus ou moins large que l'on creuse pour mettre au jour les *affleuremens* ou *têtes* des gîtes de minerai. Elle doit toujours être ouverte dans une direction perpendiculaire à celle du gîte à explorer. On l'emploie principalement pour s'assurer de l'existence d'une couche ou d'un filon qu'on ne faisait que soupçonner.

La *sonde* est une espèce de grande tarière formée de plusieurs tiges de fer assemblées les unes au bout des autres, comme celles dont on se sert dans le forage des puits d'eau jaillissante. Les substances, ordinairement triturées, que ramène la sonde, servent à faire connaître la nature et l'épaisseur des différentes couches de terrain qu'on traverse successivement pour arriver au gîte du minerai.

Le sondage est le moyen le plus économique que l'on puisse employer pour la recherche des Mines; mais on ne peut le mettre en usage que lorsque les roches qui recouvrent les gîtes de minerais ne sont pas d'une grande dureté : ainsi, on peut s'en servir avec avantage à la recherche de la houille, du sel gemme et des eaux salifères.

On fait aussi des *recherches* en creusant des chemins souterrains pour parvenir jusqu'au gîte de minerai dont on a reconnu ou soupçonné l'existence. Ces chemins portent le nom de *galeries* lorsqu'ils sont horizontaux ou peu inclinés, et celui de puits lorsqu'ils sont verticaux ou fort inclinés. Quelquefois on creuse d'abord un puits, et au fond de ce puits on perce un trou de sonde ou une galerie.

Les *recherches* par puits et galeries sont beaucoup plus dispendieuses que celles qui se font par la sonde ou par tranchées.

Travaux préparatoires. Les puits et les galeries ne sont pas seulement des travaux de recherche, ils deviennent aussi des travaux préparatoires. Dans les grandes exploitations, on ne place pas les puits plus près que 500 mètres, ni plus loin que 600 les uns des autres. Ceux qui sont destinés à l'extraction du minerai et à l'épuisement des eaux, doivent atteindre le niveau le plus profond des travaux d'exploitation. Ces puits varient considérablement de profondeur selon la disposition du gîte du minerai : à Epinac, dans les environs d'Autun, les puits qui servent à l'extraction de la houille, ont environ 130 mètres de profondeur; dans le département du Nord, ils ont 400 mètres et quelquefois plus; au Hartz, les puits pour l'extraction du minerai d'argent, sont profonds de plus de 520 mètres; enfin ceux des Mines du même métal à Joachimsthal, en Bohême, sont profonds de plus de 600 mètres.

Les *galeries* sont de différentes sortes : on nomme *galeries d'écoulement* celles qui servent à l'écoulement des eaux; *galeries de roulage*, celles qui servent au transport du minerai; *galeries d'allongement*, celles qui sont percées parallèlement à la direction d'un gîte de minerai ou d'une couche du terrain, et *galeries de traverse*, celles qui coupent transversalement ces gîtes et ces couches.

Travaux de reconnaissance. Ces sortes de travaux consistent en excavations pratiquées dans le gîte même du minerai, et qui suivent ses différentes directions, pour servir à reconnaître ce qu'on appelle son allure et sa richesse. Les excavations dont il s'agit sont ou des puits ou des galeries. Les *puits de reconnaissance* suivent, en général, la ligne d'inclinaison des filons. C'est par des galeries d'allongement que l'on reconnaît la direction des filons à exploiter, et par des galeries de traverse que l'on acquiert les données nécessaires sur leur puissance.

Travaux d'exploitation. Nous ne prétendons point décrire tout ce qui est relatif à ces sortes de travaux; nous nous proposons seulement de donner une idée de ceux que l'on peut regarder comme les principaux. Parmi ceux-ci on doit mettre en première ligne ceux qui ont rapport à la conservation des puits et des galeries. Ces sortes d'excavations ont besoin d'être boisées; mais le mode de boisage est extrêmement varié. Quelquefois, comme en Angleterre, on boise certains puits circulaires avec des pièces de bois taillées comme les jantes d'une roue; d'autres fois, mais rarement, on les boise avec des douves de tonneau ou avec de forts madriers placés verticalement et taillés comme les voussoirs d'une voûte. Dans les grands puits rectangulaires, qui servent à la fois à l'extraction du minerai et à la descente des ouvriers, les espaces destinés à ces deux usages sont séparés par une cloison destinée en même temps à augmenter la solidité du boisage. (*Voyez* la planche 367, représentant la mine de fer de Dannemora en Upland.) Les galeries sont boisées avec des planches et des madriers, destinés à soutenir les terres et à prévenir les éboulemens. On donne aussi de la solidité aux galeries au moyen de l'opération appelée *remblai* : c'est-à-dire qu'on y amoncelle des déblais destinés à soutenir le toit des galeries horizontales.

L'un des points les plus importans pour l'exploitation des Mines, est d'y entretenir la circulation continuelle de l'air : pour cela, on ménage plusieurs ouvertures communiquant avec l'extérieur, et au moyen desquelles l'air plus léger des Mines tendra toujours à sortir, et l'air plus pesant du dehors tendra sans cesse à entrer.

Outre ces moyens naturels, on en emploie d'autres que l'on nomme artificiels, tels que les *ventilateurs*, les *trompes*, les *souflets* de différentes sortes; mais toutes ces machines n'ont jamais la même efficacité que les ouvertures dont nous venons de parler. Enfin on emploie le *feu* en plaçant une grille remplie de houille embrasée dans un puits sur lequel on élève une haute cheminée : on détermine par là un courant d'air très-fort qui suffit pour entretenir la circulation dans toute une mine.

Malgré ces différentes précautions, il arrive souvent, et surtout dans les Mines de houille, que le gaz hydrogène s'accumule dans les chambres d'exploitation, et que son mélange avec l'air atmosphérique soit dans une proportion telle qu'il devienne détonant. Pour prévenir les dangers de l'inflammation, on emploie les lampes inventées par le célèbre chimiste anglais Davy (1).

Les travaux souterrains qui, pour la plupart, sont en usage dans l'exploitation des gîtes de minerais, s'appliquent principalement aux différens gîtes de minerais que l'on peut diviser en cinq classes :

1° Les filons ou couches très-inclinés à l'horizon, ayant au plus deux mètres d'épaisseur.

2° Les couches peu inclinées ou horizontales dont la puissance ne dépasse pas deux mètres.

3° Les couches très-épaisses, peu inclinées.

4° Les filons ou couches très-inclinées, d'une grande épaisseur.

5° Les masses dont les dimensions sont très-considérables en tous sens.

Chacun de ces gîtes exige des travaux en quelque sorte particuliers; nous les exposerons très-rapidement en commençant par ceux de la première classe.

« Lorsque, dit M. Élie de Beaumont, les premiers travaux préparatoires ont amené les ouvriers au point de ce filon duquel doivent partir les travaux ultérieurs, et y ont préparé la circulation de l'air, et une issue à l'eau et aux déblais, on s'occupe d'abord de diviser la masse exploitable en massifs parallélipipédiques, au moyen de galeries d'allongement pratiquées à 20 ou 25 mètres au dessous l'une de l'autre, et de puits de communication ouverts à 30, 40 ou 50 mètres de distance les uns des autres, en suivant la pente du filon. Ces galeries et ces puits ont ordinairement la largeur même du filon, à moins qu'il ne soit très-étroit, auquel cas il faut entailler le toit ou le mur. Ces travaux servent à la fois à l'exploitation, en donnant déjà du minerai, et à la reconnaissance complète des allures et de la richesse du filon dont on prépare, de cette manière, l'extraction, à la plus grande distance du point central à laquelle on puisse exploiter avec économie, et les moyens d'enlever les massifs en revenant vers ce point.

» On peut procéder à cette dernière opération par deux méthodes différentes, dont l'une consiste à attaquer le minerai par dessus, et l'autre, à l'attaquer par dessous. Dans l'un et l'autre cas, on dispose les entailles en gradins semblables, au dessus ou au dessous d'un escalier. La première méthode est appelée *ouvrage en gradins droits* ou *descendans*, et la seconde, *ouvrage en gradins renversés* ou *montans*. » (*Voy.*, pl. 366, la fig. représentant la mine de plomb argentifère de Clausthal.)

Dans les *ouvrages en gradins droits* ou *descendans*, le mineur est placé sur la masse du filon même; il travaille devant lui, et commodément, et n'est pas exposé aux éclats qui peuvent se détacher du faîte; mais dans ce genre de travaux, on est obligé d'employer beaucoup de bois pour soutenir les déblais.

Dans l'*ouvrage en gradins montans* ou *renversés*, dit encore M. Élie de Beaumont, le mineur est réduit à travailler dans l'angle rentrant formé par

(1) *Voyez* l'article Lampe de sureté.

le toit

le toit et la paroi antérieure de son entaille, position quelquefois très-gênante. Ce mode d'opération emploie moins de bois que le précédent.

Lorsque le filon est très-étroit, on enlève une portion de la roche stérile qu'il renferme, afin de donner à l'ouvrage une largeur suffisante pour que le mineur puisse y pénétrer.

Si les filons sont inclinés à l'horizon de moins de 45 degrés, et d'une épaisseur qui ne surpasse pas deux mètres, les ouvriers doivent y pénétrer par une galerie ouverte suivant la direction ou la pente de la couche, mais en suivant rarement une ligne oblique.

Si les filons, au contraire, sont très-inclinés, on pratique des galeries de travers qui, du puits d'extraction, vont joindre la couche à différens niveaux.

Dans l'exploitation des Mines en masses, on procède de trois manières : 1° *l'ouvrage en travers*; 2° *l'ouvrage par piliers montans avec ou sans remblais*; 3° *l'ouvrage par éboulement.*

Le premier de ces ouvrages se nomme *exploitation par étages* : nous en avons vu un exemple assez remarquable dans l'une des Mines de houille du Creuzot, où il existe une couche très-inclinée de ce combustible, et d'une épaisseur tellement grande qu'on peut la considérer comme une masse. On l'exploite par étages en allant de haut en bas. Chacun de ces étages est traversé de galeries longitudinales et transversales ayant deux mètres de hauteur, deux à trois de largeur, et séparées par des piliers de trois mètres d'épaisseur. Entre deux étages successifs, on laisse un massif de cinq mètres : d'où il résulte que l'on n'enlève pas de cette manière le cinquième de la houille à exploiter.

L'*ouvrage par piliers montans* est en usage pour l'exploitation des substances très-solides et très-abondantes, telles que la pierre à bâtir, le gypse et le sel-gemme.

Les minerais de fer d'alluvions et beaucoup d'autres Mines en *masses*, que l'on n'exploite pas à ciel ouvert, sont l'objet de travaux souterrains que l'on poursuit pour en retirer les parties les plus riches. A cet effet on ouvre, à quelques mètres l'un de l'autre, deux puits circulaires d'environ 1 mètre 1/2 de diamètre, dont on soutient les parois au moyen de branchages pliés circulairement. On joint ces deux puits à leur partie inférieure par une galerie, à partir de laquelle on s'avance dans toutes les directions, tant qu'on n'en est pas empêché par les éboulemens qui ne manquent pas d'avoir lieu.

Nous terminerons par quelques détails accessoires ce qui nous reste à dire de l'exploitation des Mines.

Lorsque le minerai est arraché de son gîte, il s'agit de l'amener au jour : le transport s'en fait ordinairement au moyen de traîneaux et de brouettes, ou, ce qui vaut encore mieux, au moyen de chariots appelés *chiens*, qui consistent en caisses portées sur quatre roues. C'est principalement dans les Mines métalliques que ces chiens sont employés; dans les houillères et dans les salines, on se sert de chariots; cependant aux houillères de Sarrebrück, nous avons vu les ouvriers se servir de brouettes.

Quand les galeries des Mines n'aboutissent pas au jour, le minerai exploité est placé dans des seaux, des paniers, ou des tonnes qui, au moyen d'un *treuil*, sont enlevés hors de la Mine. Le *tambour* qui fait monter et descendre les tonnes, est ordinairement mis en mouvement par un agent mécanique, comme au Creuzot, où l'on emploie la force de la vapeur, ou par des chevaux, comme dans presque toutes les Mines de la Saxe.

Dans beaucoup de Mines, les ouvriers sont descendus et remontés au moyen des mêmes machines qui servent à élever les minerais; mais comme la vie des ouvriers ne doit point dépendre de la solidité d'une corde, on a soin, dans la plupart des Mines, de fixer le long des puits, des échelles qui servent aux ouvriers. Enfin, pour se guider dans leurs travaux, les ouvriers font usage de lampes ou de chandelles, et dans plusieurs pays, ceux qui transportent le minerai hors de la Mine, sont éclairés au moyen de petites lampes accrochées à leur coiffure, ou bien quelquefois de petites lanternes suspendues à leur ceinture.

Après cet aperçu des principaux travaux des Mines, nous donnerons une idée du traitement du minerai. La première opération consiste dans le triage que l'on répète plusieurs fois : ainsi le premier triage a lieu dans l'intérieur des galeries, et consiste à séparer les morceaux de roches qui sont dépourvus de parties métalliques de ceux qui en renferment plus ou moins. Les matières triées sont ensuite portées au jour où elles subissent un nouveau triage plus ou moins soigné, suivant la valeur du métal qu'elles renferment. Dans cette seconde opération, on a soin de casser le minerai en morceaux ordinairement gros comme le poing, afin de pouvoir distinguer plus facilement ceux qui ne contiennent point de métal.

Après le triage, vient l'opération du bocardage, qui consiste à briser et piler, au moyen d'une machine appelée bocard, les morceaux de minerai. On bocarde à sec les matières qui ne doivent point être soumises à un lavage subséquent, et l'on en use de même à l'égard des minerais riches, dont on craint de perdre les parties les plus légères.

L'opération du lavage a lieu pour les minerais de fer, immédiatement après le triage; mais pour les métaux d'une plus grande valeur, le lavage se fait après le bocardage. Ici, le but est de séparer mécaniquement les matières terreuses de la partie métallique.

Il y a plusieurs sortes de lavages: soit à l'aide d'un crible que l'on plonge dans l'eau; soit au moyen de grilles placées successivement à différens niveaux, de manière que l'eau, tombant de plus haut, passe au travers de tous ces gradins; soit enfin à l'aide de tables qui portent dans certains pays le nom de *caisses*.

L'opération du lavage n'est pas la dernière que subit le minerai avant de passer au fourneau de fonte : les opérations qu'on lui fait subir encore se font au moyen du feu, et sont connues sous les noms de *grillage*, *rôtissage* ou torréfaction. Dans ces sortes d'opérations, on a grand soin de ne pas pousser la chaleur jusqu'à provoquer la fusion du minerai.

Le *grillage* n'a quelquefois pour but que de produire un effet presque mécanique : celui de désagréger les parties du minerai, et de le rendre plus facile à briser ; mais le plus souvent le grillage sert à séparer au moyen du feu quelques uns des composans du minerai que l'on soumet à cette opération ; enfin, il y a plusieurs sortes de grillages : 1° celui qui a pour but de diminuer la cohésion des molécules minérales ; 2° celui qui doit volatiliser les substances qui en sont susceptibles, telles que l'eau, l'acide carbonique, le soufre, etc. 3° enfin la troisième sorte de grillage a pour but de former, avec les substances que l'on veut séparer, une combinaison volatile ou gazeuse que la chaleur puisse dissiper aisément et répandre dans l'atmosphère.

Trois méthodes de grillage sont employées : le grillage en tas à l'air libre est fréquemment employé comme le plus simple de tous ; vient ensuite le grillage pratiqué entre de petits murs, et que l'on a appelé *grillage encaissé* ; enfin le grillage dans des fourneaux.

Une autre opération que nous ne devons point passer sous silence est celle des *essais*, c'est-à-dire les moyens à l'aide desquels on reconnaît dans un minerai quelconque, non seulement la présence et la nature d'un métal, mais encore sa quantité évaluée en poids. On distingue trois sortes d'essais : 1° l'*essai mécanique*, qui consiste à séparer par le lavage à la main, dans une petite sébile de bois, les substances mécaniquement mélangées dans le minerai ; 2° l'*essai par la voie sèche* qui se fait dans des creusets par le moyen du feu, et souvent avec l'addition d'un fondant ou d'un agent quelconque de séparation ; 3° enfin les *essais par la voie humide*, qui, le plus ordinairement, sont de véritables analyses chimiques : aussi ne doit-il pas entrer dans notre plan d'en donner la description.

Nous terminerons par quelques exemples qui donneront une idée de la profondeur de certaines Mines. On en connaît plusieurs qui sont exploitées à plus de 600 mètres, quelques unes même à 1000 mètres au dessous de la surface du sol ; un grand nombre descendent au dessous du niveau de la mer, et l'on en connaît même en Angleterre qui s'étendent sous ses eaux et n'en sont séparées que par une mince cloison qui laisse entendre pendant les tempêtes le roulement des cailloux.

L'un des puits de la Mine de Valenciana, au Mexique, a 514 mètres de profondeur ; la grande galerie d'écoulement des Mines de Clausthal, au Harz, passe à 288 mètres au dessous de l'église, et ce qui peut donner une idée de l'étendue de ces Mines, c'est que cette galerie a 10,438 mètres de longueur.

Tel est l'exposé rapide, et conséquemment fort incomplet, des travaux qu'exige l'exploitation des Mines, et les traitemens que subissent les minerais qu'on en retire.

Projection verticale des travaux d'une Mine dans le sens de la direction des filons (pl. 368).

A. Puits principal par lequel on extrait les eaux et le minerai. On voit à gauche les pompes avec lesquelles on extrait les eaux, et à droite, la corde et les tonnes avec lesquelles on extrait le minerai et les eaux, lorsqu'elles sont trop abondantes.

B. Grande roue hydraulique, mue par l'eau qui arrive par un canal placé dans la partie supérieure de la roue. A l'axe de la manivelle sont placées des tringles de bois qui communiquent, par le moyen d'une galerie, à un *varlet* placé à l'ouverture du puits, et déterminent, par cette communication, le mouvement des pistons des pompes qui élèvent l'eau des différentes galeries où elle se réunit.

C. Puits d'aérage qui communique du fond des travaux à la surface du sol : ce puits peut aussi servir de puits de descente, et même de puits d'extraction, lorsque les travaux sont exécutés dans cette partie. Le puits C est creusé dans le filon ; il suit son inclinaison.

D. Grand puits incliné, percé dans le filon ; il s'étend depuis la profondeur des travaux jusqu'à la surface du sol ; il sert à la fois de puits de descente et de puits d'aérage. On voit dans l'intérieur du puits les échelles placées des deux côtés, d'étage en étage, afin de faciliter le repos nécessaire en montant ou en descendant, et éviter les accidens que présentent les échelles sans diviseur.

E. Puits d'extraction et d'aérage creusé dans le filon de traverse. La projection horizontale de ce puits ferait croire qu'il a une faible inclinaison ; mieux vaudrait cependant qu'il fût vertical. On voit, dans son intérieur, la corde et les seaux avec lesquels on retire le minerai.

F. Puits incliné, creusé dans la pente du filon de traverse. On voit, dans l'intérieur, les cordages et les seaux avec lesquels on extrait le minerai jusqu'à la hauteur de la principale galerie d'écoulement.

G. Différens puits creusés dans le filon, pour établir une communication entre tous les travaux. On voit, dans l'intérieur de quelques uns de ces puits, les cordes et les seaux avec lesquels on retire, à l'aide d'un treuil placé à la partie supérieure, les minerais et les eaux. On voit, dans d'autres, les échelles par lesquelles les ouvriers peuvent communiquer dans les différens travaux.

H. Galeries percées à différentes hauteurs, dans la direction du filon, pour extraire les minerais et les eaux qui s'y accumulent.

I. Principale galerie d'écoulement : elle s'étend dans toute la longueur de la mine, jusqu'à son embouchure. C'est dans cette galerie que l'on élève les eaux inférieures, et que l'on fait descendre les supérieures ; c'est aussi dans cette galerie que l'on élève quelques uns des minerais extraits pour les conduire au jour dans des chariots nommés *chiens*.

K. Machine à molettes mue par des chevaux ; elle se compose d'un arbre vertical que des chevaux font mouvoir, de deux treuils coniques sur lesquels la corde s'enveloppe, de manière que le rayon augmente lorsque le poids de la corde diminue ; de ces cônes, la corde passe sur des poulies placées au dessus du milieu du puits.

L. Masse de pierres provenant de la séparation du minerai qui a été extrait dans le filon de traverse.

M. Masse de pierres provenant de la séparation du minerai qui a été extrait du filon principal, dans l'espace vide auquel il correspond.

N. Masse de pierres séparée du minerai qui a été extrait du filon principal, avec lequel on a rempli un espace qui a été excavé.

O. Exploitation par gradins inférieurs. Ce travail consiste à extraire des mines à des hauteurs successives et sur des gradins qui vont en descendant, afin de pouvoir les multiplier sur un même espace, et faciliter à la poudre une grande action par la moindre résistance que la pierre présente.

P. Autres travaux à gradins inférieurs. On remarque que l'on a laissé des massifs dans la partie excavée, afin de soutenir les parois du filon. Ces massifs se conservent ordinairement dans les excavations dans lesquelles le minerai est assez pur pour ne pas pouvoir en séparer des pierres propres à former un muraillement qui produisit le même effet. Lorsque le minerai est pur, et qu'il a un assez grand volume, on retire des pierres soit du fond, soit de l'extérieur, pour former les muraillemens, et extraire les piliers.

Q. Autre exploitation à gradins inférieurs, dans laquelle on ne peut laisser de massifs, parce que l'on sépare les pierres du minerai en assez grande quantité pour en former des murailllemens (M).

R. Exploitation à gradins supérieurs ou à *strosses*. Celle-ci diffère de la première en ce que les mineurs vont en s'élevant successivement, tandis que les autres vont en s'abaissant. Ces deux sortes d'exploitation, à gradins supérieurs et inférieurs, ont leur avantage et leur inconvénient; ce sont la manière d'être du minerai, sa pureté et les diverses situations dans lesquelles on le trouve, qui doivent déterminer celui de ces deux modes que l'on doit préférer.

S. Excavation dans laquelle on a laissé un massif inférieur.

T. Excavation dans laquelle on n'a laissé aucun massif.

V. Excavation dans laquelle on a laissé un peu de massif.

X. Ruisseau où débouche le cours d'eau qui fait mouvoir la roue hydraulique, et qui reçoit celles qui proviennent de la principale galerie d'écoulement.

Y. Treuil placé sur un puits d'extraction (E), pour extraire le minerai et les eaux.

Z. Treuil placé sur un des puits de communication intérieure, etc. Ouverture d'une galerie d'écoulement percée au dessus de la galerie principale.

(J. H.)

MINEUR, PETIT MINEUR. (EXPLOIT.) On désigne généralement sous le nom de *Mineurs* les hommes qui sont chargés de fouiller la terre pour en extraire les matières minérales qu'elle contient et qui sont nécessaires à nos besoins usuels. Si le Mineur n'avait qu'à exploiter à la surface du sol, son art serait bien simplifié, et il n'aurait besoin, en quelque sorte, que de savoir distinguer, à l'aspect du terrain, s'il contient ou non des substances minérales, ce qui exige déjà cependant des connaissances assez étendues en minéralogie, en géologie et en chimie; mais il n'en est pas ainsi, car il est le plus souvent obligé de s'enfoncer à de grandes profondeurs dans la terre pour y suivre les différens gîtes des minéraux qu'il recherche ou qu'il se propose d'exploiter, et l'on sent qu'alors une simple connaissance des faits géologiques qui caractérisent telle ou telle mine ne suffit plus et qu'il est obligé d'avoir recours à la mécanique et à la géométrie pour pouvoir se guider sûrement et en connaissance de cause à travers les couches et les entrailles de la terre; il faut qu'il sache, par différens moyens que les circonstances peuvent seules être préciser, se garantir des éboulemens qui sans cesse menaceraient de l'engloutir, s'il ne parvenait à les prévenir ou à les empêcher; il est obligé de s'aider de machines pour sortir les matériaux extraits ou épuiser les eaux qui sans cela auraient bientôt envahi tous les travaux; il faut qu'il se ménage les moyens de pouvoir respirer de l'air pur à toutes les profondeurs, et qu'il trouve par conséquent la possibilité de renouveler cet air incessamment vicié par la présence des ouvriers et des lumières, et de se débarrasser des exhalaisons malfaisantes qui se dégagent souvent de l'intérieur des mines. Il résulte donc de toutes ces considérations que la science du Mineur est une science très-compliquée, qui s'étaie comme la métallurgie, dont elle forme en quelque sorte une annexe, sur un assez grand nombre de sciences diverses dont la connaissance exacte est indispensable à l'ingénieur des mines; aussi l'art du Mineur a-t-il été de tout temps le sujet de traités généraux ou particuliers souvent très-étendus. On trouvera au mot MINES quelques détails à ce sujet.

Les ouvriers Mineurs, dans presque tous les pays, appellent *Petit Mineur* un être imaginaire, un esprit tantôt malfaisant, tantôt bienfaisant, auquel ils ne manquent jamais d'attribuer les choses les plus extraordinaires qu'ils vous racontent comme choses authentiques, dont les anciens ou d'autres mineurs ont été témoins. La frayeur du Petit Mineur est quelquefois poussée si loin chez certains ouvriers, qu'ils n'oseraient parcourir les travaux seuls; aussi à certaines époques, comme le jour de la Sainte-Barbe, patrone des Mineurs, ils ne manquent jamais de lui offrir une chandelle, comme on va offrir un cierge à la Vierge ou à un saint dont on veut solliciter les bonnes grâces, et ils se croiraient exposés à tous les accidens s'ils manquaient à cet usage. Voici à ce sujet une anecdote qui m'est arrivée, et qui prouve combien ces idées superstitieuses sont enracinées chez la plupart de ces hommes familiarisés avec la mort, et qui se jouent continuellement des dangers avec une telle indifférence qu'ils négligent souvent de prendre les précautions que la prudence exige et qui peuvent les en préserver en les avertissant à l'avance, et que je me suis souvent même vu forcé de les punir sévèrement pour les y contraindre.

Pendant que j'étais aux mines de houille de Saint-Georges, Châtelaison et Concourson, près Doué, département de Maine-et-Loire, ayant fait une ronde de nuit, la veille de la Sainte-Barbe, après le départ des ouvriers qui ne quittent ordinairement les travaux qu'à minuit, je m'aperçus par hasard qu'il y avait de la lumière au fond d'un des puits d'extraction, et, m'étant assuré en agitant le câble qu'il n'y avait plus d'ouvriers au fond, ou que du moins ils y étaient endormis, puisqu'ils ne répondaient pas au signal d'usage, je descendis dans les travaux pour reconnaître ce qui occasionait cette lumière; elle était due à cinq ou six chandelles allumées et rangées sur un baquet en bois au milieu d'une galerie transversale : c'était l'offrande d'usage au Petit Mineur. Cependant, dans la crainte que ces lumières ne finissent par mettre le feu au baquet, et ne le communiquassent par suite aux boisages de la mine, je les éteignis, sans toutefois les déranger, afin de voir l'effet que cela produirait parmi les ouvriers. Le surlendemain, lorsqu'ils descendirent pour reprendre leurs travaux, grande rumeur parmi eux; pas de doute que c'était le Petit Mineur lui-même qui était venu éteindre les chandelles, ce qui annonçait et sa présence et quelque malheur, et là-dessus chacun s'était mis à raconter tous les faits qu'avaient présagés autrefois des circonstances semblables, lorsque mon arrivée subite, en occasionant d'abord quelque frayeur, coupa cours à ces contes ridicules; mais ce ne fut pas sans hésitation que les plus poltrons allèrent reprendre dans leurs ateliers leur ouvrage habituel. A quelque temps de là, un ouvrier s'étant tué par accident dans ces puits, ils ne manquèrent pas d'attribuer la cause de sa mort au Petit Mineur; et, bien que je leur eusse déclaré que c'était moi qui avais éteint ces lumières, et que je leur eusse dit que si le Petit Mineur avait voulu se venger de l'affront fait à son culte, comme ils le prétendaient alors, il aurait tout au moins dû s'adresser à moi, qui étais le vrai coupable, plutôt qu'à un de ses plus dévoués croyans, ils ne me parurent pas tous bien convaincus, ou s'ils semblaient l'être, c'était par condescendance. Comment s'étonner après un tel fait qu'il y ait tant de personnes dans les campagnes qui croient encore aux sorciers, aux maléfices, aux sorts, à la BAGUETTE DIVINATOIRE (*voyez* ce mot)? Et c'est au dix-neuvième siècle, qu'en France, dans nos campagnes, des préjugés aussi absurdes que ridicules règnent encore avec tant de force! et cependant nous nous croyons le peuple le plus éclairé et le plus civilisé; nous le prêchons du moins partout, cela flatte toujours un peu l'amour-propre national! !...

Vanitas vanitatum, omnia vanitas!...

(TH. V.)

MINIÈRES. (MIN.) Nom que l'on donne fréquemment aux exploitations de peu d'importance ou de peu d'étendue; ce sont ordinairement, d'après la législation française, les mines qui s'exploitent à ciel ouvert, et qui ne sont pas susceptibles par conséquent d'être concédées par le gouvernement. (TH. V.)

MINIME. (ZOOL.) C'est le nom vulgaire d'une Couleuvre, d'un Cône, d'un Anthribe et de plusieurs Papillons de nuit du genre Bombyce, dont la couleur approche plus ou moins du marron foncé. (GUÉR.)

MINIUM. (MIN.) On a donné ce nom à un oxide naturel de plomb que sa couleur a fait nommer *Plomb oxidé rouge* et *Minium natif*. Cette substance est pulvérulente. Elle se compose de 10 parties d'oxygène et de 90 de plomb. On la trouve en Sibérie, en Westphalie et en Angleterre. (J. H.)

MINO. (OIS.) *Voy.* MAINATE.

MINQUAR, *Minquartia*. (BOT. PHAN.) C'est sous ce nom qu'Aublet a décrit et figuré un arbre de la Guiane, auquel on ne peut assigner de place dans les classifications, puisque ses fleurs n'ont pas été observées.

Le *Minquartia guianensis*, dit Aublet (Plantes de la Guiane, Suppl., pag. 4, tab. 370), s'élève à trente-six pieds environ; son tronc, revêtu d'une écorce cendrée, est quelquefois percé de trous tellement profonds qu'ils pénètrent tout son diamètre. Ses feuilles sont alternes, pétiolées, velues, aiguës, très-entières et glabres. A leur aisselle, ou à l'extrémité des rameaux, naissent les fruits: ils sont ovoïdes-allongés, plus gros à leur partie inférieure, lisses, verdâtres; leur enveloppe ou écorce est épaisse, fibreuse et blanchâtre; une cloison membraneuse partage leur intérieur en deux loges, où se trouvent les graines, disposées sur deux rangs au milieu d'une substance pulpeuse: chaque graine est plate, blanche, composée d'une amande et d'un tégument mince et coriace.

Le bois du *Minquartia* est blanc, dur et compacte; il passe pour incorruptible; aussi l'emploie-t-on pour les poteaux et pilotis qui doivent séjourner en terre. (L.)

MINUARTIE, *Minuartia*. (BOT. PHAN.) Trois petites plantes de la péninsule Ibérique composent ce genre; ses organes essentiels, presque microscopiques, en ont rendu l'étude difficile et confuse. Linné l'a placé dans sa Triandrie trigynie, et Jussieu dans ses Caryophyllées; mais son port analogue à celui du *Scleranthus*, et ses étamines périgynes, l'appellent parmi les Paronychiées. Les Minuarties se caractérisent par leurs feuilles sétacées, connées à la base; leurs fleurs sessiles; un calice à cinq divisions profondes; une corolle de cinq à dix pétales (tellement menus que d'excellens auteurs ont imprimé *corolle nulle*); trois, cinq et jusqu'à dix étamines; trois styles recourbés, enfin une capsule uniloculaire à trois valves, contenant plusieurs graines. (L.)

MINYADE, *Minyas*. (ZOOPH.) G. Cuvier (Règn. anim., première édition, 1817, tom. IV, pag. 24, pl. 15, fig. 8, sous le nom d'*Holothuria cyanea*, et deuxième édition, tom. III, pl. 15, fig. 8, sous le nom de *Minyas cyanea*) propose d'établir ce genre pour un animal rapporté par Péron de la mer Atlantique, et qu'il caractérise ainsi: « Les Minyades ont aussi (c'est-à-dire comme les Molpadies) le corps sans pieds et ouvert aux deux bouts; mais sa forme est celle d'un sphéroïde déprimé aux pôles et sillonné comme un melon. On ne leur trouve point d'armure à la bouche. » L'espèce reçoit le nom de *Minyas cyanea*, et prend place dans l'ordre des Echinodermes sans pieds, à côté des Molpadies, des Priapules et des Siponcles. C'est cette espèce qui est figurée dans notre Atlas, pl. 569, fig. 1.

M. Lesueur, le compagnon de Péron pendant le voyage aux terres australes, a vers le même temps publié dans les Mémoires de l'académie de Philadelphie un travail sur les Minyades, qu'il rapporte au groupe des Actinies, et il nomme *Actinia ultramarina* l'espèce de Cuvier; de plus, il y ajoute l'*A. olivacea* des mers d'Amérique et l'*A. flava*.

Dans l'article ZOOPHYTES du Dictionnaire des sciences naturelles, tom. LX, pag. 285, 1830, et dans son Actinologie, pag. 318, 1834, M. de Blainville a adopté la manière de voir de M. Lesueur, et il caractérise ainsi ces Actinies dont il fait le genre des *Actinecta*, c'est-à-dire des Actinies nageuses:

Corps libre, court, plus ou moins globuleux, colleté, pourvu à une extrémité d'une sorte de cavité aérienne, et à l'autre d'un disque couvert d'un grand nombre de tentacules très-courts et souvent lobés, et percé dans son centre par la bouche.

M. de Blainville ajoute: Ce genre a réellement été établi par G. Cuvier dans la première édition de son Règne animal, sous le nom de *Minyas*, mais caractérisé d'une manière erronée, en sorte qu'il a dû le placer dans la division des Echinodermes sans pieds, et loin des Actinies. C'est à M. Lesueur que la science doit cette rectification; il a, en effet, remarqué que l'ouverture indiquée par Cuvier à l'extrémité non buccale était due à la contraction du corps de l'animal, et n'avait aucun rapport avec celle qui se voit à l'extrémité postérieure des Holothuries : aussi a-t-il réuni l'espèce type du genre avec les autres Actinies.

En faisant cependant remarquer que cette espèce et les autres qui s'en rapprochent jouissent de la faculté de nager, au moyen d'une sorte de vessie aériforme qu'elles peuvent former à leur extrémité non buccale, et y ajoutant, ce que nous apprennent aussi MM. Quoy et Gaimard d'une Actinie qu'ils considèrent aussi comme une espèce de Minyas, que les tubercules qui forment des côtes le long du corps, sont séparés par une ligne de simples suçoirs qui peuvent servir à produire une adhésion, il nous semble que le genre Minyas peut être conservé.

Ce serait donc un genre qui aurait, comme le font observer MM. Quoy et Gaimard, quelque chose d'intermédiaire aux Holothuries, aux Velelles et aux Actinies, mais qui réellement diffère peu de celles-ci et doit rester dans la même famille.

MM. Quoy et Gaimard (Zool. *Astrolabe*, t. IV, pag. 159) ont en effet observé deux espèces qu'ils considèrent comme des Actinectes (*A. tuberculata*, Q. et G., pl. 11, fig. 3-6, et *A. viridula*, Q. et G., pl. 13, fig. 15-21).

Plus récemment encore, M. Lesson (Centurie zoologique, pag. 190, pl. 62, fig. 1) s'est occupé des Minyades, en étudiant, ainsi que l'avait fait M. Lesueur, l'espèce de Cuvier qu'il a rencontrée dans les mers du cap de Bonne-Espérance, voguant à l'aventure sur la surface de l'océan Atlantique méridional par un temps calme, et il est porté à en faire un groupe de la famille des Holothuries (les *Hol. minyades*). C'est par erreur, comme nous l'avons vu, que M. Lesson dit que M. de Blainville ne paraît pas avoir connu ce genre et qu'il ne l'admet pas dans son tableau des Zoophytes. M. Lesson nous apprend que le *Minyas cyanea* a des suçoirs extérieurs, ce qui le rapproche encore plus de l'*A. viridula*.

† Espèces sans suçoirs extérieurs.

Act. olivacea, Lesueur, Blainv., Actinologie, pl. 48, fig. 2. Elle est des mers d'Amérique.

Act. flava, Lesueur, *loc. cit.* Des mers d'Amérique.

Act. tuberculosa, Q. et G., *Astrol.*, IV, p. 159, pl. 11, fig. 3-6. Elle est des côtes de la Nouvelle-Hollande.

†† Espèces avec des suçoirs.

Act. ultramarina, Lesueur; *Minyas cærulea*, Cuv., *loc. cit.*, et Lesson, Cent. zool., représentée dans notre Atlas, pl. 569, fig. 1 et 1 *a*, d'après M. Lesson, et fig. 1 *b*, d'après Cuvier. Cette espèce vit dans l'océan Atlantique méridional; elle nage comme les autres *Actinectes*, la bouche en bas, et soutenue par une vésicule aériforme. Elle est d'un bleu azur céleste, que relèvent des points papilleux blancs sur les côtes qui la parcourent régulièrement en sens longitudinal. Sa surface extérieure jouit d'une grande contractilité; mais elle est en même temps d'une densité remarquable.

Act. viridula, Q. et G., *loc. cit.*, IV, pag. 161, pl. 13, fig. 15-21. Elle a été prise dans le Grand-Océan, entre la Nouvelle-Zélande et les îles des Amis. Son corps est verdâtre mélangé de bistre sur les côtes, et d'un vert plus foncé dans les intervalles et à l'extrémité qui avoisine la bouche, laquelle est plus veloutée. (GERV.)

MIOLANE. (BOT. PHAN.) On donne ce nom vulgaire au *Myrica galle*, L.

MION. (OIS.) L'un des noms vulgaires du Canard siffleur. (GUÉR.)

MIRAGE. (MÉTÉOR.) On nomme ainsi un phénomène atmosphérique, un météore qui est produit à la fois par la réfraction et la réflexion de la lumière. Il y a réfraction, puisque l'œil aperçoit les objets à un point de l'horizon différent de celui où ils sont réellement; il y a réflexion, puisque la couche d'air la plus inférieure produit l'effet d'un miroir : les objets s'y peignent renversés.

Sur mer, le Mirage fait paraître des rochers et des bancs cachés sous l'eau, comme s'ils étaient élevés au dessus de sa surface : ainsi les marins suédois ont long-temps cherché une prétendue île magique qui se montrait de temps en temps entre les îles d'Aland et les côtes de l'Upland. D'autres fois, les Anglais ont vu avec effroi la côte de Calais se rapprocher en apparence des rivages de la Grande-Bretagne. Les vaisseaux se présentent quelquefois comme s'ils étaient renversés ou comme s'ils naviguaient dans les nuages. Le plus fameux exemple de ce phénomène est celui qui se montre fréquemment dans le détroit de Messine : au cœur de l'été, quelques instans avant que le soleil sorte du sein des flots, si des rivages de Messine on jette un coup d'œil du côté de Reggio, port situé sur le continent, on aperçoit, dans les airs, des forêts, des tours et des palais, dont l'ensemble représente Messine, ses habitations, ses montagnes et ses bois. Sur la côte opposée, l'observateur qui regarde du côté de Messine voit aussi dans les mers l'image d'une cité semblable à Reggio. Cette illusion, encore mal expliquée, serait moins surprenante si le spectateur apercevait en l'air la ville qui borde l'horizon, au lieu de voir celle près de laquelle il est placé. Les peuples de la Calabre et de la Sicile, qui ont conservé des Grecs l'amour du merveilleux et des brillantes fictions, ont bâti sur cet effet physique la fable suivante. Une puissante fée (la *Fata Morgana*) étend son empire sur le détroit de Messine; elle fait apercevoir aux jeunes navigateurs ses palais aériens, afin que, trompés par l'illusion, ils aillent, en croyant s'approcher de Messine ou de Reggio, échouer sur la côte, où, nouvelle Circé, la fée s'apprête à les enlever.

Sur terre, les effets du Mirage ne sont pas moins remarquables; mais ils se développent sur les grandes surfaces de terrains plats et arides : ainsi ils sont bien connus dans les déserts de l'Afrique. On les observe aussi dans nos landes de Bordeaux et dans d'autres plaines semblables. Au milieu des déserts sablonneux de l'Egypte, que de fois le soldat français, épuisé de fatigue et de soif, éprouva l'espoir constamment déçu d'arriver à un gîte où il devait trouver à réparer ses forces, ou à quelque grand réservoir d'eau naturelle où il espérait se désaltérer. Ainsi il apercevait à la distance d'environ deux lieues des villages dont l'image renversée se réfléchissait dans les eaux d'un lac tranquille. Mais comme le phénomène du Mirage se produit nécessairement à une distance constante de l'observateur, à mesure que le pauvre soldat avançait, l'illusion se reproduisait plus loin.

Monge, qui fut plusieurs fois témoin de ce phénomène, en a donné une explication complète. Nous devons d'abord faire observer qu'en Egypte, et surtout dans la partie qu'on appelle la Basse-Egypte, les villages sont bâtis sur des éminences disséminées dans des plaines immenses. Mais écoutons ce que dit à ce sujet M. Lacroix :

« L'excessive chaleur que ces plaines unies et sablonneuses reçoivent du soleil dilate l'air qui repose sur le sol jusqu'à une hauteur assez peu considérable, parce que ce fluide ne conduit pas bien la chaleur, et il s'établit entre cette couche inférieure et celle qui la suit une différence sensible de densité : alors les rayons émanés des parties basses du ciel, et qui ont traversé la seconde couche, se réfléchissent à son contact avec la première, se relèvent, présentent à l'œil qu'ils rencontrent une image du ciel, et dérobent la vue du terrain. D'un autre côté, les villages placés sur des monticules, les arbres, les objets qui s'élèvent au dessus de la première couche, envoient en même temps des rayons directs situés dans la seconde couche, et des rayons réfléchis à la jonction des deux couches, où ils peignent des images renversées. A ces apparences d'un grand espace bleuâtre, formé par la réflexion d'une portion du ciel, de villages, d'arbres s'élevant au milieu de cet espace, et aux pieds desquels paraît leur image renversée, l'observateur croit apercevoir un lac parsemé d'îles boisées ou couvertes d'habitations. »

(J. H.)

MIRIDE, *Miris.* (INS.) Genre de l'ordre des Hémiptères, de la section des Hétéroptères, ayant pour caractères : antennes graduellement sétacées, de quatre articles, dont le premier le plus gros, et le second le plus long de tous ; rostre atteignant les pattes postérieures, de quatre articles presque égaux en longueur ; une nervure formant une seule cellule sur la partie membraneuse de l'élytre ; une tarière dans les femelles ; les Mirides ont toute l'habitude du corps très-allongée ; la tête est triangulaire-allongée ; ils n'ont pas d'ocelles ; leur corselet est trapézoïdal, beaucoup plus long que large ; les élytres dépassent de beaucoup l'abdomen ; la tarière des femelles indique que les œufs de ce genre sont introduits sous l'épiderme des plantes. On trouve ces insectes sur les plantes. On n'a pas remarqué jusqu'à présent qu'ils s'attaquassent à d'autres insectes.

M. DOLABRÉ, *M. dolabratus*, Linn., figuré dans notre Atlas, pl. 369, fig. 2. Long de quatre lignes, noir, avec tout le dessous du corps nuancé de jaune ; tête avec cinq taches jaunes, dont une au dessus du labre, et les deux postérieures en arrière des yeux ; corselet ayant trois bandes longitudinales, dont deux marginales et une médiane rosées ; une pareille tache existe à l'extrémité de l'écusson ; élytres rougeâtres, avec la membrane noirâtre ; les pattes sont brunes, plus ou moins piquetées de noir. D'Europe.

M. ERRANT, *M. erraticus*, Linn. Long de quatre lignes, vert-pré, avec quatre lignes noires sur le corselet et trois sur la tête ; le mâle a tout le dessus de la tête, du corselet et des élytres noir. Commun partout. (A. P.)

MIRLIROT. (BOT. PHAN.) On donne ce nom vulgaire au Mélilot officinal et à la Luzerne lupuline.

MIROIR. (INS.) Nom d'une espèce du genre Hespérie.

MIROIR D'ANE ou DE VIERGE. (MIN.) A Montmartre, les carriers donnent ces noms au gypse laminaire.

MIRMICE. *Voy.* MYRMICE.

MIRO-MIRO. (OIS.) Nom que les naturels de la Nouvelle-Zélande donnent au Gobe-mouche rubisole, Garn., et au Gobe-mouche aux longs pieds, Garn., figurés dans la Zoologie de *la Coquille*. (GUÉR.)

MISOCAMPE, *Misocampe.* (INS.) C'est-à-dire ennemi des Chenilles. Latreille a donné ce nom à un genre d'Hyménoptères térébrans et pupivores, de la tribu des Chalcidites, formé avec quelques Cynips et *Ichneumones minuti* de Linné, et ainsi caractérisé : Mandibules dentelées ; antennes insérées près du milieu de la face antérieure de la tête, ou sensiblement éloignées de la bouche, composées de huit à dix articles, la plupart cylindriques, serrés, et sans verticilles de poils dans les deux sexes ; segment antérieur du tronc carré. Ce genre se distingue des Leucospis et des Chalcis parce que les cuisses ne sont pas renflées. Les Chirocères de Latreille ont les antennes flabellées ; les Eucharis et les Thoraçantes en diffèrent par leur écusson, qui est très-grand et recouvre les ailes. Les Misocampes ont les antennes rapprochées à leur base, brisées, terminées un peu en massue et courtes : le premier article de chacune d'elles s'applique inférieurement dans un sillon longitudinal du front. La tête est verticale, comprimée, appliquée contre le corselet. Celui-ci est tronqué antérieurement ; l'abdomen est ovale et conique, souvent comprimé, quelquefois très-petit ; son extrémité est pourvue, dans les femelles, d'une tarière plus ou moins saillante, quelquefois de la longueur du corps, filiforme, de trois pièces, dont celle du milieu est seule la tarière proprement dite, les pièces latérales ne lui servant que de fourreau. Les ailes n'ont presque pas de nervures ; on n'y aperçoit quelquefois qu'un point marginal et plus épais avec une ou deux veines courtes. Le corps est court, renflé, orné le plus souvent de couleurs très-brillantes, parmi lesquelles le vert, le bronze et le cuivreux dominent. Quelques espèces ont la faculté de sauter par le moyen de leurs pattes de derrière; telles sont celles qui vivent dans les larves des Lépidoptères. Les mœurs des Misocampes ont été observées par Degéer (Mém. sur les Ins., t. II, p. 479). Suivant cet auteur, la femelle du Cynips doré à queue (*Ichneumon bedeguaris*, L.) sait déposer ses œufs auprès de la larve qui habite l'intérieur de cette galle, en introduisant sa longue tarière ou oviductus jusqu'au centre du corps qui avait produit le Bédéguar. Il paraît que ce Misocampe ne pond qu'un œuf dans chaque galle, puisque cette production ne renferme jamais qu'un seul habitant, et que sa substance ne peut suffire qu'à la consommation d'un seul individu de ce parasite. Les larves des Misocampes des mouches se nourrissent de l'intérieur du corps des larves des Coccinelles et de celles des Syrphes ou mouches aphidivores, et se transforment en nymphes sous leur peau. L'insecte parfait en sort par le moyen d'une ouverture circulaire qu'il y pratique avec ses dents; Réaumur a été témoin de l'accouplement d'une autre espèce de Misocampe qui pond toujours ses œufs dans les Chrysalides de Lépidoptères, et qui épie le moment où la chenille passe ou vient de passer à l'état de chrysalide, et où elle est encore molle, pour l'attaquer et lui confier ses œufs. Voilà comment a lieu la jonction des deux sexes ; le mâle se place d'abord sur le milieu du corps de la femelle, de manière que les deux têtes sont tournées du même côté; mais il y a encore loin de celle du mâle à celle de la femelle, parce que celle-ci surpasse beaucoup l'autre en grandeur. Dès que le mâle s'est posé il marche en avant jusqu'à ce que sa tête excède celle de sa compagne. Alors il incline tellement la tête du côté de celle de la femelle qu'il semble lui donner un baiser. Cette caresse, qui ne dure qu'un instant, une fois faite, il va promptement à reculons, jusqu'à ce que son derrière se trouve par-delà celui de la femelle; il le courbe et le fait passer sous l'extrémité du ventre de celle-ci; là il le tient fixé un moment, puis il commence son manége. Réaumur l'a vu renouveler par le même jusqu'à vingt fois; le mâle ne s'est retiré que pour céder forcément la place à un individu du même sexe plus frais. L'organe de la génération est renfermé entre deux pièces qui forment chacune une demi-gouttière. On peut le faire paraître en pressant le ventre de l'insecte. Degéer a décrit une autre espèce de Misocampe qui est aptère, et remarquable par sa faculté de sauter portée au plus haut degré. Geoffroy parle d'une espèce de Misocampe qui va déposer ses œufs dans le corps des larves d'Ichneumons très-petits qui se nourrissent de l'intérieur du corps des Pucerons. La larve du Misocampe attaque et fait périr celle de ce dernier, se métamorphose ensuite au même endroit, et perce la peau du cadavre où elle était renfermée quand elle s'est changée en insecte parfait. Nous avons eu occasion d'observer cette espèce sortant de la Cochenille du peuplier. Enfin une autre espèce met ses œufs dans ceux de plusieurs autres insectes, la larve s'y nourrit de leur substance, s'y transforme, et l'insecte parfait en sort en perçant la coque. Les larves des Misocampes ont beaucoup de rapports avec celles d'Ichneumons, mais les nymphes des premières sont nues, au lieu que celles des secondes sont renfermées dans des coques filées par les larves. On connaît plusieurs espèces de Misocampes; la plus commune et la plus belle est :

Le Misocampe du Bédéguar, *M. Bedeguaris*, *Ichneumon Bedeguaris*, Latr., Linn., Réaum. Ses antennes sont noires, une fois plus longues que la tête. Ses yeux sont bruns ; la tête et le corselet sont d'un vert doré; l'abdomen est d'un pourpre doré, et les pattes sont jaunes. La tarière de la femelle est beaucoup plus longue que le corps. Cette espèce se trouve dans toute l'Europe; elle vit sous la forme de larve et de nymphe dans les galles chevelues du Rosier sauvage appelé Bédéguar. Nous figurons cet insecte dans notre Atlas, pl. 369, fig. 3; *d* et *e* représentent une branche d'Églantier avec son Bédéguar; en *e*, le Bédéguar a été coupé pour laisser voir les loges des larves; *a* donne la figure d'une larve de grandeur naturelle, et de la même grossie; *b*, *c*, cette larve repliée sur elle-même pour pouvoir se loger dans les cavités de la figure *e*. (Guér.)

MISOLAMPE, *Misolampus*. (ins.) Genre de Coléoptères de la section des Hétéromères, famille des Mélasomes, établi par Latreille, et qui ne diffère des Pimélies, dont il a été démembré, que par son corselet globuleux, son abdomen ovoïde, et quelques différences dans la grandeur relative des articles des antennes. (A. P.)

MISGURNE. (poiss.) Nous avons parlé de cette espèce au mot Cobite de ce Dictionnaire.

Nous ajouterons seulement ici que le nom de Misgurne lui a été donné par M. Lacépède, d'après des considérations de peu de valeur.

Nous ne décrirons pas les caractères des Misgurnes, parce que ces poissons appartiennent bien évidemment au genre Cobite. *Voy.* ce dernier mot. (Alph. G.)

MISPIKEL. (min.) Nom que l'on a donné à une combinaison de 21 parties de soufre, de 43 d'arsenic et de 35 à 36 de fer. C'est, en d'autres termes, le fer arsénical. (*Voy.* Fer.) (J. H.)

MITE ou MITTE. *Voy.* Acarus.

MITHRAX, *Mithrax*. (crust.) Genre de l'ordre des Décapodes, famille des Brachyures, tribu des Triangulaires, établi par Leach et adopté par Latreille, qui le place (Cours d'Entomologie, 1re année) dans la tribu ci-dessus énoncée, et dans sa deuxième section, les Hétérochèles. Ses caractères distinctifs sont d'avoir toujours la carapace très-peu bombée en dessus et assez fortement rétrécie en avant. Le rostre est bifide, généralement très-court et séparé du canthus interne des yeux par un espace assez considérable; les orbites sont presque toujours armées de deux ou trois épines à leur bord supérieur, d'une à leur angle externe, et d'une ou deux à leur bord inférieur; les bords latéro-antérieurs de la carapace sont épineux ou du moins dentés. Les antennes internes se reploient un peu obliquement en dehors, et la portion frontale de la cloison qui les sépare est armée d'une épine recourbée en avant. L'article basilaire des antennes externes est grand et presque toujours armé en avant de deux fortes épines; le second article de ces appendices est au contraire grêle et cylindrique; il s'insère sur les côtés du rostre, plus près de la fossette antennaire que de l'orbite; le troisième article est presque aussi gros et aussi long que le deuxième; enfin la tige terminale est articulée et généralement assez courte. Les pieds-mâchoires externes ne présentent rien de remarquable; le plastron sternal est presque circulaire. Les pattes antérieures sont en général, chez le mâle, beaucoup plus longues et plus grosses que celles de la seconde paire; elles ont quelquefois le double de la longueur de la portion post-frontale de la carapace, et la main qui les termine est presque toujours longue, forte et renflée; les pinces sont écartées à leur base, élargies au bout, profondément creusées en cuiller et terminées par un bord tranchant, semi-circulaire; les pattes de la seconde paire ont environ une fois et un quart la longueur de la portion post-frontale de la carapace; et les suivantes se raccourcissent graduellement; les tarses sont courts, crochus et souvent armés de quelques pointes à leur face inférieure; l'abdomen est généralement formé de sept articles distincts dans les deux sexes; mais quelquefois on n'en voit dans les femelles, pendant le jeune âge, que quatre, les second, troisième, quatrième et cinquième segmens étant soudés entre eux. Ce genre se distingue de celui de Parthénope, avec lequel il a un peu d'analogie, par les pieds antérieurs, qui, quoique très-grands, sont cependant moins longs que les mêmes des Parthénopes; ils se dirigent en avant, ce que ne peuvent pas faire ceux des Parthénopes, et n'ont pas les doigts et les pinces en bec de perroquet. Il se distingue encore des autres genres, tels que celui d'Inachus de Fabricius, par des caractères tirés de la forme et de la position des antennes et d'autres tirés de la forme du corps et des pattes. Il se distingue aussi des Lambres et des Eurynomes par ses serres qui sont moins grandes.

Les Crustacés qui composent ce genre assez nombreux en espèces appartiennent pour la plupart aux mers d'Amérique, et quelques uns d'entre eux parviennent à une grosseur très-considérable. M. Edwards (dans son Histoire naturelle des Crust., tom. 1), pour rendre ce genre plus facile à l'étude, a cru devoir y établir trois subdivisions, que nous caractériserons ainsi d'après lui.

A. Bord supérieur de l'orbite armé de fortes épines.

a. Pattes des quatre dernières paires non épineuses.

Premier sous-genre, *Mithrax triangulaires.*

a a. Pattes des quatre dernières paires hérissées d'épines.

Deuxième sous-genre, *Mithrax transversaux.*

B. Bord supérieur de l'orbite dépourvu d'épines.

Troisième sous-genre, *Mithrax déprimés.*

Premier sous-genre, *Mithrax triangulaires.*

Toutes les espèces qui composent ce premier sous-genre ont la carapace au moins une fois et un quart aussi longue que large, triangulaire dans les deux tiers antérieurs, arrondie postérieurement, et armée d'un rostre formé de deux cornes assez grosses et bidentées; le bord orbitaire inférieur n'est pas épineux, mais les côtés de la carapace sont garnis d'épines très-fortes; enfin les pattes antérieures sont moins longues et moins fortes que chez les autres espèces, et les tarses ne sont ni dentés ni épineux en dessous.

Le Mithrax dicotome, *M. dicotomus*, Latr., Desm., Edw. Mag. de zool. 1831, cl. 7, pl. 1. La carapace est granuleuse et sans épines en dessus; les cornes du rostre sont très-divergentes, guère plus longues que larges, et terminées par deux dents presque égales; le bord supérieur de l'orbite est armé de deux épines triangulaires; les bords latéraux de la carapace sont armés de sept grosses dents spiniformes, dont une formant l'angle orbitaire externe, et cinq situées sur la région branchiale; le bord postérieur de la carapace présente deux petites pointes. Les fossettes antennaires sont très-larges en avant, sans tubercule saillant vers le bord postérieur. Le bord orbitaire inférieur est entièrement lisse. Les pattes antérieures sont médiocres, hérissées de pointes sur les troisième et quatrième articles; la main chez la femelle est aussi grosse que le bras; les pinces sont faibles; les pattes qui suivent sont munies d'une petite dent à l'extrémité du troisième article, et garnies de poils crochus. La grandeur de cette espèce, qui est de couleur jaunâtre, est de deux pouces. On la trouve sur les côtes des îles Baléares.

Le Mithrax dain, *M. dama*, Edw., *loc. cit.*; *Cancer dama*, Herbst., pl. 59, fig. 5. La carapace est granuleuse et sans épines en dessus; les cornes du rostre sont très-divergentes, plus de trois fois aussi longues que larges, et armées de trois dents spiniformes, dont une terminale et deux externes.

Le Mithrax rude, *M. asper*, Edw., *loc. cit.* La carapace est granuleuse et hérissée de petites épines ou pointes; les cornes du rostre sont deux fois aussi longues que larges, terminées par une grosse épine aiguë, et armées en dehors d'une seconde épine beaucoup plus petite. Le milieu du bord inférieur orbitaire présente une petite dent triangulaire. La patrie de ces deux espèces nous est inconnue.

Deuxième sous-genre. *Mithrax transversaux.*

La carapace, chez les espèces qui composent ce deuxième

ce deuxième sous-genre est presque aussi large que longue; mais cependant toujours notablement rétrécie en avant. Le rostre est formé de deux petites cornes spiniformes, en dehors desquelles on remarque d'autres épines presque aussi fortes, appartenant à l'article basilaire des antennes externes ou à l'angle orbitaire antérieur. Les bords latéraux de la carapace divergent beaucoup et sont armés de fortes épines souvent bifurquées. La grosseur des pattes antérieures varie suivant l'âge et les sexes; mais les pinces sont toujours très-fortes chez le mâle adulte. Toutes les espèces composant ce groupe appartiennent à la mer des Antilles.

Le Mithrax très-épineux, *M. spinosissimus*, Edw., *loc. cit. Maïa spinosissima*, Lam. Le bord supérieur de la main est armé de tubercules spiniformes; la carapace est couverte d'épines plus ou moins longues, mais lisse dans l'espace que ces pointes laissent entre elles, et garnie, ainsi que les pattes, d'une multitude de poils raides; par les progrès de l'âge, une partie de ces épines disparaissent presque entièrement. Le rostre est formé de deux épines très-écartées entre elles, mais dirigées en avant; le bord orbitaire supérieur est armé de trois ou quatre épines, dont l'antérieure est très-forte et se dirige en avant; les bords latéro-antérieurs de la carapace sont armés chacun de cinq ou six grosses épines, dont les deux premières sont bifurquées. L'article basilaire des antennes externes est terminé par deux épines, dont l'interne est très-longue; le troisième article de ces appendices est très-court. Les pattes sont très-épineuses. Cette espèce, qui habite les Antilles, atteint jusqu'à 4 à 5 pouces de long.

Le Mithrax verruqueux, *M. verrucosus*, Edw., *loc. cit.*, clas. 7, pl. 4. Le bord supérieur des mains est entièrement lisse; la carapace est couverte de granulations; le rostre dépasse à peine les épines terminales de l'article basilaire des antennes externes; les pinces sont armées de huit à dix petites dents marginales et d'un bouquet de poils noirs inséré au fond de la cuiller formée par l'excavation de leur bord préhensile. La face extérieure des tarses des autres pattes offre à peine quelques traces d'épines. Se trouve aux Antilles.

Troisième sous-genre. *Mithrax déprimés.*

Chez l'espèce qui forme cette subdivision, la carapace est encore plus large que dans les groupes précédens.

Le Mithrax sculpté, *M. sculptus*, Edw. *loc. cit.*, class. 7, pl. 5; *Cancer rugosus*, Pétiv.; *M. sculpta*, Lamk., Hist. des anim. sans vertèbres, tom. V, pag. 242. La carapace est couverte de petites bosselures lisses; le rostre est formé de deux petites dents arrondies, et n'occupe qu'environ le tiers de la longueur du front; le bord latéro-antérieur de la carapace est comme festonné, garni de quatre à cinq tubercules arrondis. Le corps et les mains sont entièrement lisses; l'extrémité des pinces n'offre point de dentelures; les pattes des quatre dernières paires sont très-épineuses en dessus et très-poilues. Se trouve dans la même localité que l'espèce précédente.

Nous avons représenté le Mithrax dichotome dans notre Atlas, pl. 370, fig. 1. (H. L.)

MITOSATES, *Mitosates.* (ins.) Nom donné par Fabricius à la sixième classe de sa Méthode entomologique, et dans laquelle il comprend une partie des Myriapodes de Latreille. *Voy.* Myriapodes. (A. P.)

MITRAL. (anat.) Cet adjectif s'emploie pour désigner la forme de plusieurs organes auxquels on a reconnu une certaine ressemblance avec une mitre d'évêque. On sait combien ces comparaisons laissent souvent à désirer pour l'exactitude; aussi les meilleurs anatomistes ont-ils cherché à signaler les organes ou leurs diverses parties en raison de leurs rapports plutôt qu'en raison de leurs formes. On a donné le nom de Mitrales aux valvules triangulaires qui garnissent l'ouverture de communication de l'oreillette gauche du cœur avec le ventricule correspondant. Ces valvules, formées par la membrane interne des cavités gauches du cœur, sont retenues du côté du ventricule par des cordes tendineuses, qui viennent des colonnes charnues; elles ont pour usage de former des espèces de soupapes qui permettent au sang de passer de l'oreillette dans le ventricule, et s'opposent au retour de ce fluide dans la première de ces deux cavités.

En botanique, le mot Mitral a la même signification; il est peu employé. (P. G.)

MITRE, *Mitra.* (moll.) Genre créé par Lamarck pour des coquilles confondues par Linné avec les Volutes, dont elles se distinguent par leur forme turriculée, leur sommet pointu, des plis columellaires dont la saillie s'efface d'arrière en avant et de haut en bas, et par l'existence d'un drap marin. Ce genre est caractérisé de la manière suivante: coquille turriculée ou subfusiforme, à tours larges, aplatis, à spire élevée, pointue, ouverture petite et triangulaire, bord columellaire mince et muni de plusieurs plis parallèles entre eux, qui, comme nous l'avons dit, diminuent de grandeur de haut en bas et d'arrière en avant; bord droit, tranchant et presque dentelé.

Les animaux de ces coquilles, que l'on ne connaît que par la description qu'en ont donnée MM. Quoy et Gaimard (Voyage de l'*Astrolabe*, tom. II, 2me part. pag. 633), sont d'une extrême timidité, porteurs d'une coquille très-lourde et dont l'épaisseur est même un obstacle à ce qu'on les obtienne intacts pour la dissection; ils restent presque toujours dans la même position au milieu de la fange qui dérobe à la vue leurs brillantes couleurs; leur apathie est telle que, suivant ces mêmes observateurs, il faut plusieurs heures, quelquefois tout un jour, selon l'espèce, pour qu'on voie remuer son pied et avancer son siphon. La Mitre épiscopale, continuent-ils, se contente même souvent d'envoyer sa longue trompe reconnaître ce qui se passe aux environs d'elle sans sortir.

Les Mitres sont communes dans les mers du

Sud ; les espèces vivantes sont déjà au nombre de plus de quatre-vingts, et les fossiles sont de même très-communes.

Mitre épiscopale, *M. episcopalis*, Lam. ; *Voluta episcolulis*, représentée dans notre Atlas, pl. 370, fig. 2. Cette belle coquille, dont la longuenr est d'environ 5 à 6 pouces et qui est remarquable par la vivacité de ses couleurs, a quatre plis au bord columellaire ; les tours supérieurs sont finement striés transversalement, tandis que les inférieurs sont parfaitement lisses. Cette espèce se trouve dans l'Inde et dans toutes les îles de la mer du Sud. « L'animal de cette belle coquille, disent MM. Quoy et Gaimard dans l'ouvrage déjà cité, a le pied long et étroit, comprimé et cannelé à sa racine, presque carré et un peu auriculé en avant, avec un sillon marginal, et pointu en arrière. Sa tête est excessivement petite, arrondie, portant deux tentacules qui ont à peine une ligne et demie de longueur. Les yeux sont sessiles à leur base. Ces parties sont envahies par une trompe énorme, laquelle est quelquefois double en longueur de la coquille, qui a cependant de cinq à six pouces.

» Le siphon respiratoire ne fait point saillie hors du canal ; il est taché de noir à la pointe, tandis que le reste de l'animal est jaunâtre ; la trompe est blanche. Nous allons entrer dans quelques détails relativement au reste de son organisation.

» La cavité pulmonaire, qui se présente la première, est proportionellement assez grande. Elle contient deux branchies, dont la plus grande est longue et finit en pointe en arrière. Ses lamelles s'arrondissent vers leur extrémité libre. Le cœur est assez volumineux. Au bord supérieur droit du manteau sont des follicules qui sécrètent une viscosité assez peu abondante dans cette famille. L'organe de la pourpre, assez volumineux et formé de feuillets ramifiés, est placé au fond de la cavité ; nous n'avons pu voir le point où il s'ouvre. La substance qu'il sécrète est abondante, nauséabonde et de couleur brune.

» La trompe a une grosseur proportionnelle à sa longueur. L'animal en mourant la faisait saillir au dehors, et nous n'avons pu voir comment elle se trouvait placée dans un abdomen assez étroit, où elle doit faire éprouver une pression et un refoulement considérable aux autres viscères. Elle est pourvue d'une langue grêle et très-longue qui rentre en se repliant sur elle-même par l'action d'un muscle rétracteur. Son extrémité est garnie d'un court ruban armé de trois rangées de crochets peu consistans. Nous n'avons pu trouver cette armure chez tous les individus que nous avons examinés, ou bien elle n'existait pas. Cette trompe, formée de diverses couches musculaires, a ses mouvemens excessivement lents comme ceux du mollusque. Elle rentre difficilement après qu'elle est sortie, ce qui pourrait tenir à sa grande longueur.

» L'œsophage est étroit, il reçoit les deux conduits tortillés des glandes salivaires amassées en boule derrière le ganglion cérébral. Il s'élargit ensuite, et au second tour de spire commence un très-long estomac, brusquement renflé, cylindrique, qui a deux pouces d'étendue, reçoit le foie, diminue ensuite de diamètre, et se termine par un rectum assez volumineux.

» Cet estomac est formé de trois tuniques, l'extérieure mince, lisse ; la seconde ou moyenne criblée de pores ronds ; l'interne fort épaisse, à rides transversales, qui, examinées à la loupe, présentent des pores qui doivent correspondre avec ceux de la membrane précédente. En ouvrant ce tube, qui est l'estomac proprement dit, on voit son intérieur plissé en long, contenant trois ou quatre colonnes charnues, libres et flottantes, si ce n'est par leurs extrémités, qui sont fixées aux parois. C'est la première fois que nous avons remarqué ce mode d'organisation chez les mollusques. Ce cylindre stomacal avait presque la forme d'un siponcle. Il était rempli de sable et de matière crétacée, ce qui indiquerait que la Mitre perfore avec sa trompe les coquilles des autres mollusques et se nourrit de leur chair.

» Il nous reste à parler d'une organisation particulière sur laquelle nous ne ferons qu'éveiller l'attention de ceux qui seront à portée d'observer d'une manière plus complète cet animal, dont nous ne possédions qu'un seul individu susceptible d'être anatomisé ; c'est qu'en ouvrant la première tunique intestinale, l'estomac s'en détache sous la forme d'un cylindre entièrement fermé par la partie antérieure ; ce qui fait supposer que l'œsophage ne s'y ouvre que par une ligne continue, mais sur un autre point de sa longueur que nous n'avons pu trouver, vu l'état dans lequel était notre individu. Nous avons dessiné ces parties telles que nous les avons trouvées. Chez la femelle, l'ovaire est placé sur les côtés du foie ; l'utérus est fort grand, accolé au rectum qui lui est supérieur ; son ouverture, au lieu d'être terminale, est placée un peu en dedans ; ces deux organes sont, comme à l'ordinaire, placés au côté droit de la cavité branchiale. Le pénis du mâle est fort petit, courbé, pointu et contourné à sa racine. »

Mitre rotie, *M. adusta*, Lam., représentée dans notre Atlas, pl. 370, fig. 3. Cette espèce présente quelques différences, dans la forme extérieure de son animal, avec la Mitre épiscopale et la plupart des autres espèces connues. Ainsi, par exemple, son siphon est très-saillant hors du canal ; sa tête grosse, renflée probablement par la rentrée de la trompe ; ses tentacules sont fort longs et portent les yeux à la manière des Cônes, très-près de leur extrémité. Le pied est assez grand, allongé, un peu élargi et presque carré en avant. Tout l'animal est à peu près de la même couleur, d'un brun rougeâtre comme grillé, plus intense sur les côtés du pied. Les tentacules, au dessous des yeux, ont un anneau brun rouge, de même que l'extrémité du siphon, qui est brun à sa base, et bleuâtre dans le reste de son étendue. La coquille est fusiforme, d'un jaune brunâtre, avec des bandes et taches longitudinales d'un brun rougeâtre. Elle est longue de plus de deux pouces et demi, et a été trouvée sur les côtes de l'île de Tenchora dans l'Australie.

Mitre papale, *Mitra papalis*, Lamk.; *Voluta papalis*, Linn. Connue vulgairement sous le nom de *Tiare*, cette espèce, plus belle encore que l'épiscopale, s'en distingue par une forme plus renflée et surtout par les tubercules dentiformes qui la couronnent. Elle est également parsemée de taches rouges, mais plus petites et plus nombreuses que dans l'espèce précédente. Mer des Moluques.

Mitre pontificale, *M. pontificalis*. Semblable à la précédente, cette espèce s'en distingue par une taille de moitié au moins plus petite (un peu plus de deux pouces) et une forme moins élancée. Son sommet est également couronné de plis dentiformes. Mer des Moluques.

Mitre de Péron, *M. Peronii*, Lamk. Longue de 5 à 6 lignes, ovalaire, sillonnée transversalement; orangée, avec une bande blanche à chaque tour de spire. Cette espèce a été rapportée par Péron de son voyage aux terres australes. Elle est figurée avec quelques autres dans le Magasin de Zoologie, 1831, cl. V. pl. 35, et reproduite dans notre Atlas, pl. 370, fig. 4. (V. M.)

MITRÉOLE, *Mitreola*. (bot. phan.) Genre de la famille des Gentianées, composé d'une seule espèce que M. A. Richard a décrite avec de nouvelles observations.

La Mitréole, *Mitreola ophiorhizoïdes*, Rich., Mém. de la soc. d'Hist. nat. de Paris, I, p. 61, est une herbe dont la tige est simple, glabre, haute de 12 à 18 pouces; elle a dans le port et dans la disposition des fleurs quelque ressemblance avec l'Héliotrope. Ses feuilles sont sessiles et opposées, ovales-aiguës, un peu sinueuses. Ses fleurs forment une espèce de cime terminale composée d'un grand nombre de ramifications roulées en crosse. Elles sont fort petites; leur calice est à cinq divisions profondes; la corolle à cinq lobes réguliers, en urcéole renfermant les cinq étamines. L'ovaire, libre et à deux loges, porte un style et un stigmate simples. Le fruit est une capsule terminée par deux cornes formées par les deux moitiés du style. Voici, dit M. A. Richard, comment s'opère ce changement de l'organe, simple dans son origine. Après la fécondation, la cloison se sépare peu à peu en deux lames, qui s'écartent l'une de l'autre, et il se forme une sorte de fente qui traverse l'ovaire dans sa partie supérieure, son sommet restant intact. Mais bientôt le sommet lui-même se fend, et chaque moitié emporte avec elle une partie du style.

Linné, premier auteur du genre *Mitreola*, l'avait réuni lui-même à l'*Ophiorhiza*, qui cependant appartient à une autre famille, celle des Rubiacées. (L.)

MNÉMOSYNE. (ins.) Nom d'une belle espèce de Papillon du genre Parnassien (*voy.* ce mot). (Guér.)

MOCANÈRE, *Mocanera*, Juss.; *Visnea*, Linn. (bot. phan.) Genre de plantes dicotylédonées de la famille des Ébénacées ou Plaqueminiers de Jussieu (*Guaiacaneæ*, *Ebenaceæ*, etc.), et de la Dodécandrie trigynie de Linné, offrant pour caractères distinctifs : un calice de cinq sépales persistans; corolle de cinq pétales; douze étamines à anthères tétragones; ovaire presque infère; trois styles courts; une capsule (noix) triloculaire, un peu charnue, à trois logettes dispermes. Nous avons vérifié ces caractères, et pour cause de dissidence entre les auteurs, sur un échantillon que nous devons à l'obligeance de M. Webb, l'un des auteurs de la Flore des Canaries.

Mocanère des Canaries, *Mocanera canariensis*, Juss.; *Visnea mocanera*, Linné fils. Arbrisseau d'un beau feuillage persistant; tige cylindrique, un peu tuberculeuse; feuilles oblongues, alternes, elliptiques, un peu dentées en scie, glabres, coriaces; fleurs blanches, petites, penchées, portées sur des pédoncules inclinés, solitaires et axillaires; pétales elliptiques, évasés, dépassant à peine le calice; étamines plus courtes que les pétales; anthères dressées, quadrangulaires; ovaire hispide, plus étroit supérieurement; noix (capsule) glabre, acuminée, à deux ou trois loges dispermes, ou monospermes par avortement, et entièrement recouvertes par les divisions du calice. Ce joli arbrisseau est naturel aux Canaries, sur les montagnes boisées. Dans nos climats il demande une bonne terre substantielle et la serre tempérée, où on le multiplie de marcottes ou de boutures. On ne connaît que cette espèce.

La plupart des botanistes n'ont pas adopté le changement de nom de ce genre, que Linné avait le premier fait connaître sous celui de *Visnea*. (C. Lem.)

MOCHOK, *Mochokus*. (poiss.) M. de Joannis, officier distingué de la marine royale, second du *Luxor*, a établi sous ce nom un nouveau genre voisin des Silures, qu'il a étudié sur des individus vivans, pendant son séjour à Luxor; voici comment il présente les caractères de ce nouveau genre dans notre Magasin de Zoologie, 1835, cl. III, n° 8.

Le nouveau Silure, dont nous allons décrire les caractères, est non seulement remarquable par sa seconde dorsale rayonnée, qui doit le faire sortir du groupe des Machoirans pour en faire un genre à part, mais encore par la disposition de ses dents, dont il n'existe qu'une seule rangée à la mâchoire supérieure.

Nous croyons donc que le genre Mochok (*Mochokus*), que nous établissons, doit trouver place entre les Machoirans, le Doras y compris, et les Plotoses, dont la seconde dorsale est rayonnée, mais va rejoindre la caudale et former une pointe à la manière des Anguilles.

Le genre *Mochokus* sera donc composé des Silures dont la dorsale antérieure rayonnée (qui est seule dans les Silures proprement dits et accompagnée d'une adipeuse dans les Machoirans) sera accompagnée d'une seconde dorsale rayonnée aussi, mais courte, et non comme dans les Plotoses, où elle va se réunir à la caudale.

M. du Nil, *M. niloticus*, Joannis, Mag. de Zool., cit., pl. 8, reproduit dans notre Atlas, pl. 371, fig. 1 et 2 de grandeur naturelle, et fig. 3 grossi. La tête, ayant à peu près le cinquième de la longueur du corps, est fort large vue en dessus, et sa plus grande largeur est à l'insertion des pectorales. Elle est terminée en avant en forme de museau, et porte dessus et en son milieu un sillon assez profond et large, qui se rend en pointe au bout de ce même museau. Il existe en outre deux cavités en avant de chaque œil : la cavité antérieure contient la narine, les yeux sont presque en dessus.

L'iris est d'un vert jaunâtre, la pupille noire; la bouche est un peu fendue latéralement; les dents sont très-petites, et n'existent qu'à la mâchoire supérieure, où elles forment un simple rang sur le bord de cette mâchoire; l'opercule est un peu ouvert en dessus; l'os sur lequel s'articule la pectorale porte en arrière une forte pointe couchée sur le corps, qui défend pour ainsi dire l'entrée des ouïes.

La tête est aplatie en dessous; la bouche porte quatre barbillons à la lèvre inférieure et deux à la supérieure, près de la commissure des lèvres; je n'en ai pas trouvé près des narines. La longueur de ces barbillons ne dépasse pas celle de la tête.

Le corps, complétement dépourvu d'écailles, est cunéiforme vu en dessus, sa plus grande largeur est à la base de la tête : à partir de là, il diminue rapidement jusqu'à la caudale; la courbure du dos est presque nulle, si ce n'est en avant de la première dorsale, où le dos se relève un peu pour redescendre ensuite et former la ligne supérieure de la tête. La ligne inférieure est sensiblement droite.

Les pectorales, composées de quatre rayons, sont accompagnées d'une très-forte épine, ou rayon épineux, armé de forts crochets en arrière et de plus petits en avant.

La dorsale antérieure est composée de six rayons, dont le premier est une forte épine dentelée assez finement en avant.

La seconde dorsale a dix rayons articulés, son anale huit, ses ventrales six. La caudale, un peu échancrée, contient dix-huit rayons, dont les deux extérieurs, dessus et dessous, sont beaucoup plus courts que les autres. La dorsale antérieure est située environ au tiers antérieur du corps, tandis que la postérieure est à son tiers postérieur. Couleur du corps d'un gris blanc, avec une teinte rosée et marbrée d'un brun noir; la tête plus chargée de cette marbrure que le reste du corps; l'extrémité de la queue est rouge, la caudale et la dorsale postérieure sont couvertes de taches noires.

Cette espèce a quelques rapports avec l'Abouréal; mais sa seconde dorsale rayonnée l'en éloigne. La piqûre des épines de ce poisson passe pour très-dangereuse parmi les Arabes de l'Egypte; aussi lui a-t-on donné le nom de Mouchchouéké, qui veut dire, ne t'y pique pas. Ce petit poisson habite ordinairement le bord des eaux et les rivages; il a constamment le ventre appliqué contre terre, ce qui, joint à sa couleur, le rend inapercevable dans l'eau, à moins qu'il ne remue. Les pêcheurs de la Haute-Egypte ne le pêchent jamais; il n'en vaut pas la peine, outre le danger qu'il y a à le rencontrer dans les filets. C'est en pêchant du petit fretin qu'il s'y trouve mêlé, encore n'y est-il que rare. Il y fait l'effet d'un chardon qu'on rencontre en prenant une poignée de foin; aussi les pêcheurs regardent-ils bien à l'avance s'il ne se trouve pas sous leurs mains.

Les Arabes ne comprenaient pas comment je ramassais, exclusivement à tous les autres, ce petit poisson, qui est pour eux un être d'exécration, et auquel ils ne manquent jamais de casser les épines sitôt qu'ils le trouvent, pour l'enterrer ensuite aussi profondément que possible. Sans être rare, il n'est cependant pas des plus communs. Ainsi, dans une dizaine de livres de petits poissons, on ne peut guère trouver que cinq à six Mouchchouéké. Sa patrie est Thèbes; on le prend à toutes les époques de l'année. La longueur de l'individu observé avait dix-huit lignes du bout du museau jusqu'à l'origine de la caudale.

(Guér.)

MOCO. (mam.) C'est le nom du *Cavia rupestris*, espèce de Rongeur du Brésil, décrit par le prince Maximilien de Neu-Wied, et qui est le type du genre Kérodon de M. Fr. Cuvier. M. Bennett a fait connaître (Proceed. Zool. soc. Lond., 1835) une seconde espèce de ce genre. *Voyez*, pour plus de détails, l'article Kérodon de ce Dictionnaire.

(Gerv.)

MOCOCO. (mam.) Buffon a nommé ainsi une espèce de Quadrumane du genre Maki, *Lemur catta*, L., qu'il ne faut pas confondre avec le Macoco ou Vari (*Lem. macoco*), qui est du même genre et également de Madagascar.

Le Mococo a le pelage d'un cendré roussâtre en dessus et sur les membres, avec les parties inférieures blanches; sa queue est annelée de noir. Le Macoco est, au contraire, varié de grandes taches blanches et noires sur le corps, et a les poils des joues fort longs; sa queue n'est point annelée. (Gerv.)

MODIOLE, *Modiola*. (moll.) Sous ce nom Lamarck a établi, aux dépens des Moules de Linné, un genre ainsi caractérisé : coquille subtransverse, équivalve, régulière, à côté antérieur très-court; charnière sans dents, latérale, linéaire; ligament cardinal presque intérieur, reçu dans une gouttière marginale; une impression musculaire sublatérale, allongée, en hache; animal semblable à celui des Moules (*v.* ce mot). Ce genre, que l'auteur de la Zoologie philosophique avait d'abord placé dans sa famille des Byssifères, et dans lequel il comprend indifféremment les espèces de coquilles qui ont la singulière propriété de creuser dans la pierre, et celles qui, comme les Moules, vivent dans la vase, a subi de légères modifications de la part des divers auteurs systématiques qui se sont occupés de conchyliologie. Cuvier, prenant en considération l'habitat, et peut-être la forme extérieure de la coquille, a démembré le genre Modiole tel que l'avait conçu Lamarck, et a fait des premières espèces, c'est-à-dire de celles qui se développent dans les pierres, son sous-genre Lithodome, en conservant pour les autres le nom de Modiole. Cette distinction, qui n'est point suffisamment fondée, puisque les différences organiques sont nulles ou presque nulles dans l'animal de l'une et l'autre coquille, a été adoptée par Férussac dans ses tableaux systématiques; seulement cet auteur a fait des Lithodomes, que Poli a nommés *Callitrichoderma*, un genre véritable comme les Moules, et il l'a placé dans sa famille des Mytilacées. L'opinion de M. de Blainville est que le genre Modiole, ainsi que les Lithodomes, doivent être réunis aux Moules dans un même genre dont ils ne doivent former que des sections; de cette manière se trouverait rétabli presque dans son entier le genre Moule de Linné.

Les Modioles, dont on compte presque autant d'individus à l'état fossile ou de pétrification qu'à l'état frais, viennent de toutes les mers. On ne connaît encore que fort peu d'espèces que l'on divise de la manière suivante :

† *Espèces libres, non cylindriques.*

Modiole des Papous, *Modiola papuana*, Lamk., la plus grande du genre; d'un beau violet et couverte naturellement d'un épiderme brun. Suivant quelques auteurs, cette espèce différerait peu de la Moule Lelat qu'Adanson a placée parmi ses Jambonneaux; d'autres, au contraire, regardent cette dernière comme espèce distincte : Lamarck la donne comme douteuse.

Modiole tulipe, *Modiola tulipa*, Lamk. Malgré la synonymie qui existe pour cette espèce, ce qui rend sa détermination confuse et difficile, on peut cependant penser que c'est celle que Linné a désignée sous le nom de *Mytilus modiolus*. C'est une des plus communes dans les collections.

† † *Espèces cylindriques, lithophages.*

Modiole lithophage, *Modiola lithophaga*, Lamk.; *Mytilus lithophagus*, Gml.; *Lithodomus*, Cuv., Règ. anim.; représentée dans notre Atlas, pl. 371, fig. 4, 5, 6, 7. Le nom de Datte de mer, sous lequel les marins connaissent cette espèce, donne une idée, sinon exacte, du moins caractéristique de sa forme. Elle est remarquable par les stries transverses qui sillonnent sa surface extérieure, qui est d'un brun jaunâtre; son intérieur est nacré. Lamarck en a caractérisé une variété dont les stries sont plus apparentes sur le côté postérieur. Elle se distingue aussi par sa couleur, qui est moins foncée. La Modiole lithophage peut atteindre jusqu'à quatre pouces et demi de longueur. La délicatesse de sa chair, le goût exquis qui la caractérise, la font rechercher avec avidité. Dans quelques parages de la Méditerranée, où on la trouve en abondance, on en fait une pêche assidue et destructive en cassant les rochers avec de gros marteaux; aux îles de France et de Mascareigne elles deviennent très-grandes. L'Océan européen en nourrit aussi beaucoup. (Z. G.)

MOELLE. (anat.) Substance douce et grasse, plus ou moins molle, renfermée dans l'intérieur des os. L'histoire de la Moelle est intimement unie à celle du système osseux, aussi la renvoyons-nous à l'article Os. (A. D.)

MOELLE, *Medulla*. (bot.) En botanique on donne ce nom à une substance spongieuse qui se voit au centre du tronc des plantes dicotylédonées. La Moelle est lâche, légère et humide; elle existe en grande quantité dans les jeunes tiges, elle disparaît peu à peu dans les vieilles; elle semble se convertir en bois.

Hales, dont le sentiment a été reproduit par M. Dutrochet, prétendait que la Moelle était l'agent principal de la végétation. L'observation prouve évidemment qu'il n'en saurait être ainsi. Comment pourraient vivre sans Moelle tant d'arbres dont le tronc se creuse aussitôt qu'ils ont atteint un certain âge? Il est rare qu'un Olivier un peu vieux conserve l'intégrité de son tronc; il se ruine, au contraire, dans son centre, il tombe en détritus, en poussière, et il ne lui reste pour végéter qu'une très-petite épaisseur de couches ligneuses. Cependant l'arbre de Minerve étend au loin autour de lui ses branches verdissantes et pleines de vigueur, qui, tous les deux ans, plient sous le faix des Olives, quand le froid, auquel il est si sensible, ne vient pas le faire périr jusque dans ses racines, et que la grêle ne détruit pas ses fleurs. L'opinion de Hales n'est donc pas soutenable, il faut chercher une autre raison à la présence de cette substance au milieu du tronc. Mais il est probable qu'elle sera long-temps un objet de contestation entre les physiologistes.

Quoi qu'il en soit, la Moelle descend de la tige jusqu'à la racine, où elle pénètre peu avant, dépassant le collet seulement. Elle s'allonge aussi du centre à la circonférence, et par lignes assez semblables aux rayons d'une roue. Ces rayons vont ainsi en traversant le corps ligneux, comme s'ils étaient destinés à établir une communication entre le centre et les parties extérieures du tronc. On a donné à ces rayons le nom d'*insertions* ou de *prolongemens médullaires*. (*Voyez* Ecorce.) (G. G. de C.)

MOELLE ÉPINIÈRE. (anat.) C'est cette portion du centre nerveux qui occupe la colonne vertébrale et qui donne naissance aux nerfs spinaux. *Voyez* Encephale, où l'on en a donné la description. (A. D.)

MOEURS DES ANIMAUX. (zool.) Habitudes par lesquelles les divers animaux signalent leur existence, soit dans leurs rapports avec les autres classes, les autres individus de la même espèce, soit avec les circonstances qui les environnent. Ces habitudes sont toujours le résultat de l'organisation : elles se modifient lorsque cette organisation éprouve elle-même des modifications, et changent surtout avec les climats et les différens états dans lesquels l'individu se trouve normalement placé. Si l'on compare, en effet, les classes les plus éloignées dans l'échelle animale, on est frappé de la différence immense qui existe dans leurs Mœurs, et du rapport constant entre celles-ci et l'ensemble de leurs organes. Ce rapport ne cesse pas d'être le même lorsqu'on examine les ordres, les genres d'une même classe. Si nous prenons pour exemple les oiseaux, il sera facile de remarquer qu'à côté de plusieurs caractères communs dans leurs habitudes, il en existe de très-tranchés dans les ordres de cette grande classe. Comment comparer en effet l'ordre des RAPACES ou oiseaux de proie aux timides Gallinacés et aux OISEAUX NAGEURS? Dans les premiers, quelle différence n'y a-t-il pas entre la famille des DIURNES et celle des NOCTURNES? et comment comparer les PALMIPÈDES, qui vivent sur les ondes et doivent à l'heureuse conformation de leurs pattes, transformées en nageoires par l'addition d'une membrane qui s'étend entre les doigts, la facilité avec laquelle ils nagent, comment, disons-nous, les comparer avec l'ordre des PASSEREAUX, si dissemblables dans leurs formes et par suite dans leur manière de vivre? Mais chez tous, étudiez avec quelque soin leur structure et vous allez facilement vous rendre compte de tant de faits qui les différencient; vous apprendrez vite pourquoi celui-ci construit son nid avec tant de soin et de recherche; pourquoi celui-là, architecte moins habile, y donne à peine quelque attention; pourquoi celui-ci émigre pou chercher les régions froides, tandis que cet autre fuit nos froides contrées à l'approche des hivers; vous y verrez pourquoi telle espèce se nourrit de lambeaux de chair, tandis que telle autre va chercher sa pâture parmi les vermisseaux ou les insectes. On est bien plus encore frappé de ces différences, toujours relatives à la structure de l'animal, lorsqu'on les étudie dans les Mammifères. Comparez le Lion si courageux au Loup si lâchement féroce, le Tigre si difficile à dompter et le Chien dont l'homme fait facilement son ami; comparez même entre elles les diverses espèces de Chiens, et voyez si mille traits ne semblent pas séparer par un immense intervalle le Chien de berger du Caniche ou du Lévrier. Dans les Poissons, dont il n'est pas aussi facile de bien connaître les habitudes, on ne s'émerveille pas moins lorsqu'on rapproche les perfides manœuvres de la Baudroie et la voracité du Brochet de la vie passive de tant d'autres espèces. C'est en étudiant chacune des classes d'animaux, chacune des familles, des tribus, etc., qui les composent, qu'il est possible seulement d'entrer dans quelques détails relatifs à leurs Mœurs. Mais ce que nous devons signaler surtout comme une des causes les plus puissantes qui agissent sur elles, c'est l'état d'indépendance envers l'homme dans lequel tous sont nés, et l'état de domesticité auquel nous en avons soumis un si grand nombre. La privation de la liberté à laquelle on contraint les animaux dans nos ménageries, non seulement change leurs habitudes, mais réagit bien vite et avec une grande puissance sur leur organisation: nouvelle preuve de la chaîne étroite qui unit les habitudes à l'organisation; preuve bien plus facile à saisir encore dans l'homme, parce qu'elle s'y révèle par un plus grand nombre de traits.

(P. G.)

MOFETTE ou MOUFETTE. (MIN. CHIM.) On a donné ce nom au gaz azote et à d'autres gaz délétères qui se dégagent des mines. Ainsi, non seulement l'azote, mais l'hydrogène carboné, l'hydrogène sulfuré et l'acide carbonique, ont été appelés Mofette ou Moufette. (J. H.)

MOGORI, *Mogorium*. (BOT. PHAN.) Genre de la Diandrie monogynie, L., établi par Jussieu pour un genre très-voisin du Jasmin, et que les botanistes y réunissent aujourd'hui. Il se distingue seulement par la division en huit parties de son calice et de sa corolle. (L.)

MOHA, *Milium moha*. (AGR.) Cette espèce de Millet, cultivée en Hongrie comme plante à fourrage, est estimée originaire du grand plateau du Thibet; quelques personnes la regardent comme une simple variété du Panis d'Italie, *P. italicum*, d'autres du Panis d'Allemagne, *P. germanicum*, et d'autres du Panis paniculé, *P. miliaceum*. Ce qu'il y a de certain, c'est qu'elle a des rapports avec chacun d'eux, et qu'elle s'en distingue d'une manière très-positive, ainsi qu'avec le Millet à fruits noirs de nos départemens du Midi, *Milium paradoxum*. Elle a été introduite dans le département de la Moselle en 1821, et de là elle s'est répandue dans les départemens voisins, jusque dans celui de la Haute-Marne. Le Moha produit beaucoup, se sème épais aussitôt qu'on n'a plus à craindre les gelées qui feraient totalement manquer la réussite de ce fourrage intéressant. Dans le Nord ce semis se fait aux premiers jours de mai; dans le Midi, c'est en mars et en avril. On donne de trente à quarante kilogrammes par hectare. Il lui faut un sol chaud, meuble, glaiso-sablonneux, bien pourvu d'humus. Il réussit mieux à la suite d'une récolte fumée abondamment qu'après un amendement de fumier qui n'est pas consommé. Sur un sol médiocre, il dégénère promptement et n'a point ses qualités particulières. On doit se méfier des graines que vend le commerce; je l'ai vu presque toujours donner l'une des trois espèces indiquées plus haut pour du Moha. C'est une supercherie très-commune; pour paraître avoir de tout et posséder tout ce qu'il y a de mieux, on ne rougit pas de transiger avec sa conscience, de tromper la bonne foi de l'acheteur, et par conséquent de commettre un vol doublement qualifié.

Cette plante croît vite. Dans les années pluvieuses, ses tiges montent à un mètre et demi; elles restent plus basses dans les années de sécheresse. Durant les premières, il lui faut quatre mois et plus pour atteindre à sa maturité parfaite; durant les secondes, deux mois et demi et trois mois suffisent. On a calculé qu'un demi-hectare rapporte, année commune, trois cent soixante-quatorze gerbes du poids de dix kilogrammes chacune. Ce produit est deux fois supérieur à celui du meilleur pré et même d'un bon champ de trèfle. On ne coupe qu'une seule fois ce fourrage destiné pour l'hiver, et l'on attend que ses panicules lâches soient développées. On sème aussitôt après, et on agit de même depuis mai, de quinze jours en quinze jours jusqu'à la fin de juillet, quand on veut le donner en vert.

Tous les bestiaux mangent ce fourrage avec plaisir. Le grain, réduit en farine, se donne aux Porcs; c'est une nourriture excellente, économique, qu'on peut administrer aux Vaches, aux Brebis et aux Agneaux. Les oiseaux de basse-cour aiment beaucoup sa graine. Légèrement concassée, elle remplace le riz dans la cuisine, et n'a point, comme lui, besoin d'épices pour déguiser sa fadeur.

Le Moha demande à être sarclé. Jeune, il craint beaucoup les gelées; je l'ai vu, ayant atteint quatre-vingts millimètres de haut, détruit par une gelée printanière tardive. Si l'on a soin de culbuter le sol et de ressemer, le Moha poussera très bien et arrivera à sa hauteur accoutumée. On doit le substituer aux semis de vesces qui sont si coûteux et dont la récolte est très-éventuelle.

Un cultivateur du département de Tarn-et-Garonne s'est assuré que le Moha peut être semé ensemble avec la Luzerne, et dans les mêmes champs plantés en Maïz ou même de Fèves. Son union avec la Luzerne tempère les inconvéniens que celle-ci cause trop souvent aux bestiaux qui la mangent en vert. On stratifie le Maïz avec le Moha : ce mélange a l'avantage de conserver la première de ces deux graminées, qui se sèche très-difficilement, et d'offrir un fourrage moitié vert, moitié sec, qui plaît aux animaux.

La graine du Moha est ovoïde, d'un jaune pâle et quelquefois d'un brun plus ou moins foncé. Les Charançons sont très-avides de sa substance farineuse. (T. D. B.)

MOHSITE. (MIN.) Le chimiste anglais Levy a dédié sous ce nom au minéralogiste allemand Mohs, une substance encore peu connue, dont la couleur est noire et dont l'éclat est métalloïde. Elle cristallise en lames qui paraissent dériver d'un rhomboïde. Elle est fragile et raie le verre. On croit qu'elle a été trouvée dans les montagnes du Dauphiné. (J. H.)

MOINE. (ZOOL.) Ce nom, dit M. Bory de Saint-Vincent, dérisoirement introduit dans la science, y a été donné à des Singes lubriques, à un Phoque très-gras, à des Marsouins, ainsi qu'à un Squale vorace. On l'a encore appliqué à l'acariâtre Mésange à longue queue, à un Canard glouton, au Scarabée nasicorne qu'on trouve souvent dans les bouses, à un hideux Vautour, à un Faucon sanguinaire, enfin au plus triste des Mollusques du genre Cône. (GUÉR.)

MOINEAU, *Fringilla*. (OIS.) Les ornithologistes ne donnent pas tous à ce mot la même valeur; les uns l'emploient comme nom de genre ou de sous-genre, les autres ne s'en servent que pour désigner des espèces. Quoi qu'il en soit de cet arbitraire dans l'emploi des mots, on peut dire que les Moineaux proprement dits forment dans la famille des Fringilles, et dans le genre Gros bec que nous adoptons, une section qui, bien que difficile à délimiter, peut pourtant encore offrir quelques légers caractères différentiels propres à la faire reconnaître. Ainsi les Moineaux proprement dits, ceux qui doivent seuls nous occuper ici, ont le bec parfaitement conique, seulement un peu bombé vers la pointe et un peu obtus.

Le MOINEAU DOMESTIQUE, *Fringilla domestica*, Lath., est le type de ce groupe. De tous les oiseaux connus, il n'en est point de plus répandu dans tous les départemens de la France que celui-ci; aucun ne porte des noms plus vulgaires et plus variés. Le Moineau n'aurait peut-être pas besoin de description, car il n'est personne qui ne le connaisse, et il n'est personne aussi qui ne soit à même de le voir en tout temps et à toute heure, autour des habitations, soit à la ville, soit à la campagne, où il vit presque familièrement, et en nombre pour ainsi dire proportionné à la population. Sa longueur totale est de cinq pouces dix lignes. Le mâle a le dessus de la tête et les joues d'un cendré bleuâtre; une bande d'un rouge-bai qui s'étend d'un œil à l'autre, en passant par l'occiput; le tour des yeux noir, ainsi que l'espace entre le bec et l'œil; le dessus du cou et du dos varié de noir et de roux; le croupion d'un gris brun; une plaque noire sur la gorge et le devant du cou; la poitrine, les flancs et les jambes d'un cendré mêlé de brun; le ventre d'un gris blanc les ailes et la queue noirâtres en dessus, et ondées en dessous; sur chaque aile une bande transversale d'un blanc sale; l'iris couleur noisette; le bec noirâtre, d'un brun sombre, avec du jaune en dessous, et totalement noir dans la saison des amours; les pieds et les ongles d'un gris brun. La femelle, plus petite que le mâle, est entièrement dépourvue de noir, et les jeunes mâles, avant la mue, ressemblent aux femelles. Le plumage des Moineaux est sujet à varier; on en trouve qui sont blancs, d'autres noirs ou noirâtres, quelques uns jaunes ou roux; mais ce ne sont que des variétés individuelles.

Les formes de cet oiseau n'ont rien de svelte, rien d'élégant, et, quoique précipités, ses mouvemens n'ont aucune grâce. Un cri monotone et répété sans cesse est, si l'on peut dire, le seul ramage qu'il fasse entendre. « Cette espèce a changé de nature, dit Sonnini (Nouv. Dict. d'Hist. nat., tom. XII, pag. 190); elle est devenue presque domestique, et elle ne vit plus, pour ainsi dire, qu'en société avec l'homme. Ce sont des casaniers importuns, des commensaux incommodes, d'impudens parasites, qui partagent malgré nous nos grains, nos fruits et notre domicile. L'habitude de vivre parmi nous a perfectionné leur instinct; ils savent plier leurs mœurs aux situations, aux temps et aux autres circonstances; ils savent en quelque sorte varier leur langage, et comme ils sont très-parleurs, l'on peut à chaque instant distinguer leurs cris d'appel, de crainte, de colère, de plaisir, etc. Plus hardis que les autres oiseaux, ils ne craignent pas l'homme, l'environnent dans les villes, à la campagne, se détournent à peine pour le laisser passer sur les chemins, et surtout dans les promenades publiques, où ils jouissent d'une entière sécurité; sa présence ne les gêne point, ne les distrait point de la recherche de leur nourriture, ni des soins qu'ils donnent à leurs petits, ni de leurs combats, ni de leurs plaisirs; ils ne sont assujettis en aucune manière, et, à vrai dire, ils ont plus d'insolence que de familiarité. Pendant la belle saison, ils se réunissent le soir sur les grands arbres pour y piailler tous ensemble. A la campagne, le tapage qu'ils font, plus bruyant et plus prolongé qu'à l'ordinaire, est un signe de beau temps pour le lendemain. L'on voit aussi en été les Moineaux rassemblés sur les haies qui bordent les pièces de terre dont les récoltes mûrissent; mais c'est une réunion accidentelle que le desir du butin a formée, et qui se dissipe quand il n'y a plus rien à piller. » Les dommages qu'ils causent à l'agriculture, et les moyens employés pour les chasser, seront exposés en parlant du Moineau sous le rapport de l'économie rurale. Les Moineaux n'émigrent pas; mais ils passent d'une localité peu fertile en grains dans une autre qui leur offre une nourriture plus abondante et plus facile. Leur vol est court et difficile; ils ne s'élèvent jamais fort haut. Lorsqu'ils partent, c'est toujours en troupe, toujours tous à la fois, brusquement et avec beaucoup de bruit. Quoique peu farouches, ils sont défians, rusés, et donnent difficilement dans les piéges qu'on leur tend. D'un tempérament lascif, ils sont pétulans et puissans en amour. « On en a vu, dit Buffon, se joindre jusqu'à vingt fois de suite, toujours avec le même empressement, les mêmes trépidations, les mêmes expressions de plaisir; et ce qu'il y a de singulier, c'est que la femelle paraît s'impatienter la première d'un jeu qui doit moins la fatiguer que le mâle, mais qui peut lui plaire aussi beaucoup moins, parce qu'il n'y a nul préliminaire, nulle caresse, nul assortiment à la chose; beaucoup de pétulance sans tendresse, toujours des mouvemens précipités qui n'indiquent que le besoin pour soi-même. » Les Moineaux sont très-féconds; la femelle fait par an trois et souvent quatre pontes de cinq à huit œufs d'un cendré blanchâtre, tachetés de brun. C'est dans un nid grossièrement fait à la cime d'un arbre qu'elle les dépose. Elle choisit aussi, pour y établir ses nichées, les trous et les crevasses des murailles, les vieux arbres creux; souvent elle les place sous les tuiles et dans les pots que l'on place tout exprès sur ou à côté des fenêtres. Quelquefois elle s'empare des nids des Hirondelles, des boulins des Pigeons. Pris jeunes, les Moineaux s'élèvent aisément en cage, s'accoutument sans peine à la captivité, ont assez de docilité pour obéir à la voix, pour recevoir leur manger de la main qui l'offre, pour se laisser prendre, toucher, caresser, enfin pour amuser; mais, capricieux et acariâtres, ils ne sont pas toujours bien disposés à recevoir les caresses qu'on veut leur faire, et leur bec est pour ceux qui les offensent une arme redoutable; dans l'état de liberté, ils s'en servent même avec avantage contre des oiseaux plus forts qu'eux. Leur vie est de fort longue durée; on en cite qui ont vécu en cage dix-huit et vingt ans. D'une constitution robuste, les Moineaux supportent également les chaleurs des climats brûlans et les froids des régions hyperboréennes. Ils sont répandus dans la Grèce, en Barbarie, etc.; et d'un autre côté, on les retrouve jusqu'en Sibérie.

Quelques auteurs, et Cuvier avec eux, regardent comme variétés du Moineau domestique, le MOINEAU CISALPIN, *Fringilla cisalpina*, Tem., et le MOINEAU ESPAGNOL, *Fringilla hispaniolensis*, Tem. M. Temminck, et à son exemple plusieurs ornithologistes, en font des espèces distinctes. Le premier, représenté dans notre Atlas, pl. 372, fig. 1, a la tête entièrement marron, vit et niche au sommet du Mont-Cenis, ainsi que sur toute la pente méridionale, et de là dans toute l'Italie. Il est de passage en septembre et en octobre dans les provinces méridionales de la France. Le second se distingue par le noir de la gorge qui s'étend sur la poitrine. Il est très-commun en Egypte, en Sardaigne, en Sicile, et surtout en Espagne, etc. Les mœurs de l'un et de l'autre sont les mêmes que celles de notre Moineau domestique.

Nous citerons encore comme espèce européenne, le FRIQUET ou HAMBOUVREUX, *Fringilla montana*, Linn. Ce Moineau, que nous représentons, pl. 372, fig. 2, en *a* son œuf, est plus petit que le domestique, a le sommet de la tête rouge-bai; le dessus du cou et du dos varié de noir et de roussâtre; le croupion et la couverture de la queue gris; la gorge noire; la poitrine et le ventre d'un gris blanc; le bec noir et les pieds gris. La femelle a des couleurs moins vives, principalement sur la tête; du reste, elle ressemble au mâle; les jeunes sont pareils à la femelle.

Le nom de Friquet que porte cet oiseau lui vient de l'habitude qu'il a, lorsqu'il est perché, d'être toujours en mouvement, de fretiller, de remuer sans cesse la queue. Ses mœurs diffèrent un peu de celles du Moineau ordinaire; comme lui il ne s'approche pas trop des lieux habités; mais il se tient à la campagne, fréquente le bord des chemins et des ruisseaux ombragés de saules, se pose sur les arbres et les plantes basses, et vit même quelquefois dans les bois. Il établit son nid assez près de terre, dans les creux d'arbres, dans des trous de vieilles murailles. La ponte est au plus de six œufs d'un blanc sale tacheté de brun. Les Friquets vont par bandes; ils se réunissent vers la fin de l'été, et font des excursions (du moins le plus grand nombre) quelquefois assez lointaines. Moins défians que les Moineaux, ils donnent plus facilement dans les piéges qu'on leur dresse; ils ont moins de docilité et ne se familiarisent jamais autant.

Le Friquet est répandu dans toute l'Europe; on le trouve aussi en Laponie, en Sibérie et au Japon. Son nom japonais est *Zuzume*.

On a quelquefois placé à côté des Moineaux le SOULCIE, *Fringilla petronia*, que quelques auteurs rangent immédiatement après le Verdrier dans les Gros-Becs proprement dits (*voy.* SOULCIE). Les espèces étrangères qui ont plus ou moins de rapports avec les Moineaux sont nombreuses; nous citerons seulement le MOINEAU A CROISSANT, *F. armata*, Lath., du cap de Bonne-Espérance; le MOINEAU le Moineau élégant, *F. elegans*, Vieill., Gal. 64, et le Friquet huppé, *F. cristata*. Enl. de Buff. 181. De la Guiane. (Z. G.)

MOINEAU. (agr.) Si l'homme regardait moins comme sa propriété les biens que la terre ne produit pas pour lui seul, il connaîtrait mieux ses intérêts et saurait mettre un frein aux prétentions que son avidité sollicite sans cesse. S'il se montrait plus juste envers les habitans ailés de l'air, dont les mœurs sont si curieuses à bien étudier, dont les couleurs variées et souvent brillantes plaisent autant à l'œil que leurs chants mélodieux égaient les premiers rayons d'un beau jour, le cultivateur ne négligerait pas dans les oiseaux les moyens les plus économiques et les plus certains que la nature lui présente pour détruire une partie des insectes de tout genre, qui dévastent ses cultures et détruisent en peu d'heures ses plus douces espérances (les Criquets voyageurs, les Sauterelles); il verrait en eux la voie la plus propre pour aider à la dispersion des plantes, et préparer, je dirai plus, pour assurer la naturalisation de beaucoup d'entre elles. S'il savait mieux apprécier les oiseaux, qui ne semblent avoisiner nos demeures rustiques que pour nous rappeler aux devoirs de l'hospitalité, que pour donner aux époux l'exemple des vertus conjugales, il cesserait de les inquiéter, de les pourchasser partout, et de les abandonner aux plaisirs cruels des enfans qui les fixent sur un but mobile, inconstant, et tirent dessus pour perfectionner ou prouver leur adresse. En effet, ces innocentes victimes de la brutalité, de l'ignorance, de l'ingratitude et du besoin de détruire qui tourmente incessamment l'homme oisif, avare ou stupide, sont autant d'alliés qui nous aident, pour une légère indemnité, à combattre les véritables ennemis de nos récoltes, ceux qui les ruinent sous terre, ou cachés dans le chaume et le bois, ou vivant et grandissant dans le grain dont ils ne laissent que l'enveloppe, et à délivrer nos greniers du fléau le plus redoutable, du séjour de la nombreuse et mille fois désastreuse famille des Charançons.

L'on voit une Pie s'abattre dans la basse-cour et y marauder, il est plus simple de tirer sur elle et de l'accuser de détruire les jeunes poulets, canards et dindonneaux, auxquels la ménagère active et vigilante prodigue tant de soins, que de la remarquer enlevant de votre enclos des hannetons, des souris, des mulots, des taupes, qui nuisent de tant de manières, ou purgeant la volaille, les moutons et même les cochons de la vermine qui les tourmente.

On observe un Geai déracinant quelques pois, et un Corbeau fouillant de toute la longueur de son bec dans le sillon ouvert par le laboureur qu'il suit pas à pas; on aperçoit le Bouvreuil, le Pinson, le Loriot, la Fauvette à tête noire, la Mésange bleue, le Rossignol, etc., épluchant sur les arbres le bouton à fruit et le calice des fleurs; la cupidité s'alarme et l'on répète aussitôt à qui veut l'entendre : *les oiseaux dévorent tout, ils nous causent les plus grands dommages.* Si vous observiez cependant avec attention, vous verriez le Geai, le Corbeau, s'emparer d'un air triomphant d'une larve de hanneton, quelquefois même d'une petite souris, ou bien d'une courtilière; vous verriez le Bouvreuil, la Bergeronnette, la Mésange porter à leurs petits les chenilles qui rongent vos Pommiers, et se nourrir des œufs et des larves de l'insecte qui devait pénétrer dans l'intérieur du fruit, et l'aurait fait tomber avant d'avoir pu atteindre la moitié de sa grosseur.

C'est par suite d'observations aussi vicieuses que, depuis 1789, l'on fait une guerre d'extermination à l'aimable et utile famille des Pigeons bisets : que partout on proscrit injustement ces oiseaux, qui procurent tant d'avantages au cultivateur, qui formaient autrefois une branche de commerce pour les campagnes, et de consommation pour les villes (1). On s'est aperçu que ce volatil charmant pillait quelques bons grains dans le temps des semailles; qu'il s'abattait sur les pièces couvertes de Chenevis, de Pois, de Colza, de Sarrasin, etc. L'égoïste et l'ignorant se sont aussitôt écriés que le Pigeon détruisait encore plus qu'il ne mangeait, que, n'existant plus, on ferait partout des récoltes très-abondantes : la sottise a de suite applaudi, et l'on a frappé sa race de l'anathème; les lois elles-mêmes n'ont pas craint de la vouer à la mort (lois du 11 août 1789 et du 22 juillet 1791).

Encore une fois, l'homme veut tout envahir, et dans la jouissance la plus petite gêne le tourmente. Il se plaint des immondices qui s'amassent sous le nid de l'Hirondelle, si fidèle à revenir annoncer le retour certain du printemps; mais il ne pense pas que cet oiseau voyageur, dans son vol rapide, détruit avec une inconcevable dextérité, non seulement les Tipules dont les vers labourent la terre autour des plantes que nous avons semées, et mettent leurs racines à nu; mais encore les papillons des Calandres, fléaux de nos greniers; les chenilles des Avoines, et tous les petits insectes ailés, incommodes ou dévorateurs, souches des nombreuses phalanges de larves qui mangent les bourres ou bourgeons, précieux dépôt de la multiplication par les fleurs et les fruits; qui s'attachent à la laine de nos matelas, de nos habits, de nos couvertures, de nos meubles, etc. Sans égard pour l'admirable intelligence des Hirondelles, ces zélés serviteurs de l'humanité sont proscrits encore aujourd'hui dans plusieurs de nos départemens, surtout dans ceux de la Meurthe, du Haut-Rhin et du Bas-Rhin. J'ai vu en Italie leur faire une chasse continuelle et les manger (2).

Que dirai-je du Moineau? Lui qui passe pour essentiellement nuisible à l'agriculture, lui dont la tête est mise à prix dans plusieurs contrées, lui que le moine Polycarpe Poncelet, dans son His-

(1) Je ne parle pas ici du Pigeon de volière, parce qu'il est absolument nul pour l'agriculture. Il vit casanier et dans une abondance qui le dispense de chercher sa nourriture; il est très-fécond, et remplace avec avantage le Pigeon fuyard pour le service de la table.

(2) Les anciens, justes appréciateurs des services que rendent les Hirondelles, les mettaient sous la protection de leurs dieux pénates, et, pour les faire respecter davantage, ils

toire naturelle du Froment (Paris, 1779, in-8°), dénonçait comme le dévastateur des moissons, des semis, des fruits qu'il perce, qu'il gaspille, et comme le bourreau des colombiers où, notez bien, il va déchirer le jabot des Pigeonneaux pour en tirer la mangeaille? Le Moineau, que Rougier de la Bergerie accusait, en 1788, dans ses Recherches sur les principaux abus qui s'opposent aux progrès de l'agriculture (Paris, 1 vol. in-8°, chap. 10), de consommer chaque année, en France, plus d'un million d'hectolitres de céréales, et qui, dès 1791, ne cessa de demander une loi pour sa destruction totale! Le Moineau, que Bosc, dans son Cours d'agriculture, tome VIII, page 341, appelait, tout en copiant littéralement Sonnini, le voleur le plus impudent, le commensal le plus incommode, et le parasite le plus dangereux, ne faisant que du mal pendant sa vie sans être d'aucune utilité après sa mort, et dont, selon ses savans calculs, les dégâts surpassaient du double ceux que son collègue avait énoncés! que dirai-je, quand chacun est imbu des erreurs proclamées avec tant d'assurance, quand chacun apporte à l'appui de ses assertions exagérées quelques faits isolés que l'intérêt privé est toujours porté à grossir? Cultivateurs, écoutez les conseils de ces agronomes de cabinet, et bientôt les plantes parasites se multiplieront d'une manière effrayante; elles étoufferont vos semis, infesteront plusieurs années de suite vos champs, vos vignes, vos potagers. Les insectes tripleront en nombre et pousseront encore plus loin le désordre dans la végétation, ils rongeront tout, depuis le léger duvet des gazons jusqu'aux arbres les plus durs. Vous regretterez alors le Moineau qui se nourrit principalement des graines coriaces de ces plantes, qui détruit chaque jour un très-grand nombre de chenilles, de larves et d'insectes parfaits. Parce que vous le voyez abonder partout où croît le blé; parce que, depuis 1800, on le trouve, ainsi que la Pie et le Corbeau, sur les bords du Pellidoni, près de la mer Glaciale, et que l'époque de son arrivée coïncide avec celle de la culture de la noble céréale en ces régions long-temps stériles, vous en concluez, avec quelques écrivains atrabilaires, qu'il n'y vient que pour détruire le grain constituant la base essentielle de votre régime alimentaire.

Le Moineau existe dans toutes les parties de la France depuis une longue suite de siècles, et cependant Olivier de Serres, ni aucun des agriculteurs praticiens qui l'ont précédé dans les Gaules, ne le frappent d'anathème, et lorqu'ils parlent de l'espèce volatile nuisant d'une manière notable à l'agriculture dans les temps des semailles et de la moisson, ils ne font point mention du Moineau, mais seulement des Poules (*les Poulailles communes*), qui grattent profondément la terre remuée pour y chercher le grain germé, qui font « de grands » maux aux blés sur le point de leur maturité, et » ceux qui sont resserrés dans les granges et greniers » n'y sont point exempts de telle tempeste ». Les Grecs et les Romains ont connu nécessairement le Moineau, puisqu'on le rencontre dans leurs pays et même en des climats plus chauds que ceux habités par ces peuples illustres. Eh bien! aucun de leurs géopones ne se plaint des déprédations du Moineau. Crescenzio garde le même silence. Ou les dégâts dont on l'accuse depuis le dix-huitième siècle, étaient moindres alors, ce qui n'est point à présumer, son insatiable avidité n'ayant pas augmenté à mesure qu'il se rapprochait de nous et que son instinct se perfectionnait; ou bien, mieux apprécié dans la chasse qu'il ne cesse de faire aux insectes, nos aïeux regardaient comme une faible indemnité qu'on lui devait les quelques grains, les quelques fruits qu'il pille à raison des services habituels qu'il rend à nos cultures.

Si vous acceptez donc dans toute leur aigreur, dans toute leur exagération, les virulentes diatribes de Poncelet, de Rougier la Bergerie, de Bosc et de leurs partisans; si vous calculez la perte d'après la récolte année commune : un ou deux millions d'hectolitres en France sur deux cent sept millions, c'est-à-dire un grain sur 207, et si vous rejetez les observations que je viens de faire, et que vous interprétiez comme preuve le silence de l'antiquité et de tous les agriculteurs jusqu'au dix-septième siècle, détruisez le Moineau; alors demain, sur la demande de Victor Yvart, de l'Institut (Objet d'intérêt public, recommandé à l'attention du gouvernement et de tous les amis de l'agriculture; Paris, 1816, in-8°), vous brûlerez tous les Vinettiers, parce que, épousant une erreur populaire, cet auteur vous assure qu'ils causent la carie des blés (*voyez* au mot ÉPINE-VINETTE). Pour plaire à Poncelet (ouvrage cité p. 48), vous cesserez de semer du Seigle, « parce qu'il est sujet à l'ergot, et » que cette maladie est éminemment dangereuse » pour l'homme et les animaux »; vous accepterez l'anathème de Rougier la Bergerie (Cours d'agriculture pratique, tom. IV, p. 513 à 538), et vous arracherez le Peuplier, parce que « il a dérangé » toutes les anciennes traditions relativement aux » arbres de prix qui occupent le sol pendant une » longue période d'années, qu'il a mis des illusions » à la place des réalités, et par suite parce qu'il a » précipité les mœurs hors de la ligne de simplicité » et hâté les progrès du luxe ». Vous ferez disparaître de notre sol la Vigne, parce qu'elle usurpe les terres qui doivent appartenir aux céréales, parce que quelques individus abusent de sa liqueur, causent du scandale, courent droit à l'abrutissement le plus complet, et surtout parce qu'elle fournit aux libations des Gaulois lorsque le farouche Domitien tomba sous le fer vengeur d'un vigneron. Vous défendrez la fabrication du pain, appuyés sur le mot de l'avocat Linguet que la fer-

avaient accrédité une fable qui voulait que, toutes les fois qu'un de ces oiseaux se sentait maltraité, il allât piquer les mamelles des Vaches ou des Chèvres, pour leur faire perdre leur lait. Dans nos Vosges, nous regardons les Hirondelles comme des oiseaux sacrés qui promettent et assurent le bonheur de leur hôte : c'est un préjugé; mais il est de la classe de ceux qui tendent à l'utilité générale. Il serait à souhaiter que nous n'en eussions jamais eu d'autres.

mentation décomposant les principes constituans de la farine, elle devient la source des apoplexies qui désolent les familles. Vous proscrirez enfin la culture du Tabac, parce que son odeur me fait mal, et que, soit qu'on le prise, qu'on le fume ou qu'on le mâche, on excite en moi le plus profond dégoût, etc. En acceptant ainsi les antipathies et la haine des uns, les paradoxes des autres, la mauvaise humeur de tous, notre sol, si riche, si fertile, si favorable à toutes les entreprises agricoles, n'offrira plus qu'une lande stérile, qu'une terre de désolation d'où fuiront les hommes et les animaux utiles.

Rien n'est inutile dans l'ordre de la nature, chaque chose s'enchaîne dans le vaste système du monde, et parce que nos sens ne peuvent en saisir les liens, sommes-nous autorisés à contester à un être existant ses droits, nous qui sommes si fiers des nôtres, qui nous armons contre ceux qui y portent atteinte, qui faisons parade de si nobles sentimens et proclamons l'égalité de tous? Par cela même qu'un être existe, c'est pour une fin nécessairement liée aux lois de l'équilibre, et si les insectes sont souvent beaucoup trop nombreux pour le bien-être du cultivateur, c'est parce que l'équilibre a été momentanément rompu, par la faute des hommes, entre ces espèces et celle des entomophages. En effet, et des observations faites avec soin nous l'ont démontré, quand il y a grande affluence d'insectes, le nombre de leurs ennemis augmente dans une proportion notable, la guerre que ceux-ci font aux premiers est plus acharnée, puisqu'elle est de tous les instans, à moins que, par des chasses multipliées, par des piéges de tout genre et la destruction des couvées, l'homme n'ait contrarié les vues de la nature, et par conséquent préparé les dévastations qu'il ne tardera pas à subir. (T. D. B.)

MOIRÉ MÉTALLIQUE. (CHIM.) Le Moiré métallique n'est autre chose que le fer-blanc (feuille de tôle recouverte d'étain) dont la surface a été amenée à l'état cristallin par une méthode qui est due à un Français nommé Alard, et qui date de quelques années seulement. Cette méthode consiste à chauffer une feuille de fer blanc jusqu'à ce que l'étain soit fondu à sa surface, à refroidir cette surface en jetant de l'eau sur le côté opposé. L'étain prend alors, en se solidifiant, la forme de ramifications cristallines tout-à-fait semblables à celles que l'on observe en hiver sur les vitres des croisées, mais que l'on n'aperçoit pas de suite, parce qu'elles se trouvent cachées par la pellicule du métal qui s'est refroidie la première. On rend la cristallisation apparente et très-brillante, premièrement, en lavant la surface cristallisée avec un mélange d'acide hydrochlorique et d'acide nitrique peu concentré; secondement, en appliquant, après le refroidissement, un vernis transparent.

Dans la préparation du Moiré, les ramifications sont d'autant plus petites que le refroidissement a lieu plus promptement, et cela est entièrement soumis à la volonté du fabricant; de là les nombreuses variétés (quant à la forme cristalline) de Moiré que l'on trouvait autrefois dans le commerce. Nous disons autrefois, car aujourd'hui, c'est à peine si l'on trouve encore dans les magasins de ferblanterie quelques uns des nombreux vases, ustensiles, lampes, boites à thé, etc., que l'on a fabriqués pendant quelques années avec le Moiré métallique. (F. F.)

MOISISSURE, *Mucor*. (BOT. CRYPT.) On comprend sous ce nom vulgaire toutes les cryptogames filamenteuses ou pulvérulentes que l'on trouve sur les substances en décomposition. La Moisissure la plus commune, celle qui fait le type du genre *Mucor*, est le *Mucor mucedo* de Linné; on la reconnaît aux caractères suivans: filamens rampans, entrecroisés et rameux, formant une espèce de réseau à la surface des substances en fermentation, et donnant naissance à d'autres filamens simples, droits, terminés par une petite vésicule sphérique, d'abord presque transparente, puis opaque et noirâtre, remplie d'un grand nombre de sporules libres qu'elle laisse échapper au dehors.

Beaucoup d'espèces de Moisissures ont été décrites par les auteurs. Il sera question des plus vulgaires et des plus intéressantes aux mots MUCÉDINÉES et MUCOR. (F. F.)

MOISSON. (AGR.) On appelle ainsi la récolte des blés et des autres céréales. Une des conditions essentielles de cette importante époque des travaux est de la faire avec le plus d'activité et de célérité possible; le père de famille ne doit rien épargner pour arriver à la fin, surtout durant les années pluvieuses. Dans les autres opérations rurales, on peut, on doit même agir avec une sévère économie, avec la plus grande prudence; ici c'est tout le contraire : le cultivateur qui met de la négligence ou trop peu de zèle, doit s'attendre à éprouver des pertes considérables. Chaque jour de beau temps veut être employé comme si l'on comptait avec certitude sur la pluie pour le lendemain, et même pour le soir. Celui qui a toujours cette pensée devant les yeux aura bien rarement quelque perte notable à déplorer; car il n'arrive presque jamais, même dans les saisons les moins favorables, qu'il ne se rencontre pendant le cours de la Moisson certaines journées, ou du moins quelques demi-journées de beau temps, qui, employées avec entente et promptitude, permettent de rentrer les récoltes sans accident; mais il est nécessaire pour cela que le cultivateur ait un bon nombre de bras à sa disposition, et qu'il préside lui-même aux travaux.

Dès le début de la Moisson, il faut toujours calculer qu'il peut arriver une circonstance imprévue qui forcera de faire en une demi-journée la besogne ordinaire d'une ou deux journées. L'intelligence que le père de famille met à distribuer convenablement les ouvriers aux divers travaux influe aussi, plus encore que leur nombre, sur la célérité de l'exécution. Comme il sait ce qu'il doit employer de bras pour lier les gerbes, charger les voitures et les décharger, il proportionne à leur nombre et au temps qu'ils ont à donner, les attelages et les chariots, afin que tout marche sans confusion et sans que personne demeure à ne rien faire. Tout est donc préparé à l'avance, les locaux destinés à recevoir les gerbes, les outils qui doivent suppléer à ceux qui se cassent, les cordes de paille, de jonc ou d'osier avec lesquelles on serre les gerbes.

On a proposé divers instrumens pour moissonner; mais aucune de ces machines ne remplit convenablement le travail. L'usage le plus ordinaire est de couper les céréales à la faucille; dans un bon nombre de départemens on les coupe à la faux. Cette dernière méthode est préférable; d'ailleurs elle laisse l'éteule moins longue que dans la première, avantage assez important, à cause de l'augmentation de paille qui en résulte. D'un autre côté, l'ouvrier peut faire une bien plus grande étendue de terrain dans sa journée avec la faux qu'avec la faucille; mais aussi des hommes forts et exercés sont seuls capables de faire ce travail, tandis que les vieillards, les femmes, les jeunes gens peuvent manier la faucille. Sous le rapport de l'économie, le prix que l'on paie ordinairement pour une étendue donnée de terrain, dans l'une ou l'autre de ces deux circonstances, ne présente pas une différence bien sensible. On a, pour la dernière, employé plus de monde, et dans une année disetteuse, c'est un bienfait. Quant à l'avantage réel, il est égal. En effet, si, d'une part, le faucheur habile, avec un instrument bien disposé, abat les céréales sans les égrener, il faut pour cela que la récolte se fasse à pleine faux, tenue un peu élevée et nullement versée; d'une autre part, la faucille seule est convenable toutes les fois que la récolte est basse, frappée par les pluies ou couchée par les grands vents.

Dans quelques cantons on moissonne les grains, spécialement le Froment, plusieurs jours avant sa parfaite maturité, c'est-à-dire lorsque le chaume perd sa couleur verte, que déjà l'épi se pare d'une couleur dorée et blonde, quoique son grain cède encore sous le doigt qui le presse fortement. Cette méthode, mise en pratique par divers propriétaires du Midi, pendant l'année 1820, a été préconisée, combattue et rejetée avec passion, ce qui, comme il arrive toujours en pareil cas, a laissé la question indécise. Je m'en suis emparé, je l'ai examinée de sang-froid, sous ses différentes faces, et j'ai pu prendre une opinion d'autant plus certaine qu'elle a été discutée en présence des faits au nord comme au midi, à l'est comme à l'ouest. J'ai, en effet, mis à contribution, pour l'établir, de nombreux cultivateurs dans tous nos départemens.

Il y a, comme je l'ai déjà dit, pour la coupe des céréales, une époque qu'il est essentiel de saisir à point. Tant que les nœuds du chaume sont d'un vert clair, tant que la substance farineuse se convertit en pâte sous les doigts qui l'interrogent, le grain n'a point encore atteint sa maturité de végétation. Lorsque le premier et le second nœud du haut se foncent en couleur, qu'ils se chargent de déchirures, le moment approche; mais la récolte doit se faire dès que le chaume tire sur le brun, quoique le grain ne casse pas encore net sous la dent; cette seconde maturité (que je nomme Maturation, *voy.* plus haut, pag. 102 et 103), il ne la recevra que du temps et surtout de la fermentation insensible qui s'opère dans le gerbier ou sur le grenier. Elle se manifeste, la maturation, par le lustre et le poids du grain.

Le blé qu'on laisse sur terre, passé ce dernier moment, n'en reçoit plus rien; il y perd, au contraire, chaque jour; il s'égrène très-facilement, se dessèche et diminue de volume; sa paille est raide, très-blanche, dépourvue de sucs, et beaucoup moins appétissante, fournie aux animaux comme substance alimentaire; la farine adhère à l'écorce et est privée en grande partie de ce gluten que la fermentation insensible peut seule perfectionner; le son se séparant difficilement, le pain n'est point beau et nourrit mal. La Moisson de ce grain ultra-desséché est donc une faute.

Coupées vertes, les céréales perdent beaucoup de leur poids et de leur volume par une dessiccation forcée, inégale; elles rendent moins et se battent avec beaucoup de peine. La farine qu'un tel grain fournit donne un pain mat, médiocre, et les semis que l'on fait avec le grain ne produisent que des épis stériles ou susceptibles d'une dégénérescence totale. Le seul avantage de cette coupe prématurée est pour les bestiaux; la paille est succulente, tous l'appètent avec plaisir; mais on conviendra que c'est le payer trop chèrement. C'est cependant cette méthode désastreuse que certains agronomes ont été emprunter aux Anglais qu'ils citent toujours, quoique bien à tort, comme des modèles en agriculture. C'est contre elle que je me suis élevé en examinant quelle est l'époque la plus favorable à la récolte du Froment (*voyez* ce mot).

Le point vrai pour la faire, cette récolte, je l'ai décrit en suivant le grain dans son évolution vers la maturité. Ce point est ce que je nommerai *couper demi-vert*. Seul mode profitable que je trouve en usage de temps immémorial dans les pays couverts de hautes montagnes et chez les cultivateurs du nord de l'Europe. Mais ce qui parle encore plus haut en sa faveur, c'est la certitude acquise que le grain n'est point sali par la carie, qu'il réunit à un haut degré les propriétés les plus précieuses, l'avantage d'augmenter la masse panaire, de rendre peu de son, et la faculté de transmettre à la plante nouvelle assez de force pour ne plus éprouver les inconvéniens du versage. Comme grain de semence, il a une plus-value pour le vendeur d'environ deux francs par hectolitre.

L'Avoine a besoin d'être coupée un peu plus sur le vert que le Froment, le Seigle, l'Orge; en attendant le demi-vert, on courrait risque, surtout avec certaines variétés, de perdre beaucoup de grains par l'effet des grands vents.

Une température à la fois humide et chaude pendant la Moisson est la circonstance la plus désolante qui puisse frapper le cultivateur; il lui faut alors tourner et ouvrir souvent les andains, afin d'éviter que les épis ne s'attachent à la terre. De toutes les céréales, l'Orge est celle qui court le plus de danger, lorsqu'il survient de longues pluies pendant qu'elle est en javelle, parce que son grain germe très-aisément, que sa couleur brunit vite, ce qui lui ôte du prix pour la vente. Pour remédier à ce grave inconvénient, il faut la lier en petites gerbes dès qu'elle est coupée, ne faire le lien que d'une longueur de paille de Seigle, et dresser ces gerbes en écartant un peu le pied. Le lien se place près des épis, environ aux deux tiers de la hauteur du chaume; on serre peu. De la sorte l'Orge peut demeurer long-temps exposée à la pluie, même la plus continue, sans en souffrir aucunement. Le Blé demande à être traité d'une autre manière.

Pour ménager le temps et avancer la besogne, on doit lier rarement, ne le faire que lorsque la javelle est sèche, pendant les heures les plus chaudes si le temps est frais; le matin, depuis l'instant où tombe la rosée jusqu'à neuf heures, si le temps est très-chaud et très-sec, ou bien le soir, une heure au plus avant le coucher du soleil. S'il pleut et que la pluie menace de durer quelques jours, adoptez l'usage antique, conservé dans plusieurs de nos départemens du nord et du nord-est, d'établir au milieu du champ ce qu'on appelle, selon les localités, des tas, *huttes*, *huttelottes*, *viottes*, *dizeaux*, *triaux*, et plus généralement des *moies*.

Les moies sont de petites meules provisoires, composées de dix, vingt ou soixante gerbes lâchement liées; on les place dans l'endroit le plus sec et le plus à la portée des moissonneurs. On commence une moie, en couchant à plat et dans toute leur longueur trois brassées de javelles, en les disposant de façon que l'épi ne touche point la terre et que le gros bout du chaume forme le centre de la moie. Sur ce gros bout, l'on pose les épis des autres brassées, et l'on relève contre les chaumes les épis des premières qui sont couchées sur le sol, afin qu'ils n'en absorbent point l'humidité. L'on continue à placer de la sorte, circulairement, et de droite à gauche, les brassées, sans laisser aucun vide, les épis toujours au centre, jusqu'à ce que la moie soit parvenue à une hauteur d'un à deux mètres. Plus on a mis d'ordre et de soin dans le placement des brassées, plus le liage des gerbes sera facile, quand le temps permettra de détruire la moie. Mieux on aura suivi la disposition des épis au centre de la petite meule, plus le milieu sera élevé et fournira une petite pente pour l'écoulement des eaux. On rend cette pente plus sensible en appuyant chaque fois avec les mains sur l'extrémité du chaume; pour préserver le centre du séjour de l'eau, l'on forme au dessus une espèce de toit au moyen d'une grosse botte de paille de Seigle bien battue, fortement serrée et placée le plus près du gros bout; on l'ouvre jusqu'au milieu afin de lui donner la forme d'un dôme, ou si l'on aime mieux d'un parapluie. On la fixe le plus solidement possible avec de grosses pierres. Une précaution importante dans la bâtisse d'une moie, c'est d'enlever des javelles les herbes qui s'y trouvent mêlées; leur présence entretiendrait une humidité nuisible. Après dix, vingt, et même quarante jours, suivant la durée des pluies, comme nous l'avons éprouvé en 1816 et en 1828, on forme les gerbiers ou grandes meules, ou bien, comme c'est l'usage dans beaucoup de pays, on conduit la Moisson au grenier.

Avant de parler du gerbier, disons un mot sur l'abus des moies en tout autre temps que la pluie. J'ai vu de vastes plaines couvertes de ces petites meules et le cultivateur les établir pour profiter d'une légère ondée ou d'une forte rosée, afin de faire grossir le grain, et d'avoir ainsi une Moisson plus abondante. Mode vicieux, calcul bas et préjudiciable aux vrais intérêts de la maison rurale. En effet, il est constant que le grain qui aura pris de la sorte du volume perd en séchant cette augmentation factice, et lorsqu'il ne la perd point totalement, le retrait diminue singulièrement la valeur vénale; on sacrifie la paille qui prend un mauvais goût; on s'expose aux dévastations des Mulots, qui sont très-friands de ce grain renflé, puis enfin on provoque la cupidité d'une foule de glaneuses, ou soi-disant telles, qui souvent pillent plus qu'elles ne ramassent les épis laissés dans les champs; elles profitent de l'occasion qu'on leur offre de gaîté de cœur, et elles enlèvent nuitamment grain et paille. C'en est assez, arrivons aux gerbiers,

> Brillantes tours d'épis qui, sous leurs toits dorés,
> Gardent en sûreté nos trésors amassés.
>
> (Rosset, *Agricult.*, I.)

Quand on veut former un gerbier d'une manière utile et vraiment conservatrice, il convient de bien battre l'aire sur lequel on doit l'établir, afin de l'égaliser dans toute son étendue, puis on ouvre tout autour un petit fossé d'écoulement pour que l'eau de pluie s'y rende des diverses parties du gerbier, pour qu'elle ne lui apporte aucun principe d'humidité et par suite de fermentation putride. Sur le sol on pose quatre poutres en croix ou bien de grosses pierres sur lesquelles règne un plancher, et l'on élève dessus les gerbes circulairement, de manière à former un cône au sommet. Deux ouvriers suffisent à cette opération; ils serrent les gerbes les unes contre les autres et placent, ainsi que je l'ai dit pour la moie, les épis au centre, et couronnent le tout d'une grosse gerbe de paille de Seigle pour affermir d'autres petites gerbes de même nature qu'ils ont disposées comme les tuiles d'un toit. On substitue quelquefois à la paille de Seigle des planches légères vernissées, que l'on place de manière à figurer un vaste entonnoir. Il faut avoir grand soin qu'il ne s'introduise ni Souris ni Campagnols dans les gerbes, car c'est avec elles qu'on les apporte dans le gerbier et qu'ils y pullulent. Chaque année on détruit les gerbiers pour les purger de tous débris de paille hachée et pour s'assurer qu'aucun animal n'y a fait son nid.

Les greniers les meilleurs sont ceux dont tous les jours sont dans la direction du nord; on peut impunément les laisser ouverts la nuit et le jour dans les beaux temps comme lorsqu'il tombe de la pluie; le blé ne s'y gâte jamais quand on a soin d'en remuer souvent les tas et de les tenir loin des murailles.

Tout cultivateur qui aime à se rendre compte du résultat de ses diverses opérations dans le cours de l'année, doit tenir note exacte du nombre des gerbes qu'il a récoltées par chaque nature de grain. Par ce moyen, dès qu'il a commencé à faire battre, il a une idée approximative des pertes ou gains; il peut s'occuper à l'avance du placement de ce qu'il a en plus de ses besoins ou des moyens de combler le déficit.

Quoique le temps de la Moisson soit celui des plus grandes fatigues du laboureur et qu'il soit celui des plus grandes inquiétudes, qu'un orage, une grêle, une pluie imprévue, un vent dévastateur puissent en un instant détruire sans retour le travail d'une année tout entière, c'est une époque joyeuse pour le propriétaire rural, pour les moissonneurs et pour les glaneurs. Ici, chaque bonne journée est marquée par une allégresse nouvelle; là, c'est la dernière gerbe ou la dernière voiturée qui est le signal d'un long divertissement; alors vraiment on peut dire aux hommes des champs avec le poète :

O mortels fortunés ! vos travaux sont des fêtes !

Mais c'est dans nos départemens de l'ouest qu'à cette époque les campagnes offrent un tableau riant. On commence la Moisson par un festin où le vin, les fleurs, les cris de joie se prodiguent à tous les assistans. On se met à l'œuvre, et le dernier jour est un jour de triomphe. On quitte la métairie pour gagner la plus prochaine où l'on agit de même, et après celle-là l'on passe à une troisième jusqu'à la fin de la récolte.

L'hiver on bat les grains récoltés (*voy.* au mot Battage), puis on les empile par tas. Ici commencent d'autres soins. Deux causes principales concourant à produire une perte que la négligence peut faire excéder souvent quatorze et quinze pour cent par année, il faut veiller aux dévastations que produisent les insectes, il faut prévenir l'échauffement occasioné par la fermentation qui se manifeste dans les monceaux, en soumettant le grain à l'action d'un courant d'air qui tue les larves et rafraîchit le grain. (T. d. B.)

MOISSON. (ois.) Nom vulgaire du Moineau franc dans nos départemens du nord-ouest, sans doute à cause des dégâts que, d'après les calculs exagérés de Rougier-la Bergerie, répétés à satiété par tous les compilateurs, depuis 1790, l'on accuse cet oiseau de commettre, et dans les champs et sur les greniers, sans penser à tout le bien qu'il fait. (*V.* Moineau.) (T. d. B.)

MOISSONE. (bot. phan.) Nom d'une variété de Figue.

MOISSONNEUR. (ois.) Nom vulgaire du Corbeau freux. (Guér.)

MOLAIRE ou MEULIÈRE. (anat.) On désigne sous ce nom, signifiant qui mord, qui broie, les grosses dents situées à la partie postérieure de la mâchoire. On les distingue en petites et en grosses.

La description en a été donnée au mot Dents. (A. D.)

MOLE, *Orthagoriscus.* (poiss.) Ces poissons sont les mieux caractérisés de l'ordre des Plectognathes, et remarquables par leur grande taille, par leur queue si haute et si courte verticalement, qu'ils ont l'air de poissons dont on aurait coupé la partie supérieure, ce qui leur donne une figure bien extraodinaire et suffisante pour les distinguer de tous les autres. Du reste, ils ont les mêmes mâchoires que les Diodons, c'est-à-dire qu'ils les ont revêtues d'une plaque unique et entière; mais ils s'en distinguent, ainsi que des Tétrodons, parce qu'ils ont toujours le corps comprimé, et couvert, au lieu d'épines, de plaques dures et épaisses; et parce qu'ils n'ont pas la faculté de se gonfler en boule, comme les Diodons. Quoiqu'ils manquent de vessie natatoire, ils ont néanmoins la faculté de faire entendre une espèce de cri ou de sifflement dont on ignore complétement la cause. Si l'on ajoute à cela qu'ils ont la chair sèche et insipide, on concevra le peu d'empressement que l'homme met à les pêcher.

On ne compte dans ce genre que trois espèces, dont la plus remarquable est la Mole de la Méditerranée, *O. mola*, Cuv., représentée à la pl. 373, fig. 3, de notre Atlas. C'est un grand poisson qui atteint souvent une assez grande taille et pèse plus de trois cents livres; son corps est comprimé latéralement, et arrondi dans le contour vertical; on l'a comparé à un disque d'où lui vient le nom de Soleil qu'on lui donne vulgairement, ainsi que celui de Lune, qui a été cependant plus généralement adopté; en effet, son corps, d'une belle couleur argentée, brille, dans l'obscurité, d'un éclat phosphorique, de sorte que, lorsqu'il nage pendant la nuit à la surface de l'eau, ce qui lui arrive ordinairement, on le prendrait, en le voyant de loin, pour l'image de la lune réfléchie dans le miroir des eaux, et ce n'est pas sans surprise que des marins ont cru, en apercevant le Mole ainsi flottant, voir la clarté de cet astre dans les flots. Malgré sa grandeur et sa force, le poisson Lune n'est pas redoutable; il a la bouche trop petite pour pouvoir attaquer avec avantage de grands habitans des mers; aussi sa principale nourriture consiste-t-elle en petits poissons, mollusques, vers et fucus; du reste, s'il n'attaque pas, il est rarement attaqué; il n'y a guère que les Squales et quelques Cétacés qui lui fassent la guerre; quant à l'homme, il le laisse tranquille, parce que sa chair grasse et visqueuse n'est pas bonne à manger. Ce poisson, d'ailleurs, répand une odeur désagréable, que sa chair conserve même assez souvent après avoir été préparée. On en retire par la cuisson une huile dont on ne fait aucun usage alimentaire. On dit cependant que son foie est passable et qu'on peut également en retirer de l'huile, aussi bien que d'une épaisse couche de matière gélatineuse qui se trouve sous sa peau. (Alph. G.)

MOLÉCULE. (CHIM.) Par Molécule on entend la plus petite partie d'un corps quelconque, encore perceptible à nos sens jouissant de toute leur intégrité, de toute leur perfection. L'atome, au contraire, suivant nous, est une portion de la matière encore plus petite, qui échappe à nos sens armés des moyens propres à grossir les objets, ainsi qu'à tous nos procédés de divisions, en un mot, l'atome n'est autre chose qu'un être imaginaire, admis par notre esprit, et doué, dans notre pensée, de toutes les propriétés des corps. Ces deux définitions, qui nous font comprendre la possibilité d'un système chimique dit moléculaire, nous empêchent de croire à l'existence, à la durée d'un système atomique.

Les Molécules sont de deux sortes dans les corps; les unes sont semblables, homogènes ou de même nature, dites intégrantes; les autres, dissemblables ou hétérogènes, appelées constituantes. Dans les corps simples, on ne trouve que des Molécules intégrantes; dans les corps composés, au contraire, on trouve les unes et les autres, c'est-à-dire des Molécules intégrantes et des Molécules constituantes. Soit pour exemple l'amalgame de mercure et d'argent divisé en petites parties ou Molécules; chaque Molécule d'amalgame séparée sera formée de Molécules (mercure et argent) dites intégrantes.

L'union des Molécules intégrantes pour former des Molécules constituantes, est appelée combinaison, et cette opération chimique se fait d'après des lois que le plan de notre ouvrage nous empêche d'exposer dans tout leur détail, mais dont nous allons cependant extraire les principales vérités.

1° Tous les corps qui ont peu d'affinité entre eux se combinent en toutes proportions, et ces combinaisons sont dites indéfinies.

2° Tous les corps qui ont beaucoup d'affinité entre eux, ne se combinent qu'en un très-petit nombre de proportions, et dans un rapport fort simple; ces combinaisons portent le nom de combinaisons définies.

3° Entre les corps susceptibles de s'unir en diverses proportions, les proportions moléculaires sont constamment le produit de la multiplication par 1 et demi, 2, 3, 4, etc., de la plus petite quantité d'un des corps, la quantité de l'autre corps restant toujours la même. Ainsi, en supposant qu'il existe quatre degrés d'oxidature d'un métal quelconque, les 2e, 3e et 4me degrés d'oxide ne contiennent pas plus de métal que le premier degré. (F. F.)

MOLÈNE, *Verbascum*, Lin. (BOT. PHAN.) Genre de plantes de la famille des Solanées, famille de plantes dont l'aspect sombre, les couleurs ternes, l'odeur fétide, semblent dénoter les propriétés malfaisantes qu'elles possèdent dans quelques unes de leurs parties, lorsque ce n'est pas dans toutes. Cette famille renferme les *Datura fastuosa* et *arborea*, dont les larges fleurs exhalent une odeur suave, le Tabac (*Nicotiana tabacum*), apporté en France par Nicot en 1559, et dont l'usage est devenu si vulgaire, les Jusquiames, la Douce-amère, les Galans de nuit et de jour (*Cestrum*), dont le suc, mêlé au sang des serpens, sert aux Hottentots boschismans à empoisonner leurs flèches, la Belladonne dont les propriétés délétères causent souvent les plus funestes accidens, l'Aubergine (*Solanum melongena*), la Tomate (*S. lycopersicum*), les Pimens (*Capsicum*), la Pomme de terre (*Solanum tuberosum*), présent inestimable de l'Amérique que la France n'a reçu que vers la fin du seizième siècle. La Mandragore, *Circæon* de Dioscoride, en fait aussi partie; cette plante entrait dans la composition des philtres chez les anciens, qui s'en servaient dans les conjurations et dans toutes leurs cérémonies magiques. La Mandragore figurait là au même rang que la Valériane, le Vérâtre, l'If, l'Ail moly, l'Aristoloche, la Verveine, la Parisette, le *Mors du diable* (espèce de Scabieuse), le *Fuga dæmonum* ou Millepertuis. Toutes ces plantes ont perdu de leurs vertus magiques; mais elles ont conservé leurs propriétés vénéneuses (celles qui en avaient), et la Mandragore n'a pas cessé de mériter le surnom d'*Atropa*, que lui a donné Linné en comparant son action sur la vie animale au tranchant du ciseau de sa compagne Lachésis.

Au nombre des Solanées que nous avons énumérées se trouvent l'Aubergine, la Tomate, les Pimens et la Pomme de terre, c'est-à-dire des plantes qui font partie de nos alimens. Ces plantes sont vénéneuses dans quelques unes de leurs parties, et les Pommes de terre elles-mêmes contiennent, à l'état frais, un principe âcre qui s'évapore par la cuisson.

Il n'en est pas de même des Molènes dont les espèces sont très-nombreuses, quoiqu'elles fassent partie de la famille des Solanées; leurs fleurs et leurs feuilles sont d'un grand usage dans la médecine. On administre les premières en infusion dans l'eau ou le lait; elles sont émollientes et béchiques. On les emploie particulièrement dans les inflammations légères des bronches, dans l'hémoptysie et dans la gastrite. Quant aux feuilles, elles servent à faire des décoctions émollientes, avec lesquelles on prépare des fomentations, des lotions ou des lavemens, que l'on emploie avec beaucoup d'avantage dans les ténesmes et la dysenterie, ainsi que dans les douleurs du fondement causées par le gonflement et l'irritation des hémorrhoïdes.

Le genre Molène a pour caractères essentiels : un calice à cinq divisions profondes, une corolle monopétale, rotacée, à cinq lobes obtus et inégaux; cinq étamines, dont les filets sont ordinairement barbus, et pour fruit une capsule ovoïde à deux loges, renfermant un grand nombre de petites graines réniformes et à surface chagrinée.

Les nombreuses espèces de ce genre croissent pour la plupart dans le midi de l'Europe et l'Orient. Ce sont des plantes bisannuelles ou vivaces : on les reconnaît à leur tige simple et ailée qui atteint quelquefois une hauteur de cinq à six pieds. Les feuilles sont les unes radicales, les autres caulinaires. Les premières, généralement très grandes sont pétiolées et étalées en rosette à la surface du sol; les secondes sont alternes, sessiles et quelquefois décurrentes. Les fleurs, assez grandes, sont généralement jaunes, plus rarement purpurines. Les espèces de ce genre, quoiqu'elles produisent un bel effet par leur vaste panicule de fleurs, ne sont pas cultivées dans nos jardins, parce qu'elles appartiennent à la famille des Solanées, dont tous les végétaux sont plus ou moins narcotiques ou vénéneux. Il est pourtant bien reconnu que toutes les espèces de Molènes sont émollientes et adoucissantes, et bien rarement narcotiques. Nous allons mentionner ici quelques unes des espèces qui croissent dans l'Europe tempérée et méridionale.

Molène bouillon-blanc, *Verbascum thapsus*, Lin., représentée dans notre Atlas, pl. 373, fig. 4. Cette espèce, connue vulgairement sous le nom de Bonhomme, est extrêmement commune dans tous les lieux incultes et sur le bord des chemins. Sa tige, simple et blanche, comme toutes les autres parties, est haute de deux à quatre pieds; les feuilles sont très-grandes, sessiles et décurrentes à leur base; les fleurs, jaunes, grandes, forment un épi simple à la partie supérieure de la tige. Ces fleurs sont en général réunies en petits groupes composés de deux à quatre fleurs chacun.

Molène noire a feuilles non décurrentes, *Verbascum nigrum*, L. La Molène noire a sa tige haute de trois à quatre pieds, et ses fleurs alternes, pétiolées et très-grandes; ces fleurs sont jaunes, plus petites et plus nombreuses que celles de l'espèce précédente, et forment une grappe presque simple. Les filets de ses étamines sont hérissés de longs poils purpurins. Cette espèce est commune dans les bois et sur les collines.

Molène sinuée, *Verbascum sinuatum*, L. Originaire des contrées méridionales de la France, cette espèce se distingue facilement à ses feuilles radicales, oblongues et profondément sinueuses sur leurs bords. Celles de la tige sont presque sessiles et également sinueuses. Sa tige, haute de deux à quatre pieds, est simple; ses fleurs sont petites, jaunes, ayant les filamens de leurs étamines violacés.

Molène purpurine, *Verbascum phœniceum*, L. Cette espèce croît naturellement en Piémont, aux environs de Suze et de Turin. Sa tige, simple et droite, est ordinairement haute d'environ deux pieds; ses feuilles sont allongées, un peu sinueuses et glabres. Ses fleurs sont d'une couleur pourpre foncé, disposées en grappes simples ou rameuses à la partie supérieure de la tige.

Placées dans l'ordre naturel à côté de la Jusquiame, du Tabac et de la Pomme épineuse, toutes les espèces du genre Molène forment une exception bien remarquable aux propriétés narcotico-âcres des autres plantes de la famille des Solanées. En effet, loin d'avoir la saveur âcre et nauséeuse, l'odeur vireuse des autres plantes de la famille, les Molènes sont inodores, presque insipides et essentiellement émollientes. Cependant cette dissemblance de propriétés n'est pas telle, qu'on ne trouve encore dans les espèces de Molènes quelques traces des principes qui prédominent dans toutes les autres Solanées. En effet, à leur propriété émolliente, les Molènes joignent une action légèrement narcotique et sédative.

On croit généralement que les graines de Molène enivrent les poissons, et que c'est un moyen employé quelquefois pour les prendre plus facilement.

(G. G. de C.)

MOLETTE (moll. bot.) Les amateurs et les marchands donnent ce nom vulgaire à plusieurs espèces des genres Troque, Monodonte et Turbo (*voy.* ces mots). C'est aussi le nom du Thlaspi *Bursa pastoris*, L. (Guér.)

MOLLET (anat.) Saillie formée à la partie postérieure de la jambe par les muscles jumeaux et soléaires et par le tissu cellulaire et la peau qui les recouvre. Le développement marqué de ces muscles est une des preuves que l'homme est destiné à marcher debout; leurs formes prononcées sont aussi des types de force et de beauté. Chez les individus habitués à de longues courses, chez les montagnards qui gravissent avec peine les roches escarpées de leurs pays, chez les danseurs, cette partie de la jambe acquiert ordinairement un volume plus considérable que chez les hommes aux habitudes paisibles et stationnaires. Les contractions vigoureuses dont les muscles jumeaux et soléaires sont susceptibles, les rendent fréquemment le siége de crampes douloureuses dues au déplacement de quelques fibres charnues ou aponévrotiques. L'énergie des mouvemens qu'ils exécutent peut déterminer aussi la rupture de ces fibres.

(P. G.)

MOLLUSQUES, *Malacozoa*. (zool.) La grande division d'animaux à laquelle on donne le nom de Mollusques comprend un nombre considérable d'espèces de toutes les parties du globe, et parmi lesquelles nous citerons les Seiches, les Nautiles, les Paludines, les Pourpres, les Limaces, les Hélices, les Moules, les Anodontes, les Ascidies et les Biphores. Cette coupe primordiale du Règne animal n'a été réellement établie que depuis les travaux des naturalistes modernes, et l'on n'est point encore définitivement arrêté sur ses véritables limites. Toutefois on peut définir les Mollusques de la manière suivante :

Animaux de forme paire, mais assez variable, dont le corps constamment mou (de là le nom qu'on leur a donné), n'est jamais soutenu par des pièces articulées, c'est-à-dire par un squelette soit intérieur, soit extérieur; enveloppés d'une peau ou derme musculaire de forme variable, dans l'intérieur ou à la surface de laquelle se développe le plus souvent une partie calcaire (coquille) d'une ou de deux pièces; à circulation complète, à sang blanc, à cœur essentiellement aortique et supérieur au canal intestinal, si ce n'est dans les Seiches et genres voisins; à système nerveux composé d'un ganglion cérébriforme, sus-œsophagien, communiquant avec les ganglions des différentes fonctions; ceux de la locomotion étant latéraux dans un grand nombre d'espèces, cette définition, qui est celle de M. de Blainville,

éloigne

éloigne des Mollusques les Anatifes, dont la coquille est souvent de plus de deux pièces, dont le corps présente des appendices articulés, et dont le système nerveux ganglionnaire est inférieur au canal intestinal, ce qui mérite surtout d'être noté; elle en sépare aussi les Oscabrions, qui sont à demi articulés à leur surface extérieure, et dont le système nerveux locomoteur, quoique bilatéral au tube digestif, offre des renflemens ganglionnaires. Dans la manière de voir de Cuvier, les trois genres que nous venons de citer appartiennent aux Mollusques; aussi la définition de ce célèbre naturaliste diffère-t-elle un peu de celle qui nous a servi.

Les limites inférieures du type des Mollusques sont encore moins précises que celles des classes supérieures du même groupe; ainsi les travaux de MM. Péron, Lesueur, Desmarest et Savigny ont fait rentrer parmi les Mollusques divers animaux agrégés, tels que les Ascidies, les Botrilles, etc., dont on faisait des Zoophytes; mais ces animaux sont-ils les seuls qui doivent être rapportés aux Mollusques? c'est ce qui n'est pas décidé; et si l'on y place les Biphores, pourquoi en éloignerait-on les véritables Diphyes, les Physales et quelques autres qui leur sont intimement unis? Ajoutons que les Ascidies elles-mêmes et les Biphores sont intimement liés aux Polypes à double orifice, et qu'entre les uns et les autres la ligne de démarcation est bien difficile à établir rigoureusement.

Les Mollusques prennent, dans la nomenclature de M. de Blainville, le nom de Malacozoaires, *Malacozoa*, et leur étude, qui constitue une partie importante de la zoologie, constitue la *Malacologie*. Ces animaux intéressent l'homme sous plusieurs rapports, et sans parler des observations utiles à la physiologie générale que leur étude offre à chaque pas, et de l'attrait des collections de leurs coquilles, nous rappellerons plusieurs d'entre ces animaux qui sont importans à connaître à cause de l'utilité dont ils peuvent être à l'homme ou des dommages qu'ils lui occasionent. Parmi les premières se placent d'abord les Huîtres dont il se fait un si grand commerce, les Moules et tant d'autres Bivalves qu'on mange sur toutes les côtes maritimes : parmi les espèces des autres classes, il en est aussi d'éminemment utiles sous le même rapport : tels sont divers animaux des genres Poulpe, Calmar, etc., dont on mange les bras, certains Buccins et des Aplysies, qui sont l'un des principaux alimens dans plusieurs îles de la mer des Indes. Beaucoup d'autres Mollusques méritent encore d'être rangés dans la catégorie des espèces comestibles ou édules; les Hélices, si communes dans nos jardins, s'y rapportent également et doivent y être placées, bien qu'envisagées sous un autre point de vue elles pourraient également se placer parmi celles qui nous nuisent, à cause des dégâts qu'elles occasionent dans les potagers. Les perles si recherchées sont fournies par une espèce de Mollusque appartenant à la famille des Huîtres; la nacre provient aussi d'un animal du même groupe; les perles sont produites par une maladie de l'animal dans lequel on les récolte, et l'on sait que la connaissance de ce fait avait suggéré à Linné l'idée de créer dans les rivières de Suède des perlières artificielles, en plaçant à peu près dans les mêmes circonstances altérantes certaines Mulettes de ces contrées. Beaucoup de couleurs recherchées sont fournies par les animaux de diverses espèces de Mollusques; ainsi le noir que sécrètent les Seiches fournit à quelques peuples la matière dont on prépare la *Sepia* et l'encre de Chine; on a pensé que l'ambre gris était également produit par une espèce de ce groupe, et la couleur célèbre chez les anciens sous le nom de pourpre, provenait aussi d'un Mollusque.

Pline a cité au livre IX de son Histoire naturelle deux sortes de coquilles comme fournissant la pourpre; l'une y est nommée *Buccinum* et l'autre *Murex*. Ce dernier est du genre qui porte aujourd'hui ce nom; mais le Buccinum paraît être bien plutôt la Janthine (*voyez* ce mot) qu'un véritable Buccinum.

Ces produits ne sont pas les seuls que fournissent les Mollusques, et par conséquent la Malacologie doit encore envisager ces animaux sous des points de vue différens pour multiplier encore ces avantages, s'il est possible, et les faire fructifier plus encore. Les coquilles des Mollusques, dont la science avait à tort été séparée de celle des animaux eux-mêmes, et nommée Conchyliologie, peuvent offrir à l'industrie leurs élémens chimiques que, dans bien des cas, on utilise avec un véritable profit; mais l'étude attentive de ces productions procure aussi les renseignemens les plus importans pour l'étude des révolutions du globe. On trouve, en effet, dans beaucoup de terrains de nombreux échantillons de coquilles que leur dureté a conservées jusqu'à nos jours, tandis que leurs animaux ont été détruits. Ces coquilles sont autant de témoins des modifications que le globe a éprouvées à sa surface, et elles sont aussi les représentans des anciennes populations qui l'ont habité. De plus, selon qu'elles appartiennent à des genres fluviatiles ou marins, elles nous apprennent d'une manière indubitable le mode de formation des couches qui les recèlent. L'étude de la distribution géographique des Mollusques, et celle qu'offre leur classification, ne sont pas moins intéressantes; mais, avant de dire quelques mots de l'une et de l'autre, nous devons prendre d'abord une idée de la structure des espèces dont elles s'occupent.

La forme du corps des animaux Mollusques est fort variable. Aussi ne nous arrêterons-nous pas à indiquer toutes les figures qu'elle affecte; les espèces les plus différentes entre elles sous ce rapport sont les Seiches, les Nautiles, les Limaces, les Hélices, les Aplysies, les Clios, les Hyales, les Moules, les Huîtres, les Biphores, les Pyrosomes, les Ascidies, etc., comme on le verra en examinant les planches qui accompagnent cet article. On peut cependant reconnaître à toutes ces diversités un caractère commun, caractère négatif il est vrai, mais qui n'est pas sans importance et qui doit certainement entrer dans la définition des Mollusques ; c'est que, parmi ces animaux, il n'en est aucun qui soit véritablement rayonné, non plus qu'articulé, soit à l'intérieur comme les Vertébrés, soit à l'extérieur comme les Entomozoaires, auxquels on réserve à tort le nom d'Articulés.

Beaucoup de Mollusques sont nus, c'est-à-dire sans coquille ou corps protecteur calcaire; d'autres, ainsi que nous le verrons, ont, au contraire, une coquille; ce caractère a d'abord été employé par les méthodistes, mais il n'a en réalité qu'une importance tout-à-fait secondaire, et on doit, avant lui, signaler celui de la tête qui est ou n'est pas distincte du tronc. Quelques naturalistes appellent Céphaliens (de κεφαλὴ, *tête*), ou mieux Céphalophores, tous les Mollusques qui sont pourvus de cet organe, et Acéphaliens ceux qui en manquent complétement; mais on doit, avec la plupart des malacologistes, reconnaître deux catégories de Mollusques pourvus de tête, 1° ceux qui ont cet organe bien séparé du tronc et pourvu d'appendices brachiformes au nombre de huit au moins, ce sont les *Céphalopodes* de Cuvier, que Poli avait distingués sous le nom de *Brachiata*, et que M. de Blainville appelle seuls *Céphaliens*; 2° ceux qui ont la tête moins séparée du tronc, mais distincte cependant et garnie seulement de deux ou de quatre (ce qui est plus fréquent), ou même de six vrais tentacules, ce sont les *Repentia* de Poli, ou les *Gastéropodes* et les *Ptéropodes* de Cuvier; M. de Blainville les nomme *Céphalidiens*.

Chez les Mollusques pourvus de tête, c'est dans cet organe, au dessus même de l'œsophage, qu'est situé le cerveau ou point central du système nerveux; on en voit des exemples dans notre pl. 375 (*voyez* l'explication à la fin de cet article). Chez les Acéphaliens, le cerveau est également au dessus de l'œsophage; mais comme la tête n'est plus distincte, on ne peut pas dire qu'il lui appartienne: toutefois il a de commun avec celui des Mollusques pourvus de cet organe, d'être également voisin de la bouche.

Chez les Mollusques Céphalophores, c'est-à-dire chez ceux qui sont pourvus de tête (les Céphaliens et les Céphalidiens), le cerveau fournit les nerfs des sens spéciaux destinés aux organes de la sensibilité et ceux de la locomotion. Les deux nerfs qui en partent pour distribuer les ramuscules dans les diverses parties du corps, et correspondant à la moelle épinière des Vertébrés ou au système ganglionnaire des Entomozoaires, sont disposés bilatéralement l'un à droite et l'autre à gauche du canal intestinal, au lieu de lui être superposés et réunis en un seul comme chez les Vertébrés, ou bien inférieurs au même canal comme chez les Entomozoaires ou animaux articulés. Chez les Acéphalien son remarque encore plus leurs variations, et c'est véritablement chez les Mollusques que le système nerveux présente le moins de fixité; aussi a-t-on quelquefois appelé ces animaux des *Heterogangliata*.

La structure de ces nerfs principaux est digne de remarque : leur enveloppe fibreuse présente un diamètre plus grand que celui du cordon nerveux proprement dit, de telle sorte qu'ils peuvent être injectés, ce qui les avait fait prendre par quelques auteurs pour des vaisseaux.

Dans deux groupes d'animaux qu'on a rapportés, peut-être à tort, aux Mollusques, le système nerveux présente une disposition différente; tels sont les Oscabrions et les Anatifes. Voyez pour les premiers l'article Oscabrion. Les Anatifes sont surtout remarquables sous ce rapport; elles ont le système nerveux ganglionnaire, comme celui des Entomozoaires, et de même inférieur au canal intestinal; ce qui est bien exprimé dans la figure 10 de notre pl. 376.

Les facultés instinctives des Mollusques sont d'autant moins variées qu'on descend davantage dans la série de ces animaux, et c'est chez les Céphalopodes ou Céphaliens que l'on trouve les manifestations les plus élevées; les instincts des Acéphaliens sont, au contraire, bornés au dernier point. Les sens des Mollusques ne sont guère plus développés que leur intelligence, et ce n'est que dans les premiers d'entre eux qu'ils méritent réellement d'être signalés. Le sens du toucher existe chez ceux de tous les groupes, mais cependant ce n'est encore que chez les premiers que le toucher actif ou le tact s'exerce réellement au moyen d'organes particuliers. Le goût, si peu différent du toucher, paraît être propre à tous les Mollusques; mais ce n'est que chez ceux qui ont une tête que l'on reconnaît les organes de l'odorat. M. de Blainville admet que chez les Limaces, les Hélices, etc., ce sens réside dans les tentacules inférieures. L'œil ou l'organe de la vision est très-compliqué chez les Seiches, les Calmars, etc., et mérite certainement d'être étudié; chez quelques Gastéropodes ou Céphalidiens, tels que les bisexes monoïques, il présente aussi un développement remarquable, ainsi que nous l'ont démontré les belles recherches de M. Quoy, mais chez les Hélices, les Limaces et tous les autres Mollusques pulmonés, et beaucoup de ceux qui respirent avec des branchies, l'œil n'est déjà plus qu'un simple point noir qui est tantôt à la base externe ou interne, tantôt au sommet, etc., des tentacules supérieurs. Chez aucun des Mollusques céphalés il n'y a d'organes de la vision. L'ouïe n'existe que chez les Céphaliens, encore n'en connaît-on pas l'organe d'une manière certaine; dans les autres classes il manque complétement, et les animaux qui s'y rapportent sont insensibles aux bruits.

Les moyens à l'aide desquels les Mollusques, même ceux des groupes supérieurs, établissent leurs relations avec les objets extérieurs, sont, comme on le voit, moins variés et moins compliqués que ceux de beaucoup d'animaux articulés, et en particulier des Insectes. Les organes de leur locomotion, qui concourent également au même but, ne sont guère plus favorablement disposés. Nous ne nous arrêterons pas à indiquer toutes les variations qu'ils présentent, et nous ferons seulement remarquer que chez beaucoup d'espèces, on distingue à la partie inférieure du corps un plan musculo-cutané, sur lequel reposent les viscères et qui est le véritable pied de ces animaux. Le nom qui convient le mieux à ceux-ci est celui de Gastéropodes; mais chez d'autres espèces, que le reste de leur organisation rapporte à la même classe, le plan musculaire n'est plus au dessous de l'abdomen, et il paraît comme attaché au cou, d'où le mot de Trachélipode par lequel on a désigné ces Mollusques. Les Trachélipodes et les Gastéropodes sont également de la classe des Céphalidiens, et il existe dans le même groupe d'autres espèces dont le mode de locomotion est encore très-différent. Telles sont, par exemple, les Firoles et les Carinaires, qui sont pélagiennes et qui nagent au moyen d'une sorte de pied disciforme, qu'elles tiennent toujours placé en haut; tels sont encore, entre beaucoup d'autres, la plupart des Mollusques que Cuvier a nommés Ptéropodes, et qui se meuvent au milieu de l'Océan au moyen de deux petits appendices comparables sous quelque rapport à des ailes. Chez plusieurs Céphalidiens, les lobes du manteau constituent de véritables nageoires; mais c'est surtout chez quelques Céphalopodes, tels que les Sépioles, les Calmars, etc., qu'on voit des lobes cutanés complétement disposés en nageoires. Les appendices, dont la tête de ces animaux est garnie, leur servent aussi pour la locomotion et pour la préhension. Enfin chez les Acéphales on reconnaît des dispositions non moins variées. Disons d'abord que tous ne jouissent pas de la faculté de se mouvoir. L'appareil locomoteur principal de ceux de ces animaux qui ne sont pas fixés est nommé pied, bien qu'il ne corresponde pas au même organe chez les Céphalidiens, C'est une masse musculaire plus ou moins épaisse, attachée à la partie abdominale et médiane du Mollusque, et plus ou moins en avant. Ce pied est extensible, et ressemble quelquefois à une espèce de ventouse comme chez les Nucules et en partie chez les Cyclades; d'autres fois il a la forme d'une langue, comme chez les Moules, où il est canaliculé en arrière; chez les Vénus il est disposé en hache, et chez les Cames il a quelque chose d'un pied humain; mais le mode de progression le plus remarquable est celui des Acéphales sans coquille, qui sont complétement libres, comme les Biphores. Le corps de ces Mollusques est enveloppé d'un vaste manteau, et présente un large canal ouvert à ses deux extrémités. L'élément ambiant le traverse, et c'est par l'action de diastole et de systole de chacune de ces ouvertures que l'animal, chassant l'eau, s'imprime le mouvement assez rapide au moyen duquel il vogue en haute mer. Les Diphyes, les Béroës, etc., ont aussi un mode analogue de locomotion. Les Anatifes ont de véritables appendices articulés, ce qui constitue une nouvelle différence entre eux et les autres Mollusques. Les fonctions de nutrition des Malacozoaires ont, de même que pour les animaux supérieurs, la digestion, la circulation et la respiration pour agens principaux.

Le canal digestif, qui est l'agent de la digestion, a toujours deux orifices distincts, l'un destiné à introduire les alimens, c'est la bouche, et l'autre qui doit livrer passage aux débris qui n'ont pu être assimilés, celui-ci est l'anus. La préhension des alimens se fait de manières assez diverses; mais les Céphalopodes paraissent avoir seuls des organes spéciaux (ceux qu'on appelle *bras*), destinés à saisir leur proie. Chez les autres, la bouche est très-souvent protractile et susceptible de s'allonger en une sorte de tube, ainsi qu'on le voit pour beaucoup de Céphalidiens dioïques. Chez les Céphaliens, la bouche est armée de mâchoires cornées assez semblables au bec d'un Perroquet, mais dont la supérieure est débordée par l'inférieure. Chez les Hélices, les Limnées, etc., etc., il y a également une double mâchoire; mais l'inférieure est moins distincte et représente une simple lamelle cornée; la supérieure est crochue et se voit très-bien dans beaucoup d'Hélix, principalement dans celui qu'on nomme *Algira*; elle présente dans sa forme quelques légères variations, dont on peut dans certains cas se servir pour caractériser les espèces. Après la bouche vient l'œsophage qui aboutit à l'estomac. Celui-ci présente chez les Bullées une particularité bien remarquable : ses parois sont soutenues par des pièces calcaires de même nature que les coquilles, et qu'un naturaliste italien, Gioeni, a même décrites par erreur comme étant le test d'un animal particulier. Les intestins font suite à l'estomac. Les Mollusques ont un foie, lequel est même très-développé dans beaucoup d'espèces, et que M. de Blainville pense être plus considérable chez celles qui se nourrissent de substances végétales que dans les zoophages. On voit dans nos planches 375 et 376 quelques exemples de la conformation de l'intestin des Mollusques.

La respiration des mêmes animaux s'exécute tantôt au moyen de branchies, et est alors aquatique; tantôt, au contraire, par des poumons, et dans ce cas elle s'opère à l'air libre. Chez quelques groupes aquatiques, on ne lui a pas trouvé d'organes spéciaux, et on a pensé qu'elle avait lieu par l'intermédiaire de la peau elle-même. Les organes respiratoires fournissent pour la classification des Mollusques d'excellens caractères, faciles à prendre dans les variations de leur nature, de leur forme et de leur position. Chez les Anatifes, c'est à la base des appendices articulés que les branchies sont placées; c'est un nouveau point de contact entre ces animaux et ceux du type des Articulés, et particulièrement ceux de la classe des Crustacés. Les branchies sont très-variables suivant le milieu dans lequel les Mollusques doivent vivre.

Dans tous les Mollusques l'appareil de la circulation est complet; dans le plus grand nombre le cœur est situé sur le dos, au dessus du canal intestinal, si ce n'est chez les Céphalopodes où il lui est inférieur. Ce cœur n'est pas contenu dans un péricarde, mais dans une loge musculaire de l'espèce de diaphragme qui sépare la cavité viscérale de celle des branchies; il est ordinairement composé d'une oreillette, quelquefois double, et d'un ventricule qui communique avec l'oreillette par une sorte de pédicule plus ou moins long; les artères ont leurs parois plus épaisses que les veines; elles jouissent d'une grande élasticité; leur distribution est trop variable pour qu'on puisse en rien dire de général; cependant le plus ordinairement il y a deux troncs principaux, l'un antérieur, l'autre postérieur; l'appareil circulatoire des Acéphales offre quelques différences plus importantes. Chez tous les Mollusques, le sang est une humeur plus ou moins épaisse, visqueuse, de couleur blanche ou plus ou moins bleuâtre, et dans laquelle nagent des globules de forme assez variable. La marche du sang dans les artères paraît être à peu près aussi lente que celle qu'il a dans les veines; aussi n'y a-t-il pas dans les premières de véritables pulsations; ses mouvemens sont en général assez évidens, et on les aperçoit aussi bien dans les Acéphales que dans les Mollusques qui ont une tête.

La circulation des Biphores présente une véritable anomalie; c'est, dit M. Quoy, la plus simple que l'on rencontre dans les Mollusques; on peut même la dire unique; c'est une véritable circulation dans toute la rigueur de cette expression, puisque le fluide décrit un cercle complet dans un même ordre de vaisseaux. Dans les Biphores, et par exemple dans le B. PINNÉ de M. Quoy, que nous avons figuré pl. 376, fig. 1, elle s'opère par un simple et unique organe d'impulsion, le cœur, placé vers l'extrémité postérieure du corps. C'est un organe fusiforme, formé seulement d'un ventricule sans oreillette et sans valvule. Le cœur présente cela de remarquable qu'il se contracte isolément, tantôt par une de ses extrémités, tantôt par l'autre, d'où il résulte que le sang, qui est composé de petits grumeaux blanchâtres, oscille alternativement dans un sens ou dans l'autre : phénomène unique jusqu'à présent parmi les animaux connus. Prenons-le, par exemple, oscillant de bas en haut, ou mieux, d'arrière en avant; alors nous le verrons se porter dans un long vaisseau qui est l'aorte, de laquelle partent à angle droit des branches qui se ramifient et s'anastomosent promptement en tous sens, en enveloppant le corps du Biphore qui est comme dans un réseau vasculaire. Les vaisseaux dorsaux, plus larges et réguliers, offrent ou des segmens de cercle adossés, ou des aréoles larges et quadrilatères; ceux de la partie postérieure, après s'être réunis aux deux précédens, se terminent par deux ou quelquefois trois troncs qui se rendent au cœur à la manière des veines caves dont ils tiennent lieu. Cette description des conduits indique la circulation s'opérant de bas en haut; alors tout le sang ne reçoit pas l'influence de la branchie, et l'oxygénation est incomplète; mais après quinze, vingt ou trente oscillations dans ce sens, le cœur se meut dans un sens opposé, c'est-à-dire de haut en bas, et fait passer avec autant de vigueur le sang de cette dernière partie qu'il l'a fait pour la partie supérieure, ce qui fait supposer qu'il n'y a pas de torsion de l'organe. Il est vraiment curieux, continue M. Quoy (Zool. du voyage de *l'Astrolabe*, tom. III, pag. 564), de voir alors à travers les vaisseaux tout le sang abandonner les parties supérieures, rentrer avec vitesse dans l'aorte, et de là redescendre dans le cœur, pour se porter ailleurs; il passe de même dans la branchie, mais avec moins de vitesse. Dans nos expériences, en perçant le cœur ou l'aorte, nous occasionions une hémorrhagie qui tuait assez promptement l'animal, d'ailleurs très-vivace, et qui s'agite encore après avoir été percé ou déchiré dans plusieurs points. La plupart de ces phénomènes ont été ignorés de MM. Kuhl et Van Hasselt, qui, les premiers, ont été assez heureux pour rencontrer des Biphores chez lesquels la circulation était bien apparente.

Un point également fort important de la physiologie des Mollusques est celui de la circulation du fluide aqueux qui se fait au moyen des canaux nommés aquifères dans le corps de beaucoup d'entre eux. Les observations récentes de M. Delle Chiaje ont considérablement éclairci ce sujet.

Les sécrétions des Mollusques sont assez variées; le corps de la plupart exsude une matière muqueuse qui les rend désagréables au toucher; certaines Limaces ont un pore glanduleux à l'extrémité supérieure du pied. Les petits Buccins, que M. Rang a nommés Litiopes, filent une sorte de cordon gélatineux, au moyen duquel ils se suspendent au dessous des plantes marines, comme le font dans l'air les Araignées, et qui leur sert de même à remonter rapidement dès que quelque chose vient les effrayer. La coquille elle-même, dont il a été parlé dans un article spécial de ce Dictionnaire, est une sécrétion du manteau des Mollusques. Quant à la dépuration urinaire, elle paraît aussi s'exercer chez ces animaux; M. de Blainville la retrouve dans la liqueur noire des Seiches, et M. Jacobson a découvert du purpurate de chaux dans la matière sécrétée par le rein des Hélices.

Le manteau des Mollusques est la partie musculo-cutanée, contractile, et plus ou moins résistante, qui les enveloppe; il se montre parfois d'une ampleur considérable. Lorsque ces animaux sont inquiétés, ils se rétractent dans leur manteau, qui est le seul abri de quelques uns; mais, chez beaucoup d'autres, le manteau fournit par l'endroit qu'on appelle *collier* la coquille dans laquelle le corps peut se mettre plus ou moins complétement à l'abri. Celle-ci se compose de productions différentes : 1° d'une mucosité de nature animale, et 2° d'une partie calcaire plus ou moins abondante suivant les espèces, et à laquelle s'ajoute encore, dans quelques cas, une couche plus ou moins épaisse d'émail. Les coquilles sont plus ou moins grandes et plus ou moins développées, ce qui fournit autant de caractères pour la distinction des groupes. Mais envisagées sous ce rapport, elles ne peuvent avoir une grande influence dans la classification générale, puisqu'il peut arriver que des animaux très-voisins par toutes les parties de leur organisation soient pourvus ou dépourvus de coquille. Mais ces productions sont plus importantes si l'on a égard au nombre des cavités qu'elles présentent et à celui des pièces qui les composent; les unes, en effet, ne sont formées que d'une seule pièce, ce sont les Univalves; les autres en ont deux (Bivalves): il en est qui en ont un plus grand nombre. Parmi les Univalves, les unes n'ont qu'une seule loge: telles sont celles des Hélices, des Patelles, des Turbots, des Carinaires, des Argonautes, etc.; on les nomme Monothalames; d'autres ont au contraire un plus grand nombre de loges, ainsi qu'on le voit chez les Ammonites, les Nautiles et les Spirules, et comme chacune de leurs loges est réunie aux autres par un véritable siphon, on appelle ces coquilles polythalames siphoniées. Toutes celles que l'on connaît avec cette particularité appartiennent à des Céphaliens ou Céphalopodes, et les Monothalames sont des coquilles de Céphalidiens (Gastéropodes et Ptéropodes, Cuv.); mais ici se présente, suivant quelques auteurs, une exception remarquable: la belle coquille de l'Argonaute est monothalame, et elle appartient au Poulpe du même nom que l'on trouve dans la Méditerranée et dans l'Océan, et dont on doit distinguer plusieurs espèces. Ce Poulpe, dont il a été souvent question à l'article Argonaute de ce Dictionnaire, vit dans la coquille que nous venons de citer; on l'y trouve souvent avec ses œufs, et d'après Poli et quelques autres, l'embryon qui se développe dans ceux-ci présente déjà le rudiment de coquille qui sert de navire aux adultes. Toutefois, cette assertion n'est pas admise par tous les auteurs avec la même confiance, et M. de Blainville la combat positivement et considère comme erronée l'opinion qui suppose que l'Argonaute est le constructeur de cette coquille. M. de Blainville fait en effet remarquer que la coquille de l'Argonaute, que son caractère monothalame éloigne des coquilles de tous les autres Céphalopodes (puisque ces animaux ont un test rudimentaire et intérieur ou bien polythalame), se rapproche d'une manière évidente de celle des Carinaires dont elle a la forme et la coloration. De plus le Poulpe de l'Argonaute n'a point précisément la forme de sa coquille; son corps est coloré comme celui de beaucoup de Mollusques nus; il n'a point d'organe particulier pour la sécrétion de son test, et de plus, il ne lui est point adhérent, puisqu'il peut en sortir et y rentrer à volonté. M. Rafinesque, qui a trouvé ce Poulpe sans sa coquille, ne l'ayant point reconnu, l'a considéré comme une nouvelle espèce de cette famille, et nommé Ocythoé. Toutes ces considérations font penser à M. de Blainville que le Poulpe argonaute devra rester parmi les Céphalopodes (*Octopus antiquorum*, Blainv.); mais que sa coquille, qui est par suite le produit d'un autre animal, devra être rapportée dans la classe des Céphaliens, et placée à côté des Carinaires et des Firoles, comme appartenant à un animal encore inconnue de cette famille. On ne saurait trop engager les personnes qui se trouvent à même d'éclairer cette question, d'y apporter tous leurs soins. C'est certainement un des problèmes les plus intéressans qui restent à résoudre (1).

Une autre sécrétion de certains Mollusques, est celle qui produit l'*opercule* de ces animaux, partie qu'on a quelquefois considérée à tort comme représentant chez les espèces univalves qui la présentent, une deuxième valve rudimentaire. L'opercule est calcaire ou corné. Nous en parlerons plus longuement à l'article Opercule de ce Dictionnaire.

Nous ne nous arrêterons pas à décrire les organes reproducteurs des Mollusques dans toutes les parties qui les constituent, puisque d'ailleurs on ne peut indiquer aucune disposition qui soit propre à tous les animaux de ce type. On reconnaît parmi eux les trois modifications principales suivantes: 1° certaines espèces ont les deux sexes, et de même que chez la plupart des Entomozoaires, et que chez tous les Vertébrés, on distingue parmi elles des individus mâles et des individus femelles; ces espèces sont appelées dioïques; ce sont les Poulpes, les Seiches, les Calmars, les Nautiles, les Fuseaux, les Tritons, les Buccins, les Porcelaines, etc.; 2° d'autres, parmi lesquelles se placent les Hélices, les Aplysies, les Bulles, les Glaucus, les Doris, etc., ont aussi les deux sexes, mais réunis sur un même individu; ce sont celles qu'on appelle monoïques; 3° enfin il est des espèces qui ne sont plus bisexuées ou au moins chez lesquelles on ne distingue plus qu'un seul sexe; les unes appartiennent aux Céphalidiens et fournissent la sous-classe des Céphalidiens unisexués; ce sont les Vermets, les Dentales, les Patelles, les Haliotides, les Cabochons, etc.; toutes les autres composent la classe des Acéphaliens; ce sont les Testacés bivalves, ou les Acéphales nus. Plusieurs naturalistes admettent que ces derniers ne sont pas réellement unisexués, et assurent même avoir constaté chez eux la présence d'un fluide fécondateur renfermant des zoospermes; mais c'est une question qui n'est point encore résolue. Il y aurait donc chez ceux qu'on supposerait à tort unisexués, un véritable hermaphrodisme suffisant, c'est-à-dire qu'un même animal posséderait les deux sexes et pourrait se féconder seul. Chez les bisexués monoïques ordinaires, les phénomènes ne se passent point ainsi. Il y a toujours accouplement de deux ou d'un plus grand nombre d'individus, et souvent ces animaux ainsi accouplés fournissent comme mâles en même temps qu'ils reçoivent comme femelles.

(1) Depuis que ces lignes sont écrites, madame Power, cherchant à soutenir la thèse de Poli, rapporte, entre autres observations curieuses, un fait qui est loin de lui être favorable. Madame Power affirme en effet, contrairement à ce qu'a dit ce savant malacologiste, que le Polype de l'Argonaute n'a point encore de coquille quand il éclot. (*Voyez* les articles Argonaute, Ocythoé et Poulpe, où il sera question d'observations encore plus récentes faites sur ce sujet par M. Rang.

Alors la fécondation est généralement réciproque, et après elle chaque individu ne tarde pas à déposer ses petits.

Le produit de la fécondation des animaux Mollusques varie dans sa forme et aussi dans le mode de son développement; mais il consiste toujours en œufs plus ou moins nombreux, et comparables à ceux des autres animaux, c'est-à dire composés d'un vitellus dont l'enveloppe est le chorion, ou membrane vitelline, et d'un blanc ou albumen dont la couche extérieure ou l'enveloppe est tantôt opaque, et plus ou moins incrustée de matière calcaire, tantôt, au contraire, plus ou moins transparente. L'œuf pris dans l'ovaire ne se compose que du vitellus, présentant à une certaine époque dans son intérieur un point clair, que l'on considère comme une vésicule particulière, et que l'on appelle vésicule de Purkinje, du nom du physiologiste qui l'a le premier indiquée chez les oiseaux. Les couches adventives de l'albumen n'enveloppent l'œuf qu'après que celui-ci est sorti de l'ovaire proprement dit.

Les œufs sont tantôt simples, tantôt agrégés, ainsi que nous le verrons. Un des phénomènes les plus singuliers qu'ils présentent est celui de la rotation du vitellus et de l'embryon, qui se meuvent dans son intérieur d'une manière tout-à-fait régulière et facile à observer chez les Limaces, les Limnées, etc. Dans le plus grand nombre de cas les œufs sont pondus et subissent leur développement à l'extérieur; ils sont dans ce cas protégés de diverses manières, soit par les localités où leurs parens les placent, soit par les capsules dans lesquelles ils sont réunis, et on peut dire que leur forme, leur disposition et celles de leurs parties accessoires changent, suivant chaque espèce, dans des proportions pour ainsi dire fixes et qui permettent facilement de reconnaître quelle espèce de Mollusque a produit chacun d'eux. On pourrait même, jusqu'à un certain point, classer les Mollusques d'après les produits de la génération, et ceux de ces produits qui appartiennent au groupe des Pectinibranches marins ont été soumis, pour ainsi dire, à une distribution méthodique par M. Lund (Ann. sc. nat., deuxième série, t. I, p. 84). (*Voyez* le t. III, p. 552, de ce Dictionnaire, et l'explication des figures 6 à 20 de la planche 375.)

Chez les Céphalopodes, les œufs affectent quelquefois des formes singulières; on en trouve au milieu de la mer qui sont roulés en cylindres de la grosseur et de la longueur de la jambe d'un homme. D'autres fois ce sont des cônes parsemés de points rouges, qui, examinés à la loupe, représentent des séries de jeunes individus ainsi enveloppés. Beaucoup de personnes connaissent ceux des Seiches de nos côtes, que leur figure fait appeler Raisins de mer, et dont nous donnons la représentation dans notre Atlas, planche 375, fig. 9. L'œuf de Seiche est un sphéroïde elliptique, assez semblable aux grains de certains raisins, et qui s'attache au moyen d'un pédicule de l'une de ses extrémités à d'autres œufs, de manière à former une grappe, ou bien à la surface de différens corps étrangers. Ce n'est, dit Cuvier (Nouvelles Annales du Muséum, t. I), ni par le ventre, comme chez les Vertébrés, ni par le dos, comme chez les Articulés, mais par un point tout-à-fait propre aux Céphalopodes, que passe le cordon ombilical. La communication se fait au dessous ou au devant de la bouche, entre les deux tentacules de la dernière paire. Au dessus de cet endroit on distingue très-bien l'ouverture des lèvres, et dans leur intérieur, les deux petites mâchoires comme deux pointes noires.

Parmi les Mollusques gastéropodes, ou mieux parmi les Céphalidiens, car les Gastéropodes et les Ptéropodes paraissent devoir rentrer dans un même groupe, auquel ce nom restera, nous devons d'abord signaler des espèces terrestres ou d'eau douce. Il est parmi les Bulimes quelques espèces remarquables par le volume de leurs œufs qui approche, dans certains cas, de celui des Pigeons, pl. 375, fig. 4. Ces espèces sont propres aux contrées chaudes d'Amérique. Leurs œufs ont une enveloppe calcaire, blanche, sans aucun mélange de couleurs, comme chez les oiseaux. Tous les animaux à œufs calcaires paraissent être dans ce cas. Les Hélices ont aussi des œufs calcaires, et il est quelques Limaces, le *Limax rufus*, entre autres, qui en présentent également. Pour étudier le développement des embryons qui y sont contenus, M. Laurent les décruste avec une eau légèrement acide. On peut trouver dans un même genre des espèces à œufs calcaires et à œufs transparens, ce qui constitue autant de variations spécifiques; parmi les derniers, les uns sont arrondis et libres, les autres sont elliptiques et souvent réunis les uns aux autres par un petit appendice naissant de leur grand axe (Limace des caves). Les Céphalidiens d'eau douce peuvent être ovovivipares, c'est-à-dire que leurs œufs peuvent éclore dans l'intérieur de leur corps et dans une poche destinée à cet effet. Ainsi qu'on le voit chez les Paludines, appelées aussi vivipares, l'œuf s'arrête dans cette poche et y éclot. D'autres (Limnées, Physes, Ancyles, Planorbes) sont franchement ovipares, et leurs œufs, réunis en masses plus ou moins volumineuses et à albumen toujours transparent, affectent des formes variables selon les groupes.

Nous renverrons pour ce qui concerne les œufs des Mollusques marins à ce que nous en avons dit à l'article Gastéropodes de ce Dictonnaire, et nous passerons de suite à ceux des Acéphaliens. Les renseignemens que l'on possède sur le développement et sur la ponte de ces derniers sont beaucoup moins nombreux; aussi croyons-nous devoir donner avec quelque détail ceux qu'on a publiés pour les Moules d'eau douce (*Unio* et *Anodontes*). Ils seront extraits d'un rapport fait à l'Académie des sciences (Comptes-rendus, 1833, p. 294) par M. de Blainville, et dans lequel ce naturaliste rend compte des observations de MM. Carus et de Quatrefrages.

Les œufs des Moules d'eau douce abandonnent

l'ovaire, et après s'être entourés de l'albumen et du chorion, ils sont rejetés par l'orifice excréteur ou anal du manteau, et finissent par se loger, au moyen d'un simple courant, dans les locules de la duplicature de la branchie externe. Examinés aussitôt après leur arrivée dans les branchies, ces œufs sont, d'après M. de Quatrefrages, sphériques, et ont un quart de millimètre en diamètre; ils présentent dans leur intérieur une espèce de petit gâteau circulaire, formé de globules transparens renfermant des globules plus petits, et que, par analogie avec ce qu'il a observé chez les Limnées, M. de Quatrefrages regarde comme les seuls rudimens du système nerveux; mais le deuxième et le troisième jour, le nombre des globules augmente par le développement des globulins qui vont se porter à la circonférence; le quatrième jour, les globules ne sont plus distincts, et le nucléus, simple ligne plus obscure, indique le ligament cardinal de la coquille. Le cinquième jour, le nucléus a considérablement augmenté; il a pris une forme triangulaire, et le bord cardinal de la coquille s'est de plus en plus prononcé. Les jours suivans, la coquille, d'abord membraneuse, de forme triangulaire, équilatérale, un côté à la ligne cardinale, et le sommet au milieu du bord ventral, présente d'abord une sorte de bord rentré, qui, commençant au bord cardinal, s'étend peu à peu jusqu'à ce qu'il ait atteint le bord inférieur ou ventral, où il arrive à sa plus grande largeur. Pendant les cinq ou six jours suivans, la coquille se solidifie peu à peu par le dépôt de matière calcaire en elle-même et dans ses crochets; les petits muscles de ceux-ci se prononcent de plus en plus, à mesure qu'ils exécutent plus de mouvemens, ce qui a lieu pour les muscles adducteurs dont les fibres sont dès lors parfaitement distinctes. Du vingtième au vingt-cinquième jour, on voit commencer la formation d'une nouvelle cavité allongée, qui plus tard constituera l'aorte, en même temps qu'à la terminaison des vaisseaux ombilicaux se développe un petit renflement auquel ils paraissent aboutir. Mais à dater de cette époque, qui a lieu dans la saison hibernale, le développement du fœtus de l'Anodonte marche plus lentement : aussi du quarante-cinquième au cinquantième jour la coquille change-t-elle peu de forme; le côté postérieur s'allonge cependant un peu pendant que l'extérieur est stationnaire.

A l'intérieur, entre l'aorte et l'intestin, on remarque une rangée de globules un peu plus opaques que le reste du corps, et indiquant le commencement de développement du foie; la masse générale augmente de telle sorte, qu'elle semble à l'étroit dans la coquille; les petits mamelons auxquels aboutissent les cordons ombilicaux prennent de l'accroissement et paraissent formés de cinq ou six lobes. Bientôt le foie augmente à son intérieur surtout, par l'écartement des globules, et il s'y produit une cavité régulière ovale; c'est l'estomac, placé derrière l'aorte, qui, vers le soixantième jour, se contourne en avant, et se dilate à sa partie antérieure pour former le cœur sous la forme d'ampoule allongée et recourbée en dessous, de manière à en être embrassé. Pendant ce temps cet estomac s'allonge; arrivé jusqu'au foie, il se coude un peu en zigzag inférieurement en remontant, après avoir contourné le muscle adducteur, jusque vers le milieu du bord cardinal. au cent vingtième jour, les vaisseaux de la masse viscérale sont nettement organisés; l'intestin est en continuation avec l'estomac, et le cœur se contourne derrière. On commence à distinguer, le long du bord cardinal, un vaisseau qui sans doute est le gros intestin ou rectum.

C'est à ce degré de développement des fœtus que la mère s'en débarrasse brusquement et de tous à la fois. Comment? c'est ce que ne nous dit pas M. de Quatrefrages.

Des observations sur ce sujet avaient été faites depuis fort long-temps; mais l'opinion de deux savans naturalistes, MM. Rathke et Jacobson, ayant été que les prétendus Anodontes observés dans les branchies étaient des animaux parasites, dont ils ont fait le genre *Glochidium*, la question avait dû être reprise de nouveau. Elle est maintenant parfaitement résolue, et, comme il arrive bien souvent, c'est à l'avantage des anciens. Leuwenhoek (*Arcana naturæ delecta*, 1722, t. 2) avait déjà reconnu et fait connaître quelques unes des curieuses particularités de la génération des Anodontes. D'autres espèces de Bivalves ont aussi été étudiées, M. Everard Home a fait connaître quelques particularités de la génération des Huîtres. La reproduction des Cyclades doit être peu différente de celle des Anodontes, et déjà Geoffroy (Traité des Coquilles, p. 135) avait remarqué que chez ces animaux, qui sont communs dans toutes nos eaux douces, les petits sont rejetés à l'état vivant. Ils ont souvent acquis un assez grand développement avant de devenir libres, et il paraît qu'ils peuvent rester, en petit nombre il est vrai, pendant un temps plus ou moins long entre le manteau et la coquille de leur mère. C'est un fait dont on peut s'assurer facilement.

On possède encore moins de renseignemens sur les Acéphaliens sans coquilles; MM. Audouin et Milne Edwards, qui ont étudié sous ce point de vue les Ascidies composées des côtes de France, en parlent ainsi dans leur ouvrage sur le littoral de la France, t. I, p. 70 : « On sait qu'à l'état adulte un grand nombre d'individus de ces espèces sont réunis plus ou moins intimement, et forment une seule masse fixée d'une manière immobile à quelque corps sous-marin, disposition qui leur a valu le nom d'*animaux composés*. Quand ils naissent, au contraire, ils ne forment point partie de l'agrégat auquel appartient leur mère, et ne sont pas même unis entre eux. Chaque individu est solitaire et parfaitement libre; mais ce qui est plus remarquable encore, c'est qu'alors ils sont doués de la faculté de se déplacer, qu'ils nagent avec rapidité à l'aide des mouvemens ondulatoires imprimés à une longue queue dont ils sont pourvus, et qu'ils paraissent se diriger de manière à éviter les obstacles qui s'opposent à leur passage. Souvent on les voit s'arrêter sur les parois du vase où on les a renfermés pour les observer, puis recommencer leur course comme s'ils cherchaient un point convenable pour établir leur demeure. Enfin, après avoir joui pendant environ deux jours de la faculté de changer ainsi de place, ils se fixent et deviennent complétement immobiles; si on les détache alors, ils ne reprennent plus de mouvement. C'est ainsi que les Ascidies composées peuvent, lorsqu'elles sont très-jeunes, aller chercher un lieu favorable à leur développement. La plupart se réunissent à la masse dont elles proviennent; mais d'autres vont se fixer au loin pour fonder de nouvelles colonies et y propager leur espèce. La jeune Ascidie qui vient de naître ne ressemble en rien à ce qu'elle sera plus tard; sa forme est régulière et symétrique; on lui distingue en avant trois éminences qui paraissent percées d'autant d'ouvertures, et on voit en arrière une queue effilée dont nous avons parlé plus haut et qui varie suivant les espèces. Même avant de se fixer, l'animal commence déjà à changer de figure; mais c'est après qu'il est devenu immobile que ses métamorphoses sont le plus remarquables; sa longue queue disparaît plus ou moins complétement. Son corps se déforme; l'abdomen devient distinct du thorax, et ce n'est que lorsque l'Ascidie a acquis une assez grande taille que son ovaire commence à se développer.

Les animaux qui nous occupent sont terrestres ou aquatiques, et dans ce dernier cas habitans de l'eau douce ou de l'eau salée. Les Mollusques terrestres recherchent les lieux humides, et se nourrissent de substances végétales ou animales. Ils sont assez généralement de taille moyenne ou même petite, si on les compare aux autres espèces, et principalement à quelques unes qui vivent dans la mer. Néanmoins on peut citer parmi eux quelques espèces assez grandes, telles sont surtout certaines Hélices américaines des sous-genres Bulime et Agathine. Les espèces terrestres se trouvent dans toutes les parties du monde, et ne présentent pas de bien grandes différences dans les diverses parties qu'elles habitent. La taille, le nombre des individus et celui des espèces offrent bien quelques variations à l'avantage des pays chauds, mais les divers groupes que l'on distingue parmi ces animaux ont des représentans presque dans toutes les parties du monde. Les Mollusques d'eau douce sont à peu près dans le même cas. On doit distinguer parmi eux ceux qui ont la respiration aérienne, tels que les Limnées, les Physes, les Planorbes, etc., qui se rapprochent davantage de la plupart des espèces terrestres, et aussi ceux qui respirent au moyen de branchies; tels sont tous les Acéphaliens et une partie des Céphalidiens, les Paludines, etc.; beaucoup de Mollusques sont exclusivement d'eau douce ou d'eau salée; dans ce cas la distinction est facile à établir; mais il est certaines espèces qui ont un régime mixte, c'est-à-dire qu'elles peuvent vivre également, selon les circonstances, dans l'eau douce, dans l'eau saumâtre, ou même dans l'eau salée. Telles sont celles qui se tiennent à l'embouchure des fleuves ou dans les flaques voisines de la mer; aussi peut-il arriver que l'on trouve, ainsi qu'on l'a déjà remarqué bien des fois, des Mollusques marins et fluviatiles réunis dans ces localités. M. de Fréminville a observé ce fait dans le golfe de Livonie. M. Nilsson a trouvé sur les bords de la mer de Norwége, même dans des lieux où il n'y a pas d'embouchure de rivières, des Unios, des Anodontes, et des Cyclades vivant pêle-mêle avec des Vénus, des Buccardes et des Cythérées. Enfin, pour citer encore un autre auteur également digne de foi, M. Rang rapporte qu'il a trouvé à l'île Bourbon, dans une mare d'eau presque complétement douce, mais peu éloignée du rivage, des Pintadines et des Aplysies (*A. dolabrifera*) qui se tenaient avec des Nérites (*N. auriculata*) et une Mélanie.

Les Mollusques marins sont bien plus nombreux et bien plus variés en organisation que ceux qui vivent à terre ou dans les eaux douces, et leur action sur le monde extérieur est bien plus étendue. Les uns habitent le fond des mers, ils y rampent de diverses manières, ou bien ils s'y tiennent fixés et rassemblés en groupes plus ou moins considérables. D'autres sont littoraux, ils vivent aux dépens des plantes marines ou de divers animaux dont il parviennent à s'emparer. Les uns fréquentent les anses et les ports, d'autres se tiennent à la surface des rochers; et il en est qui, nageant avec facilité, paraissent néanmoins préférer les côtes, dont ils ne s'éloignent que rarement; mais beaucoup d'espèces habitent la pleine mer, et voguent en troupes nombreuses au milieu de l'Océan. Les couleurs des Mollusques sont des plus dissemblables; les nuances les plus brillantes et les plus variées s'y trouvent à la fois réunies et ne le cèdent en rien aux couleurs des oiseaux les plus élégans, non plus qu'à la parure si vantée des poissons des tropiques. A tous ces ornemens beaucoup d'espèces joignent la phosphorescence, propriété aussi remarquable que difficile à expliquer. Pendant le jour, ces animaux ne donnent aucune lumière, mais dès que la nuit est close, ils mêlent leur éclat à celui de mille autres animaux, et leurs bancs, souvent immenses, contribuent puissamment à la lumière dont les flots semblent animés. C'est parmi les Ptéropodes surtout, et parmi les Salpiens, que l'on connaît le plus d'espèces phosphorescentes. Un des genres les plus célèbres que l'on distingue parmi ces animaux doit même son nom aux vives lueurs qu'il répand dans l'obscurité. C'est le Pyrosome, dont la dénomination signifie corps de feu.

Ce n'est pas seulement par le nombre que les espèces marines l'emportent sur les autres, elles ont aussi dans beaucoup de cas un volume plus considérable, et il en est pour les Mollusques comme pour tous les autres animaux. C'est parmi les espèces marines que se rangent celles qui atteignent les plus grandes dimensions. Certaines races de Volutes, de Tritons, d'Haliotides, deviennent fort grandes avec l'âge, et beaucoup de naturalistes croient à l'existence de Poulpes d'une dimension

sion considérable. Denys de Montfort a décrit une espèce de ce genre ayant des dimensions vraiment gigantesques, et, pour donner une idée de sa puissance musculaire et de sa voracité, il en a représenté un individu prêt à engloutir un navire qu'il étreint à l'aide de ses énormes bras. Mais ici, comme dans beaucoup d'autres cas, l'autorité de Denys de Monfort peut et doit être révoquée en doute. Ce naturaliste a exagéré les récits, probablement chargés, de quelques navigateurs, et il s'en vantait lui-même, disant à qui voulait l'entendre que les naturalistes étaient de bons enfans et qu'il leur avait fait avaler son Poulpe. Néanmoins on doit reconnaître que ces monstrueuses exagérations ont cependant un fonds de vérité, et des naturalistes de nos jours ont recueilli des débris de Poulpes qui font supposer aux individus dont ils proviennent de fort grandes dimensions.

Nous croyons devoir terminer ce que nous avons à dire sur les Mollusques par quelques détails empruntés à M. Quoy, et relatifs aux moyens qu'il importe d'employer de préférence, lorsqu'on veut collecter et étudier ces animaux. Nous dirons ensuite quelques mots sur leur classification et sur les principes qui doivent la déterminer.

Lorsqu'entre les tropiques, dit M. Quoy (*Astrolabe*, t. II, p. 8), il se trouve dans les ports des récifs abrités des fortes brises du large, sur lesquels il n'y a que peu d'eau, ou qui se découvrent à mer basse, on est sûr d'y rencontrer une grande quantité de Mollusques; surtout lorsque ces bancs sont formés de Madrépores dont les anfractuosités servent de refuge à tous ces animaux mous contre l'atteinte de leurs ennemis, et les mettent, quand les eaux se retirent, à l'abri des rayons trop intenses du soleil. Il faut de suite, muni de bonnes chaussures et de vases de fer-blanc, se porter sur ces lieux, renverser les pierres, fendre les Madrépores, fouiller le sable, parce que plusieurs de ces animaux s'y plaisent selon leur nature. On ne doit pas négliger, surtout, de prendre à l'instant même une esquisse de certains d'entre eux, que l'on voit se développer et marcher; car dès qu'ils ne sont plus dans les eaux vives et courantes, il se contractent et meurent avant qu'on puisse les dessiner. Il faut souvent renouveler l'eau dans laquelle se trouvent placés une grande quantité d'animaux qui la souillent promptement par la mucosité qu'ils ne cessent de dégager. Arrivé sur le navire, on les répartit dans de grands bocaux de verre blanc. Quelques uns se développent de suite, tandis que d'autres mettent plus de temps, rentrent au moindre choc, et demandent pour s'épanouir d'être isolés dans des vases placés à l'ombre. Il en est qu'on peut laisser des heures entières hors de l'eau sans inconvénient: c'est même quelquefois un moyen pour les voir sortir de leur coquille dès qu'on les y replonge. Après qu'on s'est servi des Mollusques, il faut les conserver dans de l'esprit-de-vin à vingt degrés, qu'on renouvelle deux mois après, pour ne le changer ensuite que tous les six mois. Sans ces précautions ils s'altéreraient. Il faut bien prendre soin de casser l'extrémité de la coquille de ceux qui en sont pourvus, afin que la liqueur atteigne et conserve le foie qui est un organe très-susceptible de se gâter. Ce n'est pas toujours chose facile que de casser une coquille sans altérer son animal. Pour cela il faut se servir d'un étau dans lequel on la brise sans secousse et sans éclat. Quand on a plusieurs individus, on en conserve d'entiers, afin de pouvoir un jour déterminer exactement l'espèce par la comparaison, autrement il serait facile de commettre des erreurs si on ne s'en rapportait qu'aux dessins, quelque bien faits qu'ils fussent; ne possède-t-on qu'un seul individu précieux, le test ne doit être que peu endommagé, ou bien on prend des précautions pour en retirer l'animal intact. Il est bon de faire, quand on peut, des anatomies sur le frais. Toutefois ces sortes de travaux consument dans les relâches un temps précieux qu'on emploie avec plus de fruit à récolter et à dessiner. On sait du reste que ce n'est pas toujours sur le vivant que l'on peut anatomiser le mieux un Mollusque dont les parties changent de forme et se contractent en laissant dégager une mucosité vraiment désespérante.

Tous les Mollusques ne se plaisent pas dans les lieux calmes et où il y a peu de profondeur. Les rochers battus par la mer en ont qui leur sont propres; quelques uns se cachent sous le sable; d'autres se tiennent à plusieurs brasses sous l'eau; de là les divers instrumens pour se les procurer. Hors des tropiques une petite drague est une grande ressource lorsqu'on navigue sur peu de profondeur; on peut même l'envoyer avec succès par cinquante brasses dans un calme parfait, comme nous le fîmes devant le port du roi Georges, à la Nouvelle-Hollande. A la Nouvelle-Zélande, continue M. Quoy, nous obtînmes également beaucoup de choses par ce moyen; mais il n'est presque plus praticable dans des lieux où se trouvent des bancs de Madrépores.

Les Mollusques et les Zoophytes pélagiens s'obtiennent au moyen d'un filet conique à mailles serrées, tenu ouvert par un cercle de barrique, et que traîne le navire lorsqu'il ne fait qu'un tiers de lieue ou une lieue tout au plus à l'heure. On a le soin de le visiter souvent, pour que l'action de l'eau ne brise pas les animaux délicats qu'il peut contenir. Nous croyons avoir été les premiers sur la corvette *l'Uranie* à nous servir d'une manière permanente de ce moyen, qui nous a été si utile pendant ce second voyage. Dans les calmes complets on emploie les filets en étamine à longs manches, semblables à ceux qui servent pour la chasse des insectes.

L'étude des animaux Mollusques n'a pas toujours été cultivée avec le même empressement, aussi leur histoire n'a-t-elle véritablement commencé à constituer une science distincte que depuis un laps de temps assez peu considérable; néanmoins on se tromperait si l'on supposait que plus sont anciens les auteurs que l'on consulte, moins leurs notions sur ces animaux sont exactes; car Aristote, dont les ouvrages renferment sur presque toutes les branches de la zoologie tant d'observations importantes, n'a pas non plus négligé leur étude. Sa position favorable lui permettait en effet de recueillir sur les mœurs et même sur l'organisation et les diverses particularités de l'existence des Mollusques marins, de nombreux renseignemens qu'il n'a pas négligés, et que l'on s'étonne parfois de retrouver dans son Histoire naturelle, où ils sont exposés avec une exactitude qu'on n'a peut-être appréciée que de nos jours; mais après ce célèbre philosophe, la science, dont il avait fondé les bases, resta longtemps stationnaire, et la malacologie, plus peut-être que les autres parties de l'histoire des animaux, se ressentit de la mauvaise direction des études. Pline, en effet, Oppien, etc., n'ajoutèrent rien à ce que leur avait laissé Aristote, et plusieurs d'entre eux et de leurs successeurs ne le comprirent pas toujours. C'est surtout dans les commentateurs et dans les traducteurs d'Aristote que l'on rencontre des fautes de ce genre.

Quoiqu'on reconnaisse dans Aristote l'établissement de quelques coupes pour la répartition des Mollusques, on ne peut admettre qu'il ait envisagé ces animaux sous ce point de vue systématique. Tel n'était point son but, et probablement tel ne fut pas non plus celui de ses successeurs. Le premier auteur qui se soit occupé de ce sujet d'une manière un peu suivie, est évidemment Daniel Major, dans un appendice au traité de la Pourpre de *F. Columna* (1675); mais les coquilles furent seules employées pour l'établissement de cette classification; au lieu d'avoir recours aux animaux Mollusques eux-mêmes, de rechercher leur organisation et leur forme extérieure, on se guidait par la considération seule de leur test, qui n'est en réalité qu'une partie peu importante et tout-à-fait dépendante de l'organisation.

Dans un mémoire qu'il lut en 1743 à l'Académie des sciences, sur la distribution des enveloppes des Mollusques, c'est-à-dire de leurs coquilles, Daubenton fit remarquer que leur connaissance pouvait suffire, mais que celle des animaux était indispensable pour former un système complet de conchyliologie. Quelques années après, Guettard inséra dans les Actes de la même société, dont il était membre, un mémoire dans lequel il démontra que l'étude de l'animal lui-même était indispensable, et il y indiqua quelques coupes génériques que ces principes lui permettaient d'établir. Il s'occupa surtout des espèces que nous verrons plus bas être rangées dans la classe des Céphalidiens; car, bien qu'il dise qu'on peut aussi se servir avec avantage des caractères que fournit l'animal pour l'étude des Bivalves, il ne s'occupa que passagèrement de ces derniers. Toutefois ses recherches ne furent pas inutiles, car elles fournirent de précieux renseignemens à d'Argenville et l'engagèrent à accompagner son traité conchyliologique de quelques figures d'animaux Mollusques. En même temps à peu près que le travail de d'Argenville (1757), parut l'*Histoire naturelle du Sénégal*, par Adanson, ouvrage qui fait véritablement époque dans la malacologie. Adanson y étudie avec soin, distingue et dénomme d'une manière convenable les parties extérieures des Mollusques et de leurs coquilles, et il classe ensuite et décrit avec exactitude les espèces qu'il avait observées au Sénégal. Les Bivalves y sont étudiés aussi bien que les Univalves. Après Adanson, c'est encore à un naturaliste français que la science doit de nouvelles observations. Le célèbre auteur de l'Histoire naturelle des insectes des environs de Paris, traite en 1765 des coquilles de la même localité; son livre, destiné aux étudians, n'est point au dessous de la réputation de son illustre auteur. Il comprend quelques observations sur les coquilles et leurs animaux, ainsi que des détails sur les caractères de la plupart des espèces qui vivent auprès de la capitale, et d'importantes observations sur leurs mœurs. Dans les premières éditions de son *Systema naturæ*, et jusqu'en 1746, Linné n'emploie pas encore la dénomination de *Mollusques*, et les animaux qui forment aujourd'hui ce groupe sont dispersés dans plusieurs classes. Les Limaces, les Seiches, etc., sont parmi les Zoophytes; d'autres sont confondus avec les Vers, ou associés à des animaux bien différens, aux Lernées, par exemple, et quelques uns forment de même parmi les Vers un groupe particulier, celui des Testacés; mais la dixième édition renferme d'heureuses corrections, et la classe des Vers comprend cinq divisions, dont deux sont formées par les Mollusques. Les uns reçoivent seuls ce nom (Ascidies, Limaces, Doris, Théthys, Seiches, Clios et Scyllées); les autres sont les *Testacés*; ils se partagent en Univalves, Bivalves et Multivalves. Pallas indique de nouvelles réformes dans ses *Miscellanea zoologica*, et dans un article où il traite des Aphrodites, qui sont des Annélides chétopodes, il rectifie plusieurs erreurs de la classification de Linné.

Poli, médecin italien, qui avait, comme Aristote, étudié les productions de la Méditerranée, donna, dans son Histoire des Testacés des deux Siciles, une nouvelle impulsion à la malacologie (1791). Il définit la classe des Mollusques d'une manière plus rigoureuse, et il établit parmi ces animaux trois ordres que Cuvier a d'abord admis avec la même valeur, mais dont il a fait depuis autant de classes; les ordres indiqués par Poli sont les suivans : 1° les *Mollusca brachiata*, caractérisés par les longs bras qu'ils ont à la tête; l'auteur y place les Seiches et les Nautiles, mais il y ajoute de plus les Tritons et les Serpules; 2° les *Mollusca reptantia*, qui marchent à la manière des Limaçons au moyen d'un large pied, qui ont constamment une tête et des yeux, et qui sont univalves; 3° *Mollusca subsilientia*, qui manquent de tête et d'yeux, qui sont fixés ou non aux rochers, sont multivalves ou bivalves, et ont un pied plus ou moins développé. Quoiqu'il y ait une erreur assez forte dans ce système, à cause du rapprochement des Tritons et des Serpules dans l'ordre des *Brachiata*, il n'en faut pas moins convenir qu'il a suffi pour mériter à Poli le titre de véritable fondateur de la classe des Mollusques, *Molluscorum classis verus fundator*, que lui ont donné Meckel et de Blainville. En effet, les trois coupes indiquées dans cette classification sont admises de tous les naturalistes, et les caractères qu'on leur assigne sont ceux que Poli leur avait donnés; tel est particulièrement celui de la tête plus ou moins distincte ou tout-à-fait nulle.

Vers la fin du XVIIIe siècle, en 1798, G. Cuvier s'occupa aussi de la classification des Mollusques; et, en mettant à profit les remarques de Pallas et de Poli, il arriva à la disposition suivante en trois groupes, qui signale un nouveau progrès :

1° *Céphalopodes*, comprenant les Seiches, les Poulpes et les Calmars, ainsi que les Argonautes et les Nautiles.

2° Les *Gastéropodes* ou Limaces, Aplysies, Doris, Scyllées, Patelles, Hélices, etc., auxquelles sont jointes les Lernées qu'on reconnaît maintenant pour des Crustacés.

3° Les *Acéphales :* Ascidies, Biphores, Huîtres et les autres Bivalves, ainsi que les Balanes et les Anatifes.

Lamarck, auquel Cuvier devait, comme il se plaît à le reconnaître, un puissant secours pour l'exposition de ses genres de coquilles, et qui lui avait indiqué une partie des sous-genres qu'il avait établis; Lamarck, aussi célèbre en botanique qu'en zoologie descriptive et philosophique, qui venait de publier, en 1797, dans les Mémoires de physique et d'histoire naturelle, p. 314, une classification des animaux, et qui, par conséquent, s'y était occupé des Mollusques, établit en 1798 les genres Calmar et Poulpe adoptés par Cuvier; et, en 1799, il lut à l'Institut le prodrome d'une classification des Coquilles, en même temps qu'il établit un nombre assez considérable de coupes génériques que nécessitaient les progrès de la conchyliologie. Lamarck s'était, en effet, occupé des Mollusques plutôt sous le rapport de leurs coquilles que de leurs animaux, et c'est surtout Cuvier qui, à cette époque, traita en France de l'anatomie de ces derniers. Ses Mémoires sont consignés dans les Annales du Muséum, et ont été publiés à part en un volume in-4°. M. de Blainville a aussi donné dans le Dictionnaire des Sciences naturelles diverses anatomies très-étendues de Céphalopodes et d'Acéphaliens. De Férussac père, MM. de Roissy et Duméril, s'occupèrent aussi des Mollusques. Ce dernier adopta l'ordre des Ptéropodes, que Cuvier venait d'établir pour les Hyales, les Clios, etc.

En 1809, Lamarck, chargé du Cours de zoologie des animaux sans vertèbres au Muséum de Paris, sépara, pour en former une classe à part sous le nom de Cirrhopodes, les Anatifes et les Balanes, et il continua à partager, ainsi qu'il l'avait fait d'abord, les vrais Mollusques en deux ordres d'après la considération de la tête, savoir : les Céphalés qui sont les Céphalopodes, les Gastéropodes et les Ptéropodes de Cuvier, et les Acéphales.

Après divers autres travaux plus ou moins importans des mêmes naturalistes et de quelques autres, tels que Péron, Oken, etc., M. de Blainville publia, en 1816, son Prodrome d'une nouvelle distribution systématique du Règne animal. Les bases de la classification qu'il adopte avaient été exposées, en 1814, devant la Société philomatique, et publiées par extrait dans son Bulletin en décembre de la même année. Les Mollusques y sont partagés en deux classes, ceux qui ont une tête ou les Céphalophores (Céphaliens et Céphalidiens), et ceux qui manquent de tête, ou les Acéphalophores. Chaque classe est divisée en ordres, dont le nom rappelle la distribution des branchies des animaux qui la composent. M. de Blainville retire les Lernées du groupe des Mollusques, dont il fait une des quatre grandes divisions que lui et Cuvier admettent parmi les animaux. De plus, il en écarte les Oscabrions et les Anatifes, pour en faire la classe des Malluscarticulés, parce qu'il les considère comme formant la transition des Mollusques aux Entomozoaires, ou animaux articulés. M. de Blainville donne, ainsi que l'avait fait aussi de son côté M. Rafinesque, le nom de *Malacologie* à la branche de la zoologie qui traite des Mollusques, il appelle *Malacologistes* les savans qui s'en occupent, et pour donner aux Mollusques eux-mêmes une dénomination significative, il les appelle *Malacozoaires*. En 1817, Cuvier fit paraître la première édition de son ouvrage sur le Règne animal; parmi les principales modifications qu'il apporte à sa classification, on remarque que ses groupes principaux y sont élevés, comme dans le système précédent, au rang de classes; mais au lieu de deux classes, Cuvier en distingue six : 1° celle des Céphalopodes, auxquels il joint, à l'imitation de Lamarck et de Denys de Montfort, les coquilles multiloculées appelées depuis *Foraminifères*; 2° les Ptéropodes dont nous avons déjà parlé; 3° les Gastéropodes, dont Cuvier sépare les Lernées pour en faire des Vers intestinaux; 4° la classe des Acéphales; 5° celle des Brachiopodes qui comprend les Orbicules et les Lingules, et 6° celle des Cirrhopodes déjà admise comme ordre par Lamarck, et comme classe intermédiaire aux Mollusques et aux Entomozoaires par M. de Blainville. Lamarck commença peu de temps après l'impression de son célèbre Système des animaux sans vertèbres, ouvrage qui a eu sur les progrès de la malacologie, et particulièrement de la conchyliologie, une grande influence, et dont une seconde édition, revue pour la partie des Mollusques par M. Deshayes, paraît en ce moment. Quelques savans français et étrangers, que nous rappellerons seulement sans les citer, pour ne pas trop augmenter l'étendue de cet article, ont aussi émis leur manière de voir sur la disposition des Mollusques, mais aucun d'eux n'a fait autant que Lamarck et Cuvier, et n'est arrivé aux rapprochemens heureux de M. de Blainville. Aussi passerons-nous immédiatement à l'ouvrage classique de ce dernier, ouvrage que tous les zoologistes ont consulté, et qui est le traité le plus complet que l'on possède sur l'histoire des Mollusques. Le travail de M. de Blainville a été publié en 1825 sous le titre de Manuel de malacologie et de conchyliologie; il est accompagné d'un Atlas composé de planches également employées dans le Dictionnaire des sciences naturelles, et il est lui-même une deuxième édition du savant article Mollusques de ce célèbre et coûteux Dictionnaire. M. de Blainville traite longuement dans son Manuel des diverses phases que la malacologie a parcourues, de l'anatomie et de la physiologie des Mollusques, et après s'être occupé de leurs coquilles dans plusieurs chapitres, il indique les principes de la classification de ces animaux, et les dispose ensuite selon son système, en même temps qu'il expose les caractères de chaque genre qu'il admet, et qu'il mentionne les espèces sur lesquelles repose chacun d'eux. M. de Blainville ne décrit point toutes les espèces, ce qu'avait fait M. de Lamarck pour sa propre collection et pour celle du Muséum; mais on peut dire que son Manuel résume les connaissances acquises sur les Mollusques, et qu'il contribua puissamment à leur avancement. La seconde édition du Règne animal de Cuvier parut en 1830. La distribution des classes admises en 1827 n'a subi dans ce livre aucun changement; mais la subdivision d'abord vicieuse de l'ordre des Acéphales s'y trouve avantageusement modifiée, et les espèces sans coquilles sont divisées, à peu près comme dans le système de M. de Blainville, en simples et en agrégées; toutefois on doit faire observer que, malgré les remarques critiques de ce dernier savant, les Biphores y sont encore fort éloignés des Diphyes et des Béroës, et séparés de ceux-ci, dont ils sont fort voisins, par des classes différentes. Beaucoup de genres qui n'étaient point cités dans la première édition, ou qui ont été fondés depuis, figurent dans la seconde et y sont rigoureusement caractérisés. Voici comment G. Cuvier définit et dispose les diverses classes qu'il admet parmi les Mollusques :

« La forme générale du corps des Mollusques, étant assez proportionnée à la complication de leur organisme intérieur, indique leur division naturelle.

» Les uns ont le corps en forme de sac ouvert renfermant les branchies, d'où sort une tête bien développée, couronnée par des productions charnues et allongées, au moyen desquelles ils marchent et saisissent les objets. Nous les appelons *Céphalopodes*.

» En d'autres, le corps n'est point ouvert; la tête manque d'appendices ou n'en a que de petits; les principaux organes du mouvement sont deux ailes ou nageoires membraneuses, situées au côté du col, et sur lesquelles est souvent le tissu branchial. Ce sont les *Ptéropodes*.

» D'autres encore rampent sur un disque charnu de leur ventre, quelquefois, mais rarement, comprimé en nageoire, et ont presque toujours en avant une tête distincte. Nous les appelons *Gastéropodes*.

» Une quatrième classe se compose de ceux où la bouche reste couchée dans le bout du manteau, qui renferme aussi les branchies et les viscères, et s'ouvre sur toute sa longueur, ou à ses deux bouts ou à une seule extrémité; ce sont les *Acéphales*.

» Une cinquième comprend ceux qui, renfermés dans un manteau et sans tête apparente, ont des bras charnus ou membraneux, et garnis de cils de même nature. Nous les nommons *Brachiopodes*.

» Enfin il en est qui, semblables aux autres Mollusques par le manteau, les branchies, etc., en diffèrent par des membres nombreux, cornés, articulés, et par un système nerveux plus voisin de celui des animaux articulés. Nous en ferons notre dernière classe, celle des *Cirrhopodes*. »

On a représenté des exemples de ces six classes dans notre planche 374.

La méthode de Cuvier, modifiée par celle de M. de Blainville, a été employée par M. Rang dans son excellent petit Manuel de l'histoire naturelle des Mollusques et de leurs coquilles. Dans ce volume que son format in-8°, et son prix modique rendent facile à acquérir et d'un usage commode, M. Rang a su réunir avec talent ce qu'il importe le plus de connaître de l'histoire des Mollusques; il a emprunté à M. de Blainville la caractéristique de beaucoup de genres, a vérifié sur les animaux celle d'un assez grand nombre d'entre eux; et, de plus, il a ajouté celle de plusieurs coupes intéressantes, et en particulier celle des Clavagelles, dont l'animal était tout-à-fait inconnu.

Beaucoup de naturalistes se sont occupés des Mollusques sous le point de vue descriptif, soit anatomiquement, soit zoologiquement, et parmi eux il en est plusieurs qui ont aussi tenté de classer ces animaux, et dont nous avons déjà eu l'occasion de parler; tels sont principalement Poli, Cuvier, Lamarck, Blainville; avant eux Pallas avait déjà fait connaître ses observations sur beaucoup d'espèces de groupes assez divers, et critiqué dans plusieurs points la classification admise par Linné et son école. A côté de ces recherches, nous devons citer celles non moins importantes, sans aucun doute, et si remarquables, de M. Quoy, le célèbre et infatigable naturaliste des expéditions françaises de *l'Uranie* et de *l'Astrolabe*. M. Quoy, aidé de son savant ami et compagnon de voyage M. Gaimard, a étudié pendant plus de cinq ans, au milieu de longs et pénibles voyages, les Mollusques d'un grand nombre de points de la surface du globe, et il a recueilli sur leurs mœurs, leur organisation et leurs caractères extérieurs, une foule de renseignemens précieux qu'il a fait connaître dans les Relations des voyages précités. Les Atlas dont son texte est accompagné, font honneur à son talent d'observation et à son pinceau habile. D'autres naturalistes méritent également d'être cités, et à leur tête se place un savant napolitain, M. Delle Chiaje, le digne continuateur de Poli. MM. Péron, Lesueur, Savigny, Férussac, Richard Oven, Rang, Lesson et beaucoup d'autres ont aussi plus ou moins contribué aux progrès de la malacologie. La conchyliologie proprement dite a occupé plusieurs savans distingués; mais, pour les espèces vivantes, elle ne doit plus être étrangère à la malacologie, c'est-à-dire à l'étude des animaux qui produisent les coquilles. Les espèces fossiles, dont la détermination est un point important de la palæontologie, ont fourni à Brocchi, à Schlotheim, à Lamarck, etc., le sujet de nombreux travaux. Les personnes de nos jours qui s'en occupent avec le plus de succès sont MM. Defrance, Sowerby, Buch, Munster, Deshayes, Goldfuss, etc. Lamarck a commencé l'histoire des Coquilles fossiles des environs de Paris, et ce sujet a été repris avec un plein succès par M. Deshayes, dont l'ouvrage est maintenant arrivé à sa dernière livraison.

La distribution géographique des Coquilles vivantes, comparées à celles des fossiles, a été recherchée par plusieurs naturalistes, notamment par M. Deshayes. M. Quoy a fait beaucoup d'observations sur l'habitation des Mollusques marins littoraux ou pélagiens. M. D'Orbigny donne en ce moment une histoire des espèces du même type qu'il a observées sur les côtes de l'Amérique méridionale, ainsi que de celles terrestres ou fluviatiles de plusieurs provinces de cette vaste contrée. MM. Savigny, Ruppel, Ehrenberg, Botta ont recueilli celles de la mer Rouge; Adanson a traité des Mollusques du Sénégal; beaucoup d'autres localités importantes ont aussi été explorées, surtout par les Anglais; et, bien que nous soyons loin d'avoir une énumération complète des Mollusques, même de ceux de notre pays, nous possédons sur beaucoup d'entre eux des observations qu'il importe de signaler.

Geoffroy, dans l'ouvrage que nous avons cité, s'est le premier occupé d'une manière suivie des Mollusques vivans de France; il a recueilli et caractérisé ceux des environs de Paris; il en compte quarante-six espèces en tout, auxquelles Brard, Poiret et plusieurs autres en ont depuis ajouté quelques unes. Draparnaud a traité des Mollusques terrestres et fluviatiles de toute la France, et il a eu pour continuateur M. Michaud. Beaucoup de catalogues de Mollusques ont été rédigés par différens naturalistes des départemens, et chacun d'eux a collecté les espèces de ses environs, pensant avec juste raison que c'était le seul moyen d'arriver à une faune malacologique de France. MM. Millet, Ch. Desmoulins, Collard des Cherres, Bouillet, Goupil, etc., ont en effet donné d'excellens catalogues de ce genre, et les espèces marines recueillies par MM. de Gerville dans le Finistère, Bouchard dans le Boulonnais, Payreaudeau à l'île de Corse, de Blainville, Michaud, Audouin et Edwards, d'Orbigny père et fils, etc., dans différentes localités, ont été enregistrées dans plusieurs ouvrages intéressans à consulter. M. de Blainville a même entrepris une Malacologie de la France; mais cet ouvrage, dont il a paru quelques livraisons dans la Faune française, a été interrompu ainsi que les autres parties d'un excellent travail dont il avait accepté la direction.

Après avoir énuméré ces nombreux et importans travaux, nous devons dire un mot de la classification qu'ils permettent d'appliquer à l'étude des Mollusques, et faire connaître le rang que ces animaux doivent occuper dans l'échelle zoologique.

Les Mollusques se lient évidemment par les dernières espèces à certains animaux que l'on place en même temps parmi les Actinozoaires ou Rayonnés; et quelques unes des familles qu'on avait établies parmi eux semblent établir le passage de ces mêmes Mollusques aux Entomozoaires. Les premières doivent donc être rapprochées des Malacozoaires; ce sont les Diphyes, les Béroës, les Physales, dont on pourrait former une famille, ainsi que l'a fait en 1836 (dans son Cours de la faculté des sciences) M. de Blainville, qui les réunit sous le nom commun de Malactinozoaires, dénomination qui exprime que ces animaux ont en même temps des rapports avec les Mollusques (*Malacozoa*) et les Rayonnés (*Actinozoa*). Ainsi que nous l'a prouvé leur étude, les Plumatelles et les Cristatelles ont aussi beaucoup de rapports avec les Mollusques acéphaliens; et beaucoup de Polypiaires à double orifice, les Flustres, les Eschares, etc., sont dans ce cas. Quant aux espèces qui conduisent aux Entomozoaires, elles le font d'une manière moins évidente, quoique non moins réelle, car elles ont quelque chose des animaux des deux types, sans réunir cependant, comme le font les Malactinozoaires, deux familles de ces différens types. On reconnaît toutefois aisément que les Oscabrions ont des rapports avec les Patelles à côté desquelles Cuvier les place, et en même temps avec certaines Annélides; quant aux Anatifes, c'est surtout aux Crustacés qu'ils conduisent; mais ils ont différens traits des Mollusques, et particulièrement leur manteau, et dans le plus grand nombre des cas, leurs pièces calcaires, sans se rapprocher évidemment d'aucun d'eux, à moins qu'on n'admette que les Lingules et les Térébratules en soient voisins. On peut, avec M. de Blainville, faire des Anatifes et des Balanes, ainsi que des Oscabrions, un type intermédiaire à ceux des Malacozoaires et des Entomozoaires, et les réunir sous le nom de Mollusques articulés (en latin *Malentomozoa*). Toutefois il faut remarquer qu'ils n'ont entre eux d'autre similitude que celle d'être également, mais dans des directions différentes, intermédiaires aux deux types ou embranchemens que nous avons cités. Les Balanes et les Anatifes sont pour M. de Blainville des NEMATOPODES (*voy.* ce mot et celui de CIRRHIPÈDES); les Oscabrions forment au contraire la classe des Polyplaxiens. Les premiers ont leurs valves disposées en cercles; chez ceux-ci elles sont placées longitudinalement.

Restent donc parmi les véritables Mollusques, qui prennent seuls le nom de Malacozoaires :

1° Les Seiches et tous ceux qui ont la tête bien distincte et munie d'appendices brachides plus ou moins nombreux. Ce sont les *Céphalopodes* de Cuvier ou les Céphaliens de Blainville, dont il faut séparer, ainsi que l'avait indiqué ce dernier avant 1830 (Faune française, art. MILIOLE, *voy.* ce mot), les Multiloculés ou Foraminifères, que l'on a aussi nommés Asiphonifères et Rhizopodes. Ces derniers sont d'une organisation bien inférieure à celle des Céphaliens, et probablement à celle de tous les Mollusques, aussi est-ce à tort qu'on les en avait rapprochés. (*V.* l'article FORAMINIFÈRES.)

2° Les *Céphalidiens*, qui ont une tête comme les premiers et peuvent par conséquent être également dits Céphalophores, mais que leur tête moins distincte et leurs tentacules, qui ne sont point brachidiformes et ne passent jamais le nombre six, font appeler *Céphalidiens*. Ce sont les Ptéropodes et les Gastéropodes de Cuvier, moins les Oscabrions. M. de Blainville, qui admet qu'aucun Céphalien connu n'a de coquille monothalame, rapporte aux Céphalidiens l'animal inconnu qu'il suppose être le constructeur de l'Argonaute, et il remarque que si tous les Céphaliens conchylifères sont polythalamacés, et présentent seuls ce caractère, ce n'est également que parmi les Céphalidiens qu'on connaît des Monothalames, et qu'ils sont les seuls qui présentent ce caractère.

On groupe parfaitement ces animaux en ayant égard à leur mode de reproduction. Tous les Acéphaliens sont bisexués dioïques; la première sous-classe des Céphalidiens présente aussi ce caractère; la deuxième comprend les bisexués monoïques, et la troisième les unisexués; ceux-ci semblent conduire aux Acéphaliens, qui présentent aussi le même caractère; quant aux ordres à établir parmi les Céphaliens, l'appareil respiratoire fournit d'excellentes indications pour arriver à leur arrangement. Les Ptéropodes sont bisexués monoïques, et rentrent dans la sous-classe qui présente ce caractère.

3° Les *Acéphaliens*. Ce sont les Acéphales de Cuvier, moins ses Anatifes ou Cirrhipèdes. On les dispose assez bien en série, en ayant égard à la considération des branchies en forme d'appendices exsertiles; ce sont les *Brachiobranches* (*Brachiopodes*, Cuv.) ou Lingules, Térébratules, etc. D'autres ont les branchies en lamelles disposées sur les côtés du corps; on les appelle Lamellibranches, ce sont tous les autres Bivalves; d'autres animaux marins, naturellement groupés peut-être, reçoivent le nom d'Hétérobranches, qui indique que leurs branchies offrent différentes dispositions. On place parmi eux des Acéphaliens sans coquilles, tels que les Ascidies, les Pyrosomes et aussi les Biphores qui ont tant de ressemblance avec certains Malactinozoaires.

Ce sont ces rapports évidens qui ne permettent pas d'éloigner les Mollusques des animaux articulés, et de les en séparer par toute la série des Entomozoaires. Quelques auteurs néanmoins ont pensé que les Mollusques devaient commencer le sous-règne des Invertébrés, bien qu'ils admettent qu'il est impossible de ranger les animaux en série. On pourrait encore, ainsi que l'indique M. de Blainville, faire des Mollusques et des Entomozoaires une double ligne conduisant également aux Actinozoaires. Mais les Entomozoaires, par cela seul qu'ils sont articulés comme les Vertébrés, mais extérieurement, au lieu de l'être intérieurement, ont plus de rapport avec ces derniers; et comme dans un ouvrage il est impossible de traiter simultanément des espèces de deux séries, bien qu'on les considère, jusqu'à un certain point, comme parallèles, ce sont les animaux articulés extérieurement qu'on doit reconnaître comme plus élevés; on aura donc en tête les Vertébrés, puis les Entomozoaires liés aux Mollusques qui viendront après par les Mollusques articulés; mais les Mollusques recommenceront une autre ligne, qui conduira de même que celle des articulés aux Rayonnés ou Actinozoaires, les derniers des animaux.

Mollusques de France. Bien des observateurs se sont occupés de l'étude des animaux Mollusques qui habitent notre contrée; mais ils ont surtout porté leur attention sur les espèces terrestres et fluviatiles; ceux de la mer qui baigne nos côtes n'ont cependant pas été complétement négligés, et on possède plusieurs catalogues dans lesquels ceux de certaines localités sont signalés et souvent caractérisés. Le nombre trop considérable des espèces ne nous permet pas de donner ici l'énumération de tous ces animaux; mais nous essaierons d'indiquer les principaux d'entre eux en renvoyant pour les autres aux ouvrages dont nous avons parlé précédemment et à plusieurs autres qui ne sont pas moins importans : il en sera de même pour les espèces fossiles, les travaux de Lamarck, de MM. Defrance, Desmoulins, Grateloup, Bouillet, etc., etc., et surtout ceux de M. Deshayes, fourniront à ce sujet tous les renseignemens nécessaires; le nombre des espèces qu'ils font connaître est si considérable, que nous n'entreprendrons même pas de signaler les principales d'entre elles.

Parmi les Céphalopodes, on distingue une assez grande variété d'espèces, bien que plusieurs restent encore à connaître. M. de Blainville, dans la partie malacologique de la Faune française, en signale seize qui sont pour la plupart recherchées comme nourriture ou comme appât pour la pêche; quelques unes sont très-communes sur toutes nos côtes; les principales sont les suivantes: Seiche officinale, *Sepia officinalis*; Calmar commun, *Loligo vulgaris*; Calmar sagitté, *L. sagitta*; Calmar sépiole, *L. sepiola* (qui constitue lui-même plusieurs espèces, distinguées par MM. Férussac et Vanbeneden), Argonaute, *Octopus antiquorum*; Elédone ou Poulpe musqué, *O. moschata*; Poulpe commun, *O. vulgaris*. Nos mers ne possèdent aucune espèce de Céphalopodes polythalames, la Spirule et le Nautile, qui sont les seules espèces vivantes que possède ce groupe, sont de parages différens; on doit remarquer néanmoins que les courans de l'océan Atlantique nous amènent parfois des coquilles de Spirules, mais ces coquilles ne se voient que rarement, et elles sont toujours vides. M. de Blainville dit qu'il en a vu, chez M. D'Orbigny père, des échantillons recueillis à La Rochelle avec des coquilles de Janthines : M. Bouchard Chantereaux nous a communiqué qu'il avait aussi ramassé sur la plage près de Boulogne deux ou trois coquilles de Spirule. Les Mollusques céphalidiens (Gastéropodes et Ptéropodes) sont bien plus variés en espèces, c'est surtout dans les diverses familles de ceux qui vivent dans l'eau salée que l'on observe un plus grand nombre d'espèces, ce qui nous oblige à renvoyer pour chacune d'elles aux différens genres dont elle fait partie. Il en est de même pour les Acéphaliens, parmi lesquels on distingue des espèces avec coquilles, et d'autres qui en sont dépourvues. Nos côtes possèdent aussi quelques espèces du groupe intermédiaire aux Mollusques et aux animaux articulés; ces espèces appartiennent, comme on sait, aux genres Oscabrion, Balane, Anatife, etc. On trouve donc en France des représentans de la plupart des familles dont se compose le type dont nous venons de parler, et leur étude attentive peut être non seulement agréable et instructive, mais encore utile à la science elle-même; aussi ne saurait-on la recommander d'une manière trop spéciale.

Explication des planches.

Pl. 374, tableau des diverses classes de Mollusques, d'après la classification de G. Cuvier (*voyez* p. 380).

Pl. 375, fig. 1, anatomie de la Limace, d'après Cuvier. *a*, bouche; *c*, *c*, muscles venant du dos et se rendant aux tentacules; *d*, *d*, les grands tentacules; *e*, parties du testicule et de la matrice; *f*, bourse commune de la génération; *g*, vessie; *h*, verge; *k*, commencement des deux grandes artères; *l*, *m*, un des replis des intestins; *n*, l'estomac; *o*, son cul-de-sac; *p*, le duodénum; *q*, le rectum; *r*, l'ovaire; *s*, *s*, *s*, *s*, les lobes du foie.

Fig. 2, le même individu dont tous les viscères ont été mis en développement après la rupture de quelques vaisseaux et de quelques nerfs. Les lettres *a* jusqu'à *s* désignent les mêmes parties que dans la figure précédente; E, la partie épaisse du testicule; *e*, *e*, sa partie mince jointe à la matrice; *y*, naissance de l'oviducte dans l'ovaire; *r*, *z*, sa terminaison par un filet dans la matrice; *a*, *a*, les glandes salivaires; *β*, le gros ganglion inférieur; *δ*, l'un des deux troncs qu'il produit; *ε* est la fin de la matrice; *k* est la grande artère de la tête et des parties antérieures.

Fig. 3, la mâchoire du Colimaçon détachée de la bouche.

Fig. 4, œuf d'un Bulime exotique.

Fig. 5, Casque tricoté mâle, d'après M. Quoy: *a*, siphon respirateur; *b*, *b*, follicules de la viscosité; *c*, grande branchie; *d*, petite branchie; *f*, rectum; *g*, organe de la pourpre, avec son ouverture sessile et béante; *h*, *h*, le foie; *i*, ganglion cérébral; *k*, l'estomac; *l*, *l*, glandes salivaires; *m*, l'aorte ventrale côtoyant l'estomac; *n*, la trompe sortie; *o*, *o*, *o*, *o*, ses muscles rétracteurs coupés; *p*, l'opercule.

Fig. 6, *Helix aspersa* pondant.

Fig. 7, œuf du même en voie de développement.

Fig. 8, masses d'enveloppes d'œufs de Mollusques gastéropodes.

Fig. 9, œufs de Seiche.

Fig. 10, enveloppe d'œufs de Pyrule râpe.

Fig. 11 et 12, enveloppe d'œufs du Triton antique.

Fig. 13, enveloppe d'œufs de Natice, décrite comme une Tribulaire (*voyez* ce mot) par Esper.

Fig. 14, œufs contenus dans cette enveloppe, de grandeur naturelle.

Fig. 15 et 16, jeunes coquilles du même.

Fig. 17 et 20, enveloppe d'œufs de Murex.

Fig. 18 et 19, jeunes coquilles du même.

Pl. 376, fig. 1, Biphore pinné vu de profil et par le côté gauche (d'après M. Quoy): *b*, ouverture postérieure; *c*, ouverture de la bouche; *d*, l'aorte qui provient du cœur; *e*, *e*, l'intestin entouré d'une portion du foie; *f*, la branchie; *g*, ganglion nerveux; *h*, l'utérus, contenant un fœtus semblable au grand individu; *l*, languette en forme de hache, qui sert à unir plusieurs de ces Biphores en rond; *m*, l'ovaire, auquel est peut-être joint ce qui sert d'organe mâle; *n*, l'oviducte; *o*, vaisseaux mésentériques.

Fig. 2, le cœur du Biphore raboteux, isolé, présentant supérieurement l'aorte, inférieurement les deux branches de vaisseaux qui viennent de la partie postérieure du corps *b*; au dessous est le nucléus digestif, entouré de l'utérus *a*, qui contient des fœtus.

Fig. 3, chapelet de fœtus d'une autre espèce, avec une portion de l'oviducte.

Fig. 4, les mêmes grossis.

Fig. 5, les mêmes encore plus grossis, pour montrer leur union sur deux rangées.

Fig. 6, Moule commune ouverte: *a*, *b*, *c*, *d*, le manteau; E, E, les branchies; *m*, la bouche garnie de ses lèvres *n*, *n*, *o*, *o*. A, indique l'abdomen; *f*, le panache de byssus, et *h* la languette dont l'animal se sert quelquefois comme d'une main pour tâtonner, pour tarauder le sable, et pour filer le byssus.

Fig. 7, Anatife retiré de ses coquilles, coupé vue de profil, pour montrer l'appareil générateur mâle; l'intestin T a été coupé pour mettre à découvert la vésicule séminale U; *h* indique l'ouverture de l'anus; U′ est l'extrémité du tube garni de soies, et contenant le canal spermatique; F, F sont les appendices articulés; D est la bouche, et *d′* l'œsophage.

Fig. 8, D, bouche du même; *a*, lèvre supérieure; *b*, mandibules; *c*, premières mâchoires; *d*, secondes mâchoires; *e*, troisièmes mâchoires; *f*, langue rudimentaire.

Fig. 9, canal intestinal du même; D, bouche de côté; *d*, œsophage; *d′*, estomac; *d″*, pédicule qui fait communiquer cet organe avec une espèce de cœcum *d*; T, canal intestinal; *h*, orifice du rectum; U, U, vésicules séminales.

Fig. 10, système nerveux du même, 1 à 6 les six ganglions; F, base des appendices articulés, ou pieds-mâchoires; V, vésicules salivaires; *r*, *r′*, *r″*, branches nerveuses; *a* correspond au centre de l'œsophage qui a été enlevé; *y* et *y*, filets nerveux arrivant jusqu'à l'extrémité U′ du tube. (Ces figures sont empruntées au Mémoire de M. Martin Saint-Ange.)

(Gerv.)

MOLORQUE, *Molorchus.* (ins.) *Voyez* Nécydale.

MOLOSSE, *Molossus.* (mam.) Ce genre, dont un des types est le *Mulot-volant* de Daubenton, a été fondé par M. Geoffroy, sous le nom que nous adoptons, et indiqué ensuite par Illiger sous celui de *Dysopes*. Il appartient à la famille des Chéiroptères. M. Temminck y réunit avec raison les *Nyctinomes* de M. Geoffroy (*voyez* Nyctinome). Les Molosses n'ont ordinairement que deux incisives à chaque mâchoire dans l'état adulte; leurs oreilles sont très-grandes; leur physionomie a quelque chose de hideux, et leur queue, plus longue que la membrane inter-fémorale, est à moitié comprise par celle-ci. On connaît des Molosses dans les deux continens: l'Amérique méridionale en possède plusieurs, l'Afrique et l'Asie en ont de même; et on peut dire, comme le fait remarquer M. de Blainville, que le *Dinops Cestoni* est aussi du genre Molosse. Ce dernier présente en effet les mêmes caractères, et il est surtout remarquable par sa patrie. Il a été découvert par M. Savi, auprès de Pise, et représente par conséquent en Europe le groupe des Molosses. (Z. G.)

MOLPADIE, *Molpadia.* (zooph.) C'est un genre créé par Cuvier, dans les Echinodermes sans pieds, pour des espèces dont le corps est coriace, volumineux, cylindrique, ouvert à ses deux extrémités; dont l'organisation est assez semblable à celle des Holoturies; mais qui manquent de pieds, et dont la bouche est dépourvue de tentacules et garnie d'un appareil de pièces osseuses moins compliqué que celui des Oursins. On n'en connaît qu'une espèce, la *Molpadia holoturoides*, Cuv.; son extrémité est terminée en pointe. Elle habite la mer Atlantique. (V. M.)

On a découvert une autre espèce de ce genre (*Molpadia musculus*), qui mérite d'être citée, puisqu'elle est de nos côtes. Elle a été observée à Nice par Risso, et représentée dans son ouvrage sur les Productions de l'Europe méridionale, vol. 5; nous reproduisons cette figure dans notre Atlas, pl. 377, fig. 1. M. de Blainville, dans les Nouvelles additions de son Manuel d'Actinologie, rapporte qu'il a étudié le genre Molpadie d'après les individus mêmes observés par Cuvier, et quelques uns de ceux envoyés par Risso. Pour lui, les Molpadies appartiennent à la famille des Holoturies, et il en forme une division particulière de ce groupe. Il parle aussi d'une troisième espèce de ce genre, recueillie pendant le voyage autour du monde de la corvette *l'Astrolabe*. (Guér.)

MOLPADIE, *Molpadia*. (bot. phan.) Nouveau genre créé par Cassini pour une plante de la famille des Synanthérées, Syngénésie superflue, L., placée tour à tour dans les genres *Inula* et *Buphtalmum*, avec lesquels elle a les plus grands rapports. Elle appartient à la section des Inulées, et présente pour caractères principaux : un involucre presque orbiculaire, composé d'écailles imbriquées, les extérieures ovales-oblongues, coriaces et appliquées vers leur base, foliacées et étalées à leur sommet; les intérieures linéaires-oblongues, terminées par un appendice étalé, arrondi; réceptacle large et plane, garni de paillettes subulées; fleurs centrales nombreuses, régulières et hermaphrodites; les marginales sur un seul rang, nombreuses, et femelles; anthères munies d'appendices longs et barbus; akènes oblongs, glabres, à aigrette courte et cartilagineuse, offrant quelquefois une longue soie.

La Molpadie odorante, *M. suaveolens*, Cass. (*Buphthalmum cordifolium* des jardiniers, *Inula caucasica* de Persoon), originaire de l'Europe orientale et du Caucase, est une des belles Radiées de nos parterres, vivace et rustique, se semant d'elle-même; elle élève ses tiges à quatre pieds, et porte des feuilles alternes ou opposées; les radicales ont près d'un pied de long; elles sont pétiolées, cordiformes, dentées en scie, ridées et glabres en dessus, velues en dessous, et parsemées de glandes où se forme une huile volatile fort odorante; les supérieures sont plus petites, sessiles et ovales. Les fleurs sont nombreuses, solitaires au sommet des tiges, et de couleur jaune. (L.)

MOLUCELLE, *Molucella*. (bot. phan.) Genre de la famille des Labiées, Didynamie gymnospermie, L., ainsi nommé de la patrie d'une de ses espèces. Il se caractérise surtout par la grandeur de son calice, qui embrasse la corolle de son limbe évasé, terminé par cinq ou dix dents épineuses; les lèvres de la corolle sont écartées, la supérieure convexe, entière ou à peine échancrée, l'inférieure à trois lobes, dont le moyen est plus grand et obcordiforme. Les fleurs naissent aux aisselles des feuilles en verticilles garnis de bractées épineuses.

La Molucelle lisse, *Molucella lævis*, L., vulgairement *Mélisse des Moluques*, quoiqu'elle vienne réellement de Syrie, a sa tige droite, herbacée, haute de deux pieds, unie, branchue; garnie de feuilles pétiolées, arrondies et dentées. Ses fleurs sont rougeâtres. Cette plante possède à un degré éminent les propriétés aromatiques et médicinales des Labiées. On la cultive dans les jardins, ainsi que la Molucelle épineuse, qui, plus élégante, est moins utile.

Les autres espèces de Molucelle, au nombre de quatre ou cinq, sont également exotiques, excepté la suivante.

La Molucelle ligneuse, *Molucella frutescens*, L., seule espèce d'Europe, est un arbuste fort épineux, de un à deux pieds, croissant sur les rochers et dans les lieux arides en Provence et en Italie; il porte des feuilles ovales, marquées de quelques grosses dents, et pubescentes. Ses fleurs sont blanchâtres et en petit nombre. (L.)

MOLUQUES (ILES). (géogr.) Archipel de la Malaisie, situé entre Célèbes et la Nouvelle-Guinée; il se compose de trois groupes principaux, ceux d'*Amboine* et de *Banda*, dont il a été parlé à leur ordre alphabétique, et celui des *Moluques* proprement dites. Ces îles sont célèbres dans les Annales de la navigation commerciale; elles offrirent aux Européens des trésors végétaux comparables à ceux que renferme le sein de la terre. L'or de l'Amérique a fait couler plus de sang; mais les épices des Moluques ont excité des passions encore plus basses, sans qu'aucune gloire en ait affaibli la honte.

Dans le système océanien, les Moluques terminent vers l'est la chaîne malaisienne, et la lient au continent australien; quelques unes de leurs sommités s'élèvent à douze et treize cents toises. Toutes ces îles offrent à peu près le même aspect; au centre de hautes montagnes, des forêts impénétrables; puis, vers la mer, des vallées verdoyantes, bien arrosées, très-fertiles; des rocs de corail bordent les côtes.

L'arbre le plus élevé des forêts est le *Canarium commune*; au dessous l'*Éleocarpus monogynus* montre ses fleurs élégamment découpées; le *Cussonia thyrsiflora*, ses feuilles larges et palmées, et sous leur épais ombrage naissent des Orchidées parasites. Entre autres arbres et arbrisseaux les plus communs, sont le *Lawsonia inermis*, le *Chalcas paniculata*, les *Michelia champaca* et *tsiampaca*, le *Nyctanthes sambac*, diverses Anonacées, le *Murraya exotica*, le *Commersonia echinata*, l'*Eugenia malaccensis*, etc. Au bord des ruisseaux, et dans les lieux marécageux, croissent les Mangliers, l'*Acanthus ilicifolius*, le *Jussiæa tenella*, le *Begonia*, le *Nipa*, etc.; sur les rivages, l'*Heritiera*, le *Scævola lobelia*, l'*Œschinomene grandiflora*, le *Pandanus odoratissima*, l'*Erythrinos corallodendron*, etc. Les fruits de toute espèce y abondent, surtout ceux des Palmiers, des Bananiers, des Anones, des Orangers, des Goiaviers, etc. Enfin le Giroflier et le Muscadier, plantes indigènes, autrefois répandues avec profusion dans toutes les Moluques, sont une culture légale, imposée aux unes, prohibée chez les autres, selon l'intérêt du monopole hollandais.

Les quadrupèdes sauvages des Moluques sont le

Babiroussa,

Babiroussa, plusieurs Didelphes, le Phalanger, le Tarsier et le Chevrotain, *Moschus pygmeus*. Le *Draco volans* signale une des formes particulières à la création océanique, ainsi que cette espèce de Caméléon dont le front fourchu projette deux grandes cornes saillantes, l'Agame hérissé, les *Hydrophys*, les Pélamides, etc. Les Oiseaux de paradis, les Perroquets, les Kakatoës, s'y montrent sous les couleurs les plus riches et les plus variées. Les mers environnantes nourrissent des Dauphins, des Cachalots et de nombreux coquillages.

Les Moluques proprement dites comprennent trois îles principales.

Gilolo, la plus grande de toutes, est découpée comme Célèbes en quatre péninsules, a ses côtes basses, garnies de bancs de corail; l'intérieur est montagneux, et renferme plusieurs pics élevés. L'arbre à pain et le Sagou y abondent.

Ternate, île fort petite, possède la capitale de l'ancien royaume musulman des Moluques, aujourd'hui tributaire des Hollandais, mais encore puissant. Le sol s'élève rapidement à partir des côtes, et forme de hautes montagnes, dont l'une atteint 640 toises.

Tidor, plus petite encore que la précédente, est cependant aussi la résidence d'un prince qui tient sous son obéissance une partie de Gilolo et de la Nouvelle-Guinée, avec l'île de *Mysol*. Le pic de Tidor s'élève à 630 toises environ.

Makian ou *Matchan* n'est presque qu'une haute montagne conique. Les côtes de *Matchian* fournissent de magnifiques coraux. *Motir* a été célébrée par les anciens voyageurs comme une nouvelle Cythère. Mais ce n'est pas ici le lieu de citations anacréontiques. Le sol de Motir, comme celui de la plupart des Moluques, consiste en une argile rouge, dont les habitans fabriquent d'assez bonnes poteries. (L.)

MOLURIS, *Moluris*. (INS.) Genre de Coléoptères de la section des Hétéromères, famille des Mélasomes, tribu des Piméliaires, établi par Latreille aux dépens du genre des Pimélies, et auquel il assigne pour caractères : yeux étroits, allongés; antennes ayant le troisième article plus long, et les deux derniers plus courts que les autres; chaperon carré; les palpes maxillaires ont leurs trois derniers articles allongés, un peu plus larges à leur extrémité; les palpes labiaux sont en cône renversé, guère plus longs que larges; la lèvre est trapézoïdale, le côté le plus large en haut, elle n'est pas emboîtée dans le menton. Les Moluris ont le corps très-bombé, la tête verticale peu enfoncée dans le corselet; celui-ci est presque globuleux avec les flancs tranchans; l'abdomen forme un demi-ovoïde tronqué à la jonction avec le corselet; l'écusson est entier, petit; les élytres sont soudées, rebordées sur les flancs. Ces insectes sont tous exotiques et propres à l'Afrique méridionale, leurs mœurs et leurs métamorphoses sont inconnues; la conformation de leurs yeux fait supposer que, comme beaucoup d'insectes de la même famille, ils sont demi-nocturnes. On en connaît une quinzaine d'espèces; celle qui est la plus anciennement décrite et qui sert de type au genre, est :

Le M. STRIÉ, *M. striatus*, Fab., Oliv., représenté dans notre Atlas, pl. 377, fig. 2. Long de 12 lignes, d'un noir très-brillant, avec trois lignes rougeâtres sur chaque élytre, mais souvent peu distinctes; le chaperon est pointillé, et l'on remarque au dessus deux points enfoncés; les côtés du corselet sont très-rugueux en dessus; les pattes sont aussi fortement rugueuses. Du cap de Bonne-Espérance.

Le M. DE PIERRET, *M. Pierreti*, publié récemment par M. Amyot dans le Magasin de Zoologie, 1836, cl. IX, pl. 129, est une espèce curieuse en ce que ses élytres sont hérissées de tubercules en forme d'épines, sur leurs côtés et en arrière; elle est un peu moins grande que la précédente, entièrement noire et luisante, et elle provient du Sénégal. Nous reproduisons sa figure dans notre Atlas, pl. 377, fig. 3. (A. P.)

MOLY, *Allium*. (BOT. PHAN.) *Voyez* AIL pour les caractères attribués à ce genre. Ici, pour l'agrément de nos lecteurs, nous décrirons les deux espèces cultivées dans les jardins, en raison de la beauté et de l'éclat de leurs fleurs, et qui ont été seulement mentionnées à l'article précité; de plus, nous leur ferons part des contes que les anciens faisaient sur cette plante, ou plutôt sur une plante de ce nom; car leurs descriptions vagues et embrouillées ne nous permettent pas de décider que leur Moly soit précisément le nôtre. Nous ne savons trop pourquoi nos modernes botanistes ont ressuscité ce nom pour le rapporter à une espèce d'Ail; au reste nous citerons les passages des anciens qui en parlent, et nous laisserons à la sagacité de nos lecteurs la question à résoudre.

On trouve dans le prince des poètes grecs (Odyss., ch. X, vers 302-306), ce passage que nous traduisons littéralement.

« Ce dieu ayant ainsi parlé, me présenta cette simple, après » l'avoir arrachée de terre, et m'en apprit les vertus. La ra- » cine en était noire et la fleur blanche comme du lait. Les » dieux lui donnent le nom de Moly. Les hommes ne peuvent » l'arracher, mais les dieux peuvent tout. »

Selon Homère, Ulysse avait reçu cette simple des mains de Mercure pour le préserver des enchantemens de la magicienne Circé.

Dioscoride et Théophraste parlent aussi d'un Moly à fleurs jaunes, que l'on rapporte avec autant de raison à l'*Allium magicum*. Enfin Pline le naturaliste (liv. XXV, chap. IV), en mentionnant le récit d'Homère, rapporte que de son temps on disait que ce fameux Moly croissait aux environs de Phénée et sur le mont Cyllène, en Arcadie. Il ajoute que sa racine est noire, ronde, de la grosseur d'un ognon, et que ses feuilles ressemblent à celles d'une Scille; il ne se prononce pas pour la couleur définitive de sa fleur, mais il écrit gravement que d'habiles médecins botanistes l'ayant trouvé près de Rome le lui apportèrent, non entier, mais brisé, après avoir eu beaucoup de peine à l'extirper des rochers dans lesquels s'enfonçaient ses racines, dont ils n'obtinrent que trente pieds de long (1).

Il est difficile, après ceci, de rapporter le Moly des anciens au nôtre, même abstraction faite du merveilleux que le crédule écrivain romain mêle à tous ses récits. Au reste, voici la description promise des deux Aulx d'ornement que les modernes prétendent être le Moly des anciens, et dont Linné le premier a imposé le nom à celui qui suit :

Ail moly, Ail doré, *Allium moly*, Linn.; d'entre deux ou trois feuilles, radicales, sessiles au bulbe, larges, lancéolées, très-glauques, d'un pied de long environ, se dresse une hampe cylindrique, glabre, aussi longue que les feuilles, portant de trente à quarante fleurs en ombelle, grandes, d'un jaune d'or et étalées en étoiles, à pétales lancéolés, aigus, à étamines simples, sans bulbilles. La capsule est subtriangulaire, à trois valves et à trois loges. Le bulbe est petit, arrondi, blanc et couvert d'une légère tunique d'un jaune sale. Cette plante est vivace et croît fréquemment dans les prés ou les bois à Stains, Saint-Cloud, Montmorency, etc. Elle fleurit d'avril à juin.

Ail des ours, *Allium ursinum*, Linn., vulgairement Ail d'argent; d'un bulbe petit, blanc, très-allongé et un peu anguleux, s'élèvent deux ou trois feuilles radicales, longuement pétiolées, larges, lancéolées et marquées d'assez fortes nervures longitudinales. La hampe est subtrigone et porte de quinze à vingt fleurs d'un blanc pur, disposées en ombelle, à étamines simples, à pétales étoilés; la capsule est à trois coques, dépourvues de bulbilles. Elle fleurit à la même époque que la précédente, et croît dans les prés et les bois humides à Jouy, Orsay, Montmorency, etc.

Le nom de Moly a été aussi, dit-on, donné par des modernes au *Tradescantia virginica*, Éphémère de Virginie, inconnue aux anciens.

(C. Lem.)

MOLYBDATES. (chim.) Sel résultant de la combinaison de l'acide molybdique avec un acide métallique, et dont voici les principaux caractères: leur soluté donne par l'addition d'un acide un précipité blanc d'acide molybdique; une lame d'étain le fait ensuite passer au bleu.

Les Molybdates de soude, de potasse et d'ammoniaque sont solubles dans l'eau; les autres sont insolubles ou peu solubles. Un seul existe dans la nature, c'est le Molybdate de plomb, substance jaune, dont les cristaux dérivent d'un prisme à base carrée. Ce sel de plomb est fragile, fusible au chalumeau sur le charbon, en donnant des globules de plomb, attaquable par l'acide nitrique avec résidu, etc.

Les Molybdates sont sans usage. (F. F.)

MOLYBDÈNE. (min.) Métal que l'on trouve dans la nature à l'état d'acide libre, de sulfure et de combinaison avec l'oxide de plomb.

(1) Il a été imprimé par erreur dans un Dictionnaire d'histoire naturelle : trois pieds de long, *seulement*.

L'*acide molybdique* ou le *Molybdène oxidé*, comme on l'appelle aussi, est une substance jaune et pulvérulente, composée d'environ 33 parties d'oxygène et de 67 de Molybdène.

Le sulfure de Molybdène ou la *Molybdénite*, qui se compose d'environ 40 parties de soufre et 60 de Molybdène, se présente avec un éclat métalloïde, et la couleur gris de plomb. Ses cristaux sont rares : ils ont la forme prismatique. On trouve ordinairement la Molybdénite en petites lamelles.

Enfin l'acide molybdique combiné avec l'oxide de plomb a reçu le nom de Mélinose (*voyez* ce mot). (J. H.)

MOMBIN. (bot. phan.) Nom vulgaire du genre Spondias. *Voyez* ce mot. (L.)

MOMIE. (zool.) Ce mot, sur l'origine duquel on n'est pas tout-à-fait d'accord, est employé pour désigner toute espèce de cadavres, préservés de la putréfaction à l'aide de préparations particulières ou de moyens naturels. Ces préparations consistent pour l'ordinaire à soustraire ces cadavres à l'action de l'air, de l'humidité, de la lumière, d'une température modérée, enfin à toutes les circonstances qui hâtent leur décomposition. Dès l'instant où les hommes ont vécu réunis, dès l'instant où des liens de famille se sont établis entre eux, il a dû leur paraître cruel de renoncer pour toujours à la présence des êtres qu'ils avaient aimés; il a dû leur paraître désirable de chercher les moyens d'en conserver les dépouilles mortelles. Les plus doux sentimens, comme aussi le désir moins respectable de survivre à des biens qu'il fallait quitter, ont été sans doute les premiers motifs de cette pratique, trop délaissée de nos jours. Les Egyptiens paraissent être les premiers qui ont mis en usage l'art de conserver les cadavres, et cet art a été porté si loin chez eux que nous devons croire qu'il avait passé par une longue série d'années et d'expériences avant d'avoir atteint la perfection que nous lui connaissons. Avant les Egyptiens, les Guanches, les Ethiopiens, les Scythes, les Juifs, les Grecs, les Romains, ont pratiqué l'art des embaumemens. On trouve dans la Genèse que Joseph ordonne d'embaumer le corps de son père, et que cette opération dura quarante jours. En Egypte cette pratique devint un objet de culte, et nulle part on n'honora mieux la mémoire des morts. Des monumens immenses, où l'orgueil humain semble avoir atteint ses dernières limites, de vastes catacombes ou hypogées, villes souterraines, effrayantes d'aspect et d'étendue, attestent assez combien chez ces peuples superstitieux on portait de vénération aux dépouilles de l'homme. Ce n'est guère que depuis la fameuse expédition de Napoléon en Egypte, que nous avons une juste idée des soins et du luxe qu'on déployait dans des embaumemens. Jusque-là quelques Momies, souvent fausses, parvenaient en Europe à grands frais, et étaient employées par une aveugle routine à des usages médicinaux. Presque toutes ces Momies étaient expédiées de la Basse-Egypte, et tirées des immenses catacombes de Saqqârah. M. Jomard nous a fait connaître celles de la Haute-Egypte, préparées avec bien plus de soin. Ce savant a surtout donné de curieux détails sur les appareils, les enveloppes, les signes, les objets de luxe qui faisaient partie des embaumemens. Chez les Egyptiens, comme chez toutes les nations qui sont dans l'usage d'embaumer les cadavres, les moyens conservateurs paraissent toujours avoir été en raison de la fortune et du rang des individus. Les moins riches se servaient souvent de la dessiccation ou de la combustion portées à différens degrés, de l'immersion des corps pendant un temps plus ou moins long dans des liqueurs salines, ou de préparations de bitume et de baume. Les corps des plus riches citoyens, après que les entrailles avaient été vidées, que le cerveau avait été extrait du crâne, étaient plongés dans le bitume bouillant, dont s'imprégnaient tous les tissus et même la substance des os. Ces corps ainsi remplis et sursaturés, étaient massés afin de leur restituer leurs formes naturelles. S'ils appartenaient à quelques grands de l'état, on couvrait le visage, les mains, les pieds, quelquefois même tout le corps, de lames dorées, afin de conserver aux cadavres, sous le niveau de la mort, ces vaniteuses distinctions dont ces hommes avaient été si fiers pendant la vie. Chacune des parties du corps était ensuite soigneusement enveloppée de bandelettes imbibées de substances odoriférantes, et l'application de ces bandelettes était surtout faite avec une grande symétrie et un soin tout particulier. Ainsi préparés, les cadavres étaient enfermés dans des cercueils ornés de peintures, d'hyéroglyphes qui servaient à retracer les principaux traits de la vie du sujet, ou de louanges mensongères prodiguées par la servilité. On trouve dans le grand ouvrage sur l'Egypte la figure de quelques Momies.

Tous les procédés employés par les embaumeurs sont loin d'être connus, ils ont varié avec le temps, comme chez les différens peuples, en raison des lois, des mœurs, des usages et des productions que ceux-ci pouvaient le plus facilement se procurer. Les cadavres, au reste, n'ont pas toujours besoin de ces procédés longs et dispendieux pour se conserver, il est certaines circonstances dans lesquelles ils peuvent se soustraire aux agens de destruction, et traverser des siècles sans en être atteints. La chaleur de l'atmosphère peut être assez intense pour dessécher les corps, surtout lorsqu'ils sont ensevelis dans des sables fins et brûlans. L'excès du froid n'est pas moins favorable que l'extrême chaleur à la conservation indéfinie des substances organisées. L'enfouissement des corps à une très-grande profondeur les transforme quelquefois en une matière grasse, assez semblable à l'adipocire et contribue ainsi à leur conservation. La nature de certains terrains favorise aussi cette transformation. Il existe certains caveaux où, pendant un temps très-considérable, les cadavres se conservent sans altération. Nous nous rappelons avoir trouvé dans ceux du Klosterberg, auprès de Magdebourg, des corps de Momies, dont par curiosité ou par avidité des soldats avaient découvert les cercueils, dans un état parfait de conservation après une inhumation de plus de cinquante années. Si l'étude des Momies présente d'immenses avantages sous le rapport historique, elle offre aussi de précieux renseignemens sur les races auxquelles appartenaient des peuples pour toujours disparus du globe. Ainsi M. Larrey a comparé les crânes des Momies égyptiennes et des Qobtes avec ceux des peuples de l'Abyssinie et de l'Ethiopie, et il leur a reconnu les mêmes caractères de conformation. M. Jomard leur trouve, il est vrai, plus de ressemblance avec les Arabes, mais, comme on l'a très-bien remarqué, cela tient à ce que M. Larrey a fait ses observations sur les Momies de la Saqqârah, tandis que M. Jomard a fait porter les siennes sur celles qu'il a rencontrées dans la Haute-Egypte. (P. G.)

MOMORDIQUE, *Momordica*. (BOT. PHAN.) On nomme ainsi, de la forme rongée et comme mordue de ses semences, un genre de la famille des Cucurbitacées, Monoécie syngénésie, L.; il a pour caractères : *fleur mâle :* calice campanulé, à cinq divisions profondes, ovales-aiguës; corolle monopétale, à cinq divisions également très-profondes; cinq étamines, disposées en trois faisceaux (2-2-1); *fleur femelle :* calice ovoïde, adhérent par sa base à l'ovaire; corolle semblable à celle des fleurs mâles; ovaire infère à trois loges; un style trifide, à trois stigmates légèrement échancrés; baie (péponide) tantôt charnue, tantôt sèche, dont les trois valves s'ouvrent élastiquement à l'époque de la maturité.

Ainsi caractérisé, le genre Momordique ne comprend plus l'ÉLATÉRIE des anciens (*voyez* ce mot et l'article ECBALLION), seule espèce d'Europe. Les autres, au nombre de dix ou douze, sont toutes exotiques.

On voit quelquefois dans les jardins la MOMORDIQUE BALSAMINE, *M. balsamina*, L., espèce annuelle, originaire de l'Inde, et dont le fruit a été autrefois célèbre comme une *Pomme de merveille*. Ses tiges anguleuses et grimpantes, divisées en nombreuses ramifications armées de vrilles, s'étendent à deux ou trois pieds; elles portent des feuilles alternes, pétiolées, orbiculaires, aiguës, divisées en cinq lobes dentés, luisantes, finement ponctuées, et souvent munies à leur base d'une vrille tournée en spirale. Les fleurs sont jaunes, axillaires et solitaires, accompagnées d'une petite bractée sessile, denticulée. A ces fleurs succèdent des péponides du volume d'une grosse prune, d'abord vertes, puis d'un jaune-orangé, qui souvent passe au rouge vif; à leur maturité, elles s'ouvrent en trois valves irrégulières, comme sous l'impulsion d'un ressort, et lancent au loin leurs semences.

Ces fruits ont des propriétés balsamiques et vulnéraires, qui leur valurent une réputation d'autant plus grande qu'ils venaient de l'Inde, pays des jongleurs et des miracles. Ils sont, à la rigueur, comestibles comme les Concombres. (L.)

MOMOT ou MOTMOT, *Prionites*, Illig., *Momotus*, Briss. (OIS.) Genre de Passereaux de la division des Syndactyles, indiqué par d'Azara et établi plus tard par Illiger sous le nom de *Prionites*. Linné avait confondu les espèces qui le composent avec les Toucans. Les Momots ont pour caractères un bec long, robuste, épais, un peu comprimé latéralement, infléchi vers la pointe, à bords mandibulaires crénelés; une langue étroite, allongée et barbelée sur ses bords; des narines basales, obliques et en partie cachées par les plumes qui descendent du front; des tarses de moyenne longueur, écussonnés; des ailes surobtuses; une longue queue étagée, composée de dix ou douze pennes, celles du milieu s'ébarbant dans l'adulte sur un petit espace non loin du bord.

Le plumage des Momots, très-fourni à la tête, au cou et au dessus du corps, est composé de plumes longues, faibles, et décomposées comme celles qui parent la tête de notre Geai. Leur vol, en raison de l'imperfection de leurs ailes, est difficile et peu soutenu, aussi abandonnent-ils rarement les lieux qui les ont vus naître, et lorsqu'une cause quelconque, un ouragan par exemple, les porte un peu au-delà des limites qu'ils se créent, et dans lesquelles ils se tiennent habituellement, ils sont sots et paraissent ne savoir que faire. Naturellement sauvages et défians, ils habitent les forêts les plus épaisses des contrées équatoriales du nouveau continent : l'étude de leurs mœurs est par cela même loin d'être complète. Pourtant si d'une identité de constitution résulte une identité dans la manière de vivre, en appliquant à tous les Momots ce que d'Azara a dit du Momot tutu ou Momot d'Ombey, on pourrait avancer que ces oiseaux sont en partie carnivores et en partie frugivores. Ils attaquent les insectes, les souris et les très-petits oiseaux : on présume même qu'ils cherchent ces derniers dans les nids et qu'ils en détruisent beaucoup. Ils font aussi leur nourriture des fruits mous. Leurs mouvemens sont lourds et raides, leur démarche se fait par sauts brusques, droits et obliques, leurs jambes étant grandement écartées. Ils passent leur vie sur les arbres peu élevés ou à terre. On sait aussi qu'ils ne construisent point de nid; un trou creusé dans la terre est le lieu où sans presque nul apprêt ils déposent leurs œufs. De leur chant ou plutôt de leurs cris graves et désagréables, sont venus les noms de *Houtou* et de *Tutu* qu'ils portent dans les contrées d'où ils sont originaires.

Vieillot admettait quatre espèces de Momots, dont une douteuse; les ornithologistes ont plus récemment réduit ce nombre à deux, les unes n'étant que des variétés des autres. De nos jours on compte comme espèces bien certaines :

Le MOMOT HOUTOU, *Momotus brasiliensis*, Lath., *Baryphonus cyanocephalus*, Vieill., représenté dans notre Atlas, pl. 377, fig. 4. Il est long de dix-huit pouces environ : tout le dessus de son corps est vert, une tache d'un beau noir entoure les yeux, se termine en pointe vers les oreilles, et est bordée de bleu dans sa partie postérieure; un bleu de saphir changeant en violet est sur l'occiput, et un bleu d'aigue-marine sur le sinciput; ces deux couleurs sont séparées sur le sommet de la tête par une grande tache d'un noir de velours; la nuque est légèrement parsemée de quelques plumes d'une teinte marron; tout le dessous du corps est d'un vert sombre; on voit au milieu de la poitrine un petit bouquet de plumes noires, bordées de bleu à l'extérieur; un vert changeant en bleu couvre une partie des grandes tectrices alaires, ainsi que les premières rémiges; toutes les autres pennes et les petites tectrices sont vertes. Les rectrices très-étagées sont vertes à leur origine, puis d'un bleu changeant en violet; les deux du milieu, beaucoup plus longues, sont ébarbées à un pouce environ de leur origine, jusqu'à un pouce ou deux de leur extrémité dans cet intervalle; les barbules paraissent avoir été usées par le frottement, car on observe que dans les jeunes les barbes sont entières dans presque toute la longueur des rectrices. Le bec est noir et les pieds bruns.

Ce Momot, auquel les naturels de la Guiane donnent le nom de *Houtou*, nom qui exprime le cri qu'il fait entendre toutes les fois qu'il saute, est d'un naturel solitaire. C'est le seul dont on connaisse le mode de nidification. Un trou de Tatou, ou d'autres petits quadrupèdes, est l'endroit qu'il choisit à cet effet : quelques brins d'herbes sèches forment seulement la couche où la femelle dépose ses œufs, qui sont ordinairement au nombre de deux.

Le MOMOT D'OMBEY, *Momotus ruficapillus*, Dum., *Baryphonus ruficapillus*, Vieill. Cette espèce diffère de la précédente en ce que le dessus de la tête est roux, et qu'aucune des rectrices n'est ébarbée; en outre la couleur verte du dos et des ailes, et la couleur bleue des rémiges primaires et des rectrices, sont plus pures; enfin les quatre pennes intermédiaires de la queue sont égales entre elles, tandis que chez le *Houtou* les deux du milieu sont les plus longues; sa taille est de quatorze à quinze pouces.

Le *Momotus cyanogaster* de Vieillot, ou MOMOT TUTU, n'est, selon quelques auteurs, qu'une variété du Momot d'Ombey. Cet oiseau, sur lequel d'Azara avait fait quelques observations relatives aux mœurs, fait entendre fréquemment le cri *tu-tu-tu* qu'il accompagne quelquefois de cet autre cri plus bas *huuu*. Il est fort défiant, farouche et curieux en même temps. En domesticité il mange volontiers de la viande crue et des petits morceaux de pain; mais avant de les avaler il les frappe à plusieurs reprises de travers contre terre, comme s'il les croyait doués de la vie et qu'il cherchât à les tuer; il ne se sert point de ses serres pour les saisir, et il les abandonne s'il les trouve trop gros. Lorsqu'il prend des petits oiseaux ou des souris, dont il est très-friand et auxquels il fait une chasse acharnée, il agit de même; c'est-à-dire qu'il les tue en les frappant contre terre. On a aussi remarqué que, souvent, quoi qu'il les sache morts, il n'en continue pas moins à les frapper, jusqu'à ce qu'il puisse les avaler en entier, en commençant par la tête. Il semble ordinairement dédaigner les morceaux qu'il sent ne pouvoir déglutir d'un seul trait.

MM. Temminck et Lesson admettent dans ce genre une troisième espèce qui est le Momot Oran-roux, *Momotus Levaillantii*; il a la tête rouge, un plumage généralement vert en dessus; les joues noires; une tache angulaire de même couleur au milieu de la poitrine; les rémiges bleuâtres; une ceinture orangée sur le haut du ventre; celui-ci est gris de perle; la queue est longue, étagée, à extrémité égale. Il habite le Brésil; on en connaît une quatrième espèce qui n'a point encore été décrite en France. (Z. G.)

MONA, MONO, MONINA, etc. (mam.) Noms et diminutifs sous lesquels on désigne les Singes en général dans les colonies espagnoles. Ce mot, entièrement espagnol, est passé dans le midi de la France, où l'on donne aux Singes le nom provençal de *Mounino* qui sert aussi dérisoirement à qualifier les personnes laides. (Guér.)

MONACANTHE, *Monacanthus.* (poiss.) Le nom de Monacanthe, qui veut dire, une seule épine, indique la conformation de la dorsale de ces poissons, laquelle consiste en une seule épine dentelée, où du moins la seconde est déjà presque imperceptible. Ce sont des poissons qui se font remarquer par la compression de leur corps recouvert de très-petites écailles, hérissées de scabrosités raides et serrées comme du velours. Chez toutes les espèces, sans exception, l'extrémité du bassin est saillante et épineuse. On les trouve dans la zone torride, près des rochers à fleur d'eau. Leur chair, en général peu estimée, devient, dit-on, dangereuse à l'époque où ils se nourrissent de polypes et de coraux. Ce genre, peu nombreux en espèces, a été divisé ainsi que nous allons l'indiquer.

Dans un premier groupe, on a placé celles qui ont l'os du bassin très-mobile, et fixé à l'abdomen par une sorte de fanon extensible : tel est le Monacanthe chinois, *M. chinensis*, Bloch, représenté dans notre Atlas, pl. 378, fig. 1, où plusieurs piquans sont placés sous le ventre à la suite du rayon qui compose la nageoire thoracique, et chez lesquels on voit trois rayons à la nageoire dorsale. Les couleurs de ce poisson sont d'un brun foncé sur un fond obscur.

Un second groupe se compose d'espèces qui, ainsi que les précédentes, ont l'os du bassin très-mobile, mais dont les côtés de la queue sont hérissées de soies rudes.

Le Monacanthe a brosses, *Balistes scopos*, a de chaque côté de la queue, un peu en avant de la nageoire caudale, une grande quantité de petites pointes inclinées vers la tête, et disposées de manière que plusieurs naturalistes en comparent l'ensemble à une brosse, d'où le nom de Baliste à brosses a été donné au poisson que nous décrivons. On rapporte qu'il peut se servir de ces pointes comme d'autant de crochets, pour se tenir attaché dans les fentes des rochers, au milieu desquels il cherche un asile; aussi est-il très-difficile de le prendre. Ce poisson est d'un brun presque noir sur toute sa surface, excepté sur ses nageoires pectorales, la seconde du dos et celle de l'anus, qui sont ordinairement d'un jaune très-pâle.

Il y a des Monacanthes enfin qui manquent de ces deux caractères. Ceux-là forment le troisième groupe, auquel appartient le *Monacanthus hispidus*, qui manque de pointes sur les côtés de la queue. Ce Baliste parvient ordinairement à la longueur de six pouces; il est brun cendré, le rayon qui représente la première nageoire du dos est de longueur médiocre, recourbé vers la queue, retenu par une petite membrane qui attache au dos la partie postérieure de sa base. (Alph. G.)

MONADAIRES. (infus.) M. Bory de St-Vincent, dans son Essai d'une classification des animaux microscopiques, a proposé et adopté ce nom de famille pour des êtres excessivement simples, infiniment petits, parfaitement translucides; sans la moindre apparence d'organe quelconque, de forme parfaite et arrêtée; ne paraissant ni contractiles ni extensibles, et n'offrant au plus fort grossissement aucune apparence d'une molécule constitutrice. Le microscope seul peut les faire découvrir au milieu des infusions ou des liquides corrompus, dans lesquels ils sont en quantité innombrable.

L'auteur que nous venons de citer compose sa famille des Monadaires des genres Lamelline, Monade, Ophthalmoplanide, et Cyclide.

(Z. G.)

MONADE, *Monas.* (inf.) Ce nom que quelques philosophes anciens, et entre autres Leibnitz, donnaient (comme l'étymologie grecque μόνος, seul, l'indique) à des êtres simples et sans parties qui, pour eux, étaient le germe primitif, le principe de tous les êtres composés; ce nom, disons-nous, a été étendu par Muller, et après lui par tous les zoologistes, à certains corps microscopiques, ponctiformes, ovales ou globuleux, parfaitement transparens, et se mouvant, surtout à un degré de température un peu élevé, dans les infusions animales ou végétales, naturelles ou artificielles. Ces atomes vivans, que l'on a regardés comme des animaux réduits à leur plus simple composition, comme la première modification de la matière passant à l'existence animale, et dans lesquels il n'y a pas trace d'organes, pas même un rudiment de canal intestinal, ont été placés par les philosophes naturalistes, suivant qu'ils adoptaient l'ordre de gradation ou de dégradation de l'organisation, tantôt au commencement, tantôt à la fin de la série animale. « Mais, dit M. de Blainville, comme il est difficile d'en faire de véritables animaux, du moins dans la définition généralement admise, et seulement en accordant qu'ils exécutent des mouvemens volontaires, indépendans des circonstances extérieures, ce qui n'est peut-être pas absolument certain, plusieurs personnes ont été conduites à penser que ce n'était réellement, pour ainsi dire, que des molécules organiques, dont l'assemblage, suivant des lois déterminées, contribuait indifféremment à la formation d'un animal ou d'un végétal. » Que cette hypothèse, qu'on ne peut confirmer ni détruire qu'en envisageant d'une manière générale ce que c'est qu'un animal, soit vraie ou fausse, toujours est-il que jusqu'à présent, la plupart des zoologistes s'accordent à regarder les Monades comme formant dans la série des êtres animés un genre qui, outre les caractères que nous lui avons donnés plus haut, prend place dans l'ordre des Infusoires homogènes; M. de Blainville, dans son Traité d'Actinologie, les place dans la classe des Entomostracés, ou des animaux articulés hétéropodes, tout près des Volvoces et des Cyclides (*voy.* INFUSOIRES, tom. IV, pag. 148 et 149). M. Bory de Saint-Vincent en a fait un genre de la famille des Monadaires, dans l'ordre des Gymnodés, et de la classe des Microscopiques.

On pense que les Monades se nourrissent par absorption immédiate de molécules toutes préparées d'avance et existantes dans le milieu qu'elles habitent, et qu'elles se produisent par scission ou déchirure spontanée. Leur mobilité est prodigieuse; on dirait que la plupart roulent les unes sur les autres. Quoique les différences qui singularisent les espèces soient difficiles à préciser, cependant on est parvenu à connaître exactement plusieurs d'entre elles. Les principales sont :

La MONADE TERME ou MONADE PRINCIPE, *M. termo*, Müll., Inf., t. 1, fig. 1, p. 1. Elle est sphérique, comme gélatineuse, et si petite qu'elle est presque invisible. On la voit apparaître par myriades et très-promptement dans les infusions de substances animales et végétales; elle en disparaît à mesure que des corps organisés moins simples ou plus grands se développent.

La MONADE ŒIL, *M. ocellus*, Müll., *loc. cit.*; représentée dans notre Atlas, pl. 242, fig. 4. On la trouve communément dans les eaux des fossés où se développent les Conferves. Elle est hyaline, avec un point central obscur. On trouve aussi sur la même planche la Monade grappe, fig. 45.

La MONADE POUSSIÈRE, *M. pulvisculus*, Müll. *loc. cit.*; un peu plus grande que la Monade terme, obscure, hyaline, un peu verte sur ses bords, et se montrant dans les eaux des marais.

Les autres espèces connues de ce genre sont : la MONADE POINT, *M. punctum*, Müll.; la MONADE LENTE, *M. lens*, Müll.; la MONADE ATOME, *M. atomus*, Müll.; représentées dans notre Atlas, pl. 242, fig. 42 et 43; la MONADE LUISANTE, *M. mica*, Müll.; et les *Monas enchelioides*, *precatoria* et *bulla* de Bory de St-Vincent, représentées et décrites dans le Dictionnaire de l'Encyclopédie méthodique. (Z. G.)

MONADELPHIE, *Monadelphia.* (BOT. PHAN.) Seizième classe du système sexuel de Linné, caractérisée par la réunion des filets staminaux en un seul faisceau ou tube; les Malvacées et plusieurs Légumineuses offrent cette disposition. D'après le nombre des étamines, on distingue les plantes monadelphes en plusieurs ordres; toutes sont dicotylédonées.

Ier ordre, Monadelphie Pentandrie; ex.: l'*Erodium*, la *Passiflore*. IIme Monadelphie heptandrie; ex.: le *Pelargonium*. IIIme Monadelphie décandrie; ex.: le *Genet*. IVme. Monadelphie dodécandrie; ex.: le *Cacaoyer*. Vme. Monadelphie polyandrie; ex.: la *Mauve*. (L.)

MONANDRIE, *Monandria.* (BOT. PHAN.) Première classe du système sexuel, renfermant les végétaux dont la fleur n'offre qu'une seule étamine. Cette classe est fort peu nombreuse. On la divise en deux ordres d'après le nombre des pistils, savoir : la Monandrie monogynie, où se trouvent le Balisier, l'Amome, etc., et la Monandrie digynie, qui renferme cinq ou six genres, entre autres le Callitric et le Cinna. (L.)

MONARDE, *Monarda.* (BOT. PHAN.) Genre de la famille des Labiées, Diandrie monogynie, L., composé d'environ quinze espèces d'herbes de l'Amérique septentrionale, dont plusieurs sont cultivées dans les jardins d'agrément. Leurs fleurs, de couleur rouge ou jaune, axillaires ou disposées en tête, offrent pour caractères distinctifs : un calice tubuleux et à cinq dents; une corolle tubuleuse, à limbe bilabié, la lèvre supérieure étroite, dressée, entière, enveloppant les deux étamines; l'inférieure, large, réfléchie, et à trois lobes, le moyen étant le plus long.

La MONARDE POURPRE, *M. didyma*, L. (*M. purpurea*, Lamarck), connue vulgairement sous le nom de Thé d'Oswego ou de Pensylvanie, est une herbe à racines vivaces, à tiges robustes, quadrangulaires, hautes de deux pieds; ses feuilles sont opposées et pétiolées, ovales-acuminées, dentées, pubescentes en dessous, marquées en dessus de points glanduleux. Les fleurs, longues, d'un rouge vif ainsi que leurs bractées, forment des têtes globuleuses au sommet des tiges.

Les feuilles de cette Monarde sont aromatiques, et dans quelques contrées des Etats-Unis, leur infusion remplace celle du véritable thé.

La MONARDE FISTULEUSE, *M. fistulosa*, L., originaire du Canada, s'élève jusqu'à quatre et même cinq pieds; sa tige est rameuse, articulée, velue; ses feuilles sont ovales-lancéolées, fort longues, d'un vert pâle. Les fleurs naissent en capitules terminaux. Leur couleur violacée produit moins d'effet que le rouge quelquefois écarlate de l'espèce précédente.

On cultive encore la Monarde ponctuée, à fleurs jaunes tachetées de pourpre; la Monarde violette, que sa couleur distingue assez, etc. Ces plantes sont d'une culture facile, et ne craignent point les gelées; seulement on est obligé de les changer de place tous les trois ou quatre ans, parce qu'elles épuisent promptement le sol. (L.)

MONBIN. (BOT. PHAN.) *Voy.* SPONDIAS.

MONAUL, *Monaulus.* (OIS.) Nom sous lequel Vieillot avait établi un genre dont le type était l'Impey, *Phasianus impeyanus* de Lath. (*Voy.* IMPEY et LOPHOPHORE.) (Z. G.)

MONGOLS. (MAM.) Peuples qui habitent principalement le centre de l'Asie, borné au nord par des montagnes qui la séparent de la Sibérie; au midi par la Corée, la Chine, le Thibet, le fleuve Sihoun et la mer Caspienne.

Ces peuples nomades sont désignés dans l'Histoire de la Chine sous le nom de Barbares du Nord.

Ces hordes belliqueuses furent dans tous les temps le fléau de la Chine; ils fondèrent les plus vastes empires du monde sous les conquérans Gengiskan, Koublaï, Tamerlan; ce dernier a fondé dans l'Indostan l'empire, jadis si fameux, connu sous le nom de Grand-Mogol, empire qui s'est écroulé par la chute d'un des descendans du puissant Aurengzeb.

La nation mongolique compte de nombreuses tribus : telles sont les Bayaoutes, les Taïdjoutes, les Coungearates, etc., etc.

La forme du visage de ces peuples de race tartare ou mongolique est presque la même que celle des Chinois, des Cochinchinois, des Coréens, des Japonais, etc., etc. Le type de leur physionomie est si caractéristique qu'il est très-facile de distinguer les Mongols des autres nations de la terre.

Les maisons ou huttes des Mongols proprement dits sont construites avec des claies de la hauteur d'un homme. Une toiture en feutre recouvre ce mince échafaudage, qui est entouré et consolidé par des cordes de crin. La porte, également en feutre, est placée vers le midi; il y a en haut une ouverture pour recevoir l'air et donner issue à la fumée. Toutes les huttes sont posées en cercle.

Le mets favori de ces peuples est la chair du cheval. Pour faire sécher leurs viandes il emploient le même moyen que les Hottentots au cap de Bonne-Espérance. Ils les coupent par tranches qu'ils exposent au grand air ou à la fumée. Ils font avec le lait de jument une boisson qu'ils appellent Coumiz.

Les Mongols épousent autant de femmes qu'ils peuvent en entretenir. Pour obtenir une fille, ils donnent à ses parens un nombre convenu de pièces de bétail. Chaque femme a sa hutte et son ménage séparé.

Les chefs des diverses tribus qui constituent la nation mongolique prennent le titre de Noyan ou celui de Taïschi; ils sont soumis au roi. Ces dignités sont héréditaires.

Ils adorent un être suprême qu'ils désignent ainsi que le ciel sous le nom de Tangri. Ils adorent également le soleil, la lune, les montagnes, les fleuves et les élémens. Les Mongols qui habitent l'Indostan sont généralement mahométans. Les Portugais ont tort de les appeler des Maures parce qu'ils professent cette religion.

Les Mongols ou Mogols sont des personnages si graves qu'ils ne dansent jamais. Ils pensent que cet exercice est l'apanage exclusif des filles publiques ou bayadères. Les Mongols qui assistent aux assemblées d'Européens sont indignés de voir nos femmes danser.

Les personnes qui désirent avoir des renseignemens plus complets sur les Mongols liront avec intérêt l'Histoire des Mongols par M. le baron C. d'Ohsson ; pour les caractères physiques, *voy.* dans ce Dictionnaire l'article Homme. (P. Garn.)

MONILIFORME. (zool. bot.) On désigne par ce mot certains organes ou portions d'organes semblables et placés à la suite les uns des autres, comme les grains d'un chapelet ; ainsi en botanique on observe souvent cette disposition dans les Acotylédonées, dans quelques Batrachospermes, etc. (P. G.)

MONILIFORMIE, *Moniliformia.* (bot. crypt.) *Hydrophytes.* Sous ce nom, Lamoureux a désigné, parmi les Fucacées, un genre qu'il n'a pas eu le temps de faire connaître, et que Bory de St-Vincent suppose avoir pour type le *Fucus moniliformis* de Labillardière. (F. F.)

MONILINE, *Monilina.* (bot. crypt.) *Conferrées.* Genre confondu avec les Conferves proprement dites, que l'on pouvait confondre également avec les Salmacides, mais qui n'a aucune trace de stigmates, qui est pourvu de valvules interarticulaires, lesquelles valvules contiennent une matière colorante, disposée en boules ou glomérules sphériques, qui donnent l'idée des Zoocarpes, mais qui n'en ont pas l'animalité. Vus au microscope, les filamens des Monilines ressemblent parfaitement bien à des colliers de perles ; c'est de cette ressemblance que vient leur dénomination. Comme exemple de ce genre, nous citerons le *Conferva floccosa* de Lyngbye, et le *Conferva punctalis* de Müller. (F. F.)

MONIMIE, *Monimia.* (bot. phan.) Genre de plantes dicotylédones, type de la famille des Monimiées de Jussieu et de la Diœcie polyandrie de Linné, auquel le premier de ces botanistes a fixé les caractères suivans : fleurs dioïques : périanthe simple; fleurs mâles : périanthe (involucre, Richard) globuleux ; quatre dents au sommet ; étamines nombreuses, collées aux parois intérieures; anthères latéralement déhiscentes et appliquées aux filets; fleurs femelles : périanthe (involucre, Rich.) globuleux, ouvert seulement au sommet, velu intérieurement ; huit à dix pistils dressés (cinq, six, selon d'autres) ; autant d'ovaires et de petits drupes dans une baie charnue ; chaque drupe uniloculaire, monosperme.

Ce genre ne renferme jusqu'ici que deux espèces, dont voici la plus connue :

Monimie a feuilles rondes, *Monimia rotundifolia*, Du Petit-Thouars, etc. Arbrisseau de dix à douze pieds de haut ; rameaux diffus, opposés, à feuilles pétiolées, arrondies, entières, opposées, de trois pouces de long, membraneuses ; face supérieure parsemée de poils étoilés, fugaces, l'inférieure tomenteuse ; fleurs très-petites, disposées en grappes ramifiées, axillaires, munies de bractées caduques et écailleuses, d'un jaune orangé, exhalant une odeur douce et agréable. Le fruit est une baie charnue, qui, s'ouvrant lors de la maturité, laisse apercevoir autant de petits drupes qu'il y a eu de pistils dans la fleur, et qui sont ovales acuminés, recouverts d'une pulpe charnue de même couleur que la fleur, et contenant un noyau strié dans lequel est une amande brune. Ce végétal croît dans les parties montagneuses de l'Ile-de-France. (*Voy.* l'article suivant.) (C. Lem.)

MONIMIÉES, *Monimieæ.* (bot. phan.) Famille de plantes, indiquée par M. Du Petit-Thouars et établie par M. Jussieu, dont le type est le Monimia placé avant eux dans les Urticées, et dont ils établissent ainsi les caractères : arbres et arbrisseaux à feuilles opposées, non stipulées, à fleurs unisexuées; fleurs mâles : pour périanthe, un involucre globuleux à quatre ou cinq divisions, disposées sur deux rangs, lesquelles s'entr'ouvrant ensuite assez profondément, laissent voir toutes les faces intérieures couvertes d'étamines courtes (entremêlées d'écailles, Juss., de poils, Rich.), à anthères bilobées, appliquées contre les filets; souvent (dans le Ruizia), cet involucre les porte seulement dans sa partie inférieure et tubulée; dans ce cas, les étamines ont leurs filets plus longs et portent vers la base et de chaque côté un appendice globuleux et pédicellé, et sont seulement entourées d'écailles (poils, Rich.). L'involucre est semblable pour les fleurs des deux sexes; il est sphérique et à quatre divisions dans le Monimia et l'Ambora, subcampanulé et à divisions sur deux rangs dans le Ruizia. Dans le premier et le troisième de ces genres, la fleur femelle a huit ou dix pistils dressés au fond de l'involucre et entremêlés de poils distincts (écailles, Jussieu). Dans le second, ils sont très-nombreux, disposés sur les parois même de l'involucre, ne se manifestant extérieurement que par autant de petits mamelons pyramidaux qui en sont les stigmates. Chacun des ovaires est à une seule loge monosperme; à ces ovaires succèdent, cachés de même dans l'involucre persistant, autant de petits drupes dont le noyau est uniloculaire et monosperme. Les graines sont entièrement remplies par un périsperme charnu, à l'ombilic duquel est creusée une niche où se cache l'embryon. Un botaniste célèbre (Richard) cite à ce sujet un cas curieux et rare dans le régime végétal; c'est que dans le Monimia et le Ruizia, les deux cotylédons de l'embryon sont éloignés l'un de l'autre, et cet écartement est rempli par l'endosperme.

Après quelques vicissitudes, nées de la difficulté de statuer sur des caractères si divers, les Monimiées comprennent aujourd'hui les seuls genres *Monimia*, *Ambora* et *Ruizia*, d'après le célèbre R. Brown qui en a séparé les genres *Pavonia* et *Atherosperma*, dont il a fait une nouvelle famille du nom d'Athérospermées; séparation que d'ailleurs avait indiquée M. de Jussieu en constituant celle des Monimiées. M. Richard, ne partageant pas l'opinion du botaniste anglais, pense que cette famille doit rester intacte, et adopte seulement deux sections, les Amborées et les Athérospermées (ce qui revient au même). Il y joint en outre le genre Citrosma.

A l'article Pavonie (*voy.* ce mot), nous donnerons les caractères des Athérospermées.

C. Lem.)

MONITOR, *Monitor.* (rept.) Ce genre, appelé aussi Tupinambis par suite d'une erreur de Séba qui prit pour le nom de l'animal celui du pays qu'il habite, et qui comprend, en outre des Monitors proprement dits, les Dragonnes, les Sauvegardes et les Ameïvas, appartient à la famille des Lacertins de Cuvier; ainsi circonscrit, il contient un grand nombre d'espèces auxquelles on ne peut guère assigner d'autre caractère général, en outre de leur grande taille, que d'avoir des dents aux deux mâchoires, et d'être dépourvus de dents palatines; par tout le reste de l'organisation, ils restent très-voisins des véritables Lézards; quelques uns s'en distinguent bien à la vérité par la présence d'une queue comprimée latéralement, et par l'absence du collier; mais certaines espèces ont la queue arrondie comme les véritables Lézards, et il en est du genre Ameïva qui sont dépourvus de l'un et l'autre de ces caractères et forment un passage évident vers ces Sauriens.

Cuvier divise ce genre, très-nombreux en espèces, en deux groupes distincts. Le premier, qui est celui des Monitors proprement dits ou Tupinambis, *Monitor*, *Tupinambis*, *Varanus*, Merrem., se distingue par les nombreuses et petites écailles qui garnissent la tête, le ventre, les membres et la queue, et par une sorte de carène plus ou moins développée que supporte ce dernier organe; ces écailles présentent quelquefois des couleurs assez vives. « La manière dont elles sont colorées, dit Lacépède en parlant d'un individu non déterminé envoyé du Cap, donne au Tupinambis une sorte de beauté; son corps présente de grandes taches ou bandes irrégulières d'un blanc assez éclatant, qui le font paraître comme marbré, et forment même sur les côtés une espèce de dentelle; mais en le revêtant de cette parure agréable, la nature ne lui a fait qu'un présent funeste; elle l'a placé trop près du Crocodile, son ennemi mortel, pour lequel la couleur doit être comme un signe qui le fait reconnaître de loin. Il a en effet trop peu de force pour se défendre contre les grands animaux; il n'attaque point l'homme; il se nourrit d'œufs d'oiseaux, de Lézards beaucoup plus petits que lui, ou de Poissons qu'il va chercher au fond des eaux; mais n'ayant pas la même grandeur, les mêmes armes, ni par conséquent la même puissance que le Crocodile, et pouvant manquer de proie bien plus souvent, il ne doit pas être si difficile sur le choix de sa nourriture; il doit d'ailleurs chasser avec d'autant plus de crainte que le Crocodile, auquel il ne peut résister, est en très-grand nombre dans les pays qu'il habite. » On rapporte même que la présence des Caïmans inspire une si grande frayeur au Tupinambis, qu'il fait entendre un sifflement très-fort. Ce sifflement d'effroi est une espèce d'avertissement pour les hommes qui se baignent dans les environs; il les garantit, pour ainsi dire, de la dent meurtrière du Crocodile, et c'est de là qu'est venu au Tupinambis le nom de *Sauvegarde* ou de *Sauveur* qui lui a été donné par plusieurs voyageurs et naturalistes. Il dépose ses œufs, comme les Caïmans, dans des trous qu'il creuse dans le sable, sur le bord de quelque rivière; le soleil les fait éclore; ils sont assez gros et ovales, et les Indiens s'en nourrissent sans peine; la chair des Tupinambis,

pinambis est aussi très-succulente pour ces mêmes Indiens. La disette que le Tupinambis éprouve fréquemment a dû altérer ses goûts, tant la faim et la misère dénaturent les habitudes. Il se nourrit souvent de corps infects et de substances à demi pourries, et lorsque cet aliment abject lui manque, il le remplace par des Mouches et des Fourmis; il va chasser ces insectes au milieu des bois qu'il fréquente, ainsi que sur les bords des eaux; la conformation de ses pieds, dont les doigts sont très-séparés les uns des autres, lui donne une grande facilité pour grimper sur les arbres où il cherche des œufs dans les nids, mais où il ne peut souvent que vivre misérablement en poursuivant avec fatigue des animaux bien plus agiles que lui.

Parmi les espèces les plus remarquables de Monitors, nous citerons

Le Monitor du Nil, *Tupinambis niloticus*, Daud.; *Lacerta nilotica*, L.; *Varanus dracæna*, Merr.; *Ouaran*, ou Lézard du fleuve, des Arabes, à cause des lieux qu'il fréquente. Cet animal, très-connu en Egypte et figuré sur un grand nombre des monumens de ce pays, est remarquable par ses dents fortes et coniques, par sa queue ronde à la base et surmontée d'une carène dans presque toute son étendue; par sa taille qui atteint quelquefois six pieds; sa couleur varie d'un brun piqueté au vert et au noir; il est partout comme ocellé. Il vit, comme l'indique le nom que lui ont donné les Arabes, sur les bords des fleuves; en domesticité, il paraît être très-avide de petits animaux dont il fait sa nourriture et les poursuivre avec acharnement. Nous l'avons représenté dans notre Atlas, pl. 378, fig. 2.

Le Monitor terrestre d'Egypte, *Varanus scincus*, Merr.; *Tupinambis arenarius*, Nob., ou l'*Ouaran-el-Hard*, Lézard des sables, des Arabes, érigé en genre par Fitzinger, sous le nom de *Varanus*, se distingue bien de l'espèce précédente par l'état rudimentaire de sa carène caudale, par ses dents comprimées, toutes fines et aiguës; du reste, il est de la même taille que le précédent, et sa couleur est généralement d'un brun clair avec quelques taches carrées d'un jaune verdâtre; il habite loin des rivières, contrairement à ce qui a lieu pour l'espèce précédente; et loin de montrer en captivité la même avidité que celle-ci, ce n'est pour ainsi dire que par force et en les introduisant dans sa gueule, que l'on peut le forcer à prendre des alimens.

Le second groupe des Monitors ou Tupinambis, érigé en genre par Merrem, sous le nom de *Teius*, se distingue par les plaques anguleuses qui couvrent sa tête, les écailles rectangulaires qu'on trouve sous l'abdomen et dans la région caudale et des pores fémoraux; de plus, il y a sous la gorge deux plis transverses de la peau.

Dans cette seconde section, Cuvier distingue :

Les Dragonnes, Cuv.; *Crocodilurus*, Spix; *Ada*, Cray; qui ont pour caractères : des crêtes caudales formées par des écailles relevées d'arêtes, comme chez les Crocodiles; leur queue est toujours comprimée; leur taille assez considérable.

Dans cette subdivision, nous citerons :

La Grande Dragonne, *Mon. Crocodilinus*, Merr., qui, en outre de la crête caudale, a, éparses sur le dos, des écailles relevées d'arêtes, comme chez les Monitors proprement dits; les dents qui garnissent le fond de la bouche s'émoussent petit à petit et finissent par devenir rondes. C'est dans l'Amérique méridionale, et particulièrement à Cayenne, que se trouve cette espèce qui a de quatre à six pieds de longueur, et dont le genre de vie est tout-à-fait analogue à celui des espèces précédentes.

La deuxième subdivision, d'après Cuvier, est celle des Sauvegardes, Cuv.; *Monitor*, Fitz., qui se distingue des précédentes par l'absence des crêtes dont nous avons parlé; les dents qui sont dentelées finissent par subir à la région postérieure le même sort que celles des Dragonnes; leur queue est comprimée, ce qui est en rapport avec leurs habitudes aquatiques. Nous devons citer comme exemple :

Le Grand Sauvegarde d'Amérique, *Lacerta teguixin*, L.; *Teyu guazu*, *Temapara*, etc., qui se trouve dans l'Amérique du Sud, au Brésil et à la Guiane, courant avec rapidité sur terre, où il cherche sa nourriture, mais se réfugiant assez promptement au sein des eaux dès que le moindre danger le menace; il se nourrit de reptiles, d'insectes, d'œufs, et s'introduit souvent dans les basses-cours; c'est dans des trous qu'il creuse dans le sable, sur le bord des rivières, qu'il se retire; il est généralement d'un fond noir en dessus, orné de lignes transverses de petits points, ou de taches jaunes; cette dernière couleur est celle de son ventre, et sa queue est colorée de bandes alternatives de noir et de jaune.

Enfin, viennent dans l'ordre établi par Cuvier :

Les Ameïvas, constituant un sous-genre que la forme arrondie de leur queue, les écailles carrées qui les couvrent, distinguent des précédens. Réunis par le plus grand nombre des auteurs aux Sauvegardes, avec lesquels ils ont en effet les plus grands rapports, ils habitent comme eux l'Amérique; quelques caractères, de fort peu d'importance cependant, ont néanmoins servi à établir dans cette petite division des distinctions génériques; ainsi Spix a composé un genre, sous le nom de *Centropix*, des espèces qui ont les écailles du ventre, des jambes et de la queue carénées; d'autres, qui ont de plus de semblables écailles sur le dos, constituent le genre *Pseudo-Ameïva* de Fitzinger, etc. (V. M.)

MONNAIE. (moll.) Nom d'une espèce du genre Cranie. On appelle aussi Monnaie de Guinée une espèce de Porcelaine, *Cypræa moneta*, L. *V.* Porcelaine. (Guér.)

MONOCENTRIS. (poiss.) Nom donné par Bloch et quelques autres auteurs aux poissons qui forment le genre Lépisacanthe de Lacépède. (Guér.)

MONOCÉROS. (zool.) Ce mot a été employé pour désigner le Narval et la Licorne, animal encore douteux. On l'a étendu à d'autres animaux, tels que des coquilles, des oiseaux, des coléoptères munis d'une corne, etc. (GUÉR.)

MONOCLE, *Monoculus.* (CRUST.) Linné a formé sous ce nom un genre qui compose maintenant un ordre entier, celui des BRANCHYOPODES. *V.* ce mot et ENTOMOSTRACÉS. (H. L.)

MONOCOTYLÉDONÉES. (BOT.) Plantes dont la semence ne développe qu'un seul cotylédon durant la germination. Cette division du règne végétal comprend environ un cinquième des plantes connues. Les différences qui les séparent des Dicotylédonées sont très-sensibles : 1° les Monocotylédonées ne laissent pointer qu'une seule feuille séminale qui se montre à fleur de terre, tandis que le cotylédon ne quitte pas la racine et n'arrive jamais à la surface du sol; 2° leur cotylédon est le plus souvent oblong, lancéolé ou linéaire, dans les Graminées surtout, presque rond, plat d'un côté, convexe de l'autre dans les Palmiers, les Liliacées, les Fougères, etc.; 3° la gemmule est très-petite, sous forme conique, renfermée dans l'intérieur du corps cotylédonaire; 4° la hampe ou le stipe ne présente ni moelle centrale, ni prolongement médullaire, ni bois, ni écorce; au centre comme à la circonférence, ce sont des faisceaux de fibres droits, très-rapprochés, entourés de tous côtés, disons mieux, entièrement plongés dans la moelle, qui est plus rare ou plus serrée vers la circonférence qu'au centre; 5° l'accroissement n'a point lieu par des couches extérieures et concentriques : cette observation, que l'on trouve dans Théophraste (Hist. des plantes, liv. 1, chap. 9), a été renouvelée en 1766 par Daubenton, et parut si neuve aux botanistes de l'époque qu'on lui donna tout l'honneur de la découverte. Cet accroissement se fait par le prolongement des fibres du centre qui se développent en feuilles; 6° les branches et les rameaux sont rares chez les Monocotylédonées; 7° les feuilles n'offrent communément que des nervures droites et parallèles, qui se joignent seulement par les extrémités; le plus grand nombre de ces feuilles manquent de pétiole et sont engaînantes ou du moins amplexicaules; 8° les fleurs n'ont généralement qu'une enveloppe délicate, colorée à la manière des pétales, ou bien verte et foliacée, appelée par Linné corolle dans le premier cas, et calice dans le second; De Candolle a proposé de changer cette double dénomination en celle de Périgone; 9° la plupart des plantes Monocotylédonées, surtout les Fougères, les Lycopodiacées, les Marsiléacées, les Equisétacées n'ont pas de graines et par conséquent point d'embryon; elles se reproduisent au moyen d'organes particuliers, analogues dans leur nature aux bulbilles ou gemmes libres; 10° leurs racines, ne contenant aucune voie de prolongation pour la moelle, n'ont pas qualité pour reproduire.

Quand on veut étudier avec soin les plantes comprises dans la tribu des Monocotylédonées, il faut les séparer en deux groupes; l'un, nommé *Monocotylédonées cryptogames*, rappelle les Acotylédonées, dont elles ont été détachées en 1739 par Bernard de Jussieu, et se compose des Mousses, des Fougères et des Lycopodiées qui les unissent entre elles; les Naïades, les Characées, les Equisétacées, les Salviniées, les Fluviatilées et les Saururées. Entre ce groupe et le suivant, je place les Pipérées, les Aroïdées, les Typhinées, les Cypéracées et les Graminées, qui sont toutes remarquables par leurs étamines insérées sous l'ovaire et forment une section intermédiaire liant ensemble et sans transition forcée le premier groupe avec le second qui renferme les *Monocotylédonées phanérogames.*

Ce deuxième groupe se divise en trois sections, savoir : I. Les Hydrocharidées et les Balanophorées qui renferment des plantes à insertion hypogyne (A) et d'autres à insertion perhypogyne (B 1). II. Les plantes dont les étamines sont placées sur le calice, les Palmiers, les Asparaginées, les Restiacées, les Joncées, les Commelinées, les Alismacées, les Butomiées, les Juncinées, les Colchicacées, les Liliacées, les Broméliacées, les Asphodélées et les Hémérocallidées (B 2). III. Les plantes chez qui l'insertion est placée sur l'ovaire, les Dioscorées, les Narcissées, les Iridées, les Hœmodoracées, les Musacées, les Amomées et les Orchidées (B 3).

Exprimons en un petit tableau le résumé de cette classification que j'estime la plus naturelle de toutes celles proposées jusqu'ici.

MONOCOTYLÉDONÉES.

CRYPTOGAMES.	PHANÉROGAMES.
I. Musciées ou *Mousses.*	A. Hypogynie.
II. Lycopodiées.	B. 1. Perhypogynie.
III. Filicinées ou *Fougères.*	B. 2. Périgynie.
	B. 3. Epigynie.

(T. D. B.)

MONODELPHES. (MAM.) Nous avons vu, à l'article Mammifère de ce Dictionnaire, que les nombreuses et intéressantes espèces de la première classe du règne animal étaient subdivisibles en trois sous-classes caractérisées surtout par leur mode de génération : ce sont les Monodelphes ou Mammifères ordinaires; les Didelphes ou Marsupiaux, et les Ornithodelphes ou Monotrèmes. Nous nous sommes déjà occupés aux articles Didelphes et Marsupiaux des seconds; les troisièmes seront étudiés à l'article Ornithodelphes (*voyez* ce mot); nous dirons seulement ici les caractères principaux des Monodelphes. Ceux-ci ont des mamelles toujours bien développées (pectorales, abdominales ou inguinales), et leurs petits, qui se fixent à la matrice au moyen d'un placenta et sont pourvus par conséquent d'une vésicule allantoïde et aussi d'une vésicule ombilicale, ont pris assez de développement lorsqu'ils viennent au monde pour n'avoir pas besoin de rester constamment comme les Didelphes fixés aux mamelles de leurs mères; les Monodelphes n'ont jamais de poche abdominale; ils manquent d'os marsupial, n'ont qu'une clavicule simple, lorsqu'ils sont pourvus de clavicule, et jamais d'os coracoïde ou plutôt de præ-ischion se fixant sur le sternum. Ajoutons que, contrairement à ce qui se voit chez les Didelphes et les

Ornithodelphes, ils n'ont point le péroné articulé avec le fémur.

La sous-classe des Monodelphes, établie par M. de Blainville, comprend les Quadrumanes, les Carnassiers, les Edentés et les Cétacés, les Rongeurs, les Gravigrades ou Eléphans, et les Ongulogrades (Pachydermes, Solipèdes, Brutes et Ruminans), constituant autant d'ordres. L'homme lui appartient aussi par son organisation. Il est bien entendu que nous ne confondons pas, ainsi que le font quelques auteurs, les Marsupiaux ou Didelphes avec les Carnassiers et les Ornithorhynques avec les Edentés. Deux groupes forment, ainsi que nous l'avons dit, une sous-classe chacun, et celle des Didelphes prend place après les Monodelphes. Celle des ORNITHODELPHES (*voy.* ce mot) est au contraire la dernière, parce que les espèces qui s'y rapportent sont, ainsi que nous le verrons dans un article spécial, les plus rapprochées des Vertébrés ovipares. (GERV.)

MONODONTE, *Monodonta.* (MOLL.) Genre fondé par M. de Lamarck pour certaines espèces du genre Turbot de Linné, caractérisées par la présence d'une dent au bord columellaire, mais qui semblent se distinguer mal des Turbots et des Troques auxquels M. de Lamarck les regarde comme intermédiaires. M. de Blainville les considère comme une simple subdivision des Toupies et des Sabots.

Quoi qu'il en soit, voici quels sont les caractères que M. de Lamarck assigne à ce genre, dans lequel il distingue vingt-trois espèces : coquille ovale ou conoïde ; ouverture entière, arrondie, à bords désunis supérieurement ; columelle arquée, tronquée à sa base ; un opercule. (V. M.)

MONOÉCIE, *Monœcia.* (BOT. PHAN.) Vingt-unième classe du système linnéen, renfermant tous les végétaux à fleurs unisexuées portées sur le même individu. Elle se divise en plusieurs ordres, caractérisés soit par le nombre des pistils, soit par la soudure des étamines, soit par la disposition relative des étamines et du pistil ; en voici l'énumération, avec des exemples.

Monoécie monandrie. La Zanichellie, le *Caulinia*, etc.

M. diandrie. La Lentille d'eau.

M. triandrie. Le Figuier, le Maïz, les Laîches, *Carex*, etc.

M. tétrandrie. Le Mûrier, le Buis, etc.

M. pentandrie. L'Amaranthe.

M. hexandrie. Le Cocotier, le Sagoutier, etc.

M. polyandrie. Le Hêtre, le Châtaignier, etc.

M. monadelphie. Le Pin, le Cyprès, le Ricin, etc.

M. syngénésie. Le Concombre, la Courge. (L.)

MONOÉPIGYNIE. (BOT. PHAN.) M. Richard nomme ainsi une des trois grandes divisions de la classe des Monocotylédonées ; c'est la moins considérable. (L.)

MONOGAMIE, *Monogamia.* (BOT. PHAN.) Un des ordres établis par Linné dans sa Syngénésie (Système sexuel) ; il comprend les plantes à fleurs syngénèses, mais distinctes les unes des autres, et munies chacune d'un calice propre. Cet ordre a été supprimé par la plupart des botanistes modernes, et les plantes qui s'y trouvaient ont été distribuées dans les classes auxquelles elles appartenaient par le nombre de leurs étamines. (L.)

MONOGYNIE, *Monogynia.* (BOT. PHAN.) Nom indiquant en général les plantes dont la fleur ne renferme qu'un pistil, quel que soit le nombre des étamines. Chacune des treize premières classes, dans le système linnéen, a son premier ordre désigné par ce mot. (L.)

MONOHYPOGYNIE. (BOT. PHAN.) M. Richard nomme ainsi la première des trois grandes divisions qu'il établit dans la classe des végétaux monocotylédonés. (L.)

MONOIQUES, *Monœci.* (BOT. PHAN.) Linné a nommé ainsi les végétaux à fleurs unisexuées, réunies sur un même individu ; tels sont le Pin, le Châtaignier, le Maïz, etc. (L.)

MONOPÉRIGYNIE. (BOT. PHAN.) C'est la seconde et la plus considérable des trois grandes divisions établies par Richard dans la classe des végétaux monocotylédons. (L.)

MONOPÉTALE. (BOT. PHAN.) Corolle formée d'une seule pièce, quel que soit le nombre de ses divisions et leur profondeur. Les plantes *Monopétales* forment une des trois grandes sections de la classe des végétaux dicotylédonés. (L.)

MONOPHORE, *Monophora.* (ZOOPH.) M. Bory de Saint-Vincent, considérant comme un animal simple cette agrégation de Biphores que l'on connaît sous le nom de Pyrosomes, leur a appliqué cette dénomination de Monophore, pour rappeler l'existence de la seule ouverture qui résulte de leur mode de réunion, et qu'il regardait comme l'ouverture du canal intestinal. Depuis, MM. Quoy et Gaimard employèrent le même nom pour désigner un animal qui, très-semblable aux Biphores, s'en distinguerait cependant par l'existence d'une seule ouverture ; mais, comme l'a remarqué très-judicieusement M. de Blainville, peut-être la seconde ouverture, aussi petite que dans les Biphores qui ont un prolongement conique, leur a-t-elle échappé ; c'est ce que de nouvelles observations pourront seules déterminer. (V. M.)

Depuis la publication de leur premier Voyage, MM. Quoy et Gaimard ont reconnu qu'ils s'étaient trompés au sujet de ce genre, et voici ce qu'ils disent à la fin du troisième volume de la Zoologie du voyage de *l'Astrolabe* :

« Dans notre Voyage autour du monde de la corvette *l'Uranie*, nous avons établi quelques genres qui nous paraissent douteux et que nous n'avons pas retrouvés pour les confirmer (*v.* Atlas zoologique de *l'Uranie*, Mollusques, planche 87, fig. 4-5). Monophore rude. Ce nous semble être une Firole ou une Carinaire tronquée, mais plutôt une Carinaire. » (GUÉR.)

MONOPHYLLE, *Monophyllus.* (BOT. PHAN.) Cet adjectif désigne tout organe foliacé unique dans son limbe, quel que soit d'ailleurs le nombre de ses divisions, pourvu que celles-ci ne pénètrent pas jusqu'à sa base. Tel est le calice ou l'involucre des fleurs lorsqu'ils ne se composent pas de folioles distinctes. (L.)

MONOSÉPALE, *Monosepalus*. (BOT. PHAN.) Cet adjectif désigne le calice dont les divisions ne pénètrent pas jusqu'à sa base. (L.)

MONOSPERME, *Monosperma*. (BOT. PHAN.) On désigne ainsi le fruit ou les divisions du fruit lorsqu'elles ne contiennent qu'une seule graine. (L.)

MONOSTOMES, *Monostoma*. (ZOOPH. INTEST.) Genre de vers intestinaux, établi par Schrank, sous le nom de *Festucaria*, et désigné sous celui qu'il porte par Zeder. Ce genre, qui a été fort peu étudié, contient probablement, comme le remarque M. de Blainville, beaucoup d'espèces qui, lorsqu'elles auront été soumises à un examen plus sévère, devront être réparties dans divers autres genres. Aussi la caractéristique suivante, que leur applique ce savant naturaliste, quoique bien imparfaite, paraît seule pouvoir leur être appliquée : corps mou, sub-arrondi ou déprimé, et n'offrant qu'un seul orifice terminal ou inférieur, quelquefois avec un cirrhe abdominal.

Ces vers, dont l'organisation interne est tout-à-fait inconnue, ainsi que les mœurs, se trouvent parasites dans presque toutes les classes des Vertébrés. Rudolphi en distingue trente espèces qu'il divise en deux sections; dans la première, il place celles dont l'orifice est inférieur, ce sont les Hypostomes; dans la seconde celles dont l'orifice est marginal et antérieur; ce sont les espèces auxquelles il garde en propre le nom de Monostomes.

Nous n'insistons pas davantage sur ces animaux trop peu connus, et renvoyons, pour la distinction des espèces, au Synopsis de Rudolphi. (V. M.)

MONOTRÈMES. (MAMM.) Ce nom, qui signifie un seul trou, exprime que les espèces auxquelles on l'applique n'ont qu'un seul orifice, pour les voies fécales, génitales et urinaires; il a été donné par M. Geoffroy aux ornithorhynques et aux Echidnés, dont Cuvier fait une famille d'Edentés et que M. Geoffroy considère, avec Lamarck, comme devant former une classe à part, intermédiaire à celles des Mammifères et des Reptiles ou des Oiseaux, qui sont ovipares. M. de Blainville place, comme l'avaient fait Blumenbach, Shaw, Cuvier, etc., les Monotrèmes parmi les Mammifères; mais pour indiquer leurs rapports avec les Ovipares, il les range les derniers dans la classe des Mammifères, et en fait une troisième sous-classe; les MONODELPHES et les DIDELPHES (*voy.* ces mots) forment les deux premières sous-classes. De plus, M. de Blainville change en Ornithodelphes le nom de Monotrèmes, parce que ce dernier exprime un caractère qui n'est pas commun aux seuls Ornithorhynques et Echidnés, puisqu'il se retrouve chez tous les Ovipares, et même chez divers Mammifères monodelphes du groupe des Rongeurs et de celui des Edentés, et que les femelles d'un grand nombre d'autres espèces les présentent d'ailleurs à peu près complétement. Nous adopterons, avec plusieurs naturalistes, le nom d'Ornithodelphes, et nous renverrons à l'article de ce Dictionnaire où il sera question des espèces auxquelles s'appliquent les caractères communs de ces espèces et les différences qui les éloignent des autres Mammifères ainsi que des véritables Ovipares. (*Voy.* ORNITHODELPHES.) (GERV.)

MONOTROPE, *Monotropa*. (BOT. PHAN.) Linn. Genre de plantes dicotylédonées, établi par Linné, qui le rangeait dans la Décandrie monogynie. Les modernes hésitent à désigner la famille naturelle dans laquelle il doit occuper une place. Sprengel et autres le mettaient avec les Ericinées; De Candolle le croyait voisin des Crassulacées ou des Rutacées; Lindley, Turpin, le classaient dans les Pyrolées. Enfin Nuttal, qui s'est occupé de ce genre, pense qu'il doit devenir le type d'une petite famille qu'il a proposée sous le nom de MONOTROPÉES (*voy.* ce mot). D'après son travail, ce genre ne comprendrait que les deux espèces suivantes : *M. morisoniana*, Mich., et *M. uniflora*, Linn., toutes deux exotiques. Il en a séparé le *M. hypopitys* de Linné, pour faire revivre le genre *Hypopitys*, créé d'abord par Dillen, et que Linné avait confondu depuis avec les *Monotropa*. Cette famille et ces deux genres semblent aujourd'hui assez généralement adoptés. Voici au reste les caractères que l'auteur attribue au *Monotropa* : calice nul ou remplacé par deux ou trois bractées; corolle marcescente, profondément divisée en cinq segmens, à l'axe de chacun desquels est un appareil nectarifère en forme de capuchon; anthères horizontales, réniformes, émettant leur pollen par deux trous transversaux et situés vers le milieu de chaque anthère; stigmate orbiculaire; capsule à cinq loges et à cinq valves, à la base desquelles sont situés les appareils glandulifères (phycostèmes, Turp.), et renfermant des graines nombreuses, très-petites et subulées.

Ce sont des plantes herbacées, parasites, d'un aspect particulier, analogue à celui des Orobanches, comme ces dernières, croissant sur les racines des arbres, et dépourvues de feuilles vertes, garnies d'écailles blanchâtres, jaunâtres, ou rougeâtres, et de la même teinte que toute la plante.

Nous décrirons l'espèce la mieux connue.

MONOTROPE A UNE FLEUR, *Monotropa uniflora*, Linn. D'une touffe de filamens hypogés, courts, roux, croisés, en tous sens et pourvus de courtes radicelles, s'élèvent une ou plusieurs tiges, de cinq à six pouces au plus de haut, blanchâtres, garnies d'écailles (feuilles) en spirale, sessiles, lancéolées, et terminées par une fleur unique, composée de cinq pétales en spatule, comme tronqués au sommet; dix étamines à filets velus, logés dans des sillons pratiqués le long des valves de la capsule, et à la base desquelles est un appareil nectarifère décaglandulé (Phycostème), à anthères cordiformes; style court, égalant en hauteur les étamines, à stigmate quinquéfide, dont chaque segment est orbiculaire; capsule conique, à cinq valves, dont chacune creusée d'un sillon qui lui donne une apparence décagone.

Cette plante, entièrement d'un blanc sale, ainsi que sa fleur, croît au pied des arbres en Amérique, aux Etats-Unis, au Canada, etc. Elle est bien distincte du *M. morisoniana*, Mich., par sa fleur unique et penchée.

C'est ici le cas de réparer l'omission du genre *Hypopitys*, qui n'a point été décrit en temps utile, et qui, avec le genre précédent, constitue la famille des MONOTROPÉES.

HYPOPITE, *Hypopitys*, Dillen et Nuttal; vulgairement Suce-pin, parce que le plus ordinairement ces plantes vivent en parasites sur les racines des Pins.

Calice à trois ou quatre divisons; corolle pseudo-polypétale, persistante, à quatre ou cinq segmens, dont chacun offre à la base un nectaire en capuchon; anthères petites, horizontales, uniloloculaires; stigmate orbiculaire, avec un rebord barbu; capsule à cinq loges et à cinq valves; graines très-nombreuses, petites et subulées.

Ce genre comprend deux espèces, dont l'une, encore assez peu déterminée, est l'*Hypopitys lanuginosa* de Nuttal, et l'autre, très-connue, est celle qui suit, *Hypopitys europæa*, Nutt.; Hypopite d'Europe, *Monotropa hypopitys*, Linn., vulgairement Suce-pin.

Calice quadri ou quinquéfide; corolle tétra ou pentapétale (ou plutôt périanthe simple, comme nous croyons le prouver, *voy.* MONOTROPÉES); chaque pétale extérieur, excavé à la base et portant un nectaire rempli d'une liqueur mielleuse; capsule à quatre ou cinq loges polyspermes; style cylindrique, à stigmate quadri ou quinquélobé. Tige de 6 à 8 pouces au plus, dressée, succulente, jaunâtre, quelquefois rougeâtre, couverte d'écailles foliacées, disposées en spirale, courtes, ovales-lancéolées, distantes, assez nombreuses à la base; fleurs de la même couleur que les tiges, terminales, ramassées, penchées et réunies d'un seul côté : celles du sommet à dix pétales et dix étamines; les inférieures à huit pétales et autant d'étamines.

Au premier aspect, on prendrait cette plante pour une Orobanche, dont l'éloignent cependant ses caractères principaux. Elle croît dans l'Amérique septentrionale, dans le nord de l'Afrique, dans une grande partie de l'Europe et en France. On la trouve près de Paris, à Fontainebleau, Montfermeil, Bondy, etc. Nous l'avons trouvée au bois de Boulogne. Elle fleurit en juillet et août.

(C. LEM.)

MONOTROPÉES, *Monotropeæ*. (BOT. PHAN.) Nuttal a proposé d'établir sous ce nom une petite famille, qui serait composée des trois genres Monotropa, Hypopitys et Pyrola; Lindley avait formé de son côté sa famille des Pyrolées, qui comprenait les mêmes genres. Jussieu avait réuni, non sans quelque raison, les Pyrolées aux Ericinées, avec lesquelles elles ont en effet beaucoup de rapports selon nous. Soit que l'une ou l'autre de ces deux familles, ou toutes deux, se trouvent adoptées des botanistes, on devra exclure le genre Pyrola des Monotropées, et le reporter dans une autre famille voisine, s'il ne doit pas en constituer une dont il serait le type; ce dernier ayant trop peu d'analogie avec le *Monotropa* et l'*Hypopitys*, surtout en raison de l'extrême différence de leur port, de leur mode de croissance, et surtout si l'on compare leurs caractères généraux si dissemblables en tout point. Cette controverse pourra dans la suite être résolue facilement par un examen sérieux des caractères de ces genres, fait sur le vivant; en attendant, voici les caractères des Monotropées, tels que Nuttal les a établis :

Calice supère, à cinq divisions persistantes, quelquefois nul, ou ne présentant qu'une réunion de bractées irrégulières; corolle périgyne, monopétale, persistante, à cinq divisions profondes, qui lui donnent une apparence polypétale. Etamines en nombre défini et double de celui des pétales, insérées à la base de ceux-ci, à filamens distincts, à anthères horizontales, adnées aux filamens, ordinairement uniloculaires, s'ouvrant de différentes manières, mais non par des pores terminaux; ovaire supère, surmonté d'un seul style (le *Monotropa uniflora* a le sien quinquéfide, Turp.); capsule à cinq loges et à cinq valves, dont les cloisons réunies forment un axe, à la base duquel est un appareil nectarifère décaglandulé (phycostème, Turp.); graines nombreuses, très-petites, situées au centre d'un épiphragme membraneux et samaroïde, quelquefois ailé au sommet.

Les plantes de cette petite famille ont le port des Orobanches, dont leurs caractères les éloignent toutefois; mais il serait bon de ne voir dans le calice et la corolle de Nuttal, qu'un périanthe simple, ainsi que dans ces dernières; ces plantes anomales portent sur leurs tiges des écailles foliacées plutôt que des feuilles, disposées en spirales, dont quelques unes plus larges se réunissent vers le sommet des tiges (hampes), entourent les organes de la génération, et semblent former alors des fleurs complètes, soit solitaires, *Monotropa uniflora*, ou groupées en épi, *M. morisoniana*, Mich.

(C. LEM.)

MONSONIE, *Monsonia*. (BOT. PHAN.) Genre de la famille des Géraniées, Monadelphie dodécandrie, composé de plusieurs plantes indigènes du cap de Bonne-Espérance, et confondues pour la plupart avec les *Geranium*, avant que Linné fils les en distinguât. De Candolle leur applique pour caractères : calice de cinq sépales égaux, mucronés au sommet, corolle de cinq pétales égaux, élargis supérieurement, du double plus grands que le calice; quinze étamines monadelphes à la base, ordinairement soudées en faisceaux munis chacun de trois anthères ovales; style conique, portant un stigmate à cinq lobes; fruit composé de cinq carpelles capsulaires, dont les arêtes ou styles persistans se tordent en spirale.

Les huit espèces connues de Monsonie ont été réparties en trois sections, ainsi qu'il suit :

La première, caractérisée par des tiges charnues et par ses étamines réunies seulement par la base, et non en cinq faisceaux, renferme trois espèces que de Candolle a distinguées par les noms de L'Héritier, de Paterson et de Burmann. Elles ont leur tige hérissée d'épines, leurs feuilles entières ou à peine dentées, et leurs pédoncules uniflores, munis à la base de deux bractées fort petites.

La deuxième, dont les pétales sont entiers et les étamines en cinq faisceaux, se compose du *Monsonia ovata* de Cavanilles, et du *Monsonia biflora* de Burchell. Ces deux espèces ont une tige herbacée, des feuilles ovales dentées, des stipules et des bractéoles subulées; leurs pédoncules ont une ou deux fleurs, portant sur leur milieu deux à quatre bractéoles.

La troisième a ses pétales dentés, ses feuilles lobées ou multifides, et ses pédoncules uniflores, présentant sur leur milieu six à huit bractées verticillées; elle renferme trois espèces, savoir: le *Monsonia pilosa*, Willd., ou *Geranium monsonia* de Thunberg, et les deux suivantes, qui sont cultivées dans les jardins.

La MONSONIE ÉLÉGANTE, *M. speciosa*, Linn. fils et Cav., *Geranium speciosum* de Thunberg, représentée dans notre Atlas, pl. 378, fig. 3, atteint à peine dix pouces; ses feuilles se composent de cinq folioles bipinnées. Elle produit deux ou trois fleurs, larges de trois à quatre pouces, d'un blanc rosé veiné de pourpre et de carmin.

La MONSONIE LOBÉE, *M. lobata*, Willd., ou *M. filia* de Linné fils, se distingue par ses feuilles en cœur, lobées et dentées; ses fleurs sont rouges veinées de rose.

Ces deux plantes se cultivent comme les *Geranium*, et, quoique de hauteur médiocre, elles produisent beaucoup d'effet par la grandeur et la coloration brillante de leurs fleurs. (L.)

MONSTRE. (TÉRAT.) On désigne ainsi tout produit de la génération dont le développement a été troublé et s'est écarté des règles imposées par la nature à la formation des êtres vivans.

Dans les temps anciens l'apparition des Monstres était signalée comme un effet de la colère des dieux; les populations s'en affligeaient comme d'une calamité. A Athènes et à Rome, on faisait des prières publiques lorsqu'il naissait des enfans difformes; et naguère encore du temps d'Ambroise Paré, qui fut le chirurgien de Charles IX, la naissance d'un Monstre était considérée comme un mauvais présage, comme l'annonce d'une guerre ou d'une famine. Aujourd'hui les monstruosités, étudiées sous un point de vue exclusivement scientifique, sont devenues, grâce au génie de M. Geoffroy St-Hilaire, l'un des fondemens les plus solides de l'anatomie philosophique et ont servi plus que toutes les recherches antérieures à éclairer d'une vive lumière les mystères jusqu'alors si obscurs de l'organisation. Les brillans travaux de ce grand naturaliste ont effectivement prouvé jusqu'à l'évidence que l'étude des Monstres était pour l'anatomie humaine ce qu'est l'étude des animaux d'une classe inférieure pour la connaissance de l'organisation des êtres des autres classes.

Le procédé le plus fécond pour l'avancement de l'Histoire naturelle, a dit Cuvier, est celui de la comparaison. Il consiste à observer successivement le même corps dans les différentes positions où la nature le place, ou à comparer entre eux les différens corps, jusqu'à ce que l'on ait reconnu des rapports constans entre leurs structures et les phénomènes qu'ils manifestent. Ces corps divers sont des espèces d'expériences toutes préparées par la nature, qui ajoute ou retranche à chacun d'eux différentes parties, comme nous pourrions désirer de le faire dans nos laboratoires, et nous montre elle-même les résultats de ces additions ou de ces retranchemens (Cuvier, Règne animal. Introduction).

Le naturaliste auquel nous empruntons cette citation n'avait en vue que les êtres organisés, considérés dans leurs conditions normales d'existence et qui se dégradent ou se perfectionnent d'une classe à l'autre par des retranchemens ou par des additions successifs. M. Geoffroy a démontré qu'il y a aussi des lois pour les monstruosités, et que de plus, les lois qui président à ces perfectionnemens ou à ces dégradations dans les êtres régulièrement organisés sont absolument les mêmes que les lois sous l'influence desquelles se produisent les prétendus écarts de la nature, et il a confirmé ainsi par la science ces paroles de David: *Mirabilis Deus in omnibus operibus suis.* Or ces lois que Cuvier ne reconnaissait qu'en partie, quoiqu'il les consacre évidemment dans le passage ci-dessus, ont été découvertes par M. Geoffroy, qui, le premier aussi, en a fait l'application à l'étude des monstruosités humaines. Certes c'est là un beau triomphe du génie que d'avoir ainsi démontré que la nature, dans ses plus grands écarts, ne cesse jamais d'être fidèle aux règles que le créateur lui a imposées au commencement des choses.

Notre intention n'est point d'entrer ici dans l'exposition de la théorie de M. Geoffroy; son historique et son exposition seront mieux placés au mot TÉRATOLOGIE, qui contiendra tout ce qui est relatif à la monstruosité considérée sous un point de vue purement scientifique. Nous voulons nous borner, quant à présent, à faire connaître sommairement les Monstres les plus célèbres, après avoir dit un mot des causes que les savans ont attribuées d'une manière générale à leur formation.

Toutefois nous ne pouvons nous empêcher de signaler une loi bien remarquable parmi toutes celles qui président au désordre apparent accusé par les organisations monstrueuses : l'homme et les animaux supérieurs devenus monstrueux rappellent toujours dans plusieurs de leurs organes l'état normal des êtres inférieurs; et jamais les êtres inférieurs placés dans des conditions anomales ne se développent de manière à pouvoir simuler des êtres d'une classe plus élevée. Ainsi, par exemple, si le cerveau de l'homme est arrêté dans son développement, il pourra se montrer plus ou moins semblable au cerveau d'un poisson ou à celui d'un reptile; mais, quelle que soit l'énergie de la cause productive de la monstruosité, jamais le cerveau du reptile ou du poisson ne s'élevera au degré de complication du cerveau humain. Il suit de là que les perturbations physiques amènent inévitablement des dégradations. Qui oserait affirmer que dans la plupart des cas il n'en est point ainsi des perturbations politiques et morales ?

L'un de nous a dit ailleurs quelle était l'importance des travaux de M. Geoffroy en histoire naturelle, nous sommes heureux d'avoir l'occasion d'émettre à cet égard notre opinion commune dans un livre uniquement consacré à cette science, et qui concourra plus à son avancement, par la facilité d'instruction qu'il procure, que bien des traités *ex professo* entrepris avec plus d'importance et infiniment plus de prétentions; nous devons ajouter que si jamais les naturalistes comprennent bien la portée des principes posés par l'auteur de la Philosophie anatomique, dès ce moment la France aura un Geoffroy St-Hilaire comme l'Allemagne a eu son Keppler, comme l'Angleterre son Newton. Et en vérité est-il donc besoin d'être naturaliste pour comprendre toute la portée d'une loi semblable à celle que nous venons de mentionner? Et ne suffit-il pas de l'exprimer, pour que l'esprit en soit vivement saisi et illuminé, comme d'une de ces vérités fondamentales qui forcent votre assentiment par leur translucidité et leur évidence ? Qui n'y voit, en effet, une preuve de la persistance de la nature à suivre des voies identiques, à rester invariablement fixée à la première des lois; à cette loi qui est la base de toutes les perfections, qui provoque notre admiration dans les œuvres de nos propres mains, quand nous l'y trouvons fidèlement reproduite; en un mot, à la loi sublime d'unité et d'ensemble ?

SECTION PREMIÈRE. — *Causes de la monstruosité.*

Fortunio Liceti publia, en 1616, un Traité des Monstres, de leurs causes, et de leurs différences. Cet ouvrage eut un grand succès; il fut réimprimé et traduit plusieurs fois, et nous engageons à le lire ceux qui voudraient avoir des notions quelconques touchant la *cuisse d'or* de Pythagore. Les formes de cet auteur sont profondément empreintes d'aristotélisme, et sentent la scholastique la plus entêtée; mais son érudition est immense et fort récréative, tout appuyée qu'elle est, comme dans le cas précédent, sur des fables et des récits évidemment mensongers. Or, dans ce livre, le professeur de Pise et de Padoue admet pour les Monstres une cause *finale*, une cause *formelle*, une cause *matérielle* et une cause *efficiente.* De cette division des causes à la fameuse distinction de la substance et de l'accident il n'y avait qu'un pas. Fortunio n'a garde d'éviter de le faire, et en effet, il prouve fort bien que les Monstres sont réellement des substances et non des accidens. Quant aux causes qu'il accuse, la *finale* est que la nature dans la production des Monstres a eu pour but de conserver en son entier l'espèce de ceux qui les ont engendrés, quoique dans une matière différemment organisée. La *formelle* est de deux sortes, éloignée ou prochaine; la première est l'âme, et la seconde, c'est la mauvaise disposition des parties. La *matérielle*, c'est le corps de l'animal qui vit ici-bas. Enfin l'*efficiente* est multiple : « D'abord c'est le bon » Dieu de qui dépend l'être et la vie de toutes choses, » d'une manière plus claire ou plus obscure, selon » que chaque chose en est capable. 2° C'est le corps » céleste qui, par son mouvement perpétuel et par » le moyen de la lumière, gouverne et régit tout » ce qui se fait ici-bas, comme l'a reconnu et en- » seigné Aristote, qui dit, en quelque lieu, qu'il » a été nécessaire que ce monde inférieur fût con- » tigu, fût sujet aux influences célestes, afin que » toute sa force et sa vertu en fût conduite et di- » rigée. 3° C'est la chaleur naturelle des entrailles » de la mère; 4° la matrice de la mère; 5° (mais » celle-ci n'est que cause efficiente *assistante*) l'âme » de la mère..... » Ajoutez une foule d'etc., etc., tous applicables à cette même cause efficiente, et dont nous devons faire grâce au lecteur, sous peine d'être accusés de vouloir insulter à son intelligence ou de suspecter sa raison.

Tout le livre de Fortunio Liceti est rempli de semblables futilités; mais si l'on considère que l'auteur a été l'un des plus savans hommes de son temps, qu'il vivait au milieu du dix-septième siècle, qu'il fut professeur de médecine à Padoue, et qu'il fit l'admiration de ses contemporains, on comprendra qu'il n'y a rien d'extraordinaire à ce que l'étude des monstruosités ne soit véritablement entrée dans la science que de nos jours seulement, et l'on appréciera toute la sagacité, la finesse et la sûreté de jugement de notre Molière, quand, vivant presque en même temps que Fortunio Liceti, il se moquait avec tant de verve et de raison des philosophes qui discutaient sur les différences entre la *forme* et la *figure* et donnaient à tout propos pour sanction à leur jugement l'opinion du philosophe grec.

Allez, vous êtes un impertinent (dit le docteur Pancrace dans la comédie du *Mariage forcé*); un homme ignare de toute bonne discipline, bannissable de la république des lettres.... Oui, je te soutiendrai par de vives raisons, je te montrerai par Aristote, le philosophe des philosophes, que tu es un ignorant, un ignorantissime, ignorantifiant et ignorantifié, par tous les cas et modes imaginables.... Tu veux te mêler de raisonner, et tu ne sais pas seulement les élémens de la raison... C'est une proposition condamnable dans toutes les terres de la philosophie... *Toto cœlo, totâ viâ aberras*... Sais-tu bien ce que tu as fait? Un syllogisme *in balordo*... La majeure en est inepte, la mineure impertinente, et la conclusion ridicule... Je creverais plutôt que d'avouer ce que tu dis, et je soutiendrai mon opinion jusqu'à la dernière goutte de mon encre... Oui, je défendrai cette proposition, *pugnis et calcibus, unguibus et rostro.*

SGANARELLE. Seigneur Aristote, peut-on savoir ce qui vous met si fort en colère?

PANCRACE. Un sujet le plus juste du monde.

SGANARELLE. Et quoi encore?

PANCRACE. Un ignorant m'a voulu soutenir une proposition erronée, une proposition épouvantable, effroyable, exécrable.

SGANARELLE. Puis-je demander ce que c'est?

PANCRACE. Ah! seigneur Sganarelle, tout est renversé aujourd'hui, et le monde est tombé dans une corruption générale : une licence épouvantable règne partout, et les magistrats qui sont établis pour maintenir l'ordre dans cet état devraient mourir de honte en souffrant un scandale aussi intolérable que celui dont je veux parler.

SGANARELLE. Quoi donc?

PANCRACE. N'est-ce pas une chose horrible, une chose qui

crie vengeance au ciel, que d'endurer qu'on dise publiquement la forme d'un chapeau?

SGANARELLE. Comment?

PANCRACE. Je soutiens qu'il faut dire la figure d'un chapeau, et non pas la forme : d'autant qu'il y a cette différence entre la forme et la figure, que la forme est la disposition extérieure des corps qui sont animés; et la figure, la disposition extérieure des corps qui sont inanimés; et puisque le chapeau est un corps inanimé, il faut dire la figure d'un chapeau, et non pas la forme. Oui, ignorant que vous êtes, c'est ainsi qu'il faut parler; et ce sont les termes exprès d'Aristote dans le chapitre de la qualité... Je suis dans une colère, que je ne me sens pas.... Impertinent.... ignorant.... me vouloir soutenir une proposition de la sorte!... Une proposition condamnée par Aristote... en termes exprès!... Plutôt que d'accorder qu'il faille dire la forme d'un chapeau, j'accorderais que *datur vacuum in rerum naturâ*, et que je ne suis qu'une bête, etc., etc.

Il faut connaître un peu l'histoire des sciences et des mœurs de la foule passablement nombreuse d'individus qui les cultivent avec autant de succès que le docteur Pancrace cultivait la science du raisonnement, pour comprendre toute la vérité et tout le piquant, et même l'actualité d'une pareille scène. Aujourd'hui, il est vrai, on ne jure plus par Aristote, on ne se traite plus d'ignorant parce que l'on aura nié une proposition fondée sur quelques mots du philosophe de Stagyre; mais on jure par soi-même, par ses travaux, par son propre génie; et c'est sur la foi de pareils sermens qu'on accuse d'ignorance et d'incapacité ceux qui ne voient pas comme on a vu soi-même. Si nous tenions à faire preuve de ceci, nous pourrions citer plus d'une discussion académique et arguer de plusieurs passages de mainte brochure dont la forme et le fond ont toute la valeur des raisonnemens de Pancrace, et auxquels nos lecteurs appliqueraient certainement le ridicule amassé par Molière sur la tête de son aristotélique docteur.

Une pareille digression n'était pas superflue dans un article où les choses de la science sont si profondément sérieuses, et si peu susceptibles d'attrait. Revenons maintenant aux causes des monstruosités; ce n'est certes pas à celles qu'énonce Fortunio Liceti qu'il faut s'arrêter, quoique les philosophes qui avaient précédé notre auteur n'eussent pas fait en pareille circonstance une abnégation aussi complète que lui de leur raison propre, ainsi que le prouve le passage suivant de Montaigne :

« Ce que nous appelons Monstres ne le sont pas à Dieu, qui veoid en l'immensité de son ouvrage l'infinité des formes qu'il y a comprinses : et *est à croire que ceste figure qui nous estonne se rapporte et tient à quelque aultre figure de même genre incogneu à l'homme.* De sa toute sagesse il ne part rien que bon, et commun, et réglé : mais nous n'y voyons pas *l'assortiment et la relation*, « *Quod crebrò videt non miratur, etiam si, cur fiat, nescit. Quod antè non vidit, id, si evenerit, ostentum esse censet* (Voit-on souvent une chose, on ne l'admire point, quoiqu'on en ignore la cause; mais si ce qu'on n'avait pas encore vu arrive, on le regarde comme un prodige) (CICERO, *De divinatione*, lib. 2, cap. 22).» Nous appelons contre nature, ajoute Montaigne, ce qui advient contre la coustume : rien n'est que selon elle, quel qu'il soit. Que cette raison universelle et naturelle chasse de nous l'erreur et l'estonnement que la nouvelleté nous apporte. »

Dans le même chapitre, Montaigne donne la description d'un Monstre qu'on faisait voir de son temps; nous la citons à cause de la réflexion judicieuse qui la termine, et qui est relative aux pronostics et aux présages qu'on voulait aussi tirer à cette époque d'une semblable difformité. Nos lecteurs rapporteront cette espèce à l'une des classes de monstruosités que nous décrirons plus loin et où nous n'aurons par conséquent pas à la reproduire.

« Ce conte s'en ira tout simple; car je laisse, dit sagement le philosophe, aux médecins d'en discourir. Je veis un enfant que deux hommes et une nourrice, qui se disoient estre le père, l'oncle et la tante, conduisoient pour tirer quelque sol de le montrer à cause de son estrangeté. Il estoit, en tout le reste, d'une forme commune, et se soubstenoit sur ses pieds, marchoit et gazouilloit, environ comme les aultres de mesme aage! Il n'avoit encores voulu prendre aultre nourriture que du testin de sa nourrice; et ce qu'on essaya en ma présence de luy mettre en la bouche, il le maschoit un peu, et le rendoit sans avaller : ses cris sembloient bien avoir quelque chose de particulier : il estoit aagé de quatorze mois iustement. Au dessoubs de ses testins, il estoit prins et collé à un aultre enfant, sans teste, et qui avoit le conduict du dos estouppé (bouché), le reste entier; car il avoit bien l'un bras plus court, mais il luy avoit esté rompu par accident, à leur naissance : ils estoient ioincts face à face, et comme si un plus petit enfant en voulait acoster un plus grandelet. La ioincture et l'espace par où ils se tenoient n'estoit que de quatre doigts, ou environ, en manière que si vous retroussiez cet enfant imparfaict, vous voyiez au dessoubs le nombril de l'aultre : ainsi la cousture se faisoit entre ses testins et son nombril. Le nombril de l'imparfaict ne se pouvoit veoir, mais ouy bien tout le reste de son ventre : voylà comme ce qui n'estoit pas attaché, comme bras, fessier, cuisses et iambes tout imparfaict, demouroient pendants et branslants sur l'aultre, et luy pouvoit aller sa longueur iusques à my-iambe. La nourrice nous adioustoit qu'il urinoit par tous les deux endroicts; aussi estoient les membres de cet aultre nourris et vivants, et en mesme poinct que les siens, sauf qu'ils estoient plus petits et menus. Ce double corps et ses membres divers, se rapportants à une seule teste, pourroient bien fournir de favorable prognostique au roy, de maintenir sous l'union de ses loix ces parts et pièces diverses de nostre estat : mais, de peur que l'événement ne le desmente, il vault mieulx le laisser passer devant; car il n'est que de deviner en choses faictes, *ut quùm facta sunt, tùm ad conjecturam aliquâ interpretatione revocentur* (afin qu'on puisse, par quelque interprétation, faire cadrer ce qui est arrivé avec ce qu'on avait conjecturé) (CICERO, *De divinat*, lib. 2, cap. 31), comme on dict d'Epiménides (1), qu'il devinoit à reculons.

(1) Montaigne a pris ceci à Aristote, qui, dans sa Rhétori-

Les

Les causes de la monstruosité, admises plus ou moins généralement aujourd'hui, et sur lesquelles nous pouvons nous arrêter parce qu'elles sont tirées des élémens de la science, sont au nombre de trois.

1° Les uns pensent qu'il faut rapporter le plus grand nombre des cas à une monstruosité primitive du germe.

2° D'autres accusent une altération quelconque éprouvée dans le sein de la mère par le nouvel individu, laquelle altération aurait agi sur lui dans l'intervalle de la conception à la naissance.

3° Enfin il en est, et cette croyance est aussi répandue parmi le peuple, qui attribuent le tout à l'influence de l'imagination de la mère sur le produit de la conception.

Art. I. *Des germes primitivement monstrueux.* En 1733, il y eut à l'Académie des sciences un grand débat qui n'a eu d'analogue dans l'histoire de cette célèbre compagnie, que la grande discussion de MM. Geoffroy Saint-Hilaire et Cuvier sur le principe d'unité de composition organique. Le débat de 1733 roulait sur l'origine des Monstres. Duverney et Winslow, d'un côté, soutenaient que les Monstres doubles provenaient de germes primitivement défectueux. Lémery, de l'autre côté, prétendit qu'ils résultaient de deux fœtus qui avaient été accidentellement accolés et fondus l'un dans l'autre. Cette discussion dura jusqu'en 1743, c'est-à-dire dix ans entiers. La suite a prouvé que la vérité était du côté de Lémery; et cette preuve résulte surabondamment des travaux de M. Geoffroy et de tous les anatomistes qui ont marché sur ses traces. Quoi qu'il en soit, voici, avec quelques unes des raisons alléguées par Lémery, celles qui fondent le sentiment généralement admis.

Lorsque dans un rapprochement des sexes deux œufs se trouvent fécondés, ces deux œufs sont conduits en même temps dans l'utérus et viennent y développer ce qu'on appelle des jumeaux. Mais il doit paraître très-probable que, dans certains cas, pendant leur trajet de l'ovaire à la matrice par le canal délié de la trompe, ils s'accolent l'un à l'autre et qu'ils contractent entre eux dès ces premiers momens des adhérences organiques. La chose est d'autant plus possible, que l'œuf est alors en quelque sorte tout liquide, et ne se compose que d'une viscosité glaireuse; les parties qui le constituent sont par conséquent douées de la plus grande délicatesse et d'une extrême flexibilité. On conçoit aussi que la fusion, dans ces circonstances, se fasse plus ou moins complétement, et que les deux individus ne se trouvent réunis que par la peau, comme cela s'est présenté de nos jours dans l'exemple des deux jumeaux Siamois que tout le monde a pu voir à Paris, et dont nous rapportons l'histoire; ou bien que cette fusion soit plus profonde et plus intime, et que certaines parties du squelette et même les viscères intérieurs y participent, comme on l'a vu par l'exemple de la fille à deux têtes, *Ritta-Christina,* morte à Paris à l'âge de 18 mois, et dont il sera fait mention également plus loin.

Cette explication de la formation des Monstres doubles se corrobore, d'ailleurs, de tous les détails anatomiques fournis par la dissection des sujets qui avaient donné naissance au débat. L'économie du Monstre ou son état physiologique sont différens selon que la fusion a été plus ou moins complète. Quand deux êtres sont unis l'un à l'autre par un point quelconque de la surface du corps, et que leurs organes de la nutrition et de la sensibilité sont distincts, il est évident qu'ils sont tout-à-fait dans le cas de deux individus qu'on attacherait ensemble, et qui par conséquent ne pourraient se mouvoir l'un sans l'autre. Les deux Siamois sont dans ce cas-là. Si la réunion est plus intime, il peut se faire que les organes centraux de la vie en totalité ou en partie soient communs, et qu'il n'y ait d'indépendance que dans les organes sensoriaux; dans ce cas, la vie et la santé de l'un dépendent complétement de la vie et de la santé de l'autre, tandis que les volontés et les sentimens sont séparés. Tel fut le cas du Monstre double, Hélène et Judith, réunies par les fesses, cité par Buffon, et qui ne présentait de fusion que dans la dernière portion du canal intestinal; tous les autres organes étaient parfaitement distincts; cependant, quand l'une des deux succomba à l'âge de 22 ans, l'autre périt à l'instant et sans agonie, quoiqu'elle ne présentât, une minute auparavant, dans toute sa personne, aucune apparence d'altération dans sa santé. Un troisième cas, dont nous devons encore signaler les conditions physiologiques, c'est celui dans lequel une partie seulement des deux individus est comme surajoutée à l'autre. Il est bien patent que cette partie, nourrie par les vaisseaux qui lui arrivent de l'individu principal, n'est là que comme une dépendance de son corps et participe essentiellement à l'état général. Mais alors cette partie pourra elle-même exercer sa fonction selon la nature de son développement. Si cette partie surajoutée est une tête, elle pourra exécuter ses diverses fonctions, sentir et exprimer des sensations, comme on l'a vu pour le bicéphale Ritta-Christina déjà cité, ainsi que pour le Monstre à tête double qui vécut plus de vingt ans à la cour du roi Jacques d'Écosse, et dont les deux têtes discutaient ensemble.

Winslow n'avait rien à opposer à ces explications, mais il arguait des duplicités d'organes isolés. Ainsi, par exemple, il citait des cas de monstruosité signalés seulement par la présence de deux cœurs, ou de deux matrices, ou de deux vessies, etc. Il citait surtout des cas d'hermaphrodisme plus ou moins complets, et qui résultaient d'une union évidente des organes caractéristiques des deux sexes. L'hypothèse de l'accolement des deux œufs évidemment ne suffisait point pour leur explication.

Lémery repliquait à cela en admettant une altération spéciale survenue à l'époque même de la

que, liv. [illegible], chap. 12, dit qu'Épiménide n'exerçait point sa science divinatrice sur les choses à venir, mais sur celles qui étaient passées et inconnues.

formation de ces parties, et M. Chaussier et M. Adelon, reprenant sa thèse de nos jours, ont ajouté à cette raison les considérations suivantes : « Une duplicité dans la rate, dans le foie, peut à la rigueur s'expliquer encore : si quelquefois dans les animaux ces organes existent sous forme de lobes multiples, épars et non fondus en une seule et même masse, pourquoi ne pourrait-il pas en être de même aussi dans l'homme? La duplicité du cœur est un phénomène plus inexplicable; mais a-t-il réellement été observé? Quand on a cru voir deux cœurs, n'était-ce pas simplement une non-réunion des deux moitiés qui se forment, et qui méritent bien d'être considérées chacune comme un cœur séparé? Nous ne pouvons nous empêcher de faire remarquer que beaucoup de monstruosités sont trop superficiellement décrites par les auteurs, pour qu'on puisse y ajouter une foi entière; et il est sûr d'autre part que, depuis qu'on porte l'exactitude anatomique dans toutes les ouvertures de cadavres, et les descriptions qu'on en fait, on trouve beaucoup moins de ces faits extraordinaires qui sont rebelles à toutes les théories. La duplicité de l'utérus est un phénomène beaucoup plus avéré; mais souvent encore on a pris pour elle, ou bien le partage de l'utérus en deux par une cloison médiane, ou bien la non-réunion des deux moitiés qui le forment. Dans tous ces cas, toujours il faut admettre que quelques altérations sont survenues, soit à l'instant même où ces parties se sont faites, soit dans la série des développemens divers par lesquels elles passent. Et, par conséquent, pour donner rigoureusement l'étiologie de ces monstruosités, il faudrait connaître et comment se forment primitivement nos parties, et par quelle succession d'accroissement elles passent, double objet sur lequel nous sommes dans une égale ignorance. Il en est de même du cas singulier de l'hermaphrodisme; il faut bien supposer qu'à l'époque où se font les organes du sexe, quelle que soit cette époque, il y a eu des efforts pour produire tout à la fois et les organes du sexe mâle et ceux du sexe femelle; mais que ces efforts n'auront pas été capables de produire seulement l'un des sexes complet. Pour analyser le phénomène avec toute précision, il faudrait encore connaître et quand se forment les organes génitaux, et par quel mécanisme ils se forment, et quelle est la série des développemens qu'ils éprouvent. C'est bien ici le cas de dire que l'on voit des phénomènes sans pouvoir les expliquer; mais toujours il nous semble qu'on ne peut raisonnablement appuyer sur eux le système des germes originairement monstrueux; car alors il faudrait ou que ces monstruosités se transmissent constamment et sans interruption dans la série des générations, ce qui n'est pas; ou que, parmi les germes que contient un ovaire, quelques uns seulement fussent monstrueux, tandis que les autres ne le seraient pas : or, encore une fois, il n'y a jamais d'effet sans cause; si quelques germes sont hors des conditions naturelles et voulues, ce ne peut pas être un hasard, un caprice; il n'y a pas de hasard ni de caprice dans les phénomènes naturels; il faut bien qu'une cause quelconque, par conséquent un accident, ait altéré les germes : seulement cette cause aura agi ou avant la conception, ou au moment même de cette merveilleuse action, ou postérieurement à elle.

» Les partisans de la monstruosité primitive du germe triomphaient surtout quand ils invoquaient certaines aptitudes aux monstruosités qui se transmettent héréditairement comme d'autres affections morbides, telles que les maladies de poitrine, les calculs urinaires et la goutte, etc. Ainsi il n'est pas rare de voir la difformité, qui constitue ce qu'on appelle les *sexdigitaires*, se transmettre héréditairement. Il y a une observation fort remarquable de ce genre, et qui est consignée dans le livre de Réaumur sur l'art de faire éclore les poulets. Cette observation est relative à un homme appelé Gratio Kalleia, né à l'île de Malte. Cet homme avait six doigts à chaque main et à chaque pied; le doigt accessoire de chaque main était bien formé; il tenait de l'index et du médius, et était mû avec la même facilité que les autres doigts; les doigts des pieds, au contraire, étaient difformes, et formaient une espèce de couronne qui donnait au pied une figure désagréable. Or, cet homme eut quatre enfans : Salvator, George, André et Marie. Salvator l'aîné est, comme son père, sex-digitaire; le doigt accessoire des mains est seulement un peu moins formé, et celui des pieds, au contraire, beaucoup mieux; en outre, de quatre enfans qu'a eus Salvator, trois sont sex-digitaires comme le père et l'aïeul. George, le second fils de Gratio, n'a, à la vérité, que cinq doigts à chacun de ses membres; mais aux mains, le pouce est bien plus gros et plus long qu'il ne doit l'être; quand on le manie, on sent dans le milieu une séparation, comme s'il y avait deux doigts renfermés sous une même peau; et, d'ailleurs, de quatre enfans qu'a eus George, deux encore sont sex-digitaires, et un troisième l'est aux mains et à l'un des pieds. André, le troisième fils, seul est exempt de la difformité, ainsi que ses enfans. Enfin Marie, quatrième enfant de Gratio, a, ainsi que son frère George, les pouces de chaque main comme formés de deux; et, de quatre enfans qu'elle a, l'un présente aussi la difformité inhérente à sa famille. On a plusieurs exemples analogues dans l'ancienne Rome; plusieurs familles étaient signalées par ce genre de monstruosité. Maupertuis, dans un court écrit sur la génération des animaux, tom. II de ses Œuvres, lettre XIV, a rapporté celui relatif au chirurgien Jacob Ruhe, de Berlin, et dans lequel la monstruosité avait déjà frappé quatre générations. Renou (Journ. de phys., 1774, novembre) cite de même des observations analogues relatives à des familles vivant dans le Bas-Anjou. » (Dict. des sc. méd.)

Avant la théorie de M. Geoffroy (*voy.* le mot Tératologie), il n'y avait pas d'explication pour de semblables faits; on était obligé de les admettre et de se rejeter pour les comprendre dans des généralités qui ne concluaient à rien, comme celles-ci : notre faible intelligence peut-elle saisir tous les phénomènes qui se produisent dans l'univers ? voit-on toujours tout dans la mécanique animale ? etc., etc.

La théorie de la monstruosité des germes est certainement la plus défectueuse : cependant il y a à son égard une distinction importante à établir si l'on prend le mot *germe* dans son acception la plus étendue, comme l'ont pris les physiologistes qui, pour expliquer la génération, ont admis que les germes de tous les individus de l'espèce humaine ont été créés dès le commencement, et confiés au premier homme; outre l'absurdité d'une semblable opinion, il y a l'absurdité cent fois plus grande qui résulterait d'une croyance à l'existence primitive et parallèle d'une série de germes monstrueux. Mais si l'on entend par *germe* ce que fournit l'un ou l'autre des deux sexes dans l'acte générateur, et que l'on prétende que chez l'un ou chez l'autre ce germe ou cette partie intégrante de l'individu nouveau a pu être viciée dans son principe et avant d'être détachée de l'individu qui la possédait ; cette opinion n'a rien qui répugne. Elle est fort admissible, et en ce sens, on peut fort bien dire qu'il y a des monstruosités qui doivent leur origine à un germe primitivement monstrueux. Et en effet, le germe, quel qu'il soit, est le produit d'une sécrétion, et en cette qualité, l'action par laquelle il est fabriqué est soumise à toutes les influences qui dominent les forces et les actes de l'animalité. Mais c'est par cette seule face que la question de la monstruosité des germes peut être envisagée. Ajoutons qu'entendue ainsi elle aurait mis aussitôt fin au débat dont nous venons de parler entre Winslow et Lémery, car ce dernier aurait pu dire à son adversaire : Vous dites que le germe peut être primitivement altéré dans l'individu qui le fournit, et vous appelez cela une monstruosité primitive ; le mot ne fait rien à l'affaire, moi je l'appelle une cause accidentelle de monstruosité, seulement je rapproche l'action de cette cause aussi près que possible de l'instant où la nature peut être troublée dans celles de ses opérations qui sont relatives à la génération.

Article II. *Théorie des causes accidentelles.* — Cette théorie est la plus ancienne de toutes, aussitôt que le germe est animé par la fécondation, il est nécessairement exposé à toutes les causes de maladies, et par conséquent à toutes les difformités qui peuvent en être la suite. Malgré les précautions prises par la nature pour le mettre à l'abri des altérations physiques, dans le réservoir qui le contient, son état de fluidité d'abord, la mollesse dans laquelle il continue à rester ensuite pendant long-temps, doivent le rendre facilement attaquable par les causes externes, telles que les percussions, les pressions et même les blessures directes, comme il arrive quand une femme fatalement inspirée veut se faire avorter : et ces causes doivent évidemment amener en lui des modifications plus ou moins profondes de structure, de forme et de transposition de parties. Que de causes d'altération ne lui apportent pas aussi les maladies de la mère et ses maladies propres à lui, tant qu'il est renfermé dans l'utérus ! Nous verrons plus loin comment l'état moral de la mère peut influer sur le degré de perfection avec lequel s'accomplit l'acte générateur si inconnu dans son essence. Le fœtus n'est-il pas sous la dépendance des vices que peut contracter le sang de la mère avec lequel il est entretenu ; si la mère ne lui fournit pas un sang parfait, il est évident qu'il peut devenir malade comme le devient un adulte qui se nourrit de mauvais alimens. C'est là sans doute le premier principe des maladies héréditaires, qui tiennent aussi incontestablement de l'état normal du fluide fécondant fourni par le père dans l'acte reproducteur. Quant aux causes accidentelles de monstruosité dont la source est dans le fœtus lui-même, elles ne sont pas moins nombreuses. Tant qu'il est dans le sein de sa mère, on peut dire qu'il est à l'époque de sa vie où l'accroissement a le plus d'activité, et c'est l'époque aussi, comme nous l'avons déjà dit, où ses parties sont le plus délicates, et conséquemment le plus exposées à être modifiées par toute cause d'altération.

Ces raisons suffisent pour justifier en principe la théorie des causes accidentelles, mais M. Geoffroy St-Hilaire va plus loin dans la spécification de ces causes. « Il n'existe pas, a-t-il dit, d'autres » empêchemens au développement normal d'un fœ- » tus que les adhérences qu'il contracte avec ses » membranes ambiantes... Il n'existe de maladies » capables d'altérer la santé du fœtus que celles que » ces adhérences avec ses enveloppes rendent possi- » bles. Le fœtus est dans celles-ci comme le pou- » mon dans la plèvre. Sa peau sécrète-t-elle comme » à l'ordinaire, ou, ce qui exprime la même idée, » les vaisseaux qui s'épanouissent dans le derme » continuent-ils à donner les eaux de l'amnios ? » aucune adhérence n'est possible. N'est-il aucune » sécrétion ? le contraire a lieu. Il en est tout-à-fait » de même à l'égard du poumon. Les sécrétions » de la peau ne sont-elles point interrompues ? il » reste libre au milieu du sac ambiant ; mais si les » sécrétions cessent, le poumon s'unit à la plèvre. » En cas de lésions légères, il y a une maladie ai- » guë, laquelle se termine par le retour à l'ancien » état ; et dans le cas de lésions persévérantes, ma- » ladie plus grave, chronique, etc... » Ainsi, selon M. Geoffroy St-Hilaire, toutes les causes accidentelles se borneraient à une cause unique générale et extérieure de monstruosité, et il n'existerait qu'un seul mode pour faire dévier les formations organiques de l'ordre commun (normal) ; « c'est quand le fœtus contracte des adhérences avec ses membranes ambiantes » (*voy.* Philosophie anatomique, Monstruosités humaines, pag. 530 et suivantes). Quoi qu'il en soit de cette dernière opinion, on voit que la théorie des causes accidentelles repose sur des fondemens certains et sur des raisonnemens moins susceptibles de contestation que la théorie de la monstruosité des germes (1). Passons

(1) Le mot *germe*, dont nous nous sommes servis dans cette discussion, a besoin d'être défini, car il ne l'a pas été ailleurs. Nous appelons *germe* l'élément, quel qu'il soit, fourni dans la génération bisexuelle par la femelle. Ce que l'on sait

à la troisième théorie des causes de la monstruosité.

Article III. *Théorie de l'influence de l'imagination de la mère sur le produit de la conception, relativement à la création des monstres.* — Nous avons agité cette question dans notre Histoire de la génération de l'homme, et nous ne croyons pouvoir mieux faire que de reproduire ce que nous y avons dit sur le sujet qui nous occupe (1).

L'influence de l'imagination de la mère sur le produit de la conception, même pour les animaux, a été admise dès la plus haute antiquité. Lorsque Jacob voulut quitter Laban son beau-père, il lui dit : Donnez-moi mes femmes et mes enfans, maintenant que je vous ai servi : car je veux retourner dans ma patrie. Laban lui répondit : Je sais par l'expérience que Dieu a béni ma maison à cause de toi; demande-moi la récompense que tu désires. — Tu sais, reprit Jacob, comment je t'ai servi, et combien tes possessions se sont accrues dans mes mains. Tu avais peu de choses avant mon arrivée, et maintenant tu es devenu riche. Le Seigneur t'a béni à mon entrée chez toi. Il est juste maintenant que je pourvoie au bien de ma maison. — Que te donnerai-je? lui dit Laban. — Je ne veux rien, répliqua Jacob; mais si tu fais ce que je vais te dire, je garderai encore tes troupeaux, et je les ferai paître. Parcours tes troupeaux, sépares-en les brebis de diverses couleurs, je prendrai toutes celles qui seront tachetées; ce sera là mon bien, et quand le temps sera venu auquel il te plaira que nous nous séparions, je ne garderai ni brebis ni chèvres qui ne soient pas tachetées. — C'est bien, dit Laban, j'ai pour agréable ce que tu me demandes. Le triage étant fait, Laban donna à garder à ses fils toutes les brebis et les chèvres qui étaient d'une seule couleur, noires ou blanches, et il mit un espace de trois journées entre les troupeaux de Jacob et les siens. Jacob prit alors des branches vertes de peuplier, d'amandier et de platane, enleva une partie de leur écorce, de sorte que les branches étaient vertes d'un côté et blanches de l'autre, et il les mit dans les abreuvoirs afin que les brebis, en venant boire, eussent les yeux frappés de ces couleurs variées, et qu'elles fussent saillies par les mâles en leur présence. Il fit de même à l'égard des beliers, et il arriva, ainsi qu'il l'avait présumé, que les brebis et les chèvres ayant conçu pendant qu'elles avaient sous les yeux ces branches de diverses couleurs, elles mirent bas des petits tachetés. C'est ainsi que Jacob s'enrichit outre mesure et eut de grands troupeaux, des serviteurs et des servantes, des chameaux et des ânes. (*Voyez* Genèse, ch. XXX, ỳ 25-43.)

Du temps d'Hippocrate une princesse mit au monde un enfant noir; on l'accusa d'adultère; elle allait être condamnée selon les lois de l'époque, lorsque le médecin de Cos fit observer que le portrait d'un nègre était au pied du lit de la princesse; qu'elle avait eu l'imagination frappée par cette image, et qu'ainsi elle avait pu mettre au monde un enfant de cette couleur.

Héliodore rapporte que l'épouse d'un roi d'Ethiopie avait enfanté une fille blanche parce qu'au moment de la conception elle avait fixé ses regards sur le portrait de la belle Andromède.

Une fille vint au monde couverte de poils et velue comme un ours : on interroge les circonstances de sa création, et l'on apprend que quand sa mère l'a conçue, elle avait sous les yeux le portrait de saint Jean-Baptiste vêtu d'une peau de cet animal.

Enfin Mallebranche rapporte l'histoire d'un enfant né avec des fractures à tous les membres, et qui devait, assure-t-on, cette difformité à la vive et profonde impression qu'avait éprouvée sa mère en voyant rompre un criminel.

Nous citons ces faits parmi des milliers d'autres semblables dont les auteurs sont remplis, non pas pour les donner comme des preuves de l'influence directe de l'imagination de la mère sur le fruit de ses entrailles, mais pour faire voir que, de tout temps, on a cru à la réalité de cette influence.

Il est vrai que le vulgaire exagère singulièrement ses effets, surtout quand il rapporte à l'imagination ces défectuosités de la peau auxquelles on a donné le nom d'*envies* et que l'on prend pour des répétitions de certains objets qui auraient excité les désirs d'une femme enceinte. Cette croyance touche de près au ridicule et a donné quelquefois lieu à de plaisantes exigences. Ainsi, une dame anglaise, qui désirait depuis fort long-temps une voiture à quatre chevaux, parvint à décider son mari à la lui donner, en l'assurant que si son envie, à cet égard, n'était point satisfaite, elle était exposée à mettre au monde un enfant qui porterait sur son corps l'empreinte des quatre chevaux et de la voiture.

Relativement à ces envies, il n'est jamais vrai que l'objet qui a occupé l'imagination de la mère et qui lui a fait impression, ressemble, même de loin, à l'anomalie particulière dont la peau est le siége (1). Si l'on examine avec soin les cas parti-

sur le germe se réduit à fort peu de chose : son origine est complétement ignorée; on ne sait pas comment il existe dans la femelle qui le contient. On s'est demandé pendant longtemps s'il se forme de toutes pièces et par l'action de la vie, ou bien si tous les germes sont préexistans, emboîtés les uns dans les autres, ou bien au contraire s'ils sont disséminés, et n'attendant que les circonstances nécessaires à leur développement dans un lieu convenable; mais ces questions, malgré les longues discussions qu'elles ont entraînées, ne sont point encore résolues; les bons esprits les regardent même comme insolubles dans l'état actuel des connaissances humaines, et leur recherche est à peu près complétement abandonnée.

(1) *Voyez* le livre intitulé PHYSIOLOGIE DE L'ESPÈCE, histoire de la génération de l'homme, un beau volume in-4°, illustré de 24 planches gravées sur acier; par Gabriel Grimaud de Caux et Martin Saint-Ange. Les auteurs de l'Histoire de la génération ont su faire ressortir d'un fait purement anatomique en apparence, mais qui est général dans la nature, la base des préceptes moraux les plus précieux et les fondemens de la société elle-même, en démontrant jusqu'à l'évidence que la plupart des lois qui concernent la famille et le citoyen n'ont d'autre source que le grand fait de la génération. Nous devions ce témoignage public à une œuvre capitale de deux de nos plus savans collaborateurs. (*Note du Directeur.*)

(1) L'anatomie a démontré que les envies sont une altération du tissu de la peau. Ses vaisseaux capillaires, artériels et veineux sont relâchés, dilatés, variqueux, et c'est un acci-

culiers, on reste facilement convaincu que cette ressemblance n'existe que pour des yeux prévenus, et que les personnes qui ne sauraient pas de quoi il est question méconnaîtraient complétement la ressemblance accusée. Ensuite on ne peut pas affirmer *à priori* le caractère de la tache que portera un enfant dont la mère aura été en proie aux envies les plus caractérisées et les plus impérieuses durant le cours de sa grossesse, de sorte que ce n'est jamais qu'après l'événement que les femmes accusent un rapport de ressemblance avec tel ou tel objet. « Il ne faut pas compter, dit Buffon, qu'on puisse jamais persuader aux femmes que les marques de leurs enfans n'ont aucun rapport avec les envies qu'elles n'ont pu satisfaire; je leur ai quelquefois demandé, avant la naissance de l'enfant, quelles étaient les envies qu'elles n'avaient pu satisfaire, et quelles seraient par conséquent les marques que leur enfant présenterait. Par cette question, j'ai fâché les gens sans les avoir convaincus. »

Si l'on veut contrôler les résultats par des faits contraires, on voit d'abord les femmes du sérail mettre au monde de très-beaux enfans blancs, quoiqu'elles soient entourées de nègres d'une laideur affreuse. M. Girard a publié, dans le numéro de janvier 1813 du Recueil de la Société de Médecine de Paris, une observation relative à trois femmes qui, ayant eu pendant la durée de leur grossesse l'imagination fortement préoccupée, l'une d'un manchot qui lui avait fait une impression très-vive et très-pénible, l'autre d'un petit chien habillé en homme qu'elle affectionnait extraordinairement, et la troisième d'une envie démesurée de manger des pêches, n'en mirent pas moins au monde des enfans très-bien portans et exempts de difformités ou de taches. D'un autre côté, on a aussi l'observation de trois femmes encore, qui, sans avoir eu aucune envie, sans avoir éprouvé aucune impression fâcheuse pendant leur grossesse, ont donné le jour à trois enfans atteints de difformités. L'un est manchot; l'autre porte sur sa jambe une large tache brune couverte de poils rudes tout-à-fait semblables à des soies de cochon; le troisième, enfin, porte derrière l'oreille une excroissance assez semblable à une poire.

« Si l'imagination, disent MM. Chaussier et Adelon, avait le pouvoir qu'on lui attribue, ses effets ne devraient pas être toujours des malheurs; souvent aussi les mères devraient voir s'accomplir les vœux qu'elles forment relativement au sexe et aux qualités de l'enfant qu'elles attendent; la femme qui désire un garçon, par cela seul devrait l'avoir souvent; toutes les filles devraient être belles : car on ne voit pas pourquoi l'imagination, qui serait capable de modifier le fœtus d'après une impression fâcheuse, n'aurait pas une égale aptitude à le faire d'après une impression agréable. »

Les faits que nous venons de citer ne sauraient être invoqués comme des preuves de l'influence de l'imagination de la mère : les rapporter à une semblable cause, évidemment ce n'est pas les expliquer; c'est tout au plus reproduire le sophisme si fréquent dans la logique du vulgaire, qui consiste à attribuer un effet à un autre, par cela seul que celui-ci est antérieur à celui-là : *Post hoc, ergo propter hoc.* Mais en redressant ce faux jugement, nous ne prétendons pas nier toute influence de ce genre; nous pensons, au contraire, que cette influence est positive et plus fréquente peut-être que nous n'oserions l'affirmer; mais elle s'exerce d'une façon différente de ce que croit le vulgaire.

L'acte générateur est, de toutes les fonctions organiques, celle qui exige le plus grand degré de vitalité. Le moment où le sceau de la vie s'imprime à une organisation nouvelle est certainement caractérisé par une exaltation insolite dont on ne peut se rendre compte qu'en la comparant à un accès de convulsions. Pour un moment la vie des deux conjoints semble passer tout entière dans le nouvel être qui doit résulter de leur union : tels sont les phénomènes de l'état normal. Mais en consultant l'organisation, nous voyons que si l'homme est toujours et nécessairement actif, que si l'acte doit toujours être complet de son côté pour qu'il y ait acte, il n'en est pas de même pour la femme. Celle-ci peut très-bien rester inactive, *pati hominem*, comme on dit, sans que cette inaction se traduise au dehors par quelque phénomène spécial. Or il doit résulter de là bien évidemment ou qu'il n'y a pas de conception, ou que la conception est imparfaite. Horace a dit, à propos de tout autre chose : *Age quod agis*, soyez à votre affaire; et cette maxime doit s'appliquer aussi à la fonction dont nous parlons. Il y a une observation qui a été faite à propos des enfans illégitimes; presque tous sont remarquables par des qualités physiques ou morales; à quoi cela tient-il, si ce n'est à ce que l'imagination de leurs parens est sans cesse éveillée par le besoin de tromper ou la jalousie ou la vigilance, par la nécessité de dérober à la connaissance des autres des plaisirs condamnés par l'opinion publique, et surtout par l'empressement à profiter des courts instans d'une réunion soit fortuite, soit amenée par d'heureuses circonstances, mais toujours ardemment désirée? Dans un pareil état de choses, les fruits dus à un amour qui met en jeu toutes les facultés physiques et morales doivent nécessairement porter quelque empreinte de ces facultés. Comparez l'énergie et la vivacité des étreintes furtives d'un amour irrité par tant d'obstacles aux embrassemens langoureux d'un amour indolent parce qu'il est licite et plein de sécurité, et dites s'il est possible que les êtres qui proviennent de ce dernier ne se ressentent pas

---

dent qui arrive même aux personnes adultes aussi fréquemment au moins qu'aux fœtus. Chez les uns comme chez les autres, la couleur de ces taches varie suivant les saisons. Ces taches sont ineffaçables; il faudrait détruire la peau pour les faire disparaître, et les moyens qu'on serait tenté d'employer dans ce but seraient illusoires, car ils laisseraient subsister une cicatrice encore plus difforme que la tache elle-même. Cependant, quand elles se présentent sous forme de petites tumeurs à base plus ou moins étranglée, on peut les enlever sans difficulté et sans danger.

de l'inertie d'âme et de la nonchalance avec laquelle ils ont été conçus.

Voilà donc deux circonstances dont il faut tenir compte avant de nier totalement l'influence de l'imagination sur le produit de l'acte générateur : 1° l'un des sexes peut être inactif, et il l'est souvent ; 2° tous les deux peuvent apporter dans la fonction plus ou moins d'énergie.

Ceci regarde surtout les circonstances de l'accomplissement de la fonction, dépendantes, jusqu'à un certain point, des deux acteurs ; mais si nous allons plus loin, nous verrons que la survenue d'un accident inattendu peut amener les plus grands désordres dans le produit de la conception.

« Les grossesses extrà-utérines, dit Astruc, sont plus ordinaires dans les filles et dans les veuves, et surtout dans les filles et dans les veuves qui ont passé pour sages, parce que la crainte, la honte, le saisissement dont ces femmes sont affectées dans un embrassement illicite y ont beaucoup de part. » Voici comment s'expliquent les faits auxquels ce médecin fait allusion et tous les autres de ce genre que l'on rencontre dans les auteurs. Supposez qu'une femme soit surprise dans le moment de l'imprégnation, ou par les yeux d'un indiscret, ou par une vive impression, un mouvement de terreur quelconque ; le travail de la fécondation se trouve subitement arrêté. Si l'œuf est fécondé, si la vésicule de Graaf s'est rompue et que l'ovule s'en soit échappé et soit devenu libre par l'une des causes dont nous parlons, le pavillon de la trompe frappée d'inertie ayant cessé d'embrasser l'ovaire, bien loin de servir de conducteur à l'ovule, le laisse tomber dans le bas-ventre, et le fœtus se développe hors de l'utérus, ce qui constitue proprement la grossesse extrà-utérine.

On a fait à cette explication de grossesses extrà-utérines l'objection suivante. On a dit que l'ovule ne se détachant pas de l'ovaire au moment même de l'imprégnation, et son passage dans l'utérus ne s'opérant que dans les jours qui suivent cet acte, le sort du nouvel être, pendant tout ce temps, ne pouvait dépendre absolument de l'influence passagère d'une cause aussi fugitive qu'un mouvement de l'âme.

M. Dezeimeris a répondu à cette objection de la manière suivante : « Pour être apte, dit-il, à transporter l'ovule de l'ovaire à la matrice, la trompe doit rester pendant tout le temps que s'opère ce transport dans un état d'orgasme et d'érection. La spongiosité, le gonflement, l'injection de son tissu, une fois arrivés à un certain degré, se maintiennent spontanément et se prolongent même pendant une durée bien plus considérable que celle qu'exige la fonction pour laquelle ces modifications ont eu lieu ; mais dans les premiers instans, quand il n'y a encore dans la trompe qu'un spasme érectile qui n'existait pas quelques secondes auparavant, quand son orgasme n'est encore qu'un phénomène purement nerveux, qui peut s'éteindre sans laisser de traces, on conçoit qu'une émotion profonde, qu'une révolution dans le système nerveux général, puissent faire cesser brusquement cet état ; et dès lors la trompe étant impropre à accomplir sa fonction, l'œuf restera égaré dans un domicile autre que celui que lui destinait la nature. » Ce qui rend cette explication encore plus sensible, c'est qu'il n'y a peut-être pas d'exemple de gestation extrà-utérine dans les animaux.

Quand la fécondation est opérée, le nouvel individu reste pendant neuf mois sous l'influence de l'organisation de la mère. Il fait partie de cette organisation, et conséquemment toutes les causes qui la modifient doivent agir également sur lui. La grossesse est une fonction de la femme comme la digestion et les sécrétions diverses, et s'il est vrai que les impressions morales puissent influer sur les unes, pourquoi n'influeraient-elles pas aussi sur les autres ? Si la composition du sang est altérée, il est impossible que le développement du fœtus qui s'accroît dans le sein de la mère à l'aide d'un pareil fluide n'en éprouve point de modifications fâcheuses. Que de fois les impressions morales amènent des fausses couches, des avortemens, en provoquant le détachement de l'œuf ? Ne doit-il pas arriver aussi souvent que ces mêmes impressions aient un moindre effet et n'apportent qu'un trouble plus ou moins grand dans les parties qui le constituent. C'est là sans aucun doute la cause la plus fréquente des difformités du produit de la conception ; et, dût-on rapporter l'origine de toutes les monstruosités, comme le fait M. Geoffroy Saint-Hilaire, à des adhérences, à des brides du placenta, il n'en est pas moins très-probable que ces brides et ces adhérences peuvent se former par le fait de ces impressions morales dons nous parlons ici, tout aussi bien que par le fait de commotions extérieures.

Nous ne nous arrêterons point aux considérations anatomiques que l'on tire de l'absence de tout nerf destiné à servir les communications de la mère à l'enfant. L'argument est bon pour les solidistes exclusifs ; mais il n'a pas une grande valeur aux yeux de ceux qui croient à la vitalité des humeurs. *Anima omnis carnis in sanguine est*, a dit l'Ecriture, et malgré le sentiment des solidistes, l'Ecriture a raison. *Si l'âme, si la vie de toute chair est dans le sang*, il n'est pas besoin d'avoir recours à des cordons nerveux pour expliquer l'action de la mère sur l'enfant dans le cas des impressions morales.

SECTION DEUXIÈME. — *Classification des Monstres.*

Notre parti pris de n'entrer dans aucun détail relatif à la monstruosité considérée sous le rapport scientifique, et de nous borner à faire connaître les faits, abrége notre tâche relativement à l'objet de ce paragraphe, et nous permet de nous restreindre à indiquer simplement l'ordre d'après lequel nous grouperons les faits dont l'histoire va suivre.

D'après cela, et sans autre motif, nous prendrons pour base la distribution de Buffon, qui nous paraît la plus simple et qui a d'ailleurs été adoptée par MM. Chaussier et Adelon, dans leur article sur la monstruosité qui fait partie du Dictionnaire des sciences médicales.

Buffon admet trois classes de Monstres : 1° les Monstres par excès ; 2° les Monstres par défaut ; 3° les Monstres qui présentent quelques irrégularités dans la structure et la situation des parties ; et nous ajouterons, avec Meckel, une quatrième classe comprenant les Hermaphrodites. Nous ferons à cette méthode d'exposition deux changemens, nous admettrons deux divisions de la première et de la seconde classe pour y comprendre les géans et les nains, et nous confondrons la troisième classe dans les deux premières. De sorte que ce paragraphe contiendra cinq articles, savoir :

1° Monstres par excès comprenant la réunion de plusieurs fœtus, ou les Monstres plus ou moins doubles ; ceux où il paraît n'y avoir qu'un fœtus, quoiqu'il y ait excès dans la monstruosité.

2° Les Monstres où il y a excès dans l'ensemble de l'organisation, ou les *géans*.

3° Les Monstres par défaut d'une ou de plusieurs parties.

4° Les Monstres par défaut dans leur ensemble, ou les *nains*.

5° Les Monstres dits hermaphrodites.

Art. Ier. *Des monstres par excès de développement.* — Bien que les Monstres par excès aient été considérés par les auteurs sous des rapports très-différens, nous ne comprendrons dans cette dénomination que les Monstres composés, c'est-à-dire ceux où l'on trouve réunis les élémens, soit complets, soit incomplets, de deux ou de plusieurs sujets.

La classe que nous venons d'établir se divise en deux sous-classes : la première, celle des Monstres doubles, qui comprend à elle seule la presque totalité des cas connus ; la seconde, celle des Monstres triples, dont l'histoire, si difficile et souvent controuvée, peut se résoudre dans quelques corollaires très-simples de l'histoire des Monstres doubles.

Tous les Monstres doubles se partagent naturellement, d'après M. Isidore Geoffroy St-Hilaire, en deux ordres : les *autositaires* et les *parasitaires*.

Les premiers comprennent un très-grand nombre de Monstres, composés de deux individus sensiblement égaux en développement. Cette égalité d'organisation indique suffisamment que les deux individus composans jouissent d'une égale activité physiologique ; et c'est ce qui a constamment lieu, soit que les deux sujets composans, réunis seulement dans une région, vivent chacun d'une vie presque distincte, soit que, plus intimement confondus, ils concourent également à la nutrition et à l'accomplissement des autres fonctions nécessaires à la vie commune.

Les Monstres doubles du second ordre, ou parasitaires, sont, au contraire, composés de deux sujets très-distincts par leur organisation générale, et en même temps très-inégaux, le plus petit étant aussi le plus imparfait. Aussi, loin qu'ils participent également aux fonctions vitales, et spécialement aux fonctions de nutrition, le plus petit, analogue par son organisation à un omphalosite ou à un parasite, se nourrit aux dépens du plus grand, et n'en est qu'une sorte d'appendice plus ou moins inerte.

Cela posé, nous allons donner, dans l'ordre que nous venons d'établir, des exemples remarquables de l'une et de l'autre de ces divisions.

Monstres autositaires. — L'histoire d'un Monstre double bi-femelle, que Buffon a rendu si célèbre sous le nom d'Hélène et Judith, caractérise, d'après M. Isidore Geoffroy Saint-Hilaire, le premier genre de la série des Monstres doubles. Né en 1701 à Szony, bourg de Hongrie ; baptisé sous le double nom d'Hélène et de Judith, ce même autositaire fut offert à sept ans en spectacle à la curiosité publique ; promené successivement en Allemagne, en Italie, en France, en Hollande, en Angleterre, en Pologne ; placé à neuf ans par les soins charitables de l'archevêque de Strigonie, dans un couvent de Presbourg, où il mourut dans sa vingt-deuxième année ; examiné pendant ses voyages par tout ce que l'Europe comptait alors de physiologistes, de psychologistes, de naturalistes ; plusieurs fois décrit et figuré dans d'importans ouvrages ; célébré même par plusieurs poètes ; enfin, mentionné presque sans aucune exception dans tous les ouvrages tératologiques qui ont paru depuis un siècle et plus.

Hélène et Judith, placées à peu près dos à dos (*voy.* pl. 379, fig. 7), étaient réunies extérieurement dans la région fessière et une partie des lombes. Les organes sexuels externes offraient des traces évidentes de duplicité ; mais il n'existait qu'une seule vulve, située inférieurement et cachée entre les quatre cuisses : le vagin, d'abord unique, ne tardait pas à se diviser en deux vagins distincts, et tout le reste de l'appareil sexuel était double. De même, il existait deux intestins réunis seulement vers leur orifice en un canal commun, et aboutissant par leur extrémité commune à un anus placé entre la cuisse droite d'Hélène et la gauche de Judith. Il en était de même encore des deux rachis, réunis seulement à la partie de la seconde pièce du sacrum, et terminés par un coccyx unique. Enfin les deux aortes et les deux veines caves inférieures s'unissaient par leur extrémité, et établissaient ainsi deux larges et directes communications entre les deux cœurs. De là une demi-communauté de vie et de fonctions, sources de phénomènes physiologiques et pathologiques du plus haut intérêt.

Les deux sœurs n'avaient ni le même tempérament ni le même caractère. Hélène était plus grande, plus belle, plus agile, plus intelligente et plus douce. Judith, atteinte, à l'âge de six ans, d'une hémiplégie, était restée plus petite et d'un esprit lourd (1) ; elle était légèrement contrefaite et avait la parole un peu difficile. Toutes deux se portaient une tendre et mutuelle affection, et cha-

(1) Elle parlait néanmoins, comme sa sœur, trois langues : le hongrois, l'allemand et le français. Hélène et Judith avaient aussi appris pendant leurs voyages un peu d'anglais et d'italien.

cune, dit un auteur contemporain, souffrait autant de la triste position de sa sœur que de sa propre infortune. Cependant, durant leur enfance, il leur arrivait fréquemment de se quereller et même de se frapper l'une l'autre à coups de poings : quelquefois aussi la plus forte ou la plus irritée soulevait l'autre sur ses épaules, et l'emportait malgré elle. Les règles parurent chez toutes deux vers seize ans, mais non en même temps, et il y eut toujours depuis des différences entre elles pour la durée, la quantité et l'époque de l'écoulement menstruel, malgré l'unité de l'orifice extérieur de l'appareil sexuel. Elles éprouvaient simultanément le besoin d'aller à la selle, mais séparément celui d'uriner. Elles pouvaient marcher, soit en avant, soit en arrière, mais avec lenteur, et s'asseoir, en faisant éprouver à leur corps une torsion peu commode. L'une d'elles étant éveillée, on voyait quelquefois l'autre dormir, ou bien l'une travaillait et l'autre se reposait. Elles avaient eu simultanément la rougeole et la petite-vérole; et si d'autres maladies n'atteignirent que l'une des deux sœurs, l'autre avait du moins des accès d'un malaise intérieur, et était en proie à un vif sentiment d'anxiété. Frappés de cette déplorable solidarité entre les deux sœurs, trop expliquée par leur organisation, les médecins annoncèrent que la mort de l'une d'elles aurait pour suite nécessaire et presque immédiate celle de l'autre. Dans une grave maladie que fit Judith à dix-neuf ans, on crut même devoir préparer à la mort la malheureuse Hélène, et lui administrer, encore pleine de vie, les derniers sacremens. Judith guérit cependant, mais pour succomber trois ans après, à une maladie de l'encéphale et des poumons; et alors se vérifièrent les horribles prévisions des médecins. Atteinte depuis plusieurs jours d'une fièvre légère, Hélène perdit presque tout à coup ses forces, tout en conservant l'esprit sain et la parole libre. Après une courte agonie, elle succomba, victime, non de sa propre maladie, mais de la mort de sa sœur : toutes deux expirèrent presque dans le même instant (1) ! Ainsi périrent ces deux malheureuses filles, unies entre elles par des liens indissolubles, et condamnées, par une affreuse et inévitable fatalité, à souffrir pendant toute leur vie, puis à mourir l'une par l'autre. Une telle association est heureusement aussi rare qu'affligeante pour l'humanité : à peine si l'on compte six ou sept autres monstruosités de ce genre.

Treyling rapporte l'histoire de deux jeunes filles nées en Carniole, précisément un an avant Hélène et Judith, et comme elles pleines de vie, quoique affectées de la même monstruosité. Un chirurgien conçut la pensée de les séparer l'une de l'autre, et de les rendre à l'état normal : mais ses tentatives provoquèrent de violentes convulsions, et elles périrent dans leur quatrième mois. Malheureusement Treyling ne décrit pas l'organisation intérieure de ce Monstre double et ne nous donne pas la moindre notion sur les rapports des deux systèmes vasculaires.

En nous laissant dans le doute si la séparation chirurgicale des deux individus composans serait possible dans quelques cas, l'extrême rareté des jumeaux ainsi accolés nous prive aussi de documens suffisamment complets sur les circonstances de leur naissance. M. Isidore Geoffroy Saint-Hilaire croit pouvoir affirmer, par analogie, qu'ils naissent ordinairement avant terme, et, surtout, il est certain que l'extrême complication de leur organisation rend difficile et laborieux, mais non impossible, l'accouchement naturel. Dans une notice sur Hélène et Judith, un auteur digne de foi (Torkos) nous apprend qu'Hélène parut d'abord et sortit jusqu'à l'ombilic, et que le reste de son corps, de même que le corps tout entier de Judith, ne fut entièrement dégagé que long-temps après. La mère, non seulement survécut à cet accouchement laborieux, mais on sait par divers témoignages qu'elle eut depuis plusieurs enfans robustes et bien conformés.

Bien que les monstres doubles par adhésion sous-ombilicale ne soient pas fort rares, cependant, à l'exception du cas d'agneau double bimâle décrit et figuré tout récemment par Barkow, l'observation que nous allons donner, et que nous empruntons au magnifique ouvrage de pathologie de M. le professeur Cruveilhier, est peut-être le seul qui offre des détails d'organisation un peu circonstanciés.

Le fœtus double représenté pl. 386 de notre Atlas a été adressé à M. Cruveilhier, le 24 mars 1834, par M. Jolly, ancien interne des hôpitaux, aujourd'hui médecin à Château-Thierry. Voici les notes dont ce praticien distingué a accompagné son envoi :

«M. Jolly fut appelé auprès d'une femme en travail depuis huit heures; c'était une troisième grossesse : la tête de l'enfant était sortie; mais une résistance insurmontable s'opposait à la sortie du tronc de l'enfant. Trois heures s'étaient écoulées depuis la sortie de la tête : c'était pour cette circonstance que la matrone qui assistait la femme réclama les soins de M. Jolly. La face était en avant; le cordon qui entourait le cou de l'enfant était flasque et sans battemens : l'enfant était évidemment mort.

» Ce ne fut pas sans difficulté que M. Jolly parvint à reconnaître qu'il avait affaire à deux fœtus intimement unis : il dégagea d'abord les deux bras de l'enfant dont la tête était sortie; puis, portant le tronc en haut et en avant, il amena le dos, les fesses et les pieds. Saisissant alors les fesses du second enfant, il en fit l'extraction en moins d'une minute. Ni l'un ni l'autre de ces jumeaux n'ont donné signe de vie; cependant il paraît que le premier vivait au moment de la sortie de la tête. Il n'y avait qu'un seul placenta; les deux cordons, séparés dans toute leur longueur, se réunissaient sur

(1) Comme elles approchaient de vingt-deux ans, Judith prit la fièvre, tomba en léthargie et mourut. La pauvre Hélène fut obligée de suivre son sort : trois minutes avant la mort de Judith elle tomba en agonie, et mourut presque en même temps. (Buffon.)

sur le placenta lui-même. La femme allait parfaitement au moment où M. Jolly m'adressait cette observation.

» La fig. 1 représente le fœtus double femelle, vu par sa partie antérieure.

» L'adhésion a lieu par la région antérieure du tronc ; elle est limitée à la région sus-ombilicale de l'abdomen et à la partie inférieure du thorax. On pourrait donner aux Monstres doubles de cette espèce le nom de *Sus-omphalo-didymes*. Un cordon unique aboutit à l'ombilic commun, qui présente un exomphale avec déchirure de la membrane demi-transparente que formait la poche herniaire. Il est plus probable qu'ici, comme dans le plus grand nombre des cas, le déchirement de la poche herniaire a eu lieu par le fait de l'accouchement.

» La fig. 2 représente le canal digestif; on voit que chaque fœtus a son estomac *a*, *a'*, son duodénum *b*, *b*, mais que les deux duodénums aboutissent à un intestin commun en *c*, lequel se bifurque à peu près au niveau de la partie moyenne de l'intestin grêle; que chaque branche de la bifurcation va se rendre à un gros intestin particulier pour chaque fœtus, de telle sorte que le canal digestif, double supérieurement, devient commun au niveau de la partie de l'intestin grêle qui porte le nom de jéjunum, pour redevenir double à sa partie inférieure.

» La fig. 3 représente les viscères thoraciques et abdominaux des deux fœtus ouverts. On voit que les deux sternums sont complétement distincts l'un de l'autre. Chaque fœtus a son thymus, ses deux poumons; mais les deux cœurs sont confondus en un seul organe horizontalement situé, imparfaitement symétrique, dont la moitié droite est contenue dans la cavité thoracique du fœtus droit, et la moitié gauche dans la cavité thoracique du fœtus gauche. Son bord supérieur concave répond à la base du thorax au niveau des appendices xyphoïdes; son bord inférieur concave repose sur le diaphragme.

» Il y a quatre auricules : deux à droite, une supérieure *a* qui est cachée dans la position naturelle du cœur, une inférieure *b*; deux à gauche, *c*, *d*; l'auricule supérieure gauche et l'auricule inférieure droite sont beaucoup plus considérables que l'auricule supérieure droite (*voy.* fig. 4) et l'auricule inférieure gauche; on voit encore sur cette figure l'artère aorte *e* du côté droit, l'artère aorte *f* du côté gauche, les veines caves supérieures et inférieures droites *g*, *h*, les veines caves supérieures et inférieures gauches *i*, *j*.

» Un seul diaphragme *k*, qui résulte de la réunion des deux diaphragmes, est traversé par les deux veines caves inférieures; il y a deux centres aponévrotiques séparés l'un de l'autre par des fibres charnues. Le diaphragme est d'ailleurs bien loin d'offrir sa voussure accoutumée, ce qui tient à une disposition toute particulière du foie.

» *Viscères abdominaux.* — Les uns sont doubles, les autres communs.

» 1° *Organes doubles.* — Deux estomacs, dont le droit est caché par le foie; deux duodénums, deux pancréas, deux iléons, deux cæcums (*l*, *m*, fig. 2 et 3), deux appendices vermiculaires (*n*, *o*), deux gros intestins, deux paires de reins et de capsules surrénales, deux vessies, deux utérus et annexes.

» 2° *Organes communs.* — Le jéjunum, le foie. Le foie mérite surtout de fixer notre attention. J'avais cru d'abord qu'il n'y avait qu'un seul foie *p*, *p*, et je m'étonnais du peu de volume de cette masse, qui était censée représenter les deux foies réunis; mais en traversant le paquet intestinal, j'ai trouvé à la partie postérieure de la cavité abdominale un foie tout-à-fait semblable au foie antérieur, ayant comme lui son ligament postérieur, sa vésicule biliaire et sa veine ombilicale.

» La veine ombilicale du foie postérieur se détachait du cordon au moment où ce cordon pénétrait par l'ombilic dans la cavité abdominale, s'accolait à la paroi postérieure de l'abdomen commun et se rendait au sillon antéro-postérieur de ce foie postérieur.

» Le foie antérieur et le foie postérieur adhéraient l'un à l'autre, et cela par leur bord postérieur, en sorte que le foie postérieur affectait avec la paroi abdominale postérieure les mêmes rapports que le foie antérieur avec la paroi abdominale antérieure. Tous deux sont bilobés.

» Il est bien difficile, au premier abord, de se rendre compte de cette disposition des deux foies. Cependant si l'on considère que la paroi antérieure de l'abdomen commun aux deux fœtus est formée par la moitié droite de l'abdomen du fœtus droit et par la moitié gauche de l'abdomen du fœtus gauche, que la paroi postérieure est constituée par la moitié droite du fœtus gauche et par la moitié gauche du fœtus droit, on concevra que le foie, fidèle à la région des parois abdominales qu'il occupe habituellement, a dû rester en place pour le fœtus droit (c'est le foie antérieur), et que pour le fœtus gauche il a fallu nécessairement qu'il présentât son bord postérieur en avant, et par conséquent qu'il opposât son bord postérieur au bord postérieur du foie antérieur. Du reste, l'union des deux foies n'avait lieu qu'au tiers moyen du bord postérieur de ces organes. De chaque côté se voyaient deux profondes échancrures qui répondaient à la portion libre des bords du foie.

» Le foie antérieur et le foie postérieur présentaient cela de remarquable, qu'ils n'occupaient pas les deux hypochondres, mais bien les régions épigastriques, que leur ligne médiane répondait à l'axe d'union des deux fœtus, que les deux lobes du foie étaient à peu près égaux en volume et semblables pour la forme.

» *Cœur.* Les deux fig. 4 et 5 représentent le cœur ouvert.

» La fig. 4 représente le cœur ouvert par son bord concave ou supérieur; à l'aide de cette incision, on pénètre dans une cavité qui a l'aspect d'un ventricule terminé en cul-de-sac à gauche, et duquel partent à droite l'artère aorte, munie de ses trois valvules, et l'artère pulmonaire *q*, qui n'en avait que deux : cette dernière artère est cachée par l'aorte dans la figure 3. Une cloison incomplète établit la ligne de démarcation entre les parties aortiques et les parties pulmonaires du ventricule ; la cavité qui avoisinait le bord concave du cœur était donc le ventricule aortico-pulmonaire du fœtus droit : elle communiquait par une large ouverture avec la cavité des oreillettes.

»La fig. 5 représente le cœur ouvert le long du bord convexe ou inférieur. Cette incision a permis de pénétrer dans une cavité ayant l'aspect d'un ventricule terminé en cul-de-sac à droite et pénétrant à gauche : 1° l'orifice de l'aorte pourvu de trois valvules ; 2° l'orifice de l'artère pulmonaire qui n'en présente que deux. On peut voir sur la figure la différence du calibre des deux vaisseaux. Le ventricule destiné au fœtus gauche est donc à la fois aortique et pulmonaire comme le ventricule du fœtus droit. Au centre de cette cavité ventriculaire est un orifice garni de deux valvules et qui conduit du ventricule commun dans la cavité commune des oreillettes. La crosse de l'aorte présentait cette anomalie si commune qui consiste dans l'origine de l'artère sous-clavière droite au dessous de la crosse de l'aorte et dans le passage de cette artère derrière la trachée et l'œsophage.

» *Cavité commune des oreillettes.* En renversant le cœur de bas en haut et en faisant une incision étendue de l'une à l'autre veine cave inférieure, on pénètre dans une cavité à parois extrêmement minces divisée en deux moitiés, l'une supérieure, l'autre inférieure, par une cloison horizontale incomplète : cette cavité est la cavité commune des oreillettes ; la moitié supérieure de cette cavité reçoit les veines pulmonaires ; la moitié inférieure reçoit les veines caves.

»Dans cette cloison on reconnaît à droite une *fosse ovale* très-prononcée, dont le fond est criblé de trous ; à gauche un *trou de Botal* ; à la partie moyenne il y a absence complète de cloison.

» Cette cavité commune des oreillettes, qui est située sur un plan postérieur au ventricule, communique d'ailleurs avec l'un et l'autre ventricule.

»Il suit de là que le cœur de ce fœtus double se composait de deux ventricules aortico-pulmonaires et d'une cavité auriculaire commune ; que le ventricule aortico-pulmonaire supérieur ou ventricule du bord concave appartenait au fœtus droit ; que le ventricule aortico-pulmonaire inférieur ou ventricule du bord convexe appartenait au fœtus gauche.

» Les deux fœtus étaient donc dans les conditions circulatoires des poissons. Leur circulation ventriculaire était distincte ; mais leur circulation auriculaire était commune.

»Il est bien difficile de se rendre compte de la manière dont la coalition des deux cœurs a pu s'exécuter ; mais avec un peu d'attention, on reconnaît aisément les vestiges de deux cœurs.

»Un fait curieux, c'est que les deux artères pulmonaires n'étaient pourvues que de deux valvules, elles qui sont bien plus souvent que l'aorte pourvues de quatre valvules. »

L'espèce de monstruosité que nous venons de décrire, rare chez l'homme, l'est également chez les animaux. Gurlt, dans son important travail sur les monstruosités des mammifères domestiques, en figure un exemple chez le veau : les deux corps, unis par les croupes, sont dirigés horizontalement en sens inverses : les deux queues, jointes seulement à leur origine, sont libres dans leur presque totalité. Le même auteur mentionne trois autres cas du même genre chez le veau, et un autre exemple chez le mouton ; mais il ne donne jamais que des indications très-succinctes et insuffisantes.

Un autre genre de Monstres, quoique analogue au précédent par les conditions fondamentales de son organisation, est caractérisé par un mode d'union précisément inverse : c'est par l'extrémité céphalique, front à front et ventre à ventre, que se réunissent les deux individus. Cette union insolite se rencontre rarement chez l'homme, et s'observe aussi quelquefois dans la classe des oiseaux ; chez l'homme il est même une monstruosité de ce genre dont l'observation remonte à plus d'un siècle et demi, et dont l'histoire, presque oubliée aujourd'hui et bannie, à peu d'exceptions près, de tous les ouvrages récens de tératologie, a eu presque autant de retentissement aux seizième et dix-septième siècles, que celle d'Hélène et de Judith au dix-huitième. C'était encore un sujet bi-femelle. Les deux sujets composans, accolés par les parties antérieures et supérieures de leur tête, étaient, dans leur situation ordinaire, placés parallèlement l'un à l'autre, et opposés front à front, face à face, ventre à ventre ; comme Hélène et Judith, ces deux sœurs ne pouvaient se coucher, se lever, marcher qu'ensemble, et quand l'une avançait, il fallait que l'autre reculât : mais, de plus, chacune d'elles, ayant toujours sa sœur en face de ses yeux, ne pouvait apercevoir que de côté les objets environnans. Elles vécurent ainsi jusqu'à dix ans. L'une d'elles ayant survécu à l'autre, on se détermina, au rapport des auteurs contemporains, à la séparer du cadavre de sa sœur : mais l'opération, comme on devait s'y attendre, n'eut aucun succès. Les auteurs ajoutent que, durant la grossesse, la mère de ces jumelles accolées, et une autre femme s'étaient rencontrées tout à coup l'une au devant de l'autre et frappées front contre front : circonstance à laquelle, suivant les idées alors dominantes dans la science, ils s'accordent presque tous à rapporter l'origine de la monstruosité.

Enfin, parmi les animaux, Tiédemann a décrit et figuré récemment deux jeunes canards qui présentaient une conformation au moins très-analogue ; les deux crânes, dans leur partie antérieure et supérieure, et même d'un côté les deux cerveaux, se trouvaient réunis l'un à l'autre. Ces deux jeunes canards, opposés face à face et à becs presque contigus, parvinrent au temps normal de l'incubation, et brisèrent comme les autres la coquille de leur œuf; mais leur éclosion fut très-promptement suivie de leur mort. Ce cas n'offre donc pas à beaucoup près tout l'intérêt qu'on aurait pu y trouver s'ils avaient continué de vivre; mais son authenticité est à l'abri de toute contestation, et il est sous ce rapport très-précieux pour l'étude de la monstruosité en général. Un troisième genre de monstruosité, très-rare aussi chez l'homme, et encore inobservée chez les animaux, comme dans le cas précédent, consiste en un singulier assemblage de deux sujets n'ayant entre eux de rapports par aucun point du tronc ou des membres, et réunis seulement par les sommets des deux têtes : mais ici la relation réciproque des deux têtes et leur mode d'union, sont très-différens et beaucoup plus remarquables encore. Le front de l'une ne se joint plus au front de l'autre, mais à son occiput, et réciproquement, en sorte que l'un des deux sujets composans regardant d'un côté, l'autre a nécessairement le visage tourné en sens inverse. En d'autres termes, la face ventrale de l'un d'eux fait suite non à la face ventrale de l'autre, mais à la face dorsale; et si l'un est dans la supination, l'autre est nécessairement dans la pronation.

L'observation pleine d'intérêt que nous allons donner a été recueillie par le docteur Delpech et publiée par le docteur Villeneuve. Une dame, âgée de 24 ans, parfaitement constituée, ainsi que son mari âgé de 30 ans, ayant déjà donné l'existence à deux enfans, garçon et fille, bien conformés, devint grosse pour la troisième fois dans le courant d'avril 1829. Aucune circonstance particulière n'accompagna ni la conception ni la grossesse; seulement le volume du ventre, plus considérable que dans les grossesses précédentes, avait fait penser au médecin de cette dame qu'elle pouvait être enceinte de deux enfans.

Le 15 novembre 1829, vers 11 heures du soir, c'est-à-dire à sept mois environ de conception, cette dame ressentit de vives douleurs utérines, suivies d'une perte assez considérable pour donner des craintes et exiger qu'on restât près d'elle, quoiqu'il n'existât encore aucune dilatation manifeste du col utérin. Vers 2 heures du matin, la perte cessa complétement et la dilatation commença à s'opérer. A l'approche du jour, les douleurs, qui étaient modérées, se suspendirent; la femme s'endormit, et à huit heures du matin il n'y avait plus de contractions utérines. Deux heures après, les douleurs se réveillèrent, le travail reprit de l'activité, et au bout d'une heure fut expulsé sans beaucoup d'efforts le double fœtus dont nous allons indiquer les particularités. Appelés à la hâte auprès de cette dame, les médecins trouvèrent le double fœtus dont il s'agit (*voy.* pl. 379, fig. 1) entièrement privé de vie et même un peu froid. Il était situé transversalement entre les cuisses de sa mère qui ignorait de quoi elle venait d'accoucher, et adhérait par deux cordons au placenta.

La délivrance s'opéra promptement, facilement et par les seuls efforts de la nature. Les suites de couches se passèrent de la manière la plus satisfaisante. Ayant examiné successivement les différens produits de cet accouchement, voici ce qu'il offrit de plus remarquable. Le placenta, unique, de forme presque circulaire, était d'un volume égal à ceux qui se rencontrent dans le cas d'un seul enfant à terme, mais volumineux. La face utérine offrait à sa partie moyenne, et dans l'intervalle du point d'insertion des deux cordons, une scissure qui s'étendait jusqu'au chorion.

Le placenta ainsi que les membranes ne présentaient rien de remarquable. Les deux cordons, de volume et de longueur ordinaires, proportionnellement à l'âge du double individu, s'inséraient chacun séparément et sur une même ligne vers le tiers de la surface du placenta. Les fœtus, tous deux du sexe masculin, avaient dans leur ensemble, de talons à talons, une longueur totale de 19 pouces, ce qui donne 9 pouces et demi pour chacun des individus qui, à peu de chose près, étaient parfaitement semblables, soit pour la grandeur, soit pour le volume. Les deux têtes, mesurées dans une direction verticale, avaient ensemble cinq pouces. A leur jonction commune elles avaient sept pouces trois lignes de circonférence. Ces deux fœtus ne présentaient d'ailleurs aucun vice de conformation, et étaient proportionnés dans toutes leurs parties. De même que tous les jumeaux, ils étaient seulement chacun d'un volume un peu au dessous de la dimension ordinaire d'un fœtus unique à pareille époque de conception. On doit, en outre, faire remarquer que leurs têtes, comparées à leurs coques, étaient relativement plus petites que chez un fœtus ordinaire de même dimension.

La jonction de ces jumeaux était indiquée extérieurement par une légère dépression circulaire, un peu plus forte en avant et en arrière que latéralement. En déprimant avec les doigts les différens points de cette jonction, on déterminait un chevauchement qui était plus prononcé dans les régions temporales que dans tout autre point. Il était donc évident que les os frontaux, pariétaux et occipitaux de chacun de ces sujets, au lieu de se réunir en voûte pour former le sommet du crâne, étaient écartés et se correspondaient par leurs bords supérieurs, de telle manière que le frontal de l'un était en contact avec l'occipital de l'autre, le pariétal droit de celui-ci en contact avec le pariétal gauche de celui-là, et réciproquement. Au dessus du frontal de chaque individu, existait un petit espace triangulaire qui n'offrait aucune résistance et représentait la fontanelle extérieure.

Les tégumens du crâne, ou cuir chevelu, étaient parfaitement continus d'un individu à l'autre, et recouverts de cheveux courts et fins.

Les différentes parties du visage étaient parfaitement conformées et heureusement dessinées; d'un autre côté il n'y avait aucun trait de ressemblance entre ces deux jumeaux.

Chez l'un d'eux la ligne médiane du tronc ne répondait pas exactement à celle de la tête, de telle manière que le corps proprement dit déviait de quelques lignes du côté droit.

M. le professeur Breschet, qui a bien voulu se charger de la dissection et de l'examen anatomique de ce double individu, a observé ce qui suit :

Les os frontaux, occipitaux et temporaux avaient leur conformation ordinaire; mais les pariétaux des deux fœtus étaient beaucoup plus grands que dans l'état normal, et formaient la majeure partie de la boîte osseuse constituée par la réunion des deux crânes. Sur le côté droit de cette boîte osseuse, on remarquait un enfoncement dirigé d'arrière en avant à peu près au milieu entre les deux têtes. Cet enfoncement était plus marqué dans le pariétal d'un fœtus que dans celui de l'autre. Sur le côté opposé, cet enfoncement n'existait pas, les os pariétaux du côté gauche étaient un peu plus hauts que ceux du côté droit.

Cette différence dans la hauteur des pariétaux paraissait être le résultat de l'angle très-obtus que formaient, entre eux, vers le côté droit, les axes perpendiculaires des deux têtes.

Chaque pariétal représentait six bords, dont chacun se réunissait à un autre os. Le bord inférieur était uni au temporal, l'antérieur au frontal. Le bord supérieur antérieur était uni au bord supérieur antérieur du pariétal du même côté de l'autre fœtus. Le bord supérieur postérieur se joignait au coronal de l'autre fœtus. Le bord postérieur supérieur était uni au pariétal du côté opposé. Enfin le bord postérieur inférieur se réunissait avec l'occipital.

A l'examen de l'autre fœtus on voyait les deux frontaux régulièrement conformés, qui s'unissaient par leur bord supérieur avec le bord supérieur postérieur des pariétaux de l'autre individu. La réunion des pariétaux n'avait pas lieu sur la ligne médiane, elle était oblique de haut en bas et de droite à gauche; elle commençait au sommet de l'occipital de l'autre sujet, et se terminait inférieurement au milieu du bord supérieur du frontal, par suite de cette disposition oblique de la suture sagittale. La grande fontanelle avait une figure triangulaire, parce qu'elle était formée seulement aux dépens des deux frontaux. La petite fontanelle, entre les pariétaux et le sommet de l'occipital, était peu marquée.

L'autre suture sagittale était droite et se trouvait dans la ligne médiane pour se continuer avec la suture qui joignait les frontaux. Par suite de cette disposition, la fontanelle antérieure, étant formée aux dépens des frontaux et des pariétaux, avait une forme quadrangulaire comme à l'état normal. Au milieu de la suture sagittale, on remarquait une échancrure dans chaque pariétal; ces deux échancrures formaient par leur réunion une petite fontanelle intermédiaire entre la fontanelle antérieure et la postérieure.

La petite fontanelle, ou la fontanelle postérieure, était un peu plus grande que celle qui se trouvait de l'autre côté.

Les os pariétaux étaient beaucoup plus élevés que les os frontaux.

Après avoir ouvert circulairement les deux crânes, on a trouvé les cerveaux dune consista nci molle, qu'il a été impossible de les sortir en entier. Ils étaient entièrement séparés l'un de l'autre, et il n'y avait même pas de communication entre les deux cavités qui les contenaient. La dure-mère de chaque fœtus, parvenue à l'endroit de la réunion des têtes, quittait la face interne du crâne pour se réfléchir en dedans et en s'unissant à celle de l'autre fœtus, formant ainsi une cloison intermédiaire entre les deux cerveaux. Il n'y avait pas de sinus veineux. Entre les dures-mères, à l'endroit où elles quittaient la face interne du crâne pour se réunir et former la cloison, cette cloison correspondait antérieurement et postérieurement aux sommets des os occipitaux, et du côté droit à l'enfoncement qu'on remarquait dans les pariétaux.

Il résultait de cette conformation, que les cavités crâniennes avaient plus de hauteur antérieurement que postérieurement. Les deux cerveaux se ressemblaient par leur forme, ils étaient beaucoup plus saillans au milieu que vers leurs lobes antérieurs et postérieurs; leurs faces supérieures étaient planes, et l'on n'y remarquait pas de circonvolutions; ces faces étaient contiguës à la cloison qui les séparait. Leurs formes correspondaient parfaitement aux cavités dans lesquelles ils étaient contenus; elles étaient semblables à un cône dont la base serait à la cloison intermédiaire, et le sommet dans les fosses moyennes du crâne.

Les hémisphères gauches étaient un peu plus volumineux que ceux du côté droit; les scissures de Sylvius étaient très-profondes; les circonvolutions très-marquées à la surface inférieure des deux cervaux; chaque cerveau était enveloppé de la membrane arachnoïde; la pie-mère des deux cerveaux était très-mince; le volume du cervelet était proportionné au cerveau dans les deux fœtus; les protubérances annulaires étaient très-petites.

Ces cerveaux étaient tellement mous, qu'il a été impossible d'en examiner la structure interne ; cependant on a pu distinguer les ventricules latéraux et les cornes d'Ammon. Toutes les parties situées sur la ligne médiane étaient détruites par le ramollissement.

Les fosses moyennes des crânes étaient très-profondes.

On a trouvé les racines de tous les nerfs cérébraux.

Tous les organes du thorax et de l'abdomen étaient dans l'état normal; il en était de même de la ramification des gros troncs artériels et veineux.

Ici se termine l'intéressante description de ce Monstre double; on ignore s'il donna en naissant quelques signes de vie; mais d'autres observations suppléent ici à celle que n'a pu faire M. Villeneuve.

L'Histoire de l'Académie des sciences pour 1703 fait mention d'un Monstre double assez semblable à celui que nous venons de décrire, mais qui naquit plein de vie et qui reçut le baptême. Le crâne, dit l'Histoire de l'Académie, pouvait faire croire qu'il n'y avait qu'un cerveau, et sur cela on avait tourmenté de quelques scrupules le curé qui l'avait baptisé comme deux individus. Cependant, à considérer les mouvemens que les deux fœtus avaient indépendamment l'un de l'autre, il était plus probable que chacun d'eux avait son cerveau séparé. L'auteur de cette observation intéressante, mais très-incomplète, Lémery, médecin à Blois, nous apprend aussi que l'accouchement avait été très-facile, l'un des deux fœtus étant venu les pieds en bas et l'autre les pieds en haut.

Nous citerons encore une autre observation de ce genre, qui a été indiquée, mais d'une manière plus succincte encore, par Albrecht. Né en décembre 1733, ce sujet bi-femelle était encore vivant et bien portant en mars 1734. A en juger par la figure que l'auteur ajoute à sa note, et qui représente cet enfant double dans son double berceau, les deux sujets composans n'étaient point placés ordinairement suivant une même ligne droite, comme dans le cas de M. Villeneuve, mais faisaient entre eux un angle droit.

On ne peut douter que ces sortes de Monstres puissent survivre à leur naissance, non seulement de quelques jours, mais même de plusieurs mois, et il y a tout lieu de croire que leur existence peut avoir encore une bien plus longue durée.

Après avoir exposé les faits les plus curieux et les plus authentiques, relativement aux Monstres doubles se tenant par la tête, nous allons parler des Monstres doubles se groupant corps à corps.

Kœnig rapporte, et ce cas serait à lui seul bien concluant, que deux filles unies de l'appendice xiphoïde à l'ombilic, naquirent vivantes, vers la fin du dix-septième siècle, et furent heureusement séparées dès leur première enfance, d'abord à l'aide d'une ligature de plus en plus serrée, puis par l'instrument tranchant. Si ce fait est exact, il y a tout lieu de penser que l'union était très-superficielle.

Berry parle d'un Monstre bi-femelle né en 1804 dans l'Inde britannique, et qui était encore plein de vie en 1807. Les deux filles de race indienne qui composaient cet être double étaient vives, actives, malgré la gêne que leur imposait leur association face à face. Leur ressemblance était frappante : à moins d'être familiarisé par une longue habitude avec leur physionomie, on ne remarquait guère entre elles qu'une légère différence de taille. Dans leur position ordinaire, elles étaient opposées entre elles, visage à visage et ventre à ventre ; c'est ainsi, par exemple, qu'elles dormaient, placées l'une sur le flanc droit, et l'autre sur l'épaule : mais dans la progression elles s'écartaient latéralement, de manière à faire entre elles un angle aigu ou même droit, et à marcher de côté. Ainsi, la situation relative des deux corps n'était pas fixe et immuable, mais tout au contraire variable à volonté ; ce qui indique encore une union peu intime, et surtout ce qui prouve indubitablement que les deux appendices xiphoïdes n'étaient pas soudés, mais seulement joints par une articulation dont la laxité était entretenue et sans doute augmentée de jour en jour par les mouvemens fréquens et variés des deux troncs.

Les frères siamois (*voy.* pl. 285, fig. 1), devenus si célèbres dans toute l'Europe, et même dans tout le monde scientifique, sont nés à la même époque (1811), et dans la même région que les précédens. Très-semblables l'un à l'autre par les traits de leurs visages, mais différant sensiblement par leur taille et par leur force, Chang et Eng, ainsi nommés, sont unis entre eux de l'ombilic à l'appendice xiphoïde. Dans leur enfance, les deux frères siamois, comme les deux sœurs indiennes, se trouvaient opposés face à face, et se touchaient mutuellement, au dessus et au dessous du lieu d'union par leur thorax et par leur abdomen. Si cette disposition première, qui est commune à tous les Monstres doubles naissans, eût persisté pendant la vie de Chang et d'Eng, ils n'auraient pu ni marcher dans le même sens ni s'asseoir en même temps, et ils se fussent réciproquement gênés et entravés dans toutes leurs actions ; de là des efforts faits dès l'enfance pour arriver à des relations mutuelles plus commodes et mieux harmoniques, et par suite des modifications aussi heureuses pour les deux frères qu'elles sont physiologiquement remarquables. Les deux appendices xiphoïdes, au lieu de se continuer inférieurement dans les plans des sternums, se sont relevés et rejetés latéralement, l'un à droite, l'autre à gauche ; ils forment, avec les parties musculaires et cutanées, très-étendues en longueur, dont ils sont recouverts, une sorte de bande qui se porte transversalement d'un sujet à l'autre. Cette bande, par laquelle l'union primitivement intime et immédiate des deux sujets composans se trouve en quelque sorte changée en une union mi-droite et à distance, a, dans l'état présent, jusqu'à cinq pouces de long sur trois de large, et est flexible, mais inégalement dans tous les sens. Les deux appendices xiphoïdes placés bout à bout, sont-ils en rapport par des articulations très-lâches, soit avec les corps des sternums, soit l'un avec l'autre ? C'est ce que le toucher de la bande d'union eût pu facilement apprendre, mais les deux frères s'étant constamment refusés à laisser achever un examen qu'ils disaient douloureux, M. Isidore-Geoffroy n'a pu s'en assurer. Ils ont toutefois suppléé en partie aux données qu'eût pu fournir cet examen, en exécutant sous mes yeux, dit M. Isidore Geoffroy, plusieurs mouvemens, et prenant plusieurs positions qui attestent, dans la bande d'union, une flexibilité beaucoup plus grande que ne l'ont supposé les auteurs qui en ont fait la description. C'est ainsi que, l'un des deux frères restant droit, l'autre pouvait se baisser, et dans ce moment, son thorax tournait sur la bande d'union comme sur une sorte de pivot. On les a vus aussi se placer l'un en face de l'autre, comme ils l'étaient dans leur enfance. Mais ces positions, et cette dernière elle-même, tant l'organisation se plie à l'influence long-temps partagée d'une habitude, sont pour Chang et Eng des attitudes forcées qu'ils s'empressent de quitter pour reprendre ce qui est aujourd'hui leur état ordinaire, c'est-à-dire pour se mettre l'un par rapport à l'autre de côté et à angle droit.

C'est ainsi placés qu'ils se couchent, qu'ils s'asseoient, qu'ils se tiennent debout, qu'ils marchent ; comparables à deux personnes qui, serrées l'une contre l'autre, se touchent réciproquement par un des côtés de leur poitrine. Aussi la progression ne se fait-elle ni pour l'un ni pour l'autre directement d'avant en arrière, mais obliquement, suivant la diagonale de l'angle qu'ils forment entre eux. Chacun d'eux a l'un des côtés de son corps placé en avant, et relativement à l'ensemble de l'être double, en dehors, l'autre en arrière et en dedans. De même, la jambe et le bras droit de l'un des frères, la jambe et le bras gauche de l'autre, sont en avant, les deux autres jambes et les deux autres bras en arrière. De là une inégalité très-marquée d'action, d'exercice, et, par suite, de développement, entre les deux membres, d'abord semblables et égaux, de chaque paire thoracique et abdominale. Tandis que Chang et Eng tiennent leurs bras postérieurs pendus comme inertes derrière leur double corps, ou bien, et c'est le plus souvent, les entrelacent mutuellement autour de leurs cous ou de leurs poitrines; tous les actes de la préhension, aussi bien que ceux qui exigent de la force et de l'adresse, restent dévolus aux bras antérieurs : aussi sont-ils robustes et bien musclés, les deux autres sont, au contraire, faibles et grêles. Pareillement, dans la marche, dans la course, dans le saut même, qui s'accomplit par les efforts instantanément combinés et toujours harmoniques des deux frères, les jambes postérieures ne font que seconder et pour ainsi dire que suivre les deux antérieures : aussi sont-elles faibles, maigres, et même, chez l'un des deux sujets surtout, très-sensiblement cagneuses. Les deux moitiés du corps et même de la tête, les yeux exceptés, pour lesquels a précisément lieu l'inverse, offrent des différences moins marquées, mais analogues; en sorte que, par une disposition que la simplicité de son explication ne rend pas moins singulière, le côté droit d'Eng se trouve beaucoup plus semblable au côté gauche de Chang, et réciproquement, qu'à l'autre moitié de son propre corps.

Dans les circonstances ordinaires, lorsque tous deux sont également calmes ou également animés, la respiration et les pulsations artérielles sont simultanées chez Chang et Eng. Cependant il n'en est pas toujours ainsi. L'un des deux frères s'étant un jour baissé pour examiner le jeu d'une montre, son pouls s'accéléra aussitôt, au rapport d'un médecin instruit, le docteur Warren, tandis que celui de l'autre jumeau ne subit point de changement sensible : mais l'isochronisme ne tarda pas à se rétablir. Les médecins de Londres et de Paris ont eu aussi occasion de constater à plusieurs reprises, et même quelquefois sans cause apparente, des différences plus ou moins marquées dans le nombre des pulsations.

Les deux Siamois montrent même dans leurs autres fonctions une concordance remarquable, mais non absolument constante, comme les journaux des Etats-Unis, de Londres, de Paris se sont plu à le répéter successivement, et comme le disaient eux-mêmes Chang et Eng aux personnes qui se contentaient de leur adresser quelques vagues questions. Sans doute rien de plus curieux que le contraste d'une dualité physique presque complète, et d'une unité morale absolue : mais aussi rien de plus contraire à la saine théorie.

Jumeaux créés sur deux types presque identiques, puis inévitablement soumis pendant toute leur vie à l'influence des mêmes circonstances physiques et morales, semblables d'organisation et semblables d'éducation, les deux frères siamois sont devenus deux êtres dont les fonctions, les actions, les paroles, les pensées mêmes sont presque toujours concordantes, et, si l'on peut s'exprimer ainsi, se produisent et s'accomplissent parallèlement. Leurs heures d'appétit, de sommeil, de veille, leurs joies, leurs colères, leur douleurs, sont communes; les mêmes idées, les mêmes désirs se font jour au même moment dans ces âmes jumelles ; la phrase commencée par l'un est souvent achevée par l'autre. Mais toutes ces concordances prouvent la parité et non l'unité : des jumeaux normaux en présentent souvent d'analogues, et sans doute en offriraient de tout aussi remarquables s'ils eussent invariablement, pendant toute leur vie, comme les deux Siamois, vu les mêmes objets, perçu les mêmes sensations, joui des même plaisirs, souffert des mêmes douleurs.

Comme deux instrumens semblables, dont on fait vibrer au même instant les cordes analogues, les deux Siamois sont donc entre eux, si l'on peut s'exprimer ainsi, à l'unisson. Tel est leur état habituel, mais non leur état constant et nécessaire; et toute assertion qui tend à dépasser cette limite, exagère la vérité et tombe dans l'erreur. Ainsi, il est faux que les deux frères éprouvent toujours au même moment et au même degré le sentiment de la faim, que les plus légères indispositions de l'un soient toujours ressenties par l'autre, enfin que leur sommeil commence et finisse toujours au même instant, tellement que jamais l'un d'eux n'ait pu voir son frère endormi : phénomènes assurément très-remarquables s'ils étaient vrais, mais qu'il est temps de retrancher, comme autant d'ornemens faux et trompeurs, d'une histoire qui doit puiser tout son intérêt dans un récit simple et sévère des faits.

Chang et Eng ont l'un pour l'autre l'affection la plus tendre. Obligés de marcher, de s'asseoir, de se coucher, de se lever ensemble, de s'obéir tour à tour, et de se faire mutuellement, et presque à chaque instant de leur vie, le sacrifice de leur volonté, à peine les a-t-on vus quelquefois dans une passagère mésintelligence. Telle est même la force de leur mutuelle affection, qu'ils ne trouvent pas acheté trop cher, au prix de la gêne constante de leurs mouvemens, le bonheur de se sentir sans cesse l'un près de l'autre, et de réaliser à la lettre cette belle image de l'amitié : tous deux ne sont qu'un, et chacun est deux. On assure que plusieurs chirurgiens, ayant conçu le projet, trop hardi peut-être, de les rendre à l'état normal par leur séparation, ce fut ce sentiment, bien plus que la crainte de la douleur ou de la mort, qui les détermina à se refuser à toute opération. Les deux frères siamois, aujourd'hui façonnés aux mœurs européennes, parlent tous deux avec la même facilité la langue anglaise, pour laquelle ils ont presque entièrement oublié le chinois. Ils s'entretiennent volontiers avec les personnes qui les visitent; souvent même chacun d'eux suit séparément une conversation distincte avec des interlocuteurs différens, mais entre eux, ils ne s'adressent presque jamais la parole, et lorsqu'ils le font, ce n'est que pour se dire quelques mots, en apparence sans suite et à peine intelligibles pour d'autres. Comment, en effet, concevoir cet échange rapide et répété de faits et d'idées, que l'on appelle conversation, entre deux êtres qui, unis ensemble par un lien indissoluble, voient tous les mêmes objets, entendent toutes les mêmes paroles, et se sont l'un à l'autre, à chaque instant de leur vie, un confident inévitable.

Une autre monstruosité double non moins remarquable que celle des frères Siamois est celle de Ritta-Cristina (*voyez* pl. 380, fig. 1 à 5). Les détails dans lesquels nous allons entrer à ce sujet ont été en grande partie recueillis et consignés par l'un de nous (Martin Saint-Ange) dans le Journal hebdomadaire de médecine, numéro 67, janvier 1830. Les circonstances qui ont précédé et accompagné la naissance de Ritta-Cristina sont imparfaitement connues. Leur mère, femme robuste, avait eu déjà huit couches heureuses, lorsqu'à l'âge de trente et un ans elle devint enceinte de nouveau; sa grossesse, assez pénible, ne présenta d'ailleurs rien de remarquable et se termina à l'époque ordinaire. Ce furent les deux têtes qui se présentèrent d'abord, et l'accouchement fut, assure-t-on, assez difficile pour que l'on dût recourir à l'emploi de lacs. L'enfant double naquit cependant plein de vie. On ignore si, à leur naissance, les deux individus composans étaient également forts et bien portans; mais il est certain que, dès l'âge de trois mois et demi, ils présentaient entre eux une différence très-sensible. D'après des observations dues au docteur Malagodi, le sujet placé au côté gauche de l'axe d'union, Cristina, avait la tête plus ovale et surtout plus grosse que le sujet droit, Ritta. La différence était plus marquée encore à six mois, et surtout à huit. Cristina paraissait forte et bien portante; elle était vive, gaie, avide de prendre le sein : Ritta était maigre; sa peau, généralement jaune, offrait une teinte bleuâtre à sa figure, qui avait une expression de souffrance; ses cris étaient fréquens, et ne s'apaisaient point par l'offre du sein, qu'elle ne prenait que rarement et pour peu d'instans.

Tel était l'état de Ritta-Cristina lorsque commencèrent les froids de l'hiver. Tenues dans une chambre presque toujours sans feu, découvertes plusieurs fois chaque jour pour être soumises à de nouvelles investigations, Ritta-Cristina ne pouvaient manquer de périr d'une prompte mort. En effet, Ritta fut prise d'une *bronchite* intense dont il fut impossible d'arrêter les progrès au milieu des déplorables circonstances où se trouvaient placées les deux sœurs. Ce fut trois jours seulement après l'invasion de la maladie que succombèrent Ritta et Cristina; Ritta, déjà privée de sensibilité et vraiment à l'agonie depuis plusieurs heures; Cristina, jusqu'au dernier moment, pleine de vie et de santé : sa respiration était seulement un peu gênée, son pouls plus fréquent, et elle venait encore de prendre le sein, quand tout à coup, sa sœur expirant, elle expira aussi.

Les parens de Ritta-Cristina étaient venus à Paris dans le dessein d'exposer leur double fille à la curiosité publique; mais la police leur refusa l'autorisation nécessaire. Ce ne fut pas un sentiment d'humanité qui dicta ce refus; la mort de Ritta-Cristina en fut la conséquence. A son arrivée à Paris, Ritta paraissait plutôt fatiguée du voyage que réellement malade; mais ici les secours lui ayant manqué dans une saison qui commençait à devenir rigoureuse, force fut qu'elle succombât. Et ici nous devons raconter les faits dans toute leur vérité afin que le scandale qui eut lieu alors ne soit pas renouvelé. Après l'avoir soumise à l'examen de divers corps savans, le père de Ritta-Cristina, nommé *Parodi*, sollicita vainement de l'autorité la permission de faire jouir le public de la vue de ce phénomène. Mais les restrictions que le préfet de police mit à cette permission la rendit totalement illusoire. On prétexta des principes de morale et les intérêts de la santé de l'enfant bicéphale pour motiver les entraves qu'on mettait ainsi à satisfaire l'impatience et la curiosité publiques. Mais dans le fond toutes ces tracasseries n'avaient pour objet que d'empêcher les discussions que l'on craignait de voir s'élever sur les phénomènes psychologiques de cet être double; idées absurdes, nées dans des temps d'ignorance et de superstition, que l'autorité eût dû s'efforcer de détruire, bien loin de les manifester. Il est vrai qu'on s'en défendit plus tard, lorsqu'un savant exprima dans une séance académique la crainte que la vie de l'enfant bicéphale pouvait être *violemment* compromise par un plus long séjour en France. La suite prouva en effet que l'autorité avait, relativement aux sciences, des idées qui dataient du neuvième siècle, et pensait qu'il fallait corriger les aberrations de la nature en enfouissant ses produits anormaux dans quelque chose de plus profond que l'oubli. Qui croirait que cet être intéressant fut poursuivi jusqu'à sa mort par les malédictions stupides d'une classe d'individus qui usaient alors de leur influence pour comprimer les efforts de l'esprit humain; comme si la vérité ne triomphait pas toujours tôt ou tard de tous les obstacles, comme si, depuis que le monde existe, le soleil n'était pas constamment sorti brillant et radieux du milieu des plus sombres nuages.

Lorsque Ritta-Cristina eut succombé à l'influence du climat, mais surtout à la privation des soins qui lui étaient nécessaires, on enjoignit aussitôt à ses parens de l'enterrer dans les vingt-quatre heures;

il fallut que l'intervention du préfet de la Seine vînt appuyer les supplications de nos savans les plus recommandables pour empêcher cet acte de stupidité bigote. On voulait appliquer au phénomène de Sassari des réglemens de police qui tous les jours souffrent de nombreuses exceptions; et tandis que les malheureux qui succombent dans les hôpitaux ont le privilége d'aller alimenter les amphithéâtres de dissection, lorsqu'un ami ou un parent ne vient pas réclamer leurs dépouilles mortelles, on voulait enlever aux savans l'occasion que la nature leur offrait de faire des observations d'un genre tout-à-fait neuf et qui pouvaient contribuer à l'avancement des sciences.

En quoi la morale était-elle donc si intéressée à ce que le public ne pût satisfaire sa curiosité? On craignait, comme nous l'avons dit, les discussions psychologiques. De bonne foi le public se mêle-t-il beaucoup des discussions qui peuvent s'élever entre les poursuivans de la science? il les abandonne aux philosophes. Quant à la faible portion de curieux qui n'est point étrangère aux études scientifiques, si de semblables faits pouvaient élever dans leur esprit des doutes sur des vérités admises, il n'est au pouvoir d'aucune autorité de les empêcher. Toutefois, il faut bien le dire tout haut, le matérialisme n'est point un dogme admis par les physiologistes de nos jours. L'étude de l'organisation humaine, telle qu'on la pratique, est tout-à-fait indépendante de l'étude de la métaphysique pure. Ce sont deux sciences à part; et aux yeux de tout médecin instruit, l'ouvrage de Cabanis, sur le *physique et le moral de l'homme*, n'est plus aujourd'hui qu'un beau livre. Ainsi, même en ce qui regarde les savans, les craintes manifestées étaient absurdes et ridicules; et les théories que l'examen de Ritta-Cristina pouvait faire émettre n'auraient eu aucune conséquence fâcheuse pour la morale. Les savans regrettèrent principalement que tout le monde ne pût pas satisfaire une juste curiosité. La vue de cet enfant bicéphale aurait convaincu le public qu'une organisation informe est toujours une organisation, et que l'étude de ces êtres exceptionnels ne peut qu'être infiniment favorable aux progrès de la science qui a l'homme pour objet.

Les phénomènes physiologiques constatés par l'observation de Ritta-Cristina sont du plus haut intérêt. Quel sujet de méditation que le spectacle de cet être double, à deux volontés, à doubles sensations! L'une des deux têtes dormait d'un sommeil profond, et l'autre demandait et prenait avidement le sein de sa nourrice, ou bien, toutes deux éveillées, l'une poussait des cris de souffrance, l'autre souriait paisible à sa mère. Si l'on chatouillait un bras de l'une des deux sœurs, elle seule percevait la sensation, et il en était de même toutes les fois que l'on touchait une partie du corps non comprise dans l'axe d'union, cette partie fût-elle un côté de l'abdomen commun ou même l'un des deux membres pelviens. Agissait-on sur la jambe droite, Ritta seule le sentait, et non Cristina; sur la gauche, Cristina et non Ritta. Ainsi nous le voyons par l'observation physiologique après l'avoir établi par l'analyse anatomique : sur cette paire commune de membres, l'un appartient exclusivement à l'un des corps, l'autre à l'autre. Au contraire, toute action exercée sur une partie comprise dans l'axe d'union, par exemple sur la vulve ou l'anus, était immédiatement et à la fois perçue par Ritta et par Cristina : les phénomènes produits étaient donc encore ici exactement tels qu'on pouvait les déduire de la simple observation anatomique.

L'étude des fonctions circulatoire et respiratoire a fourni aussi plusieurs résultats intéressans. Appliqué sur la région cardiaque, le stéthoscope fit entendre des battemens très-confus, et, autant qu'on put en juger, simples, et l'on trouva aussi les battemens du pouls isochrônes chez Ritta et chez Cristina. De là cette opinion d'abord admise par plusieurs médecins, qu'il n'existait qu'un seul cœur pour les deux jumelles. La difficulté de concevoir chez un être double la prolongation de la vie autrement qu'avec deux cœurs, ou bien, ce qui ne pouvait exister chez Ritta-Cristina, avec un cœur entièrement simple, n'empêcha même pas que cette opinion ne fût quelque temps soutenue avec chaleur. Mais lorsque Ritta devint gravement malade et fut prise d'une fièvre violente, l'existence de deux cœurs (*voyez* fig. 3 *a*, *b*) distincts, démontrée depuis par l'autopsie, devint dès-lors évidente, Ritta ayant environ vingt pulsations de plus que sa sœur. Le nombre des mouvemens respiratoires présenta aussi alors quelques différences; mais elles étaient peu marquées.

Ritta et Cristina éprouvaient séparément le sentiment de la faim, mais presque toujours ensemble le besoin d'expulser les matières fécales. La disposition de leur canal alimentaire double jusqu'au commencement de l'*iléum* (*v.* fig. 5, *a*, *e*, *b*, *f*) explique très-bien cette différence et permet aussi de concevoir un fait noté par quelques observateurs, savoir, la très-petite quantité de nourriture prise habituellement par Ritta. Sans doute Cristina, dont l'appétit était au contraire très-grand, contribuait à soutenir sa sœur, en faisant parvenir dans l'iléum commun plus de matière nutritive qu'il n'était nécessaire pour elle-même.

L'autopsie de Ritta-Cristina, faite avec le plus grand soin par M. Serres de l'Institut de France, a montré quelques particularités curieuses qui ne doivent pas être omises ici. Le premier est l'existence d'un second utérus très-imparfait et imperforé (*voyez* fig. 4, *k*), mais avec ses trompes et ses ovaires appartenant, ceux du côté droit à Ritta, les gauches à Cristina. Un autre fait également constaté par les recherches de M. Serres, c'est l'existence sur l'axe d'union, derrière le bassin rudimentaire postérieur, d'un très-petit tubercule arrondi, recevant quelques branches vasculaires ischiatiques et fessières, et représentant dans son état le plus rudimentaire le troisième membre commun aux deux sujets composans, que l'on retrouve plus développé dans beaucoup de cas analogues. Enfin une particularité plus curieuse encore

core de l'organisation de Ritta-Cristina, c'est l'état très-différent de l'appareil circulatoire chez les deux sœurs, l'une, sous ce rapport, bien conformée, l'autre atteinte d'un grave vice de conformation. En effet, les troncs artériels et veineux de Cristina étaient normaux aussi bien que le cœur; mais chez Ritta, en même temps que tous les viscères étaient transposés, comme il arrive presque toujours chez les Monstres doubles, pour un des individus composans; il existait deux causes de cyanose, savoir : une triple perforation de la cloison inter-auriculaire, et la présence de deux veines caves supérieures, ouvertes, l'une dans l'oreillette gauche, devenue ici l'oreillette veineuse, l'autre dans l'oreillette droite, ici artérielle. Ainsi s'expliquent et la coloration bleue de la face chez Ritta, et cette faiblesse générale, et cet état de langueur qui avaient frappé tous les observateurs.

Sans cette structure imparfaite de l'un des deux cœurs, sans cette grave complication de la monstruosité principale, Ritta-Cristina eussent pu sans doute, placées dans des circonstances favorables, et sagement entourées de soins hygiéniques, échapper à tous les dangers de la première enfance et parvenir jusqu'à l'état adulte. Les phénomènes de la double vie si harmonieusement combinée de Ritta-Cristina, les circonstances vraiment accidentelles de leur mort, sont de précieux et importans indices de cette possibilité : les annales de la science en fournissent d'autres, en montrant ailleurs réalisée l'hypothèse que nous ferons ici pour Ritta-Cristina. Les fig. 2 et 4, pl. 382, des Monstres doubles, se rapportent à la même division.

Vers le commencement du règne de Jacques IV, naquit en Ecosse, au rapport du célèbre poète et historien Buchanan, un enfant mâle dont le corps, unique inférieurement, et double supérieurement, paraît avoir réalisé tous les caractères des Monstres doubles dont nous nous occupons en ce moment. Elevé avec beaucoup de soin par les ordres du roi, ce Monstre apprit plusieurs langues et devint habile musicien. Ses deux moitiés avaient souvent des volontés opposées, et quelquefois même se querellaient entre elles. Cet être double, dont l'étude psychologique et physiologique eût pu dans un autre siècle devenir d'un si grand intérêt pour la science, mourut à vingt-huit ans. On prétend que l'un des corps survécut plusieurs jours à l'autre.

Saint-Augustin fait aussi mention, dans un de ses ouvrages, d'un homme double seulement dans la région sus-ombilicale, mais ce fait, et quelques autres également relatifs à l'espèce humaine que l'on trouve recueillis dans les ouvrages de Pâris, de Licetus, d'Aldrovande, manquent entièrement d'authenticité, et l'on ne peut leur attribuer aucune valeur scientifique.

Il existe une autre espèce de monstruosité double, encore inobservée chez l'homme, et assez rare chez les animaux, c'est celle de deux têtes séparées portées sur un corps commun; mais ces corps présentent une organisation vraiment unitaire, et ces deux têtes contiguës l'une à l'autre par leurs portions postérieure et latérale, reposent sur un cou unique, se touchent aussi d'un côté; elles laissent au contraire entre elles, de l'autre côté, un intervalle dans lequel est logée l'extrémité supérieure du rachis (pl. 381, fig. 15). C'est une vipère commune de France, envoyée il y a quelques années à l'Académie des sciences par M. Dutrochet. Ce reptile, jeune encore, était plein de vie, lorsque le hasard le fit rencontrer dans un bois par une personne qui le mit promptement à mort.

La dissection de cette vipère a été faite par M. Dutrochet. Il existait deux trachées et deux œsophages distincts, mais aboutissant, les unes dans un poumon, les autres dans un estomac simple et de composition normale. L'unité du cœur a été constatée. Enfin l'habile observateur auquel nous empruntons ces détails anatomiques a reconnu que la colonne vertébrale, unique dans sa presque totalité, se bifurquait dans le voisinage de la tête.

Les fig. 4, 11 et 12 de la planche 381, reproduisent à peu de chose près la même monstruosité. Seulement l'union, toujours faite par les côtés de la tête, et toujours avec les mêmes dispositions à partir de l'occiput, s'étend non seulement jusque vers la région auriculaire, mais jusqu'à la région oculaire.

Bordenave, dans un mémoire intitulé Description d'un enfant monstrueux né à terme, a fait connaître, par une courte description et par quelques figures, un Monstre très-curieux qui doit être ici mentionné avec détail. La tête était très-large, et les deux corps, portant chacun deux bras bien conformés, étaient réunis dans la région sus-ombilicale; mais l'un des corps, beaucoup plus petit que l'autre, se terminait par un membre double, les deux pieds se séparant dans leur région métatarsienne et ayant les gros orteils en dehors. Il est à regretter que Bordenave n'ait point décrit l'organisation du petit corps. Un autre genre très-rare de monstruosité double (*voy.* pl. 382, fig. 1) consiste dans la fusion de deux têtes et du corps, les membres restant tout-à-fait libres. Nous passons actuellement aux monstruosités doubles qui constituent, à proprement parler, les Monstres parasitaires, établis par M. Isidore Geoffroy St-Hilaire. L'existence d'un ou deux membres accessoires insérés sur le dos est encore une monstruosité inconnue chez l'homme, et très-rare chez les animaux. Elle n'est même bien constatée jusqu'à présent que dans une seule espèce. On montrait, en 1745, au public parisien, une vache adulte, annoncée comme ayant cinq jambes et une figure humaine au haut de l'une d'elles. Cette prétendue figure humaine n'était autre chose qu'une tumeur informe reposant sur le dos et l'épaule du côté droit, et formant la base d'un membre accessoire, un peu plus court qu'un membre normal, et, comme à l'ordinaire, imparfaitement conformé. La dissection faite par Sue prouve en effet que le métacarpe et les doigts offraient seuls une conformation à peu près normale. Les os de l'avant-bras, le cubitus surtout, étaient très-difformes, et l'humérus, sans ses connexions, était presque méconnaissable. Le membre accessoire pendait un peu en avant de l'épaule et on pouvait le faire mouvoir à volonté, son extrémité supérieure n'étant articulée avec aucun os, mais seulement attachée par des ligamens aux vertèbres antérieures du dos et aux dernières cervicales.

Voici un genre sur lequel son excessive rareté et plus encore la singularité de ses conditions d'existence ont spécialement appelé, depuis que M. Isidore Geoffroy St-Hilaire l'a fait connaître par ses publications tératologiques, l'intérêt d'un grand nombre de physiologistes et le doute de plusieurs autres.

Le cas de céphalomélie, alors sans aucun analogue dans la science, qu'il a observé il y a quelques années, lui a été présenté par un canard mâle de l'espèce commune, qu'il a vu d'abord vers l'âge de deux mois et qu'il a suivi dans tous ses développemens.

Le membre accessoire, unique chez ce sujet, était implanté sur la ligne médiane, dans les tégumens de la partie supérieure de l'occiput. Sa base était en contact avec le crâne, non ossifié en ce lieu, mais seulement dans un très-petit espace, vice de conformation que l'on observe au reste très-communément chez tous les oiseaux, et surtout chez les poules à tête huppée.

Quant à sa disposition générale, ce membre accessoire était beaucoup plus petit que les membres normaux. Mal conformé dans toutes ses parties, incapable de se soutenir par lui-même, il pendait sur le côté droit de la tête; et l'on pouvait, à volonté, le rejeter en avant, en arrière ou à gauche.

Mais une circonstance à laquelle les faits exposés jusqu'ici ne nous ont nullement préparés, c'est que le membre accessoire inséré sur la tête était analogue, par sa conformation, aux membres, non de la paire la plus voisine, mais bien de la paire placée à l'autre extrémité du corps; ce n'était pas une aile, mais une patte, très-petite, mal faite, il est vrai, mais parfaitement reconnaissable. Le tarse, au dessus duquel la jambe n'était représentée que par des parties rudimentaires à demi cachées dans les plumes, était écussonné comme dans un membre ordinaire. Les doigts étaient au nombre de trois, mais les deux latéraux n'avaient pas même d'os à l'intérieur, et l'un d'eux, extrêmement court et rudimentaire, semblait un simple appendice du doigt médian; aucun des trois n'avait d'ongle; mais la membrane inter-digitale était bien développée entre les deux doigts principaux, et l'on voyait même des traces manifestes de palmature dans l'étroit intervalle qui séparait le doigt médian du plus petit des doigts latéraux. Toute la patte accessoire était, pendant la vie, aussi bien que les deux pattes principales, d'une belle couleur orangée, et sa base, comme dans l'état normal, était au centre d'une touffe de plumes molles, blanches et un peu frisées, très-différentes des plumes occipitales ordinaires, toutes un peu rudes, couchées, et d'un beau vert métallique. Ce canard, aujourd'hui conservé dans les galeries zoologiques du Muséum d'Histoire naturelle, avait vécu plusieurs années dans cet établissement. Sa patte accessoire était, dans le jeune âge, beaucoup plus grande à proportion, et peut-être mieux conformée qu'on ne la voit aujourd'hui dans la préparation.

Cette dernière circonstance était très-propre à justifier les doutes qui se sont élevés dans quelques esprits sur cette rare et singulière monstruosité, lorsqu'on l'indiqua pour la première fois. On pensa alors, et M. Isidore Geoffroy St-Hilaire avait conçu lui-même ce soupçon, que la patte accessoire avait pu être entée sur l'occiput, comme on implante quelquefois des ergots sur les côtés de la tête d'un coq. Mais les premiers possesseurs du canard céphalomèle ont bien voulu transmettre des renseignemens qui remontent jusqu'au moment de son éclosion, et qui, aussi certains que complets, permettent de garantir, de la manière la plus positive, l'authenticité de l'anomalie.

Au surplus, s'il pouvait encore rester dans quelques esprits des doutes sur l'existence de cette monstruosité, ils disparaîtraient devant la confirmation imprévue que Tiedeman est venu donner en 1831 à mes propres observations, par la publication d'un second cas de céphalomélie: présenté aussi par un jeune canard, cet autre exemple est tellement semblable au précédent, qu'on serait tenté, au premier abord, de les considérer comme un seul et même fait, deux fois décrit par des auteurs différens. La patte accessoire insérée à l'occiput était, de même, pendante latéralement. Sa longueur était de deux pouces et demi environ. Sa conformation générale s'écartait, à beaucoup d'égards, du type normal. On ne distinguait que deux doigts, tous deux mal faits et très-rapprochés l'un de l'autre.

Ce canard, d'après le célèbre physiologiste auquel nous en avons emprunté la description, avait vécu et était même parvenu jusqu'à l'âge adulte. Cette observation reproduit donc avec une similitude frappante toutes les circonstances observées par M. Isidore Geoffroy, deux ans auparavant, chez un autre sujet.

Le Monstre parasitaire que nous allons décrire a été observé et dessiné d'après nature par l'un de nous (Martin Saint-Ange), et décrit par M. Geoffroy Saint-Hilaire, sous le nom d'*Iléadelphe*.

L'enfant que madame Heu, sage-femme, vient de présenter à l'Académie, et qu'elle a reçu le 4 juillet dernier (1830), est né à Vaugirard, n° 88. Le père, nommé Evrard, est un ouvrier carrossier, d'une bonne constitution; sa femme, aussi bien portante, avait déjà eu plusieurs enfans, nés tous sans aucune déformation. Livrée aux soins de son ménage, la femme Evrard s'occupe de savonnage avec quelque ardeur, et ce ne pourrait être qu'en s'employant ainsi qu'elle aurait pu se blesser. Ses souvenirs lui disent que dans sa vivacité extrême elle s'est quelquefois heurtée et meurtrie, principalement à la région du bassin, mais aucun de ses souvenirs ne s'applique toutefois aux faits de sa dernière grossesse.

C'est dans ces circonstances qu'arrivant le terme ordinaire du développement fœtal, la femme Evrard mit au monde, après un travail simple et naturel, son dernier enfant, né double inférieurement, depuis et y compris le bassin.

Cet enfant (*voy.* pl. 579, fig. 10), réunit entièrement et dans des rapports convenables toutes les conditions de l'humanité, toutes les parties organiques d'un sujet normal. Un second train postérieur qu'il porte en plus, si c'est une surcharge, ne constitue cependant pas un fardeau entravant le jeu des autres organes essentiels. La situation respective des parties surnuméraires, réglée à l'origine par des effets d'adhérence au dedans des enveloppes placentaires, s'est maintenue après la naissance du sujet. Les principales jointures articulaires étant frappées d'ankylose, cela ne saurait empêcher de tirer un parti avantageux de ce surcroît d'organisation, car des fesses en plus, grasses et potelées, pourraient avoir pour cet enfant l'utilité d'un coussin favorisant sa pose, quand il voudra s'asseoir. La jambe voisine de l'appareil surnuméraire est plus faible que sa congénère; elle est apauvrie de tout le sang qui s'engage dans l'organe surajouté. Pour obvier à cet inconvénient, il suffira de contrarier le développement des parties surnuméraires en les tenant constamment renfermées dans une poche, en les privant ainsi de mouvemens, quand d'ailleurs il faudra au contraire exciter par un exercice vif et suivi le développement de la jambe née plus faible. Cela fait, le jeune Gustave Evrard pourra exécuter peu à peu tous les actes physiologiques de l'espèce humaine.

Maintenant nous allons considérer la monstruosité en elle-même. Elle consiste dans l'existence d'un train de derrière en plus, embranché sur un bassin qui est à tous autres égards placé dans les conditions normales. Un noyau osseux, lequel n'a pu, faute d'un emplacement suffisant, fournir au développement entier d'un second bassin, se trouve intercalé, postérieurement et à gauche, entre la partie gauche du bassin normal et le coccyx. Cette partie surnuméraire n'a pris position qu'après avoir repoussé le coccyx au-delà de la ligne médiane et vers la droite. A cet effet, la colonne épinière, à partir des lombes, est déviée dans cette direction. Ainsi se trouve adossé à l'iléon et à l'ischion de gauche, un noyau osseux, réunissant avec des conditions d'atrophie les élémens de deux os iléons et ischions, où tout au milieu est une gorge articulaire. Il pouvait suffire et il a suffi de ces parties intercalées, pour qu'un second train de derrière survînt, et figurant comme un hors-d'œuvre accroché à un être d'ailleurs parfaitement régulier, réussît, sans y porter d'obstacles, à se marier aux arrangemens préfixes d'un système organique, comme on le pourrait dire par exemple d'une branche inattendue qu'aurait produite le développement d'un arbre. Chaque tête de fémur des membres surajoutés est logée dans la cavité articulaire commune, et par conséquent à si petite distance l'une de l'autre, que les fémurs, restant dans toute leur longueur séparés et distincts, n'ont pu chacun se recouvrir de leurs muscles et tégumens qu'après que les parties charnues similaires se sont rencontrées et soudées, de telle sorte qu'il n'existe qu'une seule cuisse pour l'appareil surnuméraire, qu'une seule cuisse formée par de doubles élémens engagés et réunis. Mais, à partir du genou, ces parties diverses se sont dédoublées; chaque jambe existe à part dans son indépendance, aussi bien avec une propre déformation que sous une apparence différente. Nous allons en traiter séparément :

1° La *jambe gauche* de l'appareil surnuméraire. Elle est ankylosée et coudée à angle droit, de gauche à droite; le pied, également contourné à angle droit, laisse voir la cheville extérieure dans une situation tout-à-fait inférieure; l'autre cheville occupe le centre d'une grosse tubérosité, et se trouve ainsi sans manifestation au dehors. Ce pied, ainsi tourmenté, est terminé seulement par deux doigts, dont l'un est double de l'autre.

2° La *jambe droite*. Elle est plus courte, plus ramassée, plus épaisse, et en partie engagée dans les tégumens de la cuisse unique. Ce sont les mêmes renversemens et contours aux malléoles; d'ailleurs le pied reprend plus loin tout-à-fait les conditions normales. Il est terminé par cinq doigts, se trouvant exactement tous dans leurs rapports respectifs, comme position et volume. De la façon que ces pieds se sont rangés et casés dans le sac utérin pour y occuper moins de place, l'ankylose des parties articulaires les a maintenus, parce que cette ankylose, due au défaut de mouvement des parties, a imprimé tout d'abord à celles-ci des effets pour toujours persévérer. Entre les fesses propres à chaque jambe normale, existe une plus grande fesse, s'étendant sur toutes les parties réunies vers le haut de l'appareil surnuméraire. L'anus s'ouvre dans le sinus déclive, et particulièrement vers le milieu de la rainure produite par l'abaissement de la fesse surnuméraire sur l'inclinaison en sens contraire de la fesse de la jambe droite. Au contour formé de l'autre côté, de la cuisse gauche à la cuisse surnuméraire, existe l'espace d'un pouce de large pour favoriser par devant le placement et le débouché de l'organe sexuel; celui-ci du sexe masculin est régulier.

Nous allons terminer en disant un mot de quelques cas analogues, sinon semblables. Aldrovande, en son livre *de Monstris*, parle de plusieurs enfans quadrupèdes, et donne, page 556, d'après Jacques Roux, la figure de l'un d'eux, né à Rome. Ce savant naturaliste avait accordé plus d'attention aux oiseaux pourvus d'un second train de derrière, quelques uns étant dans la possibilité de se servir simultanément de leurs quatre pieds. Ainsi, il a fait représenter, comme se trouvant dans ce cas, trois poulets, pages 551, 552, 553; une oie, page 564; trois pigeons, pages 565, 566, 568; puis enfin un chardonneret, page 569. On trouve aussi dans le Recueil des écarts de la nature, par Regnault et sa femme, un poulet quadrupède, pl. 5, lequel n'avait pu se servir du train surnuméraire, les pieds en étant plus courts et déformés, et un pigeon, pl. 23, qui, au contraire, posait facilement sur ses quatre pattes et faisait usage de toutes dans la marche.

C'est un poulet établi comme dans les exemples d'Aldrovande, page 566 et 568, ou comme le poulet du Recueil des écarts de la nature, pl. 5, qui est vivant à Étampes et qui reproduit à tous égards le cas de monstruosité de l'enfant Gustave Evrard; d'une seule cuisse à double fémur sortent deux jambes mal conformées, ramassées, inégales, et avec jointures ankylosées.

La monstruosité dont nous allons nous occuper est une des plus rares. Deux cas seulement sont connus; l'un par Isidore Geoffroy St-Hilaire, l'autre par des notices dues à Pinet, à Licetus et à Thomas Bartholin.

Le Monstre décrit par Pinet naquit à Gênes, en 1617. Examiné à l'âge de vingt-deux ans par Bartholin, il jouissait d'une très-bonne santé, et lorsqu'on le voyait enveloppé dans son manteau, rien ne pouvait indiquer en lui un être monstrueux. Sa tête était grosse, mais mal conformée : abandonnée à son propre poids, elle tombait en arrière et pendait ainsi renversée au devant du corps de l'autre sujet. Sa bouche, toujours béante, laissait échapper continuellement de la salive. Ses yeux n'étaient point ouverts. Ses membres supérieurs, courts, mal faits, très-contournés, n'avaient l'un et l'autre que trois doigts. La moitié sous-ombilicale de son corps était plus imparfaite encore; car les organes génitaux n'étaient qu'ébauchés, et il n'existait qu'un seul membre pelvien : cet être incomplet était presque entièrement privé de mouvement, incapable de se nourrir par lui-même et vivant uniquement des alimens pris par le sujet principal; fait que l'analogie nous eût conduit à admettre, mais qu'il est intéressant de voir confirmé par l'observation directe.

Tels sont les seuls détails que nous aient transmis les auteurs, et leur insuffisance est d'autant plus regrettable, que nous sommes loin d'y pouvoir suppléer par les résultats de nos propres observations. Quant au Monstre observé par M. Isidore Geoffroy St-Hilaire, c'était un sujet comme dans le cas précédent, généralement normal, et le parasite, très-imparfait dans sa portion inférieure, mieux conformé dans la supérieure. Sa tête, opposée face à face à la tête principale, et son bras gauche n'offraient même que de légers vices de forme; mais son membre supérieur gauche n'avait que quatre doigts, le pouce existant. Ses deux membres postérieurs étaient très-imparfaits : l'un d'eux même se terminait en un moignon arrondi au niveau du genou : l'autre, très-contourné, très-court, et n'atteignant même par son extrémité inférieure que le haut des cuisses du sujet principal, se terminait par quatre doigts très-mal conformés.

Quelque imparfaite que soit cette observation, elle n'en est pas moins précieuse pour la science. Elle lève en effet tous les doutes que l'on pourrait concevoir sur l'authenticité des faits rapportés par Pinet, Licetus et Bartholin.

Les deux Monstres parasitaires dont nous allons donner la description ne sont plus des enfans, mais des hommes. L'un est un Chinois, qui se montrait il y a quelques années à Macao et à Canton, et qui sans doute vit encore; il est remarquable entre les hétéradelphes par la petitesse du sujet parasite, pourvu cependant des membres thoraciques aussi bien que des abdominaux, et par conséquent, aussi complet que peut l'être un Acéphalien. Le petit corps, dont la température est normale, n'a pas de mouvemens propres. Seulement le pénis est susceptible d'une demi-érection. Les actions exercées sur le parasite sont perçues par le sujet principal : celui-ci, dès que le corps accessoire est pincé ou piqué un peu fortement, ressent une douleur, et précisément, assure-t-il, dans la partie correspondante : aussi s'est-il constamment refusé à laisser introduire un stylet dans le pénis du parasite.

L'autre parasitaire, non seulement était adulte, mais marié depuis six ans, lorsqu'il fut examiné par Buxtorff; il était même devenu père d'une fille et de trois fils tous bien conformés et jouissant d'une santé robuste.

En présence de ces observations et d'un assez grand nombre d'autres cas analogues qui attestent d'une manière si positive la viabilité de ces sortes de Monstres humains, il est curieux d'avoir à ajouter que cette variété n'a jamais été observée parmi les animaux que chez des fœtus ou des sujets âgés au plus de quelques jours. Cette différence, dont on ne peut donner encore aucune explication satisfaisante, est d'autant plus remarquable, que l'on pourrait citer un très-grand nombre de cas présentés par diverses espèces, telles que le mouton, le bœuf, le cochon, mais surtout le chat et le chien, parmi les quadrupèdes, et la poule parmi les oiseaux.

Nous terminerons l'histoire des Monstres parasitaires par l'observation suivante :

Le sujet, dont nous empruntons les détails à Home, naquit au Bengale en mai 1783, de parens indiens pauvres, mais jeunes et bien portans. Sa naissance ne fut accompagnée d'aucun événement extraordinaire; mais à peine eut-il vu le jour, que la sage-femme, épouvantée à la vue d'un être si étrangement monstrueux, et voulant le détruire au plus vite, le précipita dans le feu. On le retira cependant, non sans qu'il eût déjà été brûlé dans quelques parties. Les blessures qu'il avait reçues se trouvèrent heureusement peu graves; et, sauvé de ce premier péril, il échappa de même à tous les dangers de la première enfance. Déjà il entrait dans sa cinquième année, lorsqu'un jour sa mère, rentrant après une courte absence, le trouva mort. Il venait d'être mordu par une vipère à lunettes.

Exposé, pendant sa courte vie, à la curiosité du public, l'enfant bicéphale fut examiné à diverses époques par des personnes instruites; et c'est à leurs observations, recueillies avec soin par Home, que nous devons les résultats suivans. Le corps était bien conformé dans toutes ses parties, et la tête principale elle-même n'offrait rien d'anomal, si ce n'est supérieurement dans la région pariétale, où ses tégumens se continuaient avec ceux de la tête accessoire. Celle-ci, adhérente par son sommet au sommet de l'autre, et, par conséquent, renversée, ne se dirigeait toutefois pas verticalement, mais obliquement en haut et en arrière. Elle était en même temps tournée de telle sorte que sa face était au dessus, non de la face de la tête principale, mais de son côté droit. Les yeux, les oreilles et la région inférieure de la tête accessoire, offraient une conformation vicieuse qui fut regardée comme l'effet accidentel des brûlures reçues par l'enfant le jour de sa naissance; mais il y a tout lieu de croire que ces brûlures n'avaient fait qu'ajouter à des imperfections congéniales et indépendantes de toute altération pathologique. La conformation plus ou moins vicieuse des parties accessoires est en effet, comme je l'ai fait remarquer, l'un des caractères généraux des Monstres parasitaires; et les épicomes doivent le présenter comme tous les autres. L'analogie l'indique et divers faits confirment ces données. Indépendamment de plusieurs vices dans la conformation du crâne que je mentionnerai plus bas, comment expliquer, par le fait des brûlures superficielles, l'imperforation des conduits auditifs, la petitesse de la mâchoire inférieure et de la langue, et quelques autres modifications du même genre dont l'existence est attestée par les observateurs?

Il serait d'ailleurs difficile de concevoir l'existence d'une tête vraiment normale chez un Monstre où non seulement l'appareil de la circulation, mais tout le reste de l'être se trouvait complétement atrophié. Après la tête accessoire venait un cou mal conformé, puis une tumeur arrondie, comparée par un observateur à une petite pêche; et là finissait cette masse parasite à laquelle la série tout entière des Monstres unitaires ne nous a rien présenté de comparable.

Telle était la conformation générale de l'épicome de Home. Voici maintenant quels phénomènes se sont succédé chez lui. A six mois, les deux têtes se couvrirent d'une quantité à peu près égale de cheveux noirs; et sous ce rapport, la vitalité parut être la même dans toutes deux. Mais la sensibilité se montra constamment beaucoup moindre dans la tête accessoire. Les contractions musculaires étaient faibles. L'iris restait même sans mouvement à l'approche d'un corps étranger non lumineux, et sous l'action d'une vive lumière la pupille ne se resserrait pas autant que chez un être normal. Les mouvemens des yeux ne se correspondaient pas d'une tête à l'autre. L'une d'elles les avait souvent ouverts, quand l'autre les avait fermés, et réciproquement. Lorsque la mère appliquait à son sein la bouche de la tête accessoire, les lèvres opéraient, mais très-imparfaitement, ou plutôt essayaient des mouvemens de succion. Ainsi, chez le parasite, ce sont les mêmes phénomènes, les mêmes actions, et jusqu'aux mêmes instincts, que chez un être régulier, mais restreint et incomplet : c'est la vie normale, mais imparfaite et comme ébauchée.

A l'âge de deux ans, d'après d'autres observateurs, quelques changemens s'étaient produits dans les phénomènes de la tête accessoire. Les paupières ne pouvaient plus entièrement se fermer, et l'on voyait ses yeux se mouvoir quand la tête principale dormait. A d'autres égards, au contraire, une étroite sympathie présidait aux mouvemens et aux sensations des deux têtes. Si l'enfant tétait, la physionomie de la tête accessoire prenait une expression de satisfaction, et sa bouche laissait échapper beaucoup de salive. La tête accessoire semblait de même participer aux joies, mais surtout aux chagrins de la tête principale; et celle-ci au contraire ne témoignait que peu ou point de douleur quand on pinçait ou qu'on irritait la peau de la tête accessoire.

Tels sont les seuls phénomènes qui résultent des observations recueillies par Home. Quant à la structure du cerveau de la tête accessoire, à la nature des parties qui composaient le cou et la tumeur terminale, à la disposition des systèmes vasculaires de la tête parasite, toutes ces questions et vingt autres d'un égal intérêt, paraissent n'avoir pas même fixé l'attention des observateurs, et les faits les plus importans de l'histoire de l'épicome de Home, ont été ainsi perdus pour la science. L'autopsie de cet être double, qui pouvait fournir à la tératologie tant de faits d'un si haut intérêt, fut faite furtivement, à la hâte, et la relation qui en a été donnée ne nous fait guère connaître que la disposition générale des deux têtes. Les os des deux voûtes du crâne offraient un nouvel exemple de ce singulier mode d'association que j'ai d'ailleurs décrit, chez les céphalopages, si analogues aux épicomes par leur mode d'action, mais si différens pour l'ensemble de leur organisation. Les deux cerveaux, de même encore que chez ceux-ci, étaient séparés par les deux dures-mères, adossées et fortement adhérentes l'une à l'autre. Elles laissaient cependant passer entre elles un grand nombre de vaisseaux artériels et veineux, qui de la tête principale se portant à la tête accessoire, formaient l'unique source de la nutrition de celle-ci. Un autre fait important, attesté par Home, est que le crâne accessoire présentait, surtout dans sa région auriculaire et dans sa base, de nombreux vices de conformation, tels que l'absence des os palatins, l'imperforation des conduits auditifs, l'imperfection de l'os occipital, dont le trou central était trop petit pour donner passage à une moelle épinière, et qui, manquant de condyles, paraît n'avoir porté aucune vertèbre cervicale. Enfin la mâchoire inférieure (ici devenue supérieure), était très-petite et ses apophyses imparfaitement développées. Néanmoins la tête accessoire portait seize dents aussi bien que la tête principale.

Les auteurs qui ont avec moi rapporté tous ces

faits, ont recherché, comme il était naturel de le faire, si les annales de la science renfermaient déjà des cas analogues au sujet des curieuses observations de Home. Presque tous ont cru pouvoir répondre affirmativement, et leurs mémoires renferment, en effet, pour la plupart, la citation de quelques exemples plus ou moins anciennement connus, de réunion sincipitale. Mais si l'on examine ces exemples, on trouve que, dans tous, la similitude ne porte que sur le mode d'union et non sur l'état anatomique et physiologique des sujets composans, tous deux égaux en volume et en développement; tous deux, par conséquent, autosites, et même, en raison de leur mode d'union, jouissant de deux vies presque indépendantes : en deux mots, les Monstres doubles qu'on a cru pouvoir assimiler au Monstre double de Home, sont, non des parasitaires, mais des autositaires; non des épicomes, mais des métopages et des céphalopages.

C'est qu'en effet, près de trente ans se sont écoulés depuis les premières publications de Home, sans qu'aucun cas véritablement analogue au sien se fût reproduit, ou du moins eût été recueilli. Ce ne fut qu'en 1828 qu'un savant chirurgien de Liége, M. Vottem, fit connaître un second exemple de cette monstruosité, resté jusqu'à ce jour aussi ignoré que le premier est devenu célèbre.

Le Monstre double de Vottem, comme celui de Home, se compose de deux sujets unis par la voûte du crâne. La jonction, dont le mode n'est pas décrit avec toute la précision nécessaire, ne se fait pas en ligne droite, mais suivant une ligne courbe. L'un des sujets composans est normal, sauf l'union de son crâne avec celui de l'autre sujet; mais celui-ci présente une conformation des plus anomales. La face, peu étendue de haut en bas, présente à gauche des paupières bien formées, derrière lesquelles se trouve une orbite vide; à droite, des paupières beaucoup plus petites, également sans globe oculaire. Le pavillon de l'oreille gauche et le conduit auditif externe sont réguliers; mais à droite, le conduit manque, et le pavillon n'est représenté que par de petites saillies irrégulières. Le nez, la lèvre supérieure sont bien conformés; mais la portion droite de la lèvre inférieure, et de même la portion droite de la mâchoire inférieure, n'existent pas. La bouche est perforée, mais la cavité buccale est un cul-de-sac dans lequel on n'aperçoit ni langue ni voûte du palais. Les cheveux existent et sont même assez longs. Telle est la composition de la tête, portion principale et presque unique du parasite; car après elle se trouve seulement, pour représenter le tronc, un segment à peu près aussi étendu qu'elle en longueur, mais informe et sans membres. La dissection de ce singulier parasite a été faite avec soin par Vottem. On lui doit d'avoir constaté l'absence presque complète, ou du moins l'état très-rudimentaire des muscles, que représentent seulement des fibres disséminées au milieu d'un tissu cellulaire très-abondant, et sans aucun point d'attache sur les os. L'existence de quelques rudimens de larynx, d'un seul poumon très-petit, et d'un cœur imparfait et parfois mince, à une seule cavité, divisée, il est vrai, par une cloison imparfaite; celle d'un grand nombre de vaisseaux lymphatiques, de veines et de nerfs, notamment du grand sympathique, d'un encéphale rudimentaire adossé, mais non réuni, à l'encéphale, lui-même très-mal conformé, du sujet principal; d'une moelle épinière aussi imparfaite que l'encéphale; d'un segment d'intestin; d'une petite rate et d'un organe en forme de plaque que l'auteur croit être le foie. Les autres viscères manquaient, et avec eux, dit Vottem, le système artériel tout entier : fait d'un très-haut intérêt si on pouvait le croire suffisamment constaté par les observations de l'auteur. Enfin ce savant anatomiste affirme que non seulement le cordon ombilical manquait, mais qu'il n'existait aucune trace de l'existence antérieure des vaisseaux ombilicaux.

Le Monstre double qui a présenté à Vottem cette organisation, est un enfant nouveau-né, mort une demi-heure après sa naissance, et dont la débile vie ne s'est même manifestée que par de faibles mouvemens expiratoires et par quelques gémissemens. Cette prompte mort, conséquence nécessaire de l'état imparfait de l'encéphale, n'a permis aucune observation sur les rapports sympathiques des deux individus composans; en sorte que cette observation, très-importante anatomiquement, restera à jamais privée de l'intérêt physiologique et psychologique qu'a présenté l'histoire de Home, et qui a tant contribué à sa grande célébrité. Enfin, nous terminerons cette longue énumération de toutes les monstruosités caractérisées par l'augmentation en nombre de quelques unes des parties du corps, en parlant de celles où il y a quelques membres ou quelques parties de membres de plus. Ainsi, Haller, dans son Traité des Monstres, rapporte, d'après les auteurs, un assez grand nombre d'observations où il y avait un membre supérieur ou inférieur de plus. Plancus parle d'un enfant qui avait un troisième membre inférieur complet, qui était attaché au bassin, et qui sans doute était plus petit que les deux autres, mais que l'on voyait croître de même que les autres parties de l'enfant. M. Duméril cite un cas analogue, avec cette différence cependant que le membre surnuméraire était attaché au milieu de la région des lombes, ne paraissait avoir aucun os dans son intérieur, et était tout couvert de longs poils. Wagner fait mention d'un cas plus singulier, celui d'une petite fille qui, au bas de la fesse droite, avait un troisième membre supérieur. Ce bras crut pendant les dix-huit mois que vécut la petite fille, et après la mort de celle-ci, ayant été disséqué, on y trouva un humérus, les os de l'avant-bras, mais difformes, de la graisse et de la peau; il n'y avait aucun muscle. Meckel, dans son Traité des Monstres par excès, décrit aussi plusieurs exemples analogues, mais pris surtout dans les animaux; celui d'un canard, par exemple, qui avait à l'un de ses deux membres postérieurs trois pieds; un autre d'un poulet qui avait un troisième membre inférieur attaché au bas du dos. Dans les deux cas, l'examen du membre surnuméraire fit voir que ce membre avait été lui-même double dans l'origine; car dans le canard, par exemple, le membre qui portait les trois pieds était composé de deux fémurs portant chacun leur tibia. Celui des trois pieds qui était le surnuméraire, était lui-même composé de deux pieds. Dans le poulet, on voyait que le membre surnuméraire portait en haut, à son attache au dos, les restes d'un bassin.

Mais il serait possible que ces faits de membres entiers existant en plus, dussent être rattachés au premier ordre des Monstres par excès, c'est-à-dire à ceux qui proviennent de la réunion de deux fœtus. Présentons des exemples où cette anomalie ne pourra nullement être admise; les individus qui ont des doigts de plus nous les fournissent: il est impossible que cette monstruosité soit rapportée à la fusion de deux jumeaux, puisque nous citerons des cas où elle a été héréditaire. Nous aurions bien pu parler des cas que cite Haller, d'après Paré, d'individus chez lesquels le coude supportait deux bras et où le genou semblait se partager en deux jambes. Mais ces faits ne sont pas bien avérés, au lieu que ceux où le nombre des doigts est augmenté sont incontestables.

C'est ce qui constitue ce qu'on appelle les sexdigitaires; ce n'est pas que cette augmentation des doigts ne puisse les porter au-delà de six: c'est, à la vérité, l'augmentation qui s'observe le plus souvent, mais quelquefois elle est plus considérable. Ainsi Kerkringius en a vu sept à une même main et à un même pied. Morand en a vu huit. Le même Kerkringius, cité tout à l'heure, en a vu neuf; enfin Saviard en a vu une fois jusqu'à dix, quelquefois il n'y a de doigts surnuméraires qu'à un des membres, plus souvent, au contraire, on en trouve à plusieurs membres à la fois. Tantôt ce sont les deux membres supérieurs seuls qui offrent cette monstruosité ou les deux inférieurs; tantôt, au contraire, c'est un des membres supérieurs avec le membre inférieur du même côté ou du côté opposé. On a des exemples de toutes ces anomalies. Si on examine les doigts surnuméraires en eux-mêmes, on peut signaler en eux mille degrés, depuis celui où ils paraissent n'être qu'un appendice charnu, qui n'a d'un doigt que la forme, jusqu'à celui où ils sont des doigts entièrement achevés. Ainsi, le degré le moins parfait est celui où le doigt surnuméraire ne semble être qu'un appendice cutané, qui ne contient rien autre dans son intérieur que de la graisse. De ce premier degré, vous passez à celui où cet appendice contient dans son intérieur un petit os, par lequel il est attaché aux autres doigts. Dans le troisième, le doigt est articulé évidemment avec un des cinq os du métacarpe. Dans le quatrième, l'os du métacarpe, auquel s'implante le doigt accessoire, a déjà plus de largeur, et à son extrémité articulaire semble se bifurquer pour soutenir l'un et l'autre doigt. Bientôt l'augmentation s'étend aux os du métacarpe ou du métatarse eux-mêmes. Enfin le doigt accessoire a, dans les cas les plus complets, les mêmes muscles propres qu'ont les doigts ordinaires. On a aussi des exemples de chacune de ces dispositions; cependant il est rare que ces doigts surnuméraires ne soient pas toujours un peu imparfaits: ou ils n'ont pas le nombre de phalanges prescrit, ou ils n'ont pas la longueur des doigts ordinaires; toujours quelques uns paraissent mutilés: dans l'observation de Saviard, où chaque membre avait dix doigts, ces doigts étaient comme brisés. A juger d'après les observations de Morand, Winslow, Meckel, c'est le plus souvent avec le petit doigt qu'est placé le doigt surnuméraire: il en est assez séparé et semble être le pouce d'une nouvelle main qui manque. Cependant souvent aussi c'est le pouce qui paraît double. Quelquefois le pouce et le petit doigt à la fois sont doubles, c'est-à-dire que la main offre à chacun de ses côtés un doigt accessoire. D'autres fois enfin, ce doigt accessoire est au milieu. Plater l'a vu une fois entre l'index et le médius. Morand aussi. Cette monstruosité paraît être plus commune aux mains qu'aux pieds. Enfin on l'a vu, en certains cas, être héréditaire, par exemple dans cet homme appelé Gratio Kalleia, né à l'île de Malte, dont M. Grodehen de Riville, correspondant de l'Académie royale des sciences, a transmis l'histoire à Réaumur, et que celui-ci ensuite a publiée dans son Art de faire éclore les poulets.

Art. II. *Des Monstres où il y a excès dans l'ensemble de l'organisation, ou des géans.* La taille de l'homme varie de quatre à six pieds. Tout ce qui se trouve placé en dehors de ces limites peut être considéré, en thèse générale, comme le fait d'une organisation viciée dans son principe et dans ses développemens successifs, en un mot comme une monstruosité. Il y a en effet des moyens d'agrandir ou de diminuer d'une façon anomale la taille des animaux et celle même de l'homme. On sait de science certaine que le froid et l'usage des liqueurs fortes, en raidissant la fibre, en la racornissant, l'empêchent de s'allonger et de croître, et Berkley, évêque de Cloyne, a prouvé aussi qu'il y avait des moyens de provoquer son allongement exagéré. Il fit ses expériences sur un jeune orphelin qui mourut à vingt ans, faible comme un vieillard, de corps et d'esprit. L'influence de la nourriture à laquelle l'évêque anglais soumit rigoureusement le pauvre orphelin, comme si c'eût été un cheval des haras de sa grandeur, avait poussé la taille de l'enfant jusqu'à sept pieds huit pouces anglais (le pied anglais n'est que de onze pouces). On ne dit pas quelle diète avait été imposée au malheureux; on suppose que ce fut par une alimentation chaude et mucilagineuse que l'évêque parvînt à un si heureux résultat dans son expérience.

Il n'a jamais existé de peuple géant. Les erreurs accréditées par divers voyageurs, touchant les habitans de la Patagonie, sont maintenant détruites, et l'on s'étonne avec juste raison que, malgré tout ce qu'avait dit Buffon dans ses supplémens, et le soin qu'il avait eu de rapprocher les témoignages des divers voyageurs, ces erreurs aient pu durer si long-temps.

Les géans historiques sont tout aussi peu avérés, à l'exception peut-être de Goliath, dont on a vu un nouvel exemple dans la personne d'un nègre du Congo, cité par Vanderbroeck (Voyages, p. 415). En effet, d'après la Bible, Goliath avait six coudées et une palme de hauteur. En donnant à la coudée dix-huit pouces, ce géant aurait eu neuf pieds quatre pouces de hauteur. Telle était aussi la taille du nègre de Vanderbroeck. Il y a d'autres géans aussi avérés, mais non pas aussi grands. Tels sont :

Le géant qu'on a vu à Paris en 1735, et qui avait six pieds huit pouces huit lignes. Il était né en Finlande sur les confins de la Laponie méridionale, dans un village peu éloigné de Tornéo.

Le géant de Thoresby, en Angleterre, haut de sept pieds cinq pouces anglais.

Le géant, portier du duc de Wirtemberg, en Allemagne, de sept pieds et demi du Rhin.

Trois autres géans vus en Angleterre, l'un de sept pieds six pouces, l'autre de sept pieds sept pouces, et le troisième de sept pieds huit pouces.

Le géant Cajanus en Finlande, de sept pieds huit pouces du Rhin, ou huit pieds, mesure de Suède.

Un paysan Suédois, de même grandeur de huit pieds, mesure de Suède.

Un garde du duc de Brunswich-Hanovre, de huit pieds six pouces d'Amsterdam.

Le géant Gilli, de Trente dans le Tirol, de huit pieds deux pouces, mesure suédoise.

Un Suédois, garde du roi de Prusse, de huit pieds six pouces, mesure de Suède.

Tous ces géans sont cités, avec d'autres moins grands, par M. Schreber, Hist. des Quadrup., Erlang., 1775, tom. I, pages 35 et suiv.

A cette liste il faut joindre un individu nommé Frion, qui habitait Paris il y a une vingtaine d'années, surnommé le géant à cause de sa haute taille qui était de six pieds dix pouces.

Nous avons dit que les histoires de géans consignées dans la plupart des auteurs ne méritaient aucune confiance, comme nous en donnerons ci-après des preuves évidentes. Mais il s'est trouvé des savans qui ont même soutenu que non seulement des nations entières, mais encore tous les hommes ont eu, dans les temps anciens, une taille colossale. Nous empruntons les faits suivans et leur appréciation à l'excellent et très-complet ouvrage que vient de publier M. Isidore Geoffroy Saint-Hilaire, sous le titre d'Histoire des anomalies (3 volumes in-8°, avec Atlas, Paris, Baillière).

« L'académicien Henrion, défenseur zélé de cette opinion, du reste assez répandue, que la taille des hommes a considérablement diminué depuis le commencement du monde, dressa même, en 1718, une sorte de table ou d'échelle chronologique des variations de la taille humaine depuis la création jusqu'à l'ère chrétienne. Il assignait à Adam cent vingt-trois pieds neuf pouces, et à Eve cent dix-huit pieds neuf pouces neuf lignes, d'après des calculs qui, comme on le voit, ne laisseraient rien à désirer si les bases en eussent été aussi rationnelles que les résultats en sont précis. D'après les mêmes calculs, Noé était déjà plus petit qu'Adam de vingt pieds. Abraham n'avait plus que vingt-sept à vingt-huit pieds, Moïse treize, Hercule dix, Alexandre six, Jules César moins de cinq; le genre humain diminuant toujours de plus en plus, et suivant une progression décroissante, telle que, si la Providence n'eût enfin mis un terme à son abaissement, il ne serait plus composé aujourd'hui que de petits êtres microscopiques, à peu près comme ce poète Aristratus dont parle Athénée.

Ces rêveries de l'érudit Henrion ne sont au fond que les idées des rabbins. Suivant eux, Adam eut d'abord neuf cent coudées; mais après qu'il eut péché, Dieu lui fit subir une diminution considérable. Les Siamois pensent aussi, au rapport de quelques voyageurs, que la taille des hommes n'a cessé de diminuer, à mesure qu'ils ont perdu l'innocence des mœurs primitives, et qu'ils finiront par devenir si petits que les plus grands n'auront pas même un pied.

L'un des géans les plus célèbres est celui dont le squelette fut découvert dans le quatorzième siècle à Trapani en Sicile, et dont il est question dans Boccace. On se hâta d'établir que ce géant devait être Polyphème, et l'on calcula que sa taille avait été de trois cents pieds de hauteur : proportions fort raisonnables, comme on le voit, même pour un cyclope, et qui ne devaient rien laisser à désirer aux amateurs de géans, si ce n'est cependant la solution de quelques difficultés. Ainsi, quoiqu'il fût à cette époque impossible de reconnaître des os d'éléphant dans les prétendus os de Polyphème, il était facile de voir, en les comparant au squelette humain, qu'ils présentaient des formes toutes particulières.

On peut donner pour pendant au géant Polyphème, au moins sous le rapport de la taille, le géant dont saint Augustin vit une dent sur le rivage d'Utique; car, avec cette dent, on aurait pu faire cent dents humaines de volume ordinaire.

Le géant Antée, dont, au rapport de Plutarque, Sertorius trouva le corps à Tingis, et qui avait soixante coudées de long; cet autre géant de quarante-six coudées qui fut, selon Pline, mis à découvert, en Crète, par un tremblement de terre, et qui était Orion suivant les uns, Otus selon les autres; enfin ceux de vingt-trois et de vingt-quatre coudées, qui, assure Phlégon de Tralles, furent trouvés les uns en Afrique et les autres près du Bosphore Cimmérien, méritent encore d'être cités par leur grande taille, même après ceux qui précèdent.

J'en indiquerai quelques autres dont la plupart avaient des dimensions beaucoup moins considérables, mais dont diverses circonstances ont rendu la découverte mémorable.

En 1712, le docteur Mather annonça dans les Transactions philosophiques des os et des dents d'un volume énorme, que l'on avait trouvés dans

l'état

l'état de New-York, près de la rivière d'Hudson, et que l'on regardait comme les preuves de l'existence, dans les temps anciens, de géans d'une taille colossale. Ces os et ces dents appartenaient au grand Mastodonte; c'est la première fois que cet animal si remarquable a fixé l'attention des observateurs.

Sous le règne de Charles VII, en 1456, le Rhône mit à nu, dans le Vivarais, les os d'un géant dont la taille fut estimée de trente pieds environ. Une partie de ces os fut portée à Bourges, et attachée aux murs de la Sainte-Chapelle de cette ville, où ils sont restés suspendus très-long-temps.

Le géant découvert aux environs de Lucerne, en 1577, est beaucoup plus connu, quoique sa taille ne dût être, d'après les calculs du savant médecin Plater, que de dix-neuf pieds. Les os de ce géant, trouvés sous un chêne déraciné par un orage, ont pendant long-temps occupé les esprits, et c'est à cause de cette circonstance qu'un géant est encore aujourd'hui le support ordinaire des armes de la ville de Lucerne.

Mais aucun de ces prétendus géans n'est devenu aussi célèbre que celui qui fut trouvé sous Louis XIII dans le Dauphiné, à peu de distance du Rhône, et que l'on supposa être Teutobochus, roi des Cimbres, célèbre par la victoire que Marius remporta sur lui. Une vive discussion, qui bientôt dégénéra en une querelle animée, s'engagea à cette occasion entre plusieurs médecins et chirurgiens, principalement entre Riolan et Habicot, et donna lieu à la publication d'un grand nombre de brochures et de pamphlets, où chacun attaquait plutôt ses adversaires eux-mêmes par des injures, que leur opinion par des raisons puisées dans la science. Cependant Riolan reconnut et établit avec une sagacité remarquable que les prétendus os de Teutobochus devaient être regardés comme des os d'éléphant, animal dont le squelette n'était pas encore connu.

Les os de Teutobochus n'excitèrent pas moins de curiosité dans le public que parmi les médecins et les savans. Un chirurgien nommé Mazurier fit, ou plutôt, comme on l'a établi, fit faire sous son nom par un jésuite de Tournon, une brochure dans laquelle il assurait avoir découvert ces os dans un tombeau long de trente pieds, sur lequel étaient écrits ces mots : *Teutobochus rex*. Il ajoutait avoir trouvé dans le même tombeau une cinquantaine de médailles à l'effigie de Marius. Les récits mensongers de ce médecin, ou plutôt de ce charlatan, obtinrent beaucoup de succès parmi le public, et tous les Parisiens coururent voir, pour de l'argent, les prétendus os de Teutobochus, à peu près comme il y a quelques années ils allaient admirer une masse informe de grès, décorée du nom d'*homme fossile*.

L'histoire de Pallas, fils d'Evandre, quoique rapportée et admise par plusieurs auteurs, mérite à peu près le même degré de confiance que les médailles du tombeau de Teutobochus. Ce prétendu géant fut, rapporte-t-on, trouvé sous l'empereur Henri II près de Rome, dans un sépulcre de pierre, portant le nom de Pallas; et il était si grand qu'étant debout, il aurait dépassé de sa tête les murs de la ville. Ce qu'il y a de plus curieux, c'est que le corps était aussi entier que s'il venait d'être enterré, et qu'on voyait encore dans sa poitrine la plaie large de quatre pieds et demi, que lui avait faite l'épée de Turnus.

Les preuves de l'existence des géans que l'on a fondées sur le témoignage de la Bible, n'ont rien de plus solide. En effet (outre que l'on serait en droit de se demander jusqu'à quel point le témoignage d'un auteur non scientifique, quel qu'il soit, peut être admis comme preuve anatomique), ces mots *nephilim* et *gibborim* qui se trouvent plusieurs fois répétés dans la Genèse, et que l'on a rendus dans toutes les versions par *gigantes*, peuvent tout aussi bien se traduire par *homines barbari*, *crudeles*, *scelerati*. Cette version a été adoptée par Théodoret, par saint Chrysostôme et par plusieurs autres commentateurs. A la vérité, la Genèse semble s'exprimer d'une manière plus positive, lorsqu'elle dit que les géans naquirent du commerce des anges avec les filles des hommes : mais, d'après les remarques de plusieurs savans orientalistes, la phrase que l'on a ainsi traduite signifie littéralement que des hommes *violens et cruels* naquirent des mariages contractés entre les filles des hommes et les *enfans de Dieu* : expression figurée qui désigne les fils de Seth, beaucoup mieux que les anges.

Les défenseurs de l'existence de géans citent encore Og, roi de Basan, dont il est question dans le Deutéronome, et Goliath, que le livre des Rois nous représente haut de six coudées et une palme. Mais cette taille considérable attribuée à Goliath est, selon un grand nombre de commentateurs, une exagération manifeste, une sorte d'hyperbole poétique, destinée à rehausser le courage de David, et à rendre son triomphe plus glorieux par l'extrême disproportion des forces du vainqueur et de celles du vaincu (1). Quant à Og, le passage qui le concerne est encore moins concluant. En effet, le texte ne s'exprime pas d'une manière positive au sujet de ce dernier : il donne seulement les dimensions du lit d'Og, qui avait neuf coudées de long et quatre de large, et qui n'était sans doute qu'un meuble de parade. Un vaste lit, magnifiquement orné, est en effet, d'après plusieurs auteurs, l'une des preuves de richesse et de faste le plus en usage parmi les Orientaux.

Quant aux témoignages des auteurs profanes qui

(1) Au reste, il n'est pas même besoin de cette explication très-fondée, mais hypothétique, pour réduire la prétendue taille colossale de Goliath à des dimensions plus rapprochées de l'ordre normal. On a calculé que ces six coudées et une palme pouvaient valoir environ neuf de nos pieds. Si cela est, en retranchant la hauteur du casque que portait Goliath, d'après le texte même de la Bible (hauteur qui est sans doute comprise dans les neuf pieds), on trouvera que ce géant avait huit pieds ou huit pieds et demi, et par conséquent ne surpassait pas plusieurs de ceux qui ont été vus dans les temps modernes.— On peut même ajouter que plusieurs auteurs, se fondant sur divers calculs, ne donnent à Goliath que sept pieds.

font mention de géans d'une taille considérable, ils sont tous ou vagues ou mal précisés; ou positifs, mais dus à des hommes dont le nom suffit pour appeler le doute sur leurs récits. Ainsi, quelle confiance doit-on accorder à Demaillet lorsqu'il parle par ouï-dire d'un géant marin dont la main avait quatre pieds de long, ou à l'historien Aventinus, lorsqu'il cite un géant, soldat dans l'armée de Charlemagne, et qui renversait les bataillons ennemis, comme une faux ferait des tiges de blé? Que penser d'un voyageur qui dit sérieusement avoir vu parmi les Cannibales des hommes de dix pieds, et d'autres d'une taille beaucoup plus considérable encore, si ce n'est que la peur les a grandis du double à ses yeux? Et lorsqu'un autre voyageur nous assure que toutes les portes de la ville de Pékin sont gardées par des soldats de quinze pieds de haut, n'est-il pas évident qu'il a voulu se jouer de la crédulité de ses lecteurs, si toutefois lui-même ne s'est pas laissé tromper de la manière la plus ridicule?

Les géans présentent tous un affaiblissement marqué dans leurs fonctions, et surtout dans les fonctions intellectuelles et morales. Bien loin de développer des forces proportionnelles à la hauteur de leur stature, ils supportent les fatigues physiques bien moins que les autres hommes. Les maladies les abattent plus promptement, et elles sont pour eux plus fréquemment mortelles. Leurs fonctions naturelles s'exercent avec moins d'énergie et de vitalité, les fonctions génitales surtout s'exercent mollement et souvent sans résultat. Enfin la vieillesse est précoce, et on ne citerait peut-être pas un exemple de longévité chez eux. De façon que tout concourt à démontrer que, les forces intrinsèques de la vie ayant été épuisées par l'extrême développement de la taille, elles n'ont pu subvenir à la dépense qui doit s'en faire journellement pour l'exercice de chaque fonction, et pour servir à l'entretien d'une vie prolongée jusqu'à des limites vulgaires.

On a agité la question de savoir si la taille des hommes a augmenté ou diminué depuis les temps anciens, comme de nos jours M. Arago a agité celle qui est relative à l'abaissement présumé de la température du globe. Cet abaissement de température a été trouvé nul ou tout au moins insensible depuis les temps historiques. Il faut en dire autant de la taille, malgré le sentiment de Virgile, qui a affirmé, dans ses Géorgiques, que l'agriculteur admirerait un jour les grands ossemens des premiers humains,

> Grandiaque effossis mirabitur ossa sepulcris;

malgré l'opinion de Lucrèce et des épicuriens, qui prétendaient déjà il y a deux mille ans que la terre vieillie avait cessé d'enfanter de puissans animaux :

> Jàmque adeò fracta est ætas, effœtaque tellus,
> Vix animalia parva creat, quæ cuncta creavit
> Sæcla, deditque ferarum ingentia corpora partu;

malgré le sentiment de Juvénal enfin, qui disait, lui aussi, que la race humaine décroissait déjà du vivant d'Homère, et que maintenant la terre n'élève plus que des hommes méchans et petits :

> Nam genus hoc, vivo jam decrescebat Homero :
> Terra malos homines nunc educat atque pusillos.

C'est un préjugé, ou plutôt un lieu commun assez ordinaire aux moralistes, de rabaisser le temps présent en le comparant au passé, et ce que Juvénal et Lucrèce affirment du physique, Horace le disait du moral en fort beaux vers :

> Damnosa quid non imminuit dies?
> Ætas parentum, pejor avis, tulit
> Nos nequiores, mox daturos
> Progeniem vitiosiorem.
> (Horace, liv. III, ode VI.)

M. Isidore Geoffroy St-Hilaire fait le raisonnement suivant, qui nous paraît assez juste : « L'antiquité, dit-il, qui croyait aux géans, croyait aussi aux pygmées, aux troglodytes, aux myrmidons. Or si de la première de ces croyances on prétendait pouvoir conclure que la taille de l'homme a diminué, ne serait-on pas tout aussi fondé à déduire de la seconde la conséquence précisément inverse, et à soutenir que les hommes des temps modernes dépassent de beaucoup la taille de leurs premiers ancêtres? »

Mais il existe des raisons péremptoires qui démontrent que la taille des hommes n'a pas changé, et que le genre humain est toujours demeuré fidèle au type que lui a imprimé le créateur dès le commencement des siècles.

Tous les animaux domestiques, quelque grandes et nombreuses que soient les variations de taille, n'ont point acquis plus de grandeur, c'est-à-dire qu'ils sont restés tels que la nature nous les a donnés, comme il résulte de l'observation de ceux qui sont encore à l'état sauvage, et qui ont, par conséquent, conservé leur type primitif. Il y a plus; si l'on observe une différence, elle est en moins, elle se trouve précisément dans les espèces que l'homme a négligées. Toutes celles dont il a pris soin offrent au contraire un développement manifestement plus grand. Ne doit-on pas conclure de là que le progrès des âges, qui amène la civilisation et qui perfectionne l'homme au moral, quoi qu'en ait dit une philosophie morose et nécessairement injuste, aurait dû le perfectionner au physique. En admettant la conclusion de l'auteur ingénieux et savant dont nous venons de faire connaître les travaux quant à la question des géans, conclusion qui consiste à dire que l'homme n'a rien perdu de son type originel en ce qui concerne la taille, nous répéterons aussi avec lui ces paroles pleines de profondeur, de justesse, et empreintes d'une haute philosophie : « Non, l'homme n'a pas » déchu en se civilisant : il n'est pas devenu faible » en devenant intelligent; il n'a rien perdu de sa » force réelle et de sa grandeur première en les » multipliant par l'adresse et l'industrie; et ce n'est » pas en retournant sur ses pas qu'il avancera plus » rapidement vers le but où ses efforts n'ont cessé » de tendre, quelquefois à son insu : le développement moral, intellectuel et physique du genre » humain. »

Art. III. *Des Monstres par défaut d'une ou de plusieurs parties.* — Les Monstres de cette classe ne sont pas moins nombreux et divers que ceux de la première; car il n'est, en quelque sorte, aucune partie du corps qui ne puisse tour à tour être trouvée de moins. Nous allons indiquer leurs différentes espèces, en commençant par ceux qui sont les plus monstrueux, et terminant, au contraire, par ceux dans lesquels l'anomalie est la plus légère possible.

L'espèce de monstruosité par défaut la plus grande est celle où le corps du fœtus est privé de la tête et même de toute la moitié supérieure, et est restreint conséquemment à la partie inférieure du tronc et aux membres inférieurs. Nous avons donné un exemple de ce genre (*voyez* pl. 379, fig. 6).

Nous empruntons à Béclard, anatomiste célèbre, qui a traité de ce premier genre de monstruosité par défaut, l'observation suivante :

« Une femme d'Angers, en 1815, accouche au sixième mois de sa grossesse de deux jumeaux, dont l'un est acéphale. Cet être, en effet, est en outre sans bras; il a seulement un petit tubercule au devant de la poitrine, qui est vers le haut comme la première partie de l'individu. Les organes sexuels sont mâles, le cordon et l'ombilic sont bien conformés; les pieds sont contournés en dedans et manquent de plusieurs orteils. Le tissu cellulaire sous-cutané de l'abdomen contient plusieurs kystes séreux; celui des membres est infiltré, compacte et sans graisse. Le tronçon forme une seule cavité sans diaphragme. Il y a derrière le sternum un entrelacement de vaisseaux dans une substance rougeâtre assez dense, d'où partent des ramifications qui passent entre les côtes et se distribuent sur la poitrine. Il n'y a point d'autres viscères thoraciques. Le foie, la rate, l'œsophage, l'estomac manquent de même. Les intestins commencent par une extrémité fermée, attachée au sommet du tronc; ils sont vides, grêles, contournés et attachés au mésentère; le rectum contient du mucus. Le pancréas, les reins, les capsules surrénales, les uretères, la vessie existent; la veine ombilicale se rend dans la veine cave; les artères ombilicales partent des hypogastriques. Le tubercule indiqué tient à un petit os creux fixé dans le sternum; il y a dix côtes de chaque côté. Le rachis contient une moelle de laquelle partent des nerfs. Le pied gauche n'a que deux os du métatarse et les deux premiers doigts; le pied droit a le premier doigt bien conformé et le second os du métatarse bifurqué pour soutenir deux orteils recouverts par la peau. Les restes des autres os du métatarse sont cachés par les téguments. » Cette observation d'acéphale suffit pour faire concevoir les généralités que Béclard a déduites sur le premier genre de monstruosité. 1° La première est que l'acéphalie s'observe plus fréquemment chez les jumeaux : la moitié des observations qu'on en a recueillies fait en effet mention de cette circonstance; 2° cette acéphalie est plus ou moins complète, selon le nombre des parties de la moitié supérieure du corps qui manquent. Sandifort, à cet égard, avait fait trois classes d'acéphales : une de ceux auxquels il ne manque que la tête; une autre de ceux auxquels, outre la tête, il manque encore quelques autres parties; et enfin une troisième de ceux qui sont réduits à une masse irrégulière et informe. Mais la première classe n'existe pas : il n'est aucun acéphale à qui il ne manque que la tête seulement; toujours il y a quelques viscères intérieurs qui manquent aussi; et en n'ayant égard qu'à l'apparence extérieure, on peut dire que les acéphales diffèrent, en ce qu'ils sont privés de la tête seulement, ou de la tête et du cou, ou de la tête, du cou et des bras, ou de la tête, du cou, des bras et du thorax : ce qui reste de la moitié supérieure du corps étant de moins en moins grand; 3° dans la plupart des observations d'acéphale qu'on possède, il y avait à la surface du corps incomplet des vestiges, des inégalités, comme des ruines, qui semblaient indiquer que quelque chose de plus avait existé. Il y avait, par exemple, ou des cicatrices, des ouvertures qu'on a prises pour une bouche, des yeux, des oreilles ou des poils au voisinage de l'extrémité supérieure du tronçon; ou des rudimens des membres supérieurs; ou des os irréguliers fixés dans les chairs, aux environs des inégalités de la peau, etc.; 4° toujours on a vu dans les acéphales manquer les parties tant externes qu'internes qui reçoivent leurs nerfs des centres nerveux qui siégent dans la partie du corps qui manque. Cette loi même est si générale, qu'elle se retrouve dans les deux autres monstruosités qui vont nous occuper : l'*anencéphalie* et les cyclopes ou monopses. On y verra de même l'absence d'une partie externe ou interne suivre irrésistiblement le manque du centre nerveux qui le vivifie; par exemple, l'ethmoïde manquer, et par suite les deux yeux se confondre en un, quand le nerf ethmoïdal ou olfactif n'existe pas, ou est accidentellement détruit; de même tout le crâne manquer quand le cerveau proprement dit manque luimême. Or il en est de même dans l'acéphalie. Par exemple, la tête manque-t-elle seule; comme alors il n'y a rien de la masse encéphalique que le bulbe supérieur du prolongement rachidien, la moelle allongée manquant aussi bien que le cerveau proprement dit, non seulement il n'y a pas de crâne comme dans les anencéphales, mais encore pas d'organes des sens, de larynx, de pharynx, de face, conséquemment; et même il n'y a aucun des organes intérieurs qui reçoivent leurs nerfs de ce bulbe supérieur du prolongement rachidien, point de cœur, point de poumon, par exemple. L'acéphalie est-elle plus considérable; y a-t-il, avec l'absence de la tête, celle du cou, et conséquemment défaut d'une portion de la moelle cervicale; alors les bras et le diaphragme manquent aussi ou ne sont qu'en vestige. L'acéphalie est-elle portée au point que la portion dorsale de la moelle manque; les parois du thorax manquent aussi. Enfin n'existe-t-il pas ou presque pas de moelle, et n'y a-t-il que quelques ganglions splanchniques sur les côtés des vertèbres restantes; les muscles abdominaux et les membres inférieurs manquent aussi complétement ainsi que les orteils. En un mot, l'on voit toujours l'absence de certaines parties externes et internes coïncider avec la privation plus ou moins étendue des centres nerveux, à partir de l'origine du nerf olfactif ethmoïdal jusqu'à la presque totalité de ces centres.

Tel est le premier genre de Monstres par défaut. Nul doute que ces êtres ne vivent jusqu'à l'instant de la naissance, puisque la partie du corps restante a le développement qu'elle aurait dans l'état de bonne conformation; mais leurs fonctions se bornent à la circulation, l'innervation, la nutrition, les sécrétions et l'action musculaire; et l'on ignore souvent comment se font la plupart de ces fonctions; par exemple, l'absence du cœur, celle des vaisseaux, ou leur disposition insolite, jettent beaucoup d'obscurité sur la manière dont se fait la circulation. L'innervation nécessaire à la nutrition, indirectement d'abord, par suite de son influence sur la circulation, et directement ensuite comme le prouvent l'atrophie et la destruction des parties qui reçoivent leurs nerfs des centres nerveux détruits, est en raison de la portion de moelle nerveuse qui reste. La nutrition, à coup sûr, a lieu, puisque les parties se développent; mais elle est plus régulière dans les os et la peau que dans les muscles. Il en est de même des sécrétions muqueuses du canal intestinal, puisque dans l'observation de l'acéphale de Béclard que nous avons citée, il y avait du mucus dans le rectum. Enfin les membres inférieurs peuvent exécuter quelques mouvemens dans le sein de la mère, et quelques auteurs disent les avoir observés après la naissance; mais à coup sûr c'est la seule action qui puisse se remarquer chez ces êtres pour qui la naissance est l'occasion d'une mort certaine et presque subite. Un autre genre de monstruosité par défaut, très-voisin du précédent, et qui semble en effet n'en être en quelque sorte que le premier degré, est celui où l'être a de moins tout le cerveau et tout le crâne. Ainsi que nous l'avons déjà dit, long-temps cette monstruosité a été confondue avec la précédente sous le nom commun d'acéphalie; mais il nous semble plus rationnel de l'en distinguer et de lui donner le nom d'anencéphale, mot dérivé du grec, qui signifie sans encéphale, ou privation d'encéphale.

Les exemples de ce second genre de monstruosités ne sont pas rares non plus, et tous les livres en sont pleins. Nous sommes vraiment embarrassés sur le choix de ceux que nous devons citer. Ainsi Brunet rapporte le suivant. « Un garçon naît à terme et vivant; mais bientôt il meurt, car il est anencéphale, c'est-à-dire qu'il manque de cerveau; le coronal paraît renversé et aplati sur le sphénoïde, ce qui fait que les yeux paraissent au dessus de la tête. Les pariétaux et la partie squameuse du temporal manquent; mais le rocher existe et avec lui l'organe de l'ouïe. Il n'y a aussi de l'occipital que la partie inférieure; et l'état poli de cet os ne permet pas de croire que ce qui lui manque ait été rongé par une cause mécanique. La peau de la tête est collée sur le sphénoïde et la base de l'occipital, ce qui fait paraître le dehors de la tête inégal et raboteux; intérieurement, il n'y a pas de cerveau ni vestiges de cet organe; la méninge elle-même manque; les artères carotides et vertébrales cependant traversent la base du crâne. La moelle spinale existe à partir de la quatrième vertèbre du cou, et alors elle est selon la conformation naturelle. Les yeux sont entiers avec leurs nerfs. Il en est de même de la face, du larynx et du reste du corps. » Dans un journal d'Allemagne on lit l'histoire d'une fille également anencéphale, qui ne mourut dans des convulsions que vingt-quatre heures après sa naissance. Le crâne manque également, et en place du cerveau est une masse charnue de laquelle coule de la sérosité, et qui fait sentir au doigt une pulsation. Ce n'était autre chose que le cerveau altéré et dans lequel on distinguait même encore l'origine des nerfs. En 1690, Saviart accoucha, à l'Hôtel-Dieu, une femme d'un enfant à terme, et qui vécut trente-six heures, quoique anencéphale. Le crâne manque, il n'y a que la base des os frontal, occipital et temporaux qui reste. L'apophyse crista-galli fait une saillie de cinq lignes. Le grand trou occipital est couvert d'une membrane épaisse et très-forte, semblable à la méninge. Au dessous, commence la moelle spinale; le cerveau et le cervelet manquent entièrement. Le même recueil contient une observation un peu plus détaillée. La partie supérieure du frontal, de l'occipital, des temporaux, et tous les pariétaux manquent; la peau seule tient la place du crâne. Au dessous d'elle, est une poche formée par la dure-mère, renfermant une matière rougeâtre, spongieuse et fibreuse, qui ne paraît être que la masse encéphalique, puisque tous les nerfs en partent. Cette poche pend en arrière jusqu'à la troisième vertèbre du dos. L'occipital et le rachis sont fendus jusqu'à la première vertèbre lombaire, et le canal rachidien est ouvert. Les yeux sont en haut et à nu, il n'y a pas de cou, la mâchoire inférieure semble être attachée au devant du thorax; il n'y a aucun intervalle entre les oreilles et les épaules.

Finissons l'histoire de ce second genre de Monstres par défaut, en faisant remarquer que, de même que dans l'acéphalie, il y a toujours quelques vestiges, quelques ruines qui annoncent que quelques parties de plus ont primitivement existé. Disons qu'on n'a pas remarqué, aussi bien que pour les acéphales, dans quelle proportion ces Monstres sont des jumeaux. Enfin observons que ces Monstres peuvent, bien plus que les précédens, prolonger leur vie quelque temps après la naissance; on les a vus vivre pendant quelques heures, quelques jours même. En effet, il ne manque que la portion nerveuse céphalique qui préside à l'intelligence, et ils ont, au contraire, le bulbe supérieur du prolongement rachidien, duquel émanent les nerfs des appareils digestif et respiratoire. Cependant la viabilité de ces fœtus est encore dépendante du degré de la monstruosité : car si le bulbe supérieur est attaqué, ces êtres meurent également en naissant; au reste, cette viabilité est toujours très-peu énergique, car on n'a pas d'exemple où la vie se soit prolongée au-delà de deux jours. Il paraît qu'à mesure que l'on s'éloigne de l'instant de la conception, les systèmes nerveux organiques sont de plus en plus mis sous la subordination des systèmes nerveux intellectuels, c'est-à-dire du cerveau proprement dit : du moins, c'est ce qui semble résulter des diverses expériences de Legallois.

Un genre de monstruosité par défaut, qui se rapproche par sa nature des précédens, qui paraît comme eux résulter de l'absence primitive, ou plus probablement de la destruction, survenue accidentellement depuis la conception, d'une portion nerveuse, est celui qui constitue ce qu'on a appelé les fœtus cyclopes monopses; on appelle ainsi ceux qui n'ont qu'un œil, ou qui du moins paraissent n'en avoir qu'un; car, le plus souvent, les deux yeux sont réunis dans l'œil unique qui apparaît. Ce genre de monstruosité est sans doute plus rare que les précédens. Cependant il les accompagne quelquefois, et dans certains cas on l'a vu exister seul. Ainsi, parmi les fœtus anencéphales que décrit Sœmmerring dans l'ouvrage que nous avons cité de lui, il en est un formé de deux jumeaux, desquels il ne reste que les têtes. Ces têtes sont accolées l'une à côté de l'autre, de manière qu'on voit les trois quarts de la face de chacune, et tandis que les deux yeux externes de chaque face sont bien distincts et isolés, les deux autres, du côté par lequel les deux faces sont adhérentes, sont réunis en un; la paupière supérieure de ce troisième œil médian est plus grande et plus longue; l'inférieure paraît évidemment formée de deux parties qui se correspondent dans le milieu; la cornée paraît aussi formée de deux parties, qui ont chacune l'étendue de deux tiers d'une cornée ordinaire. Les muscles moteurs de cet œil moyen sont aussi en plus grand nombre que de coutume. Deux nerfs optiques lui arrivent par derrière; au dedans il contient deux cristallins; il y a aussi deux iris, mais qui ne forment cependant, à eux deux, qu'une pupille; il y a deux rétines; en un mot, cet œil paraît d'autant plus évidemment formé de deux, qu'il y a en même temps, dans tous les sens, de plus grandes dimensions. L'œil droit est un peu plus gros que le gauche. Ce cas paraît d'autant plus remarquable à Sœmmerring, qu'il paraît dans son ouvrage comme le passage à un Monstre qui est représenté fig. 4, et qui offre aussi deux têtes adhérentes l'une à côté de l'autre, mais dans lequel les deux têtes sont conservées entières, et ont chacune leurs deux yeux bien distincts et séparés.

On a d'autres observations analogues dans les Mémoires de l'Académie royale des sciences : nous citerons seulement la suivante. Un enfant vient mort-né au septième mois de la grossesse; il n'a pas de nez, la face est tout-à-fait plate au lieu où cette partie doit exister, et au dessous de ce lieu on ne peut pas même trouver les fosses nasales. En même temps, il n'y a qu'un œil, situé au milieu du front. Cet œil n'a pas au devant de lui son sourcil; mais les sourcils occupent sur les côtés leur place ordinaire; au contraire, il a ses paupières, l'œil représente un globe rond, et est composé de la sclérotique, de la conjonctive et de la cornée, à en juger par les apparences extérieures. Au travers de la cornée on voit deux petits corps ronds, l'un à droite, et l'autre à gauche : le globe de cet œil unique étant ouvert, on ne trouve pas intérieurement de choroïde, et l'on reconnaît que les deux petits corps sont les deux yeux qui ont dû exister primitivement, et qui sont alors renfermés sous une même enveloppe; et, en effet, chacun avait son nerf optique, sa rétine, ses ligamens ciliaires, son iris, son corps vitré, son cristallin; l'humeur aqueuse seule était commune; toutes les parties étaient petites, excepté les cristallins qui avaient leur grosseur ordinaire; chaque œil formait un globe distinct, qui ne touchait l'autre que par le milieu. L'individu était aussi anencéphale; le cerveau paraissait réduit en bouillie; mais le nerf optique en sortait, et, bien qu'il passât par un seul trou, néanmoins ce nerf était double. Dans le journal de médecine il est parlé d'un enfant qui n'avait pas de nez, et qui avait au milieu de la lèvre supérieure un seul œil. Malheureusement la dissection n'en fut pas faite. L'accoucheur Leduc, en 1696, reçut également un enfant qui de même n'avait qu'un œil au milieu de la face; au devant de la mâchoire supérieure on lui voyait de même deux cristallins, deux prunelles. Enfin Littre fit voir à l'Académie royale des sciences, en 1703, un petit chien à la face duquel on ne distinguait ni nez, ni gueule, ni aucune autre ouverture, et dans laquelle on ne voyait rien autre qu'un gros œil situé à la partie inférieure.

Art. IV. *Monstres par défaut dans leur ensemble, ou Nains.* Les causes qui produisent les nains sont de diverses sortes. La plus ordinaire est un obstacle apporté à la nutrition et au développement du fœtus, pendant qu'il est encore dans le sein de sa mère. Une cause presque aussi fréquente, c'est le rachitis qui arrête le développement de l'enfant même après la naissance, et qui doit, par conséquent, aussi avoir le même effet sur lui pendant le cours de la vie fœtale. Ce qui donne une nouvelle force à la présomption de cette seconde cause, c'est que presque tous les nains présentent dans leur enfance les caractères de la constitution qu'on nomme rachitique.

Quant à leur caractère, il varie singulièrement et l'on ne peut établir à cet égard sur eux aucune considération générale de quelque valeur. Comme les géans, ils vieillissent ordinairement d'une manière très-rapide, ce qui n'empêche pas qu'on n'en ait vu qui ont fourni une longue carrière, et qui ont même conservé leur bonne santé jusqu'à la fin. Ils participent du reste jusqu'à un certain point à la vivacité, à l'irascibilité et à la pétulance des hommes qui ne sont pas doués d'une haute stature, et chez lesquels, par conséquent, le sang a un moindre cercle à parcourir pour revenir au cœur et pour aller stimuler tous les organes.

Les histoires particulières des nains sont plus précises que celles des géans; cela tient à ce que ces êtres disgraciés de la nature ont été de tout temps recherchés dans les cours, comme des jouets destinés à amuser l'oisiveté des grands : comme si la dignité humaine n'était pas assez ravalée par les vices qui ont acquis au titre de courtisan une signification insultante et méritée. Ce serait allonger inutilement cet article que d'y réunir toutes les biographies qui ont été publiées sur un pareil sujet, nous nous bornerons à reproduire les histoires suivantes qui nous ont paru les plus curieuses.

Babet Schreier naquit à Piégelsbach, village près Manheim, le 31 octobre 1810, de parens sains et bien conformés; ils habitaient une campagne salubre, et usaient habituellement d'une nourriture de bonne qualité. Son père, âgé de quarante-trois ans, d'une taille de cinq pieds cinq pouces, d'une forte constitution, n'était point sujet aux maladies; son *facies* se rapprochait beaucoup de l'idiotisme; il était, en effet, doué de très-peu d'intelligence; ne s'étant occupé que d'agriculture, son moral en avait souffert. Sa mère, âgée de trente-trois ans, d'une taille de cinq pieds, jouissait ordinairement d'une bonne santé; elle était d'une figure agréable et spirituelle; elle avait, en effet, un esprit naturel, quoiqu'elle ne l'eût pas exercé; menant une vie très-active, elle se livrait volontiers, après les soins du ménage, aux travaux de l'agriculture comme son mari. Avant de devenir mère de cette fille, elle avait eu cinq enfans, dont le premier, qu'elle eut à l'âge de dix-sept ans, avait déjà offert cette particularité d'un développement imparfait : c'était un garçon; il avait six pouces de longueur, et il était du poids d'une livre et demie. La mère s'était bien portée durant sa grossesse; elle avait senti le mouvement du fœtus à quatre mois, et était accouchée au terme de neuf mois. Tout s'était passé comme dans les autres grossesses, où les enfans ont été d'un volume naturel, et dont plusieurs, qui vivaient encore en 1813, étaient grands et vigoureux, si ce n'est que le ventre ne se développa que comme au quatrième mois d'une grossesse ordinaire. Elle nourrit elle-même ce petit enfant, qui tétait assez bien; mais, quelques soins qu'elle en prît, il ne put vivre qu'un mois. C'est après ces cinq couches que cette femme devint enceinte de la petite fille qui fait le sujet de nos recherches. La suppression des menstrues, l'engorgement des seins et un léger dégoût, lui firent d'abord soupçonner son état de grossesse; sa santé n'en fut pas autrement altérée; au quatrième mois, elle commença à sentir les mouvemens du fœtus, qui devinrent de plus en plus vifs à mesure que la grossesse avançait, et qui, joints au peu de développement du ventre, lui firent présumer que cette couche serait analogue à la première. Elle buvait, mangeait comme à son ordinaire, et elle put se livrer constamment et sans s'excéder, pendant l'été, au travail des champs, et beaucoup plus aisément que dans ses grossesses de volume naturel. Elle ne se trouva jamais exposée, durant cette grossesse, ainsi qu'à la première, à faire de chutes, ni à recevoir accidentellement de coups ni de commotions sur l'abdomen qui pussent, en apparence, troubler la nutrition du fœtus. Elle n'éprouva point de pertes utérines; elle ne fut pas en butte à de vives affections morales, ni pendant sa grossesse, ni pendant l'allaitement. Elle accoucha, vers la fin du neuvième mois, en quelques heures de vives douleurs, de cette petite fille. La sage-femme, qui avait reçu ses autres enfans, ne remarqua rien d'extraordinaire.

Le placenta était proportionné au volume de l'enfant, qui lui-même n'offrait que celui d'un fœtus de cinq à six mois de grossesse ordinaire; le cordon ombilical, quoique très-mince, n'avait offert aucune difformité dans toute son étendue, à laquelle on dut attribuer avec fondement la cause du peu de développement du fœtus.

Cette fille n'avait, en naissant, que six pouces de longueur, et ne pesait alors qu'une livre et demie; elle était maigre, mince; mais les traits de la face et la forme des membres étaient bien dessinés; sa vigueur et sa force, qui excédaient les proportions de son développement, semblaient faire présager qu'elle serait plus viable que celui qui avait été d'un semblable volume.

Dès qu'elle commença à respirer, sa mère, qui était bonne nourrice, lui présenta le sein qui fut pris aussitôt, et l'enfant continua ainsi à bien téter jusqu'à l'âge de trois ans; alors, le lait de la mère s'étant perdu, l'enfant se sevra de lui-même, et commença pour la première fois à prendre de la nourriture.

Il se fit, chez cette fille, un accroissement rapide et régulier depuis sa naissance jusqu'à l'âge de deux ans; et depuis cette époque, il fut si peu sensible que les parens furent persuadés qu'il avait totalement cessé d'une manière brusque et sans que sa santé en eût paru altérée; divers médecins, consultés à cette époque, ne purent découvrir aucune lésion organique sensible. Dès lors, les formes s'arrondirent, et les forces prirent progressivement de l'accroissement. On avait remarqué, peu de temps après sa naissance, un développement rapide des forces du système musculaire; les muscles étaient un peu saillans, les membres se contractaient avec une vivacité et un degré de force plus prononcé que chez les autres enfans d'une grosseur ordinaire. Le développement général du corps s'opéra toujours sans déranger la régularité de la conformation et la justesse de ses proportions.

Ses forces étaient à peu près comme celles d'un enfant de quatre ans; par conséquent, elles étaient bien plus grandes que la conformation semblait le comporter. Les muscles n'étaient point gros, mais bien dessinés; la fibre en était un peu lâche, quoique douée d'une force de contractilité remarquable. Elle avait de plus en partage une vivacité qui la mettait dans un mouvement perpétuel. Tous ses mouvemens étaient vifs et précipités. Elle chancelait quelquefois en marchant, d'une manière à faire croire qu'elle allait tomber, quoiqu'elle le fît rarement; la légèreté de son corps et son extrême vivacité semblaient l'emporter et lui faire souvent manquer d'équilibre; mais elle était d'une dextérité, d'une promptitude si grande à se retenir, qu'elle ne tombait que rarement, quoiqu'elle grimpât et franchît des espaces avec une rapidité étonnante pour sa stature.

Elle ne savait pas marcher lentement, et son allure pouvait être comparée à celle d'un danseur de corde privé de balancier, dont le corps se contracte d'une manière permanente en tous sens pour se soutenir en équilibre. Son corps, en courant, n'était presque jamais dans une situation verticale, mais bien dans une légère inclinaison. Il est facile, d'après ces considérations, de se rendre compte de la difficulté qu'elle eut à apprendre à marcher; elle ne commença à le faire qu'à l'âge de deux ans, et plus difficilement que les autres enfans, non par le manque de force, mais bien par un excès de vivacité et de légèreté.

La joie semblait ajouter un degré de plus à son extrême mobilité, et à tout son être une somme de forces qu'il était loin d'annoncer. Dans ses exercices, on l'avait habituée à relever une chaise ordinaire couchée sur son dossier, à se tenir à cheval sur son âne, à grimper à une échelle, à se tenir sur une escarpolette, et à courir.

La dentition s'opéra d'une manière tardive et lente; elle ne causa cependant aucune maladie. L'enfant eut ses vingt-quatre dents à cinq ans, quoiqu'elle n'eût commencé qu'à l'âge de deux ans. La deuxième dentition se fit plus tard; sept incisives et une canine tombèrent quelques mois après : celles qui restaient étaient d'un bel émail; cependant le corps de deux petites dents molaires se trouvait en partie carié.

Sa peau était mince, douce et flasque au tronc et à la base des membres, mais un peu sèche et rugueuse à leurs extrémités. La chaleur de la peau était toujours très-modérée; on ne l'observa jamais en moiteur ni en sueur; elle était presque toujours en chair de poule; les fonctions des vaisseaux absorbans et exhalans devaient souffrir de sa sécheresse. C'est sans doute cet état de la peau qui garantit l'enfant des maladies éruptives sans insertion; mais la vaccine eut son résultat ordinaire. Le tissu cellulaire graisseux sous-cutané était très-peu abondant, quoique l'enfant parût d'un tempérament éminemment lymphatique.

Si, pour juger du degré de chaleur vitale dont cette fille était douée, on se contentait de palper les extrémités, qui paraissaient presque toujours froides, on était tenté de croire que sa chaleur naturelle était bien au dessous de celle de tout autre individu, ou qu'elle se distribuait inégalement; mais il en était autrement, si on l'examinait plus attentivement; car, soumise aux expériences comparatives avec des personnes de diverses statures et d'une forte constitution, sa chaleur s'était trouvée plus grande. C'est ainsi que divers thermomètres, appliqués en différentes parties du corps, indiquaient chez Babet une élévation permanente de trente degrés, tandis que les mêmes thermomètres, appliqués à d'autres personnes, aux mêmes lieux et au même instant, descendaient et restaient au vingt-neuvième degré chez les uns, et au vingt-huitième chez les autres. Celle de la plante des pieds donnait vingt-six degrés; celle de la paume des mains en offrait vingt-sept.

Ce qui étonne réellement dans ces écarts de la nature chez cet enfant, c'est la régularité que conservait le défaut de développement de tous les systèmes; et, quoique les forces vitales fussent peu actives, elles étaient restées dans un équilibre suffisant pour assurer les proportions des formes organiques.

Cette fille, qui en naissant avait la taille de six pouces, avait, à l'âge de sept ans moins un mois, celle de vingt-trois pouces. Elle pesait à sa naissance une livre et demie, et à l'âge de sept ans elle était du poids de huit livres et un quart.

D'après cela, on voit qu'elle se rapprochait beaucoup, par son poids, par la grosseur de sa tête, celle du thorax et des membres, du volume d'un nouveau-né un peu fort. Elle n'en différait qu'en ce que l'ensemble de son corps offrait proportionnellement un peu plus de longueur, que les membres étaient plus déliés, que tout se trouvait d'une conformation régulière et paraissait être dans de justes proportions : car ici tout était parfait; c'était une belle miniature humaine : sa taille était bien prise, et ses membres étaient bien proportionnés.

Le libre exercice de toutes les fonctions animales, le bon état de l'ensemble de son organisation, et surtout sa gaîté naturelle et permanente, annonçaient que cette fille jouissait, dans sa manière d'être, de tous les attributs d'une bonne santé. Elle aurait dû néanmoins être délicate; mais, au rapport des parens, elle ne fut jamais indisposée.

Les changemens d'air et de nourriture auxquels les voyages l'exposaient fréquemment et l'état sédentaire habituel ne lui causèrent aucun dérangement apparent. La succession des saisons n'eut jamais sur elle aucune influence sensible; mais on remarqua qu'elle était plus forte, mieux à son aise, et un peu plus grasse en hiver qu'en été.

L'ensemble de sa face était agréable; tout y était proportionné; sa forme était ovale; le front était découvert, ses sourcils châtains, ses paupières assez ouvertes, les cils bruns, les yeux vifs et saillans; la cornée transparente était d'une couleur bleu foncé, la cornée opaque d'un blanc éblouissant; le nez long, saillant, arqué au milieu; le menton rond, la peau blanche et unie, le teint un peu pâle, son aspect doux, l'oreille bien faite, la chevelure agréable et d'un blond châtain.

Les yeux paraissaient, au premier abord, doués d'un excès de sensibilité; mais ils n'avaient que celle de l'état naturel; ils étaient bien conformés; la vue était bonne, seulement elle paraissait un peu basse. L'ouïe était très-fine; elle avait le goût et l'odorat délicats.

Le bon état de la respiration annonçait que la poitrine était saine; elle était bien évasée. Les extrémités supérieures et inférieures et le bassin étaient conformés de manière à être proportionnés avec le reste du corps. La colonne vertébrale n'offrait que les courbures naturelles.

Les battemens du cœur se faisaient sentir extérieurement d'une manière régulière, comme chez tout autre individu dans l'état sain; ils étaient naturellement fréquens, et leur fréquence augmentait par l'exercice. La ténuité naturelle du système vasculaire en général ne permettait pas toujours d'apercevoir le pouls aux artères radiales; celles-ci étaient moins développées que chez un enfant d'une année; et leurs battemens n'étaient appréciables que lorsque, les bras réchauffés par la chaleur douce et uniforme du lit, les vaisseaux s'étaient dilatés; c'était alors, et pendant le sommeil, qu'on pouvait compter leurs pulsations, qui s'élevaient au nombre de soixante-dix-huit à quatre-vingts par minute. On ne peut juger, pour l'ordinaire, de la fréquence du pouls, surtout dans le jour et pendant la veille, que par les battemens du cœur et des artères carotides primitives; celles-ci offraient quatre-vingt-dix à quatre-vingt-douze pulsations.

Les viscères abdominaux n'offraient aucune apparence d'altération ou d'engorgement qui pût faire soupçonner un état morbide quelconque : tout était dans un état sain.

Cette fille prenait ordinairement peu de nourriture à la fois; mais ses besoins se renouvelaient très-souvent. Tout ce qui tenait aux fonctions animales s'exécutait avec régularité, selon l'ordre de la nature. Le ventre faisait régulièrement ses fonctions chaque jour, comme chez une personne en santé. Il ne se présentait encore aucun signe de puberté.

Elle dormait ordinairement pendant sept à huit heures d'un sommeil paisible. On remarquait que le sommeil prolongé exerçait sur elle une influence débilitante bien sensible.

Tout le corps se trouvait dans un état intermédiaire d'embonpoint et de maigreur.

Les fonctions intellectuelles de cette fille furent tardives et lentes; elles étaient peu développées pour son âge; elle n'avait guère que l'intelligence des enfans de quatre ans; elle avait, comme eux, de petits caprices; mais cet état tenait beaucoup à la mauvaise éducation qu'elle avait reçue. On ne lui avait inspiré jusqu'alors que des manières enfantines; son humeur était naturellement douce, caressante, gaie, vive et enjouée; elle était susceptible d'affection et d'attachement pour les personnes qui lui donnaient des soins; elle aimait la compagnie, la parure, les jouets et les pièces de monnaie. Elle était curieuse, et elle avait beaucoup d'aptitude à l'imitation; ce qui annonçait de la perfectibilité; elle répétait assez bien ce qu'on lui faisait dire. Elle était beaucoup plus disposée à la joie et plus docile l'après-midi que le matin; elle semblait être flattée des visites qu'elle recevait; elle témoignait sa satisfaction par un air plus joyeux et plus de souplesse de caractère; alors son visage s'épanouissait, et ses forces semblaient s'accroître avec sa gaîté; et si elle courait, on s'apercevait qu'elle chancelait moins lorsqu'elle était ainsi émue; elle n'aimait pas à être reprise avec aigreur; elle était bien plus docile lorsqu'on employait la voie de la douceur.

Elle ne commença à parler qu'à l'âge de quatre ans; mais elle comprenait tout ce qu'on lui disait.

Sa voix était faible et grêle, mais douce et un peu sonore; elle se développa davantage quelques mois après, et surtout lorsqu'elle était émue par la gaîté; alors elle produisait des sons agréables, qui n'étaient faibles que parce que cet organe, naturellement peu développé, n'était pas assez exercé.

Le peu de chaleur que cette enfant paraissait avoir dans son bas âge, joint au désir des parens de pouvoir l'élever, porta son père à la placer habituellement contre sa poitrine et sous ses vêtemens le jour et la nuit, afin de lui conserver un degré de chaleur plus uniforme; elle conservait encore plus tard cette habitude pour la nuit. Elle aimait aussi à être assise dans le fond d'un chapeau, et qu'on la tînt sous le bras, parce que c'était le moyen qu'on avait employé pour la transporter d'un lieu en un autre, lorsqu'elle était devenue trop lourde pour être portée sous le gilet de son père. Nous avons remarqué qu'elle avait eu de la peine à se familiariser avec tout ce qui était volumineux et très-bruyant; l'aspect des grands quadrupèdes lui causait d'abord une impression désagréable; elle s'effrayait facilement de l'aboiement des gros chiens.

La circonférence de sa tête, prise horizontalement du front à l'occiput, était de treize pouces quatre lignes; elle avait les mêmes dimensions que chez le nouveau-né, d'après Baudelocque. Le diamètre qui part du milieu du front à la saillie de l'occiput était de quatre pouces six lignes. Celui qui va d'une protubérance pariétale à l'autre offrait trois pouces dix lignes. Chez le nouveau-né il a trois pouces quatre à six lignes. Celui qui s'étend de la houppe du menton à l'extrémité postérieure de la suture sagittale avait six pouces; chez le nouveau-né il a cinq pouces trois lignes; et s'il n'y avait pas de dents pour tenir les mâchoires écartées, ce diamètre serait en tout semblable à celui des nouveau-nés. Celui qui s'étend verticalement de la base du crâne, en face du conduit auditif externe, au sommet de la tête, est de trois pouces quatre lignes; chez le nouveau-né il a la même étendue. Le crâne n'offrait aucune difformité remarquable, si ce n'est que le front paraissait un peu proéminent vers son milieu, parce que les bosses du coronal n'étaient pas très-saillantes. Les sinus frontaux n'étaient pas encore bien développés. L'ossification de la tête, en général, paraissait s'être opérée d'une manière prématurée; elle était aussi complète qu'à l'âge de dix ans : les sutures étaient presque effacées, et on ne retrouvait aucune trace des fontanelles; celles-ci, d'après l'aveu des parens, avaient été moins longtemps apparentes que chez les autres enfans. L'étendue du menton à la racine des cheveux était de quatre pouces huit lignes ; celle d'une pommette à l'autre était de trois pouces six lignes. Les os, en général, étaient minces et bien proportionnés et n'offraient aucune difformité apparente.

La circonférence du thorax était de treize pouces ; celle du ventre, en face de l'ombilic, était de douze pouces ; celle des lombes de seize pouces ; celle du cou de sept pouces. La séparation de l'angle supérieur et antérieur d'un os des îles à l'autre était de quatre pouces six lignes. L'étendue du tronc, depuis la symphyse du pubis à l'extrémité supérieure du sternum, était de neuf pouces six lignes ; celle du milieu de l'ombilic au talon était de onze pouces ; celle qui s'étend du même lieu au sommet de la tête était de la même mesure ; celle du cou était de deux pouces. La longueur du pied était de deux pouces six lignes ; sa grosseur était bien proportionnée. La main était petite et bien faite. La circonférence de la partie la plus saillante de l'avant-bras était de trois pouces six lignes ; celle du milieu du bras était de trois pouces deux lignes ; celle du haut de la cuisse était de six pouces, et celle des mollets de trois pouces six lignes.

Jeffery Hudson était né, en 1619, à Oakham, dans le comté de Rutland. A l'âge de huit ans, la duchesse de Buckingham le fit présenter dans un pâté à la reine Henriette-Marie de France, femme de Charles Ier. Jeffery n'avait alors, assurent les historiens de l'époque, que dix-huit pouces (anglais) de haut, et il conserva pendant plusieurs années cette très-petite taille ; mais à trente ans, sa croissance devint très-rapide, et il parvint en peu de temps à la hauteur de trois pieds neuf pouces.

Jeffery Hudson, favori de la reine, fixa bientôt à un haut degré, comme tout ce qui approche des grands, l'attention de la cour et du public, et tous les arts s'unirent pour en conserver le souvenir à la postérité. Ainsi on voit dans le château fort de Getworth un très-beau tableau d'Antoine Vandick, représentant en pied la reine Henriette-Marie, et debout, près d'elle, Jeffery Hudson. Il existe aussi un très-joli portrait gravé d'Hudson, qui fut publié à Londres en 1790. Enfin, l'on voit sur l'une des maisons de cette ville, dans la rue de Newgate, un bas-relief représentant Hudson et un géant. L'anecdote suivante est le sujet de ce bas-relief assez remarquable. On rapporte qu'au milieu d'une fête de la cour, un portier du roi, d'une taille gigantesque, tira tout à coup le nain de sa poche, à la grande surprise des spectateurs.

La poésie a aussi payé son tribut à Jeffery Hudson. Davenant a célébré, dans un petit poème intitulé *La Jeffréide*, ce héros en miniature. L'un des exploits les plus brillans qu'il lui attribue, est une victoire remportée sur un coq d'Inde.

Jeffery ne s'est cependant pas borné à renouveler les combats des pygmées contre les grues, et sa conduite, en plusieurs occasions, a démenti à l'avance les assertions de tant d'auteurs des siècles suivans, qui, déduisant d'un seul fait des conséquences faussement générales, ont représenté les nains comme des êtres dégradés plus encore au moral qu'au physique.

Au commencement de la guerre civile, Jeffery fut nommé capitaine dans l'armée royale. En 1644, il suivit la reine Henriette-Marie en France, où, à la suite d'une querelle avec un nommé Croffts, il ne craignit pas de l'appeler en duel. Croffts vint au rendez-vous, mais armé seulement d'une seringue. Un duel réel vengea ce second outrage. On se battit à cheval, au pistolet : Croffts fut blessé à mort au premier coup.

Après la restauration, Jeffery retourna en Angleterre. Il mourut en 1682, à l'âge de soixante-trois ans. Il était alors dans la prison de Westminster, accusé d'un crime politique.

La vie de Bébé est moins remarquable en elle-même que celle de Jeffery Hudson. Mais, sous le rapport scientifique, elle nous offrira beaucoup plus d'intérêt, parce que, né à une époque plus rapprochée de nous, et dans laquelle l'importance de l'observation était mieux sentie, Bébé est devenu le sujet d'études exactes et précises, sous le triple rapport de ses conditions physiques, de ses facultés morales et de son développement intellectuel.

Nicolas Ferry, devenu célèbre sous le surnom de Bébé, devait le jour à des parens bien constitués, de taille ordinaire, et qui, depuis, eurent d'autres enfans. Né en novembre 1741, à Glaines dans les Vosges, il vint au monde à sept mois, après une grossesse fort extraordinaire. Lors de sa naissance, il n'avait que sept à huit pouces de long ; il pesait moins d'une livre, et cependant, malgré cette extrême petitesse, le travail de l'accouchement dura deux fois vingt-quatre heures. On rapporte qu'il fut porté à l'église sur une assiette garnie de filasse, et qu'un sabot rembourré fut son premier berceau. Il avait, ajoute-t-on, la bouche trop petite pour saisir le sein maternel, et fut nourri de lait de chèvre. Il commença à parler à l'âge de dix-huit mois ; mais ce ne fut qu'à deux ans qu'il sut marcher. A cinq, il fut examiné avec soin par le médecin de la duchesse de Lorraine : il pesait alors neuf livres sept onces, et sa taille était d'environ vingt-deux pouces, mais il était formé comme un jeune homme de vingt ans, et dès-lors on put prévoir qu'il resterait toujours extrêmement petit.

Ce fut vers cette époque qu'il fut conduit à la cour de Stanislas, ex-roi de Pologne, duc de Lorraine, qui le prit en affection, et auquel, de son côté, le jeune nain s'attacha singulièrement. Quoique l'objet continuel des soins les plus empressés de la part des dames de la cour, ses facultés intellectuelles ne se développèrent jamais qu'à un bien faible degré. On ne put ni lui apprendre à lire, ni lui faire concevoir aucune idée religieuse. Toute l'instruction à laquelle il parvint fut de savoir danser et battre la mesure avec assez de justesse. Mais ce qui prouve encore mieux que son intelligence ne s'est jamais élevée, selon l'expression des auteurs du temps, beaucoup au dessus de celle d'un chien bien dressé, c'est qu'à l'époque de son arrivée à Lunéville, sa mère étant venue le voir après quinze jours de séparation, il ne parut pas la reconnaître.

Bébé était d'une extrême vivacité; on le voyait sans cesse en mouvement. Il était susceptible de passions très-vives, et surtout de colère et de jalousie. On rapporte qu'une dame de la cour, donnant un jour devant lui quelques caresses à un chien, Bébé, furieux, le lui arracha des mains, et le précipita par la fenêtre en s'écriant : « Pourquoi l'aimez-vous mieux que moi? »

A quinze ans, Bébé avait vingt-neuf pouces de haut : il était encore vif, gai, bien portant. Sa petite taille était bien prise, sa figure agréable, son sourire gracieux. Mais à cette époque, qui fut celle de sa puberté, une révolution fâcheuse s'opéra en lui. Sa santé déclina rapidement; les traits de son visage perdirent tout ce qu'ils avaient de gracieux; il devint un peu contrefait; tous les signes d'une vieillesse prématurée ne tardèrent pas à se manifester. Il mourut le 9 juin 1764, à l'âge de vingt-deux ans et demi. Sa taille était alors d'un peu plus de trente-trois pouces.

Ces détails, pour la plupart authentiques, sont en grande partie extraits de deux mémoires présentés à l'Académie royale des sciences, l'un en 1746, par Claude-Joseph Geoffroy, et l'autre, en 1764, par Morand. Ce dernier accompagna la présentation de son mémoire de celle d'une statue en cire, exécutée avec beaucoup de soin, et représentant Bébé à l'âge de dix-huit ans. C'est une statue, ou une copie de cette statue, qui se voit dans le cabinet de la faculté de médecine de Paris.

Le squelette même de ce nain célèbre est conservé dans les collections anatomiques du Muséum d'Histoire naturelle. La grande saillie du front, et surtout une déviation très-marquée de la colonne vertébrale dans les régions dorsale et lombaire, sont les particularités les plus remarquables que présente l'examen du squelette. Il est aussi à noter que les os sont presque tous parvenus à un état très-complet d'ossification. Il n'existe plus aucun vestige de suture ni entre les deux frontaux, ni même entre les pariétaux. Néanmoins, en plusieurs endroits, et principalement vers la suture sagittale, le crâne est d'une minceur excessive, et les deux pariétaux sont creusés à leur face extérieure d'une infinité de pores ou de petits trous formant une sorte de réseau, qui rappelle à quelques égards la disposition normale du système osseux chez plusieurs reptiles. Enfin, on peut encore remarquer que le crâne est très-déprimé entre les deux bosses pariétales et la bosse occipitale, que le nez est extrêmement saillant, les os nasaux étant très-larges à leur extrémité inférieure, et que le gros orteil est proportionnellement très-allongé.

Les dimensions des principales parties du squelette de Bébé sont comme il suit :

	Pieds.	Pouc.	Lig.
Hauteur totale	2	9	6
Longueur totale du membre supérieur	1	2	9
Longueur totale de l'humérus	»	7	6
—— de la main	»	3	»
Longueur totale du membre inférieur	1	4	6
—— du fémur	»	9	»
—— du pied	»	4	»

Un autre nain contemporain de Bébé, et presque aussi célèbre que lui, est un gentilhomme polonais, nommé Joseph Borwilaski, et qui *appartenait*, selon l'expression employée par quelques auteurs, à la comtesse Humieska, grande porte-glaive de la couronne de Pologne. Bien différent de Bébé, Borwilaski, dont la taille à vingt-deux ans était de vingt-huit pouces, naquit à terme, jouit presque toujours d'une bonne santé, et montra dès son enfance beaucoup d'intelligence et d'aptitude d'esprit. Il sut, au bout de peu de temps d'étude, très-bien lire et écrire, et apprit même l'allemand et le français, qu'il parlait avec assez de facilité. On a sa vie écrite par lui-même. « Borwilaski, disent les auteurs du temps, est ingénieux dans tout ce qu'il entreprend, vif dans ses reparties, et juste dans ses raisonnemens : en un mot, il peut être regardé comme un homme fait, quoique très-petit, et Bébé comme un homme manqué. »

Borwilaski se maria vers l'âge de vingt-deux ans, et eut plusieurs enfans tous bien conformés et de taille ordinaire. Il est vrai que la nouvelle de la paternité de Borwilaski ne fut pas reçue de tous sans quelque incrédulité, et qu'elle devint parfois le texte de plaisanteries, toutes supportées avec courage et patience. Borwilaski est parvenu à un âge très-avancé; il vivait encore il y a peu d'années, et peut-être même existe-t-il encore aujourd'hui. Dans sa vieillesse, sa taille a pris, en peu de temps, un accroissement très-marqué : fait analogue à celui qui a été cité pour Jeffery Hudson, mais plus curieux encore à cause de l'époque beaucoup plus tardive à laquelle cette sorte de révolution s'est opérée chez Borwilaski.

Ce nain très-remarquable était né de parens fort au dessus de la taille moyenne; et ce qui est surtout digne d'attention, c'est qu'il eut quatre frères, dont l'un, son aîné, était comme lui de très-petite taille (car il n'avait que trente-quatre pouces); et dont les trois autres, nés après lui, parvinrent tous à cinq pieds et demi environ. Enfin sa mère eut pour sixième enfant une fille, qui, examinée à l'âge de six ans, n'avait que vingt pouces de haut. A ces détails très-curieux, les auteurs contemporains ajoutent que Joseph Borwilaski, ainsi que sa sœur et son frère aîné, parurent, lors de leur naissance, difformes au plus haut degré, quoique tous trois soient devenus par la suite bien proportionnés et d'une figure agréable.

Il est inutile de dire que les histoires de peuples *nains* ne sont pas plus véridiques que celles des peuples *géans*. Il est vrai que sous le pôle la rigueur du froid a influé sur la taille de l'espèce d'une manière générale; nous avons dit comment cette influence avait dû s'exercer; mais il y a loin des Lapons, dont la stature ne dépasse guère quatre pieds et demi, aux Troglodytes, et à ces peuples dont l'existence est attestée par certains historiens grecs, et dont les individus, grands comme des grues qu'ils eurent plus d'une fois à combattre, montaient sur des chars traînés par des perdrix. Athénée parle de ces peuples auxquels il fallait des haches pour abattre des tiges de blé qui étaient pour eux de grands arbres. Aristote admet aussi leur existence, et dit qu'ils habitaient des cavernes et des tanières. Pline dit qu'ils habitaient la Thrace d'où les Grecs les chassèrent; il les place encore vers Séleucie et Antioche, et surtout vers l'Éthiopie, aux lieux d'où le Nil tire sa source. Il y en avait aussi dans l'Inde orientale, aux montagnes des Prasiens, et enfin au dessus des sources du Gange; ceux-ci étaient nommés Spithamiens, parce qu'ils n'excédaient jamais la hauteur de trois palmes. Strabon, plus judicieux, dit qu'à cause que tous les animaux naissent de plus faible taille dans les régions intempérées par l'excès de la chaleur et de la froidure, l'on a vraisemblablement supposé l'existence des Pygmées, bien qu'aucun homme digne de foi, ajoute-t-il, ne prétende en avoir observé. (Virey, art. NAINS, Dict. des sc. méd.)

Buffon parle dans ses Supplémens, d'après le témoignage de Commerson, d'un peuple de nains qui serait originaire de Madagascar, et qui porte dans cette île le nom de *Quimos*; mais l'existence de ces pygmées n'a point été constatée; au contraire, Rochon et d'autres observateurs ont prouvé que les nains vus par certains voyageurs dans cette île, n'étaient que des individus dégénérés et n'avaient jamais formé positivement une race.

Art. V. *Hermaphrodites.* L'hermaphrodisme est l'état normal d'un grand nombre d'animaux des degrés inférieurs de l'échelle; c'est une monstruosité chez les animaux supérieurs. L'hermaphrodisme est complet chez les coquillages bivalves; chez l'huître et la moule, l'ovaire a la forme d'un grand sac. A l'époque où la génération doit s'accomplir, il transsude des parois de ce sac une liqueur particulière qu'on regarde comme la véritable liqueur fécondante, et quand les œufs que renferme l'ovaire en ont été arrosés, ils se détachent et viennent éclore entre les feuillets branchiaux qui occupent le bord de la coquille. Chez les coquillages univalves, tels que les hélices, l'hermaphrodisme est incomplet, c'est-à-dire que ces êtres, à deux sexes réels, et jouissant de la faculté d'agir dans l'acte générateur à la fois comme mâle et comme femelle, ne peuvent cependant pas se féconder seuls; il leur faut le secours d'un semblable pour effectuer leur reproduction.

Cet hermaphrodisme incomplet éprouve encore dans la même classe un plus grand degré de complication. Ainsi les planorbes ou lymnées possèdent les deux sexes comme les hélices, mais deux individus ne peuvent pas se féconder mutuellement, parce que les organes des deux sexes sont trop éloignés l'un de l'autre pour que l'accouplement soit réciproque. Il faut que ces êtres se joignent au moins par trois, et dans ce cas, s'ils ne font pas le cercle, ce qui est fort rare, il n'y a que celui du milieu qui agisse comme hermaphrodite, fécondé d'un côté et fécondant de l'autre.

Tels sont les principaux phénomènes d'hermaphrodisme que présente le règne animal. Il est fort douteux qu'au dessus des Mollusques il y ait de véritables hermaphrodites. Nous disons qu'il est douteux, car pour ce qui concerne certains poissons, le fait de la confusion ou de la séparation des sexes n'est point une chose bien nettement établie. Voici, au reste, sur ce sujet, l'opinion la plus récente et sans doute la mieux fondée.

« On trouve de *temps à autre*, dit Cuvier, parmi » les poissons ordinaires, des individus qui ont » d'un côté un ovaire et de l'autre un testicule, et » qui sont par conséquent de vrais hermaphrodi» tes; mais il *paraît* que certaines espèces réunis» sent naturellement et constamment les organes » des deux sexes. Cavolini l'assure d'un acanthopté» rygien, le Serran ou Perche de mer, et sir Eve» rard Home, de l'Anguille et de la Lamproie; » pour ce dernier genre, MM. Magendie et Des» moulins pensent qu'il y a des mâles, qui seule» ment seraient infiniment plus rares que les fe» melles. » (*Voyez* Cuvier, Histoire naturelle des Poissons, tom. I, pag. 534.)

On voit par ce peu de mots combien Cuvier hésite dans son langage, *de temps à autre*, il *paraît*, etc. De *temps à autre* ce n'est pas constamment, il *paraît* ne donne point une certitude. Nous croyons qu'en principe la nature n'a appliqué l'hermaphrodisme qu'aux espèces qui ne jouissent pas de la locomotion ou qui ne possèdent cette faculté qu'à un degré très-inférieur. Si cette règle était absolue, les faits cités d'hermaphrodisme chez les serrans, les anguilles et les lamproies, seraient ou des exceptions ou des observations incomplètes; car rien n'est plus agile que ces animaux dans le milieu qu'ils habitent.

Ainsi donc, au dessus des mollusques et en tout cas au dessus de certains poissons, l'hermaphrodisme est une monstruosité. Il y a plus, c'est que l'on ne connaît pas d'exemple où la confusion des sexes ait été tellement complète, où leur existence chez le même individu ait été si bien établie que cet individu ait pu produire à la fois comme mâle et comme femelle; encore moins a-t-on pu trouver des exemples d'hermaphrodites qui aient pu opérer une génération solitaire.

Le Bulletin de la Faculté de médecine de Paris, tome IV, page 285, parle d'un homme qui vivait à Lisbonne en 1807, et qui, d'une part, présentait deux testicules, un pénis érectile et percé d'un canal jusqu'au tiers de sa longueur, le tout accompagné de traits mâles et d'un peu de barbe; Il avait d'autre part les organes du sexe féminin comme ceux d'une femme bien conformée, la voix et les penchans analogues, la menstruation régulière. Cet hermaphrodite eut deux grossesses qui se terminèrent prématurément l'une au troisième, l'autre au cinquième mois. L'observation ne parle pas de l'examen anatomique des testicules ni de leurs canaux excréteurs.

Les cartons de l'ancienne Académie de chirurgie contiennent les dessins d'un cas analogue, et dans lequel l'examen a été plus complet, puisqu'il a pu avoir lieu à l'aide du scalpel. C'est celui du nommé Jean Dupin qui mourut à l'Hôtel-Dieu, en 1754, à l'âge de dix-huit ans, et qui avait d'un côté un pénis, un testicule et une vésicule séminale, et de l'autre côté une petite matrice ovale, un ovaire et une trompe : la vésicule séminale communiquait avec la matrice.

Enfin on voit au Muséum de la faculté une pièce en cire qui représente un cas analogue au précédent; les conduits du fluide fécondant aboutissent également à l'utérus. M. Adelon fait, au sujet de ces deux dernières observations, les réflexions suivantes : « Nous disions tout à l'heure que jamais un hermaphrodite n'avait pu remplir tour à tour le rôle d'homme et celui de femme, et à plus forte raison n'avait pu se féconder seul; et, en effet, on n'en a encore vu aucun exemple. On conçoit cependant que, dans ces derniers cas, où il y avait communication entre la vésicule séminale et l'utérus, l'individu pourrait se féconder seul. Qu'on suppose, en effet, un rêve excitant pendant la nuit l'orgasme vénérien, et mettant en jeu le testicule d'une part et l'ovaire de l'autre : le fluide spermatique pourra, par l'utérus, aller aviver le germe, et celui-ci alors parcourra, comme de coutume, dans l'utérus, la série de ses développemens; mais, nous le répétons, ce n'est là qu'une vue de l'esprit, qui, à la vérité, se trouve réalisée dans quelques animaux. »

Les autres monstruosités qui sont relatives à l'hermaphrodisme, et dans le détail desquelles nous ne saurions entrer, consistent dans une confusion variable des organes de la reproduction, le plus souvent dans la mauvaise conformation de leurs diverses parties. Quelquefois l'un des sexes existe en entier, tandis que l'autre ne se retrouve qu'en partie, de façon que l'individu non seulement ne peut pas se féconder seul, mais encore il lui est impossible de remplir à volonté les fonctions de l'un ou de l'autre sexe, à moins qu'il ne jouisse pleinement de la conformation régulière de l'un des deux, et alors il est hermaphrodite mâle ou hermaphrodite femelle, selon qu'il possède au complet l'un ou l'autre des deux sexes. Dans les cas les plus fréquens, il ne peut remplir ni l'un ni l'autre rôle, parce que les organes des deux sexes sont chez lui également imparfaits.

Nous pourrions rapporter ici de longues observations concernant des individus inscrits à l'état civil comme appartenant à un sexe, tandis qu'ils avaient les organes de l'autre; nous aimons mieux ramener l'esprit de nos lecteurs sur l'une des fables les plus ingénieuses et les mieux racontées d'Ovide, sur cette incorporation de la nymphe Salmacis avec le fils de Mercure (Hermès) et de Vénus (Aphrodite), d'où nous vient le nom d'hermaphrodite. Cette fable d'ailleurs est tout-à-fait de circonstance; car, au moment où nous écrivons, le Salon de 1837 est ouvert, et la meilleure production qu'on y admire, après le groupe qui représente l'*Ange gardien offrant à Dieu un pécheur repentant*, travail précieux par l'exécution et sublime par l'idée, en ce qu'il consacre l'une des vérités les plus consolantes de la morale chrétienne; après ce groupe, disons-nous, vient la nymphe Salmacis de M. Bosio. Elle est là sortant du bain, elle essuie ses pieds, se disposant à consulter dans le cristal de l'onde quels ajustemens lui siéront le mieux. Nous citerions volontiers tout le récit que fait Ovide de la passion de la nymphe pour le fils de Vénus et d'Hermès, tant ce récit est plein de charme et de passion. Hermaphrodite résiste, Salmacis s'attache à lui et l'enlace comme le lierre enlace un arbre, comme le serpent s'attache à l'aigle qui l'emporte au haut des cieux, et elle s'écrie : Grands dieux ! faites que rien ne nous sépare ! et les dieux ayant exaucé sa prière, leurs deux corps, ajoute Ovide, parurent n'en faire plus qu'un : on ne pouvait pas même dire si c'était celui d'un homme ou celui d'une femme; ils étaient et n'étaient pas l'un et l'autre.

Vota suos habuere deos. Nam mista duorum
Corpora junguntur : faciesque inducitur illis
Una....
Sic ubi complexus coïerunt membra tenaci,
Nec duo sunt, et forma duplex, nec fœmina dici,
Nec puer ut possint; neutrumque et utrumque videntur.
(OVIDE, *Métamorph.*, liv. IV.)

On dit communément que les sciences et les beaux-arts sont les enfans d'Apollon, et doivent toujours se donner la main. Cette vérité est même consacrée par la division d'un seul *Institut* en autant de classes correspondantes. Pourquoi donc les ouvrages d'une classe sont-ils si souvent étrangers aux ouvrages de l'autre? Pourquoi surtout la science dédaigne-t-elle si obstinément dans ses productions tout rapprochement avec les lettres? Nous en connaissons une raison, mais nous n'aurons garde de la dire, parce qu'elle concerne exclusivement les savans, et n'intéresse en aucune façon la science. Quant à nous, nous ferons constamment nos efforts pour maintenir entre tous une liaison parfaite. Nous tâcherons de mêler, autant qu'il nous sera possible, l'histoire naturelle à la philosophie, aux beaux-arts et aux lettres, parce que c'est un moyen d'embellir les uns, de corriger l'âpreté ou la légèreté des autres, et de les faire goûter tous avec un égal plaisir.

P. S. Cet article était sous presse quand nous avons eu connaissance de l'observation suivante, qui offrira à nos lecteurs plus d'un genre d'intérêt.

Grâces à la confiance que nous a témoignée M. Ducornet, et dont nous le remercions dans l'intérêt de la science, nous avons pu examiner avec quelque détail les déviations organiques dont il fut atteint dès le sein de sa mère. Les recherches dont nous allons rendre compte ont été faites dans l'atelier de M. Aristide Husson, statuaire d'un grand mérite, venu récemment de Rome en qualité de pensionnaire de l'Académie de France avec un chef-d'œuvre que nous avons eu l'occasion de louer et qui a fait l'ornement de l'exposition des sculptures de cette année. M. Ducornet, dont le talent pour la peinture n'a point été entravé dans son développement par l'absence des extrémités supérieures qui se remarque en lui, était l'un des camarades de M. Husson à l'Académie des Beaux-Arts, où ses succès ont été remarquables, car ils lui ont valu, en 1829, l'admission au concours pour le grand prix de peinture. Maintenant voici les faits :

Louis-César-Joseph Ducornet est né à Lille le 10 janvier 1806. Au moment où nous écrivons, il est âgé de trente et un ans passés. Sa taille est de trois pieds huit pouces; la tête et le cou sont très-bien conformés, et ils reposent sur une poitrine large dans laquelle les poumons sont bien à l'aise et fournissent aux besoins d'une respiration très-active et très-régulière, quoique la tige vertébrale soit légèrement déviée à droite.

Les extrémités supérieures des deux côtés manquent totalement; il n'y a ni bras, ni avant-bras, ni main. L'humérus n'existe qu'à l'état rudimentaire; mais on sent l'omoplate à droite et à gauche. Les masses musculaires qui recouvrent ces derniers os sont très-prononcées, et il y a une certaine mobilité dans ce qui reste de l'articulation scapulo-humérale. Lorsque les fibres rudimentaires des muscles du bras se contractent, la portion ou le vestige d'humérus restant vient frapper l'apophyse coracoïde et fait entendre un claquement très-distinct.

Les extrémités inférieures consistent en deux fémurs très-courts qui, ayant été affectés de luxation spontanée, se sont fixés sur les côtés du bassin, en dehors de la cavité cotyloïde, et ont perdu une grande partie de leur mobilité. Nous n'avons pas pu nous assurer de l'état véritable de l'articulation des genoux. Il ne nous était pas permis de prolonger l'examen aussi long-temps que nous l'aurions voulu, sans abuser de la complaisance avec laquelle M. Ducornet s'y était prêté. L'humanité nous faisait un devoir de mettre fin à des observations qui pouvaient l'affliger en fixant trop long-temps son esprit sur de tristes idées. Nous tenions d'ailleurs à bien nous rendre compte de l'état des jambes et des pieds qui sont les instrumens de ses productions artistiques.

Il nous a semblé que la jambe gauche était dépourvue de péroné; dans la droite, ce même os est dans un état rudimentaire.

Les pieds ont toutes les parties solides du squelette, à l'exception du second os métatarsien qui entraîne l'absence du doigt correspondant; en sorte que chaque pied ne présente que quatre orteils.

Cette conformation des pieds a eu des résultats très-heureux. L'espace qui règne entre le gros doigt et celui qui le suit, est plus grand que dans l'état normal; il en résulte un éloignement favorable à la préhension. Cet éloignement, qui s'est augmenté encore par l'exercice, donne à tous les doigts une mobilité qui a transformé les pieds en de véritables mains. Avec leur aide, M. Ducornet saisit sa palette, mêle ses couleurs, prend et choisit ses pinceaux, taille ses crayons et ses plumes, et feuillette un livre avec autant de prestesse et de dextérité que toute autre personne; et rien de tout cela ne se fait en tâtonnant, comme on pourrait le croire. Les traits de ses dessins sont aussi bien arrêtés, aussi nets que ceux de la main la plus habile et la mieux conformée.

L'enfance de M. Ducornet a été pénible, ce n'est qu'à quatre ans qu'il a commencé à se tenir debout. Avant cet âge il avait déjà acquis une certaine aptitude à saisir avec ses pieds les jouets que ses parens, peu fortunés, pouvaient mettre à sa disposition. Comme son intelligence était vive et précoce, il eut bientôt appris à lire et à écrire. Son goût pour le dessin fixa sur lui l'attention du directeur de l'école de peinture de Lille, M. Watteau, neveu du grand maître de ce nom. Le jeune Ducornet profita si bien des leçons de ses maîtres qu'il obtint le grand prix. On envoya son travail à Gérard, premier peintre du roi. Ce travail, présenté par lui au maréchal de Lausiston, ministre de la maison du roi, valut à M. Ducornet une pension de 1,200 francs qui lui a été retirée en 1830, probablement à l'insu du roi, qui n'aurait sans doute pas vu dans cette pension une prodigalité de l'ancienne liste civile, mais une de ces œuvres de bienfaisance assez familières à son prédécesseur. Aidé de cette pension et de l'allocation annuelle de 100 écus qu'il avait gagnée pour six ans en remportant le grand prix dans sa ville natale, il put venir à Paris continuer ses études et y vivre, pendant tout le temps qu'elles ont duré, avec ses vieux parens dont il est maintenant le soutien.

Bientôt des médailles remportées et une admission à concourir pour le grand prix témoignèrent de ses progrès, et ses ouvrages l'ont placé depuis dans un rang distingué parmi les jeunes peintres de son époque. C'est à son mérite qu'il dut, en 1832, la commande d'un portrait du roi pour la préfecture de Lille. L'année suivante, il en fit un autre pour Sisteron. En 1835, il exposa un tableau de onze pieds de haut, représentant la Madeleine aux pieds du Christ après la résurrection. Ce tableau fut acheté par le ministre de l'intérieur. Tels sont les secours que le gouvernement de 1830 a accordés à un jeune peintre privé de tous les moyens d'action d'un autre homme et obligé de vaincre la nature qui, en lui donnant une intelligence supérieure et le sentiment des beaux-arts, lui avait refusé les moyens matériels de mettre en œuvre l'un et l'autre.

Il y a des naturalistes qui ont prétendu que la main entrait pour la plus grande part dans la prééminence de l'espèce humaine sur toutes les autres espèces. Ils n'avaient pas apprécié toutes les conséquences d'une semblable proposition. La main n'est rien, le cerveau est tout : c'est lui qui commande et qui sait faire exécuter, n'importe par quel instrument, les opérations les plus délicates. Donnez au singe la main de l'homme, et laissez-lui son cerveau, vous n'en ferez qu'un grimacier plus impertinent.

M. Ducornet a une belle tête; son front est haut, large, accentué; son œil est vif, sa conversation spirituelle et gaie comme celle de tous les artistes. Il excelle dans les portraits, et le produit qu'il retire de ce genre de travail l'aide puissamment à faire passer une vieillesse tranquille à ses parens, braves gens, dont la pauvreté est d'autant plus honorable qu'ils auraient pu y mettre fin; mais ils ont respecté dans leur fils la dignité humaine. La mère a aimé, caressé, choyé et admiré son enfant privé de bras, comme s'il eût été le plus bel enfant de la ville; et maintenant que l'enfant imparfait a grandi, non pas en taille, mais en intelligence et en talent, à son tour il soutient sa mère et rend à sa vieillesse tous les soins qu'il en a reçus.

Nous donnons à la planche 385 le portrait de M. Ducornet, tenant avec les pieds sa palette et ses pinceaux, et se disposant à peindre.

Explication des planches.

Pl. 379, fig. 1, 3, 7, 9. Monstres doubles.
Fig. 2, 4, 5, 8, 10. Monstres parasitaires.
Fig. 6. Monstres par défaut.

Pl. 380, fig. 1. Ritta-Cristina, d'un cinquième de grandeur naturelle.

Fig. 2. Squelette de Ritta-Cristina, d'un cinquième de grandeur naturelle. Le squelette de Ritta a été dessiné au trait, celui de Cristina ombré; par ce moyen on distingue nettement, sur la ligne médiane, la part qui revient en propre à chacun d'eux. On voit encore, d'une part, le mode d'après lequel s'est opérée l'association du système osseux, et de l'autre le mécanisme de la coalescence des os placés sur le centre des deux squelettes.

a, réunion des deux sternums.
b, pièce postérieure et insolite du bassin.
c, pièce pubienne de Ritta.
c, pièce pubienne de Cristina.

Fig. 3. Viscères du thorax dans leur situation respective et leurs rapports.

R, Ritta.
C, Cristina.
c, *c*, péricarde unique environnant les deux cœurs et l'insertion des gros vaisseaux.
a, cœur de Ritta.
b, celui de Cristina.
d, le diaphragme.
e, portion du poumon droit de Ritta.
f, portion du lobe pulmonaire gauche de Cristina.

Fig. 4. Le foie complexe enlevé, les cœurs et les poumons ont été renversés en haut, pour montrer le rapport des veines caves inférieures et des aortes. Les intestins ont été détachés pour faire apprécier les rapports des deux utérus avec le rectum.

1° Organes particuliers de Ritta :
b, cœur soulevé, vu par sa partie inférieure.
g, oreillette se continuant inférieurement avec la veine cave.
o, aorte descendante, placée du côté droit de la colonne vertébrale.
y, poumon soulevé.
d, rein droit.
j, capsule surrénale double.
h, diaphragme séparant la poitrine de l'abdomen.

2° Organes particuliers de Cristina :
a, cœur.
f, l'oreillette droite, se continuant avec la veine cave inférieure.
z, les poumons.
i, la capsule surrénale.
c, le rein gauche.
p, l'aorte descendante, dans la situation qui lui est ordinaire.

3° Organes communs aux deux enfans :
h, diaphragme complexe.
n, vessie unique recevant les deux uretères.
m, utérus antérieur correspondant aux parties externes de la génération.
k, utérus postérieur.
l, rectum distendu et interposé entre les deux utérus.

Fig. 5. Canal intestinal de Ritta-Cristina.
a, estomac.
c, rate.
e, *e*, intestin grêle.
b, estomac.
d, rate.
f, *f*, intestin grêle.
g, point de réunion des deux intestins grêles.
h, intestin iléon unique pour les deux enfans.
i, appendice vermiculaire du cœcum.
j, gros intestin unique.
k, renflement du rectum.

Pl. 381, fig. 1. Perforation du diaphragme et déplacement thoracique de l'estomac, du foie et d'une partie du canal intestinal chez un fœtus à terme qui a vécu quinze jours.

a, le foie.
b, l'intestin grêle.
c, le cœur.
d, la rate.
e, l'estomac.
f, le gros intestin.

Fig. 2. Forme anomale de la tête et double fissure labiale chez un enfant à terme.

Fig. 3. Déplacement du rein gauche, et insertion de l'artère rénale à la partie supérieure de l'iliaque primitive du même côté.

a, l'aorte.
b, la rate.
c, *c*, les capsules surrénales.
d, le rein droit.
e, le rein gauche.
f, la portion descendante du gros intestin.
g, la vessie.
i, *i*, les testicules engagés dans l'anneau inguinal.

Ces trois fœtus ont été dessinés d'après nature par l'un de nous (M. Martin Saint-Ange).

Fig. 4. Opodyme humain, réduction d'une figure dessinée d'après nature par M. Meunier.

Fig. 5, 6, 7 et 11. Exemples de polydactylie chez l'homme et chez le triton adulte (salamandre crêtée).

Fig. 10. Manque de deux doigts à la main gauche d'un embryon humain.

Fig. 8. Rhinocéphale humain.

Fig. 12. Squale opodyme.

Fig. 13. Forme anomale de la tête chez un homme adulte; réduction d'un dessin fait d'après nature en Égypte, et communiqué par M. Alexandre Lefèvre.

Fig. 14. Poulet apodyme.

Fig. 15. Vipère à deux têtes.

Pl. 382, fig. 1. Iniops humain, vu par le côté où se trouve une face complète.

c, réunion des deux os frontaux.
e, le cordon ombilical unique servant aux deux sujets.
B, *f*, le sujet de droite ombré.
A, *g*, le sujet de gauche à demi-ombré, pour mieux faire voir la ligne de jonction des deux individus.

Fig. 2. Ensemble de l'organisation de l'hépatodyme complexe mâle.

a, enfant droit.
b, enfant gauche.
r, cordon ombilical unique.
j, diaphragme soulevé.
i, foie complexe.
l, estomac de l'enfant gauche.
y, estomac de l'enfant droit.
c, intestins grêles.
N° 2, testicules

Fig. 3. Exemple de la circulation générale de deux sujets réunis.

a, le cœur du sujet de droite avec son oreillette et les veines caves supérieures et inférieures.
b, le cœur du sujet de gauche.
c, l'aorte du sujet de droite.
d, l'aorte du sujet de gauche.
e, l'oreillette et la veine cave inférieure.
f, le foie du sujet de droite.
g, le foie du sujet de gauche.
h, point d'où partent les artères ombilicales.

Fig. 4. Squelette de l'hépatodyme mâle. Le squelette de l'enfant placé à droite *a*, a été dessiné au trait; celui de l'enfant situé à gauche *b*, a été ombré, et cela afin de mieux faire distinguer dans les êtres associés ce qui appartient à l'un ou à l'autre.

c, appendice xiphoïde unissant les deux sternums des deux enfans.
e, membre surnuméraire droit.
f, cartilage correspondant aux condyles inférieurs du fémur de la cuisse gauche surnuméraire.
d, pubis postérieur.

Fig. 5. Reproduction de la tête du janiceps décrit par Duvernay dans les Mémoires de l'Académie des Sciences.

Pl. 383, fig. 1. Momie d'anencéphale humain, trouvée en 1826 par M. Passalacqua dans les catacombes d'Hermopolis.

Fig. 2. Monstre à tête très-imparfaite; c'est l'hémiocéphale de Curtius.

Fig. 3 et 6. Crâne et commencement de la colonne vertébrale du même hémiocéphale.

Fig. 4. Tête d'un canard, sur laquelle se voient implanté des rudimens de deux pattes. C'est le canard conservé dans la galerie ornithologique du Muséum d'Histoire naturelle, et dont nous avons donné les détails.

Fig. 5 et 8. Môles nées dans l'espèce bovine.

Fig. 7. Prolongement anomal de la mandibule inférieure chez le serin.

Fig. 9. Agglomération de poils, de dents, etc., ou môle humaine.

Fig. 10. Vache adulte avec un membre surnuméraire accolé sur son épaule.

Pl. 384, fig. 1 et 2. Monstruosité résultant principalement du déplacement des organes abdominaux.

Fig. 3. Difformité des membres inférieurs.

Fig. 4. Elle montre la fusion des deux membres inférieurs en un seul, la disposition des doigts et l'inversion du double pied. Il existe dix doigts, et en outre un petit tubercule qui se présente comme onzième doigt.

Fig. 5. Difformité plus grande des membres inférieurs.

Fig. 6 et 7. Monstres chez lesquels le cerveau est sorti de sa cavité crânienne, elle-même arrêtée dans son développement normal.

Pl. 385, fig. 1. Les deux frères siamois.

Fig. 2. Réduction du portrait de M. Ducornet.

Pl. 386. Adhésion congéniale de deux jumeaux.

Fig. 1. Réduction d'après nature du fœtus double femelle vu par sa partie antérieure.

Fig. 2. Ensemble du canal digestif.

a, l'estomac de droite.

a', celui du fœtus de gauche.

b, *b*, les deux duodénums.

c, le point de réunion des deux intestins.

l, *m*, les deux cœcums.

n, *o*, les deux appendices vermiculaires.

Fig. 3. Viscères thoraciques et abdominaux des deux fœtus ouverts.

b, *c*, *d*, cœur commun.

p', *p'*, les poumons.

t, *t*, les thymus.

k, le diaphragme.

p, *p*, les deux foies réunis.

r, *r'*, les reins.

u, *u'*, utérus.

Fig. 4 et 5. Dispositions des cavités du cœur et des troncs qui en partent.

(G. G. de C. et M. S.-A.)

MONSTRUOSITÉS. (bot.) On donne le nom de Monstruosités à tous les écarts de la végétation, aux accidens dont la cause perturbatrice est due à la piqûre des insectes, aux caprices de l'horticulteur, à l'action plus ou moins prolongée des météores, et même aux dégénérescences mobiles amenées par quelques altérations dans les tissus des organes, ou par une lésion dans les fonctions physiologiques. De ces prétendues Monstruosités, les unes rentrent dans le domaine de la pathologie végétale, comme maladies; les autres, affectant des formes bizarres, irrégulières, appartiennent à ces sortes de phénomènes que nous avons examinés aux mots Métamorphose et Mutation (*v.* ces mots); les troisièmes ne sont que des anomalies résultant de l'inégalité des développemens ou d'avortemens plus ou moins complets.

Les véritables Monstruosités n'existent que là où certains organes, soumis à l'examen, se refusent de rentrer clairement dans ceux qui composent d'ordinaire le réceptacle des organes de la reproduction, ou ces organes eux-mêmes, ou d'autres tout aussi essentiels à l'existence végétale, aux fonctions vitales des plantes.

A ce premier degré de Monstruosité vient s'en ajouter un second, celui de l'absence totale de l'un ou de l'autre de ces organes, de la transposition d'une de leurs parties ou de toutes à la fois, d'une double configuration dans les portions visibles, et de la multiplication excessive d'une partie aux dépens de l'autre. Offrons quelques exemples, c'est le moyen de parler aux yeux et de satisfaire l'esprit. Ainsi, les Prunes creusées au milieu, qui portaient à leur extrémité supérieure un vestige de noyau, comme Duhamel du Monceau l'a observé dans diverses circonstances, nous donnent une idée exacte de la transposition d'un organe; de même que cette singulière variété de l'Œillet ordinaire, *Dianthus caryophyllus*, que l'on appelle Œillet à épi, dont chaque tige semble porter un épi composé d'écailles calicinales imbriquées, terminé par une corolle simple.

Toutes les fleurs doubles, triples, pleines, délices des amateurs, orgueil des jardiniers, sont plutôt un résultat de l'art que le produit d'un hasard naturel, quoique nous puissions citer l'involucre du Cornouiller herbacé, *Cornus herbacea*, sujet à se doubler à l'état sauvage, ainsi que le volume extraordinaire de nos Choux pommés, et surtout du Chou-fleur, qui sont la preuve d'une multiplication excessive d'une partie aux dépens de l'autre.

Une Œdère à fleurs linéaires, l'*Œdera aliena*, dont la tige frutescente, peu rameuse, blanche et cotonneuse, vit au cap de Bonne-Espérance, a le port et les feuilles de la Stéline de Crète, *Sthæhelina chamæpeuce*, avec les fleurs du Souci de l'Europe méridionale, *Calendula officinalis*, nous apprend qu'un grand nombre de plantes, indigènes et exotiques; doivent à des fécondations qui s'écartent de la règle commune, les caractères fort hétéroclites qui les ont fait élever au rang des espèces. Nous pouvons encore citer comme exemple une Gentiane qui, au premier coup d'œil, rappelle la Gentiane centaurelle, *Gentiana centaurium*, mais dans laquelle un examen approfondi nous montre des différences qui l'en écartent et la distinguent de toutes ses congénères : on lui a, pour cette raison, donné le nom botanique de *Gentiana heteroclita*.

Certaines Composées offrent parfois des fleurs auxquelles le style manque totalement; la Lychnide des Alpes, *Lychnis alpina*, par un contraste singulier, perd entièrement sa corolle sous le ciel rigoureux de la Laponie; la Boccone en cœur, *Bocconia cordata*, qui vient en Chine, sous les mêmes degrés de latitude que la France, est privée chez nous de sa belle corolle blanche; le *Pharnaceum dichotomum*, compte cinq étamines au Sénégal, nous apprend Adanson; en France, il n'en a constamment que deux. Voilà des exemples de l'absence totale d'un organe essentiel. Deux des cercles ou couronnes de filamens que l'on observe sur les Passiflores, autour d'un troisième, tantôt postérieur et tantôt antérieur, et qui est fécondant, sont des étamines réduites à l'état rudimentaire par suite du déplacement de l'écaille qui se montre dans l'état normal à la base de leur filet, et nous fournissent la preuve de l'absence partielle d'un organe important.

Quant aux Monstruosités de premier ordre, je les trouve dans l'anthère remplacée par une glande, comme il arrive fort souvent chez les Rosacées; dans les feuilles qui s'emparent de toute la sève, et prennent la place des fleurs; dans ces Pins, ces Chênes, etc., qui, de très-élevés qu'ils sont naturellement, demeurent nains à la suite de la destruction d'une partie de leurs cotylédons, quand même ces avortons se chargeraient de fleurs et de fruits. Je les reconnais aussi dans la Benoîte, *Geum*; l'Anémone, la Scabieuse, la Paquerette, *Bellis*, etc., dont la corolle porte, au lieu des organes mâle et femelle, une autre corolle stérile; dans ce Souci, dont le calice a offert à Sennebier onze autres petits Soucis; dans toutes les plantes à inflorescence ou à fleurs prolifères. Je nomme encore Monstruosités de premier ordre, ce paquet de petites feuilles vertes qui, dans le Prunier de la Chine, *Prunus sinensis*, occupe la place du pistil, et le bouton du Cerisier à bouquets, appelé par C. Bauhin et Tournefort *Cerasus racemosa*, qui donne quatre et six fleurs, dont le centre est uniquement occupé par six à douze pistils.

Sait-on la cause de ces Monstruosités? Je ne le pense pas, et l'on s'éloigne de la route vraie des investigations en les classant, avec De Candolle, dans la catégorie des dégénérescences. On peut dire qu'il y a avortement, mais au lieu de résoudre la difficulté, on ne fait que la déplacer. Si la Monstruosité, proprement dite, n'a pas lieu pendant les premiers développemens de l'ovule; si elle n'est pas déterminée par des modifications particulières, par un changement de position au moment de l'accroissement sensible, comment s'en rendre un compte exact? Si elle n'a lieu que lorsque la plante est parfaite, la Monstruosité devient le fait de la piqûre d'un insecte, ou celui d'une maladie du suc végétal dévié ou dénaturé par l'action directe d'un météore ou d'un corps étranger. Témoin, pour le premier cas, cette jeune pousse d'Épine blanche, *Mespilus oxyacantha*, observée en juillet 1782 par Fougeroux de Bondaroy, qui lui offrit dans la partie affectée, gonflée et contournée, des petits cylindres de couleur jaunâtre, semblable à un calice d'une seule pièce, surmonté de feuilles, et découpé à l'extrémité en quatre ou cinq parties. Le tout était accompagné d'un duvet brûlant comme celui de l'Ortie, et dont la couleur verdâtre ou violette contrastait avec le rouge de l'écorce et le jaune des loges. La forme tourmentée de toute la partie monstrueuse la faisait prendre, au premier aspect, pour une chenille velue et garnie de tubercules, à peu près comme celle du lépidoptère connu sous le nom de Grand Paon.

Pour le second cas, je citerai comme exemple les pieds de Maïz à épis rameux découverts par Boccone et Morison, qu'ils ont fait figurer et qu'ils désignèrent sous le nom de *Frumentum indicum polystachites*, lesquels présentaient des épis plus ou moins déformés, depuis six jusqu'à dix réunis autour d'un épi central. Cette Monstruosité, je l'ai souvent rencontrée dans le Piémont, où la culture du Maïz est très-étendue, et une seule fois à Paris, en 1817, dans des platras, et à peu près sous une gouttière, ainsi que je l'ai dit dans ma Bibliothèque physico-économique, t. III, p. 400 et 401. Seringe, en rapportant ce fait dans sa Monographie des Céréales de la Suisse, nous apprend avoir deux fois trouvé une semblable Monstruosité dans le Valais. Elle est commune chez d'autres graminées, telles que le Froment pétanielle, *Triticum turgidum*; le Blé de miracle, *Triticum compositum*; le grand Épeautre, *Triticum amyleum*; le Seigle, *Secale cereale*; l'Ivraie vivace, *Lolium perenne*, etc.

Voici un fait singulier important à connaître. On peut le rencontrer parfois dans les tréflières, puisque je l'ai vu à deux époques reculées, d'abord sur le soir, auprès de Bazouges, dans le département de la Sarthe, en 1823, et sur les bords de l'Aisne, aux environs de Soissons, en 1835. C'est une variété monstrueuse du Trêfle commun, *Trifolium repens*, L. Mais ce qu'il y a de plus extraordinaire, c'est que, ainsi que Louis Brondeau l'a observé plusieurs années de suite, elle paraît constante aux rives ombragées du Lot, particulièrement à Favolles, près de Villeneuve-d'Agen, département de Lot-et-Garonne.

Quoi qu'il en soit de ce fait, peut-être unique, je crois pouvoir affirmer qu'en général les Monstruosités ne se reproduisent point, qu'elles n'ont de durée que celle de l'individu, qu'il soit annuel ou vivace. Quand on a dit d'elles qu'elles manifestent un retour prochain vers l'ordre symétrique, naturel, primitif, on a cédé plus au délire de l'imagination qu'exprimé l'état réel de l'objet observé. Cependant on est rentré dans la voie du bon sens lorsqu'on a avancé que l'étude réfléchie, comparée et vérifiée sous diverses latitudes, dans de nombreuses circonstances, des avortemens, des dégénérescences, des métamorphoses, des mutations et des soudures d'organes, amenera tôt ou tard à la connaissance des causes qui constituent réellement la Monstruosité chez les plantes. Appelons l'attention sur ce point de physiologie végétale, et recueillons soigneusement tous les faits qui doivent l'éclairer. Quelque faible que soit le tribut apporté sur l'autel de la science, il peut servir : j'y dépose le mien. (T. D. B.)

MONTAGNES. (GÉOGR. PHYS.) On a donné ce nom aux aspérités qui hérissent la surface du globe et forment des masses élevées à des hauteurs plus ou moins considérables; cependant, pour mériter ce nom, il faut qu'elles aient au moins trois à quatre cents mètres, d'après la plupart des géographes. Quand elles sont petites ou moins élevées, on les appelle *collines*, et lorsque celles-ci sont isolées, elles prennent les noms de *monticules*, *éminences* ou *buttes*, selon leur élévation.

Comme nous l'avons dit dans notre Traité de géologie, les différentes parties d'une Montagne reçoivent des noms particuliers. L'espace qu'elle occupe est la *base*; la partie inférieure qui commence à s'élever au dessus du sol est le *pied*: ses côtés plus ou moins inclinés sont les *flancs*; lorsqu'ils sont presque verticaux, on les nomme *escarpemens*; les points où les pentes cessent sont les

extrémités;

extrémités; le point le plus élevé se nomme *crête*, *cime* ou *faîte*. Lorsque la Montagne se termine par une surface plane, cette surface prend le nom de *plateau*; si elle se termine par une pointe aiguë, on lui donne le nom d'*aiguille*; si le profil d'une Montagne offre des contours arrondis, on donne à ses pentes le nom de *croupes*. Les formes variées que présentent les Montagnes leur ont fait donner différens noms. Ainsi les sommets arrondis des Vosges ont été nommés *ballons*; les Montagnes volcaniques de l'Auvergne ont reçu les noms de *dômes*, de *tours*, de *cornes*, de *pics* ou de *puys*.

Tantôt les Montagnes sont isolées les unes des autres; tantôt elles forment de longues chaînes qui traversent les continens et sont coordonnées à une autre chaîne ou à un plateau central beaucoup plus élevé d'où partent des montagnes secondaires comme autant de rayons divergens; tantôt enfin une chaîne de Montagnes aboutit à d'autres chaînes, dont les unes courent perpendiculairement ou parallèlement à sa direction, et les autres s'en écartent ou s'en approchent en formant une sorte de ramification qu'on a assez singulièrement comparée à la charpente osseuse des animaux. De là les dénominations de *chaînes*, de *rameaux*, de *contre-forts*, de groupes et de systèmes.

Une *chaîne* est une réunion de Montagnes qui change quelquefois de nom lorsqu'elle occupe une grande étendue; elle peut être isolée, comme elle peut faire partie d'un groupe. Un *groupe* est la réunion de plusieurs chaînes qui se prolongent dans toutes les directions. Un *rameau* est un assemblage de Montagnes peu considérables partant d'une chaîne. Un *contre-fort* est un rameau secondaire qui part d'un rameau principal. Un *système* se compose de plusieurs groupes liés entre eux, quelles que soient leur étendue et leur élévation.

Les Montagnes un peu considérables ont un côté escarpé et un autre qui se termine en pente plus douce. Le côté escarpé regarde toujours le centre autour duquel se groupent les Montagnes, soit qu'elles partent d'un lac ou d'une rivière dont elles forment le bassin, soit qu'elles soient coordonnées à une chaîne principale. Ainsi, en Amérique, le versant de la Cordillère des Andes qui regarde l'océan Pacifique est beaucoup plus rapide que celui qui regarde le continent. Les Alpes descendent plus rapidement du côté de l'Italie que de celui de la Suisse; les Pyrénées sont plus raides du côté de l'Espagne que du côté de la France.

Il ne faut point juger de l'élévation d'une Montagne par le temps que l'on met pour y monter; la difficulté des chaînes, les détours qu'il faut prendre semblent en augmenter la hauteur. La trigonométrie, par ses brillantes et incontestables formules, et le baromètre, par la dépression du mercure, offrent seuls le moyen de la déterminer avec exactitude. (*V.* NIVELLEMENT BAROMÉTRIQUE.)

Les Montagnes et les collines tendent toujours, par l'action des agens atmosphériques, à augmenter leur base aux dépens de leurs sommités. L'eau surtout les décompose et entraîne dans son cours leurs débris dans les vallées. Cette observation s'applique principalement aux hautes Montagnes où la végétation n'a pu fixer le sol superficiel; dès qu'une fois les plantes peuvent s'y accumuler et que ces Montagnes ont une pente moins rapide, elles se couvrent d'une couche de terre végétale qui augmente avec les années et s'oppose à la destruction produite par l'action de l'atmosphère. Les enfoncemens qui existent entre deux Montagnes ou entre deux collines prennent le nom de *vallées*. Si elles sont étroites, bordées par de petites collines, on les nomme *vallons*. On a donné le nom de *défilé* à l'espèce de détroit par lequel on entre dans les vallées dont l'issue est barrée par les chaînes de Montagnes qui leur servent de ceinture, et celui de *col* à une entaille qui, partant du faîte d'une chaîne ou d'un rameau, donne naissance à deux vallées opposées.

Les vallées se dirigent dans tous les sens; lorsqu'elles suivent l'axe de deux chaînes, elles portent le nom de *vallées longitudinales*. Celles qui sont formées par deux rameaux d'une chaîne sont appelées *transversales*, parce qu'elles aboutissent à une vallée longitudinale, en formant avec celle-ci un angle droit ou plus ou moins aigu. Il est à remarquer que, dans les massifs de hautes Montagnes, les vallées transversales descendent presque perpendiculairement à la direction du faîte de la chaîne qui leur donne naissance; elles doivent donc tomber dans la vallée longitudinale sous un angle très-voisin de l'angle droit.

Nous parlerons de la formation des Montagnes à l'article SOULÈVEMENT DU SOL, et de la hauteur des principales d'entre elles au dessus du niveau de la mer, au mot NIVELLEMENT BAROMÉTRIQUE. (J. H.)

MONTEZUMA. (BOT. PHAN.) Nom donné par MM. Mocino et Sessé, auteurs d'une Flore récente du Mexique, à un arbre de haute taille et du plus bel aspect, qui croît aux environs de la capitale de cette antique monarchie. Il porte des feuilles pétiolées, cordiformes-aiguës, entières et glabres. Ses fleurs, très-grandes et de couleur purpurine, sont solitaires; elles se composent d'un calice nu, hémisphérique, tronqué, sinueux et denté; de cinq pétales un peu sinueux; d'un grand nombre d'étamines disposées en spirale autour du pistil, et dont les filets monadelphes forment un long tube marqué de cinq sillons profonds; d'un style terminé par un stigmate en massue allongée; enfin d'une baie globuleuse à quatre ou cinq loges polyspermes.

Ces caractères placent le *Montezuma* dans le groupe des Malvacées, tribu des Bombacées de Kunth, et dans la Monadelphie polyandrie de Linné. (L.)

MONTICULAIRE, *Monticularis*. (ZOOPH. POLYP.) Genre établi par M. de Lamarck pour certaines espèces de polypiers fossiles confondues anciennement dans le grand genre Madrépore, dont les animaux sont inconnus, et dont les polypiers pierreux ont la surface supérieure hérissée d'étoiles plus ou moins circulaires, quelquefois ovalaires, pyramidales ou collinaires, qui ont un axe central solide, soit simple, soit dilaté, autour duquel adhèrent des lames rayonnantes. Ces polypiers sont fixés et tantôt encroûtent les corps marins, tantôt sont réunis entre eux et forment des masses plus ou moins considérables. Lamarck en distingue cinq espèces vivantes et qui paraissent toutes appartenir à l'océan des Grandes-Indes.

MONTICULAIRE FEUILLE, *Monticularis folium.* Cette belle espèce vivante forme, ainsi que l'indique son nom, des expansions foliacées, larges, à trois lobes, plus ou moins ondées, concaves en dessus et garnies de cônes inégaux, convexes en dessous et garnies de petites stries rayonnantes. Océan des Grandes Indes, où on la trouve dans un état de parfaite conservation.

MONTICULAIRE LOBÉE, *Monticularis lobata*, aussi belle que la précédente. Cette espèce, dont la patrie est douteuse, mais paraît être la même, forme des masses glomérulées, gibbeuses, fortement lobées, fixées par leur base, et ne laisse point voir la face inférieure de ses expansions; ses cônes forment des monticules élargis, comprimés, serrés, inégaux, à lames lâches, un peu dentelées. (V. M.)

MONTIE, *Montia.* (BOT. PHAN.) Genre de la famille des Portulacées, Triandrie trigynie, établi par Linné pour une plante commune en Europe dans les localités aquatiques. Sa tige est un peu charnue, haute de 15 à 18 lignes au bord des marais; dans les eaux vives, elle a plus de développement, et ses ramifications se couchent et s'allongent. Ses feuilles sont opposées, embrassantes, spatulées, entières et obtuses. Ses fleurs, la plupart terminales, forment des grappes feuillues et axillaires; elles sont blanches, petites, s'ouvrant à peine; leur calice est persistant, divisé en deux ou trois lobes; leur corolle monopétale a cinq divisions, dont trois sont petites, alternant avec les autres, et portant les étamines (trois, quelquefois cinq). L'ovaire est supère, trilobé; il porte un style caduc, fort court, divisé jusqu'à sa moitié en trois branches stigmatiques. Il devient une capsule uniloculaire à trois valves et autant de semences attachées à sa base.

M. Auguste Saint-Hilaire, à qui l'on doit des études si intéressantes sur les genres de la famille des Paronychiées, a fait connaître la structure de l'ovaire du *Montie*; il porte sur sa paroi interne les rudimens de trois cloisons qui disparaissent totalement à la maturité; un axe filiforme, composé de trois filets, ayant les trois ovules attachés à sa base, le traverse d'abord; mais pendant la maturation, cet axe se rompt, s'oblitère, il n'en reste plus de traces, et les graines semblent attachées au fond de la capsule. (L.)

MONTMARTRITE. (MIN.) Nom que le savant professeur Jameson a proposé pour désigner le gypse calcarifère que l'on trouve dans tous les environs de Paris, mais principalement à Montmartre. (J. H.)

MOQUEUR. (OIS.) *Turdus orpheus*, Lath.; *Turd. polyglottus*, Linn. Cet oiseau, que nous avons déjà dit appartenir à la section des Grives, dans le genre MERLE (*voy.* ce mot), diffère en effet trop peu de celles-ci pour devoir former un sous-genre à part, ainsi que quelques auteurs l'ont pensé. Il a tout le dessus du corps d'un gris brunâtre; une grande tache blanche, oblique, sur les tectrices alaires, accompagnée ordinairement de petites mouchetures; les parties inférieures blanchâtres, tachetées de blanc; les sourcils de cette couleur; le bec, les pieds et les rectrices noirâtres; ces dernières bordées de blanc. Sa taille est de neuf pouces. (*Voyez* notre Atlas, pl. 387, fig. 1.)

Le Moqueur, par son chant, et le singulier talent qu'il a de contrefaire toute sorte de cri et de ramage (ce qui lui a valu le nom qu'il porte), est, sans contredit, l'un des plus remarquables du genre auquel il appartient. L'Imitateur (*Œnanthe imitatrix*) seul, jusqu'à présent, nous a fourni l'exemple d'un oiseau en liberté, pouvant s'approprier le ramage des autres oiseaux; mais, au dire des observateurs, l'imitation, chez le Moqueur, serait portée à un plus haut degré de perfection. « Bien loin de rendre ridicules les chants étrangers qu'il répète, dit Buffon, il paraît ne les imiter que pour les embellir; on croirait qu'en s'appropriant ainsi tous les sons qui frappent ses oreilles, il ne cherche qu'à enrichir et perfectionner son propre chant, et qu'à exercer de toutes les manières son infatigable gosier: aussi les sauvages lui ont-ils donné le nom de *Cencontlatolli*, qui veut dire quatre cents langues, et les savans celui de *Polyglotte*, qui signifie à peu près la même chose.» Fernandès, Niéremberg et les Américains en général le considèrent comme le premier parmi les oiseaux chanteurs de l'univers; ils le mettent même au dessus du Rossignol. Sa voix, plus forte et plus bruyante, est surtout agréable lorsqu'on l'entend à une certaine distance. Non seulement il chante avec goût, sans paraître se répéter; mais il chante avec action, avec âme; il semble que les diverses positions où il se trouve, que les diverses passions qui l'affectent aient leur ton particulier. « Son prélude ordinaire est de s'élever d'abord peu à peu, les ailes étendues, de retomber ensuite la tête en bas, au même point d'où il était parti. » Comme le Merle solitaire (*Turd. cyaneus*), il décrit en volant une multitude de cercles qui se croisent; et il exécute en même temps avec sa voix des cris vifs et légers: puis son chant s'éteignant par degrés, on le voit planer moelleusement au dessus de son arbre, calculer de plus en plus les ondulations imperceptibles de ses ailes, et rester enfin immobile et comme suspendu au milieu des airs. Comme parmi les oiseaux que possèdent les Américains il n'en est point qui puissent lui être comparés, ils ont dû nécessairement, à cause de leur enthousiasme pour lui, exagérer un peu ce qui est relatif à son talent d'imitation; aussi doit-on mettre au nombre des fables, ou du moins beaucoup restreindre ce qui a été dit de sa facilité à contrefaire tous les cris des quadrupèdes et la voix rauque de certains oiseaux.

En général, le Moqueur se plaît dans les pays chauds et tempérés. Il fréquente les bois, se nourrit de baies, de fruits et d'insectes, et niche souvent sur les Ébéniers; ses œufs sont blancs, tachetés de brun; sa chair, dit-on, est de fort bon goût. Quoique assez familier, puisqu'il s'approche des lieux habités par l'homme, on l'élève très-difficilement en cage. Il se trouve à la Caroline, à la Jamaïque, à la Nouvelle-Espagne, etc.

Quelques autres oiseaux de l'Amérique septentrionale ont également reçu le nom de Moqueur à cause de la même particularité de mœurs : ils se rapportent en outre par tous les autres caractères à l'espèce dont nous venons de faire l'histoire. Ce sont le Moqueur français ou Merle roux, *Turdus rufus*, Lath.; Buff., pl. enl. 645, et le Moqueur cendré, *Turdus Fulvus*, Vieill. (Z. G.)

MORBRAN ou MORVRAN. (ois.) On donne ce nom vulgaire au Corbeau dans la Basse-Bretagne. (Guér.)

MORDELLE, *Mordella*. (ins.) Genre de Coléoptères de la section des Hétéromères, famille des Trachélides, tribu des Mordellones. Ce genre a été établi par Geoffroy; il fait partie de sa seconde division : il a les antennes seulement en scie, presque aussi longues que la tête et le corselet; les palpes maxillaires sont terminés par un article en forme de hache; les crochets des tarses bifides; les élytres recouvrant entièrement les ailes; l'abdomen se termine en une pointe aiguë dirigée en arrière; ces insectes ont le corps un peu courbé vers le bas; la tête est large, peu saillante, joignant le corselet dans toute sa largeur; le corselet est demi-circulaire; l'abdomen est très-comprimé sur les côtés; on dit que la terminaison de l'abdomen sert à introduire les œufs dans les fentes du bois; les tarses sont sétacés et ont tous leurs orteils diminuant un peu graduellement du premier au dernier.

Les Mordelles sont très-vives et très-agiles; elles se trouvent sur les fleurs; lorsqu'on les prend, elles glissent entre les doigts, et si elles parviennent à se dégager, on les voit prendre leur vol avec une promptitude étonnante. Ce sont en général des insectes de petite taille et dont les couleurs sont peu variées.

M. fasciée, *M. fasciata*, Fab., figurée dans notre Atlas, pl. 387, fig. 2. Longue de trois lignes, noire, avec deux larges bandes gris-jaunâtre formées d'un duvet soyeux en travers des élytres; l'une de ces bandes, placée à la base des élytres, offre un point noir au milieu; l'autre est située vers la moitié de leur longueur; la suture est bordée d'un mince duvet; les flancs et les pattes en sont aussi couverts. De France.

Les *Anaspis* ne diffèrent des vraies *Mordelles* que par les antennes qui sont simplement grenues; l'abdomen ne se prolonge pas autant en pointe.

A. ferrugineuse, *A. ferruginea*, Fab. Longue d'une ligne et demie, fauve-pâle, avec le corps noir, ainsi que la seconde moitié des antennes et l'extrémité des élytres. De France. (A. P.)

MORDELLONES, *Mordellonæ*. (ins.) Tribu de Coléoptères de la section des Hétéromères, famille des Trachélides; les insectes de cette tribu ont toujours la tête inclinée; les yeux sont ovalaires, saillans; le corselet est demi-circulaire; le corps est comprimé sur les côtés : les espèces qui composent cette tribu vivent à l'état parfait sur les fleurs; mais leur manière de vivre sous leur premier état n'est rien moins que certaine; quelques espèces seraient parasites des nids de Guêpes; d'autres déposeraient leurs œufs dans les fentes du bois; d'autres enfin les introduiraient dans les racines des plantes : cependant, comme ces différentes observations n'ont rien de bien précis, je serais tenté de croire, d'après la forme de ces animaux, la faculté qu'ils ont d'appliquer leur tête contre l'estomac, de contracter leurs pattes lorsqu'on les saisit, et de faire le mort, qu'ils sont parasites; parce que ces caractères apparens se retrouvent dans presque tous les insectes qui ont ces mœurs.

Cette tribu se partage en deux divisions : dans la première, les antennes sont au moins pectinées dans les mâles; les palpes sont filiformes; elle comprend les genres Ripiphore, Pélécotome et Myode, que nous réunirons sous le premier de ces noms (*voyez* Ripiphore); dans la seconde, les antennes sont simplement soit en scie, soit sans dentelures; les articles des palpes sont en forme de hache; ici viennent les Mordelles proprement dites et les Anaspis que nous y réunissons. (A. P.)

MORÉE, *Moræa*. (bot. phan.) Un assez grand nombre d'Iridées portent dans nos jardins le nom de *Moræa*, sans que les auteurs soient bien d'accord sur les limites du genre et sur ses caractères distinctifs; elles diffèrent peu des véritables Iris, dont elles offrent le port, mais les trois divisions intérieures de leur périanthe sont petites et non conniventes; leurs étamines se montrent ordinairement libres, et leurs trois stigmates pétaloïdes, bifides et inclinés. Énumérons les principales espèces cultivées en France.

La Morée fausse-iris, *Moræa iridioides*, Thunb., originaire du Levant, et surtout des environs de Constantinople, a les feuilles disposées en éventail comme celles des Iris, très fortement comprimées, et engaînantes à la base. La tige naît à côté des feuilles; elle est ordinairement simple, garnie d'écailles engaînantes. Les fleurs s'épanouissent dès la fin de juin; elles sont en petit nombre, sans odeur, de couleur blanche mélangée de jaune et de bleu.

La Morée a gaîne, *Moræa vaginata*, De Cand., *M. northiana*, Andrews, a ses feuilles également disposées comme celles des Iris; mais la supérieure embrasse la tige dans toute sa longueur, et distingue ainsi cette espèce de toutes les autres. Ses fleurs, au nombre de deux ou trois seulement, ne durent que six à huit heures; leurs divisions extérieures sont grandes, étalées, blanches dans leur partie supérieure, jaunes et pointillées de pourpre à leur base; les trois intérieures sont plus petites, bleues au milieu, jaunes et pointillées de pourpre à la base et sur les bords. Cette plante est du cap de Bonne-Espérance.

La Morée de la Chine, *Moræa sinensis*, Willd., ne s'élève qu'à dix huit pouces; ses fleurs sont d'un jaune safran, maculé de rouge. C'est l'*Iris tigrée* des jardiniers.

La Morée a grandes fleurs, *Moræa virgata*, L., vulgairement *Iris plumeuse*, a ses fleurs blanchâtres, teintes de bleu, avec une tache jaune, et une raie barbue qui lui a valu son surnom.

La Morée tricolore est une charmante mais délicate espèce du Cap, dont la fleur se flétrit en moins de quatre heures; ses trois divisions étroites sont entièrement rouges; les autres plus larges, sont marquées de jaune à leur onglet.

La Morée frangée, *Moræa fimbriata*, de la Chine, a sa tige rameuse; elle produit quarante à cinquante fleurs d'un bleu pâle, à stigmates frangés.

La Morée d'Afrique, *Moræa africana*, L., *Aristea major* d'Andrews, est une grande et belle espèce dont les tiges portent une feuille, et produisent deux épis de fleurs en roue, de couleur bleue.

Parmi les Vieusseuxies, qui ne diffèrent réellement pas des Morées, nous citerons la *V. glaucopis*, ou *Iris tricuspis* de Thunberg, dont les fleurs sont blanches et marquées à leur base d'une tache bleue.

Les Morées, toutes originaires des contrées chaudes du globe, demandent au moins une bonne exposition; plusieurs, comme celles de Constantinople et de Chine, sont d'une culture très-facile; celles du Cap doivent être rentrées dans la serre aux approches de l'hiver. On les multiplie, soit de graines semées sur couche, soit en séparant au printemps les jeunes pieds. (L.)

MORELLE. (ois.-poiss.) On a donné ce nom vulgaire à la *Foulque macroule* et au *Véron*, espèce du genre Able. (Guér.)

MORELLE, *Solanum*. (bot. phan.) Des plantes herbacées ou frutescentes, que l'on multiplie de graines et par l'éclat de leurs pieds sur un terrain ombragé; des plantes monopétales, inermes ou munies d'aiguillons, à feuilles simples, entières ou diversement sinueuses, lobées et rarement alternes, chez qui les fleurs offrent les caractères suivans: calice monophylle divisé en cinq dents profondes, persistant et même croissant après la floraison; corolle en roue, à tube court, au limbe plus grand, ouvert, dont les cinq lobes sont anguleux; étamines en nombre égal aux lobes de la corolle, portées sur des filets très-courts, subulés, et munis d'anthères oblongues, conniventes, presque réunies par leurs côtés et s'ouvrant au sommet par deux trous; ovaire supère, ovoïde, surmonté d'un style filiforme et d'un stigmate obtus, presque simple et divisé en deux, trois et même quatre lobes; baie globuleuse, quelquefois obronde, ou oblongue et ponctuée en son sommet, contenant un grand nombre de semences ovées, comprimées et éparses dans la pulpe. Ces plantes dicotylédonées constituent un genre de la Pentandrie monogynie servant de type à la famille des Solanées (*voy.* ce mot).

Les espèces du genre *Solanum* sont nombreuses; nous en comptons quelques unes en Europe, les autres sont indigènes aux contrées équatoriales de l'un et l'autre hémisphère. Quoique plusieurs méritent, par la beauté de leur port et de leur feuillage, par les diverses couleurs de leurs fleurs et de leurs fruits, ou même par la singularité de leurs formes, une place distinguée dans nos cultures d'agrément, on les néglige, parce que ces avantages se font acheter par des soins minutieux; le défaut qu'elles ont presque toutes de se chancir sous l'atmosphère factice et non renouvelée de nos serres, le grand degré de chaleur qu'elles exigent, et l'inconvénient qu'elles offrent de se charger d'une foule d'insectes, contribuent également à les rendre rares. Deux ou trois se cultivent en pleine terre dans nos départemens du midi, et se montrent dans quelques jardins de ceux du nord, la Morelle cerisette, *S. pseudo-capsicum*, petit arbuste rameux, d'un à deux mètres, aux feuilles lancéolées et d'un vert gai; dont les fleurs blanches, disposées en petites ombelles, donnent naissance à des baies jaunes ou rouges, de la grosseur d'une cerise, et la Morelle hérissonne, *S. aculeatissimum*, quoiqu'un peu délicate, donne, sur sa tige hérissée de piquans très-aigus et d'un brun-violet, des fleurs blanches et des baies d'abord variées de blanc et de jaune, puis d'un beau noir. La variété de la Morelle aubergine, *S. melongena*, qui se répand sous le nom vulgaire de Plante à œufs, est remarquable par son fruit blanc, allongé, affectant la forme d'un œuf de poule très-bien dessiné: on le mange dans nos régions méridionales. On la trouve spontanée en Asie, en Afrique et sur le continent américain. On a introduit chez certains amateurs, depuis 1827, la Morelle en poire, *S. mammosum*, nommée dans les Antilles Pomme-téton; elle porte des fleurs blanches éparses sur la tige et des fruits jaunes dont l'extrémité rappelle la forme du bout d'un sein.

Toutes les différentes espèces de Morelles sont divisées en deux grandes sections, les vivaces et les annuelles; chacune de ces divisions a deux subdivisions selon que les individus qui s'y trouvent rangés sont avec ou sans piquans.

La Morelle douce-amère, *S. dulcamara*, qui est indigène à nos climats, où elle vit dans les endroits frais et découverts de nos bois, appartient aux Morelles vivaces inermes. Nous l'avons figurée dans notre Atlas, pl. 387, fig. 3. C'est une plante a tige sarmenteuse, longue d'un à deux mètres, grimpant sur les arbrisseaux placés dans son voisinage; en mai, elle se pare de fleurs violacées, (disposées quinze à vingt ensemble en grappes vers le sommet de la tige), qu'elle conserve jusqu'en juin et juillet, époque à laquelle il leur succède des baies d'un rouge éclatant, de la forme et du volume des groseilles. En août, elle perd ses feuilles alternes, pétiolées, en cœur, entières et quelquefois incisées; mais il en pousse bientôt de nouvelles que le froid fait tomber. Ses racines tracent beaucoup. La tige est employée en médecine; son action est héroïque dans les maladies cutanées, pour rappeler les transpirations arrêtées, l'excrétion des urines, etc.

Une autre espèce indigène à la France, que l'on admet dans les jardins, la Morelle noire, *S. ni-*

gram, fait partie des Morelles annuelles sans piquans. Sa tige herbacée, branchue, haute de trente-deux centimètres, est garnie en son sommet de petites fleurs blanches, réunies en corymbes pendans que le moindre vent agite. Les baies sont d'abord rouges, puis noires à leur maturité parfaite, de la grosseur d'un grain de cassis, similitude fâcheuse, puisque, en les mangeant, on avale un poison assez actif. Les graines que ces baies contiennent sont presque rondes, brillantes et jaunâtres. On en fait usage en médecine depuis de longs siècles, mais elles demandent à être employées avec beaucoup de précaution. Les moutons qui mangent ses feuilles s'empoisonnent. Cependant on a dit et écrit que dans diverses localités, surtout à Villemonble près Paris, l'on s'en servait, ainsi que des sommités des tiges, pour les apprêter comme les épinards. J'ai vérifié cette assertion, elle est fausse; toutes les parties de la Morelle noire ont une saveur âcre, répandant une odeur vireuse nauséabonde aux différentes époques de la végétation, et les propriétés les plus décidées pour ne les jamais trouver innocentes.

Il est des espèces que l'on peut admettre dans les préparations culinaires. C'est au genre Morelle que nous devons 1° la Morelle tubéreuse, *S. tuberosum*; son tubercule utile nous assure un aliment aussi sain qu'il est nourrissant, il demande à être considéré séparément, nous en traiterons au mot Pomme de terre; 2° la Pomme d'amour, *S. lycopersicum*, qui nous offre des fruits orangés qui relèvent très-délicatement et les sauces et les ragoûts (*voy.* au mot Tomate); 3° et la Plante aux œufs, sur laquelle nous nous sommes arrêtés plus haut (*voy.* au mot Melongène.)

Auguste Saint-Hilaire nous a fait connaître la Morelle faux quinquina, *S. pseudo-quina*, qui croît dans les bois du Brésil, particulièrement dans ceux du district de Curitiba. C'est un petit arbre, dont l'écorce lisse, d'une extrême amertume, fournit un fébrifuge très-recherché par les indigènes. Vauquelin a fait l'analyse chimique de cette écorce et lui a reconnu les propriétés qu'on lui attribue dans sa patrie.

Depuis une cinquantaine d'années on rencontre dans les jardins, en pleine terre, une espèce robuste qui nous est venue du Pérou, la Morelle a feuilles de chêne, *S. quercifolium*, que l'on multiplie de marcottes, de boutures, de racines éclatées, et par la voie des semis; elle est représentée dans notre Atlas, pl. 387, fig. 4. Ses tiges partent d'une souche ligneuse, et s'élèvent à un mètre environ; les feuilles qui les garnissent sont alternes, profondément découpées de chaque côté en deux, trois, cinq et jusqu'à sept lobes, et ressemblent beaucoup à celles des Chênes de l'Apennin, *Quercus apennina*, ou des Pyrénées, *Q. pyrenaica*, du Chêne à grappes, *Q. racemosa*, ou au Chêne chevelu, *Q. cerris*. Cette jolie espèce de Morelle a ses fleurs, en grappes lâches et paniculées, placées dans la partie supérieure des rameaux; leur corolle d'un violet clair est marquée de vert pâle à sa base, tandis qu'au centre se montrent les anthères rapprochées, dont le jaune brillant produit un fort bel effet.

Enfin, je nommerai la Morelle de Buenos-Ayres, *S. bonariense*, espèce ligneuse aux bouquets blancs qui se succèdent les uns aux autres pendant tout l'été; la Morelle faux lyciet, *S. lycioïdes*, également agréable pour le grand nombre et la longue durée de ses grandes fleurs blanches que l'on voit entremêlées de quelques baies rouges approchant de leur maturité, et la Morelle couleur de feu, *S. igneum*, originaire de l'Amérique septentrionale, qui se fait remarquer par ses épines rouges et par ses fruits de la même couleur. (T. d. B.)

MORÈNE, *Hydrocharis*. (bot. phan.) Nom vulgaire du genre Hydrocharide. *Voy.* ce mot.

MORESQUE. (moll.) Les marchands ont donné ce nom vulgaire à l'*Oliva maura* de Lamarck et au *Fusus morio*, Linn. (Guér.)

MORFÉE. (agr. et phys. vég.) Maladie commune à l'Olivier et à l'Oranger. Elle a été observée pour la première fois, en 1743, à Nice et dans toute la partie occidentale de la rivière de Gênes. On lui donne dans le département du Var le nom de *lou negre*, de la couche de matière noire qu'elle imprime à l'arbre, surtout à la partie supérieure de la feuille et à la brindille. La plante affectée se couvre ordinairement d'une foule d'insectes, surtout de la Cochenille de l'Olivier, laquelle augmente le mal et rend l'arbre stérile.

La Morfée attaque particulièrement les arbres complantés dans des lieux bas, humides, exposés aux brouillards, et par conséquent peu ventilés. Une fois déclarée, elle dure dix, quinze et même vingt ans; elle ne résiste pas aux grands froids. Elle disparaît spontanément alors, et ne revient qu'après de longs intervalles. Elle va successivement d'un lieu à un autre, et marche le plus ordinairement dans la direction du sud au nord.

On avait attribué cette maladie aux déjections de la Cochenille; d'autres à une sorte de moisissure ou de byssus. Il paraît qu'elle est le résultat d'une séve dépravée par le sol humide, et que la piqûre de la Cochenille, couvrant les feuilles et la brindille d'une matière visqueuse, y fixe les semences des Mucors et des Byssus qui voltigent toujours en atomes invisibles dans l'atmosphère. Ce qui semble justifier cette opinion, c'est que partout où l'arbre est dans une localité battue par les vents, et que sa feuille est sèche, la Morfée n'exerce point ses ravages.

Une fois l'arbre malade, les plantes parasites ne tardent pas à se loger sur lui; elles augmentent le désordre des fonctions; après elles, arrivent ensuite les gallinsectes; ils s'y multiplient, la séve déborde de toutes parts, elle se fige sur la feuille en vernis transparent ou bien en masses blanchâtres, inodores, d'une douceur fade; la plante devient noire, la Morfée est déclarée et arrête non-seulement la fructification voisine, mais elle détruit tout espoir d'accroissement nouveau. Cependant l'arbre ne périt point tout-à-fait, mais il lui faut plusieurs années pour réparer ses pertes.

Du moment que l'on aperçoit la Morfée sur quelques Oliviers ou Orangers, il faut couper toute communication avec les arbres voisins, ainsi que l'on en agit dans les hôpitaux et dans les étables pour les maladies contagieuses. L'on doit s'occuper après cette première opération de nettoyer la surface des arbres attaqués, afin de détruire et les insectes et les plantes parasites. La plus légère négligence à cet égard peut décider de la ruine entière d'un verger, d'une pépinière, d'une plantation, l'ornement et l'espoir de la propriété rurale. (T. D. B.)

MORFIL. (MAM.) Nom sous lequel on désigne les dents d'Éléphant dans le commerce. (GUÉR.)

MORGELINE, *Alsine*. (BOT. PHAN.) Tel est le nom scientifique du Moron ou du Mouron des petits oiseaux, de cette herbe la plus commune de toutes, qu'on rencontre en tout temps, en tous les lieux de l'Europe, dans les fossés, sur les toits, dans les jardins, dans les villes, rappelant sans cesse

Qu'aux petits des oiseaux il donne leur pâture.

Qui n'a élevé des oiseaux et ne leur a donné du Mouron? Nous ne parlerons donc point de ses tiges molles et radicantes, de ses feuilles ovales; seulement, pour ne pas confondre la Morgeline avec les autres Caryophyllées qui, comme elle, portent de trois à huit étamines et trois styles, qu'on remarque bien ses pétales bifides, et sa capsule qui, sous le bec du serin se fend en trois à six valves. Du reste, l'avidité des oiseaux la ferait reconnaître entre mille; ils mangent sa feuille, sa fleur, sa graine; pour eux elle se sème, se resème toute l'année, et se perpétue en dépit du décret qui a créé sa racine pour une seule révolution du soleil.

Linné appelle la Morgeline, *Alsine media*; les autres espèces qu'il lui avait adjointes se trouvent maintenant réparties dans les genres *Holosteum* et *Arenaria*. (L.)

MORILLE, *Morchella*. (BOT. CRYPT.) *Champignons*. Genre très-voisin des Helvelles, et dont voici les caractères: chapeau formant une masse elliptique ou en cloche, irrégulière, composée de plis réticulés et de cavités nombreuses, et de forme variable; recouvert entièrement par la membrane fructifère, adhérent au pédicule, qui est creux et dont la surface est caverneuse.

Les Morilles apparaissent au printemps à la surface de la terre: leur développement est quelquefois assez considérable; leur consistance est sèche et cassante; leur odeur, leur saveur sont agréables: ce sont les Champignons les plus sains et les plus faciles à reconnaître.

Fries a compté jusqu'à douze espèces du genre Morille. La plus connue est la MORILLE COMMUNE, *M. esculenta* de Bulliard (représentée dans notre Atlas, pl. 388, fig. 1), espèce qui est à peu près elliptique, dont le pédicule est court, épais et fistuleux; le chapeau adhérent au pédicule, couvert d'aréoles très-creuses et fort irrégulières; la couleur fauve-clair.

Les autres espèces, également saines et bonnes à manger, diffèrent de la précédente par leur chapeau, qui est plus ou moins allongé et libre ou adhérent à la base, par les lames qui varient dans leur forme, enfin par leur couleur brune ou d'un jaune plus ou moins foncé.

Ce Champignon est habituellement servi sur les tables, et constitue la truffe de la petite propriété.

La Morille se récolte au printemps, sur les coteaux calcaires, dans les bois, et souvent là où on a fait du charbon. Elle habite ordinairement les climats tempérés et froids. Son usage, comme aliment, est connu depuis long-temps. On doit les choisir jeunes, et les récolter après l'évaporation de la rosée.

On connaît plusieurs espèces de Morilles bonnes à manger; Paulet en cite de blondes, de rousses, de brunes, de bleues, de noires, de grandes et de petites. On préfère généralement la Morille brune ou noire.

Quant à la manière d'apprêter les Morilles, nous pourrions renvoyer le lecteur à la Cuisinière bourgeoise, beaucoup plus habile que nous sur la gastronomie; mais nous rappellerons ici ce que dit Paulet sur cette partie de l'art culinaire.

« Indépendamment de l'usage où l'on est de faire entrer la Morille dans plusieurs ragoûts, on en fait des plats particuliers qui sont très-estimés. Pour les apprêter, on commence, après les avoir épluchées, par les laver et les battre dans plusieurs eaux, d'une casserolle à l'autre, pendant quelque temps, pour leur ôter toute la terre quelles sont sujettes à contenir dans leurs cavités. Cette opération faite, on les égoutte en les essuyant, et on les met dans une casserolle sur le feu, avec du beurre, du gros poivre, du sel, du persil, et, si l'on veut, un morceau de jambon. Il faut environ une heure de cuisson; comme elles ne rendent pas beaucoup d'eau, on est obligé de les humecter souvent, et pour cela on préfère le bouillon. Lorsqu'elles sont cuites, on ajoute des jaunes d'œuf pour faire la liaison, en les ôtant du feu. Il y en a qui y mettent un peu de crème. On les sert seules, ou sur une croûte de pain rissolée ou humectée d'un peu de beurre. »

Voilà la manière la plus ordinaire de les apprêter, et peut-être la meilleure; aussi nous dispenserons-nous de donner le mode de préparation des Morilles à l'italienne, en hatelets, à la crème, farcies, etc.

Les Morilles, lavées et séchées, peuvent être réduites en poudre et servir à faire des sauces. Enfin on peut les manger fraîches, grillées et cuites sur un four de campagne. (F. F.)

MORILLES DE MER. (ZOOPH. POLYP.) Les anciens naturalistes ont donné ce nom à des Polypiers de la famille des Éponges.

MORILLON. (OIS.) C'est le nom d'une espèce du genre Canard.

MORILLON BLANC ET NOIR. (BOT. PHAN.) Deux variétés de Raisins. *Voy.* VIGNE. (GUÉR.)

MORINDE, *Morinda*. (BOT. PHAN.) Genre d'arbres et d'arbrisseaux de la famille des Rubiacées et de la Pentandrie monogynie, L.; ils ont leurs feuilles opposées, leurs fleurs agglomérées en tête sur un réceptacle sphérique. Leurs caractères consistent en un calice urcéolé et persistant, à cinq dents très-courtes; une corolle presque infundibuliforme, ayant l'entrée du tube garnie de poils, et son limbe marqué de cinq lobes ouverts; cinq étamines incluses, à anthères linéaires et presque sessiles; un style, avec un stigmate bifide; drupe anguleux, comprimé, ombiliqué, à quatre noyaux cartilagineux, chacun à une ou deux loges monospermes.

Le Morinde royoc, *Morinda royoc*, L., est un arbrisseau des provinces méridionales de la Chine, qu'on retrouve au Mexique et à la Guiane. Sa tige, faible et pliante, haute d'environ dix pieds, se divise en rameaux courts et sarmenteux, portant des feuilles pétiolées, lisses, ovales-aiguës, et glabres. Les fleurs naissent à l'extrémité des rameaux, en capitules axillaires et arrondis. Leur corolle est blanche, à tube étroit, à limbe divisé en lobes ovales-aigus, rabattus en dehors; les drupes forment par leur réunion une petite baie arrondie et charnue, assez semblable à une mûre (d'où le nom de *Morinda* ou *Morus indica*).

La racine de cet arbrisseau, comme celle de la plupart de ses congénères, participe aux propriétés tinctoriales des Rubiacées; elle donne par infusion une liqueur noire analogue à l'encre.

Le Morinde a ombelles, *Morinda umbellata*, L., croît aux Moluques et à la Cochinchine; c'est encore un arbrisseau, ne s'élevant guère qu'à six pieds; ses rameaux étalés portent des feuilles lancéolées-aiguës, rudes au toucher. Les capitules de fleurs sont disposés à peu près en ombelles; la réunion de leurs fruits forme une baie à pulpe aromatique, d'une saveur amère, ayant des propriétés astringentes et anthelmintiques. La racine donne une teinture jaune safran assez belle.

(L.)

MORINE, *Morina*. (bot. phan.) Tournefort a donné ce nom à une plante herbacée qu'il récolta aux environs d'Erzeroum, et qui se trouve aussi dans différentes contrées du Levant; elle appartient à la famille des Dipsacées, et à la Diandrie monogynie. Sa racine est épaisse, verticale; sa tige haute de deux à trois pieds; ses feuilles sont verticillées par trois ou quatre, sinuées et épineuses. Ses fleurs forment un épi terminal et très-serré; elles présentent pour caractères: un calice double: l'extérieur tubuleux, à plusieurs dents épineuses et inégales, l'intérieur à deux segmens obtus; une corolle monopétale, irrégulière, à tube long et un peu arqué, à limbe bilabié; la lèvre supérieure à deux lobes, l'inférieure à trois lobes inégaux; deux étamines saillantes, à filets velus, à anthères cordiformes; un ovaire globuleux, supère; un style filiforme, avec un stigmate en tête aplatie; une seule graine couronnée par le calice intérieur.

Thomas Coulter, auteur d'une monographie des Dipsacées, a considéré le calice extérieur comme un involucelle analogue à celui des Ombellifères.

(L.)

MORINGA. (bot. phan.) Genre d'arbres de la famille des Légumineuses, Décandrie monogynie, établi par Burmann, réuni par Linné à son *Guilandina*, puis rétabli par Lamarck et les modernes sous différentes dénominations, auxquelles la plus ancienne doit être préférée. Laissant donc comme non avenus l'*Hyperanthera* de Forskahl et de Vahl, l'*Anoma* de Loureiro, l'*Alandina* de Necker, etc., De Candolle père caractérise ainsi le Moringa: calice de cinq sépales presque égaux, oblongs, caducs, légèrement soudés à la base; corolle de cinq pétales presque égaux, quatre inférieurs, et le supérieur redressé; dix étamines inégales (dont cinq parfois stériles), à filets libres et distincts, à anthères uniloculaires; style filiforme, aigu; silique s'ouvrant en trois valves; graines trigones, quelquefois ailées, attachées au centre du fruit, sans albumen; embryons droits, à cotylédons épais et huileux.

La structure de la silique est ici presque exceptionnelle; selon M. De Candolle, les trois valves dont elle se compose représentent trois carpelles étroitement soudées, dont les parties intérieures, minces et membraneuses, se sont oblitérées pendant la maturité, et n'ont laissé au centre que les sutures séminifères. Il place le Moringa dans la tribu des Cassiées. Rob. Brown en fait le type d'une famille nouvelle, bien éloigné de Linné qui ne l'admettait même pas comme genre.

On compte quatre espèces de Moringas; une croît en Arabie, les autres dans les Indes orientales. Nous décrirons celle qui fait le type du genre.

Le Moringa Ben, *Moringa oleifera*, Lam., *M. pterygosperma*, Gaertner, est un arbre de grandeur moyenne, à tronc assez droit, recouvert d'une écorce noirâtre. Ses feuilles sont trois fois ailées avec impaire. Ses fleurs, de couleur blanche, naissent en panicules au sommet des rameaux; elles produisent une silique longue de dix à douze pouces et plus, renfermant des graines dont les angles sont saillans en forme d'ailes.

Ces graines, connues vulgairement sous le nom de *noix de Ben*, sont de la grosseur d'une noisette; l'huile de leur amande est douce, sans odeur, et ne rancit point en vieillissant; qualité précieuse pour la parfumerie, qui l'emploie dans la composition de ses essences. (L.)

MORINGÉES, *Moringeæ*. (bot. phan.) Rob. Brown, dans ses observations sur les plantes de l'Afrique centrale, recueillies par le malheureux Oudney, a proposé de former sous ce nom une nouvelle famille, dans laquelle se placerait le genre *Moringa*. *Voyez* l'art. précédent. (L.)

MORION, *Morio*. (ins.) Genre de Coléoptères de la section des Pentamères, famille des Carnassiers, tribu des Carabiques; l'établissement de ce genre est dû à Latreille, qui lui donne les caractères suivans: antennes grenues, d'égale grosseur partout, avec le second article plus court que le troisième; labre échancré, palpes externes filiformes; pattes non digitées ni dentelées extérieurement; ils font partie de la division que Latreille a nommée Bipartis, c'est-à-dire où le corps est partagé en deux; mais ils entrent dans une petite division où les pattes ne sont point épineuses au côté externe, ce qui indique qu'ils ne sont point fouisseurs. Ces insectes sont déprimés en dessus, ils ont la tête allongée, les antennes sont composées d'articles presque enfilés les uns au bout des autres; elles sont même plutôt plus grosses au bout que d'égale grosseur partout; le corselet est plus long que large en avant, coupé droit à ses deux extrémités; les élytres sont parallèles, arrondies à leur extrémité; les quatre pattes postérieures sont quadrangulaires, munies à chaque carène de poils raides.

M. SIMPLE, *M. simplex*, Dej. Guérin, Icon., Insect., pl. 5, fig. 7. Long de 7 à 8 lignes, noir brillant, deux impressions sinueuses sur le chaperon; une grande ligne enfoncée sur le milieu du corselet n'atteignant pas les deux extrémités, deux points aux angles antérieurs et deux lignes profondes, sinuées, courtes, à la partie postérieure; les élytres sont couvertes de stries profondes et régulières, la plus externe est, en outre, couverte de points enfoncés. (A. P.)

MORISONIE, *Morisonia*. (BOT. PHAN.) Vulgairement *Mabouier*. Genre de plantes dicotylédonées de la famille des Capparidées de Jussieu, et de la Monadelphie icosandrie de Linné, dont les caractères distinctifs sont : un calice monosépale à deux divisions inégales; quatre pétales très-ouverts; ovaire supère, stipité; stigmate immédiat, élargi en plateau; une baie sphéroïde, pédicellée, uniloculaire, polysperme. Ce genre ne contient que l'espèce suivante :

MABOUIER D'AMÉRIQUE, *Morisonia americana*, Linn., arbre peu élevé, à rameaux munis de feuilles alternes, pétiolées, subcordiformes, elliptiques, obtuses, coriaces, très-entières, luisantes, environ d'un pied de long; fleurs d'un blanc obscur, un peu odorantes, disposées en corymbes latéraux; calice ovale, obtus, à deux divisions réfléchies; corolle plus longue que lui, à pétales oblongs, arrondis, à étamines plus courtes; le fruit est une baie de la grosseur d'une pomme ordinaire, recouverte d'une écorce dure, calleuse, d'un rouge de tuile; graines blanchâtres, réniformes.

Ce végétal est commun aux îles Caraïbes, et dans diverses contrées de l'Amérique australe. Des voyageurs prétendent que les sauvages emploient ses fortes, noueuses et pesantes racines pour faire des massues ou tomahawks. (C. LEM.)

MORMOLYCE, *Mormolyce*. (INS.) Genre de Coléoptères de la section des Pentamères, famille des Carnassiers, tribu des Carabiques; on peut lui assigner les caractères suivans : corps très-allongé, déprimé; antennes aussi longues que le corps, le troisième article le plus long, ensuite le quatrième; le second le plus petit de tous; palpes filiformes, menton très-échancré, ayant une épine au milieu; languette ovalaire, allongée, un peu échancrée à son sommet; tarses entiers; pattes antérieures échancrées près de leur jonction avec le tibia; élytres débordant le corps de toute la largeur, échancrées à l'extrémité. Ce genre, fondé sur un insecte de Java, a été établi par M. Hagenbach, qui en a donné une monographie spéciale; mais la place qu'il semble devoir occuper dans la série des Carabiques ne me paraît pas encore bien fixée; Latreille, dans le Règne animal, le place dans la quatrième division, ou les *Simplicimanes*, et effectivement il offre ce caractère; mais dans la première de ses divisions, celle des Troncatipennes, la plupart des genres ont les tarses entiers, et je crois que c'est là que cet insecte devrait trouver sa place.

M. A FORME DE FEUILLE, *M. phyllodes*, Hag., figuré dans notre Atlas, pl. 388, fig. 2. Long de près de trois pouces; corps entièrement méplat, foliacé; tête déprimée, aussi longue que le corselet, trois fois plus longue en arrière des yeux qu'en avant; le premier article des antennes est en massue, le reste est filiforme; corselet ovoïde, allongé, deux fois plus long que large, ayant ses bords dentelés, relevés; abdomen méplat, ovoïde; élytres deux fois plus larges, et une demi-fois plus longues que l'abdomen, formant un ovale arrondi à leurs bords; la partie postérieure, dépassant l'abdomen, est échancrée au dessus de l'anus; mais les deux lobes se rapprochent ensuite sans se joindre; la surface du dessus du corps est striée en long, mais peu profondément; dans la même partie s'élève une ligne irrégulière de cinq à six épines verticales courtes, la portion qui dépasse l'abdomen est finement striée dans la direction du corps au bord extérieur; toute cette partie est, en outre, fortement ondulée; tout l'insecte est d'un brun de poix plus ou moins intense. On ne l'a encore trouvé qu'à Java; sa forme déprimée ferait croire qu'il doit vivre sous les écorces des arbres; on n'a encore aucune donnée à cet égard. (A. P.)

MORMON. (MAM. OIS.) Noms vulgaires du Cynocéphale mandril et du Macareux. (GUÉR.)

MORMYRE, *Mormyrus*. (POISS.) Le genre dont il est question dans cet article a été l'un de ceux qui, dans toute la série ichthyologique furent l'objet des opinions les plus diverses, quant à la structure, et par suite à la coordination méthodique. Aujourd'hui même les zoologistes ne sont pas encore d'accord sur ce point; et, pour ne pas renouveler une discussion déplacée, nous nous bornerons à exposer la structure de ce genre réuni dans la famille des Esoces : poissons à corps comprimé, oblong, écailleux, à queue mince à sa base, renflée vers la nageoire, dont la tête est couverte d'une peau nue et épaisse, qui enveloppe les opercules et les rayons des ouïes, et ne laisse pour leur ouverture qu'une fente verticale, ce qui leur a fait refuser des opercules par quelques naturalistes, quoiqu'ils en aient d'aussi complets qu'aucun poisson, et a fait réduire à un seul leurs rayons, quoiqu'ils en aient cinq ou six; l'ouverture de leur bouche est fort petite, presque comme chez les

Mammifères

mammifères nommés Fourmiliers; des dents menues et échancrées garnissent les mâchoires, et il y a sur la langue et sous le vomer une longue bande de dents en velours; l'estomac est un sac arrondi, suivi de deux cæcums, et d'un intestin long et grêle, presque toujours enveloppé de graisse; la vessie natatoire est longue, ample et simple. Les formes générales de ces poissons rappellent celle des Cyprins; leur chair est délicate, fort estimée des Egyptiens, et passe pour la meilleure.

Le nom de Mormyre, d'origine grecque, désignait dans l'antiquité un poisson de mer varié en couleur; on ignore complétement les motifs qui en valurent l'application chez les modernes à des poissons d'eau douce dont les teintes sont uniformes. On connaît un petit nombre d'espèces de Mormyres, dont les noms spécifiques se tirent principalement de leur forme.

Les uns ont le museau pointu, la dorsale longue, tel est le MORMYRE OXYRHYNQUE, *Mormyrus oxyrhyncus*, figuré dans les belles planches de la grande expédition d'Egypte, pl. 6, fig. 1. Ce poisson est extrêmement facile à distinguer de tous les Mormyres, par la forme très-singulière de sa tête, conique dans la partie postérieure, mais terminée en devant par un museau cylindrique, mince et très-allongé, dont la ressemblace avec celui d'un Fourmilier a frappé tous les observateurs; la bouche, qui occupe la partie antérieure du cylindre, est si petite que, chez un individu d'un pied de long, elle a à peine, lorsqu'elle est ouverte, trois à quatre lignes dans son plus grand diamètre; l'œil est placé à fleur de tête, et recouvert par une membrane transparente qui se continue avec les tégumens, et qui n'est qu'une portion très-amincie de la peau; les deux mâchoires sont sensiblement égales en longueur, disposition qui n'offre rien de remarquable en elle-même, mais qui fournit l'un des caractères distinctifs de cette espèce. La taille de ce poisson est quelquefois de plus d'un pied; sa dorsale est composée de rayons dont la grandeur décroît insensiblement de devant en arrière; l'anale est beaucoup moins étendue que la dorsale, sa forme est celle d'un trapèze; les ventrales et les pectorales sont aiguisées en pointe, composées de rayons inégaux entre eux; enfin la nageoire de la queue est très-fourchue. Le Mormyre oxyrhynque est généralement couvert de petites écailles, disposées régulièrement en quinconce, mais la tête est couverte d'un épiderme très-fin, sous lequel on observe une peau fine et comme ponctuée. L'Oxyrhynque est assez semblable à ses congénères par son système de coloration; il est généralement grisâtre, avec le dos plus foncé et le ventre plus clair que les autres parties du corps; la tête est d'un gris mélangé de rose, principalement à sa partie antérieure, et les nageoires sont rouges à leur origine; tel est le Mormyre oxyrhynque, espèce aussi remarquable par les modifications organiques qui la caractérisent que par les souvenirs historiques qui se rattachent à elle, et par les récits des auteurs anciens, qui nous apprennent que ce poisson était, dans l'Egypte antique, l'objet de la vénération universelle, et qu'en outre il était honoré d'un culte spécial, et possédait un temple dans une ville à laquelle il avait même donné son nom (la ville d'Oxyrhynque); et Elien ajoute quelques détails assez curieux, et qui nous montrent combien les pêcheurs estimaient ce poisson; leurs successeurs modernes ne croient pas trop acheter sa prise par les longues fatigues de leurs nuits. On conçoit qu'un animal environné, il y a tant de siècles, de la vénération d'un grand peuple, a dû exciter à un haut degré la curiosité des naturalistes modernes; aussi s'est-on depuis long-temps occupé de déterminer à quel genre doit être rapporté l'Oxyrhynque.

L'intérêt qui se rattache au Mormyre oxyrhynque, à cause du rôle qu'il a joué dans l'antique Égypte où on l'adorait, la forme extraordinaire de son museau, ses mœurs intéressantes, ont engagé M. de Joannis, lieutenant de vaisseau au corps royal de la marine, à en donner, dans le Magasin de Zoologie, cl. IV, pl. 13 (1836), une figure dessinée d'après le vivant, et que nous reproduisons dans notre Atlas, pl. 588, fig. 3. « J'ai pensé, ajoute M. de Joannis, en cela, apporter une notion de plus à l'histoire de cet être bizarre, et compléter, s'il est possible, les détails précieux qu'a produits M. Geoffroy Saint-Hilaire : mes observations, du reste, m'ont fait trouver le même nombre de rayons que lui aux nageoires : l'individu que j'ai dessiné avait fait le voyage où l'entraînaient tous les ans ses amours; et l'on reconnaissait qu'il était de retour, par les écorchures qu'on remarque sur sa joue et sur son flanc. Je crois que lors de la première phase des amours, ce poisson, comme tous les autres, pense peu à autre chose; qu'un sentiment impérieux s'est emparé de lui, et qu'il se laisse, tout en poursuivant sa femelle, entraîner au courant, sans aller chercher un rivage dont il n'a pas besoin pour se guider; que parvenu au milieu favorable à son frai, milieu qui n'est pas aussi bas que l'embouchure du fleuve, car on n'en prend que très-rarement à Rosette; que, parvenu dans ce milieu, dis-je, il y accomplit le grand œuvre, et songe alors à remonter vers les lieux que ses amours lui ont fait abandonner. C'est à cette époque, à mon sens, que l'Oxyrhynque sent le besoin de se tenir près des rivages pour vaincre un courant qui est devenu de plus en plus rapide, et qu'il cherche dans ce but les contre-courans des eaux stagnantes; qu'ainsi, réduit à se tenir sur les rives et dans les pierres où il cherche sa nourriture, il devient tout naturel qu'il s'écorche du côté présenté par la terre; pour ma part, j'ai souvent vu prendre des Oxyrhynques à Luxor, et il y en avait autant d'écorchés à droite qu'à gauche; j'en conclurai donc qu'à leur retour les Oxyrhynques se tiennent autant sur la rive droite que sur la gauche. L'individu observé avait environ un pied de longueur.»

Le second groupe se compose d'espèces qui ont le museau cylindrique, et dont la dorsale est courte, le MORMYRE HERSÉ, *Mormyrus Denderæ*. Cette espèce a la dorsale courte, le museau obtus avec les lèvres épaisses ; elle ne dépasse pas sept à huit pouces de longueur; la partie supérieure de son corps est d'un noir luisant ponctué de gris, ses flancs et le dessous sont grisâtres avec des nageoires obscures. Il y a des Mormyres, enfin, qui manquent de ces deux caractères; ceux-là forment le troisième groupe auquel appartient le Mormyre barré; son front fait une saillie bombée en avant de la bouche; son corps est peu comprimé, et sa couleur blanchâtre. (Alph. G.)

MOROCHITE. (min.) Les anciens donnaient ce nom à une terre blanche qu'ils tiraient de l'Egypte, et dont ils se servaient pour blanchir les étoffes. Cette terre était probablement magnésienne : c'est ce qui a engagé les modernes à appeler Morochite le carbonate de chaux et de magnésie, plus connu sous le nom de Dolomie. (J. H.)

MORON. (bot. phan.) Ce nom, qu'il ne faut pas confondre avec *Mouron*, est donné vulgairement à la Morgeline moyenne, *Alsine media*. *Voy.* Morgeline. (Guér.)

MORPHINE. (chim.) Une des bases salifiables contenues dans l'opium, et dont voici les principaux caractères. Pure, la Morphine, précipitée de son soluté alcoolique, présente une forme de petits cristaux brillans et incolores; décomposée, à l'état salin, par l'ammoniaque, elle forme des flocons blancs caséiformes, qui, en se réunissant, deviennent quelquefois cristallins. Dans le premier cas on a de la Morphine hydratée, dans le second de la Morphine anhydre (Liebig).

Soumise à l'action d'une température peu élevée, la Morphine se fond sans se décomposer, se transforme en un liquide jaune assez semblable au soufre fondu, etc. ; chauffée plus fortement, elle répand une odeur de résine, s'enflamme, brûle, donne beaucoup de suie, etc.

Elle est insoluble dans l'eau froide, soluble en très-faible proportion (1/100) dans l'eau chaude; son soluté est amer; il amène au bleu le papier de tournesol rougi, brunit les couleurs jaunes du curcuma et de la rhubarbe. La Morphine se dissout très-bien dans l'alcool anhydre, beaucoup moins ou même pas du tout dans l'éther; cette dernière solubilité est tellement peu marquée, qu'on se sert de ce dernier véhicule pour priver complétement la Morphine de narcotine. Elle se dissout encore dans les huiles grasses et volatiles, la potasse, la soude et l'ammoniaque.

Les caractères essentiels de la Morphine et des sels de cette base sont : 1° de n'être troublés par l'infusé de noix de galle qu'autant qu'ils contiennent de la narcotine; 2° d'être colorés en rouge orangé (couleur qui passe au jaune) par l'acide nitrique ordinaire (caractère qui appartient également à la brucine, à la strychnine et à leurs sels); 3° d'être bleuis par les sels de fer neutres. Cette belle couleur bleue disparaît quand on ajoute à la liqueur un excès d'acide, et reparaît quand on sature cet excès par un alcali. Elle est encore détruite par l'action de la chaleur, par l'alcool et l'éther acétique. Enfin, un autre caractère de la Morphine, caractère découvert par Sérullas, c'est que, mise en contact avec de l'acide iodique, même très-étendu, elle décompose cet acide et l'iode est mis à nu.

D'après Liebig, la Morphine est formée de : carbone, 72,340; hydrogène, 6,366; azote, 4,995; oxygène, 16,299.

Des divers modes d'extraction de la Morphine proposés par Sestuerner, Robiquet, etc., nous indiquerons le suivant comme étant le plus propre à donner cette substance exempte de narcotine. On traite par des lavages avec l'éther, et par des distillations avec le même véhicule, un soluté aqueux d'opium amené par l'évaporation à la consistance d'extrait ou de miel épais. Le résidu extractiforme et peu épais qui résulte de ces opérations préliminaires, est étendu d'eau, abandonné à lui-même et séparé, au bout de quelque temps, d'un précipité cristallin en partie formé de narcotine. De nouveau on étend d'eau, on précipite par l'ammoniaque caustique, et on filtre. La liqueur filtrée laisse déposer, quand on la chauffe, une petite quantité de Morphine, qu'on enlève. On lave d'abord à l'eau froide, puis avec de l'alcool rectifié, ce qui est resté sur le filtre; on décolore avec du charbon animal, on chauffe, on filtre la liqueur bouillante, et après le refroidissement, on a des cristaux incolores de Morphine. Tel est en peu de mots le mode d'obtention de la Morphine, mode qui consiste, comme on le voit, d'abord dans la séparation de la narcotine par l'éther, puis dans la solution de la Morphine à l'aide de l'alcool, etc.

Des sels de Morphine employés en médecine comme calmans du système nerveux, nous citerons principalement l'acétate et l'hydrochlorate de Morphine, que l'on donne dans des potions, juleps ou pilules, à des doses extrêmement minimes. Tout le monde se rappelle encore le trop célèbre et malheureux procès qui conduisit, il y a quelques années, devant les tribunaux du département de la Seine, et de là à l'échafaud, un des jeunes médecins de la capitale, qui probablement crut cacher son crime dans les moyens encore peu certains que la science possédait alors pour découvrir les empoisonnemens par les sels de Morphine. (F. F.)

MORPHON ou MORPHO, *Morpho*. (ins.) Genre de Lépidoptères de la famille des Diurnes, tribu des Papillonides; on les distingue à leurs antennes presque aussi longues que le corps, filiformes et grossissant graduellement un peu à leur extrémité; le dernier article de leurs palpes est court, le second deux fois plus long; les pattes antérieures sont repliées en palatine, le bord interne des ailes inférieures embrasse le corps. Ces insectes ont le corps robuste, la trompe longue, les ailes très-développées, souvent ornées en dessus de couleurs très-brillantes, brunes en dessous avec des yeux d'une autre couleur; Linné les plaçait parmi les Chevaliers grecs; Cramer les avait déjà extraits de cette division, et en avait fait celle des Argonautes, lorsque Fabricius en a formé un genre propre sous le nom adopté aujourd'hui; Latreille pensait qu'au lieu de les rapprocher des Nymphales comme on l'a fait à cause de leurs couleurs brillantes, ils devraient par la considération de leurs caractères génériques se rapprocher des Satyres; il fortifiait ces considérations par quelques observations dues à un voyageur qui représente ces insectes comme volant par bond le long des haies, caractère propre au vol de la division des Satyres, d'après les observations de M. Lacordaire sur les mœurs des Lépidoptères diurnes de la Guiane; la remarque de Latreille se trouverait juste pour quelques espèces, telles que le *Menelaus*, l'*Helenor*, l'*Achilles*; mais quant à celles qu'il nomme *Metellus*, *Hecuba*, *Andromachus*, leur vol est tout-à-fait différent, car ils se placent au dessous des grands arbres où ils se tiennent habituellement, et ne descendent jamais près de la terre; c'est ce qui a fait penser que le genre *Morpho* ne renferme rien moins que des espèces identiques, et si les figures que Sibile Mérian a données de leurs chenilles jouissent de la moindre autorité, on en aura la preuve sans peine, puisque toutes ne se suspendent pas de même pour passer à leur dernière métamorphose.

Pour ne pas multiplier les articles on nous fait réunir ici deux genres qui se groupent habituellement auprès d'eux, quoiqu'ils en diffèrent assez essentiellement et par leurs mœurs, et par leurs caractères génériques : ce sont les Pavonies de Godart, et les Brassolides de Fabricius; tous deux ont la cellule discoïdale des ailes inférieures fermée, ce qui doit les éloigner des *Nymphalides* dont sont partis les Morphos. Dans les Pavonies, la fermeture de la cellule centrale des ailes antérieures est formée par une ligne courbée en S au lieu d'être droite. Dans les Brassolides, les antennes sont terminées par une massue épaisse, les palpes ne s'élevant pas au-delà du chaperon, et les mâles ont près du bord interne des ailes inférieures une fente longitudinale couverte de poils. Les mœurs des Pavonies ont été étudiées par M. Lacordaire qui nous les représente comme des insectes crépusculaires, se tenant attachés aux arbres pendant le jour, et ne prenant leur vol qu'au demi-jour ou dans le fourré de bois très-épais; on ne ne connaît pas aussi bien les mœurs des Brassolides, on sait seulement que leurs chenilles vivent en sociétés assez nombreuses.

Morpho adonis, *M. adonis*, Cramer, pl. 61, fig. A P, le mâle. Envergure, 3 à 4 pouces; le mâle en dessus d'un bleu d'azur métallique très-brillant, avec le bord externe noir, et deux taches blanches au sommet des premières ailes; les postérieures sont un peu prolongées en queue; la femelle diffère du mâle par un bleu moins brillant, et la bordure noire plus large, ayant deux rangs de taches blanches aux supérieures, et un seul aux inférieures; en dessous, les quatre ailes sont d'un gris-brunâtre dans les deux sexes avec des raies plus claires.

Cette belle espèce se trouve dans toute l'Amérique méridionale. Le mâle est plus commun que la femelle dans les collections.

Morpho metellus, *M. metellus*, Fab. Cramer, pl. 218, fig. A B; envergure 6 pouces. Dessus des ailes noir, avec le bord verdâtre; au milieu des premières est une bande fauve très-large; le bord postérieur des mêmes est chargé de lunules blanchâtres, tandis qu'elles sont fauves dans les postérieures; le dessous des quatre ailes est brun avec des lignes jaunâtres ou blanchâtres; les premières ont entre deux rangées de taches jaunes une série de quatre yeux dont les deux premiers plus petits, les secondes ont une rangée de cinq yeux.

Cette espèce rare se trouve à la Guiane où elle plane constamment au dessus des plus grands arbres.

Morpho andromaque, *M. andromachus*, Cram. Cramer, pl. 56, fig. A B; envergure 6 pouces. Les premières ailes sont brunes en dessus avec deux bandes fauves, tandis que les secondes sont brunes avec la moitié fauve; en dessous, la bande fauve du milieu des premières est divisée en deux par une ligne de points obscurs, et l'on remarque près de la côte cinq taches d'un gris luisant; les secondes sont d'un brun obscur avec la côte d'un gris luisant; le corps est brun en dessus et fauve en dessous.

Cette espèce a le même habitat et les mêmes mœurs que la précédente.

Morpho ménélas, *M. menelaus*, Linn. Cramer, pl. 21, fig. A B, le mâle; et pl. 19, pap. Nestor, la femelle; figuré dans notre Atlas, pl. 389, fig. 1 *a*. Envergure 6 pouces. Le mâle a tout le dessus des ailes d'un bleu pâle très-brillant, avec le bord des échancrures blanchâtre, et trois petites taches à la côte de la même couleur; la femelle a les ailes d'un bleu moins vif et bordées de noir; sur le noir, sont aux ailes supérieures deux rangs de taches blanches, et un seul aux inférieures; en dessous, les quatre ailes sont brunes, avec chacune quatre yeux irisés de rouge de brique, et pupillé de blanc; au dessous de ces yeux sont des lunules un peu verdâtres.

Cette espèce est assez commune à la Guiane; elle voltige près de terre à la manière des Satyres. Sa chenille, suivant mademoiselle Mérian, est jaunâtre, avec des lignes longitunales et les pattes roses. Sa tête est d'un brun obscur, et chaque anneau de son corps offre quatre épines noires, aiguës. Elle vit sur un arbre très-élevé auquel cet auteur donne le nom de *Mespilus*. La chrysalide est cylindrique, pâle, avec des pointes sur le dos. Le papillon en sort au bout de quinze jours et paraît en janvier. Nous donnons la figure de cette chenille et de la chrysalide dans notre Atlas, pl. 389, fig. 1 *b* et 1 *c*.

Morpho laertes, *M. laertes*, Fab. Drury, Ins. 3, tab. 15. Envergure cinq pouces. Les ailes sont légèrement dentées, d'un blanc nacré en dessus et en dessous; le dessus offre le long du bord postérieur un double cordon de taches noires; en dessous les mêmes taches sont apparentes, et l'on remarque en outre sur les premières trois yeux noirs à iris fauve et à prunelle blanche; et sept sur les secondes.

Cette espèce vient du Brésil et est assez commune dans toutes les collections.

Parmi les espèces que l'on rapproche du genre Pavonie nous nous contenterons de citer :

Le Pavonie euryloque, *P. eurylochus*, Cram. Cramer, pl. 33, 34, et figuré dans notre Atlas, pl. 390, fig. 1. Envergure, 6 à 7 pouces. Les quatre ailes sont en dessus d'un bleu ardoisé à la base, et largement bordées de noir au bord externe; les ailes supérieures ont deux bandes jaunâtres étroites, se rendant du sommet presque jusqu'au bord interne; entre elles deux au sommet est une rangée de trois petits points blancs; en dessous les quatre ailes sont comme vermicellées de noir et de blanc; les supérieures ont une tache noire bordée de blanc au sommet; on aperçoit les deux bandes jaunes du dessous et entre elles sont deux yeux noirs bordés de fauve et à prunelle blanche; les inférieures ont près de la côte une lunule brune, bordant au côté interne une tache fauve; dans leur milieu on voit un très-grand œil noir bordé de fauve livide, surmonté de noir, de fauve brun et encore de noir; en dedans est un filet blanc à la partie supérieure. Le corps est brun en dessous, bleuâtre en dessus. De la Guiane et du Brésil.

L'espèce suivante est le type du genre Brassolide.

Brassolide du sophora, *B. sophoræ*, Linn. Clerc, Icon., tab. 33, fig. 3, et figurée dans notre Atlas, pl. 390, fig. 2. Envergure de 4 pouces; les ailes sont entières avec le bord antérieur des premières très-arqué; elles sont brunes en dessus; les premières sont traversées par une bande fauve courbe, aboutissant à l'angle interne; cette bande est plus ou moins bifide à son orgine; le dessous des quatre ailes est un peu plus clair que le dessus; les antérieures offrent au sommet un petit œil noir à prunelle blanche et à iris jaune, et les inférieures ont une ligne de trois yeux semblables; il y a de plus une tache fauve à la base des quatre ailes; le corps est brun et les antennes noires.

Selon Mérian, la chenille, fig. 2 *a*, est pubescente, d'un brun clair, avec des lignes noirâtres longitudinales; la chrysalide, fig. 2 *b*, est ovoïde, ramassée, d'une couleur pâle, mouchetée de brun et marquée de quelques points argentés. On trouve ce papillon à la Guiane et au Brésil. (A. P.)

MORPION. (ins.) Nom trivial qui sert à désigner le Pou du pubis. *Voy.* Pou. (A. P.)

MORS DU DIABLE, *Morsus diaboli*. (bot. phan.) Espèce du genre Scabieuse, dont la racine échancrée et comme *mordue* lui a mérité ce nom spécifique. *Voy.* Scabieuse.

Mors de Grenouille, *Morsus Ranæ*. Nom spécifique et étymologique de la Morène, *Hydrocharis morsus ranæ*. (L.)

MORSE, *Trichechus*. (mam.) Les Morses, que Linné plaçait dans son genre Lamantin, à côté des Dugongs et des Stellères, ont été rapportés par Cuvier et par les auteurs modernes dans l'ordre des Carnassiers, où ils forment, conjointement avec les Phoques, la tribu des Amphibies. Les Morses, en effet, ressemblent beaucoup plus à ces derniers pour les membres et pour la forme générale du corps, qu'ils ne ressemblent aux Stellères et aux Lamantins. D'ailleurs, ce qui les différencie des uns et des autres, c'est un système dentaire spécial. Quoique l'âge ou d'autres causes inconnues rendent le nombre de leurs dents variable (fait qui explique les diverses contradictions que l'on trouve dans les récits des voyageurs qui ont fait la description de ce mammifère), pourtant chez l'adulte, et le plus ordinairement, la mâchoire inférieure manque d'incisives et de canines. Elle prend en avant une forme comprimée pour se placer entre deux énormes canines ou défenses qui sortent de la mâchoire supérieure et se dirigent vers le bas, ayant quelquefois jusqu'à deux pieds de long sur une épaisseur proportionnée. L'énormité des alvéoles nécessaires pour loger de semblables canines, relève tout le devant de la mâchoire supérieure en forme de gros mufle renflé, et les narines se trouvent presque regarder le ciel, et non terminer le museau. Les molaires ont toutes la forme de cylindres courts et tronqués obliquement. On en compte quatre de chaque côté en haut et en bas; mais à un certain âge, il en tombe deux des supérieures. Entre les deux canines sont de plus deux incisives semblables aux molaires, et que la plupart des auteurs n'ont pas reconnues pour des incisives, quoiqu'elles soient implantées dans l'os intermaxillaire. Entre elles sont encore, mais dans les jeunes individus seulement, deux autres incisives petites et pointues. Elles tombent de bonne heure. Leurs membres, très-courts et disposés comme chez les Phoques, sont terminés par cinq doigts réunis en forme de nageoire par une membrane épaisse, et armés d'ongles assez robustes; leur corps, allongé, conique, et généralement semblable à celui des autres amphibies, est terminé par une queue très-courte; leur tête est arrondie et n'offre aucune trace d'oreille externe. L'estomac et les intestins des Morses sont à peu près les mêmes que ceux des Phoques, et il paraît que comme eux ils se nourrissent de substances végétales et animales, quoique, ainsi que le remarque M. Fr. Cuvier, le système dentaire des Morses ne paraisse pas plus convenir pour broyer les unes que les autres. On dirait que les dents de ces amphibies sont spécialement destinées à briser, à rompre des matières dures; car elles semblent, par leur structure et leurs rapports, agir les unes sur les autres, comme le pilon agit sur son mortier. On peut donc penser qu'ils se nourrissent beaucoup aussi de coquillages qu'ils brisent entre leurs mâchelières.

Les mœurs de ces animaux ne sont pas entièrement bien connues, il n'est même pas très-certain qu'il n'en existe qu'une espèce, comme on est porté à le croire; car, d'après la remarque de Shaw, il ne serait pas impossible que l'océan Atlantique et l'océan Pacifique possédassent chacun une espèce qui leur soit propre. Les différences de ces espèces consisteraient dans la grosseur plus ou moins considérable et dans la direction plus ou moins convergente des défenses. La seule espèce sur laquelle les auteurs soient bien d'accord est

Le Morse du nord, *T. rosmarus*, Lin., représenté dans notre Atlas, pl. 391, fig. 1. Il est vulgairement connu sous le nom de Vache marine, de Cheval marin et de Bête à la grande dent; les deux canines dont sa mâchoire supérieure est armée lui ont aussi valu quelquefois le nom d'Eléphant de mer. Quoi qu'il en soit de cette diversité de noms sous lesquels il est connu, le Morse, zoologiquement parlant, est un Mammifère de fort grande taille; il surpasse en grosseur les plus forts taureaux, et peut atteindre vingt pieds de longueur. Tout son corps est couvert d'un poil ras et brunâtre. Comme les Phoques, au milieu desquels on le trouve presque toujours et dont les mœurs sont à peu près les mêmes, il passe une partie de sa vie à l'eau et l'autre à terre; mais plus qu'eux il est attaché au climat sous lequel il est né, et l'on remarque que l'on n'en trouve jamais ailleurs que dans les mers du nord. Très-nombreux autrefois dans les mers septentrionales, où il vivait par troupes innombrables, son espèce est, de nos jours, réduite à un petit nombre relativement. Au rapport de Gmelin, les Anglais en tuèrent, en 1705 et 1706, à l'île de Merry, sept à huit cents en six heures; en 1708 neuf cents en sept heures; et en 1710 huit cents en une journée. Il paraît même que les chasses réitérées qu'on faisait à ces animaux les ont poussés plus avant dans le nord, et dans les lieux qui sont moins fréquentés par les pêcheurs. « Il en est à peu près de même des Phoques, dit Buffon, et de tous ces amphibies marins, dont le naturel les porte à se réunir en troupeaux et à former une espèce de société; l'homme a rompu toutes ces sociétés, et la plupart de ces animaux vivent actuellement dans un état de dipersion, et ne peuvent se rassembler qu'auprès des terres désertes et inconnues. »

De tous les voyageurs qui ont parlé du Morse, Zorgdrager et Goock sont ceux qui en ont donné le plus de détails. « On trouvait autrefois, dit Zorgdrager, dans la relation de son voyage, beaucoup de Morses dans la baie d'Horisont; mais aujourd'hui il en reste fort peu. Ils se rendent, pendant les grandes chaleurs de l'été, dans les plaines qui avoisinent cette baie, et on en voit quelquefois des troupeaux de quatre-vingts, cent et jusqu'à deux cents : ils peuvent y rester quelques jours de suite, et jusqu'à ce que la faim les ramène à la mer. Durant cette saison, leurs yeux sont étincelans, rouges et enflammés, et comme ils ne peuvent souffrir l'impression que l'eau fait alors sur eux, ils se tiennent plus volontiers dans les plaines en été que dans tout autre temps. On les chasse pour le profit qu'on retire de leurs dents et de leur graisse; l'huile en est presque aussi estimée que celle de la Baleine, et un Morse ordinaire en fournit à peu près une demi-tonne. Leurs deux canines valent autant que toute leur graisse; l'intérieur de ces dents a plus de valeur que l'ivoire, surtout dans celles qui sont grosses, la substance qui les compose étant plus compacte et plus dure que dans les petites..... (1) Ces animaux sont aussi difficiles à suivre à force de rames que les Baleines, et on lance plus souvent en vain le harpon, parce qu'outre que la Baleine est plus aisée à toucher, le harpon ne glisse pas aussi facilement sur elle. On atteint souvent le Morse par trois fois avec une lame forte et bien aiguisée avant de pouvoir percer sa peau dure et grasse; c'est pourquoi il est nécessaire de chercher à frapper sur un endroit où la peau soit bien tendue; en conséquence, on vise avec la lance les yeux de l'animal, qui, forcé par ce mouvement de tourner la tête, fait tendre la peau vers la poitrine ou aux environs : alors on porte le coup dans cette partie... Anciennement, et avant d'avoir été persécutés, les Morses s'avançaient fort avant dans les terres; de sorte que dans les hautes marées, ils étaient assez loin de l'eau, et que dans le temps de la basse mer, la distance étant beaucoup plus grande, on les abordait aisément. On marchait de front vers ces animaux pour leur couper la retraite du côté de la mer, ils voyaient tous ces préparatifs sans aucune crainte, et souvent chaque chasseur en tuait un avant qu'il pût regagner l'eau. On faisait une barrière de leurs cadavres et on laissait quelques gens à l'affût pour assommer ceux qui restaient; on en tuait quelquefois trois ou quatre cents. Quand ils sont blessés, ils deviennent furieux, frappent de côté et d'autre avec leurs dents; ils brisent les armes ou les font tomber des mains de ceux qui les attaquent, et à la fin, enragés de colère, ils mettent leur tête entre leurs pattes et se laissent ainsi rouler dans l'eau. Quand ils sont en grand nombre, ils deviennent si audacieux, que, pour se secourir les uns les autres, ils entourent les chaloupes, cherchant à les percer avec leurs dents, ou à les renverser en frappant contre le bord. »

Ces observations ne sont pas les seules curieuses qu'on ait faites sur ces animaux; on a gardé pendant quelque temps en Angleterre un jeune Morse âgé de trois mois, venant de la Nouvelle-Zemble. On le nourrissait avec de la bouillie d'avoine ou de mil; il suçait lentement plutôt qu'il ne mangeait : il approchait de son maître avec grand effort et en grondant; cependant il le suivait lorsqu'il lui présentait à manger.

On sait aussi que les Morses ne s'accouplent pas à la manière des autres quadrupèdes, mais à rebours; c'est-à-dire que la femelle attend le mâle couchée sur son dos. L'accouplement a lieu en juin, et le terme de la gestation arrive à peu près vers le commencement du printemps. La femelle se retire à terre ou sur un glaçon pour mettre bas, et elle y retourne toutes les fois qu'elle a besoin de se reposer ou d'allaiter son petit, qui, quoique

(1) On ne voit point sur leur coupe des lignes courbes comme dans l'ivoire de l'éléphant, mais de simples granulations.

jeune, la suit pourtant à l'eau. Il paraît que le mâle demeure constamment attaché à la même femelle.

La peau des Morses, dure et épaisse, devient, lorsqu'elle est tannée, un excellent cuir. Les Russes l'emploient beaucoup pour les soupentes des voitures ; en France même on en a fait et on en fait encore un pareil usage.

On trouve cet animal dans toutes les parties de la mer Glaciale. (Z. G.)

MORT. (BOT.) Nom vulgaire de plusieurs plantes, comme par exemple

MORT-AU-CHANVRE, l'Orobanche rameuse.

MORT-AUX CHIENS, le Colchique d'automne.

MORT-DE-FROID, l'*Agaricus procerus.*

MORT-AU-LOUP, l'*Aconitum lycoctonum.*

MORT-AUX-POULES, la Jusquiame noire.

MORT-AUX-VACHES, la Renoncule scélérate.

MORT-AUX POUX, la Staphisaigre. (GUÉR.)

MORT DU SAFRAN. (AGR.) Depuis le beau travail de Duhamel du Monceau, l'on sait que la maladie connue dans la partie du département du Loiret appelée le Gâtinais, sous le nom de Mort du Safran, est due à la présence d'un Cryptogame parasite, le *Sclerotium crocorum* de Persoon. Nous parlerons plus en détail de cette maladie au mot SAFRAN, et du parasite au mot RHIZOCTONE ; en attendant, disons que Plenck, dans sa Pathologie végétale, change le nom de la maladie en celui de Nécrose des bulbes du Safran. (T. D. B.)

MORT et MORTALITÉ. (PHYSIOL.) La mort est le terme de la vie ; on l'a définie, la cessation inévitable, complète, durable, des fonctions dont l'ensemble, dans les corps organisés, constitue l'existence. Chez l'homme, la Mort naturelle est rare ; il trouve ordinairement dans les circonstances qui l'entourent une foule de causes qui le font arriver à la mort avant l'époque fixée par la nature. Lorsqu'il s'avance pas à pas vers ce but inévitable, il en est averti long-temps à l'avance par l'affaiblissement de ses facultés, par la dégradation progressive de son être; ses cheveux blanchissent, ses dents chancellent et tombent ; ses traits se sillonnent de rides, ses forces diminuent, sa mémoire se perd, sa vue n'a plus la même portée, les sons ne frappent plus son oreille avec la même intensité; ses désirs ne sont plus les mêmes; ses goûts, ses habitudes se modifient; les regrets remplacent l'espérance, ce qu'il a gagné en expérience il l'a perdu en illusion ; il jette encore un regard sur un passé qu'il ne peut ressaisir et n'ose porter sa pensée sur l'avenir qu'il redoute. Les organes les plus essentiels à la vie perdent progressivement de leur énergie ; les sens s'éteignent successivement; une matière terreuse solidifie les parties molles, surtout les parois artérielles ; la respiration devient de plus en plus difficile ; elle cesse enfin, et une dernière expiration vient marquer le moment fatal. Mais il est à remarquer que dans cette marche lente et graduée, le vieillard perd ordinairement la faculté de sentir le coup qui doit le frapper long-temps avant que celui-ci le frappe en effet. Il est difficile d'assigner le terme de la mort naturelle chez l'homme ; tant de circonstances influent sur sa vie qu'elles seules peuvent en déterminer le terme. Chez les animaux, au contraire, l'existence a une durée plus certaine ; leur organisation appropriée aux climats où ils naissent et vivent, les habitudes plus régulières, les chances moins nombreuses de destruction, rendent plus facile la fixation du nombre d'années qu'ils ont à parcourir. Entourée de circonstances favorables, la vie humaine peut se prolonger bien au-delà du temps qu'on lui assigne ordinairement. Sans nous arrêter aux exemples cités par Moïse, parce que la manière de compter les années n'était pas alors la même que la nôtre, il est des observations de longévité trop remarquables et trop authentiques pour n'être pas rapportés ici. Un des plus curieux est, sans contredit, celui de Henri Jenkins, pauvre pêcheur du Yorkshire, qui vécut 157 années et qu'on appela un jour en témoignage pour un fait passé 140 ans avant. On cite un grand nombre d'observations d'individus qui ont atteint 120, 115, 110 années. Mais la décrépitude n'est pas, ainsi que nous l'avons dit, la route qui conduit le plus ordinairement l'homme à la mort. Les passions, voilà les fléaux qui l'entraînent au tombeau avant l'époque fixée par la nature. Dans la lutte continuelle qu'il est obligé d'entreprendre pour subvenir à ses besoins de tous les jours, combien ne lui faut-il pas consumer de forces et dépenser d'élémens conservateurs de son organisation ! Souvent même, après de longues et de cruelles souffrances, il appelle la mort comme un bienfait, et court au-devant lorsqu'elle tarde à venir. Mourir est pour tous les êtres vivans une loi générale de l'univers ; les végétaux y sont soumis comme les animaux et l'homme. Telle plante, dans la même année, se développe, porte des fruits et meurt; mais les grands végétaux, soumis à moins de causes de destruction, semblent au contraire prolonger indéfiniment leur existence, et revivre d'une vie nouvelle à chaque nouvelle saison. Si les animaux, en général, vivent moins que les végétaux, beaucoup d'entre eux vivent aussi plus longuement que l'homme; mais pour les uns et pour les autres; les élémens qui constituaient leur organisation, leurs principes constituans, vont subir de nouvelles combinaisons, et, ainsi qu'on l'a dit, la nature vivante n'est, dans un sens rigoureux, qu'une métamorphose continuelle et variée à l'infini dans ses modes. Si la mort naturelle n'est, nous le répétons, qu'une sorte d'exception pour l'homme, de combien de causes de mort accidentelle n'est-il pas entouré. Au fléau qui s'éteint succède bien vite un autre principe destructeur : la peste à la guerre, la famine à l'épidémie; la lèpre disparaît, le choléra se montre; la petite-vérole s'éteint grâce à la découverte de Jenner, les affections cancéreuses, les phthisies, les apoplexies deviennent de plus en plus fréquentes. Pour combien d'individus la tombe ne semble-t-elle pas creusée près du berceau ! En France, près du quart des enfans qui viennent au monde vivaces meurent dans la première année, et la moitié seulement atteint l'âge de vingt à vingt et un ans. Il est vrai que dans nos institutions on n'a pas encore glissé cette sollicitude pour les hommes qu'elles accordent à certains animaux. Nous avons des inspecteurs de haras largement rétribués ; nous n'avons point de savans, de fonctionnaires chargés de veiller sur la première éducation des enfans. Aussi, pour suivre les données que nous avons commencé à établir, voyons-nous les trois quarts de la population moissonnés avant l'âge de cinquante-six ans, et sur cinq mille enfans nouveau-nés, on n'en compte, terme moyen, qu'un seul qui arrive à l'âge de cent ans. Si l'on jette les yeux sur les tableaux de mortalité, où d'inexorables chiffres, recueillis avec une scrupuleuse exactitude, révèlent tant d'affreuses vérités, on verra que la misère est surtout le plus redoutable fléau pour la vie de l'homme. Dans le premier arrondissement de Paris, les décès sont dans le rapport de 1 sur 41 habitans ; dans le douzième, l'un des plus pauvres, le rapport est de 1 à 34. L'influence meurtrière de la pauvreté se montre aussi évidemment entre les villes où siége la misère et les cités opulentes, et cela sans troubler le sommeil des législateurs ! Parmi les enfans recueillis par la charité publique, la mortalité est bien autrement effrayante encore; il en meurt ordinairement 4 sur 5. Mais on sait avec quelle révoltante inhumanité ces malheureux êtres sont livrés à des mercenaires sur lesquelles on n'exerce qu'une surveillance tout-à-fait illusoire.

Quoi qu'il en soit, c'est toujours dans les premiers temps de la vie que les chances de mortalité sont les plus grandes. Ainsi, pour nous résumer, il meurt en France 25 enfans sur 100 dans la première année de leur existence, 12 dans la seconde et 7 dans la troisième. A l'âge de dix à onze ans, la proportion n'est plus que de 8 sur 1000 naissances, et c'est alors que la vie probable est la plus longue; en sorte qu'au moment de la naissance la vie probable n'est que de vingt ans un tiers; mais après les trois ou quatre premières années, elle surpasse quarante-cinq ans. Nous ne croyons pas devoir ici donner de tableaux comparatifs qui ne nous paraissent curieux, au reste, que par les résultats que nous venons de signaler.

(P. G.)

MORUE. (POISS.) *Voy.* GADE.

MORVE. (AGR. et MÉD. VÉT.) Maladie particulière au Cheval, à l'Ane, au Mulet; elle consiste dans un écoulement par les naseaux venant de la membrane pituitaire qui perd le mucus qui la lubrifie, ainsi que l'a prouvé Lafosse en 1749. Dans l'origine, il n'y a d'inflammation que sur les glandes de la membrane; en saignant, en injectant quelques décoctions adoucissantes dans les naseaux, en supprimant l'usage du foin, on peut arrêter les progrès du mal. Mais, si la Morve est confirmée, pour déterger et forcer les ulcères à se cicatriser, les décoctions à employer doivent être faites avec des feuilles d'Aristoloche, de Gentiane et de petite Centaurée. Quand la Morve est invétérée, qu'il y a érosions, sanie et carie, elle n'est plus curable ; il vaut mieux abattre l'animal que de le laisser souffrir et offrir un spectacle déchirant. Depuis l'habile hippiâtre que je viens de nommer jusqu'à Fromage de Feugré, qui, en 1812, a péri misérablement dans la déplorable expédition de Russie, on soupçonnait avec raison que la Morve n'était point contagieuse ; le temps a depuis confirmé cette assertion de deux hommes chers à l'état vétérinaire, et prouvé que l'épouvantail du mot contagion et l'usage de traitemens indiscrets avaient causé plus de pertes que le mal lui-même.

Dernièrement un pharmacien de Paris, Omer Galy, a annoncé qu'on pouvait guérir radicalement la Morve en aiguisant avec de l'acide hydrochlorique l'eau que l'on administre aux animaux affectés, et en substituant aux décoctions des frictions opérées avec le même acide sur les parties du corps dont on a rasé le poil. L'acide s'introduit de la sorte dans les tissus et détermine une prompte guérison. Des expériences nombreuses prouvent jusqu'ici que ce remède est préférable à tout autre.

(T. D. B.)

MOSCATELLE ou MOSCATELLINE, *Adoxa*, L. (BOT. PHAN.) On nomme ainsi une humble plante qui se montre au commencement du printemps dans les bois ombragés de l'Europe. Elle appartient à l'Octandrie tétragynie. Sa racine, succulente et garnie d'écailles, pousse une ou plusieurs tiges simples, hautes de quatre à cinq pouces, portant deux feuilles opposées, pétiolées, d'un vert glauque, découpées en plusieurs folioles elles-mêmes incisées; deux feuilles semblables, mais plus longuement pédonculées, naissent à sa base. Les fleurs, au nombre de quatre ou cinq, forment une petite tête terminale. Elles n'ont point de corolle. La supérieure a un calice à cinq divisions, dix étamines et cinq styles; les autres ont leur calice à quatre divisions, huit étamines et quatre styles. Dans toutes, le calice est accompagné de deux ou quatre écailles persistantes. Elles produisent une baie globuleuse, infère, à quatre ou cinq loges, selon le nombre des parties florales.

L'*Adoxa moschatellina*, L., est la seule espèce du genre; on la rapporte à la famille des Saxifragées; elle en diffère toutefois par le nombre de ses ovaires ou loges, et parce que celles-ci ne renferment qu'une seule graine, dont la radicule est supère.

(L.)

MOSELLE. (GÉOGR. PHYS.) Belle et grande rivière de France, chantée par Ausone, poète latin du quatrième siècle de l'ère vulgaire. Elle naît au sein de ce groupe de hautes montagnes, autrefois appelées *les Faucilles*, et réputées inhospitalières, parce que le Vosgien, ami de son pays, n'a jamais permis à l'étranger armé de les franchir, et que là successivement trouvèrent la mort les soldats romains, les Huns conduits par Attila, les Allemands et ces bandes de Cosaques se ruant sur notre sol que leur livrait la trahison. La Moselle a trois sources distinctes : la première jaillit au pied d'un roc de la côte de Taye, dont le point le plus haut forme la limite naturelle des deux départemens des Vosges et du Haut-Rhin. Elle passe à Bussang, village réputé pour ses eaux minérales ; à Saint-Maurice, dont les mines d'argent et de cuivre sont abandonnées depuis 1575, mais où l'on mange aujourd'hui les meilleures fraises connues; à Ramonchamp, entouré d'immenses sapinières, et à Rupt, où les eaux de la Moselle, s'ouvrant un passage dans le granite, s'élancent en bouillonnant sous un pont d'une seule arche, ouvrage d'une hardiesse surprenante, qui pose sur deux roches entr'ouvertes. Quoiqu'elle n'ait plus maintenant que quinze mètres de haut, rien de plus piquant que cette belle cascade, quand le soleil darde sur elle ses rayons ; les ondes scintillent comme les étoiles sur la voûte azurée, et la poussière aqueuse qui s'élève vous enveloppe, retombe en reflétant toutes les couleurs du prisme, et vous oblige à baisser les yeux pour contempler la Moselle tombée dans un gouffre si profond qu'elle semble s'arrêter immobile pour donner cours à un ruisseau d'une limpidité parfaite, qui marche paisible, ombragé par les tiges verdoyantes du Mahaleb et du Sorbier aux grappes de corail.

La seconde source vient du lac de Lispach, situé dans la vallée pittoresque du Chajoux, au nord-est du village de la Bresse, pays où l'industrie a créé de rustiques chefs-d'œuvre (1), où la liberté, même durant la rude époque du moyen-âge, conserva jusqu'en 1789 le noble privilége de se donner des lois, de rendre la justice par un jury publiquement assemblé sous un large Tilleul, et d'entretenir une douce et constante harmonie parmi ses citoyens, dont les grandes familles peuplent la contrée d'hommes robustes, gais, actifs, pacifiques et hospitaliers.

La troisième source de la Moselle descend des deux lacs de Sèchemer et de Blanchemer, situés l'un et l'autre dans la haute vallée de Vologne. A la petite Bresse, cette source se réunit à la seconde et va rejoindre la première dans le large bassin de Remiremont, où la rivière, grossie par toutes les eaux que versent sur elle les longs amphithéâtres du Ballon, du grand Ventron, du mont des Chaumes et du Drumont, s'étend sur un vaste lit de sable et de gravier, et vient porter la fécondité dans des prairies qui longent sa rive inconstante et qui, sans les nombreuses saignées qui les sillonnent, n'offriraient à l'œil qu'un sol aride, qu'un désert affreux, vrai repaire de tristes anachorètes comme ceux que l'on y vit au septième siècle, disputant le terrain et leur vie aux Ours bruns, aux Loups-cerviers, aux Aurochs, répandant autour d'eux une forte odeur de musc.

Nulle part la culture des prairies et l'emploi du moindre filet d'eau courante ne sont mieux entendus qu'aux environs de Remiremont. Si la charrue ne peut ouvrir sur tous les sens un sol hérissé de blocs granitiques, la main infatigable de l'homme laborieux le force à produire, outre le fourrage nécessaire pour les bestiaux, du Seigle, de l'Avoine, de l'Orge et du Sarrazin destinés à être convertis en pain, des Pommes de terre, ou bien du Chanvre et du Lin, dont la fibre moelleuse se convertit en fil, en toiles, en dentelles sous les doigts des femmes et des enfans. La culture s'y élève aussi haut que possible ; quelquefois même elle arrive si loin qu'un orage suffit pour entasser autour des habitations, avec la mince couche de terre de la montagne, les plantes potagères qu'on avait pris tant de soins à disposer par raies symétriques.

Ici, la Moselle laisse voir au fond de ses belles eaux la Truite saumonée, l'Alose, dont le foie fait les délices des gourmands, l'Esturgeon, l'Ombre thymalle et le Chabot, si rapides dans leur course, et le René à la chair délicate, dont la robe de pourpre est semée de points gris-perle et de taches d'or. D'un autre côté, l'aspect du pays présente des scènes variées et grandioses. Ce sont des montagnes remplies d'anfractuosités, de grottes profondes, où des proscrits sont venus trouver la paix et la plus touchante hospitalité; ce sont des collines étendues, couvertes d'habitations modestes, les unes éparses ou réunies par groupes, les autres descendant jusque dans la plaine sablonneuse ou bien remontant jusqu'au sommet que couronnent tantôt de grands réservoirs d'eau, tantôt de nombreux troupeaux paissant une herbe fine et succulente; ce sont des forêts immenses d'arbres résineux dont la verte pyramide se balance au sein des nuages, des tourbières élastiques dangereuses pour qui ne connaît point le pays, des pics exhaussés les uns sur les autres, où la neige demeure stationnaire une partie de l'année ; ou bien encore ce sont de vieilles ruines celtiques sur lesquelles niche la Cigogne révérée en nos montagnes. Partout où les yeux s'arrêtent, ils rencontrent des tableaux doux et âpres, partout ils trouvent de ces sites gracieux et terribles que, par manie ou par satiété, l'on va chercher à grands frais sous un autre ciel.

En quittant le bassin de Remiremont, la Moselle, devenue flottable, coule entre deux rocs prolongés et tellement pressés l'un contre l'autre, qu'au Saut-du-Cerf, près des Archettes, il est très-facile de les franchir. J'en ai fait plusieurs fois l'essai alors que, loin des Ardennes où j'ai reçu le jour, et qu'avec les miens il fallut fuir,

> Mon âme attristée, essayant son être,
> Vit ses premiers ans doucement couler.]

La rapidité de l'eau dans cet espace qui va du confluent de la Nuche aux abords d'Epinal, c'est-à-dire sur une étendue de douze mille mètres, est calculée à dix-neuf mètres par seconde. La pente est beaucoup moins forte depuis Epinal jusqu'à Vincey; la rivière est largement encaissée dans une plaine que l'on peut cultiver sans danger. Mais, à partir de ce dernier point, elle n'a plus de frein, elle sillonne en tous sens un lit de sables et de cailloux qui, lorsque ses eaux sont enflées, offre une largeur de six cents mètres qu'elle couvre, disons mieux, qu'elle désole presque entièrement. Elle traverse ainsi, dans les départemens de la

Meurthe

(1) Le système de l'irrigation, la fabrication des horloges en bois, la mise en pâturages excellens des sommités chauves de la montagne, sous le nom de *Chaumes*, où l'on élève des bestiaux de toutes les sortes, et où l'on prépare ces fromages si réputés sous le nom de *Vachelins*.

Meurthe et de la Moselle, les pays autrefois illustrés par les Leuquois et les Médiomatriciens, et augmentée par la Meurthe à Frouard (vieille bourgade ruinée en 1350), par la Seille à Metz, par l'Ornes à Richemond, par la Sarre à Consarbruck, elle arrose les antiques murailles de la ville de Trèves et va se perdre dans le Rhin, à Coblentz, après un cours de cinquante-six myriamètres ou cent vingt-cinq lieues communes, dont une ligne de cent quinze mille mètres est livrée à la navigation.

La Moselle est sujette à de fréquentes inondations : les plus célèbres sont celles du mois d'août en 1480, en 1560, en 1668; celles si désastreuses du 28 juillet 1740, et du 25 octobre 1778. A ces deux dernières époques, la rivière s'éleva à cinq mètres au dessus de son niveau moyen. Dans l'inondation du 30 décembre 1802, elle ne monta qu'à quatre mètres quarante-quatre centimètres. Durant la malheureuse année 1816, où presque tous les cours d'eau de la France débordèrent et ajoutèrent de nombreux sinistres aux horribles désastres de la double invasion étrangère, la Moselle ne sortit point de ses bords, « on eût dit qu'un » volume d'eau déterminé et constant tombait et » remontait chaque jour pour recommencer le len- » demain ». Depuis lors, elle a été différentes fois à pleines rives, mais non débordée, du moins de manière à causer quelque dommage. Ses inondations sont peu fréquentes aujourd'hui par suite de la moindre quantité de neiges qui tombe sur les montagnes. Leur fonte, lorsqu'elle arrive subitement et à la suite de pluies prolongées, produit un très-grand volume d'eau qui, en douze ou quatorze heures, descend des montagnes jusqu'à Vincey, où les crues sont moins funestes qu'en remontant vers les sources de la Moselle.

Cette rivière offre sur ses bords des étangs dont l'onde incertaine vient d'une part lui porter son tribut, tandis que de l'autre elle va grossir la Saône presque à sa source. En observant ce fait géologique, Lucius Vetus, au rapport de Tacite (*Germ.* XIII, 53), conçut l'idée de s'en servir pour joindre les deux rivières, et par suite, d'un côté par le Rhin, de l'autre par le Rhône,

Lier les mers du nord à celles du midi.

Mais Néron portait le sceptre des empereurs; le tyran craignit qu'un chef de légions ne cachât dans cette grande et utile entreprise des vues ambitieuses sur la Gaule; le projet fut repoussé. Depuis on a rappelé plusieurs fois le canal projeté, toujours vainement. Le Void-de-Cône est situé sur un plateau qui peut être élevé de cent à cent vingt mètres au dessus de la Moselle, vis-à-vis d'Arches; voilà la difficulté pour les modernes, elle n'eût été qu'un jeu pour une légion romaine; elle aurait abaissé le niveau de l'étang; elle eût amené tous les filets d'eau voisins au point de partage, et le Rhin et le Rhône, en les attirant à eux, auraient ouvert une route de l'Océan à la Méditerranée.

Un autre point a encore été indiqué pour unir la Moselle à la Saône, et celui-ci, quoique moins chanceux que le précédent, est demeuré de même sans exécution. On avait fait choix d'un autre étang, celui du Roulon, fournissant à la fois des eaux pour la Saône et pour le Madon, qui, par des pentes très-fortes, va se joindre à la Moselle au dessous de Pont-Saint-Vincent dans son cours le plus large. La hauteur sur laquelle est placé l'étang du Roulon, entre Esley et Montureux-le-Sec, n'est guère que de vingt mètres. L'un ou l'autre projet adopté, réalisé, mis en œuvre, offrirait d'immenses avantages à l'industrie nationale, et serait, pour nos montagnes des Vosges, une source intarissable d'émulation pour exploiter leurs granites et leurs fers excellens, pour livrer au commerce leur kirschwasser, leurs fromages, leurs bestiaux et leurs bois.

Un autre phénomène particulier à la Moselle, c'est de présenter des vignobles sur les coteaux qui la bordent presque tout le long de son cours, sur une ligne courant de l'est au nord-est, c'est-à-dire depuis le 48e degré 22′ de latitude-nord jusqu'au 50e degré 22′. Les vins qu'ils produisent sont d'un goût agréable à Epinal. Charmes vante son excellent Faxal. Ces vins gagnent beaucoup en délicatesse dans le canton de Thiancourt, département de la Meurthe; ils réunissent à cette qualité une jolie couleur aux environs de Metz, et ils se placent en première ligne sous le nom de *vins de la Moselle* en approchant de Coblentz ; ces derniers sont secs, pleins de corps, de spiritueux, de bouquet, et se conservent pendant trente et quarante ans. (T. D. B.)

MOSILLE, *Mosillus.* (INS.) Genre de Diptères de la famille des Athéricères, tribu des Muscides; Latreille, qui a établi ce genre, lui donne pour caractères : tête plus haute que large; antennes insérées au milieu de la face, plus courtes qu'elle, de trois articles dont les deux derniers presque d'égale longueur, le troisième en palette portant une soie courte; les ailes sont couchées l'une sur l'autre; les balanciers sont nus; les pattes propres au saut. Ce genre ne paraît pas avoir été adopté par tous les auteurs, et notamment par M. Macquart, dans son Histoire des Diptères; nous nous contenterons donc de citer les espèces que Latreille y rapporte : ce sont les *M. arqué*, Latr.; *M. sautillant*, Linn.; *M. cellaria*, Linn., espèce qui dépose ses œufs dans le vinaigre ou le vin corrompu; *M. casei*, Linn., dont la larve vit dans le fromage et fait des sauts très-singuliers en saisissant l'extrémité de son corps avec ses crochets mandibulaires et en le débandant ensuite avec force; *M. fris*, Linn., espèce dont la larve cause des ravages immenses dans la récolte de l'orge en Suède; *M. lepræ*, Linn., dont la larve vivrait dans la sanie des plaies de certaines maladies. (A. P.)

MOSOSAURE, *Mososaurus.* (REPT.) Ce nom a été donné par M. Conybeare à un genre de Sauriens très-voisin des Monitors, dont les restes fossiles (car cet animal est maintenant tout-à-fait perdu) furent trouvés dans le lit d'un des principaux affluens du Rhin. Ce fut Pierre Camper qui le premier attira sur ces ossemens l'attention du monde savant; leur masse considérable porta ce célèbre naturaliste à les considérer comme ayant appartenu à quelque cétacé. Son disciple Van Marum défendit également cette opinion, contrairement à celle de Hoffmann et Drouin, collecteurs de ces restes qu'ils avaient attribués à une grande espèce de Crocodile, sentiment qui fut partagé par Faujas Saint-Fond, qui acquit pour le Muséum d'histoire naturelle ces précieux ossemens dont il donna une description à la vérité assez mauvaise, et qui fut par la suite, dans le mémoire *ad hoc* que publia Cuvier, l'objet d'une juste mais quelquefois amère critique, et l'accompagna d'une planche magnifique dans laquelle il représenta avec un soin et une exactitude parfaite tous les détails de la tête du monstrueux reptile. M. Adrien Camper, reprenant les travaux de son illustre père, reconnut que les restes en question n'avaient appartenu ni à un Crocodile ni à un Cétacé, mais qu'ils étaient ceux d'un Saurien intermédiaire aux Monitors, aux Sauvegardes et aux Ameïvas d'une part, et aux véritables Lézards de l'autre; et cette opinion est aussi celle de Cuvier, qui décrivit ce Reptile dans son magnifique ouvrage (Oss. foss., tome V, deuxième partie, page 310). « Sans doute, dit-il, il paraîtra étrange à quelques naturalistes de voir un animal surpasser autant en dimensions les genres dont il se rapproche le plus dans l'ordre naturel, et d'en trouver les débris avec des productions marines, tandis qu'aucun Saurien ne paraît aujourd'hui vivre dans l'eau salée; mais ces singularités sont bien peu considérables en comparaison de tant d'autres que nous offrent les nombreux monumens de l'histoire naturelle du monde ancien. Nous avons déjà vu un Tapir de la taille de l'Eléphant; le Mégalonyx nous offre un Paresseux de celle du Rhinocéros; qu'y a-t-il d'étonnant de trouver dans l'animal de Maëstricht un Lézard grand comme un Crocodile; bientôt, d'ailleurs, nous allons voir plusieurs autres Lézards aussi grands et même davantage. Mais ce qui est surtout important à remarquer, c'est cette admirable constance des lois zoologiques qui ne se dément dans aucune classe, dans aucune famille. Je n'avais examiné ni les vertèbres, ni les membres, quand je me suis occupé des dents et des mâchoires, et une seule dent m'a, pour ainsi dire, tout annoncé. Une fois le genre déterminé par elle, tout le reste du squelette est pour ainsi dire venu s'arranger de soi-même, sans peine de ma part comme sans hésitation. Je ne peux trop insister sur ces lois générales, bases et principes des méthodes qui, dans cette science comme dans toutes les autres, ont un intérêt bien supérieur à celui de toutes les découvertes particulières, quelque piquantes qu'elles soient. » (V. M.)

MOSQUILLES, MOSQUITES et MOUSQUITES. (INS.) Noms plus ou moins corrompus des Moustiques.

MOSQUILLON. (OIS.) Nom vulgaire de la Bergeronnette.

MOSQUITE. (OIS.) Nom de la Sylvie à tête noire.

MOTELLE. (POISS.) Nom de la Gade lotte et du *Cobitis fossilis.*

MOTERELLE. (OIS.) Le Motteux. *V.* TRAQUET.

MOTTEREAU. (OIS.) L'Hirondelle de rivage.

MOTTEUX. (OIS.) Espèce du genre Traquet.

MOTMOT. (OIS.) *Voyez* MOMOT. (GUÉR.)

MOTILITÉ. (PHYSIOL.) Faculté générale des mouvemens; c'est à elle que se rapportent les forces motrices particulières, telles que la contractilité fibrillaire, ou *tonicité*; la contractilité des muscles, ou *myotilité*; l'*expansibilité*, en vertu de laquelle se produisent les mouvemens de l'iris, du cœur, des corps caverneux. La Motilité, qui anime indistinctement tous les tissus et tous les organes, est placée par la manifestation de ses phénomènes ou des divers mouvemens qui s'y rattachent, sous l'influence de l'irradiation nerveuse ou cérébrale, de la circulation sanguine et de la respiration. La cessation de l'une de ces trois conditions détruit ou suspend dans tous les organes les mouvemens qui leur sont propres. (P. G.)

MOUCHE, *Musca.* (INS.) Genre de Diptères de la famille des Athéricères, tribu des Muscides; ce genre, adopté par tous les auteurs, offre pour caractères : palpes presque filiformes; antennes de la longueur de la face, de trois articles, dont les deux premiers courts, le troisième beaucoup plus long, en forme de palette; soie plumeuse; ailes écartées dans le repos; cuillerons grands, balanciers très-petits. Ce genre, dans la méthode de M. Macquart, fait partie de la sous-tribu des Muscies; mais j'y rapporte les genres *Lucilies*, *Calliphore*, *Pollenia*, et quelques autres de la même coupe qu'il y réunissait lui-même autrefois; nous ne nous étendrons pas sur les mœurs de ce genre; on verra au mot MUSCIDES celles de toute la tribu; des différentes espèces qui la composent, les unes vivent à l'état de larve dans les cadavres, les autres dans les excrémens, et d'autres enfin dans des fumiers; quand elles sont arrivées à leur dernier degré d'accroissement, elles se retirent en terre ou sous quelque pierre, ou abri sec, pour opérer leur métamorphose; les larves de ces espèces sont particulièrement connues sous le nom d'Asticots; on en emploie beaucoup pour la pêche des petits poissons.

MOUCHE VOMISSANTE, *M. vomitoria*, Linn., représentée dans notre Atlas, pl. 391, fig. 2. Longue de cinq à six lignes; yeux bruns, face rougeâtre, thorax noir, abdomen bleu métallique, tout le corps est couvert de grands poils noirs raides. Cette espèce n'est que trop connue, on l'entend pendant l'été bourdonner dans nos appartemens, cherchant à se poser sur les viandes pour y déposer ses œufs, qui éclosent promptement et les font immédiatement gâter; elle dégorge, quand on la saisit, une liqueur brune infecte, ce qui lui a fait donner le nom qu'elle porte; dans les champs, cette espèce dépose ses œufs sur les cadavres, quelquefois aussi, trompée par l'odeur cadavéreuse des fleurs d'une espèce de Gouet, elle leur confie ses œufs. On la trouve dans toute l'Europe.

M. CÉSAR, *M. cæsar*, Linn., figurée dans notre Atlas, pl. 391, fig. 3. Longue de quatre lignes, corps épais; yeux bruns, face couverte d'un duvet argenté; tout le corps est d'un beau vert céladon métallique; les cuillerons sont blancs. Cette espèce dépose ses œufs dans les charognes.

M. DOMESTIQUE, *M. domestica*, Linn., repr. dans notre Atlas, pl. 391, fig. 4. Longue de trois lignes; antennes noires; yeux bruns, face couverte d'un duvet soyeux argenté; corselet cendré avec quatre raies longitudinales noirâtres; abdomen cendré en dessus, avec des taches oblongues noirâtres; en dessous il est jaunâtre. Cette espèce, la plus commune dans nos maisons, puisqu'elle a été aussi nommée Mouche d'appartement, vit à l'état de larve dans le fumier chaud; elle se jette sur tous les alimens que l'on sert sur nos tables, attaque surtout les substances sucrées, comme miel et confitures, mais se pose souvent sur l'homme pour pomper les résultats de la transpiration. Son importunité est passée en proverbe; son accouplement offre une particularité remarquable : les mâles, très-ardens, poursuivent vivement les femelles, mais ne peuvent les contraindre à satisfaire à leurs désirs; il faut que la femelle y soit absolument consentante, puisqu'il faut que ce soit elle qui introduise un long oviducte formé des derniers segmens de son abdomen et rentré dans le ventre pendant le repos, entre deux pinces écailleuses qui distinguent les mâles; les sexes volent plus ou moins long-temps accouplés. Elle est commune partout, et on croit même que la même espèce existe dans diverses parties de l'Amérique.

MOUCHE PLUVIALE, *M. pluvialis* (genre *Anthomyie*), repr. dans notre Atlas, pl. 391, fig. 5. Elle est décrite à l'article ANTHOMYIE (*voyez* ce mot).

(A. P.)

Le nom de Mouche a été appliqué par le vulgaire à tous les insectes qui volent. Il est un grand nombre de ces noms qui sont restés dans la science ou dans le langage ordinaire, et il est important de faire connaître positivement à quels insectes ils s'appliquent, afin qu'on puisse les chercher à leurs articles. Voici les principaux d'entre eux.

MOUCHE ABEILLIFORME, un Elophile.

MOUCHE APHIDIVORE. Des Syrphies, des Hémérobes.

MOUCHE ARAIGNÉE, les Hippobosques et les Ornithomyies.

MOUCHE ARMÉE, les Stratiomides.

MOUCHE ASILE OU PARASITE, des Œstres, des Taons et des Mélophages.

MOUCHE D'AUTOMNE, les Stomoxes.

MOUCHE BALISTE. L'abbé Préaux a donné ce nom à un insecte à quatre ailes qu'il a observé près de Lisieux, et qui lance ses œufs à diverses reprises et comme par un ressort, lorsqu'on le saisit. Suivant lui, cet insecte est long de dix-sept lignes et large de deux; sa tête est brune, son dos d'un vert d'olive, et son ventre d'un rouge de grenade avec une ligne jaune longitudinale.

MOUCHE A BATEAU, des Notonectes.

MOUCHE A BEC, un Rhingie.

MOUCHE BÉCASSE, un Empis.

MOUCHE BOMBARDIÈRE, les Brachines.

MOUCHE BOURDON, les Volucelles.

MOUCHE BRETONNE, l'Hippobosque du cheval.

MOUCHE DU CERISIER et DU CHARDON, des Téphrites.

MOUCHE A CHIEN, l'Hippobosque des chevaux.

MOUCHE CORNUE, MOUCHE TAUREAU-VOLANT, le Scarabée hercule chez quelques voyageurs.

MOUCHE A CORSELET ARMÉ, des Stratiomides.

MOUCHE A COTON, *Ichneumon glomeratus*. Cet insecte dépose ses œufs dans le corps des chenilles de papillon, et sa larve se file des coques d'une matière blanche ou jaune qui a l'apparence du coton.

MOUCHE DÉVORANTE, un insecte que l'on prétend venir d'une larve qui a la forme de chenille et qui se nourrit sur l'Orme. Après avoir passé l'automne, l'hiver et le printemps sous la forme de chrysalide, il devient insecte parfait et ailé, et commence à faire la chasse aux araignées, en s'élançant avec une grande rapidité sur celles qu'il aperçoit. Latreille pense que ce pourrait être un Pompile ou un Sphex.

MOUCHE ÉPHÉMÈRE, les Ephémères.

MOUCHE D'ESPAGNE, un Méloé, la Cantharide et l'Hippobosque du cheval.

MOUCHE A FAUX, la Raphidie.

MOUCHE DE FEU, MOUCHE A DRAGUE, une espèce de Poliste de Cayenne, dont la piqûre cause une douleur semblable à celle que produit la brûlure.

MOUCHE DU FOURMILION, le *Mirmeleo formicarius.*

MOUCHE DU FROMAGE, un Mosille.

MOUCHE DES GALLES, des Diplolèpes et des Cinips.

MOUCHE GALLINSECTE et PROGALLINSECTE, des Cochenilles et des Kermès.

MOUCHE GÉANT, une Echinomyie.

MOUCHE DE LA GORGE DU CERF, un Œstre.

MOUCHE GUÊPE, un Conops.

MOUCHE ICHNEUMONE, les Ichneumons.

MOUCHE DES INTESTINS DES CHEVAUX, les Œstres.

MOUCHE JAUNE, le Poliste hebrea de Fabricius, qui fait son nid dans les arbres, et dont la piqûre est très-redoutée. Au rapport de M. Bory de Saint-Vincent, dans son Voyage dans les principales îles d'Afrique, les petits nègres mangent ses larves.

MOUCHE DU KERMÈS, le genre Kermès.

MOUCHE OU DEMOISELLE DU LION DES PUCERONS, l'Hémérobe.

MOUCHE LOUP, les Asiles.

MOUCHE LUISANTE OU A FEU, les Lampyres, quelques Fulgores ou des Taupins.

MOUCHE LUMINEUSE, l'*Elater noctilucus* de Linné, il est nommé Cucuyos ou Coyeuyou par les naturels de l'Amérique méridionale, et Cucujo par les Espagnols.

MOUCHE MERDIVORE OU STERCORAIRE, les Scatophages.

MOUCHE A MIEL, l'Abeille.

MOUCHE DE L'OLIVIER, un Téphrite.

MOUCHE A ORDURES, les Scatopses.

MOUCHE PAPILIONACÉE, les Phriganes et les Perles.

MOUCHE PAPILIONAIRE, les Hémérobes.

MOUCHE PÉTRONELLE, un Calobate.

MOUCHE PIQUEUSE, un Stomoxe.

MOUCHE POURCEAU, l'Eristale tenace.

MOUCHE DE RIVIÈRE, les Ephémères, et peut-être d'autres insectes dont la larve vit dans l'eau.

MOUCHE DE SAINT-JEAN, la Cantharide en Allemagne.

MOUCHE DE SAINT-MARC, les Bibions.

MOUCHE SAUTANTE, le Psylle.

MOUCHE SAUTILLANTE, les Mosilles.

MOUCHE A SCIE, les Tenthrédines.

MOUCHE SCORPION, le Panorpe.

MOUCHE A TARIÈRE, les Hyménoptères de la section des Térébrans de Latreille.

MOUCHE DES TEIGNES AQUATIQUES, les Phriganes.

MOUCHE DES TRUFFES, une petite espèce que Latreille présume appartenir au genre Scatophage de Fabricius ou au genre Oscine; dans le premier état, elle ronge l'intérieur des truffes, et on voit des essaims de l'insecte parfait voltiger au dessus des truffières; c'est même un bon moyen de reconnaître les lieux qui en produisent.

MOUCHE DES TUMEURS DES BÊTES A CORNES, les Œstres.

MOUCHE VÉGÉTANTE DES CARAÏBES ou MOUCHE PLANTE. On a donné ce nom à la nymphe morte et desséchée d'une Cigale d'Haïti et de Cuba, qui porte sur son dos une espèce de champignon du genre Clavaire. On a trouvé depuis beaucoup d'insectes morts qui avaient de ces champignons; un autre phénomène qu'on n'a fait que signaler jusqu'à présent, ce sont des insectes qui portent sur le devant de leur tête deux ou trois pédicules mous, jaunes, d'une ligne de long et terminés par un bouton. Nous possédons dans notre collection des environs de Paris, une Lepture et une Œdémère qui présentent ce singulier phénomène.

MOUCHE DU VER DU NEZ DES MOUTONS, les Œstres.

MOUCHE VIBRANTE, les Ichneumons.

MOUCHE DU VINAIGRE, un Mosille. (GUÉR.)

MOUCHEROLLE, *Muscipeta*. (OIS.) Genre formé pour un grand nombre d'espèces démembrées des Gobe-mouches de Buffon, auxquelles ce grand naturaliste avait en outre réuni les Tyrans. Les Moucherolles, dont les mœurs sont en tout semblables à celles des Gobe-mouches que nous avons décrits, ce qui nous dispense d'y insister ici, se distinguent des autres insectivores par les caractères suivans : bec très-déprimé; mandibule supérieure recourbée sur la mandibule inférieure, qui est pointue à son extrémité et garnie à sa base de poils d'une longueur quelquefois considérable, et recouvrant plus ou moins les narines qui sont placées à la base du bec; les ailes offrent un développement médiocre, elles sont obtuses ou subobtuses, c'est-à-dire que c'est la cinquième ou la quatrième penne qui est la plus longue de toutes; les doigts sont au nombre de quatre comme chez les Gobe-mouches.

Comme exemple du nombre considérable d'espèces de tous les climats qui composent ce genre, nous nous bornerons à citer les suivantes :

MOUCHEROLLE COURONNÉ, *Todus regius*, Lath. Buffon, pl. enl. 289. Charmante espèce, repr. dans notre Atlas, pl. 392, fig. 1, que distingue, comme l'indique son nom, la belle huppe d'un rouge bai terminée de noir qui couronne son front; les parties supérieures sont d'un brun foncé; les couvertures alaires d'un brun fauve; les pennes des ailes rousses ainsi que l'abdomen; la poitrine blanche, maculée de brun; la gorge jaunâtre; enfin l'élégance de ces couleurs est encore relevée par un collier noir et des sourcils blanchâtres; le bec est noir ainsi que les pieds. Sa taille ne dépasse pas sept pouces. Elle habite l'Amérique méridionale.

MOUCHEROLLE DES DÉSERTS, *Muscicapa deserti*, Lath. Cette espèce est moins brillante que la précédente; son plumage est généralement d'un jaune obscur, sauf les pennes des ailes et leurs couvertures qui sont noirâtres ainsi que les pieds; le bec est jaunâtre; taille de cinq pouces seulement. Elle habite l'Afrique.

MOUCHEROLLE A COU JAUNE, *Muscicapa flavicollis*, Lath. Cette espèce ne le cède pas en beauté à la première que nous avons décrite; ainsi ses parties supérieures sont vertes, sauf les rémiges et les rectrices, qui sont noirâtres et bordées de jaune, et les deux rectrices intermédiaires qui sont terminées de blanc; l'abdomen est également vert, mais il a quelques taches jaunes; de même les yeux sont entourés de cette dernière couleur, qui est aussi celle du sommet de la tête et du devant du cou; le bec et les pieds sont rouges; la queue est très-fourchue. Cette espèce, qui a environ 6 pouces de long, se trouve en Chine. (V. M.)

MOUCHERONS. (OIS.) On appelle ainsi vulgairement tous les petits Diptères qui volent le soir; mais on connaît plus spécialement sous ce nom les Cousins et surtout le *Culex pipieus* des auteurs. (GUÉR.)

MOUCHET. (OIS.) Nom vulgaire de l'Accenteur pégot, et donné par contraction à l'*Emouchet*. (GUÉR.)

MOUETTE, *Larus*. (OIS.) On comprend sous cette dénomination générique non seulement les Mouettes ou Mauves, mais aussi les Goëlands, que Buffon avait séparés des premières sur la seule différence de la taille. Quelques auteurs ont conservé cette coupe, d'autres l'ont rejetée, vu qu'elle n'était autorisée par rien d'essentiellement différent dans l'organisation, et que les formes, les mœurs et les caractères de ces oiseaux étaient les mêmes. Ils ont le bec comprimé, allongé, pointu; la mandibule supérieure arquée, l'inférieure présentant en dessous et vers la pointe un angle saillant; les narines, placées vers le milieu, sont longues, étroites et percées à jour. Tous ont la queue pleine, les jambes élevées; trois doigts en avant réunis dans une seule membrane, un pouce court et séparé; des ailes très-longues et aiguës.

Les Mouettes sont en général des oiseaux lâches, voraces et criards à l'excès. Répandues sur tout le globe, elles se tiennent sur les rivages de la mer, et couvrent par leur multitude les plages, les écueils et les rochers. On prétend qu'elles sont cruelles et sanguinaires, ce qui leur a valu quelquefois le nom d'oiseaux de proie, de Vautours de mer; qu'elles s'accommodent également de la chair comme du sang, et même des os du poisson frais comme du poisson pourri, des alimens sains et de ceux qui sont en putréfaction. On lit dans l'ouvrage de Buffon une note de Baillon père, dans laquelle ce naturaliste s'exprime ainsi à l'occasion de la voracité des Mauves : « J'ai souvent donné à mes Mouettes, dit-il, des buses, des corbeaux, des rats nouveau-nés, des lapins et autres animaux, ainsi que diverses espèces d'oiseaux morts ; ils ont été dévorés avec autant d'avidité que les poissons. J'en ai encore deux qui avalent très-bien des étourneaux, des alouettes de mer, sans leur ôter une seule plume. Leur gosier est un gouffre qui engloutit tout, etc. » Cette gloutonnerie insatiable pourrait bien faire dire d'elles qu'elles *ne mangent pas pour vivre*, mais qu'elles *vivent pour manger* ; malgré cela elles ne deviennent jamais grasses (1). Elles se font une guerre continuelle entre elles, du moins les grosses espèces et les moyennes; lorsqu'une d'elles sort de l'eau avec un poisson ou tout autre aliment au bec, la première qui l'aperçoit fond dessus pour le lui prendre; si celle-ci ne se hâte de l'avaler, elle est poursuivie à son tour par de plus fortes qu'elle, qui lui donnent de violens coups de bec, et la forcent bien souvent à abandonner une proie qui est ressaisie par la plus hardie. Il paraît que ce naturel vorace et sanguinaire, qui se manifeste chez ces oiseaux à l'état de liberté, naît le plus souvent du besoin. Ils n'ont pas une proie toutes les fois qu'elle leur serait nécessaire, soit en raison de leur nombre trop grand, soit à cause de la difficulté qu'ils ont de se la procurer, et alors ils mettent en usage tous les moyens que la nature leur fournit ou leur inspire pour satisfaire leur besoin. C'est même alors que le mauvais temps tient la mer agitée pendant plusieurs jours, qu'on les voit, tourmentés par la faim, exercer leur brigandage sur les côtes. Alors ils s'avancent quelquefois bien avant dans les terres, et leur apparition loin des rivages, que l'on a prise pour un signe de tempête, n'en est que la conséquence; car ce n'est que lorsqu'ils ne peuvent rien trouver sur les parages des mers bouleversées, qu'ils s'aventurent dans les terres. Un fait que nous n'avons jamais pu nous expliquer, c'est que, sitôt qu'il neige, on voit des bandes de Mouettes se porter dans les campagnes quoiqu'il fasse calme plat en mer.

Nous avons pu voir dans plusieurs endroits du midi de la France, et cela bien souvent, que les Mouettes et les Goëlands ne tiennent pas la mer lorsque la terre est couverte de neige. Comme nous n'avons eu l'occasion encore de constater ce fait que dans des limites très-restreintes et seulement dans les pays méridionaux voisins de la Méditerranée, nous n'oserions affirmer que généralement partout cela soit (1) ; cependant, si des mêmes causes résultent ordinairement les mêmes effets, on peut déjà présumer qu'ailleurs il doit en être ainsi. Quoi qu'il en soit, nous disons avoir vu des bandes de ces oiseaux s'aventurer très-avant dans les champs, voltiger de toutes parts, explorer tous les cantons, comme s'ils étaient à la recherche de quelque objet, s'abattre même bien souvent sur la neige. A quoi doit-on attribuer ces excursions? Nous le répétons, il n'a pas encore été en notre pouvoir de les expliquer. Nous citons un fait dont aucun auteur n'a parlé jusqu'ici, sans le commenter; peut-être que des observations nouvelles permettront un jour de le juger. Pourtant nous devons dire, sans toutefois oser le soutenir, que l'espoir de rencontrer des proies vivantes, telles que des petits quadrupèdes, des oiseaux affaiblis par la disette de nourriture, proies qui alors peuvent être facilement aperçues à cause du fond blanc sur lequel elles gisent, est peut-être un des motifs pour lesquels des bandes aventureuses de Mouettes quittent le rivage.

Bien que répandues partout, on les rencontre cependant en plus grand nombre là où le poisson abonde : elles paraissent plus attachées aux côtes des mers du nord; aussi ce sont les déserts des deux zones polaires que le plus grand nombre préfère pour nicher; elles cherchent surtout les lieux où elles ne seront point inquiétées par l'homme et les autres animaux. Comme beaucoup d'oiseaux de rivage, elles ne font point de nid; elles choisissent seulement un creux de rocher ou un trou fait dans le sable, et c'est là qu'elles déposent de deux à quatre œufs d'un blanc sale tacheté de brun. Les jeunes naissent couverts d'un duvet qu'ils portent long-temps : les plumes ne poussent que tard, et ce n'est qu'après plusieurs mues, dans quelques espèces, que les jeunes prennent les plumes de l'adulte.

On a voulu plusieurs fois, chez nous, tirer quelque avantage de la chair des Mouettes en l'employant comme aliment; mais, outre qu'elle est dure et coriace, son mauvais goût et sa mauvaise odeur l'ont toujours fait repousser. Pourtant Mauduit rapporte (Encyclop., p. 69) qu'on apportait en carême des Mouettes dans les marchés de Paris pour les austères cénobites. Les sauvages des

(1) Un moyen de prendre des Mouettes est celui que les pêcheurs, et surtout les matelots, emploient lorsqu'ils sont dans une rade ou sur des parages fréquentés par ces oiseaux : nous devons le mentionner, parce qu'il donne une nouvelle preuve de leur gloutonnerie. Voici en quoi il consiste : on attache au bout d'une longue ficelle un hameçon (l'on peut avoir ainsi de quinze à vingt de ces lignes grossières), que l'on amorce avec un petit morceau de poumon de bœuf ou de mouton, n'importe. Ceci fait, on lance l'une après l'autre, et bien avant dans la mer, toutes les amorces que l'on a, ou mieux on les porte dans un bateau, pour les placer de distance en distance, après quoi l'on se retire, en ayant soin toutefois de bien réunir l'extrémité des fils qui correspondent à chaque hameçon. Les Mouettes et les Goëlands, qui volent à une distance assez rapprochée de l'eau, aperçoivent l'appât qui surnage, se précipitent dessus, le saisissent, l'avalent gloutonnement, et alors, posté non loin de là, le pêcheur aux Mouettes n'a plus que la peine de tirer la ficelle pour ramener à lui l'oiseau qui se débat dans les airs. Cette pêche est fort amusante et très-fructueuse; mais le fût-elle davantage, le plus grand nombre des personnes qui la font n'en retirent que du plaisir, la chair de ces oiseaux n'étant pas mangeable.

(1) Un habitant de la Normandie, digne de foi, nous assure avoir observé le même fait sur différens points de ce pays.

Antilles, suivant le R. P. Du Tertre, se contentent aussi de ce mauvais gibier. « C'est une chose plaisante, dit-il, de les voir accommoder par ces sauvages; car ils les jettent tout entières dans le feu, sans les vider ni plumer, et la plume venant à se brûler, il se fait une croûte tout autour de l'oiseau dans laquelle il se cuit; quand ils veulent le manger, ils lèvent cette croûte, puis, ouvrant l'oiseau par la moitié, ils en tirent toute la farce, c'est-à-dire tripes et boudins, et tout ce qu'il y a dedans. Cependant l'oiseau n'en a pas plus mauvais goût. Je ne sais ce qu'ils font pour les garder de la corruption; car je leur en ai vu manger qui étaient cuits huit jours auparavant. » Enfin, au rapport de quelques voyageurs, les Groënlandais en font aussi leur ressource. Nos marins, pour la plupart peu dégoûtés, il est vrai, mais auxquels la nécessité a donné souvent l'expérience de rendre profitables les choses même les plus mauvaises, sont assez friands de la chair des Mouettes, lorsqu'ils ont fait subir à ces oiseaux une préparation de leur invention, et surtout lorsqu'ils sont réduits à une ration de galette et de lard rance. Après les avoir écorchés, ils les suspendent par les pattes, et les laissent exposés au serein pendant une ou deux nuits; par ce moyen ils leur font perdre en partie la mauvaise odeur qu'ils exhalent, et ils deviennent alors un mets un peu plus mangeable. Si les Mouettes ne sont d'aucune utilité pour l'homme comme nourriture, elles lui rendent de grands services en purgeant les rivages des mers de tous les cadavres petits et gros même, de toutes les matières en putréfaction qui, en infectant l'air, pourraient lui être nuisibles.

La plupart des espèces qui composent ce genre sont sujettes à tant de variétés d'âge, qu'il en est résulté que quelquefois la même a reçu deux ou trois noms spécifiques. Toutes ont un plumage épais, aussi supportent-elles aisément le froid; elles muent deux fois l'an, en automne et au printemps. Leur vol, quoique lourd, est aisé, et leur démarche est légère, précipitée, mais gracieuse. Elles s'abattent souvent sur les flots pour s'y reposer, et nagent rarement, ou du moins en nageant elles ne parcourent pas de grandes distances.

Sans attacher beaucoup d'importance aux sections qui ont été établies dans ce genre, nous les conserverons toutefois, et nous grouperons sous le nom de Goëlands les plus grandes espèces, et les plus petites sous celui de Mouettes. Nous n'avons ici qu'à faire connaître ces dernières, celles de la première section ayant déjà été décrites au mot Goeland. L'Europe en possède huit que M. Temminck a soigneusement décrites dans son manuel d'Ornithologie. Les plus remarquables sont :

La Mouette aux pieds bleus, *Larus canus*, Linn., *L. cyanorhynchus*, Meyer, que Buffon a fait connaître sous le nom de Grande-Mouette cendrée (enl. 977). Le plumage de l'adulte, pendant l'hiver, est d'un cendré bleuâtre au dos, aux scapulaires et aux ailes; d'un blanc pur avec de fortes taches brunes à la tête, à la nuque et au cou; les parties inférieures, le croupion et les rectrices, sont blancs sans taches; le bec et les pieds de couleur plombée; la robe d'amour ne diffère de celle d'hiver que par la disparition des taches brunes à la tête, au cou et à la nuque. Sa taille est de seize pouces. Les jeunes (*Larus hybernus*, Gmel.; *Larus procellosus*, Béchet; Mouette d'hiver, Buff.; Grande-Mouette, Ger.) ont les parties supérieures d'un gris brun avec le bord des plumes roussâtre; un croissant noir en avant des yeux; le front et les parties inférieures blanchâtres, tachées de gris; le bec noir et les pieds jaunâtres. On la trouve fréquemment sur les côtes de l'Océan et de la Méditerranée.

La Mouette a trois doigts, *Larus tridactylus*, et *Lar. rissa*, Gmel., Meyer; Mouette cendrée, Briss.; fort semblable à la précédente par son plumage d'hiver, elle en diffère principalement par de légères stries noires sur les joues; elle a d'ailleurs pour caractère distinctif un pouce très-court et imparfait. Son bec est d'un jaune verdâtre et ses pieds bruns. En robe d'été toute la tête et le cou sont d'un blanc pur. Les jeunes (Mouette cendrée ou Kutgeghef, Briss.; Buff., enl. 387) ont les plumes des parties supérieures d'un cendré bleuâtre foncé, tachetées de noir et terminées de brun noirâtre.

Cette espèce paraît plus répandue que la précédente, elle habite toutes les côtes de l'Europe.

La Mouette rieuse, *Larus ridibundus*, Leis.; *Larus cinerarius*, Gmel.; *Lar. procellosus*, Béchet. C'est la petite Mouette cendrée de Brisson et de Buffon (enl. 969); dans son plumage d'hiver elle a tout le dessus du corps d'un cendré bleuâtre très-clair; la tête, le cou et les rectrices d'un blanc parfait; une tache noire en avant des yeux, et une autre sur l'orifice des oreilles; le bord extérieur des tectrices alaires et des rémiges d'un blanc pur; le reste du plumage d'un blanc rosé; le bec et les pieds rouges. Sa taille est de quatre pouces. En robe d'amour (*Larus ridibundus*, Gmel.), elle a la tête et le haut du cou d'un brun très-foncé. Les jeunes (*Sterna obscura*, Lath.; *Larus erithropus*, Gmel.; *Lar. canescens*, Béchet; petite Mouette grise, Brisson) ont les plumes des parties supérieures d'un brun foncé, bordées de jaunâtre; la tête et l'occiput d'un brun très-clair ou d'un blanc tacheté de brun; une grande tache blanche derrière les yeux.

Quoique cette Mouette paraisse moins fréquemment sur nos côtes maritimes que la plupart des autres espèces, elle est néanmoins une de celles qui sont le plus généralement répandues dans l'intérieur des terres. Souvent elle s'établit sur nos rivières, sur nos étangs et y niche même quelquefois. Son nid est formé de joncs et d'herbes; les œufs, au nombre de cinq ou six, sont verdâtres, mouchetés de noir et très-allongés.

L'épithète de *rieuse* qu'elle a reçue lui vient de ce qu'on a cru distinguer dans son cri quelque chose d'analogue à un éclat de rire.

La Mouette pygmée, *Larus minutus*, Pall. Les couleurs de cette petite espèce et leurs dispositions diffèrent peu de celles des précédentes ; mais ce qui la distingue, c'est la taille. Elle n'a que dix pouces deux lignes. C'est la Mouette de Sibérie, de Buffon ; en robe d'amour, sa tête est enveloppée par un capuchon noir ; son bec et ses pieds sont d'un rouge cramoisi foncé.

Une espèce qui vient accidentellement en Allemagne et en Suisse, est la MOUETTE BLANCHE, *Larus eburneus*, Linn. ; Buff., enl. 994 ; tout son plumage est d'un blanc parfait. Les jeunes ont le front et une partie du sommet de la tête d'un gris plombé, et quelques taches cendrées sur les scapulaires. Des mers glaciales.

Parmi les espèces étrangères à l'Europe, nous citerons encore la MOUETTE A IRIS BLANC, *Larus leucophthalmus*, Lichtens., Temm., pl. 366. Elle a seize pouces de longueur totale ; le bec rouge de corail et terminé de noir ; les pieds orangés et l'iris des yeux d'un blanc pur ; la tête, la face et le devant du cou, jusqu'au haut de la poitrine, sont revêtus d'un capuchon noir ; un demi-collier blanc le sépare du cendré du dos ; le dessus du corps est brun ; les rémiges sont noires ; la queue et le dessous du corps sont blancs (adulte). Cette Mouette habite les bords de la mer Rouge.

La MOUETTE A TÊTE CENDRÉE, *Larus cinerocephalus*, Vieill. Du Brésil.

La MOUETTE A QUEUE BLANCHE ET NOIRE, *Larus leucomelas*, Vieill. De la terre de Diémen, etc.

(Z. G.)

MOUFETTE, *Mephitis*. (MAM.) Nom d'un genre d'animaux carnassiers très-voisin des Martes et des Zorilles dont il se distingue cependant par plusieurs caractères, et en particulier par son système dentaire. Comme tous les Putois, les Moufettes ou Mouffettes (ce nom s'écrit indifféremment des deux manières) ont à la mâchoire inférieure dix-huit dents ainsi composées : en avant six incisives, puis deux canines, deux carnassières, deux tuberculeuses et six fausses molaires, en tout dix mâchelières, et à la mâchoire supérieure seize dents seulement, deux fausses molaires venant à manquer, ce qui est aussi le cas chez les Putois ; mais la forme particulière de quelques unes de ces dents sert d'une manière avantageuse à établir des distinctions ; ainsi, tandis que les incisives et les canines sont en tout semblables à celles des Martes, les carnassières sont divisées profondément par une cavité en deux portions, l'une antérieure, l'autre postérieure, celle-ci n'étant qu'un simple talon terminé par deux tubercules aigus, la première composée, au contraire, de trois tubercules régulièrement disposés en triangle.

Ces caractères tirés de la forme des dents suffisent pour distinguer les Moufettes des genres voisins avec lesquels elles ont en effet les plus grands rapports ; mais il en est d'autres qui viennent confirmer cette distinction : ainsi, pendant que leurs ongles robustes et fortement arqués et que leur pelage les assimilent de la manière la plus évidente aux Zorilles, leur marche demi-plantigrade, l'absence presque totale des apophyses post-orbitaires du frontal et du jugal les éloignent des Martes ; de même que la forme de leurs vertèbres, ordinairement plus courtes, et la présence d'une paire de côtes de plus les distinguent bien des Putois.

Au reste, on ne connaît que fort peu de chose encore de l'organisation des Moufettes. On ne sait guère rien de plus touchant leurs mœurs ; seulement leur ressemblance avec les Putois doit faire présumer qu'il y a entre eux quelque analogie sous ce rapport, et le peu qu'on en sait confirme en effet cette prévision. Leurs doigts indiquent des animaux fouisseurs ; aussi vivent-ils dans des terriers qu'ils se sont construits ; ils y passent toute la journée à dormir ; et la nuit seulement ils en sortent pour aller à la recherche de leur nourriture, qui se compose de miel, d'œufs, de petits quadrupèdes même, et d'autres animaux d'une taille et d'une force plus considérables ; mais ce qui les rend plus curieux, c'est la particularité qui leur a valu leur nom ; c'est l'odeur épouvantable qu'ils répandent dans certaines circonstances, et qui est produite par un liquide que sécrètent deux glandes placées près de l'anus. « Cette odeur est si forte, dit Kalm, qu'elle suffoque : s'il tombait une goutte de cette liqueur dans les yeux, on courrait risque de perdre la vue ; et quand il en tombe sur les habits, elle leur imprime une odeur si forte, qu'il est très-difficile de la faire passer... En 1749, il vint un de ces animaux auprès de la ferme où je logeais : c'était en hiver et pendant la nuit ; les Chiens étaient éveillés et le poursuivaient : dans le moment il se répandit une odeur si fétide, qu'étant dans mon lit, je pensai être suffoqué. Les Vaches beuglaient de toutes leurs forces. Sur la fin de la même année, il s'en glissa un autre dans notre cave.... Une femme qui l'aperçut la nuit à ses yeux étincelans, le tua, et dans le moment il remplit la cave d'une telle odeur, que, non seulement cette femme en fut malade pendant quelques jours, mais que le pain, la viande et les autres provisions qu'on conservait dans cette cave furent tellement infectés, qu'on ne put en rien garder, et qu'il fallut tout jeter dehors. »

La question du nombre des espèces que contient le genre Moufette, et qui toutes appartiennent au Nouveau-Monde, est, comme l'histoire tout entière de ce genre, fort peu avancée. Il règne une telle uniformité, quant à la couleur du pelage, entre tous les individus qui se trouvent dans les différentes collections, que l'on serait presque tenté de les confondre en une seule et même espèce. *Voyez* pour plus de détails à ce sujet la Mammalogie de Desmarest et les Ossemens fossiles de Cuvier. (V. M.)

MOUFFETTES. (MIN.) *Voyez* MOFFÈTES.

MOUFLON ou MOUFFLON. (MAM.) Espèce du genre MOUTON. *Voyez* ce mot. (Z. G.)

MOULE, *Mytilus*. (MOLL.) Bien avant Linné, Rondelet et Lister avaient déjà distingué, sans toutefois les désigner sous des dénominations différentes, les véritables Moules des espèces que, plus tard, quelques auteurs ont confondues, et que le vulgaire confond même encore aujourd'hui sous le même nom : nous voulons parler des Mulettes ou Unios et des Anodontes, appelés Moules d'eau douce. Cependant l'auteur du *Systema naturæ* est le premier qui ait séparé les uns d'avec les autres. Il plaça les Mulettes parmi les Myges, et constitua en genre les Moules, à côté desquelles il laissa quelques Anodontes; mais il établit ce genre avec des caractères si vagues, qu'il put y réunir des animaux extrêmement différens, tels que des Huîtres et des Avicules. « Aussi, dit M. de Blainville (Dict. des Sc. nat., art. MOULE), ce genre a-t-il été successivement réduit depuis Bruguière, qui, le premier, en a retiré les espèces d'Huîtres, d'Anodontes et d'Avicules, jusqu'à Lamarck et Cuvier, qui ont cru devoir en séparer, celui-là les Modioles, et celui-ci les Lithodomes, mais évidemment avec moins de raison; car l'organisation et même les habitudes des Modioles et des véritables Moules sont absolument les mêmes. » En adoptant ce genre tel que M. de Blainville le conçoit, les caractères à lui donner sont : animal ayant un corps ovalaire plus ou moins convexe; le manteau ouvert dans tout son bord inférieur, depuis les sommets jusqu'à l'ouverture anale; appendice abdominal linguiforme, canaliculé dans son milieu, uni par plusieurs muscles rétracteurs qui donnent attache au byssus placé à la partie postérieure de la base du pied; bouche simple, labiée, garnie de palpes épais et grands; coquille solide, épidermée, subnacrée, régulière, libre, close, ovale ou quelquefois subcylindrique, ou subrhomboïdale, équivalve, très-inéquilatérale; charnière sans dents, ou formée par quelques très-petites dents cardinales; ligament antéro-dorsal épais, simple, subintérieur et longitudinal; impressions musculaires multiples; l'antérieure des muscles adducteurs extrêmement petite, comparée à la postérieure; celle des muscles rétracteurs du pied également multiple, l'antérieure simple, la postérieure complexe; impression abdominale étroite et partout parallèle au bord de la coquille.

L'organisation des Moules paraît être bien connue. Depuis Heyde jusqu'à Poli, un assez grand nombre d'auteurs s'en sont occupés, et si des erreurs se sont introduites dans les descriptions que nous ont laissées les anciens, elles ont dû être corrigées par les modernes. Ainsi que tous les Lamellibranches, les Moules, qui ont une coquille symétrique et équivalve, sont également symétriques dans leurs parties. Leur manteau est partagé en deux lobes bien semblables, l'un à droite et l'autre à gauche. Ils sont séparés dans toute la longueur du côté ventral et même de l'extrémité postérieure, et ce n'est que vers la partie postérieure du bord dorsal que l'on remarque un orifice ovale complet et produit par une bande transverse étroite. Les bords non réunis de ce manteau sont lisses, non papillaires et assez épais, surtout en arrière, où ils sont festonnés et forment une disposition rudimentaire de l'orifice anal : fortement adhérens au limbe de la coquille, ils semblent se continuer avec son épiderme par leur bord externe. Le système musculaire se compose de deux parties distinctes, les muscles adducteurs et les muscles du pied; les premiers sont fort inégaux entre eux, l'antérieur étant très-petit, comparativement au postérieur qui est aussi grand que l'impression qu'il laisse et dont nous avons déjà parlé. Les muscles du pied se partagent en trois faisceaux principaux : les muscles antérieurs qui se fixent presque dans la cavité du crochet; les muscles moyens que, selon Deshayes, on pourrait nommer muscles intrinsèques du pied, qui se bifurquent, embrassent la masse commune, et concourent principalement à la formation du pied; les postérieurs, enfin, forment une masse assez considérable divisée en trois faisceaux fibreux qui s'attachent en rayonnant à la coquille, depuis le milieu à peu près de la longueur du bord jusqu'au muscle adducteur postérieur. Ce muscle donne surtout naissance au byssus, sorte de soies arrangées en faisceau, qui se trouvent à la base du pied, dans l'endroit où les fibres des rétracteurs antérieurs et postérieurs se réunissent et se croisent en donnant au pied proprement dit une quantité assez considérable de fibres.

L'appareil digestif des Moules n'est pas fort différent de celui des autres Acéphales lamellibranches. La bouche, située immédiatement derrière le muscle adducteur antérieur, est médiocre et transverse; les appendices labiaux sont étroits, fort longs et striés à la manière des branchies dans toute l'étendue de leur face interne. L'œsophage, ample et fort court, conduit à une cavité stomacale assez irrégulière, et formée par une membrane qui, d'après M. de Blainville, a tous les caractères d'une muqueuse; elle est blanche, mince, transparente, et parsemée de plis longitudinaux qui deviennent plus sensibles aux approches des méats du foie. Celui-ci, composé, comme dans tous les animaux de la même classe, de grains d'un vert plus ou moins foncé, contenus dans des mailles d'un tissu blanc, forme une couche assez peu épaisse qui enveloppe l'estomac et une partie des intestins. Le canal intestinal, après quelques circonvolutions, remonte vers le dos, s'applique dans la ligne médiane au dessous du cœur, et se termine par un petit appendice flottant dans la cavité du manteau que nous avons vue être l'ouverture anale.

Les organes branchiaux des Moules sont formés par deux longues lames branchiales, étroites, adhérentes par leur extrémité antérieure sur les côtés du foie, libres par l'autre, et prolongées jusqu'au dessous du muscle adducteur postérieur. La lame interne est plus étroite que l'externe.

Le cœur, disposé dans le milieu du dos, a deux oreillettes étroites, allongées, communiquant par un pédicule étroit avec le ventricule, qui est fort grand, large en avant et presque fusiforme en arrière. L'aorte antérieure est aussi d'un diamètre plus considérable que la postérieure.

Le système nerveux, tellement difficile à apercevoir dans les Lamellibranches, qu'on l'avait presque nié, a été décrit chez les Moules par M. de Blainville, avec un soin qui ne laisse rien à désirer

à ce

à ce sujet. « Il est formé de trois paires de ganglions : le premier est antérieur, placé sous l'œsophage, ou mieux, sous le muscle antérieur du pied ; outre son cordon de commissure, il fournit des filets très-fins à ce muscle et sans doute à l'œsophage, et de plus un cordon qui se porte en arrière pour s'unir au ganglion postérieur. Le second ganglion est appliqué au dessus du muscle rétracteur antérieur, au dessous du foie contre lequel il est collé. Il est bigéminé ; son aspect est plus pulpeux ; on en voit aisément sortir un filet externe que nous ne voudrions pas assurer aller au ganglion antérieur, et un postérieur qui se distribue aux muscles de l'abdomen. Enfin, le troisième ganglion est postérieur ; il est double et fournit, outre son cordon de commissure et celui de communication avec le ganglion antérieur, un gros rameau qui pénètre dans la partie antérieure du muscle antérieur, et deux filets pour les bords postérieurs du manteau. »

Nous nommerons aussi avec le savant zootomiste, organe de la dépuration urinaire, une masse ovale, aplatie, située en avant du muscle adducteur postérieur, entre la série des rétracteurs du pied et l'oreillette.

Les organes de la génération sont formés par un double ovaire très-distinct et par un double oviducte un peu flexueux. Ils sont d'ailleurs semblables à ceux des autres Lamellibranches. (*Voyez* MOLLUSQUES.)

Quant à la coquille des Moules, elle est d'une structure assez particulière. Les lames qui la composent sont fort serrées, très-dures, et il résulte de leur union un tissu fibreux, oblique, fort solide et pouvant supporter le feu sans se desquamer. La face externe est ordinairement d'une couleur bleue foncée, noirâtre ou brune, plus ou moins claire, tandis que l'interne, le plus souvent blanche, est aussi quelquefois nacrée et irisée de la manière la plus brillante.

Les Moules paraissent ne pas avoir une sensibilité générale et spéciale plus grande que les autres Lamellibranches. Leur locomotion est nulle ou presque nulle. Les opinions se partagent à ce sujet. D'après M. Dupati, elles ne changent jamais de place en totalité ; l'appendice linguiforme de leur masse abdominale ne servirait qu'à filer ou à fixer les différens brins du byssus aux corps submergés. Suivant Réaumur, au contraire, ces animaux peuvent se déplacer quand ils ont été détachés par accident, par la section des fibres du byssus. Il dit en preuve que, dans les marais salans des côtes de l'Océan où les pêcheurs jettent les Moules au hasard, on les trouve au bout de quelque temps réunies par paquets : en les mettant dans des vases de verre, il a vu que leur mode de locomotion consiste à tirer leur appendice linguiforme hors de la coquille, à le recourber, en s'accrochant à quelque corps, et à se tirer vers le point d'appui. Mais ce qu'on peut donner comme certain, c'est que, dans les circonstances ordinaires, les Moules, fixées par le moyen d'un plus ou moins grand nombre de leurs fibres à tous les corps environnans, quelle que soit leur nature, ne changent pas de place. Elles vivent en troupes plus ou moins nombreuses, ordinairement placées d'une manière serrée les unes contre les autres, et fixées plus ou moins solidement par leur byssus dans une situation oblique. Les unes sont ainsi groupées à la superficie des corps ; d'autres recherchent de préférence les excavations qui peuvent y exister ; quelques espèces, enfin, se creusent elles-mêmes une loge, comme les Lithodomes. Selon quelques auteurs, il paraîtrait aussi que l'on en trouve fixées dans la vase, à la manière des Jambonneaux. Les Moules habitent généralement les eaux salées, ou au moins les eaux saumâtres. Pourtant, d'après les observations d'Adanson, quelques espèces peuvent être pendant six mois de l'année dans l'eau salée, et pendant les autres six mois dans l'eau douce : il paraît même certain qu'il y a de véritables Moules qui vivent constamment dans les eaux fluviales ; on en cite, en effet, une du Danube et une des lacs de l'Amérique septentrionale. M. Beudant est même parvenu à faire vivre la Moule ordinaire dans l'eau tout-à-fait douce. On pense que ces Mollusques se nourrissent de très-petits animaux ou de leur frai, comme semblerait le prouver la propriété qu'elles ont d'être vénéneuses quand elles se sont repues de celui des Astéries.

L'hermaphrodisme des Moules est bien constaté ; on sait qu'un seul individu constitue l'espèce. Le produit femelle de la génération ne sort pas à l'état parfait ; mais il est rejeté sous forme de glaire ou de substance gélatineuse, dans laquelle sont contenus les germes des jeunes Moules. Celles-ci, dont la grosseur égale à peine celle d'un grain de millet, ont déjà leur byssus, qui, naissant avec elles, servirait, d'après l'opinion de M. de Blainville, à les attacher à l'aide de l'appendice linguiforme de la mère.

Partout et de tout temps les Moules ont été employées à la nourriture de l'homme, et mangées soit crues, soit cuites, et assaisonnées de différentes manières : les anciens, d'après le témoignage d'Aristote, qui a parlé de la Moule sous le nom de *Mus*, les connaissaient et les mangeaient comme nous. Cette nourriture, qui plaît assez, détermine bien souvent des accidens très-graves, mais surtout très-effrayans. Nous allons, dans l'intérêt de nos lecteurs, en faire le tableau, d'après M. Durondeau, médecin de Bruxelles. Les signes qui annoncent les effets nuisibles des Moules cuites, sont un malaise ou un engourdissement universel, qui prend ordinairement trois ou quatre heures après le repas : ces symptômes sont suivis d'une constriction à la gorge ; d'un sentiment d'ardeur, de gonflement dans toute la tête, et surtout aux yeux ; d'une soif inextinguible ; de nausées et quelquefois de vomissemens. Si le malade n'a pas le bonheur de vomir en tout ou en partie les Moules ingérées, la constriction de la gorge, le gonflement du visage, des lèvres, des yeux, de la langue augmentent au point de rendre la parole impossible. La couleur de ces parties devient si rouge qu'elles semblent excoriées. Cette éruption est le symptôme le plus caractéristique de la maladie; elle est constamment accompagnée de délire, d'une inquiétude singulière, d'une démangeaison insupportable, et quelquefois d'une grande difficulté de respirer, ainsi que d'une extrême raideur. Quelquefois, et suivant la constitution des sujets qui en sont atteints, cette maladie est accompagnée de phénomènes nerveux, même de spasmes, de convulsions et de douleurs atroces; d'autres fois l'inflammation est si violente que la gangrène survient. Mais si ces symptômes sont affreux, ils ne sont cependant pas aussi redoutables qu'on le croirait, et si les remèdes convenables sont administrés, la guérison a lieu au bout de trois ou quatre heures, quoique l'engourdissement persiste quelquefois pendant plusieurs jours. On a des exemples de personnes qui, après trois ou quatre jours de souffrance, ont fini par mourir.

La cause de cette singulière maladie a été successivement attribuée à la couleur orangée des Moules, à leur corruption, à leur maigreur, aux phases de la lune, à une maladie particulière de l'animal, aux petits animaux qui s'introduisent entre les valves, et surtout à une espèce de petit Crabe du genre Pinnothère; mais d'après M. de Beunie ce serait là tout autant de suppositions gratuites. Cet auteur attribue à d'autres causes la maladie que nous venons de décrire. Il prétend, dans un mémoire inséré dans le tom. 14 du Journal de physique, que la Moule ne produit de pareils effets que lorsqu'elle s'est nourrie du frai des Étoiles de mer, qu'il nomme *Qual*. C'est depuis la fin d'avril ou le commencement de ce mois, jusqu'à la mi-juillet, ou au commencement d'août, que les Astéries fraient, ce qui semblerait expliquer assez bien l'opinion vulgaire des gens du midi, que les Moules ne sont vénéneuses que pendant les mois dans le nom desquels il n'entre point d'R. Mais évidemment cette opinion ne saurait être prise en considération; car en Normandie, où on fait une grande consommation de ce mollusque, on ne le pêche et on ne le mange que depuis mai jusqu'en août; en s'appuyant précisément sur le dicton contraire, que les Moules ne sont bonnes que pendant les mois où il n'y a pas d'R, et les Huîtres dans les mois où il y en a.

Le frai de ces Astéries est si vénéneux, si caustique, d'après M. de Beunie, qu'il fait gonfler et enflammer, avec une démangeaison insupportable, la main de la personne qui le touche immédiatement. Après d'autres faits cités, résultant des expériences faites sur les animaux, et tendant à prouver la propriété vénéneuse du frai des Étoiles de mer, M. de Beunie conclut que c'est à lui que les Moules doivent la qualité malfaisante qu'on leur remarque quelquefois. Le même auteur pense que la cuisson ôte à ces mollusques leur propriété nuisible. Cette opinion, qui contredit celle de M. Durondeau, ne peut pas encore être mise hors de doute, puisque ce dernier cite en sa faveur des exemples de maladies contractées par des personnes qui avaient mangé des Moules cuites. D'ailleurs le climat et la disposition individuelle paraissent contribuer à cette sorte d'empoisonnement, puisqu'il est plus commun dans les pays froids et humides que dans les climats chauds et secs; et que parmi plusieurs individus qui ont mangé du même plat de Moules, et en même quantité à peu près, les uns éprouvent des accidens graves, tandis que les autres n'en éprouvent aucun. Quoi qu'il en soit, les moyens curatifs sont simples; ils consistent à faire vomir le malade, et ensuite, après avoir eu recours à une saignée générale, à lui faire boire en grande quantité, et d'heure en heure, une tisane rafraîchissante et trois onces de vinaigre un peu étendu d'eau. Le vinaigre paraît être essentiellement l'antidote de cet effet vénéneux: aussi toutes les personnes qui l'ont observé s'accordent-elles à dire que les Moules crues sont plus dangereuses que les Moules cuites, mais qu'elles causent rarement des accidens, lorsque, dans l'un comme dans l'autre de ces états, elles ont été assaisonnées avec du vinaigre seul ou avec du vinaigre mêlé d'un peu de poivre.

La plupart des côtes de France fournissent une grande quantité de Moules. On les pêche pendant toute l'année, les grandes chaleurs et les temps du frai exceptés: cette pêche n'offre aucune difficulté, et est ordinairement faite par des femmes et des enfans. Un mauvais couteau leur suffit, et ils les cueillent en brisant les filamens du byssus qui les attache aux corps submergés, ou entre elles. Dans les endroits où les bancs de Moules sont sur des rochers ouverts à toutes les mers, elles sont rarement un peu belles: celles, au contraire, qui se tiennent dans les endroits calmes et abrités, acquièrent un volume assez grand et ont un goût très-délicat. Malgré la grande destruction qu'on en fait, leur multiplication est si considérable que leur nombre n'en paraît pas diminué. Comme elles sont l'objet d'une consommation presque générale, puisque partout l'homme en fait sa nourriture, on a dû s'occuper, dans quelques endroits, de rechercher les moyens de les faire multiplier et de leur donner quelques qualités qu'elles n'ont pas habituellement. Sur les côtes de l'Océan, on y parque les Moules, un peu à la manière des huîtres, et il paraît même qu'on est parvenu à imprimer à la chair de ces mollusques plus de tendreté et à lui donner des qualités meilleures, en les mettant dans les lieux où la salure de l'eau de la mer est tempérée par les pluies ou par l'eau de rivière: aussi, sur les côtes de l'Océan, les pêcheurs jettent-ils dans les marais salans les Moules prises dans la mer. « Dans le port de Tarente, dans le royaume de Naples, on enfonce, au mois de mars, dans la vase de longues perches sur lesquelles se fixe le frai des Moules: au mois d'août, époque à laquelle elles sont grosses comme des amandes, on transporte les perches à l'embouchure des ruisseaux qui tombent dans le golfe: en octobre on les remet dans le port, et ce n'est qu'au printemps suivant qu'on les mange, quoiqu'elles ne soient pas encore arrivées à leur entier développement. Dans les environs de La Rochelle, on dépose les Moules pêchées à la mer, dans des espèces de fossés ou d'étangs, auxquels on donne le nom de *bouchots* et dans lesquels l'eau salée est stagnante, et où l'on peut introduire une plus ou moins grande quantité d'eau douce. Les bouchots sont formés par deux rangs de pieux entrelacés de perches, et réunis de manière à former un angle dont le sommet est opposé à la mer. Ils sont situés sur un fond de vase d'une grande profondeur à l'embouchure de la Sèvre et à l'occident de l'Aunis. Les Moules qui y sont attachées y déposent leur frai, qui est mis à l'abri dans les branches d'une espèce de coralline très-abondante sur les bois des bouchots. Au bout de quelques mois on détache une partie des Moules parmi celles qui sont trop entassées, et on les distribue dans les endroits qui sont dégarnis. Pour en faciliter l'adhérence, on a soin de les engager dans le clayonnage, et même, pour plus de précaution, de les envelopper d'un filet, sans quoi elles seraient bientôt emportées par les vagues. Les Moules se multiplient dans ces bouchots dans la proportion de dix pour une dans le cours de la même année. On fait la récolte depuis la fin de juillet, pendant plus de six mois, soit à mer basse, soit à l'aide d'une espèce de bateau qu'on nomme *accon*. Les produits de ces bouchots sont assez considérables. »

L'espèce humaine n'est pas la seule qui soit, pour ainsi dire, presque continuellement à la recherche des Moules : beaucoup d'oiseaux de mer les détachent, en brisent la coquille et s'en nourrissent. D'après les observations de Réaumur, plusieurs espèces de mollusques céphalés, et entre autres le *Turbo littoralis*, percent la coquille des Moules avec leur trompe, et en sucent ensuite les parties molles.

Les Moules vivent dans presque toutes les mers, et sont très-nombreuses sous toutes les zones ; mais les plus grandes sont propres aux climats chauds. La difficulté que l'on éprouve à donner aux diverses espèces des caractères rigoureusement distinctifs, est cause que le nombre n'en est pas parfaitement connu. Lamarck en a caractérisé cinquante-huit, y compris les Modioles et les Lithodermes. M. de Blainville les subdivise, d'après la forme de la coquille et surtout d'après la situation des sommets :

1° En espèces dont les sommets ne sont pas terminaux : elles forment le genre Modiole (*v.* ce mot) de Lamarck ;

2° Espèces dont les sommets ne sont pas terminaux, et dont la forme générale est cylindrique : ce sont les Modioles lithophages de Lamarck, dont Cuvier a formé son genre Lithodome (*voyez* ces mots) ;

3° Espèces dont les sommets sont terminaux, et la coquille élargie et aplatie en arrière, ou Moules proprement dites, subdivisées elles-mêmes, d'après l'état lisse ou strié de la surface extérieure, en :

† Moules à coquille lisse et non sillonnée dans sa longueur.

La Moule allongée, *Mytilus elongatus*, Merren, généralement d'un beau violet, si ce n'est inférieurement en avant. La coquille est étroite, allongée, presque droite, bidentée vers son extrémité antérieure, déprimée à l'autre. Elle vient des îles Malouines.

La Moule en sabot, *Myt. ungulatus*, Humboldt, Gualt., à coquille très-grande, semi-ovale, courbe au bord inférieur, droite au postérieur; une ou deux dents sous les sommets. Sa couleur est d'un violet noirâtre à l'extérieur, blanche à l'intérieur, si ce n'est au limbe postérieur qui est violet. On la trouve dans les mers de l'Amérique méridionale.

Lamarck rapporte avec doute à cette espèce le *Myt. ungulatus* de Gmelin, que celui-ci dit provenir de la mer Méditerranée, du cap de Bonne-Espérance et même de la Nouvelle-Zélande.

La Moule d'Afrique, *Myt. afer*, Gmel. Cette espèce, très-commune dans les collections, est couverte d'un épiderme fauve ou vert, subdiaphane, au travers duquel on voit les lignes anguleuses, brunes, en zigzag, qui ornent la coquille. La charnière offre sur les crochets une dent sur une valve et deux sur l'autre. On la trouve sur les côtes de Barbarie.

« Cette espèce a donné lieu à une observation curieuse. Comme l'animal est très-bon à manger, un bâtiment d'Alger en ayant apporté quelques unes attachées à sa carène, à Marseille, on les sema et elles se multiplièrent promptement. Le banc qui en résulta fut soigné et exploité pendant plusieurs années, jusqu'à ce que l'avidité d'un marchand d'histoire naturelle, qui avait acheté la moulière par spéculation, la détruisit entièrement. »

Lamarck regarde comme variété du *Myt. afer*, une coquille de l'Australasie qui est plus étroite et qui n'est pas arborisée.

La Moule de Provence, *Myt. gallo-provincialis*, Lamk. Cette espèce, dont le nom indique déjà le pays qu'elle habite, a une coquille assez grande, oblongue, ovale, dilatée et comprimée à l'extrémité postérieure; la partie antérieure du bord dorsal est un peu renflée; les dents cardinales sont molles ; sa couleur est bleue.

La Moule polymorphe, *Myt. polymorphus*, Pall., à coquille semi-ovale, un peu carénée vers les sommets, à l'intérieur desquels on remarque cinq petites cloisons d'accroissement : sa couleur est brune ou variée de cercles ondulés d'un gris brun à la partie supérieure, blanchâtre à la partie antérieure et inférieure. Cette espèce, que Pallas a trouvée en Russie, est toute singulière, en ce qu'elle habite la mer et les eaux douces, avec cette différence que, dans les eaux salées, elle est quatre fois plus grande, plus large et plus brunâtre. C'est le type du genre *Dreissenæ* de M. Vaubeneden.

La Moule comestible, *Myt. edulis*, Lamk., représentée dans notre Atlas, à la planche générale qui accompagne l'article Mollusques. Elle est très-commune sur nos côtes, et assez abondante pour fournir aux besoins de tout Paris et de beaucoup d'autres villes de l'intérieur ou voisines des mers. Sa taille est médiocre. La coquille blanche en dedans, excepté le limbe et l'impression musculaire qui sont violets ; elle est en dehors d'un violet foncé uniforme, et le plus souvent ornée de rayons d'un violet obscur sur une teinte plus pâle de la même couleur. On estime beaucoup sur nos côtes de la Normandie une variété appelée Moule blonde, qui est un peu plus petite, et dont les valves sont plus minces et colorées en roux pâle. Les meilleures se pêchent à Villerville, près Tonques, département du Calvados.

C'est à ce groupe qu'appartient l'espèce nouvelle que M. Nyst vient de décrire sous le nom de *Mytilus cochleatus*, Kickx. La coquille est oblongue, subcylindrique, un peu courbée, postérieurement déprimée, comprimée vers le bord supérieur, et un peu dilatée à l'extrémité postérieure du ligament cardinal, couverte de fils aranéeux, qui la font paraître finement et transversalement striée, et qui se réunissent avec l'âge en des espèces de lamelles courbes; elle est, en outre, munie à l'intérieur d'une lame cystiforme, au dessous de laquelle est, du côté du bord supérieur, un appendice en forme de cuilleron. La valve droite est plus grande que la gauche. La couleur de la coquille est ordinairement brune cendrée et traversée par des zones blanchâtres; les jeunes individus paraissent quelquefois zébrés.

La connaissance de ce nouveau mollusque est due à M. Van Haesendonck, qui le trouva attaché aux pilotis, dans l'Escaut. L'auteur de la description de cette espèce l'y a rencontrée depuis, en abondance, fixée aux radeaux qui servent à radouber les vaisseaux qui sont dans le bassin : elle y était accompagnée de Balanes et de Coralliophages, association qui lui a fait présumer que le *Mytilus cochleatus* n'est pas fluviatile, mais qu'il avait probablement été amené par des bâtimens de mer.

A ce groupe se rapportent encore une foule d'autres espèces qu'il serait beaucoup trop long de décrire; nous en énumérerons seulement quelques unes. Telles sont la Moule large, *M. latus*, Lamk., Ency. méth.; la Moule zonaire, *M. zonarius*, Lamk., *loc. cit.*; la Moule opaline, *M. smaragdinus*, Gmel. ; la Moule courbée, *M. incurvatus*, Penn., Zool. Brit. ; la Moule vénitienne, *M. lineatus*, Gmel.; etc.

†† Moules à coquille sillonnée dans sa longueur.

La Moule de Magellan, *Myt. magellanicus*, Lamk. Comme son nom l'indique, c'est principalement au détroit de Magellan que cette espèce se trouve; elle habite cependant aussi d'autres mers de l'Amérique. Coquille grande, oblongue, à sommets aigus, presque droits et un peu canaliculés à leur face interne, ridée longitudinalement par des sillons grossiers; sa couleur est blanche en avant, d'un pourpre violet en arrière.

La Moule crénelée, *Myt. crenatus*, Lamk. ; à peu près la même forme que la précédente, mais le bord interne de la coquille violet et crénelé. Elle vient des côtes de la Caroline.

La Moule treillisée, *Myt. decussatus*, Lamk., Fav., conch., pl. 50. Coquille ovale, trigone, sillonnée longitudinalement et également, treillisée par des stries transverses, inégales; de couleur pourpre livide sous un épiderme noirâtre. On la trouve dans les mers de l'Amérique.

La Moule septifère, *Myt. bilocularis*, Linn. Espèce très-remarquable par les stries nombreuses et fines qui la couvrent, aussi bien que par les variétés vertes, brunes ou rouges qu'elle présente ; la lame septifère qui couvre à l'intérieur une partie de la cavité du crochet, la rend très-remarquable. Elle habite les mers de l'Inde et de la Nouvelle-Hollande.

Nous pourrions encore citer comme appartenant à ce groupe la Moule fève, *M. faba*, Gmel. ; la Moule rugueuse, *M. rugosus*, du même auteur; la Moule velue, *M. hirsutus*, Lamk.; la Moule dolet, *M. niger*, qu'Adanson dit être très-commune sur les rochers de la côte du Sénégal, etc.

Quelques autres espèces sont trop mal connues pour être définitivement distinguées.

On trouve dans les couches antérieures à la craie, et dans cette dernière substance, beaucoup de Moules fossiles; mais le nombre des espèces que l'on rencontre à cet état est beaucoup moins considérable que celui des espèces à l'état vivant, et parmi celles-ci, dit M. Defrance (Dict. des sc. nat., t. 33, p. 151), il n'en est peut-être aucune que l'on puisse regarder comme identique avec celles qu'on trouve fossiles. (Z. G.)

MOUREILLIER. (bot. phan.) *V.* Malpighia.

MOURINE, *Myliobatis*. (poiss.) Genre appartenant à la famille des Sélaciens de Cuvier, ou Plagiostomes de Duméril. La Mourine aigle, *Myliobatis aquila*, la seule espèce que l'on connaisse encore aujourd'hui, a ses nageoires pectorales terminées de chaque côté par un angle aigu, et peu confondues avec le corps; forme et disposition qui les ont fait comparer à des ailes, plus particulièrement encore que celles des autres Raies; et comme leur étendue est très-grande, elles ont rappelé l'idée des oiseaux à la plus grande envergure, et la Raie que nous décrivons a été appelée Aigle de mer. Ce qui a paru ajouter à la ressemblance entre la Raie aigle dont nous traitons, c'est qu'elle a aussi la tête beaucoup plus distincte du corps que presque toutes les autres espèces du genre Raie, et que cette partie plus avancée est terminée par un museau allongé et le plus souvent un peu pointu. De plus, ses yeux sont assez gros et très-saillans, ce qui lui donne un nouveau trait de conformité, ou du moins une nouvelle analogie avec l'Aigle. C'est principalement sur les côtes de la Grèce, que la Raie dont nous faisons l'histoire a été distinguée par le nom d'Aigle; mais sur d'autres rivages, des pêcheurs n'ont vu dans cette tête plus avancée et dans ces yeux plus saillans, que les yeux et la tête d'un animal dégoûtant, que le portrait du Crapaud, et ils l'ont nommée Crapaud de mer.

Cette tête, que l'on a comparée à deux objets si différens l'un de l'autre, présente au reste, par dessus et par dessous, au moins le plus souvent, un sillon plus ou moins profond. Les dents sont larges et plates, assemblées comme les carreaux d'un pavé; la queue, souvent deux fois plus longue que la tête et le corps, est très-mince, presque arrondie, très-mobile, extrêmement grêle et longue, et terminée, pour ainsi dire, par un fil très-délié; quelques observateurs ont vu dans la forme, la longueur et la flexibilité de cette queue, les principaux caractères de la queue des Rats, aussi se sont-ils empressés de donner à cette Raie le nom de Rat de mer, tandis que d'autres, réunissant à cet attribut celui de nageoires semblables à des ailes, ont vu une Chauve-souris, et ont nommé la Raie aigle Chauve-souris marine. On connaît maintenant l'origine des diverses dénominations de Rat, de Chauve-souris, de Crapaud, d'Aigle, données à notre Raie; et comme il est impossible de confondre un poisson avec un Aigle, un Crapaud, un Rat ou une Chauve-souris, on aurait pu sans inconvénient conserver indifféremment l'une ou l'autre de ces quatre dénominations; mais on a préféré celle d'Aigle comme rappelant la beauté, la force et le courage, comme employée par les plus anciens écrivains, et comme conservée par le plus grand nombre des naturalistes modernes. La queue de la Raie aigle ne présente qu'une petite nageoire dorsale; entre cette nageoire et le bout de la queue on voit un gros et long piquant, ou plutôt un dard très-fort, et dont la pointe est tournée vers l'extrémité la plus déliée de la queue; ce dard est un peu aplati, et dentelé des deux côtés comme le fer de quelques espèces de lances: les pointes dont il est hérissé sont d'autant plus grandes qu'elles sont plus près de la racine de ce fort aiguillon, et comme elles sont tournées vers cette même racine, elles le rendent une arme d'autant plus dangereuse qu'elle peut pénétrer facilement dans les chairs, et qu'elle ne peut en sortir qu'en tirant ces pointes à contre-sens et en déchirant profondément les bords de la blessure. Cette arme se détache du corps de la Raie après un certain temps; c'est ordinairement au bout d'un an qu'elle s'en sépare, suivant plusieurs observateurs: mais avant qu'elle tombe, un nouvel aiguillon, et souvent deux, commencent à se former et paraissent comme deux piquans de remplacement auprès de la racine de l'ancien; il arrive même quelquefois que l'un de ces nouveaux dards devient aussi long que celui qu'ils doivent remplacer, et alors on voit la Raie aigle armée sur la queue de deux forts aiguillons dentelés. Lorsque cette arme est introduite très-avant dans la main, dans le bras, ou dans quelque autre partie du corps de ceux qui cherchent à saisir la Raie aigle, lorsque surtout elle y est agitée en différens sens, et qu'elle en est à la fin violemment retirée par des efforts multipliés de l'animal, elle peut blesser le perioste, les tendons ou d'autres parties plus ou moins délicates, de manière à produire des inflammations, des convulsions et d'autres symptômes alarmans. Cependant ce dard, devenu l'objet d'une si grande crainte, n'agit que mécaniquement sur l'homme ou sur les animaux qu'il blesse; et sans répéter ce qu'Elien, Oppien et Pline ont dit sur les prétendues qualités vénéneuses de ces poissons, qui ont donné lieu aux faits les plus merveilleux et aux contes les plus absurdes, on peut assurer, disent plusieurs observateurs, que l'on ne trouve auprès de la racine de ce grand aiguillon aucune glande destinée à filtrer une liqueur empoisonnée; on ne voit aucun vaisseau qui puisse conduire un venin plus ou moins puissant jusqu'à ce piquant dentelé. Le dard ne renferme aucune cavité propre à transmettre ce poison jusque dans la blessure, et aucune humeur particulière n'imprègne ou n'humecte cette arme, dont toute la puissance provient de sa grandeur, de sa dureté, de ses dentelures, et de la force avec laquelle l'animal s'en sert pour frapper. Les vibrations de la queue de la Raie aigle paraissent en effet être si rapides, que l'aiguillon qui y est attaché paraît en quelque sorte lancé comme un javelot ou décoché comme une flèche, et recevoir de cette vitesse, qui le fait pénétrer très-avant dans les corps qu'il atteint, une action des plus fortes. C'est avec ce dard ainsi agité, et avec sa queue déliée et plusieurs fois contournée, que la Raie aigle atteint, saisit, cramponne, retient et met à mort les animaux qu'elle poursuit pour en faire sa proie, ou ceux qui passent auprès de son asile, lorsqu'à demi-couverte de vase, elle se tient en embuscade au fond des eaux salées. C'est encore avec ce piquant très-dur et dentelé qu'elle se défend avec le plus grand avantage contre les attaques auxquelles elle est exposée; et voilà pourquoi, lorsque les pêcheurs ont pris une Raie aigle, ils s'empressent de séparer de sa queue l'aiguillon qui la rend si dangereuse; mais si sa queue présente un aiguillon si redouté, on n'en voit aucun sur son corps. La couleur de son dos est d'un brun foncé, un peu clair et même de couleur olivâtre sur les côtes, et le dessous de l'animal est d'un blanc plus ou moins éclatant. Sa peau est lisse, épaisse, coriace, et enduite d'une liqueur gluante. Sa chair est de médiocre qualité et presque toujours dure; mais son foie, très-volumineux, est très-bon à manger et donne beaucoup d'huile.

On prend ce poisson toute l'année sur la plage de Nice. On en pêche du poids d'un seul kilogramme, et d'autres individus paraissent atteindre celui de cinquante myriagrammes. Du reste, on trouve les Raies aigles beaucoup plus rarement dans les mers septentrionales de l'Europe que dans la Méditerranée et d'autres mers situées dans des climats chauds ou tempérés: on trouve quelquefois attachée sur leur corps l'espèce de Sangsue marine qu'on nomme *Hirudo muricata*.

(ALPH. G.)

MOURON. (BOT. PHAN.) Sous cette dénomination nous connaissons, et presque tous les auteurs confondent deux genres absolument distincts, appartenant l'un à la famille des Lysimachiées, dont on a essayé de parler plus haut au mot ANAGALLIDE (*voy.* tom. I, pag. 156 et 157); l'autre à la famille des Caryophyllées, sur lequel on a dit à peine un mot sous le nom de MORGELINE (*voy.* ce mot). Le moment est venu de faire cesser la con fusion et de compléter les deux articles en rendant à chacun ses caractères et ses espèces.

Le premier genre, auquel il convient de donner définitivement le nom d'ANAGALLIDE, est inscrit dans la Pentandrie monogynie et jouissait chez les anciens d'une haute estime, parce qu'on lui attribuait l'ineffable avantage d'attirer hors des plaies les fers de flèche ou autre corps aigus qui les avaient causées. L'espèce la plus commune que l'on rencontre dans les champs, où elle fleurit depuis le milieu de mai ou le commencement de juin jusqu'en septembre et même en octobre, l'ANAGALLIDE ROUGE, *A. arvensis*, a les tiges faibles, un peu couchées et rameuses; ses feuilles sont opposées, ovales; ses fleurs, ordinairement d'un rouge brique, varient du blanc au bleu. Cette plante, cueillie par des mains inexpérimentées, à cause de son nom vulgaire de Mouron, pour être offerte aux petits oiseaux, tue ces aimables prisonniers en déterminant chez eux une violente astriction. Des botanistes font avec ces variations de couleur trois espèces qui ne diffèrent entre elles que par la teinte des fleurs qui est fort inconstante, et par les pédoncules qui s'allongent plus ou moins : c'est aimer à vouloir multiplier les espèces d'une manière bien irrégulière et faire de la science un passe-temps de niais.

Deux belles espèces, sur lesquelles il est important de s'arrêter, sont les deux suivantes : l'ANAGALLIDE A FEUILLES ÉTROITES, *A. Monelli*, qui, durant tout l'été, présente de charmans buissons couverts de petites fleurs extrêmement jolies et d'un bleu charmant. Jean Monelli l'a trouvée le premier en Italie dans l'année 1562, et ce fut L'Ecluse qui lui donna son nom, que Linné lui a laissé. Ces fleurs se ferment lorsque le soleil quitte notre horizon; elles se succèdent depuis le mois de mai jusque vers la fin de septembre. La plante est bisannuelle; on la trouve spontanée dans diverses parties de la France, en Italie, en Espagne et en Barbarie; elle rampe naturellement, mais quand on lui donne des tuteurs, ses tiges herbacées, grêles et quadrangulaires, se tiennent en touffes.

Broussonnet a trouvé, en 1796, aux environs de Mogador, sur la côte de Maroc, une ANAGALLIDE ARBUSTE, *A. fruticosa*, qu'il a envoyée aussitôt en France et que Cels a propagée fort rapidement. La tige, d'abord quadrangulaire et herbacée, devient ensuite ligneuse et à peu près cylindrique, monte à quarante et cinquante centimètres de haut, mais elle n'acquiert jamais une grosseur remarquable. Des rameaux, ordinairement au nombre de trois, teints de pourpre, se montrent garnis de feuilles persistantes, quelquefois opposées, le plus souvent en verticilles de trois, amplexicaules, cordi-lancéolées, aiguës et à trois nervures. De l'aisselle de chaque verticille supérieur sort un pédoncule long, grêle, courbé, portant une fleur monopétale, en roue, d'un rouge vif, à cinq divisions arrondies, striées et marquées à la base d'une tache brune-violâtre, sur laquelle tranchent cinq anthères jaunes et saillantes. Le nombre des corolles égale celui des feuilles. On en possède une variété à fleurs doubles que Schousboe appelait *Anagallis collina* et Andrew, *A. grandiflora*.

Je nommerai aussi l'ANAGALLIDE DÉLICATE, *A. tenella*, qui est indigène, et assez jolie pour être enlevée aux lieux humides qu'elle aime et figurer dans nos jardins d'agrément près des eaux. Ses fleurs sont roses et solitaires. La plante est vulnéraire, astringente, mais sans emploi bien connu.

Quant au véritable MOURON MORGELINE, *Alsine media*, L., que Swartz a voulu changer en un *Holosteum alsine*, et Smith en un *Stellaria media*, il appartient à un genre de la Pentandrie trigynie, que l'on rencontre partout dans les champs et les lieux cultivés. Cette petite plante aux tiges couchées et redressées, très-rameuses et tendres, garnies de feuilles entières, ovales et pointues, avec fleurs constamment blanches, dont les pétales sont divisés profondément, et que l'on voit épanouies presque toute l'année, se reproduit spontanément quatre et cinq fois entre deux hivers. On la donne aux petits oiseaux de volière, qui la mangent avec plaisir et qu'elle rafraîchit. Dans quelques localités, on la sert en salade ou bien on la cuit comme herbe potagère : son odeur est légèrement aromatique, et sa saveur douce approche beaucoup de celle de la Mâche. Le Mouron des oiseaux est un vulnéraire résolutif, astringent, fort peu médicalement usité; les pharmaciens vendent l'eau qu'ils en retirent sous le nom d'eau de Plantain et la recommandent contre les maux d'yeux; les parfumeurs la font entrer dans leurs diverses préparations cosmétiques.

Les champs de seigle et de froment nous offrent une autre espèce de Mouron, l'*Alsine segetalis*, qui diffère de la précédente par ses feuilles filiformes, en alêne, toutes tournées d'un même côté, par ses fleurs disposées en ombelles et portées sur des pédoncules longs et grêles, par ses pétales qui sont entiers, et par ses stipules membraneuses, engaînantes. La graine de l'une et de l'autre espèce, légèrement brune, se montre parfois rosée, ce qui la fait rejeter comme dangereuse pour les oiseaux : c'est une erreur; brune ou rose, cette graine est innocente. Celle de l'Anagallide, très-nuisible, est jaune ou fauve.

Enfin on donne vulgairement le nom de MOURON D'EAU au Samole aquatique, *Samolus valerandi*, qui fait partie des Lysimachiées. (T. D. B.)

MOUSSE. (BOT. CRYPT.) On donne vulgairement le nom de Mousse à toutes les petites plantes dont nous traiterons à l'article MOUSSES, mais l'on connaît plus particulièrement sous cette dénomination spéciale l'*Hypnum abietinum* de Linné, dont on se sert à Paris pour garnir les paniers dans lesquels les marchands de comestibles conservent les fruits, pour servir les pommes sur les tables, ou pour les arranger dans les étalages des restaurateurs, etc. *Voy.* MOUSSES. (F. F.)

On a encore donné le nom de Mousse à diverses plantes qui n'appartiennent pas à la famille des Mousses; ainsi l'on nomme :

Mousse aquatique. (bot. crypt.) Des Conferves qui croissent dans les eaux douces et salées.

Mousse d'Astracan. (bot. crypt.) Le Buxbaume.

Mousse de Corse. (bot. et zooph.) Un mélange de Varechs, d'Ulves, de Conferves et de Corallines. *Voy.* Helmenthocorton.

Mousse grecque. (bot. phan.) La Jacinthe muscari.

Mousse marine. (bot. crypt.) Des Conferves, Varechs et quelques polypiers qui, par la finesse de leurs feuilles ou de leurs branches, ressemblent un peu aux Mousses.

Mousse membraneuse. (bot.) La Tremelle.

Mousse du Nord. (bot. crypt.) Le Lichen des Rennes.

Mousse de paon. (bot. phan.) Une espèce d'Amaranthe (*Amaranthus caudatus*, Lin.).

(Guér.)

MOUSSERON. (bot. crypt.) *Champignons.* Le vulgaire désigne sous le nom de *Mousseron* plusieurs espèces de Champignons du genre Agaric, fort estimés et fort recherchés par les gastronomes. Ces Champignons croissent au milieu des Mousses, des Friches et des Pelouses, mais il n'est pas facile de les bien distinguer les uns des autres.

Parmi les espèces les plus communes en France, et qu'on regarde comme les véritables Mousserons, nous avons étudié l'*Agaricus mousseron* de Bulliard, et l'*Agaricus pseudo-mousseron* du même botaniste (*voyez* Agaric).

Outre les deux espèces de Mousserons que nous avons fait connaître, il y en a quelques autres qui peuvent leur être assimilées. C'est ainsi que Persoon regarde comme espèce distincte les Mousserons de France, les *Prunoli* ou *Prugnoli* des Italiens, espèce qu'ils appellent *Agaricus prunulus.* Enfin l'*Agaricus orcella* de Bulliard, espèce également fort saine, mais rejetée de nos tables probablement à cause de sa ressemblance avec quelques espèces qui sont peut-être vénéneuses, est encore connu sous le nom vulgaire de *Mousseron.* Quant aux sept autres Mousserons admis par Paulet comme autant d'espèces distinctes, sous les noms de *Mousseron d'armas*, de *Mousseron gris* ou *vrai Mousseron*, de *Mousseron de Suisse*, de *Mousseron de Bourgogne*, de *Mousseron blanc*, de *Mousseron Palomet*, et de *Mousseron de Saint-George*, ce ne sont probablement que de simples variétés.

Les Mousserons se préparent pour les besoins de la table à la manière des Champignons (*voyez* Champignons). Ajoutons, cependant, qu'en général on ne doit pas les faire trop cuire, si on veut conserver toute la force de leur parfum agréable. Quand on veut les conserver, on les soumet à la dessiccation, et on les a ainsi à sa disposition pour les faire entrer dans des sauces, des ragoûts, etc.

(F. F.)

MOUSSES, *Musci.* (bot. crypt.) Le nom de *Mousses*, appliqué d'abord à toutes les plantes cryptogames terrestres qui n'étaient ni des Champignons ni des Fougères, ne peut plus être donné aujourd'hui qu'aux végétaux cryptogames qui ont pour caractères essentiels : point de vaisseaux ; tige et feuilles distinctes ; séminules renfermées dans une capsule traversée intérieurement par un axe ou columelle s'ouvrant au moyen d'un opercule ordinairement caduc, mais qui, dans quelques genres, ne se détache jamais.

Les premiers naturalistes qui ont fixé leur attention sur les Mousses sont Dillen, Micheli et Vaillant. Linné s'en occupa également, mais d'une manière inexacte, préoccupé qu'il était du désir de soumettre tous ces petits êtres à son système sexuel. Ce ne fut qu'à la fin du dernier siècle qu'on eut de ces végétaux des notions exactes, tant sur leur organisation que sur la connaissance de la structure, du développement de leur capsule, etc., et c'est à Hedwig que nous les devons. Palisot de Beauvois chercha, mais vainement, à renverser le système d'Hedwig, système soutenu en Angleterre par Brown, en Allemagne par Schwægrichen, et dans lequel on regarde la capsule comme un organe femelle renfermant des séminules. Plus tard encore Richard, et de nos jours Hooker, Greville et Arnott ne reconnurent point d'organes fécondans dans les Mousses, et considérèrent ces végétaux comme de vrais agames. Avant de discuter toutes ces opinions diverses, voyons avec soin quelle est la structure des organes de la fructification dans les Mousses proprement dites.

Il existe, dit M. Adolphe Brongniart, à l'aisselle des feuilles, ainsi qu'à l'extrémité des tiges, des bourgeons foliacés que l'on a appelés *Feuille périchœtiales.* Ces feuilles renferment des organes de deux sortes, tantôt réunis dans le même involucre, tantôt séparés, mais sur la même plante, tantôt portés sur des plantes différentes. L'un de ces organes consiste en une sorte d'utricule membraneux, fusiforme, se terminant en un col allongé, évasé au sommet, traversé d'un canal étroit ; dans son intérieur se trouve un corps allongé, sétacé, inséré au fond de cet utricule, charnu, et dans lequel on ne peut alors distinguer aucune organisation intérieure. Bientôt cet utricule se renfle, le corps qu'il renferme augmente et s'allonge; l'utricule se rompt vers la base; le corps intérieur s'allonge toujours de plus en plus sous la forme d'un filament grêle, emportant à son sommet la partie supérieure de l'utricule qui prend alors le nom de *coiffe*; dans cet état, il est membraneux, renflé, et on ne voit que rarement quelque trace de l'ouverture qu'il présentait à son sommet ; l'urne renfermée dans son intérieur, qui jusqu'alors ne s'était offerte que sous la forme d'un filament grêle et d'un diamètre égal, se renfle vers le sommet, et bientôt on distingue parfaitement le pédicelle qui la supporte, l'urne renfermée dans la coiffe, et l'opercule qui la forme.

La paroi externe de l'urne est formée par une membrane qui est composée de cellules hexagonales très-régulières, et qui s'étend jusqu'à l'opercule, formé également d'une membrane à cellules hexagonales, mais beaucoup plus petites. Du bord supérieur de l'urne, en dedans de l'opercule, naît le *péristome*, qui peut presque être considéré comme sa terminaison.

La membrane externe de l'urne est tapissée à son intérieur par une autre membrane qui lui est unie vers son bord supérieur, près l'orifice de la capsule, et au fond de cette capsule, où elle est même portée sur un pédicelle plus ou moins long; du reste, elle n'adhère pas à la membrane externe, ou du moins n'est unie à elle que très-faiblement par quelques filamens, quand elle n'est pas séparée par un grand intervalle vide. Cette membrane, appelée *sac sporulifère*, parce qu'elle renferme immédiatement les sporules ou séminules, est continuée inférieurement et supérieurement avec la *columelle*, sorte d'axe celluleux qui traverse la capsule depuis sa base jusqu'à son sommet.

La *columelle* est formée d'un tissu cellulaire analogue à celui de la membrane interne, c'est-à-dire de cellules quadrangulaires très-petites, qui sont assez faiblement unies entre elles. Elle se continue inférieurement avec le centre du pédicelle, et supérieurement elle adhère fortement à l'opercule : ces deux parties de la columelle ont un aspect très-différent; la partie inférieure presque jusqu'à son point d'union supérieure avec le sac sporulifère est verte, les cellules étant presque toujours remplies de substance verte granuleuse; la partie supérieure qui occupe toute la cavité de l'opercule est au contraire d'un blanc jaunâtre sans aucun granule vert; c'est entre cette columelle et la membrane interne, et dans une cavité fermée de toutes parts, que se développent les séminules. Celles-ci sont libres dès l'époque où on peut les apercevoir, et ne paraissent d'abord formées que par quelques cellules réunies entre elles d'une manière constante et régulière, et remplies de substance verte granuleuse.

A l'époque de la maturité, la coiffe qui recouvre l'urne se détache, l'opercule se sépare de la columelle et tombe. La columelle se contracte dans la plupart des cas, et reste cachée au fond de l'urne; dans quelques cas, au contraire, elle continue à faire saillie au dehors de l'orifice de la capsule; dans d'autres cas, enfin, sa partie supérieure reste adhérente aux dents du péristome et donne lieu à cette membrane qui couvre l'orifice de la capsule dans les Polytrics, et à laquelle on a donné le nom d'*épiphragme*.

Bien que le *péristome* remplisse des fonctions probablement moins importantes que celles des parties que nous venons de décrire, son étude n'en a pas moins été faite avec soin, surtout par les botanistes qui ont établi quelques genres sur ses modifications principales. Cet organe est simple ou double; il naît toujours de la membrane externe de l'urne, et jamais du sac sporulifère, excepté dans les *Dawsonia*. Le péristome manque dans les genres où l'orifice de l'urne est nu; le plus ordinairement il consiste en un seul rang de dents assez fortes, le plus souvent jaunes ou rougeâtres; enfin dans quelques genres on trouve, outre ce rang de dents externes, un second rang intérieur formé par des cils beaucoup plus tendres, blanchâtres, ou quelquefois une membrane entière ou laciniée.

Outre les organes dont nous venons de faire connaître la structure, organes femelles des Mousses, on trouve réunis à l'aisselle des feuilles, ou à l'aisselle des sortes de bractées qui composent les rosettes terminales de plusieurs Mousses, et particulièrement des Polytrics, de petits corps cylindriques ou fusiformes, d'un blanc grisâtre, portés sur un court pédicelle, et qui ne sont autres, selon Hedwig, que les organes fécondans.

Ces petits corps, sortes de sacs formés par une membrane très-mince, sont remplis d'une infinité de granules sphériques ou ovoïdes qui, lorsqu'on les jette sur l'eau, s'accumulent d'abord vers l'extrémité libre du sac, puis se rompent et s'échappent, sans se mêler avec l'eau, sous forme de nuage ou de vapeur granulaire.

Les organes mâles des Mousses, comparés mal à propos à un grain de pollen, mais beaucoup plus analogues avec les organes mâles de la Pilulaire et du Marsilea, ont été pris par quelques auteurs pour des bourgeons ou des gemmules. Si on a égard, et on ne peut pas ne pas l'avoir, à la structure, au mode de développement de ces organes, aux phénomènes qu'ils présentent quand on les projette sur l'eau, etc., cette opinion ne peut être soutenue. Qu'on les considère comme des organes mâles imparfaits, soit, mais on ne peut nier que dans leur structure se trouvent tous les caractères qui, quoiqu'en se dégradant sans cesse, lient entre eux les Phanérogames et les Cryptogames.

Le mode de développement des séminules des Mousses, un des faits les plus curieux de leur histoire, n'a point échappé aux observations d'un très-grand nombre de botanistes allemands, et surtout de Nées d'Esenbeck. Ce savant naturaliste a publié un ouvrage où l'on voit que des séminules naissent avec un ou deux filamens confervoïdes non articulés, et ressemblant beaucoup aux Ectospermes de Vaucher; que ces filamens se ramifient; que du point des ramifications s'élève la jeune Mousse; que celle-ci a pour radicelles les filamens ci-dessus; que la tige est composée de cellules allongées; que les feuilles, diversement disposées, sont toujours formées par une membrane composée d'un seul rang de cellules, sans épiderme distinct et sans pores corticaux.

Parmi les classifications adoptées pour faciliter l'étude des Mousses, nous passerons sous silence celle de Linné, qui distinguait sept genres parmi ces végétaux, et qui avait fondé ces genres plutôt sur le port et sur la position des capsules que sur les véritables caractères de l'organisation. Nous en ferons autant de celle de Hooker, établie cependant sur des bases plus heureuses, puisqu'il employa les caractères fournis par la forme de la coiffe et par la position latérale ou terminale de l'urne. Nous rapporterons textuellement celle de Greville et Arnott, insérée dans les Mémoires de la Société d'hist. naturelle de Paris, tome II.

Les genres de la famille des Mousses établis

par

par les deux savans botanistes que nous venons de citer sont les suivans :

SPHAGNOÏDÉES.

Andræa, Ehrh.; *Sphagnum*, Hedwig.

PHASCOÏDÉES.

Phascum, Schreb. (*Phascum* et *Pleuridium*, Brid.); *Bruchia*, Schw.; *Voitia*, Hornsch.

GYMNOSTOMOÏDÉES.

Gymnostomum, Hook. (*Gymnostomum*, *Glyphocarpa*, et *Anyctangii*, Spec. Schw.); *Schistotega*, Web. et Mohr (*Drepanophyllum?* Hook.); *Anyctangium*, Hook. (*Schistidium*, Brid.); *Hedwigia*, Hook.

BUXBAUMOÏDÉES.

Diphyscium, Mohr; *Buxbaumia*, Haller.

SPLACHNOÏDÉES.

Splachnum, Grev. et Arn. (*Splachnum* et *Aplodon*, R. Brown); *Dissodon*, Grev. et Arn. (*Cyrtodon*, Brown; *Systilium*, Hornsch.); *Tayloria*, Hook. (*Hookeria*, Schw.).

ORTHOTRICHOÏDÉES.

Tetraphis, Hedw. (*Tetraphis* et *Tetradontium*, Schw.); *Octoblepharon*, Hedw.; *Orthodon*, Bory; *Calymperes*, Hook. (*Calymperes* et *Syrrhopodon*, Schw.); *Zygodon*, Hook. (*Gymnocephalus* et *Codonoblepharum*, Schw.; *Amphidium*, Nées; *Gagea*, Raddi); *Orthotrichum*, Hook et Grev. (*Orthotrichum*, *Macromitrion*, *Schlotheimia*, Schw. et Brid.; *Ulota*, Brid.).

GRIMMOÏDÉES.

Glyphomitrion, Hook. et Grev.; *Grimmia*, Hook. (*Grimmia* et *Camphylopus*, Brid.); *Trichostomum*, Hook. (*Trichostomum*, *Racomitrion* et *Camphylopi spec.*, Brid.); *Cinclidotus*, Beauv. (*Racomitrion*, Brid.). *Eucalypta*, Schw.

DICRANOÏDÉES.

Weissia, Hedw. (*Weissia* et *Entosthodon*, Schw.; *Weissia* et *Coscinodon*, Brid.); *Trematodon*, Brid.; *Dicranum*, Schw. (*Dicranum* et *Fissidens*, Hedw.); *Thesanomitrion*, Schw.; *Didymodon*, Hook. (*Cynodontium*, Schw.; *Didymodon* et *Desmatodon*, Brid.); *Tortula*, Hook. (*Tortula* et *Barbula*, Schw.; *Syntrichia*, Brid.).

BRYOÏDÉES.

Conostomum, Swartz; *Bartramia*, Hedw.; *Funaria*, Hedw.; *Leptostomum*, R. Brown (*Gymnostomi spec.*, Hook.); *Ptychostomum*, Hornsch.; *Brachymenium*, Hook.; *Bryum*, Hook. (*Bryum*, *Mium*, *Mccsia*, *Arrhenopterum*, *Leptotheca*, *Webera*, *Gymnocephalus* et *Pollia*, Schw.); *Cynclidium*, Swartz; *Timmia*, Hedw.

HYPNOÏDÉES.

Fabronia, Raddi; *Pterogonium*, Schw. (*Pterogonium* et *Lasia*, Brid.); *Schlerodontium*, Schw.; *Leucodon*, Schw.; *Macrodon*, Arnott; *Dicnemum*, Schw.; *Astrodontium*, Schw.; *Neckera*, Hook.; *Anomodon*, Hook.; *Anacamptodon*, Brid.; *Daltonia*, Hook. (*Polytrichum* et *Griphæa*, Brid.); *Spiridens*, Nées; *Hookeria*, Smith (*Chætophora*, *Racopilum* et *Pterigophyllum*, Brid.); *Hypnum*, Hook. (*Hypnum*, *Leskea* et *Climatium*, Schw.); *Fontinalis*, Hedw.

POLYTRICHOÏDÉES.

Lyellia, Brown; *Polytrichum*, Hedw. (*Polytrichum* et *Catharinea*, Brid.); *Dawsonia*, Brown.

Dans l'état actuel de la science muscologique, on connaît plus de huit cents espèces de Mousses, toutes réparties dans les régions les plus éloignées, et les plus diverses sous le rapport de leur température.

On peut dire, d'une manière générale, que les Mousses croissent à peu près partout. Aussi, pour ne citer qu'un exemple de la distribution géographique de ces végétaux, nous dirons que sur les dix-neuf espèces qui ont été rapportées des environs de Rio-Janeiro à Walker-Arnott, huit croissent aussi en Europe et dans l'Amérique septentrionale; les autres n'ont jusqu'à présent été observées que dans les régions équatoriales. M. Bory de Saint-Vincent a trouvé, dans l'île de Mascareigne, des Mousses qui sont identiques avec celles de nos climats, entre autres l'*Hypnum proliferum*, l'*Hypnum molluscum* et le *Sphagnum latifolium*. Cependant il ne faut pas croire que toutes les espèces et même tous les genres habitent indifféremment tous les climats; il y en a, au contraire, qui ne se rencontrent que dans des régions, que sous des zones bien déterminées : tels sont les genres *Andræa*, *Voitia*, *Splachnum*, *Tayloria*, *Dissodon*, etc., qui se trouvent dans les régions arctiques ou sur les hautes montagnes; les genres *Dawsonia* et *Leptostomum*, qui sont propres aux régions australes; les genres *Calymperes*, *Octoblepharum*, *Orthodon*, *Lyellia*, qui croissent dans les régions équatoriales, etc.

Les Mousses se plaisent dans les endroits frais, humides et aérés; mais c'est principalement dans les bois, sur la surface du sol, à l'entrée des grottes et sur les arbres qu'on les trouve en plus grande abondance. Ici elles forment des touffes, des tapis et des gazons pour le repos de l'homme et des animaux : là elles recouvrent les arbres et les habitations, protégent les premiers de la rigueur des saisons, absorbent l'excédant de leur humidité et servent de point d'appui, de soutien, d'ornement aux secondes. Ailleurs, leur couleur presque toujours verte donne pendant l'hiver, à la nature entière, l'aspect riant et agréable d'un printemps continuel. Enfin, le touffu, l'épaisseur, la texture, l'entrecroisement des Mousses les rend propres à servir d'asile à une foule d'insectes, aux coquillages terrestres et aquatiques, qui y trouvent protection, fraîcheur et nourriture.

Excepté les espèces aquatiques, les Mousses n'ont guère que quelques pouces de hauteur; beaucoup n'ont même que quelques lignes.

Le nombre et la variété des Mousses sont extrêmement considérables; on en compte aujourd'hui plus de douze cents espèces. Leur grand nombre, leur dispersion sur presque toutes les parties du globe, leur existence dans nos climats, en font des plantes intéressantes à connaître; mais les caractères qui sont propres aux nombreux genres dans lesquelles on les a réparties ne pouvant intéresser que les personnes qui font une étude approfondie de la botanique, nous ne les citerons pas ici; ils prendraient d'ailleurs une place que les limites de cet ouvrage ne permettent pas de leur donner, et seraient fort ennuyeux pour nos lecteurs; nous nous bornerons donc à donner la figure de quelques unes des espèces les plus remarquables, prises dans chacune des grandes divisions que nous avons mentionnées plus haut; on les trouvera aux articles ANDRÉE, SPHAIGNE, PHASQUE, GYMNOSTOME, HEDWIGIE, BUXBAUMIE, SPLACHNE, ORTHOTRIC, TRICHOSTOME (auquel on rattachera le genre *Grimmia*), DICRANE, BRY, HYPNE, FONTINALE, POLYTRIC, HOOKÉRIE, etc., etc.

Les Mousses sont des plantes parmi lesquelles la médecine trouve des pectoraux, des purgatifs, des vermifuges et des sudorifiques; l'agriculteur des moyens d'engrais; l'industriel de quoi remplacer la laine des matelas et le crin des sommiers; l'emballeur des coussins capables de remplacer la paille et le foin qu'il emploie ordinairement pour s'opposer au bris des objets fragiles dans les voyages ou les transports plus ou moins longs. (F. F.)

MOUSSONS. (MÉTÉOR.) *Voyez* VENTS.

MOUSTAC. (MAM.) Nom d'une espèce de Singe du genre GUENON. (GUÉR.)

MOUSTACHE. (OIS.) Ce nom sert à désigner plusieurs espèces de genres très-différens : des Corbeaux, des Mésanges et des Drongos. Dans le Règne animal, Cuvier en a formé un petit sous-genre qui se distingue des Mésanges proprement dites, parce que la mandibule supérieure se recourbe légèrement sur l'autre.

Une seule espèce compose ce sous-genre, c'est le *Parus biarmicus*, L. Quoique peu commune, on la trouve dans presque toutes les contrées de l'ancien continent. *V.* l'art. MÉSANGE. (V. M.)

MOUSTACHES, *Mystaces*. Ce mot dérive du grec μύσταξ, qui signifie la lèvre supérieure et les poils qui y viennent; les Latins leur donnaient le nom de *Mystaces*.

Tout le monde connaît cet assemblage plus ou moins touffu de poils qu'on remarque au dessous et sur les côtés du nez de l'homme, lesquels indiquent le plus ordinairement la masculinité. Ils sont raides dans les races blanches; doux, laineux et bouclés dans la plupart des races noires.

La castration est un empêchement à la pousse des Moustaches, si cette mutilation a été faite dans le bas âge, et les annihile en grande partie, si cette ablation a eu lieu après l'adolescence.

Chez les animaux mammifères, on est convenu de donner le nom de *Moustaches* à un pinceau de poils beaucoup plus gros que les autres, longs et raides, quelquefois tordus, variant dans leur coloration et peu flexibles. Ils sont implantés sous le derme et occupent l'extrémité postérieure de la commissure des lèvres; ces poils sont susceptibles d'être redressés par l'action musculaire sous-cutanée. Chaque brin de Moustache a un bulbe beaucoup plus gros que les bulbes des poils ordinaires; le nerf qui s'y rend est très-développé, ainsi que l'artère et la veine qui l'accompagnent. C'est pourquoi les *Moustaches* sont d'une sensibilité excessive chez les animaux.

Il ne faut pas confondre et prendre pour *Moustaches* certains poils isolés çà et là, beaucoup plus gros que les autres, et qu'on rencontre sur diverses parties des lèvres supérieures et inférieures de quelques Mammifères.

Dans la série animale, à commencer par les Singes, on ne trouve pas de Moustaches proprement dites; cependant les Drills, les Macaques et autres espèces présentent des poils un peu plus gros aux lèvres supérieures. Les Musaraignes, les Desmans, l'Euplère de Goudot, les Fouines, le Pékan, les Suricates, les Paradoxures, les Protèles, les Kanguroos, le Thylacine de Harris, les fœtus de Dauphins et les Marsouins, d'après la découverte du docteur Emmanuel Rousseau, ont des Moustaches très-peu développées.

Les Makis, les Tenrecs, les Macroscélides, les Ratons, les Loutres, les Genettes, les Hyènes, le Protèle, les Renards (surtout le commun), les Chacals, les Loups et les Chiens ont des Moustaches rangées sur plusieurs lignes.

Les Chats et les Phoques les ont très-développées; mais les animaux où elles existent constamment, et chez lesquels on les rencontre beaucoup plus grandes encore, sont, sans contredit, les Rongeurs, tels que les Ecureuils, les Alactagas, le Coypou, les Elamys, les Porcs-épics, où elles ont jusqu'à dix pouces de longueur, les Coëndous, où elles ont six pouces, ainsi que chez les Chinchillas et les Viscaches, où elles n'ont pas moins de quatre à cinq pouces.

Les Coatis, les Taïras, les Mouffettes, n'ont que parmi les poils des lèvres certains poils çà et là plus développés que les autres. Les Phascolomes, les Tatous, les Eléphans, les Rhinocéros, les Sangliers, les Tapirs, les Solipèdes et les Ruminans offrent les mêmes particularités. L'Hippopotame a toute la face garnie de bouquets de poils gros et durs assez espacés les uns des autres.

Parmi les Mammifères chez lesquels on ne rencontre plus de Moustaches ni même de ces crins-poils disséminés çà et là, nous devons citer les Indris, les Loris, les Galagos, les Ours, les Taupes, les Kinkajous, les Mangoustes et toutes les espèces de Chauve-souris, les Paresseux, les Pangolins, les Oryctéropes, les Tamanoirs, les Tamanduas et les Ornithorhynques.

D'après l'énumération que nous venons de faire sur l'existence ou sur l'absence des Moustaches, on doit être très-embarrassé physiologiquement d'assigner le rôle positif de l'utilité des Moustaches. Cependant il est certain que quand on les coupe au Chat domestique, on lui enlève une grande partie des moyens de détruire les Rats et les Souris; serait-ce alors un complément soit à l'appareil du toucher, soit à celui de l'odorat?

Parmi les oiseaux, différentes espèces présentent de chaque côté des narines une série plus ou moins épaisse de plumes raides à barbules très-peu apparentes, et poussant d'arrière en avant, c'est-à-dire dans le sens opposé aux autres plumes de la tête.

Les Chevèches, les Couroucous, les Guacharos, le Mémure lyre, les Pies-grièches, les Cotingas, les Tyrans, les Gymnocéphales, les Hirondelles, etc., etc., offrent cet exemple de *plumes-poils*, à la base et sur les côtes du chanfrein du bec supérieur.

Les oiseaux qui n'ont pas ces barbules sont les Pétrels, les Pélicans, les Canards, etc., etc.

Divers poissons ont une ou plusieurs expansions filiformes de la peau connues sous le nom de *Barbillons*, partant à droite et à gauche des maxillaires supérieurs. On doit considérer ces expansions molles, plus ou moins longues et douées d'une sensibilité évidente, comme les analogues des Moustaches. Cependant, nous n'oserions nous prononcer sur leur véritable usage. Les poissons qui les ont plus apparens sont les Esturgeons, les Cyprins, les Loches, les Silures, les Pimélodes, les Doras, les Gades, etc., etc. (E. R.)

MOUSTIQUES. (INS.) Nom vulgaire et collectif, dérivé de l'espagnol *Mosquitos*, qui veut dire petites Mouches. Il est employé plus spécialement aux colonies pour désigner les Diptères du genre *Cousin*, qui tourmentent si cruellement l'homme dans les pays chauds. *Voyez* COUSIN. (GUÉR.)

MOUTARDE, *Sinapis*. (BOT. PHAN.) Genre de plantes dicotylédonées polypétales de la famille des Crucifères de Jussieu et de la Tétradynamie siliqueuse de Linné, présentant pour caractères : un calice de quatre sépales égaux, très-ouverts, fugaces; corolle de quatre pétales, en croix, ovales-obtus, à limbe évasé, à onglets linéaires; six étamines à filets subulés à la base, dont deux courts et quatre plus longs; ovaire supère cylindrique; quatre glandes à la base; style à stigmate globuleux; une silique grêle, subcylindrique; graines en une seule série.

La plupart des Moutardes sont herbacées, quelques unes suffrutescentes, à feuilles alternantes, ordinairement lyrées ou incisées, à fleurs toujours jaunes ou blanches, quelquefois rosées (variétés), sans bractées, et en forme de grappes terminales. Ce sont, pour l'ornement, des plantes à peu près insignifiantes, mais dont quelques unes sont utilisées sous le rapport économique. On en connaît au-delà de quarante espèces, dont une douzaine seulement croît naturellement en Europe. Voici les trois espèces européennes les plus renommées, sous le rapport de leur utilité :

MOUTARDE NOIRE ou SÉNEVÉ NOIR, *Sinapis nigra*, Linné. Plante annuelle à tige cylindrique, dressée, rameuse, d'un à deux pieds, rarement de trois à six pieds de haut, et même plus (Mérat), munie, et surtout vers la base, de poils rudes; feuilles inférieures grandes, pétiolées, rudes au toucher, à larges lobes hastés, irréguliers, dentés, et dont le terminal est plus grand que les autres; les supérieures, linéaires, lancéolées, presque entières, glabres; fleurs jaunes, petites, en grappe allongée; silique obtusément tétragone, de six à huit lignes de long, terminée par une petite corne.

On trouve abondamment cette plante dans les lieux pierreux, les champs, le bord des chemins, les décombres, dans une grande partie de l'Europe. On la cultive à cause de son usage dans la thérapeutique et l'art culinaire. Elle fleurit tout l'été.

Le Sénevé noir se sème au printemps, soit en rayons, soit à la volée, dans une bonne terre, bien fumée et rendue meuble par un ou deux labours. On sarcle et on bine quand le jeune plant a trois à quatre pouces de hauteur. Lorsque les tiges commencent à jaunir, si l'on veut éviter la grande perte qui résulterait de la maturité successive des siliques, dont les inférieures mûrissent nécessairement bien avant les supérieures, il faut les couper, les mettre en tas dans les champs, ou plutôt dans un grenier, et les laisser sécher. Un mois après environ, il faut les battre avec des baguettes et non avec le fléau qui écraserait les graines, après les avoir étendues sur des toiles, cribler ensuite, mettre en tas et remuer souvent. Ces graines, ainsi obtenues, peuvent se garder deux ans.

Les graines de Moutarde noire, réduites à l'état de farine, acquièrent une saveur amère et piquante, provoquent le larmoiement; elles sont d'un fréquent emploi en médecine; délayées avec de l'eau ou même du vinaigre, elles sont appliquées sur la peau des malades, sous les noms de cataplasmes, ou mieux, de sinapismes. Elles ont un effet puissant et sûr dans l'apoplexie, la léthargie, la paralysie, les fièvres adynamiques, etc., et on en fait aussi des pédiluves, c'est-à-dire des bains de pieds à l'eau très-chaude, où on jette une ou deux poignées de cette farine. On l'emploie encore à l'intérieur avec succès dans la chlorose, l'hydropisie, la paralysie, la cachexie, le scorbut, etc. La manière ordinaire est de faire infuser cette poudre dans du vin. Tout le monde connaît le vin antiscorbutique où entrent plusieurs espèces de Sinapis.

Après avoir constaté ses excellens effets, parlerons-nous au lecteur de l'autre préparation si connue sur nos tables sous le nom de Moutarde? Nous dirons seulement que l'excellente Moutarde de Dijon excite l'appétit, ranime la vigueur de l'estomac, et que son emploi convient aux personnes chez lesquelles ce viscère si important est lent et paresseux.

Tous les oiseaux granivores sont friands des graines de Sénevé noir. Les bestiaux mangent volontiers ses feuilles; mais il faut leur en donner modérément pour ne pas les échauffer. Dans quelques pays même, l'homme les mange, crues ou cuites, à la manière des choux.

MOUTARDE BLANCHE, SÉNEVÉ BLANC, *Sinapis alba*, Linné. Tige dressée, d'un à deux pieds ou plus, hispide, rameuse; feuilles inférieures ailées; les supérieures lyrées, pinnatifides, dentées, scabres; fleurs d'un jaune pâle, assez grandes; siliques courtes, assez serrées, hispides à la base, renflées, arrondies, surmontées d'une corne plus longue qu'elles. Croît partout, moins communément que la première. Elle est aussi annuelle, et fleurit en été.

Comme la précédente, elle est d'un très-fréquent usage; mais elle a une saveur plus douce et moins piquante. Dans le Nord, on la donne pour fourrage aux Vaches, qui fournissent alors beaucoup de lait et de beurre. Les oiseaux négligent ses graines, qui fournissent un peu plus d'huile que la noire; la Moutarde de table qu'on en prépare est préférée par certaines personnes, à cause de ses qualités moins piquantes, mais qui la rendent peu propre à faire des sinapismes. Entre les mains de quelques autres, ses graines sont préconisées comme une panacée universelle, et surtout comme le meilleur des stomachiques connus.

Moutarde des champs, Moutarde sauvage, *Sinapis arvensis*, Linn. Tige dressée, rameuse, haute d'un à deux pieds, hispide inférieurement; feuilles inférieures ovales, pétiolées, sublyrées, bi ou trilobées, dentées; les supérieures ovales, sessiles, simples, denticulées; fleurs jaunes, grandes, en grappe; siliques hispides, anguleuses, écartées presque horizontalement de leurs tiges et deux ou trois fois plus longues que la corne qui les termine, et qui est ventrue à la base.

Cette espèce croît dans toute l'Europe. Elle est tellement commune parmi les céréales, qu'au moment de sa floraison, où celles-ci sont encore peu élevées, on les en distingue à peine, et qu'on dirait que c'est ce sinapis, et non la céréale, qu'on a voulu semer; par sa fréquence, elle est donc très-nuisible aux récoltes, et il est très-difficile de l'extirper. Le seul moyen d'en diminuer le nombre est de faire succéder aux céréales qui en sont infestées un semis de légumes que l'on soit obligé de sarcler et de biner, et remplacer ensuite par des prairies artificielles.

La Moutarde des champs est en général fort peu employée. On lui préfère les deux espèces précédentes. (C. Lem.)

MOUTON, *Ovis*. (mam.) De l'avis de tous les mammalogistes, un des points les plus délicats de la classification des Mammifères, est l'établissement de caractères propres à séparer convenablement les genres Antilope, Chèvre et Mouton. La plupart des zoologistes de nos jours pensent que la distinction du premier de ces groupes, à l'aide de la structure solide de la base des cornes, signalée par M. Geoffroy Saint-Hilaire, est exacte; mais une note sur les Chèvres et les Moutons sauvages de l'Hymalaya, publiée par M. Hodgson dans le journal de la Société asiatique du Bengale (septembre 1835, Calcutta), semble détruire cette opinion. Il dit avoir constaté que chez quatre espèces d'Antilopes (le *Chirée*, le *Thar*, le *Gorol* et le *Duraucellii*), il existe, comme chez les Chèvres et les Moutons, dans l'axe osseux des cornes, des sinus en communication avec les sinus frontaux. D'après lui, le seul fait organique qui puisse établir une légère différence, c'est que chez les Antilopes le noyau osseux des cornes présente une structure compacte, et est creusé à sa base de cellules peu étendues et presque entièrement dépourvues de cloisons cellulaires; tandis que dans les genres Chèvre et Mouton, les cornes sont poreuses, non compactes et creusées à leur base de grands sinus remplis de cellules. La séparation de ces deux derniers groupes paraît offrir beaucoup plus de difficultés. Ils s'éloignent si peu par leurs mœurs et surtout par leur organisation, qu'on est presque forcé de reconnaître que le petit nombre de différences qu'on a observées en étudiant comparativement ces deux genres, soit sous le rapport de leur squelette, soit sous celui de leur appareil de digestion et de génération, ne sont que de simples différences spécifiques. Il y a plus, les Chèvres et les Moutons sont si rapprochés les uns des autres, qu'ils produisent ensemble des métis féconds; ce qui avait porté Buffon à regarder ces animaux comme appartenant à la même espèce. De là, la difficulté généralement avouée de pouvoir fonder deux genres des Moutons et des Chèvres. Linné, le premier qui ait essayé de le faire, n'a trouvé pour les distinguer d'autres caractères que ceux tirés de la forme et de la direction des cornes, et de la présence ou de l'absence d'une barbe. Le premier de ces caractères, le seul qui paraisse être de quelque importance, n'est pourtant pas constant; quant à l'existence ou à l'absence d'une barbe, elle ne peut en aucune manière être placée au nombre des caractères génériques, et peut tout au plus servir de distinction spécifique. Brisson, Erxleben, Boddaërt, Cuvier, Geoffroy, etc., en adoptant la coupe des Chèvres et des Moutons, telle qu'on la trouve dans le système naturel, ont seulement ajouté, sinon tous, du moins quelques uns, aux différences caractéristiques un fait d'organisation relatif à la concavité ou à la convexité du chanfrein : mais ce caractère n'a pas non plus une valeur bien réelle. La forme du chanfrein n'est pas constante. Il y a des Chèvres qui ont le front arqué aussi bien que les Moutons, *et vice versa*. Le Bouc de la Haute-Egypte fournit l'exemple peut-être le plus frappant de ces anomalies. Voici ce que M. Bonafous, qui l'a introduit et propagé en Piémont, en dit dans un mémoire inséré dans le cahier de janvier 1832 de la Bibliothèque universelle : « Cette race se distingue par deux caractères importans en zoologie, le premier d'avoir le chanfrein convexe, plus qu'on ne l'observe dans aucune variété de Mouton, et le second d'être dépourvue de la longue barbe qui est un attribut ordinaire des Boucs, en sorte que cet animal peut être placé indifféremment dans le genre des Chèvres ou dans celui des Brebis. »

C'est ce manque de caractères propres à séparer d'une manière nette et bien tranchée les Chèvres des Moutons, qui, d'un autre côté, a porté Pallas, Leske, Illiger, Blümenbach, Ranzani, etc., à réunir ces animaux dans un seul genre : les uns (Illiger et Blümenbach) l'ont établi sous le nom de *Capra*, et les autres (Pallas et Ranzani) sous celui d'*Æginomus*. M. Duméril (Élém. des scien. nat., t. II), et M. F. Cuvier (art. Chèvre du

Dict. des scien. nat.), partagent la même manière de voir. Avouons aussi que le savant auteur du Règne animal, tout en admettant les genres *Ovis* et *Capra* de Linné, paraît mettre peu d'importance à cette division. « Les Moutons, dit-il, mériteraient si peu d'être séparés génériquement des Chèvres, qu'ils produisent avec elles des métis féconds. »

Cette indécision, cette diversité d'opinions, qui, depuis Linné jusqu'à nos jours, partage les mammalogistes, relativement à l'adoption ou au rejet du groupe des Moutons comme genre distinct de celui des Chèvres, paraît devoir trouver son terme dans les observations nouvelles sur quelques particularités organiques des Moutons, présentées par le professeur Gené à l'Académie des sciences de Turin. En examinant, il y a quelque temps, un Mouton de l'Arabie qui venait de mourir à la Ménagerie royale de Stupinis, ce professeur fut vivement frappé d'une particularité curieuse dans son organisation; particularité dont il n'avait jusque-là aucune connaissance. Il vit un trou circulaire du diamètre à peu près d'une ligne, ayant dans son centre un petit faisceau de poils droits et s'ouvrant dans la peau sur la face antérieure de chaque pied, au niveau de l'articulation supérieure des phalanges mitoyennes, et précisément au commencement de la division des doigts. Chaque trou, formé par un repli de la peau, aboutissait, après quelques lignes d'enfoncement, dans une poche dont les parois intérieures étaient hérissées de poils longs et blanchâtres, parsemées de follicules sébacées et couvertes d'une humeur jaunâtre, épaisse et onctueuse : cette poche ou appareil de sécrétion, replié sur lui-même vers la moitié de sa longueur, se terminait en cul-de-sac. Il crut d'abord que c'était une particularité caractéristique de la race qu'il avait sous les yeux; mais il fut, par ses recherches sur d'autres espèces, bientôt détrompé de cette idée, et il s'aperçut qu'il était réellement question d'un caractère commun à tous les Moutons. Un examen qu'il fit sur les Mouflons, les Mérinos, etc., et même sur les troupeaux des alentours de la ville, eut le même résultat; partout il constata la présence de cet appareil remarquable.

Mais jusque-là le résultat de ses observations ne se réduisait qu'à la découverte d'un organe échappé aux yeux de ses devanciers. Il fallait, pour que la connaissance de cet organe fût utile sous le rapport systématique, qu'il fût exclusif aux Moutons; c'est ce dont M. Gené ne tarda pas à se convaincre. Les Chèvres communes auxquelles il s'attacha avant tout, les Chèvres de Cachemire et du Thibet, le Bouc de la Haute-Egypte et le Bouc sauvage du même pays (*Capra nubiana*, F. Cuv.), le Bouquetin, le Chamois, enfin les ruminans qui ont plus ou moins d'analogie avec les Moutons, en sont absolument dépourvus; de manière que, s'il est permis de tirer d'un nombre assez considérable de faits identiques une conséquence générale, on peut conclure que le caractère fourni par la présence de ces trous suffit à lui seul pour faire distinguer très-aisément les Moutons d'avec les Chèvres et tous les autres ruminans analogues.

Si les naturalistes ont tout-à-fait méconnu ou négligé cette particularité organique, puisqu'on en chercherait en vain une notice quelconque dans les ouvrages de mammalogie que nous avons sous les yeux, il n'en est pas ainsi des vétérinaires. M. Hurtrel d'Arboval, dans son excellent Dictionnaire de médecine et de chirurgie vétérinaires, aux articles FOURCHET et PIÉTIN, en donne une description très-exacte et détaillée, en la désignant sous le nom de *canal biflexe interdigité*; seulement, d'après M. Gené, il se trompe lorsqu'il annonce qu'elle se trouve aussi sur la Chèvre. « M. Hurtrel d'Arboval, ajoute-t-il, devait lui-même entrevoir la fausseté de cette assertion, puisqu'en parlant du *Fourchet* (*v.* l'article MOUTON, économie rurale), maladie qu'il a reconnue avoir son siége et son origine dans cet appareil, il dit formellement que la Chèvre n'y est point sujette. S'il existe un analogue de l'appareil sécréteur des Moutons, il faut le trouver sur certains Antilopes qui, au même endroit à peu près, c'est-à-dire entre les doigts, ont une large fente en cul-de sac, produite par l'enfoncement de la peau, et sécrétant dans sa partie la plus profonde une humeur jaunâtre et visqueuse; mais si sa nature est au fond la même, sa forme, tant au dehors qu'au dedans, en est tellement différente qu'elle ne pourra jamais aucunement embarrasser l'observateur chaque fois qu'il sera question de différencier ces animaux. »

Cette particularité organique est d'une importance trop secondaire, il est vrai, pour être placée en première ligne dans l'échelle des caractères génériques; mais lorsqu'on est en défaut de caractères de première importance, surtout lorsqu'il s'agit de distinguer des animaux qu'il répugne de mêler dans un seul genre, la découverte d'un moyen caractéristique quelconque, pourvu qu'il soit constant et facile à reconnaître, est une acquisition pour la science, qu'on aurait tort de négliger. D'ailleurs l'application de ce caractère n'entraîne aucun déplacement, ni dans le système ni dans la méthode; il ne fait que fixer les limites de deux genres qu'on ne pourra jamais disposer autrement que l'un près de l'autre. On pourrait donc, en assignant à ce genre, avec les auteurs modernes, les caractères suivans : cornes creuses, persistantes, anguleuses, ridées en travers, contournées latéralement en spirale et se développant sur un arc osseux, celluleux, qui a la même direction; trente-deux dents en totalité, savoir, six incisives inférieures, formant un arc entier, se touchant toutes régulièrement par leurs bords, les deux intermédiaires étant les plus larges, et les deux latérales les plus petites; six molaires à couronne marquée de doubles croissans d'émail, dont trois fausses et trois vraies à chaque côté des deux mâchoires, les vraies molaires supérieures ayant la convexité des doubles croissans de leur couronne tournée en dedans, et les inférieures l'ayant en dehors; chanfrein arqué; museau terminé par des narines de forme allongée, oblique, sans mufle; point de larmiers;

point de barbe au menton ; oreilles médiocres et pointues; corps de stature moyenne, couvert de poils ; jambes assez grêles, sans brosses aux genoux; deux mamelles inguinales; point de pores inguinaux ; la queue (du moins dans les espèces sauvages) plus ou moins courte, infléchie ou pendante ; on pourrait, disons-nous, ajouter : appareil de sécrétion occupant sur chaque pied le niveau de l'articulation supérieure des phalanges mitoyennes, et s'ouvrant à l'extérieur par un petit trou circulaire du diamètre à peu près d'une ligne.

Les Moutons sont à tous égards, et ont été de tout temps d'un grand avantage pour l'homme.

Cet avantage, dont il sera question en parlant de ces animaux sous le rapport de l'économie rurale, a conduit nécessairement à la connaissance de leurs mœurs; car dès qu'on a voulu les réduire en domesticité pour en retirer tout le profit qu'ils peuvent offrir, on a d'abord dû étudier leurs habitudes naturelles; aussi sont-elles bien connues. Dans l'état de liberté, les Moutons vivent en familles ou en troupes plus ou moins nombreuses, tout comme ceux que nous élevons : il se nourrissent également de végétaux. Les pays élevés, les sommités des montagnes sont les contrées qu'ils habitent de préférence. La Corse, la Sardaigne et quelques autres îles de la Méditerranée, sont les lieux où vit l'espèce la plus anciennement connue, et qu'on s'est accordé à considérer comme étant la souche primitive de nos Moutons domestiques. Les autres espèces habitent soit la chaîne de l'Atlas, soit les montagnes de la Sibérie et du Kamtchatka, soit enfin les rochers arides et inaccessibles qui avoisinent la rivière de l'Elk (Canada). Dans l'état de nature, les ruminans de ce genre ont une activité et une force dont nous ne saurions nous faire une idée à n'en juger que d'après les individus enfermés dans nos parcs. Ils sautent et courent très-bien, et ne paraissent pas plus dépourvus d'intelligence que les Chèvres, avec lesquelles, comme nous l'avons déjà dit, ils ont beaucoup d'affinité. Nous compléterons ce qu'offre de curieux l'histoire de leurs mœurs en parlant de chaque espèce en particulier.

Si nous n'avions déjà vu à l'article Chien jusqu'à quel point peuvent être modifiés les animaux que l'homme soumet et qu'il élève auprès de lui, nous trouverions dans le genre Mouton, à cause des nombreuses variétés et sous-variétés qu'il offre, l'exemple le plus remarquable de l'influence de la domesticité. Nous jetterons un coup d'œil rapide sur toutes ces variétés, après avoir décrit et fait l'histoire des quatre espèces primitives, les seules qui soient bien positivement reconnues et admises par les auteurs.

Le Mouflon proprement dit, *Ovis aries fera* de quelques auteurs; *Ovis musimon*, Pall., Buff., Hist., nat., t. II. Connu aussi sous les noms de Mufione de Sardaigne, et de Mufole de Corse, parce qu'il était principalement répandu dans les montagnes de cette île. Cette espèce, que nous représentons dans notre Atlas, pl. 392, fig. 2, a communément trois pieds sept pouces de longueur totale, sur deux pieds et quelques pouces de haut, mesuré du sol à la partie la plus élevée du dos ; elle offre dans ses cornes des caractères qui ne sont pas sans quelque importance pour les zoologistes.

Triangulaires à leur origine, comme elles le sont ordinairement chez tous les Moutons, elles se changent vers leur extrémité libre en de véritables lames, et ne présentent par conséquent plus que deux faces. La largeur très-considérable qu'elles ont vers leur base fait qu'elles couvrent presque tout le dessus de la tête : elles ne sont en effet séparées à leur naissance que par une petite bande de poils de trois lignes de largeur environ. Lorsqu'elles ont acquis tout leur développement, elles ont près de deux pieds de long, et les rides et les anneaux qu'elles offrent, varient, pour leur disposition, suivant les individus. Leur couleur, de même que celle des sabots, est d'un gris jaunâtre. Le corps est couvert de deux sortes de poils ; les uns laineux, fins et doux au toucher, assez courts et frisés en tire-bouchon ; et les autres soyeux, seuls apparens au dehors, peu longs et raides. Les poils laineux sont grisâtres, et les soyeux ont des couleurs différentes. Les uns se présentent sous une teinte fauve, les autres sont noirs, et d'autres enfin se trouvent annelés de noir et de fauve. Du mélange de ces trois sortes de poils résulte, pour l'ensemble du pelage de l'animal, une nuance ordinairement d'un fauve brunâtre, mais tantôt plus claire et tantôt plus foncée suivant l'âge et surtout suivant les saisons : ainsi le pelage d'hiver est plus brun. Dans cette saison aussi, les poils du dessous du cou forment une sorte de cravate ou de fanon. La ligne dorsale est noire : cette couleur se retrouve également en forme de trait sur les flancs et sur les côtés de la face; la langue, l'intérieur de la bouche et des narines sont entièrement noirs. Une couleur blanche ou blanchâtre règne sur toutes les parties inférieures, à la face interne et à l'extrémité des membres, aux fesses, sur la joue, au dessous de l'œil, et sur les côtés de la queue. Celle-ci est très-courte et noire en dessus.

La femelle paraît ne différer du mâle que par l'absence des prolongemens frontaux et par l'épaisseur moindre de son pelage. Les jeunes individus sont d'un fauve plus pur que les vieux; leurs fesses au lieu d'être blanches sont d'un fauve clair, et le dessus de la queue d'un fauve brun.

Cette espèce, dont la connaissance date d'un temps très-reculé, avait, dit-on, reçu des anciens Grecs le nom d'Ophion : Pline et Strabon, dans leurs écrits, l'ont indiquée sous celui de Musmon. C'est elle qui, de l'avis de tous les écrivains, et d'après le sentiment de Buffon, qui a le premier travaillé efficacement à éclaircir l'histoire des Moutons, serait la souche d'où dériveraient nos races de bêtes à laine. Très-commune autrefois en Corse et en Sardaigne, elle n'y est plus aujourd'hui qu'en très-petit nombre; elle a aussi disparu en partie des montagnes occidentales de la Turquie européenne et de l'île de Chypre. Pline lui assignait encore l'Espagne pour patrie. Ce fait, énoncé par le naturaliste de Vérone, contredit par l'opinion de la plupart des auteurs qui n'attribuent pour habitat au Mouflon que les îles dont nous avons parlé et les montagnes de la Grèce, semble au contraire confirmé par Bory de St-Vincent. Ce savant, dans son Résumé géographique, avance en avoir vu et même tué plusieurs individus dans la Péninsule et particulièrement dans les parties méditerranéennes de la région qu'il désigne sous le nom de climat africain : d'après lui l'espèce est même abondamment répandue dans le royaume de Murcie.

Les Mouflons, dans l'état de liberté, errent sur le sommet des montagnes; ils marchent en troupes plus ou moins nombreuses, et ont toujours à leur tête un mâle vieux et robuste. La société semble être pour eux une nécessité. Si l'un d'eux s'isole, il court, il bêle, il cherche de tous les côtés le troupeau, et lorsqu'il ne peut le rejoindre, il languit et ne tarde pas à dépérir. En décembre et janvier, époque du rut, les troupes se divisent en bandes plus petites, formées chacune de quelques femelles et d'un seul mâle. Alors l'instinct de sociabilité, qui dans toute autre saison les faisait se réunir, n'existe plus, du moins chez les mâles; car si dans leurs courses deux bandes se rencontrent, les deux chefs s'avancent l'un contre l'autre, se dressent, se heurtent vigoureusement avec leurs cornes, et le combat ne finit bien souvent que par la mort de l'un des deux champions. Dans ce cas, les femelles qui accompagnaient le vaincu se joignent au troupeau du vainqueur. La portée dans ces animaux est de cinq mois : ils mettent bas, en avril ou en mai, un ou deux petits qui en naissant ont les yeux ouverts et peuvent marcher. Les mères ont pour eux beaucoup de tendresse et les défendent avec courage. Quoique le jeune Mouflon, dès la fin de la première année, montre le désir de s'accoupler, cependant il n'est adulte et n'a acquis toute sa force qu'au bout de deux ans et demi ou trois ans. Un fait bien digne de remarque chez ces animaux, c'est le peu de développement de leurs facultés intellectuelles et le peu de perfectibilité de ces facultés dans l'état de domesticité. On doit à M. F. Cuvier des observations très-intéressantes à ce sujet. « La domesticité, dit-il, n'a aucune influence sur le développement de cet état dans ceux de ces animaux que j'ai observés; elle n'a fait que les habituer à la présence d'objets nouveaux; les hommes ne les effrayaient plus; il semblait même que ces animaux eussent acquis plus de confiance dans leur force, en apprenant à nous connaître; car, au lieu de fuir leur gardien, ils l'attaquaient avec fureur, et les mâles surtout. Les châtimens, bien loin de les corriger, ne les rendaient que plus méchans; et si quelques uns devinrent craintifs, ils ne se soumirent point, et ne virent que des ennemis et non pas des maîtres dans ceux qui les avaient frappés. Ils ne surent même jamais faire à cet égard de distinction entre les hommes : ceux qui ne leur avaient point fait de mauvais traitemens ne furent pas à leurs yeux différens des autres, et les bienfaits ne parvinrent point à affaiblir en eux ce sentiment qui les portait à traiter l'espèce humaine en ennemie. En un mot, ils ne montrèrent jamais aucune confiance, aucune affection, aucune docilité, bien différens en cela des animaux les plus carnassiers, que l'on parvient toujours à captiver par la douceur et les bons traitemens. »

M. F. Cuvier pense que si le Mouflon est la souche de nos Moutons, on peut trouver dans la faiblesse de jugement qui caractérise les uns la cause de l'extrême stupidité des autres, et les moyens d'apprécier avec exactitude la nature des sentimens qui portent les Moutons à la douceur et à la docilité. Ce serait à cette faiblesse de jugement, à ce défaut d'intelligence, chez les Mouflons, qu'on devrait attribuer l'impossibilité de les apprivoiser.

Ceux de ces animaux, dit-il, qui ont vécu à la Ménagerie, aimaient le pain, et lorsqu'on s'approchait de leur barrière ils venaient pour le prendre. On se servait de ce moyen pour les attacher avec un collier, afin de pouvoir, sans accident, entrer dans le parc. Eh bien ! quoiqu'ils fussent tourmentés au dernier point, lorsqu'ils étaient ainsi retenus, quoiqu'ils vissent le collier qui les attendait, jamais ils ne se sont défiés du piége dans lequel on les attirait en leur offrant ainsi à manger. Ils sont constamment venus se faire prendre sans montrer aucune hésitation, sans manifester qu'il se soit formé la moindre liaison dans leur esprit entre l'appât qui leur était présenté et l'esclavage qui en était la suite; sans qu'en un mot l'un ait pu devenir pour eux le signe de l'autre; le besoin de manger était seul réveillé en eux à la vue du pain. Sans doute on ne doit pas conclure de quelques individus à l'espèce entière; mais on peut assurer, sans rien hasarder, que le Mouflon tient une des dernières places parmi les Mammifères, quant à l'intelligence, et sous ce rapport il justifierait bien les conjectures de Buffon sur l'origine de nos différentes races de Moutons. »

D'ailleurs ces conjectures se trouvent confirmées, ainsi que nous le verrons plus loin, par des caractères qui rapprochent plus ou moins du Mouflon certaines de nos variétés de bêtes à laine.

L'ARGALI, *Ovis ammon*, Linn., *Argali*, Shaw, que Linné avait confondu avec le Mouflon proprement dit, s'en distingue pourtant et par sa taille plus forte et par la grosseur et la forme des cornes chez le mâle. Elles sont si grandes qu'elles pèsent jusqu'à trente ou quarante livres. Lorsque l'animal n'a qu'une aune et demie de hauteur depuis le sommet de la tête jusqu'à terre, elles ont quelquefois jusqu'à deux aunes de longueur. Après leur insertion qui se fait tout près des yeux, au devant des oreilles, elles se courbent d'abord en arrière et en dessous, puis en avant, avec la pointe dirigée en haut et en dehors. Triangulaires et ridées en travers comme celles de l'espèce que nous venons de décrire, elles ont en avant une face très-large. Leur extrémité est comprimée. Celles de la femelle sont très-minces, à peu près droites et presque sans rides. Le pelage, composé de poils courts, est en hiver d'un gris fauve, avec une raie jaunâtre ou roussâtre le long du dos; une large tache de même couleur règne sur les fesses; la face interne des quatre membres et le ventre sont d'un rougeâtre encore plus pâle, et le chanfrein, le museau et la gorge sont blancs ou blanchâtres. En été, il est généralement plus roussâtre; mais en tout temps la tache jaunâtre des fesses reste la même.

C'est à Gmelin et à Pallas que l'on doit presque tout ce que l'on sait de cette espèce remarquable. Elle habite les régions froides ou tempérées de l'Asie, et n'est pas rare dans les montagnes de toute la Mongolie, de la Songarie et même de la Tartarie : elle se trouve aussi assez abondamment répandue dans le Kamtchatka. Les mâles, dans leurs combats pour la possession des femelles, perdent quelquefois leurs cornes, quelque grosses et solides qu'elles soient. Les Argalis sont très-forts et très-agiles; leur légèreté, lorsqu'ils sautent de rocher en rocher, est remarquable. Plus vigoureux que le Mouflon proprement dit, ils s'accouplent deux fois dans l'année, au printemps et en automne, et chaque portée est d'un ou de deux petits. Lorsque les femelles ont mis bas, elles restent seules avec leurs agneaux. La chair de ces animaux, et surtout leur graisse, sont recherchées par les habitans des lieux où ils vivent.

Si, comme l'ont avancé quelques auteurs, l'Argali ne diffère pas spécifiquement du Mouflon de Corse, celui-ci étant, suivant d'autres, le type originaire des Moutons domestiques, il s'ensuivrait, dit Desmarest, que l'Argali pourrait être aussi la souche de quelques uns de ces animaux.

Le Mouflon d'Amérique ou Belier de Montagne, *Ovis montana*, Geoff. Saint-Hilaire, Annal. du Mus., tom. II. Découverte par le voyageur anglais Gillervay, vers le commencement de ce siècle (en 1800), cette espèce fut peu de temps après décrite et figurée en France par M. Geoff. Saint-Hilaire, d'après un dessin et des notes qui lui avaient été envoyés de New-York. Nous empruntons à ce naturaliste la description de cet animal. Il se fait d'abord remarquer par la sveltité de sa taille et la longueur de ses jambes; sa tête est courte, forte, et son chanfrein presque droit. Par sa bouche il ressemble exactement à la Brebis. Les cornes, grandes et larges chez le mâle, sont ramenées au devant des yeux, en décrivant à peu près un tour de spiral; elles sont comprimées comme chez le Belier domestique, et leur surface est de même transversalement striée; celles de la femelle sont beaucoup plus petites et sans courbure sensible. Le poil est court, raide, grossier et comme desséché, d'un brun marron; mais les fesses sont blanchâtres, le museau et le chanfrein blancs, et les joues d'un marron clair; la queue, très-courte, comme chez tous les Mouflons, est noire. Harlan, dans sa Faune américaine, a donné de cette espèce une description très-détaillée. Ce savant étranger pense que l'Argali et le Mouflon américain ne constituent qu'une même espèce; il affirme même qu'il n'existe pas la plus légère différence entre l'un et l'autre. Cuvier avait déjà émis cette assertion, mais seulement comme hypothèse. « Le Mouflon d'Amérique, dit-il, est de l'espèce de l'Argali qui a pu passer la mer sur la glace. » Quoi qu'il en soit, c'est dans le voisinage de l'Elk, vers le 50me degré de latitude nord, que le Mouflon d'Amérique a été découvert. Les peuplades de sauvages les moins éloignées des lieux qu'il habite sont les Crées ou les Kinstianeaux, chez lesquels il est appelé My-attic c'est-à-dire Cerf bâtard); mais il est aussi connu des Canadiens sous le nom que M. Geoffroy lui a conservé. « Le Belier, dit ce naturaliste, habite le sommet des plus hautes montagnes et se plaît dans les lieux les plus arides et les plus inaccessibles. On le voit sauter de rochers en rochers avec une vitesse presque incroyable; sa souplesse est extrême, sa force musculaire prodigieuse, ses bonds très-étendus et sa course très-rapide. Il serait impossible de l'atteindre s'il ne lui arrivait fréquemment de s'arrêter au milieu de sa fuite, de regarder le chasseur d'un air stupide, et d'attendre que celui-ci soit à sa portée pour recommencer à fuir. »

Ces animaux vivent, selon Harlan, par troupes de vingt ou trente individus. Il leur donne aussi pour patrie la Californie.

Le Mouflon d'Afrique, *Ovis tragelaphus*, Cuv.; *Hirco cervus*, Caïus; *Beardid sheep*, Penn., Shaw; Mouflon à manchettes, Geoff. Saint-Hilaire, Mém. de l'Inst. d'Egypte. C'est au docteur Cay ou Caïus que l'on doit, au dire de Pennant, la première description de cet animal : elle fut faite d'après un individu apporté de Barbarie en Angleterre dans l'année 1561. Cette espèce fut considérée comme étant celle dont Pline avait parlé sous le nom de *Tragelaphus*. Quelques auteurs ont cru voir dans l'*Hirco cervus* de l'auteur anglais, une espèce différente du Mouflon d'Afrique; mais, ainsi que Cuvier et Desmarest, nous considérons ces espèces comme n'en formant qu'une : d'ailleurs les descriptions que nous ont laissées les anciens du *Tragelaphus*, bien qu'incomplètes, se rapportent assez à celle plus moderne qu'a donnée M. Geoffroy Saint-Hilaire dans le grand ouvrage sur l'Egypte, du Mouflon d'Afrique ou Mouflon à manchettes. On lui donne la taille du Mouton ordinaire : son chanfrein est peu arqué; ses cornes, médiocres, sont un peu plus longues que la tête, se touchent à leur base, s'élèvent d'abord droites, puis se recourbent en arrière et un peu en dedans vers leur extrémité; elles sont ridées transversalement, et leur face antérieure est la plus large. Le pelage, généralement d'un fauve roussâtre, est assez court partout, si ce n'est sous le cou, où il existe une longue crinière pendante de poils longs et assez grossiers. Les poignets des jambes antérieures ont aussi, chacun, une sorte de manchette composée de poils très-longs et non frisés.

M. Desmarest assigne pour patrie à cette espèce les lieux déserts et escarpés de la Barbarie. M. Geoffroy l'a également observée en Egypte : le muséum

possède

possède un individu rapporté par lui, et tué près des portes de la ville du Caire; il ne paraît pourtant pas qu'il se tienne habituellement dans cette partie de l'Égypte.

A ces espèces, les seules admises par les mammalogistes, devra, d'après M. Isidore Geoffroy, s'en joindre une autre qui n'a point encore été décrite, et que l'on ne connaît jusqu'à présent que par ses prolongemens frontaux, envoyés il y a quelque temps du mont Caucase au Muséum par le chevalier de Gamba, consul général de France à Téflis, en Géorgie. Sur la seule inspection des cornes que l'on voit aux galeries, indiquées sous le nom de *cornes du Mouflon du Caucase*, on pourrait bien, comme l'a fait M. Isidore Geoffroy, admettre un *Ovis longicornis*; mais nous ne nous hasarderons pas de le faire, vu que tout ce que l'on connaît de cet animal consiste en une dépouille qui peut fort bien appartenir à une autre espèce.

VARIÉTÉS ET RACES DE MOUTONS.

Nous l'avons déjà dit, Buffon et avec lui beaucoup d'auteurs célèbres ont vu dans le Mouflon de Corse la souche primitive de nos bêtes à laine. Cette opinion paraît se confirmer lorsqu'on s'attache aux caractères extérieurs. Ainsi plusieurs races ont encore un vrai poil court, sec et soyeux comme celui du Mouflon; d'autres ne conservent ce poil que sur la tête et sur les membres, et chez elles le corps est couvert seulement par les poils intérieurs, plus ou moins longs, plus ou moins fins, plus ou moins abondans, qui constituent ce qu'on nomme la laine. Le chanfrein busqué du Mouflon se retrouve avec cette forme dans plusieurs races, tandis que dans d'autres il se redresse pour se rapprocher de celui des Chèvres. La queue courte de celui-ci se voit aussi dans quelques Moutons du Nord; mais dans ceux des régions tempérées, elle s'allonge, et dans plusieurs variétés des contrées chaudes, cette queue se charge d'une loupe graisseuse, d'un volume quelquefois considérable. Enfin les couleurs du pelage des Moutons couverts de vrais poils se rapprochent presque toujours du fauve et sont régulièrement disposées, tandis que ceux qui n'ont que de la laine sont le plus ordinairement blancs comme le poil intérieur du Mouflon, ou noirs ou bruns, ce qui paraît à M. F. Cuvier être la couleur des races dégénérées. Mais ces formes si sveltes et si gracieuses, cette rapidité, cette légèreté de mouvemens, si remarquables chez le Mouflon, ont disparu et ont été remplacées, chez nos races domestiques, par des formes lourdes, par une lenteur et l'on peut dire une indolence qui sont presque devenues proverbiales. Chez elles, l'intelligence est nulle. Totalement soumises à l'homme, elles sont tellement dégénérées, qu'il leur serait difficile et même impossible de retourner à l'état de nature, quand bien même elles se trouveraient placées dans les circonstances les plus favorables à leur existence. Une fois abandonnées par l'homme, elles ne tarderaient pas à disparaître. Leurs habitudes naturelles sont aussi celles d'un animal abâtardi, si l'on peut dire. Les *Beliers* ne montrent de l'ardeur et du courage qu'à l'époque du rut. Alors, poussés par un sentiment de jalousie, ils se battent entre eux en se frappant à grands coups de tête; mais, toute leur ardeur s'éteignant bien vite, ils redeviennent indolens et stupides. Les *Brebis* n'ont plus ce courage que montre une mère pour défendre sa progéniture. Faibles et timides, elles laissent enlever leurs petits sans beaucoup les protéger et sans donner d'autres marques d'attachement que quelques bêlemens plaintifs, expression vraie de leur impuissance. Pourtant les *Agneaux* paraissent doués d'un sentiment un peu plus fin; car ils savent reconnaître leur mère au milieu d'un troupeau, ce qui peut-être aussi n'est dû qu'à l'instinct. Les Moutons sont de la plus parfaite indifférence les uns à l'égard des autres. Entre eux, point d'attachement, point de dévouement: si on vient les effrayer, ils se rapprochent, se serrent; mais on dirait que l'égoïsme l'ordonne, car l'un cherche à se faire protéger par l'autre. Toujours, dans leur marche ou dans leur fuite, c'est la détermination d'un seul, le plus avancé, qui devient la règle de conduite de tous les autres (1). Ils ne savent éviter aucun danger, et même ils sont incapables de chercher un abri contre les intempéries de l'atmosphère. Ils savent à peine trouver leur nourriture dans les terrains peu abondans en végétaux: en un mot, ils sont le type de la stupidité. D'une constitution très-faible, les Moutons sont sujets à des maladies dont nous parlerons plus bas. (*V.* ÉCON. RURALE.) Nous les considérerons aussi dans leurs rapports avec l'économie domestique.

Toutes les races domestiques produisent entre elles, et leurs métis présentent toujours des caractères mixtes, relativement à ceux de ces races, ce qui explique les variétés et les sous-variétés si nombreuses parmi les bêtes à laine. Nous allons successivement les passer en revue, en nous appuyant principalement sur les travaux de M. Desmarest.

Le MOUTON MORVAN, *Ovis aries guinensis*, Lin.; *Ov. ar. longipes*, Desmar.; connu sous les noms de Belier des Indes et Brebis des Indes, Buff., t. 2. Il est très-haut sur jambes et assez rapproché du Mouflon par la forme de son chanfrein, par son poil court et raide, qui n'a rien de laineux. Ce Mouton est remarquable par la crinière qui existe sur son cou et qui, arrivée sur les épaules, se développe quelquefois en rayonnant. Quelques individus ont au dessous du cou de longs poils qui forment un épais fanon. Sa queue, très-longue et toujours pendante, descend plus bas que les talons; les cornes sont pour l'ordinaire moyennes et forment moins d'un tour entier de spirale sur les côtés de la tête en enveloppant les oreilles; la gorge est souvent pourvue de pendeloques couvertes de poils et assez allongées. La

(1) Et à ce propos, qui ne se souvient (les personnes du moins qui ont lu Rabelais) de ce fou de Panurge qui jette dans la mer le mouton qu'il venait d'acheter, pour avoir le plaisir de voir tout le troupeau se noyer.

couleur du pelage est très-variable. Suivant les observations de M. F. Cuvier, cette race féconde toutes les autres, et peut aussi réciproquement être fécondée par toutes.

Elle est originaire d'Afrique et particulièrement de la côte de Guinée ; on l'élève aussi en Barbarie et au cap de Bonne-Espérance. Naturalisée en Europe par les Hollandais, et croisée avec les Moutons du Texel et de la Frise orientale, elle a donné lieu à une grande race de Moutons sans cornes, connus sous le nom de *Moutons du Texel* et de *Moutons flandrins*.

Le Mouton a large queue, *Ovis aries laticaudata*, Lin. ; Mouton à grosse queue, F. Cuv. ; Mouton d'Arabie, Buff. Il est grand comme nos races communes, et se distingue par la forme de sa queue, qui est longue et renflée sur les côtés par une accumulation de graisse dans le tissu cellulaire. Cette modification singulière, que l'on n'a jamais observée que chez des Moutons, est, suivant Buffon, l'effet d'une grande abondance de nourriture. La loupe ainsi produite n'est quelquefois qu'un renflement peu considérable; mais chez certains individus, elle devient si volumineuse et son poids finit par les gêner tellement, qu'on est obligé de recourir à divers moyens pour les soulager; ainsi, au rapport de voyageurs dignes de foi, il n'est pas rare de voir, dans certains cantons de l'Afrique orientale, des individus de la race dont nous parlons attelés à une sorte de brouette, qui n'a d'autre usage que celui de fournir un support à cette énorme queue (1).

Les Moutons à grosse queue sont particuliers à l'Afrique, et notamment à la Barbarie, à l'Ethiopie, à l'Egypte, au Cap, à l'Asie, etc. Les variations dans le volume du prolongement caudal, et quelques différences dans la nature du pelage, dans les cornes et les oreilles, ont fait subdiviser cette variété en plusieurs sous-variétés ; les plus remarquables sont :

1° Celle que Pallas a désignée sous le nom de *Ovis aries steatopyga*, qui n'a que très-peu de vertèbres caudales et dont la loupe graisseuse est composée de deux masses plus ou moins arrondies, rétrécies supérieurement, mais séparées à leur partie inférieure. Elle est propre aux steppes du midi de la Russie, et se trouve aussi, selon Cuvier, en Perse et en Chine.

2° Le *Mouton à grosse queue*, de F. Cuvier, représenté dans notre Atlas, pl. 593, fig. 1. La queue, très-longue, surpasse le corps en largeur dans les deux premiers tiers où est attachée la loupe : son chanfrein est presque droit, et sa laine peu grossière. Il est originaire de la Haute-Egypte. D'après Desmarest, l'*Ov. ar. macrourea* de Schereber, ne différerait pas de cette sous-variété : M. Gené de Turin professe l'opinion contraire, et regarde l'*Ov. ar. macrourea* de Schereber comme constituant une variété à part.

3° Celle que M. Isidore Geoffroy appelle *Ovis ecaudata*, à cause de l'état tout-à-fait rudimentaire de son prolongement caudal. Elle se distingue par un renflement très-large, mais très-peu saillant, qui couvre les fesses, et au sommet duquel se voit la queue sous forme de petit appendice extrêmement grêle et à peine long de deux pouces : l'*Ovis aries curvicauda* de Gené ne diffère pas de celle-ci. On la trouve également dans la Haute-Egypte.

4° M. Desmarest considère encore comme sous-variétés le *Belier du Cap*, de Pennant, remarquable par la grandeur de ses oreilles, le peu de développement de ses cornes et la longueur de sa queue; et le *Mouton d'Astracan*, dont la queue présente encore à sa base un renflement de grosseur variable : il s'éloigne d'ailleurs des races précédentes à plusieurs égards. Il est couvert d'une laine longue, mais très-grossière, et manque très-fréquemment de cornes. C'est le jeune de cette variété qui donne la laine connue sous le nom de *Laine d'Astracan*. Il naît le corps revêtu de poils blancs et noirs, réunis en petites mèches très-serrées les unes contre les autres.

Le Mouton a longue queue, *Ov. ar. dolichura*, Pall., Spicil. Zool., fasc. 11. Cette variété peu connue habite la Russie méridionale, les environs d'Astracan et la Barbarie. Son corps est couvert de laine grossière; ses cornes sont moyennes, et sa queue, très-longue, traîne à terre.

Le Mouton de Valachie, *O. ar. Strepsiceros*, Plin. *Hist. nat.*, lib. XI. Cette race, dont la taille est celle de notre Mouton ordinaire, se distingue par ses longues cornes en spirale, s'élevant presque perpendiculairement chez le mâle ; celles de la femelle sont, au contraire, divergentes, presque droites et comme tordues sur leur axe. La laine de ce Mouton, très-abondante, ondulée, mais grossière, n'est propre qu'à faire des fourrures communes. La queue est longue et très-touffue.

Les Moutons valachiens sont communs en Hongrie et en Valachie. Au rapport de Belon, leur race existe aussi dans l'île de Crète.

Le Mouton d'Islande, *O. polycerata*, Linn., que Buffon a désigné sous les noms de Belier et Brebis d'Islande et de Brebis à plusieurs cornes, est remarquable par les variations que présente le nombre de ses prolongemens frontaux ; quelques individus n'en ont que deux comme à l'ordinaire; mais d'autres en ont trois, quatre et même jusqu'à six et plus. Son poil est de trois sortes, et la couleur générale de son pelage est d'un brun roussâtre; seulement le dessous du cou et le devant de la poitrine sont noirâtres ; la queue est également noire. Cette race est particulière à l'Islande et aux îles Féroë ; elle existe aussi en Norwége et en Gothland. D'après Desmarest, c'est à cette race qu'on doit rapporter celle d'Ecosse, désignée sous le nom de *Scothla*, et l'*O. rustica* de Linné ou *O. brachyura* de Pallas.

Le Mouton commun, Buff., Hist. nat., tom. V; *O. ar. gallica*, Desm. Tout le monde connaît si bien cette variété que nous croyons inutile d'en donner une description; nous nous bornerons à indiquer

(1) Le poids de cette loupe graisseuse s'élève, selon quelques voyageurs, jusqu'à trente ou quarante livres.

les principales races métisses qui proviennent du mélange de nos Moutons avec les races espagnole, anglaise et flamande.

La première que l'on distingue est la race *Flandrine*, à taille haute et longue : c'est celle qui provient du croisement du Belier des Indes et que nous avons déjà signalée sous le nom de *Mouton du Texel*. La seconde est la *Solognote*, à tête fine, effilée et menu, ordinairement sans cornes; ayant la laine frisée à l'extrémité des mèches seulement. On en compte une troisième, ou la *Bérichonne*, à cou allongé, ayant la tête sans cornes et couverte d'une véritable laine seulement sur le sommet; celle du corps est fine, blanche, serrée, courte et frisée. Une quatrième, qui est la *Roussillonnaise*, participe de la race Mérinos par sa laine très-fine, à filamens contournés en spirale. Desmarest pense qu'elle a été croisée avec les Mérinos. Enfin, l'*Ardennaise*, la *Normande* et beaucoup d'autres qu'il serait trop long de citer, sont au nombre de celles qu'on distingue des précédentes.

Le Mouton mérinos ou Mouton d'Espagne, *O. hispanica*, Lin., représenté dans notre Atlas, pl. 593, fig. 2. Cette race, la plus estimée parce que ses qualités la rendent supérieure aux autres, a des cornes très-fortes, très-grosses, et formant une spirale régulière sur les côtés de la tête. Sa taille est moyenne, ses formes arrondies; sa tête large; son chanfrein médiocrement busqué; partout sa laine est épaisse, très-fine, abondante, fort douce au toucher, pleine d'une exsudation graisseuse ou de suint, tassée et composée de filamens contournés en tire-bouchon, élastiques, moins longs, mais beaucoup plus fins que ceux des races communes; sa couleur est d'un blanc sale.

Cette variété, mêlée avec toutes les races propres au sol de France, a produit un nombre infini de variétés à laine moins fine et plus longue que la sienne, et appelées demi-Mérinos. Généralement répandue en Espagne, elle paraît pourtant, d'après des documens historiques, tirer son origine de troupeaux importés de Barbarie. Teissier, dans son Instruction sur les bêtes à laine, a eu particulièrement cette race en vue et en a donné des détails fort curieux. « En Espagne, dit-il, la race de Mérinos est en grande partie transhumante, c'est-à-dire qu'on la fait voyager durant la plus grande partie de l'année. Les races léonèses, parmi lesquelles se trouve la *Cavagne* ou la plus distinguée, et celle de *Négrète*, après avoir été cantonnées pendant l'hiver auprès de Merida, en Estramadure, sur la rive gauche de la Guadiana, se mettent en marche vers le 15 avril, par divisions de deux à trois mille têtes, passent le Tage à Almarès, et se dirigent sur Villa-Castin, Trescasas, Alfaro, l'Espinar et autres résidences, pour y être tondues. Cette opération étant faite, chaque division se remet en route vers le royaume de Léon, pour y être distribuée par troupes de cinq cents bêtes dans les pâturages de Cervera, près d'Aquilar del Campo. Dans cette marche, les troupeaux se suivent sans s'embarrasser. Les races les plus estimées, parmi les sédentaires, sont habituellement sur les deux revers des gorges de la Guadarrama et de Somo-Sierra, et aux environs de Ségovie. » L'histoire de cette race a été exposée très au long à l'article qui la concerne. (*Voyez* Mérinos.)

Le Mouton anglais, *O. ar. anglica*, Desm.; *O. anglicana*, Linn. Cette variété, à laine fine et très-longue, est sans cornes; sa queue est longue et pendante, et le scrotum des mâles est très-volumineux. « Elle est métisse, dit Desmarest, et provient de croisemens d'une race anglaise originaire (qui a presque entièrement disparu) avec des beliers et des brebis d'Espagne et de Barbarie, croisemens qui ont eu lieu dès les temps de Henri VIII et d'Elisabeth. »

Les sous-variétés que l'on distingue parmi les Moutons anglais sont aussi nombreuses que celles de nos races de France. L'on peut aussi dire, en général, que leurs bêtes à laine offrent des produits qui sont autant estimés que ceux des Mérinos. Cela tient aux soins qu'ils apportent dans la manière de former et d'élever leurs troupeaux.

La race de *Dislhey*, la plus précieuse de toutes, est remarquable par la longueur et la finesse de sa laine, et par une disposition à s'engraisser très-jeune. La Grande-Bretagne compte encore bon nombre de variétés : les unes, telles que celles de *Lincolnshire*, de *Tees-Water*, de *Dartmoor*, fournissent une laine propre au peigne; et les autres, à laine plus grossière, sont celles de *Dorsetshire*, du *Hercfordshire* et du *Southdown*.

Telles sont les principales variétés et sous-variétés admises par la plupart des auteurs. Quelques naturalistes ont cru qu'on pourrait rapporter parmi les Moutons la Chèvre cossus de M. de Blainville, et le Bouc de la Haute-Egypte de F. Cuvier, que ces deux savans placent dans le genre Chèvre. Mais l'un et l'autre de ces animaux sont encore trop peu connus, pour qu'on puisse décider si réellement ils appartiennent aux Moutons plutôt qu'aux Chèvres : quant à nous, nous avons cru devoir les laisser avec ces dernières à cause de leur plus grande analogie de caractères (*voy.* au mot Chèvre); et d'ailleurs, l'un d'eux, le Bouc de la Haute-Egypte, ne peut pas prendre place à côté des Moutons, puisque, d'après les observations du professeur Gené, il manque de cet appareil qu'il a signalé, appareil qui paraît être exclusivement propre aux Moutons. (Z. G.)

MOUTON. (écon. rur.) Un des plus beaux résultats de l'économie rurale est celui qu'elle a obtenu par la culture des bêtes à laine; aussi l'éducation des Moutons mérite-t-elle d'en être considérée comme l'une des principales branches, et doit-elle fixer sérieusement l'attention des agriculteurs. « De tous les animaux domestiques de la » Grande-Bretagne, dit Brown, le Mouton est de » la plus haute importance productive, tant pour » l'état en général que pour le fermier, parce que » cet animal peut être élevé dans des localités et » sur des sols où d'autres animaux ne pourraien » subsister, et aussi parce qu'en général son édu-

» cation offre plus de bénéfice que l'on ne peut en » obtenir de l'éducation ou de l'engrais du bétail. » La toison seule offre un produit accessoire que » l'on ne peut attendre d'aucune autre espèce de » valeur productive. » On peut dire de presque toute l'Europe ce que Brown dit de l'Angleterre en particulier. Partout cette vérité a été sentie, et partout on semble avoir éprouvé que la richesse des nations est tout entière dans l'agriculture, dans cette branche de l'agriculture surtout qui, tout en fournissant à nos besoins journaliers, en servant l'industrie et le commerce, favorise encore notre luxe.

Depuis long-temps, en France, on avait proclamé la nécessité d'améliorer les races ovines indigènes, en les croisant avec les races exotiques les plus estimées. On indiquait l'Espagne comme pouvant seule satisfaire à cette nécessité. Mais, la race Mérinos qui s'y perpétuait ayant une origine peu connue, les cultivateurs, que des calculs étroits dominent toujours, crurent que ce n'était qu'avec le temps que cette race avait pu acquérir, par les seules influences des localités, toutes les qualités qui la distinguaient dans ses diverses variétés; et de là les préjugés qui si long-temps s'opposèrent aux améliorations. Nous possédions de temps immémorial des races de Moutons qui donnaient des laines d'une assez grande finesse et d'une longueur remarquable. Le Roussillon, le Berri et la Flandre fournissaient tous les draps fins qui se consommaient chez nous et chez nos voisins; mais nos laines, soit par le mode de conduite auquel on assujettissait partout les Moutons, soit par le peu de soin qu'on en avait, au lieu de s'améliorer, se détérioraient graduellement, et seraient peut-être arrivées à un degré d'infériorité absolue, si, vers le milieu du siècle dernier, quelques hommes éclairés n'avaient jeté les yeux sur les vices de notre pratique, publié de bons écrits, et engagé le gouvernement à s'occuper particulièrement de cet important objet.

On fit, à différentes époques, des efforts pour perfectionner nos Moutons; mais ils ne furent pas suivis avec la constance nécessaire, et n'eurent pas tout le succès qu'on aurait pu en attendre. Ce ne fut bien qu'en 1766 que Trudaine, administrateur aussi instruit qu'ami de son pays, employa le moyen le plus sûr de réussir, en s'adressant à Daubenton, célèbre naturaliste, qui sur-le-champ démontra la possibilité de la chose par des expériences authentiques, et qui, plus tard, publia son Instruction pour les bergers et les propriétaires. Cependant l'utilité d'avoir en France des Mérinos n'était point encore généralement sentie, lorsque le bureau central d'agriculture vint fixer toutes les opinions, par la publication d'un ouvrage qui militait fortement en faveur de la race d'Espagne (1). On ne put nier les brillans succès obtenus sur les troupeaux de Rambouillet, qui, étant arrivés en France en 1786, n'avaient cessé de se perfectionner chaque année, au lieu de se détériorer (1). L'Instruction sur les bêtes à laine, et particulièrement sur la race des Mérinos, de Teissier, suivit avantageusement une foule d'écrits qui depuis 1766 avaient paru sur ce sujet, et dont l'utilité était de jour en jour constatée par les heureux résultats qu'on obtenait. Depuis lors ils s'accrurent tellement en France, que toutes les nouvelles instructions sur ces animaux devinrent non seulement utiles pour leur conservation ou leur amélioration, mais plus encore pour en étendre l'emploi. C'est au point qu'en 1818, d'après Chaptal, le nombre des Mérinos était de 766,510, celui des métis, de 3,678,748, sans compter les Moutons communs qui s'élevaient à 30,843,852. Enfin, dans un rapport au Roi le 28 mai 1823, M. de Villèle disait : « Il est bien établi qu'à présent la France possède un grand nombre de troupeaux espagnols, et qu'ils suffisent à tous les besoins. » Depuis, ce nombre s'est bien accru, et l'amélioration a, si l'on peut ainsi dire, marché vers un perfectionnement qu'elle n'avait pas encore atteint.

Les Anglais, nos devanciers en fait d'industrie, avaient, avant nous, senti la nécessité de l'amélioration et avaient agi en conséquence. Ce serait une erreur de croire qu'ils aient eu de tous temps les mêmes qualités de laines qui font aujourd'hui la plus importante branche de leur commerce. Comme nous, et avant nous, ils tirèrent, à différentes reprises, des Beliers et des Brebis d'Espagne; mais Henri VIII et sa fille Elisabeth, doivent être regardés comme les principaux fondateurs du système qui régit encore l'Angleterre à cet égard, puisque ce sont eux qui firent venir le plus de Moutons, qui rédigèrent les réglemens et les instructions les plus sages relativement à leur conduite, et qui commencèrent à promulguer la série des lois prohibitives qui tendaient à assurer à ce pays la possession exclusive des moutons perfectionnés. Si d'un côté la différence du climat, des pâturages, etc., a altéré la laine de leurs troupeaux provenus de la race d'Espagne, en la rendant plus grossière, d'un autre côté cette laine a beaucoup gagné en longueur.

L'Angleterre a donné le jour à un grand nombre d'ouvrages sur les bêtes à laine : on le conçoit. Tant de moyens d'amélioration tentés dans son sein, tant de succès obtenus, ont dû être consignés soit dans ses annales générales, soit dans des écrits particuliers. Ce petit coin de terre, qui tient un si grand espace sur le globe, comme dit M. de Mortemart-Boisse, dans son Traité sur les races ovines de la Grande-Bretagne, renferme des races de Moutons de tous les degrés de croisemens; il compte même des races pures indigènes. Nous ne citerons que celle que Bakewell passa quarante années à pétrir, pour

(1) L'instruction fut rédigée par MM. Cels, Dubois, Gilbert, Huzard, Labergerie, Teissier et Vilmorin. Les deux éditions de cette instruction parurent, la première en 1797, et la deuxième en 1799.

(1) L'introduction des Mérinos en France n'est pas due, comme on semble le penser vulgairement, à notre invasion en Espagne. D'après Teissier (Mém. sur l'importation en France des Chèvres à duvet de Cachemire), c'est Louis XVI qui, le premier, introduisit chez nous un troupeau de ces animaux.

ainsi dire, celle qui est devenue le type améliorateur des espèces à longue laine, la race de Dishley enfin, qu'il nomma nouvelle race de Leicester, (New-Leicester). C'est celle qui est la plus estimée de toutes, après le Mérinos.

La France s'efforce d'acclimater aujourd'hui cette race sur son sol. Bien que plusieurs essais jusqu'ici aient été malheureux, il est plus que certain qu'elle possède un grand nombre de localités favorables à son éducation, et peut-être n'est-ce que parce qu'on n'a pas toujours su choisir avec assez de discernement ces localités, que quelques propriétaires ont vu les résultats tromper leur espoir. Il est donc à croire que l'introduction des Dishley réussira là surtout où le Mouton mérinos a le plus de peine à prospérer; du moins telle est l'opinion des directeurs de l'association rurale de Naz, MM. Girod (de l'Ain), Perrault de Jotemps, etc. : l'éducation des races anglaises pourra être ainsi, en de certains lieux, une précieuse ressource pour l'agriculture. Mais il est incontestable que l'éducation des Mérinos offre de bien plus grands avantages dans les nombreuses localités qui leur sont favorables en France, et que, par conséquent, c'est elle qui doit être le plus particulièrement encouragée. Depuis plusieurs années on a aussi introduit dans quelques bergeries françaises des types améliorés de Saxe ou d'ailleurs, et les heureux résultats obtenus à Naz ou dans les colonies de Naz doivent convaincre de plus en plus sur les avantages de l'amélioration.

Enfin les états du nord de l'Europe ont aussi pris des moyens propres à perfectionner leurs troupeaux de Moutons. Si leurs succès n'ont pas surpassé les nôtres, ils les ont au moins égalés. On trouve dans un excellent ouvrage de M. Lasteyrie, rédigé dans les vues de faire valoir les avantages que présente l'introduction des Mérinos dans les pays froids, quelle est la position dans laquelle se trouvent, à cet égard, ces divers états. Nous le répétons encore, partout on semble avoir éprouvé que la principale richesse d'une nation est tout entière dans cette branche de l'agriculture.

Après avoir exposé d'une manière un peu trop succincte, peut-être, l'histoire des progrès de l'économie rurale, relative aux races ovines, principalement en France; et après avoir indiqué quelles étaient celles dont l'exploitation a offert jusqu'ici et offre encore le plus d'avantage; nous allons entrer dans quelques détails relatifs aux soins à donner aux troupeaux, et indiquer le petit nombre de pratiques que l'on met en usage pour leur conservation ou leur prospérité; mais comme la première des choses consiste à se procurer des bêtes à laine, c'est par le choix d'un troupeau que nous commencerons.

DU CHOIX D'UN TROUPEAU.

Ce choix ne se borne pas seulement à la possession de belles et bonnes races, il consiste encore à ne se procurer que des bêtes qui puissent être en rapport, quant à leur nombre et quant à leur nature, avec le terrain que l'on possède. La connaissance du sol sur lequel on doit élever des Moutons est donc de première importance, si l'on veut que les améliorations soient promptes, les maladies rares, et par conséquent le bénéfice grand. Tous les sols ne sauraient convenir à toutes les races : un troupeau de bêtes à grand corsage dépérira promptement et finira par s'anéantir sur des terres légères, graveleuses et peu fertiles; tandis que sur un terrain fertile et gras, pourvu de prairies abondantes, où les arrosemens sont bien dirigés, sans qu'il y ait nulle part des eaux stagnantes, on peut sans danger, et avec la certitude qu'elles y réussiront, y mettre des brebis de grande taille telles que celles de Souabe, de Flandre, de Hollande, ou les grandes races de Lincolnshire, de Dishley, etc. Sur un terrain moins fertile que celui qu'on vient de supposer, mais bien égoutté, assis sur un coteau ou sur des plaines à terres légères, graveleuses, mélangées de terreau, la grande race à laine fine des environs de Thun, en Suisse, peut y prospérer. Les Berrichones ou races du Berri réussissent aussi très-bien sur de pareilles terres, qui sont encore convenables aux petites races de montagnes et aux Mérinos.

Quant à cette dernière, comme c'est celle qui est le plus cultivée, nous l'aurons principalement en vue. Il n'y a pas de pays en Europe où cette race n'ait réussi. On a placé des Mérinos dans toutes les parties de la France, au sud, au nord, à l'est et à l'ouest, dans les plaines, dans les vallées, sur les coteaux, sur les montagnes même élevées, près de la mer, dans des positions exposées à toute la violence des vents comme dans celles qui sont abritées, et nulle part, lorsqu'on en a pris soin, ils n'ont souffert et ne se sont détériorés; on en a vu même qui, abandonnés ou laissés exprès dans des îles pendant plusieurs années, ont conservé leur forme et leurs caractères primitifs. Il est à faire observer pourtant que les lieux absolument mouillés ne leur conviennent pas, et qu'ils y sont sujets à la pourriture. (*Voy.* plus bas MALADIES DES BÊTES A LAINE.) D'ailleurs, en général pour toutes les races, on doit soigneusement éviter de les tenir dans des lieux bas et humides. Si l'on a un pareil terrain que l'on veuille pourtant utiliser, il faut donner surtout de l'écoulement aux eaux qui y séjournent, par des fossés, des puisards, des saignées, et se procurer, en faisant des prairies artificielles, le moyen de fournir aux troupeaux des alimens abondans. Outre que la race Mérinos peut vivre sur tous les sols, dans tous les climats, et cela sans se détériorer, sans que la qualité et la quantité de la laine en souffrent, elle offre encore l'avantage de pouvoir être conservée plus longtemps que toutes les autres; car la vie dans ces animaux est fort longue. On voit beaucoup de brebis, pour ne pas dire toutes, à moins d'un accident, qui vont jusqu'à quinze ans, et qui conservent leur fécondité pendant tout ce temps.

Faire ressortir toute la supériorité d'une race, c'est indiquer le choix de cette race pour la formation d'un troupeau. Nous ne prétendons pourtant pas persuader qu'il faille pour cela abandonner la culture des autres races estimées, parce qu'il n'en est aucune qui, avec des soins bien dirigés, ne puisse réussir; mais nous avons trop d'exemples de beaux succès obtenus soit à Rambouillet, soit chez MM. de Jotemps et Girod (de l'Ain), de Gessaint, de la Chapelle, du baron Louis, Bourgeois, Ganneron, Teissier, etc., pour ne pas conseiller l'exploitation de cette race avant toutes les autres. Ainsi donc, lorsqu'on peut se procurer des Mérinos en assez grand nombre pour en constituer un troupeau, il n'y a pas à balancer : l'abondance et la qualité de la laine, la valeur intrinsèque des animaux, et la facilité avec laquelle ils s'acclimatent partout, sont des motifs bien propres à encourager. Bien souvent, il est vrai, les moyens d'un propriétaire ne lui permettent pas d'acquérir un troupeau uniquement de race pure, tandis qu'il peut, au contraire, se rendre possesseur de belles races indigènes : nous verrons, en parlant des améliorations et des perfectionnemens, ce que la pratique commande de faire en pareil cas.

Mais une bonne race ne saurait constituer un bon troupeau, si l'on était indifférent pour le choix des individus. Il suffit de dire que la docilité, la santé, les formes, les forces et l'âge sont à considérer dans ce choix, pour montrer combien il est essentiel. Ceci est applicable à toutes les races; car toujours la bonté et la beauté des bêtes à laine, quelles qu'elles soient, seront dépendantes de ces qualités.

La *docilité*, en rendant les animaux familiers, et en les habituant à nous voir sans frayeur, est non seulement un avantage pour la sûreté des enclos, mais encore est un indice de la disposition qu'ont les Moutons à engraisser plus facilement, et dans une proportion de nourriture très-favorable aux nourrisseurs.

Quant à la *santé*, il est inutile de dire que sans elle il n'y a pas de troupeau possible. Il est certain que, si l'on fait achat d'animaux qui aient un germe de maladie ou un vice de conformation organique, on les verra bientôt se détériorer et dépérir. Un Mouton se porte bien lorsque son œil est vif : il faut, après que l'on a placé l'animal entre les jambes et après avoir, par une légère pression, forcé sa paupière supérieure à se retourner, que l'on aperçoive les veines dont le blanc de l'œil est parsemé, colorées d'un rouge vif et se détachant vigoureusement sur un fond blanc non terne, et sans teinte bleuâtre : il faut aussi que le grand angle de l'œil soit rose et les veines de cette partie vivement colorées. Les gencives doivent être très-rouges et l'haleine douce et sans mauvaise odeur; le corps couvert d'une laine fortement adhérente à la peau et élastique; la peau elle-même, à l'examen, sera d'un beau rose sans boutons de gale ou de dartre, mais pourvue d'un suint abondant, ce qui est à la fois un signe de santé et de finesse de toison. Enfin on doit toujours avoir bonne opinion d'un Belier, ou d'une Brebis qui aura de la vivacité; qu'on aura eu de la peine à saisir, et qui se sera débattu avec vigueur lorsqu'on l'aura arrêté par la jambe.

Pour rejeter les vices de conformation, rien n'est plus aisé, lorsqu'ils sont extérieurs : mais il peut arriver que, trompé par les apparences, on fasse choix d'individus qui cachent une mauvaise organisation : pour les éviter autant que possible, on doit s'attacher aux *formes*.

En parlant de ces dernières, nous mettrons de côté toute question de goût ou de mode, et nous n'aurons en vue que l'utile; alors ce qu'on est convenu d'appeler type de beauté, quant à la forme, doit disparaître devant les qualités plus essentielles d'un animal, et ces qualités, d'après Henry Cline et quelques autres savans auteurs et praticiens étrangers, sont une poitrine large et profonde, ce qui indique un grand développement des poumons; or c'est du volume et du bon état de ces organes que dépendent la force et la santé : un animal qui a de grands poumons trouve dans une quantité d'alimens donnée plus de nourriture qu'un autre, et il est par conséquent plus facile à engraisser. La forme du thorax doit approcher de celle d'un cône, ayant son sommet situé entre les épaules et sa base vers les reins; ce qui semblerait indiquer, ainsi que le fait remarquer M. de Jotemps, que ce n'est pas précisément par la largeur du poitrail qu'on peut juger de celle de la poitrine, mais bien plutôt par la largeur des reins. Le bassin doit être vaste chez la femelle, afin qu'elle puisse mettre bas plus facilement; quand cette cavité est petite, la vie de la mère et celle du fœtus sont en danger. La grandeur du bassin se reconnaît à la largeur des hanches et de l'espace qui existe entre les cuisses; la largeur du bas des reins est toujours proportionnée à celle de la poitrine et du bassin. Lorsque la tête est petite, le port est aussi plus facile; et il y a encore en cela cet autre avantage, que la petitesse de la tête indique généralement une race améliorée. La longueur du cou doit être en rapport avec la hauteur de l'animal, afin qu'il puisse pâturer avec plus de facilité. Pour la force, ce n'est pas la grosseur des os, mais bien celle des tendons et des muscles, qui l'indique. Beaucoup d'animaux, dont les os sont gros, sont néanmoins faibles, parce qu'ils ont de petits muscles, et qu'ils appartiennent en général à des races communes.

Voilà pour les caractères des formes et de la force : nous devrions peut-être dire ici quelques mots des qualités du lainage, mais nous préférons n'en parler qu'en indiquant quelles sont les conditions particulières d'un bon étalon (*v.* plus bas Accouplement).

Le *sang* ou pureté du sang, ce qui est synonyme, ou à peu près, de *race pure*, est d'une trop grande importance, pour qu'on doive le négliger. Aujourd'hui il est incontestablement établi que, sous le rapport de la ressemblancce, les animaux engendrent en arrière (selon l'expression anglaise, *breed back*), c'est-à-dire reproduisent le caractère de leurs ancêtres; il devient donc indispensable que la généalogie des beliers qu'on emploie soit le moins douteuse possible pendant une longue suite de générations. « Ce point d'une noble ascendance est si important, que plusieurs éleveurs, comptant sur l'effet de la pureté du sang, préfèrent un étalon défectueux d'ailleurs, mais offrant toute garantie sous le rapport de cette pureté de sang, à tout autre d'un sang ancien, quoique plus beau et moins bien conformé (*British Farmer Magazine*, t. 9, pag. 178).

L'*âge* a également son importance et doit être pris en considération lorsqu'il s'agit de former un troupeau. L'animal ANTÉNOIS (*voy.* ce mot et BELIER) est préférable à tout autre sous bien des rapports; d'abord parce qu'il indique ce qu'il pourra devenir, ensuite parce qu'à cet âge il s'acclimate mieux que celui qui est plus vieux; et ensuite parce que sa toison offre un produit bien supérieur à celui des années suivantes, attendu que l'usage n'étant pas de tondre les Agneaux, leur laine se trouve avoir de quatorze à quinze mois de crue. Pourtant il serait peut-être prudent, en supposant que les Brebis soient anténoises, de n'acquérir les Beliers que plus tard, à l'âge de deux ou trois ans, à moins qu'on ne soit à même de pouvoir empêcher toute communication entre eux et les Agnelles. Mais quels sont les signes auxquels on peut reconnaître l'âge des bêtes à laine? Ces signes sont indiqués pendant les trois premières années par les dents de devant ou incisives et par l'état de détrition plus ou moins avancé de leurs dents de remplacement. Nous allons entrer dans quelques détails à ce sujet.

Les Moutons n'ont de dents incisives qu'à la mâchoire inférieure; un bourrelet cartilagineux en tient lieu à la mâchoire supérieure. La première année, il paraît huit incisives, qui sont des dents de lait: l'animal porte alors le nom d'agneau ou d'agnelle selon qu'il est mâle ou femelle. Il naît avec ces huit dents, ou s'il lui en manque quelques unes, elles ne tardent pas à percer. La seconde année, les deux pinces qui occupent le milieu, et qui sont ainsi nommées parce qu'elles pincent l'herbe mieux que les autres, tombent pour être remplacées par deux nouvelles, plus larges que les six qui restent. La troisième année, les deux premières mitoyennes, c'est-à-dire celles qui viennent après les pinces, tombent à leur tour; il leur en succède deux larges, en sorte qu'il y a alors quatre dents larges et quatre de lait. La quatrième année, les deux secondes mitoyennes ont le même sort et disparaissent en faisant place à deux larges; enfin, la cinquième année, les deux coins ou les deux qui sont les plus externes ne subsistent plus, et les huit dents sont toutes des dents larges. La chute des deux premières dents de lait chez les Mérinos est plus hâtive: elle précède le plus souvent de six mois l'époque de celle des races indigènes. Quand les cinq ans sont accomplis, on peut encore tirer quelque indication de l'état des dents. Elles s'usent alors soit d'une manière oblique, en dedans, soit dans un sens horizontal; dans ce cas elles sont comme limées sur leur bord tranchant: il se forme aussi des brèches, le plus souvent entre les deux pinces, ou à leur extrémité. Enfin, les coins, la longueur relative des dents en général, et leur forme, qui, au lieu de rester pyramidale, tend à devenir cylindrique, peuvent encore faire juger de l'âge. Les Mérinos, par un avantage de leur constitution sans doute, gardent leurs dents plus long temps que les autres races, quoique chez eux la chute des dents de lait ait eu lieu bien plus tôt. On ne peut, comme on l'a cru, tirer aucun indice de l'âge des Beliers d'après les cercles qui se montrent à la surface de leurs cornes; car ils se font d'une manière très-irrégulière et trop variable. L'âge des bêtes à laine, jusqu'à une époque où il peut être utile de le connaître, se traduit donc, comme on le voit, d'une manière trop sensible, pour être méconnu.

Tels sont les principaux indices qu'on ne doit jamais perdre de vue lorsqu'il s'agit du choix des individus. Mais un propriétaire ne doit pas se borner seulement à devenir possesseur d'un troupeau, il faut encore que, savant en théorie, s'il ne l'est en pratique (ce qui peut s'acquérir plus tard), il agisse dans son intérêt, de manière à perfectionner ou à améliorer son troupeau.

AMÉLIORATION ET PERFECTIONNEMENT.

Rien n'est plus modifiable que la race ovine, tant sous le rapport de sa conformation que sous celui du caractère de son lainage; avec divers systèmes de croisemens bien arrêtés, et suivis avec persévérance, on peut créer une infinie variété de races, qui, au bout d'un certain nombre d'années, deviendront constantes dans leur reproduction, tout comme celles qui existaient avant elles. Ainsi, on peut à son gré abaisser ou élever la taille, diminuer ou augmenter le poids de la charpente osseuse; affiner la toison ou la rendre plus grossière, en raccourcir ou en allonger la mèche, rendre le brin plus ondulé ou plus lisse, etc., etc. On peut encore, ce qui est plus facile, maintenir une race dans un état constant de beauté, et même faire qu'elle se perfectionne. Ces résultats s'obtiennent de deux manières: par l'amélioration proprement dite, qui consiste à croiser deux races différentes; et par le perfectionnement, qui tend à rendre plus parfaite la race que l'on possède, en choisissant toujours, pour les accoupler, les sujets les plus parfaits, soit en formes, soit en toisons: c'est ce que les Anglais appellent renouveler la race par la race même. On a beaucoup agité la question de savoir lequel est préférable des deux systèmes de reproduction, dont l'un consiste à améliorer en dedans de la même famille et l'autre en dehors, par des croisemens de familles différentes. De l'avis des savans praticiens qui dans ces derniers temps ont écrit sur cette manière, l'un et l'autre de ces systèmes doivent être pratiqués avec avantage, suivant les circonstances.

Le *perfectionnement* offre une marche si simple, que nous croyons devoir ne pas nous étendre plus au long à ce sujet.

Quant à l'*amélioration*, c'est ordinairement par le croisement de Beliers étrangers de race pure avec des Brebis communes, qu'on l'obtient. On sait en général que, dans le règne animal, l'influence des mâles sur les produits de la génération est considérable. Quoique dans l'union des deux sexes le mâle et la femelle contribuent à la formation du fœtus, cependant les premières générations ont, d'une manière plus apparente, les caractères du père; aussi lorsqu'on veut avoir continuellement une race distinguée, il est nécessaire de ne choisir pour la monte que des étalons qui jouissent des qualités qu'on désire perpétuer (nous verrons en parlant de l'accouplement quelles sont ces qualités). Cependant on se tromperait fort si, ayant en vue la grandeur de la taille, on croisait, pour l'obtenir, de gros Beliers avec de petites Brebis. Des expériences nombreuses, dont les résultats peuvent être maintenant considérés comme incontestables, ont fait voir que, pour perfectionner les formes d'une race d'animaux domestiques et en élever la taille, il faut accoupler les femelles les plus grandes et les mieux conformées de la race que l'on possède, avec des étalons relativement plus petits qu'elles.

Toutes les races sont susceptibles d'arriver au plus haut degré de perfection de la laine; mais les unes plus tôt, et les autres plus tard. La race roussillonnaise est, parmi les françaises, celle qui y parvient en moins de générations; dès la troisième, sa laine est aussi forte et aussi belle que celle des Mérinos. On peut considérer comme venant après, la berrichonne, la solognote et l'ardennaise. A la vérité, leur laine rare, et les toisons des métis qu'on en obtient sont moins pesantes que celles de plusieurs races à laine plus grosse; elles sont aussi de petite taille, ce qui, comme on peut le prévoir d'après ce que nous venons de dire, est un désavantage sous le rapport des formes. D'ailleurs quelques races de femelles qu'on adopte, il faut toujours, pour commencer un croisement, prendre les individus les plus distingués et les mieux portans.

Il n'est pas rare que, dès la première génération, on ait des productions égales ou presque égales en beauté aux Beliers employés à la monte, non seulement par la finesse de la laine, mais encore par les formes du corps. Ce n'est là qu'une exception. La masse des Agneaux issus des croisemens n'a qu'un degré de finesse qui, de génération en génération, doit augmenter. Une précaution à prendre, si l'on ne veut pas obtenir des insuccès, c'est de couper soigneusement tous les mâles avant qu'ils soient en état de se reproduire : plus bas nous verrons comment se pratique cette opération. Les femelles métisses doivent toujours être alliées à des Beliers de race pure, sans quoi l'amélioration rétrograderait au lieu de faire des progrès.

M. Morel de Vindé, dans un mémoire sur les moyens de généraliser en France les troupeaux de Mérinos (Ann. d'agricult., t. 34, p. 1), a parfaitement démontré la possibilité d'obtenir au bout d'un certain nombre d'années une quantité considérable de bêtes à laine de race entièrement pure, en formant ce qu'il appelle *des troupeaux de progression*, c'est-à-dire en mêlant à des *Brebis* communes, outre le nombre de Béliers mérinos suffisant pour les croiser, quelques Brebis de cette belle race. Il en résulte que la première année on a deux classes d'animaux : savoir des mâles et des femelles Mérinos, produits par les Beliers et les Brebis de race pure, et des mâles et des femelles métis, issus de l'accouplement de Beliers mérinos avec des Brebis communes. Si on a commencé avec des Brebis mérinos et qu'on ait consécutivement accouplé leurs produits femelles avec les plus beaux étalons de la même race, on peut, au bout de onze ans, compter un troupeau de trois cent bêtes à toison riche, qui se trouvent ainsi avoir remplacé les espèces communes ou métisses dont on se sera défait successivement d'année en année. Il n'entre pas dans le plan de cet ouvrage de donner tous les raisonnemens dont s'est servi M. Morel de Vindé pour prouver qu'on peut arriver à ce résultat. Nous renvoyons au Mémoire qu'il a publié à ce sujet.

ACCOUPLEMENT ET SES RÉSULTATS.

Mais pour que les améliorations soient heureuses, pour qu'un troupeau soit réellement une propriété d'un grand produit, que de soins sagement combinés! que de peines ne se donne-t-on pas! On a affaire à des êtres dont il faut pour ainsi dire régler les désirs; car il n'est pas indifférent pour leur prospérité que le rapprochement des sexes ait lieu à telle ou telle époque, quel que soit le climat sous lequel ils vivent. C'est une chose dont on doit bien se pénétrer : le temps de l'accouplement ne saurait être le même partout. Ici c'est au printemps, là au commencement de l'été, ailleurs en automne. Les Brebis sont en état d'engendrer à un an et les Beliers à dix-huit mois; mais on ne fait produire les premières qu'à deux ans, et l'on ne permet aux Beliers de couvrir leurs femelles qu'à trois ans, époques auxquelles ils ont acquis toute leur croissance. Le choix de l'étalon est une chose importante, nous ne saurions trop le répéter. Le plus apte à la génération est le plus fort, le plus robuste, celui qui a la tête la plus grosse, le cou le plus épais et les cornes les mieux développées (1). Si l'on tient à conserver la qualité de la laine ou à l'améliorer, il est nécessaire de choisir, pour faire couvrir les Brebis, des Beliers revêtus de la toison la plus fine et la plus longue, parce que ces mâles ont, comme nous l'avons déjà dit, une grande influence sur les caractères que présentent les Agneaux.

Dans presque toute la France, on choisit ordinairement pour la monte les mois de septembre, d'octobre et de novembre, afin d'avoir des Agneaux en février, mars et avril, époque où l'herbe nouvelle, tendre et abondante convient le mieux à la nourriture de ces jeunes animaux et de leur mère. On a remarqué (et ce fait se retrouve avec d'autres exemples dans quelques espèces d'animaux étrangères à celles dont nous parlons), on a remarqué, disons-nous, que les Brebis un peu maigres conçoivent plus facilement que celles qui sont grasses. En général, l'accouplement chez les Moutons est très-prompt; aussi est-on dans l'usage de le laisser se renouveler plusieurs fois.

(1) On ne doit pas oublier que c'est le Mérinos qui nous occupe plus particulièrement.

L'ardeur

L'ardeur des boucs en amour est presque passée en proverbe ; celle des Beliers n'est pas moins remarquable : un seul peut servir, lorsqu'il est fort, une trentaine de Brebis sans s'épuiser : pourtant, pendant l'époque de la monte, on ne saurait trop les bien nourrir. C'est alors qu'il convient surtout de leur donner une nourriture saine et abondante; la vigueur qu'ils y puisent influe puissamment sur leurs produits.

« Quoique les Brebis redeviennent en chaleur quinze jours, un mois, deux mois même après que les premières chaleurs sont passées, il n'est point du tout certain, dit Teissier, que la fécondation soit alors aussi sûre, et que les Brebis offrent à la seconde et à la troisième chaleur les conditions auxquelles tiennent la force, la bonne constitution du fœtus. » On a remarqué cent fois que lorsqu'on donnait aux Brebis le Belier long-temps après les premières chaleurs, beaucoup n'étaient point fécondées. Il est aussi d'expérience générale que les Agneaux les premiers nés sont constamment plus vigoureux, qu'ils parviennent surtout à une taille plus élevée que les derniers nés. Ces seules observations doivent suffire pour faire sentir que le propriétaire d'un troupeau doit, dans son intérêt, retarder le moins possible les époques que la nature assigne aux races ovines pour leur reproduction.

Gestation. Les Brebis une fois couvertes doivent être l'objet de soins particuliers, pour que celles qui ont conçu ne soient pas exposées à avorter, ce qui malheureusement a fréquemment lieu chez ces animaux. Dire les causes de l'avortement, c'est indiquer les soins qu'il faut prendre afin de le prévenir. Les unes sont naturelles et les autres accidentelles. Les causes naturelles sont le tempérament et la constitution particulière des femelles. Une bête vigoureuse avorte, parce que le sang se porte en trop grande quantité et avec trop de force vers les vaisseaux de la matrice, et occasione le décollement des placentas; une autre quand, trop faible, elle ne fournit pas assez de sang pour la nourriture du fœtus. M. Teissier pense qu'on préviendrait l'effet de ces deux causes en saignant la bête trop forte, en lui donnant moins d'alimens, et en fortifiant par un bon régime celle qui est d'un tempérament contraire. Les causes accidentelles sont des maladies aiguës ou chroniques, une marche forcée, un temps défavorable, des coups reçus sur le ventre, etc., en un mot tout ce qui, agissant d'une manière directe sur la Brebis, est capable de réagir sur la matrice. D'après cet exposé, il est facile de voir ce qu'il y a à faire pour prévenir ces dernières causes.

Agnèlement. Lorsque la gestation, qui est de cinq mois ou cent cinquante jours, suit son cours naturel, ce qui est le cas le plus ordinaire, il faut, un mois ou deux avant l'agnèlement, redoubler de soins, mieux nourrir les Brebis pleines, les séparer de celles qui ne le sont pas, les moins exposer aux intempéries de l'atmosphère, et puis quand le moment de mettre bas est arrivé, ce qu'on reconnaît au gonflement des parties naturelles et aux *mouillures* qui sortent par la vulve, il convient de retenir les bêtes à la bergerie. Ordinairement elles agnèlent sans difficultés ; la nature seule opère, et l'art est inutile ; d'autres fois, au contraire, une fausse position du fœtus, un état particulier de la mère, rendent les secours du berger indispensables. Quelques momens après l'agnèlement, on offre à la mère de l'eau blanche tiède, de bon foin ou de l'herbe fraiche, suivant la saison ; en un mot, on doit pourvoir son râtelier d'une bonne nourriture. Dans nos pays les Brebis ne font ordinairement qu'un petit, et ne produisent qu'une fois l'année ; mais dans quelques contrées des pays chauds, certaines races ont deux Agneaux par portée, et les portées se renouvellent deux fois.

Des Agneaux. Après leur naissance, faibles et pour ainsi dire frileux, les Agneaux ont besoin des soins de leur mère ; ils ont surtout besoin d'une température douce, sans être trop chaude, pour que la première impression de l'air n'agisse pas trop violemment sur eux. Quelques heures après, on leur présente le pis de la mère qu'on a eu le soin de dépouiller des poils qui quelquefois l'environnent, pour que ces poils qu'ils pourraient avaler ne déterminent pas par la suite dans leur caillette des égagropiles (1).

Lorsque la mère n'a pas assez de lait pour nourrir son Agneau, on ne doit pas épargner alors pour elle les meilleurs fourrages, l'avoine, l'orge ou le son ; au cas que ce supplément d'alimens ne suffise pas, ce qui arrive rarement, surtout lorsque les Brebis portières (2) ont été bien tenues, on donne pour nourrice à l'Agneau une autre mère qui aurait perdu le sien. La même chose se pratique pour les Brebis qui, ayant deux Agneaux, ne pourraient les nourrir sans s'épuiser, et pour celles qui deviennent mères avant d'avoir pris toute leur croissance. D'ailleurs, à défaut de nourrice, un Agneau peut fort bien s'élever au biberon avec le lait de Vache ou de Chèvre. Un intérêt mal entendu porte quelques propriétaires, surtout dans les pays méridionaux, à traire les Brebis pour faire des fromages : cette pratique est sans nul inconvénient lorsque les Agneaux n'ont plus besoin de lait ; mais dans le cas contraire on ne peut traire une mère qui allaite sans nuire au développement de son nourrisson.

L'époque du sevrage varie selon la saison dans laquelle ils sont nés ; le plus ordinairement c'est au bout de deux mois. Avant de les priver du lait de la mère, on doit les accoutumer à prendre à la bergerie de la nourriture soit en grain, soit en fourrage choisi. Mais une attention de la plus

(1) On donne ce nom à des substances quelquefois entièrement arrondies, quelquefois un peu allongées, couvertes d'une croûte grisâtre, et répandant une odeur de fiente. Si l'on ouvre une de ces substances, on y voit un amas de filamens entortillés, et comme feutrés, formés de brins de laine qu'avalent les Moutons, soit en se léchant, soit en prenant sur le dos des autres des épis ou bourres de fourrages.

(2) On appelle Brebis portières celles qui sont destinées au port, ou, comme l'indique le mot *portière*, celles qui portent.

grande importance pour le succès du sevrage, tant pour les Brebis nourrices que pour les Agneaux, c'est d'effectuer le sevrage peu à peu et par gradation : lorsqu'il se fait brusquement, il en résulte souvent des engorgemens laiteux pour les mères, et les Agneaux, mis sans transition à la nourriture sèche, dépérissent sensiblement. Ceux-ci se fortifieront si on les fait sortir de temps en temps, les jours et aux heures où il fait beau. Les ébats qu'ils prennent en plein air leur procurent de l'appétit et développent leurs membres.

On ne saurait trop recommander, pour le succès des améliorations, de séparer, avant l'âge de six mois, les Agneaux mâles des Agnelles; sans cette précaution, comme ces animaux sont aptes à la reproduction de très-bonne heure, il en résulterait des accouplemens plutôt nuisibles que favorables à la santé des Beliers et des Brebis. On doit aussi châtrer tous les métis avant qu'ils soient arrivés à la pureté du sang, et tous les jeunes mâles de race qu'on ne voudrait pas garder pour étalons. C'est ici le lieu de parler de la castration et de quelques autres petites opérations en usage dans les bergeries.

DE QUELQUES OPÉRATIONS PRATIQUES.

De la castration. C'est en bistournant les organes de la génération dans les mâles, c'est-à-dire en les tordant fortement, ou en liant d'une manière très-serrée les cordons spermatiques, de manière à ce que les testicules et les bourses tombent en gangrène et se détachent du corps, ou bien encore en les enlevant au moyen d'un instrument tranchant, qu'on opère la castration. On la pratique ou sur des mâles encore Agneaux, ou sur des Beliers qui ont plusieurs années. La première méthode est employée sur des Beliers de trois ou quatre ans; la seconde sur ceux qui sont plus âgés et qui ont servi à la monte, et la troisième sur les Agneaux. On sait qu'un des résultats de la castration des mâles, est de rendre leur chair plus agréable et de les disposer à engraisser plus facilement. Leur chair est bien meilleure lorsqu'ils sont châtrés jeunes que quand ils sont âgés ou qu'ils ont servi d'étalon. Dans quelques pays, on châtre aussi les Brebis en leur ôtant les ovaires à l'âge de six semaines : elles portent alors le nom de *Moutonnes*.

Amputation des cornes. « Les cornes, que la nature a données au Belier pour se défendre, lui deviennent non seulement inutiles, mais encore incommodes et nuisibles dans l'état de domesticité; elles l'empêchent d'engager sa tête entre les fuseaux du râtelier; elles blessent très-fréquemment les Brebis dans le passage des portes, et il n'est pas rare qu'elles deviennent funestes aux Beliers dans les combats qu'ils se livrent entre eux. » Aussi, dans beaucoup d'endroits, est-on dans l'habitude de les leur couper. Pour ce faire, deux procédés sont en usage : l'on peut amputer avec une scie à poignée, ou bien avec une gouge et un maillet; mais cette dernière méthode entraîne ordinairement trop d'embarras, et l'amputation avec la scie doit lui être préférée.

C'est à un an que se fait ordinairement cette opération. Il n'est pas rare que les cornes, en repoussant, viennent à toucher quelques parties de la tête, qu'elles gênent beaucoup, dans lesquelles même elles finiraient par s'enfoncer, si l'on n'avait la précaution de faire une seconde amputation.

Section de la queue. Cette partie de l'animal est, dans les bêtes à laine, un fardeau plutôt incommode qu'utile, et sa section présentait assez d'avantages pour n'être pas négligée. C'est à un mois ou deux qu'on coupe la queue aux Agneaux, et c'est à trois ou quatre pouces de son origine que cette opération se pratique : il a été constaté qu'il ne serait pas sans danger de la couper trop près de l'anus, parce qu'en découvrant trop cette partie, il arrive que des insectes y pondent des œufs qui donnent naissance à des vers.

Marques des bêtes à laine. On ne peut, dans bien des cas, se dispenser d'adopter pour les Moutons des signes qui les fassent reconnaître, surtout lorsqu'on veut joindre à d'autres bêtes à laine celles dont on est possesseur, pour former ce qu'on appelle un troupeau de communauté. On marque ces animaux sur les diverses parties du corps : à la face, à l'oreille, sur le chignon, sur le garrot, sur la croupe et sur les flancs. Les marques les plus durables sont celles qu'on fait à la face avec un fer chaud, et à l'oreille, en la perçant ou en emportant une partie. Celles qu'on imprime sur la laine, avec du noir ou du rouge, s'effacent par le serein, les pluies, la poussière ou la boue, et ont besoin d'être renouvelées chaque année après les tontes; de plus elles ont l'inconvénient de tacher plus ou moins les toisons.

Nous parlerons encore ici de la *tonte*, opération qui a pour but de dépouiller les Moutons de leur toison. Comme la mue sert de règle de conduite en pareille circonstance, c'est-à-dire comme c'est au moment où ces animaux commencent à perdre leur laine qu'il faut la leur couper, il en résulte que le moment précis de la tonte varie selon les climats, l'état de l'atmosphère et même l'âge. Dans les pays chauds et dans les années précoces, la chute de la laine est plus hâtive que dans les pays froids ou dans les années tardives; par conséquent, ici la tonte aura lieu plus tard, et là plus tôt : les bêtes vieilles muent aussi bien avant les jeunes. D'ailleurs, règle générale, on doit tondre, lorsqu'en écartant les mèches de la vieille laine, on voit poindre la nouvelle.

Les opinions varient sur la question de savoir ce qui convient le mieux, ou de faire des lavages à dos (*voy.* LAINE) avant la tonte, ou de ne pas en faire. Quelques agronomes pensent que la laine doit préalablement être débarrassée du suint et des ordures qui la salissent; d'autres croient que ces deux objets sont un préservatif contre les larves des Teignes, et conseillent de n'en débarrasser la laine qu'au moment de s'en servir. Quoi qu'il en soit, la meilleure manière de tondre les Moutons, suivant Daubenton, dans son Instruction pour les bergers, consiste à coucher ces animaux sur une table percée de trous, par lesquels passent les courroies qui leur assujettissent les jambes et à leur enlever la laine le plus près possible de la peau avec une espèce particulière de ciseaux qu'on appelle *forces*. Lorsque, selon la méthode commune, on couche à terre l'animal, et qu'on lui lie ensemble les quatre jambes, on est exposé à le blesser bien plus souvent, et à voir salir la laine par son urine et ses excrémens ; mais le même inconvénient peut avoir lieu lorsqu'on emploie la méthode de Daubenton; et de plus, on tond moins d'individus en un jour : c'est dire lequel des deux procédés doit être préféré.

Les grandes chaleurs et les pluies froides sont dangereuses pour les Moutons pendant la première huitaine qui suit la tonte, surtout pour ceux qui sont habitués à vivre dans des bergeries bien closes; aussi faut-il prendre des précautions convenables pour leur éviter des maladies qui résultent ou de la trop grande chaleur ou de la trop grande humidité, et ne les conduire aux champs que par un temps doux, calme et non pluvieux.

Nous avons déjà dit, à l'article LAINE, ce qu'il convient de faire pour la conserver lorsqu'elle est coupée, et nous renvoyons à cet article.

Mais toute pratique ayant pour but l'amélioration, tous soins tendant à assurer la propagation des espèces, tout choix judicieusement et heureusement fait, doivent être comptés pour bien peu de chose, si l'on néglige quelques règles d'hygiène, tendant à conserver la santé des animaux : nous trouverons ces règles dans la conduite et la nourriture des troupeaux aux champs.

CONDUITE ET NOURRITURE DES TROUPEAUX AUX CHAMPS.

Le temps pendant lequel on conduit les troupeaux aux champs dépend du climat, et les moyens de subsistance en pacage ne sont pas les mêmes partout. Ici on mène les bêtes à laine dans les bruyères, les landes ou les garrigues; là dans les friches ou les terres incultes; ailleurs, on leur abandonne des jachères, les regains des prairies, etc.; enfin beaucoup d'économes font pour leurs troupeaux des ensemencemens en graines céréales, telles que seigle, orge, avoine, vesce, etc. A ces différences entre les manières de faire vivre les bêtes à laine dehors, s'en joint deux autres, savoir : la qualité des herbes, qui ne sont pas également nutritives, et l'étendue des terrains destinés au pacage. On a souvent agité la question de savoir combien on peut nourrir de bêtes à laine par arpent. Il est difficile de répondre à cela d'une manière positive : si pourtant on consulte les anciennes lois rurales, on voit qu'un arrêt du parlement de Bourgogne permet par arpent une Brebis et son Agneau, et qu'un réglement de celui de Paris détermine seulement une bête. Ce qu'on peut dire, c'est qu'il vaut mieux se borner à un nombre inférieur à celui que le sol est capable de nourrir pendant les saisons de printemps, d'été et d'automne, que d'en avoir davantage.

Il est de la plus grande importance de ne pas faire sortir le troupeau avant que la rosée soit entièrement dissipée; on s'exposerait à le perdre. La plante encore mouillée dont se nourrit le Mouton lui donne un embonpoint qui n'est que factice et qui est bientôt suivi de la pourriture. Cependant on est quelquefois forcé de faire sortir ces animaux par les temps humides; mais alors on doit choisir, pour les y conduire, les terrains les plus élevés, les genêts, les bruyères, les coteaux les mieux exposés, et, autant qu'il sera possible, ne les faire sortir qu'après avoir apaisé la première faim avec des fourrages donnés au râtelier. Les terrains bas et humides, ceux qui, couverts d'eau l'hiver, se dessèchent l'été, doivent leur être interdits jusque vers le milieu du jour, alors qu'ils sont parfaitement secs : encore faut-il, pour ainsi dire, les faire traverser seulement.

« Les pâturages les plus riches, les plus abondans en herbe, sont toujours ceux dont il faut se défier le plus : il est surtout extrêmement dangereux de faire paître les troupeaux sur les prairies artificielles; la luzerne, et le trèfle encore plus, occasionent aux bêtes à laine des gonflemens qui les font périr en très-peu d'heures, pour peu surtout que ces plantes soient mouillées. On ne peut donc les écarter avec trop de soin de ces sortes de pâturages, et si l'on est forcé de s'en servir, on doit seulement les parcourir, sauf à y ramener le troupeau plusieurs fois le même jour, et toujours pour quelques instans seulement. » Quelquefois, malgré cette précaution, on voit quelques bêtes atteintes de météorisme : dans ce cas on ne doit pas hésiter à les jeter dans l'eau et à les faire courir. Lorsqu'après avoir donné un demi-verre d'huile à l'animal malade, le gonflement ne diminue pas, on provoque l'évacuation du gaz contenu dans l'estomac en enfonçant dans cet organe, du côté gauche, une lame de couteau. La plaie que l'on fait se guérit d'elle-même.

Si les pluies et les rosées ont leur inconvénient, la grande sécheresse et la chaleur ont aussi les leurs, et il est nécessaire de retirer le troupeau du pâturage pendant les heures les plus chaudes de la journée. On lui procure alors un abri, soit sous des arbres, soit dans la bergerie, soit derrière un grand mur.

On ne saurait trop recommander également de faire boire les troupeaux, ceux à laine fine surtout, au moins une fois tous les jours. On ne doit même pas craindre, lorsqu'ils sont bien conduits, c'est-à-dire lorsqu'ils ne sont tourmentés ni par les bergers ni par les chiens, de les voir s'abreuver avec excès. Les eaux claires, légères, courantes, sont celles qu'on doit préférer : l'eau de puits, à défaut de celle de rivière, est également bonne.

Un éleveur vigilant qui prendra toutes ces précautions, éprouvera certainement moins de pertes que celui qui les négligera.

La conduite aux champs expose quelquefois les Moutons à devenir la proie de plusieurs animaux carnassiers. Les Ours et les Loups sont à redouter pour eux; de là la nécessité d'avoir, pour écarter ces grands voleurs de bêtes à laine, des chiens forts et vigoureux, et surtout un berger assez intelligent pour ne pas trop s'enfoncer, avec le troupeau, dans les bois où ces animaux se retirent. Nous verrons plus bas la nourriture qu'il convient de donner à la bergerie.

MALADIES DES BÊTES A LAINE.

Après avoir parlé de la formation des troupeaux, de leur multiplication, et de la manière de les conserver en état de santé, il nous reste à exposer ici les principales maladies auxquelles ils sont sujets. Notre intention n'est pas de faire un traité complet de ces maladies, ni d'entrer dans tous les détails qui les concernent; c'est aux livres vétérinaires à les décrire avec développement; quant à nous, nous ne voulons que donner une sorte de précis, et ne dire que ce qu'il y a d'essentiel pour l'usage habituel des propriétaires de troupeaux.

Les maladies des bêtes à laine sont ou épizootiques, ou enzootiques, ou sporadiques. Par épizootiques, on entend celles qui se répandent sur un grand nombre d'animaux, sans distinction de pays et dans tous les temps; par exemple le claveau, la gale, etc.; par enzootiques, celles qui sont attachées à certaines contrées, et reviennent chaque année aux mêmes époques, telles que la pourriture dans les lieux bas, brumeux et mouillés : elles sont sporadiques lorsqu'elles surviennent sans régularité, et partout indistinctement, à quelques animaux seulement, comme le tournis, etc. Quelques unes de ces maladies sont contagieuses, c'est-à-dire qu'elles se communiquent d'un animal à un autre, par contact médiat ou immédiat, par exemple le charbon, la gale, le claveau, etc.

Indépendamment de ces différentes classes de maladies, il en est d'autres qu'il faut regarder comme accidentelles : les abcès, les tumeurs, les blessures au bas des cornes, les coupures que font les tondeurs, les morsures de chien et les fractures sur quelque partie de l'animal que ce soit, sont de ce nombre.

Avant de parler des symptômes des maladies, et de la manière de les traiter, nous devons dire qu'en général il y a peu à espérer des remèdes internes dans les ruminans; une disposition toute particulière de leur estomac en rend l'emploi presque inutile : la chirurgie vétérinaire est presque la seule que l'on puisse mettre en usage; mais c'est surtout sur les soins hygiéniques qu'on doit le plus compter : un bon régime, beaucoup d'attention, les mesures relatives à la nourriture, au logement, à la conduite des troupeaux, sont autant de moyens qui non seulement conduisent à bien les maladies, mais encore qui les tiennent éloignées.

De la pourriture. De toutes les maladies qui affligent les races ovines, la pourriture est certainement la plus commune, et l'une des plus dangereuses. Cette maladie a presque autant de noms qu'il y a de provinces en France : le *mal de foie*, le *foie pourri*, la *douve*, la *boule*, l'*hydropisie*, la *bouteille*, la *ganache*, le *goître*, la *cloche*, ne sont que la pourriture. L'autopsie de l'animal fait presque toujours découvrir des chairs livides, de l'eau épanchée dans la tête, la poitrine et le bas-ventre; des hydatides à la surface du poumon, qui souvent est décomposé; la vésicule du foie et le foie pleins d'une multitude de vers du genre *Fasciola hepatica.*

Les progrès de la pourriture sont lents; on pourrait s'en apercevoir ou le soupçonner dès le principe si l'on y faisait une grande attention : l'animal qui en est menacé a une démarche languissante, tous ses mouvemens sont faibles; il mange moins que les autres, et ne rumine pas aussi bien. Il serait bon, dans ces momens, de commencer à le soigner pour prévenir les suites de cet état. Quand la maladie est très-avancée, on trouve le soir, sous la ganache, une tumeur aqueuse provenant de la position qu'a tenue toute la journée l'animal. Ce symptôme est un de ceux qui frappent le plus, et il annonce presque toujours une perte prochaine.

Une erreur de nos bergers et d'un grand nombre de cultivateurs, est de croire que cette maladie est occasionée par la douve. Cette plante, étant particulière aux lieux bas, humides ou marécageux, a pu tromper sur les effets produits par le long séjour d'un troupeau dans ces localités; mais si l'humidité, la rosée, les longues pluies, sont en général funestes à des animaux dont le système lymphatique prédomine, il est fort douteux que la douve contribue en rien à leur donner la cachexie aqueuse. « Je croirai plutôt, dit M. de Mortemart, que la maladie qu'on nomme pourriture provient souvent de ce que les animaux, lorsqu'ils sont placés dans les prés marécageux, s'y abreuvent d'une eau stagnante, qu'on remarque souvent dans les lieux où ont habité des bêtes bovines. Le large pied des vaches forme un enfoncement où l'eau vient se placer, et où elle séjourne long-temps sans être agitée ni renouvelée; cette eau, dont la superficie est couverte d'une espèce de croûte de couleur ferrugineuse et changeante, restant ainsi croupie, perd tout son oxygène par l'évaporation; or on sait que l'eau qui ne contient pas une vingt-cinquième partie d'air devient morbifique, et mon opinion est qu'elle peut produire la pourriture, au milieu même du plus ardent été. »

On a des exemples de pourriture que la douve est bien loin d'avoir produite, ce qui détruirait l'opinion de ceux qui prétendent que c'est à cette plante qu'il faut attribuer la cause de cette maladie. L'auteur que nous venons de citer fait mention d'un troupeau élevé dans un lieu très-sec, très-sain, où l'eau était fort rare et où aucune plante nuisible ne paraissait. Ce troupeau offrit pourtant des symptômes de pourriture, et plusieurs animaux même périrent. « La seule cause que j'aie donnée à cette maladie, dit-il, est que le village (où est ce troupeau), éloigné de l'Oise et sans aucune source, ne tire l'eau potable que de puits extrêmement profonds ; la seule manière de désaltérer les bestiaux était donc de les conduire aux sources, qui, desséchées en partie par la chaleur et l'évaporation, ne formaient plus qu'une masse liquide, croupissante et verdâtre, dont les miasmes morbifiques provoquaient la décomposition des humeurs, et leur donnaient la cachexie aqueuse. »

D'après les auteurs qui se sont spécialement occupés des maladies des bêtes ovines, la pourriture serait aussi produite par une hygiène mal suivie, quelquefois par la parcimonie ou la mauvaise qualité de la nourriture, et par l'air infect et la chaleur molle des bergeries. C'est une maladie redoutable qu'il faut combattre par des préservatifs plutôt que par des curatifs, puisqu'elle provient d'une surabondance du fluide aqueux ; il faut éviter de faire séjourner les animaux sur un sol argileux où l'eau reste par flaques, ou sur une terre humide nouvellement remuée. Un des meilleurs moyens de préservation serait d'alterner la nourriture des Moutons, en variant leurs pâturages et en les conduisant de temps à autre sur des pentes où l'herbe est d'une autre nature ; mais lorsque la localité n'en offre pas, il serait bon de donner à ces animaux un peu de persil ou de pimprenelle, le matin, avant qu'ils se nourrissent de l'herbe chargée de rosée. Il serait même à désirer qu'à l'imitation des Anglais, on pût faire entrer ces plantes ombellifères dans la culture de nos prairies. De temps en temps un peu de provende, composée d'avoine, de son et de sel égrugé, est aussi très-favorable à la santé des Moutons placés dans des lieux humides : le sel aiguise leur appétit, facilite leur digestion, et contribue à les préserver de la pourriture. Dans le premier et le deuxième Bulletin de la société d'amélioration des laines, le persil et toutes les plantes ombellifères (les poisons exceptés) ont été indiqués comme préservatifs et même comme curatifs de cette maladie. Un article de M. de Sainte-Fire, inséré dans le troisième Bulletin, indiquait, pour atteindre le même but, l'usage du sulfate de soude calciné. M. de Mortemart-Boisse a donné, dans son Traité sur les races ovines d'Angleterre, la recette d'un nouveau préservatif, que voici : on fait une pâte dans laquelle il entre, pour une bouteille de goudron qui en forme la base, de l'absinthe, du bois de genièvre et du sel parfaitement pulvérisé, de chaque espèce une poignée; on y ajoute un peu d'*assa-fœtida*, des feuilles de laurier (*laurus nobilis*), également réduites en poudre, et la quantité de farine d'orge nécessaire pour, en malaxant le tout avec soin, rendre la pâte très-ferme. Cette composition s'étend sur des billots creusés de dix-huit lignes environ, et élevés au dessus du sol de dix-huit à vingt pouces : on les multiplie en raison du nombre des bêtes à laine, et on renouvelle cette espèce de nourriture deux fois par semaine dans les temps humides.

De la clavelée ou *claveau*, maladie connue aussi sous les différens noms de *caraque*, *clavillière*, *glavelade*, *peste*, *picote*, *rougeole*, *petite-vérole*, etc. Elle est redoutée et justement redoutable, dit Teissier, à cause des ravages qu'elle cause sur les troupeaux : c'est une des plus meurtrières que l'on connaisse. Le claveau tue quelquefois plus de la moitié d'une bergerie, il ne ménage rien : on le voit attaquer, dans toute sorte de pays, les troupeaux nourris, dirigés et conduits de diverses manières ; il ne distingue ni le tempérament, ni le sexe, ni l'âge ; tout y est sujet, tout peut en être la victime. Cette maladie suit une marche régulière ; on y distingue trois temps : celui de l'invasion, celui de l'éruption et celui de la dessiccation. Dans le premier temps, les animaux sont tristes, dégoûtés, languissans, ayant les jambes de derrière rapprochées de celles de devant; ils ne ruminent pas, ont soif et éprouvent une grande chaleur. Dans le second, il paraît sur le corps des boutons qui grossissent par degrés, et qui, rouges d'abord, deviennent blanc-rosâtres; ils sont tantôt bombés et tantôt aplatis ; les premiers se montrent sur les parties dénuées de laine et ensuite sous la laine même ; en quatre ou cinq jours l'éruption est faite. Dans le troisième temps, les boutons se remplissent de pus, se dessèchent, et forment une croûte noire qui tombe dans la suite. On peut distinguer deux sortes de claveau, comme on distingue deux sortes de variole : l'un est benin, et l'autre malin ; celui-ci est ordinairement confluent, c'est-à-dire que les boutons sont petits, abondans et serrés les uns contre les autres; rarement les Moutons qui en sont attaqués en guérissent. On doit attendre la guérison de ceux qui reprennent de l'appétit, après une éruption complète ; et porter, au contraire, un fâcheux pronostic sur ceux dont les boutons prennent une couleur pourpre foncé. Des abcès, le dépouillement de la laine aux endroits où il y a eu éruption, sont d'un bon augure.

Le claveau est aussi contagieux qu'une maladie peut l'être : un rien le communique. Lorsqu'un troupeau en est pris, cette épizootie peut durer trois mois et même plus, les animaux n'étant attaqués que les uns après les autres : on a remarqué qu'il était rare que le même individu contractât deux fois en sa vie la clavelée. Quant aux causes qui la font naître, elles sont encore à déterminer ; du moins, tous les auteurs qui ont écrit sur ce sujet n'ont point été d'accord.

L'analogie qui existe entre le claveau et la petite-vérole est si grande, que quelques vétérinaires ont pensé que ce n'était que la même maladie modifiée, puisqu'avant le seizième siècle elle n'était point connue; puisqu'encore l'une et l'autre se donnent par inoculation. Aussi ce dernier moyen est-il conseillé comme préservatif. Quelques écrivains recommandables ont rejeté d'abord une méthode qu'ils croyaient dangereuse ; mais l'expérience a prouvé combien la clavelisation était efficace, et aujourd'hui on clavelise partout les Moutons. Du moment que cette maladie se déclare, on inocule toutes les bêtes qui n'en sont pas encore sensiblement attaquées ; alors l'éruption suit une marche simple et n'est point aussi dangereuse. Mais la meilleure des précautions est de pratiquer l'inoculation sur les Agneaux après le sevrage. C'est ordinairement aux aisselles ou sous les cuisses qu'on fait cette opération : elle est trop connue, puisqu'elle est en tout semblable à l'inoculation de la vaccine, pour que nous devions la mentionner ici. Les moyens préservatifs consistent encore à séparer les Moutons sains de ceux qui sont malades, à empêcher toute communication, soit médiate, soit immédiate, des uns avec les autres. Quant aux remèdes curatifs, il suffit de donner aux animaux atteints du claveau des infusions de plantes sudorifiques; de les préserver de tout excès de froid et de chaud; de les peu nourrir, et même de les mettre, surtout dans l'invasion, uniquement à l'eau blanche, c'est-à-dire à un peu de farine délayée dans une grande quantité d'eau. Lorsque l'éruption ne se fait pas facilement et que le nombre des malades est petit, un séton au cou est de quelque efficacité.

Pour prévenir les ravages de cette terrible maladie, et pour qu'on puisse prendre promptement des mesures préservatives, le propriétaire d'un troupeau chez lequel le claveau vient de se déclarer, est obligé, sous peine de cinq cents francs d'amende, d'en faire sur-le-champ déclaration au maire de sa commune. Les lois à cet égard ne sauraient être trop rigoureuses, puisque bien souvent la fortune d'un propriétaire en dépend.

De la gale. Les efforts que fait un Mouton pour se gratter avec ses pattes partout où elles peuvent atteindre, à s'arracher la laine avec les dents, à se frotter contre les arbres, les murs, etc., décèlent en lui cette maladie. La peau, vers les endroits qui démangent, est plus dure au toucher; on y sent des granulations; on y voit des écailles blanches ou de petits boutons d'abord rouges et ensuite blancs ou verts. L'opinion des anciens, que les boutons renfermaient un petit insecte (*Acarus scabiei*), a été confirmée par les modernes; mais on est encore à se demander si cet insecte est la cause ou le résultat de cette maladie.

Les étables chaudes et infectes, une mauvaise nourriture, les longues pluies, donnent naissance à la gale; un seul Mouton qui la contracte suffit pour infecter tout un troupeau, si on n'a le soin de le séquestrer.

On a beaucoup préconisé dans ces derniers temps, pour la guérison de cette maladie, les bains fumigatoires du docteur Galés, pris dans des boîtes faites tout exprès pour cet usage. Jusqu'aujourd'hui on avait obtenu d'heureuses cures par des frictions faites avec une espèce de pommade composée de térébenthine, de suif ou de saindoux et un peu de vert-de-gris. Quelques personnes employaient du tabac, de l'huile à quinquet et de la térébenthine, le tout mêlé. D'autres enfin prenaient une livre de savon, un quart de sublimé, bouillis pendant un quart d'heure dans trente-deux litres d'eau, et en faisaient des lotions sur les endroits galeux.

Il est une espèce de gale qui ne cause pas de démangaison, mais qui fait tomber la laine encore plus promptement que celle dont il vient d'être question. Son traitement est le même.

De la maladie du sang ou *chaleur* et *lourdie.* Elle a lieu principalement par l'effet d'une trop grande chaleur, d'une course trop rapide ou trop prolongée, d'une nourriture trop abondante. C'est une véritable apoplexie qui s'annonce par des symptômes très-faciles à reconnaître. Il y a râle, saignement du nez; le globe de l'œil devient rouge; la bouche écumeuse; l'animal baisse la tête, chancelle et bientôt tombe. Le seul remède contre cette maladie est la saignée; on pourrait la prévenir en tenant les troupeaux à l'ombre pendant les fortes chaleurs de la journée.

Du piétin. Le piétin, qui a été confondu par quelques auteurs avec la limace, le crapaud, le fourchet, maladies qui ont également leur siége aux pieds des animaux ruminans, paraît avoir pour cause ordinaire la malpropreté des bergeries, les fumiers, les boues croupissantes, quelquefois les sables brûlans et arides.

On a douté fort long-temps que cette maladie pût être contagieuse; mais les expériences nouvelles, expériences qui ont eu pour but l'inoculation, ne laissent plus de doute à ce sujet; aussi convient-il à un propriétaire de séparer aussitôt du troupeau les bêtes qui commencent à boiter; la tristesse, une propension à rester couchées plutôt que debout, sont, chez elles, des signes certains du piétin. On a employé avec succès le remède suivant : on prend une pinte d'esprit de térébenthine, une once de vinaigre, une de vert-de-gris, de vitriol, de mine de plomb, de salpêtre, d'esprit ou de sel de nitre, d'eau-forte, et une demi-once d'esprit double de nitre distillé : on mêle le tout ensemble en le broyant suffisamment. Après avoir coupé tout ce qui est pourri du sabot, l'on trempe un peu de laine dans cette composition, et l'on en bassine la plaie. M. de Mortemart-Boisse indique une méthode de guérison qui paraît plus simple; elle consiste à couper la corne jusqu'au vif; à laisser saigner, et à laver après avec du vinaigre. Après on saupoudre avec une poudre composée d'un tiers d'arsenic, d'un tiers de vitriol et d'un tiers de vert-de-gris. Quelques morceaux de vieux linge, que l'on renouvelle au bout de plusieurs jours, suffisent pour tout appareil.

On a également proposé quelques autres remèdes qu'il serait trop long de mentionner.

Une foule d'autres maladies affectent encore les races ovines; mais, nous l'avons déjà dit, ce n'est pas un cours de médecine vétérinaire que nous avons ici la prétention de faire; nous avons cru seulement nécessaire d'indiquer les principales maladies, leurs causes, leurs symptômes, et les moyens curatifs employés pour les combattre. Cependant, avant de terminer, nous croyons devoir dire un mot de certaines affections qui, sans être des maladies proprement dites, n'en sont pas moins des incommodités pour les animaux dont il est question; nous voulons parler des insectes parasites, tels que les Poux ou Teignes, etc. Ces animaux, lorsqu'ils sont peu nombreux, n'occasionent point d'inconvéniens graves; mais lorsqu'ils se multiplient trop, ils font maigrir les Moutons, et nuisent au produit de la laine. On les en débarrasse par des lotions faites avec une forte décoction de tabac, ou bien avec des lotions de sulfure de potasse, ou encore avec de légères frictions mercurielles. Pour l'emploi de ce dernier moyen, on ne saurait prendre trop de précautions; car s'il y a trop de mercure, les animaux salivent, et peuvent éprouver les plus fâcheux effets. Les Ténias, les Fasciales hépatiques et les Filaires se multiplient presque autant dans les organes digestifs et respiratoires, que les Teignes sur le corps. Les uns causent quelquefois, par leur trop de multiplicité, des ravages analogues à ceux des hydatides, et les autres, sans trop nuire à la santé de l'animal, ne lui font pas moins éprouver des incommodités passagères.

BERGERIES, HANGARS ET PARCAGES.

Plus un animal est dans des conditions qui le rapprochent de l'état de nature, et moins il est exposé aux maladies qui naissent pour ainsi dire de la domesticité. Il est certain que si, pour les Moutons, on avait toujours adopté un genre de logement autre que celui de ces bergeries mal percées et défectueuses sous tous les rapports, ils n'auraient pas été bien souvent décimés par les cruelles épizooties qui se développent dans ces sortes de cages étroites, peu aérées et malpropres, où chaque soir on les enferme. La preuve en est que les troupeaux qui vivent en plein air, et qui n'ont pour tout abri contre les intempéries des saisons qu'un hangar, sont bien moins exposés aux cruelles maladies dont nous venons de parler. Pourtant, on ne saurait se dissimuler que tous les climats, vu l'état de faiblesse et de débilité auquel nous avons réduit ces animaux, ne sauraient comporter ce dernier mode de logement: aussi les opinions ont-elles été partagées, lorsqu'il s'est agi d'opter pour les bergeries ou pour les hangars. Les uns, parmi lesquels on compte des autorités bien respectables, ont pensé que les premières, construites d'après un plan convenable, c'est-à-dire assez spacieuses pour que les Moutons n'y soient jamais serrés, assez élevées pour que l'air ne puisse y être altéré, assez bien percées pour qu'elles puissent être traversées par des courans, devaient être préférées; parce qu'une bergerie ainsi construite, placée en outre sur un terrain bien sec, attenant à une cour bien close, un peu vaste, dans laquelle les animaux aient la faculté de sortir toutes les fois que leur instinct les y porte, et soigneusement nettoyée, ne peut manquer d'offrir l'abri le plus sûr, le plus commode, le plus sain qu'on puisse se procurer, et dans tous les lieux et dans toutes les saisons. Les autres, ayant appris par l'expérience que les pluies étaient infiniment plus contraires aux Moutons que le froid, ont cru qu'il suffisait de les en préserver, et en conséquence ont conseillé des hangars, des appentis. Ces abris sont certainement propres à leur suffire: l'exemple de l'Angleterre et même de quelques uns de nos cantons, où les troupeaux restent constamment à l'air, ne laisse aucun doute à cet égard. Dans les pays où il fait plus souvent chaud, comme la Provence, le Roussillon, etc., et où les Agneaux ne naissent pas durant le froid, il y a peu d'inconvénient à adopter cet abri pour les Moutons, et même à les tenir toujours à l'air; mais, ainsi que nous venons de le dire, on ne pourrait se conduire de même dans les climats glacés.

« On n'est guère plus d'accord, dit Teissier, sur les avantages du parcage que sur ceux des bergeries, par la raison qu'on veut toujours généraliser des méthodes qui doivent varier à raison des circonstances locales. On peut parquer sans inconvénient et avec beaucoup de bénéfices toutes les bêtes parfaitement saines, pourvu qu'on ne commence à parquer qu'après le temps des froids et des pluies, qu'on laisse les Moutons à la bergerie pendant les premières nuits qui suivent la tonte, et qu'on les y fasse rentrer toutes les fois qu'on est menacé de quelque orage, ou d'une forte pluie. Au moyen de ces précautions, on prévient les rhumes auxquels sont si sujets les Moutons pendant les temps du parc, le flux opiniâtre qui a lieu par les narines, connu sous le nom de *morve*, et plusieurs autres accidens qui sont l'effet de l'arrêt de la transpiration auquel le parcage expose si souvent les animaux. »

Quoi qu'il en soit, cette méthode de parquer les troupeaux semble avoir prévalu chez nos voisins de la Grande-Bretagne. En Angleterre, les bêtes à laine vivent et se fortifient dans les champs; toujours en plein air, hiver, été, en santé comme en maladie; seulement, pour préserver les animaux de la grande chaleur et surtout de l'humidité qui leur est si funeste, on les abrite sous des hangars. En France, Daubenton avait déjà dit qu'il n'y avait aucun inconvénient à parquer en toutes saisons; mais, moins hardis que les Anglais, nous avons cru devoir négliger l'instruction d'un homme savant; aujourd'hui, pourtant, on paraît avoir reconnu qu'il y a quelque avantage dans cette pratique. En effet, si d'un côté le parc des champs exige beaucoup d'attention, de l'autre il offre un double intérêt; car il n'est pas seulement utile pour la santé du troupeau, mais il procure encore un engrais qui est aussi bon que celui des bergeries. L'animal qui couche et séjourne sur le sol, y dépose des excrémens et les émanations d'une transpiration abondante; mais le propriétaire qui adopte le parcage ne saurait se dispenser d'avoir, en même temps, au moins un hangar pour abriter son troupeau pendant les longues pluies.

Il n'est pas nécessaire de dire que toute opération hygiénique tendant à purifier l'air est inutile lorsqu'on n'a pour loger des bêtes à laine que des parcs ou des hangars: il n'en saurait être de même lorsqu'on possède des bergeries. Pour celles-ci, la *désinfection* devient souvent une nécessité; par exemple, dans certaines maladies contagieuses. Dans ces cas il convient de faire des fumigations fréquentes afin de neutraliser ou d'atténuer l'action funeste des miasmes délétères ; mais celui qui sent bien ses intérêts ne doit pas attendre que la mort soit, pour ainsi dire, dans sa bergerie, pour prendre des mesures hygiéniques : il épargnera bien des maladies à son troupeau si de temps à autre il assainit par des fumigations le local où il l'enferme. Plusieurs moyens de désinfection ont été conseillés. L'un consiste à faire évaporer, en le plaçant sur de la cendre chaude, un mélange de cinq gros d'acide hydrochlorique ordinaire et d'un gros de protoxide de manganèse pulvérisé, contenu dans une soucoupe de terre vernissée ou de faïence. Pour l'autre on mêle ensemble dans un gobelet cinq gros d'hydrochlorate de soude (sel commun) pulvérisé et deux gros d'acide de manganèse en poudre; puis on verse sur ce mélange une once d'acide sulfurique à 66°, affaibli par quatre gros d'eau. L'acide nitrique et le nitrate de potasse en poudre à égale quantité (à peu près quatre gros) sont également employés avec succès. Ces diverses fumigations peuvent se faire, avec quelques modifications toutefois, les animaux étant présens ou absens.

De la nourriture à la bergerie. Lorsque, par l'effet des frimas, l'herbe des pâturages devient moins abondante et perd ses qualités, alors on commence par donner aux bêtes à laine, dans la bergerie, un peu d'alimens qu'on augmente graduellement de jour en jour; et plus tard, lorsqu'ils ne trouvent plus d'herbe à paître, on les nourrit entièrement pendant quelque temps. La durée de la nourriture à la bergerie est relative à la latitude du pays : elle est plus longue au nord qu'au midi. Beaucoup d'espèces d'alimens conviennent au Mouton; on peut les diviser en racines, tiges, feuilles et graines. Les racines sont les pommes de terre, les carottes, les panais, les turneps, les betteraves, etc.; parmi les tiges on compte toutes les herbes sèches des prairies naturelles, celles des prairies artificielles, les plantes des céréales, des légumineuses; les feuilles sont celles de la vigne, de l'orme, du frêne, du peuplier, de l'érable, du mûrier, etc.; et les graines sont celles de seigle, de maïz, d'orge, d'avoine, de pois, de lentilles; etc.; le son resultant de la mouture des céréales appartient à cette classe.

Un propriétaire qui a à sa disposition plusieurs sortes d'alimens, doit les faire alterner dans la même journée et en composer des repas séparés; la qualité des uns compense ou aide avantageusement celle des autres. Ainsi, à certaines heures on donne du fourrage sec, et à d'autres des racines ou du grain. On ne peut déterminer facilement les véritables doses de nourriture qui conviennent à une bête à laine, parce que tel foin provenant d'un terrain humide, argileux et bas, est moins riche en principe nutritif que tel autre qu'on aura récolté sur un sol élevé, sec et calcaire; parce qu'encore telle substance nourrit aussi plus ou moins que telle autre. On sait pourtant que deux livres à peu près de foin par jour, accompagnées d'une livre de grains ou d'une livre et demie de racines, peuvent suffire à un Mouton.

L'usage du sel, trop peu répandu en France, produit sur les bêtes à laine en général de très-bons effets, et l'on ne saurait trop inviter les cultivateurs à l'adopter pour leurs troupeaux. On favorise ainsi le goût des Moutons, qui sont très-friands de cette substance, on aiguise leur appétit, et on les préserve souvent de bien des maladies. On peut en donner une demi-once par jour à chaque individu, dans un peu d'avoine ou de son; on le mêle encore à leur boisson. Le sel, donné seul et à la même dose, ne saurait leur être nuisible : une trop grande quantité les expose à des dévoiemens quelquefois fâcheux.

D'après Daubenton, les fourrages secs, longtemps continués, font dépérir les bêtes à laine. « Quoique cette assertion puisse être révoquée en doute, il paraît avantageux, dit Teissier, d'entremêler, autant qu'on le peut, des alimens aqueux avec des alimens secs, et de faire paître l'herbe verte aussitôt qu'elle a poussé. » Une bergerie bien tenue doit être pourvue de baquets peu profonds et placés de distance en distance, pour que les animaux s'y abreuvent : on en renouvelle l'eau deux fois ou pour le moins une fois par jour.

DES MOUTONS SOUS LE RAPPORT DU COMMERCE, DE L'AGRICULTURE ET DE L'ÉCONOMIE DOMESTIQUE.

Il n'est certainement personne qui songe à contester l'immense avantage qu'on peut retirer d'un troupeau bien dirigé, surtout si ce troupeau est de race d'Espagne; aucune entreprise agricole ne présente un produit aussi sûr et aussi considérable. D'abord c'est la laine dont le prix, quoique diminué depuis la multiplication des Mérinos, n'en reste pas moins assez élevé pour offrir un bénéfice *raisonnable* tout en couvrant les dépenses. Après le produit de la laine, c'est celui de la vente des Moutons aux bouchers, ce qui procure, dans quelques localités, aux propriétaires des troupeaux un gain plus important que celui des toisons, sans toutefois que ces Moutons de vente demandent plus de soins que ceux destinés à l'amélioration ou à la monte; au contraire (1). Nous devons dire que c'est ordinairement à l'âge de trois ou quatre ans, dans les pays où l'on élève les Moutons pour la chair, que l'on met ceux qui sont châtrés à l'engrais.

Quelques races s'engraissent plus tôt que d'autres, et quelques individus dans la même race deviennent gras sans qu'on ait pris soin pour cela : ces derniers sont préférables, parce que leur graisse est plus ferme, et leur chair plus savoureuse; mais en général,

(1) Nous aurions pu donner, dans un tableau comparatif, le relevé des dépenses qu'occasione un troupeau composé d'un nombre déterminé de bêtes à laine, et des produits nets qu'il procure; mais la nature et l'étendue de cet ouvrage ne nous permettent pas de le faire; car on conçoit que ce relevé, ne pouvant être entrepris pour une seule race, mais pour plusieurs en même temps, et devant renfermer le résultat des dépenses et des produits de cinq ou six années de suite, afin d'arriver à un terme moyen, qui serait le vrai, entraînerait avec lui l'inconvénient d'abord d'être, à cause de son immensité, d'une exécution typographique difficile, et ensuite d'être peu amusant ou peu intéressant par lui-même.

en général pour réussir à engraisser les Moutons, il faut leur donner une nourriture plus abondante; ils arrivent plus promptement alors au point désirable.

On distingue deux sortes d'engraissement : celui d'herbe et celui de pouture. Pour donner aux Moutons l'engraissement d'herbe, on les met dans des pâturâges très-abondans, un peu humides, s'il se peut; on leur fait prendre beaucoup d'exercice, et on les fait boire souvent. Il faut deux ou trois mois pour qu'ils soient vendables. Le sainfoin d'abord, ensuite la luzerne et le trèfle, sont les plantes les plus propres à produire cet effet.

Pour les faire arriver au même point par l'engraissement de pouture, on leur donne à la bergerie de bons fourrages secs, des graines réduites en farine, telles que de l'avoine, de l'orge, du maïz, etc., du *maton*, c'est-à-dire le résidu de l'expression des huiles de navette, ou de colza, ou de chenevis; ou bien des navets, des choux, des carottes, etc., et on les fait boire abondamment. Les signes qui indiquent qu'un Mouton est gras sont faciles à saisir : il faut qu'en palpant la queue on n'en sente point les vertèbres, que la poitrine et les épaules de l'animal soient, pour ainsi dire, tamponnées, et que le dos soit clairsemé de petites vessies graisseuses.

Quel que soit le moyen employé pour donner la graisse aux Moutons, il faut, lorsqu'ils sont parvenus à un état d'embonpoint satisfaisant, les vendre au boucher; car ils ne vivraient pas trois mois après qu'ils ont acquis toute la graisse qu'ils sont susceptibles de prendre, et mourraient tous de la pourriture. (*Voyez* plus haut Maladies des bêtes a laine.)

Ce n'est qu'après avoir passé par la boucherie que le Mouton devient réellement utile sous le rapport de l'économie domestique.

La Brebis en vie fournit cet excellent Lait (*voy.* ce mot) plus estimé, et avec raison, dans certains pays, que celui des vaches; ce lait qui procure un aliment agréable; dont on fait du beurre d'une blancheur et d'une finesse qui le font rechercher; dont le caséum fournit ces fromages de Rochefort si renommés pour leur délicatesse (*voy.* Fromages); mais morte, ses produits sont bien plus importans. D'abord c'est la graisse, qui, plus ferme et plus blanche que celle de la plupart des autres animaux, est employée, sous le nom de *suif*, pour faire des chandelles, pour hongroyer les cuirs, et pour un grand nombre d'autres objets. Ce sont les boyaux, qu'on emploie non seulement en charcuterie pour faire des saucisses, mais dont on fabrique aussi des cordes pour les instrumens de musique.

« La peau des Moutons n'est pas un article de peu d'importance dans le calcul des bénéfices qu'ils rapportent à un état. On la passe en mégisserie, avec le poil pour faire des fourrures, des housses de chevaux, etc., ou sans le poil, pour en fabriquer de la basane qui sert, soit comme matière première, soit comme instrument, à un grand nombre d'arts. On la passe en corroirie, pour l'employer à faire des gants, des dessus de souliers, des canons de bottes, et beaucoup d'autres articles d'utilité; ou, après lui avoir fait subir quelques opérations particulières, on la met dans le commerce sous le nom de *chagrin*. On la passe au feu pour en faire du parchemin, du velin, etc. Enfin, lorsqu'elle est trop altérée pour en tirer parti sous ces divers rapports, on en fait de la colle-forte. »

La chair, communément appelée *viande*, lorsqu'elle provient d'individus jeunes et châtrés, est aussi saine qu'agréable. Elle se prête facilement à toutes les modifications que lui fait subir l'art culinaire : elle est la nourriture habituelle des peuples du Midi, et fait un des articles les plus importans de ceux du Nord (1). Sanctorius s'est assuré sur lui-même qu'elle est plus propre qu'aucune autre à favoriser la transpiration.

Les Agneaux fournissent une viande qui n'a pas l'inconvénient d'être dure comme l'est quelquefois celle qui provient d'un vieux Mouton; mais elle a bien moins de saveur et se digère bien plus difficilement. On a constaté que la chair des Moutons provenant des pays chauds était bien meilleure au goût : ce qui expliquerait le grand usage qu'on en fait dans le Midi. Les peaux d'Agneaux sont fort recherchées pour fourrure, et dans quelques cantons du nord de l'Asie, on tue même les Brebis pour avoir celle des petits qu'elles portent dans leur ventre, parce que la laine de ces derniers est plus fine et plus blanche que celle des agneaux venus à terme.

Enfin, en *agriculture*, on doit compter pour beaucoup l'engrais que procure à un champ le troupeau que l'on possède. L'analyse chimique a démontré que le fumier de Mouton contient plus de carbone qu'aucun de ceux fournis par les animaux domestiques : il est par conséquent le plus actif de tous. On l'emploie principalement avec avantage sur les terres froides. On a constaté qu'un terrain d'un quart d'arpent, où un troupeau de huit cents Moutons a été parqué pendant huit jours, est suffisamment fumé. Outre ces avantages qui résultent en grande partie du parcage (*voy.* plus haut Bergeries, Hangars et Parcages), on trouve dans cette pratique une économie considérable de paille, chose qui n'est pas sans quelque importance pour le propriétaire.

Telles sont les considérations que nous avions à donner sur les Moutons, principalement sous le rapport de l'économie rurale. Loin de nous l'idée d'avoir rempli, d'une manière complète, le cadre que nous nous sommes tracé : telle n'a jamais été notre intention. Nous n'avons pas oublié que nous devions donner un résumé, toutefois avec le plus de détails et le plus de clarté possible, de ce que la pratique, ou, si l'on peut dire, la science de l'économie relative aux races ovines, possède de faits propres à instruire de ce qui convient pour

(1) A Paris seulement, on tue par an trois cent quarante mille Moutons; qu'on juge d'après cela combien doit être grande la consommation de ces animaux dans les pays où, les races bovines étant rares, ils deviennent presque la nourriture exclusive du peuple.

leur prospérité, et non pas faire un traité spécial complet pour l'instruction des propriétaires de troupeaux. Il suffit donc que nous ayons indiqué ce qu'il est le plus important de connaître sous le point de vue pratique, pour que nous croyions avoir rempli notre tâche; il est inutile de dire dès lors qu'un grand nombre de détails purement secondaires, et qui vraiment ne pouvaient offrir qu'un bien faible intérêt, même à celui qui voudrait élever des bêtes à laine, ont été négligés.

Nous devons ajouter encore que le mode d'exposition que nous avons adopté nous a paru convenir le mieux pour un article qui renferme des faits pratiques si divers et si nombreux. D'ailleurs, dans un long exposé comme celui-ci, la coupe par sections ou espèces de chapitres est très-propre à aider l'intelligence du lecteur, et offre de plus l'avantage de pouvoir faire trouver sans trop de recherches ce que l'on désire connaître. (Z. G.)

MOUVEMENS ISOCHRONES. (PHYS.) *Voyez* PENDULE.

MOZAMBÉ, *Cleome.* (BOT. PHAN.) Genre de la famille des Capparidées et de l'Hexandrie monogynie, très-voisin des Crucifères par la structure de son fruit; il se compose de plus de cinquante espèces, croissant dans les diverses contrées du globe. Tel qu'il a été institué par Linné, il présente certaines anomalies d'organisation qui ont conduit M. De Candolle à y faire plusieurs coupes génériques, qui toutefois, par leur intime connexion, forment un groupe ou une tribu dans la famille des Capparidées.

La tribu des CLÉOMÉES de M. De Candolle, ou le genre *Cleome* de Linné, renferme des herbes ou arbrisseaux à feuilles ordinairement composées, et recouvertes d'un duvet glanduleux et visqueux. Leurs fleurs ont pour caractères : un calice de quatre sépales, couverts, caducs; une corolle de quatre pétales; ordinairement six étamines, quelquefois davantage ou seulement quatre, tantôt rapprochées des pétales, tantôt insérées sur le pédicelle de l'ovaire; un ovaire porté sur un pédicelle ou *torus* plus ou moins long; un stigmate sessile, capité; une capsule siliculiforme stipitée ou presque sessile, à une loge contenant plusieurs graines.

Cette tribu se compose de quatre genres, savoir :

Le *Cleome*, caractérisé par six, rarement quatre étamines; un torus presque hémisphérique; une silique déhiscente, stipitée dans le calice ou quelquefois sessile.

Le *Cleomella*, qui se distingue du précédent par sa silique plus courte que le calice qui l'enveloppe.

Le *Peritoma*, dont le calice, fendu en travers à sa base, présente quatre dents au sommet; ses six étamines sont monadelphes inférieurement.

Enfin le *Gynandropsis*, dont les étamines sont insérées sur le torus de l'ovaire. (L.)

MOZAMBIQUE. (GÉOGR.) On nomme ainsi la partie de la côte orientale d'Afrique située entre les pays de Sofala et de Zanguebar, vis-à-vis l'île de Madagascar. L'embouchure de la Zambèze et le cap Delgado fixent à peu près ses limites au sud et au nord. Elle dépend des Portugais, qui y possèdent quelques forts et des territoires assez vastes, mais peu peuplés. La race nègre y domine; on n'y voit presque pas d'Arabes, et l'on peut dire que Mozambique fut la limite de leurs établissemens sur ces côtes. L'histoire naturelle, autant qu'elle est connue, n'y diffère pas de celle de l'Afrique occidentale; les Portugais nous ont appris seulement que la poudre d'or et les dents d'éléphant s'y récoltaient avec abondance.

Mozambique, petite île située sur la côte, possède un bon port qui est le centre du commerce portugais dans ces parages; outre l'or et l'ivoire, les esclaves, il faut bien le dire, en sont les principales denrées.

L'insalubrité de Mozambique, telle que les Portugais y envoyaient autrefois leurs condamnés à mort, a diminué le nombre de ses habitans, qui pour la plupart s'établissent à *Mesuril*, dans la baie voisine.

Les principaux chefs indigènes de la côte de Mozambique sont ceux de *Sereima*, *Saincoul* et *Quintangone*. (L.)

MOZINNA. (BOT. PHAN.) Genre de la famille des Euphorbiacées et de la Dioécie monadelphie, L., établi par Ortega, et adopté par A. de Jussieu dans sa Monographie, avec les caractères suivans : calice à cinq divisions; corolle urcéolée à cinq lobes et cinq glandes intérieures; dans les fleurs mâles, huit à treize étamines, soudées inférieurement par leurs filets; dans les fleurs femelles, un style bifide, terminé soit par deux stigmates larges et échancrés, soit par quatre stigmates linéaires; une capsule environnée du calice, formée de deux coques monospermes, dont l'une avorte quelquefois.

Cavanilles, dans les *Icones* (tom. V, tab. 429 et 430) a figuré les deux espèces connues de ce genre, dont il a changé le nom en celui de *Loureira*; ce sont des arbrisseaux du Mexique, à feuilles stipulées alternes, entières ou lobées, à fleurs axillaires ou terminales, et munies de bractées; ils exsudent un suc gommeux, analogue à celui des autres Euphorbiacées. (L.)

MUCÉDINÉES. (BOT. CRYP.) Les Mucédinées composent dans la Cryptogamie une tribu de végétaux qui certes méritent toute l'attention et toutes les recherches des naturalistes, mais sur lesquels cependant la science possède encore peu de connaissances certaines, tant sur leur structure interne que sur leur mode de développement et de reproduction. On sait seulement, qu'ainsi que les Conferves, ces végétaux ont l'aspect de tubes plus ou moins allongés, simples ou rameux, continus ou divisés en plusieurs loges par des cloisons transversales; qu'ils croissent et vivent sur des corps de nature fort diverse, le plus souvent organiques et en décomposition. C'est ainsi qu'on trouve des Mucédinées sur les bois et les feuilles qui commencent à se pourrir, sur des matières fermentescibles, sur des pierres humides, etc. Quelques unes se rencontrent également sur les feuilles vivantes. Comment adhèrent ces plantes sur les corps qui leur servent d'appui et de moyens végétatifs? c'est ce qu'on ne sait pas encore. Comment se reproduisent-elles? même ignorance, même incertitude. Cependant il est probable que les Mucédinées se perpétuent à l'aide de séminules très-fines, provenant de plantes semblables, et qui, portées par les vents, se développent lorsqu'elles ont été posées dans un lieu, sur une substance capable de favoriser leur croissance.

D'après ce que nous venons de dire de l'étude peu avancée des Mucédinées, il semblerait tout naturel de terminer là ce que nous étions chargés d'en publier dans le Dictionnaire pittoresque; mais nous n'avons pas cru devoir en agir ainsi et passer sous silence les recherches et l'opinion de M. A. Brongniart sur cette partie de l'Histoire naturelle générale. Nous allons donc, avec ce savant, faire connaître la disposition et le mode de formation des séminules dans les divers groupes que renferment les Mucédinées; puis nous donnerons les caractères généraux de la famille, et ceux des tribus en particulier.

Dans les deux premières tribus, les Phylliriées et les Mucorées, les séminules sont renfermées dans les tubes; dans les dernières surtout, on voit les filamens transparens et cloisonnés qui les composent se renfler à leur extrémité, de sorte que la dernière cellule forme une vésicule ordinairement sphérique. Cette vésicule est d'abord remplie d'un liquide laiteux qui bientôt devient grumeleux et forme les séminules, ou dans lequel, du moins, les séminules se développent, à peu près comme les granules qui remplissent les grains de pollen se forment ou se déposent dans les cellules qui garnissent les loges de l'anthère.

Les séminules sont parfaitement libres dans l'intérieur de ces vésicules; aucun filament ne les fait communiquer avec les parois de ces tubes; bientôt la vésicule membraneuse qui les renferme se rompt, et les sporules se répandent au dehors; les sporules, ainsi échappées de l'intérieur de la vésicule, sont évidemment nues; aucune partie de la plante qui les a produites ne les recouvre.

Outre la vésicule terminale que nous venons de décrire, quelques genres (*Thammidium*, *Thelactis*, etc.) présentent des filamens secondaires beaucoup plus petits que le filament principal qui porte la vésicule; ces filamens se renflent également à leur extrémité; mais au lieu de former une grosse vessie arrondie, il n'y a qu'un petit renflement qui ne paraît contenir qu'une seule sporule.

Les vraies Mucédinées (*Acremonium*, *Verticilium*, etc.) ont des sporules qui se développent comme celles des rameaux latéraux de quelques Mucorées, et il est probable qu'il en est de même dans quelques autres genres, comme les *Fusisporium*, *Epochnium*, *Cladobotryum*, etc. Nous ne poursuivrons pas plus loin les nombreuses variétés de mode de développement des sporules.

Dans la quatrième tribu, les Byssacées, les filamens sont généralement plus forts, plus solides, persistans, opaques ou peu transparens, et le plus souvent non cloisonnés. Tous les genres de cette tribu n'offrent pas de sporules, et chez ceux qui en présentent, elles sont tantôt petites, globuleuses, et paraissent naître de l'intérieur des filamens; tantôt elles sont renfermées dans des sporidies transparentes, cloisonnées, ressemblant beaucoup à celles de certaines Urédinées.

Enfin, dans les Isariées, cinquième et dernière tribu des Mucédinées, les filamens, analogues du reste à ceux des autres genres de la même famille, sont réunis soit en membranes, soit en un capitule arrondi, simple ou rameux, sessile ou porté sur un pédicule également formé par des filamens entrecroisés. Ces filamens, soudés plus ou moins complétement, deviennent en général libres vers la périphérie, et sont couverts de sporules libres très-fines, ou peut-être de sporidies très-petites.

Caractères de la famille des Mucédinées. Sporules simples, nues, portées sur des filamens ou rameaux continus ou cloisonnés, quelquefois renfermées dans leur intérieur et formant des sporidies monospermes ou rarement polysporées.

Caractères des tribus.

Ire. Phylliriées. Filamens simples, continus, renfermant les sporules dans leur intérieur, naissant sur les feuilles vivantes.

IIe. Mucorées. Filamens transparens, cloisonnés, fugaces, se renflant à l'extrémité en une vésicule membraneuse qui renferme les sporules.

IIIe. Mucédinées vraies. Filamens distincts ou lâchement entrecroisés, transparens, fugaces, souvent cloisonnés; sporules renfermées dans les derniers articles des filamens qui se séparent à la maturité ou qui sont libres à la surface.

IVe. Byssacées. Filamens distincts, souvent très entrecroisés, opaques, continus ou rarement cloisonnés; sporidies éparses à la surface des filamens ou formées par leurs articles.

Ve. Isariées. Filamens réunis et soudés entre eux d'une manière régulière et constante; sporules éparses à leur surface.

Toutes ces tribus renferment un grand nombre de genres et n'offrent d'intérêt qu'à un petit nombre de botanistes cryptogamistes qui veulent étudier cette branche de la science avec détail. Nous ne donnerons donc pas les caractères de ces genres, et nous résumerons tout ce que cette famille offre d'intéressant au mot Mucor, qui est le nom primitif sous lequel les auteurs ont fait connaître ces végétaux. Ce genre Mucor a ensuite été subdivisé et a donné lieu à l'établissement de la famille des Mucédinées décrite ci-dessus. (F. F.)

MUCILAGE. (chim.) Les gommes dissoutes ou tenues en suspension dans l'eau constituent les *Mucilages*, que l'on emploie ordinairement dans les pharmacies, soit comme intermèdes, soit comme topiques.

Les Mucilages sont des corps visqueux, plus ou moins transparens, fades, plus ou moins colorés, solubles dans l'eau, insolubles dans l'alcool, etc. On les prépare par solution à froid ou à chaud (ceux de gomme arabique ou de gomme adragant); par décoction (ceux de racines de guimauve, de graines de lin, de semences de psyllium, de fenugrec, de gremil, de coings, de lichens, etc.). Les Mucilages ayant beaucoup d'analogie avec les gommes proprement dites, nous renvoyons pour plus de détails sur leurs caractères chimiques au mot GOMME. (F. F.)

MUCIQUE (ACIDE). (CHIM.) L'acide Mucique, découvert par Schéele en 1780, est blanc, pulvérulent, peu soluble dans l'eau froide, davantage dans l'eau bouillante, non volatil, peu sapide, etc. Il donne à la distillation un autre acide particulier, empyreumatique, que le chimiste que nous venons de nommer prit pour de l'acide benzoïque ou de l'acide succinique, que Trommsdorf compara également à de l'acide benzoïque, mais qui ne fut réellement bien connu que dans ces derniers temps par Houton-Labillardière, qui le nomma *acide pyromucique*.

L'acide Mucique est sans usage. On l'obtient en traitant à chaud la gomme ou le sucre de lait par l'acide nitrique, lavant à l'eau froide le précipité pulvérulent qui se forme, et faisant sécher. La poudre obtenue est l'acide Mucique.

La composition de l'acide Mucique, très-analogue à celle de l'acide tartrique, est 34,72 de carbone, 4,72 d'hydrogène, et 60,56 d'oxygène. (F. F.)

MUCOR, *Mucor*. (BOT. CRYPT.) Genre établi par Micheli et par Linné, qui se rapproche beaucoup des *Tubulina*, *Lycea* et *Onygena* de Persoon, et qui renferme des plantes cryptogames de la famille des Champignons, ordre des Champignons angiocarpes gymnospermes.

Les Mucors ou Moisissures proprement dites, sont des végétaux d'une petitesse et d'une fragilité extrêmes; le moindre souffle suffit pour les détruire. On les trouve disposés en touffes blanchâtres, jaunâtres ou roussâtres, et assez semblables à des byssus. On les reconnaît à leur pédicule capilliforme, long, tubuleux et pourvu d'un réceptacle globuleux, membraneux, d'abord presque aqueux et transparent, puis opaque et s'ouvrant pour lancer au loin des séminules libres entre elles. Ce pédicule adhère par sa base à des filamens cloisonnés qui servent de point d'appui aux Mucors sur les substances végétales ou animales en décomposition, substances qui sont le berceau naturel des Mucors, surtout si elles sont enveloppées d'une atmosphère humide.

Tous les botanistes savent que beaucoup d'espèces du genre Mucor ont été transformées en genres, que ces genres ont reçu les noms d'*Alphitomorpha*, *Ægerita*, *Aspergilus*, *Calycium*, *Erineum*, *Mucilago*, etc.; nous ne nous occuperons pas de ces différens genres. Nous bornerons notre étude à six des principales espèces proprement dites. Dans ces espèces, sous-divisées en celles dont les pédicules sont rameux et celles dont les pédicules sont simples, se trouvent, pour la première sous-division :

1° Le MUCOR JAUNATRE, *M. flavidus*, de Persoon, espèce qui se développe en automne sur les Champignons en putréfaction, dont le pédicule est rameux, et le conceptacle d'abord d'un jaune agréable, puis d'une couleur grisâtre.

2° Le MUCOR DU NOYER, *M. juglandis* de Link, qui est plus petit que le précédent, qui recouvre la surface des Noix rances, et dont les pédicules sont rameux, peu étendus, de couleur blanche, et les conceptables globuleux, jaunes, verruqueux.

3° Le MUCOR RAMEUX, *M. ramosus* de Bulliard. Celui-ci, représenté dans notre Atlas, pl. 373, fig. 2, se trouve sur les Champignons pourris; ses pédicules sont rameux et ses conceptacles solitaires, surtout à l'extrémité des rameaux. La forme de ces derniers est globuleuse; leur couleur, d'abord blanche et diaphane, ne tarde point à passer au roussâtre, puis au brun roux. Enfin les séminules de cette espèce sont rondes, transparentes, et de couleur brune.

Les Mucors de la seconde sous-division, ceux à pédicules simples, sont:

1° Le MUCOR RAMPANT, *M. stolonifer* d'Ehrenberg. Espèce hyaline, fasciculée, unie par sa base; à pédicule simple, flexueux, court; à conceptacles d'un noir olivâtre; à seminules rondes, petites, transparentes, etc. Elle recouvre les branches du Bouleau, les feuilles de Vigne qui sont en décomposition.

2° Le MUCOR RHOMBIFÈRE, *M. rhumbosphora* d'Ehrenberg. Espèce élancée, à pédicelle simple, translucide; à conceptacle susceptible de prendre la couleur noire; à séminules grandes, rhomboïdales, passant également à la couleur noire, etc. L'*Agaricus purus* est souvent recouvert de ce Mucor.

3° Le MUCOR VULGAIRE, ou Moisi proprement dit, *M. mucedo* de Linné, *Mucor vulgaris* de Micheli. Cette espèce, représentée dans notre Atlas, pl. 373, fig. 3, a pour caractères : une touffe étendue, des pédicules nombreux, capillaires, longs, simples, et supposant chacun un conceptacle globuleux, très-petit, fin et pointu comme une épingle, d'abord de couleur blanche, d'un aspect transparent, puis opaque, brunâtre, grisâtre ou noirâtre; des séminules nombreuses, de forme ronde, et de couleur verdâtre à l'époque de la maturité.

Tous les corps plongés dans une atmosphère humide, ou susceptibles de fermenter ou de se putréfier, tels que les légumes, le pain, les pâtisseries, les confitures, l'empois, la colle de pâte, etc., servent de base de développement au *Mucor vulgaris*; on le voit étendu à leur surface ou pénétrant dans leur épaisseur, sous forme de réseau filamenteux, blanc, enchevêtré, analogue à une toile d'araignée. Telle est également la manière de se présenter du *Mucor aurantius*, de Bulliard, qui se trouve sur les tonneaux et qui donne un mauvais goût au vin; du *Mucor crustaceus*, du même auteur, qui forme sur les fromages salés des taches blanches et rouges; du *Mucor racemosus* et *umbellatus*, du même, qui attaque spécialement les confitures et les fruits; du *Mucor herbariarum*, de Persoon qui désole les botanistes, etc.

Le moisi n'est pas, comme on pourrait le croire, le produit de la décomposition des corps sur lesquels on le rencontre si habituellement dans les lieux bas et humides ; il est au contraire le produit des séminules qui étaient renfermées dans des conceptacles qui leur sont propres, et qui, par suite de la rupture de ces derniers, ont été transportées plus ou moins loin par l'air environnant.

De tous les moyens proposés pour préserver du moisi les corps qui en sont attaquables, le meilleur est de placer ces derniers dans des lieux abrités du contact de l'air chaud et humide. C'est ainsi que, dans l'économie domestique, dans le commerce de la droguerie, de l'herboristerie, les fruitiers, les magasins de plantes sont établis dans les pièces les plus élevées de l'appartement, et les plus exposées au soleil levant; que les confitures sont déposées dans les armoires établies sur les côtés des cheminées ou des tuyaux de poêle des salles à manger ; que la surface des conserves, des sirops, des miels des pharmacies est recouverte d'une couche plus ou moins épaisse de sucre en poudre ; que les vases destinés à recevoir des liqueurs susceptibles de se gâter, de fermenter, sont choisis bien propres, et bien privés d'humidité par une exposition convenable soit dans une étuve, soit à l'ardeur du soleil, etc., etc. (F. F.)

MUCRONÉ. (ZOOL. BOT.) Adjectif par lequel on désigne un organe terminé brusquement par une pointe isolée. Ce mot est surtout usité en botanique, et dans cette science on appelle Mucronée la petite pointe qui termine quelquefois les glumes, les écailles, les paillettes et l'ovaire des Graminées. Le Mucroné, dans ces parties, est le résultat de la nervure médiane, qui se prolonge plus ou moins hors de la substance du corps dont il fait partie : les feuilles du *Daphne encorum* sont Mucronées. (P. G.)

MUCUNA. (BOT. PHAN.) Nom vulgaire que porte au Brésil le grand Pois pouilleux, que l'on a long-temps appelé *Dolichos urens*. Adanson et Scopoli furent les premiers à proposer le changement du nom botanique et l'adoption scientifique de celui populaire; ils motivèrent cette innovation sur le caractère particulier des graines orbiculaires du prétendu Dolic, lesquelles sont connues sous le nom de *Yeux de bourrique*, à cause de l'ombilic qui se prolonge par une ligne circulaire sur presque tout le contour, et sur la nature de ses gousses larges, hérissées de poils cuisans. L'importance de la distraction du Pois pouilleux du genre *Dolichos*, fut généralement sentie ; mais chacun voulut avoir le mérite de lui imposer un nom. Dans son Histoire des plantes de la Jamaïque, l'anglais R. Brown en fait le type de son genre *Zoophthalmum*; Necker, de son *Hornera*; Roxburg, de son *Carpopogon*; Ruiz et Pavon, de leur *Negretia*; Loureiro, de son genre *Citta*; Persoon l'appelle *Stizolobium*; Raddi, *Macroceratides*; enfin, De Candolle adopte le nom proposé par Adanson et Scopoli : c'est celui qui doit rester par priorité et pour éviter une nomenclature fastidieuse, sans profit.

Voici les caractères du genre Mucuna : plantes herbacées ou arbustes très-grimpans, sarmenteux, aux bras très-longs, garnis de feuilles pinnées-trifoliées, portant des fleurs disposées en grappes axillaires et pendantes. Gousses bivalves hérissées de poils nombreux, très-fragiles, roussâtres, pénétrant dans la peau et excitant de vives démangeaisons. Il fait partie de la famille des Légumineuses et de la Diadelphie décandrie. Cinq de ses étamines ont des anthères oblongues; chez les autres, elles se montrent alternes, ovales et velues.

On connaît plusieurs espèces de ce genre; la plus extraordinaire, le *Mucuna gigantea*, donne des gousses d'une énorme dimension et d'une longueur excessive. Le MUCUNA A GOUSSES RIDÉES, *M. urens*, est celui dont les semences grosses, brunes, bordées d'un cercle noir, rappellent l'œil de l'ânesse; ses folioles sont ovales, acuminées; les fleurs jaunes, tachées de pourpre; les gousses ont de dix à seize centimètres de long, de couleur brune, relevées par des rides très-saillantes, et contiennent de quatre à six semences. Le MUCUNA POIS A GRATTER, *M. pruriens*, monte fort haut; ses folioles sont ovales, velues en dessous, presque soyeuses, les latérales ont leur côté extérieur plus large et coudé. Les fleurs, portées sur des grappes axillaires, solitaires et pendantes, ont leur étendard couleur de chair, les ailes pourpres, la carène verte, ce qui leur donne un aspect vraiment pittoresque ; les gousses qui leur succèdent renferment des semences assez grosses, presque rondes, de couleur variant depuis l'orangé foncé jusqu'au rouge brun; leur ombilic est fort long et noir.

La première et la seconde espèce abondent dans l'Amérique méridionale et aux Antilles; la troisième appartient à l'Inde. (T. D. B.)

MUCUS. (ANAT. PHYS.) Fluide que sécrètent les cryptes des membranes muqueuses. Semblable au mucilage végétal, en différant en cela qu'il contient de l'azote, on le rencontre chez les diverses espèces d'animaux, soit dans le produit des sécrétions des membranes muqueuses, soit dans les exsudations ou les productions qui se forment à la surface de l'organe. Il se mélange dans le premier cas aux divers liquides qui baignent la plupart de ces membranes ou auxquels les dernières servent de réservoir, tels que la bile, l'urine, la salive, les larmes, etc. Dans le second, il compose presque en totalité l'épiderme et les parties épidermiques, savoir, les ongles, les cornes, les durillons, les callosités, les écailles, etc. ; ou bien entre encore pour une bonne partie dans les cheveux, les poils, la laine, les plumes, l'humeur onctueuse des écailles de poissons. Pur et à l'état liquide, il est blanc, visqueux, transparent, inodore, insipide, se dissolvant facilement dans les acides, sans se coaguler comme l'albumine. A l'état solide, il se présente sous la forme d'une substance demi-transparente, fragile, ne se dissolvant qu'avec peine dans les acides, se ramollissant et se gonflant dans l'eau. Recueilli dans les narines et la trachée-artère, il a été trouvé par Berzelius composé ainsi qu'il suit :

Eau	933, 9
Matière muqueuse	53, 3
Chlorure de potasse et de soude	5, 6
Lactate de soude uni à une substance animale	3, 0
Soude	0, 9
Phosphate de soude, albumine et matière animale insoluble dans l'alcool, mais soluble dans l'eau.	3, 3

Selon M. Raspail, le Mucus nasal et celui des bronches se coagulent d'abord dans l'acide nitrique en finissant par s'y dissoudre; le Mucus de la vésicule du fiel est coagulable par tous les acides et par l'alcool; celui des urines, qui prend une couleur rose en se desséchant, est très-soluble dans les alcalis, et précipite par le tannin, mais non par les acides. « Ces différentes réactions, dit ce chimiste, tiennent à la différence des sels que ces divers Mucus contiennent; il est à remarquer que le sel marin y existe en abondance. » Les résultats indiqués par M. Raspail s'appliquent au Mucus mélangé à divers autres produits de sécrétions des différens organes où il est recueilli, et non au Mucus pur, considéré comme un principe immédiat des animaux. (P. G.)

MUE. (zool.) Lorsqu'on embrasse d'un regard toute la série animale pour suivre et étudier les développemens et les changemens successifs qui s'opèrent chez les individus, on voit, entre autres phénomènes, qu'en général presque tous les êtres qui composent cette série sont sujets, périodiquement et à de certaines époques, à des changemens que l'on peut ramener à deux ordres. Les uns résultent d'une métastase qui se produit à l'égard d'organes d'une haute importance, et donnent à l'animal qui y est soumis une nouvelle forme : ils sont connus sous le nom de *Métamorphoses*. Les autres résultent aussi de la même cause; mais, l'action par laquelle ils s'opèrent n'ayant lieu que sur des organes secondaires, ils n'altèrent jamais la forme de l'animal et ne s'étendent qu'au système tégumentaire : ce sont les *Mues*. Nous n'avons à parler ici que de ces derniers changemens, les premiers ayant été l'objet d'un article spécial (v. Métamorphose). Considérés seulement dans les deux premières classes des Vertébrés, les Mammifères et les Oiseaux (1), les Mues sont de deux sortes : ou elles s'effectuent au passage d'un âge à l'autre (de l'individu jeune à l'individu adulte); ou elles ont lieu d'une saison à une autre saison (et c'est le cas le plus ordinaire). Ces dernières, peu sensibles dans quelques espèces, produisent chez quelques autres des changemens d'une grande importance, surtout pour l'ornithologiste; car c'est principalement chez les oiseaux, ainsi que nous le verrons, que la différence de plumage entre deux individus de la même espèce, pris à des époques différentes de l'année, est immense. De l'ignorance des changemens qu'apportent les Mues dans la *parure* de beaucoup d'animaux, sont résultées bien souvent des espèces purement nominales. Il est pourtant vrai de dire que de pareilles erreurs, presque inévitables, même pour des naturalistes justement célèbres, ont été commises dans un temps où manquaient sur les Mues les observations exactes que nous possédons aujourd'hui.

La Mue n'est pas, ainsi qu'on pourrait le croire, un phénomène simple; elle n'arrive jamais sans quelque trouble dans les fonctions; souvent elle s'opère sous nos yeux sans que nous y prêtions plus d'attention qu'à une chose indifférente. C'est pour nous, ou mieux pour le vulgaire, un poil qui remplace un autre poil, une plume qui suit la chute d'une autre plume : quelquefois pourtant nous voyons avec plaisir les animaux que nous élevons se parer d'une robe plus fraîche; mais voilà tout; nous arrêtons là nos regards, et nous ne nous apercevons souvent pas que sous cette robe qui se renouvelle il y a un être souffrant et maladif. Et cependant qu'y a-t-il de plus apparent que ce malaise de l'animal qui mue? On voit dans les grandes ménageries languir et puis périr à cette époque un grand nombre d'individus, surtout parmi ceux qui, récemment éloignés des pays où ils ont pris naissance, ne sont point encore acclimatés dans une patrie qui n'est pas la leur. Et dans nos maisons, près de nous, tous ces oiseaux que l'on élève n'expriment-ils pas leur souffrance par le mutisme auquel ils semblent condamnés? Ils ne chantent plus, ils ne gazouillent même pas, et lorsque la crise est passée pour eux, ils paraissent, les premiers jours, avoir oublié leur chant : ce n'est qu'en tâtonnant qu'ils reprennent encore les airs qui tant de fois ou nous ont ennuyés, ou nous ont fait plaisir.

Après ces courtes considérations générales, nous allons examiner dans leurs différences :

1° *Les Mues dans les Mammifères.* Quoique l'homme soit, comme tous les Mammifères, sujet à muer, quoiqu'on ait considéré sa seconde dentition comme un phénomène analogue à celui de la chute des bois dans certains ruminans, et par suite comme une sorte de Mue, nous n'entrerons cependant dans aucun détail à son égard, parce que pour lui il n'est pas d'époque fixe, parce que ses Mues ne sont que partielles, et parce qu'enfin la métastase semble s'opérer chez lui à toute époque de la vie. Les animaux domestiques, à l'abri des rigueurs du froid, élevés par les soins de l'homme, sont, comme lui, et peut-être pour les mêmes causes, soustraits à l'influence des saisons. Chez eux la Mue se fait à des époques irrégulières; mais chez les animaux sauvages, c'est-à-dire chez ceux qui vivent en plein état de liberté, elle a lieu périodiquement et à des époques régulières, au printemps et à l'automne. En général, la Mue ne produit point ordinairement chez les Mammifères des changemens bien remarquables : seulement le poil pendant l'hiver est souvent plus touffu, plus fin et plus moelleux, ce qui s'observe surtout chez les animaux qui habitent les pays froids. Pourtant chez quelques espèces ont lieu des mo-

(1) On a présenté quelques observations sur les Mues qui s'effectuent dans les deux autres classes, aux articles Lézard, Serpent et Poisson.

difications de plus d'importance : ainsi l'Hermine, le Lièvre variable et plusieurs autres blanchissent dans la saison froide, mais sans que les parties noires du pelage soient atténuées. Cette parure d'hiver leur a sans doute été donnée par la nature pour qu'ils fussent moins impressionnés par le froid; car on sait depuis long-temps par expérience que les vêtemens blancs, plus frais que ceux de toute autre couleur pendant les chaleurs de l'été, sont, au contraire, les plus chauds pendant les temps froids. Parmi les animaux des pays septentrionaux, le cheval de Norwége subit aussi des changemens très-variables; son poil, court et lisse en été, devient en hiver très-long et très-frisé. Chez les mammifères des pays chauds, au contraire, le pelage est le même avant et après la Mue, ou du moins ne diffère pas sensiblement.

Les changemens qui s'effectuent au passage d'un âge à l'autre, méritent aussi d'être étudiés; car souvent il existe de très-grandes différences entre les jeunes et les adultes dans la même espèce. « Les jeunes des deux sexes, dit M. Isidore Geoffroy (Diction. class. d'Hist. nat., t. II, p. 281), ressemblent ordinairement, chez les oiseaux, à la femelle adulte, et leur plumage est aussi ordinairement beaucoup moins orné que celui du mâle. Chez les Mammifères, le contraire a quelquefois lieu : car d'une part les jeunes des deux sexes ressemblent dans certains cas au mâle adulte, comme cela a lieu chez le maki vrai; et d'une autre part, la livrée du premier âge est le plus souvent un ornement que l'animal perd en devenant plus vieux, pour prendre des couleurs plus simples et plus uniformes; c'est ainsi que les Faons de presque toutes les espèces de Cerfs, les Lionceaux, les jeunes Couguards, les jeunes Sangliers et les jeunes Tapirs, ont le pelage varié de deux couleurs, disposées de la manière la plus agréable à l'œil et la plus gracieuse, tandis que les adultes de leurs espèces sont unicolores. Il est à observer que, dans le cas d'existence d'une livrée, les jeunes représentent d'une manière transitoire ce qui a lieu dans d'autres espèces du même genre d'une manière permanente. C'est ainsi que les taches de livrée sont noires chez les Lionceaux et blanches chez les Faons de Cerfs, de même que la plupart des Chats sont rayés ou tachetés de noir, et que l'Axis et plusieurs autres Cerfs le sont de blanc. On pourrait même, à l'égard de ces dernières espèces, au lieu de dire qu'elles ne portent pas de livrée dans leur premier âge, admettre qu'elles conservent leur livrée pendant toute la durée de leur vie. »

2° *Les Mues dans les Oiseaux.* C'est sur eux surtout qu'ont eu lieu les observations les plus multipliées. Sujets à des mutations complètes, et par cela même source de nombreuses erreurs, ils ont dû être suivis dans tous leurs changemens, dès l'instant qu'on a voulu éviter de tomber dans de nouvelles méprises à leur égard. De tous les auteurs qui ont parlé des Mues des oiseaux, M. Temminck est, à notre avis, celui qui a le mieux et le plus étudié et approfondi ce sujet; aussi ne saurions-nous mieux faire que d'emprunter à ce savant ornithologiste ses propres observations.

Tous les oiseaux muent régulièrement en automne, les uns plus tôt, les autres plus tard. Parvenu à l'état parfait, le plumage, chez le plus grand nombre, est invariable et ne change qu'accidentellement, par quelque vicissitude individuelle; on voit cependant plusieurs oiseaux, tant indigènes qu'exotiques, chez lesquels une double Mue change annuellement deux fois les couleurs du plumage; chez les espèces qui y sont sujettes, la Mue s'opère en tout ou en partie, à l'exception des ailes et du plus grand nombre des pennes de la queue (1) : dans le premier cas on croit voir une espèce entièrement différente par le peu de ressemblance qui existe dans les deux livrées; celle du printemps ou des noces est constamment plus bigarrée et plus belle, et celle d'hiver est uniforme, comme c'est le cas chez tous les oiseaux qui composent les genres Bécasseau (*Tringa*), Barge (*Limosa*), Phalarope (*Phalaropus*), et quelques individus dans d'autres genres. Chez quelques espèces, le mâle seul change son vêtement, et prend en hiver le plumage modeste de sa compagne; ceci a lieu dans plusieurs genres d'oiseaux exotiques, tels que les Cotingas, les Tangaras, les Manaquins, les Gros-Becs, les Bruans, les Sucriers, les Guits-guits et autres, ainsi que parmi les indigènes, certains Gobe-mouches. Quelques espèces de Canards, peut-être même toutes, opèrent leur double Mue à peu près de la même manière. Chez les mâles seuls les couleurs du plumage changent : ils se revêtent dans nos climats, dès les premiers jours de juin, d'une partie de la livrée propre à la femelle, et continuent à porter ce plumage bigarré jusqu'au commencement de novembre, époque à laquelle la seconde Mue ou celle des noces se fait. Lorsque la Mue s'opère seulement en partie, elle a lieu dans quelques espèces pour les deux sexes, dans d'autres pour les mâles seuls; une partie du plumage se couvre de couleurs qui ne se maintiennent que pendant le temps très-court des amours; passé ce terme, qui varie en durée, ces couleurs accessoires disparaissent : tels sont les différentes espèces de Bergeronnettes ou Hoche-queues, de Gobe-mouches, de Pipits, de Bruans, les Tichodromes et autres. Il en est quelques uns dont la livrée, vers le temps des amours, se complique d'ornemens extraordinaires; ces plumes, longues, subulées, qui forment des panaches ou des huppes, sont les dernières à paraître au printemps, et ce sont les premières qui tombent, souvent même avant que la Mue d'automne commence; tels sont quelques Gros-Becs, Tétras, Outardes, Cormorans, Pluviers, Vanneaux, Chevaliers et autres. Dans le plus grand nombre des oiseaux riverains, de marais et de haute mer, on voit la double Mue opérer, soit totalement, soit sur quelque par-

(1) Une règle qui paraît constante dans la nature, c'est que, l'oiseau étant parvenu à l'état adulte, les couleurs des pennes des ailes, ainsi que celles des pennes latérales de la queue, n'éprouvent aucune altération périodique.

tie du corps, des changemens réguliers et périodiques dans les couleurs du plumage des deux sexes. Chez quelques espèces qui ne muent qu'une seule fois dans l'année, on observe un phénomène d'une autre nature; à une certaine époque fixe de l'âge, tous les individus se couvrent d'un plumage nouveau, dont la couleur diffère totalement de celle qui a existé l'année précédente, et de celle qui sera leur partage durant le reste de la vie; c'est ce qui arrive chez les Becs-croisés et chez quelques espèces de Gros-Becs. Dans certaines espèces erratiques, quoique la Mue soit simple et ait lieu en automne, on est surpris de voir, à leur retour au printemps, un plumage dont les couleurs ont pris un plus grand éclat; ceci a lieu par l'action de l'air, du jour, et par les frottemens qu'éprouve le plumage dans les différens mouvemens de l'oiseau; des couleurs le plus souvent ternes ou sombres bordent extérieurement les plumes de ces oiseaux, et cachent en automne les teintes brillantes ou claires de la partie supérieure de leurs barbes, dont le bout, en s'usant, fait paraître au printemps ces couleurs dans toute leur pureté, pour disparaître chaque année par les mêmes causes; telles sont quelques espèces exotiques, et entre autres indigènes, le plus grand nombre des espèces qui composent le genre Traquet, particulièrement aussi celles qui habitent les climats méridionaux, le Moineau, la Linotte, le Pinson vulgaire, celui des Ardennes et de neige, le Tarin, le Sizerin et le Venturon, l'Alouette nègre, etc. Tous ces oiseaux muent ainsi à l'air libre; mais, tenus en cage, ou renfermés dans des prisons étroites, la Mue ne s'opère qu'en partie ou bien elle ne change point les couleurs.

Dans le nombre des oiseaux qui muent une seule fois, les seules espèces des genres Hirondelle et Martinet font exception dans l'époque où cette Mue a lieu. Toutes les Hirondelles et tous les Martinets d'Europe opèrent leur changement de plumage au mois de février et de mars. Il faut, à quelques espèces dont la Mue est double, plusieurs années avant que les couleurs du plumage soient stables et non bigarrées; telles sont quelques unes du genre Gobe-mouche, particulièrement le Gobe-mouche à collier et le Bec-figue. Toutes les espèces connues du genre Mauve sont de ce nombre. Les jeunes oiseaux opèrent toujours leur première Mue plus tard que les vieux : cette Mue, qui s'effectue au passage d'un âge à l'autre, est également remarquable par le changement qu'elle apporte dans le plumage d'un oiseau.

On peut poser en principe avec Cuvier que, lorsque les adultes mâles et femelles sont de même couleur, les petits qui en résultent ont une livrée qui leur est propre; par exemple les Chardonnerets, connus à cet âge sous le nom de *Grisets* à cause de leur parure. Lorsque, au contraire, la femelle diffère du mâle par des teintes moins vives, les jeunes des deux sexes, avant leur première Mue, ressemblent à la femelle, ainsi que cela se voit chez les Moineaux et les Linots. M. Isidore Geoffroy pense qu'il serait peut-être plus vrai en théorie de dire que la femelle a les couleurs du jeune. Cette proposition, qu'il appuie de faits que nous allons faire connaître, pourrait être soutenue si assez d'observations avaient été recueillies; mais quelques exemples isolés pris sur des oiseaux appartenant presque tous au même genre, ne sauraient établir une règle générale. Quoi qu'il en soit, un Mémoire publié par ce naturaliste dans les Annales des sciences naturelles, tom. 7, et dans les Mémoires du Muséum, tom. 12, tend à prouver que le plumage que l'on nomme ordinairement le plumage du mâle, parce que le mâle le présente seul pendant toute la durée de sa vie, appartient véritablement aux deux sexes. Il a montré, en effet, que dans leur vieillesse, et après qu'elles ont cessé de pondre, les femelles d'un grand nombre d'espèces (les Faisans principalement) perdent le plumage propre à leur sexe pour prendre celui de leur mâle, auquel elles peuvent, après un certain nombre de Mues, devenir exactement semblables. D'après lui, ces faits curieux montreraient dans la femelle un être qui conserve pendant presque toute la durée de sa vie la livrée du premier âge, et chez lequel les parties excentriques ont été arrêtées dans leur développement, parce que le sang s'est détourné de la circonférence pour se porter sur les organes génitaux. Ce qui le prouverait, c'est que c'est toujours vers le temps de la terminaison des pontes que la femelle subit ces changemens. A cette époque les afflux sanguins ne se font plus sur l'ovaire, et le fluide nourricier peut enfin reprendre le même cours que chez le mâle; à cette époque aussi la vieille femelle se retrouve dans les conditions du jeune mâle au moment de la Mue. Les développemens de son plumage, interrompus si longtemps, se continuent de nouveau, et après un certain nombre d'années elle a acquis les couleurs, les parures et tous les caractères que l'on regarde ordinairement comme propres à l'autre sexe.

Ces changemens, que l'on peut considérer comme des Mues, s'effectuant au passage d'un âge à l'autre, sont certainement les plus curieux que nous ait fournis la série ornithologique. Ils méritent d'autant plus d'être étudiés sur des groupes autres que ceux qui les ont déjà offerts, qu'ils peuvent confirmer ou détruire un principe général. (Z. G.)

MUFLE. (MAM.) C'est cette portion de peau nue, rugueuse, ordinairement noire, qui termine le museau d'un grand nombre de Mammifères, et en particulier de beaucoup de Ruminans, de plusieurs Rongeurs et d'un grand nombre de Carnassiers. C'est dans cette peau criblée d'un nombre considérable de pores muqueux, que sont percés les orifices externes de l'organe de l'olfaction chez ces animaux. La présence de cet organe fournit quelquefois de bons caractères de distinction; mais il n'en est pas toujours ainsi. Du reste, les variations en étendue du Mufle servent de même, dans certains cas, de caractères spécifiques. Aussi distingue-t-on des Mufles entiers et des demi-Mufles. (V. M.)

MUFLIER. (BOT. PHAN.) Vulgairement Mufle de Veau,

Veau, Gueule de Lion, de Loup, etc., *Antirrhinum*, Linn. Genre de plantes dicotylédonées, de la famille des Pédiculaires ou Personnées de Tournefort (Scrophulariées de Jussieu), et de la Didynamie angiospermie de Linné, dont les principaux caractères sont : un calice persistant à cinq divisions ovales, oblongues; corolle tubulée à sa base, monopétale, irrégulière, allongée, ventrue, fermée à son orifice par une éminence convexe appelée palais, à deux lèvres, la supérieure à deux lobes réfléchis, l'inférieure à trois; quatre étamines didynames, avec le rudiment d'une cinquième, peu apparent; ovaire supère, arrondi; style simple à stigmate obtus; capsule globuleuse, oblique à la base, à deux loges, s'ouvrant au sommet par trois trous; graines nues, attachées à un placenta central.

Les Mufliers sont des végétaux ordinairement herbacés, rarement suffrutescens, à feuilles opposées ou alternes, à fleurs disposées en grappe terminale. Tous produisent de jolies fleurs, et se font remarquer aisément par la singularité de leur corolle, dont la forme, offrant quelque ressemblance avec le mufle d'un quadrupède, leur en a fait donner le nom vulgaire ou scientifique. On en connaît bien dix à douze espèces, dont six sont indigènes. Nous en citerons deux ou trois.

Muflier des jardins, Mufleau, Mufle de Veau, Gueule de Loup ou de Lion, *Antirrhinum majus*, Linn. Racine bisannuelle, quelquefois vivace, produisant une ou plusieurs tiges glabres inférieurement, pubescentes ensuite, assez droites, cylindriques, rameuses, de un à deux pieds et plus de hauteur, garnies de feuilles lancéolées, opposées, quelquefois ternées au bas des tiges, sessiles dans le haut, et un peu pétiolées dans le bas, d'un vert foncé; fleurs en grappes terminales, grandes, pourprées avec le palais jaune; cette plante fleurit abondamment depuis mai jusqu'en septembre, et fait l'ornement de nos jardins, où elle a été introduite depuis long-temps; elle y a produit de fort belles variétés à fleurs tout-à-fait blanches ou à fleurs doubles; cette dernière est délicate et demande un abri l'hiver. La plus jolie de ces variétés est celle dont le tube de la fleur est d'un blanc pur et le limbe pourpre; elle fait dans les parterres un effet charmant. On la multiplie par boutures.

On prolonge la floraison de cette belle plante en recépant de près ses tiges défleuries; elle pousse alors un grand nombre de rameaux qui se couvrent de fleurs à leur tour. Elle croît naturellement partout en France, dans les fentes des vieux murs, dans les décombres, etc., et n'est plus maintenant d'aucun usage en médecine.

Muflier a feuilles larges, *Antirrhinum latifolium*, De C. A peu près semblable au précédent; tiges moins élevées, couvertes dans le haut de poils soyeux, courts, glanduleux à la base; feuilles plus larges, ovales, lancéolées; fleurs jaunes et plus grandes tout l'été. Elle mériterait d'être cultivée dans nos jardins, où elle tiendrait une place distinguée et ne demanderait pas plus de soins. Commune dans les lieux pierreux et bien exposés au soleil, dans le midi de la France, en Espagne, en Italie, etc.

Muflier velouté, *Antirrhinum molle*, Linn. Jolie petite plante vivace, à tiges un peu couchées, assez ligneuses; rameaux recouverts d'un duvet blanchâtre, doux au toucher, garnis de feuilles ovales, lancéolées, opposées, tomenteuses et courtement pétiolées; fleurs blanches, avec le palais jaune et la lèvre supérieure purpurine, sur des pédoncules alternes, axillaires. Croît dans les Pyrénées, en Espagne, en Portugal, et, dit Sprengel, en Cochinchine. (C. L.)

MUGE, *Mugil*. (poiss.) Ces poissons se reconnaissent sur-le-champ à leur bouche fendue en travers, garnie de lèvres charnues et crénelées, semblable à un chevron, c'est-à-dire que la mâchoire inférieure porte au milieu un angle saillant qui répond à un angle rentrant de la supérieure. Il n'y a d'autres dents que quelques âpretés sur les côtés de la langue. Leur tête large, déprimée et tout écailleuse, a de grands opercules bombés qui l'enveloppent et servent à renfermer un appareil pharyngien plus compliqué qu'à l'ordinaire. Ces poissons ont le corps cylindrique, oblong, revêtu de fortes écailles, des ventrales sous l'abdomen et deux dorsales, courtes, écartées, dont la première, ou l'épineuse, est loin de la nuque, et la seconde située vis-à-vis l'anale. L'estomac de ces poissons est fort singulier par sa forme de toupie et l'excessive épaisseur de ses parois charnues. Leur canal intestinal est d'une longueur extraordinaire, fort replié, avec deux très-petits cœcums au commencement.

Dépourvus d'armes offensives, les Muges, malgré la grandeur à laquelle ils atteignent quelquefois, ne peuvent attaquer les autres espèces, et même ils n'ont guère pour s'en défendre que les épines de leur première dorsale, trop menues et trop peu nombreuses pour être bien redoutables. Ils ont, au contraire, pour ennemis, la plupart des poissons voraces. Ce sont de bons poissons qui remontent en troupes aux embouchures des fleuves en faisant de grands sauts au dessus de l'eau. La pêche des Muges est triste et monotone. Le filet dont on se sert pour les prendre porte le nom de Mugiliero. Souvent, quand la mer est troublée par des eaux bourbeuses, on prend ces poissons en allumant du feu sur la proue des bateaux, et on les perce du trident. Les noms vulgaires que nos pêcheurs donnent à ces abdominaux ne sont que des sortes de descriptions tirées de leurs principaux caractères. Il s'en trouve dans la Méditerranée et dans l'Océan quelques espèces qui se ressemblent beaucoup, et qui fournissent également une nourriture agréable.

L'une d'elles est le Mulet de mer, Muge céphale, *Mugil cephalus*, figuré par Bloch, pl. 394. La partie supérieure du Céphale est d'un bleu noirâtre, l'inférieure est argentée et traversée sur les côtés par huit raies longitudinales étroites et obscures; il a le museau large et aplati; la tête comprimée par dessus; la bouche étroite avec deux osselets ronds et dentelés, placés de chaque côté. Ce poisson parvient dans nos mers jusqu'au poids de cinq kilogrammes.

Une autre espèce des mêmes mers, beaucoup plus petite que le Céphale, en diffère par son museau un peu plus aigu, par les opercules arrondis, par des taches noires dont la base des nageoires pectorales est marquée, par le goût de sa chair qui est moins bonne que celle du précédent, par son poids qui approche à peine trois kilogrammes, c'est le *Mugil capito*, ou Romado des pêcheurs.

Une autre espèce également remarquable par sa belle couleur, est le Muge doré, *Mugil auratus*. Le nom que donne Risso à ce poisson est tiré des taches dorées qui ornent ses opercules. Son dos est d'un bleu obscur; ses côtés offrent sept bandes foncées, et le ventre a l'éclat de l'argent. Son museau est arrondi et sa caudale azurée. Ce Muge a une chair tendre et savoureuse, il atteint jusqu'à un kilogramme et demi.

Outre ces trois espèces, nous citerons le Muge sauteur, *Mugil saliens*, qui diffère du doré par son corps argenté et plus allongé, par son museau plus effilé et plus pointu; par cinq raies azurées qui le marquent longitudinalement, par des taches oblongues dorées qui ornent ses opercules; enfin, par ses dimensions, qui sont semblables à celles de l'espèce précédente. Les pêcheurs lui donnent le nom de Flûte ou de *Mougou flavetour*; il saute avec une vélocité extraordinaire quand il se voit enfermé dans le filet. D'ailleurs, c'est une habitude commune à toutes les espèces du genre.

Les quatre Muges dont nous venons de parler ont la lèvre supérieure assez mince. Il en est d'autres qui s'en distinguent par l'extrême épaisseur de cette lèvre, et en général parce que toutes les deux sont charnues : tel est le Muge à grosses lèvres. Cette espèce se fait remarquer des précédentes, non seulement par la conformation de ses lèvres, mais par plusieurs autres caractères. Un bleu tendre règne sur son dos, sept petites raies bleuâtres et dorées traversent ses côtés. Un blanc d'argent brille sur son ventre. Le museau est court et large, la bouche petite, garnie de dents très-fines. Ce poisson se nomme à Montpellier Chaluc; quelques uns le nomment Vergadelle, à cause des lignes à verges noirâtres qui règnent depuis ses branchies jusqu'à sa queue. Selon M. Risso, le Muge à grosses lèvres parvient à un poids de huit livres, et l'on en voit beaucoup au printemps et en été dans le Var. Ce Muge est très-commun dans la Méditerranée, et est effectivement moins estimé que le Céphale, qu'il égale à peu près en grandeur.

Enfin nous terminons cette énumération d'espèces, par le Muge labéon ou Sabounier de Risso, à lèvre supérieure charnue et trois ou quatre fois plus épaisse que celle de l'espèce précédente, en sorte que, dans l'état de repos, elle fait presque l'effet de celle des Labres. Cette organisation rend son museau obtus; son dos est noirâtre, et ses côtés marqués de six lignes dorées. Cette espèce demeure toujours très-petite, son poids ne dépasse pas sept à huit onces. (Alph. G.)

MUGILOIDES. (poiss.) On désigne sous ce nom un nombre considérable de poissons abdominaux, appelés vulgairement Mulets, dans lesquels on distingue un corps de forme ordinairement allongée, comprimé, couvert de grandes écailles, deux nageoires du dos courtes, écartées, dont la première a quatre épines fortes et pointues; on voit par là que les espèces de cette famille se rapprochent de celle des Cyprinoïdes; mais il est un caractère qui les distinguera toujours, c'est que les Mugiloïdes ont des lèvres charnues et crénelées, en forme de chevron, ou, en d'autres termes, que la mâchoire inférieure a au milieu un angle saillant qui répond à un autre angle rentrant de la supérieure; tandis que les Cyprinoïdes ont les lèvres lisses, et leurs mâchoires nullement déclives; mais ils ont les mêmes écailles longues sur la tête et sur le corps que les Mugiloïdes.

Il est extrêmement difficile de diviser cette famille en genres. Cependant Cuvier et Valenciennes, naturalistes infatigables, sont parvenus à rapporter à cinq groupes ou genres bien caractérisés, les cinquante-huit à soixante espèces connues de cette famille. Nous allons passer brièvement en revue les caractères de chacun de ces genres. Cuvier, conjointement avec M. Valenciennes, place en tête de cette famille un groupe de poissons caractérisés dans le Règne animal par un corps cylindrique, recouvert de trois grandes écailles, qui s'avancent sur le dessus de la tête, etc. : tel est le genre Muge. Nous ne reproduirons pas ce que nous venons de dire à cet article. Les mêmes naturalistes forment, sous la dénomination, vulgaire aux Antilles, de *Dajans*, un petit genre de Muges d'Amérique, à museau saillant, à bouche fendue longitudinalement, et sans tubercule à la mâchoire inférieure.

Les mers des Indes produisent deux espèces qu'au premier coup d'œil chacun serait tenté de prendre pour des Muges, mais qui portent des caractères assez marqués pour avoir été distingués comme un genre à part de la famille des Mugiloïdes. Leur tête est plus comprimée, leurs opercules plus plats et moins bombés, le sous-orbitaire ne recouvrant pas le maxillaire qui ne se recourbe pas pour se montrer au dessous de la mâchoire inférieure. On désigne ce genre sous le nom de *Nestis*.

On nomme Cestre, *Cestræus*, un autre petit groupe à museau pointu, à mâchoire inférieure courte, sans tubercules et sans dents. Enfin, nous terminerons cette liste de Muges par les Tétragonures, qui tiennent en partie des Muges, tout en montrant quelques affinités avec les Scombéroïdes.

Nous citerons quelques uns de ces groupes les plus importans. (Alph. G.)

MUGILOMORE (poiss.) Le genre établi sous

cette dénomination par Lacépède, et qui a pour type le MUGILOMORE ANNE CAROLINE, n'a pas été adopté par Cuvier. Ce naturaliste en a fait une des sections du genre MUGE. (ALPH. G.)

MUGISSEMENS SOUTERRAINS. (GÉOL.) Presque toujours les grands tremblemens de terre sont précédés de Mugissemens souterrains ou de bruits sourds qui ressemblent ou au fracas des voitures roulant sur le pavé ou à des décharges d'artillerie. Ces bruits ou tonnerres souterrains se font quelquefois entendre avant, pendant et après les tremblemens : un très-fort bruit souterrain, avant-coureur de ces sortes de phénomènes, se fit entendre lors du terrible tremblement de terre qui dévasta la ville de Lima, en 1746; celui qui détruisit Messine, en 1783, fut également précédé de bruits souterrains. Le fameux tremblement de terre qui détruisit aussi Caraccas, en 1812, fut accompagné de coups violens, et long-temps après qu'il eut cessé, on entendait encore le bruit souterrain à Caraccas et à Quito. M. de Humboldt rapporte qu'un bruit souterrain, qui eut lieu en 1811 au Rio-Apuré, se fit entendre sur un espace de plus de deux cents milles.

La plupart des éruptions volcaniques sont également annoncées par de semblables phénomènes qui se font souvent entendre à de très-grandes distances. Dans l'éruption de 1744, au Cotopaxi, les Mugissemens souterrains s'entendirent jusqu'à la distance de deux cent vingt lieues. Les explosions qui annoncèrent, en 1812, la première éruption de cendres du volcan de Saint-Vincent, aux Antilles, ne parurent pas aux habitans plus fortes que celles d'un canon de gros calibre; cependant elles furent parfaitement entendues à cent vingt lieues de distance, et le bruit paraissait si bien transmis par l'air, qu'on le crut résulter de décharges d'artillerie qui se tiraient dans le lointain, et qu'il fit prendre aussitôt, sur beaucoup de points du continent de l'Amérique, dit M. de Humboldt, des mesures militaires de défense. Les détonations qui accompagnèrent la violente éruption du Tomboro, dans l'île de Sumbawa, en 1815, s'entendirent à Sumatra, située à une distance de plus de trois cents lieues. Nous n'avons guère d'idée d'une telle intensité d'après nos volcans d'Europe !... Cependant, diverses éruptions du volcan de Santorin dans l'Archipel grec, ainsi que nous l'avons rapporté dans le grand ouvrage de la commission scientifique de Morée, ont été précédées et accompagnées par des bruits sourds et des Mugissemens qui se sont quelquefois propagés à d'assez grandes distances; celle du Vésuve, en 1794, s'annonça trois jours à l'avance par des commotions violentes et des Mugissemens souterrains.

Sir Humphry Davy, après quatre voyages au cratère du Vésuve, en 1815, avait appris à estimer la violence de l'éruption d'après la nature de la détonation; il s'exprime ainsi à ce sujet dans ses Recherches sur les phénomènes volcaniques, insérées dans les Annales de chimie et de physique, t. XXXVIII, p. 158. « Un tonnerre souterrain très-sonore et long-temps continué annonçait une explosion considérable. Avant l'éruption, le cratère paraissait parfaitement tranquille, et son fond, sans aucune ouverture apparente, était couvert de cendres. Bientôt des bruits sourds et confus se faisaient entendre, comme s'ils venaient d'une grande distance : peu à peu le son approchait, et ressemblait bientôt à celui d'une artillerie qui aurait été sous nos pieds. Alors des cendres et de la fumée commençaient à s'échapper du fond du cratère : enfin la lave et les matières incandescentes étaient projetées avec les plus violentes explosions. Je n'ai pas besoin de dire que, quand j'étais sur le bord du cratère, étudiant le phénomène, le vent venait de mon côté et soufflait avec force; sans cette circonstance, il y aurait eu du danger à y rester. Toutes les fois que l'intensité du tonnerre m'annonçait une explosion violente, je m'éloignais toujours, en courant aussi vite que possible, du siége du danger. »

Voyez aux mots TREMBLEMENS DE TERRE, VOLCANS et PHÉNOMÈNES VOLCANIQUES, pour les détails concernant l'opinion des savans sur les causes et l'origine de ces phénomène. (TH. V.)

MUGUET, *Convallaria*, Linné. (BOT. PHAN.) A ce genre de plantes monocotylédonées, déjà décrit dans ce Dictionnaire (*voy.* CONVALLARIA), nous ajouterons quelques détails qui peuvent intéresser le lecteur; on ne saurait reprocher à un auteur un peu de prolixité, au sujet d'une plante à laquelle s'intéressent même les gens les plus indifférens. En raison de ses jolies fleurs, répandant dès les premiers jours du printemps leur suave parfum, le Muguet est aimé et recherché par nos dames de la ville, comme par les jeunes filles du village, dont il pare, en gros bouquets, le sein coquet et endimanché. Dans nos halles, il s'en apporte de grosses bottes, que se disputent les acheteurs, qui n'en trouvent jamais assez; en un mot, le Muguet est, avec la Rose et l'Œillet, la fleur la plus courue, la plus favorisée. Bientôt, des solitudes ombreuses des forêts, où il croît spontanément, il a été transporté dans nos jardins, où, placé à l'ombre, et sans exiger de soins, il s'est propagé et a produit, par des semis, de charmantes variétés, à fleurs doubles, à fleurs roses, à feuilles rayées de rose ou de jaune. Malheureusement, en peu de temps, fleurs et feuilles, tout disparaît et la terre reste nue. Hâtons-nous de dire, pour atténuer ce tort, que le Muguet croît où ne croîtrait, pour ainsi dire, aucune autre plante.

Les fleurs du Muguet contiennent une huile essentielle, fugace, qui agit comme principe irritant sur le système nerveux; réduites en poudre, elles provoquent l'éternument. On les a long-temps regardées comme antispasmodiques et fortifiantes et employées en infusion aqueuse contre la paralysie, l'apoplexie, la céphalalgie, les vertiges, les convulsions, etc. On les donnait encore intérieurement comme émétiques et purgatives. De nos jours, leur emploi est à peu près abandonné.

Avertissons aussi, en terminant cet article, que,

quelle que soit la douceur du parfum du Muguet, il serait dangereux, et même mortel, d'en laisser la nuit des bouquets dans la chambre où l'on couche; leur quantité pouvant, comme celle de toutes fleurs odorantes, déterminer l'asphyxie.

(C. L.)

MULATRE. (MAM.) Nom donné aux individus qui proviennent de la génération d'un nègre ou d'une négresse avec un individu de la race blanche. Les diverses nuances qui résultent ensuite de l'alliance d'un Mulâtre avec un blanc, sont désignées par des noms particuliers. (*Voy.* HOMME.)

(P. G.)

MULET, MULE. (ZOOL.) On désigne ordinairement par ce nom tous les métis regardés comme inféconds, et qui résultent de l'accouplement de deux animaux d'espèces différentes. Le Mulet proprement dit est le résultat de l'accouplement de l'Ane et de la Jument. Il tient de l'un et de l'autre; sa tête est plus grosse et plus courte que celle du Cheval, ses oreilles presque aussi longues que celles de l'Ane. Il a, comme ce dernier, les jambes sèches et la queue presque nue; il tient plus de la Jument par le volume du corps, par l'avant-main, par l'encolure, par la croupe, les hanches, etc. Le BARDEAU (*voy.* ce mot), produit du Cheval et de l'Anesse, tient, au contraire, plus de l'Ane; il est plus petit que le Mulet proprement dit; son encolure est plus mince, son dos plus tranchant, sa croupe plus pointue, plus avalée. On regarde généralement les Mulets comme inféconds, bien qu'ils possèdent tous les organes procréateurs; cependant, on a des exemples de leur fécondité, surtout dans les climats chauds. Les Mulets supportent mieux la fatigue que le Cheval; ils sont moins délicats sur la qualité des alimens, moins maladifs, ont le pied plus sûr et portent mieux les fardeaux; aussi les emploie-t-on de préférence dans les pays de montagnes et dans ceux où les fourrages sont peu abondans. L'Espagne en fait un grand usage et en a fait un grand commerce; en France, le Poitou en élève beaucoup. On donne encore le nom de MULET aux individus neutres de certaines espèces d'insectes, dont les organes générateurs ont avorté. Tels sont les Abeilles ouvrières, les Fourmis soldats, les Termes, etc. (P. G.)

MULETTE, *Unio.* (MOLL.) Ce genre de Mollusques acéphaliens appartient à l'ordre des Lamellibranches, et comprend un très-grand nombre d'espèces, dont plusieurs sont communes dans nos eaux douces; mais c'est surtout dans l'Amérique du nord que les Mulettes sont abondantes. Celles de ces dernières contrées présentent des formes assez variées, et il en est parmi elles plusieurs qui sont remarquables par leurs couleurs iridées et leur grande taille. Les espèces de l'Amérique du sud, celles de l'Asie et celles d'Afrique, sont moins nombreuses que celles de l'Amérique du nord; mais il en est parmi elles qui ne sont pas sans intérêt.

L'animal des Mulettes offre les mêmes dispositions que celui des ANODONTES (*voy.* ce mot); mais leur coquille se distingue par quelques caractères de celle de ces dernières. M. de Blainville pense néanmoins que le genre Mulette et celui des Anodontes pourront être réunis en un seul, parce que les caractères qu'on assigne à chacun d'eux n'existant point d'une manière évidente dans quelques espèces, il arrive, pour ces animaux comme pour beaucoup d'autres groupes, que leurs genres se confondent. En effet, on peut établir tous les passages de l'un à l'autre. De plus, le même naturaliste fait rentrer parmi les Mulettes les genres Hyrie et Castalie, que Lamarck avait établis à leurs dépens.

Les Mulettes appartiennent, ainsi que les Anodontes, à la famille des Submytilacés, c'est-à-dire qu'elles sont peu éloignées des Moules, dont en effet on leur donne le nom dans beaucoup d'endroits; mais elles ont le pied gros et non canaliculé, et de plus elles manquent de byssus. Ces animaux font leurs petits vivans et par un mécanisme particulier. C'est dans les branchies de leurs parens que ceux-ci prennent leurs premiers développemens; ils ont alors de très-petites dimensions et sont presque méconnaissables; aussi de savans naturalistes, MM. Rathké et Jacobson ont-ils pensé qu'ils constituaient une espèce parasite vivant aux dépens des Moules d'eau douce, et qu'ils ont nommée *Glochidium*; mais les remarques de M. de Blainville et celles plus récentes de MM. Carus et Quatrefrages, etc., ont suffisamment démontré la fausseté de cette supposition.

Les coquilles des Mulettes sont de forme assez variable, mais toujours équivalves, inéquilatérales, assez bombées, quelquefois un peu bâillantes ou bien auriculées; leurs valves, plus épaisses que celles des Anodontes, sont très-souvent noirâtres ou brunes en dehors et fréquemment violacées en dedans; elles sont rouges aux sommets, qui sont plus ou moins antérieurs; leur charnière est formée d'une dent lamelleuse sous le ligament, et d'une double dent comprimée, dentelée irrégulièrement sur la valve gauche et simple sur la valve droite; le ligament est extérieur et allongé, quelquefois bordé dans une partie de son étendue par une sorte de lunule, et les impressions musculaires sont très-écartées et peu distinctes. (*Voyez* l'article MOLLUSQUES.)

On a décrit, même en France, un nombre assez considérable de Mulettes; il est probable, cependant, que beaucoup d'entre elles ne reposent pas sur des caractères certains et devront être supprimées. Nous indiquerons seulement celles qui sont le plus généralement admises, et d'abord l'*Unio pictorum* et le *Margaritifera*, qui sont sans contredit les plus intéressantes.

MULETTE DES PEINTRES, *Unio pictorum*, Drap. Elle est allongée, nacrée intérieurement, recouverte au dehors d'un épiderme luisant, verdâtre ou brun, et atteint jusqu'à trois ou quatre pouces. C'est ordinairement des valves de cette coquille, ou bien de celles des Moules ordinaires, que les peintres se servent pour mettre des couleurs; de là le nom qu'on lui a donné. Elle est commune

dans toute la France, ainsi qu'en Allemagne et dans les Pays-Bas; elle préfère, ainsi que la plupart des autres *Unio*, les eaux courantes, et se trouve dans les petites rivières comme dans les plus grands fleuves.

On peut en rapprocher l'*Unio rostrata* ou *U. tumidus* de quelques uns, lequel se trouve surtout dans le Nord, mais a été néanmoins indiqué dans quelques parties de la France.

MULETTE MARGARITIFÈRE, *Unio margaritiferus*. Elle est beaucoup plus grande que le *Pictorum*, plus épaisse, blanche et nacrée à l'intérieur, recouverte extérieurement d'un épiderme brun ou noir, et marquée du même côté de stries très-prononcées. Ses sommets sont ordinairement excoriés, et de plus son bord inférieur est échancré ou sinué dans son milieu, comme on aurait pu le faire en la serrant dans cet endroit à l'aide d'une corde. Cette espèce se trouve surtout dans le Rhin; aussi lui donne-t-on le nom de *Moule du Rhin*; elle n'existe pas dans la Seine, où l'*Unio pictorum* se trouve fréquemment.

MULETTE LITTORALE, *Unio littoralis*. Elle a quelque chose de la Mulette margaritifère; mais elle est plus petite, et ses valves, assez arrondies et légèrement tétragones, sont moins rétrécies vers la partie antérieure. Le bord inférieur n'est pas sinueux, ou l'est très-peu; l'intérieur des valves est nacré en dedans, et l'épiderme de la surface externe est épais et raboteux. Cette espèce, que nous avons souvent rencontrée dans la Seine, à Paris, se trouve aussi dans d'autres parties de la France.

MULETTE OBTUSE, *Unio batava*. On la trouve dans les Pays-Bas et aussi en France, particulièment à Paris. Draparnaud en avait fait une variété de l'*Unio pictorum*. Mais sa forme est assez différente, et ses charnirèes n'ont pas la même disposition. L'*Unio batava* est plus court, plus épais et plus fortement arqué postérieurement; sa dent cardinale est plus épaisse, plus conique et plus obtuse; ses crochets sont plus souvent excoriés. (GERV.)

MULLE, *Mullus*. (POISS.) De tous les poissons qu'on observe dans la famille des Percoïdes, il n'en est point dont on doive se retracer l'image avec autant de plaisir et d'intérêt que celle des Mulles, vulgairement nommés Surmulets. Mais, avant que de rappeler les faits remarquables que fournissent ces animaux dans un grand nombre de circonstances, commençons par exposer les caractères véritablement distinctifs du genre auquel appartiennent les poissons dont nous allons essayer l'histoire.

Comme toutes les espèces de Percoïdes, les Mulles ont le corps oblong, couvert de larges écailles dures et rudes, lesquelles tombent facilement. Du reste, leur tête est comprimée, leurs yeux placés sur les côtés et rapprochés l'un de l'autre; chez eux les ventrales sont situées à l'arrière du corps à une assez grande distance des pectorales; de plus, ils ont deux nageoires du dos, courtes et très-écartées l'une de l'autre. Mais il est chez les Mulles une particularité de structure qui peut, indépendamment de tous les caractères que nous avons déjà fait connaître, les distinguer et de la famille des Percoïdes et du Pomatome, avec lequel ils ont le plus de rapports; ce sont deux longs barbillons qui pendent à l'extrémité de la mâchoire inférieure, et qui leur servent à tromper leur proie. Cachés dans la vase où dans le sable, ils laissent flotter au gré des eaux ces organes qui deviennent un appât pour les petits poissons. Nous n'avons dans la Méditerranée que deux espèces de ce genre.

Le vrai Rouget ou ROUGET BARBET, *Mullus barbatus*, Bl. pl. 348, fig. 2. La richesse de sa parure, la beauté de ses formes, l'excellence de sa saveur, ont de tout temps excité à la recherche de ce poisson. Aussi est-ce à cette brillante parure qu'il a dû sa célébrité. En effet, un rouge de pourpre règne sur son dos, et se mêlant à des teintes argentines qui brillent sur ses côtés et sur son ventre, y forme des nuances très-agréables; sa tête est tronquée, large, à profil tombant verticalement, en sorte que sa physionomie est tout-à-fait singulière et représente à peu près un cercle. La bouche est située au bout du museau, peu fendue, médiocrement protractile, à lèvres peu charnues; il y a une bande très-étroite de petites dents en velours tout autour de la mâchoire inférieure; non seulement ses nageoires resplendissent des divers reflets de l'or, mais encore le rouge dont il est peint, et qui appartient au corps proprement dit du poisson, paraissant au travers des écailles très-transparentes qui revêtent l'animal, reçoit par sa transmission et le passage que lui livre une substance diaphane, polie et luisante, toute la vivacité que l'art peut donner aux nuances qu'il emploie par le moyen d'un vernis préparé. La beauté a donc été l'origine de la captivité de ce Mulle; elle l'a condamné à toutes les angoisses d'une mort lente et douloureuse. Pline rapporte que les Romains célèbres par leurs richesses, et abrutis par leurs débauches, mêlaient à leurs dégoûtantes orgies le plaisir de faire expirer entre leurs mains ce Mulle, afin de jouir de la variété des nuances pourpres qui se succédaient, depuis le rouge jusqu'au blanc le plus pâle, à mesure que, l'animal passant par tous les degrés de la diminution de la vie, des mouvemens convulsifs marquaient seuls, avec les dégradations des teintes, l'approche de la fin des tourmens du Rouget; et cependant le désir de ce spectacle cruel ajouta une telle fureur pour la possession de ces Mulles, que les Romains, pour repaître leurs regards de ces changemens de couleurs, et en suivre toutes les nuances variées, faisaient construire à grands frais des appareils au moyen desquels les poissons arrivaient de leurs viviers jusque sur la table, dans des vases de cristal, dans lesquels ils cuisaient sous les yeux des convives, coutume barbare et bien digne d'un peuple pour lequel les combats des gladiateurs étaient le spectacle le plus agréable, et le seul dont ils ne pussent se passer. Les Romains, vers la fin de la république, et sous les empereurs, les achetaient à des prix fous, puisqu'au rapport d'auteurs contemporains, leur valeur augmentait surtout avec leur poids; deux livres étaient, selon Pline, le plus élevé qu'ils atteignissent communément, et même alors ils étaient déjà une sorte de magnificence, quoique la livre romaine fût d'un tiers moindre que la nôtre. Sénèque raconte l'histoire d'un Mulle présenté à l'empereur Tibère, qui pesait quatre livres et demie, et que ce prince ridiculement économe envoya au marché. Apicius et Octavius se le disputèrent, et le dernier l'emporta au prix de cinq mille sesterces, qui dans ce temps-là faisaient neuf cent soixante-quatorze francs. Juvénal en cite un qui fut vendu six mille sesterces (1168 francs) et pesait près de six livres. Asinius Céler, au rapport de Pline, en acheta un huit mille sesterces (1558 francs) du temps de Caligula. Cependant les plus chers de tous furent ceux dont parle Cétone, qui, au nombre de trois, furent payés trente mille sesterces (5844 francs); ce qui engagea Tibère à rendre des lois somptuaires et à faire taxer les viviers apportés au marché. C'était apparemment la circonstance d'en avoir trois à la fois d'une grande taille, qui en avait si fort augmenté la valeur. Ces grands Mulles venaient de la mer; Pline ajoute qu'ils ne grandissent pas dans les viviers et dans les piscines. Martial cite de ces poissons qui y vivaient depuis long-temps et qui étaient en quelque sorte apprivoisés; leur éducation y exigeait des soins et des dépenses extraordinaires; car ils supportaient difficilement l'esclavage, et c'était à peine, dit Columelle, s'il en restait quelques uns sur plusieurs milliers.

Aujourd'hui les Mulles rougets, sans être l'objet de soins si extraordinaires, sont encore mis avec raison au nombre des meilleurs comme des plus beaux poissons de la mer; leur chair est blanche, ferme, friable, agréable au goût, un peu piquante; elle se digère aisément, parce qu'elle n'est pas grasse. Galien dit que le foie du Mulle passait chez les gourmands pour en être la partie la plus délicate, et qu'on le broyait avec du vin pour assaisonner le poisson. Après le foie c'était la tête qu'on estimait le plus, mais au total il passait pour le meilleur de tous les poissons. Cette passion pour le Rouget barbet avait fort diminué dans les temps postérieurs; car Macrobe assure que de son temps on en voyait de plus de deux livres, mais que l'on ne connaissait plus les prix exorbitans dont parlent les anciens. C'est la Méditerranée qui est le séjour principal du Rouget; il s'y prend dans tous les parages et dans toutes les saisons, il se nourrit de Crustacés. On le pêche non seulement à la ligne, mais encore au filet; on ne devine pas pourquoi un auteur a écrit que ceux qui tenaient ce Mulle dans la main étaient à l'abri de la secousse violente que la Torpille peut faire éprouver.

Après avoir exposé les faits remarquables de l'espèce *Mullus barbatus* nous devons la comparer à celle que l'on a jusqu'à présent confondue avec elle. Elle est tellement semblable, par les formes et les détails, à cette dernière, qu'il faut beaucoup d'attention pour l'en distinguer: c'est le MULLE SURMULET, *M. surmuletus*, figuré par Bloch, pl. 57. Des raies dorées et longitudinales distinguent ce poisson du Rouget. Elles s'étendent non seulement sur le corps et sur la queue, mais encore sur la tête, où elles se marient, d'une manière très-agréable à l'œil, avec le rouge-vermillon qui fait le fond de la couleur sur cette partie; le brillant de l'or resplendit d'ailleurs sur les nageoires, et c'est ainsi que les teintes les plus riches se réunissent sur le Surmulet comme sur le Rouget, mais combinées dans d'autres proportions et disposées d'après un dessin différent. L'ouverture de la bouche est petite; la mâchoire de dessus est plus avancée que celle de dessous; l'inférieure est garnie d'une rangée de petites dents, la supérieure n'en a aucune; les deux barbillons qui garnissent la mâchoire inférieure sont un peu plus longs à proportion que ceux du Rouget. Ce poisson porte des écailles sur le front, la joue, la nuque, et sur toutes les pièces operculaires, comme sur le corps, et ces écailles sont très-grandes. Le Surmulet vit non seulement dans la Méditerranée, mais encore dans l'Océan, où il est beaucoup plus commun. Il a la chair blanche, feuilletée, ferme, agréable au goût, et, malgré l'autorité de Cetti, moins estimée que celle du *Mullus barbatus*. Nous savons également qu'il était, comme le Rouget, pour les Romains, un objet de recherche et de jouissance insensée. Aussi ce poisson avait-il donné lieu au proverbe: Ne le mange pas qui le prend. Les morceaux que l'on estimait le plus étaient la tête et le foie. Il se nourrit ordinairement de jeunes crustacés et de mollusques. Galien a écrit que l'odeur de ce poisson était désagréable, quand il avait mangé des crustacés; et suivant Pline, il répand cette mauvaise odeur quand il a préféré des animaux à coquilles. Au reste, comme le Surmulet est vorace, il se jette souvent sur les cadavres d'animaux; les Grecs croyaient même qu'il poursuivait et parvenait à tuer des poissons dangereux, et le regardant comme une sorte de chasseur utile à l'homme, ils l'avaient consacré à Diane. Les Surmulets vont par troupes, vers le commencement du printemps, dans les profondeurs de la mer; ils font alors leur première ponte auprès des embouchures des rivières. Selon Aristote, ils pondent trois fois dans l'année. On les pêche avec des filets, des louves, des nasses et surtout à l'hameçon, dans plusieurs contrées. Lorsqu'on veut les envoyer au loin sans qu'ils se gâtent, on les fait bouillir dans de l'eau de mer aussitôt qu'ils ont été pris, on les saupoudre de farine, et on les entoure d'une pâte qui les garantit de tout contact de l'air. Nous terminons cet article en disant que ce poisson fréquente également les rochers, et parvient jusqu'à trois décimètres de longueur. (ALPH. G.)

MULLÉRINE. (MIN.) Ce minéral, auquel on a donné une douzaine de noms, tels que ceux de Tellure gris, Or gris-jaunâtre, Argent telluré, Tellure auro-plombifère, Tellur-silber, Weiss-tellur, et cinq ou six autres noms allemands, a été dédié par M. Beudant au minéralogiste Müller. Son éclat est métalloïde; sa couleur est le blanc jaunâtre; il cristallise en prismes rhomboïdaux. Attaquable par l'acide nitrique, il laisse un résidu métallique jaune.

La Mullérine se compose de 44 à 45 parties de tellure, de 19 à 20 de plomb, de 8 à 9 d'argent, de 26 à 27 d'or et d'un peu de soufre. Outre les formes cristallines qu'elle affecte, on la trouve en cristaux allongés, déformés et groupés, ou en petites masses composées de fibres entrelacées : de là les noms de Mullérine aciculaire et cylindroïde et celui de Mullérine fibreuse.

On trouve la Mullérine dans les dépôts aurifères de la Transylvanie. (J. H.)

MULOT. (MAM.) Petit Mammifère rongeur appartenant au genre RAT proprement dit (*voy.* ce mot). (Z. G.)

MULTICAULE, *Multicaulis.* (BOT.) Plante dont la racine pousse plusieurs tiges. (L.)

MULTIFLORE, *Multiflorus.* (BOT. PHAN.) On applique cet adjectif soit au rameau, soit au pédoncule, soit à la plante même qui porte plusieurs fleurs. (L.)

MULTILOCULAIRES. (MOLL.) C'est un des noms qu'on a donnés aux prétendus Céphalopodes miscroscopiques ou FORAMINIFÈRES (*voy.* ce mot et l'article MILIOLE). Il signifie animaux à plusieurs loges; mais il n'est pas applicable à tous, puisqu'il en est parmi eux qui n'ont qu'une seule division à leur coquille. C'est en partie à cause de leurs loges qu'on avait rapproché les Multiloculaires des Céphalopodes polythalames; mais chez ceux-ci, il existe un siphon qui réunit toutes les loges entre elles, et l'animal n'occupe que la dernière de celles-ci; au lieu que, chez les Multiloculaires, il n'y a point de siphon, et de plus, l'animal occupe en même temps toutes les loges de son test, ainsi que l'ont fait voir MM. de Blainville et Dujardin. (GERV.)

MULTILOCULAIRE, *Multilocularis.* (BOT. PHAN.) Cet adjectif s'applique soit à l'ovaire, soit au fruit dont l'intérieur est partagé en plusieurs loges. (L.)

MULTINERVÉE (feuille). (BOT. PHAN.) Par opposition à Uninervée. Feuille dont le limbe est marqué de plusieurs nervures. (L.)

MULTIVALVES. (MOLL.) Par ce nom on désigne tous les Mollusques qui ont plus de deux coquilles ou valves. Quoique, par sa définition elle-même, la classe des Multivalves semble être bien caractérisée, cependant jusqu'à ce jour les auteurs semblent ne pas être d'accord sur les coquilles qui doivent en faire partie.

La division en genres de la classe des Multivalves, est fondée sur des caractères pris tantôt dans la position, tantôt dans le nombre et tantôt dans les rapports des valves entre elles. Lamarck en a établi huit : les Oscabrions, les Anatifes, les Balanites, les Pholades, les Tarets, les Fistulaires, les Ammonies et les Calcéoles.

M. de Blainville compte dix-huit genres dans la classe des Mollusques Multivalves; ces genres sont compris dans plusieurs familles. La première, celle des Lépadiens, renferme les Gymnolèpes, Pentalèpes, Polylèpes et Litholèpes. La seconde comprend les genres Balane, Acaste, Octhosie, Conie, Creusie, Pyrgome, Chathamale. La troisième a été établie pour les Coronules, les Chélonobies, les Cétopires, les Diadèmes et les Tubicinelles; et la dernière ne renferme que les genres Oscabrion et Oscabrelle. (Z. G.)

MUQUEUSE. (ANAT.) Nom donné à une des espèces des membranes simples et qui revêt la plupart des cavités intérieures.

Voyez-en la description, les usages, la texture au mot MEMBRANE. (A. D.)

MURCHISONITE. (MIN.) Substance opaque, d'un blanc rougeâtre, cristallisant en prismes rectangulaires obliques, et qui, d'après une analyse de M. Phillips, se compose de 68 à 69 parties de silice, 16 à 17 d'alumine, 14 à 15 de potasse. Elle n'a encore été trouvée qu'en Angleterre. (J. H.)

MURE. (MOLL.) Nom vulgaire donné à diverses coquilles telles que le *Cerithium morus*, la *Ricinula morus, Purpura mansinella* et quelques autres Pourpres. (GUÉR.)

MURE. (BOT. PHAN.) C'est le fruit du Mûrier. On donne aussi ce nom aux fruits de diverses espèces de Ronces. (GUÉR.)

MURÈNE, *Muræna.* (POISS.) Thunberg est le créateur de ce genre, qu'il a démembré des Anguilles de Linné. Voir pour de plus amples détails le mot ANGUILLE de ce Dictionnaire. (ALPH. G.)

MURÈNOPHIS. (POISS.) Synonyme de Murène. *Voy.* ANGUILLE. (ALPH. G.)

MUREX. (MOLL.) C'est le nom scientifique du genre ROCHER. *Voy.* ce mot. (V. M.)

MURIATES. (CHIM.) Ayant oublié, au mot HYDROCHLORATE (*voy.* ce mot pour la définition et les caractères des Muriates), de mettre l'hydrochlorate d'ammoniaque au nombre des sels muriatiques qui se trouvent dans la nature, nous allons réparer cette omission.

Le Muriate d'ammoniaque (combinaison de l'acide muriatique (des anciens), hydrochlorique (des modernes), Hydrochlorate d'ammoniaque, Chlorure d'ammonium, Sel ammoniac, Sel volatil, Sel de Tartarie, Salmiack) ne se trouve dans la nature que dans les houillères embrasées, ou dans les volcans à la surface des laves, ou en masses plus ou moins considérables dans des espèces de solfatares, où il forme des dépôts considérables, que des caravanes exploitent dans certains temps de l'année, et livrent au commerce sous les différens noms que nous venons d'énumérer. On le rencontre encore dans l'urine de l'homme, dans la fiente des Chameaux et de quelques autres animaux.

Les caractères physiques et chimiques du sel ammoniac, sel ainsi nommé parce qu'on le préparait autrefois en Ammonie, pays de l'Égypte où était situé le temple de Jupiter Ammon, sont les suivans : il est solide, plus ou moins blanc, selon les différens degrés de purification qu'il a éprouvés : sa saveur est âcre, piquante et urineuse; il est un peu élastique, ductile et inaltérable à l'air; il se dissout facilement dans l'eau, soit à froid, soit à chaud; ses cristaux naturels représentent tantôt des octaèdres simples plus ou moins émoussés, tantôt des fibres divergentes ou entremêlées : ceux que l'on obtient dans les laboratoires de chimie sont prismatiques, aiguillés, et groupés à la manière des barbes d'une plume. Soumis à une sublimation lente et modérée, le sel ammoniac se volatilise sous forme de rhomboïdes ; si au contraire l'action de la chaleur est forte, il se condense en une masse épaisse et presque irrégulière.

Bien que le sel ammoniac existe dans la nature, on le prépare de toutes pièces pour les besoins nombreux des arts, de l'industrie et de la médecine. Voyons en quoi consiste cette préparation. Avant Baumé, qui le premier fit du sel ammoniac en France, en traitant directement l'hydrochlorate de soude (sel marin) par le sulfate d'ammoniaque, le commerce nous l'apportait d'Egypte, où on le retirait de la fiente de Chameaux. Aujourd'hui, on l'obtient en grand en décomposant les matières animales par la chaleur, filtrant les produits obtenus qui contiennent principalement une très-grande quantité de sous-carbonate d'ammoniaque, puis du sulfate de chaux, et décomposant le sulfate d'ammoniaque formé par l'hydrochlorate de soude. Laissant ensuite évaporer et cristalliser la liqueur, pour retirer le sulfate de soude, on obtient par la sublimation, sous forme de pains assez volumineux, concaves d'un côté, convexes de l'autre, d'un gris sale, etc., le sel ammoniac resté dans les eaux-mères.

Le sel ammoniac du commerce se purifie en en saturant, à chaud, une certaine quantité d'eau distillée, filtrant le soluté, et abandonnant la liqueur à elle-même. Par le repos et le refroidissement, la plus grande partie du sel se précipite sous forme d'aiguilles fines et barbues. On décante l'eau-mère, qui, évaporée jusqu'à pellicule, donne une nouvelle quantité de cristaux; enfin une troisième décantation et évaporation à siccité peut encore donner du sel, mais il est moins pur.

Dans les arts, le sel ammoniac sert à décaper les métaux, à préparer l'ammoniaque, le sous-carbonate du même nom, l'eau régale, pour dissoudre l'étain, etc. ; il entre dans quelques teintures; la médecine le considère comme stimulant, fondant et sudorifique. Dissous dans l'eau, la chirurgie l'applique à l'extérieur comme résolutif et détersif, à cause du grand froid qu'il dégage en se dissolvant. (F. F.)

MURICÉE, *Muricea.* (POLYP.) Sous-genre de Gorgones, tribu des Cératophytes, ordre des Polypiers corticaux, établi par Lamouroux pour le *Gor. muricata* d'Ellis et de Solander, et caractérisé, suivant Cuvier, par une écorce médiocrement épaisse, à mamelons saillans, couverts d'écailles imbriquées et hérissées. On en connaît deux espèces, les *M. spicifera* et *elongata*; mais ce genre, ainsi que toutes les Gorgones, aurait besoin d'être revu, et d'être l'objet d'une monographie particulière. (V. M.)

MURIER, *Morus.* (BOT. PHAN. et ÉCON. RUR.) On ne peut se dissimuler les progrès que l'industrie nationale a faits depuis les premiers jours du dix-neuvième siècle pour la fabrication des soieries; des machines ont été inventées, et d'ingénieux procédés ont amené des perfectionnemens sensibles. La cochenille, soumise à une préparation nouvelle par Gonin l'aîné, de Lyon, a procuré à la teinture une couleur plus vive et plus brillante; le bleu de Prusse, créé par Raymond, de la même ville, a fourni une couleur dont la beauté égale la solidité; en général la teinture et les apprêts ont reçu de nombreuses améliorations. Nos cotons moulinés de différentes manières, mariés avec la soie, ont fait naître des tissus recherchés maintenant dans toute l'Europe; la bourre de soie, employée à imiter les châles si beaux, si moelleux et si coûteux du Kachemyre, a été portée au plus haut degré de perfection; le crêpe, industrie exclusive des Bolonais dans le siècle dernier, s'est tellement amélioré sous les doigts de nos ouvriers, que l'Italie vient maintenant le demander à nos fabriques; la gaze lisse, les étoffes de velours, les procédés pour la chinure, l'imitation des fourrures au moyen de cylindres artistement cannelés; les tulles, les tapis et étoffes en dorure sont arrivés au point de ne redouter aucune rivalité; les florences d'Avignon, les tricots de soie de Nîmes, les beaux rubans de Saint-Chaumont, de Saint-Etienne et des montagnes où la Loire prend sa source, sont dans une activité des plus satisfaisantes. En un mot, l'émulation pousse sans cesse vers de nouveaux succès.

Cependant la Suisse, l'Italie, et surtout l'Angleterre, attirent nos ouvriers les plus habiles, leur offrent une existence plus brillante et des profits plus grands, et menacent ainsi, plus ou moins sourdement, de nous enlever cette branche importante d'industrie. Déjà leurs manufactures ont triplé et même quadruplé les métiers d'étoffes de soie; elles se flattent même de nous écarter bientôt de la lice. Nous avons donc le plus haut intérêt à faire tout ce qu'il faut pour conserver notre prééminence. Le devoir du gouvernement en cette circonstance imminente est d'encourager tous les genres de fabrications, de maintenir les débouchés dont notre commerce est encore en possession et de mettre tous les bras en état de féconder notre sol, d'exploiter toutes les parties demeurées inactives et de s'approprier ce que l'industrie étrangère peut créer et posséder d'utile, de profitable : c'est le meilleur emploi qu'il puisse donner aux sommes immenses que les impôts versent chaque jour dans le trésor public.

Ainsi, pour ne point sortir du genre d'industrie que nous venons d'examiner rapidement, et pour nous limiter à l'objet que nous sommes appelé à traiter aujourd'hui, nous dirons que l'on peut généraliser en France la culture du Mûrier et donner une plus large extension à l'éducation des Vers à soie; nous prouverons, par une étude

suivie

suivie du végétal qui en est la base, qu'il est facile de l'amener à répondre à tous nos besoins. Le Mûrier est en effet un arbre robuste, qui vient promptement, se multiplie avec la plus grande facilité, et s'acclimate partout. Je ne répéterai point que, dans les seizième et dix-septième siècles, on en voyait des plantations considérables sur notre territoire, au-delà du 49e degré de latitude septentrionale; que, dès cette époque déjà reculée, le Mûrier fut reconnu, proclamé de nature à prospérer dans toutes les localités françaises, sur les terrains les plus secs, les plus arides, et même dans cette partie du département de la Marne que l'indignation des cultivateurs nomma la *Champagne pouilleuse*, mais que, depuis le système mieux entendu de nos assolemens, l'on voit se rétablir peu à peu dans le crédit agricole. Je ne citerai point ces exemples; je montrerai les terrains les plus pauvres du Brandebourg esclave enrichis depuis quelques années par la culture du Mûrier qu'y portèrent de malheureux exilés, comme à l'époque désastreuse de la révocation de l'édit de Nantes les Français, obligés de fuir leur ingrate patrie, y plantèrent la Betterave et y créèrent ce sucre rival de la Cannamelle. Il y brave les froids les plus rigoureux. La culture du Mûrier nous importe donc essentiellement; voyons ce qu'il faut faire pour l'introduire partout et l'obliger à répondre aux efforts de l'agriculteur.

I. *Du Mûrier considéré sous le rapport botanique.* — Ce genre de plantes de la Monoécie tétrandrie, et de la famille des Urticées, se rapproche beaucoup des Orties, *Urtica*, par les parties de sa fructification; des Jacquiers, *Artocarpus*, par ses fruits; des Figuiers, *Ficus*, par son port et par la forme de ses feuilles. Il est composé d'arbres de troisième grandeur contenant un suc propre, laiteux, plus ou moins âcre et caustique, qui circule dans des pores largement ouverts et rend le bois susceptible d'un retrait assez fort, lui donne un grain peu homogène et non assez fin pour recevoir le poli vif que fait espérer sa teinte jaune tirant sur le vert et sans mélange de taches. Les feuilles qui décorent les Mûriers sont simples, très-variées, alternes, découpées en lobes inégaux, plus ou moins nombreux, et munies de deux stipules caduques à leur base. Les fleurs sont monoïques, unisexuées, incomplètes, réunies en chatons ovoïdes ou globuleux, tantôt axillaires ou terminant les ramifications de la tige, et tantôt offrant les deux sexes sur le même individu, ou sur des individus séparés. Les fleurs mâles ont quatre étamines, situées entre chacune des quatre folioles ovales et concaves du calice, à filamens grêles, recourbés vers le centre de la fleur avant son épanouissement, droits durant la fleuraison et supportant des anthères simples. Les fleurs femelles offrent un ovaire cordiforme, libre, un peu comprimé, lenticulaire, surmonté de deux styles allongés, subulés, et terminés par des stigmates linéaires, glanduleux et pointus en leur face interne. Le fruit est une baie charnue, succulente, formée par les écailles du calice qui est persistant, contenant une et quelquefois deux semences ovales, aiguës, dont une avorte le plus ordinairement. L'embryon est renversé, courbé en crochet; il se dresse lors de l'évolution germinative et se montre protégé par deux cotylédons oblongs, foliacés, planes, couchés l'un sur l'autre; la radicule est cylindrique.

II. *Espèces.* Le genre Mûrier est composé d'un assez bon nombre d'espèces; des auteurs limitent ce nombre à une demi douzaine, d'autres l'élèvent à plus de quinze espèces, même en en détachant deux anciennes espèces appelées pour former le genre Broussonnetie, ainsi que nous l'avons vu plus haut, tom. I, pag. 531 et 532. Nous en connaissons sept originaires des climats chauds et tempérés de l'Asie, dont quatre sont naturalisées en France, ainsi que deux autres de l'Amérique septentrionale. Nous nous occuperons seulement des espèces dites Mûrier noir, blanc, rose, de Constantinople, multicaule, et Mûrier rouge.

Mûrier noir, *Morus nigra*, L. Arbre cultivé en Europe depuis un très-grand nombre d'années, dont on ignore positivement la patrie; mais que l'on peut sans crainte dire nous être venu de la Grèce et de l'Italie, pays où je l'ai vu fournir des tiges superbes de plus de neuf et douze mètres de haut. En France il est moins élevé, peu régulier et même diffus dans son port; son écorce est rude, sa cime large, sa feuille assez grande, son fruit fort gros, plein d'un jus de couleur vineuse-rougeâtre; on le mange quand il est bien mûr, et il laisse dans la bouche une saveur légèrement acide fort agréable. On s'en sert dans l'économie domestique et médicale pour préparer des boissons rafraîchissantes, un sirop employé avec succès dans les inflammations légères de la gorge, et un vinaigre assez bon; il entre dans la série des teintures et est recherché pour colorer les vins, les liqueurs, les confitures, etc. Dans l'origine, les éducateurs de Vers à soie tiraient parti de sa feuille, ce qui le fit multiplier beaucoup sous toutes les climatures; mais depuis que l'on possède le Mûrier blanc, l'espèce qui nous occupe est reléguée dans les cours pour y tapisser les murs et y donner ses fruits. On ne l'admet plus dans les bosquets, à cause de sa lente croissance, parce que son feuillage perd de bonne heure son éclat, et parce que, au printemps, il offre une pousse plus tardive de huit jours que celle du Mûrier blanc. Cependant, il n'est pas à dédaigner autant qu'on le fait; sa feuille rude et ferme procure une soie abondante, peu fine il est vrai, mais elle a du corps, est facile à dévider, et convient très-bien aux étoffes façonnées. D'ailleurs il vit fort long-temps, son bois se travaille au tour, son écorce rousse est bonne à faire des cordes. Théophraste l'a connu et en parle souvent sous le nom de Sycaminos, Συκάμινος. C'est sous son ombrage frais qu'Ovide place le théâtre de la mort tragique de Pyrame et de Thisbé qu'il raconte avec tant de sensibilité, d'élégance et de haute poésie.

Le Mûrier rose, *M. rosæa*, de Lamarck, que l'on a long-temps regardé comme une simple variété du Mûrier noir, est une espèce constante, distincte par ses fruits fort petits, d'abord d'un rose clair, puis passant à une teinte foncée à l'époque de la maturité. Elle a beaucoup de ressemblance, il est vrai, pour le port et pour la grandeur de son feuillage avec l'espèce précédente; mais elle en diffère encore par son écorce lisse, d'un vert pâle, par l'intérieur de son écorce d'une couleur de rose et par l'aubier qui est également coloré, mais plus pâle, par le duvet cotonneux qui couvre légèrement ses jeunes rameaux, par ses feuilles constamment entières, cordiformes et dont les nervures de la page inférieure sont très-saillantes, et pubescentes; enfin elle s'élève rarement au dessus de huit mètres. On croit cet arbre originaire du nord de l'Asie; il nous est venu par l'entremise de l'Italie, d'où il est improprement appelé *Mûrier d'Italie* par quelques pépiniéristes et dans les catalogues des marchands. J'ai fait sur cet arbre une remarque qui m'a paru curieuse. La teinte de l'aubier est d'abord d'un rouge très-vif, elle perd de son intensité pendant le sommeil de la séve, ou, si l'on aime mieux, durant l'hiver, et en se séchant, elle n'est plus que d'un rose pâle. Ce phénomène a cela d'étonnant que d'ordinaire l'aubier est blanc, et que les sucs séveux sont généralement incolores.

Une espèce confondue de même, au premier aspect, avec la première, le Murier de Constantinople, *M. constantinopolitana*, ainsi nommé de la ville d'où il s'est répandu principalement dans le nord de la France. C'est un arbre médiocrement élevé, à cime très-large et étendue sur toute sa périphérie; il est garni de feuilles largement dentées, alternes, souvent rapprochées par touffes, d'un très-beau vert luisant, adhérentes aux rameaux et portées sur des pétioles assez longs, légèrement canaliculés en dessus. Le tronc est noueux, point délicat; si sa baie n'est point succulente, en revanche ses feuilles conviennent au Ver à soie, et il se multiplie en pleine terre de graines et de marcottes. En 1788, De Payan, agronome distingué d'Anduzes, département du Gard, imagina d'assujettir cet arbre à des formes naines, de le réduire à l'état d'humble buisson, afin d'améliorer sa feuille, de l'avoir plus tendre, par conséquent plus favorable au Ver fileur dans son premier âge, et d'en rendre la cueillette plus précoce, en même temps moins dépendante des intempéries. Le Mûrier de Constantinople convenait mieux que toute autre espèce; il croît partout, même sur les coteaux rocailleux des garrigues les plus stériles, et résiste à l'effeuillement annuel le plus complet : aussi est-il, sous ce rapport, un sujet d'études particulières pour le physiologiste. On le maintient bas en le plantant enraciné, en croisant les tiges, en les unissant par approche, et en rabattant chaque année les gourmands et les tiges verticales.

Sous le nom de Murier rouge, *M. rubra*, la Louisiane et la Virginie nous ont fourni une des espèces les plus élevées du genre. Son tronc est revêtu d'une écorce noirâtre, et garni de rameaux portant des feuilles assez grandes, très-rudes, d'un vert sombre en dessus, pâles et velues en dessous. Les fleurs sont dioïques, quelquefois aussi polygames, disent certains botanistes, et distantes les unes des autres; disposées en chatons longs, pendans, cylindriques, peu fournis, auxquels succèdent des baies d'un rouge assez vif, légèrement velues dans leur jeunesse, fort bonnes à manger. On n'est point d'accord sur la valeur de ses feuilles; quelques éducateurs américains disent qu'on peut les donner aux Vers jeunes encore; d'autres les réservent pour l'époque où ils ont acquis toute leur force.

Aucune espèce n'égale en bonté le Murier blanc, *M. alba*; aussi devint-il l'objet de la plus ardente sollicitude dès qu'il fut parfaitement connu. Les premiers individus apportés de l'Asie mineure en France ont été plantés, en 1494, sur le territoire d'Allan, à sept kilomètres de Montélimar, département de la Drôme. Leur culture fut longtemps un objet de simple curiosité, comme nous l'apprennent Champier, Liébaut et Quiqueran. Deux hommes revendiquent l'honneur d'avoir arraché cet arbre à la nullité qui semblait le menacer pour toujours, et de l'avoir répandu dans presque toutes les localités de la France méridionale et du centre de ce beau pays. Le premier est un simple jardinier, François Traucat, de Nîmes, cultivateur obscur, dont la mémoire s'est à peine conservée dans les annales particulières de sa ville natale; le second est Olivier de Serres, agronome illustre, écrivain distingué, citoyen intègre, dont la gloire est toute nationale. Il est certain, même d'après le témoignage du patriarche de notre agriculture, que, dès avant l'année 1564, Traucat avait jeté dans Nîmes les fondemens d'une vaste pépinière de Mûriers blancs; qu'il en avait été planter à Toulouse, à Bordeaux, dans toute l'étendue des anciennes provinces de Languedoc, Provence et Dauphiné, plus de quatre millions de sujets, et qu'il en avait même publié un panégyrique curieux dès 1606, à l'époque même où Olivier de Serres s'efforçait d'introduire la culture de cet arbre dans les contrées situées entre la Loire et la Seine. Ce n'est donc pas vouloir affaiblir les droits de l'auteur du *Théâtre d'agriculture* que de rendre hommage à la vérité, que de proclamer, avec lui, Traucat comme le premier qui ait su distinguer le mérite du Mûrier blanc, le mettre en vogue en France, et comme le véritable auteur d'une source abondante ouverte à notre industrie nationale. Olivier de Serres a la gloire assez belle d'avoir complété l'œuvre.

Le Mûrier blanc s'est parfaitement acclimaté sur notre sol; il y a, partout au moins où il s'est trouvé dans une exposition convenable, bravé les hivers extraordinaires de 1564, 1571, 1608, 1658, 1684, 1709, 1740, 1767, 1789, 1795, 1820 et 1830. Cet arbre, d'ordinaire d'une taille médiocre, s'élève quelquefois à plus de quinze mètres; son écorce est peu épaisse, rude, gercée, ses branches diffuses et éparses; son bois, d'un jaune clair dans l'aubier, est beaucoup plus foncé du centre à la circonférence. Il est garni de feuilles alternes, minces, glabres, échancrées en cœur à leur base, dentées inégalement, découpées en plusieurs lobes profonds, irréguliers; on en voit de trois à cinq sur les jeunes feuilles. Les fleurs sont axillaires, portées sur de longs pétioles; les baies qui leur succèdent, petites, globuleuses, sont le plus souvent blanchâtres, rarement teintes d'un rouge pâle. Il aime les terres légères et même les lieux élevés, exposés aux vents; là, sa feuille est excellente, et la soie qui en provient est abondante, nerveuse, très-pure et d'une grande beauté. Les beaux pieds que l'on voit dans le département de la Haute-Loire, à la plaine de Durianne, au vallon de la Gagne, à Latour, etc., prouvent qu'il vient bien sur les terrains granitiques. Les régions habituellement froides ne lui conviennent nullement. Les éducateurs de Vers à soie ont intérêt de préférer l'individu mâle à l'individu femelle; voici les avantages : 1° il y a moins de frais et de pertes dans la cueillette des feuilles, qu'on est obligé d'éplucher avec les secondes pour enlever les fruits; 2° ils n'ont point à craindre avec les premières la fermentation très-dangereuse qui se développe dans les secondes aux derniers âges du Ver fileur; 3° enfin la feuille de l'individu mâle est plus substantielle, plus riche en principes soyeux, plus propre à conserver sa fraîcheur lorsqu'elle est récoltée que celle de l'individu femelle, obligé de tout sacrifier au fruit qui doit propager l'espèce.

Avant de passer aux détails de culture, parlons de l'espèce aujourd'hui très-vantée, le MURIER A TIGES NOMBREUSES, *M. multicaulis*, qui paraît être descendu du nord de la Chine et même de la Tartarie, où Pallas l'a recueilli, jusque dans les plaines basses voisines de la mer de l'Inde, et de là dans les îles de l'Archipel océanique. On a donc tort de l'appeler *Mûrier des Philippines*, de le déclarer apporté pour la première fois en France dans l'année 1823, puisqu'il y vint au moins trente ans auparavant, d'une part, par le botaniste russe sous les noms de *Mûrier tatare* et de *Mûrier multigène*; de l'autre, par Poivre, intendant de nos possessions dans l'Inde, comme variété remarquable du Mûrier blanc. Aujourd'hui le Mûrier à tiges nombreuses, dont chacun s'amuse à changer le nom pour céder à la manie empirique du temps, est cultivé avec un plein succès au nord comme au midi, sur les bords du Rhin, comme près du littoral de l'Océan. La rapidité de sa croissance, les jets qu'il produit et qui montent d'un mètre et demi à deux mètres en très-peu de temps, l'abondance de ses grandes feuilles minces et boursouflées qui sont remplies du principe résineux et sucré nécessaire à la subsistance du Ver à soie, la facilité de le propager de boutures indéfiniment et pour ainsi dire sans y songer, sur un sol léger et frais, et par conséquent de le faire servir à porter des greffes de Mûriers blancs, de même que l'enthousiasme qui le place en ce moment au dessus de toutes les espèces connues, et le déclare susceptible d'offrir des résultats presque immédiats, ont singulièrement contribué à le répandre dans un grand nombre de localités. Je suis loin de me récrier contre la mode, parce qu'ici elle produira nécessairement du bien; je demanderai seulement si, tout en sacrifiant à la muriomanie renaissante qui va criant partout : *plantez, plantez des Mûriers*, on a le soin de s'assurer, non pas si le Mûrier à tiges nombreuses prospérera sur les terres, ce qui paraît à peu près démontré, malgré les gelées tardives de certaines climatures; mais si le Ver fileur réussira de même partout, et si les frais de la magnanerie seront couverts par dix années de culture du précieux insecte. Il est essentiel de bien calculer avant de céder à une spéculation aussi chanceuse. Je n'ignore pas que ce n'est plus aujourd'hui comme au bon temps de l'ordonnance du 14 octobre 1602, où l'on imposait une amende de six vingt mille livres tournois à répartir sur tous les propriétaires qui, dans les généralités de Paris, Orléans, Tours et Lyon, ne planteraient pas de Mûriers; chacun cède sans contrainte, chacun espère rivaliser tôt ou tard avec le domaine des Bergeries de Sénart, entre Corbeil et Villeneuve Saint-Georges, département de Seine-et-Oise, converti par ordonnance du mois d'avril 1826 en ferme-modèle pour la culture de l'arbre et l'éducation de l'insecte. Je sais bien encore que, dans nos départemens du midi et même du centre, la spéculation est d'une réussite assurée; que de flatteurs exemples nous sont offerts dans les Cévennes et dans les départemens de Saône-et-Loire, de l'Aveyron, de Tarn-et-Garonne, etc.; mais, je le demande de nouveau, ces puissans argumens rassurent-ils le père de famille quand il voit en tirer des conclusions favorables pour les départemens du nord; quand il voit les tentatives faites dans le département de la Meurthe pour relever la magnanerie d'Arnaville située sur la rive gauche de la Moselle entre Pont-à-Mousson et Metz, que son fondateur a dû abandonner plusieurs années avant la révolution faute de débouchés, surtout à cause des pertes souvent réitérées des insectes? En parcourant la large vallée que l'Allier arrose et les jardins si renommés des environs de Moulins, j'ai vainement demandé les beaux Mûriers qui, vers la fin du dix-septième siècle, s'y élevaient majestueusement; ils sont tombés sous la tranchante cognée. Ceux qui bordaient les champs et les chemins aux alentours de Pamiers et de Mirepoix, département de l'Ariége, sont improductifs depuis 1792, et dévorent les terres en pure perte. Dans le Midi, surtout dans les départemens de la Haute-Garonne, du Gard, etc., n'a-t-on pas vu plusieurs années malheureuses se succéder et arracher, comme des arbres inutiles, presque tous les Mûriers qu'on y avait plantés en 1690 et 1691? Sans doute l'inexpérience a beaucoup contribué à restreindre l'éducation du Ver à soie; mais, avant de la reprendre, il faut se livrer à des essais raisonnables, et dont l'échelle grandira lentement et à mesure des succès.

Revenons un instant sur le Mûrier à tiges nombreuses. Il ne s'élève que très-peu et ne forme aucun tronc proprement dit; dans les plantations régulières on le tient à deux et trois mètres chaque pied l'un de l'autre, pour faciliter sa culture, l'extension des rameaux et la cueillette des feuilles. On supprime toutes les tiges qui ne présentent point une constitution vigoureuse. On attribue la faculté reproductrice de ses racines à l'existence d'une multitude de lenticelles blanchâtres qui recouvrent l'écorce de ce Mûrier; mais quand je retrouve les mêmes corps sur le Mûrier blanc et sur d'autres espèces, je suis autorisé à classer cette assertion dans le domaine des rêveries horticoles. Il a la propriété de se reproduire de boutures aussi facilement, pour ainsi dire, que le Saule et le Peuplier, et de se greffer très-volontiers sur l'espèce commune; mais ses racines déliées, quelquefois longues de plus de deux mètres, fouillent et labourent le sol très-profondément, et munies, comme elles le sont, de nombreuses radicelles qui augmentent leurs spongioles ou bouches absorbantes, elles ne tardent pas à épuiser la terre et à la rendre stérile. Le Mûrier multicaule préférant une terre légère, substantielle, plus humide que sèche, on a conclu que le voisinage de l'eau lui convenait, et que, lorsqu'on voulait voir ses feuilles prendre un très-grand développement, il fallait que ses racines fussent totalement submergées, sans songer que plus la feuille est molle, remplie d'eau et dépouillée de ses sucs gommeux, non seulement moins elle est propre à nourrir le Ver à soie, mais qu'elle est dans les circonstances les plus favorables pour devenir essentiellement nuisible. On a conseillé de le répandre dans les pays vignobles, sans se douter que les travaux de l'arbuste qui fournit le vin coïncident précisément avec le temps de l'éducation de l'insecte fileur, et qu'une industrie tuerait l'autre. L'enthousiasme et le désir de vendre beaucoup entraînent les spéculateurs sur la route du mensonge, et les décident à tromper tous ceux qui se laissent prendre à leurs pompeuses annonces.

III. *Du Mûrier considéré sous le rapport de la culture.* — Les avantages de chacune des espèces de Mûrier positivement déterminés, les éducateurs de Vers à soie, les horticoles et les arboriculteurs ont mis tout en œuvre pour avoir de la graine, des provins ou des boutures, afin de multiplier surtout les Mûriers blanc et multicaule.

1° *Semis.* — La voie des semis est la meilleure pour obtenir des sujets vigoureux et de belle venue. Les uns se servent des graines exactement mondées, les autres du fruit entier, en ayant soin de le choisir sur des arbres parfaitement sains, ni trop jeunes ni trop vieux, et que l'on n'a point dépouillés de leur feuillage dans le cours de l'année. Ceux qui donnent la préférence au semis du fruit entier, parvenu à maturité complète, tombé de l'arbre sur des toiles disposées exprès quand on vient secouer légèrement les branches au milieu de l'été, estiment que la graine lève mieux, qu'elle produit des sujets dont la feuille est toujours semblable à celle des arbres qui donnèrent le fruit, pourvu toutefois que l'on retranche soigneusement l'extrémité du fruit; car sans cette précaution, assurent-ils, la graine entrera tard en germination, et le plant qui naîtra variera dans la forme et les qualités de sa feuille. La graine, que l'on ne confie pas de suite à la terre, parce que la saison est trop avancée, ou que l'on craint pour les jeunes plans les rigueurs de l'hiver, s'enfouit dans du sable bien sec, tenu à l'abri du contact immédiat de l'air. Elle attend ainsi, sans rien perdre de ses propriétés, l'arrivée du printemps, alors que les fortes gelées ne sont plus à redouter. On sème alors plutôt un peu épais que trop clair sur une terre divisée en planches, coupées, de trente centimètres en trente centimètres, par des petites raies profondes de vingt-sept millimètres. Gardez-vous de les couvrir de paille hachée ou de paillassons, comme le recommandent certains auteurs : ce moyen ne hâte nullement la levée des graines, et, loin de les préserver de quelques inconvéniens, j'ai toujours vu qu'il les rend plus sensibles au froid, et par conséquent plus susceptibles de périr. Le mieux est, si le sol est de nature forte et tenace, de répandre dessus un peu de cendre, de suie, du marc de colza bien pulvérisé, du bon terreau, du vieux fumier réduit en poudre. Les semis ont besoin d'être souvent arrosés dans la même journée, sans quoi leur production est maigre, lâche ou ne réussit pas. On continue de leur donner de l'eau, soir et matin, jusqu'à ce que la pousse soit en état de résister aux chaleurs. Mais, demandera-t-on, quand faut-il semer? Ici, comme dans toutes les circonstances agricoles, une règle est abusive. Le moment des semailles dépend de la saison et du climat. Relativement au climat, dans les contrées où l'Olivier est cultivé, où le Grenadier forme des haies et des buissons, on doit semer aussitôt la maturité de la graine, c'est-à-dire quand la baie est desséchée. Au centre et au nord de la France, il convient d'attendre que les fortes gelées ne soient plus à craindre. En d'autres termes, semez au midi vers la fin de février; ailleurs laissez passer les mois de mars et avril.

2° *Provins.* — Quand on veut jouir promptement, on provigne les pousses qui naissent au pied du Mûrier, on les couche, on les assujettit dans le trou qu'on leur a préparé à l'aide d'un crochet, on garnit ce trou de bonne terre et on arrose souvent; on coupe l'extrémité de la branche à deux ou trois yeux au dessus du sol. Le Mûrier cultivé de provins veut être taillé avec beaucoup de soins, et ne pas être effeuillé durant les trois premières années.

3° *Boutures.* — On a recours aussi, comme nous l'avons dit plus haut, aux boutures que l'on prend sur de jeunes branches de deux ans venues sur un bois âgé de cinq à six années. On coupe ce bois au dessus et au dessous de la branche, on enterre au printemps dans un sol bien fumé, bien arrosé. L'on doit ici, comme pour les provins, retrancher la sommité de la branche en n'y laissant que deux ou trois yeux. Ces deux méthodes font gagner du temps, mais elles demandent une climature ou une exposition chaude. On peut les marier ensemble, c'est-à-dire former des rejetons moitié provins et moitié boutures. On se sert, à cet effet, d'un panier percé dans le fond ou bien d'un pot de terre à fleurs; on passe dans l'ouverture la jeune branche ou le jet choisi, l'on fixe le vase ou le panier sur l'arbre dans une position verticale, et on le remplit de terre. La sommité de la branche s'abat en y laissant trois ou quatre yeux; ceux qui se trouvent ensevelis sous le sol, tenu constamment humide, s'y développent et fournissent d'excellentes racines. Pour exciter le scion à tirer sa nourriture de cette partie, l'on arrête peu à peu la séve fournie par le tronc, en pratiquant successivement plusieurs incisions sur la partie de la branche qui sort au dessus du panier ou du vase, et dès que l'on a acquis la certitude que les racines sont bien formées, qu'elles fonctionnent librement, on achève la séparation; le jeune arbre dépoté se met alors en pépinière.

Culture en prairie. —Un mode de culture pratiqué dans l'Inde est adopté avec succès dans la Caroline du Sud et par quelques éducateurs du Piémont et du Milanais; c'est la culture en prairie. Elle consiste à semer au printemps des graines et à faucher ou simplement effeuiller les jeunes tiges à partir de la saison suivante, jusqu'à ce que, devenues trop fortes, elles ne poussent plus qu'un bois rabougri. L'on défriche alors le terrain qui retourne à l'assolement de la ferme, et l'on ensemence de Mûriers une autre portion de terre pour subir les mêmes opérations. En France, au lieu de récolter la feuille du semis de l'année, il faut attendre l'année suivante. On a objecté contre ce mode de culture : 1° que les feuilles des pourrettes ne donnent que des cocons d'apparence très-inférieure; mais l'expérience du temps, ce juge dont les sentences sont inattaquables, a prouvé que ces mêmes cocons, regardés d'abord avec mépris, fournissent une soie pleine de nerf et de brillant; 2° que la semence de Mûrier est rare, fort chère et qu'elle germe difficilement, assertion qu'une culture soignée rend plus que hasardée quand on réserve, dans une plantation, un ou plusieurs pieds pour la production du fruit. Ce système convient au plus grand nombre des cultivateurs, aux fermiers à baux de courte durée, et aux petits propriétaires; ils peuvent y soumettre le Mûrier blanc et surtout le Mûrier multicaule. Ils ont même intérêt à l'adopter, puisqu'il est certain que l'ombre du Mûrier, placé au milieu des champs, nuit aux récoltes, que la taille de cet arbre ainsi que la cueillette de la feuille leur apportent des préjudices notables.

4° *Plantation.* — Veut-on planter des Mûriers de trois ans ou plus? il faut effondrer le terrain qu'on leur destine et les mettre en place, sur une ou deux lignes, à quatre mètres de distance l'un de l'autre sur toutes les faces, dans un creux profond de soixante-dix centimères; on étend bien les racines sur quelques pelletées de bonne terre, bien meuble; on assied parfaitement l'arbre afin qu'il n'y ait point de vides, on couvre de terre, puis d'un lit de fumier bien consommé, et l'on élève le surplus de la terre en petit monticule. On revêt le tronc d'une robe de paille pour empêcher la mousse de se fixer dessus et pour abriter le plant de l'ardeur du soleil et des premières gelées. Ce moyen est coûteux, il est vrai; mais il assure le succès de la plantation et il oblige l'arbre à dédommager amplement de semblables avances. Au bout de cinq ans et durant un quart de siècle, il poussera chaque année des jets d'un mètre et demi, et chaque année il donnera de vingt à vingt-cinq kilogrammes de très-bonnes feuilles. Règle essentielle à observer, c'est de ne planter que des individus de huit à douze centimètres de diamètre; moins forts, la séve montera vite aux branches qui ne tardent pas à être disproportionnées avec le tronc et à demander des tuteurs pour se soutenir.

5° *Greffe.*—En 1787, une question assez importante a été soulevée dans l'intérêt des pays qui produisent et manufacturent la soie, celle de savoir s'il y a de l'avantage à greffer les Mûriers, ou s'il vaut mieux les conserver à l'état des auvageon. Il me semble utile de résumer ici les faits apportés dans cette discussion, c'est un moyen d'aider à l'expérience future.

Le Mûrier sauvageon produit beaucoup de branches, et lorsqu'il est planté sur un terrain peu fertile ou de médiocre qualité, comme sa végétation est moins active, il devient épineux; il est alors fort incommode et la cueillette de ses feuilles n'est pas sans danger. Il faut le soumettre fréquemment à la taille pour parer à ce double inconvénient. Ses feuilles sont de bonne qualité, de belle apparence et entières durant les deux ou trois premières années; après ce temps, elles perdent de leur beauté et à la sixième année elles se montrent absolument dentées en scie. Jusque-là le ver à soie les mange avec autant de plaisir que les feuilles du Mûrier greffé; elles le nourrissent bien dans les premiers âges, mais à la quatrième mue, elles ne sont plus assez abondantes en sucs gommo-résineux. La soie provenant du Mûrier sauvageon est longue et d'une qualité supérieure.

Selon les partisans du Mûrier greffé, si la durée est moindre, elle se soutient assez de temps pour donner quarante ans de suite de belles récoltes. La taille de cet arbre ennobli, pour me servir de leur expression, coûte moins. Les vers éduqués avec sa feuille réussissent aussi bien que nourris avec la feuille du sauvageon. Le Mûrier greffé n'a, disent ses partisans, réellement une durée moindre que par la manière peu sage, mal entendue, avec laquelle on le traite; à la négligence seule on doit attribuer sa ruine plus ou moins rapide.

Rozier, un des hommes qui se sont livrés aux expériences les mieux combinées et les plus multipliées sur le Mûrier; Rozier que l'on copie presque journellement avec une effronterie révoltante, mais légitimée par l'école kosaque qui domine le système des publications actuelles; Rozier nous a dit, dans le neuvième volume de son Dictionnaire d'agriculture (terminé en 1790 et publié seulement en 1793, après sa mort), tout ce que l'on nous apprend depuis 1820, c'est-à-dire, 1° que la consommation des feuilles du Mûrier sauvageon est à peu près d'un dixième moindre que celle du Mûrier greffé; 2° que les premières donnent une litière moins abondante, causent beaucoup moins de pertes et de maladies; 3° que le produit des Vers nourris avec elles procure moins de soie, mais qu'elle a un peu plus de finesse; 4° que les Vers ne témoignent pas une préférence marquée pour l'une ou l'autre espèce de feuilles; 5° que le Mûrier sauvageon est moins délicat, s'il vit plus long-temps; 6° que le Mûrier greffé végète avec plus de force en moins de temps et rapporte, toutes choses égales d'ailleurs, un tiers de feuilles en plus, lesquelles sont lisses, résistent à l'action de la pluie, de la rosée, et conservent plus long-temps leur fraîcheur; 7° que le Mûrier greffé buissonne bien moins que le sauvageon; aussi n'a-t-il réellement besoin d'être élagué que tous les quatre, six et même dix ans.

Constant du Castelet, qui publia, en 1760, à Aix, un *Traité* fort curieux *sur les Mûriers*, regarde la dénomination de Mûrier blanc et de Mûrier noir comme abusive, puisque tous deux donnent également des fruits très-noirs et des baies blanches. Il ne reconnaît que deux espèces : le Mûrier sauvageon et le Mûrier rose, et il donne la préférence au Mûrier greffé en sifflet, non pas ras de terre, lorsqu'il est en pourrette, mais au haut du tronc quand il a pris un développement nécessaire. L'expérience prouve, en effet, que le Mûrier traité de la sorte est moins sujet à pourrir. On greffe lorsque la séve commence à se mettre en mouvement, et à l'époque de la seconde séve. La première greffe donne d'un seul jet de très-belles tiges; la seconde ne s'élève jamais avant l'hiver à la hauteur nécessaire, qui est celle d'un mètre et demi à deux mètres.

6° *Taille*. — Parvenu à la seconde année, vers la fin de mars ou d'avril, selon les localités, alors que le Mûrier, qui n'a pas encore fourni sa feuille, entre en séve, on l'élague et on le taille. On ne laisse à chaque mère-branche que trois ou quatre jets; on supprime les gourmands que l'on voit quelquefois s'élancer du milieu du tronc. A l'arbre planté en plein vent, on peut laisser jusqu'à la fin de l'automne les petites branches fluettes et en petit nombre qui poussent dans le bas; elles contribuent à la grosseur du tronc et empêchent que la séve ne se porte avec trop de véhémence vers les bourgeons. Si, au sommet de l'arbre, au milieu des branches qui poussent, une plus forte paraît plus attirante que les voisines, retranchez-la promptement; si, au contraire, plusieurs branches d'égale force à peu près couronnent la tête, laissez-les subsister sans y toucher et pousser à leur fantaisie. Ce n'est qu'à l'entrée de l'hiver, ou quand cette saison est passée, qu'il convient de ne laisser à l'arbre que le nombre nécessaire de branches, trois ou quatre au plus, et de recouvrir les plaies avec l'onguent du jardinier.

On a la mauvaise habitude de choisir pour former la tête trois ou quatre branches partant de la même hauteur sur le tronc, c'est-à-dire dont la disposition offre un cône renversé, sans penser que le bourrelet situé à l'insertion de la branche au tronc établit un rebord tout autour; que le sommet de ce tronc, souvent mal recouvert par l'écorce durant les deux et trois premières années, devient une espèce de réservoir où l'eau pluviale demeure stationnaire, gèle, établit un chancre, d'où résulte une pourriture qui gagnera lentement toute la partie du tronc et arrivera jusqu'aux racines. Telle est l'origine la plus commune de ces arbres caverneux qui ne se soutiennent plus que sur leur écorce. Sacrifiez donc la symétrie et laissez partir les branches d'une inégale hauteur.

La taille du Mûrier a trois époques, 1° depuis la chute des feuilles jusqu'à la fin de l'hiver : c'est le moment le plus favorable, surtout si l'on opère huit à quinze jours au plus après la chute complète des feuilles; la séve ne se portant plus aux branches, on n'a pas à craindre d'extravasation et par conséquent ni chancres ni carie; 2° après la récolte des feuilles; 3° ou enfin un peu avant le renouvellement de la seconde séve : ces deux dernières tailles sont contraires aux lois de la végétation. En effet, partout où l'on cultive le Mûrier en grand, en Lombardie, en Piémont, dans toutes les contrées riveraines de la Méditerranée, elles sont proscrites, comme amenant promptement la ruine d'une plantation; elles exposent l'arbre à se couvrir de cavités et de gouttières; on n'y pratique que la première : il faut éviter de tailler quand il pleut.

En Espagne, dans le pays de Valence, où la soie est fine, nette et légère, on taille de manière à ce que les branches s'étendent le plus horizontalement possible : ce moyen facilite la cueillette; mais il expose l'arbre à voir ses branches se casser sous le poids du cueilleur ou ramasseur, comme on l'appelle dans quelques localités; ces branches couvrent aussi un trop grand espace de terrain. Dans le pays de Murcie, on n'émonde les Mûriers que tous les trois ans : méthode vicieuse, puisqu'elle rend la feuille plus dure et plus filandreuse. Dans le pays de Grenade, on ne taille jamais cet arbre, et les éducateurs de Vers à soie assurent que leurs produits sont les plus beaux et les plus fins de toute la Péninsule ibérique.

La taille a pour but d'arrêter la fougue de l'arbre, de le forcer à donner plus de feuilles que de bois, de là la culture du Mûrier en buissons, en taillis et en haies.

Mûrier en buissons. — Le Mûrier en buissons feuille vite et répond aux besoins du Ver fileur pendant son premier et son second âge. Au bout de cinq à six ans il produit beaucoup, et quand il vieillit, sa feuille convient pour l'époque de la frèze (le moment des mues où le ver témoigne un besoin de manger plus que de coutume). Les femmes et les enfans en ramassent la feuille sans peine, sans risque et lestement; le propriétaire est plus tôt remboursé de ses avances, et tout le terrain est mis à profit.

Mûrier en taillis. — Cette sorte de culture convient aux contrées dénudées de bois, aux terrains montueux, rocailleux, que l'on veut plus tard planter en vigne; c'est un moyen de défoncer et de préparer le sol à s'enrichir d'une croûte végétale par la chute des feuilles, c'est aussi le moyen d'avoir du menu bois pour le chauffage et des échalas pour la vigne. Si le Mûrier y est perdu pour la feuille, il ne l'est pas pour donner de la valeur à des terrains frappés de stérilité.

Mûrier en haies. — Après le Sureau, il n'est point d'arbres qui fournissent plus promptement une belle et bonne haie que le Mûrier, pourvu toutefois que l'on ait soin de recéper à deux yeux après la chute des premières feuilles, et d'incliner les tiges au niveau et presque à fleur de terre. De ces branches inclinées s'élancent des bourgeons qu'on incline à leur tour pour obtenir un fourré bien nourri. Toutes celles qui tendent à monter verticalement doivent être supprimées. On taille au ciseau après la tombée des feuilles et avant la séve d'août. Les feuilles provenant des haies de Mûrier sont excellentes seulement pour les deux premiers âges du Ver fileur; la taille procure un bon nombre de fagots pour le four.

Mûrier à hautes tiges.—Préférés en Piémont et dans toute l'Italie, les Mûriers à hautes tiges sont d'un plus grand rapport que les Mûriers nains ; leurs feuilles conviennent à toutes les époques de la vie du Ver fileur, principalement quand il va monter et commencer à filer son cocon ; comme elles sont plus substantielles, la soie qui en provient est plus belle. Mais la cueillette n'en est point facile, il faut employer des échelles, et la moindre négligence peut déterminer la rupture d'une branche, le déchirement de l'écorce, la destruction des bourgeons à naître. Dans la vue de prévenir ce triple accident, on a imaginé une échelle-brouette qui présente de grands avantages et peut être employée pour l'opération de la taille. A moitié déployée, elle forme une double échelle dont l'écartement des bras assure la solidité; déployée entièrement, elle présente une échelle simple, solide et légère, longue de quatre mètres. Il faut tenir les Mûriers à hautes tiges en bordures; les planter en quinconce, c'est se priver de toute récolte, car alors le Mûrier est intolérant.

Quelle méthode doit-on préférer? toutes sont bonnes quand elles procurent une soie de haute qualité; chacune a ses avantages et ses inconvéniens; c'est au cultivateur à les adopter, à les modifier selon le climat, le sol et l'espèce. On donne généralement la préférence au Mûrier nain et greffé, à cause de la beauté de sa feuille et de la facilité qu'il offre pour la cueillette.

IV. *Maladies du Mûrier.* — Presque toutes les maladies du Mûrier lui viennent du système qui le met en culture. On hâte sa végétation en branches, en feuilles : de là son épuisement plus ou moins accéléré. La cueillette, la greffe et la taille amènent des dérangemens sensibles dans le cours de sa vie. On le sacrifie, on l'épuise pour jouir plus vite et se procurer de larges indemnités. On pousse même l'ingratitude jusqu'à lui refuser toute espèce de labour, de manière que le sol se durcit autour de lui, et que ses racines sont obligées de s'étendre au loin pour trouver des principes alimentaires. A ces causes point de remèdes : l'intérêt parle trop haut. Les Rats de terre rongent volontiers les racines des jeunes Mûriers, et déterminent ainsi l'épanchement d'une humeur épaisse qui amène bientôt la gangrène. En coupant les parties attaquées, en donnant une bonne terre et du fumier, on rend la vigueur à l'arbre; sa feuille, devenue petite, jaunâtre, tombant au moindre choc, reprend son énergie. Si l'arbre malade est traité trop tard, il faut l'arracher avec soin pour empêcher que le mal ne se propage sur les voisins. La larve du Hanneton et celle du Rhinocéros contribuent à détruire beaucoup de Mûriers. Rozier est parvenu à les éloigner en versant de l'eau dans la fosse ouverte pour découvrir l'origine du mal. J'ai vu employer l'eau de chaux étendue avec un succès merveilleux.

V. *Succédanée du Mûrier.* — La culture du Ver à soie a long-temps été une occupation de plaisir; mais l'absence de la feuille qui fait la base essentielle de sa nourriture a déterminé la recherche d'une succédanée propre à la remplacer, disons mieux, d'un auxiliaire réellement utile à l'époque des gelées tardives qui nuisent au Mûrier, et arrivent d'ordinaire au moment le plus favorable à l'éducation du Ver à soie. On l'avait d'abord demandée aux végétaux qui ont des affinités de formes et d'organisation avec le Mûrier, estimant que les propriétés devaient y être les mêmes à très-peu de chose près : on s'est trompé, les feuilles de l'Ortie, du Figuier, du Houblon, du Chanvre, de la Pariétaire ne sont aucunement profitables à la précieuse larve. En 1787, on a tenté la Laitue et le Pissenlit; mais il a été presque aussitôt reconnu que les feuilles de la première de ces plantes, données exclusivement, faisaient périr le Ver de la dysenterie au bout de huit jours, et que celles de la seconde pouvaient bien s'employer jusqu'à la quatrième mue, mais qu'au-delà la larve mourait. J'ai publié en 1817 et 1822 les essais faits avec les feuilles du Micocoulier, du Tilleul, du Platane, de l'Orme, de la Vigne, de l'Epine-vinette, du Framboisier, et j'ai fait voir qu'elles ne peuvent remplacer celles du Mûrier. Les feuilles de la Luzerne, de la Pomme de terre et des Epinards sont nuisibles; celles du Châtaignier donnent la mort dès le quatrième jour de leur usage; celles de la Ronce commune peuvent soutenir le Ver jusqu'à la deuxième mue ; mais elles ne lui font point produire le fil nécessaire à la formation du cocon. Les feuilles de l'Epine blanche et du Rosier plongent le Ver à soie dans un état de malaise désespérant. Il faut qu'il ait atteint son cinquième âge pour ronger la feuille du Broussonnetie. Les feuilles de Cameline ne réussissent pas au-delà du seizième jour. Depuis 1825 on fait à Epinal, département des Vosges et sur les rives du Rhin, usage des feuilles de la Scorzonère à feuilles étroites, dont on enlève exactement et l'humidité et le duvet qui les recouvre; elles peuvent être utiles où le Mûrier gèle; mais elles ne le remplaceront jamais, c'est du moins mon opinion. En août 1835, on a vanté les feuilles du Maclure du Missouri et du pays des

Natchez; mais, comme je l'ai dit plus haut, t. IV, p. 545, il faut attendre, avant de prononcer, la sanction du temps, l'admission de cet arbre dans nos cultures et une longue série d'expériences. On m'apprend de New-York et de Washington qu'on a voulu se servir de ces feuilles, mais qu'on y a renoncé; elles conviennent encore moins que celles du Broussonnetie, auxquelles le Ver touche sans prendre d'accroissement. Les feuilles de l'Erable de Tartarie, qui nourrissent avec succès les Vers élevés à l'Achtuba, dans les steppes du Volga et en Prusse, n'ont point réussi dans les expériences curieuses faites à Lyon, en 1827, par feu le colonel Martinel.

VI. *Propriétés économiques du Mûrier.* — Outre la propriété de ses feuilles, le Mûrier en offre plusieurs autres importantes. Il figure très-bien dans les jardins paysagers. Son feuillage convient à tous les bestiaux; le fruit engraisse promptement la volaille; le bois sert à la fabrication des vaisseaux vinaires et donne aux vins blancs un petit goût agréable, approchant de celui que l'on nomme de violette; mais c'est surtout son liber qui mérite une attention toute particulière. On sait depuis long-temps qu'il fournit une filasse de bonne qualité; sans remonter à des époques plus éloignées, il suffit de rappeler les belles expériences faites au seizième siècle par notre célèbre Olivier de Serres. Non seulement il a fait des cordages avec les fibres corticales du Mûrier; mais il en a de plus obtenu des toiles grosses, moyennes, fines et desliées, comme il le dit lui-même. J'ai répété ces expériences et toujours le succès a couronné l'entreprise. On choisit, à cet effet, les branches les plus longues, les plus droites et les moins noueuses provenant de l'élagage; on les écorce très-facilement quand l'arbre est en séve, ou bien on plonge les branches dans une eau courante où on les tient de vingt à quarante jours. Le rouissage terminé, l'écorce, réduite à son élément ligneux, se détache aisément; lavée ensuite à plusieurs eaux, la filasse s'expose à la rosée, puis on la met à sécher à l'ombre. Devenue douce au toucher et offrant presque le maniement de la soie, dont elle a le brillant et la ténacité, l'on peut la filer, la travailler sur le métier, lui faire prendre toutes les couleurs que l'on désire, depuis la plus éclatante jusqu'à la nuance la plus délicate. J'en fournirai la preuve à toutes les personnes qui le souhaiteront, et leur montrerai que l'on peut obtenir avec les fibres corticales du Mûrier un papier aussi solide, aussi beau que celui retiré du Broussonnetie, ainsi que des étoffes supérieures à celles faites avec le GENÊT (*v.* ce mot), des feutres d'une qualité supérieure, des tissus solides d'un usage général, à un prix très-modéré, des ouvrages de passementerie et même des toiles fort belles, très-souples et supportant long-temps les tourmentes du blanchissage.

VII. *Avantages du Mûrier de l'Algérie.* — Si la politique toujours astucieuse conserve à la France cette colonie achetée par le sang de plus de trente mille hommes, par des millions, et par les sacrifices de tant de familles, la culture du Mûrier y présentera des avantages du plus haut intérêt. La récolte des cocons est de trois et même quatre semaines plus précoce qu'en France; ils y sont plus gros, donnent une soie plus belle, en plus grande quantité que chez nous, et promettent par conséquent d'ajouter dans peu d'années de nouvelles richesses à l'une des branches les plus précieuses de notre industrie, que l'étranger convoite sans cesse d'un œil jaloux et qu'il fait tout pour ruiner. Le Mûrier prospère sur tous les points de l'Algérie, aussi bien que le Coton et l'Olivier. Ils y seront d'autant plus rapides, les progrès de la civilisation, que l'administration s'y montrera plus paternelle; plus les encouragemens y seront portés par des mains amies et justement appréciatrices, plus les ressources grandiront, plus vite on verra renaître les beaux jours vantés par Magon et une population industrieuse étendre, multiplier les miracles qu'elle a produits, sous la férule du despotisme, au sein des OASIS (*v.* ce mot); plus aussi la métropole obtiendra d'avantages d'une colonie placée à peu de distance d'elle, entre l'Atlas, le géant des anciens, et les flots de la Méditerranée, entre la zone de transition tempérée et la zone torride.

En parlant des soins à donner au VER A SOIE (*v.* ce mot) dans les diverses phases de sa vie, je reviendrai sur plusieurs points de doctrine que j'ai dû simplement effleurer en ce moment.

(T. D. B.)

MURIERS. (OIS.) Nom vulgaire de quelques Becfigues, Fauvettes, et autres petits oiseaux qui s'engraissent l'automne avec les fruits des ronces où avec les insectes qu'ils trouvent dans ces fruits.

(GUÉR.)

MURINS, *Murini.* (MAM.) Sous ce nom, Desmarest avait établi, d'après Vicq-d'Azyr, une famille de Rongeurs, dans les tableaux du vingt-quatrième volume de la première édition du Dictionnaire de Déterville. Elle ne renfermait que le genre des Rats dont la queue est longue, nue et écailleuse. Illiger (Prodr. Syst. mann. et av.) a aussi formé une famille de Murins, *Murini*, qui renferme les genres *Arctomys* (Marmotte); *Cricetus* (Hamster); *Mus* (Rat); *Spalax* (Rat-taupe), et *Bathyergus* (Marmotte du Cap). On donne aussi ce nom à des espèces des genres LOIR et VESPERTILION (*voy.* ces mots). (Z. G.)

MURIQUÉ, *Muricatus.* (BOT.) C'est-à-dire hérissé de pointes ou aiguillons à base élargie. Cet adjectif s'applique particulièrement aux organes arrondis; telles sont les semences du *Bunias prostrata*, que pour cette raison on nomme aussi Muricaire; telle est encore la Pomme épineuse, *Datura stramonium.* (L.)

MURRAYA. (BOT. PHAN.) Genre de la famille des Orangers, Décandrie monogynie, L., avec lequel il faut confondre le *Chalcas* de Rumph et de Loureiro, ainsi que le *Marsana* de Sonnerat; il a pour caractères : calice très-petit, persistant, à cinq divisions; cinq ou six pétales, réunis à leur base en forme de cloche, étalés au sommet; dix ou douze étamines, à anthères arrondies (leurs filets sont quelquefois légèrement soudés à leur base);

base); ovaire entouré à sa base d'un disque urcéolé; un style, une baie sèche, globuleuse, revêtue d'une écorce mince et ponctuée, partagée en deux loges monospermes (dont l'une avorte souvent); graine à tégument épais et laineux, à embryon droit.

On compte trois ou quatre espèces de Murraya, croissant à la Chine, au Japon et aux Indes; ce sont des arbrisseaux à feuilles ailées avec impaire, ayant leurs fleurs en corymbes ou en panicules. L'une d'elles est le Buis de la Chine, *Murraya exotica*, L., dont il a été parlé à l'article Chalcas (*voy.* ce mot). (L.)

MUSACÉES, *Musaceæ*. (bot. phan.) Famille de plantes de la classe des Mono-épigynes ou Monocotylédonées de Jussieu, et de la Pentandrie monogynie de Linné (et non de la Polygamie monoécie, comme il a été dit par erreur, article Bananier), à étamines insérées sur l'ovaire; laquelle tire son nom du Bananier (*Musa*), son genre principal.

Ses caractères généraux sont : un périanthe simple, adhérent, monosépale, coloré, à deux divisions profondes chacune, bi, tri ou quinquéfide; cinq étamines avec le rudiment d'une sixième, avortant constamment; un style simple, à stigmate ordinairement divisé : ovaire infère; fruit charnu ou capsulaire, à trois loges monospermes ou polyspermes, s'ouvrant en trois valves, dont les graines, logées au centre des cloisons, avortent quelquefois ainsi que l'ovaire lui-même par suite de l'avortement même de quelques étamines; embryon fongiforme logé dans un pli, au dessus d'un périsperme farineux; sa radicule tournée vers l'ombilic.

La famille des Musacées renferme quatre genres, qui sont : *Musa*, *heliconia*, *Strelitzia*, *Ravenala*. Ces plantes sont presque toutes de magnifiques herbes, la plupart arborescentes par leur port, et faisant l'ornement des contrées tropicales. L'une d'elles, le Bananier (*voy.* ce mot), cultivée à l'envi dans tous les pays chauds, semble, par ses usages multipliés, tant pour la nourriture que pour les autres besoins des hommes, être un présent spécial de la Providence au genre humain. En effet, il nourrit l'homme par ses fruits abondans et savoureux, apaise sa soif par une liqueur généreuse qu'il sait en tirer, revêt sa nudité de ses fibres fortes et soyeuses tressées avec art, ou enfin garantit son toit des injures de l'air par ses larges feuilles.

Le *Ravenala*, encore non moins grandiose par la beauté de son port, qui le fait l'émule des Palmiers, présente au voyageur épuisé et haletant de soif une onde pure et limpide, qu'il en tire par incision, et tellement abondante, qu'un seul peut désaltérer plusieurs personnes. Les nègres de Madagascar, où croît ce beau végétal, coupent une partie de sa longue feuille, la roulent en cornet, et reçoivent dedans cette précieuse liqueur, coulant de l'entaille qu'ils ont faite au tronc avec un caillou pointu. On le nomme à juste titre l'arbre du voyageur.

Quant aux deux autres genres Heliconia et Strelitzia, ce sont de fort belles plantes d'ornement, que nous recherchons dans nos serres chaudes, tant pour l'originalité de leurs brillantes fleurs que pour la beauté de leur feuillage. *Voyez* les articles Bananier, Héliconie, Strélitzie et Ravenal. (C. L.)

MUSARAIGNE, *Sorex*. (mam.) Ce genre se compose de petits animaux appartenant à l'ordre des Carnassiers et à la famille des Insectivores, dans laquelle il forme un groupe fort naturel et dont les espèces sont répandues sur presque tous les points du globe; ainsi l'on trouve des Musaraignes en Europe, en Asie, en Afrique, de même que dans l'Amérique septentrionale et aux Antilles. Ces quadrupèdes sont très-variés en espèces, et c'est parmi eux que s'observe le *Sorex etruscus*, le plus petit des mammifères connus. La plus grande Musaraigne égale à peine la taille du Surmulot; celle-ci, décrite depuis fort peu de temps, a reçu le nom de *Solenodon paradoxum*, M. Brandt ayant cru devoir en faire un genre distinct dont nous traiterons aussi dans cet article.

Les caractères des *Sorex* ou Musaraignes résident dans leur corps, assez allongé, semblable, sous quelques points, à celui des Rats pour la forme; dans leur tête qui est fort allongée, et leur museau disposé en une sorte de boutoir; leurs pattes qui ne sont pas modifiées pour fouir comme celles des Taupes; leur queue plus ou moins longue est assez souvent quadrilatère, mais elle n'est point comprimée latéralement comme celle des Desmans, dont les Musaraignes s'éloignent d'ailleurs par l'absence de palmatures aux pieds de derrière.

Les yeux des Musaraignes sont assez petits, et on distingue sur les flancs de ces animaux des glandes odoriférantes déjà indiquées, par l'immortel Pallas, chez le *Sorex fodiens*; ce caractère n'existe point, ainsi que cet auteur l'avait cru, chez le Desman, dont il a d'ailleurs donné une bonne description dans les Actes de l'Académie de Pétersbourg.

Les dents des Musaraignes, de même que celles de plusieurs autres insectivores, offrent une disposition assez anomale; aussi les déterminations qu'en ont données les auteurs ne sont-elles pas toujours semblables. Quelques uns distinguent à la mâchoire supérieure deux incisives intermédiaires, dix ou huit petites dents (cinq ou quatre de chaque côté), tenant la place des incisives latérales et des fausses molaires; quatre vraies molaires : à la mâchoire inférieure, deux incisives intermédiaires, quatre fausses molaires ou incisives latérales, et trois vraies molaires inférieures de chaque côté; toutes ces dents sont contiguës, c'est-à-dire sans espaces vides entre elles. Les deux incisives antérieures de la mâchoire supérieure (que M. Geoffroy considère comme les canines) sont très-grandes, coniques et arquées en bas; elles ont un fort talon ou crochet comprimé à leur base postérieure; les deux inférieures sont aussi très-longues, parallèles entre elles, horizontales et ayant leur pointe un peu relevée.

Les Musaraignes (que dans notre pays on appelle ordinairement *Musettes*, et auxquelles on prête toujours des qualités nuisibles en prétendant que leur morsure est dangereuse pour les animaux et surtout pour les chevaux) vivent principalement dans les prairies et dans le voisinage des habitations; elles restent cachées dans quelque trou qu'elles ne creusent pas elles-mêmes, ou sous les pierres, pendant une grande partie du jour. Plusieurs affectionnent le bord des eaux, et elles y recherchent les vers et les autres animaux articulés qui y vivent. L'odeur qu'elles sécrètent est telle que les animaux carnassiers qui les attaquent ne les mangent ordinairement pas et les abandonnent après leur avoir ôté la vie.

Avant de parler des espèces que tout le monde s'accorde à placer dans ce genre, nous devons parler des Solénodons.

† Solénodons.

Dents au nombre de quarante ou vingt à chaque mâchoire, dont six incisives, six fausses molaires, et huit vraies molaires. Les deux dents incisives antérieures allongées, à peu près deux fois grandes comme celles qui les suivent, et de forme trièdre; tête allongée, ainsi que le nez qui a la forme d'un boutoir sur l'extrémité duquel les narines sont placées latéralement; yeux petits; oreilles grandes, arrondies, presque nues; corps velu, les poils rares et soyeux aux fesses et sur le croupion; les pieds disposés pour la marche, pourvus de cinq doigts non palmés; les ongles recourbés, plus longs aux doigts de devant qu'à ceux de derrière; les mamelles inguinales; la queue allongée, grêle, en grande partie écailleuse.

La seule espèce connue est le Solénodon paradoxal, *Solenodon paradoxum* (Brandt, Mém. ac. St-Pétersbourg), qui ne diffère que par la taille des véritables Musaraignes, et qu'on ne continuera probablement pas à considérer comme un genre distinct de ces animaux; ce sera donc le *Sorex paradoxus*. Il vit à la Guadeloupe, mais on ne connaît point ses mœurs; sa longueur est de 20 pouces et demi.

Le Solénodon a les côtés de la tête et le cou d'un fauve brun peu foncé, mêlé de ferrugineux et d'un peu de gris; l'abdomen et les pieds sont également d'un brun fauve légèrement grisâtre. Il a sur la poitrine entre les membres antérieurs une tache ferrugineuse claire qui s'étend presque au côté interne des pieds, et à leur face antérieure jusqu'au coude; la même particularité se remarque à la région inguinale et à la partie antérieure des cuisses et des jambes. Le museau en dessus, le front, le sommet de la tête, le milieu de la nuque et la partie antérieure du dos sont lavés d'un brun noirâtre; le reste du dos, ainsi que les flancs et la face externe des cuisses, sont d'un brun moins foncé; les deux premiers tiers de la queue sont jaunâtres, et le troisième blanchâtre.

†† Musaraignes proprement dites.

Musaraigne mondjourou, *S. indicus*, représentée dans notre Atlas, pl. 394, fig. 2. Une des espèces qui se rapprochent le plus du Solénodon par leur taille et leurs formes extérieures, est certainement la Musaraigne qui porte dans l'Inde le nom de Mondjourou, et que Buffon a fait connaître sous le nom de Musaraigne de l'Inde (Supp. t. VII), d'après un individu rapporté par Sonnerat. Le pelage du *Sorex indicus* et ses couleurs consistent en des poils d'un beau gris, prenant dans quelques individus une teinte roussâtre; ses incisives sont entièrement blanches; sa queue est ronde et non point tétragone comme chez plusieurs autres Musaraignes; mais c'est surtout par sa grande taille que ce mammifère se distingue. Sa longueur en effet est de cinq pouces depuis l'extrémité du museau jusqu'à la queue, qui mesure elle-même quatre pouces.

On trouve le Mondjourou dans une grande partie de l'Inde, et comme il est nombreux et qu'il fréquente les maisons, il est fort connu des habitans de ces contrées, auxquels son odeur musquée le rend fort incommode; cette odeur est si pénétrante, qu'il suffit qu'un de ces animaux passe sur une gargoulette (sorte d'alcarasas ou vase perméable à l'eau et propre à la rafraîchir par la vaporisation), ou sur une bouteille ordinaire pour la communiquer au liquide qu'on y renferme. Les Indiens prétendent que les Serpens la redoutent et s'éloignent des lieux où vivent les Mondjouroux.

C'est cette odeur qui a valu à la grande Musaraigne de l'Inde le nom de Musaraigne musquée. Cette espèce est nocturne, court avec rapidité, et fait entendre de temps en temps, lorsquelle est en mouvement, un petit cri aigu que l'on peut rendre par la syllabe *Kouik*. Elle habite le continent indien, se trouve aussi à Sumatra, selon sir Raffles, et a été rapportée de l'île de France par l'expédition du capitaine Baudin. La Musaraigne qu'on a décrite sous le nom de *Sorex capensis* n'en est qu'un double emploi, et paraît reposer sur des individus rapportés de l'Inde, et que par erreur on aura crus de l'Afrique australe. Les caractères qu'on attribue à ce *Sorex capensis* sont en effet les mêmes que ceux de l'*indicus*, et d'ailleurs les nombreux voyageurs qui ont visité le Cap ou l'ont même habité, n'y ont jamais trouvé cette prétendue espèce qu'on dit cependant y être commune, mais dans l'histoire de laquelle on mêle sans aucun doute différens traits qui appartiennent à l'espèce indienne.

M. Is. Geoffroy distingue des véritables Musaraignes de l'Inde, qu'il appelle *Sorex Sonneratii*, la Musaraigne géante, *S. giganteus*. C'est une espèce fort voisine qui vit au Bengale, et que l'on peut caractériser ainsi : Pelage généralement fauve, les poils étant cendrés à leur origine et fauves à leur terminaison. Oreilles assez grandes, non cachées dans les poils; queue épaisse, arrondie, formant plus d'un tiers de la longueur totale. Longueur du corps et de la tête, chez un individu adulte, cinq pouces et demi environ. Le seul individu que M. Is. Geoffroy connaissait vient du Bengale; mais, d'après des renseignemens fournis à ce naturaliste par M. Dussumier, la Musaraigne géante paraît se trouver également à Pondichéry : l'espèce y serait même assez commune et ferait de grands dégâts dans les magasins de riz.

On doit aussi, d'après M. Is. Geoffroy, regarder comme espèce distincte la Musaraigne qu'il nomme SERPENTAIRE, *S. serpentarius* (Voyage de Bellanger, Zoologie, p. 119), qui se rapproche de la Musaraigne de l'Inde par ses couleurs, et de la Musaraigne géante par sa taille; elle est intermédiaire à l'une et à l'autre. Les caractères de cette espèce sont les suivans : pelage d'un cendré clair en dessous; oreilles assez grandes, non cachées dans les poils; queue grêle, plutôt carrée qu'arrondie, formant plus du tiers de la longueur totale. Longueur du corps et de la tête chez l'adulte, un peu moins de quatre pouces. Cette Musaraigne a aussi été envoyée de l'Inde et de l'île de France. Il paraîtrait que c'est surtout à cette espèce que s'applique le nom indien de Mondjourou.

MUSARAIGNE CRASSICAUDE, *S. crassicaudatus* (Kempr. et Ehrenb., *apud* Lichtenstein). Elle habite l'Egypte, et on doit lui rapporter, d'après les savans auxquels on en doit la distinction, les Musaraignes dont on trouve des momies dans les tombeaux égyptiens. Elle est uniformément d'un gris argenté; sa queue étant trièdre et garnie de poils longs et clair-semés; sa taille diffère peu de celle des espèces précédentes.

L'Afrique australe possède le *Sorex cinnamomeus*, Lichtenst., ou MUSARAIGNE CANNELLE, dont le pelage est en dessus de la couleur qui lui a donné son nom, et gris en dessous. Cette espèce est voisine de la Musaraigne blonde, *S. flavescens*, Is. Geoffroy, Magas. de Zoologie, cl. 1, pl. 14 (1833); elle vient des mêmes contrées.

On trouve auprès de la ville du Cap le *S. varius* ou MUSARAIGNE VARIÉE, décrite par M. Smuts dans son *Enumeratio mammalium capensium*.

Nous terminerons cette liste d'espèces étrangères par l'indication du *Sorex viarius*, Is. Geoff., qui a été découvert au Sénégal par M. Perrotet et qui est voisin, si toutefois il en diffère, du *Sorex flavescens*. Cette espèce a été décrite dans la partie zoologique du Voyage dans l'Inde par le nord de l'Europe de M. Bellanger.

Les Musaraignes de France, celles au moins qui ont été décrites dans la Faune française, et dont on doit surtout la connaissance à Daubenton, à Hermann et à M. Geoffroy, sont au nombre de sept, auxquelles il faut ajouter le *Sorex coronatus*, décrit plus récemment par M. Millet dans sa Faune de Maine-et-Loire, et le *Sorex Hermanni* de M. Duvernoy.

I. *Espèces à queue non comprimée ni carénée.*

MUSARAIGNE MUSETTE, *Sorex vulgaris*, déjà figurée par Daubenton, et représentée dans notre Atlas, pl. 394, fig. 1; elle a été décrite avec soin par Daubenton. Cette espèce est le *Mus araneus* ou *Mus cæcus* des Latins et le *Mygale* des Grecs qui probablement comprenaient aussi sous ce nom les autres Musaraignes qui fréquentent l'Italie et la Grèce; on la nomme vulgairement en France *Muset*, *Musette*, *Muzerain*, *Muzeraigne*, *Sery*, *Sri*, etc.; elle se trouve dans toute l'Europe; mais elle n'est commune sur aucun point; le docteur Harlan assure qu'elle vit aussi dans l'Amérique septentrionale. Elle se tient dans les bois et dans les campagnes; souvent elle s'éloigne peu des habitations et s'y introduit même parfois pour y demeurer parasite à la manière des Souris; mais on l'y rencontre bien moins souvent : elle niche dans les trous des murailles, sous les racines des arbres, dans les lieux abrités et obscurs, et se nourrit de vers et d'insectes. La Musette paraît très-féconde et fait par année plusieurs portées dont chacune est de six à huit petits; le peu de volume de ses yeux lui rend la lumière à peu près inutile, et les sens qui paraissent la guider exclusivement sont ceux de l'ouïe et de l'odorat; la conque externe de ses oreilles est très-développée, ainsi que tout l'organe auditif, et ses narines se prolongent ainsi que celles des autres Musaraignes en un museau ou boutoir très-mobile, que l'animal porte et même applique soigneusement sur tous les corps comme s'il avait non seulement pour objet de les flairer, mais encore de les palper. Le pelage de la Musette est doux et épais; sa longueur est à peu près la même sur tout le corps; mais sur le museau, la queue et les quatre pattes, il est très-court. Il se compose de deux sortes de poils : les uns soyeux, plus longs et plus rares, les autres laineux et répandus sur presque tout le corps. Les moustaches sont nombreuses, très-longues et assez faibles. Les couleurs du corps sont en général d'un brun noir lustré de roussâtre aux parties supérieures, et d'un blanc grisâtre sur les inférieures. Tous les poils sont d'un gris d'ardoise à leur base. Longueur totale, quatre pouces trois lignes; de la queue seule, un pouce deux lignes.

MUSARAIGNE CARRELET, *Sorex tetragonurus*, Hermann, Observ. zool., page 48. Elle a de longueur totale trois pouces neuf lignes, sur lesquels la queue entre pour un pouce six lignes. Ses oreilles, courtes comparativement à celles de la Musette, mais non pas entièrement cachées dans le poil; son pelage noirâtre en dessus et d'un cendré brun en dessous; sa queue plus longue et parfaitement carrée; sa tête plus large et son museau moins fin, la distinguent de l'espèce précédente. On la trouve en France dans les mêmes circonstances que la précédente. Hermann l'a décrite pour la première fois d'après un individu trouvé aux environs de Strasbourg.

MUSARAIGNE LEUCODON, *Sorex leucodon*, Hermann. Elle a également été observée aux environs de Strasbourg; elle se distingue par sa queue plus courte que chez le *Tetragonurus* et l'*Arenarius*, et légèrement tétragone; par son pelage brun sur le dos et blanc sur le flanc et sur le ventre, et en outre par quelques autres caractères peu importans; par ses incisives blanches dans les jeunes individus, mais ayant leur pointe un peu brune chez les adultes; son corps a deux pouces dix lignes, et sa queue un pouce quatre lignes.

II. *Queue plus ou moins comprimée dans une partie de sa longueur.*

MUSARAIGNE PLARON, *Sorex constrictus*, Herm., *loc. cit.* Elle a été prise pour la première fois par le docteur Gall, alors élève d'Hermann, dans une prairie et au voisinage des eaux près de Strasbourg. Depuis on l'a retrouvée auprès d'Abbeville et de Chartres. M. Millet l'indique parmi les espèces de Maine-et-Loire, et M. Harlan rapporte l'avoir observée aux États-Unis d'Amérique. Elle a les oreilles très-petites, velues, entièrement cachées par le poil; sa queue est plate, étroite, comme étranglée à son origine, épaisse, renflée et ronde dans son milieu, aplatie, au contraire, à son extrémité, où les poils se réunissent pour former une espèce de pinceau; le pelage de cette espèce est très-fourni, doux et long, noirâtre en dessus avec la pointe des poils rousse, grisâtre sur le ventre et cendré à la gorge; la tête et le corps ont deux pouces sept lignes, et la queue dix-huit lignes.

MUSARAIGNE RAYÉE, *Sorex lineatus*, Geoff., Ann. Mus., XVII, page 181. On la rencontre aux environs de Paris; mais elle y est, dit-on, fort rare. Elle est assez semblable à la précédente par les proportions de son corps et de sa queue; mais cette dernière est légèrement carrée en dessus et fortement carénée en dessous; une ligne blanche existant sur le chanfrein s'étend depuis le front jusqu'aux narines, ce qui a valu à cette espèce le nom de *Rayée*.

MUSARAIGNE PORTE-RAME, *Sorex remifer*, Geoff., *loc. cit.* Elle a été trouvée auprès d'Abbeville par M. Baillon, qui s'est beaucoup occupé de la zoologie du département de la Somme, et a été observée depuis aux environs de Chartres. Sa taille est plus considérable que celle des autres espèces de France; son pelage, d'un brun noirâtre en dessus, est cendré en dessous et sous la gorge, qui est légèrement nuancée de roussâtre, et sa queue est comprimée vers son extrémité comme une rame, en même temps qu'on distingue sur les côtés des pieds des poils rudes, en brosse, qui peuvent être utiles à la natation. Elle a six pouces sept lignes de longueur totale.

MUSARAIGNE D'EAU, Daubenton, Mémoires de l'Académie des sciences, 1756, *Sorex Daubentonii*, Erxl.; *Sorex fodiens*, Pall.; *Sorex carinatus*, Hermann. Cette Musaraigne, qui mesure depuis l'extrémité du nez jusqu'à l'anus trois pouces une ligne, et dont la queue a deux pouces trois lignes, a déjà été trouvée aux environs de Paris, dans le Maine-et-Loire, dans la Beauce et auprès d'Abbeville. Elle fréquente le voisinage des eaux et paraît faire la guerre aux Grenouilles; elle se tient blottie durant tout le jour dans sa retraite et ne sort que le matin et le soir. La Musaraigne d'eau a les oreilles courtes, pourvues de trois valvules, les doigts bordés de poils rudes, le pelage d'un noir brillant en dessus et blanc en dessous; on remarque derrière son œil une tache blanche, orbiculaire et de deux lignes de diamètre; ses dents incisives sont rougeâtres à leur extrémité.

Elle est assez défiante; mais si l'on reste tranquille, on la voit aller et revenir le long du rivage, même pendant le jour, bien qu'elle sorte plus volontiers le matin et le soir; le moindre bruit et le plus léger mouvement suffisent cependant pour l'effrayer; aussi regagne-t-elle bientôt son trou en courant ou en plongeant, selon que le ruisseau qu'elle traverse est plus ou moins profond. Elle se nourrit d'insectes aquatiques, de vers et de petits crustacés (Crevettes et Aselles), qu'elle saisit, soit en plongeant, soit en s'approchant du bord des eaux.

M. Geoffroy ajoute à ces espèces, que divers auteurs, et entre autres G. Cuvier, n'ont pas toutes admises, le *Sorex collaris*, qu'il établit sur des notes de l'abbé Manesse. Cette Musaraigne est noire avec un collier autour du cou, et a été trouvée dans les îles comprises entre l'embouchure de l'Escaut et de la Meuse, où elle est commune.

M. Millet a aussi décrit, dans sa Faune de Maine-et-Loire, une autre Musaraigne trouvée dans ce département. C'est le *Sorex coronatus*, Millet (*loc. cit.*, tom. I, pag. 18, pl. 1, fig. 1), qui est rare, et dont le museau est plus long et plus effilé que celui des autres espèces de ce genre; elle habite les lieux sablonneux et a été recueillie à Blois par M. Courtillé, qui l'a communiquée à M. Millet. Ce dernier la caractérise ainsi: parties supérieures d'un roux foncé, avec une espèce de masque plus sombre qui s'étend depuis le bout du museau jusqu'à la partie antérieure et supérieure de la tête et dont il est détaché par une ligne étroite, cendrée, qui l'entoure; queue tétragone. Longueur du corps, deux pouces dix lignes; de la queue, trente lignes; des oreilles, une ligne; distance du bout du museau à l'œil, cinq lignes. Cette espèce est moins grande que la Souris.

Enfin, nous devons mentionner une autre espèce de Musaraigne décrite pour la première fois par M. Duvernoy sur un individu rapporté de Bavière, et que M. Holandre vient tout récemment d'indiquer comme vivant en France aux environs de Metz. Le travail de M. Holandre n'avait point encore paru, lorsque nous avons donné dans ce Dictionnaire, tom. IV, pag. 640, la liste des Mammifères de notre pays. Si cette Musaraigne est réellement distincte de celles qu'on connaît déjà, son nom devra être joint à ceux des quatre-vingt-trois espèces que nous avons mentionnées.

Cette Musaraigne a été dédiée à Hermann par M. Duvernoy; c'est le *Sorex Hermanni*; elle a de longueur totale trois pouces neuf lignes, sur lesquels la queue entre pour un pouce; elle a de grands rapports, par son pelage et par sa taille, avec la Musaraigne carrelet, et s'en distingue par ses dents qui offrent très-peu de rouge à la pointe; sa couleur est d'un brun marron foncé et presque noire en dessus ; ses flancs sont roussâtres et ses parties inférieures d'un cendré teint de cette dernière couleur; la conque de l'oreille est épaisse et rougeâtre. (GERV.)

MUSC, *Moschus moschiferus.* (MAM.) Linn. Le Musc, représenté dans notre Atlas, pl. 394, fig. 3, et dont nous avons déjà donné les caractères génériques et spécifiques à l'article CHEVROTAIN, n'a pas toujours été connu comme il l'est aujourd'hui. Depuis long-temps, fameux dans le commerce et dans le monde, l'histoire de ses mœurs et l'étude de son organisation étaient pourtant toujours à faire : ce n'est bien que vers ces derniers temps que les zoologistes ont éclairé la science sur ces deux points. Les anciens n'en avaient rien dit, et la plupart des naturalistes du dix-huitième siècle en parlaient souvent sans le connaître. Buffon même, dans le corps de son ouvrage, ne le décrivant que d'après Kircher, Chardin, Tavernier et Grew, n'en donnait presque aucune idée. Gmelin était, à cette époque, le seul qui eût passablement décrit cet animal; et plus tard, Daubenton, dans un excellent mémoire, dont Buffon a placé un extrait dans un de ses supplémens, en donna une description à peu près complète (Mém. de l'Acad., 1772). Enfin Pallas, en 1778, publia l'histoire du Musc, suivie de son anatomie. D'après ce célèbre naturaliste, la vraie patrie du Musc paraît être le 30ᵉ degré de latitude septentrionale, sur les montagnes du Thibet, parmi les bois et les rochers : de là il monte jusqu'au 60ᵉ degré, toujours vers l'orient, et il descend jusqu'au Tonquin, se procurant toujours, par les différentes hauteurs auxquelles il s'élève sur les montagnes, le climat ou le degré de froid qui lui convient. Les campagnes découvertes lui ont servi de barrière, et on ne le trouve ni en Perse, ni dans les vastes plaines de la Tartarie. Le Musc se plaît sur les montagnes escarpées et boisées de sapins; il s'en écarte peu, et n'en descend pas même en hiver. Il vit à peu près solitaire; car on ne le voit guère avec ses semblables que pendant la saison des amours. Etant d'une extrême timidité et ayant l'organe de la vue très-délicat, il va plus de nuit que de jour. Coureur et sauteur léger, favorisé par des sabots et des ergots durs et pointus, il gravit et descend avec une égale facilité les rochers et les ravins les plus escarpés. Il franchit des précipices affreux et fait des bonds étonnans, se détournant à propos et sachant éviter l'embarras des branchages dans les bois. Il traverse à la nage les torrens les plus larges, et par l'écart qu'il donne à ses sabots et à ses ergots, il court sur la neige sans s'y enfoncer. Pendant l'hiver, sa nourriture consiste en lichens, en racines et en feuilles d'arbres verts. La fin de l'automne est le temps où il est le plus gras et où il entre en chaleur. Alors il paraît plus inquiet, il va et vient sans cesse, on le voit en petites troupes; alors aussi il donne plus facilement dans les piéges. A cette époque, les mâles se battent quelquefois à outrance et jusqu'à se déchirer et se percer les flancs avec leurs défenses qu'ils brisent et perdent même souvent dans ces combats. La portée est d'un et assez souvent de deux petits. Le Musc a par lui-même peu de valeur ; on ne fait aucun cas de sa chair, qui n'est que mangeable, et sa peau n'est pas précieuse : elle sert cependant à faire des bonnets et des pelisses pour l'hiver, et, dépouillée de son poil, elle offre un tissu souple et satiné qu'on emploie à faire des vêtemens légers. Mais l'objet de la recherche de cet animal est la substance dont il a tiré son nom. Cette substance, qui manque chez la femelle, est renfermée dans une sorte de bourse ou follicule à orifice étroit, placé devant le pénis du mâle. Elle a une forme ovale, dont le grand diamètre a deux ou trois pouces environ. Vide, comme elle l'est ordinairement dans les jeunes animaux, cette poche est lâche, ridée et frisée; dans les adultes, elle est tendue, extérieurement lisse, intérieurement garnie d'une multitude d'appendices membraneux qui forment sur la masse du *musc* une grande quantité d'anfractuosités. Pleine, elle contient environ deux gros de cette substance.

Le *musc* n'a pas la même odeur chez tous les animaux qui le portent; elle est plus forte ou plus faible, selon les climats et les saisons. Le plus odorant est celui que l'on retire des Muscs qui habitent les pays les plus voisins du 30ᵉ degré de latitude : aussi est-ce dans ces pays que l'on est le plus porté à falsifier cette substance pour en augmenter la quantité apparente.

« Il faut nécessairement, dit Buffon, que les » marchands augmentent cette quantité bien au-» delà de ce qu'on pourrait imaginer, puisque, » dans une seule année, Tavernier en acheta seize » cent soixante vessies, ce qui suppose un nom-» bre égal d'animaux auxquels cette vessie aurait » été enlevée ; mais comme cet animal n'est do-» mestique nulle part, et que son espèce est con-» fiée à quelques provinces de l'Orient, il est im-» possible de supposer qu'elle est assez nombreuse » pour produire une aussi grande quantité de cette » matière ; et l'on ne peut pas douter que la plu-» part de ces prétendues poches ou vessies ne » soient de petits sacs artificiels, faits de la peau » même des autres parties du corps de l'animal, » et remplis de son sang mêlé avec une très-petite » quantité de vrai musc. » Les circonstances ont prouvé que Buffon ne se trompait pas en préjugeant de la fraude qui devait avoir lieu relativement au *musc*. L'on sait en effet que les peuples orientaux simulent avec les autres parties de l'animal, des poches analogues à celles qui contiennent réellement le *musc*, et qu'ils les remplissent de sang auquel ils ont imprimé une odeur musquée. Il paraîtrait même qu'à l'aide d'un procédé très-facile, ils parviennent à multiplier d'une manière un peu plus naturelle, les vessies qu'ils livrent au commerce. Ce procédé consisterait à battre l'animal jusqu'à déterminer des ampoules ou cloches remplies d'une sérosité sanguinolente à laquelle ils mêlent une certaine quantité de vrai *musc*. Ces ampoules passent ensuite pour des vessies *moschifères*. Quoi qu'il en soit, c'est du Thibet et de Tonquin que vient le meilleur *musc*; celui qui est fourni par les Chevrotains du Nord n'a presque pas d'odeur, et on lui donne le nom de *musc kabardin* pour le distinguer de celui de Chine. Il paraît même que, hors l'époque du rut, cette substance n'a plus les mêmes qualités et n'est pas aussi odorante. Le *musc* le plus pur et le plus recherché est celui que l'animal laisse couler sur des pierres ou des troncs d'arbre, contre lesquels il se frotte lorsque cette matière devient trop irritante ou trop abondante dans la bourse où elle se forme.

On a donné à l'article Musc (chim.) les propriétés chimiques et physiques de cette substance, et on en a déterminé les usages. (Z. G.)

MUSC. (CHIM.) Le Musc est une substance animale particulière, très-composée, qui participe tout à la fois, comme nous le verrons dans son analyse, des produits sécrétés et des produits excrétés, et qui est contenue, ainsi que nous venons de le dire précédemment, dans une poche située un peu en avant et au dessus de la verge du Chevrotain porte-musc (*Moschus moschiferus*, Lin.).

Il existe dans le commerce deux sortes de Musc, celui de Tonquin ou de la Chine, et celui de Russie, appelé *Musc kabardin*. Les poches qui renferment le premier sont arrondies, garnies d'un poil plus ou moins roux et comme imprégné de la matière grasse qui a transsudé du Musc à travers les pores de la poche; celles du Musc kabardin ont une forme analogue; le poil qui les recouvre est propre, sec, blanchâtre et comme argenté. Le Musc se vend très-souvent après avoir été retiré des poches; mais on doit préférer celui qui y est encore renfermé, l'exhalation ne lui ayant encore rien fait perdre de ses propriétés odorantes. En outre, l'on peut mieux juger de la qualité du Musc d'après l'inspection de la vessie qui le renferme.

Le Musc est fluide, ou du moins demi-fluide sur l'animal vivant; il nous arrive demi-solide, sous forme de grumeaux plus ou moins volumineux, faciles à écraser entre les doits, homogènes dans leur intérieur, assez analogues à du sang desséché avec lequel on le falsifie souvent; il est doux, onctueux au toucher, d'un brun rougeâtre, d'une odeur forte, particulière, extrêmement expansible. Quand on le frotte sur du papier, il y laisse un trait brun, mais peu lié. Une partie de Musc peut communiquer son odeur à plus de trois mille parties de poudre inerte. On cite encore comme un exemple frappant de l'extrême diffusibilité de l'odeur du Musc, l'expérience suivante : un grain de Musc, qui pendant vingt ans embauma une chambre que l'on ouvrait tous les jours, ne perdit rien de son poids.

Le Musc a une saveur amère, âcre et désagréable; il est soluble dans l'eau bouillante, l'alcool et l'éther. Tels sont les caractères et les propriétés du Musc Tonquin, le plus estimé et le plus cher. Le Musc kabardin est plus grenu, plus sec, moins odorant, plus jaunâtre, plus pulvérulent, moins riche en parties solubles, et par conséquent moins recherché que le précédent.

Le prix toujours assez élevé du Musc de bonne qualité a fortement excité la cupidité et la coupable industrie des marchands et des falsificateurs. Aussi, que ne trouve-t-on pas mêlé à cette substance? du sable, de vieilles résines, des grains de plomb, et surtout du sang desséché, sont tour à tour employés pour augmenter le poids des poches de Musc. La première chose à faire, quand on veut acheter du Musc, c'est de s'assurer de l'intégrité des poches qui le renferment; voir si elles n'ont pas été ouvertes, puis cousues ou recollées comme cela a lieu quelquefois. Ensuite il faut essayer le Musc par l'eau bouillante; s'il est pur, 60 ou 70 parties pour 100 seront entièrement dissoutes. Cette proportion diminuera en raison de la quantité des corps étrangers introduits. Le Musc pur brûle très-facilement et ne donne qu'une très-faible proportion, 5 à 6 pour 100, de cendres grisâtres; impur, il brûle difficilement et laisse un charbon plus ou moins considérable. Enfin, les parfumeurs l'essaient de la manière suivante : ils épuisent une certaine quantité de Musc par de l'alcool à 40 degrés, filtrent le soluté, en versent quelques gouttes dans le creux d'une des mains, frottent celles-ci l'une contre l'autre, et jugent, d'après l'odeur qui se dégage, après que l'alcool a été évaporé, si la substance est pure. La délicatesse de l'odorat, et l'habitude surtout, sont ici les meilleurs et les seuls juges.

Les autres caractères chimiques les plus certains de la bonne qualité du Musc sont, outre la solubilité dans l'eau bouillante, que ce soluté aqueux doit précipiter par les acides, et surtout par l'acide nitrique, jusqu'à ce qu'il devienne incolore, et, qu'une fois devenu incolore, ce même soluté doit précipiter par l'acétate de plomb et l'infusé de noix de galle, mais non par le chlorure de mercure.

Soumis à l'analyse, le Musc Tonquin a donné à Thiemann, Bucholz, Guibourt, Blondeau, Geiger, Reimann et Buchner:

1° *Des matières volatiles.* Thiemann en a trouvé 15 pour 100, Guibourt et Blondeau 47, Buchner 17,6, Geiger et Reimann 41. Parmi ces matières se trouvent de l'eau, de l'ammoniaque et quelques traces de principe odorant.

2° *De la graisse.* Cette graisse, analogue au suif et saponifiable, est considérée comme identique avec la cholestérine.

3° Une *résine amère.*

4° Un *extrait alcoolique*, formé de matières jaunes et acides, d'acide lactique libre, de sels ammoniacaux et calcaires.

5° Un *extrait aqueux* donnant, quand on le brûle, de l'ammoniaque, du carbonate de chaux, du sulfate de chaux, du chlorure de soude, du phosphate de chaux, etc.

6° Un *résidu sableux insoluble.*

Le Musc est beaucoup plus employé par les parfumeurs que par les médecins et les pharmaciens. Cependant on lui a reconnu des propriétés toniques, excitantes et antispasmodiques; on l'a vanté et même administré avec succès, dit-on, dans quelques fièvres typhoïdes, contre le tétanos, l'hydrophobie, etc., à des doses qui varient depuis 5 jusqu'à 70 et 80 grains. (F. F.)

MUSCADE. (MOLL.) Nom vulgaire donné par les marchands à la Bulle ampoule. (GUÉR.)

MUSCADE. (BOT. PHAN.) Le fruit du Muscadier. On nomme Muscade du Para le fruit du Pichurim, espèce de Laurier. (GUÉR.)

MUSCADIER, *Myristica*. (BOT. PHAN.) Genre de plantes dicotylédonées, type de la famille des Myristicées de Rob. Brown et de la Monadelphie dioécie de Linné (Octandrie, Sprengel), et auquel le premier assigne les caractères distinctifs suivans: fleurs dioïques; un calice (périanthe simple) urcéolé, à neuf divisions au sommet; une bractée courte, orbiculaire à la base; fleurs mâles: douze ou quinze étamines, soudées à leur base; anthères biloculaires, connées, extrorses, formant une sorte de colonne; fleurs femelles: calice caduc; ovaire supère, libre, sessile; style à peu près nul; stigmate bifide (et non deux stigmates); pour fruit une capsule drupacée, monosperme, s'ouvrant en deux valves; graine dure, enveloppée d'un arille charnu, coloré et lacinié.

Les Muscadiers sont pour la plupart de très-grands arbres, à cime étalée et touffue, formant un bel effet, et croissant tous dans les contrées intertropicales de l'Asie, de l'Afrique ou de l'Amérique; on en connaît une vingtaine d'espèces, dont nous décrirons seulement les deux plus remarquables sous le rapport de l'économie et de la thérapeutique. L'une des deux surtout, le Muscadier aromatique, jouit d'une haute renommée sous ce double rapport, et nous nous étendrons volontiers un peu sur ces deux arbres pour être agréable à nos lecteurs.

MUSCADIER AROMATIQUE, MUSCADIER MUSQUÉ, *Myristica aromatica*, Lam.; *officinalis*, Linn.; représenté dans notre Atlas, pl. 395, fig. 1. Arbre de trente à quarante pieds de hauteur, dont les nombreux rameaux, presque verticaux et chargés d'un beau feuillage, forment une cime large et touffue; ramifications grêles et alternes, à écorce rougeâtre; feuilles alternes, pétiolées, lisses, ovales, lancéolées-aiguës; face supérieure d'un beau vert luisant; face inférieure pâle; fleurs dioïques, jaunâtres, petites, pendantes, axillaires; fleurs mâles (fig. 1 *a*) réunies trois à cinq par de courts pédicelles sur un pédoncule commun; calice charnu, coloré, découpé en trois dents ovales, aiguës, et muni à sa base d'une petite bractée arrondie, concave; étamines soudées par leurs filamens autour d'un axe central; anthères conjointes; fleurs femelles (fig. 1 *b*), quelquefois solitaires, le plus souvent réunies deux à trois par des pédicelles sur un pédoncule commun.

Le fruit (fig. 1 *c*, 1 *d*) est une baie drupacée, charnue, sphéroïde, d'un vert pâle qui jaunit en mûrissant, de près de trois pouces de long sur un diamètre à peu près semblable; s'ouvrant en deux valves à son sommet, et pleine d'un suc astringent; elle contient au centre une amande (muscade) revêtue d'une membrane (arille, appelé vulgairement macis) charnue, fibreuse, découpée en longues lanières anastomosées, d'un pourpre vif, et qui jaunit et se dessèche en vieillissant; l'enveloppe immédiate (tegmen) est mince, dure et noirâtre; la chair de l'amande est blanche, ferme, huileuse, très-odorante, marbrée de veines rameuses et irrégulières; embryon assez gros, à deux cotylédons multilobés.

Le Muscadier aromatique était particulier aux îles Moluques, et aujourd'hui il est cultivé dans toutes les colonies européennes des pays chauds. On ne peut s'empêcher d'être étonné que cet arbre précieux, introduit dès 1770 et 1772 dans nos îles de France et de Bourbon par Poivre, d'où il s'est répandu ensuite en Amérique, ait été si long-temps peu connu des botanistes jusqu'à Lamarck, qui, le premier, d'après les indications de M. Ceré, directeur du Jardin du roi à l'Ile-de-France, en a fait connaître les vrais caractères. Le grand Linné lui-même et son fils les avaient presque entièrement méconnus, et ne les mentionnèrent point dans le *Systema vegetabilium*.

Il est peu probable que les anciens aient connu le fruit du Muscadier; mais Avicenne, chez les Arabes, dès le neuvième siècle en parlait sous le nom de Jansiban, qui, dit-on, signifie noix de Banda. (Les îles Banda sont un groupe de l'archipel des Moluques.) Il fut bientôt connu des Européens, et les Hollandais, tant qu'ils furent maîtres des Indes, se maintinrent dans la possession exclusive de cette branche de commerce, en ayant soin de dérober à tous la connaissance du précieux végétal qui portait ces noix. On voit par ces détails que si la noix muscade a été connue dès long-temps, du moins les caractères botaniques de l'arbre furent ignorés des savans, comme nous l'avons dit, jusqu'à Lamarck, vers la fin du dix-septième siècle.

Le Muscadier est toute l'année couvert de fleurs et de fruits, et commence à les produire dès la septième ou la huitième année de sa plantation. On a soin de semer la noix muscade dépouillée de sa coque, afin de la faire germer plus vite; ce qui a lieu ordinairement trente ou quarante jours après cette opération. Comme on était dans l'usage d'attendre l'époque où les Muscadiers commencent à rapporter, pour extirper les pieds mâles inutiles (un seul pouvant suffire à cent pieds femelles), un cultivateur distingué de l'île Bourbon, M. Huber, imagina de greffer dès la deuxième année, avec des branches de femelles, tous les pieds de ses semis. De cette manière non seulement il fit porter à des Muscadiers des fruits une année ou deux d'avance, mais encore il évita une grande perte de temps et de terrain, qui résultait de l'extirpation de presque tous les pieds mâles; travail dispendieux qui ne pouvait avoir lieu, au reste, qu'au commencement de la floraison, c'est-à-dire sept à huit ans après la germination.

Le bois du Muscadier est très-léger, blanc, poreux et sans odeur. On en fait de petits meubles à l'usage des dames. Si on en arrache une feuille, si on blesse l'arbre, soit en cassant une branche ou en incisant l'écorce, il en transsude un liquide visqueux, assez épais, abondant, rougeâtre, usité en médecine et dont le principe colorant est assez tenace. Les feuilles froissées répandent une odeur agréable de Muscade. Son fruit met près de neuf mois à parvenir à sa maturité, et est alors de la grosseur d'une pomme de reinette; il sert à faire d'excellentes confitures, mais il ne pourrait être mangé cru à cause de son goût âcre et astringent. Nous ne parlerons pas de la Muscade employée pour aromatiser les alimens et exciter l'appétit, mais nous dirons que les Indiens, et quelques Européens, la mâchent volontiers, soit seule, soit unie à d'autres masticatoires; et que, dans ce cas, elle est aphrodisiaque et céphalique; nous ajouterons aussi qu'on en tire une huile essentielle, fort usitée en linimens dans la paralysie, les rhumatismes, les inflammations, etc. On cultive le Muscadier dans nos climats en serre chaude.

Muscadier a suif, *Myristica sebifera*, Sw., Lamk., etc., arbre de soixante pieds de hauteur au moins; rameaux nombreux, divergens, étalés, tortueux, à écorce rougeâtre, dure, rugueuse, gercée, à bois blanchâtre et compacte, garni de feuilles alternes, subcordiformes, oblongues, acuminées, veinées-réticulées; face supérieure d'un beau vert, face inférieure tomenteuse et d'un rouge ferrugineux; fleurs dioïques, paniculées, subsessiles, réunies cinq à six et disposées en grappes axillaires, recouvertes d'un duvet roussâtre; six étamines (étamines triandres, Sprengel); fruit sphérique, tomenteux, vert, coriace, allongé, dont le brou s'écarte en deux valves, comme dans l'espèce précédente; noix enveloppée d'un arille fibreux, rouge; amande huileuse, entrecoupée de veines rousses et blanches.

Le Muscadier à suif est commun dans toute la Guiane, et en particulier à Cayenne, où on en distingue plusieurs variétés. Cet arbre se plaît dans les terrains humides, et se couvre de fleurs et de fruits pendant la partie de l'année qui correspond à notre hiver européen. En pratiquant des incisions à ses rameaux, on en recueille un suc assez abondant, âcre, astringent, rougeâtre, dont on se sert pour guérir diverses affections cutanées, les aphthes, le scorbut, etc.; un peu de coton imbibé de ce suc apaise aussi le mal de dents. Mais cet arbre n'est pas seulement précieux à l'humanité sous le rapport médicinal, il l'est surtout sous le rapport économique. Son fruit sert à fabriquer de fort bonnes chandelles. Après avoir fait sécher au soleil une plus ou moins grande quantité de ces fruits, on sépare les graines de leurs coques en les foulant avec un rouleau; après les avoir nettoyées et vannées, on les pile pour en former une pâte, que l'on fait bouillir l'espace d'une heure ou deux, en ayant soin de ramasser avec une spatule le suif qui nage à la surface. Quand celui-ci est figé, on le fond de nouveau pour le clarifier et lui ôter un peu de sa couleur jaunâtre; on le passe alors à travers un tamis, et on en fait ensuite des chandelles fort en usage dans toute la contrée. On dit que ce suif, par l'âcreté de sa nature, ne saurait être employé extérieurement comme le suif animal sur les plaies, les ulcères, etc., sans y causer de l'inflammation. Nous doutons de ce fait parce qu'il contredirait alors les excellentes propriétés attribuées au suc qui découle de son tronc par incision, et à l'huile essentielle qu'on en extrait.

Les autres Muscadiers décrits par les auteurs sont moins connus, et, bien qu'ils paraissent jouir des mêmes propriétés, ils sont généralement moins employés. Nous les passerons donc sous silence. (C. Lem.)

MUSCARDIN ou MUSCADIN. (mam.) Espèce du genre Loir. (*Voy.* ce mot.) (V. M.)

MUSCARDINE. (écon. rur.) Maladie à laquelle le Bombyce fileur ou Ver à soie, est sujet dans les pays arides et sablonneux, plus encore dans les petites magnaneries que dans les grandes; elle est aussi très-fréquente dans les lieux exposés à l'action directe des vents fatigans du sud et surtout de l'ouest, ainsi que durant les années pluvieuses, dans les pays de plaines ou couverts de prairies très-arrosées. Son nom lui vient de la ressemblance que présente le ver qu'elle a frappée avec une espèce de pastille allongée très-connue dans nos départemens du Var, des Bouches-du-Rhône, de Vaucluse, de la Drôme, etc. La Muscardine tue le ver à tout âge, dans ses divers états, même après avoir commencé ou formé son cocon. Peu de jours s'écoulent entre l'invasion et la terminaison, qui est toujours fatale. La couleur du ver, d'abord rouge, devient ensuite blanche; elle passe quelquefois au pourpre et plus rarement au bleu foncé. Le corps, de moelleux et flasque qu'il était aussitôt après la mort, offrant le même volume et toutes les apparences de la santé, prend une telle consistance, une telle dureté qu'il est cassant. De ce moment il se couvre d'une efflorescence farineuse, d'une sorte de moisissure blanchâtre.

A en juger par le silence d'Olivier de Serres, la Muscardine était autrefois inconnue dans nos magnaneries; on prétend qu'elle y fut apportée du Piémont vers le milieu du dix-septième siècle. Boissier de Sauvages, qui a tant jeté de lumières sur les soins à donner au Ver fileur, estime qu'elle a pris son origine à la suite d'une brusque différence apportée dans son régime. « On avait, dit-il, vers l'an 1700, peu de feuilles du Mûrier et l'on faisait des petites éducations dans de grands appartemens; peut-être aussi y allait-on plus bonnement que nous, et qu'on ne s'était pas avisé de boucher les portes, les fenêtres et toutes les communications avec l'air extérieur. De nos jours, au contraire, que les Mûriers sont très-multipliés, on fait de grandes éducations dans des appartemens très-petits à proportion; on met des tables de vers à la montée jusqu'au toit, ou au plancher, et l'on bouche tout. Fait-il froid? on fait du feu sans laisser des issues à l'air échauffé et aux vapeurs qui s'élèvent: c'est un moyen infaillible d'inventer, si j'ose le dire, la Muscardine, ou de la produire là où elle n'aurait jamais existé. »

S'il est vrai, comme cette citation le prouve, que

que la Muscardine, appelée aussi *Dragée*, dans quelques magnaneries, résulte principalement d'une chaleur trop élevée et du manque total d'air pur, elle serait très-aisée à prévenir; il suffirait de mettre les Vers à soie au large, d'ouvrir de temps à autre des courans propres à renouveler une atmosphère meurtrière, et de fournir une litière qu'il convient de tenir fraîche. Si l'on considère l'organisation de l'insecte, qui ne respire que par de nombreux stigmates, on ne peut pas douter un seul instant qu'il ne souffre violemment d'une atmosphère étouffante, de plus chargée de vapeurs délétères, lesquelles, en se condensant sur tout son être, gênent le jeu des organes respiratoires et s'opposent à la transpiration cutanée si nécessaire. Je dirai plus : c'est au défaut ou à l'excès seul de cette sécrétion, étroitement liée au parfait équilibre de la vie, que l'on peut rapporter les maladies qui affectent le Ver fileur dans nos magnaneries, grandes ou petites.

Les ravages de la Muscardine sont considérables. A l'exemple de Nysten et de Dandolo, à qui l'éducation du précieux insecte doit de si grands perfectionnemens, j'ai long-temps douté que cette maladie fût réellement contagieuse; mais une série d'expériences m'a démontré qu'elle l'est en effet, et les nombreuses observations qui me sont communiquées par d'exacts éducateurs, entre autres par l'habile Jean-Joseph Martin, de Virrieux-sur-Pelussin, département de la Loire, confirment l'opinion que j'adopte,

Selon ce dernier, et sous la date de 1826, la cause de la maladie serait due à la présence d'un insecte analogue à l'Acare de la gale, sur lequel on a publié des écrits si singulièrement contradictoires, pour revenir tout simplement aux faits articulés par l'arabe Avenzoard, par le naturaliste anglais Mouffet, par Linné et par Wichmann. L'Acare du Ver fileur serait d'une extrême petitesse et exigerait pour être vu des loupes très-fortes. J'ai entendu quelques savans repousser avec dédain cette remarque au lieu de l'examiner avec soin. Aujourd'hui, l'on adopte avec empressement l'idée qu'on la doit à une multitude considérable de petits champignons. Le docteur Aug. Bassi, de Lodi, nous assure que ces cryptogames existent, avant la mort du Ver à soie, sous ses tégumens, qu'ils s'y accroissent à ses dépens, sans, ajoute-t-il, pouvoir d'ailleurs se faire jour au dehors, en raison de la résistance que leur offre la peau; ils ne peuvent percer l'enveloppe cutanée que lorsqu'elle est déjà ramollie par un commencement de putréfaction. Leur fructification, dit-il encore, suit de près leur apparition à l'extérieur, et les germes innombrables qui se répandent sur les corps voisins ou se dispersent dans l'atmosphère, vont au loin porter la maladie. Ces champignons ont reçu le nom classique de *Botrytis bassiana*, malgré leur très-grande affinité avec une espèce déjà connue et appelée par Dittmar *Botrytis diffusa*. Le professeur Balsamo, de Milan, sur le témoignage duquel on s'appuie, atteste, de son côté, que le cryptogame observé à la surface du Ver fileur sous forme d'une matière blanchâtre, ne se montre jamais pendant la vie de l'insecte, et que souvent même il ne se développe pas après la mort.

Si je n'étais persuadé que la cause essentielle de la Muscardine est toute dans la trop grande population des magnaneries et dans l'air corrompu que l'on y maintient, des deux systèmes proposés j'adopterais plus volontiers le premier que le second; je connais beaucoup d'insectes vivans dans l'intérieur des animaux et des plantes; mais, en fait de parasites végétaux, je n'en vois réellement point croître et se développer sous l'enveloppe cutanée des animaux. Je ne conteste pas les observations des docteurs Bassi et Montagne, ni les recherches anatomiques et physiologiques du professeur Audouin, faites par le moyen des inoculations, ni les expériences de l'académicien Turpin; mais il me sera sans doute bien permis de douter que la moisissure blanche et farineuse, accusée d'avoir déterminé la mort du Ver fileur, ait pris naissance dans l'être vivant; je n'y crois pas plus qu'à celui qui voudrait m'attester que l'ergot du Seigle, administré à des femmes laborieusement travaillées par les douleurs de la parturition, s'est développé sur l'utérus ou sur le corps de l'enfant qu'il contenait. Je relis les beaux vers de Virgile dans lesquels il parle de l'origine des Abeilles, et je ris de la pauvre physique à laquelle il sacrifiait.

Les moisissures s'attachent aux corps animaux en putréfaction, c'est un fait aussi certain que celui des Mucédinées et des Urédinées se développant sur des végétaux qui sont pour elles des milieux homogènes. Le temps, ce juge intègre que n'influencent ni les hommes ni les choses, décidera plus tard la question qui divise aujourd'hui les inventeurs et les académiciens sur l'origine de la Muscardine. En attendant, j'estime que les magnaniers, jaloux d'éloigner pour toujours la Muscardine de leurs ateliers, ont intérêt d'abandonner les voies de la routine, d'adopter de grandes pièces, d'y renouveler souvent l'air et d'en entretenir la température à des degrés relatifs aux besoins actuels de l'insecte. Les magnaneries établies d'après les vues de Dandolo ne sont point désolées par cette maladie, ce qui justifie pleinement l'assertion de Boissier de Sauvages et tous les renseignemens que j'ai recueillis jusqu'ici. (T. D. B.)

MUSCARI, *Muscari*. (BOT. PHAN.) Genre de plantes monocotylédonées de la famille des Asphodélées de Jussieu, et de l'Hexandrie monogynie de Linné, offrant pour caractères constitutifs : un périanthe simple, monophylle, persistant, cylindrico-ovoïde, renflé au milieu, étranglé au sommet, à six divisions courtes; six étamines plus courtes que le périanthe, insérées à sa base; anthères bilobées, oblongues; ovaire supère, globuleux; style égal en longueur aux étamines, à stigmate trilobé; capsule triloculaire, à angles aigus; deux semences dans chaque loge.

Le genre Muscari, établi par Tournefort et réuni par Linné à l'*Hyacinthus*, en a été depuis retiré par Desfontaines, et enfin définitivement adopté par tous les botanistes. Il renferme une dizaine d'espèces environ. Ce sont de petites plantes à racine bulbeuse, à feuilles linéaires, radicales, à fleurs en épi, disposées sur une hampe, qui sort, comme les feuilles, du centre de la bulbe. Elles sont toutes européennes, et quatre ou cinq indigènes en France. Nous donnons ici la description des quatre plus remarquables.

Muscari musqué, *Muscari moschatum*, Willd.; *M. ambrosiacum*, Red. Mœnch. Feuilles linéaires de dix pouces et plus de long, étalées sur le sol, presque planes dans le haut, canaliculées à leur base; hampe nue, cylindrique, de huit à dix pouces de hauteur, terminée par vingt ou trente fleurs ventrues, horizontales, jaunâtres, resserrées au sommet, terminées par six dents, et répandant une odeur suave, comme musquée.

Ce Muscari croît naturellement dans le midi de la France; quelques auteurs cependant, Clusius entre autres, pensent qu'il y a été introduit vers le milieu du seizième siècle et importé du Levant. Quoi qu'il en soit, nous nous sommes hâté de nous en emparer pour le cultiver dans nos jardins, où ses fleurs charment notre odorat. Il ne demande aucun soin, si ce n'est une terre légère, un peu ombragée.

Muscari chevelu, vulgairement Jacinthe a toupet, Vacier, *Muscari comosum*, Mill. Willd. De trois ou quatre feuilles étalées sur le sol, canaliculées à la base, planes supérieurement, assez larges, un peu onduleuses, de douze à quinze pouces de long, sort une hampe de quinze à dix-huit pouces de haut, nue inférieurement, cylindrique, chargée aux deux tiers de sa hauteur environ de cinquante à quatre-vingts fleurs au plus, un peu anguleuses, allongées, en grappes, d'un bleu rougeâtre, à pédoncule accompagné d'une petite bractée; surmontées d'une autre grappe de fleurs stériles, à très-longs pédoncules, le tout d'un beau bleu; cette plante est commune en France sur le bord des bois, dans les prés, et même dans les champs. On la cultive dans les jardins à cause du joli effet de ses fleurs, qu'elle donne en avril et en mai.

On considère comme variété de cette espèce un Muscari que l'on connaît sous les noms vulgaires de Jacinthe de Sienne, Lilas de terre, Muscari monstrueux (*Hyacinthus monstruosus*, Linn.). C'est une plante singulière et curieuse, dont toutes les fleurs ont subi une telle dégénération, ou plutôt une telle métamorphose, qu'on n'y peut plus distinguer aucun organe. C'est une réunion de filets (étamines avortées) ramifiés, longs, portés par de courts pédoncules colorés, qui forme un élégant panache bleu-lilas, dont l'aspect est fort agréable. Cette charmante monstruosité croît naturellement en Italie, près de Sienne et de Pavie, et a été introduite depuis long-temps dans nos jardins, où elle n'est pas plus difficile que les précédentes pour les soins et la terre.

Muscari a grappe, vulgairement Ail de chien, *Muscari racemosum*, Mill. Feuilles jonciformes, ténues, pendantes, plus longues que la hampe; celle-ci dressée (quelquefois double), grêle, d'environ huit pouces de hauteur, se terminant en un épi court de vingt-cinq à trente fleurs au plus, ovoïdes, petites, à courts pédoncules, penchées et comme imbriquées, d'un beau bleu, souvent relevé d'un rebord blanchâtre. Commune en France, dans les endroits cultivés, fleurit en avril et en mai.

Muscari en épi, *Muscari botryoïdes*, Willd. Mill. Cette plante offre beaucoup de ressemblance avec celle que nous venons de décrire, mais elle en diffère par des caractères constans, qui sont des feuilles plus larges, fermes, redressées, toujours plus courtes que la hampe, des fleurs ovoïdes, toujours revêtues d'un liseré blanc et formant un épi ovale-allongé, dont les fleurs inférieures sont plus distantes entre elles que les supérieures. Elle croît naturellement dans le midi de la France, en Suisse, en Italie, et fleurit comme ses congénères en avril et en mai. Toutes ces plantes méritent les honneurs de la culture dans nos parterres.

(C. Lem.)

MUSCAT. (bot. phan.) *Voy.* Vigne et Vin.

MUSCHELKALK. (géol.) Sous ce nom allemand qui signifie *Calcaire coquillier*, on désigne en géologie une série de couches, tantôt calcaires et tantôt marneuses, qui constituent une formation distincte. M. Alex. Brongniart a désigné cette formation sous le nom de *Calcaire conchylien*, dénomination qu'il adopta pour qu'on ne confondît pas ce calcaire avec le calcaire coquillier des environs de Paris.

Considéré minéralogiquement, le Muschelkalk est un calcaire compacte, d'un gris de fumée, quelquefois jaunâtre et même rougeâtre, à cassure conchoïde, mélangé de petites lames de calcaire spathique. Ce calcaire forme des couches régulières qui alternent avec des couches de marnes et d'argiles. Le calcaire lui-même contient une assez grande quantité de corps organisés et surtout de moules de coquilles; mais ce sont surtout les marnes qui se montrent les plus riches en fossiles: elles en sont parfois pétries, tandis que dans la roche calcaire on trouve plus communément des débris de poissons et de reptiles, tels que des *Ichthyosaures*, des *Plesiosaures* et des *Tortues*.

Les coquilles les plus communes dans la formation du Muschelkalk sont les *Térébratules*, les *Trigonies*, les *Plagiostomes*, les *Moules*, les *Ammonites*, etc. Parmi les zoophytes, on doit citer les *Encrines*. On y trouve aussi quelques restes de végétaux.

(J. H.)

MUSCIDES, *Muscides*. (ins.) Tribu de Diptères, de la famille des Athéricères, offrant les caractères suivans: un suçoir de deux pièces couché dans la rainure supérieure d'une lèvre rétractile, pouvant se cacher entièrement dans une cavité de la tête, terminé par un empatement; cette lèvre portant deux palpes; antennes de trois articles, dont le dernier en palette, portant près de sa base un filet dorsal; ailes à une seule cellule sous-marginale, trois postérieures et une anale.

Cette tribu ne correspond pas positivement au genre *Musca* de Linné; en effet, dans son genre, qu'il divisait en cinq sections, mais présentant deux divisions principales, se trouvaient les Mouches qui ont les antennes effilées, et celles qui les ont terminées par une palette munie d'une soie; c'est évidemment à la seconde section que se rapporterait cette tribu, si elle ne comprenait encore les Syrphes, qu'il faut en détacher; les auteurs postérieurs, en multipliant les genres, ont contribué à éclaircir la matière (et la tribu des Muscides peut se rapporter à peu près exactement au genre *Musca*, tel que Fabricius l'avait adopté dans ses derniers ouvrages) : Fallen, Meigen augmentèrent le nombre des genres sans rien changer aux limites de cette tribu; M. Robineau Desvoidy en fit une étude particulière, et lui donna la dénomination de *Myodaires*; il s'est principalement servi des organes buccaux et des articulations des antennes, et a négligé les nervures des ailes; son travail, très-recommandable, est assez difficile à étudier à cause des nombreuses coupes qu'il a établies et qui, portant souvent sur des caractères peu tranchés, ne sont pas toujours faciles à déterminer; mais il renferme sur les mœurs beaucoup de renseignemens précieux; Latreille, dans la dernière édition du Règne animal de Cuvier, divise les Muscides en neuf sections, prises tantôt des condésirations de leur forme, tantôt de leurs mœurs. Enfin, M. Macquart, dans son ouvrage sur les Diptères, divise cette tribu en trois sections, les *Créophiles*, les *Anthomyzides* et les *Acalyptères*; chacune de ces divisions renferme plusieurs sous-tribus, dont quelques unes comprennent un grand nombre de genres, mais que l'on peut grouper autour dequelques uns des plus saillans.

Les Muscides ont presque toutes, à peu de chose près, le port de la Mouche domestique; leur tête est cylindrique, vésiculeuse dans le milieu, ayant deux gros yeux à réseaux et trois yeux lisses très-distincts; dans la face sont situées deux fossettes où sont logées les antennes; elles sont habituellement dirigées en bas, ayant le dernier article beaucoup plus grand que les autres, avec une soie dorsale insérée près de sa base, tantôt nue, tantôt velue; le thorax paraît formé d'un seul segment et d'un écusson; il porte deux ailes horizontales; deux ailerons assez grands et deux balanciers petits; les pattes sont souvent garnies de petits poils raides; les tarses sont terminés par deux crochets entre lesquels sont deux pelotes membraneuses; l'abdomen varie de forme selon les genres.

Dans ces insectes, l'accouplement se fait comme à l'ordinaire, à l'exception de la Mouche commune dite Mouche d'appartement; bientôt après les femelles font leur ponte; celle-ci s'opère suivant l'instinct du genre auquel appartient l'insecte, soit sur les excrémens, et alors les œufs sont munis d'appendices qui les empêchent d'y être entièrement submergés, soit sur les matières cadavéreuses en décomposition, dont leurs larves hâtent la disparition de dessus le sol; quelques espèces s'attaquent à d'autres insectes vivans, et leurs larves vivent en parasites dans leur corps à la manière de celles des Ichneumons; d'autres peuvent introduire les leurs dans les tissus des végétaux, et alors la présence de ces larves y détermine des excroissances en forme de galles analogues à celles que produisent les Cynips; quelques espèces, enfin, ont la faculté de pondre des larves toutes formées; aussi sont-elles nommées vivipares; mais comme ces larves tiennent dans leur abdomen bien plus de place que des œufs, elles font des pontes bien moins nombreuses; la vue doit naturellement guider ces insectes dans le choix des endroits où ils déposent leurs œufs, mais il est certain que l'odorat y contribue beaucoup; car on voit quelques espèces, habituées à déposer les leurs dans les matières stercorales, les déposer sur quelques plantes qui ont des odeurs analogues.

Les larves ne tardent guère à éclore; ce sont des vers blancs, coniques, ridés, pointus en avant, le plus souvent tronqués en arrière; la tête est rétractile, très-variable de forme, sans yeux, sans antennes, armée seulement de deux crochets dont elles se servent pour hacher les viandes ou les matières dont elles se nourrissent; elles ont deux stigmates sur la partie qui peut être considérée comme le premier segment thoracique, les autres ouvertures trachéennes sont reportées sur une plaque située à l'extrémité du corps. Ces larves ne subissent aucun changement de peau; quand le moment de leur métamorphose arrive, elles se contractent, la peau se durcit, et elles passent à un état désigné sous le nom de boule allongée, que nous avons expliqué à l'article DIPTÈRE et au mot INSECTE de ce Dictionnaire : le temps qu'elles passent à l'état de nymphe, sous cette coque, est plus ou moins long, selon la saison; pour sortir de sa prison, l'insecte gonfle la face de sa tête qui est susceptible d'une grande dilatation et fait sauter une calotte de sa coque, qui alors lui livre passage.

Les insectes de cette tribu sont très-nombreux et très-répandus; quelques uns sont nuisibles par le tort qu'ils font à l'agriculture; mais la plupart sont seulement incommodes par la persévérance avec laquelle ils s'attachent aux parties découvertes de notre corps, malgré les efforts qu'on fait pour les chasser, et par la crainte que nous donnent toujours leurs œufs pour les viandes qu'on est obligé de conserver ou de servir sur nos tables. Cette tribu est maintenant divisée, comme nous l'avons dit, en trois sections, par M. Macquart; elles sont reconnaissables aux caractères suivans :

Ire. Antennes de deux ou trois articles.—CRÉOPHILES.

Genres : *Echinomyie*, *Tachine*, *Mélanophore*, *Stomoxe*, *Mouche*, *Phasie*, *Sarcophage*, *Achias*, etc.

IIe. Antennes d'un seul article. Front étroit.—ANTHOMYZIDES.

Genres : *Anthomyie*, *Pégomyie*, etc.

IIIe. Antennes d'un seul article. Front large.— Acalyptères.

Genres : *Sepedon*, *Tétanocère*, *Scatophage*, *Otite*, *Ortalide*, *Platystome*, *Téphrite*, *Sepsis*, *Diopsis*, *Calobate*, *Thyréophore*, *Ulidie*, *Célyphe*, *Ochtère*, *Piophile*, *Oscine*, *Phore*, *Strèble*, *Hyppobosque*, *Ornithomyie*, *Mélophage*, *Nyctéribie*.

Chacune des sous-tribus dont se composent ces sections renfermant un grand nombre de genres, nous ne ferons pas autant d'articles qu'il existe de ces genres, mais nous les rattacherons, quand ils auront quelque intérêt, aux genres les plus importans, à ceux dont nous venons de donner les noms et auxquels nous renvoyons. (A. P.)

MUSCLES. (anat.) On donne ce nom à des organes charnus, mous, rouges ou rougeâtres, composés de fibres plus ou moins parallèles entre elles, irritables et contractiles, destinées à mouvoir le corps en tout ou en partie. Les Muscles, qui sont réduits à un état rudimentaire dans les animaux inférieurs, deviennent de plus en plus nombreux dans les classes plus élevées, et forment, dans les Vertébrés surtout, la plus grande partie de la masse du corps. Considérés dans cette dernière classe d'animaux, où ils présentent leur plus haut degré de perfection, les Muscles se divisent en deux grandes classes; les uns sont *extérieurs* et les autres sont *intérieurs*. Les premiers sont pleins, de volume variable, appartiennent au squelette, dont ils font mouvoir les diverses parties les unes sur les autres; aux organes des sens, dont ils établissent les rapports avec les agens extérieurs; à la voix, qu'ils produisent; à la peau, dont ils déterminent les glissemens et les divers froncemens. Les seconds sont creux, constituent de véritables membranes, et sont spécialement destinés aux organes intérieurs et aux fonctions végétatives.

1° *Des Muscles extérieurs*. Ces Muscles, nommés encore *Muscles volontaires*, *Muscles de la vie animale*, sont au nombre de trois ou quatre cents dans l'homme et dans les autres Vertébrés. La dénomination de chaque Muscle, qui est très-variée, est tirée tantôt de l'ordre numérique, tantôt de leur situation dans les régions du corps qu'ils occupent, d'autres fois de leur forme ou de leur ressemblance avec des objets connus. Enfin, leur direction, leurs attaches, quelques particularités de leur structure et leurs usages ont aussi servi de base à leurs dénominations. Tous les Muscles sont doubles, excepté le diaphragme, les sphincters de la bouche et de l'anus, l'aryténoïdien et le releveur de la luette; leur disposition est symétrique des deux côtés du corps, à l'exception du diaphragme. Les Muscles du tronc, qui sont larges, et ceux des membres, qui sont allongés, sont disposés par couches superposées, et les plus superficiels sont habituellement plus grands que ceux qui sont situés au dessous.

L'on considère ordinairement dans chaque Muscle *un corps charnu* ou *ventre*, et deux *extrémités* qui sont ordinairement tendineuses. Le corps charnu, compris entre les deux attaches, est tantôt unique, tantôt formé de faisceaux distincts qu'on pourrait prendre pour autant de Muscles. D'autres fois le corps charnu est divisé par un tendon moyen ou par des fibres aponévrotiques (*aponévrose d'intersection*). Les extrémités des Muscles sont attachées par des tendons ou des aponévroses au périoste et à la surface des os. Il faut en excepter les Muscles qui s'attachent à la peau et qui ne présentent pas de fibres tendineuses. Le plus souvent les fibres des Muscles sont droites et parallèles dans toute la longueur des Muscles; d'autres fois elles se rendent obliquement sur le tendon, tantôt sur une de ses faces, tantôt sur les deux faces opposées et dans une direction différente, à la manière des barbes d'une plume, sur la tige centrale. De là les dénominations de Muscles *semi-pennés* et de Muscles *pennés*.

Les Muscles extérieurs sont généralement composés de faisceaux plus ou moins distincts, formés eux-mêmes de fibres visibles, lesquelles résultent de fibres élémentaires microscopiques. Ces faisceaux, qui se terminent ordinairement aux deux extrémités du Muscle sur un tissu ligamenteux ou tendineux, sont enveloppés par du tissu cellulaire qui les isole les uns des autres et que l'on retrouve dans les plus petits fascicules. Ces Muscles reçoivent un grand nombre de nerfs, surtout ceux des organes des sens. Ces nerfs se rendent presque tous à l'axe cérébro-spinal, et quelques uns au grand sympathique; mais ces derniers ne se rencontrent jamais seuls.

2° *Des Muscles intérieurs*. Ces Muscles, que l'on désigne aussi sous le nom de *Muscles involontaires*, *Muscles creux* ou de *la vie organique*, n'ont pas reçu de dénomination particulière. Les uns doublent la membrane muqueuse des appareils gastro-pulmonaire et génito-urinaire. Un autre constitue l'organe central de la circulation, ou le cœur. Ces Muscles, dont le volume est très-peu considérable, comparativement à celui des Muscles extérieurs, contribuent à former des parois de canaux ou de réservoirs. Ils sont en général disposés par couches et faisceaux qui s'entrecroisent; ainsi, dans le canal alimentaire, ils forment des plans distincts de fibres longitudinales et circulaires. Dans le cœur, les fibres musculaires sont repliées en anses dont les extrémités sont fixées aux côtés des ouvertures de cet organe. Les fibres des Muscles intérieurs ne diffèrent de celles des Muscles extérieurs que par une couleur plus pâle, si ce n'est dans le cœur, où elles sont plus rouges.

Les contractions des Muscles intérieurs ne sont pas excitées par la volonté, surtout dans ceux de ces Muscles qui sont situés le plus profondément; mais ceux qui sont voisins des orifices naturels, comme le rectum, la vessie, l'œsophage et quelquefois même l'estomac, paraissent cependant un peu soumis à la volonté. Les mouvemens du cœur sont complétement involontaires; cependant on cite toujours, d'après Cheyne, l'histoire de ce capitaine anglais qui pouvait à volonté suspendre ou accélérer les mouvemens de cet organe. Quant à l'action des fibres musculaires intérieures, elle était, suivant Haller, inhérente à la fibre musculaire, indépendante de l'influence nerveuse, à laquelle au contraire Legallois l'a attribuée tout entière. Ces deux opinions sont trop exclusives, et les faits connus font voir que si ces Muscles agissent indépendamment d'un centre nerveux chez certains animaux inférieurs et chez ceux qui sont très-jeunes, ils en sont dépendans chez l'adulte.

Lorsqu'arrive à des Muscles l'influence nerveuse qui est le principe de leur action de contraction, on voit les fibres de ces organes se fléchir tout à coup en zigzag en divers points de leur longueur, et par conséquent les extrémités de ces faisceaux charnus se rapprocher de leur centre. Cette action se produit brusquement et sans oscillations préalables. L'organe est raccourci d'une quantité que l'on a évaluée au tiers de sa longueur, mais qui est d'autant plus grande que ses fibres sont plus longues. Celles-ci ont acquis une tension, une élasticité bien supérieures à celles qu'elles avaient d'abord, et telles qu'elles peuvent vibrer et produire des sons. Ces Muscles sont plus durs, et offrent sur leur surface des rides transversales qui n'y existaient pas lors du relâchement. Ils ont acquis plus de solidité ; car alors ils triomphent de résistances qui, dans leur état de relâchement, et surtout après la mort auraient entraîné leur rupture. Enfin on avait dit, d'après Borelli, que tandis que les Muscles, lors de leur contraction, diminuaient de longueur, ils augmentaient de grosseur et faisaient alors plus de saillie en dehors; mais ce point a été fortement contesté et enfin rejeté complétement par des expériences ingénieuses de MM. Prévost et Dumas.

Maintenant que nous avons décrit la contraction musculaire, il s'agit d'en rechercher l'essence, la nature. Ici, nous devons l'avouer, ce phénomène de la vie n'est pas moins inconnu que tout autre, et nous en sommes réduits à son égard à de simples conjectures, à de simples hypothèses. D'abord on expliqua les mouvemens par une traction du Muscle, produite par le nerf qui lui arrive; mais c'était méconnaître le fait même dont on cherchait l'explication, la contraction du Muscle. Ensuite on admit la texture tubuleuse de la fibre musculaire, et l'on fit dépendre sa contraction de la réplétion mécanique de son canal ou de ses vésicules par le fluide nerveux ou par le sang, ou par ces deux fluides à la fois (Hoffmann, Newton, Borelli) ; mais de toutes les explications qui ont été données de la contraction musculaire, celle qui consiste à la considérer comme un phénomène d'électricité paraît être la plus vraisemblable. MM. Dumas et Prevost sont les savans qui ont donné le plus de vraisemblance à cette opinion. Ils ont examiné, à l'aide d'un microscope grossissant de dix à quinze diamètres, la manière dont les nerfs se distribuent dans les Muscles; ils ont vu que toujours leurs rameaux se portaient dans une disposition perpendiculaire aux fibres musculaires; et, en outre, qu'aucun nerf ne se terminait réellement dans les Muscles, mais que ses ramifications dernières embrassaient en forme d'anse les fibres musculaires, puis retournaient au tronc qui les avait fournies, ou allaient s'anastomoser avec un tronc nerveux voisin. Ainsi, selon eux ; les nerfs partant de la région antérieure de la moelle spinale iraient aux Muscles pour s'y comporter comme on vient de le dire, et après reviendraient à la partie postérieure de la moelle spinale. Examinant ensuite, à l'aide du même microscope, les Muscles, lors de leur contraction, ils ont vu les fibres parallèles qui les composent se fléchir tout à coup en zigzag et présenter un grand nombre d'ondulations régulières. Ces flexions constituaient des angles qui variaient d'ouverture selon le degré de la concentration, mais qui n'étaient jamais au dessous de cinquante degrés; et ce qui est remarquable, c'est que ces flexions avaient toujours lieu aux mêmes points de la fibre. Enfin ils ont vu que les sommets des angles formés par les flexions correspondaient toujours aux lieux où passent et sont fixés dans le Muscle les petits filamens nerveux. Ils ont donc pensé que c'étaient les nerfs qui en se rapprochant déterminaient le phénomène de la contraction ; et ils ont attribué leur rapprochement à ce que, parcourus par un courant galvanique, étant parallèles et peu distans les uns des autres, ils ont dû s'attirer, en raison de cette loi de M. Ampère, que deux courans s'attirent quand ils vont dans le même sens. Ils sont donc des Muscles vivans, de véritables galvanomètres, très-sensibles à cause de la petite distance et de la ténuité des filets nerveux.

L'action des Muscles volontaires est intermittente. Le sommeil consiste surtout dans leur repos. C'est alors que l'action des Muscles soustraits à l'influence de la volonté semble redoubler d'énergie. Le cœur ne se repose que pendant l'évanouissement ; le diaphragme se repose aussi pendant la syncope et pendant les diverses espèces d'asphyxie qui consistent dans la suspension plus ou moins absolue de la respiration. L'action de l'estomac ne cesse que pendant l'abstinence, soit volontaire, soit forcée.

La contraction musculaire paraît, dans certains cas, se continuer même après la mort ; du moins voit-on ses effets persister dans le cadavre pendant un temps plus ou moins long. Il n'est pas rare que la mâchoire inférieure reste, à l'instant de la mort, fortement appliquée contre la supérieure, tellement qu'il faut de très-grands efforts pour l'en séparer. On assure que l'utérus conserve quelque temps après la mort la faculté de se contracter et d'expulser le produit de la conception. Du reste, la contractilité musculaire, après la mort, dure un certain temps et s'éteint successivement dans les Muscles, à commencer par le ventricule aortique, puis les Muscles intérieurs, puis les Muscles extérieurs. Après que tout mouvement spontané a cessé, les Muscles présentent encore un phénomène de mouvement; c'est une contraction bornée au point que l'on pique; enfin survient la raideur cadavérique des Muscles.

Rien ne développe plus les Muscles, rien ne les colore et ne les fortifie plus que l'exercice. Ils sont beaucoup moins colorés, beaucoup moins résistans dans les premiers âges de la vie et dans les animaux femelles; plus huileux dans les oiseaux aquatiques; ils sont plus noirs et plus putrescibles dans les espèces carnivores. Souvent l'on rencontre sur le même animal des Muscles qui tiennent des deux espèces. Ainsi les Muscles de l'aile des oiseaux ne ressemblent pas le plus souvent aux Muscles des cuisses. Ceux des ailes sont plus développés, plus colorés et plus nourrissans si l'oiseau est sauvage et vit habituellement dans les airs; c'est le contraire s'il est terrestre et apprivoisé. L'aile de la Perdrix ressemble beaucoup, pour la qualité et la force de ses Muscles, à la cuisse des oiseaux de basse-cour; mais on peut voir encore dans cette disposition une influence de l'exercice sur le développement des Muscles, les oiseaux de basse-cour se livrant surtout à la marche, tandis que les autres se servent de leurs ailes bien plus fréquemment que de leurs membres inférieurs. Chez l'homme cette influence des mouvemens sur le développement des Muscles est excessivement marquée suivant les diverses professions. C'est ainsi que chez les boulangers, les serruriers, les Muscles des bras et du tronc sont excessivement développés. C'est ainsi que, chez les danseurs, les Muscles fessiers, les Muscles de la cuisse et des mollets acquièrent un volume très-considérable, tandis qu'au contraire ces parties semblent s'atrophier chez les individus dont les membres inférieurs, par suite de leur profession, semblent être condamnés au repos : tels sont, par exemple, les courriers, les postillons, qui passent à cheval une partie de leur vie.

Le régime animal, une alimentation abondante influent aussi sur le développement du système musculaire. Les athlètes, outre la continence à laquelle ils se vouaient, employaient une nourriture animale et très-abondante : la chair du Bœuf, celle du Porc, plutôt rôties que bouillies; un pain pétri de fromage mou et de fleur de farine de froment, assaisonné d'aneth et appelé *Coliphium*, composaient ensemble, dit Galien, leur nourriture sèche. Mais ce que leur régime avait de particulier, c'était la quantité d'alimens dont ils usaient; car Galien rapporte que dans un repas ordinaire, un athlète ne mangeait pas moins de deux mines (presque deux de nos livres) de viande et autant de pain. Tous les auteurs sont remplis d'exemples de leur voracité; et sans parler de Milon de Crotone, qui avait coutume de prendre à chaque repas vingt mines de viande, autant de pain et trois conges (quinze pintes) de vin, on sait l'histoire d'Astydamas de Milet, qui se trouvant à la table du satrape Ariobarzane, mangea seul le souper préparé pour neuf convives. (A. D.)

MUSEAU. (ZOOL.) On nomme ainsi le prolongement des mâchoires dans les animaux; ce mot, suivi de quelques autres, sert à désigner plusieurs animaux, ainsi on appelle :

MUSEAU DE BROCHET, une espèce du genre Caïman.

MUSEAU ALLONGÉ, un poisson du genre Chelmon.

MUSEAU POINTU, une Raie, etc. (GUÉR.)

MUSELIER. (INS.) Nom d'une espèce du genre Cychre. (GUÉR.)

MUSETTE. (MAM. OIS.) Vieux nom des Musaraignes et de l'Alouette cujelier. (GUÉR.)

MUSIQUE. (MOLL.) Nom de plusieurs Volutes, qui ont des raies transverses semblables à celles sur lesquelles on écrit la musique. (GUÉR.)

MUSOPHAGE, *Musophaga*. (OIS.) Ce nom, donné à des oiseaux à cause de leur appétit pour le fruit du Bananier, n'a pas la même valeur pour tous les ornithologistes; les uns l'emploient comme nom de section, et les autres ne s'en servent que pour désigner une espèce du genre TOURACO (*voy.* ce mot). (Z. G.)

MUTATION DE NATURE ET DE SEXE. (BOT.) Ce phénomène singulier du changement de sexe s'observe chez plusieurs plantes dioïques, mais plus particulièrement dans le genre *Salix*, qui est susceptible des plus grandes variations possibles. Il n'est point rare d'y voir les étamines transformées en pistil; plus rarement on rencontre les ovaires devenus des étamines. Les Papayers présentent l'une et l'autre circonstance d'une manière fort remarquable, surtout le Papayer de Caraque, *Carica cauliflora* de Jacquin, si beau par son port élégant, son large feuillage, ses bouquets de fleurs blanches et ses fruits jaunes ressemblant à des figues. Les anthères versent inutilement leur pollen, sa viscosité l'empêche de se transporter sur l'individu femelle, il demeure fixé le long des pédoncules; il faut attendre que la fleur supérieure devienne monocline, et cela n'a lieu que quand l'arbre a atteint son plus haut degré de végétation; alors seulement il y a fécondation. Celui qui a dit que la Mutation de sexe était un état de maladie ne connaissait certainement point ce phénomène; il l'a confondu avec l'accident qui fait avorter l'ovaire long-temps avant l'époque accoutumée de sa déhiscence; les stigmates manquant au moment où les anthères répandent leur poussière, celle-ci se perd sans résultat utile.

La Mutation de nature observée dans les étamines de la Viorne obier, *Viburnum opulus*, devenues pétales; sur les pétales de la Boccone du Mexique, *Bocconia frutescens*, transformés en étamines; sur les pétales du Vélar officinal, *Erysimum officinale*, sur les petites écailles du Saule rosé, *Salix rosea*, changés les uns et les autres en feuilles ordinaires; dans la corolle irrégulière de la Linaire, *Linaria peloria*, qui prend une sorte de régularité par l'addition de quatre autres éperons à celui qu'elle a naturellement, phénomène que l'on retrouve aussi chez quelques espèces du genre Muflier, *Antirrhinum*; cette Mutation de nature rentre en partie dans les MÉTAMORPHOSES et en partie dans les MONSTRUOSITÉS (*voy.* l'un et l'autre de ces deux mots), et se nomme PÉLORIE (*v.* ce mot).

Les difformités caractérisent une Mutation accidentelle de nature. Une des plus agréables est celle que présentent les feuilles crispées de la variété du Chou potager appelée *Chou frisé*. L'on se rend aisément compte de toutes les difformités provenant d'excroissances; elles déterminent des contorsions bizarres, des écarts fort singuliers; tels sont la galle du Chêne, les loupes du Cèdre et de l'Orme tortillard, le bédéguar du Rosier, les carnosités du Tilleul, les verrues des Euphorbes, etc. Il en est de même de l'aplatissement de certaines parties qui devraient être rondes, et que l'on remarque assez souvent sur les tiges du Maïz, de la Chicorée sauvage, etc. (T. D. B.)

MUTILLAIRES, *Mutillariæ*. (INS.) Tribu d'Hyménoptères de la section des Porte-aiguillons, famille des Hétérogynes, qui a pour caractères: mâles ailés, femelles aptères; antennes insérées vers le milieu de la face, sétacées, vibratiles, ayant le premier et le troisième article plus longs que les autres, mais non fortement coudés; nous sommes obligés de rejeter de cette tribu deux genres qui ont les antennes insérées tout auprès de la bouche, et qui par d'autres caractères encore se rapprochent davantage des *Formicaires*, et particulièrement du genre *Atta*. Ce sont les *Doryles* et les *Labydes*; les Mutillaires eux-mêmes, par la disposition des nervures de leurs ailes, par leurs antennes courbées, par leurs pattes velues, doivent former une tribu dans la famille des Fouisseurs, et non dans celle des Hétérogynes; car le caractère d'avoir des femelles aptères n'est pas un caractère rigoureusement propre à cette famille; on en voit des exemples dans les Fouisseurs, et même l'observation a appris que plusieurs genres des *Scoliètes* avaient leurs femelles dans la tribu des *Mutillaires*, ce qui confirme encore ce que j'ai avancé touchant la place de cette tribu: ainsi l'on sait que les Tengyres sont les mâles des Méthoques, par des accouplemens pris sur le fait, etc. Quelle que soit, la place de cette tribu, elle est toujours bien tranchée; les mâles ont la tête arrondie, les antennes droites, sétacées; trois yeux lisses; le corselet divisé comme dans les autres Hyménoptères, avec le premier segment demi-circulaire, quatre ailes; l'abdomen allongé; les femelles ont la tête plus large par dessous; les antennes plus courtes, courbées; les segmens du thorax peu apparens; jamais d'ailes, l'abdomen plus court que dans les mâles.

On ignore la manière de vivre de ces insectes, on trouve les mâles sur les fleurs, les femelles courent à terre avec rapidité, dans les endroits sablonneux, pénétrant dans toutes les fentes que présente le terrain; comme on ne leur a jamais vu porter de nourriture, et qu'elles sont en outre munies d'un aiguillon très-vigoureux, on présume qu'elles vivent en parasites, et qu'elles placent leurs œufs dans le nid d'autres insectes, soit pour se nourrir des larves qui y éclosent, soit pour consommer seulement les provisions qui y sont ramassées; cette tribu, outre les deux genres que nous en avons écartés et le genre *Mutille* propre, renferme quelques autres genres, mais que nous passons sous silence parce qu'ils sont peu connus, et parce que peut-être ils ne sont que des mâles ou des femelles d'autres espèces répandues dans d'autres tribus, ainsi que nous l'avons indiqué pour les *Méthoques*. (A. P.)

En décrivant plusieurs espèces de cette tribu, dans la partie entomologique du Voyage autour du monde de la corvette *la Coquille*, j'ai été conduit à étudier tous les genres qui la composent; comme mon travail n'est pas encore terminé, je ne puis en donner ici les résultats; j'y reviendrai à l'article TENGYRE. *V.* ce mot. (E. G.)

MUTILLE, *Mutilla*. (INS.) Genre d'Hyménoptères de la section des Porte-aiguillons, famille des Hétérogynes, tribu des Mutillaires; ce genre, établi par Linné, est resté, quant à la masse des individus qui le composaient, presque le même, parce qu'il était bien limité et bien naturel; en effet, les genres qui en ont été distraits depuis en diffèrent peu; tel qu'il est restreint il a pour caractères: abdomen ovoïde dans les deux sexes, le premier anneau plus étroit, pyriforme, le second très-grand en forme de cloche; corselet des femelles cubique sans divisions apparentes; les Mutilles femelles ressemblent un peu à des neutres de Fourmis, aptères comme elles, courant continuellement à terre comme elles, on a pu souvent les confondre; mais elles en diffèrent cependant essentiellement; leurs antennes, qui ne sont presque pas coudées, sont souvent contournées; la tête est large, les yeux lisses; le labre est transversal, les mandibules robustes, arquées, pointues; les palpes sont filiformes, les maxillaires (plus longs que les labiaux) de six articles, les autres de quatre. Le thorax est plus ou moins cubique, toujours comprimé sur les côtés; on n'y remarque point, ou difficilement, de sutures transversales; les femelles ont un aiguillon très-long; les mâles ont les antennes plus longues, droites; les ailes offrent une ou deux nervures brachiales, et trois nervures cubitales, recevant chacune une nervure récurrente; le corps des deux sexes diffère souvent par la couleur; généralement il est très-velu avec des bandes ou des taches soyeuses de couleur tranchante. Nous avons indiqué au mot MUTILLAIRE le peu que l'on connaît des mœurs de ces insectes, ce qui nous dispense d'y revenir ici. Les Mutilles forment un genre très-nombreux en espèces, répandues dans les parties chaudes des deux hémisphères. Nous citons parmi elles

La MUTILLE ÉCARLATE, *M. coccinea*, Fab., figurée dans notre Atlas, pl. 395, fig. 2. Longue de 9 à 10 lignes. Noire, très-velue; le mâle a les poils du dessus de la tête, du tronc jusqu'à l'écusson, de l'extrémité de l'abdomen à partir du bord du deuxième anneau, rouge de cochenille; ses pattes sont d'un noir-bleu intense; la femelle a de la même couleur le dessus et les côtés de la tête, le dessus et l'extrémité du thorax, deux grandes taches rondes accolées sur le second anneau de l'abdomen et les cinquième et sixième anneaux; le dernier reste noir au milieu. Cette espèce est de l'Amérique septentrionale.

MUTILLE A GROSSE TÊTE, *M. cephalotes*, Klag.

Longue de 7 lignes; tête très-grosse, beaucoup plus large que le thorax, armée à ses angles inférieurs de deux épines dirigées en bas; elle est d'un noir de velours; la seconde partie du thorax a ses côtés jaunâtres, soyeux, et deux bandes longitudinales de même couleur sur le dessus, se prolongeant sur le premier segment abdominal; sur le second segment, il existe deux taches de même couleur, une de chaque côté, et une centrale ronde aurore; les segmens suivans sont couverts de poils jaunâtres formant des bandes, mais séparées au milieu. Du Brésil.

Mutille européenne, *M. europæa*, Linn. Nous avons figuré dans notre Atlas, pl. 395, fig. 3, 4, le mâle et la femelle de cette espèce. Elle est longue de 6 lignes, noir-bleu; le mâle a le premier segment thoracique noir, et le disque des autres rouge-sanguin; les ailes sont enfumées, surtout près du bord antérieur; l'abdomen offre une bande soyeuse blanche à l'extrémité de chacun des trois premiers anneaux; cette bande est souvent interrompue au milieu dans les second et troisième; la femelle a tout le thorax en dessus et les côtés rouge de sang.

Mutille maure, *M. maura*, Lin. Longue de 3 à 4 lignes. Noire; thorax rouge-sanguin; sur la tête il existe une tache argentée, le premier segment abdominal est bordé d'un duvet pareil; enfin quatre taches blanches existent sur l'abdomen, une à la base du second anneau, deux transversales près de l'extrémité de ses côtés, et une à l'extrémité du corps sur les deux derniers anneaux; en dessous, les second et troisième anneaux sont bordés de blanc. Cette espèce se trouve plus habituellement dans le midi de la France.

Mutille a pieds rouges, *M. rufipes*, Fab. Longue de 2 lignes; noire, avec le thorax, le premier segment abdominal, les pattes et les antennes rouges; il y a une tache blanche à la base du second anneau, et il est bordé de même couleur ainsi que le suivant. Des environs de Paris. (A. P.)

MUTIQUE. (zool. bot.) adjectif par lequel on désigne un organe sans arête, sans pointe ou sans épine. On désigne ainsi, en botanique, certaines parties de plantes dont le sommet ne se termine pas par une pointe aiguë: c'est le contraire de Mucroné (*voy.* ce mot). Lorsque la glume ou la paillette des graminées est privée de soie ou d'arête, on dit qu'elle est Mutique; mais ce mot, ainsi qu'on l'a justement remarqué, n'a de valeur que par opposition; pris dans un sens général, il devient indifférent. (P. G.)

MUTISIE, *Mutisia*. (bot. phan.) Genre de la famille des Synanthérées et type de la tribu des Mutisiées de Cassini ou Labiatiflores de Candolle. Il a été établi par Linné fils, en l'honneur du botaniste Mutis; ses caractères sont: involucre cylindracé, composé de folioles imbriquées, les extérieures ovales, les intérieures plus allongées; réceptacle nu; fleurs du disque hermaphrodites, tubuleuses, bilabiées, ayant la lèvre extérieure tridentée, l'intérieure partagée en deux lanières; celles de la circonférence femelles ou stériles, ligulées ou bilabiées, la lèvre extérieure tridentée, l'intérieure bilobée ou simple; anthères munies de deux soies à la base; graines oblongues, tétragones, surmontées d'une aigrette plumeuse.

On connait douze espèces de Mutisies, toutes indigènes de l'Amérique méridionale; ce sont des plantes ligneuses, à feuilles alternes, simples ou pinnées. Cassini les a réparties en trois sous-genres, caractérisés par la forme des folioles de l'involucre, qui souvent sont surmontées d'un appendice distinct.

Le type du genre est la Mutisie clématite, *M. clematitis*, L. fils, Supplément 373. Cet arbrisseau a les tiges grimpantes, portant des feuilles pinnées, munies au sommet de vrilles trifides, et composées de folioles presque sessiles, oblongues, et tomenteuses en dessous. Ses fleurs sont solitaires et pédonculées; les folioles de leur involucre n'ont point d'appendices. Cette plante croît sur les montagnes tempérées du Pérou et de la Nouvelle-Grenade.

La Mutisie a grandes fleurs, *M. grandiflora*, Humb. et Bonpl. (Pl. équinox., I, p. 177, t. 50), est une très-belle plante, qui croît sur les hautes montagnes de la Nouvelle-Grenade; sa tige est ligneuse, grimpante, à rameaux allongés, anguleux et striés. Ses feuilles, ailées sans impaire, se composent de deux ou trois paires de folioles, oblongues, arrondies à la base, un peu aiguës au sommet, veinées, réticulées, vertes et glabres en dessus, cotonneuses en dessous. Les fleurs, pendantes à l'extrémité de longs pédoncules, sont accompagnées de deux bractées, et très-apparentes par leur couleur rouge.

Citons encore la Mutisie élégante, *M. speciosa*, espèce du Brésil, que l'on cultive dans nos serres chaudes. Elle est sous-frutescente et grimpante, à feuilles pinnées et terminées par une vrille trifide. Ses fleurs sont d'un pourpre vif, et solitaires au sommet des rameaux. (L.)

MUTISIÉES, *Mutisieæ*. (bot. phan.) Une des vingt tribus établies par Cassini dans sa classification des Synanthérées; elle correspond, à peu d'exceptions près, aux Onosérìdées de Kunth, et aux Labiatiflores de Candolle. Les plantes renfermées dans cette famille sont des herbes avec ou sans tiges, quelquefois des arbrisseaux à feuilles alternes et sessiles, souvent découpées et accompagnées de vrilles. Leurs caractères principaux consistent dans leur corolle labiée, leurs étamines munies d'appendices; leur style a deux stigmatophores non divergens, garnis intérieurement de deux bourrelets, et extérieurement de quelques poils; leur graine surmontée d'une aigrette ordinairement soyeuse, etc. La calathide est presque toujours radiée, et le receptacle nu. (*Voyez* Labiatiflores.)

Cassini a réparti ses Mutisiées en deux tribus. La première, caractérisée surtout par la présence d'une tige soit herbacée, soit ligneuse, renferme les genres *Mutisia*, *Chetanthera*, *Proustia*, *Dolichlasium*, etc. La deuxième, où les feuilles sont radicales et les fleurs portées sur une ou plusieurs

plusieurs hampes, renferme les genres *Gerberia*, *Onoseris*, *Chaptalia*, *Pardisium*, *Leria*, etc. (L.)

MYAGRUM. (BOT. PHAN.) Ce nom, tiré de Pline (où on lit *Myagrus*, c'est-à-dire attrape-souris, et non, comme on le trouve imprimé, attrape-mouche), a désigné chez les premiers botanistes diverses espèces de Crucifères, qui, comme celle dont parle le naturaliste latin, pouvaient être utiles dans les maladies de la bouche. Tournefort les restreignit à une seule; Linné, et après lui d'autres auteurs, y ont groupé des plantes de caractères fort disparates. Aussi ce genre, mal établi dans le principe, a-t-il, pour ainsi dire, disparu des nomenclatures modernes; les nouveaux genres *Camelina*, *Rapistrum*, *Neslia*, *Calepina*, etc., lui ont retiré toutes ses espèces, et enfin la dernière et unique que lui laisse De Candolle, se trouve quelquefois réunie au *Cakile*.

Tournefort, et après lui MM. Brown et De Candolle, limitent le genre *Myagrum* aux caractères suivans: calice presque dressé; pétales oblongs, à peine plus grands que le calice; étamines dont les deux plus grandes sont légèrement soudées à la base; style court et conique: silicule coriace, tubéreuse, dilatée au sommet en deux lacunes vides, mais amincie inférieurement, et présentant une seule loge, et une graine pendante, oblongue, à cotylédons incombans. La structure du fruit dans le *Myagrum*, le distingue de l'*Isatis*; il appartient toutefois à la tribu dont ce genre est le type.

Une seule espèce de Crucifère satisfait aux caractères ci-dessus énoncés; c'est le *Myagrum perfoliatum*, L., herbe de la Flore française, commune dans les champs sablonneux. Sa tige s'élève à 15 ou 18 pouces, et se divise supérieurement en une panicule à rameaux divariqués, portant des fleurs petites et d'un jaune pâle. Ses feuilles radicales sont oblongues et atténuées en un long pétiole; les caulinaires sont sessiles, sagittées, munies à leur base d'oreillettes aiguës.

Les autres espèces linnéennes du *Myagrum*, telles que le *Camelina* et le *Neslia*, se distinguent par leurs deux loges, à une ou plusieurs graines. Le *Rapistrum* a sa silicule composée de deux articles monospermes. (L.)

MYARGYRITE. (MIN.) Nom que M. Beudant a donné à un sulfate d'antimoine et d'argent qui est ordinairement noir, d'un éclat semi-métallique; offrant une cassure conchoïdale, d'une grande fragilité, et donnant à la lime une poussière rouge-sombre. Les autres caractères de ce minéral sont: de fondre au chalumeau en donnant des vapeurs blanches sans odeur arsénicale, et laissant un globule d'argent. Elle est attaquable par l'acide nitrique, et laisse un précipité antimonial. Enfin, sa solution laisse précipiter de l'argent sur une lame de cuivre.

L'analyse de cette substance donne environ 22 parties de soufre, 59 d'antimoine, au moins 36 d'argent, une de cuivre, et quelques indices de fer. (J. H.)

MYCÉTOPHAGE, *Mycetophagus*. (INS.) Genre de Coléoptères de la section des Tétramères, famille des Xylophages, tribu des Trogossitaires, ayant pour caractères: mandibules bidentées à leur extrémité; mâchoires bilobées, palpes maxillaires, plus longs que les labiaux, épaississant à leur extrémité; palpes labiaux filiformes; antennes à articles perfoliés, allant insensiblement en massue à partir des six ou septième, le dernier est ovoïde; ce genre a été établi par Fabricius sur un insecte qui a été tour à tour une Chrysomèle, un Carabe, un Tritome. D'autres espèces, parmi celles qui s'y rapportent, ont été tantôt des Silphoïdes, des Bolétaires; enfin quelques unes se sont trouvées rangées parmi les Cryptophages, les Dermestes et les Ips; de cette variation de nomenclature il résulte que les caractères de toutes les petites espèces qui le composent ont été examinés un peu légèrement, et que ce n'est qu'avec doute qu'on peut les lui rapporter. Ces insectes se trouvent soit sous les écorces des arbres, soit dans les Bolets. Leurs larves, et par conséquent leurs métamorphoses, sont inconnues; on suppose qu'elles doivent vivre, soit dans les arbres en décomposition, soit dans les Bolets sur lesquels on trouve les insectes parfaits; voici l'espèce la plus connue et sur laquelle le genre a été établi.

MYCÉTOPHAGE À QUATRE TACHES, *M. quadrimaculatus*, Fab. Long de 2 lignes et demie; corps, tête, antennes et pattes fauves, les antennes ont une partie de leur longueur noire, avant leur extrémité; le corselet et les élytres sont noirs avec deux taches fauves sur chacune de celles-ci; les élytres sont en outre striées et velues. On le trouve, mais peu communément, aux environs de Paris. (A. P.)

MYCÉTOPHILE, *Mycetophila*. (INS.) Genre de Diptères de la famille des Némocères, tribu des Tipulaires; offrant les caractères suivans, trompe courte, deux yeux lisses très-écartés; antennes de seize articles, courtes, arquées; yeux ovales, pattes postérieures épineuses, ailes couchées l'une sur l'autre, offrant deux cellules marginales simples. Ce genre, établi par Meigen, est fort naturel; il est formé avec de petites tipules, ayant les deux premiers articles des antennes assez gros; la tête basse, le dos élevé et comme bossu, l'abdomen un peu comprimé; et les quatre tibias postérieurs sub-épineux ou plumeux sur toute leur longueur: ces petits insectes se tiennent de préférence dans les endroits frais, surtout à l'ombre des arbres résineux. On les trouve quelquefois réunis en grande quantité.

M. OBSCUR, *M. fusca*. Meig. Longue de deux lignes; d'un brun jaunâtre avec quelques poils et taches plus marqués dans la femelle; les ailes sont sans taches, mais lavées de brun partout; la larve de cette espèce a été observée par Degéer; elle vit en grand nombre dans certains Bolets, et les crible de petits trous en mangeant leur substance; ces larves sont longues de deux ou trois lignes, amincies aux deux bouts, munies d'une petite tête écailleuse, sans pattes, avançant seulement par l'extension et la contraction de leurs anneaux; elles sont en outre toujours couvertes d'une liqueur gluante, et leur peau est si mince que l'on voit au travers tous les intestins; elle permet aussi de distinguer les deux cordons aériformes qui correspondent avec les stigmates placés sur chaque anneau; ces larves entrent en terre quand elles sont près de leur dernière métamorphose, et n'y demeurent guère qu'une huitaine de jours; cet insecte peut donner plusieurs générations par année.

Il en existe un grand nombre d'espèces, nous renvoyons pour leur description à l'article Mycétophile de l'Encyclopédie méthodique, aux ouvrages de M. Meigen et à celui de M. Macquart. (A. P.)

MYCOLOGIE. (bot. crypt.) Science qui s'occupe spécialement de l'étude des Champignons et de toutes les plantes qui ont de l'analogie avec ces derniers, soit par leur texture, soit par leur mode de développement, etc. Les caractères communs à chacune des familles de végétaux qui appartiennent à la Mycologie sont exposés dans les articles Champignons, Lycoperdacées, Hypoxylées, Mucédinées et Urédinées. *Voy.* ces mots. (F. F.)

MYDAS ou MYDAUS, *Mydaüs.* (mam.) Genre de Carnassiers plantigrades très-voisin des Moufettes, créé par F. Cuvier et Horsfield, sous le nom qu'il porte aujourd'hui, pour une espèce découverte dans l'Inde par Leschenault de Latour. Sa tête est pyramidale, allongée; ses oreilles manquent de conque; ses narines, qui dépassent les maxillaires, se terminent en un mufle que F. Cuvier compare avec raison au groin du Cochon; les dents sont du reste semblables à celles des Moufettes, si ce n'est que les molaires sont plus écartées les unes des autres, ce qui résulte de l'allongement plus grand du museau, et que les incisives sont rangées en un demi-cercle; la queue est rudimentaire. Il y a quatre mamelles, dont une paire est pectorale et l'autre abdominale.

Le Télagon, *Mydaüs meliceps*, F. Cuvier et Horsfield; le *Stinckard*, Marsden (Hist. de Sumatra). Cette espèce, dont les poils sont peu abondans, surtout dans la région abdominale, est brune, sauf la ligne médiane de l'occiput, du dos et de la queue, qui est blanche. Au reste, cette disposition est très-susceptible de varier, et cela ne doit point étonner chez des animaux si voisins des Moufettes, où la mutabilité des couleurs est si remarquable; ainsi cette ligne blanche est souvent interrompue par la couleur brune qui s'étend sur le reste du corps et qui empiète alors sur elle; elle finit même, dans certains cas, par disparaître presque entièrement, de sorte que, dans ce cas, la couleur du corps est à peu près uniforme; mais, par les particularités que nous avons indiquées en commençant, le genre Mydas se distingue toujours bien de celui des Moufettes. Ce qui lui a valu son nom se rapporte à l'odeur extrêmement puante que cet animal répand ainsi que les Moufettes. Il se trouve dans les îles de Java et de Sumatra. (V. M.)

MYDAS, *Mydas.* (ins.) Genre de Diptères de la famille des Notacanthes, tribu des Mydasiens, distinct dans cette tribu par ses antennes plus longues que la tête, terminées en massue formée par les deux derniers articles, avec une soie très-courte au bout; la trompe courte, terminée par deux lèvres comprimées; les fémurs postérieurs dentelés; les tarses à deux pelotes, et les cellules postérieures des ailes complètes. Les Mydas sont les géans de l'ordre des Diptères : leur tête est transverse, plate, verticale; leurs antennes sont presque aussi longues que la tête et le corselet; les quatre pattes antérieures sont courtes, les postérieures sont deux fois plus longues; leurs tarses sont très-velus, terminés par des crochets très-écartés; les ailes sont longues, étroites; l'abdomen est très-long. Ces insectes ont de grands rapports avec les Asiliques : comme eux ils chassent leur proie d'un vol rapide, la saisissent de leurs pattes robustes, et la sucent souvent sans cesser de voler. Toutes les espèces connues sont étrangères, à l'exception d'une seule propre au Portugal.

M. géant, *M. giganteus*, Thunb., figuré dans notre Atlas, pl. 395, fig. 4. Long de dix-huit lignes; noir, avec deux bandes plus claires sur le thorax; abdomen bleuâtre; ailes noires à la base, fortement enfumées ensuite, avec une large bande plus claire au côté interne et au sommet. Du Brésil. (A. P.)

MYDASIENS, *Mydasii.* (ins.) Tribu de Diptères de la famille des Notacanthes, établie par Latreille, qui lui assigna pour caractères : suçoir de quatre soies; trompe rétractile terminée par deux lèvres; palpes non saillans; antennes de cinq articles; ailes écartées; fémurs postérieurs épineux. Cette tribu ne se compose que de deux genres : les Mydas et les Céphalocères. (A. P.)

MYE, *Mya.* (moll.) Genre créé par Linné pour un certain nombre d'espèces connues avant lui et même figurées avec soin par d'Argenville et Chemnitz, mais dont il a été extrait depuis un assez grand nombre de coquilles qui ont servi à constituer les genres Anodonte de Bruguière, Anatife, une partie des Lutraires, les Glycymères, les Vulselles de Lamarck, les Panopes de Ménard de la Groye. Linné avait placé les Myes entre les Pholades et les Solens; mais cet exemple ne fut suivi ni par Bruguière ni par Lamarck. Récemment M. de Férussac, d'après Cuvier, et plus tard MM. de Blainville et Latreille les ont rapprochées des Lutraires avec lesquelles elles ont en effet les plus grands rapports. Mais l'auteur du Règne animal, en y établissant un grand nombre de sous-genres, paraît, tout en lui ayant conservé le nom de genre, l'avoir élevé réellement au rang de famille. Les Myes sont enveloppées dans un manteau presque entièrement fermé de toutes parts, et qui, très-mince et en quelque sorte transparent dans la plus grande partie de son étendue, est sur ses bords d'une épaisseur extrême; il donne issue en arrière à deux tubes que réunit une seule enveloppe et qui servent à l'acte respiratoire; antérieurement s'en trouve un troisième, mais de dimensions bien moins considérables, à peine a-t-il quelques lignes d'étendue étant en face du pied : celui-ci est grêle, allongé, sans courbure, rugueux et uni par des muscles fort peu développés. La bouche s'ouvre à la partie antérieure entre deux lèvres qui supportent deux paires de palpes, et qui sont épaisses, allongées et terminées en pointes. Les branchies sont placées sur les côtés des viscères abdominaux et s'étendent à leur partie postérieure où elles se réunissent et flottent jusqu'auprès de l'ouverture du tube qui les met en rapport avec le milieu ambiant; mais comme la lame externe de la branchie externe, au lieu de s'arrêter au point de réunion des deux organes respiratoires, s'avance au-delà pour aller flotter avec les autres feuillets à la partie postérieure de l'animal; celui-ci est alors pourvu de trois feuillets branchiaux de chaque côté, fait très-curieux, signalé par M. Deshayes dans la Mye tronquée et la Mye des sables, et qui se rencontre aussi, suivant le même conchyliologiste, dans les Mactres, et peut-être aussi dans les Lutraires, de sorte que cette particularité qui semblerait devoir séparer ces animaux des Lamellibranches, qui sont caractérisées par la présence d'une seule paire de branchies, ne devra probablement nécessiter par la suite que l'établissement de quelque famille naturelle. Le système circulatoire, semblable aux autres Mollusques de cette famille, ainsi que le système nerveux, ne présentent rien de bien remarquable et qui doive nous arrêter. La coquille est transverse, ovale, subéquilatérale, bâillante aux deux bouts. La valve gauche est munie d'une dent cardinale, grande, verticale, comprimée et correspondante à une fossette de l'autre valve à laquelle elle est liée par un ligament intérieur. C'est sur les côtes de la mer et à une certaine profondeur dans le sable, la bouche étant placée en bas, que vivent les Myes dont l'inaction est presque complète, parce qu'en effet leurs mouvemens doivent être très-difficiles.

Mye des sables, *Mya arenaria*, Lamk., L. Cette espèce se distingue de celle que nous allons décrire par une forme plus régulièrement ovale, par des valves moins épaisses, et aussi par un épiderme moins considérable. Habite l'océan d'Europe.

Mye tronquée, *Mya truncata*, Lamk., L., se distingue surtout de la précédente par sa forme subovale, par sa troncature postérieure. Cette coquille, fort commune, se trouve dans les mêmes lieux que la précédente. (V. M.)

MYGALE, *Mygale*. (arachn.) C'est un genre de l'ordre des Pulmonaires, de la famille des Aranéides, de la section des Tétrapneumones, qui a été établi par Walckenaër, lequel lui assigne pour caractères : yeux au nombre de huit, presque égaux, groupés sur une élévation, et ainsi disposés : trois de chaque côté, formant par leur réunion un triangle renversé et dont la pointe est en devant; les deux autres situés sur une ligne transverse, entre les précédens; mandibules horizontales, avec leur crochet terminal fléchi en dessous, et ayant, dans quelques unes, des pointes cornées, disposées en forme de râteau ou de dents de peigne, et placées au dessous de ce crochet; palpes insérés à l'extrémité des mâchoires; filières inégales, dont deux beaucoup plus grandes, de quatre articles, saillantes et presque cylindriques; les autres sont très-petites. Les espèces de ce genre démembré de celui d'*Aranea* de Linné et de Fabricius, avaient attiré l'attention des naturalistes avant que Walckenaër l'eût établi. Dorthez aperçut le premier que l'organisation de la bouche de ces Aranéides n'était pas la même que celle des autres Araignées; Latreille fit cette même observation en même temps, et Walckenaër, qui étudiait les Aranéides, confirma quelque temps après les observations de ses devanciers, et établit le genre Mygale avec l'Araignée aviculaire de Linné et quelques autres analogues, et avec des Araignées mineuses d'Olivier. Léon Dufour, qui a fait une étude particulière des Aranéides, et auquel la science est redevable d'un grand nombre d'observations, a remarqué que les mandibules dirigées en avant et de niveau avec le céphalothorax, sont grosses et robustes. Leur face interne, par laquelle elle se trouve plus ou moins contiguë, est plate, tandis que l'externe est convexe : leur région dorsale est légèrement cambrée, et armée à son extrémité, dans quelques espèces, de piquans plus ou moins apparens, dont la direction suit la courbure du corps de la mandibule, et qui servent à l'animal de griffes pour s'accrocher. Le crochet des mandibules, long et fort, est reçu dans sa rétraction, qui se fait de haut en bas et d'avant en arrière, dans une rainure du bord inférieur de la mandibule, rainure dont les bords sont ordinairement armés de dents et de poils ou de soies. Les mâchoires ont la forme et la grandeur de cet article des pattes, qui fixe celles-ci au corselet, et que l'on désigne sous le nom de hanche; mais les soies aiguës dont elles sont garnies intérieurement, et leur fonction dans la trituration des alimens, doivent les faire considérer comme de véritables mâchoires. Les palpes s'insèrent tout-à-fait au bout de ces dernières. Ils se terminent dans la femelle par un seul crochet, et dans le mâle par l'organe génital, dont la base est renflée à la pointe et en bec acéré. Ce que l'on connaît sous le nom de lèvre n'est ici, de même que dans la plupart des Arachnides, qu'un lobe de la table de la poitrine. Ce lobe, que Latreille désigne avec justesse sous le nom de lèvre sternale, n'est, dit M. L. Dufour, qu'une continuité de la poitrine. Les yeux sont disposés sur deux séries transversales courtes et serrées. Les latéraux sont plus grands et ovales. Les intermédiaires de la ligne postérieure sont les plus petits et fort rapprochés des latéraux de cette même série, de manière que l'intervalle médian qui les sépare est infiniment plus grand que celui des yeux correspondans de la série antérieure. Les filières ne sont qu'au nombre de deux paires; les postérieures sont plus longues que les autres et les seules saillantes; ces filières sont formées de trois articles; les pattes sont robustes, d'une longueur respective, moins proportionnées que dans la plupart des autres Arachnides. Cependant la troisième paire est sensiblement plus courte, et la quatrième est un peu plus longue que la première; indépendamment de leur villosité, elles offrent des piquans plus ou moins nombreux suivant les espèces. Les griffes rétractiles qui les terminent sont tantôt dentelées en scie, et ces dentelures varient pour leur nombre et leur grandeur suivant les sexes et les différentes espèces, tantôt munies vers leur base de dents isolées et plus prononcées. La paire antérieure de bourses pulmonaires est séparée de la paire postérieure par le pli transversal ou vestige d'anneau qui s'observe à la base du ventre de presque toutes les Araignées. Tels sont les caractères du genre Mygale, nom employé déjà par Cuvier pour désigner un genre de Quadrupèdes, et employé au même usage par les Grecs. Latreille, malgré cette ressemblance de nom, l'a conservé afin de ne pas embrouiller la science en créant un nom nouveau et en nécessitant une synonymie.

Les Mygales se distinguent facilement des Eriodons, des Pachyloscèles et des Atypes de Latreille, ou des Missulènes et des Olétères de Walckenaër, par leurs palpes insérés à l'extrémité des mâchoires, ce qui n'a pas lieu dans ces deux derniers genres qui les ont attachés à la base de ces mêmes mâchoires. Les Filislates et les Disdères, qui appartiennent à la même famille, en sont séparées par le nombre de leurs yeux qui n'est que de six, et par leurs filières qui sont toutes très-courtes.

Le genre Mygale renferme les Araignées les plus grandes et les plus fortes, associées cependant à des espèces assez faibles, mais douées d'un instinct et d'une industrie qui leur tiennent lieu de force. Les premières, connues dans l'Amérique sous le nom d'Araignées crabes, sont énormes, et quelques unes peuvent occuper, les pattes étendues, un espace circulaire de huit à neuf pouces de diamètre. Elles vivent dans des troncs d'arbres ou d'autres cavités, grimpent aux branches, et saisissent quelquefois des Oiseaux mouches et des Colibris. Plusieurs voyageurs et naturalistes ont écrit sur ces Araignées, et c'est d'après eux que nous allons donner quelques détails sur leurs mœurs. D'après Pison (Histoire naturelle du Brésil), l'espèce qu'il nomme *Nhamdu* ou *Nhamdu guaca* (grande Araignée) et qui est, d'après Latreille, très-voisine de l'Aviculaire, nidifie à la manière des oiseaux dans les cavités des vieux arbres ou dans les décombres. Pison dit encore qu'elle se construit quelquefois des toiles semblables à celles que font toutes les Araignées. Latreille pense que l'auteur n'a pas vu ces toiles, et qu'il est possible qu'on l'ait induit en erreur par de faux rapports. Il paraît qu'il est dans la même erreur ou qu'il s'abandonne à des conjectures, quand il dit que, dans l'accouplement, ces Araignées ont leurs corps opposés l'un à l'autre. Suivant cet auteur, la piqûre de cette Mygale, la liqueur qu'elle distille de sa bouche, et même ses poils, sont réputés venimeux; le meilleur antidote, suivant lui, est la préparation du Crabe qu'il nomme Aratu (*Grapsus pictus*); on le pile et on en fait un breuvage en le mêlant avec du vin; il agit comme vomitif. Cette Mygale, au rapport du même voyageur, se dépile avec l'âge; alors la peau de son ventre est d'un rouge incarnat. Mérian, qui a observé les insectes de Surinam, dit avoir trouvé plusieurs individus de la Mygale aviculaire sur la *Guajave*, y faisant leur nid et se tenant à l'affût dans le cocon que forme une chenille du même arbre. L'auteur de l'Histoire naturelle de la France équinoxiale place l'habitation de la Mygale aviculaire dans les fentes des rochers. Dans le Voyage à la Guiane du capitaine Stedmann, cette Araignée est appelée Araignée de buisson, et sa toile est, dit-on, de peu d'étendue, mais forte. On voit, d'après ces relations, par la dissemblance qui règne entre elles, que des voyageurs peu accoutumés à observer la nature n'ont fait qu'errer dans le vague, et que leurs assertions ne sont pas propres à jeter un grand jour sur l'histoire de ces grandes Araignées. Les observations de M. Moreau de Jonnès, qui a fait une étude spéciale des productions naturelles de la Martinique, peuvent jeter un plus grand jour sur cette matière et doivent trouver place ici. L'espèce dont ce savant a observé les mœurs est bien déterminée par Latreille : c'est la *Mygale cancerides*. Elle est connue aux Antilles sous le nom d'Araignée crabe et sous celui de *Matoutou* que lui donnaient les anciens Caraïbes. Elle ne file pas de toile, s'enterre et s'embusque dans les fentes de la paroi dépouillée des ravins creusés dans les tufs volcaniques; elle s'écarte souvent beaucoup de sa demeure pour chasser, se tapit sous des feuilles pour surprendre sa proie qui se compose d'Anolis, de Fourmis, et quelquefois de petits Colibris et Sucriers. C'est pendant la nuit qu'elle fait ses excursions. Sa force musculaire est très-grande, et quand elle a saisi un objet avec ses pattes, on a beaucoup de peine à lui faire lâcher prise. Lorsque cette Mygale applique ses mandibules sur un corps dur et poli, on y voit aussitôt des traces d'un liquide qui doit être le venin qu'elle injecte et qui rend sa piqûre dangereuse. Cette liqueur est lactescente et d'une grande abondance pour le volume de l'animal. Les œufs de cette Araignée sont renfermés dans une coque de soie blanche d'un tissu très-serré; elle maintient cette coque sous son corselet, au moyen de ses palpes, et les transporte avec elle; quand elle est pressée par ses ennemis, elle l'abandonne un instant, mais elle revient le prendre aussitôt que le combat a cessé. Les petits qui sortent de ces œufs sont entièrement blancs; le premier changement qu'ils éprouvent est l'apparition d'une tache noire qui se forme au milieu de l'abdomen et au dessus. M. Moreau de Jonnès dit qu'un seul de ces cocons lui a fourni dix-huit cents à deux mille petits; il est probable que les Fourmis détruisent une grande quantité de ces jeunes

Aranéides : car autrement leur prodigieuse fécondité les rendrait plus communes qu'elles ne le sont à la Martinique.

D'autres espèces beaucoup plus petites vivent pour la plupart dans nos climats et ont été observées par des naturalistes instruits qui n'ont rien laissé à désirer sur leur histoire. L'abbé Sauvages, Olivier, Latreille, Walckenaër, Léon Dufour et Audoin, nous ont donné des détails curieux sur ces Araignées, dans les divers ouvrages qu'ils ont publiés. Ces Mygales, qui sont nocturnes comme les précédentes, se construisent dans la terre de profonds souterrains tapissés de soie et fermés par une porte construite d'une manière très-remarquable. L'espèce que Sauvages a observée dans le midi de la France (Mygale maçonne) choisit ordinairement pour faire son nid un endroit où il ne se rencontre aucune herbe, un terrain en pente ou à pic, afin que l'eau de la pluie ne puisse s'y arrêter; elle tâche aussi de trouver une terre forte, exempte de roches et de petites pierres, et y creuse un boyau de un ou deux pieds de profondeur, du même diamètre partout, et assez large pour qu'elle puisse s'y mouvoir en liberté. Elle le tapisse d'une toile adhérente à la terre, soit pour éviter les éboulemens, soit pour se ménager des moyens de communication, afin de sentir du fond de son trou ce qui se passe à la porte. C'est surtout dans la fermeture quelle construit à l'entrée de son terrier que brille principalement toute l'industrie de cette Araignée. Elle forme, avec plusieurs couches de terre détrempée et liées entre elles par des fils, une porte ronde de la grandeur de son trou, dont le dessus, qui est plat et raboteux, se trouve à fleur de terre, et dont la partie inférieure ou le dessous est convexe, uni et recouvert d'une toile très-forte et à tissu très-serré; ces fils, prolongés du côté le plus élevé du trou, y attachent la porte comme avec des pentures, de manière que quand on ouvre cette porte et qu'on vient à l'abandonner ensuite, elle se referme d'elle-même par son propre poids; l'entrée du trou forme par son évasement une espèce de feuillure contre laquelle la porte vient battre et n'a que le jeu nécessaire pour y entrer et s'y appliquer exactement; ce couvercle ou opercule est exactement semblable extérieurement au terrain qui l'environne; il ne présente aucune saillie ni fissure quand il est fermé, et il est difficile de découvrir l'endroit où il existe. C'est dans ce trou ainsi fortifié que la Mygale femelle dépose ses œufs, et c'est en août qu'elle entre en amour; du moins ce n'est qu'après ce temps qu'on a trouvé des petits dans les nids des Mygales. Dorthez en a compté une trentaine dans un seul nid. Quand on vient à inquiéter la Mygale maçonne dans son habitation, et qu'on tente d'ouvrir la porte de son nid, elle emploie toute sa force et son adresse pour l'empêcher. Dès qu'elle sent le moindre mouvement à sa porte, elle se précipite du fond de son trou, où elle se tient toujours, et accourt à l'entrée; là, le corps renversé et accroché par les pattes, d'un côté aux parois de l'ouverture, et de l'autre à la toile qui tapisse le dessous de l'opercule, elle tire fortement à elle. L'abbé Sauvages, qui faisait ces expériences, vit, en entr'ouvrant la porte, l'Araignée placée comme nous venons de le dire. Chaque fois qu'il parvenait à entr'ouvrir cette porte avec une épingle, et qu'il venait de lâcher prise, elle se refermait de suite; il l'ouvrit et la laissa refermer plusieurs fois sans que l'Araignée lâchât prise, et elle ne céda et ne s'enfuit au fond que quand la porte fut entièrement ouverte. Si on ne force pas l'entrée de la Mygale et qu'on revienne à la charge plusieurs fois, après de courts intervalles, elle arrive sur-le-champ et répète le même manége. Tant qu'elle tient sa porte fermée, elle ne craint rien, et l'on peut travailler autour de son trou et creuser la terre pour enlever son habitation sans qu'elle abandonne son poste; si on la fait sortir de son nid, elle perd tout le courage qu'elle montrait en le défendant; le grand jour le fait disparaître, et ce n'est qu'en chancelant qu'elle parvient à faire quelques pas; elle semble dans un élément étranger. On ne l'a jamais vue sortir d'elle-même de son habitation, ce qui porte à croire qu'elle est nocturne; en effet, Olivier dit que la Mygale ariane, qu'il a trouvée dans l'île de Naxos, ne sort de son nid que pendant la nuit. Il paraît constant que la Mygale maçonne et toutes les autres espèces analogues ne travaillent à la construction de leurs nids que pendant la nuit; car personne, jusqu'à présent, n'en a vu pendant le jour hors de leur habitation. Il est presque certain qu'elle ne sort aussi que la nuit pour recueillir les insectes qui se prennent dans les filets qu'elle tend à fleur de terre aux environs de son habitation. Dorthez a trouvé des débris d'insectes et de Coléoptères assez gros au fond de son nid. Latreille pense que ces Araignées vivent dans le voisinage les unes des autres, sans se nuire, et il base son opinion sur un fait incontestable. « Il existe, dit-il, dans la collection du Muséum d'histoire naturelle de Paris, un bloc de terre taillé en forme de parallélipipède, et dont un des côtés offre à chacun de ses angles un nid de la Mygale de Sauvages. »

Rossi a fait encore une observation fort curieuse sur une espèce de Mygale qui se trouve en Corse: il a vu que, si on détruit l'opercule qui forme l'entrée de son nid, elle le reconstruit, et qu'un peu plus d'un jour suffit pour ce travail. La différence qu'il y a de cet opercule au premier, c'est qu'il n'est pas mobile. Rossi ne dit pas comment l'insecte peut sortir de son nid et y rentrer; mais Latreille pense que l'expérience peut avoir été faite à l'entrée de l'hiver, et qu'à cette époque la Mygale pourrait bien fixer sa porte jusqu'au printemps. Enfin Olivier a observé aux environs de St-Tropez, et aux îles d'Hyères en Provence, le nid d'une Mygale qui pourrait bien être, suivant Latreille, la Mygale cardeuse. La position et la structure de ce nid diffèrent beaucoup de celles des autres espèces, et annoncent que l'animal a des mœurs différentes; ce nid était situé dans un terrain horizontal. Sa porte, quoique de terre, et se fermant d'elle-même par une espèce de ressort, ressemblait à un cercle dont on aurait retranché une petite portion; elle était attachée à un des côtés de l'ouverture, et l'entrée était libre. Olivier ne vit pas l'araignée, qui était peut-être absente, ou bien qui n'existait plus; il présume qu'elle ne ferme sa porte que dans les momens où elle est dans son nid. Boyer de Fonscolombe a aussi observé ce même nid; il dit qu'il est formé d'un tuyau de soie, enfoncé verticalement en terre, et qu'il est fermé par deux battans placés d'une manière horizontale à la surface du terrain.

Le genre Mygale est assez nombreux en espèces, et M. Walckenaër, pour le rendre plus facile à l'étude, l'a divisé (Tableau des Aranéides, pag. 3 et suiv.) en trois familles : dans la première, celle des Plantigrades, il place les espèces à pattes obtuses à leur extrémité, charnues et veloutées en dessous, et à onglets non pectinés, insérés en dessus et cachés par les poils; leurs mandibules sont inermes ou dépourvues de râteaux. Dans la seconde famille, les Digitigrades inermes, se rangent les espèces à pattes minces à leur extrémité avec des onglets terminaux apparens et pectinés; leurs mandibules sont dépourvues de râteaux, comme dans la famille précédente. Enfin, dans la troisième famille, les Digitigrades mineuses, il met les espèces dont les onglets terminaux sont apparens et non pectinés, et dont les mandibules sont pourvues à l'extrémité de leurs premières pièces de pointes droites, cornées, et formant un râteau. Olivier (Encyclop. méthod., art. Mygale) ne fait entrer dans ce genre que les espèces qu'il a désignées, dans son article Araignée, sous le nom de Mineuses; ainsi, d'après cet auteur, la Mygale aviculaire et ses congénères devraient former un autre genre. Quoique l'opinion de ce naturaliste ait été d'un grand poids dans cette matière, Latreille a pensé qu'il était inutile d'introduire ce nouveau genre, surtout, dit-il, depuis que j'ai découvert des espèces qui forment la liaison entre les Araignées aviculaires et les Mineuses. Il en est de même pour le genre Némésie, *Nemesia* de M. Savigny (Descript. de l'Egypte, pl. I, fig. 1).

Première famille. Les Plantigrades.

Cette famille comprend les plus grandes Aranéides connues, parmi lesquelles nous citerons la Mygale Leblond, *M. Leblondii*, Latr., Buff., tom. 7, pag. 139, représentée dans notre Atlas, pl. 396. Le corps de cette espèce est long de deux pouces et demi, tout garni d'un duvet d'un brun minime ou roussâtre, avec quelques raies plus foncées sur les cuisses, et des poils plus longs sur les pattes et sur l'abdomen. Le premier article des tarses est parsemé de piquans noirs et mobiles; les deux ongles du bout sont un peu dentelés à leur base; les organes sexuels du mâle sont courts, épais, et avancés en forme de cure-oreille. Cette espèce se trouve au Brésil.

La Mygale aviculaire, *M. avicularia*, Latr., Walck.; *Aranea avicularia*, Linn., Fab.; *Aranea hirtipes*, Fabr. Araignée des oiseaux, Degéer; Klein, Ins., tom. 1, tab. II. *Mas*. Cette espèce a long-temps été confondue avec plusieurs autres de la même taille, et ce n'est que depuis Latreille qu'elle en est distinguée; elle varie beaucoup pour la grandeur; on en trouve qui ont seize lignes de longueur depuis le bord antérieur du céphalothorax jusqu'à l'extrémité de l'abdomen, les plus grandes vont jusqu'à plus de deux pouces. Tout le corps est velu, surtout chez les jeunes individus; le céphalothorax est déprimé, grand, ovale et tronqué postérieurement; il a, vers son milieu, une petite cavité transverse, et des enfoncemens disposés en rayons; l'abdomen est ovale, et porte deux filières longues et cylindriques. Les pattes, couvertes de longs poils, ont en dessus quelques raies longitudinales; ces raies qui sont formées par les poils, présentent, lorsque les individus sont bien conservés, des couleurs irisées tirant sur le bleu et sur le rose; celles de la première et de la dernière paire sont plus longues; les jointures sont en dessus d'un rouge pâle; les deux derniers articles ont inférieurement une brosse formée par des poils très-courts et très-serrés; celle de l'article terminal est arrondie au bout, et cache deux crochets petits et simples. Les griffes des mandibules sont fortes, coniques et très-noires; elles ont évidemment une petite ouverture longitudinale sur le côté extérieur, près de leur extrémité. Les palpes des mâles sont terminés par un bouton écailleux, replié en dessous et finissant en un crochet arqué, très-fort et aigu. Pour les habitudes de cette Mygale, nous emprunterons à Latreille les détails suivans : la Mygale aviculaire, dit l'auteur de l'Histoire naturelle des Insectes, ainsi que les Aranéides tubicoles, établit son domicile dans les gerçures des arbres, sous leur écorce, dans les interstices des masses de pierre, ou sur l'une des surfaces des feuilles de divers végétaux, propres par leur forme, leur expansion, la nature de leur épiderme et leurs proportions, à remplir son but. On la trouve non seulement à la campagne et dans les lieux solitaires, mais encore dans les habitations. La cellule qu'elle se construit et où elle se renferme, a la forme d'un tube rétréci à son extrémité postérieure. Elle se compose d'une soie très blanche, à tissu fort serré, semblable, en un mot, par sa contexture, sa couleur et sa mollesse, à de la mousseline très-claire. La toile développée de l'une de ces loges, la plus grande de celles que j'ai reçues est longue d'environ deux décimètres sur près de six centimètres de large, mesurée dans son plus grand diamètre transversal; car dans cet état elle a la figure d'un ovale allongé, tronqué antérieurement, et rétréci en manière de filet au bout opposé. Le nid qui doit renfermer la progéniture de cet animal est de la forme et de la grandeur d'une grande noix. Le plus grand de ceux que je possède a cinq centimètres de long sur près de trente-cinq millimètres de diamètre. Ce nid n'est qu'une coque ou enveloppe épaisse d'un peu moins d'un millimètre, composée d'une soie semblable à celle qui forme l'habitation, mais disposée sur trois couches au moins, et dont l'intermédiaire plus mince. L'extérieure est lâche, un peu plissée ou ridée dans le cocon dont je viens de donner les proportions. Le produit de la ponte occupe entièrement le vide intérieur : je n'y ai point aperçu cette espèce de bourre soyeuse qui enveloppe intérieurement les œufs des diverses espèces d'Aranéides, ceux notamment des Epéires. M. Goudot m'a dit avoir retiré de l'un de ces cocons une centaine de petits. Un autre cocon, duquel quelques petits s'étaient déjà échappés, m'en a offert une soixantaine ; ils avaient commencé à éclore au retour de ce naturaliste. Une petite ouverture circulaire, pratiquée à l'une des extrémités de la coque, indiquait le lieu de leur sortie. Malgré l'examen le plus attentif, je n'ai pu découvrir dans l'intérieur du cocon aucune parcelle des œufs de l'animal; mais j'y ai trouvé en grande abondance, les premières dépouilles des petits sous la forme de pellicules très-minces, d'un roussâtre très-pâle. Les petits, à l'issue de cette première mue, sont longs de trois à quatre millimètres, noirs, mais avec un reflet bleuâtre ou verdâtre, produit par la couleur des poils les plus longs, ceux des pieds principalement. On y distingue très-bien les huit yeux, et les alentours de la bouche sont déjà rougeâtres comme dans les individus adultes. La femelle place son cocon près de sa demeure, et veille ainsi à sa sûreté. Vu sa forme et ses dimensions, et d'après l'analogie encore, il n'est nullement probable, ainsi qu'on l'a avancé, qu'elle le transporte avec elle dans ses courses. M. Goudot, qui a fourni à M. Latreille ces observations, dit qu'il n'a jamais trouvé près de l'habitation de la Mygale aviculaire des débris de corps d'insectes; sa toile est toujours propre : il faut donc qu'elle vive hors de sa demeure en allant à la chasse. Ses voyages, suivant le même observateur, ont toujours lieu pendant l'absence du soleil sur l'horizon. On trouve cette espèce assez communément à la Martinique.

On peut rapporter à cette même famille les *Mygale cancerides*, *fasciata*, *atra* et *brunnea* de Latreille. Elles habitent toutes les contrées les plus chaudes de l'Amérique, de l'Afrique, de l'Asie et des grandes Indes.

Deuxième famille. Les Digitigrades inermes.

C'est à cette famille qu'appartient la Mygale zébrée, *M. zebrata*, Walck., Ann. de la Sociét. entom. de France, t. 4, pl. 19, pag. 642. Cette espèce est la plus remarquable de toutes celles qui composent cette famille. Elle est en général d'une couleur noire, peu velue, couverte de duvet. Son corselet est grand, en ovale arrondi, un peu déprimé, noir. Le sternum est noir et velu. Les yeux sont portés sur une éminence qui forme un parallélogramme carré-long, c'est-à-dire plus allongé transversalement qu'en hauteur; les intermédiaires postérieurs, très-petits, sont un peu moins reculés que les latéraux postérieurs; les intermédiaires antérieurs sont ronds, les plus gros de tous, et sur la même ligne que les latéraux antérieurs, qui sont ovales; tous ces yeux ont la couleur et l'éclat de l'ambre jaune. Les mandibules sont très-arquées, recouvertes de poils roux à leur moitié antérieure et noirs à leur extrémité; elles ont sur les côtés des parties allongées, nues et rouges; l'onglet est très-noir. Les mâchoires sont noires, aplaties, garnies de poils roux pâle. Les pattes en dessus ont l'ex-inguinal recouvert de poils rouge-clair et de couleur pareille à celle des bandes du dos, qui tranchent avec le noir du corselet. Le fémoral est renflé, et, ainsi que le génual et le tibia, il a des parties nues et rouges comme aux mandibules : ces pattes sont amincies vers leurs extrémités et terminées par deux griffes non pectinées; il y a des piquans noirs abondans, couchés, aux pattes postérieures. L'abdomen est ovoïde, il est de la longueur du corselet et moins large, brun-noir et marqué sur le dos de sept bandes transversales d'un rouge vif ferrugineux ; les quatre premières sont interrompues dans leur milieu. Le ventre est noir; les opercules branchiaux sont grands et rougeâtres; les filières supérieures, ou tentacules anales, sont allongées; leur longueur est de 5 lignes : elles sont composées de quatre articles, le premier court, le second plus long, le quatrième ou dernier le plus long de tous, un peu renflé et arrondi à son extrémité; les deux autres filières sont minces, cylindriques, courtes, et ne dépassent pas l'extrémité de l'abdomen. La patrie de cette jolie espèce nous est inconnue.

La Mygale notasienne, *M. notasiana*, Walck. Tableau des Aranéides, pl. 1, fig. 5 (yeux); elle est longue de 7 à 8 lignes, le corps est d'un brun clair, luisant, peu velu, si ce n'est sur les pattes; les deux premières aussi grandes que les dernières; tubercule des yeux peu élevé. Cette espèce habite la Nouvelle-Hollande. La Mygale calpéienne, *M. calpeiana*, Walck., appartient à cette même famille.

Troisième famille. Les Digitigrades mineuses.

A cette famille appartiennent les Aranéides qui se creusent un trou en terre, fermé hermétiquement par une porte qui s'ouvre et se ferme à leur volonté. Parmi ces espèces remarquables, nous citerons :

La Mygale maçonne, *M. cœmentaria*, Walck., Tabl. des Aranéides, pl. 1, fig. 6 et 7; Dorthez, Trans. of the Linn. Societ., vol. 2, pl. 17, fig. 6; Guérin, Iconogr. du Règn. anim. de Cuv. Arach., pl. I, fig. 2 (mâle). La couleur de cette Mygale est d'un roux de poix plus ou moins foncé et plus ou moins dénué de poils suivant l'âge. Le corselet, dans les individus bien adultes, est brunâtre, luisant, avec ses bords plus clairs ; vers son centre on aperçoit une fossette transversale. Les yeux sont groupés sur une légère éminence, ordinairement noirâtres. Les mandibules sont noirâtres, garnies, vers l'extrémité de leur région dorsale, de piquans noirs, couchés en avant, mobiles, servant de griffes à l'animal pour s'accrocher; ces piquans, entremêlés de soies assez raides, varient pour leur longueur et sont en nombre indéterminable; celles qui garnissent l'extrémité de la mandibule sont plus longues, plus distinctes, et on en compte cinq pour chaque, dont la plus interne est plus courte. Sur le dos de chaque mandibule on aperçoit une raie glabre, longitudinale, offrant l'apparence d'une strie superficielle; une autre raie semblable, mais sujette à s'effacer, s'observe aussi sur le côté externe. La rainure qui sert à loger le crochet offre, à son bord interne, seulement six à sept dents courtes. L'abdomen a un duvet gris de souris, serré, soyeux, parsemé dans l'animal vivant de mouchetures plus foncées, qui semblent affecter une disposition transversale. Les plus longues filières ne dépassent que peu le contour postérieur de l'abdomen. Les pattes, d'un roux livide plus pâle que le corps, sont, de même que les palpes, velues et armées de plusieurs piquans noirâtres. Les genoux ont à peu près la longueur du tibia, excepté dans la paire postérieure. Le premier article des tarses offre des piquans dans toutes les pattes. Il est en outre, dans les deux paires antérieures seulement, revêtu d'une brosse spongieuse. Celle-ci s'observe pareillement au dernier article des tarses de ces mêmes pattes. Les ongles ont à leur base un crochet ou ergot caché par les poils, mais existant dans toutes les pattes. Chaque griffe offre une double rangée de quatre dents aiguës, séparées par une coulisse. Cette espèce qui se trouve à Montpellier établit plus particulièrement sa demeure contre des tertres secs, compactes et exposés au midi, sur la route qui mène de Montpellier aux coteaux de Castelnau. M. Dufour, à qui nous avons emprunté cette description, nous a montré dans un mémoire ayant pour titre : Observations sur quelques Arachnides quadripulmonaires, insérées dans le 5ᵉ volume des Ann. génér. des scienc. physiq., pag. 96, les moyens dont il fallait se servir pour s'emparer de cette Aranéide. Voici comment je m'y prenais, dit cet habile observateur, pour faire la chasse à ces Mygales, sans avoir besoin de les poursuivre jusqu'au fond de leur tanière, qui est souvent à deux pieds de profondeur, et tellement fléchie qu'il est très-facile d'en perdre la trace. Il faut un œil exercé pour découvrir l'opercule circulaire du terrier, tant la rainure capillaire qui en dessine le contour a de finesse. Si cette rainure est tant soit peu béante, c'est une preuve que la Mygale est placée en sentinelle derrière la porte. Si vous tentez alors, à la faveur de la pointe d'une épingle, d'ouvrir cette dernière, l'Araignée s'accroche *unguibus et rostro* à sa partie interne et bombée, et vous sentez une résistance qui s'effectue par saccades. Pendant que d'une main on provoque les efforts réitérés et inouïs de la courageuse Mygale, on enfonce de l'autre une forte lame de couteau à un pouce environ au dessous de la trape, de manière à traverser horizontalement le diamètre du terrier; la retraite de l'habile ouvrière se trouve ainsi coupée. On soulève et on lance la portion de terre placée au dessus du couteau, et la pauvre Mygale, toute stupéfaite de cette trahison, se laisse prendre sans résistance. M. Léon Dufour pense que la Mygale cardeuse, *M. carminans*, Latr. Dict. d'Hist. nat., nouvel. édit., tom. 22, n'est autre que le mâle de la Mygale maçonne; il a observé ce mâle en Europe et dans le midi de la France.

La Mygale pionnière, *M. fodiens*, Walck., Tabl. des Aranéides, Aud., Ann. de la soc. entomol. de France, tom. 2, pag. 69, pl. IV, fig. 1; *Mygale sauvagesii*, Rossi, Faun. Etrusc., t. 11, p. 138, n. 983, pl. 9, fig. 11; L. Duf., Ann. génér. des sc. phys., tom. V, p. 27, pl. 73, fig. 5; représentée dans notre Atlas, pl. 397, fig. 1. Elle est d'un brun clair uniforme et sans mouchetures sur son abdomen. Les mandibules (fig. 1 *a*) sont plus grosses, plus inclinées que celles de la Mygale maçonne Les râteaux dont elles sont armées se composent de cinq ou six épines principales qui garnissent leur bord supérieur, et de quelques autres moins prononcées, situées au dehors des premières. La rainure qui reçoit le crochet dans sa rétraction a, de chaque côté, cinq dents noires, fortes et courtes. Les pattes sont simplement velues, mais les tarses des deux paires antérieures et des articles correspondans des palpes sont garnis de piquans remarquables. Les ongles (fig. 1 *b*) offrent cela de particulier qu'ils n'ont qu'une seule dent à leur base. Le tarse se termine par un ergot, et les filières sont bien plus longues que chez les espèces précédentes. Cette espèce, qui se trouve en Corse, a été le sujet d'un mémoire sur la manière dont son nid est construit, par M. V. Audouin, Ann. de la soc. entomol. de France, tom. 2, pag. 69, pl. IV, fig. 1. Ce sont ces nids, que nous avons déjà cités plus haut, et sur lesquels Latreille a fait une remarque judicieuse : c'est que, rapprochés comme ils le sont les uns des autres, ils doivent faire présumer que cette espèce ne craint pas la société ou le voisinage de ses semblables. Quoi qu'il en soit, dit M. Audouin, la motte de terre qui renferme ces tubes, est composée d'une terre argileuse d'un rouge de brique; ces tubes ont, comme la masse dans laquelle ils sont creusés, trois pouces de hauteur, et six lignes de largeur. Droits dans les deux tiers de leur étendue, ils deviennent légèrement obliques à leur extrémité inférieure, peut-être même se recourbent-ils davantage, en se prolongeant beaucoup plus avant dans la terre. Toujours est-il certain qu'en les enlevant on ne les a pas obtenus dans leur entier. En examinant l'un de ces tubes avec quelque soin, j'ai remarqué qu'il n'était pas simplement creusé dans la terre argileuse qui l'enveloppait, comme le serait une excavation ou un trou de sonde qu'on pratiquerait dans la terre; mais qu'il était construit à la manière d'un puits, c'est-à-dire qu'il avait des parois propres formées par une espèce de mortier assez solide, en sorte qu'on peut, ainsi que je l'ai fait, le dégager entièrement de la masse qui l'entoure. Si, pour les étudier avec encore plus de soin, on en fend un dans le sens de la longueur, on voit que son intérieur est tapissé par une étoffe soyeuse et très-mince, douce au toucher, et qu'il n'existe aucune des inégalités qu'on devrait

devrait s'attendre à rencontrer sur des murs faits avec une terre grossière. En effet, cette partie intérieure semble avoir été crépie avec un mortier plus fin; et, de plus, elle est unie et lissée comme si une truelle eût été habilement passée dessus; mais les soins que prend l'animal pour terminer son ouvrage vont encore plus loin; ce que nous faisons pour nos tentures de quelque prix, elle le pratique dans sa demeure souterraine; cette sorte de papier satiné qui orne son habitation, elle ne l'a pas posé le premier; mais elle a appliqué d'abord sur la muraille une toile, ou, pour parler plus exactement, des fils grossiers, et c'est sur eux qu'elle a collé ensuite son étoffe soyeuse.

Tout cela est bien fait pour exciter l'admiration, mais ce qui a le droit de nous surprendre davantage, c'est la manière dont cette chambre en boyau est ouverte et fermée au gré de celui qui l'habite. Si l'Araignée n'avait en rien à craindre de la part d'autres animaux, ou bien si elle avait été assez courageuse et assez forte pour les attendre de pied ferme et les vaincre, elle aurait pu sans inconvénient laisser libre l'entrée de sa maison, cela lui eût été plus commode pour aller et venir; mais il n'en est pas ainsi! Elle a tout à redouter de la part d'une foule d'ennemis, et son caractère timide, joint au peu de moyens qu'elle possède pour leur résister, l'oblige d'être sans cesse sur la défensive. Alors, comme tous les êtres faibles, elle emploie la ruse pour se soustraire au danger, et son industrie supplée d'une manière merveilleuse à ce qui lui manque en force et en courage.

Nous avons déjà décrit plus haut comment l'Araignée maçonne fabriquait un couvercle pour fermer le tube qu'elle habite; l'Araignée de Corse, ou la Mygale pionnière, emploie à peu près les mêmes précautions; mais elle montre plus de perfection dans son ouvrage, et comme l'édifice qu'elle construit est plus vaste dans l'ensemble et dans les détails, la description que nous allons en faire en donnera une idée très-exacte. Pour clore nos demeures, nous avons des portes qui, roulant sur des gonds, viennent s'appliquer dans une feuillure, et y sont retenues ensuite par un moyen quelconque; l'Araignée pionnière ne s'enferme pas entièrement chez elle; à l'orifice extérieur de son tube est adaptée une porte maintenue en place par une charnière et tenue dans une sorte d'évasement circulaire qu'on ne peut mieux comparer qu'à une véritable feuillure. Cette porte, ou si l'on aime mieux ce couvercle, se rabat en dehors, et l'on conçoit que l'Araignée, lorsqu'elle veut sortir, n'a besoin que de la pousser pour l'ouvrir. Mais le moyen qu'elle emploie pour la fermer est vraiment remarquable. A en juger par son aspect, on croirait, dit l'auteur, que ce couvercle est formé d'un amas de terre grossièrement pétrie et revêtue, du côté qui correspond à l'intérieur de l'habitation, par une toile solide; mais cette structure, qui déjà pourrait surprendre chez un animal qui n'a pas d'instrument particulier pour construire, est bien plus compliquée qu'elle le paraît d'abord. En effet, je me suis assuré, en faisant une coupe verticale du couvercle, que son épaisseur, qui n'a pas moins de deux à trois lignes, résultait d'un assemblage de couches de terre et de couches de toile au nombre de plus de trente, emboîtées les unes dans les autres, et rappelant assez bien, à cause de cette disposition, ces poids de cuivre en usage pour nos petites balances, et dont les divisions, qui ont la forme de petites capsules, se reçoivent successivement jusqu'à la dernière. Si on examine chacune de ces couches de toile, on remarque qu'elles aboutissent toutes à la charnière, qui se trouve ainsi d'autant plus renforcée que la porte a plus de volume. La rainure elle-même, sur laquelle la porte s'applique, et que nous avons précédemment appelée la feuillure, est épaisse, et son épaisseur est due au grand nombre de couches qui la constituent. Ce nombre paraît même correspondre à celui que présente le couvercle.

N'ayant pas vu l'Araignée construire son habitation, et Rossi, bien qu'il ait eu pendant quelque temps des individus vivans à sa disposition, n'ayant pas joui non plus de ce spectacle, nous sommes réduits à faire des conjectures sur la manière dont elle s'y prend pour confectionner les parties dont il vient d'être question. Supposons l'Araignée à l'œuvre, et voyons-la commencer son travail. Elle aura d'abord ourdi la première toile circulaire qui forme la porte de sa demeure, puis, sans discontinuer, elle aura étendu cette toile sur la charnière et l'aura prolongée aussitôt sur la feuillure. On peut expliquer de cette manière pourquoi chacune de ces trois parties fait suite l'une à l'autre, et l'on conçoit facilement comment, cette manœuvre s'étant répétée, la porte, la charnière et la feuillure se trouvent à la longue formées par un grand nombre de couches. Mais comme il existe entre celles qui constituent la porte des lits de terre, il est présumable que l'Araignée aura interrompu chaque fois son tissage pour les en pétrir convenablement. On pourrait également admettre qu'elle a débuté par la feuillure, alors les choses se seraient passées en sens inverse de celui que nous avons décrit. Quoi qu'il en soit, le travail ayant eu lieu de cette manière, il doit nécessairement exister une proportion toujours égale entre le volume du couvercle et la force de sa charnière, puisque celle-ci se trouve augmentée d'une couche à mesure que le premier en reçoit une nouvelle.

Mais plus on étudie avec soin l'arrangement de ces parties, plus on découvre de perfection dans l'ouvrage. En effet, si on examine le bord circulaire de l'espèce de rondelle qui remplit en tout les fonctions d'une porte, on remarque qu'au lieu d'être taillé droit, il est coupé obliquement de dehors en dedans, de manière à représenter non pas une rondelle de cylindre, mais bien la rondelle d'un cône, et d'une autre part, on observe que la portion de l'orifice du tube qui reçoit ce couvercle est taillée elle-même en biseau et en sens inverse.

Le but de cette disposition est facile à saisir. Si le couvercle avait eu un bord droit, il n'aurait rencontré, en se rabattant comme il le fait dans l'orifice du tube, aucune partie sur laquelle appuyer; et dans ce cas, la charnière seule se serait opposée à ce qu'il pénétrât plus profondément dans son intérieur; mais quand bien même cette partie délicate aurait pu supporter, sans éprouver de relâchement, ce poids continuel et le choc assez fort que produit le couvercle chaque fois qu'il se rabat, il eût été à craindre que quelque pression accidentelle du dehors ne fût enfin venue la rompre. C'est pour obvier à ce grave inconvénient que l'Araignée a pratiqué à l'orifice de son habitation une feuillure contre laquelle vient appuyer la porte, et qu'elle ne saurait franchir. Mais cette feuillure est faite avec un tel soin, et ce couvercle s'applique si exactement sur elle, qu'il faut y regarder de très-près pour reconnaître le point où les deux parties se rencontrent. Au reste, l'instinct de l'animal le porte à rendre cette jonction aussi parfaite que possible; car non seulement il lui importe de clore solidement sa demeure, mais il a le plus grand intérêt à en cacher l'ouverture aux yeux de ses ennemis. C'est évidemment dans cette intention que l'Araignée a crépi extérieurement la porte de son habitation avec une terre grossière. En cela, elle ne fait qu'imiter l'instinct admirable qu'ont une foule d'insectes de tromper le regard en fabriquant avec des substances variées, et très-souvent avec les feuilles des plantes dont ils se nourrissent, des espèces d'habits ou de fourreaux sous lesquels ils se cachent, ou bien en fixant sur ces mêmes plantes des cocons ou d'autres demeures qui, par leurs couleurs et leur apparence, se confondent avec les tiges, les feuilles, les bourgeons et les fleurs. La Mygale pionnière, je le répète, a recours à une ruse semblable en crépissant la porte qui clot son habitation avec la terre qui forme la surface du sol, et en la rendant tellement rugueuse et inégale qu'elle se confond avec lui; mais, en agissant ainsi, elle semble avoir prévu un autre genre de nécessité : dans l'habitude où elle paraît être de sortir souvent de sa demeure et d'y rentrer précipitamment au moindre danger, il lui a fallu pouvoir en ouvrir facilement la porte : or, cette manœuvre qui aurait été pénible et plus ou moins longue, si la surface extérieure du couvercle eût été lisse, devient très-facile à cause des nombreuses inégalités qu'on y trouve et qui donnent toujours prise aux crochets dont l'animal est pourvu.

L'Araignée se trouve dans la nécessité d'ouvrir elle-même sa porte lorsqu'elle vient du dehors, elle n'a pas à s'inquiéter pour la fermer. Soit qu'elle sorte, soit qu'elle rentre, cette porte se ferme toujours d'elle même, et c'est là encore une des observations les plus curieuses que fournit l'étude attentive de cette singulière habitation.

Quand on cherche à ouvrir ces nids, on sent que ce n'est qu'avec quelque effort que l'on parvient à soulever assez le couvercle pour qu'il devienne vertical, c'est-à-dire pour qu'il forme un angle exactement droit avec l'orifice du tube. Si on le renverse encore plus, de manière à ouvrir cet angle davantage, la résistance devient encore plus grande; mais dans ce cas, comme dans le premier, le couvercle abandonné à lui-même retombe aussitôt et ferme l'ouverture. La tension et l'élasticité de la charnière sont les principales causes de cet effet; mais, en admettant que cette tension et cette élasticité n'existassent pas, il se produirait encore, et le couvercle, soulevé de manière à dépasser un peu la ligne verticale, pourrait retomber de lui-même et fermer naturellement l'orifice du tube. Ce résultat curieux est dû à une résistance sensible qui existe dans son épaisseur. Si on l'examine avec soin sous ce rapport, on remarque que la partie voisine de la charnière est plus épaisse et comme bosselée intérieurement. Ce surcroît de poids qui, s'il avait eu lieu loin de la charnière, eût porté le couvercle, chaque fois qu'il aurait été soulevé au-delà de la ligne verticale, à se renverser en dehors, se trouvant au contraire placé tout près du point d'attache et du côté où il se ferme, agit en sens inverse, et tend sans cesse à le faire retomber.

Comme nous l'avons déjà dit plus haut, la surface intérieure du couvercle qui clot l'habitation de la Mygale pionnière, ne ressemble en rien à celle du dehors. Autant celle-ci est raboteuse, autant l'autre est unie; de plus, on a vu qu'elle était tapissée, comme les parois de l'habitation, d'une couche soyeuse très-blanche, mais beaucoup plus consistante et ayant l'apparence du parchemin; nous ajouterons que la surface intérieure est surtout remarquable par l'existence d'une série de petits trous. Ces petits trous, qu'on pourrait au premier abord négliger de voir, forment un des traits les plus curieux de l'histoire de l'Araignée pionnière; car c'est par leur moyen qu'elle peut, lorsqu'on veut forcer sa porte, la maintenir exactement fermée. Elle y parvient en se cramponnant d'une part à l'aide de ses pattes aux parois de son tube, et de l'autre en introduisant dans les trous de son couvercle les épines et les crochets cornés dont sont munies ses mâchoires. On comprend que la porte de sa demeure se trouve alors retenue par un moyen en quelque sorte aussi sûr que celui que nous obtenons lorsque nous poussons un verrou sur sa gâche. Mais ce qui doit exciter davantage notre admiration, c'est la manière dont ces trous ont été disposés; on croira peut-être que l'Araignée n'en a pas épargné le nombre, et que pour ne pas se trouver au dépourvu quand la nécessité la force à en faire usage, elle en a criblé la face interne de son couvercle. Ce n'est cependant pas là ce qu'on observe. Ces trous sont peu nombreux, on en compte au plus une trentaine, et, au lieu de les avoir disposés au hasard, ils se trouvent tous réunis dans une place déterminée et qui est exactement la même dans les quatre nids que j'ai pu observer. Mais cette place est très-convenable et telle que nous l'aurions choisie nous-mêmes, après y avoir bien réfléchi; en effet, ils sont situés tout près du bord du couvercle, et toujours au côté opposé à la charnière. Il est clair que l'Araignée trouve un grand avantage dans cette disposition, car dans l'action de tirer à soi ce couvercle, elle opère bien plus efficacement en se cramponnant loin de la charnière que si elle eût agi dans son voisinage. L'instinct de l'animal semble l'avoir si bien instruit sur ce point, qu'il n'a pas pris la peine de faire un seul trou, soit au milieu du couvercle, soit au voisinage du point où il s'attache, et que toutes les ouvertures qu'on y observe sont disposées sur une ligne demi-circulaire, très-étroites, et telles qu'on les a figurées dans notre Atlas.

M. Audouin, auquel nous avons emprunté ces intéressantes observations, dit, à la suite de ce Mémoire : « Je n'ajouterai, à ce sujet, qu'une simple remarque, c'est que plus nous avons vu la perfection dans l'ouvrage de l'Araignée de Corse, plus nous sommes forcés de reconnaître que tous ces actes dérivent exclusivement de l'instinct. Car, si on admettait que l'animal pût les exécuter avec quelque réflexion, il faudrait lui accorder non seulement un raisonnement très-parfait, mais encore des connaissances d'un ordre fort élevé et que l'homme lui-même n'a acquises que par un long travail d'esprit, et parce qu'il a mis à profit l'expérience successive de ses devanciers. »

Le rôle de l'Araignée se réduit donc à opérer sans calcul ni combinaison, mais sous une influence étrangère et irrésistible; et quant aux leçons que pourrait lui fournir l'expérience, elles sont entièrement nulles, comme chez tous les insectes, c'est-à-dire qu'après avoir vécu des mois et des années, elle n'en sait guère plus et n'en fait pas davantage que lorsque, sortant de l'œuf, elle s'est mise incontinent à construire.

Dans notre Atlas, nous avons représenté le nid de cette Aranéide, pl. 397, fig. 2, d'après la planche des Mémoires de la Soc. entom. de France qui accompagne le Mémoire précité. Cette figure représente trois nids de grandeur naturelle : *a*, l'un de ces nids fermé exactement par le couvercle; *b*, ce couvercle ouvert vu de profil, très-déjeté forcément en arrière et retenu dans cette position par une épingle; *c*, le bord circulaire ou la feuillure dans laquelle il se rabat; *d*, couvercle vu de face, montrant la rangée demi-circulaire de petits trous dans lesquels l'Araignée enfonce ses épines, et s'oppose ainsi fortement à ce qu'on l'ouvre en dehors; *e*, feuillure dans laquelle se rabat le couvercle taillé obliquement, et dont le bord est composé de plusieurs couches de toile soyeuse; *f*, toile soyeuse qui tapisse intérieurement le nid, et qui ici a été soulevée pour la rendre plus apparente; *g*, parois de tube composées par un mortier plus dur que la masse d'argile dans laquelle ce tube est creusé.

MYGALE. (MAM.) Nom latin du genre DESMAN. *Voyez* ce mot.

MYGINDA. (BOT. PHAN.) Ce genre, institué par Jacquin pour des arbrisseaux des Antilles et de l'Amérique méridionale, appartient à la famille des Rhamnées, section des Célastrinées de R. Brown; il est identique avec le *Rhacoma* de Linné, Tétrandrie tétragynie du système sexuel. Ces arbrisseaux, au nombre de dix à douze espèces, ont des branches tétragones, sans épines; leurs feuilles sont opposées ou ternées, simples, entières, accompagnées de stipules géminées. Leurs fleurs, que leur extrême petitesse rend à peine distinctes, sont portées sur des pédoncules axillaires, souvent trichotomes. Elles présentent les caractères suivans : calice urcéolé, persistant, à quatre divisions; corolle de quatre pétales, égaux et réfléchis, à onglet large et court; quatre étamines alternes avec les pétales, ayant des anthères didymes, biloculaires, s'ouvrant du côté interne par une ligne longitudinale; un disque placé au fond de la fleur, urcéolé, lobé (les étamines sont insérées entre ses lobes, et les pétales au dessous et alternativement); ovaire supère, sessile, à trois ou rarement quatre loges; quatre stigmates, quelquefois presque sessiles; drupe ovoïde, uniloculaire et monosperme par avortement.

Le type du genre est le *Myginda uragoga*, herbe qui croît aux environs de Carthagène et de Sainte-Marthe. Jacquin l'a figuré dans ses Plant. Amér., p. 24, tab. 16. (L.)

MYIOTHÈRES ou MYIOTHÉRINÉS, *Myiothera*. (OIS.) Sous ce nom, M. Ménétriés vient d'établir une famille d'oiseaux que nous avons fait connaître sous celui de FOURMILIER (*v.* t. 3, p. 265). La découverte de nouvelles espèces en augmentant de jour en jour le nombre, il devenait nécessaire, malgré la grande affinité qu'ont entre eux tous les oiseaux connus génériquement sous la synonymie latine de *Myiothera*, de les distinguer en plusieurs petits genres convenablement établis sur des caractères identiques; c'est ce qu'a fait M. Ménétriés. La connaissance de la Monographie nouvelle qu'il vient de faire paraître dans les Mémoires de l'Académie des sciences de Saint-Pétersbourg, en nous forçant à en rendre compte à nos lecteurs, nous force aussi à modifier l'article Fourmilier tel que nous l'avions conçu et tel, d'ailleurs, que l'avaient conçu avant nous tous les ornithologistes que nous avons consultés à ce sujet, puisque de nouveaux rapports viennent d'être établis entre les espèces qui composent cette famille.

Toutefois, avant d'exposer le travail de M. Ménétriés, nous ajouterons à ce que nous avons dit à l'article Fourmilier, relativement aux mœurs de ces oiseaux, quelques détails résultant des propres observations de l'auteur.

Les Fourmiliers vivent à terre, et quelques espèces vivent aussi sur les petits buissons; ils sont très-vifs dans leurs mouvemens, et sautillent continuellement. Quelques uns sont solitaires; mais pour la plupart, ils vont par couples et jamais en plus grand nombre que deux ou trois couples à la fois. Ils ne se nourrissent pas exclusivement de fourmis; les petits fruits, les baies, sont aussi pour eux un aliment. Ces oiseaux pondent plus particulièrement dans le mois d'août et de septembre, immédiatement après la saison des pluies, ce qui varie selon les localités; leur ponte est de deux à cinq œufs blanchâtres, variés agréablement de taches roussâtres plus ou moins rapprochées. Le mâle et la femelle partagent le soin de l'incubation. Après leur éclosion, qui a lieu environ le douzième ou le quinzième jour, les petits accompagnent la mère à peu près comme le font les Gallinacés; et après huit ou dix jours, ils s'éloignent déjà de leurs parens pour vivre seuls. Cette habitude leur a valu, dans les pays d'où ils sont originaires, les noms de *Perdix* (Perdrix) ou *Galinha do mato* (Poule de bois).

L'agilité des Fourmiliers les rend très-difficiles à tuer. Les bois vierges et les vieilles caponnaires où ils se tiennent habituellement, sont si fourrés, qu'on ne peut guère les distinguer à plus de dix pas de distance. Leur chant est trompeur à suivre; car, soit dans la manière de le moduler, soit par les mouvemens fréquens de leur tête, il paraît changer de direction à chaque instant. Leur naturel est tellement sauvage, qu'il devient impossible de pouvoir les élever.

Les Myiothérinés forment une famille qui, d'après l'auteur de la Monographie, est intermédiaire aux Merles et aux Pies-grièches. Ils sont surtout très-voisins des dernières par le genre *Thamnophilus* (Batara), ainsi que des *Muscicapæ* (Gobes-mouches), par les *Conopophaga*, quelques groupes se rapprochent également des genres *Sylvia*, *Anabates*, etc. Le tableau très-ingénieux que M. Ménétriés a placé à la tête de son ouvrage et que nous reproduisons ici, montrera mieux que nous ne pourrions le faire en discourant longuement, toute l'affinité, tous les rapports qui existent entre les Fourmiliers et les divers genres qui les avoisinent.

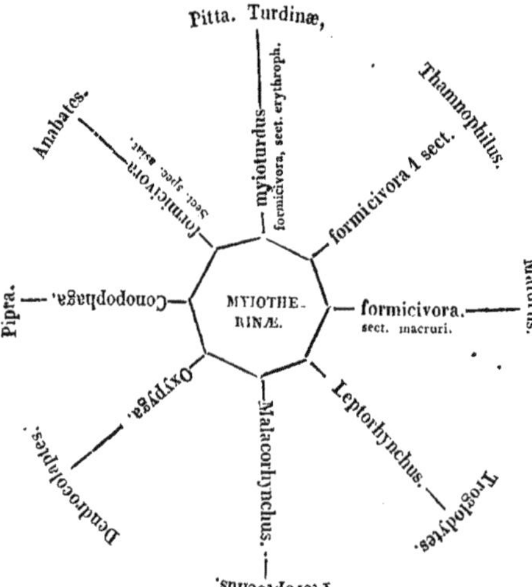

Les caractères généraux de cette famille ayant été déjà donnés (*voy.* Fourmilier), nous n'avons plus à nous occuper ici que de la division des genres.

I. Le premier genre, celui des *Myioturdus*, Boié, est assez bien caractérisé. Par la forme du bec il a, de tous les Fourmiliers, le plus d'analogie avec celui des *Pitta* (Brèves), ainsi que par les longues jambes et la queue courte; et enfin par le port et tout l'ensemble, ces oiseaux ont quelque ressemblance avec les *Turdus* (Merles). Vieillot en avait fait ses *Grallaria*. Ils correspondent à la première section du genre Fourmilier tel que nous l'avons admis. On en connaît huit espèces.

II. Le second établi par Vieillot sous le nom de *Myrmothera*, et conservé par M. Ménétriés, comprend des espèces plus petites à bec plus grêle et à queue un peu plus longue. On peut regarder *le Myrmothera longipes* de Vieillot comme le type de ce genre. Il a le dessus du corps roux; le cou et la poitrine noirs; la gorge et le dessous du corps blancs; les tarses longs et jaunâtres. A cette espèce s'en rapportent encore quatre ou cinq autres. Le Myrmothère thamnophiloïde, *Thamnophilus myiotherinus*, Spix; le *Myiothera cinerea*, prince Max.; le *Myiothera axilaris*, Vieill., ou Grisin de Cayenne, Buff., enl. 643, et le *Myrmothera unicolor*, Ménét., Monog. des Myioth., pl. 2.

III. Un genre très-nombreux en espèces et qui s'éloigne assez des précédens, est celui créé par Swainson, sous le nom de *Formicivora* : ce sont les Fourmiliers proprement dits, ou les *Myiothera* des auteurs. Ils ont, en général, la queue longue et étagée. L'auteur de la Monographie a cru devoir diviser ce genre en cinq sections que voici :

1° Espèces à queue étagée, dont la première penne est fort courte. Plusieurs espèces de cette section font assez bien le passage à celles du genre précédent. Une des plus remarquables est le Fourmilier a cou noir, *Formicivora nigricollis*, Swains. Less., Man. d'ornith., t. 1, représenté dans notre Atlas, pl. 398, fig. 2. Il a tout le dessus du corps d'un brun roussâtre, à reflets grisâtres; le dessous, ainsi que les côtés de la tête et du cou, sont d'un beau noir luisant; un trait blanc part de la base, passe au dessous de l'œil, et descend en s'arrondissant sur les côtés du cou jusqu'à l'épaule, où il semble se joindre à une autre bande de même couleur qui s'étend jusqu'au croupion, et qui est en partie cachée par l'aile; les tectrices et les rectrices sont terminées ou bordées de blanc. La femelle a des couleurs plus pâles, et le dessous du ventre, au lieu d'être entièrement noir, est d'un roux fauve.

Les autres espèces rapportées à cette section sont au nombre de douze; nous ne citerons que le Fourmilier Deluze, *Form. Deluzæ*, Ménét., Monog. des Myioth., p. 42; le Fourmilier tacheté, *Form. maculata*, Swains; le Fourmilier malure, *Form. malura*, Ménét., décrit à la page 266 de notre Dictionnaire, t. 3; le Fourmilier maure, *Form. maura*, Ménét., *loc. cit.*, p. 64, etc.

2° Espèces à queue très-longue, très-étagée et à bec un peu déprimé.

Tels sont le Fourmilier azuré, *Form. cærulescens*, Vieill., et le *Form. melanaria*, Ménét., pag. 58.

3° Espèces analogues aux Merles; bec aussi haut que large, queue longue et large : ce sont les *Drymophila* de Swainson. On ne connaît que le

Fourmilier alapi, *Turdus alapi*, Gmel.; *Form. alapi*, Ménét., et le *Myiothera ardesiana*, prince Max., ou *Form. ardesica*, Ménét.

4° Espèces à queue composée de plumes larges et molles.

Une seule espèce compose cette section : c'est le *Formicivora melanura*, Ménét. Ce Fourmilier, qui n'a encore été décrit que par M. Ménétriés (Mon. des Myioth., pag. 66, pl. 8) a de longueur totale quatre pouces onze lignes ; les pennes de la queue étagées sont larges, molles et d'un noir un peu grisâtre chez les deux sexes. Le mâle a tout le dessus du corps d'un roux qui prend une teinte grisâtre sur le haut et les côtés de la tête ; les tectrices alaires sont terminées de blanc jaunâtre ; le dessous du bec, le milieu du ventre et de la poitrine d'un beau noir, quelquefois varié de gris ; ce noir est encadré de gris qui se répand sur le reste du dessous du corps. La figure citée plus haut a été reproduite dans notre Atlas, pl. 398, fig. 3.

La femelle se distingue principalement par le blanc qui occupe la gorge et le milieu du ventre.

Cette espèce vit solitaire dans les bois, se repose sur les petites branches et fait entendre un petit chant assez mélodieux.

5° Enfin cette section comprend les espèces asiatiques dont nous avons décrit le type à l'article Fourmilier, sous le nom de Fourmilier capistrate, *Myioth. capistrata*, Temm. Elle renferme encore les *Myiothera melanothorax*, *pyrhogenis*, *epilepidota*, *grammiceps*, *leucophrys* et *gularis*, que Temminck a fait connaître dans ses planches coloriées.

IV. Le genre *Leptorhynchus* est reconnaissable à son bec allongé, mince, droit; à sa queue très-étagée et composée de plumes étroites. Ce genre s'éloigne un peu des précédens et forme le passage aux Troglodytes. Il a été établi par M. Ménétriés, d'après deux espèces, dont une a été depuis long-temps décrite par Vieillot, sous le nom de *Myiothera vittata*? *Myiot. maculata*, prince Max. La seconde n'était point encore connue : c'est le *Leptorhynchus guttatus*, Ménét., pl. 10. Joli petit oiseau, ayant la tête, le cou et le dos d'un gris de perle lustré; sur tout le dessus du corps se dessinent de jolies petites taches blanches, très-nombreuses sur le cou et le derrière de la tête, et entourées inférieurement de noir; la gorge et la poitrine sont d'un blanc grisâtre avec de petites stries noirâtres en forme de chevrons qui s'étendent sur le fond jaunâtre du ventre, où elles s'éteignent; les tectrices sont tachées d'un blanc sale; cette même couleur borde et termine les rectrices, qui sont d'un brun roussâtre.

Cet oiseau, dont on ignore les mœurs, a été tué près de Cujaba.

V. Le genre *Oxypyga*, Ménét., a le bec long, grêle et droit, et se distingue surtout par le doigt interne qui n'est pas libre et par sa queue composée de pennes larges à baguettes raides.

On ne connaît encore qu'une seule espèce qui est le Fourmilier a long bec, *Myiothera longirostris*, Cuv.; *Thamnophilus caudacutus*, Vieill.; *M. caudacutus*, Lafrenaye; Guér., Magas. de zool.; et actuellement *Oxypyga scansor*, Ménét., pl. 11. Tout le dessus du corps est généralement d'un brun roussâtre; le dessus du bec et la gorge sont d'un blanc sale, avec la pointe de chaque plume brune; la poitrine est d'un brun ferrugineux, et tout le reste du dessous est brun à reflets roussâtres.

Cet oiseau vit solitaire, sautille continuellement à terre, grimpe aussi sur les vieux troncs d'arbres où il cherche les fourmis; son cri est analogue à celui de notre moineau. Il est très-commun dans la province de Rio-Janéiro.

VI. Vient ensuite le genre *Malacorhynchus*, Ménét., à bec flexible, peu échancré, à narines recouvertes par une écaille qui forme bourrelet; la queue est composée de pennes larges, molles et effilées à l'extrémité; les plumes qui revêtent le reste du corps sont courtes et très-serrées.

Le type de cette division est le Malacorhynque huppé, *Malacorhynchus cristatellus*, Ménét., pl. 12, remarquable par son port et par la petite huppe de plumes effilées qui ornent les côtés de la base du bec; toute la tête, le cou, la poitrine et le ventre sont d'une belle couleur d'ardoise, à reflets bleuâtres; le dos ainsi que les flancs et le croupion sont d'un brun roussâtre; les ailes sont brunes, et la queue est d'un noir luisant en dessus et brunâtre en dessous. Sa longueur totale est de six pouces neuf lignes.

Cette jolie espèce se tient par paires dans les endroits les plus fourrés des bois vierges, et éloignée de tout autre oiseau. Sa chair est molle, blanche et délicate au goût. Son chant, comme celui de beaucoup d'autres oiseaux du Brésil, a un son métallique, qu'on ne peut mieux imiter qu'en frappant deux ou trois fois de suite sur une cloche; le son se continue ensuite comme un écho.

Deux autres espèces nouvelles sont le Malacorhynque a ventre blanc, *Malacorhynchus albiventris*, Ménét., pl. 113, qui, ainsi que son nom l'indique, a tout le dessous du corps blanc, depuis le bec jusqu'au croupion; les flancs et les parties supérieures sont d'un bleu d'ardoise; le croupion d'un blanc ferrugineux. Sa taille est de quatre pouces. De Rio-Janéiro. Et le *Malacorhynchus speluncæ*, Ménét., pl. 13, un peu plus grand que le précédent; d'un gris de souris lustré de bleuâtre en dessus, plus clair sur les côtés et presque blanc sale vers le milieu de la gorge et de la poitrine; les ailes et la queue sont d'un brun noirâtre.

Quant aux autres espèces que M. Ménétriés rapporte à ce genre, elles ont été décrites sous les noms, l'une de *Myiothera rhynolophæ*, prince Max; l'autre, sous celui de *Troglodytes paradoxus*, Kittlitz (Mém. des sav. étr. de l'Acad. de Saint-Pétersbourg, t. 1, pl. 5). Le troisième est le *Myiothera indigotica*, de Lichtenstein. C'est également à ce genre que nous avons rapporté le Mérulaxe noir décrit par M. Lesson. *V.* Mérulaxe.

VII. Enfin, les *Conopophaga*, genre long-temps ballotté par les auteurs, et dont le *Turdus auritus*, Lath., est le type. Buffon, le premier qui ait fait connaître ces oiseaux, les plaçait parmi les Fourmiliers; Vieillot en fit, sous le nom de *Conopophaga*, un genre séparé, qu'il plaça parmi les Platyrhynques, et M. Lesson, en adoptant ce genre, le plaça parmi les Fourmiliers dans son Manuel, et plus tard les en éloigna beaucoup, en les plaçant dans une division des Gobe-mouches, qu'il appelle Brévicaude. Il est vrai que leur bec déprimé leur donne une grande analogie avec les *Muscicapa*, mais leurs mœurs et quelques caractères extérieurs ne permettent pas de les éloigner des Fourmiliers.

La plus grande partie des espèces habitent les environs de Rio-Janéiro.

Nous avons représenté à la pl. 165, fig. 4 de notre Atlas, le FOURMILIER A OREILLES BLANCHES, *Conopophaga leucotis*, Vieill. qui est l'espèce type du genre.

Nous citerons comme espèces nouvelles le *Conopophaga dorsalis*, Ménét., pl. 14, dont les parties supérieures sont d'un roux olivâtre, la gorge ainsi que le milieu du ventre blancs, la poitrine et les côtés du ventre d'un ferrugineux pâle, les ouvertures des oreilles brunes. Le FOURMILIER A VENTRE NOIR, *C. melanogaster*, Ménét., pl. 15. La tête, le cou, la poitrine et la moitié du ventre d'un noir profond; le dessus de l'œil et les plumes qui descendent sur les côtés du cou, d'un blanc éclatant; le dessus du cou d'un brun ferrugineux, et tout le reste des parties supérieures d'un marron rougeâtre vif.

Le FOURMILIER TACHETÉ DE CAYENNE, Buff., enl. 823, *Conopophaga nœvia*, Vieill; le *Conopophaga nigrogenys*, Less., Traité d'ornithologie, et le *Myagrus lineatus*, prince Max., ont été rapportés à ce dernier genre.

Tel est, en résumé, le travail de M. Ménétriés sur la famille des Myiothères; quant au groupement des espèces, il offre certainement quelque chose de plus complet que ce qu'avaient donné jusqu'ici les ornithologistes. Mais il nous semble que la disposition des divers groupes aurait pu être mieux établie d'après les affinités des espèces : ainsi les *Conopophaga* et les *Oxypyga* eussent peut-être mieux été à côté des *Myioturdus* ou des *Myrmothera*; d'ailleurs, nous ne donnons notre opinion qu'avec beaucoup de doute; car elle n'est fondée que sur des figures coloriées, et non sur la nature elle-même.

MYLABRE, *Mylabris*. (INS.) Genre de Coléoptères, de la section des Hétéromères, famille des Trachélides, tribu des Cantharidies, ayant pour caractères : antennes de onze articles, en massue graduée avec le dernier ovoïde; tibias terminés par deux épines étroites et allongées; articles des tarses entiers. Ce genre a été établi par Fabricius, et il forme avec les Cérocomes et quelques petits genres réunis à l'un ou à l'autre, un petit groupe au milieu des Cantharidies, où les antennes sont en massue; les Mylabres ont la tête ovalaire, aplatie, très-inclinée, prolongée un peu en avant en forme de rostre; les palpes maxillaires un peu sécuriformes; les antennes un peu moins longues que la tête et le corselet; les premier et troisième articles des antennes sont beaucoup plus longs que les autres; le corselet est arrondi, méplat en dessus, l'écusson très-petit, les élytres sont longues, molles, arrondies à l'extrémité, retombant sur les côtés; les pattes sont de grandeur moyenne avec les tarses velus et les crochets de forme bifide. On trouve habituellement ces insectes sur les plantes et principalement celles à fleurs composées; ils sont peu agiles, ne font presque aucun mouvement pour s'échapper quand on veut les saisir, se contentent de contracter leurs pattes et de faire le mort; on ne connaît ni leurs larves ni leurs métamorphoses; ils sont cependant très-nombreux dans les pays chauds, car j'en ai souvent vu des plantes basses couvertes. Les anciens les connaissaient et les nommaient Cantharides; ils désignent même comme la meilleure espèce, celle à trois bandes jaunes, et qui effectivement s'emploie encore dans les pharmacies de Naples, conjointement avec la Cantharide officinale. C'est l'espèce nommée Mylabre de la Chicorée, que nous allons décrire; ce genre est très-nombreux en espèces, mais toutes sont propres aux pays chauds. On trouve seulement quelquefois dans les endroits arides des environs de Paris, l'espèce que nous venons de désigner.

M. DE LA LAVATERRE, *M. lavateriæ*, Fab. Longue de onze lignes, noire velue, élytres glabres, avec une tache ronde près de la base et deux bandes transverses à peine sinuées, dont la seconde deux fois plus large que la première. Ces taches et bandes, rouge sanguin. Du cap de Bonne-Espérance.

M. DE LA CHICORÉE, *M. cichorii*, Fab. Longue de six lignes, noire velue, avec trois bandes transverses dentelées sur les élytres, une à leur base et les autres sur le disque, l'extrémité restant noire. Commune dans tout le Midi de l'Europe, se trouvant quelquefois aux environs de Paris.

M. HUIT POINTS, *M. octopunctata*, Ol. Longue de six à sept lignes, noire velue, élytres rouges, avec quatre points disposés sur deux lignes et l'extrémité noire. Cette espèce se trouve plus habituellement dans le Midi. (A. P.)

Il est peu de genres dont les espèces aient été plus mal distinguées entre elles et soient plus difficiles à bien limiter; ainsi, par exemple, presque tous les auteurs ont appliqué le nom de *Mylabris cichorii*, que Linné a donné à plusieurs d'entre elles, à toutes les espèces qui offrent des bandes noires et jaunes, que ces espèces soient d'Europe ou d'Asie.

La *M. cichorii* primitive, celle que Linné a décrite le premier dans le *Museum Ludovicæ Ulricæ reginæ*, pag. 103, et qui est figurée dans ses *Amœnitates academicæ*, etc. (vol. 5, tab. 3, fig. 215-5, édit. de Schreiberg, Erlangen, 1788), est un insecte long de huit à dix lignes, noir, velu, finement ponctué, terne, avec les élytres jaunes, et trois bandes transverses noires, dentées, dont la première est placée près de la base, ne touche souvent pas la suture, et envoie ordinairement sur le côté un rameau noir qui se prolonge jusqu'au corselet; la seconde est placée au-delà du milieu, et la dernière est terminale et un peu plus large. Ces élytres sont finement ponctuées ou chagrinées et les poils qui les couvrent sont assez courts, jaunes sur les portions de cette couleur et noirs sur les bandes noires, ce qui distingue cette espèce de plusieurs autres et surtout des *M. mutans* et *sidæ*, dont nous allons parler et chez lesquelles les poils sont tous noirs, même sur les parties jaunes. La *M. cichorii* vraie ne se trouve qu'en Chine, et offre quelque variété dans la taille et dans l'étendue occupée par la couleur jaune de la base de ses élytres.

La description de Linné et surtout l'indication de l'habitation de son *Meloe cichorii*, montrent qu'il doit avoir confondu plusieurs espèces sous ce même nom; car, dans son *Musæum Ludovicæ Ulricæ reginæ*, ouvrage excessivement rare et que peu de naturalistes ont consulté, il est dit à son sujet : *Habitat in toto Oriente, Galliâ australi, Chinâ, capite Bonæ spei.* C'est dans cet ouvrage qu'il cite la figure des *Amœnitates academicæ* que nous avons reproduite dans notre Atlas, pl. 597, fig. 3; c'est d'après cette figure que Bilberg, dans sa Monographie des Mylabris, s'est décidé à ne laisser le nom de *Cichorii* qu'à une espèce chinoise de la même taille. Peut-être eût-on mieux fait de l'appliquer à l'espèce la plus commune, à celle que Fabricius a appelée *M. sidæ*, car la figure de Linné peut tout aussi bien s'y rapporter. Pour ne pas encore embrouiller la synonymie, nous avons adopté l'opinion de Bilberg, et nous donnons ici, pl. 597, fig. 4, une figure d'après nature de la *Mylabris* à laquelle on est convenu de conserver le nom de *Cichorii* imposé par Linné.

La Mylabre que Latreille a nommée *Cichorii*, et que Fabricius et Olivier ont confondue avec la vraie *Cichorii* de Linné, ressemble beaucoup à cette dernière espèce, par la distribution de ses couleurs; mais elle est toujours un peu plus petite, n'atteignant jamais plus de six à sept lignes de long; ses élytres, quoique ponctuées et velues, ont leur ponctuation plus fine et paraissent luisantes; les poils qui les couvrent sont plus longs et noirs, même sur les parties jaunes. Cette espèce varie tellement pour la distribution des couleurs, qu'il est difficile d'en donner une description générale satisfaisante; les auteurs ont fait avec la plupart de ces variétés autant d'espèces distinctes sous les noms de *Cichorii*, *variabilis*, *mutabilis*, *fasciato-punctata*, *quadri punctata*, *quadrinotata*, *octo-punctata*, *decem punctata*, *melanura*, *Schrebersii*, *floralis*, *Adamsii*, etc. Possédant une série assez nombreuse d'individus et en ayant vu beaucoup dans les collections, nous avons trouvé des passages conduisant insensiblement depuis les espèces où le noir domine et qui ont trois bandes étroites, jaunes ou rougeâtres (*M. variabilis*, Bilb., représentée dans notre Atlas, pl. 597, fig. 5), jusqu'à celles qui sont presque entièrement rouges et que nous donnons à la fig. 9. Les principaux passages sont représentés dans notre planche; ainsi la figure 6 offre une variété chez laquelle la première bande noire se divise en deux taches séparées; la figure 7 représente une autre variété où les deux bandes se trouvent interrompues, c'est la *M. quadri-punctata*, de Bilberg (Oliv., pl. 2, fig. 13), qu'Olivier a rapportée avec raison à sa *Cichorii*. Sous le n° 8, nous figurons une autre variété ayant les points très-petits et la bande postérieure étroite (*M. melanura*, Pallas; *Octo-punctata*, Ol., etc.), et conduisant ainsi à la dernière variété (fig. 9). Comme nous restituons son nom à la vraie *M. cichorii* de Linné, celle qu'on avait confondue avec elle doit en avoir un autre; nous proposons de l'appeler MYLABRE CHANGEANTE, *M. mutans*, Guér.; car on ne peut lui laisser celui de *Variabilis* que Bilberg a donné à la variété noire à bandes jaunes (*Cichorii*, Fabr., Ol., Latr.), dans sa Monographie des Mylabres, puisque cet auteur s'est trompé en la rapportant à tort à la *M. variabilis* d'Olivier, laquelle en diffère notablement et constitue une bonne espèce, qui offre presque autant de variétés que celle que nous venons de faire connaître. La *M. mutans* ne se trouve jamais en Chine, comme la *Cichorii*, elle habite la Grèce, l'Asie mineure, le Midi de la France, et quelquefois, quoique très-rarement, les environs de Paris.

Deux des plus grandes espèces du genre, les *M. oculata* et *pustulata*, d'Olivier, ont encore été confondues ensemble, par Fabricius, sous le nom de *M. sidæ*; mais, quoiqu'elles aient quelque ressemblance entre elles, leur taille, leur habitation et surtout la couleur de leurs antennes les distinguent bien nettement. Dans la *M. oculata* d'Olivier, que nous représentons pl. 597, fig. 10, les antennes sont rouges, à l'exception des deux premiers articles; le corps est entièrement noir, assez luisant, avec les élytres presque lisses ou à peine ponctuées; chacune d'elles offre à la base deux points jaunes, dont l'externe est très-petit et un peu allongé, et l'interne plus grand, arrondi; elles ont en outre deux larges bandes d'un jaune orangé, à bords droits et non dentelés. Cette espèce, longue de treize à dix-neuf lignes, ne se trouve qu'au cap de Bonne-Espérance.

La vraie *M. sidæ* de Fabricius, à laquelle nous réunissons la *M. pustulata* d'Olivier, quoique Bilberg l'en ait séparée, diffère de la précédente par ses antennes, qui sont entièrement noires, par ses élytres plus profondément pointillées, comme ridées et jamais luisantes, et par les bandes de ses élytres qui sont plus ou moins larges, toujours dentelées, soit d'un jaune orangé, soit d'un rouge assez vif. Nous sommes fondés à ne considérer la *M. pustulata* de Bilberg que comme une variété de la *Sidæ*, parce que les différences dans la largeur et dans la teinte des bandes et taches ne peuvent servir de caractère spécifique dans un genre dont les espèces sont aussi sujettes à varier dans leurs couleurs; d'après Bilberg, la principale et même la seule différence entre ces deux espèces, ne consisterait que dans la couleur plus rouge des bandes et dans leur moindre largeur chez la *M. pustulata*; nous avons sous les yeux des *M. sidæ*, chez lesquelles les bandes, quoique larges et moins dentelées, sont d'un rouge au moins aussi vif que chez quelques *M. pustulata* à bandes étroites. Quant à la ponctuation des élytres, elle est bien la même dans toutes les variétés, et les poils qui les couvrent sont noirs partout. Nous donnons une figure de cette espèce, dans notre Atlas, pl. 397, fig. 11; c'est la variété à laquelle Bilberg conserve le nom de *Sidæ*. Ces insectes se trouvent en Chine, au Bengale, à Java, à Bombay et dans toutes les Indes orientales; les auteurs disent même qu'ils se trouvent aussi au cap de Bonne-Espérance, mais cette assertion a besoin d'être confirmée.

D'après Fabricius, Latreille, Bilberg et quelques autres, les Chinois feraient usage de la *M. sidæ* pour composer des vésicatoires et remplacer ainsi la Cantharide officinale, et nous avons rapporté (Dict. class. d'hist. nat.) l'assertion d'un habitant de Rio-Janéiro qui nous a dit qu'on l'apportait de Chine et que cette espèce était seule employée à Rio et dans tout le Brésil. Cependant, d'après les expériences de M. le docteur Leclerc, exposées dans la thèse qu'il a présentée à la Faculté de médecine, il y aurait erreur à ce sujet; car il dit avoir analysé cette espèce et n'être jamais parvenu à trouver chez elle le principe épispastique ou la Cantharidine, tandis qu'il existe au plus haut degré dans les *M. cichorii* et *octo-punctata* (*M. mutans*, Guér.) qu'il a soumises en même temps à l'analyse; il s'est même appliqué des vésicatoires composés avec de la *M. sidæ* et avec les autres espèces, et les premiers n'ont produit aucun effet, tandis que les seconds ont donné les mêmes résultats que ceux qu'on obtient avec les Cantharides ordinaires.

Le genre Mylabre, qui se compose de près de cent espèces, est entièrement propre à l'ancien continent; on n'en trouve aucune dans l'Amérique et à la Nouvelle-Hollande.

Latreille a fondé, sous le nom d'Hyclée, *Hyclæus*, un genre composé avec des Mylabres, chez lesquelles les deux ou trois derniers articles des antennes se réunissent, dans les femelles au moins, et forment une massue assez brusque, épaisse et ovoïde, ou en forme de bouton, dont l'extrémité ne dépasse pas le corselet, et où le nombre total des articulations distinctes de cet organe n'est alors que de neuf à dix. Ce genre se compose des *Mylabris impunctata*, Oliv., *argentata, ocellata, Hermanniæ* et *lunata*, Fab., *Bilbergii*, Schonherr, et de quelques autres espèces nouvelles et encore inédites. M. le comte Dejean a même partagé cette division en deux genres, sous les noms de *Dices* et *Decatoma*; mais comme il n'en a pas publié les caractères, et que ces genres ne sont établis que dans le catalogue de sa collection, nous ne pouvons que les signaler ici. Du reste, plusieurs de ces insectes jouissent des facultés vésicantes, comme M. Leclerc s'en est assuré pour les *H. Bilbergii*, *lunatus* et *argus*, Oliv. (Guér.)

MYMAR, *Mymar.* (ins.) Un entomologiste anglais, M. Haliday, a donné ce nom à un genre de très-petits Hyménoptères, appartenant à la famille des Pupivores, tribu des Oxyures, et M. Curtis l'a publié dans son *British entomology*, en lui assignant les caractères qui suivent : antennes insérées sur le front, un peu éloignées à leur naissance, très-longues, filiformes, de treize articles chez les mâles; l'article de la base long, aminci au milieu et plus épais aux extrémités; le deuxième article court, ovale; le troisième et les suivans presque aussi longs que le premier et légèrement coniques; et le dernier un peu plus court, ellipticoconique. Antennes de la femelle aussi longues que le corps, de neuf articles, celui de la base plus long et plus fort que dans le mâle, mais d'une forme semblable; le second, court, ovale; les troisième et quatrième très-effilés, presque de la même longueur, et les suivans submoniliformes, augmentant graduellement en grosseur et en longeur; enfin, le neuvième plus fort et subelliptique. Les mandibules sont tridentées, la tête presque globuleuse, avec les yeux ronds, latéraux, peu proéminens, grenus. Le thorax est sub-ovale, bossu et rétréci en avant; l'abdomen est ovalaire, généralement attaché par un pédicule long, effilé, inséré à la portion la plus basse du thorax; son oviducte est court, mais saillant. Les ailes supérieures sont longues et sans nervures, avec la côte épaisse, le sommet un peu élargi et garni de longs cils. Les ailes inférieures sont très étroites ou simplement formées d'une seule nervure courte et droite. Les pattes sont longues et effilées, avec les cuisses un peu épaissies vers le milieu; les jambes sont effilées, un peu épaissies à la base et au sommet, avec une petite épine à l'extrémité. Les tarses sont composés de quatre articles, dont le basilaire est le plus long et le quatrième un peu dilaté à l'extrémité et terminé par deux petites griffes et une pelote.

Ce singulier genre est surtout remarquable par ses tarses tétramères et par la structure de ses ailes; en effet, tous ceux de la même tribu et même de sa famille ont cinq articles à tous les tarses, leurs quatre ailes sont larges, tandis que dans celui-ci les supérieures sont comme portées sur un long filet, et que les inférieures sont souvent réduites à un état si rudimentaire qu'elles n'ont plus l'apparence que d'un simple poil.

Ces petits insectes sont rares, on ne les a trouvés jusqu'ici qu'en Angleterre, sur les vitres des fenêtres. Ce genre se compose de dix-neuf espèces que M. Haliday a groupées dans deux grandes divisions, dont l'une est composée des espèces qui ont l'abdomen pétiolé et l'autre de celles chez lesquelles il est sessile ou attaché au thorax immédiatement et sans être séparé par une sorte de queue ou de pédoncule. Nous allons donner la description de l'espèce la plus curieuse de la première division.

Mymar joli, *Mymar pulchellus*, Walck., Curtis, *British entom.*, n° 411. Il est long de près d'une ligne, d'un jaune d'ocre brillant, légèrement pubescent; ses yeux sont noirs, ses ailes supérieures sont plus longues que le corps, formées d'une nervure costale longue, produisant au bout une

une membrane ovalaire, allongée, noire au sommet et blanchâtre à la base. Cette expansion est garnie de longs cils bruns tout autour, et offre une ligne de ces mêmes poils au milieu de sa surface. Les ailes inférieures sont rudimentaires et composées d'une seule nervure très-courte et pointue. Les antennes sont brunes vers le bout. Ce joli petit insecte est représenté dans notre Atlas, pl. 398, fig. 1. La figure 1 *a* représente son abdomen vu de profil. (Guér.)

MYODAIRES. (ins.) Nom sous lequel M. Robineau Desvoidy désigne la tribu des Diptères que nous avons indiquée sous le nom de Muscides (*voy.* ce mot). (A. P.)

MYODITE, *Myodites.* (ins.) Genre de Coléoptères, de la section des Hétéromères, famille des Trachélides, tribu des Mordellones, ayant pour caractères : antennes placées sur le sommet de la tête, pectinées des deux côtés dans les mâles, au côté interne seulement dans les femelles; élytres très-courtes, en forme de petite écaille; ailes étendues. Ces insectes seraient très-voisins des Ripiphores, sans l'avortement des élytres; leur tête est inclinée, plate, mais assez large; les yeux saillans, entiers; les antennes insérées au niveau de la partie supérieure des yeux; les mâchoires sont courtes et leurs palpes filiformes; le thorax est très-incliné, plus étroit antérieurement; l'abdomen, dans les femelles, est large vers son extrémité; il se replie en dessous et est terminé par une longue tarière formée des derniers anneaux et qui se dirige jusque vers la tête. Les mœurs de ces insectes sont inconnues; on suppose qu'ils vivent en parasites sous l'état de larve.

M. diptère, *M. subdipterus*, Fab. Long de quatre lignes, tête et thorax noirs, abdomen fauve avec la tarière brune, pattes fauves, mais noires à la base; cette couleur s'étend quelquefois sur tous les fémurs; élytres fauves, ailes ayant au milieu une large bande enfumée plus intense au bord antérieur. Cette espèce est rare aux environs de Paris. M. Guérin en a fait connaître une nouvelle espèce dans le Dictionnaire classique d'histoire naturelle, sous le nom de Myodite américain, *M. americanus.* Il est entièrement noir et ses ailes sont transparentes avec l'extrémité seulement brune. Cet insecte vient de Philadelphie. M. Guérin en a donné une figure dans son Iconographie du Règne animal. (A. P.)

MYODOQUE, *Myodocha.* (ins.) Genre d'Hémiptères, de la section des Hétéroptères, famille des Géocorises, tribu des Longilabres. Ce genre, voisin des Réduves, se distingue par les caractères suivans : antennes de quatre articles, dont le premier le plus court, les trois autres égaux, mais le dernier plus épais; tête fortement rétrécie à sa partie postérieure, en manière de cou; thorax triangulaire, séparé en deux par une impression profonde; pattes antérieures ayant leurs fémurs en massue. Latreille a établi ce genre sur l'espèce suivante.

M. serripède, *M. serripes*, Latr.; Guér., Icon. du Règne animal. Longue de quatre lignes, noire; élytres, antennes et pattes fauves, nuancées de brun. De l'Amérique septentrionale. (A. P.)

MYOPE, *Myopa.* (ins.) Genre de Diptères, de la famille des Athéricères, tribu des Conopsaires, ayant pour caractères : suçoir de deux soies, renfermé dans une trompe bicoudée; antennes de trois articles, dont le second beaucoup plus long, le dernier ovalaire, surmonté d'une soie; l'abdomen étroit, recourbé en dessous à son extrémité; ailes couchées, première cellule postérieure découverte, anale allongée; les Myopes ont au premier coup d'œil de la ressemblance avec les Conops, avec lesquels on les a quelquefois confondus; mais leurs antennes courtes les en distinguent facilement; ils ont la tête épaisse, presque en forme de cône obtus; les antennes sont reserrées et atteignent à peine le bord de l'ouverture buccale; la trompe, très-longue et étendue, atteindrait facilement l'insertion des pattes postérieures; mais elle est coudée en deux endroits, du bord à sa base, en se dirigeant sur le haut de la tête, ensuite vers le milieu de sa longueur, où elle se dirige en bas en se repliant sur l'autre partie; le corselet est cubique; l'abdomen allongé, convexe en dessus, concave en dessous; les pattes sont assez fortes, velues. On ignore les métamorphoses de ces insectes, on suppose par analogie que leurs larves vivent en parasites. On trouve l'insecte parfait sur les fleurs.

Myope ferrugineuse, *M. ferruginea*, Fab., longue de 6 lignes; yeux noirs, intervalle entre eux jaune, couvert d'un duvet soyeux autour de la cavité buccale; antennes, corps, pattes ferrugineux; on remarque sur le thorax une bande médiane et quatre points latéraux noirs. Elle se trouve assez communément à Paris.

Myope peinte, *M. picta*, Fab. Longue de cinq lignes; face blanche très-large; corps noir, avec toutes ses parties mouchetées de fauve et de blanc; les ailes sont fauves, mélangées de noir et d'espaces diaphanes. Des environs de Paris. (A. P.)

MYOPHONE, *Myophonus.* (ois.) Genre proposé par M. Temminck pour un oiseau rapporté de l'Archipel indien par MM. Reinwardt et Diard, et caractérisé de la manière suivante : bec très-gros, fort et dur; quelques soies raides en garnissant l'ouverture; la grande membrane qui tapisse les fosses nasales, couverte de petites plumes tournées en avant; les tarses très-longs; la queue carrée et les ailes atteignant seulement la fin de son premier tiers.

On ne connaît encore qu'une espèce de Myophone, figurée par M. Temminck dans la neuvième livraison des planches coloriées sous le nom de *Myophonus metallicus.* Un noir bleuâtre, variable selon les inflexions de la lumière, et marqué çà et là de plaques à reflets métalliques, un peu plus foncé sur la tête et l'abdomen que sur le reste du corps, et passant légèrement au brun vers l'extrémité des rémiges, la colore généralement; le bec est jaune, sauf son arête qui est noire. Les pattes sont de cette dernière couleur. Sa taille est d'un pied environ, ses mœurs sont inconnues; sa patrie, les îles de Java et de Sumatra; M. Temminck, dans la description qu'il en donne, ne lui assigne point de place dans le cadre zoologique. Les ornithologistes pensent qu'il peut être placé près des Pyroll (*Kitta*). (V. M.)

MYOPORE, *Myoporum*. (BOT. PHAN.) Genre de plantes dicotylédonées de la famille des Myoporinées de R. Brown, et de la Didynamie angiospermie de Linné, offrant pour caractères essentiels: un périanthe double, l'extérieur persistant, quinquélobé; l'intérieur hypocratériforme (en forme de coupe), à cinq divisions égales; quatre étamines didynames, quelquefois une cinquième, infertile; ovaire supère; un style; stigmate obtus, un drupe charnu à deux ou quatre loges monospermes.

Ce genre renferme des arbrisseaux à feuilles alternes, rarement opposées (une seule espèce), entières, le plus souvent dentées en scie. Presque toutes naturelles à la Nouvelle-Hollande, deux seulement de la Nouvelle-Zélande. On a réuni au Myopore les genres *Adenosia* de Ventenat, *Pogonia* d'Andrews. Son nom est formé de deux mots grecs, μῦς, μυὸς, souris, et πόρος, pores, pour exprimer la finesse de la multitude de pores dont la plupart de ces plantes sont couvertes. Ce sont au reste des plantes assez peu intéressantes, une ou deux peut-être exceptées. Nous en décrirons deux ou trois espèces que nous choisirons parmi les plus remarquables des vingt qui composent ce genre.

MYOPORE A PETITES FEUILLES, *M. parvifolium*, R. Br. Arbrisseau de 3 à 5 pieds de haut; tiges très-ramifiées; rameaux diffus, courts, grêles; feuilles spatulées-linéaires, sessiles, subobtuses, charnues, subdentées à leurs bords; rameaux et feuilles couvertes de glandes sur les deux faces; fleurs nombreuses, petites, blanches, incolores, pédonculées et réunies deux à trois dans les aisselles des feuilles; fleurit presque toute l'année. Cultivé en serre tempérée dans une terre légère, on le multiplie aisément de graines et de boutures. On le voit assez fréquemment chez les fleuristes et dans les collections des amateurs qui le recherchent à cause de la quantité de ses fleurs et de la singularité de son feuillage. Sa patrie est la Nouvelle-Hollande.

MYOPORE AGRÉABLE, *M. lætum*, Forst. Arbrisseau de 5 à 6 pieds ou plus de haut; rameaux dressés, glabres; feuilles oblongues aiguës, médiocrement dentées à leur sommet, atténuées à leur base, glabres, luisantes; divisions du périanthe extérieur cuspidées, périanthe intérieur velu; fleurs blanches; pédoncules agrégés. De la Nouvelle-Zélande.

MYOPORE ELLIPTIQUE, *M. ellipticum*, R. Br. Arbrisseau de 3 à 5 pieds de haut; tige dressée; rameaux alternes, glabres, peu ouverts; feuilles subspathulées-lancéolées, mucronées, glabres en dessous, ponctuées en dessus, alternes, luisantes, entières, à pétioles articulés; fleurs axillaires, quelquefois solitaires, blanchâtres, pendantes, assez petites; divisions du calice (périanthe externe) très-aiguës, glabres; corolle (périanthe interne) hypocratériforme, plus longue que le calice, glabre à l'extérieur, pubescente à l'intérieur, à 5 loges ovales, arrondies, et dont l'orifice est fermé par des poils. Le fruit est un drupe contenant un noyau osseux à quatre loges monospermes. Ce végétal est naturel à la Nouvelle-Hollande. (C. L.)

MYOPORINÉES, *Myoporineæ*. (BOT. PHAN.) Famille de plantes établie par R. Brown, et qu'il place près des Verbénacées ou Viticées dans la classe des Hypocorollées ou plantes dicotylédonées à étamines insérées sous le pistil. Cette famille a été adoptée par tous les botanistes. Voici les autres caractères qu'il lui attribue: Un périanthe double; l'extérieur (calice) persistant, à cinq divisions; l'intérieur (corolle) à limbe presque égal ou un peu bilabié; quatre étamines didynames insérées sur le tube, accompagnées quelquefois d'une cinquième avortant constamment; un ovaire libre, un style à stigmate à peine divisé; le fruit est une noix, recouverte d'un brou, contenant deux ou quatre loges, renfermant chacune dans le haut une ou deux graines dont l'embryon, entouré d'un périsperme, a sa radicule tournée en haut, et est ainsi renversé.

Toutes les Myoporinées sont des arbrisseaux à feuilles alternes ou opposées, simples, sans stipules, à fleurs axillaires, sans bractées. Cette famille renferme les genres *Myoporum* (d'où elle tire son nom), *Bontia*, *Pholidia*, *Stenochilus*, et *Eremophila*, genres nouveaux, créés aussi par R. Brown, sur des plantes observées par lui à la Nouvelle-Hollande. Il y rapporte encore, mais avec doute, l'*Avicennia* de Linné. (C. L.)

MYOPOTAME, *Myopotamus*. (MAM.) Ce genre de Rongeurs, depuis fort long-temps indiqué par Commerson, n'a été bien connu et établi que vers ces derniers temps. Les mammalogistes ne l'ont même pas tous adopté sous le même nom, et la place qu'on lui a assignée varie également selon les auteurs. M. Geoffroy St-Hilaire, réunissant au *Quouya* (nom sous lequel d'Azzara avait fait connaître l'espèce type du genre qui nous occupe) deux autres espèces rapportées de la Nouvelle-Hollande par Péron, Lesueur et Levillain, en avait formé sous le nom d'Hydromys un genre qu'il soupçonnait devoir être placé entre les Castors et les Rats d'eau; ce n'est que d'après des caractères peu sûrs, tirés seulement des pelleteries du Quouya, que ce rongeur avait été réuni aux deux autres espèces; mais plus tard, lorsque des indications plus satisfaisantes sont venues compléter ce qu'on connaissait de cet animal, les zoologistes ont été conduits à faire du *Myopotamus* de Commerson le type d'un genre particulier. Quelques auteurs ont donné à cette petite division le nom de *Potamys* fait par contraction de *Myopotamus*. Cuvier, dans son Règne animal, en adoptant ce genre, a choisi pour le désigner la dénomination générique de *Couia*. Il a aussi éloigné le Myopotame des Rats, et l'a placé entre les Castors, avec lesquels il a plus d'un rapport, et les Porcs-épics. Les Myopotames ont en haut et en bas quatre molaires de même forme à peu près que celles des Castors, c'est-à-dire composées comme d'un ruban osseux replié sur lui-même. La seule différence qui existe entre les molaires supérieures et les inférieures, c'est que les premières présentent une échancrure à leur face interne, et trois à l'externe, tandis que les autres offrent précisément le contraire. Leurs incisives sont fortes et teintes en jaune; leurs pieds sont longs, pentadactyles, les antérieurs libres, et les postérieurs palmés; leur queue est ronde et allongée; enfin la forme générale de leur corps se rapproche beaucoup de celle des Castors. Dans l'état présent de la science on n'en connaît qu'une seule espèce.

Le Myopotame ou Coypou et Coypu de Molina (Histoire du Chili), que d'Azzara a également décrit sous le nom de Quouya, *Mus coypus*, Mol. et Gmel., *Hydromys coypus*, Geoff., *Myopotamus coypus*, Cuv., Guér., Iconographie du Règ. animal, Mamm., pl. 29, fig. 3, est une des plus grandes espèces de l'ordre des Rongeurs. Sa longueur totale, mesurée du museau à l'extrémité de la queue est à peu près de trois pieds. « Sa teinte générale, dit M. Geoffroy St-Hilaire (Annales du Mus., tom. 6, p. 86), est, sur le dos, d'un brun marron; cette couleur s'éclaircit sur les flancs et passe au roux vif; elle n'est que d'un roux sale et presque obscur sous le ventre. Cependant cette couleur est assez changeante, suivant la manière dont le Coypou hérisse ou abaisse ses poils. Cette mobilité, dans le ton de son pelage, provient de ce que chaque poil est d'un cendré brun à son origine, et d'un roux vif à sa pointe. Le feutre caché sous de longs poils est cendré brun, d'une teinte plus claire sous le ventre. Les longs poils n'ont sur le dos que leur pointe qui est rousse, et ceux des flancs sont de cette dernière couleur dans la moitié de leur longueur. Comme dans tous les animaux qui vont fréquemment à l'eau, les poils de la queue sont rares, courts, raides et d'un roux sale; elle est écailleuse dans ses parties nues. Le contour de la bouche et l'extrémité du museau sont blancs; les moustaches, longues et raides, sont aussi de cette dernière couleur, à l'exception de quelques poils noirs.» Dans quelques individus, la couleur est plus pâle et tend à passer au blanc: M. Geoffroy pense que cette variété dans le pelage doit tenir à une maladie albine. La femelle est en tout semblable au mâle.

Le Coypou a encore, par son pelage, des rapports avec le Castor; aussi sa pelleterie, comme celle de ce dernier, a-t-elle été principalement employée dans le commerce de la chapellerie. Il n'y a pas long-temps encore, on l'importait par milliers chez nous, sous le nom de Raconde; aujourd'hui cette branche de commerce est presque entièrement détruite.

Molina et d'Azzara s'accordent à donner au Myopotame un caractère doux. Il mange de tout ce qu'on lui donne et paraît s'attacher à ceux qui en prennent soin. On l'apprivoise aisément, et il s'accoutume à l'état de domesticité. On ne l'entend crier que lorsqu'il est maltraité; sa voix alors consiste en un petit cri perçant. Il habite les bords des rivières, dans des terriers qu'il se creuse, et nage avec beaucoup de facilité. La femelle fait de cinq à sept petits qu'elle conduit toujours avec elle. Le Coypou est très-commun dans les provinces du Chili, de Buénos-Ayres et du Tumman. On le trouve au contraire très-rarement au Paraguay. Quelques individus ont aussi été rencontrés dans le Brésil. (Z. G.)

MYOSOTIDE, *Myosotis*. (bot.) Vulgairement Scorpione. Genre de plantes dicotylédonées monopétales, de la famille des Borraginées et de la Pentandrie monogynie, L., qui présente pour principaux caractères: Un calice monophylle, à cinq divisions plus ou moins profondes, une corolle monopétale en forme de soucoupe, dont le tube est court et muni, à sa partie supérieure, de cinq écailles, convexes, rapprochées et à limbe partagé en cinq découpures; cinq étamines à filamens très-courts, renfermées dans le tube; quatre ovaires supères, surmontés d'un sous-style filiforme; quatre graines lisses ou bordées, renfermées dans le calice. Ce genre ne diffère des Héliotropes que par les écailles dont est munie l'entrée du tube de ses corolles.

Les vraies Myosotides sont des plantes ordinairement herbacées, rarement suffrutescentes, à feuilles simples, alternes, et dont les fleurs nombreuses, petites, bleues ou blanches, sont disposées en épis latéraux et terminaux. Les espèces de ce genre sont assez nombreuses. On en reconnaît une quarantaine, répandues dans les différentes parties du monde, mais dont la plus grande partie se trouve cependant en Europe. Nous n'en mentionnerons ici que quelques unes, parce que ces plantes présentent peu d'intérêt.

Myosotis signifie en grec oreilles de souris, et ce nom a été donné aux plantes de ce genre à cause de la forme des feuilles de plusieurs espèces.

Myosotide annuelle, vulgairement Oreille-de-souris: *Myosotis annua*, De Candolle, Flore française. Sa racine est fibreuse et vivace; elle produit une tige herbacée, droite, un peu rameuse, hérissée, ainsi que les feuilles, de poils blancs et nombreux; ses feuilles radicales sont spatulées, les caulinaires oblongues et sessiles. Les fleurs sont petites, ordinairement d'un bleu céleste, quelquefois jaunes ou très-pâles. Elles sont portées sur des pédicelles nus et plus longs qu'elles, disposées au sommet de la tige et des rameaux en grappes roulées en spirale avant leur développement. Le tube de la corolle est plus court que les divisions du calice, et son limbe est presque droit et peu évasé. Ses graines sont lisses et brillantes. Cette plante fleurit au printemps et pendant une partie de l'été; elle est très-commune dans les champs, sur les collines, au bord des bois et dans les lieux secs.

Cette espèce est très-sujette à varier, selon la nature du terrain où elle croît. On la trouve, dans les lieux arides et sablonneux, s'élevant à peine à la hauteur de six pouces; tandis que, dans les endroits ombragés et un peu gras, elle atteint une hauteur d'un pied. Ces différences dans la grandeur ne sont nullement constantes, non plus que la couleur variable des fleurs, et elles ne peuvent constituer des variétés distinctes, comme quelques auteurs ont voulu les établir sous les noms de *Myosotis collina*, de *Myosotis sylvatica* et de *Myosotis versicolor*.

Myosotide vivace, *M. perennis*, De Candolle, Flore française, 3, pag. 629. Cette espèce se distingue de la précédente par sa tige couchée à sa base, radicante et ensuite redressée, presque simple; par ses fleurs plus grandes et par le tube de la corolle qui est évasé et qui égale les divisions du calice. Elle présente d'ailleurs deux variétés principales: l'une, croissant dans les eaux, les lieux humides et marécageux, est presque glabre; l'autre, habitant dans les bois et sur les montagnes aux lieux un peu secs, est plus ou moins chargée de poils, surtout sur les calices. L'une et l'autre variété sont communes en France et dans une grande partie de l'Europe. M. De Candolle fait mention d'une troisième variété, dont les fleurs sont sessiles entre les feuilles, et qu'il a trouvée au sommet du col de St-Remi dans les Alpes. Toutes ces plantes fleurissent en mai, juin et pendant la plus grande partie de l'été. Leurs fleurs sont ordinairement d'un bleu tendre, avec la gorge jaune. Nous en avons cependant observé des individus dont les corolles étaient couleur de chair, et d'autres qui les avaient blanches.

Les fleurs de la Myosotide vivace offrent une symétrie de formes et un mélange si agréable de couleurs, qu'elles charment d'autant plus l'œil de l'observateur, qu'il les regarde de plus près. Aussi cette plante est-elle un de ces emblèmes allégoriques que les Allemands surtout ont employés pour exprimer les deux sentimens de l'amitié et de la reconnaissance. Ils la désignent par des mots que nous traduisons par *ne m'oubliez pas*, et dans le langage vulgaire, nous la nommons en France, *plus je vous vois, plus je vous aime*. Cette jolie petite plante mérite d'être placée dans les endroits frais et humides de nos jardins, et encore mieux sur les bords des pièces d'eau ou des ruisseaux dans les jardins paysagers.

Myosotide petite, *M. pusilla*, Linn. Cette plante n'a pour l'ordinaire qu'un pouce de haut et quelquefois même six à huit lignes seulement; elle se distingue des individus nains de la Myosotide annuelle par ses tiges étalées, rameuses dès la base; par ses fleurs peu nombreuses ne formant pas une grappe nue, mais disposées dans les aisselles supérieures. Ses fleurs sont très-petites, elles nous ont paru, d'après les échantillons secs que nous avons eus sous les yeux, avoir été blanches ou d'un bleu très-clair. Les graines sont très-lisses, luisantes, noirâtres, et une ou deux ensemble dans chaque calice. Cette espèce a été trouvée, par M. G. Robert, dans les champs en Corse: elle est annuelle.

Myosotide naine, *M. nana*, Villd., Dauph. 2, pag. 459. Sa racine est une souche vivace, d'où naissent plusieurs tiges redressées, d'un à deux pouces de hauteur et n'ayant parfois que quelques lignes. Ses feuilles inférieures, ovales-oblongues, spatulées, chargées, ainsi que les tiges et les calices, de longs poils blancs, sont nombreuses et forment une touffe ou rosette à la base des tiges. Ses fleurs sont d'un bleu très-vif et très-grandes comparativement à la plante; elles sont peu nombreuses au sommet de la tige. Ses graines sont au nombre de quatre, quelquefois de trois, rarement de cinq. Elles sont triangulaires, aplaties sur le dos, bordées d'un feuillet membraneux, dentelé, s'engrenant avec le feuillet de la graine voisine. Cette espèce croît parmi les rochers escarpés, sur les sommets des Hautes-Alpes, du Dauphiné, du Valais, du mont Cenis, etc.

Myosotide frutiqueuse, *M. fruticosa*, Linn., Mant., 201. Sa tige est ligneuse, haute d'environ un pied, divisée en rameaux nombreux, garnis de feuilles alternes, linéaires, presque lisses, chargées seulement de quelques poils. Ses fleurs sont petites, sessiles, disposées en épis à l'extrémité des tiges, et toutes tournées du même côté. Leur calice renferme, après la floraison, quatre graines libres et très-petites. Cette espèce croît au cap de Bonne-Espérance.

Myosotide en corymbe, *M. corymbosa*, Ruiz et Pav., Fl. péruv., 2, pag. 5. Sa racine est fibreuse, annuelle; elle produit plusieurs tiges cylindriques, la plupart étalées sur la terre, bifurquées dans leur partie supérieure, garnies de feuilles linéaires, sessiles, éparses. Ses fleurs sont blanches, trois fois plus grandes que le calice, d'abord disposées en corymbe terminal, puis s'allongeant en épi. Cette plante croît au Chili, dans les champs.

Les anciens employaient le mot *Myosotis* pour désigner des plantes fort différentes. Daléchamp donnait ce nom à une Drave, *Draba verna*, plante crucifère; Tournefort, à un genre de la famille des Caryophyllées, qui est maintenant le *Cerastium* de Linné; et ce dernier a rétabli pour un genre de Borraginées, réuni auparavant au *Lithospermum*, le nom de Myosotis, qui lui avait été donné primitivement par Lobel. (L.)

MYOSURE, *Myosurus*. (bot. phan.) Une petite plante que Tournefort et ses contemporains confondaient avec les Renoncules, a été érigée en genre par Linné. Elle a pour caractères distinctifs: ses carpelles disposées en épi sur un réceptacle qui s'allonge après la fécondation; son calice de cinq sépales, terminés à leur base par une sorte d'appendice qui s'applique sur le pédoncule, au-dessous du point d'insertion; sa corolle de cinq pétales dont les onglets sont tubuleux et filiformes. Elle appartient à la Polyandrie polygynie par le nombre indéfini de ses étamines et de ses ovaires.

Le *Myosurus minimus*, L., seule espèce du genre, est commun en été dans les champs et les bois humides de toute l'Europe. Il y forme des touffes de feuilles radicales, linéaires, planes, épaisses et très-entières; les hampes sont dressées, hautes de deux ou trois pouces, et portent une seule fleur de couleur jaune. A cette fleur succède un long épi de graines, qui a valu à la plante le nom vulgaire et générique de Queue de souris; on peut le comparer encore à une petite lime ronde d'horloger.

La racine de cette plante a été l'objet d'observations intéressantes de M. Cassini. Elle présente, dit-il, une sorte de caudex cylindrique, blanc, dur; son extrémité inférieure donne naissance à une touffe de vraies racines fibreuses, filiformes, et de son extrémité supérieure naît une touffe de feuilles et de hampes. Comme la Myosure croît dans les lieux un peu inondés, M. Cassini a pensé que l'usage de ce caudex est d'élever la touffe de feuilles et de pédoncules à la surface de l'eau, tandis que les fibres sont fixées dans la terre et y puisent la vie. (L.)

MYOTILITÉ. (PHYSIOL.) Nom donné par le professeur Chaussier à la contractilité musculaire. (*Voy.* CONTRACTILITÉ.) (P. G.)

MYRIAPODES, *Myriapoda.* (INS.) Envisagés sous le rapport de leurs moyens de locomotion, les animaux articulés se partagent naturellement en trois groupes particuliers : les uns se meuvent au moyen de pieds, ou mieux, d'appendices articulés extérieurement, à la manière de leur corps; d'autres ont sur les côtés des soies plus ou moins longues, plus ou moins dures, qui remplissent les mêmes fonctions; et ceux de la troisième catégorie ne possèdent aucun appendice locomoteur, aussi les a-t-on nommés Apodes, c'est-à-dire privés de pieds. C'est le plus souvent à l'aide des contractions de leur corps qu'ils progressent, ou bien ils ont dans ce but des espèces de ventouses cutanées. Ces Vers apodes (*voy.* VERS) sont les Sangsues, les Borlases et beaucoup d'autres, la plupart marins ou entozoaires; ceux de la seconde catégorie, que Lamarck réunit aux précédens sous le nom d'Annélides, sont des Chétopodes (pieds en soie), exempels : les Néréides, les Lombrics, les Naïs, etc. Quant aux nombreuses espèces qui ont des pieds articulés, elles en présentent quelquefois un très-grand nombre, et dans l'état adulte elles en ont toujours plus que les Vertébrés. En effet, aucun entomozaire ne présente, dans l'état adulte, moins de six pattes, toujours disposées sur trois paires. Ceux qui possèdent précisément ce nombre sont les insectes appelés aussi *Hexapodes*; d'autres sont *Octopodes*, ou à huit pattes (quatre paires), ex. les Araignées; et parmi les CRUSTACÉS (*voy.* ce mot), il en est beaucoup à dix (Décapodes), et d'autres à quatorze paires de pattes (Tétradécapodes). Le nombre de ces organes est au contraire variable, dans certaines limites, chez diverses espèces qu'on rapporte aussi à la catégorie des Crustacés; mais il ne dépasse jamais quatorze. Enfin il est d'autres animaux articulés chez lesquels les pattes sont, dans toutes les espèces, plus nombreuses encore; certains d'entre eux ont même plusieurs centaines d'appendices locomoteurs, et aucun n'en a moins de huit paires; ces Entomozoaires ont été appelés Myriapodes : ce sont les Scolopendres, les Iules et les Gloméris, que vulgairement on appelle Mille-pieds ou Cent-pieds. Les anciens les nommaient Centipèdes, et Latreille les a désignés sous le nom de Myriapodes, adoptant avec tous les naturalistes que ces animaux devaient former un groupe particulier, bien qu'il n'ait pas été fixé sur la valeur et sur les affinités de ce groupe, comparé à ceux qui composent avec lui le deuxième type du règne animal.

L'histoire naturelle des Myriapodes, qu'on pourrait appeler la *Myriapodologie*, n'est pas aussi avancée que celle de la plupart des autres animaux articulés; néanmoins ces êtres méritent à tous égards l'attention des naturalistes. Intermédiaires par leur forme et par leur genre de vie aux Entomozoaires pourvus de pieds articulés et à ceux qui ont de simples soies, ils offrent à l'observateur différens faits importans pour éclairer l'anatomie et la physiologie des premiers et celles des seconds. Ils ont aussi, comme on le pense bien, divers caractères qui leur sont spéciaux, et certaines particularités n'ont encore été indiquées que chez eux. On sait d'ailleurs que différens Myriapodes, et surtout les Scolopendres, sont devenus célèbres par leurs qualités nuisibles et par leur démarche toujours embarrassée et repoussante. Diverses espèces de cette classe habitent notre pays,, et, chose digne de remarque, elles sont de genres assez distincts les uns des autres, pour que leur étude fasse connaître les différentes familles et même tous les principaux genres que les naturalites ont distingués.

Le nom *Myriapodes* a pour racines les deux mots grecs suivans : μυριος sans nombre, dix mille et πους, ποδος pied; les animaux auxquels il a été imposé peuvent être caractérisés de cette manière.

Animaux terrestres, articulés extérieurement, à segmens nombreux; un ganglion nerveux et le plus souvent une paire de pattes articulées pour chaque anneau du corps; le système nerveux ganglionnaire inférieur au canal intestinal et placé sur la ligne médiane; point d'abdomen distinct du thorax et apode; point d'ailes; tête pourvue de deux antennes; bouche composée de plusieurs paires d'appendices; les deux ouvertures du canal intestinal terminales et opposées; yeux stemmatiformes, composés ou nuls; circulation incomplète; respiration trachéenne; génération bisexuée, dioïque, ovipare ou ovovivipare.

Si nous commençons l'étude des Myriapodes par celle de leur système nerveux, nous verrons qu'ils sont, sous ce rapport, parfaitement conformes aux autres animaux articulés; ils sont même un exemple au moyen duquel la disposition normale de tout le type peut être le mieux comprise. Les nerfs principaux forment sur la ligne médiane du corps, au dessous du canal intestinal, une série de ganglions, pl. 400, fig. 16, et chacun de ces ganglions correspond à un des anneaux du corps; tous donnent naissance à des filamens plus ténus qui s'en échappent latéralement; le nombre des ganglions principaux est donc proportionnel à celui des anneaux du corps, et comme dans certaines espèces ceux-ci sont incomparablement plus nombreux chez les adultes que chez les jeunes sujets, les ganglions varient eux-mêmes en nombre. Ils sont figurés dans notre Atlas, pl. 400, fig. 16, d'après un individu adulte de la Lithobie à tenailles (*Lithobius forcipatus*). M. Tréviranus a fait connaître avec soin ce système important de l'économie des Myriapodes, ainsi que celui de plusieurs autres espèces, dans son Mémoire sur l'anatomie de quelques espèces de cette classe.

Tous ces animaux respirent l'air en nature, et ils sont pourvus de trachées; ces organes s'ouvrent sur les côtés de leur corps par des stigmates que nous avons fait représenter dans le Iule terrestre et dans la Lithobie, pl. 400, fig. 4 et 17. Leur système vasculaire, de même que celui des animaux trachéens, est fort incomplet; mais ces diverses considérations trouveront place d'une manière plus convenable dans divers autres articles de ce Dictionnaire auxquels nous renvoyons.

Quant au système digestif, les particularités qu'il présente veulent que nous nous y arrêtions plus longuement. Chez ces animaux, le tube digestif est tout-à-fait droit et ne dépasse par conséquent pas la longueur du corps. Dans les Lithobies, l'œsophage et le jabot ne forment qu'un même tube d'un diamètre uniforme, cylindrique, enveloppé par les glandes salivaires et atteignant à peine la seconde plaque dorsale. MM. Tréviranus et Marcel de Serres n'admettent point de jabot; mais l'analogie fait supposer à M. L. Dufour que cette première poche gastrique doit exister, et que, si elle n'est pas prononcée, c'est que les alimens n'y séjournant que peu de temps et en petite quantité, ils n'y déterminent pas de dilatation sensible. L'existence, dit M. Dufour, d'un léger bourrelet à l'origine du ventricule chilifique, bourrelet qui me semble l'indice d'une valvule annulaire, vient prêter un grand poids à l'induction par analogie. Cette valvule prouve que les alimens ne doivent pénétrer dans la poche qu'elle précède qu'après avoir subi une élaboration préliminaire dans le ventricule en question. Le ventricule chilifique forme à lui seul les trois quarts de la longueur de tout le tube digestif; sa cavité renferme une pulpe alimentaire homogène, d'un gris roussâtre. L'intestin, bien moins large et cylindroïde, paraît cannelé suivant sa longueur, lorsqu'il est vide et contracté sur lui-même. Avant de se terminer à l'anus, il offre un *cœcum* à peine sensible, caché dans la figure ci-jointe (fig. 12), que nous empruntons à M. Léon Dufour, par les derniers segmens de l'abdomen. Il n'y a chez les Lithobies qu'une paire de vaisseaux hépatiques; ils s'insèrent un de chaque côté et par un bout légèrement renflé au bourrelet valvuleux cité plus haut, comme étant en arrière du canal chilifique.

Chez les Scutigères, l'appareil digestif diffère très-peu de celui des Lithobies; l'œsophage est d'une brièveté extrême; le jabot n'est qu'une faible dilatation; le ventricule chilifique est cylindroïde et occupe environ les trois quarts de la longueur du corps; il a une capacité assez vaste; ses parois sont assez épaisses et d'une texture remarquable. L'intestin paraît plus musculeux que le ventricule chilifique; un peu avant la terminaison du rectum existe une sorte d'appendice cœcal. *Voyez* pour plus de détails le mémoire de M. Dufour (Ann. sc. nat., tom. II, pag. 95). Le tube alimentaire des Iules est, à peu de chose près, le même que celui des Lithobies et des Scutigères, les dispositions générales étant fort analogues. La bouche des Myriapodes a été étudiée avec soin pour quelques espèces seulement. Chez les Chilognathes, Gloméris, Iules, etc., on remarque, d'après Latreille : deux mandibules épaisses, sans palpes, très-distinctement divisées en deux portions par une articulation médiane, avec des dents imbriquées et implantées dans une convexité de son extrémité supérieure; une lèvre (languette, Latreille; lèvre inférieure composée de deux paires de mâchoires, selon M. Savigny) située immédiatement au dessous d'elles, les recouvrant, crustacée, plane, divisée à sa surface extérieure par des sutures longitudinales et des échancrures en quatre aires principales, tuberculées au bord supérieur, et dont les deux intermédiaires, plus étroites et plus courtes, situées à l'extrémité supérieure d'une autre aire, leur servent de base commune. Chez les Chilopodes, au contraire (Scolopendres, Lithobies, Scutigères), la bouche est composée de deux mandibules munies d'un petit appendice en forme de palpe, offrant dans leur milieu l'apparence d'une soudure, et terminées en manière de cuilleron dentelé sur ses bords; d'une lèvre quadrifide dont les deux divisions latérales, plus grandes, annelées transversalement, semblables aux pattes membraneuses des Chenilles, les deux palpes ou petits pieds réunis à leur base, onguiculés au bord, et d'une seconde lèvre formée par une seconde paire de pieds dilatés et joints à leur naissance, et terminés par un fort crochet mobile et percé sous son extrémité d'un trou pour la sortie d'une liqueur vénéneuse.

Cette définition, empruntée à Latreille, diffère sous quelques rapports de celle qu'avait donnée antérieurement Savigny, et qui repose sur de patientes et laborieuses observations; Degéer avait déjà entrepris de décrire et de représenter les appendices qui composent la bouche des Scolopendres. Les figures que Savigny a données, dans les belles planches de la Description de l'Egypte, sont les plus complètes que l'on puisse citer.

M. Guérin a étudié, depuis, le même organe dans une espèce du premier ordre, le Pollyxène, et consigné dans son Iconog. du Règ. anim., Insect., pl. 1, le résultat de cette étude, qui fait mieux comprendre qu'on ne l'avait fait jusqu'alors la bouche de ce Myriapode.

Après les appendices qui font partie de la bouche et qui servent à saisir la nourriture ou à la broyer, nous devons parler de ceux du tronc. Ceux-ci, qui sont les membres ou les pieds, sont composés d'articles plus distincts; on sait que leur grand nombre a déterminé le nom que portent ces animaux. Les caractères qu'ils présentent ne sont pas moins utiles pour la classification que les précédens; car ils confirment ce qu'avaient indiqué les précédens, et justifient la séparation des Myriapodes en deux groupes principaux.

Tous les anneaux du tronc (sans distinction de thorax et d'abdomen) sont pourvus de pattes; et dans tous les Chilopodes, chaque anneau présente une paire de pattes insérée sur ses parties latérales; mais les Chilognathes ont ordinairement deux paires de pattes pour chaque anneau, et chez eux c'est à la partie inférieure du corps que s'insèrent ces appendices. Nous prendrons pour exemple les Polydesmes, animaux si voisins des Iules, mais qui s'en distinguent par un moins grand nombre d'anneaux au corps et par suite de pattes; les segmens, toujours consistans et plus ou moins carénés sur leurs bords, sont au nombre de vingt, sans comprendre la tête; le premier, qui est celui de la nuque, manque de pattes, et les trois suivans en ont chacun une paire; il semble quelquefois que l'anneau nuchal, bien qu'incomplet, possède une paire de pattes, et que le suivant, au contraire, en soit dépourvu. Quant aux autres, ils ont chacun deux paires d'appendices, et le dernier, ou l'anal, en est toujours dépourvu. Parfois un ou plusieurs anneaux offrent trois paires de pattes chacun; mais c'est alors un cas anomal. Palisot de Beauvois en a représenté un exemple dans son ouvrage sur les insectes d'Afrique et d'Amérique. Chez certains Iules, deux segmens præ-anaux sont parfois apodes; mais ceci n'a pas constamment lieu et se voit plus volontiers chez les individus qui n'ont point encore pris tout leur développement. Les Gloméris et les Polyxènes, à cause du peu de consistance de leur derme, semblent offrir moins de régularité sous ce rapport.

Les pieds des Myriapodes sont plus ou moins longs; c'est chez les Scutigères qu'ils prennent le plus grand développement de longueur; quant au nombre, ils ne présentent pas de moins grandes différences, non seulement suivant les espèces, mais encore suivant l'âge des individus. Nous aurons occasion d'y revenir plus loin. Sous ce dernier rapport, les espèces qui dans l'état parfait en possèdent le moins sont les Polyxènes, qui n'en ont que douze paires. Dans le même ordre, certains Iules en présentent près de trois cents. Mêmes variations pour les Chilopodes; les Lithobies et les Scutigères n'en ont que quinze paires; et chez les Géophiles de Walckenaër, espèce des environs de la capitale, j'en ai compté trois cent trente-six.

La forme du corps est toujours en rapport avec la disposition des appendices, et les anneaux qui le composent se montrent sous différentes formes. Assez mous chez les Polyxènes, ce n'est qu'en dessous qu'ils offrent cette disposition; chez les Gloméris, ils sont latéralement et en dessus d'une grande consistance; ceux des Gloméris rappellent assez les bandes encroûtées qui recouvrent le dos des Tatous. Ceux des Iules sont entièrement durs et cylindriques, ceux des Cambalas et des Platyules sont déprimés. Chez les Scolopendres, ils affectent de même diverses dispositions; les Géophiles les ont à peu près égaux entre eux, car ils semblent constamment formés d'un segment plus petit et d'un autre plus grand, ce dernier étant seul pédigère. Dans les Scolopendres ils sont unipartis et tous pédigères, mais ils sont alternativement plus et moins longs; l'alternance est marquée chez les Lithobies (pl. 400, fig. 17), mais seulement à la face dorsale: enfin chez les Scutigères, il semble exister en dessous un plus grand nombre de segmens qu'en dessus, parce qu'à cette partie les plus petits ont cessé d'être apparens.

Viennent maintenant les organes des sens. Les antennes qui président au toucher sont au nombre de deux; celles des Chilognathes n'ont jamais plus de sept articles et celles des Chilopodes en ont toujours un plus grand nombre; les Géophiles en ont quatorze, les Cryptops et les Scolopendres dix-sept ou vingt environ, leurs articles étant grenus. Chez les Scutigères elles sont au contraire filiformes et extrêmement allongées. Certains Myriapodes manquent d'yeux (Polydesmes, Blaniules, Cryptops et Géophiles); chez les Scolopendres, les Platyules et les Lilthobies ces organes sont stemmatiformes et plus ou moins nombreux; le Iules les ont plus rapprochés, tels sont encore les Polyxènes et les Zéphronies. Enfin, ils ont, dans les Scutigères, l'aspect des yeux composés de la plupart des Crustacés. Une particularité bien remarquable signale le développement de ces organes chez quelques espèces que j'ai étudiées. Les yeux, beaucoup moins nombreux dans le jeune âge, apparaissent successivement à mesure que les autres organes se développent.

La reproduction des Myriapodes est ovipare ou dans quelques cas ovovivipare. Degéer a étudié les Iules des sables sous ce rapport, et voici comment il s'exprime: « Celui dont je viens de donner la description était une femelle; car elle pondit un grand nombre d'œufs d'un blanc sale en un tas les uns auprès des autres; ces œufs sont petits et de figure arrondie. »

La ponte n'a été observée dans aucun autre genre, que je sache; je dois néanmoins rappeler que M. le professeur Audouin a bien voulu me communiquer qu'il avait recueilli les produits de celle d'une espèce du véritable genre Scolopendre, voisine des Scolopendres mordantes; une femelle de cette espèce, placée, encore vivante, dans un flacon d'alcool, y pondit non des œufs, mais des petits déjà développés, que M. Audouin a bien voulu me faire voir; la génération a donc été ovovivipare; est-elle semblable chez toutes les espèces du genre? c'est ce que l'observation pourra seule apprendre. Chez les Myriapodes ovipares un phénomène remarquable se présente. « Je n'espérais pas, continue Degéer, que nous citions plus haut, voir des petits sortir de ces œufs, car il était incertain si la mère avait été fécondée ou non : cependant après quelques jours, c'était le premier du mois d'août de l'année 1746, de chaque œuf il sortit un petit Iule blanc, qui n'avait pas une ligne de longueur. J'examinai d'abord au microscope les coques d'œufs vides, et je vis qu'elles s'étaient fendues en deux portions égales, mais qui tenaient ensemble vers le bas. Ces jeunes Iules, nouvellement éclos, me firent voir une chose à laquelle je ne m'attendais nullement. Je savais que les insectes de ce genre ne subissent point de métamorphose, qu'ils ne deviennent jamais insectes ailés; ainsi j'étais comme assuré que les jeunes Iules devaient être semblables en figure, à la grandeur près, à leur mère, et par conséquent je croyais qu'ils étaient pourvus d'autant de pattes qu'elles; mais je vis tout autre chose: chacun d'eux n'avait que six pattes, qui composaient trois paires, ou dont il y avait trois de chaque côté du corps; ils avaient beaucoup de ressemblance avec des vers ou des larves hexapodes, telles que celles qui doivent se transformer en insectes ailés. Ce qu'il y a de certain, c'est que ces jeunes Iules naissent avec six pattes seulement, et qu'en quatre jours de temps il leur vient encore quatre paires de pattes, de sorte qu'alors ils en ont sept de chaque côté. J'ai aussi observé d'autres changemens sur ces Iules âgés d'environ quatre jours, qui sont de même très-remarquables et qui semblent demander davantage d'être précédés d'un changement de peau. Les antennes se sont beaucoup développées, elles sont devenues plus longues et moins grosses à proportion, et elles ont pris deux articulations de plus, elles en avaient six, et d'abord n'en avaient eu que quatre. »

A ces détails que nous avons eu occasion de confirmer dans plusieurs points et d'étendre sur plusieurs autres, nous devons néanmoins, pour être complets, opposer ceux qu'a publiés M. Paul Savi, mais nous renverrons à l'article IULE de ce Dictionnaire, où ils ont été analysés; disons seulement que, contrairement à l'opinion de Degéer, M. Savi admet que les Iules n'ont pas de pattes du tout lorsqu'ils éclosent. Degéer a aussi constaté que le Polyxène, qui a douze paires de pattes lorsqu'il est adulte, en présente un moins grand nombre à une époque moins avancée. Quelques uns de ceux qu'il observa n'avaient que six paires de pattes, et d'autres trois seulement. « Il est à remarquer, dit l'auteur, que les pattes des jeunes Iules sont plus grandes à proportion du volume du corps que celles de ceux qui ont acquis leur juste grandeur. »

J'ajouterai un fait curieux, et que j'ai moi-même observé, à ceux que j'ai cités plus haut sur les Iules, c'est que chez les animaux de ce genre les variations occasionées par l'âge portent non seulement sur le nombre des pattes et des anneaux du corps ou sur celui des antennes, mais encore sur celui des yeux; c'est ainsi que les jeunes Iules que j'ai observés avaient un moins grand nombre de ces organes que ceux qui étaient plus adultes (pl. 400, fig. 8, 9).

J'ai constaté un fait analogue chez les Lithobies, espèces fort communes dans nos contrées, et, quoique je n'aie pas suivi exactement le développement de ces Myriapodes, je dois rapporter ce que leur étude m'a présenté. Ces animaux, que tout porte à supposer ovipares, bien qu'on n'ait réellement point encore décrit leurs œufs, ont également les anneaux du corps et par suite les pattes moins nombreux dans leur premier âge (pl. 400, fig. 13).

Toutefois, on se tromperait gravement si l'on essayait de considérer cette particularité comme générale; car les Scolopendres qu'a observées M. Audouin ont, ainsi qu'il me l'a dit, leurs pieds déjà complets, et les anneaux de leur corps sont tous développés. On pourrait peut-être admettre que cette différence entre deux animaux si voisins tient elle-même à leur mode de parturition, et que l'ovoviviparité des Scolopendres proprement dites explique le développement déjà fort avancé de leurs petits.

Les mœurs des Myriapodes varient selon la nature des familles auxquelles ces animaux appartiennent. Certaines espèces sont frugivores comme les Iules, les Glomérís, etc.; d'autres attaquent au contraire des animaux pour s'en nourrir; telles sont les Scolopendres. Celles du vrai genre Scolopendre se servent en même temps, pour retenir leur proie, de leurs crochets postérieurs et de ceux dont leur bouche est armée. Ceux-ci ont à leur extrémité une petite ouverture par laquelle s'écoule la sécrétion d'une glande spéciale. C'est à la présence de ce liquide que les morsures des Scolopendres doivent la cruelle irritation qui ne tarde pas à s'y développer; toutefois elles ne sont pas réellement dangereuses. Celles des petites espèces, Lithobies et Géophiles, qui vivent dans le Nord, sont bien moins irritantes. J'ai parlé, à l'article GÉOPHILES, des animaux de ce genre qu'on dit avoir vécu dans les narines de quelques individus de l'espèce humaine (tom. 3, pag. 407). C'est dans les lieux humides, sous les mousses qui couvrent le pied des arbres, sous les écorces de ces derniers, et quelquefois dans les habitations, que vivent les Myriapodes; la plupart craignent la sécheresse, et ne tardent pas à périr s'ils y restent exposés pendant un certain temps; mais, placés dans des conditions plus favorables, ils sont au contraire très-vivaces, et il suffit pour les conserver ainsi pendant plusieurs mois de les tenir à l'ombre dans un vase rempli de terre humide ou de mousse; ils s'enferment aisément et se creusent dans toutes les directions des chemins qu'ils ont besoin de traverser. Il est alors facile d'observer combien la plupart d'entre eux sont lucifuges: ils passent tout le jour sous la terre ou au milieu de la mousse, et quand le soir est venu, ils s'agitent à la surface. Quelques Scolopendres sont électriques, ou mieux phosphorescentes, c'est-à-dire qu'à certaines époques de l'année elles transsudent une matière lumineuse qui marque en une raie plus ou moins brillante le passage qu'elles

viennent

viennent de quitter; une de nos espèces a reçu, à cause de cette particularité, la dénomination de *Geophilus electricus*; une autre est appelée *phosphoreus*; celle-ci est exotique et peu connue, mais la précédente est une de celles qu'on rencontre le plus fréquemment chez nous; le *Geophilus carpophagus* présente parfois la même propriété. C'est surtout entre les anneaux et au dessous du ventre que la sécrétion cutanée des Scolopendres se fait en plus grande abondance. Chez les Iules ces organes sont plus évidens, ce sont des espèces de sacs placés sur les côtés de chaque anneau du corps au dessus du stigmate de la trachée; la partie de la peau qui les environne est le plus souvent d'une couleur fort tranchée et qui a plus ou moins d'analogie avec celle de la matière sécrétée. Celle-ci est toujours assez fortement odorante, et dans diverses espèces indigènes, elle imite, à s'y méprendre, l'odeur du gaz acide nitreux. J'ai cherché à m'assurer de la nature de ce produit dans le *Iulus lucifugus*, et j'ai reconnu qu'il n'est ni acide, comme on pourrait le croire, ni alcalin d'une manière bien positive. Cette matière en petite quantité, et il n'est pas facile d'en ramasser davantage, est sans action sur le papier rouge, ainsi que sur le papier bleu de tournesol.

Un des traits les plus curieux de la physiologie des Myriapodes, et surtout des Scolopendres, est la manière dont ils résistent aux plus grandes mutilations. J'ai conservé des Géophiles pendant un et même deux jours dans l'eau, et ils n'ont point cessé de vivre, et j'ai vu un des fragmens postérieurs de l'un de ces animaux remuer encore environ quinze jours après avoir été séparé du reste du corps. Quand on arrache la tête à un Géophile, on le voit aussitôt marcher dans le sens de la queue, et il peut vivre ainsi pendant quelque temps; si on lui enlève ensuite l'extrémité anale, il recommence d'abord à marcher en sens contraire comme pour fuir l'objet qui vient de le blesser, mais on peut bientôt remarquer qu'il n'a plus alors de direction bien déterminée, car il s'avance tantôt d'avant en arrière et tantôt d'arrière en avant. Les Iules sont beaucoup moins vivaces que les autres animaux de cette classe.

La distribution à la surface du globe des espèces de la présente catégorie est encore loin de pouvoir être indiquée d'une manière positive; car on connaît encore un trop petit nombre de celles qui y existent pour rien dire de général sur ce sujet.

Quelques espèces habitent un espace assez considérable; c'est ainsi, par exemple, qu'on rencontre la Scutigère aranéoïde depuis le nord de l'Europe jusqu'en Égypte et en Barbarie; mais c'est à tort que l'on a prétendu qu'il en était, comme le *Scolopendra morsitans*, de communes aux parties chaudes de l'Ancien et du Nouveau-Monde. On a, en effet, confondu sous le même nom de *Morsitans* des animaux sans aucun doute congénères, mais entre lesquels il est facile de reconnaître des différences spécifiques. Je laisserai le nom spécifique de *Morsitans* à l'espèce du nord de l'Afrique et de l'Europe méridionale. Savigny en a donné, dans les planches de l'ouvrage français sur l'Egypte, une excellente figure.

Quant à la répartition géographique des genres, elle est moins régulière; car la plupart de ceux qui possèdent plusieurs espèces se trouvent en même temps représentés, par des espèces différentes, il est vrai, des régions bien distinctes. Certains genres sont propres, non seulement à un continent ou deux, mais ils peuvent être cosmopolites. On trouve des Scolopendres dans l'Ancien et dans le Nouveau-Monde, mais je n'en connais pas de l'Australie. Quant aux Polydesmes, j'en ai vu d'Europe, d'Asie, d'Afrique, de l'Amérique septentrionale et de l'Amérique méridionale, ainsi que de la Nouvelle-Hollande. Les Scutigères, que nous citions plus haut, ont aussi une espèce australienne et d'autres asiatiques. Nous parlerons à la fin de cet article des Myriapodes qui vivent en France.

La classification des Myriapodes n'est pas un des sujets les moins curieux de leur histoire. La classe parfaitement naturelle que composent ces animaux n'a pas été considérée par tous les naturalistes comme offrant les mêmes affinités; tous sont d'accord, comme on le pense bien, pour la rapporter au type des animaux articulés; mais auprès de quelle autre classe doit-elle prendre place? Dans ce cas, comme dans beaucoup d'autres, les singulières divergences que l'on remarque entre les auteurs tiennent plutôt aux principes sur lesquels reposent leurs déterminations ou au but qu'ils se proposaient dans leur classification, qu'à la nature elle-même du sujet.

Quelques uns, admettant *à priori* plutôt qu'après une ample information, que toute disposition sériale est impraticable et qu'elle serait contraire à l'ordre naturel, ont vu dans les Myriapodes une nouvelle confirmation de leur théorie, et les Myriapodes ont été pour eux des animaux intermédiaires en même temps à la plupart des autres classes du deuxième type. Aussi ces naturalistes ont-ils eu sur les Myriapodes l'opinion la moins arrêtée qu'il soit possible d'avoir. C'est ainsi que Latreille les a successivement envisagés comme formant un groupe à part, la classe des Mitosata de Fabricius; puis, comme étant de véritables Arachnides, ce qui revenait à la manière de voir du célèbre Lamarck; ensuite il les considéra comme devant rentrer dans la même classe que les insectes à six pieds, les rapprochant des Thysanoures avec lesquels MM. Strauss, Dugès, etc., supposent aussi qu'ils ont de véritables affinités; mais depuis, en reconnaissant toujours leurs rapports avec les Thysanoures, Latreille (cours d'Entomologie) venant à considérer les Myriapodes comme constituant une classe particulière, les place entre celle des Hexapodes et celle des Arachnides.

D'autres savans, au contraire, ayant admis que la disposition sériale est praticable dans certaines limites, rangent les animaux articulés sur deux séries parallèles, et reportent les Arachnides et les Crustacés sur une de ces lignes, tandis que les insectes, les Myriapodes et les Annélides forment l'autre; ils sont conduits à regarder les seconds comme intermédiaires aux premiers et aux troisièmes (Strauss, Considérations générales, p. 29). On ne saurait en effet nier que les Myriapodes n'offrent avec les Annélides, et particulièrement avec les Chétopodes des analogies évidentes; la forme générale du corps et celle de chacun de ses segmens, la marche rampante, etc., doivent faire comparer ces deux groupes d'animaux, et conduiront jusqu'à un certain point à établir que les Myriapodes sont les analogues terrestres des vers pourvus de soies latérales. Mais, en admettant ce raisonnement que l'étude du genre PÉRIPATE (*voy.* ce mot et l'article MALACOPODE) rend hors de doute, doit-on également reconnaître que d'autre part les Thysanoures (Lépismes, Podures, etc.) sont les animaux qui se lient le mieux aux Myriapodes? C'est ce que n'admet pas M. de Blainville, à l'opinion duquel nous croyons devoir nous ranger.

Les Crustacés présentent certains genres tous pourvus de quatorze pattes, et au nombre desquels on compte les Cloportes qui ont certainement avec les Myriapodes de la famille des Gloméris beaucoup plus d'analogie que n'en ont ceux-ci avec les Thysanoures; et cela est si vrai que Fabricius rapportait à sa classe des *Mitosata*, non seulement les Scolopendres et les Iules, mais encore les Cloportes auxquels sont mêlées, dans son système, plusieurs espèces de Gloméris. Olivier et G. Cuvier ont les premiers fait disparaître cette légère incorrection. Cuvier, dans son Tableau élémentaire (pag. 464, 1798), ne laisse que deux genres parmi les *Mitosata*; ceux des Iules, partagés en trois sections comme l'avait indiqué Fabricius, et des Scolopendres; il les intercalle entre les Crustacés et les Arachnides. Il paraît donc démontré que les Crustacés tétradécapodes (à quatorze pattes), et les Annélides chétopodes étant les animaux qui se lient le mieux aux Myriapodes, on ne saurait mieux faire que de placer ceux-ci entre les uns et les autres, puisqu'eux mêmes s'y rapportent naturellement, et que cette détermination permet en même temps de reconnaître les affinités qui unissent entre elles les diverses autres classes.

La position naturelle des Myriapodes une fois déterminée, la disposition de ces animaux est elle-même très-facile à établir; car elle doit nécessairement être une conséquence de la première. Les espèces qui seront le plus semblables par leur forme aux Cloportes (Crustacés tétradécapodes) seront plus rapprochées d'eux que les autres, et à la fin seront confinés les genres qui semblent plus analogues aux Annélides. M. Strauss reconnaît dans le Polyxène le Myriapode le plus voisin des Chétopodes, il le compare aux Léodices; nous pensons au contraire qu'il a des rapports bien plus évidens avec les Cloportes, et qu'au lieu d'être rapproché des Annélides, il doit au contraire en être éloigné plus qu'aucun autre. Les pieds de ce Polyxène, moins nombreux que ceux du reste des Myriapodes, le rendent sous ce point de vue plus analogue aux Cloportes dont il a le faciès; ses yeux sont aussi fort semblables à ceux de ces animaux, et tout en lui semble indiquer une espèce formant le passage des Cloportes aux Gloméris. Après les Polyxènes se placeront donc les Gloméris, et si l'on continue à consulter les antennes, la forme du corps ainsi que le nombre et les modes d'insertion des pattes; et quelques caractères tirés de l'absence ou de la présence des yeux et de leur disposition, en évaluant chacun des caractères que fournissent ces organes à sa juste valeur, on devra, ce nous semble, placer ensuite les Polydesmes, puis les Iules proprement dits, et ceux de ces animaux dont le corps est déprimé au lieu d'être circulaire, et qu'on pourrait appeler Platyules. Latreille a fait de ces divers genres, qu'il dispose un peu différemment, un premier ordre sous le nom de Chilognathes. Dans un second groupe sont placés les Scolopendres et les Scutigères, auxquels l'auteur applique la désignation commune de Chilopodes: cet ordre correspond au genre *Scolopendra* de Linné et de Degéer, et le premier à celui des Iules. Le plus fréquemment on a réparti de la manière suivante les différens genres de chacun de ces ordres: 1° Gloméris, Iules, Polydesme, Craspedosome et Polyxène; 2° Scutigères, Scolopendre, Cryptops et Géophile.

C'est ainsi que Leach et Latreille ont conçu les rapports des Myriapodes entre eux; mais comme le principe fondamental de toute disposition systématique est que la série des genres d'un même groupe soit établie de telle sorte que les animaux doivent être plus ou moins rapprochés entre eux selon qu'ils ont plus ou moins d'analogie, et que ceux qui commencent la série doivent être les plus semblables aux dernières espèces du groupe précédent, et semblablement pour les derniers échelons de cette série avec les premiers de la suivante, j'ai pensé que la disposition ci-jointe était plus naturelle. Les Polyxènes y sont placés les premiers parce que je les considère comme les plus semblables aux Cloportes qui les précèdent dans la méthode, et il est assez facile de passer ensuite d'un genre donné à celui qui lui succède. Un intervalle semble néanmoins exister entre le premier et le second ordre, mais aucune méthode ne saurait éviter cet inconvénient, et il n'en reste pas moins démontré, pour moi, que les Iules et genres voisins sont plus analogues aux Crustacés, que les Scolopendres paraissent plus intimement liées au contraire avec les Annélides, et que les Scutigères, qui seront à la tête des Scolopendres, ne sont pas sans analogie avec les derniers genres de l'ordre des Iules. Un caractère remarquable existe dans les tarses des Scutigères, qui sont multi articulés à la manière de ceux des Hexapodes.

ORDRE I.

CHILOGNATHES (genre *Iulus* de Linné).

Antennes de sept articles; deux paires de pattes à la plupart des anneaux du corps (*voyez* pl. 399).

Famille	Pattes	Corps	Yeux	Genre
Famille I. *Oniscoïdes.*	12 paires de pattes.		yeux agrégés.	*Polyxenus.* Latreille.
	17 à 20 paires de pattes.		yeux agrégés.	*Zephronia.* Gray.
			yeux en séries linéaires.	*Glomeris.* Latr.
Famille II. *Iuloïdes.*	31 paires de pattes.		yeux nuls.	*Polydesmus.* Latr.
	40 paires de pattes et au-delà.	corps cylindrique.	yeux nuls.	*Blaniulus.* Gerv.
			yeux agrégés.	*Iulus.* Linn.
		corps déprimé.	yeux agrégés.	*Craspedosoma.* Leach.
			yeux sur deux séries de trois.	*Platyulus.* Gerv.
			yeux nuls.	*Cambala.* Gray.

ORDRE II.

CHILOPODES (genre *Scolopendra* de Linné).

Antennes ayant au moins quatorze articles; anneaux du corps déprimés ne portant qu'une seule paire de pattes chacun.

Famille	Caractères	Genre
Antennes filiformes, très-longues. Famille I. *Scutigériens.*		*Scutigera.* Lamarck.
Antennes moniliformes. Famille II. *Scolopendriens.*	30 à 40 articles aux antennes, 15 paires de pattes.	*Lithobius.* Leach.
	17-20 articles, 21 paires de pattes, 4 yeux.	*Scolopendra.* Linn.
	Id., yeux 0.	*Cryptops.* Leach.
	14 articles, yeux 0, pattes très-nombreuses.	*Geophilus.* Leach.

Voyez, pour plus de détails, les articles POLYXÈNE, GLOMÉRIS, POLYDESME, IULE, PLATYULE, SCUTIGÈRE, etc., etc.

MYRIAPODES DE FRANCE. Ils appartiennent aux deux ordres de la classe et représentent à peu près tous les genres de cette dernière. Plus nombreux au sud qu'au nord, ils ont dans les contrées méridionales une grande analogie avec ceux de l'Italie et de l'Espagne, et deux d'entre eux se retrouvent même dans tout le nord de l'Afrique; ce sont la Scolopendre mordante et la Scutigère aranéoïde; j'ai lieu de croire que le Géophile de Walckenaër, espèce fort remarquable recueillie à Paris même, existe aussi en Barbarie.

CHILOGNATHES ONISCOÏDES. A leur tête se place le genre Polyxène, dont on ne connaît en Europe qu'une seule espèce vivant sous les mousses, sous les écorces et dans le bois pourri et exposé à l'air. Le Polyxène est le plus petit de tous les Myriapodes connus; il a seulement douze paires de pattes, et son corps est garni de petits filamens sétiformes (pl. 399, fig. 1, et pl. 400, fig. 1, 2), c'est le *Polyxenus lagurus*; Scolopendre à queue en pinceau de Geoffroy.

Les Gloméris les plus connus sont le GLOMÉRIS MARGINÉ, *G. marginata*, qui a le dos noirâtre, avec le bord postérieur des anneaux jaune ou orangé; le GLOMÉRIS MARBRÉ, *G. marmorea*, est aussi fort répandu; il est brun-fauve, marqué de plus clair sur le dos; sa taille, comme celle du précédent, est à peu près égale à celle des Cloportes ordinaires; Olivier indique aussi le GLOMÉRIS PLOMBÉ, *G. plumbea* dont le nom indique le principal caractère: distinguez aussi le *G. guttata* ou *pustulata*, qui est du Midi, et dans lequel les taches, au lieu d'être en marbrures, comme chez le *Marmorea*, sont séparées, arrondies, disposées sur quatre rangs et teintes en rouge plus ou moins orangé. M. Risso décrit encore comme étant de la France méridionale, le *G. castanea*, que je n'ai point vu, et M. Brandt le *G. annulata*; ces différentes espèces ont les yeux en série linéaire, et sont par conséquent des Gloméris proprement dits.

MYRIAPODES IULOÏDES. Les Polydesmes sont au nombre de deux seulement: l'un, assez anciennement connu, est le *P. complanatus*, qui est de toute la France; l'autre n'a encore été signalé qu'aux environs de Paris, c'est le *P. pallipes*; celui-ci est d'un sous-genre particulier, il rappelle le corps des Iules par sa forme cylindroïde.

Le genre Blaniule ne comprend qu'une seule espèce qui est de France, et qu'on avait rangée parmi les IULES (*voy.* ce mot) sous le nom de *Iulus guttulatus*; c'est le même que Lamarck nomme *Iulus fragarius*. M. Risso a décrit, sous le nom de *Callipus Rissonius*, une espèce de Myriapode iuloïde des environs de Nice; mais il n'en a point publié de figure, et il ne dit pas quel est le nombre de ses pattes.

Quant aux véritables Iules, ils se rapportent à un nombre assez considérable d'espèces. Le plus connu est le IULE DES SABLES, *I. sabulosus*, qui a plus de deux cents pattes, et qui est brun avec une double raie rougeâtre sur le dos; il a un pouce et demi environ de longueur. On en distingue depuis long-temps sous le nom de IULE TERRESTRE, *I. terrestris*, une autre espèce d'un tiers plus petite et d'un noir plombé avec un bandeau étroit, transverse, sur le premier segment. Il en existe une variété fauve (peut-être une espèce distincte) qui est un peu plus grande; l'un et l'autre sont fréquens dans la France centrale. Latreille a décrit dans son Histoire naturelle des Insectes, etc., un autre Iule qu'il nomme *Iulus arboreus*, et M. Risso, dans sa Description de l'Europe méridionale, indique plusieurs animaux du même genre sous les noms de *Iulus aimatopodus*, *annulatus*, *modestus*, *piceus*; tous se rencontrent aux environs de Nice; j'ai signalé deux autres Iules du climat de Paris: l'un, *Iulus lucifugus*, est commun dans les serres du Muséum d'Histoire naturelle, et se reconnaît à son segment anal sans crochet, à ses yeux triangulaires et de couleur noire ainsi qu'à sa couleur blanc-jaunâtre, avec les pores sécréteurs latéraux d'un jaune de rouille; l'autre espèce, Iule de Decaisne, *I. Decaisneus*, a été trouvé au même endroit que le précédent, mais il y est moins commun; il est plus grêle que le précédent, ses yeux sont circulaires; les pores latéraux sont arrondis et de couleur violacée. Le corps est teint de brunâtre.

Les autres Chilognathes de France sont au nombre de deux seulement; j'ai étudié l'un d'après des indivdus recueillis à Meudon près Paris, c'est le *Platyulus Audouineus* (*voy.* le mot Platyule); l'autre, que Leach avait déjà indiqué en Angleterre, est le *Craspedosoma polydesmoïdes*, que M. Risso indique comme étant aussi de la France méridionale.

Chilopodes scutigériens. Le seul genre de cette famille n'a en France qu'un seul représentant, la Scutigère aranéoïde, qu'on trouve par toute la France, mais qui est plus rare dans le nord (*Scutigera araneoïdes*).

Chilopodes scolopendriens. Le genre des véritables *Scolopendra* ne compte chez nous qu'une seule espèce propre aux Pyrénées et à la Provence, ou la Scolopendre mordante, *S. morsitans* qui a jusqu'à trois pouces de longueur.

Le genre Cryptops possède deux espèces, le Cryptops des jardins, *C. hortensis*, et le Cryptops de Savigny, *C. Savignyi*; j'ai rencontré l'un et l'autre à Paris et dans les environs; mais le second est plus répandu que le premier.

Quant au genre Géophile, *Geophilus*, le dernier de ceux que nous devons signaler, il comprend aussi plusieurs espèces. J'ajouterai à celles que j'ai décrites à l'article Géophile de ce Dictionnaire, t. 3, p. 407 (*Geophilus longicornis* ou *electricus*; *G. carpophagus*; *G. simplex*; *G. Walckenaerii*), le *G. maxillaris*, espèce remarquable par la grandeur de ses pieds-mâchoires ou forcipules; sa taille est celle du Géophile électrique ou longicorne; son corps est jaunâtre, sa tête et ses antennes, qui sont allongées et velues, sont au contraire de couleur rousse. Cette espèce est de Paris. On indique dans les ouvrages d'Entomologie le Géophile de Gabriel, *G. Gabrielis*, Fabre, comme ayant été décrit d'après un individu recueilli à Marseille.

Explication des planches.

Planche 399. Tableau de la classe des Myriapodes. *Voyez* ci-dessus.

Planche 400, 1. Jeune Polyxène, d'après Degéer. 2. Plus jeune individu de la même espèce, Degéer. 3. Tête et premier segment du *Peripatus iuliformis*, d'après M. Guilding; MM. Audouin et Edwards ont fait connaître ses mâchoires. *Voyez* l'article Péripate. 4. Tronçons du *Iule terrestre* montrant les stigmates et les pores sécréteurs. 5. Œuf du *Iule des sables*. 6. Jeune du même, d'après Degéer. 7. Appendices copulateurs et pattes d'un Polydesme. 8. Tête d'un très-jeune *Iule lucifuge*. 9. Tête d'un individu adulte de la même espèce; les yeux y sont en nombre complet. 10. Intestin et organes salivaires du Iule terrestre. 11. Portion de tête et yeux d'une Lithobie. 12. Détails anatomiques de la Lithobie. 13. Jeune Lithobie. (*Voyez* l'adulte, pl. 399, fig. 10.) 14. Tête grossie de la même; les yeux ne sont encore qu'au nombre de trois de chaque côté. 15. Portion de tête de Scutigère, pour montrer les yeux. 16. Système nerveux de la Lithobie. 17. Corps grossi de Lithobie adulte; on a coupé les pattes pour faire mieux comprendre l'alternance des cuirasses des anneaux et des stigmates (ouvertures des trachées).

(Gerv.)

MYRICA. (bot. phan.) (*Voy.* Galé et Cirier.) Aux détails scientifiques et économiques donnés à cet article, nous ajouterons seulement quelques mots sur la cire que l'on tire, dans la Louisiane et la Caroline, des arbriseaux de ce genre. Quoiqu'ils soient fort communs dans les marais de ces pays, dit M. Bosc, et qu'ils fournissent abondamment des fruits, cependant les habitans semblent renoncer à en tirer de la cire pour en former des bougies, parce qu'elles leur reviennent plus cher et qu'elles éclairent moins que celles faites de cire d'abeilles. Il ajoute qu'il n'y a guère que les nègres qui s'occupent de ce travail; encore en font-ils des lampions. Quoi qu'il en soit, voici le procédé que l'on emploie pour extraire la cire des Myricas; on récolte les fruits, dont on emplit des sacs de toile, que l'on plonge dans l'eau bouillante; bientôt la cire liquéfiée monte à la surface de l'eau, d'où on l'enlève avec des spatules; elle est alors jaunâtre; fondue de nouveau, elle devient d'un beau vert; et façonnée en bougies, elle donne une lumière douce et faible. Raynal dit que les premiers Européens qui abordèrent en Amérique découvrirent bientôt cette cire végétale, qui leur tint longtemps lieu de toute autre lumière. Dans nos campagnes, où le *Myrica gale* est commun, les ménagères en coupent des branches qu'elles mettent dans leurs meubles pour communiquer aux objets qu'elles y renferment une bonne odeur et en chasser les teignes et les mites. On n'a point encore tenté, en France, où les autres Myricas ont été introduits depuis plus de cent ans, à en extraire de la cire; on les y cultive comme des arbriseaux d'agrément; il serait cependant intéressant, et pour l'économie et pour la science, que cet essai fût tenté. (C. Lem.)

MYRICÉES, *Myriceæ*. (bot. phan.) Les auteurs modernes, MM. de Mirbel, Richard, Loiseleur Des-Longchamp, Marquis, etc., ont cru devoir démembrer la grande famille des Amentacées de Tournefort, adoptée par Jussieu. Ainsi, ils en ont formé successivement les familles suivantes: Ulmacées, Salicinées, Bétulacées, Corylacées ou Cupulifères, Quercinées, Casuarinées ou Myricées. Plusieurs de ces nouvelles familles n'offrent peut-être pas de caractères assez tranchés pour motiver cette séparation; et comme il ne nous appartient pas de discuter ces faits, dont les détails purement scientifiques entraîneraient d'ailleurs fort loin et sans profit pour le lecteur, nous nous contentons de lui indiquer ici ce démembrement et de l'inviter à regarder ces familles comme des sections ou des sous-tribus de celle de Jussieu. Un auteur réunit encore aux Amentacées la classe des Cerrifères. C'est là une erreur évidente et qu'il suffit de signaler.

Voici, au reste, les caractères de cette famille, tels que Richard les a établis dans son analyse du fruit.

Myricées, Richard (Casuarinées, Mirbel).

Fleurs constamment unisexuées et le plus souvent dioïques. Fleurs mâles en chaton : une ou plusieurs étamines, souvent réunies sur un androphore ramifié, à l'aiselle d'une bractée. Fleurs femelles, aussi en chatons sphériques ou cylindriques, solitaires ou sessiles à l'aisselle d'une bractée ; ovaire lenticulaire, monosperme ; style court ; deux stigmates subulés, très-longs, acuminés. Autour de l'ovaire sont plusieurs écailles hypogynes, que l'on pourrait regarder comme des rudimens de périanthe.

Le fruit est ordinairement une petite noix monosperme et indéhiscente, quelquefois membraneuse et ailée sur ses bords, etc.

Les Myricées sont des arbrisseaux à feuilles alternes ou éparses, avec ou sans stipules, à fleurs dioïques, disposées en chaton. Les genres qui composent cette famille sont : 1° *Myrica* (qui, mieux étudié, sera probablement divisé plus tard en deux ou trois genres distincts) ; 2° *Nageia* (Gaert. fils), extrait du précédent ; 3° *Comptonia* ; 4° *Casuarina* (nous pensons que ce genre n'est pas là à sa place ; son port seul l'en éloignerait déjà, indépendamment de ses caractères spécifiques) ; 5° et peut-être le *Liquidambar*.

(C. Lem.)

MYRICINE. (chim.) John désigne ainsi la substance qui reste lorsqu'on traite par l'alcool bouillant la cire des Abeilles et celle des *Myricas*. La Myricine est encore sans usage. Ses principales propriétés sont d'être solide, d'un blanc grisâtre, fusible à 65°, presque entièrement volatile sans se décomposer, insoluble dans l'alcool, même bouillant (ce liquide n'en dissout pas un deuxcentième), peu soluble dans l'éther à chaud, très-soluble dans l'huile de térébenthine, surtout si on a recours à la chaleur ; inaltérable par les alcalis, etc. (F. F.)

MYRIPRISTIS, *Myripristis*. (poiss.) On désigne ce genre par le nom de *Myripristis*, qui signifie mille scies, parce que toutes les pièces qui garnissent la joue, toutes celles de l'opercule et toutes les écailles y ont le bord dentelé, et que c'est là ce qui frappe le plus au premier aspect de ces singuliers poissons.

Ils ressemblent, d'ailleurs, en toutes choses, aux Holocentres par les cannelures de leur crâne, par les huit rayons de la membrane branchiostége, par les épines de la base de leur caudale, et surtout par les sept rayons mous de leurs nageoires ventrales, caractère qui, dans l'ordre entier des Acanthoptérygiens, n'est partagé que par les Myripristis et les Holocentres.

Les Myripristis diffèrent principalement des Holocentres par l'absence d'une forte épine à l'angle de leur préopercule ; leur dorsale est aussi plus profondément échancrée, et même le plus souvent la membrane de sa partie antérieure finit au pied du premier rayon de la postérieure, mais sans s'y attacher, et sans qu'on puisse dire rigoureusement qu'ils n'ont qu'une dorsale unique.

Nous connaissons plusieurs espèces de ce genre, toutes étrangères et tellement semblables entre elles, qu'il faut beaucoup d'attention et une comparaison immédiate pour les distinguer ; nous renvoyons à Cuvier et à Valenciennes, Histoire des Poissons, pour la connaissance de toutes ces espèces, et nous ne citerons que la plus connue, celle que l'on a reçue en plus grande quantité, celle enfin qu'à la Martinique on nomme vulgairement le Frère Jacques, et que nous appelons à cause de cela *Myripristis Jacobus*. Ce poisson a le corps court, haut, médiocrement comprimé, la tête obtuse, la queue courte et mince et les deux mâchoires échancrées dans leur milieu. Tout son corps est couvert d'écailles grandes, finement striées et dentelées à leur bord, et sa ligne latérale se marque par une tache brune, un peu relevée sur chaque écaille ; elle est parallèle au dos ; il est d'une beauté ravissante, ses côtés sont d'un rouge-cerise glacé sur un fond argenté, et qui vers le dos tire au vermillon ; les bords des écailles jettent un éclat doré, et cet or, un peu plus prononcé sur les angles de leur réunion, forme des lignes longitudinales entre leurs rangées. La tête tire aussi au vermillon, mais la teinte argentée se montre davantage sur les opercules. La dorsale est variée de jaune et de rose, les pectorales et les ventrales sont aurores ; l'iris et doré est teint également d'aurore, surtout à son cercle extérieur. Ce poisson, en un mot, égale en éclat la Dorade de la Chine la plus rouge et la plus brillante.

Quoi qu'il en soit, il ne devient pas très-grand. M. Plée, auquel nous sommes redevables de cette espèce, dit qu'il ne parvient jamais au-delà de huit à dix pouces de longueur, et qu'il ne pèse pas plus d'un quart de livre ; il vit en famille le long des cayes, c'est-à-dire des marécages ou savanes des bords de la mer. On en fait peu de cas. Au reste, les habitudes du Myripristis qui fait le sujet de cet article, doivent se rapprocher beaucoup de celles des Holocentres. (Alph. G.)

MYRISTICÉES, *Myristiceæ*. (bot. phan.) Famille de plantes dicotylédonées, créée par R. Brown, extraite par lui des Laurinées de Jussieu, et dont le type est le *Myristica* de Linné (Muscadier). Voici les caractères que ce célèbre auteur lui attribue : fleurs constamment dioïques ; périanthe simple, urcéolé, monosépale, à trois dents au sommet. Fleurs mâles : étamines en nombre défini, monadelphes, trois, douze ou quinze, formant au centre une espèce de colonne ; anthères conjointes, extrorses, à deux loges, rarement séparées. Fleurs femelles : périanthe caduc ; ovaire libre, supère ; style très-court ; stigmate subbilobé. Le fruit est une baie drupacée, monosperme, s'ouvrant en deux valves, et contenant une graine (amande) dure, enveloppée d'un arille charnu, coloré et découpé profondément ; endosperme gros, lobé, presque cérébriforme ; embryon très-petit, dressé, à radicule courte, obtuse.

Les Myristicées sont tous des arbres ou arbrisseaux croissant sous les tropiques, et remplis, en général, d'un suc propre et rougeâtre, à feuilles alternes, sans stipules, très-entières, coriaces, pétiolées, à fleurs axillaires ou terminales, disposées en grappes ou en faisceaux. Deux ou trois d'entre eux sont utilisés dans l'économie et la thérapeutique. (*Voy.* MUSCADIER.)

Cette famille ne se compose jusqu'ici que des deux genres *Myristica* de Linné, et *Knema* de Loureiro, et s'éloigne assez de toute autre par ses caractères propres. (C. LEM.)

MYRMÉCIE, *Myrmecium.* (ARACHN.) Genre de l'ordre des Pulmonaires, famille des Aranéides, section des Dipneumones, tribu des Citigrades, établi par Latreille (Annales des sciences natur., t. III, p. 27), et ayant pour caractères suivant lui : groupe oculaire formant un trapèze court et large, composé de huit yeux petits, six rapprochés au milieu du front, quatre au milieu, formant un carré; les deux latéraux antérieurs un peu plus petits et disposés, avec les deux antérieurs des précédens, sur une ligne transverse; les deux derniers placés sur les côtés supérieurs des céphalothorax, très-écartés l'un de l'autre en arrière des précédens, un peu plus gros, insérés à l'extrémité d'une petite élévation oblique, et formant avec les deux intermédiaires et postérieurs des précédens, une ligne transverse, arquée en devant; chélicères (mandibules) fortes; leur premier article épais, convexe en dessus, dentelé en dessous; mâchoires droites, un peu élargies, arrondies et très-velues à leur extrémité supérieure; palpes des mâles terminés par un article renflé à sa base, allant ensuite en pointe ou presque pyriforme; le dernier de ceux de la femelle, cylindrique, long; lèvre (langue) presque carrée, un peu plus longue que large, arrondie latéralement au bord supérieur, avec une ligne imprimée et transverse près de la base; pieds longs, presque filiformes, ceux de la quatrième paire et de la première les plus longs, ceux de la seconde ensuite.

Les Oxyopes, les Ctènes, les Lycoses et les Dolomèdes, genres de la tribu des Citigrades, se distinguent du genre Myrmécie, parce que dans les deux premiers, les yeux forment un triangle curviligne, et que dans les seconds ils sont disposés en quadrilatères presque aussi longs au moins que larges. Les Myrmécies en diffèrent encore par la forme de leur corps qui est bien différente et tout-à fait remarquable; il est étroit, allongé; le thorax est comme articulé en apparence et n'offre d'ailleurs aucune incision transverse; plusieurs étranglemens le partagent en trois. La division antérieure, beaucoup plus grande en tout sens, est carrée, porte les organes de la manducation, les quatre pieds antérieurs et les yeux; les deux autres divisions superficielles du thorax ont la forme de nœuds ou de bosses, et servent chacune d'attache à une paire de pattes ou aux quatre postérieures. Le thorax est resserré entre ces deux nœuds, et, à la suite du second, il se rétrécit brusquement d'une manière cylindrique. La division antérieure représente la tête des insectes hexapodes, réunie au prothorax; la seconde, le mésothorax, et la troisième le métathorax; à celle-ci est suspendu, au moyen d'un pédicule court et cylindrique, l'abdomen, qui est beaucoup plus court que le thorax, recouvert, depuis sa naissance jusqu'auprès du milieu, d'un épiderme solide ou coriace, divisé en deux plaques ou lames, l'une supérieure et l'autre inférieure; il est mou et presque membraneux ensuite.

Ce genre se compose de trois espèces, dont deux sont figurées dans un très-beau manuscrit de dessins d'Aranéides de la Géorgie américaine, peints par Abbot, et que M. Walckenaër possède; la troisième et celle qui a servi de type au genre, est :

La MYRMÉCIE FAUVE, *Myrmecium rufum*, Latr., *loc. cit.*, pl. 9. Longue d'environ six lignes, jaune, luisante, presque glabre, avec l'extrémité des palpes, des cuisses, du premier article des pieds postérieurs et le bout de l'abdomen, noirâtres. Cette espèce se trouve aux environs de Rio-Janéiro.

Dans le Voyage de Spix et Martins, pag. 199, pl. 39, fig. 9, M. Perty a fait connaître une quatrième espèce de Myrmécie, à laquelle il a donné le nom de *Myrmecia nigra*, Perty. Le nom de Myrmécie, *Myrmecia*, avait été donné par Fabricius à un genre d'Hyménoptères, de la tribu des Formicaires, qui n'a pas été adopté par Latreille, et dont les espèces rentrent dans divers genres de ce savant. (*Voyez* FORMICAIRE et MYRMÉCIE.) (H. L.)

MYRMÉCOBIE, *Myrmecobius.* (MAM.) M. Waterhouse, conservateur du Musée de la Société zoologique de Londres, vient de faire connaître (12 juillet 1836), dans les *Proceedings* de cette société, les caractères d'un nouveau genre de Mammifères de la Nouvelle-Hollande, qui paraît devoir être rapporté à la sous-classe des Didelphes et prendre place dans l'ordre des Didelphes clutérodactyles (t. 2, p. 532 de ce Dictionnaire). Le *Myrmecobius*, dont le nom rappelle que c'est de fourmis que vit ce mammifère, a huit dents incisives à la mâchoire supérieure et six à l'inférieure; il n'a de canines qu'à cette dernière, et ses molaires sont au nombre de huit à chacune d'elles et de chaque côté; sa tête est allongée; ses oreilles médiocres et droites; sa queue également médiocre; ses pieds antérieurs à cinq doigts, les trois médians les plus longs, et les postérieurs tétradactyles.

Le *Myrmecobius fasciatus*, seule espèce connue, a de longueur, du bout du museau à la racine de la queue, dix pouces, et sa queue mesure six pouces un quart; le pelage est en dessus de la couleur d'ocre rougeâtre, entre-mêlé de poils blancs; la partie postérieure du corps est ornée de bandes transverses, alternativement noires et blanches, disposées d'une manière à peu près analogue à ce qu'on remarque chez le *Thylacinus cynocephalus.* Les parties inférieures sont d'un blanc jaunâtre, les pattes antérieures de la même couleur à leur partie interne, et d'un jaune pâle à l'externe; les postérieures sont également jaune pâle, avec la partie intérieure des tibias blanchâtre et la plante des pieds nue. Les poils de la queue sont mélangés de blanc, de noir et d'ocre, chacune de ces couleurs prédomine dans ces différentes parties. M. Waterhouse n'a pu constater, à cause du mauvais état de l'individu étudié, s'il y a une bourse, et ce n'est qu'avec doute qu'il admet que le Myrmécobius est un Didelphe. Le caractère des dents ne permet cependant guère de doute à cet égard. (Gerv.)

MYRMÉCODE, *Myrmecodes.* (ins.) Latreille a établi sous ce nom un genre d'Hyménoptères, de la famille des Hétérogynes, tribu des Mutillaires, formé avec la *Tiphia pedestris* de Fabricius et avec quelques autres espèces, toutes aptères et toutes du sexe féminin. Dans un mémoire qui fait partie de l'Entomologie du Voyage autour du monde de la corvette *la Coquille*, je crois être arrivé à démontrer que ces insectes ne sont que les femelles des espèces du genre Thynne, et je me propose de supprimer le genre Myrmécode, comme on a déjà supprimé le genre Méthoque.

MYRMÉCOPHAGE. (mam.) Nom grec du genre Fourmilier. (Guér.)

MYRMÉCOPHILE, *Myrmecophila.* (ins.) Genre d'Orthoptères, de la famille des Sauteurs, tribu des Grilloniens. Ce genre fondé sur une seule espèce, figurée par Panzer, dans sa Faune des insectes d'Allemagne, cahier 68, planche 24, est encore très-peu connu; l'insecte qui lui sert de type, est aptère, a les antennes allongées, les cuisses très-renflées, et vit dans l'intérieur des fourmilières. Je ne l'ai jamais vu. (A. P.)

MYRMÉLION, *Myrmeleo.* (ins.) C'est le nom grec du Fourmilion (voy. ce mot). (A. P.)

MYRMICE, *Myrmica.* (ins.) Genre d'Hyménoptères, de la division des Porte-aiguillons, famille des Hétérogynes, tribu des Formicaires; ayant pour caractères distinctifs : palpes maxillaires longs, de six articles; antennes découvertes; abdomen ayant son pédicule formé de deux nœuds et muni d'un aiguillon. Ce genre a été établi par Latreille; avant lui les espèces qui le composent étaient confondues d'abord dans tout le genre *Formica* de Linné, ensuite dans les genres *Formica, Atta, Myrmecia* de Fabricius; Jurine, sous le nom de Manique, a compris ces insectes, mais en y réunissant quelques autres dont Latreille a formé ensuite son genre Œcadome; tel qu'il est à présent restreint, ce genre Myrmice offre des insectes ayant la tête ronde, les antennes assez longues, coudées au milieu, un peu en massue à leur extrémité; les mandibules sont grandes, triangulaires, fortement dentelées à l'extrémité; le corselet est comprimé sur les côtés, divisé en deux parties par un étranglement et souvent armé d'épines à sa partie postérieure; le premier segment abdominal en forme de nœuds séparés par des étranglemens; le reste de l'abdomen est ovoïde, lisse, et renferme dans les neutres et les femelles un aiguillon très-aigu; quand elles veulent s'en servir, elles recourbent leur corps en dessous et paraissent courbées en deux; l'aiguillon se dirige alors entre leurs pattes antérieures.

Ces insectes vivent en terre ou sous les pierres, où ils établissent de nombreuses galeries et celules soutenues par des piliers; leurs larves ne filent pas de coques pour opérer leur métamorphose; leurs variétés sont en général assez nombreuses.

M. rouge, *M. rubra*, Lat. Le neutre est long de deux lignes; entièrement rougeâtre; tête striée longitudinalement; deux épines courbées, un peu divergentes, sous le métathorax. La femelle, longue de trois lignes, a la tête, le thorax et l'abdomen plus foncés; la première moitié des ailes est enfumée. Le mâle est de même grandeur que le neutre, mais plus mince et plus brun que la femelle; les épines du métathorax sont beaucoup plus courtes. Cette espèce est commune aux environs de Paris : on la trouve sous tous ses états vers la fin de l'été.

M. des gazons, *M. cæspitum*, Lat., de même forme que la précédente. Le neutre, long d'une ligne et demie, a la tête plus large et plus carrée, finement striée; deux épines courtes sur le métathorax; brun, avec les pattes, les antennes et les mandibules plus claires. La femelle, longue de trois lignes et demie, est brune. Le mâles, long de deux lignes, a la tête très-petite, les ailes diaphanes, avec le stigmate jaunâtre. Commune aux environs de Paris, elle fait son nid dans les pieds de gazons; on le remarque facilement à la quantité de petits monticules de sable qu'elle en extrait. (A. P.)

MYRMOSE, *Myrmosa.* (ins.) Genre d'Hyménoptères de la section des Porte-aiguillons, famille des Hétérogynes, tribu des Mutillaires; ce genre est très-voisin des Mutilles; mais on peut cependant les distinguer aux caractères suivans : le prothorax est un carré transversal au lieu d'être en demi-cercle; les ailes offrent deux cellules radiales et quatre cellules cubitales, dont la dernière atteint le bout de l'aile; le second segment abdominal n'est guère plus grand que les autres; les femelles sont aptères comme dans les Mutilles; mais le premier segment thoracique est distinct : ces insectes se trouvent dans les mêmes lieux que les Mutilles et vivent probablement de la même manière. On n'en connaît que très peu d'espèces.

M. noire, *M. atra*, Panz. Longue de trois lignes et demie; entièrement noire, velue; ses segmens abdominaux sont séparés par des sillons assez profonds; le stigmate des ailes est noir; on regarde comme la femelle la Mutille à tête noire de Fabricius; elle est fauve avec la tête et les segmens abdominaux, à partir du second, noirs. On trouve ces insectes aux environs de Paris et dans le midi de la France, mais rarement. (A. P.)

MYRMOTHÈRE, *Myrmothera.* (ois.) Vieillot a établi sous ce nom, et aux dépens des Fourmiliers proprement dits, un petit genre dont le type est le grand Beffroi, que quelques auteurs avaient placé parmi les Merles sous le nom de *Turdus*

tinnulus. (*Voyez* FOURMILIER et MYIOTHÉRINÉS.)
(Z. G.)

MYROBOLANS. (BOT. PHAN.) On donne ce nom à des espèces de glands ou fruits d'arbres différens, originaires de l'Inde et fort employés autrefois en médecine, aujourd'hui complétement abandonnés. On en compte cinq espèces :

1° *Myrobolan Belleric.* C'est le fruit du *Myrobolanus Bellerica* de Gartener (*Terminalia bellerica* de Roxburg, Flore du Coromandel). Ce Myrobolan est l'un des plus petits ; il a la forme d'une petite noix, ovoïde, arrondi, offrant cinq côtes à peine marquées ; sa surface est brunâtre, terne et comme terreuse ; sa chair est d'une saveur astringente et peu aromatique. Sa grosseur est celle d'une olive. Le *Terminalia bellerica* n'est encore connu que par ses fruits, mais son analogie avec les autres espèces du genre ne permet pas de douter qu'il n'en fasse partie. On croit pourtant que c'est le même arbre qui est figuré sous le nom de *Tain* dans Rhéede (Hort. Malab., tab. x.) (Mérat).

2° *Myrobolan chebule.* C'est le fruit du *Myrobolanus chebula* de Gaertner, ou *Terminalia chebula* de Lamarck, Roth et Roxburg. C'est un arbre de vingt à vingt-quatre pieds de haut ; à feuilles pétiolées, ovales, presque opposées, entières ; à fleurs sessiles, verticillées, formant une grappe terminale. Les fruits sont ovoïdes, allongés, de la grosseur d'une datte, pyriformes ou plus renflés à leur partie supérieure, quelquefois pourtant olivaires ; ils ont quinze à dix-huit lignes de longueur sur un diamètre de six lignes au plus ; leur surface est lisse, luisante, brunâtre, marquée de cinq côtes longitudinales obtuses, peu saillantes, alternant avec d'autres côtes encore moins saillantes. Ils sont composés d'une partie charnue, brunâtre, marbrée, acide, croquante, et d'un noyau allongé ayant dix côtes, dont cinq sont moins saillantes. Le noyau est épais d'environ trois lignes, et renferme un embryon dont les cotylédons sont minces et roulés plusieurs fois sur eux-mêmes.

3° *Myrobolan indique.* Ce n'est autre chose que le Myrobolan chébule cueilli long-temps avant sa maturité et probablement piqué par un insecte ; si l'on en croit M. Mérat, c'est le plus petit de tous les Myrobolans, il est de la grosseur d'une noisette ; à la place du noyau il n'y a qu'une cavité. Sa couleur est d'un noir foncé, sa consistance dure et compacte, son goût amer et astringent. Dans l'Inde le Myrobolan indique porte le nom de *Zengi har*, tandis que le Chébule, qui est la même espèce mûre, s'appelle *Har*. Le *Zengi-har* est plus employé que tous les autres. Il purge vivement, sans douleur ni irritation, d'où il semblerait résulter qu'il perd ses qualités purgatives en mûrissant. Relativement à cette maturité, les Indiens ont six classes de Myrobolans, dont les derniers, les moins actifs, sont les *Myrobolans chebules.*

4° *Myrobolans citrins.* Ils croissent sur un arbre peu connu, mais qu'on sait originaire des contrées montagneuses du nord de l'Inde, du pays des Sikes, que nous ne connaissons guère que depuis le voyage de Victor Jacquemont, et grâce à la faveur du général Alard dont Rundjet-Sing, roi de Lahore, a si bien apprécié le mérite militaire. Cet arbre est le *Myrobolanus citrina*, selon Gaertner, et le *Terminalia citrina* selon Roxburg. Les Myrobolans citrins sont moitié moins gros que les Chébules ; M. Poiret soupçonne qu'ils n'en sont qu'une variété. Leur forme est un ovoïde allongé, d'un jaune pâle, à angles très-variables et ridés. Leur chair est sèche, jaunâtre et astringente. On s'en sert comme médicament dans la partie méridionale de l'Inde ; mais au Bengale ils sont inusités par les médecins indous. Les artisans seuls les emploient comme un excellent mordant pour fixer les couleurs sur les *indiennes.*

5° *Myrobolan emblic.* Celui-ci appartient à un arbre de la famille des Euphorbes, au *Phyllantus emblica* de Lin., qui croît au Malabar et dans l'Inde. C'est l'*Emblica officinalis* de Gaertner, arbrisseau assez fort, de douze à quinze pieds d'élévation, à feuilles ailées, à folioles elliptiques, glabres. Ses fleurs petites, roussâtres, solitaires, sans corolle, naissent dans les aisselles des feuilles. Les Myrobolans emblics sont de la grosseur d'une cerise offrant six côtes très-obtuses, séparées par des sillons profonds, d'une couleur noirâtre ; ils se composent d'une partie extérieure charnue, épaisse de deux lignes, se séparant en six valves, selon la division des sillons. Les Myrobolans emblics n'arrivent presque jamais entiers en Europe, parce que, quand ils sont desséchés, ils se divisent facilement : ce sont les plus rares de tous. Leur saveur est acide, astringente et très-prononcée, mais point âcre, chose extraordinaire dans une plante de la famille des Euphorbes : ils purgent sans danger et resserrent ensuite. Dans l'Inde, les médecins les font entrer dans plusieurs recettes ; on les fait aussi confire dans de la saumure pour réveiller l'appétit. Mais ce n'est pas là le seul usage des Myrobolans emblics ; leur qualité astringente, due à l'acide gallique qu'ils contiennent, les a fait rechercher par l'industrie indoue. On s'en sert, en effet, pour tanner, pour verdir les cuirs, et même pour faire de l'encre.

Les Myrobolans ont joui d'une grande réputation. Mesué n'a pas craint de leur attribuer toutes les vertus de la fontaine de Jouvence. Par leur usage, disait-il, la vieillesse est retardée, et la fleur de la jeunesse se conserve long-temps. A la fin du dernier siècle, ils n'étaient pas encore déchus, car un auteur comique du second ordre a donné le nom de Myrobolan à un personnage de ses comédies dont il prétend faire un grand médecin, mais un grand médecin ridicule. Les Galiens du jour, comme nous l'avons dit ci-dessus, en ont totalement abandonné l'usage, et le commerce a presque cessé d'en approvisionner la pharmacie. C'est peut-être un tort, au moins pour l'espèce appelée *Har*, dont nous avons vu que les Indous faisaient grand cas, à cause de sa vertu purgative, qui ne provoque dans les organes digestifs ni irritation ni douleur.

Les

Les Myrobolans faisaient partie de la *confection Hamech* et formaient un des principaux ingrédiens des pilules *sine quibus*. Leur action astringente et laxative les a fait employer dans la dysenterie et dans les maux de gorge.

On croyait autrefois que le Monbin (*Spondias monbin* de Linné) fournissait une espèce de Myrobolan. C'est une erreur dont on est revenu.

On a donné aussi le nom de Myrobolan au fruit du *Balanita ægyptiaca*, qui porte le même nom en Egypte.

Il y a eu un Myrobolan chinois qui n'est plus connu aujourd'hui.

Enfin M. Desfontaines a donné le nom de *Prunus myrobolana* à une espèce de Prunier.

(G. G. de C.)

MYROBOLANÉES. (bot. phan.) Famille de plantes ayant à sa tête le *Terminalia myrobolanus* et comprenant les genres suivans : le *Bucida*, le *Myrobolanus* de Gaertner, le *Gamca* d'Aublet, le *Fatrœa* de Jussieu, le *Terminalia*, le *Chunchoa* et le *Tambouca*. Aujourd'hui, d'après une nouvelle classification des mêmes espèces par Robert Brown, la famille des Myrobolanées se trouve comprise dans les Combretacées (*voy.* ce mot).

(G. G. de C.)

MYROSPERME, *Myrospermum*. (bot. phan.) Genre de la famille des Légumineuses, Décandrie monogynie; il est plus ou moins considérable, selon qu'on y ajoute ou qu'on en sépare le *Myroxylon* de Linné fils. Kunth ayant victorieusement prouvé que ces deux genres, quoique très-rapprochés, sont distincts, le Myrosperme reste limité à une seule espèce.

Le *Myrospermum frutescens* est un arbre de petite taille, observé par Jacquin dans quelques contrées de l'Amérique méridionale ; il n'a point d'aiguillons; ses feuilles sont ailées avec impaire, et leurs folioles marquées de points et de lignes translucides. Les fleurs se montrent avant les feuilles; elles sont pédonculées et disposées en grappes au sommet des rameaux. Voici les caractères que Kunth leur assigne (*Nova genera*, 6, pag. 371) : calice turbiné à la base, ayant son limbe marqué de cinq dents peu distinctes; corolle de cinq pétales inégaux, onguiculés; le supérieur ovale-arrondi, obtus, concave en dessus, très-ouvert; les autres plus courts, plus étroits, et inéquilatéraux; dix étamines libres, déclinées, à filets persistans; ovaire stipité, renfermant cinq ovules, et portant un style droit et un stigmate obtus; gousse plane en forme de couteau, renflée à sa partie supérieure, indéhiscente, contenant une ou rarement deux graines, lesquelles offrent la particularité d'être sans tégument propre.

On verra que le Myrosperme diffère à peine du genre traité dans l'article suivant, et que leur réunion pouvait se justifier. (L.)

MYROXYLE, *Myroxylum*. (bot. phan.) Genre établi par Mutis et Linné fils pour des arbres de la famille des Légumineuses, parmi lesquels se trouvent celui qui produit le *Baume du Pérou*; et, d'après les observations de MM. Humboldt et Bonpland, le *Toluifera* de Linné, qui désormais n'en doit former qu'une espèce. Le genre Myroxyle aura donc pour caractères : un calice court et campanulé, à cinq dents peu marquées; une corolle de cinq pétales longuement onguiculés, inégaux, le supérieur arrondi, les autres linéaires-aigus; dix étamines (parfois huit ou neuf seulement) libres, *ascendantes*, *à filets caducs*; un ovaire stipité, contenant *deux* ovules; un style court, *arqué*, avec un stigmate obtus; une gousse membraneuse, plane, en forme de lame de couteau, renflée au sommet; une ou deux graines, sans tégument propre, et présentant un embryon nu. (Nous avons indiqué en lettres italiques les différences que le *Myroxylum* présente avec le Myrosperme.)

Le Myroxyle du Pérou, *Myroxylum peruiferum*, Mutis et Linné fils (Supplément), a été non moins célébré pour ses propriétés balsamiques que pour l'élégance et la grâce de son port; son écorce est lisse, épaisse; ses feuilles sont alternes et imparipennées, composées de folioles alternes, ovales, obtuses, entières, très-glabres, parsemées de points translucides. Ses fleurs, blanches et disposées en grappes rameuses, produisent des gousses longues et comprimées, un peu falciformes, et renflées au sommet, où se trouve une ou deux graines. Toutes les parties de cet arbre, et surtout son écorce, sont résineuses, et donnent par incision ou par infusion le célèbre Baume du Pérou, qui est surtout employé contre les blessures et pour le pansement des plaies.

Le Myroxyle de Tolu, *Myroxylum toluiferum*, Richard, d'après Humboldt, *Toluifera balsamum*, L., très-voisin de l'espèce précédente, en diffère par ses folioles moins nombreuses, lancéolées et aiguës. Il croît aux environs de Tolu, dans la province de Carthagène. Son écorce donne par incision une résine dont il a été parlé à l'article Baume de Tolu (*v.* Baumes). Il entre dans le sirop balsamique de Tolu, employé contre les catarrhes pulmonaires chroniques.

Une description inexacte du fruit de cet arbre l'avait fait rapporter à la famille des Térébinthacées par la plupart des auteurs. On sait maintenant qu'il produit une gousse et se classe parmi les Légumineuses. (L.)

MYRRHE. (bot. et chim.) Principe immédiat découlant d'incisions faites à un arbre qui croît dans l'Arabie et l'Abyssinie, et inconnu encore aux botanistes, les uns pensant que c'est un Amyris, les autres un Mimosa ou Acacia; les deux opinions sont fort probables. Quoi qu'il en soit, la Myrrhe est en larmes ou en grains roussâtres ou jaunâtres, pesans, assez transparens, fragiles, à cassure résineuse. Elle a une odeur aromatique agréable, une saveur amère et un peu âcre; les morceaux les plus gros présentent des stries qui paraissent être le produit de la dessiccation, et non de coups d'ongles, comme l'assure le vulgaire. Les habitans des pays qui la produisent la mâchent, dit-on, continuellement, et en font un grand usage contre leurs maladies.

M. Draconnot, qui a étudié cette gomme, pense qu'elle est composée en grande partie d'une gomme particulière et azotée, parce qu'elle donne de l'ammoniaque à la distillation, et de l'azote, quand on la traite par l'acide nitrique. Suivant M. Pelletier, elle serait formée de :

Résine	34
Gomme.	66
Acide malique. . . .	0 1/100ᵉ

Mais en raison de ce que ce principe ne donne pas d'acide saccholactique, M. Chevreul lui dénie le nom de gomme. Il serait à désirer que les chimistes s'occupassent bientôt de l'analyse de cette substance intéressante, pour en donner enfin les véritables caractères et la classer convenablement. (C. Lem.)

MYRRHIDE, *Myrrhis*. (bot. phan.) Genre de plantes dicotylédonées polypétales, à étamines épigynes, de la famille des Ombellifères de Jussieu, et de la Pentandrie digynie de Linné, ayant pour caractères constituans : involucre nul; involucelle à cinq divisions entières, lancéolées, ciliées; fleurs centrales de l'ombelle mâles; périanthe double; calice très-court, à cinq dents; cinq pétales blancs, inégaux, dont une division réfléchie; cinq étamines; ovaire infère; deux styles; carpophore fendu au sommet; fruit (crémocarpe) formé de deux graines accolées, revêtues d'une double membrane, l'extérieure relevée de cinq côtes aiguës, l'intérieure les enveloppant étroitement.

Les botanistes réunissent à ce genre bon nombre de plantes, distinctes selon les uns, identiques selon les autres; comme il ne nous appartient pas de trancher une question dont la solution est fort difficile, nous limiterons, avec M. De Candolle père, ce genre à deux espèces, dont nous décrirons la principale, intéressante par son emploi dans l'économie.

Myrrhide odorante, *Myrrhis odorata*, Scop., Moriss., etc. Plante vivace, haute de deux à trois pieds et plus; tige fistuleuse, épaisse, cannelée, velue; feuilles tomenteuses en dessous, ternées-décomposées; folioles ovales, aiguës, incisées-dentées, comme pinnatifides; involucelles lancéolés-subulés; fleurs blanches, disposées en petites ombelles; fruits (crémocarpes) remarquables par la profondeur des cinq cannelures.

Cette plante répand de toutes parts une suave odeur d'anis, et croît dans les forêts de l'Europe australe, et depuis l'Espagne jusque dans l'Asie mineure. On la trouve en France, dans le midi, d'où elle a été introduite dans nos jardins potagers pour l'employer en assaisonnement dans les salades. On la multiplie de graines, ou par la séparation des pieds en automne. Elle est connue vulgairement sous le nom de Cerfeuil d'Espagne, de Cerfeuil musqué, et a été indiquée dans ce Dictionnaire au mot Cerfeuil. Nous ne l'avons décrite qu'afin que le lecteur ne la confonde pas avec le Cerfeuil proprement dit, qui fait partie d'un autre genre, *Anthriscus cerefolium*, Hoff., D. C., etc. (et non *Cherophyllum sativum*). La Myrrhide odorante est aussi employée dans la thérapeutique, quoique les praticiens donnent la préférence au Cerfeuil cultivé, peut-être parce que celui-ci est plus répandu. (C. Lem.)

MYRRHITE. (min.) Les anciens donnaient ce nom à une substance pierreuse ayant la couleur de la myrrhe, et répandant, lorsqu'on la frottait, l'odeur de cette substance. Pline en fait mention. Quelques auteurs ont pensé que c'était une variété brunâtre de succin, assez semblable à celle que l'on trouve sur la côte orientale de la Sicile. (J. H.)

MYRSINE, *Myrsine*. (bot. phan.) Genre de plantes dicotylédonées monopétales, à fleurs unisexuelles, dioïques ou polygames, de la famille des Myrsinées de R. Brown, offrant pour caractères essentiels : un périanthe double; calice monosépale, persistant, à quatre ou cinq divisions profondes; corolle monopétale, à quatre ou cinq lobes droits; étamines en nombre correspondant, situées à la base de la corolle et apposées à chacun de ses lobes; anthères introrses, en cœur, presque sessiles et à deux loges; ovaire supère, ovoïde, à une loge, contenant quatre ou cinq ovules nichés dans un trophosperme central, globuleux et remplissant toute la capacité de l'ovaire.

C'est là le caractère singulier et distinctif des genres qui composent la petite famille dont le Myrsine est le type.

Le fruit est de nature cornée ou crustacée, et monosperme le plus souvent par avortement.

Les Myrsines sont des arbrisseaux ou même de simples arbustes à feuilles alternes et coriaces, à fleurs axillaires, disposées souvent en corymbes. R. Brown, qui le premier a bien caractérisé ce genre, lui en a réuni plusieurs autres que l'on regardait comme distincts; ce sont, entre autres : *Manglilla* de J., ou *Caballeria* de Ruiz et Pav.; *Athyrophyllum* de Loureiro; *Rœmeria* de Th.; *Rapanea* d'Aub., etc. On en connaît près d'une trentaine d'espèces, réparties dans l'Amérique méridionale, la Nouvelle-Hollande, l'Asie, l'Afrique et les grandes îles voisines. Ce sont des plantes assez peu intéressantes par elles-mêmes, et dont nous décrirons seulement une ou deux principales.

Myrsine d'Afrique, *Myrsine africana*, Linn. Arbuste d'un port assez élégant et ressemblant un peu à celui du Myrte; tige de deux à quatre pieds de haut; rameaux nombreux garnis de feuilles obovées-elliptiques, aiguës, un peu dentées au sommet, presque sessiles et ponctuées en dessous; fleurs petites, nombreuses, penchées, portées par des pédoncules courts, axillaires ou subombellulés; calice ponctué; filamens des étamines deux fois plus longs que la corolle; baie drupacée de la grosseur d'un pois, charnue, monosperme. Cette plante est originaire du cap de Bonne-Espérance, et est cultivée au Muséum d'Histoire naturelle.

Myrsine a feuilles obtuses, *Myrsine retusa*, Ait., Vent. Port d'un Myrte, comme le précédent; feuilles obovées-obtuses, denticulées; fleurs plus nombreuses, d'un pourpre foncé, disposées en petits corymbes serrés; filamens roses, plus courts que la corolle ainsi que le style; anthères longues, surmontées d'une petite glande blanchâtre. Naturelle aux îles Açores, et cultivée au Muséum. Ces plantes sont élevées en terre de bruyère, et multipliées de marcottes ou de boutures, qu'on préserve des froids de nos climats en les rentrant dans la serre tempérée. (C. Lem.)

MYRSINÉES, *Myrsineæ*. (bot. phan.) (Ardisiacées de Jussieu.) Famille de plantes dicotylédonées monopétales, à insertion hypogyne, proposée par R. Brown, qui lui attribue les caractères suivans: fleurs hermaphrodites ou dioïques; calice ordinairement persistant, à quatre ou cinq divisions profondes; corolle monopétale, à quatre ou cinq lobes; quatre ou cinq étamines attachées à leur base et opposées aux lobes; anthères presque sessiles, quelquefois monadelphes, sagittées, à deux loges; ovaire supère, libre, uniloculaire, contenant un trophosperme central, portant un ou plusieurs ovules; style simple, sublobé; drupe en baie, contenant une à quatre graines peltées, à endosperme charnu ou corné; hile concave; embryon arrondi, un peu courbé; radicule transverse.

Les Myrsinées sont des arbres ou des arbustes à feuilles alternes, rarement opposées ou ternées, sans stipules, glabres, coriaces, entières ou dentées; à fleurs réunies en grappes corymbiformes, axillaires ou terminales. R. Brown a compris parmi elles les genres *Myrsine*, R. Brown; *Ardisia*, Sw.; *Jacquinia*, J.; *Samara*, Linn.; *Wallenia*, Sw., et *Ægicerus* de Gaertner. On peut voir qu'elle a été formée en partie des Sapotées, dont elle offre le port et les mêmes caractères de fructification. Aujourd'hui, selon d'autres auteurs, elle a le rang de classe et comprend deux tribus, les Ardisiacées et les Primulacées, avec lesquelles, au reste, elle présente de grands rapports. (C. Lem.)

MYRSINITE. (bot. phan.) On a donné ce nom dans l'antiquité à diverses Euphorbes ayant quelque ressemblance avec le Myrte. (Guér.)

MYRTACÉES, *Myrtaceæ*. (bot. phan.) Après avoir successivement porté les noms de Myrtées, de Myrtoïdes, de Myrtinées, la famille des Myrtacées a reçu ce dernier nom que l'on adopte aujourd'hui. Ce n'était heureusement qu'un changement de mots; car les genres qui s'y trouvent réunis sont toujours les mêmes que ceux assignés par Linné à la trente-neuvième famille de sa Méthode naturelle, par Adanson à sa quatorzième famille, et par de Jussieu à sa cent vingt-septième. Ce dernier botaniste l'avait divisée en deux sections, les Myrtées aux fleurs opposées dans les aisselles des feuilles ou portées sur des pédoncules multiflores, et les Myrtées aux fleurs alternes et disposées en grappes. De Candolle les distribue en ce qu'il appelle cinq tribus (il fallait dire groupes, comme je le démontrerai plus bas en fixant la valeur du mot Tribu, voy. ce mot), savoir: les Chamélanciées renfermant des sous-arbrisseaux originaires de la Nouvelle-Hollande, et ayant pour type le *Chamælancium* de Desfontaines; les Leptospermées, arbres et arbrisseaux odorans de la même contrée ayant pour type le *Leptospermum* de Forster; les Myrtées proprement dites formant le centre de la famille et ayant pour type le *Myrtus* de Linné et de Gaertner, dont nous allons parler tout à l'heure; les Barringtoniées, arbres des régions équinoxiales dans les deux hémisphères, ayant pour type le *Barringtonia* de Forster; enfin les Lécythidées, arbres de l'Amérique du sud et de Madagascar, aux fleurs irrégulières et ayant pour type le *Lecythis* de Linné et d'Aublet.

De la sorte, les Myrtacées constituent une famille de plantes ligneuses; aucune ne s'y présente à l'état herbacé et ne se trouve au-delà des zones tempérées. Leurs feuilles sont simples, opposées, quelquefois alternes, constamment dépourvues de stipules, entières ou bien à peine dentées, ponctuées et munies le plus souvent de glandes transparentes, pleines d'huile essentielle. Ces glandes se retrouvent sur l'écorce et sur les calices. L'inflorescence est très-variée; tantôt solitaire on la voit placée à l'aisselle des feuilles, tantôt disposée en épi, en grappe, en ombelle, et même en cime. Fleurs généralement blanches ou rougeâtres, jamais jaunes ou bleues, offrant un calice à quatre ou cinq sépales soudés entre eux par la base en un tube adhérent à l'ovaire dans toute son étendue, la partie libre forme un limbe lobé. Les pétales alternent avec les lobes du limbe et sont insérés sur le bord du calice: ils manquent dans un petit nombre de genres. Etamines en nombre multiple des pétales, depuis huit dans le genre *Backæa*, originaire de la Chine et de la Nouvelle-Hollande, dont les fleurs sont fort agréables à voir quand elles sont épanouies en juillet et août, jusqu'à vingt dans le genre *Philadelphus*, trente-cinq dans les *Metrosideros*, et cent dans les *Psidium* et les *Eugenia*; elles sont réunies en trois corps distincts dans le genre *Calothamnus* de Labillardière, et dans le genre *Melaleuca*, elles forment plusieurs faisceaux. Anthères petites, obrondes, sagittées, à deux loges s'ouvrant par un sillon longitudinal. Ovaire libre, uniloculaire, avec style simple, le plus souvent très-court, terminé par un stigmate quelquefois divisé. Le fruit est une baie ou un drupe sec, parfois capsulaire, le plus ordinairement infère, à une ou plusieurs loges renfermant une ou plusieurs semences peltées, dont l'embryon sans périsperme affecte des formes très-diverses; le plus habituellement il est droit ou courbé. Les cotylédons sont très-courts, la radicule est cylindrique et comme tronquée à sa base. (T. d. B.)

MYRTE, *Myrtus*, L. (bot. phan.) Genre composé d'arbres et d'arbrisseaux élégans, aromatiques, appartenant à l'Icosandrie monogynie, et type, comme nous venons de le voir, de la famille des Myrtacées. Son nom est d'origine grecque selon les uns, arabe selon les autres, et signifie dans l'une et l'autre langue *parfum*; il lui a été donné à cause de l'odeur suave qui s'exhale de toutes ses parties. Les Myrtes ont les tiges droites, rameuses, à feuilles opposées, entières, ponctuées et presque toujours opposées; leurs fleurs sont axillaires, fort belles, composées d'un calice monophylle, persistant, à cinq divisions concaves; d'une corolle presque toujours à cinq pétales arrondis, sessiles, insérés sur le calice; d'étamines nombreuses, libres, insérées sans ordre symétrique au pourtour d'un disque épigyne, dont les filamens subulés sont terminés par des anthères arrondies, biloculaires, déhiscentes longitudinalement; d'un ovaire globuleux, infère, à deux et trois loges, surmonté d'un style filiforme et d'un stigmate simple. Chacune des loges de la baie sphérique qui succède à cet appareil, contient une à cinq graines ovoïdes, anguleuses, presque osseuses, avec embryon courbe, radicule longue et cylindrique, et cotylédons petits, planes, un peu foliacés.

Des dix-neuf espèces qui composent ce genre une seule vit spontanée dans le midi de la France, les autres sont exotiques et se trouvent dans les climats équatoriaux des deux hémisphères. Elles sont très-voisines des Jambosiers, *Eugenia*; se multiplient de graines, de drageons et de boutures; la terre qui leur convient le plus est celle de bruyère.

Connu dans la plus haute antiquité, le MYRTE COMMUN, *M. communis*, fut un des premiers arbres admis au milieu des jardins; la fraîcheur perpétuelle de son feuillage, le nombre et la beauté de ses fleurs, dont le blanc pur est relevé par la teinte rouge des rameaux, et le vert luisant de ses feuilles lancéolées, aussi bien que son port agréable, l'odeur suave qu'il répand, lui donnaient ce droit même avant le Laurier et les autres arbres d'ornement. Les Juifs mêlaient ses branches avec celles du Palmiste, *Chamærops humilis*, dans leur fête solennelle des Tabernacles. Chez les Grecs, il était l'emblème de la gloire et des doux plaisirs, on en ornait les statues des héros le jour anniversaire de leur mort; avec ses rameaux flexibles on tressait des couronnes et l'on en posait sur la tête des Grâces, des amans heureux, de la muse Erato, et de la vierge timide, en mémoire, nous dit Ovide, de ce que les rameaux touffus du Myrte servirent à cacher les charmes de Vénus à une bande de Satyres qui se dirigeait vers le ruisseau limpide où elle prenait un bain.

> Littora siccabat rorantes nuda capillos :
> Viderunt Satyri turba proterva deam.
> Sensit et apposita texit sua corpora Myrto.

Dans tous les poëtes grecs et latins le Myrte est l'objet de mille fictions agréables. Il faisait partie essentielle des mystères et des cérémonies les plus riantes et des plaisirs de la table. Ce fut, au rapport de Pline, le premier de tous les arbres que l'on planta sur la place publique de Rome; on le regardait comme sacré : on avait été le chercher en pompe sur le sommet du mont Circé. Chez les Athéniens, les archontes s'en décoraient le front durant l'exercice de leurs fonctions. Le Myrte fournissait à Olympie la couronne du vainqueur, et à Rome celle du triomphateur dans l'ovation.

Réduit dans les contrées septentrionales de l'Europe à l'état de simple arbrisseau, nous voyons le Myrte reprendre sa taille élevée dans le bassin pittoresque de Cherbourg, et sur les rives de la Méditerranée que Napoléon appelait le grand lac de l'empire qu'il rêvait et qu'il fut si près de réaliser. Son bois est dur, et dans les pays où sa tige acquiert de la grosseur on l'emploie avec profit pour faire des meubles et des ustensiles. Quand on veut se servir de cette plante ligneuse pour tonnelles, palissades, bosquets, elle est plus agréable tenue en arbuste; son feuillage épais offre alors un abri contre le soleil le plus ardent, on jouit mieux des beautés qu'il étale aux yeux en juillet et août durant sa floraison, et de l'odeur aromatique de ses nombreux rameaux, qu'il suffit de toucher pour se parfumer les doigts.

On emploie dans le Midi, particulièrement à Grasse, département du Var, les feuilles du Myrte pour le tannage des cuirs. J'ai retrouvé cet usage dans l'une et l'autre Calabre. En l'île de Minorque, ses branches dures et flexibles sont tortillées deux ou trois ensemble pour fournir d'excellentes cordes à puits. Les femmes emploient pour leur toilette une eau distillée, appelée *Eau d'ange*, qui raffermit et parfume la peau; elle est obtenue des feuilles. La baie d'un bleu foncé qui décore les rameaux du Myrte et mûrit en automne, quand elle est pilée, mise en infusion dans de l'alcool, puis exprimée, donne un suc huileux plus puissant encore pour réparer les ravages du temps, pour rappeler la fraîcheur, la fermeté, l'aimable coloris flétris par l'abus des voluptés. Avant et même depuis la découverte du Piment annuel, *Capsicum annuum*, cette baie servait de principal ingrédient à la cuisine des anciens. On retire de toutes les parties de la plante une huile volatile recherchée comme stimulant. Sans aucun doute, ces propriétés sont exagérées et sont une conséquence de l'antique association du Myrte au culte et aux jeux des amours.

Nous possédons plusieurs variétés précieuses du Myrte commun : les plus remarquables sont le *Myrte romain* à petites et à grandes feuilles lancéolées; le *Myrte de Tarente* aux feuilles ovales, ordinairement disposées en croix sur quatre rangs, et aux rameaux courts; le *Myrte bétique*, dont les feuilles, ramassées et serrées au sommet des rameaux, simulent celles de l'Oranger; le *Myrte à feuilles mucronées*, garni sur une belle tige droite de feuilles petites, linéaires, pointues et lancéolées; enfin le *Myrte à fleurs doubles*, variété fort jolie que l'on doit au savant Peyresc. Le botaniste Cornuti, qui vivait au milieu du dix-septième siècle, en parle comme d'une nouveauté.

Les Myrtes forment trois sections, selon qu'ils offrent leurs pédoncules solitaires, ou réunis, ou bien multiflores. Chaque section renferme de fort belles espèces. Je vais en citer quelques unes.

Aucune tradition, aucun usage particulier ne recommande le MYRTE COTONNEUX, *M. tomentosa*. Transporté, il y a plus d'un demi-siècle en nos jardins, des forêts de la Cochinchine et des parties méridionales de la Chine où il abonde, il nous demande encore d'être tenu en pot, rentré dans la serre tempérée durant l'hiver; si nous voulons jouir de son port élégant, et, en juin et juillet, de ses grandes fleurs de couleur rose un peu foncée, qui sont portées sur de longs pédoncules tout couverts, ainsi que les calices et les deux bractées qui sont à leur base, de petits poils courts, blancs et d'un reflet soyeux. Les étamines de cette jolie espèce ont leurs filets d'un beau rouge carmin; on la propage de boutures.

Le MYRTE GÉROFLIER, *M. caryophyllata*, que l'on trouve également aux Antilles, sur le sol de l'Amérique du sud, dans l'île de Ceylan et aux autres îles voisines de l'Inde, est une belle espèce dont l'odeur et la saveur rappellent celles du Géroflier sans être cependant ni aussi volatiles ni aussi fortes. L'écorce de cet arbre nous arrive en morceaux longs de huit à trente centimètres, planes ou roulés comme ceux de la cannelle; ils sont épais seulement de deux à quatre millimètres, rudes, de couleur cendrée en dehors. On s'empare de leurs principes aromatiques par infusion; on en retire une huile essentielle moins âcre et beaucoup plus faible que celle du véritable Géroflier, *Caryophyllus aromaticus*, et un extrait spiritueux qui convient aux constitutions européennes. Chez les Indiens, cette écorce réduite en poudre entre comme condiment dans les cuisines; on la vend en Hollande, ainsi que celle du MYRTE TOUT-ÉPICE, *Myrtus pimenta*, sous le nom de Poudre de clous de Gérofle.

Cette dernière espèce, que De Candolle transporte dans le genre *Eugenia*, quoique sa véritable place soit parmi les Myrtes, est un grand arbre des régions équatoriales de l'Amérique, aux feuilles opposées, grandes, ovales et lisses comme celles du Laurier, *Laurus nobilis*. Ses baies noires font partie des épices et des parfums sous la dénomination de Piment de la Jamaïque. Ses fleurs petites, nombreuses et blanches, forment des grappes latérales et terminales paniculées qui ne sont pas sans agrément.

Quatre autres espèces peuvent se cultiver en France, ce sont les suivantes : 1° le MYRTE A BRACTÉES, *M. bracteata*, Willd., de l'Inde. Cet arbre a les feuilles pétiolées, opposées, elliptiques, très-entières, les jeunes couvertes d'un duvet jaunâtre et soyeux; les vieilles glabres, veinées et couvertes de petits points noirâtres; les fleurs rassemblées sur les rameaux de l'année se montrent solitaires, accompagnées de deux bractées lancéolées et velues; 2° le MYRTE DE CEYLAN, *M. zeilanica*. Ses baies, d'une blancheur éblouissante, n'offrent qu'une seule semence et succèdent à des fleurs disposées en grappes au nombre de quatre sur le même pédondule; 3° le MYRTE ANDROSÈME, *M. androsœmoides* de Vahl, se fait remarquer par ses pédoncules triflores; 4° et le MYRTE A FEUILLES CORIACES, *M. coriacea* de Plumier, est un fort bel arbrisseau très-droit, garni de branches et de rameaux montans très-feuillés, de fleurs blanches en panicules très-ouvertes et de baies d'un beau noir à leur maturité. Il est originaire des Antilles et est en pleine floraison au printemps.

La durée des Myrtes se prolonge beaucoup. J'en ai vu dans les parties méridionales de l'Italie auxquels on donne plusieurs siècles d'existence. En examinant avec attention leur bois, il est facile de constater l'âge avancé de la plante.

Vulgairement on prodigue la dénomination de Myrte à des végétaux qui sont étrangers non seulement au genre, mais encore à la famille : témoin le Galé-piment de nos lieux humides, *Myrica gale*, que l'on appelle tantôt MYRTE BATARD, MYRTE DES MARAIS et MYRTE DU BRABANT; ainsi que le Fragon piquant qui peuple nos bois, *Ruscus aculeatus*, à qui l'on donne les noms de MYRTE ÉPINEUX et MYRTE SAUVAGE. (T. D. B.)

MYRTILLE, *Myrtillus*. (BOT. PHAN.) Espèce très-répandue du genre Airelle dont le nom est emprunté de la ressemblance que son fruit présente avec celui du Myrte. *Voy.* AIRELLE. (GUÉR.)

MYSIS, *Mysis*. (CRUST.) Genre de l'ordre des Décapodes, famille des Macroures, tribu des Schyzopodes, Règn. anim. de Cuv., établi par Latreille, qui le place (dans son Cours d'entomologie, première année) dans son deuxième ordre, les Stomapodes, *Stomapodes*, et dans sa première famille des Cardioïdes, *Cardiodes*; ce genre est ainsi caractérisé par ce célèbre entomologiste : tous les pieds divisés jusqu'à leur base en deux tiges filiformes et très-grêles; antennes latérales accompagnées, comme dans les Salicoques, d'une grande écaille, et situées plus bas que les mitoyennes; queue terminée par une nageoire de quatre à cinq feuillets. Ces Crustacés ont des rapports avec les Stomapodes et les Amphipodes; ils ressemblent beaucoup aux Salicoques et tiennent même un peu des Entomostracés; leur corps est très-petit, allongé, étroit et légèrement mollasse; leurs antennes latérales sont situées plus bas que les mitoyennes, sétacées, très-longues et recouvertes à leur base d'une grande écaille : les intermédiaires sont beaucoup plus courtes, composées d'un pédoncule de trois articles dont le troisième, qui est large, donne naissance à trois soies dont deux sont fort longues; les yeux sont placés à la partie antérieure du test, et à côté d'une saillie triangulaire et déprimée; ils sont très-rapprochés; les palpes des mandibules sont longs et saillans; les pieds-mâchoires sont assez longs, ils sont composés d'un lobe intérieur divisé en plusieurs articles de formes variées, et d'un lobe extérieur ou palpe flagelliforme long et en forme de filet; ils paraissent être aussi destinés à la locomotion, comme les pieds auxquels ils ressemblent beaucoup; ceux-ci sont composés de deux tiges s'insérant sur une pièce commune en forme de tubercule plus ou moins arrondi; ces tiges sont composées chacune de deux articles distincts et terminées par un filet assez long. Ces pieds vus en place font paraître les organes de la locomotion des Mysis composés de quatre lignes ou rangs longitudinaux de filets. L'abdomen des Mysis est composé de plusieurs articles et terminé par une nageoire formée de cinq feuillets. Ces Crustacés portent leurs œufs rassemblés à l'extrémité postérieure de la poitrine, près des dernières pattes et enfermés entre deux valves en forme de coquille ; cet ovaire forme une proéminence en forme de bosse. Latreille avait d'abord placé ces Crustacés dans la famille des Squillares, et il avait été trompé par la figure d'Othon Fabricius, où le test semble partagé en deux pièces ; il a rectifié cette erreur depuis qu'il a connu l'animal en nature ; enfin dans son Cours d'Entomologie, comme nous l'avons déjà dit plus haut, il place ce genre dans son deuxième ordre, les Stomapodes, et dans sa deuxième famille, les Cardioïdes. Leach (Edimb. Encyclop.) avait distingué ce genre sous le nom de Praunus ; mais il a adopté la dénomination de Latreille dans ses autres ouvrages.

On ne connaît encore que cinq ou six espèces de Mysis ; toutes vivent dans la mer et sont très-petites. Parmi les plus remarquables nous citerons :

Le Mysis de Fabricius, *M. Fabricii*, Leach, *loc. cit.*; Latr., Encycl. méth., Atlas, pl. 333, fig. 5 à 20. Cette espèce est longue de plus de six lignes ; son corps est glabre ; ses yeux sont très-gros et saillans ; la carapace est terminée postérieurement et sur les côtés en pointe assez aiguë ; les feuillets extérieurs des nageoires sont arrondis à leur extrémité, et celui du milieu est obtusément échancré. Elle se trouve dans les mers du Groënland parmi les plantes marines.

Le Mysis spinosule, *M. spinosulus*, Leach, Trans. Linn., XI, pag. 590, n° 1 ; *Praunus flexuosum*, Leach, Edimb. Encyclop. La lame intermédiaire de la nageoire de la queue est profondément et étroitement échancrée dans son milieu, épineuse sur ses côtés ; les latérales pointues et largement ciliées ; longueur, 9 lignes ; diamètre, 3/4 de ligne. Se trouve dans la mer d'Ecosse et sur les côtes de France, à Port-en-Bessin, près Bayeux, département du Calvados.

Le Mysis entier, *M. integer*, Leach, Trans. Linn., tom XI, pag. 330, n° 1. Lame intermédiaire de la nageoire caudale sans échancrure à son extrémité. Des côtes de l'île d'Arran et des environs de Dieppe.

Voyez, pour les autres espèces, Leach. *loc. cit.*, Latreille, Desmarest et Olivier (Encyclopédie méthodique). (H. L.)

MYSORINE. (min.) Un carbonate de cuivre anhydre qui a été trouvé dans le pays de Mysor en Hindoustan, par le docteur anglais Heyn, a reçu de ce pays le nom de Mysorine. Suivant le chimiste Thomson, ce minéral se compose d'environ 17 parties d'acide carbonique, de 61 de deutoxide de cuivre, de 19 à 20 de peroxide de fer, et de 2 de silice.

La Mysorine est une substance d'un brun noirâtre, ordinairement foncé et sali de vert, de rouge et de brun, par suite des mélanges de malachite et de peroxide de fer. Sa cassure est conchoïde ; elle est tendre et se laisse couper au couteau. Elle ne donne pas d'eau par calcination, et se dissout dans les acides en laissant un dépôt insoluble rouge. Comme la plupart des carbonates de cuivre, sa solution précipite ce métal sur une lame de fer. (J. H.)

MYTILACÉS, *Mytilacea*. (moll.) Famille de Mollusques acéphales pourvus de coquille, créée par Cuvier, et admise, avec des modifications, par tous les zoologistes. D'abord, l'auteur du Règne animal lui-même n'y avait compris que les genres Moule, Anodonte, Mulette, Cardite et Cristatelle ; et ainsi composée, cette famille représentait les *Biforipalla* de Latreille, ou Mollusques ayant deux ouvertures au manteau. Mais plus tard, dans la deuxième édition de son ouvrage, Cuvier a cru devoir ajouter aux genres que nous venons de citer, ceux des Cypricardes, des Coralliophages et des Vénéricardes. Dans son dernier ouvrage, Lamarck, en adoptant cette famille qu'il range parmi les Monomyaires, n'y laisse que les genres Pinne, Modiole et Moule ; Férussac, au contraire, séparant des Mytilacés le genre Pinne, qu'il rapporte aux Avicules, ne place dans les premiers que les Modioles, les Moules et les Lithodomes. M. de Blainville a adopté l'opinion de Lamarck ; mais il n'a pourtant admis les Moules et les Lithodomes que comme sous-genres. Il a de plus créé la famille des Submytilacés pour les genres Anodonte, Mulette, Cardite et Cypricardes, genres que Cuvier place dans ses Mytilacés. M. le docteur Vanbenden rapporte à cette famille un nouveau genre créé par lui d'après une Moule découverte en Belgique. Ce genre, qu'il a fait connaître sous le nom de *Dreissena*, et qui compte déjà deux espèces, le *Dreissena polymorpha*, Vanb. (*v.* Dreissène), et le *Dreissena africana*, Vanb., doit prendre place d'après lui entre les Moules et les Anodontes. « Comme le muscle transverse antérieur de l'animal dont nous avons fait un nouveau genre est, dit-il, beaucoup plus développé que dans le Mytilus, il rapproche davantage ce Mollusque des Anodontes ou des Dymiaires, et en fait, d'une certaine manière, le passage. De même que le caractère d'être fluviatile (car il n'habite que les mers internes) nous montre que sa véritable place doit être, dans la série, entre les *Mytilus* et les *Anodontes*. »

Les caractères qu'on donne à cette famille sont les suivans : manteau adhérent vers les bords fendu dans toute sa moitié inférieure, avec un orifice distinct pour l'anus et une indication de l'orifice branchial, par l'épaississement plus considérable des bords postérieurs du manteau ; pied linguiforme, canaliculé, avec un byssus en arrière à sa base ; deux muscles adducteurs, dont l'interne très-petit, outre les deux paires de muscles rétracteurs du pied. Coquille régulière, équivalve, souvent épidermée ou cornée ; charnière à ligament subintérieur, marginal, linéaire, très-entier, occupant une grande partie du bord dorsal. (*V.* Moule, Modiole, Lithodome, etc.) (Z. G.)

MYTILOIDES, *Mytiloides*. (moll.) M. Brongniart, dans sa Description géologique des environs de Paris, a proposé ce nom de genre pour des coquilles subéquilatérales, que l'on trouve dans presque tous les terrains de craie. Ces coquilles ont une forme qui a beaucoup de rapport avec celle des Moules; elles sont couvertes de forts sillons concentriques. Leur forme et surtout le peu d'épaisseur du test, ont fait présumer qu'elles ne portaient pas de dents à la charnière. M. Schlotheim les avait rangés parmi les Ostracites, dans le tableau des pétrifications propres à chaque terrain, et avait figuré l'espèce sous le nom spécifique de *Labiatus*; mais depuis, il l'a désignée, dans son *Petrefactenkunde*, sous celui de *Mytilus problematicus*. Dans l'ouvrage cité ci-dessus, M. Brongniart lui a donné le nom de *Mytiloides labiatus*, et l'a figurée, pl. 3, fig. 4.

On trouve un grand nombre de Mytiloïdes dans beaucoup de départemens du nord de la France.

(Z. G.)

MYXINE. (POISS.) Nous avons fait l'histoire de ces animaux à l'article GASTROBRANCHE de ce Dictionnaire (v. ce mot). (ALPH. G.)

MYZINE, *Myzine*. (INS.) Genre d'Hyménoptères, de la famille des Hétérogynes, tribu des Mutillaires, établi par Latreille, et auquel nous avons fait subir quelques changemens dans un Mémoire sur la tribu des Mutillaires, encore inédit et qui paraîtra sous peu dans notre Magasin de zoologie. Nous allons extraire de ce travail ce qui a rapport au genre Myzine.

C'est dans son Histoire naturelle des Crustacés et des Insectes (1802 à 1805) que Latreille a institué ce genre, en y faisant entrer comme type l'espèce du midi de la France, qu'il a rapportée au *Sapyga cylindrica* de Panzer, ou *Scolia sexfasciata* de Rossi, et la Tiphie maculée de Coquebert. Dans son *Genera* (1809) il a développé les caractères de son genre Myzine et y a joint plusieurs *Elis* de Fabricius, et quelques Tiphies qui constituent le genre *Plesia* de Jurine, prétendant que les uns et les autres n'étaient que des sexes différens du même genre. Cette opinion n'a pas été partagée par les entomologistes de cette époque, et Illiger, Panzer et Olivier ont séparé ces prétendus sexes, et en ont fait un genre distinct. Olivier a même adopté le nom de Myzine pour désigner les espèces dont Jurine fait son genre *Plesia*. Nous partageons entièrement l'opinion des entomologistes qui séparent les Myzines des Plésies, et nous appuyons cette opinion sur l'analogie qu'il y a entre l'organisation des Tengyres et des Myzines, d'un côté, et sur celle qui existe entre les Tiphies et les Plésies de l'autre. Si l'on compare une Plésie, femelle de Myzine suivant Latreille, avec une Tiphie, on verra que ces deux insectes ont des formes robustes comme les Scolies, que leurs pattes sont fortes, à cuisses courbes, à jambes dentées et ciliées, à tarses munis de brosses; et ce qui est à nos yeux la meilleure preuve de leur analogie avec les Scolies et les Tiphies, c'est que leurs ailes supérieures sont composées de la même manière, c'est-à-dire que leurs nervures ne vont pas aboutir à l'extrémité de l'aile, tandis que dans toutes les espèces de Myzines et dans tous les autres genres de Mutillaires, à l'exception des Aptérogynes et d'un nouveau genre voisin qui offrent une anomalie par l'oblitération d'une grande partie de leurs nervures, ces nervures se continuent jusqu'au bout de l'aile et circonscrivent des cellules bien nettement marquées. L'on sera convaincu de la nécessité qu'il y a de séparer les Myzines des Plésies, quoique l'on n'ait encore observé que des mâles du premier de ces genres et des femelles du second, et de placer ces dernières près des Scolies et des Tiphies, quand on réfléchira que dans ces genres les mâles sont beaucoup plus rares, surtout dans les Tiphies, et que les deux sexes ont les ailes organisées de même. En effet, sur une cinquantaine de Tiphies d'Europe que nous avons pu examiner, nous n'avons trouvé que sept à huit mâles ressemblant entièrement à leurs femelles. Puisqu'il y a une telle disproportion dans le nombre des mâles comparé à celui des femelles chez les Tiphies, pourquoi n'en serait-il pas de même pour les Plésies? On doit d'autant plus le penser que ces insectes n'ont encore été répandus qu'en très-petit nobre dans les collections; Jurine n'avait vu que cinq individus femelles, nous en avons trouvé neuf seulement dans les collections de Paris; il n'y a donc rien d'extraordinaire à penser que sur ces quatorze individus le hasard n'ait pas fait trouver un mâle, puisque, dans les Tiphies, c'est à peine si l'on trouve un mâle sur sept femelles d'espèces différentes.

De ces considérations il résulte pour nous la conviction que les Plésies ne sont pas les femelles des Myzines de l'Amérique, et nous le croyons d'autant plus que, si l'on pouvait penser le contraire, il faudrait croire alors que les Tiphies sont les femelles des Myzines de notre pays, ce qui n'est cependant pas. Du reste, M. Vander-Linden, dans la note qu'il a publiée au sujet de la Tengyre, vient encore appuyer notre opinion; car cet entomologiste distingué pense que la femelle de la Myzine cylindrique doit être bien voisine de la Méthoque, et il appelle l'attention des entomologistes du midi de la France sur la *Mutilla diadema* de Fabricius, dont on ne connaît pas le mâle, et qu'il soupçonne être la femelle de cette Myzine.

Tel que nous le limitons actuellement (1837), le genre Myzine contient dix-neuf espèces bien semblables pour les caractères essentiels; nous allons présenter ces caractères d'après notre nouvelle manière d'envisager ce genre, dont nous ne connaissons encore que des individus mâles.

Mandibules de grandeur moyenne, arquées, bidentées au bout; labre saillant, transverse, un peu échancré au milieu; palpes inégaux, les maxillaires allongés, de six articles filiformes, les labiaux plus courts, de quatre articles obconiques; antennes filiformes, droites, de treize articles, beaucoup plus longues que la tête et le corselet, ayant le premier article plus épais, tronqué obliquement, le second très-petit, en partie caché dans le précédent, et les suivans presque égaux entre eux et cylindriques; ailes supérieures ayant une cellule radiale grande, n'atteignant cependant pas l'extrémité; quatre cellules cubitales complètes dont la première est la plus longue, et deux nervures récurrentes s'insérant au bord inférieur des seconde et troisième cellules cubitales; pattes grêles, courtes; abdomen allongé, cylindrique et peu renflé au milieu, ayant le dernier segment terminé inférieurement par une grande épine recourbée en haut.

On ne connaissait jusqu'à présent que peu d'espèces de ce genre, tel que nous l'adoptons; mais nous en avons trouvé quelques unes de nouvelles dans les collections particulières et au Muséum; toutes sont noires, plus ou moins tachées de jaune ou d'orangé, et il est fort aisé de les distinguer entre elles. Nous avons reconnu avec la plus grande facilité que la plupart des espèces si bien représentées par M. Prêtre, dans les magnifiques planches du grand ouvrage publié par la commission d'Égypte, sont encore inédites, et ne sont mentionnées dans l'explication des planches, publiée par ordre du gouvernement, que sous le nom collectif de *Myzines* (1). Désirant les joindre à notre Monographie, nous avons voulu nous assurer que les bandes et taches dont elles sont marquées, et qui sont indiquées en blanc dans les gravures, étaient teintes de jaune, comme l'analogie nous en donnait presque la certitude, et les souvenirs de M. Prêtre sont venus confirmer cet aperçu. Nous les ferons donc entrer dans ce travail en nous applaudissant d'être le premier à les nommer. Nous ne croyons pouvoir nous dispenser d'en dédier deux à des naturalistes : la première au savant et malheureux Savigny, pour les avoir si bien étudiées et fait représenter dans tous leurs détails, et l'autre à M. le professeur Audouin, pour nous avoir laissé une tâche aussi facile et aussi agréable.

Les Myzines appartiennent aux pays chauds et tempérés; elles sont répandues dans les deux continens, et leurs mœurs sont encore inconnues; on les trouve sur les fleurs. Nous allons donner le Prodrome des espèces qui seront décrites avec étendue et figurées dans notre Mémoire.

1. *M. sexcincta*, Fab. (*Sapyga maiorta*, Panz.). Noire, tachée de jaune; abdomen noir avec six bandes transverses jaunes. Longueur, 11 à 23 millimètres. Des Etats-Unis d'Amérique. Nous avons distingué six variétés assez tranchées, dont on pourrait à la rigueur former autant d'espèces (Var. A : *Obscuripennis*, Guér.; B : *Maiorta*, Panz.; C : *Menechma*, Guér.; D : *Apicalis*, Guér.; E : *Sexcincta*, Fab.; F : *Affinis*, Guér.).

2. *M. proxima*. Guér. Très-voisine de la *Sexcincta*, et peut-être une simple variété : mais elle est un peu plus grande, ses cuisses ont moins de jaune, et le dernier segment de l'abdomen est terminé par une bande jaune transverse et entière. Longueur, 25 millimètres. De l'intérieur de l'Amérique.

3. *M. hæmorrhoidalis*, Guér. Tête, antennes et corselet noirs, ponctués et velus; abdomen plus étroit à la base, noir, à extrémité rouge; deux petites stries au premier segment et une bande aux quatre autres, jaunes; ailes incolores; pattes fauves. Longueur, 12 millimètres. Du cap de Bonne-Espérance.

4 *M. sexfasciata*, Rossi (Myzine, Aud. Eg., pl. 15, fig. 25); représentée dans notre Atlas, pl. 401, fig. 1 (*Scol. sexfasciata*, Rossi; *Scol. cylindrica*, Fab.; *Scol. volvulus*, Fab.; *Sapyga volvulus* et *cylindrica*, Jurine). Noire; prothorax ayant deux bandes jaunes, et abdomen en ayant six. Pieds tachés de jaune. Longueur, 11 à 16 millimètres. Europe méridionale, Egypte. Nous avons distingué sept variétés réparties dans deux divisions comme il suit :

† Antennes plus longues que la moitié du corps.

Var. A : *Volvulus*, Fab.; B : *Antennata*, Guér.

†† Antennes à peine de la longueur de la moitié du corps.

Var. C : *Brevicornis*, Guér.; D : *Capensis*, Guér.; E : *Mauritiana*, Guér.; F : *Fabricii*, Guér.; G : *Cylindrica*, Fab.

5. *M. geniculata*, Brull. Noire, avec deux petites taches jaunes sur le bord postérieur du prothorax. Ailes brunes avec l'extrémité un peu plus pâle. Pattes noires avec l'extrémité des cuisses et la base des jambes jaunes. Abdomen noir à segmens bordés de jaune en arrière, ce jaune plus large sur les côtés et au milieu, et formant ainsi trois taches. Longueur, 16 millimètres. De Morée.

6. *M. Servillei*, Guér. Tête et antennes noires sans taches. Thorax noir avec deux petites stries jaunes interrompues sur le prothorax. Ailes transparentes, incolores; pattes fauves avec les cuisses noires; abdomen noir avec le bord fauve; le premier segment ayant une bande et les autres trois taches postérieures jaunes. Dessous sans taches, avec le bord postérieur des segmens brunâtre. Longueur, 16 millimètres. Du Cap.

7. *M. ægyptiaca*, Guér. (Myzine, Aud., Eg., pl. 15, fig. 27); reproduite dans notre Atlas, pl. 401, fig. 2. Tête noire, tachée de jaune. Prothorax jaune;

(1) Description de l'Égypte, etc.; édit. in-8°, t. 22. (Zool., t. 2), p. 455. Explication des planches par M. V. Audouin.

Planche 15. « On peut donner à toutes les espèces que l'on voit ici le nom de Scolie; mais il est évident que les dernières, depuis le n° 19, pourraient en être distinguées génériquement. Les Scolies ont pour caractères, etc., etc.

» Les ailes de ces insectes sont souvent colorées de noir, de violet et de jaune; c'est ce qu'indique très-bien la gravure; mais il eût fallu au moins les dessins pour entreprendre la détermination spécifique. Les numéros 19 et 20 sont des Tiphies proprement dites; la figure 21 offre plusieurs caractères du genre Méric de M. Latreille. Les numéros 22-27 sont des Myzines. »

Il y a ici erreur au sujet des numéros 19, 20 et 21; car le numéro 19 seul offre la figure d'une vraie Tiphie, qu'il est facile de reconnaître pour la *T. morio* de Fabr. Le numéro 20 est une excellente figure de la *Meria Latreillii* (*Tachus Latreillii*, Fabr.). Enfin la figure 21 représente un genre nouveau très-voisin des Méries, mais qui en diffère par les cellules des ailes supérieures, par la forme des jambes et de leurs épines terminales, et que nous proposons d'appeler *Parameria*, en donnant à l'espèce figurée le nom de *P. femorata*.

jaune; mésothorax ayant quatre taches entre les ailes; l'écusson, une ligne en arrière et les flancs jaunes; ailes transparentes, incolores; pattes jaunes, tachées de noir; abdomen noir à larges bandes jaunes. Longueur, 10 millimètres. D'Egypte.

8. *M. aurantiaca*, Guér. Tête noire, avec le chaperon et le premier article des antennes jaunes; prothorax jaune, avec un point noir au bord antérieur; mésothorax noir, avec l'écusson, un petit point en arrière, et les côtés orangés; métathorax noir, avec une grande tache de chaque côté. Abdomen noir, avec une large bande orangée en arrière de chaque segment en dessus et en dessous; pattes fauves; les antérieures jaunes. Ailes transparentes, un peu obscures au milieu. Longueur, 14 millimètres. D'Arabie.

9. *M. ruficornis*, Guér. Tête noire, avec le chaperon et les antennes fauves; thorax noir, ponctué, avec le prothorax, trois taches sur le mésothorax et deux grandes taches de chaque côté, orangés. Ailes incolores; pattes orangées; abdomen orangé, avec la base des segmens noire. Longueur, 12 millimètres. D'Arabie.

10. *M. arabica*. Guér. Tête et antennes noires, sans taches, ponctuées et velues. Prothorax ayant deux larges bandes qui se réunissent de chaque côté; mésothorax taché de jaune sous les ailes; abdomen noir, avec la moitié postérieure des segmens jaune. Pattes jaunes, ailes sans taches, transparentes. Longueur, 12 millimètres. D'Arabie.

11. *M. Savignyi*. Guér. (Myzine. Aud. Eg. pl. 15, fig. 23), reproduite dans notre Atlas, pl. 401, fig. 3. Tête et antennes noires. Chaperon jaune; corselet noir avec le prothorax en arrière, l'écusson et une tache derrière, jaunes; segmens de l'abdomen noirs à bande postérieure jaune remontant sur les côtés. Dessous, à l'exception du premier segment, ayant des bandes jaunes dilatées et échancrées au milieu. Ailes un peu obscures; pattes jaunes tachées de noir. Longueur, 15 millimètres. D'Egypte.

12. *M. zonata*. Guér. (Myzine, Aud. Eg., pl. 15, fig. 22). Tête et antennes noires. Chaperon jaune. Thorax ponctué, velu, noir, avec le bord postérieur du prothorax, de l'écusson, une tache en arrière et une autre sur le mésothorax, jaunes; abdomen noir à bandes simples jaunes. Ailes obscures à la base, transparentes et incolores au bout. Pattes noires. Longueur, 17 millimètres. D'Egypte.

13. *M. nigripes*, Guér. Tête, antennes, corselet et pattes très noirs, velus et ponctués; ailes brunes. Abdomen noir avec une petite strie jaune de chaque côté du bord postérieur. Longueur, 14 millimètres. D'Egypte.

14. *M. Audouinii*, Guér. (Mysine, Aud., Eg., pl. 15, fig. 24), reproduite dans notre Atlas, pl. 401 fig. 4. Noire; prothorax bordé de jaune en avant, à angles latéraux aigus; ailes un peu enfumées; abdomen noir; trois taches jaunes au bord postérieur des 2ᵉ, 3ᵉ, 4ᵉ, 5ᵉ et 6ᵉ segmens; pattes noires. Longueur, 8 millimètres. D'Egypte.

15. *M. Panzeri*, Guér. (*Sapyga cylindrica*, Panz.) Noire, velue; abdomen ayant le premier segment sans taches et les autres marqués de trois taches jaunes au bord postérieur. Ailes incolores, transparentes. Longueur, 9 millimètres. D'Allemagne.

16. *M. nodosa*, Guér. Noire, couverte d'un duvet blanc; ailes transparentes; pattes fauves; premier segment de l'abdomen allongé, étranglé en arrière et noueux. Longueur, 11 millimètres. De Madagascar.

17. *M. dimidiata*, Guér. Semblable à la précédente, mais ayant les ailes transparentes et incolores à la base et jusqu'au milieu, et brunes ensuite. Longueur, 16 millimètres. De Bombay.

Nota. Quoique nous n'ayons pas vu la couleur des taches des Myzines représentées dans l'Expédition d'Egypte, nous pensons qu'elles sont jaunes; si elles étaient d'une autre couleur, cela ne changerait rien à nos descriptions; car ce n'est pas la couleur de ces taches qui caractérise nos espèces, c'est plutôt leur disposition et leurs formes. (Guér.)

MYZOXILE, *Myzoxile*. (ins.) Genre d'Hémiptères de la section des Homoptères, famille des Hyménélytres, tribu des Aphidiens. Ce genre, fondé sur le puceron nommé Lanigère, ayant à quelques caractères près les mêmes mœurs que les Pucerons, nous remettons à en parler au même article. (A. P.)

N

NABIS, *Nabis*. (ins.) Genre d'Hémiptères, de la section des Hétéroptères, famille des Géocorises, tribu des Nudicolles, ayant pour caractères: antennes insérées au dessus d'une ligne tirée des yeux à l'origine du labre; tête non séparée en arrière des yeux par un étranglement; ces insectes ont de grands rapports avec les Réduves, dont Latreille les a séparés, mais les caractères que nous avons indiqués les en distinguent suffisamment; ces insectes sont de petite taille, ont le prothorax bombé, les pattes antérieures plus courtes que les deux autres paires; les fémurs de cette paire sont épais et armés d'épines en dessous, ce qui indique qu'ils peuvent s'en servir pour saisir ou retenir leur proie; leurs mœurs sont celles de la tribu dont ils font partie; quelques espèces sont aptères, dans d'autres les élytres seules existent.

N. guttule, *N. guttula*, Fab. Long de quatre lignes, noir, luisant, avec les élytres et les pattes rouge sanguin; sur la membrane des élytres, qui est noire, il existe un point blanc. On trouve cette espèce dans l'Europe australe, sous les pierres et sous la mousse. (A. P.)

NACELLE. (moll.) Nom marchand de la *Patella fornicata*, Lin. *Voy.* Patelle. (Guér.)

NACRE. (moll.) On sait que ce nom sert à dé-

signer une substance blanche, éclatante, résultant d'une disposition particulière des molécules calcaires qui revêtent la partie interne d'un assez grand nombre de coquilles. Cette matière est dure, argentée; elle brille des plus riches couleurs, et reflète avec le plus vif éclat la pourpre et l'azur. La Nacre est sécrétée par le collier et le bord du manteau d'un assez grand nombre de Mollusques; mais, comme l'a fort bien observé M. Deshayes, on ne voit jamais les coquilles nacrées dépasser certaines familles ou certains genres. C'est ainsi, dit-il, que dans les Conchifères, nous trouvons les petits genres Pandore et Anatine, et nous passons jusqu'aux genres Nucule, Trigonie, Anodonte, Mulette, et leurs démembremens, Ethérie, Moule, Modiole, Avicule et Pintadine. Parmi ces genres, ce sont les Mulettes, les Anodontes et les Pintadines qui fournissent la plus belle Nacre, et qui donnent naissance aux Perles (*voy.* ce mot). Ces coquilles, abondamment répandues, donnent au commerce une matière dure, facile à polir, qui peut servir à un grand nombre d'ornemens. Parmi les coquilles des mollusques univalves, on trouve plusieurs espèces nacrées dans le genre Patelle, mais jamais de Nacre dans aucune coquille terrestre ou fluviatile. Toutes les Haliotides, presque toutes les Dauphinules, les Troques, et le plus grand nombre des Monodontes, les Turbos et les Nautiles : parmi ces genres, ce sont les Haliotides et les Turbos qui se distinguent par la beauté de leur Nacre, les Haliotides l'emportent même sur toutes les autres coquilles connues. (Guér.)

NACRITE. (min.) Substance lamellaire, brillante, nacrée, qui paraît même susceptible de cristallisation : humectée et frottée entre les doigts, elle y laisse des traces blanchâtres. Ce minéral a long-temps été regardé comme une variété du Talc ordinaire; mais l'analyse a prouvé qu'il fait partie des silicates alumineux; il se compose d'environ 50 à 56 parties de silice, 18 à 26 d'alumine, 8 à 17 de potasse, 1 à 3 de chaux, 4 à 5 d'oxide de fer, et quelquefois d'un peu d'eau. Le Nacrite a été nommé Talc nacré, Margarite talcite, Talc granuleux.

Cette matière se trouve dans les roches talqueuses des Alpes. (J. H.)

NADELERZ. (min.) Nom que les Allemands donnent à une substance métalloïde gris de plomb ou gris d'acier, cristallisant en aiguilles ordinairement engagées dans du quartz. C'est ce que les minéralogistes français ont appelé, d'après Haüy, Bismuth sulfuré plombo-cuprifère. Ce minéral présente à l'analyse 11 à 12 parties de soufre, 43 de bismuth, 24 de plomb, 12 de cuivre, 1 à 2 de nikel et au moins 1 de sulfure.

Il n'a encore été trouvé que dans les mines du district d'Ickatarinebourg, en Sibérie.

(J. H.)

NAGELFLUHE. (min. et géol.) On donne ce nom, dans la Suisse allemande, à une roche que M. Alex. Brongniart a désignée d'abord sous le nom de *Poudding-polygénique*, puis sous celui de *Gompholite*. Cette roche, constituée de parties arrondies, avellanaires ou ovaires, c'est-à-dire de la grosseur d'une noisette ou d'un œuf, se compose de diverses roches réunies par un ciment calcaire et quelquefois argileux. Elle appartient aux dépôts super-crétacés et est très-répandue dans les Alpes; c'est elle qui constitue les masses inclinées du Righy, dont l'élévation est de 5,220 pieds. C'est de cette roche que sont formées aussi le Rosberg et d'autres montagnes voisines qui bordent, vis-à-vis du Righy, la vallée de Goldau. C'est à la facile décomposition de cette roche que sont dus les terribles désastres qui ont désolé plus d'une fois les environs du Righy : il suffit de citer la destruction qui eut lieu, en 1800, du village de Goldau. (J. H.)

NAGEOIRES, *Pinnæ*. (zool.) Comme les poissons sont destinés à se mouvoir dans un milieu ou dans un fluide presque aussi pesant que leur corps, leur forme et surtout celle de leurs membres a dû être toute différente de celle què l'on observe dans les animaux vertébrés qui vivent sur la terre ou dans l'air; la forme générale du corps des poissons est telle que leurs mouvemens, dans l'eau, s'exécutent avec la plus grande facilité. Il est allongé, terminé en avant par une tête plus ou moins pointue, et en arrière par une queue allongée et le plus souvent formant une nageoire verticale qui peut s'étaler et se plier comme un éventail. En choquant alternativement l'eau à droite et à gauche, elle s'y fait un point d'appui pour imprimer à l'animal une direction latérale. Quand le poisson veut se porter dans un sens, c'est en frappant le fluide du côté opposé qu'il y parvient et qu'il tourne ou change de direction en frappant plus fort ou plus rapidement d'un côté que de l'autre. Ces mouvemens sont secondés par l'action des membres qui sont remplacés par des nageoires; ces nageoires sont formées d'un nombre variable d'os analogues aux phalanges, et appelés rayons, qui vont en divergeant comme les branches d'un éventail, et qui, servant de soutien à une membrane solide, forment avec elle une large rame, mais susceptible de se rétrécir au gré de l'animal. Le nombre des membres, ou en d'autres termes, des nageoires, est très-variable dans les poissons; quelquefois elles manquent absolument, d'autres fois on n'en compte que deux; mais le plus souvent il en existe quatre. Quant à leur position, celles qui peuvent être regardées comme les analogues des pieds de devant, qu'on nomme pectorales, sont assez fixes, et constamment placées près des branchies; mais celles de derrière (les ventrales) qui paraissent remplacer les membres postérieurs; sont tantôt situées vers la queue, tantôt près des pectorales, quelquefois même en avant de celles-ci. Dans le premier cas, le poisson est dit abdominal, dans le second, subbrachien ou thoracique, et dans le troisième, jugulaire; on l'appelle, au contraire, apode, quand les ventrales lui manquent entièrement. Outre les pectorales et les ventrales, les poissons ont ordinairement plusieurs autres nageoires impaires qui, d'après leur position, sur le dos, près de l'anus ou à la queue, sont dites dorsales, anales et caudales; il faut remarquer que ces dernières, étant situées sur la ligne médiane du corps, sont toujours en nombre impair, tandis que les pectorales et les ventrales, quand elles existent, sont constamment disposées par paires, une de chaque côté du corps : un autre organe qui favorise beaucoup les mouvemens des poissons, surtout quand ils veulent descendre au fond des eaux où s'élever à leur surface, c'est la vessie natatoire, espèce de poche membraneuse remplie d'air et susceptible d'être comprimée ou dilatée, de manière à changer le volume de l'animal sans en changer le poids; mais l'existence de cette vessie n'est pas constante, et il est remarquable que toutes les espèces qui se tiennent au fond de l'eau en sont presque toutes dépourvues; une dernière cause qui contribue à l'accélération des mouvemens chez les poissons, c'est la liqueur onctueuse qui lubrifie continuellement la surface extérieure de leurs écailles pour les rendre plus glissans; cette humeur est produite par une série de petites glandes situées de chaque côté sur les flancs de l'animal, et formant par leur réunion une série continue qu'on appelle ligne latérale. Le nombre des rayons qui composent les Nageoires fournit des caractères excellens pour distinguer les poissons entre eux (*v.* l'art. POISSONS). (ALPH. G.)

On donne encore le nom de Nageoires aux appendices locomoteurs de beaucoup d'animaux destinés à vivre constamment ou accidentellement dans l'eau. Les mammifères Ichthyophages ont leurs membres transformés en tout ou en partie en de véritables Nageoires, comme on peut le voir chez les Dauphins, les Cétacés, etc. Les oiseaux aquatiques ont des pieds palmés destinés exclusivement à faire l'office de Nageoires. Dans quelques uns même, tels que le grand Manchot, les ailes sont elles-mêmes transformées en organes de natation. Beaucoup de reptiles, les Grenouilles, les Salamandres, et surtout les Têtards des Grenouilles et des Crapauds, ont une queue munie d'une véritable Nageoire, comparable à celle des poissons. Les mollusques offrent beaucoup d'espèces munies de Nageoires. Chez les crustacés, les pattes dilatées des Portunes et de quelques autres en tiennent lieu. Enfin, plusieurs insectes en sont aussi pourvus, soit dans leur état parfait, soit sous celui de larves et de nymphes. (GUÉR.)

NAGOR. (MAM.) Ruminant appartenant au genre Antilope et à la division, d'après Cuvier, des espèces à cornes n'ayant qu'une courbure dirigée en avant. (Z. G.)

NAIA ou NAJA, *Naja.* (REPT.) Le genre Naja, considéré par beaucoup d'erpétologistes comme une espèce de Couleuvre, et par M. Duméril comme un genre à part dans la famille des Ophidiens hétérodermes, est caractérisé, suivant ce naturaliste, de la manière suivante :

Des crochets à venin implantés sur les os maxillaires supérieurs et cachés au moment du repos dans un repli de la gencive; mâchoires très-dilatables; langue très-extensible; tête élargie en arrière, couverte de grandes plaques; partie du corps la plus voisine dilatée en disque par le redressement des côtes qui la soutiennent; queue munie en dessous d'un double rang de plaques et à extrémité arrondie; narines simples.

Ce genre renferme deux espèces : l'une, célèbre chez les anciens, et dont le nom rappelle les infortunes et la mort d'une reine illustre, de Cléopâtre, est l'Aspic, que les erpétologistes ont décrit sous le nom d'HAJÉ; l'autre est le NAJA VULGAIRE ou *Vipère à lunette.*

Ces espèces sont aussi venimeuses qu'aucune autre; il n'est pas d'ophidien dont la morsure soit plus terrible que celle des Naja; il n'en est pas contre lequel les ressources de l'art doivent être employées avec plus de promptitude et de soin. Aussi, a-t-on de tout temps indiqué contre ces blessures des remèdes différens et nombreux, mais nous ne pourrions traiter ici de ces recettes, sans nous exposer par la suite à des répétitions. C'est au mot VIPÈRE que l'on doit chercher tout ce qui a rapport à ce chapitre. Dans l'Inde, le Naja est respecté, adoré même, comme tous les objets de la crainte des peuples ignorans. Les jongleurs, après avoir eu le soin de leur arracher leurs terribles crochets, s'en vont les promenant de ville en ville, assurant qu'ils ont le pouvoir de les charmer, et vendant aux badauds (car il s'en rencontre partout, aussi bien que des charlatans) des spécifiques qui ont, selon eux, le pouvoir de guérir de leurs blessures.

La VIPÈRE A LUNETTE, *Naja vulgaris*, *Coluber naja*, Linn.; *N. lutescens*, Laurenti; *Vipera naja*, Daudin, que nous représentons dans notre Atlas, pl. 401, fig. 5, est aussi remarquable par l'élégance de ses formes, la beauté de ses couleurs, que par le danger de ses blessures, son courage et sa force. Elle doit son nom à un trait noir qui représente avec plus ou moins d'exactitude une lunette au dessus du cou. La tête est courte, ovale, inclinée à l'extrémité, déprimée entre les yeux, qui sont petits, quoiqu'un peu saillans et latéraux. La gueule est large, armée de dents petites, aiguës, et généralement courbées; elle est redoutable surtout par ses crochets venimeux, dont la longueur est double de celle des dents. La langue est longue, extensible et bifide. Le corps, long de quatre pieds, est cylindrique et d'une circonférence de quatre pouces; les écailles qui le recouvrent sont petites, ovales, lisses. La queue conique, couverte d'écailles orbiculaires. Ses couleurs sont en dessus d'un jaune ou brun clair, à reflets d'un bleuâtre cendré. L'abdomen a des plaques longues, transverses, à fond blanc, est relevé par des taches rousses, dont le nombre varie.

Ce serpent se trouve sur la côte de Coromandel. Il est répandu dans beaucoup de régions de l'Inde et y forme un grand nombre de variétés qui ont reçu des noms différens. Nous avons dit combien sa morsure est terrible. Lorsqu'il est tranquille, le diamètre de son cou ne dépasse pas celui de la tête; mais lorsqu'une cause quelconque l'agite, ou l'irrite, lorsqu'un danger le menace ou qu'il aperçoit une proie, cette région se gonfle et constitue alors une sorte de large collier.

Hajé ou Aspic, *Naja haje*, *Coluber haje*, Linn.; *Vipera haje*, Daud., que nous avons représenté dans notre Atlas, pl. 200, fig. 1, a des écailles petites, hexagonales, imbriquées. Les plaques abdominales sont au nombre de plus de deux cents et entières; le dessous de la queue est garni de plus de cent demi-plaques. Le cou est extensible. Sa taille est de deux pieds; sa couleur, verdâtre marqué de brunâtre.

La morsure de cette espèce n'est pas moins dangereuse que celle de la précédente. Provoquée, elle gonfle son cou, redresse sa tête et s'élance d'un seul bond. Les anciens ont dit que sa blessure ne causait aucune douleur, qu'elle déterminait seulement un sommeil léthargique, et qu'elle était si fine qu'il n'en restait aucune trace. Ce qui est certain, c'est que son venin est plus délétère que celui des serpens de nos climats.

Malgré ses propriétés malfaisantes, comme l'espèce précédente, celle-ci a été l'objet du culte des hommes. Les Egyptiens en faisaient l'emblème de la divinité protectrice du monde; les jongleurs de ce pays la colportent comme le Naja à lunette. Ceux du Caire ont, dit-on, le secret, en leur pressant la nuque, de les plonger dans une espèce de catalepsie qui les retient debout. Ils la montrent ainsi pour quelques pièces de monnaie. (V. M.)

NAIADE, *Naias*. (bot. phan.) Genre de plantes monocotylédonées, type de la famille des Naïadées de Jussieu, et de la Monœcie tétrandrie de Linné (Monœcie-diclinie-monandrie, Sprengel), offrant pour caractères constitutifs : des fleurs monoïques; les mâles peu apparentes, composées d'un périanthe double, l'extérieur à deux lobes; l'intérieur monopétale à quatre divisions, quatre anthères sessiles et cohérentes; les femelles entièrement dépourvues de périanthe, composées seulement d'un ovaire sphérique, surmonté d'un style simple, terminé par un stigmate bi ou trifide; cet ovaire devient une petite capsule contenant une à quatre graines.

Ce genre de plantes habite constamment les eaux stagnantes ou même courantes, où il forme de vastes tapis flottans ou submergés. Les Naïades offrent peu d'intérêt, si ce n'est au cultivateur, qui, en curant les rivières ou les étangs, peut en faire d'assez bons engrais. Elles sont indigènes dans toutes les eaux de l'Ancien-Monde; on en connaît deux ou trois espèces. (Ce genre était autrefois plus nombreux; mais les auteurs modernes, par des recherches suivies, l'ont démembré, soit pour créer de nouveaux genres, soit même pour les placer dans d'autres familles. (*Voy.* Naïadées.)

Naïade a un seul fruit, *Naias monosperma*, Willd. Plante annuelle de quatre à six pouces de haut, rarement plus; tiges cylindriques, rameuses, dressées, transparentes et munies de pointes épineuses, alternes; feuilles d'un beau vert, étroites, luisantes, élargies un peu à la base, puis linéaires, d'un pouce de long, sinueuses, dentées, transparentes et garnies, comme les tiges, de petites pointes épineuses, disposées de trois à cinq, en verticilles distans, à la bifurcation des rameaux, les inférieures, sous la forme de simples lanières capillaires, de trois à six pouces de long, ou même sous la forme de simples stipules par avortement; fleurs peu apparentes, placées dans l'aisselle des feuilles, et portées (les mâles) sur un pédoncule; les femelles plus visibles, plus nombreuses, sessiles; les capsules petites, de la grosseur d'un grain de blé et contenant une seule graine, cornée, verte, presque aussi grosse. Cette plante est commune partout; on la trouve dans la Seine, à la Gare, à Livry, etc.; elle fleurit tout l'été.

Naïade a quatre graines, *Naias tetrasperma*, Willd. Cette plante diffère de la précédente en ce que ses tiges ne sont pas munies de pointes, et que ses capsules contiennent quatre graines. On la trouve abondamment dans les étangs, notamment à Saint-Léger, Saint-Gratien, des environs de Paris. Fleurit, comme l'autre, tout l'été.

(C. Lem.)

NAIADÉES, *Naiadeæ*. (bot. phan.) Famille de plantes monocotylédonées, établie anciennement par Bernard de Jussieu, comprenant alors bon nombre de genres qui, ayant été mieux étudiés depuis lui, ont constitué eux-mêmes de nouvelles familles. Ainsi, par exemple, les genres *Myriophyllus*, *Proserpinaca*, *Hippuris*, *Callitriche*, etc., reconnus dicotylédonés, ont été séparés nécessairement des Naïadées, qui conservèrent encore les genres *Potamogeton*, *Zanichellia*, *Ruppia* (quelques auteurs ont fait de ceux-ci une famille, du nom de Potamées); enfin, le *Caulinia* (Willd.). le *Lemma* et le *Ceratophyllum*, etc., que des auteurs lui disputent encore. En un mot, cette famille est l'objet d'une controverse scientifique qui ne sera probablement terminée que par sa destruction, lorsque les caractères de ces divers genres (la fructification et la germination) auront été complétement remarqués et décrits. Peut-être subsistera-t-elle avec un genre ou deux.

Voici, en attendant, les caractères de cette famille, telle qu'elle est constituée :

Plantes aquatiques, inondées ou submergées, à embryon monocotylédon; feuilles transparentes et minces; fleurs monoïques ou hermaphrodites; périanthe nul ou à quatre folioles; une ou quatre étamines; un ou plusieurs fruits (carpelles) monospermes.

Le vague de ces caractères justifie assez les travaux des botanistes modernes, et nous hâtons de nos vœux le moment qui les verra achevés sur cette matière. (C. Lem.)

NAIN. (zool.) On désigne ainsi tous les êtres organisés qui restent dans des limites plus petites que celles habituelles. Dans l'espèce humaine, sont réputés Nains les individus au dessous de quatre pieds, de même qu'on appelle Géans ceux qui atteignent au-delà de six pieds.

Les auteurs parlent de Nains de tailles très-minimes; c'est ainsi que dans le Dictionnaire des sciences médicales on mentionne une petite Allemande de dix-huit pouces de hauteur qu'on faisait voir en public à Paris en 1818. Au dessus de cette taille on en cite plusieurs qui sont devenus célèbres comme on le verra en consultant l'article MONSTRES, pag. 429 à 435, tom. V de ce Dictionnaire.

On voit dans ce moment, au théâtre de M. Comte, physicien du roi, le Nain Matthias Gullia, qui a été présenté à l'Académie des sciences (séance du 24 octobre 1836) par M. Geoffroy St-Hilaire. Ce Nain, âgé de 22 ans, a trente-quatre pouces de hauteur. Depuis l'âge de cinq ans, sa taille ne s'est point accrue. Il est né en Illyrie, aux environs de Trieste. Il se distingue des individus de sa taille par un esprit cultivé et des formes très-perfectionnées. Il parle cinq langues, savoir : l'allemand, le français, l'italien et les deux langues répandues sur les bords de l'Adriatique.

Les peuples de petite taille habitent généralement les climats froids, bien que nous en ayons rencontré des peuplades éparses dans quelques îles de la mer du Sud où les chaleurs sont excessives. Le célèbre Commerson dit qu'à Madagascar il existe une race naine nommée Kimos. Ce fait est si curieux qu'il serait à désirer que d'autres voyageurs le confirmassent de nouveau, pour y ajouter une foi entière, car dans l'état actuel de la science on ne connaît pas de race distincte de Nains.

Les animaux, de même que l'homme, se ressentent de l'influence du climat. C'est ainsi que les chevaux et les vaches se maintiennent dans de petites tailles dans les pays secs dépourvus de pâturages : tels sont les chevaux et les vaches de l'île d'Ouessant et de quelques points de la Basse-Bretagne, etc. ; tandis que les chevaux, les vaches acquièrent une grande taille dans le Holstein, les Pays-Bas, etc., où les pâturages sont abondans et très-succulens.

Parmi les végétaux ne voit-on pas aussi plusieurs plantes rester Naines dans certaines localités ? des plantes qui ne sont que des herbes dans nos contrées, devenir des arbres dans d'autres lieux ? le Palma-Christi, qui n'est qu'un simple arbrisseau en France, devient arbre à Cayenne. La Fougère, qui n'est qu'herbacée en France, devient arbre à la Martinique, au Brésil, etc.

Il n'y a pas, à proprement parler, de peuples de Nains ; car les peuples que nous avons cités à l'article HOMME comme ayant une très-petite taille, ne doivent pas être regardés comme des Nains, vu qu'ils ont généralement quatre pieds, mais parmi eux on en rencontre assez fréquemment, de même aussi qu'on en trouve beaucoup dans cette classe d'hommes dégénérés appelés Crétins et Cagots. Enfin chaque peuple en offre des exemples.

Les Troglodytes, que mentionnent les anciens auteurs nous paraissent des êtres fabuleux. Il en est de même de ces prétendus pygmées.

Les Nains ont généralement la tête très-volumineuse, relativement aux autres parties du corps, qui est mal proportionné. Leurs mouvemens sont vifs (à l'exception des Crétins) ; leurs facultés intellectuelles ne sont point en rapport harmonique avec la grosseur de leur tête. Ils sont généralement irascibles, et cela ne doit pas étonner lorsqu'on pense qu'ils sont souvent en butte aux railleries des mauvais plaisans. Parmi les Nains que nous avons été à même de voir, quelques uns étaient très-bien conformés, toutes les parties de leur corps étaient dans de justes proportions. (*Voy.* HOMME.) (P. GARN.)

NAIS, *Nais.* (ANNÉL.) Linné a donné ce nom, emprunté à la mythologie, à de petits vers, pour la plupart d'eau douce et que l'on trouve par toute l'Europe. Ces petits annélides font partie de la classe des Chétopodes de M. Blainville et de celle des Annélides abranches de Cuvier. Ils sont faciles à reconnaître à leur corps ordinairement filiforme, allongé, dépourvu d'appendices cirrhiformes, latéraux et toujours garnis de soies placées sur les côtés du corps ; ces soies, plus ou moins longues, sont simples ou fasciculées ; chacun des anneaux en présente ; beaucoup de Naïs ont aussi des crochets sous le ventre, au moyen desquels ils se meuvent. Un seul groupe est dépourvu de ces crochets, et un autre, celui des Chétogastres, qui en est au contraire pourvu, manque de soies latérales ; la bouche de ces animaux est terminale ainsi que leur anus, et leur canal intestinal est droit. Certaines espèces ont à l'une ou à l'autre des extrémités des appendices simples ou doubles qui représentent non point des tentacules, mais de simples filamens charnus ; tel est l'organe du *Nais proboscidea*, tel est encore celui du *Nais furcata.* Chez une espèce de Naïs, cet appendice tentaculiforme, qui est situé à la partie antérieure, se ramifie de manière à rappeler ce que l'on voit chez certaines Sabelles. La nourriture de ces vers consiste en petits animaux qu'ils saisissent avec assez de facilité ; eux-mêmes vivent dans les ruisseaux peu rapides, dans les eaux stagnantes, etc. ; ils se tiennent dans la vase ou dans les détritus de végétaux ; à moitié enfoncés dans le fond, ils laissent flotter le reste de leur corps et sont assez faciles à distinguer par ce moyen ; d'autres paraissent être errans (*Nai proboscidea, Chetogaster*), et il en est qui nagent quelquefois avec facilité ou qui s'enroulent autour des petits corps submergés (*Nais serpentina*), d'après Trembley et Rœsel ; les Naïs deviennent quelquefois la proie des Hydres (pl. 228, fig. 8). Les Naïs ont quelque analogie avec les Lombrics ; leur sang est rouge et leur circulation très-facile à observer. M. Gruithuisen l'a fait connaître avec détail dans deux espèces du sous-genre *Chetogaster*, dont on lui doit la découverte. Leur système nerveux n'a point été décrit. Quant à leur mode de reproduction, il est analogue à celui des Lombrics ; tous sont bisexués dioïques, c'est-à-dire qu'on distingue parmi eux des individus mâles et d'autres femelles. Ces derniers pondent des œufs arrondis, blancs et réunis au nombre de huit ou neuf dans un petit cocon ovoïde. M. Dugès a vu ce cocon dans le *Nais filiformis*, et j'ai constaté qu'une espèce que je crois distincte de cette dernière offre aussi le même mode de parturition. Une même femelle peut pondre en quelques jours plusieurs cocons; les œufs que ceux-ci renferment ne tardent pas à éclore, et il en sort de petits Naïs déjà pourvus de soies latérales; mais ces soies sont moins allongées que celles des adultes. Un fait très-curieux de l'histoire de ces animaux est celui de leur multiplication scissipare. Dans certaines circonstances, il se détache de la partie postérieure du corps des adultes des portions vivantes, qui ont pris elles-mêmes la figure de ces derniers et qui constituent de nouveaux individus. Rœsel et surtout Muller ont étudié les Naïs avec soin, et depuis, ces animaux ont fourni à MM. de Blainville, Dugès, Ehrenberg, le sujet de quelques observations intéressantes. M. Ehrenberg a fait connaître sous le nom d'*Œlosoma Emprichii* une espèce recueillie en Nubie par lui et son compagnon Emprich; ce petit genre renferme aussi deux espèces européennes; on croit devoir classer les Naïs de la manière suivante :

A. Corps déprimé, serpentiforme. *Ophidonaïs.*

On en a décrit anciennement deux espèces (*Nais vermicularis* et *Nais serpentina*), qui sont d'Europe; M. Dugès croit qu'elles n'en constituent qu'une seule, dont les soies latérales varieraient de forme suivant la nature des eaux, et il pense, de plus, que le *Nais filiformis* de M. de Blainville n'en diffère pas non plus; ce qui paraîtra douteux si l'on fait attention au nom que M. de Blainville impose à son espèce et aux caractères qu'il lui donne. Les *Nais vermicularis* et *serpentina* sont très-voisines l'une de l'autre; on les trouve aux environs de Paris; le *N. filiformis* a été observé dans les petites rivières de la Haute-Normandie. Il a le corps très-allongé, filiforme, de cinq ou six pouces de long sur une demi-ligne de diamètre; sans trompe en avant ni digitation en arrière; chaque articulation est pourvue de soies.

B. Corps plus ou moins filiforme et cylindroïde; sans appendices terminaux. *Nais.*

a. Sans points pseudoculaires ou faux yeux.

Cette section comprend les *Nais vermicularis* et *littoralis*, ainsi que le *Nais filiformis*, cité plus haut, et l'espèce dont j'ai étudié les œufs. Cette dernière est de Belgique; la première est de Danemarck, et la seconde, qui est marine, a été aussi recueillie dans cette localité par Muller. M. de Blainville l'a depuis trouvée sur les côtes de France, particulièrement dans la baie de La Rochelle, et représentée dans l'Atlas du Dictionnaire des sciences naturelles.

b. Des points pseudoculaires au nombre de deux.

Il faut y rapporter le *Nais elinguis* de Muller, découvert en Danemarck par ce célèbre naturaliste et qu'on trouve aussi fort abondamment chez nous, ainsi que je m'en suis assuré.

C. Corps également cylindroïde, mais pourvu antérieurement d'un appendice en forme de trompe. *Stilina.*

L'espèce la plus connue est le *Nais proboscidea*, Muller, appelé par Trembley Mille-pieds à dard; on trouve fort souvent ce Naïs dans nos eaux douces; il attaque souvent les Plumatelles. Son corps a trois ou quatre lignes de long; sa couleur est hyaline; tous les segmens de son corps sont pourvus latéralement d'une soie le plus souvent isolée, fort longue; la trompe est un appendice flagelliforme naissant au dessus de la bouche; la trompe est nue; M. Ehrenberg en a fait un genre particulier avec les espèces chez lesquelles cet organe est barbu; il en compte deux des environs de Berlin.

D. Appendices terminaux postérieurs. *Uronaïs.*

On en trouve chez nous deux espèces : le *Nais furcata* de Rœsel, et le *digitata* de Muller; le premier a l'extrémité postérieure bifurquée, et le second présente au même endroit six paires d'appendices tuberculiformes, obtus et mous.

E. Corps assez semblable à celui des précédens; point d'yeux ni d'appendices terminaux; des soies latérales comme chez les précédens, mais point de crochets ventraux. *Ælosoma*, Ehrenb.

Nous avons déjà signalé ce groupe, dans lequel M. Ehrenberg compte trois espèces.

D. Faux yeux nuls; point d'appendices terminaux; soies latérales nulles; des crochets ventraux. *Chetogaster*, Baer.

M. Baer a trouvé en Allemagne, sur les Limnées, l'espèce sur laquelle repose ce genre; je l'ai aussi trouvée au Plessis-Piquet, etc., près Paris; M. Ehrenberg en décrit plusieurs autres, et il faut leur adjoindre les *Nais diaphana* et *perversa* de Gruithuisen. (Gerv.)

NAISSANCE. (physiol.) Dans le sens le plus restreint, ce mot sert à indiquer l'instant où un être organisé, animal ou végétal, commence à vivre éloigné de l'organe où il a été fécondé. Ainsi, chez l'homme et dans les Vivipares, la Naissance peut être définie, la sortie de l'enfant du sein de la mère. Mais ce mot a très-souvent une acception plus étendue; il signifie origine, commencement, et c'est ainsi qu'on dit, par exemple, la Naissance du monde. Enfin, dans la science, il s'emploie fréquemment au figuré pour désigner le point, l'endroit d'où s'élève, d'où part une plante, un organe qui se prolonge ensuite dans une certaine direction; ainsi : Naissance de la tige, du rameau, de la feuille, etc. La nature prévoyante entoure l'être nouvellement né des soins les plus propres à assurer sa vie, à lui épargner les souffrances et les dangers auxquels sa chétive existence peut être en butte. Les diverses circonstances qui l'entourent et ordinairement la sollicitude maternelle, le préservent contre tout ce qui peut lui nuire. Les préceptes de la culture indiquent les moyens par lesquels les plantes naissantes doivent être préservées de tout accident. Pour les animaux domestiques on a également tracé des préceptes que nos besoins et nos goûts ont convertis en nécessités. Quelques uns de ces animaux sont à leur Naissance l'objet de précautions qui égalent ou dépassent celles qu'on prend pour les hommes. On sait avec quel luxe de soins on veille à la Naissance des chevaux de race, avec quelle rigoureuse exactitude on enregistre l'heure et le lieu qui les ont vus naître et jusqu'à leur généalogie ; avec quelle scrupuleuse attention on veille à ce que rien n'altère la beauté de leurs formes ou la vigueur de leur organisation. Le Chien et le Chat, que la sécurité du foyer domestique nous ont rendus si nécessaires, ont aussi leur part de ces soins souvent utiles et rationnels, mais trop souvent aussi dirigés par l'ignorance et les plus ridicules préjugés. On a remarqué que quelques uns de ces animaux tuent leurs petits peu d'instans après leur Naissance, et que quelquefois ils les dévorent. Cette action contre nature est presque toujours le résultat d'une disposition maladive qui jette les mères dans une sorte de délire. Ainsi la faim, la crainte de se voir enlever leurs petits semblent en être la cause : c'est donc en préservant celles-ci de leurs terreurs, c'est en prévenant leurs besoins qu'on peut les empêcher de se livrer à cet acte de férocité. Il est essentiel également d'isoler les femelles et les petits afin de les préserver de l'attaque des mâles, qui, souvent poussés par la faim, ne voient dans ces petits nouvellement nés qu'une pâture facile. Pour ceux de ces animaux dont la propagation doit être utile ou profitable, il est indispensable de s'assurer si leur trop grand nombre ne doit pas nuire à leur développement, et alors il devient nécessaire de sacrifier les plus faibles, c'est-à-dire ceux dont l'existence paraît douteuse. On doit encore examiner si, dans leur organisation, aucun vice ne peut les empêcher de remplir leurs fonctions ; enfin il faut les garantir de l'action du froid lorsqu'il est trop intense. A peine les mères ont-elles mis leurs petits au monde, qu'elles cherchent à les débarrasser des mucosités qui les couvrent en léchant toutes les parties de leur corps ; cette opération instinctive, qu'on a regardée à tort comme pouvant nuire à celles-ci, est toujours favorable aux premiers ; aussi a-t-on conseillé de la favoriser en couvrant le corps des animaux nouveau-nés de mie de pain, de son, de sel, etc. M. Richerand rapproche ce besoin instinctif du désir ardent que beaucoup de femmes éprouvent de couvrir leurs enfans de baisers : nous pensons que ce rapprochement est plus ingénieux que physiologiquement exact. Dans la plupart des animaux, les jeunes ne naissent qu'à une époque déterminée de l'année ; dans l'espèce humaine, les Naissances ont lieu en tout temps, mais cependant l'influence des saisons se fait encore sentir sur ce phénomène ; car elles sont beaucoup plus nombreuses à certaines époques de l'année qu'à d'autres. Dans les climats tempérés, c'est en hiver, de décembre en mars, qu'elles sont plus fréquentes ; dans les régions froides, ce résultat arrive plus tard ; le contraire a lieu dans les pays chauds. On conçoit facilement que la procréation soit plus active dans les premiers mois du printemps. On a calculé qu'il naissait constamment plus de garçons que de filles. En France, la proportion est de 1/16e en faveur des garçons. De 1817 à 1831, par exemple, il est né en France 7,490,931 garçons et 7,041,247 filles, ou, terme moyen, 499,395 garçons et 469,416 filles par an. Ce rapport varie très-peu. Les chances de mortalité étant, au reste, plus considérables pour les premiers, l'équilibre se rétablit promptement. (P. G.)

NANDHIROBÉES, *Nandhirobœæ*. (BOT. PHAN.) Nouvelle famille proposée par Auguste Saint-Hilaire et qui se composerait, selon cet auteur, des genres *Fevillea* (*Nandhiroba*, Plum., Marcg), *Zanonia* et *Myrianthus*, de Beauvois, et peut-être du *Couratari* d'Aublet. Le *Fevillea* et le *Zanonia* avaient été placés immédiatement à la suite des *Cucurbitacées*, avec lesquelles ils ont en effet des rapports frappans. Comme ces dernières, le *Fevillea* a des tiges grimpantes et des graines sans endosperme ; mais dans l'un et dans l'autre, l'ovaire est triloculaire, les ovules axiles et le style multiple. Ces derniers caractères éloignent assez naturellement les *Nandhirobées* des *Cucurbitacées* et les rapprochent des *Passiflorées* et des *Myrtées*. Ce rapprochement est surtout autorisé par la nature du fruit dans le *Fevillea*, dont l'analogie est grande avec celle des fruits du *Couratari* et du *Couroupita* d'Aublet, qui, avec le *Lecythis*, forment une petite tribu à la suite des *Myrtées*, sous le nom de Lécythidées. Ce court exposé fait voir que cette famille est loin encore d'être suffisamment constituée, quant aux caractères qui doivent lui être assignés, et qu'avant d'être adoptée, les genres qui devront la composer demandent un plus mûr examen.

Dans son Prodrome, De Candolle admet le *Fevillea* et le *Zanonia* comme une tribu des Cucurbitacées.

Les caractères du *Fevillea* n'ayant pas été suffisamment exposés à l'article FEUILLÉE de ce Dictionnaire, nous croyons devoir revenir un instant sur ce sujet et donner la description d'une des espèces le mieux connues. Ce sujet nous amène naturellement à demander une rectification qui n'est pas sans importance dans la science. Il est d'usage en botanique, comme dans toutes les autres branches de l'Histoire naturelle, d'imposer à une famille ou à une tribu le nom du genre qui en forme le type. Cet usage a été sagement et généralement adopté. Ainsi donc, si on a adopté le nom de Nandhirobées pour la famille dont il s'agit, il faut restituer le nom indien de *Nandhiroba* à son genre principal, tel que son auteur, le père Plumier, l'avait proposé. C'est donc à tort que Linné a changé ce nom de *Nandhiroba*, pour lui substituer celui de *Feuillea* ou *Fevillea*, en l'honneur du père Feuillée. Les auteurs qui vinrent après lui adoptèrent ce dernier nom, et toujours à tort selon nous ; car c'est un devoir pour tous que de respecter la priorité acquise à un auteur. D'ailleurs, que signifierait le nom d'une famille si un genre, comme nous le disons plus haut, qui en est le type, ne lui donnait pas son nom ? Nous proposons donc formellement cette rectification.

Ne pouvant dans l'état actuel de la science, donner exactement les caractères des Nandhirobées, nous transcrirons et nous compléterons ici ceux du Nandhiroba, d'après De Candolle.

Nandhiroba, Plumier, Marcg.; *Feuillea* et *Fevillea*, Lin. et autres. Fleurs dioïques; périanthe double, l'extérieur campanulé, quinquéfide, l'intérieur à cinq divisions soudées à la base, insérées à la gorge du périanthe externe et alternant avec ses sépales dans les fleurs mâles, très-nombreuses, petites, courtement pédonculées et réunies sur les ramifications partielles d'une longue panicule (pédoncule commun?); cinq étamines prenant naissance sur les pétales et alternant avec eux, quelquefois dix, dont cinq stériles; anthères didymes, biloculaires (une sorte de petite étoile double formée peut-être des trois styles persistans, d'un ovaire avorté, ferme l'entrée de la corolle, *Poiret et autres*); tube du périanthe externe, les fleurs femelles faisant corps avec l'ovaire, à limbe quinquéfide; cinq pétales distincts (ou soudés à la base?), oblongs (cinq petits appendices en cœur, *lamellæ*.), alternant quelquefois avec les étamines (étamines avortées, Juss.? double étoile qui ferme l'entrée de la corolle suivant Poiret?); cinq styles (trois selon d'autres), à stigmates larges, obtus et bifides (ayant absolument la forme d'une anthère); fruit globuleux, charnu, revêtu à son milieu d'un anneau circulaire, indiquant la place du calice adhérent, interrompu lui-même par cinq cicatrices, vestiges des segmens de celui-ci; ce fruit est à trois loges indéhiscentes, à enveloppe solide, pourvu d'un axe central, ample, charnu, trigone; les loges sont pluriovulées et les ovules verticaux; graines ovales, comprimées, dépourvues d'endosperme; embryon dressé, à cotylédons plans et charnus (1).

Les Nandhirobas sont des arbrisseaux grimpans appartenant tous à l'Amérique intertropicale, à feuilles alternes, pétiolées, sans stipules, palminervées, glabres et cordiformes, plus ou moins lobées, à cirrhes axillaires, roulées en spirale. Les pédoncules florifères femelles portent une ou plusieurs fleurs qui sont petites; les semences sont amères et huileuses. On ne connaît point encore les propriétés médicales que ces plantes renferment sans doute.

Ce genre rappelle absolument le faciès des Passiflorées, et son fruit celui du *Couroupita*. Voici l'espèce la mieux connue :

Nandhirobe a feuilles de lierre, *Nandhiroba hederacea*, Plum., Turp., etc.; *Fevillea scandens*, *α*, Linn., etc.; *Fevillea cordifolia*, Poiret. Arbrisseau à tige grimpante s'élevant très-haut et s'attachant aux arbres voisins par ses vrilles simples et axillaires; feuilles en cœur, acuminées, plus ou moins trilobées, assez longuement pétiolées, pourvues à leur bord de quelques dents rares et prononcées; fleurs petites, les mâles en longues panicules plusieurs fois ramifiées, à pétales rouges; les femelles (solitaires?) sur un pédoncule très-court; fruit globuleux de quatre pouces de diamètre environ, à enveloppe dure, verdâtre ou jaunâtre à la maturité. (Pour le reste des caractères, *voyez* plus haut ceux du genre.) Cette plante est indigène et commune dans les îles Caraïbes.

(C. Lem.)

(1) Si cette étoile, qui, selon quelques auteurs, ferme l'entrée de la corolle, existe réellement, il est fâcheux que Turpin ne l'ait pas exprimée dans son beau dessin.

NANDINE, *Nandina*. (bot. phan.) Petit genre fondé par Thunberg dans la famille des Berbéridées et appartenant à l'Hexandrie monogynie. On ne lui connaît encore qu'une seule espèce appelée au Japon, sa patrie, *Nandin*. Selon Kœmpfer, elle est connue en Chine, où on la cultive comme une jolie plante d'agrément, sous les noms de *Nânds-joks* et *Naltan*. C'est un arbuste fort élégant, haut de deux mètres, garni de plusieurs tiges simples ou peu rameuses, droites. Son feuillage est fort beau; chaque feuille, aussi longue que large, glabre, alterne, d'un vert gai, trois fois ailée, se montre composée de nombreuses folioles ovales-oblongues, rétrécies à leur base et à leur sommet; les ramifications de leur pétiole commun sont articulées, et sa base élargie est demi-embrassante. En juillet, les fleurs, disposées en une ample panicule pyramidale, lâche et haute de trente-deux centimètres, s'épanouissent à l'extrémité des rameaux, et durent ou du moins se succèdent les unes aux autres jusqu'à la fin d'août. Elles sont petites, blanches, rehaussées par le jaune orangé des étamines, et offrent les caractères suivans : calice polyphylle, composé de vingt-quatre à trente écailles ovales, scarieuses, glabres, caduques, imbriquées sur plusieurs rangs et sur six côtés; corolle à six pétales ovales, de la même consistance que les folioles calicinales, mais plus longs; étamines au nombre de six, insérées au réceptacle, portées sur des filets très-courts, couronnés par des anthères oblongues, presque sessiles, dont les loges s'ouvrent latéralement par une fente longitudinale; ovaire supère, ovoïde, un peu striée, portant un style court et un stigmate trigone.

Aux fleurs succède une baie sèche, globuleuse, glabre, rouge, de la grosseur d'un pois, qui produit un aussi bel effet que les fleurs. Elle contient deux graines hémisphériques, convexes d'un côté, concaves de l'autre, attachées à un réceptacle globuleux et ponctué; l'embryon est petit et inverse. Lors de la germination, au dessous des deux cotylédons presque arrondis, se montre une radicule épaisse.

Thunberg appelle cette espèce unique Nandine domestique, *N. domestica*; mais il ne nous dit point si elle entre dans les préparations culinaires, comme son nom semble l'indiquer. Seulement il nous apprend qu'elle est très-répandue dans les jardins des Chinois et des Japonais. Elle a été apportée en Angleterre en 1805, et deux ans après en France. On l'a tenue d'abord en orangerie; maintenant elle supporte aisément la pleine terre. On la multiplie par le moyen des drageons que fournissent les racines et de boutures.

(T. d. B.)

NANDOU. (ois.) Espèce du genre Autruche (*v.* ce mot). (Z. G.)

NANGUER.

NANGUER. (MAM.) Espèce du genre Antilope et de la section des Gazelles. (Z. G.)

NANTILLE ou NENTILLE. (BOT. PHAN.) Corruption du mot LENTILLE, légume potager fort usité (*voyez* ce mot). (C. LEM.)

NAPÉE, *Napæa.* (BOT. PHAN.) Genre de plantes dicotylédonées de la famille des Malvacées de Jussieu, et de la Monadelphie polyandrie de Linné, offrant pour caractères : un périanthe double; l'extérieur simple, campanulé à cinq lobes, l'intérieur à cinq divisions flabelli-nervées, obovales-oblongues, concaves; androphore évasé, staminifère; gynophore saillant, dilaté à la base en crêtes membraneuses; ovaire supérieur, styles plus ou moins soudés ou réunis en un seul; diérésile (fruit) globuleux, à dix coques, contenant chacune une seule graine, et subdéhiscente au sommet.

Ce genre est si peu distinct des Sida, qu'il y est réuni par tous les auteurs. M. de Jussieu a persisté à le conserver, en raison de l'élargissement du calice à sa base, de la non-obliquité des pétales et de la différence dans l'articulation des pédoncules.

Nous ne connaissons en ce moment que deux espèces de ce genre, dont voici la description :

NAPÉE GLABRE, *Napæa glabra*, plante herbacée vivace, à grosses et longues racines charnues, d'où s'élancent des tiges de six à huit pieds de hauteur, nombreuses, glabres, cylindriques, striées; feuilles alternes, pétiolées, cordiformes-palmées, de la grandeur de celle de la vigne, à découpures lancéolées-aiguës, glabres, dentées inégalement; la terminale très-allongée; stipules petites, lancéolées, ciliées, marcescentes; pédoncules axillaires et terminaux, multiflores et corymbifères; fleurs pédicellées, à calice hémisphérique, campanulé, tomenteux, à cinq, six et sept dents aiguës; corolle étalée, à cinq pétales ouverts, concaves, mucronés, blancs ou carnés, larges de plus de six lignes; graines noires, réniformes, renfermées une seule par chaque coque dans une diérésile ovoïde, à dix coques mutiques, acuminées.

Cette plante, indigène dans l'Amérique du nord, mériterait d'être cultivée dans les jardins, où elle ferait un bel effet par son port et son feuillage; mais surtout elle devrait attirer l'attention des économistes sous le triple rapport de ses qualités médicinales, potagères et filandreuses. En effet, ses racines fournissent un mucilage aussi abondant que notre Guimauve, et peuvent remplacer celle-ci au besoin; ses jeunes feuilles, préparées comme des épinards, peuvent fournir un excellent aliment substantiel, convenable à certains tempéramens, et soulager particulièrement la constipation et les maux de reins. Enfin de ses longues tiges on peut retirer une très-bonne filasse, fort en usage en Amérique. Elle n'est point délicate sur le choix du terrain; elle se multiplie aisément et pousse avec vigueur; tout au plus demanderait-elle un peu de couverture dans les grandes gelées. La seconde espèce que nous allons décrire est propre aux mêmes usages, croît aux mêmes lieux et ne demande pas plus de soin. On les cultive dans les jardins du Muséum.

NAPÉE RUDE, *Napæa scabra*, Lin.; *Dioica*, Cavan.; *Sida, alii.* Plante herbacée, vivace, haute de huit à douze pieds; tiges nombreuses, rameuses, cylindriques; feuilles plus profondément découpées que celles de la précédente, à cinq ou sept lobes, scabres, lancéolés, incisés-dentés, hérissés et velus inférieurement, ainsi que toute la plante; feuilles de la base longues d'un pied. Fleurs terminales, nombreuses, en corymbe serré, dioïques; pédoncule commun, enveloppé à sa base d'un involucre formé de deux feuilles; calice urcéolé, à cinq dents; corolle petite, blanche, à cinq ou sept pétales arrondis, deux fois plus longs que le calice; étamines des fleurs femelles non anthérifères; ovaire globuleux, strié; diérésile semblable à celui de la précédente. (C. LEM.)

NAPEL, *Napellus.* (BOT. PHAN.) Espèce du genre ACONIT. *Voy.* ce mot. (GUÉR.)

NAPHTALINE. (CHIM.) Si on distille du goudron, sans eau, à une chaleur douce qu'on augmente successivement, on obtient d'abord de l'huile pyrogénée sans Naphtaline, puis de l'huile pyrogénée contenant de la Naphtaline liquide, et enfin de la Naphtaline cristallisée. On sépare la Naphtaline de l'huile qui lui est adhérente, à l'aide de l'alcool ou de la sublimation. Kidd a obtenu ce produit en essayant d'employer le goudron à l'éclairage au gaz.

La Naphtaline est incolore; de loin, son odeur rappelle celle du lilas; de près, c'est l'odeur de la fumée refroidie; sa saveur est brûlante et aromatique; sa forme cristalline représente des tables rondes et minces; à l'état pulvérulent, elle est douce au toucher; elle est plus pesante que l'eau, se vaporise à l'air libre, fond à 82° et bout à 210°. A l'air libre, elle s'enflamme difficilement, et brûle avec une flamme luisante et fuligineuse; elle n'a aucune des propriétés des acides ni des alcalis. L'eau froide n'en dissout aucune portion, l'eau bouillante s'en charge d'une petite quantité, et l'alcool, l'éther, les huiles volatiles, les huiles grasses, quelques acides, la dissolvent complétement, etc.

Faraday et Oppermann l'ont trouvée composée,

	le premier de		le second
Carbone	93,75,		94,686.
Hydrogène	6,25,		5,314.

(F. F.)

NAPHTE. (CHIM.) *Voy.* BITUME. (F. F.)

NAPOLÉONE, *Napoleonæa.* (BOT. PHAN.) Une plante très-remarquable à plusieurs égards, surtout par la forme de ses étamines et celle de son pistil, découverte à la fin de décembre 1787, par Palisot de Beauvois, en Afrique, à la distance d'un demi-kilomètre à l'est de la ville d'Oware, a été, le 8 octobre 1804 (16 vendémiaire an XIII), érigée comme type d'une famille nouvelle, intermédiaire direct entre les Passiflorées et les Cucurbitacées, dont la Napoléone est le premier genre. En voici les caractères : calice coriace, adhérent à l'ovaire, et entouré à sa base de plusieurs petites écailles arrondies, ayant le limbe partagé en cinq divisions égales, lancéolées, aiguës, portant à leur extrémité deux glandes persistantes; corolle double, épigyne, l'extérieure monopétale, entière, plissée, ronde, un peu en cloche, et marquée en dehors de plusieurs raies cartilagineuses, plus épaisses que les intervalles colorés et membraneux qu'elles laissent entre elles; l'intérieure également monopétale, placée sur la précédente, entière jusque vers son milieu, le reste divisé en plusieurs lanières égales, lancéolées, semblables aux rayons que l'œil aperçoit autour du disque d'une étoile; étamines au nombre de dix, portées deux à deux par des filamens ou corps pétaliformes, très-larges, d'une forme régulière, repliés sur eux-mêmes, se rapprochant à leur sommet tronqué que dominent deux anthères oblongues, biloculaires; ovaire infère, avec style court et terminé par un stigmate en plateau, à cinq angles sillonnés chacun dans leur milieu, et ressemblant à une petite ASTÉRIE (*voy.* ce mot); baie sphérique, molle, couronnée par les divisions du calice, uniloculaire, polysperme; graines aplaties, ovales, enveloppées dans une substance charnue à laquelle elles sont attachées.

Comme on le voit, ce genre mérite une attention toute particulière à cause des diverses circonstances de son organisation, qui tantôt le rapprochent de genres connus, tantôt l'en éloignent positivement, et par conséquent lui donnent une existence propre. En effet, sa double corolle d'une seule pièce et d'une forme très-agréable, qui laisse sur le fruit une double couronne, montre au premier coup d'œil quelque analogie avec la Grenadille, *Passiflora*, chez qui cette couronne diversement colorée produit un si bel effet. Les filets élégamment élargis et colorés, que l'on prendrait pour des pétales, et qui semblent composer une troisième couronne intérieure aux deux précédentes, rappellent un peu le *Rhizophora gymnorhyza* de Lamarck. Son stigmate, en forme de plateau à cinq angles, qui ressemble si fort à une Étoile de mer, dont le *Sarracenia* présentait le seul exemple connu; enfin, son fruit entièrement engagé dans le calice rapproche le genre *Napoleonæa* des Cucurbitacées proprement dites.

On ne connaît encore qu'une seule espèce, la NAPOLÉONE IMPÉRIALE, *N. imperialis*, représentée dans notre Atlas, pl. 402, fig. 1. Charmant arbuste de la Décandrie monogynie, haut d'un mètre et demi à deux mètres, à écorce brune, rameux, et dont les feuilles d'un vert foncé, portées sur un pétiole court, épais, sont alternes, ovales-oblongues, entières, quelquefois garnies vers le sommet de deux ou trois dents inégales, et toujours terminées par une longue pointe aiguë. Sur la tige et le long des rameaux naissent des fleurs d'une belle couleur bleu d'azur, sur laquelle tranchent le rose des corps pétaliformes et le jaune brillant des anthères; ces fleurs, qui s'épanouissent dans leur patrie à la fin de l'année, sont sessiles, axillaires, solitaires, quelquefois réunies deux ou plusieurs ensemble. *Voyez* dans notre Atlas, pl. 402, où nous donnons, d'après les dessins de Palisot de Beauvois, un rameau de la Napoléone, avec les détails suivans : *a*, *b*, calice; *c*, corolle extérieure; *d*, corolle intérieure; *e*, troisième couronne; *f*, un filet pétaliforme avec ses deux anthères; *g*, baie entière; *h*, la même coupée par le milieu pour montrer la disposition des graines; *i*, graine avec un fragment de la substance charnue qui la retient.

La Napoléone, malgré son élégance, ne se trouve encore cultivée dans aucun jardin en France, c'est fâcheux; car elle fournirait un des plus beaux ornemens de nos bosquets. (T. D. B.)

NAPOLÉONÉES, *Napoleoneæ*. (BOT. PHAN.) Ainsi que nous venons de le dire, cette famille, dont le genre ci-dessus décrit est un type superbe, unit ensemble les Passiflorées et les Cucurbitacées. Elle se distingue des premières par son ovaire infère, son style et son stigmate uniques, et des secondes par le nombre et la forme de ses étamines, ainsi que par la structure de ses fruits. Elle a pour caractères d'être composée d'arbustes à feuilles alternes, simples, dépourvues de stipules, portant des fleurs solitaires, axillaires, dont le calice monosépale, persistant, adhère à l'ovaire et a le limbe divisé; la corolle est monopétale, caduque, avec un grand nombre de plis rayonnans; étamines au nombre de dix, quelquefois plus, libres et distinctes, ou polyadelphes; ovaire infère, à une seule loge, terminé par un style simple et un stigmate anguleux ou lobé; baie charnue, couronnée par les dents du calice.

Deux genres constituent cette petite famille, l'*Asterhantos* de Desfontaines, originaire du Brésil, chez qui la corolle est simple, et le *Napoleonæa* de Palisot de Beauvois, qui l'a double, et vit sur la côte occidentale de l'Afrique, près de l'équateur.

Quand Palisot de Beauvois inventa le genre et la famille que nous venons de décrire, le héros du dix-neuvième siècle était dans la plénitude de sa gloire. Aucun botaniste ne s'éleva contre le nom que leur savant émule venait d'imposer, seulement quelques uns de ceux qui jalousaient le bonheur d'avoir attaché à un genre absolument neuf le nom d'un guerrier illustré par la victoire, par des vues profondes, par d'éclatans encouragemens donnés aux sciences et aux arts, et même par des projets d'une ambition insatiable, nièrent clandestinement l'existence de la plante, au lieu d'aller examiner les superbes échantillons dans l'herbier de Palisot de Beauvois. Pour compléter leur œuvre, lors des premiers désastres de Napoléon Bonaparte, tristes préludes de deux invasions funestes et de l'exil éternel de l'homme que tous les empereurs, le pape et les rois s'honoraient de regarder, de servir comme leur maître, en 1814, un botaniste français, Desvaux, s'empressa de changer le nom du genre *Napoleonæa* en celui de *Belvisia*, sous prétexte d'en faire honneur à son inventeur, et un botaniste anglais, Robert Brown, réforma la famille des Napoléonées pour établir celle des Belvisées. C'est vraiment pousser un peu loin le scrupule politique, quand surtout on n'a pas toujours écrit ni pensé de même. Tous les botanistes n'ont heureusement point partagé ce délire; ils ont adopté le nom primitif, persuadés qu'on pouvait le conserver, quand les genres *Helenium*, *Eupatorium*, *Teucrium*, *Lysimachia*, *Philadelphus*, *Artemisia*, *Telephium*, etc., cités chaque jour, rappellent des noms de rois et de reines cent fois moins grands, cent fois moins honorables dans les fastes de l'histoire que le Prométhée de l'île Sainte-Hélène. (T. D. B.)

NARCINE, *Narcine*. (POISS.) Le docteur Henle a donné ce nom à un nouveau genre de Raie électrique dont il sera parlé à l'article TORPILLE. *V.* ce mot. (GUÉR.)

NARCISSE, *Narcissus*. (BOT. PHAN.) Genre de plantes monocotylédonées, type de la famille des Narcissées de Jussieu et de l'Hexandrie monogynie de Linné, dont les caractères distinctifs sont; un périanthe simple, monophylle, tubulé inférieurement, et à double limbe (cette disposition indique peut-être un périanthe double; c'est du moins le sentiment de quelques botanistes), l'extérieur à six divisions pétaloïdes égales, l'intérieur (nectaire de Linné) d'une seule pièce, en couronne ou godet, un peu campanulé et onduleux sur ses bords; six étamines insérées sur le tube du périanthe; ovaire adhérent; style simple; stigmate trilobé; capsule triloculaire polysperme. Avant l'épanouissement, les fleurs sont enfermées dans une spathe monophylle, membraneuse.

Les Narcisses sont des plantes herbacées dont la base est une bulbe tuniquée de l'extrémité de laquelle sortent les filets radicaux; feuilles toutes radicales, linéaires, planes ou légèrement canaliculées, à peu près de la longueur de la hampe, d'un vert foncé, quelquefois glauques; leurs fleurs sont terminales, solitaires, ou réunies plusieurs en une sorte d'ombelle, et toujours penchées.

On en connaît plus de trente espèces (un auteur dit soixante?), presque toutes indigènes en France et en Europe, une ou deux seulement en Amérique. Elles se plaisent dans les prés, les pâturages, les coteaux boisés à pente douce; on en trouve peu dans les bois; toutes offrent de jolies fleurs, et nous en allons décrire quelques unes, en ayant soin de mentionner leur histoire et les propriétés qu'on leur attribue.

† Hampe à une ou deux fleurs. (*Scapi uni vel biflori.*)

NARCISSE FAUX NARCISSE, *Narcissus pseudo narcissus*, Linné, vulgairement Aïauts, fleur de Coucou. Plante commune dans tous les prés et les bois de l'Europe, où partout elle fleurit de bonne heure; deux ou trois feuilles longues, glauques, obtuses, un peu canaliculées; spathe scarieuse; une hampe comprimée, portant une seule fleur penchée, grande, jaune, à odeur peu sensible; couronne campanulée, dont le limbe onduleux et crénelé est égal en longueur aux divisions planes, oblongues et ouvertes de la corolle; la couronne (nectaire) est d'un jaune plus foncé que cette dernière. On trouve ce Narcisse aux environs de Paris, dans les bois et les prés, à Bondy, Sénart, Chantilly, etc.

Les fleurs de cette espèce sont antispasmodiques; elles sont employées sèches et réduites en poudre, à la dose d'un quart de grain jusqu'à un grain. On ne doit la prescrire qu'avec circonspection; on la croit aussi utile dans la coqueluche, l'épilepsie, la dysenterie, etc. Ces fleurs contiennent en outre une très-belle matière colorante jaune, qui mériterait d'être étudiée et utilisée.

On en cultive dans les jardins une jolie variété à fleurs doubles qui fleurit en avril.

NARCISSE INCOMPARABLE, *Narcissus incomparabilis*, Curt. Habitus absolument semblable à celui du précédent, d'avec lequel on ne le distingue que quand ils sont tous deux en fleurs; mais alors la forme du nectaire ne permet plus de les confondre; dans la plante qui nous occupe, il est d'un jaune foncé qui contraste avec le jaune pâle des divisions de la corolle, comme dans l'espèce précédente; mais il est en forme de coupe, plissé, crénelé au bord, dressé et partagé en six lobes distincts; hampe comprimée (ou à deux tranchans); spathe scarieuse; une seule fleur d'une odeur suave, penchée, dont le tube est allongé et les divisions pétaloïdes, oblongues, deux fois plus longues que celles du nectaire.

Ce beau Narcisse croît dans le midi de la France et en Italie; il a produit de charmantes variétés dans nos jardins, qu'il enrichit de ses fleurs en avril, et où on le couvre de litière pour le préserver des grandes gelées. On ne lui connaît point de propriétés médicinales.

NARCISSE A FEUILLES ÉTROITES, *Narcissus angustifolius*, Curt. Hampe grêle et comprimée; fleurs d'un jaune et d'une odeur semblables au précédent; tube de la corolle allongé; divisions de celle-ci distantes, mucronées-spathulées; nectaire court, scarieux, marginé; feuilles linéaires, glauques et contournées.

Il croît en France et en Suisse; il a été aussi introduit dans nos jardins, où il fleurit un peu avant les autres.

NARCISSE DES POËTES, *Narcissus poeticus*, Linné. Feuilles linéaires, glauques, obtuses, presque planes, légèrement carénées en dehors; hampe comprimée, à une seule fleur (très-rarement deux), d'un blanc pur, d'une odeur exquise; divisions du périanthe se recourbant sur elles-mêmes à la base; nectaire (ou couronne) très court, en roue, crénelé, dont le bord supérieur est d'un jaune orangé ou pourpré. Ce joli Narcisse croît naturellement dans tout le midi de l'Europe; c'est le plus anciennement cultivé dans nos jardins, où il fleurit en mai. On en a obtenu des variétés à fleur double, où alors le nectaire disparaît. Il aime une terre franche, fraîche et légère; on le multiplie de graines ou de caïeux, qu'on sépare des bulbes quand on les relève, ce qui a lieu tous les deux ou trois ans.

NARCISSE A DEUX FLEURS, *Narcissus biflorus*, Curt. Feuilles linéaires, carénées, aiguës, à bords réfléchis, toujours entières; hampe biflore, géniculée avant l'anthèse (Sprengel); corolles à divisions oblongues, ouvertes, d'un blanc jaunâtre; couronne très-courte, scarieuse et marginée, sans cercle safrané ou pourpré. Il fleurit en avril ou mai, et croît en Angleterre, en France, en Suisse, etc., dans les prés humides; ses fleurs sont moins odorantes que celles du précédent, auquel il ressemble assez par son port.

†† Hampes à plusieurs fleurs. (*Scapi multiflori.*)

NARCISSE A FLEURS EN COUPE, *Narcissus calathinus*, Linn. Ce Narcisse tire son nom de la forme de son nectaire, aussi long que les pétales, et dont la disposition représente assez bien une coupe un peu évasée; feuilles semblables à celles du faux Narcisse; hampe portant trois fleurs et plus, d'un jaune de soufre; nectaire non crénelé, à lobes peu prononcés. Dans cette espèce, les étamines sont inégales; il y en a trois longues et trois courtes. Cette plante croît naturellement en Orient; dans le midi de la France. On l'a trouvée aux îles de Glénans, côtes de Bretagne. Elle a été introduite dans nos jardins, où elle a produit de jolies variétés à fleurs doubles.

NARCISSE A BOUQUETS, NARCISSE TAZETTE, *Narcissus tazetta*, Linn. Feuilles glauques, un peu canaliculées, obtuses; hampe grêle, cylindroïde, d'un pied de haut environ; fleurs nombreuses, très-odorantes; divisions de la corolle blanches et deux fois plus longues que la couronne, qui est en godet un peu crénelé et d'un jaune orangé. Cette jolie espèce fleurit dès le mois de février, dans le midi de la France, le nord de l'Afrique, l'Asie, etc.; dans nos jardins, elle fleurit un mois environ plus tard. C'est une de celles qu'on choisit de préférence pour élever dans les appartemens, où on jouit, au moyen d'une chaleur factice, de ses belles fleurs au milieu de l'hiver.

Elle a fourni dans nos jardins beaucoup de variétés.

NARCISSE ODORANT, *Narcissus odorus*, Linn., vulgairement la grande Jonquille. Feuilles semi-cylindriques, canaliculées, d'un vert foncé; hampe cylindrique, dont la spathe, en se déchirant, donne place à cinq fleurs et plus, d'un jaune charmant et de l'odeur la plus suave; nectaire campaniforme, plus court que les pétales, à six lobes arrondis. Commun dans le midi de l'Europe et de la France, ou il fleurit de février à mars.

NARCISSE JONQUILLE, *Narcissus jonquilla*, Linn., vulgairement la Jonquille, figurée dans notre Atlas, pl. 268, fig. 4.

Espèce recherchée de tous les amateurs et cultivée de prédilection, pour la jolie forme et l'odeur suave de ses fleurs. Feuilles grêles, semi-cylindriques, jonciformes, subulées, canaliculées; scape cylindrique; fleurs assez nombreuses (une à deux, à l'état sauvage); tube de la corolle allongé; corolle à divisions ovales, arrondies, trois fois plus longues que le nectaire; celui-ci en forme de coupe très-évasée, un peu plissée et crénelée. Indigène dans tout le midi de l'Europe. On en possède des variétés à fleurs doubles dans nos jardins.

Peu de plantes ont autant exercé le génie poétique des anciens, que celles dont nous venons de décrire les plus remarquables espèces. Ovide a célébré le Narcisse dans ses vers, en supposant qu'un beau jeune homme de ce nom, qui se mourait d'amour pour sa personne, qu'il regardait sans cesse au bord d'une eau limpide, fut transformé en cette fleur par la pitié des dieux. Les Orientaux, ces peuples au langage emblématique, n'ont eu garde d'oublier le Narcisse. Leurs poètes l'ont chanté avec leur emphase accoutumée; chez eux encore, il sert de moyen de correspondance aux amans séparés, pour qui la Jonquille est le symbole de l'amour sincère et souffrant.

Chez les anciens, chez les modernes, les jolies couleurs, le port gracieux, la suave odeur du Narcisse, l'ont fait rechercher et cultiver de prédilection; les nombreuses et charmantes variétés que la culture en a obtenues, ont encore augmenté l'intérêt qu'il avait inspiré; et comme la Jacinthe, sa superbe rivale, on l'a introduit dans le boudoir de la beauté, où, quand les frimas attristent toute la nature au dehors, le Narcisse, du haut de son vase de cristal, emplit le sanctuaire de ses doux et suaves parfums.

Presque toutes les espèces de Narcisses viennent sans peine sous le climat de Paris, et ne demandent que l'abri d'une couverture de paille, quand la température baisse l'hiver au dessous de 10 à 12 degrés (Réaumur). Les espèces multiflores, originaires du Midi, sont plus délicates et demandent toujours à être protégées contre un froid même de 6 degrés, surtout vers la fin de l'hiver, où elles commencent à végéter avec force. Il n'est point nécessaire de relever chaque année leurs ognons, comme on fait de ceux des Tulipes; ils peuvent rester deux ou trois ans en place, époque où on les relève pour en séparer les caïeux, qui fleurissent la deuxième ou troisième année de leur plantation.

Les bulbes, les feuilles et les fleurs de la plupart de ces plantes jouissent de propriétés assez énergiques.

Les premières sont émétiques à un degré puissant, et, prises sans prudence, elles pourraient occasioner la mort. On les emploie, réduites en poudre, à la dose de trente-six grains environ, même jusqu'à cinquante. On cite le Narcisse odorant comme le plus actif dans ce cas. Les fleurs ne jouissent pas de moins de puissance contre les affections spasmodiques. Le docteur Dufresnoy cite le cas d'une jeune fille sujette à des convulsions chroniques, qui disparaissaient tout le temps que duraient les fleurs de Jonquilles (*Narcissus odorus*) qu'elle rassemblait dans sa chambre. Le même médecin, guidé par ce fait dû à un heureux hasard, prépara avec les fleurs de ce Narcisse un extrait dont il se servit avec bonheur contre les affections du même genre; avec cette préparation en infusion ou en sirop, il guérit beaucoup d'enfans de la coqueluche, et obtint les mêmes succès contre les fièvres intermittentes, la diarrhée et la dysenterie.

Mais si le Narcisse, employé par un sage praticien, peut dans ses mains redonner la vie, dans d'autres moins habiles, il peut donner promptement la mort. M. Orfila, dans ses expériences toxicologiques, a vu périr en quelques heures des chiens à qui, dans une blessure pratiquée à la cuisse, on avait introduit d'un gros à un gros et demi de l'extrait de cette plante. Un fort chien mourut bientôt après avoir avalé quatre gros de cette substance.

On ne sait point encore à quel principe immédiat sont dues ces propriétés pharmaceutiques.

(C. Lem.)

NARCISSÉES, *Narcisseæ*. (bot. phan.) Famille de plantes monocotylédonées monopérigynes, établie par Jussieu, à laquelle il fixe les caractères distinctifs suivans : calice coloré (périanthe simple), tubulé à sa base, divisé profondément en six lobes égaux, rarement inégaux; six étamines insérées au sommet du tube, en opposition aux lobes; filets distincts, rarement réunis à leur base; ovaire simple, tantôt libre, tantôt adhérent au tube du calice; style simple, stigmate simple, ou quelquefois trilobé. Capsule libre ou adhérente au calice, à trois loges polyspermes, s'ouvrant par trois valves, au milieu desquelles est une suture ou cloison, qui porte les graines, dont l'embryon fort petit est niché dans une fossette près du hile, au sommet d'un périsperme solide qui remplit toute la graine.

Les Narcissées sont des plantes basses, herbacées, à bulbes vivaces, à tiges simples, en forme de hampe (*scapus*), quelquefois rameuse, à feuilles radicales, engaînantes à la base; fleurs grandes, belles, odorantes, à l'extrémité des tiges, accompagnées d'une spathe propre, solitaires ou réunies plusieurs en une sorte d'ombelle, avec une spathe commune.

Quelques auteurs, se fondant sur l'adhérence ou la non-adhérence de l'ovaire au tube du périanthe, ont cru devoir profiter de cette différence pour constituer deux familles dans ce genre ; ainsi, ils ont donné le nom d'Amaryllidées (*voy.* ce mot) aux espèces, dont l'ovaire est adhérent, et celui d'Hémérocallidées, à celles dont l'ovaire est libre. M. de Jussieu pense que ce faible caractère ne suffit pas, pour séparer nettement des genres dont l'affinité est si grande, surtout entre l'Hémérocallis et l'Amaryllis, entre l'Agapanthus et le Crinum, réunis autrefois en un seul genre. R. Brown, tout en créant ces familles, les Amaryllidées et les Hémérocallidées, en a séparé les Narcissées; mais pour nous, s'il nous était permis de donner notre avis après nos maîtres, nous dirions, en adoptant le sentiment de M. Jussieu, que l'on pourrait joindre les Hémérocallidées aux Amaryllidées sous le nom de cette dernière famille, et conserver celle des Narcissées; nous rappellerons aussi qu'on a séparé dernièrement des Hémérocalles, les espèces dites *Cærulea* et *Japonica* (*alba*), auxquelles on a donné le nom de *Funkia*.

Des nombreux genres rapportés à la famille des Narcisssées, R. Brown a détaché l'*Hypoxis* et le *Curculigo*, pour former la famille des Hypoxydées, qu'il caractérise principalement par un fruit capsulaire indéhiscent et renflé sur les graines; et dans celles-ci, par leur enveloppe propre, noire et crustacée, par leur ombilic muni d'un appendice en forme de bec ou de crochet, apparent surtout dans le Curculigo. On joindra sans doute à cette nouvelle famille quelques autres genres qui la feront probablement adopter. (C. Lem.)

NARCOTINE. (chim.) Substance existant dans l'opium et le pavot indigène, entrevue d'abord par Baumé et Derosne, par Sertuerner qui l'a prise pour du *Méconate de morphine*, enfin bien décrite dans ces derniers temps par M. Robiquet, et que quelques auteurs ne considèrent pas comme un véritable alcali végétal, parce qu'elle ne jouit pas de toutes les propriétés alcalines. Cependant la Narcotine ne saurait être séparée des alcalis proprement dits; ainsi que ces derniers, elle forme avec les acides des sels parfaitement analogues aux autres sels alcalins végétaux.

La Narcotine jouit des propriétés suivantes : pure et récemment obtenue, elle se présente sous forme de flocons blancs ou aiguillés, inodores, insipides; dissoute dans l'éther ou l'alcool bouillant, elle s'en précipite par le refroidissement et affecte la forme cristalline; chauffée légèrement, elle se fond à la manière des résines et perd trois à quatre pour cent de son poids; elle est insoluble dans l'eau froide; l'eau bouillante en dissout à peine un quatre-centième. L'alcool, l'acide acétique, les huiles grasses et volatiles, et surtout l'éther, dissolvent la Narcotine. Comme caractères distinctifs de cette substance avec la Morphine, nous observerons : 1° que la Narcotine est insipide, tandis que la Morphine a une saveur amère; 2° que l'éther ne dissout qu'une très-faible quantité de Morphine, et qu'il dissout au contraire très-facilement la Narcotine; 3° que les sels de fer colorent en bleu la Morphine et ses sels, et que rien de semblable n'a lieu avec la Narcotine et les sels de Narcotine.

Soumise à l'analyse chimique par Pelletier et Dumas, la Narcotine a été trouvée composée de 68,88 de carbone; 5,91 d'hydrogène; 7,21 d'azote, et 18,00 d'oxygène.

Les sels de Narcotine sont tous plus amers que ceux de Morphine; tous sont solubles dans l'eau, quelques uns dans l'alcool et surtout dans l'éther. Leurs solutés aqueux, précipités en jaune clair par les alcalis et l'infusé de noix de galle, rougissent le papier de tournesol.

On obtient la Narcotine de la manière suivante: on traite l'opium à deux reprises différentes par l'acide acétique bouillant et marquant 2 ou 3°; on précipite par l'ammoniaque; on lave le précipité et on le purifie, d'abord par l'alcool chaud marquant 40°, puis par le charbon animal; enfin on filtre, on laisse refroidir, et la Narcotine se précipite. On peut encore retirer la Narcotine de l'extrait aqueux d'opium traité par l'éther.

La Narcotine est peu usitée comme médicament.

Quant aux expériences qui ont été tentées pour faire connaître ses propriétés toxiques, elles sont encore pleines d'incertitude, et, par conséquent, peu concluantes. (F. F.)

NARCOTIQUES (Plantes). (CHIM.) Les plantes narcotiques sont toutes celles qui produisent, à dose suffisante et très-variable, cet état pathologique que l'on appelle Narcotisme, et qui se manifeste par un engourdissement général, de l'assoupissement, des vertiges, un délire sourd et continuel, la dilatation des pupilles, le gonflement des yeux, des mouvemens convulsifs, des nausées, un pouls d'abord ralenti, puis fréquent, petit, irrégulier, etc., et dont le siége est dans le cerveau. Les Narcotiques se rencontrent surtout dans la famille des Papavéracées, des Solanées, des Ombellifères et des Composées. Le Coquelicot, le Pavot, appartiennent à la première des familles naturelles que nous venons de citer; la Belladone, la Jusquiame, le Stramonium, la Mandragore, etc., appartiennent à la seconde; les Ciguës, la Laitue vireuse, etc., se trouvent dans la troisième et la quatrième.

Les plantes narcotiques, que nous n'étudierons pas ici (*voyez* chacune d'elles en particulier), sont souvent employées en médecine et à des doses extrêmement minimes. Quand leur usage a amené, soit par l'effet de l'idiosyncrasie des sujets, soit par cause volontaire ou accidentelle, les phénomènes que nous avons énumérés plus haut, et qui caractérisent le narcotisme, il faut se hâter d'administrer aux malades des agens thérapeutiques (eau chaude, émétiques) propres à favoriser promptement les vomissemens; ou bien des purgatifs si la substance Narcotique a été prise déjà depuis quelque temps. On combat ensuite la stupeur par des boissons acidules, du café à l'eau, et quelques potions alcoolisées. (F. F.)

NARD, *Nardus*. (BOT. PHAN.) Genre de plantes monocotylédonées, de la famille des Graminées de Jussieu et de la Triandrie monogynie de Linné, dont voici les principaux caractères : glume périanthoïde bivalve; valve extérieure, coriace, allongée, acérée; l'intérieure membraneuse; corolle nulle; filets des étamines au nombre de trois, plus courts que les glumes; ovaire supère; un style filiforme, velu; stigmate simple; une seule graine, recouverte des glumes marcescentes.

Ce genre ne se compose que de trois espèces, dont une particulière à l'Inde, le *Nardus ciliaris*; voici la description des deux autres, qui appartiennent à l'Europe, et en particulier à la France.

NARD RAIDE, *N. strictus*, Linn.; plante herbacée à racine fibreuse, menue et vivace, chaumes grêles, raides, de 6 à 12 pouces de haut, formant touffe, garnis de feuilles sétacées et piquantes; épi de fleurs terminales, d'un vert violacé, sessiles et disposées d'un seul côté. Elle croît communément en Europe, dans les lieux secs et sablonneux.

NARD A ARÊTES, *N. aristatus*, Linn. Plante herbacée, annuelle, souvent ramifiée à sa base, puis redressée et fléchie en zig-zag, haute d'un pied environ, et garnie de feuilles courtes, subulées, aiguës; fleurs comme la précédente, mais une seule étamine; de couleur semblable; mêmes lieux.

Aucune de ces trois plantes ne peut être assimilée au Nard si célèbre chez les anciens, et que l'on croit être une espèce de Valériane croissant dans les parties les plus montagneuse de l'Inde, telles que le Népaul, le Boutan, etc.

On donne vulgairement le nom de Nard à plusieurs espèces de Valérianes, qui croissent en Europe et qui offrent quelques propriétés semblables à celles qu'on attribuait au Nard des anciens. Ce nom est aussi donné à des fragmens d'une plante venue de l'Inde, et qui sont composés de plusieurs tuniques concentriques, avec fibres croisées en plusieurs sens, et paraissant provenir du collet des racines. On les croit identiques avec le bas des tiges d'une graminée qui croît aussi dans l'Inde et particulièrement à Ceylan, et nommée par cette raison *Andropogon nardus*. Dans nos pharmacies, on a donné à ces fragmens le nom de Spica nard. Cette substance a une odeur forte et une saveur amère, et on l'a crue long-temps stomachique.

Voici encore quelques acceptions du mot Nard.

NARD CELTIQUE et NARD DE MONTAGNE ou de Crête, c'est la *Valeriana celtica*; NARD DES CHAMPS, *Valeriana phu*; NARD FAUX ou FAUX NARD, *Allium victorialis*, Linn.; NARD DE NARBONNE, *Festuca spadicea*. (C. LEM.)

NARDOSMIE, *Nardosmia*. (BOT. PHAN.) Sous ce nom, qui équivaut à peu près à l'adjectif parfumé, M. Cassini a groupé trois espèces linnéennes de Tussilage, entre autres celle que nos jardiniers appellent Héliotrope d'hiver. Ce nouveau genre semble intermédiaire entre le *Petasite*, dont il a la hampe multiflore, et les vrais Tussilages, dont il offre la calathide radiée. Il présente pour caractères principaux : un involucre cylindracé, turbiné, composé de folioles à peu près égales, appliquées, oblongues, un peu aiguës, membraneuses sur les bords; un réceptacle à peu près plane et nu. Les fleurons du disque sont nombreux, mâles, réguliers, à cinq segmens réfléchis; les étamines n'ont d'appendices qu'au sommet; on y voit un ovaire stérile; aigrette de quelques poils. A la circonférence sont des demi-fleurons femelles, au nombre de douze environ, à tube et à languette allongés; leur ovaire est oblong, strié, muni de bourrelets à la base et au sommet, et surmonté d'une aigrette de poils légèrement plumeux. Le style est terminé par deux branches très-divergentes.

La *Nardosmia denticulata*, Cass., *Tussilago fragrans*, Villars, est une plante de la France méridionale et de l'Italie, à racines traçantes, à tige d'un pied environ, à feuilles arrondies, longuement pétiolées. Ses fleurs, d'un blanc purpurin, s'épanouissent de novembre à janvier, et exhalent une odeur douce et agréable; de là le nom vulgaire d'Héliotrope d'hiver. On la cultive dans les jardins, où elle ne demande qu'une terre légère et peu de soleil.

Ses congénères croissent en Sibérie; l'une est le *Tussilago frigida* de Linné; l'autre, le *Tussilago lævigata* de Willdenow. M. Cassini leur a donné les épithètes de *angulosa* et *straminea*. (L.)

NAREGAM. (BOT. PHAN.) Diverses plantes, plus ou moins voisines de la famille des Aurantiacées, se trouvent désignées et figurées dans l'Hortus malabaricus de Rheede sous les noms de *Mal-naregam*, *Tsjerou-naregam*, *Catou-naregam*, etc. Une d'elles paraît être le *Limonia crenulata* de Roxburg. Les autres ne peuvent être rapportées avec certitude à aucun genre, faute de connaître le détail de leurs organes floraux. Hortus malabaricus, vol. X, tab. 12, 13, 14 et 22.) (L.)

NARINE. (ANAT.). *Voy.* NEZ.

NARTHÈCE. (BOT. PHAN.) *Narthecium*. *Voyez* TOFIELDIE.

NARVAL, *Monodon*. (MAM.) Placés dans la famille des Cétacés souffleurs à petite tête, les Narvals forment un groupe caractérisé par l'absence de dents proprement dites, et par la présence d'une ou deux défenses droites et pointues, implantées dans l'os intermaxillaire, et dirigées dans le sens de l'axe du corps. Ils ressemblent d'ailleurs par leurs formes générales aux Marsouins.

Les Narvals sont naturellement très-voraces, et la rapidité avec laquelle ils nagent est très-grande. Quelques auteurs, et Lacépède entre autres, en ont admis plusieurs espèces; mais on n'en connaît bien qu'une; c'est

Le NARVAL ORDINAIRE, *Narvalus vulgaris*, Lacép.; *Monodon monoceros*, Lin.; représenté dans notre Atlas, pl. 402, fig. 2. Egalement désigné sous le nom vulgaire de Licorne de mer ou Unicorne, à cause de la défense longue et sillonnée en spirale que nous avons signalée plus haut, il a reçu, en outre, diverses dénominations chez les différens peuples parmi lesquels il est connu. Les Allemands le nomment *Einhorn*; les Groënlandais, *Towack* ou *Kerneklok*, etc.

Le corps du Narval est de figure ovale-arrondie, et n'a guère que le double ou le triple de la longueur de sa défense; sa peau est nue et marbrée de brun et de blanchâtre; sa queue est placée horizontalement comme dans toutes les autres espèces de cette famille; sa tête est ronde, assez petite, et paraît confondue avec le corps. Il n'a qu'une ouverture ou évent sur la tête pour respirer; une sorte de plaque frangée et découpée en lamelles, comme un peigne, ferme cet évent à la volonté de l'animal. Ses yeux sont petits, placés fort bas aux angles de la gueule, qui est étroite; les mâchoires n'ont d'autres dents que la longue défense en spirale, et le germe d'une seconde; car il est très-rare que les deux noyaux primitifs que l'on trouve dans le très-jeune âge, se développent et croissent également; d'ordinaire ce n'est que celui du côté gauche qui acquiert du volume, l'autre demeure caché pendant toute la vie dans l'alvéole droite. Il paraît que son développement n'a pas lieu, parce que sa cavité intérieure est trop promptement remplie par la matière de l'ivoire, et que son noyau gélatineux se trouve ainsi oblitéré. On trouve quelques défenses de Narvals tout-à-fait lisses, et c'est là ce qui a donné lieu à la distinction de plusieurs espèces. Ce cétacé manque de nageoire dorsale, mais une arête saillante sur toute la longueur de l'épine semble en tenir lieu. Celles des flancs sont longues de plus d'un pied et de forme ovale. Le Narval est communément long de vingt à vingt-deux pieds; on prétend en avoir vu de la taille de quarante à soixante pieds. Il habite les mers du Nord.

Comme les autres Cétacés, le Narval est vivipare. La femelle porte deux mamelles vers la vulve, et tout près de l'anus. La verge du mâle est renfermée dans une gaîne. La portée chez ces animaux n'est que d'un petit. Ils nagent très-bien et se servent de leur queue comme d'une forte rame pour glisser sur l'eau avec plus de rapidité. Ils vont toujours par troupe, et lorsqu'on les attaque ils se serrent en masse et placent leurs défenses sur le dos les uns des autres. « Ils s'empêchent de cette manière, dit Anderson, de plonger et de s'évader, ce qui fait qu'on en prend ordinairement quelques uns des derniers. » Le Narval est un Cétacé que l'on pêche peu : l'huile qu'il fournit, quoique d'une meilleure qualité que celle de la Baleine, est en trop petite quantité pour que les pêcheurs s'amusent à le poursuivre. Sa chair est tout au plus bonne pour le palais des Groënlandais. Ces peuples en font quelquefois leur nourriture; ils la mangent crue; mais le plus communément, ils cherchent à la conserver dans un état moyen de sécheresse et de mortification, et la font cuire lorsqu'elle approche de la putréfaction. Ce qui pourtant pourrait les faire rechercher, ce sont leurs dents; car, outre qu'elles imitent le très-bel ivoire, elles ont encore l'avantage de ne pas jaunir. On prétend que les rois de Danemarck possèdent un trône fait avec de pareilles dents.

La demeure des Narvals est vers le 80e degré de latitude boréale, et principalement sur les côtes d'Islande, vers le détroit de Davis et les rivages de l'Amérique septentrionale et du Groënland. Si l'on en croit les pêcheurs groënlandais, ils sont les avant-coureurs des baleines; aussi, dès qu'ils aperçoivent les uns, ils préparent tous leurs instrumens pour harponner les autres; mais il paraît plus vraisemblable que ces deux espèces d'animaux vivant des mêmes nourritures, suivent les mêmes bancs et se rencontrent dans les mêmes parages. Il est probable que les Narvals, privés de dents molaires, se nourrissent de poissons, de mollusques, et de coquillages tendres et friables.

Les autres espèces admises par Lacépède, mais considérées comme douteuses par les auteurs, sont le NARVAL MICROCÉPHALE, *Narvalus microcephalus*, Lacép., différant surtout du précédent par l'allongement assez considérable de son corps et de sa queue, et le NARVAL ANDERSON, *Narvalus Andersonianus*, Lacép., dont le caractère distinctif serait d'avoir la défense entièrement lisse. Ces espèces n'ont été établies, à ce qu'il paraît, que d'après des descriptions et des figures inexactes. (Z. G.)

NASAL. (ANAT.) Adjectif par lequel on désigne plusieurs parties qui appartiennent au nez. Ainsi on appelle : 1° *os nasaux* ceux qui sont placés au dessous de l'échancrure nasale de l'os frontal, et qui occupent l'intervalle existant entre les apophyses montantes des deux os maxillaires supérieurs; 2° *bosse nasale*, la saillie placée sur la ligne médiane de la face antérieure de l'os coronal, entre les deux arcades sourcilières; 3° *échancrure nasale* celle qui, sur l'os frontal, est située au dessous de la bosse nasale, et s'articule avec les os propres du nez; 4° *épines nasales*, deux lamelles pointues, dont la *supérieure* appartient au frontal, et s'articule avec les os propres du nez et l'ethmoïde, et dont l'*inférieure* est formée par les deux os sus-maxillaires; 5° *apophyse nasale*, l'apophyse montante de l'os maxillaire supérieur; 6° *fosses nasales*, les deux grandes cavités anfractueuses, placées au dessous de la partie antérieure de la base du crâne, au dessus de la bouche, entre les orbites, les fosses canines, temporales et zygomatiques, et au devant de la cavité gutturale; ces fosses sont revêtues de la membrane pituitaire, siége de l'ODORAT (*voyez* ce mot). Enfin on donne encore le nom de Nasal au nerf *naso-palpébral* de Chaussier, et à la plus considérable des deux branches qui terminent l'artère ophthalmique. (*Voyez* CRANE, FACE.) (P. G.)

NASEAU. (ANAT.) Orifice extérieur des narines. *Voyez* NARINES, NEZ, ODORAT. (P. G.)

NASICAN. (OIS.) Nom d'une espèce du genre PICUCULE. *V.* ce mot. (GUÉR.)

NASICORNE. (INS.) On donne ce nom à une espèce de Scarabée du genre Oryctes, connu dans la nomenclature scientifique sous le nom d'*Oryctes nasicornis*. *V.* ORYCTÈS. (GUÉR.)

NASILLEMENT. (PHYSIOL.) Altération de la voix que quelques physiologistes ont indiquée comme résultant de la difficulté qu'éprouvent les sons articulés à passer par les fosses nasales, oblitérées en totalité ou en partie, et qu'il faut attribuer à une disposition opposée. M. Magendie remarque avec raison que ceux qui pensent que les cavités nasales peuvent augmenter l'intensité du son vocal par leur résonnement, s'abusent; ces cavités ne peuvent produire que l'effet contraire; aussi, toutes les fois que, par une cause quelconque, le son peut s'y introduire, la voix devient sourde ou *nasonnée*. Ce vice d'organisation, lorsqu'il n'altère que faiblement la prononciation, peut être favorablement modifié par une attention soutenue. Nous connaissons un avocat d'un grand talent, dont la voix est désagréablement nasillarde dans la conversation, et qui prononce correctement dans le débit oratoire. (P. G.)

NASON, *Naseus*. (POISS.) La dénomination de Nason indique d'avance que les animaux ainsi appelés, et qui appartiennent à la famille des Theuthies, ont le front proéminent, muni d'un appendice osseux, en forme de corne ou de lame, situé au dessus du museau, circonstance qui leur a valu de la part de Bloch le nom de *Monoceros*, c'est-à-dire une seule corne. Ces poissons se rapprochent des Acanthures, tant par les détails des formes extérieures que par leur anatomie; mais leur queue est armée de boucliers porteurs de lames tranchantes et fixes, et non pas d'épines où de lancettes mobiles comme cela s'observe chez les Acanthures; leurs dents sont coniques et pointues, sans dentelures, réunion de caractères qui les distingue du genre précédent. Outre la forme simple de leurs dents et leurs deux boucliers fixes, ce genre se distinguera aussi par un caractère que l'on n'a encore observé qu'à lui parmi les Acanthoptérygiens, celui de ne compter que trois rayons mous à ses ventrales.

Cuvier énumère douze espèces de Nasons: parmi celles qui doivent particulièrement fixer notre attention, nous citerons premièrement :

Le NASON LICORNET, *Naseus fronticornis*. Iconogr. du Règne animal, pl. 35, fig. 3. Cette espèce, qui est la plus anciennement connue, a le corps ovale et comprimé; sa caudale, qui est très-mince, a chacun de ses angles ou points prolongés en un filet plus long qu'elle, qui se termine en pointe aiguë. Tout ce poisson est couvert d'écailles très-petites, très-serrées, constituant une âpreté fine. Il paraît entièrement gris cendré, la dorsale et l'anale ayant un liseré bleuâtre, rayé de jaune; la queue est également jaunâtre; il est long de dix-huit pouces. Cet individu porte la corne la plus longue, elle forme les quatre cinquièmes de la distance du bout du museau à l'angle supérieur et antérieur de l'orbite. Ce poisson abonde à l'île de France, il nage en grandes troupes, et l'on en prend souvent beaucoup à la fois dans les filets. Forster dit qu'on le nomme *Eooma* ou *Éoumé*, et que les Arabes lui donnent le nom de Abu-garu (le père à la corne, le cornu); il indique l'espèce connue tellement commune qu'on l'y voit par troupes de deux cents et même de quatre cents individus. On les prend au filet et au harpon, mais point à l'hameçon; ils se nourrissent de fucus. M. Dussumier dit que la chair de ce poisson est mauvaise, et si peu estimée à l'Ile de France, qu'elle sert seulement à la nourriture des noirs.

Une espèce très-différente de la précédente, le NASON A MUSEAU COURT, *N. brevirostris*, a le profil très-court et presque vertical, et beaucoup dépassé par la corne; car elle n'a point le long profil au dessous de la corne, ni cette espèce de museau avancé du *Fronticornis*; sa corne naît un peu plus bas que l'orbite, presque au dessus de la bouche, et la dépasse en avant au moins de deux tiers de sa longueur, laquelle est comprise une fois et demie dans celle de la tête. Au reste, ses proportions rentrent dans celles de la première espèce, le grenu de sa peau est encore plus fin, et ses dents plus petites et plus serrées; les boucliers des côtés de sa queue sont fort petits, et les lames plutôt en demi-cercle que triangulaires; l'individu est long de neuf pouces; il paraît entièrement d'un brun noirâtre, avec quatre lignes brunes

brunes et autant de lignes pâles qui parcourent longitudinalement l'anale et la portion molle de la dorsale. Le devant de cette nageoire a des taches nuageuses; la caudale est brune à sa base, et a toute sa moitié supérieure jaune.

On possède des Nasons qui paraissent n'avoir jamais de corne avancée sur le front. Tel est le Nason bariolé, *N. lituratus*; car cette espèce, sans corne, n'a pas même de renflement sur le front, et sa tête ressemble à celle de beaucoup d'Acanthures. Néanmoins on ne peut douter du genre de ce poisson par ses dents et par les doubles lames fixées aux côtés de sa queue. La hauteur de son corps est deux fois dans sa longueur totale; son museau est oblique et presque rectiligne; sa dorsale est assez basse, et sa caudale, qui est taillée en croissant, a des pointes assez aiguës, qui souvent se prolongent en filets du tiers de la longueur du corps. L'âpreté des écailles est fine, et ses boucliers assez grands et armés de fortes lames en forme de quart de cercle.

Tout ce poisson est d'un brun foncé, une teinte plus claire colore le ventre; ses lèvres sont orangées ou fauves; une ligne d'un jaune pâle descend de l'œil le long de la fissure qui est sous la narine, et se prolonge jusqu'auprès de la bouche. Ses nageoires sont noires; un ruban bleu cendré règne le long de la base de la dorsale, et sa partie molle a un large bord blanc liseré de vert ou de noir. Enfin nous terminons l'histoire de ce genre par des espèces auxquelles la tubérosité arrondie ou la loupe qu'elles portent, non pas au front, mais sur le devant du museau, donne une physionomie toute différente des autres.

La première espèce de ce groupe qui se présente à notre examen est le Nason loupe, *N. tuber*; son corps est, comme dans la plupart des autres, verticalement ovale, son profil descend très-lentement et presque en ligne droite depuis la nuque jusqu'à l'extrémité du museau, où il se courbe subitement et forme ainsi, un peu avant de descendre à la bouche, cette loupe qui caractérise l'espèce. Dans son état ordinaire il paraît d'un gris brunâtre, semé sur la tête, sur l'épaule, sur toute la partie supérieure et sur la dorsale et la caudale, de points bruns qui sont un peu plus gros dans la région de l'épaule, et s'y unissent quelquefois en taches. Commerson dit que l'espèce se montre moins ordinairement à l'île de France que le *Fronticornis*, mais qu'elle y arrive de même en grandes troupes. Il en vit plus de deux cents individus qui venaient d'être pris d'un seul coup de filet. (Alph. G.)

NASSE, *Nassa*. (moll.) Nom créé par Lamarck, dans la première édition des Animaux sans vertèbres, pour désigner des espèces de Buccins dont la coquille est courte, renflée, et la columelle très-calleuse; mais dans la deuxième édition du même ouvrage il en fait une section du genre Buccin; les espèces qu'il y admet sont au nombre de neuf, nous citerons seulement la suivante :

Le Buccin couronné, *B. coronatum*, Brug. Petite coquille longue de onze lignes, olivâtre, marquée de zones peu distinctes, d'une forme ovale-aiguë; assez épaisse, lisse en dessus, striée à la base, avec des tubercules près de la suture. Mer de Madagascar.

Depuis la création du genre, M. Say en a décrit plusieurs espèces des Etats-Unis. (V. M.)

NASTURTIUM. (bot. phan.) Une Crucifère des plus communes et des plus utiles, le Cresson de fontaine, avec quelques autres espèces linnéennes de *Sisymbrium*, forment le genre institué par MM. Brown et De Candolle sous cet ancien nom qui a désigné autrefois la plante qui en est le type. Le Nasturtium n'appartient même pas à la tribu des Sisymbriées; ses cotylédons accombans le placent dans celle des Arabidées, à côté du *Cheiranthus*; il a pour autres caractères un calice à sépales égaux et étalés, des pétales entiers, avortant quelquefois; des étamines libres, non dentées, et un fruit cylindroïde dont la forme, plus ou moins allongée, rend souvent incertaine la distinction établie par Linné entre la silique et la silicule: ses valves sont concaves, non carénées et sans nervures, les graines, petites et non bordées, sont disposées irrégulièrement sur deux rangs.

On compte une vingtaine d'espèces de *Nasturtium*, distraites pour la plupart du genre *Sisymbrium* de Linné; elles sont herbacées et croissent ordinairement dans les eaux. On les trouve sous toutes les latitudes. M. De Candolle les a réparties en trois sections, que nous allons énumérer.

Ire section. *Cardaminum*. Une seule espèce la compose. C'est le Cresson de fontaine, *Nasturtium officinale*, Brown et De Candolle, *Sisymbrium nasturtium*, Linn., qui croît en gazon au bord des eaux limpides; ses tiges sont rameuses, rampantes, creuses, cannelées; leurs feuilles ailées avec impaire, à folioles d'un vert foncé, un peu charnues, ovales, arrondies, distantes, la terminale plus grande et presque cordiforme, les fleurs blanches disposées en épis lâches à l'extrémité des rameaux. Leurs pétales sont du double plus grands que les divisions du calice; on voit quatre petites glandes à la base des étamines; les siliques sont légèrement cylindriques et déclinées. (On confond souvent, dans les campagnes, avec le Cresson, une Ombellifère malsaine qui croît dans les mêmes lieux, et lui ressemble d'aspect; c'est le *Sium nodiflorum*, L.; on ne s'y tromperait pas si l'on remarquait ses folioles dentées.)

Tout le monde connaît les usages comestibles et les propriétés anti-scorbutiques du Cresson de fontaine; on le trouve dans presque toutes les contrées du globe.

IIe. *Brachyolobos*. Cette section se distingue par ses pétales jaunes et par ses siliques raccourcies ou presque ellipsoïdes. Elle renferme douze espèces, entre lesquelles nous citerons, comme appartenant à la Flore parisienne:

Le *Nasturtium* ou *Sisymbrium sylvestre*, qu'on peut observer même dans l'intérieur de Paris, au bord de la Seine ; ses tiges sont flexueuses et pubescentes, garnies de feuilles presque bipinnatifides, et de fleurs nombreuses, d'un jaune vif.

Le *Nasturtium* ou *Sisymbrium palustre*, espèce très-variée, croissant dans les fossés et bas lieux marécageux ; les lobes de ses feuilles sont oblongs, et grossièrement dentés ; les pétales n'excèdent pas en longueur les divisions du calice ; les siliques, en épi allongé, sont un peu renflées et arrondies aux extrémités.

Enfin le *Nasturtium* ou *Sisymbrium amphibium*, que la forme ellipsoïde de ses fruits a fait transporter tour à tour dans les siliqueuses et les siliculeuses ; chez lui les pétales sont plus grands que les divisions du calice.

IIIe. *Clandestinaria*. Section dont les espèces se distinguent par la petitesse des pétales ou même leur absence ; elles sont exotiques, mal connues, et appartiennent probablement soit aux Sisymbres, soit aux Arabis. (L.)

NASTUS. (BOT. PHAN.) Nom générique imposé aux Bambous par M. de Jussieu, et qui n'a pas encore été généralement adopté par tous les botanistes, quoique la plupart l'emploient maintenant à la place de ceux de Bambos et de Bambuso, usités par les anciens botanistes. (*Voy.* BAMBOU.) Nous ajouterons que l'on connaît bien aujourd'hui une dizaine d'espèces de ce genre, et non deux, comme il a été dit par erreur. (C. L.)

NATATION. (PHYS.) La natation ou la locomotion dans l'eau est cette propriété par laquelle un animal se meut à volonté au milieu de ce fluide. Comme l'espèce humaine, ainsi que la plupart des animaux, jouit de ce mode de locomotion, nous allons la considérer d'abord chez l'homme, et ensuite chez les animaux qui peuvent l'exercer.

De la Natation chez l'homme. La Natation n'est pas une faculté que l'homme apporte en naissant, c'est un art qu'il faut qu'il étudie et qu'il apprenne, souvent après bien des fatigues et bien des craintes. On a prétendu qu'il nagerait naturellement comme le poisson ou comme un quadrupède si la frayeur que le danger lui inspire ne le paralysait complétement ; mais c'est une erreur grossière, car l'enfance qui ne jouit pas encore de son intelligence, et l'idiot qui ne peut apprécier le danger, s'ils viennent à tomber dans l'eau, périssent aussi bien que celui dont l'intelligence pourrait lui faire connaître la gravité de sa position. La véritable raison se trouve dans la conformation de l'homme. La nature est loin de lui avoir donné sous ce rapport une organisation aussi favorable qu'aux animaux. Tout annonce dans la Natation de l'homme combien il est peu apte à ce genre d'exercice. Il lui faut des efforts très-grands pour résister à la force de pesanteur qui l'entraîne vers le fond du liquide. Son corps n'est pas dans une position naturelle ; les efforts qu'il est obligé de faire pour soutenir sa tête au dessus du niveau du liquide, pour se maintenir dans la position presque horizontale, et pour se diriger, épuisent bientôt ses forces musculaires. Aussi le nageur le plus habile peut-il périr comme l'enfant le plus faible et le plus ignorant de l'art de la Natation. Chez les quadrupèdes au contraire la progression dans l'eau est des plus faciles, et dès les premiers instans de leur naissance, ils peuvent déjà nager à des distances même considérables. On a bien dit que chez certains peuples qui habitent les bords de la mer il existe des dispositions naturelles pour la Natation. Mais ce n'est qu'après des essais multipliés que les enfans parviennent à se soutenir et à se diriger sur l'eau. Il existe une disproportion manifeste, quoique assez médiocre, entre la pesanteur spécifique du corps de l'homme et celle de l'eau. Plus pesant qu'un volume d'eau égal au sien, le corps de l'homme tend à se précipiter, et l'art de la Natation consiste à vaincre cette différence. Cependant certaines circonstances viennent contrebalancer ces dispositions défavorables. C'est ainsi que l'embonpoint peut faciliter la Natation ; on assure que certains hommes chargés de graisse pouvaient se promener, pour ainsi dire, dans la mer, sans se mouiller plus haut que la ceinture, malgré les efforts qu'ils pouvaient faire pour s'enfoncer dans l'eau.

Ce qui augmente encore la difficulté de la Natation chez l'homme et chez les quadrupèdes, c'est la nécessité où ils sont de tenir la tête élevée hors de l'eau. Le besoin de respirer ne leur permet pas de rester long-temps la tête immergée, et Halley prétend qu'un nageur ne peut pas rester plus de deux minutes sous l'eau sans être suffoqué, encore faut-il qu'il se soit long-temps exercé pour arriver à ce résultat.

Si l'on considère la Natation sous le rapport de son utilité, on peut la considérer comme une partie essentielle, indispensable de l'éducation physique. Les Egyptiens et les Grecs habituaient de bonne heure les jeunes gens à parcourir de grandes distances en nageant. Un proverbe vulgaire a consacré l'importance que les Romains attachaient à l'art de la Natation ; car lorsqu'ils voulaient exprimer combien était grande l'ignorance d'un homme, ils disaient de lui : *Il ne sait ni lire ni nager*. Chez les anciens Francs la Natation était aussi en grand honneur, et, c'est par l'épithète de *nageurs* que *Sidonius Apollinaris* les distinguait des peuples barbares. Certains peuples excellent dans l'art de la Natation ; ils habitent l'Asie, l'Afrique et l'Amérique. Il n'est presque pas de voyageurs qui n'aient parlé de l'habileté et de la vigueur avec lesquelles les nègres franchissent en nageant des distances souvent énormes.

La Natation n'est pas seulement utile à l'homme sous le rapport de la santé et de la conservation, mais elle est encore indispensable pour certains besoins de l'art ; c'est ainsi que la pêche des éponges, des coraux, des huîtres perlières, nécessite, de la part des plongeurs qui y sont employés, une habileté excessive dans l'art de la Natation.

Le nageur est pour ainsi dire maître de l'élément au milieu duquel il se trouve, une fois qu'il a acquis de l'habileté dans cet exercice ; ses mouvemens, ses attitudes peuvent varier à l'infini. Il peut se diriger en avant, marcher à reculons, tourner sur lui-même, s'abandonner immobile au courant qui l'entraîne, ou surmonter l'effort du courant pourvu qu'il ne soit pas trop rapide. C'est en changeant ces attitudes que l'on peut parcourir des espaces souvent considérables.

Théorie de la Natation chez l'homme. Dans la Natation chez l'homme, la tête est tenue élevée au dessus de l'eau; les pieds sont à une profondeur qui varie. Cette situation oblique favorise l'impulsion communiquée au tronc par les muscles. Les mouvemens de progression sont déterminés par les mouvemens simultanés des bras, des jambes et du tronc. Les bras sont portés un peu pliés et rapprochés au devant du corps, pour rompre le fil de l'eau; puis écartés et dirigés en arrière et en bas, la paume des mains tournée vers le fond du liquide. Dans le second mouvement les bras s'étendent, au lieu d'être dans la flexion comme dans le premier temps. Repoussé en arrière, le liquide cède en partie, mais par sa résistance, il répercute le mouvement, et seconde par là l'impulsion communiquée au tronc par les membres inférieurs. Ces derniers, d'abord fléchis et écartés, sont ramenés vers le tronc, et tout à coup s'étendent, se rapprochent et repoussent le liquide en arrière. Les mouvemens des jambes et des bras, fortifiés par l'extension de la colonne vertébrale qui s'était d'abord un peu fléchie, impriment au corps un mouvement horizontal qui surmonte le mouvement perpendiculaire que la gravité tend à lui communiquer. Tel est le mode de progression que l'homme emploie le plus ordinairement pour avancer au milieu d'un liquide, et il nous serait impossible d'entrer dans les détails du mécanisme qui préside à tous les mouvemens que l'homme peut exécuter au milieu de l'eau.

La Natation considérée chez les animaux offre des différences que nous allons passer rapidement en revue.

Quelques Quadrupèdes ovipares sont essentiellement nageurs; ils vivent dans l'eau, plongent et reparaissent avec facilité pour respirer : tels sont le Crapaud, la Grenouille dont les mouvemens dans la Natation semblent avoir servi de modèle à ceux qu'exécute l'homme dans sa locomotion au milieu des eaux. Les autres Quadrupèdes nagent tous avec une certaine habileté, et de telle manière que l'abaissement d'un des membres antérieurs est simultané avec l'élévation d'une des jambes postérieures opposée en diagonale, de sorte qu'il serait inexact de dire que les Quadrupèdes avancent dans l'eau par le même mécanisme que celui qui les fait avancer sur le sol.

Plusieurs oiseaux ont à un degré très-élevé la faculté de nager : ce sont les Palmipèdes, qui avaient été réunis sous le nom de Nageurs et constituaient le cinquième ordre de la méthode de Vieillot. Ces oiseaux ont entre les doigts de leurs pattes une membrane large qui leur donne la plus grande facilité pour maîtriser les eaux; mais chacun d'eux exécute des mouvemens différens dans l'eau. Les Mouettes, par exemple, nagent peu; elles s'abandonnent plutôt au balancement des flots pour se reposer des fatigues de leurs longues courses aériennes. Les Manchots, qui, au lieu d'ailes capables de les soutenir dans les airs, ne présentent que des espèces de nageoires pendantes, vêtues d'écailles plutôt que de véritables plumes, et qui servent à les diriger au milieu du fluide très-dense dans lequel ils vivent, nagent avec la plus grande rapidité. Leur Natation s'exerce également sous l'eau et sur l'eau, et elle est assez rapide pour que ces animaux puissent échapper à la voracité des gros poissons. Le Cormoran, grand consommateur de poissons, et surtout de celui de rivière, le poursuit avec une rapidité extraordinaire. Dès qu'il a aperçu la proie qui nage au fond du liquide, il plonge aussitôt, il saisit l'animal avec une de ses pattes, le ramène, en s'aidant de l'autre, à la surface du liquide; alors le poisson est lancé en l'air, et il retombe la tête la première dans le gosier dilaté de l'oiseau pêcheur. Ainsi, parmi les oiseaux nageurs, les uns jouissent donc de la propriété de nager seulement à la surface du liquide, tandis que d'autres peuvent plonger dans ce liquide. C'est ce qui a fait établir par M. Faber les distinctions suivantes : il appelle *faculté natatoire simple* quand l'oiseau ne peut que nager à la surface de l'eau sans pouvoir s'y enfoncer, et *composée* quand il jouit de la faculté de plonger; il distingue ensuite celle-ci en faculté de plonger proprement dite, et en faculté de plonger supplémentaire. Le plonger proprement dit consiste à pouvoir s'enfoncer dans l'eau sans s'y jeter en volant, et y séjourner aussi long-temps que la respiration le permet : tels sont les Uries, les Colymbus, les Margus; le plonger supplémentaire, au contraire, ne consiste que dans l'action de s'enfoncer dans l'eau en s'y précipitant par le vol, d'où l'oiseau est bientôt rejeté par sa pesanteur spécifique.

Plusieurs Serpens nagent avec la plus grande facilité : tels sont les Serpens à collier et surtout le Serpent à large queue. Ceux dont la queue est ronde se replient dans plusieurs sens dans l'eau avec la plus grande facilité, et exécutent une véritable reptation comme sur le sol.

Chez les poissons, la Natation est ce que la marche et le vol sont aux animaux qui vivent au milieu de l'air. Dans le mouvement qui prépare et qui précède le nager, la queue entière du poisson, en même temps qu'elle se courbe vers la tête, se replie en deux sinuosités, et les courbures de ces sinuosités sont disposées en sens inverse, et alternativement vers la droite et vers la gauche. Ces deux courbures ayant été ainsi fléchies, les extenseurs de chaque courbure agissent ensuite pour les dresser et poussent l'eau dont la résistance s'oppose à cette extension. Dès lors il s'établit, non à l'extrémité, mais à la partie moyenne de la queue qui est ainsi courbée en deux sens opposés, un centre de mouvement qui est variable, mais autour duquel se balancent les efforts des muscles extenseurs des deux courbures, et les résistances de l'eau et du corps du poisson. Ces deux mouvemens de progression étant imprimés vers des côtés opposés, se combinent et donnent une impulsion moyenne suivant laquelle le corps du poisson est lancé en avant. Mais d'autres organes entrent encore en jeu dans la Natation du poisson, aussi allons-nous les examiner, ainsi que leurs usages, dans l'accomplissement de cette fonction. La vessie natatoire a pour objet d'augmenter ou de diminuer la pesanteur spécifique du corps du poisson, suivant qu'elle s'emplit ou se vide de gaz; lorsqu'elle est distendue par l'air, elle devient beaucoup plus légère que l'eau et permet au poisson de s'élever au milieu du liquide; mais l'animal veut-il descendre, des muscles auxquels il commande compriment cette poche et chassent le fluide aériforme qu'elle contient : alors la pesanteur spécifique du corps entraîne le poisson plus ou moins rapidement au fond de l'eau. Les nageoires ont aussi une action très-importante dans la progression du poisson. Les nageoires paires lui servent pour s'élever ou pour s'enfoncer dans le liquide; elles peuvent aussi faciliter la Natation en arrière, comme on le voit surtout chez l'Anguille, qui avance ou recule avec la même facilité. La caudale sert principalement de gouvernail et contribue en même temps au mouvement du corps en avant. Les nageoires anale et dorsale servent au poisson pour le maintenir dans la position verticale. La *queue* est le principe le plus actif de la Natation des poissons : si l'on examine un de ces animaux lorsqu'il s'élance au milieu du liquide, on le voit frapper l'eau avec vivacité à droite et à gauche. Ce levier puissant se meut comme un pivot sur la partie postérieure du corps, et les poissons le mettent en action avec une adresse et une agilité extrêmes. Le principal agent progressif du poisson réside donc dans son extrémité caudale.

Natation chez les insectes. Sous l'état parfait, on ne connaît encore aucun insecte nageur parmi les Orthoptères, les Hyménoptères, les Névroptères, les Diptères; cependant dans cette dernière classe plusieurs espèces peuvent marcher sur les eaux et y courrir avec rapidité, comme on peut l'observer chez le Culex, les Dolichopes, les Cousins, les Tipules. La plupart des larves allongées dont les pattes sont très courtes, comme celles des Dytisques, des Hydrophiles, celles des Stratiomes, des Tipules, des Cousins, impriment à la totalité de leur corps des mouvemens d'ondulation à la manière des Sangsues, et, en frappant l'eau de haut en bas, elles tendent à communiquer une vitesse de déplacement dont l'excès se rapporte à leur corps qui présente moins de masse, et, étant à peu près de même poids, en reçoit un mouvement dans la direction déterminée par la volonté de l'insecte. Chez d'autres, comme chez les larves des Libellules, le mécanisme de la Natation est tout-à-fait singulier. Ces insectes vivent dans l'eau jusqu'à ce qu'ils soient prêts à subir leur métamorphose; l'extrémité postérieure de leur abdomen présente tantôt cinq appendices en forme de feuillets de grandeur inégale, pouvant s'écarter ou se rapprocher et composant alors une queue pyramidale, tantôt trois lames allongées et velues ou des espèces de nageoires. Ces insectes les épanouissent à chaque instant, ouvrent leur rectum, le remplissent d'eau, puis le ferment, et éjaculent bientôt après avec force une espèce de fusée de cette eau mêlée de grosses bulles d'air. C'est par ce moyen que ces animaux favorisent leurs mouvemens. Parmi les Coléoptères, les insectes de la famille des Hydrocanthares portent pour ainsi dire inscrit dans la conformation de leurs pattes de derrière, l'usage auquel elles sont destinées. Les articles qui les forment sont aplatis, solidement articulés, garnis latéralement de cils raides qui font l'office d'avirons : c'est ce que l'on peut observer dans les Dytisques et autres genres voisins. Une disposition à peu près semblable peut s'observer aussi chez les Hydrophiles, ainsi que dans un grand nombre d'Hémiptères de la famille des Punaises d'eau, ou Hydrocorées, telles que les Notonectes, les Sigares, les Naucores. Tous ces insectes nagent entre deux eaux. Il en est d'autres qui se meuvent le plus habituellement à la surface du liquide, le corps émergé, et qui ne plongent que dans quelques cas particuliers : tels sont les Tourniquets ou Gyrins, dont le mouvement natatoire s'opère presque toujours circulairement à cause de la brièveté des pattes postérieures; tels sont encore les Hydromètres, les Gerres, etc., dont les pattes excessivement allongées soutiennent hors de l'eau un corps très-léger; tels sont aussi les Cousins, les Ephémères, les Phryganes et la plupart des insectes qui viennent déposer à la surface de l'eau les œufs qui doivent s'y développer sous la forme de larves. (A. D.)

NATICE, *Natica*. (MOLL.) Nom donné par Bruguière, à des coquilles univalves formant auparavant une section dans le grand genre *Nerita* de Linné, et auquel on assigne les caractères suivans : coquille ampullacée, lisse, sans épiderme, spiroïde, ombiliquée, à ouverture demi-circulaire, à columelle calleuse, à bord droit, lisse, à opercule spiré, calcaire ou corné. L'animal de cette coquille, que l'on a nommé quelquefois *Naticarius* ou *Naticier*, est ovale, subenroulé, recouvert d'un manteau très-mince, dont les bords sont entiers; le pied est profondément divisé en avant et dans un sens transversal en deux lobes distincts, et porte en arrière, sur un lobe appendiculaire, l'opercule que nous avons mentionné; la tête est large et supporte des yeux sessiles, à la base externe de tentacules longs, aplatis, sétacés; la bouche est armée d'une dent labiale, sans langue spirale.

L'organisation interne de ces animaux n'offre rien de remarquable. Les sexes sont séparés.

Les Natices vivent dans les eaux marines, à peu de distance du rivage, au milieu des algues. On les trouve aussi quelquefois à peu de profondeur dans le sable. Elles sont répandues dans beaucoup de régions de la surface du globe.

M. de Blainville divise les espèces assez nombreuses qui composent ce genre en trois sections :

1° *Espèces ombiliquées avec une sorte de colonne remplissant l'ombilic; l'opercule calcaire. Nous citerons pour exemple :*

La Natice d'Adanson, *N. Adansonii*, Adans., Sénég., p. 174, pl. 13. Cette coquille, longue d'environ dix-huit lignes, est arrondie, à spire pointue. Sa surface est parfaitement polie et sa couleur générale blanche, rayée de lignes fauves, longitudinales, très-serrées, et de quatre bandes, dont la supérieure est blanche et marbrée de brun, l'inférieure brune, et les deux intermédiaires blanches et plus étroites que les précédentes. L'intérieur de la coquille est jaunâtre. Cette espèce se trouve sur la côte ouest d'Afrique, dans les sables de l'anse de Ben.

2° *Espèces plus ou moins globuleuses, ayant un ombilic bien ouvert ou à moitié caché par la callosité; l'opercule corné ou calcaire.* Exemple :

Natice mamillaire, *N. mamillaris*, Linn., *Helix mamillaris*, Linn., Gmel., Chemm., Conch. 5, t. 189, fig. 1932, 1933. Connue vulgairement sous le nom de *Mamelon fauve à grand ombilic*; cette coquille a environ trente lignes de large, elle est ovale, ventrue, épaisse; la spire est proéminente; sa couleur est à l'extérieur un fauve rougeâtre, elle est blanche à l'intérieur. Océan des Antilles, Lamk.? Fleuve de l'Adriatique, Gmel.?

La Natice glaucine, *N. glaucina*, Lam. Appartient à cette division. M. de Joannis a fait connaître son animal dans le Magasin de Zoologie, 1833, cl. V, pl. 37, et en a donné une bonne figure faite d'après le vivant, et que nous reproduisons dans notre Atlas, pl. 403, fig. 1. Voici comment il s'exprime à son sujet: « Animal connu d'après la description de M. de Blainville. Je crois devoir cependant y joindre une légère observation au sujet de la forme de la tête, qui, chez ces animaux, est remarquable par son énorme développement et son aplatissement. C'est peut-être pour avoir vu des Natices mortes ou n'étant point dans leur état complet de liberté et de nature, qu'on a trouvé que la tête était échancrée en demi-lune dans sa partie antérieure; elle est, au contraire, toujours convexe et plus ou moins saillante, quand l'animal lui donne toute son extension. La Natice glaucine ici figurée donne un exemple frappant de cet avancement de la tête. Elle marchait dans le moment où elle a été dessinée; le pli antérieur du pied est alors invisible, la partie postérieure du front se relève sur la coquille de manière à cacher de très-petits yeux sessiles qui sont à la base des tentacules. Le lobe du pied portant l'opercule est ici très-développé, et recouvre la majeure partie de la coquille : l'opercule se trouve caché profondément par ce lobe, qui est d'une nature très-rétractile. Le pied, très-développé, ressemble un peu à de la gélatine, et semble gonflé d'eau. Lorsqu'on saisit cet animal, les tentacules rentrent; le lobe recouvrant la coquille la laisse bientôt à nu en se contractant sur lui-même; le pied, dans ce premier moment, ainsi que la tête, restent comme inertes; mais bientôt, le muscle de la columelle agissant, ils forcent toute cette masse charnue à rentrer en dedans en la plissant comme un mouchoir saisi par son centre, et qu'on voudrait faire passer par un trou. L'opercule paraît alors, et intercepte complétement le contact extérieur dans cette opération; il s'égoutte une grande quantité d'eau, qui, je pense, était renfermée dans la cavité branchiale. Il est impossible de saisir aucun mouvement de reptation; la partie antérieure de la tête se meut dans la progression de cet animal, à droite et à gauche, comme organe de tact.

La couleur générale du corps de la Natice glaucine est blanche et transparente; la tête est légèrement colorée en orangé, et porte un petit appendice lenticulaire à gauche près de sa jonction avec le lobe recouvrant.

La coquille est large de plus de trente lignes, d'un fauve varié de jaune et de bleuâtre, avec la spire courte et l'ombilic rouge. Ce Mollusque habite l'océan américain, les côtes de l'Inde, et jusqu'aux côtes de l'Afrique et de la Méditerranée.

3° *Espèces ovales, déprimées, ventrues, minces, à spire extrêmement petite, à ouverture très-grande; l'ombilic à demi ou tout-à-fait couvert; l'opercule corné.*

Nous citerons dans cette section, qui correspond au genre *Polinice* de Montfort :

La N. orangée, *N. aurantia*, Lamck., Chemm. Conch. 5, t. 189, fig. 1934 et 1935, connue vulgairement sous le nom de Téton orangé, remarquable par son élégance. Cette coquille est ovale, ventrue, un peu épaisse, à spire peu marquée; la callosité de son bord gauche cache l'ombilic. Elle est lisse, luisante et colorée d'un beau jaune orangé, sauf l'ouverture, qui est blanche. On la trouve dans les mers de la Chine et de la Nouvelle-Hollande. (V. M.)

NATRON. (min.) Substance saline, d'une saveur urineuse et caustique, verdissant le sirop de violettes, et faisant effervescence avec les acides. On croit généralement qu'elle n'est pas cristallisée dans la nature, et n'est qu'en dissolution dans certaines eaux, ou en amas pulvérulens sur leurs bords. Cependant Haüy dit : La soude carbonatée cristallise dans certaines eaux par l'évaporation naturelle. Ce qui confirme son assertion, c'est que nous possédons dans notre collection un échantillon venant de Barbarie, qui offre quelques indices de cristallisation; ces cristaux sont des octaèdres à bases rhombes. Le Natron se compose de 22 à 50 parties de soude, de 15 à 36 d'acide carbonique, de 16 à 63 d'eau, de 2 à 4 de sodium, de 1 à 5 de matière terreuse. Cette substance prend aussi les noms d'alcali minéral, soude, soude carbonatée, sous-carbonate de soude. On la trouve en dissolution et en efflorescence en Egypte, à Debreczin en Hongrie, en Barbarie, au Vésuve.

(J. H.)

NATTE. (moll.) Les marchands connaissent sous ce nom plusieurs coquilles de genres divers; ainsi le nom de Natte d'Italie désigne les *Conus tessellatus* et *lituratus*, Lin. ; la NATTE SANS TACHE est la *Tellina gari*, L., etc. (GUÉR.)

NATURALISATION. (ZOOL. BOT. et AGR.) Ce mot a reçu dans le langage vulgaire et scientifique une trop grande extension, quand on s'en est servi pour exprimer l'action d'introduire et d'amener insensiblement, à force de soins, de combinaisons, et par une culture bien dirigée, un être étranger à adopter une patrie, une climature essentiellement différentes de celles qui l'ont vu naître. On peut acclimater un animal, un végétal, sans pour cela que leur introduction cesse d'exiger les secours habituels de l'homme pour se conserver, croître et se propager; tandis que la Naturalisation indique positivement que l'animal, que la plante, acclimatés, sont devenus propriétés du pays où on les a transplantés, qu'ils s'y perpétuent et continueront à y multiplier, lors même que l'homme les perdrait totalement de vue, et les abandonnerait à eux-mêmes.

Ainsi, parmi les animaux, l'Ane, dont l'Afrique fut la patrie primitive, et qui ne quitte point nos habitations rustiques pour retourner à l'état sauvage; la Pintade, apportée des côtes de la Guinée en Europe au quinzième siècle, que nous élevons dans nos basses-cours, que l'on est parvenu, malgré son ardente impétuosité, son humeur irascible, à familiariser au point d'accourir de très-loin à la voix qui l'appelle; le Buffle, qui, depuis le sixième siècle, vit dans les plaines maritimes et marécageuses de l'Italie centrale, que l'on éleverait facilement en France, etc., sont SIMPLEMENT ACCLIMATÉS. Il en est de même, parmi les végétaux, du Froment, de l'Abricotier, de l'Amandier, du Noyer, originaires des régions équinoxiales de l'ancien hémisphère, etc.

Dans le règne animal, le Chat sauvage et le Lapin, l'un et l'autre de l'Afrique, le Surmulot de l'Inde, la Blatte des cuisines, qui a été importée de l'Orient en Europe vers la fin de la moitié du dix huitième siècle (en 1775), etc., sont COMPLÉTEMENT NATURALISÉS dans nos climats; de même que, pour le règne végétal, l'Onagre bisannuelle et la Vergerolle paniculée venues du nord de l'Amérique en 1614; l'Argémone du Mexique; la Solanée parmentière du Pérou, dont l'introduction remonte à l'an 1588; la Rhubarbe des Arabes, si remarquable par sa foliation nouvelle, qui est d'un beau rouge, etc., etc.

Comme on le voit donc, l'acclimatation et la Naturalisation sont deux actes absolument distincts, que l'on aurait grand tort de confondre ensemble, puisqu'ils ont chacun une valeur différente, et qu'ils expriment chacun une série de faits, d'idées et de circonstances particulières. On doit à ce sujet profondément regretter que l'éditeur des Œuvres horticulturales de feu notre maître et bon ami Thouin lui fasse employer (t. III, p. 342 et suiv. de son *Cours de Culture*) ces deux mots comme s'ils disaient la même chose. Les travaux rigoureux, la longue expérience, la judiciaire profonde de l'illustre professeur ne pouvaient l'amener à une conclusion aussi fausse. Elle n'est point de son fait, et je la répudie positivement en son nom.

L'acclimatement peut être obtenu dans un espace de temps assez limité; mais il faut pour cela que les circonstances climatériques soient si peu différentes de celles de la patrie de l'animal ou de la plante, que l'organisation n'en souffre nullement, ni de jour ni de nuit, pendant la saison des frimas ou celle des chaleurs. On réussira certainement avec les animaux et les végétaux des contrées septentrionales de l'Amérique, du nord de la Chine et du Japon, des montagnes élevées du Népaul, du Chili, des Andes, des plaines de la Nouvelle-Hollande, de la Nouvelle-Zélande, équivalentes pour la température et la situation à celles de notre vieille Europe.

La naturalisation est loin d'être aussi facile; n'espérez pas toujours à la deuxième, à la cinquième et même à la dixième génération, que de constans efforts, que les précautions les plus minutieuses se trouvent récompensés; il faut souvent attendre à la vingtième, à la trentième génération pour obtenir une réussite parfaite, une naturalisation à jamais assurée. Ne croyez pas non plus, quoique l'on ait dit et écrit le contraire, que la différence de chaleur présente sans cesse et partout un obstacle invincible. Quand on connaît bien les besoins et l'organisation d'un individu quelconque, plante ou animal, quand on le place dans toutes les circonstances de localités qui lui sont propres (ce que malheureusement les naturalistes voyageurs n'ont pas toujours l'attention de noter avec une scrupuleuse exactitude), on peut raisonnablement espérer et atteindre le but désiré. Nous en avons une preuve incontestable dans le bassin de Cherbourg, département de la Manche, arrosé par la Divette, abrité des vents du nord et du nord-est par quatre montagnes élevées, et que l'on a nommé la *Provence du nord-ouest* à cause de sa végétation toute méridionale.

Quant à la température, si la chaleur de notre zone est moins forte que sous les zones intertropicales, nos jours d'été sont beaucoup plus longs, nos nuits sont évidemment beaucoup moins fraîches, ce qui, sans aucun doute, doit établir, dans un temps donné, une masse de calorique dans notre climat, sinon positivement aussi grande, mais tout aussi favorable aux progénitures des espèces indigènes aux pays dont la température est la plus élevée de la terre. Ne voyons-nous pas les céréales arriver à une maturité parfaite jusque sous le 60e degré de latitude nord, aussi bien que sous le 40e? la raison en est toute simple : le soleil, entre ce premier parallèle et le 47e, moyenne de la France, demeure pendant trois et quatre mois sur l'horizon, il y détermine une chaleur égale à celle que l'on éprouve entre le 40e et le 45e degré, et son absence, durant les huit heures de nuit, n'occasione pas un rafraîchissement sensible. Voulez-vous acquérir la certitude de ce fait? Aux mois de juillet et août, enfoncez dans le sol, à quarante-huit centimètres de profondeur, la boule d'un thermomètre centigrade à mercure, et vous verrez qu'elle vous donnera, le jour comme la nuit, dix-huit à vingt degrés, quand même, exposée à l'air libre, cette boule n'en marquerait que seize à dix-sept. Répétez l'expérience à la fin d'octobre, vous aurez à la même profondeur 13° 75, tandis qu'en plein air le mercure descendra à 5°. En janvier, lorsqu'il y a 8° 75 de congélation, descendez dans le sol la boule de votre thermomètre à quarante centimètres de profondeur et à une exposition ouverte, elle vous indiquera 3° 75 au dessus de zéro: ce qui fait, avec l'air libre, une différence de douze degrés et demi.

Il ne faut pas prendre le mot acclimatation dans un sens absolu, et croire, avec quelques horticuleurs riches ou entreprenans, qu'en faisant passer successivement les plantes par divers degrés de température, on puisse toujours les accoutumer à un climat plus froid, et parvenir, au bout d'un certain nombre d'années, à conserver en pleine terre, dans les départemens du centre et du nord de la France, celles qui croissent dans l'Inde, en Syrie, en Italie, en Espagne ou même sur nos côtes méditerranéennes. L'Oranger, le Figuier, le Myrte, cultivés à Paris depuis 1523, périssent dans les hivers rigoureux, s'ils n'y sont convenablement abrités. Les arbres des pays chauds qui ont une séve perpétuelle, ceux à feuilles persistantes et qui ne sont pas munies de bourgeons écailleux, ne pourront jamais y supporter la gelée; chercher à les y contraindre, ce serait prétendre introduire nos jolis gazons, nos mousses légères dans les jardins de l'Égypte, où l'action continuelle d'un soleil brûlant dessécherait ces plantes, les forcerait à vivre isolées, sans se réunir par touffes, ou, ce qui arriverait tôt ou tard, les brûlerait jusqu'à la racine.

Certes, on ne peut pas nier que plusieurs plantes perdent peu à peu de leur sensibilité au froid, principalement lorsqu'on les multiplie de graines pendant une suite plus ou moins grande de générations; le Nictage aux longues fleurs du Mexique qui, depuis 1760, est passé de la serre chaude à la pleine terre; les Dahlias, le Faux Jalap, qui décorent tous nos jardins, et surtout le Maiki du Chili, *Aristotelia maqui*, qui, depuis le mémorable hiver de 1789, fleurit et donne chaque année, aux environs de Paris, ses baies violettes très-bonnes à manger, l'attesteraient hautement si l'on voulait élever quelque doute. D'autres végétaux, originaires de l'Afrique et de l'Asie méridionale, fleurissent déjà pendant notre hiver; on les amenera bientôt à croître au printemps et à terminer leur végétation à l'automne; d'autres enfin appartenant à la zone torride se sont d'elles-mêmes habituées, sous le 46ᵉ et le 47ᵉ degré, au milieu des eaux stagnantes où leurs racines sont constamment plongées, parce qu'elles vivent avec le Riz, *Oryza sativa*, né, comme elles, sur les bords du Gange, de l'Indus et du Hoang-hou ou grand Fleuve-Jaune.

Si l'on ne peut naturaliser les plantes d'un climat très-différent, par exemple la belle famille des Palmiers au centre et au nord de la France, comme le Chêne et l'Orme de nos contrées dans celles intertropicales; s'il en est sur lesquelles on ne peut rien gagner, quoiqu'elles proviennent de pays moins disparates, ce n'est pas un motif pour condamner les tentatives, pour empêcher de trouver à force de patience et de tâtonnemens des variétés remarquables, d'introduire dans nos cultures utiles ou d'agrément quelques sujets nouveaux. Les limites imposées par la nature ne sont pas les mêmes pour les diverses espèces d'un même genre, ni pour tous les individus d'un même pays : c'est là le point essentiel à saisir.

La Naturalisation a certainement plusieurs degrés. Les Chênes de l'Amérique du nord; les espèces de Noyers que l'on y nomme *Hickory*, dont le bois est fort dur; le Pacanier originaire du pays des Illinois, qui donne une noix préférable à celle que nous mangeons; les Frênes venant dans des marais semblables à ceux où il ne croît d'ordinaire chez nous que des Aunes et des Peupliers, etc., réussiront parfaitement en France, s'y naturaliseront au premier degré en peu de temps, et nous aideront à repeupler nos forêts de sujets importans. Dans le siècle dernier on a beaucoup fait pour enrichir notre territoire d'une foule de végétaux exotiques; aussi plusieurs y prospèrent maintenant et y sont assis au second degré. Il en est qui n'attendent plus que quelques années pour prendre définitivement place parmi nos plantes indigènes. Nos marais et nos bois du nord offrent depuis long-temps des plantes de l'ancienne Scandinavie; au pied des Alpes on retrouve, avec des plantes de la Suisse, d'autres de l'Italie, comme sur les rochers voisins de la chaîne des Pyrénées il n'est point rare d'en voir qui appartinrent primitivement au sol de l'Ibérie. Ce sont nos petits neveux qui jouiront de nos peines, ils béniront notre mémoire comme nous avons, sur plusieurs points, à bénir celle de nos aïeux.

Je ne répéterai donc pas avec un agronome à qui l'on a fait une grande réputation, mais que le temps s'empresse déjà d'effacer, que si nous étions privés de tous les animaux et de tous les articles de culture qui ne sont pas spontanés à la France, notre population diminuerait des quatre-vingt-dix centièmes et retomberait dans ce qu'il appelle l'état sauvage où étaient les Celtes, 1° parce que c'est, à l'instar du Romain usurpateur, calomnier nos aïeux que de les assimiler à des sauvages, eux qui portèrent si loin la sagesse des lois et les ressources de l'industrie; 2° parce que, pour un grand nombre de plantes, on a tellement embrouillé les notions à leur égard qu'on les dit originaires de l'Orient quand elles étaient cultivées de temps immémorial par les Celtes, comme le Chanvre, le Sarrazin, les Cerisiers, etc.; 3° parce que de tous les animaux domestiques, il n'en est qu'un seul, le Chat, que l'on puisse dire appartenir à l'étranger; 4° parce qu'enfin nous ne possédons pas encore véritablement une histoire régulière et critique de l'agriculture nationale. Mais je dirai : Travaillons à naturaliser tout ce qui doit enrichir notre pays, ne négligeons aucune voie pour y parvenir. Les expéditions lointaines et souvent désastreuses des Celtes, des Gaulois et même de ces fous que l'histoire appelle Croisés, ont introduit beaucoup d'objets qui nous étaient étrangers; faisons tourner les progrès des lumières, les facilités de communication pour achever le grand-œuvre : c'est une œuvre pie à laquelle la patrie nous convie; obéissons à sa voix sacrée.

Je finirai par un conseil : celui qui veut se livrer aux travaux de la Naturalisation aura soin de choisir un endroit peu spacieux, convenablement abrité, sans cependant être trop ombragé, l'air devant y circuler librement et le soleil y donner pendant la moitié du jour. Le sol sera léger et substantiel, perméable à la chaleur, ne retenant pas trop long-temps l'humidité, profond, et reposera sur une terre calcaire. Ces conditions sont d'autant plus essentielles qu'il est constant que la gelée pénètre moins dans une terre douce, friable, renfermant beaucoup d'alimens végétatifs; mais il faut éviter de trop l'amender, parce que la séve deviendrait trop active, et la plante, en passant sur un autre terrain, éprouverait un malaise funeste. Je renvoie à ce que j'ai dit plus haut, tome I, page 195, pour ce qu'il convient de faire à l'égard des animaux, et pour les espèces bonnes à naturaliser. (T. D. B.)

NATURALISTE. Ce mot n'aurait pas besoin de définition s'il n'avait pas été détourné de son acception véritable par le vulgaire.

Il y a une classe d'artisans qui empaillent des animaux et qui tiennent boutique pour les vendre. Ces gens-là s'appellent entre eux *Naturalistes*, et le percepteur des contributions, qui par état connaît beaucoup mieux la valeur d'un chiffre que celle d'un mot de la langue, leur accorde volontiers la désignation de *Naturalistes* sur leur patente de boutiquiers. Cette confusion donne lieu de temps en temps à de singulières méprises qui ont pour objet l'accroissement des revenus du fisc, mais qui ont l'inconvénient, peu grave à la vérité, de blesser la susceptibilité des véritables Naturalistes. En principe de patente, on doit imposer toute profession dont le résultat est une fabrication mercantile. Evidemment le savant qui s'occupe de l'histoire naturelle comme d'une science, qui en fait l'objet de ses constantes méditations pour en tirer des vérités utiles au progrès de l'esprit humain dans la connaissance de la nature, celui-là ne saurait être patenté. Toutefois, quand on en vient à examiner avec quelque détail les mœurs peu scientifiques de certains Naturalistes qui affichent une science qu'ils ignorent ou qu'ils exploitent en véritables marchands, on se prend à regretter que la loi sur les patentes ne contienne pas une catégorie qui leur soit applicable.

En l'état où est maintenant l'histoire naturelle, on n'est pas admis à se dire *Naturaliste* pour avoir décrit bien ou mal un et même plusieurs objets de la nature. Ceux qui n'ont que ce talent de faire à tout propos des descriptions minutieuses, qui rassemblent des détails pour le plaisir stérile de les dénombrer, n'ont qu'un mérite fort restreint; on dirait des ouvriers achevant péniblement une tâche vulgaire, mais incapables de rattacher à une idée quelconque d'ensemble le fruit de leur labeur journalier. Ce sont pourtant de pareils Naturalistes qui encombrent les avenues du temple de la science et qui parviennent quelquefois par leur patience et leur force d'inertie à en éloigner les véritables savans.

Le vrai Naturaliste saisit la science d'un point de vue plus élevé, il ne s'arrête aux détails qu'autant qu'ils lui semblent utiles à l'explication de l'ensemble. S'il prend un fait en particulier, c'est pour en faire ressortir quelque loi générale; ce fait le pose alors devant la nature, devant les œuvres de la création, comme un admirateur intelligent qui assiste à ses opérations, qui pénètre ses desseins sublimes; il ne s'arrache à de pareilles contemplations qu'après y avoir puisé quelques unes de ces vérités puissantes après lesquelles l'esprit humain soupire avec tant d'ardeur et d'avidité, et qui en définitive sont les seules capables de le satisfaire pleinement. C'est ainsi, pour ne parler que des contemporains, que Cuvier décrivait les ossemens fossiles et distribuait son Règne animal; c'est ainsi, et plus philosophiquement encore, que M. Geoffroy Saint-Hilaire a étudié les faits de la monstruosité devenus les fondemens d'une science faite depuis par les soins d'un autre savant qu'il eût appelé son fils en contemplant une œuvre semblable, quand même ce jeune savant n'eût pas été constitué tel par la nature. (G. G. DE C.)

NATURE, *Natura*; de *Natus*, né. Le mot Nature s'entend au propre de l'universalité des êtres qui sont nés.

Tout ce qui est *né* vient d'un semblable qui a été parent; en remontant d'un parent à un autre, on est forcément amené à la cause première qui a fait les premiers parens de chaque être; et l'on applique aussi le mot *Nature* à cette cause première; mais c'est dans un sens figuré. Alors ce mot n'exprime pas seulement la cause première des êtres qui naissent et vivent, il comprend aussi la cause qui a déterminé, produit, créé tout ce qui compose l'univers. A la vérité ces deux causes sont une seule et même cause, car tous les êtres, soit organiques, soit inorganiques, qui composent l'univers, obéissent à des lois générales qui rentrent les unes dans les autres et vont toujours en se simplifiant jusqu'à l'unité. Ainsi tous les astres, et la terre elle-même avec ses habitans, sont régis par une seule loi, l'*attraction*; évidemment cette soumission de tous à des lois identiques indique la dérivation de chacun d'un principe unique et toujours agissant. D'où il suit que, pris dans un sens figuré et appliqué à ce principe unique, le mot *Nature* est synonyme de créateur.

Enfin, d'après une troisième acception, le mot *Nature* signifie essence, propriété, manière d'être de ce à quoi on l'applique.

Les autres significations du mot *Nature* sont étrangères à notre sujet, et leur exposition détaillée

taillée est l'affaire d'un Dictionnaire grammatical.

L'Histoire naturelle a pour but la connaissance de tous les êtres qui composent la Nature. Or, en jetant un premier coup d'œil sur ces êtres, on voit tout d'abord que les uns sont organisés et vivent, tandis que les autres ne forment que des masses inertes, soumises seulement aux lois les plus générales, et, quand elles sont abandonnées à elles-mêmes, n'obéissant pour le moment qu'à la loi universelle de la *gravitation*, ou comme disait Kepplef avant Newton, à la *pesanteur*.

L'étude des corps organisés et vivans constitue le domaine du physiologiste. Le physicien et l'astronome s'occupent des autres. Voilà ce que donne un premier coup d'œil.

Que si l'on en vient à y regarder de plus près, voici ce qu'on trouve. Les corps organisés et vivans sont doués de végétabilité ou bien d'animalité, c'est-à-dire que les uns croissent, vivent et meurent au lieu même où ils ont poussé et sans changer de place, sans exécuter, en totalité ou en partie, aucun mouvement véritablement *spontané*; tandis que les autres se meuvent continuellement durant leur vie et changent de place au gré d'un sentiment intérieur. D'où il suit que le caractère qui distingue le végétal de l'animal, c'est la faculté de *locomotion* attribuée exclusivement à ce dernier. Cette locomotion de l'animal, ce changement de place qui a lieu d'une manière volontaire, n'est qu'un fait physique, et à ce titre de fait physique, elle est perceptible, saisissable par nos sens corporels. Mais où en est la cause? et quelle est cette cause? Ces mêmes sens ne la saisissent pas; elle est inapercevable, intangible; elle ne se manifeste et ne peut s'apprécier que par ses résultats.

Quoi qu'il en soit, tous les animaux possèdent ce sentiment intérieur qui est la cause de leur mouvement *spontané* et qui fonde leur véritable caractère : tous en jouissent à des degrés différens, c'est-à-dire que dans les êtres les plus infimes ce sentiment intérieur est obscur, peu sensible, quelquefois même difficile à constater, tandis que dans les animaux supérieurs il a une énergie et un développement qui donnent lieu aux plus merveilleux phénomènes.

En étudiant donc le sentiment intérieur qui fonde l'animalité, nous le voyons se produire peu à peu, s'étendre et se manifester avec une pompe d'autant plus grande, que l'animal chez lequel on l'étudie est plus parfaitement organisé. En allant de l'animal le plus bas jusqu'à l'homme, on va du *moins* au *plus*, et il n'y a positivement sous ce rapport que du *plus* ou du *moins* dans les uns et les autres. Mais une fois qu'on arrive à l'homme, les relations du *plus* au *moins* font défaut, c'est-à-dire que le sentiment intérieur est profondément différent; il a une autre essence, il est d'une autre nature, ou plutôt il s'associe à un autre principe que nous caractériserons plus loin; et en effet, il produit des phénomènes spéciaux, et à tout phénomène spécial il faut, en bonne logique, quoi qu'on en ait dit, chercher une cause spéciale. (*Voyez* Mémoire.)

Au point où nous voilà, la Nature se montre donc à nous ainsi constituée. Tous les êtres qui la composent peuvent être rangés dans les quatre classes suivantes : 1° les corps inorganiques; 2° les végétaux; 3° les animaux, et 4° l'homme. L'homme, en effet, n'est point à nos yeux un animal plus parfait que les autres; ce n'est point un Mammifère arrivé au plus haut degré de développement que la classe des Mammifères puisse atteindre, ce n'est pas un Mammifère perfectionné; c'est un être à part qu'il faut distinguer de tous les autres et auquel le sens intime ordonne de n'en assimiler aucun.

Les animaux, en effet, ne possèdent pas le moindre élément de moralité; ils n'ont aucune idée d'avenir. Et pour preuve de ceci, un seul mot en passant. Les Singes imitent plusieurs actions de l'homme plus ou moins exactement. Eduquez des Singes, apprenez-leur à manger proprement, donnez-leur tous les talens que la perfectibilité de leur organisation pourra comporter, et quand vous les jugerez convenablement instruits, rendez-les aux forêts qui les ont vus naître; pensez-vous que plus tard vos germes de *civilisation* auront prospéré parmi eux, et que les Chimpansés d'Afrique et les Orangs-outangs de Sumatra auront propagé vos leçons parmi leurs semblables et montré une tendance quelconque à rivaliser avec ces Egyptiens de Méhémet-Ali, qui fécondent maintenant la terre d'Egypte avec les semence qu'ils sont venus chercher parmi nous, ou que Napoléon et ses *commilitones* leur avaient apportées par voie de conquête?

Est-il donc si déraisonnable et si contraire aux erremens des sciences naturelles de prendre l'homme pour ce qu'il est, pour le dernier, le plus parfait et le plus éminent travail de la création? Lui seul de tous les êtres anime la Nature et peut en glorifier l'auteur. S'il n'y était pas, la Nature n'existerait pas, pour ainsi dire. Quel animal se serait inquiété des astres et de la raison de leur marche? qui de la succession des saisons et de la culture des prairies? Les habitans de la mer savent-ils qu'en dehors de leur élément liquide et diffluent il y a un autre élément qui fournit aussi la pâture à d'autres êtres? Le Ciron soupçonne-t-il l'Aigle? et l'oiseau de Jupiter s'enquiert-il du Ciron? Non, tous les animaux sont étrangers entre eux, et ceux qui recherchent les autres le font à titre de proie, et jamais autrement. L'homme seul comprend la Nature et peut admirer en elle la puissance du Créateur et la magnificence de ses œuvres; il n'appartient qu'à l'homme d'y faire un dénombrement et un triage, et jusqu'à un certain point de lui imposer des lois. Il domptera les animaux puissans pour tirer parti de leur force; il attirera, il caressera les autres pour les employer à ses plaisirs; il les fera tous comparaître devant lui au gré de sa curiosité; il les pénétrera de son intelligence; il fixera les lois de leur organisation;

par eux, en un mot, il ENTRERA DANS LE SEIN DE DIEU.

L'homme est animal : oui certes, mais au même titre que l'animal est végétal et que le végétal est corps inorganique, c'est-à dire que l'homme possède le *mouvement spontané* et l'*organisation*, et que les élémens de cette organisation se résolvent en dernière analyse en matériaux *inorganiques*. Mais dans un catalogue de la Nature, il doit être compté à part et non pas confondu ; il ne doit faire ni *classe* ni *ordre* dans un RÈGNE ANIMAL ; car les priviléges de son intelligence mettent entre lui et le plus parfait des animaux une distance encore plus grande, sans aucun doute, et plus profondément tranchée que celle que l'on a signalée de tout temps entre les minéraux et les plantes.

Cela posé, puisqu'il y a des caractères saillans et distinctifs de l'humanité, on s'étonne à bon droit que les naturalistes, en attirant l'homme dans le cercle de leurs études, se soient attachés exclusivement à son caractère d'animal, et qu'ils aient négligé d'une manière absolue la recherche de sa condition *humanitaire*. Il est bien vrai qu'on peut, à la rigueur, séparer en lui ce qui fait l'animal de ce qui constitue l'homme ; mais cette division, qui n'est pas dans la Nature, puisqu'elle est une œuvre de pure abstraction, doit avoir ses bornes, et il doit venir un temps où, tout étant connu en ce qui concerne l'*animalité*, il faudra bien, naturaliste ou non, que vous en veniez à étudier ce qui fait l'essence de l'humanité; sans cela l'homme restera toujours pour vous un être à double face dont vous ne connaîtrez jamais qu'un côté, celui que vous aurez éclairé. Il y a plus; c'est qu'en persistant ainsi à ne regarder qu'un côté, non seulement vous ne parviendrez jamais à bien connaître l'ensemble, mais encore vous ne connaîtrez qu'imparfaitement ce côté même qui aura fixé votre attention exclusive (1).

Ces idées m'obsédaient depuis long-temps, et je m'étonnais que, parmi tant de grands penseurs et d'esprits sagaces qui font la gloire des sciences naturelles en France, aucun ne se fût levé pour signaler le vice de ce fractionnement des études qui ont pour objet l'*être humain*. Il ne m'appartenait à aucun titre d'élever la voix au lieu même où il me semblait que la vérité devait être proclamée avec quelque espérance d'utilité. Ce que je n'osais et ne pouvais point faire, un homme de génie l'a entrepris, et je l'en glorifie. Tel est, du moins, le sens que j'ai attribué au fragment suivant que M. Geoffroy Saint-Hilaire a lu à l'Académie des sciences dans la séance du 20 février 1837. Je reproduis ici ce court travail, non pas tant parce qu'il mérite d'être conservé, propagé et profondément médité, que parce que les idées mères qui y sont mises en relief convergent manifestement vers celles que j'ai eu en vue d'établir dans le présent article : le fragment de M. Geoffroy Saint-Hilaire a pour titre : *De la nécessité d'embrasser, dans une pensée unitaire les plus subtiles manifestations de la psychologie et de la physiologie, et des difficultés de la solution de ce problème*; par M. Geoffroy Saint-Hilaire.

» Le point de départ est tranché nettement; qui dit *psychologie*, s'en tient aux fonctions de l'âme, et *physiologie*, à celles du corps; toutefois ces fonctions sont dans le cas de s'appartenir par une essence commune, ou du moins de se rallier, de se fondre et de se succéder de causes à effets.

» Au sujet de la physiologie, il n'y a point de trop grandes difficultés pour conclure généralement. Les âges vous montrent ses acquisitions grandissant dans un progrès incessant; elle n'est plus qu'à l'égard de quelques retardataires sur le terrain des prétendues forces vitales, et tout le passé, richesse de la science, s'applique à y verser de nouvelles et vives clartés. Ce n'est point une question; la physiologie n'est point particulière à l'homme, mais commune à toute l'animalité : elle se prête aux considérations du plus ou moins de développemens, et satisfait, ou cherche à satisfaire, par ses explications, aux exigences de tout ce qui est.

» Y a-t-il élément physiologique distinct en certaines places à part? non, que je sache : ce qui en existe est répandu ou produit dans tous les points de l'être. Chaque partie, ou isolée ou associée à plusieurs autres, et engagée dans une simultanéité d'efforts, engendre un événement physiologique et similaire dans tous les rangs de l'animalité.

» Prenons comme exemple un verset de l'histoire de la physiologie, et employons-le selon l'esprit de cet adage : *Ab uno disce omnes*. Je veux parcourir les principales particularités, quant à l'âge des êtres, de l'essence physiologique. Je m'arrête sur les phénomènes plus ou moins variés de la naissance, tous identiques, malgré les diversités de la forme dans chaque cas, comme les caractérisent des conditions primitives d'essence : *Viviparité*, *oviparité*, ou *gemmiparité*. L'être naissant bondit dans sa joie et s'exalte aux moindres parcelles de son monde ambiant qui s'incorporent à lui. Plus tard, la même mécanique agissante se

(1) Je ne veux pas qu'on prenne le change, et que l'on prétende que ce serait introduire la métaphysique dans le domaine des sciences naturelles. Je dis que les naturalistes, en s'obstinant à ne voir dans l'homme autre chose que l'animal, n'ont jamais pu le bien connaître ni le classer à son véritable rang. Les faits de l'intelligence ne sont-ils pas aussi clairs que ceux de l'organisation? Pourquoi donc les passer sous silence? Vous étudiez les battemens du cœur, vous appréciez exactement combien d'onces de sang traversent ses cavités dans un temps donné; vous connaissez le mécanisme de toutes vos sensations; vous savez comment l'œil voit, l'oreille entend, la langue goûte, et vous répugnez à la recherche du principe qui transforme vos sensations en idées. — Mais ceci, dites-vous, est, comme tout le reste, le résultat de l'organisation. — J'entends bien votre raison de l'organisation, et je la comprends même jusqu'à un certain point quand vous l'appliquez aux fonctions purement animales; mais je ne la comprends plus aussi bien, et, à dire vrai, pas du tout, aussitôt que vous voulez par elle m'expliquer ce que vous appelez les fonctions du cerveau. L'organisation, ce sont des os, des nerfs, des muscles..... de la fibrine, de l'albumine, de la gélatine..... arrangés selon certaines lois; à coup sûr, pour l'homme surtout, il y a autre chose qu'il faut étudier dans son principe pour avoir une connaissance quelconque de l'individu humain.

ressent d'usure, ce sont d'autres impressions; puis la tristesse; enfin les douleurs; et, le moment venu de la dissolution de l'animal, la mort arrive.

»Peu importent la nature et les arrangemens des composans de l'animal; le fait physiologique reste constamment le même aux différentes phases de son apparition; il reste tel, comme s'il n'y avait d'engagé qu'une même somme d'élémens variés par l'âge et se jouant dans les innombrables matériaux de leur monde ambiant, sous la raison nécessaire d'y aller à la rencontre de leurs fluides similaires, en vue de l'exercice de la loi d'attraction de soi pour soi : une organisation étant produite, ses élémens, peu à peu frappés de vétusté, sont vaincus par l'activité de l'éternelle jeunesse de la Nature, écartés et dissipés; et cette organisation cesse pour faire place à une autre, devant reproduire les mêmes phénomènes.

»La terre reçoit tous les résidus, et tout autant qu'il en surgit dans une condition inaltérable, elle s'en accroît absolument parlant. Les faits psychologiques seraient-ils susceptibles d'être embrassés sous le même aspect? Mais d'abord, avant d'entrer plus avant, il se présente une question déjà résolue négativement; bien que, comme c'est le droit des derniers venus, nécessairement plus instruits que leurs devanciers, il faille toujours la réexaminer. La psychologie est considérée comme une science abstraite et toute métaphysique : ce n'est point, je crois, décidé *ne varietur*; car voyez la marche de l'humanité, qui n'est certes le fait d'aucun homme en particulier; voilà qu'à l'insu de chacun, une réforme se prépare à ce sujet dans le sein de l'Institut. Les psychologistes des premiers temps de nos académies étaient uniquement et s'étaient sévèrement maintenus des philosophes métaphysiciens; ils viennent d'être tout récemment réunis, et libres qu'ils étaient de s'en tenir aux anciens erremens, ils viennent dans cette seconde période d'appeler à eux quatre savans médecins, d'habiles et profonds physiologistes. C'est une révolution qui s'est préparée, et qui s'est comme mûrie pendant la dispersion et le mutisme des premiers académiciens. On a compris qu'il fallait réprimer une tendance à des entités nominales, qui précipitait et entraînait l'esprit humain dans une voie désordonnée.

» Tout à l'heure, je posais en question ce point: y a-t-il élément physiologique, et où se trouve-t-il cantonné? Je dois pareillement faire la même demande au sujet de l'*élément psychique*. Prononcer négativement, ce serait déclarer au même moment qu'il n'y a point de savoir psychologique. Pourquoi cela? Je l'explique par ce principe : *Ex nihilo nihil*. Or, entrez dans la moindre bibliothèque, ou bien assistez à des débats soit écrits, soit parlés de l'humanité, et vos convictions sur la preuve des existences psychologiques, ne laissent lieu à aucun doute.

»Mais l'âme serait-elle, pour quelques personnes, dite de doctrine théologique, comme en dehors de nous, et considérée comme une pure entité métaphysique? Je n'ai point de simpathie pour une aussi vague idée. Serait-ce vraiment une simple abstraction métaphysique, une essence en dehors de la Nature? Pour moi ce ne serait rien. Ainsi pensait saint Augustin, dans le quatrième siècle, alors que ce père de l'Église songeait sérieusement à trouver dans les corps exigus de la Nature quelque chose dans le caractère d'une cause efficiente. Et en effet, c'est le propre du génie de saisir des effets de longue vue dans les moindres aperçus que soumet à son appréciation la théorie des faits nécessaires. Si ce n'est dans une expression nette et lucide, c'est toutefois avec une fermeté remplie de prévision que, dans son Traité de l'âme et de l'esprit, saint Augustin formule le principe psychique, sous le nom de *Spiritus corporeus*, termes associés d'une puissante révélation. Ni Bacon ni Descartes n'ont en rien modifié cette pensée; tous deux s'y réfèrent et en parlent sous l'expression vraiment significative d'une substance quelconque. Seulement Bacon s'étonne que l'âme, sensible par elle-même, ait été jusqu'ici regardée plutôt comme une entéléchie, comme une fonction plutôt que comme une vraie substance. A la vérité, Bacon voudrait en quelque sorte revenir sur ce qu'il se trouve avoir énoncé ici avec peut-être trop de hardiesse, en remarquant que, si le principe psychique forme une substance vraiment corporelle, il resterait encore à savoir par quelle espèce de force une vapeur si déliée, et dans une si petite quantité, peut mettre en mouvement des masses d'aussi grande consistance et d'aussi grand volume, qu'on le voit aux lieux où s'observent les phénomènes.

»C'est, dit Bacon, c'est à cela qu'il faut suppléer, et ce qui devra faire l'objet d'une recherche particulière. Or je ne crains point d'aborder ce sujet.

»Il faut que Descartes ait été bien assuré du caractère d'essence du *Spiritus corporeus* de saint Augustin; car il ne s'est point fait scrupule de chercher et de déclarer le lieu de la substance pensante, du principe psychique. Il a pris parti pour la glande pinéale et a ainsi rendu célèbre ce petit corpuscule; ce qui n'a point empêché Bontevox, Lancisi et Lapeyronie, de lui préférer le corps calleux, ni Digby de tenir pour le *Septum lucidum*. Je dirai plus tard pour quelle raison je pense, avec Sœmmerring, qu'aucune partie solide n'est propre à une aussi importante fonction.

»Pourquoi élevé-je des doutes sur ces sujets considérables du savoir éminent de l'humanité? C'est que je suis loin de vouloir me retrancher exclusivement dans les données du savoir relatif à la physique, et de dédaigner les bonnes idées des philosophes moralistes dans leurs études de la Nature. Ceux-ci ne s'y appliquent pas avec l'emploi de nos instrumens, mais avec les forces d'un jugement synthétique que les plus habiles d'entre eux exploitent avec bonheur.

»Comment n'arriverait-on point à essayer de comprendre, dans une comparaison unitaire, tous les points les plus délicats des actions humaines, quand c'est le vœu des premiers penseurs sur la Nature des choses? Entendez l'un d'eux, dans sa vive conviction, le célèbre Balzac, gourmander l'humanité, y employant comme truchement son *Louis-Lambert*, ce puissant génie révélateur des faits mystiques. Balzac lui met dans la bouche ces paroles retentissantes dirigées contre l'esprit mesquin qui porte à couper en petits morceaux des totalités d'organes, pour en déduire d'autres et de bien insignifiantes proportions dans le poids et la longueur de ces parties. Je suis, en effet, sympathique à cette vive apostrophe : *La science est une, et vous l'avez partagée!*

» J'entre là dans un sujet vraiment inépuisable, soit pour en préparer les riches abords, soit pour y apporter les études et les conclusions jugées opportunes actuellement par les créateurs de la philosophie expérimentale.

» Je me sens capable de m'y dévouer : c'est ainsi promettre une série d'écrits où j'examinerai d'abord la Nature du *Spiritus corporeus* de saint Augustin. » (Comptes-rendus des séances de l'Académies des Sciences.)

Cet écrit me frappa vivement, je le lus avec une avidité extraordinaire, et immédiatement après en avoir eu connaissance, j'écrivis à son auteur la lettre suivante qu'on me permettra de reproduire ici comme complément de mes idées sur ces hautes matières.

« C'est aujourd'hui seulement, monsieur, lui disais-je, que j'ai pu parcourir les derniers cahiers du *Compte rendu*, et que j'ai pu, par conséquent, y prendre connaissance de la lecture que vous avez faite à l'Académie des sciences le 20 février dernier. Les idées que vous avez émises m'ont si fortement saisi l'esprit que je n'ai pu résister au plaisir de vous en écrire. Excusez-moi, monsieur, de venir ainsi jeter mes stériles préoccupations au travers de vos élucubrations savantes et si souvent sublimes.

» Permettez-moi d'abord de vous faire connaître succinctement mes antécédens dans l'ordre d'idées à la poursuite desquelles vous annoncez que vous allez vous livrer. Dès mes premiers pas dans l'étude des sciences naturelles, j'ai été frappé du soin extrême que la plupart de ceux qui les cultivent ont toujours mis à ne considérer l'homme que sous le rapport physique et exclusivement *matériel*, car c'est le mot. Il y a seize ans environ, je suivais un cours de physiologie qui se faisait en dehors de la faculté : lorsqu'il fut question d'aborder les phénomènes de l'intelligence, le professeur garda le silence le plus complet sur les systèmes psychologiques dont le point de départ n'était pas dans l'organisation; et comme à chaque séance il nous exhortait à lui exposer tous nos doutes et à provoquer ses explications touchant les objets de ses leçons, je me crus autorisé à lui proposer les miens propres et à lui demander son sentiment touchant les divers systèmes ayant pour but l'explication de l'être humain, et dans lesquels on avait tenu compte d'un principe immatériel quelconque comme de l'une des causes efficientes des divers actes intellectuels et moraux. Sa réponse me sembla obscure; elle était évidemment embarrassée; pourtant elle se formula ainsi dans mon esprit : *La physiologie n'est pas la métaphysique.* Je la pris dans ce sens, et me reportant à l'affiche du cours, je ne me crus pas autorisé à insister, malgré l'offre réitérée de nouvelles explications. Je demeurai donc avec mes convictions personnelles, que j'exposai tant bien que mal dans un petit volume publié en 1825 sous le titre d'*Essai sur la physiologie humaine.* Dans ce livre, je tins peu de compte du parti pris par les physiologistes de séparer profondément les sciences naturelles des sciences qui ont pour objet particulier l'entendement, et je m'attachai à démontrer que si la métaphysique isolée de la physiologie ne donnait pas une explication suffisante de l'individu humain, la physiologie, à son tour, n'avait pas été plus puissante. J'ajoutai qu'il devait y avoir dans l'homme autre chose que des organes et des fonctions organiques, et pour prouver que le principe qui préside aux actes intellectuels et moraux est essentiellement différent du corps, j'invoquai le fait d'indivisibilité de la pensée et le fait non moins capital de la différence tranchée qui existe entre le produit des fonctions des autres organes ayant un parenchyme et s'alimentant par des vaisseaux de toute sorte. Il y avait aussi une autre preuve à ma proposition, mais je ne la connaissais pas, et mes réflexions ne me la firent pas découvrir. Cette preuve a été consignée comme un simple corollaire par le professeur Grimaud, de Montpellier, dans son ouvrage sur les fièvres. Il compare le va-et-vient des élémens organiques du corps humain, ce renouvellement continuel, incessant de toute la machine, où des matériaux nouveaux fabriqués par les fonctions nutritives à l'aide d'élémens apportés du dehors, viennent remplacer les matériaux anciens usés dans le travail des diverses fonctions, il compare tout cela, dis-je, avec la persistance du *moi* humain, avec l'unité intégrale du sens intime qui dure depuis les premiers instans où nous commençons à réfléchir et à nous connaître jusqu'à la fin de la vie et sans doute au-delà. M. Richerand a dit que le corps humain était comme le vaisseau des Argonautes, qui, radoubé mille fois, était toujours le même, quoiqu'il ne conservât à la fin du voyage aucune partie des matériaux élémentaires dont il se trouvait formé à son départ. Il y a une locution triviale par laquelle je rendrais volontiers la même idée : c'est celle du *couteau de Jeannot*, dont on change tour à tour la lame et le manche, au fur et à mesure qu'ils sont usés, et qui est toujours le couteau de son maître. La lame et le manche ce sont les organes, et Jeannot c'est le moi humain.

» Vous pensez bien, monsieur, que cette découverte de l'argument de Grimaud n'était pas de nature à diminuer mes convictions. Elles acquirent une plus vive énergie, s'il était possible, par la publication d'une préface que M. Théodore Jouffroy a mise en tête de la traduction d'un livre de l'Écossais Dugald Stewart. Dans cette préface, M. Jouffroy s'efforçait d'établir qu'il fallait désormais fonder la science de l'entendement sur les faits. Il me semble même qu'il faisait assez bien la part de la physiologie dans cette étude. C'est du moins ce qui m'est resté dans l'esprit, et je n'en parle que de mémoire; car je n'ai pas le livre de ce philosophe sous la main.

» Plus tard, en 1833, dans un recueil périodique dont je viens de terminer la première série, ayant à parler de l'homme sous le point de vue physiologique, je m'exprimais ainsi :

« Il existe entre l'histoire du physique et celle » du moral de l'homme un hiatus tellement pro- » fond que le métaphysicien ne voit pas d'abord » de quel secours est pour lui la physiologie, tan- » dis que le physiologiste, à son tour, s'obstine à » dédaigner les spéculations de la métaphysique. » Tous deux ont tort, selon nous, et le métaphy- » sicien encore plus que le physiologiste; mais un » temps viendra où les deux sciences, se prêtant un » mutuel appui, marcheront à grands pas vers la » perfection. Déjà un philosophe, M. Théodore » Jouffroy, a établi, dans une préface très-remar- » quable, l'importance que l'on doit attacher à » l'observation, dans les études psychologiques; » un pas de plus dans cette voie assurera les des- » tinées des deux sciences en les rattachant l'une » à l'autre par des liens indissolubles. » (Gazette de santé, t. I, p. 16.)

» Au fond, qui n'a point été frappé de l'insolence du dédain que professent les collecteurs de faits pour ce qu'ils appellent les spéculations? Cela est au point qu'ils ont presque refusé aux sciences spéculatives toute valeur intrinsèque pour faire une science de la collection des faits (1). Il est curieux de les voir ainsi s'agiter autour d'un fait, le fouiller dans tous les sens, le retourner de toutes les façons, en éplucher avec grand soin toutes les circonstances pour en faire sortir, quoi?.... En vérité, Rabelais n'a pas compris dans ses énumérations tous les abstracteurs possibles de la *quinte*. Et ne croirait-on pas que les faits signifient quelque chose par eux-mêmes? que les faits ne sont pas comme les chiffres, et que pour les faits comme pour les chiffres tout ne dépend pas de la manière de les interpréter, et, comme a dit un ministre provençal, de les grouper? Est-ce que ce ne sont pas toujours les mêmes faits qui ont servi de base aux systèmes les plus divers. Je dis donc que le dédain des collecteurs de faits, pour tout ce qui n'est pas fait, est un dédain insolent et nullement à sa place. Et par exemple, quand je vois Cuvier parlant d'Oken, que je connais seulement par ce qu'il en dit, conclure, touchant ce naturaliste, de la manière suivante : « Nous n'a- » vons point à juger ces essais sous le rapport mé- » taphysique, ni à apprécier la solidité des bases » sur lesquelles ils reposent : c'est aux métaphysi- » ciens, et non aux naturalistes, qu'il appartient » de le faire. » Je dis que cette fin de non recevoir n'est point à sa place, et que s'il est vrai que dame Métaphysique ait frappé à la porte de l'Histoire naturelle, il fallait l'éconduire galamment en lui démontrant avec politesse qu'elle se trompait de voie, et non pas lui fermer la porte au nez comme à un goujat. Au reste, j'ignore si Cuvier a eu jadis, avec la Métaphysique, quelques démêlés sérieux; il est certain qu'il ne la rencontrait qu'avec dépit et qu'il ne laissait passer aucune occasion de lui dire des choses fort dures et pas toujours méritées.

Un seul mot encore sur les faits. M. Guizot a dit autrefois dans son cours d'histoire : « Les faits » sont maintenant dans l'ordre intellectuel la seule puissance en crédit. » Le gouvernement de l'époque, la restauration, qui avait ses raisons pour tenir aux principes bien plus qu'aux faits, fit suspendre le *cours*, si ce n'est à cause de la maxime, au moins pour les conséquences que les mauvais logiciens pouvaient en déduire. L'expérience, et une expérience politique un peu rude, a prouvé que M. Guizot n'avait jamais entendu par-là qu'il fallait sacrifier aux faits, et aux faits matériels même les principes. Or je vous demanderai entre nous si les collecteurs de faits, les *grabeleurs* de statistique ne diffèrent pas en ce sens de M. Guizot, et si à leurs yeux il ne suffit pas de n'être pas *fait* pour être mis au rang des inutilités de la science.

Je vous laisse à penser, monsieur, si, avec de pareilles idées, j'ai dû applaudir avec empressement à la direction nouvelle dans laquelle vous voulez faire entrer les sciences naturelles. C'est bien à vous dont les conceptions ont été si souvent sublimes qu'il appartient d'établir et de faire triompher dans l'étude de l'homme cette unité que vous avez si heureusement appliquée à vos autres travaux.....

Voilà, monsieur, ce que j'avais besoin de vous dire; j'ai toujours éprouvé un grand plaisir à té-

(1) Ces faits [illegible] une valeur : qui oserait le contester? Ce sont les matériaux de l'édifice de toutes les sciences. Mais il ne faut pas exagérer cette valeur. Un fait qui ne conclut à rien, duquel l'observateur ne sait tirer aucune conséquence, est une inutilité et par conséquent un embarras. Le mérite est mince à colliger des faits comme on nous en présente tous les jours. Les faits, dans la nature, sont comme le sable au bord de la mer; il n'y a qu'à se baisser pour en prendre. La difficulté consiste dans le choix et l'arrangement. Peu de gens, en effet, savent bien choisir et arranger, abstraire et systématiser; c'est la t[illegible]ervée au génie. En nous élevant ainsi contre les prét[illegible]es collecteurs de faits nous n'avons certes pas l'intention de diminuer en rien leur mérite; mais il est bon qu'ils sachent que ce mérite est des plus vulgaires, et qu'il ne suffit pas pour justifier la morgue pédantesque qu'ils affectent si complaisamment dans leurs écrits. Au surplus, voici comment s'exprime à cet égard un profond anatomiste : « Serait-il vrai, dit-il, que toute abstraction fût une erreur? que tout rapport général fût un abus? Ce préjugé est d'autant plus spécieux, qu'il semble donner plus de solidité aux connaissances matérielles, en écartant tout ce que la pensée humaine ajoute aux vérités de la nature. On oublie que la connaissance d'un seul fait est elle-même une abstraction; car, un objet ne pouvant être connu que par l'énumération de ses propriétés, et ses propriétés ne pouvant être appréciées que par la comparaison, l'individualité d'un fait se compose évidemment d'une somme de rapports; or, tout rapport est une abstraction. » (*Recherches d'anatomie transcendante*, par M. Serres.)

moigner publiquement de la sympathie que je sens vivement pour vos hautes conceptions; mais j'ai surtout pour objet en ce moment de vous assurer qu'en appliquant votre génie à la recherche d'un nouvel ordre de vérités, vous ajouterez, s'il est possible, de nouveaux titres à l'admiration de la posérité et à la reconnaissance de la patrie, qui déjà, n'en doutez pas, vous compte au rang de ses plus grands hommes..... »

Jusqu'à ce moment, M. Geoffroy Saint-Hilaire en est resté à cette première communication. Eh quoi donc! des amis ou des collègues timorés lui auraient-ils fait entrevoir quelque inconvénient pour lui à se lancer dans des voies inconnues? Mais alors qu'il leur cite Keppler, il en a le droit; on ne s'appuie bien que sur ses égaux; qu'il leur cite Tycho gourmandant Keppler, son élève, et l'avertissant d'*abandonner de vaines spéculations;* qu'il leur cite encore cette simple réflexion qu'a faite Delambre sur le conseil de Tycho: « C'était là » un excellent conseil; mais quel dommage, ce- » pendant, si Keppler l'eût suivi! Quelle folie, » a-t-on dit, qu'une telle conduite! Cette folie a fait » la gloire de Keppler, en le conduisant à la dé- » couverte de ces lois immortelles. » (Biographie universelle, art. Keppler.) Enfin qu'il leur répète ce qu'il a déjà dit lui-même et imprimé avec autant de vérité que de raison: *Les grandes pensées ne viennent qu'aux intelligences hors des routes communes.* Oui certes, et le plus grand caractère du génie, c'est de s'élancer en dehors des sentiers battus, et d'y entraîner après lui l'humanité. Mais le génie n'enfante qu'à ses heures, il ne travaille pas à la journée; il s'inspire lui-même et se féconde par la méditation des faits que la médiocrité plus ou moins active et patiente, collige, commente et classe: le génie devine beaucoup plus qu'il n'observe; il voit *à priori* un ensemble et en règle d'emblée tous les détails sans avoir besoin de les étudier pièce à pièce; et chose admirable que l'histoire des sciences a surabondamment démontrée, dans l'établissement de ses systèmes, il lui arrive fort rarement de baser la règle sur l'exception!

Pour nous donc il y a dans la Nature quatre formes d'être bien distinctes: 1° les corps inorganiques ou pondérables (1), qui constituent à eux seuls une grande division; 2° les végétaux; 3° les animaux; 4° enfin l'homme, ces trois dernières formes composant la division des corps organisés. Les corps organisés ont des matériaux élémentaires analogues aux matériaux qui constituent les corps pondérables; mais il y a de plus en eux un certain arrangement, une forme déterminée qui est la raison *sine quâ non* de l'état dans lequel nous les voyons. C'est à l'aide de cette forme qu'ils durent pendant un temps préfixe passé lequel les matériaux élémentaires se séparent et reviennent pour la plus grande partie à leur condition première de corps inorganiques et pondérables. Toutefois, l'organisation, la forme, n'est pas la vie. La vie est une chose à part, quoiqu'elle ne puisse pas exister ou du moins se manifester sans l'organisation. La vie est à l'organisation ce que la première impulsion donnée au monde astronomique est à l'attraction qui règle la marche de tous les corps planétaires. Ceux-ci ont été disposés entre eux de façon à s'attirer réciproquement en raison directe des masses et inverse du carré des distances. C'est là leur organisation. Mais cette force de projection qui leur a été donnée dans le principe, qui se continue depuis le commencement des choses, et qui neutralise jusqu'en de certaines limites la force d'attraction, c'est là ce que j'appellerais volontiers la vie planétaire. Cette vie planétaire nous est inconnue aussi bien que la vie des corps organisés; mais l'une et l'autre n'en existent pas moins. Supprimez le principe de projection dans le système du monde, et tous les corps célestes, bien loin de tourner les uns autour des autres, comme nous les voyons, se précipitent les plus petits sur les plus gros, et tendent tous à s'amonceler. Supprimez le principe vital dans les corps organisés; leurs matériaux composans se disjoignent, se séparent, et la forme est impuissante à les faire durer dans leur état respectif.

Ainsi, dans les corps organisés, outre les matériaux qui, eux, sont purement inorganiques, outre la forme qui, elle, n'est qu'une condition de vie, il y a encore le principe vital.

Dans l'homme, outre le principe vital qui lui est commun avec tous les corps organisés, il y a encore le principe pensant qui fait sa spécialité et qui certainement est tout aussi distinct du principe vital que celui-ci l'est de l'organisation. L'élément *physiologique* de M. Geoffroy Saint-Hilaire c'est là le principe vital; notre principe pensant est son élément *psychique.* Ici j'avoue hautement que ce n'est pas sans un certain mouvement d'orgueil que je considère en moi cette communauté de sentiment sur un pareil sujet avec un penseur d'une aussi forte trempe, [illegible] chercheurs de science facile trouvent ob[illegible]uand il est profond, et poétique [illegible]rs qu'il est sublime.

Il ne faut pas prétendre que le principe vital et l'élément psychique ou le principe pensant sont une seule et même chose; car les animaux et les plantes ont l'un et n'ont pas l'autre. J'entends les animaux aussi bien que les plantes; si les animaux ont quelque chose qui rappelle un principe pensant, on ne prétendra pas du moins que ce quelque chose soit capable de produire chez eux des résultats semblables ou simplement analogues à ceux que le principe pensant manifeste chez l'homme. Qu'on montre donc un animal ou une classe d'animaux s'occupant de perfectionner leur

(1) La qualification de *pondérable* s'applique également, dans notre esprit, et par extension, aux fluides électrique ou magnétique, au calorique et aux gaz, quoiqu'on désigne ordinairement les uns et les autres sous les noms de fluides impondérables. Tout ce qui peut se *cohiber*, s'accumuler dans un lieu et d'une façon quelconques, s'augmenter ou se diminuer, s'obtenir en *plus* ou en *moins*, peut être atteint par l'unité de comparaison, peut être rapporté à une mesure commune, est mesurable, en un mot; et l'on peut, avec raison, l'appeler d'un terme admis dans la science, *pondérable.*

espèce, et, par exemple, de créer des dépôts d'acquisitions *instinctives* à l'usage de leur postérité, ainsi que l'homme a fait d'abord par la tradition et, dans la suite des temps, après l'invention de l'écriture et des arts, par des monumens et par des livres. Chez les animaux, le principe vital n'est rien autre que ce sentiment intérieur dont j'ai déjà parlé, qui détermine leur locomotion et qui va du *moins* au *plus* dans la série.

Nous ne pouvons pas dire en quoi consiste le principe pensant; nous avons dit seulement plus haut, dans notre lettre à M. Geoffroy, ce qu'il n'était pas. (*Voyez* aussi Mémoire.) De même, on ne sait pas ce qu'est le principe vital. Faut-il le rapporter au calorique, à l'électricité, au magnétisme? tout cela reste à prouver. M. Geoffroy l'explique par un principe qu'il appelle *loi de soi pour soi* : c'est là une expression dont la vérité est plutôt pressentie que pénétrée, mais à l'établissement de laquelle manquent encore certaines démonstrations. L'intuition de son auteur ne s'est pas produite en dehors de sa pensée de façon à rendre cette pensée propre à tous ceux qui ont tenté de méditer ses œuvres. Peut-être même la formule en est-elle seulement au point où se trouvait l'explication du monde avant que Newton eût élucidé et complété la pensée de Keppler.

Ce ne serait qu'avec beaucoup de timidité et une grande réserve que nous hasarderions quelques détails sur un pareil sujet. Pourtant il nous semble qu'il existe dans les faits naturels beaucoup de circonstances qui tendent à mettre cette *loi de soi pour soi* en évidence. Est-ce que beaucoup d'affinités chimiques n'y trouveraient pas leur explication? Dans un autre ordre d'idées, dans les faits anatomiques, dans l'organisation de certains monstres, des monstres doubles, par exemple? on voit que les points par lesquels les deux sujets se lient et se confondent sont toujours en rapport par leurs parties semblables. Ainsi quand un os se soude à un autre, ce n'est jamais par des os différens que se fait cette soudure, chaque organe va trouver son semblable et se lier à lui quand les circonstances les amènent au point de contact. Il y a là évidemment tendance de parties similaires vers parties similaires, action *de soi sur soi* en un mot. Dans des faits d'un ordre plus général, on retrouve aussi cette même action. L'observation suivante n'a pas échappé aux médecins, et tous ceux qui s'occupent d'influences hygiéniques l'ont notée. Ainsi l'on a très bien observé que les bouchères, qui vivent continuellement dans une atmosphère chargée de molécules animales, atteignent plus ou moins rapidement un embonpoint pléthorique. Dans cette profession, le corps est généralement plus nourri, la peau plus fleurie, le teint plus animé que chez les femmes des autres classes. Il en est de même pour les hommes. N'y a-t-il pas encore là action de *soi sur soi*, application distincte et manifeste de molécules animales à molécules semblables. Les personnes qui manient sans cesse les cuirs, les peaux, les fourrures, sont assez ordinairement remarquables par la beauté et la force de leur chevelure. A Paris, il y a une classe de femmes qui passent leur vie à border des chaussures; toutes choses égales d'ailleurs, c'est parmi ces femmes que l'on trouverait certainement les plus beaux cheveux. Encore une fois, cela s'explique évidemment par la loi d'attraction de *soi pour soi.*

Nous serions d'autant plus portés à reconnaître à cette loi une grande puissance, qu'en la supposant démontrée, elle simplifierait singulièrement l'explication de tous les phénomènes de la Nature. Elle serait, en effet, pour le *monde des détails* (1), ce qu'est l'attraction planétaire pour le monde des masses, ou plutôt ce serait une même loi agissant en petit, comme Newton a démontré qu'elle agissait en grand; et il ne serait pas nécessaire, pour expliquer l'univers, de recourir à des abstractions, et de créer des mots pour en faire des puissances, comme on a fait, par exemple, pour le mot *Nature.*

Au reste, Cuvier a très-bien déduit avant nous les conséquences auxquelles a donné lieu cet abus de langage qui consiste à prendre un même mot dans des sens différens pour l'appliquer à un ordre d'idées identiques.

« Par une figure bien commune dans toutes les langues, dit-il, on a employé ce nom (Nature), qui ne désignait d'abord que des attributs, on l'a employé, disons-nous, pour les choses mêmes, pour les substances auxquelles ces qualités se rapportent : la Nature est alors l'ensemble des êtres, ou l'univers, ou le monde, et quand on la considère comme contingente et par opposition à l'être nécessaire, à Dieu, on la nomme *création :* la *Nature*, le *monde*, la *création*, l'*ensemble des êtres créés*, sont alors autant de synonymes.

» Mais, par une autre de ces figures auxquelles toutes les langues sont enclines, la *Nature* a été

(1) *Le monde des détails.* Cette expression est de Napoléon. Sur le point de quitter l'Égypte, il attendait dans les jardins d'Esbékieh au Caire la fin des préparatifs de son départ pour la France, entouré des savans et des généraux qui devaient s'embarquer avec lui, ou qui étaient dans la confidence. Dans le nombre se trouvaient Monge, Berthollet et M. Geoffroy Saint-Hilaire. Il échangeait avec ceux qu'il allait quitter quelques mots rapides d'adieu qui dissimulaient mal son impatience. Le signal du départ ne s'en faisait pas moins attendre. Pour tuer le temps, il se mit à parler philosophie. « Le métier des armes, dit-il à Monge en se rapprochant du groupe » des savans, est devenu ma profession, mais il n'a pas été » de mon choix : je m'y suis trouvé poussé par les circon» stances. Plus jeune, j'avais dans l'esprit de devenir un in» venteur, j'ambitionnais la gloire de Newton. — C'eût été là, » général, une chose fort difficile, répliqua Monge; il y a un » mot de Lagrange qui est plein de justesse et de profondeur : » *nul n'atteindra à la gloire de Newton, car il n'y avait qu'un* » *monde à découvrir.* — Que dites-vous là, Monge, répli» qua vivement le général; l'ami Berthollet n'est certainement » point de votre avis. Newton a résolu le problème du mou» vement dans le système planétaire : cela est beau, magni» fique, sublime pour vous autres, surtout, gens de mathé» matiques; mais si j'avais appris aux hommes comment se » produit et se détermine le mouvement dans les petits corps; » si j'avais découvert et expliqué la loi des affinités molécu» laires, j'aurais résolu le problème de la vie de l'univers, et » j'aurais dépassé Newton de toute la distance qu'il y a entre » l'intelligence et la matière. Non, il n'y a rien d'exact dans » votre mot de Lagrange. Le monde des détails reste encore » a découvrir. »

personnifiée; les êtres existans ont été appelés les *œuvres de la Nature*, les rapports généraux de ces êtres entre eux sont devenus *les lois de la Nature.* Le résultat définitif de ces rapports, qui est une certaine constance dans les mouvemens et une certaine fixité dans la proportion des espèces, en un mot, la conservation jusqu'à un certain point de l'ordre une fois établi, a été intitulé *la sagesse de la Nature;* enfin, les jouissances ménagées aux êtres sensibles ont pris le nom de *bonté de la Nature.* Ici l'on se représente évidemment, sous le nom de *Nature*, le Créateur lui-même. C'est de ses œuvres, de ses soins, de sa sagesse et de sa bonté qu'il s'agit.

» Cependant, c'est en considérant ainsi la Nature comme un être doué d'intelligence et de volonté, mais secondaire et borné quant à la puissance, qu'on a pu dire d'elle qu'elle veille sans cesse au maintien de ses œuvres; qu'elle ne fait rien en vain; qu'elle agit toujours par les voies les plus simples; qu'elle tend à guérir les maladies, mais qu'elle succombe quelquefois sous la force du mal, et autres adages, dont la plupart ne sont vrais que dans un sens fort restreint et fort différent de celui qu'ils semblent offrir au premier coup d'œil.

» Le mot *Nature* n'est donc qu'une manière abrégée et assez amphibologique d'exprimer les êtres et leurs phénomènes: en considérant ces phénomènes, tantôt dans leurs causes prochaines, tantôt dans leur cause primitive et universelle, et si l'on songe qu'au moins dans tout ce que ces phénomènes ont de sensible, ils dépendent des lois du mouvement, combinées avec les formes que les corps ont reçues dans l'origine, on voit que l'idée de *naissance*, de *commencement*, qui a fourni la racine du mot, se conserve plus ou moins dans toutes les acceptions qu'il a prises: mais on voit aussi combien sont puérils les philosophes qui ont donné à la Nature une espèce d'existence individuelle distincte du Créateur, des lois qu'il a imposées au mouvement, et des propriétés ou des formes données par lui aux créatures, et qui l'ont fait agir sur les corps comme avec une puissance et une raison particulières. A mesure que les connaissances se sont étendues en astronomie, en physique et en chimie, ces sciences ont renoncé aux paralogismes qui résultaient de l'application de ce langage figuré aux phénomènes réels. Quelques physiologistes en ont seuls conservé l'usage, parce que, dans l'obscurité où la physiologie est encore enveloppée, ce n'était qu'en attribuant quelque réalité aux fantômes de l'abstraction qu'ils pouvaient faire illusion à eux-mêmes et aux autres sur la profonde ignorance où ils sont touchant les mouvemens vitaux.

» Cependant, cette ancienne idée d'un principe actif, mais subordonné, distinct des forces ordinaires et des lois du mouvement, qui présiderait à l'organisation et qui l'entretiendrait, domine encore, non seulement dans le langage, mais dans les systèmes d'un grand nombre d'écrivains, qui, tout en avouant la justesse des distinctions que nous venons de faire, ne s'en laissent pas moins entraîner à leur insu vers des doctrines qui n'ont pas d'autre fondement. »

Lamarck, et le petit nombre de ceux qui ont suivi ses traces, nous paraissent être ceux-là mêmes qui ont le plus abusé de ce langage. Au reste, de tous les naturalistes, nul moins que Lamarck s'est épargné les explications hypothétiques et les contradictions: nous ne citerons qu'un exemple frappant de ces dernières. Dans son Introduction à l'Histoire naturelle des animaux sans vertèbres, on lit (page 13, *in fine*): « D'abord je dois faire » remarquer que la faculté qui, *dans un degré quelconque*, constitue ce qu'on nomme l'intelligence, » c'est-à-dire qui donne à l'individu le pouvoir » d'employer des idées, de comparer, de juger, » de vouloir; que cette faculté, dis-je, est *très-distincte* de celle qui constitue le sentiment, » qu'elle lui est bien supérieure, et qu'elle en est » tout-à-fait indépendante. On peut, en effet, penser, juger, vouloir, sans éprouver aucune sensation. »

Dans sa *Philosophie zoologique* (t. I, pag. 188), le même naturaliste avait dit: « C'est ainsi que se » termine, dans les insectes, l'important système » du sentiment; celui qui, à *un certain terme de développement*, *donne naissance aux idées*, et qui, » dans la plus grande perfection, peut produire » tous les actes d'intelligence. »

Quoi qu'il en soit, la loi de M. Geoffroy Saint-Hilaire met fin à tous ces paralogismes et à tous ces faux raisonnemens qui tirent leur source du mauvais emploi des mots de la langue. Supposez, en effet, le *monde des détails* régi par cette attraction moléculaire, les atomes semblables s'attirant réciproquement comme les mondes, et voyez si, avec les secours du calorique, de la lumière et du fluide électro-magnétique, qui viennent contrarier et modifier diversement cette attraction, on aurait grand'peine à expliquer toute la Nature. Et notez bien que tout ceci n'est hypothétique que jusqu'à un certain point; car nous avons cité des faits dans lesquels cette loi des attractions intimes trouve un commencement de preuve. Il resterait seulement à chercher dans quelles limites et selon quelle mesure la puissance attractive s'exerce. Peut-être y a-t-il autant de simplicité dans l'application de cette loi des Natures intimes que dans la loi des grands mondes? Peut-être un autre Ampère suffira-t-il à déterminer la formule qui doit calculer tous ces détails. Mais ce serait trop de présomption que d'insister plus long-temps sur ces hautes matières. Il y a là des questions qui ne peuvent s'agiter qu'entre les dieux de la science; et que suis-je, moi, qu'un faible mortel dont l'oreille s'épouvante et bourdonne quand je veux la forcer à entendre de trop puissantes voix? J'aime mieux mon rôle de narrateur et d'exposant.

Comme je l'ai dit, Cuvier a très-bien fait comprendre le vice de raisonnement dans lequel sont tombés ceux qui ont voulu expliquer l'univers en attribuant tout ce qui s'y passe à une puissance appelée *Nature*. Il a fait bonne justice de tous les

systèmes

systèmes que cette fausse idée a fait éclore. Toutefois, quand il a confondu avec ces derniers le système d'unité de composition et la théorie des analogues, il a été moins heureux. Ceci est d'une grande importance pour la science : qu'on veuille donc bien nous permettre sur ce point quelques détails.

Il faut vouloir fermer les yeux à la lumière pour se refuser à admettre qu'il y a dans la Nature un plan général selon lequel tous les êtres qui la composent ont été façonnés, quelque différens qu'ils nous apparaissent dans leurs formes et dans leurs facultés.

Tous les animaux ont pour principe un canal alimentaire. Ce n'est d'abord qu'un sac dans lequel la substance nutritive s'introduit par une ouverture donnant également passage au résidu. Si l'animal est plus composé, le sac est percé aux deux bouts et devient canal : l'aliment entre par un bout, et son résidu sort par l'autre. Dans un degré plus élevé, où il faut une alimentation plus parfaite, le canal s'accompagne d'organes nouveaux destinés à élaborer le premier suc fourni par la substance nutritive. On va ainsi du polype à l'homme sans que le canal alimentaire disparaisse; l'on peut donc affirmer avec toute rigueur que, sous le rapport de l'organe fondamental de l'animalité, dans la série animale, il y a unité de plan, unité de composition organique. Pour qu'il y eût changement dans le plan, pour que l'unité de composition fût rompue de ce côté, il faudrait, en effet, trouver un animal chez lequel l'alimentation se fît par d'autres organes qu'un sac ou un canal.

Mais cette unité est bien plus manifeste encore si nous la considérons dans une classe entière. Voyez les animaux vertébrés, qui nous apparaissent au premier aspect si différemment organisés. Celui-ci est quadrupède, ses pieds légers dévorent l'espace; celui-là est oiseau, sa patrie est dans les airs; cet autre est poisson et nage. Eh bien! toutes leurs nécesités de position et de vie sont satisfaites par le fait d'une même conformation. Tous les trois, en effet, ont pour base de leur organisation une colonne vertébrale qui se termine par un renflement qui est la tête, où sont logés les organes des sens. Tous les trois ont ensuite une cage viscérale qui se suspend à cette colonne. Où gît donc la différence? dans un seul fait de position respective de ces deux portions constituantes de leur individu. Attachez la cage viscérale à la partie moyenne de la colonne : vous avez le mammifère; posez cette même cage plus en arrière, vous avez l'oiseau au cou prolongé; enfin, repoussez-la en avant, vous avez le poisson, qui, en effet, a la queue plus longue et porte les organes de la respiration, de la circulation et les autres entassés en quelque façon sous son cerveau. Y a-t-il là changement de plan, et l'unité a-t-elle disparu? que si vous entrez dans les détails, toujours vous trouverez même respect pour cette unité sublime au milieu des différences les plus apparentes et les plus nombreuses.

Tout ceci est clair, net, en même temps que profond et sublime. Pourtant Cuvier n'y donna pas un entier assentiment; il avait passé sa vie à décrire pour former des classes, des ordres, des genres et des espèces, et personne n'oserait lui disputer la perfection relative qu'il a mise dans toutes les parties d'un pareil travail. Il avait décrit pour bien distinguer et classer, bornant à cela ses prétentions et pensant que l'esprit humain était incapable de pénétrer plus avant dans l'étude des êtres. Mais pourquoi le naturaliste se réduirait-il au rôle ingrat et rétréci d'un simple nomenclateur? Les astronomes ne sont-ils pas entrés dans le secret de la marche imprimée, depuis le commencement, à tous les astres? Pourquoi la philosophie des sciences naturelles s'abstiendrait-elle de semblables recherches? Non, l'esprit humain ne saurait s'arrêter à ces limites; il est trop vivement saisi de l'ardeur de connaître et d'approfondir les conditions de tout ce qui existe, pour repousser par une fin de non recevoir les travaux de ceux qui se sont lancés dans une carrière qui n'était point celle de Cuvier.

Au reste, les choses en sont maintenant à ce point que tous les bons esprits s'appliquent à l'étude des *ressemblances* pour amener des progrès ultérieurs. Tous paraissent convaincus que la recherche des *différences* a fait son temps et a produit tout ce qu'il lui était donné de produire. En un mot, on a fait justice de l'opposition obstinée de Cuvier, qui se manifesta à tout propos pendant quarante ans de sa vie; car il n'est aucun de ses ouvrages, de ses discours, de ses brochures, de ses comptes rendus, de ses rapports, qui ne contienne sur ce qu'il appelait l'*école de la Nature*, le *panthéisme*, la *métaphysique appliquée à l'histoire naturelle*, quelques passages tantôt critiques, tantôt simplement improbatifs, plus souvent satiriques et remplis de cet esprit de causticité incisive qui fait en France la fortune du plus grand nombre. Avec un peu moins de prévention et un esprit moins préoccupé, il aurait vu pourtant que le système d'unité de composition n'avait rien d'allemand ni de métaphysique, qu'il était tout français et fondé sur les faits aussi bien que sur la raison; enfin qu'il fallait en conserver la gloire à notre siècle et non point la reporter au précepteur d'Alexandre et à un naturaliste péripatéticien. Il est vrai qu'Aristote n'était pas son contemporain; car c'est quelquefois une faiblesse familière aux grands esprits de regarder leurs émules comme des concurrens et des rivaux.

Mais nous devons raconter ici quelques circonstances qui se rattachent à l'établissement de la théorie sur laquelle nous venons de donner un léger aperçu. Jusqu'en 1830, Cuvier n'avait point rencontré ou avait négligé de saisir l'occasion de discuter en forme les principes de cette théorie. A cette époque deux naturalistes présentèrent à l'Institut un mémoire dans lequel, appliquant le principe d'unité de composition aux Céphalopodes, ils s'attachèrent à prouver que ces animaux se lient par leur organisation aux animaux supérieurs. Cuvier avait dit que les Céphalopodes n'étaient le passage de rien, qu'ils n'étaient pas résultés du développement d'autres animaux, et que leur propre développement n'avait rien produit de supérieur à eux.

M. Geoffroy, dans son rapport sur ce mémoire, prétendit que le nouveau travail présenté à l'Institut comblait l'*hiatus*, et que les deux bouts de la chaîne regardée comme interrompue en ce point, étaient enfin rattachés. La lutte s'engagea entre les deux savans avec toute l'ardeur qu'on devait attendre d'hommes vivement pénétrés de leur sujet; mais aussi, il faut bien le dire, avec des forces inégales. L'habileté n'était pas la même des deux côtés. Cuvier entama la discussion avec une clarté de style, une précision de langage, une apparence de logique vraiment séduisantes. Il s'adressa tout d'abord au public, appuya ses explications de dessins habilement présentés, en un mot, il saisit vivement son auditoire de la question, envisagée sous le point de vue qu'il lui était convenable de faire bien comprendre, et, dès sa première attaque, il sut mettre les spectateurs de son côté. M. Geoffroy, soit qu'il ne comprît pas le piége que lui tendait son adversaire, soit qu'il négligeât, à dessein, de parler à d'autres intelligences qu'à celles des zoologistes, s'enfonça de prime abord dans les profondeurs de sa philosophie anatomique, et avec le mérite d'avoir réfuté son adversaire, il n'eut pas la gloire d'en avoir triomphé. Ses mémoires ne furent pas compris; il se retira fatigué, mais non vaincu; et, pour le moment du moins, la doctrine allemande, en France, dut enregistrer un échec au lieu d'une victoire.

Il n'en fut pas de même en Allemagne, où le mérite des travaux de M. Geoffroy Saint-Hilaire était apprécié depuis long-temps. Gœthe, qui avait cultivé dans sa jeunesse plusieurs branches de l'histoire naturelle, et qui l'avait fait avec succès, rappela les souvenirs de son premier âge, il prit la plume pour faire connaître à ses compatriotes la lutte qui s'était engagée, au sein de l'Académie des sciences, entre nos deux naturalistes. Toute raison fut donnée à M. Geoffroy Saint-Hilaire; le poète allemand tint beaucoup plus de compte des faits que de la manière dont ils étaient présentés, et le mérite du style des mémoires de Cuvier dut le céder à la philosophie de son adversaire. Avec de l'esprit et une connaissance exacte de la matière, il est aisé de battre en brèche une idée nouvelle. En science comme en politique, les novateurs ont toujours contre eux les préjugés, les intérêts des positions fondées sur l'état actuel des systèmes établis, et le plus ou moins de paresse de l'esprit humain. Tels furent les auxiliaires de M. Cuvier, auxiliaires d'autant plus redoutables que le maniement de la parole était plus difficile à son adversaire.

Un critique passablement mordant et irrité fit plus tard, sur la même question, les réflexions suivantes, attribuant à la polémique de Cuvier des intentions analogues à celles que nous avions supposées nous-mêmes. « Cuvier, disait-il, a peut-être moins consulté les règles de la polémique que l'envie de ranger d'un seul coup le vulgaire de son parti, en établissant brusquement le parallèle entre un Céphalopode et un Mammifère : l'état de la question, telle que M. Geoffroy l'avait posée dès 1818, exigeait impérieusement que le parallèle fût établi entre les Céphalopodes et les Poissons, pour passer ensuite, par plus ou moins de degrés, des Poissons aux Mammifères. Or, ce point de départ une fois fixé, une grande partie de l'échafaudage de Cuvier croulait d'elle-même. La distance, en effet, est-elle bien grande entre la cavité branchiale des Poissons et la cavité abdominale dans laquelle sont nichées les branchies des Céphalopodes? Amenez l'entonnoir à la hauteur du bec, et que les tégumens intermédiaires se contractent en raison directe de cette nouvelle proximité, qu'ils restent enfoncés dans la nouvelle cavité que vont former les tégumens de la périphérie des deux ouvertures de la tête et de l'entonnoir : n'avez-vous pas tout de suite le type de la tête du Poisson? Quoi! c'est donc une si grande anomalie dans le *système de l'unité du plan*, que les cœurs et les branchies soient, chez les Céphalopodes, à une distance de l'œsophage un peu plus grande que chez les Poissons? Mais tout alors serait anomalie, puisque dans les animaux qu'avec Aristote vous regardez comme analogues, il existe une séparation entre les deux cœurs, une espèce d'étranglement plus ou moins étiré entre ces deux milieux de la circulation générale. Est-il donc si difficile de concevoir que le cœur des Céphalopodes puisse, par la pensée, être ramené au type du cœur des animaux supérieurs? Il y a circulation, il y a dès lors analogie; peu importe où s'opère la réunion de la circulation interne et de la circulation venant de l'extérieur; et ce n'est pas sur le plus ou moins d'éloignement de la communication qu'on peut raisonnablement établir une ligne de démarcation insurmontable.

» Vous trouvez dans le système nerveux des Céphalopodes un cerveau enfermé dans une cavité de l'anneau qui sert de base aux tentacules, et vous vous refusez à admettre cette analogie avec le cerveau placé dans une boîte osseuse! Il y a donc bien loin du cartilage à l'os? Vous admettez des nerfs qui se distribuent à la masse buccale, aux tentacules, au sac abdominal, aux viscères, à l'oreille, enfin! et cette masse d'analogies vous échappe, parce que la Nature n'a pas prolongé assez loin un tubercule postérieur, pour rappeler à vos yeux la forme classique de moelle allongée? Ils ont de plus des glandes salivaires, un œsophage, un gésier, un second estomac, un canal intestinal, un foie, des ovaires, des testicules, des oviductes, des épididymes, une verge; mais, dites-vous, tout cela est autrement disposé, presque toujours autrement organisé que chez les Vertébrés? Entendons-nous bien. Prétendez-vous que les testicules ne soient pas en rapport avec le canal intestinal et la bouche; la langue avec les glandes salivaires; les branchies avec le cœur? Non. Où voyez-vous donc une autre disposition? Trouvez-moi deux individus de la même espèce qui soient en tout disposés de même. Quant à l'organisation, avez-vous bien réfléchi sur ce pléonasme, vous qui venez de donner de l'importance aux discussions de mots? Des organes identiques, d'après vous, seraient autrement organisés? Entendez-vous par organisation la forme elle-même? Ah! de quelles représailles aurait pu user M. Geoffroy s'il avait voulu réjouir le public par une logomachie? »

Le critique continue : « En même temps, ajoute » M. Cuvier, les Céphalopodes manquent de tous » les os particuliers du crâne, de tous ceux de la » face, de vraies mâchoires, de tous les os de l'ap» pareil hyoïdien et de l'appareil branchial, de » toutes les vertèbres, de tous les os des extrémi» tés, des côtes, du sternum, des muscles adhé» rens à toutes ces parties, du pancréas, des reins, » de la vessie. » Voilà encore de quoi frapper les yeux du monde; mais M. Cuvier n'a sans doute pas cru adresser ce langage à ses pairs. Une seule considération eût amorti cette attaque. Admettez-vous que le fœtus ait été organisé sur le même type que l'adulte, ou qu'à chaque période de la fécondation, de l'incubation, de la gestation, de la naissance et de la vie, la Nature ait fait les frais d'un type nouveau? Eh bien! le fœtus, chez les Mammifères a un autre mode de circulation que l'adulte, un autre mode de digestion que l'adulte, une autre respiration que l'adulte, une autre mâchoire que l'adulte, un autre os frontal que l'adulte. A peine sur le seuil de la vie, une révolution s'établit dans ses fonctions et dans ses formes : ce paquet froissé devient un poumon ; ce cœur unique devient double; ce foie énorme élabore une tout autre substance, ce cordon ombilical s'oblitère; une cicatrice remplace ce placenta énorme; tout change enfin chez lui, excepté le nom et la connexion des organes; et c'est en présence de cette grande leçon de la Nature que vous venez proclamer l'importance de ces formes, de ces fonctions, de ces accessoires osseux que d'un souffle la Nature dessèche ou vivifie, paralyse ou féconde, atrophie ou développe, et cela dans un même sujet et dans un instant insaisissable ! »

Le champ clos de ce grand combat était l'Académie des sciences; mais il y avait eu antérieurement une escarmouche entre nos deux guerriers. Cette fois Cuvier avait commencé l'attaque, et il avait choisi pour son terrain le mot *Nature* du Dictionnaire des sciences naturelles. Là, après avoir devisé sur l'appellation en donnant toutes les acceptions sous lesquelles elle est admise dans la langue, et en faisant une espèce de paraphrase du Dictionnaire de l'Académie, il revient ainsi contre l'unité de plan : « Si l'on remonte, » dit-il, à l'auteur de toutes choses, quelle autre » loi pouvait le gêner que la nécessité d'accorder à » chaque être qui devait durer, les moyens d'assu» rer son existence; et pourquoi n'aurait-il pu va» rier ses matériaux et ses instrumens?.... quelle » loi aurait pu contraindre le Créateur à produire » sans nécessité des formes inutiles, uniquement » pour remplir des lacunes dans une échelle?... »

M. Geoffroy choisit aussi le mot *Nature* pour répondre, et contre son ordinaire il commença par une épigramme. « Je tiens, dit-il, pour étranger » à mon sujet de rappeler et d'expliquer les di» verses acceptions de ce terme (Nature) : cela » est fait et bien exprimé dans le Vocabulaire de » l'Académie française. » Puis, venant au *sermon sur le bon Dieu*, dont Cuvier prétendait, comme on vient de le voir, que l'unité de composition limitait la puissance, « Que vous veniez à remarquer, dit » M. Geoffroy, que ces principes de philosophie sont » erronés en quelques points, rien de mieux : prendre » ce soin, c'est remplir un devoir, c'est user comme » physicien d'un droit légitime. Mais vous appar» tenait-il également d'agir en théologien? Ce n'est » pas qu'on ne puisse opposer à ce dernier point » la réplique, que ces idées n'ont point le tort d'ê» tre irrespectueuses envers la divinité. Voilà ce » qu'on a recherché dernièrement et mis tout-à-fait » hors de doute (1). Les lois de la Nature, nous » les découvrons, mais nous ne les inventons point : » historiens de ce qui est, nous ne pouvons faillir » que si nous cessons de raconter le vrai. » (*Voyez* ENCYCLOPÉDIE MODERNE, dite de Courtin, au mot *Nature.*) Comme on le voit, dans cette rencontre, la discussion avait été maintenue sur le terrain des généralités.

Nous bornons ici nos réflexions sur la Nature, et nous laissons aux auteurs du mot *Palæontologie* le soin d'élucider la grande question de l'invariabilité des espèces, ainsi que l'histoire de tout ce qui se rattache à un monde antérieur à celui que nous habitons, et dans lequel il est prouvé que la Nature, c'est-à-dire l'ensemble de tous les êtres, se comportait différemment que de nos jours.

(G. GRIMAUD de CAUX.)

NATURE DES PLANTES. (BOT.) Ce mot, employé comme expression technique par un grand nombre de botanistes, est également impropre quand on s'en sert pour désigner le port et les habitudes d'une Plante, ou bien pour caractériser sa consistance et les différens principes qui concourent à son organisation. En science, il faut être positif, peindre aux yeux, par une expression courte, vraie, directe, ce que l'on voit; il faut que chaque mot dise franchement la chose désirée et s'y applique avec certitude; les mots emphatiques, pompeux et recherchés sont du domaine de la poésie et du charlatanisme. *V.* au mot VÉGÉTAL.

(T. D. B.)

NAUCLÉE, *Nauclea.* (BOT. PHAN.) Genre de la famille des Rubiacées et de la Pentandrie monogynie, établi par Linné et rectifié par les modernes, qui y ont ajouté la plupart des espèces intéressantes qu'il renferme. Le *Cephalanthus*, L., n'en diffère que par le nombre quaternaire de ses parties florales; et l'*Adena* de Salisbury, par le nombre limité de ses graines. Les Nauclées sont

(1) La notion de la Providence n'est nullement obscurcie et intéressée dans des recherches où il ne s'agit que d'une plus grande extension accordée aux causes secondes... (ABEL RÉMUSAT, *Journal des Savans.*)

des arbustes ou des arbres indigènes des contrées équinoxiales; leurs feuilles sont opposées, veinées, entières, munies de stipules; leurs fleurs, réunies en capitules sur un réceptacle sphérique et velu, présentent un calice anguleux, à cinq dents peu marquées; une corolle tubuleuse, grêle, à cinq divisions, cinq étamines à peine saillantes; un style long, surmonté d'un stigmate capité; enfin une capsule composée de deux coques ou loges polyspermes, fixées par le sommet à un axe central, et se séparant par la base; les graines sont fort nombreuses, bordées, et insérées par un funicule sétacé aux bords de la suture interne de la capsule.

Parlons d'abord de la Nauclée gambir, *N. gambir*, Hunter, à qui l'on doit la Gomme kino (*voyez* cet article). C'est un arbrisseau sarmenteux qui atteint une assez grande hauteur. Sa tige est recouverte d'une écorce rouge-brun; ses rameaux lisses et arrondis se divisent en branches opposées et étalées. Ils portent des feuilles ovales-pointues, réfléchies, glabres, marquées en dessous de veines transversales; à leur base sont deux stipules ovales et caduques. Les pédoncules floraux, solitaires et plus courts que les feuilles, ont vers leur milieu une collerette de quatre bractées ovales-aiguës, réunies par la base; les fleurs sont agrégées en fort grand nombre, et sessiles sur un réceptacle sphérique.

Cet arbrisseau, indigène de l'Inde et des îles asiatiques, a été décrit par Rumph sous le nom de *Funis uncatus*; d'après la figure qu'en donne ce voyageur (*Herb. Amb.*, lib., 5, t. 54), Poiret a cru devoir en distinguer trois espèces ou variétés, savoir le *N. gambir*, le *N. longiflora* et le *N. lanosa*. (Encyclopédie méthodique.)

La Nauclée orientale, *N. orientalis*, Willd., est un arbre élevé, à tronc droit, dont les branches se divisent en rameaux opposés, étalés, presque nus dans toute leur longueur; les feuilles naissent rapprochées à leur sommet, elles sont ovales-elliptiques, très-entières, luisantes et coriaces, marquées en dessous de nervures alternes et saillantes. Les fleurs forment un capitule arrondi.

Cette espèce est le *Katou-Tsjaka* de Rheede, *Hort. Malab.*, III, t. 33, et le *Nauclea citrifolia* de Poiret. Celle qui est décrite dans l'Encyclopédie avec l'épithète d'*orientalis*, est le *N. purpurea* de Roxburgh, le *Cephalanthus chinensis* de Lamarck, ou le *Bancalus angustifolia* de Rumph.

La Nauclée de la Guiane, *Nauclea guianensis*, Poiret, *Draparia* d'Aublet, *Uncaria aculeata* de Willdenow et Schreber, est un arbrisseau à tiges grimpantes et rameuses; ses feuilles sont ovales-aiguës, glabres, munies à leur base de stipules larges et triangulaires. Aux aisselles de la plupart des feuilles naissent une ou deux épines, d'abord droites, puis recourbées en crochets larges et aplatis. (*V.* Plantes de la Guiane, p. 178, t. 68.)

Ajoutons ici un mot sur une des trois ou quatre espèces du genre *Cephalanthus*, qui, comme nous l'avons dit, diffère du Nauclea par le nombre quaternaire de ses parties florales; il a quatre divisions au calice et à la corolle; quatre étamines et une capsule à quatre loges dont deux avortent. On cultive dans nos jardins le *Cephalantus occidentalis*, L., dit vulgairement *Bois-bouton*, à cause des têtes blanches dont ses rameaux se garnissent en été; ses feuilles sont opposées ou ternées, ovales-aiguës, molles, lisses en dessus, quelquefois velues en dessous. Cet arbrisseau vient de l'Amérique septentrionale. (L.)

NAUCORE, *Naucoris*. (ins.) Genre d'Hémiptères, de la section des Hétéroptères, famille des Hydrocorises, tribu des Népides, ayant pour caractère : labre méplat, triangulaire, libre, recouvrant une partie du rostre; antennes sétacées de quatre articles cachées sous les yeux; pattes antérieures ravisseuses, le tibia et le tarse soudés ensemble pour former un grand crochet; fémurs très-épais; les quatre tibias postérieurs ciliés, portant un tarse aussi long qu'eux, de deux articles, et terminé par des crochets. Ces insectes ont le corps déprimé, méplat, la tête droite a sa partie antérieure, beaucoup plus large que longue, presqu'entièrement enfoncée dans le corselet; le rostre est court et le labre triangulaire, les yeux sont méplats et occupent les deux côtés de la tête; les antennes ont leurs trois premiers articles cylindriques et le dernier plus grêle; le corselet est transversal, deux fois plus large que haut, emboîtant la tête des deux côtés; l'écusson est triangulaire, grand, les élytres sont lisses et n'offrent presque pas de nervures. Ces insectes, sous tous leurs états, sont tous très-carnassiers, et attaquent tous les autres insectes aquatiques; ils nagent avec beaucoup de rapidité au moyen de leurs pattes ciliées; ils volent de même assez bien pour se transporter d'une mare dans une autre, mais seulement la nuit; il faut, quand on les saisit, prendre quelque précaution; car leur rostre court et robuste peut piquer avec violence. On en connaît de presque tous les pays.

N. Cincicoïde, *N. Cincicoides*. Geoff., long de six lignes; jaune verdâtre en dessous, vert livide en dessus; le corselet et la tête sont comme marbrés de brun et de vert, avec une bande verte à la partie postérieure du corselet et une autre perpendiculaire à celle-ci au milieu; le bord des segmens abdominaux dépasse les élytres en forme de scie et les marque alternativement de jaune et de noir. Commun aux environs de Paris. (A. P.)

NAUCRATE. *Naucrates*. (poiss.) On donne ce nom à une division du genre Centronote, que l'on désigne plus communément sous le nom de Pilote, de l'habitude que ces poissons ont de suivre ou d'accompagner les navires, et de celle qu'on leur prête de conduire le requin. *Voy.* le mot Pilote de ce Dictionnaire. (Alph. G.)

NAUSÉES. (physiol.) Sensation interne qui annonce le besoin de vomir; elle consiste en un malaise général, avec un sentiment de tournoiement, soit dans la tête, soit dans la région épigastrique; la lèvre inférieure devient tremblante, et la salive coule en abondance. (Magendie, *Physiologie*). Ces premiers phénomènes sont le plus ordinairement suivis de tous ceux du vomissement; souvent aussi les Nausées sont fréquentes, mais sans que l'action de vomir en soit la conséquence. Les Nausées sont presque toujours déterminées par l'irritation de l'un des points du canal digestif ou de tout autre organe, comme le cerveau et l'utérus. On sait qu'elles accompagnent fréquemment les premiers mois de la grossesse; une vive émotion, la vue d'un objet répugnant détermine des Nausées chez les individus facilement excitables. Ce phénomène est, on le voit, entièrement nerveux.

(P. G.)

NAUTILE, *Nautilus.* (MOLL.) Les anciens ont parlé sous le nom de Nautiles, de deux espèces d'animaux, dont l'une, moins explicitement décrite, pourrait être le Nautile des modernes, ce qui n'est cependant pas hors de doute; tandis que l'autre est certainement le Poulpe de l'Argonaute. Aristote s'exprime ainsi au sujet de ces animaux: « Il y a encore deux genres de Poulpes; mais ils habitent des coquilles; le premier est nommé Nausile par les uns, et Nautile par les autres. L'animal est semblable à un Poulpe, et sa coquille est un Pétoncle concave; il n'y est pas réuni. Cet animal, qui est petit et assez semblable aux Bolytènes, cherche ordinairement sa nourriture le long des terres; quelquefois les vagues le jettent sur la côte, et, sa coquille venant à tomber, il est surpris et meurt sur la terre. Le second, qui a une coquille, est comme le Limaçon; il n'en sort pas; il y reste comme le Limaçon, mais il étend quelquefois ses bras au dehors. » Dans un autre passage le même auteur rapporte que « le Poulpe Nautile est de la nature des animaux qui passent pour extraordinaires; car il peut flotter sur la mer; il s'élève du fond de l'eau, la coquille étant renversée, afin de le faire plus facilement et qu'elle soit vide. Mais, arrivé à la surface, il la retourne. Il a entre les bras une espèce de tissu semblable à celui qui réunit les doigts des oiseaux palmipèdes, et qui n'en diffère qu'en ce qu'elle est beaucoup plus mince et comme arachnoïde; il se sert de ce tissu lorsqu'il fait un peu de vent, en laissant tomber pour lui servir de gouvernail les bras de chaque côté. Au moindre danger, il plonge dans la mer, en remplissant d'eau sa coquille. Quant à l'origine et à l'accroissement de cette coquille, il n'y a jamais rien eu de certain. Elle ne paraît pas engendrée par l'accouplement, mais naître comme les autres coquilles; encore cela n'est-il pas évident, pas plus que s'il peut vivre sans elle ».

Pline, Oppien, Elien, etc., ont aussi parlé des Nautiles; parmi les auteurs de la renaissance qui s'en sont aussi occupés, nous citerons Rondelet, qui emprunte à Aristote les détails de son texte, et qui figure comme étant la première espèce (celle qui est indubitablement le Poulpe de l'Argonaute. *V.* ce mot), une espèce de Céphalopode à bras non palmés et dont les bras n'ont qu'une seule rangée de tentacules, c'est-à-dire l'Élédone. Il ne parle de la coquille que l'on nomme aujourd'hui Nautile, que comme d'une cochléide appelée vulgairement Margaritifère, et il reproche sévèrement à Belon d'avoir supposé que ce pouvait être un des Nautiles d'Aristote. Gesner ajoute aux détails compilés qu'il reproduit sur le même animal, qu'il a reçu d'un médecin anglais nommé Fauconnier, le dessin d'un mollusque dont la coquille est bien évidemment celle de la seconde espèce de Belon (le Nautile des modernes). Rumphius, le seul auteur, sauf le médecin cité par Gesner, qui ait vu les animaux des deux coquilles regardées jusqu'ici comme des Nautiles, confondit encore sous ce nom les espèces sans cloisons et celles qui sont cloisonnées (les Argonautes et les Nautiles). Rumphius donna une figure du Nautile cloisonné, celui que l'on nomme encore ainsi, et les détails qu'il fournit sur son animal en 1710, ont été jusque dans ces dernières années les seuls qu'on ait possédés. Car, bien que la coquille des Nautiles ne soit pas rare, il est extrêmement difficile de se la procurer avec l'animal; telle est encore la SPIRULE (*voy.* ce mot), dont il n'a pas été revu un seul échantillon complet depuis celui qu'a rapporté Peron et qui avait été trouvé mort à la surface de la mer. Le genre actuel des Nautiles comprend deux espèces vivantes et plusieurs autres qu'on ne connaît qu'à l'état fossile. Ces mollusques appartiennent à l'ordre des Céphalopodes polythalames cloisonnés, lequel comprend, comme on sait, un très-grand nombre d'espèces fossilisées, et trois seulement (la Spirule et deux Nautiles) aujourd'hui vivantes. Ils sont marins comme tous les autres Céphalopodes, et sont des animaux de haute mer. Leur coquille polythalame discoïde est plus ou moins large, enroulée verticalement et symétrique. Le dernier tour de spire, pl. 403, fig. 3, plus grand que les autres, les cache entièrement; les cloisons (4, *a*) sont simples, concaves, percées par un siphon (3 et 4, *b*), et il y a une impression musculaire, point d'attache de l'animal à sa coquille, double, latérale et arrondie. On ne connaît l'animal que d'une seule espèce de ces mollusques, le Nautile flambé, qui vit dans la mer des Indes; la description qu'en a publiée Rumphius est aujourd'hui remplacée par celle de M. Owen. Vainement, depuis l'époque de la publication de l'ouvrage du Hollandais Rumphius, les zoologistes avaient recommandé avec les plus vives instances aux navigateurs qui ont traversé l'Océan des Moluques, où le Nautile se trouve en abondance, de tâcher de se le procurer; aucun n'avait pu y parvenir, lorsque, dans ces dernières années, un individu du sexe mâle fut rapporté en Angleterre dans un bon état de conservation et fut donné au collége des chirurgiens de Londres. Le conseil de ce collége eut l'heureuse idée de confier l'examen anatomique de ce curieux mollusque au scalpel de M. Owen, et de voter les fonds nécessaires pour que le travail de cet anatomiste pût être publié avec tous les détails nécessaires dans un cas semblable. Cet animal du Nautile flambé, est, comme l'indique cette coquille, d'une assez grande taille, de forme subglobuleuse ou du moins généralement assez court, quand on le considère en masse. Comme dans tous les animaux mollusques céphaliens ou céphalidiens, son corps est formé de deux parties assez distinctes, quoique peu séparées cependant, l'une viscérale (4, *c*), l'autre céphalique (4, *d*). La première, deux fois au moins aussi développée que la seconde, est celle qui est placée à demeure et même fixée dans la dernière loge de la coquille, son véritable réceptacle ; aussi a-t-elle exactement la forme de cette même loge ; elle est pourvue d'un petit appendice tubiforme qui s'insère dans le trou siphoné dont cette cloison est percée (fig. *g*). Du reste, cette masse viscérale est tout-à-fait lisse et revêtue d'une peau fort mince, si ce n'est à son point de jonction avec la partie céphalique. En effet, dans cet endroit elle forme en se prolongeant un rebord libre assez épais, qui constitue ce qu'on nomme le collier dans les animaux mollusques gastéropodes. C'est ce lobe libre du manteau qui tapisse antérieurement et supérieurement la coquille jusqu'à son bord, en lui donnant sa forme, et qui, par des appendices cruriformes, se prolonge dutae chaque côté jusqu'à l'ombilic, remplit celui-ci et le consolide par la matière crétacée qu'il y dépose, ainsi que sur le dos de l'avant-dernier tour ; la masse céphalique est placée obliquement au dessus de la partie antérieure de la précédente et beaucoup plus petite qu'elle. On y remarque en dessus une espèce de plaque charnue, épaisse, bombée dans son milieu et fortement amincie à sa circonférence. M. Owen lui donne le nom de Capuchon, parce qu'en effet elle avance pour recouvrir la masse des tentacules. De chaque côté, au dessous de l'angle de ce capuchon, est un œil pédonculé (4, *e*), fort gros, percé d'une pupille remarquable par sa petitesse et parfaitement ronde. Cet organe paraît pouvoir se retirer et se mettre à l'abri sous l'avance de la plaque cuculliforme. En avant, mais à quelque distance de l'œil, ainsi qu'en arrière tout-à-fait contre lui, est implanté un cirrhe tentaculiforme, cylindrique, obtus, médiocrement allongé ; enfin toute la partie antérieure de la masse céphalique est formée par un double faisceau bilatéral de tentacules coniques, assez longs, un peu inégaux. Ces tentacules (4, *f*), beaucoup plus nombreux que ceux des Céphalopodes du premier ordre, offrent tous la singularité d'être composés d'une gaîne épaisse, de laquelle sort, par un orifice terminal, le véritable tentacule, d'un diamètre beaucoup plus petit que celle-là, assez long et annelé en travers. En écartant ces deux masses de tentacules, on remarque deux autres paires de séries verticales de cirrhes buccaux ou labiaux. *Voyez* pour plus de détails le Mémoire de M. Owen et l'Extrait raisonné, accompagné d'une Etude minutieuse de la coquille, donné par M. de Blainville dans les Nouvelles Annales du Muséum, tom. III.

Le NAUTILE FLAMBÉ, *Nautilus Pompilius* (pl. 403, fig. 3 et 4), qui atteint jusqu'à près de huit pouces dans sa grande hauteur, est commun dans la mer des Grandes-Indes et surtout vers les îles Moluques. La coquille nous vient fréquemment par le commerce, à cause de la belle nacre que les tabletiers et les bijoutiers en retirent. Les cloisons les plus petites et les plus excavées sont employées pour faire des pendans d'oreilles. Les Orientaux, en enlevant la couche non nacrée de cette coquille, en font des vases à boire d'un grand éclat, sur lesquels ils gravent des figures diverses. Anciennement on en faisait de même en Europe, et l'on ne trouvait de ces vases que chez les grands seigneurs ; aujourd'hui ils sont presque entièrement relégués dans les cabinets de curiosités.

La seconde espèce vivante est le NAUTILE OMBILIQUÉ, *N. umbilicatus*, qui est plus rare que le précédent (pl. 403, fig. 2).

Les Nautiles fossiles étaient contemporains des Ammonites ; mais on en trouve aussi dans des couches où ces dernières n'existent plus.

(GERV.)

NAVET, *Brassica napus*. (BOT. PHAN.), Linn. Espèce du genre Chou, de la tribu des Brassicées ou Orthoplocées-siliqueuses, famille des Crucifères de De Candolle, et de la Tétradynamie siliqueuse de Linné.

Par suite du renvoi indiqué à l'article CHOU, nous donnons ici la description de cette utile espèce, dont nous indiquerons les principales variétés sous le rapport économique.

Le Chou Navet a produit deux variétés principales : la Navette, dont il sera question dans l'article suivant, et le Navet proprement dit.

Le Navet : plante bisannuelle, indigène, racine fusiforme, renflée au collet ou turbiniforme, d'une saveur douce, agréable, sucrée, dont le tissu épidermique a un goût piquant ; feuilles radicales oblongues, lyrées, couvertes de poils qui les rendent rudes au toucher, ainsi que celles de toute la plante ; feuilles caulinaires, un peu cordiformes et amplexicaules ; fleurs jaunes ou blanchâtres, disposées en grappes lâches et terminales ; le fruit est une silique d'un pouce de longueur environ, contenant des graines, petites, arrondies, brunâtres, d'une saveur âcre et piquante.

Les Navets sont l'objet d'une culture importante, tant dans nos potagers que dans nos champs ; mais leur qualité varie singulièrement selon la nature du terrain où ils végètent. Celui où les produits paraissent les meilleurs, est léger, sablonneux et profond. On distingue un grand nombre de variétés de Navets, dont nous citerons les plus accréditées, d'après l'honorable M. Poiteau, dont les recherches savantes sur nos produits agricoles sont assez connues.

Nous diviserons avec lui les Navets en trois sections distinctes ; 1° Navets secs, à chair fine, serrée, ne se délayant pas en cuisant. Dans cette première section, nous comprendrons : le Freneuse, petit et demi-long ; le Navet de Meaux, en forme de Carotte effilée ; le Saulieu, de même forme, à écorce noirâtre ; le Petit-Berlin ou Teltau, le plus petit des Navets, et dont les feuilles sont de la grandeur de celles du Radis ; (*Raphanus sativus*), le Jaune-long, excellente espèce, venue récemment des Etats-Unis.

Tels sont les Navets les plus estimés pour assaisonner les ragoûts; mais nous ferons observer que, s'ils réussissent dans les terrains légers et sablonneux, ils deviennent véreux et filandreux dans les terres fortes.

2° Navets tendres. Le Navet des Vertus, oblong, blanc, hâtif, excellent; le Navet des Sablons, turbiné, blanc, fort bon; le Navet rose du Palatinat, à collet rose, chair tendre et douce; le gros long d'Alsace, peu délicat et d'un volume énorme; le Navet de Claire-Fontaine, très-long et sortant à moitié de terre; les Navets blanc-plat et rouge-plat, tous deux hâtifs; la Rave du Limousin, Rabioule ou Turneps, qui, quoique cultivée en grand pour la nourriture des bestiaux, ne laisse pas d'être fort bonne aussi pour nos tables. Les Navets de cette section ont le goût moins fin que ceux de la première, mais ils ont l'avantage de réussir mieux dans toute espèce de terrain.

3° Navets demi-tendres; le jaune de Hollande, rond, chair jaune; le jaune d'Ecosse, qui résiste le mieux aux gelées; le jaune de Malte, petit, rond, très-hâtif, venu depuis peu des Etats-Unis; le noir d'Alsace, long, le meilleur de cette section; le gris de Morigny, de forme un peu arrondie.

La saison ordinaire pour semer les Navets en plein champ, est de juin à août; mais cette coutume doit varier selon l'état de la température et la nature des terrains. Ainsi, dans les terres légères, on peut semer jusqu'en septembre, et si le temps est humide, on peut le faire dès le mois de mai. Quelques horticulteurs, pour obtenir des Navets l'été, sèment de la vieille graine (cela est nécessaire dans ce cas) dès mars et avril; mais ils réussissent peu, parce que ces Navets ne montent pas convenablement.

Les semis se font ordinairement à la volée, dans une terre fraîchement remuée, et en choisissant autant que possible un temps pluvieux pour cette opération. Il serait néanmoins beaucoup plus profitable de les faire en rayons; le binage et le sarclage en seraient plus faciles, et le travail moins dispendieux. Dans les jardins, on sème les Navets pour en jouir en toute saison, dès le mois de mars, jusqu'en septembre, et en cas de sécheresse, il est nécessaire de tenir le semis ou le jeune plant humide, jusqu'à ce qu'il ait plusieurs feuilles.

Lorsqu'au printemps, les Navets commencent à monter en graine, leurs jeunes pousses, bouillies et mangées avec de la viande, ou assaisonnées au beurre, font un fort bon manger, et sont d'un grand usage chez nos voisins d'outre-mer. Ces pousses seront encore meilleures et plus tendres, si on les fait blanchir à la cave, ou dans une serre à légumes; il est nécessaire de jeter la première eau, pour leur ôter leur amertume naturelle.

Le Navet est un aliment sain et assez recherché, quoique venteux. En thérapeutique, il passe pour pectoral, incisif et diurétique. On sait que les plus grosses espèces servent avec avantage à la nourriture et à l'engraissement de tous les bestiaux.

Il croît spontanément en France, dans les contrées sablonneuses qui bordent l'Océan dans nos provinces occidentales. C'est de là qu'il a été introduit dans nos cultures, où il a produit tant et de si excellentes variétés, comme nous venons de l'indiquer. Dans l'état sauvage, à peine sa racine, presque fusiforme, indique-t-elle par un léger renflement au collet, ce qu'elle deviendra, grâce aux travaux intelligens des hommes.

On conçoit facilement que, pendant l'hiver, on a dû chercher à conserver une racine si précieuse, et dont l'importance est si grande, surtout dans nos campagnes. Plusieurs moyens ont été indiqués. Nous mentionnerons les plus usités. La récolte des Navets doit avoir lieu dès les premières gelées, et même avant si le temps le permet, c'est-à-dire qu'il faut choisir pour cette opération un temps sec. Les Navets arrachés sont transportés dans un lieu aéré, un grenier, par exemple, et là, sur de légers lits de paille superposés, on les couche horizontalement, en prenant garde que les Navets soient bien sains et la paille bien sèche, sans quoi la pourriture gagnerait de proche en proche et détruirait infailliblement toute la récolte; quelques personnes les suspendent par petites bottes aux planchers, d'autres encore les placent dans des caves, sous des couches de sable fin et sec; tous ces moyens sont bons pour leur conservation.

Nous ne parlerons pas des diverses manières de préparer les Navets destinés à notre nourriture; mais nous dirons un mot de ceux que l'on conserve pour la nourriture des bestiaux, ou plutôt de la manière de les préparer pour cet usage. Toutes nos bêtes à cornes, et mêmes les porcs, mangent avidement les Navets, qu'on a eu soin de couper en grosses tranches, et qu'on leur sert crues ou cuites; dans ce dernier cas, on ajoute un peu de sel.

Les graines du *Brassica napus* peuvent servir aux mêmes usages que celles de l'espèce suivante, dont nous allons parler (*voy.* Navette); mais comme, si l'on laissait monter le Navet en graine, sa racine perdrait en partie ses qualités nutritives et sucrées, on n'en laisse qu'une très-petite partie parcourir toutes les phases de leur végétation, et seulement, pour se procurer des graines fraîches pour ensemencer de nouveau; car ces graines ne peuvent guère se garder plus de deux ans; passé ce laps de temps, elles sont sujettes à rancir.

Quand les jeunes Navets commencent à sortir de terre, ils sont attaqués et dévorés par plusieurs genres d'insectes, mais particulièrement par l'Altice potagère (*Altica oleracea*), vulgairement le Tiquet. Nous ne rapporterons pas la foule de procédés indiqués par le charlatanisme ou l'ignorance pour détruire ce fléau, tels que la cendre, la suie, etc., mêlées aux graines, quand on les sème ou quand le jeune plant commence à lever. Le seul moyen rationnel, le seul vrai, d'un succès sûr, mais qui est pénible, est de récolter les insectes et de les brûler ou de les écraser, particulièrement les femelles. Tout autre moyen, et il y en a cent indiqués par les agriculteurs, a échoué, et cela se conçoit facilement. Il en est de ces insectes comme des Hannetons, dont la larve, sous le nom de Ver blanc, cause tant de désastres dans nos forêts et nos parcs. Mille moyens pour les détruire ont échoué de même, et la récolte seule des Hannetons a eu du succès. Il en sera de même pour les insectes qui dévorent les potagers et les champs; seulement, en raison de leur petitesse, la récolte en sera plus longue, plus difficile, mais d'un succès certain. (C. Lem.)

NAVET. (moll.) Les marchands donnent ce nom à plusieurs coquilles des genres Cone, Turbinelle, etc. Tous ces noms ne sont plus usités en histoire naturelle. (Guér.)

NAVETTE. (bot. phan.) *Brassica napus*, Var. *Oleifera*, D.C. Cette plante est une simple variété de la précédente; mais la racine n'acquiert jamais la dimension de celles du Navet, et reste à peu près fusiforme. Elle est encore grêle, oblongue, fibreuse; la tige est glabre, rameuse, haute de deux pieds environ, feuilles amplexicaules, glabres, subpinnatifides, crénelées; fleurs petites, ordinairement jaunes, quelquefois blanches ou tirant sur le violet, et à odeur forte, non désagréable, attirant de loin une foule d'insectes, et particulièrement les abeilles.

La Navette, le Colza et la Moutarde sont des plantes cultivées en grand dans nos champs, pour récolter leurs graines, dont on retire une huile excellente, propre à l'éclairage, à la préparation des laines et à la fabrication du savon noir; fraîche, on l'emploie aussi comme alimentaire. Nous avons décrit la Moutarde (*voy.* ce mot), et nous avons parlé des propriétés de ses graines, qui sont à peu près les mêmes que celles des graines de la Navette, et souvent elles sont confondues les unes avec les autres, ainsi que les plantes elles-mêmes, qui se ressemblent assez.

La Navette n'est point difficile sur le choix du terrain; le plus souvent on la fait succéder aux céréales, dont on se contente d'enterrer les chaumes, sans prendre la peine de mettre d'autre engrais. Cependant, dans quelques contrées septentrionales, on a la précaution de jeter un peu de litière à la surface du champ semé de Navettes, pour protéger le jeune plant contre les fortes gelées. Six à huit livres de graine servent ordinairement pour en ensemencer un hectare. Le terrain que l'on destine à sa culture est préparé par plusieurs labours; on sème ensuite, soit à la volée, soit en rayons; on a soin de biner, ou au moins de sarcler, autant qu'il en est besoin, et l'été suivant, aussitôt que les siliques (graines) commencent à jaunir, ce qui indique leur maturité, il faut avoir soin de les récolter; car, plus tard, de la déhiscence des siliques par maturité complète, résulterait une déperdition de graines sur le sol (égrainement), qui deviendrait un dommage réel pour le cultivateur.

Cette sous-variété, qui se sème, comme il vient d'être indiqué, de juillet à septembre, même jusqu'en novembre, et que l'on récolte l'été suivant, est dite Navette d'hiver.

Il existe une autre variété de l'espèce précédente (autre sous-variété du genre) que l'on appelle Navette d'été ou quarantaine, parce qu'elle ne met guère que soixante ou quatre-vingts jours pour achever son entière végétation, et qu'elle est en fleurs quarante jours environ après l'ensemencement. Elle se sème au printemps, avec les précautions usitées pour l'autre; elle est moins productive, mais elle a l'avantage de remplacer la Navette d'hiver, lorsque la rigueur de l'hiver ou toute autre cause détruit celle-ci en tout ou en partie.

Dans la Navette cultivée pour le fourrage, on laisse le plant pousser à volonté; mais dans celle destinée à faire de l'huile ou à grainer, il faut prendre les précautions d'usage pour la beauté du plant, c'est-à-dire éclaircir, biner et sarcler.

La récolte de la Navette se fait comme pour les céréales, à la faucille ou mieux à la faux. On choisit pour cette opération, autant que possible, un temps sec, afin que les tiges et surtout les graines ne conservent point d'humidité; on les lie en javelles, qu'il vaut mieux ne point laisser quelques jours sur le terrain, pour les sécher, mais transporter de suite sous le hangar, où on les met en meule, les siliques tournées en dehors; il est bon encore de les suspendre, les siliques en bas, si l'espace le permet. Au bout de cinq à six jours, on les bat aux baguettes sur de grandes toiles, non sur l'aire, où beaucoup de graines se perdraient, et se mêleraient à la poussière. On les passe ensuite au crible fin pour séparer les grosses d'avec les petites (les graines des siliques inférieures étant plus grosses que celles des siliques supérieures).

Les petites graines, donnant sous la meule moins d'huile que les grosses, sont jetées pour nourriture aux poules, ou vendues pour les oiseaux de volière, auxquelles on la donne rarement pure, mais mêlée à celle de Millet.

C'est un fait digne de l'attention du physiologiste, que de remarquer jusqu'à quel point l'embryon de ces graines conserve de force vitale. En effet, quand on a écrasé sous la meule pour en tirer toute l'huile qu'elles pouvaient contenir, les grosses graines triées à cet effet, ou quand elles ont été torréfiées, pour mieux en extraire toute la matière oléagineuse, quand encore leurs résidus, pétris en gâteaux, sont à leur tour écrasés et réduits en poudre pour servir d'engrais, les champs ou les jardins qui ont reçu de cet engrais, se couvrent cependant en peu de temps de pieds de Navettes.

Bien certainement, les graines n'ont pu résister aux diverses pressions qu'elles ont subies; certainement encore, elles ont dû être réduites en fractions bien minimes; le feu ensuite a dû en altérer tout-à-fait les forces végétatives; et voici cependant des pieds de Navettes forts et vigoureux qui végètent dans ce champ couvert de leurs débris!

Il serait utile de déterminer par des expériences sûres jusqu'à quel point ces graines peuvent prouver cette incroyable force de végétation. Ce serait acquérir un fait utile à la science.

Destinée à servir de fourrage, la Navette se sème aussitôt la moisson, fort drue, et à raison de de vingt livres environ par hectare. Cultivée dans les jardins par demi-printanniers, ses jeunes pousses se préparent et se mangent comme celles de l'espèce précédente. (C. Lem.)

NAVICELLE, *Navicella*. (moll.) Nom donné par Lamarck à un genre de Mollusques qu'il avait déjà désigné sous le nom de Nacelle, après l'avoir démembré de ses Crépidules, où il l'avait d'abord placé ; que Férussac avait antérieurement décrit comme un genre à part sous le nom de *Septaire*, et Montfort sous celui de *Cambry*. Chemnitz, qui avait compris mieux que tous ses prédécesseurs les rapports des Navicelles, les avait rapprochées des Nérites, et l'espèce qui fut décrite par Gmelin sous le nom de *Patella porcellana*, était pour lui la *Nerita porcellana*. Ce classement, quelqu'heureux qu'il soit, paraît avoir été oublié; car, lorsqu'en 1807 Férussac proposa de former sous le nom de Septaire un genre à part des animaux qui nous occupent, ce fut sans citer Chemnitz; et Bory de Saint-Vincent, dans la relation de son voyage dans les quatre principales îles de la mer d'Afrique, en décrit une espèce sous le nom de *Patella borbonica*, et plus tard, quand Lamarck eut à son tour reconnu les affinités des Navicelles, ou plutôt de ce qu'il appelait alors ses Nacelles, avec les Nérites fluviatiles, Cuvier continua à les placer parmi les Scutibranches, à côté des Crépidules ; et plus tard, dans son Journal des annonces, Férussac proposa de les rapprocher des Ancyles de Geoffroy. Les doutes que l'on conservait sur l'organisation de l'animal, encore tout-à-fait inconnu, et quelques particularités de la coquille, pouvaient seules empêcher ces savans observateurs de se ranger à l'opinion de Lamarck; mais M. Deshayes, dans les Annales des sciences naturelles, proposa le genre Piléole de Sowerby comme intermédiaire entre les Navicelles et les Néritines, et MM. Quoy et Gaymard, en rapportant de leurs voyages autour du monde plusieurs individus du *Patella borbonica* bien conservés, ont fourni enfin les élémens de la solution de ce problème. Ce fut M. de Blainville qui fit l'anatomie de cet animal, et c'est à lui que nous allons emprunter ses caractères et les points les plus intéressans de son organisation, qui, comme on le voit, confirment de la manière la plus évidente, le rapprochement effectué par Lamarck. « Le corps de ce Mollusque, dit ce savant auteur, est ovale, plus ou moins allongé, comme l'indique la forme de la coquille, et bombé en dessus, la masse viscérale ne formant qu'une petite pointe au-delà du bord postérieur ou pied, presque médiane ou à peine recourbée à gauche, et plane en dessous; la peau qui l'enveloppe sur le dos est fort mince sur toutes les parties recouvertes par la coquille, et ce n'est que sur les bords qu'elle prend un peu plus d'épaisseur; ces bords n'offrent, cependant, aucune trace de papilles tentaculaires. Au dessus du cou ou de la partie antérieure du corps, la peau forme une avance assez grande, d'où résulte une cavité un peu oblique de gauche à droite. La partie inférieure du corps est occupée par un disque musculaire elliptique, fort grand, à bords minces et subpapillaires, qui s'avance assez au dessous de la tête, de manière à pouvoir sans doute la dépasser dans le vivant, mais, du reste, débordant assez peu la masse des viscères : il n'offre pas de sillon transversal antérieur. Quoiqu'il paraisse complétement abdominal, c'est-à-dire étendu dans toute la longueur de la masse viscérale, un peu comme dans les Limaces et les Doris, et surtout comme dans les Patelles, il est réellement trachélien, c'est-à-dire que son pédicule d'insertion à la masse des viscères, et par suite à la coquille, est très-antérieur. Mais ce qui donne à ce Mollusque l'apparence d'un Gastéropode, c'est que les deux faisceaux latéraux du muscle columellaire qui attachent l'animal à sa coquille, s'élargissent d'arrière en avant, de manière à accompagner la masse viscérale assez loin en arrière, et à comprendre ainsi la partie postérieure du pied sous la masse viscérale, en laissant toutefois une cavité largement ouverte en arrière entre ces deux parties; c'est dans cette cavité, et adhérant à la face dorsale de la partie postérieure du pied, qu'est l'opercule, dont nous parlerons plus loin, c'est-à-dire à l'endroit où il est dans tous les mollusques operculés et complétement libre du sac abdominal. La partie antérieure encéphalique du corps ressemble beaucoup à ce qui a lieu dans les Nérites : elle est large et déprimée; la tête l'est surtout beaucoup et de forme semi-lunaire; les tentacules qu'elle porte sont coniques, contractiles et très-distans entre eux ou bien latéraux; les yeux qui sont situés à leur côté externe, ils sont portés sur de courts pédoncules, également comme dans les Nérites; la bouche, complétement inférieure, a son orifice longitudinal ou dirigé d'avant en arrière; elle est grande ; je n'ai pu y apercevoir aucune trace de dent supérieure ou labiale ; mais dans son intérieur on trouve deux espèces de lèvres longitudinales, séparées par un sillon médian et garnies de denticules recourbées en arrière; ces deux lèvres se rapprochent postérieurement, se réunissent et ne forment plus qu'un seul ruban lingual, hérissé, qui se prolonge dans la cavité abdominale. L'œsophage, qui naît directement de la cavité buccale, est court et étroit; peu après son entrée dans l'abdomen, il se renfle en un estomac membraneux, de médiocre étendue, situé à gauche et enveloppé dans les lobes hépatiques, comme à l'ordinaire. Le canal intestinal qui en sort, après un petit nombre de circonvolutions, se dirige d'arrière en avant, puis obliquement de gauche à droite, et vient se terminer par un petit tube flottant à droite au plafond de la cavité branchiale. Cette cavité, que nous avons vu plus haut être formée au dessus de la partie antérieure du corps par une avance arrondie du manteau, est grande, vaste, et s'ouvre largement en avant, sans trace de tube ou d'auricule propre à introduire le fluide ambiant dans son intérieur. Elle ne renferme qu'une seule grande branchie en forme de peigne ou de palme allongée et dirigée obliquement d'arrière en avant et de gauche à droite; elle est si longue que, dans l'état de vie, elle peut sans doute être sortie hors de la cavité qui la renferme. Sa structure n'offre du reste rien de particulier. Ce que j'ai pu observer de l'appareil circulatoire, ne m'a non plus rien offert de remarquable. Le cœur est toujours à l'angle postérieur et gauche de la cavité branchiale, et il fournit deux troncs aortiques; un postérieur, presque aussi gros que l'antérieur. Quant à l'appareil générateur, je n'en ai observé que les parties extérieures. Ce qu'il y a de certain, c'est que ce genre de mollusques est dioïque, comme les Nérites et genres voisins, c'est-à-dire que les sexes sont séparés sur des individus différens. Dans le sexe femelle, l'orifice de l'oviducte est situé dans la cavité branchiale, assez en arrière, tandis que la terminaison du canal déférent, dans les individus mâles, a lieu à la racine et en dessous de l'organe excitateur. Celui-ci, qui est plat, ridé, et probablement toujours sorti, est situé en avant du tentacule droit et presque dans la ligne médiane; caractère qui se retrouve également dans les Nérites.

D'après cette description de l'animal de la Navicelle, il est évident qu'il a tant de rapports avec les Nérites, qu'il est réellement assez difficile et peut-être inutile de l'en séparer, surtout si l'on continue la comparaison en considérant la coquille et même l'opercule. La coquille, comme nous l'avons dit plus haut, est ovale, allongée et subsymétrique, quoiqu'elle ne le soit évidemment pas tout-à-fait, puisque son sommet, fort peu marqué, incline constamment un peu de gauche à droite, et touche presque au bord postérieur; bombée médiocrement en dessus, elle est plate en dessous, de manière à ce que ses bords tranchans touchent tous les points d'un plan sur lequel on la pose; son ouverture est très-grande, semi-elliptique, au lieu d'être semi-lunaire comme dans les Nérites; le bord externe, tranchant, à branches presque égales, est encore augmenté, parce que la callosité du bord gauche, constituant ce qu'on nomme le palais dans les Nérites, se relève en arrière et se continue de manière à former un péristome non interrompu, comme cela a lieu dans la Nérite auriculée. C'est cette disposition qui a fait trouver dans cette coquille des rapports avec certaines Patelles, et surtout avec les Crépidules. Le véritable bord gauche interne ou columellaire a absolument la même forme que dans les Nérites, et surtout que dans les Néritines, avec cette différence, qu'il est beaucoup plus reculé; il est, du reste, transverse, en forme de cloison tranchante, comme dans ces dernières, et bien plus, il offre, comme elles, une échancrure médiane légère et une autre bien plus marquée à son extrémité droite pour l'appareil respirateur. La disposition du muscle de la columelle a produit des impressions musculaires presque égales, latérales, formant une sorte de fer à cheval, mais qui n'est pas plus fermé en arrière qu'en avant. C'est ce que l'on voit également dans les Nérites les plus ouvertes, avec la différence, que l'impression de droite est bien plus étroite et moins avancée que celle de gauche. Enfin il n'est pas jusqu'à la disposition squameuse des couleurs, à leur grande variation, qui n'offre encore une analogie évidente avec ce qui a lieu dans les Néritines.

Quant à l'opercule, qui reste à comparer, il faut convenir que c'est la partie qui offre le plus de différences. En effet, dans toutes les espèces de Nérites et de Néritines où j'ai eu l'occasion de l'observer jusqu'ici, il est toujours à découvert et mobile, c'est-à-dire que, dans la marche, l'animal le porte sur le dos de la partie postérieure du pied, le bord d'attache en avant, et le bord libre en arrière, ce qui est le contraire dans le repos, où il bouche complétement l'ouverture, quoique le bord d'attache touche toujours le bord columellaire de celle-ci. Un autre caractère, c'est qu'il est toujours spiré, du moins un peu, le sommet étant tout-à-fait à l'extrémité droite; le bord libre convexe; le bord adhérent souvent droit et muni d'une ou deux apophyses d'insertion, s'enfonçant en effet dans la partie du muscle columellaire qui va à l'opercule.

L'opercule de la Navicelle est réellement placé à peu de chose près, dans le même rapport avec le pied de l'animal que dans les Nérites. Une de ses faces est adhérente, et l'autre est libre; mais jamais celle-ci ne vient complétement à découvert par la manière dont les bords postérieurs du pied sont soudés, réunis à la masse viscérale, sans que cependant, elle lui adhère : aussi l'eau doit-elle passer nécessairement entre ces deux parties. Cet opercule offre aussi la particularité d'avoir une dent ou apophyse d'insertion musculaire à son bord antérieur et d'être libre par l'autre, celui par lequel se fait son accroissement; mais il diffère par sa minceur et sa forme parallélogrammique et sans rapport avec celle de l'ouverture de la coquille. A quoi sert-il donc ? C'est ce que je ne puis dire, n'ayant jamais vu la Navicelle vivante; mais il n'a pas trop l'air de n'être qu'une partie rudimentaire, comme cela a lieu, par exemple, dans les strombes et surtout dans les cônes, où l'opercule n'a pas non plus la forme de l'ouverture de la coquille, quelque profondément que s'y retire l'animal : en cela, cette espèce d'annihilation de l'opercule fait un passage évident pour les Olives, et les Porcelaines, qui en sont complétement dépourvues.

« Quoi qu'il en soit de la solution de cette question, il nous sera permis, je crois, ajoute M. de Blainville, de conclure de nos observations, que Chemnitz anciennement et M. de Lamarck récemment, ont avec juste raison placé la *Patella porcellana* ou *borbonica* parmi les Néritines, et que les principes conchyliologiques, bien entendus, auraient suffi pour amener la question au point de résolution où l'a mise l'examen de l'animal. »

M. Bory de Saint-Vincent, dans la relation déjà citée de son voyage dans les quatre principales îles d'Afrique, a donné quelques renseignemens sur les mœurs des Navicelles. Celle qu'il a observée à l'île Bourbon se trouve appliquée contre les rochers dans les torrens et les rivières. La femelle porte, appliqués sur le dos de sa coquille, de petits corps ovales et aplatis qui ne sont autre chose que les œufs ou de jeunes coquilles, dont les couleurs sont généralement plus élégantes que celles des adultes, en même temps que leur coquille est plus large, selon l'observation de M. de Blainville. Les Navicelles en marchant ne font sortir de leur coquille que les deux tentacules filiformes dont nous avons parlé, et un rebord membraneux circulaire, garni inférieurement de papilles et qui paraît être le manteau. Lamarck en décrit les trois espèces suivantes :

NAVICELLE ELLIPTIQUE, *Navicella elliptica*, Lamk., *Patella porcellana*, Gmel.; *Nerita porcellana*, Chemnitz, Conch., tab. 124, fig. 1082; *Patella borbonica*, Bory. Coquille ovale, elliptique, à sommet recourbé et un peu proéminent au-delà du bord; un épiderme d'un brun verdâtre recouvre sa coquille, qui est agréablement variée de blanc et de bleu, ou de noir et de jaune. Les jeunes sont plus arrondis que les adultes. C'est à cette espèce que se rapporte la description que nous avons citée de M. de Blainville. Elle se trouve aux îles de France, de Mascareigne et aux Moluques.

NAVICELLE RAYÉE, *Navicella lineata*, Lamk. Coquille plus allongée, plus étroite et plus mince que la précédente, diaphane, fragile; couleur d'un jaune orangé, varié de lignes d'un rouge brun, rayonnantes du sommet, qui est à peine saillant vers le bord, reflet nacré en dedans. Elle se trouve dans les rivières de l'Inde.

NAVICELLE PARQUETÉE, *Navicella tessellata*, Lamk. Un peu moins étroite que la précédente, mais elliptique, mince et diaphane; son sommet, qui ne fait pas saillie au dessus du bord, la distingue assez de la précédente; des taches quadrangulaires, jaunes et fauves, la colorent agréablement. Même patrie que la précédente.

(V. M.)

NAVICULAIRE. (ANAT.) De *navicula*, nacelle. On a donné ce nom en anatomie, 1° à l'enfoncement situé entre l'orifice du vagin et la commissure postérieure des grandes lèvres; 2° à la dilatation que présente la partie antérieure du canal de l'urètre, vers la base du gland; 3° enfin, à la dépression qui sépare les deux racines de l'Hélix.

(A. D.)

NAVICULE, *Navicula.* (MOLL.) Ce nom a été donné par M. de Blainvillle à une division des Arches dont la coquille a beaucoup d'analogie avec celle que l'on désigne vulgairement sous le nom d'Arche de Noé, *Arca Noemi.* (V. M.)

NAYADES. (MOLL.) Nom d'une famille créée par Lamarck, dans sa Philosophie zoologique, pour réunir les deux genres Mulette et Anodonte, dont Scopoli (Test. des Deux-Siciles) avait démontré l'analogie d'organisation. Plus tard, il fit également entrer dans le même groupe les genres Hyrie et Iridine, dont les coquilles ont en effet beaucoup de rapports avec celles des précédentes, à tel point que plusieurs auteurs ont proposé de faire des Iridines un sous-genre des Anodontes, bien à tort, il est vrai, puisque, comme on l'a reconnu depuis, les Iridines sont pourvues de sillons postérieurs, ce qui doit même les exclure complétement de la famille des Nayades. Lamarck plaça cette famille entre les Camacées et les Arcacées; mais Cuvier ne l'admit pas et continua à classer les Mulettes et Anodontes avec les Moules, les Cardites et les Crassatelles, dans la famille des Mytilacés.

(V. M.)

NÉBALIE, *Nebalia.* (CRUST.) C'est un genre de l'ordre des Stomapodes, de la première famille des Caridioïdes, *Caridioïdes*, Cours d'Entomologie, établi par Leach et adopté par Latreille, qui lui donne pour caractères : dix pieds divisés, jusque vers la moitié de leur longueur, en deux trompes sétacées; antennes latérales (premiers pieds, suivant Leach) insérées beaucoup au dessous des mitoyennes, et n'ayant pas d'écailles apparentes à leur base; queue terminée par deux appendices en forme de soies. Ce genre, que Latreille avait d'abord confondu avec les Mysis, a été placé par Montagu parmi les *Monoculus*, et Viviani en a fait des Cyclops. M. Edwards, d'après le mode d'organisation que ces crustacés présentent, dit qu'ils servent à établir le passage entre les Mysis et les Apus. Il se distingue des Mysis par les antennes latérales, qui ont une écaille à leur base dans ces derniers; les genres Mulcion et Cryptope en sont séparés par leur queue, qui est terminée par cinq feuillets; il en est de même chez les Mysis. Le genre Condylure en diffère par l'extrémité de son test, qui est divisé en plusieurs segmens ou articles inégaux, caractère qui sépare ce genre de tous les autres de la tribu. La carapace des Nébalies se prolonge jusqu'au dessous de la portion de l'abdomen qui donne attache aux pattes natatoires (considérées à tort par les auteurs, comme les analogues des pattes thoraciques des Décapodes); mais sa disposition est bien différente de ce qui se voit chez la plupart des Crustacés; en effet, le bouclier dorsal, au lieu de faire corps avec les anneaux qu'il recouvre et de remplacer en quelque sorte les pièces tergales de l'arceau dorsal de ces segmens, ne fait que se prolonger au dessus, sans même y adhérer; chacun des premiers anneaux de l'abdomen et chacun des anneaux thoraciques ainsi cachés sont aussi complets que chez les Malacostracés Edriophthalmes, nouvelle preuve que la carapace des crustacés n'est autre chose que l'arceau dorsal de l'un des anneaux céphaliques qui s'est développé outre mesure, et qui a chevauché sur les parties voisines. Cette même carapace est bombée dans son milieu et terminée antérieurement par un rostre pointu, arqué en dessous et sous lequel sont deux yeux pédonculés et très-rapprochés. Les antennes supérieures sont insérées au dessous des yeux, elles sont formées de deux soies médiocrement longues et portées sur un pédoncule cylindrique. Les antennes inférieures sont longues, simples, sétacées, sans écailles à leur base, placées latéralement, et portées sur des pédoncules allongés. La bouche est armée de mandibules qui ont les plus grands rapports avec celles des Décapodes ; on y distingue une pièce basilaire terminée par deux grosses dents recourbées en dedans, et un appendice palpiforme très-long et composé de trois articles. En arrière des mandibules, on trouve deux petites écailles ciliées sur les bords, et réunies par un pédoncule sur la ligne médiane ; on doit les considérer comme représentant la lèvre inférieure. A ces organes succède une paire de membres dont la disposition est très-remarquable ; on leur voit un article basilaire se prolongeant en dedans sous la forme d'une lame ciliée sur les bords, à peu près comme les mâchoires de divers Edricophthalmes, et supportant une longue tige filiforme qui se dirige d'abord en avant, puis se recourbe en haut et en arrière, et se prolonge jusqu'à l'extrémité du thorax, entre la face interne de la carapace et des flancs ; cette tige est composée de plusieurs articles filifères ; en arrière de ces organes se trouve une autre paire de mâchoires, dont l'article basilaire est profondément divisé en plusieurs lobes sur le bord interne ; enfin à ces organes buccaux succède une série de huit paires de pattes lamelleuses et branchiales, dont l'appendice externe surtout (celui qui correspond au front des pattes-mâchoires des Décapodes, la vésicule située à la base des pattes antérieures des Squilles, à l'appendice membraneux et branchial des pattes des Amphipodes) est d'une texture molle et vasculaire. Ces pattes, extrêmement minces et très-serrées les unes contre les autres, sont fixées à huit anneaux thoraciques bien distincts, à la suite desquels on voit huit anneaux plus longs, et dont le diamètre diminue progressivement ; les quatre premiers de ceux-ci portent les quatre paires de pattes natatoires bifides, qui ressemblent beaucoup aux fausses pattes abdominales des Crevettines et même des Macroures ; deux paires de membres rudimentaires se voient des cinquième et sixième anneaux post-thoraciques ; le pénultième anneau ne porte pas d'appendice, et enfin le dernier en porte deux. L'abdomen s'insère au dessous de l'extrémité postérieure du test, et se compose de plusieurs articles, dont les premiers supportent deux petits filamens rudimentaires qui représentent les fausses pattes abdominales. Le dernier article est terminé par deux styles allongés, garnis de poils. Ce genre renferme trois ou quatre espèces généralement toutes très-petites. Parmi celles qui ont été le mieux étudiées, nous citerons la Nébalie de Geoffroy, *N. Geoffroyi*, Edw., Ann. des Sc. nat, tom. 13, 1828, pl. 15, fig. 1. La tête de cette espèce n'est pas distincte du reste du corps, et toute l'extrémité céphalo-thoracique est recouverte d'un test qui descend sur les côtés, et qui, vue de profil, paraît de forme ovalaire. L'extrémité antérieure de cette carapace recouvre la base d'un rostre pointu et recourbé en bas. Au dessous de ce prolongement se remarquent deux yeux pédonculés assez gros et de couleur brune. En les examinant au microscope, on voit qu'ils sont formés d'une cornée transparente, au dessous de laquelle se trouve un grand nombre de petits cristallins logés dans une couche de matière colorante brunâtre. Les antennes supérieures sont insérées au dessous des yeux, et ont une forme très-singulière. Les deux articles basilaires de ces appendices sont assez gros et forment ensemble un angle à peu près droit ; le dernier supporte une lame ovalaire ciliée, et un prolongement sétiforme multi-articulé et dirigé en bas. Les antennes inférieures sont formées de quatre articles dont le dernier est très-long, sétiforme et multi-articulé. En arrière de ces antennes, dont la base est cachée sous le test, se trouvent trois paires d'appendices qui entourent la bouche ; à ceux-ci succèdent cinq paires de lames foliacées et ciliées, qui sont également cachées sous le test, et qui, par leurs mouvemens continuels pendant que l'animal est en repos, paraissent devoir servir à la respiration. Enfin, en arrière de ces pattes lamelleuses, se trouvent quatre paires de pieds bifides, ciliés et propres à la natation. L'abdomen s'insère au dessous de l'extrémité postérieure du test, il se compose de sept articles dont les premiers supportent deux petits filamens rudimentaires qui représentent de fausses pattes abdominales ; enfin le dernier article est terminé par deux styles allongés et garnis de longs poils.

Cette espèce a été trouvée par M. Edwards sur des rochers près de Concarneau en Bretagne ; elle vit parmi les petits cailloux et les débris de coquillages, et nage sur le flanc.

La Nébalie d'Herbst, *N. Herbtii*, Leach, Zool. miscel, tom. 1, pag. 100, tab. 44 ; *Monoculus rostratus*, Montagu, Trans. of Linn. Soc., tom. X, tab. 2, fig. 5 ; *Cancer bipes*, Oth, Fab., Herbst ; *Misys bipes*, Oliv., longue de huit à dix lignes ; abdomen formé de quatre segmens ; couleur grise ou d'un cendré jaunâtre, avec les yeux noirs. Elle se trouve dans l'Océan européen, et surtout dans les régions septentrionales. (H. L.)

NÉBRIE, *Nebria*. (ins.) Genre de Coléoptères de la section des Pentamères, famille des Carnassiers, tribu des Carabiques, établi par Latreille, qui lui donne les caractères suivans : pattes sans échancrures ; labre entier, palpes très-allongés, presque filiformes ; côté externe des mandibules barbu ; languette courte, seulement unidentée dans son milieu. Ces insectes ont quelques rapports avec les Carabes par leurs pattes sans échancrures ; mais leur corps aplati, leurs élytres recouvrant toujours des ailes, les en distinguent assez ; il n'est pas aussi facile de les distinguer des Pogonophores, qui en sont voisins ; mais elles ont les palpes plus courts que ces derniers, et en outre la forme de la languette est aussi différente ; ces insectes sont de taille moyenne ; ils ont le corps déprimé, la tête forte, les yeux ronds, saillans ; les antennes situées au devant des yeux ; le dernier article des palpes est en forme de cône renversé très-allongé ; le corselet est transversal, cordiforme, tronqué à la partie postérieure, fortement rebordé sur les côtés ; les élytres sont aussi rebordées sur les côtés, et se rétrécissent à leur extrémité ; les pattes postérieures sont grêles, courtes, les parties qui les composent d'égale longueur entre elles. Ces insectes vivent dans les endroits humides et élevés.

Nébrie des sables, *N. arenaria* (1), représentée dans notre Atlas, pl. 405, fig. 1. Longue de 8 lignes, jaune livide, avec les yeux noirs; deux bandes transverses sinueuses de même couleur sur les élytres, paraissent formées de lignes longitudinales disposées côte à côte. Cette espèce se trouve plus habituellement sur les côtes de la Méditerranée.

Nébrie psammodes, *N. psammodes*, Roni. Longue de 5 lignes, fauve rougeâtre; yeux, écusson, élytres, excepté le pourtour, méso et métasternum, abdomen, noirs. Cette espèce est plus épaisse que la précédente. De la France méridionale.

Nébrie brune, *N. castanea*, Bonelli. Longue de 4 lignes, entièrement brune avec les antennes, les palpes et les pattes un peu plus clairs. Des Alpes. (A. P.)

NÉBULEUSE. (zool.) Nom spécifique d'une Chouette et d'un Mollusque, le *Conus magus* L. (Guér.)

NÉBULEUSES. (astron.) Ceux de nos lecteurs qui voudront lever les yeux vers le ciel par une belle nuit, bien obscure, verront resplendir au firmament des taches blanchâtres, qui semblent faire disparate sur la sombre étendue des cieux. Quelques unes de ces taches sont parsemées de points brillans ou d'étoiles; quelques autres, au contraire, ne semblent être formées que de vapeurs. D'autres enfin présentent, même à l'œil nu, une agglomération d'étoiles qui brillent déjà en assez grand nombre lorsqu'on les regarde directement, mais qui paraissent bien plus nombreuses, si l'observateur, sans diriger directement ses regards sur le groupe, les examine avec attention, en tournant l'œil de côté. Maintenant si l'on prend un instrument d'un pouvoir amplifiant, ces taches qui n'avaient l'air que d'être de simples vapeurs, se transforment subitement en agglomérations d'étoiles assez distinctes pour être étudiées. Long-temps la plupart d'entre elles ont été prises pour des comètes; et en effet, elles ressemblent infiniment à des comètes sans queue. Messier est un de ceux qui, avant le savant astronome Herschell, s'est occupé avec le plus de succès de l'étude de ces corps: dans la Connaissance des temps pour 1784, il a donné une liste des lieux de cent trois de ces corps, qui, comme les étoiles fixes, ne présentent aucune variation dans leur existence: les personnes qui s'occupent d'Astronomie, et surtout de la recherche des comètes, feraient bien de se familiariser avec la position des lieux donnés par Messier, afin d'éviter les erreurs dans lesquelles elles tomberaient infailliblement sans cela, si elles n'ont pas à leur disposition des instrumens d'un pouvoir amplifiant très-considérable. Avec de très-forts instrumens, les erreurs ne sont plus à craindre; car on voit bientôt ces prétendues comètes changer de nature, se résoudre pour la plupart en un assez grand nombre d'étoiles qui s'agglomèrent ensemble de manière à former un tout dont les bords sont assez nets, et dont le centre où la condensation se trouve ordinairement à son maximum, étincelle et brille aux yeux d'une manière particulière. Les formes affectées par ces corps célestes, varient beaucoup; les uns sont totalement ronds, d'autres prennent la forme elliptique, d'autres encore la forme parabolique; mais tous cependant ont une espèce de centre où la condensation est toujours plus puissante. Que conclure de tout cela, si ce n'est qu'il n'y a rien de régulier par rapport à ces agglomérations, ou bien encore que le point de vue où nous sommes situés, nous les fait voir autrement qu'elles ne sont réellement. Ceci, au surplus, n'a pas assez d'importance pour nous arrêter plus long-temps.

Avant de signaler à nos lecteurs les classes dans lesquelles on a divisé les Nébuleuses, qu'il nous soit permis de rapporter ici l'opinion émise sur leur formation par Herschell, que nous avons déjà eu l'occasion de nommer, et qui a passé quarante années d'études nocturnes à l'examen des corps célestes dont nous nous occupons. Cet intelligent astronome, voulant avoir une idée exacte sur la manière dont se formaient les Nébuleuses, et sur l'avenir de chacune d'elles, a fait précisément ce que fait un voyageur qui, pour connaître exactement les mœurs d'un peuple, observe avec attention, et l'enfance, et l'âge viril, et la vieillesse. Il a donc pris pour sujet de ses observations dans le ciel, et une jeune Nébuleuse, et une Nébuleuse déjà formée, et une vieille Nébuleuse. De cette manière, il a pu suivre ingénieusement leurs différens progrès successifs, et par conséquent, raconter aujourd'hui ce que pourront voir dans quelque mille ans nos arrière-neveux. Cet habile astronome pense que c'est aux Nébuleuses que les étoiles doivent naissance, qu'elles s'engendrent ainsi sous nos yeux; que, Nébuleuses aujourd'hui, elles deviennent peu à peu un noyau scintillant, et se résolvent enfin entièrement en étoiles. D'après ce système, chaque jour voit donc se former de nouvelles Nébuleuses, qui à leur tour deviennent étoiles le lendemain. Seulement, le lendemain n'est rien moins que quelques siècles. Pour montrer combien les grandes intelligences se rencontrent facilement, rapportons ici l'explication donnée par notre illustre Laplace, dans son Système du monde. Ce savant astronome est parvenu à expliquer les phénomènes que nous présentent le soleil, les planètes et leurs satellites, en admettant que primitivement tous ces astres ne formaient qu'un grand tourbillon de matière, tournant d'occident en orient, autour du point où est aujourd'hui le soleil: peu à peu, cette matière se serait retirée vers divers noyaux, le principal au centre,

(1) Cet insecte doit reprendre le nom que Linné lui avait donné avant Fabricius. En effet, Fabricius s'était trompé en appliquant le nom de *Carabus complanatus* de Linné à un grand Brachine d'Amérique; car ce Brachine est le vrai *Carabus equinoxialis* de Linné, et son *Car. complanatus* est précisément notre Nébrie des provinces méridionales de la France, à laquelle Fabricius a donné le nom d'*Arenaria*. Il faudra donc l'appeler *Nebria complanata*, Linn. (Guér.)

les autres dans des points déterminés de l'ensemble, et de cette masse ainsi condensée seraient nés, par les lois naturelles de la mécanique céleste, d'abord un soleil central, puis toutes les planètes continuant à tourner autour de lui dans les orbites respectifs où la matière a commencé de se ramasser, au commencement du monde. Certes il y a quelque chose de merveilleux dans cette espèce de divinisation : Laplace, par la seule puissance de son génie, établit un système par lequel il explique la formation de tout ce qui existe de l'univers; vient, à peu près à la même époque, un autre homme qui, s'appuyant sur l'observation presque directe, explique comment se forment les étoiles, et il se trouve que ce que Laplace avait rêvé coïncide parfaitement avec les travaux d'Herschell. Cependant, hâtons-nous de le dire, les observations d'Herschell sont un peu hypothétiques, de sorte qu'il pourrait bien se faire que tout ne fût point vrai dans ce qu'il nous a annoncé. Il faudra plusieurs siècles pour vérifier de pareilles hypothèses, et encore dans le cas où les observations astronomiques relevées aujourd'hui, pourraient être transmises intactes à nos plus reculés neveux. — Attendons donc, ou plutôt n'attendons pas; car ce n'est pas nous qui devons vérifier de pareils faits. — Revenons à nos Nébuleuses.

Sir William Herschell, dans ses travaux sur les Nébuleuses, les a rangées en plusieurs classes, que nous allons faire connaître :

La première classe se compose des *agglomérations d'étoiles* où les étoiles se distinguent nettement : il y a ici une subdivision, selon que ces agglomérations affectent une forme sphérique, ou bien une forme irrégulière.

La seconde classe comprend les *Nébuleuses résolubles*, ou celles qui font soupçonner qu'elles se composent d'un amas d'étoiles, et qui, tôt ou tard, sont destinées à être résolues, au fur et à mesure du perfectionnement des instrumens d'optique.

La troisième classe est remplie par les *Nébuleuses proprement dites*, dans lesquelles on n'aperçoit aucune étoile, même à l'aide des plus puissans instrumens : ici se trouvent aussi plusieurs subdivisions, suivant l'éclat et les dimensions de chacune d'elles.

La quatrième classe est affectée aux *Nébuleuses planétaires*, ainsi nommées parce qu'elles ont exactement l'apparence des planètes.

La cinquième classe est composée des *Nébuleuses stellaires.*

La sixième classe, enfin, des *étoiles Nébuleuses.* Pour donner tous les renseignemens désirables sur ce sujet, nous ne croyons pouvoir mieux faire que de traduire quelques passages de l'ouvrage publié à Londres, sous le titre de *Traité d'Astronomie*, par sir John Herschell fils, passages qui contiennent sur les Nébuleuses, toutes les notions que nos lecteurs peuvent réclamer de nous.

Les *agglomérations d'étoiles* affectent une forme sphérique ou prennent une figure tout-à-fait irrégulière, et leur condensation ou leur abondance en étoiles sont en raison directe de leur régularité de forme. Plus elles sont irrégulières, moins leurs bords sont nets et arrêtés : les unes sont parsemées d'étoiles d'égale grandeur, les autres au contraire montrent de nombreuses variations en ce genre : quelquefois on aperçoit vers le centre une étoile d'un rouge très-brillant. Ces agglomérations, dans l'opinion de sir William Herschell, sont dans un état de condensation moins avancé; par une force d'attraction particulière, elles tendent à se rapprocher de la forme sphérique, et de se concentrer vers un même point, en vertu de lois spéciales qui nous sont encore inconnues.

Les *Nébuleuses résolubles*, qui forment la seconde classe, sont bien aussi des agglomérations d'étoiles, mais elles sont trop éloignées de nous, ou composées d'étoiles trop petites, pour que notre vue soit sensiblement affectée de leur présence ; il arrive que quelquefois ces petites étoiles sont placées de telle sorte qu'elles forment un groupe assez lumineux pour être remarqué. Leur forme est ordinairement ronde ou elliptique, et leur composition fait supposer que de résolubles, elles deviendraient résolues, si nous avions des instrumens plus parfaits pour les examiner.

Les *Nébuleuses proprement dites* ont un caractère tout particulier : elles sont composées de petits flocons nébuleux qui joignent entre elles de petites étoiles, enveloppant d'une atmosphère nébuleuse très-étendue et d'une forme singulière, une étoile plus considérable, et qui semble avoir une importance particulière et une valeur spéciale. Telles sont les constellations d'Orion et du Chêne de Charles.

Les *Nébuleuses planétaires* sont des phénomènes assez curieux. Leur apparence de planètes, leurs disques arrondis ou légèrement ovales, le plus souvent nettement terminés, quelquefois cependant un peu ternes sur leurs bords, les rendent intéressantes à étudier. Elles donnent une lumière parfaitement uniforme ou peu nuancée, et quelques unes même ont un éclat presque égal à celui des planètes véritables. Elles doivent avoir des proportions gigantesques.

Les *Nébuleuses stellaires* offrent l'aspect d'une étoile pâle et couverte de taches.

Les *étoiles Nébuleuses* enfin offrent l'aspect ravissant d'une étoile vive et brillante, entourée d'un disque parfaitement circulaire ou d'une atmosphère terne dans quelques cas, et disparaissant peu à peu de tous côtés, enfin dans d'autres circonstances, presque brusquement terminée. Le plus bel exemple de ce genre de Nébuleuses se trouve dans la constellation d'Andromède, cinquante-cinquième étoile.

Nous terminerons ici cet article, en engageant vivement les personnes qui s'occupent d'Astronomie, à étudier avec soin les phénomènes dont nous les avons entretenues. Les Nébuleuses offrent à l'observateur un sujet, non pas entièrement vierge, mais à peu de chose près. Il n'y a donc pas seulement à glaner ici, mais bien à récolter abondamment.

(C. J.)

NECKÈRE, *Neckera*. (BOT. CRYPT.) Mousses. Genre qui a été subdivisé en plusieurs autres, dont les espèces avaient été réunies par Linné avec les *Hypnum*, et dont voici les caractères essentiels; selon Hedwig : péristome double, à seize dents chacun, l'intérieur formé de seize cils réunis entre eux à la base par une courte membrane; coiffe dimidiée; selon Walker-Arnott : dents externes du péristome alternes avec les dents internes; capsule dimidiée.

Parmi les vingt-deux espèces qui composent le genre Neckère, et que l'on trouve dans tous les climats, quelques unes sont communes à l'Europe entière et à l'Amérique équinoxiale.

Comme espèce indigène, nous citerons la Neckère crépue, *Neckera crispa* d'Hedwig, plante très-commune dans les montagnes, sur les rochers, les troncs d'arbres, etc., et dont l'aspect est très-agréable. Ses feuilles sont oblongues, ridées ou ondulées transversalement; son urne est ovale, portée sur une soie latérale, etc.

(F. F.)

NÉCROBIE, *Necrobia*. (INS.) Genre de Coléoptères, de la section des Pentamères, famille des Clavicornes, tribu des Clairones. Le groupe des Clairones est très-naturel, et les genres qui le forment offrent des caractères assez faciles à saisir : Latreille établit celui de *Nécrobie*; mais son ouvrage était encore peu connu, quand Paykul, naturaliste suédois, forma des mêmes insectes un nouveau genre sous le nom de *Corynetes*. Ainsi ces deux noms représentent un seul et même genre; mais comme Latreille l'a établi le premier, nous donnons la préférence au nom qu'il a adopté. Ce naturaliste a donné à ce genre pour caractère rigoureux, d'avoir le premier article des palpes en massue obconique; les antennes terminées par trois articles disposés transversalement et formant une massue en forme de triangle renversé; les tarses n'ayant que quatre articles bien apparens, dont l'avant-dernier, même, caché dans les lobes du précédent; ces petits insectes ont, comme tous ceux de la tribu, la tête inclinée, très-enfoncée dans le corselet; celui-ci cylindrique, un peu plus large à sa partie antérieure; les élytres plus larges que le corselet; presque tous sont ornés de couleurs métalliques; on les trouve assez communément dans les maisons, mais habituellement sur les fleurs ou sur les charognes, où leur larve prend son accroissement; cette larve est allongée, molle, elle a six pattes écailleuses et deux mamelons à l'extrémité du corps; son accroissement est prompt, et sa métamorphose s'opère dans les lieux mêmes où elle a vécu.

N. VIOLETTE, *N. violacea*, Latr. Longue de deux lignes, velue, bleue; antennes et pattes noires; des stries régulières de points sur les élytres. Commune partout.

N. A COL ROUGE, *N. ruficollis*, *Corynetes ruficollis*, Fab., représentée dans notre Atlas, pl. 405, fig. 2. Longue de deux lignes; bleue; thorax, premiers segmens abdominaux, pattes rouges; tête et antennes noires. On trouve cette espèce depuis le midi de l'Europe jusqu'aux Indes orientales.

(A. P.)

Cette espèce est très-intéressante pour les entomologistes et pour les amis des sciences, à cause du rôle qu'elle a joué dans l'histoire de l'entomologiste le plus célèbre de notre époque. En effet, c'est à la *Necrobia ruficollis* que la science des insectes doit la vie de Latreille, qui a fait faire de si grands progrès à l'entomologie. Nous croyons faire plaisir à nos lecteurs en mettant sous leurs yeux le passage suivant du discours prononcé sur la tombe de Latreille par son illustre confrère M. Geoffroy Saint-Hilaire. « Le médecin des prisons de Bordeaux s'étonne un jour de voir un prisonnier absorbé dans la contemplation d'un insecte, quand sa tête est menacée. *C'est un insecte très-rare*, répond M. Latreille aux questions qu'il lui adresse; l'insecte est demandé et obtenu pour un naturaliste de Bordeaux, alors jeune homme d'une très-grande espérance, aujourd'hui notre confrère, M. Bory de Saint-Vincent : celui-ci, flatté de tenir ce don d'un entomologiste dont le nom était déjà connu par d'honorables travaux, s'impose le devoir de soustraire M. Latreille au danger qui le menace, et bientôt il a le bonheur de voir ses démarches et celles de leur ami commun Dargelas, couronnées du plus heureux succès; Latreille est rendu à la liberté et à la science! On frémit en pensant qu'un mois plus tard, il pouvait périr avec ses compagnons d'infortune, enseveli dans la Gironde. Miraculeuse délivrance! si on la rapporte à sa cause, la rencontre fortuite d'un insecte, circonstance dont notre illustre confrère a depuis consacré le souvenir dans le plus important de ses ouvrages : *Genera Crustaceorum et Insectorum.* » La plupart des entomologistes, dit plus bas M. Geoffroy, conservent dans une place privilégiée de leur collection, en souvenir de son bienfait, l'insecte de la prison de Bordeaux, le NÉCROBIE-LATREILLE.

(GUÉR.)

NÉCROPHORE, *Necrophorus*. (INS.) Genre de Coléoptères de la section des Pentamères, famille des Clavicornes, tribu des Peltoïdes. Les espèces qui composent ce genre avaient d'abord été réunies par Linné, et les premiers entomologistes qui l'ont suivi, parmi les Boucliers, dont ils sont effectivement très-voisins; d'autres les avaient mis parmi les Dermestes, lorsque Gleditsch en forma un genre propre sous le nom de *Vespilio* ou Fossoyeurs; Fabricius, en adoptant ce genre, changea son nom en celui qu'il porte aujourd'hui, et qui a la même signification; tel qu'il est limité actuellement, ce genre a pour caractères : antennes terminées par une massue presque globuleuse de quatre articles : le premier est long et le second plus court que le suivant; mandibules avancées, pointues; mâchoires sans onglet corné; palpes filiformes allongés; languette profondément échancrée; élytres tronquées; pattes fortes, propres à fouir. Ces insectes sont de taille moyenne; leur tête est forte, avec les mandibules avancées, le labre échancré; les yeux sont ovales; les antennes sont attachées au devant des yeux de la longueur au plus de la tête; thorax plus large en devant, arrondi aux angles, arrondi à sa partie postérieure, rebordé tout autour; écusson grand, triangulaire; élytres carrées, tronquées à leur extrémité; l'abdomen est pointu et dépasse les élytres; pattes robustes; les quatre tibias postérieurs sont beaucoup plus larges à leur extrémité et terminés par des épines; les tibias antérieurs sont un peu courbés à leur extrémité et ont une forte épine sur le côté; les fémurs postérieurs sont en massue, les trochanters sont épineux, les tarses assez grêles.

Ces insectes courent assez bien; mais dans leur vol ils offrent une particularité remarquable; ils relèvent leurs élytres les unes contre les autres, de manière qu'on n'en voit que le dessous; leurs ailes très-longues suffisent au vol, et les élytres, par leur frottement, font entendre un petit bruit assez aigu. Ces insectes répandent une odeur musquée, mais de ce musqué que l'on remarque dans tous les objets en décomposition; elle est cependant très-forte et sert à ces insectes à s'attirer entre eux, soit pour quelques travaux d'instinct qu'ils exécutent en commun, soit pour l'époque de leur accouplement. On prétend même que cette odeur sert à guider beaucoup d'animaux carnassiers qui parviennent par ce moyen à découvrir les cadavres où les Fossoyeurs se rassemblent; ils sont quelquefois tellement couverts eux-mêmes d'une espèce d'acarus, qu'ils en deviennent hideux; cet acarus attaque en général tous les insectes qui se trouvent dans les cadavres.

L'instinct de ces insectes est très-remarquable dans les soins qu'ils prennent pour la nourriture de leurs larves; nous allons extraire ce détail de leurs mœurs, des Récréations sur les insectes, de Rœsel : « Si l'on pose pendant l'été, sur la terre, le cadavre d'un animal, tel qu'une Taupe, une Grenouille, ou quelque animal de même taille, les Nécrophores ne tarderont pas à s'y rendre; ils savent qu'ils n'ont aucun temps à perdre pour n'être pas devancés par les Mouches bleues de la viande. La troupe formée, on commence avant tout par prendre les dimensions; ils contemplent le cadavre en tous sens pour estimer la capacité qu'ils auront à donner à la fosse; puis ils examinent si le terrain est convenable, si par événement il se trouve par trop pierreux, ou que d'autres causes le rendent peu propre à remplir leur but, toute la société se glisse sous le cadavre; tout à coup on voit ce dernier se mouvoir en avant sans qu'on aperçoive un des porteurs; dès que la place convenable est trouvée, on se met à travailler avec ardeur à la sépulture; tous se fourrent à l'envi sous le corps mort, qu'ils soulèvent avec leur tête et leur corselet, tantôt en avant, tantôt en arrière, et se mettent à gratter la terre au dessous d'eux avec leurs pattes de devant, de manière que le cadavre s'enfonce toujours davantage; si l'opération ne veut pas bien aller d'un côté, on voit paraître un des Fossoyeurs qui vient observer de plus près ce qui peut causer l'empêchement, et, le coup d'œil donné, se hâte de redescendre. Alors le travail se reprend avec un redoublement d'activité à l'endroit où il avait été arrêté. Le corps mort continue à s'enfoncer de plus en plus, et finit par disparaître tout-à-fait aux yeux de l'observateur qui a assez de patience pour les suivre pendant une couple d'heures. On avait un jour, pour dérouter ces insectes, fixé une Taupe à un bâton fiché en terre; en vain ils épuisaient toutes leurs forces, le cadavre ne baissait pas; finalement ils s'aperçurent du tour qu'on leur avait joué, et se mirent à sous-miner le bâton et à excaver la place où il était fiché; dès lors tout alla à souhait. Une couple de jours après l'enterrement, les Nécrophores reviennent au jour et s'accouplent, ce qui arrive même quelquefois dans le cours du travail; ensuite les femelles retournent, toujours à la hâte, sous terre pour y déposer leurs œufs dans la charogne qu'ils ont pris tant de peine à enterrer.

» Les larves, en forme de fuseau, ont, quand elles ont pris de l'accroissement, près de dix-huit lignes de long; elles portent au dessus de chaque anneau une tache transversale proéminente couleur orange, et garnie de quatre épines; ces taches diminuent en longueur à mesure qu'elles s'approchent de l'anus; mais elles s'élargissent dans la même proportion, et les épines deviennent aussi plus aiguës; leurs pattes sont assez faibles, et il est probable que ces épines servent à ces insectes pour aider à la locomotion : ces larves dévorent les charognes en totalité et épargnent à peine les os; après leurs différens changemens de peau, elles se construisent une loge bien lisse, où elles passent à l'état de nymphe : ces nymphes ont à l'extrémité du corps deux épines qui les aident à se retourner. »

N. GERMANIQUE, *N. germanicus*, Fab. Long d'un pouce; entièrement d'un noir brun; le bord antérieur des élytres est un peu brun. De l'Europe.

N. ENTERREUR, *N. humator*, Fab. Long de huit lignes; noir comme le précédent, avec la massue des antennes fauve. Plus commun que le précédent aux environs de Paris.

N. FOSSOYEUR, *N. vespilio*, Fab., figuré dans notre Atlas, pl. 405, fig. 3. Long de huit lignes; noir, massue des antennes et deux bandes dentelées en travers des élytres orangées; le bord antérieur du corselet, le métasternum couverts d'un duvet jaunâtre. Commun partout. (A. P.)

NECTAIRE. *Nectarium*. (PHYS. VÉGÉT.) Quel est l'appareil spécial de la fleur auquel on doit exclusivement donner le nom de Nectaire? A quels caractères peut-on le reconnaître? Où est-il situé, et quel rôle remplit-il dans les plantes qui en sont pourvues? Ces diverses questions sont nées du conflit des opinions contradictoires publiées par les botanistes. Les uns nient absolument son existence, les autres la regardent, avec Pontevera, comme indispensable à l'entier accomplissement de l'acte de la génération, et remplissant à l'égard des ovules les mêmes fonctions que les eaux de l'amnios à l'égard du fœtus. Cette dernière hypothèse a jeté dans le domaine de la botanique une erreur qui ne peut pas aujourd'hui soutenir le plus léger examen.

men. Tournefort, en employant le mot Nectaire sans lui fixer une ligne de démarcation, le laissa dans un vague fâcheux; Linné le sentit bien; mais, tout en affirmant positivement que cet organe n'a aucune propriété particulière, aucune action directe avec les lois de l'hyménée, il se contenta de dire qu'il servait de réceptacle à une distillation opérée sur la masse des fluides, à une liqueur superflue qui s'en échappe, tantôt par un ou plusieurs pores placés au fond de quelque repli de la corolle, tantôt par toute sa surface, laquelle est couverte de petites ouvertures imperceptibles. On accuse bien à tort ce grand botaniste d'avoir regardé le Nectaire comme chargé de préparer les élémens du miel que l'abeille industrieuse dépose dans les petits godets hexagones de ses gâteaux : cette faute fut uniquement celle de son école. (*Voy.* à ce sujet la dissertation de Hall insérée au tome cinquième, pag. 266, des *Amœnitates academicæ.*)

Quelques auteurs ont voulu courir une carrière plus large, selon leur expression; mais chez eux l'imagination et la subtilité scolastique ont été si loin que la science répudie leurs systèmes et les rejette dans le domaine du romantisme. Cependant, malgré les judicieuses critiques d'Adanson et les sages réformes proposées par Antoine Laurent de Jussieu, le désordre allait toujours croissant; on changeait les mots, on déplaçait le Nectaire, on le retrouvait dans les glandes qui sont à la base des folioles des Casses, dans celles qui bordent les feuilles du Prunier, lesquelles sont sécrétoires aux premiers instans de leur développement, et même dans le Miellat (*voy.* ce mot) qui transsude des feuilles de beaucoup de végétaux, lorsque la chaleur est très-forte.

Sans doute, à une époque où l'art des investigations marchait à l'aide des lisières, premiers appuis de l'enfance, on pouvait être entraîné à regarder les appareils sécréteurs de la fleur comme des parties distinctes, parce que, dans la majeure partie des cas alors observés, la présence de ces points distillans influait sur l'utilité qu'on leur attribuait, soit relativement à leur dimension, soit relativement à leur coloration, et le plus ordinairement à leurs formes. Mais du moment que l'on a voulu se renfermer dans une phrase banale que Sprengel a, de son plein chef, intercalée dans le texte de la philosophie botanique de Linné (*Nectaria stricto sensu sunt organa humorem nectarinum secernentia*), chacun a cherchée à donner l'explication du mot Nectaire et à déterminer son emplacement. On a d'abord voulu reprendre le nom de Miellier que Adanson lui substituait. C. Richard l'appela Disque; d'autres proposèrent en 1817 de le nommer Glande ovarienne; Turpin, voyant en l'étamine le premier agent de la fécondation, estime que l'appareil d'où découle le nectar est une étamine feinte ou dégénérée, et lui donne le nom de Phycostème. Tous ces noms ne résolvent point la difficulté, et comme les auteurs n'expliquent ni la bizarrerie des formes qu'affecte l'appareil nectarifère, ni la multiplicité de ses parties, ni les effets qu'il semble appelé à remplir, sur ma proposition, la Société Linnéenne de Paris mit au concours, en 1822, l'examen de ce point dogmatique de la science. Son appel a eu du retentissement, et en 1824, elle a imprimé deux mémoires très-curieux qui furent par elle distingués et récompensés en 1825. (Voir le tome V^e^ de ses Actes.) L'un justifie la doctrine linnéenne, l'autre la combat par de nombreuses analyses; l'un est écrit d'inspiration, c'est un ruisseau qui va doux murmurant dans une prairie émaillée de fleurs; l'autre est austère, âpre comme le rocher au sommet duquel le stoïcien place le temple de l'auguste vérité. Tous les deux ont contribué à mettre sur la voie de découvertes nouvelles en Physiologie végétale.

Nier l'existence du Nectaire comme appareil nécessaire, comme organe spécial de la vie dans les plantes, tel est en peu de mots le résultat fourni par une étude philosophique poussée aussi loin que possible sur la presque-totalité des végétaux indigènes ou naturalisés en France, qui sécrètent du nectar; déclarer alors avec assurance que la majeure partie des points de la fleur qui n'affectent pas la forme régulière, habituelle des appareils qui la composent, et que l'on a jusqu'ici sans raison appelés Nectaires, ne sont autre chose que des organes avortés ou déguisés : voilà le terme atteint en ce moment par la science; les travaux ultérieurs le confirmeront, j'en ai l'intime conviction.

Maintenant qu'il est démontré que la liqueur mucoso-sucrée fournie par le Nectaire n'a rien de relatif au phénomène de la floraison, et qu'elle ne sert pas plus au développement de l'ovaire qu'à celui des ovules déposés en son sein; maintenant que les diverses plantes chez lesquelles on a excisé le Nectaire, et par conséquent chez qui la perte de la liqueur était totale ou presque totale, n'ont point manifesté en avoir éprouvé la moindre altération, puisque toutes ont continué à remplir les phases variées de la végétation, qu'elles ont donné des fleurs et porté des fruits comme à l'ordinaire; maintenant que le mot Nectaire a une signification positive, puisque la présence des points qui le caractérisent ou celle de la fossette qui le remplace prouve à l'investigateur qu'une portion des fibres constituant l'ensemble du lit nuptial n'a pas atteint tout le développement qu'elle était appelée à acquérir, on peut sans inconvénient le conserver dans la langue botanique. C'est un mot reçu qui doit rester, aujourd'hui qu'il est débarrassé des voies fausses qu'on lui attribuait; il rentre véritablement dans la pensée première de Linné : *pars mellifera flori propria*, consignée sous le n° 86, § 9, de sa Philosophie botanique; enfin il nous fournit les moyens d'éviter à la nomenclature une expression nouvelle, embarrassante et barbare.

Je finirai par une remarque importante, et sur laquelle l'expérience me fait un devoir d'insister. Ne cherchez pas à supprimer l'appareil Nectarifère dans les plantes où, comme dans le genre Mé-

LIANTHE (*Voy.* plus haut, pag. 136), il constitue une partie considérable de la fleur; car vous détruiriez toute l'organisation générale de la corolle. Ce n'est pas que la liqueur sécrétée lui soit utile, mais elle fait partie intégrante des organes propres à appeler, à charrier la sève nécessaire à l'existence même de l'ovaire.

De tout ce qui précède, déduisons encore une loi fondamentale que l'on oublie trop souvent dans les recherches physiologiques de la nature de celle qui nous occupe: « Ce n'est ni la forme d'une » partie, ni la nature de sa substance actuelle, qui » constitue son essence, mais bien la place qu'elle » occupe habituellement dans la série des appareils » propres au végétal. » En effet, nous voyons journellement, même ceux que l'on proclame les maîtres de la science, prendre des turions et des hampes pour des racines, des pédoncules et des stipes pour des tiges proprement dites, des bractées pour des feuilles, des corolles pour des calices, des calices pour des corolles, etc., etc. J'en ai déjà plusieurs fois fait la remarque, et dans ce Dictionnaire et dans mes Elémens de botanique.

(T. D. B.)

NÉCYDALE. *Necydalis.* (INS.) Genre de Coléoptères, de la section des Tétramères, famille des Longicornes, tribu des Nécydalides, ayant pour caractères, élytres très-courtes ou au moins très-rétrécies vers l'extrémité, ailes étendues sur le corps, à peine repliées au bout. Dispersés d'abord dans différens genres, ces insectes en ont été tirés par Linné, et ont formé celui dont nous nous occupons; mais en y joignant quelques insectes qui en offrent un peu l'apparence, et qui font maintenant partie des *Téléphores* et des *OEdémères*, et même l'espèce formant le genre Atractocère, qui a aussi ses élytres très-courtes; Geoffroy avait placé une des espèces qu'il a connues parmi les Leptures; Fabricius, fidèle à cette manie qui le poursuivait de tout embrouiller, plaça les vrais Nécydales dans les Leptures, et rejeta le nom aux espèces qui n'appartiennent pas à ce genre; mais ensuite il changea encore, et fit de vraies Nécydales des *Molorques*, sans égard aux espèces auxquelles Linné avait appliqué ce nom; nous rendons ici à ce genre le nom indiqué par Linné, et l'on peut plutôt appliquer le nom de Molorque aux espèces à ailes étroites; mais nous réunissons ces deux genres ensemble ainsi que celui de *Sténoptère* établi par Illiger pour quelques espèces exotiques à antennes presque pectinées.

Les Nécydales ont le corps allongé, la tête un peu inclinée, pointue. Les antennes de la longueur de la moitié du corps, insérées dans une échancrure des yeux, filiformes, ou allant quelquefois un peu en grossissant vers l'extrémité; le corselet arrondi; les élytres sont ou très-courtes, en forme de larges écailles, ou presque de la longueur du corps, mais tellement rétrécies à partir du milieu de leur longueur, qu'elles ne peuvent couvrir le corps et les ailes; les quatre pattes antérieures sont presque égales, mais les postérieures sont beaucoup plus longues; les fémurs sont d'abord grêles, et ensuite fortement en massue; dans les vraies Nécydales, le premier article des tarses postérieurs est très-long; ce qui est bien moins apparent dans les Molorques.

Les métamorphoses de ces insectes sont inconnues; on présume seulement que, comme les autres Longicornes, leurs larves vivent dans le bois.

N. MAJEURE. *N. major.* Linné, figurée dans notre Atlas, pl. 405, fig. 4. Longue de douze lignes; noire, avec un duvet jaunâtre sur tout le corps; antennes, pattes, élytres, ailes fauves; l'abdomen a les anneaux bordés de même couleur. Cette espèce se trouve, mais peu communément, aux environs de Paris.

N. FAUVE. *N. rufa.* Linn. Longue de six lignes; noire, avec un duvet grisâtre; antennes, élytres et pattes fauves; la massue des quatre fémurs antérieurs est tachée de noir; le bord des segmens intérieurs est taché de blanc. Commune aux environs de Paris. (A. P.)

NÉCYDALIDES. *Necydalides.* (INS.) Tribu de Coléoptères, de la section des Tétramères, famille des Longicornes; ayant pour caractère: élytres ne recouvrant pas les ailes, et celles-ci à peine repliées à leur extrémité; les différens genres dont elle se compose peuvent tous se rapporter au genre *Nécydale.* (A. P.

NÉESIE. *Néesia.* (BOT. PHAN.) Genre créé nouvellement par M. Blume, en l'honneur du célèbre botaniste cryptogamiste Nées d'Esenbeck. (Ce nom de *Neesia* avait déjà été donné à deux différens genres de plantes, qui, ayant été mieux étudiés, ont dû être rapportés à d'autres, de sorte qu'il était depuis sans emploi.)

Le genre *Neesia* est représenté par un arbre admirable, découvert dans les forêts montueuses de Java, par M. Blume, qui en expose ainsi les caractères:

NÉESIE TRÈS-ÉLEVÉE; *Neesia altissima*, Blum., vulgairement Bemgan, Bungem ou Bungur, chez les Javanais. Calice monophylle, coloré intérieurement, clos avant l'efflorescence, ceint d'un involucre triparti, caduc, en forme de godet, et non persistant. Cinq pétales oblongs, inéquilatéraux, contournés avant la floraison. Etamines nombreuses, soudées à leur base, inégales, bisanthérifères; anthères extrorses, disjointes. Ovaire pseudo-quinquéloculaire; ovules disposées en deux séries dans chaque loge. Style unique, court; stigmate à cinq lobes. Capsule ovoïdo-pentagonale, à cinq loges, s'ouvrant (au sommet) en cinq valves; valves ligneuses, portant une cloison au milieu; cloisons velues portant les graines de chaque côté à leur marge. Graines nombreuses, nues, ellipsoïdes. Embryon dressé, enfermé dans l'albumen. Cotylédons planes, foliacés.

Arbre élevé; feuilles alternes, entières, penninervées; deux stipules caduques à la base, pubescence de ces parties étoilées. Fleurs accompagnées de bractées et disposées en corymbes latéraux.

Tels sont les caractères que M. Blume donne à

ce magnifique genre, et que nous avons traduits *littéralement* de sa latinité, en nous gardant bien d'y rien changer.

La place de ce genre dans les familles naturelles n'est point encore déterminée. En effet, d'après les caractères que nous venons d'énoncer, il offre de nombreux rapports avec les Malvacées, telles que les comprend R. Brown. Cependant l'auteur pense que son *Neesia* présente une affinité singulière avec les Tiliacées, non seulement à cause des étamines soudées entre elles, mais aussi à cause des anthères didymes et de la structure de la graine. Il ajoute qu'il n'est point facile de déterminer à quelle tribu des Malvacées il doit être rapporté, soit aux Malvacées proprement dites, soit aux Bombacées ou aux Buttnériacées. Or, par son calice sans vraies valves, il appartient aux Bombacées; mais la structure des anthères le rapproche davantage des Buttnériacées, de sorte que cette plante paraît à l'auteur devoir tenir le milieu entre ces deux familles, comme type d'une famille intermédiaire. Il ne nous appartient pas de décider une question si importante; nous devons nous borner à signaler à nos lecteurs la connaissance d'un aussi beau végétal. (C. Lem.)

NÉFLIER, *Mespilus*. (BOT. PHAN.) Malgré le travail de John Lindley sur ce genre de l'Icosandrie pentagynie et de la famille des Rosacées, il règne encore un grand désaccord parmi les botanistes sur le nombre des espèces qui doivent composer le genre *Mespilus*. Les uns n'en comptent que six avec Willdenow; les autres élèvent ce nombre à plus de trente avec les auteurs de l'Encyclopédie méthodique; ceux-ci distinguent si imparfaitement les Alisiers, les Sorbiers et même les Poiriers, qu'ils font flotter l'Aube-Epine, *Cratægus oxyacantha*, L., et l'Azerolier, *Cratægus azarolus*, tantôt d'un genre à l'autre; tantôt avec Tournefort, Haller, Willdenow et Poiret, ils inscrivent le premier parmi les Néfliers, le second parmi les Poiriers avec Scopoli, et parmi les Néfliers avec Tournefort, Duhamel et Poiret; tandis que l'un et l'autre font réellement partie des Alisiers, avec lesquels Linné les a compris. Ce qui sépare d'une manière positive, incontestable, le genre Néflier, *Mespilus*, du genre Alisier, *Cratægus*, c'est le fruit; ses semences offrent dans leur substance un caractère constant; celles du Néflier sont dures, osseuses, tandis que celles de l'Alisier sont cartilagineuses. Les vieux Grecs appelaient les arbrisseaux d'économie et d'ornement qui font en ce moment l'objet de notre examen, *Mespilê sataneios* ou *Sétanios*; autrefois on le nommait *Merlier* et *Meslier*, nom vulgaire qu'il porte encore dans plusieurs localités.

Du reste, les caractères du genre sont de réunir des plantes ligneuses utiles et agréables, à écorce mince et sèche, faisant touffes, chargées de tiges très-pliantes, garnies d'épines, de feuilles entières, alternes, lancéolées, dentées, caduques, d'un vert tendre, et de grandes fleurs blanches ou un peu rougeâtres, solitaires et terminales. Ces fleurs ont le calice turbiné adhérent, à cinq divisions aiguës, persistantes, quelquefois foliacées; la corolle régulière, composée de cinq pétales plus ou moins arrondis, concaves, placés sur le calice; étamines nombreuses (vingt environ), portées sur des filamens subulés et terminées par des anthères simples, arrondies; cinq pistils soudés entre eux, adhérens au calice, terminés chacun par un style glabre et un stigmate simple. Le fruit qui succède à ces fleurs d'un bel aspect est une pomme sphérique ou un peu ovale, d'une couleur vive, d'une saveur astringente, ombiliquée à son sommet, charnue, couronnée largement par les divisions du calice, divisée intérieurement en deux ou cinq loges, contenant chacune une semence ou nucule blanchâtre, dure, osseuse, monosperme. Cette pomme est acerbe avant sa parfaite maturité, qu'elle aime à acquérir sur un lit de paille; là, devenue molle, elle prend une saveur douce. On la cueille à la fin d'octobre. Celles de la qualité la plus délicate, d'un goût relevé et de la plus belle grosseur que j'aie mangé jusqu'ici étaient originaires de nos départemens du Midi, et plus particulièrement des bassins enchanteurs de Naples et Castellamare, de Reggio et de Tarente; ce fruit est très-aimé des oiseaux, et comme il demeure sur l'arbre long-temps après que les feuilles sont tombées, il les attire de fort loin; les branches plient sous le poids de ces hôtes et s'animent de leurs mouvemens en tous genres, de leurs chants variés.

Une terre grasse, humide, exposée au nord et près des eaux, convient de préférence aux Néfliers, quoiqu'on les trouve généralement dans tous les terrains, au bord des bois et dans les haies, où ils sont bien plus épineux qu'une fois admis en nos jardins; mais ils ne font que languir dans les terres sèches où le soleil darde en plein ses rayons, et sur les terres fortes, argileuses, ils se chargent de Lichens. On les multiplie par la voie des marcottes et des rejetons lorsqu'ils sont francs du pied, et de leurs semences; mais ce dernier moyen, quoique le meilleur et donnant des tiges vigoureuses, est lente, le noyau demeurant souvent deux années de suite en terre sans donner aucun signe de végétation. La voie la plus prompte est celle de la greffe, qui dépouille le Néflier d'une grande partie de ses épines et l'amène à donner des fruits et plus gros et plus agréables; on emploie à la fin de l'été la greffe en écusson sur l'Aube-Epine ou sur le Poirier; je préfère la greffe en fente sur Coignassier au printemps pour les terres humides, et sur l'Azerolier pour les terres sableuses. Les arbres greffés depuis trois ans sont les meilleurs pour la transplantation. Je me suis assuré que, lorsque ces plantes sont convenablement placées, on a tort de leur donner du fumier; les cendres m'ont paru très-propres à éloigner les larves qui les attaquent. Elles ne craignent nullement les gelées.

Le bois du Néflier est dur, compacte, avec une teinte rougeâtre et des veines assez bien marquées; il prend un beau poli, son grain étant très-fin, et résistant aux frottemens répétés. On l'emploie pour armer les fléaux, offrant avec la pesanteur nécessaire la propriété de ne point casser. Sa dessiccation est lente; réduit en planches, il se tourmente et se fend aisément; les branches, difficiles à rompre, servent à faire d'excellens manches de fouet.

Dans l'état sauvage le Néflier commun, *M. sylvestris*, est un arbre de médiocre grandeur, dont le tronc tortueux, peu épais, parfois tout-à-fait difforme, est divisé en rameaux irréguliers, plians, cylindriques, pubescens dans leur jeune âge, d'un brun rougeâtre en vieillissant, garnis d'ordinaire de quelques fortes épines, courtes, très-aiguës. Ses feuilles, presque elliptiques, sont portées sur des pétioles courts, pubescens, munis à leur base de deux petites stipules caduques. Les grandes corolles, qui s'épanouissent en mai, donnent naissance à des fruits que l'on nomme Nèfles, dont la grosseur varie; les plus petites sont les plus recherchées parce qu'elles mûrissent plus également et plus promptement; les grosses ont le désavantage de prendre un goût de pourri à l'intérieur lorsque leur partie extérieure est encore verte. On les accuse à tort d'être malsaines, indigestes; elles conviennent mal à certains estomacs, parce qu'elles dégagent une assez forte quantité de gaz.

Une seconde espèce très-voisine de la précédente, lui ressemblant beaucoup dans toutes ses parties, mais s'en distinguant par ses feuilles plus larges, par ses fleurs plus grandes, par ses fruits plus gros, est le Néflier a grandes fleurs, *M. grandiflora*, qui nous est venu de l'Allemagne.

On a constitué genre particulier, sous le nom de Bibacier, *Erioboteya*, le bel arbrisseau que Thunberg nous a rapporté, en 1784, des jardins de la Chine, et que l'on a jusqu'alors appelé Néflier du Japon. Il est acclimaté dans notre pays, où il a soutenu en pleine terre et dans toutes les positions, en 1820 et en 1830, un froid de treize degrés centigrades. Le Bibacier est agréable par son large feuillage persistant, par ses fleurs très-odorantes, et par ses fruits jaunâtres, acidulés, agréables au goût, que l'on mange avec plaisir, et qui sont de la grosseur d'une cerise.

Sous le nom de Néflier de la Guiane on entend parler du Parinari d'Aublet, dont les feuilles sont recouvertes d'un duvet roux, fin, soyeux, et dont on mange le drupe ovoïde, qui est d'une saveur agréable.

Sous le nom de Néflier petit corail, les pépiniéristes désignent une espèce du genre Alisier, originaire des parties septentrionales de l'Amérique; l'éclat de ses baies les a fait comparer à la couleur foncée du corail : ses feuilles ressemblent à celles du Bouleau, et ses bouquets de fleurs blanches très-grandes, produisent un bon effet dans les jardins d'ornement. Tous les prétendus Néfliers à semences cartilagineuses, font, ainsi que je l'ai dit au commencement de cet article, partie intégrante du genre *Cratægus*, auquel je renvoie.

(T. d. B.)

NÈGRE. (mam.) On désigne sous le nom de Nègre, une des races de l'espèce humaine dont la couleur de la peau offre une infinité de nuances depuis le noir d'ébène des Nègres *Jolofs*, jusqu'au noir gris ou café au lait des Nègres *Australasiens*.

Cette race ne se distingue pas seulement des autres par la coloration de la peau; son organisation est aussi très-différente. C'est ainsi que le Nègre a le derrière de la tête très-développé; les mâchoires généralement saillantes et prolongées en museau; des lèvres grosses et épaisses; un nez écrasé; un front déprimé fuyant en arrière; un angle facial très-peu ouvert; les cheveux laineux; les bras et les doigts très-grêles et très-allongés; un calcaneum très-saillant en arrière comme dans les Orangs-outangs, etc., etc. Les caractères que nous venons d'énoncer là appartiennent en général aux Nègres de Guinée; ceux des autres contrées offrent quelques variétés dans leur conformation. Il y a dans la race Nègre comme dans les autres races des différences relatives aux localités; d'où il résulte qu'il peut y avoir des Nègres susceptibles d'acquérir un certain degré de civilisation; mais encore seront-ils toujours, pris en masse, inférieurs aux races jaune et blanche.

M. le docteur Girardin a remarqué que l'ossification chez les Nègres est plus tôt complète que chez les blancs; d'où le rétrécissement de leur tête et la configuration de leur face : que leur système sanguin est moins prononcé : l'hématose est chez eux plus facile, d'où suit qu'ils ont moins besoin d'air, qu'ils ont moins besoin d'être saignés, que leurs maladies sont moins aiguës; qu'ils ont plus besoin de toniques. Pendant un séjour de quatre années aux colonies, nous avons nous-même été très-sobre de saignées chez les Nègres, et prodigue de purgatifs et de toniques; nous n'avons eu qu'à nous louer de cette médication. Les nerfs au, contraire, sont bien plus prononcés que chez les Européens (quoique leur cerveau soit plus petit); de là résulte que leurs maladies nerveuses sont beaucoup plus fréquentes. Nous avons également remarqué que les névroses sont très-communes chez les Nègres.

Nous ne rapporterons pas ici tout ce qui a été dit relativement à la cause productive de la coloration de la peau; nous observerons seulement que des familles de couleur blanche qui habitent depuis des siècles les régions brûlantes des pays à Nègres ne sont point devenues Nègres, bien que leur peau ait cependant beaucoup bruni : que les Nouveaux-Zélandais, voisins de la Nouvelle-Hollande, sont des peuples basanés, tandis que les Australasiens sont noirs (*Voy.* ce que nous avons dit à l'article Homme, pag. 12, relativement au siége de la coloration de la peau; consultez également les intéressans travaux que M. Flourens a publiés dans le compte rendu des séances de l'Académie des sciences, séance du lundi 12 décembre 1836, sur le corps muqueux ou appareil pigmental de la peau dans l'Indien Charrua, le Nègre et le Mulâtre.)

Ce que nous venons d'énoncer tend à modifier l'opinion généralement émise que la coloration des

Nègres est seulement due à l'ardeur des rayons solaires.

Les Nègres habitent la majeure partie de l'Afrique, où ils possèdent les royaumes de Bourb-iolof, de Cayor, de Baol, de Bambouk, de Kassou, de Fouta-toro, de Bondou, de Benin, etc., etc.

On en retrouve encore dans les nombreuses îles de la mer du Sud, la Nouvelle-Guinée, la Nouvelle-Bretagne, la Nouvelle-Calédonie, la Nouvelle-Hollande, la Nouvelle-Irlande, la grande île de Madagascar, etc., etc. Dans cette dernière il existe un vaste royaume gouverné par la reine Ranavalo Manjaka (1), dont nous possédons actuellement six ambassadeurs venus en France et en Angleterre sur un bâtiment commandé par un de mes frères, le premier Européen qui ait eu accès près de la reine dans sa capitale. Il y a aussi des Nègres dans les colonies, où ils sont à l'état d'esclavage, à Saint-Domingue, naguère si florissante et maintenant presque sans culture depuis son émancipation, et aux États-Unis d'Amérique (2).

Quoique les Nègres soient esclaves dans les colonies, n'en déplaise aux philanthropes de nos jours, ils sont beaucoup plus heureux que chez eux et même que certains journaliers des campagnes dans plusieurs provinces de la France, qu'on voit périr de faim et de misère dans les hivers rigoureux. Nous ne prétendons pas dire positivement que l'esclavage soit un bien ; telle n'est pas notre pensée, mais nous avançons un fait vrai.

La philanthropie ne doit pas seulement consister à rendre libres les Nègres esclaves ; elle doit, ce nous semble s'attacher à faire leur bonheur et pour bien juger cette délicate question, il faut avoir vécu long-temps dans les pays à Nègres et dans les colonies.

Nous avons vu au cap de Bonne Espérance et dans d'autres colonies des Nègres libres regretter l'esclavage. Pendant notre séjour à la Martinique, nous avons été témoins que des Nègres déserteurs, libres à Sainte-Lucie, ont supplié leurs maîtres de les reprendre sur leurs habitations. Les Nègres, en général, ne peuvent pas apprécier, comme nous, peuples civilisés, la liberté, parce que leur organisation est bien différente de la nôtre. Il y a des rameaux de la race Nègre qui sont inhabiles à la civilisation. Les Anglais ne sont point parvenus jusqu'à ce jour à tirer parti des Nègres qui avoisinent leur établissement de la Nouvelle-Galles du Sud, dont l'organisation est la plus rapprochée des Babouins.

Si on cite quelques exemples de Nègres susceptibles d'intelligence et doués de quelques rares qualités, il faut les rechercher dans les Nègres qui, par leur organisation, se rapprochent le plus de nous. Il suffit de voir la tête du Nègre Eustache, qui a remporté un prix Monthyon, pour juger que c'est au développement extraordinaire de son cerveau qu'il devait les excellentes qualités dont il était doté. Parmi les Nègres malgaches dont nous avons parlé plus haut, un d'eux (chef des écoles) a le front plus bombé que les autres et paraît ainsi avoir plus d'intelligence. Sont-ils du reste de pur sang Nègre? nous en doutons parce qu'il doit y avoir du sang malais mélangé au leur.

Peut-être aussi que ceux qui sont cités par Blumenbach comme littérateurs, poètes, etc., etc., étaient des mulâtres, classe d'hommes doués de facultés intellectuelles presque aussi développées que chez les blancs. Il y a dans ce moment-ci à Paris des Mulâtres littérateurs très distingués.

Oshiell (Réponses aux objections élevées contre le système colonial aux Antilles, p. 265) dit : « Ce » n'est ni le climat, ni la servitude, ni aucune autre » cause extérieure qui s'oppose à la civilisation » et au développement des facultés intellectuelles » et morales des Nègres ; mais c'est par une imper- » fection inaltérable attachée à leur espèce et im- » primée par la nature même. » Ce que dit Oshiell est vrai généralement ; mais il y a cependant quelques exceptions à faire ; c'est que certaines peuplades Nègres, douées d'une organisation plus parfaite ne se soumettront jamais à l'esclavage ; que certains Nègres également mieux organisés, qui vivent depuis plusieurs générations dans les villes des colonies en contact avec des Européens, éprouvent d'heureuses modifications dans leurs facultés intellectuelles. De ce que les Nègres ne sont pas doués d'autant d'intelligence que nous, ce n'est point une raison pour en faire nos esclaves comme des animaux ; aussi est-ce un bienfait que l'infâme traite des Nègres soit abolie, bien cependant qu'elle ait contribué à la civilisation ; c'est un pas immense fait pour parvenir un jour à la destruction de l'esclavage de cette race d'hommes.

Comme il serait trop long de passer en revue toutes les diverses peuplades Nègres qui habitent sur la surface du globe, et vu les limites que nous prescrit ce genre d'ouvrage, les Nègres d'Afrique ayant été fort bien décrits par plusieurs auteurs, entre autres par le capitaine de vaisseau Landolphe dans ses Mémoires publiés en 1835, nous nous bornerons, comme complément à l'article HOMME, à retracer ici quelques unes des habitudes des Nègres de la Nouvelle-Hollande, peuples que nous avons visités dans le cours de notre voyage autour du monde sur *la Coquille*.

Les naturels ou les Nègres des environs de Sidney sont d'une taille moyenne ; on en voit cependant quelques uns dont la taille s'élève à 5 pieds 6 pouces. La couleur de la peau est d'un noir gris : on ne peut mieux la comparer qu'à celle du café au lait foncé en couleur. Leurs cheveux, non laineux, sont durs, noirs et très-épais. Comme chez tous les Nègres en général, leur peau exhale une odeur repoussante, et sécrète une huile grasse, ce qui n'a pas lieu chez l'Européen. C'est à la présence de cette huile, dit M. Germon, que les Nègres doivent l'avantage d'affronter le climat des tro-

(1) *Manjaka* veut dire, dans la langue malgache, reine.

(2) *Voy.* sur les Nègres des Etats-Unis une brochure de M. L. A. Vail, publiée chez Delaunay, libraire au Palais-Royal ; 1837.

piques. Les traits de leur physionomie n'ont aucune grâce; il est difficile de trouver parmi les nations du globe des peuplades à figures plus affreuses que le rameau Nègre qui habite non seulement la Nouvelle-Hollande, mais la majeure partie des îles de la mer du Sud. Les femmes sont plus hideuses que les hommes. Nous avons cependant vu quelques naturels dont la figure, sans être belle, n'était pas toutefois dénuée de quelques agrémens. Le roi ou chef de la tribu de Sidney, Bongaré, qui a fait un voyage avec le capitaine King, lorsqu'il explora les côtes de la Nouvelle-Hollande, était sans contredit le plus bel homme de sa tribu. C'est peut-être à cela qu'il a dû sa supériorité sur les autres.

Les naturels des tribus de Sidney et de Paramatta sont d'un caractère doux et tranquille tant qu'ils ne sont point ivres. Lorsqu'ils sont excités par des boissons alcooliques, ils ne connaissent plus de frein, et le roi lui-même n'est point respecté de ses sujets, qui crient, vocifèrent et s'assomment à coups de bâtons et de pierres. Ces scènes tragiques ne sont point rares dans les rues de Sidney. La police anglaise ne se mêle pas de leurs querelles; elle les laisse entièrement libres de leurs actions.

Ces naturels se nourrissent généralement de poissons et de coquillages; aussi sont-ils d'une constitution plus grêle et plus énervée que ceux qui habitent l'intérieur du continent, qui, vivant de chasse, sont obligés de faire de longues courses qui tendent à développer leur système musculaire.

Les Nègres de ces tribus sont dépourvus d'intelligence. Bien qu'en contact journalier avec des Européens, et qu'on ait formé une école pour les instruire, ils sont toujours restés dans un état d'abrutissement complet. Plusieurs enfans de cette tribu ont été envoyés par le gouvernement de cette colonie à l'école moravienne de Londres; ils en sont revenus aussi bruts qu'auparavant.

M. Uniake, inspecteur des distilleries de la colonie, à l'obligeance duquel nous devons beaucoup de renseignemens, dit que les peuplades des environs du port Macquarie ont un peu plus d'intelligence que les tribus de Sidney. Ces naturels remplissent fort bien le service des constables. Quand quelques convicts (1) cherchent à s'enfuir dans les bois, ils sont à l'instant poursuivis par quelques agens de cette police noire, qui, munis d'armes à feu, s'en emparent avec une adresse inconcevable.

Les jours de fête, ou lors d'un combat, les Nègres australasiens se peignent toutes les parties du corps avec de l'ocre rouge. Ils allument de grands feux et dansent autour.

Les naturels que nous avions journellement sous nos yeux ne sont plus ce qu'ils étaient lors de la fondation de la colonie. A cette époque ils étaient entièrement nus, tandis qu'à présent quelques uns d'eux sont habillés de la tête aux pieds; d'autres n'ont qu'une veste et laissent à découvert ce qu'ils devraient s'empresser de cacher.

On ne retrouve plus parmi ces peuplades riveraines de traces de leurs anciennes pirogues. Elles vont à la pêche avec des embarcations de construction européenne.

Pour avoir une connaissance exacte sur les mœurs, les coutumes et les usages des naturels de la Nouvelle-Hollande, il faut les étudier dans les divers points qui ne sont point habités par les Européens.

L'histoire de deux naufragés anglais sur l'île Moreton nous mettra à même de connaître le genre de vie des naturels parmi lesquels ces malheureux sont restés neuf mois.

Pamphlet et Finégam partirent de Sidney dans un canot, avec deux autres hommes, pour aller aux Cinq-Iles. Un coup de vent les entraîna au large, et ce n'est qu'au bout de vingt-et-un jours, épuisés de fatigue, manquant de tout, et ayant perdu un des leurs, qu'ils abordèrent à l'île Moreton. Les sauvages ou naturels de ces contrées les reçurent avec bienveillance et les traitèrent avec bonté.

Ces Nègres, dit M. Uniake, sont supérieurs à ceux des environs de Sidney et du port Macquarie sous les rapports de l'intelligence et des usages.

Le poisson étant leur principale nourriture, ils ont plusieurs huttes de distance en distance, c'est-à-dire à trois ou quatre milles l'une de l'autre, où ils émigrent de temps en temps, lorsque le poisson devient rare dans la station qu'ils occupent.

Dans ces voyages, les femmes sont obligées de porter des fardeaux énormes, consistant dans tous les instrumens barbares qu'ils ont, ainsi qu'une grande quantité d'une espèce de racine de fougère qui forme une partie de leur nourriture journalière. Bien qu'elles soient ainsi beaucoup chargées, elles portent encore quelquefois deux ou trois enfans. En voyage, les hommes n'ont d'autre occupation que de faire du feu, de sorte qu'ils ne portent qu'un gros morceau de bois et une lance. Lorsqu'ils sont arrivés à une de leurs stations, les hommes vont à la pêche. Ils se servent à cet effet d'un filet. Dès que le poisson est pris, on le fait rôtir sans se donner la peine de le vider. Leur appétit satisfait, ils portent les restes à leurs femmes et à leurs enfans, qui leur donnent en échange des racines de fougère qu'ils appellent *Dingowa*, qu'elles sont chargées de recueillir pendant que les hommes sont occupés à pêcher.

Leurs huttes, comme celles des naturels de Sidney, sont construites avec de petits bâtons entrelacés ensemble et recouvertes d'écorces d'arbres. Quelques unes sont assez grandes pour contenir dix à douze personnes.

Ces peuplades ne négligent pas généralement les soins de propreté.

(1) On appelle *convicts* les condamnés à la déportation, soit pour cause de vol, assassinat, soit pour toute autre cause.

Quand-Pamphlet et ses compagnons arrivèrent parmi eux, ils firent chauffer de l'eau dans un vase d'étain qu'ils avaient sauvé de leur naufrage. La horde sauvage s'assembla autour d'eux et examina avec étonnement ce vase ; lorsque l'eau commença à entrer en ébullition, les hommes, les femmes et les enfans s'enfuirent en jetant les hauts cris. On ne put jamais leur persuader de revenir que lorsqu'ils virent jeter l'eau et nettoyer le pot. Ils s'empressèrent de couvrir avec du sable l'endroit où l'eau avait été renversée. Pendant leur séjour, les naufragés ne parvinrent pas à les habituer à voir avec calme cette simple opération, qui était pour eux une merveille extraordinaire.

Les naturels de cette tribu n'ont pas d'autres vases pour porter leur poisson et leur racine de fougère que des filets en jonc. Chaque membre de la tribu en possède deux ou trois.

Les filets pour la pêche sont aussi solides et aussi bien faits que s'ils étaient confectionnés avec du chanvre; ils en ont encore de plus grands dont ils se servent pour prendre des Kangouroos et des Opossums, dont les peaux leur servent à couvrir leur tête et quelques parties de leurs bras. Hommes et femmes sont généralement nus. La vue de Finengam et de Pamphlet ne fit éprouver à ces femmes aucun sentiment de honte.

Quoique n'ayant aucune espèce d'ornement, ils parurent éprouver du plaisir losqu'on leur mit sur la tête des morceaux de drap rouge et d'étamine. Quelques plumes rouges de Cacatoës noir que leur donnèrent les étrangers produisirent une petite altercation entre eux.

Les naufragés, environ cinq semaines après leur arrivée au milieu de ces sauvages, assistèrent à un combat qui eut lieu entre un homme de leur tribu et un d'une autre tribu distante de cinquante milles. Ce combat avait lieu pour vider une querelle qui s'était élevée entre eux il y avait trois mois : démêlé dans lequel le naturel qui appartenait à une tribu de la rivière *Pumice Stone* reçut un coup de lance au genou. Lorsque celui-ci fut guéri de sa blessure, il en demanda satisfaction, et le jour du combat que nous allons décrire fut enfin fixé.

L'endroit choisi pour le combat était un petit rond de vingt-cinq pieds de diamètre et d'environ trois pieds de profondeur ; le tout était entouré d'une palissade faite avec des petits piquets. Le nombre des personnes qui s'assemblèrent pour voir le combat s'élevait à environ cinq cents, y compris hommes, femmes et enfans.

Tous les assistans étaient armés, et plusieurs hommes avaient chacun cinq à six lances.

Les deux combattans entrèrent dans la lice ou le cercle, et, après avoir posé leurs lances par terre, pointe contre pointe, ils commencèrent par se promener quelque temps en parlant très-haut et en faisant des gestes violens pour enflammer sans doute leur passion à un degré convenable.

Lorsque les deux adversaires firent leur entrée dans le rond, les femmes furent renvoyées et le plus profond silence régna dans l'assemblée. S'étant promenés à peu près dix minutes, les combattans prirent leurs lances avec leurs pieds, en fixant leurs yeux l'un sur l'autre. Ils conservèrent cette attitude jusqu'à ce qu'on leur eût donné à chacun trois lances qu'ils enfoncèrent dans la terre pour s'en servir immédiatement. Lorsqu'ils commencèrent à ramasser leurs lances, toute l'assemblée poussa des cris affreux auxquels succéda le plus profond calme.

Tout étant disposé pour le combat, deux des amis de l'un et de l'autre parti parlèrent hors du rond pendant quelques minutes. Les discours furent à peine achevés que le naturel de la rivière *Pumice Stone* lança de toutes ses forces sa lance contre son adversaire, qui la para avec un bouclier en bois appelé *Heloman*, dans lequel elle s'enfonça néanmoins de trois à quatre pouces. Celui-ci riposta à son tour, et sa lance fut parée avec la même adresse. Enfin la troisième lance du premier combattant atteignit l'épaule de sa partie adverse, qui tomba aussitôt. Un ou deux des amis du blessé s'élancèrent alors dans l'arène ; ils arrachèrent la lance qui avait traversé de part en part, ils la remirent à son maître, et toute la scène se termina par trois grands houras. On se retira ensuite dans des huttes qui avaient été construites exprès pour la circonstance.

Le lendemain ils se rassemblèrent de nouveau tous au lieu du combat pour donner aux amis du blessé l'occasion de le venger, mais personne ne parut disposé à le faire, parce qu'ils avaient été blessés l'un et l'autre. On fit une réconciliation en forme entre les deux tribus. Elle fut annoncée par des cris de joie et des danses. Trois garçons furent choisis dans chaque parti et envoyés dans le cercle pour lutter d'une manière amicale. Après cela les deux tribus se réunirent pour une expédition de chasse qui dura une semaine.

Chaque individu de ces tribus au dessus de l'âge de six ans avait le cartilage du nez percé, et beaucoup d'eux, surtout les enfans, avaient de grands morceaux de bois ou d'os passés dans ces trous, de manière à boucher entièrement les narines.

Les naturels des îles, la Nouvelle-Bretagne et la Nouvelle-Irlande, que nous avons vus, ont également le même usage.

A l'âge de puberté, les Australasiens font arracher aux jeunes gens une dent incisive, et on enlève aux femmes les deux premières phalanges du petit doigt.

Ces opérations sont faites par la même personne. Cette fonction est héréditaire, et elle donne le droit de percevoir une contribution de chaque famille, contribution qui consiste en poisson, en racines de fougères, etc., etc.

Ces tribus se distinguent entre elles par les différentes couleurs qu'elles emploient pour se peindre la peau. Celles du nord de la rivière se noircissent avec un mélange de cire, qu'elles tirent en abondance de ruches d'essaims d'Abeilles, avec du charbon de terre. Ceux de la rive sud se peignent avec une espèce de jaspe rouge qu'ils brûlent et réduisent en cendres; d'autres tribus se servent d'un fard blanc dont ils se barbouillent diverses parties du corps précédemment noircies.

Le chef de la tribu qui a accueilli les deux naufragés paraissait jouir d'une autorité illimitée. C'était un homme d'une taille élevée, d'un âge moyen, ayant l'air intelligent et expressif. Il avait deux femmes qui, quoique la chose arrive quelquefois, ne paraissaient nullement communes à tous.

Bongaré en avait également deux. Cependant une seule vivait avec lui comme sa femme, et l'autre était employée pendant son sommeil à aller dans les autres huttes chercher le poisson et la racine de fougère, contribution que lui paie tous les jours chacun de ses sujets.

Il possède des filets pour le poisson et pour les Kangouroos; mais il ne s'en sert que pour son amusement, et sa femme ne va jamais avec les autres ramasser de la racine de fougère.

Le même usage de se marquer avec des fragmens de coquilles prévaut là comme à Sidney, excepté que beaucoup d'entre eux paraissaient incisés plus profondément et avec plus de régularité.

Pamphlet et Finégam étaient régulièrement peints deux fois par jour pendant tout le temps qu'ils ont passé avec les naturels. On voulait qu'ils se laissassent pratiquer un trou au nez; mais ils s'y refusèrent par signes, et on ne voulut pas les y contraindre.

M. Uniack ne cite qu'un seul vol commis pendant son séjour parmi eux.

Les naturels s'étant hasardés à aller un jour à bord du navire que montait M. Uniack, y aperçurent des Chats et des Chèvres. Ils furent saisis d'étonnement à leur vue, et n'osèrent pas s'approcher des Chèvres, dont les cornes leur causaient une grande frayeur. Les Chats ne leur causèrent pas la même crainte; ils les caressaient et les élevaient dans l'air pour les faire voir à ceux qui étaient restés à terre. Pamphlet et Finégam n'ont jamais vu les hommes maltraiter les femmes. Parmi les femmes qui composaient cette tribu, deux se faisaient remarquer par des traits réguliers.

Cette tribu se composait de trente hommes, seize à dix-sept femmes, et environ trente enfans.

Les côtes de la Nouvelle-Hollande sont à peine peuplées, relativement à leur vaste étendue. Le capitaine King, qui a été souvent en contact avec les naturels de cette contrée, a été à même de juger de la diversité de leurs usages et de la différence de leur langage. Sur quarante mots pris dans le dialecte de quatre parties différentes de la côte, celui qui désigne l'œil est le seul qui soit tout-à-fait identique. Il en est de même relativement à la construction de leurs pirogues. Vers le port Jackson, elles sont faites de morceaux d'écorce attachés à leurs extrémités. Plus vers le nord, dans les tropiques, elles sont creusées dans des troncs d'arbre. Sur la côte nord, elles sont faites comme les Catamarans de Vandiemen, d'écorces d'arbres jointes ensemble par des tiges de *Flagellaria indica*. Plus à l'ouest, à la baie de Hanovre, les naturels traversent l'eau sur un petit radeau fait avec de petits troncs de mangliers morts, qui sont très-légers lorsqu'ils sont depuis long-temps privés de sucs nourriciers. A l'archipel de Dampier, au lieu de canots, ils se servent de troncs de mangliers sur lesquels ils se mettent à cheval.

Les naturels des îles Bouka, de la Nouvelle-Irlande, de l'île d'Yorck, de Waigiou, que nous avons étudiés, ont beaucoup de rapports avec les Nègres de la Nouvelle-Hollande. Ces derniers, quoiqu'appartenant au même rameau, sont ceux dont l'angle facial est le plus voisin de celui des animaux (de 61° à 67°).

Si généralement les Nègres sont jaloux, orgueilleux, fourbes, rusés, vindicatifs, menteurs et voleurs, il y en a quelques uns qui sont doués d'excellentes qualités et qui se font remarquer par une bonté portée à un très-haut degré. (*Voyez* AFRIQUE, où on a tracé quelques uns des caractères des Nègres qu'on lira avec intérêt; ALBINOS et HOMME.) (P. GARNOT.)

NEIDE, *Neides*. (INS.) Genre d'Hémiptères de la section des Hétéroptères, famille des Géocorises, tribu des Longilabres; ce genre a été établi par Latreille; mais Fabricius a changé ce nom en celui de Berytus; ce sont donc les mêmes insectes portant deux noms génériques. Ce genre a pour caractères : antennes coudées au milieu presque de la longueur du corps; chaperon s'avançant sous la forme d'une lame pointue au dessus de la bouche; pieds longs et grêles, corps filiforme. Ce genre se distingue principalement de quelques autres, qui ont de même un corps grêle et allongé, par ses antennes de quatre articles, dont le premier, terminé par une petite massue, est presque aussi long à lui seul que les suivans, qui forment un coude après lui; le troisième égale les second et quatrième; celui-ci est ovoïde, le plus court de tous, mais le plus gros; les fémurs sont terminés par un petit renflement; l'écusson est allongé, très-petit; ces insectes, très-grêles par rapport à leur taille, ressemblent un peu à des Cousins; on les trouve le plus habituellement sur les feuilles et le tronc des arbres.

N. TIPULAIRE, *N. tipularia*, Wolf. Long de cinq lignes, gris-jaunâtre avec le dernier article des antennes noir, et quelques points de même couleur sur les Elytres. De France. (A. P.)

NEIGE. (MÉTÉOR.) On ne sait encore rien de bien exact, on n'a encore aucune notion bien précise sur la manière dont se forme la Neige : quelle sera en effet la nature des nuages qui lui donnent naissance? Les supposerons-nous composés de parcelles déjà glacées, ou bien seront-ils encore à l'état de vapeur vésiculaire? Comment se formeront les flocons? Admettrons-nous qu'ils existent directement dans le sein même du nuage, ou bien leur accroissement sera-t-il dû au trajet qu'ils parcourent au sortir du nuage qui leur donne

donne naissance, à travers les couches inférieures de l'air? Quelle sera leur température? Quelles circonstances détermineront leur forme et leur volume? Tout cela compose une série de questions qui ne sont point résolues et qui attendent encore, pour être expliquées, l'intelligente sagacité de quelque ingénieux et savant expérimentateur.

Nous dirons cependant ici que l'opinion la plus répandue sur la formation de la Neige, est qu'elle doit son existence à la congélation des vapeurs aqueuses qui, saisies par une température plus froide dans leur chute à travers l'atmosphère, passe à l'état solide. Telle est l'opinion émise par Maltebrun, qui pense que les premiers cristaux de la Neige, nés au haut de l'atmosphère, déterminent à mesure qu'ils descendent, par l'excès de leur pesanteur spécifique, la cristallisation des molécules aqueuses, que, sans leur présence, l'air environnant aurait retenues en dissolution. Le célèbre géographe compare cette formation à la cristallisation ordinaire du sel ammoniac en petits cristaux plumeux, et pour mettre nos lecteurs à même de juger de la vérité de la comparaison, nous rapporterons ici la description de ce dernier phénomène, insérée par Monge dans les Annales de Chimie. « Si l'on remplit un vase de terre, profond et chaud, dit cet illustre savant, d'une dissolution de sel ammoniac saturée à chaud, et qu'on laisse ensuite lentement refroidir celle-ci dans un air calme, la surface du liquide est la première qui arrive à la supersaturation, tant à cause du refroidissement direct qu'elle éprouve, qu'à cause de la concentration que l'évaporation y provoque : c'est donc à la surface que les premiers cristaux se forment. Ces cristaux d'une extrême petitesse, sont aussitôt submergés que formés : comme leur pesanteur spécifique est un peu plus grande que celle du liquide qui les contient, ils descendent avec lenteur : en même temps leur volume augmente par une addition de cristaux semblables qui se forment sur leur passage, en sorte qu'ils arrivent au fond du vase en flocons blancs, nombreux et volumineux. La progression rapide de la cristallisation est due uniquement à l'affinité des molécules; le premier cristal, qui descend au fond, donne comme un signe de ralliement à toutes les molécules qui avaient une tendance à se réunir. » Nos lecteurs peuvent juger maintenant si la comparaison leur paraît assez juste pour en adopter entièrement les conséquences.

Lorsque le temps est calme, qu'aucun vent ne trouble la tranquillité de l'atmosphère, et que la température n'est pas assez élevée pour déformer les cristaux en fondant leurs angles, la Neige tombe sous la figure d'une étoile à six rayons; mais lorsque le vent souffle, lorsqu'il y a une agitation dans l'atmosphère, lorsque la Neige s'échappe de nuages trop élevés, les cristaux, en se heurtant, se réunissent, s'agglomèrent et forment des flocons irréguliers. La Neige, qui dans nos contrées tempérées ne se présente qu'à certaines époques de l'année, est si commune dans les régions polaires, que, sur dix jours, il en tombe plus ou moins durant neuf jours, pendant les mois d'avril, mai et juin. Elle est beaucoup plus abondante lorsque le vent souffle du sud, parce qu'alors cet air plus chaud, venant à rencontrer la froide bise qui passe sur les grandes masses de glace, abandonne promptement à la congélation les vapeurs aqueuses qu'il contient. Aussi les voyageurs nous apprennent que dans ces circonstances, il suffit d'une heure pour que la terre se trouve recouverte de trois ou quatre pouces de Neige. Ces chutes abondantes sont ordinairement les précurseurs de grandes tempêtes.

Un savant voyageur anglais, le capitaine Scoresby, a livré au public les observations nombreuses qu'il a recueillies dans ses longues traversées, et ces observations contiennent des renseignemens très-curieux sur les formes affectées par la Neige. Chez nous, ces formes ne varient guères; c'est toujours l'étoile à six rayons, plus ou moins bien formée; mais au Spitzberg, au Groënland, il n'en est plus de même. Lorsque le froid n'est pas trop vif, lorsque la température se rapproche de notre température d'hiver, la Neige conserve la forme étoilée qu'elle a chez nous; mais à mesure que le froid devient plus intense, à mesure que le thermomètre descend au dessous de zéro, les cristallisations deviennent de plus en plus compliquées, sans cesser pour cela d'être régulières, et d'offrir aux yeux des contours élégans et bizarres. Dans les grands froids, sous un ciel serein, on voit flotter en l'air des flocons de Neige dont les mille faces étincelantes reflèchissent d'une manière merveilleuse les rayons du soleil. Le capitaine Scoresby a eu soin de reproduire dans les planches de son ouvrage, les principales formes qu'il a pu observer au moyen du microscope. Nous les reproduisons ici dans la pl. 404, fig. 5; nous espérons que nos lecteurs nous sauront gré de leur donner ce curieux document. Ainsi, tantôt c'est une étoile dont chaque rayon est régulièrement dentelé, tantôt c'est un hexagone au centre duquel se trouverait une étoile entourée d'autres lignes, qui toutes elles-mêmes forment de nouveaux hexagones; quelquefois c'est une agglomération de ces mêmes hexagones d'où sortent six rayons symétriquement disposés; enfin, dans cette autre figure, ces rayons principaux partent tous d'une étoile centrale, et forment entre eux des angles de soixante degrés : de ces principaux rayons partent de petites flèches qui se dirigent en différens sens, de manière cependant à conserver toujours une régularité inaltérable. Le diamètre de cette figure, au dire du capitaine Scoresby, excède quelquefois un quart de pouce. Keppler et d'autres physiciens avaient fait déjà de semblables observations, mais moins exactes et moins complètes que celles données par le capitaine Scoresby.

Il y a une locution très-usitée où l'on se sert de la Neige comme terme de comparaison; on dit, pour indiquer qu'un objet est d'une blancheur éblouissante, qu'il est *blanc comme Neige*; les observations sont venues démontrer que cette expression ne serait pas toujours vraie ; car il est reconnu que la Neige n'est pas toujours blanche, mais bien quelquefois *rouge*. Les anciens eux-mêmes connaissaient la Neige rouge, et attribuaient cette couleur à la vieille Neige ; c'est du moins ce que nous apprend Pline dans le chapitre XXXV de son XIe livre, lorsqu'il nous dit : *Ipsa nix vetustate rubescit.*

Ainsi que nous l'apprend M. Pouillet, dans son Traité de météorologie, plusieurs observateurs modernes se sont occupés de ce curieux phénomène. De Saussure, dit-il, avait vu de la Neige rouge, en 1760, sur le Buvern, et en 1778 sur le Saint-Bernard. Après en avoir décrit le gisement et toutes les apparences, il suppose que cette coloration de la Neige est produite par des poussières végétales. Ramond a trouvé pareillement de la Neige rouge dans les Pyrénées. Le capitaine Ross en a trouvé sur les côtes de la Baie de Baffin ; les capitaines Parry, Franklin et Scoresby ont pu en recueillir à des latitudes boréales beaucoup plus élevées, et enfin des navigateurs en ont trouvé abondamment dans la Nouvelle-Schetland du sud, à 70° de latitude.

Les généreux solitaires de l'hospice de Saint-Bernard, qui se livrent avec un zèle si louable aux observations météorologiques aussi bien qu'aux devoirs pénibles de la charité, ont aussi l'occasion de voir habituellement des Neiges rouges et d'en recueillir pour les soumettre à l'expérience. C'est par leurs soins que M. De Candolle a pu faire, à Genève, une comparaison directe entre la substance colorante des Neiges polaires et des Neiges du Saint-Bernard.

Dans les Alpes, la Neige rouge se trouve répandue çà et là, et particulièrement dans les lieux bas ou dans les petits enfoncemens abrités ; elle ne pénètre pas à plus de deux ou trois pouces de profondeur, ou, pour mieux dire, les zones quelquefois profondément ensevelies dans lesquelles on la trouve, n'ont en général que deux ou trois pouces d'épaisseur.

Sur les côtes de la baie de Baffin, le capitaine Ross a recueilli de la Neige rouge sur une vaste colline de deux ou trois lieues d'étendue ; le sommet de cette colline était dépouillé de Neige et pouvait avoir environ deux cents mètres de hauteur. Quelques uns des savans de l'expédition paraissent supposer que la Neige rouge se trouvait à dix ou douze pieds de profondeur au dessous de la surface ; d'autres disent qu'elle n'avait que quelques pouces d'épaisseur. Cette étrange discordance laisse quelque incertitude sur un point qui n'est pas cependant sans intérêt.

Pour analyser ces neiges extraordinaires, on les recueille dans des flacons, et l'on conserve l'eau de fusion à l'abri du contact de l'air ; la substance qui la colore n'éprouve pas d'altération sensible avec le temps ; car l'eau, qui est limpide lorsqu'elle est bien reposée, devient rouge comme la Neige toutes les fois qu'on l'agite pour y mêler le dépôt. C'est au moyen de cette propriété qu'il a été permis de comparer directement les Neiges rouges des différentes contrées.

MM. Wollaston, R. Brown, De Candolle, Thénard, Peschier et Francis Baüer, ont soumis à diverses épreuves cette substance colorante pour en déterminer la nature. Wollaston a reconnu le premier qu'elle est composée de petits globules sphériques, dont les diamètres assez variables sont compris entre un et deux centièmes de millimètre ; ces globules ont une enveloppe transparente et se trouvent divisés à l'intérieur en sept ou huit cellules remplies d'une espèce d'huile rouge insoluble dans l'eau. MM. R. Brown et De Candolle, après avoir vérifié l'existence de ces globules, ont supposé qu'ils étaient de petites plantes appartenant à la famille des Algues. MM. Thénard et Peschier ont aussi reconu, par l'analyse chimique, que le dépôt des eaux de Neige rouge est de nature végétale.

Enfin, M. Francis Baüer a publié sur ce sujet plusieurs mémoires qui semblent résoudre la question d'une manière complète. Ses premières observations sont aussi anciennes que celles de Wollaston, dont il n'avait pas eu connaissance. M. Baüer a reconnu aussi l'existence des globules et leur séparation en plusieurs compartimens ; il a démontré qu'ils sont tout-à-fait les mêmes dans les Neiges de la Nouvelle-Schetland et dans celles de la baie de Baffin, et il a constaté que ces globules sont de petits champignons du genre *Uredo*, formant une espèce particulière qu'il nomme *Uredo nivalis*, parce que leur sol naturel est la Neige. M. Baüer a été conduit à cette dernière conséquence par une expérience ingénieuse : ayant exposé à l'air de la matière colorante des Neiges suspendue dans l'eau de fusion, il s'aperçut d'abord que les globules microscopiques se multipliaient visiblement ; mais les individus nouveau-nés restaient transparens : il y avait donc dans l'eau une végétation, mais une végétation incomplète, qui n'arrivait pas à maturité. En substituant de la Neige à l'eau pendant les mois d'hiver, on vit cette végétation se développer avec plus de succès ; car le nombre des globules rouges fut à peu près doublé en assez peu de temps, malgré de fréqnentes interruptions de froid et de Neige.

Ces résultats sont décisifs, et ils sont à la fois si curieux et si faciles à vérifier, que les observateurs qui sont en position de le faire n'en laisseront pas sans doute échapper l'occasion.

Tel est le résumé que le savant professeur nous donne sur les renseignemens recueillis de nos jours sur la Neige rouge : il nous a paru si lucide et si exact, que nous avons cru devoir le transcrire en entier dans cet article.

La Neige rouge observée sur les glaces flottantes des régions polaires ne paraît pas devoir son origine aux mêmes causes que celles dont nous venons d'entretenir nos lecteurs. Le capitaine Scoresby, qui l'a examinée avec beaucoup de soin au microscope, prétend avoir reconnu dans le principe colorant de la Neige rouge des glaces flottantes, de petits corpuscules qui se mouvaient d'une manière assez rapide. Il résulterait donc de cette nouvelle observation que deux espèces de corps organisés trouveraient dans la Neige tout ce qui leur est nécessaire pour naître, vivre et prospérer. Nous n'osons cependant affirmer que l'observation de M. Scoresby ne doit laisser aucun doute à cet égard : la description qu'il donne de ces animalcules se rapproche tellement de l'*Uredo nivalis*, qu'il pourrait bien se faire que ce ne fût qu'une seule et même chose.

Il nous reste à entretenir nos lecteurs des Neiges perpétuelles et des régions dans lesquelles elles se trouvent : c'est par là que nous terminerons cet article.

Nous avons vu que la Neige doit son existence à la congélation des vapeurs aqueuses qui se trouvent dans l'atmosphère; or, pour que cette congélation demeure, pour que la Neige ne fonde pas, enfin pour qu'il y ait des Neiges perpétuelles, il faut nécessairement que la température ambiante soit au dessous du degré qui marque *glace*, c'est-à-dire au dessous de zéro. Cependant, ainsi que l'a très-judicieusement observé M. de Humboldt, la limite des Neiges perpétuelles ne correspond pas toujours avec la hauteur où la température moyenne est à zéro. Si nous examinons ce qui se passe dans les zones tempérées, nous voyons que la limite des Neiges perpétuelles ne se trouve qu'à une température moyenne de trois degrés au dessous de zéro : dans la zone torride, au contraire, les choses se passent différemment, et cette même limite ne se retrouve qu'à une température moyenne d'un degré au dessus de zéro; ceci est facile à expliquer : dans les zones tempérées, les météores aqueux ont bien moins de puissance, et il existe une grande différence entre la longueur des jours d'été et la longueur des jours d'hiver; ce qui fait qu'au dessous de la température indiquée plus haut, les Neiges fondent nécessairement pendant les grandes chaleurs de l'été, à cause de la différence des températures; dans la zone torride, au contraire, cette différence des températures est peu sensible, et quand bien même les Neiges fondraient à une certaine hauteur, comme il en tombe toujours autant qu'il en fond, il en résulte que celle qui disparaît est immédiatement remplacée. Nous voyons que la limite des Neiges perpétuelles ne peut être dans tous les lieux à la même hauteur; elle varie beaucoup, et nous allons donner à nos lecteurs quelques renseignemens qui pourront leur faire juger de ces variations.

C'est vraiment un spectacle curieux d'examiner avec soin les effets de la température sur les productions de la terre : à mesure que la température s'abaisse, la végétation diminue de vigueur; languit et disparaît bientôt. Ainsi dans ces vallées, dans ces plaines si riches, et si belles, les arbres élèvent et balancent dans les cieux, leurs cimes verdoyantes; la température y est en rapport avec la force de la végétation; elle est très-élevée : mais à mesure que nous montons vers la montagne; les arbres diminuent de vigueur; chaque pas que nous faisons change les dimensions des produits de la terre : ces beaux arbres, si frais et si majestueux, que nous admirions tout-à-l'heure, sont remplacés par des arbustes qui ne dépassent plus la taille de l'homme; bientôt ces arbustes eux-mêmes ont disparu de la surface du sol, où l'on ne voit plus que des plantes herbacées répandues çà et là; enfin l'œil étonné n'aperçoit plus aucune verdure, aucune apparence de végétation; les Neiges seules recouvrent alors la montagne. Certes, rien n'est plus curieux que ce spectacle, et il n'apparaît dans aucun pays avec plus de singularité que dans les Andes, au milieu de la zône torride, où l'habitant du bord de la mer ne connaît ni la gelée ni la Neige, et où le voyageur de la montagne ne voit que glaciers et Neiges perpétuelles.

Ainsi que nous l'avons déjà indiqué plus haut, la limite des Neiges perpétuelles est plus élevée sous l'équateur, et descend toujours de plus en plus, lorsqu'on se dirige vers les pôles : lorsque les lieux où est successivement l'observateur, se trouvent sous la même latitude, il y a peu ou point de variation dans la limite : cette limite forme comme une ligne de niveau dans la longue chaîne des Andes, comme l'a très-bien fait remarquer Bouguer. Nous donnons ici le résultat des observations des voyageurs au sujet de cette limite.

Dans l'Amérique méridionale, aux environs de l'équateur, la limite inférieure des Neiges perpétuelles est 2460 toises au dessus du niveau de la mer.

Dans l'Amérique septentrionale, sur le parallèle de 20 degrés, nous la trouvons à 2360 toises.

En Sicile, sur l'Etna, par trente-sept degrés trois quarts de latitude, elle descend à 1500 toises.

Dans les Alpes et les Pyrénées, ce qui représente une latitude de quarante-cinq degrés, elle n'est plus qu'à 1300 et 1400 toises.

En Norwége, par soixante-deux degrés de latitude, on la voit à 900 toises, et par la latitude de soixante-cinq degrés, à 500 toises.

Enfin, dans les terres arctiques, où se trouvent des glaces qui ne fondent jamais, et où le sol ne dégèle pas, pour ainsi dire, on trouve la Neige sur les bords de la mer.

Nos lecteurs voient maintenant la manière dont s'abaisse la ligne des Neiges perpétuelles; cependant il ne faut pas croire qu'il n'y ait aucune variation dans ces déterminations : un été plus ou moins chaud, une foule de circonstances locales viennent nécessairement y faire sentir leur influence et y apporter quelques légères modifications; mais généralement ces modifications ne sont pas assez importantes pour ne pas nous permettre de conclure que toutes les fois qu'une montagne atteindra sous les latitudes indiquées, les hauteurs indiquées pour limites des Neiges perpétuelles; elle devra nécessairement et infailliblement être vouée aux Neiges perpétuelles. Ainsi le Chimborazo, qui a 3358 toises d'élévation au dessus du niveau de la mer, devra avoir une calotte de Neige de 900 toises, puisque, pour lui, la limite des Neiges perpétuelles est à 24600 toises; de même le Mont-blanc, qui ne s'élève pas à moins de 2446 toises, aura une calotte de Neiges de 1100 toises, puisque pour lui la limite est à 1300 toises d'élévation.

Voilà tout ce que nous avons à dire sur la Neige, sur sa formation, sur ses diverses natures, et sur les lieux qu'elle habite : nous espérons nous être assez étendus sur ce sujet pour avoir appris à nos lecteurs tout ce qu'il comportait de curieux et d'intéressant. (C. J.)

NEIGEUSE. (MOLL.) C'est le nom vulgaire des *Cypreæ vitellus* et *Voluta hispidula*. *Voy.* PORCELAINE et VOLUTE. (GUÉR.)

NÉKRONITE. (MIN.) M. Hayden de Baltimore a donné ce nom à une substance blanchâtre ou bleuâtre, d'un éclat un peu soyeux, que l'on trouve à quelque distance de Baltimore, en petites masses cristallines ou en cristaux à six pans disséminés dans un calcaire lamellaire. Cette substance raie le verre, est très-difficilement fusible, et répand une odeur fétide. Sa composition chimique est encore inconnue. (J. H.)

NÉLUMBIACÉES, *Nelumbiaceæ*. (BOT. PHAN.) On a cru pouvoir créer cette coupe dans le voisinage de la petite famille des Nymphéacées que nous examinerons plus bas, fondé sur ce que, dans les Nénuphars, l'embryon est très-petit, placé à la partie supérieure d'un périsperme charnu, tandis que dans les Nélumbos il n'y a pas de périsperme, et que l'embryon est accompagné de deux appendices charnus, hémisphériques, naissant des côtés de la radicule, dont ils sont une dépendance, et recouvrant le cotylédon, que l'on ne peut apercevoir qu'en les écartant l'un de l'autre. Mais ces différences, qui servent à séparer deux genres distincts, ne nous paraissent point suffisantes pour légitimer un ordre nouveau dans une famille qui ne compte et ne comptera long-temps encore que deux seuls genres. Le mot Nélumbiacées et celui de Nélumbonées, employés par quelques auteurs, sont donc plus qu'inutiles, et doivent disparaître du dictionnaire botanique. (T. D. B.)

NÉLUMBO, *Nelumbium*. (BOT. PHAN.) Ce genre de plantes monocotylédonées, appartenant à la famille des Nymphéacées et à la Polyandrie polygynie, a été créé par Tournefort, puis maladroitement réuni par Linné au genre *Nymphœa*, avec lequel, à la vérité, il a, quoique l'on ait voulu soutenir le contraire, de très-grands rapports. Il a été rétabli par De Jussieu, Gærtner, et définitivement adopté par tous les botanistes amis de l'ordre. Salisbury a voulu changer son nom en celui de *Cyamus*; mais il a été généralement rejeté. Peu d'espèces constituent ce genre, dont les caractères sont d'offrir de belles plantes croissant au milieu des eaux douces. De leur souche rhizôme, charnue, horizontale, rameuse et rampante, il sort de longs pétioles, nus et cylindriques, remplis d'un suc laiteux, qui donnent naissance à de grandes feuilles ombiliquées, étalées à la surface de l'onde, ayant, selon l'expression de Théophraste, la forme et la dimension du chapeau thessalien (soixante-cinq centimètres de diamètre), et servant pour cette raison, dans les courses lointaines et chez les pauvres, d'ombrelles, de plats et de gobelets. De superbes fleurs, d'un rose pourpré, quelquefois presque entièrement blanches, répandant autour d'elles une odeur très-agréable, portées sur de longs pédoncules, s'élèvent au dessus de ces feuilles, et du sein de leur coupe éclatante, dont la base est soutenue par un calice de quatre à cinq sépales, tandis que le pourtour est formé par un grand nombre de pétales caducs, disposés sur plusieurs rangées. Ils sont insérés, ainsi que les nombreuses étamines, au pied du réceptacle, lequel représente un cône renversé. Le filet cylindroïde de chaque étamine est terminé par une anthère très-allongée, tétragone, à deux loges opposées et d'un jaune d'or. Le fruit est composé d'un large disque, percé d'alvéoles profondes, qui varient en nombre depuis huit et dix jusqu'à trente et quarante : chacune d'elles renferme un pistil adhérent à sa base, libre dans le reste de sa surface, qui constitue un ovaire ovoïde, à demi infère, uniloculaire, et contient un seul ovule pendant de son sommet; le style, qui est très-court et persistant, se termine par un stigmate entier légèrement déprimé. Après la fécondation, le disque s'élargit beaucoup en sa partie supérieure, où sont logés des noyaux globuleux ou ovoïdes, de la grosseur d'une noisette, libres dans leur alvéole au temps de la maturité, et surmontés d'un petit tubercule reste du style et du stigmate. La graine, enfermée sous une enveloppe dure, coriace, grisâtre, peu épaisse, sert de matrice où, sous la forme d'une masse charnue et blanche, repose l'embryon qui est positivement monocotylédoné.

En 1835, le NÉLUMBO ÉLÉGANT, *N. speciosum*, Willd., a fleuri en pleine terre à Montpellier, simplement abrité des ouragans et d'un soleil ardent; c'est la première fois que cet enfant de l'Inde étalait en Europe, à ciel ouvert, sa coupe charmante; elle avait trente centimètres de diamètre; le rose de ses pétales, balancé sur des feuilles de plus de cinquante centimètres de large, au velouté extrêmement fin, montra dans toute sa splendeur le Tamara sacré des Indiens, cette plante que les Grecs et les Romains ont vue flotter sur les eaux du Nil, qui en est veuf depuis plusieurs siècles, celle que les Thibétains, les Chinois et les Japonais révèrent encore aujourd'hui comme le premier témoin du monde actuel sortant du sein de l'Océan sans bornes. Cette fleur sert de barque à la déesse de l'Abondance; elle embaume l'atmosphère, et le vent qui passe sur elle durant son épanouissement, se charge d'une odeur suave d'anis qu'il porte au loin. Elle est figurée sur presque tous les monumens égyptiens. Hérodote et Théophraste l'ont vue abondante sur le Nil, où, sans aucun doute, elle avait été apportée à une époque de beaucoup antérieure, puisque, au rapport d'Athénée, elle commençait déjà à devenir rare au deuxième siècle de l'ère vulgaire, et que, en 1797, lors de notre mémorable expédition qui déchira le voile des âges antérieurs, nos savans n'en trouvèrent aucun souvenir parmi les indigènes actuels. Théophraste l'avait bien observée. Il nous apprend qu'elle se cache dans le Nil comme dans l'Euphrate dès que le soleil est à l'horizon, qu'elle continue à descendre sous l'eau jusque vers minuit, et qu'elle est au point du jour à une profondeur si grande qu'on ne peut y atteindre avec le bras. Elle remonte ensuite à la surface de l'onde, où son calice s'ouvre aussitôt. Abunditar, médecin de Malaga, qui voyageait en Egypte au commencement du treizième siècle de l'ère actuelle, est le premier qui ait rapporté cette plante sacrée aux Nymphéacées. Prosper Alpin a depuis partagé son sentiment.

Cette plante célèbre, que nous voyons représentée avec ses fleurs roses, pourpres ou blanches, sur les papiers à tapisserie provenant de la Chine, porta jadis le nom de *Lis du Nil*, les Arabes l'appellent Neoufar. Ceux qui l'ont confondue avec le Lotos sous le nom de *Lotus rose*, ainsi que ceux qui veulent voir en elle la fève sacrée des Pythagoriciens, celle qui fut pour les Egyptiens un objet d'horreur, sont dans une erreur complète, ainsi que j'ai eu l'occasion de le démontrer, t. II, pag. 6 et tom. III, pag. 201 de ce Dictionnaire. Quant au Lotos, je renvoie à la savante dissertation de Desfontaines insérée dans les actes de l'Académie des sciences de Paris pour 1788, et dans le Journal de physique de la même année. Deux botanistes russes, Fischer et Steven, nous apprennent que le *Nelumbium speciosum* existe à l'embouchure du Volga, près d'Astracan.

Michaux nous a fait connaître une espèce de Nélumbo jaune, *N. luteum*, repr. dans notre Atlas, pl. 405, fig. 1, que l'on trouve en diverses localités de l'Amérique septentrionale; elle a beaucoup de ressemblance avec la plante de l'Inde pour le port et les formes; mais elle en diffère par ses fleurs, moins grandes, et constamment jaunes. On mange en ce pays ses amandes (fig. 1 a, b, c), comme on le fait de celles de l'espèce précédente.

(T. d. B.)

NÉMALITE. (min.) Nom qui a été donné par M. Nuttall à une variété fibreuse de magnésie hydratée trouvée à Hoboken dans l'état de New-Jersey aux États-Unis. Il paraîtrait, suivant M. Wachtmeister, qu'elle se compose d'environ trente-sept parties d'acide carbonique, de quarante-deux de magnésie, de dix-huit d'eau, et de quelques parties de silice et d'oxide de fer. (J.H.)

NÉMATE, *Nematus*. (ins.) Genre d'Hyménoptères de la famille des Porte-Scie, tribu des Tenthrédines, ayant pour caractères : antennes allongées, simples, de neuf articles ; mandibules échancrées ; une cellule radiale, quatre cubitales, dont la seconde grande recevant deux nervures récurrentes ; ce genre a été établi par Jurine sur plusieurs espèces de Tenthrèdes de Fabricius et sur quelques autres espèces figurées dans la faune de Panzer ; leur forme est presque la même que celle des Tenthrèdes propres, dont on les a détachées ; mais leurs mœurs offrent des différences, surtout sous leur premier état ; les larves de Némates ont le corps allongé, sans poils et portant vingt-deux pattes ; elles vivent en société sur différens arbres, dont elles mangent les feuilles ; elles les entament par les bords en s'y cramponnant par leurs pattes écailleuses et tiennent le reste de leur corps élevé et contourné en manière de S ; pour passer à l'état de Nymphe, elles s'enfonçent en terre et s'y construisent une double coque de soie ; on en connaît un assez grand nombre presque toutes propres à l'Europe.

N. septentrionale, *N. septentrionalis*, Jur. Longue de trois lignes et demie; antennes de la longueur du corps, antennes et corps noirs, milieu de l'abdomen fauve, les palpes sont jaunâtres; dans les quatre pattes antérieures, les fémurs sont noirs, et le reste de la patte jaunâtre, avec la naissance des tibias blanche et leur extrémité brune; les pattes postérieures sont noires avec la naissance des tibias blanche; cette espèce offre à ses pattes postérieures une structure tout-à-fait particulière et dont l'utilité n'est pas encore connue; l'extrémité des tibias et le premier article des tarses est dilaté en forme de palette ainsi qu'on le remarque dans certaines Apiaires; les larves de cette espèce vivent sur le saule; elles sont vertes avec de grandes taches jaunes, et recourbent l'extrémité de leur corps jusqu'au dessus de leur tête; lorsqu'on les inquiète, elles font sortir d'entre leurs pattes des tubercules charnus qui rentrent ensuite en eux-mêmes ; la coque de cette larve est noire; l'espèce se trouve communément aux environs de Paris dans le mois de mai.

N. du saule marceau, *N. capreæ*, Jur. Longue de trois lignes, jaune, avec les yeux, le vertex, le dessus du corselet et de l'abdomen noirs; les antennes sont fauves, et le stigmate des ailes jaunâtre; la larve de cette espèce est verte avec des taches noires. D'Europe. (A. P.)

NÉMATOPE, *Nématopus*. (ins.) Latreille a fondé, sous ce nom, un genre d'Hémiptères de la famille des Géocorises, qu'il sépare de ses Anisoscèles, et qui se compose des espèces a antennes plus menues et de la longueur du corps. A l'exemple de ce savant, nous donnerons les caractères communs de ces deux genres lesquels sont exprimés ainsi par leur auteur : Les antennes se terminent par un article allongé, cylindrique ou filiforme, les pieds postérieurs des mâles sont le plus souvent remarquables par la grosseur des cuisses, et dans un grand nombre, par la forme de leurs jambes, tantôt comprimées avec les bords dilatés, comme membraneux et ailés ou foliacés, tantôt courbes. Tous ces insectes sont exotiques. On peut les ranger dans deux divisions correspondantes aux genres *Nematopus* et *Anisoscelis*.

Première division. Antennes longues, ayant le premier article aussi long ou plus long que les autres. Rostre très-court, atteignant à peine la base des pattes intermédiaires.

Nématope a nervures, *N. nervosus*. Laporte,

Mag. Zool., 1833 (Essai d'une classe des Hémiptères hétéroptères). Il est long de onze lignes, d'un noir verdâtre, le bord postérieur du corselet est jaune; les hyménélytres ont leur partie membraneuse cendrée avec quatre nervures jaunes. Les pieds et les trois derniers articles des antennes sont ferrugineux. Les cuisses postérieures ont trois épines. Cet insecte vient du Brésil.

Les *Lygæus indus* et *lætus* de Fabricius appartiennent aussi à cette division. Ce dernier a été décrit dans l'Encyclopédie méthodique (article Pentatome, p. 60), sous le nom de *Coreus cinctus*, Lepell. et Serville. Enfin nous citerons le *Nématopus elegans*, publié par M. Serville dans le Magasin de Zoologie, 1831, insectes, n° 27. Ces trois espèces se trouvent à Cayenne.

Deuxième division. Antennes très-longues; le premier article plus court que les autres, un peu plus épais. Rostre assez allongé, dépassant la base des pieds postérieurs.

Anisoscèle foliacé, *Anisoscelis foliaceus*, Fabr. Il est long de sept à huit lignes, d'un jaune orangé avec le dessus du corselet et les élytres d'un vert bleuâtre. Les jambes postérieures sont munies en dehors, depuis leur base jusqu'à l'extrémité, d'une grande membrane rougeâtre, tachée de brun rouge, et en dedans d'une autre membrane semblable qui se termine au milieu de leur longueur. Cette belle espèce vient de Cayenne.

Anisoscèle large feuille, *A. latifolia*. Serville, Mag. Zool., 1831, Insectes, n° 18. Cette espèce, dont nous reproduisons la figure dans notre Atlas, pl. 405, fig. 2, est longue de près d'un pouce, le dessus de la tête, du corselet et de l'écusson est d'un vert luisant avec une double ligne jaune. Les élytres sont d'un brun très-foncé avec leur membrane noire. Les pattes antérieures et intermédiaires sont vertes avec la base des cuisses jaune. Les pattes postérieures sont très-grandes, avec les jambes munies d'une grande membrane foliacée d'un brun luisant portant cinq taches jaunes. Ce bel insecte vient du Brésil.

Nous avons fait connaître dans le même journal (1833, cl. IX, pl. 75), une espèce voisine de celle-ci et à laquelle nous avons donné le nom d'*Anisosc. alipes*. Elle vient du Mexique.

Anisoscèle a gros pieds, *A. grossipes* (*Lygæus*), Fabr., Syst. Rhyng, p. 205, n° 11. Il est long de plus d'un pouce, brun obscur sans taches. Le dernier article des antennes est roussâtre. Le corselet est arrondi sur les côtés, les quatre pattes antérieures sont simples, les postérieures ont leurs cuisses très-grandes, fortement arquées à la base, épaissies au milieu, avec deux fortes dents au côté interne. Cet insecte vient de Java. Il ne faut pas le confondre avec le *Lygæus grossipes*, que Fabricius décrit dans son Entom. Syst., t. 4, p. 135, n° 4. Car cet auteur a donné ce même nom à une espèce toute différente.

On connaît encore un grand nombre d'espèces de cette division : toutes sont curieuses par la forme extraordinaire des cuisses postérieures des mâles. On en reçoit fréquemment une fort belle du Sénégal; c'est le *Lygæus curvipes* de Fabricius, dont nous donnons une figure dans notre Atlas, pl. 405, fig. 3. Cet insecte est long de plus d'un pouce, entièrement brun obscur. Son corselet est terminé de chaque côté par une épine aiguë. Ses antennes ont le dernier article fauve; il y a de chaque côté de la base de l'abdomen, en dessous, une tache longitudinale rousse. Les cuisses postérieures sont semblables à celles de l'espèce précédente; mais la dent interne postérieure est beaucoup plus grande. Nous n'avons pas hésité à rapporter cette espèce au *Lygæus curvipes* de Fabricius, quoique celui-ci dise que son corselet est roux et que la base de l'abdomen est plus pâle. Il a probablement décrit un mauvais individu piqué aussitôt après son éclosion et n'ayant pas acquis sa coloration foncée et définitive. Nous avons décrit plusieurs belles espèces de cette division dans la partie Entomologique du Voyage autour du monde du capitaine Duperrey. (Guér.)

NÉMERTE, *Nemertes*. (zooph. intest.) Ver filiforme, cylindrique très-allongé, mou à la surface, lisse, sans trace d'articulation, sauf lorsqu'il se contracte; il se termine antérieurement en une petite pointe mousse percée d'une bouche centrale; en arrière, il porte à l'extrémité une espèce de ventouse. L'intestin s'étend dans toute la longueur du corps; on remarque aussi autour du tube digestif un conduit qui aboutit à un tubercule placé auprès de l'anus et considéré par Cuvier comme organe copulateur. Ce ver est brun, marqué de lignes longitudinales noirâtres. L'illustre naturaliste dont nous venons de parler, le place provisoirement parmi les vers intestinaux cavitaires; Montagu le considérait comme un *Gordius*, Sowerby en a fait un genre à part, sous le nom de *Sineus*; enfin Oken, Schweigger, qui le placent avec les Annélides, lui ont donné le nom de Borlasie. On le trouve assez communément sur nos côtes aux époques de grandes marées; il se cache sous les pierres, et l'on dit qu'il introduit sa bouche dans les Anomies et qu'il les suce. On en voit une figure à la planche 251 qui accompagne l'article Intestinaux. (V. M.)

NÉMÉSIE, *Nemesia*. (bot. phan.) Genre de la famille des Scrophulariées, Didynamie angiospermie, établi par Ventenat pour quelques espèces linnéennes du genre *Antirrhinum*; il s'en distingue seulement par la base gibbeuse et presque éperonnée de sa corolle, et forme ainsi le passage aux Linaires.

La Némésie fétide, *Nemesia fœtens*, Vent., jardin de la Malmaison, tab. 41, est un arbuste du cap de Bonne-Espérance, à tiges droites et rameuses; elles sont garnies de feuilles presque quaternées, aiguës, les inférieures marquées de quelques dents et portées sur un court pétiole, les supérieures entières et sessiles. Les fleurs, réunies en grappes terminales, courtes, peu fournies, et accompagnées de bractées pubescentes, ont leur corolle d'un gris blanchâtre veiné de pourpre, et marquée dans l'intérieur d'une tache jaune orangé.

Le genre Némésie de Ventenat comprend, outre

cette espèce, les *Antirrhinum macirocarpum*, *bicorne* et *longicorne*. (L.)

NÉMESTRINE, *Nemestrina*. (INS.) Genre de Diptères de la famille des Tanistomes, tribu des Anthraciens; offrant pour caractères, antennes écartées, trompe beaucoup plus longue que tout le corps, renfermant un suçoir de quatre soies et ayant à la base deux palpes filiformes, recourbés. Les Némestrines ont des rapports avec les Anthrax et les Bombyles, dont elles sont très-voisines; mais leur tête est de même largeur que le corselet, l'écartement de leurs antennes et surtout la longueur démesurée de leur trompe les font reconnaître facilement; leur thorax est arrondi, et leur abdomen court et très-large; les ailes offrent à leur extrémité un réseau de nervures très-serré; ces insectes volent avec une grande vivacité, se posent fort peu, puisent sans se poser le suc des fleurs au moyen de leur longue trompe et passent rapidement de l'une à l'autre. Les espèces qui composent ce genre sont propres aux parties les plus chaudes de l'Europe, de l'Afrique et de l'Asie.

N. LONGIROSTRE, *N. longirostris*, Wied., représentée dans notre Atlas, pl. 406, fig. 1, d'après la figure de l'Iconographie du Règne animal. Longue de neuf lignes, trompe de près de trois pouces; noir, avec deux rangées de taches demi-circulaires, jaunâtres sur l'abdomen, entièrement couverte d'un duvet épais; les ailes sont noires avec le limbe postérieur, et trois ou quatre taches diaphanes. Du cap de Bonne-Espérance. (A. P.)

NÉMOCÈRES, *Nemocera*. (INS.) Famille de Diptères ayant pour caractères, antennes n'ayant jamais moins de six articles et presque toujours beaucoup plus; cette famille renferme les deux genres nommés par Linné *Tipule* et *Cousin*; tous à peu d'exceptions près, ont une forme grêle allongée; leur tête est assez petite, inclinée, leurs yeux très-gros; les antennes, quelquefois velues ou en panache, sont assez allongées; la bouche se compose d'un suçoir allongé, incliné en bas, ayant deux palpes très-distincts, de quatre ou cinq articles; le thorax est élevé, bossu; l'abdomen est allongé, terminé en pointe dans les femelles, et par des crochets dans les mâles; les ailes sont longues, étroites; les balanciers assez grands et les cuillerons nuls. Les pattes toujours grêles et allongées servent souvent à l'insecte à se balancer. Les larves des Némocères ont toujours la forme de vers allongés, ayant une tête écailleuse, et dont la bouche offre des apparences de mâchoires et de lèvres; les unes vivent en terre, ce sont celles des *Tipulaires*; les autres passent leur vie dans l'eau, ce sont celles des *Culicides*; les unes et les autres sont soumises à des mues pour passer à l'état de Nymphe; les espèces terrestres ont alors tout-à-fait la forme de l'insecte parfait; dans celles qui sont aquatiques, les organes de la respiration altèrent un peu cette forme. Ils composent deux tribus, les TIPULAIRES et les CULICIDES. (A. P.)

NÉMOGNATHE, *Nemognatha*. (INS.) Genre de Coléoptères de la section des Hétéromères, famille des Trachélides, tribu des Cantharidies; ce genre, établi par Illiger, a été distrait des Zonitis de Fabricius, dont ils sont très-voisins; mais on l'en distingue aux caractères suivans: lobe terminal des mâchoires en forme de soie dans les mâles; antennes filiformes avec le second article plus court que le quatrième; corselet carré, arrondi latéralement; les mœurs de ces insectes sont ceux des Cantharides.

N. RAYÉE, *N. vittata*, Fab. Longue de six lignes, noire; tête et corselet fauves, élytres fauves avec une large bande noire longitudinale occupant tout le disque. On la trouve aux États-Unis sur les pommes de terre. (A. P.)

Le genre Némognathe est surtout curieux par ses mâchoires, qui dans les mâles, ont le lobe terminal en forme de fil allongé, et souvent aussi long que le corps. Il est probable que l'insecte s'en sert pour sucer le miel des fleurs en introduisant ses longues mâchoires dans leur intérieur. On connaît douze ou quatorze espèces de ce genre, toutes étrangères, à l'exception d'une seule qui se trouve en France, dans nos provinces méridionales, c'est la NÉMOGNATHE CHRYSOMÉLINE, *N. chrysomelina*, que Fabricius a décrite sous le nom de *Zonitis chrysomelina*. Cet insecte est long de trois ou quatre lignes, noir, avec le dessus de la tête, du corselet et les élytres jaunes. Il y a un point noir au milieu du corselet; les élytres ont l'extrémité noire et un point de cette couleur un peu avant leur milieu. Nous donnons une figure de cet insecte dans notre Atlas, pl. 406, fig. 2. (GUÉR.)

NÉMOPANTHE. *Nemopanthes*. (BOT. PHAN.) Un arbuste décrit dans la Flore américaine de Michaux sous le nom d'*Ilex canadensis*, est le type du genre Némopanthe proposé par Rafinesque, et adopté avec rectification par De Candolle. Voici ses caractères (nous avons indiqué en lettres italiques ceux par lesquels il se distingue du Houx): calice *presque nul*, réduit à un simple bourrelet peu distinct; corolle de quatre ou cinq pétales *absolument libres*, et non réunis par la base, étalés et réfléchis pendant la floraison, puis caducs; étamines en même nombre que les pétales, alternes et hypogynes comme eux, ovaire presque globuleux, portant trois à quatre stigmates sessiles; baie ovale ou arrondie, presque sèche, à trois ou quatre loges monospermes. Ces caractères placent le Némopanthe dans la famille des Rhamnées, section des Célastrinées de Brown.

Le *Nemopanthes canadensis*, De Cand., vulgairement *Houx du Canada*, élève à trois pieds environ sa tige à branches tortueuses et peu feuillées; les feuilles sont entières, oblongues, acuminées; les fleurs, d'un blanc verdâtre et portées sur des pédoncules qui sortent du même bourgeon que les feuilles, sont dioïques ou polygames par avortement. Cet arbuste est cultivé dans quelques jardins; on doit lui donner une terre légère, et le garantir du froid. (L.)

NÉMOPHILE. *Nemophila*. (BOT. PHAN.) Famille

des Borraginées, Pentandrie monogynie. Ce genre, inscrit par Barton dans sa Flore d'Amérique, est composé de deux seules espèces herbacées, originaires du nord de l'hémisphère occidental, et se place naturellement entre les genres *Hydrophillum* (que Robert Brown a élevé type d'une petite famille), *Phacelia* des monts Alléghnanys et *Ellisia*, confondu d'abord par Linné dans le genre *Polemonium*, voisin des trois précédens.

La première espèce, découverte en 1821 par Nuttall dans les forêts du nord de l'Amérique, où elle abonde, a reçu le nom de *Nemophila phacelioïdes*. Elle fut introduite en France deux ans après, et maintenant elle est parfaitement naturalisée. C'est une plante herbacée bisannuelle, formant de grosses touffes; sa tige est succulente, couchée, rameuse, couverte de feuilles alternes, pinnatifides, à lobes obtus, garnis de poils très-fins. Les feuilles du bas, rares, inégales, très-distantes les unes des autres, ont leurs lobes divisés. De l'aisselle sort une fleur blanchâtre, campanulée, avec dix appendices velus, rougeâtres à l'entrée du tube et près du point d'insertion des cinq étamines, lesquelles sont plus courtes que la corolle. A la fleur que l'on voit portée sur un pédoncule plus long que les feuilles, succède une capsule uniloculaire avec deux semences. Sims a figuré cette espèce dans l'année 1823 du Botanical Magazine, n° 2373.

La seconde espèce, provenant aussi du continent américain, a été représentée par Colla, dans les Mémoires de l'Académie des sciences de Turin, tom. XXXI pag. 116, et par lui consacrée à l'inventeur du genre, sous le nom de *Nemophila Nuttalii*. Au premier aspect, elle semblerait n'être qu'une variété de la première; mais, en l'examinant avec soin sur la nature vivante, on reconnaît que la figure laisse beaucoup à désirer. La plante a les tiges droites, simples, garnies de feuilles pinnées. Cinq Nectaires tubuleux entourent les filets nus de ses étamines, dont les anthères forment le croissant. Quoique les Némophiles soient des végétaux de peu d'apparence, ils me paraissent propres à fournir de jolis tapis. (T. d. B.)

NÉMOPTÈRE. *Nemoptera*. (ins.) Genre de Névroptères, de la famille des Planipennes, tribu des Panorpates; ce genre a été établi par Latreille qui lui assigne les caractères suivans : bouche placée à l'extrémité d'un long rostre conique membraneux; six palpes filiformes, antennes filiformes, point d'ocelles; ailes inférieures en forme de lanières beaucoup plus longues que le corps; pattes sans épines à l'extrémité; les Némoptères ont la tête verticale, les yeux globuleux, les antennes longues, composées d'un grand nombre d'articles; le labre est arrondi, un peu sinué, les mandibules en forme de lancettes sans dentelures, les mâchoires grêles ont leur lobe terminal aussi long qu'elles, étroit, velu intérieurement; à sa partie dorsale est un palpe de deux articles, un peu plus court que le lobe terminal; le palpe externe est de cinq articles, la lèvre est très-étroite, surmontée par une languette presque sétacée, les palpes labiaux sont de trois articles; le prothorax forme une espèce de col, le reste du thorax est un carré long; l'abdomen est allongé, un peu comprimé, les ailes antérieures sont grandes, ovalaires, à réseau serré; les inférieures au moins deux fois plus longues sont en forme de lanières, s'élargissant un peu à l'extrémité, tout-à-fait impropres au vol.

On ne connait pas les métamorphoses de ces insectes, Olivier et quelques voyageurs qui ont été à même de voir ces insectes dans les pays chauds, s'accordent à dire qu'ils volent avec beaucoup de lenteur et à de fort petites distances, et qu'ils sont très-faciles à saisir; leur vie dans l'état parfait paraît être d'une courte durée; Olivier en a décrit six espèces, mais il en existe probablement aujourd'hui quelques autres inédites dans les collections.

N. de Cos, *N. Coa*. Linn., représenté dans notre Atlas, pl. 406, fig. 3. Longue de huit lignes, tête noire, rostre et premier article des antennes jaunes; thorax et abdomen noirs, offrant des taches et des lignes jaunes, ailes supérieures de près de deux pouces d'envergure, les inférieures de plus d'un pouce et demi de long. Elles sont jaunes, avec quatre bandes en zig-zag noires, dont la seconde ne joint point le bord antérieur; les inférieures sont d'abord jaunes, puis ont un grand espace noir et deux larges taches de même couleur sur le reste de leur étendue, la dernière ne joignant pas le bout de l'aile. De la Grèce et de l'Asie-Mineure.

N. a balancier. *N. halterata*. Ol. Longue de huit lignes, jaune avec des lignes noires au dessus du corps; antennes noires, ailes allongées, diaphanes, avec une bande jaunâtre à la côte; les postérieures sont brunes, avec deux dilatations près de leur extrémité, la fin et l'espace avant les deux dilatations, sont diaphanes. De Barbarie.

(A. P.)

FIN DU CINQUIÈME VOLUME.

Pl. 321

1. 2 Manakins 3 Mancenillier 4 Mandragore

E. Guérin del.

1 Manchot 2 Mandril

1. Mangouste   2. Manguier

E. Guérin del.

1. Manicou (Didelphe à oreilles bicolores) 2. Manioc

Pl. 32.

1 Manne 2 Mannet *ou* Helamys

Pl. 226.

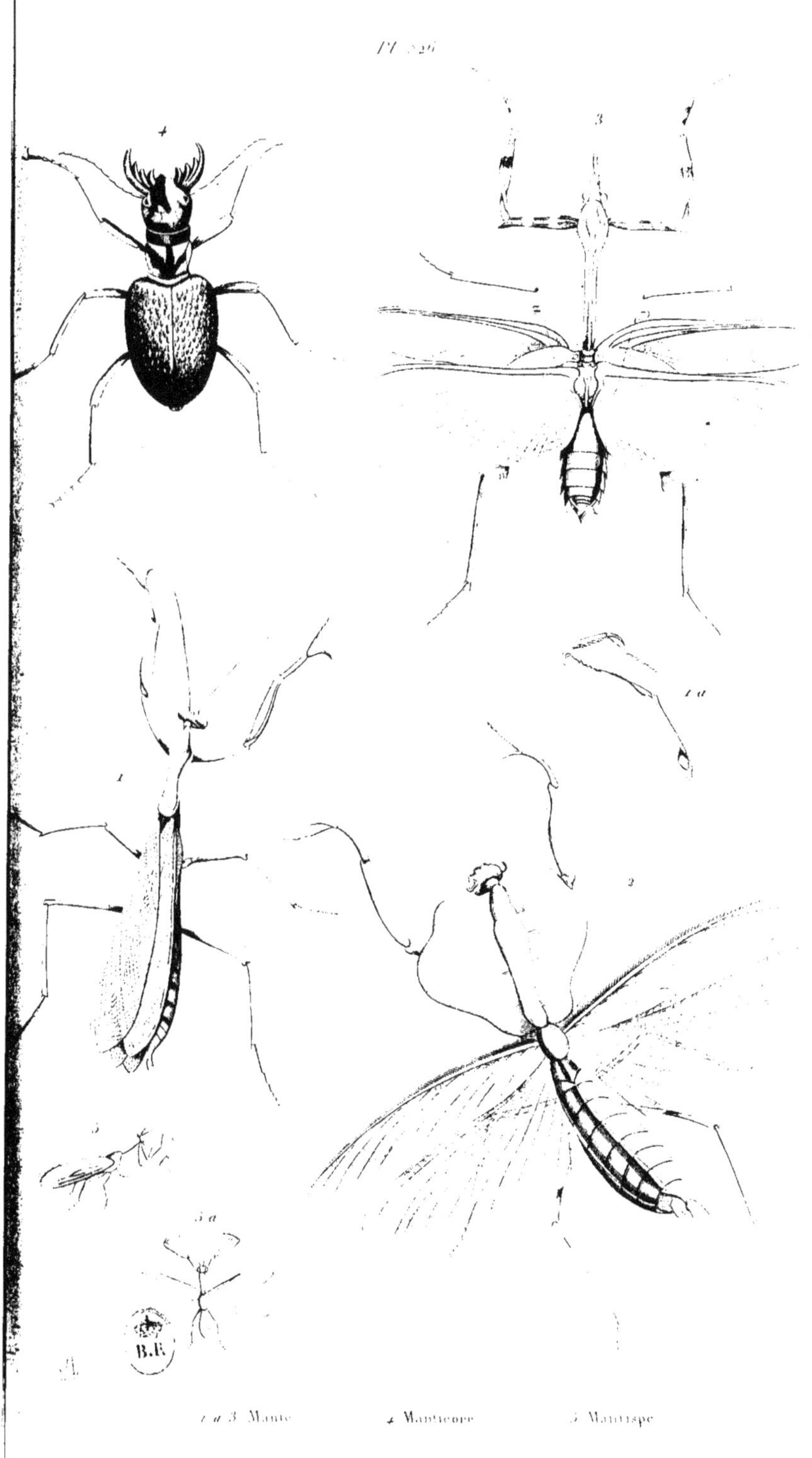

1 à 3. Mante. 4. Manticore. 5. Mantispe.

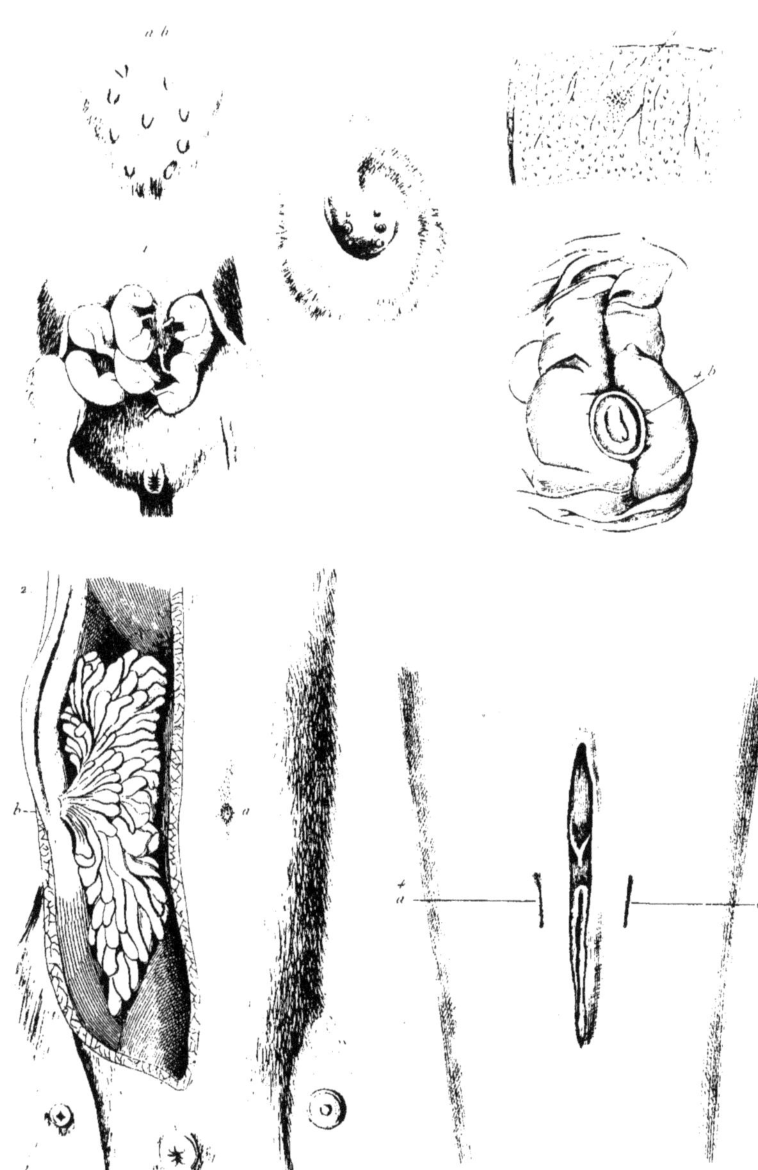

Mamelles

1 Mamelles de Didelphe (1 a avec poches 1 b sans poches)

2 ——— d'Ornithorynque (a vue à l'extérieur b vue à l'intérieur)

3 ——— d'Echidné (vue à l'extérieur)

4 ——— de Cétacé (Dauphin) (a protégée par l'aréole / b le mamelon découvert)

E. Guérin dir.

MAMMIFÈRES *divisés en neuf* Ordres *(Méthode de Cuvier)*

Ordres

1re Bimanes *G.^re^ Homme*

2e Quadrumanes *G.^re^ Orang*
Orang chimpanzé à fesses blanches

3e Carnassiers *G.^re^ Chat*
Chat guépard

4e Marsupiaux *G.^re^ Sarigue*
Sarigue crabier

5e Rongeurs *G.^re^ Écureuil*
Écureuil palmiste

6e Édentés *G.^re^ Tatou*
Tatou encoubert

7e Pachydermes *G.^re^ Phascochœre*
Phascochœre barou

8e Ruminants *G.^re^ Cerf*
Cerf axis

9e Cétacés *G.^re^ Baleinoptère*
Baleine à bec

Mammalogie

1. Manucode 2. Mara

Pl. 33a

Pl. 331

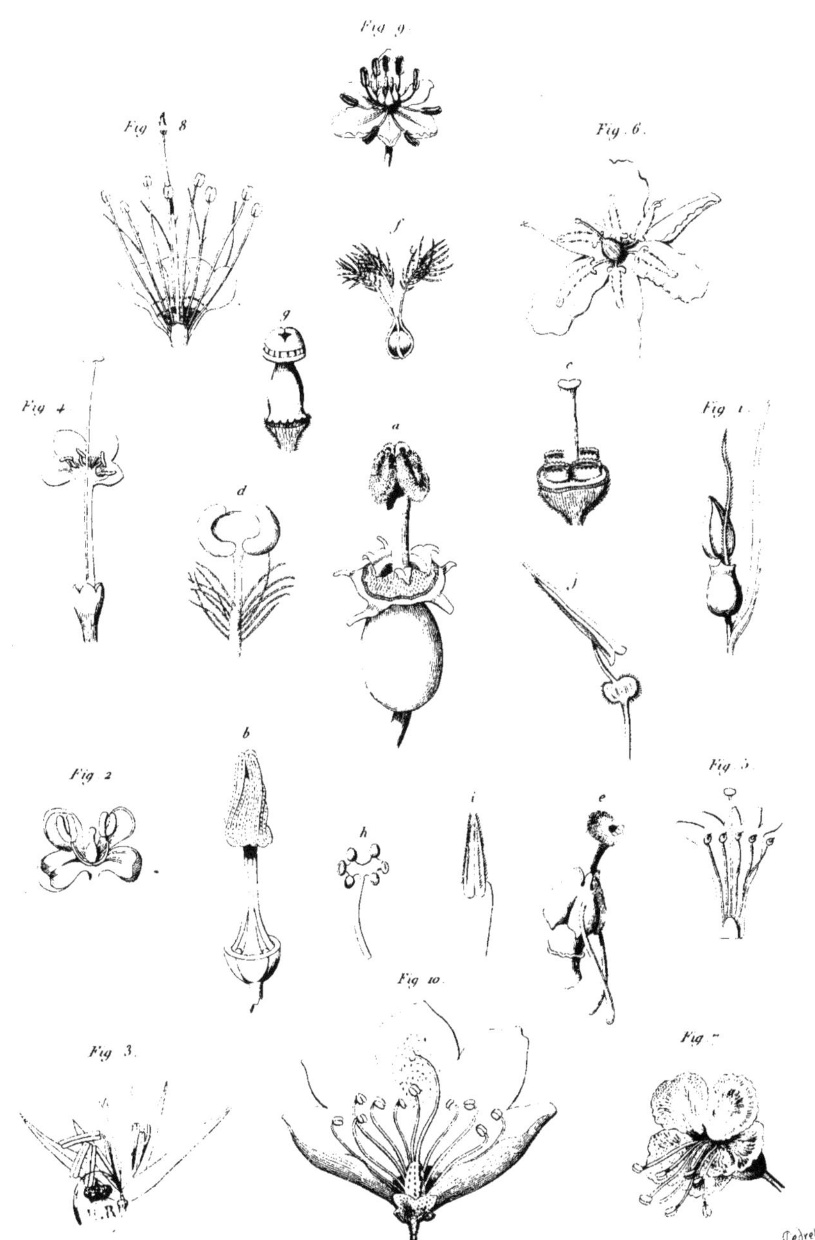

Mariage des Plantes

E. Guérin del.

Pl. 332.

1 Marikina 2 Marmotte 2 a son terrier 3 Marte Putois

Marte zorille

commune

zibeline

1 Marteau *Poiss.* 2 Marteau *Moll.* 3.4 Martins

Pl. 335

1. Martin pêcheur d'Europe

2. " " chasseur Géant

Pl. 336

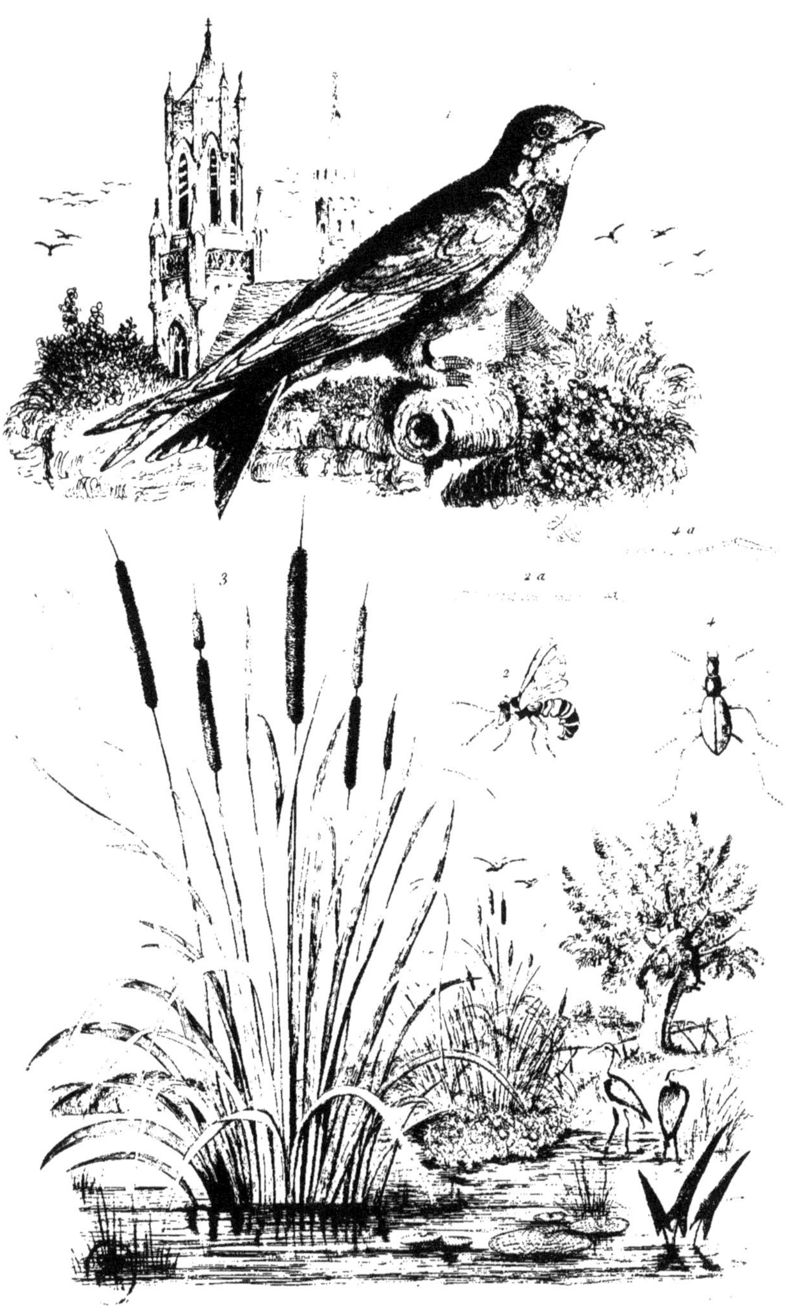

1 Martinet 2 Masaris 3 Massette 4 Mastige

E. Guerin del.

Pl. 33.

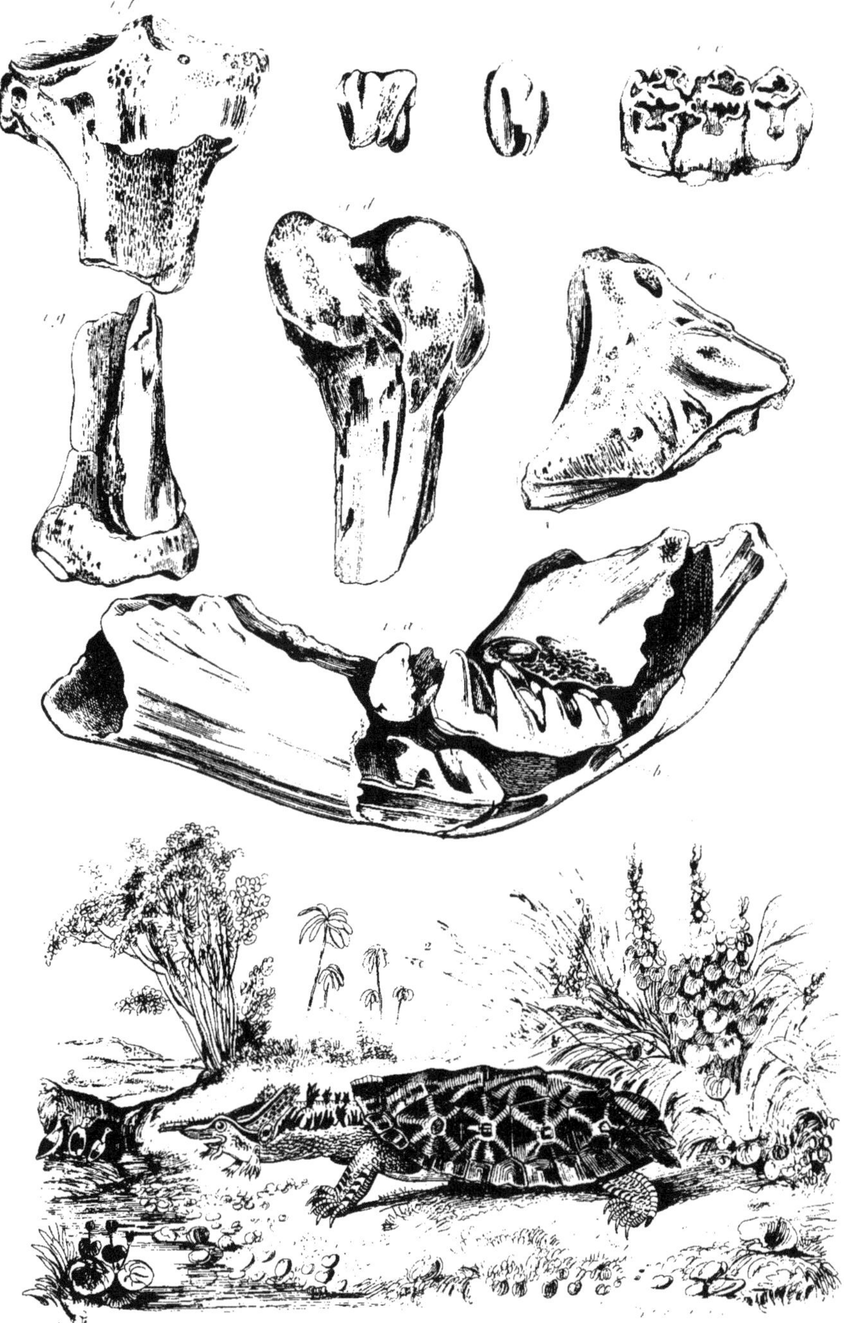

1 Mastodonte ossemens fossiles. 2 Matamata.

1. Matute. 2. 3. Mauves. 4. Mégacéphale.

Pl. 334

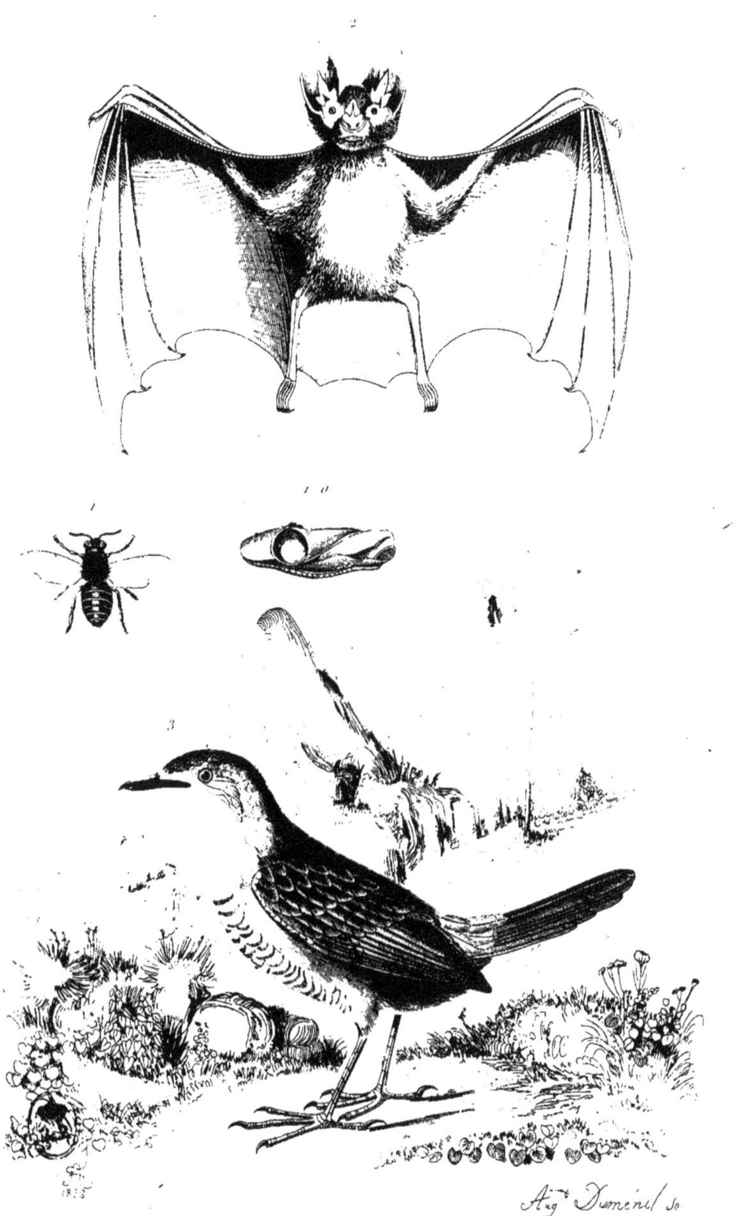

1 Mégachile. 2 Mégaderme. 3 Mégalonyx.

Pl. 340

1. Mégalope 2. Mégalotis 3. Mégapode

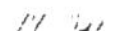

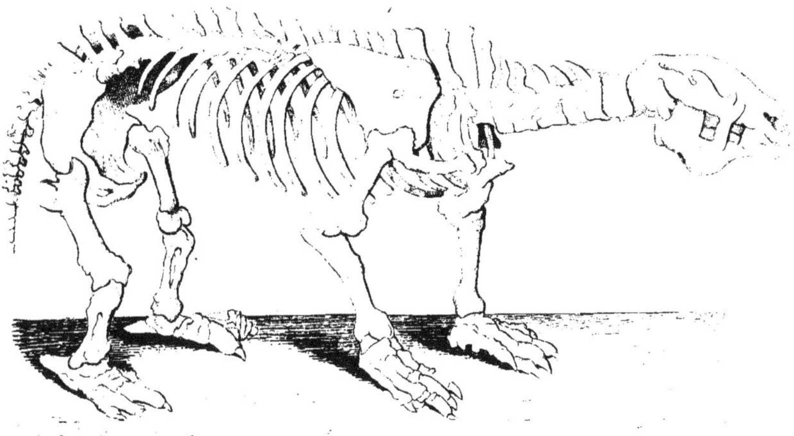

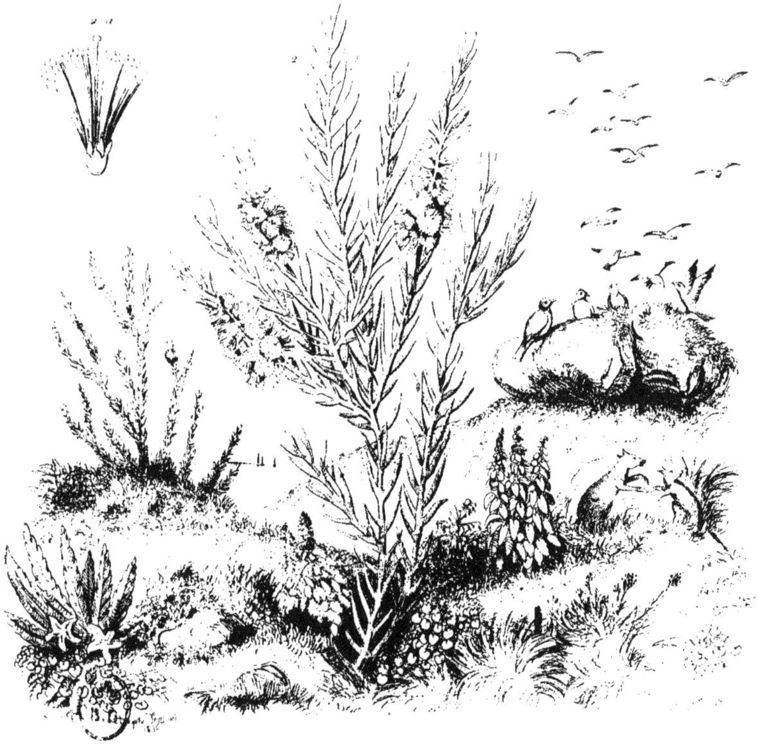

1. Mégathère. 2. Mélaleuque

Pl. 342

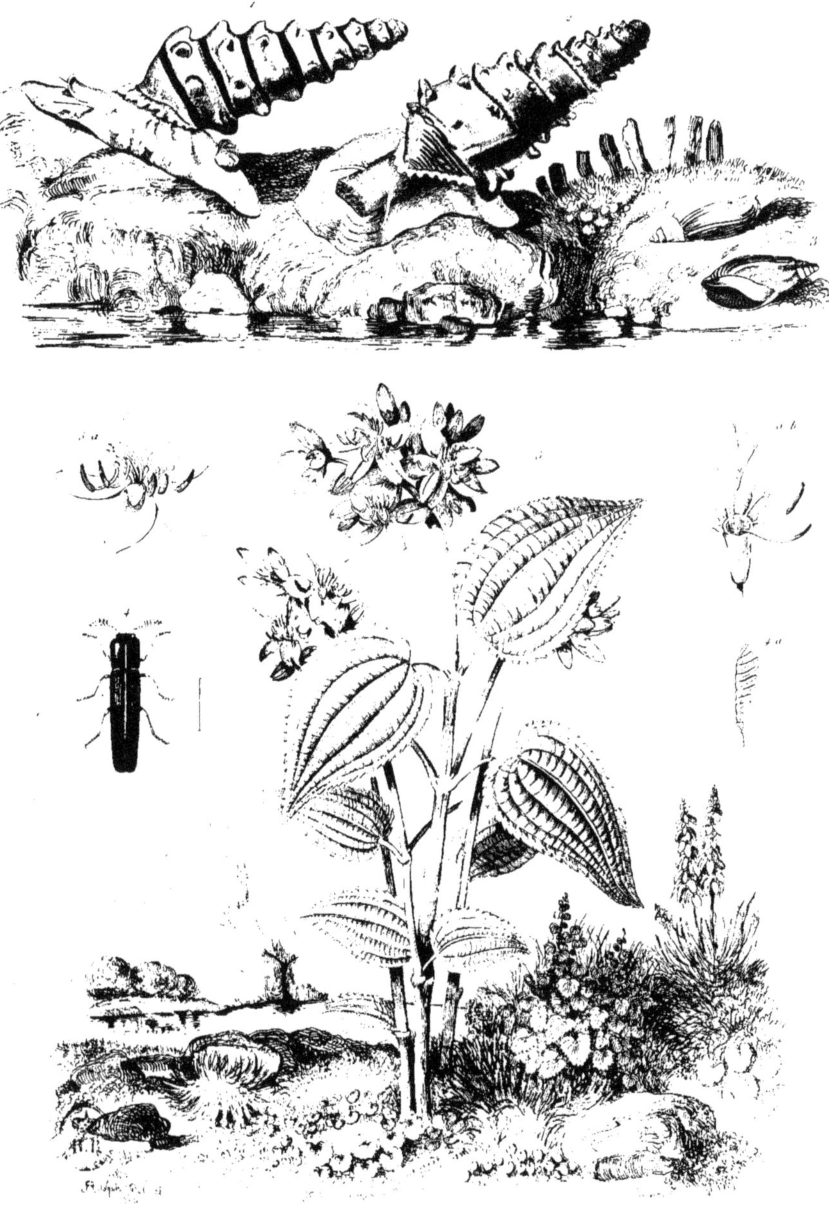

1. 2. Mélanies   3. Mélanopside   4. Mélasis   5. Mélastome

1. Mélecte 2. Mélèze 3. Mélipone

1 Meloé 3 Melon 4 Melophage

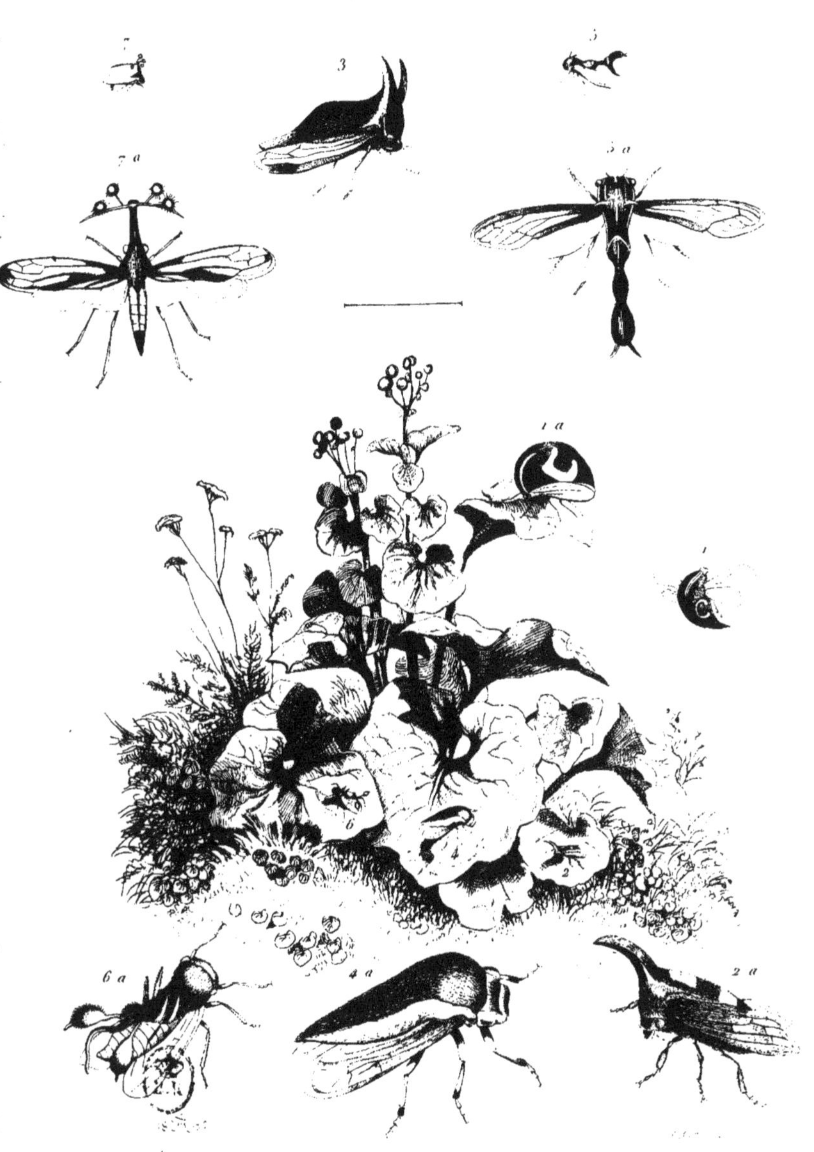

Membraces

1. M. *Lunule*
2. M. *Lancéole*
3. M. *Tragope bordé*
4. M. *Darnis bordé*
5. M. *Bocydium horrible*
6. M. ——— *claviger*
7. M. *Centrote globulaire*

E. Guérin dir.

Pl. 346.

1. 2. Mendoles. 3. Menthe.

E. Guérin dir.

Pl. 34.

1. Menure 2. Menziezie

E. Guerin dir.

1. Merion 2. Merle commun.

E. Guérin dir.

1. Merle de roche. 2. Merle grive ordinaire.

E. Guérin dir.

Pl. 350.

1. Merle *grive litorne*   2. Merodon   3. Mésange *à moustaches*

F. Guérin dir.

Pl. 351

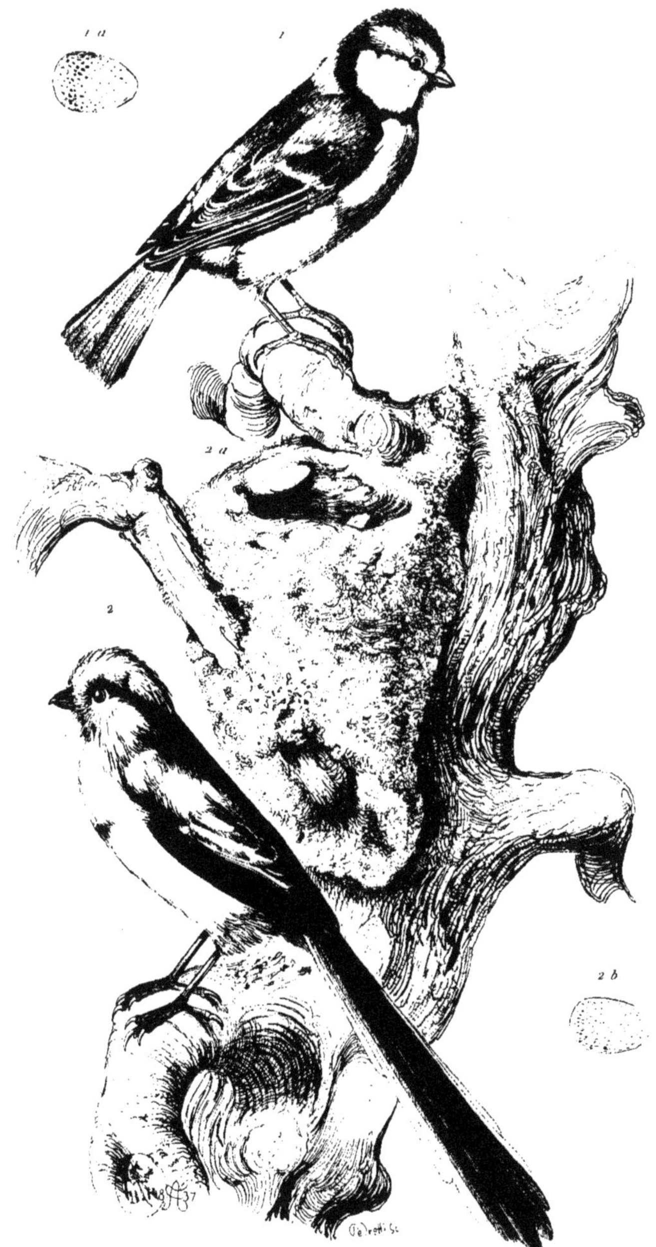

Mesanges

1 M. à tête bleue — 2 M. à longue queue

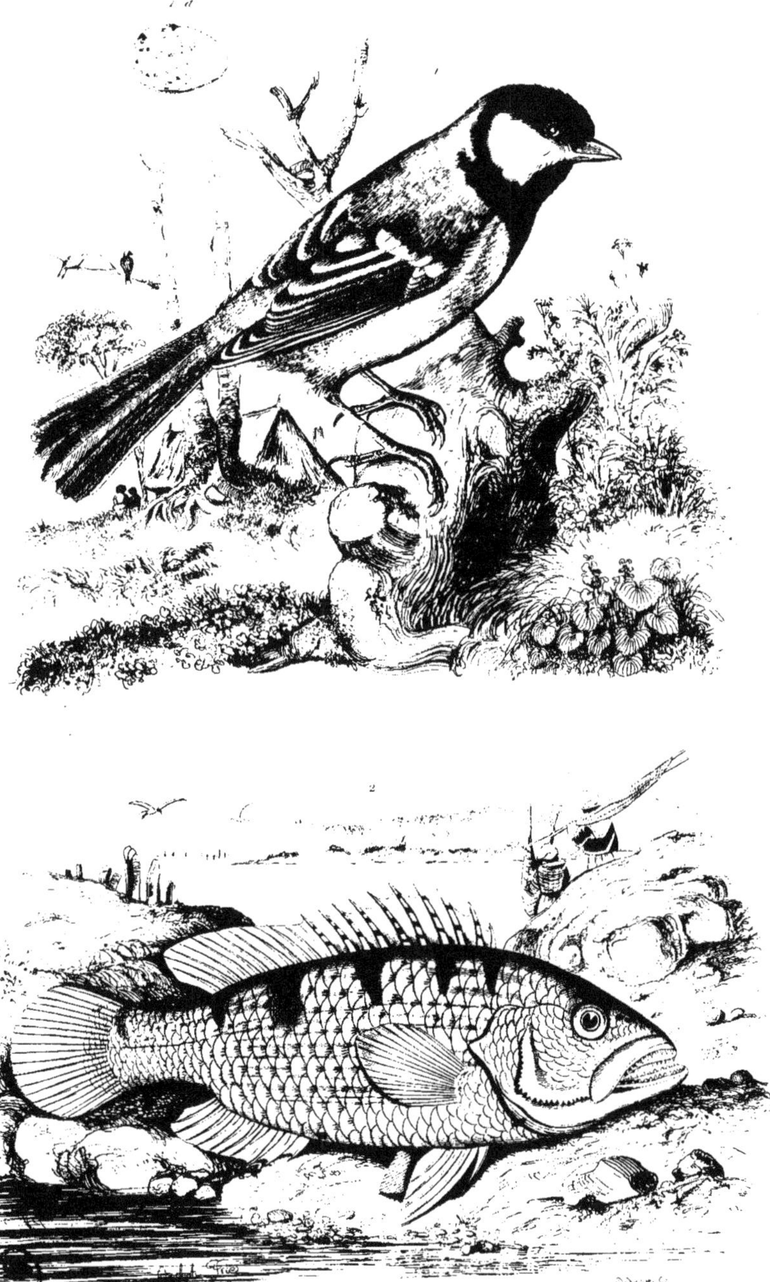

1. Mesange *charbonnière* 2. Mésoprion *de John*

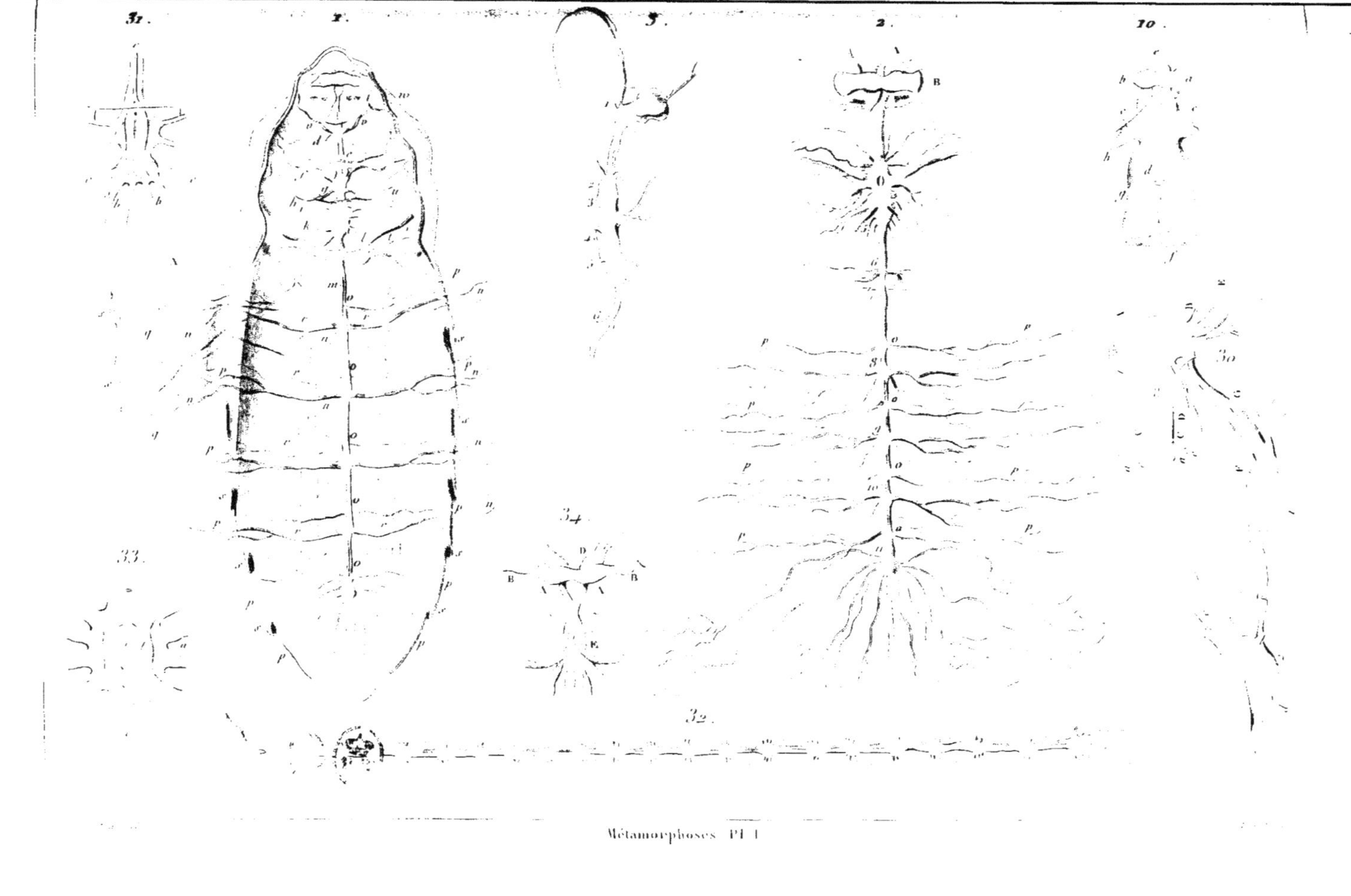

Métamorphoses Pl. I

Métamorphoses Pl. II

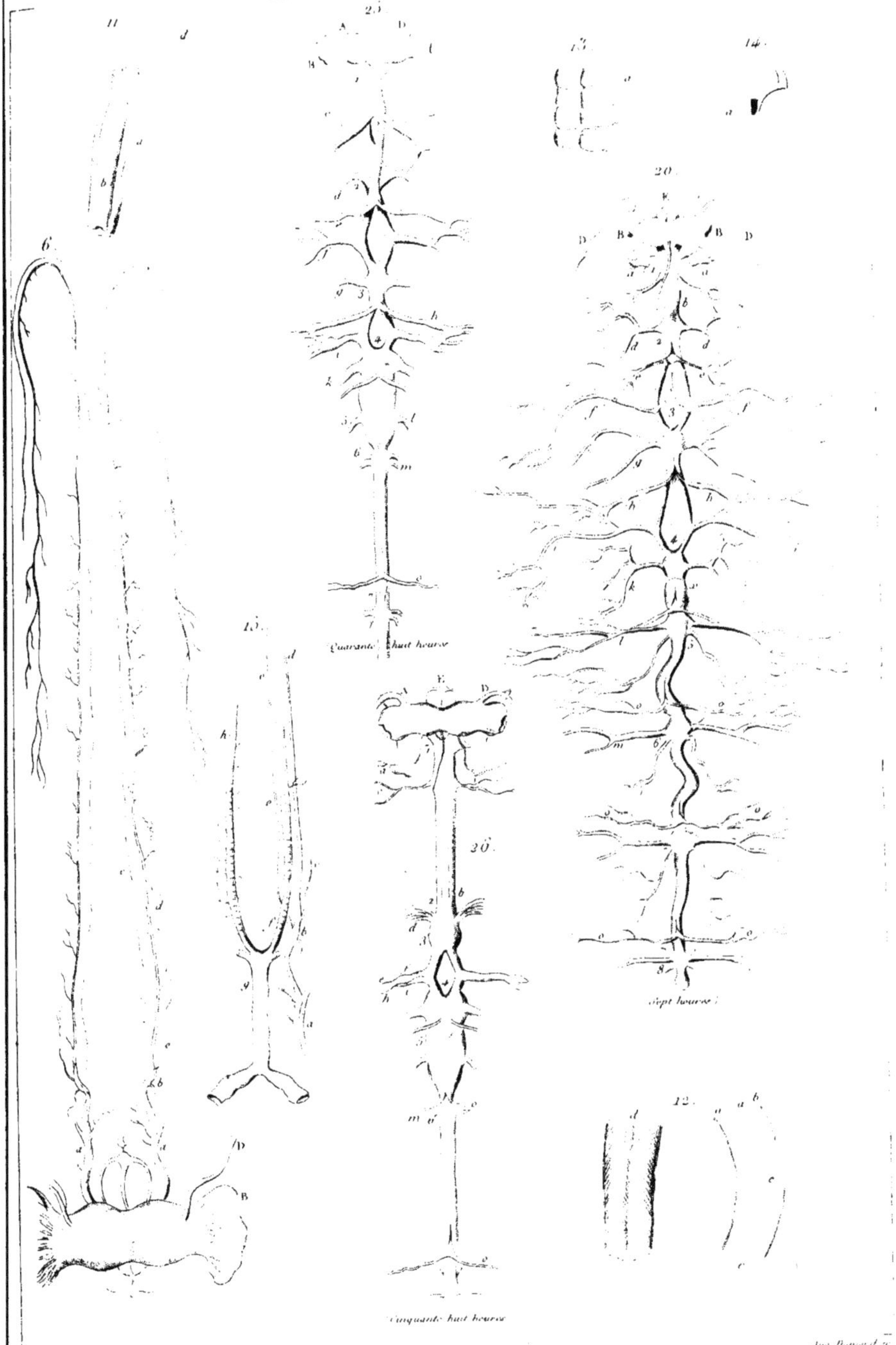

Quarante huit heures

Sept heures

Cinquante huit heures

Newport del. Aug. Dumenil sc.

Métamorphoses Pl. III.

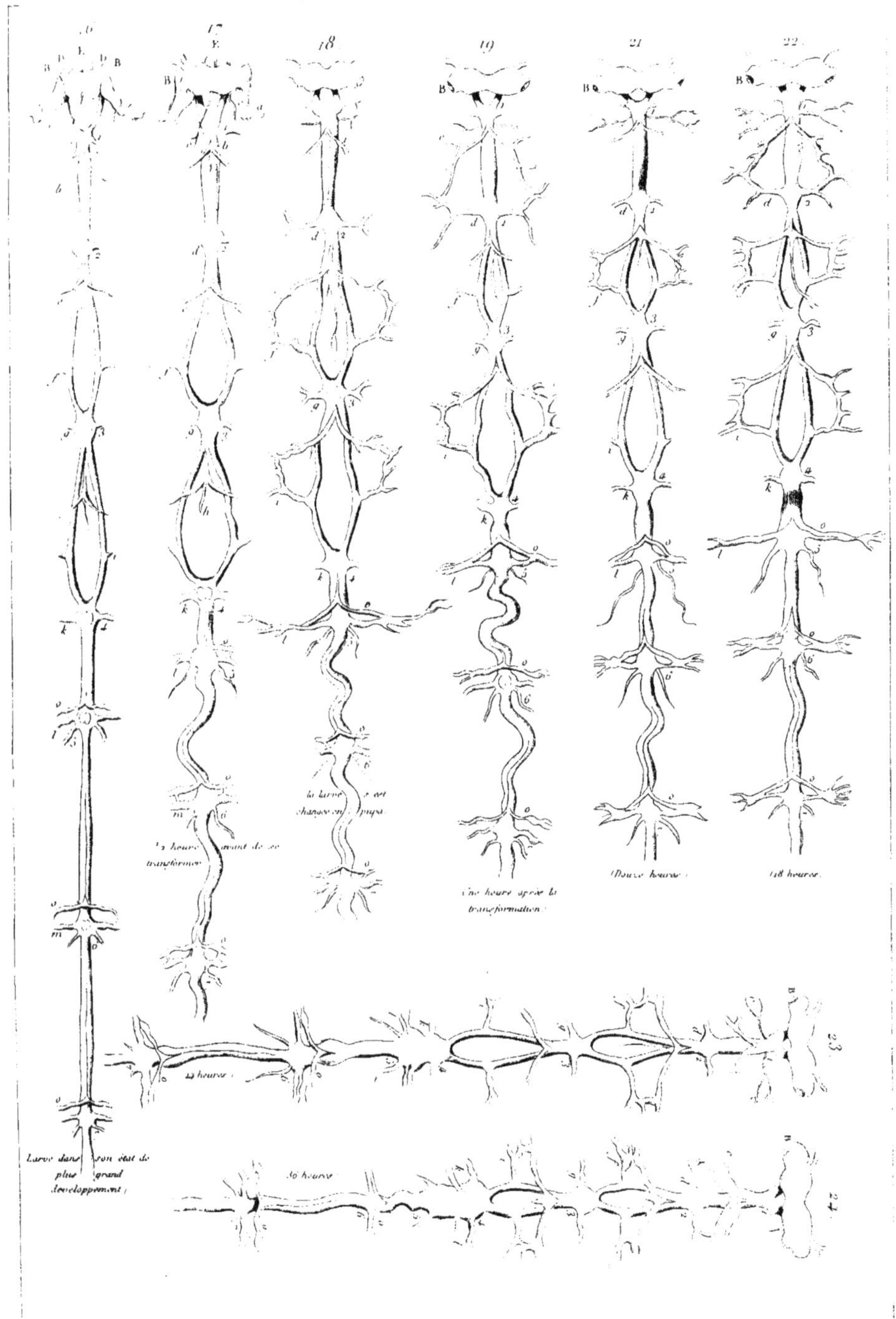

Newport del. Métamorphoses Pl. IV Aug. Dumenil sc.

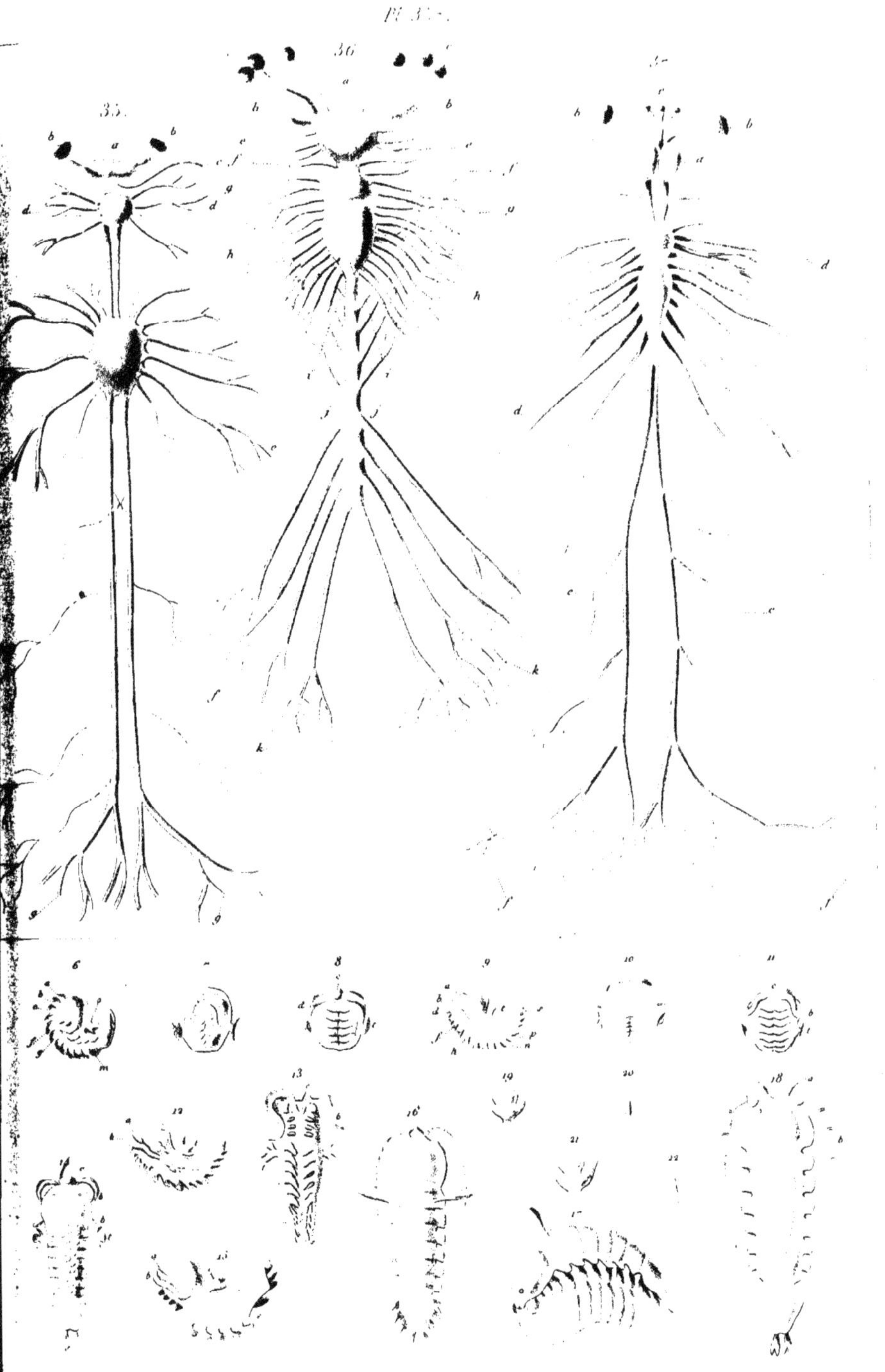

Pl. 37.

Métamorphoses Pl. V.

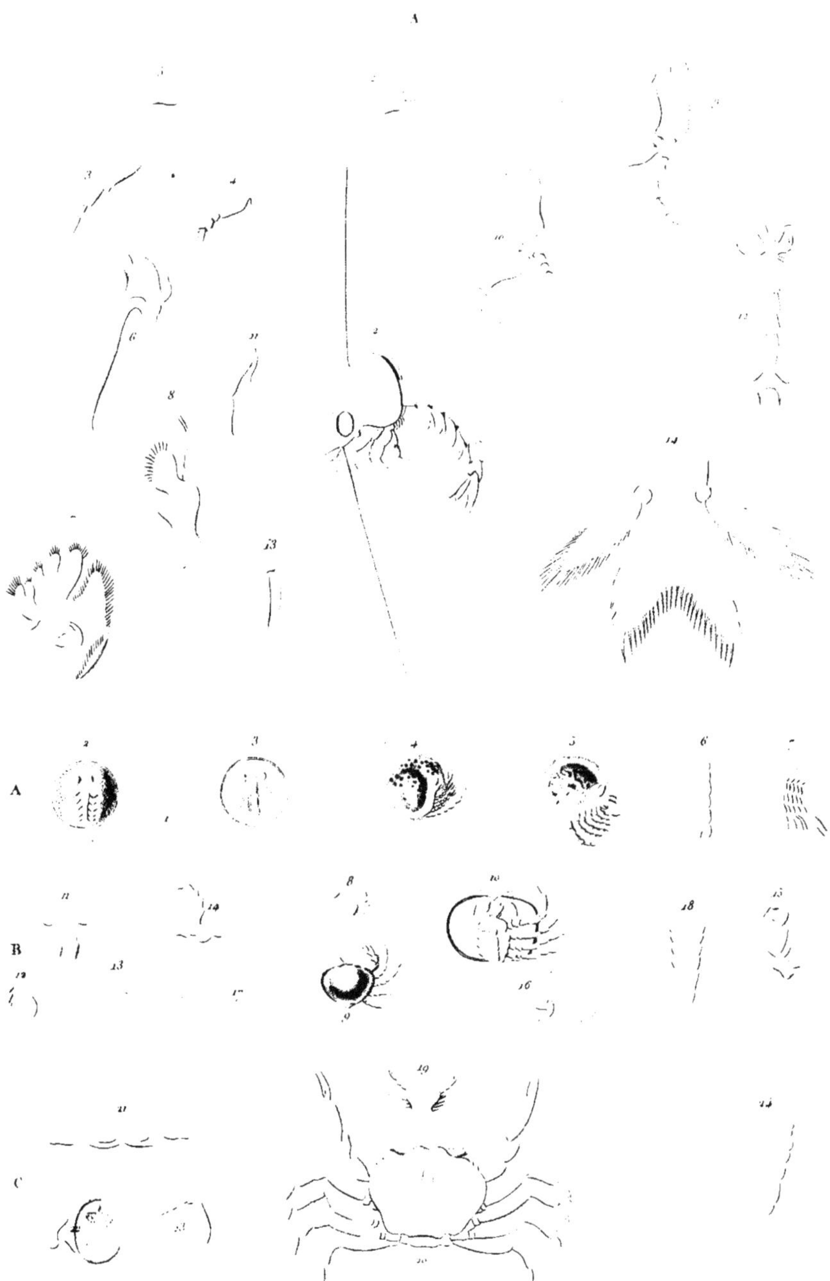

Martin St. Ange d.

Metamorphoses Pl. VI

Pl. 359.

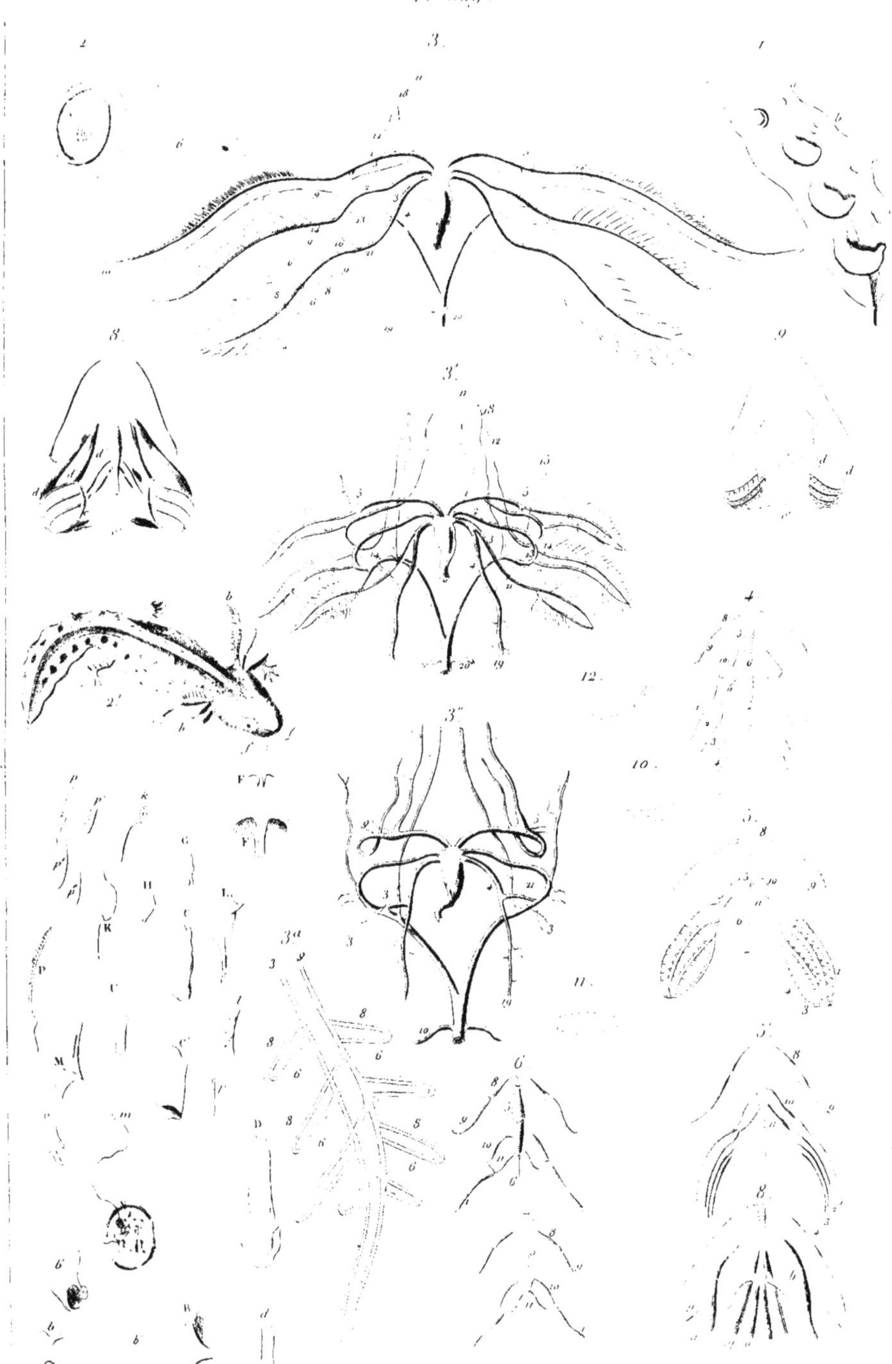

Martin St Ange d.

Métamorphoses Pl. VII.

Imp. Lemercier

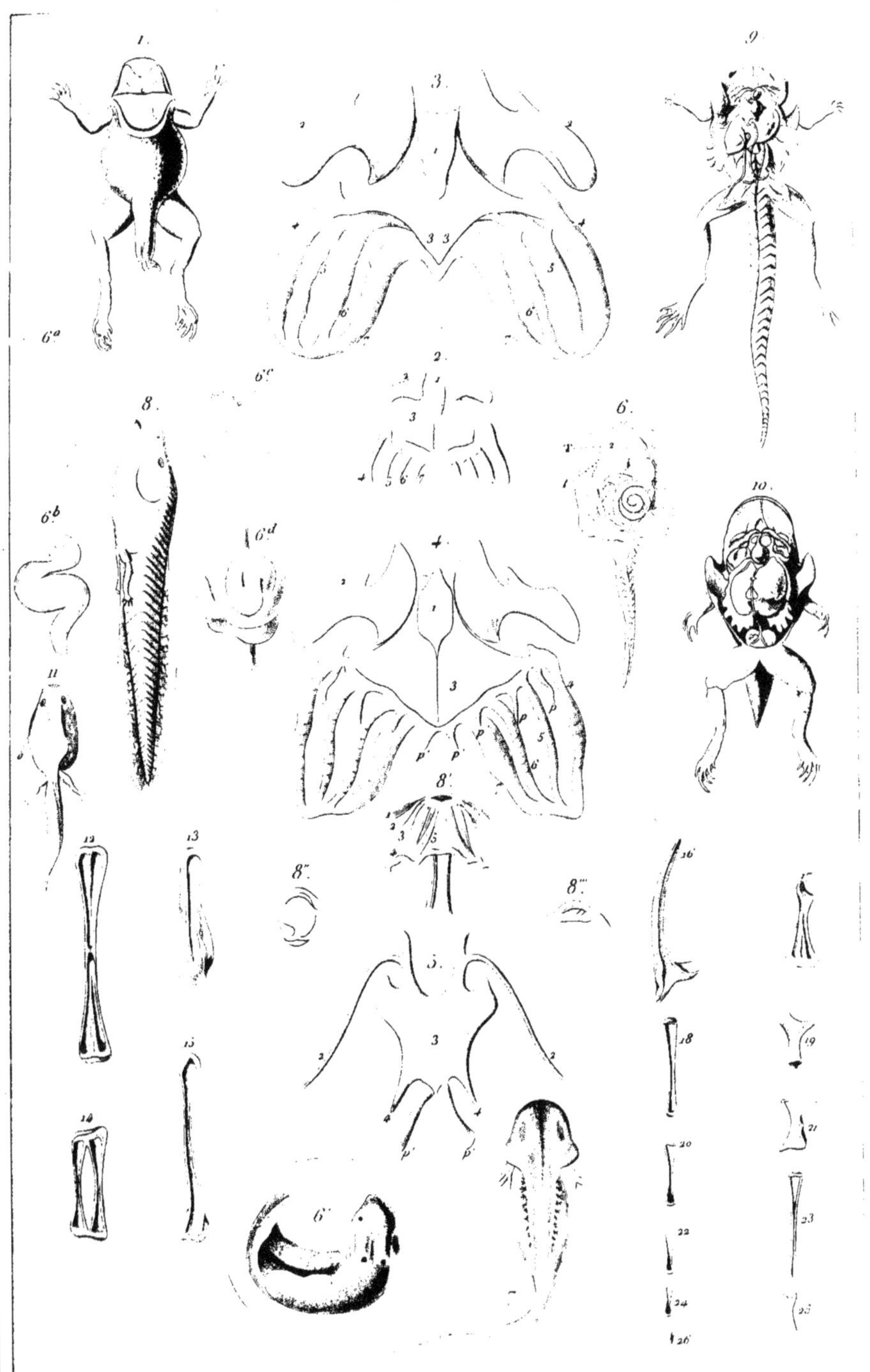

Martin St Ange d.

Métamorphoses Pl. VIII.

Ing Dumenil sc.

Pl. 307

1. Méthonique. 2. Micippe

1 Micrommate — Mictyre — 3 Mikan

Pl. 363

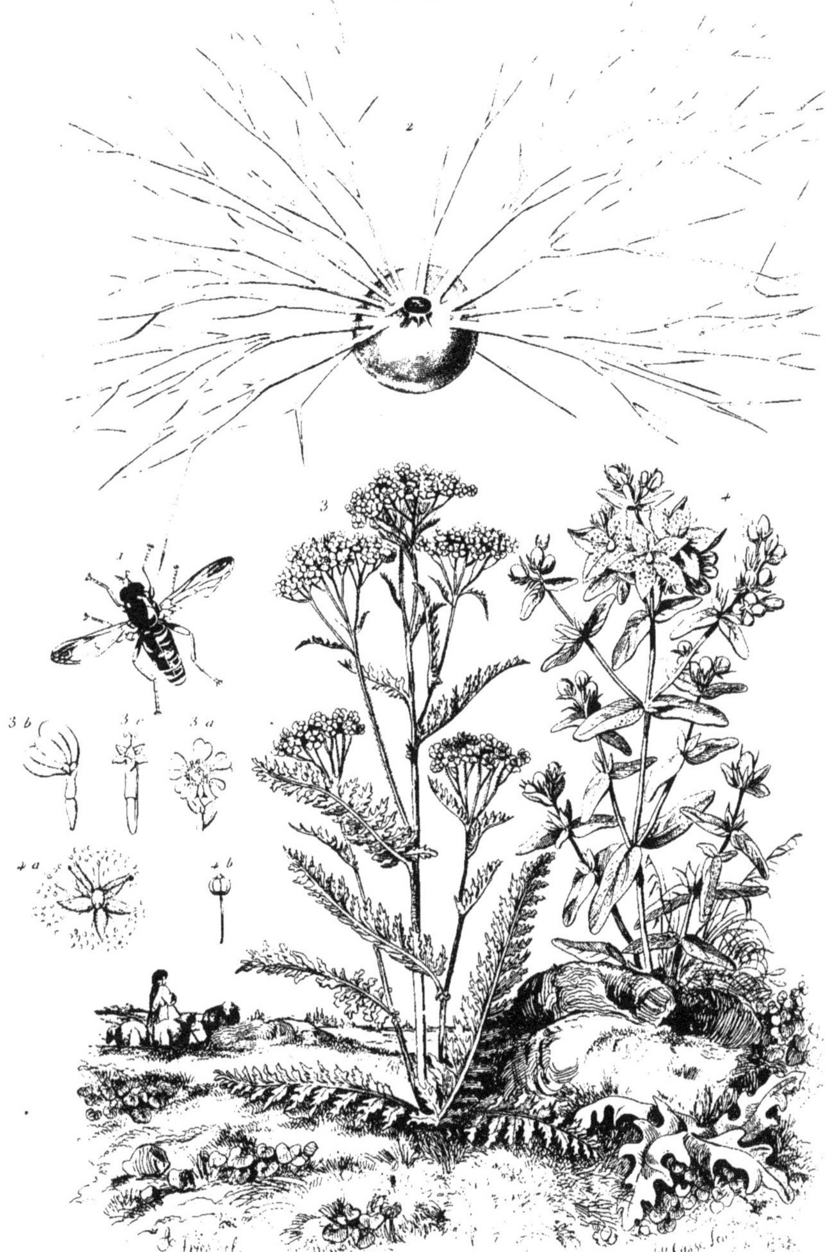

1. Milésie 2. Mibole 3. Millefeuille 4. Millepertuis

Pl. 364

1. Milan 2. Milandre

E. Guérin dir.

1. Millépore 2. Milouin 3. Mimeuse

Mines Pl. I

Exploitation par gradins d'une Mine de Plomb Argentifère des environs de Clausthal en [illegible]

Mines Pl. II

Mine de Fer de Dannemora en Upland

Mines Pl. III

Projection verticale des Travaux d'une Mine dans le sens de la direction des Filons

Pl. 369

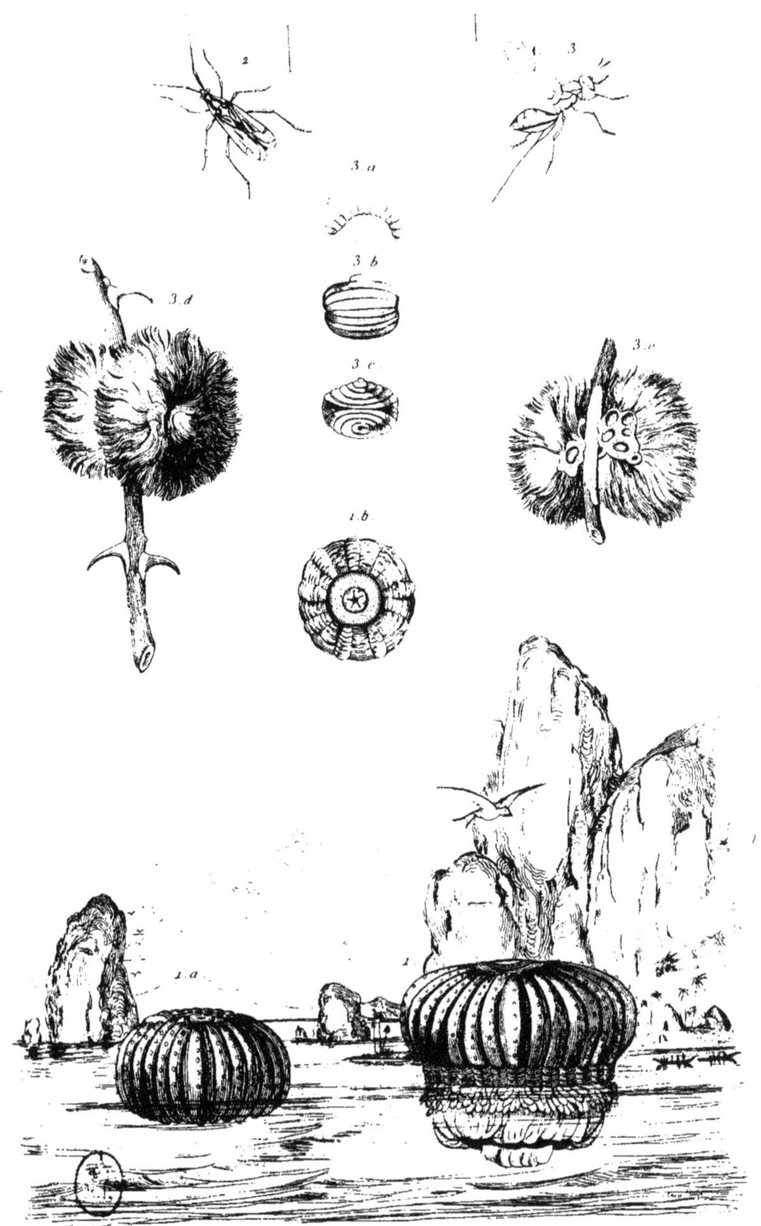

1. Minyade 2. Miris 3. Misocampe

E. Guérin dir.

Pl. 370

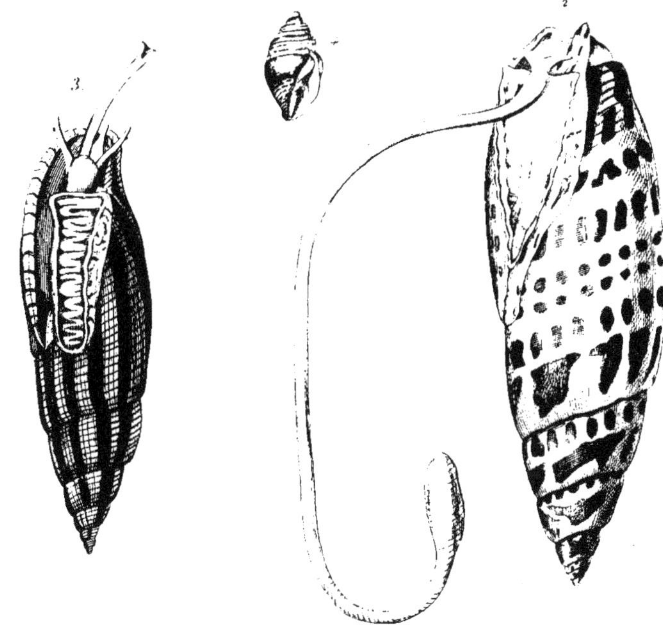

1. Mithrax   2. 3. 4. Mitres

F. Guérin dir.

Pl. 3-7.

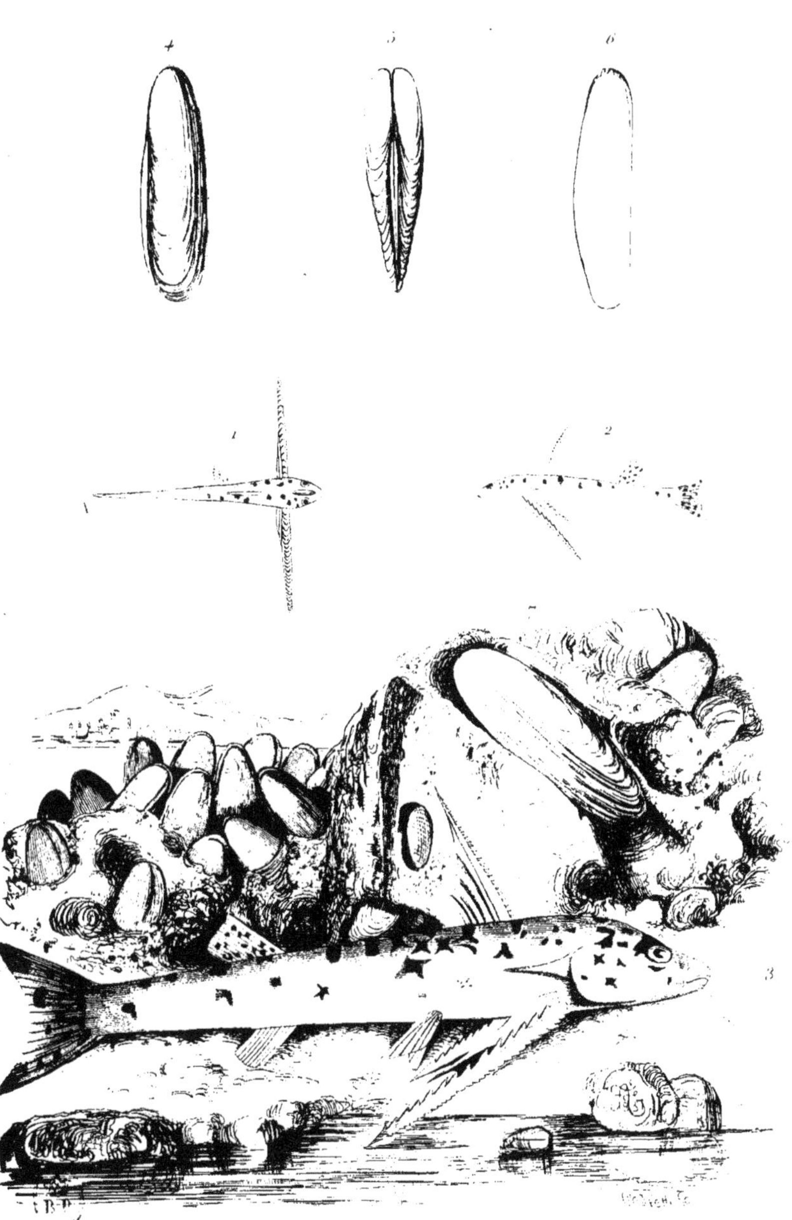

1 à 3 Mochok   4 à 6 Modiole Lithophage

Pl. 3-3

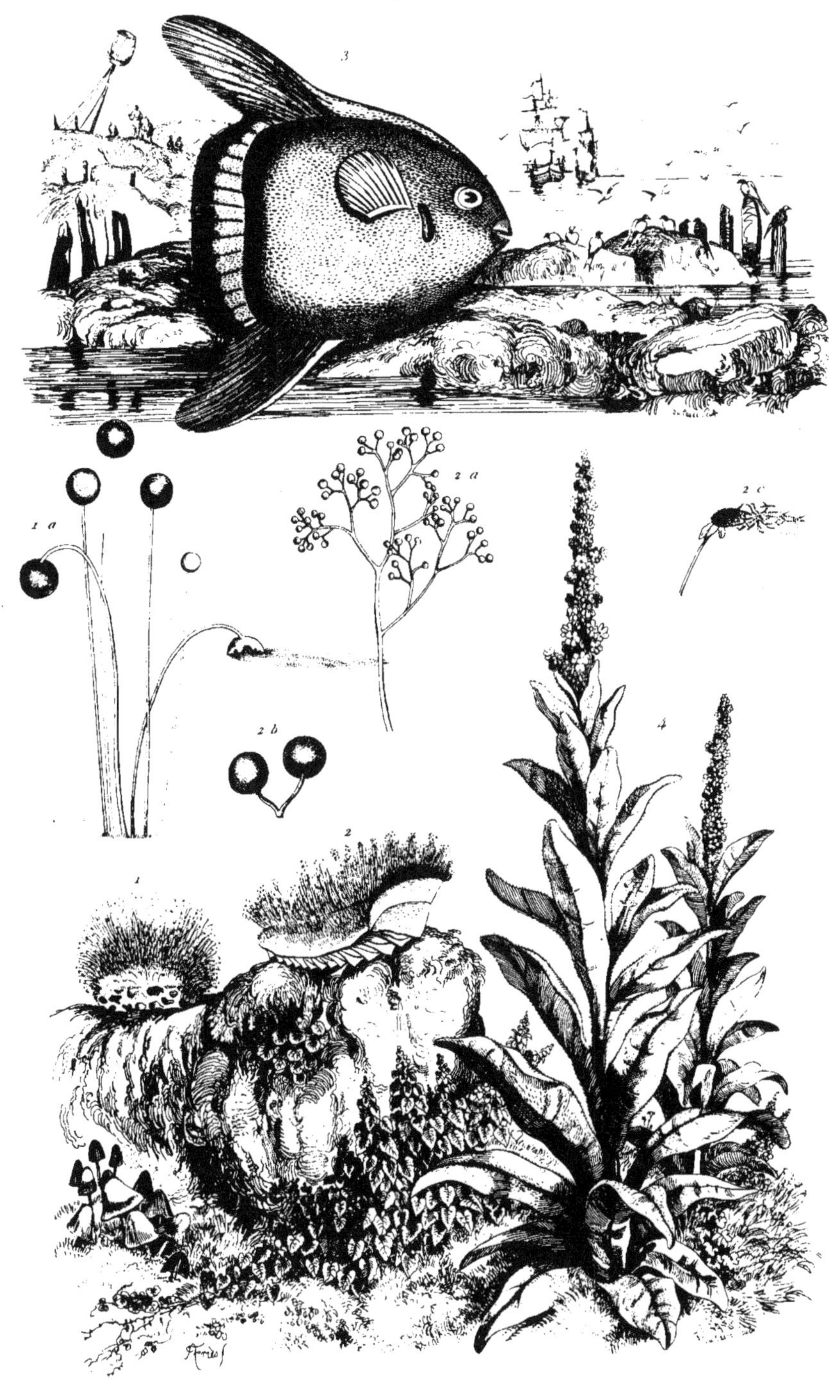

1, 2 Moisissures 3 Mole 4 Molène

F. Guérin dir.

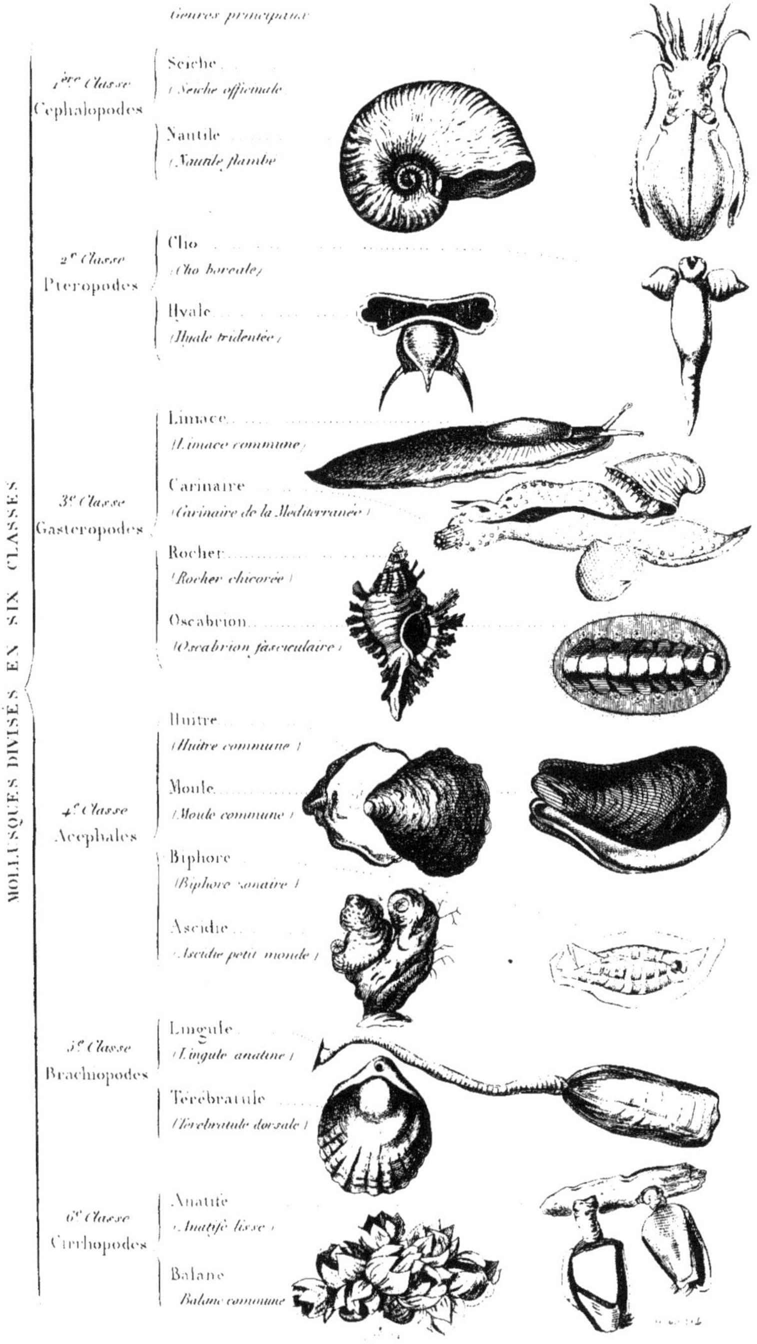

MOLLUSQUES DIVISÉS EN SIX CLASSES

Genres principaux

1ère Classe Céphalopodes
- Seiche (*Seiche officinale*)
- Nautile (*Nautile flambé*)

2e Classe Ptéropodes
- Clio (*Clio boréale*)
- Hyale (*Hyale tridentée*)

3e Classe Gastéropodes
- Limace (*Limace commune*)
- Carinaire (*Carinaire de la Méditerranée*)
- Rocher (*Rocher chicorée*)
- Oscabrion (*Oscabrion fasciculaire*)

4e Classe Acéphales
- Huître (*Huître commune*)
- Moule (*Moule commune*)
- Biphore (*Biphore zonaire*)
- Ascidie (*Ascidie petit monde*)

5e Classe Brachiopodes
- Lingule (*Lingule anatine*)
- Térébratule (*Térébratule dorsale*)

6e Classe Cirrhopodes
- Anatife (*Anatife lisse*)
- Balane (*Balane commune*)

Mollusques

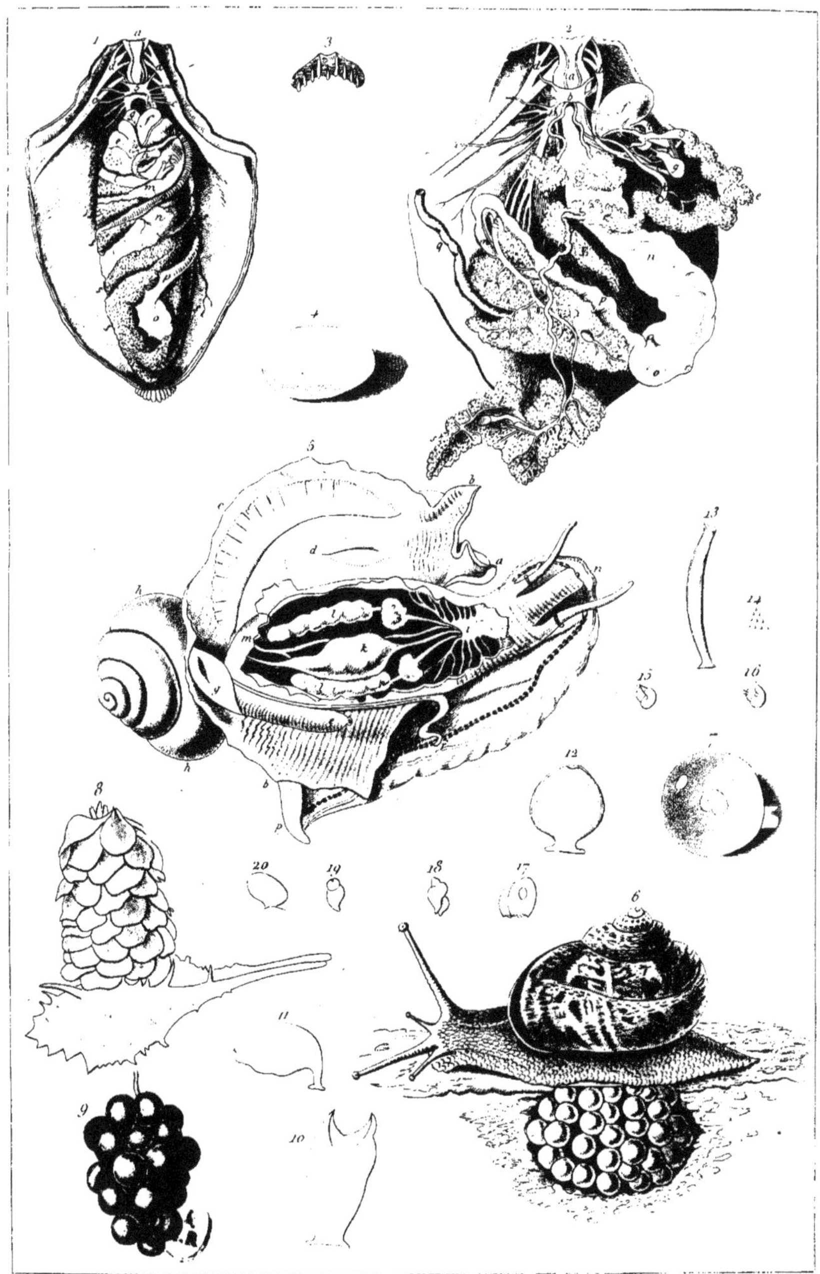

Mollusques. *Anatomie*

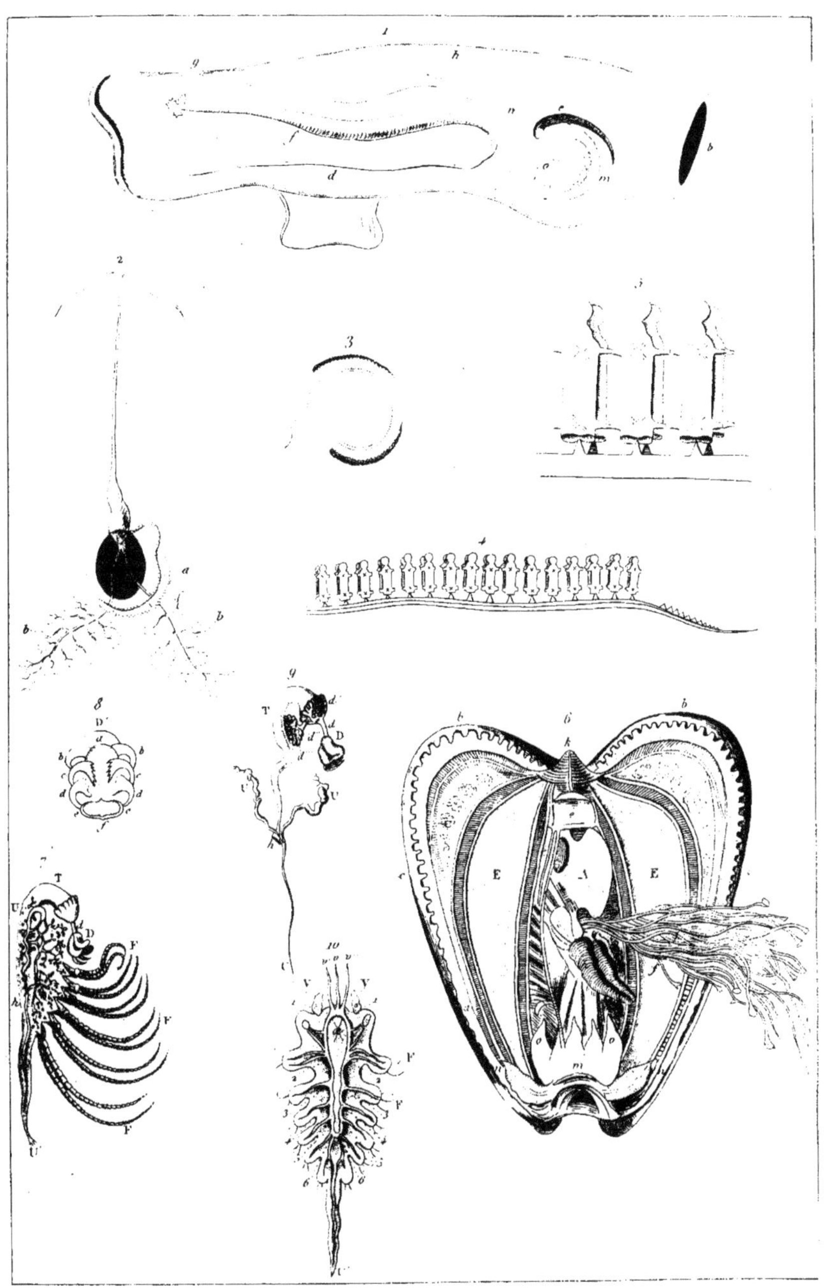

Mollusques (Anatomie)

Pl. 3

Pl. 3-8

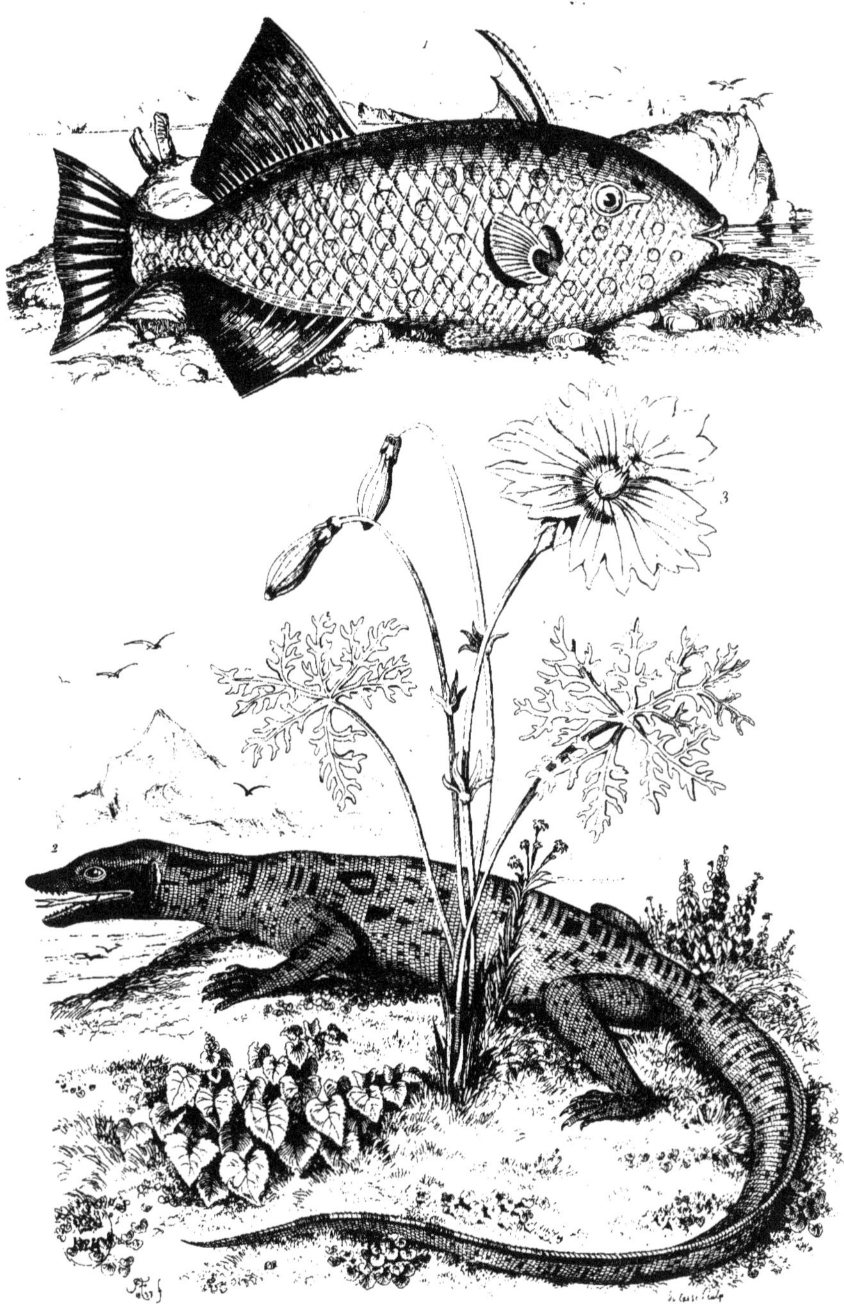

1 Monacanthe   2 Monitor   3 Mansonie

F. Guérin dir.

Martin St Ange del.

Monstruosités Pl I

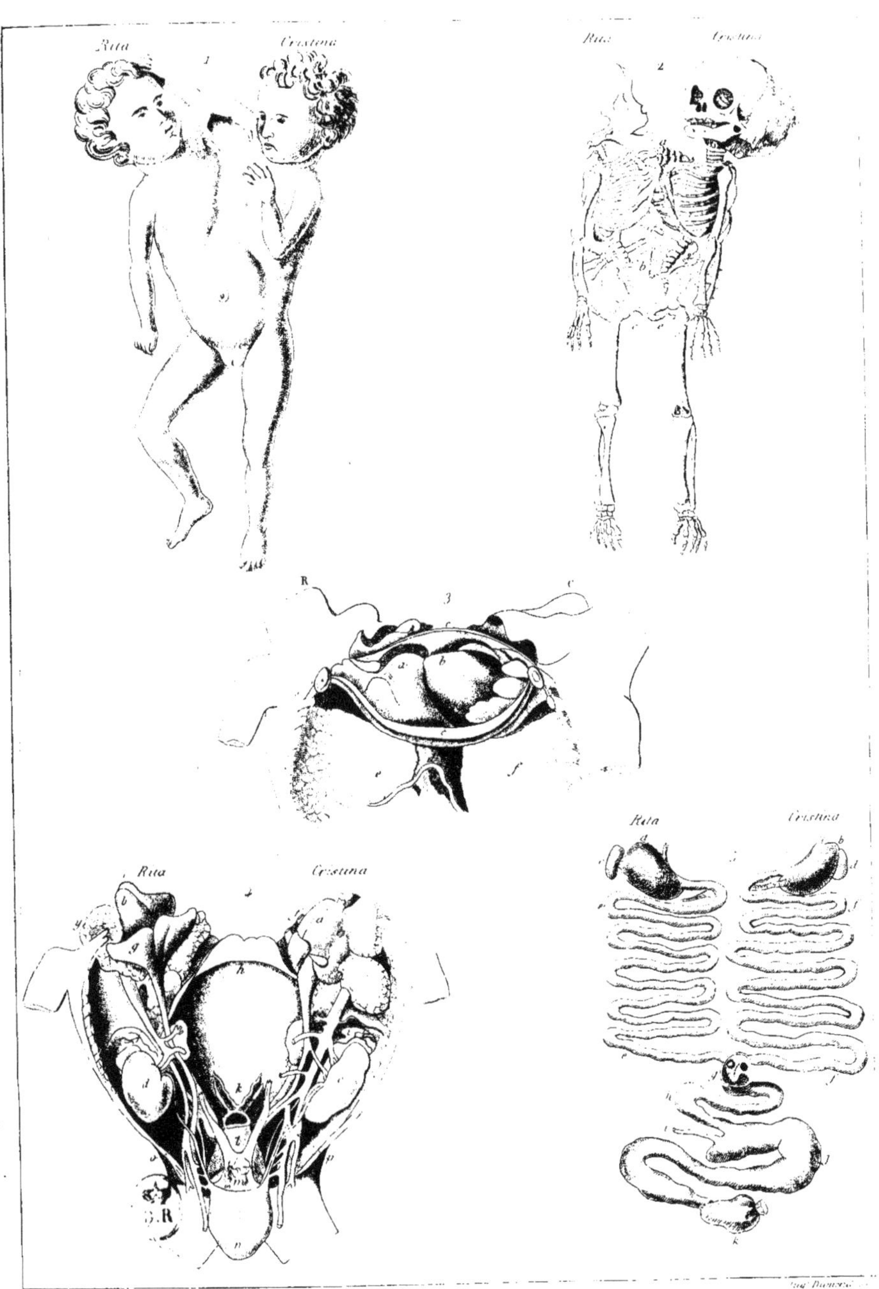

Monstruosités Pl. 7.

Pl. 38

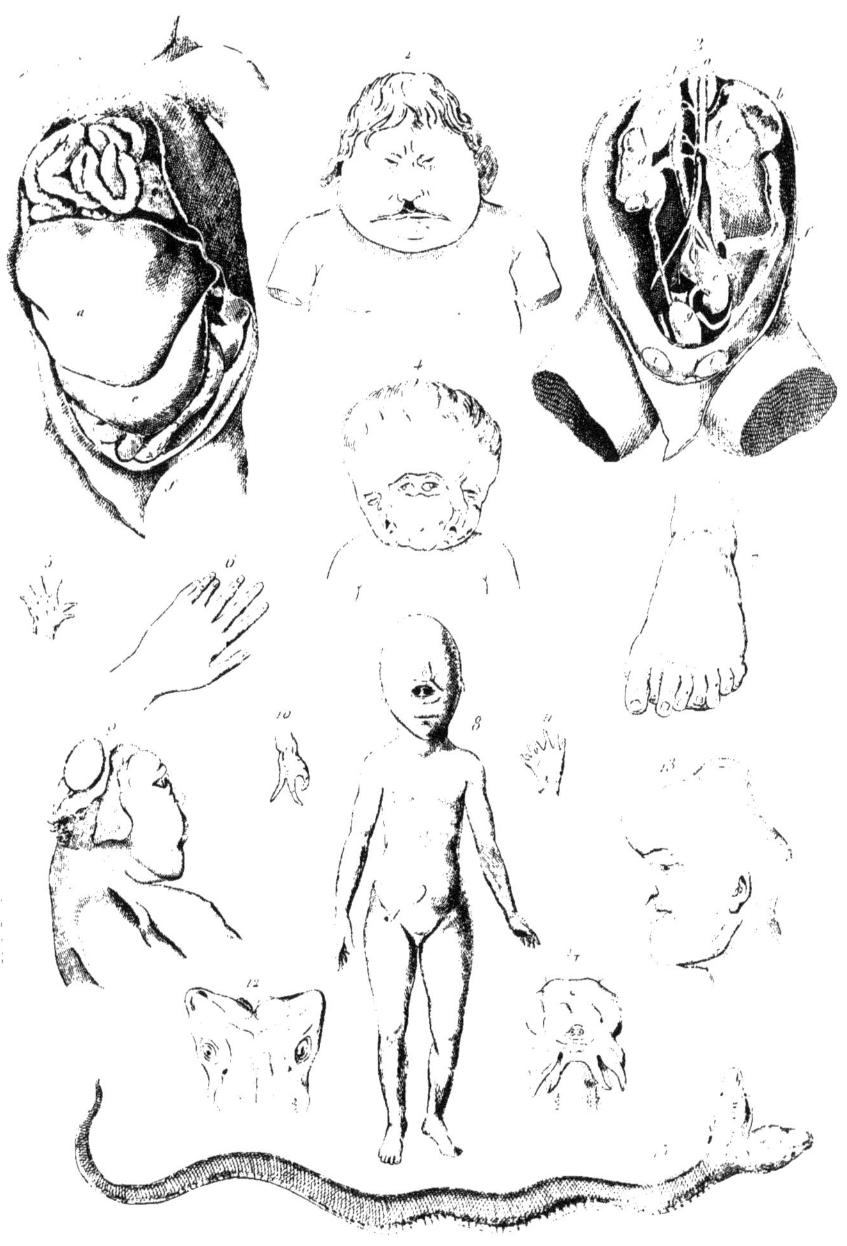

Martin St Ange del.

Monstruosités Pl. 1

Pl. 382

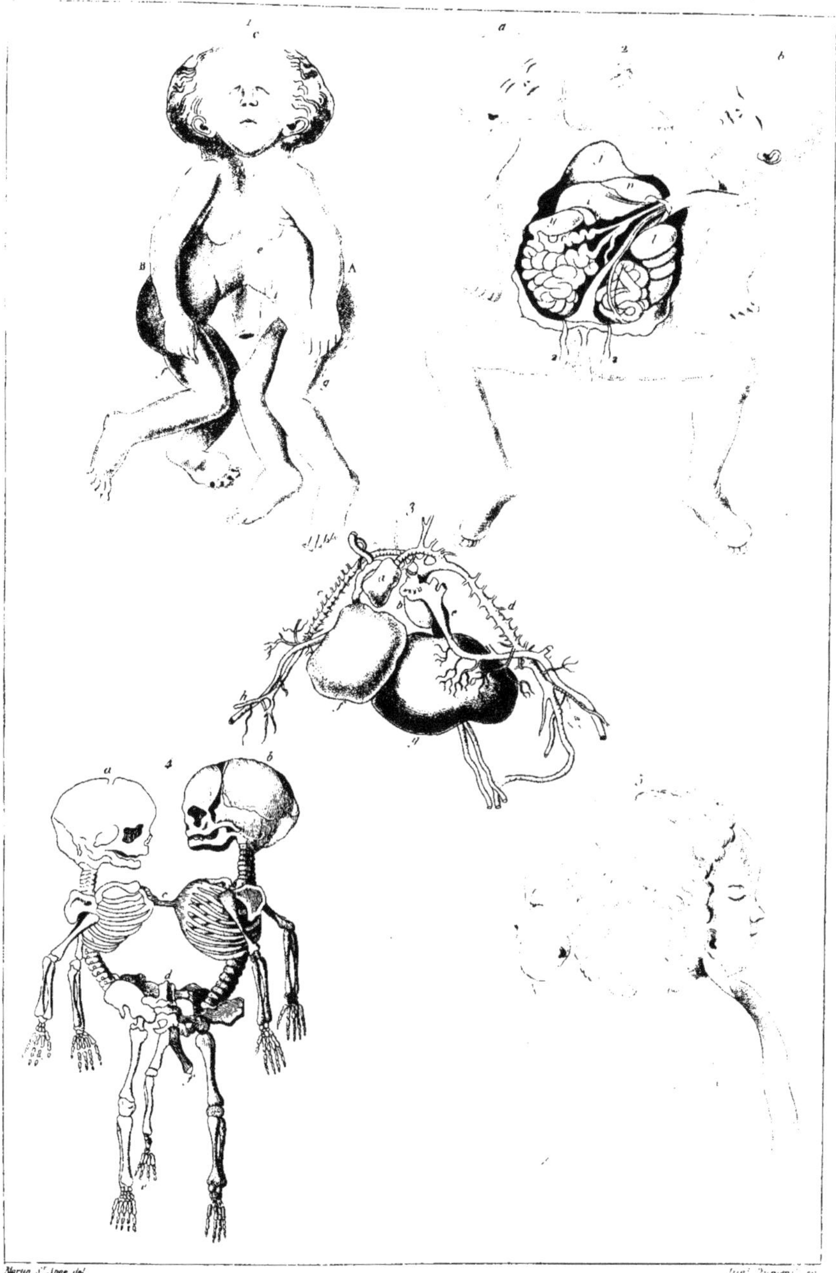

Martin St Ange del.

Aug. Duménil sc.

Monstruosités Pl. IV.

Pl. 383

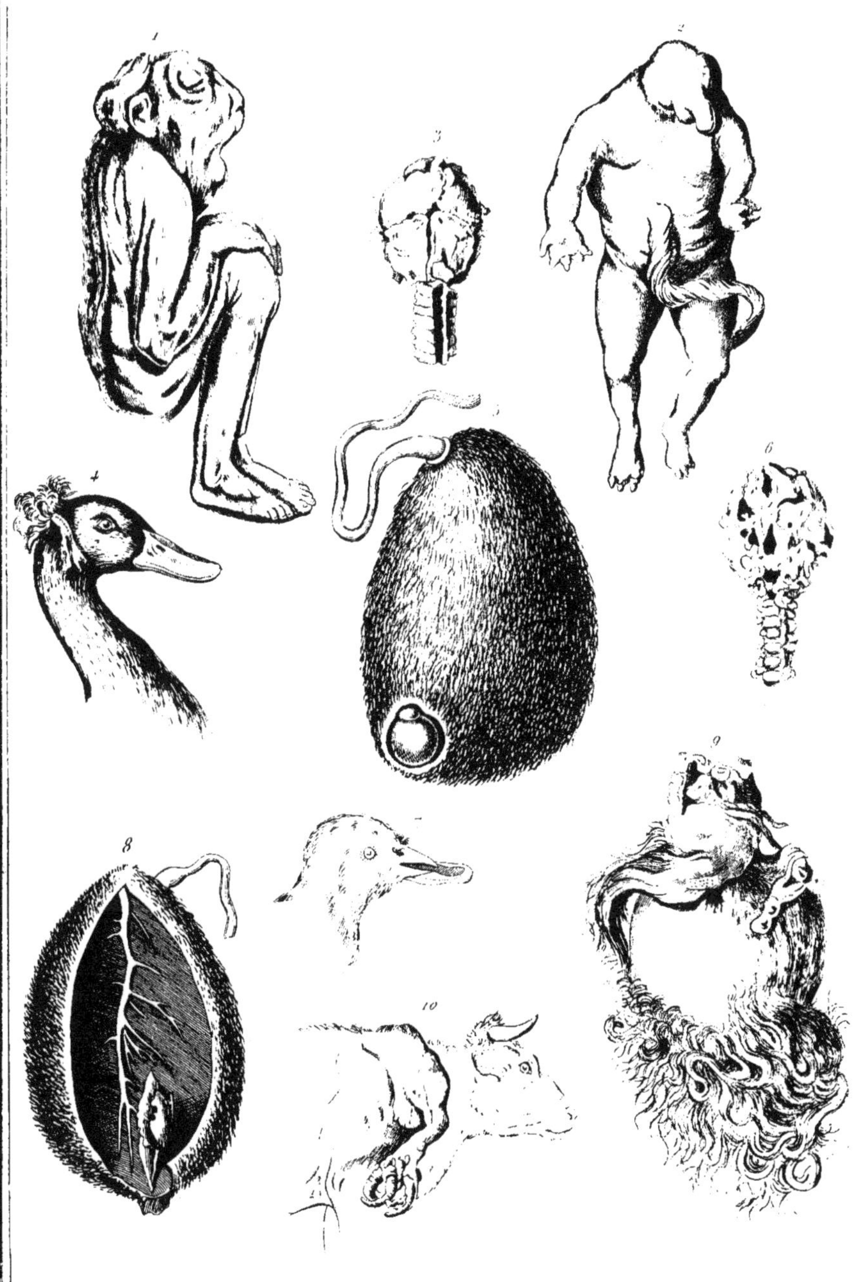

Monstruosités Pl. V

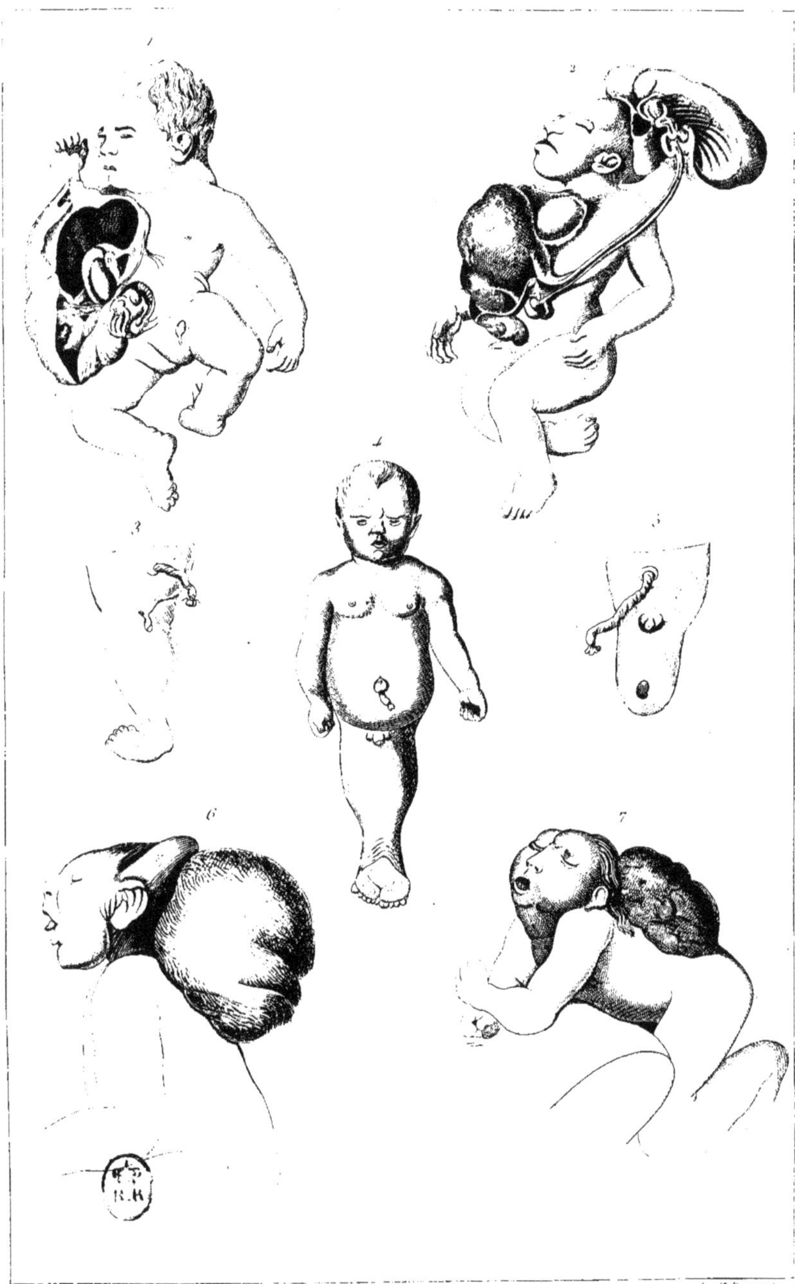

Martin St Ange del.

Monstruosités Pl. VI

Pl. 385

Anomalies humaines

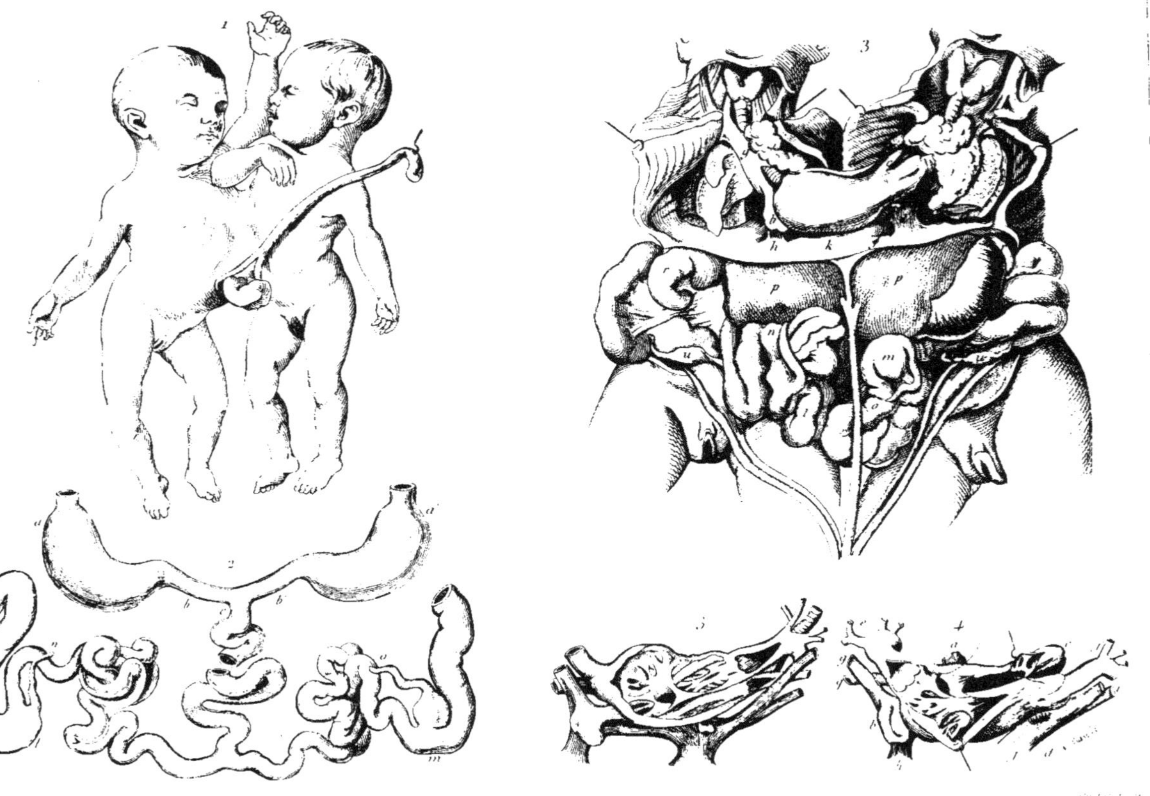

Monstruosités Pl. VIII.

Pl. 38.

1. Moqueur. 2. Mordelle. 3. 4. Morelles.

Pl. 338.

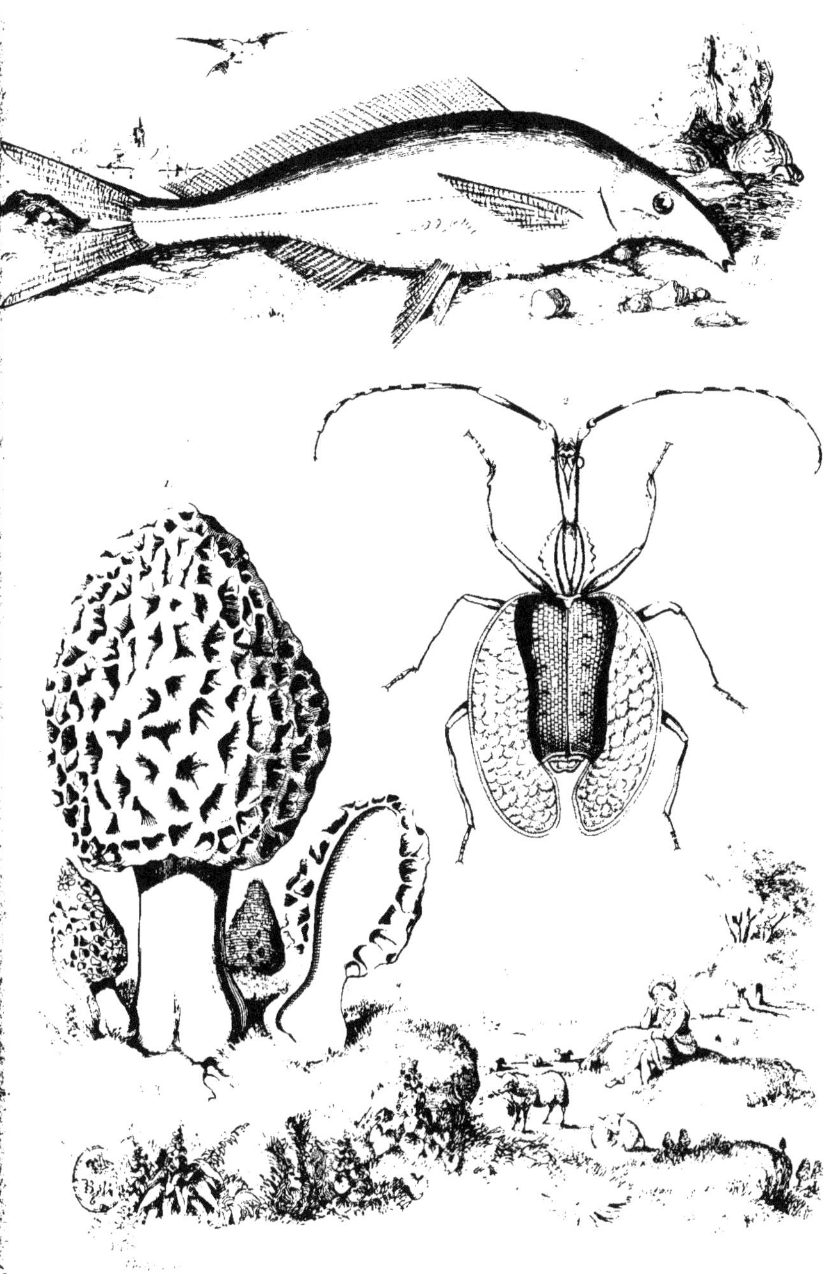

1. Morille 2. Mormolyce 3. Mormyre

Morpho Ménélas

E. Guérin del.

Pl. [illegible]

1. Morpho Pavonie Eurylogue. 2. Morpho Brassolide du Sophora.

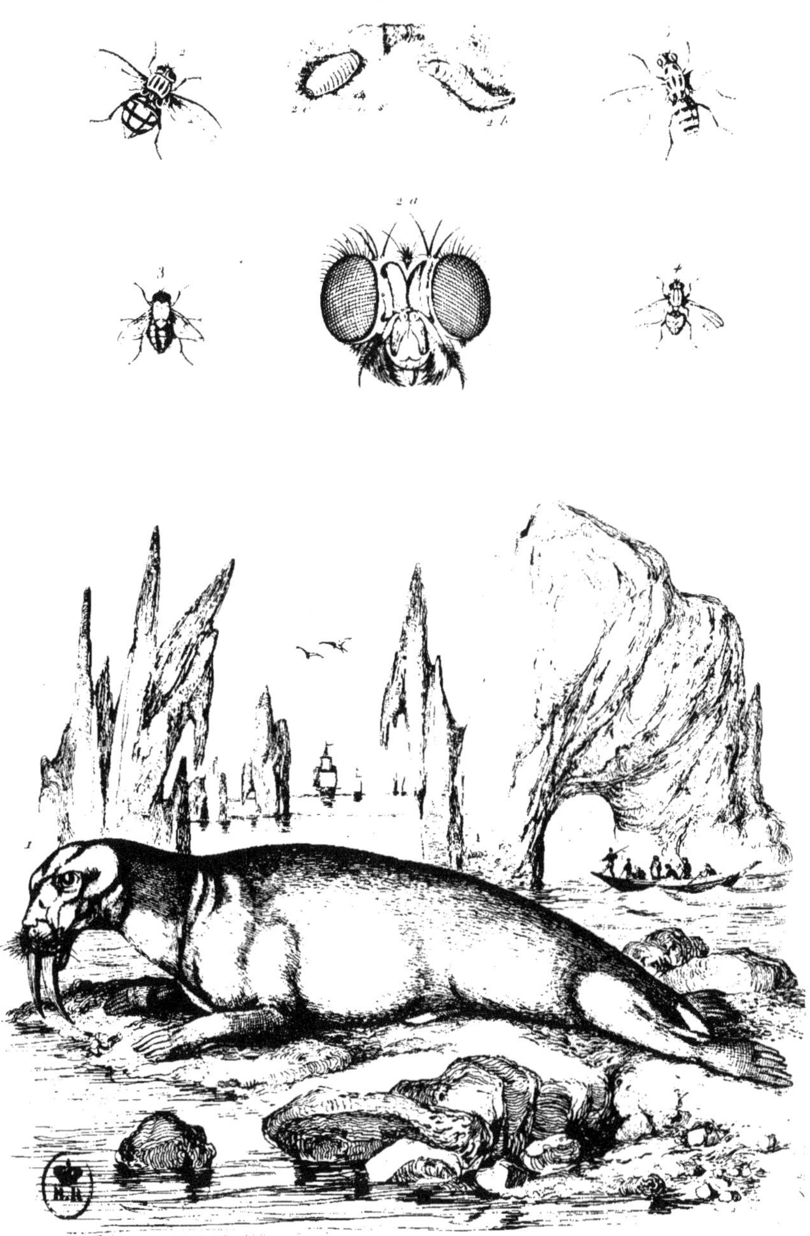

1 Morse 2 à 5 Mouches

Pl. 392

1 Moucherolle couronné 2 Mouflon

1 Mouton à grosse queue

2 ——— Mérinos

1. Musaraigne Musette   2. [illegible]   3. Musc

Pl. 395

1. Muscadier 2 à 4 Mutilles 5 Mydas

Mygale de Leblond grandeur naturelle

Pl. 397

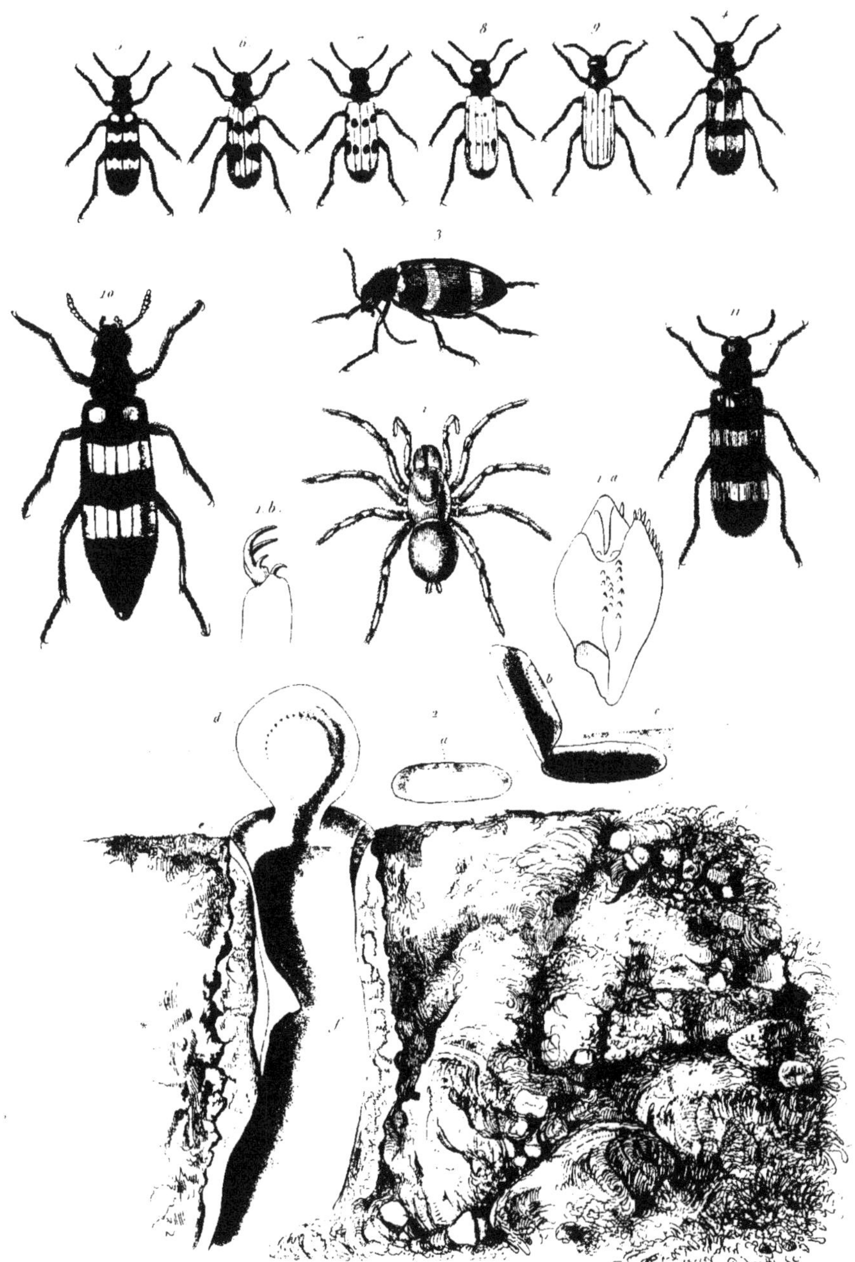

1. 2 Mygale pionnière avec son nid

3 à 11 Mylabres

Pl. 398

1. Mymar 2. 3. Myiotheres

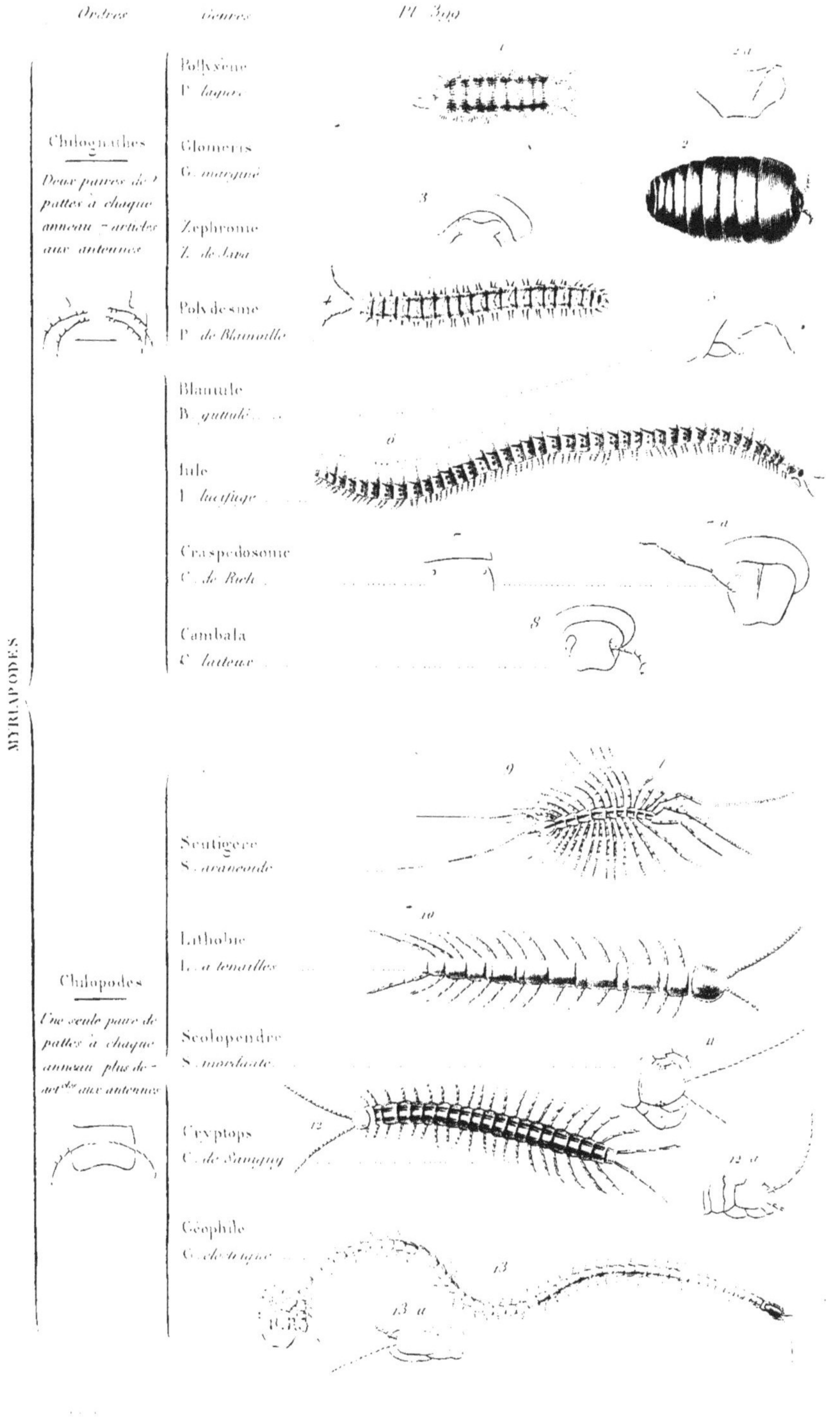

Ordres | Genres | Pl. 399

MYRIAPODES

Chilognathes

Deux paires de pattes à chaque anneau, 7 articles aux antennes.

Pollyxène
P. laqué — 1, 2 a

Glomeris
G. marqué — 2

Zephronie
Z. de Java — 3

Polydesme
P. de Blainville — 5

Blaniule
B. guttulé

Iule
I. lucifuge — 6

Craspedosome
C. de Rich — 7 a

Cambala
C. laiteux — 8

Chilopodes

Une seule paire de pattes à chaque anneau, plus de 7 art.[es] aux antennes.

Scutigère
S. araneoïde — 9

Lithobie
L. à tenailles — 10

Scolopendre
S. morsitante — 11

Cryptops
C. de Savigny — 12, 12 a

Géophile
G. électrique — 13, 13 a

Pl. 400

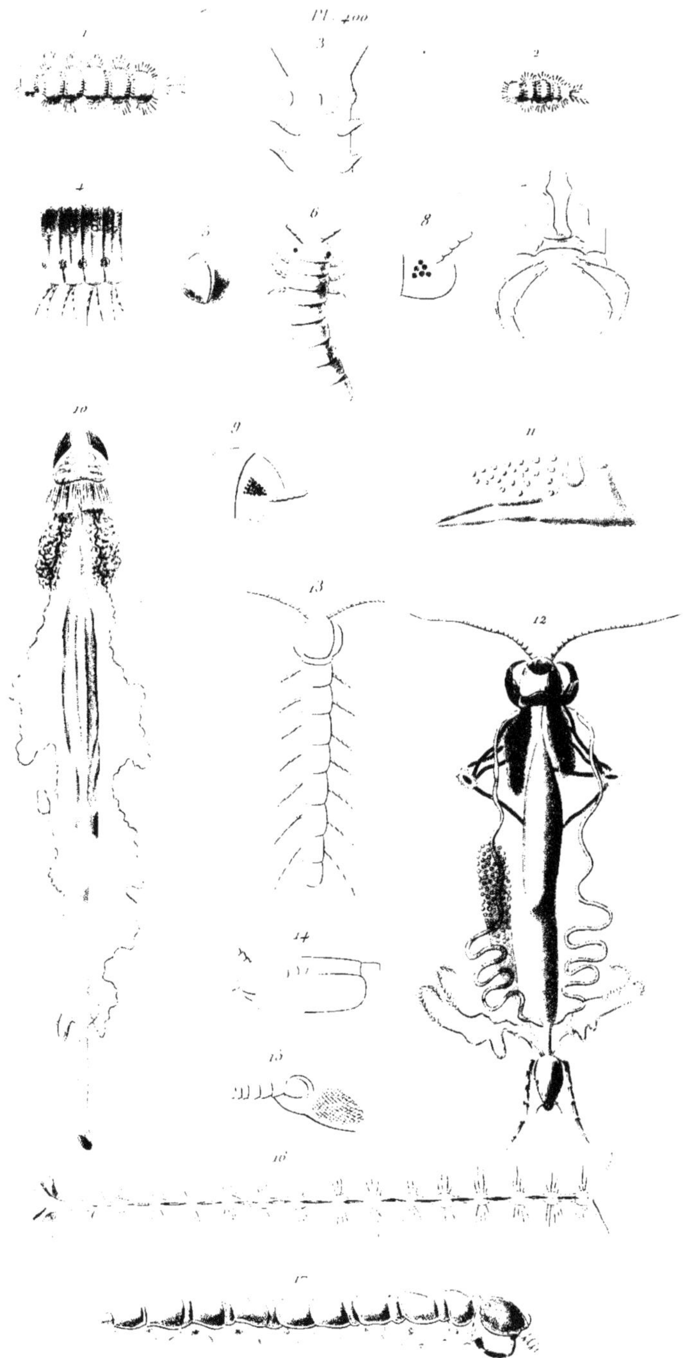

Myriapodes

www.ingramcontent.com/pod-product-compliance
Ingram Content Group UK Ltd.
Pitfield, Milton Keynes, MK11 3LW, UK
UKHW020236180726
13839UKWH00001B/7

9 782329 483610